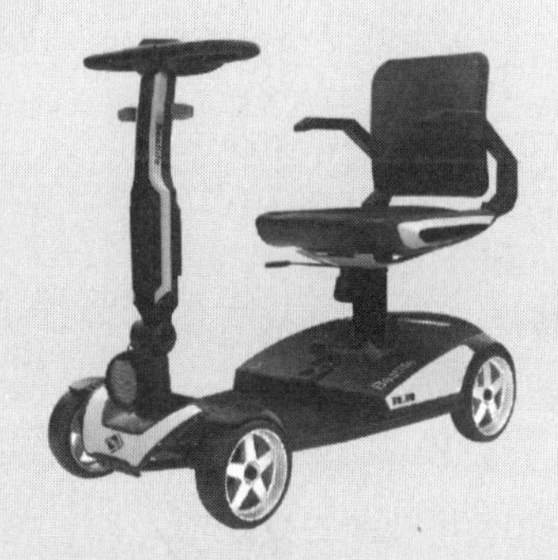

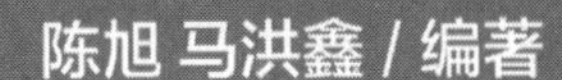

Rhino 6.0 完全实战技术手册

清华大学出版社

北 京

内容简介

本书以中文版 Rhino 6.0 为操作基础，全面讲解软件应用技巧与产品设计知识。

本书由浅到深、循序渐进地介绍了 Rhino 6.0 的基本操作及命令的使用，并配合大量的制作实例，使用户能更好地巩固所学知识。全书共 21 章，包括 Rhino 软件介绍与基本操作、Rhino 曲线绘制与编辑、Rhino 曲面绘制与编辑、Rhino 实体建模与编辑、网格细分建模、珠宝首饰设计、Rhino 的渲染技术、Rhino 在产品设计中的实际应用。

本书适合即将和正在从事工程设计的专业技术人员，想快速提高Rhino 6.0使用技能的爱好者，也可作为大中专院校和相关培训机构的教材。

图书在版编目(CIP)数据

Rhino 6.0完全实战技术手册 / 陈旭，马洪鑫编著. — 北京：清华大学出版社，2020.11

ISBN 978-7-302-55850-7

Ⅰ. ① R…　Ⅱ. ① 陈…　② 马…　Ⅲ. ①产品设计—计算机辅助设计—应用软件—技术手册　Ⅳ. ① TB 472-62

中国版本图书馆 CIP 数据核字（2020）第 106140 号

责任编辑： 陈绿春
封面设计： 潘国文
版式设计： 方加青
责任校对： 胡伟民
责任印制： 丛怀宇

出版发行： 清华大学出版社
网　　址： http://www.tup.com.cn，http://www.wqbook.com
地　　址： 北京清华大学学研大厦 A 座　　**邮　　编：** 100084
社 总 机： 010-62770175　　**邮　　购：** 010-83470235
投稿与读者服务： 010-62776969，c-service@tup.tsinghua.edu.cn
质 量 反 馈： 010-62772015，zhiliang@tup.tsinghua.edu.cn
印 装 者： 三河市龙大印装有限公司
经　　销： 全国新华书店
开　　本： 188mm×260mm　　**印　　张：** 40.75　　**字　　数：** 1315 千字
版　　次： 2020 年 11 月第 1 版　　**印　　次：** 2020 年 11 月第 1 次印刷
定　　价： 128.00 元

产品编号：083242-01

前 言

Rhino是工业产品设计师、动画场景设计师钟爱的强大工具，广泛应用于三维动画制作、工业制造、科学研究以及机械设计等领域。它能轻易整合3ds Max与Softimage的模型功能，对要求精细的3D NURBS模型有点石成金的效能。

Rhino是第一个将NURBS造型技术引入Windows操作系统中的软件。

本书内容

本书以中文版Rhino 6.0为基础，由浅到深、循序渐进地介绍了Rhino的基本操作，辅以大量实例，帮助读者更好地巩固所学知识。全书共21章。

第1～4章：主要介绍Rhino 6.0软件应用、Rhino软件安装、Rhino基本功能。

第5～7章：主要介绍Rhino 6.0曲线绘制与编辑。

第8～11章：主要介绍Rhino 6.0基本曲面、高级曲面绘制与编辑。

第12～15章：主要介绍Rhino 6.0的实体建模、网格细分建模、RhinoGOLD珠宝设计。

第16～18章：主要介绍Rhino 6.0的初级渲染、KeyShot高级渲染和V-Ray渲染。

第19～21章：主要介绍利用Rhino 6.0制作电子产品、交通工具和其他产品模型。

本书特色

本书的目标读者是Rhino 6.0初学者，是产品设计师、家具设计师、鞋类设计师、家用电器设计师等工程设计人员的三维工程设计基础用书。

本书从软件的基本应用及行业知识入手，以Rhino 6.0软件的模块和插件程序应用为主线，以实例为引导，讲解软件的新特性和软件操作方法，使读者能快速掌握设计技巧。

本书特色如下：

- 功能指令全；
- 穿插海量典型实例；
- 大量的视频教学；
- 配套资源中赠送大量有价值的学习资料及练习内容，能使读者充分利用软件功能进行相关设计。

配套资源下载

本书的配套资源请扫描右侧的二维码进行下载，如果在下载过程中碰到问题，请联系陈老师，联系邮箱：chenlch@tup.tsinghua.edu.cn。

配套资源

作者信息

本书由广西桂林电子科技大学艺术与设计学院的陈旭老师和空军航空大学信息技术室的马洪鑫老师共同编著。感谢您选择了本书，希望我们的努力对您的工作和学习有所帮助，也希望您把对本书的意见和建议告诉我们。

技术支持

如果在本书的使用过程中碰到技术性的问题。请扫描下面的二维码，联系相关的技术人员进行解决。

技术支持

作者

2020年8月

目 录

第5章 基本曲线绘制

第6章 高级曲线绘制

第7章 曲线编辑与优化

第8章 基本曲面绘制

第9章 高级曲面绘制

第10章 曲面编辑

第11章 曲面连续性研究与分析

第12章 实体建模

第 13 章 实体编辑

第 14 章 网格细分建模

第 15 章 RhinoGold 珠宝设计

第 16 章 Rhino 初级渲染

第 17 章 KeyShot 高级渲染

第 18 章 渲染巨匠 V-Ray for Rhino

第19章 用Rhino制作电子产品模型

第20章 用Rhino制作交通工具模型

第21章 用Rhino制作其他产品模型

01

第1章 Rhino 6.0软件应用概述

Rhino自诞生之日起，就受到很多人的喜爱，最重要的原因就是作为一款小巧而功能强大的NURBS建模软件，Rhino的应用领域广泛。但是在Rhino开始出现的时期，用户对Rhino的定位和理解出现了很多误区。即使到现在，Rhino的开发商依然强调Rhino的泛用性，其实Rhino也有它最适合的应用领域。本章就Rhino常见的应用领域，如轻工业产品、交通工具、建筑设计、珠宝设计、角色动画、道具制作等领域，进行汇总分析，方便读者应用时更好地选择。

本章将介绍Rhino软件在各个行业中的应用、软件特色、建模的相关术语、软件下载与安装、工作界面等知识点，相信大家对这款优秀的软件会有清晰的了解。

项目分解

- Rhino的应用领域
- Rhino软件特色
- Rhino建模的相关术语
- Rhino 6.0软件下载与安装
- Rhino 6.0工作界面

1.1 Rhino的应用领域

Rhino的应用领域包括工业产品设计、CG动漫游戏开发、建筑设计、珠宝设计。目前，Rhino主要应用于工业设计领域，它是众多工业设计师喜爱的一款小巧实用的软件。

1.1.1 工业产品设计领域

1. Rhino软件的应用类型

介绍在工业设计领域如何应用Rhino之初，有必要先了解Rhino在工业设计中属于哪一类型的软件。从目前的应用状况和厂家的开发定位来讲，Rhino属于CAD软件中的CAID类软件，该类型软件还有著名的Alias、Solidthinking、Amapi等。如图1-1所示为Alias 2013启动界面。

图1-1 Alias 2013软件启动界面

Alias是CAID类软件的佼佼者。但是Alias早期的版本是在SGI工作站上运行的，而且软件价格非常高，使普通用户可望而不可及。Rhino是第一款运行在Windows操作系统的CAID软件，如图1-2所示。这使得CAID软件趋于平民化，为大众用户尤其是学生提供了使用机会。之后，虽然Alias也从IRIX平台移植到Windows渴望已久的NT平台，使得很多人能接触到这款软件，但是要流畅地运行Alias依然需要高配置的支持。同时，Rhino需要的配置是200MHz以上主频，32MB内存，对显卡没有特殊要求，只需要Windows 95或以上操作系统，这让很多想从事或正在从事工业设计的人兴奋不已。

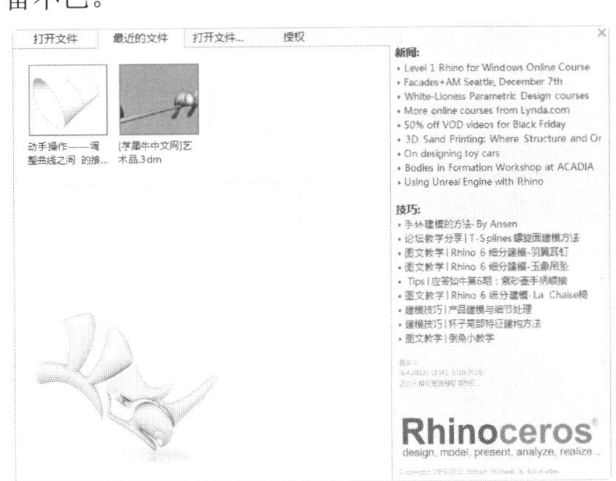

图1-2 Rhino 6.0软件

2. Rhino在实际造型设计中的功用

按产品造型要求的难易对产品设计进行分

类：一类是常见的中低端产品，如3C家电、数码产品、运动器械等；另一类是高端产品，如交通工具（汽车）、航空工具（飞机）等，如图1-3所示。Rhino的主要用户为中低端产品制造商，虽然高端产品制造商并不是Rhino的主要用户，但依然有很多高端产品的制造商选择Rhino。

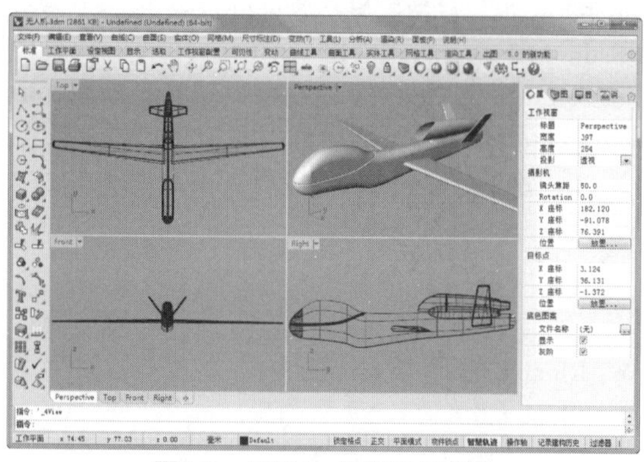

图1-3　用Rhino进行飞机建模

对于产品设计师而言，首先需要将设计概念正确地表现出来（通常是手绘），而且一种方案是不够的，需要很多方案供选择。经过筛选，其中的一个或两个方案被选中，接下来要制作多张接近真实产品的效果图。

当设计师需要一款三维软件来表现产品时，该如何在众多软件中选择呢？下面就几款流行的三维软件进行对比。

（1）3ds Max：可以用它渲染得到较真实的效果，但是建模耗时比较长。而且制作的模型只能存储为图片，并不能把模型导入CAD软件中进一步加工。因为该软件虽然渲染功能强大，但是建模还是以多边形为主，NURBS建模功能很不完善。

（2）Maya：它虽然继承了Alias强大的NURBS核心，但是完成工业模型的速度并不快，对于CAD软件的支持也没有CAID软件好。

（3）Alias：它是一款功能强大且具备完整NURBS核心的软件，同时具备出色的渲染功能，对CAD软件的支持也很好。从流程和功能上看，Alias可能是最好的选择，但它的价格太高，而且低端产品的设计无法将其强大的功能发挥出来。

（4）Rhino：Rhino具有强大的NURBS曲面构建内核，适合各类产品曲面的建模。在渲染方面，它虽然本身没有好的渲染器，但有Flamingo这样的光线追踪渲染插件，可以说是价格平民化，功能集中化。

通过以上比较可以看出，在工业设计领域，Rhino优于其他同类三维软件。虽然功能没有Alias强大，但是能胜任中低端产品的设计，这也是Rhino广受欢迎的重要原因之一。

3. Rhino与CAD软件的配合

工业设计不仅包括设计概念的表现和效果图的渲染，还要使用CAD软件进行加工。目前，Rhino支持市面上的几乎所有CAD类软件。

一般，CAID软件是基于曲面核心的，而CAD类软件是基于实体和曲面双核心的。实体核心的优势在于参数化建模和特征建模，这是曲面核心软件无法比拟的，而且实体核心可以检测很多曲面核心软件无法检测的属性。但是实体核心在自由形态的造型中不够灵活，如果设计师想把概念用三维软件快速表现出来，CAD软件的实体建模就显得效率不高了。虽然CAD软件一般有曲面建模功能，但是其效率依然没有专门用于曲面建模的CAID高。

在Rhino中建模也有不足之处，如后期要改动倒角要大费周章。即使是Alias这样带有历史记录功能的软件也无法从根本上解决这个问题，因此掌握软件技巧很重要，这里指的不是某个CAID软件，而是指同时掌握CAID软件和CAD软件。

不仅要会使用这两种软件，同时要配合使用才能提升产品设计效率。例如，进行产品建模时，一般不推荐在Rhino里倒角，或者一定要保留没有倒角的模型文件，然后把没倒角的模型导入CAD进行倒角。这样，一旦需要修改倒角参数，可以直接用CAD的实体参数化建模功能。将模型导入CAD时，未倒角的模型比倒角的模型产生破面的概率也要小得多，抽壳功能亦是如此。Rhino主要用于表现设计师的设计概念和较为复杂的自由形态曲面。

1.1.2　CG领域

三维设计主要分为两个方向，一是以制造为基础的工业设计领域，二是以视觉为基础的CG领域。

CG实际上是基于视觉效果的，通俗地说，就是要求看上去要达到某种效果，电影的CG特效是这个领域的高端应用。常用的三维特效表现工具有Softimage、3ds Max、Maya、LightWave等，可能还有特效公司自己开发的三维软件。

Rhino的NURBS建模功能在这个领域也有不错的表现。

NURBS模型的优势在于可以随意调节模型的精度，便于进行LOD（Level of Detail）设置。表现NURBS模型的Mesh（网格）可以随意调节，从而控制动画场景的繁简程度，使得渲染时间减少。对于大量模型和多帧动画来说，使用Rhino会节约很多时间。

电影CG特效中的道具（如未来的电话、武器等）要求制作真实的模型以加强特效的真实感，所以要求三维模型既可以用在动画软件中，也能快速建立实体模型。如果涉及结构设计，那就更需要配合使用Rhino与CAD类软件。

Rhino的NURBS建模功能虽然比较完善，但是要制作出完全满足表情和肢体动画要求的模型还是比较困难的，即使能完成，效率也会极低，因为Rhino并不具备制作动画模型所需的功能。但是在道具建模中就不同了，由于道具基本不存在变形，而且需要加工成实物模型，因此Rhino自然会有用武之地。很多特效电影的道具都是用Rhino设计和制作的，如图1-4所示。

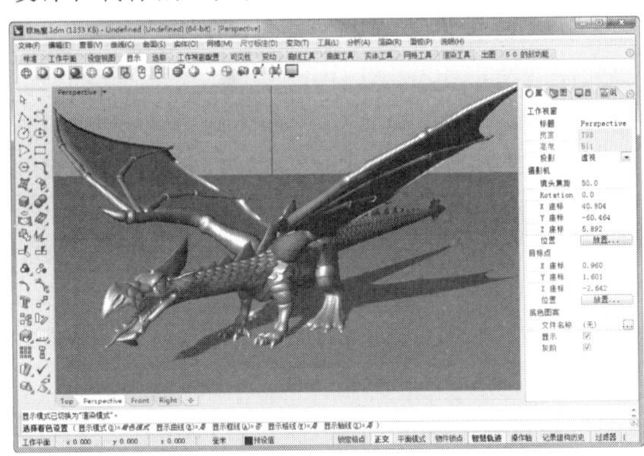

图1-4　CG中角色道具曲面构建

1.1.3　建筑设计领域

从广义的工业设计定义来讲，建筑设计属于工业设计领域。由于建筑设计的独特性及其应用范围的广泛性，这里单独讲解其特点。

在建筑设计领域，最合适三维建模的仍然是Rhino+AutoCAD的组合，后期要使用3ds Max的渲染功能。Rhino是兼具CAD和CAM特点的软件，它的这种特性有助于准确定位，这是那些动画软件完全不具备的。例如，“按目标不等比例缩放”几乎是Rhino独有，要想在CAD中完成的难度太大（要做block），而3ds Max和Maya几乎放弃了这个功能。

在Rhino中建模时，会对NURBS进行高精度近似计算，如图1-5所示，因此可以完美地和AutoCAD衔接。计算准确也让Rhino有非常强大的增加不同层次信息的能力。但是Rhino坚定的单核心特点也有一定的局限，用户要对每个面片进行仔细构建并混接，以确保和周围连接的面片保持平滑。

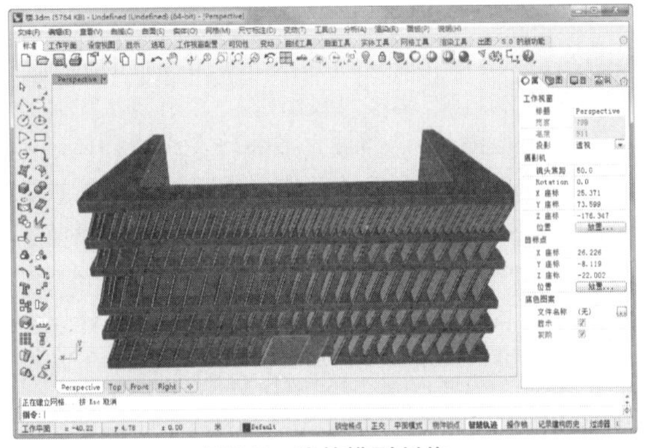

图1-5　建筑模型制作

在Rhino中建模时，用户可以用任何想到的方式修改已知模型。此外，用户可以用scripting编写工具。

另外，Rhino采用和AutoCAD接近的快捷方式和命令行，这更是极大地提高了它的兼容性。Rino的扩展灵活性虽然相对于AutoCAD软件的精确度差了些，但是绝大多数情况下能够满足建筑行业的精确度要求。Rhino具有灵活的层、组功能，以及简洁易学的scripting编程，这是AutoCAD没有的。

Rino还有庞大的外部插件，几乎满足各种造型需要。尤其是最新的几个版本允许用户自定义自编模块，这是编程入门级用户的利器。

1.1.4　珠宝设计领域

珠宝首饰历来是人们增加个人魅力、装点自身的时尚精品。随着人们审美要求的提高，对珠宝首饰的设计要求也逐渐提高，传统的工匠手工制作已经远远不能满足珠宝设计的需求。在这种趋势下，Rhino在珠宝设计领域开始崭露头角，如图1-6所示。

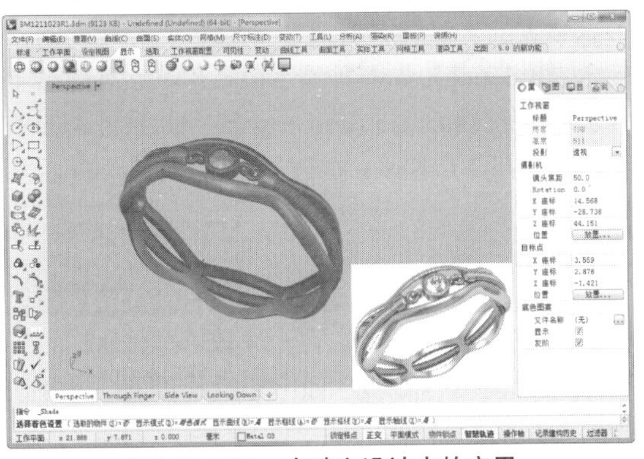

图1-6　Rhino在珠宝设计中的应用

珠宝设计领域同样属于工业设计范畴。珠宝设计师绘制草图后，需要对设计模型进行渲染，然后对接生产环节。从工业设计领域不难看出，Rhino在珠宝设计领域同样具有无法比拟的优势，即简单高效、NURBS曲面核心。

目前，Rhino已经被大多数珠宝设计师使用，它的NURBS曲面为设计师们提供了最具创新性、灵活性和准确性的技术支持。除了戒指、吊坠、胸针、手镯，更复杂的饰品设计要求，Rhino都能够满足。同时，Rhino对第三方插件的兼容性很好，用户可从Rhino官方网站的第三方珠宝设计合作伙伴中找到新增的宝石和作品库。

此外，作为一款CAID软件，与CAD的良好配合对要求自由造型的珠宝设计也尤为重要。Rhino能够通过文件格式转换，方便地将模型导入数控机床、快速成型机或3D打印机中，使用这些快速成型技术准确便捷地制作出实体模型。

1.2 Rhino软件特色

Rhino软件包括以下特色。

1. 优质的曲面建模

Rhino 3D（Rhino软件是3D建模软件，也称Rhino 3D）通过运用多种技术，制作出高品质的曲面以实现精确建模。Rhino采用G-Infinity混接技术，所以用户能够以实时互动方式来调整混接的两端的转折形状，并维持所设定的几何连续条件（连续性级别最高可以设定到G4）。通用变形技术（Universal Deformation Technology，UDT）能够实现无限制地对曲线、曲面、多边形网格以及实体物件做变形作业，同时保持物件的完整条件。另外，Rhino 3D包含布尔运算、RP（Rapid Prototyping）制作、网格（Mesh）文件编辑与修改、强大的多混合（Blend）功能、多样化的圆角技术（Filleting）、多种显示模式等，并且提供了许多强大精确的几乎涵盖所有常用工业格式的数据接口，这使得Rhino文件可以完好准确地导入其他软件中。

2. 实惠的价格优势

Rhino 3D自推出以来，一直具有经济实惠的价格与专业级的建模技术，是一个较“平民化”的高端软件，许许多多的3D行业人员以及3D建模爱好者都被其折服。

与Maya、SoftImage XSI、Alias等体积庞大的软件相比，Rhino 3D不仅体积小，轻巧方便，而且在功能上丝毫不逊色，可谓“麻雀虽小，五脏俱全”。Rhino的价格实惠，是一款有特殊实用价值的高级建模软件。

总之，Rhino 3D是一款性能卓越、性价比高的三维建模软件。Rhino 3D在极短的时间内在全世界汇聚了大批用户自然不足为奇。

Rhino 3D拥有十多个语言版本，在全球几十个国家销售，无论是3D建模新手，还是专家级设计人员，都被其强大的功能和高性价比吸引。

3. 多样化的插件支持

Rhino 3D是一款专业的三维建模软件，它采用灵活的插件设计机制，支持多样化的插件。目前，市面上存在各种插件，分别适用于不同领域。另外，大量插件正在开发并陆续面世，用户只需要支付一定的费用，便可用它们来完成特定的设计工作。

在众多插件中，代表性的插件有Flamingo、V-Ray、Maxwellrender、Brazil、HyperShot、Penguin等，还有动画插件Bongo、船舶设计插件Rhino Marin、珠宝设计插件TechGems与Rhino Glod、鞋类设计插件RhinoShoe等。这些插件功能强大，极大地增强了Rhino 3D的功能，如图1-7所示为4款插件。

Flamingo（火烈鸟）渲染器

V-Ray for Rhino

图1-7 Rhino的4款插件

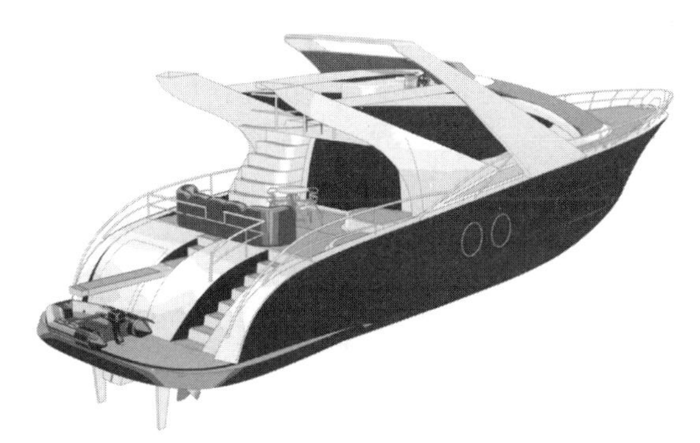

Penguin渲染器

TechGems插件

图1-7（续） Rhino的4款插件

4. 良好的文件兼容

Rhino 3D支持约35种文件保存格式，如图1-8（左）所示，导入文件支持的格式约28种，几乎兼容了现存的所有CAD数据。Rhino 3D良好的文件兼容性方便用户把Rhino 3D生成的建模数据导入其他程序或从其他程序导入建模数据进行二次加工，进一步拓宽了Rhino 3D的应用领域。

Rhino 5 3D 模型 (*.3dm)	Rhino 3D 模型 (*.3dm)
Rhino 4 3D 模型 (*.3dm)	Rhino 3dm 备份文件 (*.3dmbak)
Rhino 3 3D 模型 (*.3dm)	Rhino 分工工作(*.rws)
Rhino 2 3D 模型 (*.3dm)	3D Studio (*.3ds)
3D Studio (*.3ds)	AutoCAD drawing exchange file - (*.dxf)
ACIS (*.sat)	AutoCAD drawing file - (*.dwg)
Adobe Illustrator (*.ai)	AutoCAD hatch pattern file (*.pat)
AutoCAD drawing exchange file - (*.dxf)	DirectX (*.x)
AutoCAD drawing file - (*.dwg)	GHS Geometry (*.gf; *.gft)
COLLADA (*.dae)	GTS file (*.gts)
Cult3D (*.cd)	IGES (*.igs; *.iges)
DirectX (*.x)	Leica Cyclone 点 (*.pts)
Enhanced Metafile (*.emf)	LightWave (*.lwo)
GHS Geometry file (*.gf)	MicroStation files (*.dgn)
GHS Part Maker file (*.pm)	MotionBuilder (*.fbx)
Google Earth (*.kmz)	NextEngine Scan (*.scn)
GTS (*.gts)	PDF 文件 (*.pdf; *.ai, *.eps)
IGES (*.igs; *.iges)	PLY - 多边形文件格式 (*.ply)
KML Google Earth (*.kml)	Raw Triangles (*.raw)
LightWave (*.lwo)	Recon M 和 PTS 文件 (*.m,*.pts)
Moray UDO (*.udo)	SketchUp (*.skp)
MotionBuilder (*.fbx)	SLC (*.slc)
Object Properties (*.csv)	SolidWorks (*.sldprt;*.sldasm)
Parasolid (*.x_t)	STEP (*.stp; *.step)
PLY - Polygon File Format (*.ply)	Stereolithography (*.stl)
POV-Ray Mesh (*.pov)	VDA (*.vda)
Raw Triangles (*.raw)	VRML (*.vrml,*.wrl)
RenderMan (*.rib)	WAMIT (*.gdf)
SketchUp (*.skp)	WaveFront OBJ (*.obj)
SLC (*.slc)	ZCorp (*.zpr)

图1-8 Rhino 3D可导入、导出的文件格式

5. 逼真的实物输出

在使用Rhino 3D软件完成三维建模后，可以通过数控机床（Computer Numeric Control，CNC）或快速成型（Rapid Prototyping，RP）设备，将三维建模数据加工成实物，而后把输出的RP模型利用硅或橡胶模进行批量复制加工。若RP材料具备可塑性，则可以采用直接浇铸法（Direct Casting），使用指定的金属进行加工。RP设备是产品设计领域的常用设备，利用它能够制作出各种各样的形态，对设计研究与产品制作具有非常重要的意义。

6. 连续性

连续性是造型中的常用术语，它是判断两条曲线或两个曲面接合是否光滑的重要参数。

在Rhino 3D中，常用的有3个连续性（Continuity）级别，分别为G0、G1、G2连续级别。

1）G0（位置连续）

当两条曲线的端点相接形成锐角或两个曲面的边缘线相接形成锐边时，称它们是位置连续，即G0连续。换而言之，当两条曲线或两个曲面构成位置连续关系时，它们之间会形成锐角或锐边。如图1-9所示。

2）G1（相切连续）

如果两条曲线相接处的切线方向一致或两个曲面相接处的切线方向一致，即两条曲线或两条曲面间没有形成锐角或锐边，这种连续称为相切连续，即G1连续。由定义可知，两条曲线或两个曲面之间是否形成了相切连续是由它们相接处的切线方向是否一致决定的，如图1-10所示。

3）G2（曲率连续）

若两条曲线相接处或两个曲面相接处不仅切线方向一致，曲率圆的半径也一致，则称这两条曲线或两个曲面之间形成了曲率连续，即G2连续。由此可见，曲率连续不仅满足位置连续、相切连续两个条件，还要求连接处的曲率圆的半径一致，故而曲率连续为更为光滑的连接，如图1-11所示。

7. 方向指示（Direction）

法线方向指曲面法线的曲率方向，垂直于着附点。在曲面中，法线方向称为曲面方向，在曲线中，法线方向称为曲线方向。在工作视图中选取物件，然后执行【分析】|【方向】命令，即可显示该物件的方向。在单曲面或多重曲面中，根据线条绘制的方向，指示箭头方向也不相同。在物件上单击可以切换曲面或曲线的方向，还可以通过提示行命令执行更多的命令，如图1-12所示。

对于曲面的方向，还可以通过另一种方法来

判断。执行【工具】|【选项】命令，在打开的选项设置窗口中，将【Rhino选项】|【外观】|【高级设置】|【着色模式】选项下的【背景设置】设置为【全部背面使用同一颜色】，即可判断曲面的方向。之后在工作视图中为曲面着色，就能发现曲面的正侧与背侧将显示为不同的颜色。由此便可判断曲面的方向，如图1-13所示。如果要修改调整曲面的方向，仍需通过上面的方法来完成。

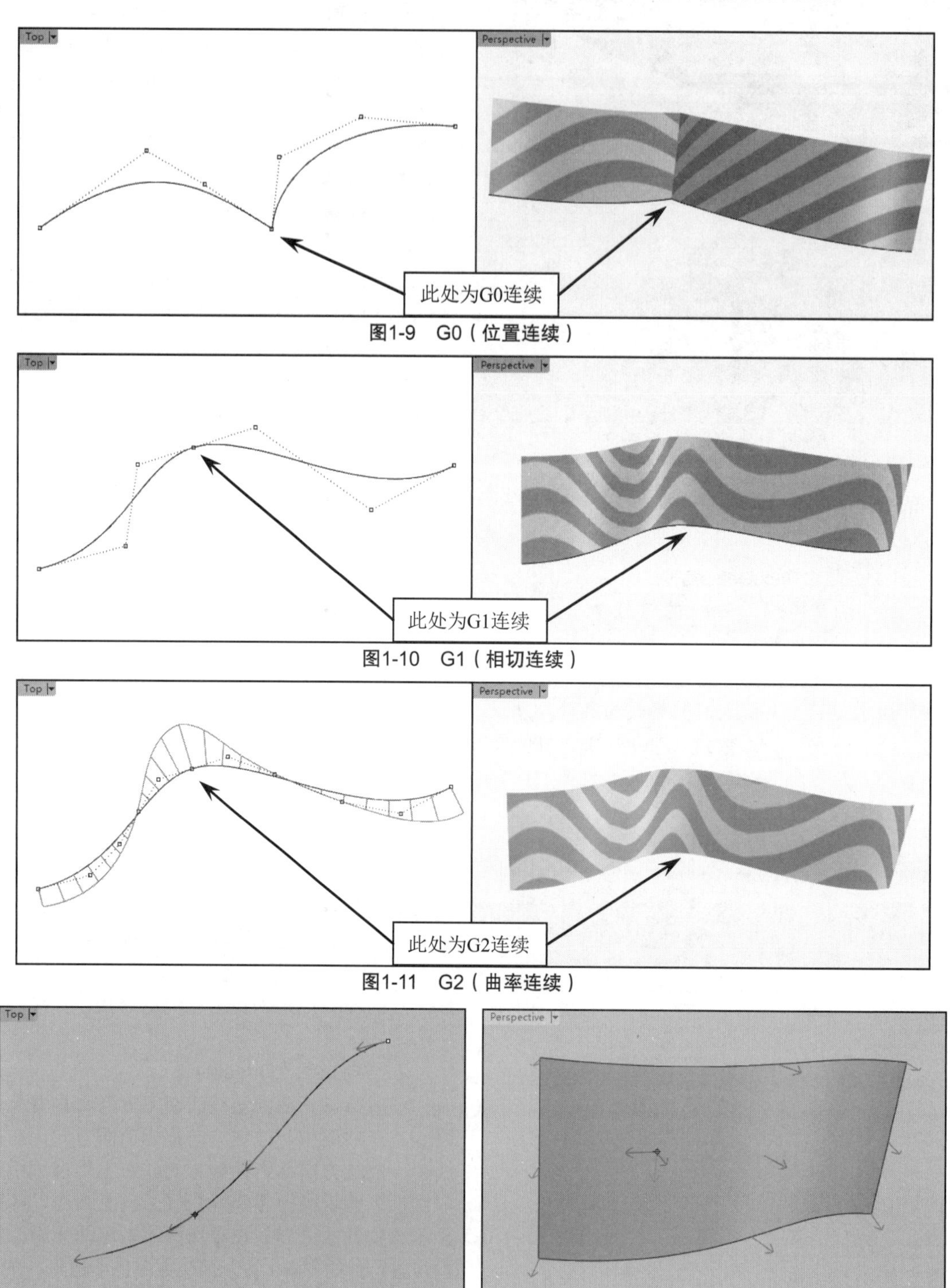

图1-9　G0（位置连续）

图1-10　G1（相切连续）

图1-11　G2（曲率连续）

图1-12　曲线/曲面方向

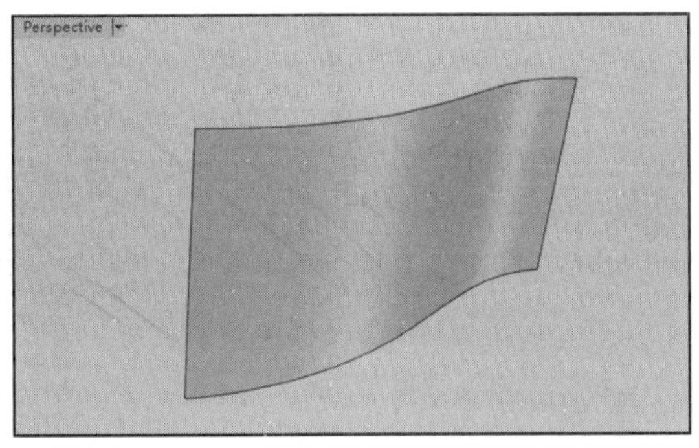

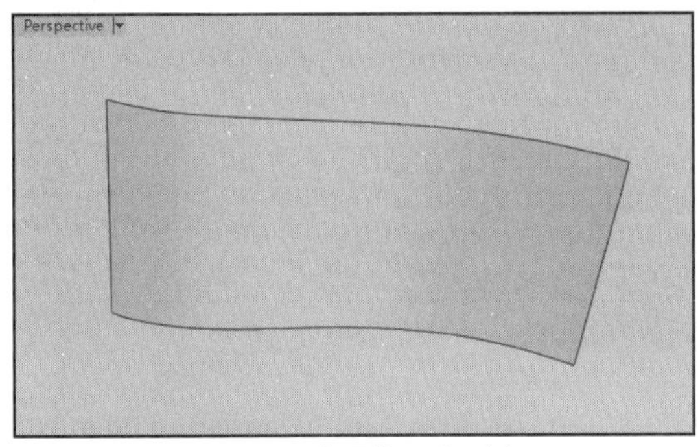

图1-13　曲面的正反两侧

8. 网格（Mesh）

STL来源于Stereolitho graphy，是快速成型（Rapid Prototyping，RP）中使用的一种文件格式。在使用Rhino 3D等建模软件完成建模（NURBS文件格式）后，需要把建模文件转换成STL格式，才能应用到RP原型制作中。

STL格式的模型对象由众多多边形面构成，这些多边形集合称为网格（Mesh）。Rhino 3D提供了强大的技术支持，它帮助用户轻松地把NURBS数据转换为STL文件。最简单的方法就是执行菜单栏【网格】|【从NURBS物件】命令，然后在工作视图中选择需要转化为网格的曲面，右击确定并在弹出的对话框中调节网格的选项。如果对网格的各项参数熟悉，而且需要将NURBS物件转化为较少的数据量，又要保证模型具有较高的精确度，这时候需要单击【进阶设定】按钮，然后设置各曲面的详细数值，如图1-14所示。

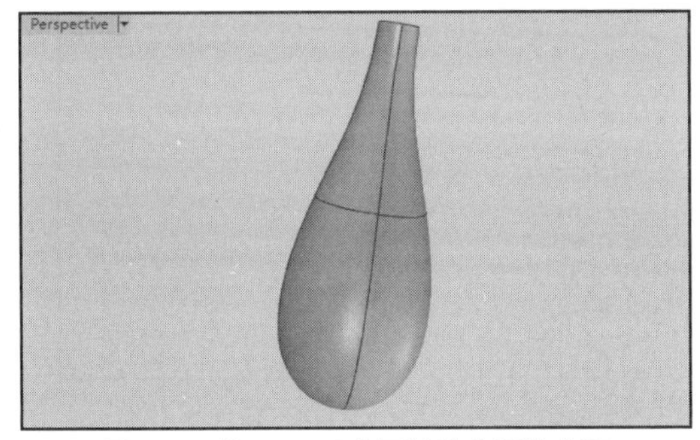

图1-14　将NURBS曲面转换为网格曲面

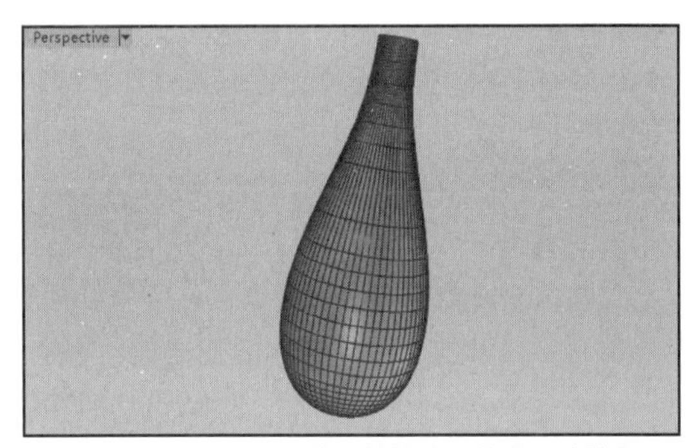

图1-14　将NURBS曲面转换为网格曲面（续）

1.3 Rhino建模的相关术语

在学习Rhino 3D中的工具命令之前，需要先掌握常见术语，这对理解工具各选项有很大的帮助。

1. 非统一有理B样条

Rhino 3D是以NURBS为基础的三维造型软件，通过它创建的一切对象均由NURBS定义。NURBS是Non-Uniform Rational B-Splines的缩写，意思是非统一有理B样条。NURBS是一种出色的建模方式，高级三维软件都支持这种建模方式，相比于传统的网格建模方式，它能够更好地控制物体表面的曲线度，从而创建更为逼真生动的造型。使用NURBS建模造型，可以创建各种复杂的曲面造型，以及特殊的效果，如动物模型、流畅的汽车外形等。如图1-15所示为NURBS建模中常见的各元素。

2. 阶数

一条NURBS曲线有4个重要的参数，分别是阶数（Degree）、控制点（Control Point）、节点（Knot）、评定规则（Evaluation Rule）。其中，阶数是最主要的参数，又称为度数，它的值总是一个整数。这项指数决定了曲线的光滑长度，如直线为一阶、抛物线为二阶等。其中的一阶、二阶说明该曲线的阶数为1或2。

通常情况下，曲线的阶数越高，变现出来的模型越光滑，同时计算所需的时间也越长。所以曲线的阶数不宜设置得过高，满足要求即可，以免给以后的编辑带来麻烦。创建一条直线，将其复制为几份，然后将它们更改为不同的阶数，就可以看出，随着阶数的增加，控制点的数目也会增加。移动这些控制点时会发现，这些控制点所管辖的范围也不尽相同，如图1-16所示。

技术要点：若要更改曲线的阶数，可在曲线编辑工具列中选择变更阶数工具或执行菜单栏【编辑】|【改变阶数】命令来对曲线（或曲面）的阶数进行更改。

3. 控制点

这里需要对控制点与编辑点进行区分。控制点一般在曲线之外，控制点之间的连续在Rhino 3D中呈虚线显示，称为外壳线（Hull），而编辑点位于曲线之上；在向一个方向移动控制点时，控制点左右两侧的曲线随控制点的移动而发生变化，而在拖动编辑点时，它始终会位于曲线之上，无法脱离，如图1-17所示。

在修改曲线的造型时，一般情况下是通过移动曲线的控制点来完成。控制点为附着在外壳线上的点群。由于曲线的阶数与跨距的不同，移动控制点对曲线的影响也不同。移动控制点对曲线的影响程度称为权重（Weight）。如果一条曲线的所有控制点权重相同，则称该曲线为非有理线条，反之，则称为有理线条。

技术要点：控制点的权重可以使用位于点的编辑工具列上的编辑控制点权值工具更改。

4. 节点

增加节点，控制点也会增加，删除节点，控制点也会被删除。控制点与节点的关系如图1-18所示（图中曲线的阶数为3）。

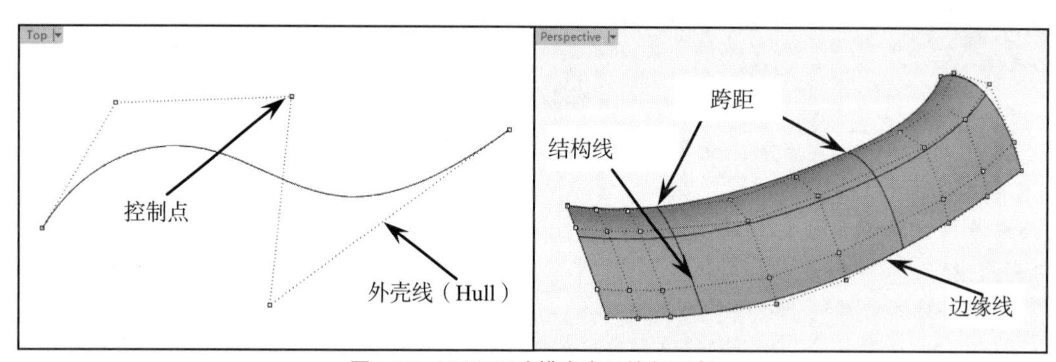

图1-15　NURBS建模中常见的各元素

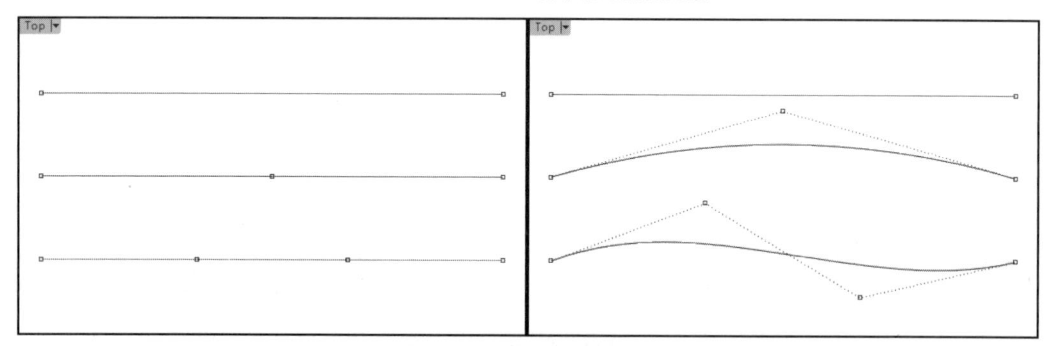

图1-16　阶数对曲线的影响

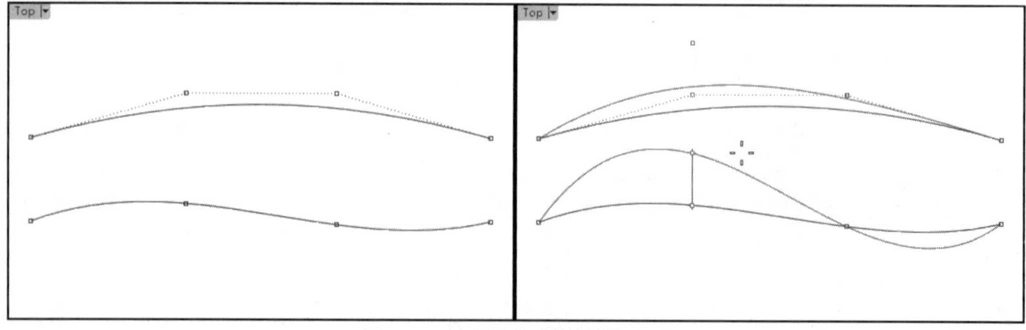

图1-17　控制点与编辑点的区别

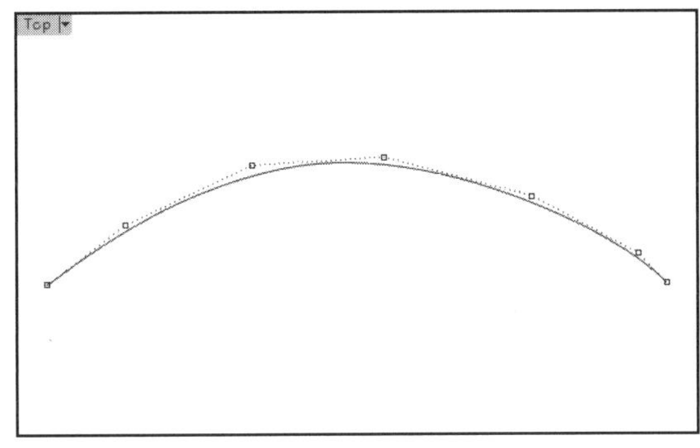

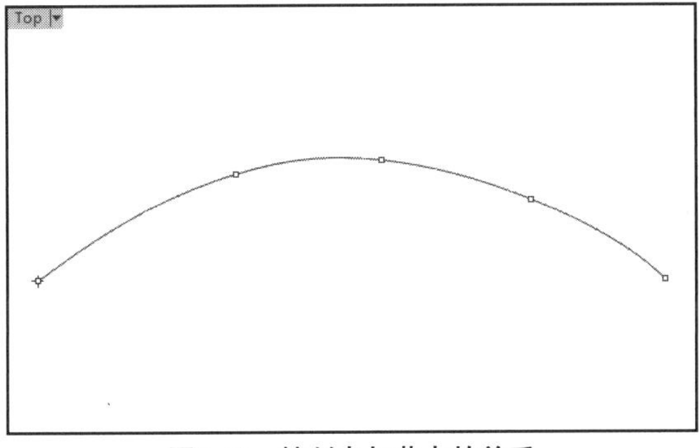

图1-18　控制点与节点的关系

在曲线的创建中，节点显得并不太重要。但是如果以曲线为基础创建一块曲面，曲线节点的位置与曲面结构线的位置要一一对应，如图1-19所示。

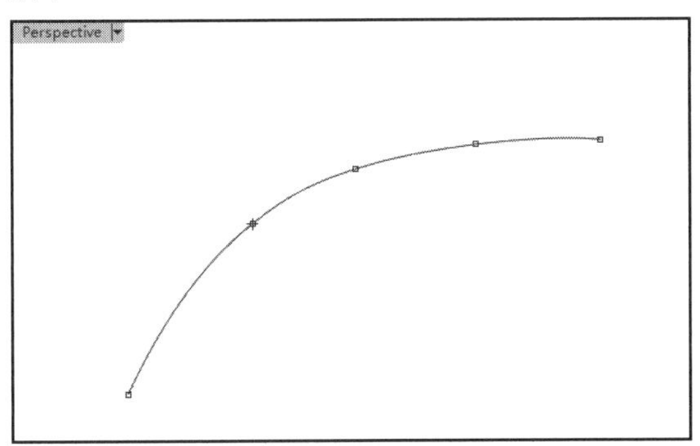

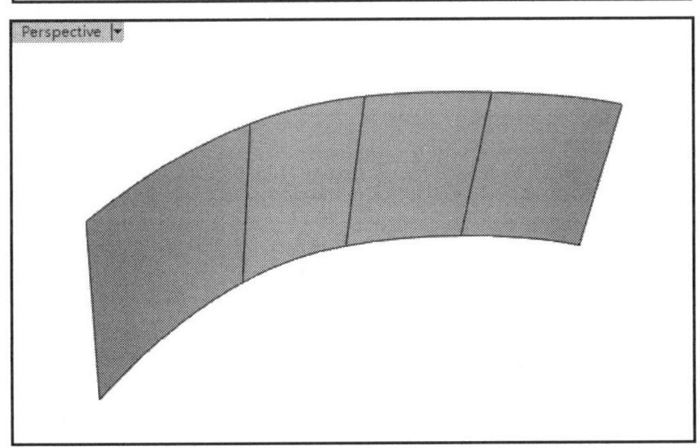

图1-19　节点的位置与曲面结构线的对应关系

> **技术要点：**如果两个节点发生重叠，则重叠处的NURBS曲面就会变得不光滑。当节点的多样性值与其阶数一样时，称为全复节点（Full Multiplicity Knot），这种节点会在NURBS曲线上形成锐角点（Kink）。

1.4 Rhino 6.0软件下载与安装

Rhino 6.0软件可以从Rhino中文官网（https://www.rhino3d.com/download）下载，软件可以试用。如果要长期使用，请购买正版。

Rhino 6.0软件的安装很简单，执行安装软件中的SetupRhino.exe文件，输入序列号，然后按照提示一步一步完成即可。

动手操作——软件安装步骤 

01购买正版的Rhino 6.0软件。

02在软件中找到rhino_zh-cn_6.4.18124.12321.exe安装程序，双击并启动它，打开Rhino 6.0的安装欢迎界面，勾选【我已阅读并同意协议条款以及隐私政策】复选框，如图1-20所示。

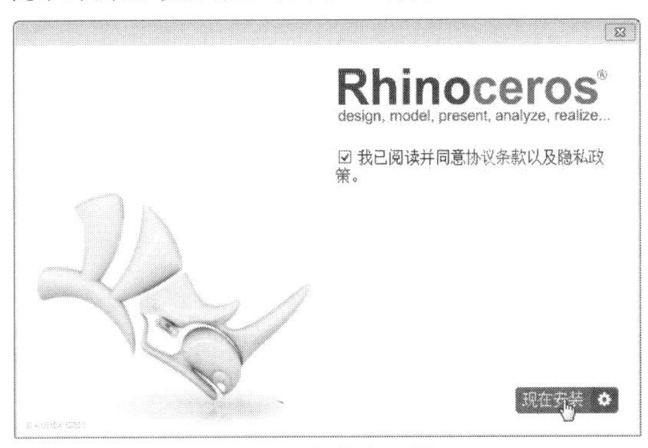

图1-20　安装欢迎界面

03单击【现在安装】按钮，系统会自动完成安装，如图1-21所示。

04安装完成后单击【关闭】按钮，结束安装，如图1-22所示。

05安装完成后，会在桌面上生成一个启动程序的快捷方式图标。双击该快捷方式图标，会弹出授权对话框，如图1-23所示。单击【登录】按钮可以试用，选择其他选项可以授权使用正版。

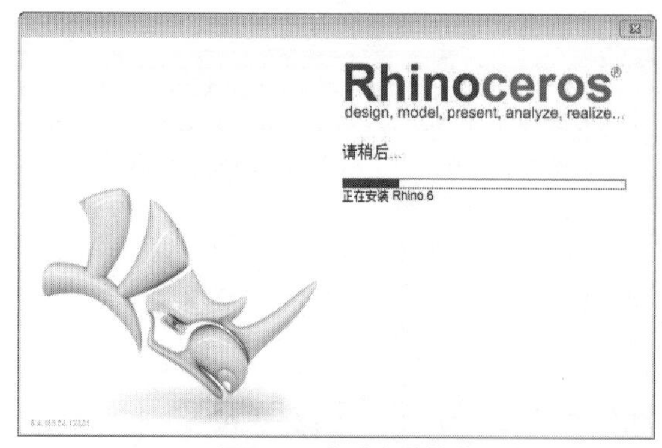

图1-21　自动安装软件程序

图1-22　安装完成

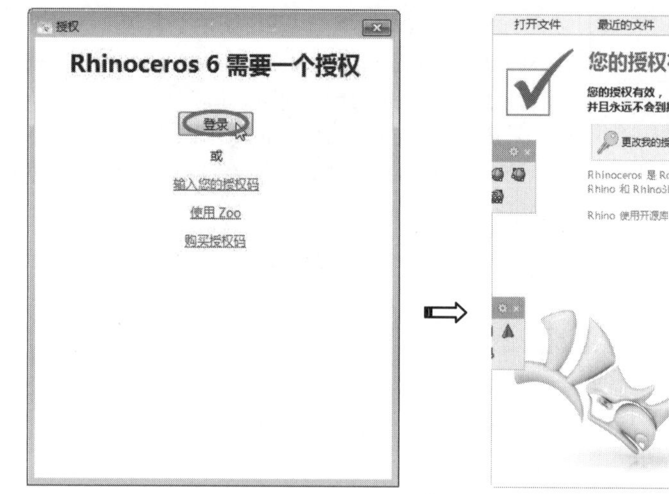

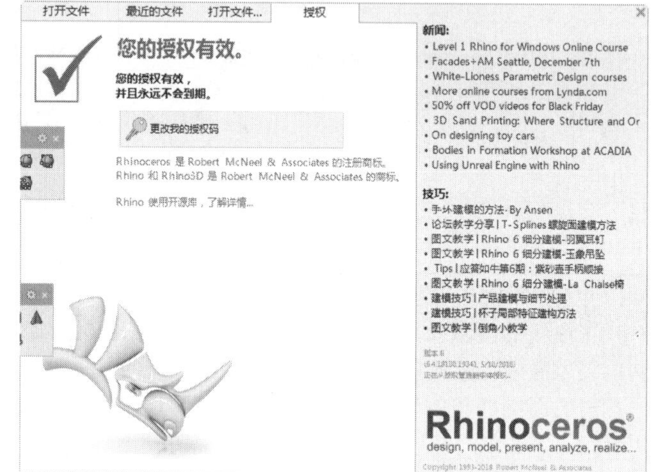

图1-23　Rhino 6.0版的启动界面

1.5 Rhino 6.0工作界面

Rhino 6.0的工作界面由文本命令操作窗口、图标命令面板以及中心区域的4个视图构成（顶视图、前视图、右视图、透视图）组成。用户界面的具体结构如图1-24所示。

1. 菜单栏

菜单栏是文本命令的一种，与图标命令方式不同，它囊括各种各样的文本命令与帮助信息。在操作中，可以直接通过选择相应的命令菜单项来执行相应的操作。

2. 命令监视区

监视各种命令的执行状态，并以文本形式显示出来。

3. 命令输入区

接受各种文本命令输入，提供命令参数设置。命令监视区与命令输入区并称为命令提示行，在使用工具或命令的同时，提示行中会进行相应的更新。

4. 工具列群组

工具列群组汇聚了常用工具，以按钮的形式排列，可以添加或移除工具列。

5. 边栏工具列（简称“边栏”）

在边栏工具列中列出了常用建模命令，包括点、曲线、网格、曲面、布尔运算、实体及其他变动指令。

6. 辅助工具列

辅助工具列的功能类似于其他软件中的控制面板。在选取视图中的物件时，可以在辅助工具列查看它们的属性，分配各自的图层；在使用相关命令或工具时，可以查看该命令或工具的帮助信息。

7. 透视图窗口

透视图窗口（Perspective视图）以立体方式展现正在构建的三维对象，展现方式有线框模式、着色模式等，用户可以在此视图中旋转三维对象，从各个角度观察正在创建的对象。

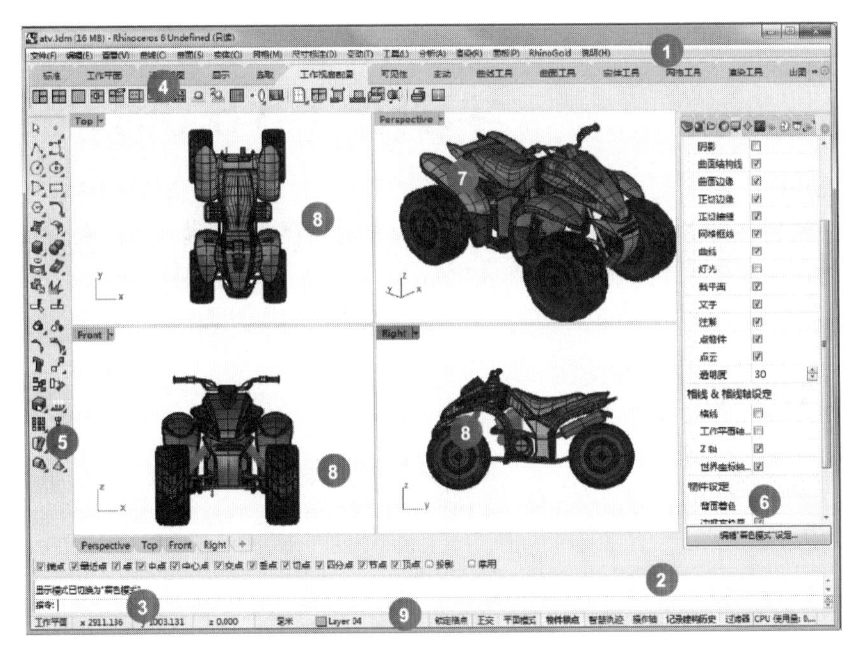

图1-24　Rhino 6.0工作界面

8. 正交视图窗口

3个正交视图窗口（Top视图窗口、Right视图窗口、Front视图窗口）分别从不同的角度展现正在构建的对象，合理地布置分配要创建模型的方位，并通过正交视图窗口更好地完成较为精确的建模。另外，需要注意的是，这些视图窗口在工作区域的排列不是固定不变的，还可以添加更多的视图窗口，如后视图窗口、底视图窗口、左视图窗口等。

技术要点：透视图窗口和3个正交视图窗口组成“工作视窗”。

9. 状态栏

状态栏主要用于显示某些信息或控制某些项目，包括锁定格点、正文、平面模式、物件锁点、记录构建历史等。

第2章

02 学习Rhino 6.0的关键第一步

模型的数据管理与界面环境的配置是入门的第一步，每一款软件都有独特的文件导入与导出规则。有了一定的软件使用基础之后，可以按照自己的一些习惯和行业标准，对软件进行界面配置。希望通过本章的学习，能对Rhino软件有初步的认识。

项目分解

- Rhino模型与数据管理
- Rhino 6.0环境设置
- 图层的建立与操作
- 对象捕捉设置

2.1 Rhino模型与数据管理

Rhino是NURBS曲面建模软件，用它创建的模型都是NURBS模型，但并不是都以NURBS方式输出模型。为了加强该软件与其他建模软件的数据兼容性，便于进行数据交换，Rhino提供了多种数据转换格式。

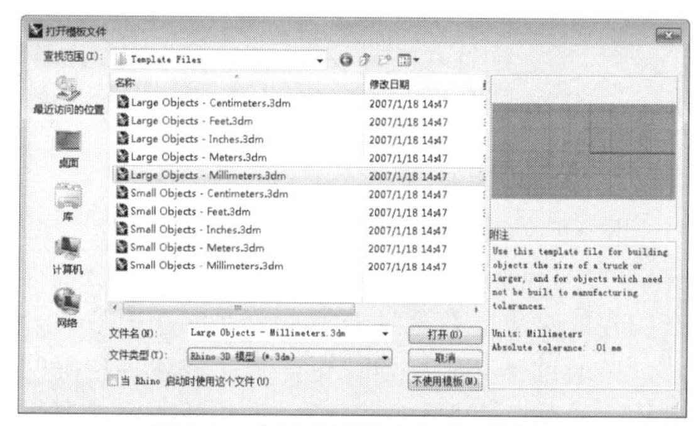

图2-1 【打开模型文件】对话框

2.1.1 Rhino模型的输入与输出

1. Rhino模型的输入

Rhino模型的输入有两种方式，分别是打开文件或导入文件。

1）新建模型文件

单击【标准】标签中的【新建】按钮，会弹出“打开模型文件”对话框，选择一个模板，然后在“文件名”输入文件名（也可不输入，用默认文件名），再单击【打开】按钮，如图2-1所示。如果有文件编辑后未保存，则软件会弹出提示是否保存原来的文件的对话框，可以选择“是”“否”或“取消”。

2）打开文件

单击【标准】标签中的【打开】按钮，可以打开一个保存过的文件，继续对其进行编辑，如图2-2所示。

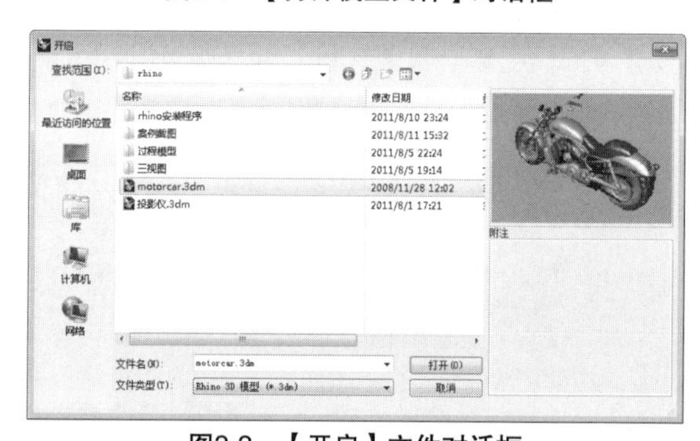

图2-2 【开启】文件对话框

3）导入文件

可以将其他类型的模型或大型模型的其他组成部分导入一个文件里进行组装或编辑。在菜单栏中执行【文件】|【导入】命令，弹出【导入】对话框。在路径中选择待导入的其他软件生成的模型即可。Rhino支持导入的文件类型很多，在【导入】对话框中的【支持的文件类型】下拉列表中可以查看，如图2-3所示。

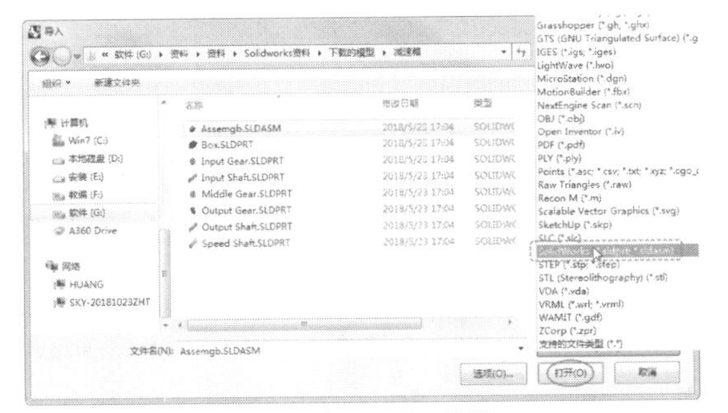

图2-3 【导入】对话框

在Rhino中，可以依次导入多个文件。由于建模坐标系与Rhino软件版本的不同，在模型导入的过程中，会弹出提示对话框，如图2-4所示，需要为导入的模型设置导入选项。

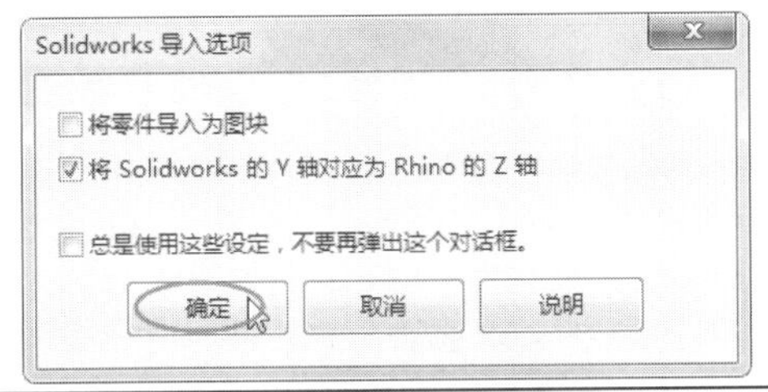

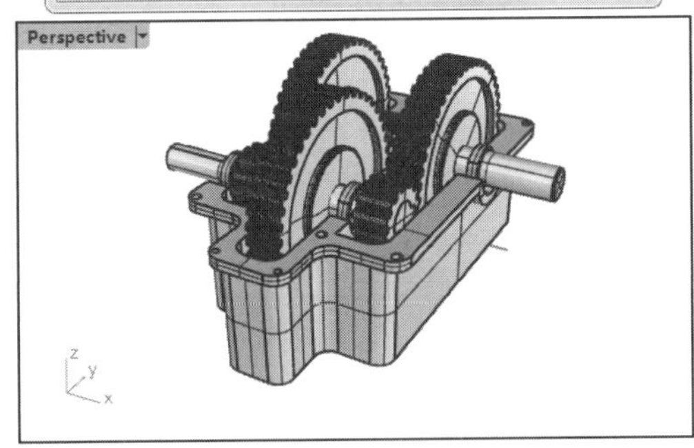

图2-4 导入选项的设置

2. Rhino模型的输出

Rhino模型的输出有两种方式，分别是保存与导出。

1）保存或另存为

单击【标准】标签中的【储存文件】按钮，可以将正在编辑的模型输出保存到电脑中。如需以另外一个文件名或文件类型保存到另外的路径，可以在菜单栏中执行【文件】|【另存为】命令，此时会弹出【储存】对话框，如图2-5所示。选择模型输出保存的路径，然后在【文件名】文本框中输入文件名（也可用默认文件名），最后单击【保存】按钮即可。

2）导出

右击【标准】标签中的【储存文件】按钮，可以执行【导出】命令。导出的操作方法与导入类似，在此不再一一讲解。Rhino可以将某个或多个物体或曲线导出，该功能非常方便。

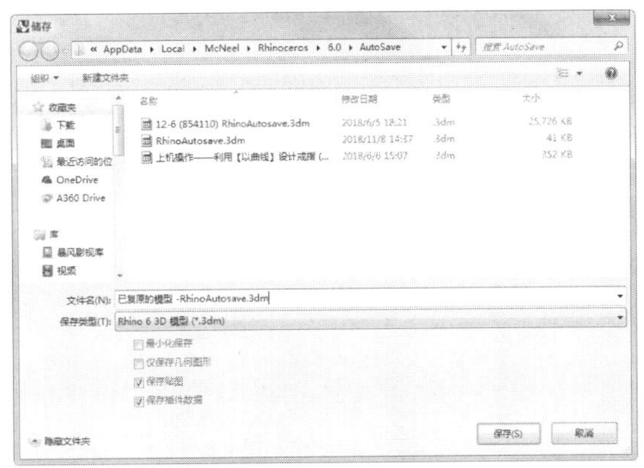

图2-5 【存储】对话框

2.1.2 Rhino与其他软件的数据交换

在Rhino中输出模型时，要根据不同软件的具体情况决定模型输出方式。

例如，3ds Max和Maya 3D都同时支持NURBS和Polygon，但是NURBS在3ds Max中运行的效率远不如Polygon，并且3ds Max输入NURBS的速度也很慢，在输入复杂的模型时表现得特别明显。相比之下，Maya 3D对NURBS的支持就比3ds Max好多了，以NURBS方式输出，可以充分发挥NURBS在Maya 3D中的各种优点。

Rhino支持的文件格式达20多种，下面重点介绍Rhino与常用软件之间的数据交换。

1. 与3ds Max的数据交换

从Rhino中输出的模型，可以选用插件方式和非插件方式导入3ds Max中。3ds Max中必须装有交换文件的插件，才能进行文件交换，常见插件有Rhino Import和Power Solid Translator。这里重点讲解非插件方式。

非插件方式导入模型的方法，主要依据导入文件的不同格式来分类。

动手操作——导出3ds格式文件

3ds格式文件属于多边形模型，在Rhino中需要把NURBS模型先转为Polygon Mesh网格物体。

01 打开本例源文件“耳机.3dm”。选择要导出的物体，右击【储存文件】按钮，在【导出】对话框中的【保存类型】下拉列表中选择“*.3ds”格式，输入文件名“耳机”后单击【保存】按钮。

02 弹出【网格选项】对话框，如图2-6所示，设置转化成多边形网格物体的参数，滑动调节杆，可以产生不同精度的多边形网格物体。

图2-6　【网格选项】对话框

03 Rhino 6.0设置了【预览】功能，可以非常方便地提前预览转化后模型的网格面，如图2-7所示。

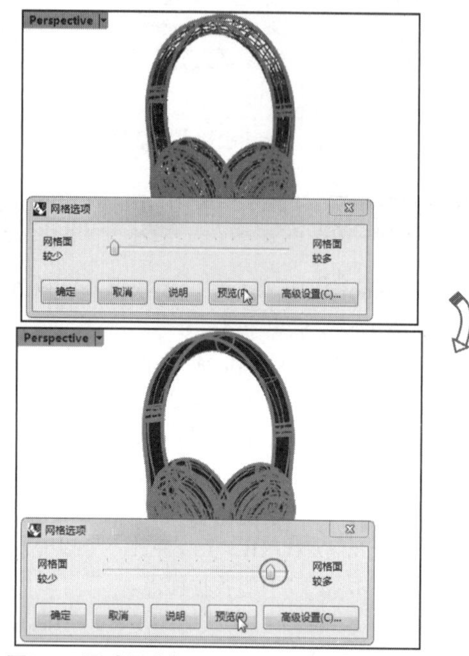

图2-7　滑动调节杆，不同网格面选择的对比

04 单击对话框中的【高级设置】按钮，会弹出【网格详细设置】对话框。在该对话框中，用户可以对多边形的网格进一步细分和调整，如图2-8所示。设置参数后，即完成了模型的转化输出。

05 在3ds Max中，执行【文件】|【导入】命令，选择3ds格式文件就可以输入模型了。

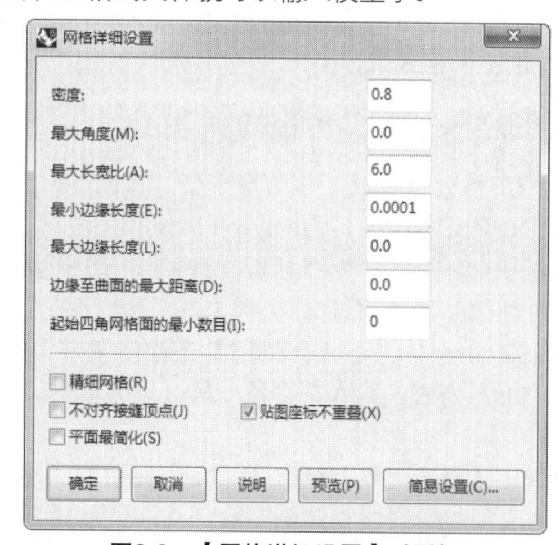

图2-8　【网格详细设置】对话框

技巧点拨

很多初学者的最大烦恼是输出为多边形网格物体时，网格面数会非常多，这样的模型导入其他软件时，运行速度将会很慢，文件也会变得相当大。这里介绍一个可以实现较高的显示精度且不会产生太多面数的参数设置方法。

这种优化的参数设置必须在【网格详细设置】对话框中完成，而不是采用默认的滑杆调节方式。

其中，【最大角度】是绝对数值，它不会随着模型的大小变化而改变转化精度，而【最小边缘长度】和【边缘至曲面的最大距离】是相对数值，模型的尺寸越小，转化精度就越低，产生的面数就越少。因此，这两个参数需要根据模型的大小进行设置。

一般来说，它们的大小为模型的1/1000时，显示精度已经基本可以达到很平滑，而且面数也不会过多，属于最优的参数设置。另外，如果对优化参数设置得到的模型的精度还不是很满意，不要继续通过降低【最小边缘长度】和【边缘至曲面的最大距离】的参数值来提高精度，可以通过增大【起始四角网格面的最小数目】的参数值来增加多边形网格的模型精度。【起始四角网格面的最小数目】是指把每个单独的NURBS曲面进行细分的最小值，因此通过该参数可以很严格地控制面数的增长率。对于其他参数值来说，即便是细微的改变，也会带来不可预测的数量变化。在复杂的模型中，【起始四角网格面的最小数目】的参数值与模型中所有单一曲面的面数的乘积，和转化后的面数相差不会太大。

2. 与AutoCAD的数据交换

与AutoCAD进行数据交换时，也需要转化为多边形网格物体，然后在AutoCAD中导入dwg格式和dxf格式的文件。

动手操作——Auto CAD软件的dwg格式和dxf格式

01 在Rhino中把模型按材料进行分类，然后赋予不同的图层，如图2-9所示。

02 选中耳机模型，右击【储存文件】按钮，在弹出的【导出】对话框中选择保存类型为“*.dwg”格式或“*.dxf”格式，输入文件名为“耳机”后单击【保存】按钮。

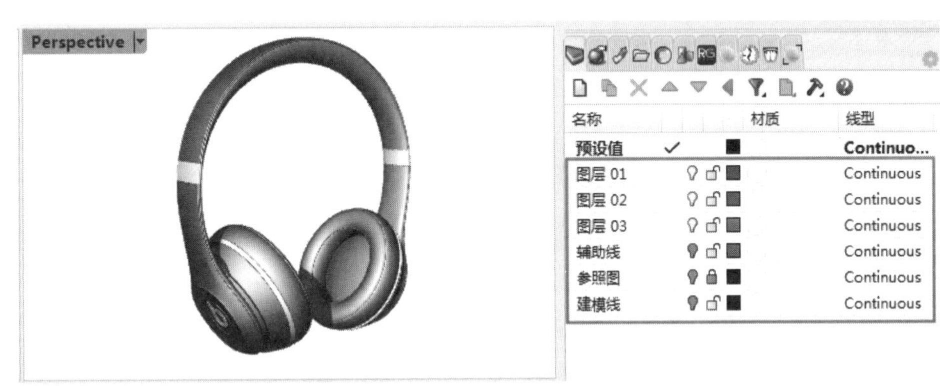

图2-9　对模型进行分类并建立图层

03弹出【DWG/DXF导出选项】对话框，在【导出配置】下拉列表中选择【2004实体】选项，如图2-10所示。

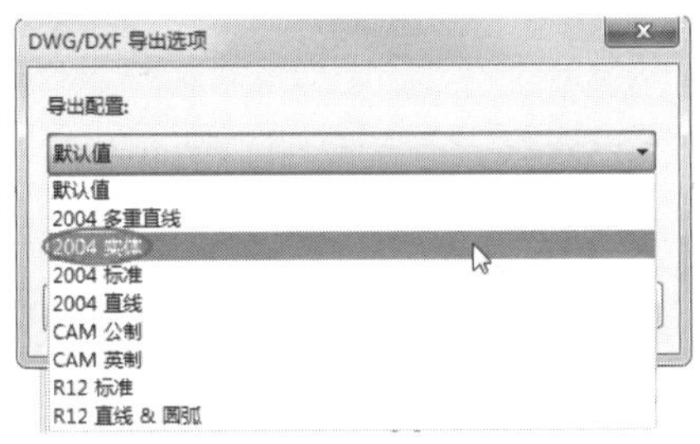

图2-10　设置导出选项

04单击【编辑配置】按钮，弹出【AutoCAD导出配置】对话框，如图2-11所示，可以设置CAD的版本，以适应不同版本的CAD读取文件。如果即将输入的模型适用于所有CAD版本，可以不做任何变动，按照默认设置输出。

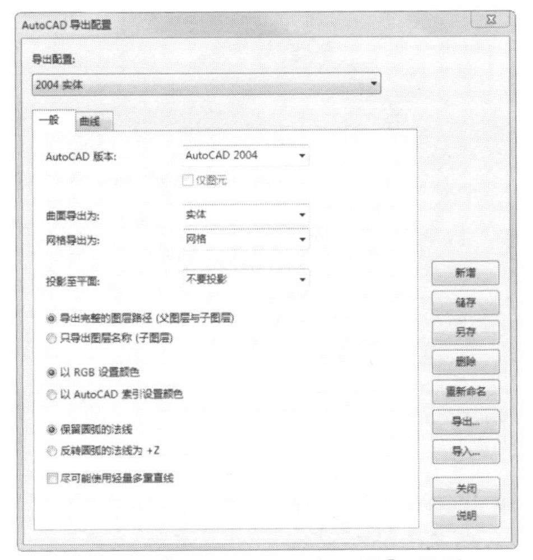

图2-11　【AutoCAD导出配置】对话框

技术要点：采用dwg格式输出的模型导入AutoCAD时，可以保留Rhino中的图层信息，包括图层的名字和颜色，这样有助于材质表现。

3. 与三维工程软件的数据交换

Iges格式的文件为三维工程软件（如UG、Creo、Solidwoeks等）通用的曲面文件格式。

采用Iges格式导入模型，可以保持NURBS模型的所有特性，并且可以导入在Rhino中绘制的曲线，这是它最大的优点。但是以Iges格式导入的模型的曲面和曲面之间不能消除缝隙，而在Rhino中，可以通过执行【结合】命令来消除缝隙。

2.2 Rhino 6.0环境设置

初次运行Rhino，有些与Rhino的使用息息相关的选项需要首先设置，其他对工作的影响不大的选项采用默认设置即可。

执行菜单栏中的【工具】|【选项】命令，将弹出【Rhino选项】对话框，如图2-12所示。

图2-12　【Rhino选项】对话框

2.2.1 设置文件属性

1. 单位与公差

在Rhino中，可以根据设计者的需要，灵活地更改度量单位。绝对公差影响建模的准确程度，用户可以根据建模准确程度的要求调整绝对公差的数值。此外，还有相对公差、角度公差等选项，根据设计需要，灵活调整即可，如图2-13所示。

2. 尺寸标注

在此选项区域中，用户可以设置字型、数字格式、尺寸标注箭头、标注引线箭头、文字对齐方式等项目，在绘制平面图时，必须进行相应设置，如图2-14所示。

3. 格线

【格线属性】选项区域用于控制视图中格线的外观，用户可以通过修改相应的参数，控制视图中格线的展现方式，如图2-15所示。

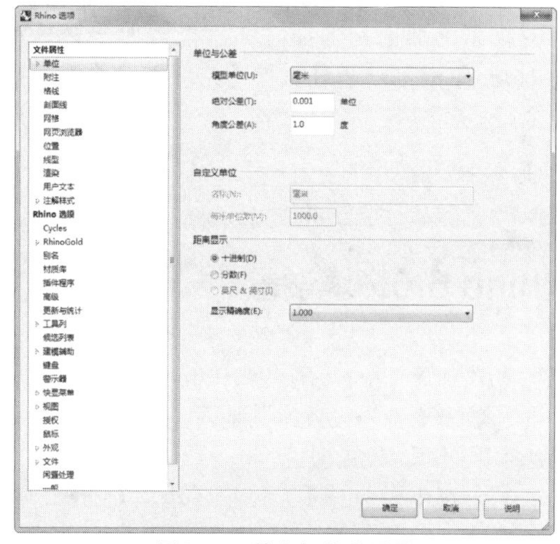

图2-13 单位与公差设置

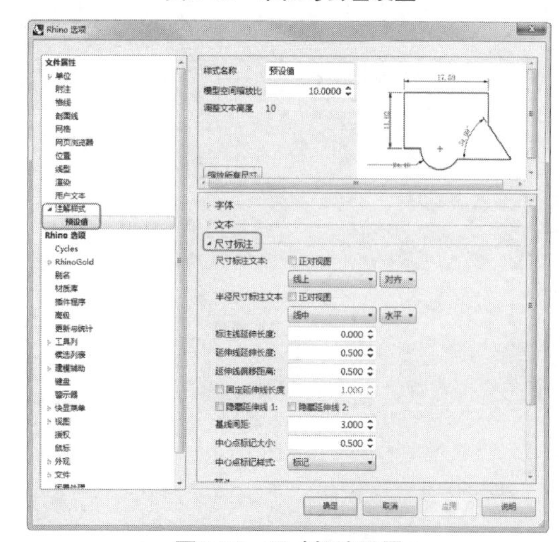

图2-14 尺寸标注设置

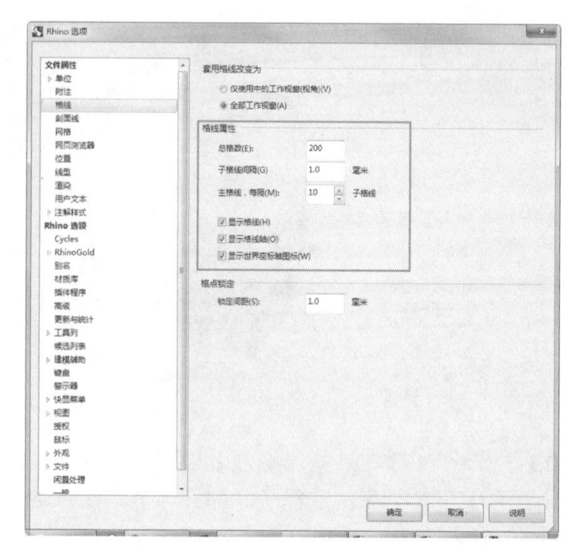

图2-15 格线设置

默认状态下，视图中的格线是显示的，若取消【显示格线】复选框的勾选，将会在视图中隐藏格线，如图2-16所示。

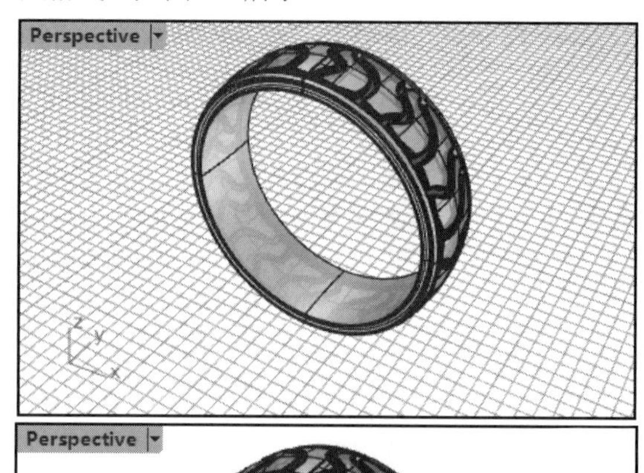

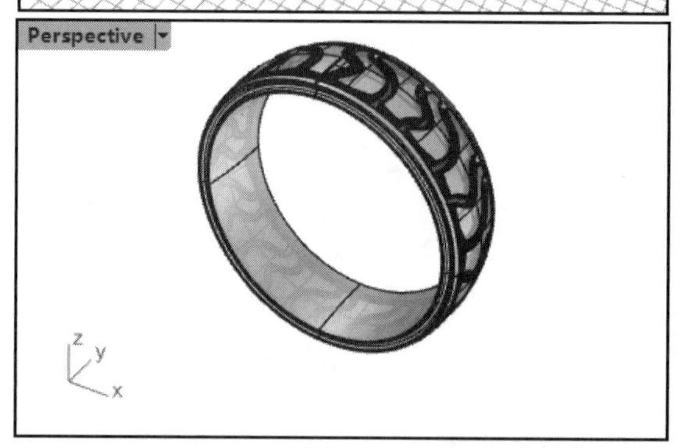

显示格线(H)　显示格线(H)

图2-16 格线的显示与隐藏

如果不需要在视图中显示格线轴（其实就是工作坐标系中的参考轴）和世界坐标系，可以取消【显示格线轴】复选框和【显示世界坐标轴图标】复选框的勾选，如图2-17所示。

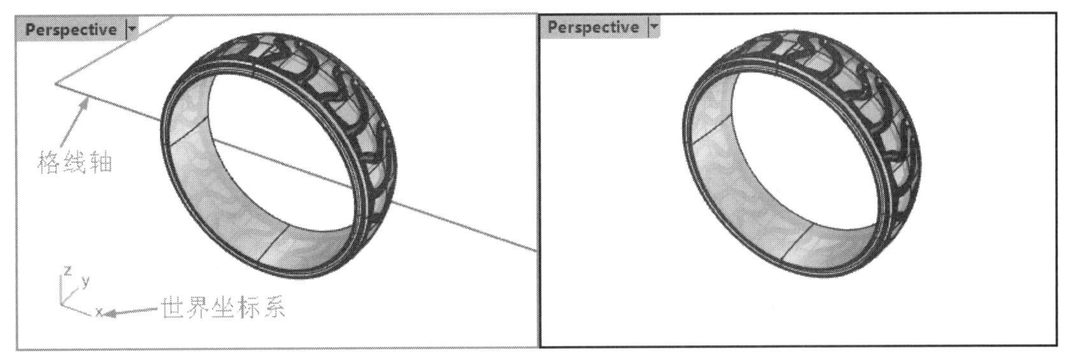

图2-17　格线轴与世界坐标系的显示与隐藏

显示与隐藏格线轴与世界坐标系的更便捷的操作方式是在视图右侧的【显示】面板中设置格线与格线轴的选项，如图2-18所示。

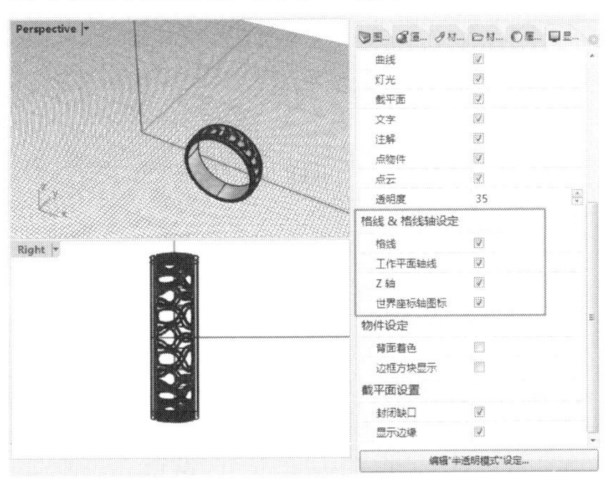
图2-18　在【显示】面板中控制格线与格线轴的显示与隐藏

图2-19　默认字体为中文简体

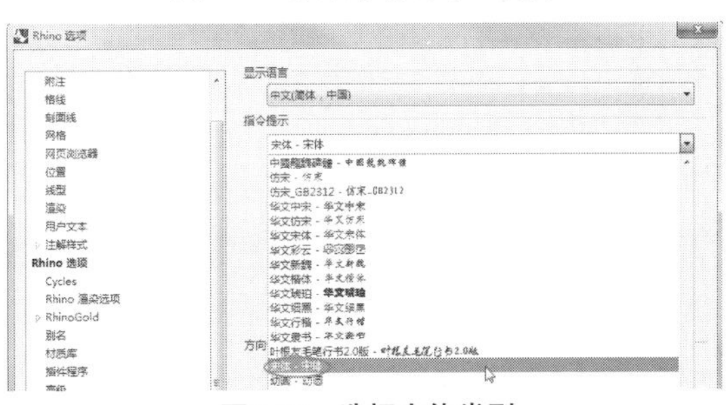
图2-20　选择字体类型

2.2.2　设置Rhino选项

1. 外观设置

在Rhino中，可以更改提示窗口的文字大小、文字颜色、背景颜色等，如图2-19所示。

动手操作——外观设置

01软件的界面语言默认为中文简体。如果需要修改界面文字，可以在【指令提示】下拉列表中选择字体类型，如图2-20所示。

02选择字体类型后，可在【文字大小】【背景颜色】【文字颜色】【文字暂留色】等选项中修改常用选项，如图2-21所示。

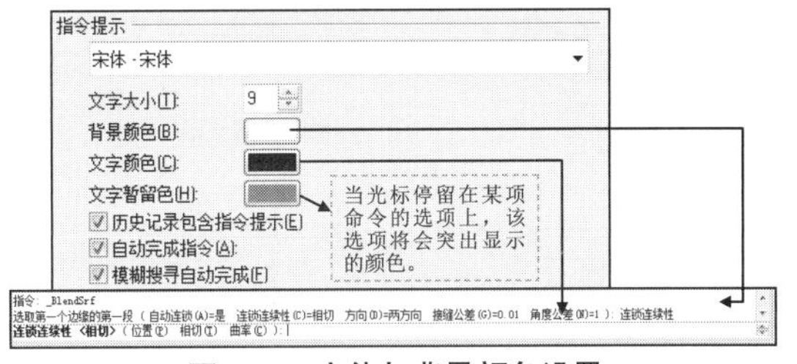

图2-21　字体与背景颜色设置

技术要点：在Rhino中，可以调整界面的颜色，如工作视窗颜色，在各选项右侧的色块上单击即可修改颜色，如图2-22所示。

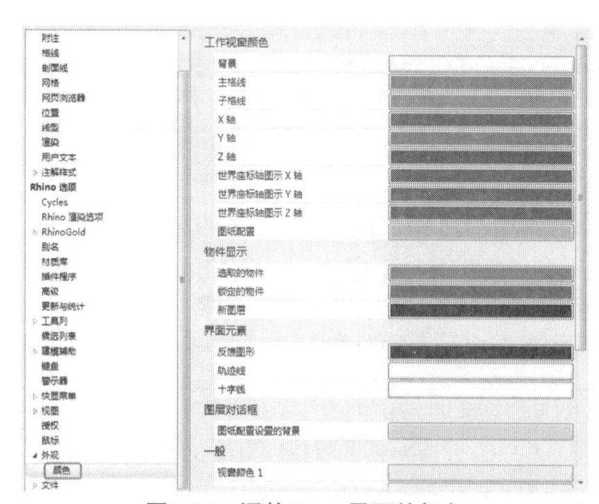

图2-22　调整Rhino界面的颜色

2. 视图显文模式设置

动手操作——视图显示模式的设置

01在工作视窗左上角的视图控制菜单中，有多种显示模式可供选择。这些显示模式有助于观察模型，如图2-23所示。

> **技术要点：**如图2-23所示的显示模式可能与Rhino初始的显示模式不同，因为这些是修改过的显示模式。下面以着色模式为例介绍如何新建着色模式。

02在【Rhino选项】对话框左侧选项栏中展开【视图】选项，单击【显示模式】选项，可以在右侧的区域中看到各种显示模式，如图2-24所示。

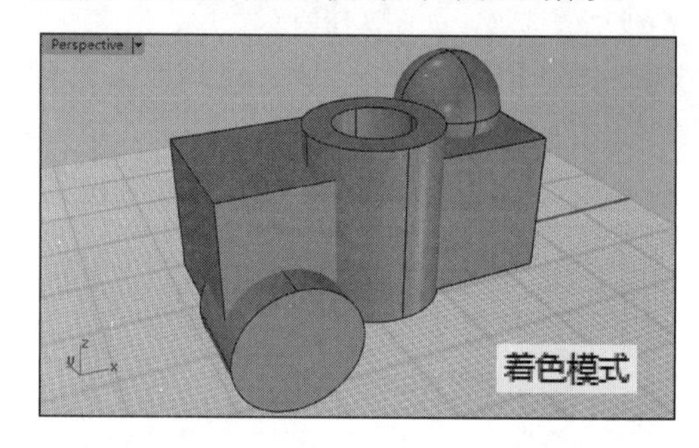

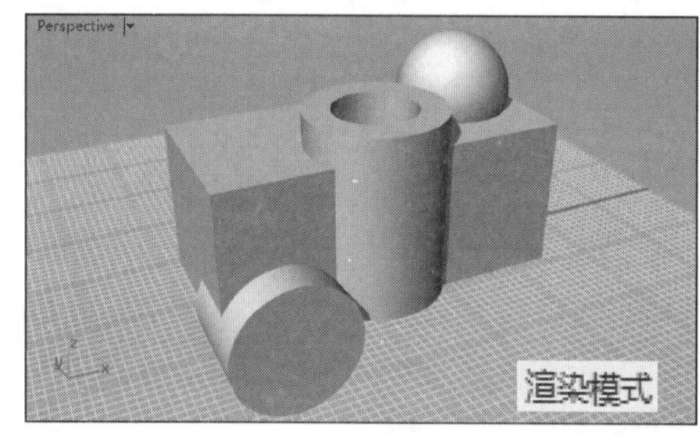

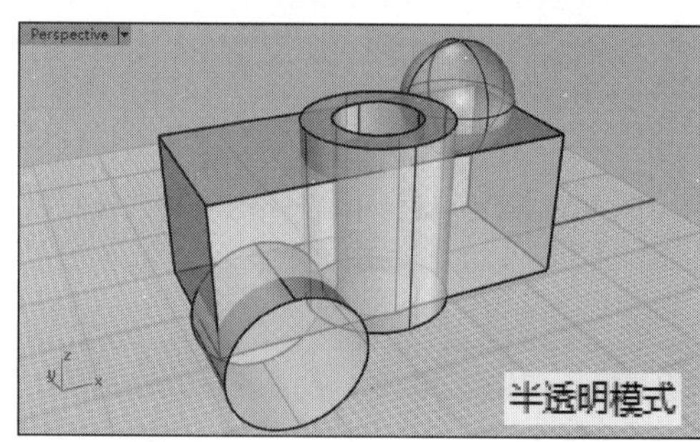

图2-23　各种不同的显示模式

图2-24　Rhino的显示模式

03选中列表中的“着色模式”，再单击对话框底部的【复制】按钮，可复制得到一个与所选着色模式完全相同的新模式，如图2-25所示。

图2-25　复制着色模式

04将复制得到的模式重新命名为“阴影着色模式”，通过对背景、着色颜色与材质等选项的重新定义，完成自定义模式的创建，并将模式应用到当前视图中，如图2-26所示。

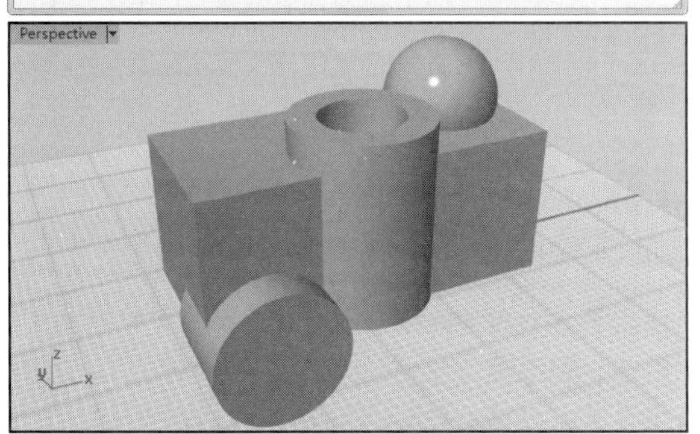

图2-26　使用自定义的模式

05在【工作视窗设置】选项区域，将【背景】设置为【单一颜色】，然后在下面的背景颜色中选择一个合适的颜色，单击【确定】按钮，此时处于着色模式下的工作视窗将会发生同步变化，如图2-27所示。

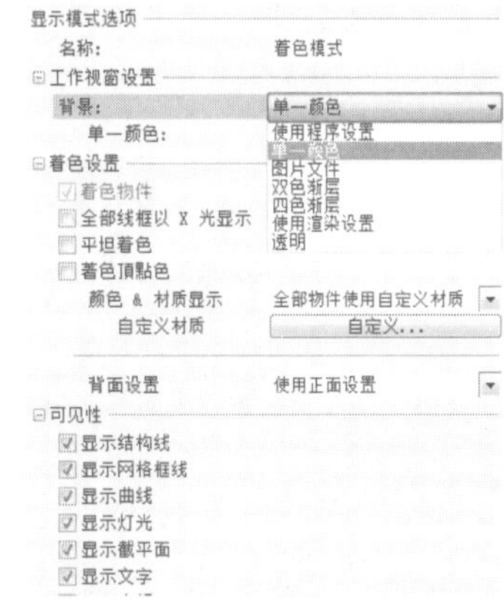

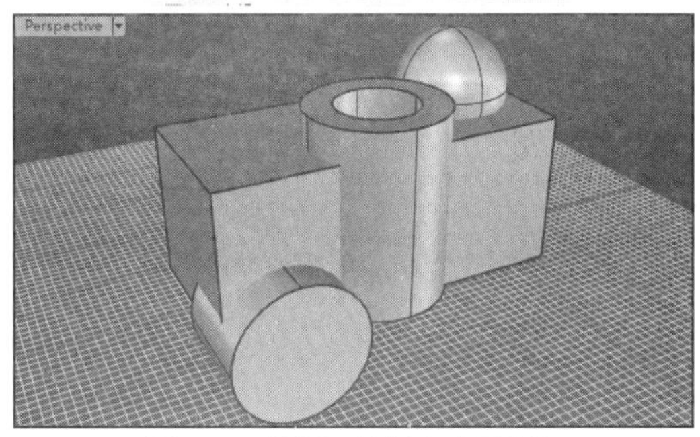

图2-27　设置工作视窗背景颜色

06在【着色设置】选项区域，将【颜色&材质显示】选项设置为【全部物件使用单一颜色】，将【光泽度】设定为100，并将【单一物件颜色】调整为合适的颜色，如图2-28所示。

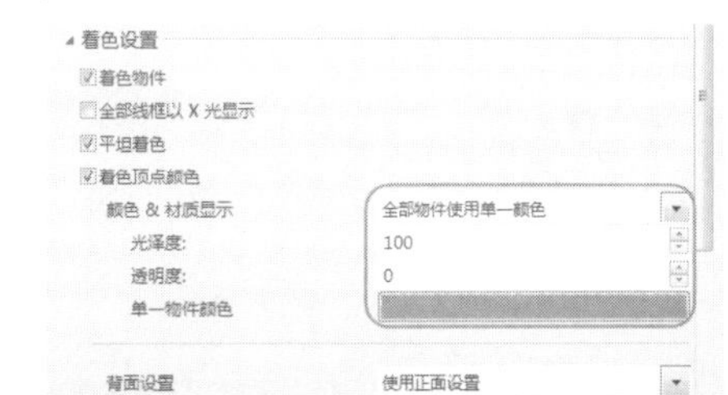

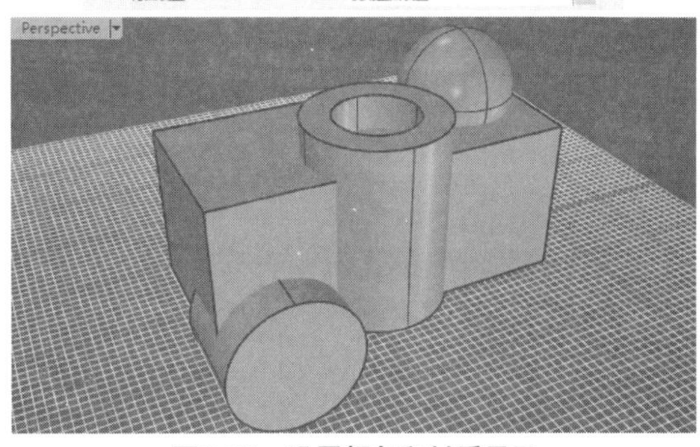

图2-28　设置颜色和材质显示

07在Rhino中，曲面有正面与背面之分。在一般情况下，需要通过分析工具来判定曲面的方向。在【着色设置】选项区域的【背面设置】下拉列表中选择【全部背面使用单一颜色】选项并进行相关设置，可以很好地区分曲面的方向。当然，选择其他选项也可以达到同样的效果，只是有视觉差别。默认情况下，选择【使用正面设置】选项，如图2-29所示。

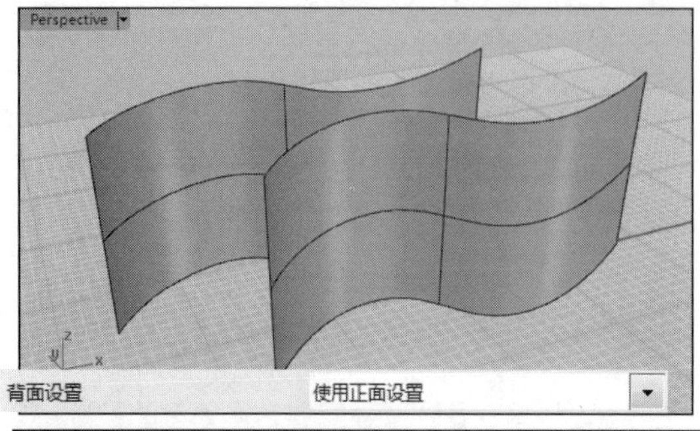

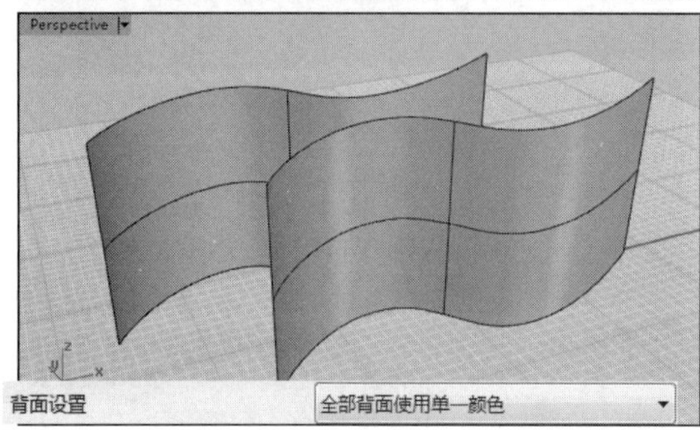

图2-29　背面设置

> **技术要点：**选择【视图】|OpenGL选项，将【反锯齿】设置为【4x】或【8x】，可以使模型的显示更平滑，如图2-30所示。

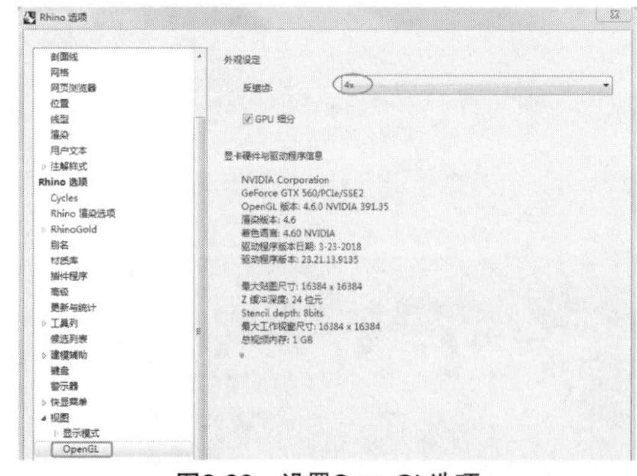

图2-30　设置OpenGL选项

【Rhino选项】对话框中关于Rhino界面及参数设置的其他选项不再一一介绍。

2.3 图层的建立与操作

图层用来组织物件，可以同时对一个图层中的所有物件做同样的改变。例如，关闭一个图层可以隐藏该图层中的所有物件；可以改变一个图层中所有物件的显示颜色；可以一次选取一个图层中的所有物件。在组织复杂场景的时候，图层能够更方便地编辑物体。很多软件都有图层管理功能，如Maya、Alias、AutoCAD等。

打开Rhino软件，在【标准】标签中单击【切换图层面板】按钮，在视图右侧的设置面板中显示【图层】面板，如图2-31所示。用户可以使用其中的工具管理模型的图层。

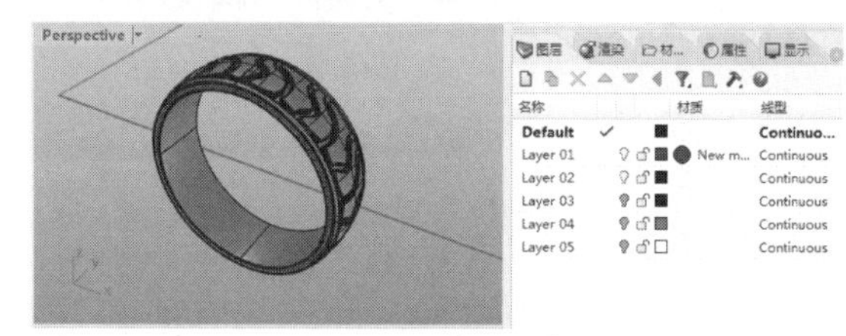

图2-31　显示【图层】面板

动手操作——图层的操作

01打开本例源文件shaozi.3dm，先选择全部物体，然后单击【标准】标签中的【隐藏物件】按钮，把场景中的物体隐藏起来。

02单击【标准】标签中的【切换图层面板】按钮，打开【图层】面板，发现图层全都处于关闭状态。

03单击【图层】面板中的图标，图标变为，依次打开关闭的图层，这时场景中出现了各色曲线和物体，如图2-32所示。

04双击不同的图层名称（如 Layer 03 ），则会在该名称后出现“√”，表明该图层处于正在编辑状态，不能被关闭和锁定。

05单击图标，可以重新定义图层的颜色，不同图层中的物体所显示的颜色是与该图层颜色一一对应的。图层的色彩定义上要有一定的差异，以便更好地观察模型。

06单击图标，可以锁定或打开图层。图层被锁定后，该图层中物体可见，但不能被编辑。

> **技术要点：**场景中的物体要尽量合理分配到各图层，图层命名和颜色定义要清晰明了，方便模型下游数据的传输。

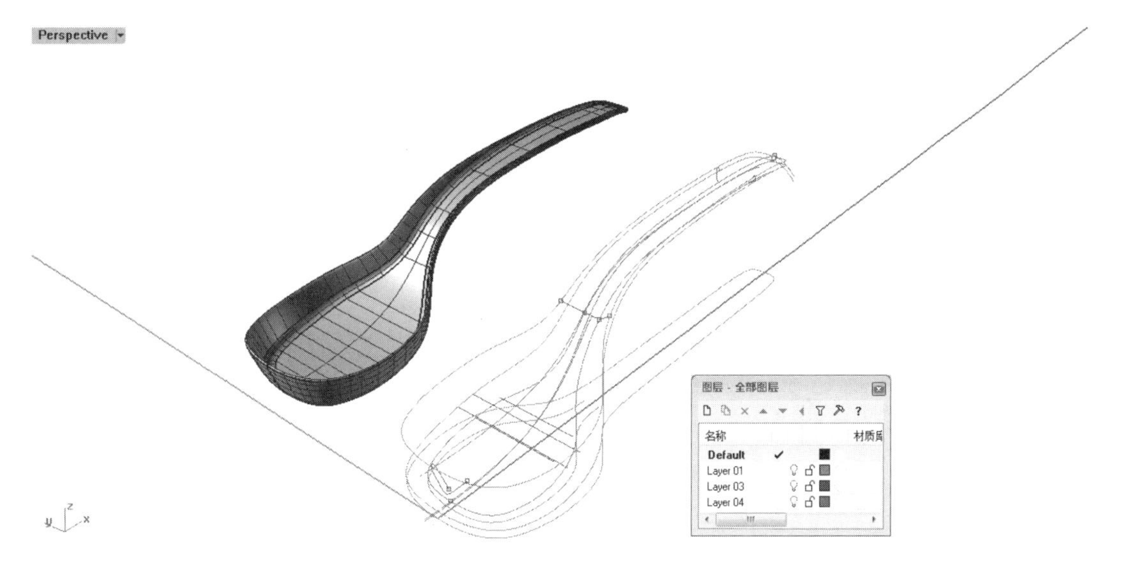

图2-32 勺子模型的构造曲线

下面就图层管理其他工具进行说明，如表2-1所示。

表2-1 图层管理命令

功能	说明	按钮
新图层	新图层以递增的尾数自动命名，可以使用右键快捷菜单、选取一个图层并单击图层名称、按F2 键的方式编辑图层名称，在图层名称反白后即可输入新的图层名称	
新子图层	在选取的图层之下建立子图层	
删除	删除一个无用的图层，删除时如果有物件位于要删除的图层中，会弹出警告	
上移	将选取的图层在图层列表中往上移	
下移	将选取的图层在图层列表中往下移	
上移一个父图层	将选取的子图层移出它的父图层	
过滤器	当一个模型有非常多的图层时，图层列表不易管理。可以使用图层过滤器控制图层在列表中的可见性，目前使用的过滤方式会显示在对话框的标题列。过滤器选项有全部图层、打开的图层、关闭的图层、锁定的图层、未锁定的图层、有物件的图层、没有物件的图层、选取的图层、已过滤的图层、自订过滤条件	
工具	【工具】各选项功能说明如下。 全选：选取图层列表中的所有图层 反选：反向选取图层，对调已选取和未选取图层的选取状态 选取物件：选取要改变图层的物件 选取物件图层：选取物件所在的图层 改变物件图层：移动物件到选取的图层 复制物件至图层：复制物件到选取的图层 全部折叠：隐藏所有子图层 全部展开：显示所有子图层	

2.4 对象捕捉设置

在Rhino中建模时，使用捕捉设置可以提高建模的精度。当Rhino提示指定一个点时，可以打开不同的物件锁点方式，将光标标记锁定到已存在的物件的某一点。所有物件锁点方式的特性都类似，但是可以锁定物件的不同位置。

在状态栏中单击【物件锁点】选项，开启【物件锁点】工具列，可查看常用的物件锁点，如图2-33所示。

启用物件锁点时，将光标移动到物件的某个可以锁定的点附近，标记会吸附到某个点上。物件锁点可以持续使用，也可以单次使用。

【物件锁点】工具列中各捕捉选项的详细说明如表2-2所示。

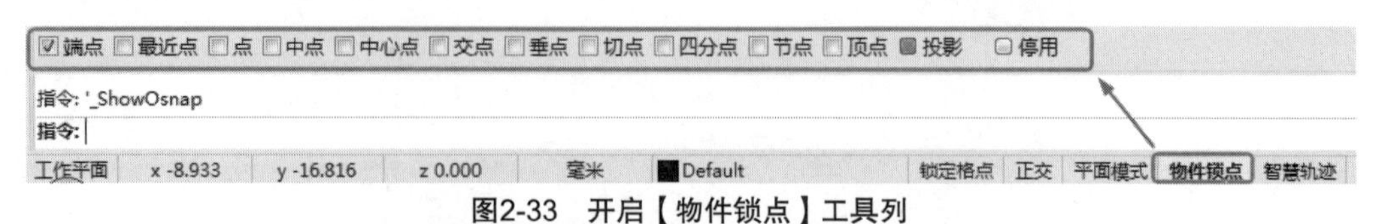

图2-33　开启【物件锁点】工具列

表2-2　【物件锁点】工具列中各捕捉选项说明

捕捉选项	说明	按钮
端点	激活该选项时，当光标移动到相应曲线或曲面边缘的端点附近，光标将自动捕捉到该曲线或曲面边缘的端点。封闭曲线或曲面的接缝也可以作为端点被捕捉到	
最近点	激活该选项时，光标可以捕捉到曲线或曲面边缘上的某一点	
点	激活该选项时，光标捕捉到点或物体的控制点、编辑点	
中点	激活该选项时，光标捕捉到曲线或曲面边缘的中点	
中心点	激活该选项时，光标捕捉到曲线中心点，一般限于用圆、椭圆或圆弧等工具所绘制的曲线	
交点	激活该选项时，光标捕捉到曲线或曲面边缘间的交叉点	
垂点	激活该选项时，光标可以捕捉曲线或曲面边缘上的某一点，使该点与上一点形成的方向垂直于曲线或曲面边缘	
切点	激活该选项时，光标可以捕捉曲线上的某一点，使该点与上一点形成的方向与曲线正切	
四分点	激活该选项时，光标可以捕捉到曲线的1/4点，是曲线在工作平面中X、Y轴坐标最大值或最小值的点，即曲线最高点	
节点	激活该选项时，光标可以捕捉曲线或曲面边缘上的节点。节点是B-Spline多项式定义改变处的点	
顶点	激活该选项时，可以锁定网格对象中的网格顶点	
投影	激活该选项时，所有的锁点都会投影至当前视图的工作平面上，透视图会投影至世界坐标系的xy平面	
停用	激活该选项时，将暂时停用所有的锁点捕捉	

专家提示： 使用“物件锁点”工具列时，通常可以同时激活多个选项，方便建模操作。灵活运用捕捉工具可大幅度提升建模效率。

单击【标准】标签中的【显示物件锁点工具列】按钮，打开【物件锁点】工具列，如图2-34所示。此工具列中还包括一些高级的捕捉选项。

图2-34 【物件锁点】工具列

【物件锁点】工具列的高级捕捉选项的详细说明如表2-3所示。

表2-3 【物件锁点】工具列高级捕捉选项说明

捕捉选项	说明	按钮
基准点	用于捕捉来自于物体的点。与其他的物体捕捉不同，它是先设置一个垂直于曲线的基点，通过距离控制和角度控制来绘制图形	
相切起点	用于捕捉与选择曲线相切方向的任意点	
垂直起点	用于捕捉与选择曲线垂直方向的任意点	
沿着直线	先通过设置两点确定一条方向性的射线（不可见），然后捕捉该射线上的任意点	
沿着平行线	用于捕捉与指定平行线平行的任意点	
两点间	用于捕捉两点间的任意点	
曲线点	用于捕捉被选择曲线上的任意点	
曲面上	用于捕捉被选择曲面上的任意点	
多重曲面上	用于捕捉多重曲面上的任意点	
切换投影至工作平面	把物体锁定并投射到当前工作平面上。默认是关闭状态，当它被打开时，所有捕捉锁定都限制在当前的视图平面上	
锁定间距	以Rhino的单位设置格点的锁定间距	
锁定角度	限制光标标记只能在上一个指定点的数个指定的角度上移动	

2.5 实战案例——制作iPod模型

引入文件：动手操作\源文件\Ch02\top.jpg、front.jpg、right.jpg

结果文件：动手操作\结果文件\Ch02\iPod模型.prt

视频文件：视频\Ch02\ iPod模型制作.avi

本节介绍iPod模型的制作过程。通过此案例可以了解Rhino的界面、功能布局及模型制作流程。iPod模型效果图如图2-35所示。

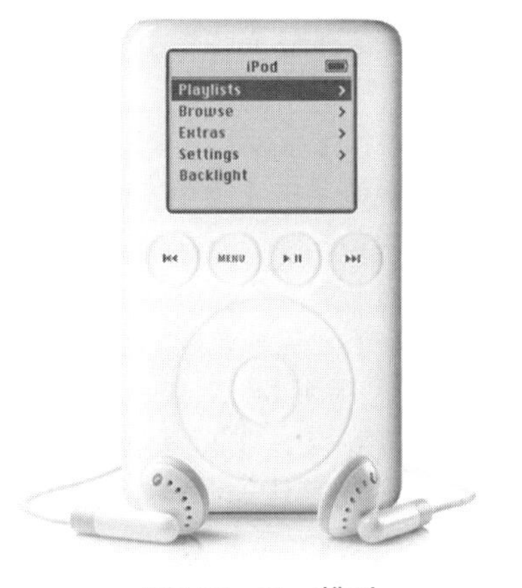

图2-35 iPod模型

整个模型是由两部分组成，分别是iPod的主体曲面、耳机模型。从创建模型的角度来看，都是较为简单的模型。

2.5.1 制作主体部分

01执行菜单栏中的【实体】|【立方体】|【角对角、高度】命令，在Front正交视图中确定一点，然后在命令提示行中输入“R6，10”，右击完成创建，继续在提示行中输入2，右击确认，长方体创建完成，如图2-36所示。

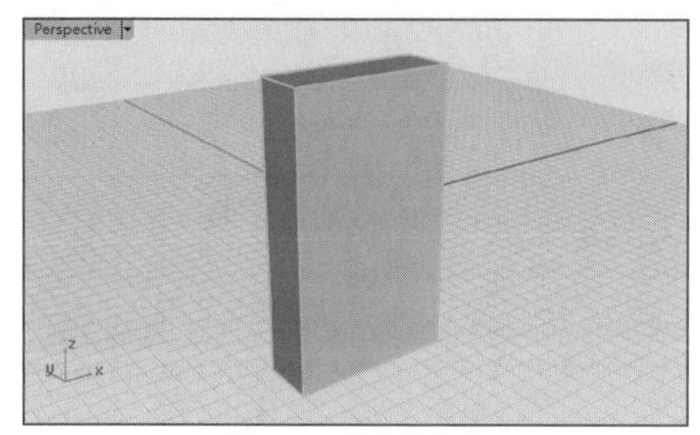

图2-36　创建长方体

02在不同视图中调整长方体的位置，将其移动到坐标轴的中心处，如图2-37所示。

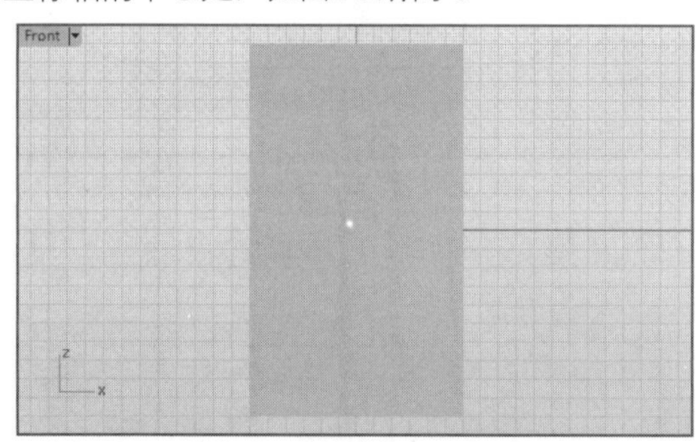

图2-37　调整长方体的位置

03执行菜单栏中的【查看】|【背景图】|【放置】命令，在Front、Right正交视图中分别导入相应视图的背景图片，如图2-38所示。

04执行菜单栏中的【曲线】|【矩形】|【角对角】命令，在提示行中单击【圆角（R）】选项，在Front正交视图中首先确定一点，在提示行中输入“R6，10”，右击完成创建，然后继续在提示行中输入0.8，再次右击完成创建，创建一条圆角矩形曲线，并将其移动到如图2-39所示的位置。

05执行菜单栏中的【曲线】|【偏移】|【偏移曲线】命令，以刚刚创建的圆角矩形曲线向内偏移0.04的距离，创建一条新的圆角矩形曲线，如图2-40所示。

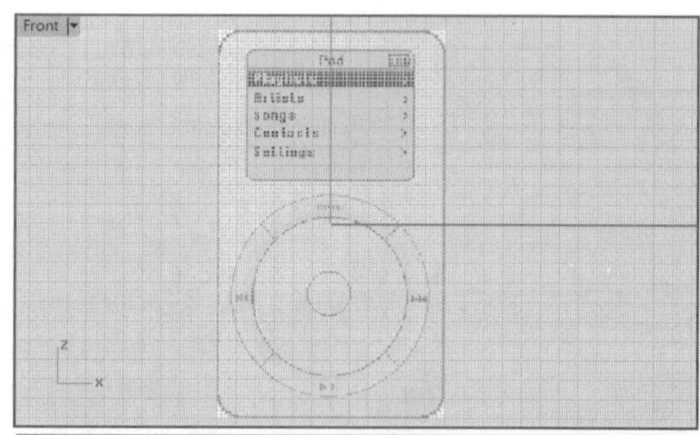

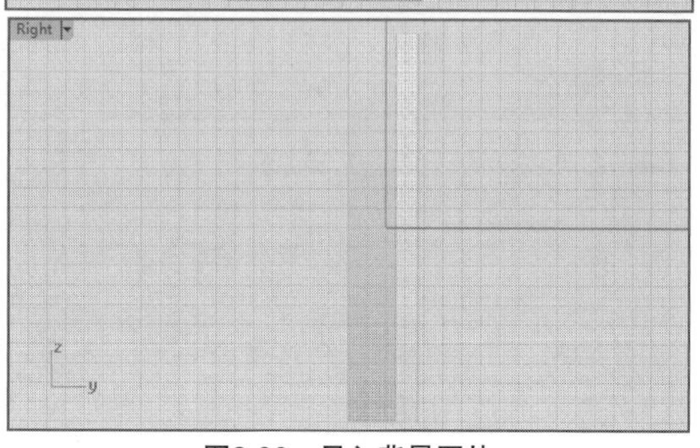

图2-38　导入背景图片

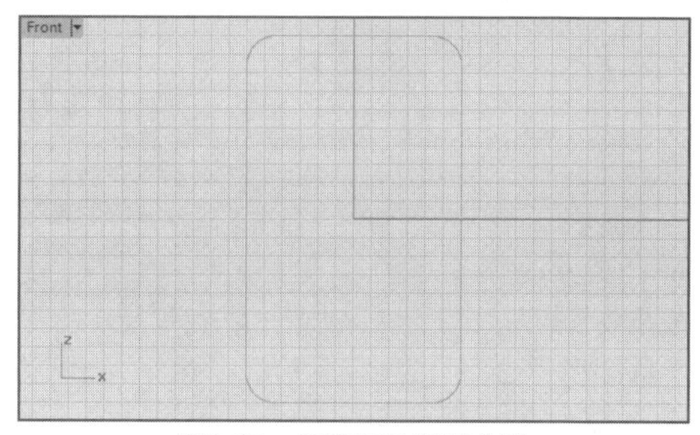

图2-39　创建圆角矩形曲线

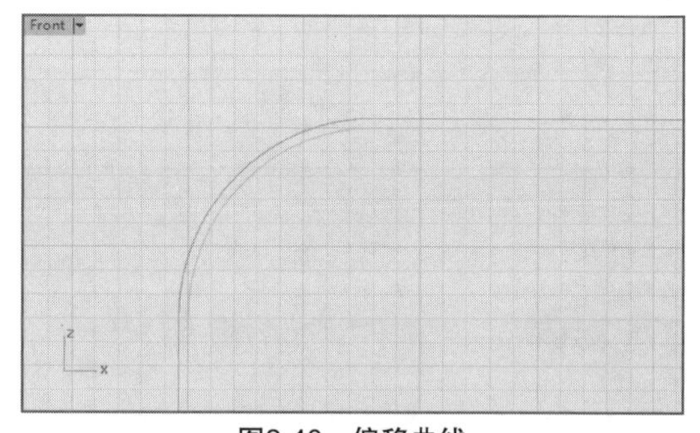

图2-40　偏移曲线

06执行菜单栏中的【实体】|【挤出平面曲线】|【直线】命令，选取较小的圆角矩形曲线，右击完成创建，在提示行中输入0.6，右击完成创建，创建挤出曲面A，如图2-41所示。

07选取较大的圆角矩形曲线，右击重复执行上一次命令，在提示行中输入-1.2，右击完成创建，创建另一块挤出曲面B，如图2-42所示。

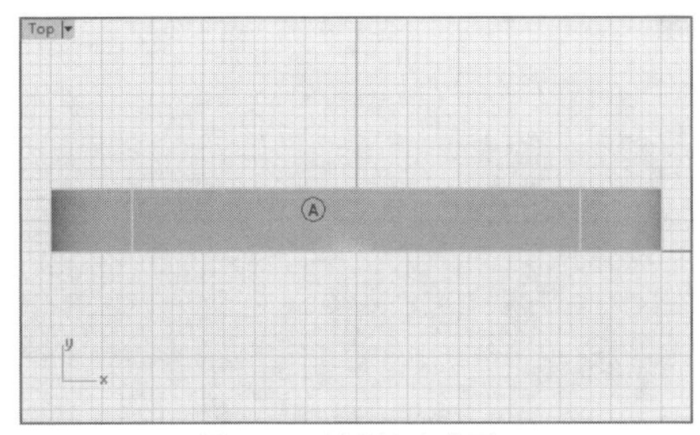

图2-41　创建挤出曲面A

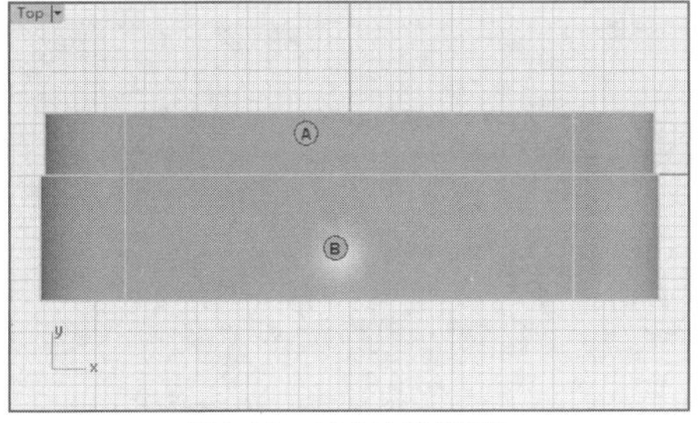

图2-42　创建挤出曲面B

08执行菜单栏中的【实体】|【边缘圆角】|【边缘圆角】命令，以0.5的圆角半径，为曲面B位于外侧的边缘创建圆角曲面，如图2-43所示。

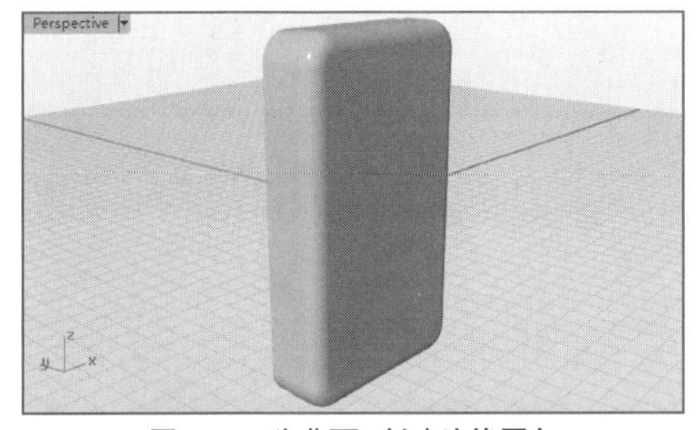

图2-43　为曲面B创建边缘圆角

09右击重复使用【边缘圆角】命令，以0.1的圆角半径，为曲面A的外侧边缘创建圆角曲面，如图2-44所示。

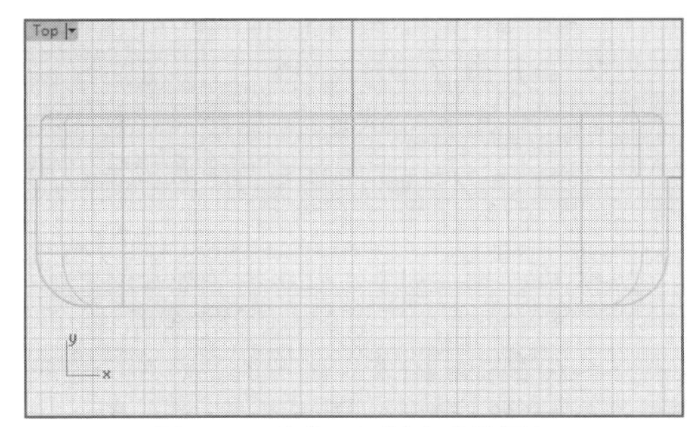

图2-44　为曲面A创建边缘圆角

10执行菜单栏中的【曲线】|【圆】|【中心点、半径】命令，在Front正交视图中以坐标轴原点为圆心，创建一条半径为2.65的圆形曲线，如图2-45所示。

11选取刚刚创建的圆形曲线，执行菜单栏中的【变动】|【移动】命令，开启状态栏的【正交】选项，将圆形曲线向下垂直移动1.85的距离，如图2-46所示。

12执行菜单栏中的【曲面】|【挤出曲线】|【直线】命令，以刚刚创建的圆形曲线，在Right正交视图中向右挤出，创建一块挤出曲面，如图2-47所示。

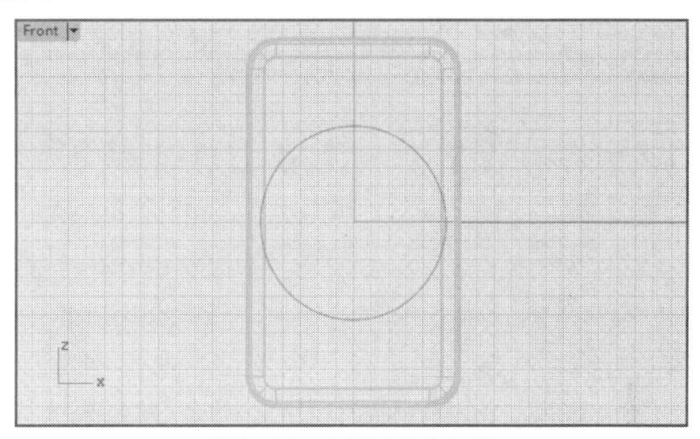

图2-45　创建圆形曲线

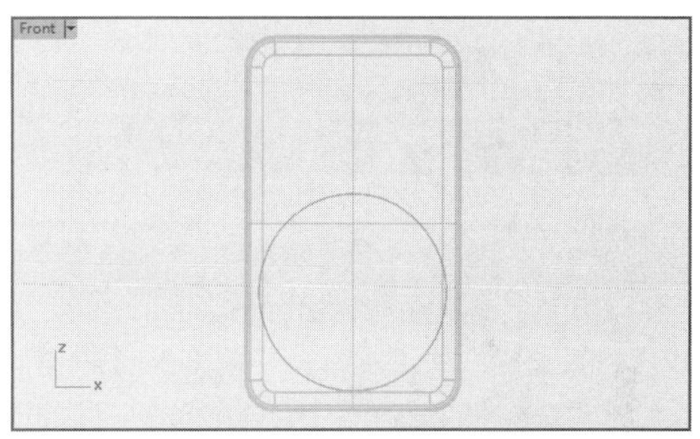

图2-46　移动圆形曲线

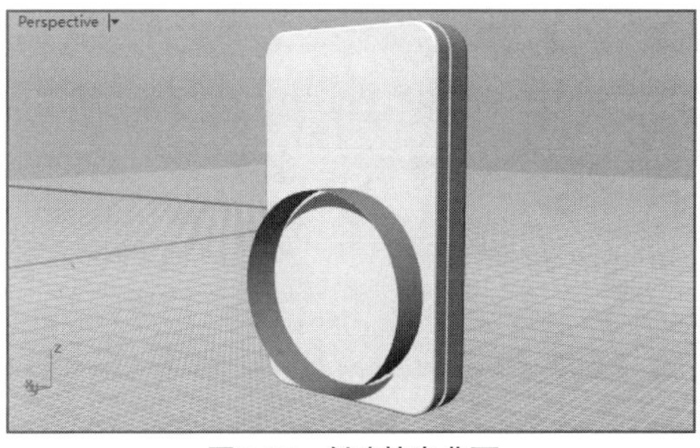

图2-47　创建挤出曲面

13执行菜单栏中的【编辑】|【修剪】命令，选取刚刚创建的挤出曲面，右击完成创建，然后在曲面A处于圆形挤出曲面包围的区域处单击，右击完成创建。最后删除以圆形曲线创建的挤出曲面，如图2-48所示。

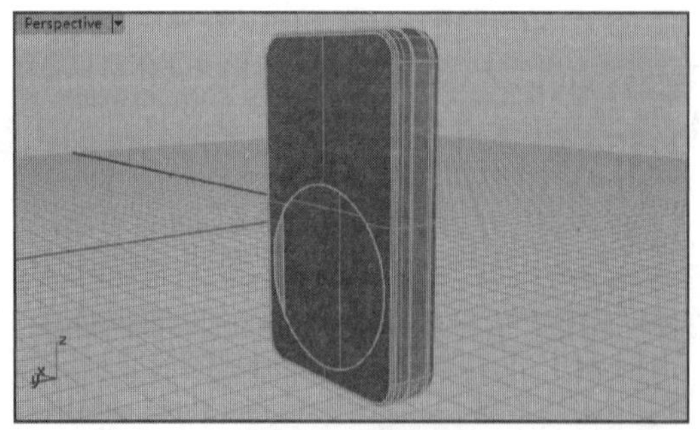

图2-48 修剪曲面

2.5.2 创建按钮部分

01执行菜单栏中的【编辑】|【可见性】|【隐藏】命令，除上面的创建的圆形曲线外，对其余的物件进行隐藏。为避免产生混淆，记为曲线1，如图2-49所示。

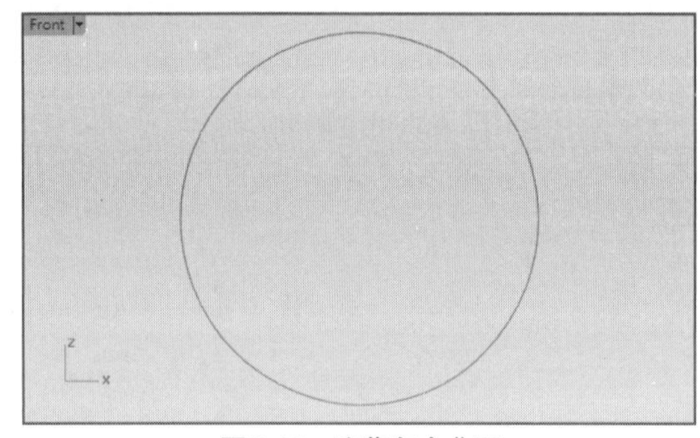

图2-49 隐藏多余曲面

02执行菜单栏中的【曲线】|【偏移】|【偏移曲线】命令，将曲线1向外偏移0.02的距离，创建曲线2，如图2-50所示。

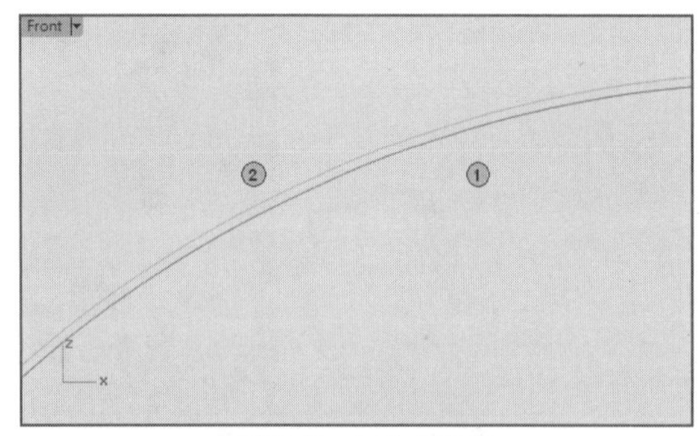

图2-50 创建曲线2

03右击重复执行【偏移曲线】命令，将曲线1向内偏移0.6的距离，创建曲线3，如图2-51所示。

04再次右击重复执行【偏移曲线】命令，将曲线3向内偏移0.02的距离，创建出曲线4，如图2-52所示。

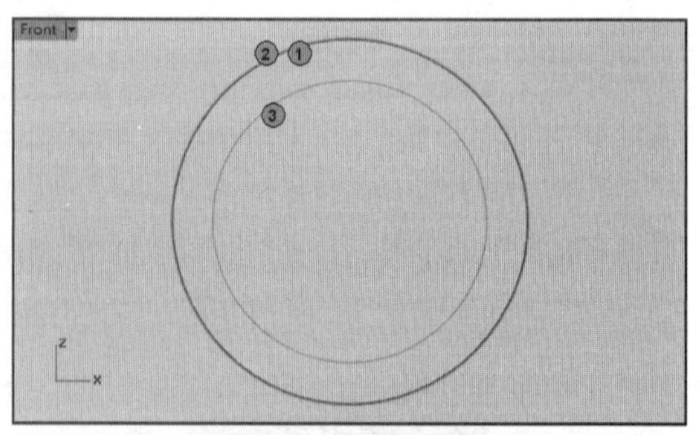

图2-51 创建曲线3

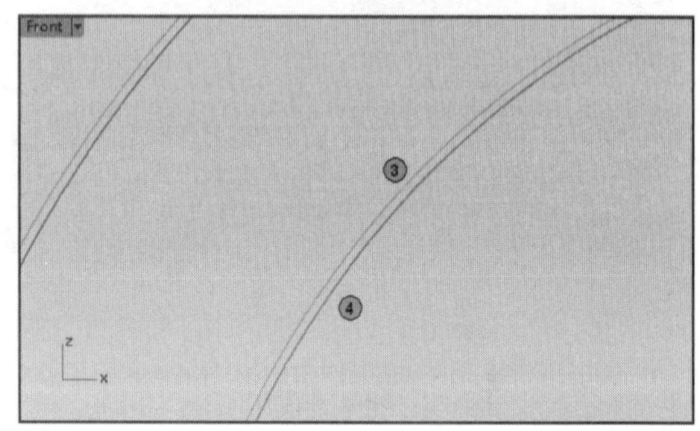

图2-52 创建曲线4

05隐藏曲线2、曲线4。在视图中选取曲线1、曲线3，执行菜单栏中的【编辑】|【控制点】|【开启控制点】命令，显示这两条圆弧曲线的控制点，如图2-53所示。

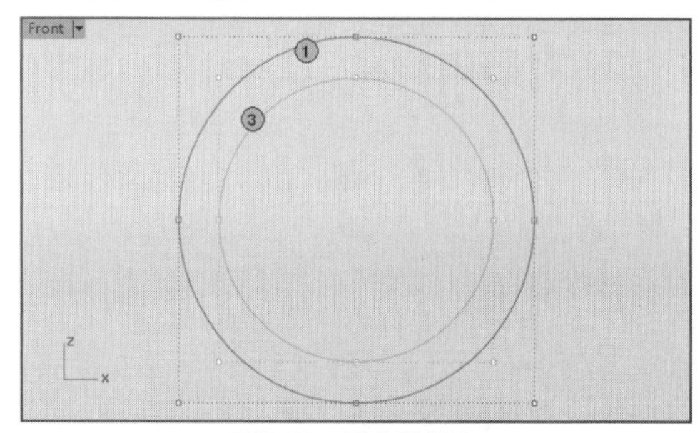

图2-53 开启控制点

06执行菜单栏中的【曲线】|【圆弧】|【起点、终点、方向】命令，开启状态栏的【物件锁点（点）】，以曲线1、曲线3上的两个控制点为起始点，在Right正交视图中调整圆弧的弧度，单击确定，创建完成，如图2-54所示。

07执行菜单栏中的【编辑】|【控制点】|【关闭控制点】命令，关闭两条曲线的控制点显示。执行菜单栏中的【曲面】|【双轨扫掠】命令，选取曲线1、曲线3，然后选取刚刚创建的圆弧，右击完成创建。在弹出的对话框中调整相关参数，单击【确定】按钮，创建双轨扫掠曲面，如图2-55所示。

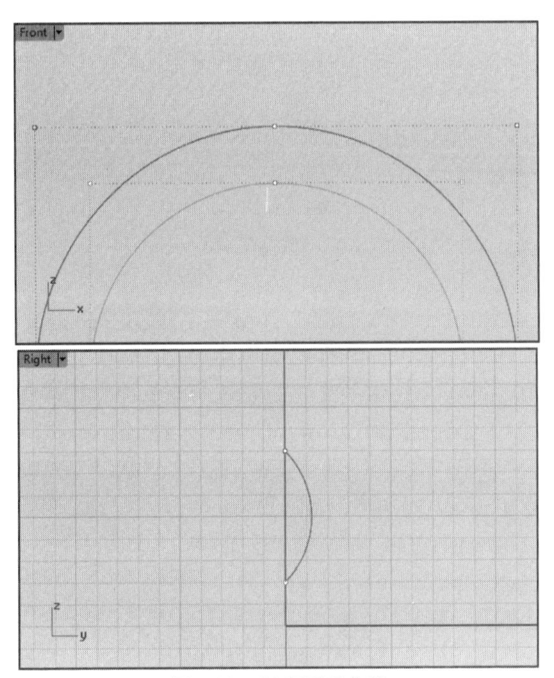

图2-54 创建圆弧曲线

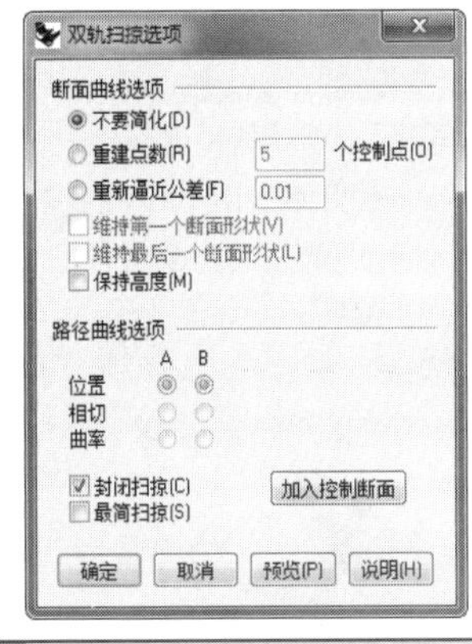

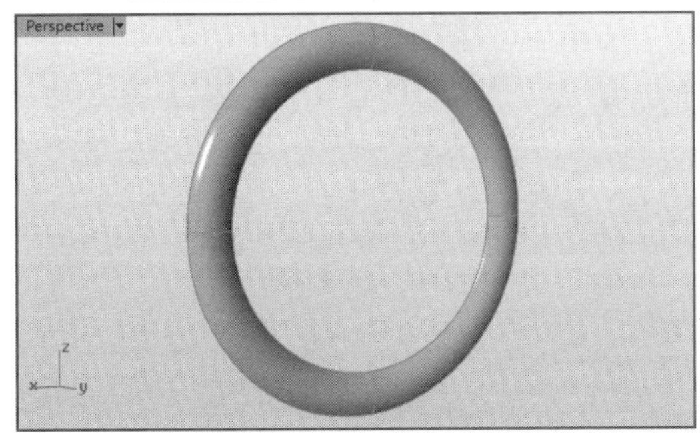

图2-55 创建扫掠曲面

08执行菜单栏中的【曲线】|【矩形】|【角对角】命令，在Front正交视图中确定一点，然后在提示行中输入“R5.3,5.3”并右击完成创建，再将其移动到中心点与圆形曲线中心点重合的位置，如图2-56所示。

09执行菜单栏中的【曲线】|【直线】|【单一直线】命令，为刚刚创建的矩形创建两条对角线，如图2-57所示。

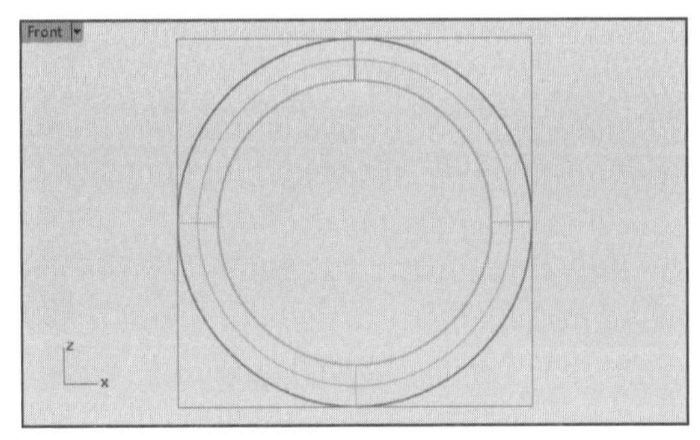

图2-56 创建矩形曲线

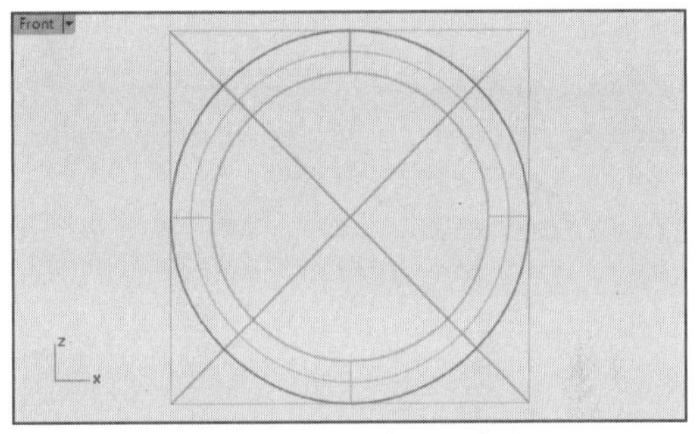

图2-57 创建两条相交直线

10执行菜单栏中的【曲线】|【偏移】|【偏移曲线】命令，以0.01的偏移距离分别将两条对角线向两侧偏移，最后删除矩形曲线及其对角线，如图2-58所示。

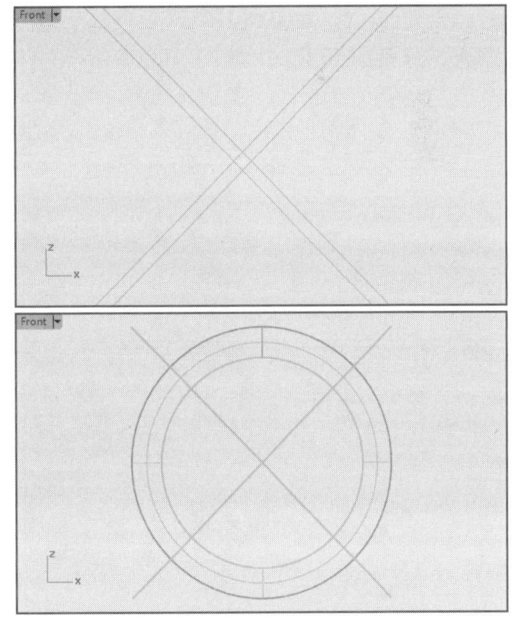

图2-58 删除矩形曲线及其对角线

11执行菜单栏中的【曲面】|【挤出曲线】|【直线】命令，以这几条直线创建挤出曲面，保证创建的挤出曲面与扫掠曲面相交，如图2-59所示。

图2-59　创建挤出曲面

12执行菜单栏中的【编辑】|【分割】命令，以刚刚创建的挤出曲面对扫掠曲面进行分割，并删除扫掠曲面，以及扫掠曲面被分割出的几块小的曲面，如图2-60所示。

图2-60　分割曲面

13执行菜单栏中的【曲线】|【偏移】|【偏移曲线】命令，将上面创建的曲线4以1.4的距离向内偏移，创建曲线5，如图2-61所示。

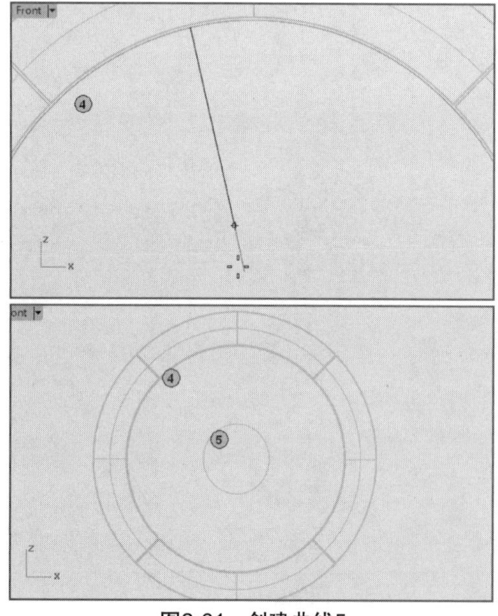

图2-61　创建曲线5

14执行菜单栏中的【变动】|【移动】命令，在Top正交视图中，将曲线5垂直向下移动0.1的距离，如图2-62所示。

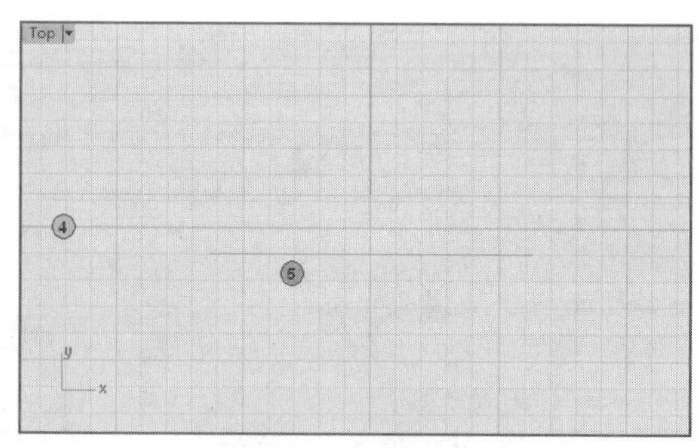

图2-62　移动曲线5

15执行菜单栏中的【曲面】|【放样】命令，以曲线4、曲线5创建一块放样曲面，如图2-63所示。

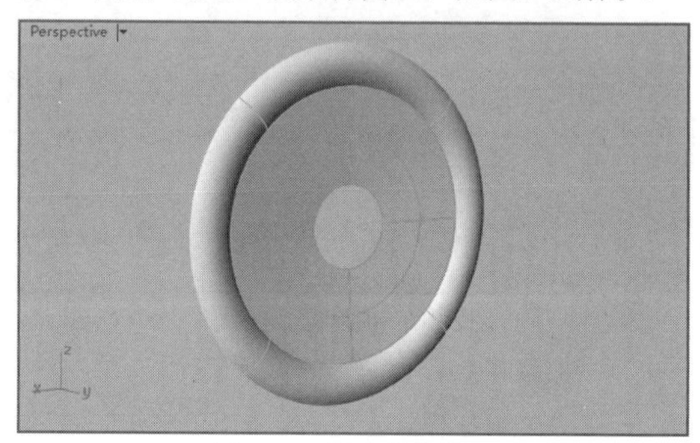

图2-63　创建放样曲面

16执行菜单栏中的【实体】|【球体】|【中心点、半径】命令，开启状态栏上的【物件锁点（中心点）】，以曲线5的中心点为球心创建半径为0.6的圆球体，如图2-64所示。

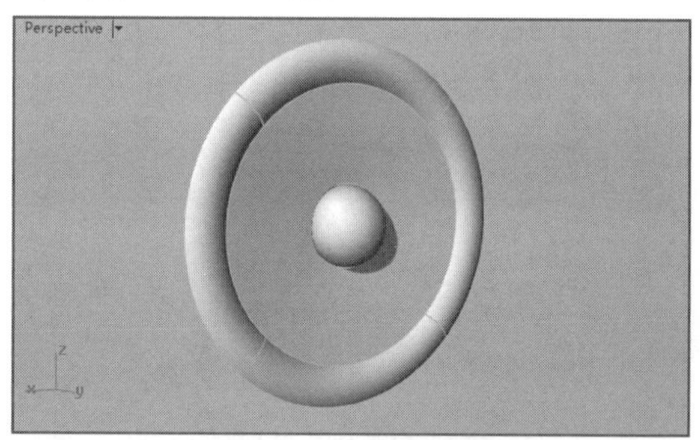

图2-64　创建圆球体

17执行菜单栏中的【变动】|【缩放】|【单轴缩放】命令，在Top正交视图中，将圆球体缩放为扁球形，如图2-65所示。

18执行菜单栏中的【编辑】|【分割】命令，在提示行中单击【结构线（I）】选项，选取圆球体曲面，将分割结构线移动到与球体中间结构线重合的位置（开启状态栏【物件锁点】可以精确选择），单击确定。右击完成创建，球体在此处将被分成两部分，然后删除位于后侧的那块半球体曲面，如图2-66所示。

19选取整个按钮曲面，执行菜单栏中的【变动】|【移动】命令，开启状态栏中的【正交】，在Top正交视图中，将这些曲面垂直向上移动0.6的距离，在Perspective视图中查看，iPod按钮部分的曲面创建完成，如图2-67所示。

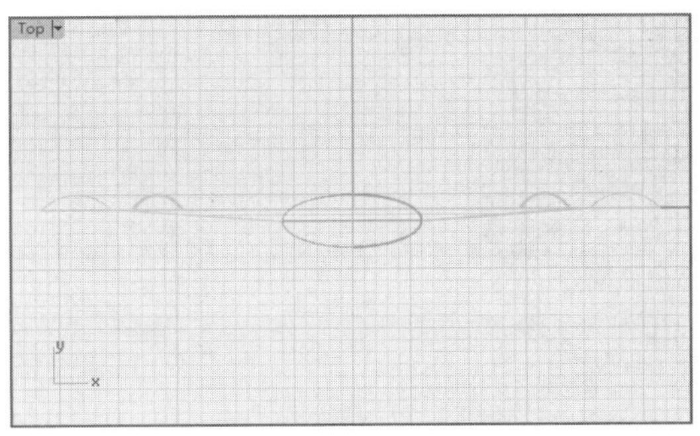

图2-65　单轴缩放圆球体

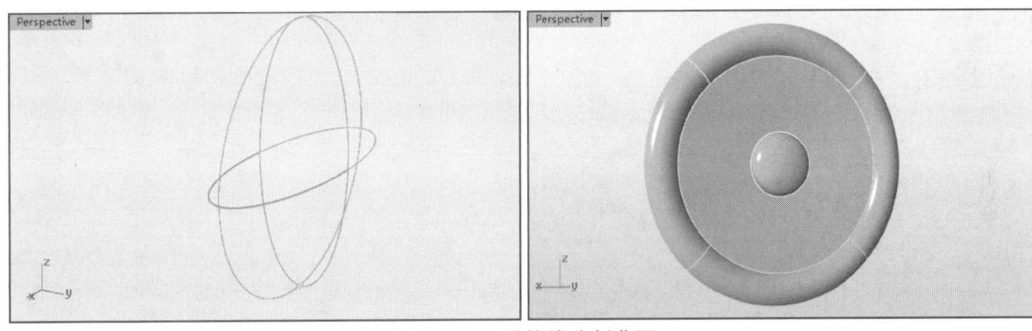

图2-66　以结构线分割曲面

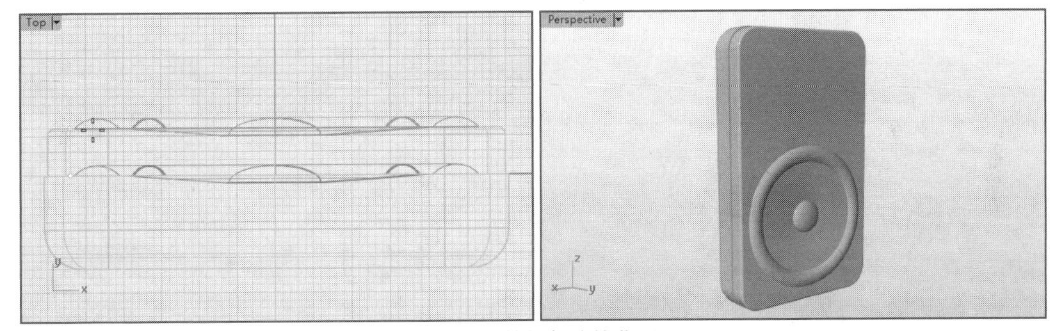

图2-67　按钮部分的曲面

2.5.3　添加屏幕曲面

01执行菜单栏中的【曲线】|【矩形】|【圆角矩形】命令，在提示行中单击【圆角（R）】选项，在Front正交视图中确定一点，然后在提示行中输入“R4.4，3.4”，右击完成创建，随后继续在提示行中输入0.2，再次右击完成创建，创建一条圆角矩形曲线，并将其移动到如图2-68所示的位置。

02执行菜单栏中的【实体】|【挤出平面曲线】|【直线】命令，以刚刚创建的圆角矩形曲线，在Right正交视图中向右挤出2，创建一块挤出曲面，并在Right正交视图中将其向右移动0.5的距离，如图2-69所示。

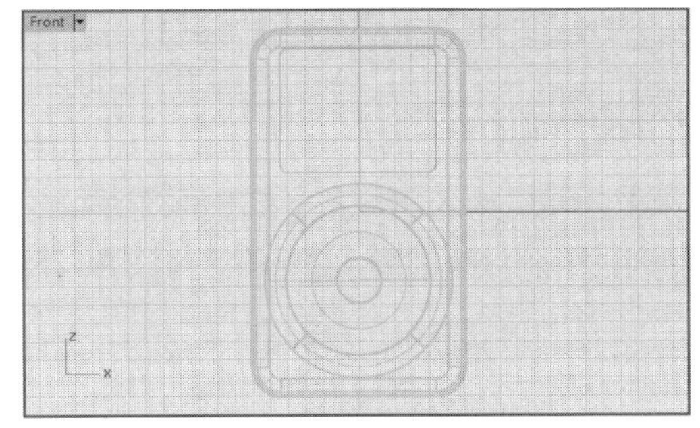

图2-68　创建圆角矩形曲线

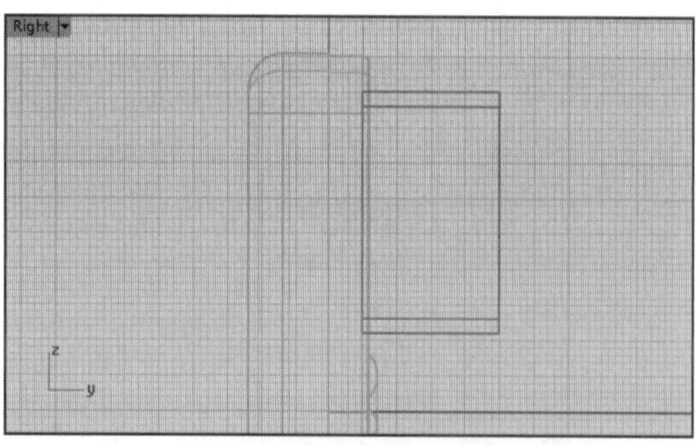

图2-69　创建挤出曲面

03执行菜单栏中的【实体】|【差集】命令，选取主体部分的前侧曲面，右击，然后选取刚刚创建的挤出曲面，右击完成创建，如图2-70所示。

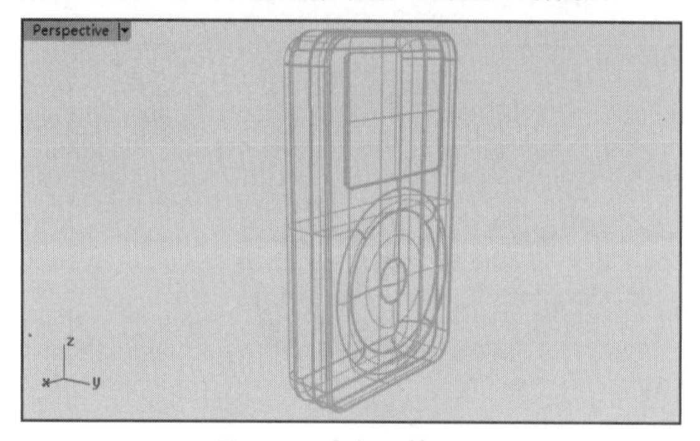

图2-70　布尔运算差集

04执行菜单栏中的【编辑】|【炸开】命令，将主体部分前侧曲面炸开为多个单一曲面，选取作为iPod显示屏幕的曲面A，如图2-71所示。

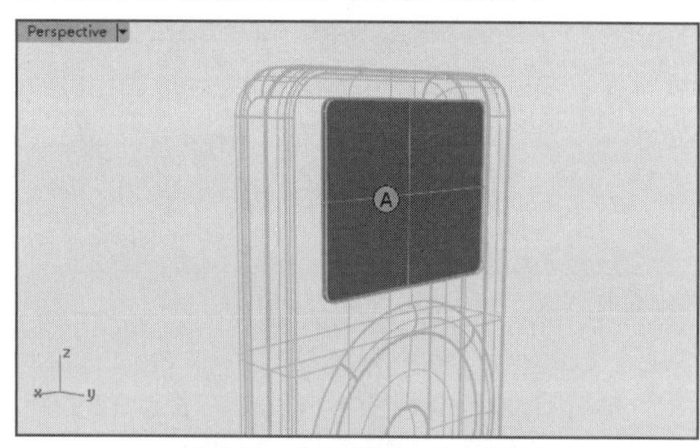

图2-71　炸开曲面为单一曲面

05执行菜单栏中的【变动】|【复制】命令，在Right正交视图中，任意单击一点作为复制的起点，然后在提示行中输入0.05，右击完成创建，开启状态栏的【正交】，在水平向右的方向单击，曲面被复制一份，如图2-72所示。

06至此，iPod的机身部分建模就大体完成了，还可以添加耳机插孔、开关机键等细节。在Perspctive视图中进行旋转查看，如图2-73所示。

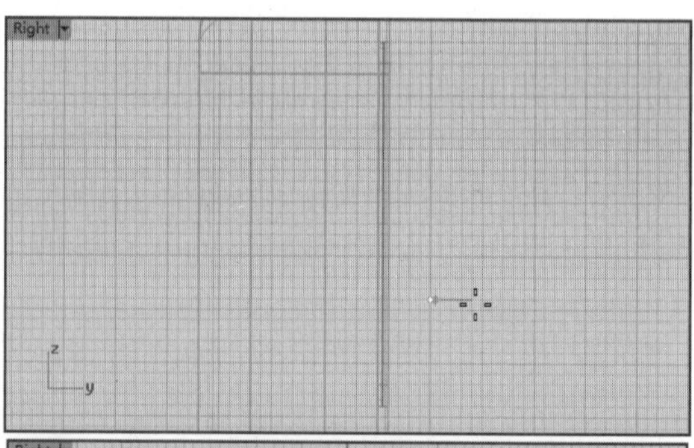

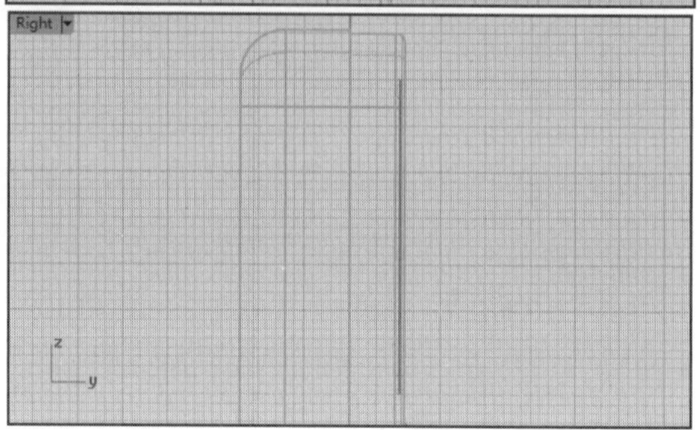

图2-72　复制、移动曲线

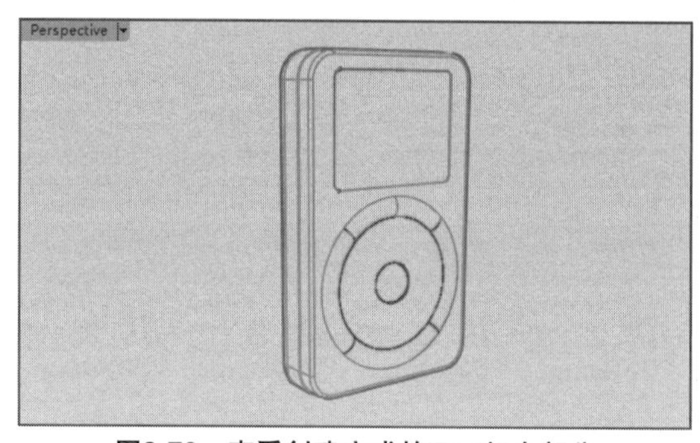

图2-73　查看创建完成的iPod机身部分

2.5.4　制作耳机部件

01执行菜单栏中的【曲线】|【自由造型】|【控制点】命令，在Front正交视图中创建一条曲线，确保控制点曲线的首尾两端的控制点位于同一水平位置，如图2-74所示。

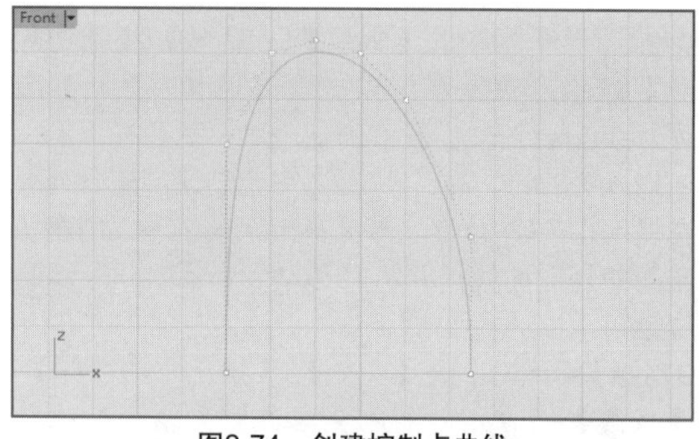

图2-74　创建控制点曲线

02执行菜单栏中的【曲线】|【直线】|【线段】命令，在刚刚创建的曲线一侧，创建几条如图2-75所示的直线段。

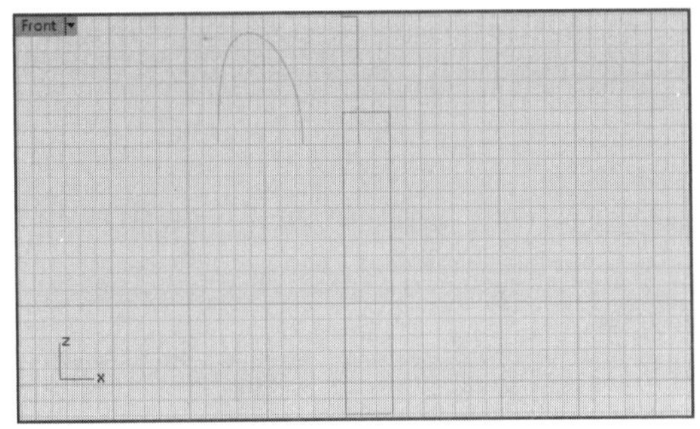

图2-75　创建几条线段

03执行菜单栏中的【曲线】|【曲线圆角】命令，以0.3的圆角半径为创建的矩形的两边创建圆角曲线，如图2-76所示。

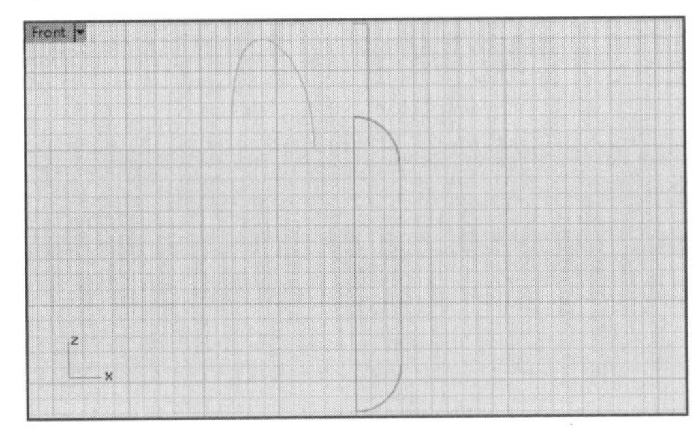

图2-76　创建曲线圆角

04执行菜单栏中的【编辑】|【修剪】命令，对两条曲线的相交部分进行剪切，并删除多余的线段。对剩余的曲线执行菜单栏中的【编辑】|【组合】命令，将其组合到一起，如图2-77所示。

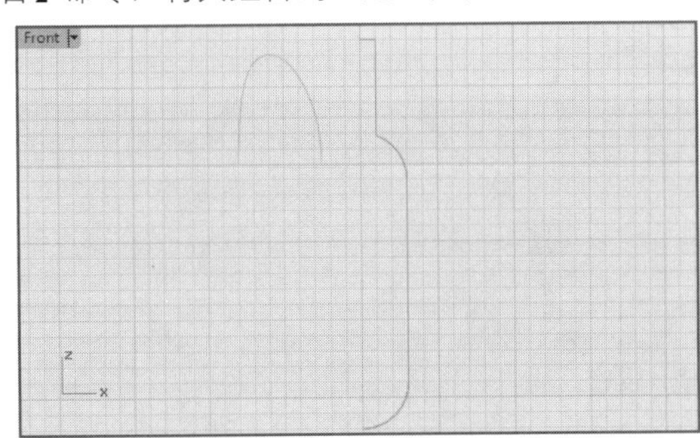

图2-77　修剪、组合曲线

05执行菜单栏中的【曲面】|【旋转】命令，以刚刚创建的两条曲线创建旋转曲面。旋转轴皆为它们首尾端的连线，如图2-78所示。

06将耳塞部分曲面在Front正交视图中向下移动到合适的位置，然后执行菜单栏中的【实体】|【并集】命令，对两块旋转曲面进行布尔运算，使它们结合到一起，如图2-79所示。

07执行菜单栏中的【曲面】|【平面】|【角对角】命令，在Right正交视图中创建一块平面，在Front正交视图中将其水平移到如图2-80所示的位置。

08在Top正交视图中创建一个矩形平面，然后在Right正交视图中将其移动到合适的位置，如图2-81所示。

09执行菜单栏中的【编辑】|【分割】命令，以这两块矩形平面对与其相交的曲面进行分割，之后删除这两个矩形平面，如图2-82所示。执行菜单栏中的【曲线】|【圆弧】|【中心点、起点、角度】命令，以耳塞部件的中心点为圆弧中心点，在Right正交视图中创建一条圆弧曲线，如图2-83所示。

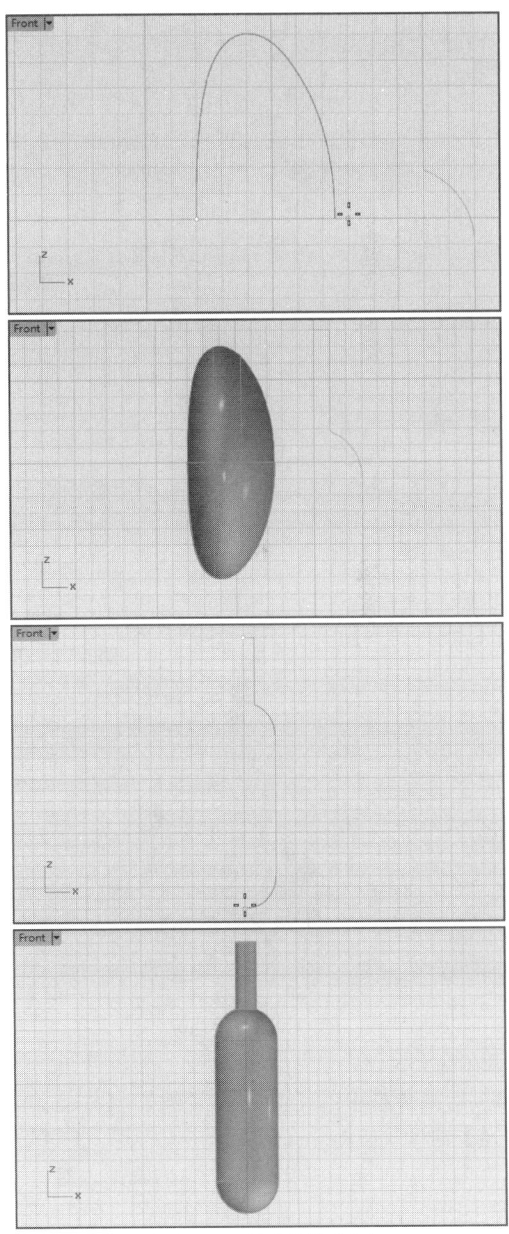

图2-78　创建旋转曲面

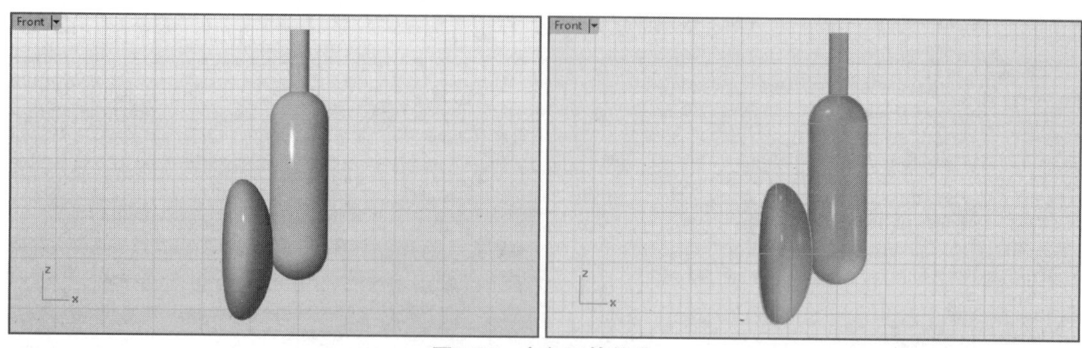

图2-79　布尔运算并集

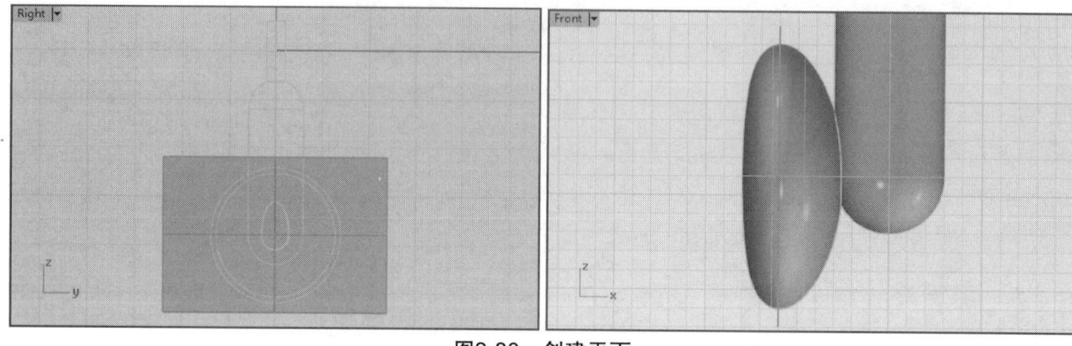

图2-80　创建平面

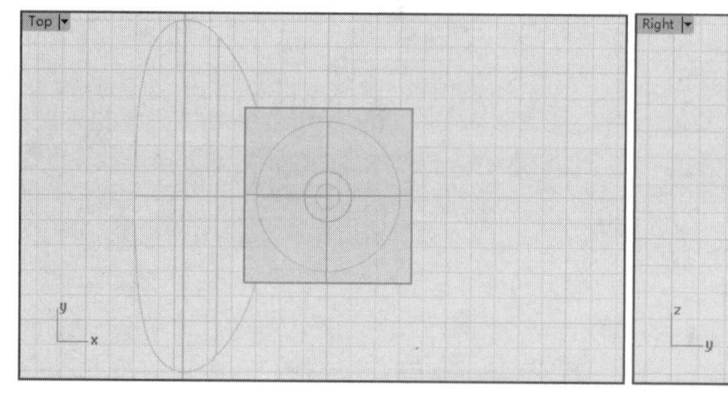

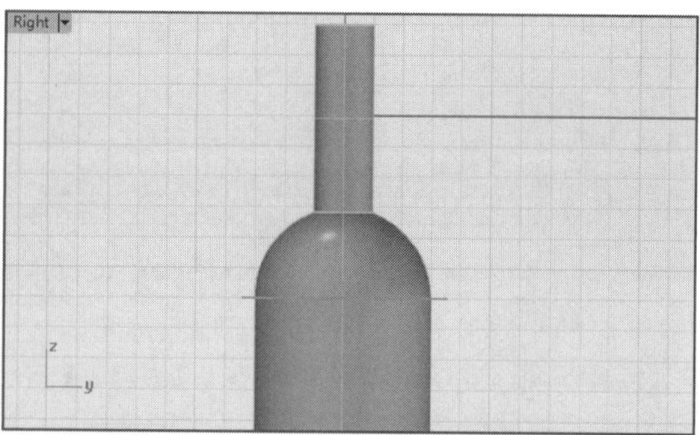

图2-81　创建、移动矩形平面

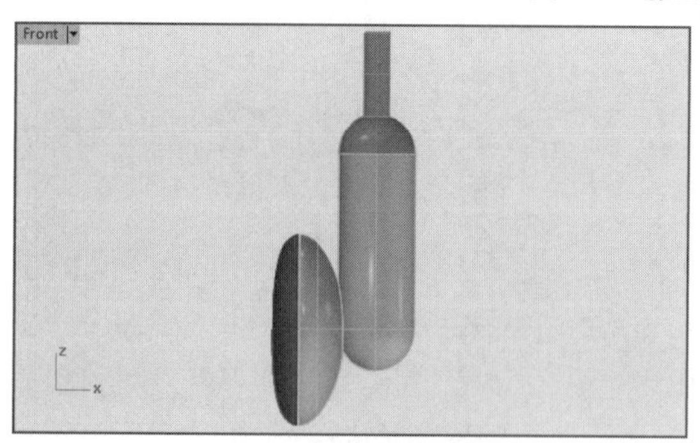

图2-82　分割曲面

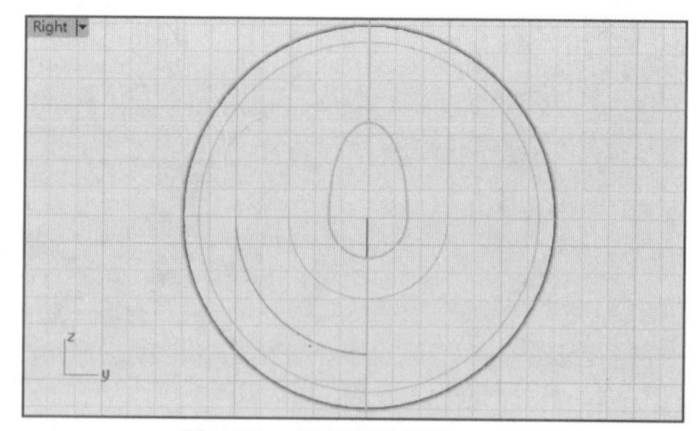

图2-83　创建圆弧曲线

10执行菜单栏中的【曲线】|【圆】|【中心点、半径】命令，在Right正交视图中以圆弧曲线的一端为中心点创建一条半径为0.03的圆形曲线，如图2-84所示。

11选取刚刚创建的圆形曲线，执行菜单栏中的【变动】|【阵列】|【沿着曲线】命令，单击选取圆弧曲线，右击完成创建，在弹出的对话框中设置【项目数】为5，单击【确定】按钮，创建完成，之后删除圆弧曲线，如图2-85所示。

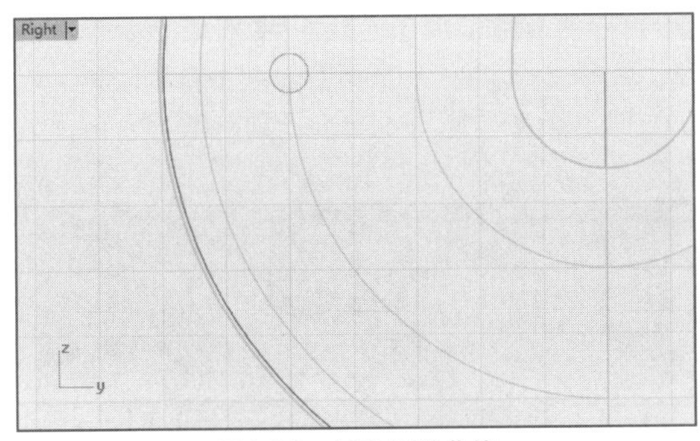

图2-84 创建圆形曲线

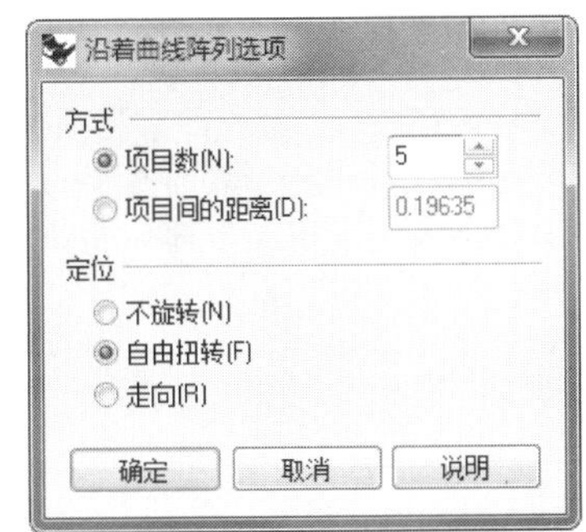

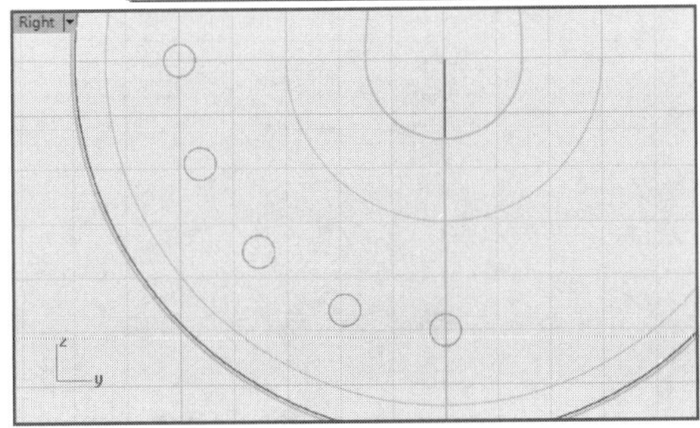

图2-85 创建阵列

12执行菜单栏中的【曲面】|【挤出曲线】|【直线】命令，以这几条圆形曲线创建几个挤出曲面，并通过移动保证它们与耳机部件曲面相交，如图2-86所示。

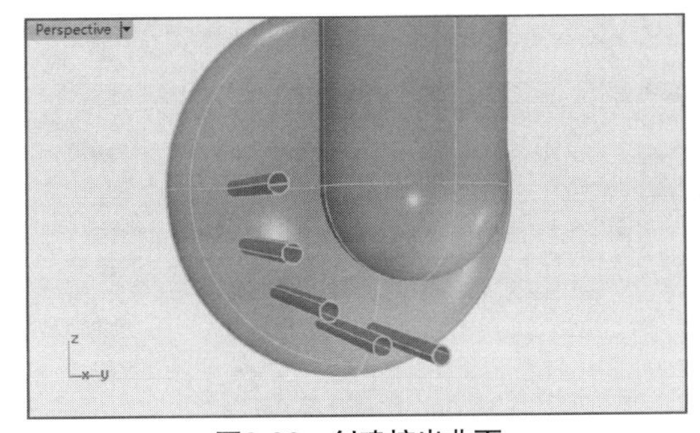

图2-86 创建挤出曲面

13执行菜单栏中的【编辑】|【分割】命令，以新创建的挤出曲面对耳机曲面进行分割，然后删除这几块挤出曲面，耳机曲面背侧被开出几个小孔，如图2-87所示。

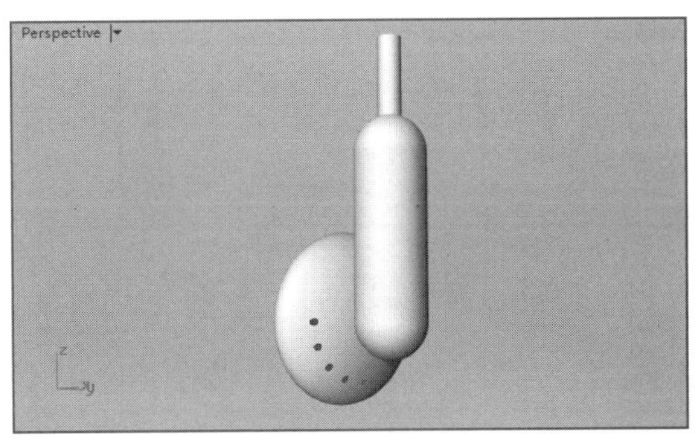

图2-87 分割曲面

14执行菜单栏中的【编辑】|【群组】|【群组】命令，选取整个耳机部件的曲面，右击完成创建；在Right正交视图中对耳机部件执行菜单栏中的【变动】|【旋转】命令，对它进行旋转，如图2-88所示。

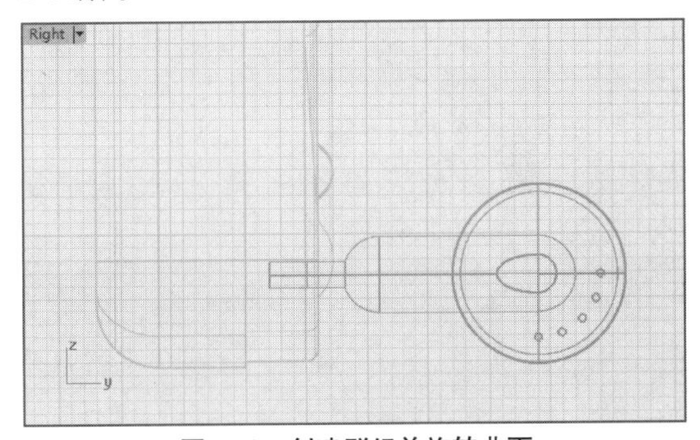

图2-88 创建群组并旋转曲面

15在不同的正交视图中继续对耳机部件进行旋转移动，最终调整到如图2-89所示的位置。

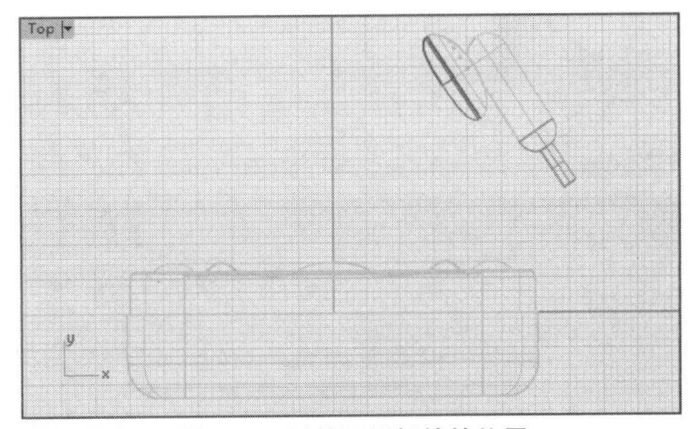

图2-89 调整耳机部件的位置

16执行菜单栏中的【变动】|【镜像】命令，以垂直坐标轴为镜像轴，镜像复制创建另一个耳机部件，如图2-90所示。

17继续对耳机部件进行旋转移动，使它们的位置更为自然协调，如图2-91所示。

18执行菜单栏中的【曲线】|【自由造型】|【控制点】命令，在Top正交视图中创建一条曲线，如图2-92所示。

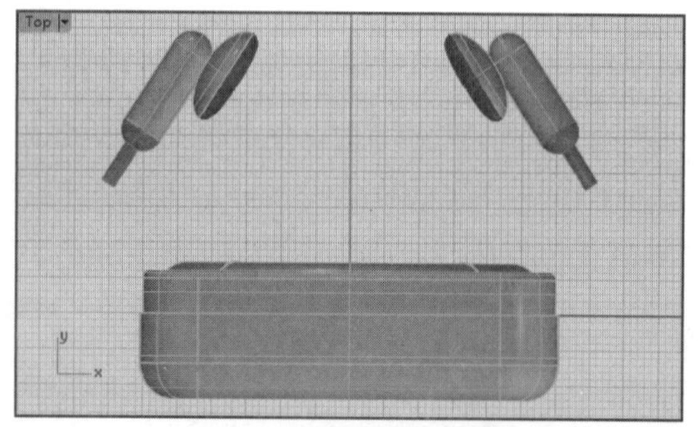

图2-90　镜像复制耳机曲面

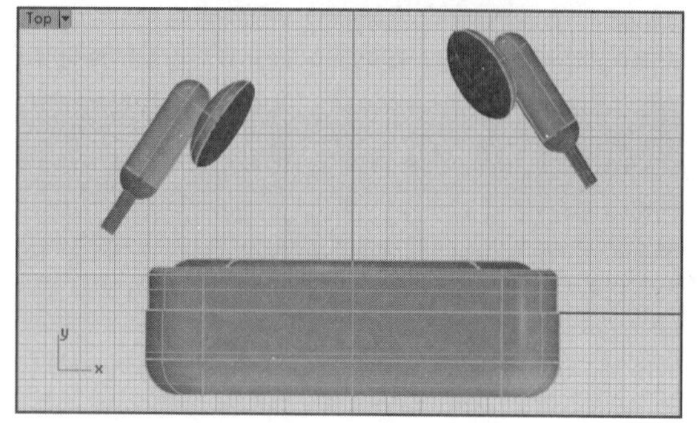

图2-91　移动调整耳机部件

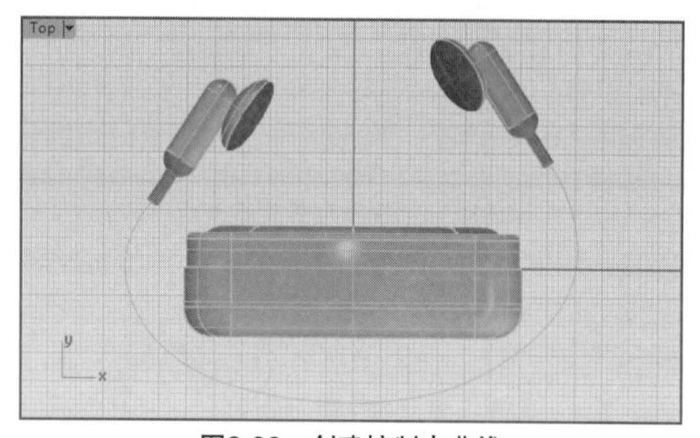

图2-92　创建控制点曲线

19在Front正交视图中将该曲线垂直向下移动，使曲线的两个端点与两个耳机部件相交。开启曲线的控制点，并在各个视图中调整曲线的形状，如图2-93所示。

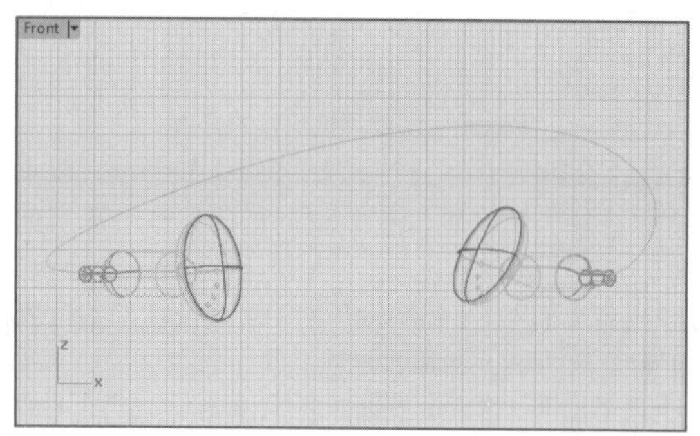

图2-93　调整曲线形状

20执行菜单栏中的【实体】|【圆管】命令，选取连接两个耳机部件的曲线，右击完成创建，以0.05作为起点半径与终点半径创建圆管曲面，如图2-94所示。

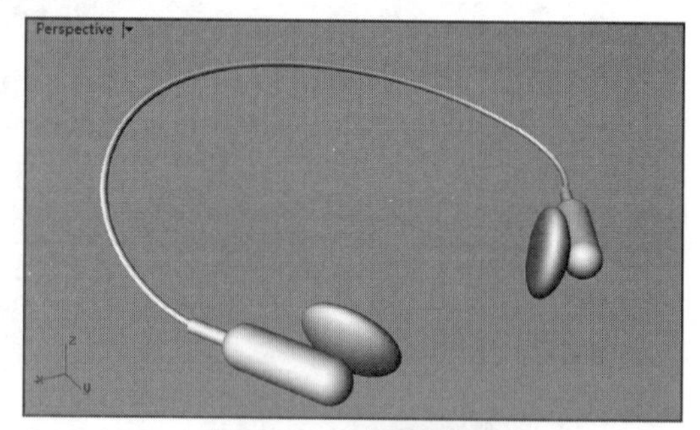

图2-94　创建圆管曲面

21至此，整个iPod模型创建完成，耳机部件中间的连线虽然并不符合产品真正的特征，在此却可以更好地表达整个产品的效果，显示所有隐藏的曲面，然后通过不同的渲染模式，在Perspetive视图中进行旋转查看，如图2-95所示。

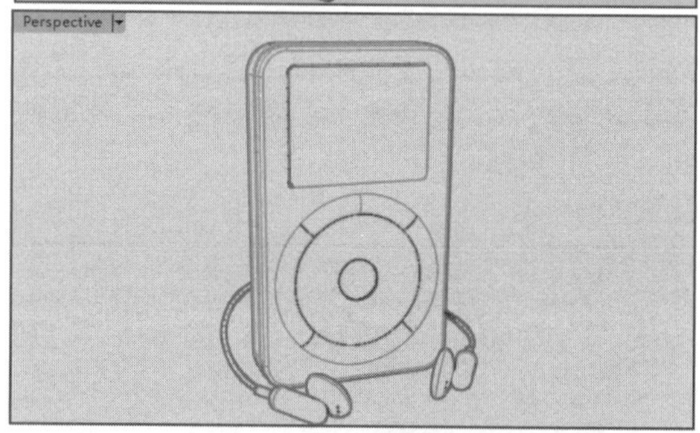

图2-95　在Perspective视图中查看iPod模型

第3章

03 学习Rhino 6.0的关键第二步

学习Rhino 6.0的关键第二步就是必须掌握软件的基本操作工具，这对以后成功应用软件起至关重要的作用。

项目分解

- Rhino坐标系统
- 工作平面
- 工作视窗窗口
- 视图操作
- 物件的选取
- 可见性

3.1 Rhino坐标系统

Rhino的坐标系统与AutoCAD的坐标系是相同的。如果已掌握AutoCAD软件，学习Rhino软件的坐标系统就比较容易了。

3.1.1 坐标系

Rhino有两种坐标系统，分别是工作平面坐标（相对坐标系）和世界坐标（绝对坐标系）。世界坐标在空间中固定不变，工作平面坐标可以在不同的作业视窗分别设定。

默认情况下，工作平面坐标系与世界坐标系是重合的。

1. 世界坐标系

Rhino有一个无法改变的世界坐标系统，当Rhino提示输入一点时，可以输入世界坐标。每一个工作视图窗口的左下角都有一个世界坐标轴图标，用以显示世界坐标X、Y、Z轴的方向。旋转时，世界坐标轴也会跟着旋转，如图3-1所示。

2. 工作平面坐标系

每个工作视图窗口（简称“视图”）都有一个工作平面，除非使用坐标输入、垂直模式、物件锁点或其他限制方式，否则工作平面就像是让光标在其上移动的桌面。工作平面上有一个原点、X轴、Y轴及网格线，工作平面可以任意改变方向，而且每一个视图的工作平面预设是各自独立的，如图3-2所示。

网格线位于工作平面上，暗红色的线代表工作平面X轴，暗绿色的线代表工作平面Y轴，两条轴线交汇于工作平面原点。

工作平面是视图中的坐标系统，这与世界坐标系统不同，可以移动、旋转、新建或编辑。

Rhino的标准视图各自有预设的工作平面，但Perspective视图及Top视图同样是以世界坐标的Top平面为预设的工作平面。

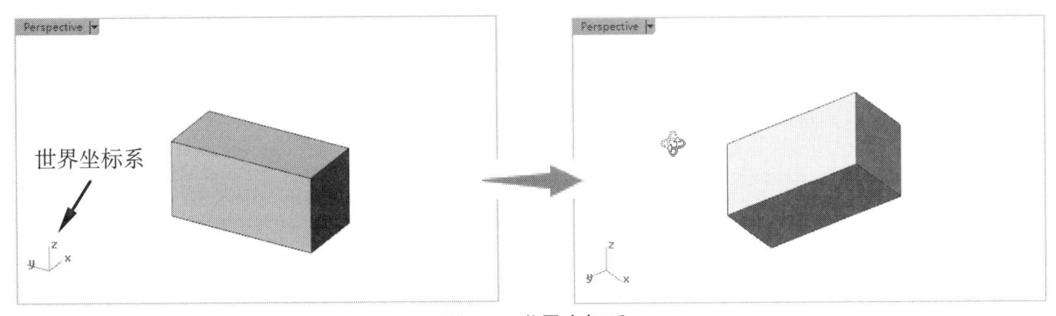

图3-1　世界坐标系

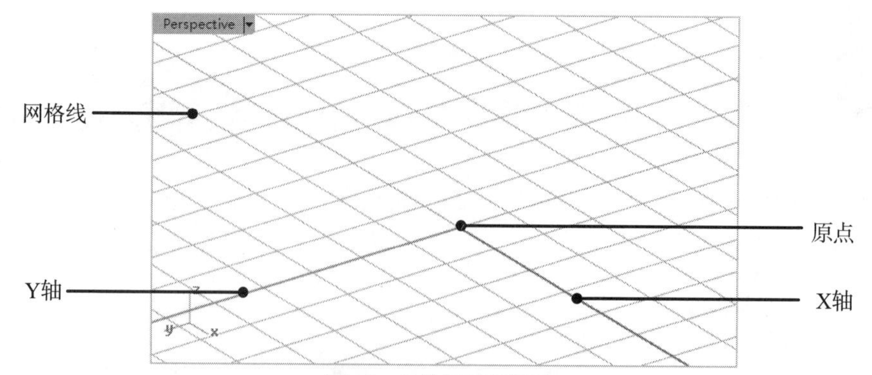

图3-2　工作平面坐标系

3.1.2 坐标输入方式

Rhino软件中的坐标系与AutoCAD中的坐标系相同，其坐标输入方式也相同。如果仅以x,y格式输入，表示为2D坐标；若以x,y,z格式输入，表示为3D坐标。

2D坐标输入和3D坐标输入统称为绝对坐标输入。坐标输入方式还包括相对坐标输入。

1. 2D坐标输入

在命令提示输入一点时，以x,y的格式输入数值，x代表X坐标，y代表Y坐标。例如，绘制一条从坐标1,1至4,2的直线，如图3-3所示。

2. 3D坐标输入

在命令提示输入一点时，以x,y,z的格式输入数值，x代表X坐标，y代表Y坐标，z代表Z坐标。在每一个坐标数值之间并没有空格。

例如，需要在距离工作平面原点X方向3个单位、Y方向4个单位及Z方向10个单位的位置放置一点时，请在指令提示下输入3,4,10，如图3-4所示。

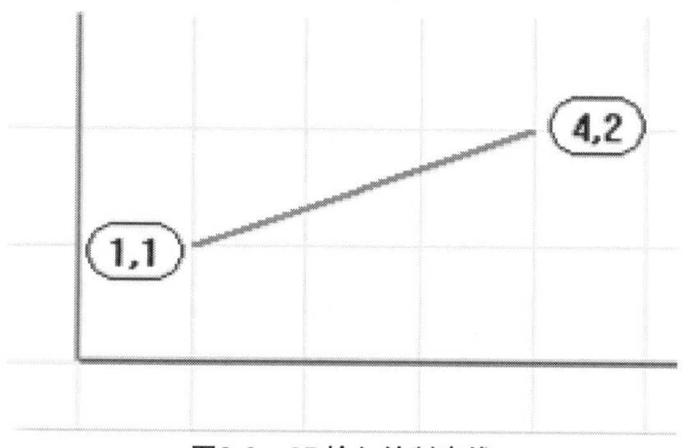

图3-3　2D输入绘制直线

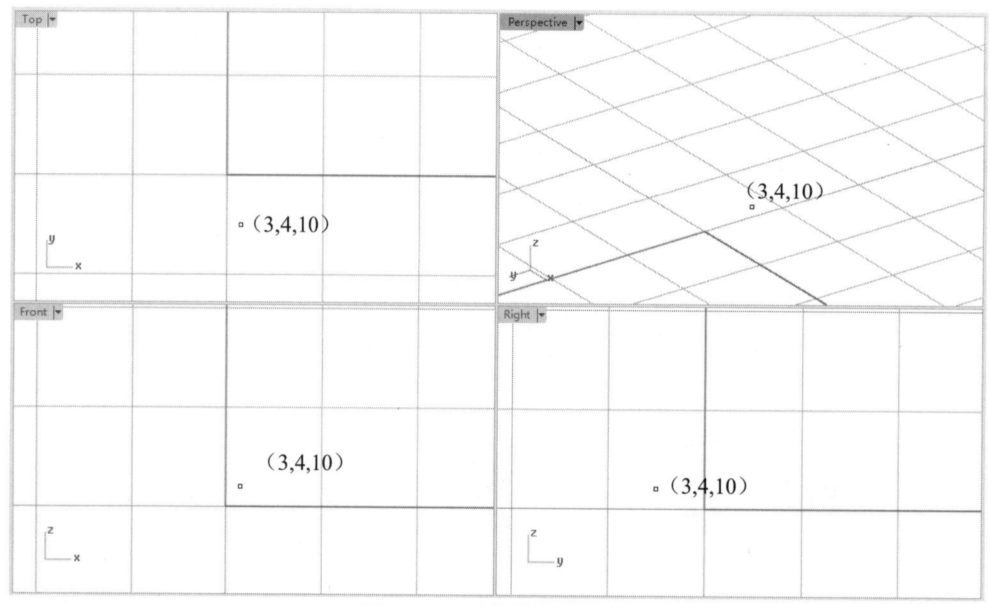

图3-4　3D坐标输入放置点

3. 相对坐标输入

Rhino会记住最后一个指定的点，可以使用相对于该点的方式输入下一个点。只知道一连串的点之间的相对位置时，使用相对坐标输入会比绝对坐标方便。相对坐标是以下一点与上一点之间的相对坐标关系定位下一点。

在命令提示输入一点时，以x,y的格式输入数值，r代表输入的是相对于上一点的坐标。

技术要点：在AutoCAD中，相对坐标输入是以@x,y格式输入的。

下面以3D坐标和相对坐标输入方式来绘制如图3-5所示的椅子空间曲线。

动手操作——用坐标输入法绘制椅子空间曲线

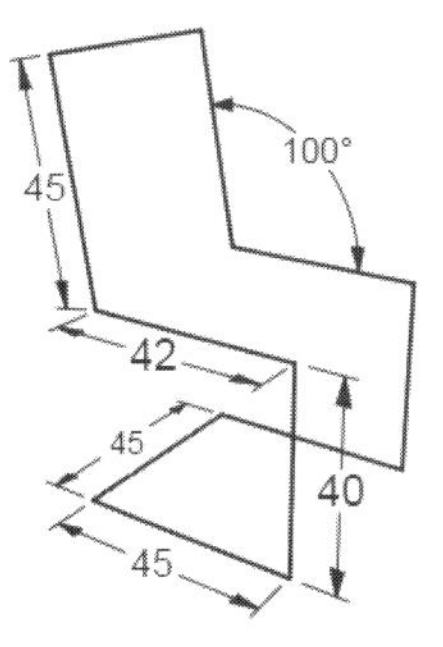

图3-5　椅子曲线

01在菜单栏中执行【文件】|【新建】命令，或者在【标准】标签中单击【新建文件】按钮，打开【打开模板文件】对话框。单击对话框底部的【不使用模板】按钮，完成模型文件的创建，如图3-6所示。

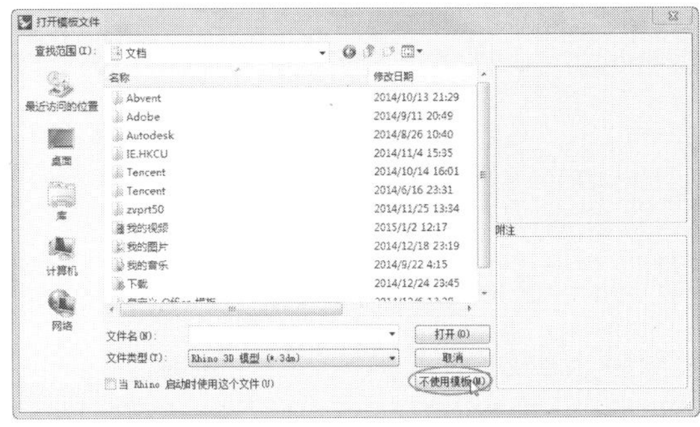

图3-6　新建模型文件

02为了更清楚地看见所绘制的曲线，将视图中的网格线隐藏。在菜单栏中执行【工具】|【选项】命令，打开【Rhino选项】对话框。在对话框左侧选择【文件属性】|【格线】选项，然后在右侧的选项设置区域中取消【显示格线】复选框的勾选即可，如图3-7所示。

技术要点：默认情况下，工作平面中仅显示X轴和Y轴，要显示Z轴，须在视图右侧的辅助工具列中的【显示】标签下勾选【Z轴】复选框，如图3-8所示。

03在Perspective视图中绘制。在边栏工具列中单击【多重直线】按钮，然后在命令行中输入直线起点坐标（0,0,0），并按Enter键或单击右键确

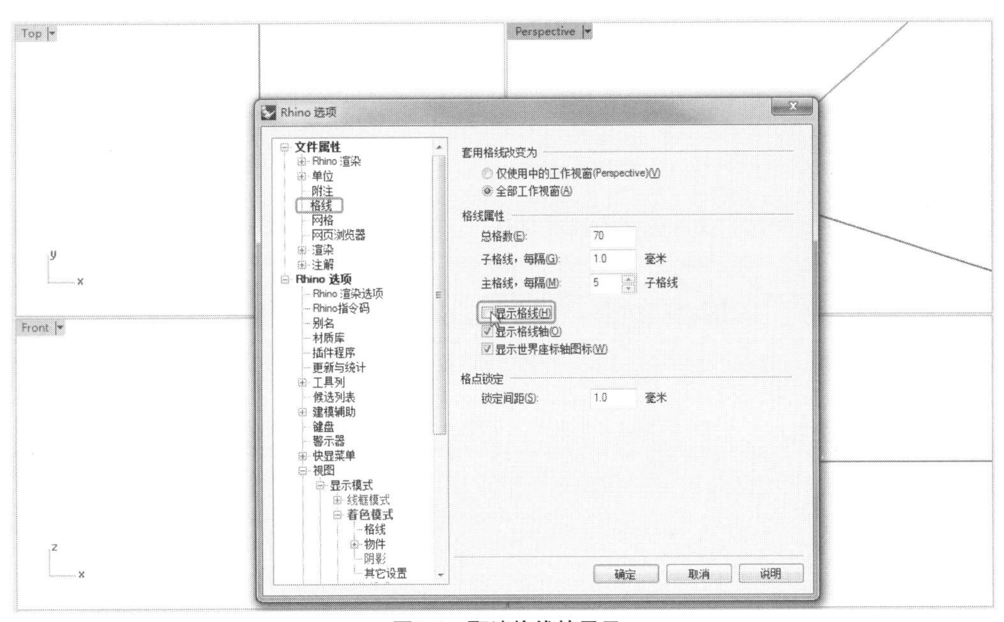

图3-7　取消格线的显示

认，命令行提示如下。

指令:_Polyline

多重直线起点(持续封闭(P)=否):0,0,0↙

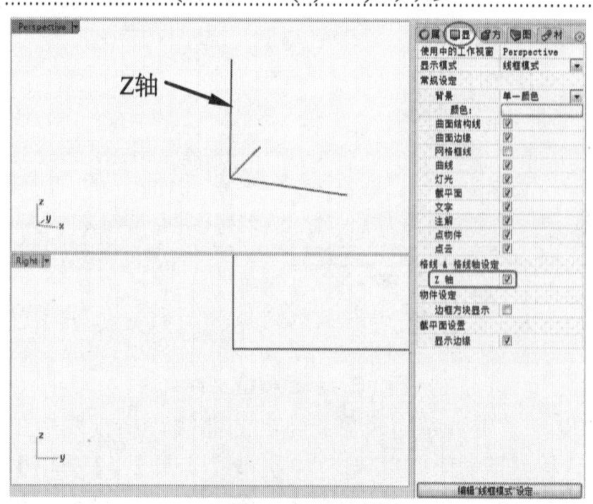

图3-8　显示Z轴

技术要点：坐标后的↙符号在本书中表示确认。

04将光标移动到Top（XY工作平面）视图中，然后输入基于原点的相对坐标“点1：r45,0”并单击右键确认，命令行状态如下。

多重直线的下一点(持续封闭(P)=否模式(M)=直线导线(H)=否复原(U)):r45,0↙

05将光标移动到Front（ZX工作平面）视图中；然后依次输入相对坐标“点2：r0,40”“点3：r-42,0”，命令行状态如下。

多重直线的下一点，按Enter完成(持续封闭(P)=否模式(M)=直线导线(H)=否长度(L)复原(U)):r0,40↙

多重直线的下一点，按Enter完成(持续封闭(P)=否封闭(C)模式(M)=直线导线(H)=否长度(L)复原(U)):r-42,0↙

06在Front视图中，在命令行输入“<100”，并确认。然后直接输入点4数值45并单击鼠标左键确认，命令行状态如下。

多重直线的下一点，按Enter完成(持续封闭(P)=否封闭(C)模式(M)=直线导线(H)=否长度(L)复原(U)):<100↙

多重直线的下一点，按Enter完成(持续封闭(P)=否封闭(C)模式(M)=直线导线(H)=否长度(L)复原(U)):45↙

07将光标移动到Right（ZY工作平面）视图中，然后在命令行输入点5的相对坐标“r45,0”，命令行状态如下。

多重直线的下一点，按Enter完成(持续封闭(P)=否封闭(C)模式(M)=直线导线(H)=否长度(L)复原(U)):r45,0↙

08将光标移动到Perspective视窗中，然后捕捉到点3的水平延伸追踪线的垂点单击，即可获取点6的坐标，如图3-9所示。

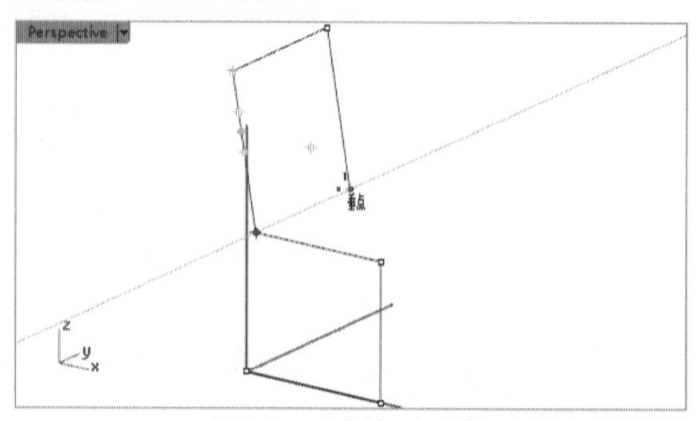

图3-9　确定第6点坐标

09同理，在点6的水平延伸追踪线上捕捉，然后在命令行中输入值42，即可确定点7，如图3-10所示。

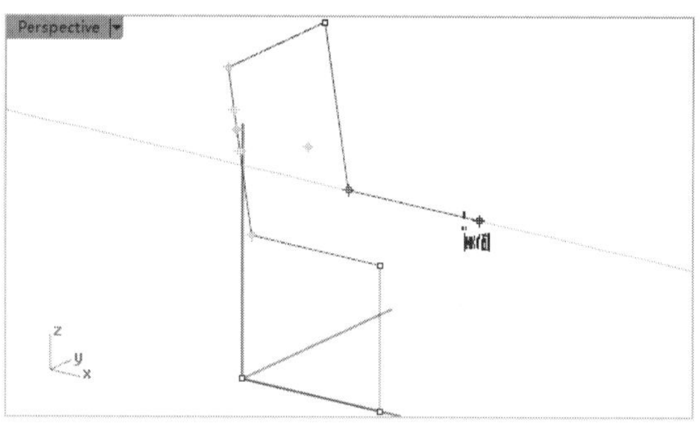

图3-10　确定第7点的坐标

10继续在Perspective视图中向下垂直捕捉到点8的位置，如图3-11所示。

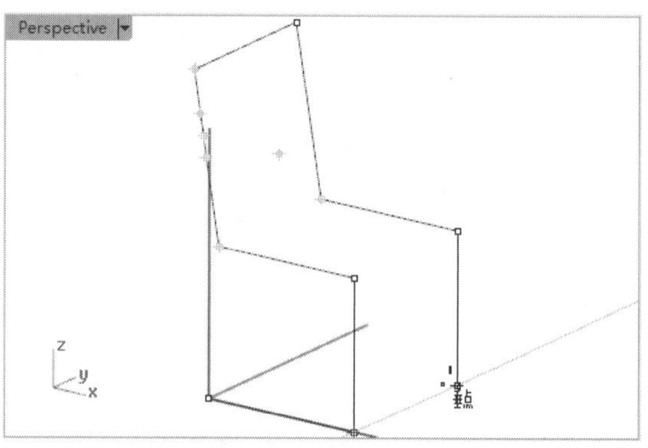

图3-11　确定第8点的坐标

11将光标移动到Front视图中，按住Shift键向左延伸，然后输入值45，即可确定点9的位置，如图3-12所示。

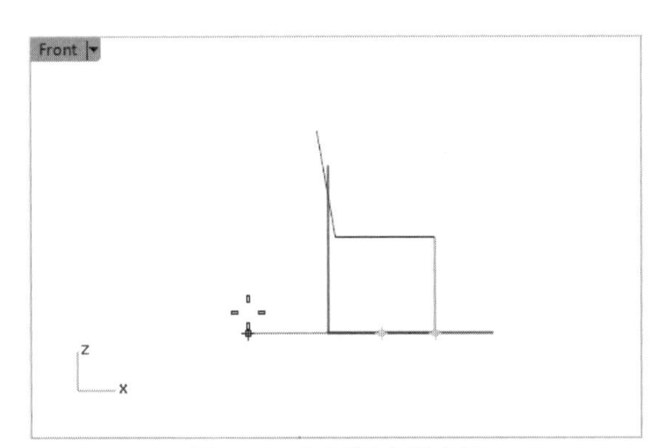

图3-12 确定第9点的坐标

12最后与原点重合，完成了椅子曲线的绘制，如图3-13所示。

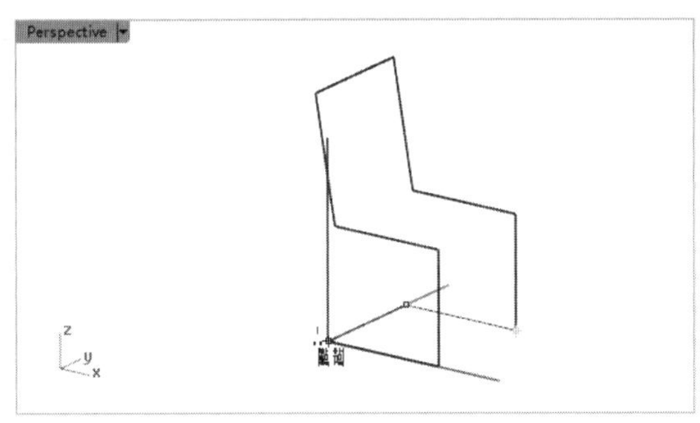

图3-13 完成的椅子曲线

3.2 工作平面

工作平面是Rhino建立物件的基准平面，除非使用坐标输入、垂直模式、物件锁点，否则所指定的点总是会落在工作平面上。

每一个工作平面都有独立的轴、网格线与相对于世界坐标系统的定位。

预设的视图使用的是预设的工作平面。

- Top工作平面的X和Y轴对应于世界坐标的X轴和Y轴。
- Right工作平面的X和Y轴对应于世界坐标的Y轴和Z轴。
- Front工作平面的X和Y轴对应于世界坐标的X轴和Z轴。
- Perspective视图使用Top工作平面。

工作平面是一个无限延伸的平面，但在视图中工作平面上相互交织的直线阵列（称为格线）只会显示在设置的范围内，可作为建模的参考，工作平面格线的范围、间隔、颜色都可以自定义。

3.2.1 设置工作平面原点

设置工作平面原点是通过定义原点的位置来建立新的工作平面。在【工作平面】标签中单击【设置工作平面原点】按钮，命令行会显示如图3-14所示的操作提示。

操作提示中的选项可以直接单击执行，也可以输入选项后括号中的大写字母执行。

操作提示中的选项与【工作平面】标签中的按钮命令是相同的，只不过执行命令方式不同。如图3-15所示为【工作平面】标签中的按钮命令。

在设置工作平面原点时，命令行中的第一个选项【全部（A）=否】，表示仅仅在某个视图内将工作平面原点移动到指定位置，如图3-16所示。

当【全部（A）=否】选项变为【全部（A）=是】时，再执行该选项将会在所有视图中移动原点到指定的位置，如图3-17所示。

3.2.2 设置工作平面高度

设置工作平面高度是基于X、Y、Z轴进行平移而得到新的工作平面。选择不同的视图，再单击【设置工作平面高度】按钮，会得到不同平移方向的工作平面。

1. 创建在X轴向平移的工作平面

首先选中Front视图或Right视图，再单击【设置工作平面高度】按钮，将会在X轴正负方向创建偏移一定距离的新工作平面，如图3-18所示。

工作平面基点 <0.000,0.000,0.000>（全部(A)=否 曲线(C) 垂直高度(L) 下一个(N) 物件(O) 上一个(P) 旋转(R) 曲面(S) 通过(T) 视图(V) 世界(W) 三点(I)）:

图3-14 命令行操作提示

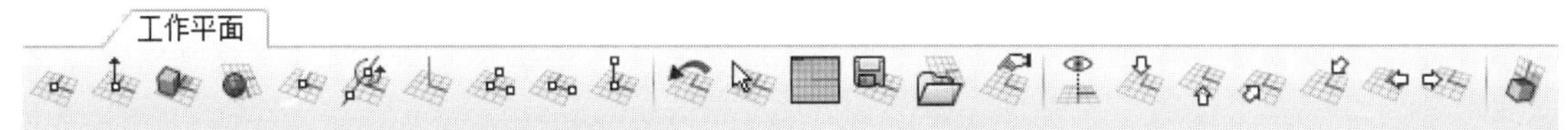

图3-15 【工作平面】标签的按钮命令

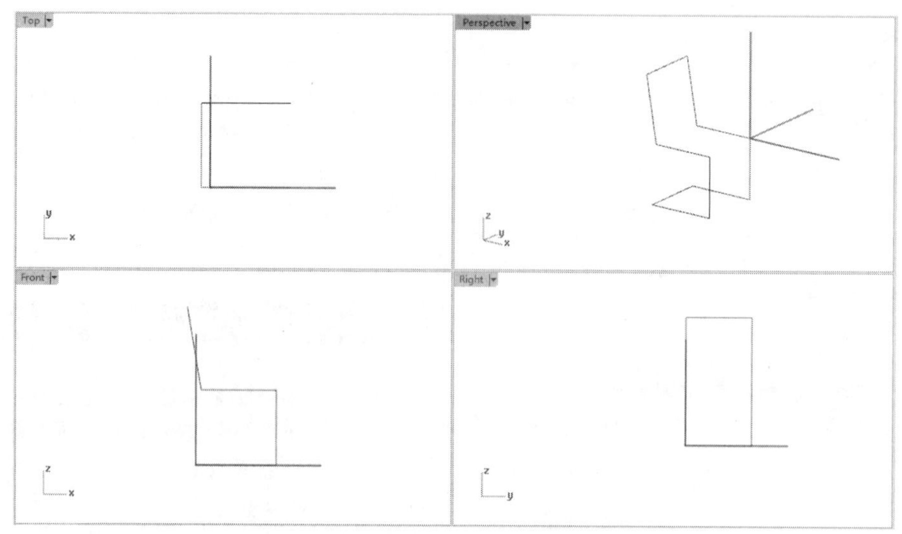

图3-16　仅仅在Perspective视图中移动

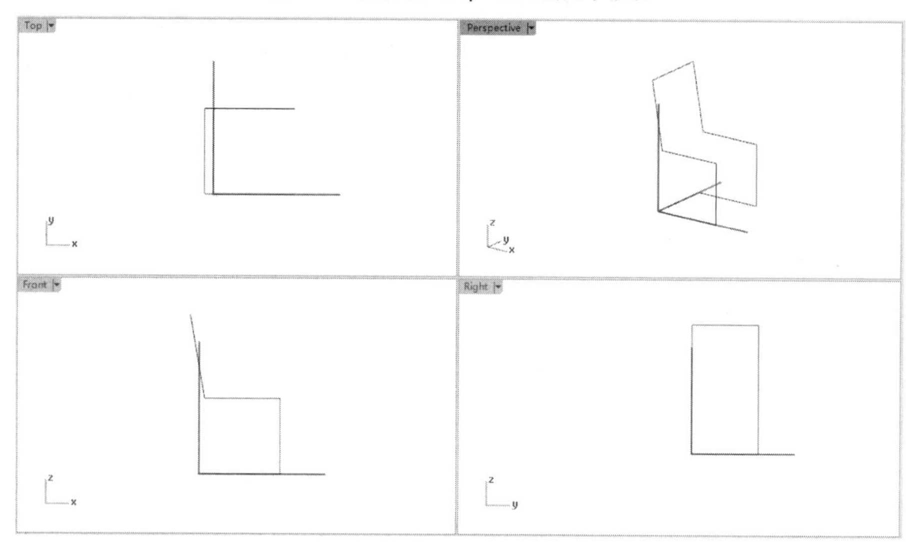

图3-17　在所有视图中移动

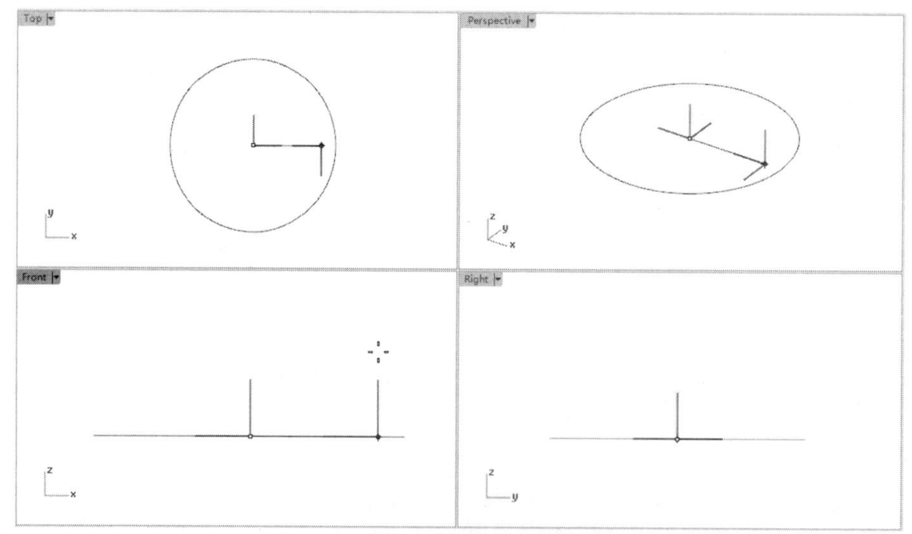

图3-18　创建在X轴向平移的工作平面

2. 创建在Y轴向平移的工作平面

先选中Perspective视图，再单击【设置工作平面高度】按钮，将会在Y轴正负方向创建偏移一定距离的新工作平面，如图3-19所示。

3. 创建在Z轴向平移的工作平面

先选中Top视图，再单击【设置工作平面高度】按钮，将会在Z轴正负方向创建偏移一定距离的新工作平面，如图3-20所示。

3.2.3 设定工作平面至物件

设定工作平面至物件是在视图中把工作平面移动到物件上。

物件可以是曲线、平面或曲面。

1. 设定工作平面至曲线

在【工作平面】标签中单击【设定工作平面至物件】按钮，然后在Top视图中选中要定位工作平面的曲线，随后将自动建立新工作平面。该工作平面中的某轴将与曲线相切，如图3-21所示。

2. 设定工作平面至平面

当用于定位的物件是平面时，该平面将成为新的工作平面，且该平面的中心点为工作坐标系的原点，如图3-22所示。

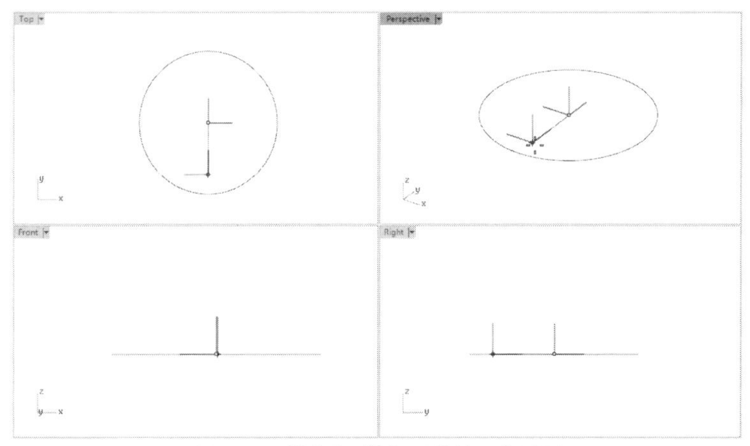

图3-19 创建在Y轴向平移的工作平面

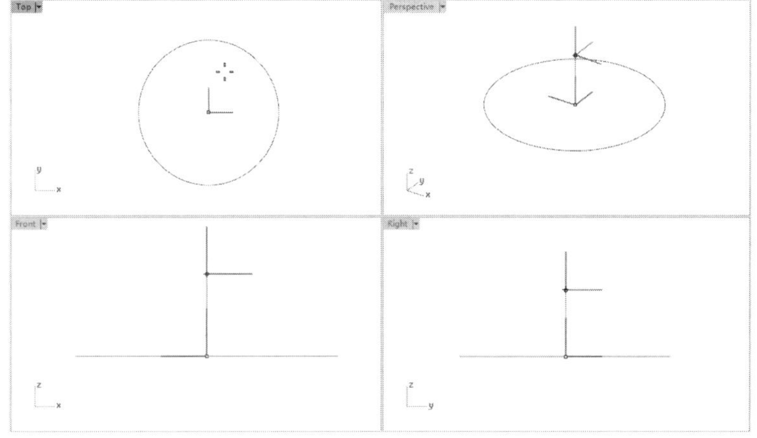

图3-20 创建在Z轴向平移的工作平面

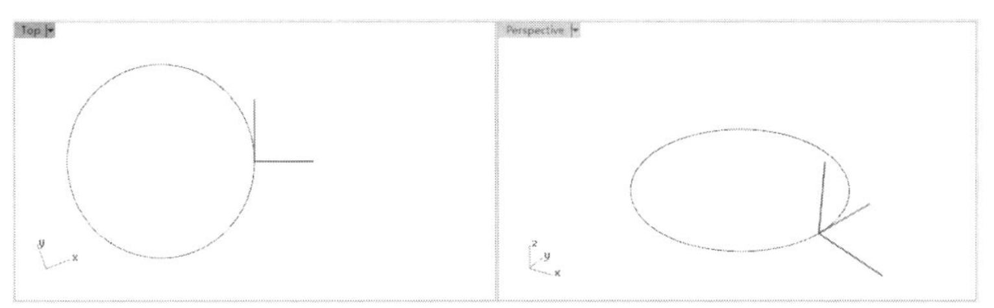

图3-21 设定工作平面至曲线

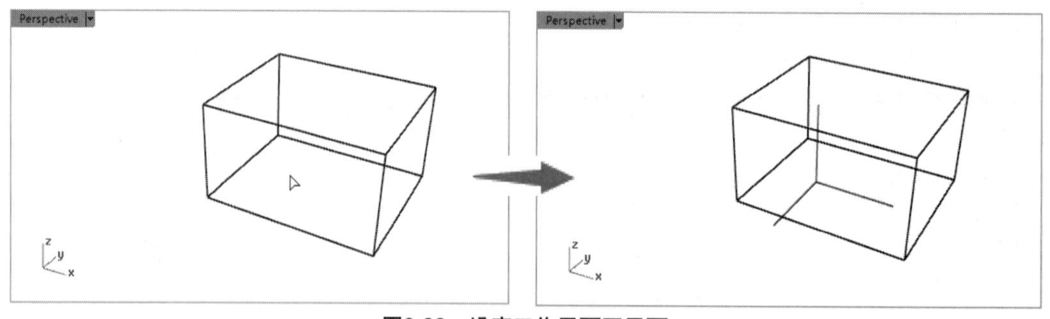

图3-22　设定工作平面至平面

技术要点：如果选择面时无法选取，可以选择模型的棱线，然后通过弹出的【候选列表】对话框来选取要定位的平面，如图3-23所示。

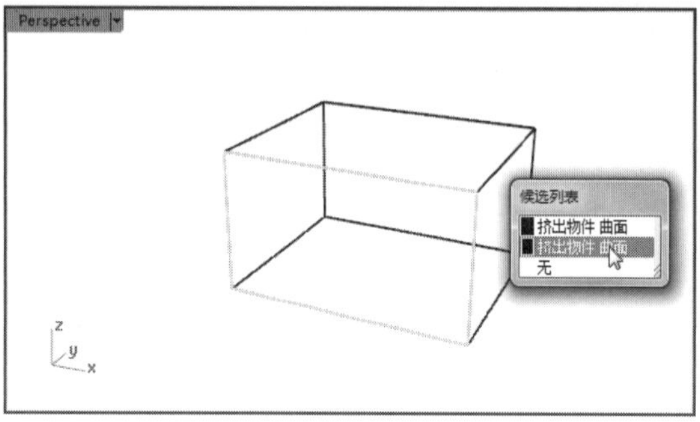

图3-23　物件平面的选取方法

3. 设定工作平面至曲面

可以将工作坐标系移动到曲面上，如图3-23所示，在【工作平面】标签中单击【设定工作平面至曲面】按钮，选择要定位工作平面的曲面后，按Enter键接受预设值，工作坐标系移动到曲面指定位置，至少有一个工作平面与曲面相切，如图3-24所示。

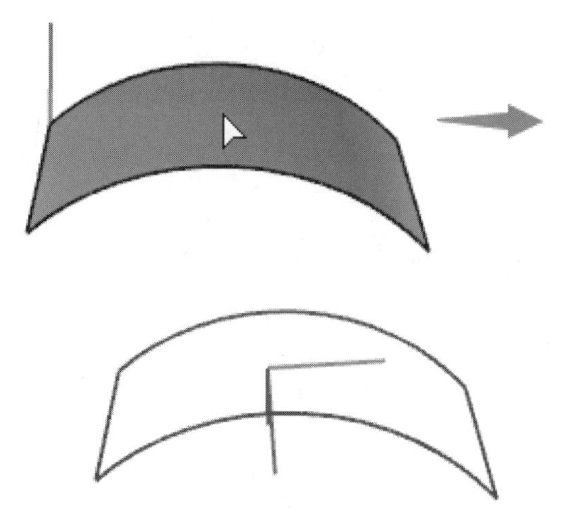

图3-24　设定工作平面至曲面

技术要点：如果不接受预设值，可以通过指定工作坐标系的轴向设定工作平面。

3.2.4　设定工作平面与曲线垂直

可以将工作平面设定为与曲线或曲面边垂直。在【工作平面】标签中单击【设定工作平面与曲线垂直】按钮，选中曲线或曲面边并接受预定值后，即可将工作坐标系移动到曲线或曲面边上，且工作平面与曲线或曲面边垂直，如图3-25所示。

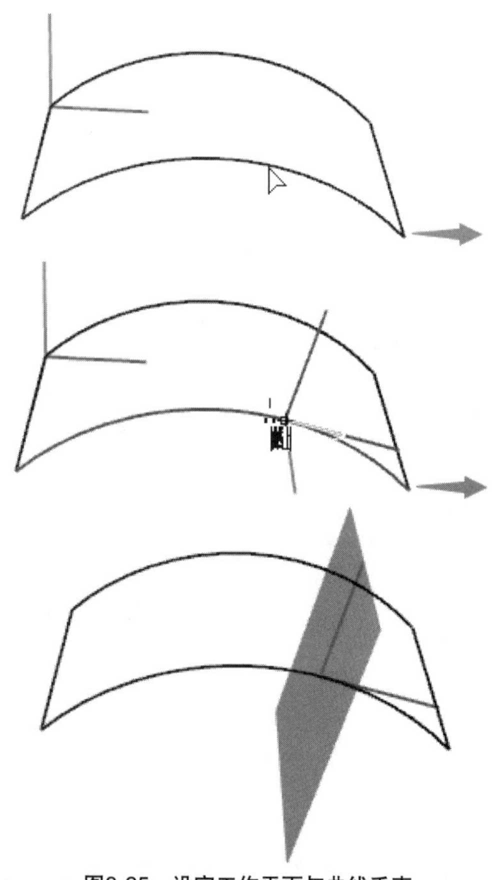

图3-25　设定工作平面与曲线垂直

3.2.5 旋转工作平面

旋转工作平面是将工作平面绕指定的轴和角度进行旋转，从而得到新的工作平面。如图3-26所示为旋转工作平面的操作步骤。命令行提示如下。

指令:'_CPlane
工作平面基点<0.000,0.000,0.000>(全部(A)=否曲线(C)垂直高度(L)下一个(N)物件(O)上一个(P)旋转(R)曲面(S)通过(T)视图(V)世界(W)三点(I)):_Rotate/见图❷
旋转轴终点(X(A)Y(B)Z(C)):/见图❸
角度或第一参考点:90↙/见图❹

3.2.6 其他方式设定工作平面

除了上述应用广泛的工作平面设置方法，还包括以下设置工作平面的简便方法。

1. 设定工作平面：垂直

在【工作平面】标签中单击【设定工作平面：垂直】按钮，可以设置与原始工作平面相互垂直的新工作平面，如图3-27所示。

2. 以3点设定工作平面

在【工作平面】标签中单击【以3点设定工作平面】按钮，可以指定基点（圆心点）、X轴延伸线上一点和工作平面定位点（XY平面）的一种方法，如图3-28所示。

技术要点：此种方式所设定的工作平面仅仅是XY平面，但因指定的工作平面定位点的不同，可以更改Y轴的指向。如图3-29所示为指定Y轴负方向一侧后设定的工作平面。

3. 以X轴设定工作平面

在【工作平面】标签中单击【以X轴设定工作平面】按钮，可以设定由基点和X轴上一点

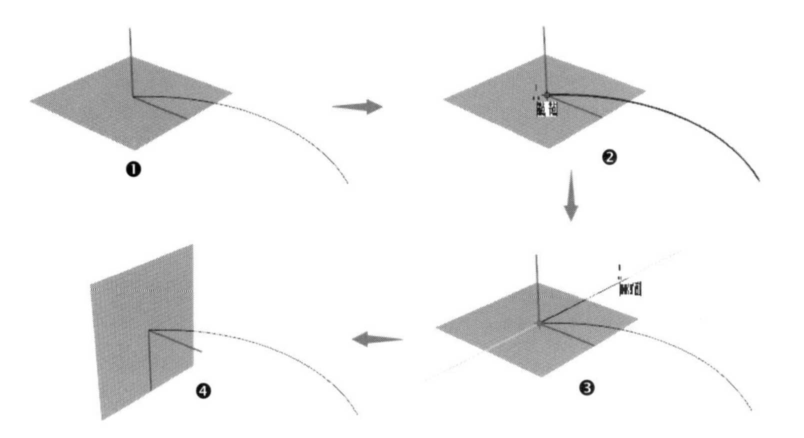

图3-26 旋转工作平面

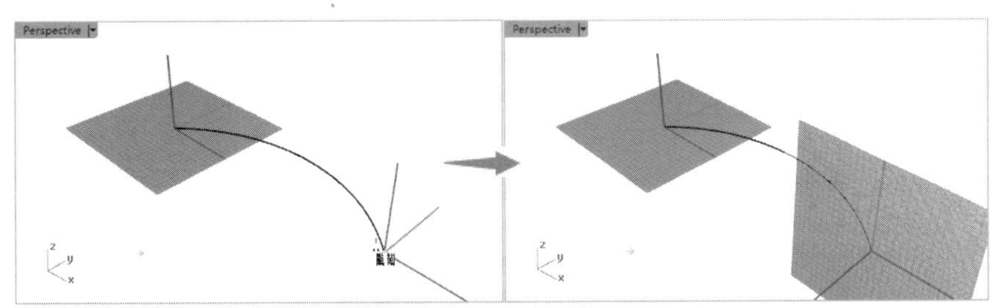

图3-27 设定工作平面：垂直

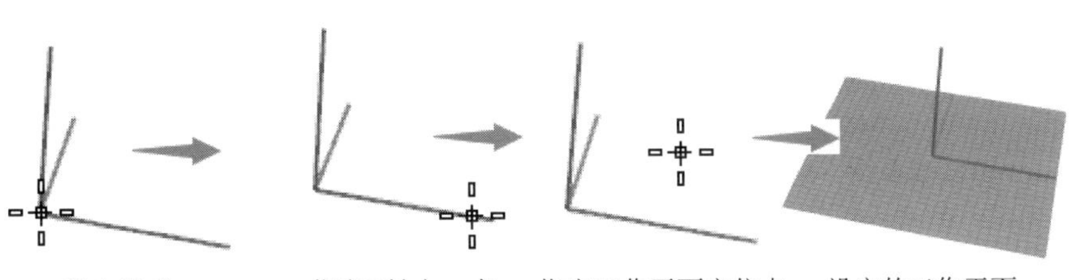

图3-28 以3点设定工作平面

而确定的新工作平面，如图3-30所示。这种方法无须再指定工作平面定位点。

4. 以Z轴设定工作平面

在【工作平面】标签中单击【以Z轴设定工作平面】按钮，可以设定由基点和Z轴上一点确定的新工作平面，如图3-31所示。这种方法同样无须再指定工作平面定位点。

5. 设定工作平面至视图

在【工作平面】标签中单击【设定工作平面至视图】按钮，可以将当前工作视图的屏幕设定为工作平面，如图3-32所示。

6. 设定工作平面为世界

设定工作平面为世界是将世界坐标系（绝对坐标系）中的6个平面（上Top、下Bottom、左Left、右Right、前Front、后Back）指定为工作平面，如图3-33所示。

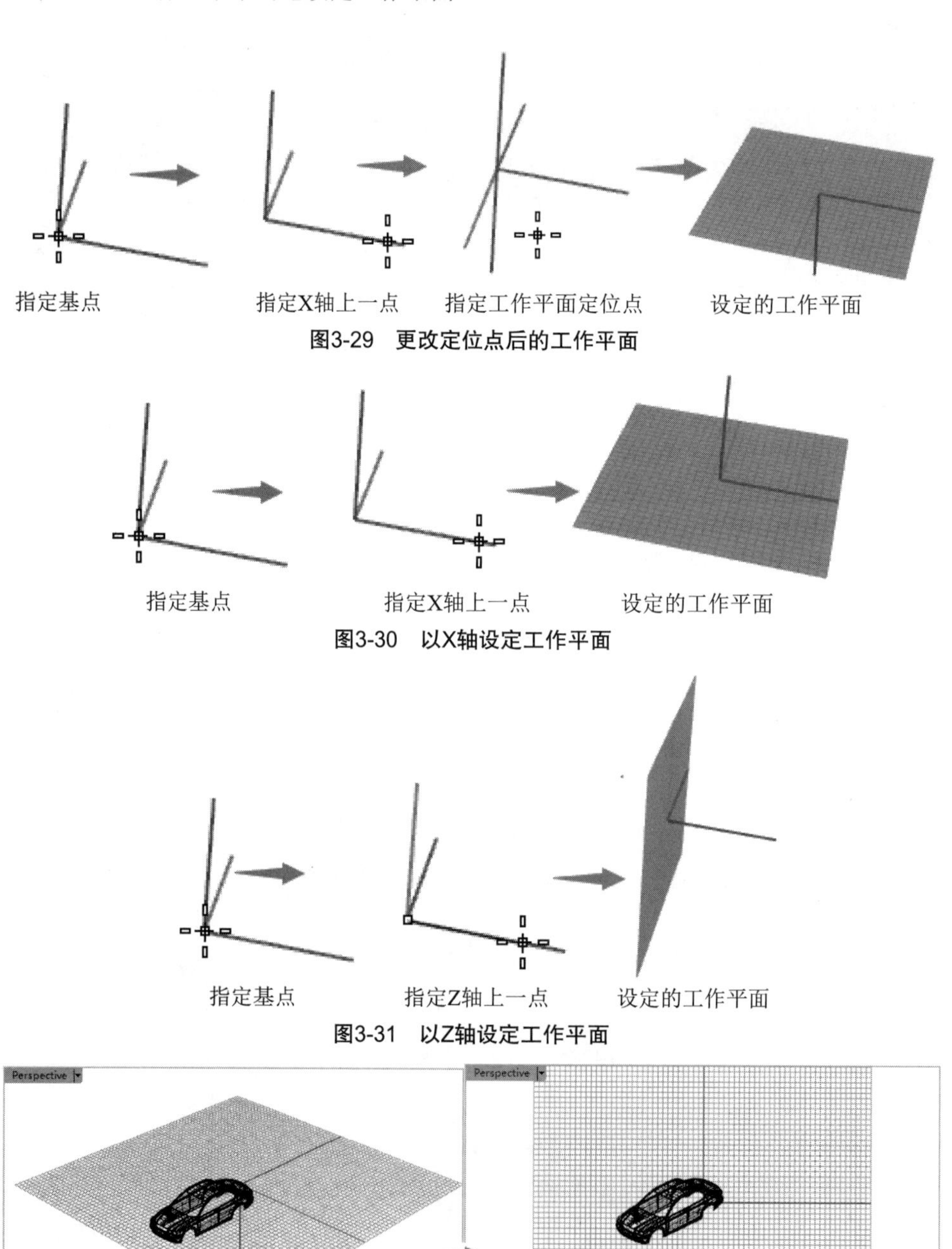

图3-29　更改定位点后的工作平面

图3-30　以X轴设定工作平面

图3-31　以Z轴设定工作平面

图3-32　设定工作平面至视图

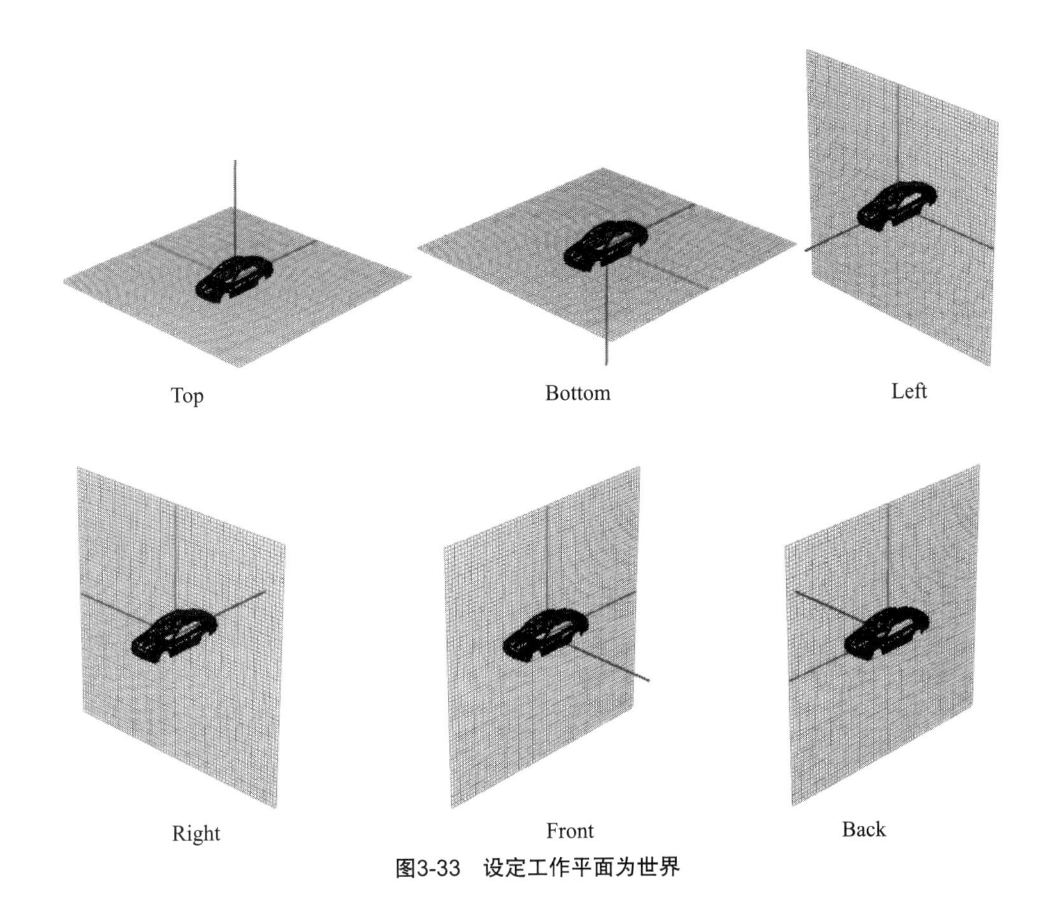

图3-33　设定工作平面为世界

7. 上一个工作平面

在【工作平面】标签中单击【上一个工作平面下一个工作平面】按钮，可以返回到上一个工作平面状态，如果右击此按钮，将复原至下一个使用过的工作平面状态。

动手操作——用工作平面方法绘制椅子曲线

下面利用工作平面的优势再绘制一次椅子的空间曲线，可以比较哪种方式更便捷。要绘制的椅子曲线如图3-34所示。

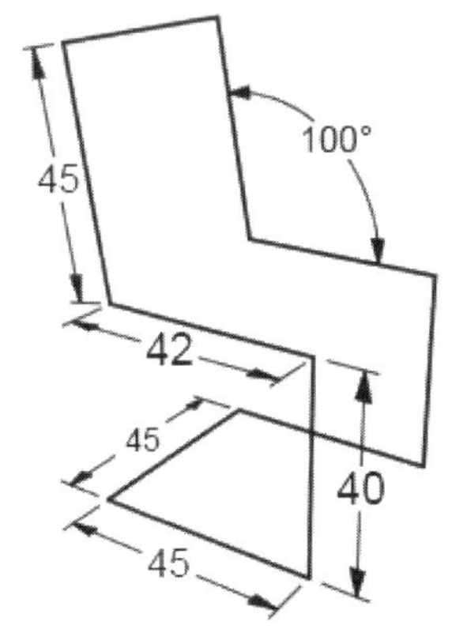

图3-34　椅子曲线

01在菜单栏中执行【文件】|【新建】命令，或者在【标准】标签中单击【新建文件】按钮，打开【打开模板文件】对话框。单击对话框底部的【不使用模板】按钮，完成模型文件的创建，如图3-35所示。

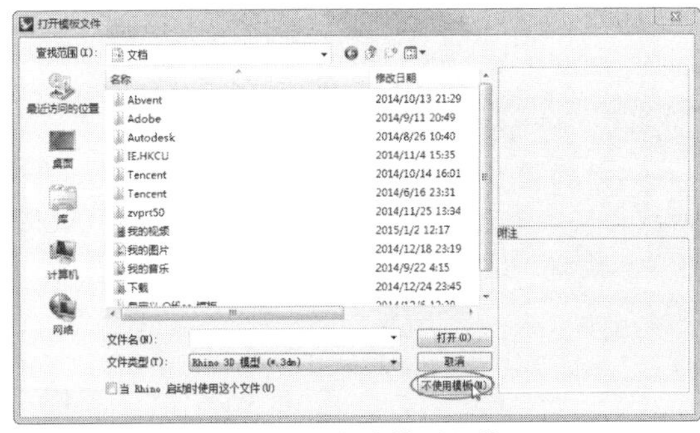

图3-35　新建模型文件

02在【工作平面】标签中单击【设定工作平面为世界Top】按钮，然后在窗口底边的状态栏中单击【正交】选项和【锁定格点】选项。

03在边栏工具列中单击【多重直线】按钮，然后锁定到工作坐标系原点并单击，以此确定多重线的起点，如图3-36所示。

04往X轴正方向移动光标，然后在命令行输入值

45并单击，完成直线1的绘制，如图3-37所示。

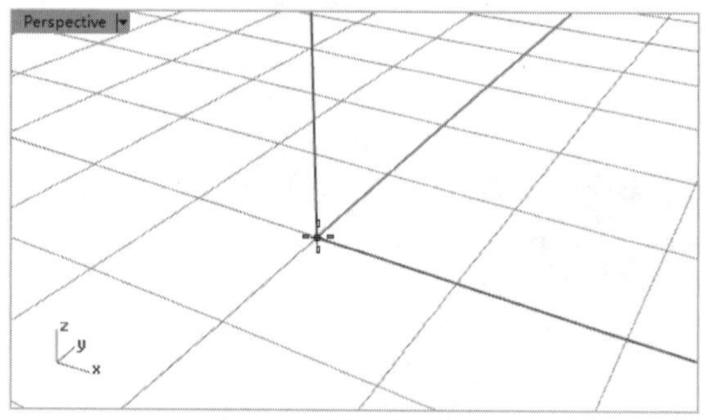

图3-36　锁定直线起点

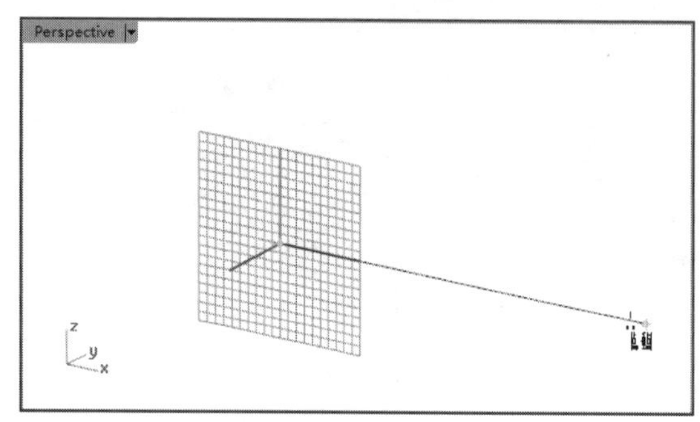

图3-37　绘制直线1

05同理，单击【设定工作平面为世界Front】按钮，竖直向上移动光标，在命令行输入值40并单击即可绘制直线2，如图3-38所示。

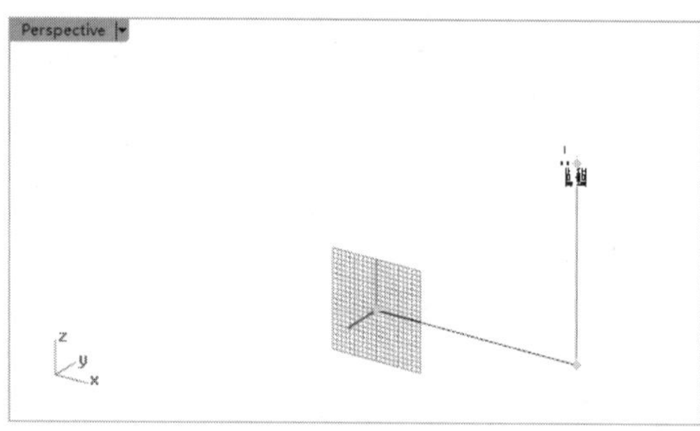

图3-38　绘制直线2

06保持同一工作平面，向左移动光标，输入值42并单击确认，绘制直线3，如图3-39所示。

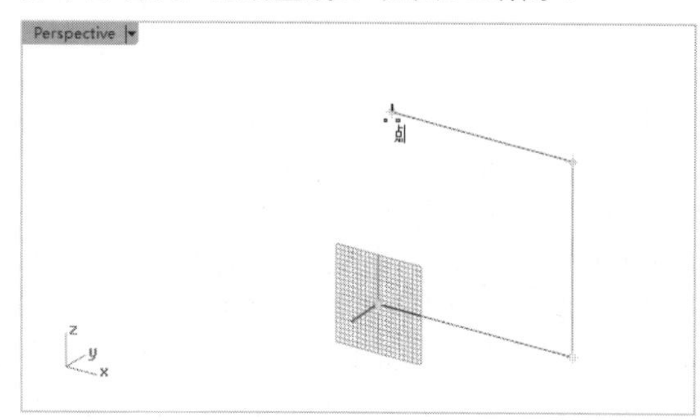

图3-39　绘制直线3

07单击状态栏中的【正交】选项，暂时取消正交控制。然后在命令行中输入<100，按Enter键确认后，移动光标在100°延伸线上，然后输入长度值45，单击完成直线4的绘制，如图3-40所示。

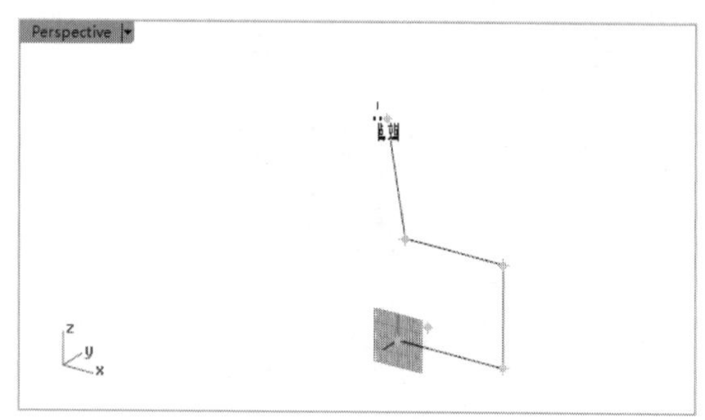

图3-40　绘制直线4

08重新激活【正交】选项，然后将工作平面设定为世界Left，在水平延伸线上输入距离值45，单击确认后完成直线5的绘制，如图3-41所示。

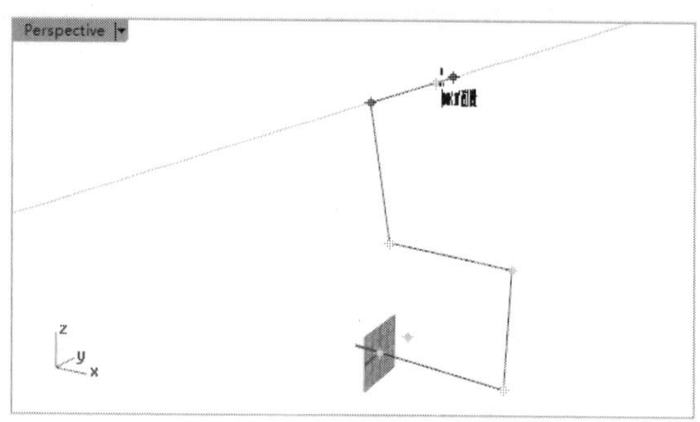

图3-41　绘制直线5

09同理，通过切换工作平面，完成其余直线的绘制，最终结果如图3-42所示。

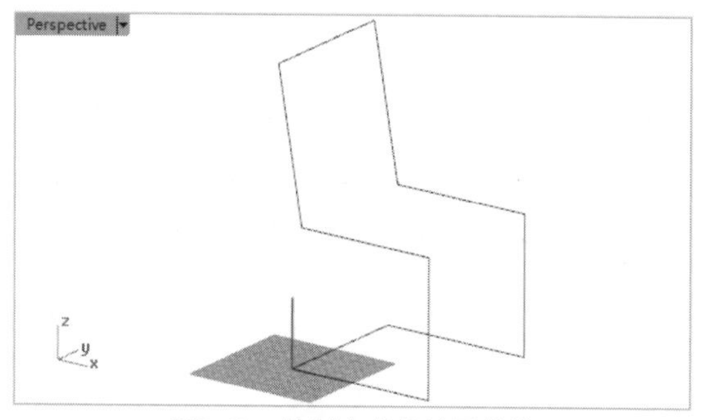

图3-42　绘制完成的椅子曲线

3.3 工作视窗配置

工作视窗是指工作区域中由4个视图组成的视图窗口区域，各个视图窗口也可称为Top工作视窗（简称Top视图）、Front工作视窗（简称

Front视图）、Right工作视窗（简称Pight视图）和Perspective工作视窗（简称Perspective视图）。

3.3.1 预设工作视窗

常见的工作视窗有3种，分别是3个工作视窗、4个工作视窗和最大化工作视窗。还可以在原有工作视窗基础上新增工作视窗，新增的工作视窗处于漂浮状态；还可以将工作视窗进行分割，如将一个工作视窗分割为两个工作视窗。

1. 3个工作视窗

在【工作视窗配置】标签中单击【三个工作视窗】按钮，工作视窗区域变成3个视图，包括Top视图、Front视图和Perspective视图，如图3-43所示。

2. 4个工作视窗

在【工作视窗配置】标签中单击【四个工作视窗】按钮，工作视窗区域变成4个视图，4个视图也是建立模型文件时的默认工作视窗，如图3-44所示。

3. 最大化/还原工作视窗

在【工作视窗配置】标签中单击【最大化/还原工作视窗】按钮，可以将多个视图变成为一个视图，如图3-45所示。

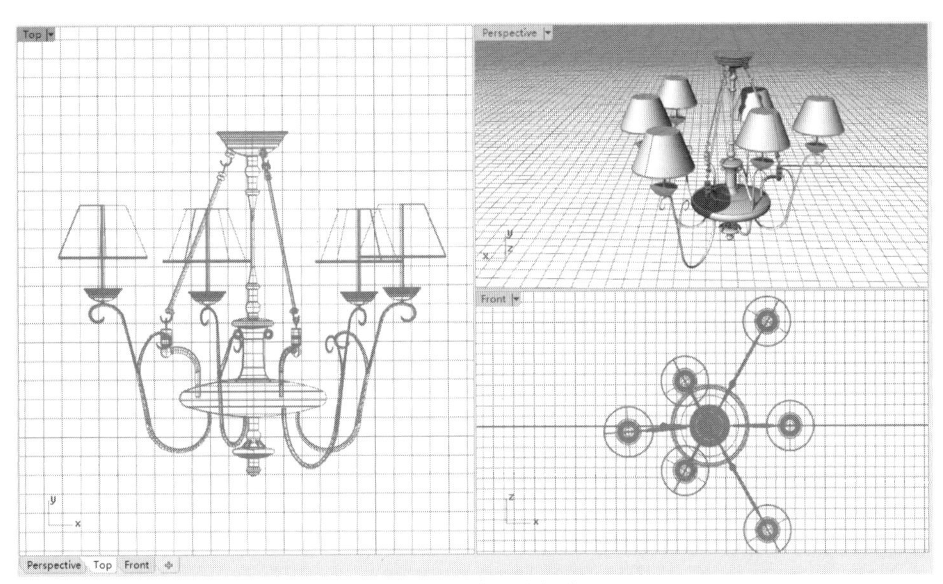

图3-43　3个工作视窗

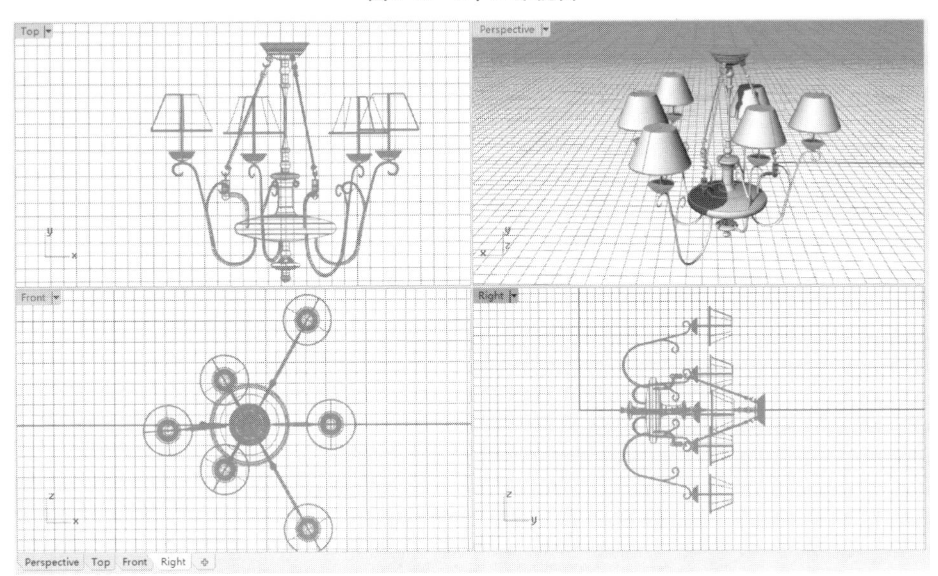

图3-44　4个工作视窗

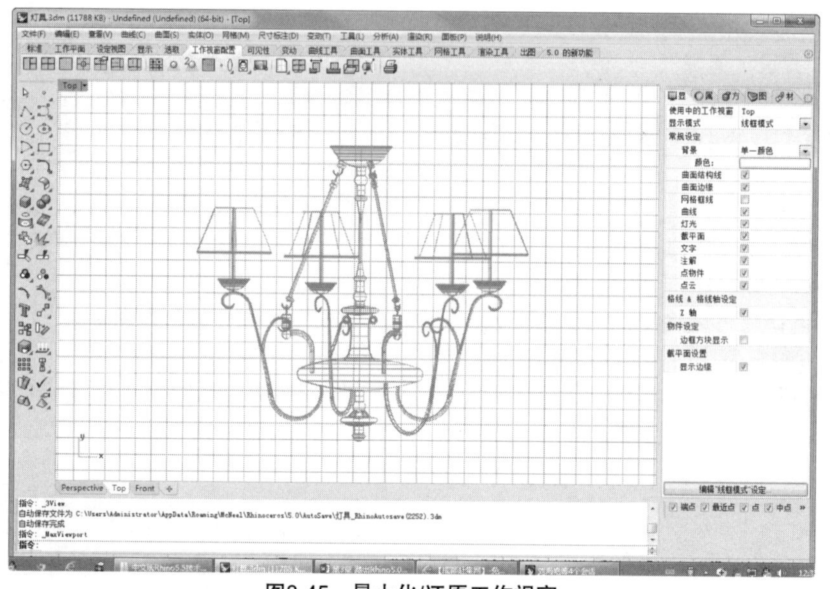

图3-45　最大化/还原工作视窗

4. 新增工作视窗

在【工作视窗配置】标签中单击【新增工作视窗】按钮，可以新增加一个Top工作视窗，如图3-46所示。

如果要关闭新增的视窗，可以右击【新增工作视窗】按钮，或者在工作视窗区域底部要关闭的视窗单击右键，再执行快捷菜单中的【删除】命令即可，如图3-47所示。

5. 水平分割工作视窗

选中一个视窗，再单击【工作视窗配置】标签中的【水平分割工作视窗】按钮，可以将选中视窗一分为二，如图3-48所示。

6. 垂直分割工作视窗

与水平分割工作视窗操作相同，可将选中的工作视窗进行垂直分割，如图3-49所示。

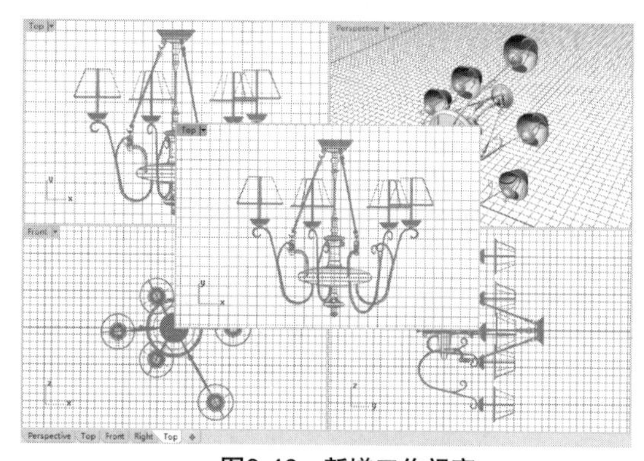

图3-46　新增工作视窗

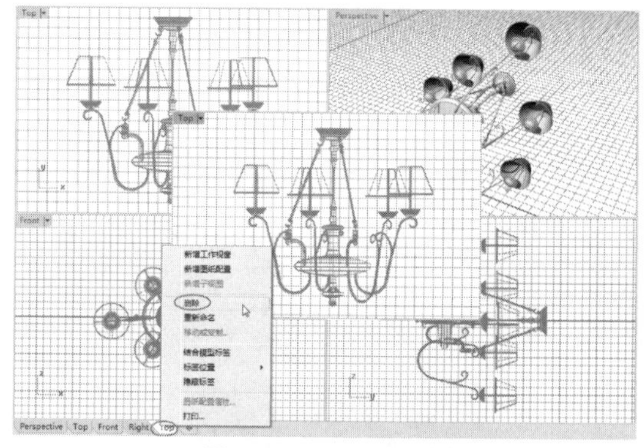

图3-47　删除工作视窗

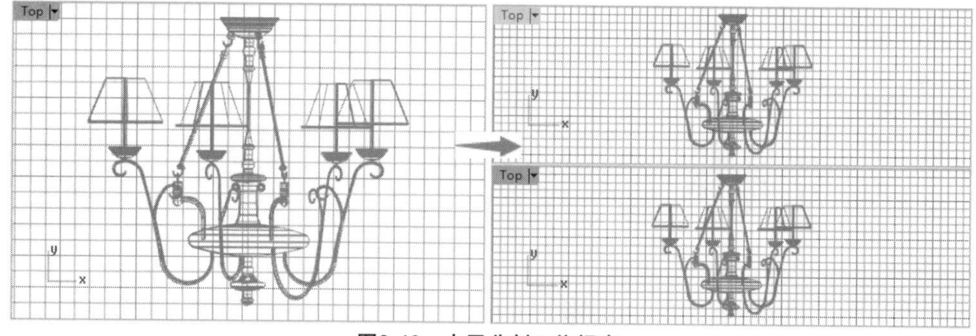

图3-48　水平分割工作视窗

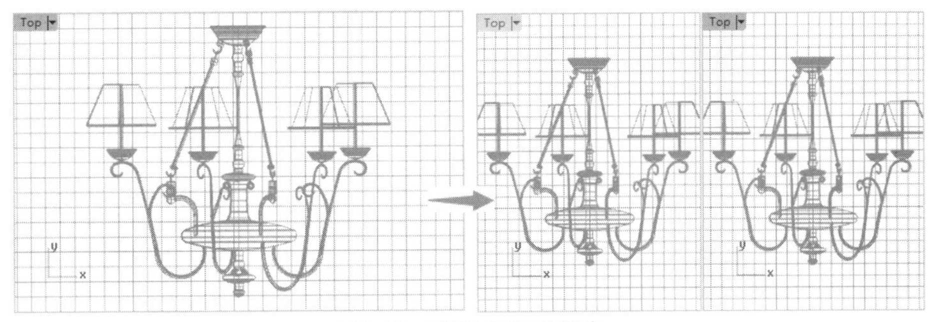

图3-49　垂直分割工作视窗

7. 工作视窗属性

选中某个工作视窗，再单击【工作视窗属性】按钮，弹出【工作视窗属性】对话框。通过该对话框，可以设置所选工作视窗的基本属性，如一般信息、投影模式、摄影机镜头的位置与目标点的位置、底色图案选项等，如图3-50所示。

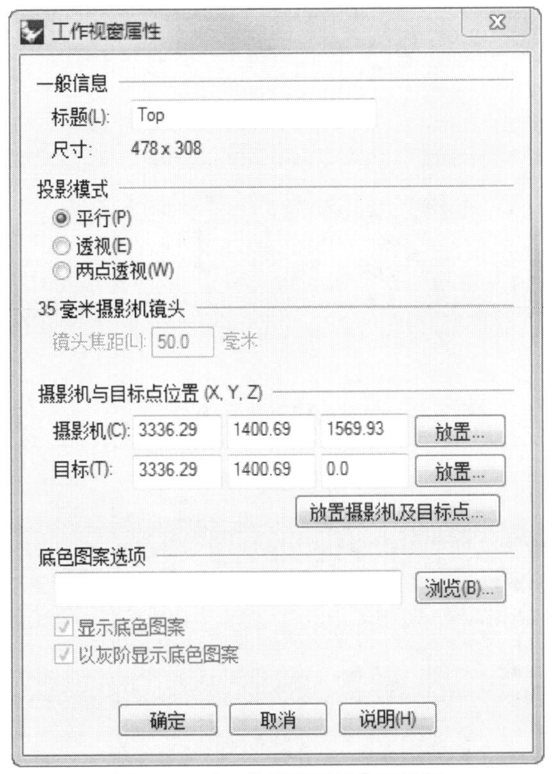

图3-50　【工作视窗属性】对话框

3.3.2 导入背景图片辅助建模

在工作视窗中导入背景图片，可以更好地确定模型的特征结构线，在不同视窗中导入模型相应视角的Perspective视图，可以辅助完成模型的三维建模。

执行菜单栏中的【查看】|【背景图】命令，可以看到级联菜单中的各项命令。另外，可以执行菜单栏中的【工具】|【工具列配置】命令，在打开的配置工具列窗口中调出【背景图】工具列，如图3-51所示。

下面对工具列中的工具进行说明。

- 放置背景图：用于导入背景图片。
- 移除背景图：用于删除背景图片。
- 移动背景图：用于移动背景图片。
- 缩放背景图：用于缩放背景图片。
- 对齐背景图：用于对齐背景图片。
- 显示/隐藏背景图片（左/右键）：显示或隐藏背景图片，避免工作视窗的紊乱。

1. 导入背景图片

对于不同视角的背景图片，要放置到相应的视窗中才恰当。向Top正交视窗中导入背景图片，需要首先使Top正交视窗处于激活状态（即当前工作窗口）。单击Top正交视窗的标题栏，然后选择【放置背景图】工具，在弹出的对话框中选择需要导入的背景图片。在Top视窗中通过确定两个对角点的位置，即可放置图片，如图3-52所示。

2. 对齐背景图片

以刚刚导入的背景图片为例，Top正交视窗仍处于激活状态，选择【对齐背景图】工具，然后确定背景图片上的两点，紧接着确定这两点与当前工作视图中要对齐的位置，背景图片将自动调整大小与其对齐，如图3-53所示。

> **技术要点：**在上面的对齐操作中，在背景图片的特殊位置创建一条辅助线（上图中的那条红色直线，是以汽车Top视图的前后两个LOGO为端点），然后在对齐的过程中通过开启物件锁点，以辅助线的两个端点对齐顶视图的Y轴轴线。

图3-51 调出【背景图】工具列

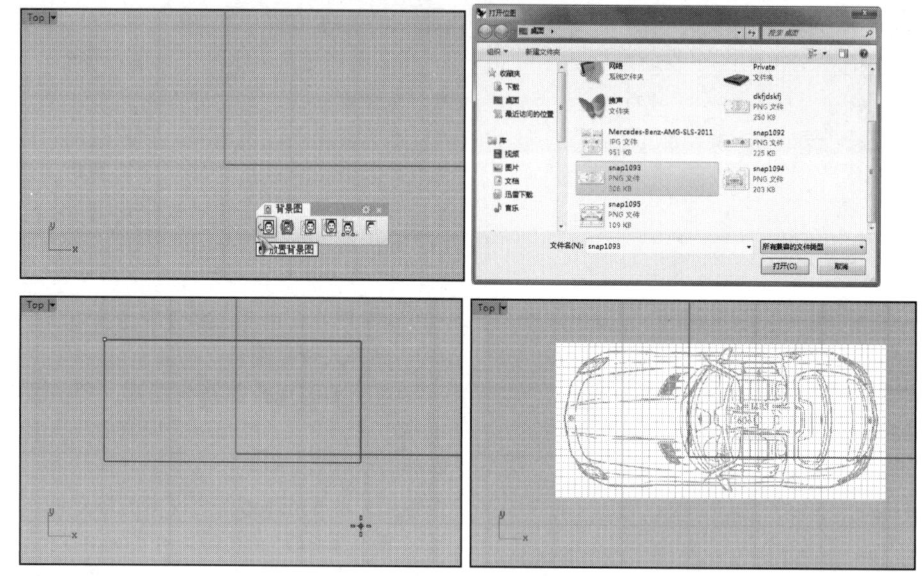

图3-52 导入背景图片

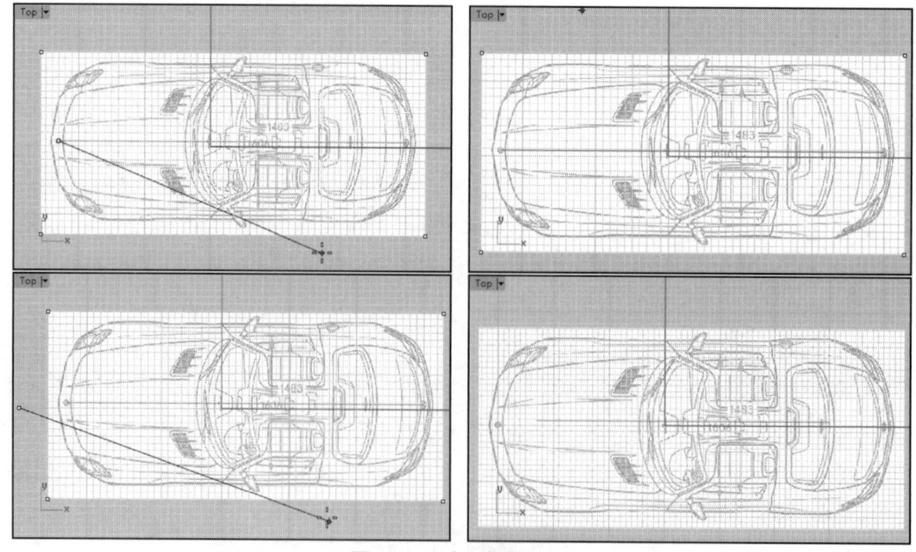

图3-53 对齐背景图片

动手操作——导入背景图片

01运行Rhino软件。

02单击Top视图,激活该窗口，然后单击【背景图】工具列中【放置背景图】按钮，选择本例光盘文件夹中的top.bmp，然后在Top视图中拖动，即可放入一张背景图片。用此方法，依次在Front视图、Right视图中分别放入相应的背景图片，如图3-54所示。

> **技术要点：**导入的背景图片最好提前在Photoshop或其他平面软件中将轮廓线以外的部分切除，这样方便设立对齐的参考点和控制缩放的显示框。

03每个视窗中的背景图并没有对齐，这是不符合要求的。下面需要将3个视图中的图片分别对齐，才能起到辅助建模的作用。首先打开网格，激活Top视图，单击【对齐背景图】按钮，在背景图上选择一点作为基准点，另外选择一点作为参考点；然后在工作平面上选择一点作为基准点到达的位置，再选择一点作为参考点到达的位置，即可完成Top背景图片的对齐，如图3-55所示。当然，如果发现不够准确，可右击多次执行此命令。

> **技术要点：**一般情况下，为了更准确，在选择参考点的时候按住Shift键，可以保证参考点与基准点在一条直线上。

04按照同样的方法对齐Front视图和Right视图中的背景图片，如图3-56所示。

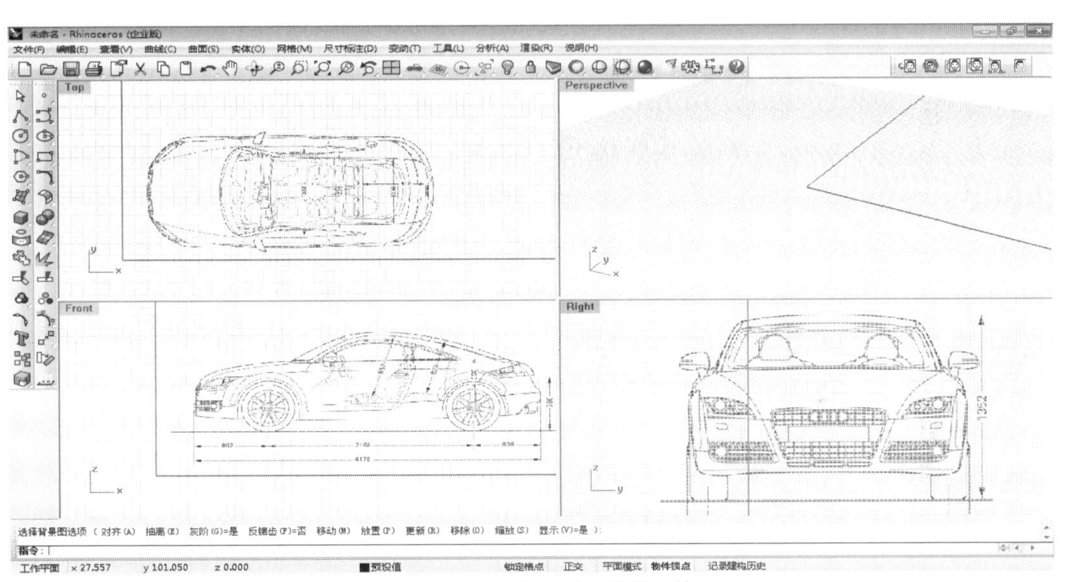

图3-54　在3个视图放入背景图片

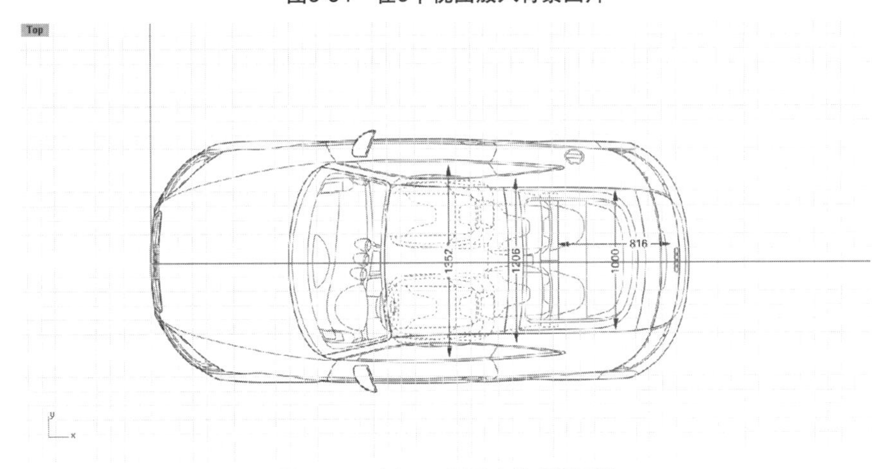

图3-55　对齐Top视图中的背景图片

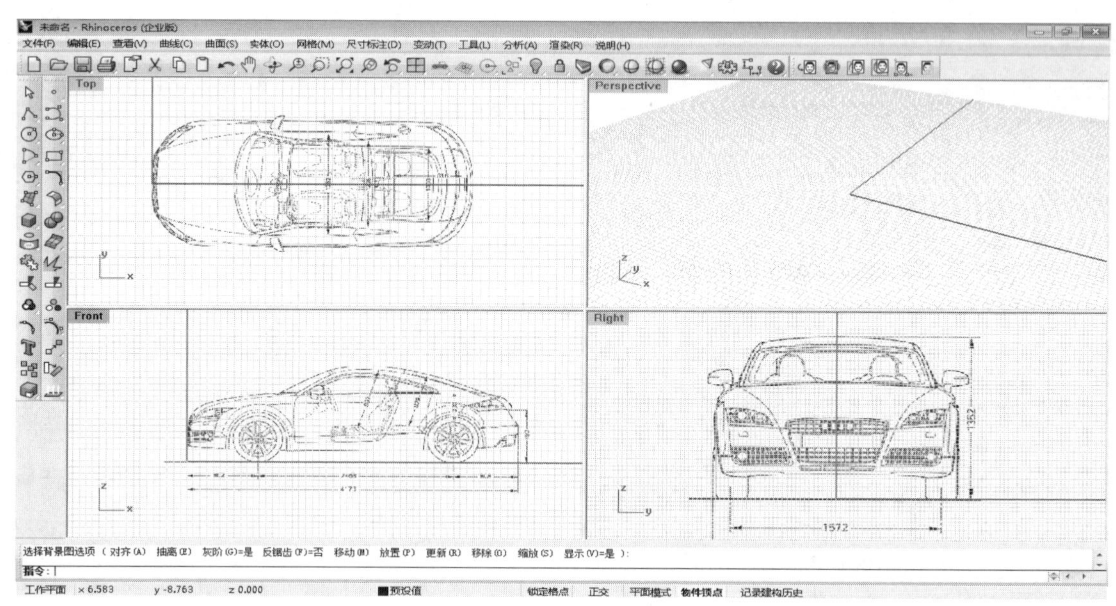

图3-56　对齐3个视图

05从网格数量可以明显看出，3个视图中的车身长宽高的数值是不对等的，需要调节图片比例。选定Top视图作为缩放尺寸基准。用【尺寸标注】命令量出车身长度为39个单位，一半宽度为9.2个单位。这里选择的基准在轴线上，所以可以只测量一半的宽度。在Top视图中，分别在车头、车尾及车身侧面基准点处，用【点】工具绘制3个点作为缩放参考点。如图3-57所示，红色圈内即为参考点的位置。

06激活Front视图，激活【物件锁点】中的【点】选项，单击【缩放背景图】，选择坐标原点为基点，选择车尾部一点作为第一参考点，第二参考点即上一步中绘制的车尾部基准点。核对车身长度是否同为39个单位，缩放完毕，如图3-58所示。

07在Front视图中，用【尺寸标注】命令量出车身高度为12.8个单位，并在最高点设定一个基准点。按照上面的方法，将Right视图中的背景图片缩放到合适的位置，如图3-59所示。

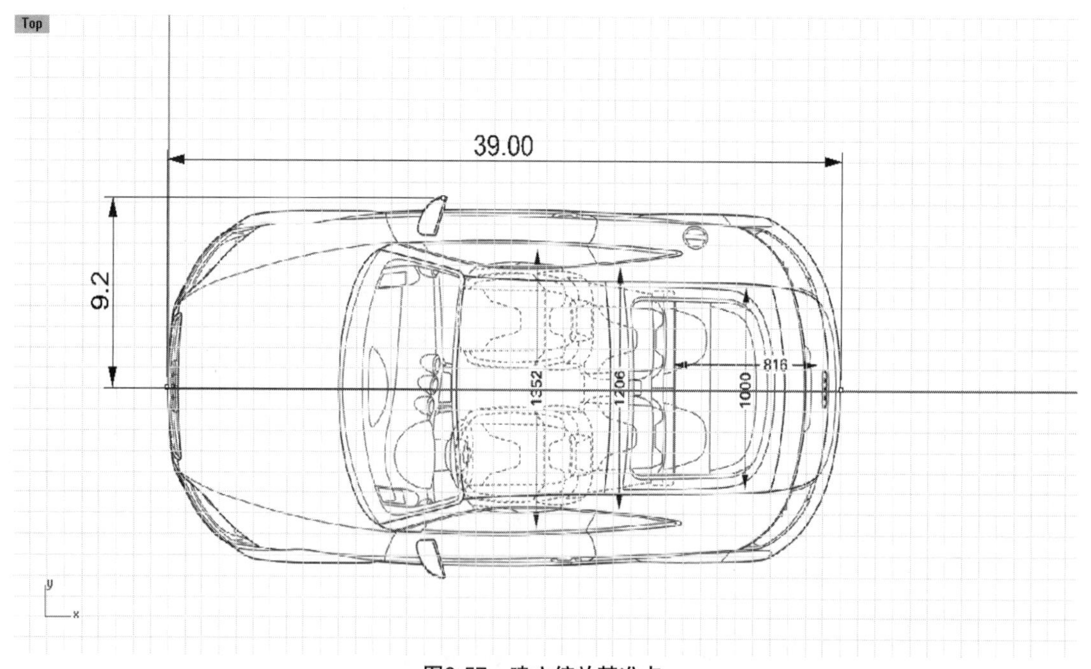

图3-57　建立缩放基准点

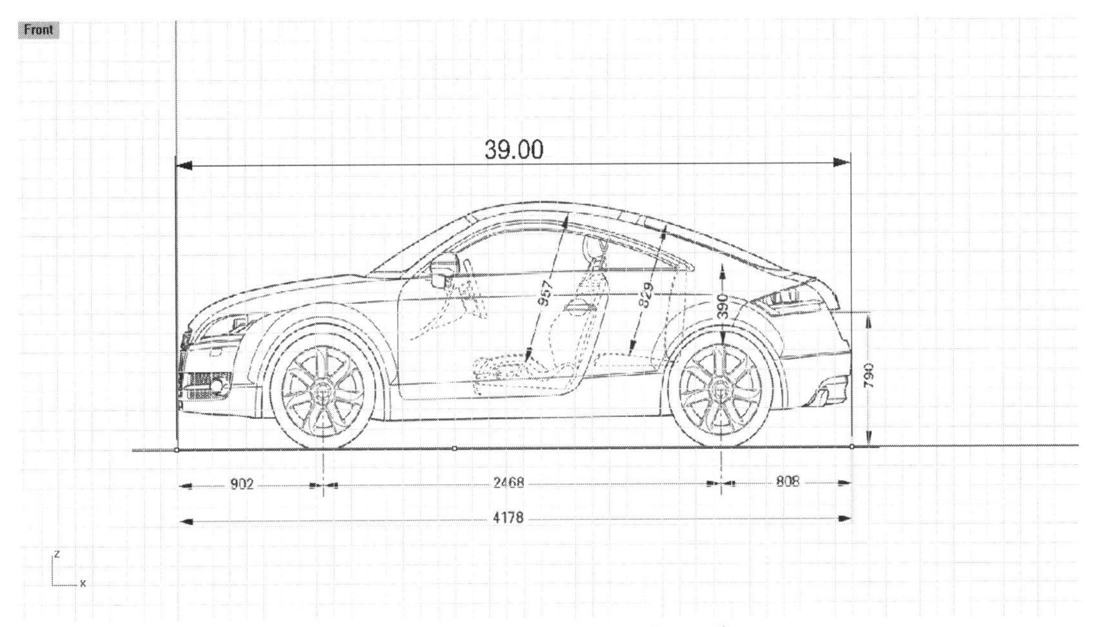

图3-58　缩放Front视图中的背景图片

图3-59　缩放Right视图中的背景图片

08如果缩放比例出错，关闭【物件锁点】，或者按住Shift键将缩放轴锁定在坐标轴上拖移，让缩放框到达定位基准点的位置，释放鼠标即可。校对车身高度值，完成整个背景图的放置，如图3-60所示。用后面的方法时，要注意导入图片前需要在Photoshop或其他平面软件中将轮廓线以外的部分切除。

09为了检验背景图片放置的准确性，可以在任一视图的车身线条上绘制一些点，然后在其他视图中检验该点是否放置在车身线条的正确位置即可。

> **技术要点：**在操作过程中，需要进行物件锁点捕捉时，可以按住键盘上的Alt键进行快捷调用，松开即可关闭捕捉。

此外，在【背景图】工具列中还有【移除背景图】按钮和【隐藏背景图】按钮，操作比较简单就不解释了。值得注意的是，单击按钮，可以隐藏背景图；右击该按钮，可以显示背景图。

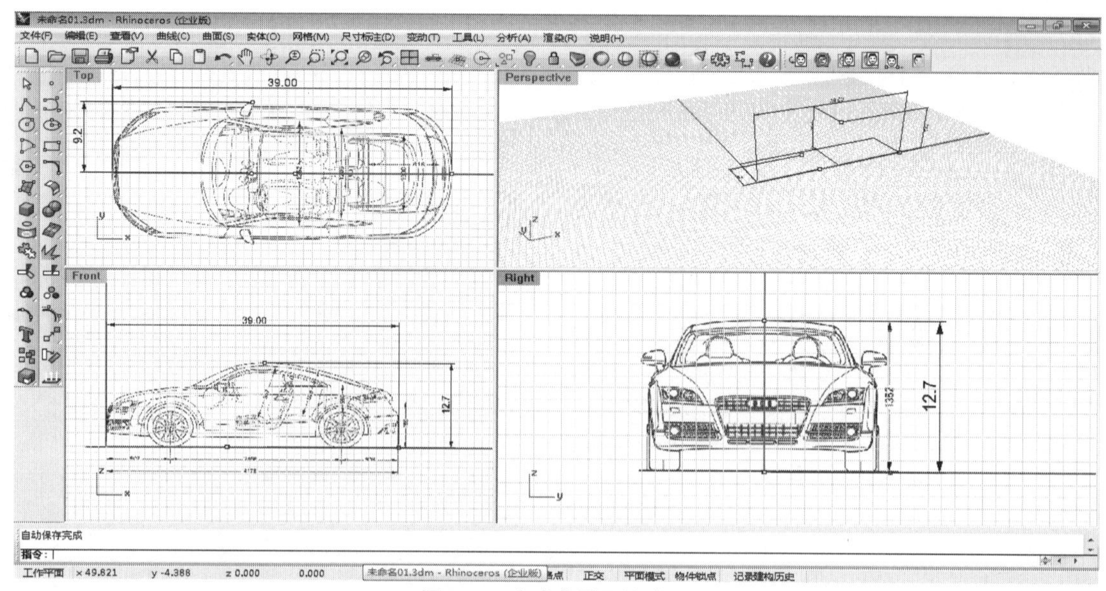

图3-60　完成背景图的放置

3.3.3　导入平面图参考

在Rhino中，可以引入参考图辅助建模。执行菜单栏中的【工具】|【工具列配置】命令，勾选显示【平面】工具列，如图3-61所示。

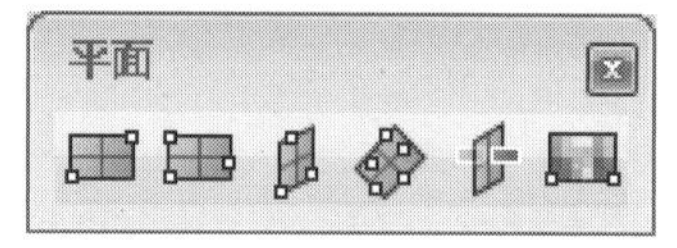

图3-61　【平面】工具列

单击【帧平面】按钮，在各视图中以平面形式导入参考图。为了提高图片对齐的准确度，建议在导入前将图片修整好，并且导入的基点选择在坐标原点。如果不符合要求，同样可以使用【平移】或【缩放】工具对导入的帧平面进行调整。完成后的效果如图3-62所示。

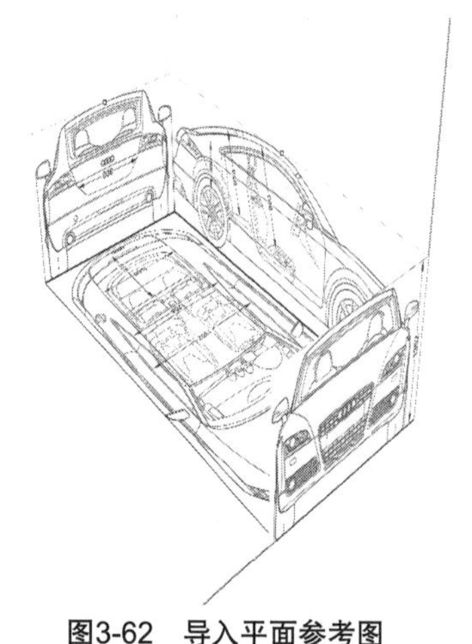

图3-62　导入平面参考图

这种方法的好处在于能够直观立体地看到整个物体的各面细节，便于对模型进行调整。如果导入的是真实产品图片，还可以检查模型渲染的效果。由于该参考图是以平面形式出现的，因此其可操作性（如在空间移动等）远远高于导入的背景图片。

3.4 视图操作

三维建模软件有相通之处，但操作习惯又有一定的区别，下面介绍在Rhino中建模的基本操作习惯。

3.4.1　视图操控

1. 平移、缩放和旋转

【标准】标签中包含对物件（Rhino中的物件就是指物体或对象）进行平移、缩放和旋转的按钮，如图3-63所示。

图3-63　操控物件的按钮

也可以在【设定视图】标签中选择操控视图的按钮来控制视图，如图3-64所示。

图3-64 操控视图的按钮

2. 利用快捷键操控视图

快捷键是常用的操控方式，一般情况下使用软件提供的默认快捷键，也可以设置几个适合自己使用习惯的快捷键。

下面介绍常用鼠标快捷键。

- 鼠标右键：2D视窗中平移屏幕，透视图视窗中旋转观察。
- 鼠标滚轮：放大或缩小视窗。
- Ctrl+鼠标右键：放大或缩小视窗。
- Shift+鼠标右键：任意视窗中平移屏幕。
- Ctrl+Shift+鼠标右键：任意视窗中旋转视图。
- Alt+以鼠标左键拖曳：复制被拖曳的物件。

常用键盘快捷键如表3-1所示。这些快捷键有许多是可以改变的，也可以自行加入快捷键或指令别名。

表3-1 常用键盘快捷键

功能说明	快捷键
调整透视图摄影机的镜头焦距	Shift+PageUp
调整透视图摄影机的镜头焦距	Shift+PageDown
端点物件锁点	E
切换正交模式	O、F8、Shift
切换平面模式	P
切换格点锁定	F9
暂时启用/停用物件锁点	Alt
重做视图改变	End
切换到下一个作业视窗	Ctrl+Tab
放大视图	PageUp
缩小视图	PageDown

技术要点：如果视图无法恢复到最初的状态，可执行菜单栏【查看】|【工作视窗配置】|【四个作业视窗】命令，四个视图窗口会回到默认的状态。

如果使用鼠标键盘快捷键无法对透视图进行旋转操作，可以在Rhino工具列中选择旋转工具来对视图进行旋转。

3.4.2 设置视图

视图总是与工作平面关联，每个视图都可以作为工作平面。常见的视图包括7种，即6个基本视图和1个透视图。

设置视图可以通过【设定视图】标签中的按钮进行操作，如图3-65所示。

图3-65 视图设置按钮

也可以从菜单栏中执行【查看】|【设置视图】命令，如图3-66所示。

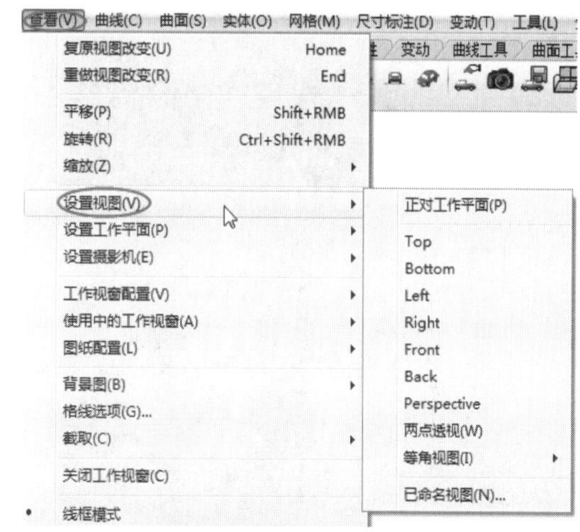

图3-66 从菜单栏执行【设置视图】命令

还可以在各个视窗中左上角单击下三角按钮，展开菜单后执行【设置视图】命令，再选择视图选项即可，如图3-67所示。

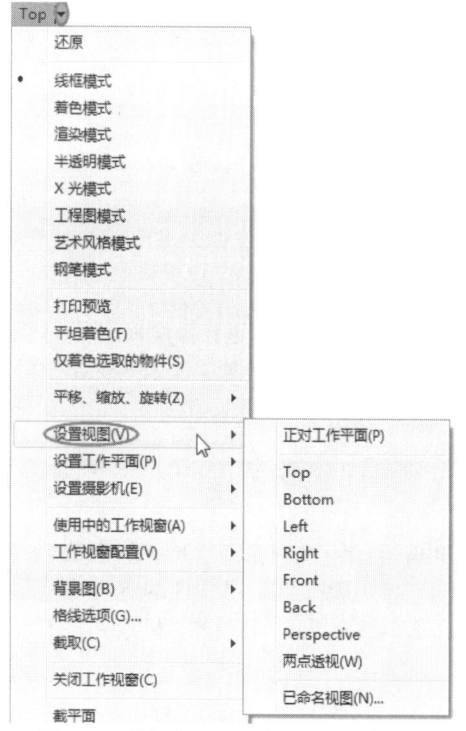

图3-67 从视窗中执行【设置视图】命令

7个视图状态如图3-68所示。

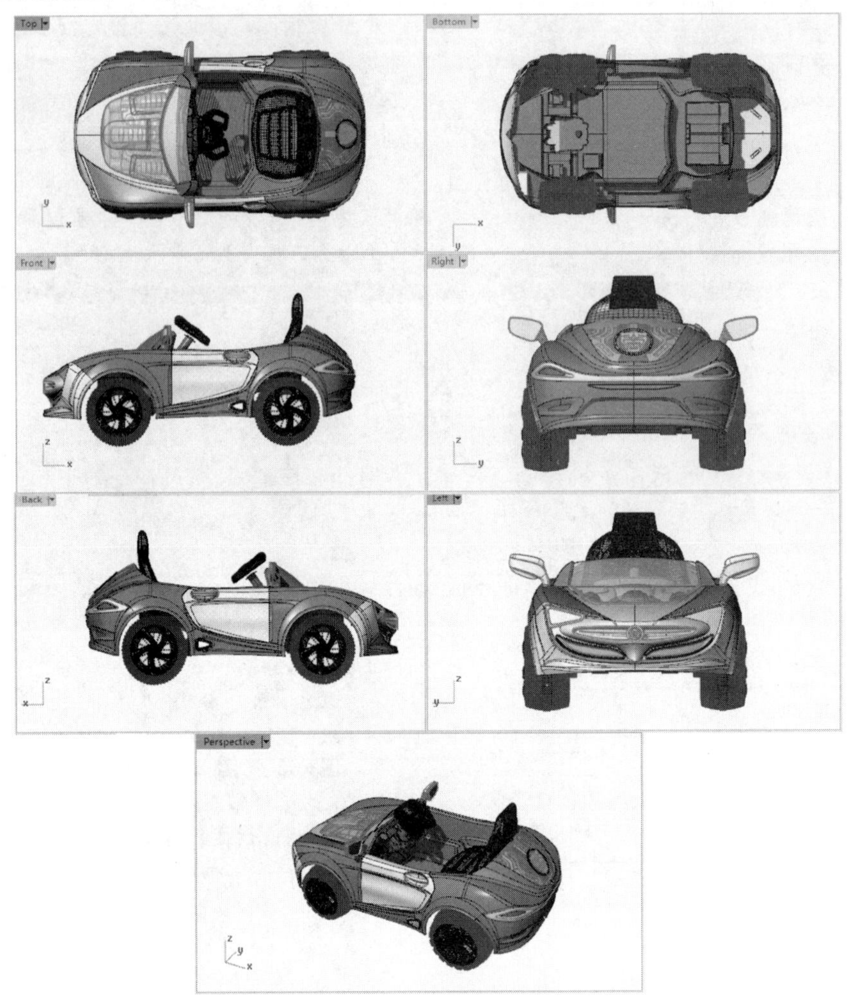

图3-68　7个基本视图

3.5 物件的选取

要对视图中的物体进行操作时，要先选择该物体。如何正确地选择物体，特别是当物体过于复杂时，这将是一个重要问题。

3.5.1 用选择工具选择

Rhino提供了多种选择工具，在【选取】标签中集合了各种选择工具，如图3-69所示。下面结合【选取】标签介绍几种常用的选择方法。

图3-69　【选取】标签

技术要点：单击并拖动标签，可以将标签拖到外面形成工具列，如图3-70所示。

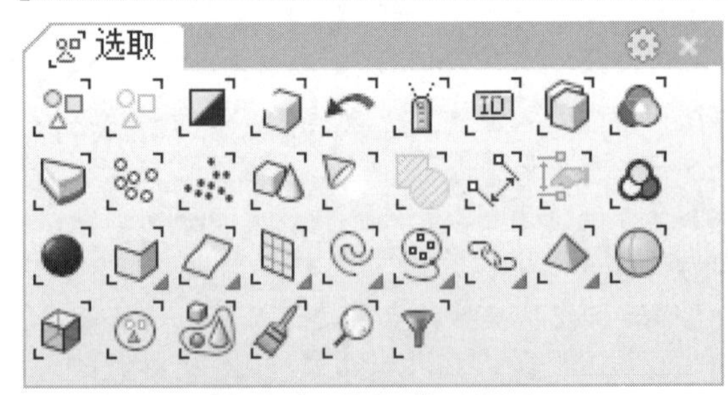

图3-70　【选取】工具列

1. 单一选择

运行Rhino软件后，打开Rhino目录下Samplemodels文件夹中的camera.3dm，把光标放在准备选择的物体上并单击，被选择物体高亮显示（默认为黄色），如图3-71所示。单击其他部分，软件自动取消原选择，其他部分高亮显示。在任意视图中单击非物体区，可以取消选择。

技术要点：为了使被选择部分显示得更清楚，可以执行菜单栏中【查看】|【着色模式】命令，然后勾选【仅着色选择部分】。

2. 多重选择

在建模的实际操作中，如果想对多个物体同时进行选择操作，则需要进行多重选择。

方法一：选择一个物体后，按住Shift键，继续单击其他物体，即可选择多个物体，如图3-72所示。如发现某部分选错，需要释放Shift键，按住Ctrl键，单击选错部分，即可取消选择。

方法二：在任意视窗中靠近左上角的位置，单击并向右下角拖动，出现矩形选框。释放鼠标后，框选部分处于被选择状态，如图3-73所示。注意，为了框选合适的物体，可以切换到不同的视图中操作。

如需选择全部物体，需单击【选取】标签中的【全部选取】按钮，即可选择视图中的全部物体。

3. 精细选择

当遇到大而复杂的场景时，往往需要从许多已经叠在一起的物体中挑选物体，这加大了选择难度。在其他三维软件中，一般会先隐藏无关物体，再进行选择。

在Rhino中，当单击视图中某个重叠部位时，光标附近会出现一个对话框，列举通过该点附近的所有曲线、曲面、群组等。将光标移到某个选项上，视图中就会将该部分特别显示出来（系统默认为粉色线条）。一旦确认某部分为所需选择部分，在该选项上单击即可选择，如图3-74所示。

4. 类型选择

建模时，场景中一般会出现多种不同类型的物体，如曲线、曲面、实体等。有时候，需要一次性选择所有同一类型的物体。

打开camera.3dm文件，使用【选取】标签中的选择方式可实现类型选择。

- 选取曲线：单击该按钮，选择场景中所有曲线，如图3-75所示。
- 选取曲面：单击该按钮，选择场景中所有曲面，如图3-76所示。

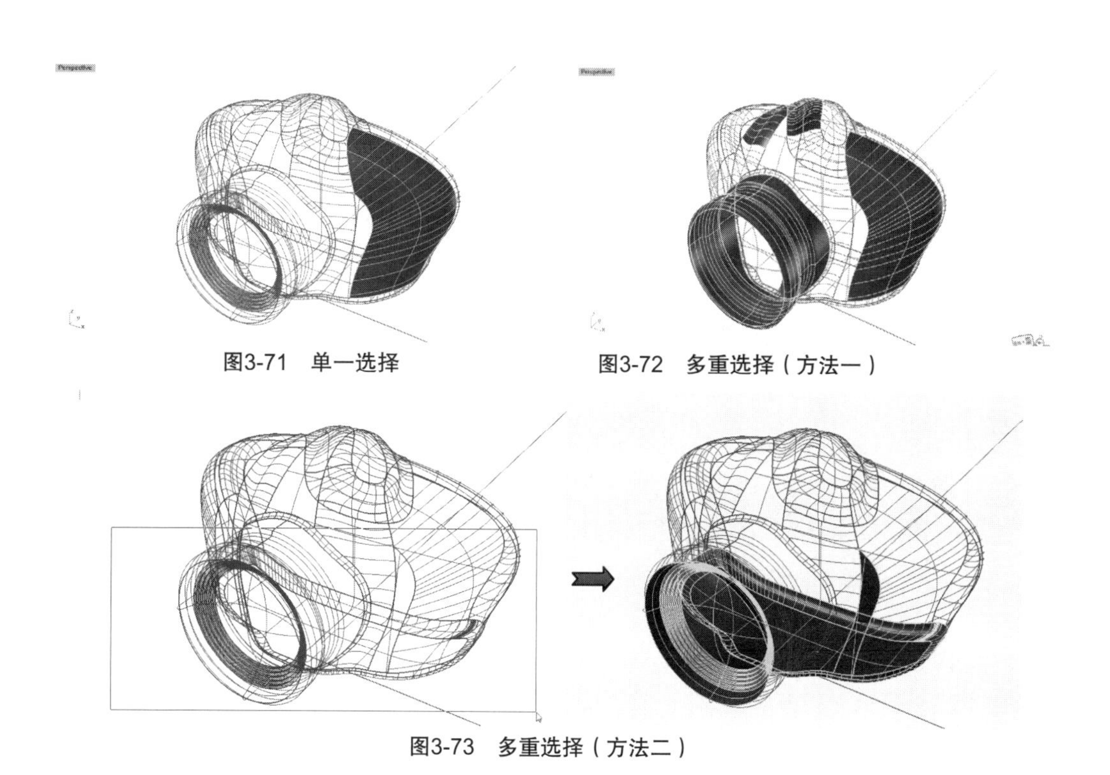

图3-71　单一选择

图3-72　多重选择（方法一）

图3-73　多重选择（方法二）

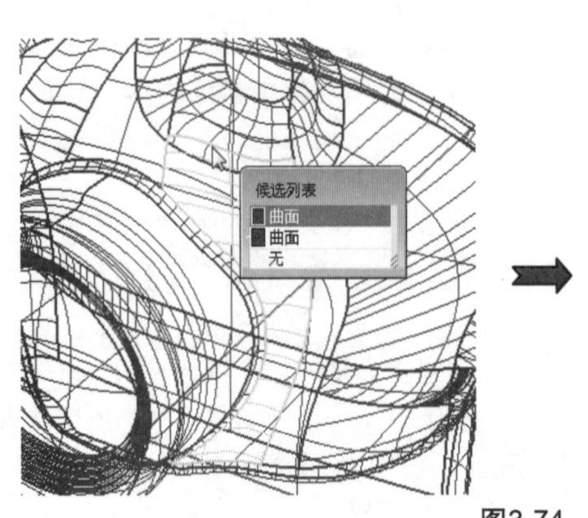

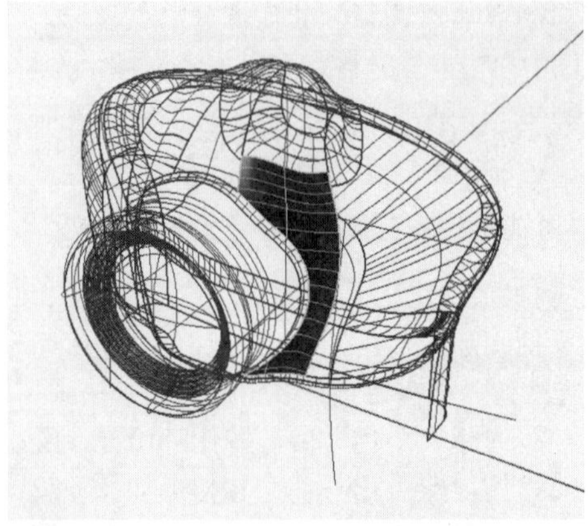

图3-74　精细选择

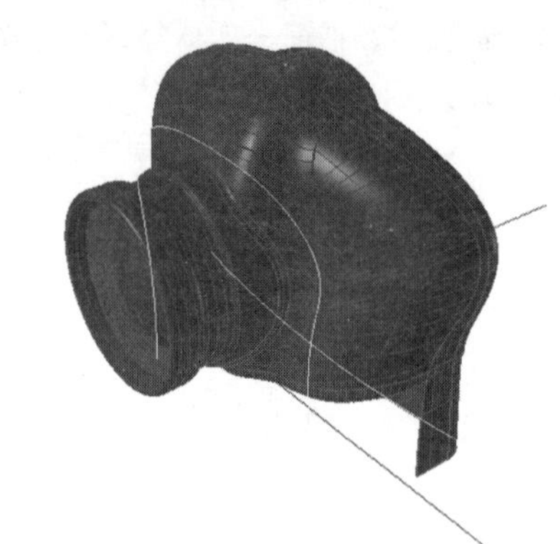

图3-75　选取曲线

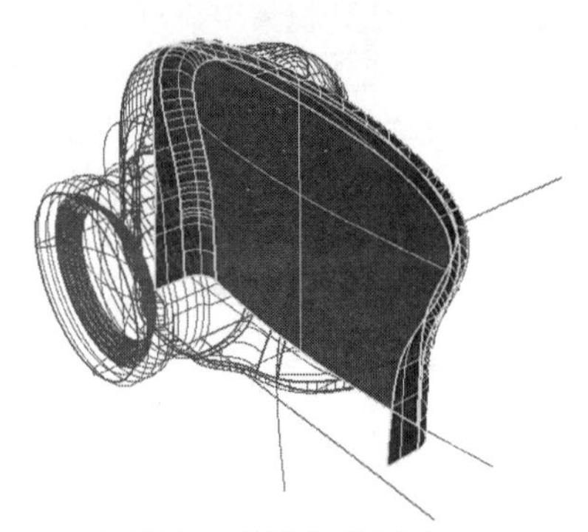

图3-77　选取多重曲面

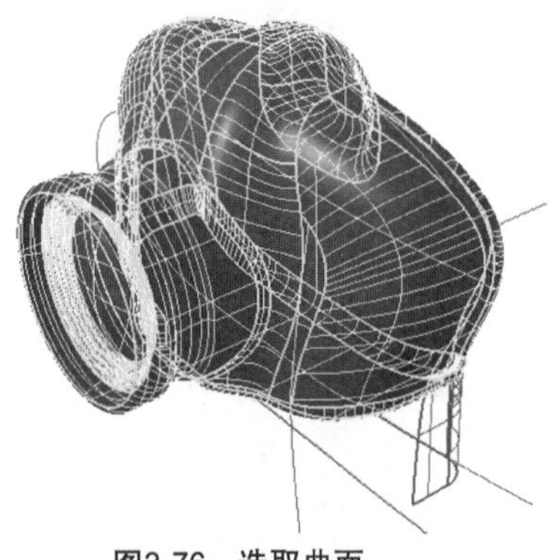

图3-76　选取曲面

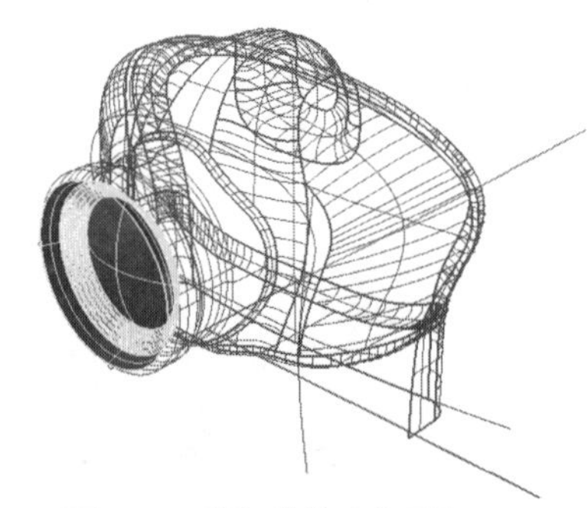

图3-78　选取【镜头】群组

- 选取多重曲面：单击该按钮，选择场景中所有多重曲面，如图3-77所示。
- 选取群组：单击该按钮，然后在命令行中输入曾经设定的群组名，会将场景中该群组包含的物体选择出来。例如，提前建立一个【镜头】群组，然后单击该命令按钮后，在命令行里输入【镜头】，按Enter键，则选中【镜头】群组物体，如图3-78所示。

除了以上常用类型外，【选取】标签中还提供了选取点、选取尺寸、选取灯光、选取网格、选取全部图块、以ID选取、以物体名称选取等多种类型。注意，在单击【选取点】按钮时，场景中需有打开并显示的点。

5. 其他选择

在建模过程中，有时需要将正在编辑物体以外的所有物体全部选中并进行隐藏或者其他操作。在【选取】标签中单击【反选选取集合】按钮，即可完成操作。

打开camera.3dm，框选中场景中的部分物体，然后单击【反选选取集合】按钮，则除原选择部分外，所有物体都被选中，如图3-79所示。

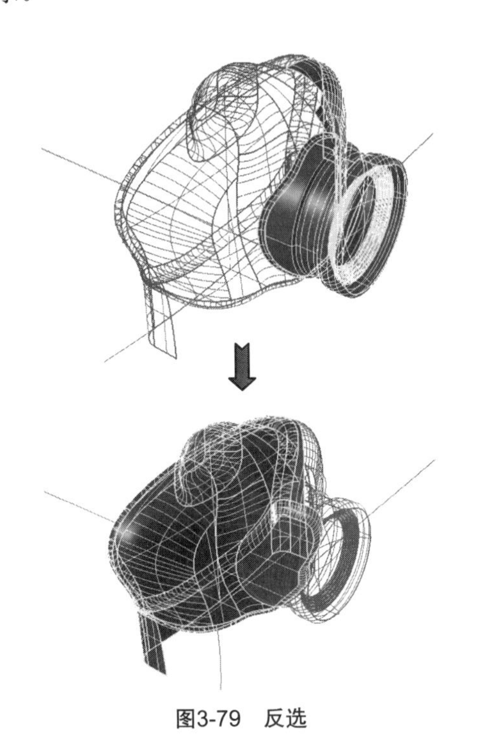

图3-79　反选

3.5.2　用图层选择

当建立比较复制的模型场景时，需要用不同的图层来管理不同的曲线、曲面等。这里主要讲解如何利用图层选择物体。

打开camera.3dm文件，单击【选取】标签中的【以图层选取】按钮，弹出的对话框中列举了场景中的所有图层，可以根据需要，选择任一图层，如图3-80所示。单击图层名称后，单击【确定】按钮，会将此图层中的所有物体选中，如图3-81所示。

图3-80　【要选取的图层】对话框

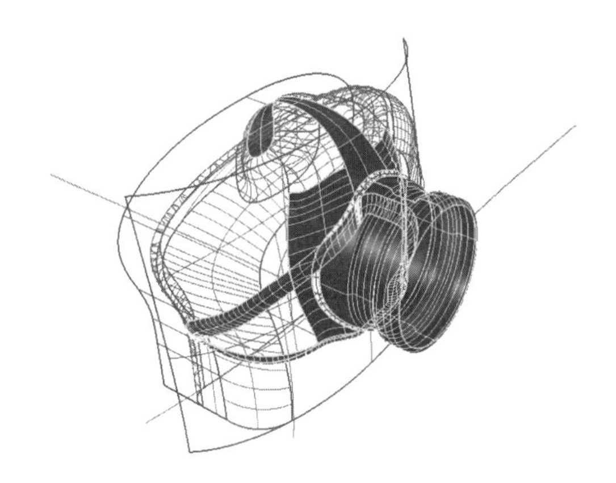

图3-81　用图层选择物体

3.5.3　用颜色选择

在Rhino中还可以通过颜色来选择物体。单击【选取】标签中的【以颜色选取】按钮，可在场景中选择一种颜色的物体，按Enter键或右击确认操作，会把与所选物体颜色相同的所有物体选中，如图3-82所示。此外，可以先选中某一物体，然后单击【以颜色选取】按钮，则选择效果相同。

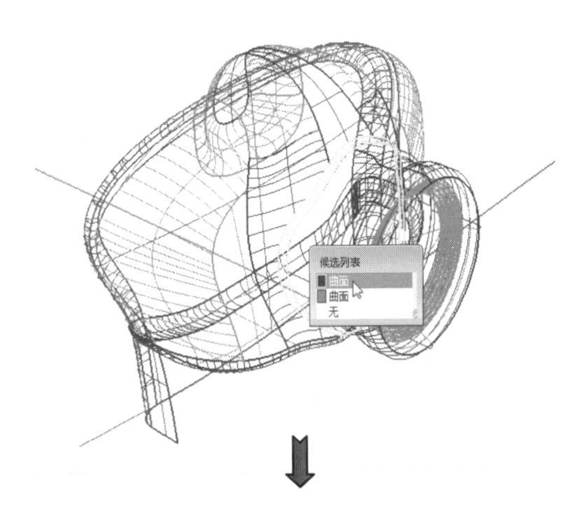

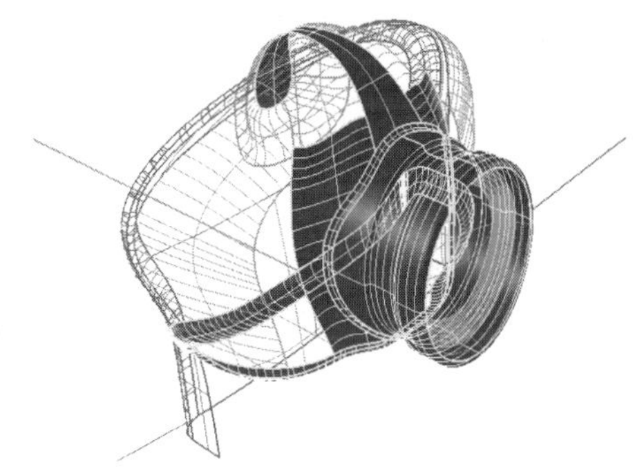

图3-82　用颜色选择物体

【选取】标签中还集成了一些人性化的选择命令，如【选取重复物体】按钮、【选取上一次选取的物体】按钮、【选取最后建立的物体】按钮等，灵活应用可以大大提高工作效率。

3.6 可见性

在复杂场景中编辑某个物体时，使用隐藏命令可以方便地把其他物体先隐藏起来，不在视觉上造成混乱，起到简化场景的作用。

此外，还有一种场景简化方法就是锁定某些特定物体。物体被锁定后，将不能对其实施任何操作，这样大大降低了误操作的概率。

以上操作命令均集成于【可见性】工具面板中，单击标准工具栏中【隐藏物件】按钮或【锁定物件】按钮，均可弹出【可见性】工具面板，面板中各按钮具体功能如表3-2所示。此类命令操作方法比较简单，选择物体并单击按钮即可。

表3-2　隐藏与锁定各按钮图标的功能

名称	说明	快捷键	按钮
隐藏物件	左键：隐藏选取的物件，可以多次选择物体进行隐藏 右键：显示所有隐藏的物件	Ctrl+H	
显示物件	显示所有隐藏的物件	Ctrl+Alt+H	
显示选取的物件	显示选取的隐藏物件	Ctrl+Shift+H	
隐藏未选取的物件	隐藏未选取的物体，即反选功能		
对调隐藏与显示的物件	隐藏所有可见的物件，并显示所有之前被隐藏的物件		
隐藏未选取的控制点	左键：隐藏未选取的控制点 右键：显示所有隐藏的控制点和编辑点		
隐藏控制点	隐藏选取的控制点和编辑点		

续表

名称	说明	快捷键	按钮
锁定物件	左键：设置选取物件的状态为可见、可锁点，但无法选取或编辑 右键：解锁所有锁定的物件	Ctrl+L	
解锁物件	解锁所有锁定的物件	Ctrl+Alt+L	
解除锁定选取物件	解锁选取的锁定物件	Ctrl+Shift+L	
锁定未选取的物件	锁定未选取的物体，即反选功能		
对调锁定与未锁定的物件	解锁所有锁定的物件，并锁定未锁定的物件		

3.7 实战案例——制作儿童玩具车模型

引入文件：动手操作\源文件\Ch03\儿童玩具车\top.jpg、front.jpg、right.jpg
结果文件：动手操作\结果文件\Ch03\儿童玩具车.prt
视频文件：视频\Ch03\儿童玩具车造型.avi

本例儿童玩具车模型如图3-83所示。这款儿童车后面的发条状物体具备发条功能，非常有趣。

图3-83　时髦的儿童玩具车

3.7.1 导入背景图片

01新建Rhino模型文件。

02为了保证导入的背景图片的比例一致，需要先在3个基本视窗中绘制大小相等的矩形，用来限制图片的位置。执行菜单栏中的【曲线】|【矩形】|【角对角】命令，或者在左侧边栏中单击【矩形】工具列中【角对角】按钮，在3个视窗中绘制矩形曲线，如图3-84所示。

03使Right视窗处于激活状态，执行菜单栏中的【查看】|【背景图】|【放置】命令，将与当前视图对应的图片依据矩形曲线的两个对角，放置到视图中。同样的方法，在Front视窗和Top视窗中，导入玩具车的背景图片，如图3-85所示。

04选中工作视窗中的Top视窗，然后在【工作平面】标签中单击【设定工作平面为世界 Top】按钮，设置工作平面。同理，选择Front视窗设定工作平面为Front、选择Right视窗设定工作平面为Right。

05删除不再使用的矩形曲线。单击【工作视窗配置】标签中的【移动背景图】按钮，将Top视窗和Right视窗中的背景图片移动，在Top视窗中使玩具车图形的水平中心线与工作坐标系的X轴重合，在Right视窗中使玩具车图形的竖直中心线与工作坐标系的Z轴重合，如图3-86所示。

> **技术要点：**如果移动时格点的间距过大（默认为1），可以通过设置【Rhino选项】对话框中【格线】的【锁定间距】实现精确平移（或更小值），如图3-87所示。

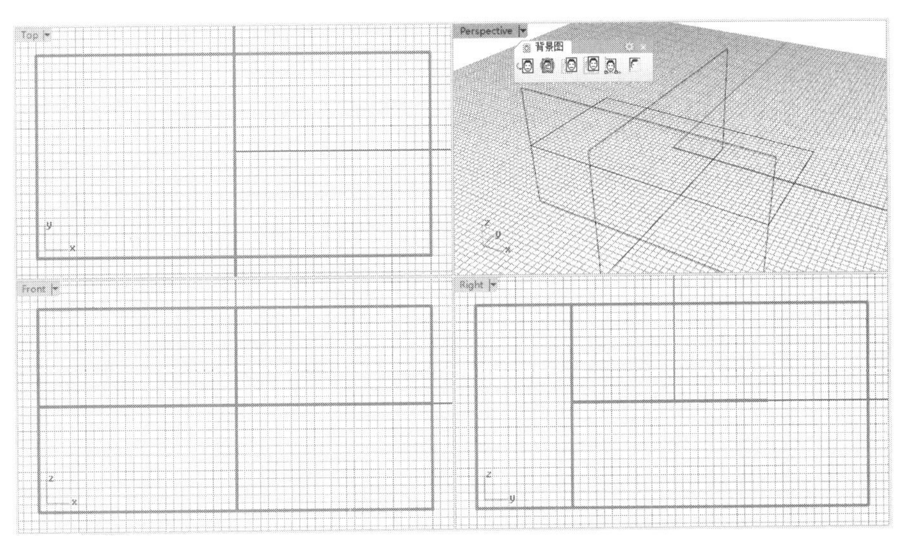

图3-84　在3个视窗中绘制矩形

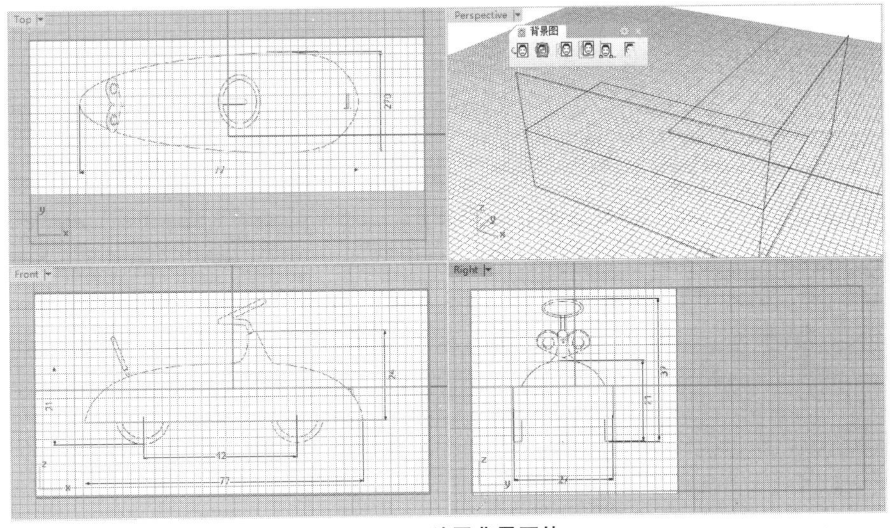

图3-85　放置背景图片

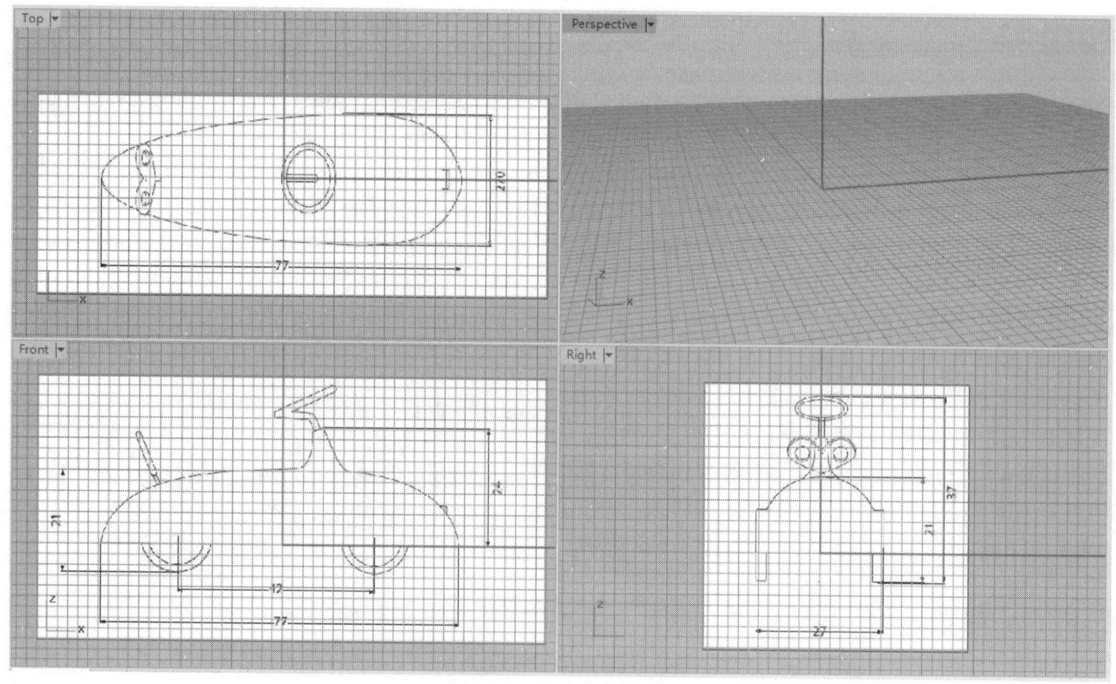

图3-86　移动背景图片

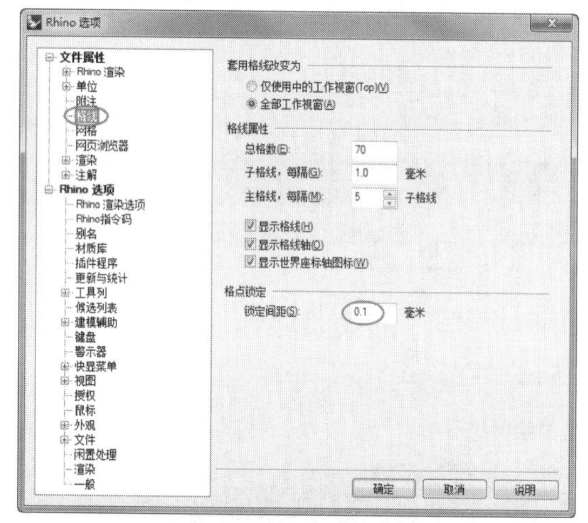

图3-87　设置锁定间距

3.7.2　制作玩具车壳体

依据参考图片创建玩具车壳体曲面的轮廓线。使用【以网线建立曲面】命令，构建玩具车壳体主体曲面。使用圆角工具对主体曲面进行编辑。制作完成的玩具车壳体如图3-88所示。

01执行菜单栏中的【曲线】|【自由造型】|【内插点】命令，在Top视窗中，依据其中的背景参考图片，绘制轮廓曲线，即曲线1，如图3-89所示。

02执行【曲线】|【直线】|【单一直线】命令，在Front视窗中绘制曲线2，如图3-90所示。

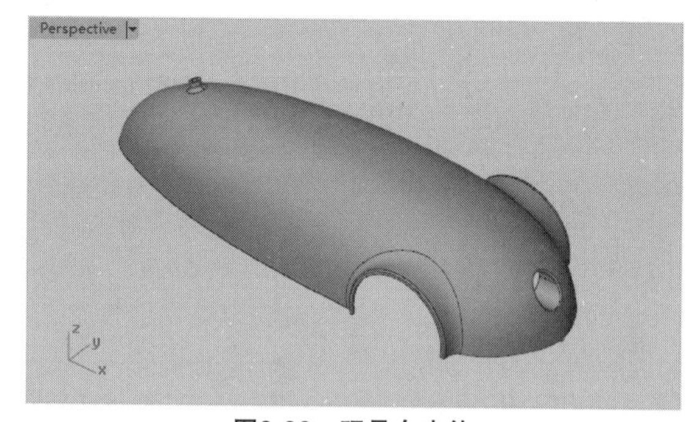

图3-88　玩具车壳体

技术要点：需要注意的是，曲线2两端的编辑点必须与曲线1相交。

03利用【内插点】命令，在Top视窗中绘制曲线3，可以正交绘制，注意上下编辑点的数量一致。分别在Front视窗和Right视窗中调整编辑点的位置（尽量对称），结果如图3-91所示。

04同理，绘制曲线4和曲线5，如图3-92和图3-93所示。

05在菜单栏中执行【编辑】|【分割】命令，选择曲线1并进行分割（用曲线2进行分割），如图3-94所示。

06在【曲面工具】标签的左侧边栏工具列中单击【以网线建立曲面】按钮，先选择任意两条曲线并按Enter键确认，选取第一方向的曲线，单击右键并选取第二方向的曲线，最后单击右键，弹出【以网线建立曲面】对话框，如图3-95所示。

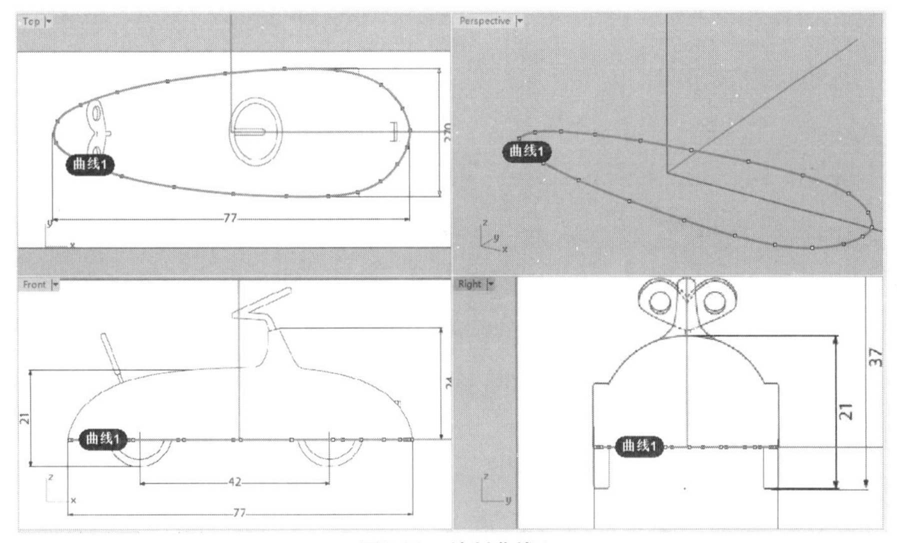

图3-89　绘制曲线1

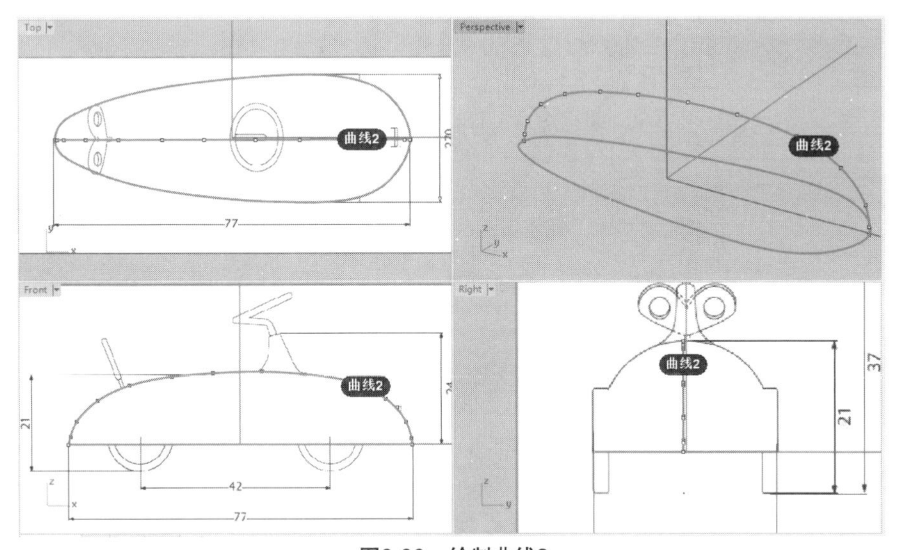

图3-90　绘制曲线2

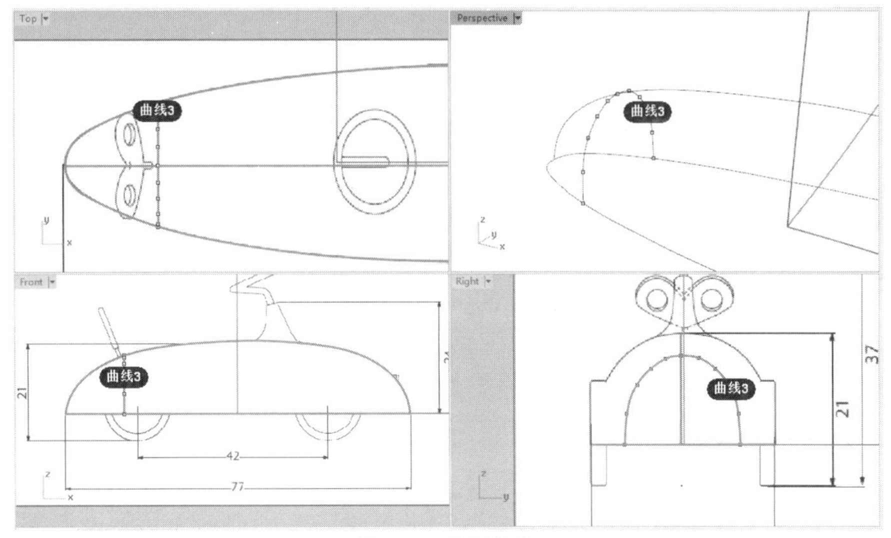

图3-91　绘制曲线3

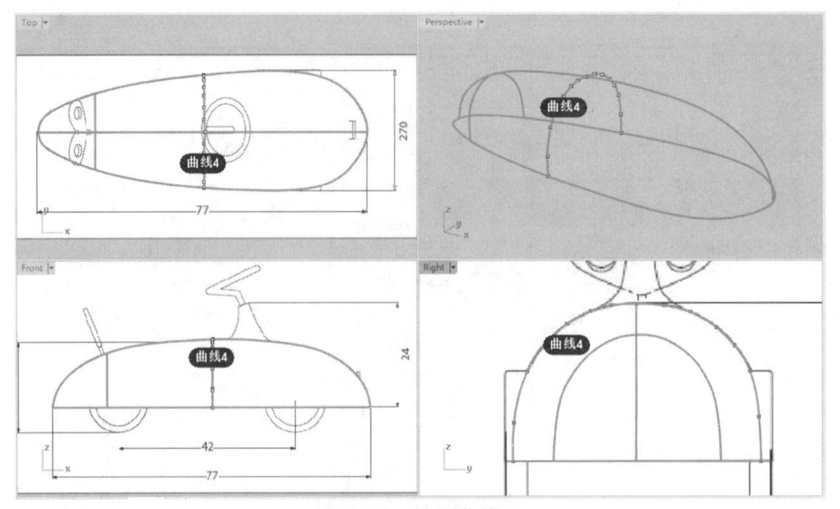

图3-92　绘制曲线4

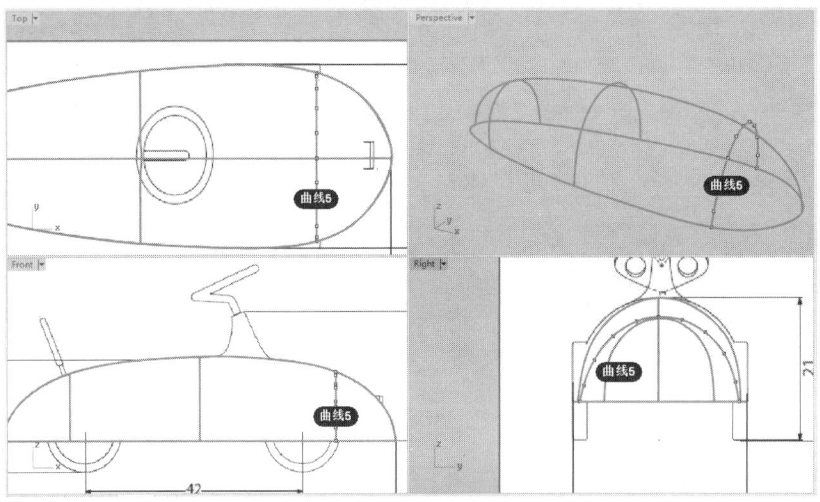

图3-93　绘制曲线5

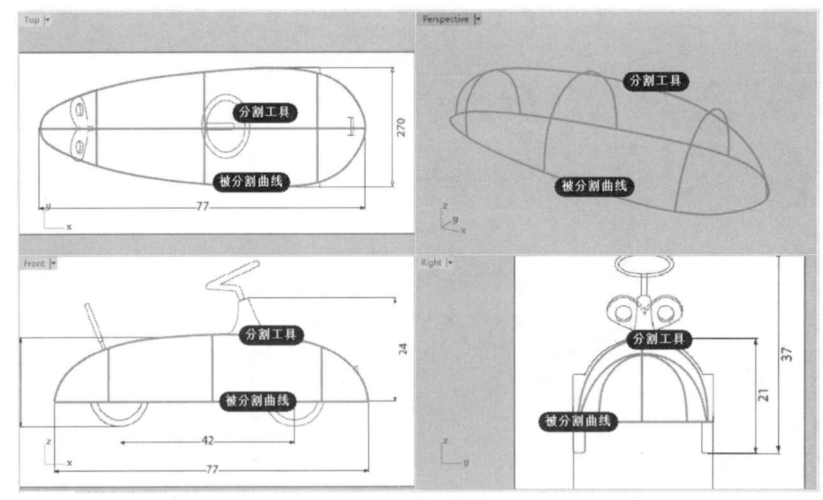

图3-94　分割曲线1

07保留对话框的默认设置，单击【确定】按钮，完成曲面1的创建，如图3-96所示。

08在Front视窗中，执行菜单栏中的【曲线】|【圆】|【三点】命令，以背景图中轮胎外形轮廓来确定3点，绘制如图3-97所示的圆曲线。

09在【曲线工具】标签中单击【偏移曲线】按钮，将圆曲线向外偏移0.5，如图3-98所示。

10利用【直线】命令，在Front视窗中以坐标（0,0,0）为起点绘制水平直线，如图3-99所示。此直线用来修剪上一步骤绘制的偏移曲线。

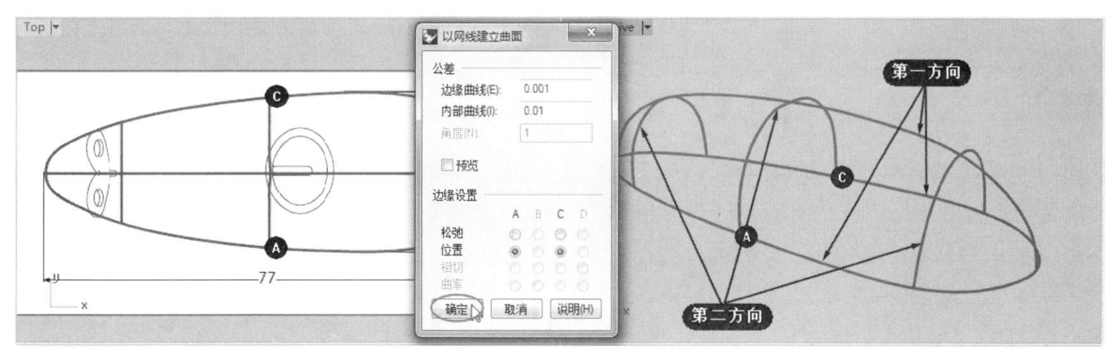

图3-95 选择要建立曲面的网线

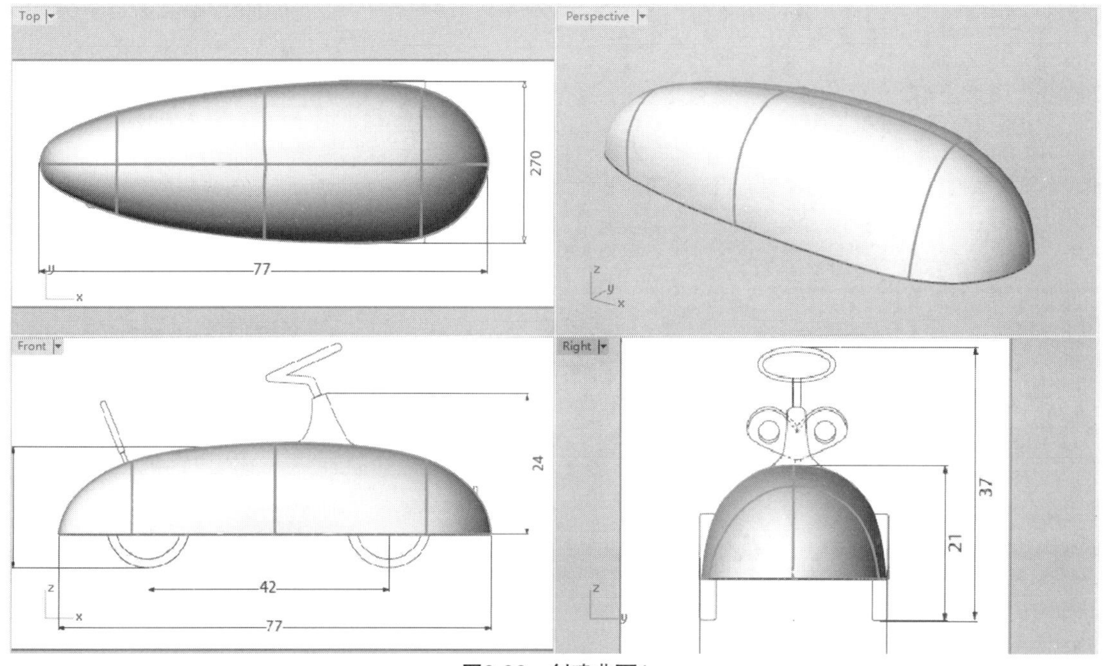

图3-96 创建曲面1

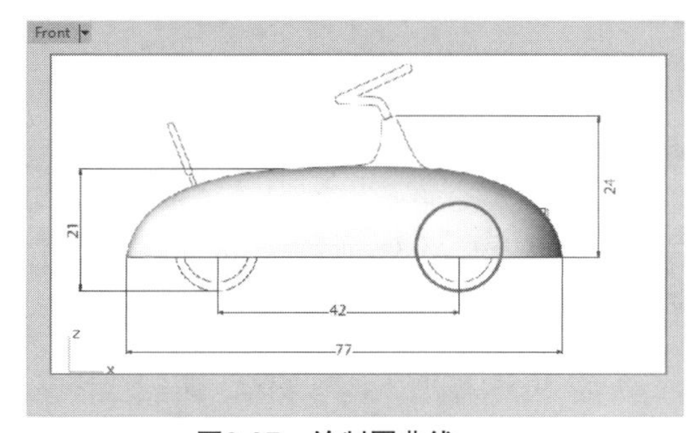

图3-97 绘制圆曲线

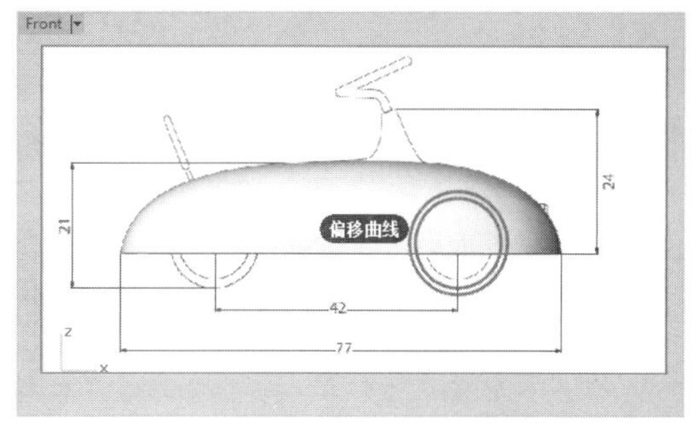

图3-98 绘制偏移曲线

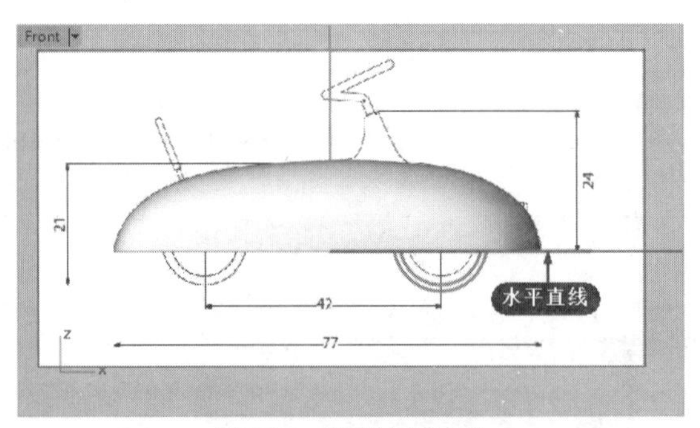

图3-99　绘制水平直线

11在【曲线工具】标签中单击【截断曲线】按钮，或者执行菜单栏中的【曲线】|【曲线编辑工具】|【截断曲线】命令，在Front视窗中用水平直线来截断偏移曲线，如图3-100所示。

> **技术要点：**选择删除起点和终点时，最好在Perspective视窗中进行，在其他视窗中容易选中圆的象限点，有可能圆的圆心不在水平直线上，如若按此进行截断，那么后面的操作会变得非常麻烦。毕竟圆是参照背景图片绘制的，圆心存在一定的误差。

12执行菜单栏中的【曲面】|【挤出曲线】|【直线】命令，然后选择修剪后的偏移曲线，向两侧拉出曲面，长度可以参考Right视窗和Top视窗中的背景图片，如图3-101所示。

13执行菜单栏中的【编辑】|【修剪】命令，先选择网格曲面为切割用物件，单击右键并选择网格曲面内的挤出曲面作为要修剪的物件，最后单击右键完成修剪，如图3-102所示。

> **技术要点：**选取要修剪的物件时，光标选取位置就是被修剪掉的部分。

14同理，再执行【修剪】命令，反过来选取挤出曲面为切割用物件，选取挤出曲面内的网格曲面为要修剪的物件，修剪结果如图3-103所示。

15利用相同操作，修剪另一侧的网格曲面。

16在Front视窗中绘制如图3-104所示的偏移曲线，且偏移距离为0.5。

17利用【修剪】命令，用偏移曲线来修剪网格曲面，如图3-105所示。

18在Top视窗中绘制如图3-106所示的水平直线，然后执行菜单栏中的【变动】|【镜像】命令，将直线镜像至起点为（0,0,0）的水平镜像中心线的另一侧。

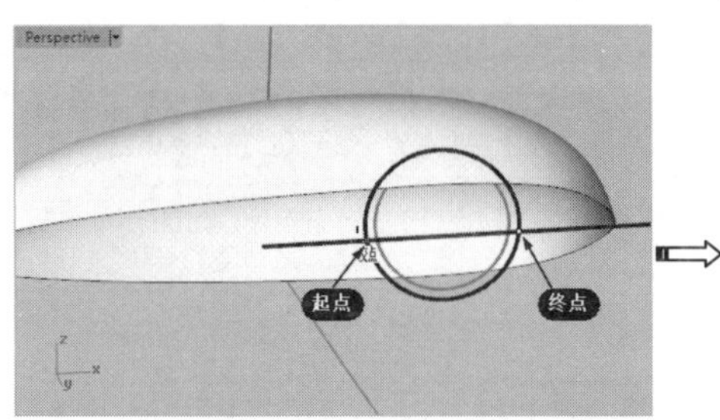

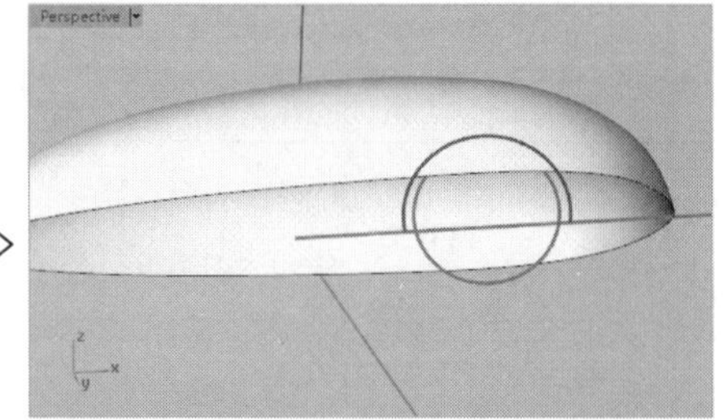

图3-100　截断曲线

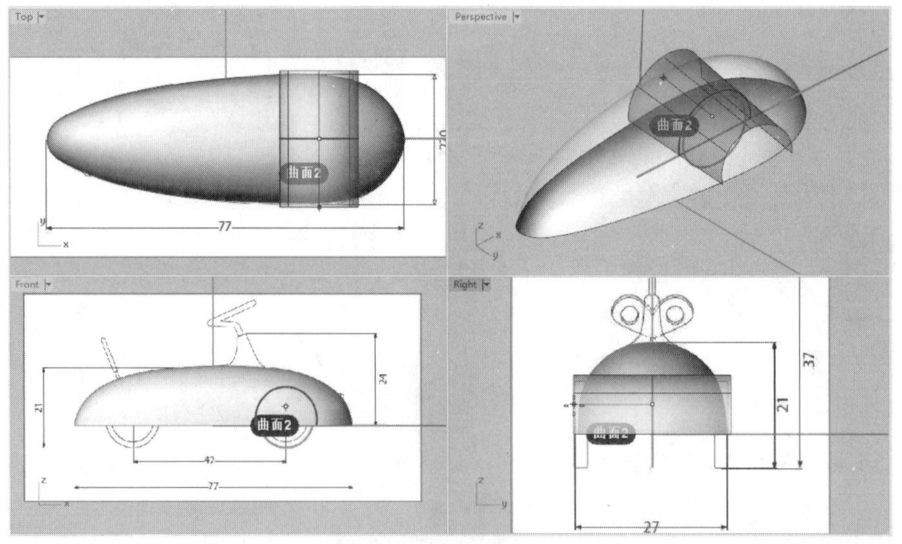

图3-101　创建挤出曲面2

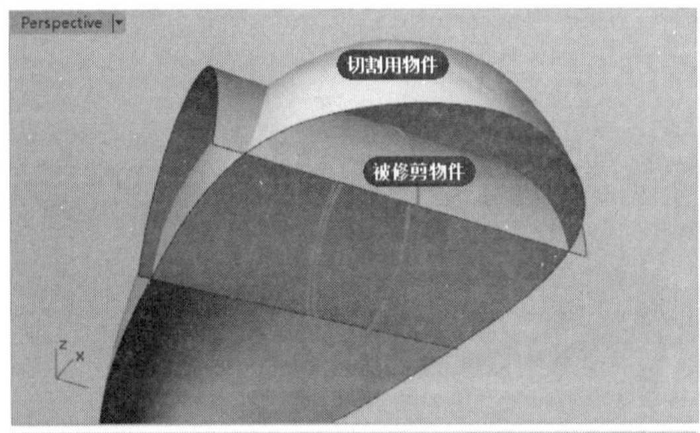

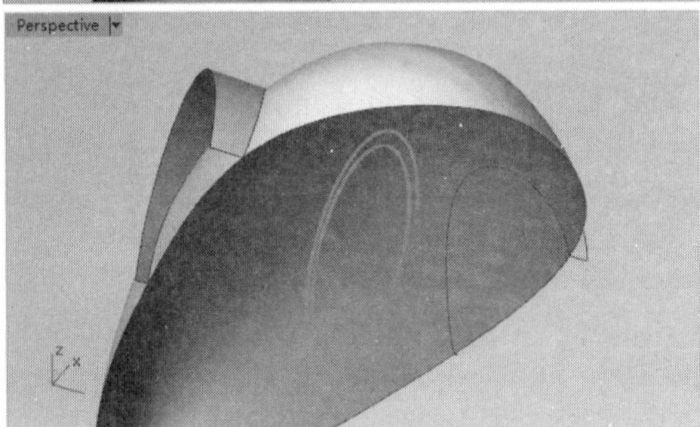

图3-102　修剪挤出曲面

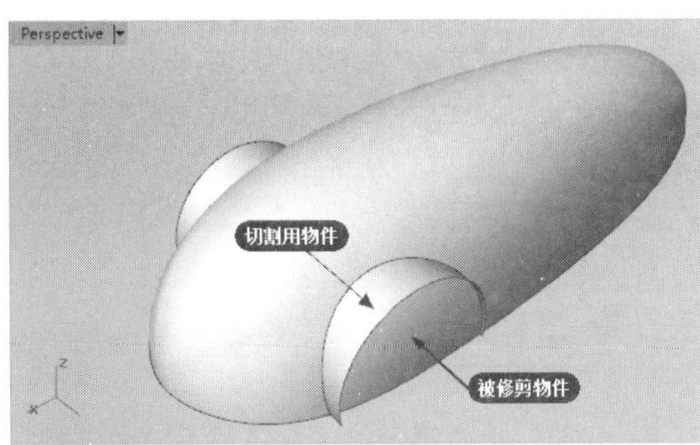

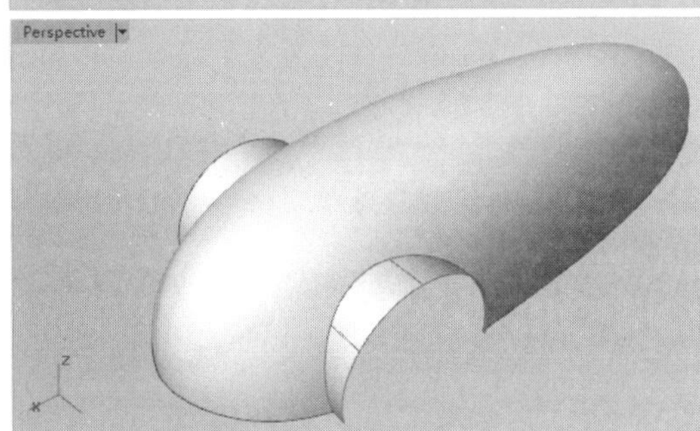

图3-103　修剪网格曲面

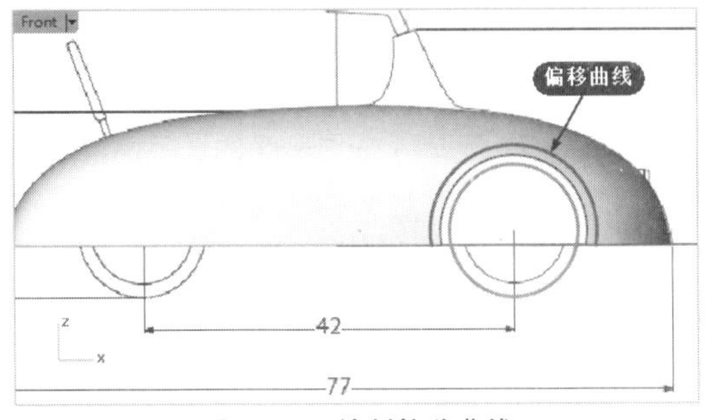

图3-104　绘制偏移曲线

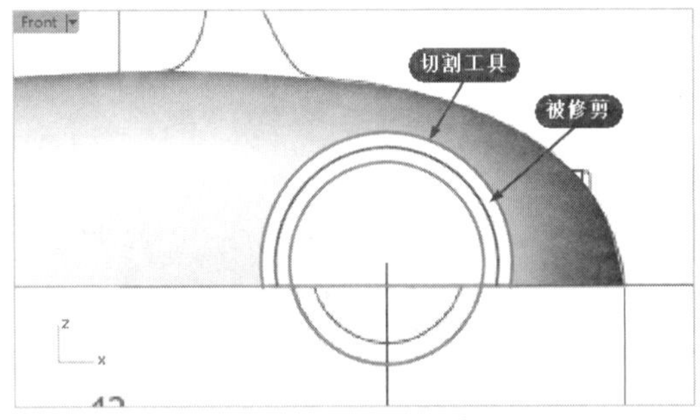

图3-105　修剪网格曲面

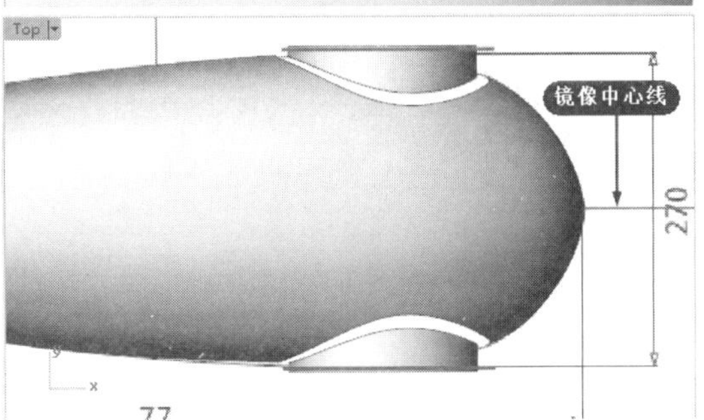

图3-106　绘制水平直线并镜像至另一侧

19利用【修剪】命令，用直线来修剪网格曲面，如图3-107所示。

20在两个分离的曲面之间创建过渡曲面。执行菜单栏中的【曲面】|【混接曲面】命令，创建如图3-108所示的混接曲面。

> **技术要点：**如果混接曲面中间部分的连续性不是很好，也可单击对话框中的【加入断面】按钮，在中间部分添加新的截面，并拖动编辑点来改变曲率连续性，如图3-109所示。此外，曲面间至少是相切连续（Rhino中指【正切】），这样才能保证曲面的平滑度。

> **技术要点：**如果混接曲面底部边缘曲线与其他边缘曲线不在同一平面，可以延伸混接曲面，然后绘制一条水平直线进行修剪。

21同理，在另一侧也创建混接曲面。

22执行菜单栏中的【曲面】|【挤出曲线】|【彩带】命令，依次选择边缘曲线创建彩带曲面（距

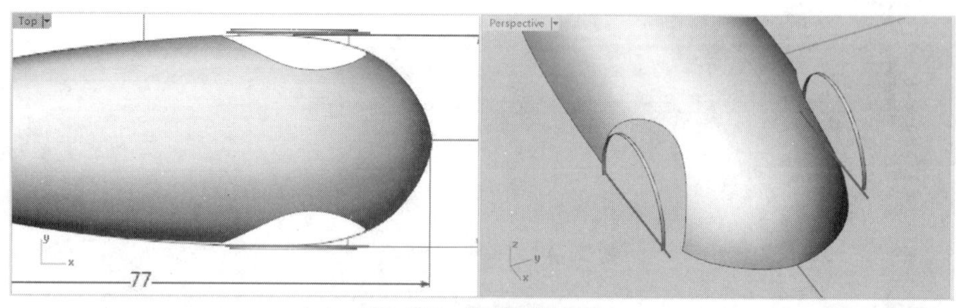

图3-107　修剪网格曲面

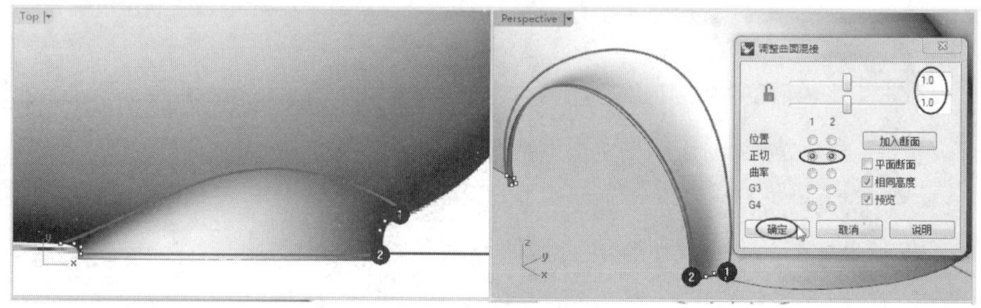

图3-108　创建混接曲面

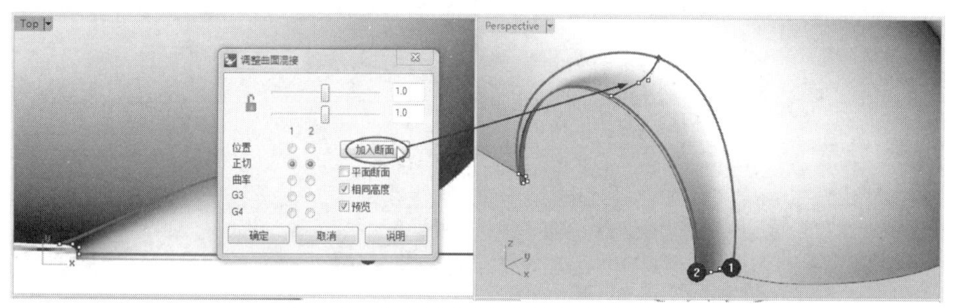

图3-109　添加新的截面以便于调整曲率

离为0.3），即为轮眉，如图3-110所示。

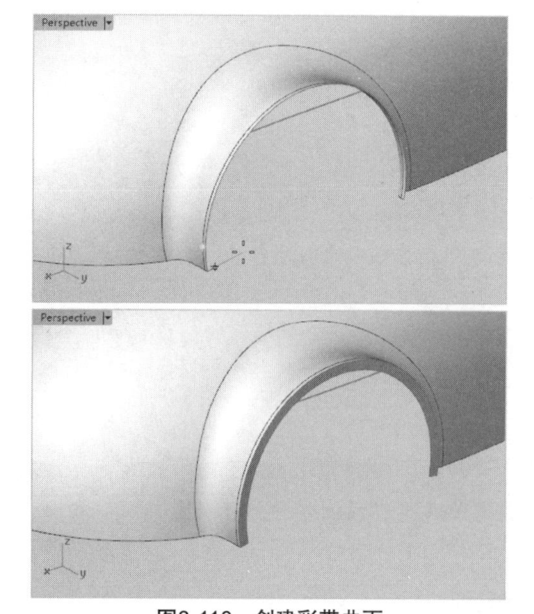

图3-110　创建彩带曲面

23同理，在另一侧也创建轮眉曲面。执行菜单栏中的【实体】|【并集】命令，将所有曲面求和。如果不能求和，可以执行【差集】命令。布尔运算结果如图3-111所示。

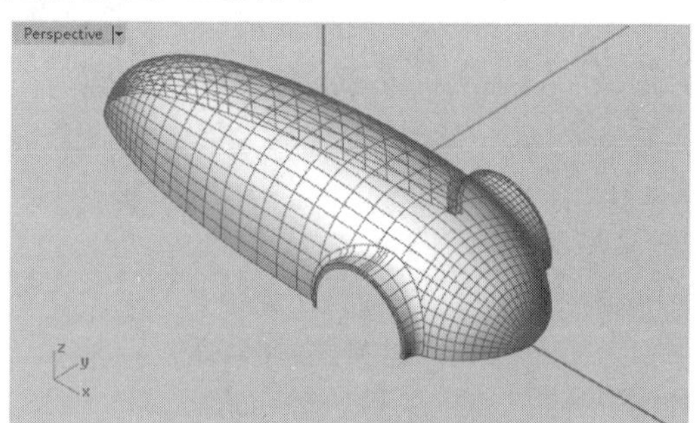

图3-111　布尔操作所有曲面

技术要点：如果并集操作失败，说明曲面之间有重叠，故不能求和。同理，如果差集操作失败，说明曲面之间有缝隙。因此两个命令轮流操作即可解决曲面不能合并问题。如果用【合并曲面】命令来合并曲面，对曲面要求是很高的，一般不赞同此方法操作。

24执行菜单栏中的【实体】|【边缘圆角】|【边缘圆角】命令，选择轮眉曲面的边缘，创建半径为0.1的等距圆角，如图3-112所示。

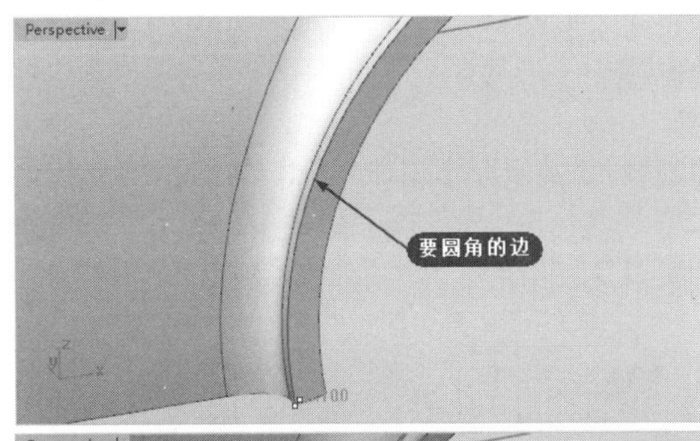

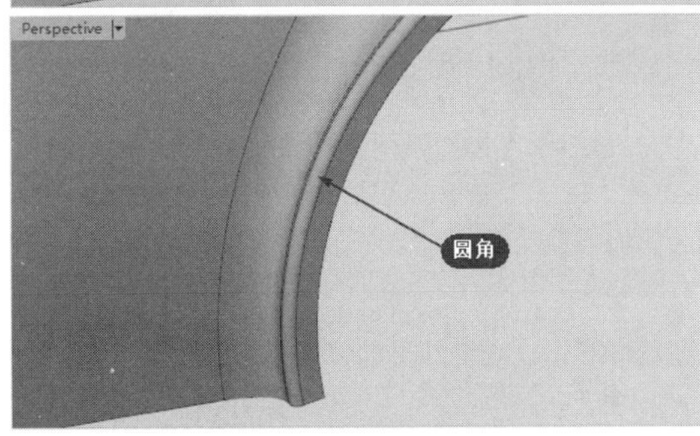

图3-112　创建等距的圆角

25在Front视窗中绘制水平的辅助线，在Right视窗中辅助线端点绘制直径为2的圆，如图3-113所示。

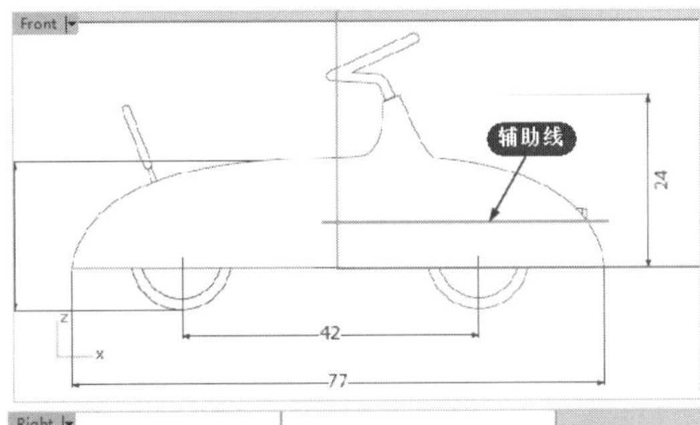

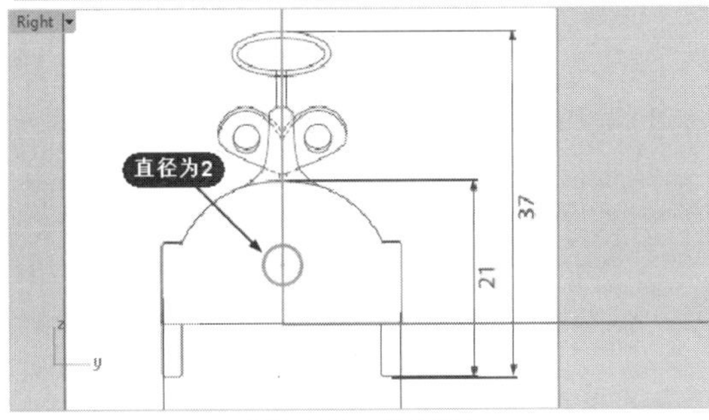

图3-113　绘制圆

26利用【直线挤出】命令创建挤出曲面，如图3-114所示。

27利用【修剪】命令，将直线挤出曲面和整个车身曲面两两相互修剪，结果如图3-115所示。

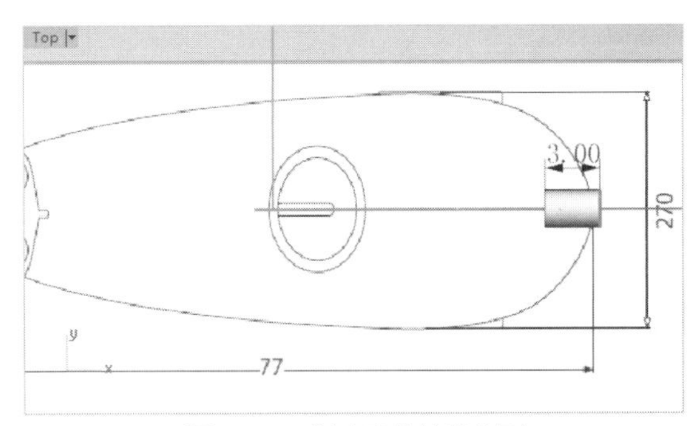

图3-114　创建直线挤出曲面

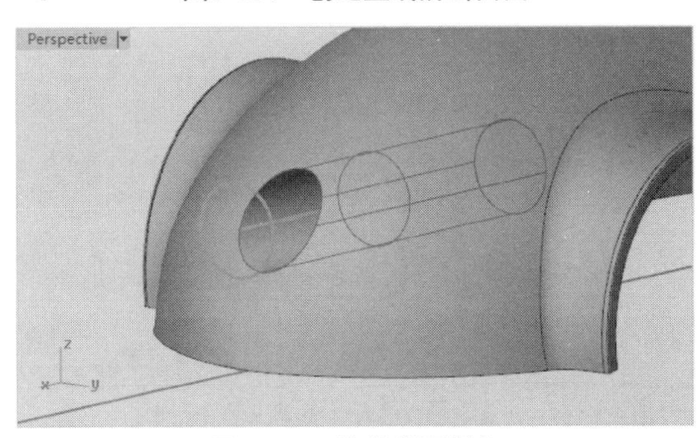

图3-115　修剪曲面操作

28利用【差集】命令，对车身曲面和修剪后的挤出曲面进行求差，然后创建直径为0.3的等距圆角，如图3-116所示。

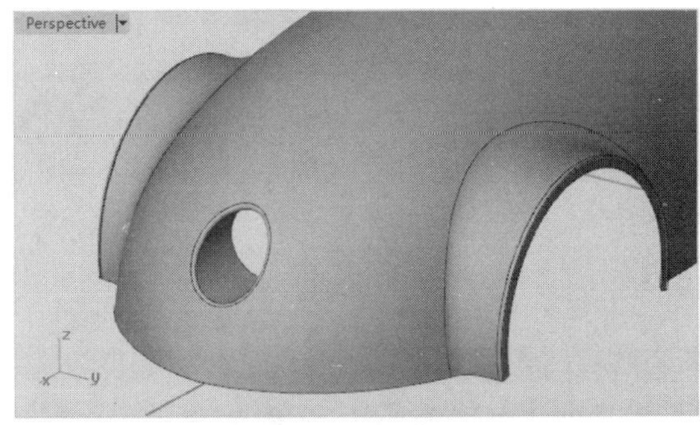

图3-116　创建圆角

29在Front视窗中绘制两条斜线，如图3-117所示。

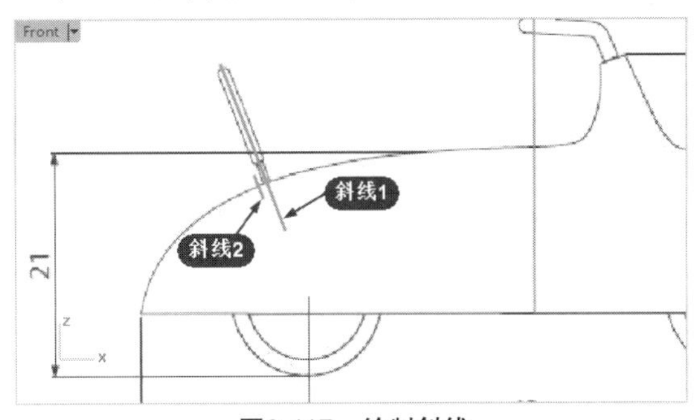

图3-117　绘制斜线

30执行【曲面】|【旋转】命令，用短斜线绕长斜线旋转而创建旋转曲面，如图3-118所示。

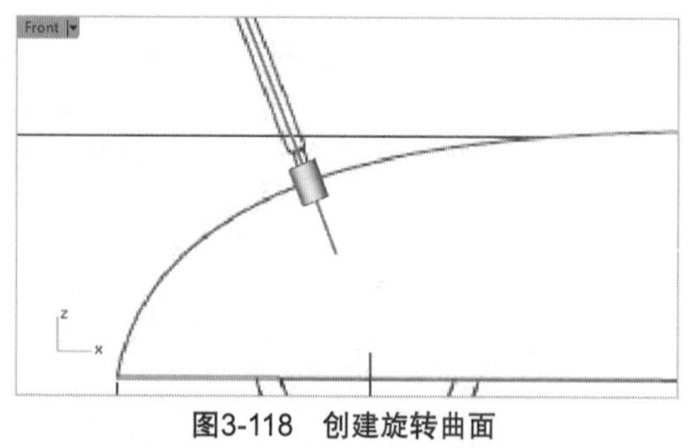

图3-118　创建旋转曲面

31利用【修剪】命令，将旋转曲面和车身曲面相互修剪，得到如图3-119所示的结果。

32利用【差集】命令，将车身曲面和修剪后的旋转曲面进行布尔求差操作。利用【边缘圆角】命令，创建直径为0.3的等距圆角，如图3-120所示。

33同理，制作如图3-121所示的方向盘位置的固定座。

34执行【实体】|【偏移】命令，选中布尔运算后的曲面并创建偏移实体，且偏移距离为0.2，向内偏移，如图3-122所示。

图3-119　修剪曲面操作

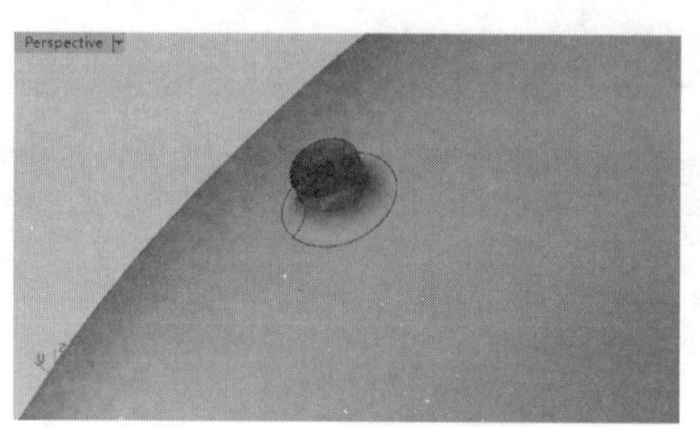

图3-120　创建等距圆角

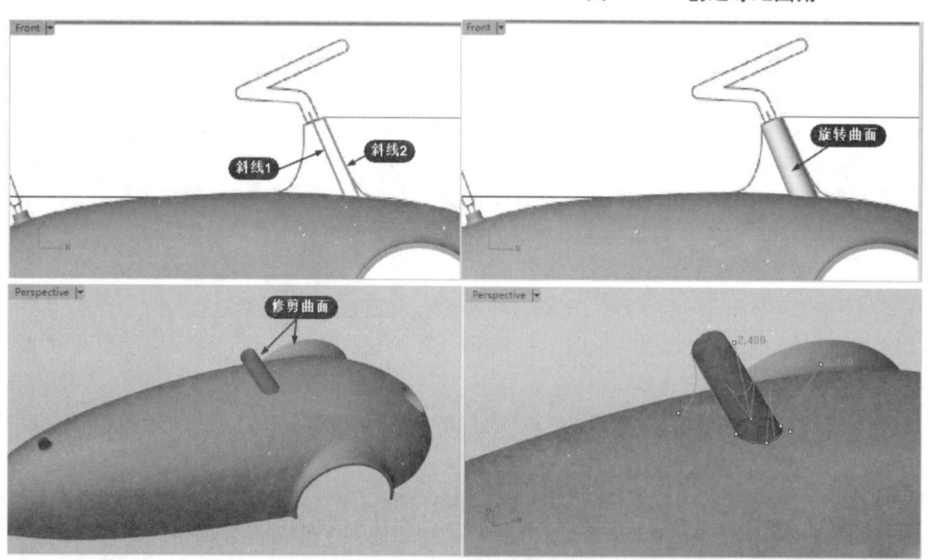

图3-121　创建方向盘固定座

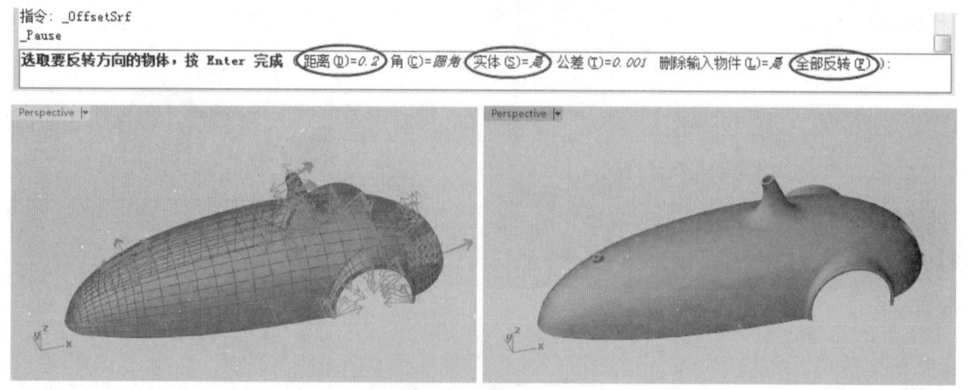

图3-122　创建偏移实体

3.7.3 制作车轮

01在Top视窗中参考先前绘制的轮子边缘曲线，绘制一条与其垂直的辅助线，然后继续绘制作为旋转截面曲线的封闭轮廓，如图3-123所示。

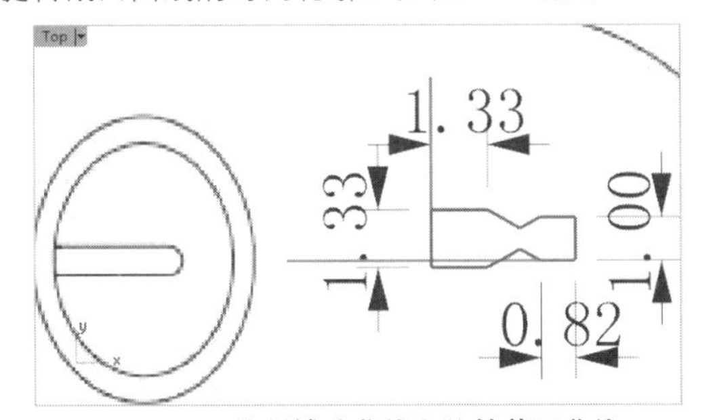

图3-123 绘制辅助曲线和旋转截面曲线

02在菜单栏中执行【曲面】|【旋转】命令，创建如图3-124所示的旋转曲面。

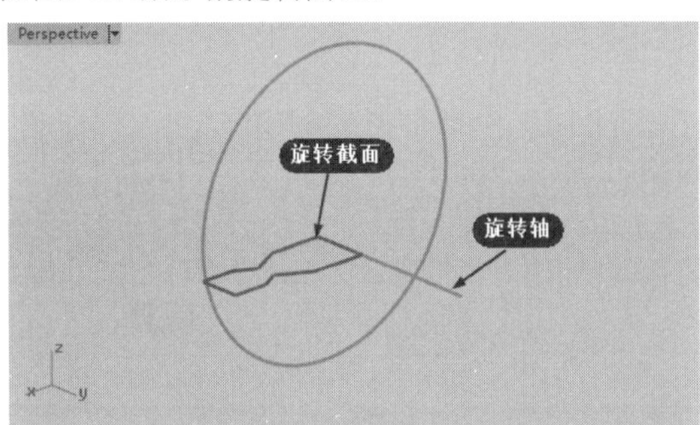

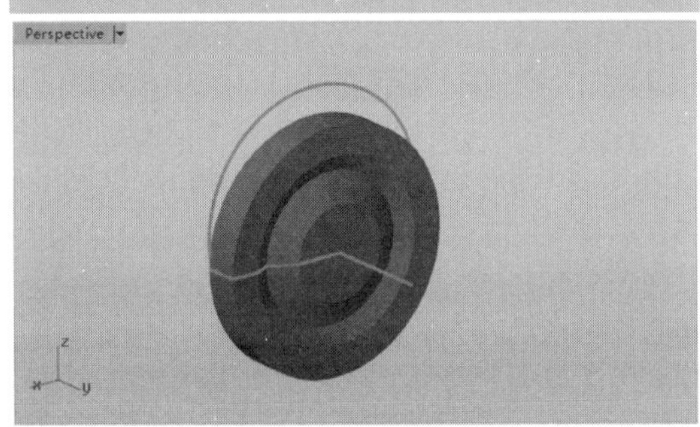

图3-124 创建旋转曲面

03利用【边缘圆角】命令，创建旋转曲面上的圆角（圆角半径0.2），如图3-125所示。其余边缘创建圆角半径为0.1的圆角，如图3-126所示。

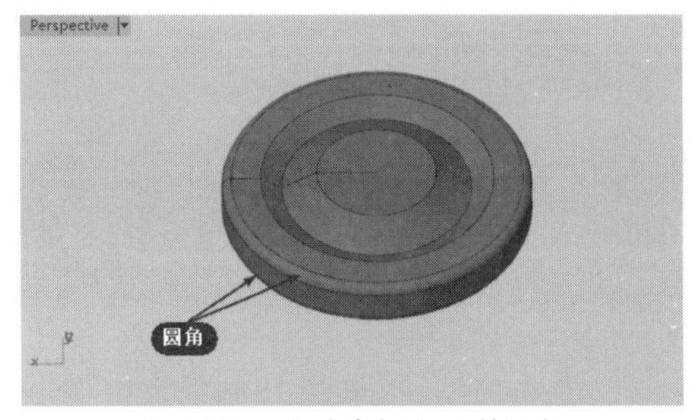

图3-125 创建半径为0.2的圆角

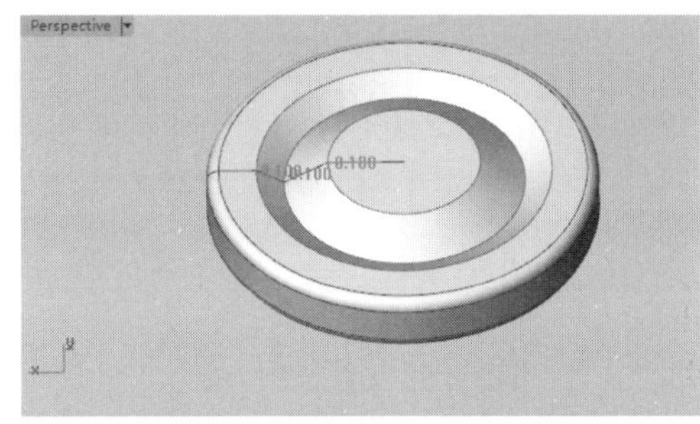

图3-126 创建半径为0.1的圆角

04执行菜单栏中的【变动】|【复制】命令，在Right视窗中将车轮向右和向左复制至与背景图片重合位置，如图3-127所示。

> **技术要点：移动、复制车轮时还要参考Front视窗中的车轮曲线。**

05在Right视窗中将中间的车轮利用【变动】|【移动】命令移动至坐标系中心，然后在Front视窗中移动中间车轮到后面。如图3-128所示。

3.7.4 制作其他器件

01利用【多重曲线】命令，在Front视窗中绘制如

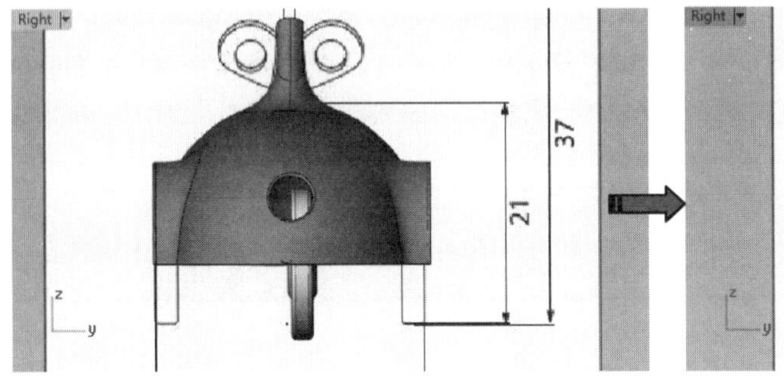

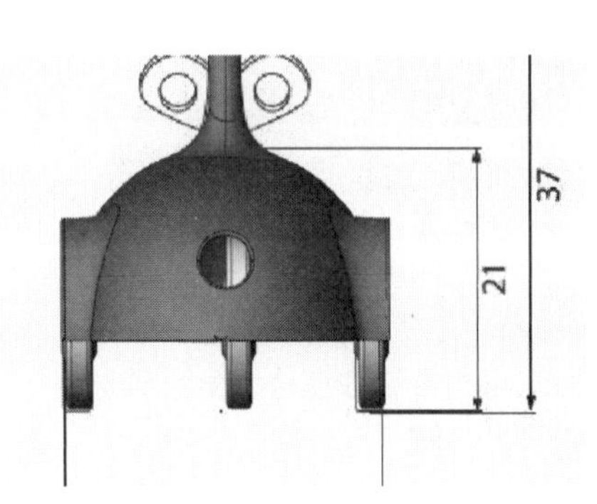

图3-127 移动车轮

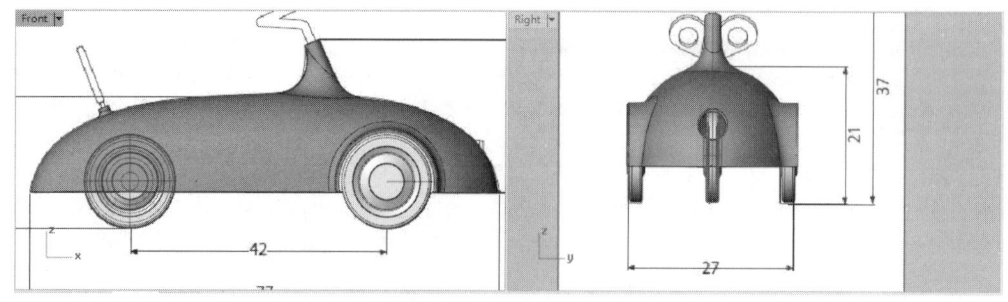

图3-128　移动中间车轮

图3-129所示的多重曲线。

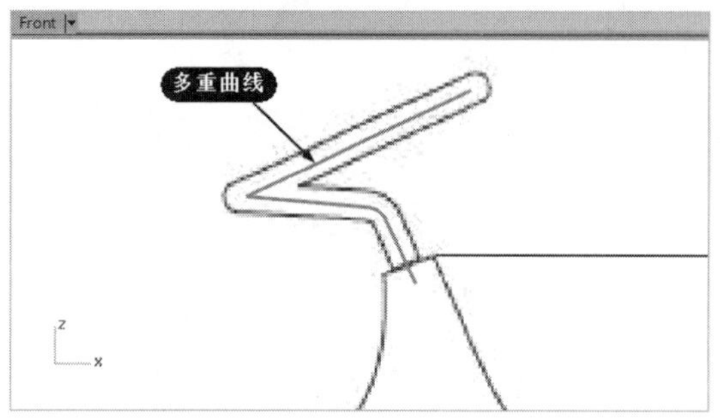

图3-129　绘制多重曲线

02利用【圆】|【与工作平面垂直、直径】命令，首先在Front视窗中确定直径起点、直径终点，完成椭圆的创建，如图3-130所示。

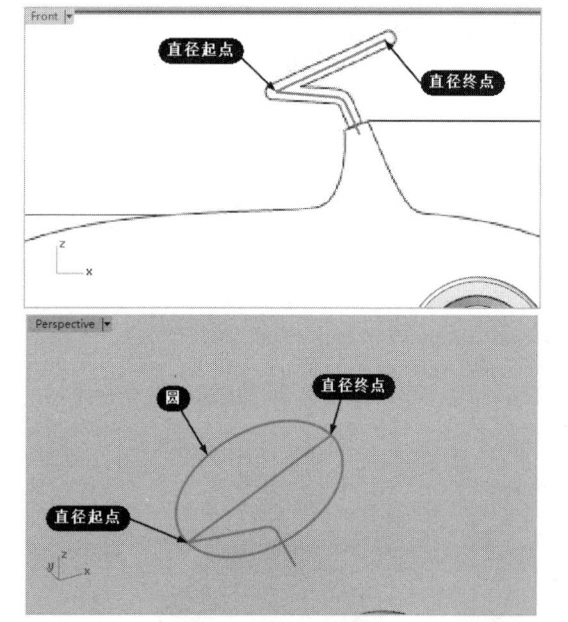

图3-130　绘制椭圆

03利用【圆】|【中心点、半径】命令，首先在Front视窗中确定圆心，然后绘制直径为0.7的圆，如图3-131所示。

04同理，执行【圆】|【环绕曲线】命令，在Front视窗中也绘制如图3-132所示的直径为0.7的圆。

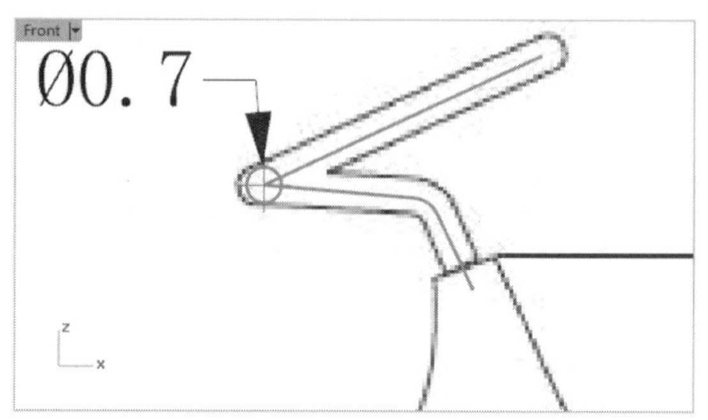

图3-131　绘制圆

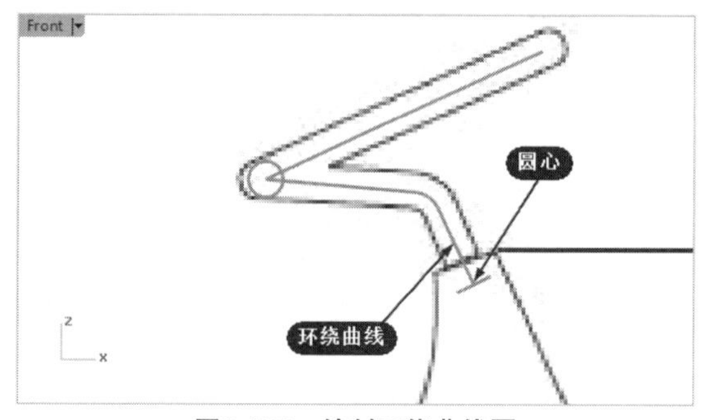

图3-132　绘制环绕曲线圆

05在菜单栏中执行【曲面】|【单轨扫掠】命令，创建扫掠曲面，如图3-133所示。

06同理，创建另一个单轨扫掠曲面。

07利用【直线】命令绘制如图3-134所示的直线。

08利用【圆】|【环绕曲线】命令，在Front视窗中绘制直径为0.6的圆，如图3-135所示。

09利用【曲面】|【单轨扫掠】命令，创建扫掠曲面，如图3-136所示。

10在菜单栏中执行【曲面】|【平面曲线】命令，在上一步骤扫掠曲面两端创建封闭曲面，并进行【差集】操作，如图3-137所示。

11利用【直线】、【圆弧】|【起点、终点、通过点】、【圆】|【中心点、半径】、【镜像】及【曲线圆角】等命令，在Right视窗中绘制如图3-138所示的曲线。

12在菜单栏中执行【实体】|【挤出平面曲线】|【直线】命令，创建挤出单侧长度为0.4（两侧为

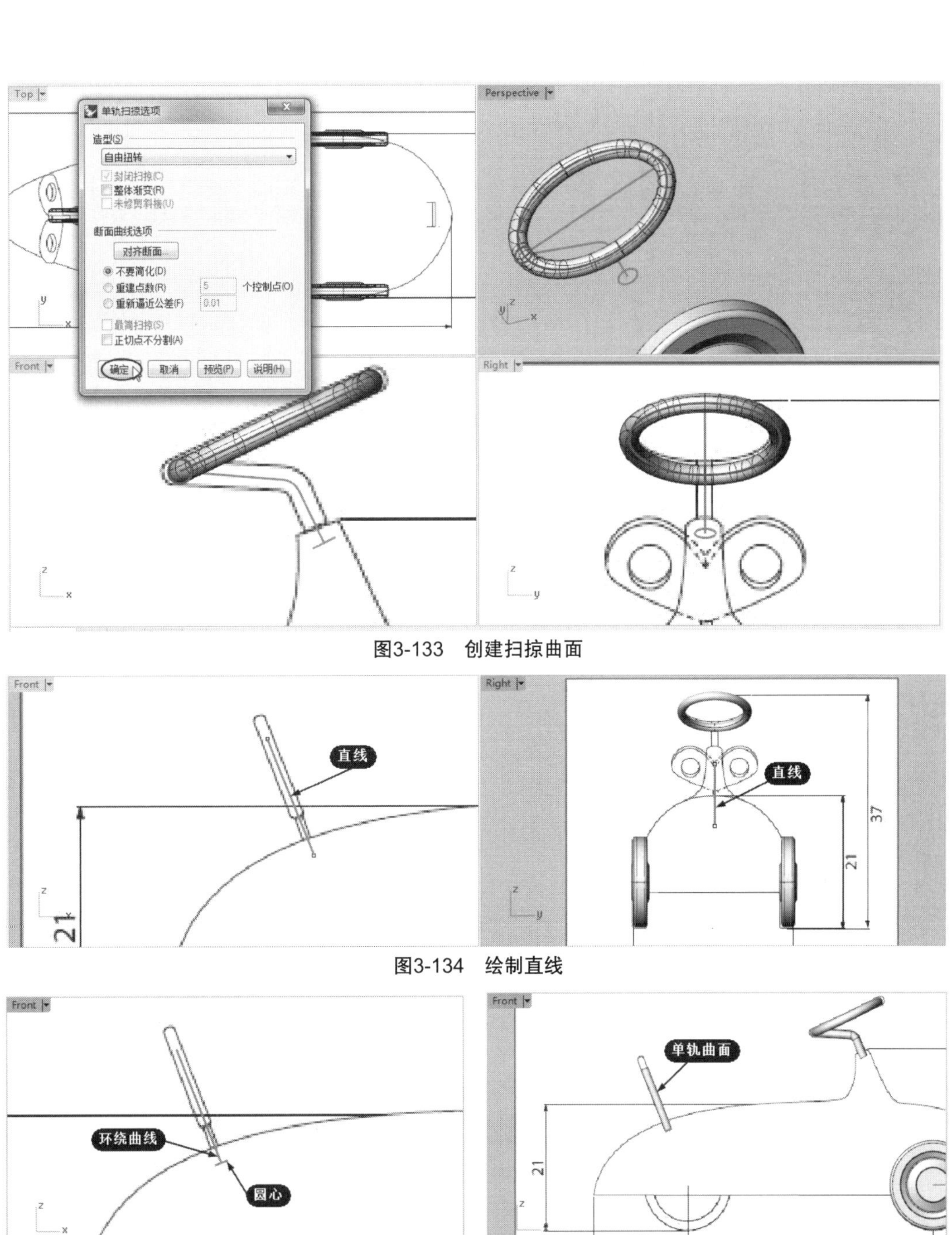

图3-133 创建扫掠曲面

图3-134 绘制直线

图3-135 绘制圆

图3-136 创建扫掠曲面

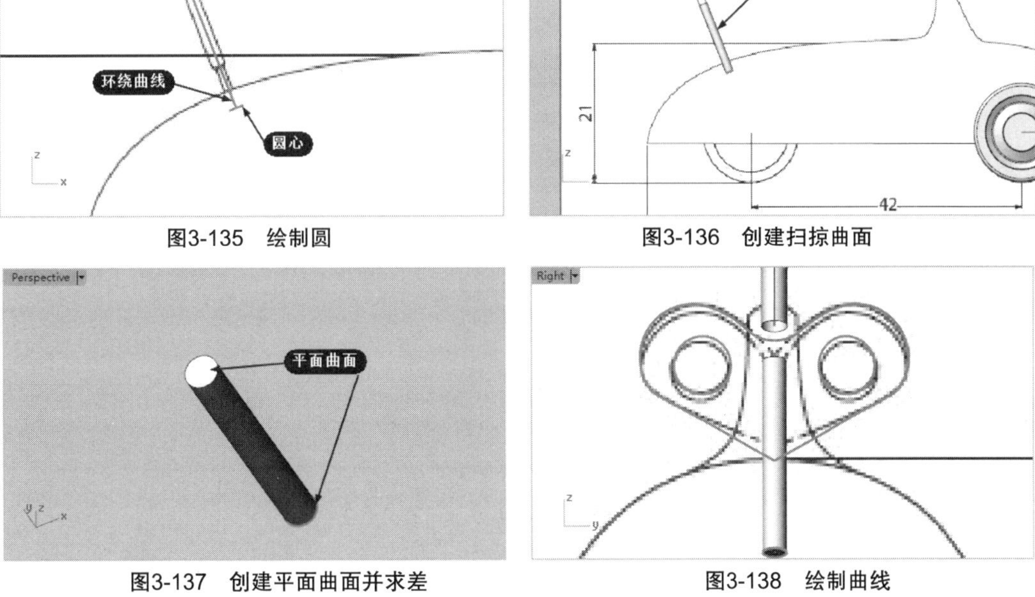

图3-137 创建平面曲面并求差

图3-138 绘制曲线

0.2）的挤出实体，如图3-139所示。

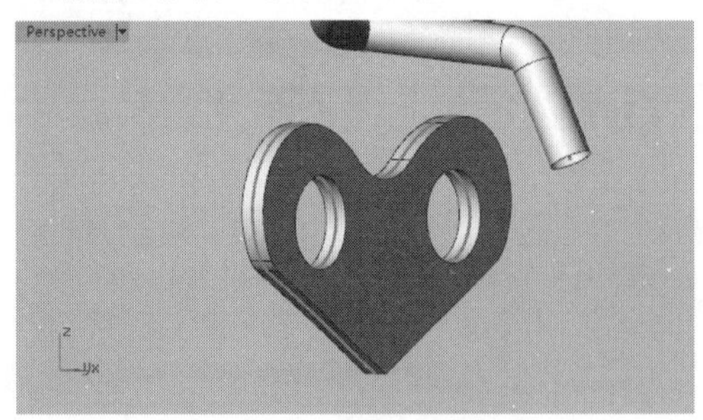

图3-139 创建挤出实体

13执行菜单栏中的【尺寸标注】|【角度尺寸标注】命令，在Front视窗中测量两直线之间的夹角，如图3-140所示。

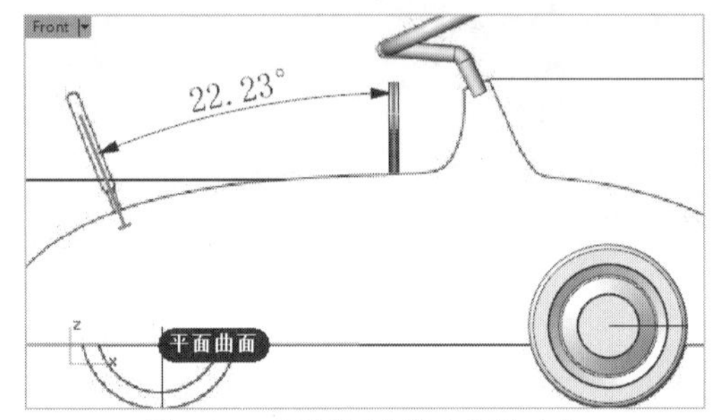

图3-140 测量两直线之间的夹角

14根据测量的角度，执行【变动】|【旋转】命令，将挤出实体旋转，如图3-141所示。

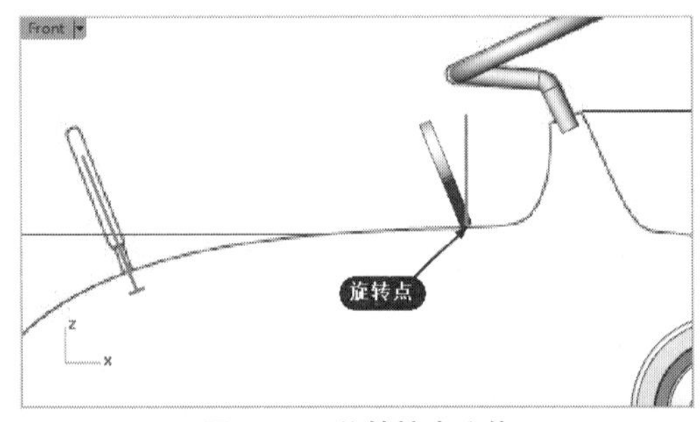

图3-141 旋转挤出实体

15利用【移动】命令，将挤出实体水平移动到参考曲线端点上，如图3-142所示。

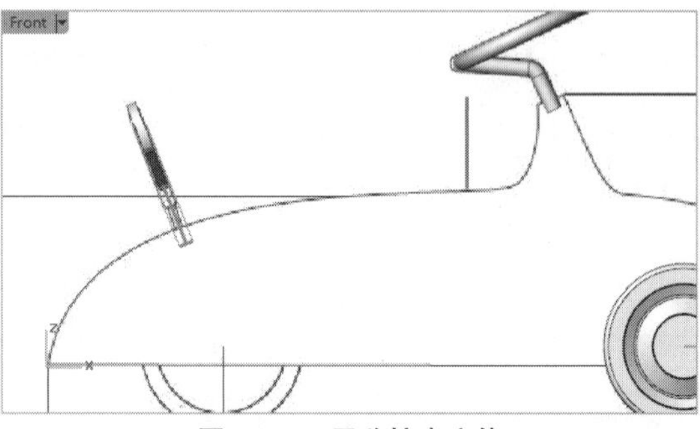

图3-142 平移挤出实体

16利用【并集】命令，将挤出实体与前面（步骤10）创建的求差后的柱形实体求和，如图3-143所示。利用【边缘圆角】命令创建半径为0.1的圆角。

图3-143 并集操作

17隐藏所有曲线，儿童玩具车造型完成，结果如图3-144所示。

图3-144 设计完成的儿童玩具车

04 第4章 学习Rhino 6.0的关键第三步

变动工具是快速建模必不可少的重要作图工具，善用该工具是踏出Rhino 6.0的关键第三步。

所有与改变模型的位置及造型有关的操作都被称为物件的变动操作，主要包括物件在Rhino坐标系中的移动，物件的旋转、缩放、倾斜、镜像等。本章主要介绍Rhino中变动工具的使用方法及相关功能。

项目分解

- 复制类工具
- 合并和打散工具
- 对齐和扭曲工具

4.1 复制类工具

在建模过程中，会经常需要对创建的物件进行移动、缩放、旋转等操作，以使得它满足尺寸位置等方面的要求。菜单栏的【变动】菜单中几乎包含所有的变动工具，同样存在一个与之对应的工具列。如图4-1所示为【变动】标签。

图4-1 【变动】标签

Rhino中的复制类工具包括移动、复制、旋转、缩放、倾斜、镜像、阵列等。

4.1.1 移动

用【移动】工具可以将物件从一个位置移动到另一个位置。物件也称为对象，Rhino物件包括点、线、面、网格和实体。

单击【变动】标签中的【移动】按钮，选择物件，右击或按Enter键确认操作。

在视窗中任选一点作为移动的起点，这时物件就会随着光标的移动而不断地变换位置，当被操作物件移动到所需要的位置时，单击鼠标左键确认移动即可，如图4-2所示。

> **技术要点：** 如需准确定位，可以在寻找移动起点和终点的时候，按住Alt键，打开【物件锁点】对话框并勾选所需捕捉的点。

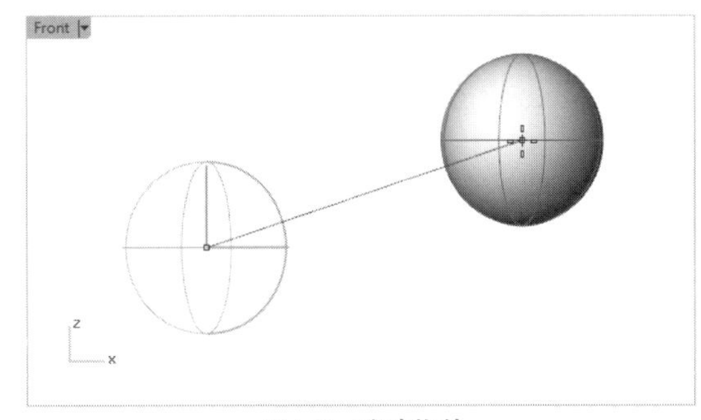

图4-2 移动物件

在Rhino软件中还有其他两种移动物件的方式。

1. 直接移动物件

在视窗中选中物件，按住鼠标左键不放并拖动物件，可以将物件移动到一个新的位置，再释放鼠标左键，如图4-3所示。

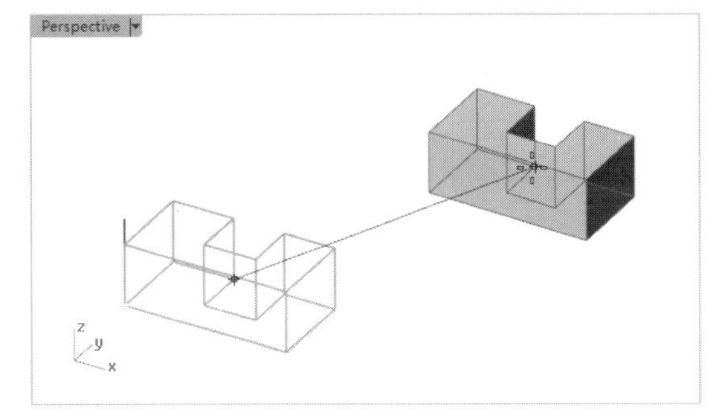

图4-3 拖动物件移动

如果在拖动过程中快按Alt键，可以创建一个副本，等同于复制功能，如图4-4所示。

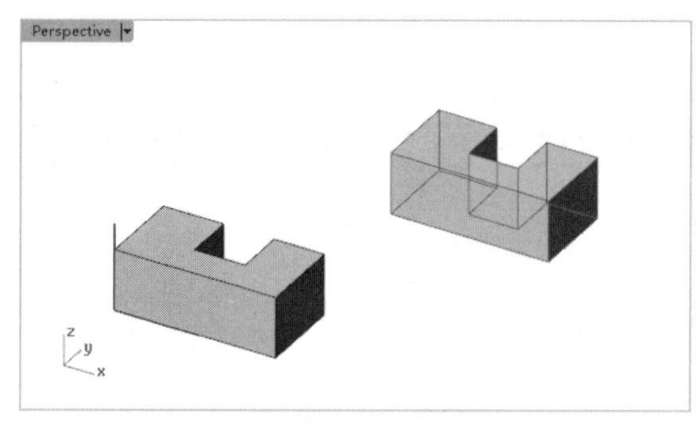

图4-4　快按Alt键创建副本

技术要点：直接拖动物件进行移动，与执行【移动】命令进行移动不同，直接拖动不能精确移动与定位。

2. 用快捷键进行移动

在视窗中选中物件，然后按住Alt键，物件会随着按【↑】、【↓】、【←】、【→】这4个键在该视窗的XY坐标轴上移动，结合Alt键+Page Up/Page Down键，可在Z坐标轴上移动。

动手操作——【移动】工具的应用

01新建Rhino文件。

02在菜单栏中执行【曲线】|【多边形】|【星形】命令，绘制五角星，如图4-5所示。

03在菜单栏中执行【视图】|【挤出平面曲线】|

【直线】命令，创建挤出实体，如图4-6所示。

04在【变动】标签中单击【移动】按钮，然后选取要移动的挤出实体并右击确认。

05在命令行输入移动起点坐标（0,0,0），右击确认，再输入移动终点坐标（0,30,0），右击确认，完成物件的移动，如图4-7所示。

技术要点：要想利用【移动】工具创建复制的物件，就不能通过单击【移动】按钮进行移动，只能在手动拖动物件的过程中快按Alt键。

4.1.2 复制

单击【变动】标签中的【复制】按钮，选中要复制的物件，按Enter键或右击确认。选择一个复制起点，此时视窗中会出现一个随着光标移动的物件预览操作。移动到所需放置的位置后单击确认。最后按Enter键或右击结束操作，如图4-8所示。重复操作可进行多次复制。

在用鼠标执行移动操作时，可配合【物件锁点】中的捕捉命令，从而实现被复制物件的精确定位及复制操作，如图4-9所示为沿曲线路径复制物件。

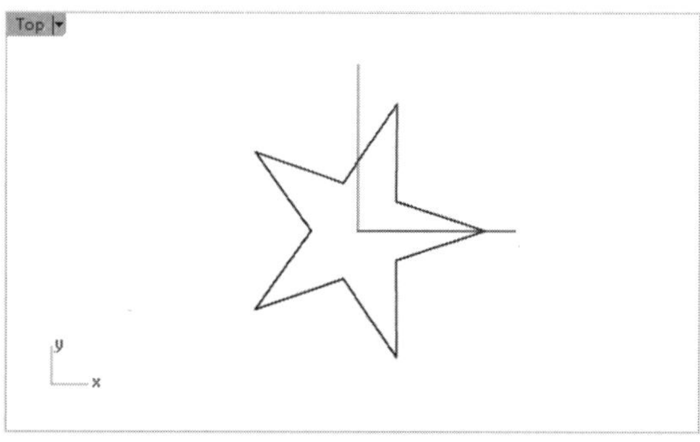

图4-5　绘制五角星

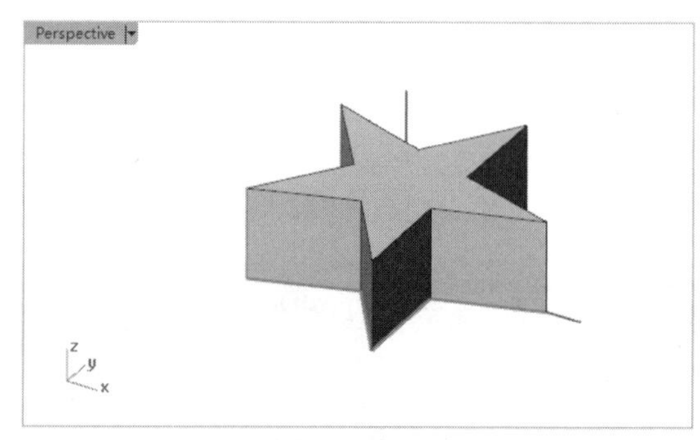

图4-6　创建挤出实体

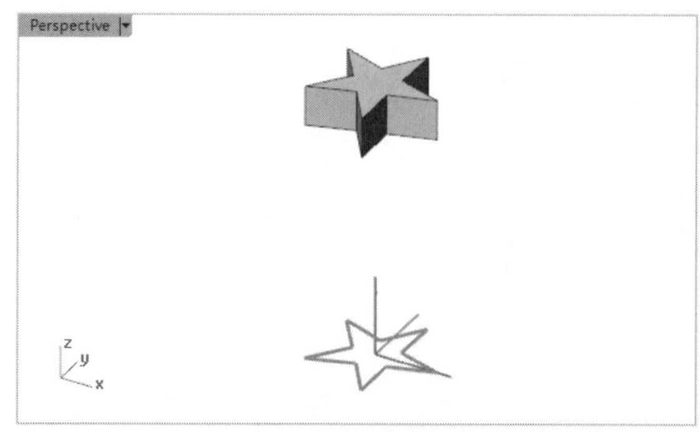

图4-7　移动物件

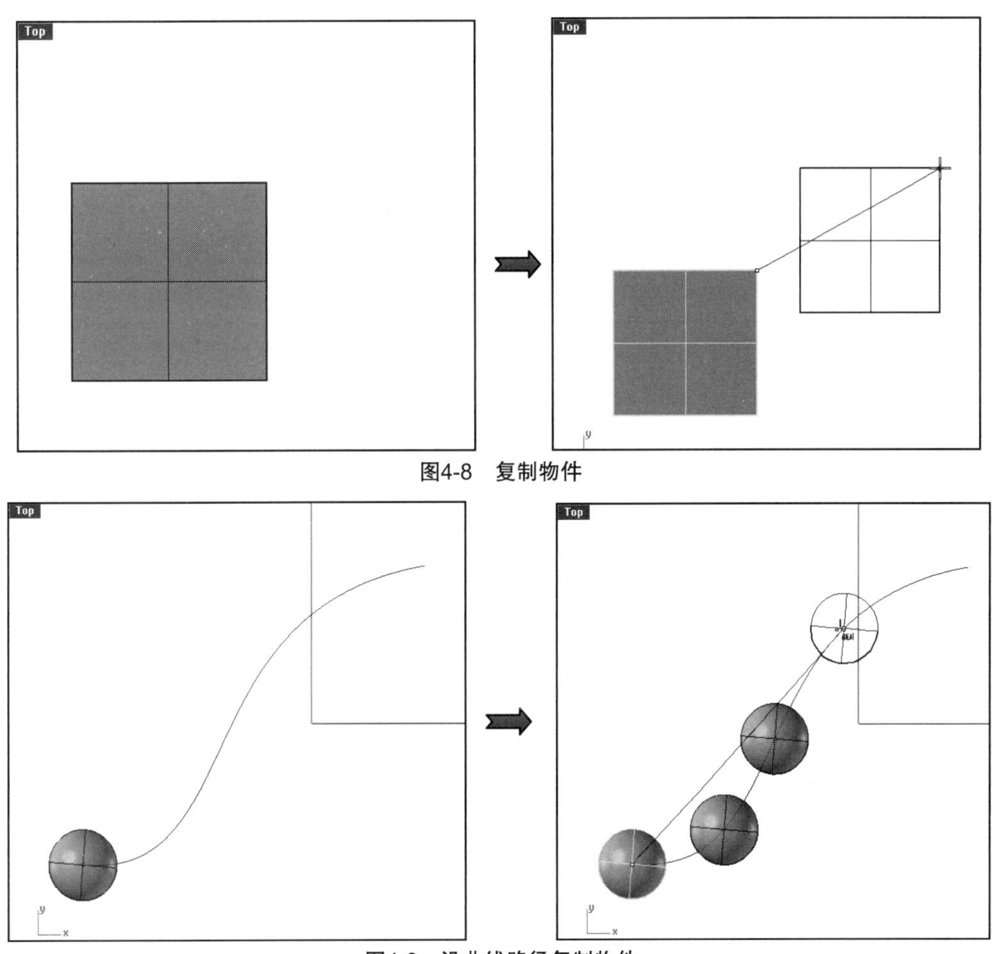

图4-8　复制物件

图4-9　沿曲线路径复制物件

技术要点：移动和复制物体时都可以输入坐标来确定位置，从而使移动和复制的位置更为准确。

4.1.3 旋转

【旋转】工具包含两个工具，单击按钮可执行2D旋转，右击按钮可执行3D旋转操作，如图4-10所示。

光标放置在工具图标上停留一会儿，可以看到该工具的提示信息

图4-10　【旋转】工具

1. 2D旋转

这是指在当前视窗中进行旋转。选择【旋转】工具，在视窗中选取需要旋转的物件，右击确认。依次选择旋转中心点、第一参考点（角度）、第二参考点，旋转完成，如图4-11所示。

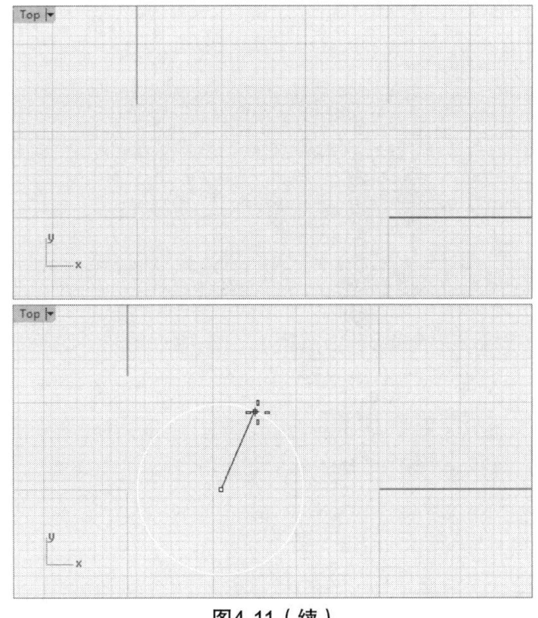

图4-11（续）

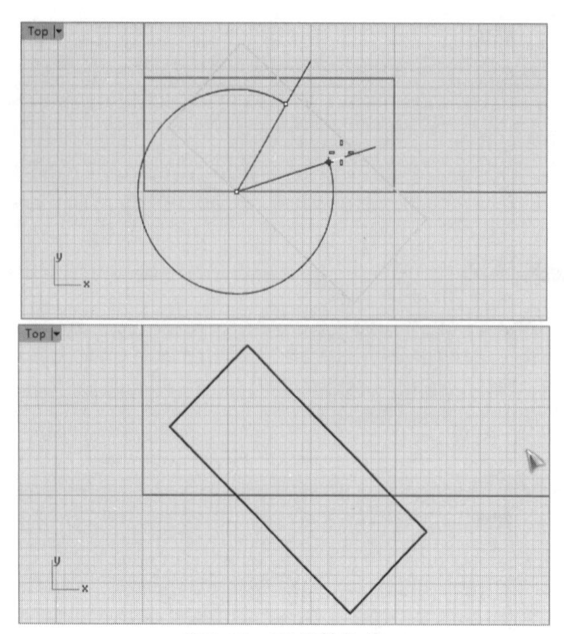

图4-11　2D旋转物件

> 技术要点：也可在选定中心点之后，在提示行中输入旋转的角度，然后右击确认，直接完成旋转。其中正值代表逆时针旋转，负值代表顺时针旋转。旋转轴为当前视窗的垂直向量。

动手操作——【旋转】工具的应用

01新建Rhino文件。

02在左侧边栏中单击【立方体】按钮并按住左键不放，弹出【实体】工具列。利用【实体】工具面板中的按钮分别在视窗中创建长方体、圆球体、圆柱体各一个，如图4-12所示。

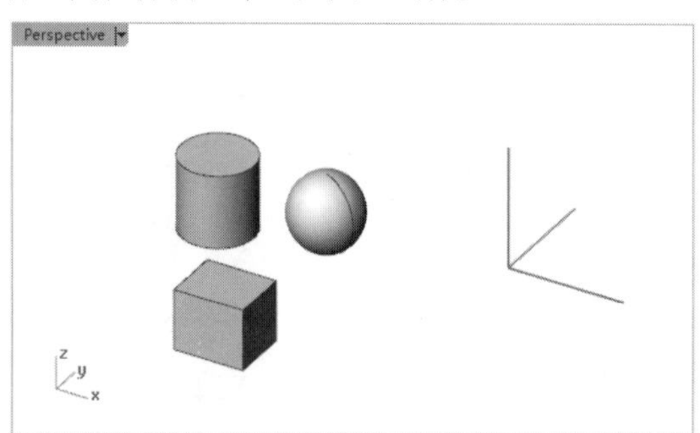

图4-12　创建3个实体物件

03选中3个物件，单击【旋转】按钮，而后在视窗中选择坐标系原点为旋转中心点，旋转效果将围绕这个点产生。

04在视窗中选择第一参考点，旋转效果将在第一参考点与旋转中心点组成的直线所在平面内产生，如图4-13所示。

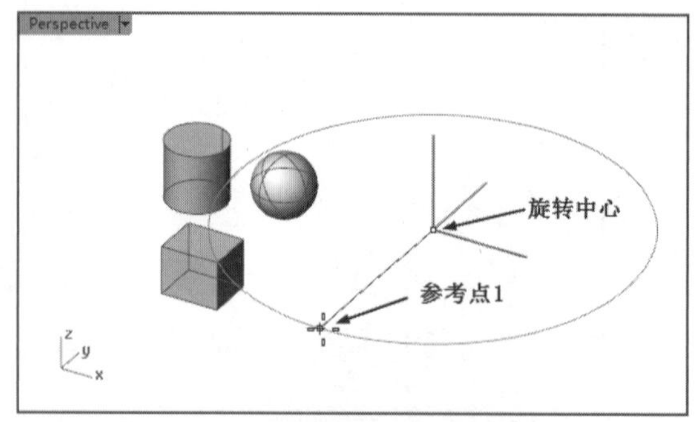

图4-13　为旋转确定旋转中心点参考点1

05根据预览，将物件旋转到所需位置，单击鼠标左键确认或在命令行中输入旋转角度并按Enter确认，如图4-14所示。

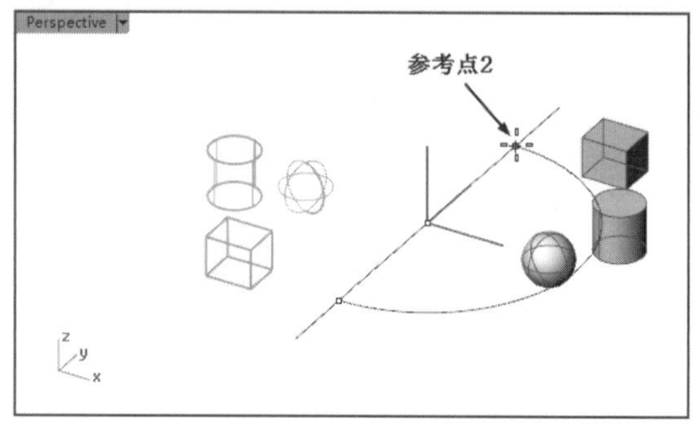

图4-14　确定参考点2

06如果在命令行中输入C后按Enter键或单击“复制”，就可以在平面内围绕旋转中心进行多次复制，如图4-15所示。

第二参考点（复制(C)）: C
第二参考点（复制(C)）90

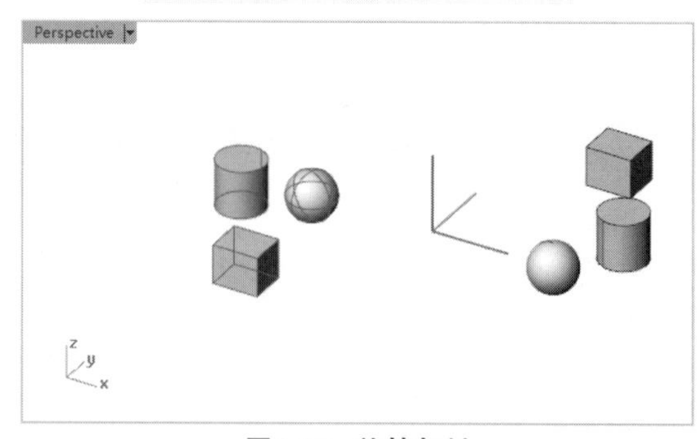

图4-15　旋转复制

2. 3D旋转

这种旋转方式较为复杂，右击【旋转】工具，然后在工作视窗中选取需要旋转的物件，右击确认，然后依次放置旋转轴起点、旋转轴终点、第一参考点（角度）、第二参考点。旋转完成，如图4-16所示。

技术要点：这里需要理解旋转轴的含义，对于一个物件，旋转轴与旋转角度是最关键的参量。确定了这两个参量，物件的旋转结果也就确定了。2D旋转的旋转轴只不过是确定了特殊的方向。

另外，在旋转过程中同样可以按Alt键（也可在指示提示行中激活【复制】选项），然后旋转复制多个物件。

在实际操作过程中，还可以借助【物件锁点】工具与手工绘制参考线来进行精确的三维旋转操作，如图4-17所示。

技术要点：物体的3D旋转与2D旋转相同，都可以在旋转的同时进行多次复制，操作方式也相同。

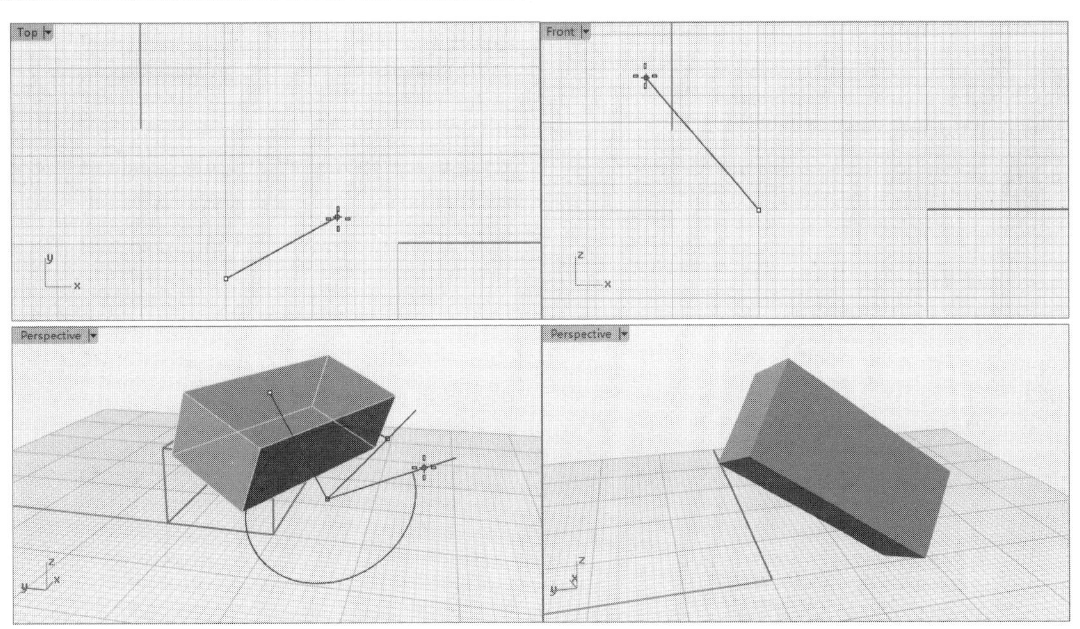

图4-16　3D旋转物件

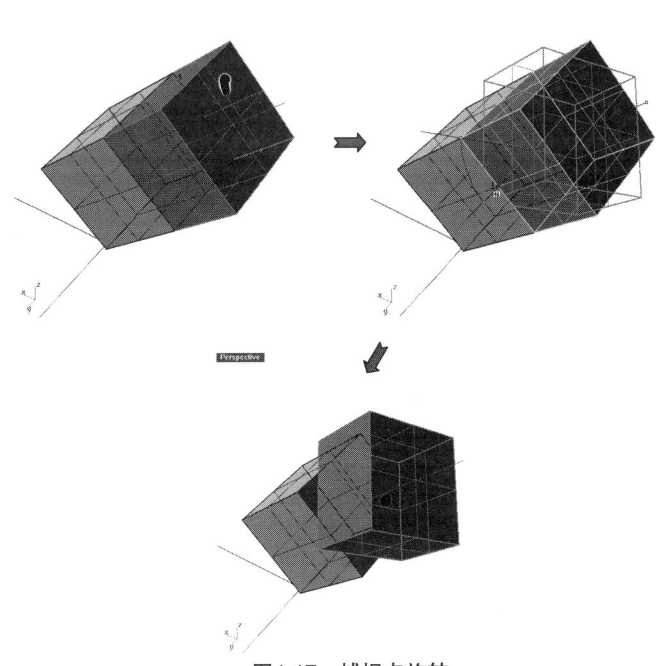

图4-17　捕捉点旋转

4.1.4 缩放

Rhino的【缩放】工具有4个，如图4-18所示。

图4-18 【缩放】工具

1. 单轴缩放

用该工具选取的物件仅在指定的轴向缩放。单击【单轴缩放】按钮，在工作视窗中选取进行缩放的物件，右击确认；然后依次放置基点、第一参考点和第二参考点，随后缩放操作自动完成，如图4-19和图4-20所示。

技术要点：也可直接在指令行中的提示下输入缩放比。

2. 二轴缩放

用该工具选取的物件只会在工作平面的X、Y轴方向上缩放，而不会整体缩放。单击【二轴缩放】按钮，在工作视窗中选取进行缩放的物件并右击确认；然后依次放置基点、第一参考点与第二参考点，随后自动缩放完成，如图4-21所示。

3. 三轴缩放

该工具用于在X、Y、Z三个轴向上以相同的比例缩放选取的物件，如图4-22所示。这个工具的使用方法与二轴缩放大同小异，因此不再细讲。

4. 不等比缩放

该工具用于不等比缩放，操作时只有一个基点而需要分别设置X、Y、Z三个轴方向的缩放比例，相当于进行了3次单轴缩放，它的缩放仅限于X、Y、Z三个轴的方向，如图4-23所示。

技术要点：这个工具的使用要烦琐一些，它需要分别确定X、Y、Z三个轴向的缩放比，但是掌握了前面几个工具的使用，这个工具自然也很容易理解。

与缩放相关的因素有两个，一个是基点，一个缩放比。在很多时候，基点的位置决定了缩放结果是否让人满意。

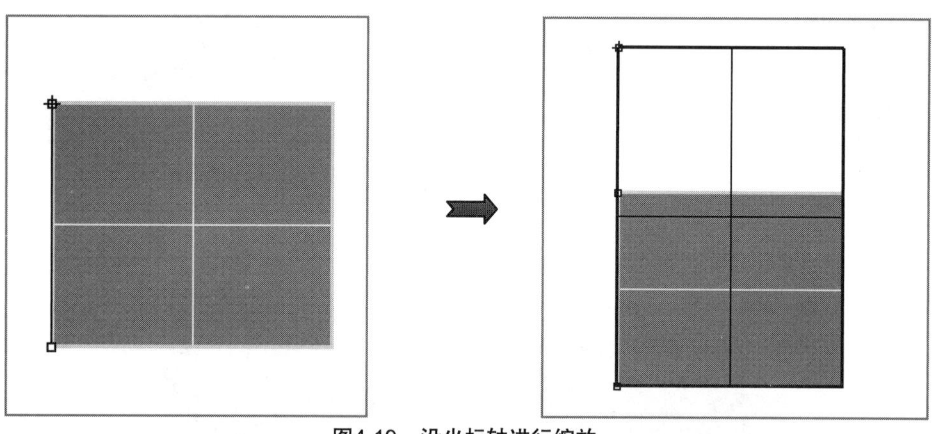

图4-19 沿坐标轴进行缩放

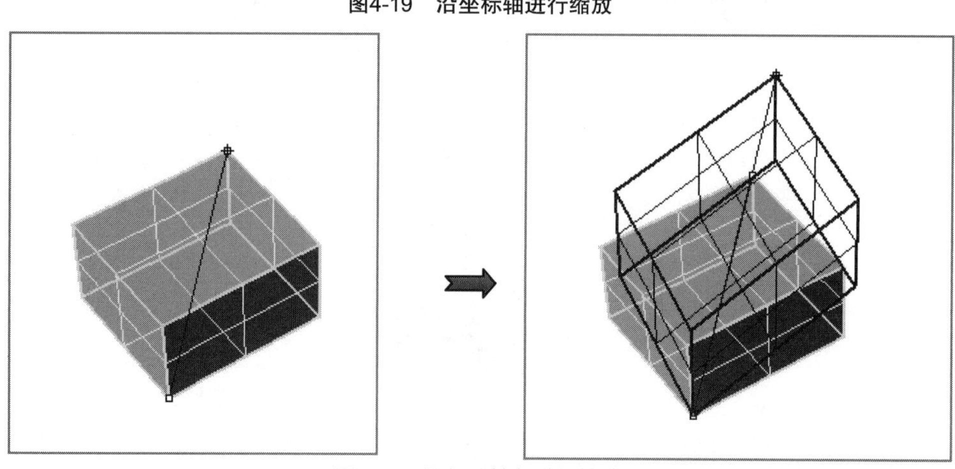

图4-20 沿任一轴向进行缩放

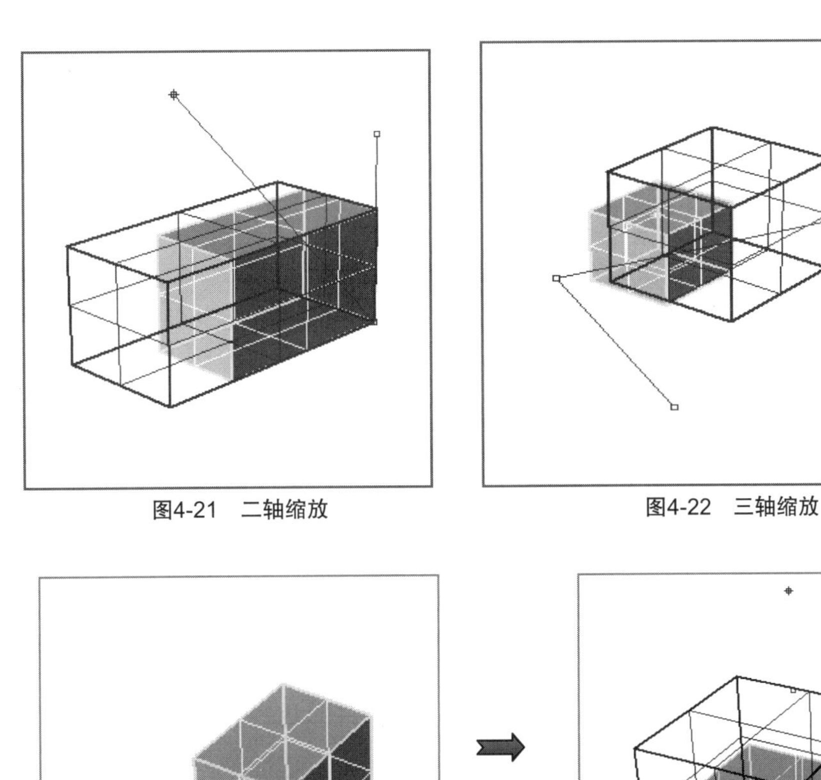
图4-21　二轴缩放　　图4-22　三轴缩放

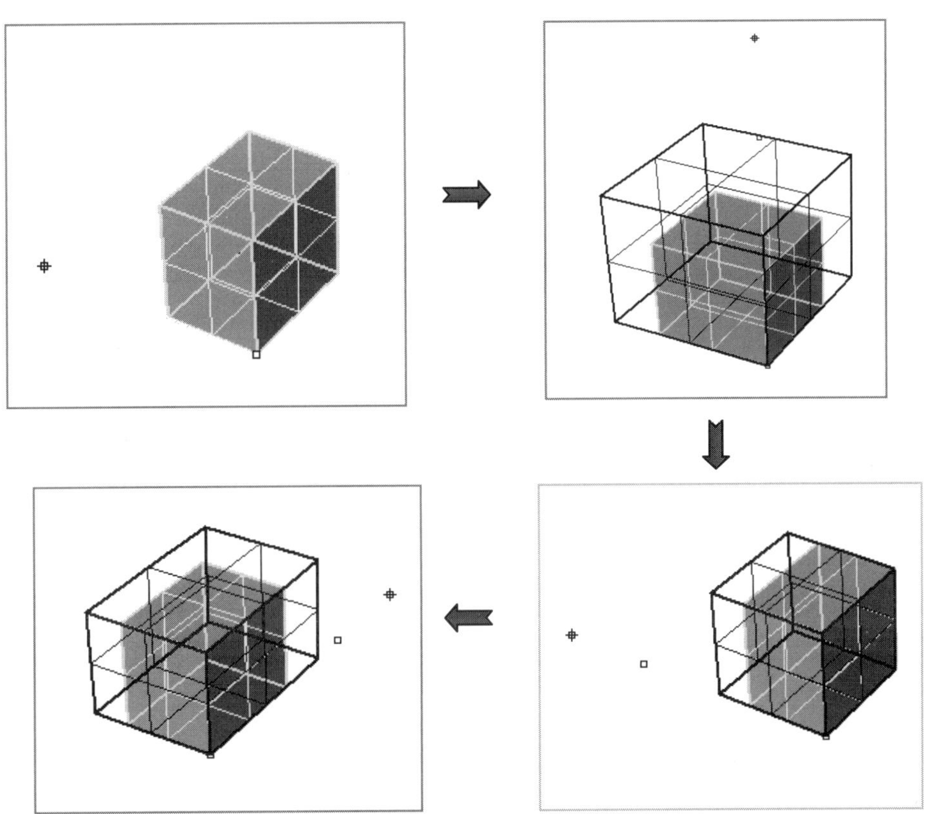
图4-23　不等比缩放

4.1.5 倾斜

该工具用于完成物件的倾斜变形操作，就是使物件在原有的基础上产生一定的倾斜变形。

动手操作【倾斜】工具的应用。

01在视窗中创建一个长方体。

02选择物件，单击【变动】标签中的【倾斜】按钮。

03在视窗中选择一个基点，然后选择第一参考点。此时物件的倾斜角度就会随着光标的移动而发生变化，如图4-24所示。

04将物件移动到所需位置，单击鼠标左键确认倾斜，或者在命令行中输入倾斜角度并按Enter键确认。

4.1.6 镜像

该工具的功能主要是对物件进行关于参考线的镜像复制操作。

选择要镜像的物件，单击【变动】标签中的【镜像】按钮，在视窗中选择一个镜像平面起点，然后选择镜像平面终点，则生成的物件与原物件关于起点与终点所在的直线对称，如图4-25所示。

4.1.7 阵列

【阵列】工具是Rhino建模中非常重要的工具之一，操作包括矩形阵列、环形阵列、沿着曲线阵列、在曲面上阵列、沿着曲面上的曲线阵列。

单击并按住【变动】标签中【阵列】按钮不放，弹出【阵列】工具列，如图4-26所示。

1. 矩形阵列

该工具用于将一个物件进行矩形阵列，即以指定的列数和行数摆放物件副本。

动手操作——矩形阵列

01新建Rhino文件。

02执行菜单栏中的【实体】|【圆柱体】命令，在坐标系圆心创建半径为5、高度为10的圆柱体，如图4-27所示。

03单击【矩形阵列】按钮，选取要阵列的圆柱体物件后，在命令行中输入该物件在X方向、Y方向和Z方向上的副本数分别为5、5、0。

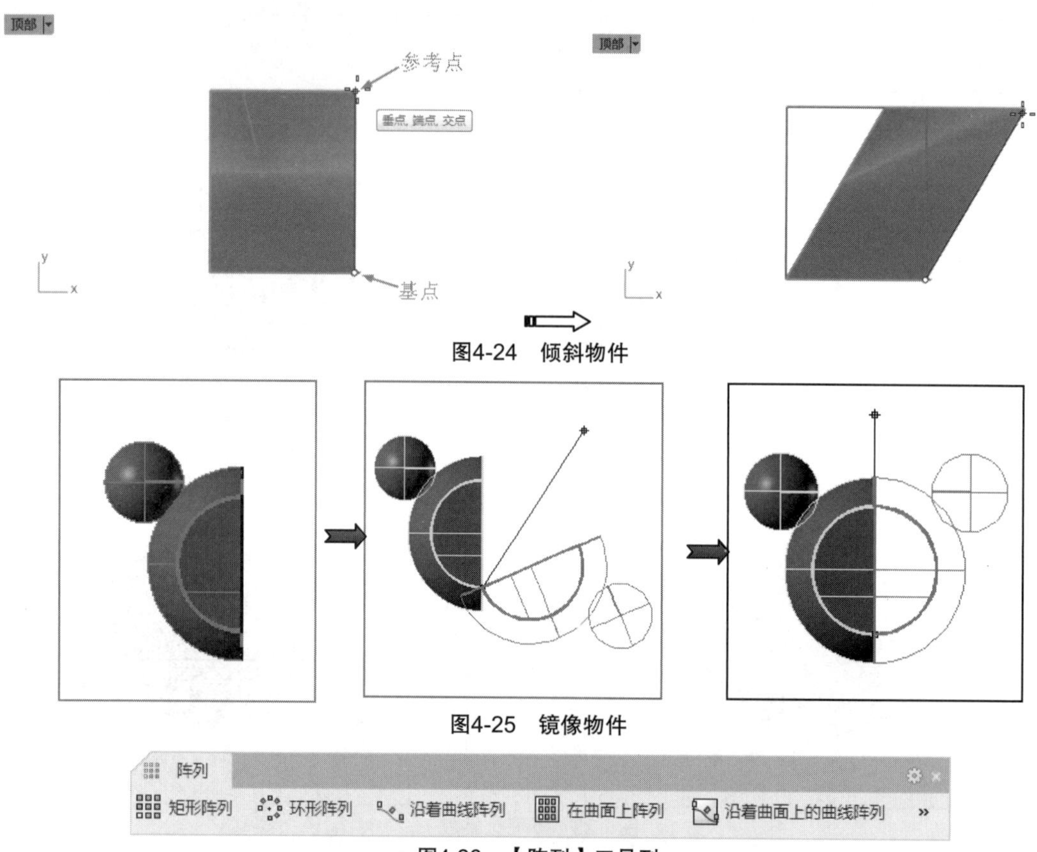

图4-24 倾斜物件

图4-25 镜像物件

图4-26 【阵列】工具列

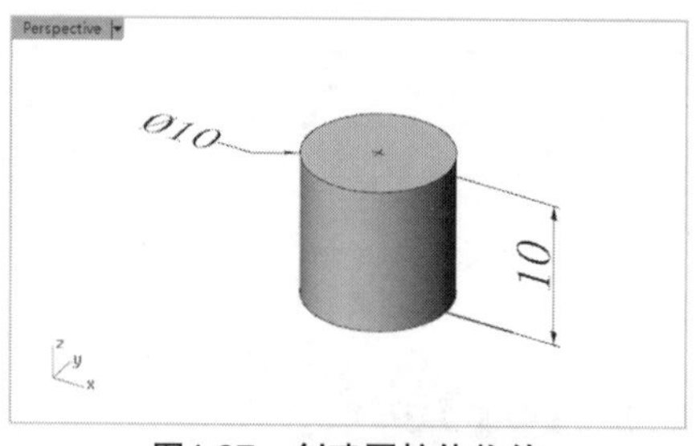

图4-27 创建圆柱体物件

04指定一个矩形的两个对角定义单位方块的大小或在命令行中输入X间距（30）、Y间距（30）的距离值。

05按Enter键结束操作。如图4-28所示。

> **技术要点：**要进行2D阵列时，只要将其中任意轴上的复本数设置为1即可。

2. 环形阵列

该工具用于将物件进行环形阵列，就是以指定数目的物件围绕中心点复制摆放。

动手操作——环形阵列

01在新文档中创建一个半径为5的球体，如图4-29所示。

02在Top视窗中选中球体，然后单击【环形阵列】按钮。

03在命令行输入环形阵列的中心点坐标（0,0,0），随后输入副本的个数为6，按Enter确定操作。

04这时命令行中会有如图4-30所示的提示，再输入旋转总角度360，或者以默认值直接右击确认即可。

> **技术要点：**【步进角】为物件之间的角度

05按Enter键结束操作，环形阵列结果如图4-31所示。

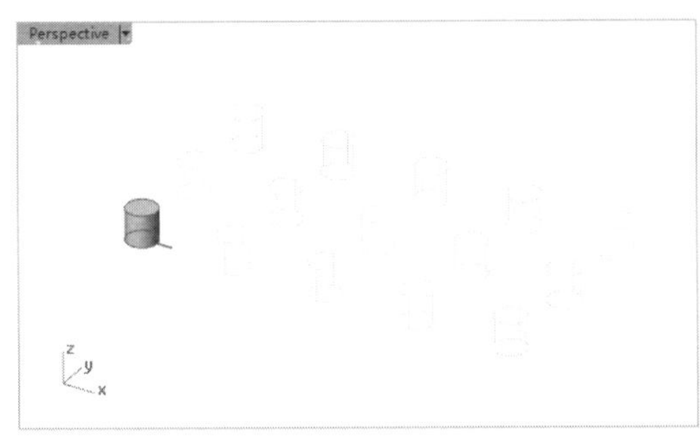

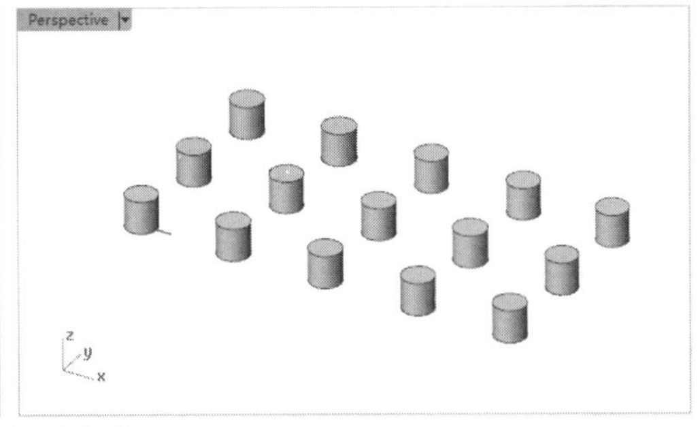

图4-28 矩形阵列

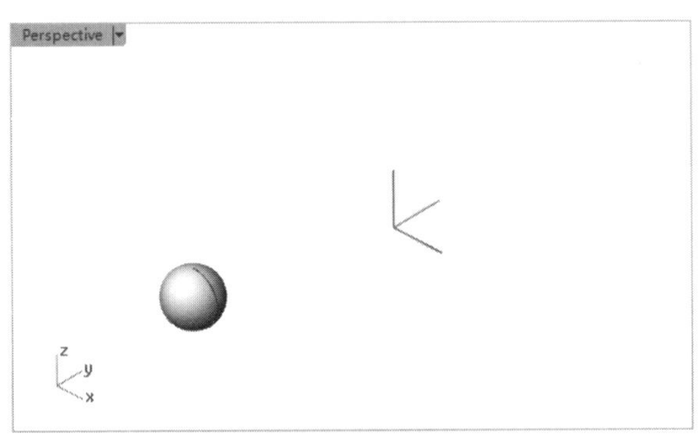

图4-29 创建球体

旋转角度总合或第一参考点 <360> (预览(P)=是 步进角(S) 旋转(R)=是 Z偏移(Z)=0): 360

图4-30 命令行信息提示

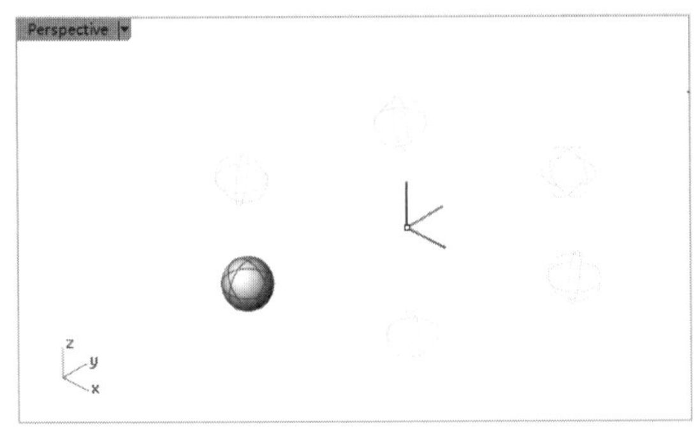

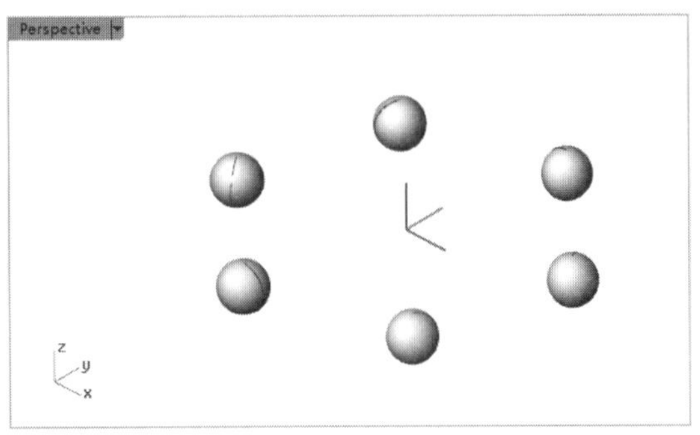

图4-31 环形阵列

3. 沿着曲线阵列

该工具用于使物件沿曲线复制排列，同时会随着曲线扭转。

单击【沿着曲线阵列】按钮，选取要阵列的物件，右击确认操作；然后选取已知曲线作为阵列路径，在弹出的对话框中对阵列的方式和定位进行调整。完成效果如图4-32所示。

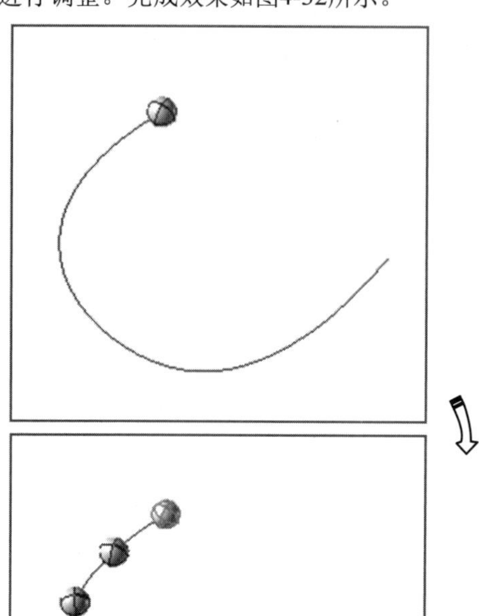

图4-32 沿着曲线阵列

将物件沿着曲线阵列操作时，会弹出对话框，如图4-33所示。

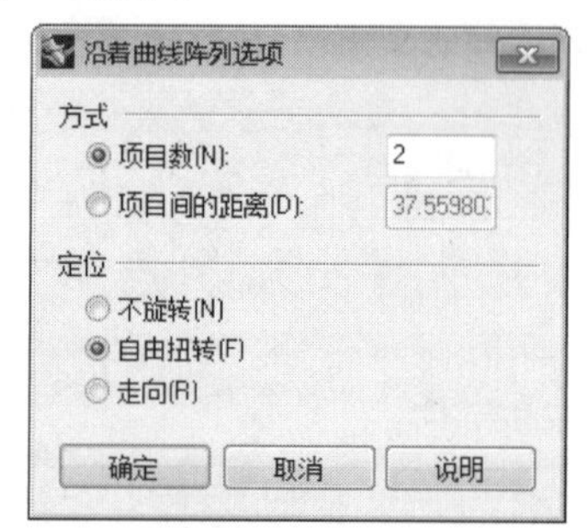

图4-33 【沿着曲线阵列选项】对话框

下面介绍各选项的功能。

- 项目数：输入物件沿着曲线阵列的数目。
- 项目间的距离：输入阵列物件之间的距离，阵列物件的数量依曲线长度而定。
- 不旋转：物件沿着曲线阵列时会维持与原来的物件一样的定位。
- 自由扭转：物件沿着曲线阵列时会在三维空间中旋转。
- 走向：物件沿着曲线阵列时会维持相对于工作平面朝上的方向，但会做水平旋转。

动手操作——沿着曲线阵列

01新建Rhino文件，然后在Top视窗中绘制内插点曲线和一个长方体，如图4-34所示。

02单击【沿着曲线阵列】按钮，然后选取长方体作为要阵列的物件，并右击确认。

03选取路径曲线为内插点曲线，随后弹出【沿着曲线阵列选项】对话框。在对话框中输入【项目数】为6，单击【不旋转】单选按钮，最后单击【确定】按钮，关闭对话框，如图4-35所示。

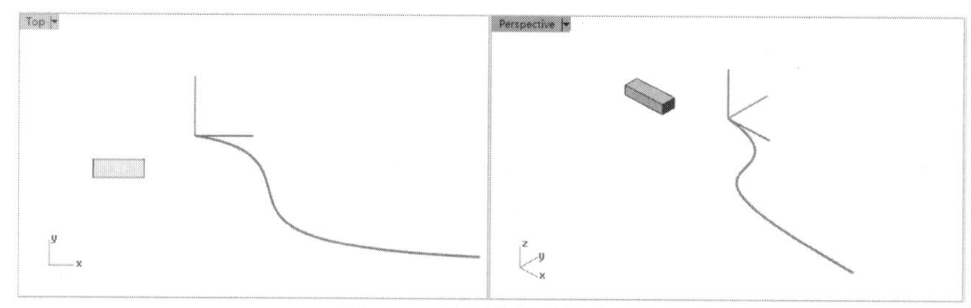

图4-34 绘制曲线和长方体

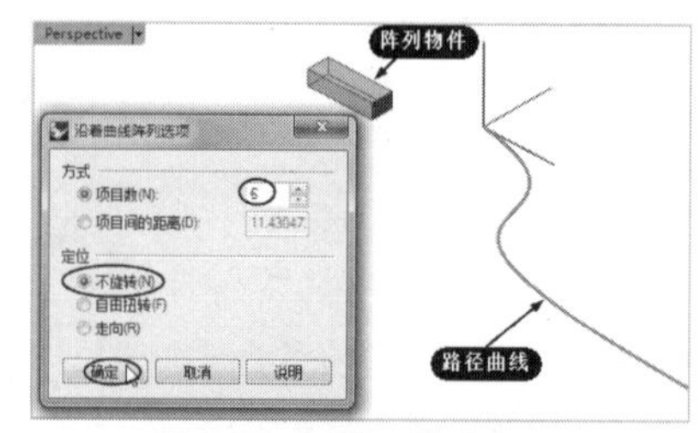

图4-35 设置阵列选项

04随后生成曲线阵列，如图4-36所示。

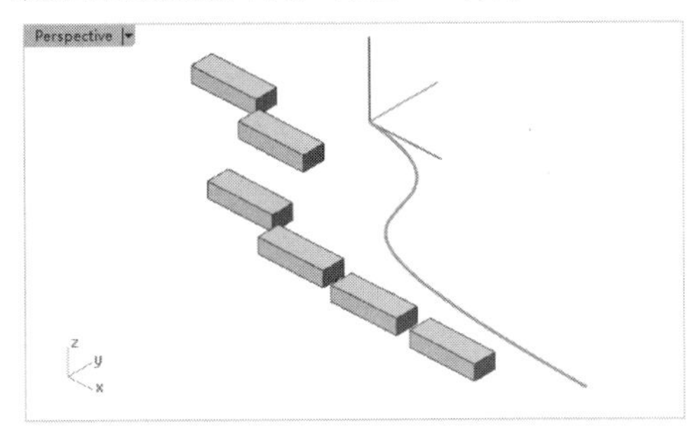

图4-36　沿曲线阵列结果

05如果在【沿着曲线阵列选项】对话框中设置【定位】为【自由扭转】，将产生如图4-37所示的阵列结果。

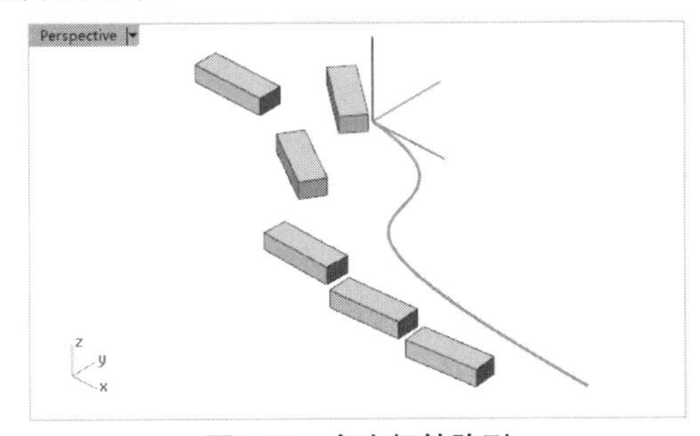

图4-37　自由扭转阵列

06如果在【沿着曲线阵列选项】对话框中设置【定位】为【走向】，需要选择一个工作视窗，指定不同的视窗将产生相同的阵列结果，如图4-38所示。

4. 在曲面上阵列

该工具用于让物件在曲面上阵列，以指定的列数和栏数摆放物件副本，物件会以曲线的法线方向做定位进行复制操作。

动手操作——在曲面上阵列 

01新建Rhino文件。

02在Front视窗中绘制内插点曲线，如图4-39所示，然后执行菜单栏中的【曲面】|【挤出曲线】|【直线】命令，建立一个曲面，如图4-40所示。

03在菜单栏中执行【实体】|【圆锥体】命令，创建一个圆锥体，如图4-41所示。

04单击【在曲面上阵列】按钮，然后按命令行提示进行操作。选取要阵列的物件——圆锥体，如图4-42所示。

05选择物件的基准点——即物体上的一点作为参考点，如图4-43所示。

06随后命令行提示要求指定阵列物件的参考法

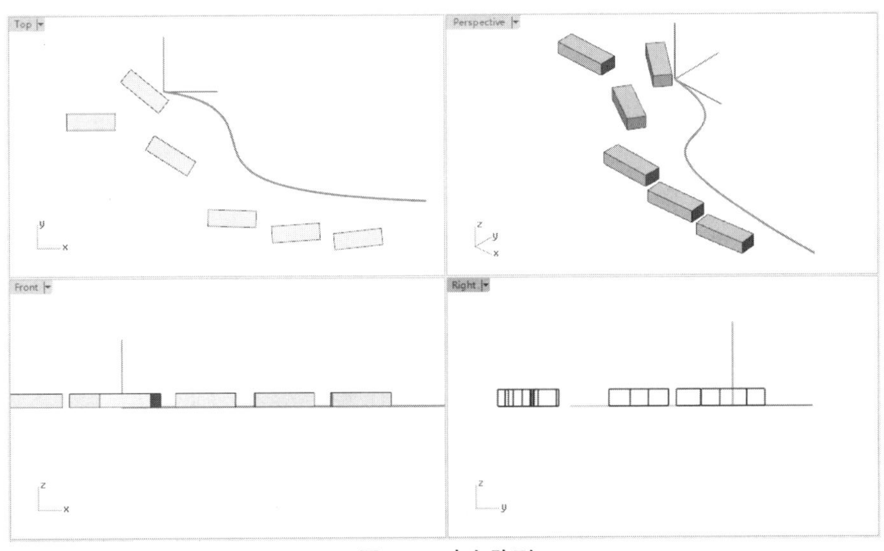

图4-38　走向阵列

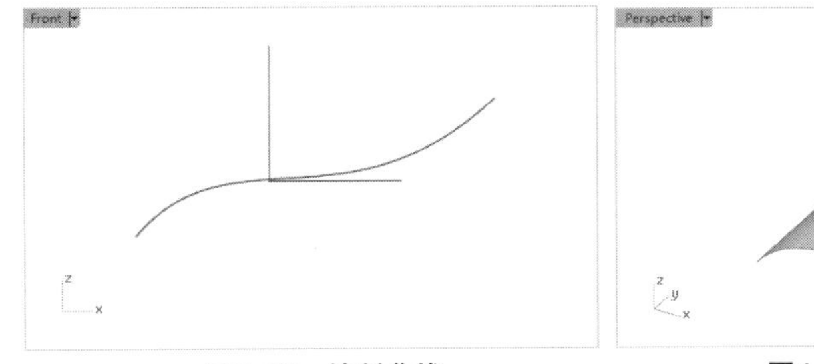

图4-39　绘制曲线

图4-40　创建挤出曲面

线，本例中将Z轴作为阵列的参考法线，因此按Enter键或右击即可。接着选取目标曲面，输入U方向的数目值为3，输入V方向的数目值为3。按Enter键结束操作。阵列结果如图4-44所示。

技术要点： 当要阵列的物件不在曲线或曲面上时，物件沿着曲线或曲面阵列之前必须先被移动到曲线上，而基准点通常会被放置于物件上。

5. 沿着曲面上的曲线阵列

沿着曲面上的曲线以等距离摆放物件复本，阵列物件会依据曲面的法线方向定位。

动手操作——沿着曲面上的曲线阵列

01 继续用上例操作的物件与曲面。

02 在菜单栏中执行【控制点曲线】|【自由造型】|【在曲面上描绘】命令，然后在曲面上绘制一条曲线，如图4-45所示。

03 单击【沿着曲面上的曲线阵列】按钮，然后选取要阵列的物件，并指定一个基点（基点通常会放置于物件上），如图4-46所示。

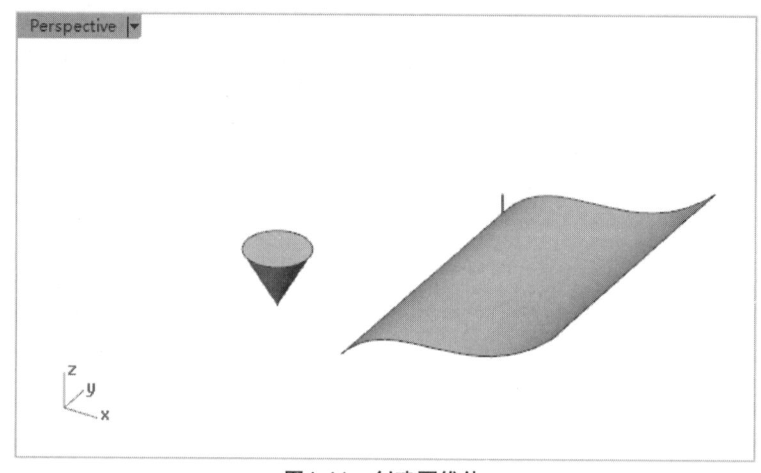

图4-41　创建圆锥体

指令: _ArraySrf	指令: _ArraySrf
选取要阵列的物体:	选取要阵列的物体，按 Enter 完成:

图4-42　命令行提示操作

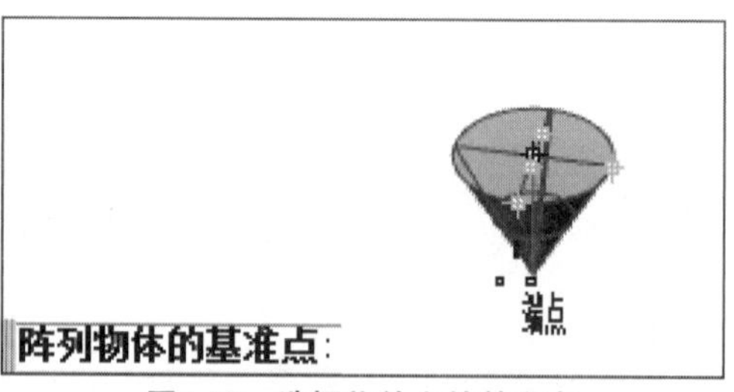

图4-43　选择物件上的基准点

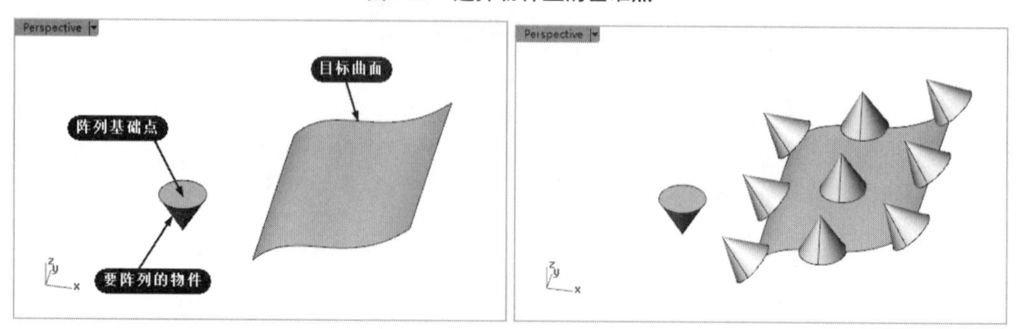

图4-44　在曲面上阵列

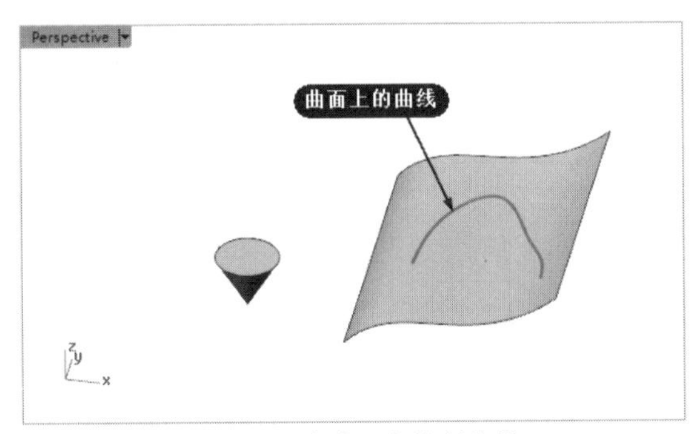

图4-45　在曲面上绘制曲线

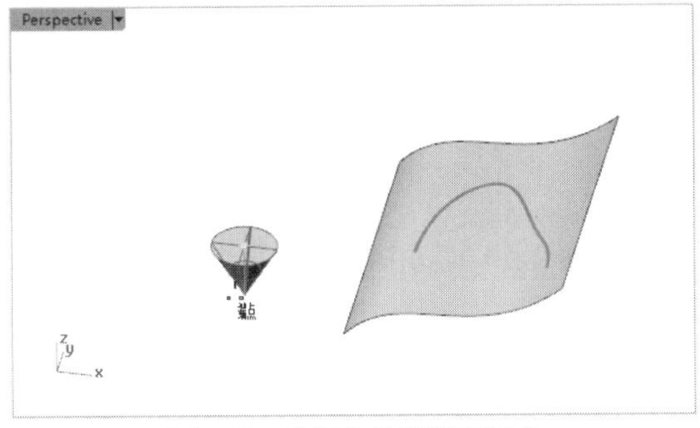

图4-46　选择物件并指定基点

04按命令行提示要选取曲面上的一条曲线，选择描绘的曲线即可，如图4-47所示。

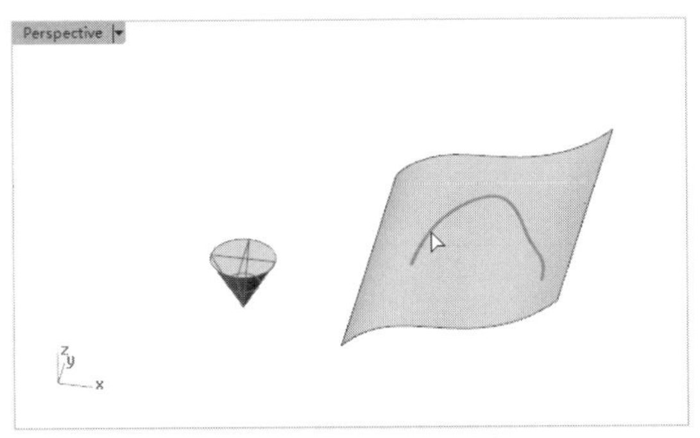

图4-47　选择描绘的曲线

05选取曲面，接着在曲线上放置物件，此处放置3个即可，如图4-48所示。

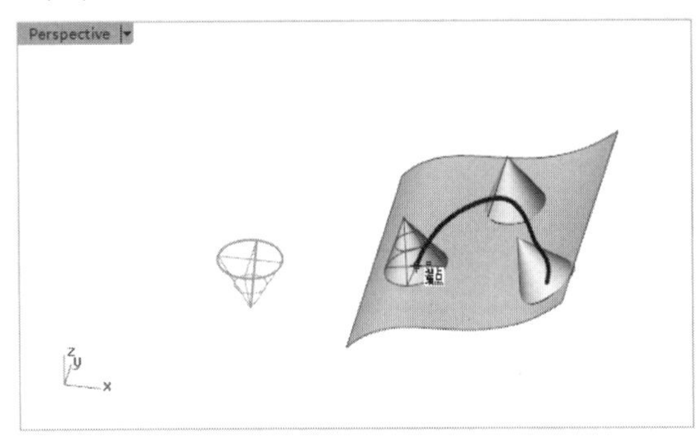

图4-48　放置物件

06右击或按Enter键确认完成阵列。

4.2 对齐和扭曲工具

在Rhino中,对齐和扭曲是比较常用的变动工具，用于对模型进行造型设计变换。

4.2.1 对齐

该工具的功能是将所选物件对齐。单击并按住【变动】标签中的【对齐】按钮不放，将弹出【对齐】工具列，如图4-49所示。

1. 向上对齐

选择全部需要对齐的物件，单击【向上对齐】按钮，则物件将以最上面的物件的上边沿为参考进行对齐，如图4-50所示。

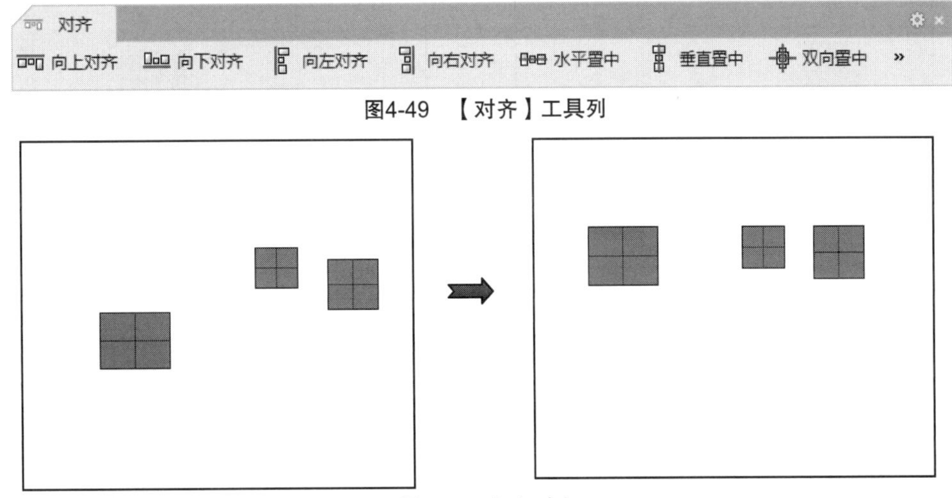

图4-49　【对齐】工具列

图4-50　向上对齐

2. 向下对齐

选择全部需要对齐的物件，单击【向下对齐】按钮，则物件将以最下面的物件的下边沿为参考进行对齐，如图4-51所示。

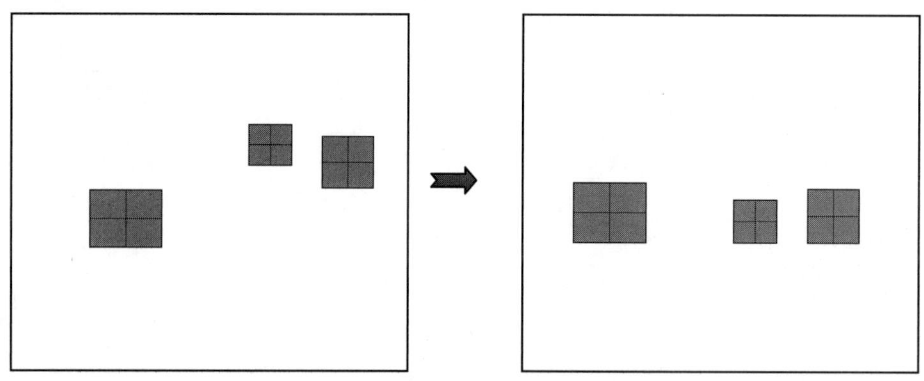

图4-51　向下对齐

3. 向左对齐

选择全部需要对齐的物件，单击【向左对齐】按钮，则物件将以最左面的物件的左边沿为参考进行对齐，如图4-52所示。

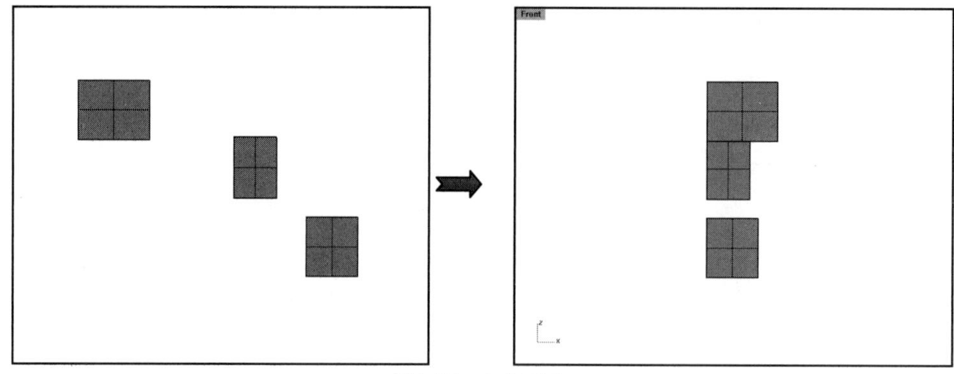

图4-52　向左对齐

4. 向右对齐

选择全部需要对齐的物件，单击【向右对齐】按钮，则物件将以最右面的物件的右边沿为参考进行对齐，如图4-53所示。

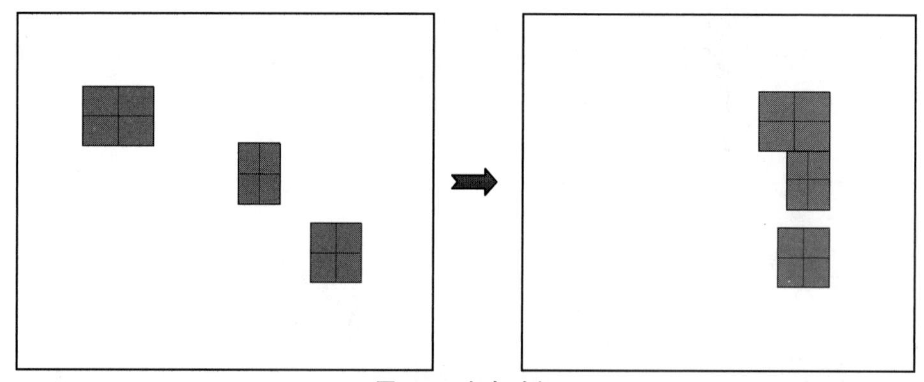

图4-53　向右对齐

5. 水平置中

选择全部需要对齐的物件，单击【水平置中】按钮，则物件将以所有物件位置的水平中心线为参考进行对齐，如图4-54所示。

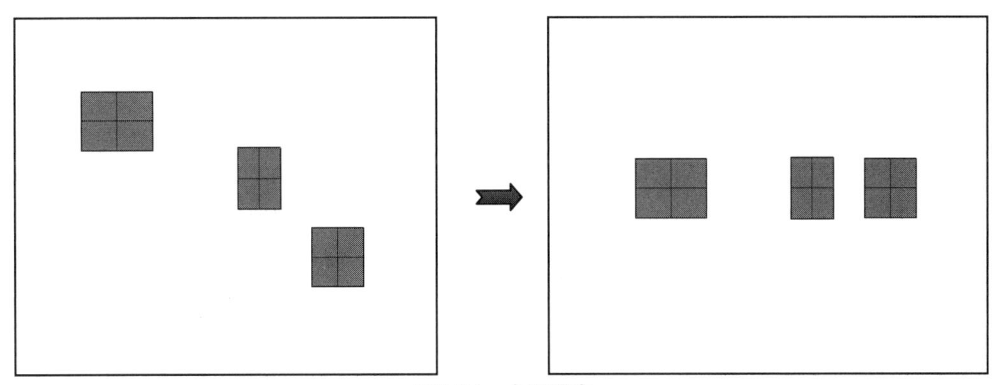

图4-54　水平置中

6. 垂直置中

选择全部需要对齐的物件，单击【垂直置中】按钮，则物件将以所有物件位置的垂直中心线为参考进行对齐，如图4-55所示。

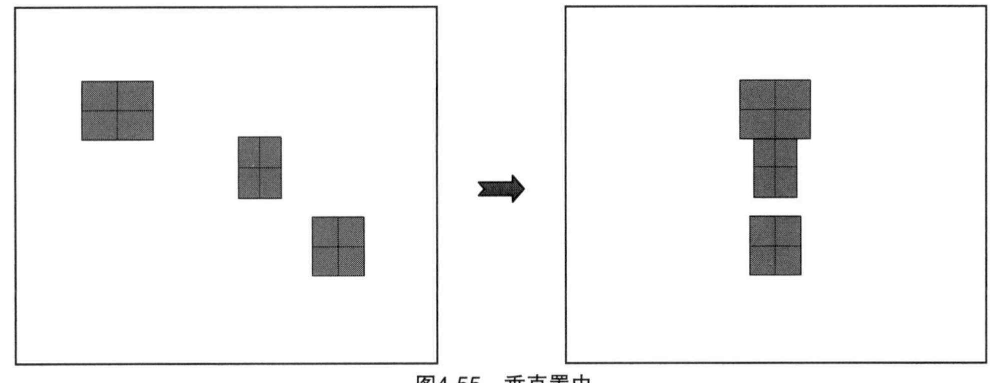

图4-55　垂直置中

7. 双向置中

选择全部需要对齐的物件，单击【双向置中】按钮，则物件将以所有物件位置的水平中心线和垂直中心线为参考分别进行对齐，如图4-56所示。

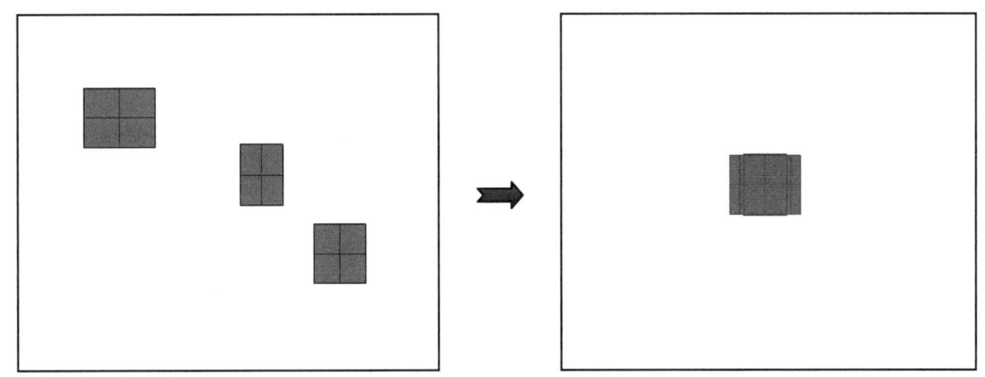

图4-56　双向置中

> **技术要点：** 双向置中只是水平置中与垂直置中的组合，并不是将所有物体的中心移到一点。

如果是执行【对齐】命令而非其子命令，则选择所需对齐物件后，命令行中会有如下提示。

```
选取要对齐的物件。按 Enter 完成:
对齐选项 ( 向下对齐(B)  水平置中(H)  向左对齐(L)  向右对齐(R)  向上对齐(T)  垂直置中(V) ):
```

其中的各选项可通过输入对应字母或鼠标单击的方式进行选择，结果和单击工具列中相应的工具按钮一致。

4.2.2 扭转

该工具的功能是对物件进行扭转变形。

动手操作——扭转

01新建Rhino文件。

02在菜单栏中执行【圆】|【中心点、半径】命令，在Top视窗中建立3个两两相切的圆，如图4-57所示。

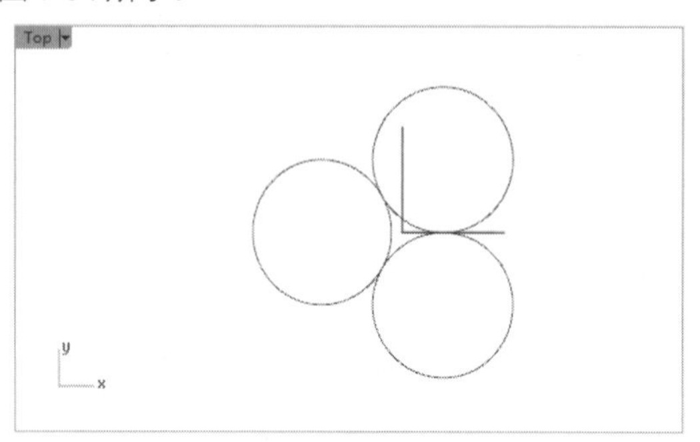

图4-57　创建3个圆

03在Right视窗中坐标系原点绘制Z轴方向直线，如图4-58所示。此直线作为扭转轴参考。

04在菜单栏中执行【实体】|【挤出平面曲线】|【直线】命令，创建挤出实体，如图4-59所示。

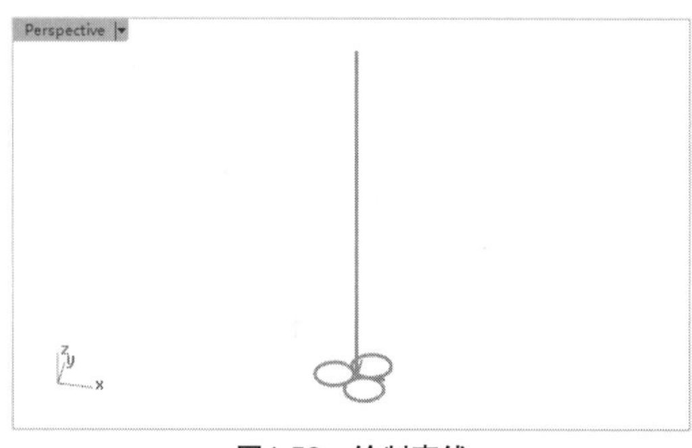

图4-58　绘制直线

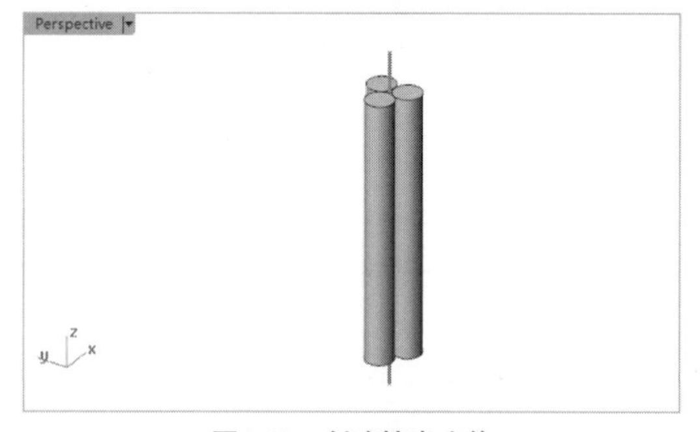

图4-59　创建挤出实体

05单击【变动】标签中的【扭转】按钮，然后选中3个挤出曲面物件，按Enter键确认。

06选择直线的两个端点，分别作为扭转轴的参考起点和终点，如图4-60所示。

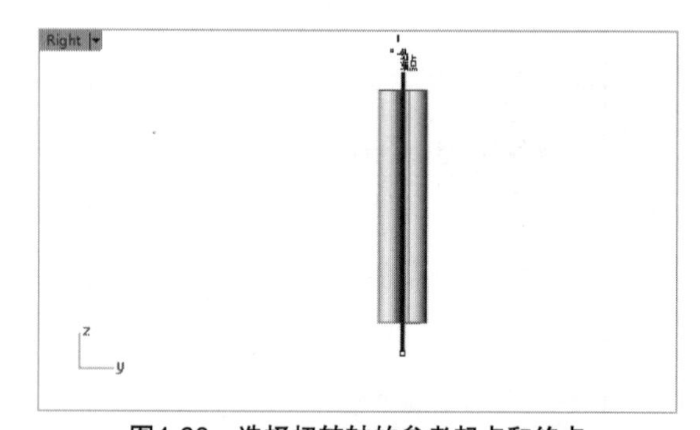

图4-60　选择扭转轴的参考起点和终点

07指定扭转的第一参考点或第二参考点，如图4-61所示。

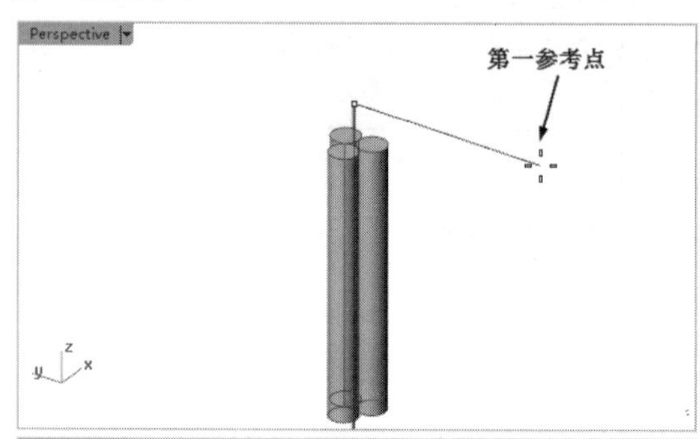

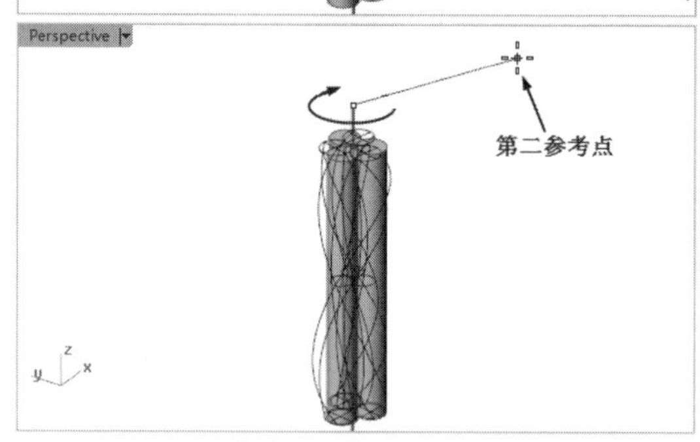

图4-61　扭转第一参考点和扭转第二参考点

08旋转结束后右击结束操作。扭曲效果如图4-62所示。

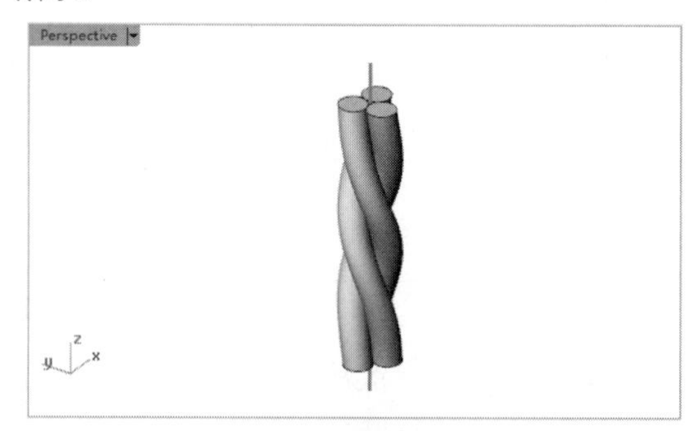

图4-62　扭曲效果

4.2.3 弯曲

该工具的功能是对物件进行弯曲变形。

动手操作——弯曲

01新建Rhino文件。

02在视窗中建立一个圆柱体，如图4-63所示。

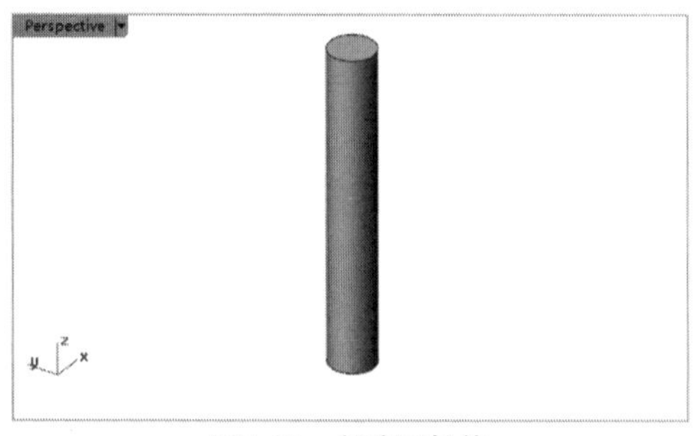

图4-63 创建圆柱体

03单击【弯曲】按钮，然后选中物件，按Enter键确认。

04在物件上选择一点作为骨干起点，选择另一点作为骨干终点，如图4-64所示。

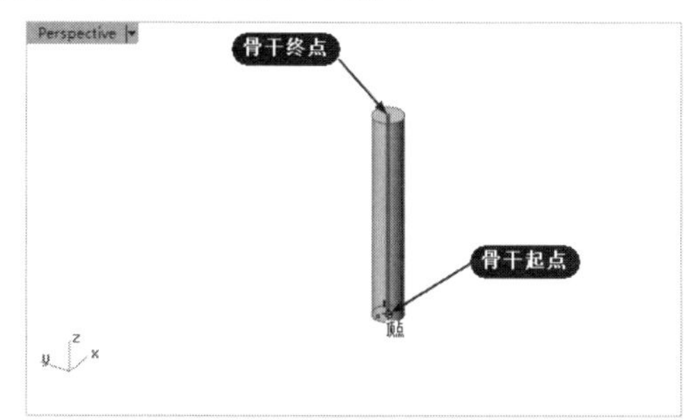

图4-64 指定弯曲的骨干起点与终点

05物件会随着光标的移动进行不同程度的弯曲，在所需要位置单击鼠标左键即可结束操作，如图4-65所示。

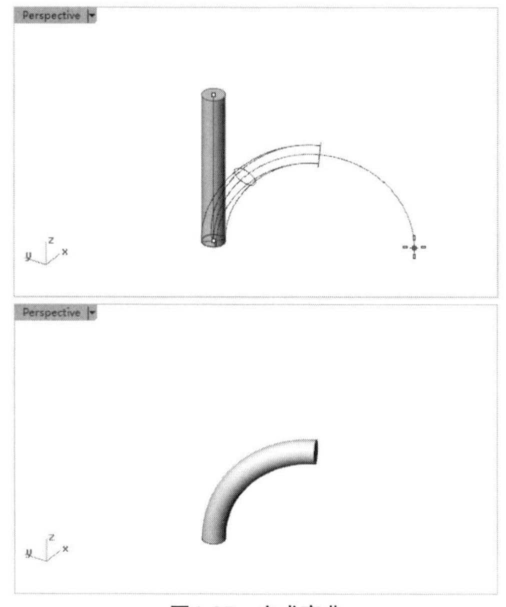

图4-65 完成弯曲

4.3 合并和打散工具

在Rhino中，合并和打散是比较常用的变动工具，用于对模型进行造型设计变换。

4.3.1 组合

在Rhino中，有很多合并工具，包括组合、群组、合并边缘、合并曲面等。

【组合】工具的功能是将两个或多个没有封闭的曲线或者曲面的端点或曲面的边缘结合起来，从而将其组合成一个物件。

动手操作——创建曲线合并

01新建Rhino文件。

02在视窗中创建不封闭的两条线。

03在左侧边栏中单击【组合】按钮，然后依次选取两条线段，会出现一个对话框，提示两条线段的最接近端点间距，并提示是否将两条线段进行组合。

04单击【是】按钮，右击结束操作，如图4-66所示。

05此操作同样适合作用于面。不同的是，在对面进行组合时，两个面的边界必须共线，组合后两个面将成为一个物件，如图4-67所示。

4.3.2 群组

该工具的功能是对物件进行各种群组的操作，如群组、解散群组、加入至群组、从群组去除、设置群组名称等。

单击并按住左边栏中的【群组】按钮不放，会弹出【群组】工具列，如图4-68所示。

1. 群组

该工具的功能是对物件进行群组操作，这里的物件包括点、线、面和体。群组在一起的物件可以被当作一个物件选取或者进行Rhino中的命令操作。选择待群组的物件，单击该按钮，然后右击或按Enter键结束操作即可。效果如图4-69所示。

2. 解散群组

该工具的功能是将群组好的物件打散，还原成单个的物件。单击该按钮，选择要解散的群组，右键确认操作即可。完成效果如图4-70所示。

3. 加入至群组

该工具的功能是将一个物件加入到一个群组当中。当一个物件与一个群组将要进行相同操作时，可以使用这个工具。单击该按钮后，单击要加入群组的物件，再右击确认操作。选中物件要加入的群组，右击确认。完成效果如图4-71所示。

4. 从群组去除

该工具的功能是将一个物件从一个群组中去除。操作方法与【加入至群组】方法一致，不再重复说明。

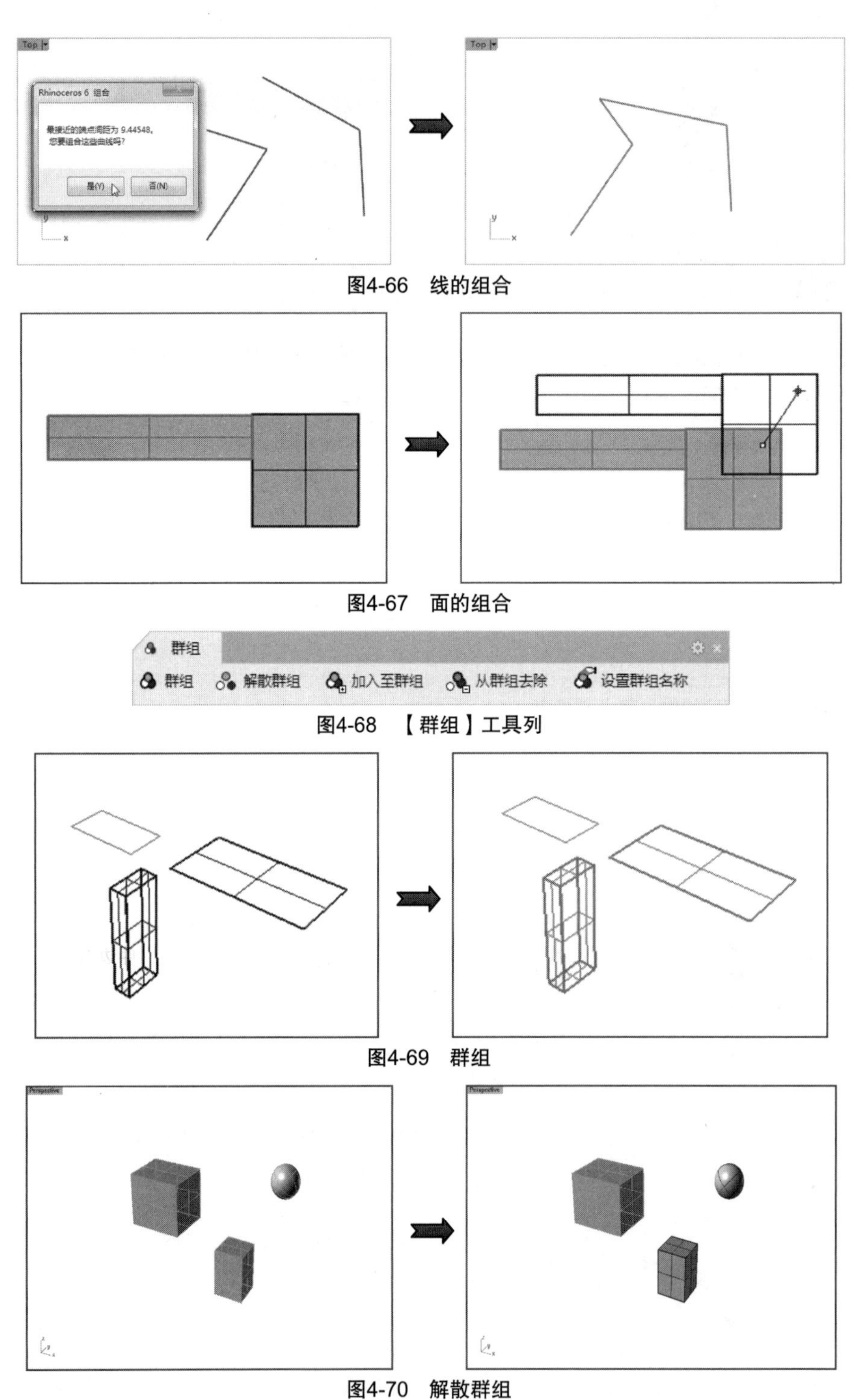

图4-66　线的组合

图4-67　面的组合

图4-68　【群组】工具列

图4-69　群组

图4-70　解散群组

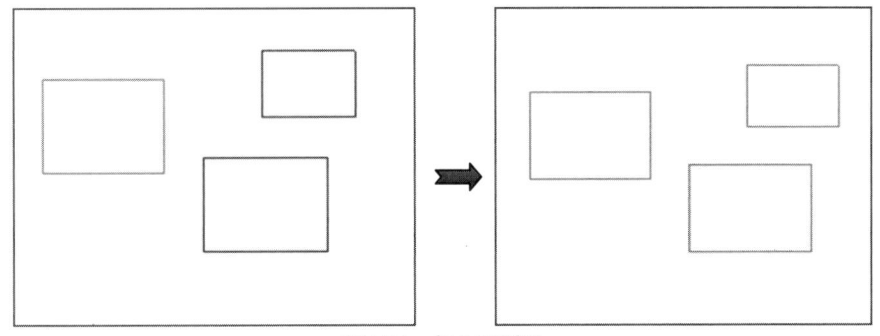

图4-71　加入至群组

5. 设置群组名称

该工具的功能是将群组进行重新命名，主要是方便模型内部物件的管理。单击该按钮后，选择需要重新命名的群组，这时命令行里会有如下提示。

```
指令: _SetGroupName
新群组名称: |
```

在命令行中输入要命名的群组名字，按Enter键完成操作。

```
指令: _SetGroupName
新群组名称: 几何体|
```

4.3.3　合并边缘

单击并按住左侧边栏中的【分析】按钮不放，在弹出的子面板里再单击并按住【边缘】按钮不放，将会弹出【边缘工具】面板，如图4-72所示。

图4-72　【边缘工具】面板

1. 显示与关闭边缘

该工具的功能是显示与关闭物件的边缘。

2. 分割与合并边缘

该工具的功能是分割和合并相邻的曲面边缘，就是将同一个曲面的数段相邻的边缘合并为一段。

动手操作——分割边缘

01新建Rhino文件。

02在视窗中创建一个长方体。

03单击【显示与关闭边缘】按钮，打开物件的边缘，如图4-73所示。

04单击【分割与合并边缘】按钮，然后选中物件的一条边（选取中点）并将其分割为两段，右击结束操作，如图4-74所示。

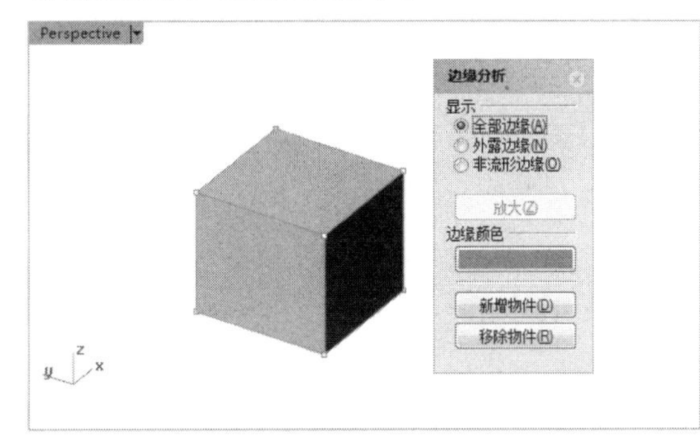

图4-73　显示物件边缘

05右击【分割与合并边缘】按钮，选取被分割的线段，右击将这些线段合并，如图4-75所示。

3. 合并两个外露边缘

该工具的功能是强迫组合两个距离大于公差的外露边缘。如果两个外露边缘（至少有一部分）看起来是并行的，但未组合在一起，【组合边缘】对话框会提示“组合这些边缘需要（距离值）的组合公差，您要组合这些边缘吗?”这时可以选择将两个边缘强迫组合，如图4-76所示。

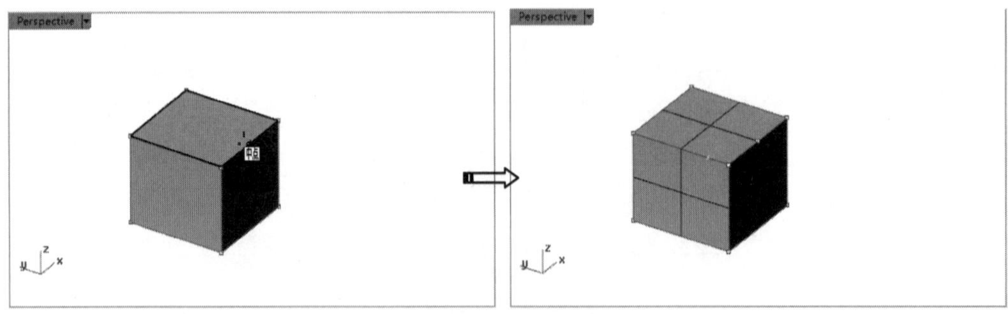

图4-74　分割边缘

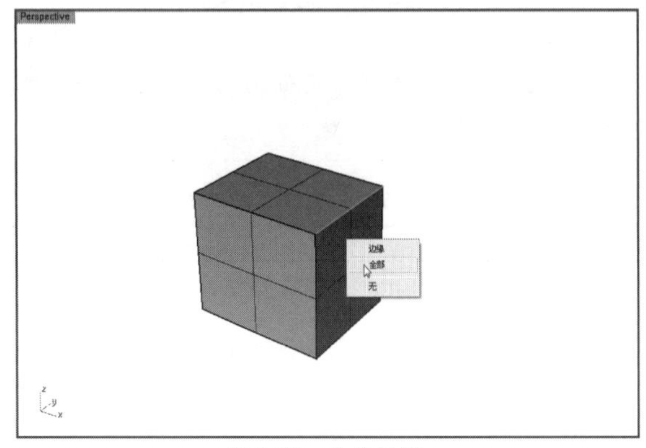

图4-75　合并边缘

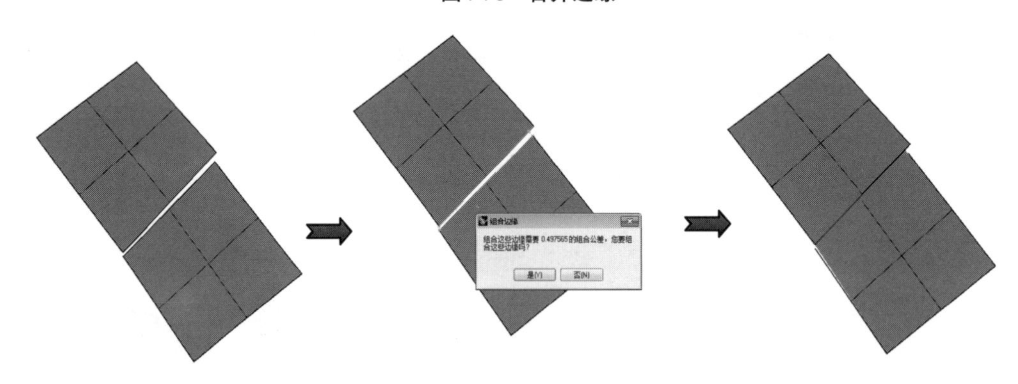

图4-76　合并两个外露边缘

4.3.4　合并曲面

在Rhino中，通常使用【合并曲面】工具将两个或两个以上的边缘相接的曲面合并成一个完整的曲面。但必须注意的是，要进行合并的曲面相接的边缘必须是未经修剪的边缘。

在平面视窗中绘制两个边缘相接的曲面。

单击【曲面工具】标签中的【合并曲面】按钮，在命令行中会有如下提示。

```
介于 0 与 1 之间的圆度 <1>: _Undo
选取一对要合并的曲面 ( 平滑(S)=是  公差(T)=0.01  圆度(R)=1 ):
```

> **技术要点：**可以选择自己所需选项，输入相应字母进行设置。

下面对各选项功能进行说明。

- 平滑：选择“是”，两个曲面合并时连接之处会以平滑曲面过渡，合并得到的最终曲面效果更加自然；若选择“否”，则两曲面直接合并。
- 公差：两个要进行合并的曲面边缘距离必须小于该设置值。
- 圆度：过渡圆角，输入0～1大小的圆度。该选项在选择了“平滑”选项后才会发挥作用。该圆度是指两曲面之间进行圆滑合并时过渡形成的圆角。

选取要合并的一对曲面，依次选择，完成合并曲面，如图4-77所示。

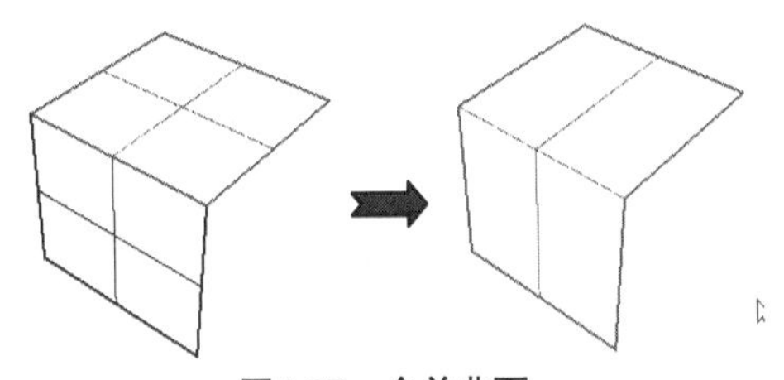

图4-77　合并曲面

4.3.5 打散

在Rhino中，关于打散的工具不是很多，常用的是【炸开】按钮、【解散群组】按钮和【从群组去除】按钮。

1. 炸开

该工具的功能是将组合在一起的物件打散为个别的物件。它的操作比较简单，操作方法可参考之前的【组合】工具。不同的物件炸开之后的结果也不同，如表4-1所示。

表4-1　不同物件炸开后得到的结果

物件	结果
尺寸标注	曲线和文字
群组	群组里的物件会被炸开，但炸开的物件仍属于同一个群组
剖面线	单一直线段或者平面
网格	个别网格或网格面
使用中的变形控制物件	曲线、曲面、变形控制器
多重曲面	个别的曲面
多重曲线	个别的曲线段
多重直线	个别的直线段
文字	曲线

2. 解散群组

该工具的功能是解散群组的群组状态。具体操作参考【群组】工具。

3. 从群组中去除

该工具的功能是将群组中的一个物件从群组去除。具体操作参考【群组】工具。

4.4 实战案例——制作计算器造型

引入文件：动手操作\源文件\Ch04\计算器位图.jpg

结果文件：动手操作\结果文件\Ch04\计算器.3dm

视频文件：视频\Ch04\计算器造型.avi

1. 分析模型

这个模型是一个简单的方体结构，主要通过倒角以及阵列完成。原始模型效果如图4-78所示。

图4-78　计算器原始模型

2. 模型主体的制作

01 启动Rhino 6.0，导入背景图片，如图4-79所示。

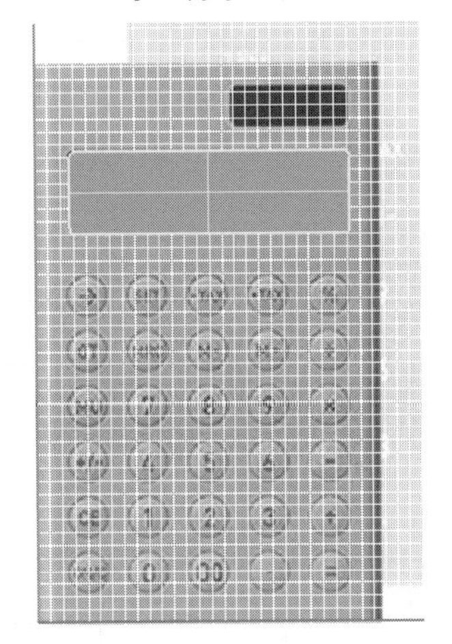

图4-79　导入背景图片

02 在Top视窗中用【实体工具】标签中的【立方体】工具创建长方体（长：宽：高=21：13：2）如图4-80所示。

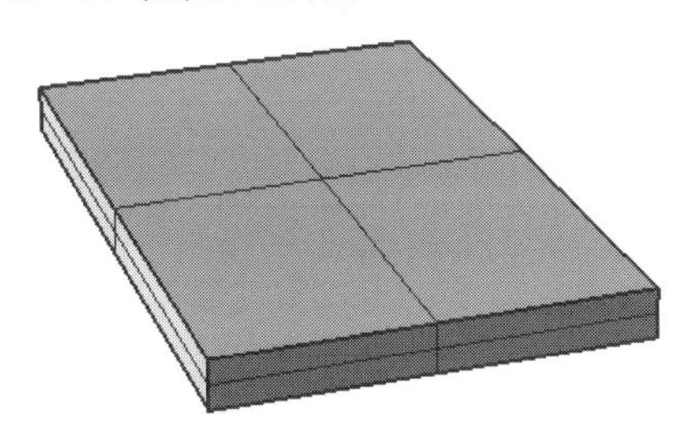

图4-80　创建长方体

03 单击【实体工具】标签中的【边缘圆角】按钮，在命令行中输入1，右击完成圆角的创建，如图4-81所示。

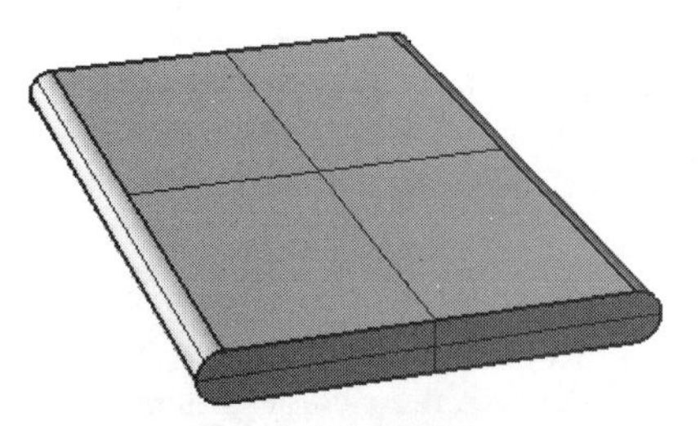

图4-81　边缘倒圆角

04单击【曲线工具】标签下左边栏中的【矩形】工具列中的【角对角】按钮，在Top视窗中参考图片按屏幕大小绘制长方形曲线（长11、宽3.2）。

05单击【曲线工具】标签中的【曲线圆角】按钮，在命令行中输入0.2，右击完成对长方形的倒角，如图4-81所示。

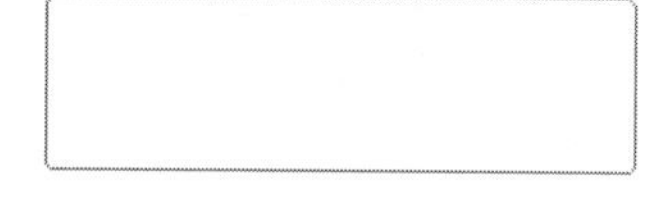

图4-82　绘制屏幕长方形并倒角

06选定长方形，在菜单栏中执行【实体】|【挤出平面曲线】|【直线】命令，在命令行中设置挤出高度为2，右击结束操作。单击【变动】标签中的【布尔运算】|【布尔运算差集】按钮，将物件剪切出计算器的屏幕部分。

07用相同的方法做出屏幕上方的小屏，如图4-83所示。

3. 模型按键的制作

按键部分主要使用【阵列】命令完成。

01单击【球体】按钮，做一个与背景图片上按键直径相同的球体。

02单击【变动】标签中的【缩放】|【单轴缩放】按钮，给球体变形，如图4-84所示。

03选定物件，单击【矩形阵列】按钮，在命令行中输入X、Y、Z各轴上的数量为5、6、1，如图4-85所示。

04在菜单栏中执行【实体】|【布尔运算分割】命令，将物件剪切出计算器的按键部分。

05单击【实体工具】标签中的【边缘圆角】按钮，选定物件边缘。在命令行中输入0.1，右击结束操作，如图4-86所示。

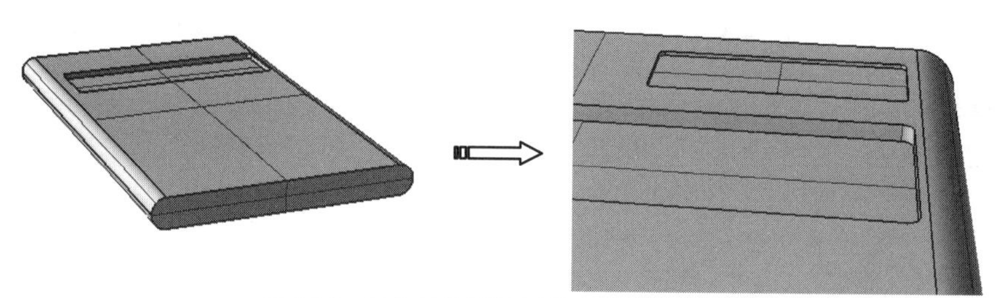

图4-83　制作计算器的屏幕和上方小屏

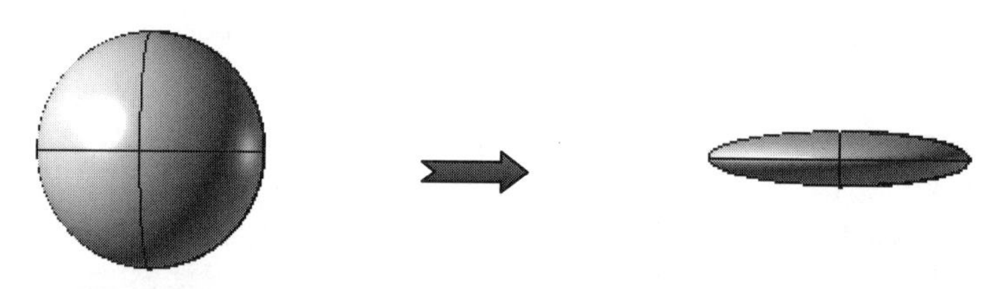

图4-84　按键球体变形

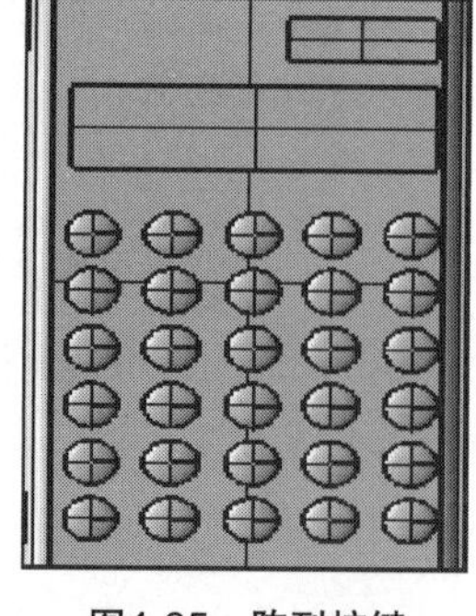

图4-85　阵列按键

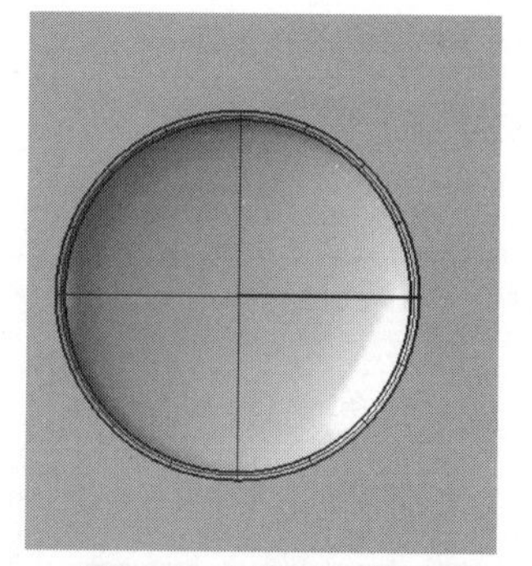

图4-86　制作按钮键凹槽

4. 按键文字的制作

文字部分有两种制作方法，一种是在渲染的时候把图片文件贴上去，下面则是第二种。

01单击【变动】标签下左边栏中的【文字物件】按钮，在弹出的【文字物件】对话框中输入文字，调整高度为0.8，厚度为1，单击【确定】按钮后选择实体面放置文本。

02单击【实体工具】标签中的【布尔运算分割】按钮，制作出文字与按键的效果，如图4-87所示。

图4-87 文字制作

03全部制作完成后的模型效果如图4-88所示。

图4-88 完成效果图

4.5 课后练习

1. 练习一

使用圆弧、圆、直线、修剪、连接曲线与阵列等操作建立如图4-89所示的曲线，然后对曲线进行组合。执行【实体】|【挤出平面曲线】|【直线】命令，以这些曲线建立实体，挤出厚度为0.5。

也可以先绘制1/6曲线，创建挤出实体后，再阵列得到最终结果。

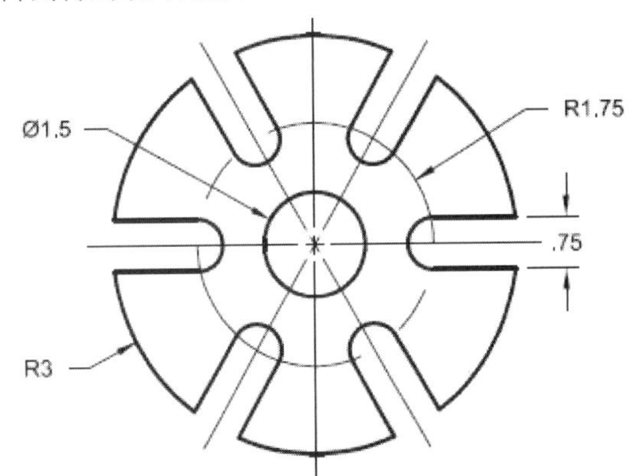

图4-89 练习一

2. 练习二

打开本次练习的源文件。通过移动、复制、旋转、镜像、组合、缩放、建立实体等操作，由曲线创建实体，如图4-90所示。

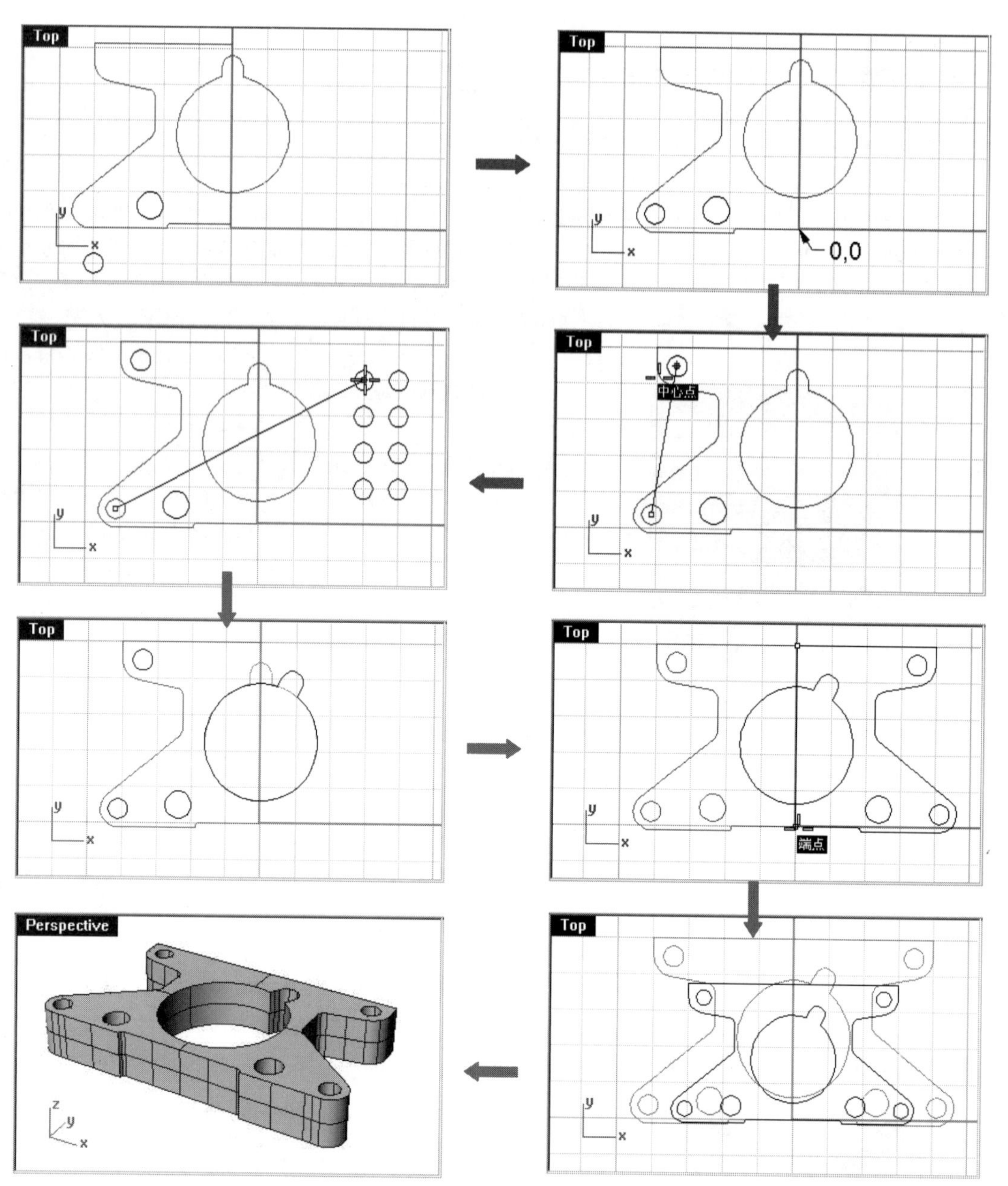

图4-90　练习二

05 第5章 基本曲线绘制

在Rhino中，曲线是构建模型的基础，也是学习后面的曲面构建、曲面编辑、实体编辑等知识的基础。通过本章的学习，可以轻松掌握Rhino的NURBS曲线绘制与编辑功能的基本应用。

项目分解

- 基本曲线简介
- 绘制点
- 绘制直线
- 绘制自由造型曲线
- 绘制圆
- 绘制椭圆
- 绘制多边形
- 绘制文字

5.1 基本曲线简介

常见的各种基本曲线有点、直线、自由造型曲线、圆、椭圆、多边形和文字曲线等。

曲线绘制命令主要布置在视窗左侧的边栏中，边栏也可以独立显示在窗口的任意位置，如图5-1所示。

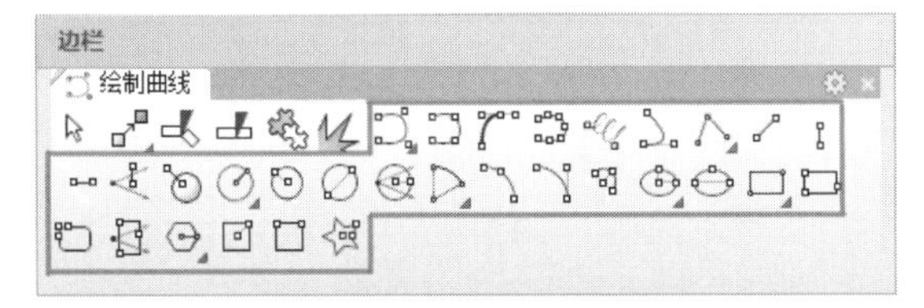

图5-1　边栏中的曲线绘制命令

5.2 绘制点

点是最基本的几何图元，是不可分解的，其绘制也是较简单的。在Rhino软件中，点在视窗中显示为一个小的正方形。点在软件中以辅助物体的形式出现，通常用于实现一些辅助功能，而且不可渲染，Rhino中的点也是如此。

默认情况下，绘制点的工具不在常用的工具列或边栏中，需要手动添加【点】工具列。在视窗上方的工具列空白区域右击并执行【显示工具列】|【点】命令，调出【点】工具列，如图5-2所示。

下面分别介绍该工具列中常用工具的功能。

1. 单点

该工具的功能是绘制单个点，绘制多个点需要重复单击该按钮或者重复按Enter键。Rhino中点的表示如图5-3所示。

2. 多点

该工具的功能是绘制多个点，单击按钮后多次单击鼠标即可。

3. 抽离点

该工具的功能是在曲线控制点或编辑点、曲面控制点、网格顶点的位置建立点物件。选取曲线、曲面或网格物件，单击按钮后Rhino会在物件的每一个控制点或顶点的位置建立点物件，抽离开源曲线、曲面或网格物体后，点依然存在。

如图5-4所示，浅灰色部分是右边长方体执行【抽离点】命令时的位置，抽离点后，可以看到浅灰色部分的8个顶点处分别出现了8个点，而这8个点是与原长方体完全分开的。

4. 最接近点

该工具的功能是在选取的物体上最接近指定点的位置建立一个点，或是在两个物件距离最短的位置各建立一个点。

建立一条曲线（如圆），再单击【最接近点】按钮，随后选择希望靠近的物体，按Enter键或右击确认。

在物体周围任选一点，曲线上将会出现一个离这点最近的点，如图5-5所示。

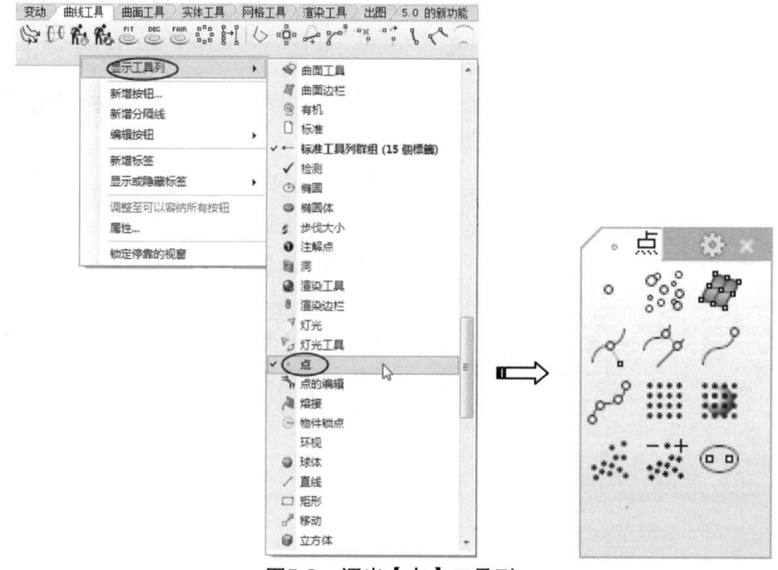

图5-2 调出【点】工具列

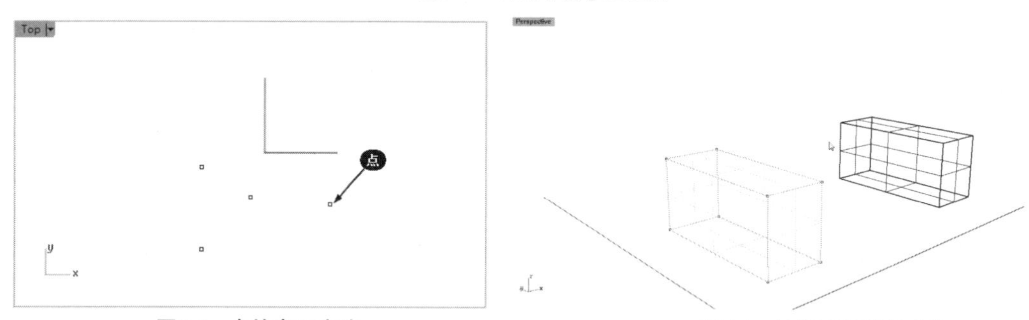

图5-3 点的表示方法

图5-4 抽离点后的长方体

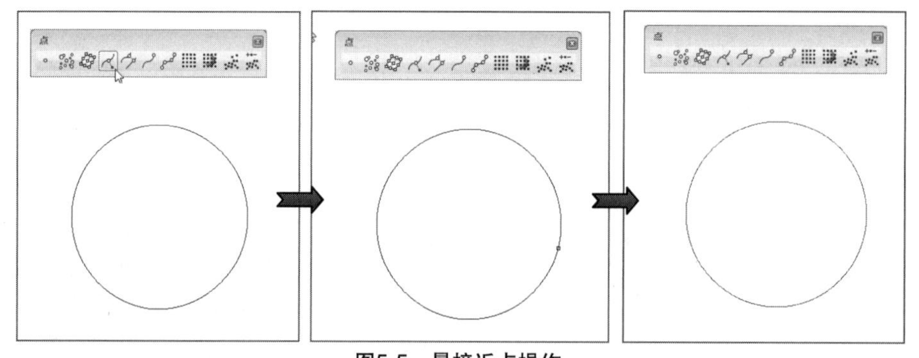

图5-5 最接近点操作

5. 数个物件的最接近点

该工具的功能是在两个物体距离最短的位置各建立一个点。先选择要产生点的物体，而后单击另一个物体，再按Enter键或右击确认，如图5-6所示。

技术要点： 被选择的物体只能是平面曲线（包括NURBS曲线、多重直线、NURBS曲面和多边形表面），不能是多边形网格物体。

6. 标示曲线起点

该工具的功能是在曲线的起点处建立点，如图5-7所示。

7. 等分曲线

该工具的功能是将曲线平均分段或以指定的长度分段建立点。按长度数值等分线条时，有时会出现线条不能被整除的情况，按段数等分即可，但段数必须为大于2的整数。另外，等分线条所产生的点是独立存在的，并不在线条上产生点。

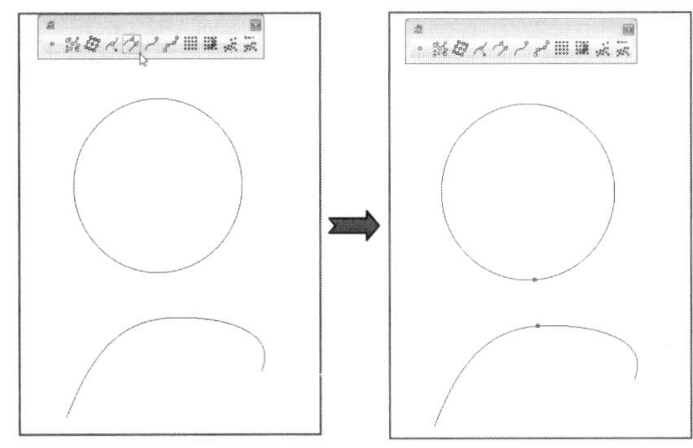

图5-6　两个物体的最接近点

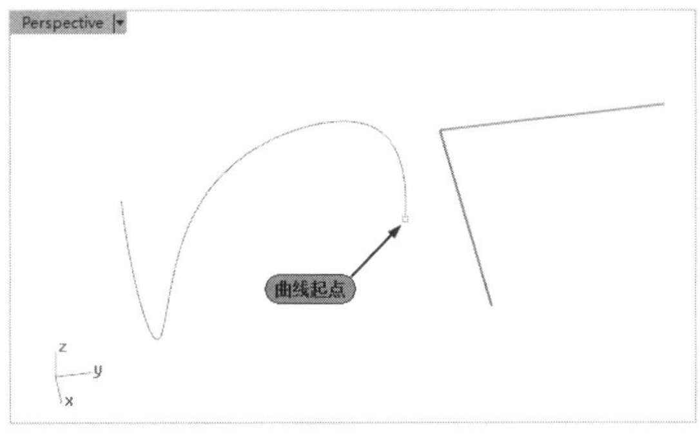

图5-7　标示曲线起点

动手操作——等分曲线

01利用【直线】命令绘制一条直线。

02选择希望等分的线条，按Enter键确认选择。

03命令行将会显示被选择线条的单位长度，输入等分的线条的长度，如图5-8所示。按Enter键确认。

选取要分段的曲线: _Pause
曲线长度为 50。分段长度 <62221.3> (标示端点(M)=; 10

图5-8　命令行提示

04软件按输入的数值将线条等分，不能整除的部分将会被忽略掉。完成效果如图5-9所示。

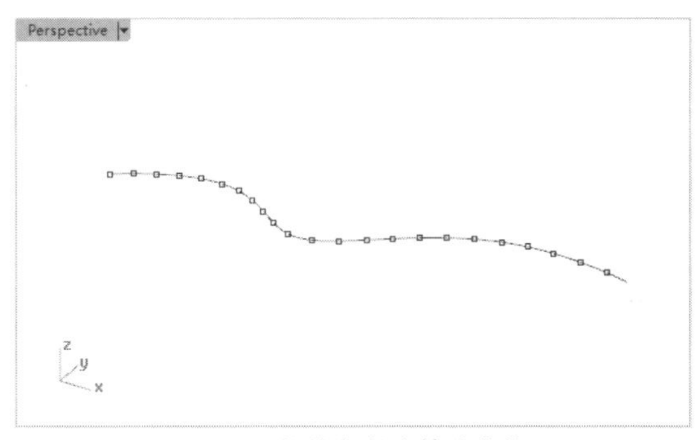

图5-9　依线段长度等分曲线

5.3 绘制直线

直线是比较特殊的曲线，可以从其他物体上创造直线，也可以用直线创建曲线、表面、多边形面和网格物体。

在左侧边栏中单击并按住按钮不放，会弹出【直线】工具列，如图5-10所示。

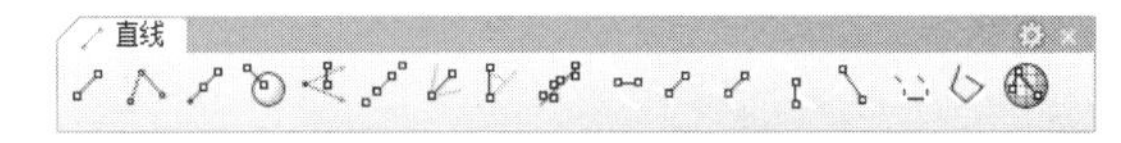

图5-10　【直线】工具列

下面分别介绍该工具列中常用工具的功能。

1. 直线

绘制任意长度直线：在视窗中单击选择起点和终点，完成绘制。

绘制指定长度的直线：单击选择起点，然后在命令行中输入一定的数值（如图5-11所示），按Enter键，在绘制的直线上有一个距起点位置10mm的点，单击选择终点位置，即得到一条长度为10mm的直线。

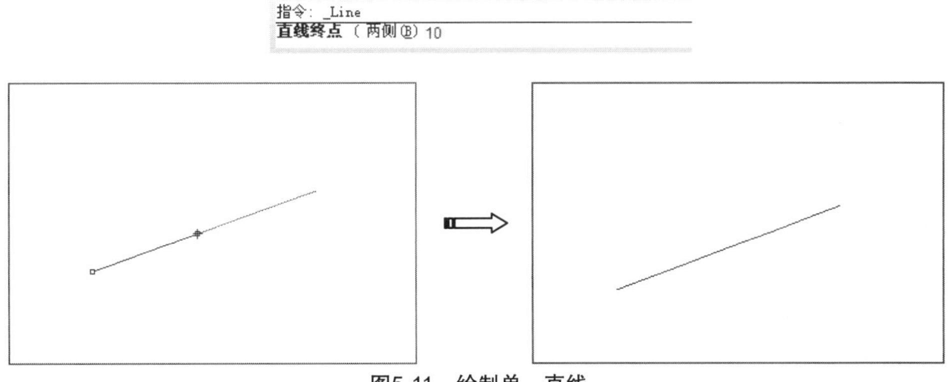

图5-11　绘制单一直线

2. 多重直线

在视窗中单击选择一点作为多重直线的起始点，然后单击选择下一点，如果需要可以继续选择，最后按Enter键或者右击结束绘制，如图5-12所示。

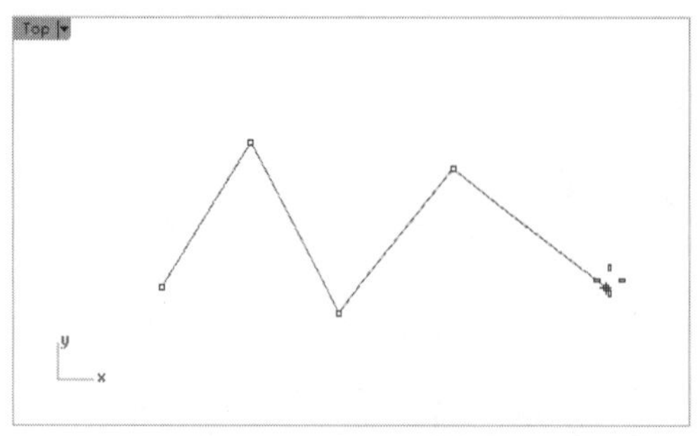

图5-12　绘制多重直线

3. 从中点

该工具的功能是从中点向两侧等距离绘制直线。在视窗中单击选择一点作为起始点，然后单击按钮，将会显示一条以起始点为中点，同时往两侧等距离拉出的直线，如图5-13所示。在命令行输入B（BothSide），也有同样的作用。

图5-13　BothSide绘制直线

在命令行中输入U并按Enter键，表示绘制过程中删除最后一个顶点。

多重直线的下一点。按 Enter 完成 (PersistentClose(P)=No 封闭(C) 模式(M)=直线 导线(H)=否 长度(L) 复原(U)): u
多重直线的下一点。按 Enter 完成 (PersistentClose(P)=No 封闭(C) 模式(M)=直线 导线(H)=否 长度(L) u

在命令行中输入C并按Enter键，可以使当前点与起始点之间连接起来，以形成闭合的多重直线。

> **技术要点**：用鼠标右击按钮时，将启用另外一个功能，即绘制线段。操作过程和显示的效果图与使用左键单击时一样，区别是左键单击绘制的是一条直线，而右击绘制出的是很多条线段。

4. 曲面法线

该工具的功能是沿着曲面表面的法线方向绘制直线。

选择一个曲面表面，在表面上单击选择直线的起点，然后单击选择一个点作为直线的终点，则这条直线为该曲面在起点处的法线，如图5-14所示。

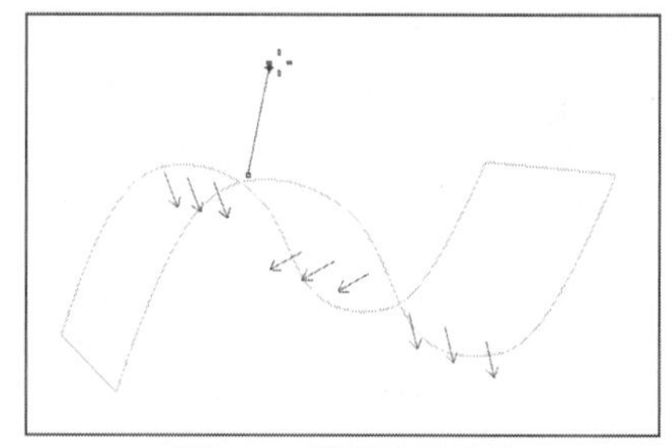

图5-14　绘制曲面法线

如单击选择直线终点前，在命令行中输入B，则会以起点为中点，沿表面法线的方向同时往两侧绘制直线，如图5-15所示。

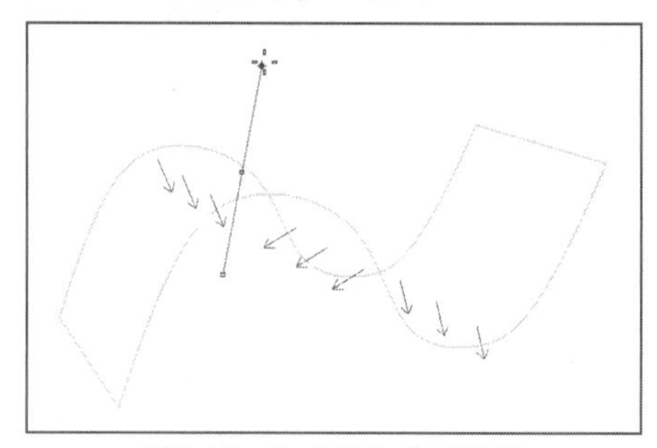

图5-15　BothSide曲面法线

5. 垂直于工作平面

该工具的功能是绘制垂直于当工作平面（XY平面）的直线。

操作与绘制单一直线的操作基本一致，只是绘制的直线只能垂直于XY坐标平面，如图5-16所示。同样，右击按钮，也可以绘制BothSide模式直线。

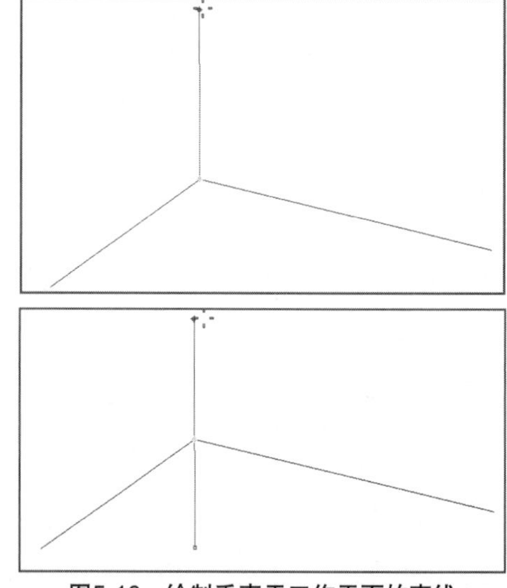

图5-16　绘制垂直于工作平面的直线

技术要点：BothSide模式直线是指以起始点为中点的等距向正反两方延伸的直线。BothSide即双向的意思。

6. 四点

该工具的功能是通过4个点来绘制一条直线。

在视窗中绘制两点确定直线的方向，然后绘制第三点和第四点，分别作为直线的起点和终点，从而绘制一条直线。例如，绘制一条曲线，要求过2、3的端点，并且相交于1、4曲线。先单击2、3端点，然后打开捕捉命令，在1、4曲线上分别捕捉到第三和第四点，完成曲线绘制，如图5-17所示。

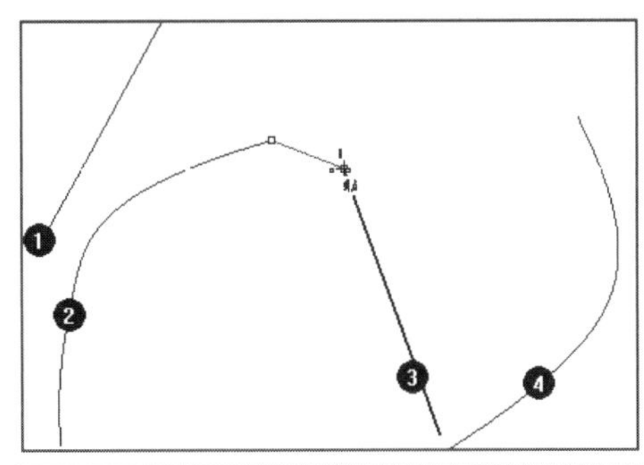

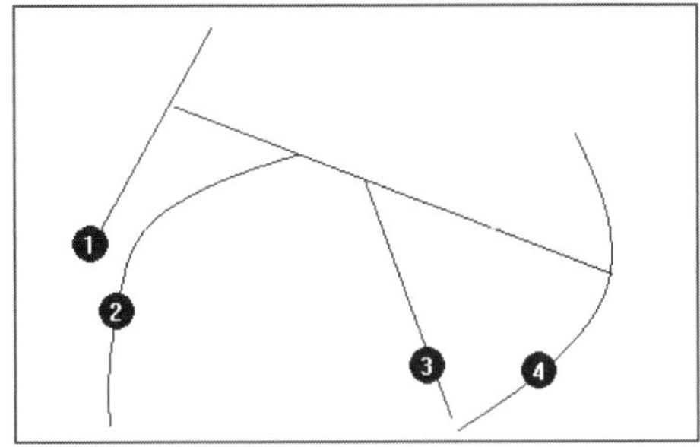

图5-17 绘制通过线段1、2端点并且与直线3、4相交的直线

7. 角度等分线

该工具的功能是沿着虚拟的角度的平分线方向绘制直线。

绘制所要平分线的角度基线，然后单击按钮，打开【点捕捉】，先确定该直线的起点位置，再分别单击选择两条角度基线上的点，作为要等分角度的起点和终点。这时会出现一条白线，沿着这条白线单击选择直线的终点，就形成一条直线，该直线为此前角度的平分线，如图5-18所示。用相同的方法也可绘制BothSide模式角度平分线。

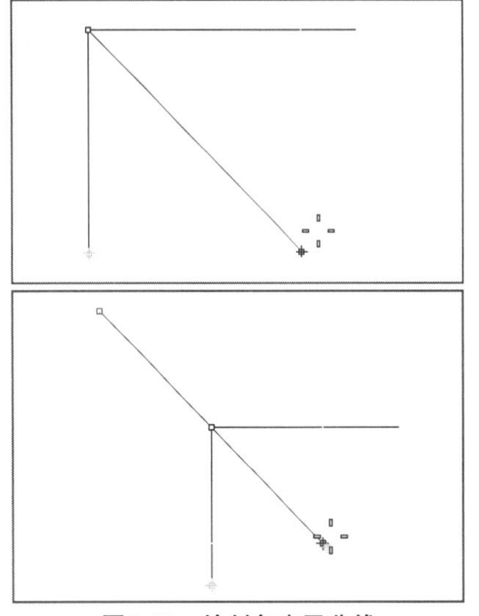

图5-18 绘制角度平分线

技术要点：如果需要绘制水平或竖直的线条，只需在拖动鼠标时，按住Shift键即可。

8. 指定角度

该工具的功能是绘制与已知直线成一定角度的直线，如图5-19所示。

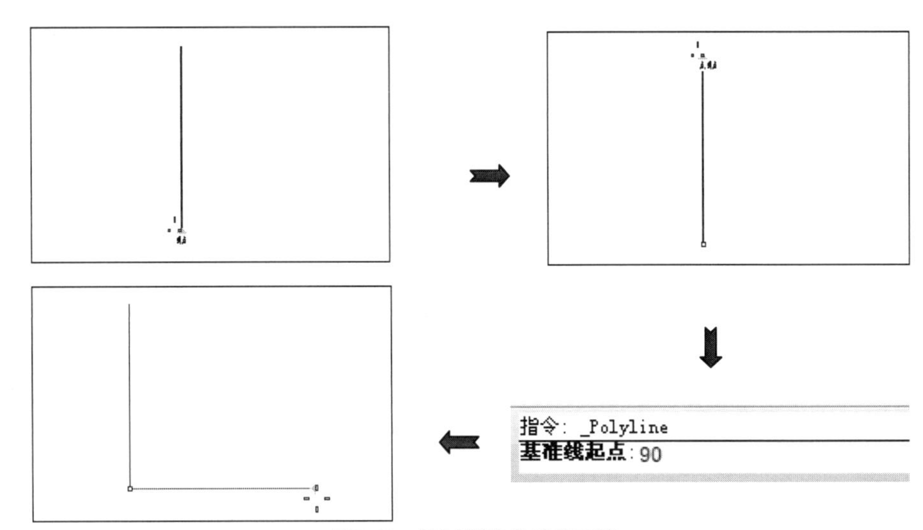

图5-19 绘制指定角度的直线

绘制已知的直线。确定基准线的起点，这点将成为将要绘制的直线的起点，确定基准线的终点。

在命令行中输入一定的角度值，会出现一条白线。沿白线方向单击，确定终点。

9. 适配数个点的直线

该工具的功能是绘制一条直线，使其通过一组被选择的点。

单击按钮，选择视窗中一组点，并按Enter键，将会在这些被选择的点之间出现一条相对于各点距离均最短的直线，如图5-20所示。

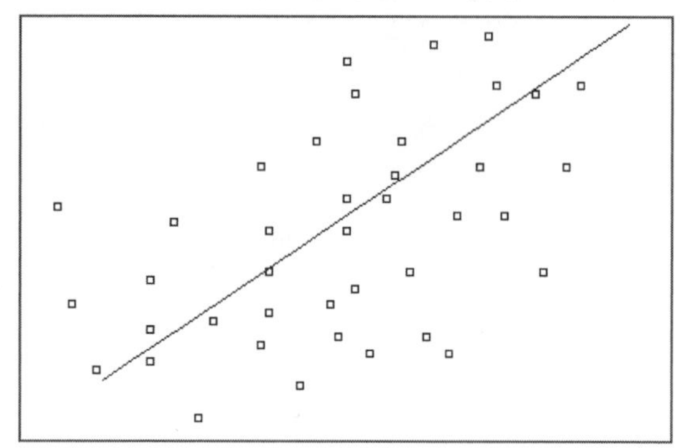

图5-20 绘制通过数个点的直线

10. 起点与曲线垂直

该工具的功能是绘制垂直于选择曲线的直线，垂足即为直线的起始点，如图5-21所示。同样也可以绘制BothSide模式直线。

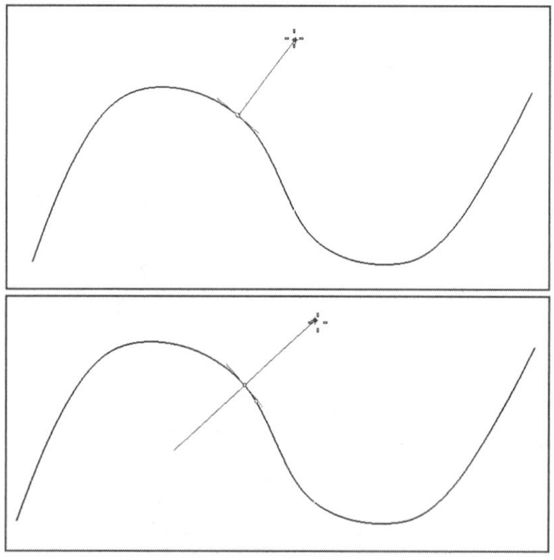

图5-21 绘制垂直于曲线的直线

11. 与两条直线垂直

该工具的功能是绘制垂直于两条曲线的直线。

单击此按钮，依次单击第一条曲线和第二条曲线，将会出现一条分别垂直于两条曲线的直线，如图5-22所示。

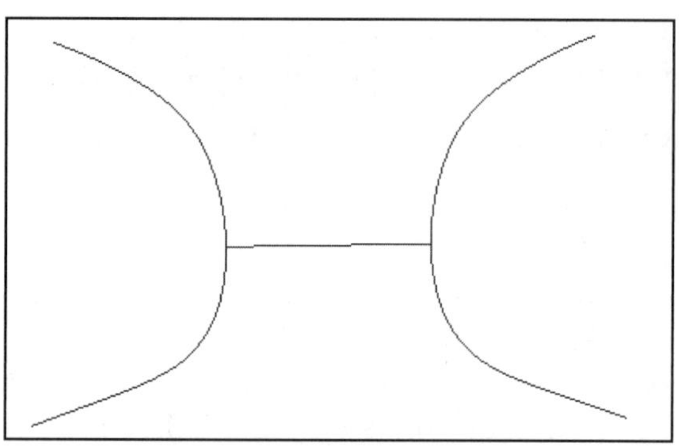

图5-22 绘制垂直于两条曲线的直线

12. 起点相切、终点垂直

该工具的功能是在两条曲线之间绘制一条至少与其中一条曲线相切的直线，包括两种情况：①起点与曲线相切，终点与曲线垂直的直线，如图5-23所示；②起点与曲线相切，终点也与曲线相切的直线，如图5-24所示。

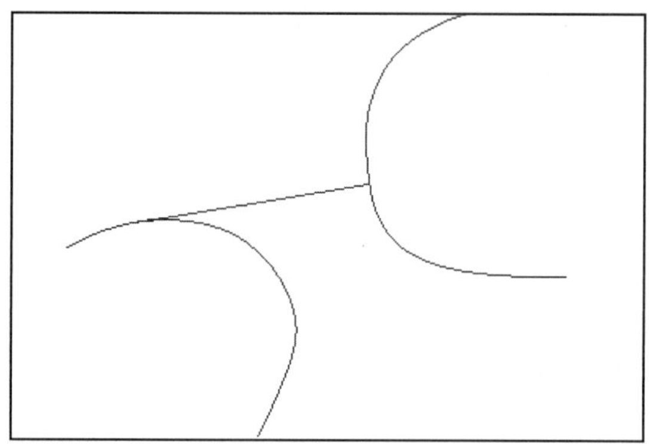

图5-23 起点与曲线相切，终点与曲线垂直

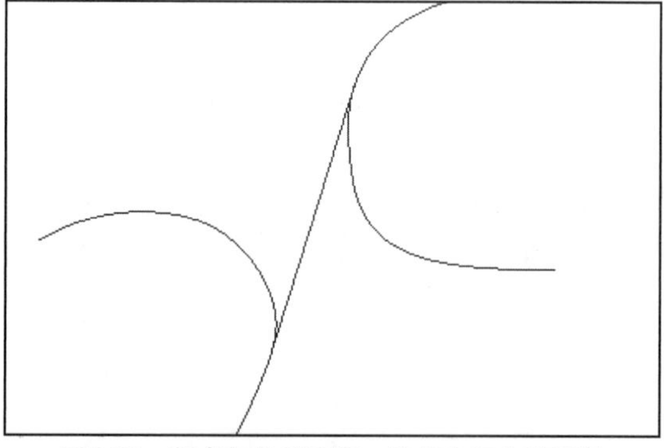

图5-24 起点与曲线相切，终点也与曲线相切

13. 起点与曲线相切

该工具的功能是绘制与被选择曲线的切线方向一致的直线。

单击按钮，而后单击曲线，将会出现一条总是沿着曲线切线方向的白线，沿白线任选一点作为该直线的终点，如图5-25所示。同样，使用该工具可绘制BothSide模式直线。

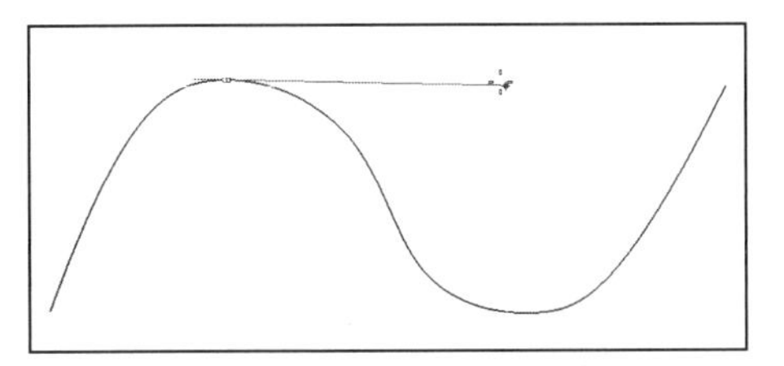

图5-25　绘制与曲线相切的直线

14. 与两条曲线相切

该工具的功能是绘制相切于两条曲线的直线。

单击按钮，选择第一条曲线上希望被靠近的切点处，作为切线的起点，选择第二条曲线上切线的终点，如图5-26所示。

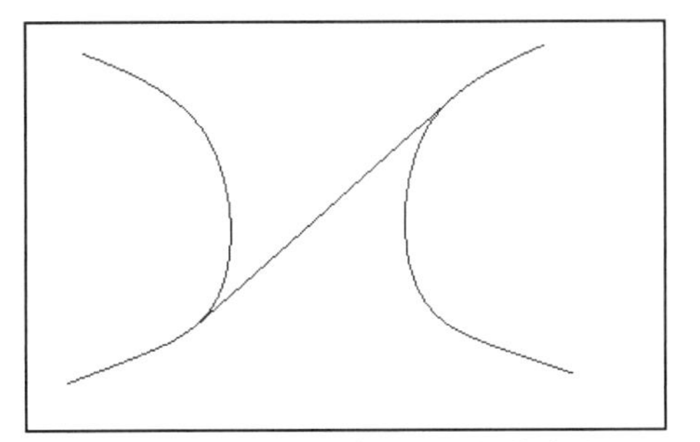

图5-26　绘制与两条曲线相切的直线

15. 通过数个点的直线

该工具的功能是绘制一条穿过一组被选择的点的多重直线。

单击按钮，依次单击选择数个点物体（不得少于两个），单击的顺序决定了直线的形状，按Enter键或右击确认，完成绘制，如图5-27所示。

图5-27　绘制通过数个点的多重直线

在已知若干点的情况下，单击该按钮，然后框选所有需要通过的点，软件将根据所有点的相对位置，自动优化生成一条多重直线，如图5-28所示。

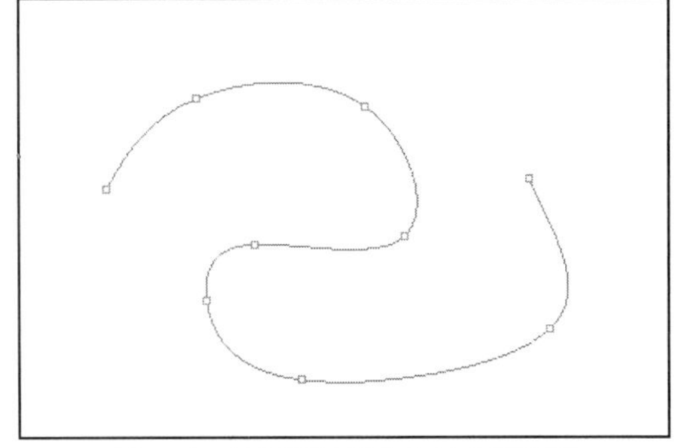

图5-28　绘制通过所有点的多重直线

技术要点：多重直线是相连的直线、弧线组成的序列。多重直线可以是相连的直线、相连的弧线，以及相连的弧和直线的组合。多段线是直线的组合。

16. 将曲线转换为多重直线

该工具的功能是将NURBS曲线转换为多重直线。

选择需要转换的NURBS曲线，按Enter键确认，输入角度公差值，再按Enter键结束，该NURBS曲线即可转换为多重直线，如图5-29所示。

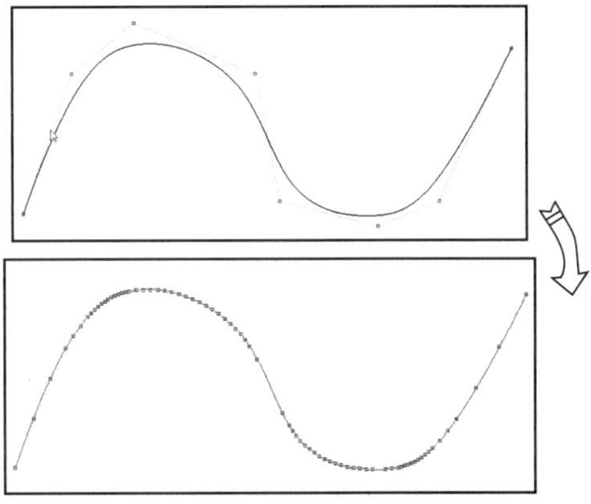

图5-29　将NURBS曲线转换为多重直线

技术要点：角度公差值越大，转换后的多重直线就越粗糙；角度公差值越小，多重直线就越接近原始NURBS曲线，产生大量的节点。所以选择合适的公差值非常重要。

17. 网格上多重直线

该工具的功能是直接在网格物体上绘制多重直线。

选取网格物体，按Enter键确认，开始在网格物体上拖动绘制多重直线，释放鼠标则绘制完成一段，还可以继续绘制。按Enter键或者右击结束绘制。如图5-30所示，红色线条即为网格上的多重直线。

图5-30　在网格物体上绘制多重直线

技术要点：在网格上绘制多重直线，多重直线的每条线段不是随意出现在两点之间，而是由网格表面决定的。不管两点之间距离多大，软件会自动适应网格表面的高低起伏，从而决定将两次单击之间的多重直线分为多少段。

动手操作——绘制创意椅子曲线

01新建Rhino文件。在【工作视窗配置】标签中单击【背景图】按钮，打开【背景图】工具列。

02单击【放置背景图】按钮，再打开参考位图，如图5-31所示。

图5-31　打开位图

03在Top视窗中放置参考位图，如图5-32所示。

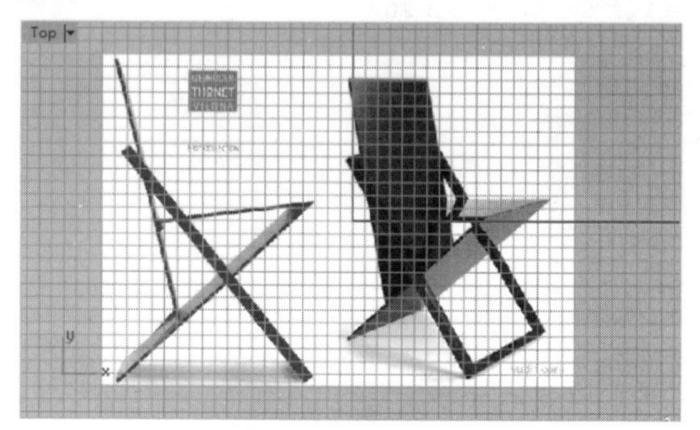

图5-32　放置位图

04暂时隐藏格线。在视窗左边栏单击【多重直线】按钮，然后绘制如图5-33所示的多重直线。

05单击【直线】工具列中的【从中点】按钮，在上一多重直线端点处开始绘制，直线终点与多重直线另一端点重合，如图5-34所示。

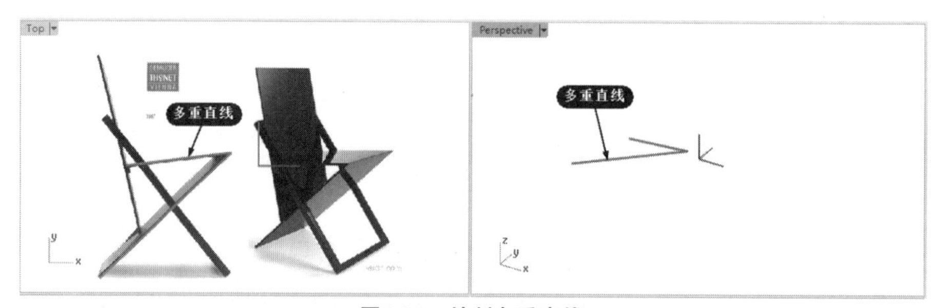

图5-33　绘制多重直线

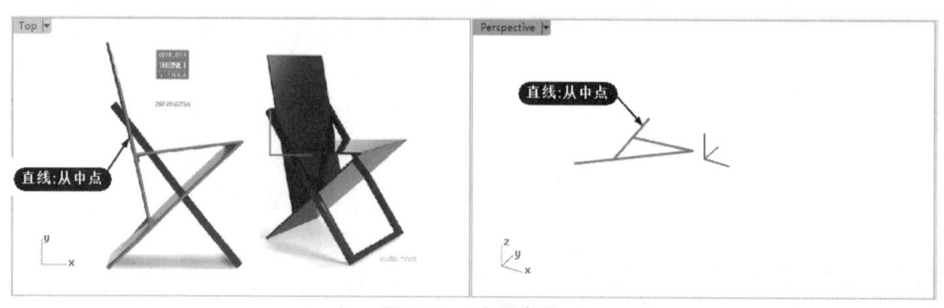

图5-34　绘制直线

06在【曲线工具】标签中单击【延伸曲线】按钮，在命令行中输入延伸长度为5，然后右击确认，完成延伸，如图5-35所示。

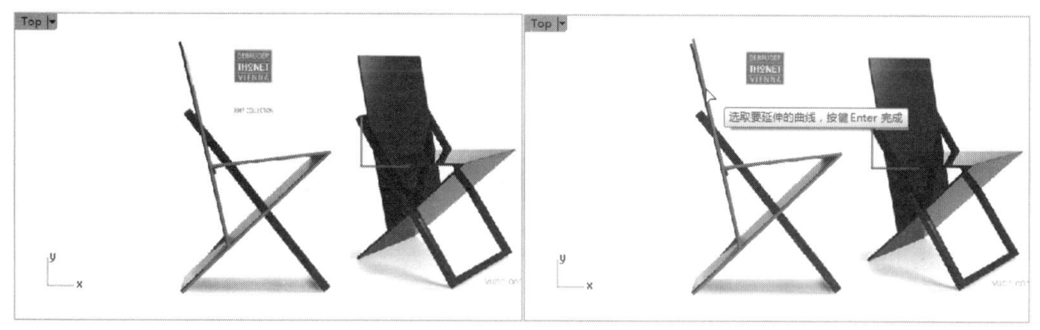

图5-35　**延伸曲线**

07在菜单栏中执行【曲面】|【挤出曲线】|【直线】命令，选中前面绘制的直线和多重直线，右击后输入挤出长度-12，再右击完成曲面的创建，如图5-36所示。

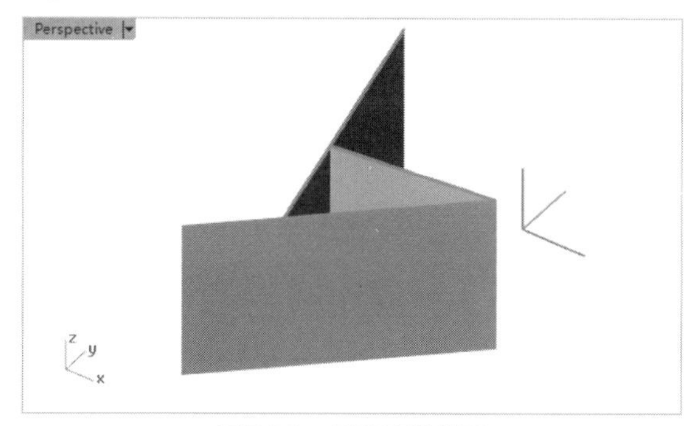

图5-36　**创建挤出曲面**

08利用【直线】命令，在Top视窗中绘制如图5-37所示的直线。

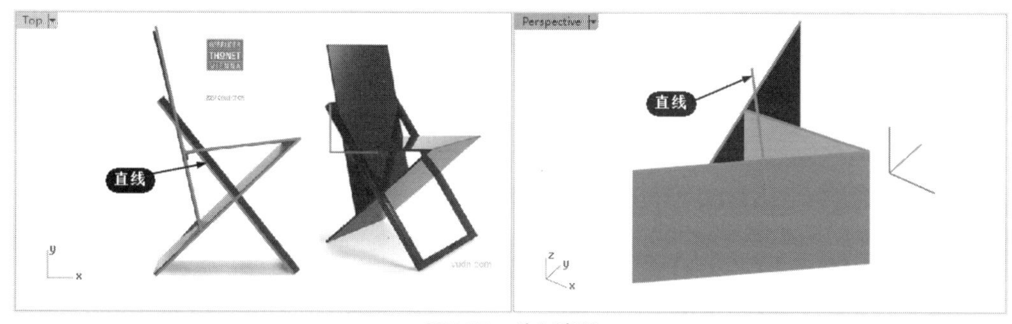

图5-37　**绘制直线**

09在【曲线工具】标签中单击【偏移曲线】按钮，选中上一步骤绘制的曲线，在Right视窗中指定偏移侧，然后输入偏移距离12，单击右键完成偏移，如图5-38所示。

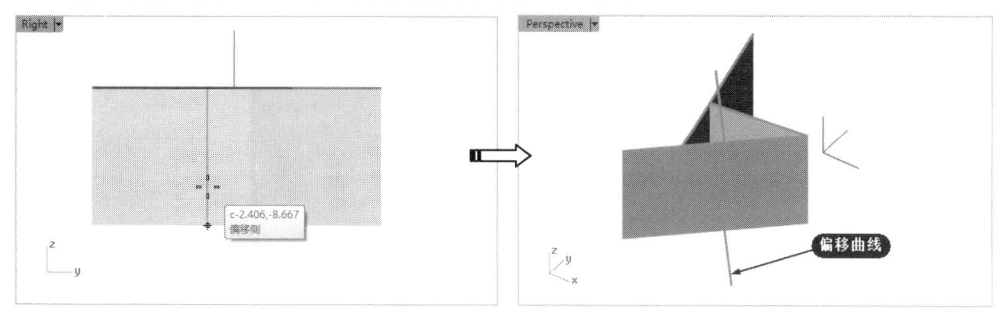

图5-38　**偏移曲线**

10利用【偏移曲线】命令，分别偏移上下两条直线，各向偏移0.8，如图5-39所示。偏移后将原参考曲线隐藏或删除。

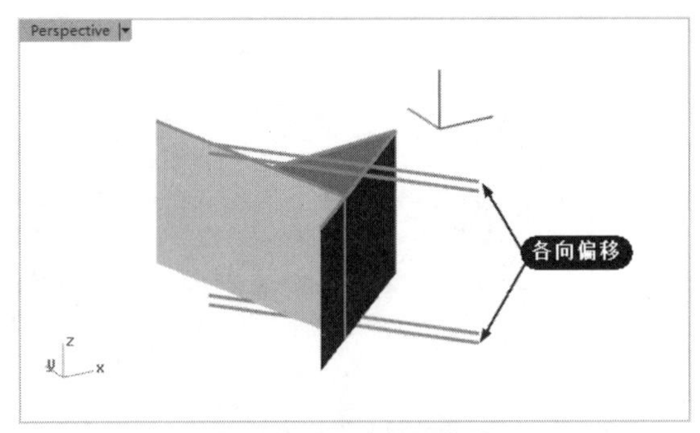

图5-39　再次偏移曲线

11在【曲线工具】标签中单击【可调式混接曲线】按钮，绘制连接线段，如图5-40所示。

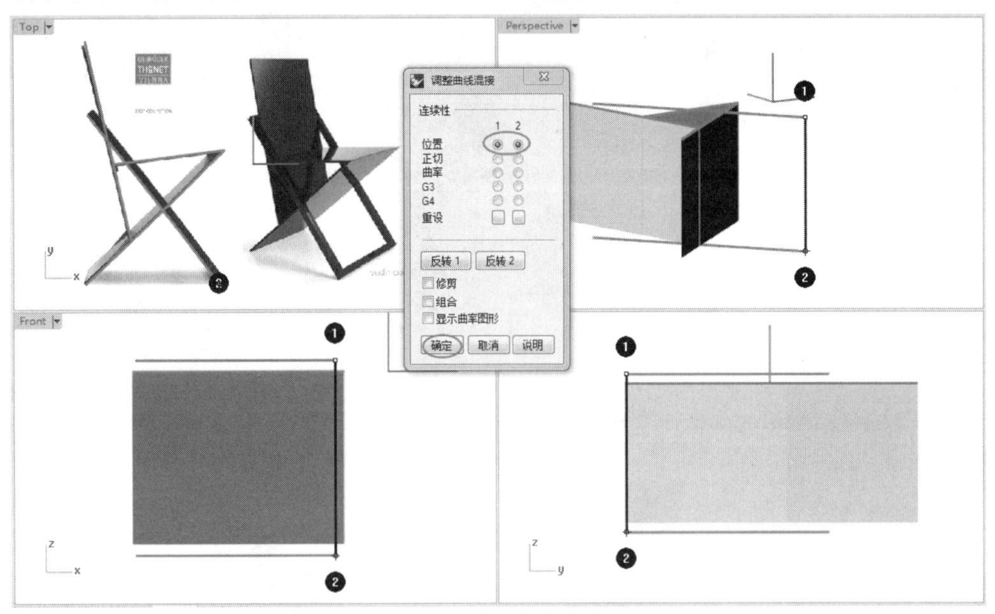

图5-40　绘制连接线段

12同理，在另一端绘制另一条混接曲线。

13在菜单栏中执行【编辑】|【组合】命令，将4条直线组合，如图5-41所示。

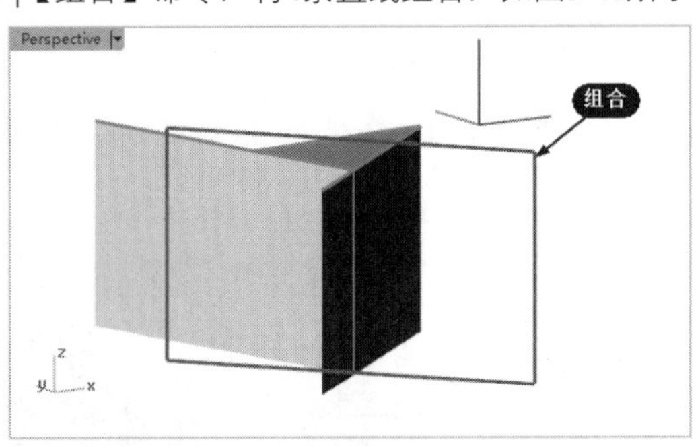

图5-41　组合曲线

14在菜单栏中执行【曲面】|【挤出曲面】|【彩带】命令，选择组合的曲线，创建如图5-42所示的彩带曲面。

15在菜单栏中执行【实体】|【挤出曲面】|【直线】命令，然后选择上一步骤创建的彩带曲面，创建挤出长度为0.8的实体，如图5-43所示。

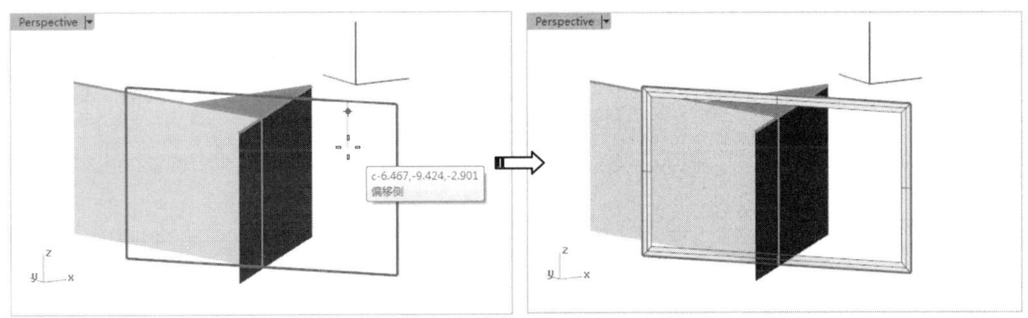

图5-42　创建彩带曲面

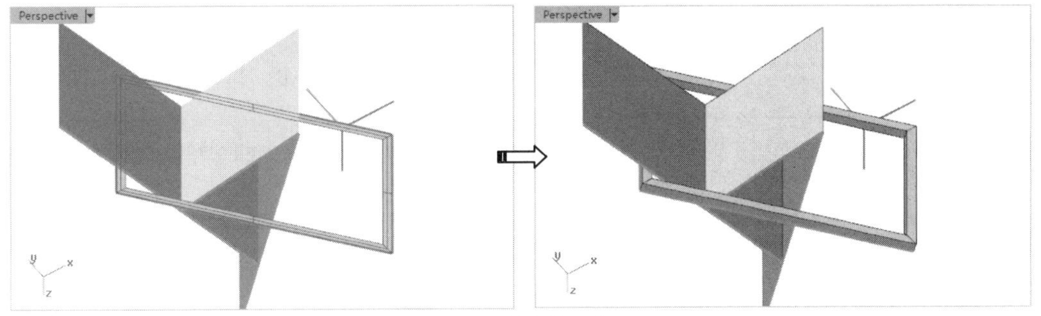

图5-43　创建挤出实体

16在菜单栏中执行【实体】|【偏移】命令，选择挤出曲面，创建偏移厚度为0.2的实体，如图5-44所示。

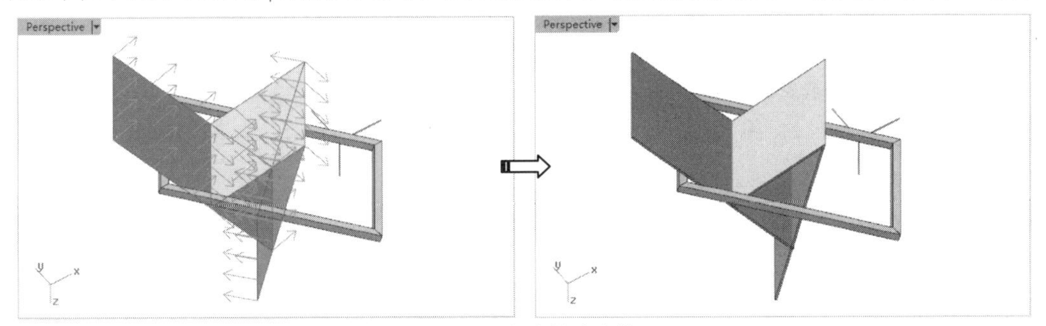

图5-44　创建偏移实体

17至此，完成了创意椅子的造型。

5.4 绘制自由造型曲线

NURBS曲线和NURBS曲面在传统的制图领域是不存在的，是为使用软件进行3D建模而专门建立的。

NURBS曲线也称自由造型曲线，NURBS曲线的曲率和形状是由CV点（控制点）和EP点（编辑点）共同控制的。绘制NURBS曲线的工具有很多，集成在【曲线】工具面板上，如图5-45所示。

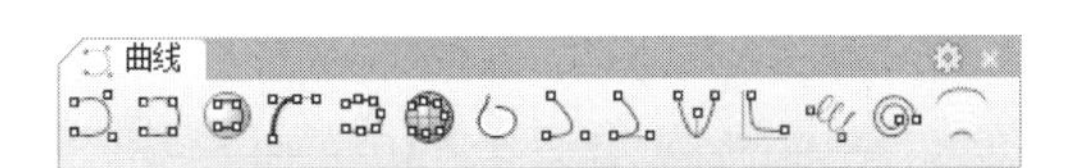

图5-45　【曲线】工具面板

1. 控制点曲线

该工具的功能是通过确定控制点来控制曲线的曲率和形状，如图5-46所示。

技术要点：用【控制点曲线】工具绘制的曲线形状不好控制，不过通过添加控制点，可以改变曲线的曲率和形状，绘制需要的曲线。

2. 内插点曲线

该工具的功能是通过确定编辑点来控制曲线的曲率和形状，通过这种方式绘制的曲线更容易控制。当模型精度要求比较高时，可以使用控制点曲线，如图5-47所示。

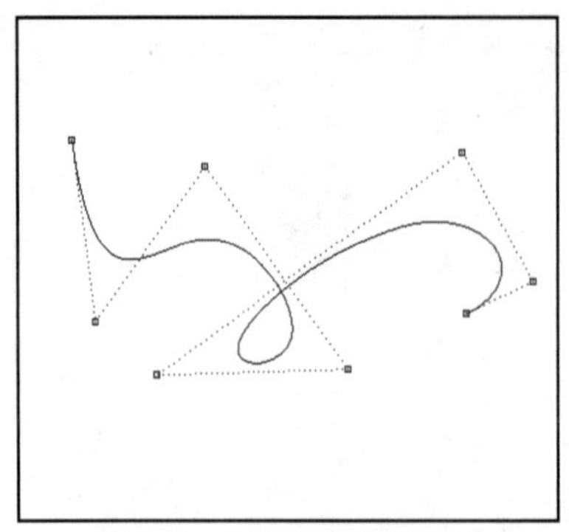

图5-46　用控制点绘制曲线

图5-47　用内插点曲线绘制鸟轮廓

3. 控制杆曲线

该工具的功能是通过控制杆来改变两个点之间的曲率，从而绘制NURBS曲线，如图5-48所示。

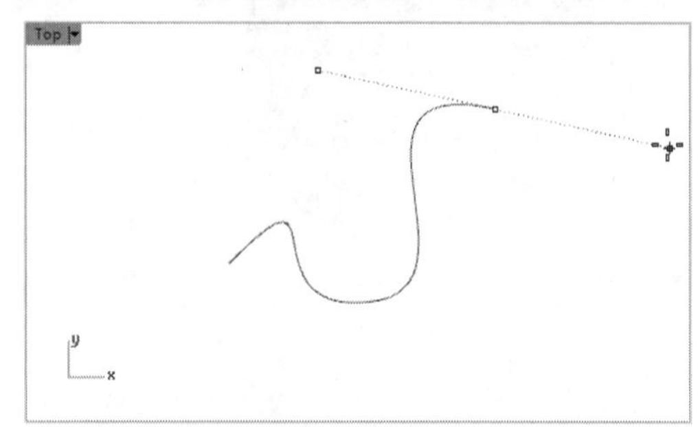

图5-48　控制杆曲线

4. 手绘曲线

该工具的功能是手动绘制任意曲线，如图5-49所示。

- 单击时：在平面上绘制。
- 右击时：可以在曲面上描绘。

> **技术要点：** 以这个方法描绘曲线时不允许跨越到其他作业视窗。

5. 从焦点建立抛物线

该工具的功能是通过确立焦点、起点、终点位置绘制抛物线，如图5-50所示。

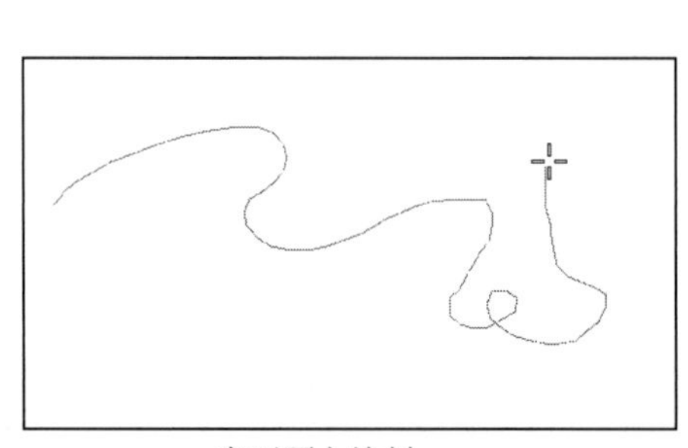

在平面上绘制

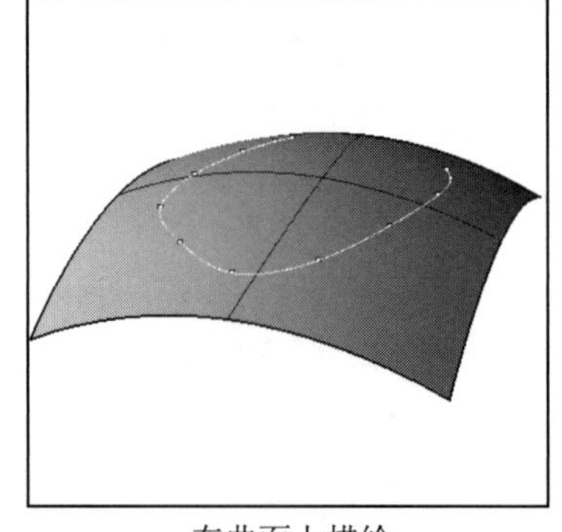

在曲面上描绘

图5-49　手绘曲线

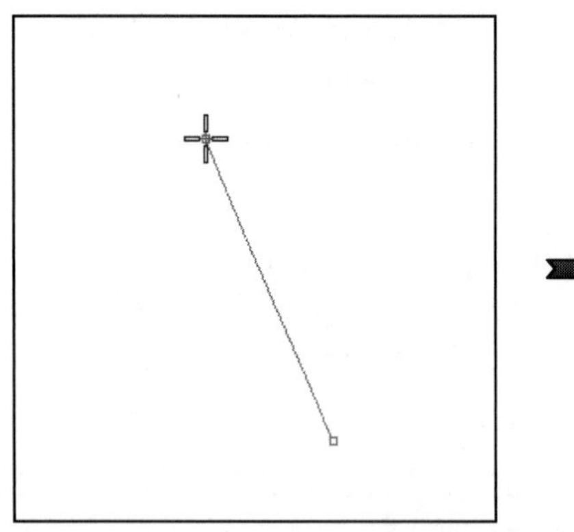

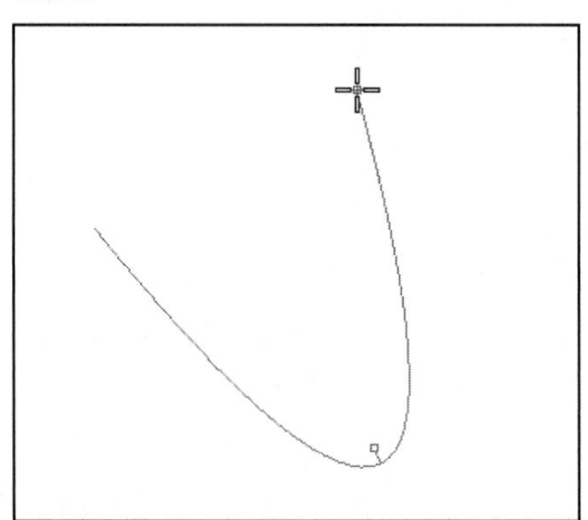

图5-50　从焦点建立抛物线

6. 弹簧线

该工具的功能是画出弹簧线。单击按钮后，命令行会出现两个选项“垂直（V）”和“环绕曲线（A）”。

绘制弹簧线，首先要选定弹簧线的轴线，轴线决定弹簧线的长度和方向。这里的轴线可以是直线，也可以是曲线。如果是曲线的话，则需先在命令行选项里选择“环绕曲线（A）”，然后在命令行中输入所需要的弹簧线半径和弹簧线的圈数即可。完成效果如图5-51所示。

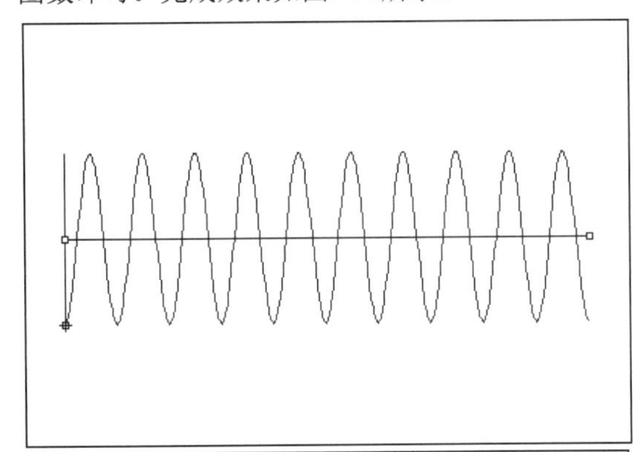

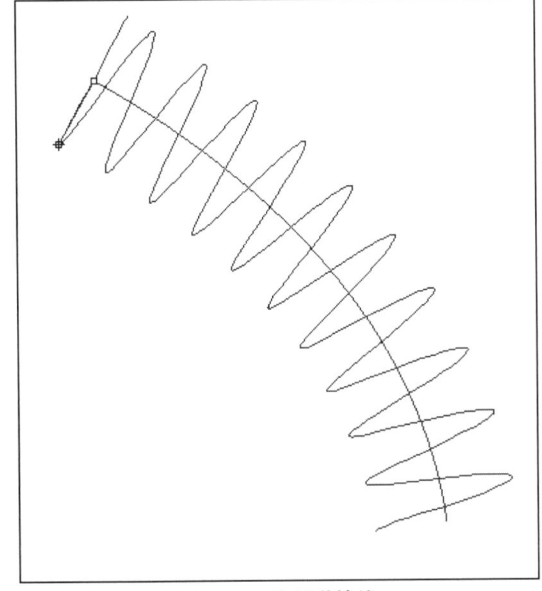

图5-51 绘制弹簧线

7. 螺旋线

该工具的功能是绘制螺旋线，操作与绘制弹簧线类似，主要区别在于绘制螺旋线时需要在命令行里输入两个半径，分别代表螺旋线两头的大半径和小半径，如图5-52所示。

8. 两曲线的平均曲线

该工具的功能是在两条曲线之间绘制一条中间曲线。首先绘制两条曲线，单击按钮，然后依次单击两条曲线，按Enter键或者右击结束绘制，红色线条即为两条曲线的平均曲线，如图5-53所示。

图5-52 绘制螺旋线

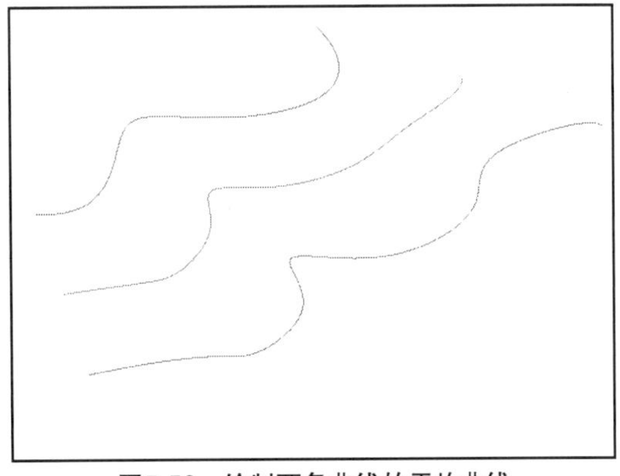

图5-53 绘制两条曲线的平均曲线

动手操作——绘制创意沙发轮廓线

01新建Rhino文件。在【工作视窗配置】标签中单击【背景图】按钮，打开【背景图】工具面板。

02单击【放置背景图】按钮，再打开参考位图，如图5-54所示。

图5-54 打开位图

03在Top视窗中放置参考位图，如图5-55所示。

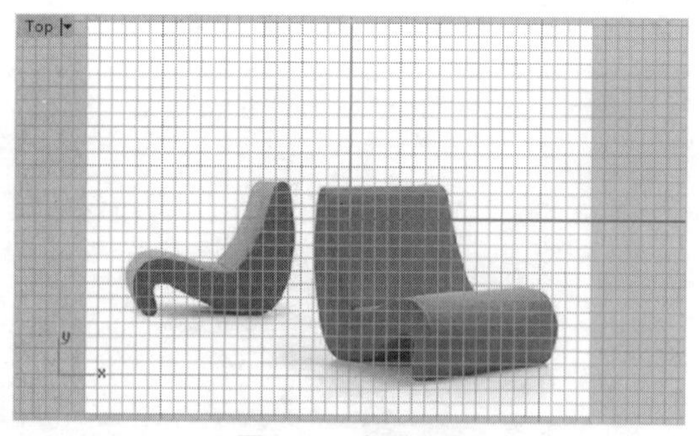

图5-55　放置位图

04暂时隐藏格线。在菜单栏中执行【曲线】|【自由造型】|【内插点】命令，然后绘制如图5-56所示的曲线。

> **技术要点：**如果绘制的曲线间看起来不光顺，可以执行菜单栏中的【编辑】|【控制点】|【开启控制点】命令，按Ctrl键并拖动控制点编辑曲线的连续性，如图5-57所示。

05在菜单栏中执行【实体】|【挤出平面曲线】|【直线】命令，选取曲线，创建如图5-58所示的实体（挤出长度10）。

06在菜单栏中执行【实体】|【边缘圆角】|【边缘圆角】命令，在挤出实体上创建半径为0.2的圆角，如图5-59所示。

07至此，完成了创意沙发曲线的绘制。

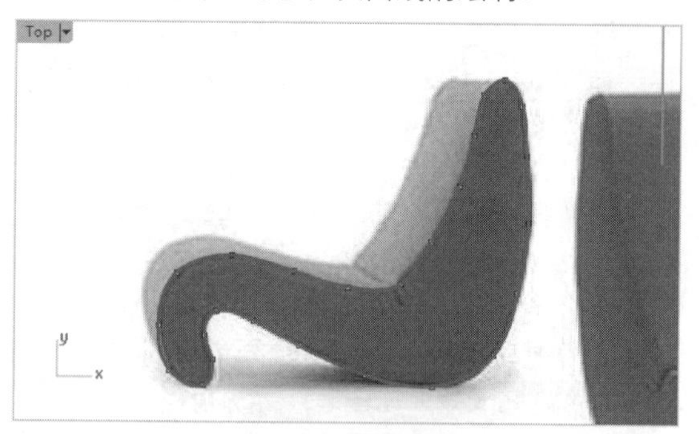

图5-56　绘制曲线

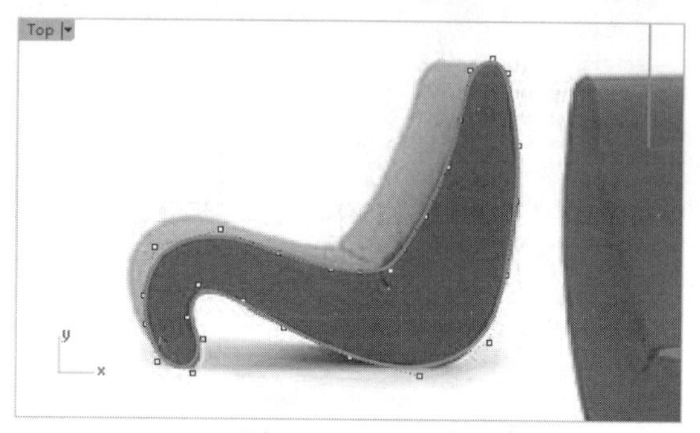

图5-57　编辑曲线

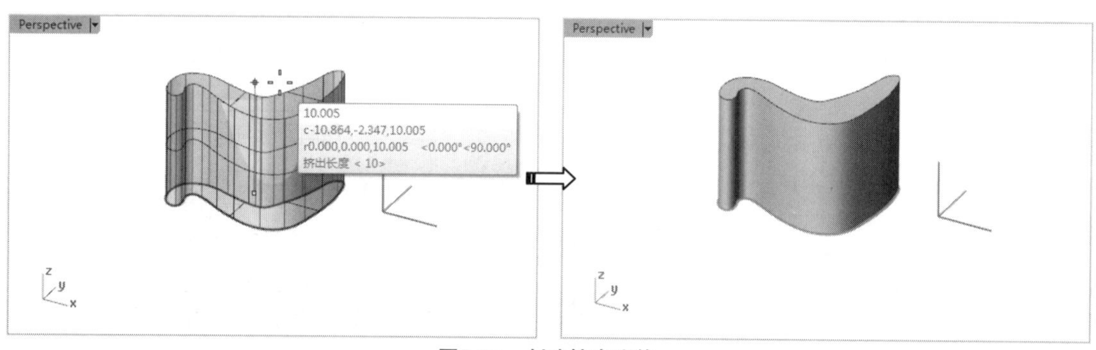

图5-58　创建挤出实体

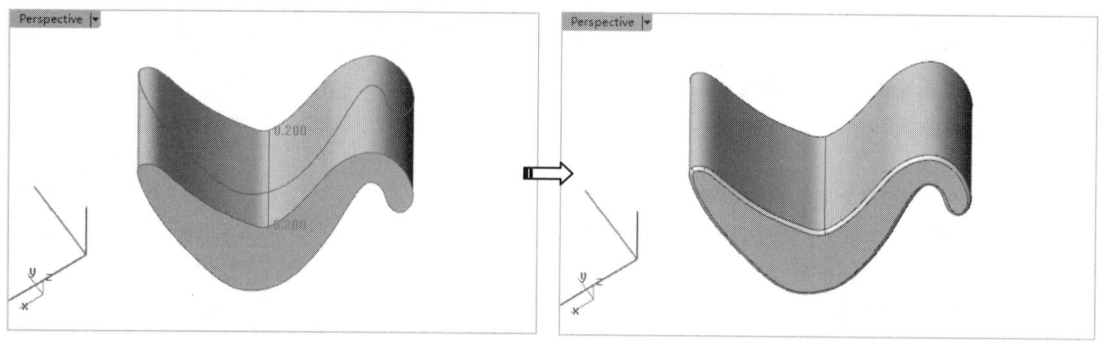

图5-59　创建圆角

5.5 绘制圆

圆形是最基本的几何图形之一，也是特殊的封闭曲线。Rhino中有多种绘制圆的命令，下面分别介绍。

圆形分为正圆和椭圆，先来学习绘制正圆的方法。在左边栏里，单击并按住按钮不放，弹出【圆】工具列，如图5-60所示。

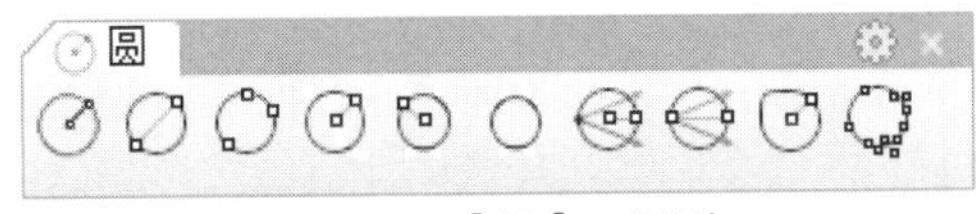

图5-60 【圆】工具列

1. 中心点、半径

该工具的功能是根据中心点、半径绘制平行于工作平面的圆形。单击该按钮，在视图中单击选择一点作为圆心，然后在命令行里输入半径值或者在合适的位置直接单击确定半径即可，如图5-61所示。

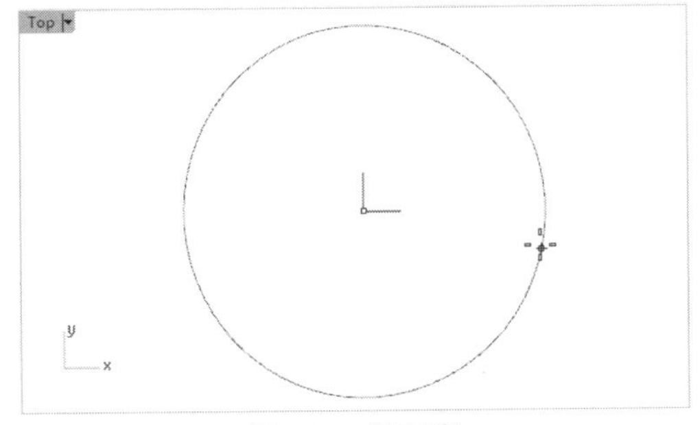

图5-61 绘制圆

2. 直径

该工具的功能是根据直径绘制圆形。单击按钮，在视窗中依次单击选择直径的起点和终点，就会出现一个以两点之间距离为直径的圆。或者在单击选择起点后，在命令行中输入直径值，视窗中就会出现一个以该值为直径的圆，如图5-62所示。

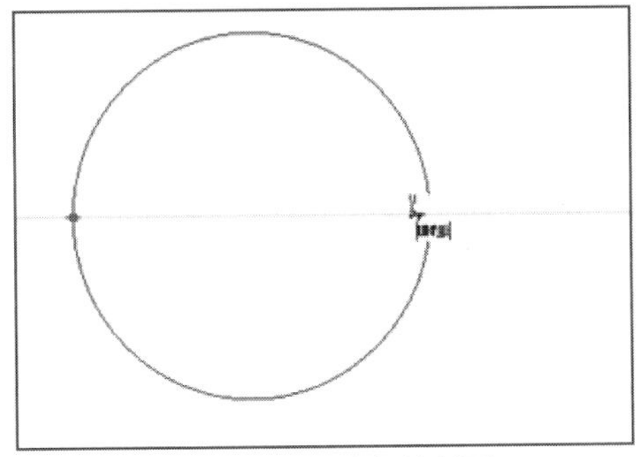

图5-62 根据直径绘制圆

> **技术要点：**在确定第二点时，除了可以给出距离值外，还可以将第一点作为旋转的轴心，控制远在XY平面上的旋转方向。

3. 三点

该工具的功能是根据平面中的三点来绘制圆形。单击按钮，在TOP视窗中单击选择第一点和第二点之后，拖动鼠标，软件将会计算出拖动经过位置及第一和第二点的所有圆形。单击选择一点确定后，即可得到通过三点的唯一的圆，如图5-63所示。三点生成的圆不局限在工作平面内，可以绘制空间中的圆。

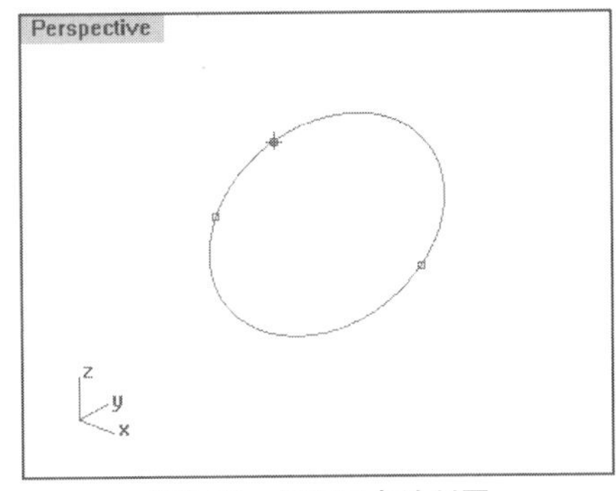

图5-63 根据三点绘制圆

4. 环绕曲线

该工具的功能是绘制垂直于被选择曲线的圆。

动手操作——绘制环绕曲线

01绘制一条空间曲线。

02单击按钮，根据命令行里的提示单击该曲线。

03在曲线上选择将要绘制的圆的圆心。

04拖动鼠标并单击选择一点确定圆的半径，或者在命令行里直接输入半径值。按Enter键或右击确认操作，结果如图5-64所示。

5. 正切、正切、半径

该工具的功能是绘制相切于两条曲线（包括圆）的圆形。

动手操作——绘制相切圆的方法一

01绘制两条曲线，或两个圆，或一条曲线和一个圆。

02单击【圆】工具列中的【正切、正切、半径】按钮，再在视窗中的某曲线或圆上单击。

03拖动鼠标，单击确定半径，或在命令行里输入半径值，按Enter键或右击确认操作。

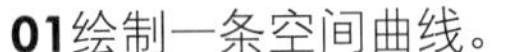

04在第二条相切的曲线或圆上单击，再次按Enter键或右击确认操作，得到相切于两条曲线且半径固定的圆，如图5-65所示。

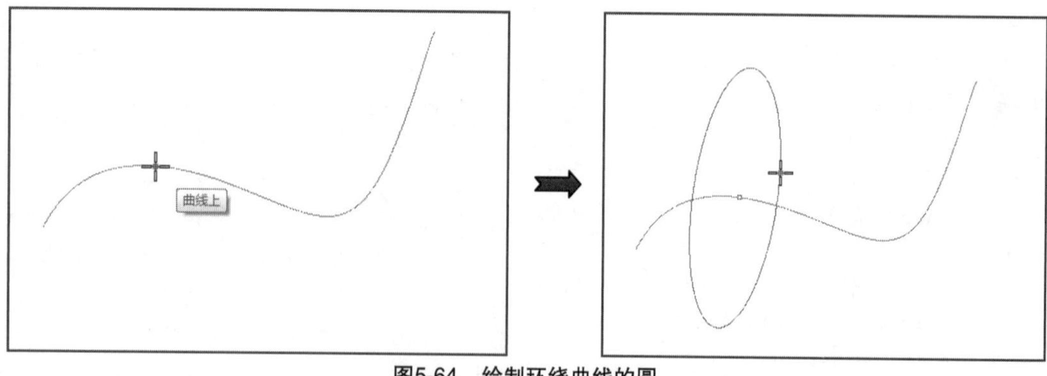

图5-64　绘制环绕曲线的圆

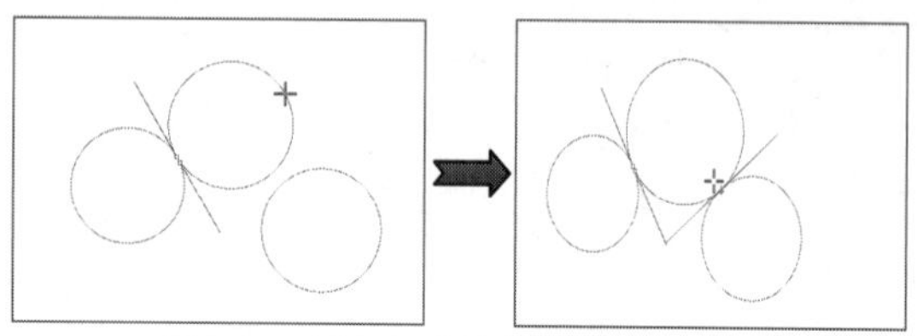

图5-65　用相切法绘制圆（方法一）

动手操作——绘制相切圆的方法二

01绘制两条曲线，或两个圆，或一条曲线和一个圆。

02依次在需要相切的两条曲线或圆上单击。

03根据命令行提示输入半径值。

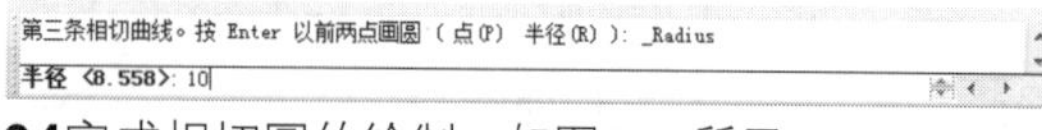

04完成相切圆的绘制，如图5-66所示。

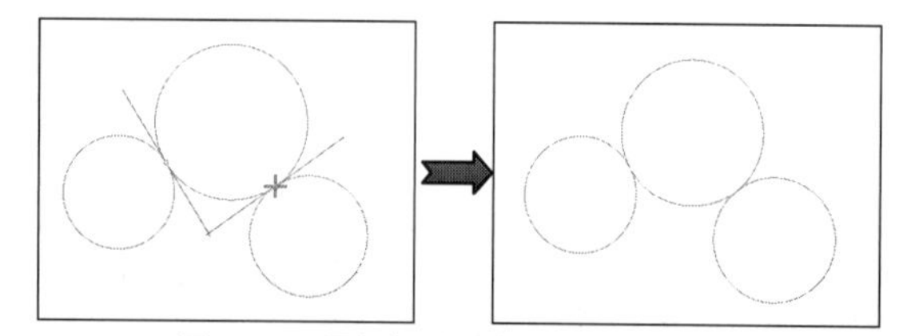

图5-66　用相切法绘制圆（方法二）

6. 相切、相切、相切

该工具的功能是绘制相切于三条曲线或圆的切圆。单击按钮，而后依次在三条曲线上单击，按Enter键或右击确认操作，将会出现一个相切于三条曲线的圆形，如图5-67所示。

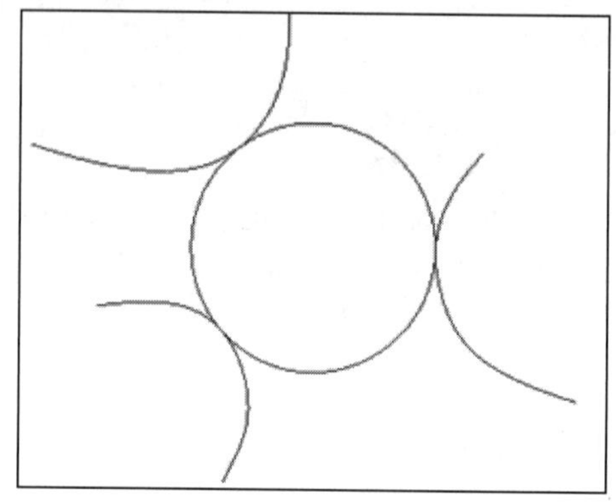

图5-67　绘制与三条曲线相切的圆

> **技术要点：**在三条曲线上单击时，单击位置尽量靠近切点位置，软件将以此作为最终切点位置的计算依据。

7. 与工作平面垂直、中心点、半径

该工具的功能是根据中心点、半径绘制垂直于工作平面的圆形。

单击【与工作平面垂直、中心点、半径】按钮，打开物件锁点中的锁定中心点，捕捉到平行于工作平面的圆的中心点并单击，作为垂直于工作平面圆的圆心。

在平行于工作平面的圆的边缘线上单击，确定垂直于工作平面圆的半径，即可绘制与第一个圆垂直且半径相等的圆形，如图5-68所示。

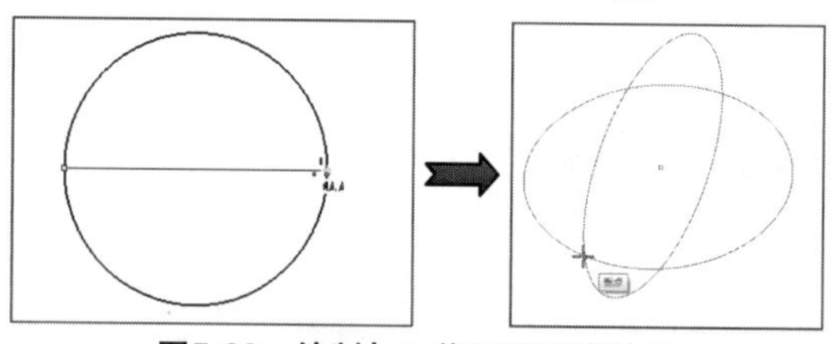

图5-68　绘制与工作平面垂直的圆

8. 与工作平面垂直、直径

该工具的功能是根据中心点、直径绘制垂直于工作平面的圆形。操作方法与类似，只是将输入半径值改为输入直径值。

9. 配合点

该工具的功能是在一组点物体之间建立与之最匹配的圆形。单击按钮，框选将要穿过的一组点物体，按Enter键或右击确认操作，在点物体中将会出现一个与之最匹配的圆形，如图5-69所示。

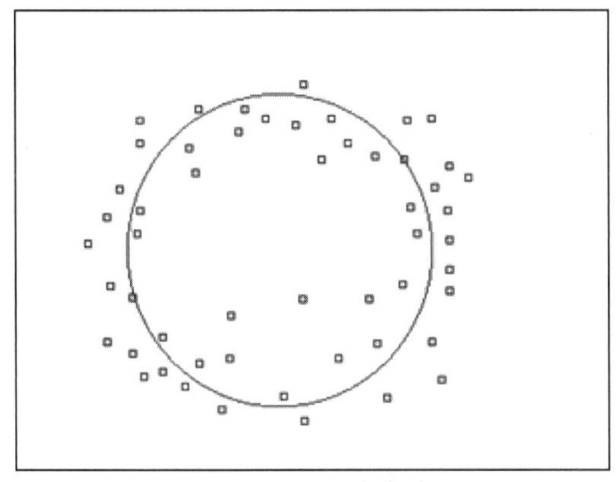

图5-69　绘制配合点的圆

5.6 绘制椭圆

前面讲了正圆的绘制，还有一类特殊的圆，就是椭圆。椭圆的构成要素为长边、短边、中心点及焦点，在Rhino中也是通过约束这几个要素来完成椭圆绘制的。在左边栏中长按按钮，会弹出【椭圆】工具列，如图5-70所示。

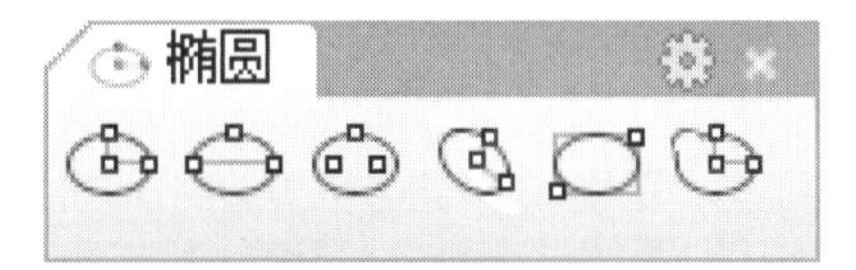

图5-70　【椭圆】工具列

1. 从中心点

该工具的功能是根据中心点绘制椭圆。

在视窗中单击选择一点，作为椭圆的中心点。拖动鼠标，单击选择第二点画出椭圆第一个方向的轴线，然后单击选择第三点确定另一个方向的轴线，按Enter键或右击完成绘制，如图5-71所示。

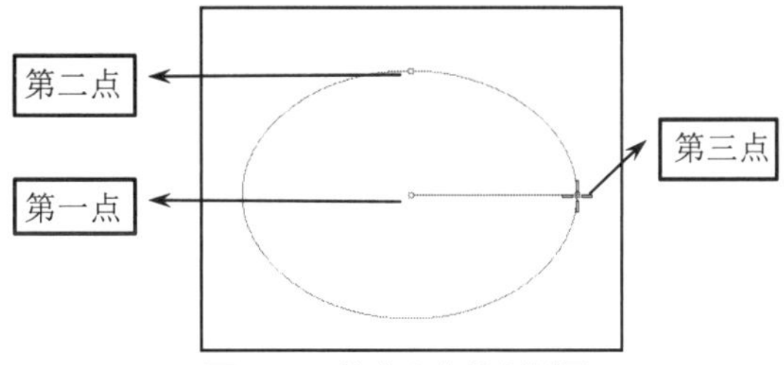

图5-71　从中心点绘制椭圆

单击按钮后，在命令行中会出现如下选项，分别为绘制椭圆的各种约束方式。

圆心 (可塑形的(D) 垂直(V) 两点(P) 三点(O) 相切(T) 环绕曲线(A) 配合点(F)): _Deformable
椭圆中心点 (可塑形的(D) 垂直(V) 角(C) 直径(I) 从焦点(F) 环绕

- 输入D：对椭圆进行塑形。
- 输入V：将平行于工作平面的椭圆改成垂直于工作平面的椭圆。
- 输入P：改变椭圆的点数。
- 输入O：通过确定三点，来确定椭圆的形状。
- 输入T：通过与指定曲线相切来绘制椭圆形状。
- 输入A：绘制环绕曲线的椭圆，方法同。
- 输入F：通过确定焦点位置来绘制椭圆，方法同。
- 输入C：根据矩形框的对角线长度绘制椭圆形，方法同。

2. 直径

该工具的功能是根据直径绘制椭圆形。单击按钮，在视窗中单击选择第一点和第二点，确定椭圆的第一轴向，拖动鼠标在目标位置单击或者直接在命令行中输入第二轴向的长度，按Enter键完成绘制，如图5-72所示。

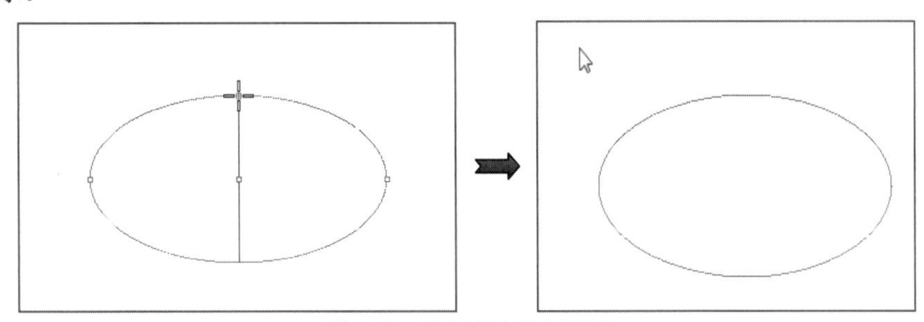

图5-72　直径方法绘制椭圆

3. 从焦点

该工具的功能是根据两焦点及短半轴长度来绘制椭圆形。单击按钮，在视窗中单击选择第一点和第二点，作为将要绘制椭圆的两个焦点，输入数值并按Enter键或拖动鼠标在适当的位置单击，确定椭圆的形状，如图5-73所示。

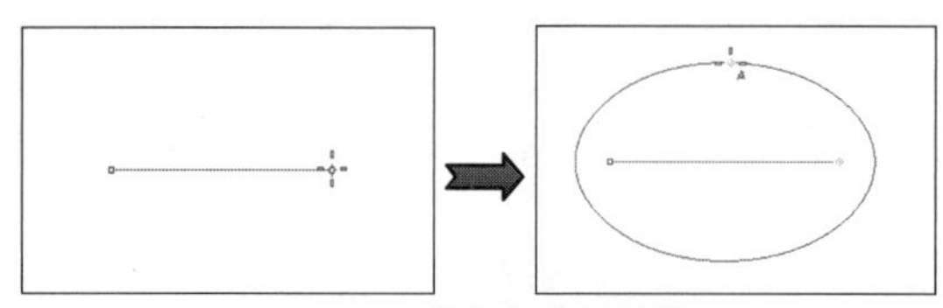

图5-73　从焦点绘制椭圆

4. 环绕曲线

该工具的功能是绘制环绕曲线的椭圆。单击按钮，选中将要环绕的曲线，在曲线上单击选择一点作为将要绘制的椭圆圆心，单击选择第二点确定椭圆的第一个轴向的方向，单击选择第三点确定椭圆的大小，绘制环绕曲线如图5-74所示。

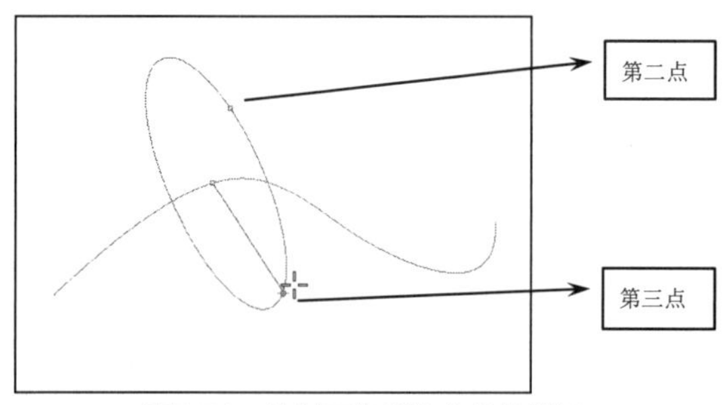

图5-74　绘制环绕所选曲线的椭圆

5. 角

该工具的功能是根据矩形框的对角线长度绘制椭圆形，当然该矩形框是虚拟的。但当矩形框存在时，此法可用于绘制矩形内切圆。

动手操作——以“角”方式绘制椭圆

01 绘制一个矩形。

02 单击按钮，在矩形对角线的一个顶点上单击，再在矩形对角线的另一顶点上单击，椭圆绘制完成，如图5-75所示。

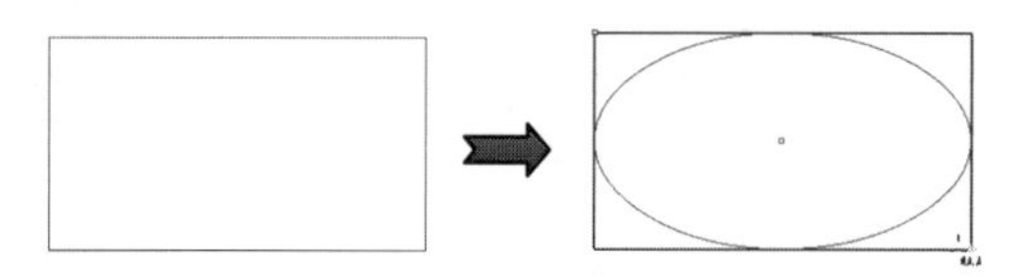

图5-75　根据矩形框的对角线长度绘制椭圆

5.7 绘制多边形

在Rhino软件中，矩形绘制和多边形绘制工具是分开的，但它们具有相似的操作方法，而且可以把矩形看作一种特殊的多边形。

在左边栏中，单击并按住按钮，会弹出【多边形】工具列，如图5-76所示。

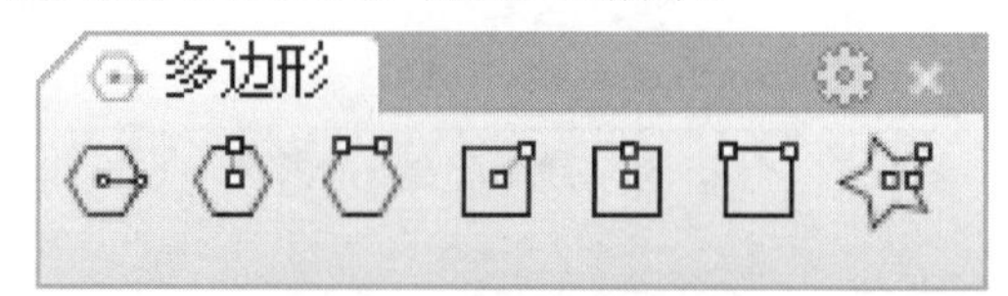

图5-76　【多边形】工具列

左边的3个按钮，在默认情况下用于绘制六变形。但是在实际绘制中，都是可以随意调角度和边数的。

- 【中心点、半径】按钮：根据中心点到顶点的距离来绘制多边形。
- 【外切多边形】按钮：根据中心点到边的距离来绘制多边形。
- 【边】按钮：以多边形一条边的长度作为基准来绘制多边形。

这3个按钮的使用方法与的使用方法相同，只不过这3个按钮在默认情况下用于绘制正方形。如果想要改变边数，在命令行中输入所需的边数即可。

- 【星形】按钮：通过3点来确定多边形的形状。在使用该命令时，需要输入两个半径值，输入第一个半径时的效果如图5-77左边所示，输入第二个半径时会根据该半径与第一个半径值的差，出现如图5-77右边所示的两种情况。

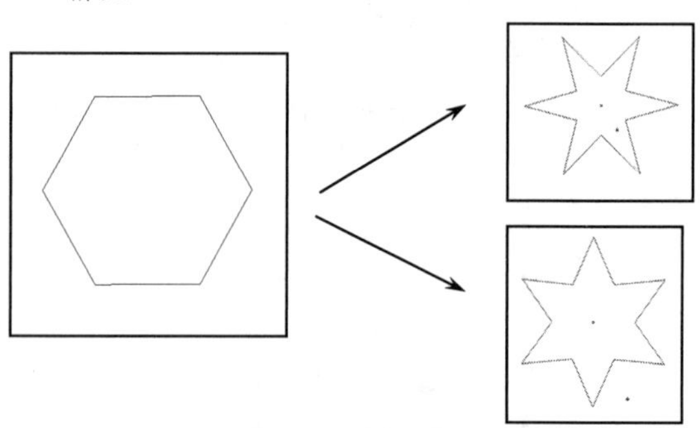

图5-77　绘制星形

5.8 绘制文字

文字是一种语言符号，但符号又是一种形象，从远古的象形文字可以得到证实。在Rhino软件中，文字也代表了一种形象。文字绘制常用于制作产品LOGO，或创建文字型物体模型。

在Rhino软件中，文字具有3种形态，分别是曲线、曲面、实体。根据不同情况，可以选择不同形态进行文字绘制。多采用曲线形态，更便于修改。

动手操作——绘制文字

01 在左边栏中单击【文字物件】按钮，弹出【文字物件】对话框，如图5-78所示。

图5-78 【文字物件】对话框

02 在对话框的【要建立的文字】文本框中输入要建立的文字内容，然后在【字型】选项区域中选择文字的字体和形态，勾选【群组物件】复选框，可创建文字模型群组，反之不创建，如图5-79所示。

03 若选择文字为曲线形态，则右方出现【使用单线字型】复选框，是否"使用单线字型"的对比效果如图5-80所示。

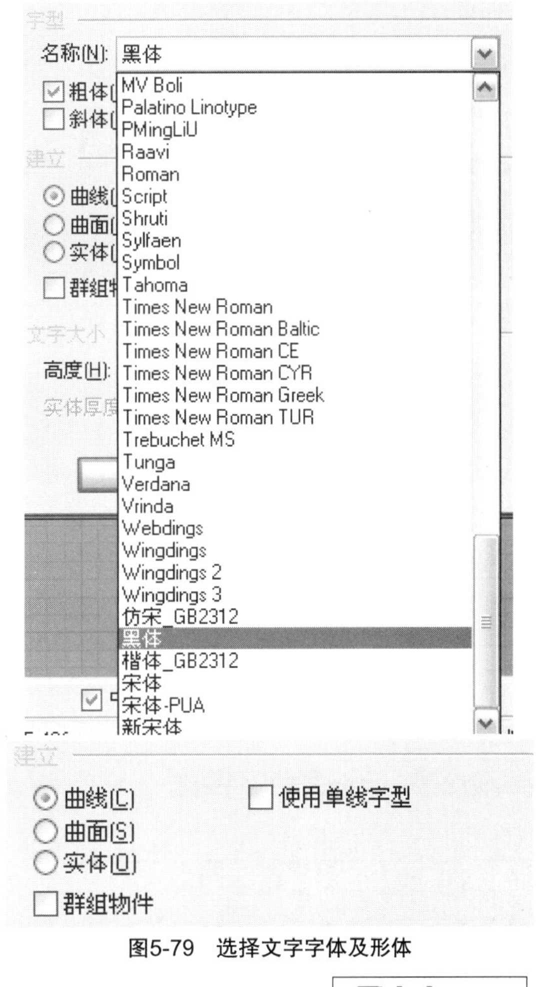

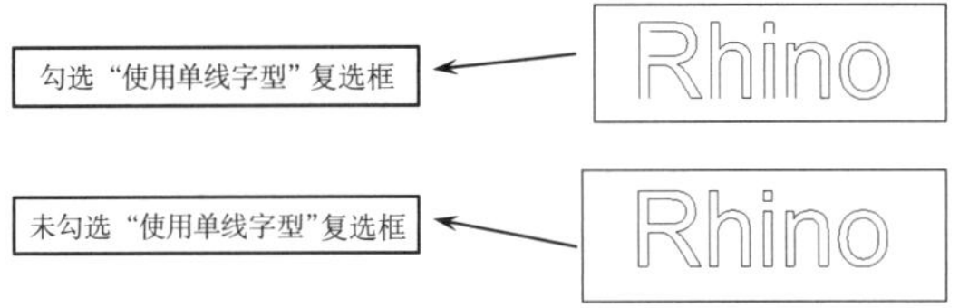

图5-79 选择文字字体及形体

勾选"使用单线字型"复选框

未勾选"使用单线字型"复选框

图5-80 是否"使用单线字型"对比

04 在【文字大小】选项区域中输入高度和实体厚度数值。若选择文字为曲线或曲面，则只需要输入高度（H），若选择文字为实体，则还需要输入实体厚度（T），如图5-81所示。

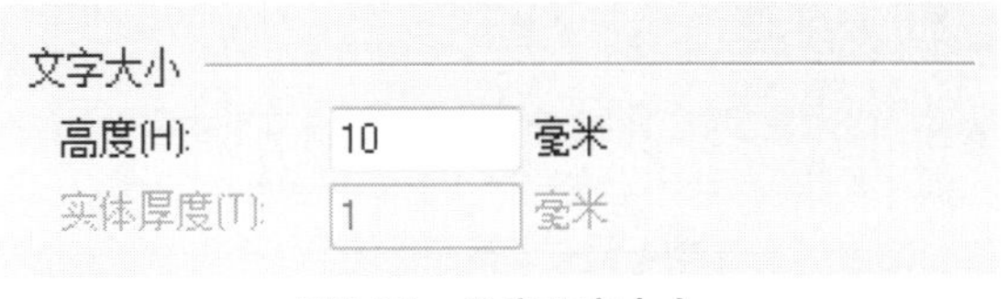

图5-81 设定文字大小

05 选项设置完毕，单击【确定】按钮。在一个平面视窗中移动光标选择文字位置，按Enter键或单击确认操作。曲线、曲面、实体最终效果如图5-82所示。

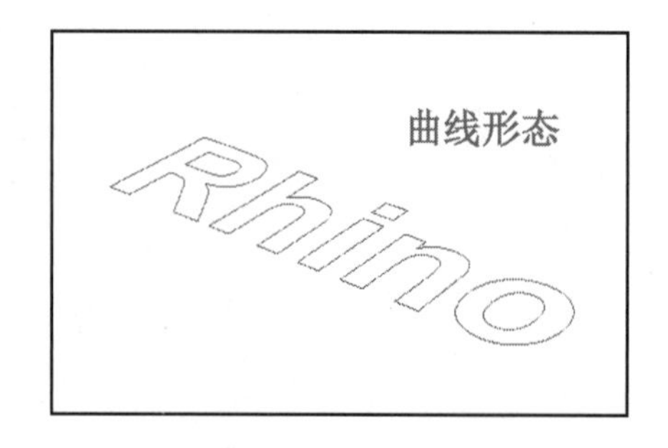

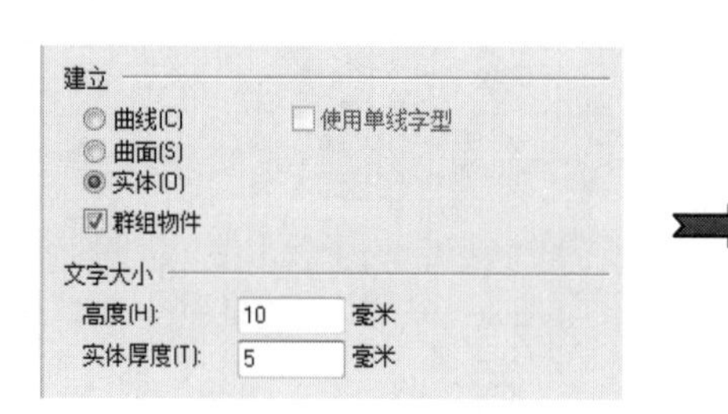

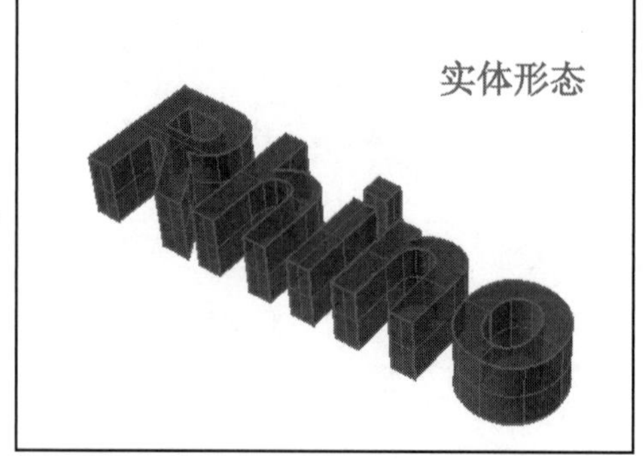

图5-82　3种文字形态的绘制效果

5.9 实战案例——绘制零件图

引入文件：无
结果文件：动手操作\结果文件\Ch05\零件图.3dm
视频文件：视频\Ch05\绘制零件图.avi

下面综合利用多重直线、曲线斜角命令绘制零件。要绘制的图形如图5-83所示。

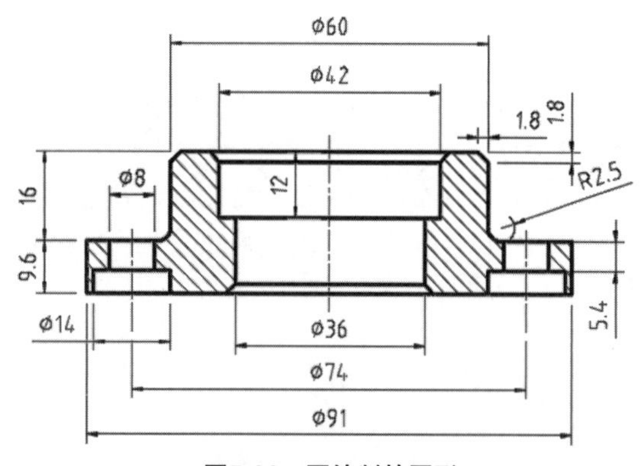

图5-83　要绘制的图形

01新建Rhino文件。

02先利用【多重直线】命令在Top视窗中绘制整个轮廓，如图5-84所示。

03利用【直线】命令，绘制3条中心线，如图5-85所示。

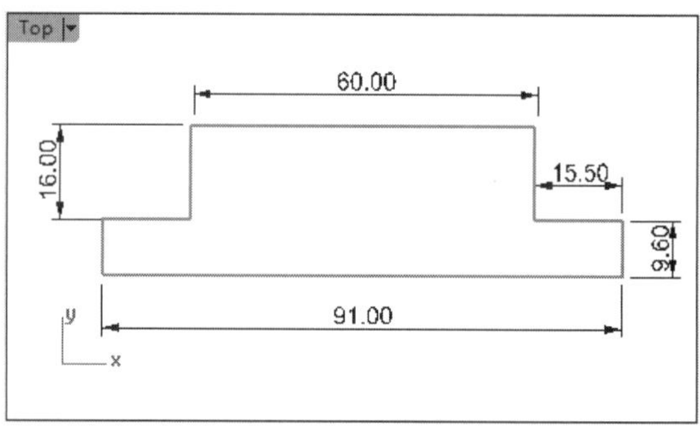

图5-84　绘制轮廓

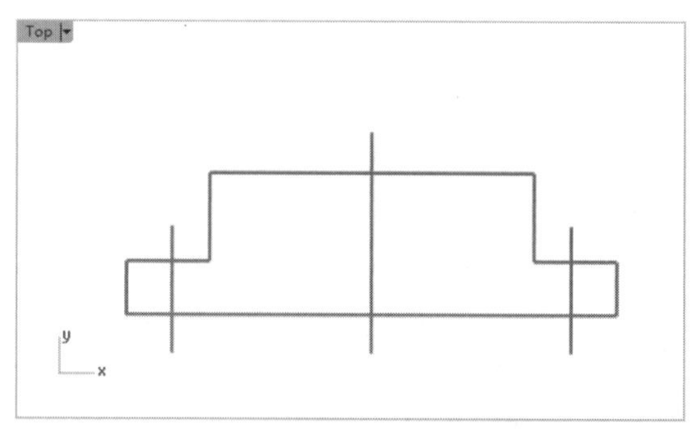

图5-85　绘制中心线

04添加【尺寸标注】标签，如图5-86所示。将中心线的实线设定为Center（中心线）线型。

05先执行【编辑】|【炸开】命令，将多重直线炸开（分解成独立的线段），再利用【偏移曲线】命令，参照图5-83中的尺寸，作轮廓线与中心线的偏移，偏移曲线的结果如图5-87所示。

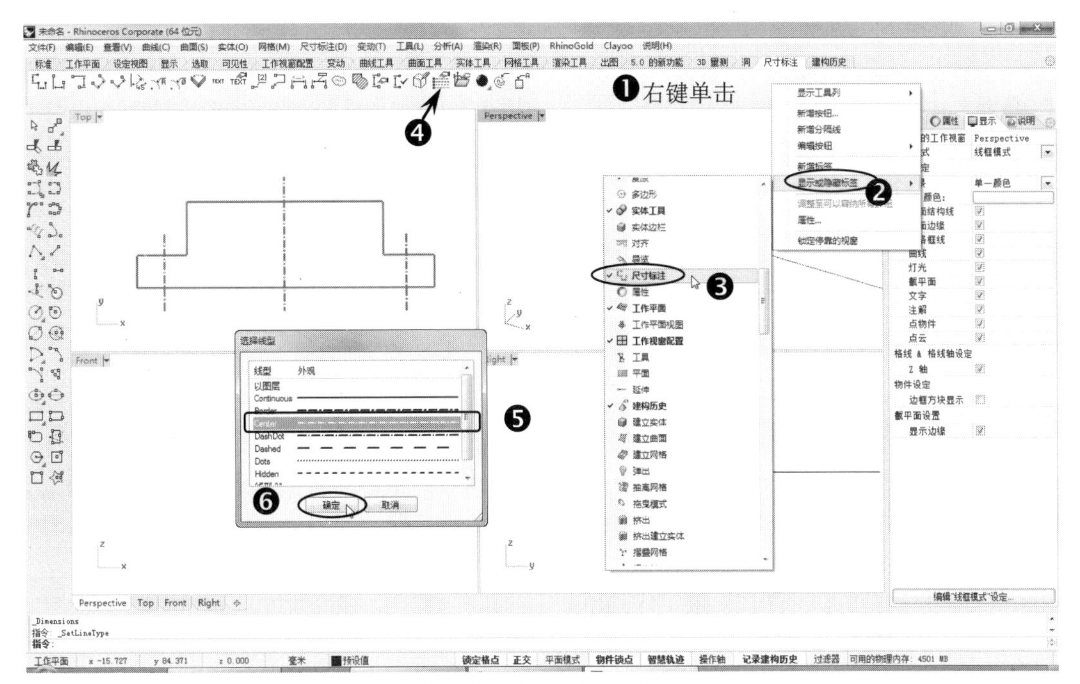

图5-86　设定中心线线型

06利用左边栏的【修剪】命令，修剪偏移的曲线，得到如图5-88所示的结果。

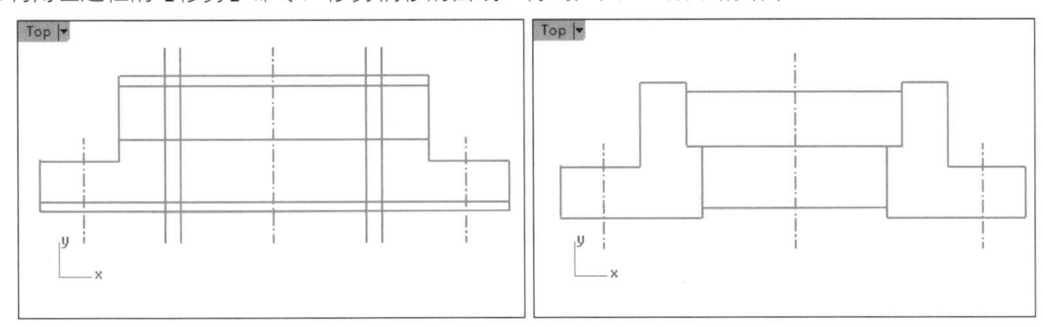

图5-87　绘制偏移曲线　　　　图5-88　修剪曲线

工程点拨：利用【偏移】和【修剪】命令，可以绘制复杂的图形，也是一种提高绘图效率的方法。

07同理，利用【偏移曲线】命令，在左侧绘制偏移曲线，如图5-89所示。

08将偏移的曲线进行修剪，结果如图5-90所示。

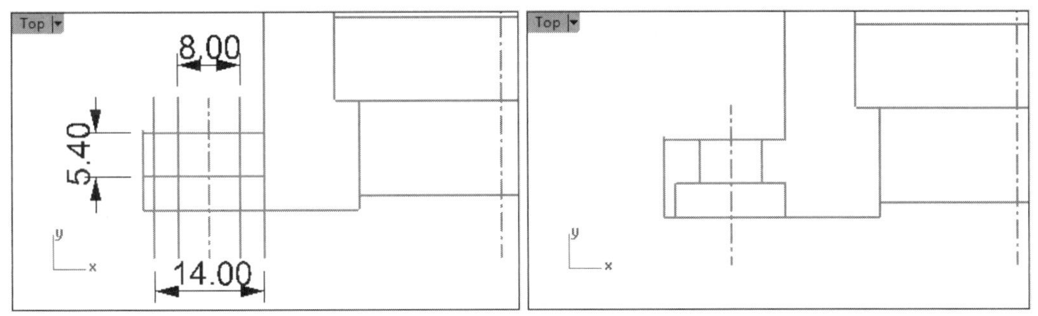

图5-89　绘制偏移曲线　　　　图5-90　修剪曲线

09在菜单栏中执行【编辑】|【镜像】命令，将上一步骤修剪后的曲线进行镜像，结果如图5-91所示。

10利用【曲线斜角】命令，绘制如图5-92所示的斜角，且斜角的距离均为1.8。

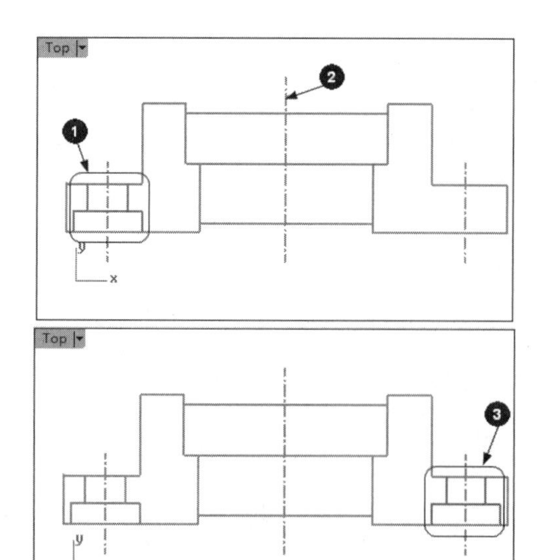

①要镜像的曲线；②镜像平面参考线；③镜像结果

图5-91 镜像曲线

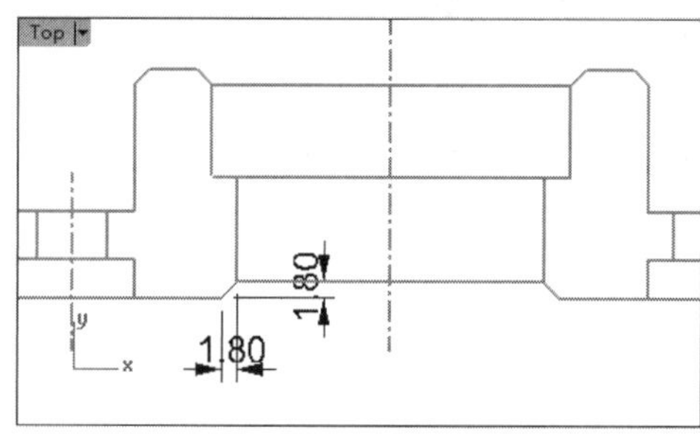

图5-92 绘制斜角

11利用【直线】命令，重新绘制两条直线，完成整个图形轮廓的绘制，如图5-93所示。

12在【出图】标签中单击【剖面线】按钮，然后选取填充剖面线的边界（必须形成一个封闭的区域），如图5-94所示。

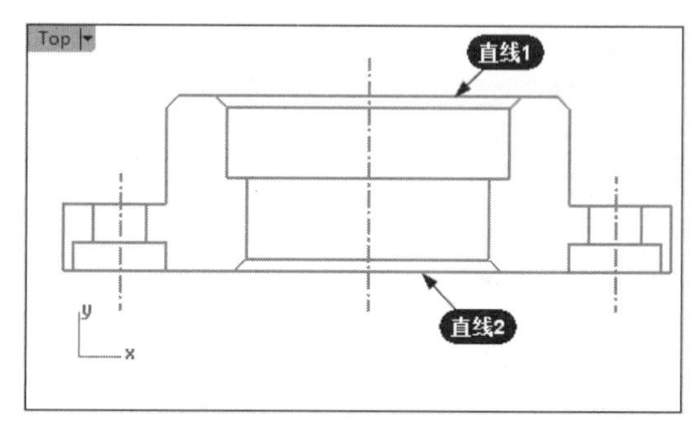

图5-93 绘制两条直线

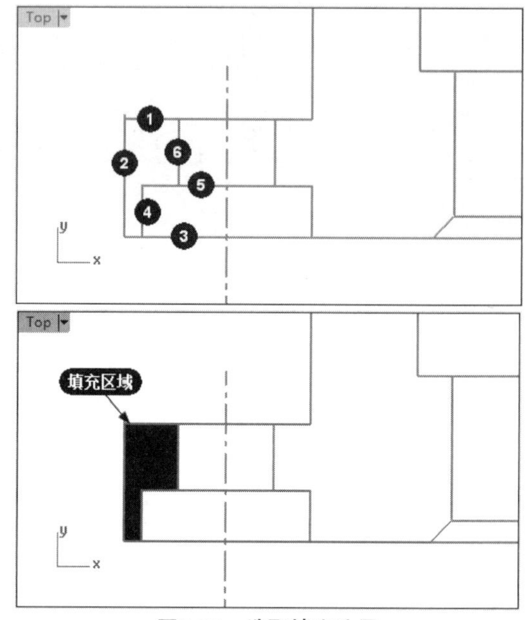

图5-94 选取填充边界

13右击确认边界后，再选择要保留的区域，按Enter键后弹出【剖面线】对话框，设置剖面线线型与缩放比例后单击【确定】按钮，完成该区域的剖面线填充，如图5-95所示。

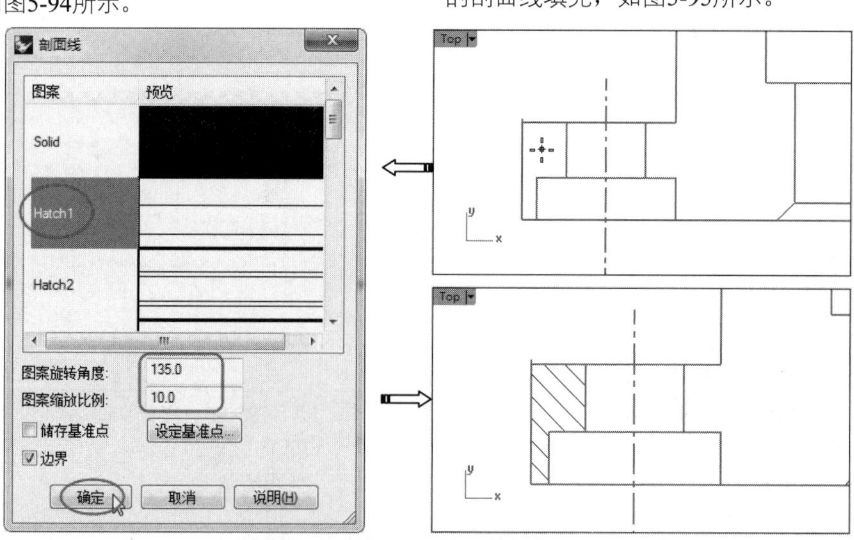

图5-95 设置剖面线并完成填充

14同理，完成其余区域的填充，绘制完成的图形如图5-96所示。

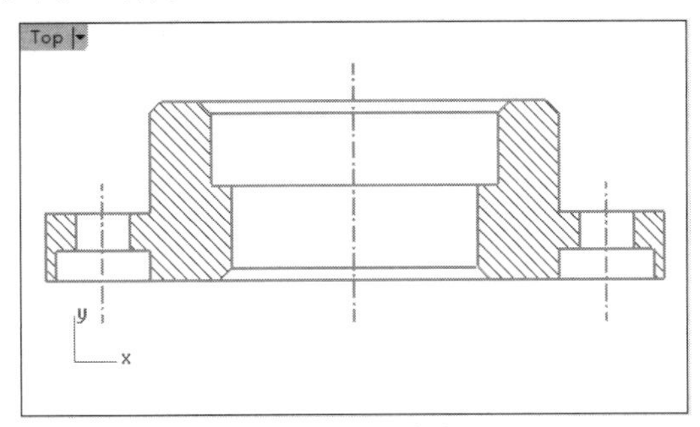

图5-96　绘制完成的图形

5.10 课后练习

1. 练习一

使用圆、圆弧、修剪、曲线圆角与连接等命令创建如图5-97所示的曲线。

执行【实体】|【挤出平面曲线】|【直线】命令，以这些曲线建立实体，挤出厚度为0.125。

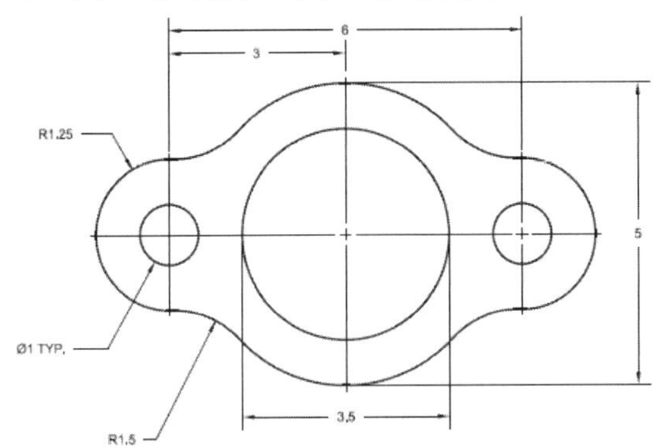

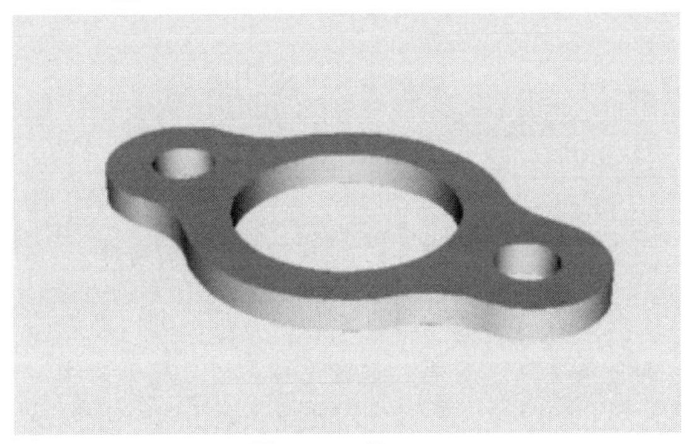

图5-97　练习一

2. 练习二

使用直线、圆、修剪、偏移、连接、曲线圆角与圆弧等命令创建如图5-98所示的曲线。

将曲线挤出为实体，挤出厚度为0.5。

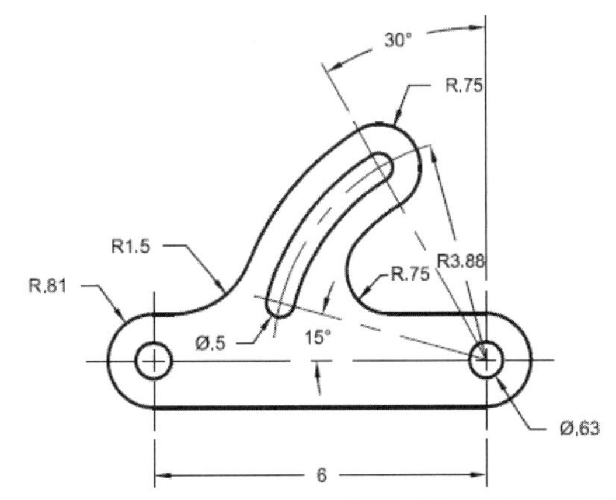

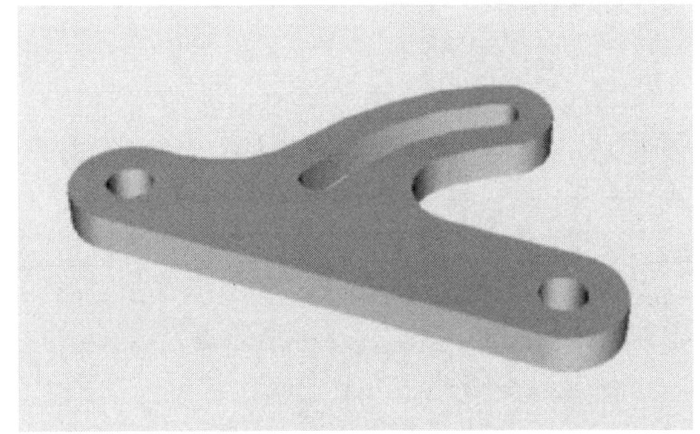

图5-98　练习二

06 第6章 高级曲线绘制

在Rhino中建模时，NURBS曲线是构建模型的基础。本章将学习高级曲线的绘制，也就是基于曲线自身或其他物件而建立的曲线。

项目分解

- 曲线延伸
- 曲线偏移
- 曲线混接
- 从物件建立曲线

6.1 曲线延伸

曲线延伸，可以根据需要让曲线无限地延伸下去，并且延伸出来的曲线具有多样性，有直线、曲线、圆弧等各种形式，操作选择非常多。

在【曲线工具】标签中单击并按住按钮，则会弹出【延伸】工具列，如图6-1所示。下面分别介绍该工具列中各工具的功能。

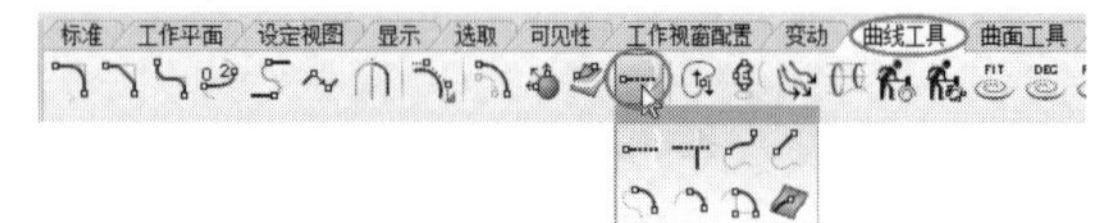

图6-1 【延伸】工具列

在【延伸】工具列中，【延伸曲线】工具其实包含其余7种延伸类型的部分功能。也就是说，其余7种的曲线类型都可以用这个工具进行延伸，但也有区别。

6.1.1 延伸曲线

该工具的功能是对NURBS曲线进行长度上的延伸，其中延伸方式包括原本的、直线、圆弧、平滑4种。

在Top视窗中用【直线】工具或【控制点曲线】工具绘制一条直线或曲线。

单击【延伸曲线】按钮，命令行中会出现如下提示：

选取边界物体或输入延伸长度，按 Enter 使用动态延伸（型式(T)=*原本的*）：

从命令行中可以看出，默认的延伸方式为“原本的”，这时按照提示在命令行中输入长度值或在视窗中单击选择该曲线需要延伸到的某个特定物体，然后按Enter键或右击确认操作。最后选取需要延伸的曲线，即可完成曲线延伸操作。在命令行中输入U，则可取消刚刚的操作。

默认延伸方式只能对曲线进行常规延伸，如果需要延伸的类型有所变化，则需在命令行里输入T，或者单击【型式（T）=*原本的*】选项，随后出现如下选项：

类型 <原本的>（原本的(N) 直线(L) 圆弧(A) 平滑(S)）：

在4个选项中可以选择需要的类型。与直线延伸的效果对比如图6-2所示。

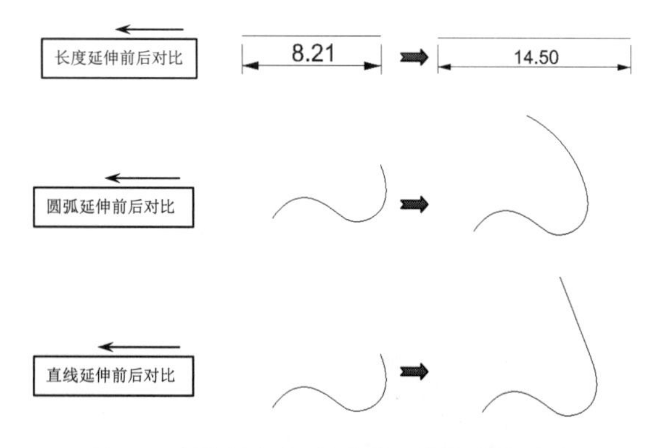

图6-2 延伸长度为5的曲线延伸类型前后对比

> **技术要点：**先选择曲线延伸的目标，可以是表面或实体等几何类型，但这几种类型只能让曲线延伸到它们的边。如果没有延伸目标，可以输入延伸长度，手动选择方向和类型。

动手操作——创建延伸曲线

01打开源文件6-1-1.3dm，如图6-3所示。

02单击【延伸曲线】按钮，选取左侧竖直线为边界物体，按Enter键确认，如图6-4所示。

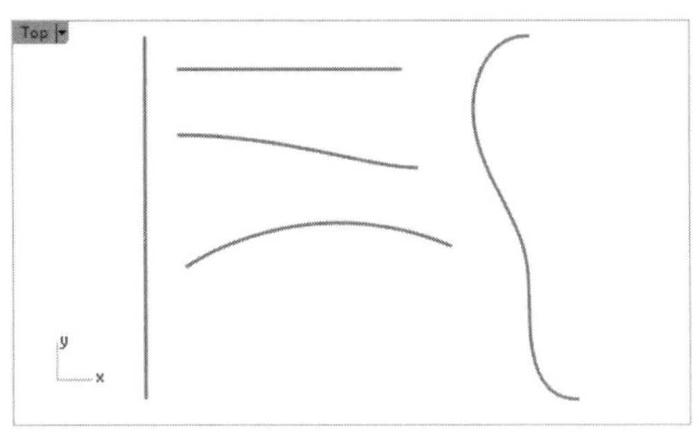

图6-3　打开的源曲线

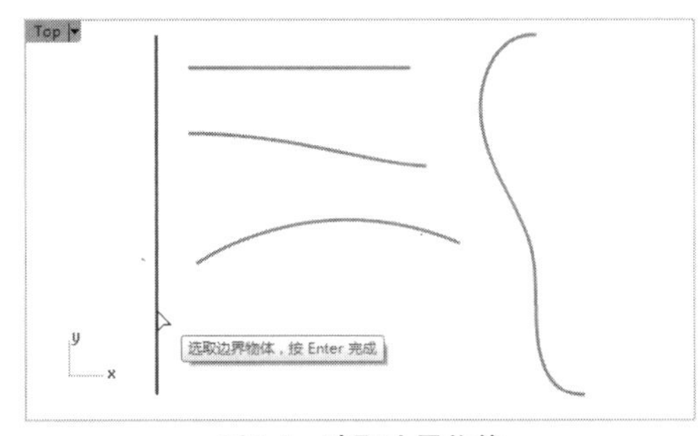

图6-4　选取边界物体

03依次选取中间的3条曲线为要延伸的曲线，如图6-5所示。

04右击完成曲线的延伸，如图6-6所示。

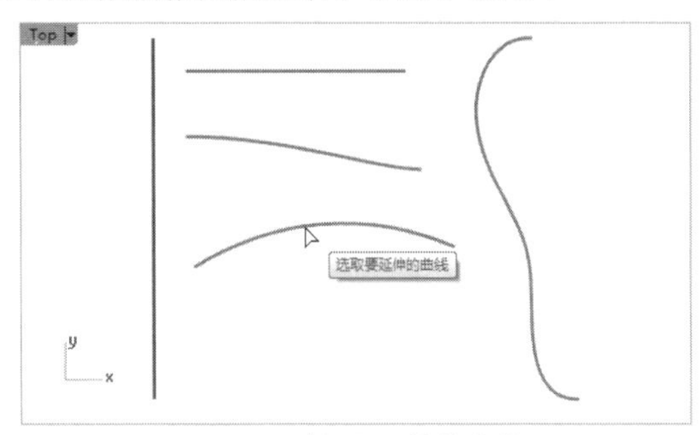

图6-5　选取要延伸的曲线

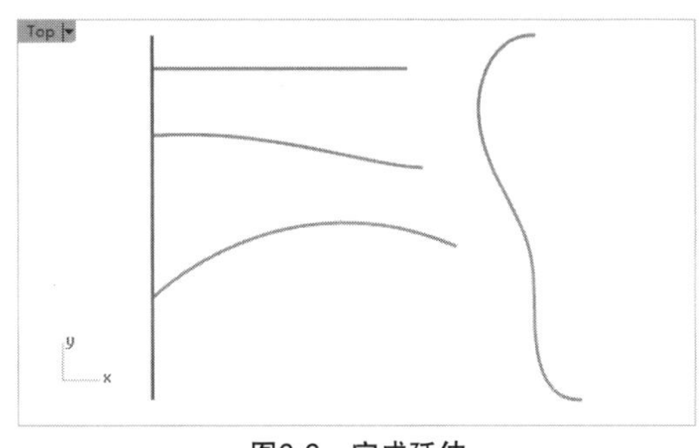

图6-6　完成延伸

05重新执行【延伸曲线】操作，在命令行设置延伸方式为【直线】，然后选取右侧的自由曲线为边界物体，并按Enter键确认，如图6-7所示。

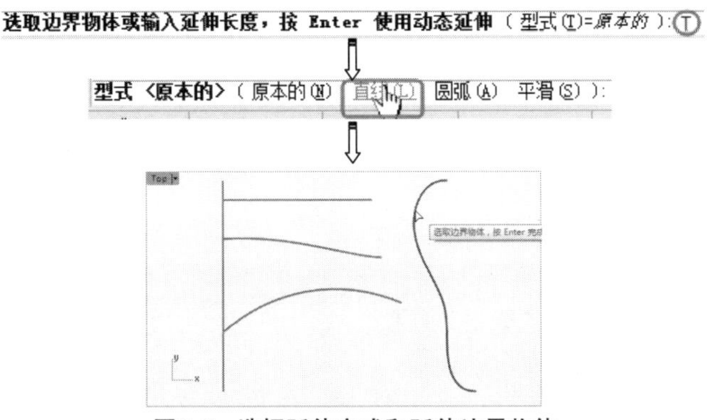

图6-7　选择延伸方式和延伸边界物体

06选择中间的直线作为要延伸的曲线，随后自动完成延伸，如图6-8所示。

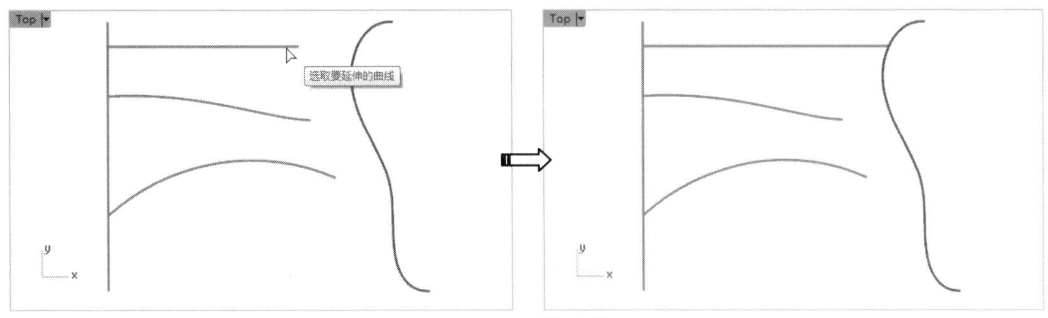

图6-8　延伸直线

07同理，其余两条曲线（样条曲线和圆弧曲线）分别采取“平滑的”和“圆弧”延伸方式进行延伸，结果如图6-9和图6-10所示。

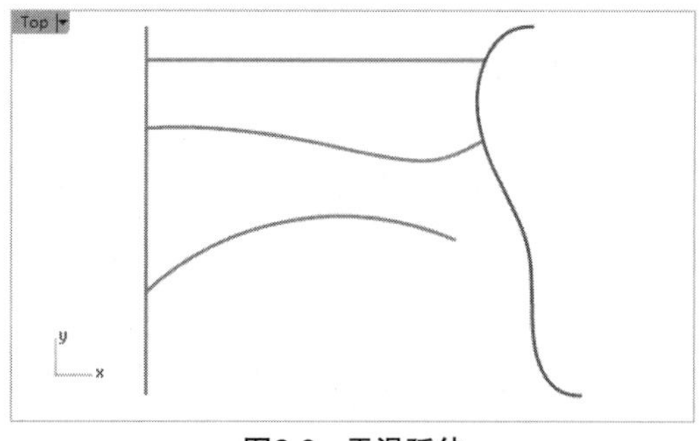

图6-9　平滑延伸

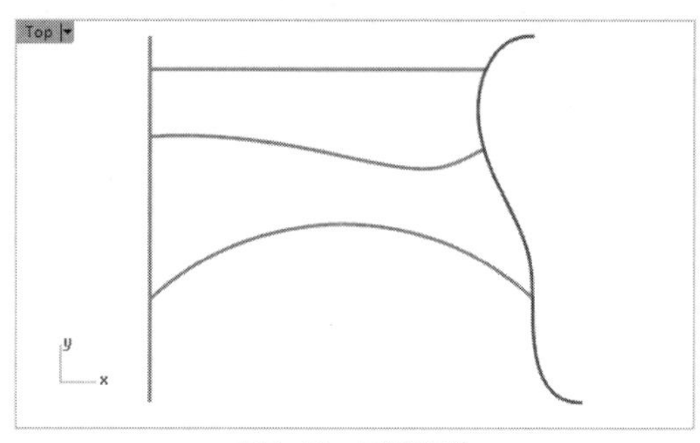

图6-10　圆弧延伸

6.1.2 连接曲线

该工具的功能是将两条不相交的曲线以直线的方式连接。

动手操作——创建曲线连接

01新建Rhino文件。

02在Top视窗中用【直线】工具绘制两条不相交的直线，如图6-11所示。

03单击【曲线连接】按钮，依次选取要延伸交集的两条曲线，两条不相交的曲线即自动连接，如图6-12所示。

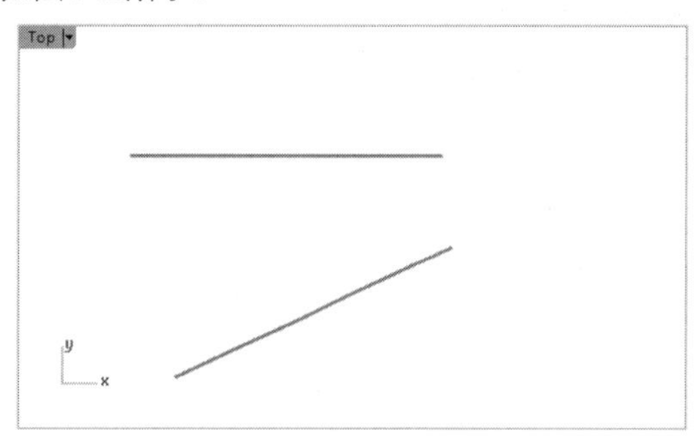

图6-11　绘制两条直线

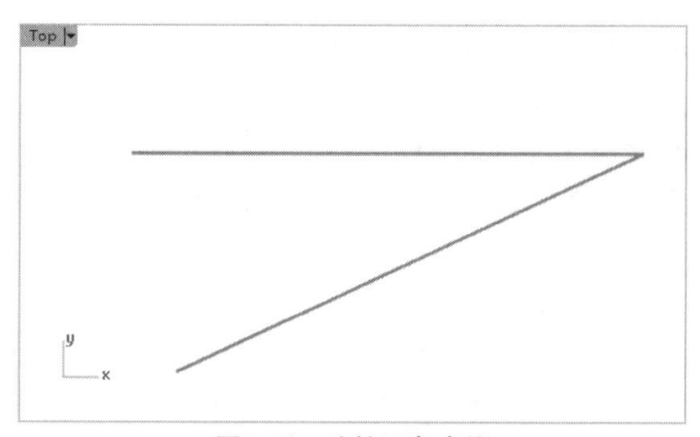

图6-12　连接两条直线

技术要点：两条弯曲的曲线同样能够进行相互连接，但两条曲线之间的连接部分是直线，不能形成弯曲有弧度的曲线。

6.1.3 延伸曲线（平滑）

【延伸曲线（平滑）工具的操作方法与【延伸曲线】工具相同，其延伸类型同样包括直线、原本的、圆弧、平滑，功能也类似。不同的是，在进行直线延伸的时候，使用【延伸曲线（平滑）】工具能够随着光标的移动，延伸出平滑的曲线，而使用【延伸曲线】工具只能延伸出直线。

动手操作——创建延伸曲线（平滑）

01新建Rhino文件。

02在Top视窗中用【直线】工具绘制直线，如图6-13所示。

图6-13　绘制直线

03单击【延伸曲线（平滑）】按钮，选取该直线并拖动鼠标，单击确认延伸终点或在命令行中输入延伸长度，按Enter键或右击，完成延伸，如图6-14所示。

技术要点：在平滑延伸曲线时，无法对直线进行圆弧延伸。

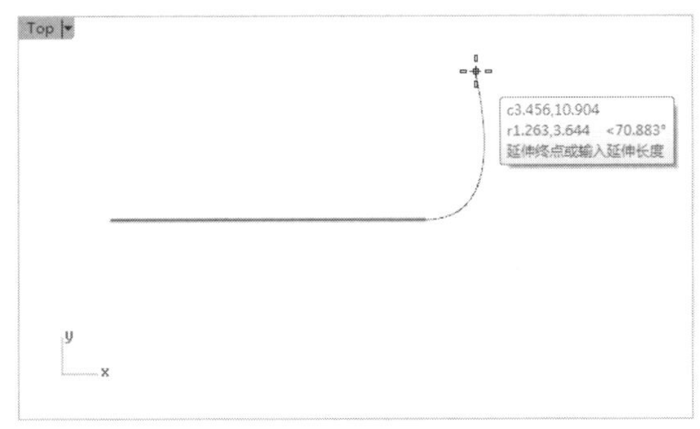

图6-14 平滑延伸直线

6.1.4 以直线延伸

使用该工具只能延伸出直线，无法延伸出曲线。以直线延伸的操作方法与延伸曲线的操作方法相同，其延伸类型同样包括直线、原本的、圆弧、平滑，功能也类似。

动手操作——创建“以直线延伸”曲线

01新建Rhino文件。

02在Top视窗中用【圆弧】工具列中的【起点、终点、通过点】工具绘制圆弧，如图6-15所示。

03单击【以直线延伸】按钮，选取要延伸的曲线，拖动鼠标并单击确认延伸终点，按Enter键或右击确认操作，如图6-16所示。

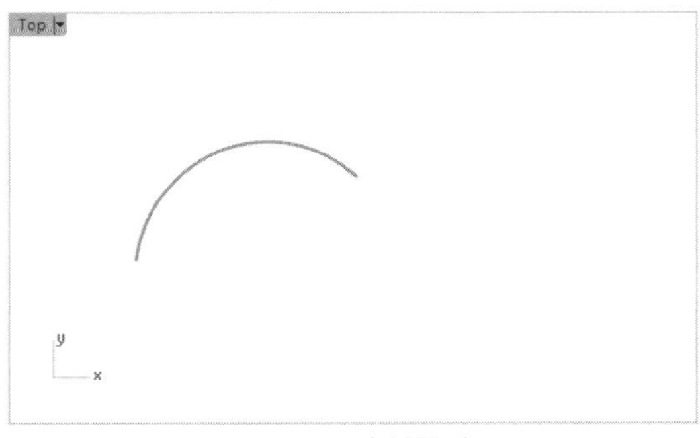

图6-15 绘制圆弧

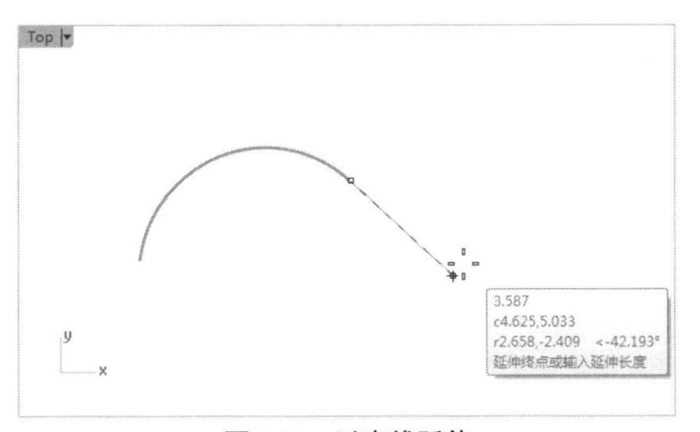

图6-16 以直线延伸

6.1.5 以圆弧延伸至指定点

该工具功能是使曲线延伸到指定点的位置。

动手操作——创建“以圆弧延伸至指定点”曲线

01新建Rhino文件。

02在Top视窗中用【控制点曲线】工具和【点】工具绘制B样条曲线和点，如图6-17所示。

03单击【以圆弧延伸至指定点】按钮，依次选取要延伸的曲线、延伸的终点，即可完成操作，如图6-18所示。

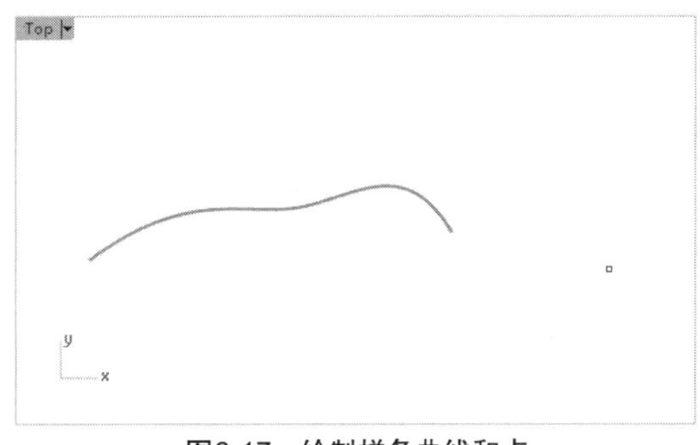

图6-17 绘制样条曲线和点

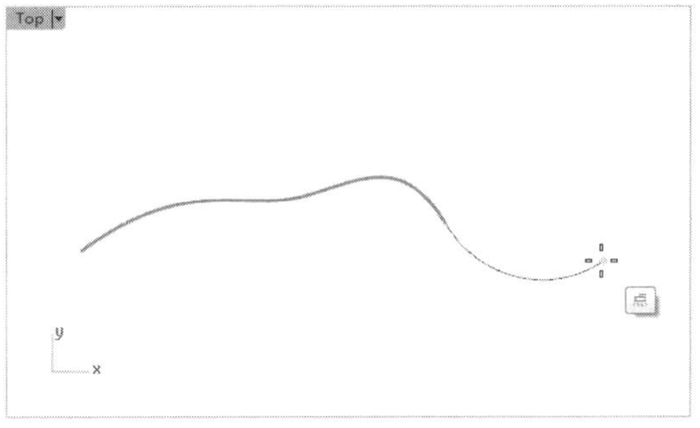

图6-18 圆弧延伸至指定点

> **技术要点：**这里要注意的是，软件在选择延伸端时，会选择更靠近单击位置的端点。

如果未指定固定点，也可设置曲率半径，作为曲线延伸依据。

单击【以弧形延伸至指定点】按钮，选取要延伸的曲线，拖动鼠标，会在端点处出现不同曲率的圆弧。在所需位置按Enter键或右击，命令行中会出现如下提示。

延伸终点或输入延伸长度 <21.601> (中心点(C) 至点(T)):

此时，输入长度值或者在拉出的直线上的目标位置单击即可。右击，可再次执行该操作，反复使用可以在原曲线端点处延伸出不同形状大小的圆弧，如图6-19所示。

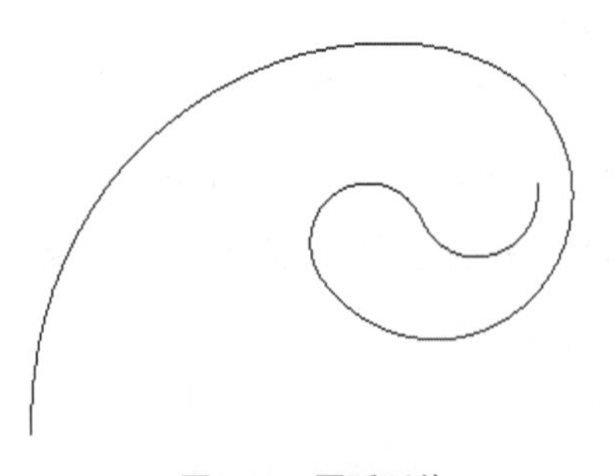

图6-19　圆弧延伸

6.1.6　以圆弧延伸（保留半径）

该工具的功能是自动按照端点位置的曲线半径进行延伸，也就是说延伸出来的曲线与延伸端点处曲线半径相同。只需输入延伸长度或指定延伸终点即可。效果与【以圆弧延伸至指定点】工具相同。

动手操作——创建“以圆弧延伸（保留半径）”曲线

01新建Rhino文件。

02在Top视窗中用【圆弧】工具列中的【起点、终点、半径】工具绘制圆弧曲线，如图6-20所示。

03单击【以圆弧延伸（保留半径）】按钮，选取圆弧为要延伸的曲线，然后拖动鼠标确定延伸终点，右击完成圆弧曲线的延伸，如图6-21所示。

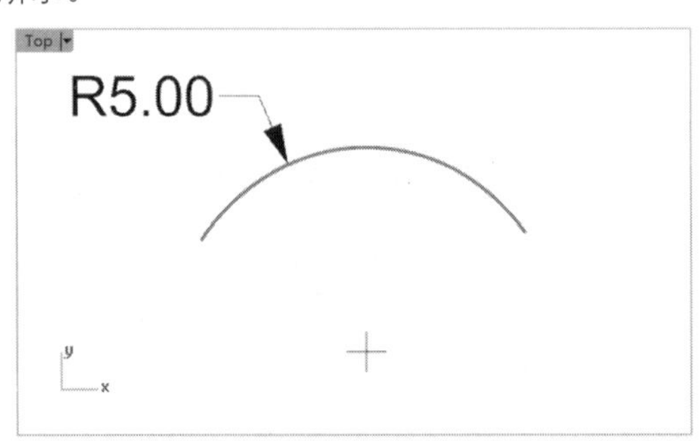

图6-20　绘制圆弧

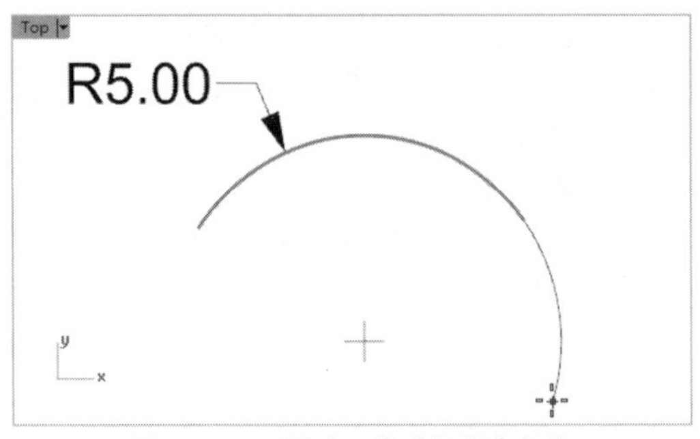

图6-21　以圆弧延伸（保留半径）

6.1.7　以圆弧延伸（指定中心点）

该工具的功能是通过指定曲线延伸部分的圆弧的中心点进行圆弧延伸。选定待延伸曲线后，拖动鼠标并在拉出来的直线上单击，确定圆弧圆心位置。

动手操作——创建“以圆弧延伸（指定中心点）”曲线

01新建Rhino文件。

02在Top视窗中用【控制点曲线】工具绘制B样条曲线，如图6-22所示。

03单击【以圆弧延伸（指定中心点）】按钮，选取圆弧为要延伸的曲线，然后拖动鼠标确定圆弧延伸的圆心点，如图6-23所示。

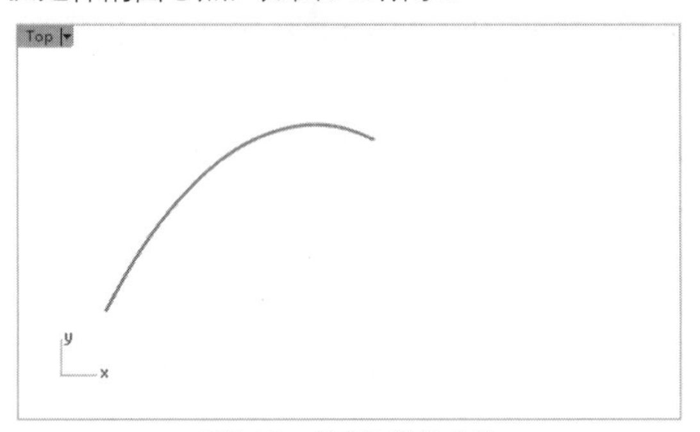

图6-22　绘制B样条曲线

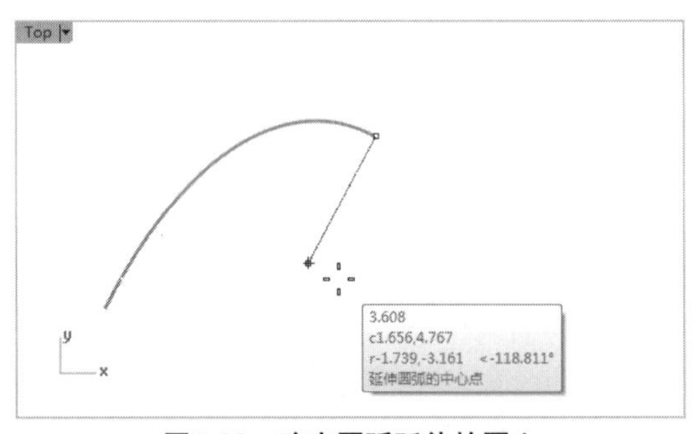

图6-23　确定圆弧延伸的圆心

04拖动鼠标确定圆弧的终点，右击完成圆弧曲线的延伸，如图6-24所示。

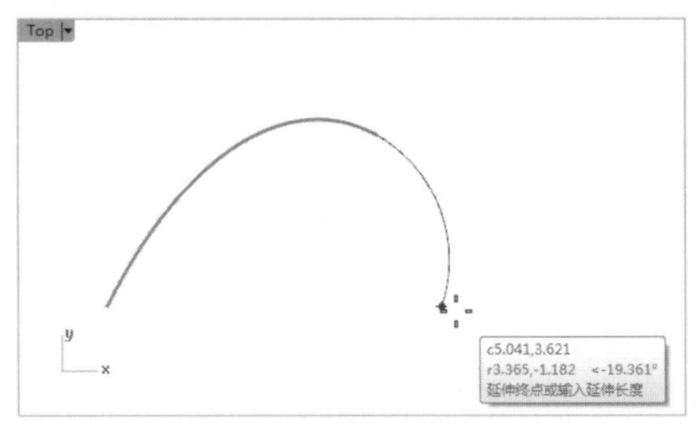

图6-24（续）

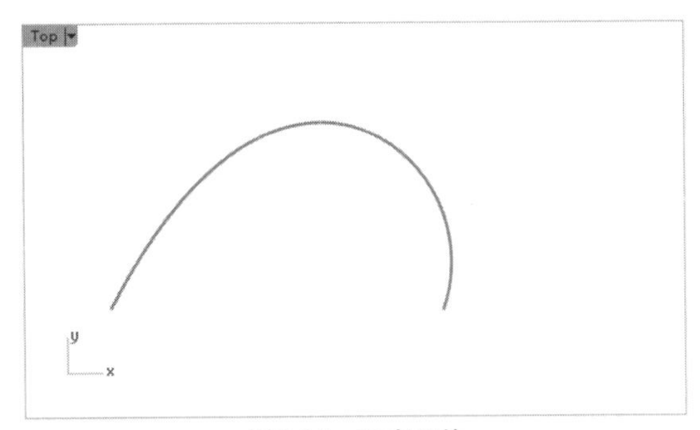

图6-24　完成延伸

6.1.8　延伸曲面上的曲线

该工具的功能是将曲面上的曲线延伸至曲面的边缘。

动手操作——延伸曲面上的曲线

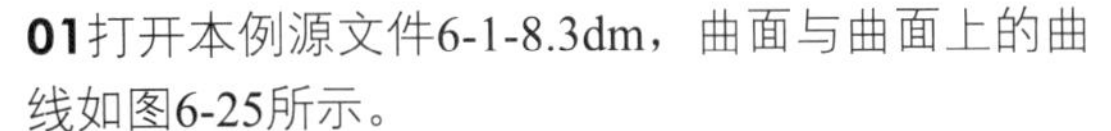

01打开本例源文件6-1-8.3dm，曲面与曲面上的曲线如图6-25所示。

02单击【延伸曲面上的曲线】按钮，然后按命令行的信息提示，先选取要延伸的曲线，如图6-26所示。

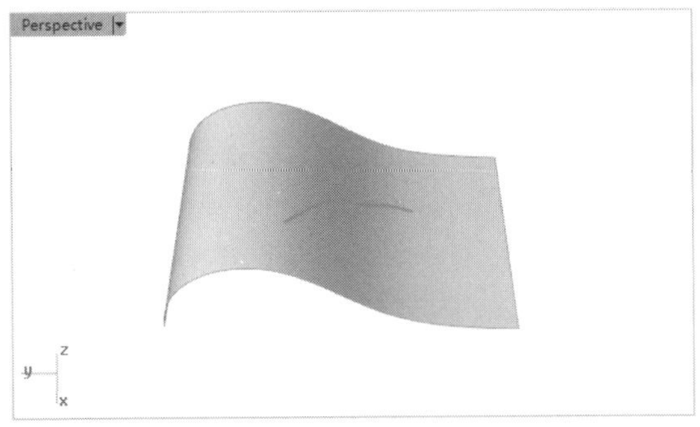

图6-25　打开源文件

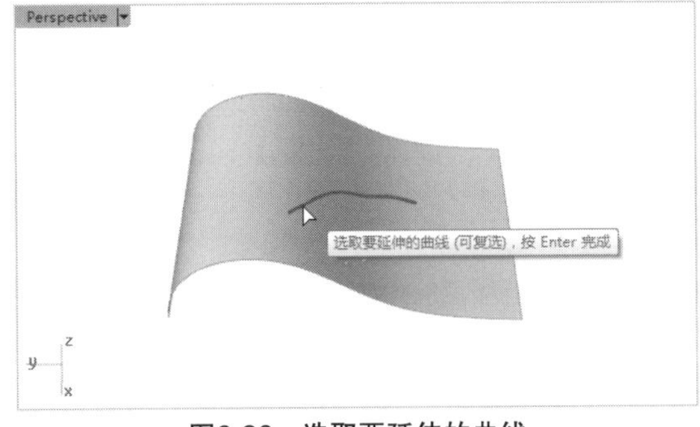

图6-26　选取要延伸的曲线

03选取曲线所在的曲面，按Enter键或右击结束操作，曲线将延伸至曲面的边缘，如图6-27所示。

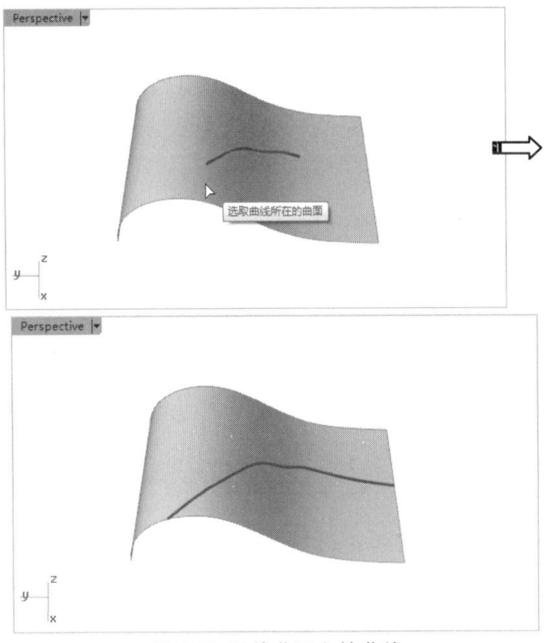

图6-27　延伸曲面上的曲线

技术要点：虽然各个曲线延伸工具类似，但每个工具都有各自的特点，使用时要根据具体情况选择最适合的。

6.2 曲线偏移

曲线偏移是Rhino中常用的操作之一，功能是在一条曲线的一侧产生一条新曲线，新曲线在每个位置都和原来的曲线保持相同的距离。【偏移曲线】工具都在【曲线工具】标签中。

6.2.1　偏移曲线

该工具的功能是将曲线偏移到指定距离的位置，并保留原曲线。

在Top视窗中绘制一条曲线，单击【偏移曲线】按钮，选取要偏移复制的曲线，确认偏移距离和方向后单击即可。

有两种方法可以确定偏移距离。

（1）在命令行中输入偏移距离的数值。

（2）输入T，这时能立刻看到偏移后的线，拖动鼠标，偏移线也会发生变化，在目标位置单击确认偏移距离即可。

技术要点：【偏移曲线】工具具有记忆功能，下一次执行该操作时，如果不进行偏移距离设置，系统会自动采用最近一次的偏移操作所使用的距离，用这个方法可以快速绘制无数条等距离的偏移线，如图6-28所示。

图6-28 绘制等距离偏移线

动手操作——绘制零件外形轮廓

利用圆、圆弧、偏移曲线及修剪等工具绘制如图6-29所示的零件图形。

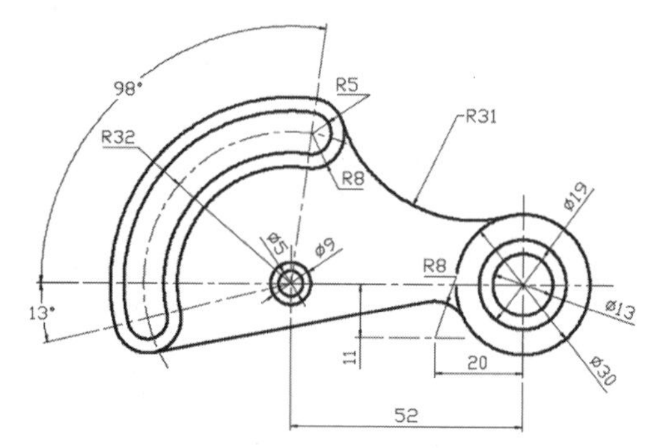

图6-29 零件图形

01新建Rhino文件。隐藏格线并设置总格数为5，如图6-30所示。

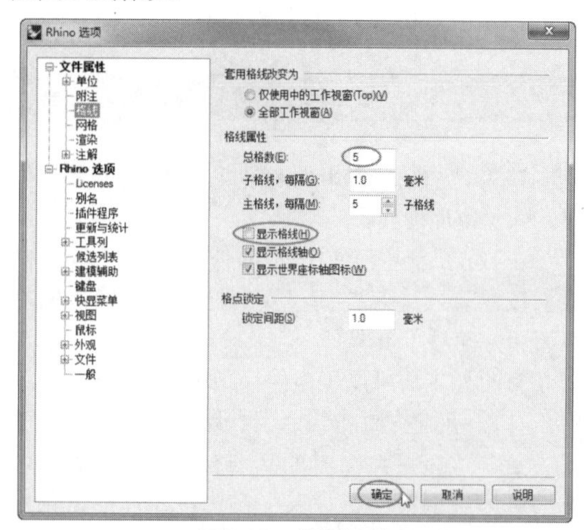

图6-30 设置格线

02在左边栏中的【圆】工具列中单击【中心点、半径】按钮，在Top视窗坐标轴中心绘制直径为13的圆，如图6-31所示。

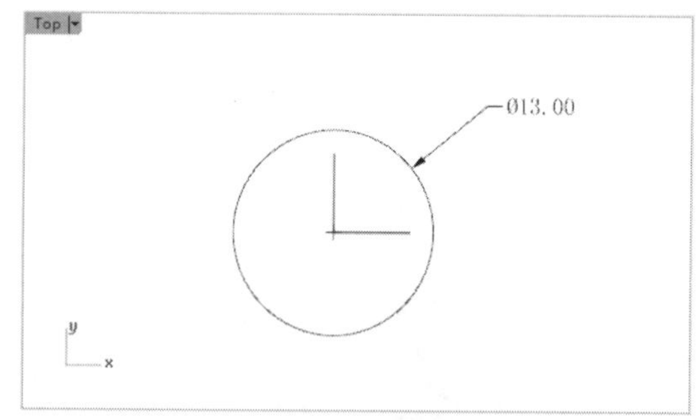

图6-31 绘制圆

03同理，创建同心圆，直径分别为19和30，如图6-32所示。

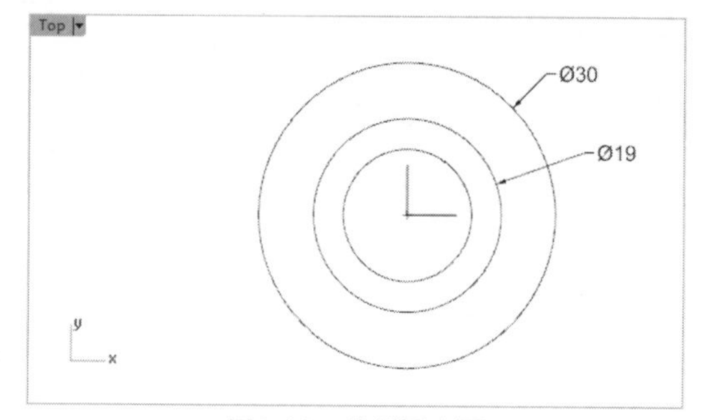

图6-32 绘制同心圆

04利用【直线】命令，在同心圆位置绘制基准线，如图6-33所示。

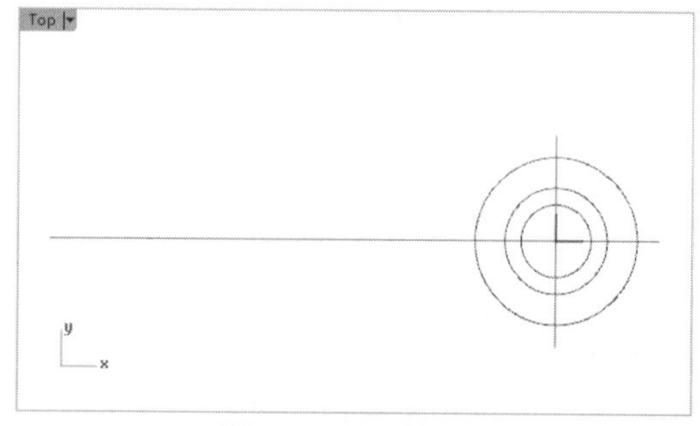

图6-33 绘制基准线

05选中基准线，然后在【出图】标签中单击【设置线型】按钮，修改直线线型为点划线线型，如图6-34所示。

06在【圆】工具列中单击【中心点、半径】按钮，在命令行中输入圆心的坐标（-52,0,0），右击确认后再输入直径为5，右击完成圆的绘制，如图6-35所示。

07绘制同心圆，且圆的直径为9，如图6-36所示。

08在【直线】工具列中单击【指定角度】按钮，绘制两条如图6-37所示的基准线。

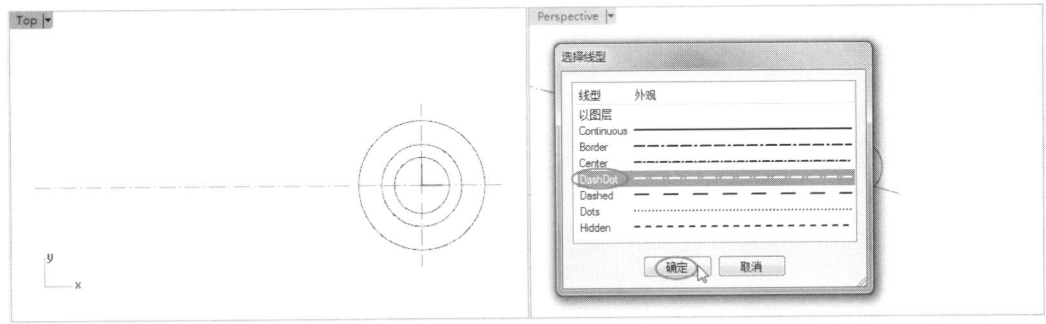

图6-34　设置基准线线型

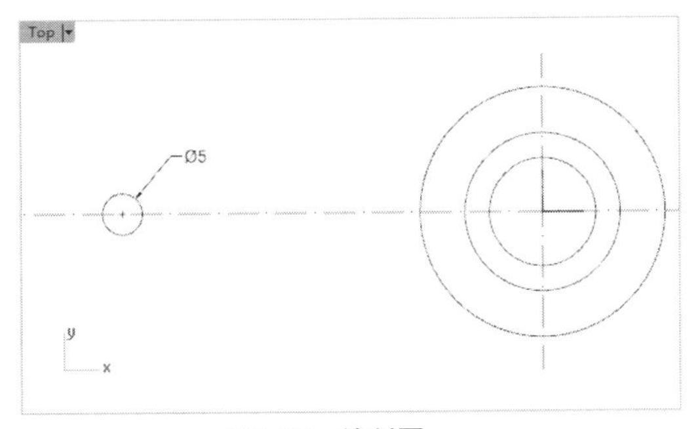

图6-35　绘制圆

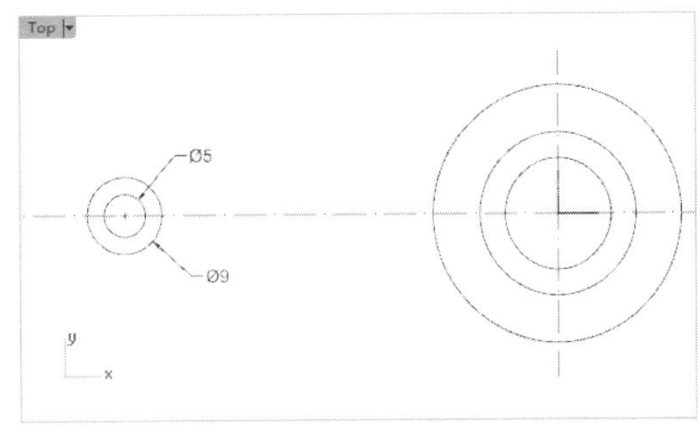

图6-36　绘制同心圆

09在【圆】工具列中单击【中心点、半径】按钮，绘制直径为64的圆，然后利用左边栏的【修剪】工具修剪圆，得到的圆弧如图6-38所示。

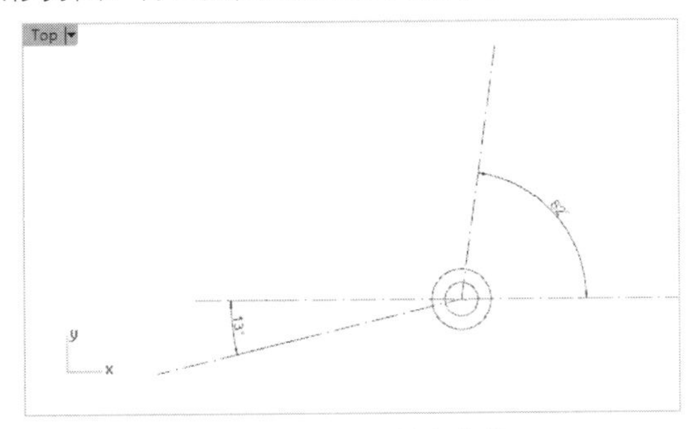

图6-37　绘制基准直线

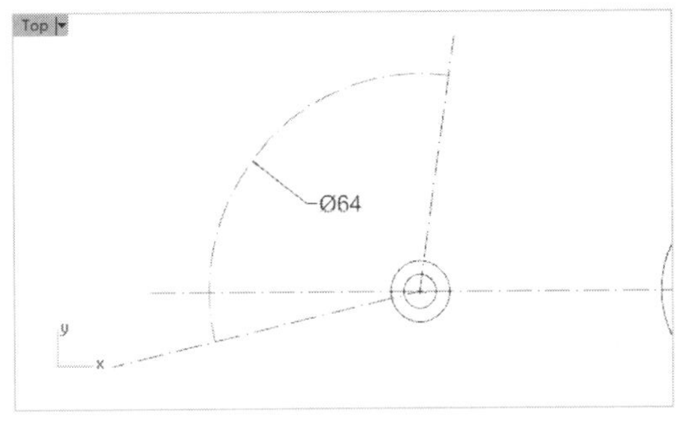

图6-38　绘制基准圆弧

10单击【偏移曲线】按钮，选取要偏移的曲线（圆弧基准线），右击确认后在命令行中单击“距离”选项，修改偏移距离为5，然后在命令行中单击“两侧”选项，在Top视窗中绘制如图6-39所示的偏移曲线。

选取要偏移的曲线（距离(D)=5 角(C)=锐角 通过点(T) 公差(O)=0.001 两侧(B) 与工作平面平行(I)=是 加盖(A)=无）:

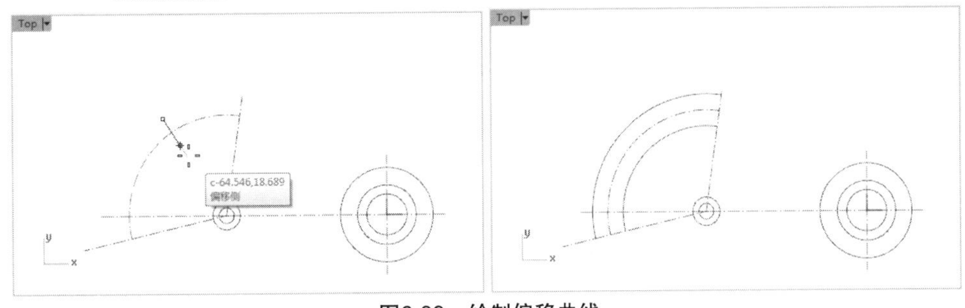

图6-39　绘制偏移曲线

11同理，绘制偏移距离为8的偏移曲线，如图6-40所示。

12在【圆】工具列中单击【直径】按钮，绘制4个圆，如图6-41所示。

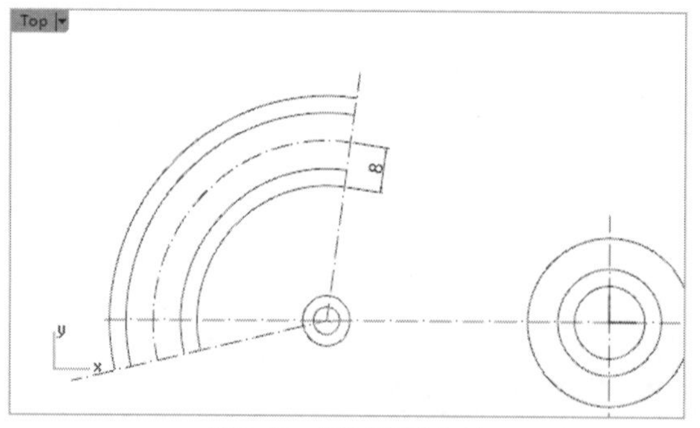

图6-40　绘制偏移曲线

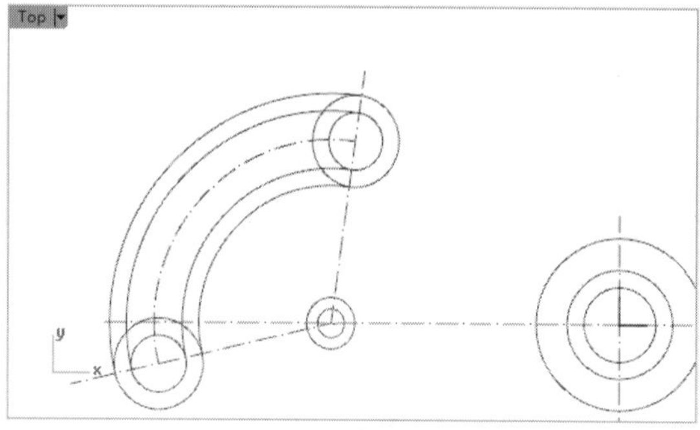

图6-41　绘制4个圆

13在【圆弧】工具列中单击【正切、正切、半径】按钮，绘制如图6-42所示的相切圆弧。

14在【圆】工具列中单击【中心点、半径】按钮，绘制圆心坐标为（-20,-11,0）、圆上一点与大圆相切的圆，如图6-43所示。

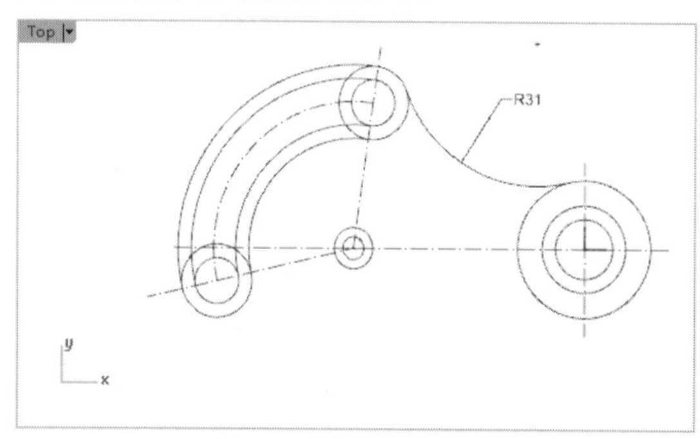

图6-42　绘制相切圆弧

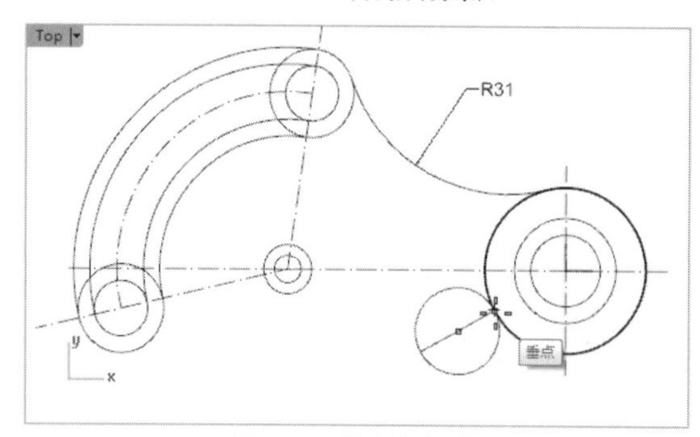

图6-43　绘制相切圆

15在【直线】工具列中单击【与两条曲线正切】按钮，绘制如图6-44所示的相切直线。

16利用【修剪】工具，修剪轮廓曲线，得到最终的零件外形轮廓，如图6-45所示。

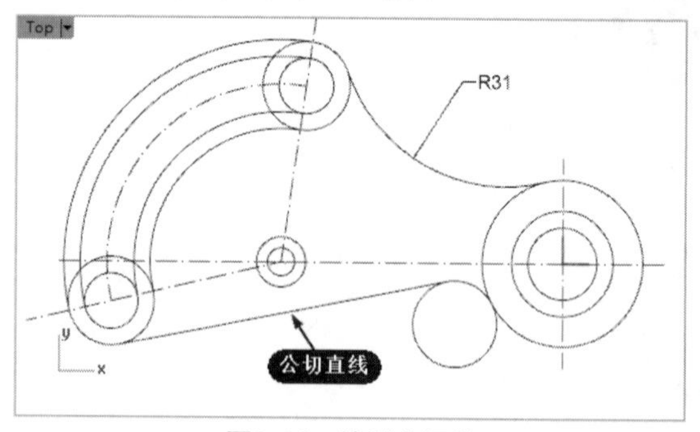

图6-44　绘制公切线

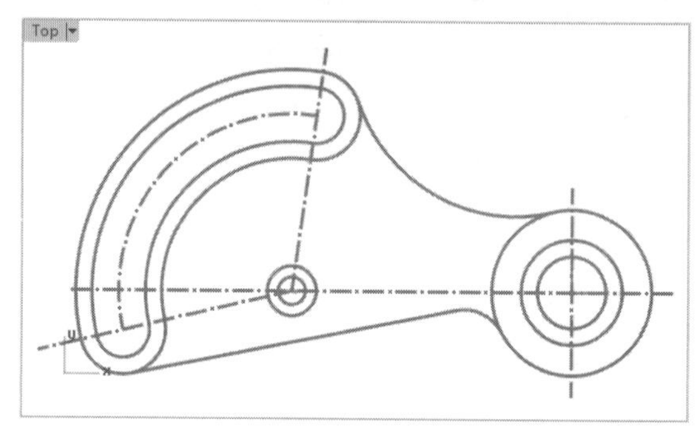

图6-45　修剪图形后的最终轮廓

6.2.2　往曲面法线方向偏移曲线

该工具主要用于对曲面上的曲线进行偏移。曲线偏移方向为曲面的法线方向，并且可以通过多个点控制偏移曲线的形状。

动手操作——往曲面法线方形偏移曲线

01在Top视窗中用【内插点曲线】工具绘制一条曲线，如图6-46所示。转入Front视窗，再利用【偏移曲线】工具将这条曲线偏移复制一次（偏移距离为15），如图6-47所示。

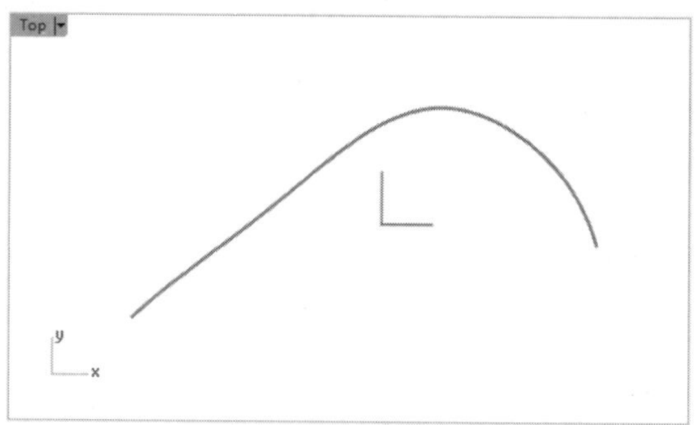

图6-46　绘制内插点曲线

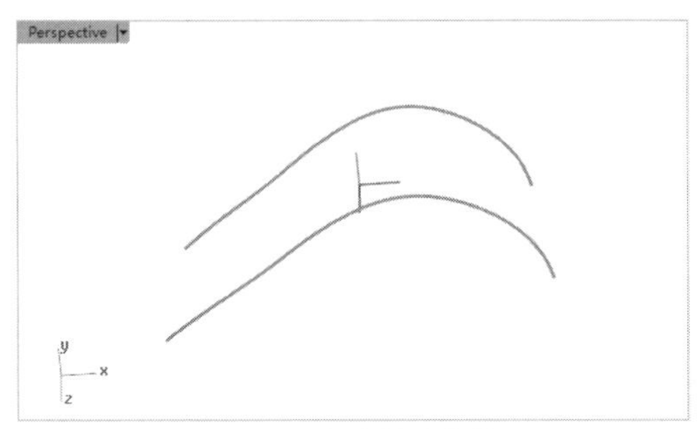

图6-47　创建偏移曲线

02切换到Perspective视窗，在【曲面工具】标签下的左边栏中单击【放样】按钮，依次选取这两条曲线，放样得到一个曲面，如图6-48所示。

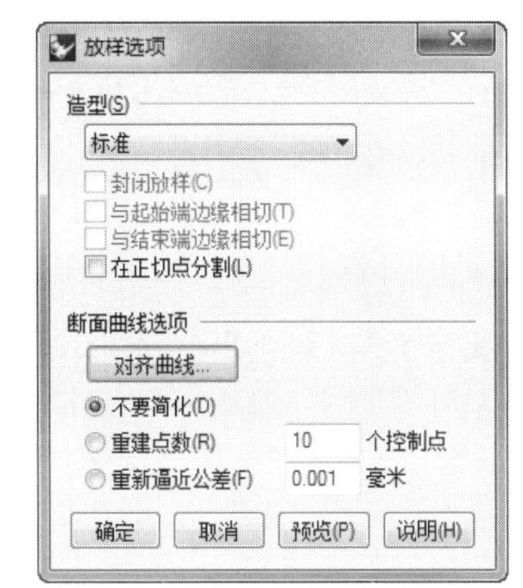

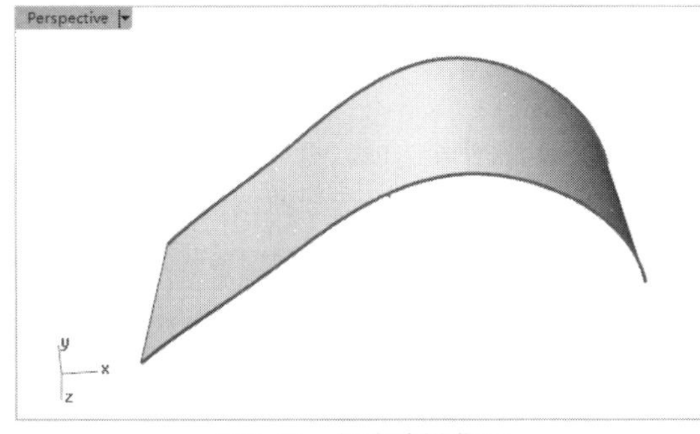

图6-48　创建放样曲面

03在菜单栏中执行【曲线】|【自由造型】|【在曲面上描绘】命令，在曲面上绘制一条曲线，如图6-49所示。

04在【曲线工具】标签中单击【往曲面法线方向偏移曲线】按钮，依次选取曲面上的曲线和基底曲面，根据命令行提示，在曲线上选择一个基准点，拖动鼠标，将会拉出一条直线，该直线为曲面在基准点处的法线，然后在所需高度单击。

05如果不希望改变曲线形状，则可按Enter键或右击，完成偏移操作，如图6-50所示。

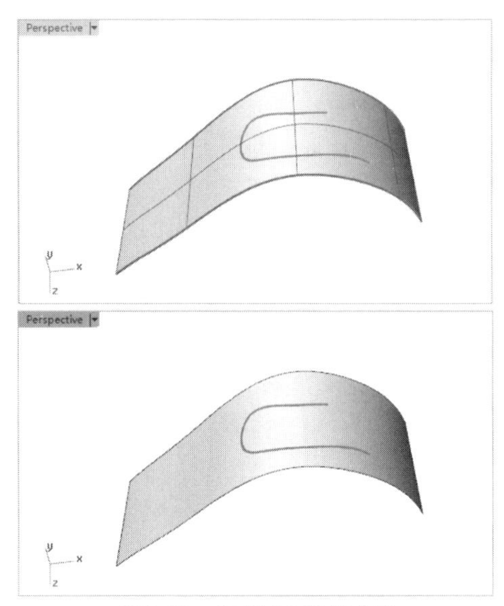

图6-49　在曲面上绘制曲线

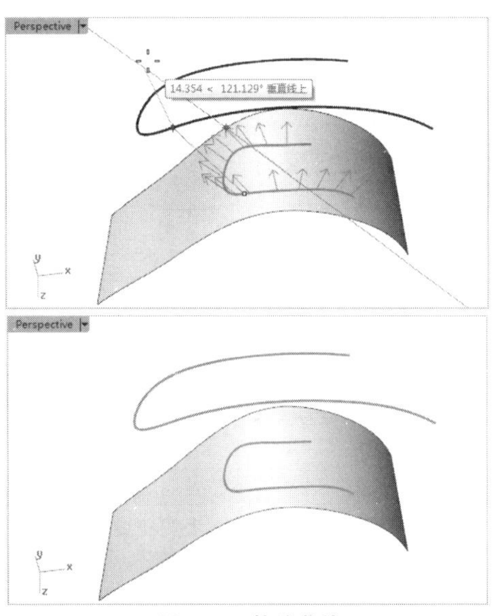

图6-50　偏移曲线

技术要点：如果希望改变曲线形状，则可在原曲线上继续选择点，确定高度，重复多次，最后按Enter键或右击，完成偏移操作，如图6-51所示。

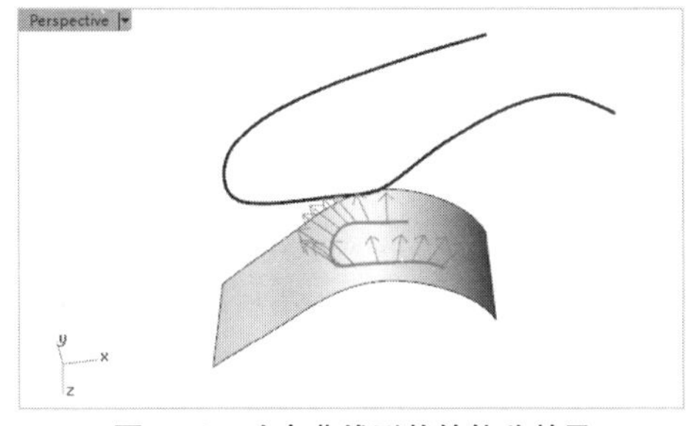

图6-51　改变曲线形状的偏移效果

6.2.3 偏移曲面上的曲线

使用此工具可以让曲线在曲面上进行偏移，值得注意的是，曲线在曲面上延伸后得到的曲线会延伸至曲面的边缘。

绘制一个曲面和一条曲面上的线。单击【偏移曲面上的曲线】按钮，依次选取曲面上的曲线和基底曲面，在命令行中输入偏移距离并选择偏移方向，然后按Enter键或右击，完成偏移操作，如图6-52所示。

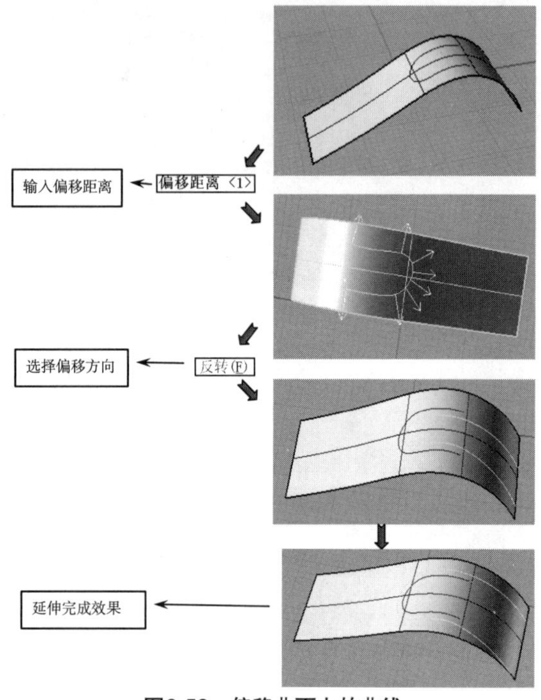

图6-52 偏移曲面上的曲线

技术要点：以上两个关于曲面上的曲线偏移复制的工具有所不同：一个是沿法线方向进行，偏移出的曲线不在原曲面上；一个是在原曲面表面进行，偏移出的曲线在原曲面上，运用时要注意区别。

6.3 曲线混接

曲线混接是在两条曲线之间建立平滑过渡的曲线。该曲线与混接前的两条曲线分别独立，如需结合成一条曲线，则需单击【组合】按钮。【混接曲线】工具在【曲线工具】标签中。

6.3.1 简易混接曲线

该工具的功能是在两条曲线之间产生一条保持G2连续的曲线。

在Top视窗中绘制两条曲线。在菜单栏中执行【曲线】|【混接曲线】|【简易混接曲线】命令，或右击【曲线工具】标签中的按钮选取两条曲线的末端，即可在所选择的末端产生一条过渡曲线，如图6-53所示。

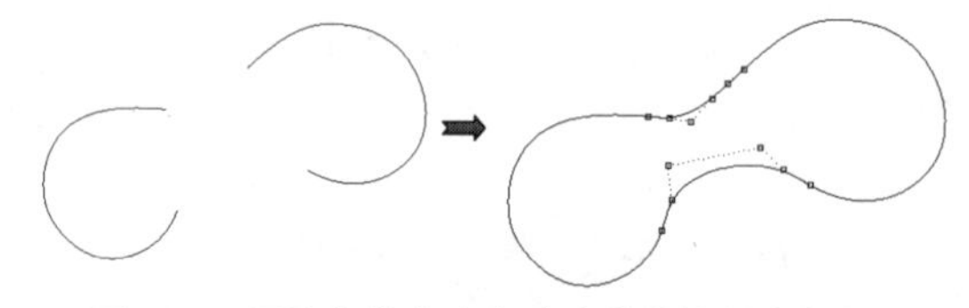

图6-53 混接曲线（注意过渡曲线控制点数）

技术要点：执行该操作得到的是具有G2连续的过渡曲线，因此要保持曲线的两端曲率不变，最少需要6个控制点。

单击【混接曲线】按钮后，命令行里会有如下提示：

选取要混接的第一条曲线 - 点选要混接的端点处（垂直(P) 以角度(A) 连续性(C)=曲率）:

下面介绍各选项的功能。

- 垂直：输入P。当连续性=相切或曲率时，可以使用此选项设定建立的混接曲线的任意一端垂直于曲线或者曲面边缘。这里有两种操作方法。

①输入P激活该选项，先选取曲线1，然后在曲线1上选择垂直点，再选取曲线2的混接端点，混接完成，如图6-54所示。

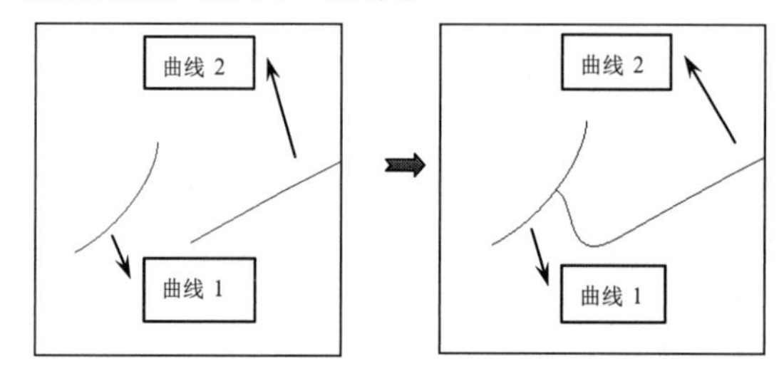

图6-54 曲线垂直混接

②先选取曲线2，然后输入P激活该选项，再选取曲线1，并选择垂直点，则产生的混接曲线会与曲线2保持G2连续，与曲线1垂直，结果如图6-54所示。

- 以角度：输入A。当连续性=相切或曲率时，可以使用与曲面边缘垂直以外的角度建立混接曲线。因为这个选项无法使用输入的方式设置角度，所以通常需要有其他物体作为决定角度大小的参考。按住Shift键可以限制混接曲线与曲面边缘相切或垂直。

- 连续性：输入C。选择过渡曲线的连续性，同样有位置、相切、曲率3种类型可选。

动手操作——创建简易混接曲线

01打开本例源文件6-3-1.3dm，如图6-55所示。

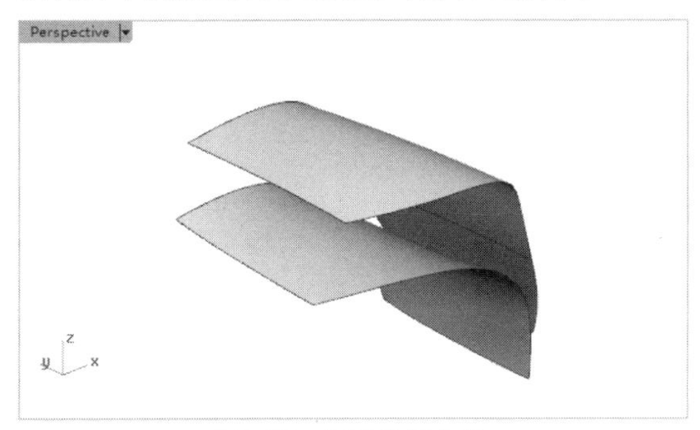

图6-55 打开的源文件

02在两个曲面上分别选取一条边缘作为要混接的第一曲线和第二曲线，如图6-56和图6-57所示。

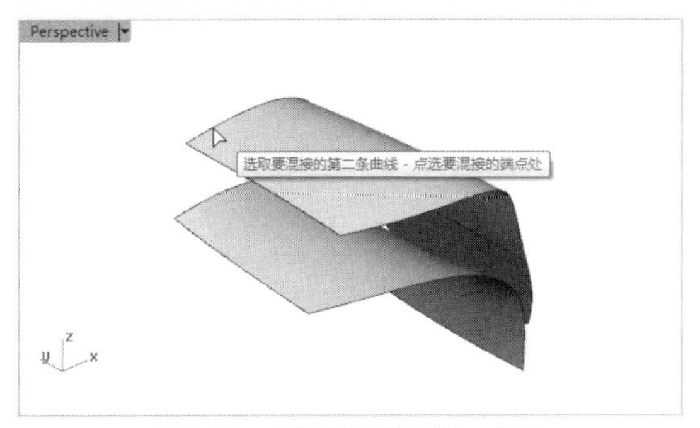

图6-56 选取要混接的第一曲线

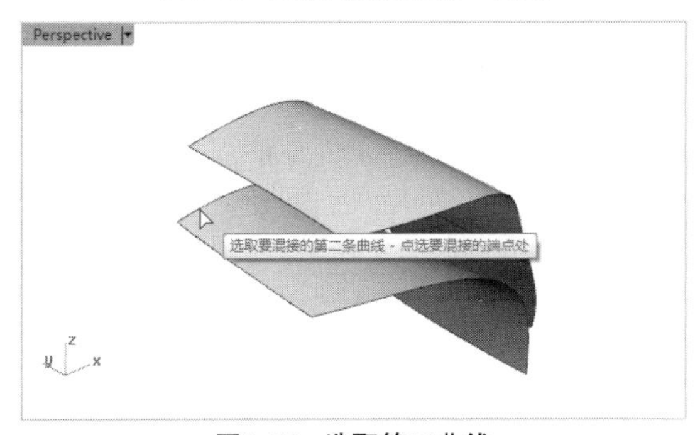

图6-57 选取第二曲线

03随后自动创建连接第一曲线和第二曲线的简易混接曲线，如图6-58所示。

04同理，依次创建其余的简易混接曲线，如图6-59所示。

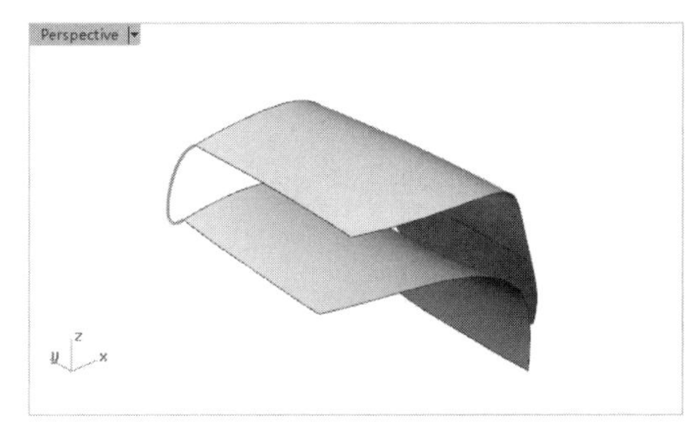

图6-58 创建简易混接曲线

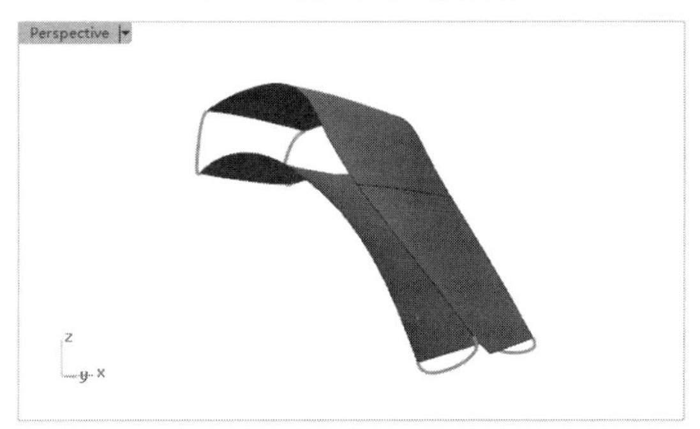

图6-59 创建其余的简易混接曲线

6.3.2 可调式混接曲线

该工具的功能是在两条曲线或两个曲面边缘建立可以动态调整的混接曲线。

在Top视窗中绘制两条曲线。在【曲线工具】标签中单击【可调式混接曲线】按钮，依次选取要混接曲线的混接端点，会弹出【调整曲线混接】对话框，可以预览并调整混接曲线。调整完毕后，单击【确定】按钮完成操作，如图6-60所示。

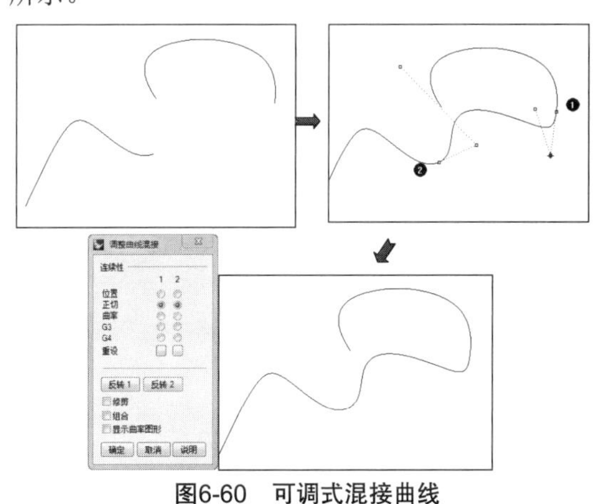

图6-60 可调式混接曲线

在单击【可调式混接曲线】按钮后，命令行里会有如下提示。

选取要混接的曲线（边缘(E) 点(P)）：

下面介绍各选项的功能。

- 边缘：在曲面边缘建立混接曲线。
- 点：指定要混接至的点。

选取要混接的曲线后，命令行会显示如下提示。

选取要调整的控制点，按住 SHIFT 并选取控制点做对称调整。:

> **技术要点：**①按住Shift键，选取的控制点可以做对称性的调整。②预设的情形下，混接曲线的控制杆会与曲面边缘垂直，按住Alt键并移动控制杆上的控制点，可以改变控制杆的角度。

下面介绍【调整曲线混接】对话框中各选项的含义。

- 连续性：曲线与曲线之间的曲线连接质量。包括位置连续G0、正切连续G1、曲率连续G2、G3连续和G4连续。简易混接曲线其实就是G1连续曲线。
- 重设：单击此按钮，重新设定连续性。
- 反转：反转曲线连接的方向。
- 修剪：勾选该复选框，混接曲线将与原参考曲线分离，成为独立的曲线，如图6-61所示。

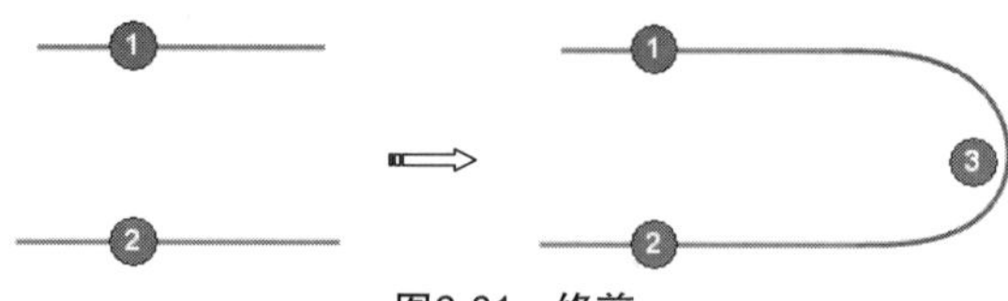

图6-61　修剪

- 组合：勾选该复选框，混接曲线将与原参考曲线组合，形成完整的一条曲线，如图6-62所示。

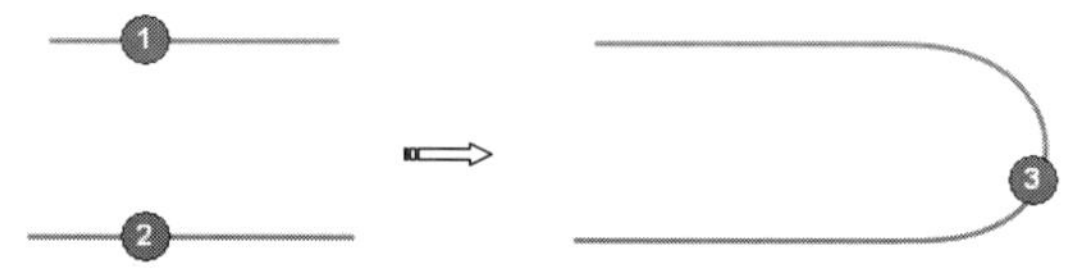

图6-62　组合

- 显示曲率图形：勾选此复选框，将显示曲率梳，如图6-63所示。

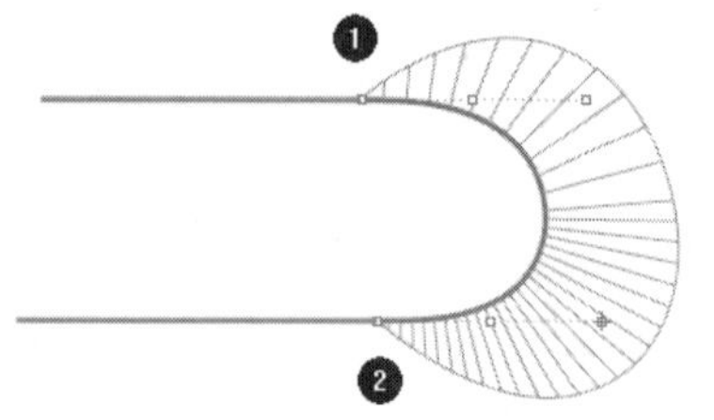

图6-63　显示曲率梳

动手操作——创建可调式混接曲线

01打开本例源文件6-3-2.3dm，如图6-64所示。

02单击【可调式混接曲线】按钮，然后选择如图6-65所示的曲面边缘作为要混接的边缘，并在【调整曲线混接】对话框中设置连续性均为正切。

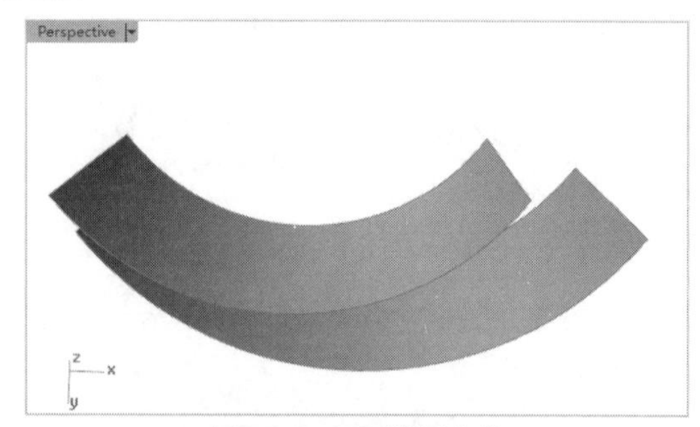

图6-64　打开的源文件

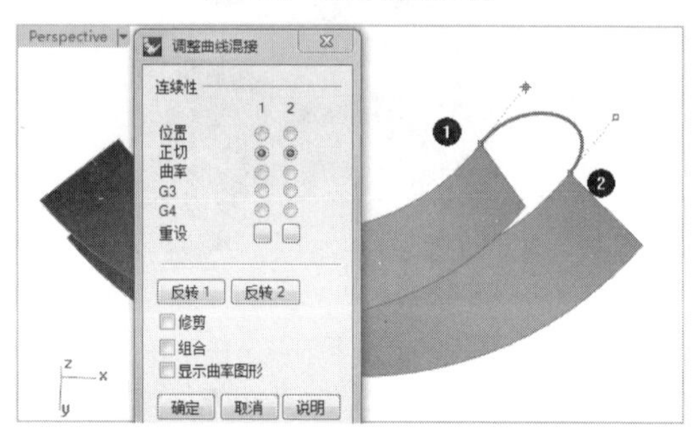

图6-65　选择要混接的边并设置连续性

03在Perspecive视窗中选取控制点，然后拖动，改变混接曲线的延伸长度，如图6-66所示。

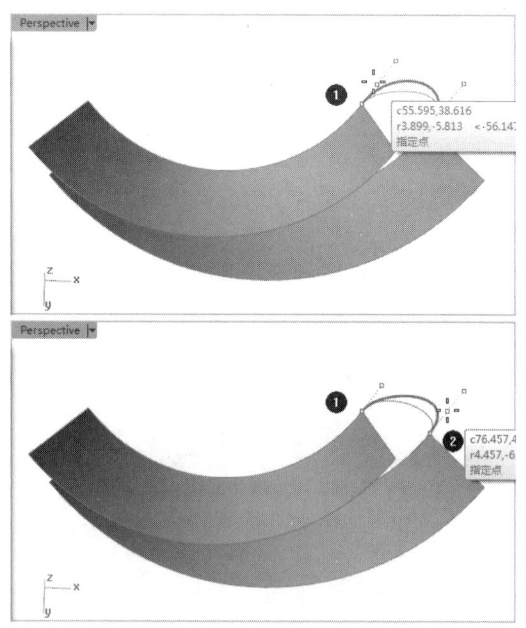

图6-66　调整混接曲线延伸长度

04单击【调整曲线混接】对话框中的【确定】按钮完成混接曲线的创建。同理，在另一侧也创建混接曲线，如图6-67所示。

05单击【可调式混接曲线】按钮，在命令行提示中单击【边缘】选项，然后在视窗中选取曲面边缘，如图6-68所示。

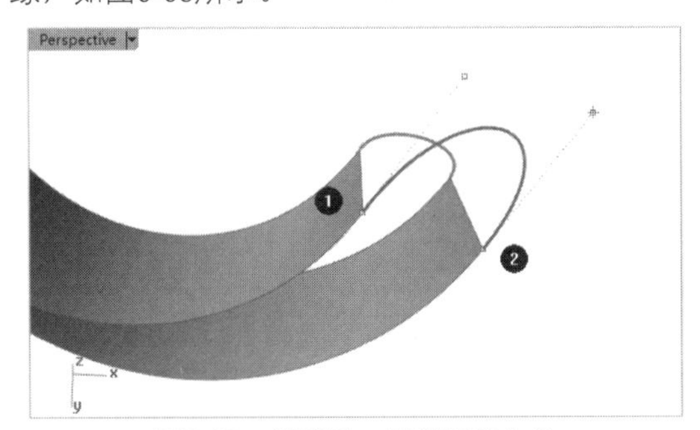

图6-67　创建另一侧的混接曲线

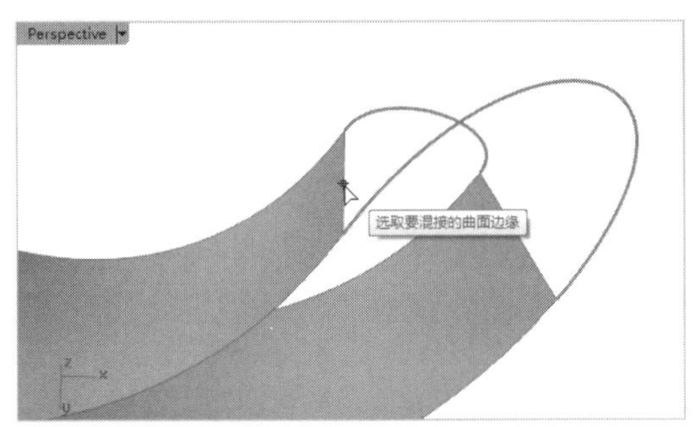

图6-68　选取曲面边缘

06选取另一曲面上的曲面边缘后，弹出【调整曲线混接】对话框，并显示预览，如图6-69所示。设置连续性为【曲率】连续，单击【确定】按钮，完成混接曲线的创建。

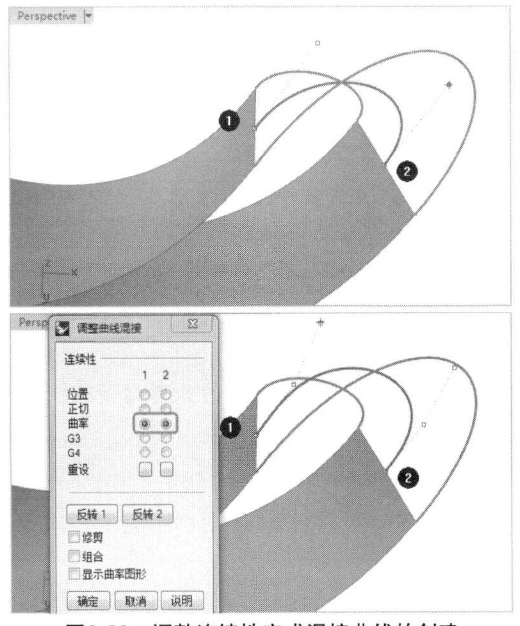

图6-69　调整连续性完成混接曲线的创建

6.3.3 弧形混接曲线

用【弧形混接曲线】工具可以创建由两个相切连续的圆弧组成的混接曲线。

在【曲线工具】标签中单击【弧形混接曲线】按钮，在视窗中选取第一条曲线的端点和第二条曲线端点，命令行中显示如下提示。

选取要调整的弧形混接点，按 Enter 完成（半径差异值(R) 修剪(T)=否）:

同时生成弧形混接曲线预览，如图6-70所示（两参考曲线为异向相对）。

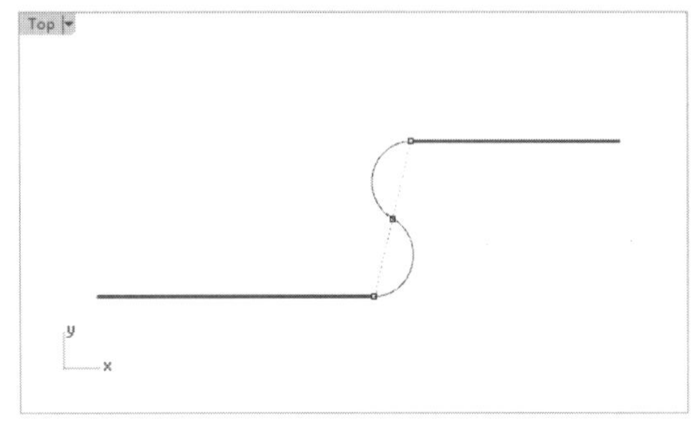

图6-70　弧形混接曲线预览

- 半径差异值：建立 S 形混接圆弧时，可以设定两个圆弧半径的差异值。半径差异值为正数时，先选择的曲线端（Œ）的圆弧会大于另一个圆弧，半径差异值为负数时，后选择的曲线端的圆弧会较大，如图6-71所示。

技术要点： 除了输入差异值来更改圆弧大小外，还可以拖动控制点进行改变，如图6-72所示。

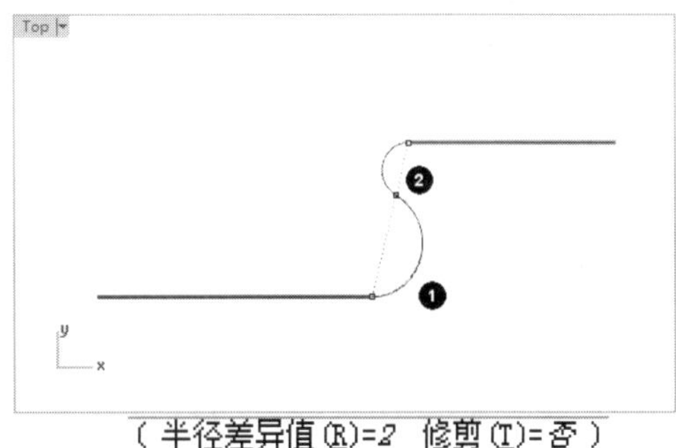

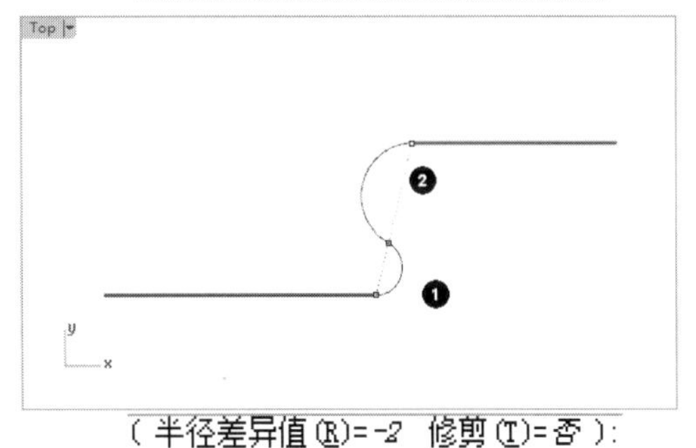

图6-71　半径差异值分别为正负数的对比

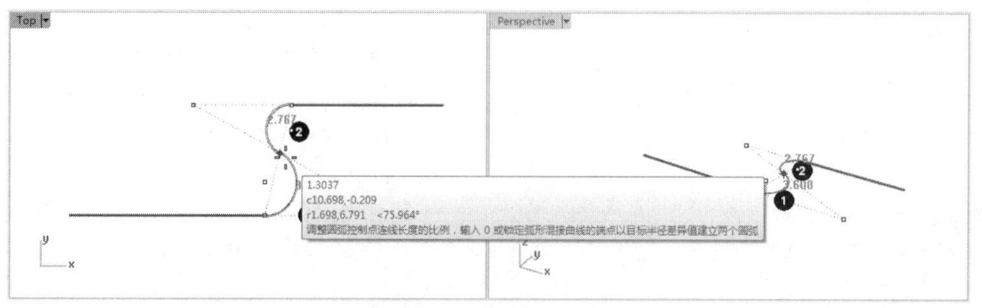

图6-72　手动控制半径差异

- 修剪：当拖动混接曲线端点到参考曲线任意位置时，会有多余曲线产生，此时可以设置修剪为“是”或者“否”，“是”表示要修剪，“否”表示不修剪，如图6-73所示。此外，在命令行中还增加了【组合=否】选项。同理，若是设为否，即混接曲线与参考曲线不组合，反之则组合成整体。

选取要调整的弧形混接点，按 Enter 完成（半径差异值(R)　修剪(T)=是　组合(J)=否）:

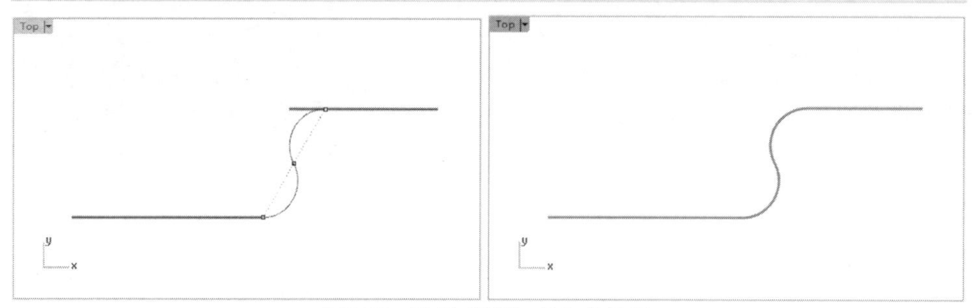

图6-73　设置“修剪=是”的结果

当两参考曲线的位置状态产生如图6-74所示的同向变化时，弧形混接曲线也发生变化。在命令行中增加了与先前不同的选项，即【其他解法】选项。

选取要调整的弧形混接点，按 Enter 完成（其它解法(A)　半径差异值(R)　修剪(T)=是　组合(J)=否）:

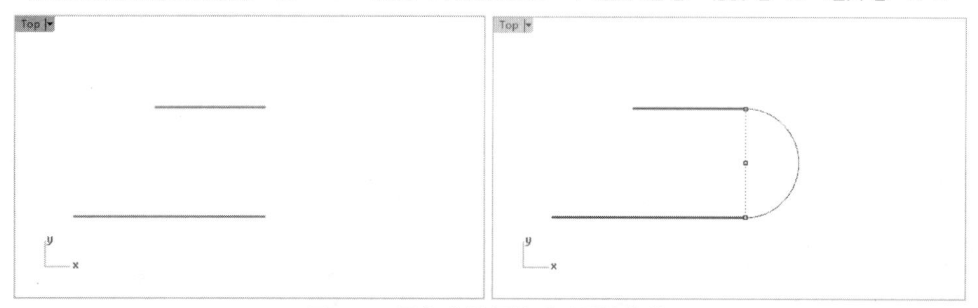

图6-74　同向曲线间的弧形混接曲线

单击【其他解法】选项，可以创建反转一个或两个圆弧的方向，建立不同的弧形混接曲线，如图6-75所示。

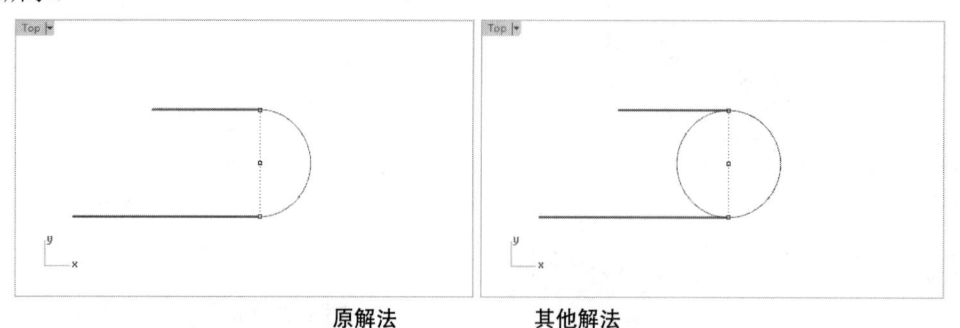

原解法　　其他解法

图6-75　其他解法与原解法的对比

6.4 从物件建立曲线

从物件建立曲线是基于已有曲面上的曲线或曲面边缘建立的新曲线。在【曲线工具】标签中单击【投影曲线】按钮右下角的三角按钮◢，展开【从物件建立曲线】工具列，如图6-76所示。

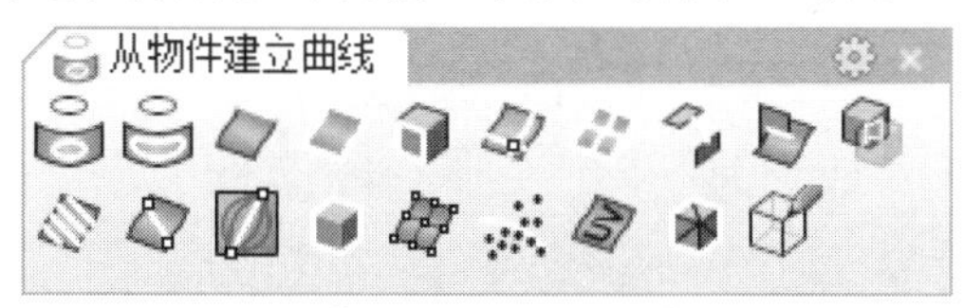

图6-76 【从物件建立曲线】工具列

下面详解该工具列中各工具的含义及应用。

6.4.1 投影曲线

用【投影曲线】工具可以将选取的曲线、点投影到指定的曲面、多重曲面和网格上。

单击【投影曲线】按钮，命令行中显示如下提示。

选取要投影的曲线或点物件（松弛(L)=否 删除输入物件(D)=否 目的图层(O)=*目前的*）:

下面介绍选项的含义。

- 松弛：将曲线的编辑点投影至曲面上，曲线的结构完全不会改变。所以曲线可能不会完全服贴于曲面上，当投影的曲线超出曲面的边界时，无法以松弛模式投影。
- 删除输入物件：将原来的物件从文件中删除。
- 目的图层：指定命令建立物件的图层。

动手操作——创建投影曲线

01打开源文件6-4-1.3dm，如图6-77所示。

02单击【投影曲线】按钮，然后选取要投影的曲线（Rhino文字），可以框选，如图6-78所示。选取后右击确认。

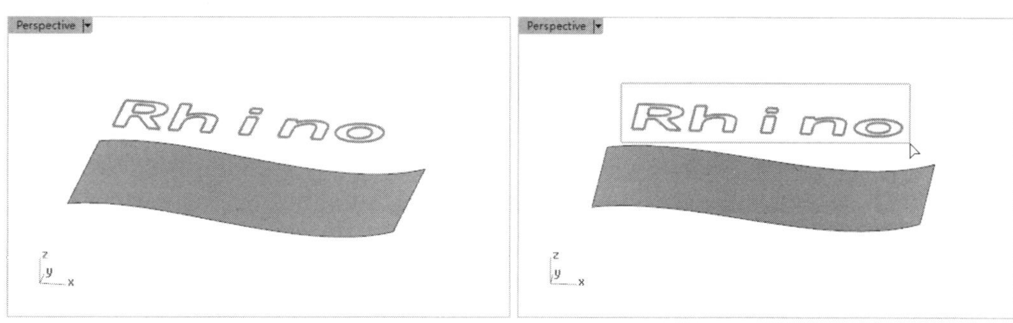

图6-77 打开的源文件　　图6-78 框选要投影的曲线

03按信息提示选取投影至其上的曲面，然后单击右键完成曲线的投影，如图6-79所示。

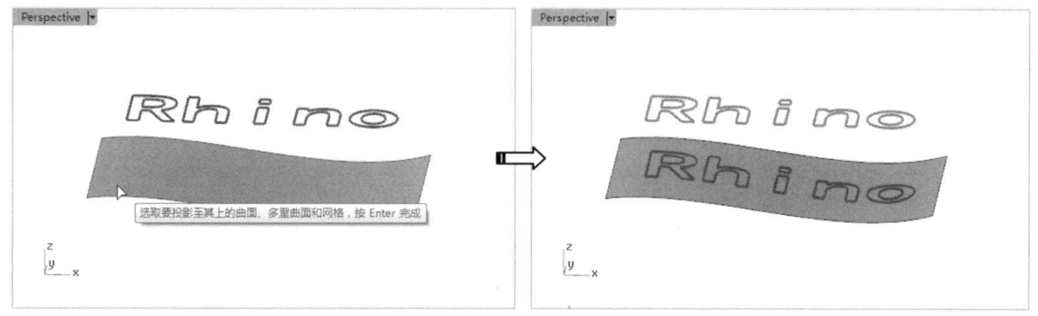

图6-79 选取曲面并确认，完成投影

6.4.2 拉回曲线

用【拉回曲线】工具可以在曲面法线方向上投影，而用【投影曲线】工具是以垂直于工作平面方向进行原始投影。

动手操作——创建拉回曲线

01打开源文件6-4-2.3dm，如图6-80所示。

02单击【投影曲线】按钮，然后选取要拉回的曲线（Rhino文字），可以框选，如图6-81所示。选取后右击确认。

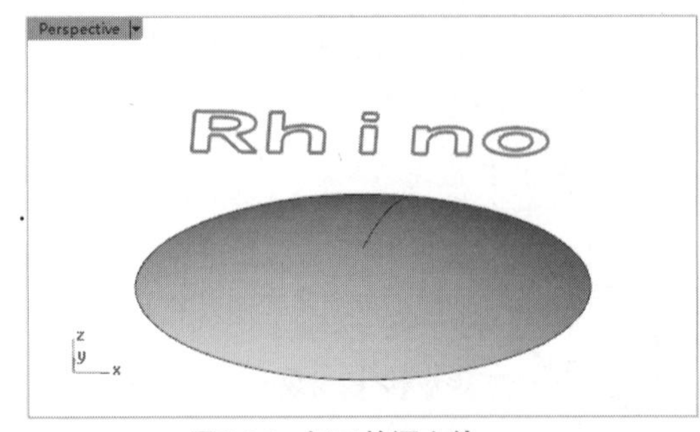

图6-80 打开的源文件

图6-81 框选要拉回的曲线

03按信息提示选取拉至其上的曲面，最后右击完成曲线的投影，如图6-82所示。

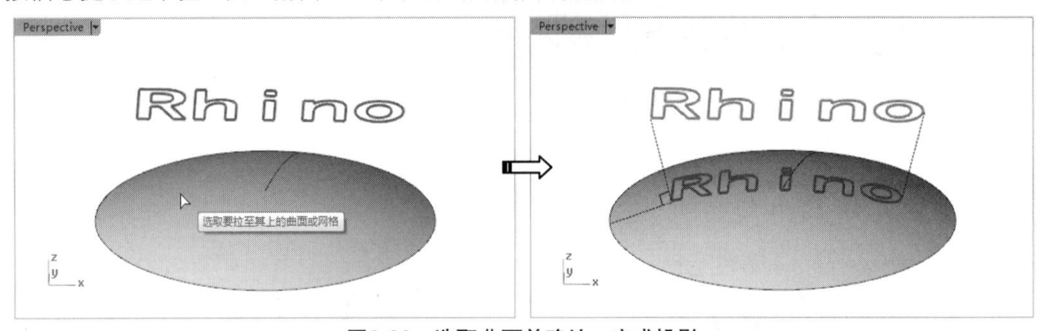

图6-82 选取曲面并确认，完成投影

6.4.3 复制边框与边缘

复制边框与边缘可以将曲面、多重曲面、实体表面、网格或剖面线复制，生成新的曲线，包括3个功能，分别是复制边缘、复制边框和复制面的边框。

1. 复制边缘

用【复制边缘】工具可以复制曲面边缘、实体边缘为新的曲线。边缘是物件上看得见的边线，如图6-83所示。

> **技术要点：** 可以在视窗右侧的【显示】选项面板中勾选或取消勾选【曲面边缘】以控制曲面边缘的显示，如图6-84所示。

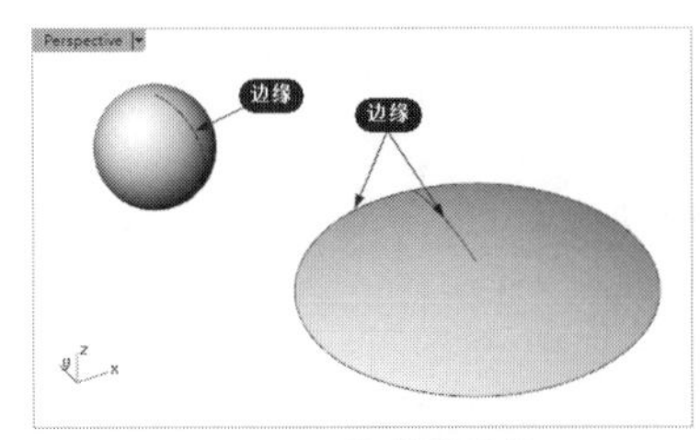

图6-83 物件的边缘

图6-84 曲面边缘的显示控制

单击【复制边缘】按钮，选取要复制的边

缘后，即可创建新曲线，如图6-85所示。

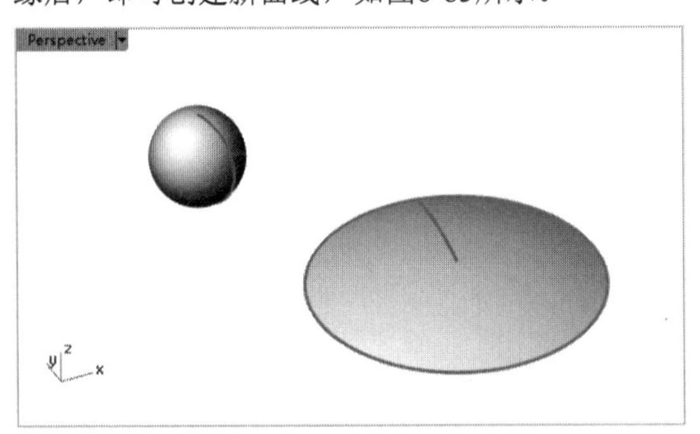

图6-85　复制边缘得到新曲线

若右击【复制边缘】按钮，可以复制网格的边缘得到曲线，如图6-86所示。

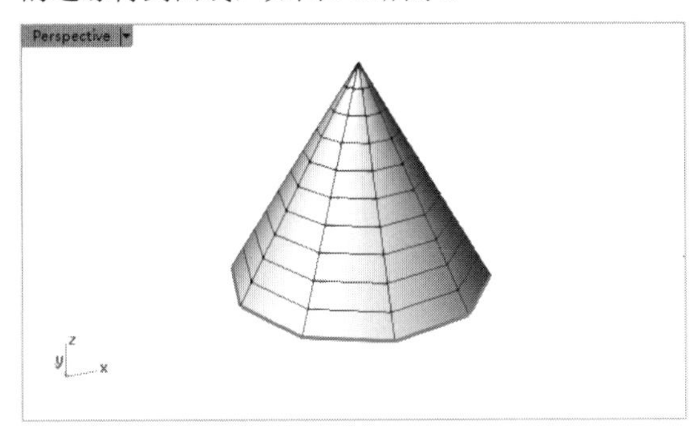

图6-86　复制网格边缘

2. 复制边框

边框仅仅指曲面或者网格的边界线，且曲面或网格的边界是开放的。

单击【复制边框】按钮，选取曲面，随后建立曲线，如图6-87所示。

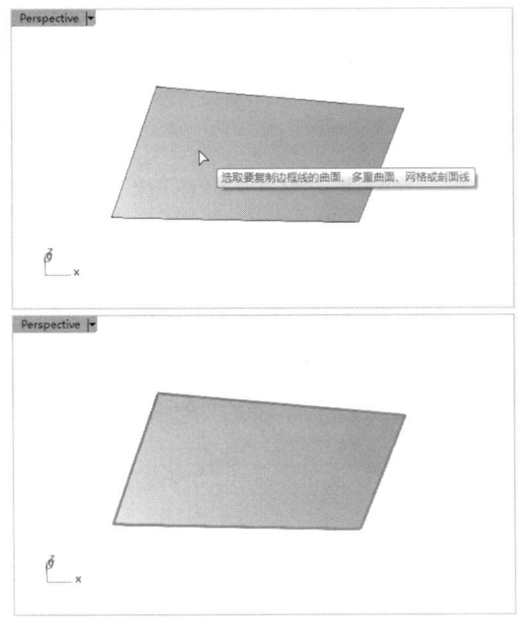

图6-87　复制曲面边框建立曲线

3. 复制面的边框

【复制面的边框】工具与【复制边框】工具类似，可用于复制开放曲面、网格边界建立新曲线。不同的是，用【复制面的边框】工具可以复制实体边界，而用【复制边框】工具不能复制实体面。

单击【复制面的边框】按钮，选取实体面或曲面，随后建立新曲线，如图6-88所示。

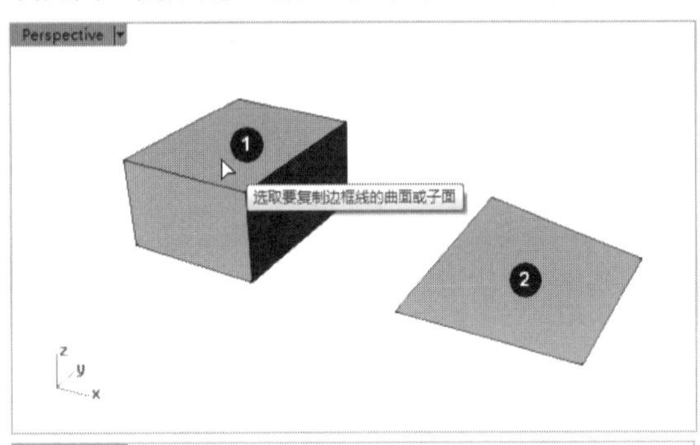

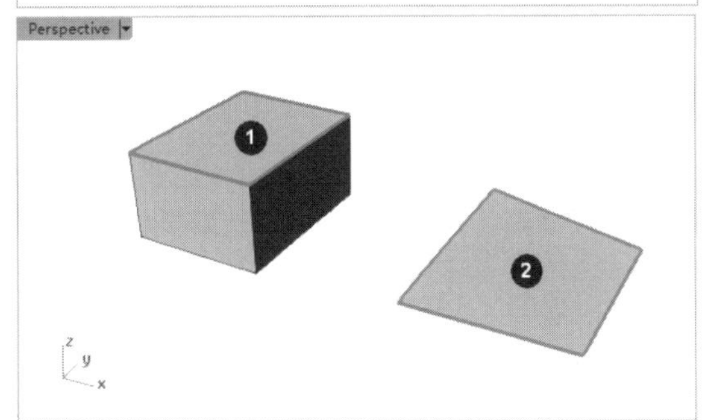

图6-88　复制面的边框

技术要点：使用【复制面的边框】工具不能复制网格的边框。

6.4.4　抽离曲线

Rhino提供几种抽离曲线的方法，如抽离结构线、抽离线框、抽离点等。

1. 抽离结构线

【抽离结构线】工具主要用于建立混接曲线或混接曲面，在参考曲面上要抽取参考曲线，如设计三通管、多通管曲面。

动手操作——构建三通管曲面

01新建Rhino文件，在Top视窗中利用【直线】命令绘制两条直线，如图6-89所示。

02在菜单栏中执行【曲面】|【旋转】命令，选取短直线绕长直线旋转360°创建曲面，如图6-90所示。

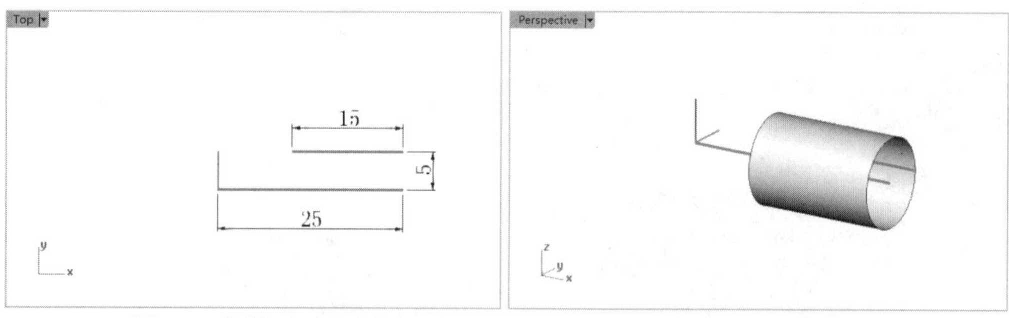

图6-89 绘制两条水平直线　　图6-90 创建旋转曲面

03在菜单栏中执行【变动】|【阵列】|【环形】命令，选取旋转曲面绕坐标系原点进行环形阵列，阵列个数为3，阵列角度为360°，结果如图6-91所示。

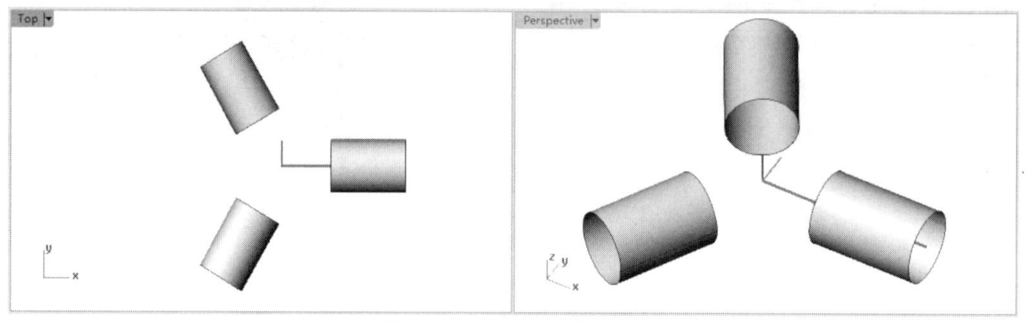

图6-91 环形阵列旋转曲面

04单击【抽离结构线】按钮，选取要抽离结构线的曲面——3个曲面之一，如图6-92所示。

05在命令行中单击【方向（D）】选项，将方向改为V向，然后将光标移动到曲面边缘的四分点上单击，即可抽离一条结构线，如图6-93所示。

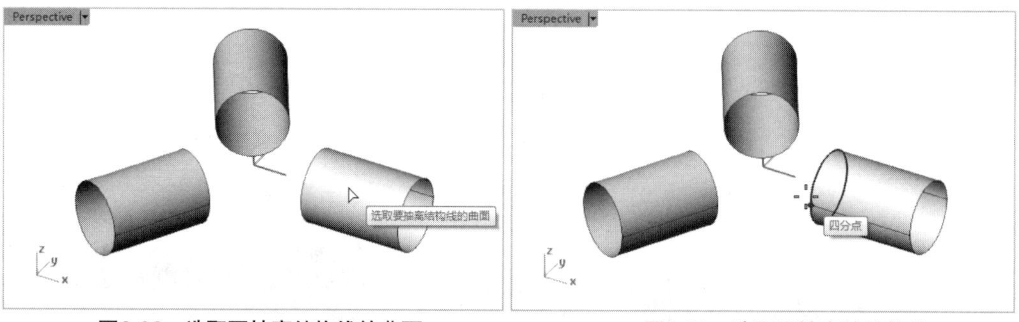

图6-92 选取要抽离结构线的曲面　　图6-93 选取要抽离的结构线

06继续抽离该旋转曲面上其余两条结构线，如图6-94所示。

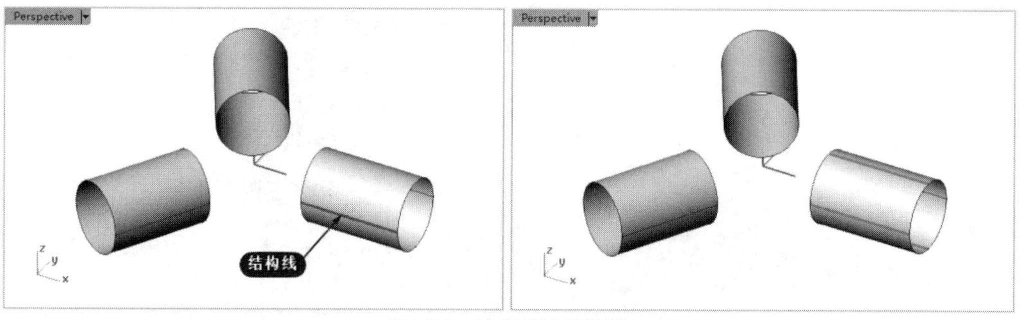

图6-94 抽离其他结构线

技术要点：建立旋转曲面时，中间存在一条曲面边缘，稍后可以用作混接曲面的参考曲线。

07同理，在其余两个旋转曲面上也分别抽离出3条结构线，如图6-95所示。

08利用【分割】命令，用抽离的结构线来分割各自所在的曲面，结果如图6-96所示。

技术要点：可以同时选取几个要分割的曲面和多条分割用的结构线。

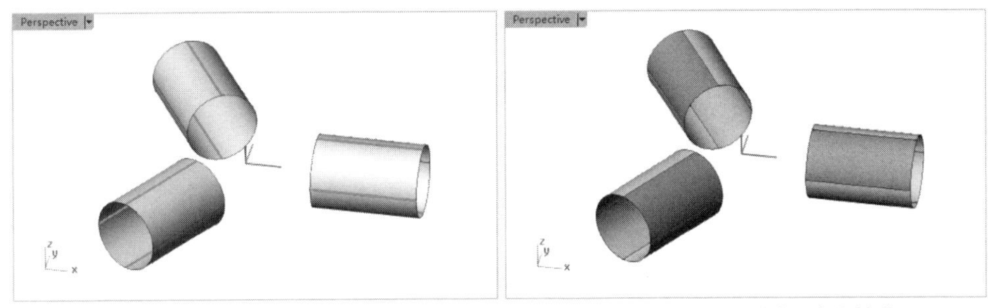

图6-95 抽离其他曲面上的结构线　　图6-96 分割3个旋转曲面

09隐藏结构线。在菜单栏中执行【曲面】|【混接曲面】命令，选取第一边缘的第一段和第二边缘的第一段，创建如图6-97所示的混接曲面。

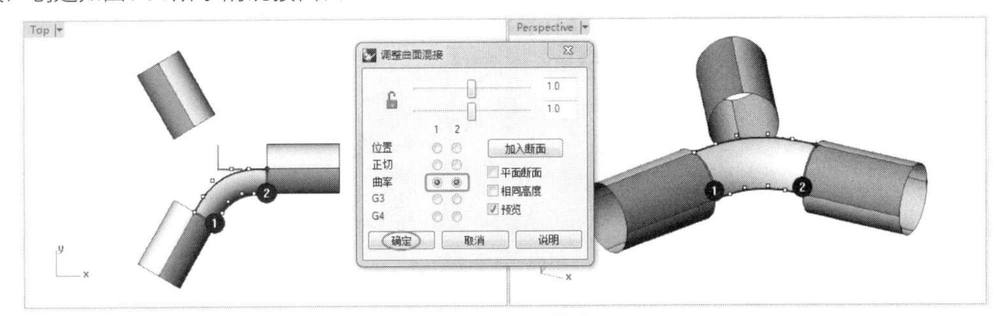

图6-97 创建混接曲面

10同理，创建另外两个混接曲面，如图6-98所示。

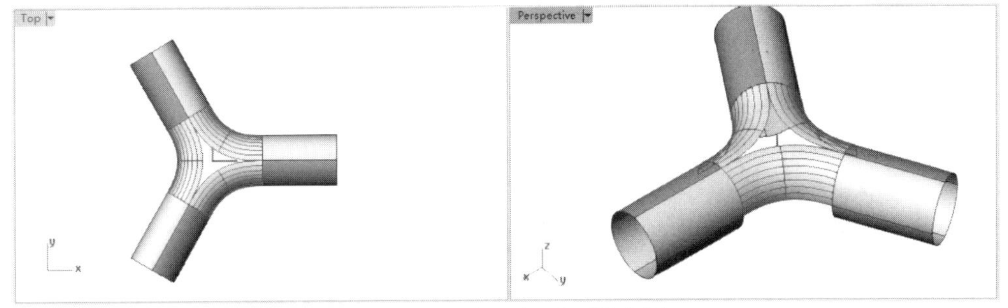

图6-98 创建另外两个混接曲面

11单击【抽离结构线】按钮，选取编号为❶的混接曲面作为抽离曲面，在命令行中设定方向为V，然后确定结构线位置，如图6-99所示。

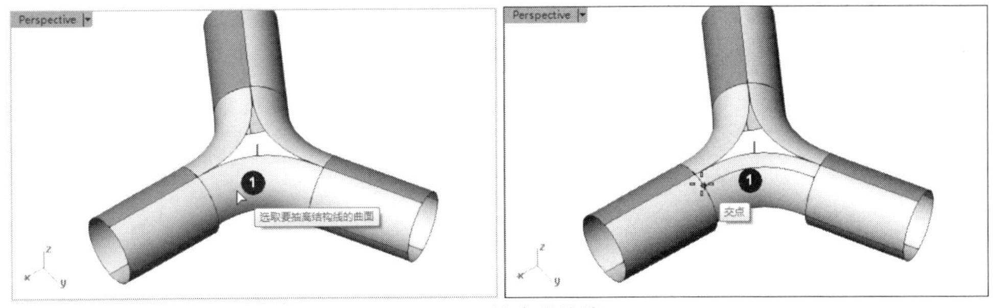

图6-99 抽离结构线

12同理在编号❷、❸混接曲面上抽离出相同位置的结构线，如图6-100所示。

13利用【分割】命令，用抽离的结构线分别分割各自所在的曲面，如图6-101所示。

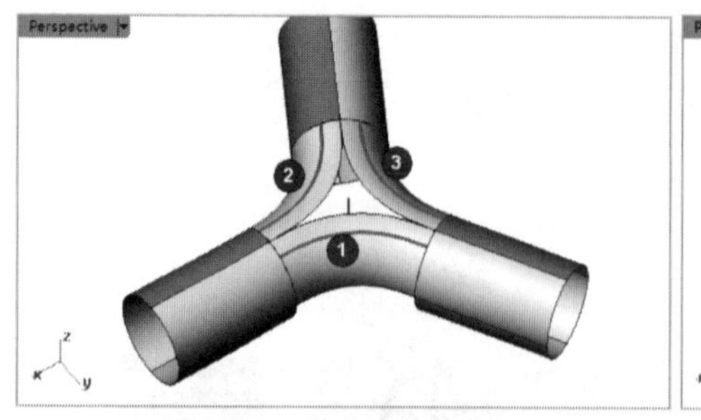

图6-100 抽离出结构线

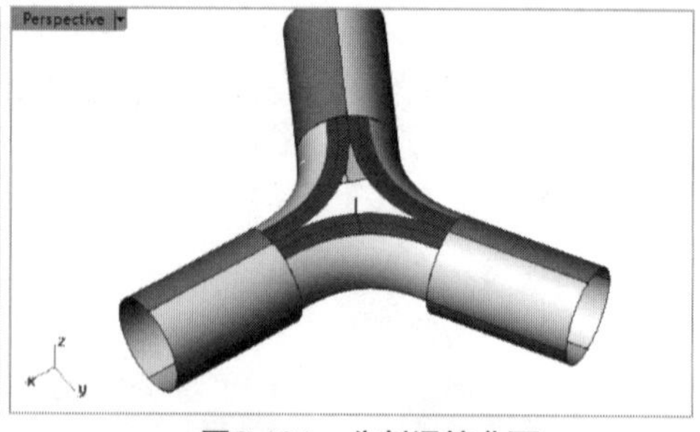

图6-101 分割混接曲面

技术要点：也可以利用【修剪】命令直接将多余的曲面修剪掉。

14将分割后的部分混接曲面删除，然后重新执行【分离结构线】操作，在命令行中将方向设定为U，抽离的结构线如图6-102所示。

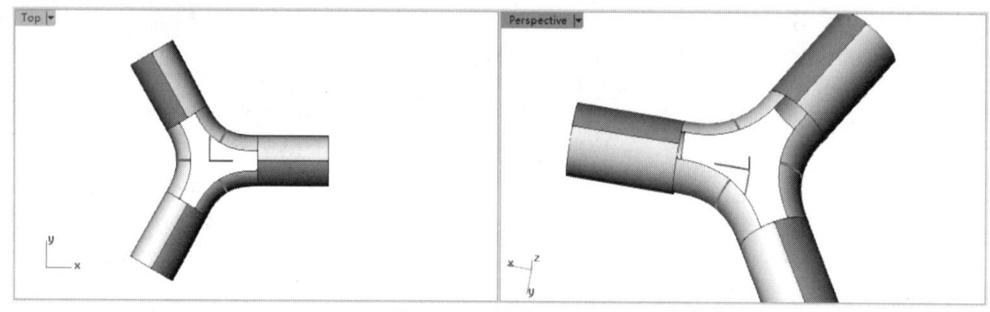

图6-102 抽离结构线

15利用【曲线工具】标签中的【可调式混接曲线】工具，创建如图6-103所示的混接曲线。

图6-103 创建混接曲线

技术要点：也可以利用【混接曲线】工具来创建混接曲线。

16同理，创建两条可调式混接曲线，如图6-104所示。

17利用【分割】命令，用U向的结构线来分割各自所在的曲面，如图6-105所示。

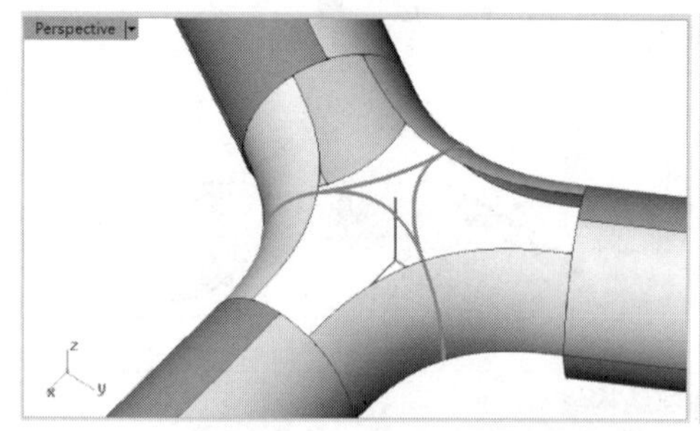

图6-104 创建其余混接曲线

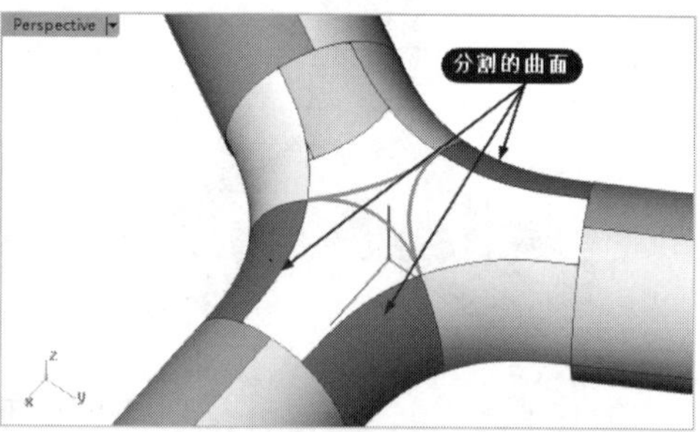

图6-105 分割曲面

18在【从物件建立曲线】工具列中单击【复制边缘】按钮，选取如图6-106所示的曲面边缘进行复制。

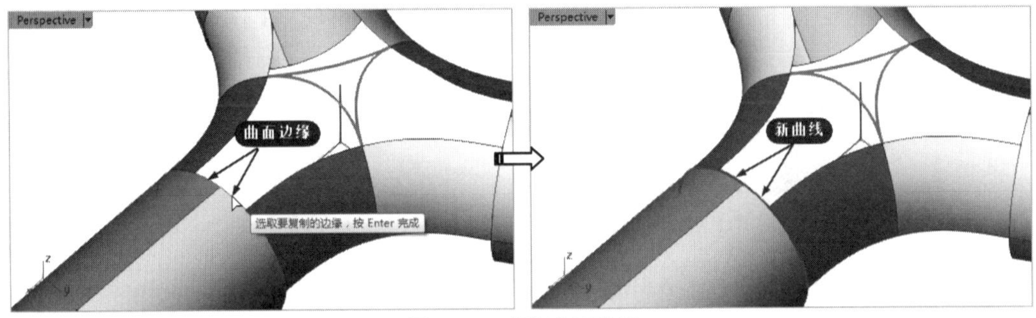

图6-106　复制曲面边缘

19在菜单栏中执行【编辑】|【组合】命令，将复制的两条曲线组合成一条。

20在【曲面工具】标签下左边栏中单击【以二、三或四个边缘曲线建立曲面】按钮，然后选取如图6-107所示的曲线与曲面边缘来创建曲面。

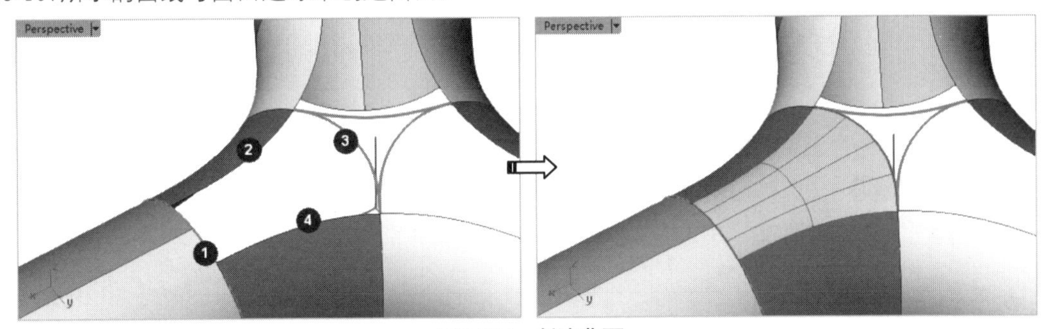

图6-107　创建曲面

21同理，用此工具再创建两个曲面，如图6-108所示。

22按步骤11~步骤21的操作方法，继续抽离结构线、分割曲面、创建混接曲线、复制曲面边缘、组合、创建曲面等操作，创建如图6-109所示的3个小曲面。

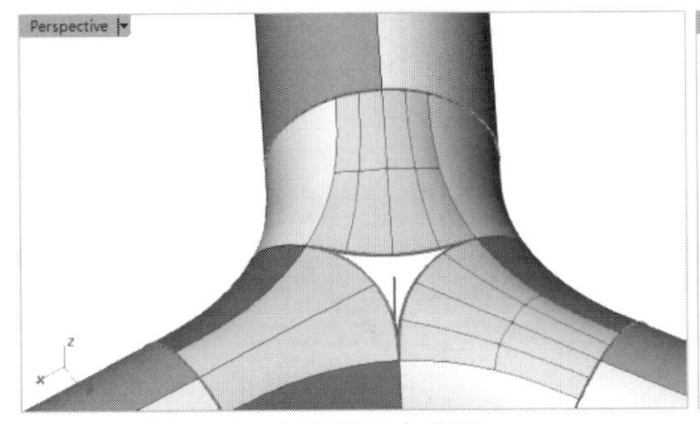

图6-108　创建另两个曲面

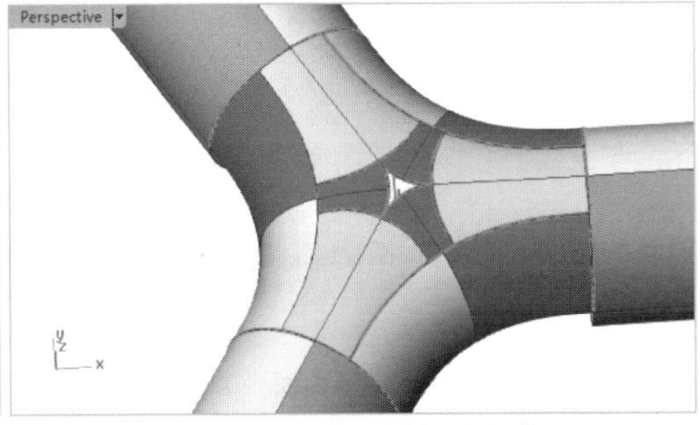

图6-109　按此方法创建3个小曲面

23利用菜单栏中的【曲面】|【嵌面】命令选取边，创建曲面，如图6-110所示。

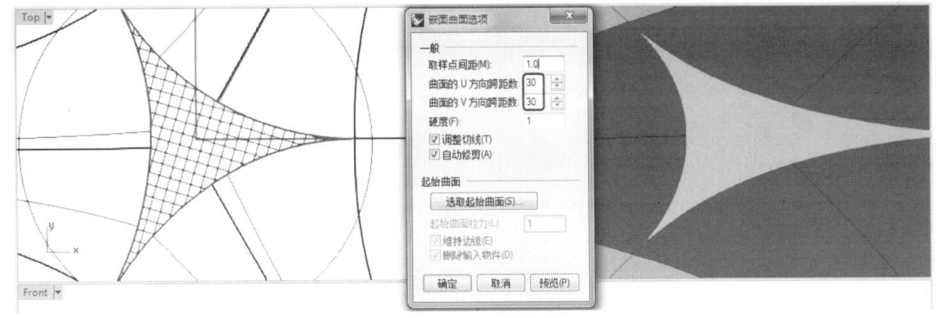

图6-110　创建曲面

24在菜单栏中执行【编辑】|【组合】命令，将除3个旋转曲面之外的其他曲面进行组合，如图6-111所示。

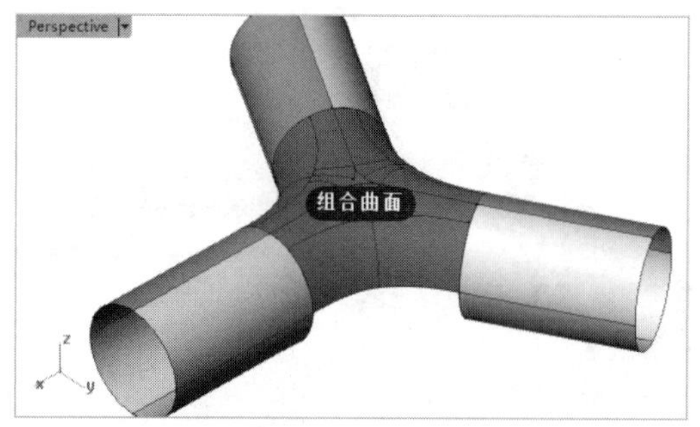

图6-111　组合曲面

25在【变动】，标签中右击【三点镜像】按钮，选取组合曲面作为要镜像的曲面，然后确定3个点作为镜像平面参考，最后右击完成镜像，如图6-112所示。

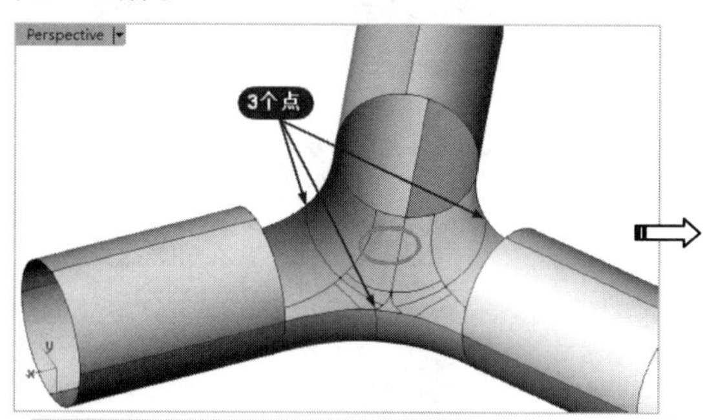

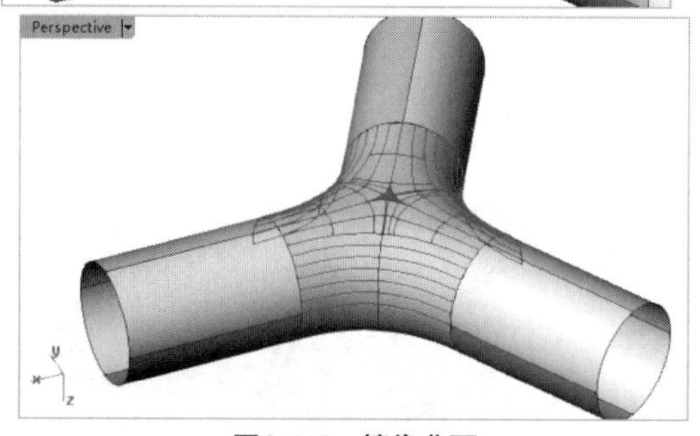

图6-112　镜像曲面

26利用【组合】命令，将所有曲面组合成整体。设计完成的三通管曲面如图6-113所示。

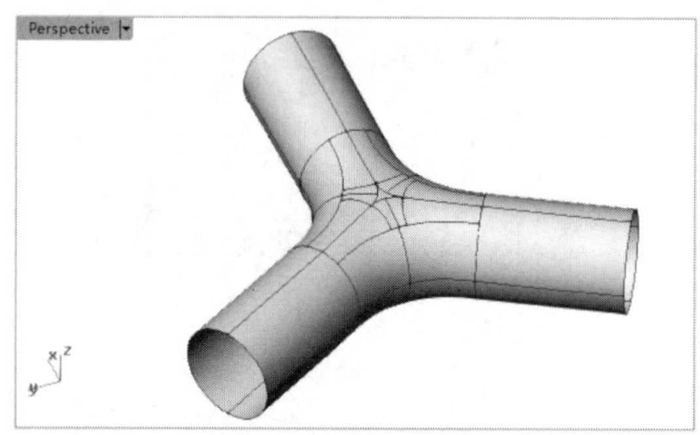

图6-113　三通管曲面

2. 抽离线框

使用【抽离线框】工具可以抽离出物件的线框作为新曲线。当物件以线框模式显示时，所能显示的线框都将被抽离出来。

如图6-114所示为渲染模式下的模型。以线框模式显示时，效果如图6-115所示。

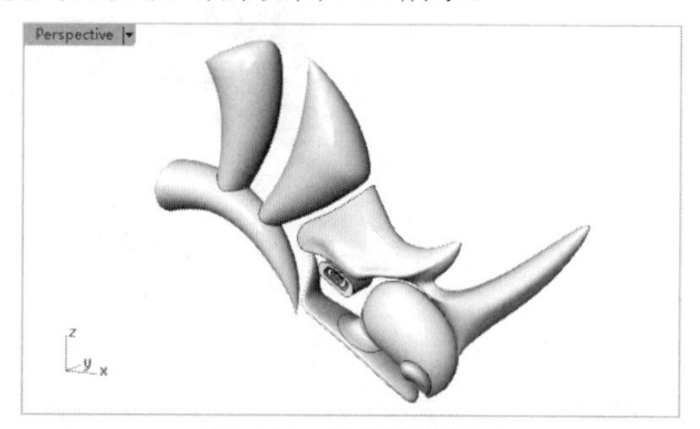

图6-114　渲染模式显示

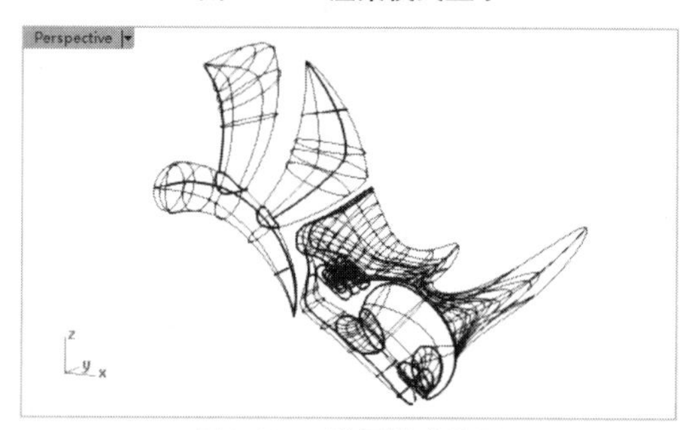

图6-115　线框模式显示

单击【抽离线框】按钮，选取要抽离的模型后，右击抽离出线框，如图6-116所示。

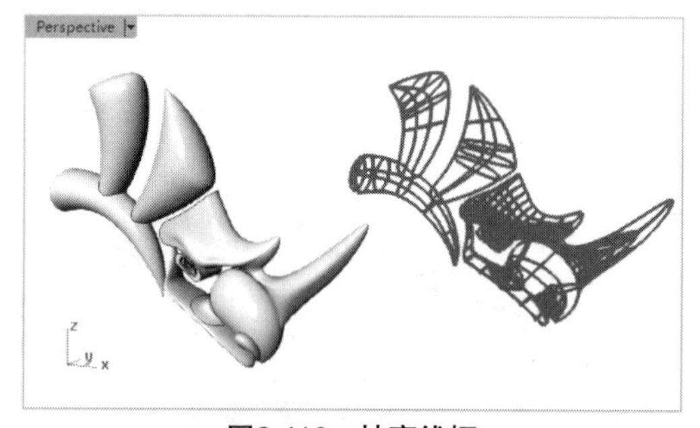

图6-116　抽离线框

6.4.5　相交曲线

利用两曲面相交、曲面与实体相交或者两实体相交，可以获得其交线作为新曲线，创建相交曲线的工具包括【物件交集】工具和【以两种物件计算交集】工具。

1. 物件交集

用【物件交集】工具可以计算曲面相交，从而得到相交曲线。此工具仅针对单个物件与单个物件之间的相交。

动手操作——用【物件交集】工具建立相交曲线

01打开源文件6-4-5-1.3dm，如图6-117所示。

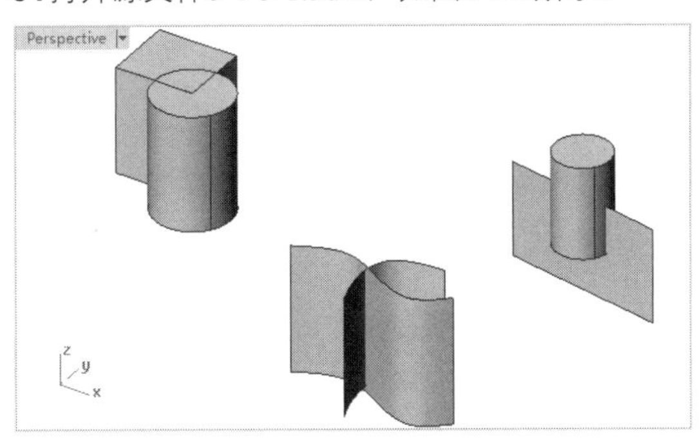

图6-117　打开的模型文件

02单击【物件交集】按钮，然后选择视窗中实体与实体相交的一组物件，右击确认后建立相交曲线，如图6-118所示。

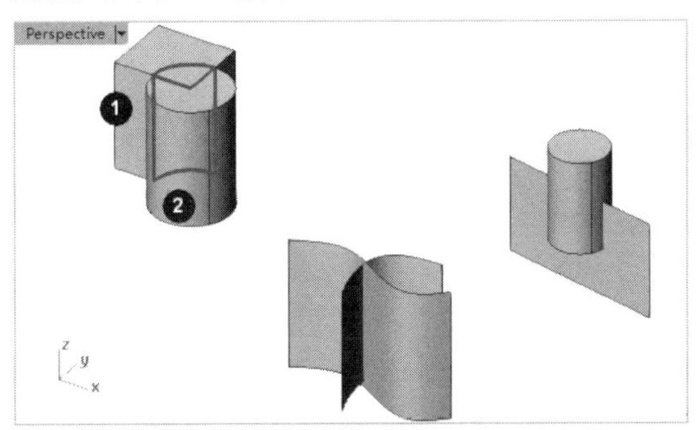

图6-118　选取实体相交建立曲线

03单击【物件交集】按钮，选择实体与曲面相交的一组物件，建立如图6-119所示的相交曲线。

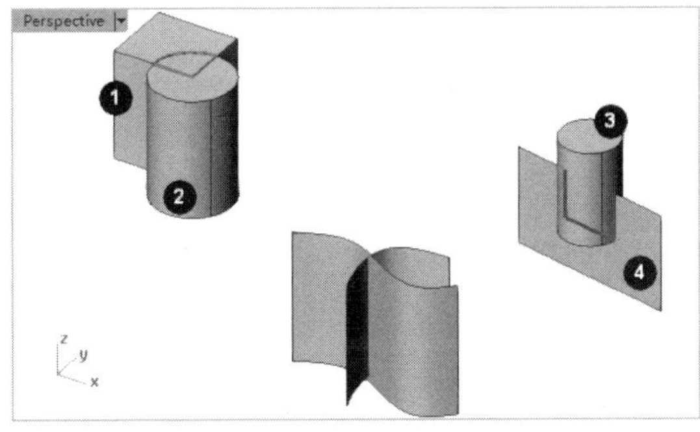

图6-119　选取实体与曲面相交建立曲线

04单击【物件交集】按钮，选择曲面与曲面相交的一组物件，建立如图6-120所示的相交曲线。

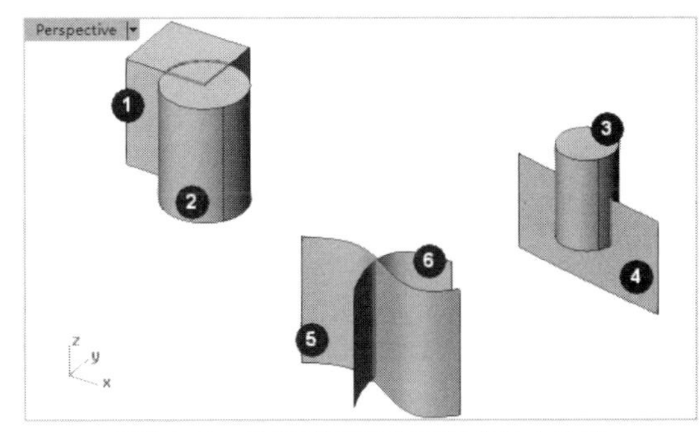

图6-120　选取曲面与曲面相交建立曲线

> **技术要点：**曲线与曲面或实体交集，也可以建立曲线，如图6-121所示。

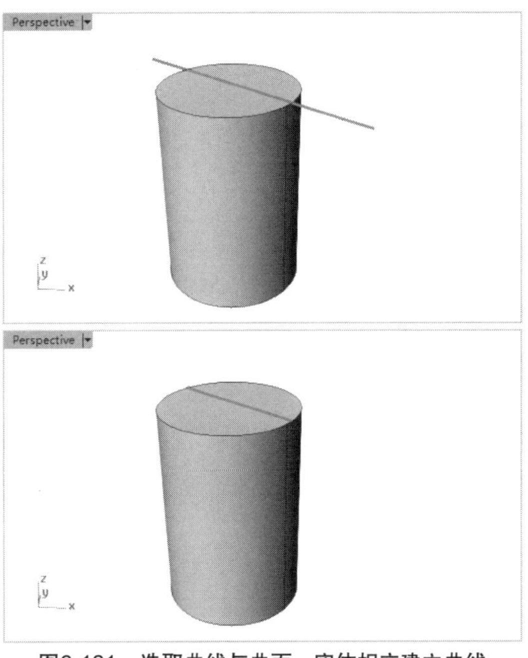

图6-121　选取曲线与曲面、实体相交建立曲线

2. 以两组物件计算交集

使用【物件交集】工具，可以分3次创建3组相交曲线。如果使用【以两组物件计算交集】工具，可以一次性同时建立3组相交曲线。

动手操作——用【以两组物件计算交集】工具建立相交曲线

01打开源文件6-4-5-2.3dm，如图6-122所示。

02单击【以两组物件计算交集】按钮，然后依次选取编号为①、②、③的第一组物件，如图6-123所示。

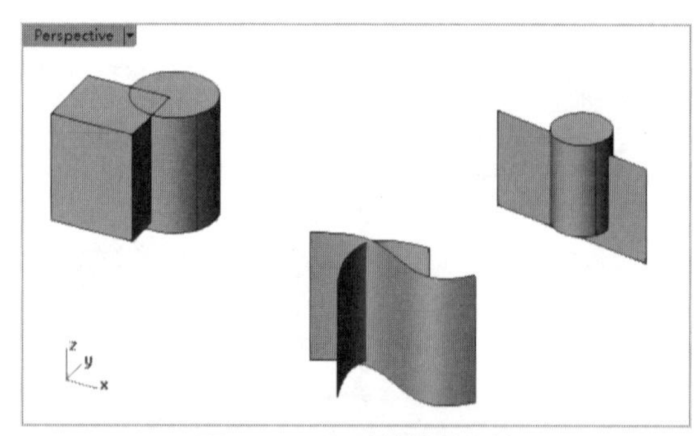

图6-122　打开的模型文件

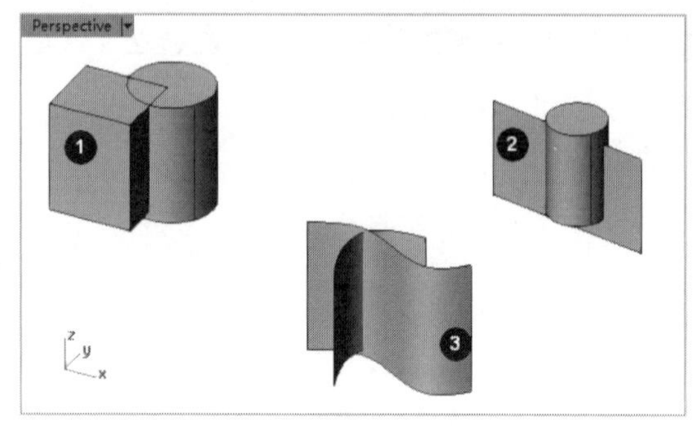

图6-123　选取第一组物件

03右击确认后，选取编号为❹、❺、❻的物件为第二组，如图6-124所示。

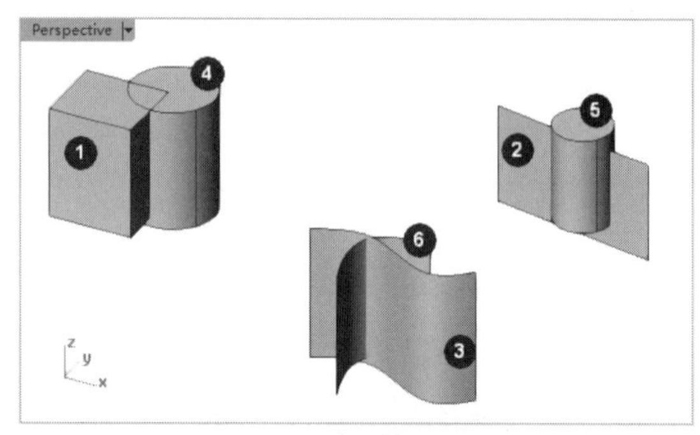

图6-124　选取第二组物件

04右击确认建立相交曲线，如图6-125所示。

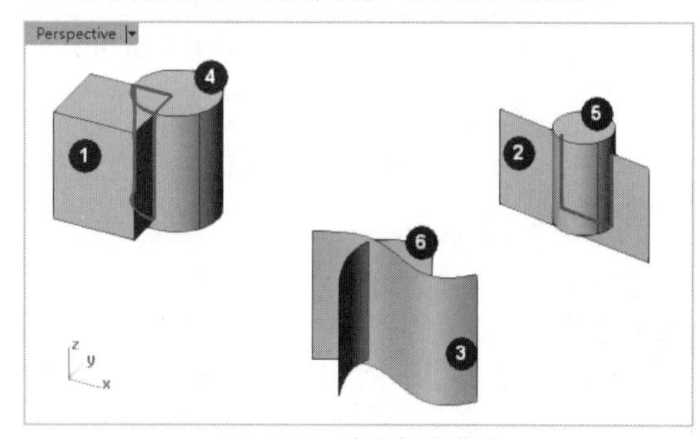

图6-125　建立相交曲线

6.4.6　断面线

断面线是指用假定平面切割曲面、网格或实体后得到的断面轮廓线。创建断面线的工具包括【断面线】工具和【等距断面线】工具。

1. 断面线

使用【断面线】工具可以选取的物件与一个可以将它切穿的平面的交集建立平面的交线或交点。

动手操作——创建断面线

01打开源文件6-4-6.3dm。

02单击【断面线】按钮，选取要建立断面线的物件，如图6-126所示。

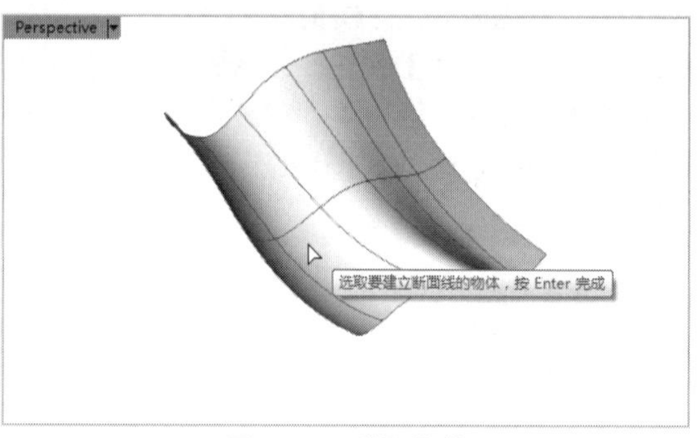

图6-126　选取物件

03在Top视窗中指定断面线起点和终点，画出断面，如图6-127所示。

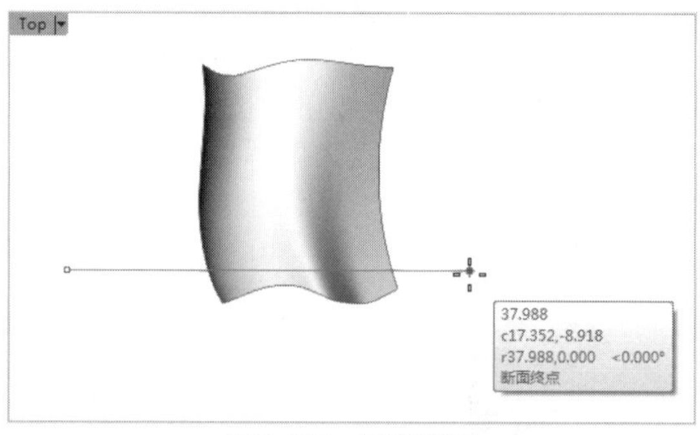

图6-127　画出断面

04画出断面线即可建立断面线，如图6-128所示。

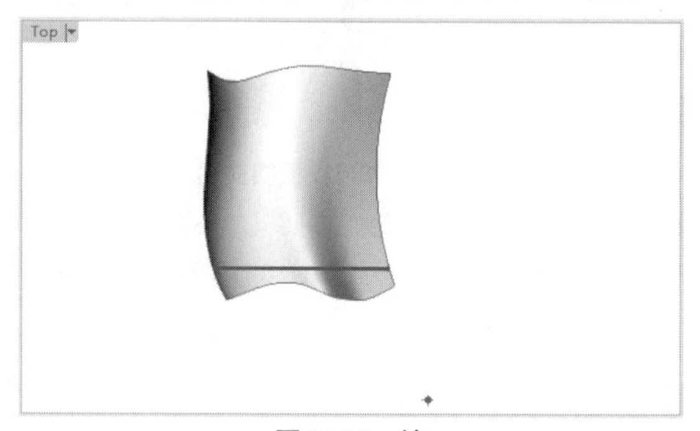

图6-128　续

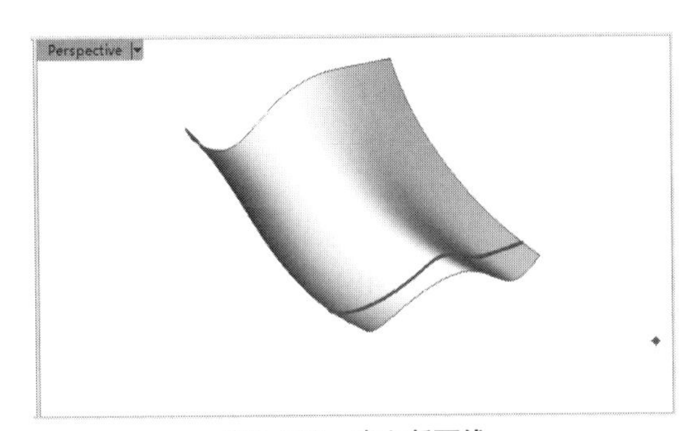

图6-128　建立断面线

05继续画出断面来建立断面线，如图6-129所示。

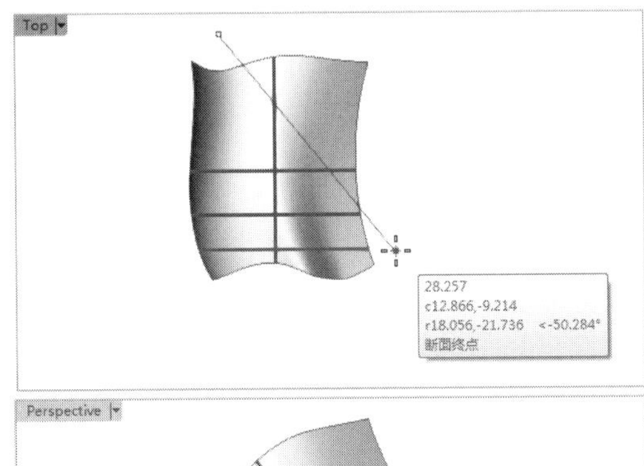

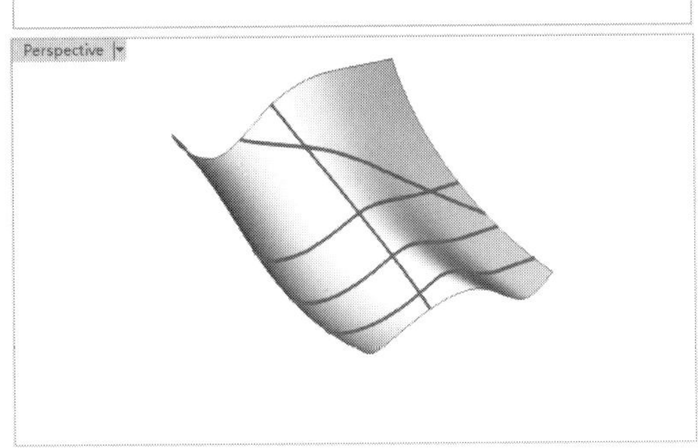

图6-129　画出其他断面建立断面线

2. 等距断面线

使用【等距断面线】工具可以在物件上建立多条等距排列的断面线。

动手操作——创建等距断面线

01打开源文件6-4-6.3dm。

02单击【等距断面线】按钮，选取要建立断面线的物件，如图6-130所示。

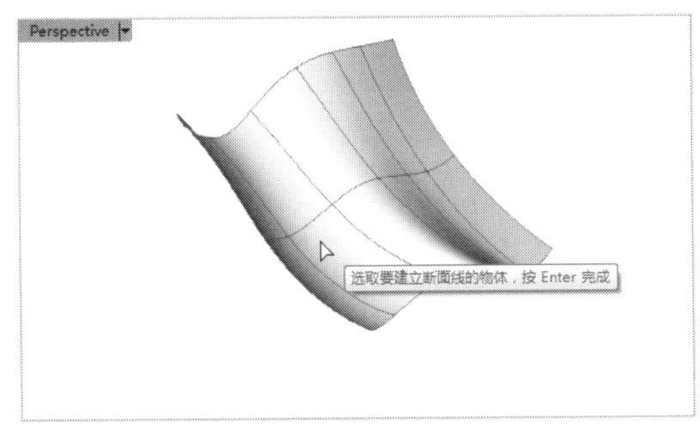

图6-130　选取物件

03在Top视窗中确定一点作为等距断面线平面基准点，如图6-131所示。

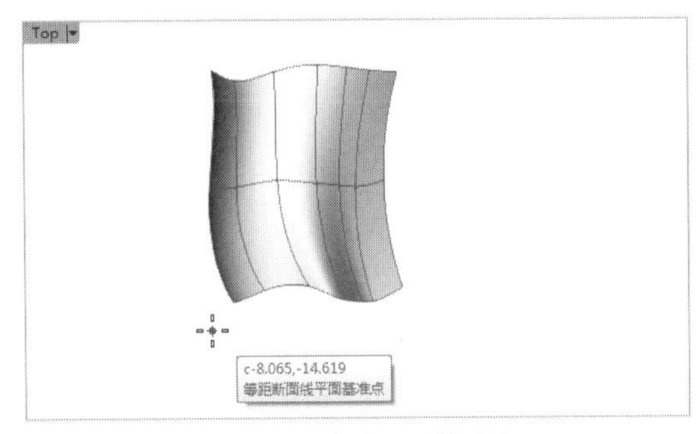

图6-131　确定平面基准点

04拖动光标水平向右延伸，以此确定与等距断面线平面垂直的方向，如图6-132所示。

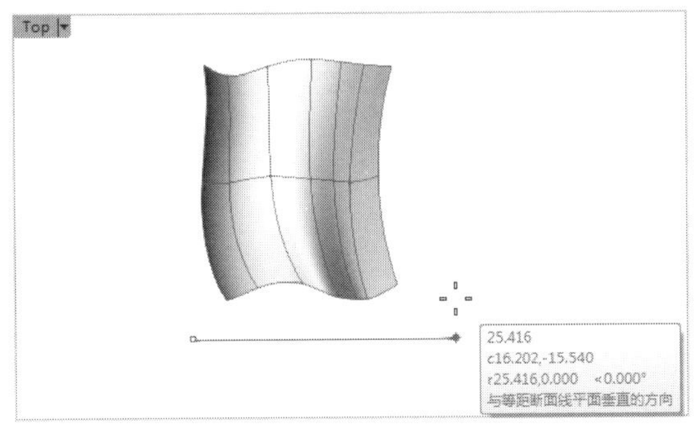

图6-132　设置与等距断面线平面垂直的方向

05在命令行中输入等距断面线间距为2，按Enter键自动建立等间距断面线，如图6-133所示。

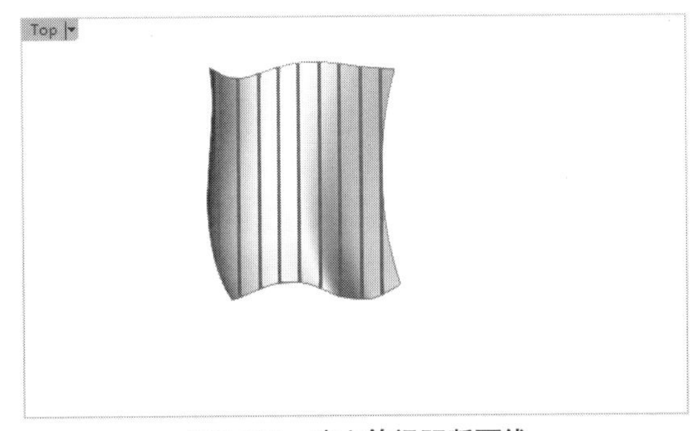

图6-133　建立等间距断面线

6.5 课后练习

绘制Sony MP4的2D曲线，如图6-134所示。

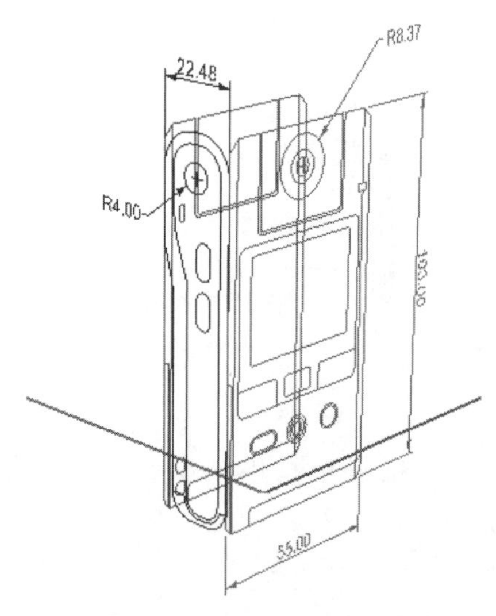

图6-134　Sony MP4的2D曲线

练习要求与步骤：

01设置Rhino建模参数。

02在Rhino视窗中放置参考位图。

03使用画线工具绘制Sony MP4基础线型。

04使用曲线编辑命令编辑Sony MP4基础线型。

05为绘制完成的Sony MP4二维曲线分配图层。

06为Sony MP4二维曲线标注尺寸。

07保存文件。

07

第7章 曲线编辑与优化

在Rhino中，可以对曲线进行编辑与优化，以完成复杂图形的绘制。Rhino软件是强大的外观造型平台，外观质量的表现要求曲面及曲线达到较高的连续性（光顺性），所以必须对绘制的曲线或曲面进行优化，本章介绍曲线的编辑与优化。

项目分解

- 曲线修剪
- 曲线倒角
- 曲线对称
- 曲线匹配
- 曲线点的编辑
- 曲线优化工具
- 其他曲线编辑工具

7.1 曲线修剪

通过曲线修剪可以去掉两条相交的曲线的多余部分，修剪后的曲线还可以结合成一条完整的曲线。工具位于左侧浮动工具栏中。

7.1.1 修剪曲线

修剪曲线是指以两条相交曲线中的一条曲线为剪切边界，对另一条曲线实行剪切操作。

在Top视窗中用【圆】工具列中的【中心点、半径】工具和【矩形】工具列中的【角对角】工具绘制两条相交曲线，如图7-1所示。

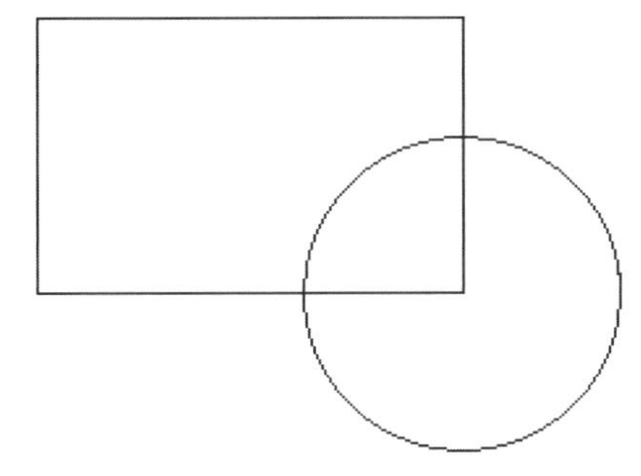

图7-1 修剪前的原始曲线

单击左侧浮动工具栏【修剪】按钮，先选择修剪用物体，按Enter键或右击确认，再选择待切割物体，按Enter键或右击，完成曲线修剪，如图7-2所示。顺序和鼠标单击位置很重要，可调换曲线选择顺序，改变鼠标单击位置。

7.1.2 切割曲线

利用切割操作同样可以修剪曲线，操作方法也与修剪曲线相同。区别在于切割曲线只能将曲线分割成若干段，需要手动将多余的部分删除；而修剪曲线是自动完成的。切割曲线有更大的自由度和更多的选择。

7.1.3 曲线布尔运算

利用布尔运算操作能够修剪、分割、组合有重叠区域的曲线。

在正文视窗中绘制两条以上的曲线，单击【曲线布尔运算】按钮，选择要进行布尔运算的曲线，按Enter键或右击确认。然后选择想要保留的区域内部（再一次选择已选区域可以取消选取），被选取的区域会醒目提示。按Enter键或右击确认操作，该命令会沿着被选取的区域外围建立一条平面的多重曲线，如图7-3所示。

技术要点：布尔运算形成的曲线独立存在，不会改变或删除原曲线，适用于根据特定环境建立新曲线。

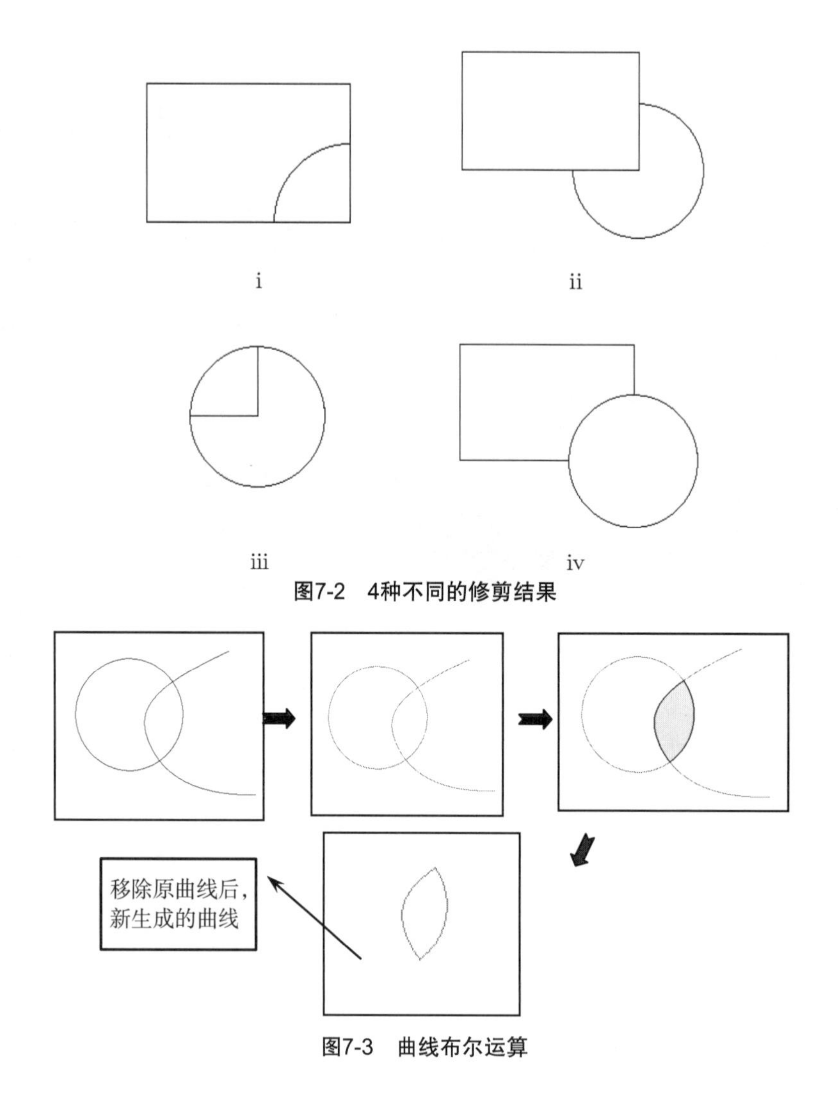

图7-2　4种不同的修剪结果

图7-3　曲线布尔运算

7.2 曲线倒角

两条端点处相交的曲线通过曲线倒角可以在交汇处进行倒角。【曲线倒角】工具有两种方式，分别是曲线圆角、曲线斜角。不过，只能针对两条曲线之间进行曲线倒角，不能在一条曲线上执行该操作。

7.2.1 曲线圆角

曲线圆角是在两条曲线之间产生和两条线都相切的一段圆弧。倒圆角也可以在一条线中进行，条件是这条线必须存在G0连续，即位置连续，如图7-4所示。

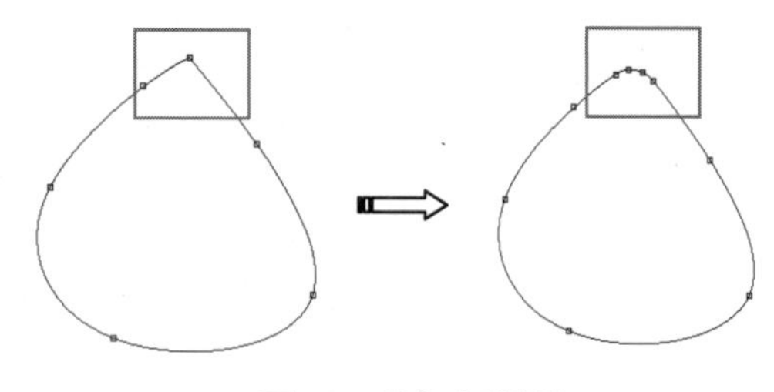

图7-4　单条曲线倒角

在Top视窗中绘制两条端点处对齐的直线，单击【曲线工具】标签中的【曲线圆角】按钮，在命令行中输入需要倒角的半径值（如此处未输入，软件默认值为1），依次选择要倒圆角的两条曲线，按Enter键或右击，完成操作，如图7-5所示。

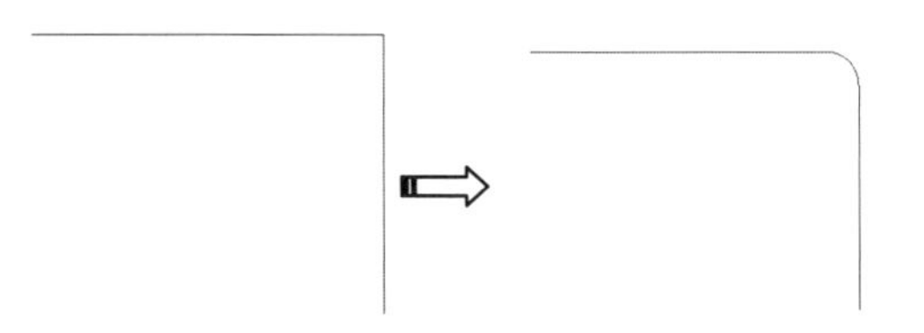

图7-5　曲线倒圆角

这里需要注意的是，单击【曲线圆角】按钮后，命令行里会有如下提示。

选取要建立圆角的第一条曲线（半径(R)=10　组合(J)=是　修剪(T)=是　圆弧延伸方式(E)=圆弧）:

下面介绍各选项的功能。

- 半径：用于控制倒圆角的圆弧半径。如果需要更改，只需输入R，根据提示输入即可。
- 组合：倒圆角后，新建立的圆角曲线与原被倒角两条曲线组合成一条曲线。在选择曲线前，输入J，组合选项变为【是】，然后选择曲线即可。当半径值设为0时，功能等同【组合】命令。
- 修剪：默认选项为【是】，即倒角后自动将曲线多余部分修剪掉。如果不需修剪，则输入T，修剪选项即变为【否】，则倒角后保留原曲线部分，如图7-6所示。

图7-6　倒圆角不修剪的效果

- 圆弧延伸方式：由于Rhino可以对曲线进行自动延伸以适应倒角，因此这里提供了两种延伸方式，分别是圆弧、直线。输入E即可切换，如图7-7所示，右上图空白部分即软件自动延伸部分。

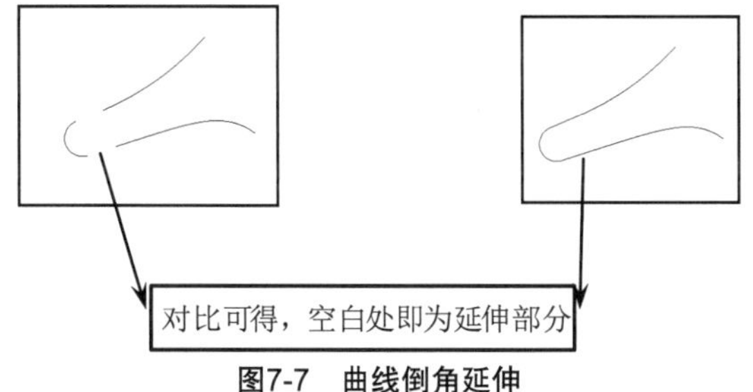

图7-7　曲线倒角延伸

> **技术要点：**倒圆角产生的圆弧和两侧的线是相切状态，对于不在同一平面的两条曲线，一般来说无法倒角。

7.2.2　曲线斜角

曲线斜角与曲线圆角不同，曲线圆角倒出的角是圆滑的曲线，而曲线斜角倒出的角是直线。

在Top视窗中绘制两条端点处对齐的直线，单击【曲线工具】标签中的【曲线斜角】按钮，在命令行中先后输入斜角距离（如此处未输入，软件默认值为1），依次选择要倒斜角的两条曲线，按Enter键或右击，完成操作，如图7-8所示。

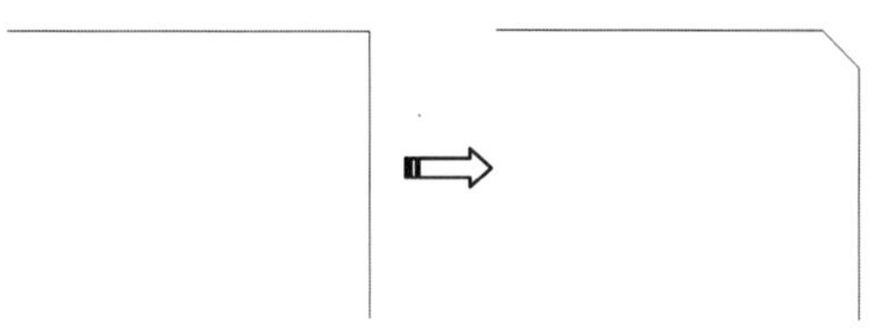

图7-8　曲线倒斜角

单击【曲线斜角】按钮后，命令行里会有如下提示。

选取要建立斜角的第一条曲线（距离(D)=5,5　组合(J)=否　修剪(T)=是　圆弧延伸方式(E)=圆弧）:

下面分别介绍各选项的意义。

- 距离：即倒斜角点距离曲线端点的距离，软件默认为1。如果需要更改，只需输入D，根据提示输入即可。当输入的两个距离一样时，倒出来的斜角为45°，如图7-9所示。

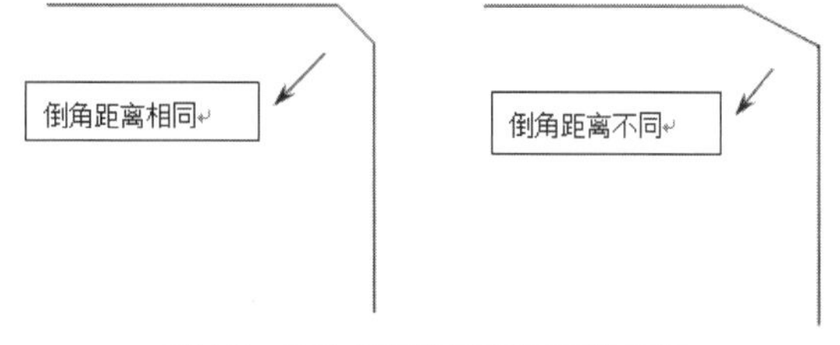

图7-9　两个倒角距离值相同与不同

- 组合：即倒斜角后，新建立的圆角曲线与原被倒角两条曲线组合成一条曲线。在选择曲线前，输入J，组合选项即变为【是】，然后选择曲线即可。当半径值设为0时，功能等同【组合】命令。
- 修剪：默认选项为【是】，即倒角后自动将曲线多余部分修剪掉。如果不需修剪，则输入T，修剪选项即变为【否】，则倒角后保留原曲线部分。功能同【曲线圆角】中的修剪。
- 圆弧延伸方式：曲线斜角也提供了两种延伸方式，即圆弧/直线。输入E即可切换。

7.2.3 全部圆角

全部圆角是以单一半径在多重曲线或多重直线的每一个夹角处进行倒圆角。

在Top视窗中，用【多段线】工具绘制一条多重直线。单击【全部圆角】按钮，选择多重直线。在命令行中输入倒圆角的半径值，按Enter键或右击完成操作，如图7-10所示。

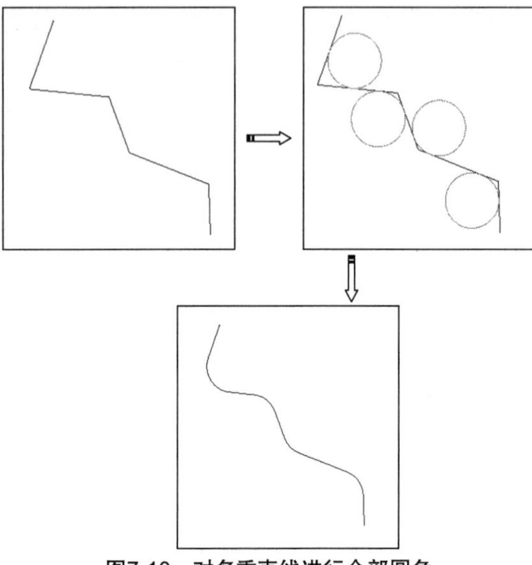

图7-10 对多重直线进行全部圆角

动手操作——绘制机械零件图形

下面综合利用多重直线、镜像、曲线圆角及曲线倒角工具绘制如图7-11所示的机械零件图形。

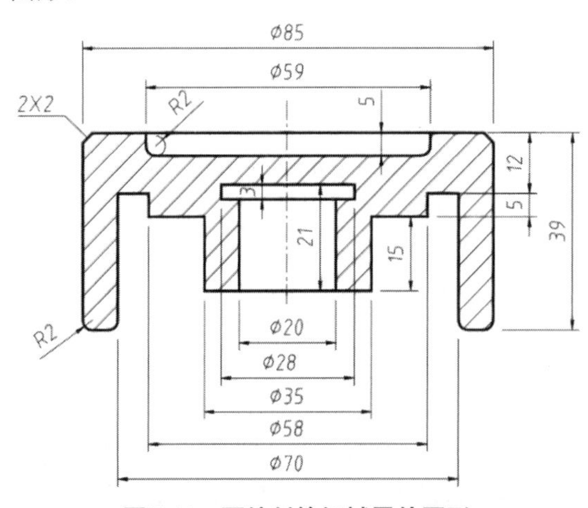

图7-11 要绘制的机械零件图形

01新建Rhino文件。

02利用【多重直线】工具在Top视窗中绘制零件图形的半个轮廓，如图7-12所示。

技术要点：绘制前请在状态栏中单击【正交】按钮打开正交模式，便于绘制水平和竖直直线。

03利用【直线】工具绘制1条竖直线，如图7-13所示。

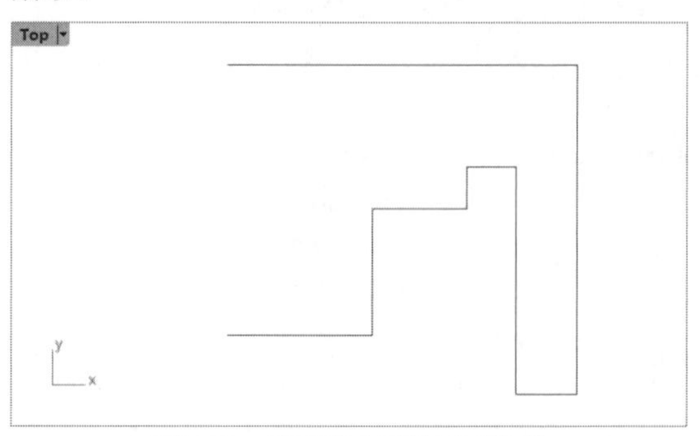

图7-12 绘制半个零件图形轮廓

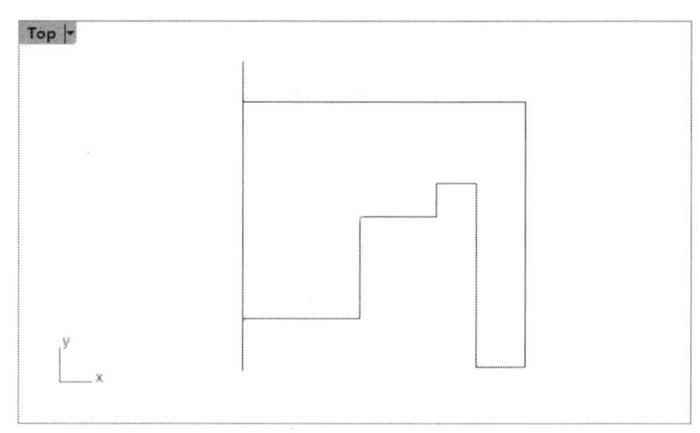

图7-13 绘制竖直线

04添加【尺寸标注】标签，如图7-14所示。将竖直线更改为Center（中心线）线型。

图7-14 设定中心线线型

05先执行【编辑】|【炸开】命令，将多重直线炸开（分解成独立的线段）；再利用【偏移曲线】工具，参照图7-11中的尺寸，作轮廓线的偏移，偏移曲线的结果如图7-15所示。

06利用左边栏中的【修剪】工具，修剪偏移的曲线，得到如图7-16所示的结果。

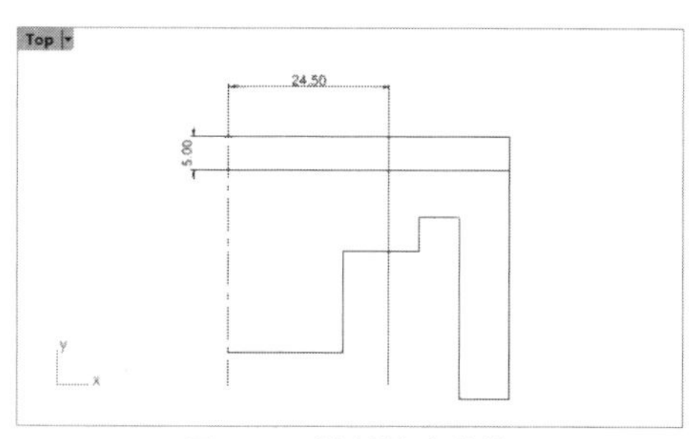

图7-15　绘制偏移曲线

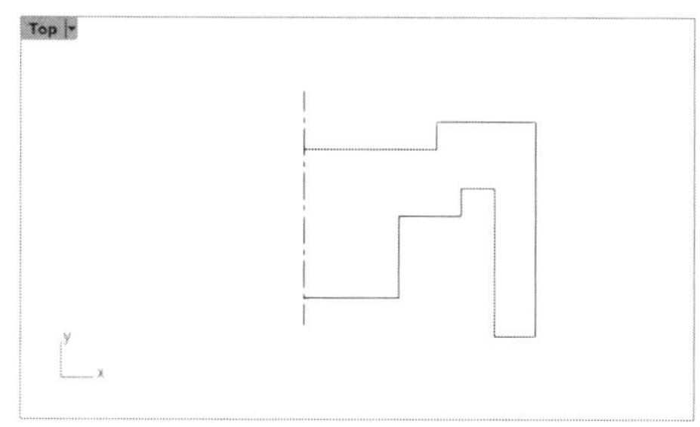

图7-16　修剪曲线

技术要点：利用【偏移曲线】和【修剪】工具，可以绘制复杂的图形，也是提高绘图效率的一种好方法。

07同理，利用【偏移曲线】工具，在左侧绘制偏移曲线，如图7-17所示。

08将偏移的曲线进行修剪，结果如图7-18所示。

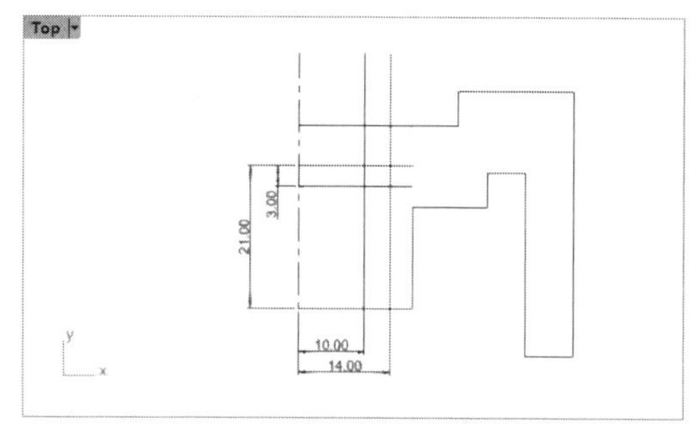

图7-17　绘制偏移曲线

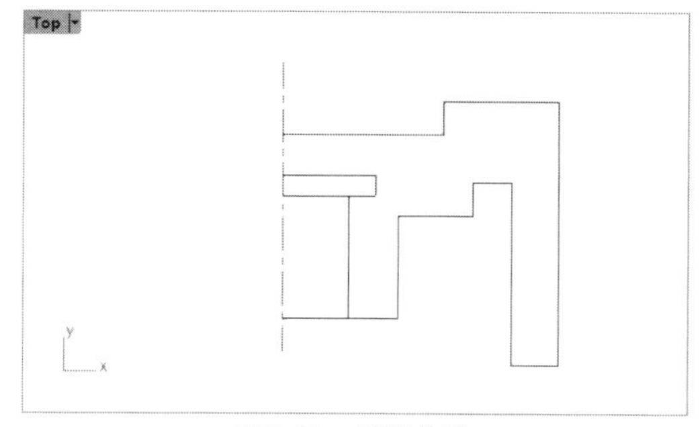

图7-18　修剪曲线

09在菜单栏中执行【变动】|【镜像】命令，将中心线右侧的曲线进行镜像，结果如图7-19所示。

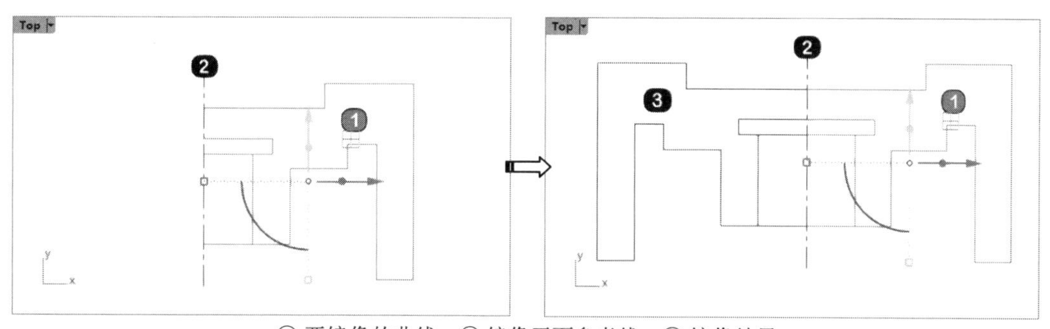

① 要镜像的曲线；② 镜像平面参考线；③ 镜像结果

图7-19　镜像曲线

10利用【曲线斜角】工具，绘制如图7-20所示的斜角，斜角的距离均为2。

11利用【曲线圆角】工具，绘制出如图7-21所示的圆角，圆角半径均为2。

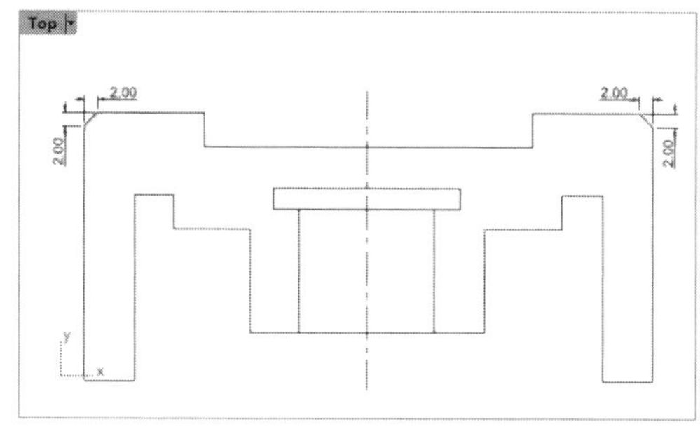

图7-20　绘制斜角

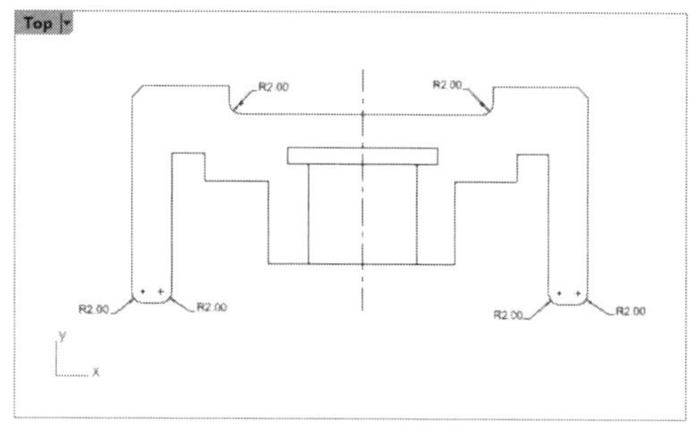

图7-21　绘制圆角

12接下来创建剖面线。先将图形中的两条线暂时删除，以免影响填充边界的选取。然后在【尺寸标注】标签下单击【剖面线】按钮，然后框选所有曲线并右击确认自动填充剖面线，如图7-22所示。

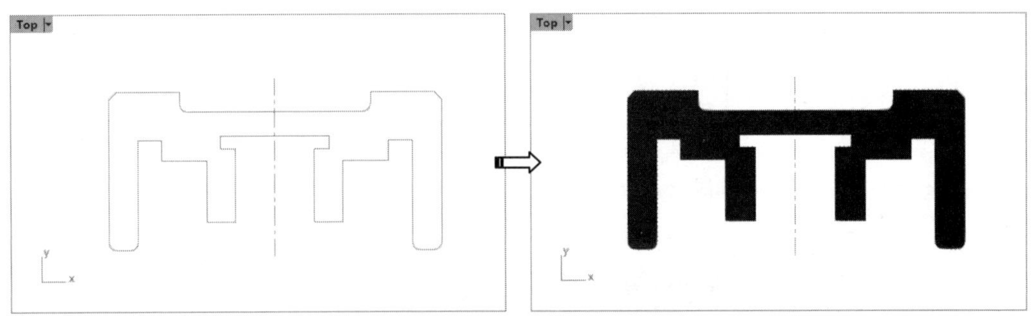

图7-22 修剪曲线并选取填充边界

13随后弹出【剖面线】对话框，设置剖面线线型、角度与缩放比例后单击【确定】按钮，完成剖面线的填充，如图7-23所示。

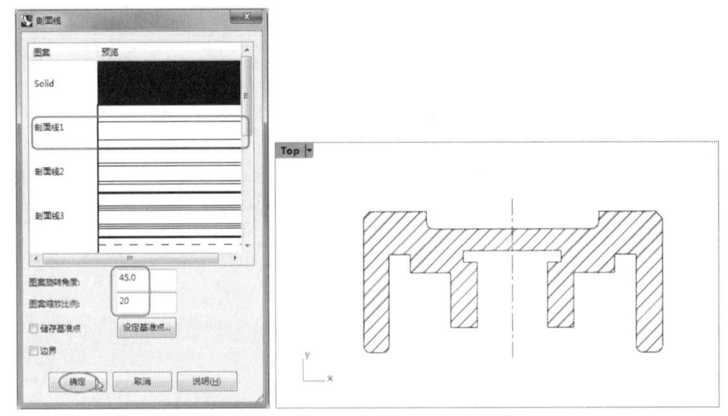

图7-23 设置剖面线并完成填充

14利用【直线】命令补上暂时修剪掉的直线。最终本例零件图形绘制完成的结果如图7-24所示。

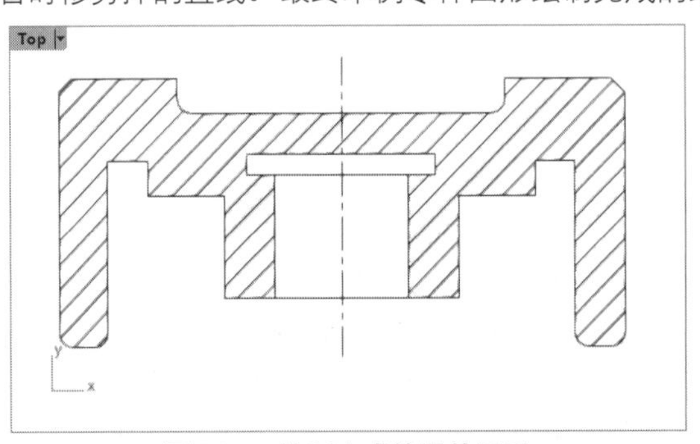

图7-24 绘制完成的零件图形

7.3 曲线对称

【曲线对称】工具与【变动】标签中的【镜像】工具相似，都可以建立具有对称性质的曲线或者曲面，但【镜像】工具可以针对任何3D物件，【曲线对称】工具仅仅针对曲线及曲面。

曲线对称将曲线或曲面镜像后，无论对称前是否相连，镜像物件后绝对是相连的，如图7-25所示。

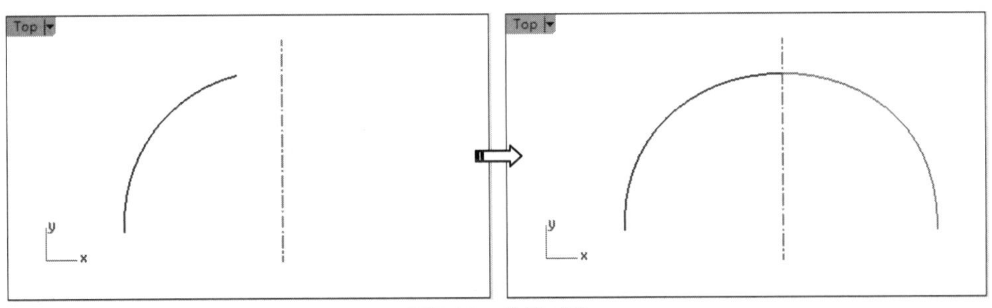

图7-25　曲线对称

如果利用【镜像】工具，则镜像后不会改变原物件，如图7-26所示。

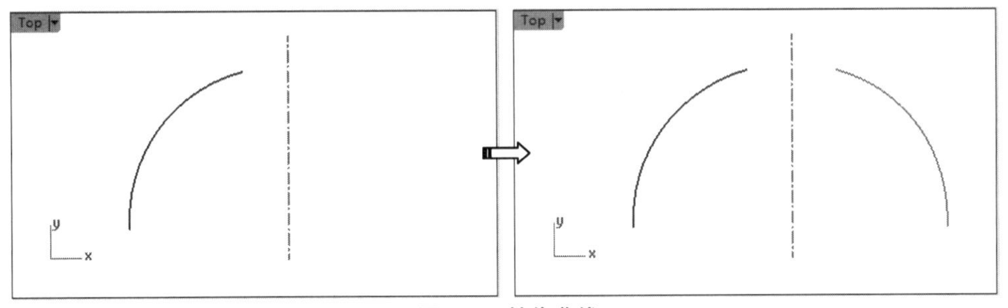

图7-26　镜像曲线

7.4 曲线匹配

曲线匹配是非常重要的一项功能，在NURBS建模过程中起着举足轻重的作用。它的作用是改变一条曲线或者同时改变两条曲线末端的控制点的位置，以达到让这两条曲线保持G0、G1、G2的连续性。

单击左侧边栏中的【曲线圆角】按钮并按住不放，在弹出的【曲线工具】标签中可找到【衔接曲线】按钮，单击该按钮可进行曲线匹配。

动手操作——曲线匹配

01新建Rhino文件。

02在Top视窗中绘制两条曲线，如图7-27所示。

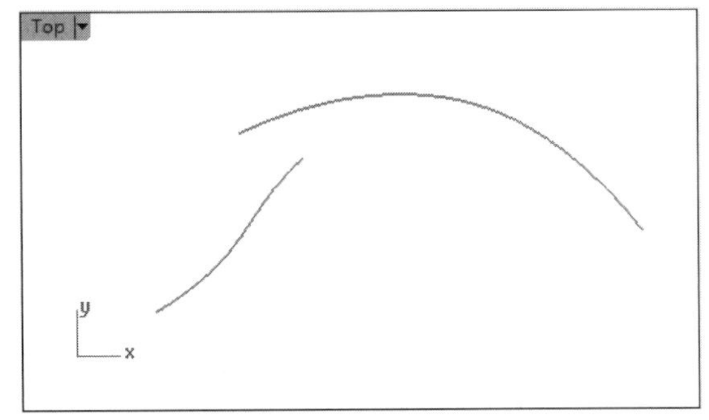

图7-27　绘制两条曲线

03在【曲线工具】标签中单击【衔接曲线】按钮，依次选择要衔接的两条曲线，如图7-28所示。

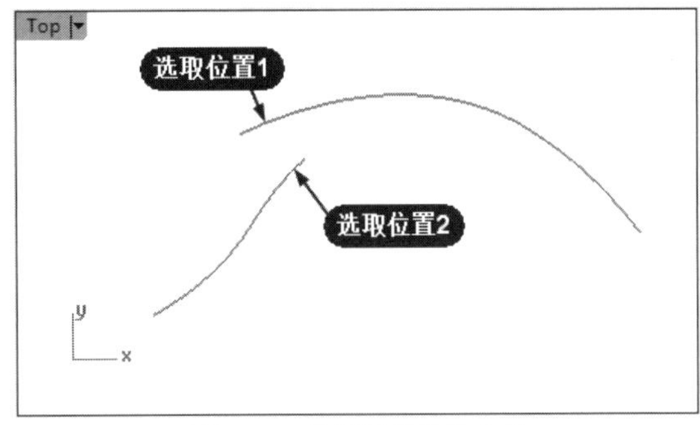

图7-28　选取要衔接的曲线

04弹出【衔接曲线】对话框，如图7-29所示。

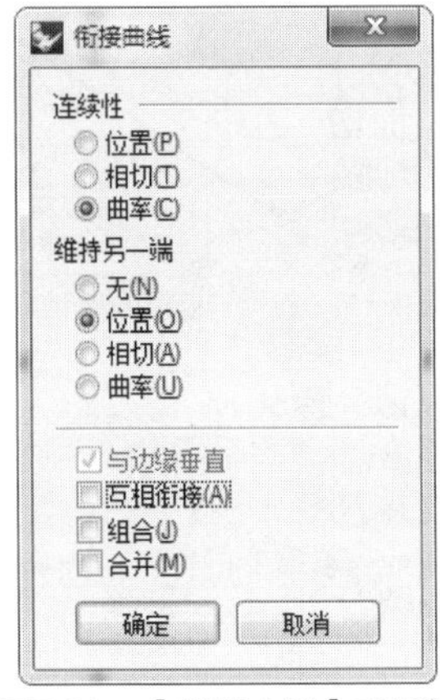

图7-29　【衔接曲线】对话框

在对话框中选择曲线的连续性和匹配方式。下面介绍各选项的功能。

- 【连续性】选项区域：单击【位置】单选按钮，G0连续，即曲线保持原有形状和位置；单击【相切】单选按钮，G1连续，即两条曲线的连接处呈相切状态，从而产生平滑的过渡；单击【曲率】单选按钮，G2连续，即让曲线更加平滑地连接起来，对曲线形状影响最大。
- 【维持另一端】选项区域：如果改变的曲线少于6个控制点，衔接后该曲线另一端的位置/切线方向/曲率可能会改变，勾选该选项可以避免曲线另一端因为衔接而被改变。
- 与边缘垂直：勾选该复选框，可以使曲线衔接后与曲面边缘垂直。
- 互相衔接：勾选该复选框，衔接的两条曲线都会被调整。
- 组合：勾选该复选框，衔接完成后组合曲线。
- 合并：该复选框只有在使用曲率选项衔接时才可以使用，两条曲线在衔接后会合并成单一曲线。如果移动合并后的曲线的控制点，原来的两条曲线衔接处可以平滑地变形，而且这条曲线无法再炸开成为两条曲线。

05在【连续性】选项区域设置【曲率】连续，在【维持另一端】选项区域设置【曲率】连续，最后单击【确定】按钮，完成曲线匹配，如图7-30所示。

> **技术要点：**在选择曲线端点时，注意鼠标单击位置分别为两条曲线的起点。软件会认为是第一条曲线终点连接第二条曲线起点，因此一定注意位置。选择曲线的先后顺序也会对匹配曲线产生影响。

衔接曲线不但可用于匹配两条曲线，而且可以把曲线匹配到曲面上，使曲线和曲面保持G1或G2连续性。

单击【衔接曲线】按钮，选择将要进行匹配的曲线，命令行会出现如下提示。

选取要衔接的开放曲线 - 点选于靠近端点处（曲面边缘(S)）:

括号中的（曲面边缘）选项就是曲线匹配到曲面的选项。输入S，激活该选项，选择曲面边界线，这时会出现一个可以移动的点，这个点就代表曲线衔接到曲面边缘的位置。单击确定位置后弹出【衔接曲线】对话框，勾选所需选项，曲线即可按照设置的连续性匹配到曲面上。

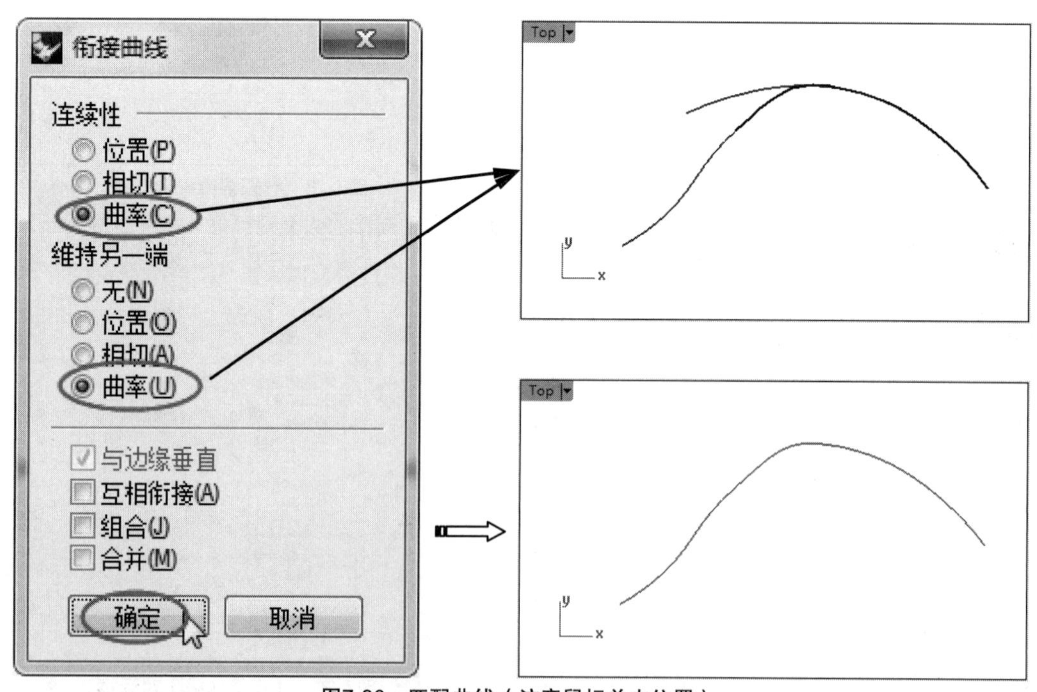

图7-30　匹配曲线（注意鼠标单击位置）

7.5 曲线点的编辑

用控制点可以改变曲线的形状，利用这一特性，就可以对曲线进行一些简单直接的编辑，这也是最常用的方法之一。曲线点的基本编辑包括开启控制点和编辑点,在曲线上添加点，控制点的隐藏与显示，主要用【点的编辑】面板中的工具完成。在左侧边栏中，长按按钮，即可弹出【点的编辑】工具列，如图7-31所示。

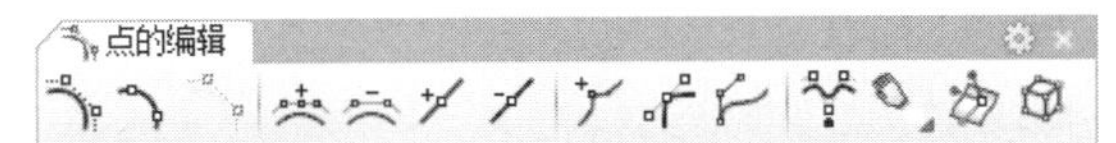

图7-31 【点的编辑】工具列

7.5.1 开启控制点和编辑点

在对控制点和编辑点进行编辑时，需要将曲线上面的控制点和编辑点开启。在默认情况下，它们都是关闭着的。

1. 开启控制点

单击左边栏中的【控制点曲线】按钮，在Top视窗中绘制一条曲线。选择该曲线，在左边栏中单击按钮，按Enter键或右击，曲线上的控制点就开启了，如图7-32所示。也可以先单击按钮，然后选择曲线，效果一样。

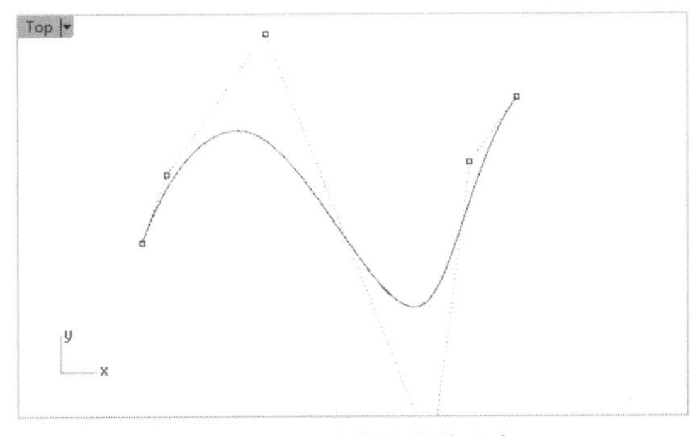

图7-32 开启曲线的控制点

如果想要改变曲线形状，只需选择控制点。被选定的控制点以及相邻的两条线为黄色时，移动选定的控制点到一个新的位置，就可以改变曲线的形状。操作完成后右击按钮，可以关闭控制点，如图7-33所示。

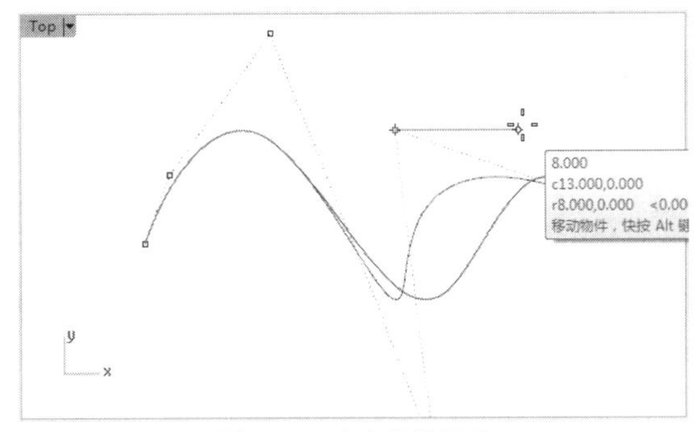

图7-33 改变曲线形状

2. 开启编辑点

选定一条曲线，单击左边栏中的按钮，或在【点的编辑】工具列中单击按钮，选定曲线上的编辑点就显示出来了，如图7-34所示。右击按钮，曲线上的编辑点就关闭了。通过改变编辑点位置，也可以实现改变曲线形状的目的。操作方法同控制点的开启和关闭。

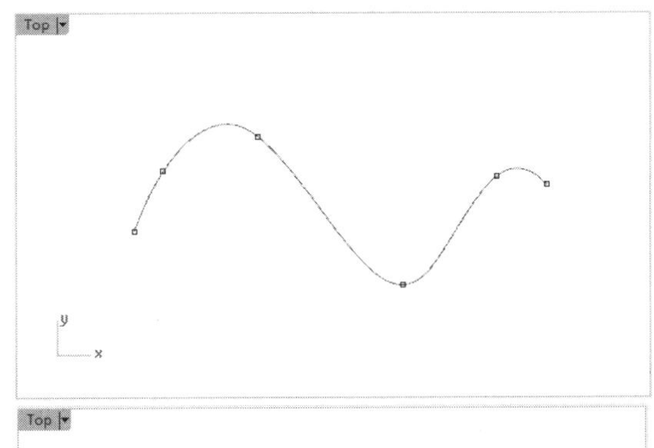

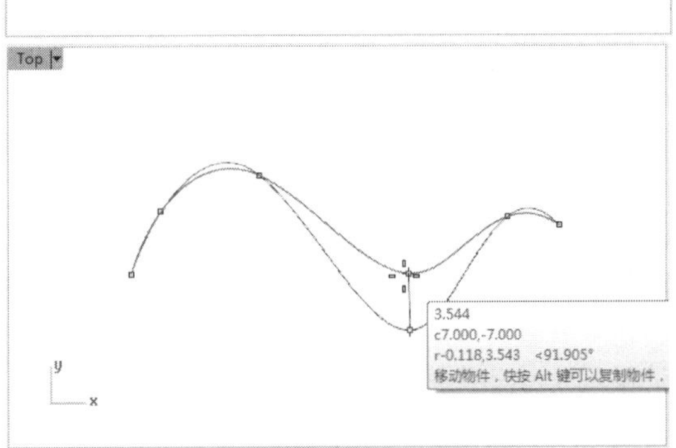

图7-34 开启编辑点并编辑曲线

技术要点： 当曲线的控制点或编辑点被开启时，曲线不能被选定，想要重新选定曲线，要先关闭控制点或编辑点。

7.5.2 在曲线上添加点

在建模的时候经常需要在曲线上添加或删除各种类型的点，来更精确地控制曲线的形状，使开始绘制曲线时更自由一些。

1. 插入一个控制点

动手操作——添加控制点

01新建Rhino文件。

02利用【控制点曲线】工具绘制一条曲线，如图7-35所示。单击【开启控制点】按钮，打开控制点，观察曲线上有5个控制点，如图7-36所示。

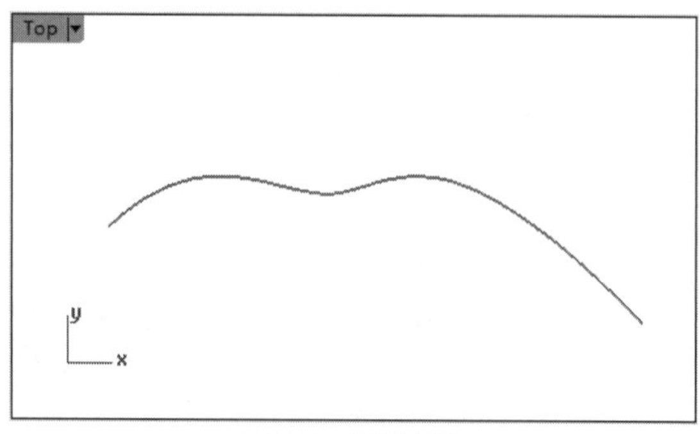

图7-35　绘制曲线

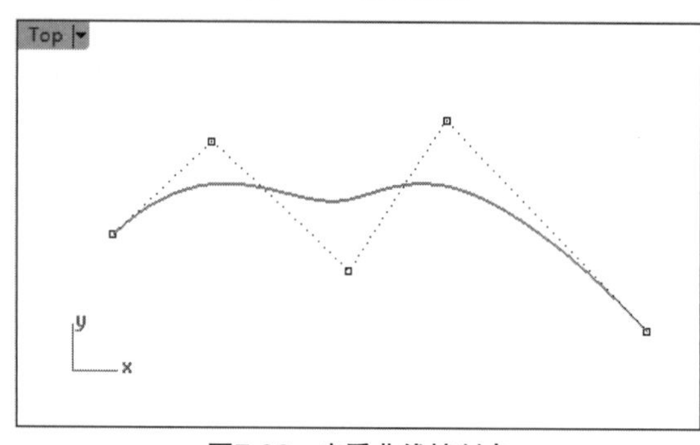

图7-36　查看曲线控制点

03在【曲线工具】标签中单击并按住按钮，打开【点的编辑】面板。

04在【点的编辑】工具列中单击【插入一个控制点】按钮。选中要添加控制点的曲线后，此时曲线上就会有一个随光标移动的控制点，在需要的位置单击并放置控制点，如图7-37所示。

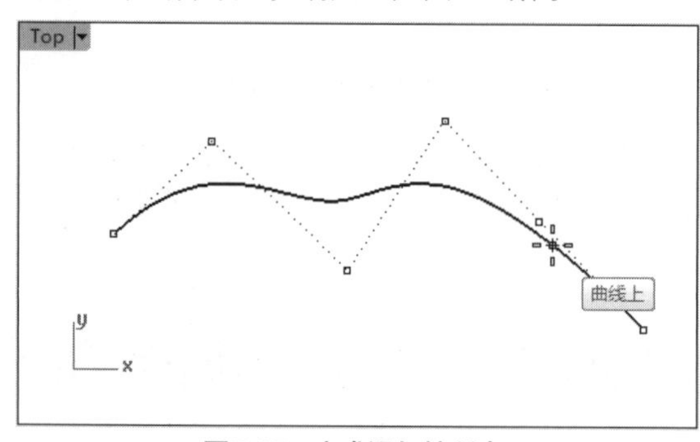

图7-37　完成添加控制点

05按Enter键或右击确认操作，在曲线上成功添加一个控制点。拖动该控制点，可以改变曲线形状，如图7-38所示。

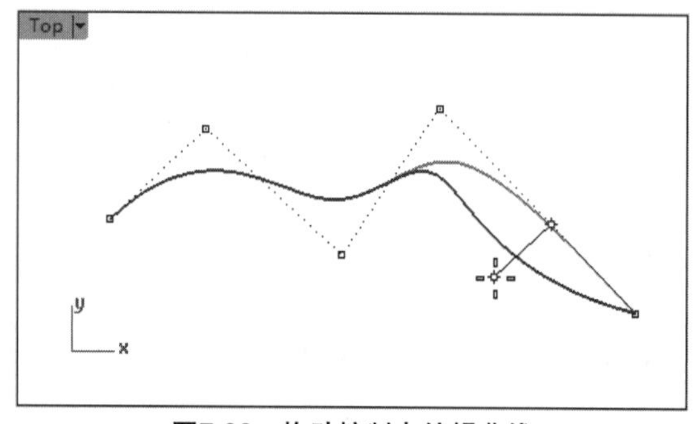

图7-38　拖动控制点编辑曲线

2. 插入节点

节点的添加与控制点的添加类似，效果一样，区别在于，单击按钮，然后在相应位置添加即可。

> **技术要点：**同理，用工具可以删除控制点和节点。

动手操作——插入节点

01新建Rhino文件。

02利用【内插点曲线】工具绘制一条曲线并开启编辑点，观察曲线上共有6个编辑点，如图7-39所示。

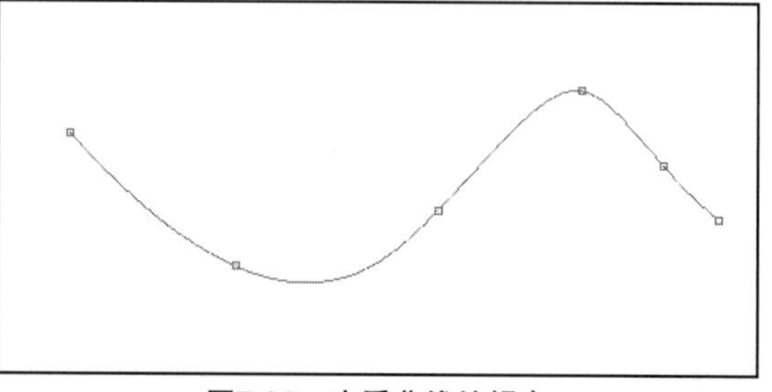
图7-39　查看曲线编辑点

03在【曲线工具】标签下单击并按住按钮，打开【点的编辑】工具列。

04在【点的编辑】工具列中单击【插入节点】按钮。此时曲线上就会有一个随光标移动的编辑点，在需要的位置单击。

05按Enter键或右击确认操作，则在曲线上成功添加一个编辑点。用相同的方法继续添加，效果如图7-40所示。

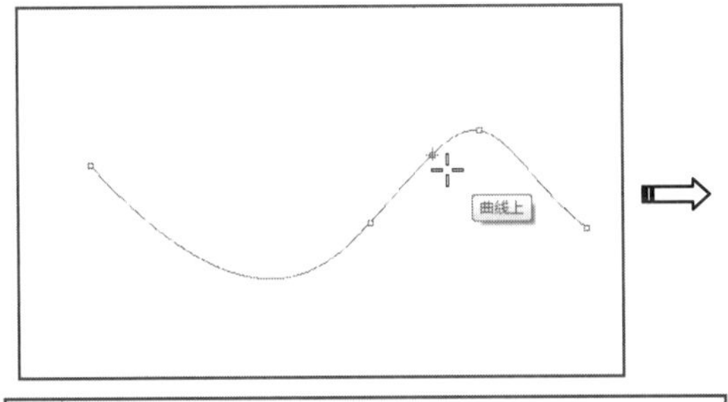

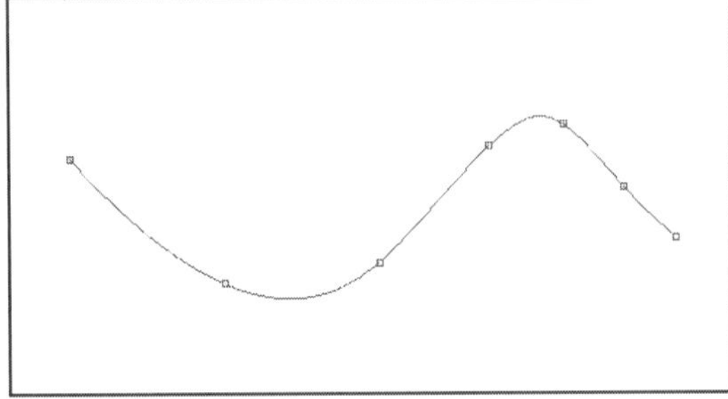

图7-40　完成添加编辑点

3. 插入锐角点：

锐角点是一种特殊的点，从它的表现形式上可以把它看作是控制点和编辑点的重合。在NURBS曲线上，它的每一处都是平滑的，不能产生折线效果，也就是不能产生尖锐的角。通过输入锐角点可以让NURBS曲线上出现尖角。

动手操作——添加锐角点

01新建Rhino文件。

02首先建立一条曲线，如图7-41所示，并单击【开启控制点】按钮，开启控制点。

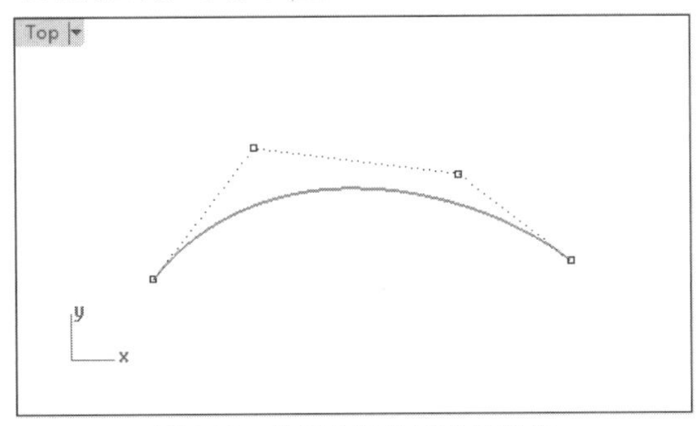

图7-41　绘制曲线并开启控制点

03单击【插入锐角点】按钮，选择曲线后，曲线上面会出现一个可以移动的点，在需要的位置单击或多次单击鼠标左键，按Enter键或右击确认操作。这时曲线上就会出现一个锐角点，如图7-42所示。拖动该点到需要的位置，则会使NURBS曲线产生折线效果，如图7-43所示。

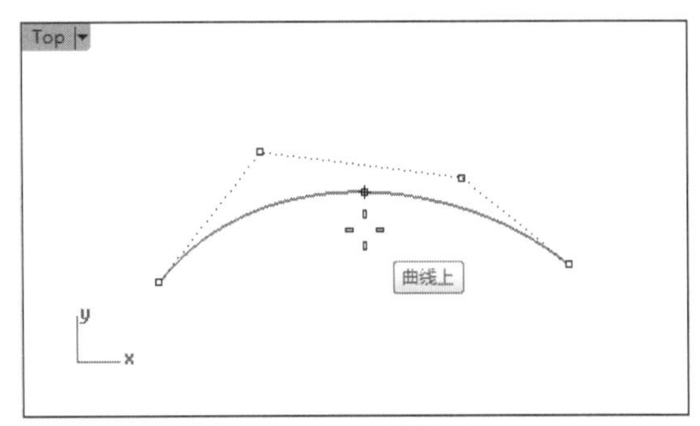

图7-42　开启控制点

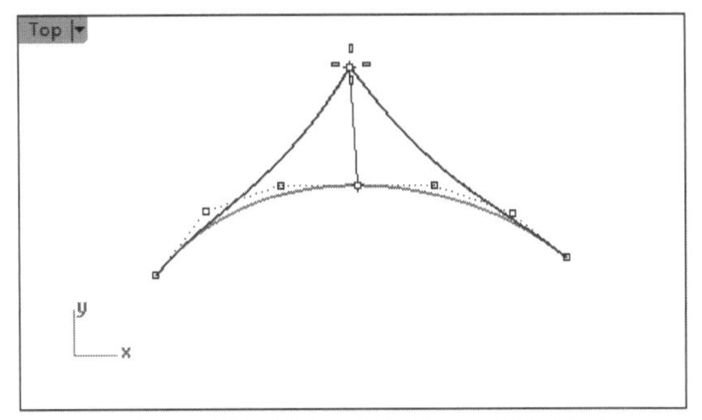

图7-43　添加锐角点后拖动产生折线效果

7.6 曲线优化工具

在【曲线工具】标签中还包括优化曲线和编辑曲线的工具，本节详细介绍各曲线优化工具的用法。

7.6.1　调整封闭曲线的接缝

该工具的功能是调整多个封闭曲线之间的接缝位置（起点/终点）。在建立放样曲面时，此工具特别有用，可以使建立的曲面更加顺滑而不至于扭曲。

动手操作——调整封闭曲线的接缝

01新建Rhino文件。

02利用【内插点曲线】工具在Front视窗中绘制如图7-44所示的曲线。

03利用【偏移曲线】工具，绘制向外偏移的一条偏移曲线，如图7-45所示。

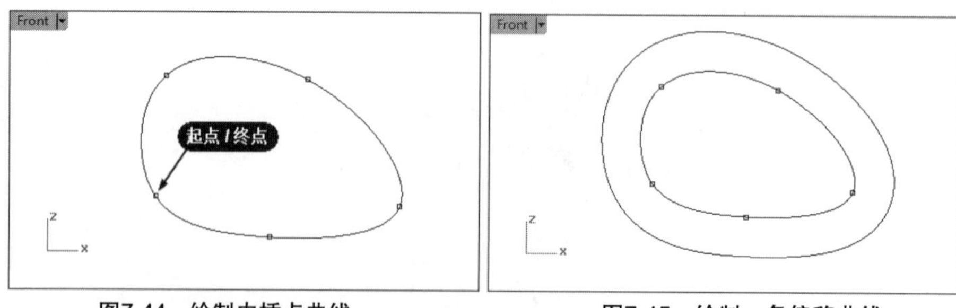

图7-44　绘制内插点曲线　　图7-45　绘制一条偏移曲线

04利用【移动】工具将偏移曲线进行平行移动（移动距离可以自行确定），如图7-46所示。

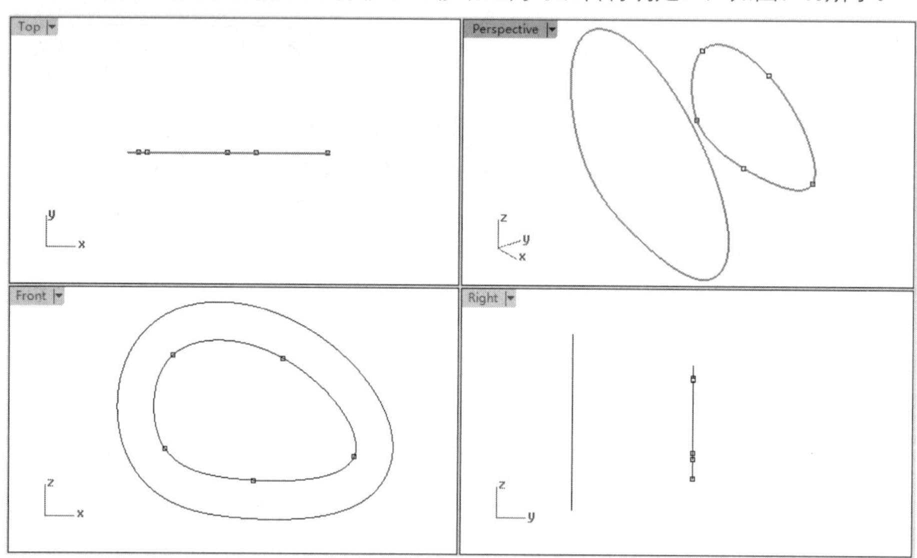

图7-46　平行移动曲线

05同理，在Front视窗中绘制曲线，然后将其平行移动，如图7-47所示。

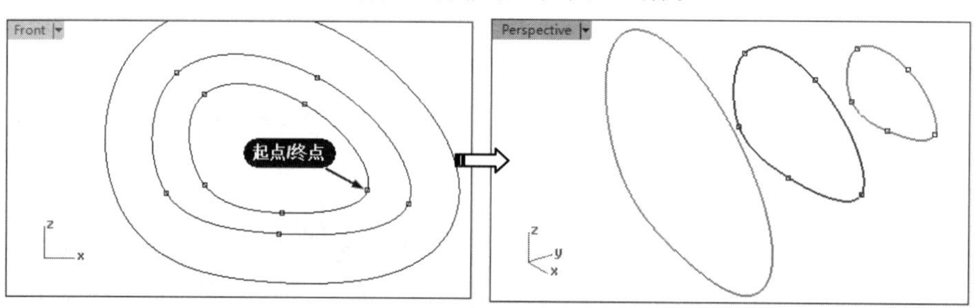

图7-47　绘制并平移曲线

06在菜单栏中执行【曲面】|【放样】命令，然后依次选取3条封闭的要放样的曲线，如图7-48所示。

07单击或按Enter键确认，显示曲线的接缝线和接缝点，如图7-49所示。

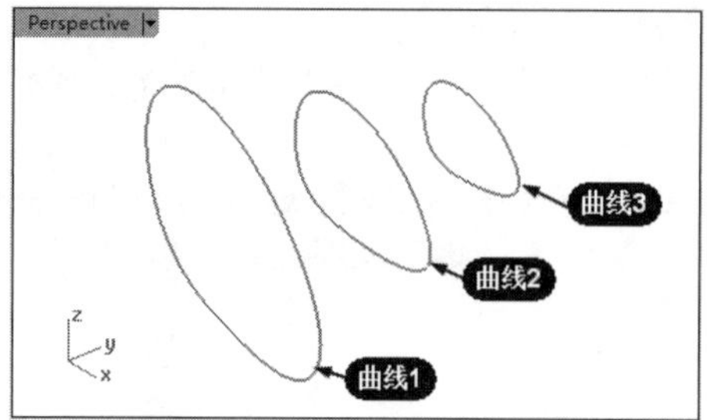

图7-48　选取要放样的曲线

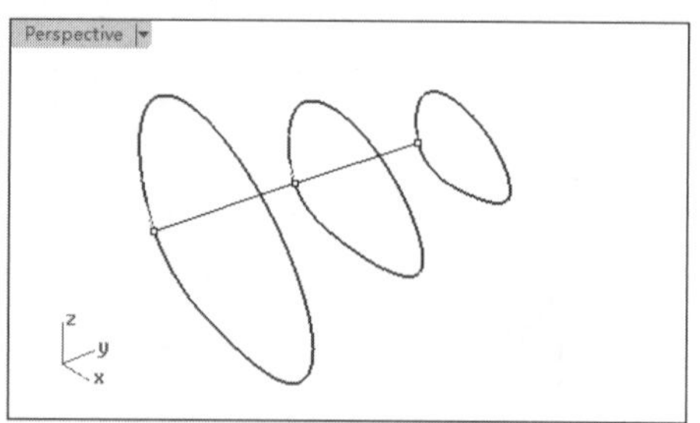

图7-49　显示接缝线和接缝点

08先看看默认的接缝建立的曲面，直接右击或按Enter键，打开【放样选项】对话框，单击【确定】按钮，完成放样曲面的创建，如图7-50所示。

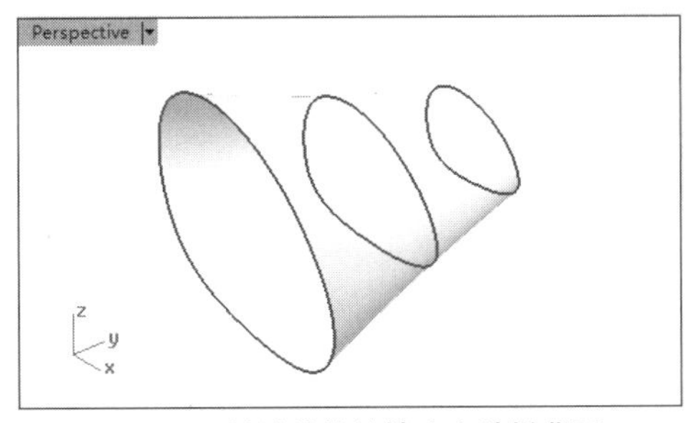

图7-50　按默认的接缝建立放样曲面

09按Ctrl+Z键，返回放样曲面建立之间的状态。重新执行【曲面】|【放样】命令，选取要放样的曲线，然后选取封闭曲线3的接缝标记点，沿着曲线移动接缝，如图7-51所示。

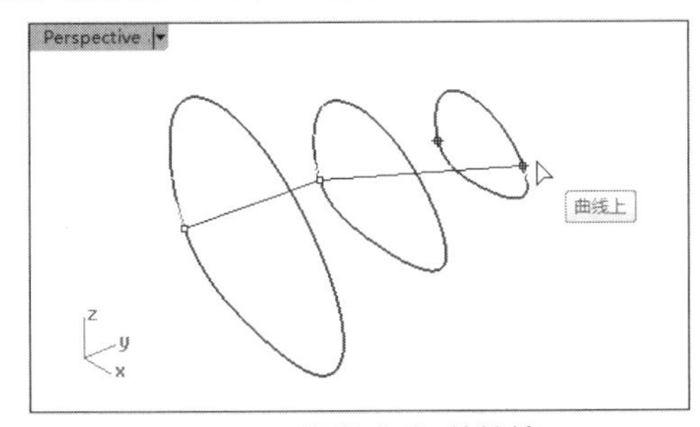

图7-51　调整曲线3的接缝

10单击以放置接缝。同理，调整封闭曲线1的接缝，如图7-52所示。

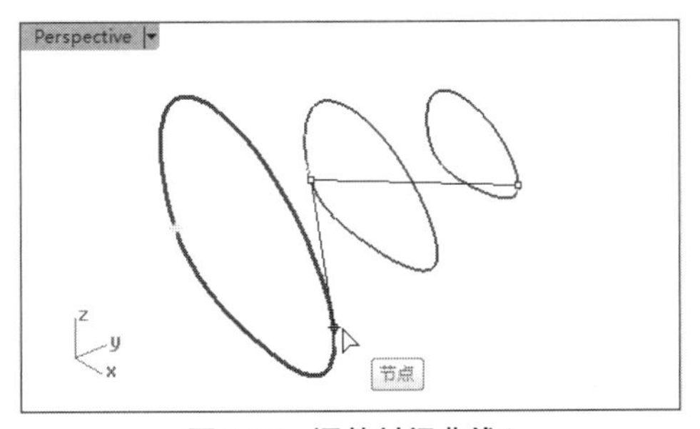

图7-52　调整封闭曲线1

11单击，弹出【放样选项】对话框，同时查看放样曲面的预览效果，如图7-53所示。

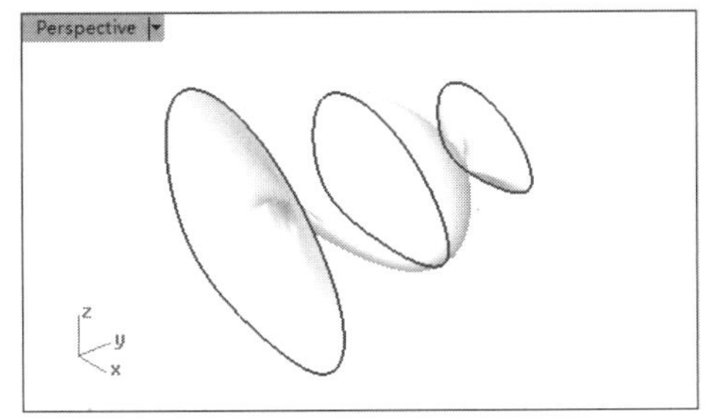

图7-53　预览放样曲面

> **技术要点：**由于调整了曲线1和曲线3的接缝，曲面产生了扭曲。所以，如果多条封闭曲线的接缝不在同一位置区域，需要调整接缝使其曲面变得光顺。

12单击【放样选项】对话框的【确定】按钮，完成放样曲面的创建。

7.6.2　从两个视图的曲线

用【从两个视图的曲线】工具可以建立起由两个视图中的曲线参考而组成复杂空间曲线。下面说明如何建立起复杂空间曲线。

动手操作——从两个视图的曲线建立组合空间曲线

01新建Rhino文件。

02利用【内插点曲线】工具在Top视窗中绘制如图7-54所示的曲线1。

03利用【内插点曲线】工具在Front视窗中绘制曲线2，如图7-55所示。

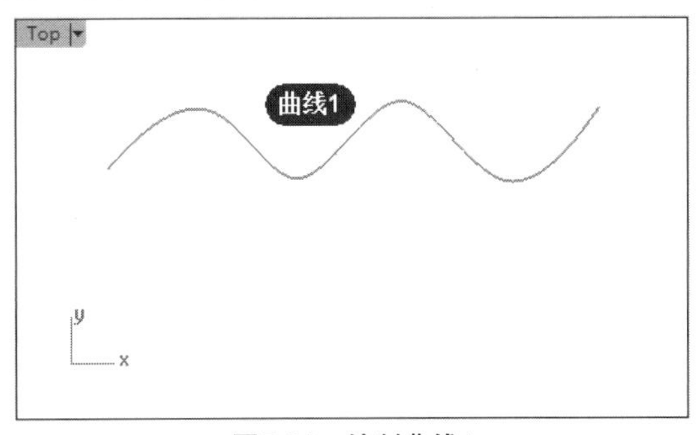

图7-54　绘制曲线1

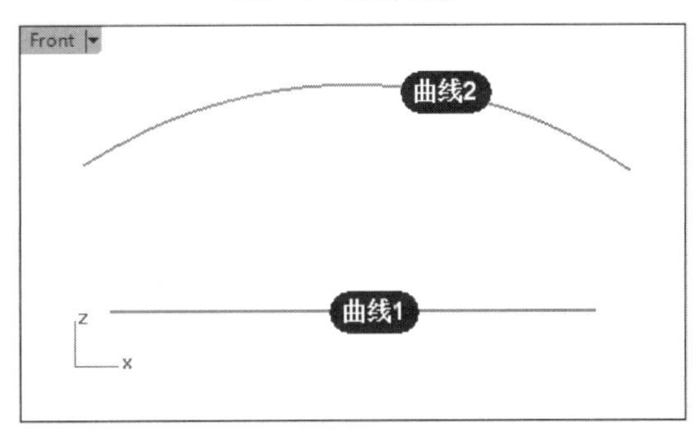

图7-55　绘制曲线2

04在【曲线工具】标签中单击【从两个视图的曲线】按钮，按信息提示先选取第一条曲线，再选取第二条曲线，随后自动创建复杂的组合曲线，如图7-56所示。

> **技术要点：**所谓“组合曲线”，是指既要符合参考曲线1的形状，也要符合参考曲线2的形状。

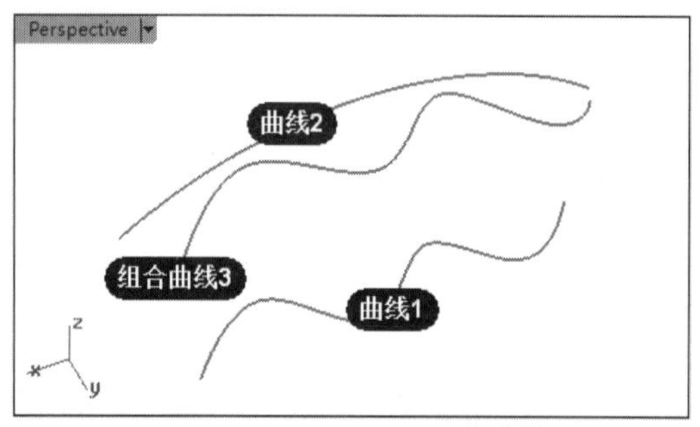

图7-56　创建的组合空间曲线

7.6.3　从断面轮廓线建立曲线

用【从断面轮廓线建立曲线】工具可以建立通过数条轮廓线的断面线，进而快速地建立空间的曲线网格，以便创建网格曲面。

动手操作——从断面轮廓线建立曲线

01新建Rhino文件。

02在Top视窗中利用【内插点曲线】工具绘制如图7-57所示的曲线。

03利用【变动】标签中的【3D旋转】工具，将曲线绕X轴进行旋转复制，复制数量为4个（即第二参考点的位置依次为90、180、270、360），如图7-58所示。

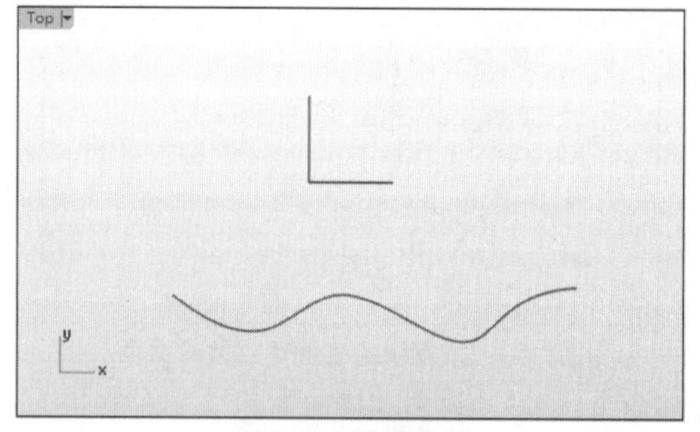

图7-57　绘制曲线

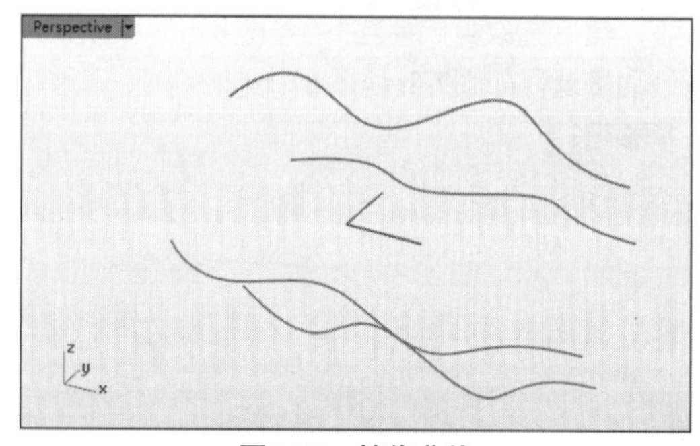

图7-58　镜像曲线

04在【曲线工具】标签中单击【从断面轮廓线建立曲线】按钮，然后依次选取4条曲线，按Enter键完成。

05选取断面线的起点和终点，随后自动创建断面线，如图7-59所示。

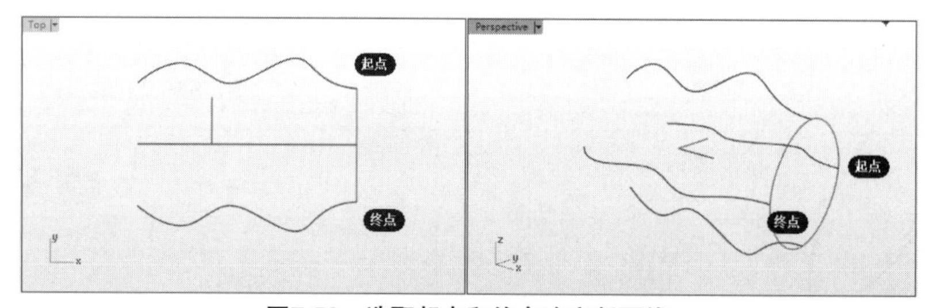

图7-59　选取起点和终点确定断面线

技术要点：断面线的起点和终点不一定非要在轮廓曲线上，但必须完全通过轮廓曲线，否则不能建立断面线。

06同理，在其他位置上创建其余断面线，如图7-60所示。

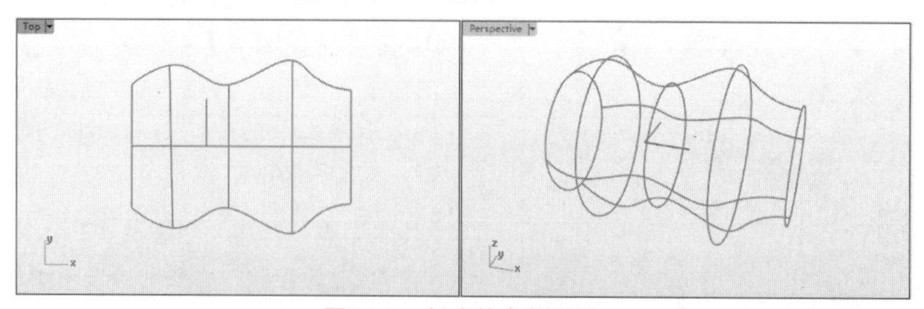

图7-60　创建其余断面线

7.6.4 重建曲线

重建曲线可以使曲线更加顺滑，使建立的曲面质量得以提升。

重建曲线包括重建曲线、以主曲线重建曲线、非一致性的重建曲线、重新逼近曲线、更改阶数、整平曲线、参数均匀化与简化直线和圆弧等工具。

1. 重建曲线

使用【重建曲线】工具可以用设定的控制点数和阶数重建曲线，挤出物件或曲面。单击【重建曲线】按钮，选取要重建的曲线并按Enter键，会弹出【重建】对话框，同时显示重建曲线预览，如图7-61所示。

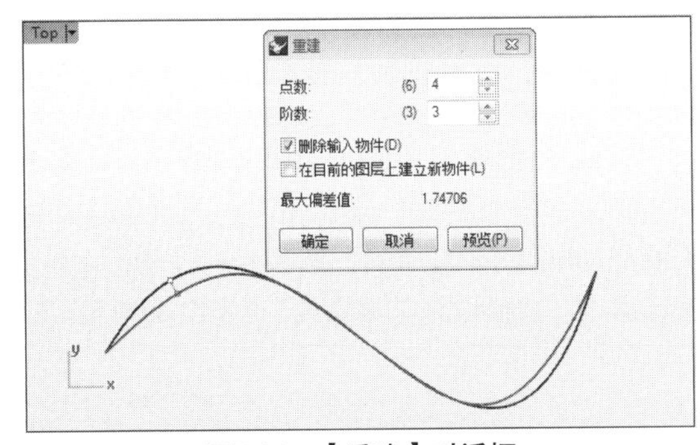

图7-61 【重建】对话框

下面介绍对话框中各选项的含义。

- 点数：设定要重建曲线的控制点个数。
- 阶数：设置曲线或曲面的阶数。阶数越高，控制点的个数也越大，控制点的数目必须比阶数大1或以上，得到的曲线的阶数才会是设定的阶数。
- 【删除输入物件】复选框：勾选该复选框，将原来的物件（参考曲线）从文件中删除。
- 【在目前的图层上建立新物件】复选框：勾选该复选框在目前的图层建立新物件；取消勾选该复选框，会在原来的物件所在的图层建立新物件。
- 最大偏差值：预览时显示原来的曲线与重建后的曲线之间的最大偏差距离。
- 预览：在工作视窗里预览结果，设定变更后要单击【预览】按钮，视窗里的物件才会更新。

2. 以主曲线重建曲线

【以主曲线重建曲线】工具用于根据所选的参考曲线（要重建的曲线）和主要参考曲线来重建曲线。例如，右击【以主曲线重建曲线】按钮，选取要重建的曲线及主曲线后，重建曲线的结果如图7-62所示。

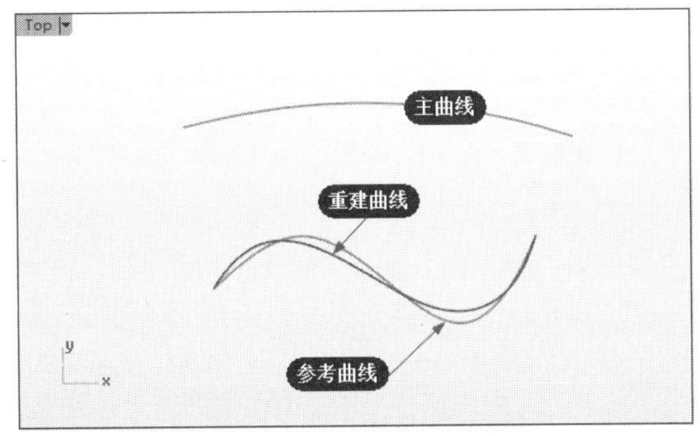

图7-62 以主曲线重建曲线

3. 非一致性的重建曲线

【非一致性的重建曲线】工具用于以非一致的参数间距及互动性的方式重建曲线。

单击【非一致性的重建曲线】按钮，选取要重建的曲线，随后显示控制点、编辑点和方向箭头，如图7-63所示。可以拖动编辑点调整位置，也可以通过命令行修改【最大点数】选项（就是修改控制点数）。

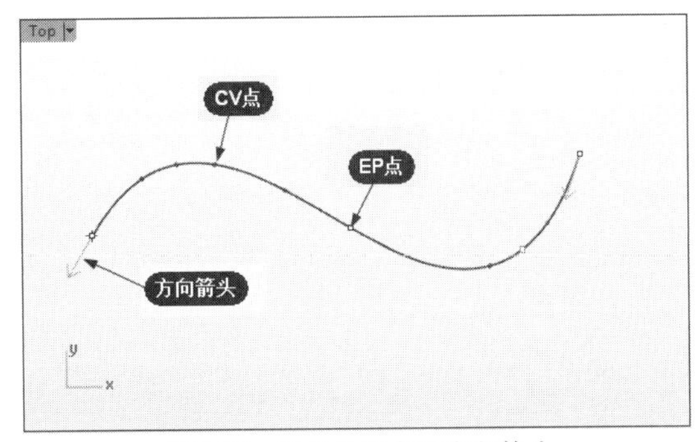

图7-63 显示分段点和方向箭头

4. 重新逼近曲线

【重新逼近曲线】工具用于设定公差、阶数，或者参考曲线来重建曲线。

动手操作——重新逼近曲线

01 新建Rhino文件。

02 在Top视窗中利用【内插点曲线】工具绘制曲线，如图7-64所示。

03 在【曲线工具】标签中单击【重新逼近曲线】按钮，选取要重新逼近的曲线并按Enter键，在命令行输入逼近公差，或者在Top视窗中绘制要逼近的参考，如图7-65所示。

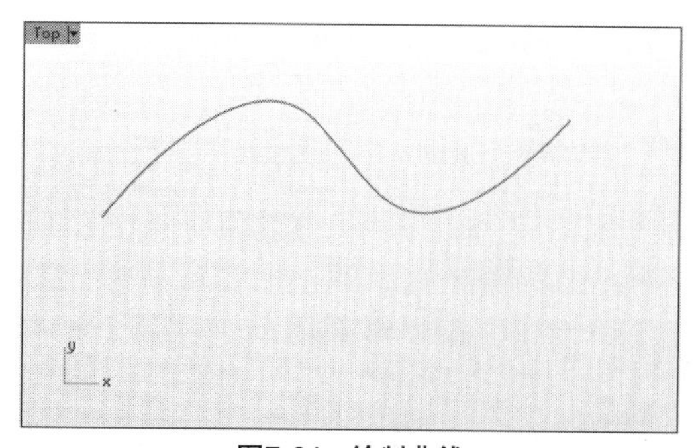

图7-64 绘制曲线

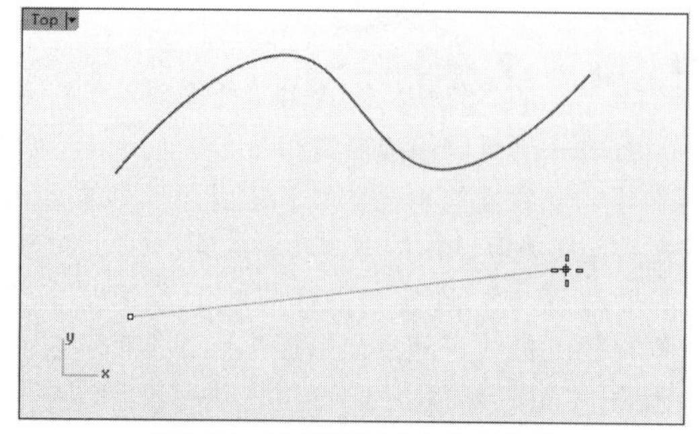

图7-65 绘制要逼近的参考曲线

04随后重新建立逼近曲线，如图7-66所示。

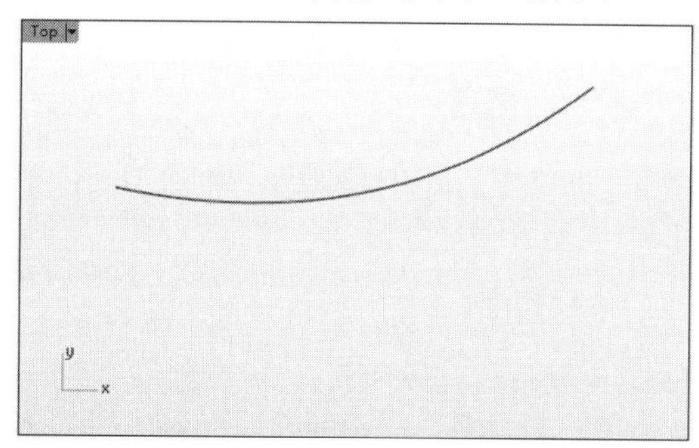

图7-66 重新建立逼近曲线

> **技术要点：** 逼近公差越大，越逼近于直线，但不等于直线。

5. 更改阶数

【更改阶数】工具用于更改曲线的阶数。

> **技术要点：** 曲线的阶数是指曲线的方程式组的最高指数。阶数越高，控制点就越多，曲线也就会调整得更光顺，曲面也更平滑。

单击【更改阶数】按钮，选取要更改阶数的曲线后，在命令行中输入新的阶数，最后按Enter键或右击确认即可完成曲线阶数的更改，如图7-67所示。

```
指令: _ChangeDegree
新阶数 <3> ( 可塑形的(D)=否 ): 5
```

图7-67 在命令行中输入阶数

6. 整平曲线

【整平曲线】工具用于使曲线曲率变化较大的部分变得较平滑，但曲线形状的改变会限制在公差内。

用【整平曲线】工具重建曲线的效果与用【重新逼近曲线】工具重建曲线的效果相同，其操作步骤也是相同的。

7. 参数均匀化

【参数均匀化】工具用于修改曲线或曲面的参数化，使每个控制点对曲线或曲面有相同的影响力。

用【参数均匀化】工具可以使曲线或曲面的节点向量一致化，曲线或曲面的形状会有一些改变，但控制点不会被移动。

8. 简化直线与圆弧

【简化直线与圆弧】工具用于将曲线上近似直线或圆弧的部分以真正的直线或圆弧取代。例如，利用【内插点曲线】工具绘制两个控制点的样条曲线，看似直线，实际上无限逼近直线，那么就可以使用【简化直线与圆弧】工具对样条曲线进行简化，转换成真正的直线，如图7-68所示。

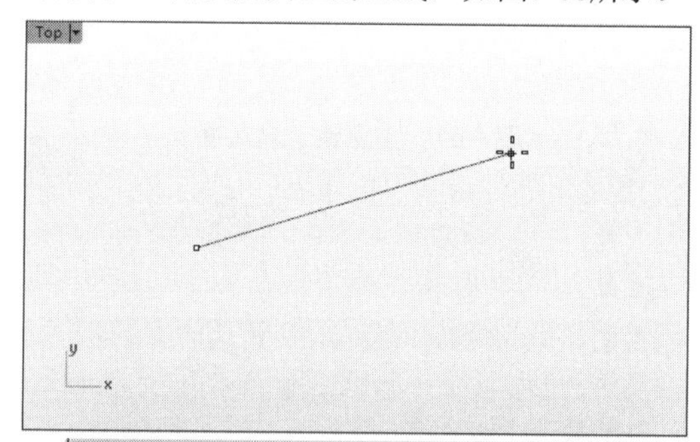

```
指令: _SimplifyCrv
选取要简化的曲线:
选取要简化的曲线，按 Enter 完成:
已简化 1 条曲线。
```

图7-68 简化直线

7.7 其他曲线编辑工具

还可以利用Rhino 6.0提供的其他曲线编辑工具，对曲线进行操作与创建。下面详细介绍这些工具的用法。

7.7.1 将曲线转换为多重直线或圆弧

【将曲线转换为多重直线】工具用于将样条

曲线、圆弧、弹簧线、圆、椭圆线等非直线类型的曲线转换成多重直线。

单击【将曲线转换为多重直线】按钮，选取要转换的曲线后，命令行显示如下选项提示。

按 Enter 接受设置 (输出为(O)=直线 简化输入物体(S)=否 删除输入物件(D)=是 角度公差(A)=50 公差(T)=0.01 最小长度(M)=20 最大长度(X)=0 目的图层(U)=目前的):

下面介绍各选项的含义。

- 【输出为（O）=直线】或【输出为（O）=圆弧】：将曲线转换成多重直线或由圆弧线段组成的多重曲线。
- 【简化输入物体（D）=否】或【简化输入物体（D）=是】：是否合并共线的直线与共圆的圆弧。
- 【删除输入物件（D）=是】或【删除输入物件（D）=否】：是否将将原来的物件从文件中删除。
- 【角度公差（A）】：相连的线段的角度差。设定为0时，允许建立非正切的圆弧，圆弧线段端点可能会产生锐角，但因为有圆弧线段的关系，结果会比使用直线选项时的线段数少很多，可以用最少的线段数逼近原来的曲线。
- 【公差（T）】：结果的线段的中点与原来的曲线的容许公差，取代绝对公差的设定。
- 【最小长度（M）】：结果线段的最小长度，设定为0时，不限制最小长度。
- 【最大长度（X）】：结果线段的最大长度，设定为0时，不限制最大长度。
- 【目的图层（U）=目前的】：指定建立物件的图层。“目前的”表示当前图层；“输入物件”表示在输入物件所在的图层建立物件。

动手操作——将曲线转换为多重直线或圆弧

01新建Rhino文件。

02在Top视窗中利用【内插点曲线】工具绘制曲线，如图7-69所示。

03单击【将曲线转换为多重直线】按钮，选取要转换的曲线并右击确认，在命令行中单击【最小长度（M）=0】选项并修改其值为20（目的是放大输出直线便于察看），预览情况如图7-70所示。

04如果需要输出圆弧，可在命令行中修改【输出为（O）=直线】选项为【输出为（O）=圆弧】，预览如图7-71所示。

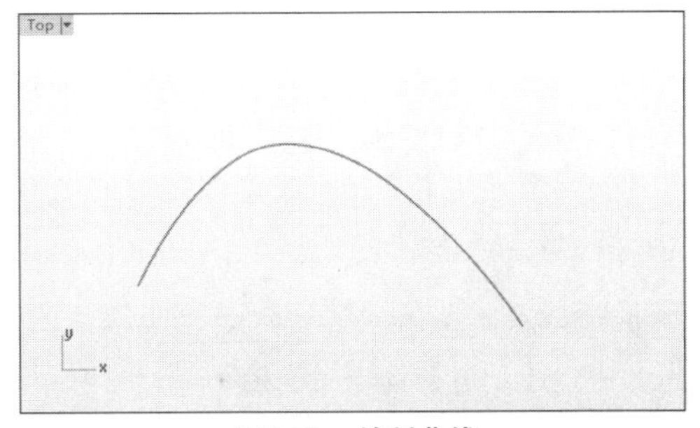

图7-69　绘制曲线

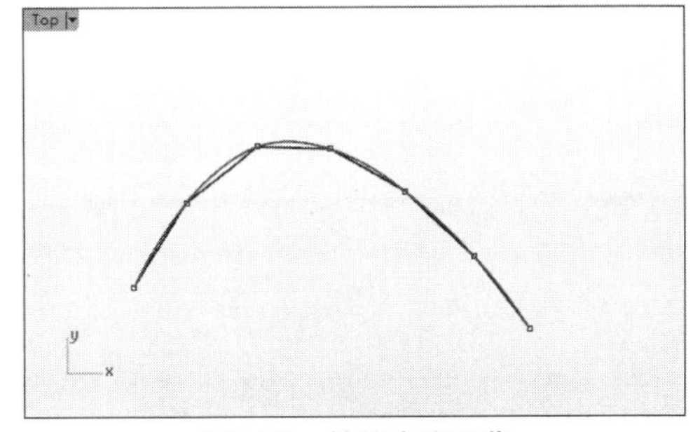

图7-70　转换直线预览

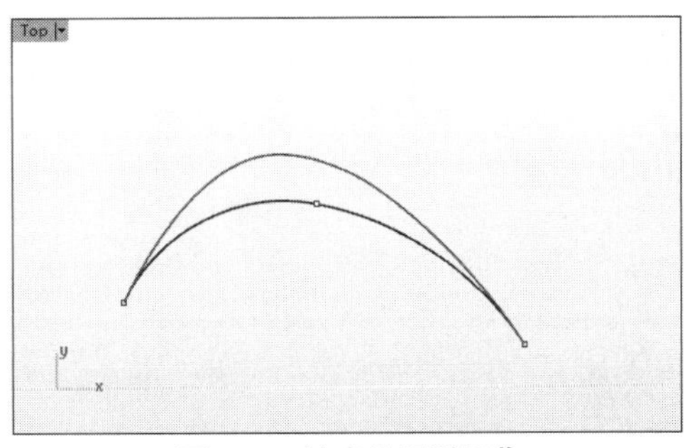

图7-71　输出为圆弧预览

> **技术要点：**也可以右击【将曲线转换为多重直线】按钮，将曲线转换成圆弧。

05右击完成直线或圆弧的转换，如图7-72所示。

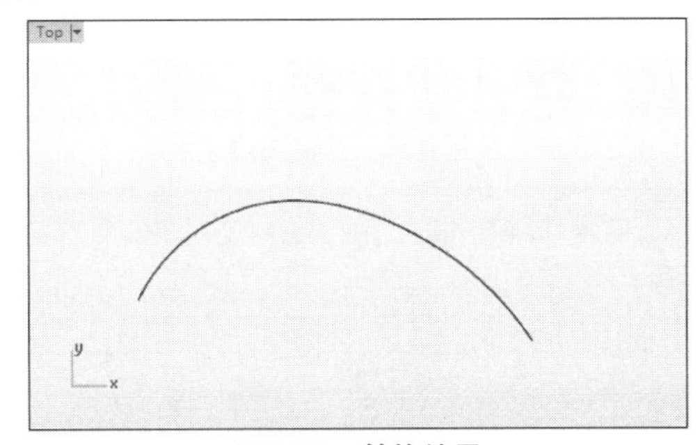

图7-72　转换结果

7.7.2 周期化

【周期化】工具用于移除多重曲线的锐角或

曲面的锐边。多重曲线包括控制点曲线、内插点曲线、圆弧、椭圆弧，以及多种曲线组合而成的曲线等，多重直线不可做周期化处理。

单击【周期化】按钮，选取要周期化的曲线后，命令行显示如下提示。

指令：_MakePeriodic
选取要周期化的曲线或曲面(点选靠近边缘处)（平滑(S)=是）:

其中，【平滑】选项用来控制如何移除锐角/锐边。

> **技术要点：**这个选项在预选物件后再执行指令时不会出现。

【平滑】选项设置为“是”，将移除所有锐角点并移动控制点得到平滑的曲线，如图7-73所示。

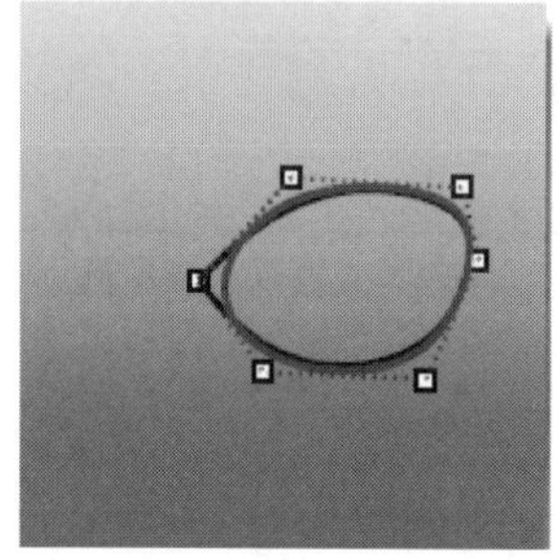

图7-73 平滑 = 是

【平滑】选项设置为“否”，控制点的位置不会改变，曲线的形状只会稍微改变，只有位于曲线起点的锐角点会被移除，如图7-74所示。

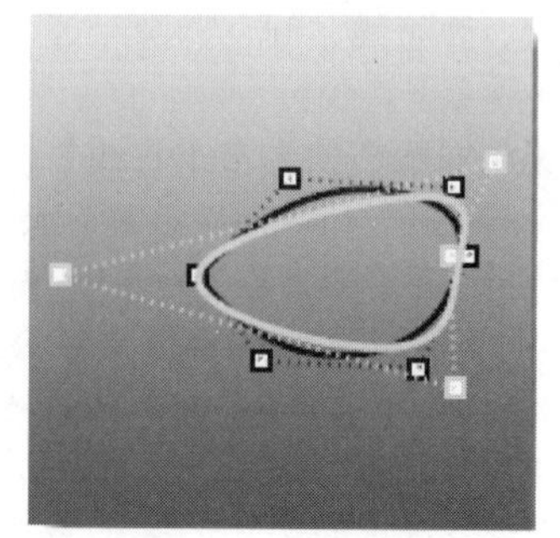

图7-74 平滑 = 否

确认要周期化的曲线后，命令行会显示如下提示。

删除输入物件 <否>（是(A) 否(B)）:

此选项用来确定是否删除原有曲线。

动手操作——曲线周期化

01新建Rhino文件。

02在Top视窗中利用【内插点曲线】工具绘制曲线，如图7-75所示。

03单击【周期化】按钮，选取要周期化的曲线后，右击即可完成周期化，结果如图7-76所示。

04用【开启编辑点】工具可以拖动编辑点改变周期化后的曲线，如图7-77所示。

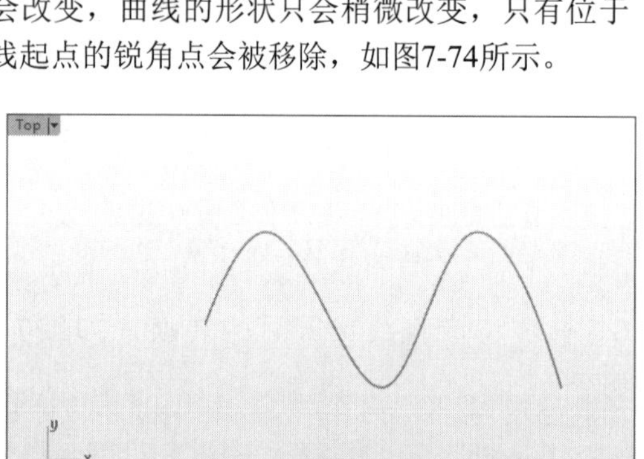

图7-75 绘制曲线

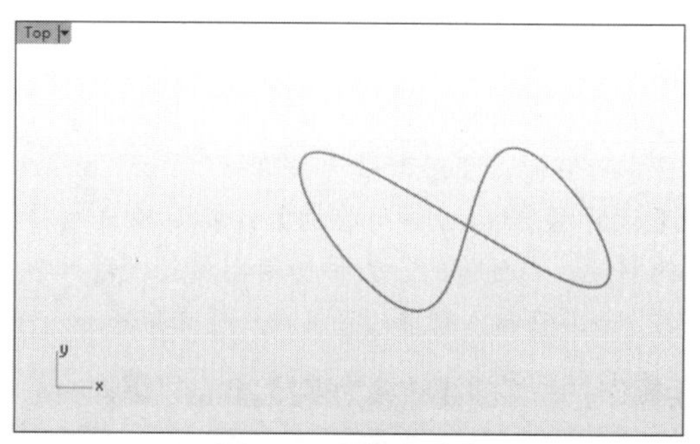

图7-76 周期化曲线

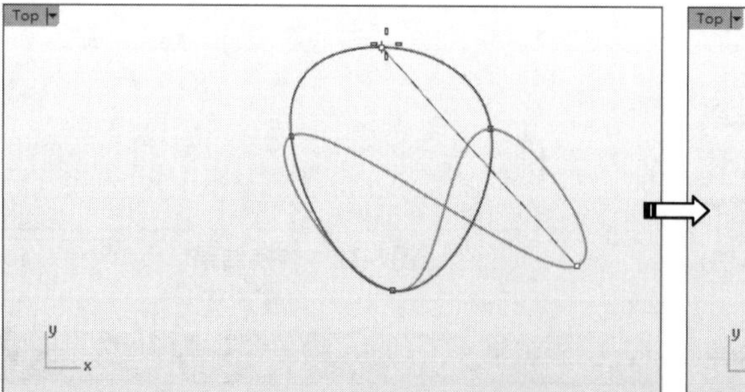

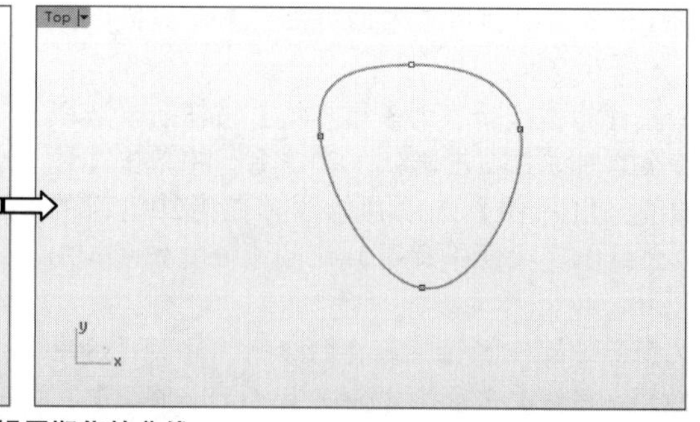

图7-77 编辑周期化的曲线

7.7.3 封闭开放的曲线

用【封闭开放的曲线】工具可以将开放的曲线加入一条直线段将其封闭，而加入的直线段将与原曲线形成整体。

动手操作——封闭开放的曲线

01新建Rhino文件。

02在Top视窗中利用【内插点曲线】工具绘制曲线，如图7-78所示。

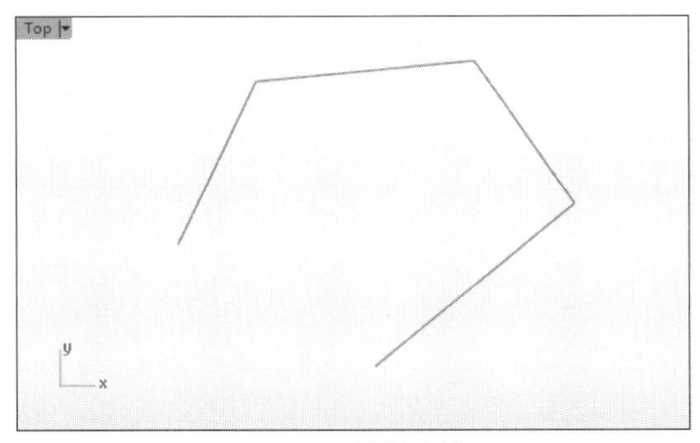

图7-78 绘制曲线

03单击【封闭开放的曲线】按钮，选取要封闭的曲线后，右击即可添加直线段并完成封闭，结果如图7-79所示。

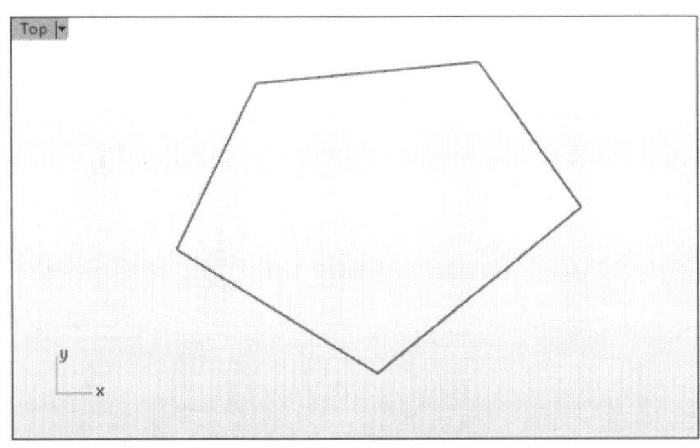

图7-79 封闭曲线

7.7.4 续画控制点曲线

【续画控制点曲线】工具用于在原有控制点曲线基础之上继续绘制控制点曲线。

动手操作——续画控制点曲线

01新建Rhino文件。

02在Top视窗中利用【控制点曲线】工具绘制曲线，如图7-80所示。

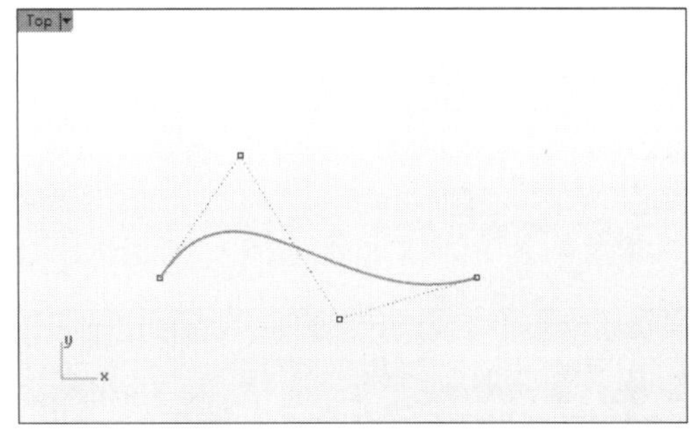

图7-80 绘制控制点曲线

03单击【续画控制点曲线】按钮，选取要续画的控制点曲线后，继续绘制该曲线，右击即可完成续画，如图7-81所示。

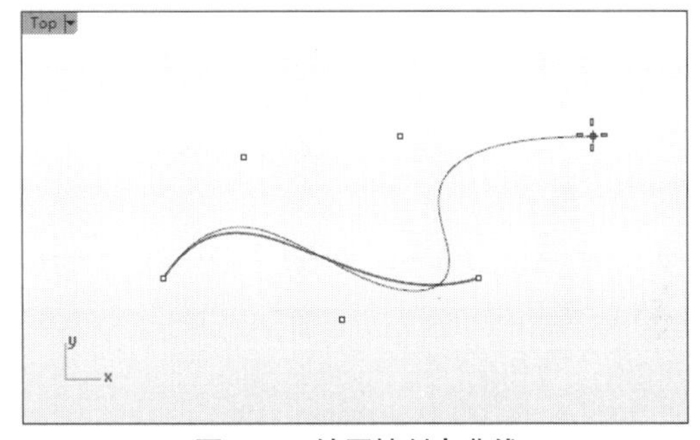

图7-81 续画控制点曲线

7.7.5 截断曲线

用【截断曲线】工具可以将曲线从中间截断，由一条曲线变为两条分开的曲线。

动手操作——截断曲线

01新建Rhino文件。

02在Top视窗中利用【内插点曲线】工具绘制曲线，如图7-82所示。

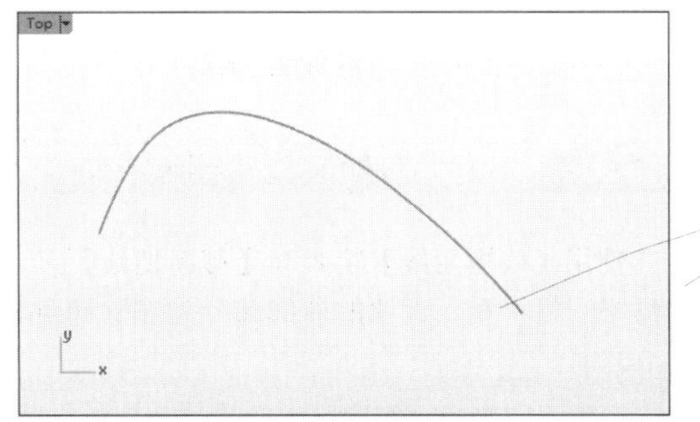

图7-82 绘制控制点曲线

03单击【截断曲线】按钮，选取要编辑的曲线后，在曲线上指定删除（截断）起点，如图7-83所示。

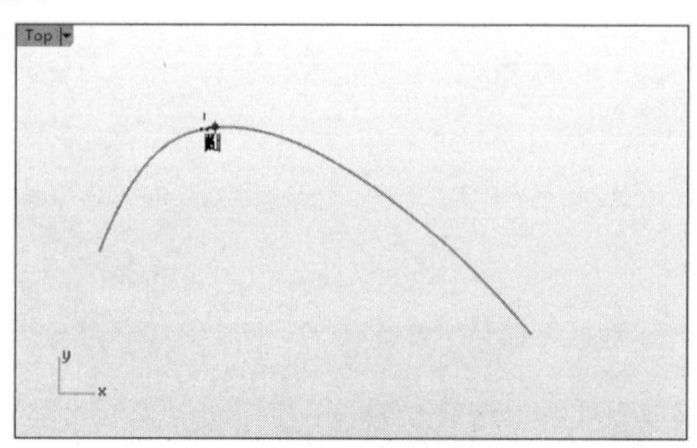

图7-83 指定截断起点

04在曲线上指定删除（截断）终点，如图7-84所示。

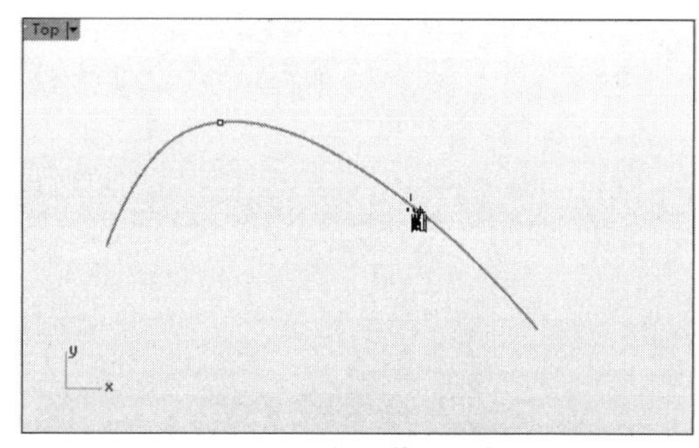

图7-84 指定截断终点

05随后自动截断曲线，结果如图7-85所示。

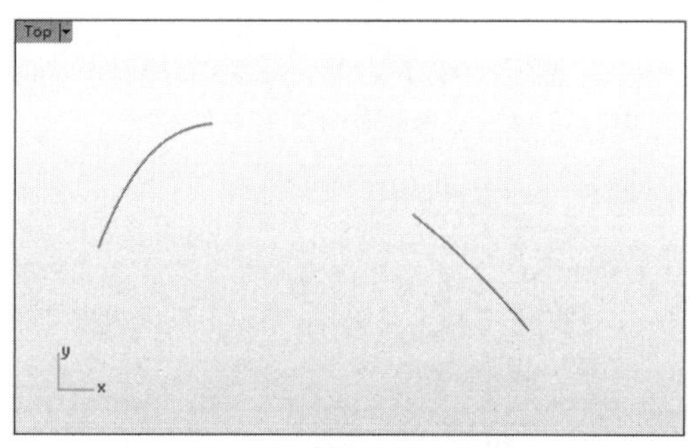

图7-85 截断曲线的结果

7.7.6 截短曲线

使用【截短曲线】工具与【截断曲线】工具的结果正好相反，保留的曲线部分为删除起点与终点之间。

动手操作——截短曲线

01新建Rhino文件。

02在Top视窗中利用【内插点曲线】工具绘制曲线，如图7-86所示。

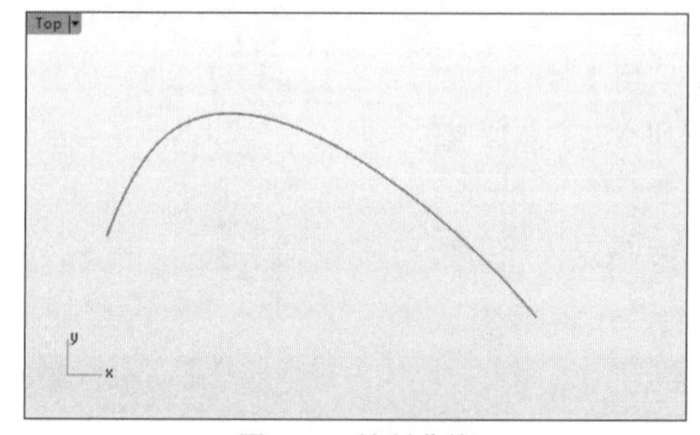

图7-86 绘制曲线

03单击【截短曲线】按钮，选取要缩短的曲线后，在曲线上指定删除（截短）起点，如图7-87所示。

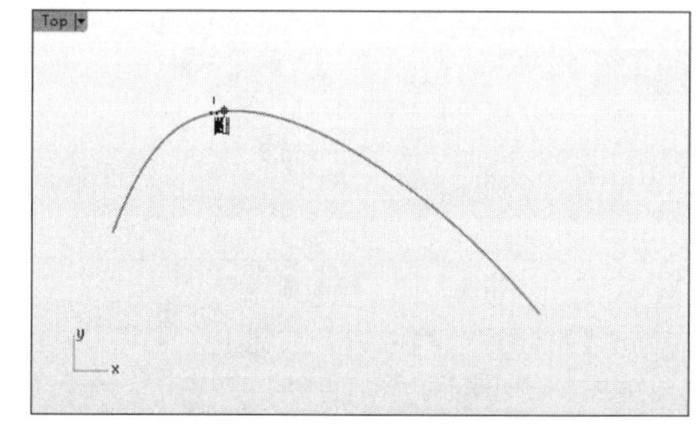

图7-87 指定截短起点

04在曲线上指定删除（截短）终点，如图7-88所示。

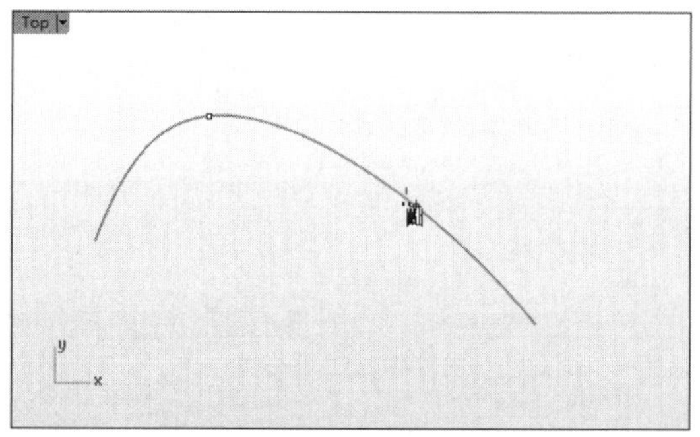

图7-88 指定截短终点

05随后自动截短曲线，结果如图7-89所示。

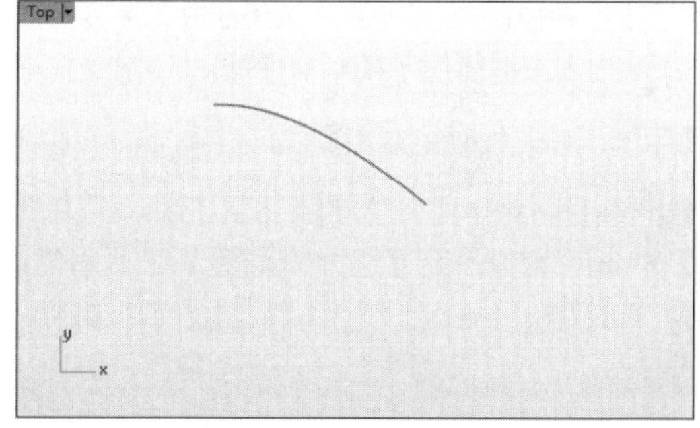

图7-89 截短曲线的结果

7.7.7 抽离子线段

【抽离子线段】工具用来分离或复制多重曲线的子线段。

动手操作——抽离子线段

01新建Rhino文件。

02在Top视窗中利用【内插点曲线】工具绘制3条曲线，如图7-90所示。

03在菜单栏中执行【编辑】|【组合】命令，将3条曲线组合。

04单击【抽离子线段】按钮，选取要抽离的多重曲线，然后选取要抽离的子线段，如图7-91所示。

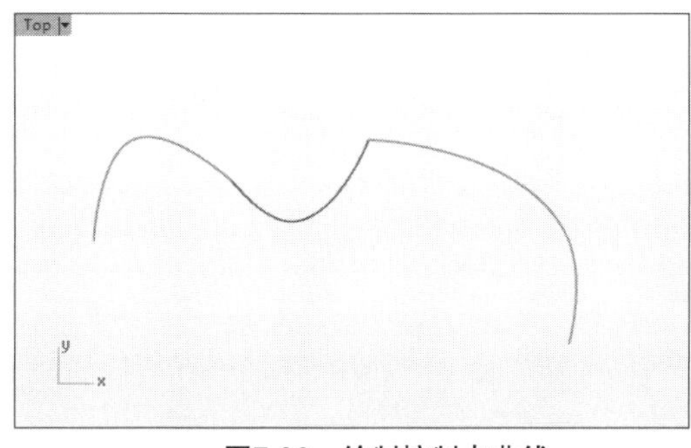

图7-90　绘制控制点曲线

图7-91　选取要抽离的子线段

此时命令行中显示如下提示。

选取要抽离的子线段，按 Enter 完成 (复制(C)=否 组合(J)=否 目的图层(O)=输入物件):

【复制】选项设为“否”，表示不复制所选子线段，反之要复制。【组合】选项设为“否”，表示抽离后的子线段将不与原曲线组合，而是独立的，反之要组合。

05保留【复制】选项为“否”，【组合】选项为“否”，右击完成抽离。

06移动抽离的子线段，结果如图7-92所示。

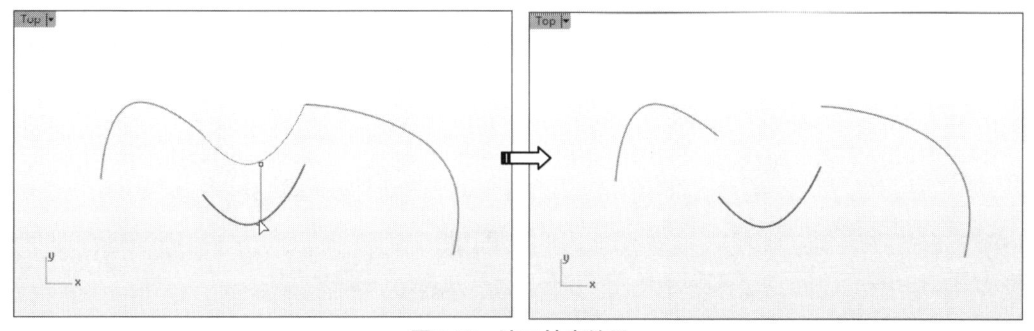

图7-92　演示抽离结果

7.7.8 在曲线上插入直线

【在曲线上插入直线】工具用于将曲线截断并删除段后用直线替代。

动手操作——在曲线上插入直线

01新建Rhino文件。

02在Top视窗中利用【内插点曲线】工具绘制曲线，如图7-93所示。

03单击【在曲线上插入直线】按钮，选取要插入直线的曲线后，在曲线上指定直线起点，如图7-94所示。

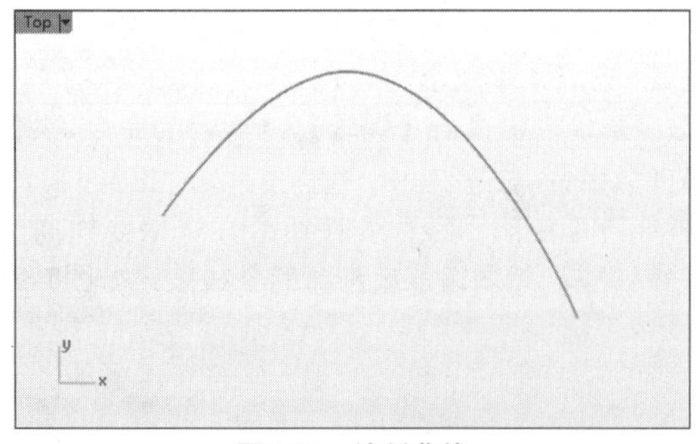

图7-93　绘制曲线

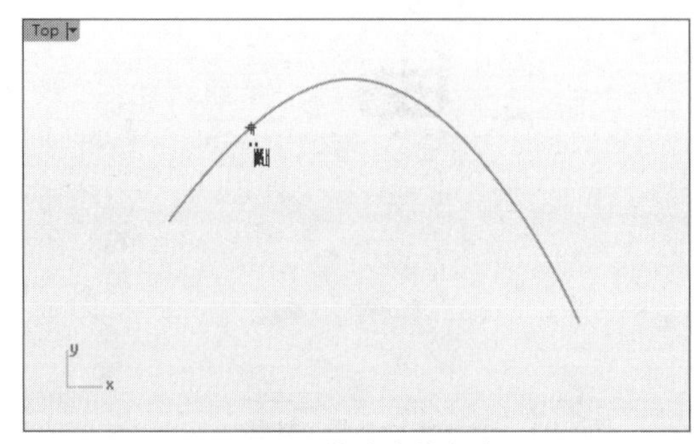

图7-94　指定直线起点

04在曲线上指定直线终点，如图7-95所示。

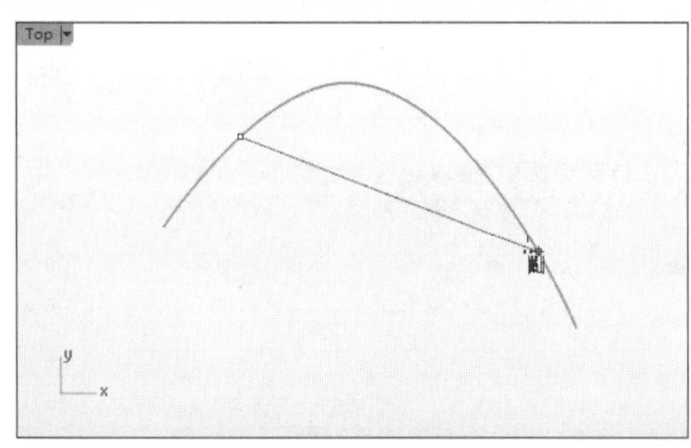

图7-95　指定截断终点

05随后自动截断曲线并用直线替代，结果如图7-96所示。

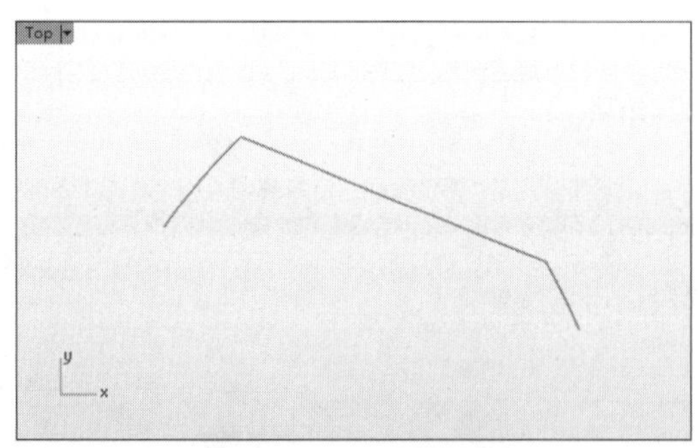

图7-96　截断曲线的结果

7.7.9　在两条曲线之间建立均分曲线

【在两条曲线之间建立均分曲线】工具用于在两条曲线之间以距离等分建立曲线，如图7-97所示。

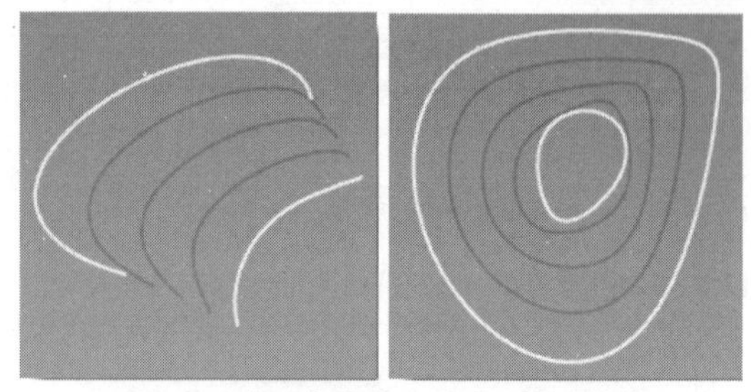

图7-97　在两条曲线之间建立均分曲线

动手操作——在两条曲线之间建立均分曲线

01新建Rhino文件。

02在Top视窗中利用【内插点曲线】工具绘制两条曲线，如图7-98所示。

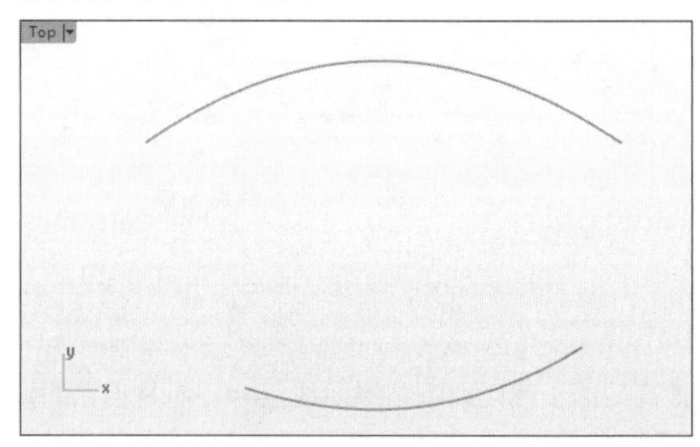

图7-98　绘制曲线

03单击【在两条曲线之间建立均分曲线】按钮，选取两条曲线为起始曲线与终止曲线后，在命令行中更改【数目】选项的值为5，右击后建立均匀曲线，如图7-99所示。

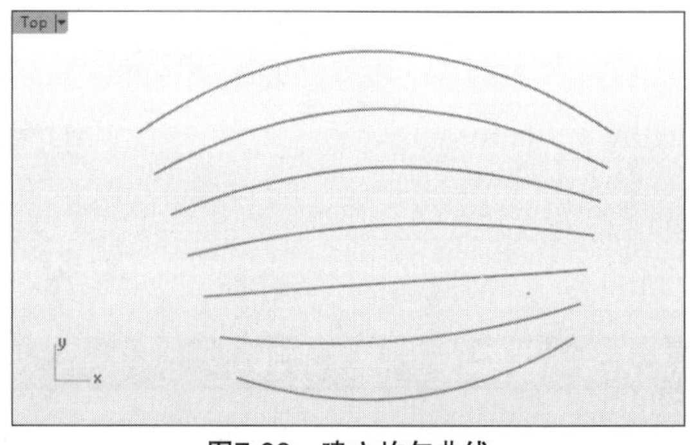

图7-99　建立均匀曲线

7.8 课后练习

1. 用【重建】命令优化曲线

在Rhino视图中导入参考图，单击【曲线】标签中的【控制点曲线】按钮，绘制苹果标志的轮廓线。注意描绘时不要用太多的点，不准确的地方可以在绘制完成后修改，如图7-100所示。

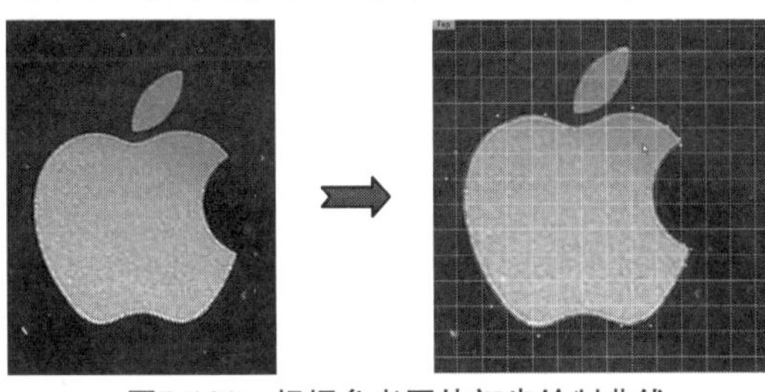

图7-100　根据参考图片初步绘制曲线

> **技术要点：**绘制NURBS曲线时，在满足造型的条件下尽量少放置控制点，绘制完成后可通过手工再次精确调节该NURBS曲线造型。

初步绘制出来的曲线在很多地方与背景图片有明显偏差，手工拖动控制点修改一下曲线的造型，可以适当插入或者删除控制点，原则是背景位图中轮廓曲率变化较大的地方也就是轮廓急剧变化的地方多一些控制点，如苹果标志缺口转角的部分。轮廓较平滑的地方则可以少用控制点，如曲线开头起始的部分。经过手工拖动控制点修改后的结果如图7-101所示。

图7-101　曲线绘制完成

曲线与背景图片中的轮廓已经拟合得较为理想了，整根曲线使用了17个控制点。可不可以再精简几个控制点呢？如果使用【重建】工具尝试用更少的点重建曲线，把【重建曲线】对话框中的点数改为14，曲线发生了很大变化，偏离参考轮廓曲线很多，达不到设计要求，如图7-102所示。

图7-102　14个点重建后的曲线

将曲线调整到和原来一样的17个点，结果如图7-103所示，结果和原来的曲线没有多大变化，说明这根曲线的控制点分布已经很理想了，所以【重建】工具在这里不能实现明显的优化效果。

图7-103　还原17个控制点

08

第8章 基本曲面绘制

曲面就像一张有弹性的矩形薄橡皮，NURBS曲面可以呈现简单的造型（平面及圆柱体），也可以呈现自由造型或雕塑曲面。本章主要介绍Rhino 6.0中最基础的曲面绘制。

项目分解

- 平面曲面
- 挤出曲面
- 旋转曲面

Rhino中曲面的绘制工具主要集中在【曲面工具】标签和左边栏【曲面边栏】工具列中，如图8-1所示。

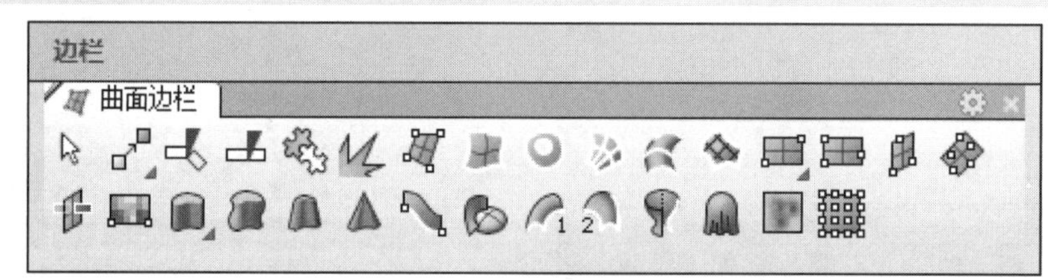

图8-1 曲面绘制工具

8.1 平面曲面

在Rhino中绘制平面曲面的工具主要包含【指定三或四个角建立曲面】工具和【矩形平面】组工具。【矩形平面】组工具包括矩形平面：角对角、矩形平面：三点、垂直平面、逼近数个点的平面、切割用平面、帧平面6个主要命令。只有充分掌握这些功能，在建模过程当中才能做到游刃有余。

8.1.1 指定三或四个角建立曲面

使用该工具可以空间上的三个或四个点之间的连线形成闭合区域，如图8-2所示。

图8-2 由三个点或四个点建立的曲面

动手操作——指定三或四个角建立曲面

01新建Rhino文件。

02单击【实体工具】标签下左边栏中的【立方体】按钮，在视窗中绘制两个立方体，如图8-3所示。

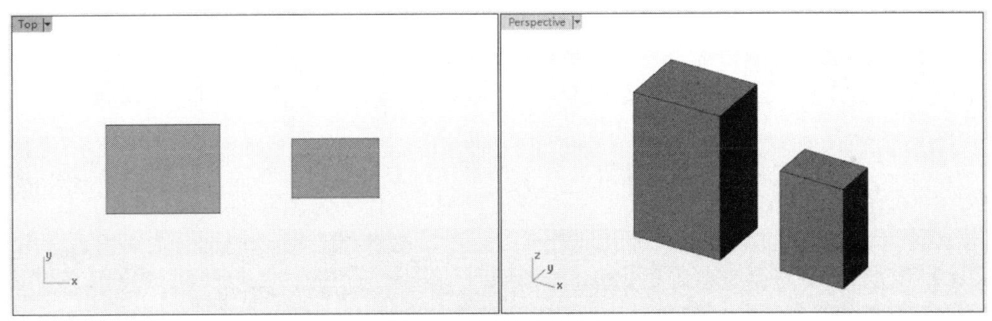

图8-3　创建两个正方体

03在【曲面工具】标签下左边栏中单击【指定三或四个角建立曲面】按钮，在软件窗口底边栏打开【物件锁点】捕捉，选择需要连接的4个边缘端点，随后自动建立平面曲面，如图8-4所示。

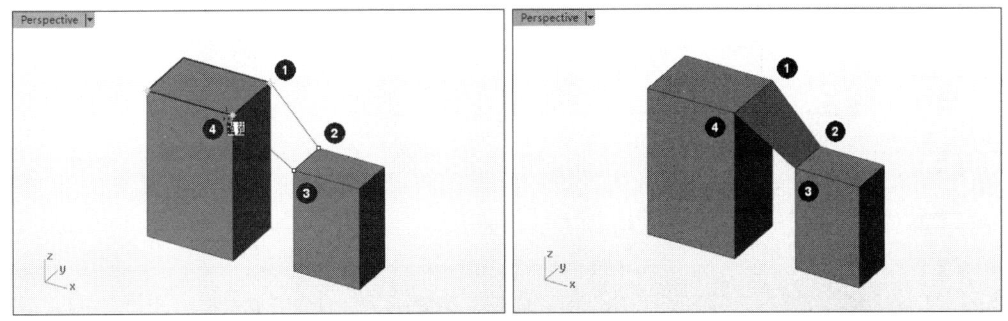

图8-4　建立平面曲面

8.1.2　矩形平面

【矩形平面】组工具主要用于在二维空间里用各种方法绘制平面矩形，在【曲面工具】标签下左边栏中单击按住【矩形平面：角对角】按钮，就会弹出【平面】工具列，如图8-5所示。

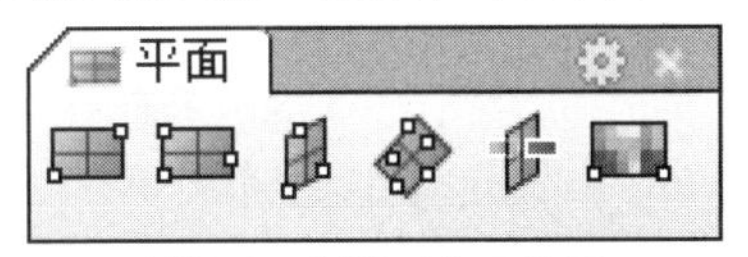

图8-5　【平面】工具列

1. 矩形平面：角对角

使用该工具以空间上的两点来连线形成闭合区域。

激活Top视窗，单击【矩形平面：角对角】按钮，然后确定对角点位置，或者在命令行中输入具体数据，如10和18，按Enter键或右击结束。完成效果如图8-6所示。

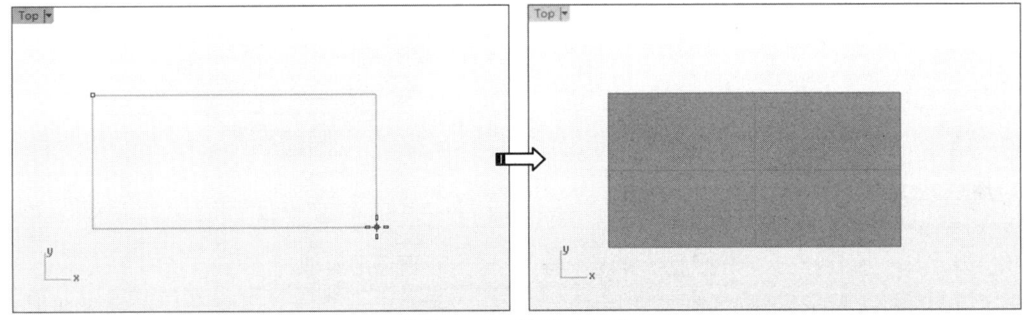

图8-6　角对角建立平面

在绘制过程中，命令行中会有如下提示。

平面的第一角（三点(P)　垂直(V)　中心点(C)　可塑形的(D)）:

下面介绍各选项的功能。

- 三点（P）：以两个相邻的角和对边上的一点画出矩形。此功能主要用于在建模时沿物体边缘延伸曲面。
- 垂直（V）：画一个与工作平面垂直的矩形。
- 中心点（C）：从中心点画出矩形。
- 可塑形的（D）：建立曲面后，单击【开启CV点】按钮，即可通过控制点重塑曲面，使之达到需要的弧度，如图8-7所示。

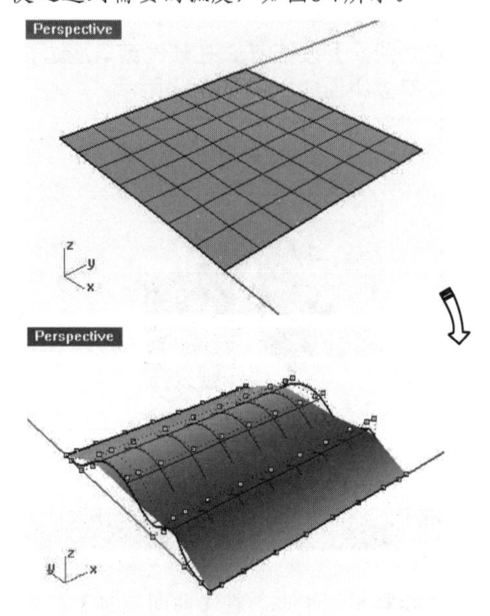

图8-7　绘制可塑形的平面

> **技术要点：**在命令行里输入数据后，软件会以颜色区分出数据段和非数据段。数据段即为所指定数据的部分，非数据段即为原有的已知部分，如图8-8所示。

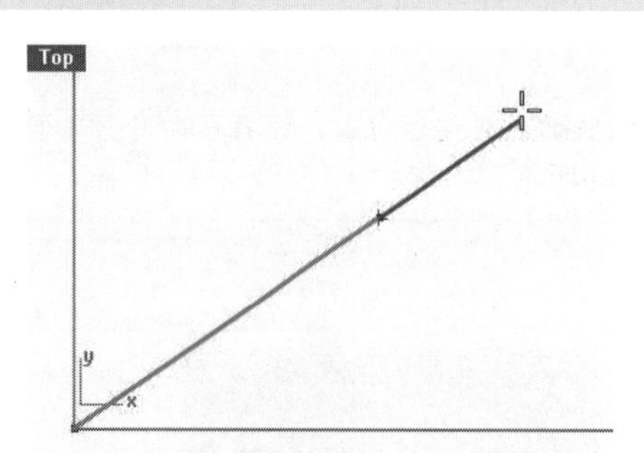

图8-8　红色为非数据段，蓝色为数据段

2. 矩形平面：三点

使用该工具可先以两点确立一处边缘，再以一点确定另三边；此功能的主要作用是延伸物体的边缘。

动手操作——以【矩形平面：三点】建立平面

01新建Rhino文件。

02利用【立方体】工具建立一个边长为10的正方体。

03单击【矩形平面：三点】按钮，在正方体的某端点上选一点，然后选取其同一边上相邻的第二点，以此确定第一条长度为10的边，如图8-9所示。

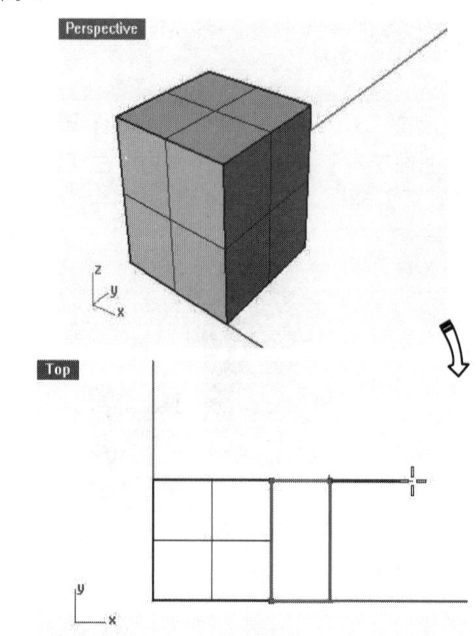

图8-9　绘制长度为10的边

04在命令行里输入5，按Enter键结束，如图8-10所示。

> **技术要点：**拖动鼠标时按住Shift键，可绘出垂直的直线。

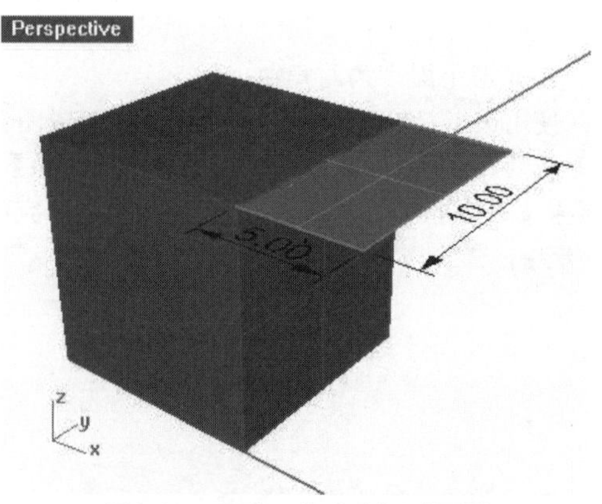

图8-10　完成三点建立矩形平面

3. 垂直平面

使用该工具同样可以利用三点定面的方式操作，即以两点确立一处边缘，再以一点确定另三边，绘制的平面与前面两点所在工作平面垂直。

动手操作——建立垂直平面

01新建Rhino文件。

02利用【矩形平面：角对角】工具建立一个边长为50、宽25的矩形平面，如图8-11所示。

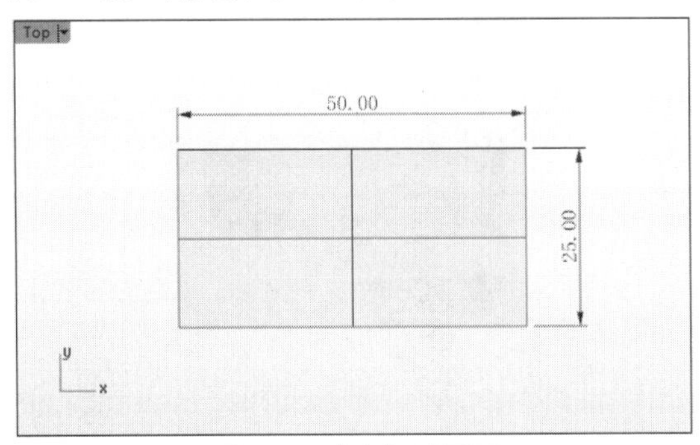

图8-11 建立矩形平面

03单击【垂直平面】按钮，在矩形平面上的某一条边上指定边缘起点与终点，如图8-12所示。

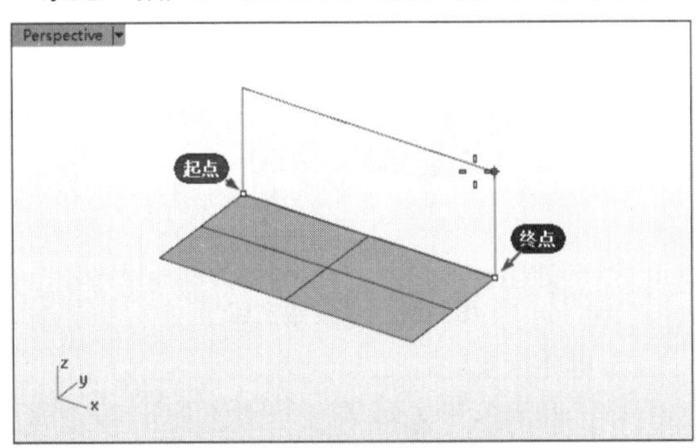

图8-12 指定边缘起点与终点

04在命令行输入高度为20，按Enter键完成垂直平面的建立，如图8-13所示。

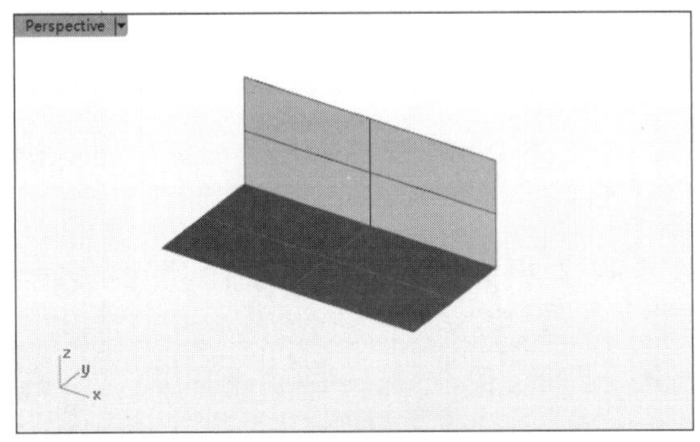

图8-13 建立垂直曲面

> **技术要点：**输入高度后，可以在工作平面的上下方确定第三点，依次确立垂直平面的位置。

4. 逼近数个点的平面

使用该工具可以由空间已知的数个点，建立一个逼近一群点或是一个点云的平面。

此功能至少需要3个及其以上的点，才能确立一个平面。

动手操作——建立逼近数个点的平面

01新建Rhino文件。

02执行菜单栏中的【曲线】|【点物件】|【多点】命令，在Top视窗绘制如图8-14所示的多点。

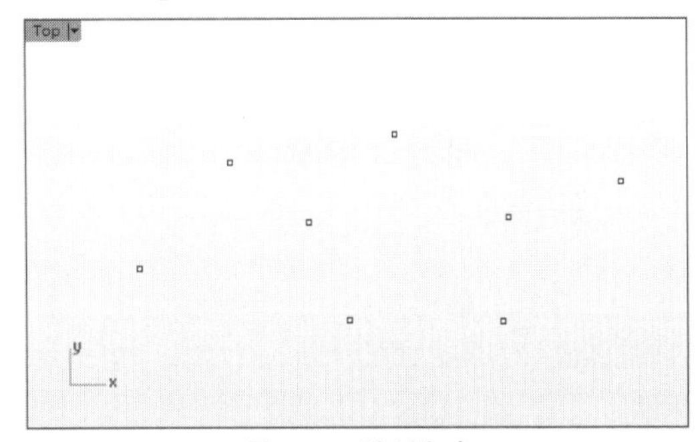

图8-14 绘制多点

03单击【逼近数个点的平面】按钮，然后在Top视窗用框选的方法选取所有点，如图8-15所示。

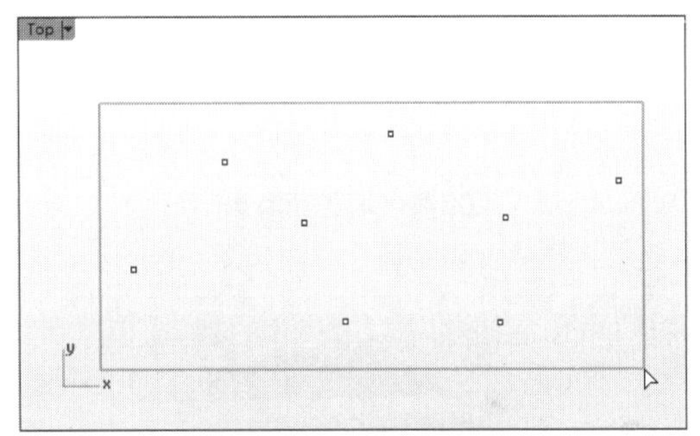

图8-15 框选所有点

04按Enter键或右击完成逼近点平面的建立，如图8-16所示。

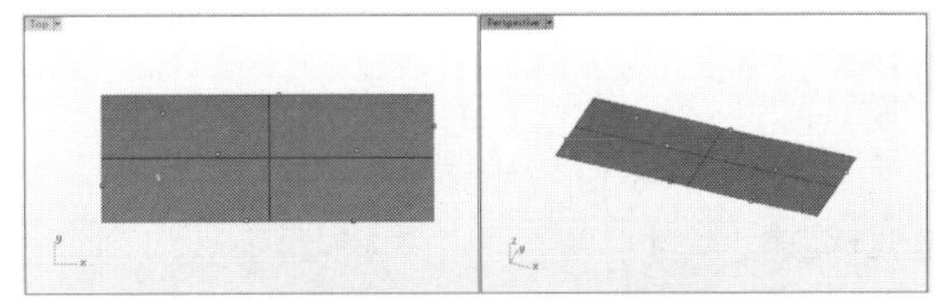

图8-16 建立逼近点平面

5. 切割用平面

使用该工具可以建立通过物件某一个点的平面，建立的切割用平面会和已知的平面垂直，且大于选取的物件，并可将其切断。这个命令可以连续建立多个切割用平面。

动手操作——建立切割用平面

01新建Rhino文件。

02利用【立方体】工具在视窗中绘制出如图8-17所示的长方体。

图8-17　绘制多点

03单击【切割用平面】按钮，然后选取要做切割的物件（即长方体），按Enter键确认后在Top视窗中绘制穿过物件的直线，此直线确定了切割平面的位置，如图8-18所示。

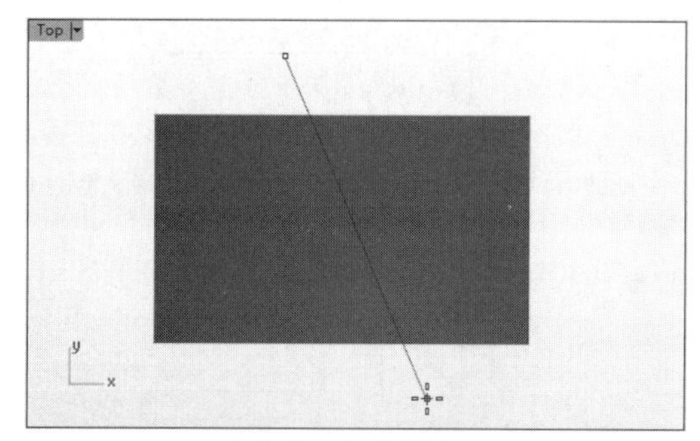

图8-18　框选所有点

04随后自动建立切割用平面，如图8-19所示。

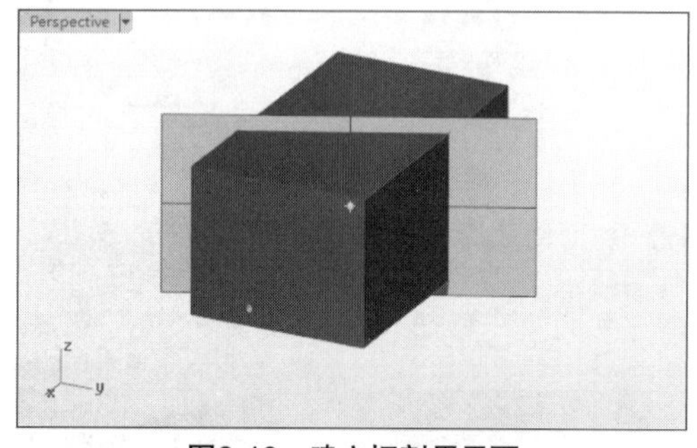

图8-19　建立切割用平面

05继续建立其他切割平面，如图8-20所示。

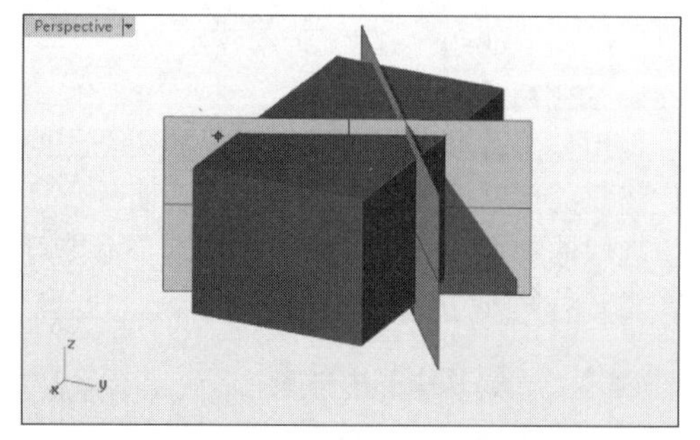

图8-20　继续建立切割平面

【切割用平面】工具是一个基础工具，主要用于后期提取随机边界线。如图8-21所示的圆台，当绘制切割平面后，可以单击【投影至曲面】|【物件交集】，在切割平面和圆台侧面的相交处形成截交线，用于后期模型制作的需要。

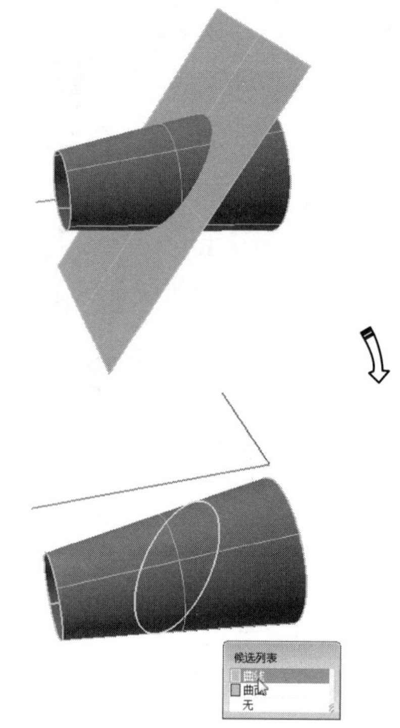

图8-21　生成截交线

6. 帧平面

该工具主要用于建立一个附有该图片文件的矩形平面。单击该按钮，在浏览器中选择需要插入作为参考的图片路径，找到该图片，然后在视窗中根据需要放置该位图，如图8-22所示。这种放置图片文件的方式灵活性更强，而且可以根据需要随时改变图片的大小和比例，十分方便。

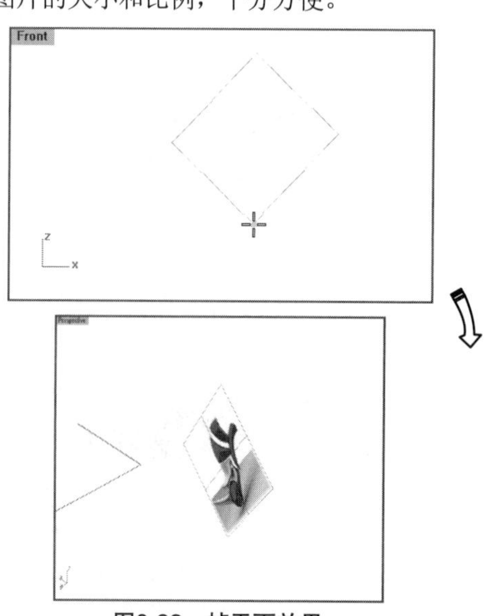

图8-22　帧平面效果

8.2 挤出曲面

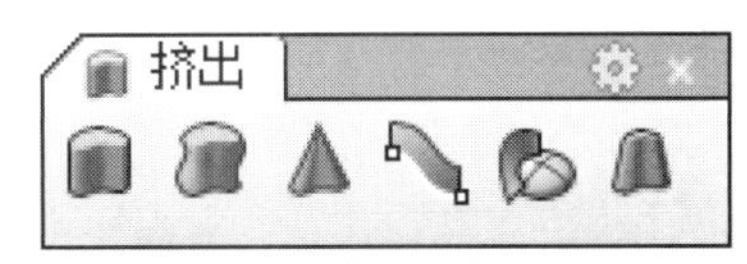

图8-23 【挤出】工具列

沿着轨迹扫掠截面而建立曲面时，挤出曲面是最简单的。除了前面介绍的绘制平面的工具外，其余工具都是扫掠类型的曲面命令。

扫掠类型的曲面至少具备两个条件才能建立，即截面和轨迹。下面介绍最简单的挤出曲面的6个工具，如图8-23所示。

8.2.1 直线挤出

使用该工具可以将曲线往与工作平面垂直的方向笔直地挤出建立曲面或实体。要建立直线挤出曲面，必须先绘制截面曲线。此截面曲线就是“要挤出的曲线”。

单击【直线挤出】按钮，选取要挤出的曲线后，命令行中显示如下提示。

挤出长度 < 0> (方向(D) 两侧(B)=否 实体(S)=否 删除输入物件(L)=否 至边界(T) 分割正切点(P)=否 设定基准点(A)):

下面介绍命令行中各选项的含义

- 【方向】：挤出方向，默认的方向是垂直于工作平面的正负法向方向，如图8-24所示。若需要定义其他方向，单击【方向】选项后，可以通过定义方向起点坐标与方向终点坐标来完成指定，如图8-25所示。还可以通过指定已有的曲线端点、实体边等作为参考来定义方向，如图8-26所示。

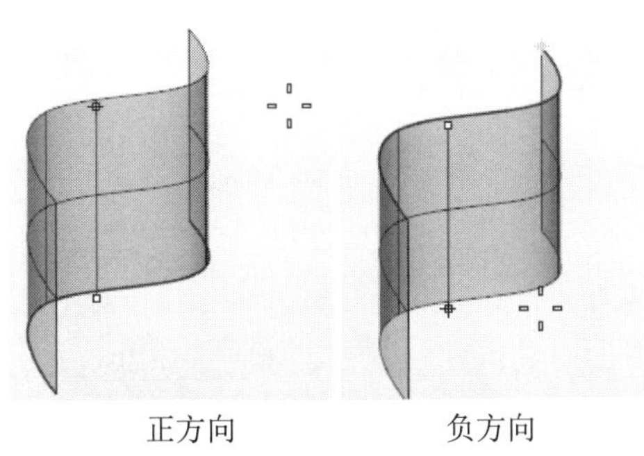

正方向　　负方向

图8-24 默认的挤出方向

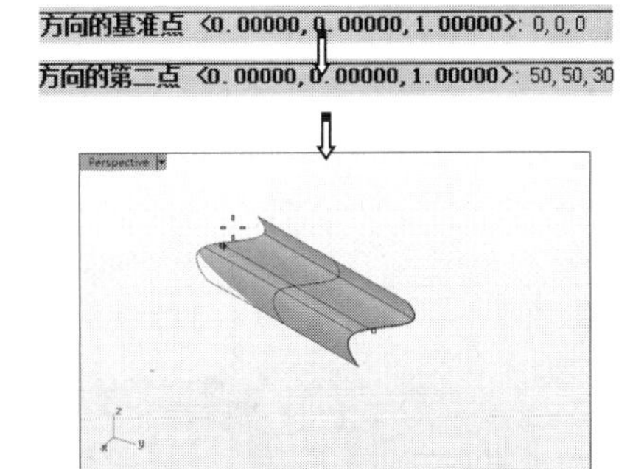

图8-25 定义方向点坐标

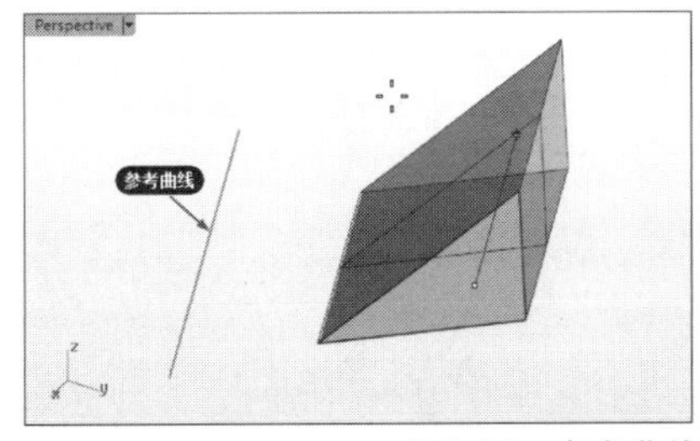

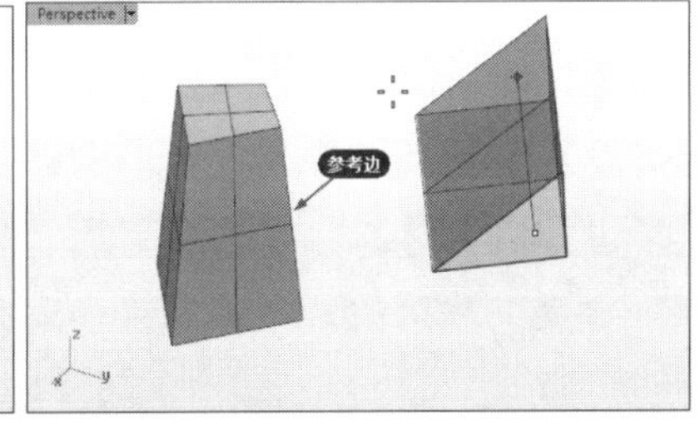

图8-26 参考曲线或实体边定义方向

- 【两侧】：在截面曲线的两侧同时挤出。设为“是”，同时挤出；设为“否”，单侧挤出，如图8-27所示。

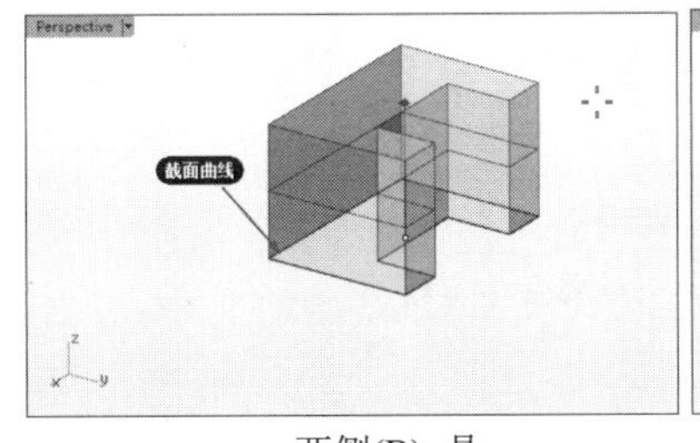

两侧(B)=是

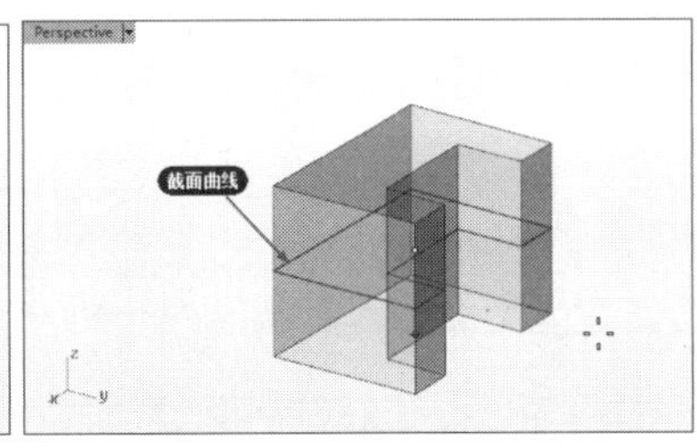

两侧(B)=否

图8-27 两侧挤出

第8章 基本曲面绘制

- 【实体】：使挤出的几何类型为实体或曲面。设定为“否”时为曲面；设定为“是”时为实体，如图8-28所示。

技术要点：Rhino中的“实体”并非是实体模型，而是封闭的曲面模型，内部是空心体积。

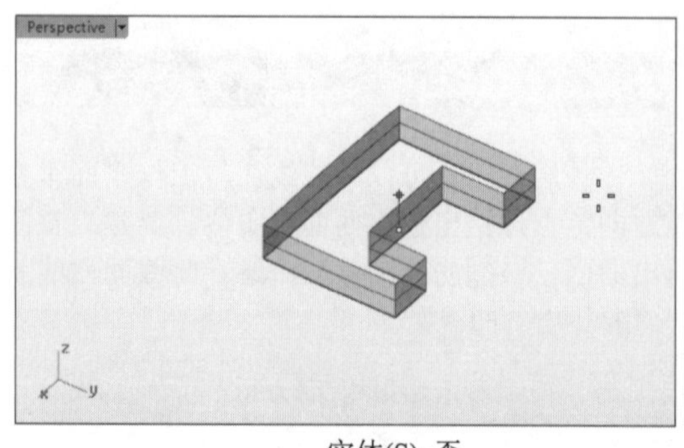

实体(S)=否

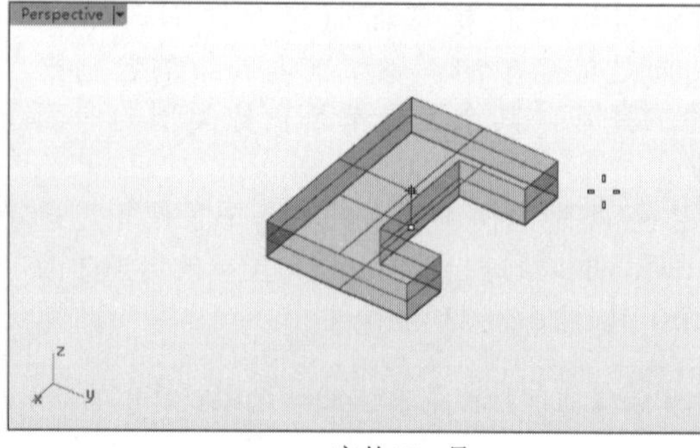

实体(S)=是

图8-28　设定挤出几何类型

- 【删除输入物件】：是否删除截面曲线（要挤出的曲线）。

技术要点：删除输入物件会导致无法记录建构历史。

- 【至边界】：挤出至边界曲面，如图8-29所示。

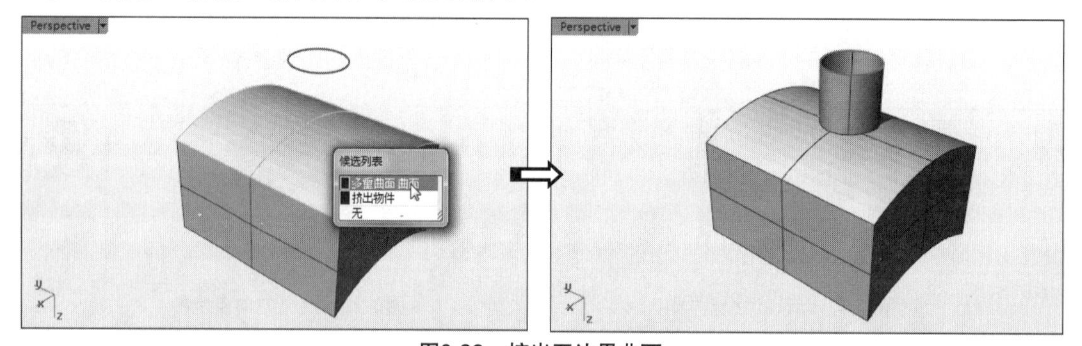

图8-29　挤出至边界曲面

- 【分割正切点】：当截面曲线为多重曲线时，设定此选项，可以设置在线段与线段正切的顶点将建立的曲面是否分割成为多重曲面，如图8-30所示。

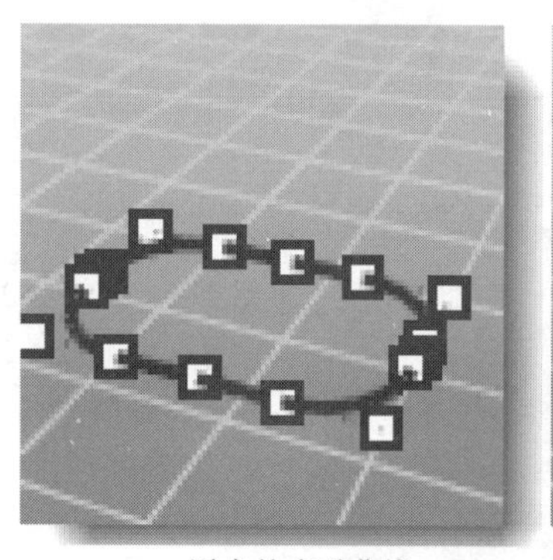

原来的多重曲线

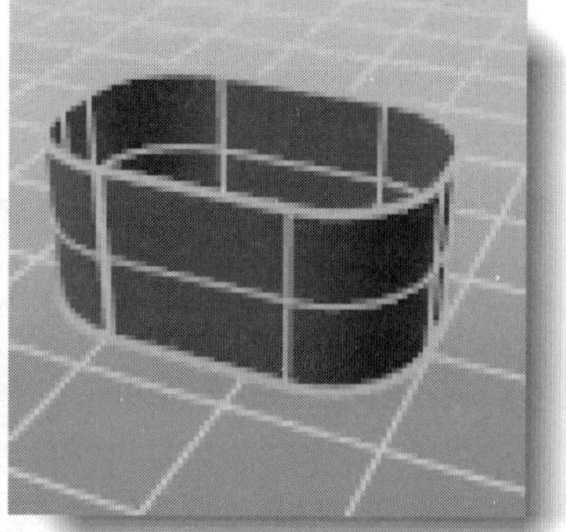

分割正切点=否

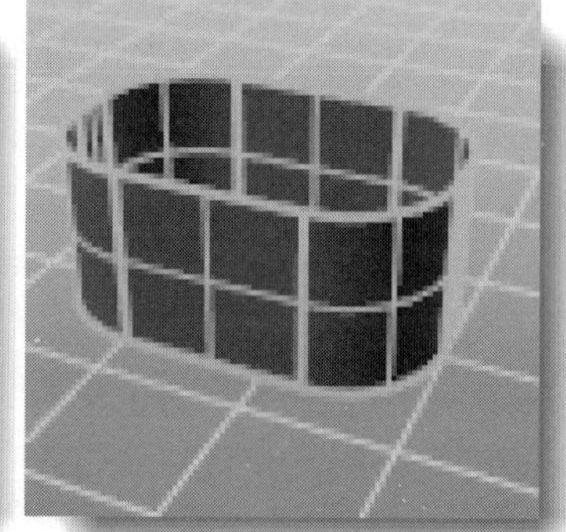

分割正切点=是

图8-30　分割正切点

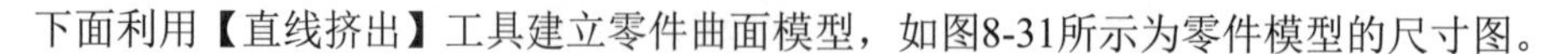

动手操作——以【直线挤出】建立零件模型

下面利用【直线挤出】工具建立零件曲面模型，如图8-31所示为零件模型的尺寸图。

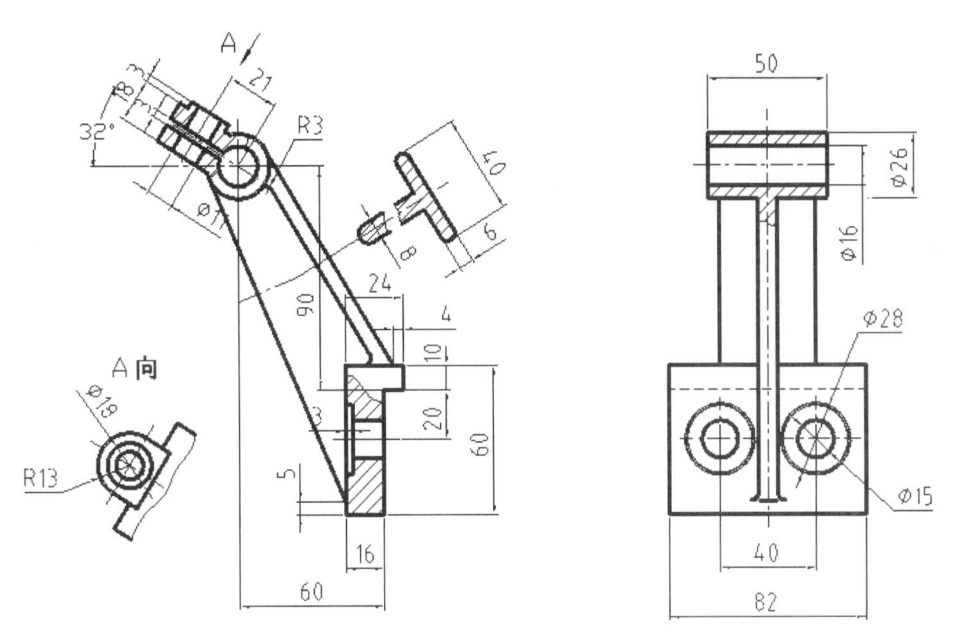

图8-31 零件尺寸图

01新建Rhino文件。打开本例源文件“零件尺寸图.dwg”。打开的状态效果如图8-32所示。

> **技术要点：**先以左图中的轮廓作为截面曲线进行挤出，右图是挤出长度的参考尺寸图。从右图可以看出，零件是左右对称的，所以在挤出时会设定“两侧”同时挤出。

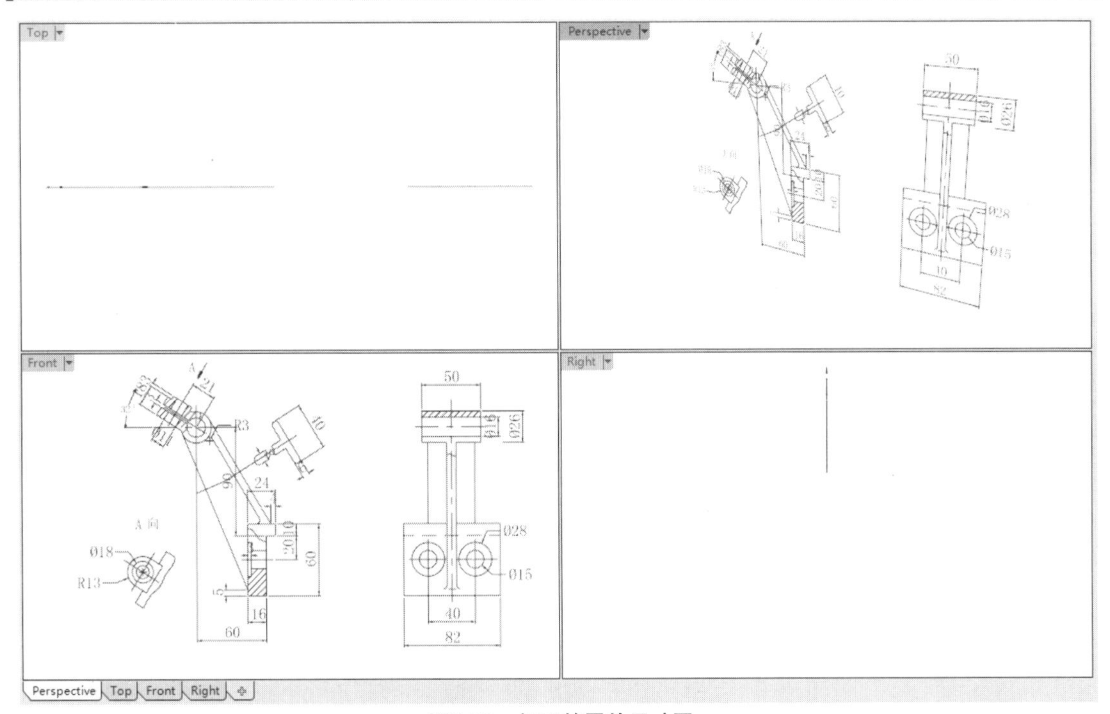

图8-32 打开的零件尺寸图

02单击【直线挤出】按钮，在Front视窗中选取要挤出的截面曲线，如图8-33所示。

> **技术要点：**为了选取截面曲线方便，暂时将“0图层”和“dim图层”关闭，如图8-34所示。

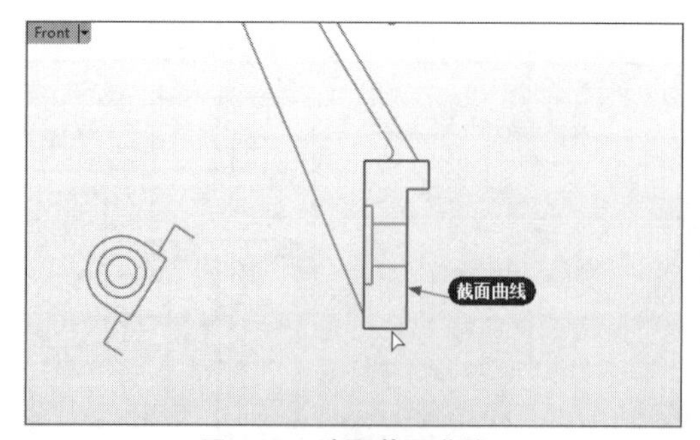

图8-33 选取截面曲线

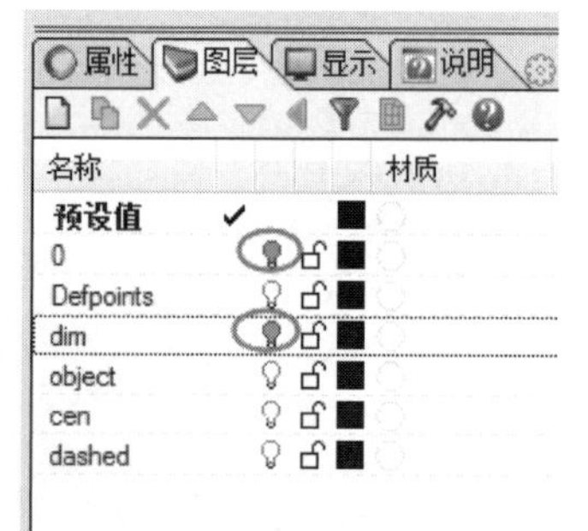

图8-34 关闭部分图层

03右击确认后，在命令行中设定【两侧】选项为“是”，设定【实体】选项为“是”，并输入挤出长度值为41（参考尺寸图），再右击完成曲面1的建立，如图8-35所示。

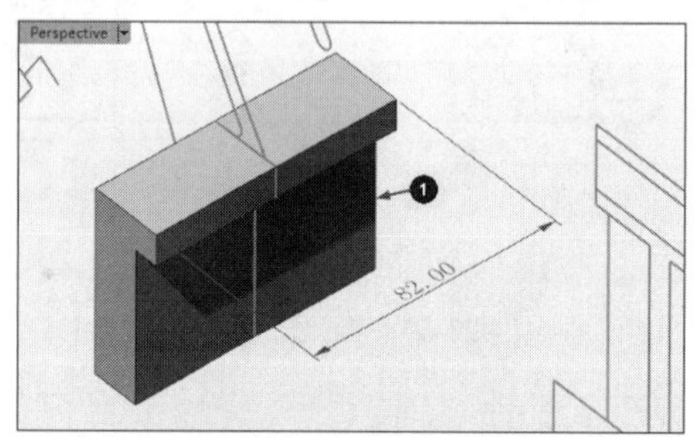

图8-35 建立挤出曲面1

04在挤出其他几处截面曲线时，需要做曲线封闭处理。首先利用【曲线工具】标签中的【延伸曲线】工具，延伸如图8-36所示的圆弧。

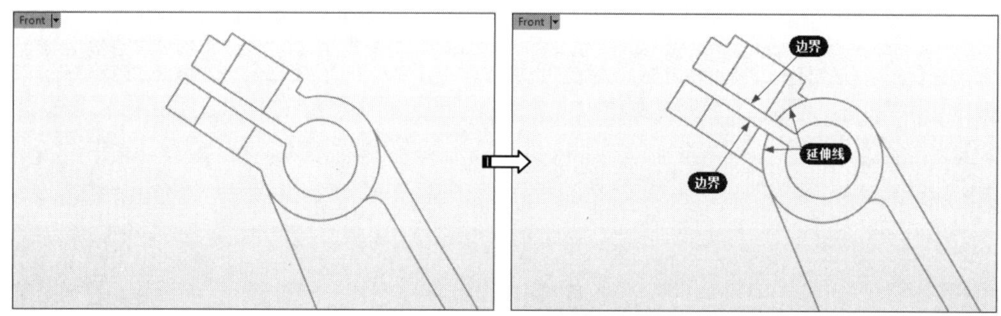

图8-36 延伸圆弧

05延伸后利用【修剪】工具进行修剪，结果如图8-37所示。

06按快捷键Ctrl+C和Ctrl+V复制得到如图8-38所示的曲线。

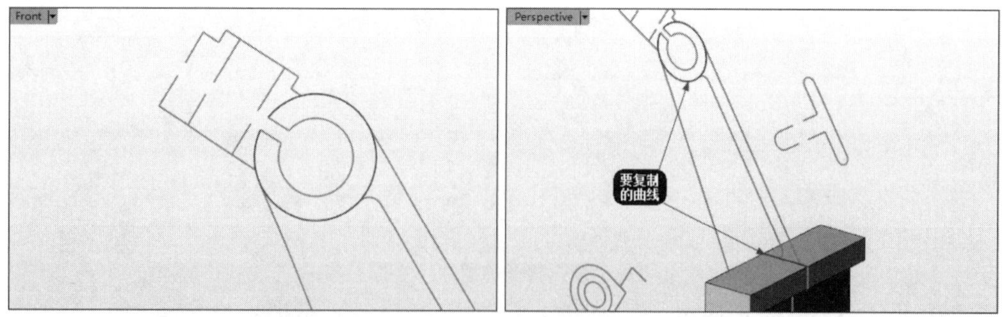

图8-37 修剪曲线　　图8-38 复制曲线

07将复制的曲线利用中间的曲线进行修剪，形成封闭的曲线以便于后面进行挤出，结果如图8-39所示。

08利用【直线挤出】工具将如图8-40所示的封闭曲线挤出，建立长度为20、两侧挤出的封闭曲面2（实体）。

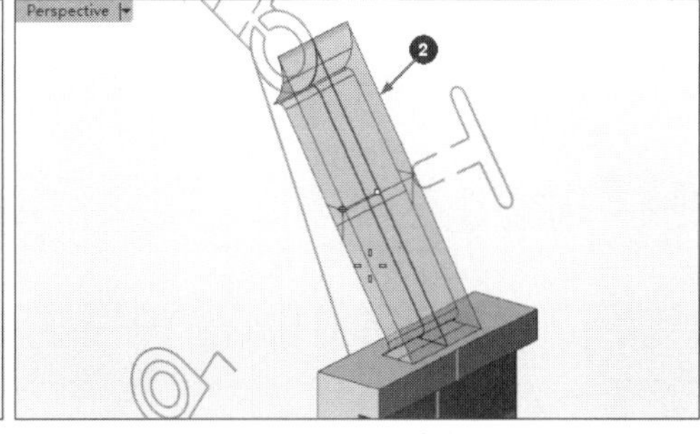

图8-39　修剪曲线　　　　图8-40　建立封闭的挤出曲面2

09同理，挤出如图8-41所示的截面曲线为封闭曲面3，挤出长度为25。

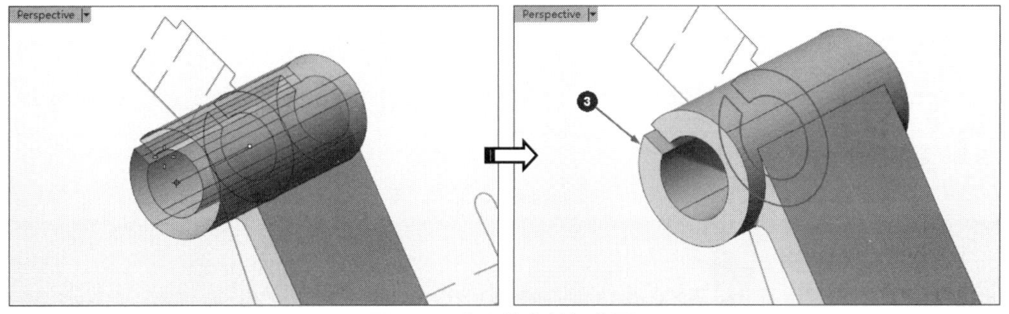

图8-41　建立挤出封闭曲面3

10利用【隐藏物件】工具将前面3个挤出曲面暂时隐藏，然后在Front视窗中清理余下的曲线，即利用【修剪】工具修剪多余的曲线，另外，利用【直线】工具修补先前修剪掉的部分曲线，结果如图8-42所示。

11利用【直线挤出】工具，用上一步骤整理的封闭曲线建立两侧同时挤出、实体、长度为4的封面曲面4，如图8-43所示。

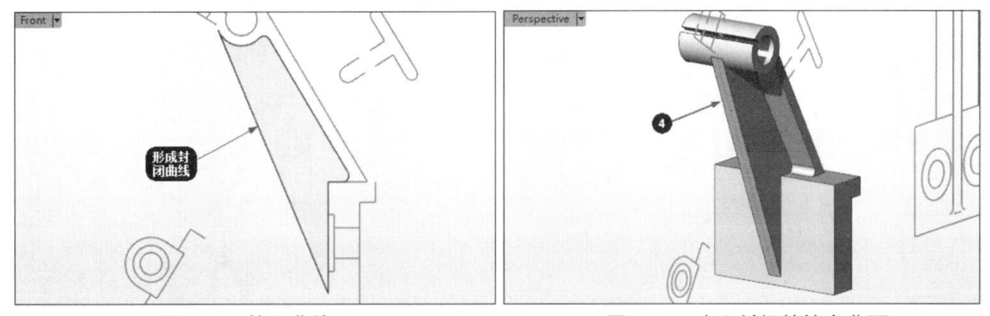

图8-42　整理曲线　　　　图8-43　建立封闭的挤出曲面4

12在Right视窗中重新设置视图为Left，如图8-44所示。

13在Front视窗中利用【变动】标签中的【3D旋转】工具（右击按钮），将如图8-45所示的曲线旋转90°。

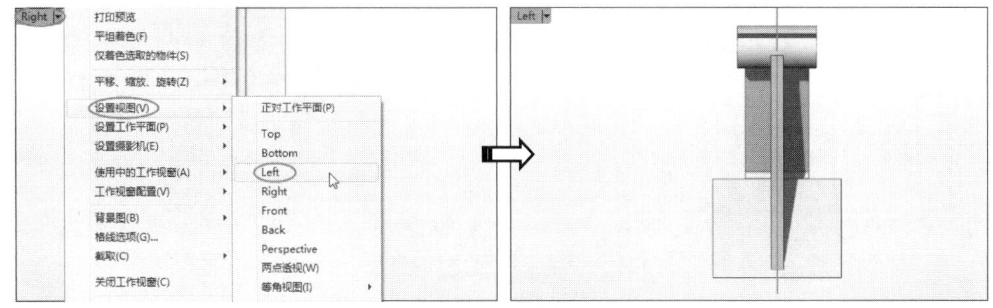

图8-44　设置视图

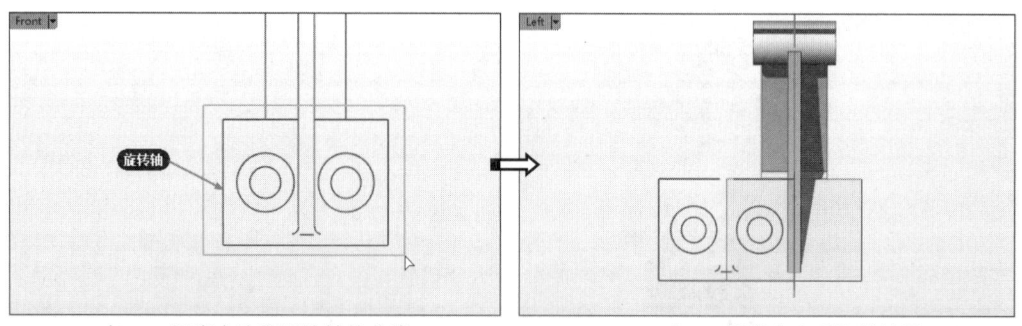

在Front视窗中选取要旋转的曲线 在Left视窗中查看旋转效果

图8-45　3D旋转曲线

14在Left视窗中利用【移动】工具将3D旋转的曲线移动到挤出曲面1上，与挤出曲面1边缘重合，如图8-46所示。

15利用【直线挤出】工具，建立如图8-47所示的封闭曲面5，长度超出参考用的挤出封闭曲面1。

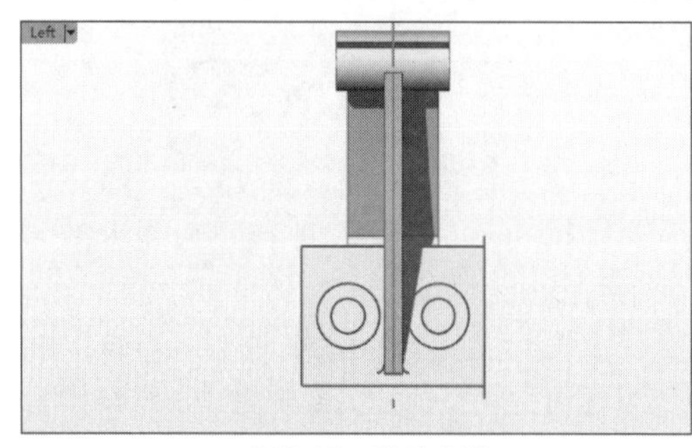

图8-46　移动曲线

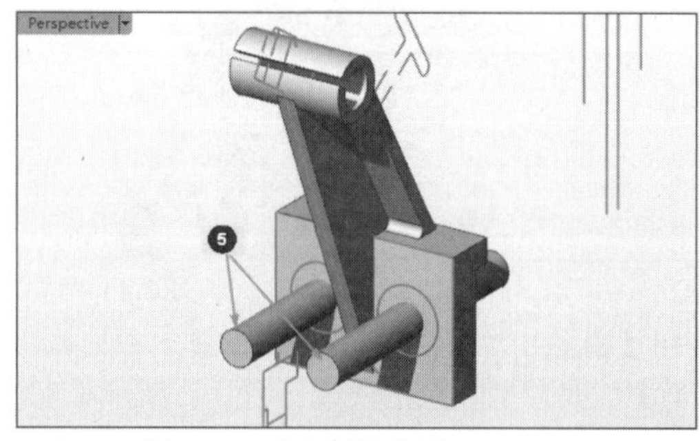

图8-47　建立封闭曲面5

16利用【实体工具】标签中的【布尔运算差集】工具，从参考挤出封闭曲面1中减除挤出封闭曲面5，如图8-48所示。

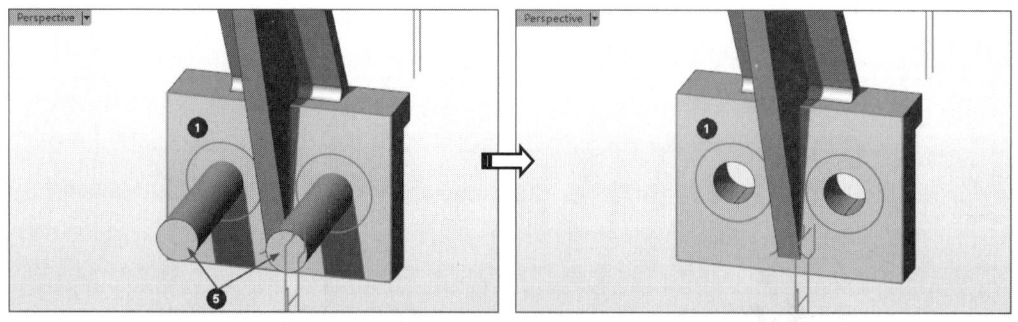

图8-48　挤出封闭曲面5

17同理，建立挤出长度为3、单侧挤出的封闭曲面6，然后利用【布尔运算差集】工具将挤出封闭曲面6从挤出封闭曲面1中减去，结果如图8-49所示。

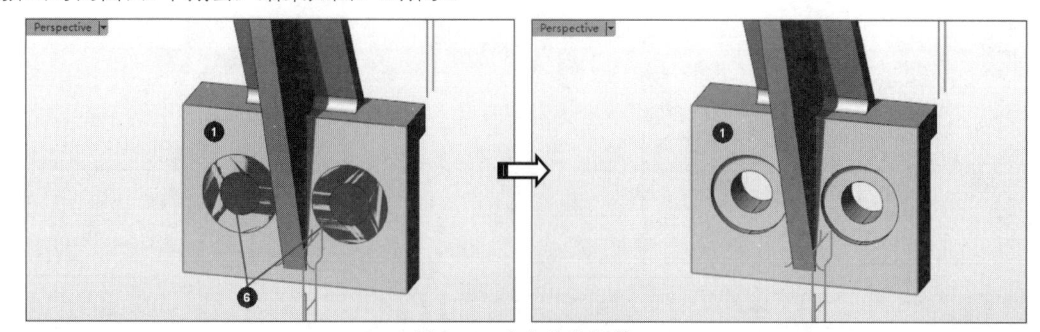

图8-47　布尔差集运算

18利用【工作平面】标签中的【设定工作平面：垂直】工具，在Front视窗中设定工作平面，如图8-50所示。

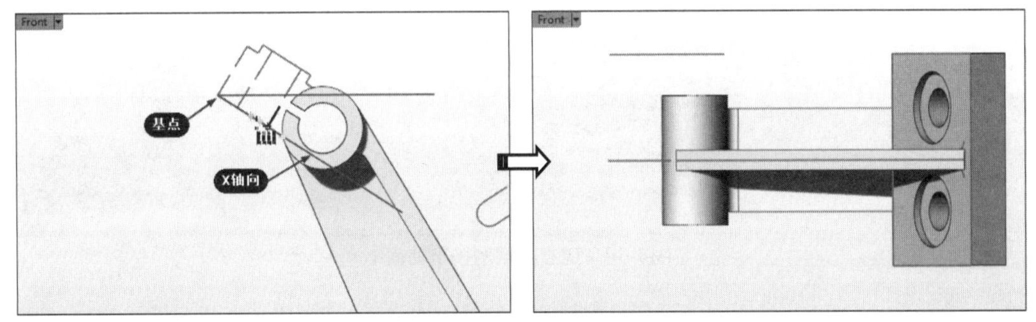

图8-50 设置工作平面

19在Perspective视窗中利用【3D旋转】工具，将A向投影视图旋转90°，如图8-51所示。

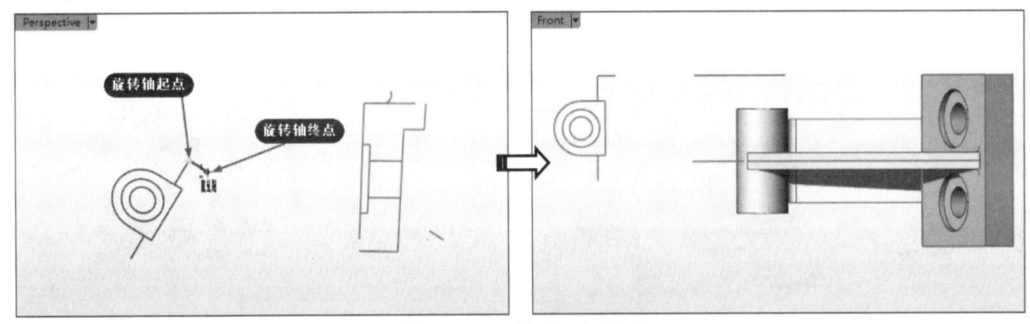

图8-51 3D旋转A向视图

20旋转后将A向视图的所有曲线移动到工作平面上（在Front视窗中操作），且与挤出封闭曲面2重合，如图8-52所示，建立封闭曲面6。

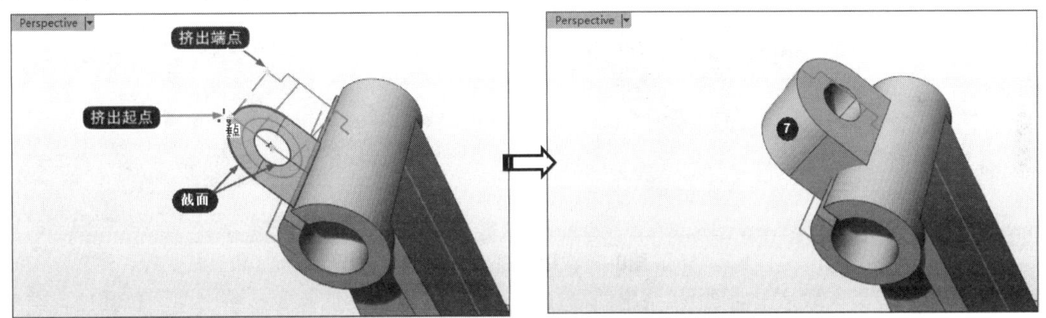

图8-52 建立封闭曲面6

21利用【直线挤出】工具选取A向视图曲线来建立如图8-53所示的封闭曲面7。

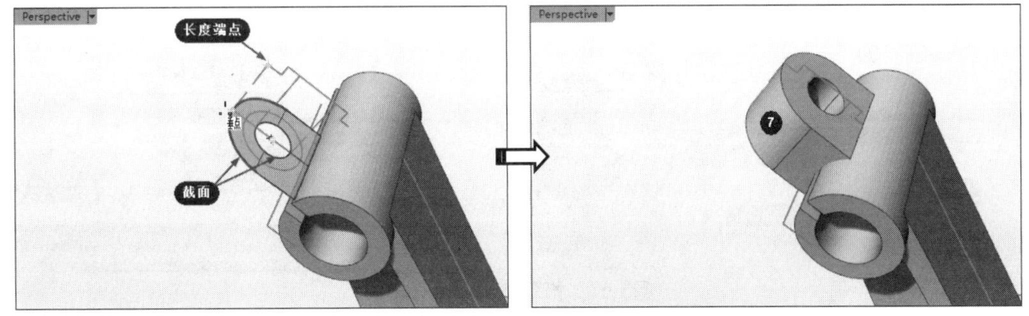

图8-53 建立封闭曲面7

22同理，选取A向视图部分曲线建立封闭的挤出曲面8，如图8-54所示。

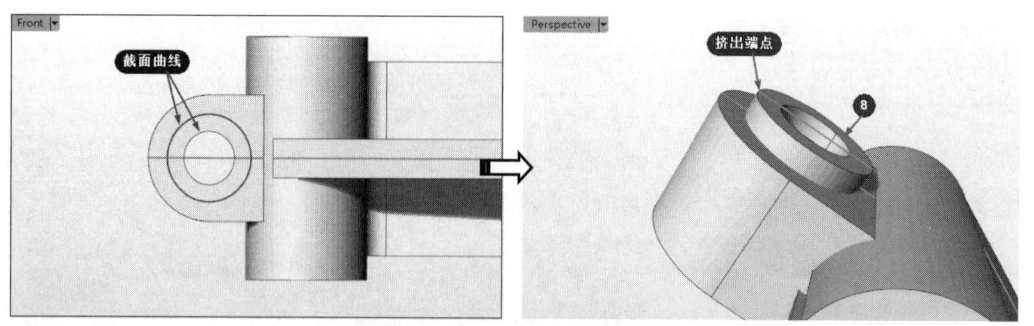

图8-54　建立封闭的挤出曲面8

23为便于后面的操作，将object图层关闭。

24利用【直线挤出】工具选取曲面边建立有方向参考的挤出曲面9，如图8-55所示。同理，再建立如图8-56所示的挤出曲面10。

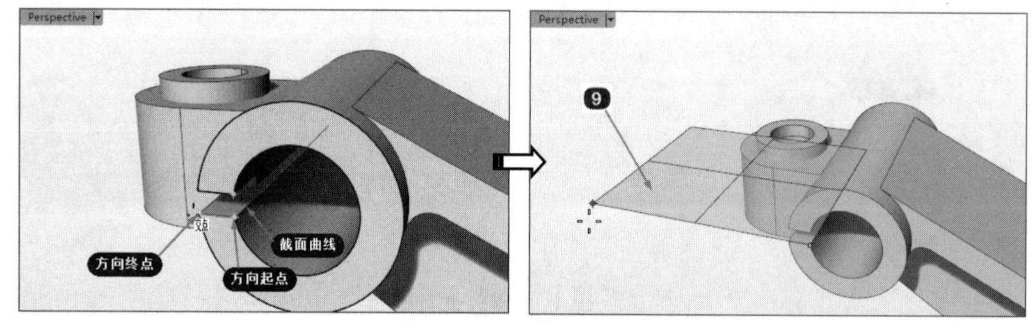

图8-55　建立挤出曲面9

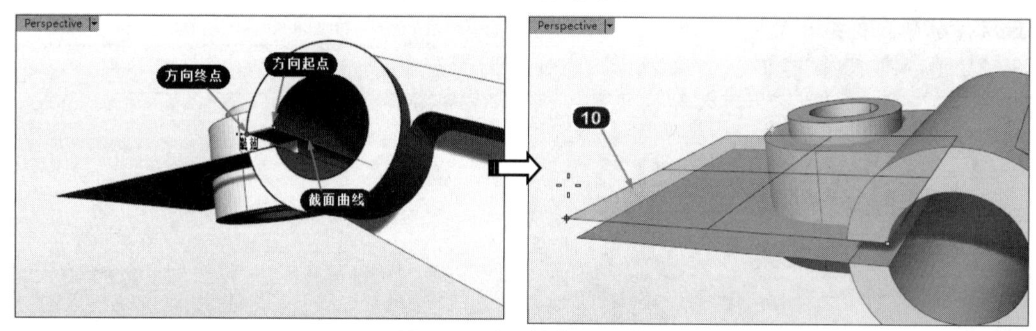

图8-56　建立挤出曲面10

25利用【修剪】工具选取挤出曲面9和挤出曲面10作为切割用物件，切割封闭挤出曲面11和12，结果如图8-57所示。

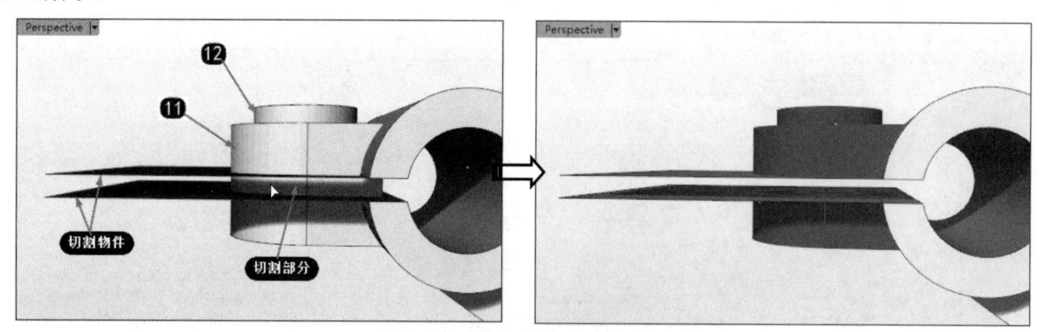

图8-57　修剪挤出曲面7和8

26至此，完成了本例零件的设计。

8.2.2 沿着曲线挤出

使用该工具可以沿着一条路径曲线挤出另一条曲线建立曲面。

要沿着曲线挤出曲面，必先绘制要挤出的曲线（截面曲线）和路径曲线。

单击【沿着曲线挤出】按钮，将创建与路径曲线齐平的曲面，若右击此按钮，将沿着副曲线挤出建立曲面，如图8-58所示。

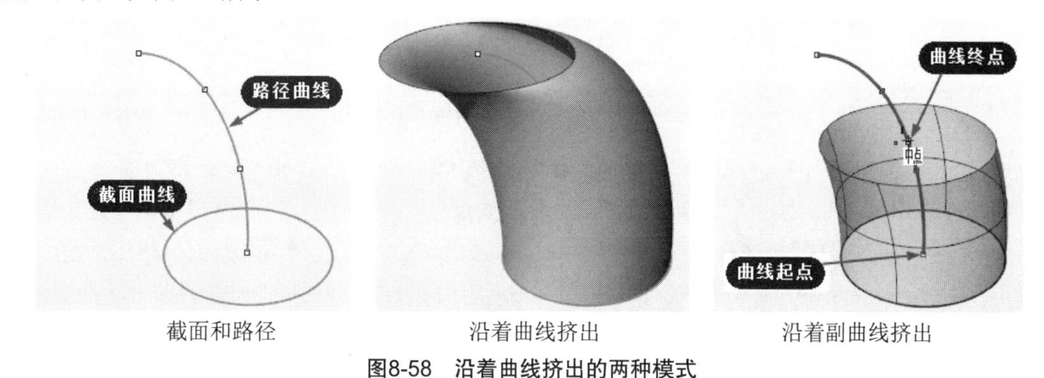

图8-58　沿着曲线挤出的两种模式

动手操作——以【沿着曲线挤出】建立曲面

01新建Rhino文件。

02利用【多重直线】工具在Top视窗中绘制多边形1，再利用【内插点曲线】工具绘制一条曲线2，如图8-59所示。

技术要点：绘制内插点曲线后打开编辑点，分别在几个视窗中调节编辑点位置。

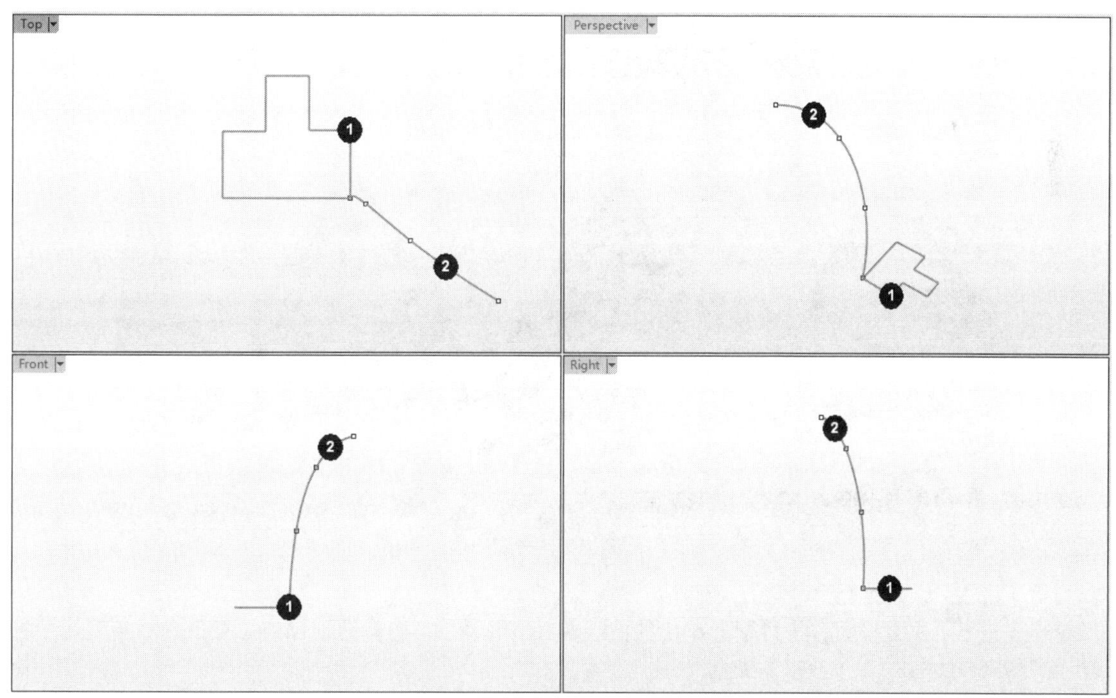

图8-59　绘制截面曲线和路径曲线

03单击【沿着曲线挤出】按钮，选取要挤出的曲线1和路径曲线2，按Enter键后自动建立曲面，如图8-60所示。

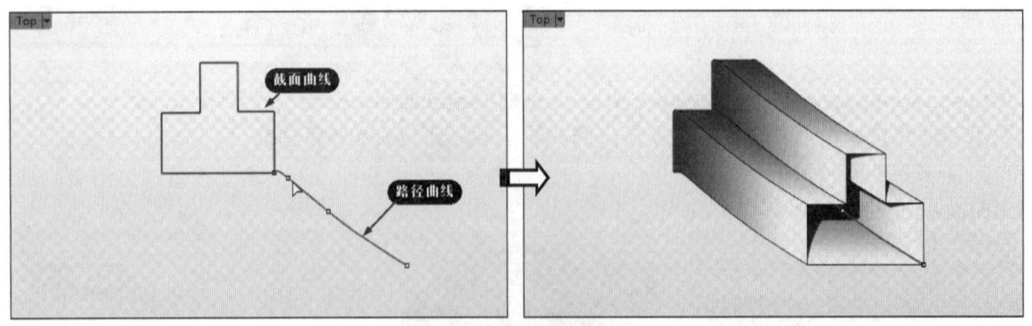

图8-60　沿曲线挤出

技术要点：路径曲线有且只有一条。选取路径曲线时，要注意选取位置，在路径曲线两端分别选取，会产生两种不同的效果。如图8-60所示为在靠近截面曲线一端选取。如图8-61所示为在远离截面曲线一端选取。

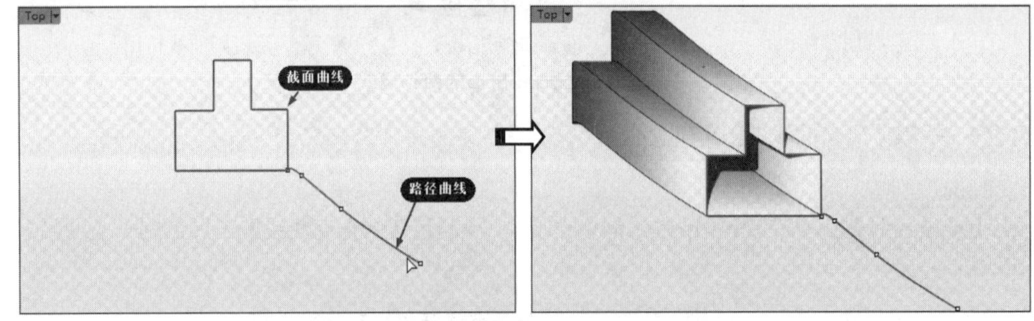

图8-61　选取路径曲线另一端所建立的曲面

8.2.3　挤出至点

使用该工具可以挤出曲线至一点建立锥形的曲面、实体、多重曲面，如图8-62所示。

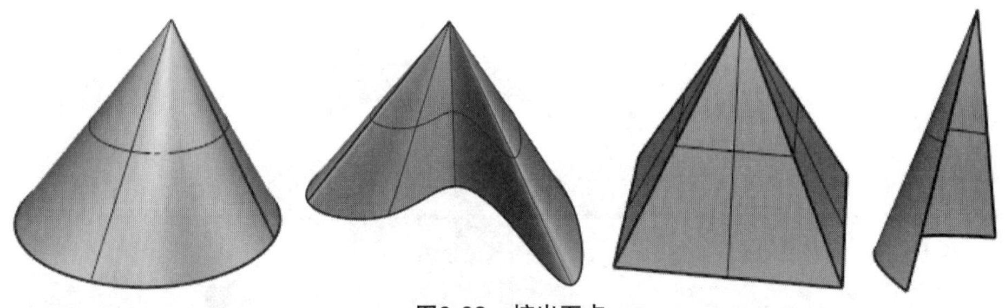
图8-62　挤出至点

动手操作——以【挤出至点】建立锥形曲面

01新建Rhino文件。

02利用【矩形】工具绘制一个矩形，如图8-63所示。

03单击【挤出至点】按钮，选取要挤出的曲线并右击确认后，再指定挤出点位置，随后自动建立曲面，如图8-64所示。

技术要点：可以指定参考点、曲线/边端点，或者输入坐标作为挤出点。

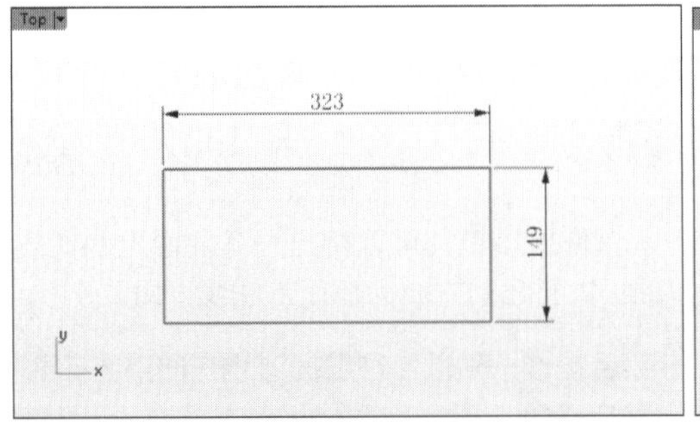

图8-63 绘制矩形

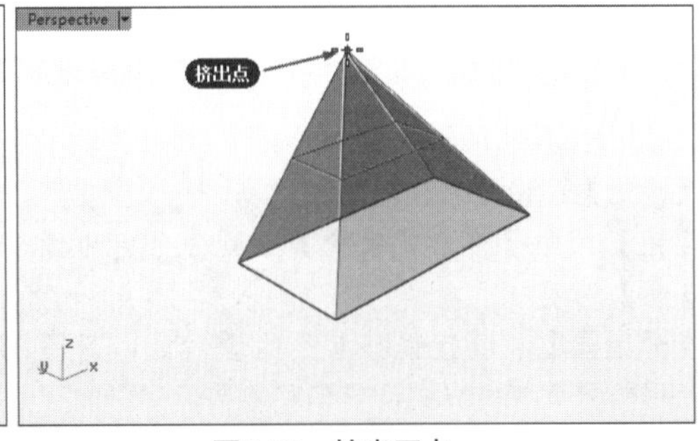

图8-64 挤出至点

8.2.4 挤出成锥状

使用该工具可以将曲线往单一方向挤出，并以设定的拔模角内缩或外扩，建立锥状的曲面。

单击【挤出成锥状】按钮，选取要挤出的曲线后，命令行显示如下提示。

挤出长度 < -55.028> (方向(D) 拔模角度(R)=5 实体(S)=是 角(C)=锐角 删除输入物件(L)=否 反转角度(F) 至边界(T) 设定基准点(B)):

此命令行提示与前面【直线挤出】工具的命令行提示相似，也有不同。下面介绍不同的选项。

- 【拔模角度】：物件的拔模角度是以工作平面为计算依据，当曲面与工作平面垂直时，拔模角度为 0°。当曲面与工作平面平行时，拔模角度为90°。
- 【角】：设置角如何偏移，将一条矩形多重直线往外侧偏移即可看出使用不同选项的差别，包括【尖锐】、【圆角】和【平滑】3个子选项。

  （1）尖锐：将偏移线段直线延伸至和其他偏移线段交集。

  （2）圆角：在相邻的偏移线段之间建立半径为偏移距离的圆角。

  （3）平滑：在相邻的偏移线段之间建立连续性为 G1 的混接曲线。
- 【反转角度】：切换拔模角度数值的正、负。

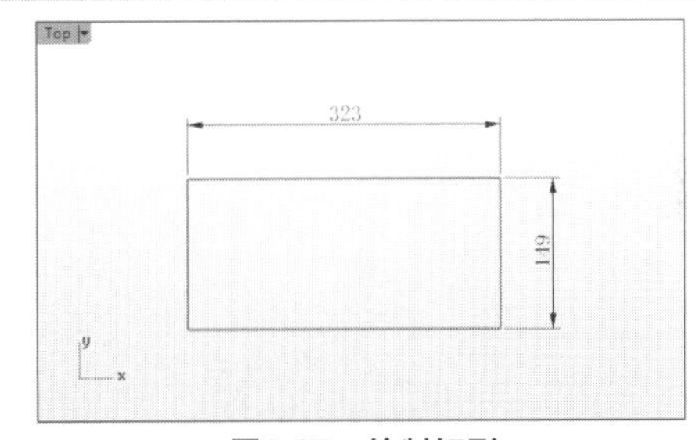

图8-65 绘制矩形

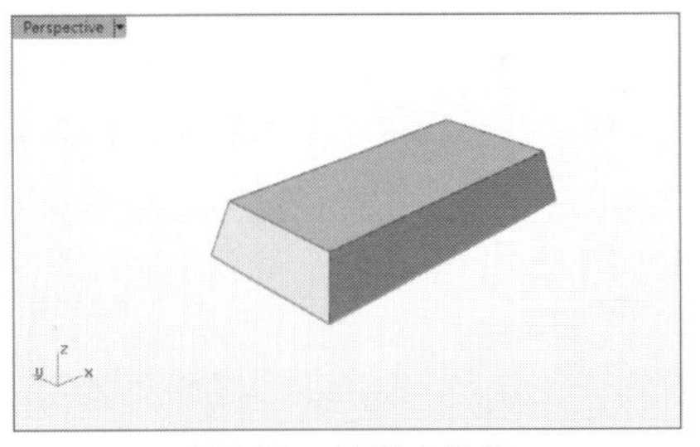

图8-66 挤出成锥状

动手操作——以【挤出成锥状】建立锥形曲面

01新建Rhino文件。

02利用【矩形】工具绘制一个矩形，如图8-65所示。

03单击【挤出成锥状】按钮，选取要挤出的曲线并右击确认后，在命令行中输入拔模角度为15，其余选项不变，输入挤出长度为50，右击完成曲面的建立，如图8-66所示。

8.2.5 彩带

使用该工具可以偏移一条曲线，在原来的曲线和偏移后的曲线之间建立曲面，如图8-67所示。

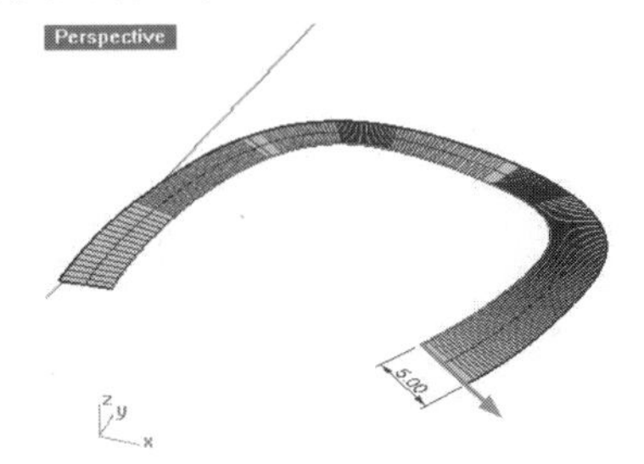

图8-67 彩带功能的效果

单击【彩带】按钮，选取要挤出的曲线后，命令行显示如下提示。

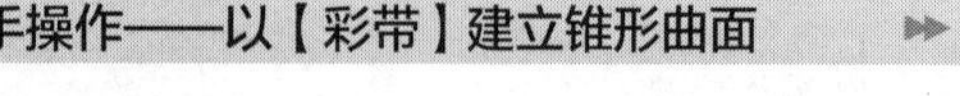
选取要建立彩带的曲线 (距离(D)=1 角(C)=锐角 通过点(T) 公差(O)=0.001 两侧(B) 与工作平面平行(I)=否):

下面介绍各选项的含义。

- 【距离】：设置偏移距离。
- 【角】：同【挤出成锥状】工具命令行中的【角】选项。
- 【通过点】：指定偏移曲线的通过点，而不使用输入数值的方式设置偏移距离。
- 【公差】：设置偏移曲线的公差。
- 【两侧】：同【直线挤出】工具命令行中的【两侧】选项。

动手操作——以【彩带】建立锥形曲面

01新建Rhino文件。

02利用【矩形】工具绘制一个矩形，如图8-68所示。

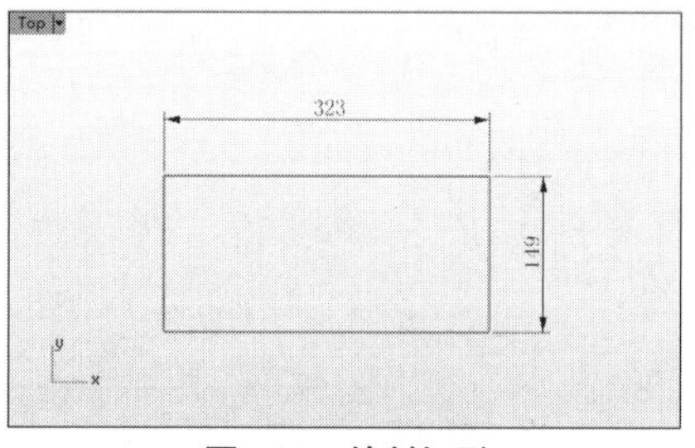

图8-68 绘制矩形

03单击【彩带】按钮，选取要建立彩带的曲线后，在命令行中设定【距离】为30，其余选项不变，然后在矩形外侧单击以此确定偏移侧，如图8-69所示。

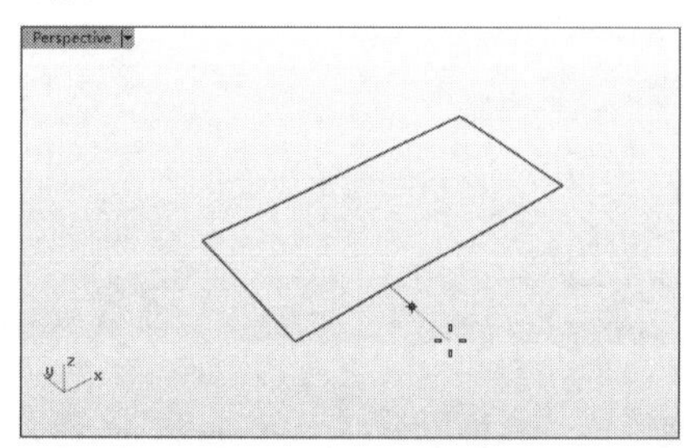

图8-69 指定偏移侧

04随后自动建立彩带曲面，如图8-70所示。

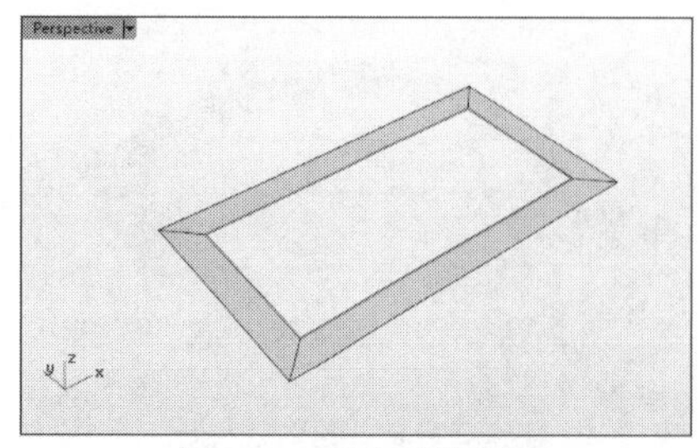

图8-70 建立彩带曲面

8.2.6 往曲面法线方向挤出曲面

使用该工具可以挤出一条曲面上的曲线建立曲面，挤出的方向为曲面的法线方向。

动手操作——以【往曲面法线方向挤出曲面】建立曲面

01新建Rhino文件。打开如图8-71所示的源文件8-2-6.3dm。打开的文件是一个旋转曲面和曲面上的样条曲线（内插点曲线）。

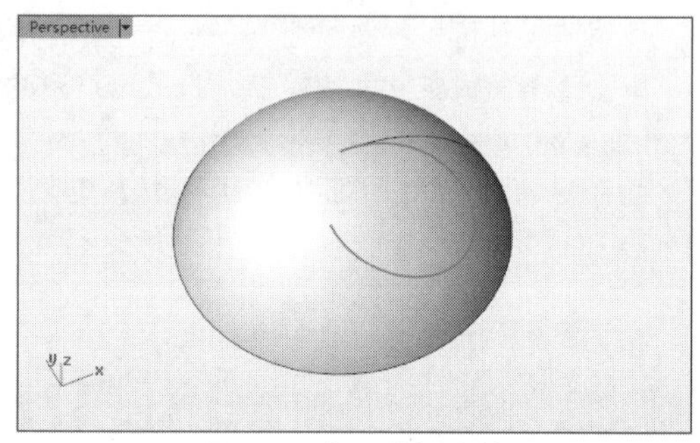

图8-71 打开的源文件

02单击【往曲面法线方向挤出曲面】按钮，选取曲面上的曲线及基底曲面，如图8-72所示。

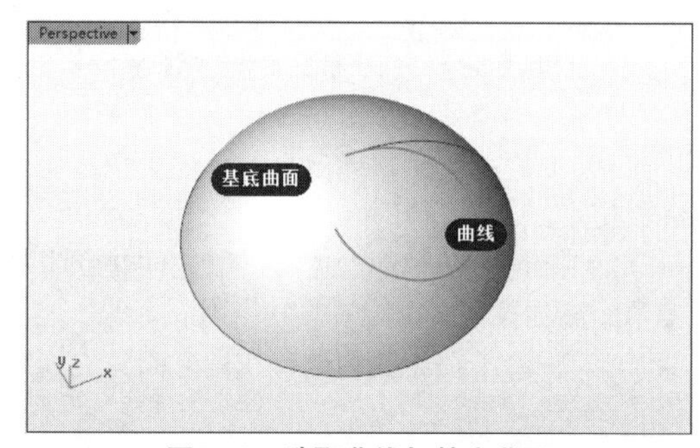

图8-72 选取曲线与基底曲面

03在命令行中设定挤出距离为50，单击【反转】选项，使挤出方向指向曲面外侧，如图8-73所示。

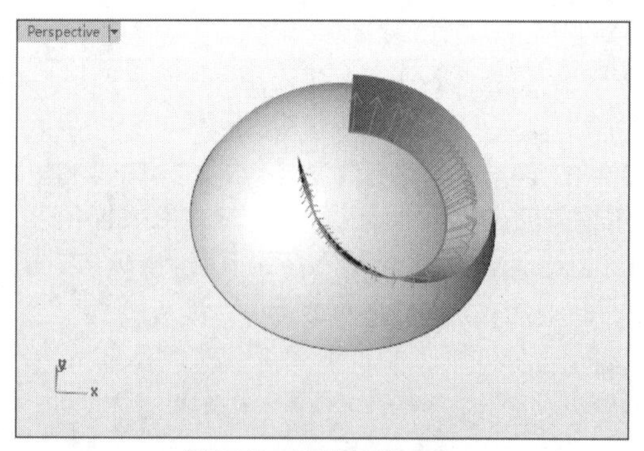

图8-73 更改挤出方向

04按Enter键或右击，完成曲面的建立，如图8-74所示。

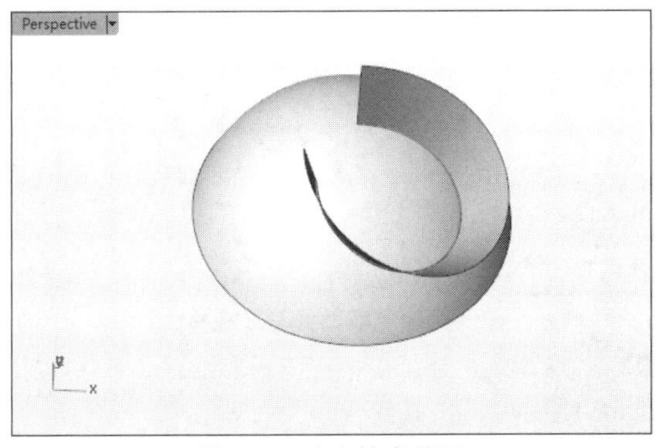

图8-74　建立挤出曲面

8.3 旋转曲面

旋转曲面是将旋转截面曲线绕轴旋转一定角度所生成的曲面。旋转角度从0°~360°。旋转曲面分为旋转成形曲面和沿着路径旋转曲面。

8.3.1　旋转成形

使用该工具可以一条轮廓曲线绕着旋转轴旋转建立曲面。

要建立旋转曲面，必须先绘制旋转截面曲线。旋转轴可以参考其他曲线、曲面/实体边，也可以指定旋转轴起点和终点进行定义。

截面曲线可以是封闭的，也可以是开放的。

在【曲面工具】标签下左边栏中单击【旋转成形】按钮，选取要旋转的曲线（截面曲线），再根据提示指定或确定旋转轴以后，命令行中显示如下提示。

> **技术要点：**【旋转成形】与【沿着路径旋转】的按钮是同一个。由于Rhino 6.0有许多相似功能的按钮是相同的，仅仅以单击或右击进行区分。

起始角度 <51.4039> (删除输入物件 (D)=否　可塑形的 (F)=否　360度 (U)　设置起始角度 (A)=是　分割正切点 (S)=否):

下面介绍各选项的含义。

- 【删除输入物件】：是否删除截面曲线。
- 【可塑形的】：是否对曲面进行平滑处理。包括【否】选项和【是】选项。

（1）选择【否】：以正圆旋转建立曲面，建立的曲面为有理（Rational）曲面，这个曲面在四分点的位置是全复节点，这样的曲面在编辑控制点时可能会产生锐边。

（2）选择【是】：重建旋转成形曲面的环绕方向为三阶，为非有理（Non-Rational）曲面，这样的曲面在编辑控制点时可以平滑地变形。

- 【点数】：当设置可塑形为【是】时，需要设置【点数】选项。【点】选项用来设置曲面环绕方向的控制点数。
- 【360度】：快速设置旋转角度为360°，而不必输入角度值。使用这个选项以后，下次执行这个命令时，预设的旋转角度为360°。
- 【设置起始角度】：若设置为【是】，需要指定起始角度位置；若设为【否】，将以默认的从0°（输入曲线的位置）开始旋转。

动手操作——建立漏斗曲面

01新建Rhino文件。

02利用【多重直线】工具，在Front视窗中绘制如图8-75所示的多重直线（包括实线和点画线）。

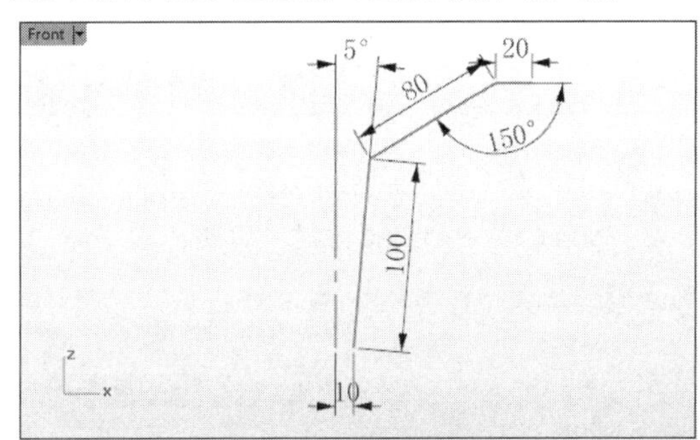

图8-75　绘制多重直线

03单击【旋转成形】按钮，选取要旋转的曲线（实线直线），如图8-76所示。

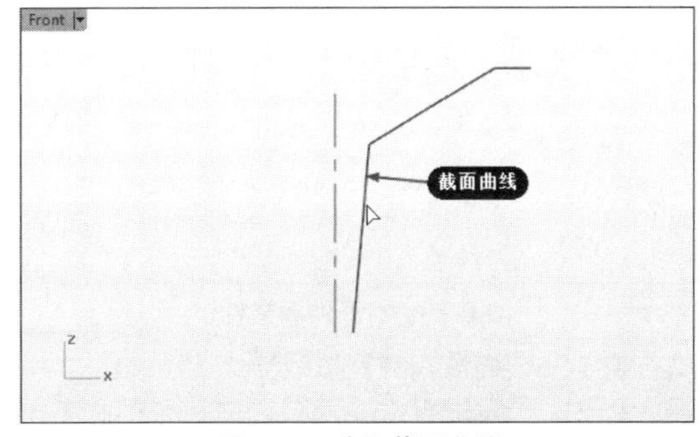

图8-76　选取截面曲线

04按Enter键确认后，指定点画线的两个端点分别为旋转轴的起点和终点，如图8-77所示。

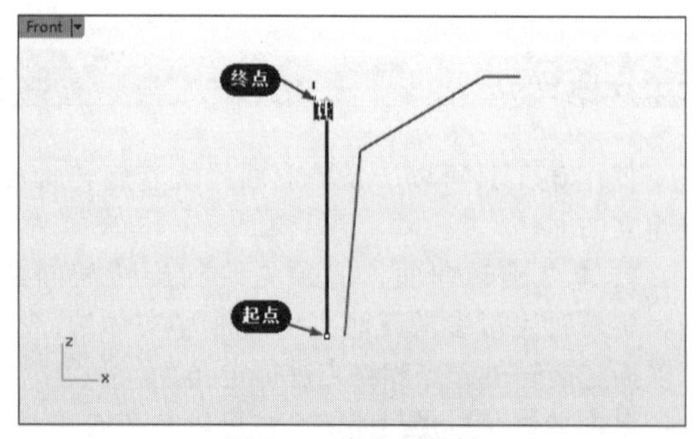

图8-77 指定旋转轴

05在命令行设置起始角度为【否】，然后输入旋转角度为360，最后右击完成旋转曲面的建立，如图8-78所示。

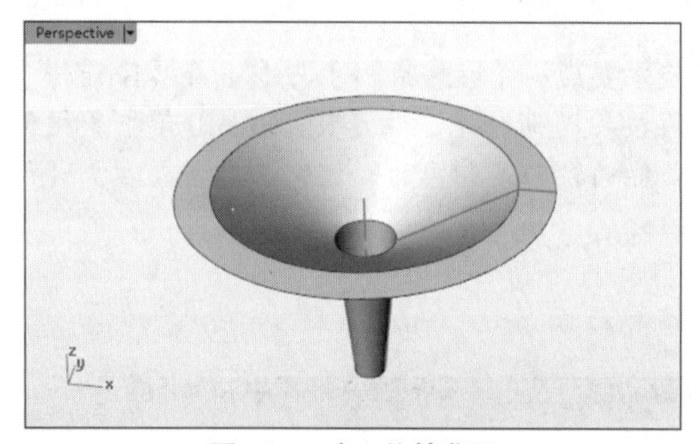

图8-78 建立旋转曲面

8.3.2 沿着路径旋转

使用该工具可以一条轮廓曲线沿着一条路径曲线，同时绕着中心轴旋转建立曲面。

动手操作——建立心形曲面

01新建Rhino文件。打开如图8-79所示的源文件8-3-2-1.3dm。

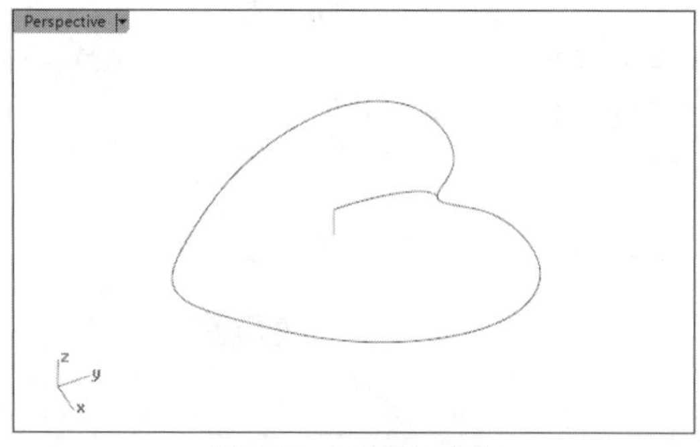

图8-79 打开的源文件

02右击【沿着路径旋转】按钮，然后根据命令行提示依次选取轮廓曲线和路径曲线，如图8-80所示。

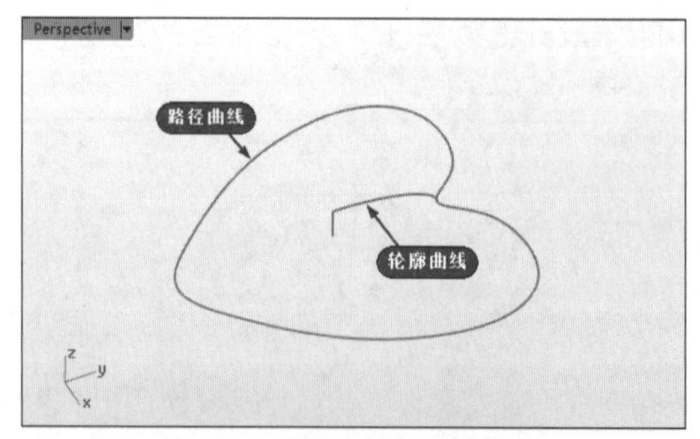

图8-80 选取曲线与基底曲面

03继续按提示选取路径旋转轴起点和终点，如图8-81所示。

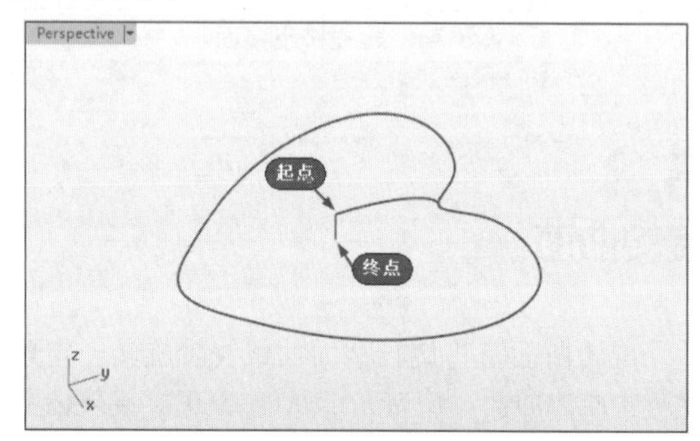

图8-81 选取旋转轴起点与终点

04随后自动建立旋转曲面，如图8-82所示。

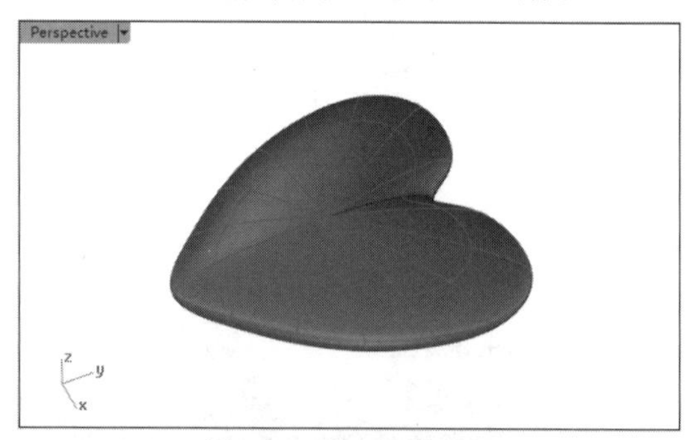

图8-82 建立旋转曲面

动手操作——建立伞状曲面

01新建Rhino文件。打开如图8-83所示的源文件8-3-2-2.3dm。

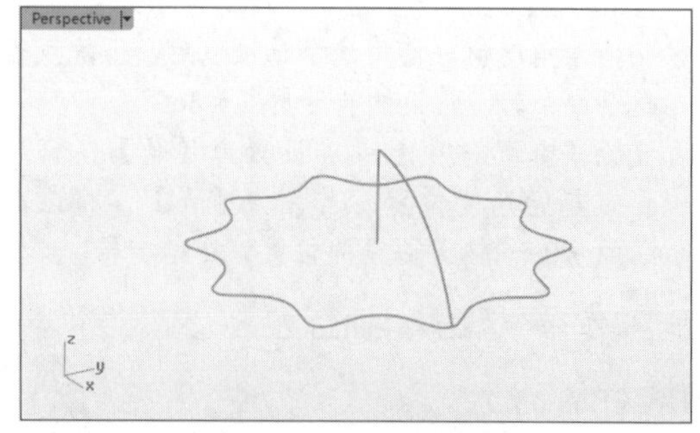

图8-83 打开的源文件

02右击【沿着路径旋转】按钮，然后根据命令行提示依次选取轮廓曲线和路径曲线，如图8-84所示。

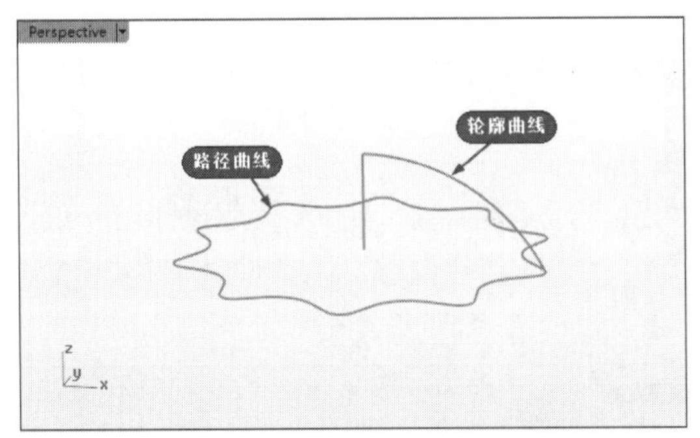

图8-84　选取曲线与基底曲面

03继续按提示选取路径旋转轴起点和终点，如图8-85所示。

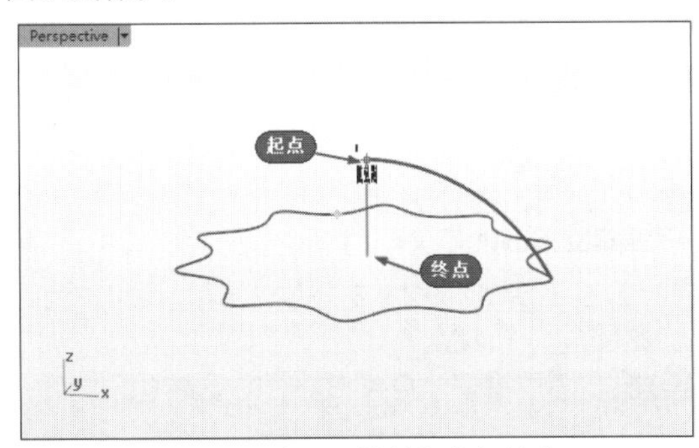

图8-85　选取旋转轴起点与终点

04随后自动建立旋转曲面，如图8-86所示。

图8-86　建立旋转曲面

8.4 实战案例——制作无线电话模型

引入文件：动手操作\源文件\Ch08\phone.3dm

结果文件：动手操作\结果文件\Ch08\无线电话.3dm

视频文件：视频\Ch08\无线电话建模.avi

下面以挤出曲面建立一个无线电话的模型。为了让模型更有组织，已事先建立了曲面和曲线图层。

要建立的无线电话模型如图8-87所示。

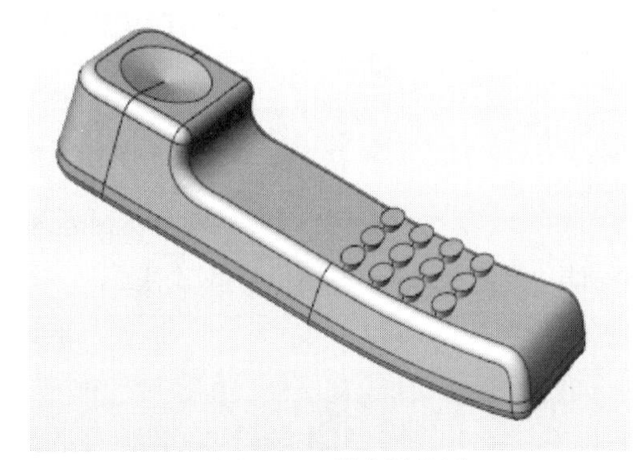

图8-87　无线电话模型

01新建Rhino文件。打开源文件phone.3dm。

02单击【直线挤出】按钮，然后选取如图8-88所示的曲线1作为要挤出的曲线（截面曲线）。

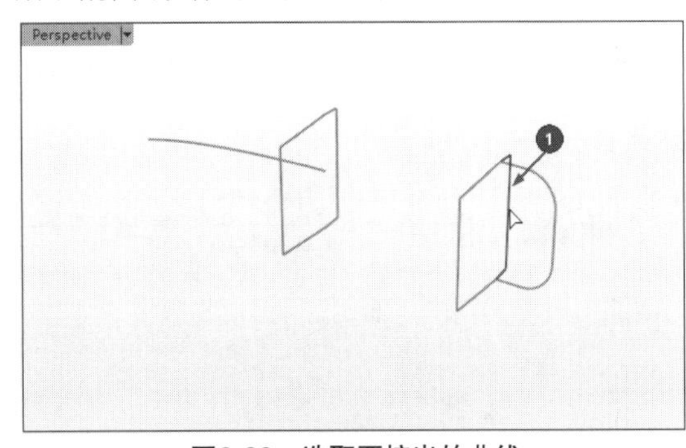

图8-88　选取要挤出的曲线

03在命令行中输入挤出长度的终点值-3.5，按Enter键完成挤出曲面的建立，如图8-89所示。

> **技术要点**：如果挤出的是平面曲线，挤出的方向与曲线平面垂直。按Esc键取消选取曲线。

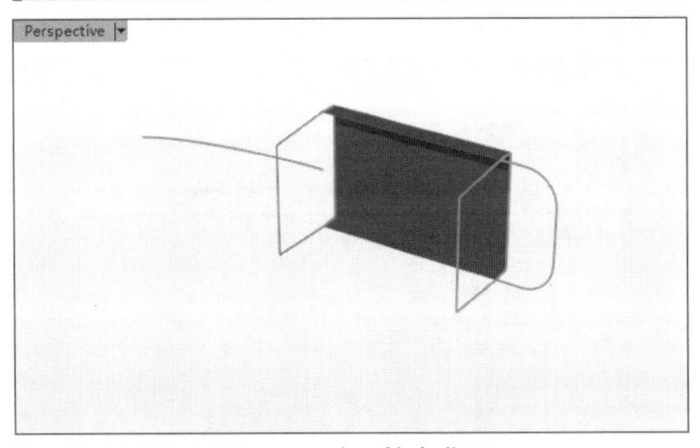

图8-89　建立挤出曲面

04在右侧【图层】面板中勾选Bottom Surface图层，将其设为当前工作图层，如图8-90所示。

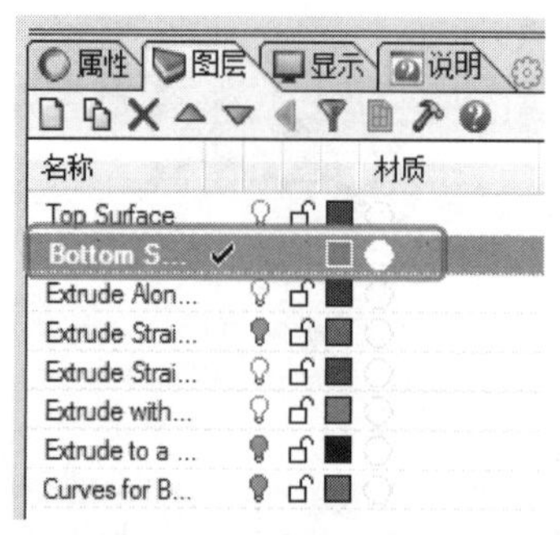

图8-90　设置工作图层

05同理，再建立如图8-91所示的挤出曲面。

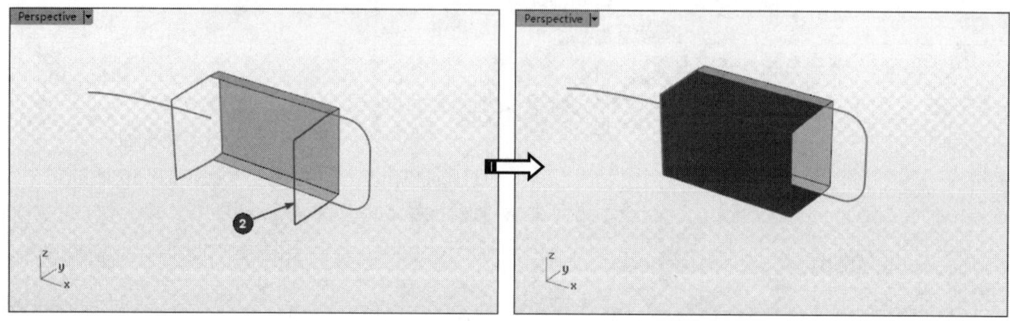

图8-91　在Bottom Surface图层建立挤出曲面

06将Top Surface图层设为当前图层。单击【沿着曲线挤出】按钮选取曲线3作为截面和曲线4作为路径，建立如图8-92所示的挤出曲面。

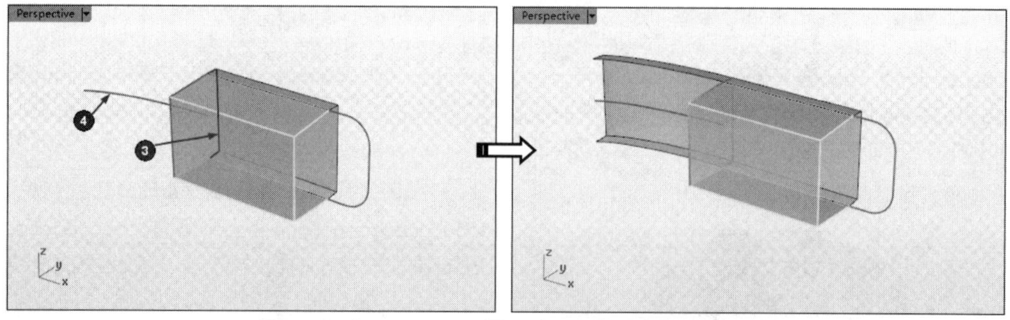

图8-92　在Top Surface图层建立沿着路径挤出曲面

07将Bottom Surface 图层设为目前的图层。单击【沿着曲线挤出】按钮选取曲线5作为截面和曲线4作为路径，建立如图8-93所示的挤出曲面。

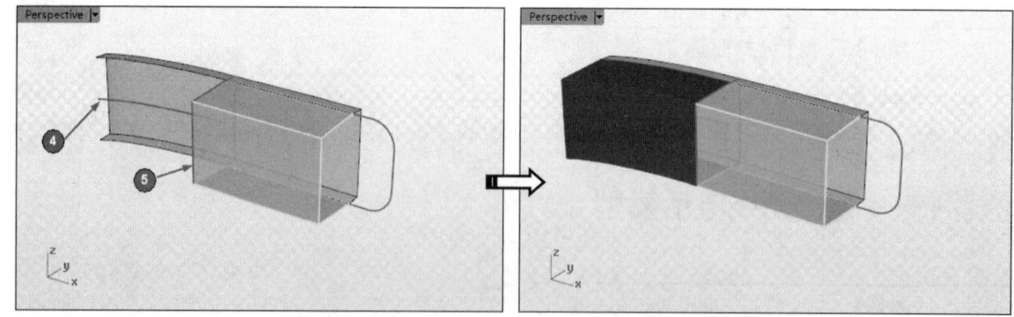

图8-93　在Bottom Surface图层建立挤出曲面

08将Top Surface图层设为目前的图层。单击【挤出曲线成锥状】按钮，选取右边的曲线6作为要挤出的曲线，在命令行中设置拔模角度为-3，输入挤出长度为0.375，右击完成挤出曲面的建立，如

图8-94所示。

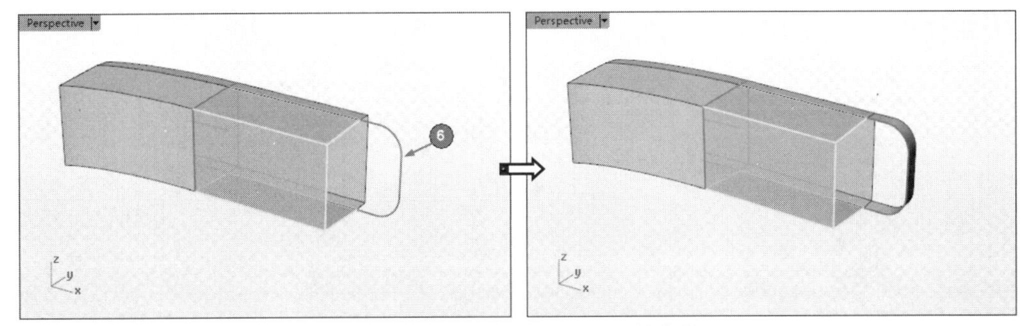

图8-94　在Top Surface图层建立挤出曲面

09将Bottom Surface 图层设为目前的图层。单击【挤出曲线成锥状】按钮，依然选取曲线6作为要挤出的曲线，设置拔模角度为-3，挤出长度为-1.375，右击完成挤出曲面的建立，如图8-95所示。

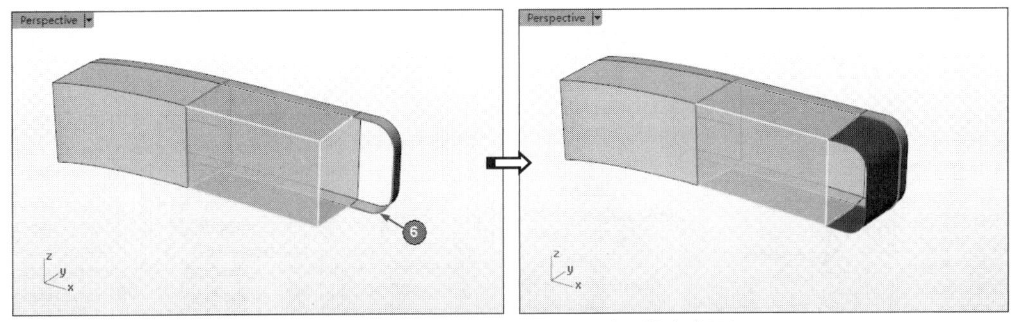

图8-95　在Bottom Surface图层建立挤出曲面

10余下的两个缺口利用【以平面曲线建立曲面】工具进行修补，如图8-96所示。

技术要点：【以平面曲线建立曲面】命令将在下一章中进行详解。

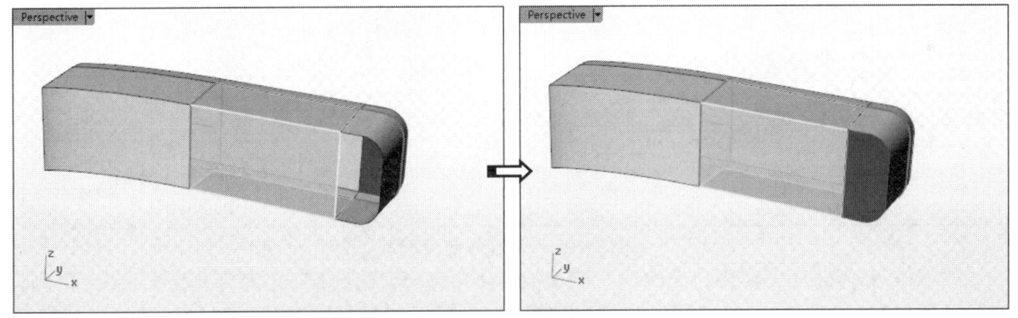

图8-96　修补缺口

11利用【组合】工具，分别将上下两部分的曲面进行组合，如图8-97所示。

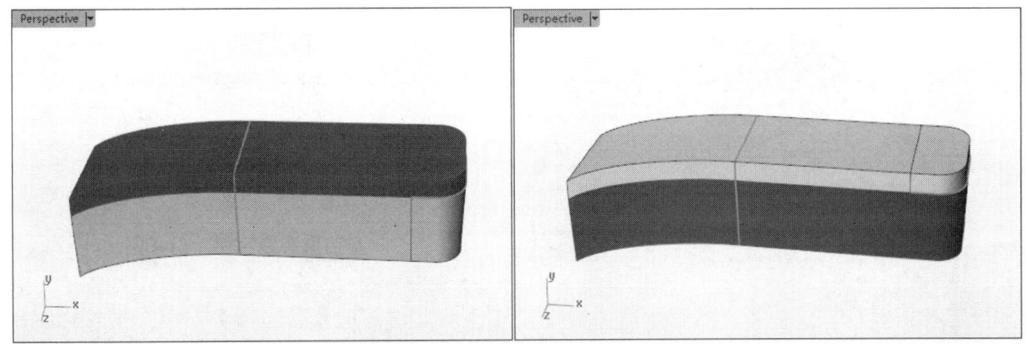

图8-97　组合上下部分的曲面

12打开Extrude Straight-bothsides图层。利用【直线挤出】工具将打开的曲线向两侧进行挤出，得到如图8-98所示的挤出曲面。

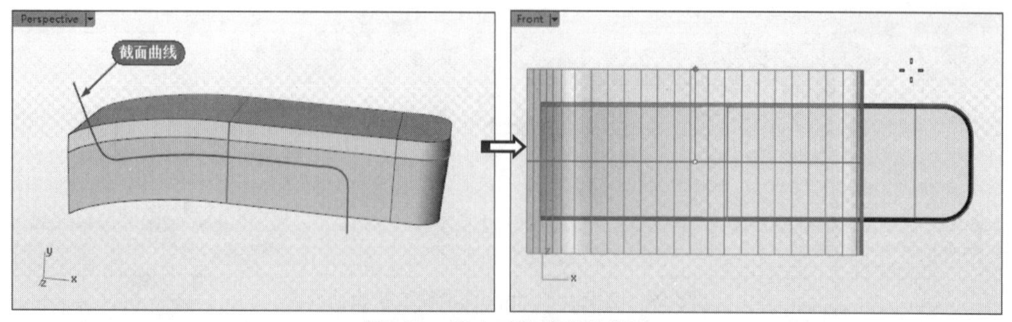

图8-98　建立对称挤出的曲面

13利用【修剪】工具，用组合的上下部分曲面去修剪两侧挤出曲面，如图8-99所示。

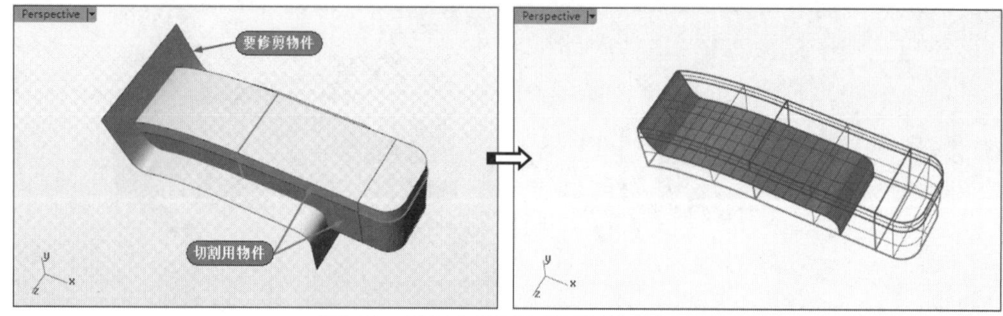

图8-99　用组合曲面修剪两侧挤出曲面

14利用【修剪】工具，用上一步骤修剪过的挤出曲面去修剪上、下部分曲面，得到如图8-100所示的结果。

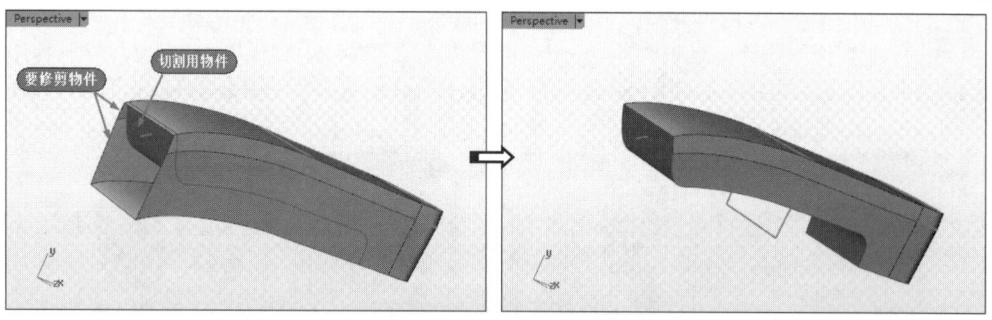

图8-100　再次修剪曲面

15在【曲面工具】标签的左边栏中右击【以结构线分割曲面】按钮（也是【分割】按钮），选取如图8-101所示的曲面进行分割，在命令行设置“方向”为V，选取分割点后右击完成分割。

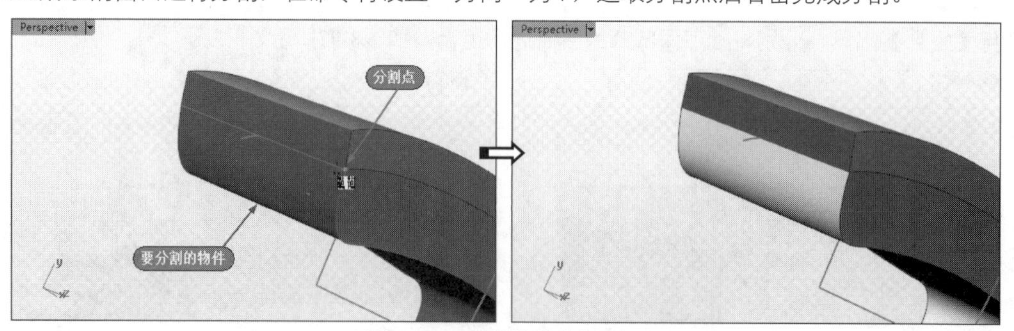

图8-101　以结构线分割曲面

16选取上部分分割出来的曲面，然后执行【编辑】|【图层】|【改变物件图层】命令，将其移动到Top Surface图层中，如图8-102所示。

17将分割后的两个曲面分别与各自图层中的曲面组合，如图8-103所示。

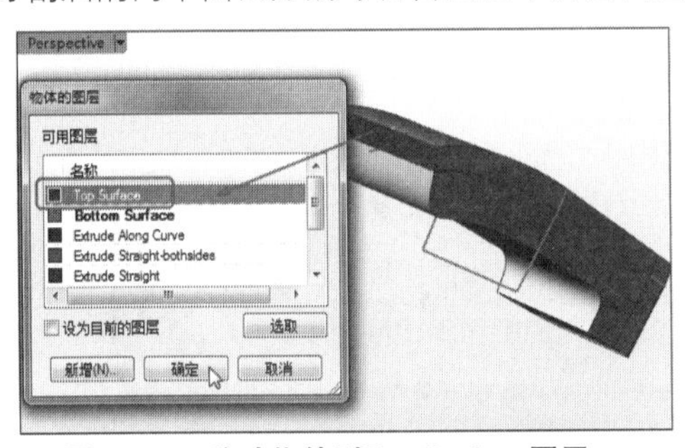

图8-102　移动物件到Top Surface图层

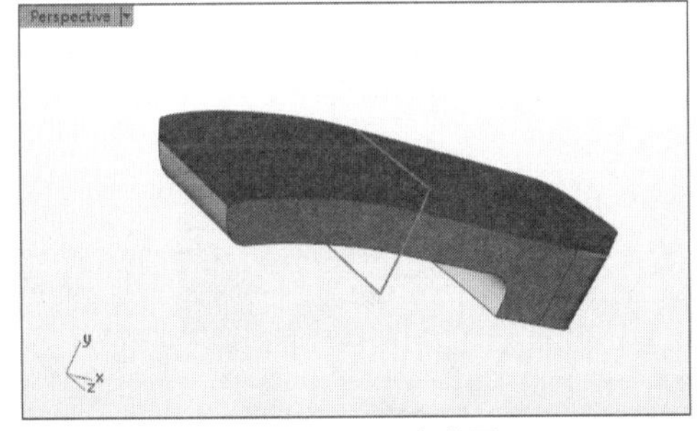

图8-103　组合曲面

18在【实体工具】标签下单击【边缘圆角】按钮，选取所有的边缘建立半径为0.2的圆角，如图8-104所示。建立圆角前先设置各自图层为当前图层。

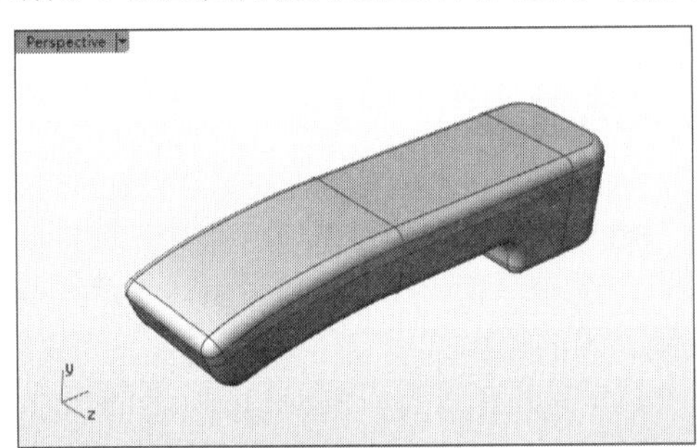

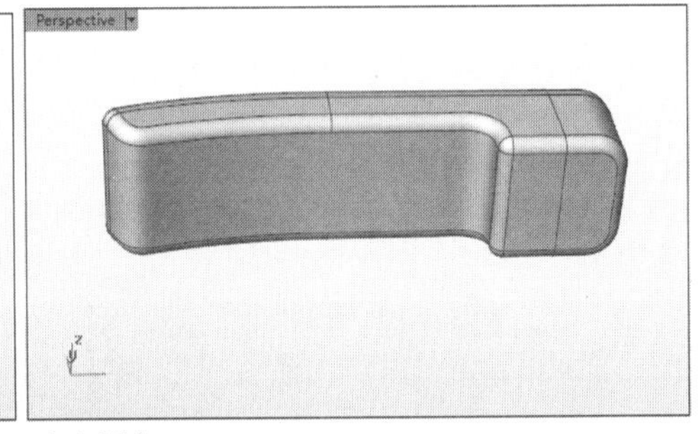

图8-104　建立圆角

19关闭下半部分曲面图层，显示Extrude to a Point图层。利用【挤出至点】工具选取要挤出的曲线和挤出目标点，建立如图8-105所示的挤出曲面。

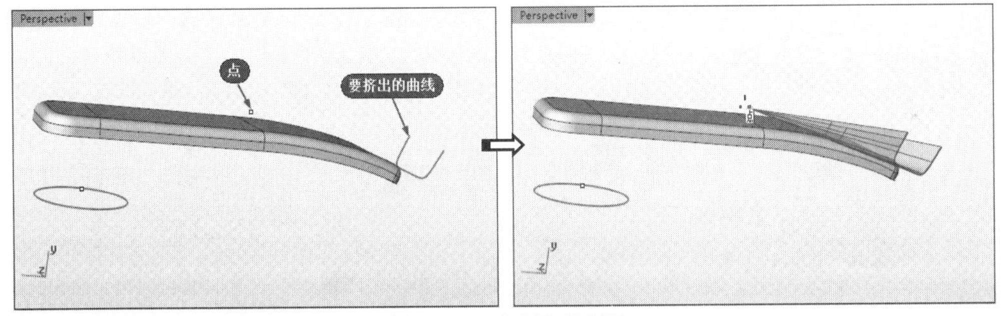

图8-105　建立挤出曲面

20利用【修剪】工具，将挤出曲面与上半部分曲面相互修剪，结果如图8-106所示，然后利用【组合】工具将修剪后的结果组合。

21将上半部分曲面的图层关闭，设置下半部分曲面为当前图层，并显示图层中的曲面，然后应用同样的方法建立挤出至点曲面，如图8-107所示。

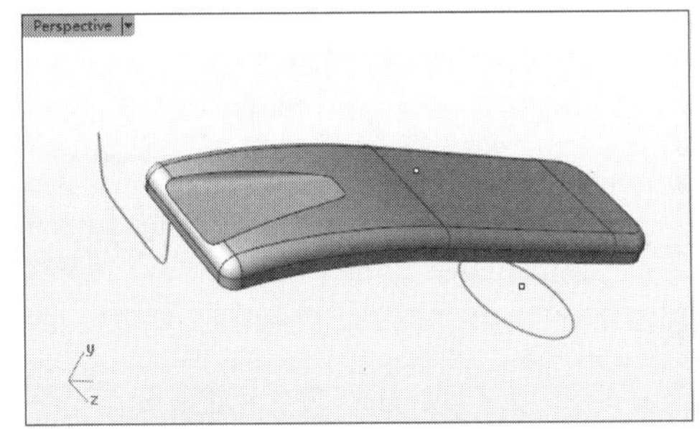

图8-106　修剪曲面并组合

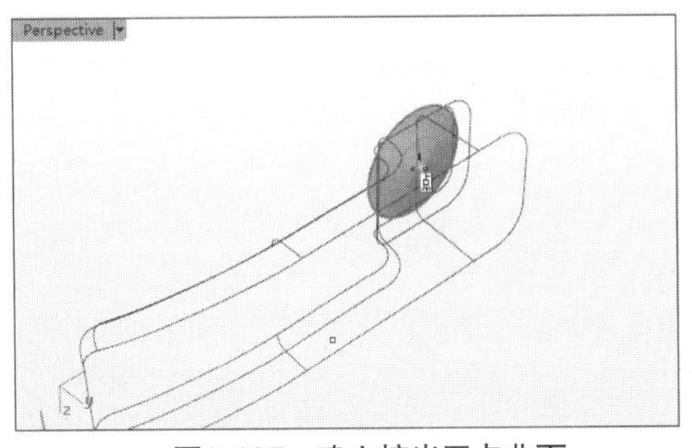

图8-107　建立挤出至点曲面

22利用【修剪】工具，将挤出曲面和下半部分曲面进行相互修剪，得到如图8-108所示的结果，然后再进行组合。

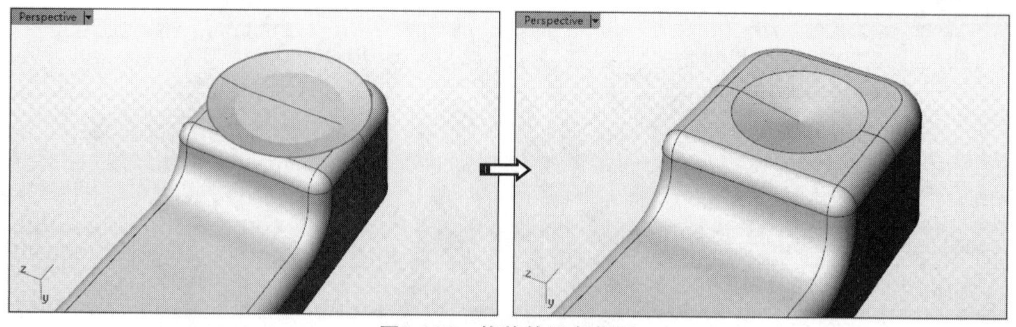

图8-108　修剪并组合曲面

23打开Curves for Buttons 图层的对象曲线。框选第一竖排的曲线，然后执行【直线挤出】命令，设置挤出类型为实体、输入挤出长度为-0.2，右击完成曲面的建立，如图8-109所示。

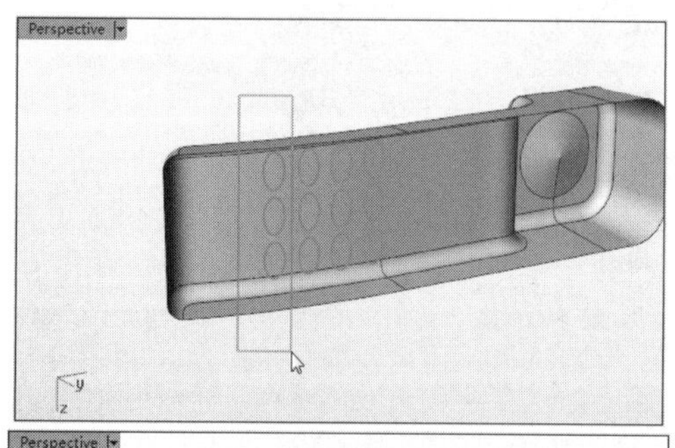

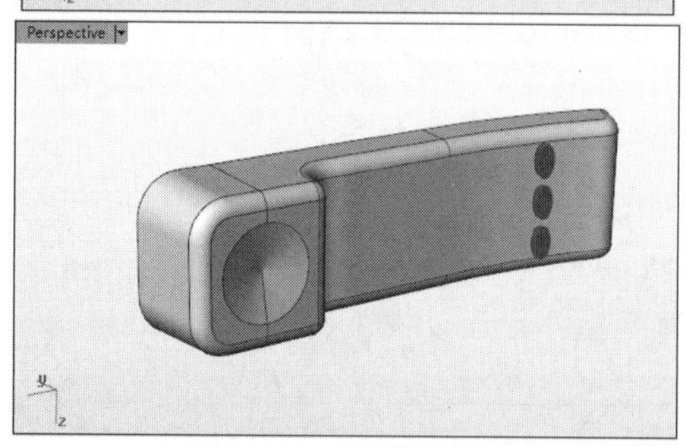

图8-109　建立挤出曲面

24同理，完成其他竖排的曲线挤出，如图8-110所示。至此，完成了无线电话的建模。

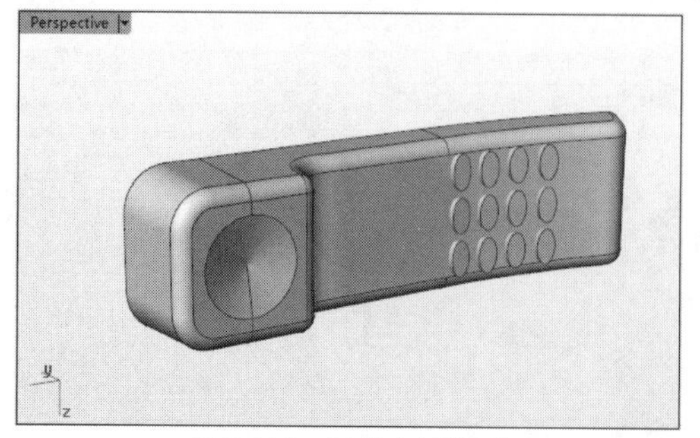

图8-110　无线电话模型

8.5 课后练习

1. 建立螺丝刀曲面

先画出建构线，再以自由造型曲线画出玩具螺丝刀的轮廓。

01以多重直线照着图8-111所示的尺寸画出建构线。

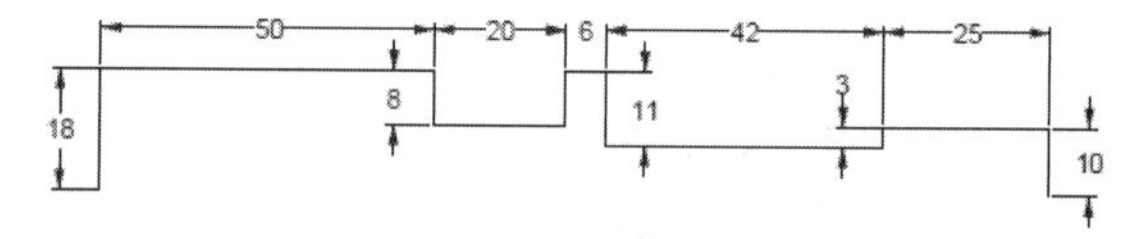

图8-111　绘制多重直线

02在曲线内画出螺丝刀的轮廓曲线，如图8-112所示。

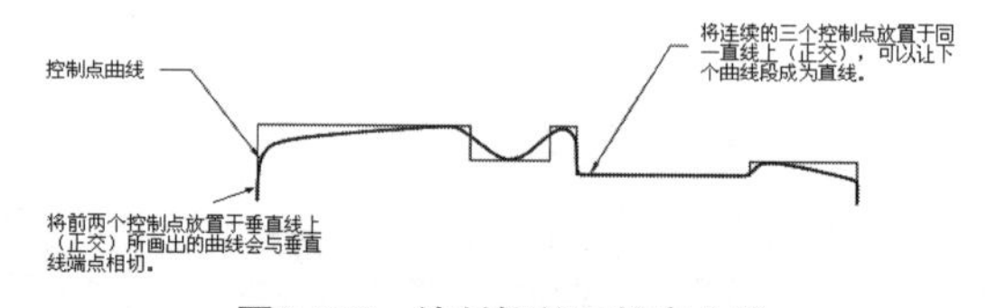

图8-112　绘制螺丝刀轮廓曲线

03用【旋转成形】工具建立螺丝刀曲面，如图8-113所示。

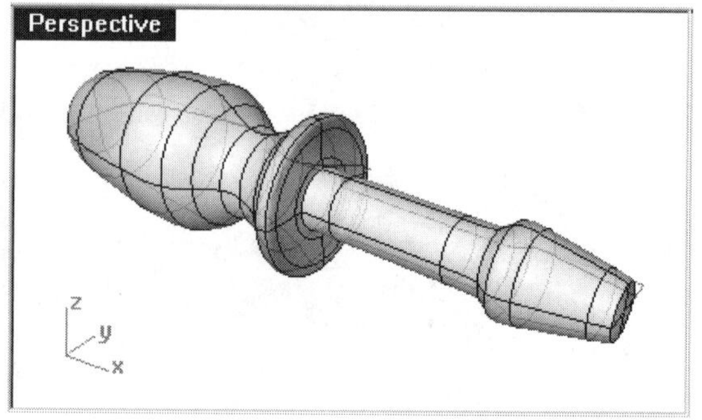

图8-113　建立旋转曲面

2. 旋转曲线建立手电筒模型

01打开源文件“手电筒”，如图8-114所示。

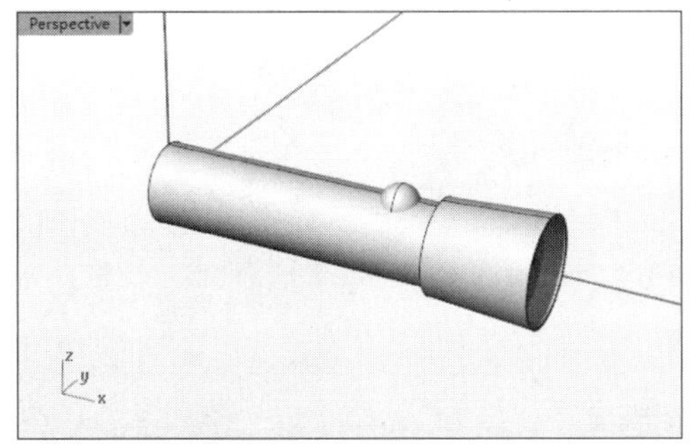

图8-114　打开的手电筒

02按快捷键Ctrl+A选取所有物件，执行【编辑】1【可见性】|【锁定】命令，将其锁定。

> **技术要点：**当物件被锁定时，仍然可以看到并以物件锁点锁定该物件，但无法选取，以避免在选取物件时受到干扰。

03建立一条中心线，如图8-115所示。

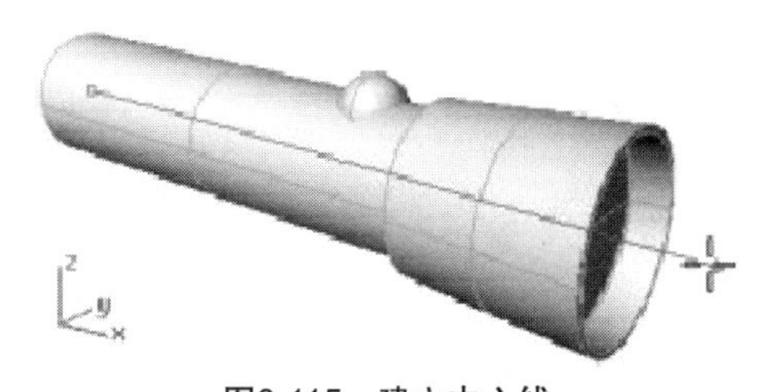

图8-115　建立中心线

04建立主体轮廓曲线，如图8-116所示。

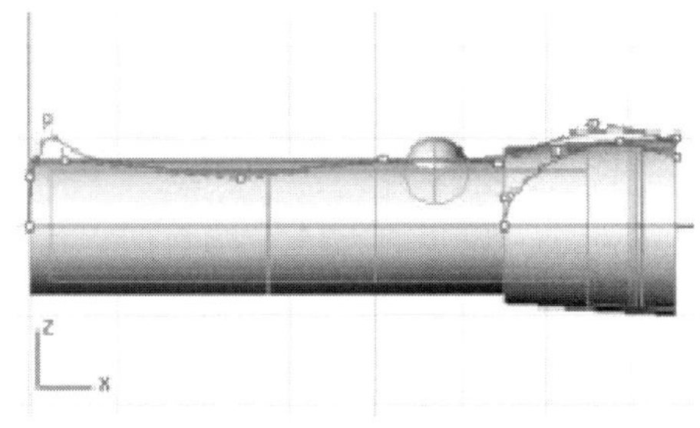

图8-116　建立主体轮廓曲线

05建立另一条镜片的轮廓曲线，图8-117所示。

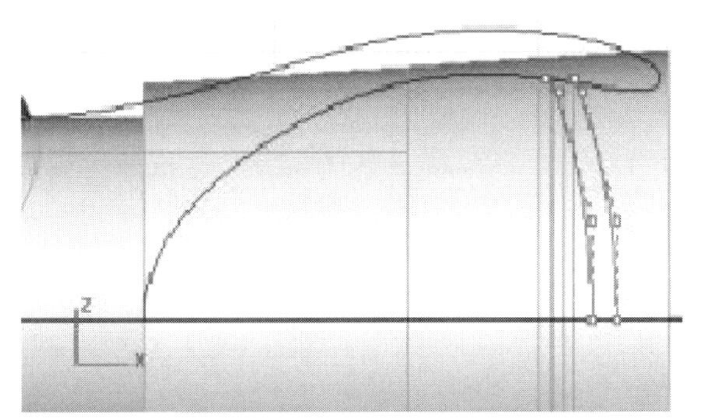

图8-117　建立另一条镜片的轮廓曲线

06建立手电筒主体，如图8-118所示。

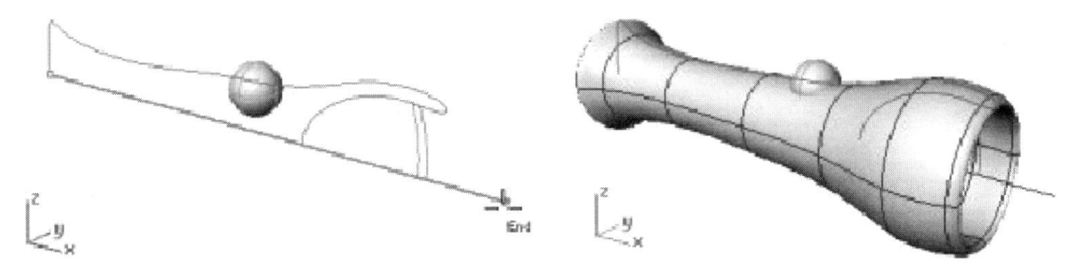

图8-118　建立手电筒主体

07创建镜片曲面，如图8-119所示。

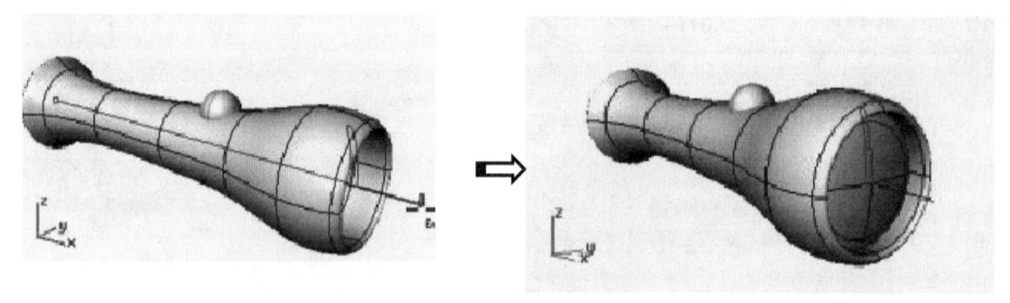

图8-119　创建镜片曲面

09

第9章 高级曲面绘制

前一章我们学习了Rhino 6.0中最基础的曲面绘制。本章将介绍用于复杂造型的曲面绘制。曲面功能是Rhino 6.0最重要的功能，下面进行详细讲解。

项目分解

- 放样曲面
- 边界曲面
- 扫掠曲面
- 以图片灰阶高度
- 在物件表面产生布帘曲面

9.1 放样曲面

放样曲面是从空间上、同一走向上的一系列曲线建立曲面，如图9-1所示。

技术要点：这些曲线必须同为开放曲线或闭合曲线，在位置上最好不要交错。

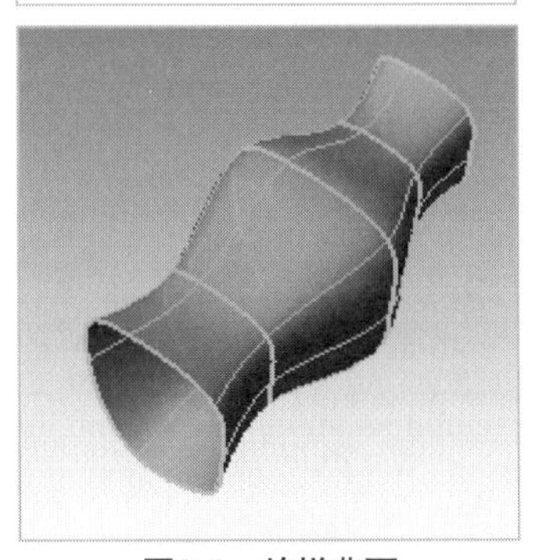

图9-1 放样曲面

动手操作——创建放样曲面

01新建Rhino文件。

02在【椭圆】工具列中单击【从中心点】按钮，在Front视窗中绘制如图9-2所示的椭圆。

03在菜单栏中执行【变动】|【缩放】|【二轴缩放】命令，选择椭圆曲线进行缩放，缩放时在命令行中设置【复制】选项为【是】，如图9-3所示。

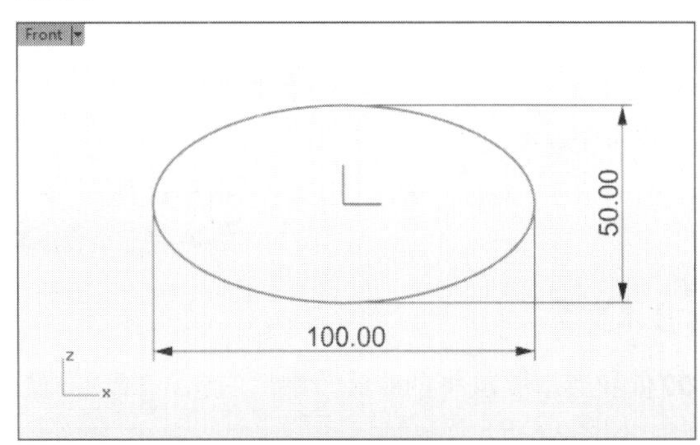

图9-2 绘制椭圆

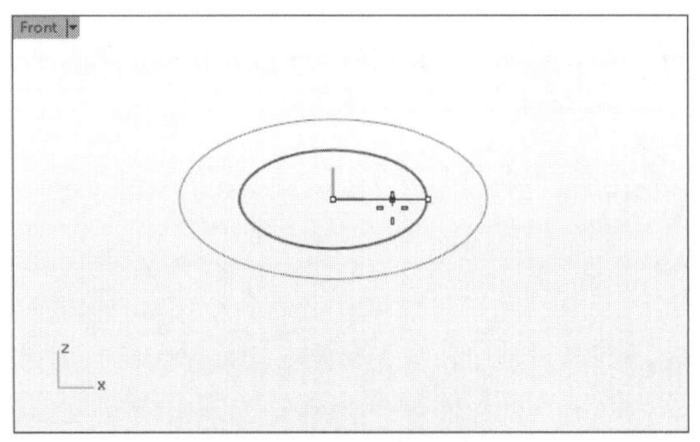

图9-3 缩放并复制椭圆

04利用【复制】命令，将大椭圆在Top视窗中进行复制，复制起点为世界坐标系原点，第一次复制终点距离为100，第二次复制终点距离为200，如图9-4所示。

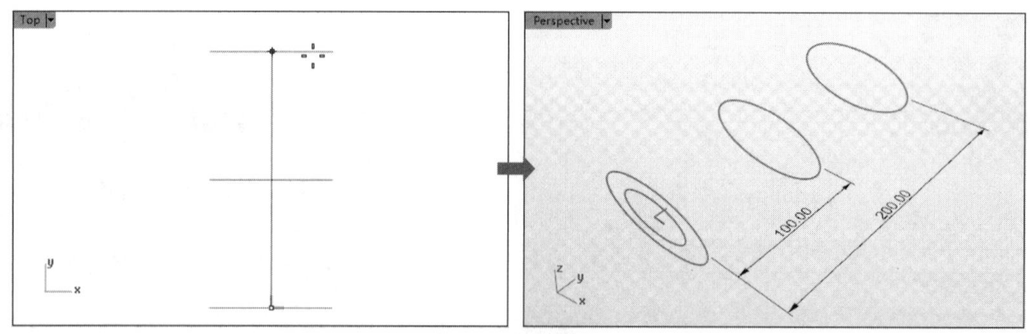

图9-4　复制椭圆

05同理，复制小椭圆，且第一次复制终点距离为50，第二次复制终点距离为150，如图9-5所示。完成后删除原先作为复制参考的小椭圆，而大椭圆则保留。

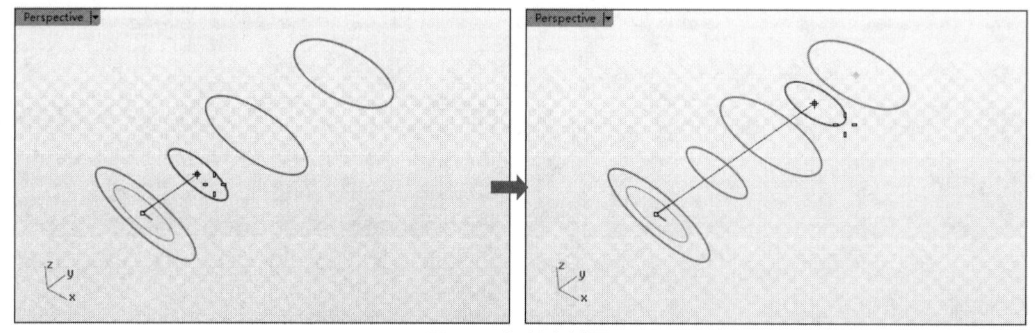

图9-5　复制小椭圆

06在菜单栏中执行【曲面】|【放样】命令，或者在【曲面工具】标签下左边栏中单击【放样】按钮，命令行中提示如下。

指令: _Loft
选取要放样的曲线（点(P)）:

技术要点：数条开放的断面曲线需要选择同一侧，数条封闭的断面曲线可以调整曲线接缝。

07依次选取要放样的曲线，然后右击，命令行显示如下提示。所选的曲线上均显示了曲线接缝点与方向，如图9-6所示。

移动曲线接缝点，按 Enter 完成（反转(F)　自动(A)　原本的(N)）:

08移动接缝点，使各曲线的接缝点在椭圆象限点上，如图9-7所示。

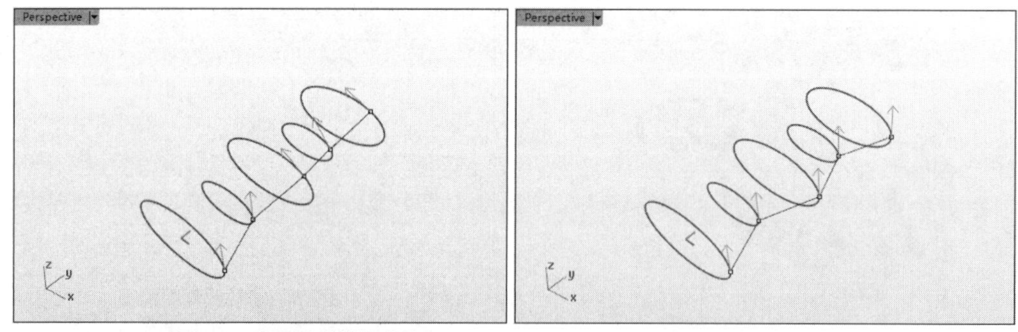

图9-6　选取要放样的曲线　　　　图9-7　移动接缝点

下面介绍命令行中的接缝选项的含义。

- 反转：反转曲线接缝方向。
- 自动：自动调整曲线接缝的位置及曲线的方向。
- 原本的：以原来的曲线接缝位置及曲线方向运行。

09右击后弹出【放样选项】对话框，视窗中显示放样曲面预览，如图9-8所示。

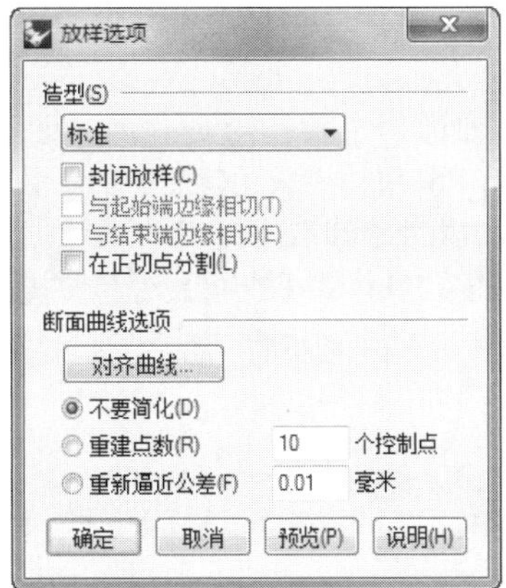

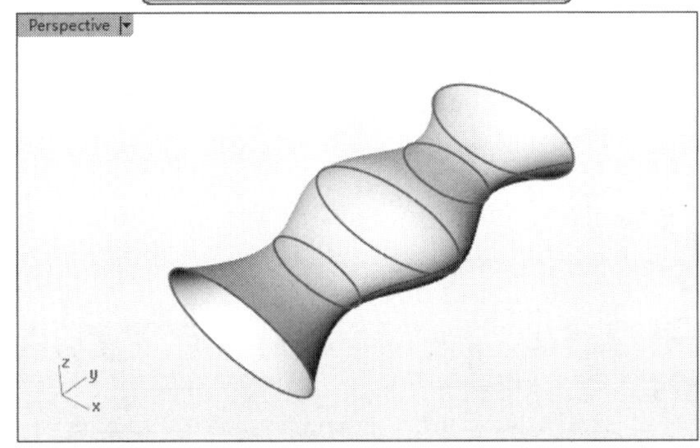

图9-8 【放样选项】对话框及预览效果

【放样选项】对话框包含两个选项区域，分别为【造型】和【断面曲线选项】。

【造型】选项区域用来设置放样曲面的节点及控制点的形状与结构，包含6种造型。

- 标准：断面曲线之间的曲面以“标准”量延展，想建立的曲面是比较平缓或断面曲线之间距离比较大时可以使用这个选项，如图9-9所示。

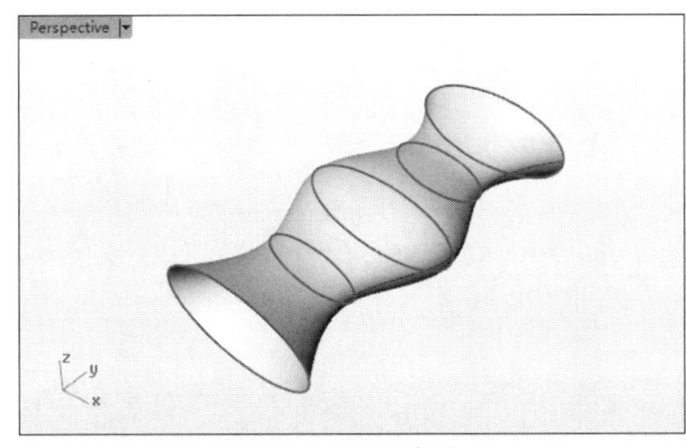

图9-9 标准造型

- 松弛：放样曲面的控制点会放置于断面曲线的控制点上，这个选项可以建立比较平滑的放样曲面，但放样曲面并不会通过所有的断面曲线，如图9-10所示。

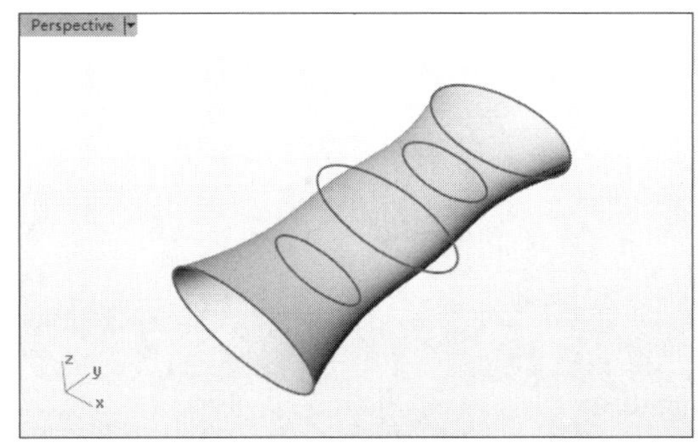

图9-10 松弛造型

- 紧绷：放样曲面更紧绷地通过断面曲线，适用于建立转角处的曲面，如图9-11所示。

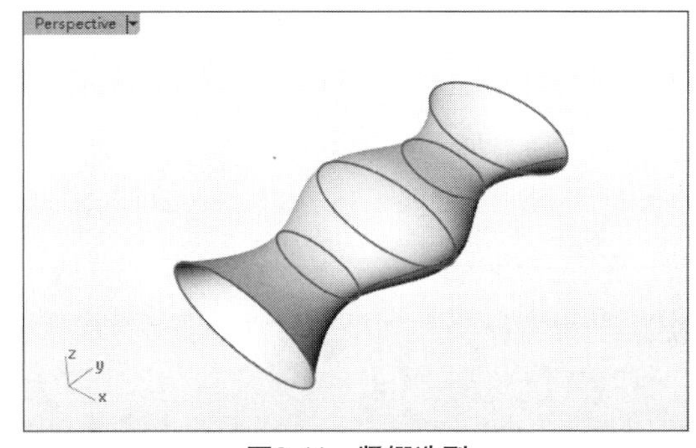

图9-11 紧绷造型

- 平直区段：放样曲面在断面曲线之间是平直的曲面，如图9-12所示。

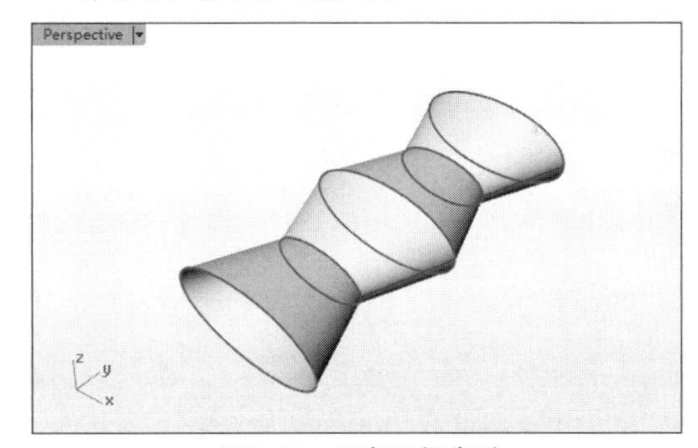

图9-12 平直区段造型

- 可展开的：从每一对断面曲线建立个别的可展开的曲面或多重曲面，如图9-13 所示。

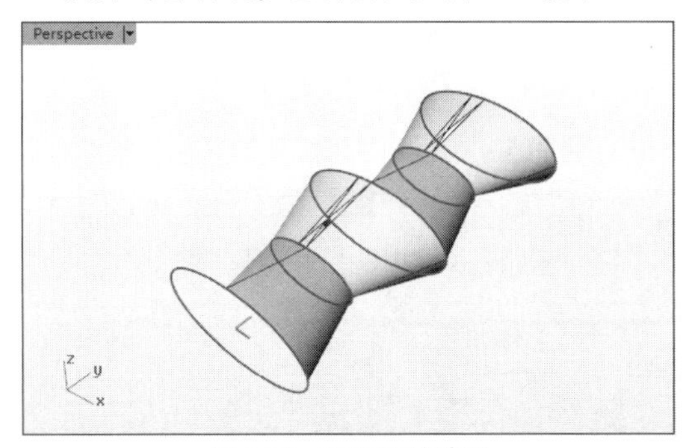

图9-13 可展开的造型

- 均匀：建立的曲面的控制点对曲面都有相同的影响力，该选项可以用来建立数个结构相同的曲面，建立对变动画，如图9-14所示。

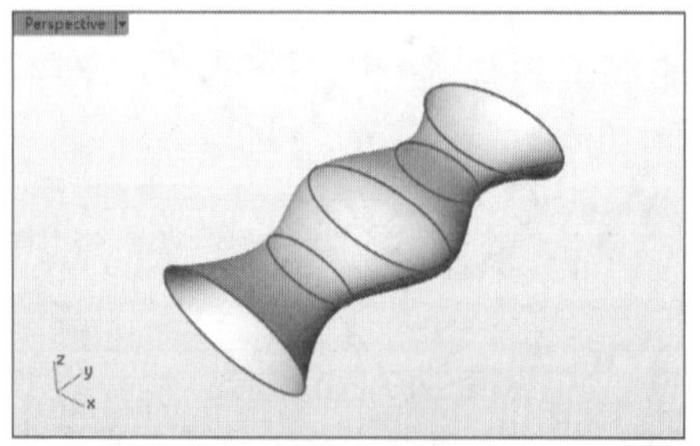

图9-14 均匀造型

下面介绍【造型】选项区域中其他复选框的含义。

- 封闭放样：建立封闭的曲面，曲面在通过最后一条断面曲线后会回到第一条断面曲线，必须有3条或以上的断面曲线这个选项才可以使用。
- 与起始端边缘相切：如果第一条断面曲线是曲面的边缘，放样曲面可以与该边缘所属的曲面形成相切，必须有3条或以上的断面曲线这个选项才可以使用。
- 与结束端边缘相切：如果最后一条断面曲线是曲面的边缘，放样曲面可以与该边缘所属的曲面形成相切，必须有3条或以上的断面曲线这个选项才可以使用。
- 在正切点分割：输入的曲线为多重曲线时，设定是否在线段与线段正切的顶点将建立的曲面分割成为多重曲面。

下面介绍【断面曲线选项】选项区域中各选项的含义。

- 对齐曲线：当放样曲面发生扭转时，选择断面曲线靠近端点处可以反转曲线的对齐方向。
- 不要简化：不重建断面曲线。
- 重建点数 ：在放样前以指定的控制点数重建断面曲线。
- 重新逼近公差：以设置的公差整修断面曲线。
- 预览：预览放样曲面。

10保留对话框中各选项的默认设置，单击【确定】按钮，完成放样曲面的创建，如图9-15所示。

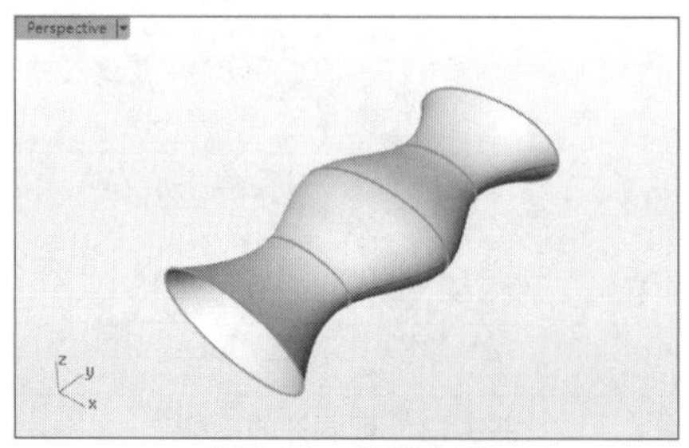

图9-15 放样曲面

9.2 边界曲面

边界曲面的主要作用是封闭曲面和延伸曲面。Rhino中利用边界来构建曲面的工具包括【以平面曲线建立曲面】工具、【以二、三或四条边缘建立曲面】工具、【嵌面】工具和【从网线建立曲面】工具。下面逐一介绍这些工具的命令含义及应用。

9.2.1 以平面曲线建立曲面

使用该工具可以在同一平面上的闭合曲线形成同一平面上的曲面。此工具其实等同于填充，也就是在曲线内填充曲面。

技术要点：如果某些曲面部分重叠，会产生不期望的结果。

如果某条曲线完全包含在另一条曲线之中，这条曲线将会被视为一个洞的边界，如图9-16所示。

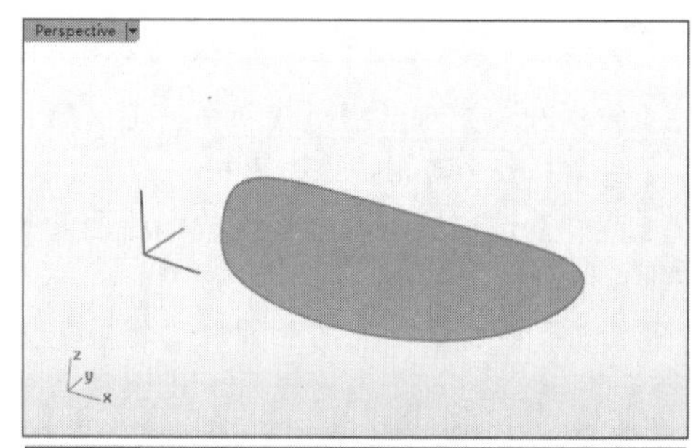

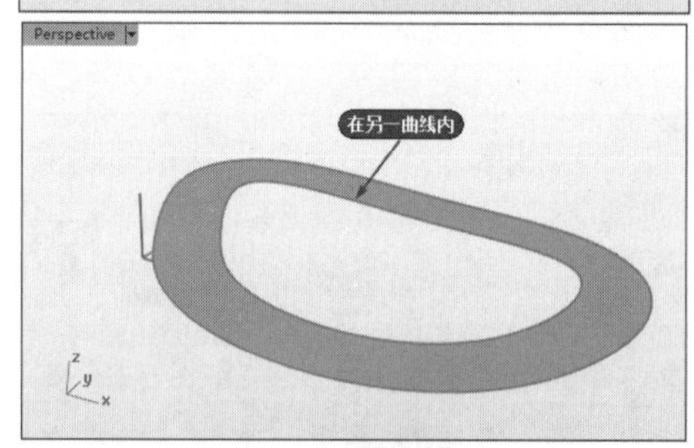

图9-16 曲线边界

技术要点：必须是闭合的并且是同一平面内的曲线才能使用该工具，当选取开放或空间曲线时，命令行会提示创建曲面出错的原因。

动手操作——以平面曲线建立曲面

01新建Rhino文件。

02利用【单面】工具列中的【角对角】工具，在Top视窗中绘制20×17的矩形，如图9-17所示。

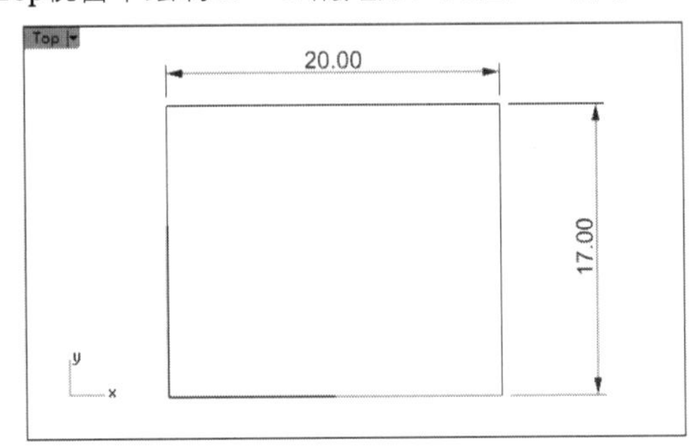

图9-17　绘制矩形

03使用【多边形】工具列中的【中心点、半径】工具绘制一个小三角形，如图9-18所示。

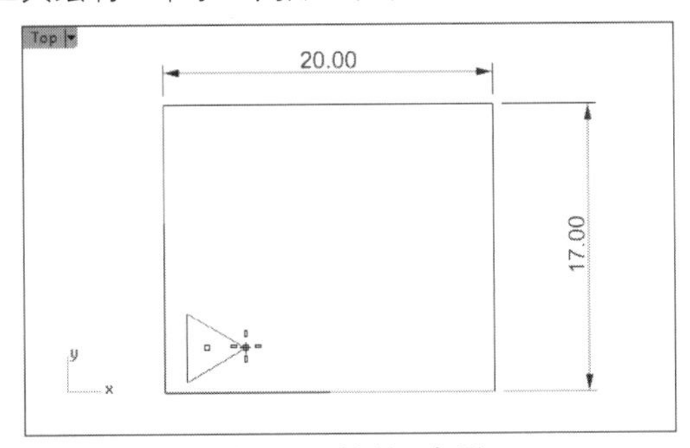

图9-18　绘制三角形

04利用【复制】工具，复制得到多个三角形，如图9-19所示。

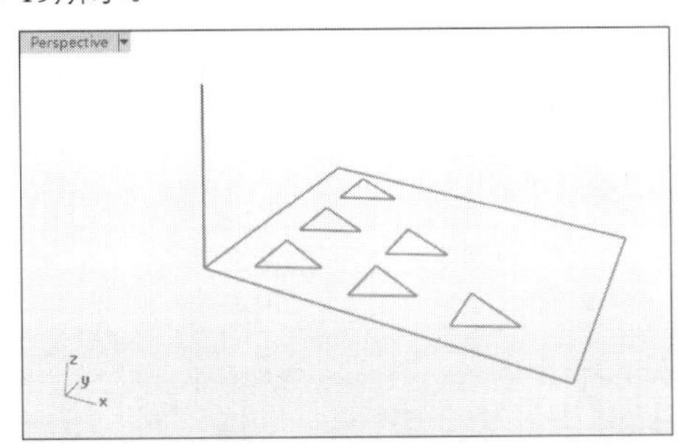

图9-19　复制三角形

05单击【以平面曲线建立曲面】按钮，依次选择三角形和矩形边缘，最后按Enter键，即可得到如图9-20所示的曲面。

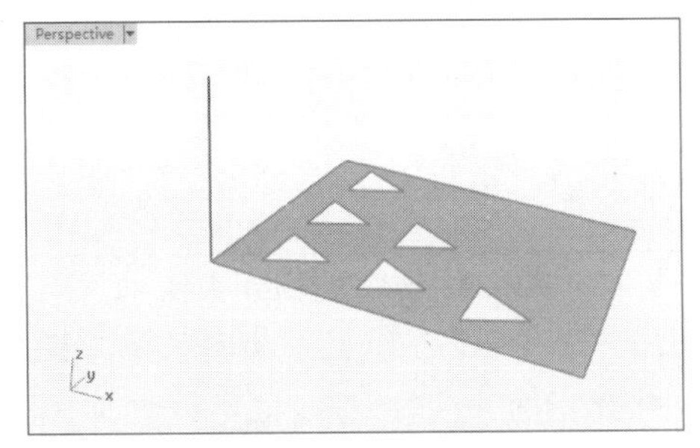

图9-20　建立曲面

9.2.2　以二、三或四条边缘建立曲面

使用该工具可以二、三或四条曲线（必须是独立曲线，非多重曲线）建立曲面。选取的曲线不需要封闭。

> **技术要点：**该工具常用于大块而简单的曲面创建，也用于补面。即使曲线端点不相接，也可以形成曲面，但是生成的曲面边缘会与原始曲线有偏差。该工具只能实现G0连续，形成的曲面结构线简洁。

以二、三或四条边缘线为边界而建立的曲面如图9-21所示。

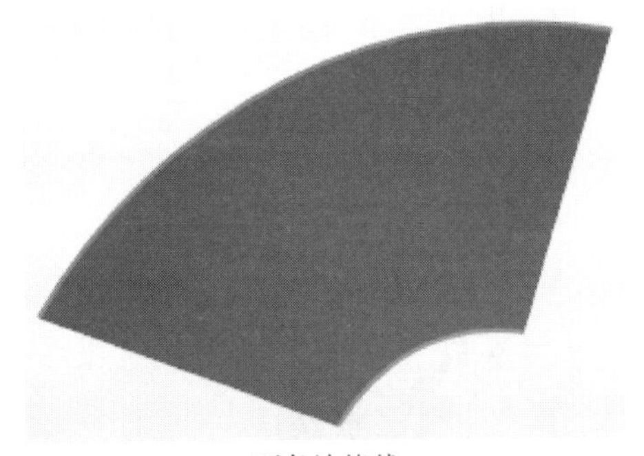

两条边缘线

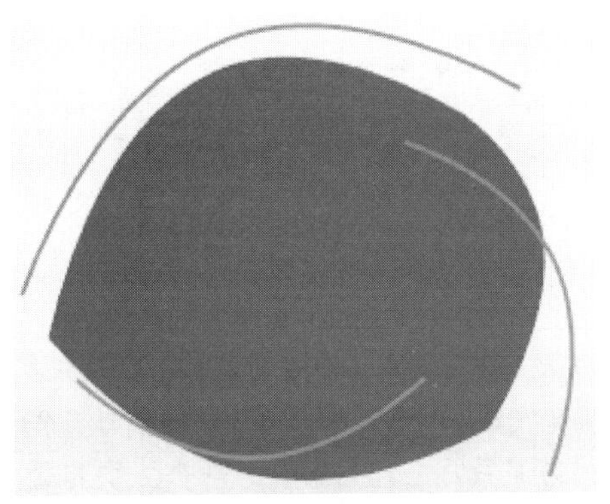

三条边缘线

四条边缘线

图9-21　以二、三或四条边缘曲线建立曲面

9.2.3 嵌面

使用该工具可以建立逼近选取的选线和点物件的曲面。该工具主要用于修复有破孔的空间曲面,也可以用来创建逼近曲线、点云及网格的曲面。用【嵌面】工具可以修补平面的孔，更可以修补复杂曲面上的孔，而用【以平面曲线建立曲面】工具只能修补平面上的孔。

单击【嵌面】按钮，在选取要逼近的曲线、点、点云或网格后会弹出【嵌面曲面选项】对话框，如图9-22所示。

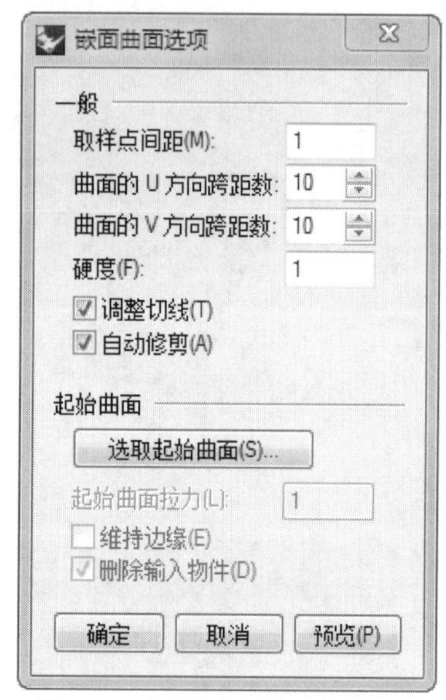

图9-22 【嵌面曲面选项】对话框

下面对各选项进行说明。

- 取样点间距：放置于输入曲线间距很小的取样点，最少数量为一条曲线放置8个取样点。
- 曲面的U方向跨距数：设置建立的曲面 U方向的跨距数，当起始曲面为两个方向都是一阶的平面时，命令也会使用这个设置。
- 曲面的 V 方向跨距数：设置建立的曲面 V方向的跨距数，当起始曲面为两个方向都是一阶的平面时，命令也会使用这个设置。
- 硬度：Rhino 在建立嵌面的第一个阶段会找出与选取的点和曲线的取样点最符合的平面（PlaneThrough，Pt），然后将平面变形逼近选取的点和取样点。硬度设置平面的变形程度，设置数值越大，曲面“越硬”，得到的曲面越接近平面。可以使用非常小或非常大（>1000）的数值测试这个设置，并使用预览结果。
- 调整切线：如果输入的曲线为曲面的边缘，建立的曲面会与周围的曲面相切。
- 自动修剪：试着找到封闭的边界曲线，并修剪边界以外的曲面。
- 选取起始曲面：选取一个参考曲面，修补的曲面将与参考曲面保持形状相似，而且曲率连续性强。
- 起始曲面拉力：与硬度设定类似，但是作用于起始曲面，设定值越大，起始曲面的抗拒力越大，得到的曲面形状越接近起始曲面。
- 维持边缘：固定起始曲面的边缘，这个选项适用于以现有的曲面逼近选取的点或曲线，但不会移动起始曲面的边缘。
- 删除输入物件：删除作为参考的起始曲面。

动手操作——建立逼近曲面

01新建Rhino文件。打开源文件“逼近曲线.3dm”，如图9-23所示。

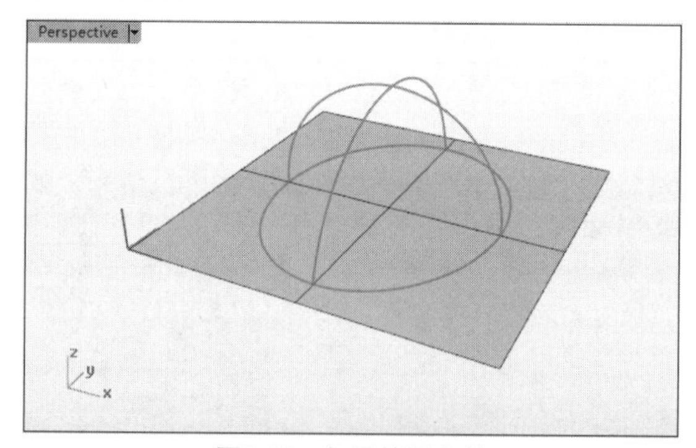

图9-23 打开的源文件

02单击【嵌面】按钮，选取视窗中的3条曲线，然后右击确认，如图9-24所示。

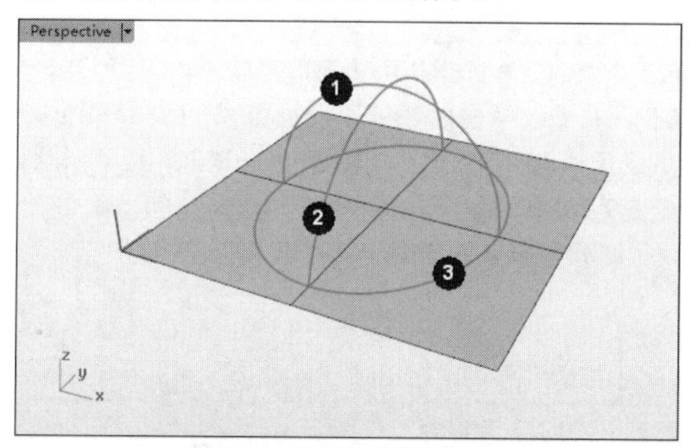

图9-24 选取要逼近的曲线

03随后弹出【嵌面曲面选项】对话框并显示预览，如图9-25所示。

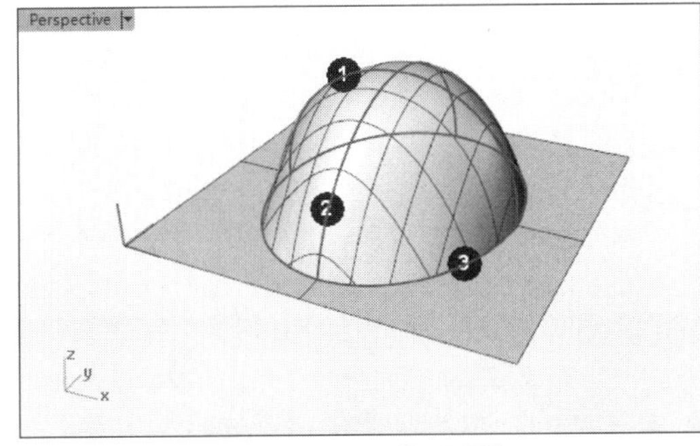

图9-25　显示嵌面预览

04单击【选取起始曲面】按钮，然后选择平面作为起始曲面，设置硬度为0.1，起始曲面拉力为1000，取消【维持边缘】复选框的勾选，再预览效果，如图9-26所示。

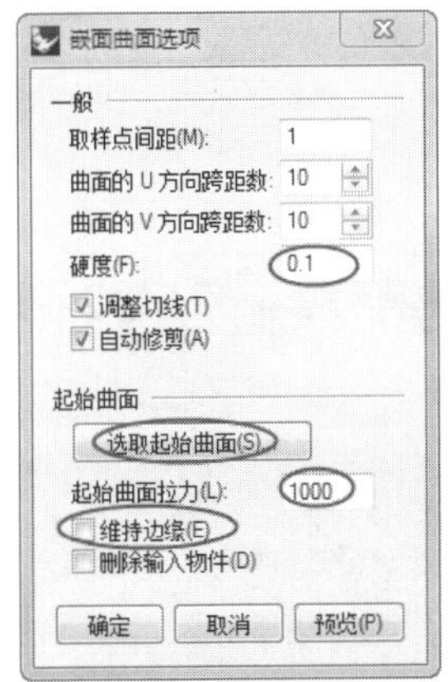

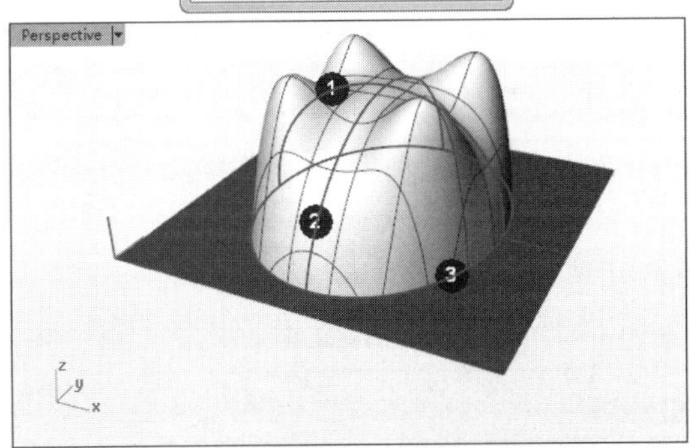

图9-26　查看设置嵌面选项后的预览

05单击【确定】按钮，完成曲面的建立。

动手操作——建立修补曲面

01新建Rhino文件。打开本例源文件“修补孔.3dm”，如图9-27所示。

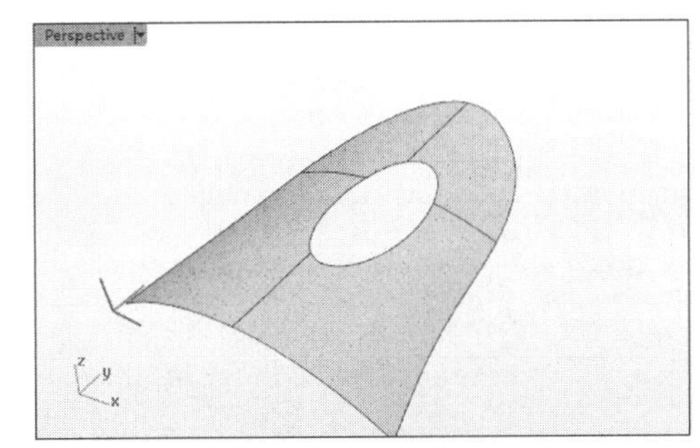

图9-27　打开的源文件

02单击【嵌面】按钮，选取曲面中的椭圆形破孔边缘，然后右击确认，如图9-28所示。

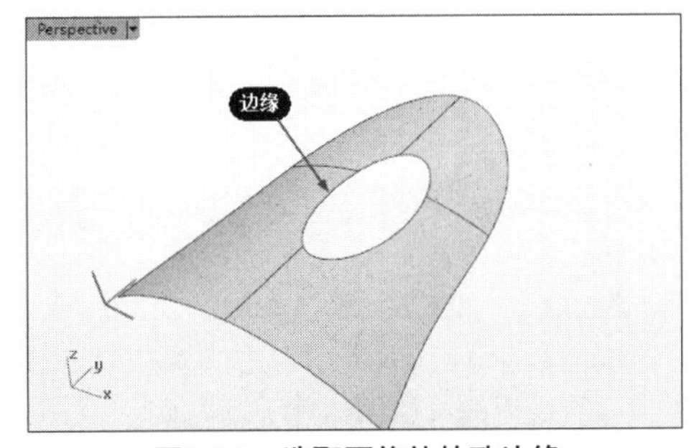

图9-28　选取要修补的孔边缘

03随后弹出【嵌面曲面选项】对话框，选取曲面作为起始曲面，然后设置其他嵌面选项，再预览效果，如图9-29所示。

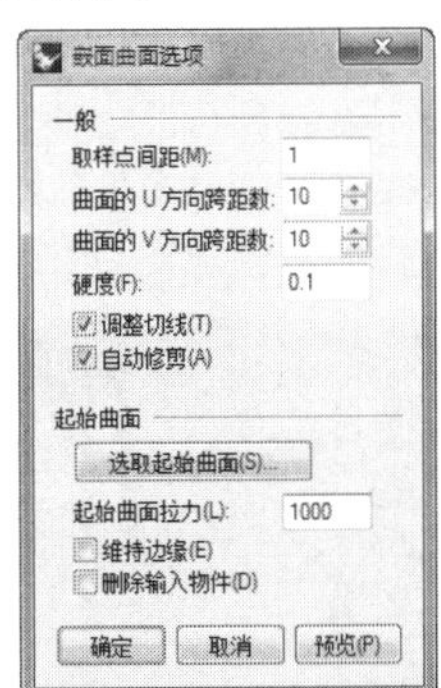

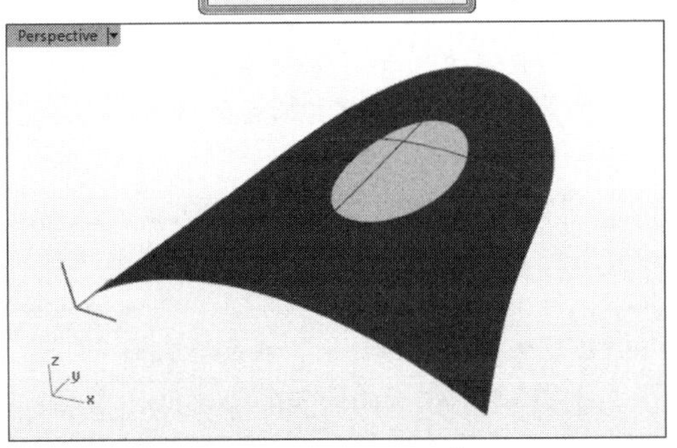

图9-29　修补孔预览

04单击【确定】按钮，完成修补。

9.2.4 从网线建立曲面

使用该工具可以从网线建立曲面。所有在同一方向的曲线必须和另一方向上所有的曲线交错，不能和同一方向的曲线交错，如图9-30所示。

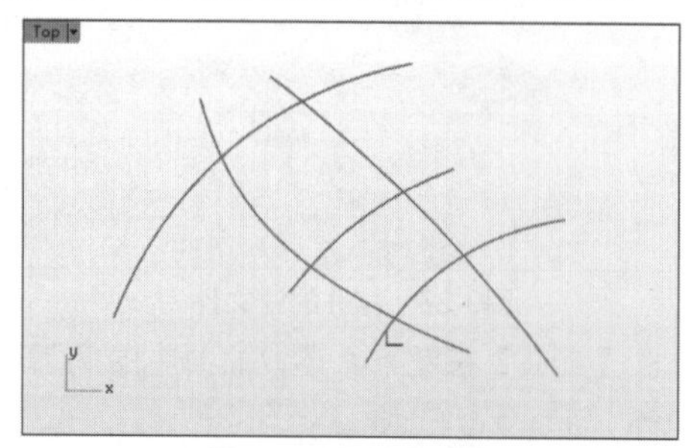

图9-30 网线示意图

单击【从网线建立曲面】按钮，命令行中显示如下提示。

选取网线中的曲线（不自动排序(N)）:

- 【不自动排序】：关闭自动排序，按第一方向的曲线和第二方向的曲线进行选取。

选取网线中的曲线后，右击会弹出【以网线建立曲面】对话框，如图9-31所示。

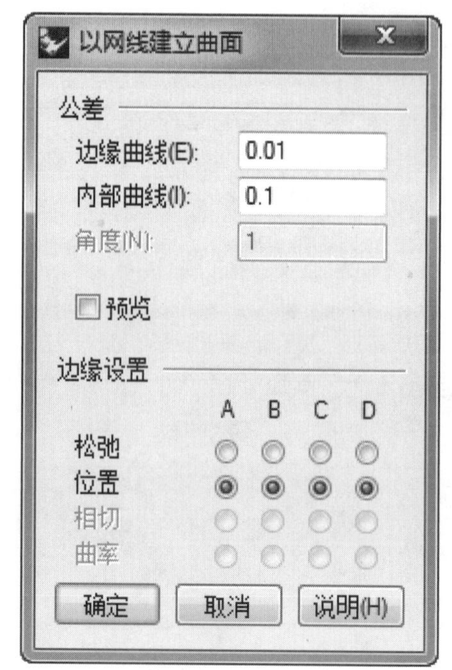

图9-31 【以网线建立曲面】对话框

> **技术要点：**一个方向的曲线必须跨越另一个方向的曲线，而且同方向的曲线不可以相互跨越。如图9-32所示为从网线建立曲面的效果。

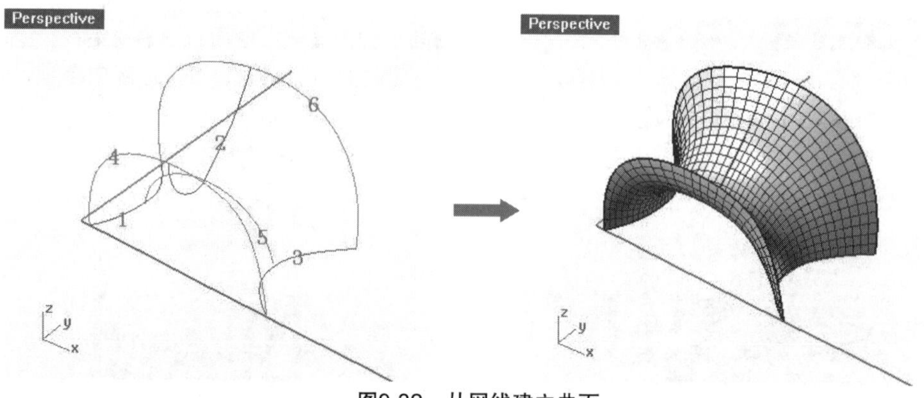

图9-32 从网线建立曲面

下面介绍对话框中各选项的含义。

- 边缘曲线：设置逼近边缘曲线的公差，建立的曲面边缘和边缘曲线之间的距离会小于这个设置值，预设值为系统公差。
- 内部曲线：设置逼近内部曲线的公差，建立的曲面和内部曲线之间的距离会小于这个设置值，预设值为系统公差×10。

如果输入的曲线之间的距离远大于公差设置，会建立最适当的曲面。

- 角度：如果输入的边缘曲线是曲面的边缘，而且建立的曲面和相邻的曲面以相切或曲率连续相接时，两个曲面在相接边缘的法线方向的角度误差会小于这个设置值。
- 边缘设置：设置曲面或曲线的连续性。

（1）松弛：建立的曲面的边缘以较宽松的精确度逼近输入的边缘曲线。

（2）位置|相切|曲率：3种曲面连续性。

动手操作——以网线建立曲面

01 新建Rhino文件。打开本例源文件“网线.3dm”文件，如图9-33所示。

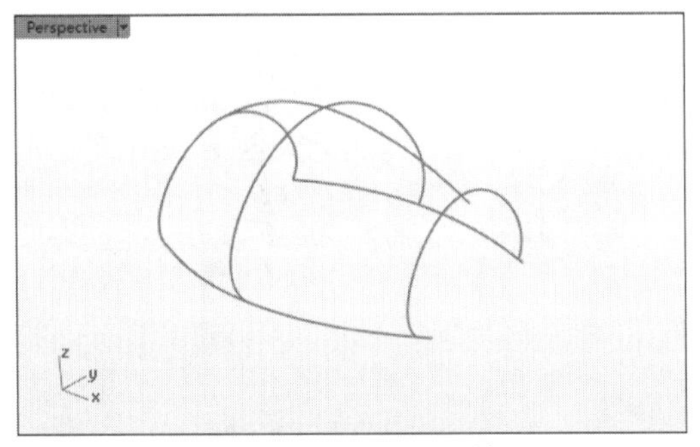

图9-33　打开的源文件

02 单击【从网线建立曲面】按钮，然后框选所有曲线，并右击确认，如图9-34所示。

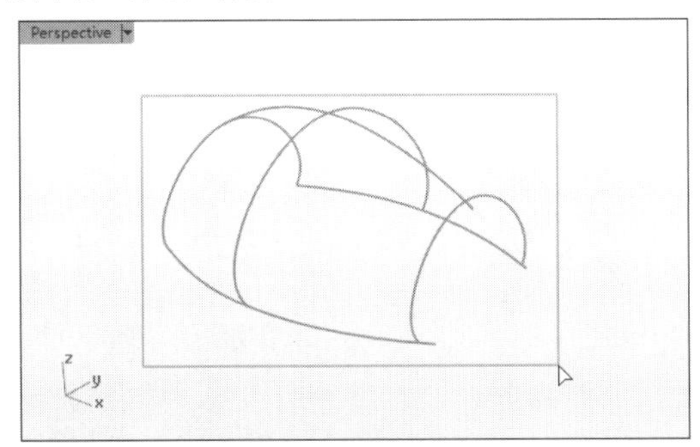

图9-34　选取网线中的曲线

03 视窗中自动完成网线的排序并弹出【以网线建立曲面】对话框，如图9-35所示。

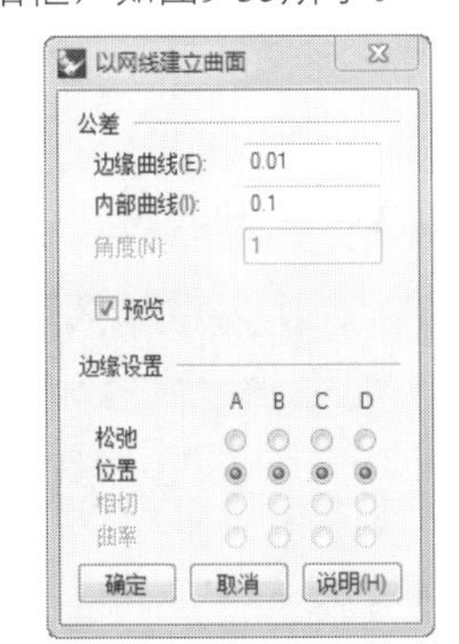

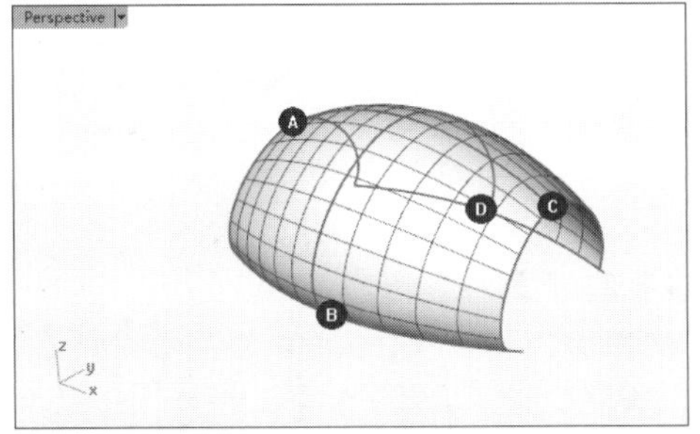

图9-35　完成排序并打开【以网线建立曲面】对话框

04 通过预览确认曲面正确无误后，单击【确定】按钮，完成曲面的建立，结果如图9-36所示。

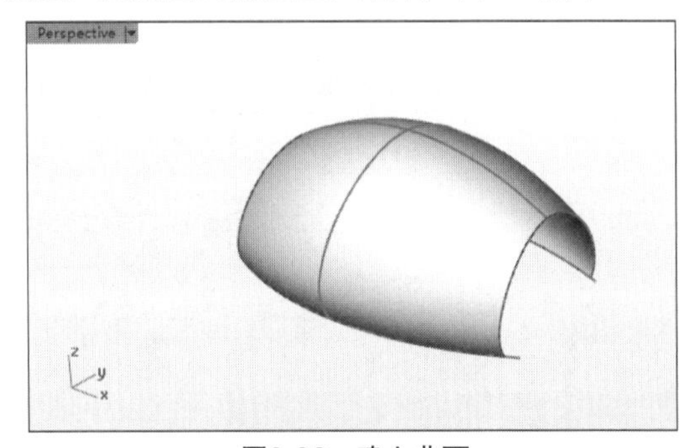

图9-36　建立曲面

9.3 扫掠曲面

Rhino 6.0中有两种扫掠曲面工具，分别是单轨扫掠和双规扫掠。

9.3.1 单轨扫掠

使用该工作可以一系列的截面曲线（cross-section）沿着路径曲线（rail curve）扫掠建立曲面，截面曲线和路径曲线在空间位置上交错，截面曲线之间不能交错。

技术要点：截面曲线的数量没有限制，路径曲线数量只有一条。

单击【单轨扫掠】按钮，弹出【单轨扫掠选项】对话框，如图9-37所示。

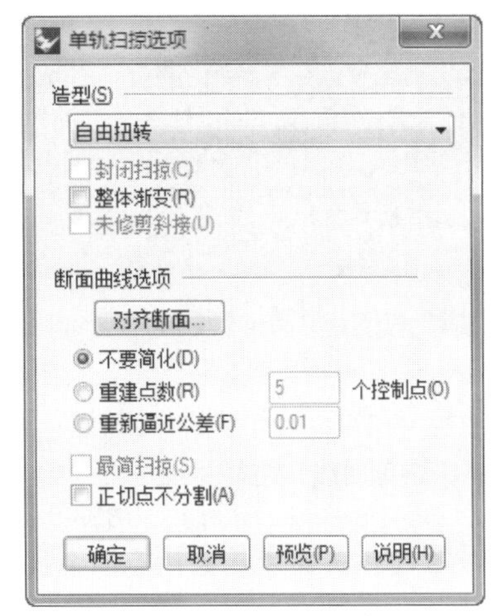

图9-37　【单轨扫掠选项】对话框

下面介绍【造型】选项区域含义。

（1）自由扭转：扫掠建立的曲面会随着路径曲线扭转，如图9-38所示。

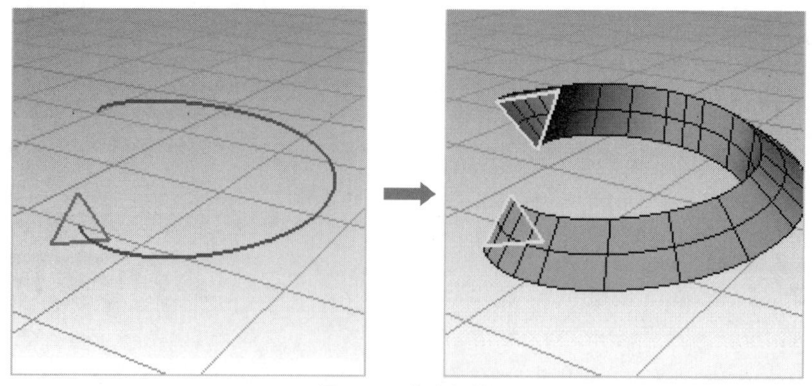

图9-38　自由扭转

（2）走向Top：断面曲线在扫掠时与Top视窗工作平面的角度维持不变，如图9-39所示。

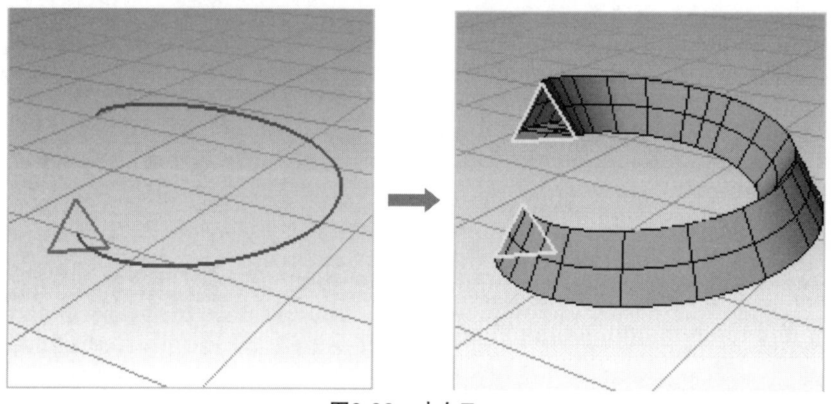

图9-39　走向Top

（3）走向Right：断面曲线在扫掠时与 Right 视窗工作平面的角度维持不变。

（4）走向Front：断面曲线在扫掠时与 Front 视窗工作平面的角度维持不变。

- 封闭扫掠:当路径为封闭曲线时，曲面扫掠过最后一条断面曲线后会回到第一条断面曲线，至少需要选取两条断面曲线，才能使用这个选项。
- 整体渐变:曲面断面的形状以线性渐变的方式从起点的断面曲线扫掠至终点的端面曲线。未使用这个选项时，曲面的断面形状在起点和终点处的形状变化较小，在路径中段的变化较大，如图9-40所示。

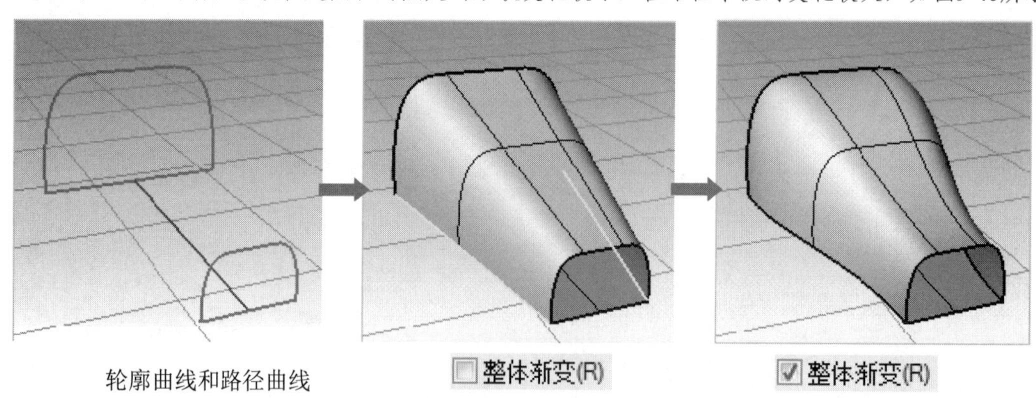

图9-40　整体渐变与非整体渐变的区别

- 未修剪斜接：如果建立的曲面是多重曲面（路径是多重曲线），多重曲面中的个别曲面都是未修剪的曲面，如图9-41所示。

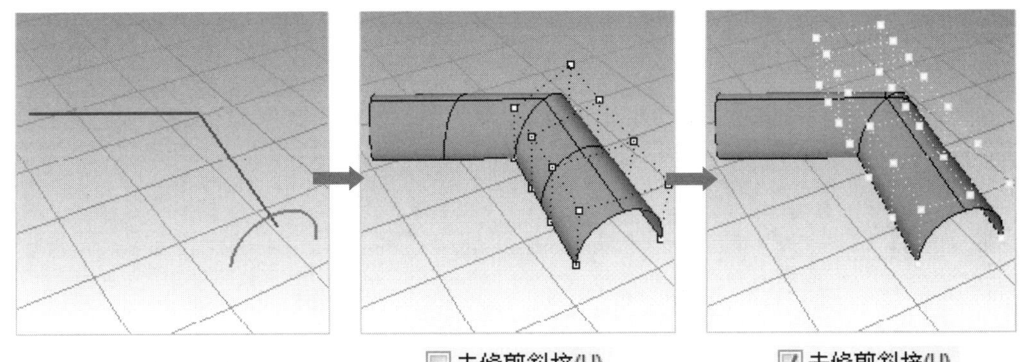

图9-41　修剪斜接与未修剪斜接

下面介绍【断面曲线选项】选项区域中各选项的含义。

- 对齐断面：反转曲面扫掠过断面曲线的方向。
- 不要简化：建立曲面之前不对断面曲线做简化。
- 重建点数：建立曲面之前以指定的控制点数重建所有的断面曲线。
- 重新逼近公差：建立曲面之前先重新逼近断面曲线，预设值为【文件属性】对话框的单位页面中的绝对公差。
- 最简扫掠：当所有的断面曲线都放在路径曲线的编辑点上时，可以使用这个选项建立结构最简单的曲面，曲面在路径方向的结构会与路径曲线完全一致。
- 正切点不分割：将路径曲线重新逼近。
- 预览：在指令结束前预览曲面的形状。

动手操作——利用单轨扫掠创建锥形弹簧

01新建Rhino文件。

02在菜单栏中执行【曲线】|【螺旋线】命令，在命令行中输入轴的起点（0,0,0）和轴的终点（0,0,50），右击后再输入第一半径为50，指定起点在X轴上，如图9-42所示。

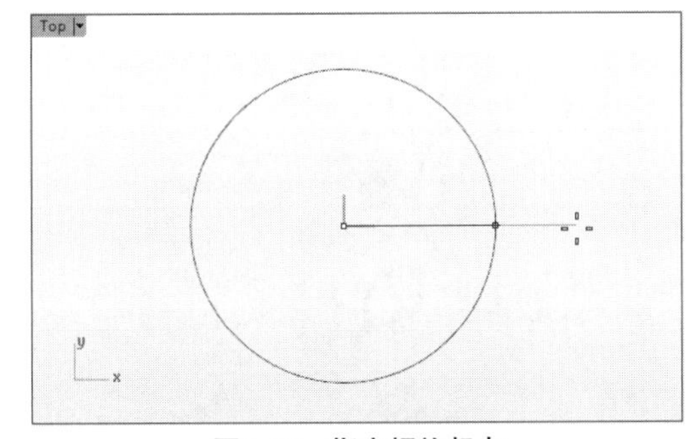

图9-42　指定螺旋起点

03第二半径输入25，再设置圈数为10，其他选项默认，右击或按Enter键完成锥形螺旋线的创建，如图9-43所示。

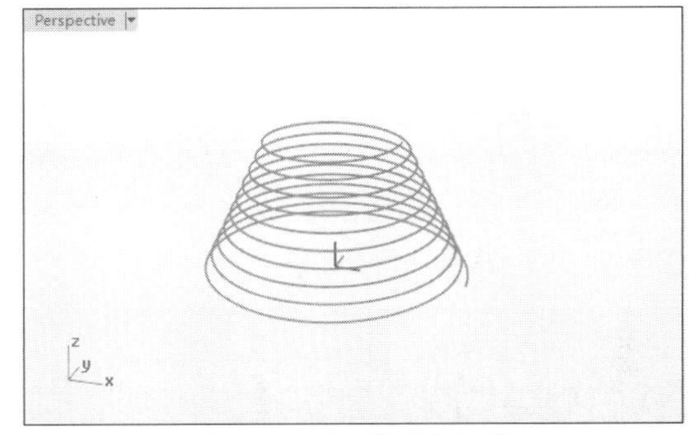

图9-43　建立锥形螺旋线

04【圆：中心点、半径】命令在Front视窗中螺旋线起点位置绘制半径为3.5的圆，如图9-44所示。

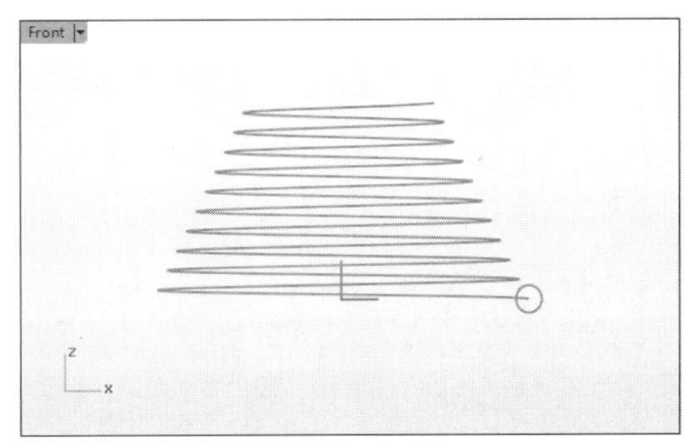

图9-44　绘制圆

05单击【单轨扫掠】按钮，选取螺旋线为路径，选取圆为断面曲线，如图9-45所示。

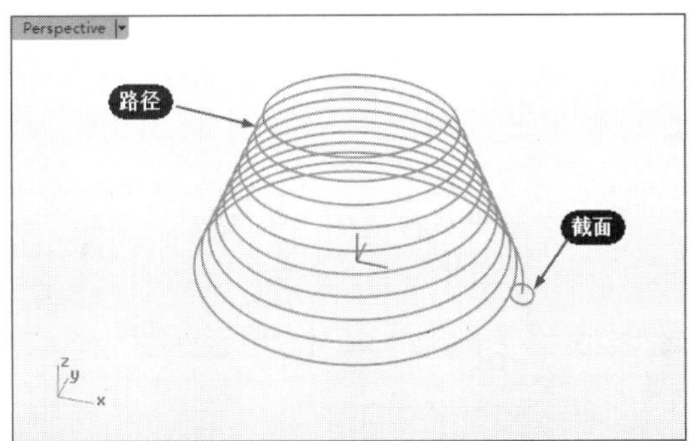

图9-45　选取路径和断面曲线

06右击后弹出【单轨扫掠选项】对话框，保留对话框中各选项的默认设置，单击【确定】按钮，完成弹簧的创建，如图9-46所示。

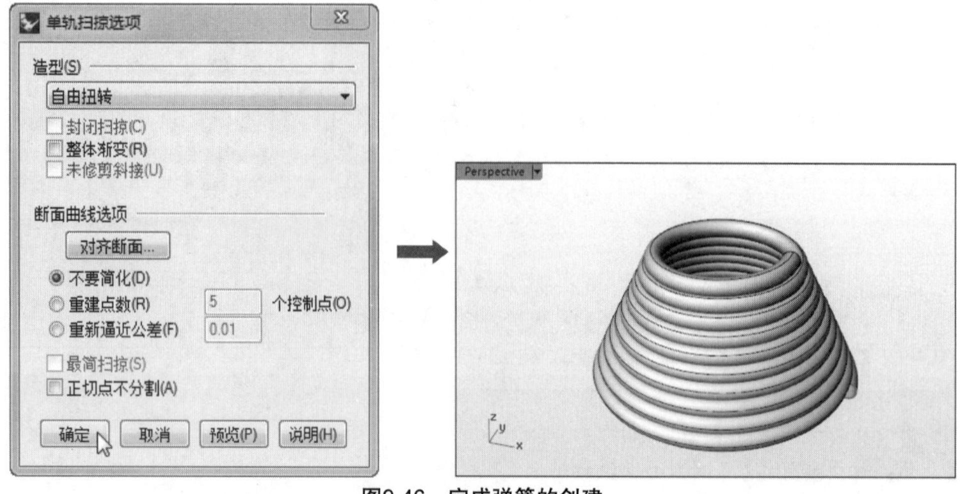

图9-46　完成弹簧的创建

动手操作——单轨扫掠到一点

01新建Rhino文件。打开本例源文件“扫掠到点曲线.3dm”，如图9-47所示。

02单击【单轨扫掠】按钮，选取路径和断面曲线，如图9-48所示。

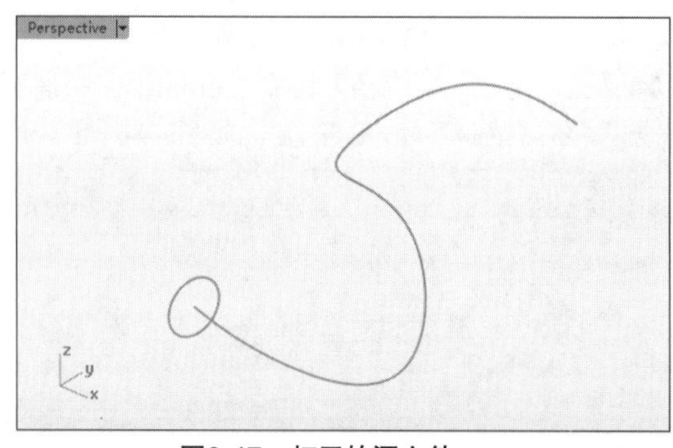

图9-47　打开的源文件

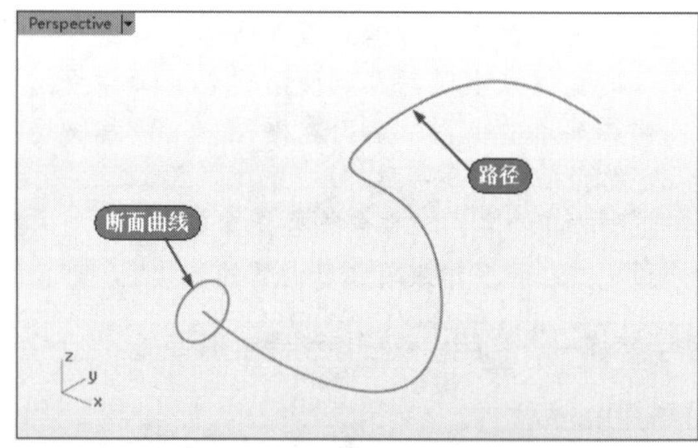

图9-48　选取路径和断面曲线

03在命令行中单击【点】选项，然后指定要扫掠的终点，如图9-49所示。

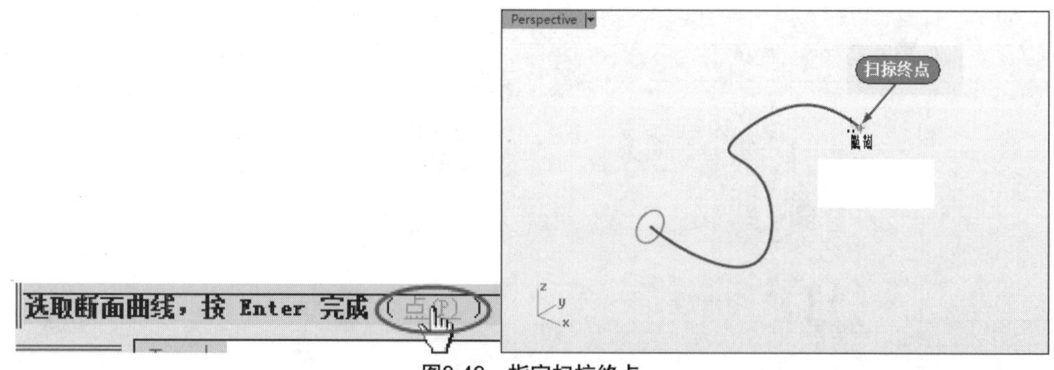

图9-49　指定扫掠终点

04右击后弹出【单轨扫掠选项】对话框，保留对话框的默认设置，单击【确定】按钮，完成扫掠曲面的建立，如图9-50所示。

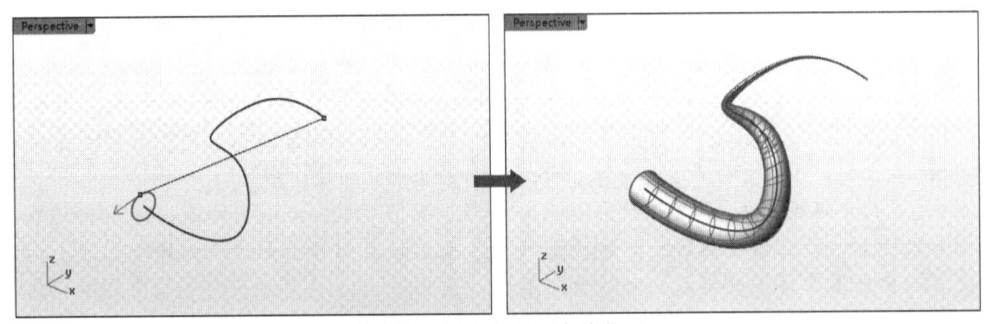

图9-50　建立扫掠到点的曲面

9.3.2　双轨扫掠

使用该工具可以沿着两条路径扫掠通过数条定义曲面形状的断面曲线建立曲面。

单击【双轨扫掠】按钮，选取第一条路径、第二条路径及断面曲线后，弹出【双轨扫掠选项】对话框，如图9-51所示。

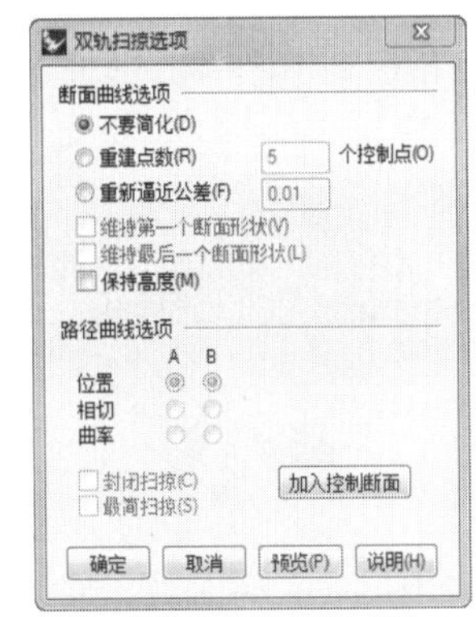

图9-51　【双轨扫掠选项】对话框

如图9-52所示为双轨扫掠的示意图。

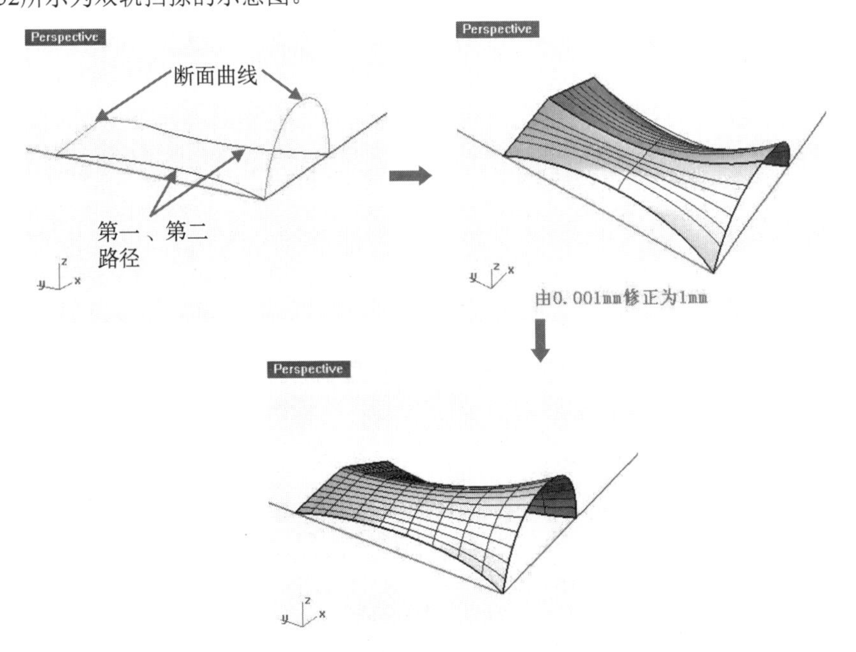

图9-52　双轨扫掠示意图

下面介绍【断面曲线选项】选项区域的含义。

- 不要简化：建立曲面之前不对断面曲线做简化。
- 重建点数：建立曲面之前以指定的控制点数重建所有的断面曲线。如果断面曲线是有理 (Rational) 曲线，重建后会成为非有理 (Non-Rational) 曲线，使连续性选项可以使用。
- 重新逼近公差：建立曲面之前先重新逼近断面曲线，预设值为【文件属性】对话框的单位页面中的绝对公差。如果断面曲线是有理 (Rational) 曲线，重新逼近后会成为非有理 (Non-Rational) 曲线，使连续性选项可以使用。
- 维持第一个断面形状：使用相切或曲率连续计算扫掠曲面边缘的连续性时，建立的曲面可能会脱离输入的断面曲线，勾选该复选框，可以强迫扫掠曲面的开始边缘符合第一条断面曲线的形状。
- 维持最后一个断面形状：使用相切或曲率连续计算扫掠曲面边缘的连续性时，建立的曲面可能会脱离输入的断面曲线，勾选该复选框，可以强迫扫掠曲面的开始边缘符合最后一条断面曲线的形状，如图9-53所示。

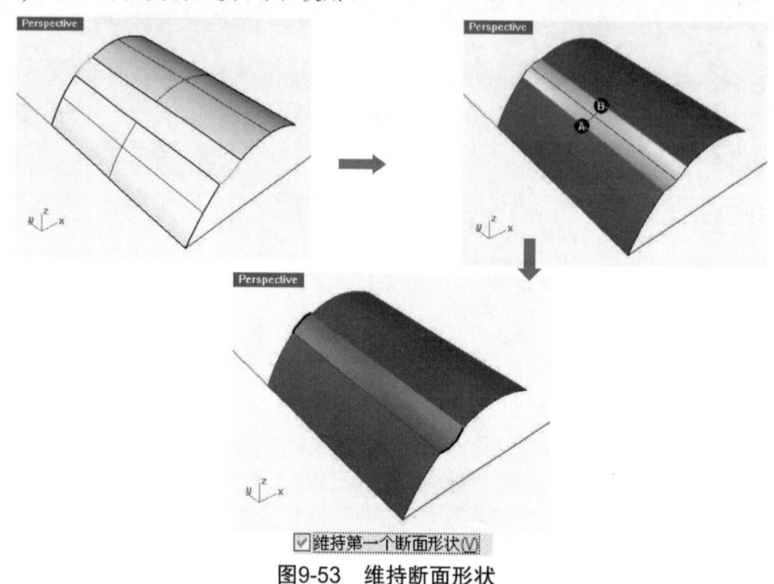

图9-53 维持断面形状

- 保持高度：预设的情形下，扫掠曲面的断面会随着两条路径曲线的间距缩放宽度和高度，勾选【保持高度】复选框，可以固定扫掠曲面的断面高度，而不随着两条路径曲线的间距缩放，如图9-54所示。

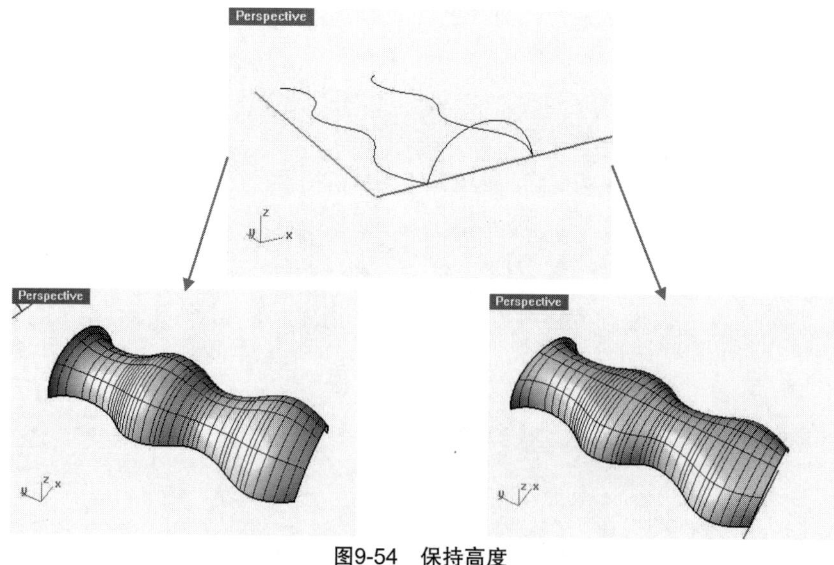

图9-54 保持高度

【路径曲线选项】选项区域中各选项的含义如下。

- 位置、相切、曲率：用来设置两条轨迹线的边缘连续性。“位置”也叫“相接连续”或“G0连续”；“相切”也就是G1连续；“曲率”也就是G2连续。

- 封闭扫掠：当路径为封闭曲线时，曲面扫掠过最后一条断面曲线后会再回到第一条断面曲线。需要选取两条断面曲线才能使用这个选项。
- 最简扫掠：当输入的曲线完全符合要求时，可以建立结构最简化的扫掠曲面，建立的曲面会沿用输入曲线的结构。
- 加入控制断面：用于加入额外的断面曲线，控制曲面断面结构线的方向。

动手操作——利用双轨扫掠建立曲面

01新建Rhino文件。打开本例源文件“双轨扫掠曲线.3dm”。

02单击【双轨扫掠】按钮，选取第一、第二路径和断面曲线，如图9-55所示。

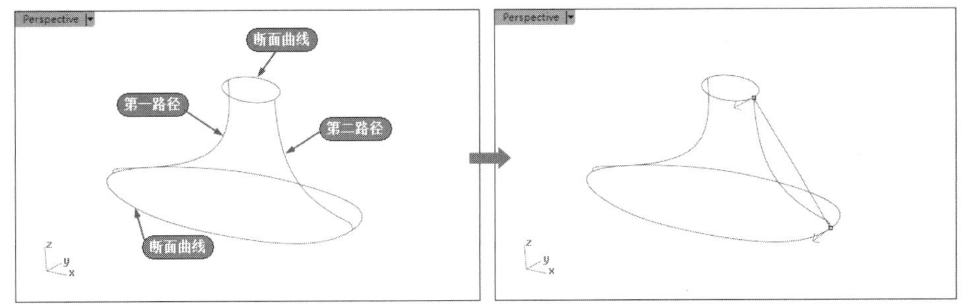

图9-55　选取路径和断面曲线

03右击后弹出【双轨扫掠选项】对话框，保留对话框的默认设置，单击【确定】按钮，完成扫掠曲面的建立，如图9-56所示。

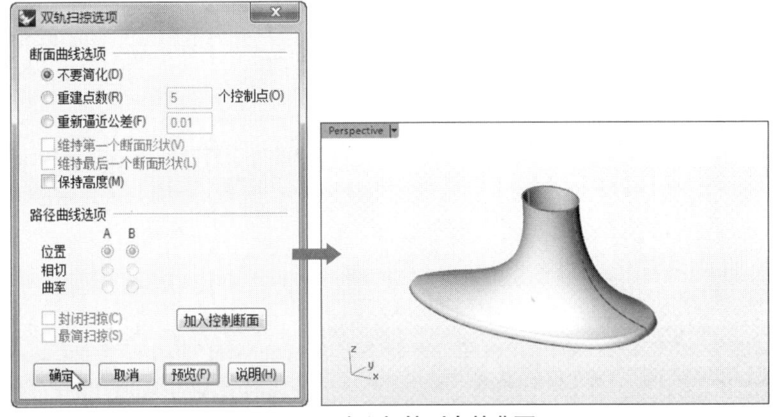

图9-56　建立扫掠到点的曲面

04打开Housing Surface图层、Housing Curves 图层与Mirror 图层，如图9-57所示。

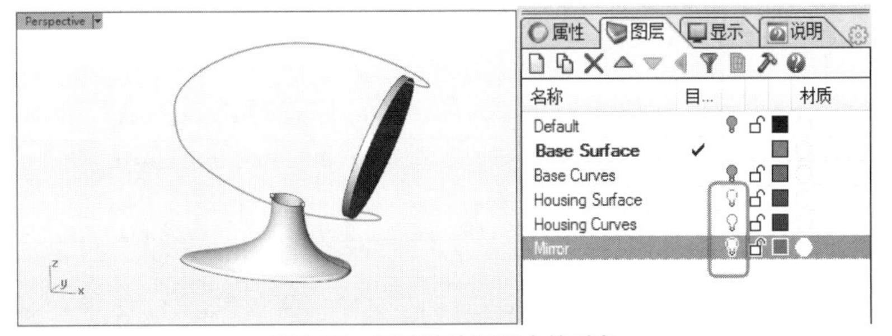

图9-57　显示其他图层中的对象

05将Housing Surface 图层设为目前的图层，然后单击【双轨扫掠】按钮，选取第一、第二路径和断面曲线，右击后弹出【双轨扫掠选项】对话框，如图9-58所示。

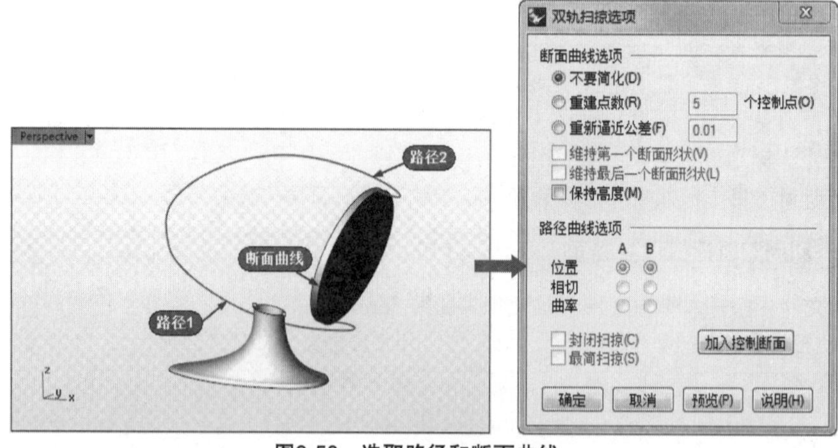

图9-58 选取路径和断面曲线

06保留对话框的默认设置，单击【确定】按钮，完成扫掠曲面的建立，如图9-59所示。

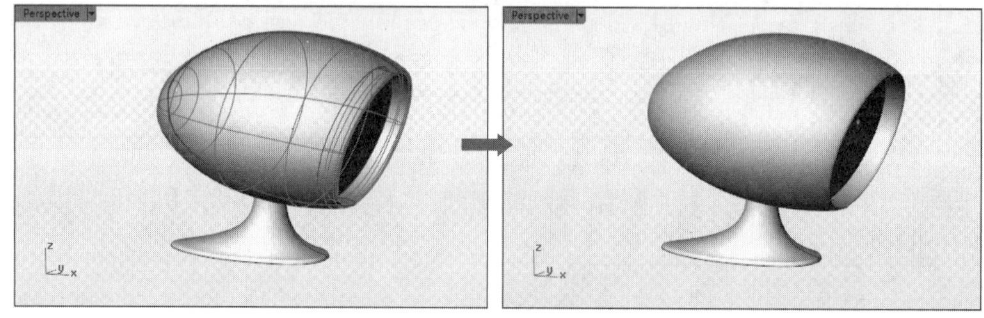

图9-59 建立的扫掠曲面

07保存结果。

9.4 以图片灰阶高度

使用该工具可以参考图片的灰阶数值建立NURBS曲面。

单击【以图片灰阶高度】按钮，选择所需参考的图片后，按Enter键或右击确认结束，即可得到类似山峦的曲面，如图9-60所示。

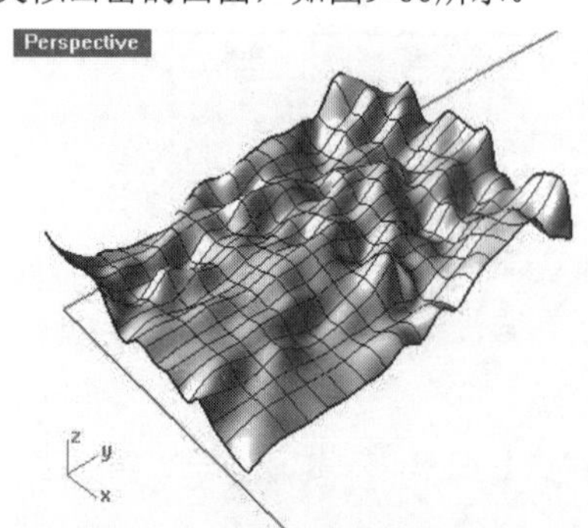

图9-60 以图片灰阶高度建立曲面

9.5 在物件表面产生布帘曲面

使用该工具可以将矩形的点物件阵列往使用中工作平面的方向投影到物件上，以投影到物件上的点作为曲面的控制点建立曲面。

如图9-61所示为建立布帘曲面的范例。

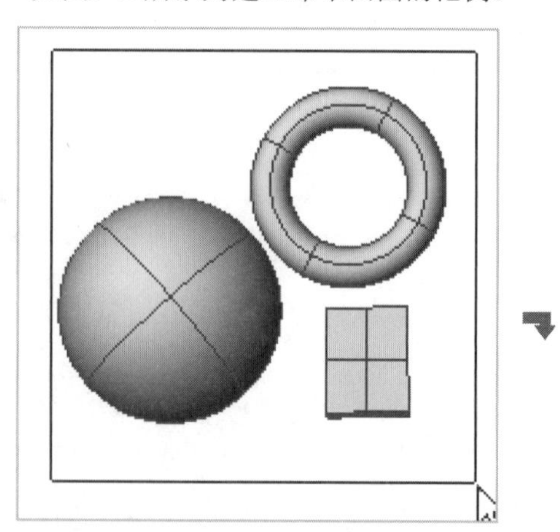

框选要遮盖的对象

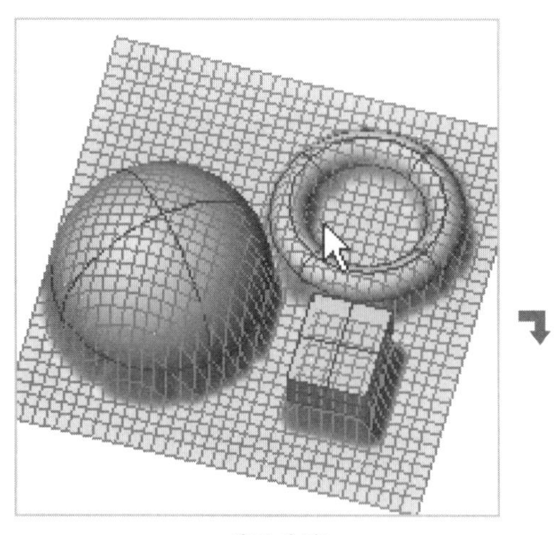

产生布帘

旋转视窗

图9-61　建立布帘曲面

技术要点：布帘曲面的范围跟框选的边框大小直接相关。

9.6 实战案例——制作兔兔儿童早教机模型

引入文件：动手操作\源文件\Ch09\儿童早教机\Fr0ont.jpg

结果文件：动手操作\结果文件\Ch09\儿童早教机.3dm

视频文件：视频\Ch09\儿童早教机制作.avi

兔兔儿童早教机如图9-62所示，整个造型以兔兔为主，重点关注一些细节的制作。儿童早教机建模首先需要导入背景图片作为参考，创建出整体曲面，然后依次设计细节，最终将它们整合到一起。

图9-62　兔兔儿童早教机

9.6.1 添加背景图片

在创建模型之初，需要将参考图片导入对应的视图中。由于儿童早教机的各个面都不同，因此需要添加更多的正交视图来导入图片。

01新建Rhino文件。

02切换到Front视图，在菜单栏中执行【查看】|【背景图】|【放置】命令，在任意位置放入模型Front图片，如图9-63所示。

图9-63　放置图片

技术要点：图片的第一角点是任意点，第二角点无须确定，在命令行中输入T，按Enter键即可。也就是以1:1的比例放置图片。

03在菜单栏中执行【查看】|【背景图】|【移动】命令，将兔兔头顶中间移动到坐标系（0,0）位置，如图9-64所示。

04切换到Right视图。在菜单栏中执行【查看】|【背景图】|【放置】命令，在任意位置放入模型Right图片，然后将其移动，如图9-65所示。

图9-64　移动图片

> **技术要点**：此图与Front图片缩放比例是相同的。

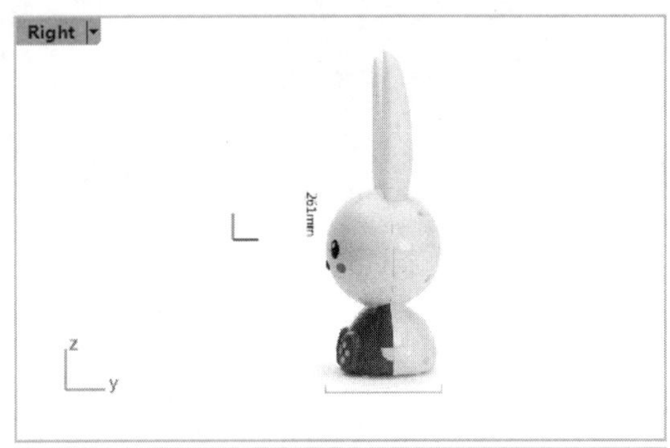

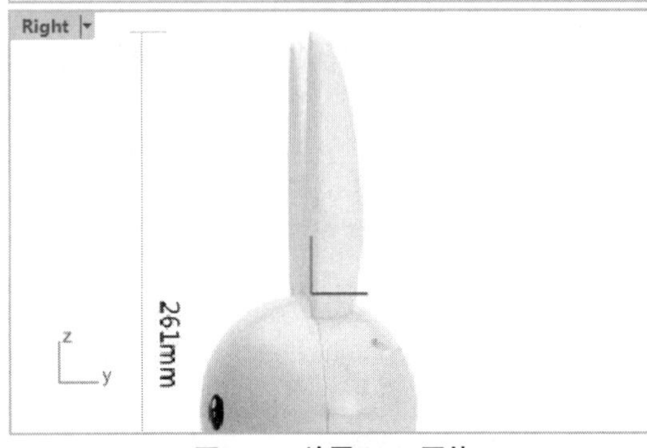

图9-65　放置Right图片

05放置的两张图片都不是很正的视图，稍微有些斜。造型时绘制大概轮廓即可。

9.6.2　建立兔头模型

1. 创建头部主体

01在【曲线工具】标签下左边栏中单击【单一直线】按钮，如图9-66所示。

02单击【椭圆】工具列中的【从中心点】按钮，捕捉单一直线的中点，绘制一个椭圆，如图9-67所示。

03在Right视窗中绘制一个圆，如图9-68所示。

04在菜单栏中执行【实体】|【椭圆体】|【从中心点】命令，然后在Front视窗中确定中心点、第一轴终点及第二轴终点，如图9-69所示。

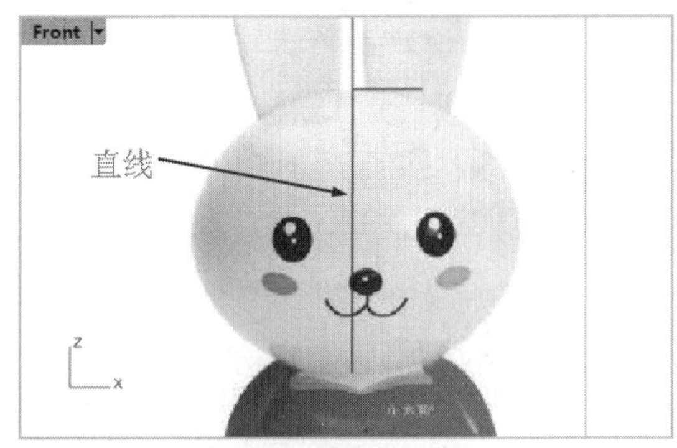

图9-66　绘制单一直线

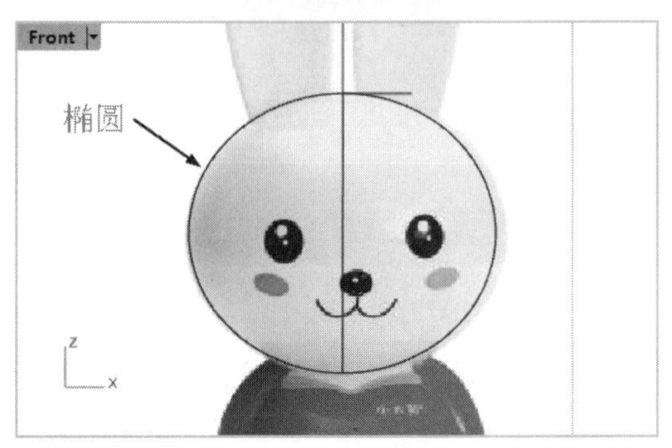

图9-67　绘制椭圆

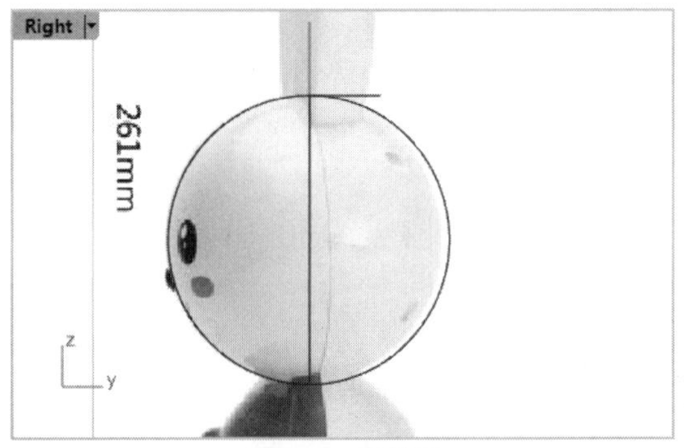

图9-68　绘制圆

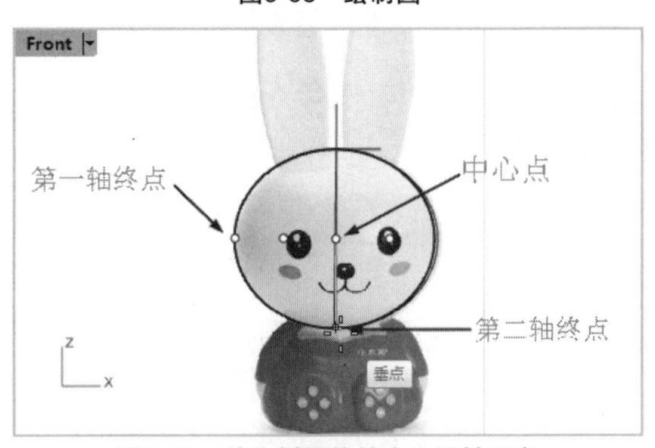

图9-69　确定椭圆体的中心及轴端点

05接着在Right视窗中捕捉第三轴终点，如图9-70所示。单击或按Enter键，完成椭圆体的创建。

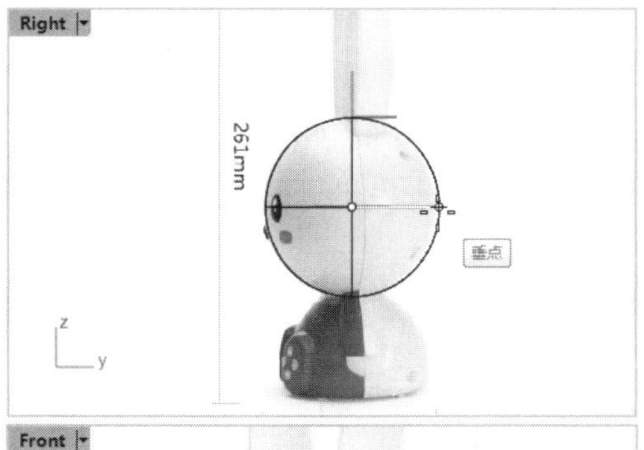

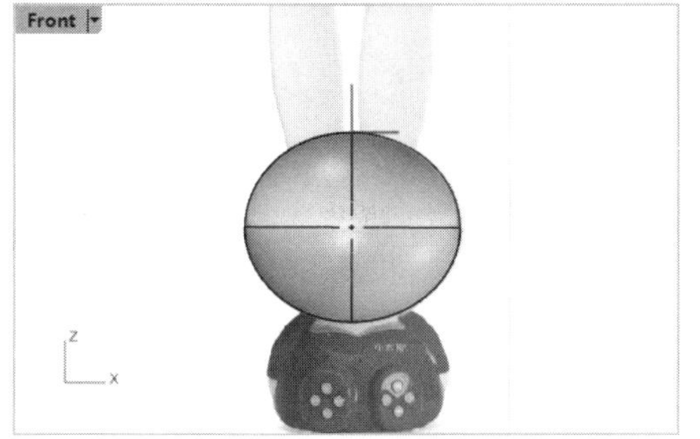

图9-70　指定第三轴终点并创建椭圆体

2. 创建耳朵

01在Front视窗利用【内插点曲线】工具，参考图片绘制耳朵的正面轮廓，如图9-71所示。

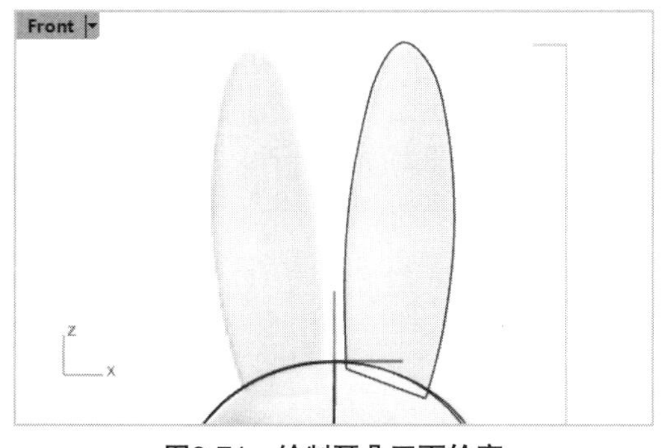

图9-71　绘制耳朵正面轮廓

02利用【控制点曲线】工具，在耳朵轮廓中间位置继续绘制内插点曲线，如图9-72所示。

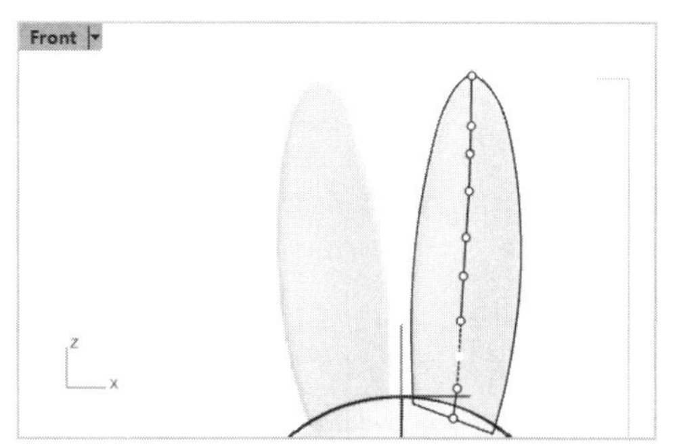

图9-72　绘制中间的控制点曲线

03在Right视窗中，参考图片拖动中间这条曲线的控制点，跟耳朵后背轮廓重合，如图9-73所示。

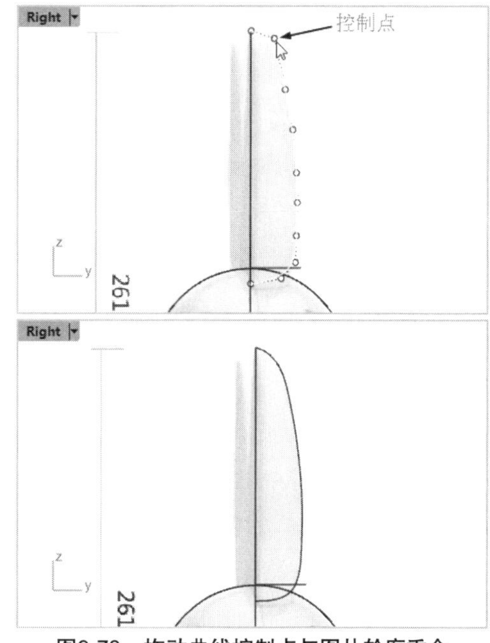

图9-73　拖动曲线控制点与图片轮廓重合

04在左边栏单击【分割】按钮，选取内插点曲线作为要分割的对象，按Enter键后选取中间的控制点曲线作为切割用物件，再按Enter键完成内插点曲线的分割，如图9-74所示。

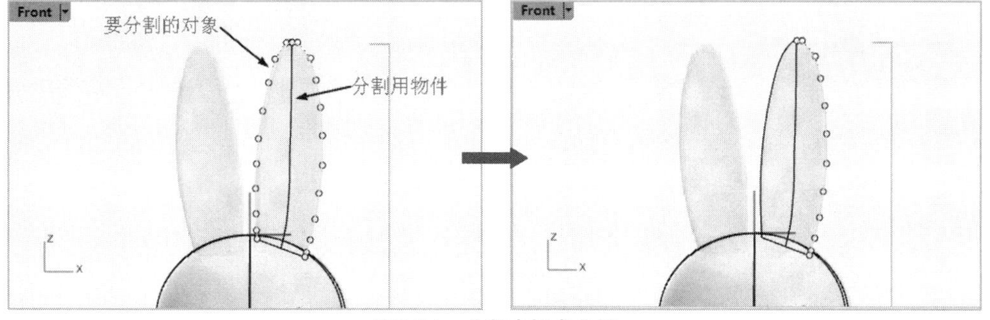

图9-74　分割内插点曲线

技术要点：分割内插点曲线后，最好利用【衔接曲线】工具重新衔接一下两条曲线，避免因尖角的产生导致后面无法创建圆角。

05利用【控制点曲线】工具，在Top视窗绘制如图9-75所示的曲线，然后到Front视窗中调整控制点，结果如图9-76所示。

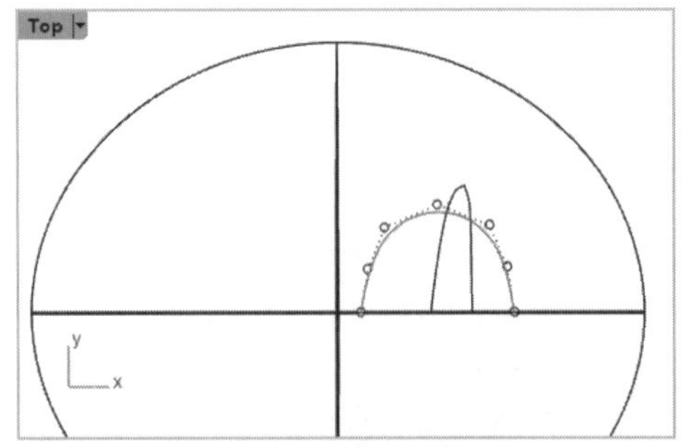

图9-75　绘制控制点曲线

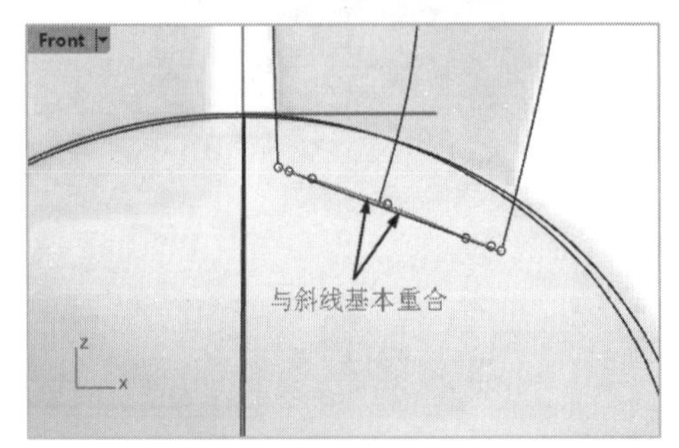

图9-76　调整曲线控制点

06在Right视窗中调整耳朵后背的曲线端点，如图9-77所示。

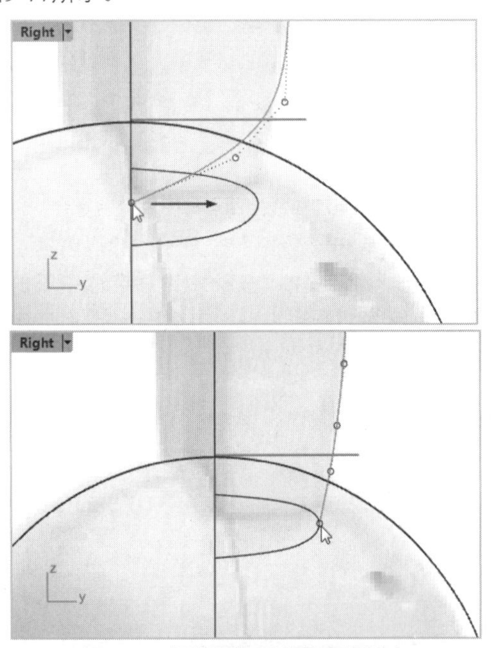

图9-77　调整耳朵后背轮廓线端点

技术要点：在连接线端点时，要在状态栏开启【物件锁点】功能，但不要勾选【投影】锁点选项。

07在【曲面工具】标签下左边栏中单击【从网线建立曲面】按钮，框选耳朵的内插点曲线和控制点曲线，如图9-78所示。接着依次选取第一方向的3条曲线，如图9-79所示。

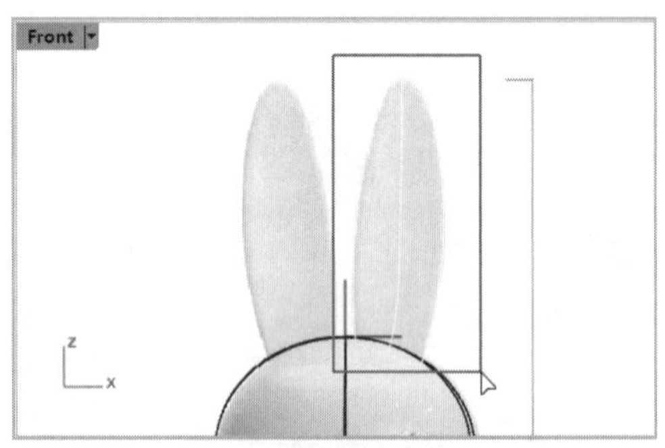

图9-78　框选耳朵曲线

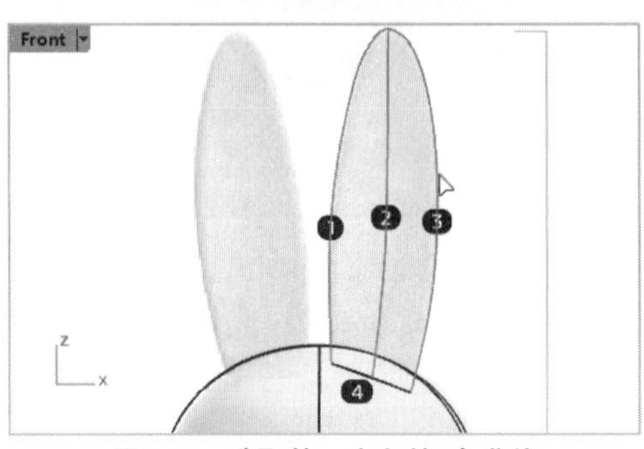

图9-79　选取第一方向的3条曲线

08按Enter键确认后再选取第二方向的1条曲线（编号4），如图9-80所示。最后按Enter键完成网格曲面的创建，如图9-81所示。

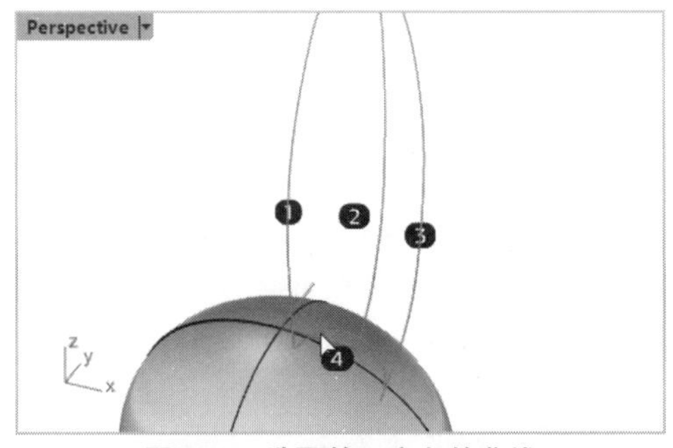

图9-80　选取第二方向的曲线

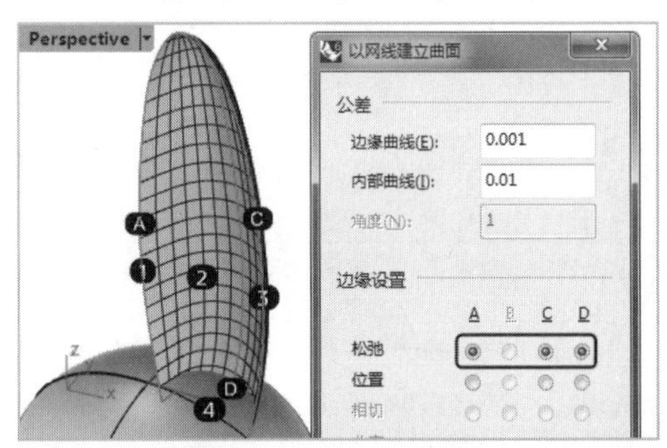

图9-81　创建网格曲面

09利用【二、三或四个边缘曲线建立曲面】工具，分别创建如图9-82所示的两个曲面。

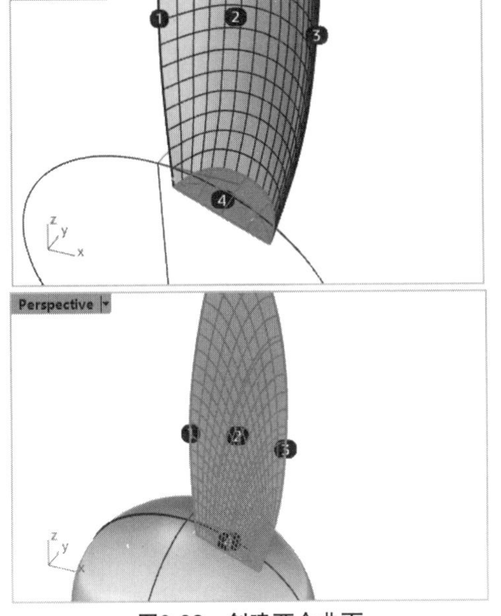

图9-82　创建两个曲面

10利用左边栏的【组合】工具将一个网格曲面和二个边缘曲面组合。

11利用【边缘圆角】工具创建半径为1的圆角，如图9-83所示。

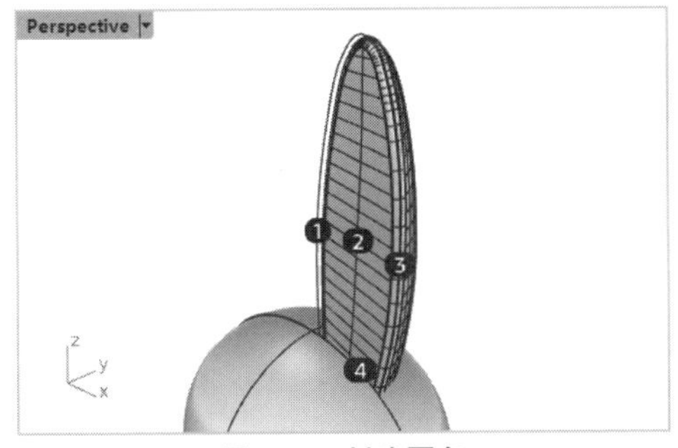

图9-83　创建圆角

12在【变动】标签下单击【变形控制器编辑】按钮，选取前面进行组合的曲面作为受控物件，如图9-84所示。

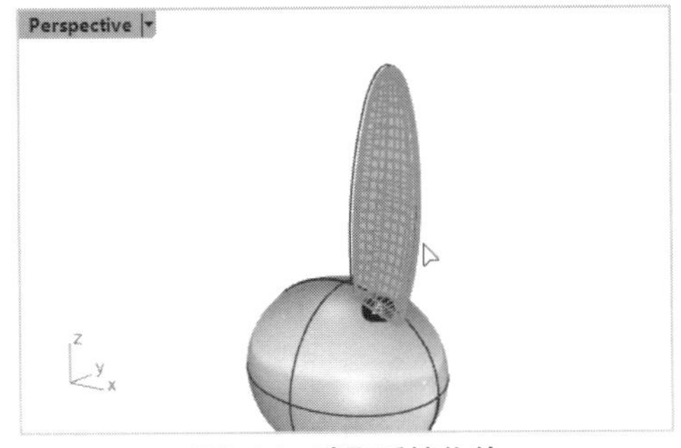

图9-84　选取受控物件

13按Enter键后在命令行中选择【边框方块（B）】选项，接着按 Enter键确认世界坐标系，再按 Enter键确认变形控制器参数。在命令行中选择【要编辑的范围】为【局部】选项，紧跟着按Enter键确认衰减距离（确认默认值），视窗中显示可编辑的方块控制框，如图9-85所示。

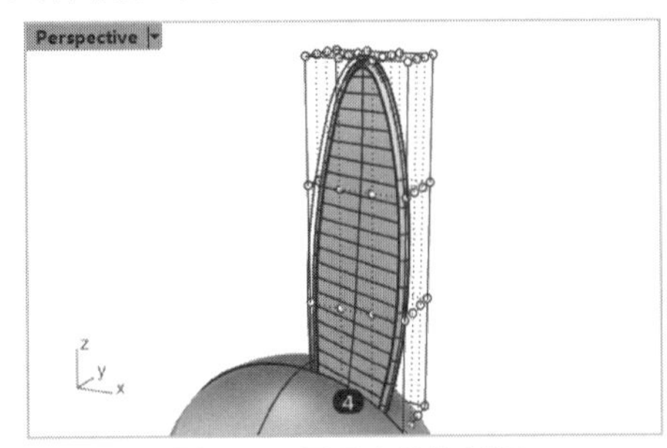

图9-85　显示方块控制框

14关闭状态栏中的【物件锁点】选项。按住Shift键在Front视窗中选取中间的4个控制点，如图9-86所示。

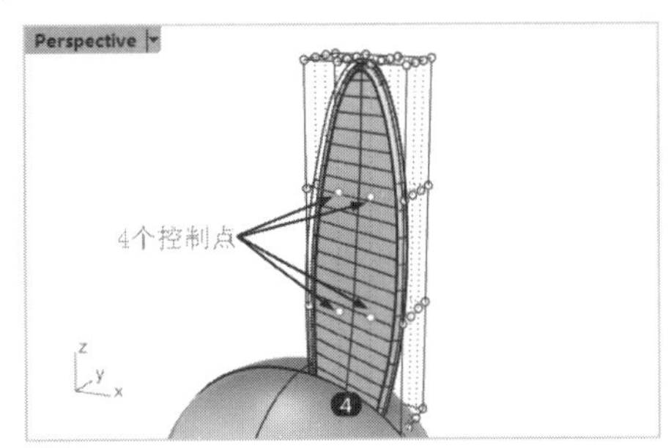

图9-86　选取控制框中间的4个控制点

15在Top视窗中拖动控制点，以此改变该侧曲面的形状，如图9-87所示。

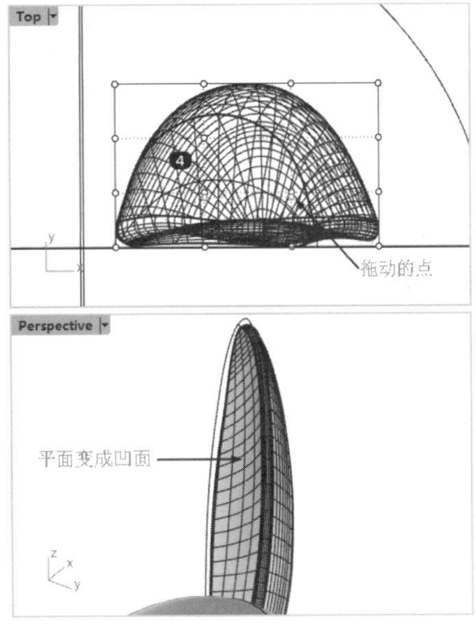

图9-87　拖动控制点改变曲面形状

16利用【镜像】工具将耳朵镜像复制到Y轴的对称侧，如图9-88所示。

17利用【组合】工具将耳朵与头部组合，然后创建半径为1的圆角，如图9-89所示。

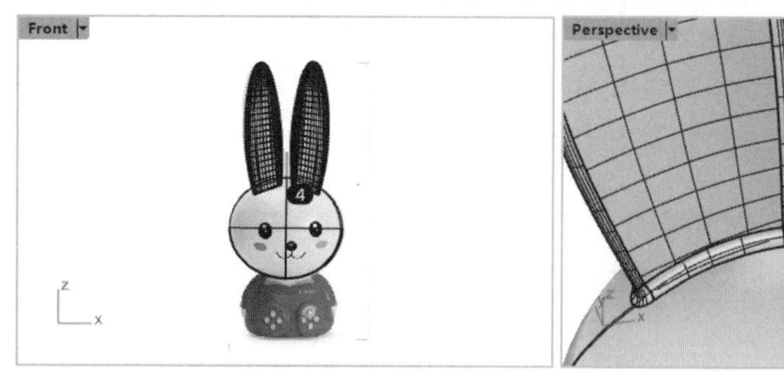

图9-88　镜像复制耳朵

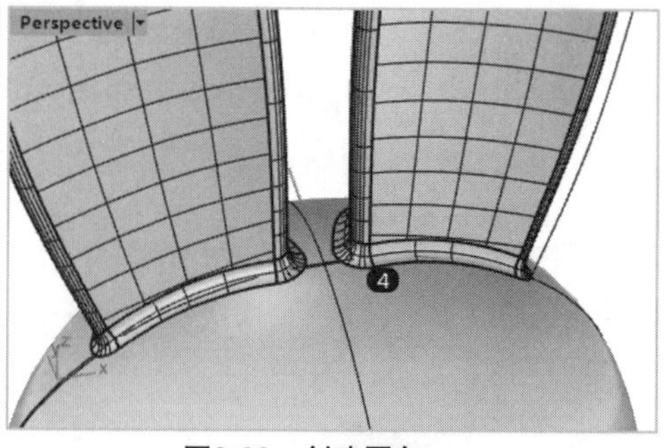

图9-89　创建圆角

3. 创建眼睛与鼻子

01在菜单栏中执行【查看】|【背景图】|【移动】命令，将Front视窗中的图片稍微向左平移，如图9-90所示。

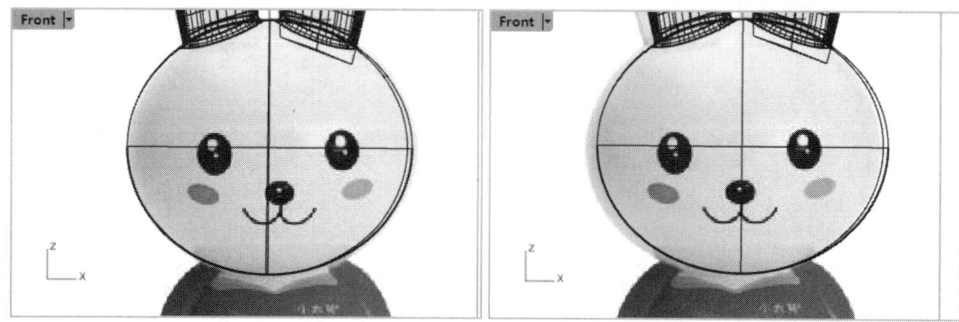

图9-90　向左平移图片

02在Front视窗中创建一个椭圆体作为眼睛，如图9-91所示。

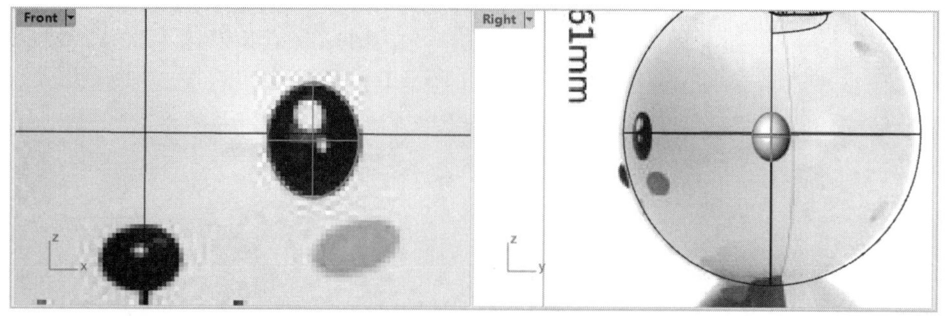

图9-91　创建椭圆体

03在Right视窗中，利用【变动】标签下的【移动】工具将椭圆体向左平移（为了保持水平平移，请按住Shift键辅助平移），平移时还需观察Perspective视窗中的椭圆体的位置情况，如图9-92所示。

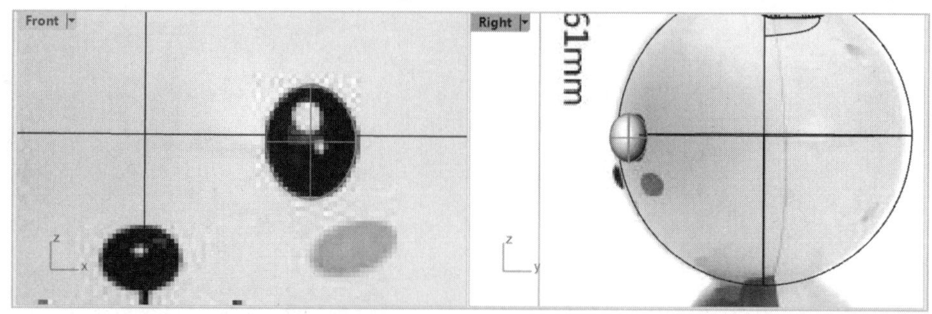

图9-92　向左平移椭圆体

04利用【镜像】工具将椭圆体镜像至Y轴的另一侧，如图9-93所示。

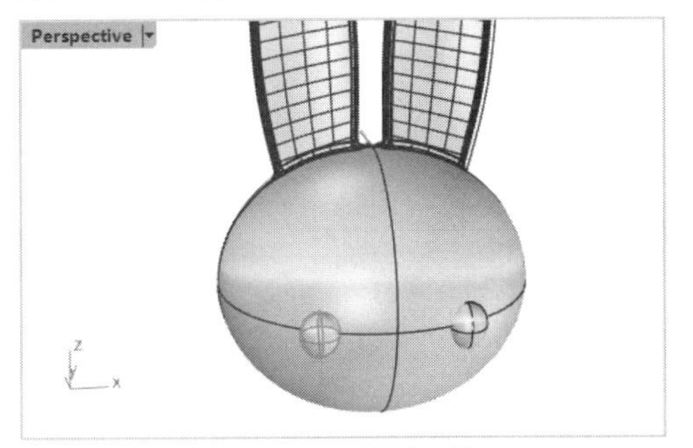

图9-93 镜像椭圆体

05同理，继续创建椭圆体作为鼻子，如图9-94所示。

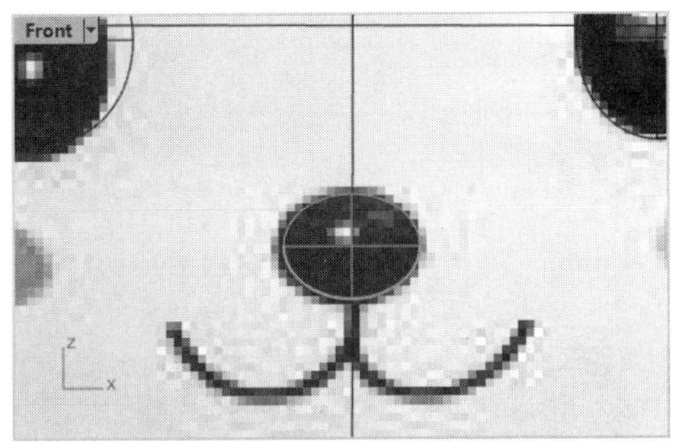

图9-94 创建椭圆体作为鼻子

06在Right视窗中将作为鼻子的椭圆体进行旋转，如图9-95所示，然后将其平移，如图9-96所示。

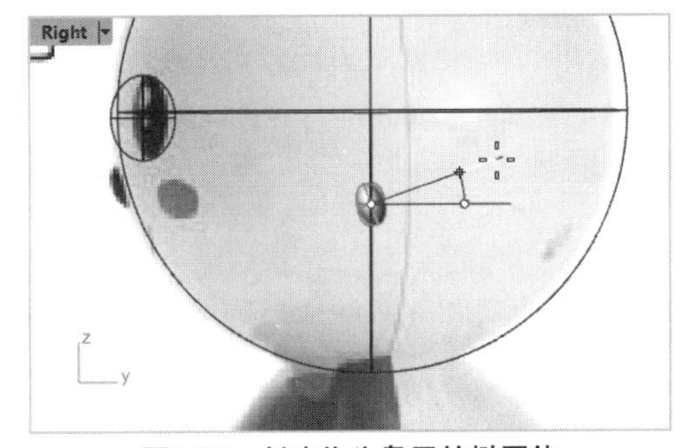

图9-95 创建作为鼻子的椭圆体

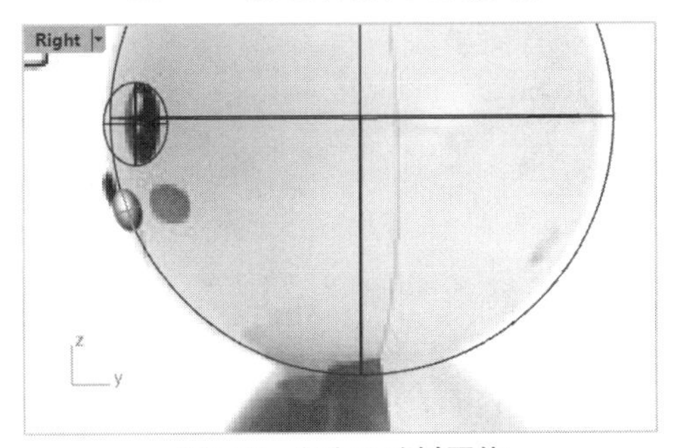

图9-96 向左平移椭圆体

07利用【实体工具】标签中的【布尔运算联集】工具，将眼睛、鼻子及头部主体进行布尔求和运算，形成整体。

> **技术要点：**至此，已形成整体，如何给眼睛、鼻子等添加材质并完成渲染呢？其实，渲染前可以利用【实体工具】标签中的【抽离曲面】工具，将不同材质的部分曲面抽离出来，即可单独赋予材质。

08利用【控制点曲线】工具在Front视窗中绘制如图9-97所示的3条曲线。绘制或利用【投影曲线】工具将其投影到头部曲面上。

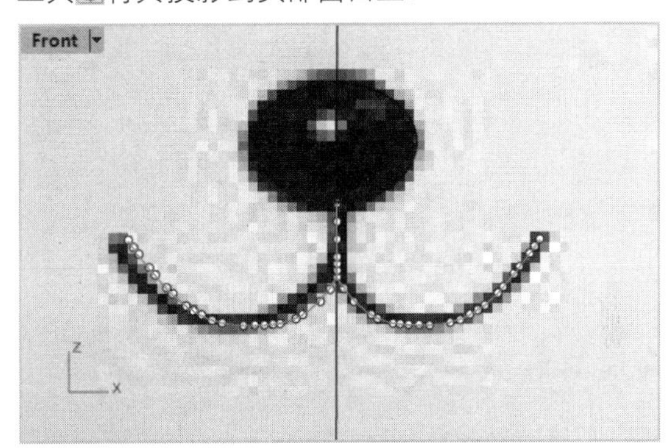

图9-97 绘制3条曲线

09在【曲面工具】标签下左边栏中单击【挤出】工具列中的【往曲面法线方向挤出曲面】按钮，选取其中的一条曲线向头部主体外挤出0.1的曲面，如图9-98所示。

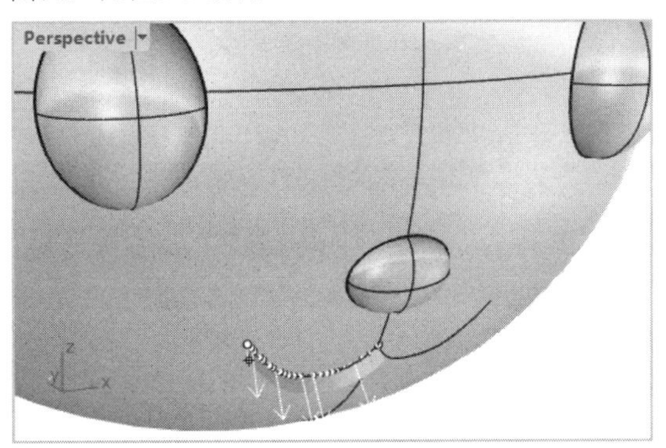

图9-98 往曲面法线方向挤出曲面

10同理，挤出另外两条曲线的基于曲面法线的曲面。

11利用【曲面工具】标签中的【偏移曲面】工具，选取3个法线曲面进行偏移（在命令行要选择【两侧=是】选项），创建如图9-99所示的偏移距离为0.15的偏移曲面。

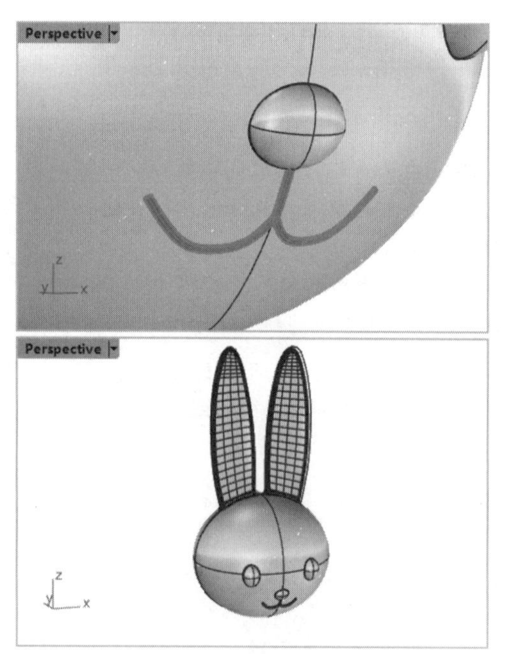

图9-99　创建偏移曲面

9.6.3　建立身体模型

1. 创建主体

01利用【单一直线】工具在Front视窗中绘制竖直线，如图9-100所示。

图9-100　绘制竖直线

02利用【控制点曲线】工具在Front视窗中绘制身体一半的曲线，如图9-101所示。

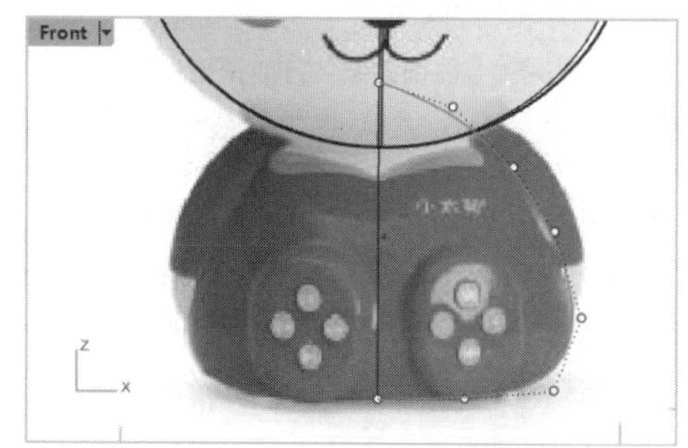

图9-101　绘制控制点曲线

03利用【曲面工具】标签下左边栏中的【旋转成型】工具，选取控制点曲线绕竖直线旋转360°，创建如图9-102所示的身体主体部分。

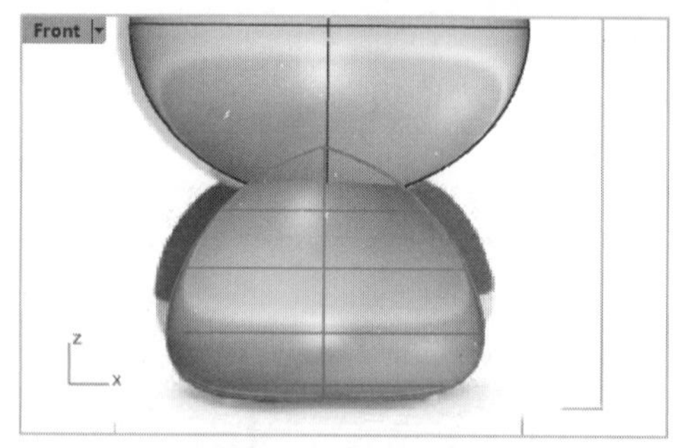

图9-102　旋转成型

2. 创建手臂

01选中身体部分及其轮廓线，再执行菜单栏中的【编辑】|【可见性】|【隐藏】命令，将其暂时隐藏。

02利用【控制点曲线】工具在Front视窗中绘制手臂的外轮廓曲线，如图9-103所示。

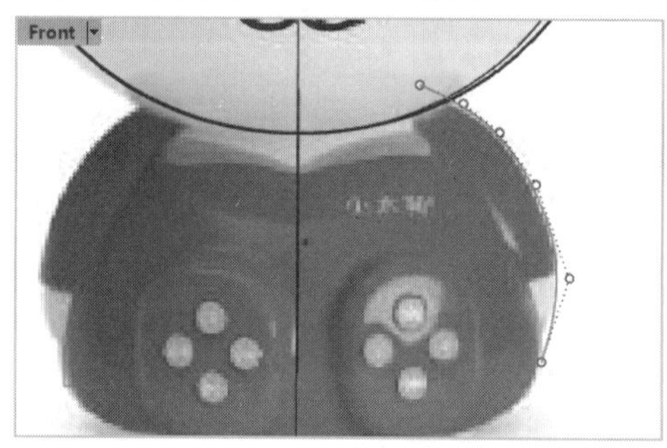

图9-103　绘制控制点曲线

03在Right视窗中平移图片，如图9-104所示。

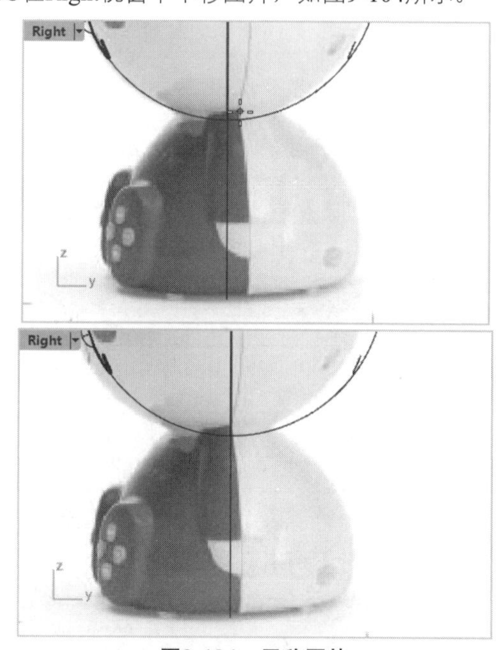

图9-104　平移图片

04利用【控制点曲线】工具在Right视窗中绘制手臂的外轮廓曲线，如图9-105所示。

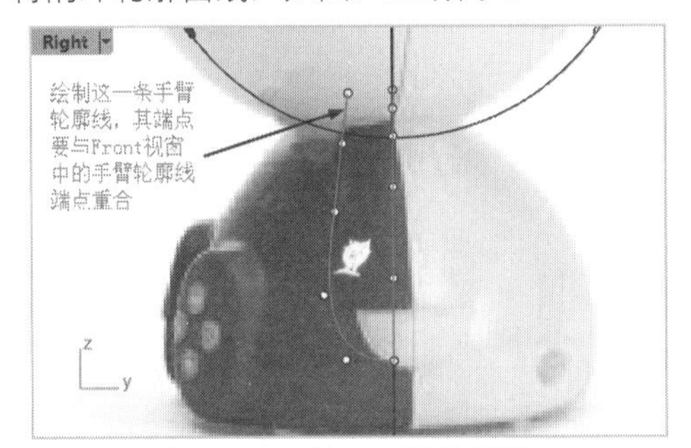

图9-105　绘制手臂轮廓线

05到Front视窗调整曲线的控制点位置（移动控制点时请关闭【物件锁点】），如图9-106所示。

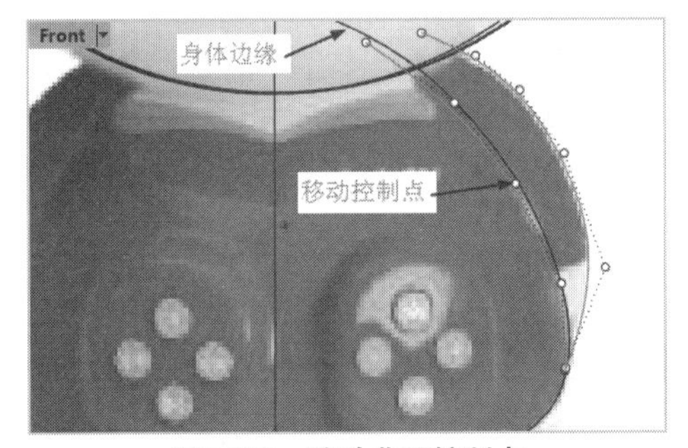

图9-106　移动曲面控制点

06将移动控制点后的曲线进行镜像（镜像时开启【物件锁点】），如图9-107所示。

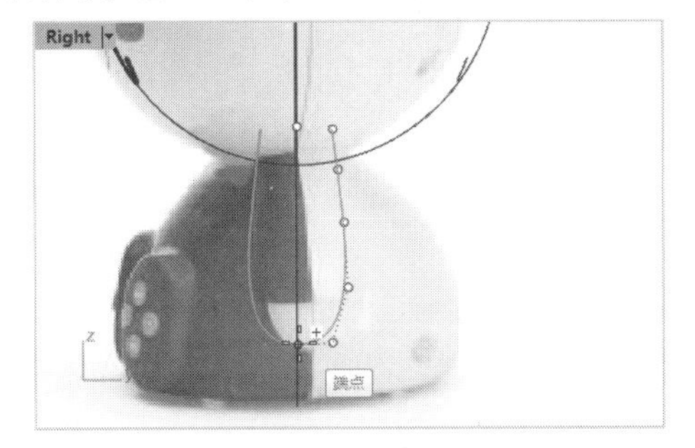

图9-107　镜像曲线

07利用【内插点曲线】工具，仅勾选状态栏的【物件锁点】选项中的【端点】与【最近点】，在Right视窗中绘制3条内插点曲线，如图9-108所示。

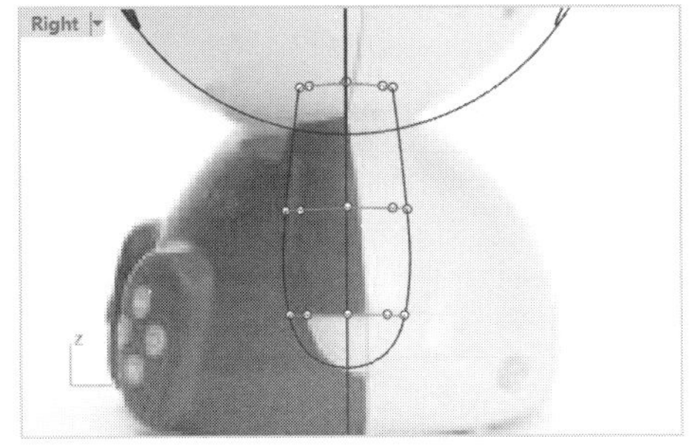

图9-108　绘制内插点曲线

08利用【曲面工具】标签下左边栏的【从网线建立曲面】工具，依次选择6条曲线来创建网格曲面，如图9-109所示。

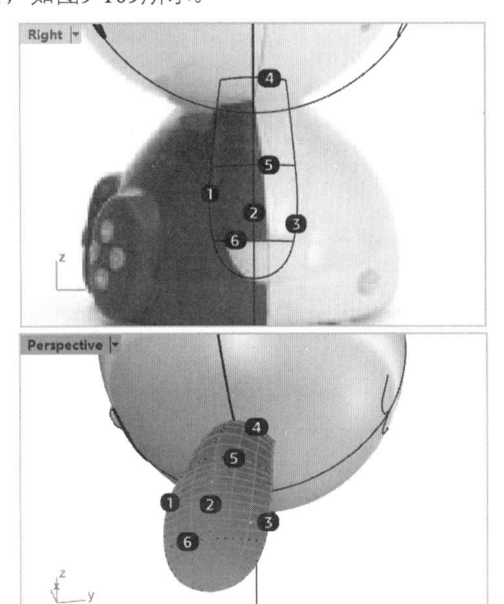

图9-109　创建网格曲面

09利用【单一直线】工具补画一条直线，如图9-110所示。再利用【以二、三或四个边缘曲线建立曲面】工具创建两个曲面，如图9-111所示。

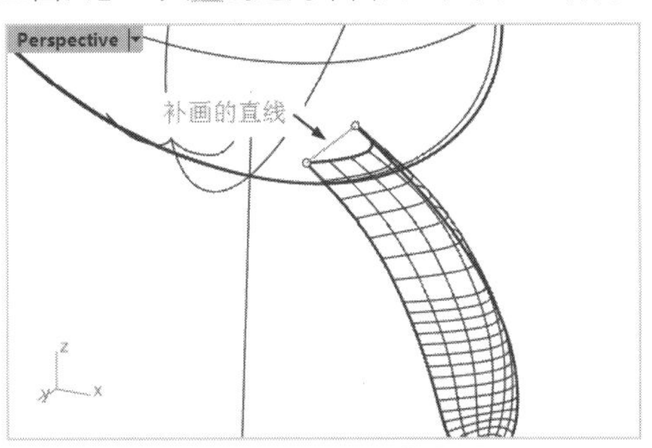

图9-110　绘制直线

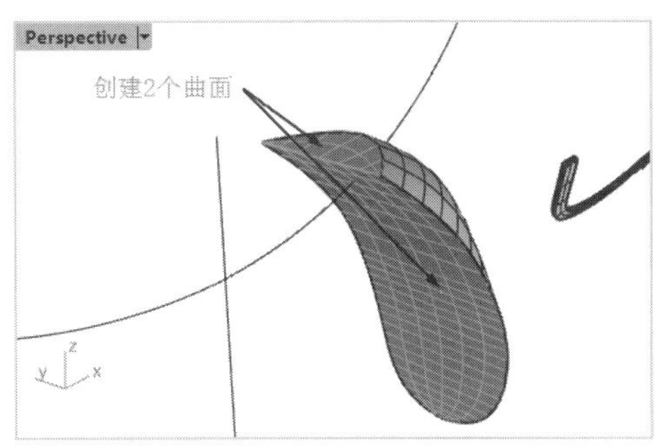

图9-111　创建两个曲面

10利用【组合】工具将组成手臂的3个曲面组合成封闭曲面。

11在菜单栏中执行【查看】|【可见性】|【显

示】命令，显示隐藏的身体主体部分。利用【镜像】工具在Top视窗中将手臂镜像至Y轴的另一侧，如图9-112所示。

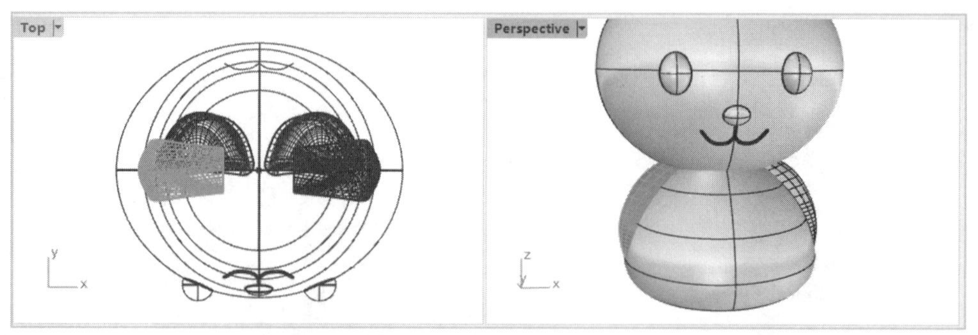

图9-112　镜像手臂曲面

12再利用【布尔运算联集】工具将手臂、身体及头部合并。

9.6.4　建立兔脚模型

01在Front视窗中移动背景图片，使两只脚位于中线的两侧，形成对称，如图9-113所示。

> **技术要点：** 可以绘制连接两只脚的直线作为对称参考。移动时，捕捉到该直线的中点，将其水平移动到中线上即可。

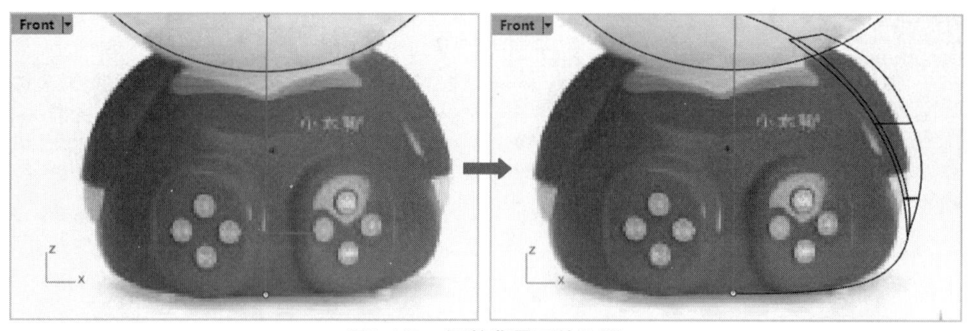

图9-113　调整背景图片位置

02绘制兔脚的外形轮廓曲线，如图9-114所示。

> **技术要点：** 可以适当调整下面这段圆弧曲线的控制点位置。

03将绘制的曲线利用【投影曲线】工具投影到身体曲面上，如图9-115所示。

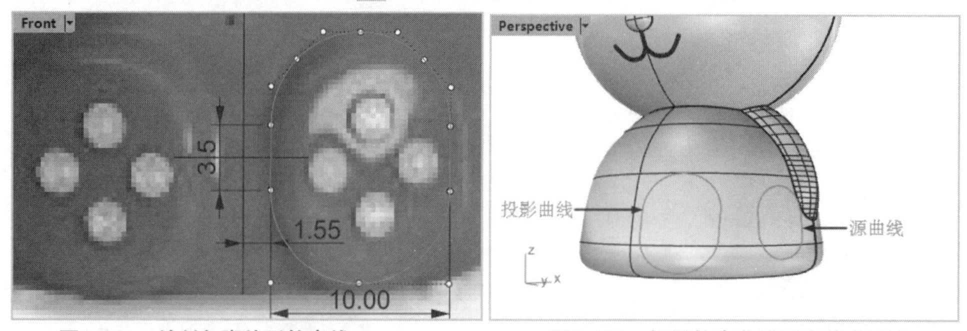

图9-114　绘制兔脚外形轮廓线　　图9-115　投影轮廓曲线到身体曲面上

04利用左边栏的【分割】工具，用投影曲线分割身体曲面，如图9-116所示。

05利用【实体工具】标签下左边栏的【挤出建立实体】工具列中的【挤出曲面成锥状】工具，选取分割出来的脚曲面，创建挤出实体。挤出的方向在Top视窗中进行指定，如图9-117所示。

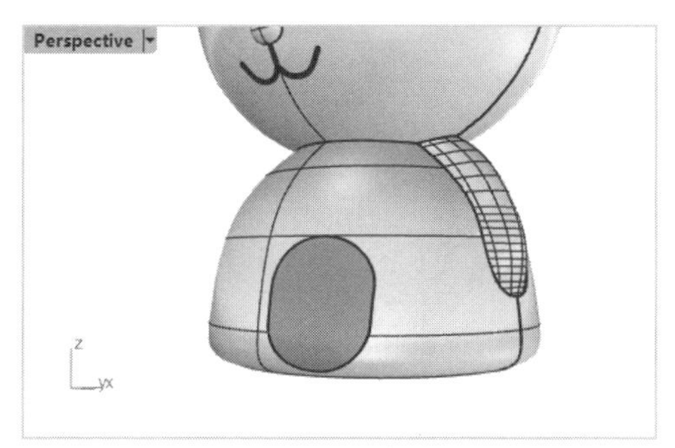

图9-116 分割出脚曲面

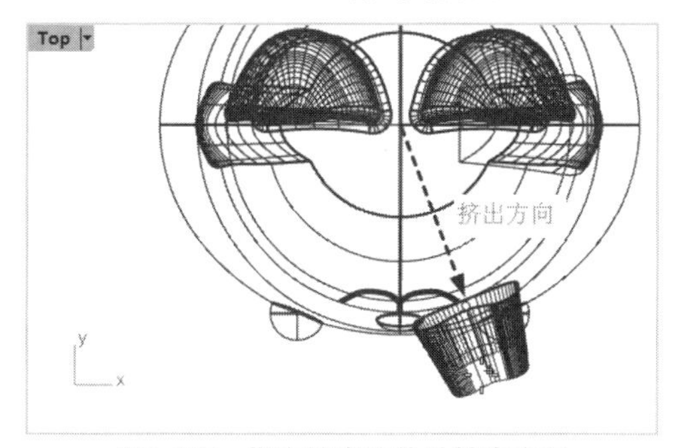

图9-117 指定挤出实体的挤出方向

技术要点：指定挤出方向时，先开启【物件锁点】中的【投影】选项、【端点】选项、【中点】选项，接着在Right视窗中捕捉到一个点作为方向起点，如图9-118所示。捕捉到方向起点后临时关闭【投影】选项，再捕捉如图9-119所示的方向终点。

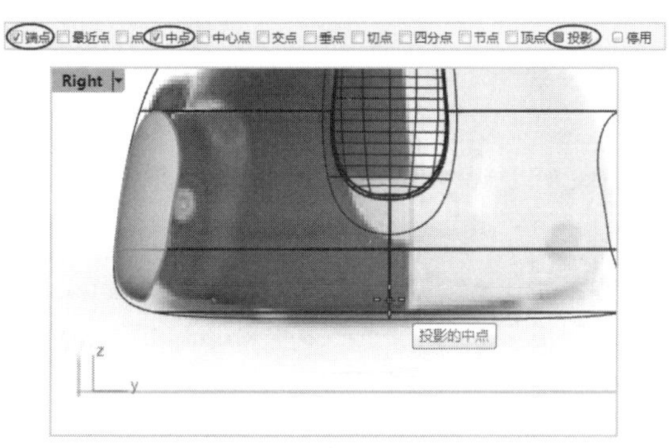

图9-118 捕捉方向起点

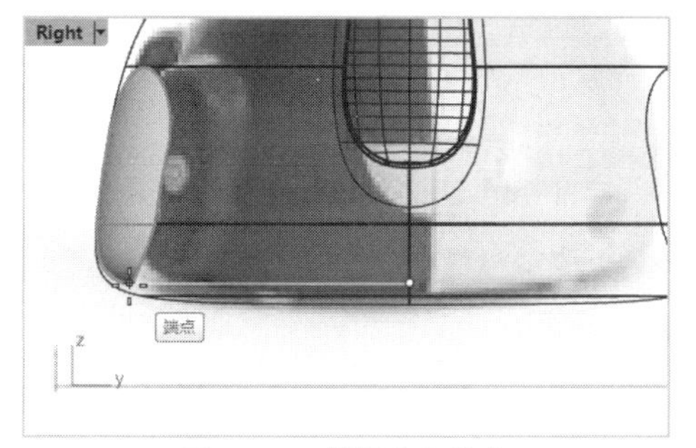

图9-119 捕捉方向终点

06在命令行中还要选择【反转角度】选项，并输入挤出深度为5，按Enter键后完成挤出曲面的创建，如图9-120所示。

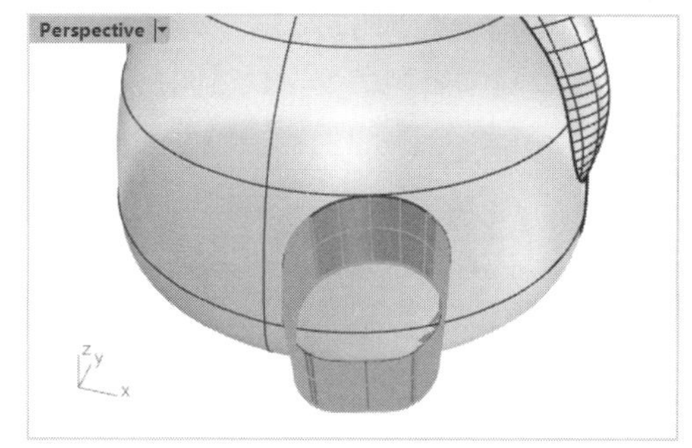

图9-120 创建挤出曲面

07在Top视窗中绘制两条直线（外面这条用【偏移曲线】工具），如图9-121所示。

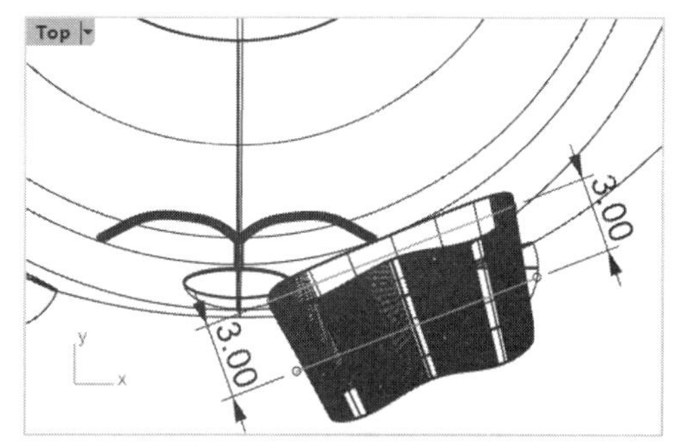

图9-121 绘制两条平行直线

08在【工作平面】标签下单击【设置工作平面与曲面垂直】按钮，在Perspective视窗中选取上一步骤绘制的曲线并捕捉其中点，将工作平面的原点放置于此，如图9-122所示。

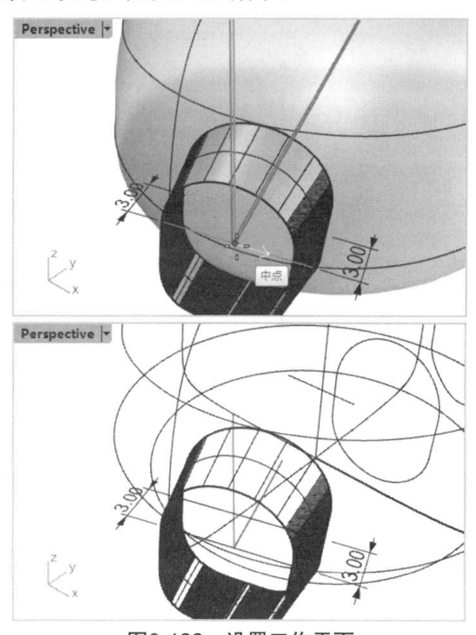

图9-122 设置工作平面

09激活Perspective视窗，在【设置视图】标签下单击【正对工作平面】按钮，切换为工作平面视图。然后绘制一段内插点曲线，此曲线第二点在工作平面原点上，如图9-123所示。

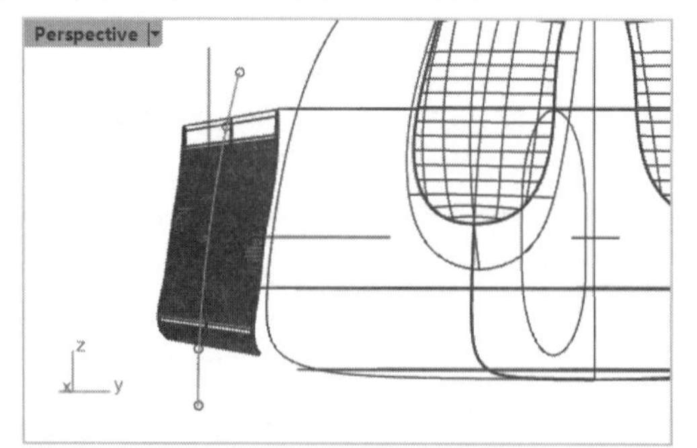

图9-123　绘制内插点曲线

10利用【曲面工具】标签下左边栏的【单轨扫掠】工具，选取上一步骤绘制的内插点曲线为路径、直线为端面曲线，创建扫掠曲面，如图9-124所示。

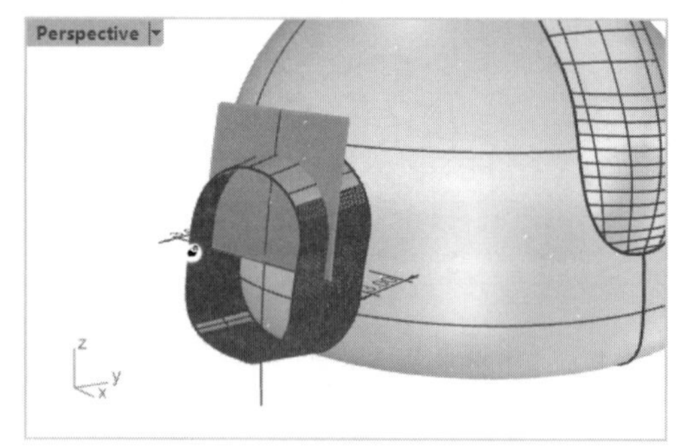

图9-124　创建单轨扫掠曲面

11同理，创建另一半的扫掠曲面，如图9-125所示。

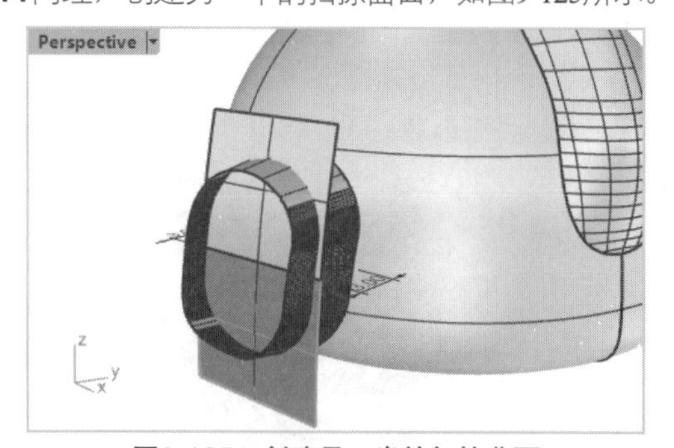

图9-125　创建另一半的扫掠曲面

12利用【修剪】工具选取扫掠曲面为“切割用物件”，再选取锥状挤出曲面为“要修剪的物件”，修剪结果如图9-126所示。

13同理，再次进行修剪操作，不过“要修剪的物件”与“切割用物件”正相反，修剪结果如图9-127所示。利用【组合】工具将锥状曲面和扫掠曲面组合。

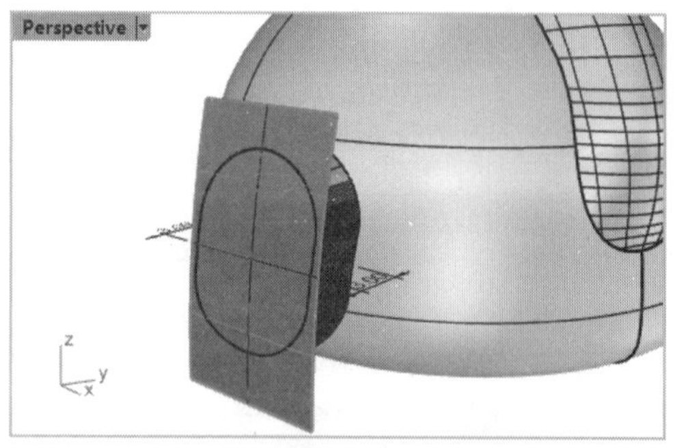

图9-126　修剪锥状挤出曲面

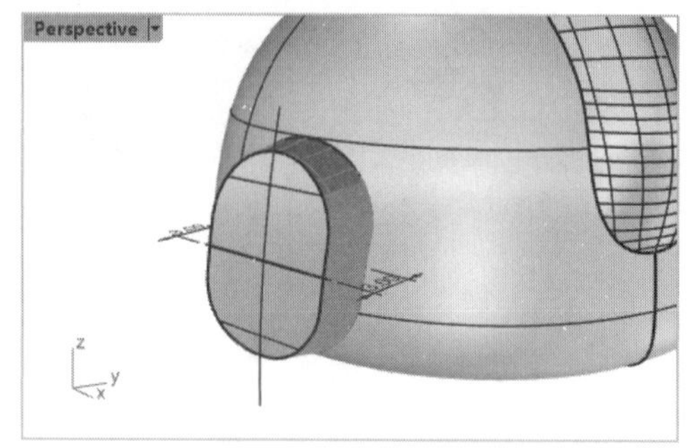

图9-127　修剪扫掠曲面

14利用【边缘圆角】工具选取组合后的封闭曲面的边缘，创建圆角半径为0.75的边缘圆角，如图9-128所示。

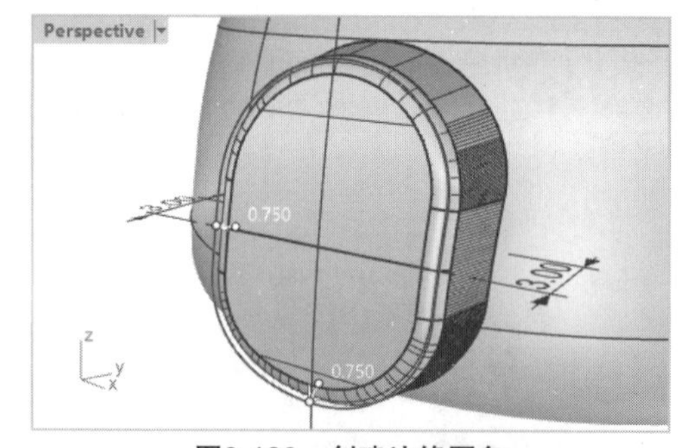

图9-128　创建边缘圆角

15在Front视窗绘制4个小圆，如图9-129所示。再利用【投影曲线】工具，在Front视窗中投影小圆到脚曲面上，如图9-130所示。

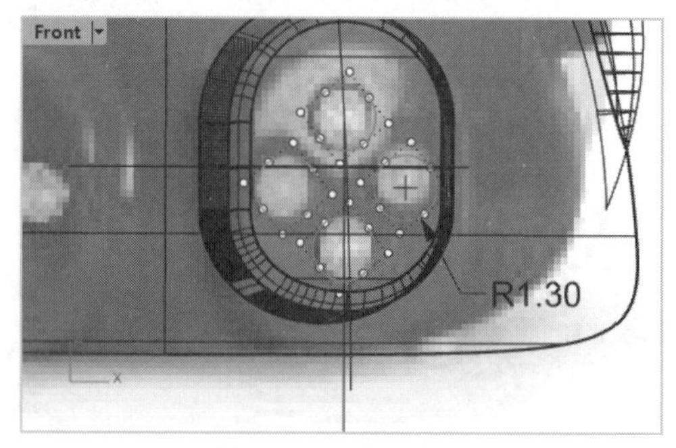

图9-129　绘制小圆

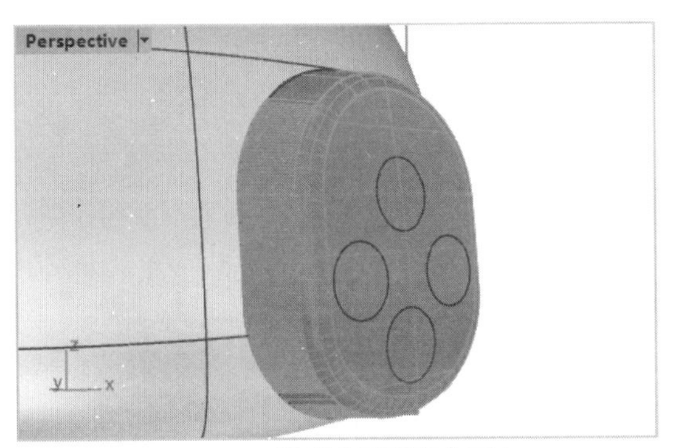

图9-130　投影小圆到脚曲面上

16利用【分割】工具用投影的小圆来分割脚曲面，如图9-131所示。

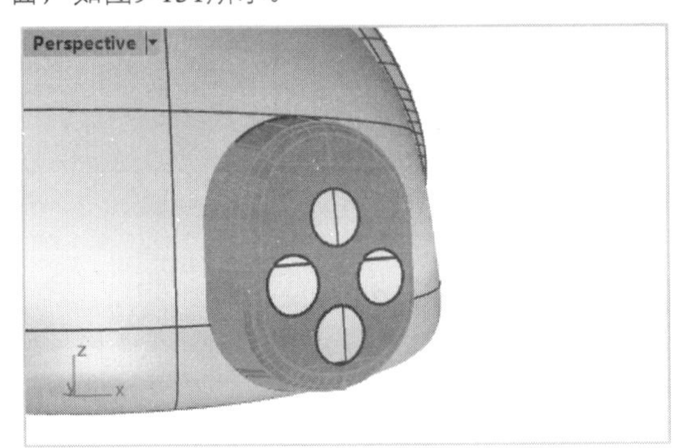

图9-131　分割脚曲面

17暂时将分割出来的小圆曲面隐藏，脚曲面上有4个小圆孔。利用【直线挤出】工具将脚曲面上圆孔曲线向身体内挤出-1，挤出方向与图9-120中的挤出曲面方向相同，创建的挤出曲面如图9-132所示。

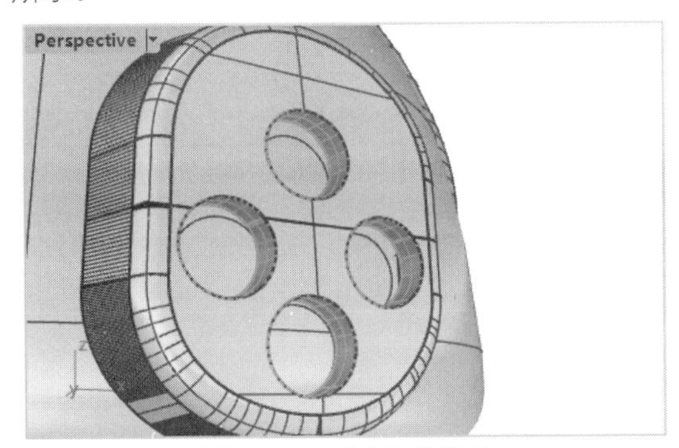

图9-132　创建挤出曲面

18利用【组合】工具将上一步骤创建的挤出曲面与脚曲面组合，再利用【边缘圆角】工具创建半径为0.1的圆角，如图9-133所示。

19利用【曲面工具】标签下左边栏的【嵌面】工具，依次创建4个嵌面，如图9-134所示。

20将暂时隐藏的4个小圆曲面显示，同理，用【挤出曲面】工具也创建出相同挤出方向的挤出曲面，向外的挤出长度为-1（向内挤出为1）。如图9-135所示。同样，在挤出曲面上创建半径为0.1的圆角，如图9-136所示。

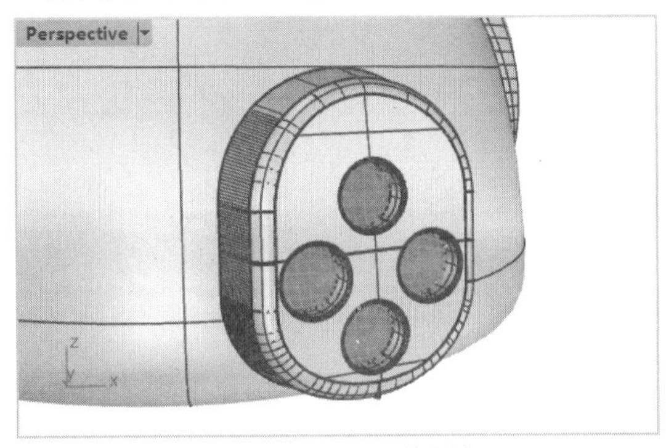

图9-133　创建边缘圆角

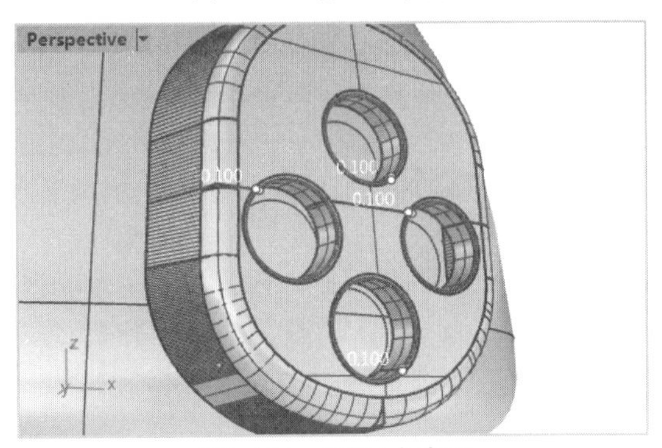

图9-134　创建4个嵌面

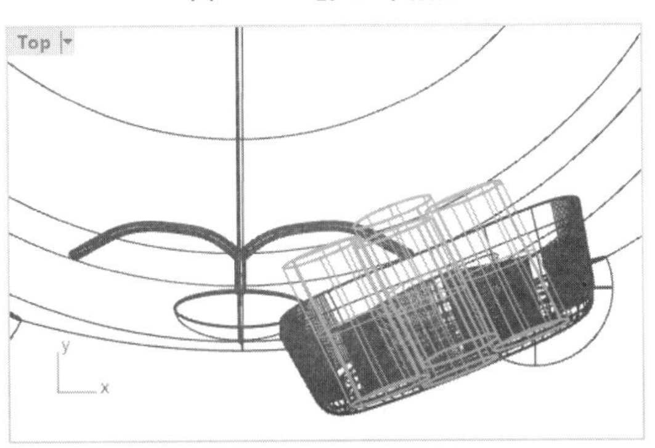

图9-135　创建挤出曲面

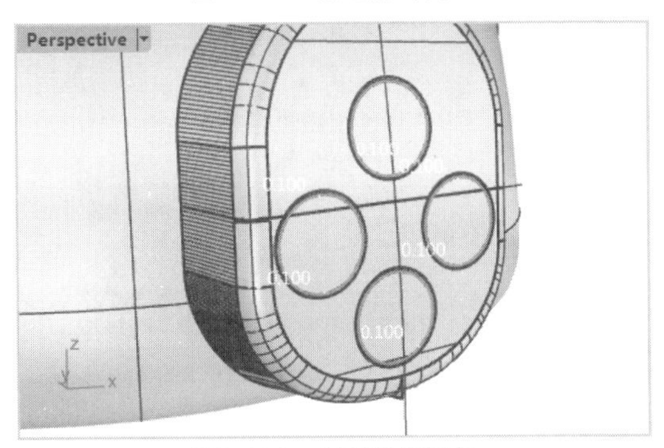

图9-136　创建边缘圆角

21利用【镜像】工具将整只脚所包含的曲面镜像至Y轴的另一侧，如图9-137所示。

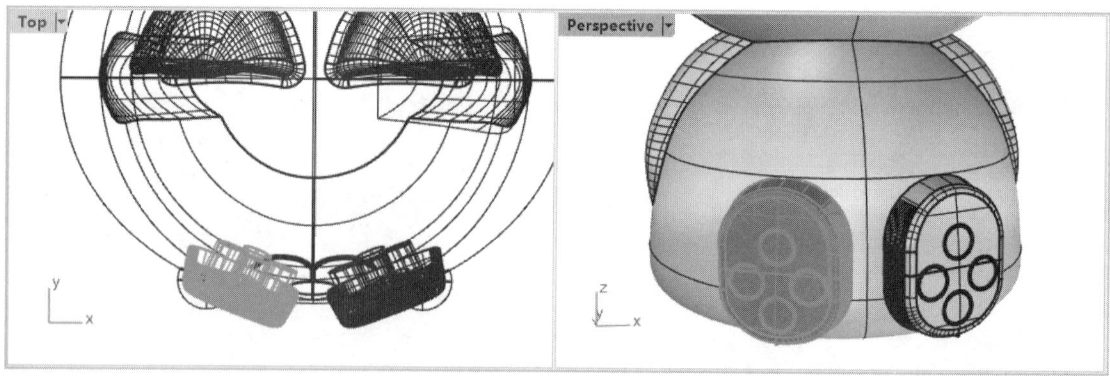

图9-137　镜像脚曲面

22利用【分割】工具选取脚曲面去分割身体曲面。

23利用【组合】工具将两边的脚曲面与身体曲面进行组合，得到整体曲面，如图9-138所示。

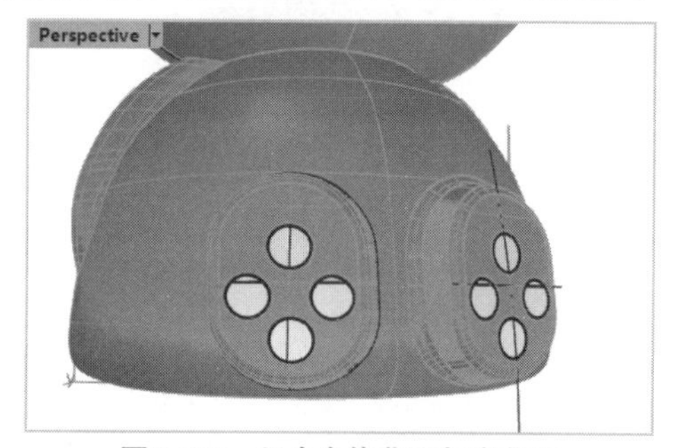

图9-138　组合身体曲面与脚曲面

24利用【边缘圆角】工具创建脚曲面与身体曲面之间的圆角，半径为1，如图9-139所示。

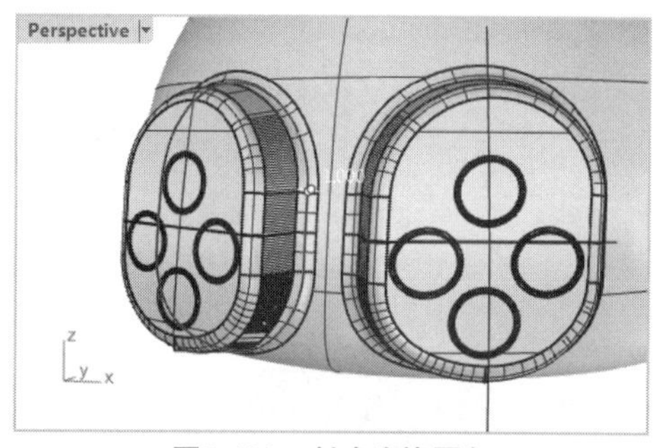

图9-139　创建边缘圆角

> **技术要点：**如果曲面与曲面之间不能组合，大多是因为曲面间存在缝隙、重叠或交叉。如果仅仅是缝隙，可以执行菜单栏中的【工具】|【选项】命令，打开【Rhino选项】对话框，设置绝对公差值即可（默认值0.0001改为0.1），如图9-140所示。

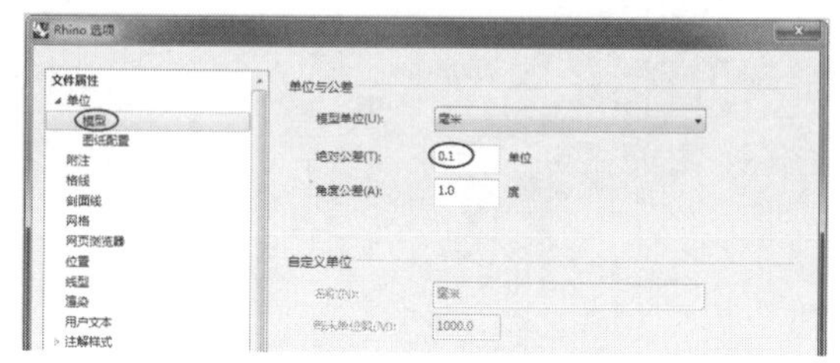

图9-140　组合公差的设置

25至此，已完成兔兔儿童早教机的建模工作。结果如图9-141所示。

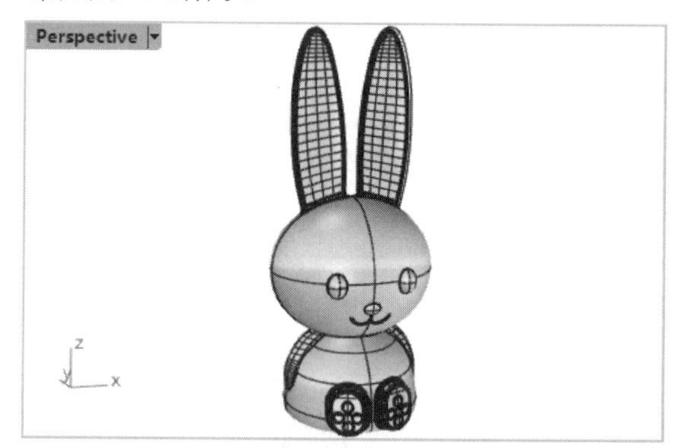

图9-141　创建完成的儿童早教机模型

9.7 课后练习

1. 制作方向盘

利用旋转成形、放样曲面、扫掠等工具，建立如图9-142所示的方向盘模型。方法是：打开完成的模型，然后把各视窗中的视图做成图片，最后导入参考图片再进行建模，完成建模后与原模型进行对比。

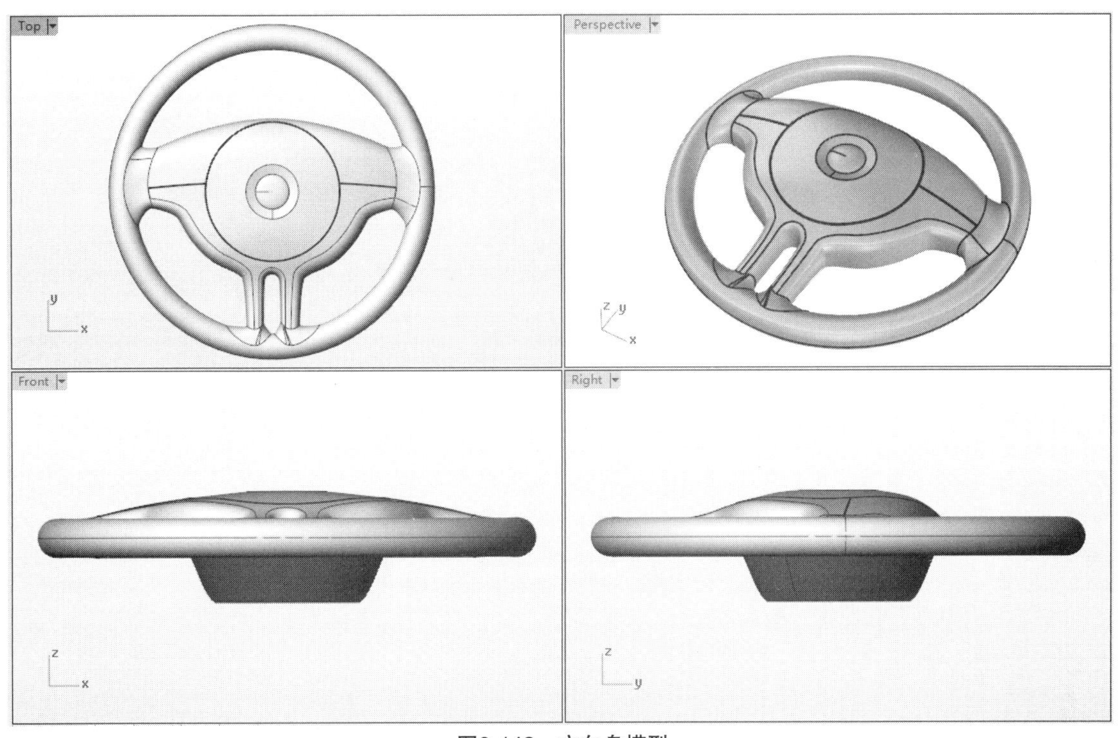

图9-142　方向盘模型

2. 花瓣盘子

利用曲线、从网线建立曲面、曲面偏移、阵列、曲线投影、单轨扫掠等工具，完成如图9-143所示的花瓣盘子模型。

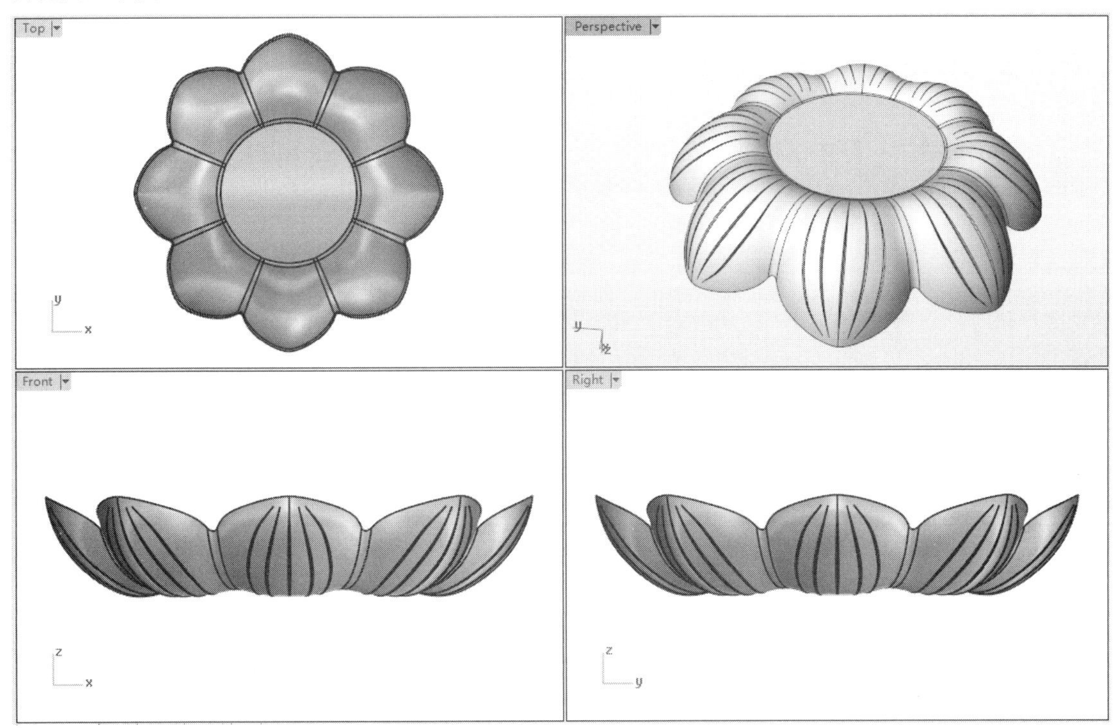

图9-143　花瓣盘子模型

10

第10章 曲面编辑

曲面操作是构建模型过程的重要组成部分，在Rhino软件中有多种曲面操作与编辑工具，可以根据需要进行调整，建立更加精确的高质量曲面。

本章主要介绍如何在Rhino中进行曲面的各种操作与编辑。这部分内容直接关系到模型构建的质量，希望读者认真学习、实践。

项目分解

- 曲面延伸
- 曲面倒角
- 曲面连接
- 曲面偏移
- 其他曲面编辑工具

10.1 曲面延伸

在Rhino中，曲面并不是固定不变的，也可以像曲线一样进行延伸。

动手操作——延伸曲面

在Rhino中，根据输入的延伸参数，延伸未修剪曲面。

01新建Rhino文件。打开本例素材源文件“曲面延伸.3dm”。

02在【曲面工具】标签下单击【延伸曲面】按钮，命令行中会有如下提示。

```
指令: _ExtendSrf
选取要延伸的曲面边缘 ( 型式(T)=直线 ):
```

有两种延伸型式，分别是直线和平滑，如图10-1所示。

- 直线：延伸时呈直线延伸，与原曲面之间位置连续。
- 平滑：延伸后与原曲面之间呈曲率连续。

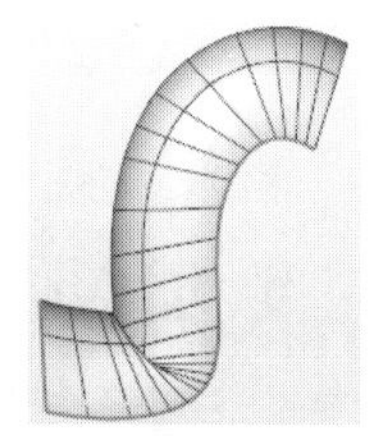
原曲面

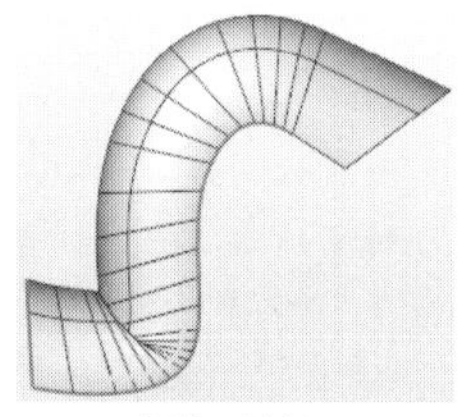
直线延伸

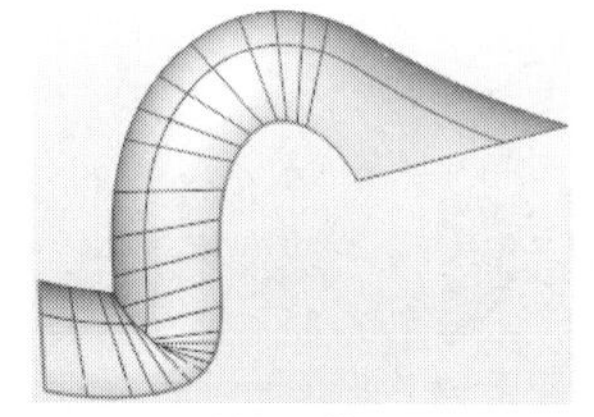
平滑延伸

图10-1 延伸型式

03以【直线】的型式，选取要延伸的曲面边缘，如图10-2所示。

04指定延伸起点和终点，如图10-3所示。

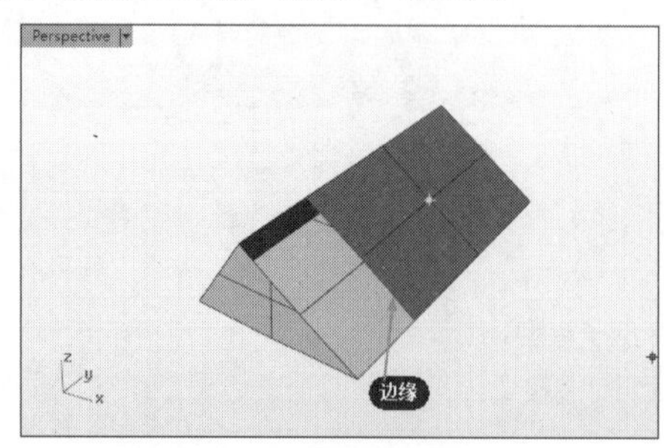

图10-2 选取曲面边缘

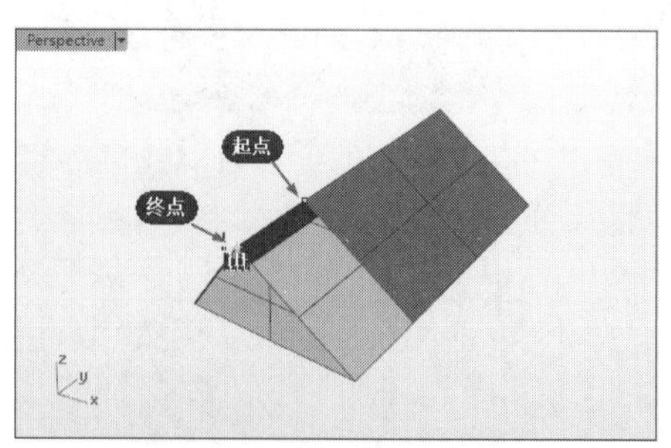

图10-3 指定延伸起点与终点

05随后自动完成延伸操作，建立的延伸曲面如图10-4所示。

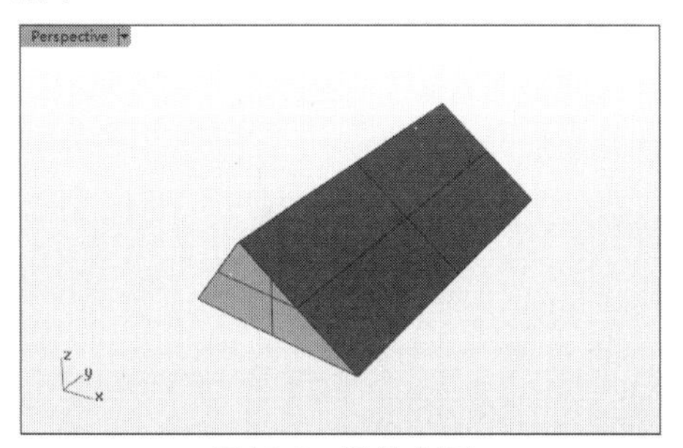

图10-4 延伸曲面

10.2 曲面倒角

在工程中，为了便于加工制造，零件或产品中的尖锐边需要进行倒角处理，包括倒圆角和倒斜角。

在Rhino中，曲面间倒角是作用于两个曲面之间，而非实体的倒角作用于两物体本身。

10.2.1 曲面圆角

【曲面圆角】工具用于将两个曲面边缘相接之处或是相交之处倒角成一个圆角。

动手操作——曲面圆角

01新建Rhino文件。

02利用【角对角】工具，分别在Top视窗和Front视窗中绘制两个矩形平面，如图10-5所示。

03单击【曲面圆角】按钮，在命令行中设定圆角半径值15。

04选取要建立圆角的第一个曲面和第二个曲面，如图10-6所示。

05随后自动完成曲面圆角倒角操作，如图10-7所示。

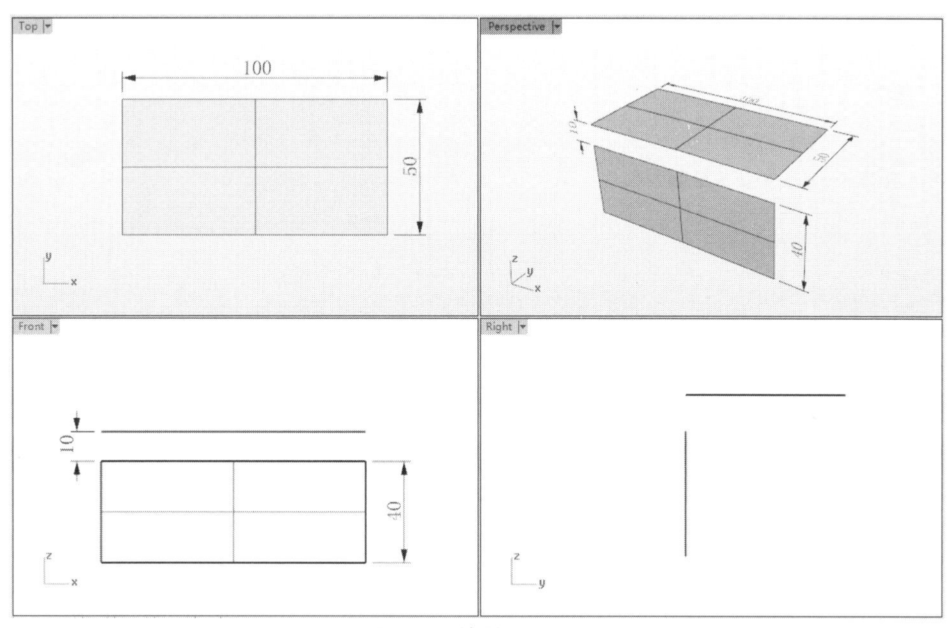

图10-5 绘制矩形平面

图10-6 选取要圆角的曲面

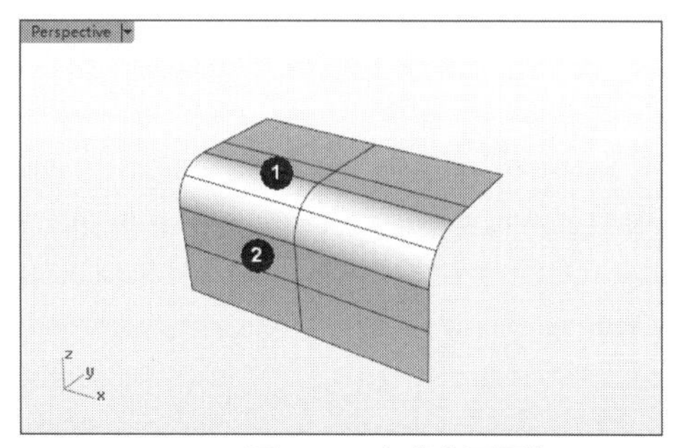

图10-7 完成曲面圆角

技术要点：若两曲面呈相交状态，会有3种圆角修剪结果。执行【曲面圆角】命令后，在命令行中选择【修剪（T）=是】选项，显示修剪提示选项 修剪 <是>（是(Y) 否(N) 分割(S)）: 。在修剪提示选项中若选择【是】选项，在视窗中选取需要保留的部分，曲面倒角就会将不需要的部分修剪掉；若选择【否】选项，只创建圆角曲面，则不会修剪原有曲面；若选择【分割】选项，结果是相交的两曲面被分割成5块小曲面，如图10-8所示。

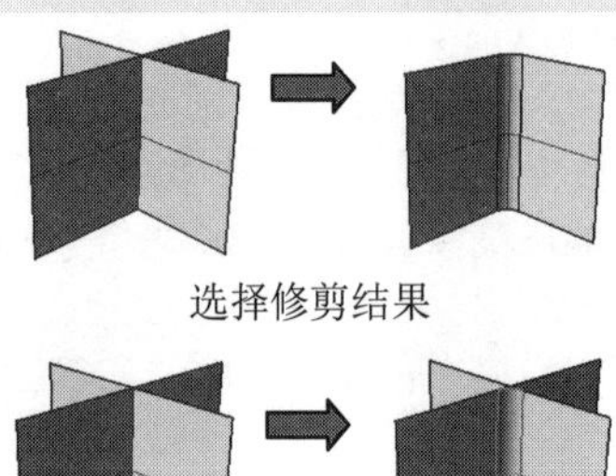

选择修剪结果

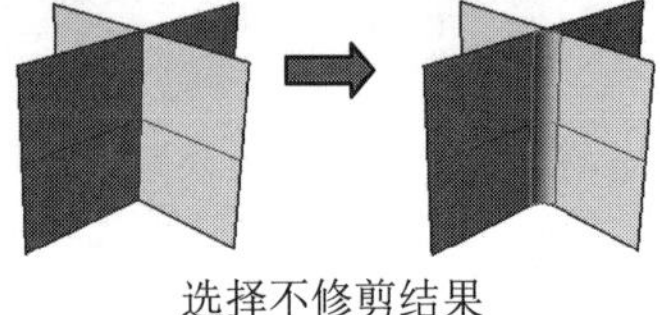

选择不修剪结果

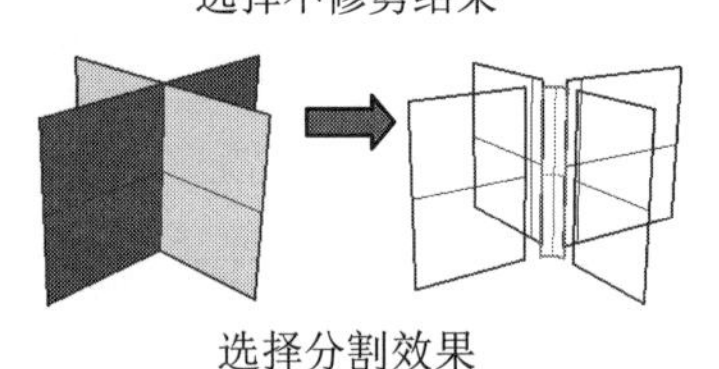

选择分割效果

图10-8　是否修剪或分割效果

10.2.2　不等距曲面圆角

【不等距曲面圆角】工具与【曲面圆角】工具都用于进行曲面间的圆角倒角，通过控制点的控制，可以改变圆角的大小，倒出不等距的圆角。

动手操作——不等距曲面圆角

01新建Rhino文件。利用【角对角】工具在Top视窗和Front视窗中绘制两个边缘相接或是内部相交的曲面，如图10-9所示。

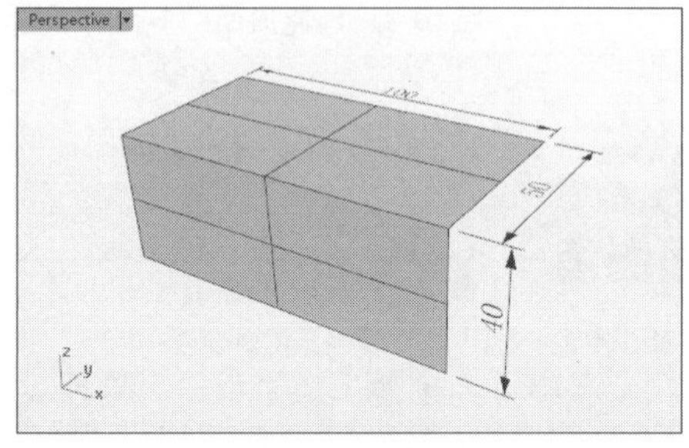

图10-9　绘制相交曲面

技术要点：两曲面必须有交集。

02单击【不等距曲面圆角】按钮，在命令行中输入圆角半径大小为10，按Enter键或右击。

03选取要做不等距圆角的第一个曲面和第二个曲面。

04两曲面之间出现控制杆，如图10-10所示。命令行中会有如下提示。

```
选取要做不等距圆角的第二个曲面（半径(R)=10）:
选取要编辑的圆角控制杆，按 Enter 完成（新增控制杆(A) 复制控制杆(C) 设置全部(S) 连结控制杆(L)=否 路径造型(R)=滚球 修剪并组合(T)=否 预览(P)=否）:
```

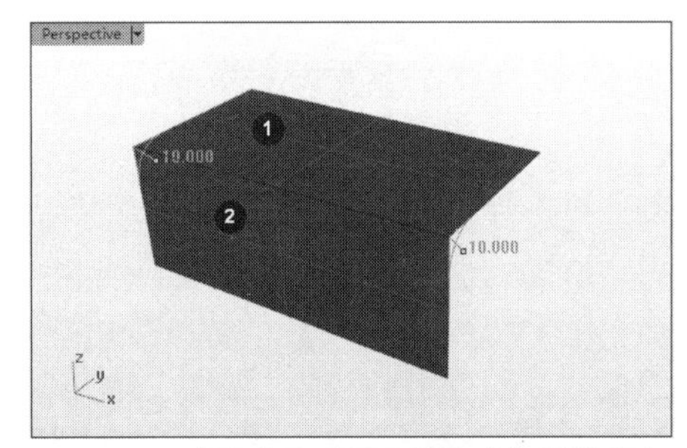

图10-10　选取曲面后显示圆角半径及控制点

用户可以选择自己所需选项，输入相应字母进行设置。

下面说明各选项的含义：

- 新增控制杆：沿着边缘新增控制杆，如图10-11所示。
- 复制控制杆：以选取的控制杆的半径建立另一个控制杆。
- 移除控制杆：这个选项只有在新增控制杆以后才会出现。
- 设置全部：设置全部控制杆的半径。
- 连结控制杆：调整控制杆时，其他控制杆会以同样的比例调整。
- 路径造型：有3种不同的路径造型可以选择，如图10-12所示。

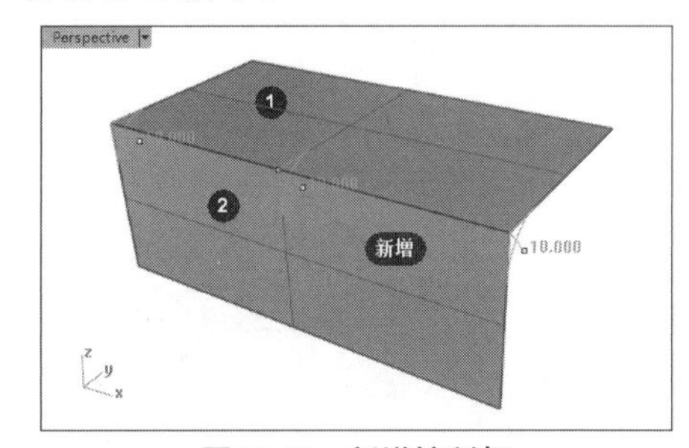

图10-11　新增控制杆

①与边缘距离：以建立圆角的边缘至圆角曲面边缘的距离决定曲面修剪路径。

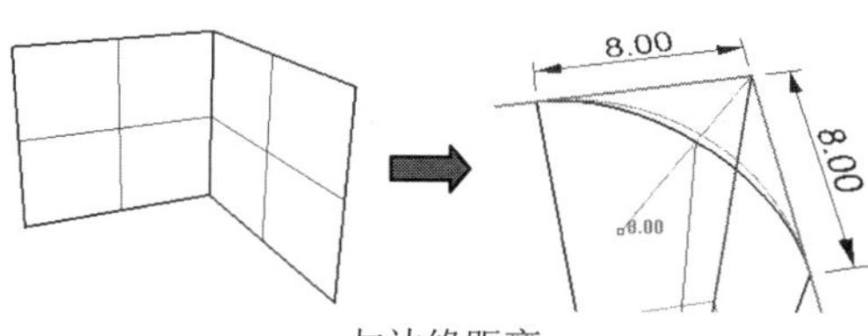

与边缘距离

②滚球：以滚球的半径决定曲面修剪路径。

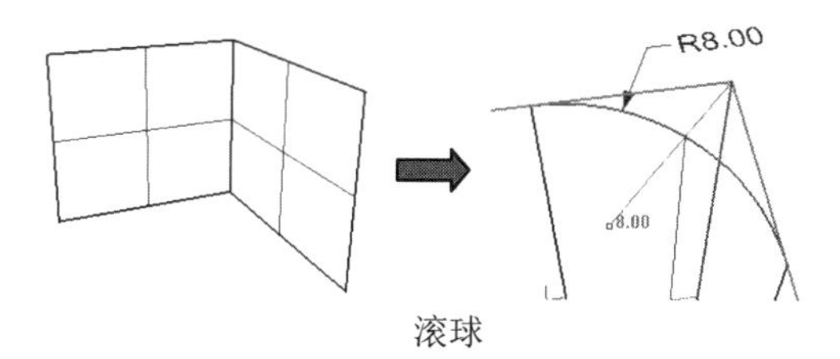

滚球

③路径间距：以圆角曲面两侧边缘的间距决定曲面修剪路径。

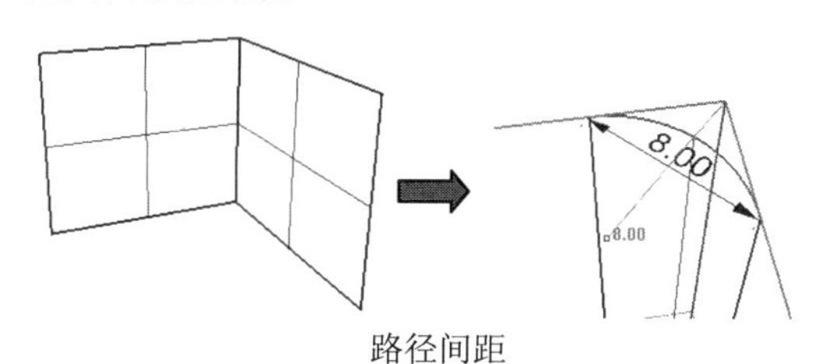

路径间距

图10-12　不同路径造型效果

- 修剪并组合：选择是否修剪倒角后的多余部分，如图10-13所示。

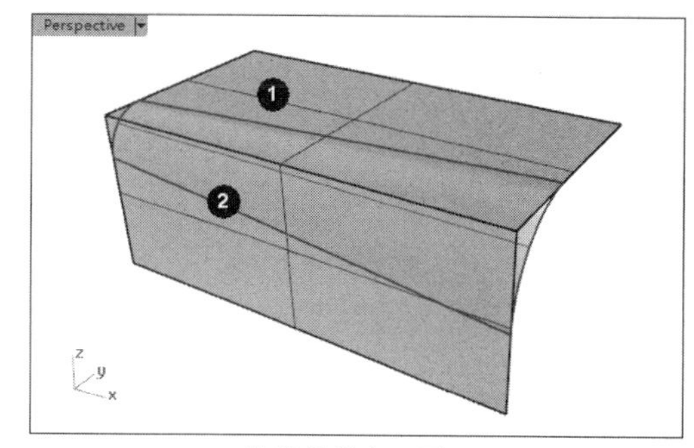

修剪并组合（否）

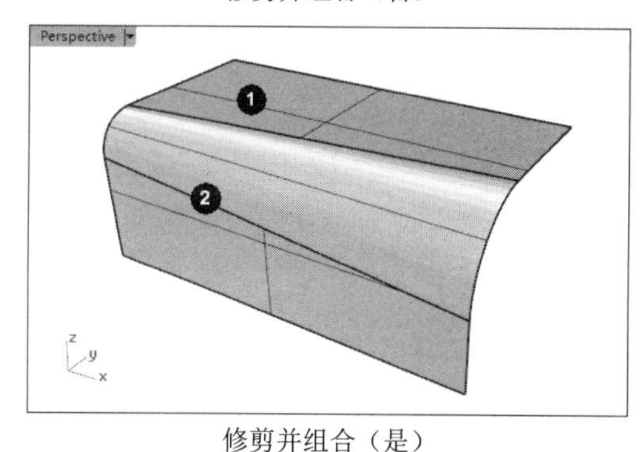

修剪并组合（是）

图10-13　是否修剪与组合

- 预览：可以预览最终的倒角效果是否满意。

05单击右侧控制杆的控制点，然后拖动控制杆或者在命令行输入新的半径值为20，确认后按Enter键或右击确认，如图10-14所示。

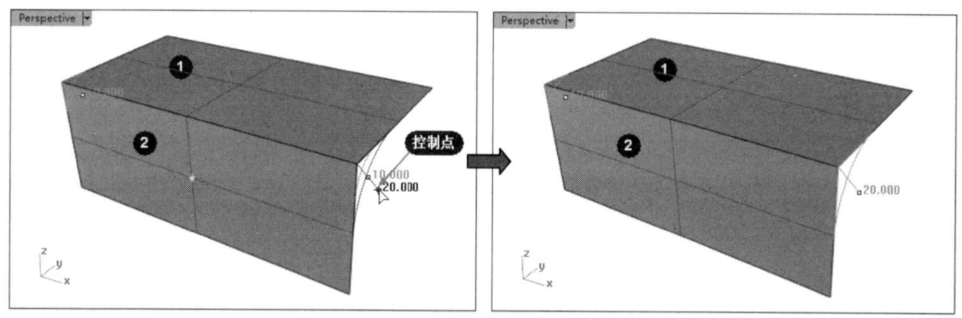

图10-14　设置控制杆改变半径

06设置【修剪并组合】选项为【是】，最后右击完成不等距曲面圆角的操作，结果如图10-15所示。

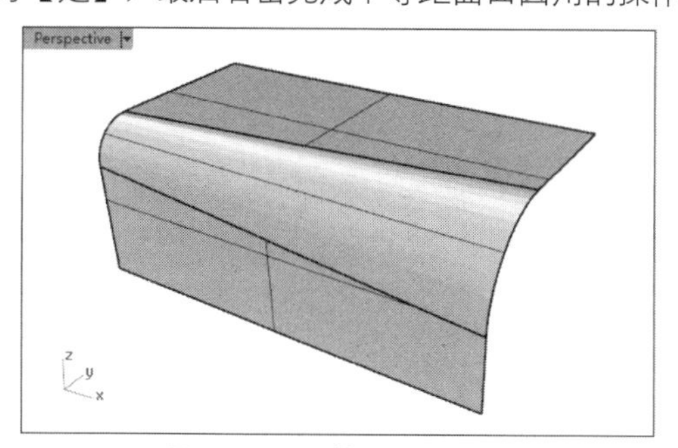

图10-15　不等距曲面圆角

10.2.3 曲面斜角

【曲面斜角】工具同【曲面圆角】工具的作用、性质一样，只是使用【曲面斜角】工具倒出的角是平面切角，而非圆角。

动手操作——曲面倒斜角

01 新建Rhino文件。利用【角对角】工具在Top视窗和Front视窗中绘制两个边缘相接或是内部相交的曲面，如图10-16所示。

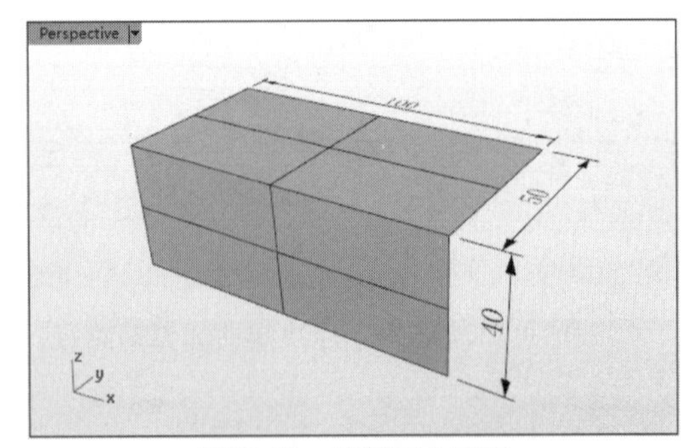

图10-16　绘制两个平面

02单击【曲面斜角】按钮，在命令行中设置两个倒斜角距离为（10,10），并按Enter键或右击确认，如图10-17所示。

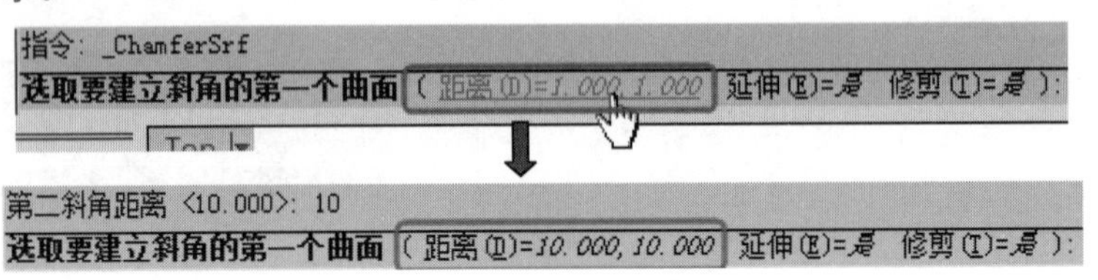

图10-17　设置斜角距离

03选取要建立斜角的第一个曲面和第二个曲面，随后自动完成倒斜角操作，结果如图10-18所示。

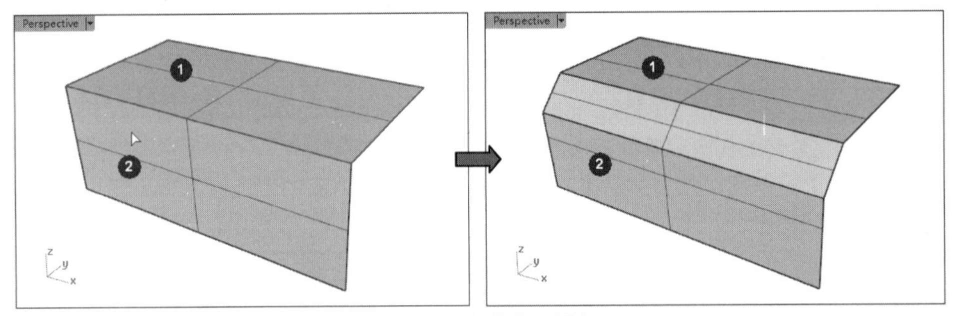

图10-18　完成曲面斜角

技术要点：同曲面圆角一样，在命令行中单击【修剪】选项，选择【是】，选取需要保留的部分，曲面倒角就会将不需要的部分修剪掉。选择【分割】，所有曲面被分割成小曲面，如图10-19所示。

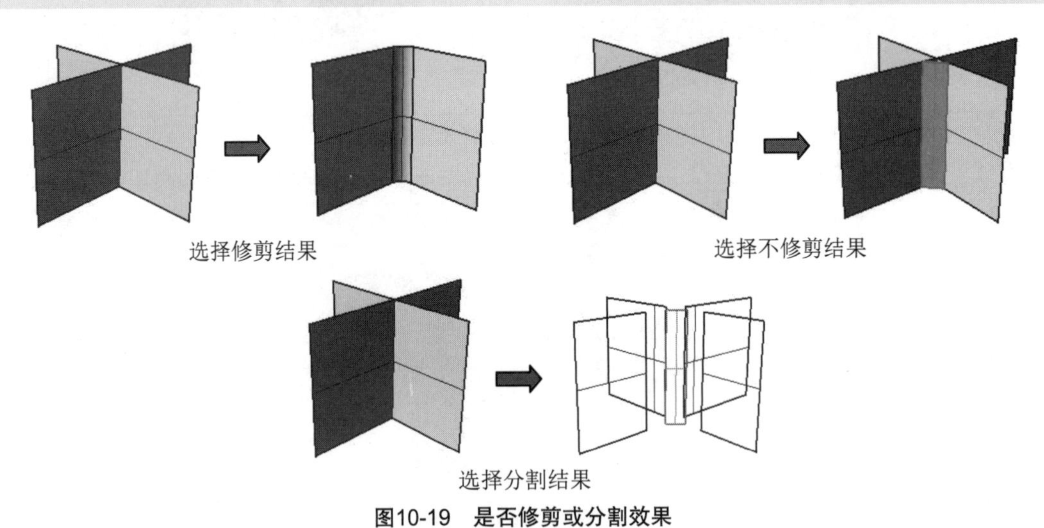

图10-19　是否修剪或分割效果

10.2.4 不等距曲面斜角

在Rhino中，【不等距曲面斜角】工具与【曲面斜角】工具都用于进行曲面间的斜角倒角，通过控制点的控制，可以改变斜角的大小，倒出不等距的斜角。

动手操作——不等距曲面倒斜角

01新建Rhino文件。利用【角对角】工具，在Top视窗和Front视窗中绘制两个边缘相接或是内部相交的曲面，如图10-20所示。

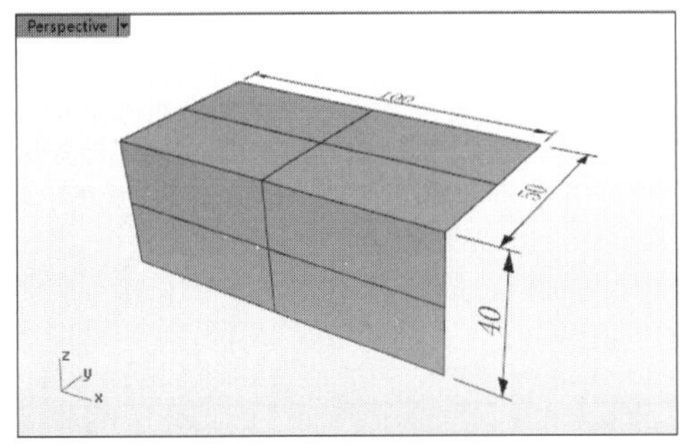

图10-20 绘制两个平面

02单击【不等距曲面斜角】按钮，在命令行中设置斜角距离为10，按Enter键或右击确认。

03选取要做不等距斜角的第一个曲面与第二个曲面。两曲面之间显示控制杆，如图10-21所示。

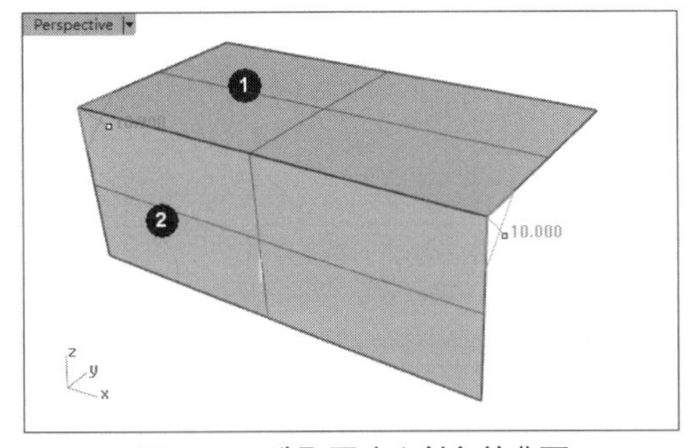

图10-21 选取要建立斜角的曲面

04单击控制杆上的控制点，设置新的斜角距离值为20，如图10-22所示。

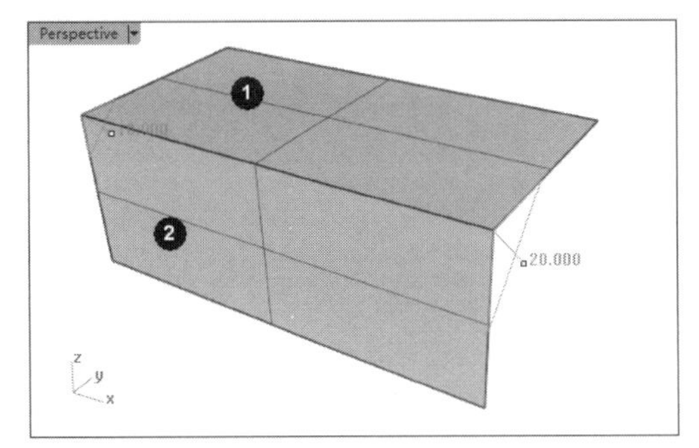

图10-22 修改斜角距离值

05设置【修剪并组合】选项为【是】，最后右击或按Enter键完成倒斜角操作，如图10-23所示。

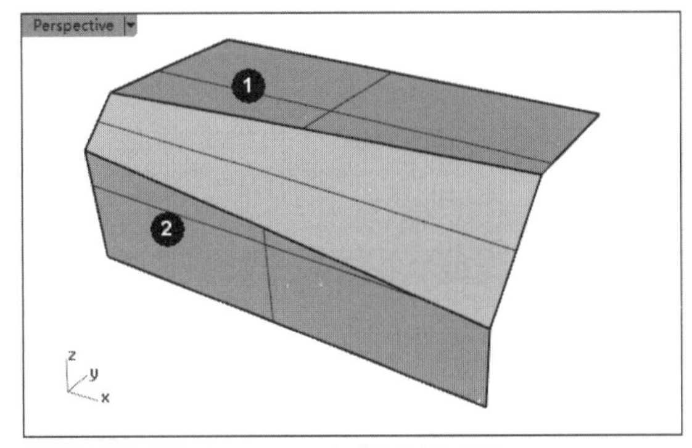

图10-23 完成倒斜角操作

10.3 曲面连接

两个曲面之间可以通过一系列的操作连接起来，生成新的曲面或连接成完整曲面。前面介绍的【曲面倒角】工具是曲面连接中最简单的操作工具。下面介绍其他连接曲面的工具。

10.3.1 连接曲面

在Rhino中，连接曲面是曲面间连接方式的一种，值得注意的是，【连接曲面】工具连接两曲面间的部分是以直线延伸，不是有弧度的曲面。

动手操作——连接曲面

01新建Rhino文件。利用【角对角】工具，在Top视窗和Front视窗中绘制两个边缘相接或是内部相交的曲面，如图10-24所示。

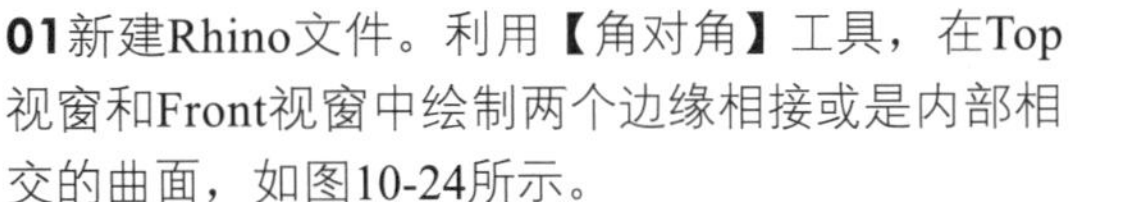

02单击【连接曲面】按钮，选取要连接的第一个曲面，选取要连接的第二个曲面，如图10-25所示。

03随后自动完成两曲面之间的连接，结果如图10-26所示。

> **技术要点：** 如果某一曲面的边缘超出了另一曲面的延伸范围，那么将自动修剪超出的那部分曲面，如图10-27所示。

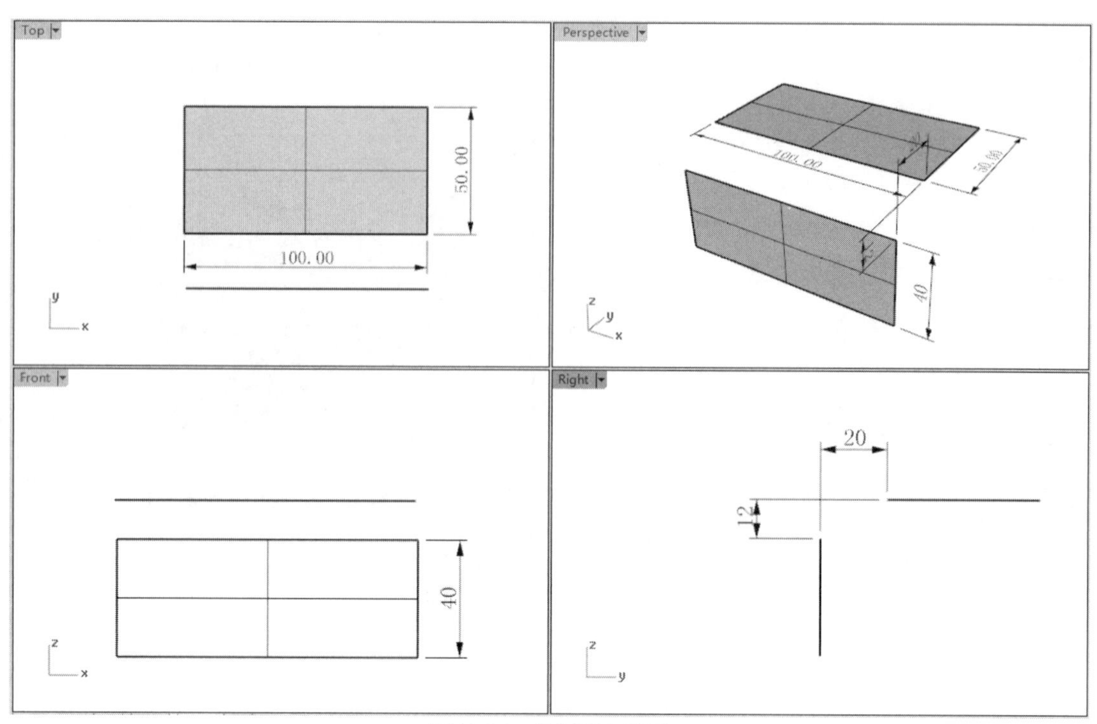

图10-24　绘制两个平面

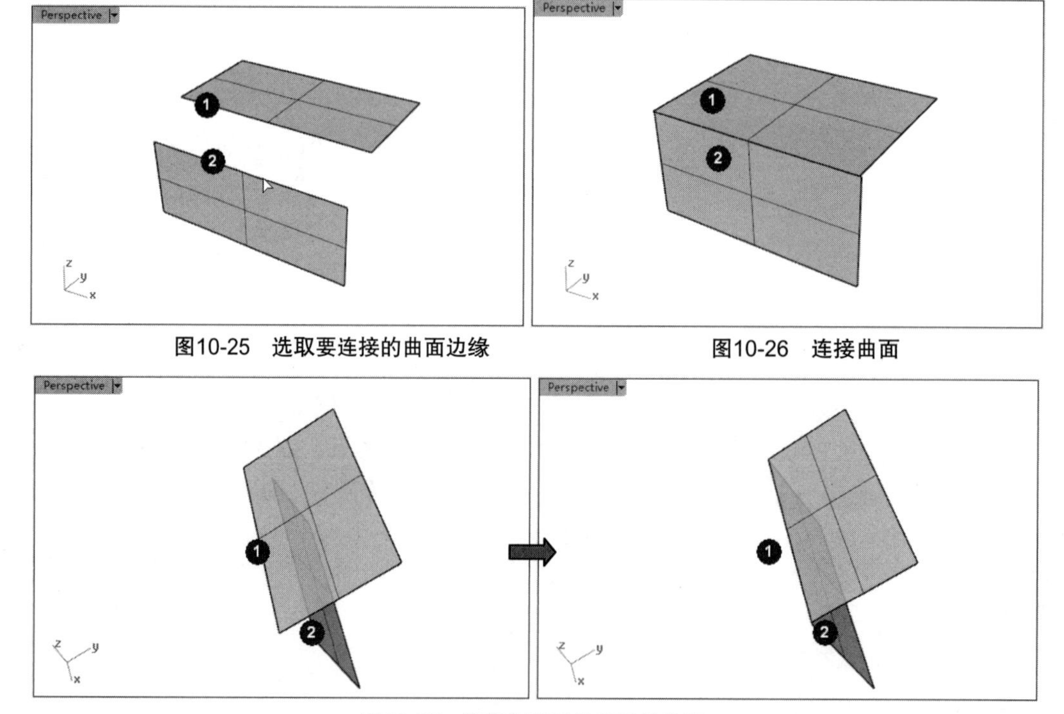

图10-25　选取要连接的曲面边缘

图10-26　连接曲面

图10-27　修剪超出延伸范围的曲面

10.3.2　混接曲面

在Rhino中，若想使两个曲面之间的连接更加符合自己的要求，可以通过【混接曲面】工具进行两个曲面之间的混接，使两个曲面之间建立平滑的混接曲面。

单击【混接曲面】按钮，命令行显示如下提示。

指令: _BlendSrf

选取第一个边缘的第一段（自动连锁(A)=否 连锁连续性(C)=相切 方向(D)=两方向 接缝公差(G)=0.001 角度公差(N)=1）:

下面介绍各选项的含义。

- 自动连锁：选取一条曲线或曲面边缘，就可以自动选取所有与它以【连锁连续性】选项设定的连续性相接的线段。
- 连锁连续性：设定【自动连锁】选项使用的连续性。
- 方向：延伸的正负方向和两个方向同时延伸。
- 接缝公差：曲面相接时的缝合公差。
- 角度公差：曲面相接时的角度公差。

如果第一个边缘由多段边组合，则继续选取。如果仅有一段，则按Enter键确认，再选取第二个边缘。两个要混接的边缘选取完成后，会弹出如图10-28所示的【调整曲面混接】对话框。

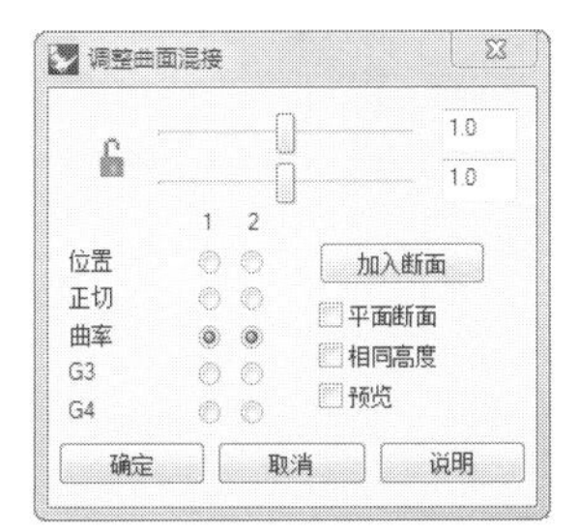

图10-28 【调整曲面混接】对话框

下面介绍对话框中各选项的含义。

- 解开锁定：此图标为解开锁定标志，解开锁定后可以单独拖动滑块杆来调节单侧曲面的转折大小。
- 锁定：单击图标，将其改变为。此图标为锁定标志，锁定后拖动滑杆将同时更改两侧曲面的转折大小。
- ：用来改变曲面转折大小的可拖动的滑杆，如图10-29所示。
- 连续性（位置/正切/曲率/G3/G4）连续性：可以单选单侧的连续性，也可以同时选择两侧的连续性。
- 加入断面：加入额外的断面控制混接曲面的形状。当混接曲面过于扭曲时，可以使用这个功能控制混接曲面更多位置的形状。例如，在混接曲面的两侧边缘上各指定一个点加入控制断面，如图10-30所示。
- 平面断面：强迫混接曲面的所有断面为平面，并与指定的方向平行，如图10-31所示。

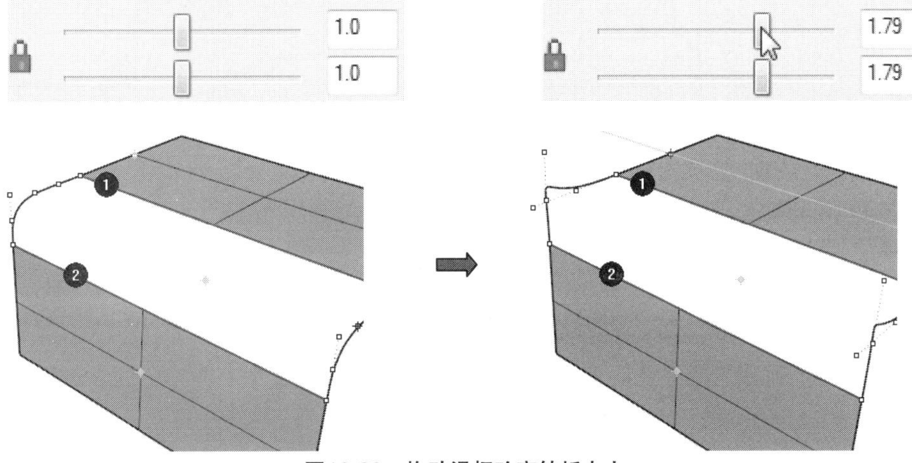

图10-29 拖动滑杆改变转折大小

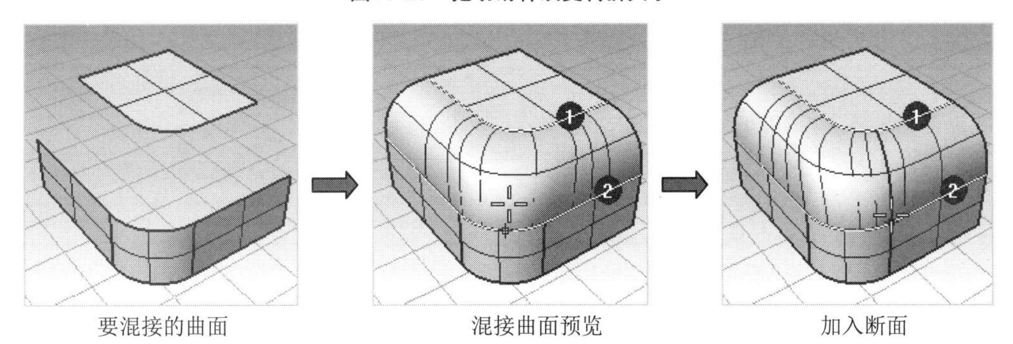

要混接的曲面 混接曲面预览 加入断面

图10-30 加入断面

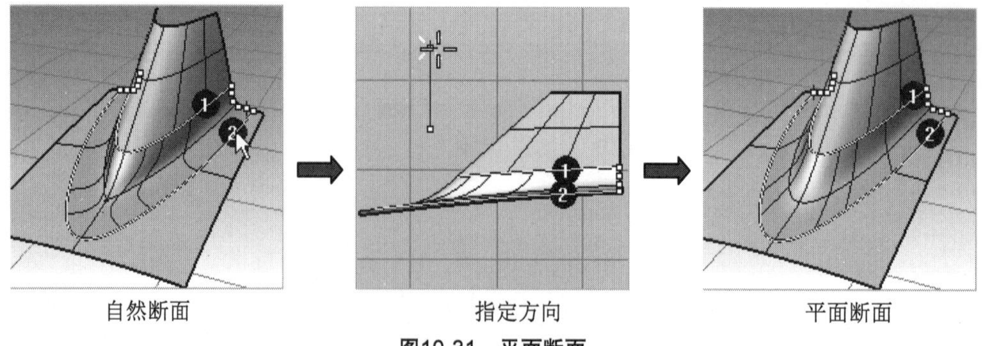

自然断面　　指定方向　　平面断面

图10-31　平面断面

- 相同高度：做混接的两个曲面边缘之间的距离有变化时，这个选项可以让混接曲面的高度维持不变，如图10-32所示。

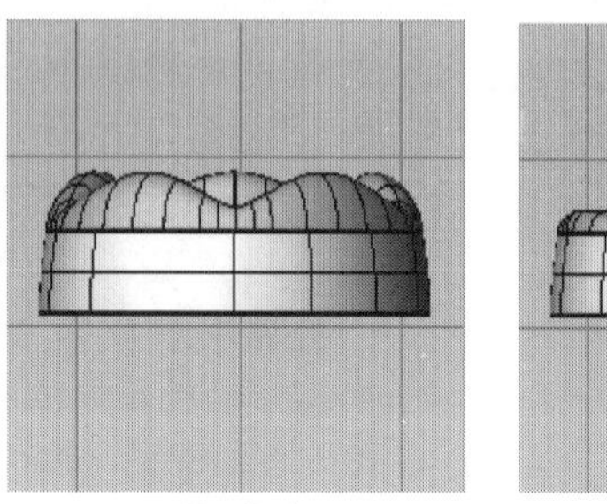

不同高度　　相同高度

图10-32　混接曲面的高度

动手操作——混接曲面

01新建Rhino文件。打开本例源文件“混接.3dm”。

02单击【混接曲面】按钮，选取第一个边缘的第一段，选取后要单击命令行中的【下一个】选项或者【全部】选项，才可继续选择第一个边缘的第二段，如图10-33所示。按Enter键确认。

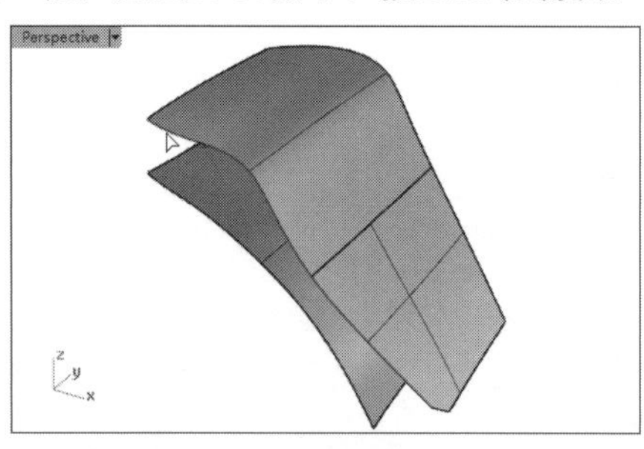

图10-33　选取第一个边缘

> **技术要点：**并不是多重曲面左侧的整个边缘都会被选取，而是只有选取的一小段边缘会被选取。选择【全部】选项，可以选取所有与已选边缘“以相同或高于【连锁连续性】选项设定的连续性相连”的边缘。选择【下一个】选项，只会选取下一个与之相连的边缘。

03选取第二个边缘的第一段，如图10-34所示。

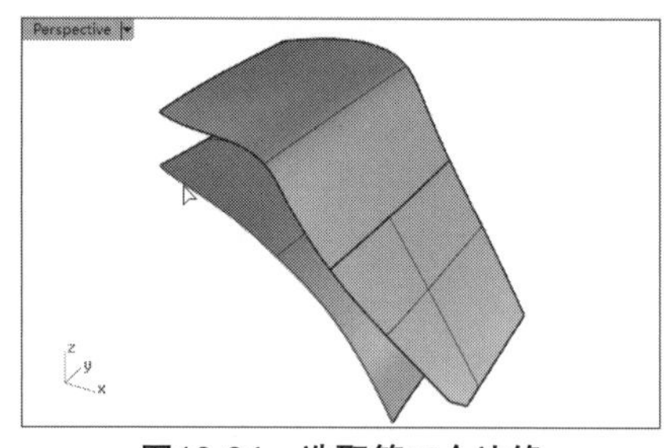

图10-34　选取第二个边缘

04保留对话框中默认设置，单击【确定】按钮，完成混接曲面的建立，如图10-35所示。

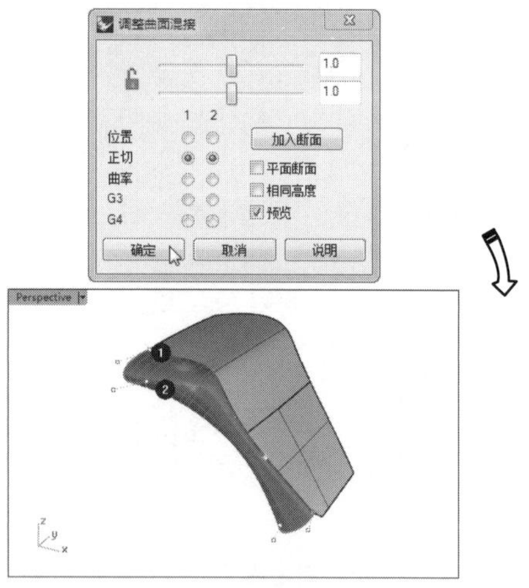

图10-35　建立混接曲面

10.3.3 不等距曲面混接

使用【不等距曲面混接】可以在两个曲面之间建立不等距的混接曲面，修剪原来的曲面，并将曲面组合在一起。【不等距曲面混接】按钮与【不等距曲面圆角】按钮是同一个，也就是说，使用这两个工具产生的结果是一样的。只是【不等距曲面混接】工具用于建立混接曲面并修剪原来曲面、组合曲面，而【不等距曲面圆角】工具用于建立不等距的圆角曲面。

10.3.4 衔接曲面

【衔接曲面】工具用来调整曲面的边缘，与其他曲面形成位置、正切或曲率连续。【衔接曲面】并非在两曲面之间对接，这也是与【混接曲面】和【连接曲面】的不同之处。

单击【衔接曲面】按钮，命令行显示如下提示。

```
指令: _MatchSrf
选取要改变的未修剪曲面边缘 ( 多重衔接(M) ):
```

- 选取要改变的未修剪曲面边缘：作为衔接参考的曲面，此曲面不被修剪。
- 多重衔接：选择【多重衔接】选项可以同时衔接一个以上的边缘，也可以通过右击【衔接曲面】按钮来执行，如图10-36所示。

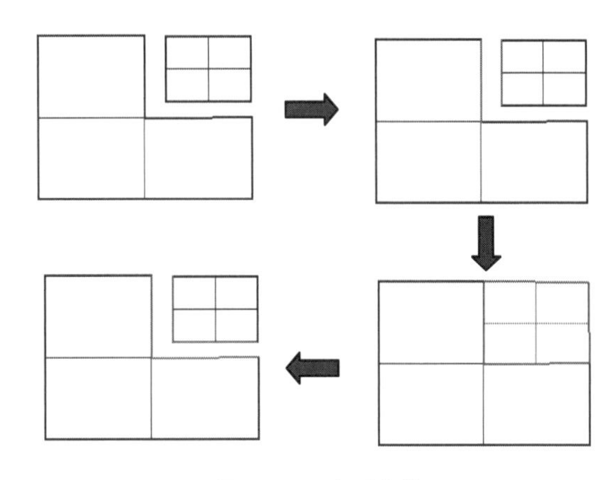

图10-36 多重衔接

选取要改变的未修剪曲面边缘与要进行衔接的边缘后，命令行显示如下提示。

```
选取要衔接至的下一段边缘，按 Enter 完成 ( 复原(U) 下一个(N) 全部(A) 自动连锁(T)=否 连锁连续性(C)=相切 方向(D)=两方向 接缝公差(G)=0.001 角度公差(L)=1 ):
```

下面介绍选项的含义。

- 复原：选择复原回至上一个步骤。
- 下一个：选取下一个边缘加入衔接。
- 全部：选择全部的衔接边缘。
- 自动连锁：选择一个曲面的边缘，可以自动选取所有与其以【连锁连续性】选项设置的连续性相接的线段。
- 连锁连续性：选择曲面衔接的方式分为位置、正切、曲率3种，如图10-37所示。

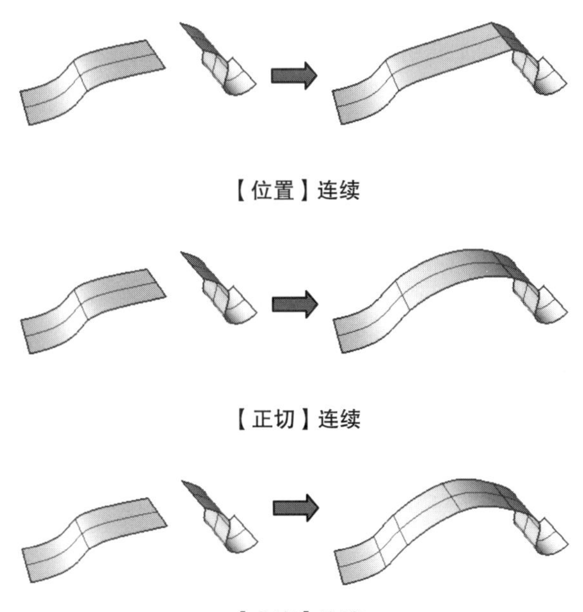

【位置】连续

【正切】连续

【曲率】连续

图10-37 连锁连续性

按Enter键后，弹出【衔接曲面】对话框，如图10-38所示。

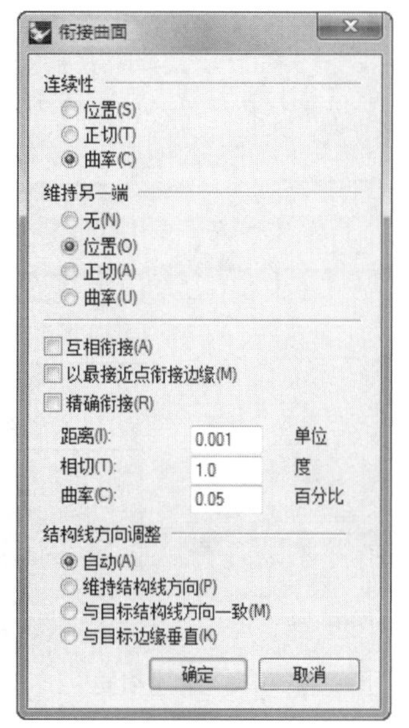

图10-38 【衔接曲面】对话框

下面介绍对话框中各选项的含义。

- 连续性：衔接曲面的连续性设置。
- 维持另一端：作为衔接参考的一端。
- 互相衔接：勾选此复选框，两端同时衔接。如图10-39所示为一端衔接和两端相互衔接示意图。

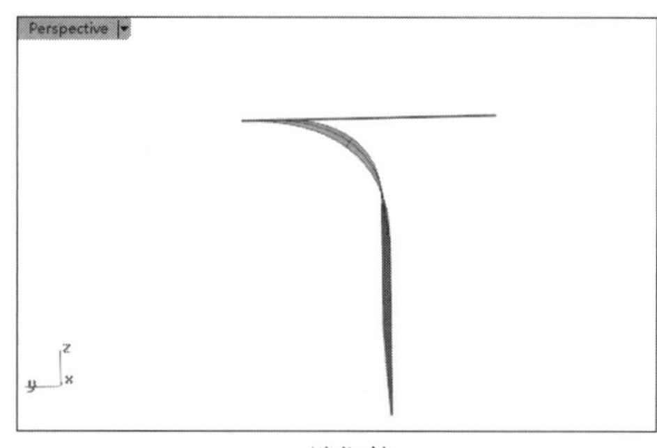

一端衔接

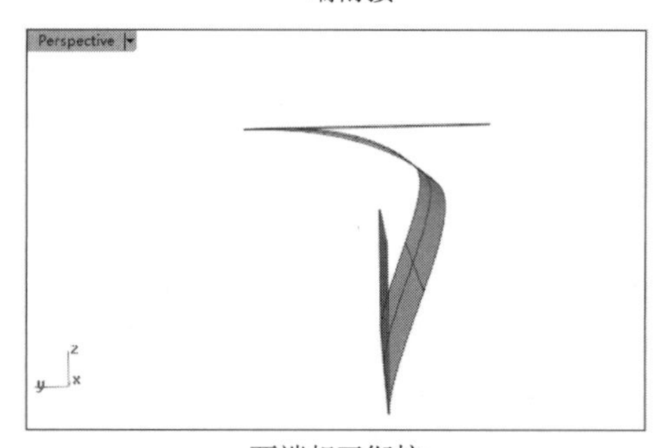

两端相互衔接

图10-39 衔接示意图

- 以最接近点衔接边缘：此复选框对两曲面边缘长短不一的情况较为有用。正常的衔接是短边两个端点与长边两个端点对齐衔接，而勾选此复选框后，是将短边直接拉出至长边进行投影衔接，如图10-40所示。

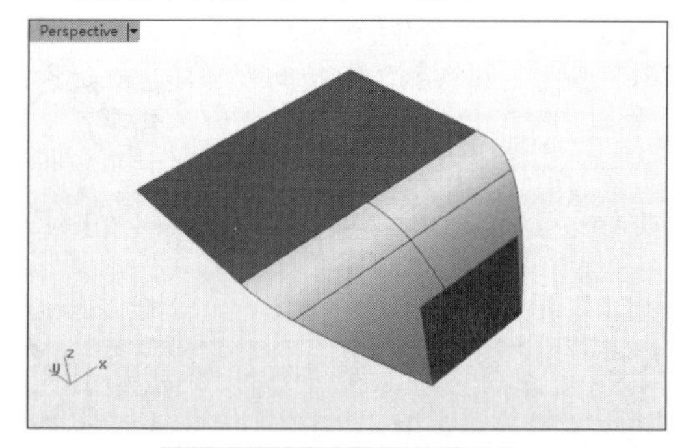

以最接近点衔接边缘(M)

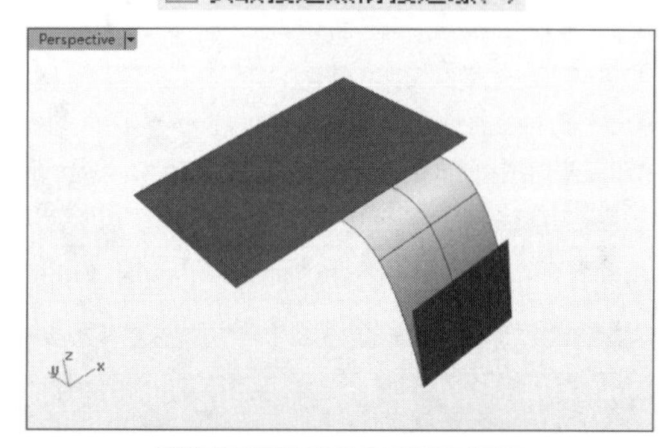

以最接近点衔接边缘(M)

图10-40 以最接近点衔接边缘

- 精确衔接：检查两个曲面衔接后边缘的误差是否小于设定的公差，必要时会在变更的曲面上加入更多的结构线 (节点)，使两个曲面衔接边缘的误差小于设定的公差。
- 结构线方向调整：设定衔接时曲面结构线的方向如何变化。

动手操作——衔接曲面

01 新建Rhino文件。打开本例源文件“衔接.3dm”，如图10-41所示。

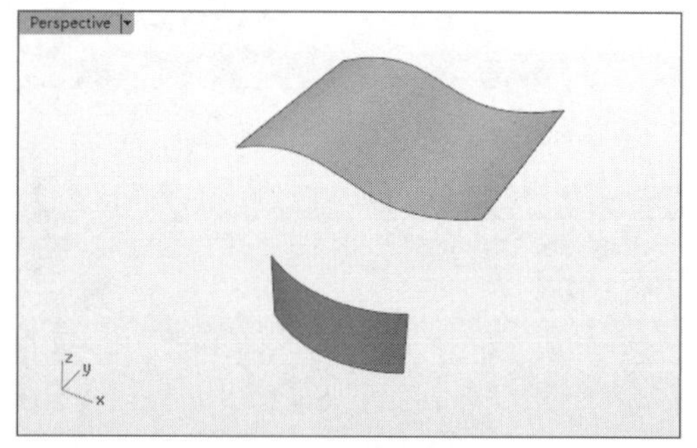

图10-41 打开的源文件

02单击【衔接曲面】按钮，然后选取未修剪一端的曲面边缘1和要衔接的曲面边缘2，如图10-42所示。

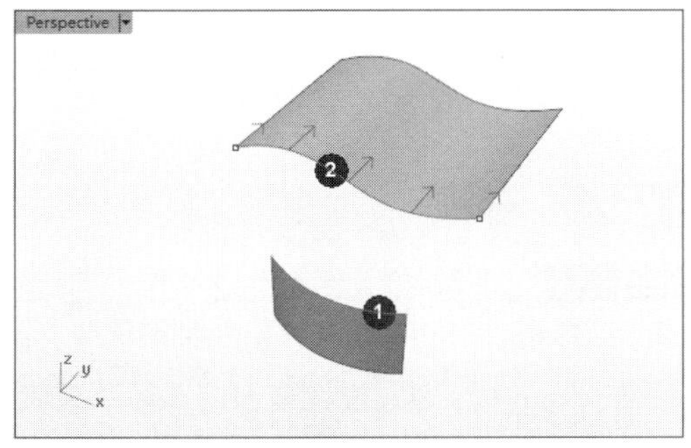

图10-42　选取要进行衔接的边缘

03右击后弹出【衔接曲面】对话框，同时显示衔接曲面预览，如图10-43所示。

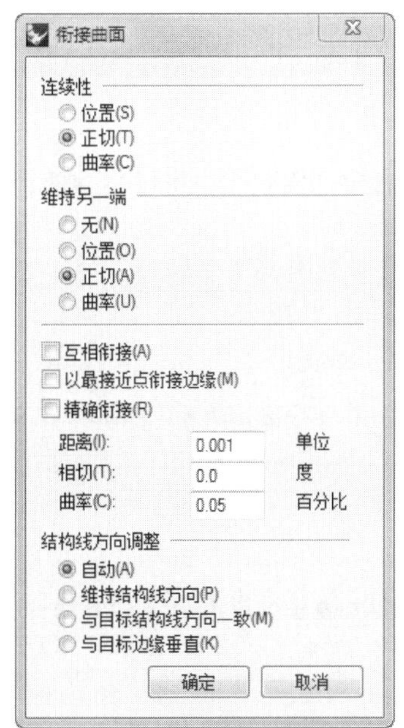

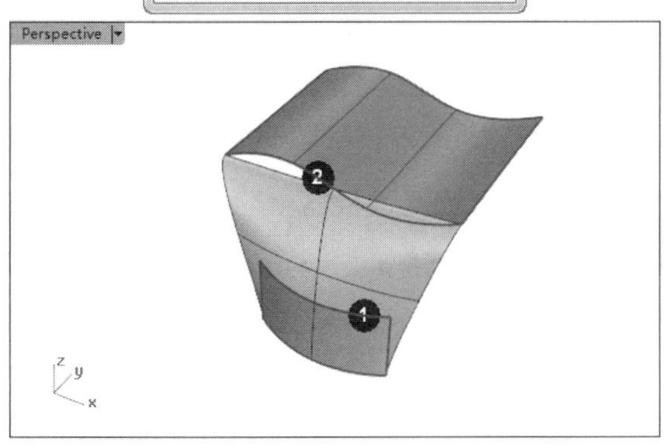

图10-43　【衔接曲面】对话框和衔接曲面预览

04从预览中可以看出，默认生成的衔接曲面无法同时满足两侧曲面的连接条件。此时需要在对话框中勾选【精确衔接】复选框，并设置距离、相切和曲率，得到如图10-44所示的预览效果。

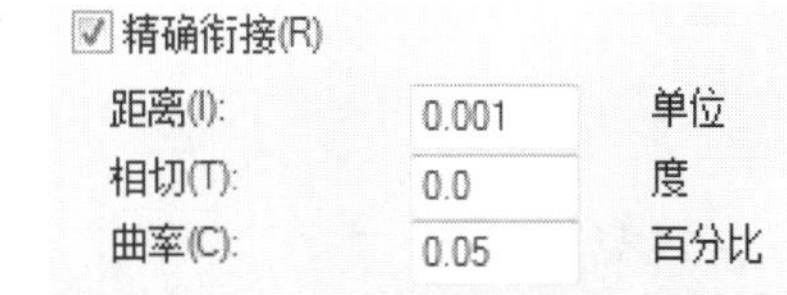

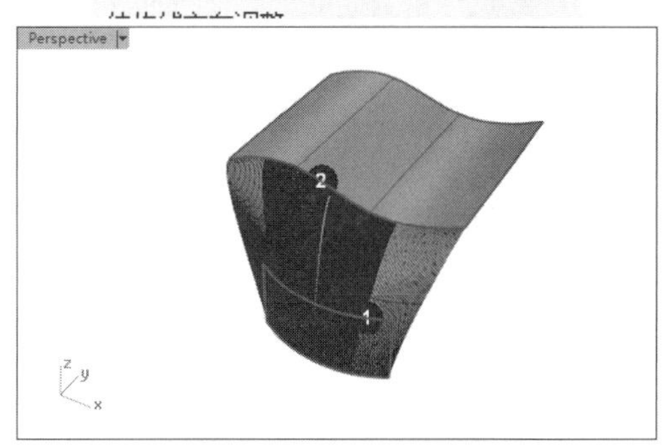

图10-44　设置精确衔接

05单击【确定】按钮，完成衔接曲面的建立，如图10-45所示。

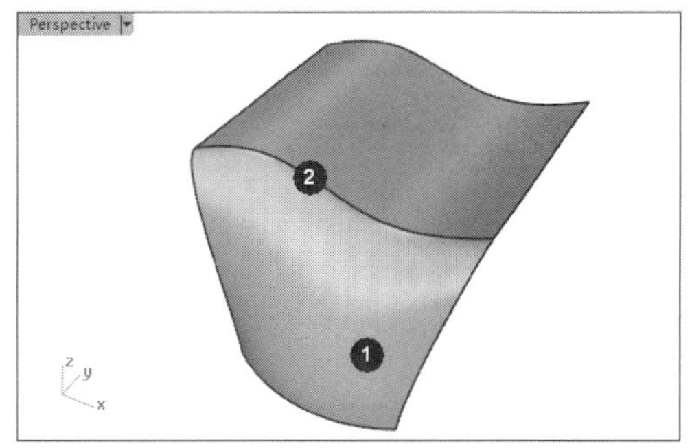

图10-45　建立衔接曲面

10.3.5　合并曲面

在Rhino中，使用【合并曲面】工具可以将两个或两个以上的边缘相接的曲面合并成一个完整的曲面。但必须注意的是，要进行合并的曲面相接的边缘必须是未经修剪的边缘。

单击【合并曲面】按钮，命令行显示如下提示。

选取一对要合并的曲面（平滑(S)=是 公差(T)=0.001 圆度(R)=1）:

下面介绍各选项的含义。

- 平滑：平滑地合并两个曲面，合并以后的曲面比较适合以控制点调整，但曲面会有较大的变形。
- 公差：即合并的公差，适当调整公差可以合并看起来有缝隙的曲面。例如，两曲面间有0.1的缝隙距离，如果按默认的公差进行合并，命令行会提示“边缘距离太远无法合并”，如图10-46所示。如果将公差设置为0.1，那么就成功合并了，如图10-47所示。

公差(T)=0.1 → 边缘距离太远无法合并。

图10-46　公差小不能合并有缝隙的曲面

公差(T)=0.001

图10-47　调整公差后能合并有缝隙的曲面

- 圆度：合并后会自动在曲面间圆弧过渡，圆度越大越光顺。圆度值在0.1~1.0。

> **技术要点**：进行合并的两个曲面不仅要求曲面相接，并且边缘必须对齐。

10.4 曲面偏移

在Rhino中，通过设置偏移距离以及偏移方向可以将曲面进行偏移，其中包含【偏移曲面】和【不等距偏移曲面】两种。

下面分别介绍这两种曲面偏移工具。

10.4.1 偏移曲面

使用【偏移曲面】工具可以等距离进行偏移、复制曲面。偏移曲面可以得到曲面，还可以得到实体。

单击【偏移曲面】按钮，选取要偏移的曲面或多重曲面，按Enter键或右击确认。此时命令行会有如下提示。

选取要反转方向的物体，按 Enter 完成 (距离(D)=5 角(C)=圆角 实体(S)=是 松弛(L)=否 公差(T)=0.001 两侧(B)=否 删除输入物件(I)=否 全部反转(F)):

下面介绍各选项的含义。

- 距离：设置偏移的距离。

> **专家提示**：①偏移距离为正数时，往箭头的方向偏移；偏移距离为负数时，往箭头的方向偏移。②平面、环状体、球体、开放的圆柱曲面或开放的圆锥曲面偏移的结果不会有误差，自由造型曲面偏移后的误差会小于公差选项的设置值。

- 角：进行角度偏移时，设置偏移产生的缝隙是【圆角】还是【锐角】。
- 实体：以原来的曲面和偏移后的曲面边缘放样并组合成封闭的实体，如图10-48所示。

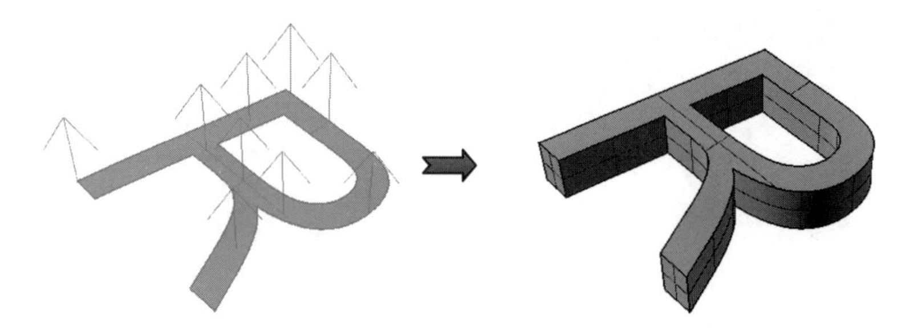

图10-48　实体偏移曲面

- 松弛：偏移后的曲面的结构和原来的曲面相同。
- 公差：设置偏移曲面的公差，输入0时使用预设公差。
- 两侧：曲面向两侧同时偏移复制，视窗中将出现3个曲面。
- 全部反转：反转所有选取的曲面的偏移方向，如图10-49所示。

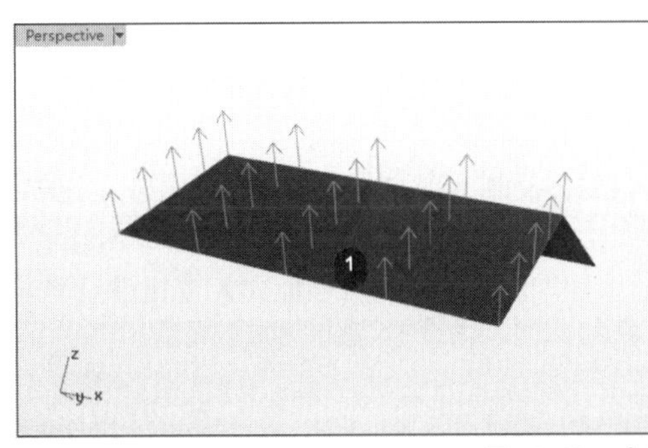

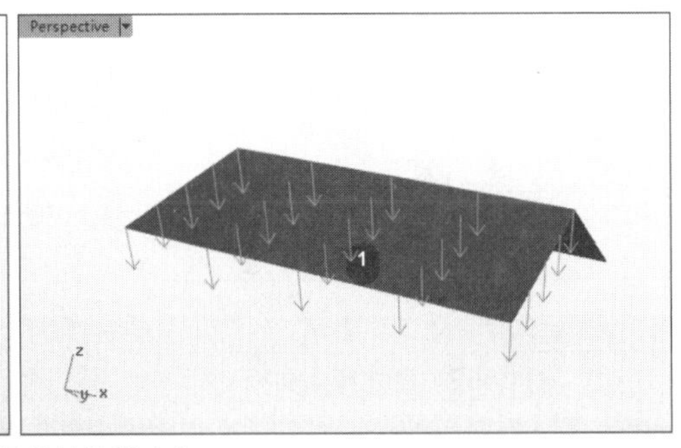

图10-49　全部反转偏移方向

动手操作——偏移曲面

01新建Rhino文件。

02在菜单栏中执行【实体】|【文字】命令，打开【文字物件】对话框。在对话框中输入Rhino 6.0字样，然后设置【字型】为粗体，设置【建立】为“曲面”，单击【确定】按钮，在Front视窗中放置文字，如图10-50所示。

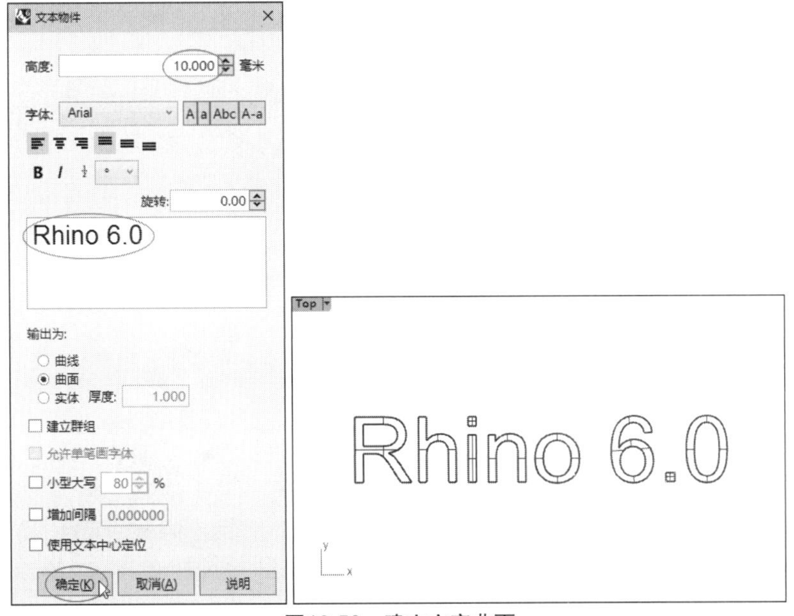

图10-50　建立文字曲面

03单击【偏移曲面】按钮，然后选择视窗中的文字曲面，并右击确认，如图10-51所示。

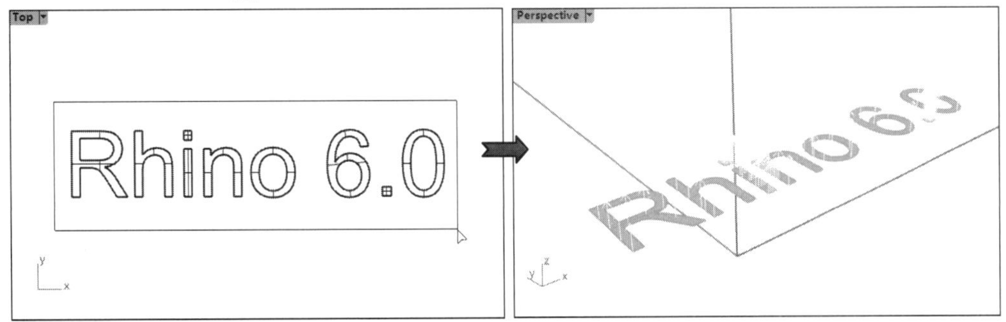

图10-51　选择要偏移的曲面

04设置【距离】为5，并设置【实体】选项为【是】，最后右击完成偏移曲面的建立，如图10-52所示。

图10-52　建立偏移曲面

10.4.2　不等距偏移曲面

使用【不等距偏移曲面】工具可以不等的距离偏移复制一个曲面，与【等距偏移】工具的区别在于该工具能够通过控制杆调节两曲面间距离。

单击【不等距偏移曲面】按钮，选取要偏移的曲面，命令行会出现如下提示。

```
选取要做不等距偏移的曲面 ( 公差(T)=0.1 ):
选取要移动的点，按 Enter 完成 ( 公差(T)=0.1 反转(F) 设置全部(S)=1 连结控制杆(L) 新增控制杆(A) 边相切(I) ):
```

下面介绍各选项的含义。

- 公差：设置不等距偏移使用的公差。
- 反转：反转曲面的偏移方向，使曲面往反方向偏移。
- 设置全部：设置全部控制杆为相同距离，效果等同于等距离曲面偏移，如图10-53所示。

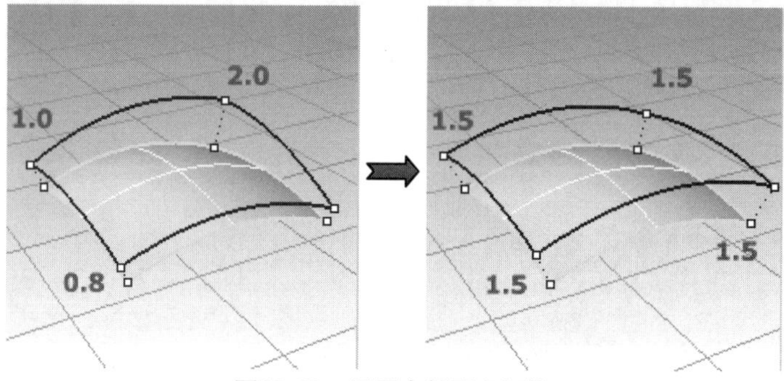

图10-53　设置全部距离相等

- 连结控制杆：以同样的比例调整所有控制杆的距离，如图10-54所示。

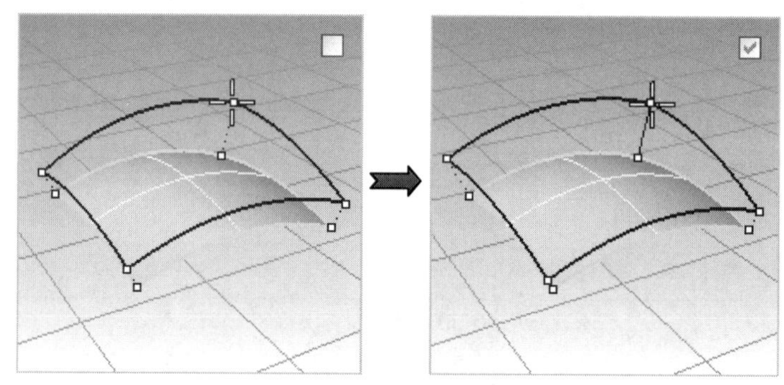
图10-54　连结控制杆

- 新增控制杆：加入一个调整偏移距离的控制杆，如图10-55所示。

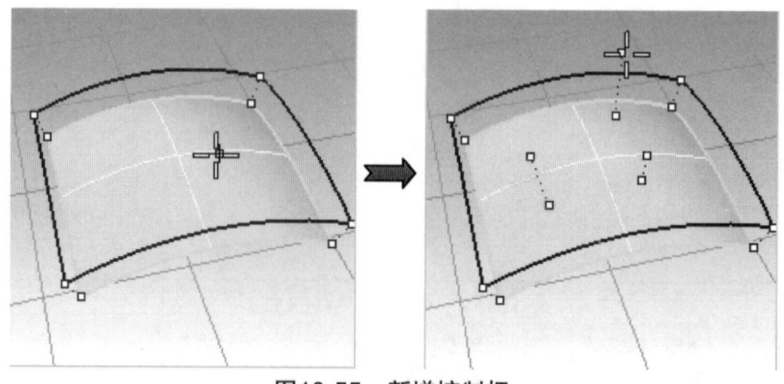
图10-55　新增控制杆

● 边相切：维持偏移曲面边缘的相切方向和原来的曲面一致，如图10-56所示。

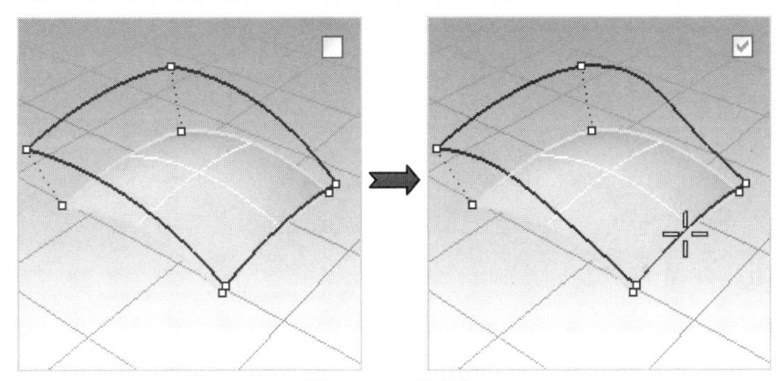

图10-56 边相切

动手操作——不等距偏移曲面

01新建Rhino文件。打开本例源文件“不等距偏移.3dm”，如图10-57所示。

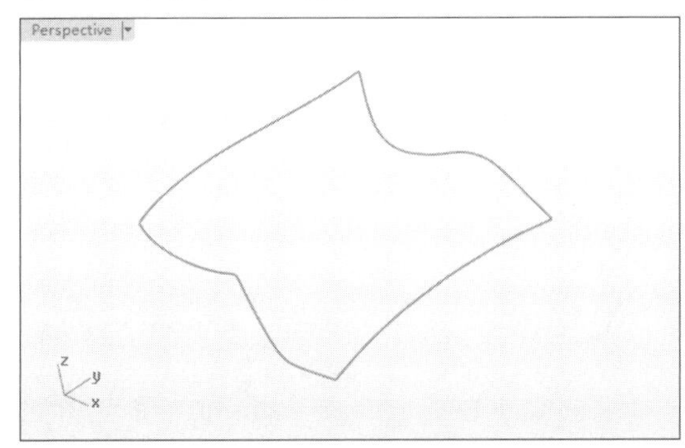

图10-57 打开的源文件

02利用【以二、三或四条边缘曲线建立曲面】工具，建立边缘曲面，如图10-58所示。

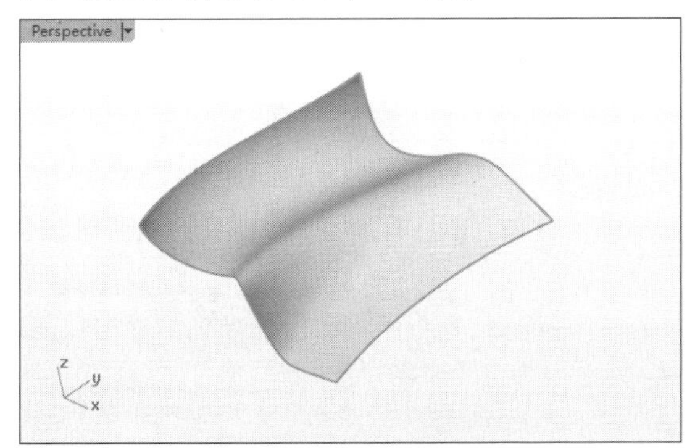

图10-58 建立边缘曲面

03单击【不等距偏移曲面】按钮，选取要不等距偏移的曲面（边缘曲面），视窗中显示预览，如图10-59所示。

04选取要移动的控制点，如图10-60所示。

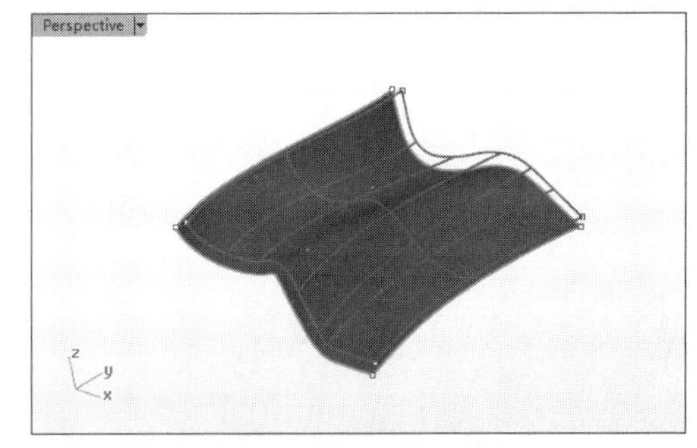

图10-59 选取要偏移的曲面

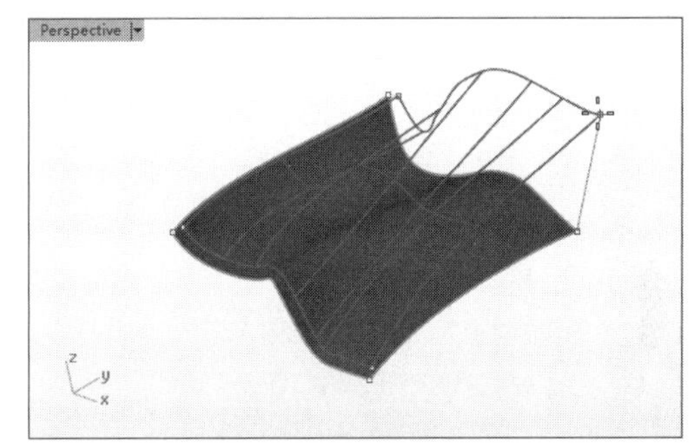

图10-60 移动控制点

05右击，完成不等距偏移曲面的建立，如图10-61所示。

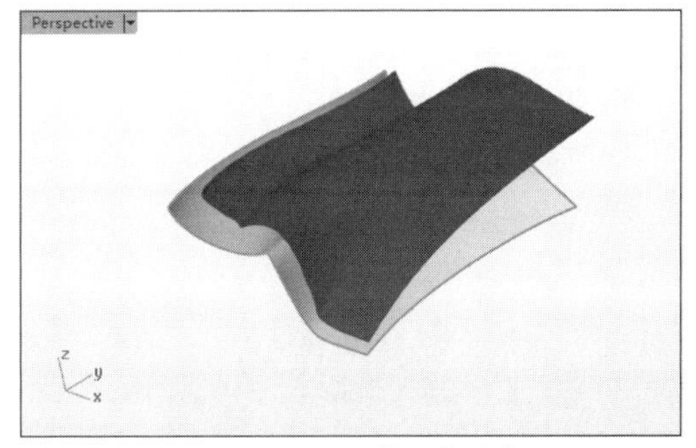

图10-61 建立不等距偏移曲面

10.5 其他曲面编辑工具

【曲面工具】标签中还有几个曲面编辑工具，可以帮助快速建模。

10.5.1 设置曲面的正切方向

【设置曲面的正切方向】工具用来修改曲面未修剪边缘的正切方向。

动手操作——设置曲面的正切方向

01新建Rhino文件。打开本例源文件“修改正切方向.3dm”，如图10-62所示。

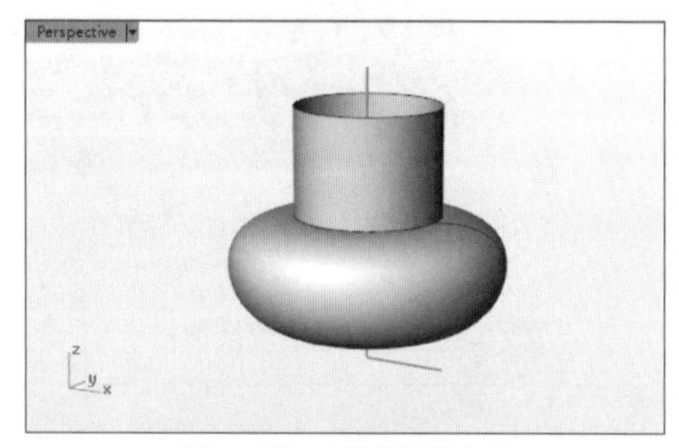

图10-62 打开的源文件

02单击【设置曲面的正切方向】按钮，然后选取未修剪的外露边缘，如图10-63所示。

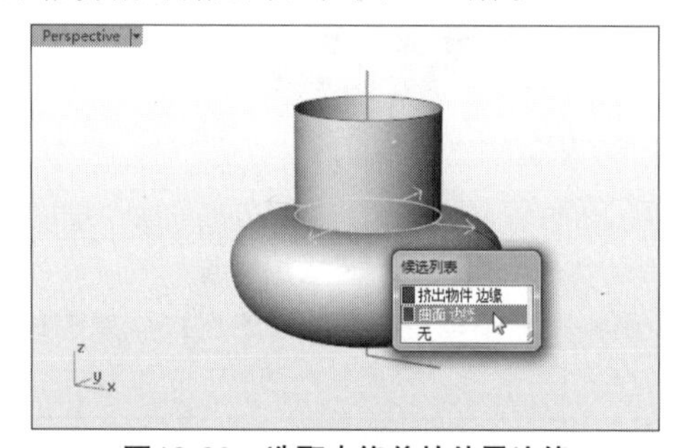

图10-63 选取未修剪的外露边缘

03再选取正切方向的基准点和方向的第二点，如图10-64所示。

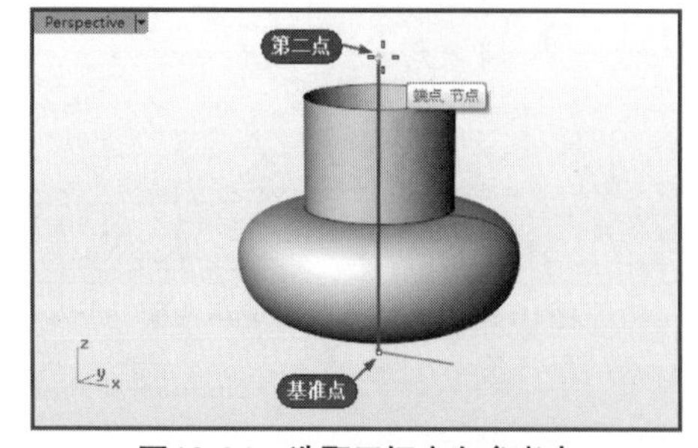

图10-64 选取正切方向参考点

04随后完成修改，结果如图10-65所示。

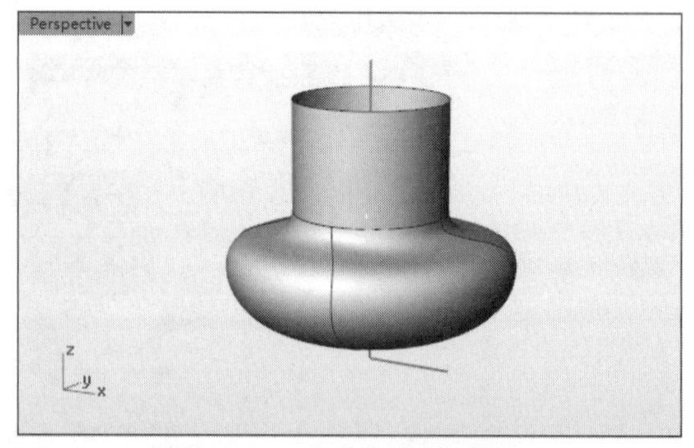

图10-65 完成曲面正切修改

10.5.2 对称

【对称】工具跟【曲线工具】标签中的【对称】工具是同一工具，用于镜像曲线或曲面，使两侧的曲线或曲面正切，当编辑一侧的物件时，另一侧的物件会做对称性的改变。

使用该工具时必须确保【建构历史设定】工具可用。在【建构历史】标签中单击【建构历史设定】按钮即可。

10.5.3 在两个曲面之间建立均分曲面

【在两个曲面之间建立均分曲面】工具跟【曲线工具】标签下的【在两条曲线之间建立均分曲线】工具类似，操作方法也相同。

动手操作——在两个曲面之间建立均分曲面

01新建Rhino文件。

02利用【角对角】工具建立两个平面曲面，如图10-66所示。

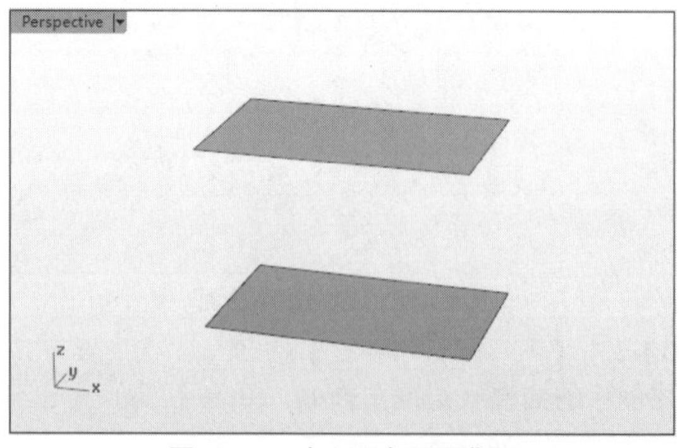

图10-66 建立两个平面曲面

03单击【在两个曲面之间建立均分曲面】按钮，然后选取起点曲面和终点曲面，随后显示默认的曲面预览，如图10-67所示。

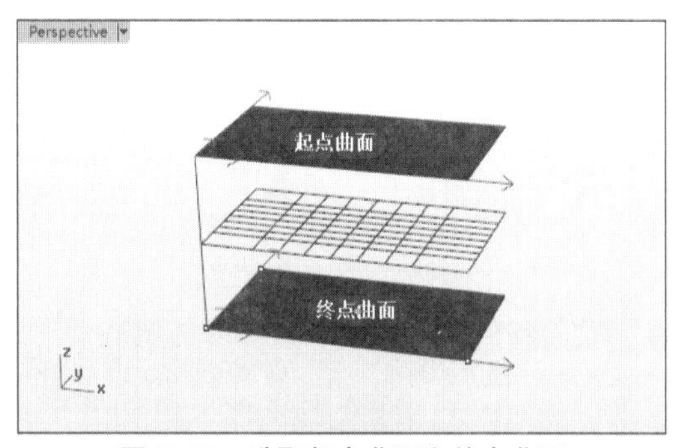

图10-67　选取起点曲面和终点曲面

04在命令行设置曲面的数目为3，最后右击完成均分曲面操作，如图10-68所示。

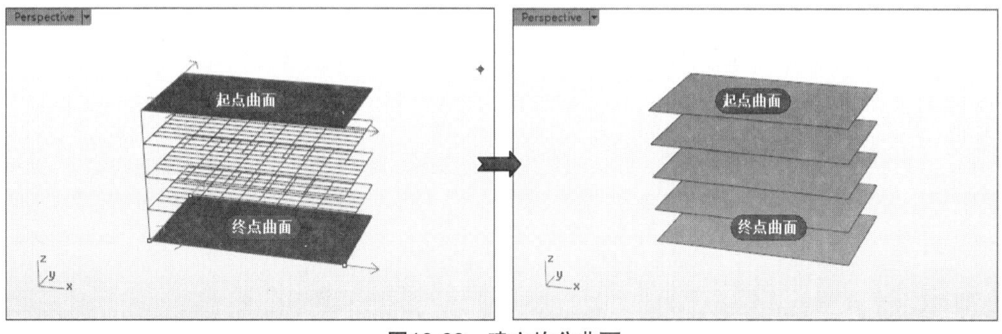

图10-68　建立均分曲面

10.6 实战案例——制作苹果电脑机箱模型

引入文件：动手操作\源文件\Ch10\电脑机箱位图\01.jpg、02.jpg、03.jpg
结果文件：动手操作\结果文件\Ch10\苹果电脑机箱.3dm
视频文件：视频\Ch10\制作苹果电脑机箱.avi

苹果电脑机箱如图10-69所示。整个造型可由几个不同的立方体按照不同的组合剪切得来，在创建过程中，需要注意整个模型的连贯性、流畅性。

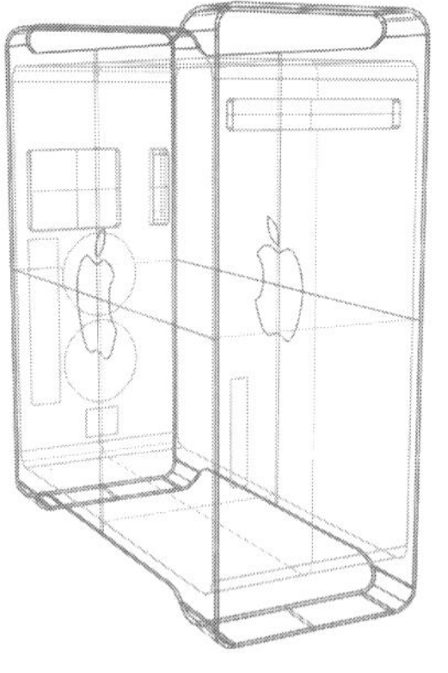

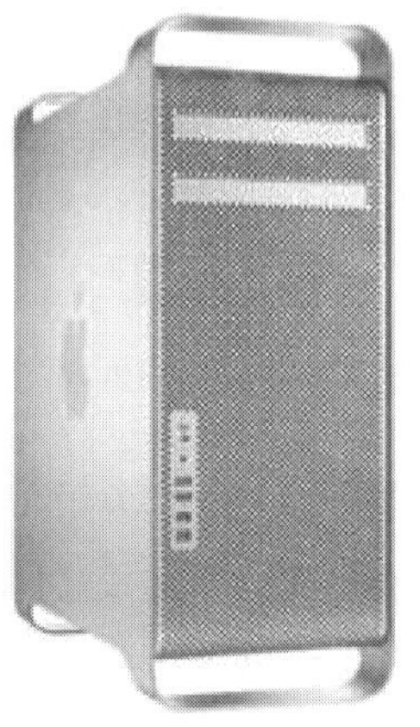

图10-69　苹果电脑机箱

在建模过程中采用了以下基本方法。

- 导入背景图片为创建模型作参考。
- 创建轮廓曲线，并以这些轮廓曲线利用【挤出】工具创建实体。
- 将创建的各个实体曲面进行布尔操作，保留或剪去各部分的曲面。
- 使用【分割】工具将整个机箱的前后部分的一些特殊位置分割出来，形成单独的曲面。
- 通过图层管理，最终将不同材质的曲面进行分组。

1. 系统设置

在创建模型之初，需要对Rhino的系统进行相关的设置，以针对不同的建模对象满足不同的要求。

01执行菜单栏中的【工具】|【选项】命令，打开【Rhino选项】对话框，在【文件属性】|【格线】选项标签下，进行如图10-70所示的设置。

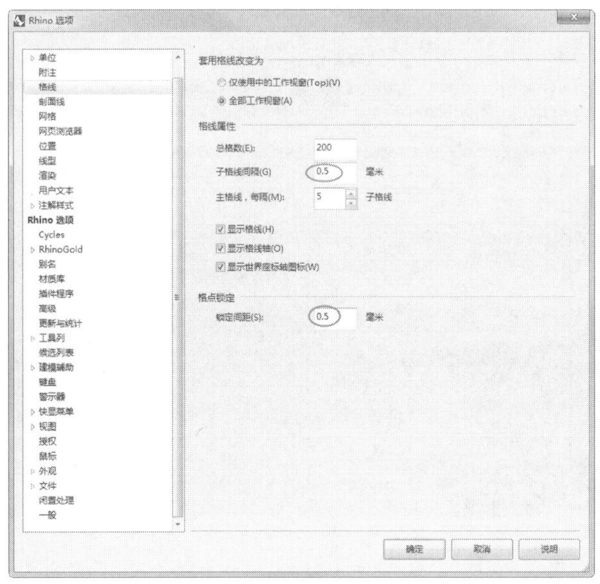

图10-70　Rhino选项设置

02执行菜单栏中的【实体】|【立方体】|【角对角、高度】命令，在Front正交视图中任意处单击，然后在命令行中出现“底面的另一角或长度”提示时输入“R20,50”，右击确定，然后在命令行中出现“高度、按Enter键套用宽度”时输入48，再次右击确定，完成立方体的创建。

> **技术要点：**上面的“R20,50”中的R表示“相对”的意思，表示相对于第一个角的位置。如果直接输入“20,50”，则会在坐标轴绝对位置处创建一个点，作为第二个角的位置。

03开启状态栏处的【锁定格点】，然后在不同视图中单击选取立方体，将其拖动到视图中心的位置，最终使立方体的中心落在各视图的原点处，如图10-71所示。

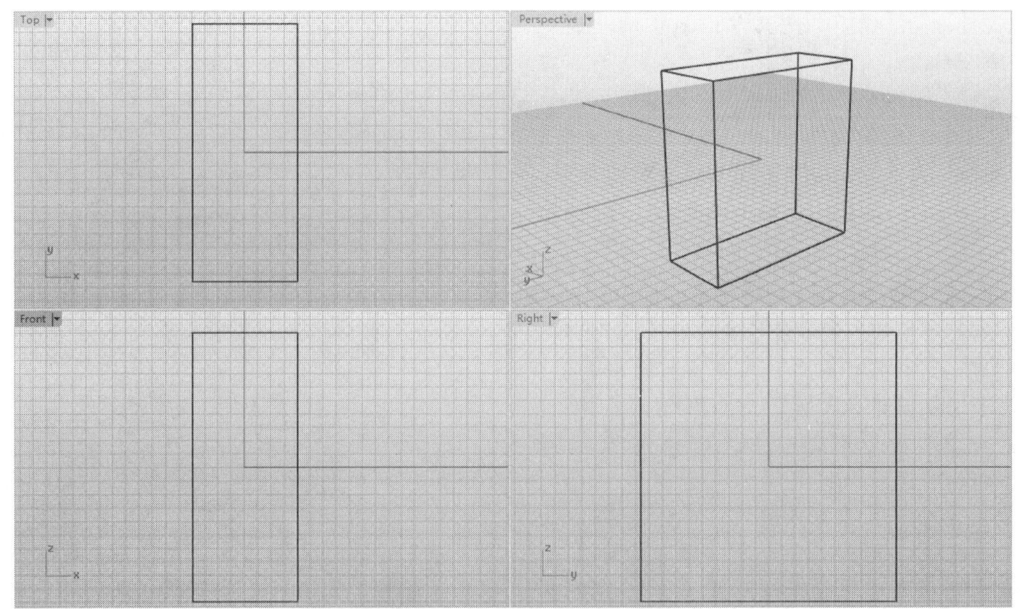

图10-71　创建立方体并锁定格点

2. 导入背景图片

01在Front正交视图处于激活的状态下，执行菜单栏中【查看】|【背景图】|【放置】命令，在弹出的对话框中找到机箱正面背景图片，单击【打开】按钮，然后开启【锁定格点】，在Front正交视图中依据前面创建的立方体两对角的位置，放置背景图片，如图10-72所示。

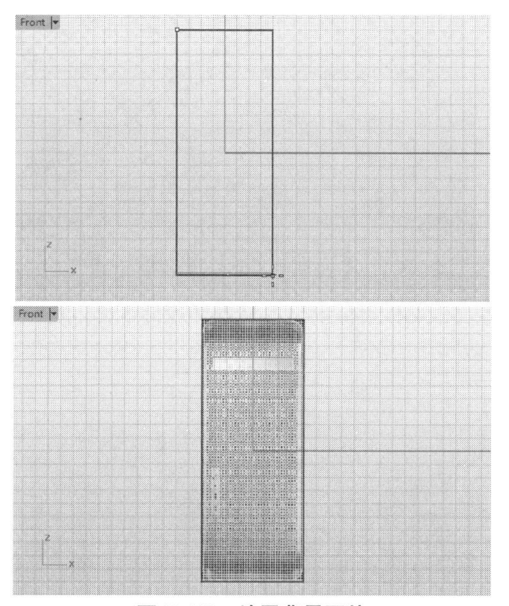

图10-72 放置背景图片

02依照类似的方法，在Right正交视图中放置机箱侧面的背景图片，在背景图片导入完成后，删除前面创建的立方体。按F7键，可以隐藏当前视图的格线，如图10-73所示。

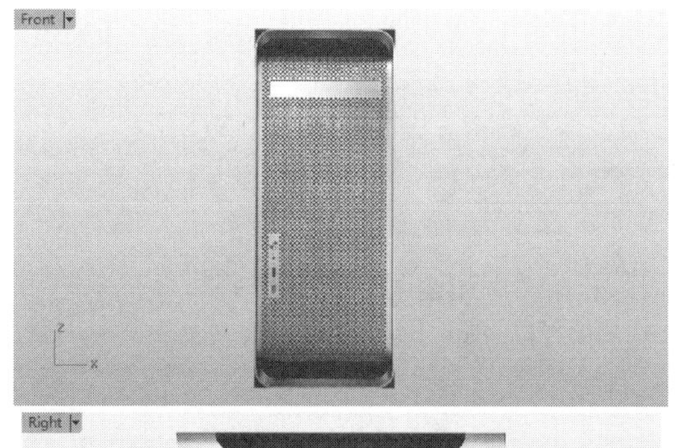

图10-73 在其他视图中放置背景图片

3. 创建机箱模型

在导入背景图片之后，接下来将以这两个背景图片为参考来创建机箱的主体部分。在创建模型过程中，为了方便用户的学习，这里采用了具体的尺寸标准。

01执行菜单栏中的【曲线】|【矩形】|【角对角】命令，然后在命令行中单击【圆角（R）】选项，在Front正交视图中，参照背景图片的左下角，单击确定第一个角点，然后在命令行中输入“R20,50”，右击确定，紧接着在命令行中输入2，作为圆角半径的大小，再次右击确定，矩形曲线创建完成，如图10-74所示。

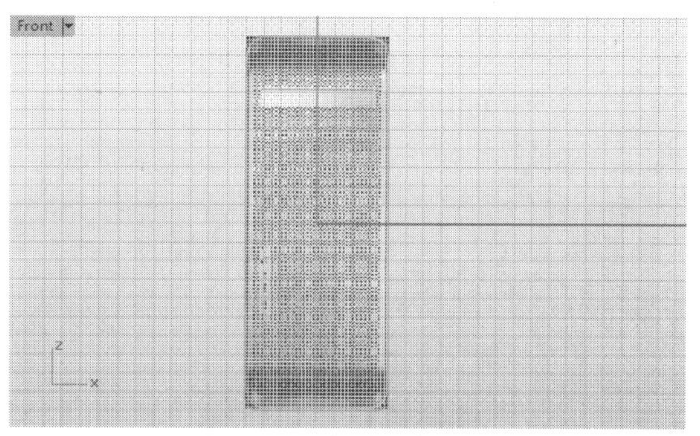

图10-74 创建圆角矩形

02在Front正交视图处于激活状态下，执行菜单栏中的【查看】|【背景图】|【隐藏】命令，背景图片将会隐藏，选取矩形曲线，开启【锁定格点】，稍稍移动矩形曲线，使它的中心同样位于原点处，如图10-75所示。

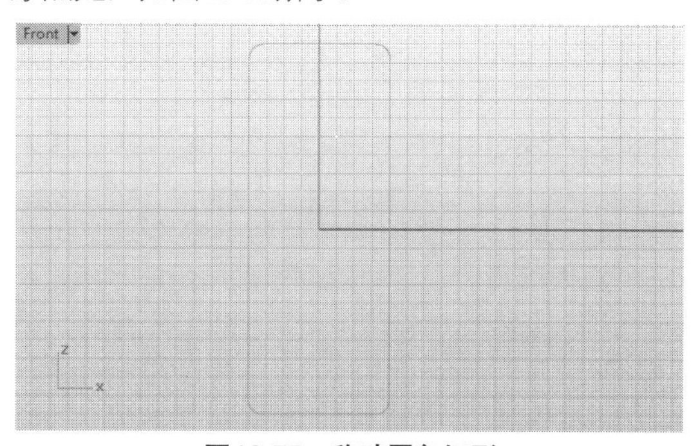

图10-75 移动圆角矩形

03执行菜单栏中的【曲线】|【偏移】|【偏移曲线】命令，选取曲线1，在命令行中输入0.3，作为曲线要偏移的距离，在Front正交视图中确定偏移的方向向内，左键单击，创建曲线1的偏移曲线2，如图10-76所示。

04执行菜单栏中的【实体】|【挤出平面曲线】|【直线】命令，选取曲线1、曲线2，右击确认，在命令行中单击【两侧（B）】选项，以曲线的两侧创建实体，然后输入25，作为挤出的长度，

再次右击确定，创建出挤出曲面，如图10-77所示。

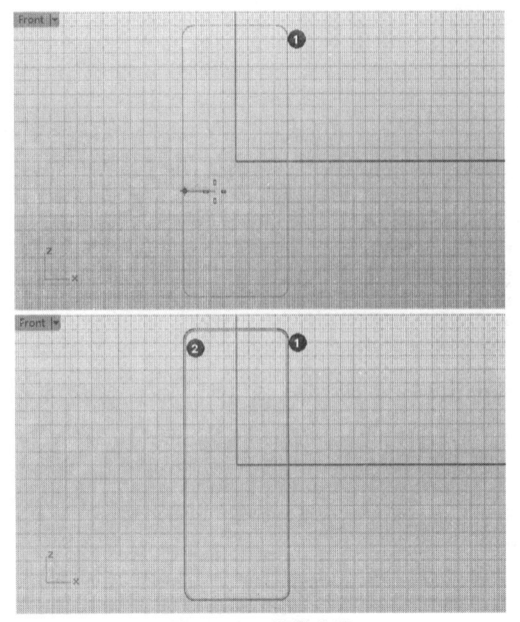

图10-76 偏移曲线

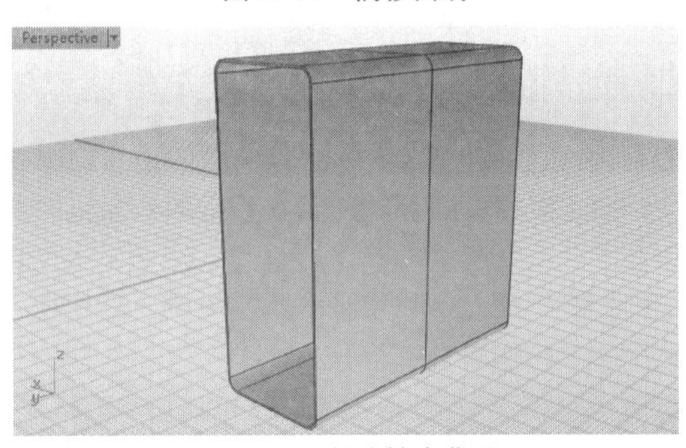

图10-77 创建挤出曲面

05执行菜单栏中的【曲线】|【矩形】|【角对角】命令，然后在命令行中单击【圆角（R）】选项，在Right正交视图中任意处单击，确定第一个角点，然后在命令行中输入“R48,58”，右击确定，紧接着在命令行中输入2，作为圆角半径的大小，再次右击确定，矩形曲线创建完成，如图10-78所示。

图10-78 创建圆角矩形曲线

06在Right正交视图中，选取刚刚创建的矩形曲线3，将其移动到矩形曲线中心与原点重合处，如图10-79所示。

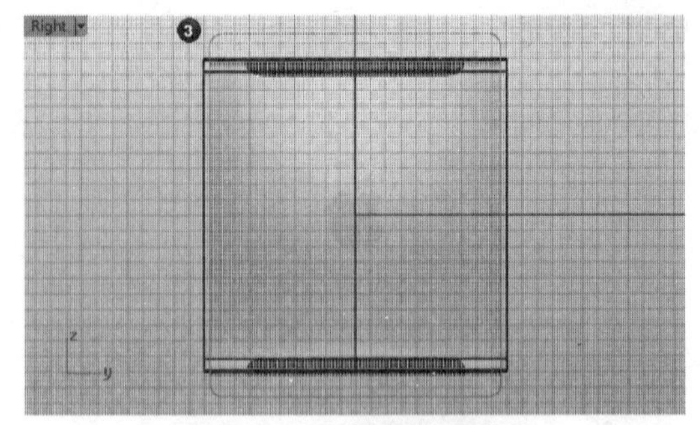

图10-79 移动圆角矩形曲线

07在矩形曲线3处于选取的状态下，执行菜单栏中的【编辑】|【控制点】|【开启控制点】命令，曲线3上将显示控制点，移动这些控制点以改变曲线的形状，效果如图10-80所示。

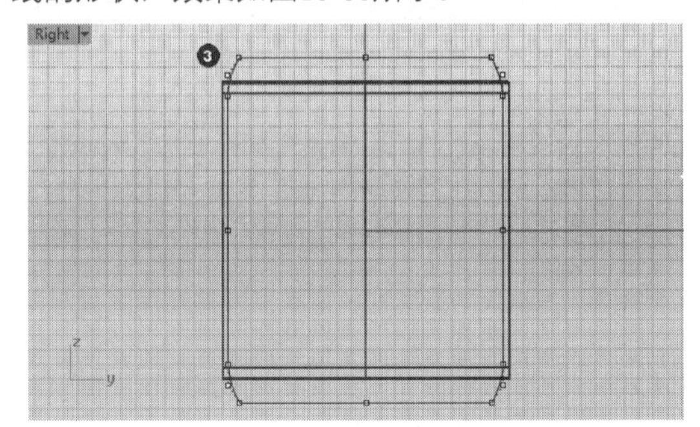

图10-80 调整圆角矩形曲线

08执行菜单栏中的【编辑】|【控制点】|【关闭控制点】命令，曲线上的控制点将不再显示。执行菜单栏中的【实体】|【挤出平面曲线】|【直线】命令，选取曲线3，右击，在命令行中输入12，右击确定，创建挤出曲面，如图10-81所示。

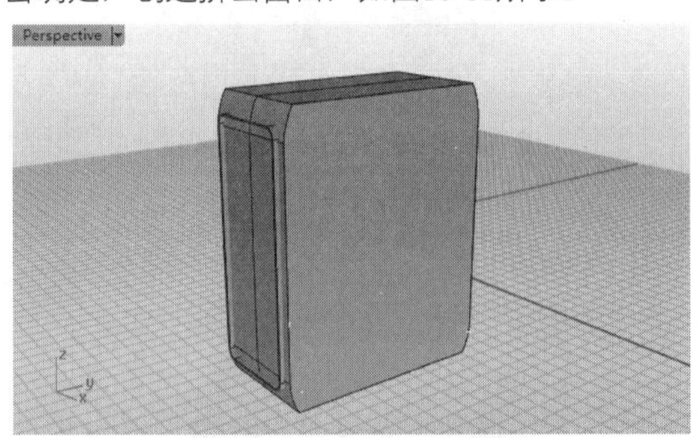

图10-81 创建挤出曲面

09执行菜单栏中的【实体】|【交集】命令，选取刚刚创建的挤出曲面，右击确定，然后选取前面创建的挤出曲面，右击确定，该命令将保留两曲面相交的部分，删除其余的部分，如图10-82所示。

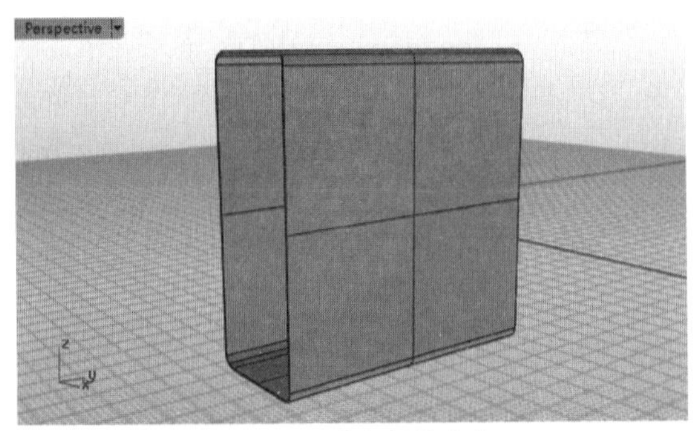

图10-82　布尔运算交集

10执行菜单栏中的【曲线】|【矩形】|【角对角】命令，继续在Right正交视图中单击确定第一个角点，然后在命令行中输入“R37,6”，右击确定，然后将这条矩形，即曲线4，依据背景图片移动到机箱的上侧，如图10-83所示。

图10-83　创建矩形曲线

11执行菜单栏中的【曲线】|【曲线圆角】命令，在命令行中输入3，右击确定，在曲线4下部的两个角点处创建圆角曲线，如图10-84所示。

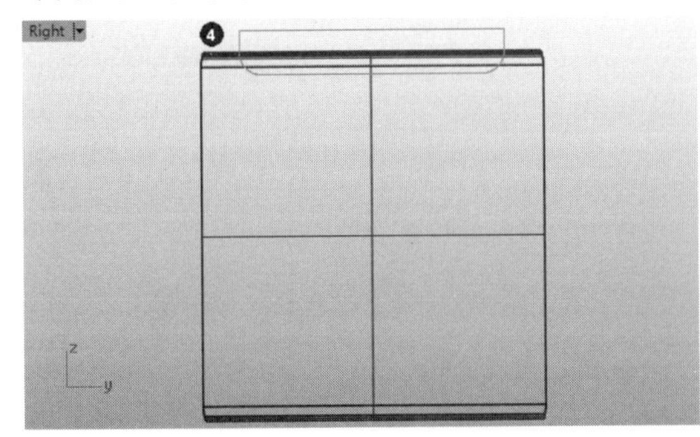

图10-84　创建曲线圆角

12执行菜单栏中的【变动】|【镜像】命令，选取曲线4，右击，以水平坐标轴为镜像轴，创建曲线5，如图10-85所示。

13参照背景图片，稍稍移动这两条轮廓曲线，使其与背景图片相吻合，如图10-86所示。如有必要可开启曲线的控制点，并通过移动控制点修改曲线。

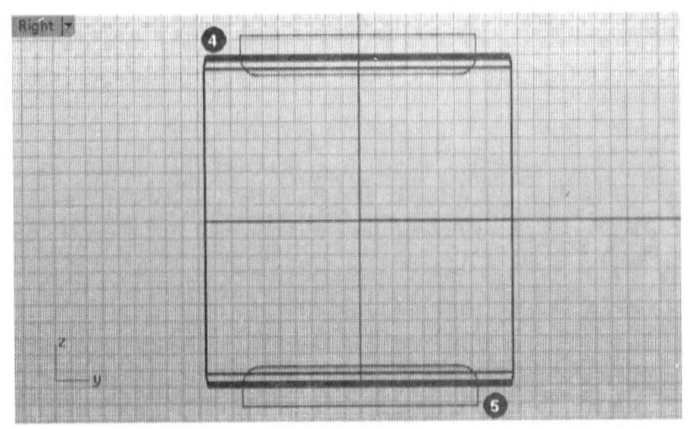

图10-85　创建镜像副本

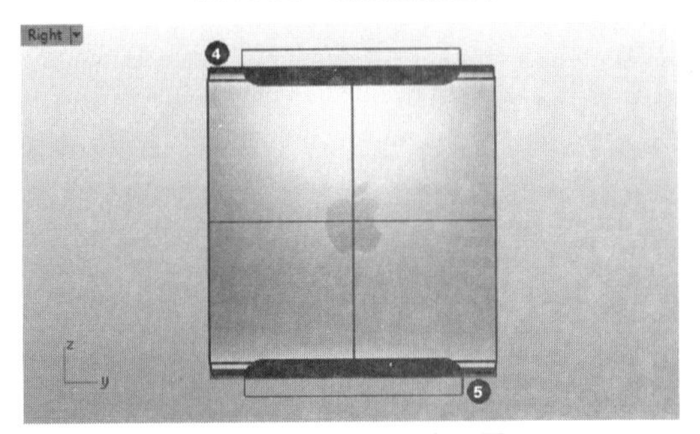

图10-86　调整曲线位置

14执行菜单栏中的【实体】|【挤出平面曲线】|【直线】命令，选取曲线4、曲线5，右击确定，在命令行中输入12，右击确定，如图10-87所示。

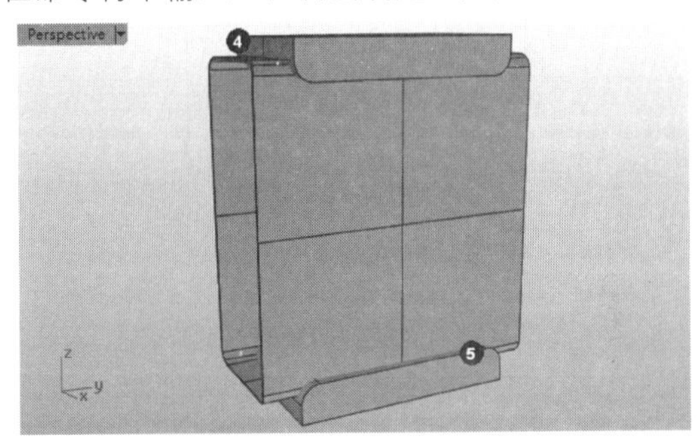

图10-87　创建挤出曲面

15执行菜单栏中的【实体】|【差集】命令，选取机箱外壳曲面A，右击确定，然后选取刚刚创建的两块拉伸曲面，右击确定完成，如图10-88所示。

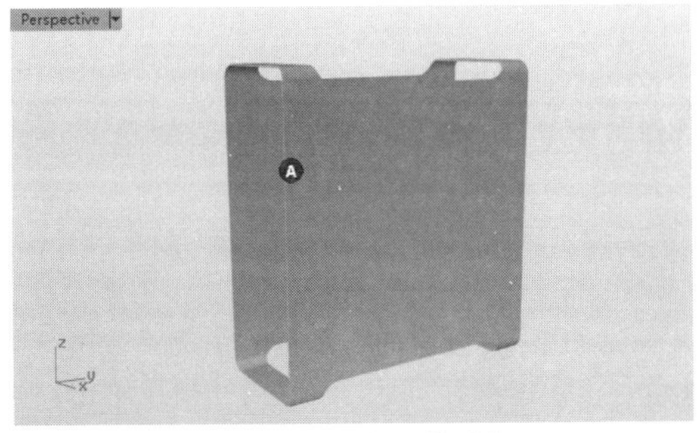

图10-88　布尔运算差集

16执行菜单栏中的【曲线】|【矩形】|【角对角】命令，然后在命令行中单击【圆角（R）】选项，在Right正交视图中，单击确定第一个角点，然后在命令行中输入“R46,42”，右击确定，紧接着在命令行中输入1.5，作为圆角半径的大小，再次右击确定，矩形曲线6创建完成，如图10-89所示。

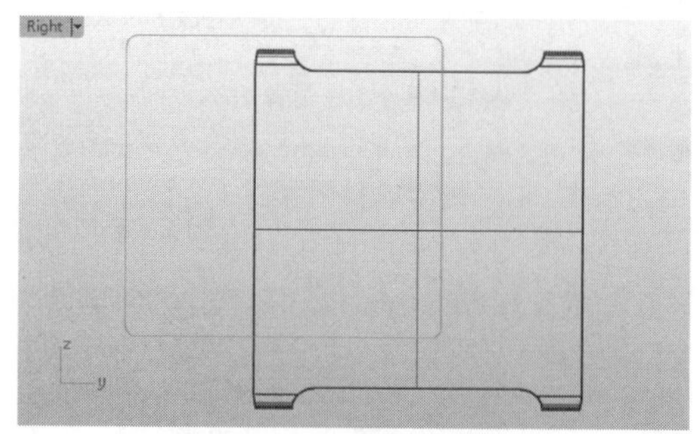

图10-89　创建圆角矩形曲线

17执行菜单栏中的【变动】|【移动】命令，开启【正交】、【锁定格点】、【物件锁点】等，将曲线6移动到其中心与原点重合处，如图10-90所示。

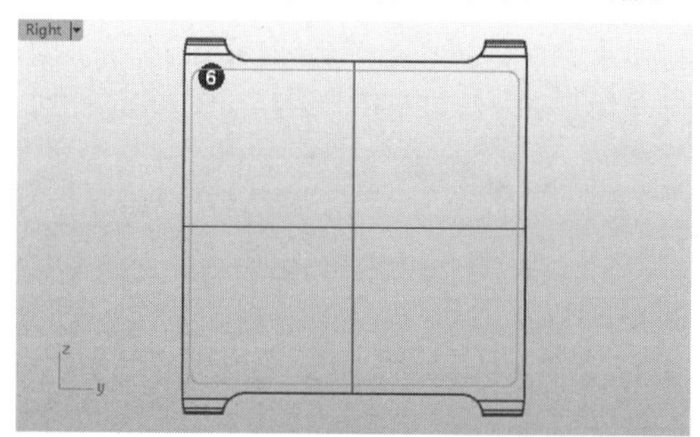

图10-90　移动圆角矩形曲线

18执行菜单栏中的【实体】|【挤出平面曲线】|【直线】命令，选取曲线6，右击，在命令行中输入9.7，再次右击确定。创建挤出曲面（创建过程中确保【两侧（B）=是】选项的存在），如图10-91所示。

19至此，就已创建出机箱的整体模型，接下来在整体模型的基础上在机箱前后面分割曲面，在侧面创建Logo等，如图10-92所示。

4. 创建机箱细节

01执行菜单栏中的【查看】|【工作视窗配置】|【新增工作视窗】命令，视图中将出现一个新的工作窗口，默认情况下，这个窗口为新增的Top正交视图窗口，如图10-93所示。

02在新增的工作视窗处于激活的状态下，执行菜单栏中的【查看】|【设置视图】|Back命令，当前工作视图将变为Back正交视图窗口，如图10-94所示。

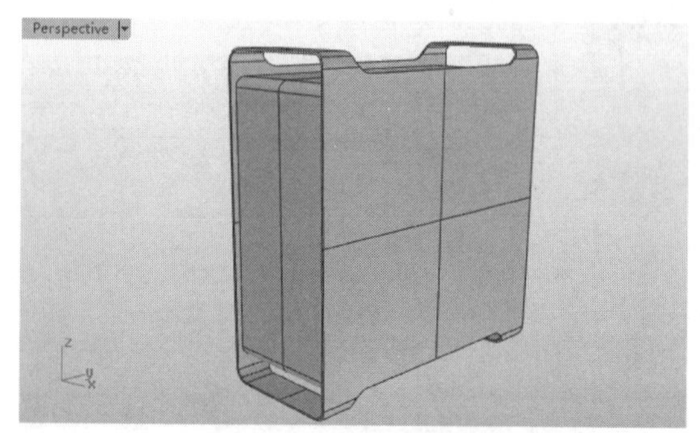

图10-91　挤出平面曲线

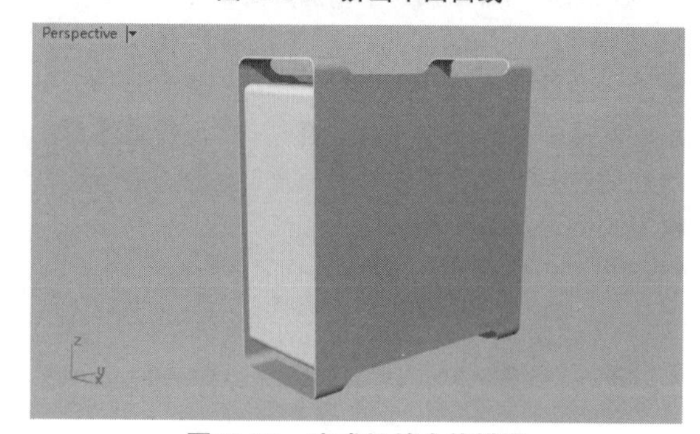

图10-92　完成机箱大体模型

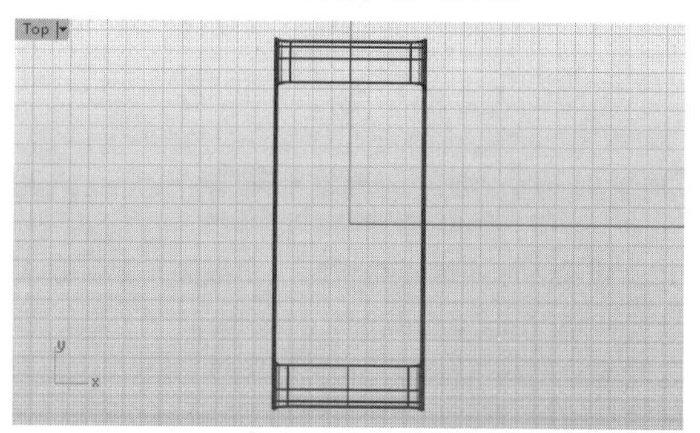

图10-93　新增工作视窗

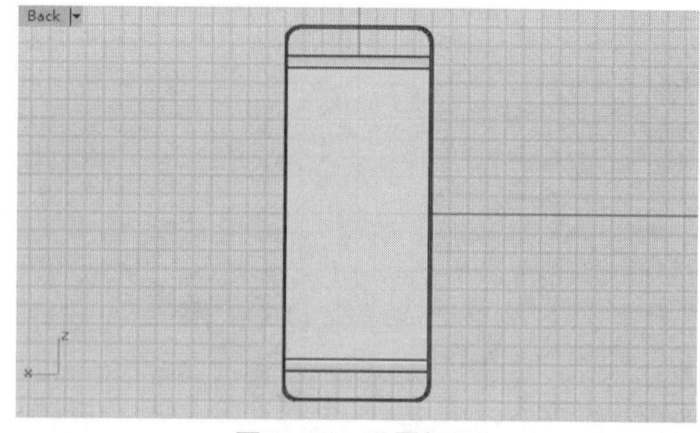

图10-94　设置视图

03在Back正交视图处于激活状态下，执行菜单栏中的【查看】|【背景图】|【放置】命令，将机箱背部参考图片导入Back正交视图中，如图10-95所示。

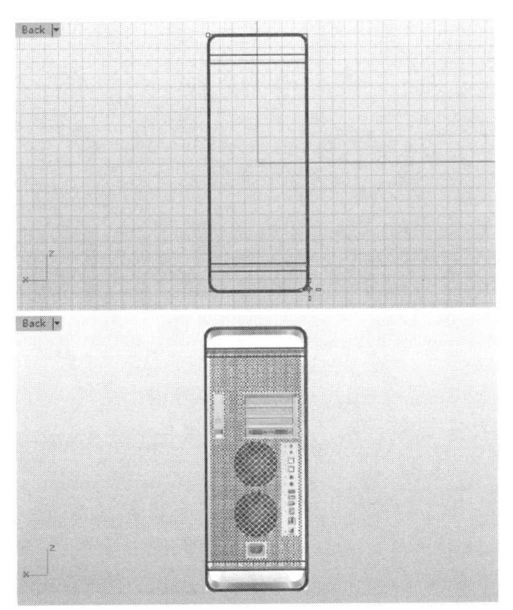

图10-95　放置背景图片

04依据Front正交视图、Back正交视图中的背景参考图片，执行菜单栏中的【曲线】|【矩形】|【角对角】命令，创建几条矩形曲线，如图曲线1（圆角矩形）、曲线2（一般矩形）、曲线3（圆角矩形），如图10-96所示。

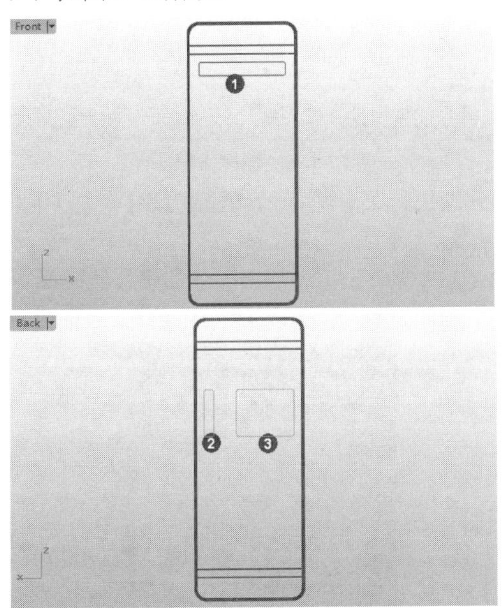

图10-96　创建几条矩形曲线

05在Top正交视图中将曲线1移动到机箱曲面的下侧位置，将曲线2、曲线3移动到机箱曲面的上侧位置如图10-97所示。

06执行菜单栏中的【实体】|【挤出平面曲线】|【直线】命令，选取曲线1、曲线2、曲线3，右击确定，在命令行中输入2.5，再次右击确定，以这3条曲线创建3个挤出曲面（记得开启【两侧（B）】选项），如图10-98所示。

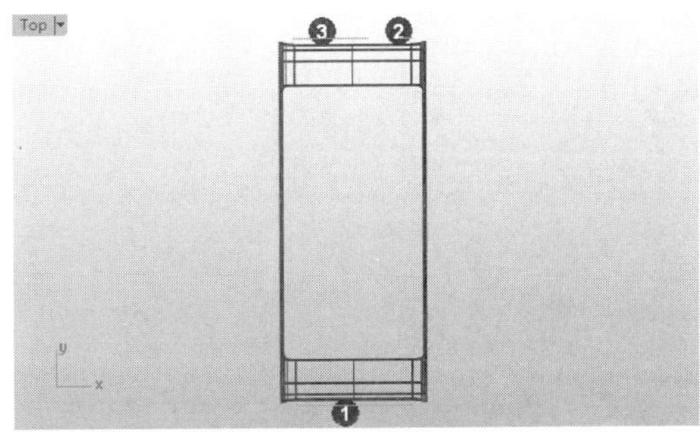

图10-97　移动曲线位置

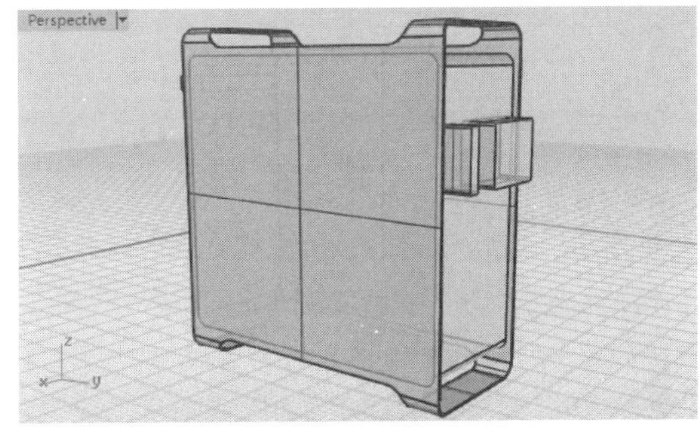

图10-98　创建挤出曲面

07选取箱体曲面，然后执行菜单栏中的【实体】|【差集】命令，选取3个刚刚创建的挤出曲面，右击确定，如图10-99所示。

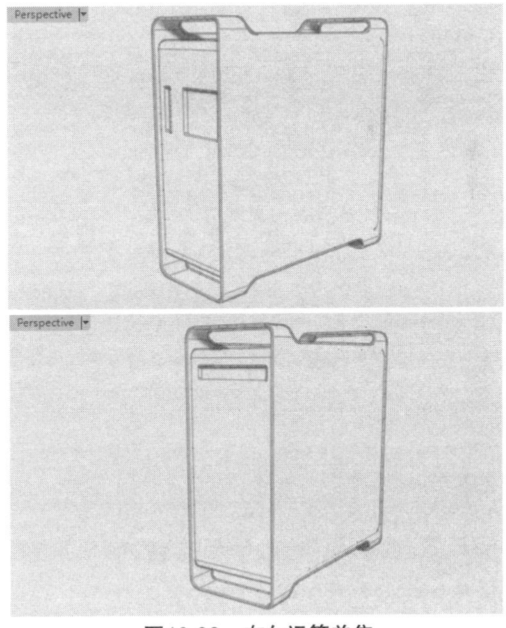

图10-99　布尔运算差集

08执行菜单栏中的【实体】|【边缘圆角】|【边缘圆角】命令，然后在命令行中输入0.6，右击确定，选取机箱后部边缘，然后连续右击确定，完成创建圆角曲面，如图10-100所示。

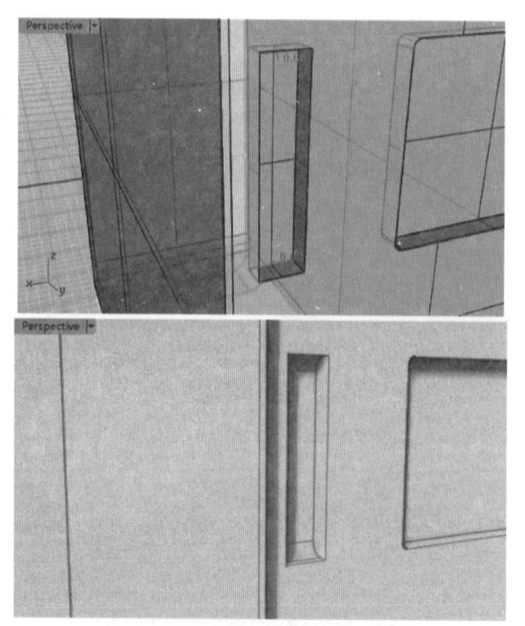

图10-100　创建不等距边缘圆角

09执行菜单栏中的【曲线】|【从物件建立曲线】|【复制边缘】命令，选取4条边缘线，右击确定，这4条边缘将被复制出来，如图10-101所示。

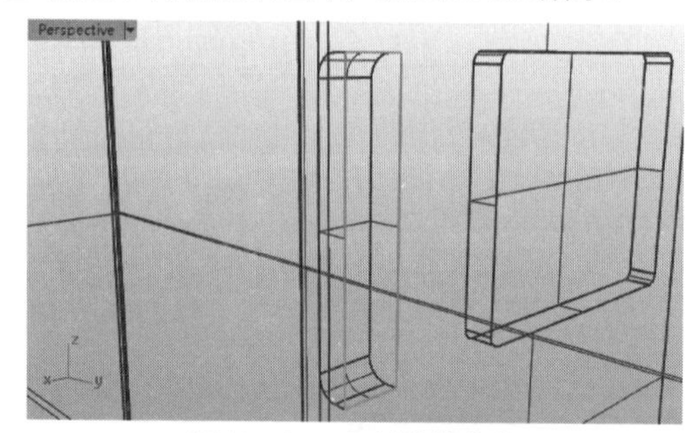

图10-101　复制边缘曲线

10执行菜单栏中的【编辑】|【组合】命令，依次选取刚刚创建的4条曲线，右击确定，4条曲线被组合到一起。执行菜单栏中的【编辑】|【控制点】|【开启控制点】命令，将这条组合曲线的控制点显示出来，如图10-102所示。

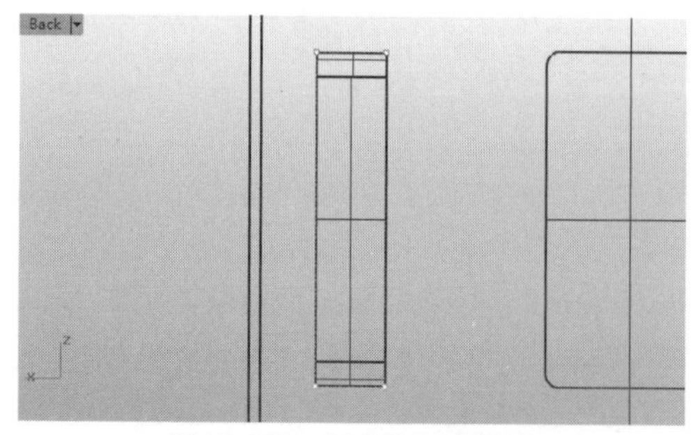

图10-102　开启控制点显示

11在Back正交视图中，将这条组合曲线的下部两个控制点垂直向上平移1.5的距离，如图10-103所示。

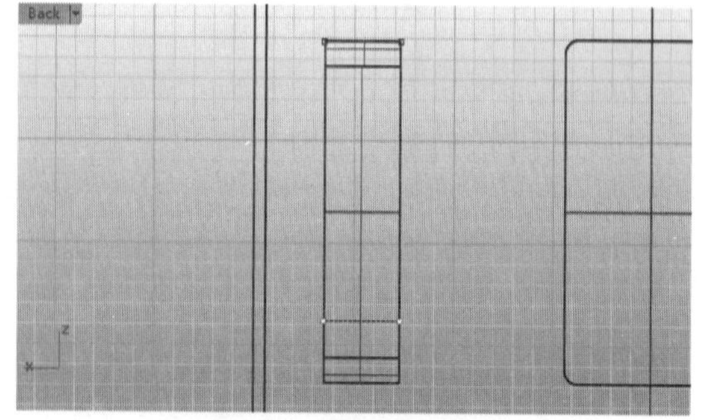

图10-103　移动控制点

12执行菜单栏中的【编辑】|【控制点】|【关闭控制点】命令。然后选取这条多重曲线，执行菜单栏中的【实体】|【挤出平面曲线】|【直线】命令，在命令行中单击【两侧（B）=是】使其更改为【两侧（B）=否】，并输入-0.3，右击确定，创建挤出曲面，如图10-104所示。

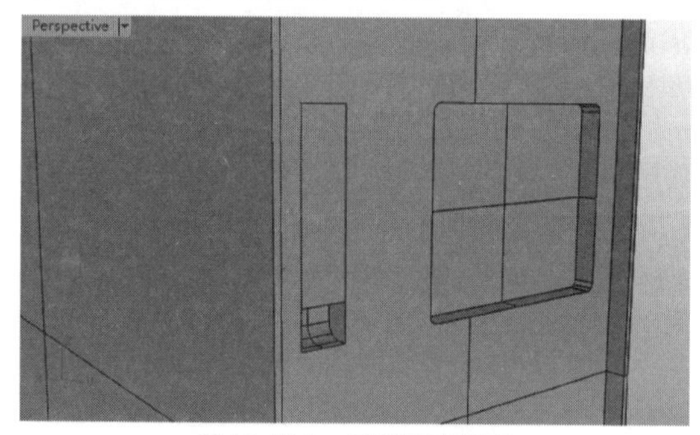

图10-104　创建挤出曲面

13分别执行菜单栏中的【曲线】|【矩形】|【角对角】、【圆】|【中心点、半径】命令，在Back正交视图中依据参考图片创建几条曲线，如图10-105所示。

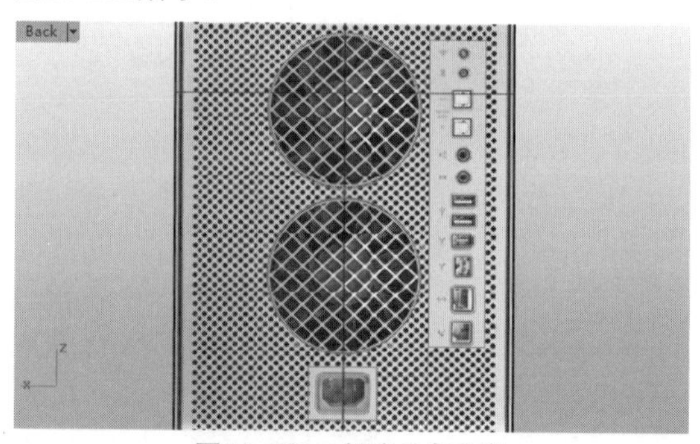

图10-105　创建几条曲线

14执行菜单栏中的【曲面】|【挤出曲线】|【直线】命令，以刚刚创建的几条曲线创建挤出曲面，挤出距离设定为30，如图10-106所示。

15执行菜单栏中的【编辑】|【分割】命令，选取箱体曲面，右击确定，然后选取刚刚创建的几个

曲面，右击确定。最后删除这几个挤出曲面，如图10-107所示。

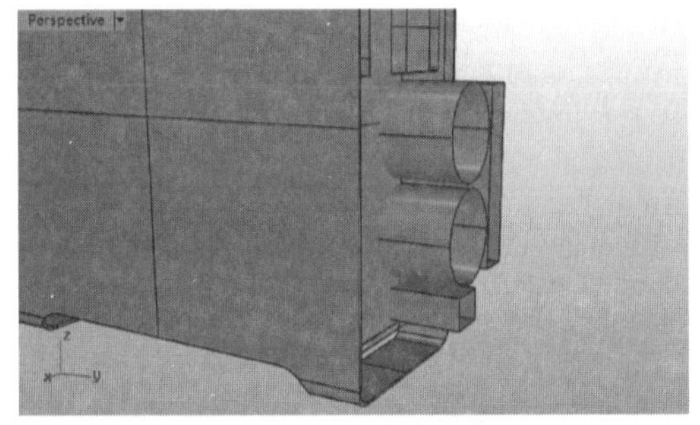

图10-106　创建挤出曲面

图10-107　分割曲面

16用同样的方法，在Front正交视图中，依据参考图片创建一条曲线，并以它创建挤压曲面，对箱体前侧曲面进行分割，如图10-108所示。

图10-108　继续分割曲面

17执行菜单栏中的【曲线】|【自由造型】|【控制点】命令，在Right正交视图中，依据参考图片上的Logo图标，创建几条曲线，并开启控制点，再移动控制点，修改曲线，如图10-109所示。

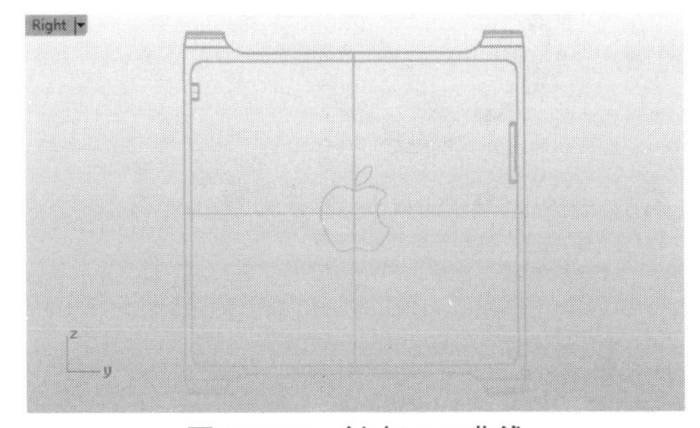

图10-109　创建Logo曲线

18执行菜单栏中的【变动】|【镜像】命令，在Right正交视图中，选取曲线1、曲线2，以垂直坐标轴为镜像轴，创建出它们的镜像副本，如图10-110所示。

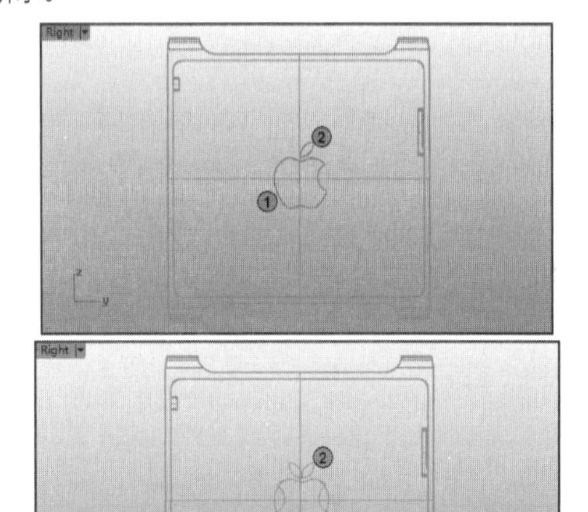

图10-110　创建镜像副本

19执行菜单栏中的【曲面】|【挤出曲线】|【直线】命令，在Top正交视图中，将这两组Logo曲线一组向左挤出，一组向右挤出，创建挤出曲面，如图10-111所示。

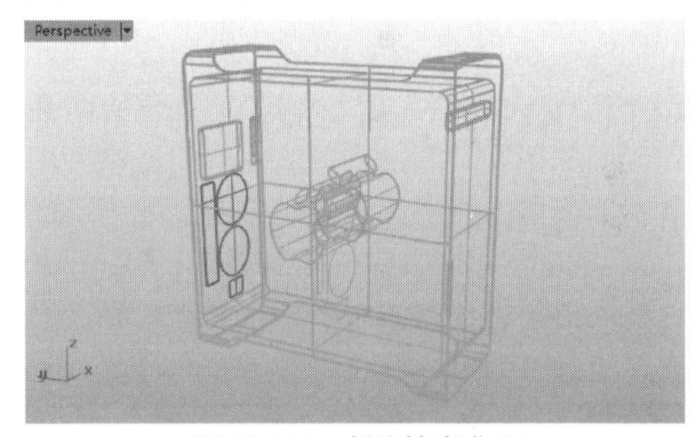

图10-111　创建挤出曲面

20执行菜单栏中的【编辑】|【分割】命令，以刚刚创建的挤出曲面对机箱外壳曲面进行分割，分割出两侧的Logo曲面，如图10-112所示。

图10-112　分割曲面

5. 分层管理

01在前面的操作步骤中，很多之前创建的曲线没有显示，这些曲线并没有被删除，而是分配到了一个特定的图层，然后将该图层隐藏了，如图10-113所示。

默认图层
图层 01
图层 02
构造线
图层 04
图层 05

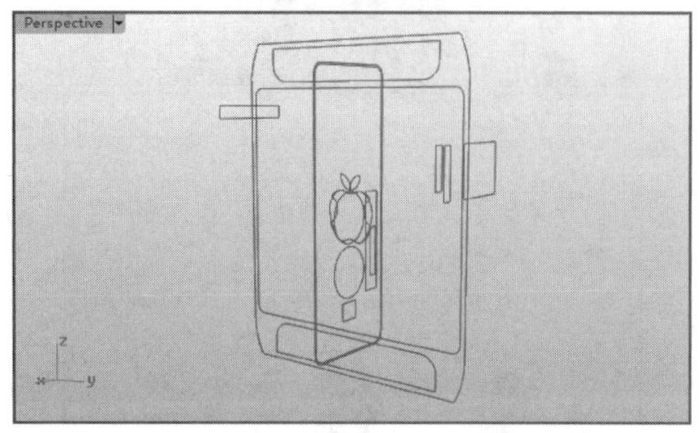

图10-113　隐藏曲线所在的图层

> **技术要点：**在Rhino界面的状态栏处有快捷的图层管理模块，通过它可以对模型进行部分隐藏、分配图层、锁定、更改颜色等操作。在Rhino界面的右侧有图层管理区域，在其中可以进行新建图层、重命名图层等高级的图层操作。

02在模型创建完成之后，把不同材质的曲面分配到不同的图层，可以节省渲染时间。在刚刚创建的机箱模型中，有组合曲面需要分配到不同图层，对其执行菜单栏中的【编辑】|【炸开】命令，然后选择单一的曲面并将它们分配到不同的图层，如图10-114所示。

图10-114　续

图10-114　分配图层

03分配完图层后，执行菜单栏中的【文件】|【保存文件】命令，将其保存。

10.7 课后练习

罗技鼠标的造型如图10-115所示，由几个不同的立方体按照不同的组合修剪得到，在创建过程中，需要注意整个模型的连贯性、流畅性。

建模步骤如下。

01导入背景图片为创建模型作参考。

02创建轮廓曲线，并以这些轮廓曲线利用【挤出】工具创建实体。

03将创建的各个实体曲面进行布尔操作，保留或剪去各部分的曲面。

04通过图层管理，最终为不同材质的曲面进行分组。

图10-115　罗技鼠标

第11章 曲面连续性研究与分析

本章介绍高级NURBS建模中必备的NURBS曲面理论知识，包括灵活运用Rhino 6.0中的NURBS曲面生成、编辑、优化及分析工具制作各种造型的NURBS曲面。

项目分解

- 曲面品质判定方法
- 曲面的组成形式
- 曲面连续性
- 曲面优化工具
- 测量工具
- 曲线分析
- 曲面分析

11.1 曲面品质判定方法

NURBS曲线的品质直接影响NURBS曲面的品质。NURBS曲线的控制点越多，生成的NURBS曲面的控制点也就越多，曲面就越复杂。

在达到模型造型要求的前提下，尽量精简曲面的控制点会有很多的优点。

（1）曲面越简练，电脑运行和计算模型的时间就会越短，消耗电脑的资源就越少，占用内存也就越低，工作效率也就越高。

（2）曲面越简练，更能在视觉上给人美的享受。

（3）曲面越简练，ISO线显示就会越精确，视窗操作就越精准、越高效。

（4）曲面越简练，曲面光顺就越容易实现，反之则容易在曲面表面形成小的曲面起伏。

（5）曲面越简练，在做多曲面划分和连续面时就越容易成功。

（6）曲面越简练，后期模型渲染贴图时，更容易进行调整，效率更高。

总的来说，就是在符合造型要求的前提下，控制点越少，越精简高效的曲面，品质越高。

> **技术要点：**NURBS曲面质量的判定方法在实际的操作中应灵活运用，不同领域的模型所对应的曲面质量的标准并非都一样，应加以区别。

在不同的情况下，对模型曲面质量的要求并不都一样。但是在这其中还是有一些共通的原则。例如，在曲面造型达到所需精度要求的情况下，经过裁剪或裁切的曲面质量没有单一曲面好；多曲面边界相交共点形成极点的曲面没有无极点的曲面质量好；ISO多的曲面没有ISO少的曲面质量好。

如果模型是用于加工生产，数据传输至下游工程软件，那么在构建模型时应当尽量减少极点曲面的出现。

> **技术要点：**极点曲面是曲面边条界多点汇集在一点形成的特殊形式，在曲面传输至下游软件时会产生意想不到的错误，在实际的操作中应尽量减少这类情况的出现。

11.2 曲面的组成形式

在Rhino 6.0中标准的NURBS曲面为四边面，但是也存在一些非标准的曲面，如三边曲面、周期曲面、圆锥曲面、球曲面等较为特殊的NURBS曲面。

1. 三边曲面

在Rhino 6.0中很多曲面生成工具均可用于生成三边的NURBS曲面，如图11-1所示是用【双轨扫掠】工具生成的三边NURBS曲面。

单击左边栏中的【开启控制点】按钮开启控制点，如图11-2所示，可以发现三边的NURBS曲面实际上是一条边的控制点重合在一起了，从而使得这条边的长度为零，也就只留下三条边。

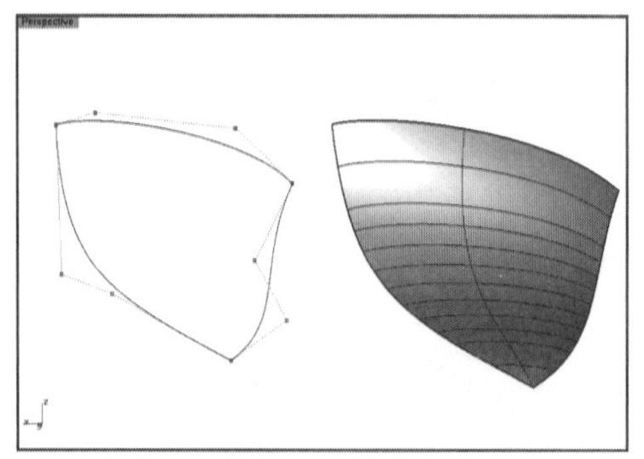

图11-1　三边曲面

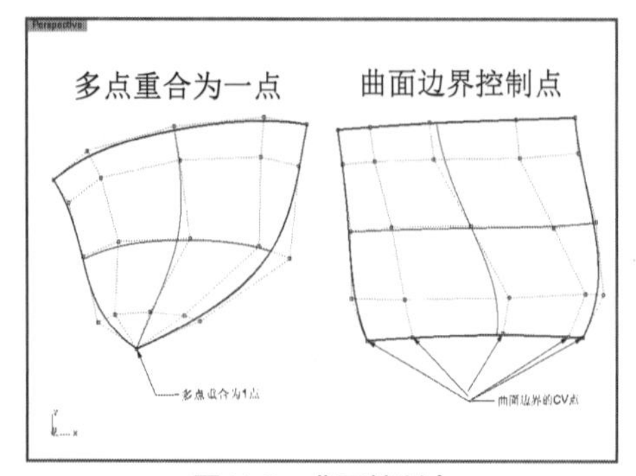

图11-2　曲面控制点

技术要点：在NURBS曲面类型中，四边面是最好的曲面构成方式，在实际的模型构建中应尽量避免三边面的出现。

2. 周期曲面

在Rhino 6.0中，曲面通常使用封闭曲线生成。单击【显示边缘】按钮，可以观察曲面边缘以了解被检测曲面的构造情况，如图11-3所示。一般情况下，类似实体中的圆柱实际上是四边面的两个边对接重合的结果，如图11-4所示。

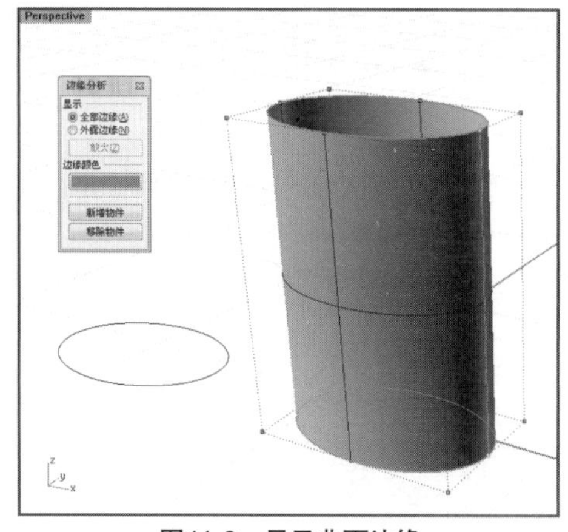

图11-3　显示曲面边缘

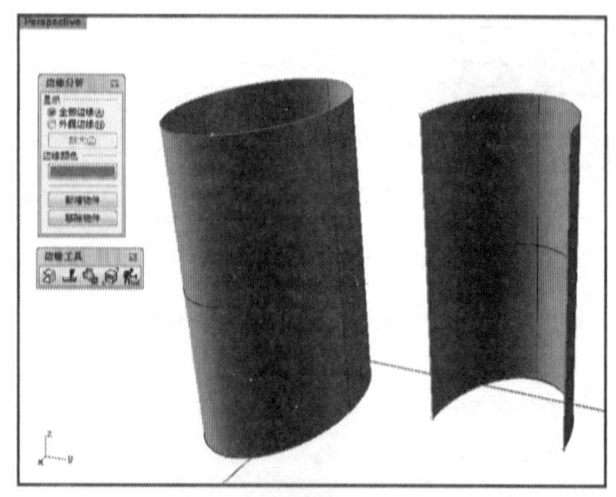

图11-4　实体中的圆柱

单击【使曲面周期化】按钮，可以将四边面的两条对边相接成为类似于圆管状的曲面，如图11-5所示。

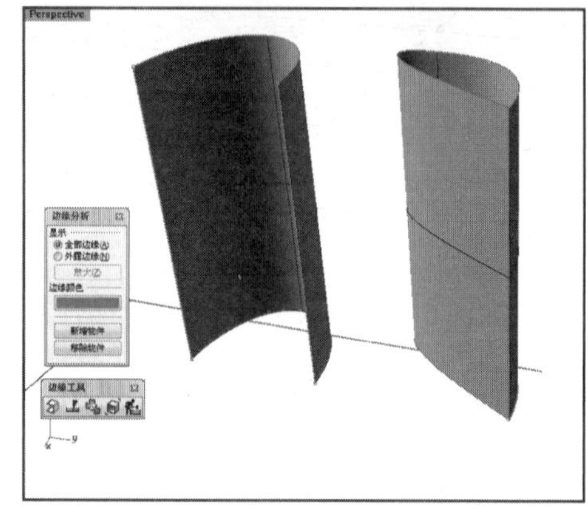

图11-5　对接成曲面

3. 圆锥曲面

单击【旋转成型】按钮或【放样】按钮，均可以生成圆锥曲面。圆锥曲面可以被看成是一个两边重合的三角面，也可以看作一边长度为零的周期曲面，如图11-6所示。

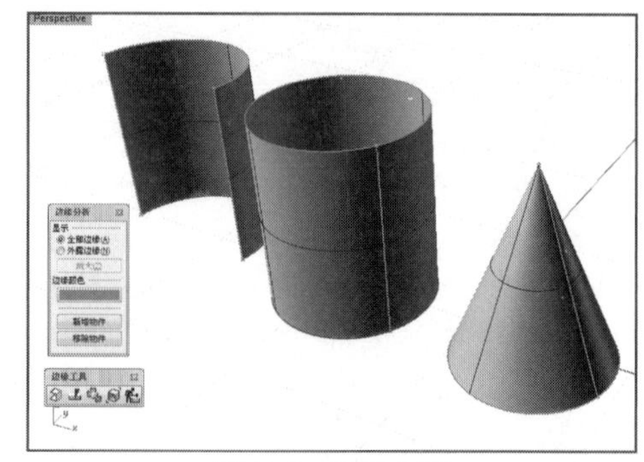

图11-6　圆锥曲面

4. 球曲面

Rhino 6.0中的球曲面类似于圆锥曲面，主要区别在于，圆锥曲面只有一边长度为零，而球曲面两边的长度均为零，是一个封闭的曲面，如图11-7所示。

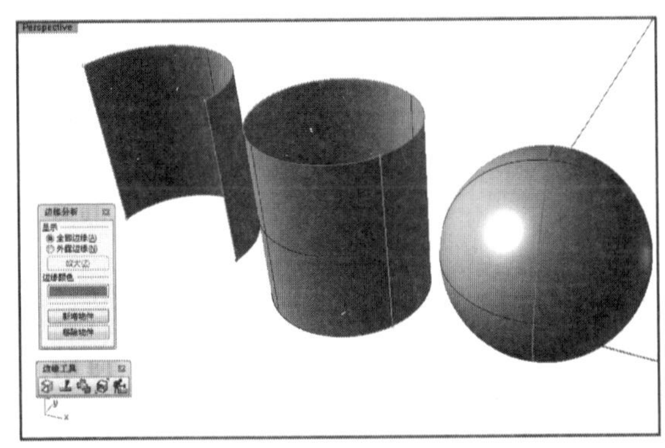

图11-7　球曲面

11.3 曲面连续性

NURBS曲线有连续性的概念，同样NURBS曲面也有连续性的概念。曲面连续性的概念与曲线连续性的概念一样，但是具体的操作方法不同。两块达到G1或G2连续的曲面是由一系列相互保持G1或G2连续的曲线放样得到的。

11.3.1 曲面连续性的概念

1. 曲线与曲面的G0连续

曲线在端点处连接或者曲面在边线处连接，通常称为G0连续。G0连续也称位置连续。单击【控制点曲线】按钮，在视窗当中绘制两条G0连续的NURBS曲线，如图11-8所示。

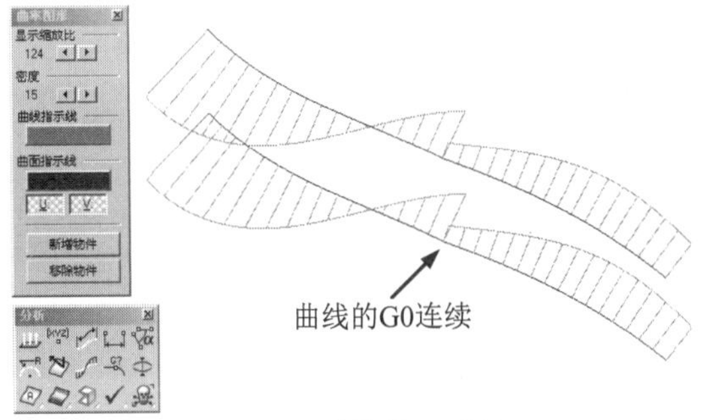

图11-8　曲线的G0连续

单击【放样】按钮，将这两条G0连续的曲线生成曲面，可以看到曲面也保持了G0连续。单击【打开曲率图形】按钮，然后查看曲率梳，如图11-9所示。

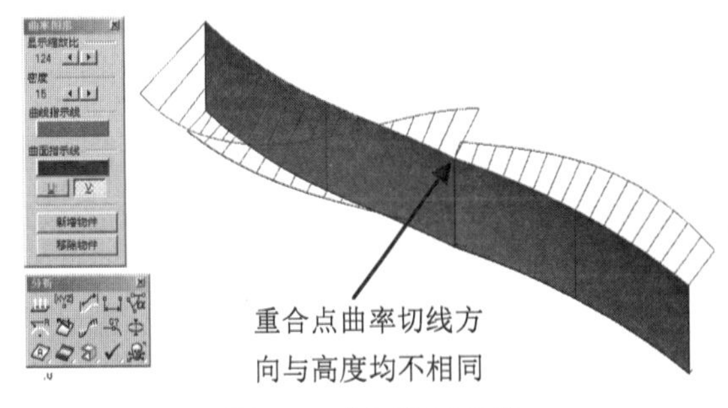

图11-9　曲面的G0连续

2. 曲线与曲面的G1连续

G1连续也称斜率连续。G1要求曲线在端点处连接，并且两条曲线在连接点处具有相同的切向，并且切向夹角为0°。对于曲面的斜率连续要求曲面在边线处连接，并且在连接线上的任何一点两个曲面都具有相同的法向。如图11-10所示为曲线G0连续与曲线G1连续的对比。

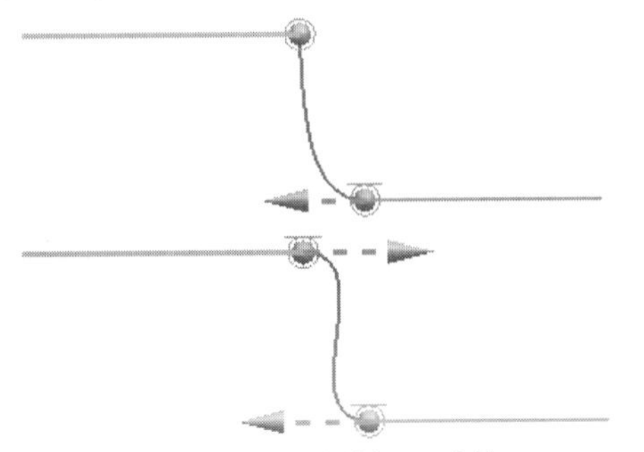

图11-10　G0连续与G1连续

单击【控制点曲线】按钮，在Top视窗中绘制3条G1连续的NURBS曲线，如图11-11所示。

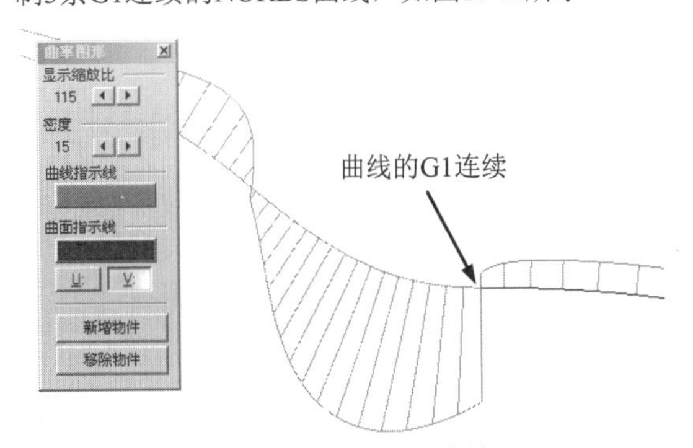

图11-11　曲线的G1连续

单击【放样】按钮，将这3条G1连续的曲线生成曲面，可以看到曲面也保持了G1连续。在【曲面工具】标签下单击【打开曲率图形】按钮，显示曲率梳，如图11-12所示。

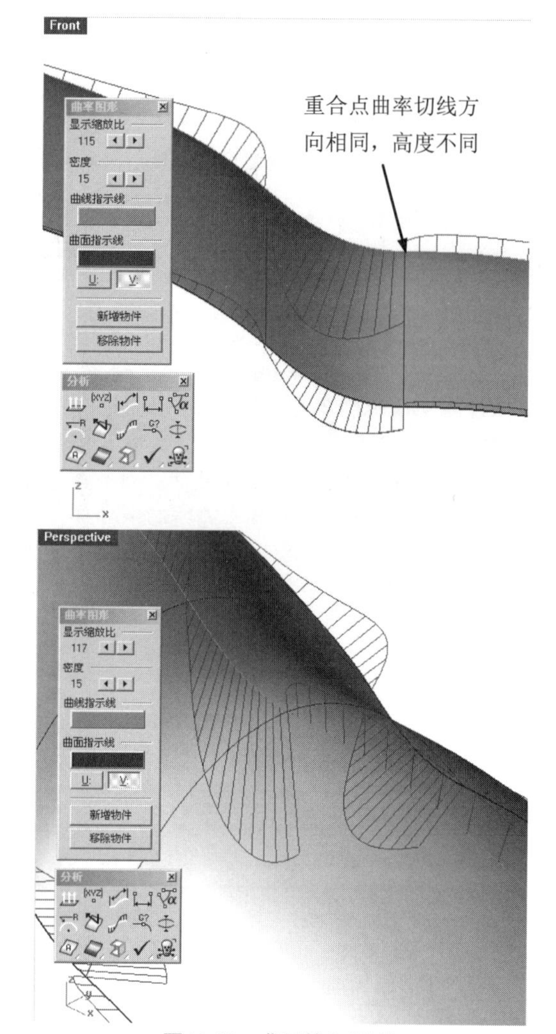

图11-12　曲面的G1连续

3. 曲线与曲面的G2连续

曲率连续性通常称为G2连续。对于曲线的曲率连续，要求在G1连续的基础上曲线的曲率在接点处具有相同的方向，并且曲率大小相同，如图11-13所示。对于曲面的曲率连接，要求在G1的基础上两个曲面与公共曲面的交线也具有G2连续。

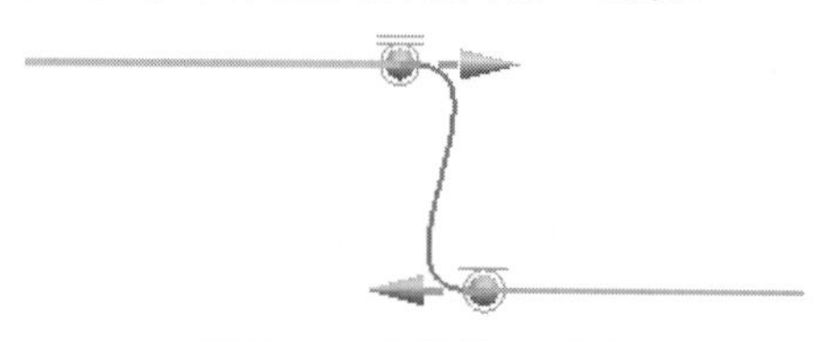

图11-13　曲线的G2连续

曲率的变化率的连续通常称为G3连续。对于曲线的曲率变化率连续，要求曲线具有G2连续，并且曲率梳具有G1连续，如图11-14所示。对于曲面的曲率变化率连续，同样要求具有G2连续并且两个曲面与公共曲面的交线也具有G3连续。

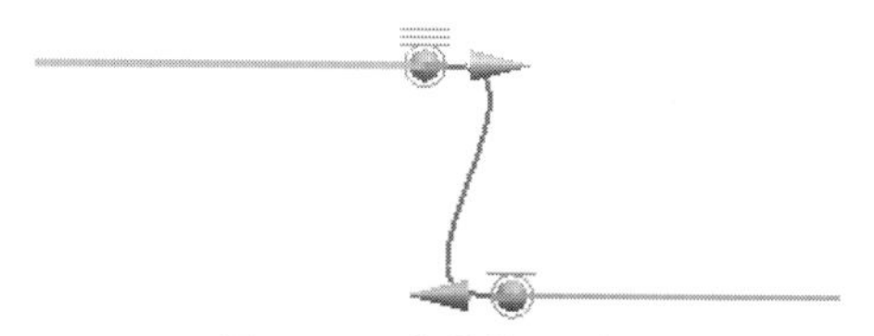

图11-14　曲线的G3连续

单击【控制点曲线】按钮，在Top视窗中绘制3条G2连续的NURBS曲线，如图11-15所示。

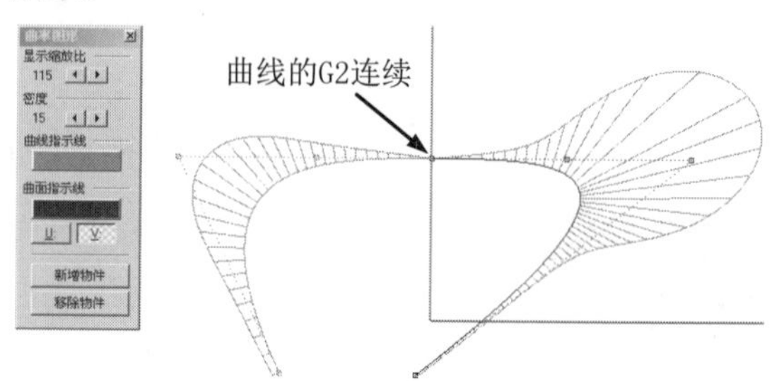

图11-15　曲线的G2连续

单击【放样】按钮，将这3条G2连续的曲线生成曲面，可以看到曲面也保持了G2连续。单击【打开曲率图形】按钮，查看连续，如图11-16所示。

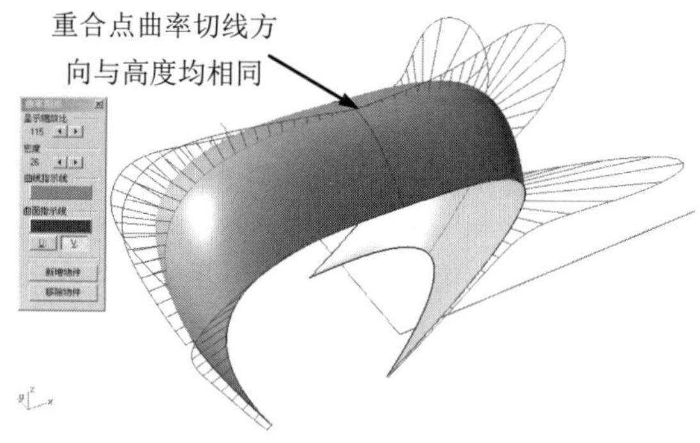

图11-16　曲面的G2连续

技术要点：在NURBS曲面曲率检测过程中，应根据曲面造型的实际情况灵活地开闭U、V方向的曲率梳，以提升效率。

11.3.2　生成具有连续性的NURBS曲面

理解并掌握曲面连续性的概念对曲面建模有很大好处，可以利用这个特性来指导高质量曲面的生成。

如图11-17所示，在既有的曲面旁边生成另一块曲面，并且应与既有的曲面保持G2连续。单击【单轨扫掠】按钮，生成曲面，使用既有曲面边界作为轨道，两根曲线作为截面线，生成连接曲面，如图11-18所示。

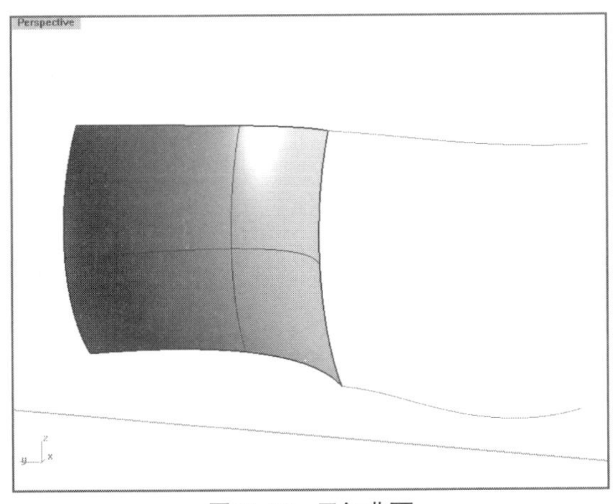

图11-17　已知曲面

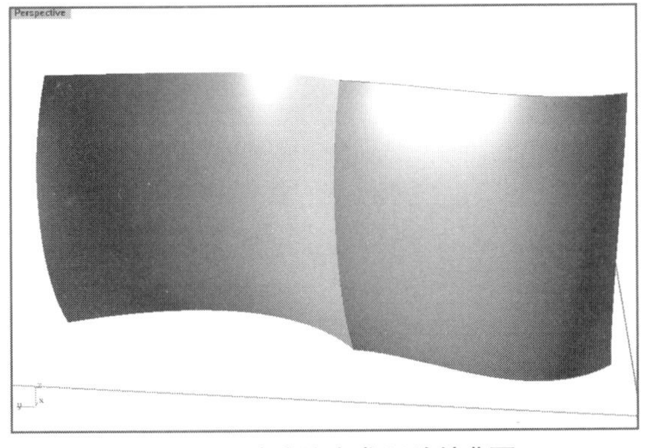

图11-18　在旁边生成G2连续曲面

如图11-18所示，两块曲面间只有G0连续，虽然可以使用【衔接曲面】工具调节曲面的连续性，但是这并非最好的方法。应当在曲面生成之前使用【衔接曲线】工具调节截面线，使之与曲面的边线达到G2连续，如图11-19所示。再使用【单轨扫掠】工具生成曲面。这样生成的曲面之间连接光滑，曲面光顺性好，如图11-20所示。

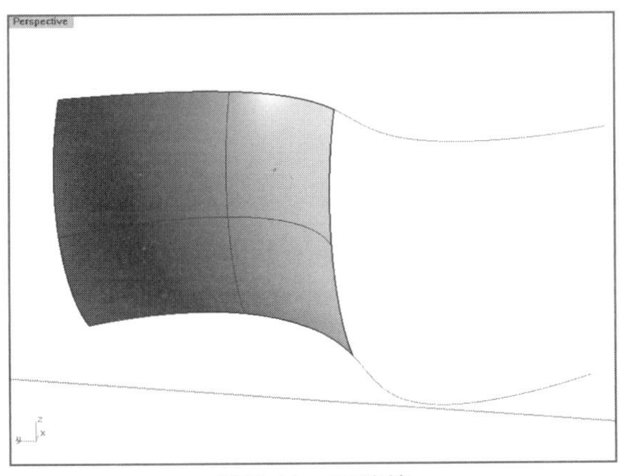

图11-19　G2连续

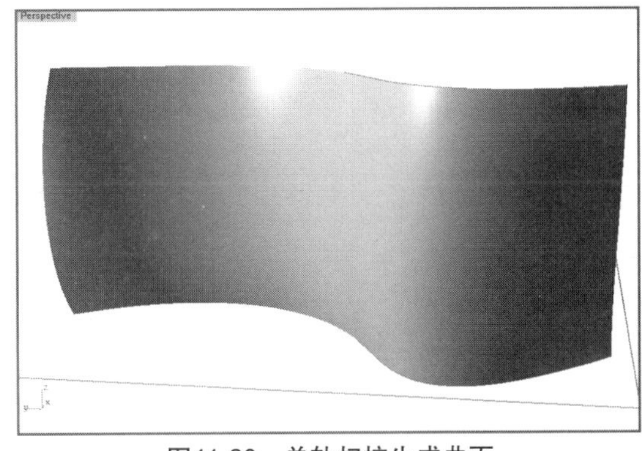

图11-20　单轨扫掠生成曲面

比较以上两种调节曲面连续性的方法，第二种方法要好于第一种方法。第一种方法是通过调节曲面的造型来调节曲面间的连续性。第二种方法是通过调节曲线使生成的曲面与原曲面达到一定的连续性。两种方法最终的目的是一致的，但是调节曲线要比调节曲面灵活很多。如果想通过直接调节曲面或调节曲面上的点来优化曲面的连续性，不仅效率低下，而且NURBS曲面质量也会受到很大影响，如图11-21所示。

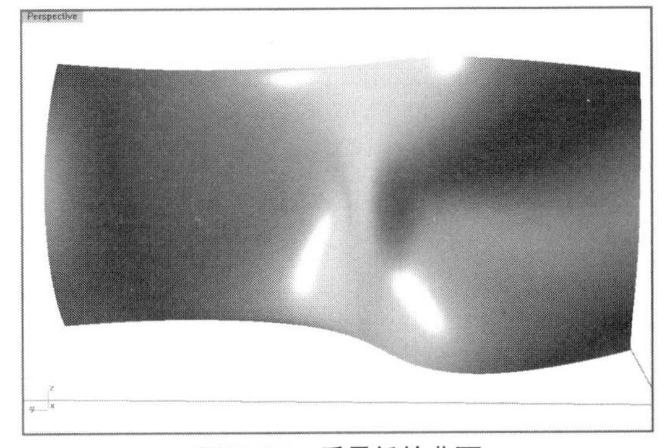

图11-21　质量低的曲面

11.3.3　与连续性有关的工具

Rhino 有许多工具可用于参考其他曲面的边缘建立曲面，建立的曲面可以和相邻的曲面形成G1 至G4 连续，这些指令包括【从网线建立曲面】工具(G0 至G2)、【双轨扫掠】工具(G0 至G2)、【嵌面】工具(G0 至G1)、【放样】工具(G0 至G1)、【不等距曲面圆角】工具/【不等距曲面混接】工具(G0 至G4)。

动手操作——从网线建立曲面

01 打开本例源文件“与连续性相关的指令.3dm”，如图11-22所示。

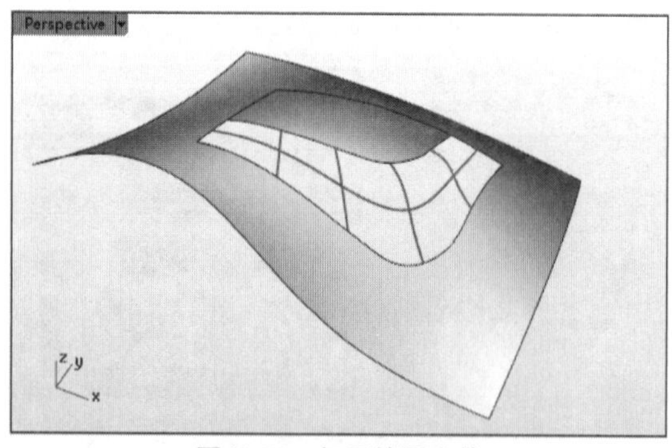

图11-22　打开的源文件

02单击【以网线建立曲面】按钮，然后选取曲面中破孔处的边缘与曲线，如图11-23所示。

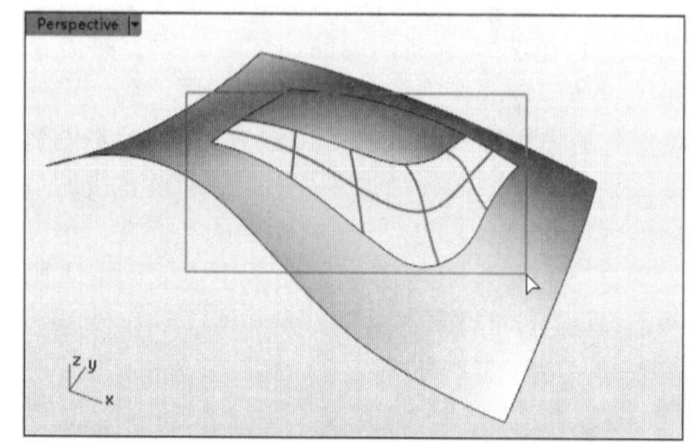

图11-23　选取网线中的曲线

03右击确认后弹出【以网线建立曲面】对话框，视窗中显示正确选取的网线，如图11-24所示。

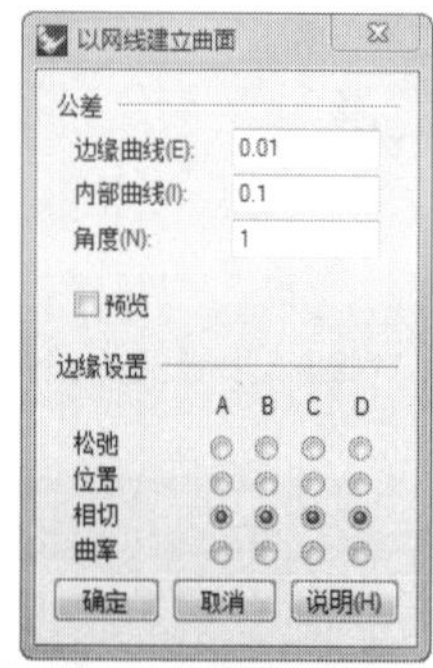

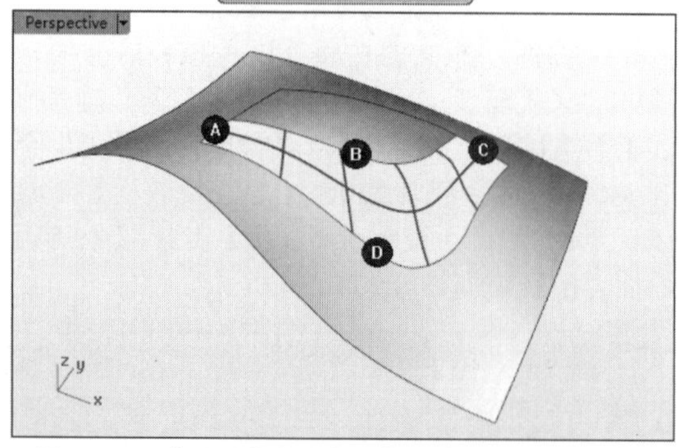

图11-24　【以网线建立曲面】对话框及选取的网线

技术要点：最多可以选取4个曲面边缘，也可以设定公差或设定建立的曲面与参考曲线之间的误差值。边缘曲线公差的默认值是模型的绝对公差，而内部曲线公差的默认值是边缘曲线公差的10倍。

04设定内部曲线公差0.01，设定连续性全部为【曲率】，最后单击【确定】按钮，完成曲面的建立，如图11-25所示。

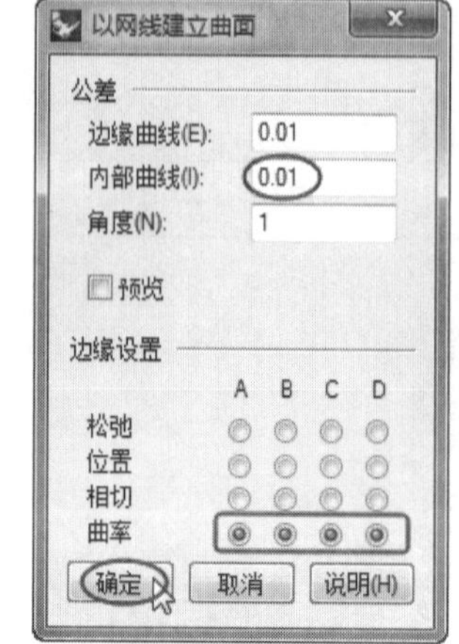

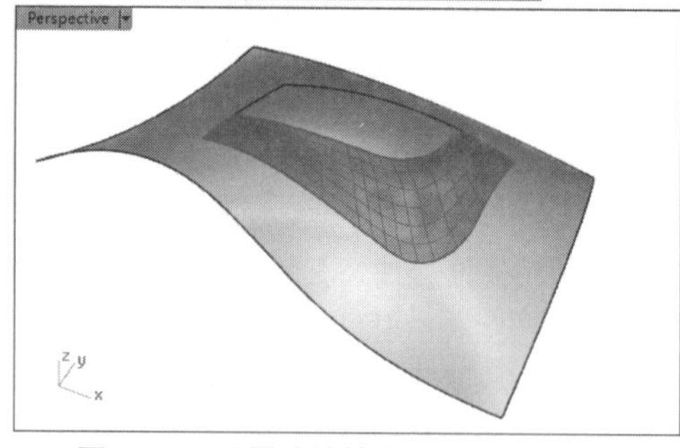

图11-25　设置连续性并完成曲面的建立

动手操作——双轨扫掠

01打开本例源文件“与连续性相关的指令.3dm”，如图11-26所示。

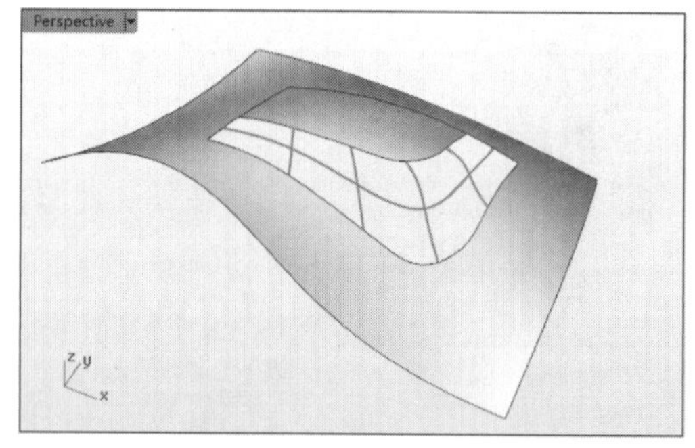

图11-26　打开的源文件

02将Sweep2 图层设为当前图层，然后隐藏中间的一条长曲线，如图11-27所示。

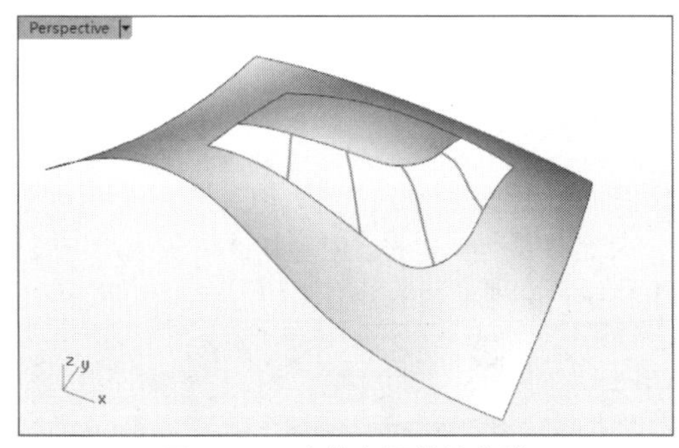

图11-27　隐藏中间的长曲线

03单击【双轨扫掠】按钮，然后选取曲面中破孔处的两边缘作为路径1、路径2，再依次选取中间较短的曲线作为断面线，如图11-28所示。

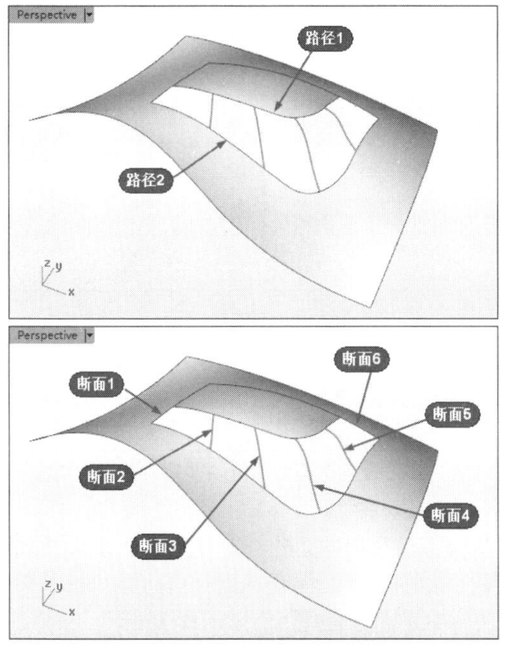

图11-28　选取路径和断面线

04右击确认后弹出【双轨扫掠选项】对话框，视窗中显示正确选取的路径，如图11-29所示。

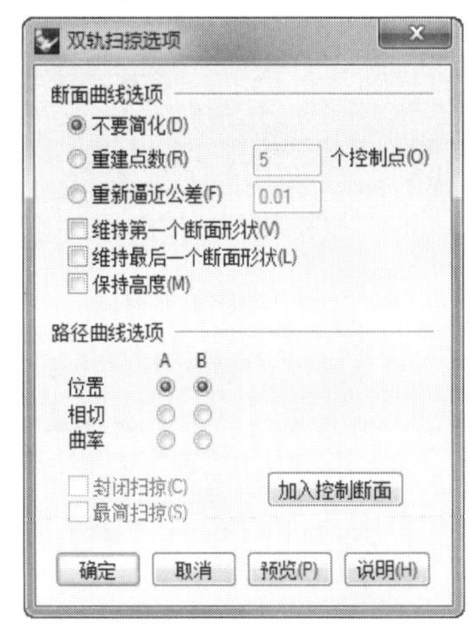

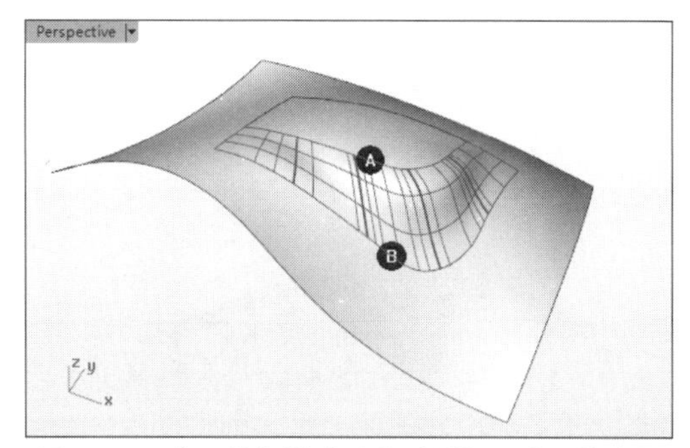

图11-29　【双轨扫掠选项】对话框及选取的路径

技术要点：因为两条路径是曲面边缘，路径上会出现标示。【双轨扫掠选项】对话框中设定扫掠曲面连续性的【路径曲线选项】区域会变为可用状态。

05设定连续性全部为【曲率】，最后单击【确定】按钮，完成曲面的建立，如图11-30所示。

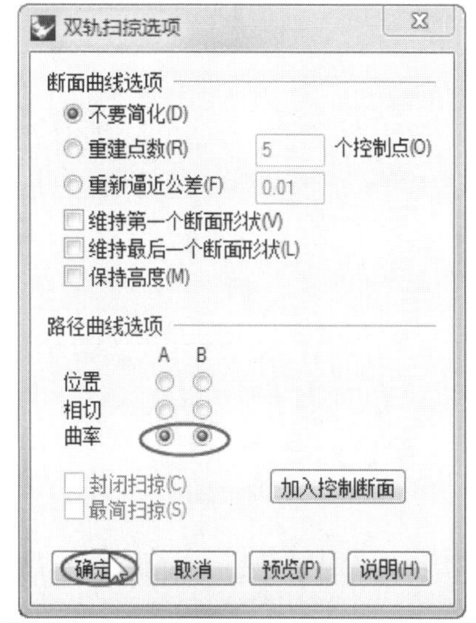

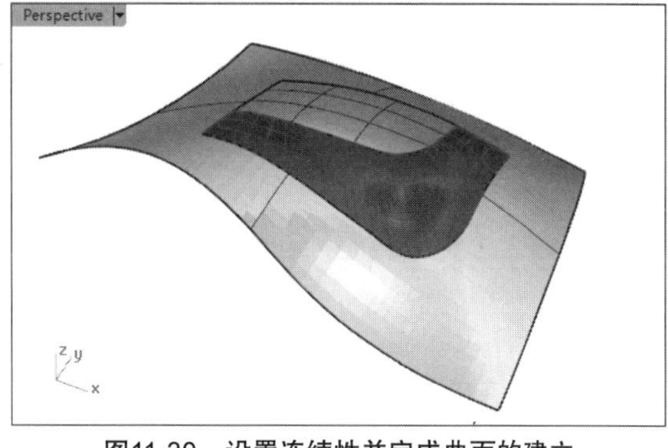

图11-30　设置连续性并完成曲面的建立

如果边界曲线是封闭的，用【嵌面】工具可以建立已修剪曲面。如果封闭的边界曲线是曲面边缘，用【嵌面】工具可以建立和周围曲面形成G1连续的曲面。

动手操作——嵌面

01 打开本例源文件"与连续性相关的指令.3dm"，如图11-31所示。

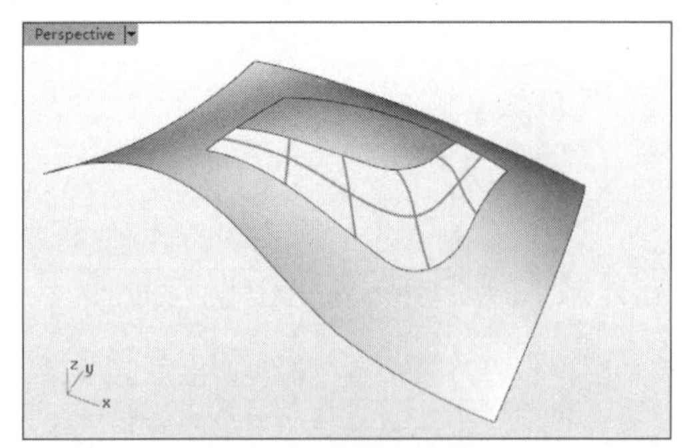

图11-31 打开的源文件

02将Patch图层设为当前图层。单击【嵌面】按钮，然后选取孔边缘和内部的曲线作为要逼近的曲线，如图11-32所示。

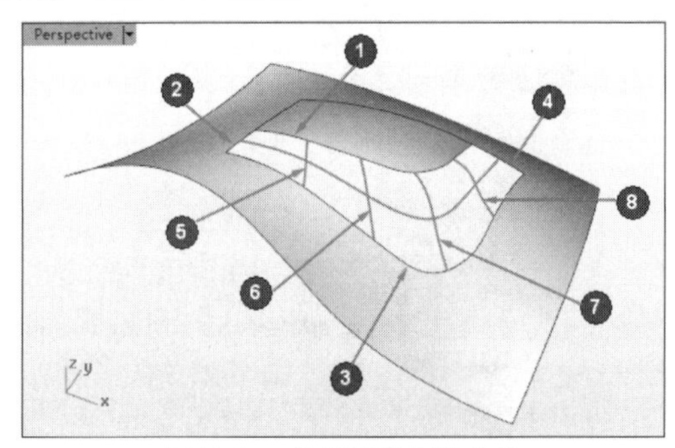

图11-32 选取要逼近的曲线

03右击确认后弹出【嵌面曲面选项】对话框，视窗中显示曲面预览，如图11-33所示。

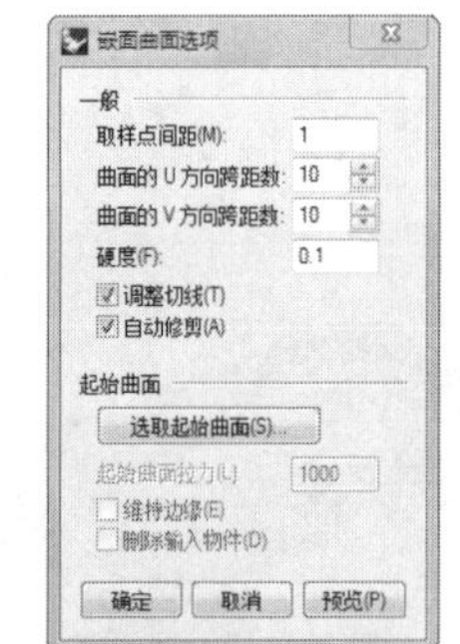

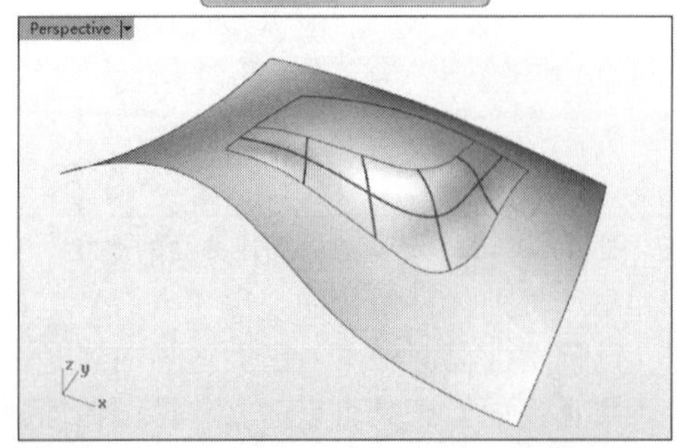

图11-33 【嵌面曲面选项】对话框及选取的路径

> **技术要点：**建立的曲面并不是非常平滑，在对话框中有些设定可用于调整建立嵌面的精确度，可以改变一些设定再重新建立嵌面。

04设定取样点间距为0.01，设定U、V方向跨距数为17，设定硬度为1，设定保存默认，最后单击【确定】按钮，完成曲面的建立，如图11-34所示。

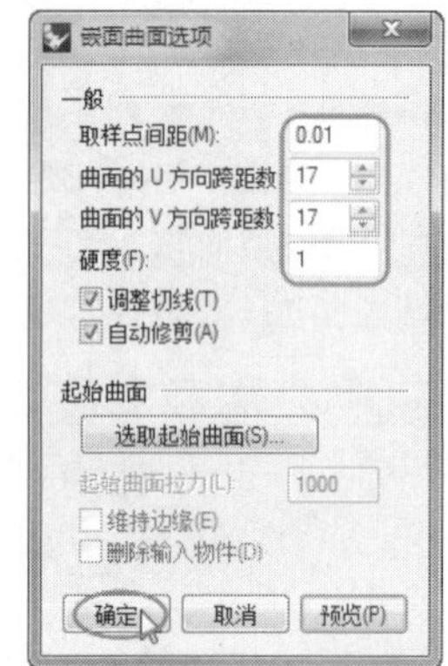

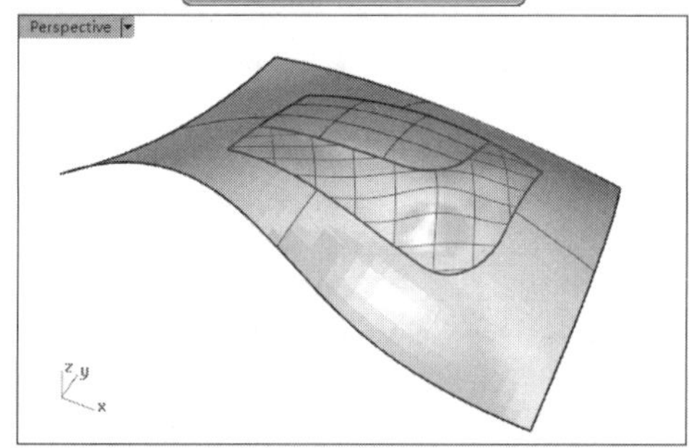

图11-34 设置嵌面曲面选项并完成曲面的建立

05利用左边栏的【组合】工具组合所有曲面。

06执行菜单栏中的【分析】|【边缘工具】|【显示边缘】命令，选取视窗中组合的曲面，以此来分析曲面中是否存在间隙，如图11-35所示。

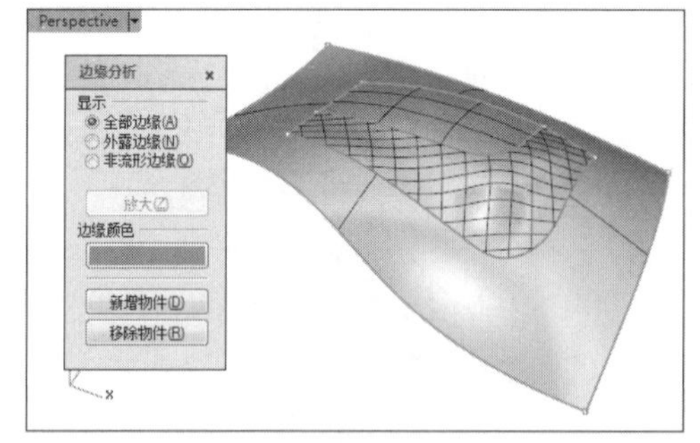

图11-35 显示全部边缘

> **技术要点：**单击【外露边缘】单选按钮，如果曲面内部显示有外露边缘，则说明曲面中有间隙，建立的嵌面与周边的曲面没有平滑连接。反之，则说明曲面质量很好。如图11-36所示为曲面内部没有外露边缘的情况。

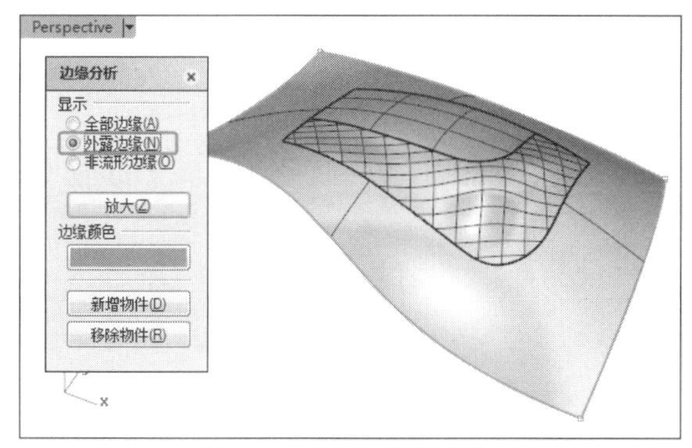

图11-36　显示外露边缘

11.4 曲面优化工具

Rhino 6.0中的曲面优化工具是高质量建模的必备工具。曲面优化工具其实也是曲线优化工具，部分工具没有应用到曲线上，但也和曲线优化中的工具操作类似。在前面章节中已经非常详细地介绍了曲线优化工具及其应用，这里就不再介绍了。

11.5 测量工具

在设计产品时会借助测量工具对物件进行测量，以得到真实的设计数据。下面就介绍测量工具的用法。在标签区域右击，然后执行【显示工具列】|【分析】命令，调出【分析】工具列，如图11-37所示。

图11-37　调出【分析】工具列

调出的【分析】工具列如图11-38所示。

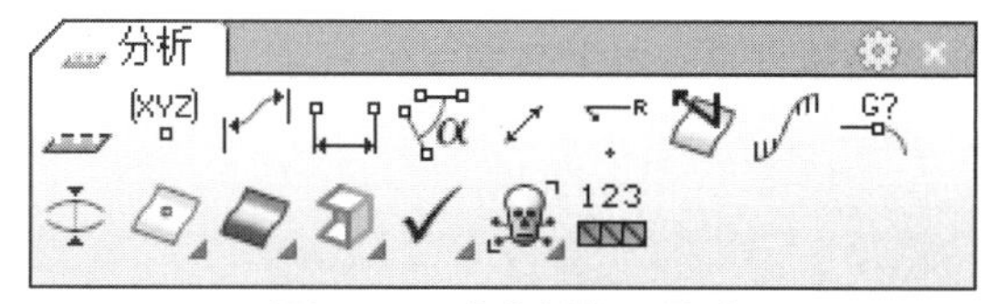

图11-38　【分析】工具列

11.5.1 测量点

测量点就是分析所选点在当前坐标系中的坐标。

动手操作——测量点坐标

01 打开本例源文件“测量点坐标.3dm”，如图11-39所示。

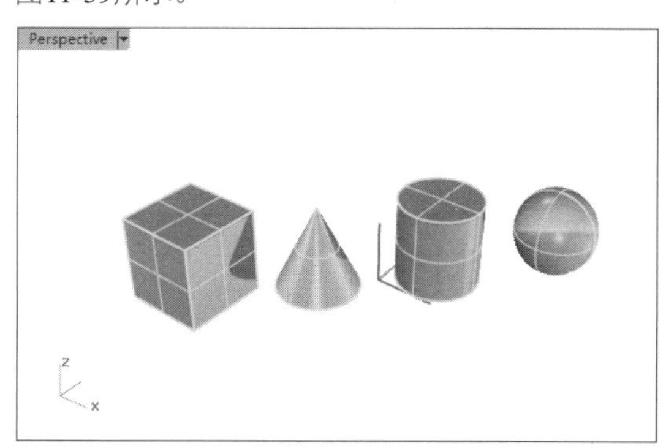

图11-39　打开的源文件

02 在【分析】工具列中单击【点的坐标】按钮，在打开的模型中选取要测量的点。

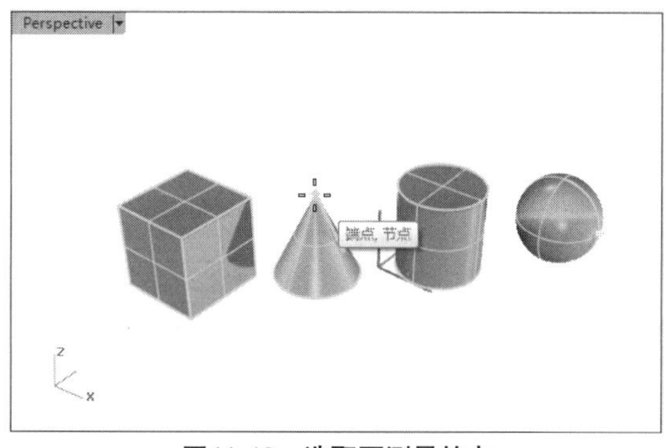

图11-40　选取要测量的点

03 随后命令行中显示该点的世界坐标和工作平面坐标，如图11-41所示。

该点的 世界坐标 = -2.000,-2.000,4.000 工作平面坐标 = -2.000,-2.000,4.000

图11-41　测量点得到的信息

> **技术要点：** 世界坐标与工作坐标数值相同，表明当前世界坐标系（绝对坐标系）和工作坐标系（相对坐标系）是重合的。

动手操作——测量点的UV坐标

01打开本例源文件“测量点的UV坐标.3dm”，如图11-42所示。

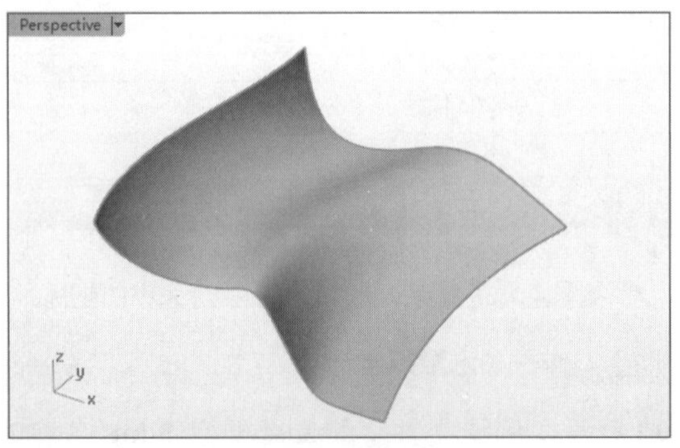

图11-42　打开的源文件

02在【分析】工具列中右击【点的UV坐标】按钮，然后选取要取得UV值的曲面，如图11-43所示。

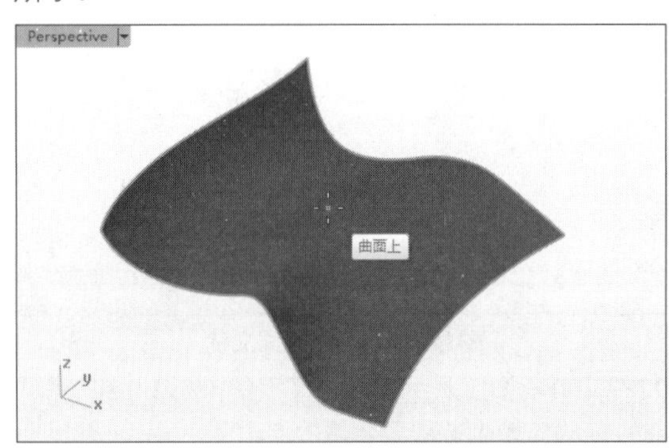

图11-43　选取参考曲面

03在曲面边缘上任意选取一点，即可得到该点的UV坐标，如图11-44所示。

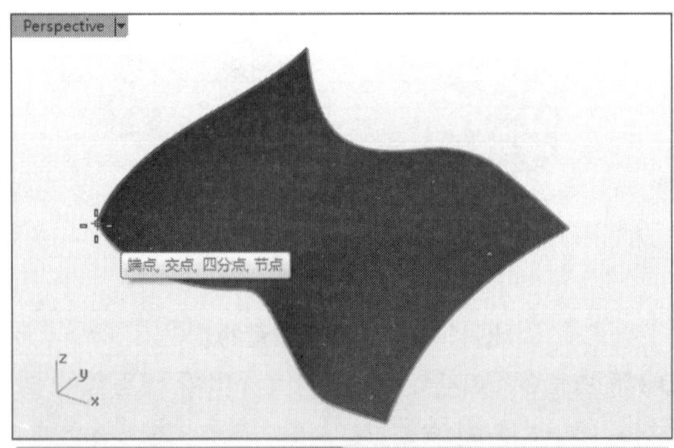

图11-44　选取点得到该点UV坐标

11.5.2 测量长度

用【测量长度】工具可以测量曲线或者曲面边缘的长度。

动手操作——测量曲面边缘与曲线的长度

01打开本例源文件“测量长度.3dm”，如图11-45所示。

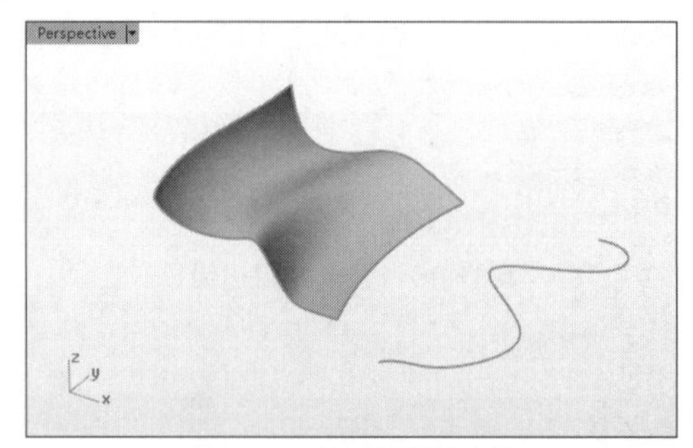

图11-45　打开的源文件

02在【分析】工具列中单击【长度】按钮，然后选取要测量长度的曲面边缘，如图11-46所示。

图11-46　选取曲面边缘

03右击即可得到该曲面边缘的长度，如图11-47所示。

长度 = 22.187 毫米

图11-47　命令行中显示测量的长度值

> 技术要点：如果想测量多条曲面边缘的长度，无须右击，直接多选曲面边缘即可，得到的是累积长度值。

04同理，使用【长度】工具测量曲线长度，如图11-48所示。

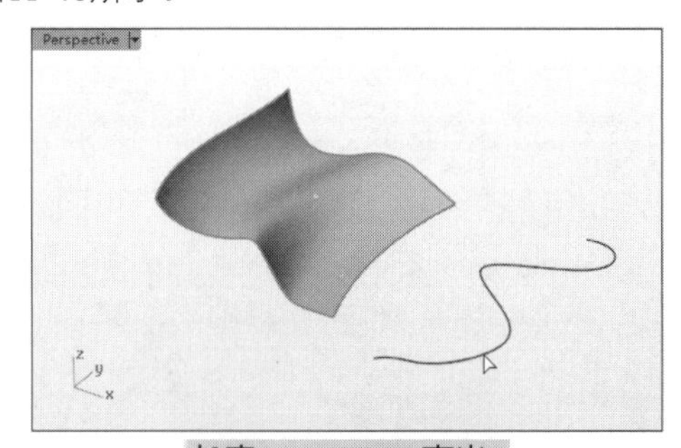

长度 = 38.709 毫米

图11-48　测量曲线长度

11.5.3 测量距离

用【距离显示】工具可以测量两个点之间的直线距离，如图11-49所示。

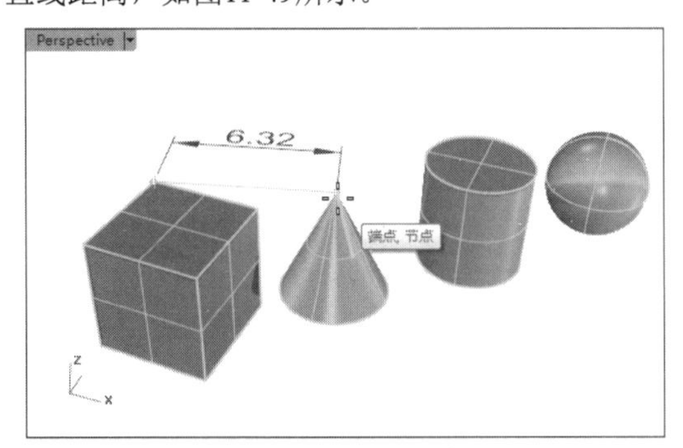

图11-49 测量距离

11.5.4 测量角度

用【角度】工具可以测量两个方向或两组平面物件的夹角，如图11-50所示。

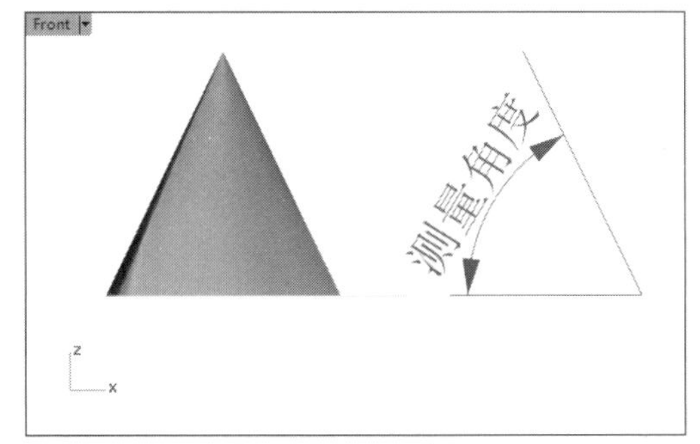

图11-50 测量角度

11.5.5 测量半径、直径

【测量直径】工具和【半径】工具用于测量圆、圆弧的直径或者半径，如图11-51所示。

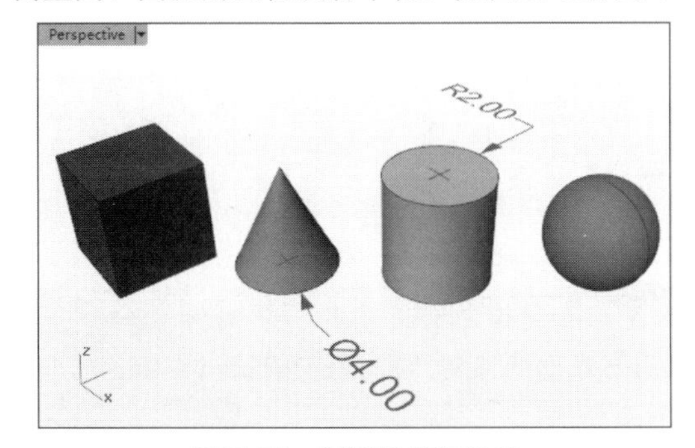

图11-51 测量直径和半径

另外，右击【曲率】按钮，还可以测量一般二次曲线的曲率值，如图11-52所示。

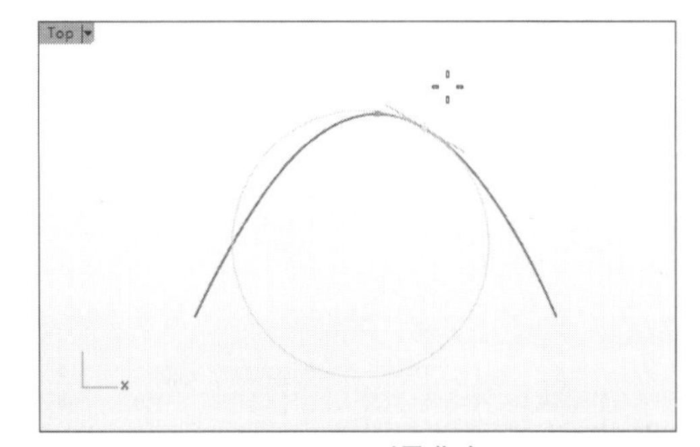

图11-52 测量曲率

11.6 曲线分析

曲线质量的好坏直接关系到曲面质量，因为曲面是参考曲线建立的。多花些时间了解曲线与曲线之间连续性的概念对以后建立曲面会有非常大的帮助。

在Rhino中可以用图形区别相切连续与曲率连续。曲线的连续性已经介绍过了，下面介绍曲线曲率图形。

11.6.1 打开或关闭曲率图形

曲率图形可以用来分析曲线或曲面的曲率。在【分析】工具列中单击【打开曲率图形】按钮，或者在菜单栏中执行【分析】|【曲线】|【开启曲率图形】命令，选取要显示曲率图形的曲线并右击确认后，弹出【曲率图形】对话框，如图11-53所示。

图11-53 【曲率图形】对话框

下面介绍对话框中各选项的含义。

- 显示缩放比：设定缩放曲率指示线的长度。指示线的长度被放大后，微小的曲率变化会被夸大，变得非常明显。将值设为100时，指示线的长度与曲率数值为1：1。如图11-54所示为修改缩放比前后的曲率图形对比。

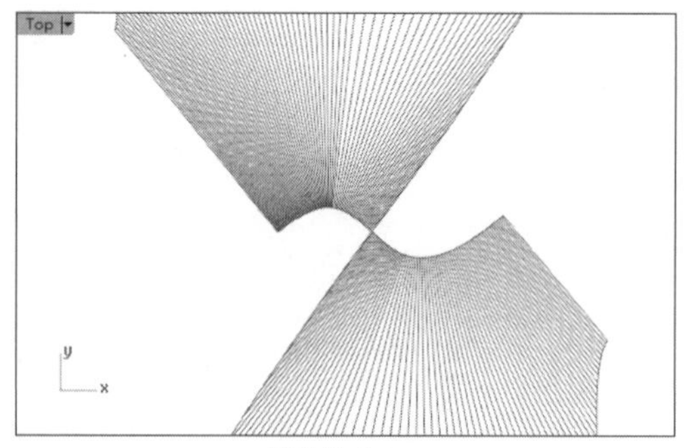

缩放比为100

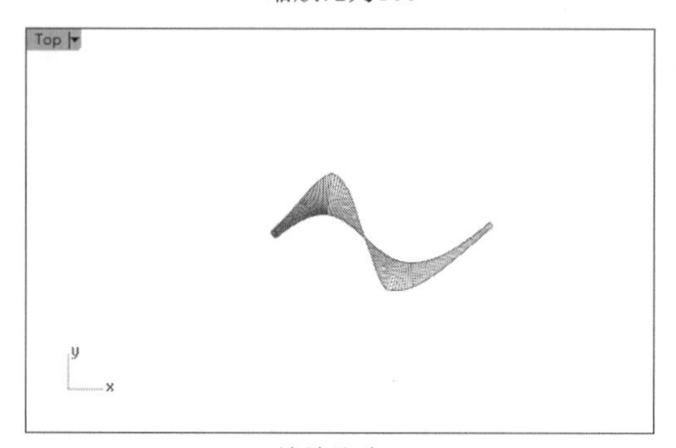

缩放比为90

图11-54　修改缩放比

- 密度：是曲率图形中指示线的密度，如图11-55所示。

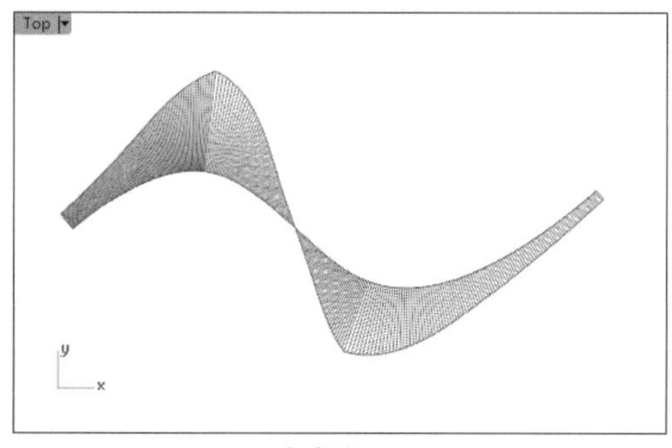

密度为100

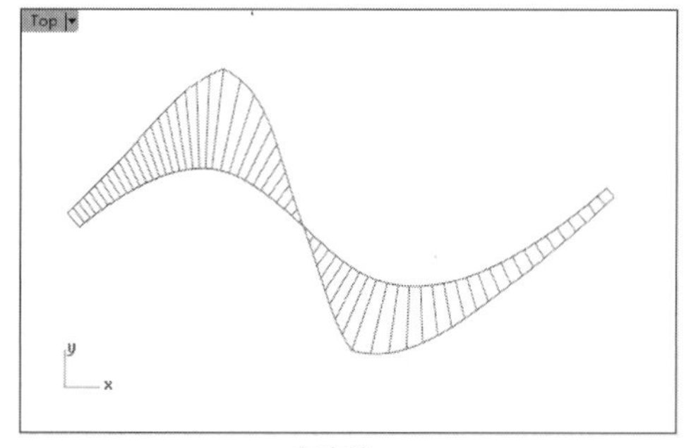

密度为20

图11-55　曲率图形的密度

- 曲线指示线：设置指示线的颜色，单击颜色色块，将弹出【选取颜色】对话框，选择想要的颜色，如图11-56所示。

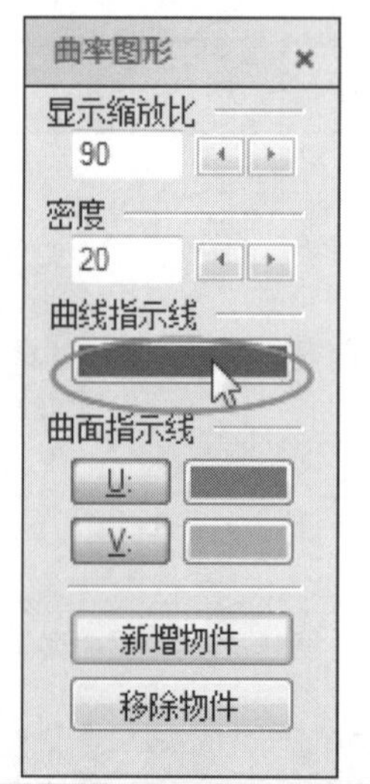

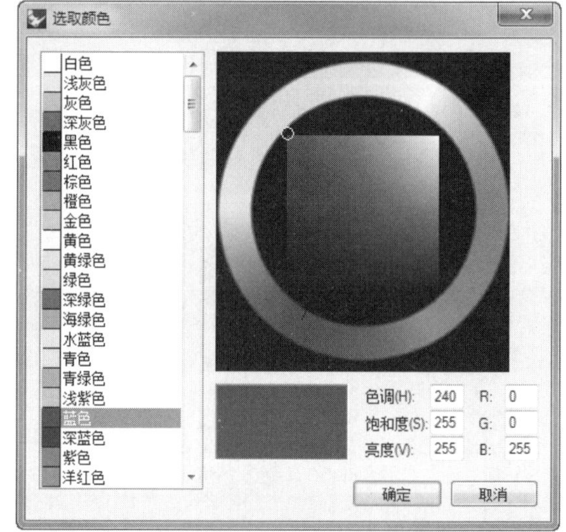

图11-56　设置指示线颜色

- 曲面指示线：单击颜色方块，可以改变曲面的U与V方向的曲率图形的颜色。
- 新增物件：加入其他要显示曲率图形的物件。
- 移除物件：移除不需要显示的曲率图形。

要关闭显示的曲率图形，可以直接关闭【曲率图形】对话框，或者右击【关闭曲率图形】按钮。

动手操作——曲线连续性分析

01打开本例源文件“曲线连续性分析.3dm”，如图11-57所示。

02首先选取E曲线进行分析，打开E曲线的曲率图形，如图11-58所示。

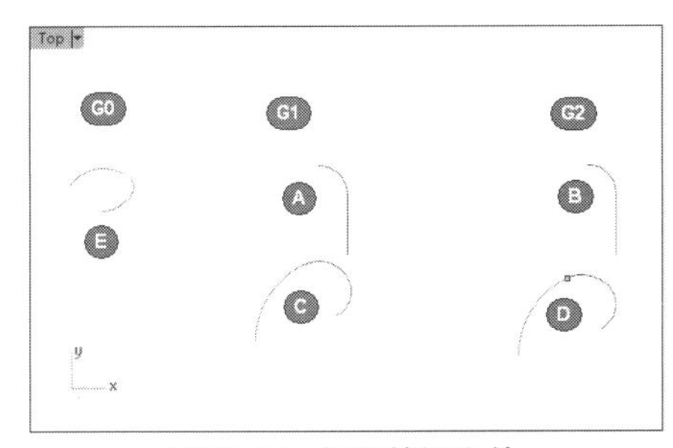

图11-57　打开的源文件

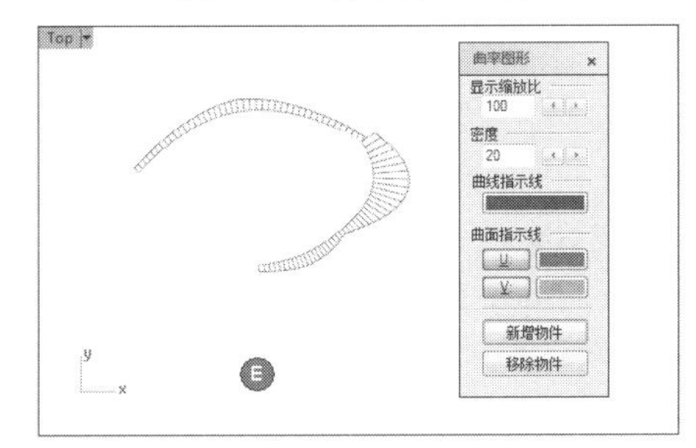

图11-58　显示E曲线的曲率图形

技术要点： 从图形中可以看出，指示线在曲线中间部分出现了落差，表明此曲线的曲率不连续（G0），要想使此曲线连续，需要重新进行曲线连接。

03添加A曲线和B曲线，显示曲率图形，如图11-59所示。在A曲线中，以G1与两条直线相接的曲线是一个圆弧，它的曲率图形的高度固定不变，因为圆弧是半径固定的曲线。在B曲线中，以G2与两条直线连接的曲线的曲率图形高度在端点处从0 开始增加，到达另一个端点时又下降为0。

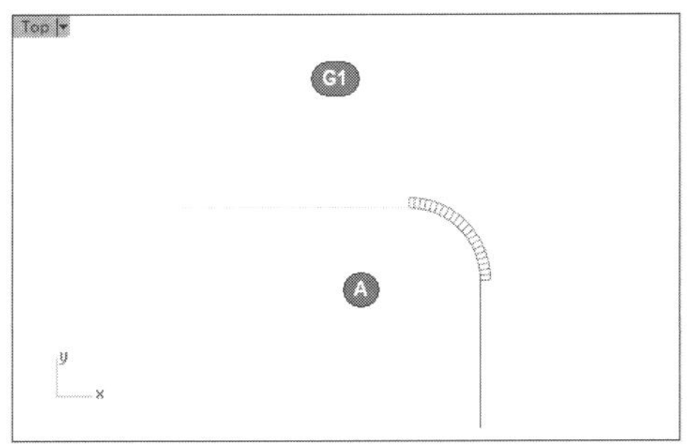

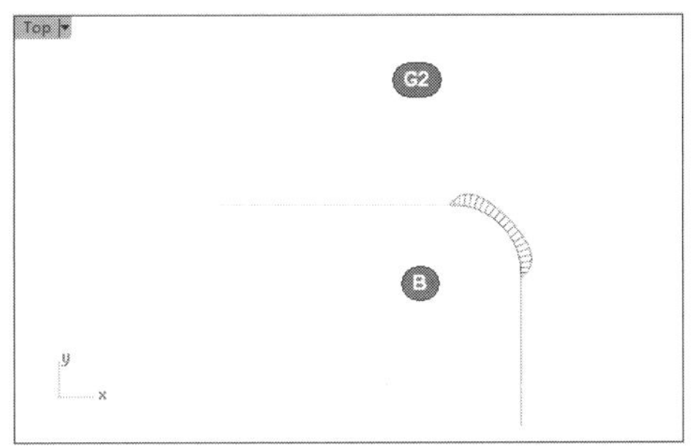

图11-59　显示A曲线和B曲线的曲率图形

技术要点： A曲线的曲率图形突然出现落差代表曲线在落差点两侧的曲率不同。虽然曲率图形有落差，但圆弧曲线与两条直线之间还是平滑地相接的，两条直线是圆弧在两个端点处的切线。

在以G2 相接的B曲线中，直线一样没有曲率图形，但中间的曲线以不同于G1的情形与两条直线相接。这条曲线与第一条直线的相接端点的曲率图形高度为0，然后逐渐提高高度，到达与第二条直线的相接端点又下降为0。因为曲率图形的高度并不是固定的，所以这条曲线的曲率圆半径也不是固定的。直线的曲率图形高度为0，而与直线相接的曲线的曲率图形高度也是从0 开始增加，所以两条直线与曲线之间的曲率并没有出现落差。

在B曲线中，以G2相接的曲线不只相接端点的切线方向一致，而且曲率相等。曲率没有落差的情形会被视为G2或曲率连续。

04添加C曲线和D曲线，显示其曲率图形，如图11-60所示。这两种情形也是G1和G2连续，但因为这两组曲线中没有直线，所以曲率图形会出现在所有曲线上。

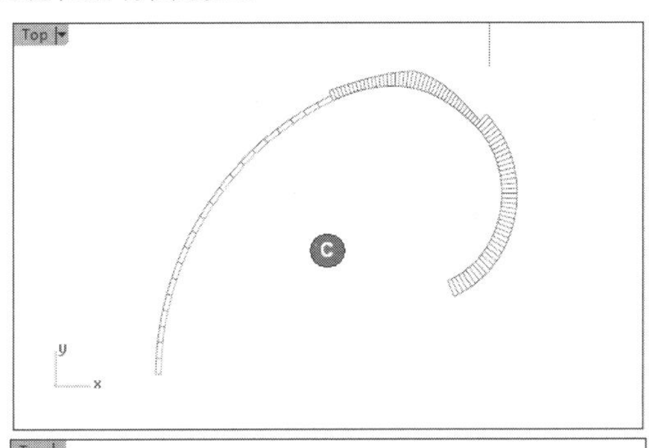

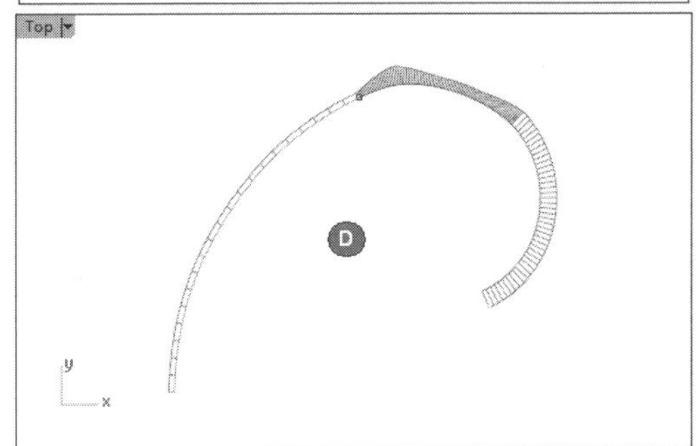

图11-60　显示C曲线和D曲线的曲率图形

技术要点： 在以G1相接的曲线在相接端点处曲率图形会出现落差。这组曲线中的曲线并不是曲率半径固定的圆弧，曲率图形在中段较为突出。

以G2相接的曲线上，中间的曲线与其他两条曲线的相接端点的曲率图形高度相同，曲率图形并没有落差，曲率图形外侧的曲线相接在一起。

11.6.2 几何连续性分析

如果载入已连接的曲线，为了实现高质量，需要提前判断其连续性。除了使用前面介绍的曲率图形可以判断外，还可以执行菜单栏中的【分析】|【曲线】|【几何连续性】命令来判断，或者单击【分析】工具列中的【两条曲线的几何连续性】按钮。

动手操作——几何连续性分析

01打开本例源文件“几何连续性分析.3dm”，如图11-61所示。

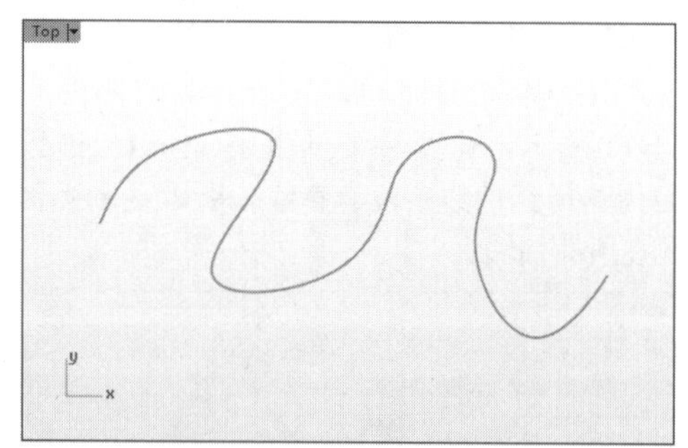

图11-61　打开的源文件

02单击【分析】工具列中的【两条曲线的几何连续性】按钮，然后选取要分析连续性的第一条曲线（在靠近连接位置选取）和第二条曲线，如图11-62所示。

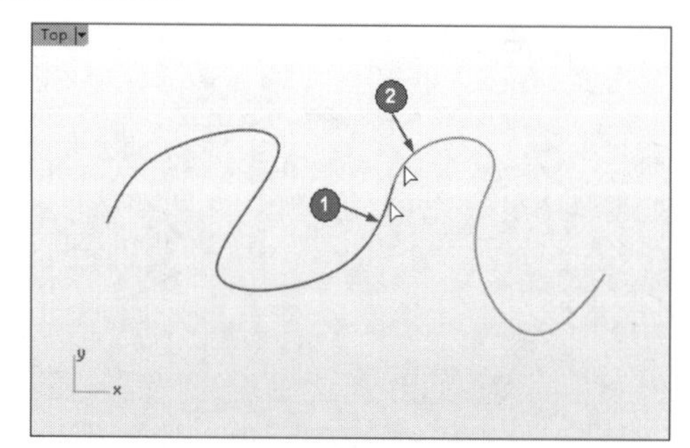

图11-62　选取要进行连续性分析的两条曲线

03随后自动在命令行中显示分析结果，如图11-63所示。

两条曲线形成 G1。

图11-63　命令行显示分析结果

04同理，选取两条曲线进行连续性分析，如图11-64所示。随后得到同样的分析结果。

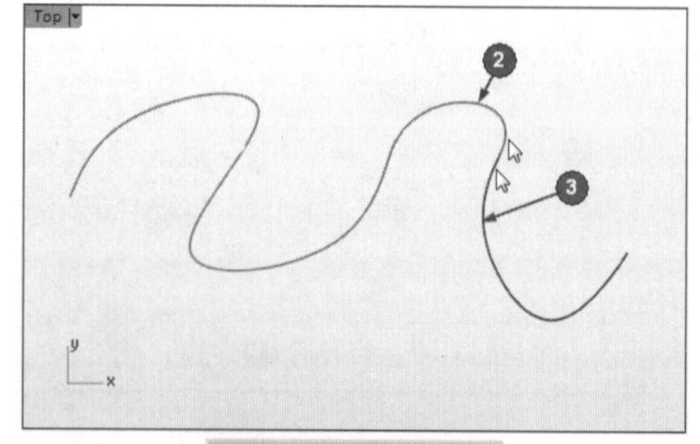

两条曲线形成 G1。

图11-64　曲线连续性分析

05再利用曲率图形显示来分析一下，显示的曲率图形如图11-65所示。从图中可以看出，曲率指示线在接线处已经产生落差，说明不是曲率连续，是G1或G0连续，结合前面得到的分析结果，综合判断为G1连续。

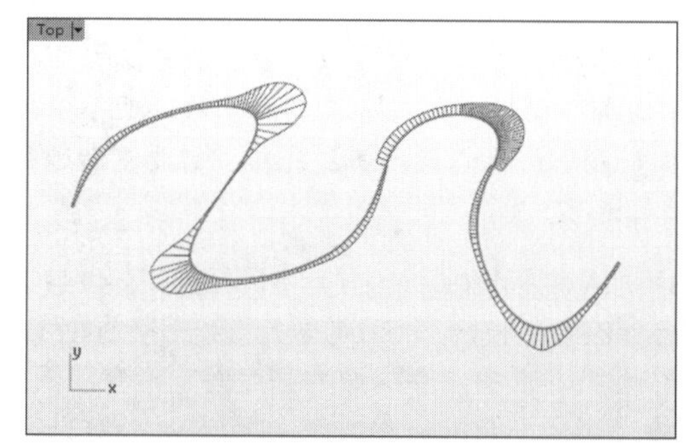

图11-65　显示曲率图形

11.6.3 曲线偏差分析

【分析曲线偏差值】工具用于分析曲线之间是否有重叠或断开。

动手操作——分析曲线偏差值

01打开本例源文件“分析曲线偏差值.3dm”，如图11-66所示。

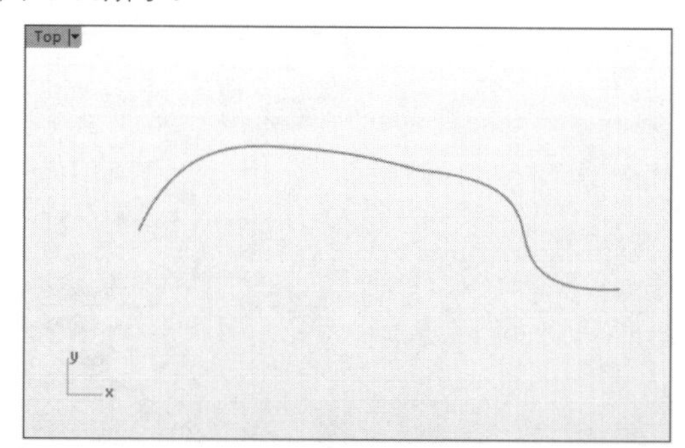

图11-66　打开的源文件

02单击【分析曲线偏差值】按钮，选取要测试的两条曲线，如图11-67所示。

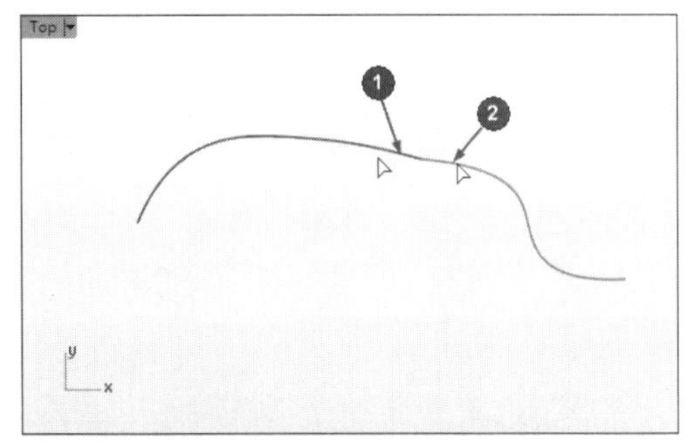

图11-67　选取要测试的曲线

03随后视窗中显示曲线间有断点，如图11-68所示。

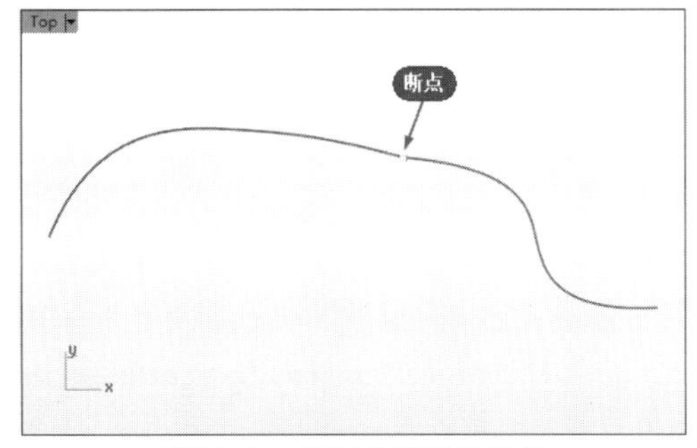

图11-68　显示曲线间的断点

04命令行中显示偏差分析结果。

指令: _CrvDeviation
选取要测试的曲线:
重叠间隔 1/1:
　　起点: 距离 = 0.00508257
　　　　曲线A(　1.99907) = (63.0851, 42.5539, 0)
　　　　曲线B(　　　0) = (63.0864, 42.5588, 0)
　　终点: 距离 = 0.010349
　　　　曲线A(　　　2) = (63.114, 42.546, 0)
　　　　曲线B(0.000477867) = (63.1149, 42.5563, 0)
最小偏差值 = 0.00508257
最大偏差值 = 0.010349

05放大断点处，可以清楚地看到，两曲线没有连接，是断开的，如图11-69所示。

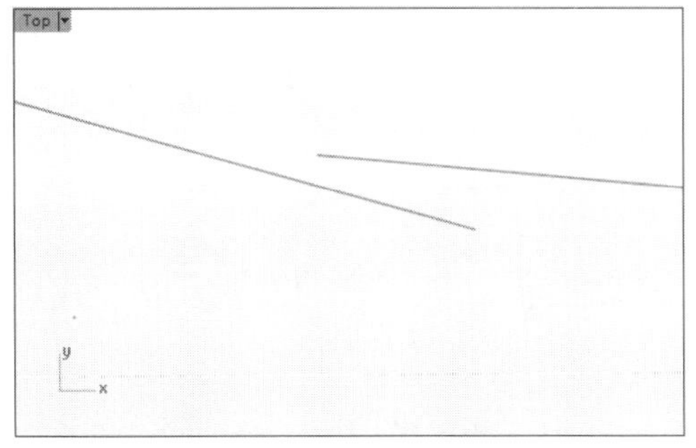

图11-69　放大显示断点处

06利用【曲线工具】标签下的【打开编辑点】工具，打开两曲线的编辑点，然后拖动其中一条曲线的端点至另一曲线的端点处使其重合，如图11-70所示。

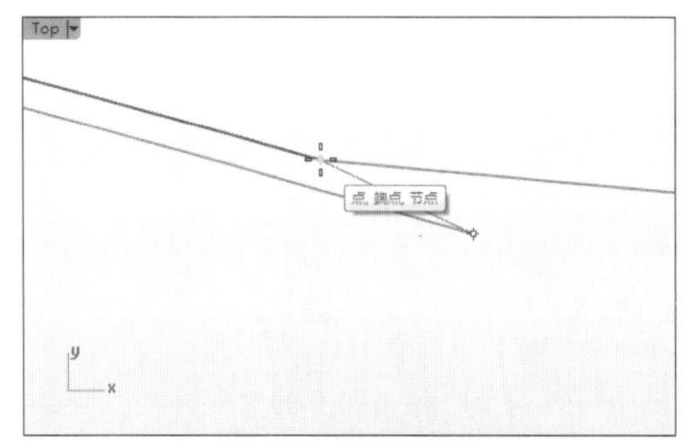

图11-70　拖动编辑点

07重新进行【分析曲线偏差值】操作，得到如图11-71所示的结果。

指令: _CrvDeviation
选取要测试的曲线:
选取要测试的曲线:
曲线未重叠。

图11-71　重新分析偏差值的结果

11.7 曲面分析

Rhino 6.0针对NURBS曲面专门提供了专业、直观的曲面连续性查看工具，有斑马纹分析工具、曲率分析工具、环境贴图工具等。

11.7.1 曲率分析

该工具是专门用于检测G2连续的工具，它的原理是将红色到蓝色之间的颜色过渡分别对应一段曲率由高到低的曲率，然后在被检测曲面上根据不同部位的曲率着上不同的颜色，如图11-72所示。

图11-72　曲率分析

技术要点：利用【曲率分析】工具可以找出曲面形状不正常的位置，如突起、凹洞、平坦、波浪状、曲面的某个部分的曲率大于或小于周围，必要时可以对曲面形状做修正。

如果被检测曲面达到了G2连续，则曲面上的颜色过渡是比较柔和的。如果只有G1或G0连续，则会在曲面相应的位置产生尖锐的蓝色突变。如果没有达到G2连续就会在曲面间过渡边缘产生颜色突变。

单击【曲率分析】按钮，在视窗中会弹出【曲率】对话框，如图11-73所示。在【曲率】对话框中可以调节颜色与曲率的对应关系，更改配色方案可以方便地分辨曲面之间的曲率连续性。

图11-73 【曲率】对话框

下面介绍对话框中各选项的含义。

- 高斯：高斯曲率实际反映的是曲面的弯曲程度，当曲面的高斯曲率变化比较大比较快时，表示曲面内部变化比较大，也就意味着曲面的光滑程度低。两个连接的曲面如果在公共边界上的高斯曲率发生突变，表示两个曲面的高斯曲率并不连续，通常也叫曲率不连续，说明两个曲面的连接没有达到G2连接质量。高斯曲率为正数时，曲面的形状类似碗状，如图11-74（a）所示；高斯曲率为负数时，曲面的形状类似马鞍状，如图11-74（b）所示；高斯曲率为0时，曲面至少有一个方向是直的，如平面、圆柱体侧面、圆锥体侧面的高斯曲率都是0，如图11-74（c）所示。
- 平均：显示平均曲率的绝对值，适用于找出曲面曲率变化较大的部分。

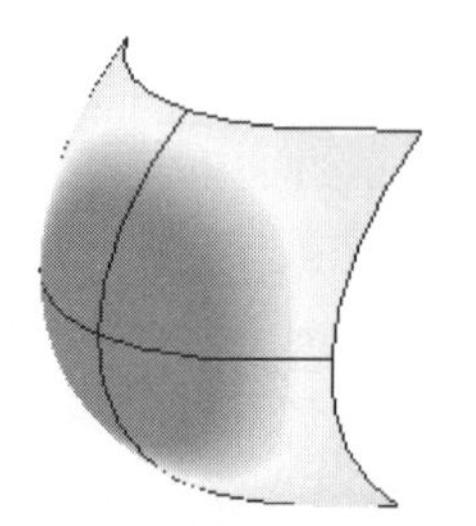

（a）高斯曲率为正数

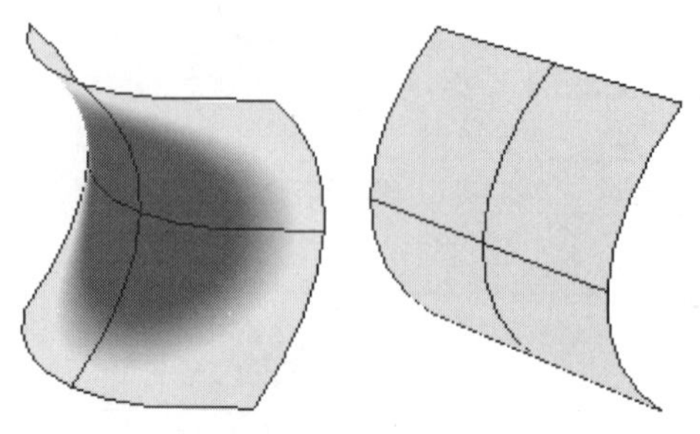

（b）高斯曲率为负数　　（c）高斯曲率为0

图11-74 高斯曲率

- 最小半径：如果利用大于或等于【最小半径值】的球面刀具去加工曲面，凡是小于最小半径值的区域是无法加工的，也就是说这部分曲面是不连续的。
- 最大半径：用于找出曲面较平坦的部分。将蓝色的数值设得大一点，红色的数值设为接近无限大，曲面上红色的区域为近似平面的部分，曲率几乎等于0。
- 自动范围：设定一个自动曲率范围，突出显示范围内的颜色区域，可以调整曲率范围的两个数值，以此突出显示分析结果。
- 最大范围：使用最大范围将红色对应至曲面上曲率最大的部分，将蓝色对应至曲面上曲率最小的部分。当曲面的曲率有剧烈的变化时，产生的结果可能没有参考价值。
- 显示结构线：勾选此复选框，显示曲面结构线。
- 调整网格：控制网格的转换密度与网格面数。单击此按钮，弹出【网格详细设置】对话框，在此对话框中通过设置网格参数来调整网格，如图11-75所示。单击【简易设置】按钮，弹出【网格选项】对话框，在此对话框中拖动滑动条来改变网格面数和密度，如图11-76所示。
- 新增物件：为增选的物件显示曲率分析。
- 移除物件：关闭增选物件的曲率分析。

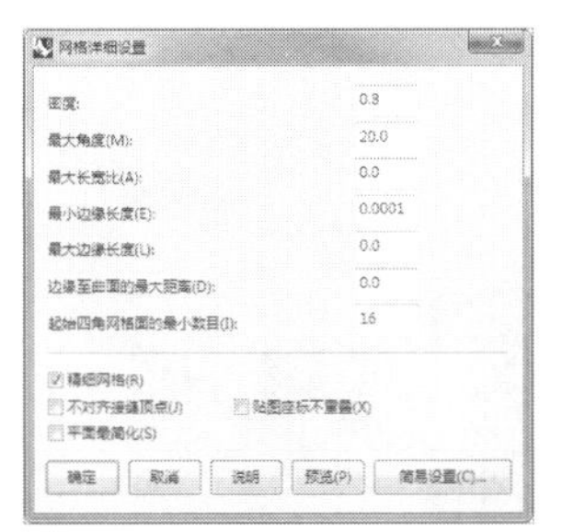

图11-75　【网格详细设置】对话框

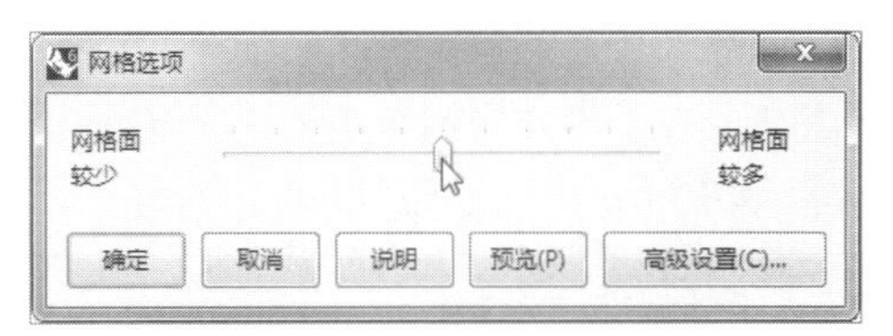

图11-76　【网格选项】对话框

动手操作——曲面曲率分析

01打开本例源文件“曲面曲率分析.3dm”，如图11-77所示。

02单击【混接曲面】按钮，选取要混接的两个曲面的边缘，如图11-78所示。

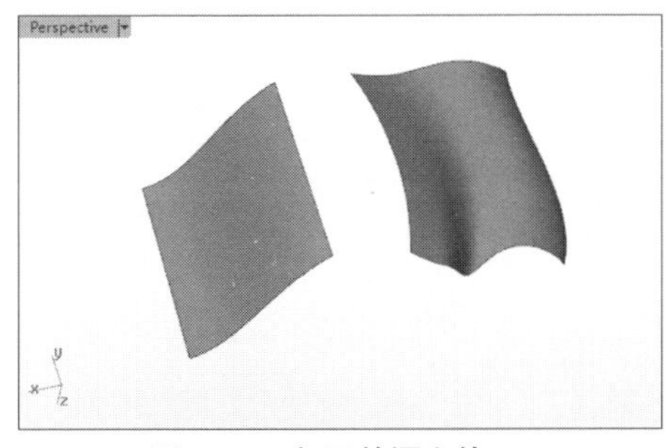

图11-77　打开的源文件

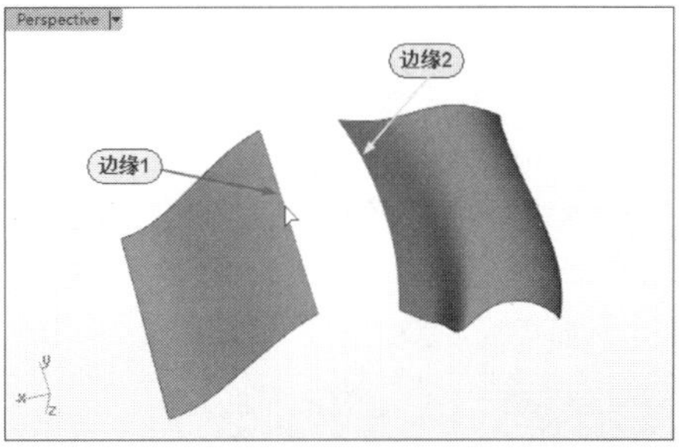

图11-78　选取要混接的曲面边缘

03右击弹出【调整曲面混接】对话框。设置混接的连续性为【曲率】，单击【确定】按钮，完成混接曲面的建立，如图11-79所示。

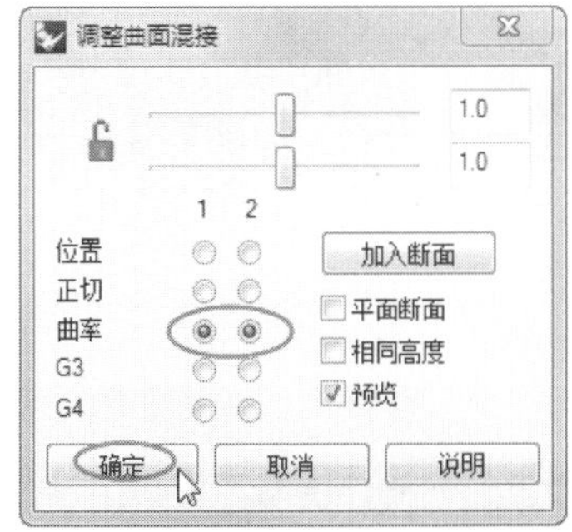

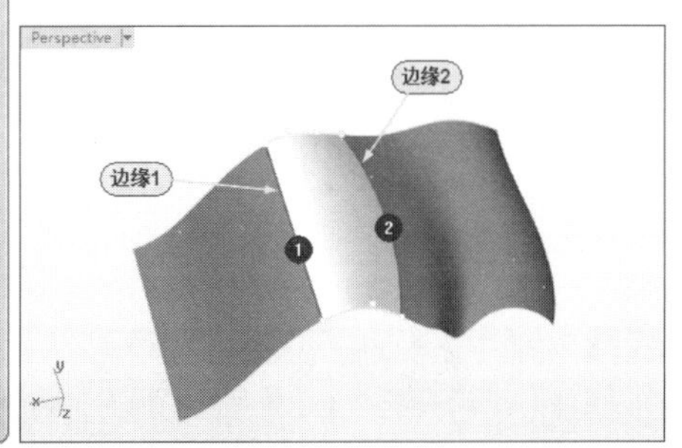

图11-79　建立混接曲面

04按住Shift键选取3个曲面，然后单击【曲率分析】按钮，弹出【曲率】对话框，如图11-80所示。

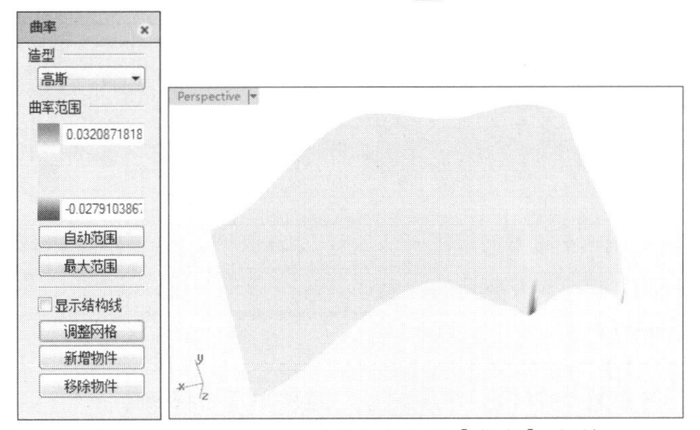

图11-80　选取要分析的曲面并打开【曲率】对话框

05从默认分析情况看，3个曲面中靠近右侧有深蓝色→浅蓝色和红色→黄色过渡，说明这部分区域不是曲率连续的。

06切换到【平均】分析模式，如图11-81所示。可以看出相同位置上两个曲率范围极端颜色相互交替过渡，同样反映了此处非曲率连续。

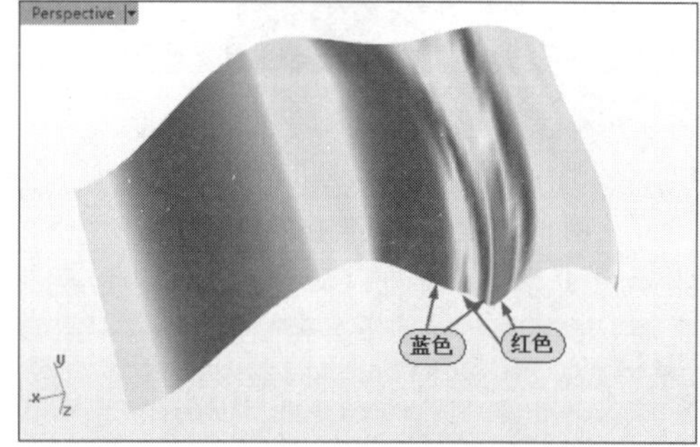

图11-81 【平均】曲率分析

07做混接曲面过渡的区域则呈现蓝色，周边也是浅蓝色区域，说明是平滑过渡的。

08最后关闭对话框，完成曲率分析。

11.7.2 拔模角度分析

【拔模角度分析】工具用于分析产品内部与外部的拔模情况，现阶段大多数产品都是通过模具得到的。既然是模具制造，那就要脱模，而脱模就是拔模。

例如，壳体产品外表面有负拔模，说明此产品要么存在侧孔或侧凹，反之在内部出现正向拔模，证明产品内部存在倒扣，那么就需要改进模具的设计，以使产品顺利地脱出模具。

在Rhino中，拔模方向是以Z轴为参考进行投影的。如果产品的最大投影面没有与Z轴垂直，就需要进行3D旋转，如图11-82所示。

单击【拔模角度分析】按钮，选取要做拔模分析的产品后，按Enter键即打开【拔模角度】对话框，如图11-83所示。

不正确的拔模方向

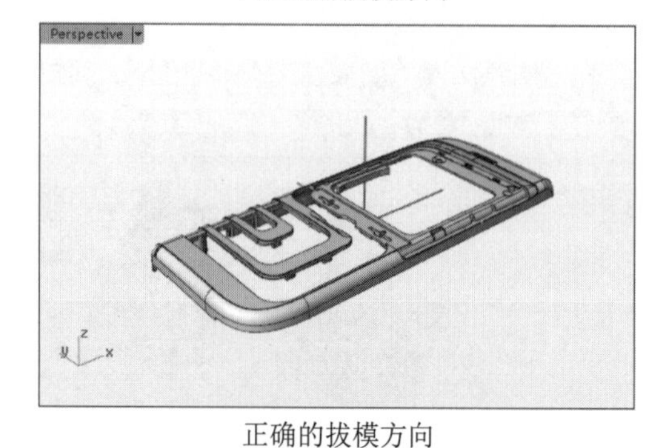

正确的拔模方向

图11-82 确定产品的拔模方向

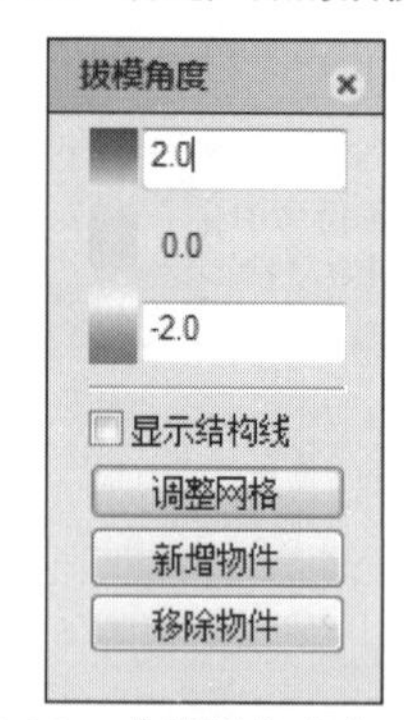

图11-83 【拔模角度】对话框

动手操作——拔模角度分析

01打开本例源文件“手机壳.3dm”，如图11-84所示。

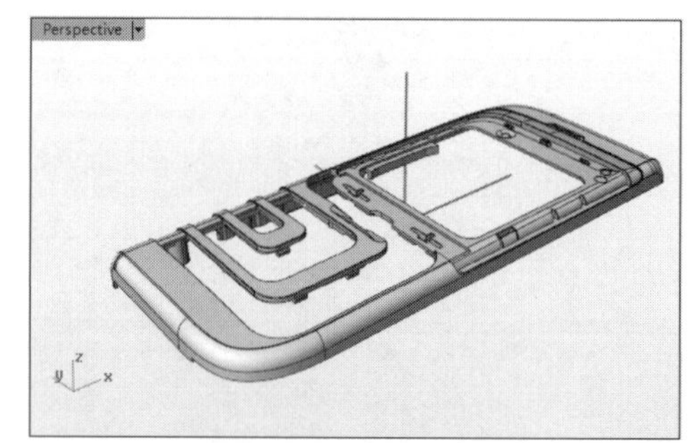

图11-84 打开的源文件

02单击【拔模角度分析】按钮，选取要做拔模分析的产品模型，如图11-85所示。

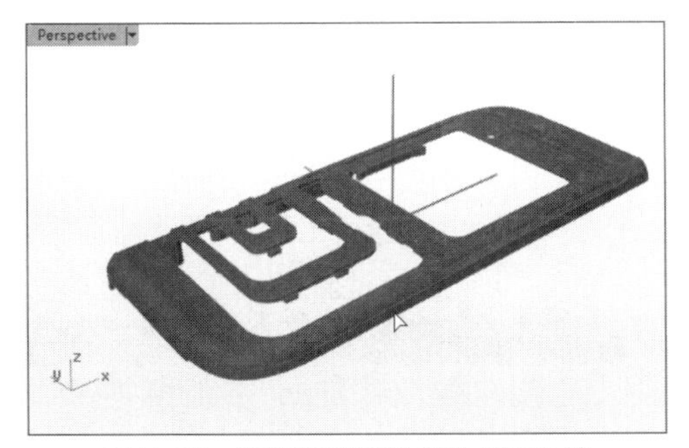

图11-85 选取要拔棋分析的曲面边缘

03右击弹出【拔模角度】对话框。设置正拔模角度为3、负拔模角度为-3，并查看拔模分析状态，如图11-86所示。

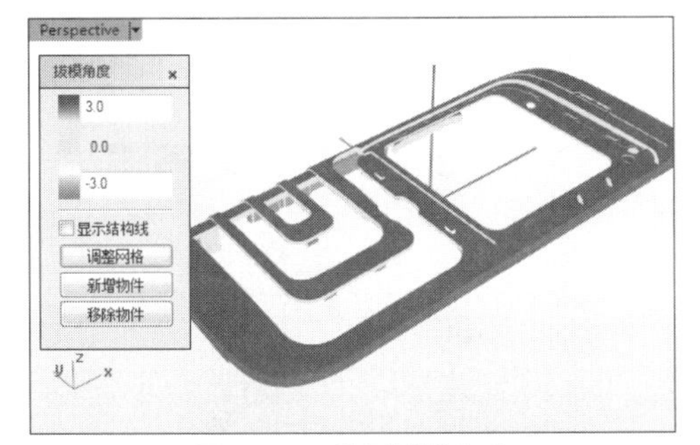

图11-86 设置拔模角度

> **技术要点**：正负拔模角度要设置成对称状，中间为0拔模角，也就是直角面。

04从分析状态看，产品外侧面为蓝色显示，其中部分曲面显示为绿色，说明产品外侧的拔模角度为正，且部分曲面是垂直的，并不影响产品在模具中的脱模。

05翻转查看产品内侧，如图11-87所示。同样可以看出产品内侧绝大多数显示为红色，即负拔模，说明产品内部的结构也不会影响产品脱模。但有局部区域显示为蓝色，说明这部分不能顺利脱模，是常见的倒扣特征。只要设计模具的顶出方式为侧向分型机构或斜向顶出机构，就可以解决此问题，所以无需对产品的结构进行修改。

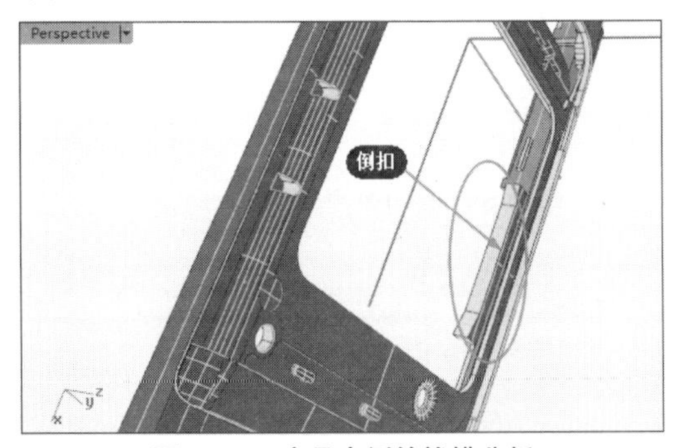

图11-87 产品内侧的拔模分析

06最后关闭对话框，完成拔模角度分析。

11.7.3 斑马纹分析

使用【斑马纹分析】工具可以分析曲面的平滑度与连续性。

单击【斑马纹分析】按钮，选择要进行分析的曲面，右击会弹出【斑马纹选项】对话框，如图11-88所示。

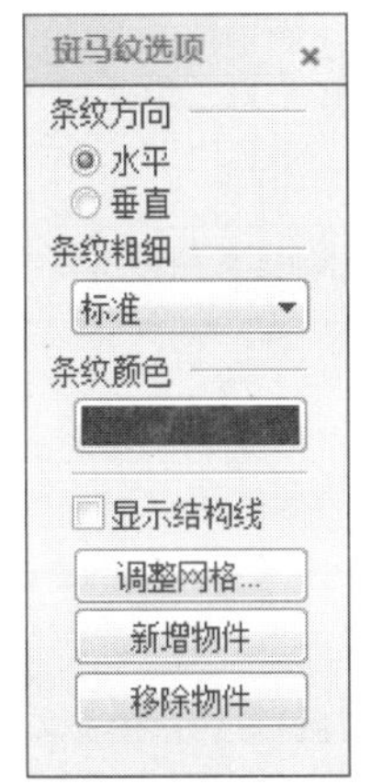

图11-88 【斑马纹选项】对话框

下面介绍对话框各选项的含义。

- 【条纹方向】：用于控制斑马纹的水平与纵向的显示方向。
- 【条纹粗细】：用于设置斑马纹显示的宽窄程度。
- 【调整网格】：用于设置测试逼近的斑马纹的精度，通常为了得到比较准确的结果需要将精度调整得比较高，如图11-89所示。

图11-89 【网格选项】对话框

单击【斑马纹分析】按钮，检测3块分别为G0~G2连续的曲面，如图11-90所示。从图中可以明显地看到，G0连续的曲面检测条纹并不连接，在曲面的重合处错开了。G1连续的曲面检测条纹虽然能够连接在一起，但在曲面的重合处产生尖角。G2连续的曲面检测条纹在曲面上光滑通过，视觉效果很好。

和曲线类似，曲面从边的第一排控制点决定了曲面G0连续，第一排控制点第二排控制点共同决定了曲面的G1连续，第一排、第二排与第三排控制点共同决定了曲面的G2连续。如图11-91所示为一块G2连续的曲面，单击【斑马纹检测】按钮可检测曲面连续性，证明曲面间达到了G2连续，如图11-92所示。

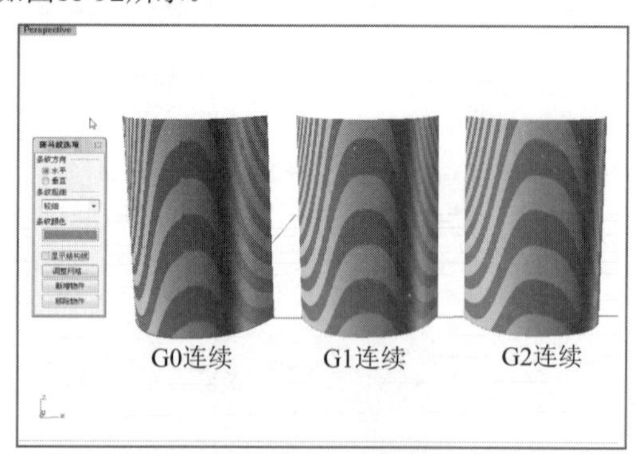

图11-90　3种连续曲面斑马纹分析对比

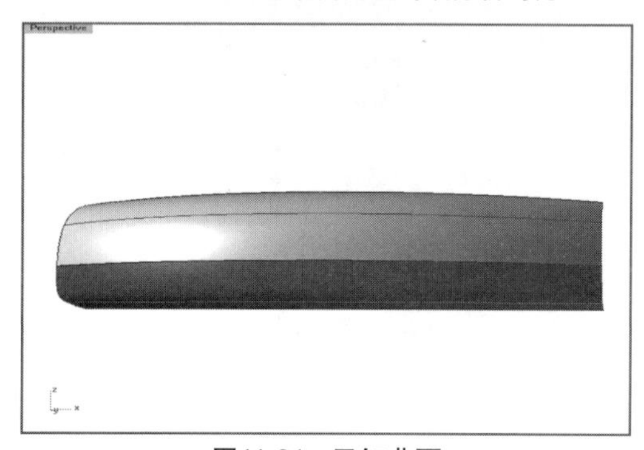

图11-91　已知曲面

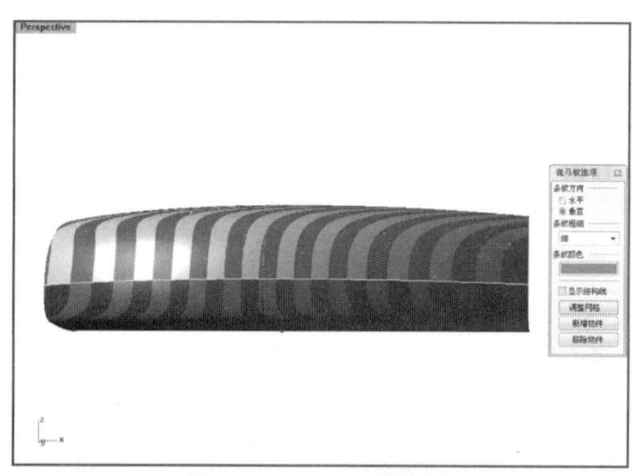

图11-92　G2连续检测

单击【开启控制点】按钮，打开其中一边曲面的控制点，移动以重合边计算第三排控制点的位置，如图11-93所示。单击【斑马纹检测】按钮，检测条纹产生了尖角，说明第三排控制点的位置改变破坏了曲面的G2连续，如图11-94所示。

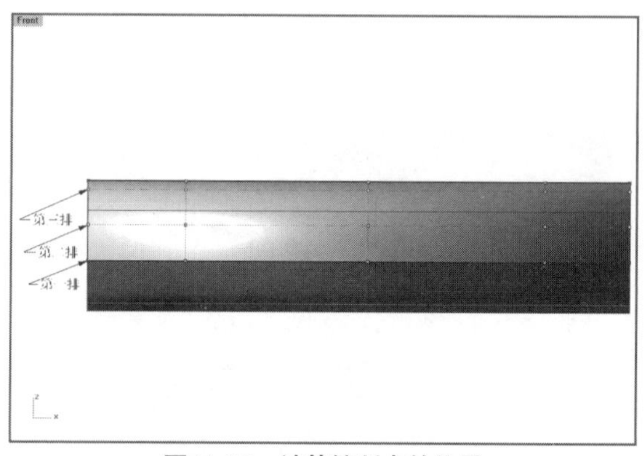

图11-93　计算控制点的位置

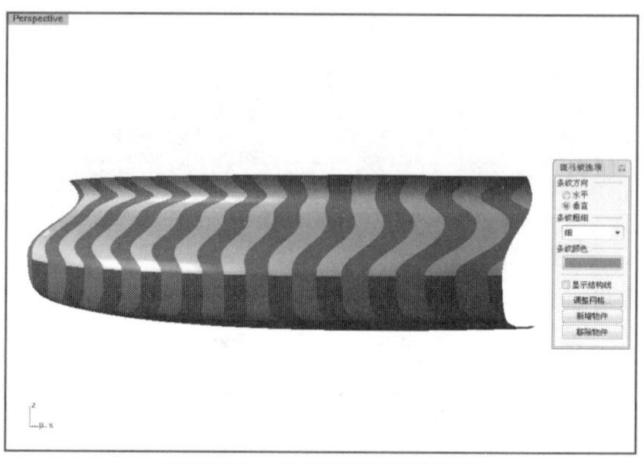

图11-94　检测条纹出现尖角

单击【开启控制点】按钮，再次打开曲面控制点，移动曲面以重合边计算起第二排控制点的位置，如图11-95所示。单击【斑马检测】按钮，检测曲面连续性，斑马检测条纹发生了错位，说明第二排控制点的位置改变破坏了曲面的G1连续，如图11-96所示。

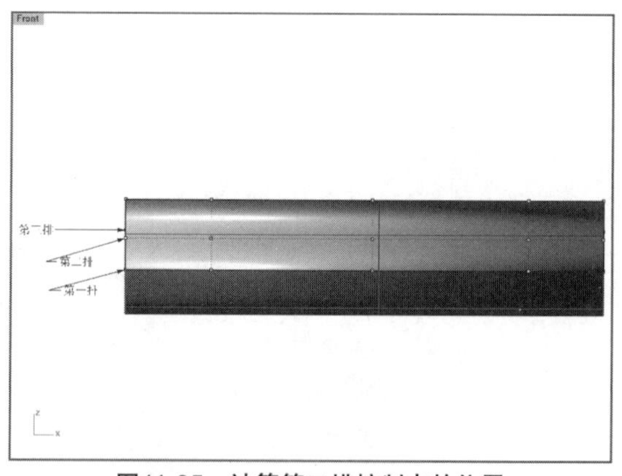

图11-95　计算第二排控制点的位置

图11-96　斑马纹出现错位

动手操作——斑马纹分析

01打开本例源文件“斑马纹分析.3dm”，如图11-97所示。

02单击【衔接曲面】按钮，选取要改变的未修剪曲面边缘和要衔接的曲面边缘，如图11-98所示。

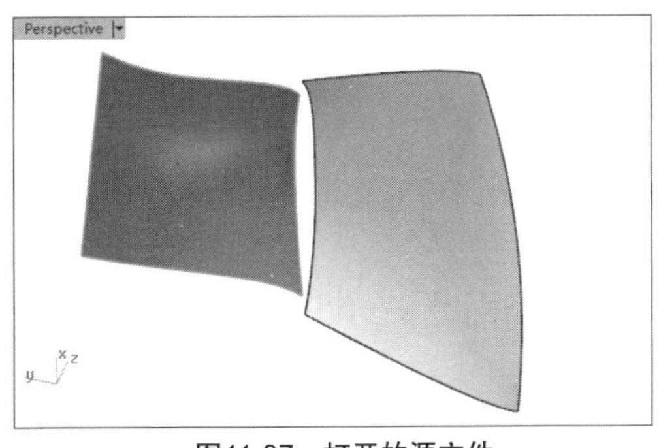

图11-97　打开的源文件

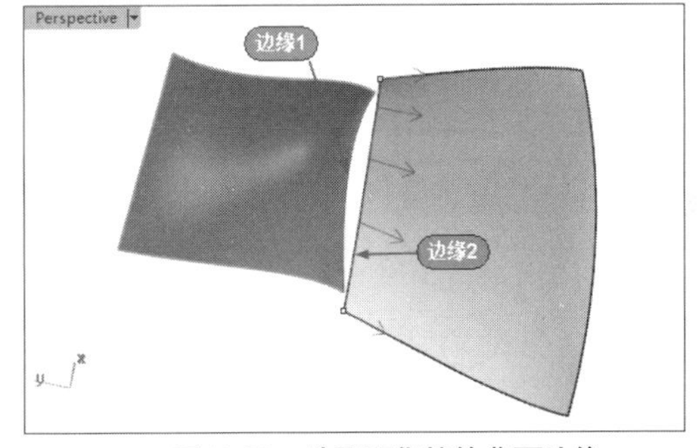

图11-98　选取要衔接的曲面边缘

03右击弹出【衔接曲面】对话框。设置衔接选项后单击【确定】按钮，完成衔接曲面的建立，如图11-99所示。

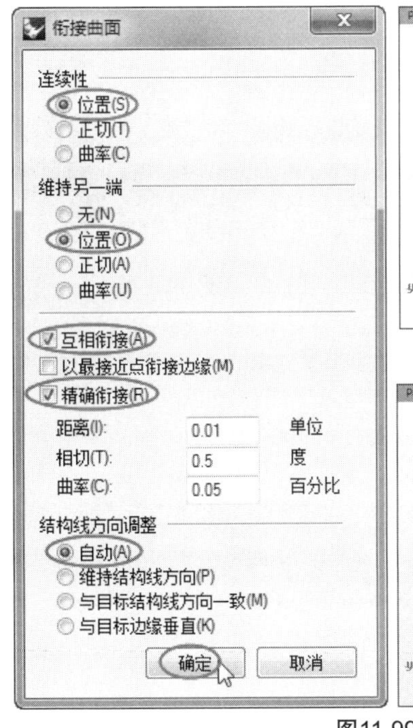

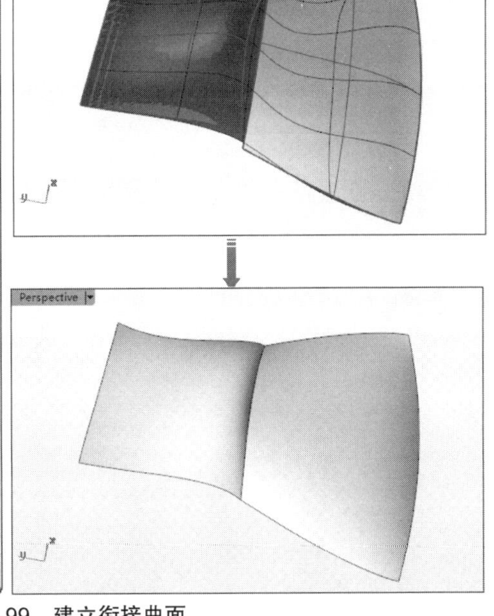

图11-99　建立衔接曲面

04单击【斑马纹分析】按钮，选取两个曲面作为分析对象，并右击确认，随后弹出【斑马纹选项】对话框，视窗中显示斑马纹分析的预览效果，如图11-100所示。

05由于显示的条纹过于粗，不利于分析，可将【条纹粗细】设为【较细】，如图11-101所示。

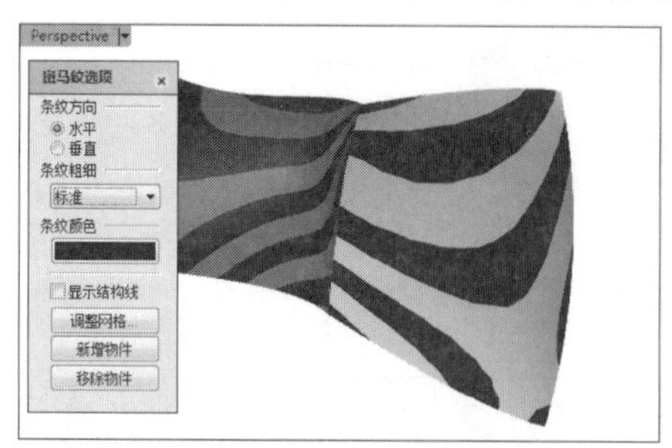

图11-100　显示斑马纹分析的预览效果

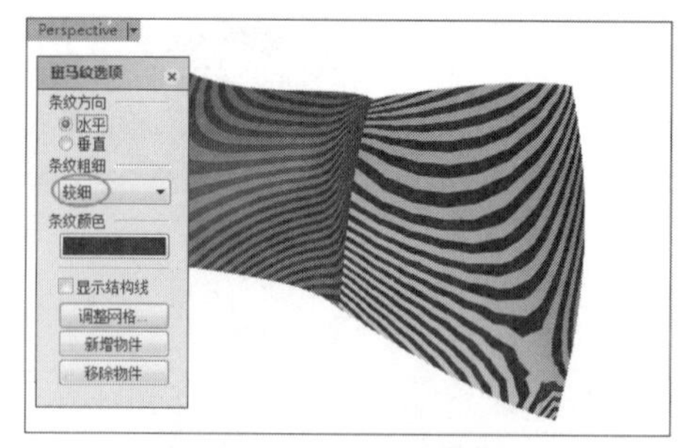

图11-101　设置条纹粗细

06可以看出，条纹是锯齿状，不平滑，需要调整网格。单击【调整网格】按钮，打开【网格选项】对话框。单击此对话框中的【进阶设定】按钮，弹出【网格高级选项】对话框，在该对话框中设置参数与选项，如图11-102所示。

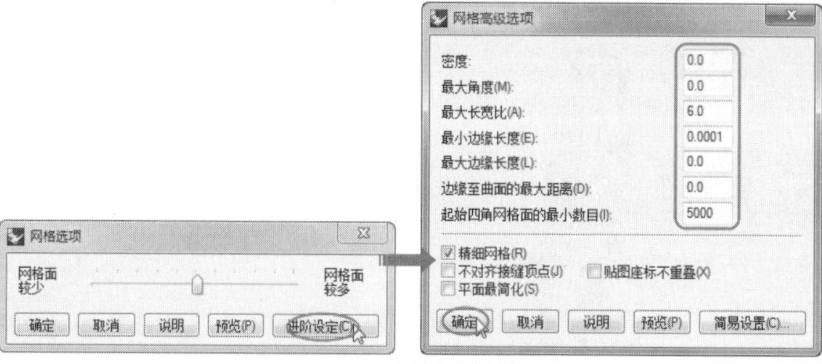

图11-102　设置网格选项

07调整网格后可以看出，条纹变得非常平滑了，如图11-103所示。

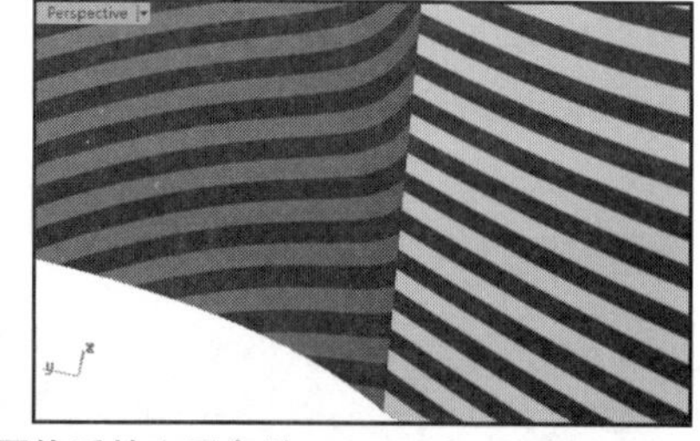

图11-103　调整网格后的斑马条纹

08调整网格后的条纹虽然看起来非常平滑，但是两个曲面的条纹在接缝处并没有一一对齐。这说明两个曲面非曲率连续，此种情形称为G0连续。

09接下来继续对两个曲面进行相切连续的衔接。用【衔接曲面】工具，选取要改变的未修剪曲面边缘和要衔接的曲面边缘，如图11-104所示。

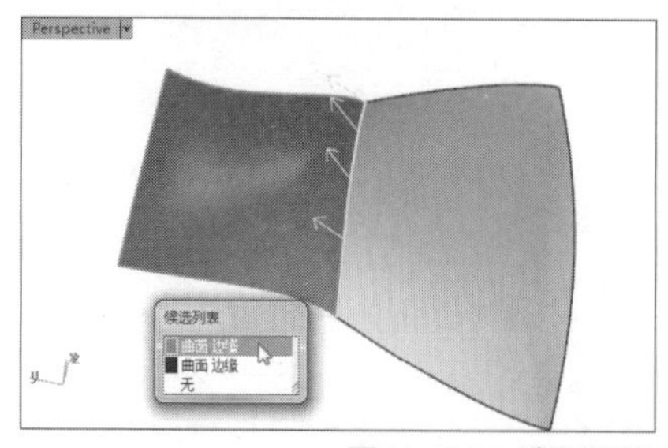

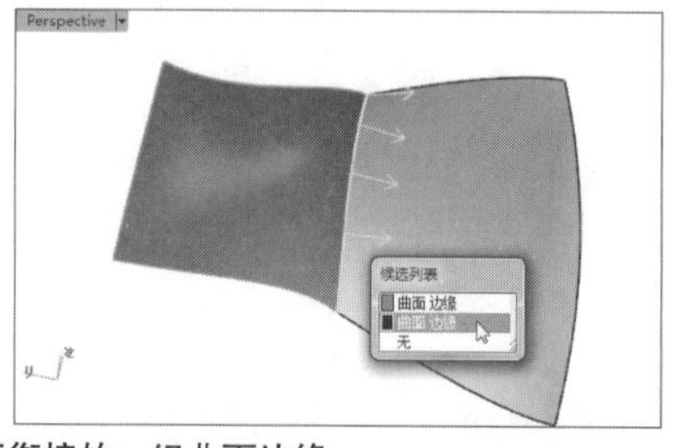

图11-104　选取要进行衔接的一组曲面边缘

10右击后打开【衔接曲面】对话框，在对话框中设置【连续性】为【正切】，然后单击【确定】按钮，完成衔接曲面的建立，如图11-105所示。

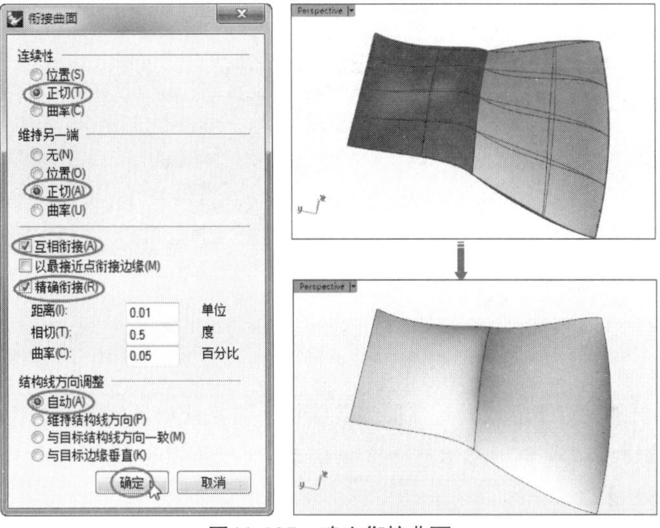

图11-105　建立衔接曲面

11使用【斑马纹分析】工具对两个曲面进行分析，如图11-106所示。可以看出，两个曲面的条纹已经一一对齐了，但是并非平滑过渡，而是存在一定的尖锐。这种情况称为G1相切连续。

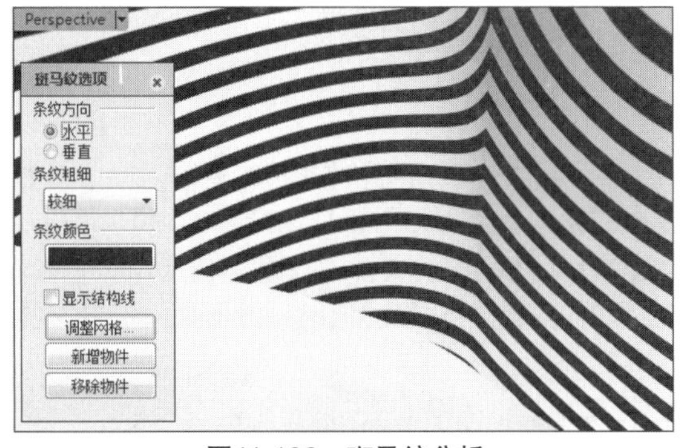

图11-106　斑马纹分析

12再次利用【衔接曲面】工具，将两曲面进行曲率衔接，如图11-107所示。

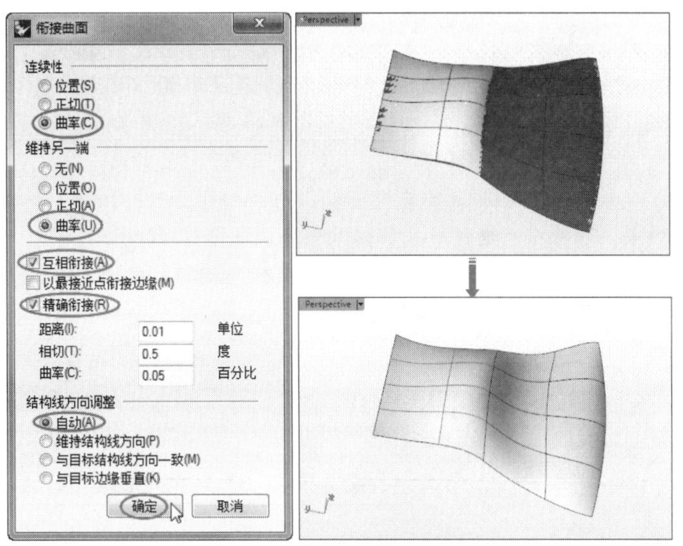

图11-107　建立衔接曲面

13用【斑马纹分析】工具对两曲面继续进行斑马条纹分析，结果如图11-108所示。从结果可以看出，两个曲面的条纹是一一对齐的，而且是平滑过渡的，说明此时的斑马条纹反映的情况是G2曲率连续。

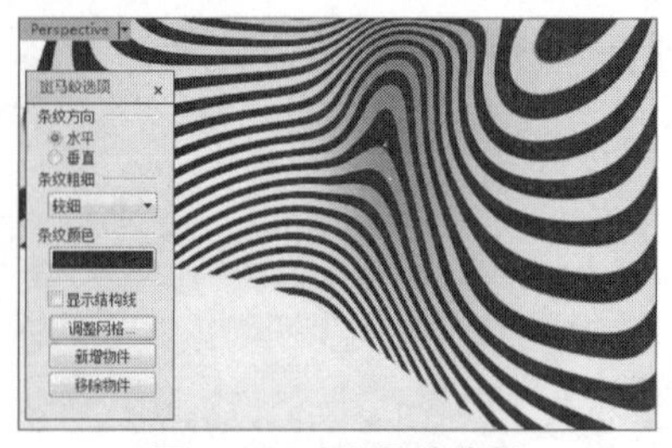

图11-108　斑马纹分析

11.7.4　环境贴图

利用该工具可以更加贴近实际地检测曲面的连续性，它是使用环境贴图来模拟曲面在真实环境中的反射效果，通过观察曲面上的反射效果来检测曲面连续性，如图11-109所示。

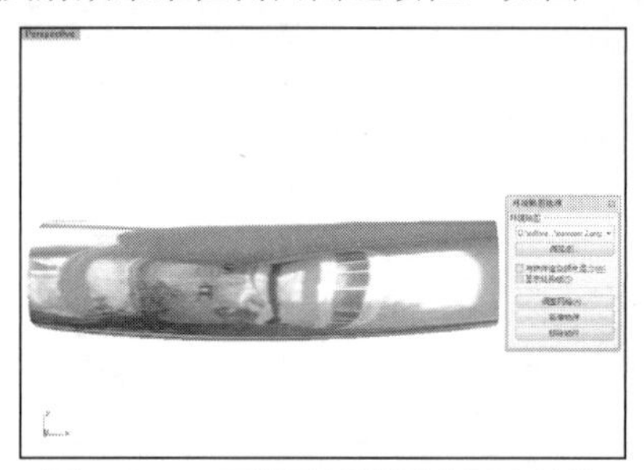

图11-109　环境贴图检测曲面连续性

单击【环境贴图】按钮，在视窗中会弹出【环境贴图选项】对话框，如图11-110所示，可以在【环境贴图】下拉列表中指定用于环境贴图的图片，或者单击【浏览】按钮，选取路径中的图片。勾选【与物件渲染颜色混合】复选框之后，可以在曲面的反射效果中混合物件颜色。

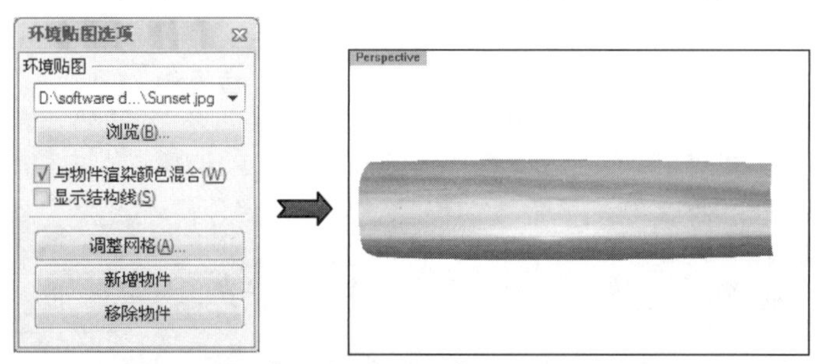

图11-110　【环境贴图选项】对话框及设置效果

单击【调整网格】按钮，可以调整被检测曲面的精度。和【斑马纹检测】按钮一样，如果需要得到比较精确的反射效果，需要将网格精度调节得比较高，如图11-111所示。

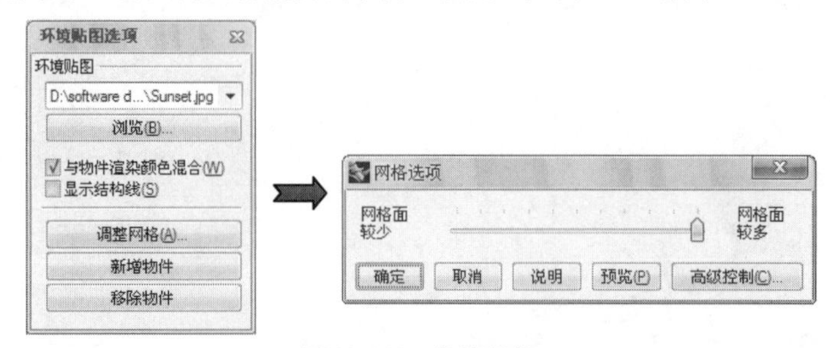

图11-111　参数调节

技术要点：在Rhino 6.0中，为增加曲面检测的准确性，应对被检测曲面分别使用斑马纹、曲率分析与环境贴图工具进行检测。

如图11-112、图11-113、图11-114所示分别为G0~G2连续曲面检测的结果。G0曲面在曲面的衔接处反射画面错开了，G1曲面的衔接区域反射画面有不均匀的拉伸现象，G2曲面的衔接区域反射均匀拉伸过渡良好。

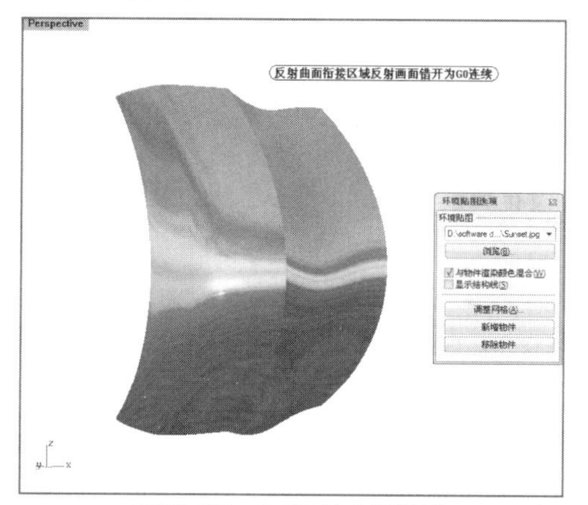

图11-112　G0连续曲面检测

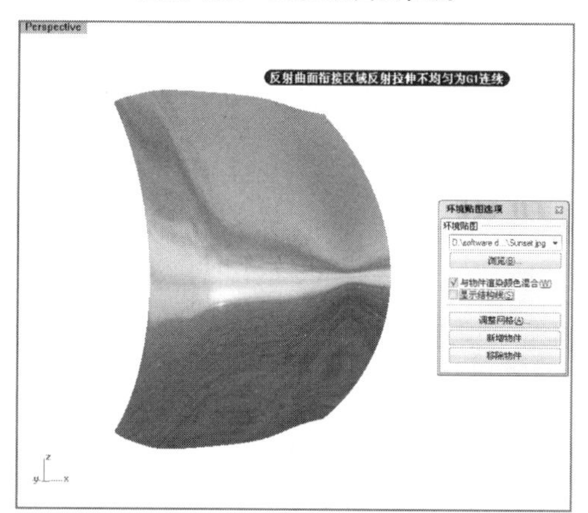

图11-113　G1连续曲面检测

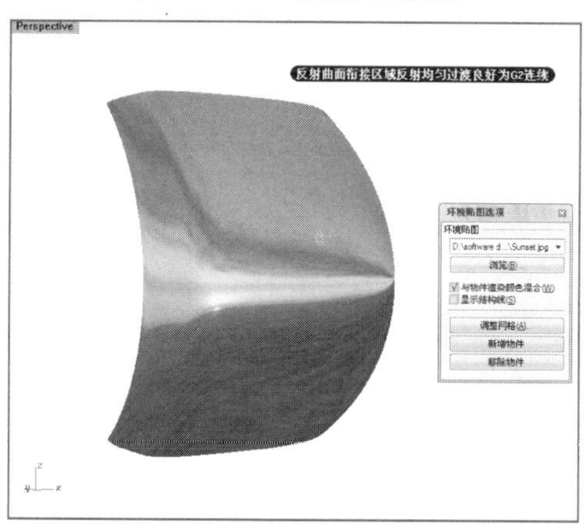

图11-114　G2连续曲面检测

曲面连续检测、分析工具操作方便，是非常重要的曲面检测工具。在制作高精度模型时，经常使用这些工具来检测曲面连续性是否到达了规定要求的连续性。熟练使用这些工具可以极大地提高模型制作质量与效率。

11.7.5　厚度分析

厚度分析也适用于对成品的整体厚度进行分析，其分析结果对修改产品十分重要。例如塑胶产品，除非有特殊结构存在，大多数情况下尽量保持均匀的壁厚（壁厚就是产品在某一点位置测量的厚度值），在塑料注塑过程中才会减少翘曲、凹坑、气泡等影响产品外观质量的缺陷。

单击【厚度分析】按钮，选取要分析的对象，右击后会弹出【厚度分析】对话框，如图11-115所示。

图11-115　【厚度分析】对话框

动手操作——产品的厚度分析

01打开本例源文件“风扇叶.3dm”，如图11-116所示。

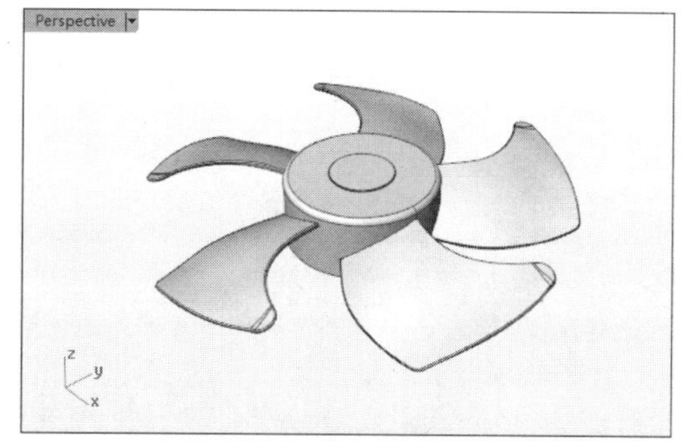

图11-116　风扇叶

02单击【厚度分析】按钮，选取要分析的风扇叶模型，右击后弹出【厚度分析】对话框。针对塑胶制品，通常认为1~5mm的厚度是比较容易注塑的，因此设置最大厚度为5，最小厚度为1，如图11-117所示。

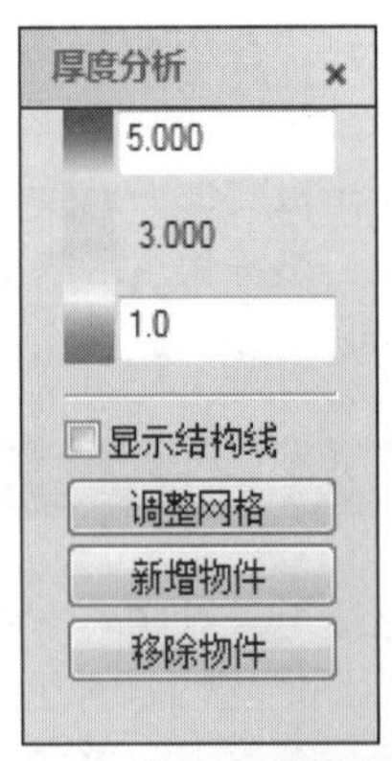

图11-117　设定分析厚度范围

03在命令行中选择【无论多久都要继续】选项（直到分析计算完成为止，可以多次选择此选项），经过一定时间的分析计算后，得到如图11-118所示的厚度分析结果。

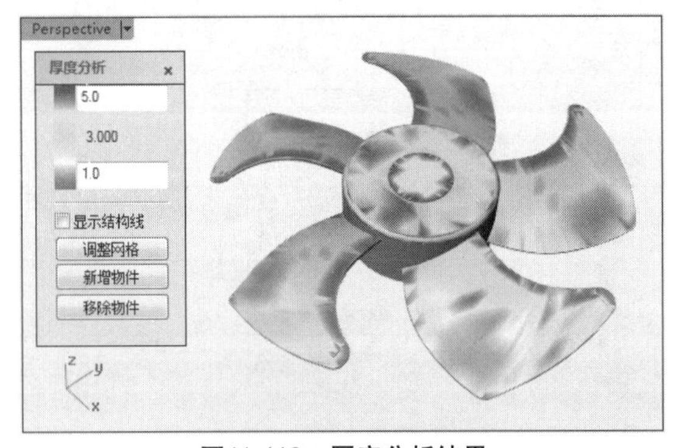

图11-118　厚度分析结果

> **技术要点**：出现【无论多久都要继续】选项，是因为产品结构比较复杂，整体厚度也不均匀，计算需要花费比较多的时间。

04从分析结果看，模型中没有蓝色显示的区域，说明厚度在允许范围内。但叶片上有局部区域显示为红色，表示此区域为设定的厚度极限，由于这部分区域较小，因此也可视为较为合理。所以这款产品是不需要进行厚度更改的，为合格产品。

11.8 课后练习

利用本练习的2D曲线，建立塑料瓶的模型，如图11-119所示。2D曲线如图11-120所示。

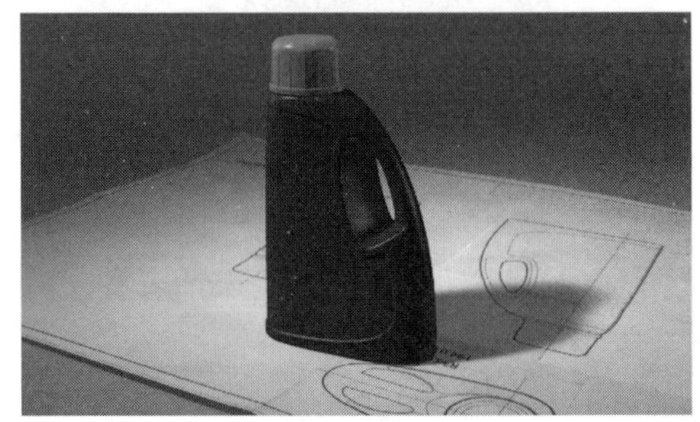

图11-119　塑料瓶模型

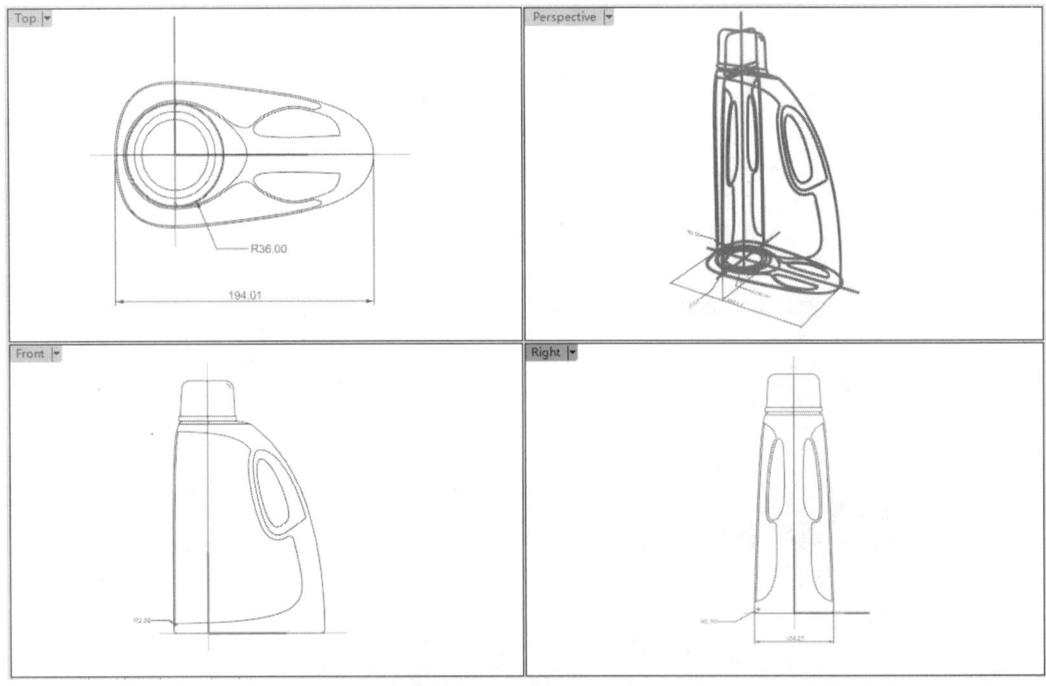

图11-120　塑料瓶2D曲线

12

第12章 实体建模

Rhino中的3D实体与CAD和3ds Max中的3D实体不同。在CAD和3ds Max中，实体是由封闭的多边形表面构成的集合体；而在Rhino中，实体是由封闭的NURBS曲面构成的。本章将主要介绍由NURBS曲面构成的基本实体的建模操作方法。

项目分解

- 认识实体
- 立方体
- 球体
- 椭圆体
- 锥形体
- 柱形体
- 环形体
- 挤出实体

12.1 认识实体

Rhino中的实体都是由封闭的NURBS曲面构成的，用于创建实体的工具在【实体工具】标签下的视窗左侧的【实体边栏】工具列中，如图12-1所示。

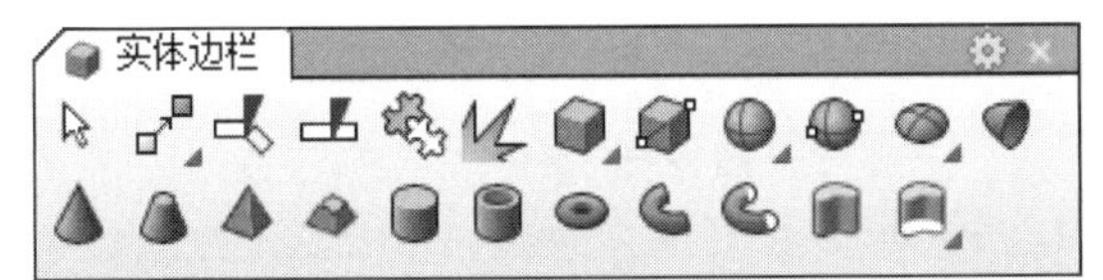

图12-1 【实体边栏】工具列

动手操作——创建并编辑实体

01在Rhino中，新建一个文档。

02在左边栏中单击【球体：中心点、半径】按钮，在视窗中坐标系中心点创建一个半径为50的球体，如图12-2所示。

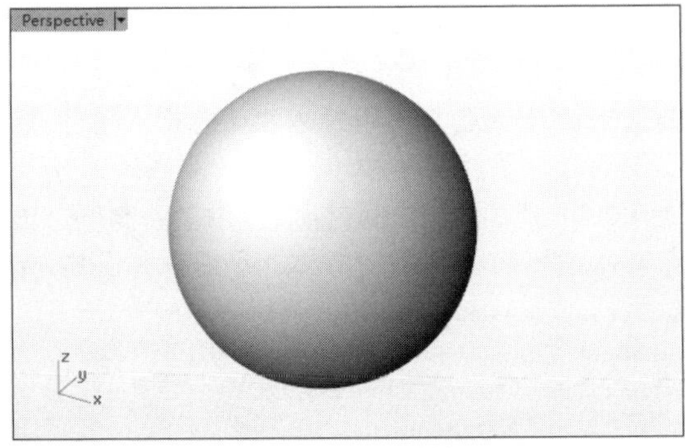

图12-2 创建球体

03选中球体，然后单击【曲线工具】标签下的【开启CV点】按钮，通过编辑物体的控制点来改变球体的形状，如图12-3所示。

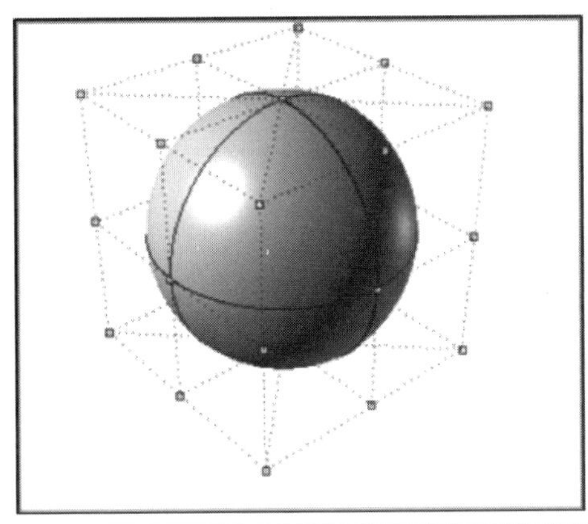

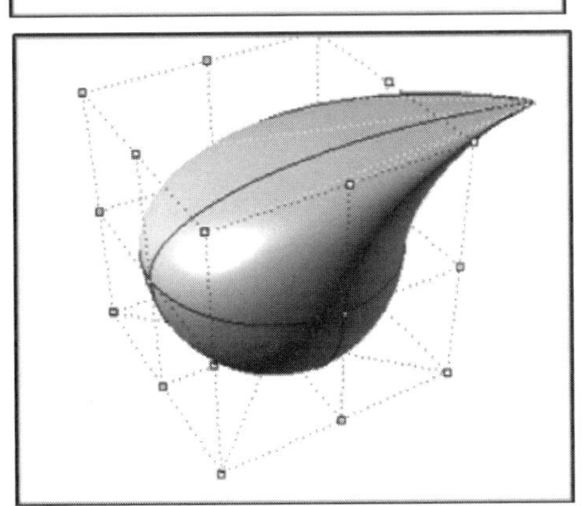

图12-3 实体变化

04如果操作提示不能打开该实体的控制点，还可通过单击【爆炸】按钮将实体爆炸。然后选择爆炸后的曲面，重复步骤03，曲面上的控制点就可以显示出来。

05查看爆炸后的实体的物体信息，也可发现组成物体是NURBS曲面。

> **技术要点**：可以通过改变NURBS曲面的方法或特征来改变Rhino中大部分实体的形状或特征。并不是所有的实体都可以通过编辑物体的控制点来改变物体的形状。

12.2 立方体

基本几何体包括立方体、球体、圆柱体等，是构成物理世界最基础的形体。

本节介绍立方体的建模方法。在【实体】标签下的左边栏中长按【实体】按钮，会弹出【立方体】工具列，如图12-4所示。下面介绍该工具列中各工具的功能。

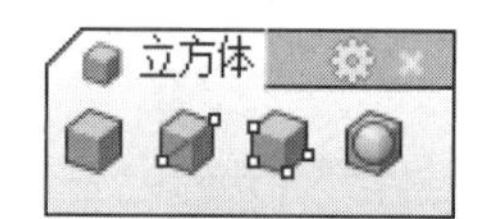

图12-4　【立方体】工具列

12.2.1 立方体：角对角、高度

首先根据命令行提示确定立方体底面的大小，然后确定立方体的高度，依此来绘制立方体。

动手操作——以【角对角、高度】创建立方体

01新建Rhino文件。

02单击【立方体】工具列中的【角对角、高度】按钮，命令行中会有如下提示。

```
指令: _Box
底面的第一角 ( 对角线(D)  三点(P)  垂直(V)  中心点(C) ):
```

这些选项其实就是后面即将介绍的其他4个立方体命令。下面介绍各选项的功能。

- 对角线：通过指定底面的对角线长度和方向来绘制，如图12-5所示。

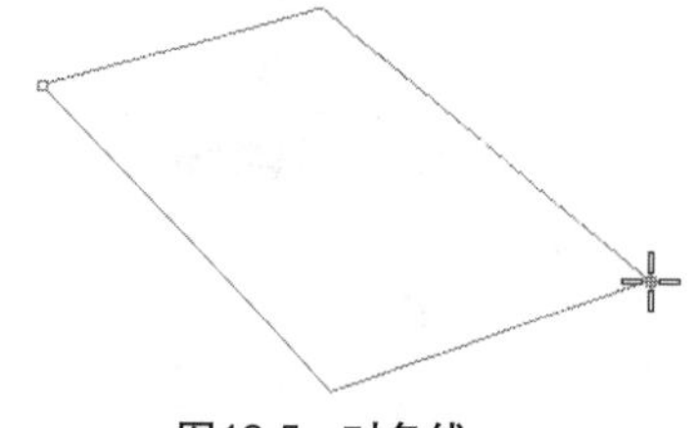

图12-5　对角线

- 三点：先通过绘制两点确定一边长度，而后绘制第三点确定另一边长度，如图12-6所示。

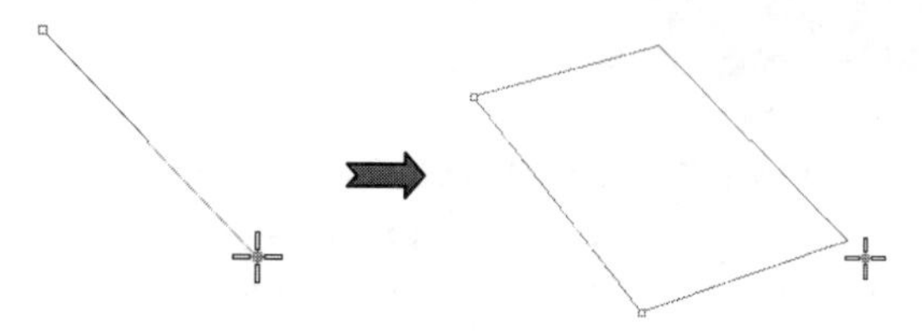

图12-6　三点

- 垂直：先确定一条边，然后根据该边绘制一个与底面垂直的面，再指定高度及宽度来，如图12-7、图12-8所示，此方法不再是底面的绘制。

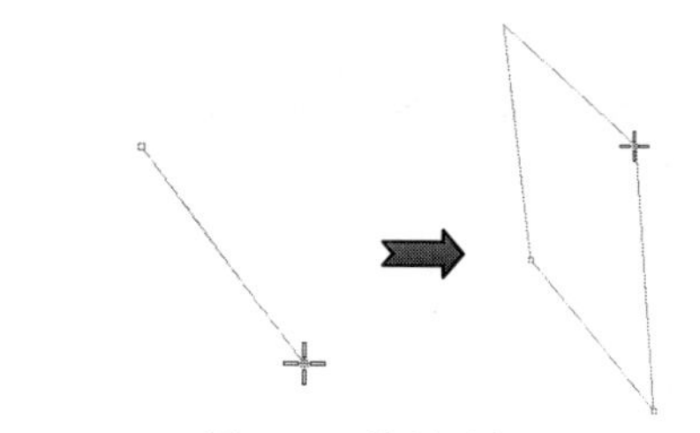

图12-7　绘制垂直面

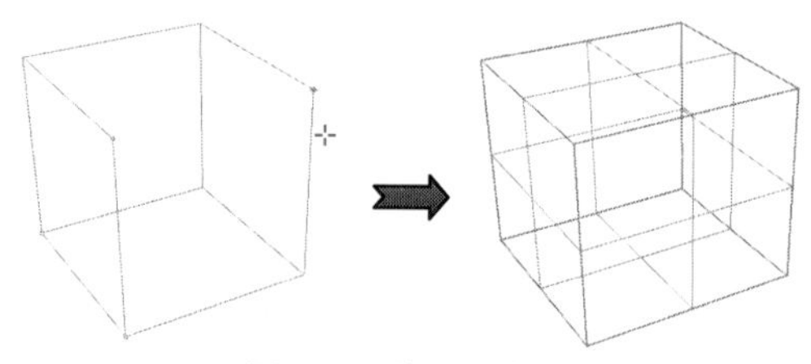

图12-8　绘制立方体

- 中心点：先指定四边形的中心点，再拖动确定边长，如图12-9所示。

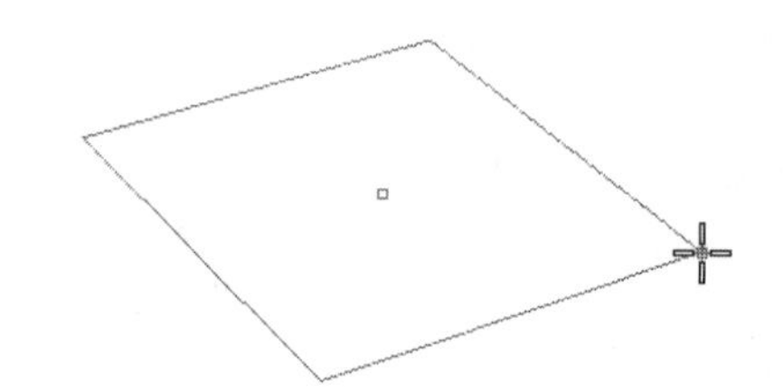

图12-9　中心点

03指定底面的第一角，可以输入坐标，也可以选取其他参考点，这里输入“0,0,0”，右击后要求输入底面的另一角坐标或长度，输入坐标“100,50,0”，并右击，随后提示输入高度，输入25，最后右击完成立方体的创建，如图12-10所示。

```
底面的第一角 ( 对角线(D)  三点(P)  垂直(V)  中心点(C) ): 0,0,0
底面的另一角或长度 ( 三点(P) ): 100,50,0
高度，按 Enter 套用宽度: 25
```

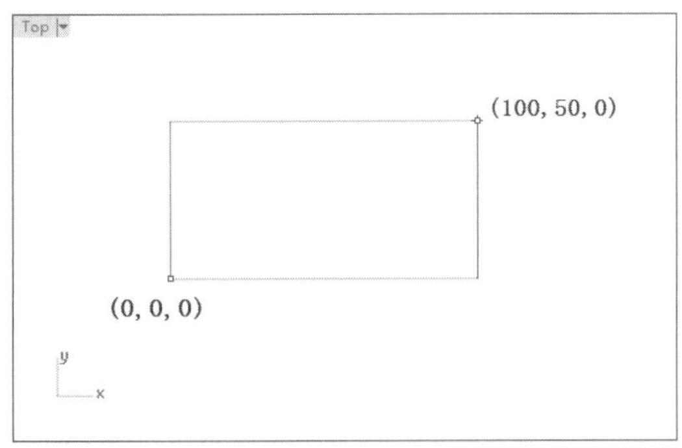

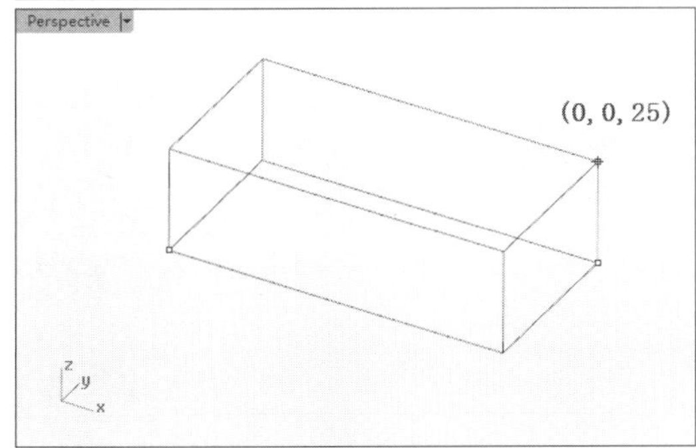

图12-10　输入角点坐标

04创建的立方体如图12-11所示。

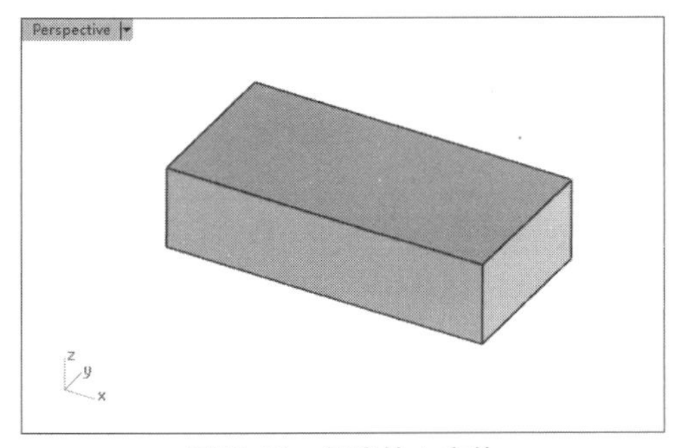

图12-11　创建的立方体

12.2.2　立方体：对角线

单击第一点作为第一角，单击第二点作为第二角，通过确定立方体的对角线来确定立方体的大小。

动手操作——以【对角线】创建立方体

01新建Rhino文件。

02单击【立方体】工具列中的【对角线】按钮，命令行中会有如下提示。

第一角（正立方体(C)）：

03指定底面的第一角，可以输入坐标，也可以选取其他参考点，这里输入“0,0,0”，右击后要求输入第二角坐标，输入坐标“100,50,25”，右击即可创建立方体，如图12-12所示。

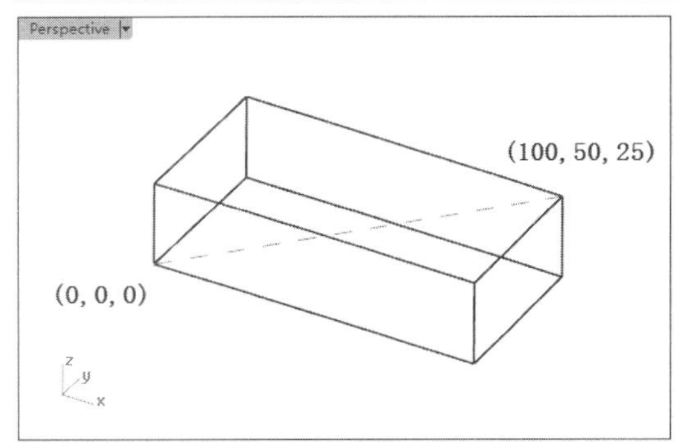

图12-12　创建的立方体

技术要点：如果输入第二角的坐标为平面坐标，如“100,50,0”，那么就与利用【角对角、高度】工具创建立方体的方法相同。

12.2.3　立方体：三点、高度

【三点、高度】工具利用三点（确定矩形的三点）、高度绘制立方体。

动手操作——以【三点、高度】创建立方体

01新建Rhino文件。

02单击【三点、高度】按钮，然后按命令行中的提示设置边缘起点，这里输入“0,0,0”，右击确认后按提示输入边缘终点的坐标“100,0,0”，接着按提示输入宽度50。

03此时命令行中提示【选择矩形】，意思就是确定矩形的第三点将要放置在哪个视窗，本例选择在Top视窗中放置矩形，只需在Top视窗中单击即可，如图12-13所示。

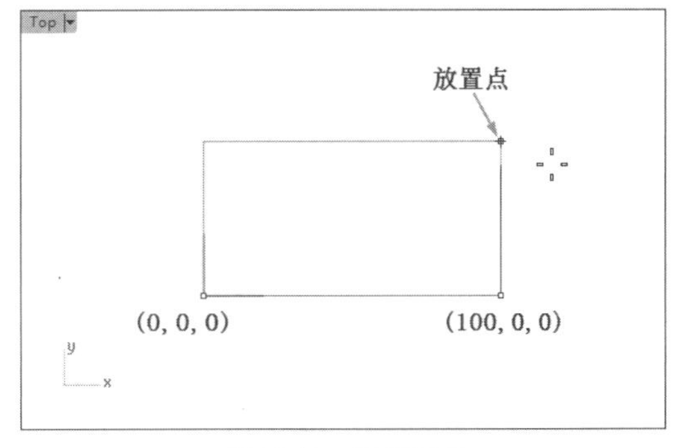

图12-13　设置三点

04再按信息提示输入高度25，右击随即自动创建立方体，如图12-14所示。

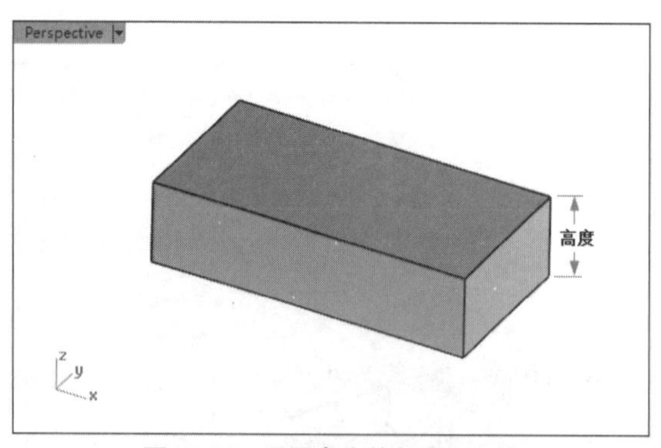

图12-14 设置高度并创建立方体

技术要点：如果没有要求精确的尺寸，可以拖动矩形在高度方向上自由运动，任意放置就可以得到所要高度的立方体。

12.2.4 立方体：底面中心点、角、高度

【底面中心点、角、高度】工具可以底面中心点、角、高度来绘制立方体。中心点就是整个矩形的中心点，角就是矩形的一个角点。此工具的按钮与【三点、高度】按钮相同，只是需要右击此按钮。

动手操作——以【底面中心点、角、高度】创建立方体

01新建Rhino文件。

02右击【底面中心点、角、高度】按钮，然后按命令行中的提示输入底面中心点的坐标“0,0,0”，右击确认后按提示输入底面的另一角坐标“50,25,0”，如图12-15所示。

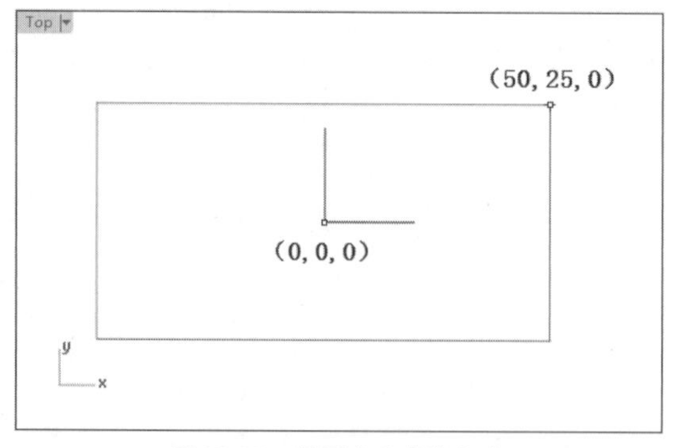

图12-15 设置中心点和角点

03再按信息提示输入高度25，右击随即自动创建立方体，如图12-16所示。

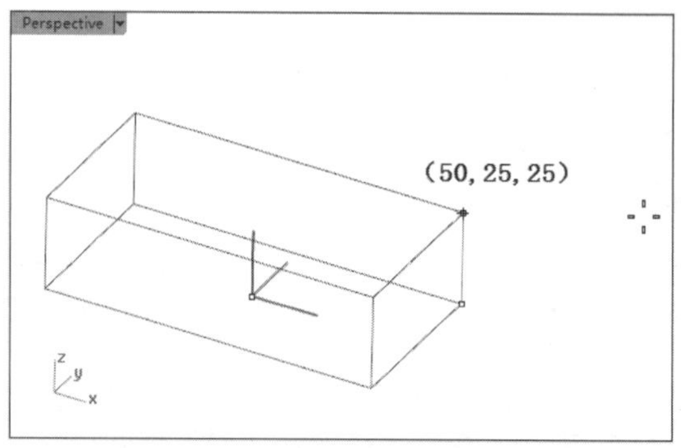

图12-16 设置高度并创建立方体

技术要点：在确定高度的时候，也可以输入坐标“50,25,25”。

12.2.5 边框方块

选取要用方框边框框起来的物体，按Enter键或者右击，将会出现根据所选物体的大小刚好将物体包裹起来的立方体，如图12-17所示。

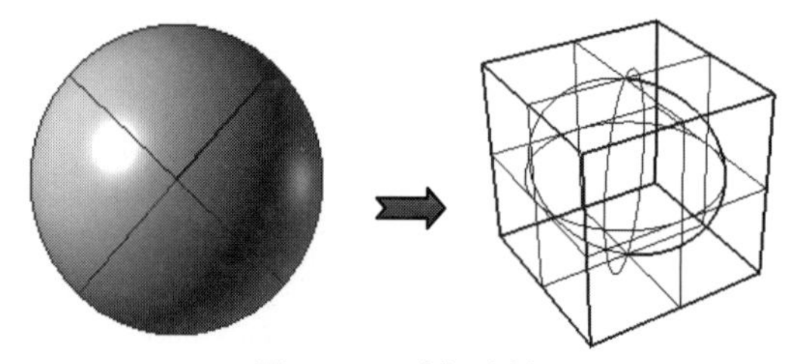

图12-17 边框方块

动手操作——以【边框方块】创建立方体

01打开本例源文件“边框方块.3dm”，如图12-18所示。

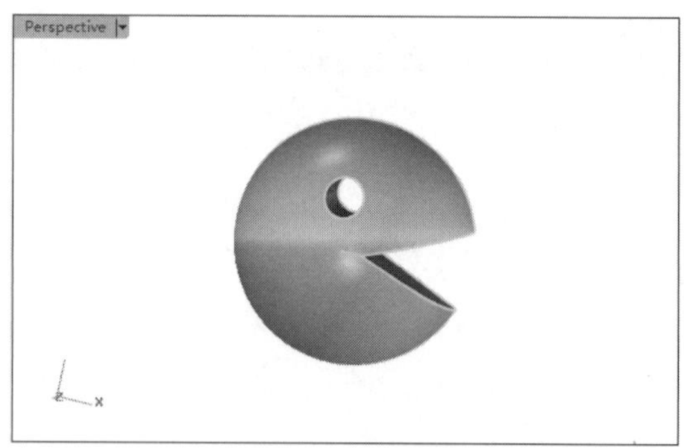

图12-18 打开的源文件

02单击【边框方块】按钮，然后按命令行中的提示选取要被边框框住的物件，如图12-19所示。

03右击或按Enter键完成边框方块的创建，如

图12-20所示。

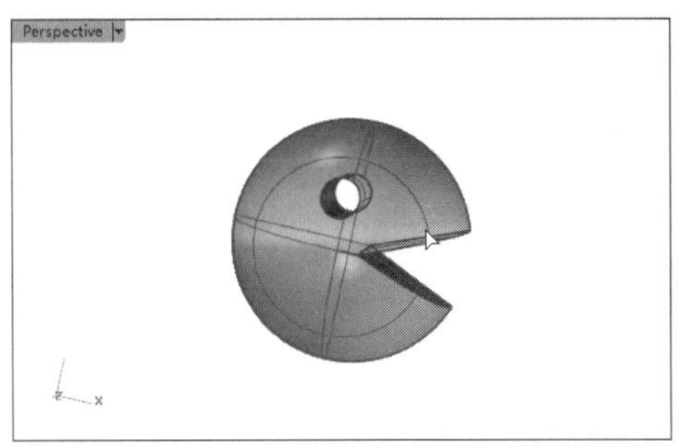

图12-19　选取要框住的对象

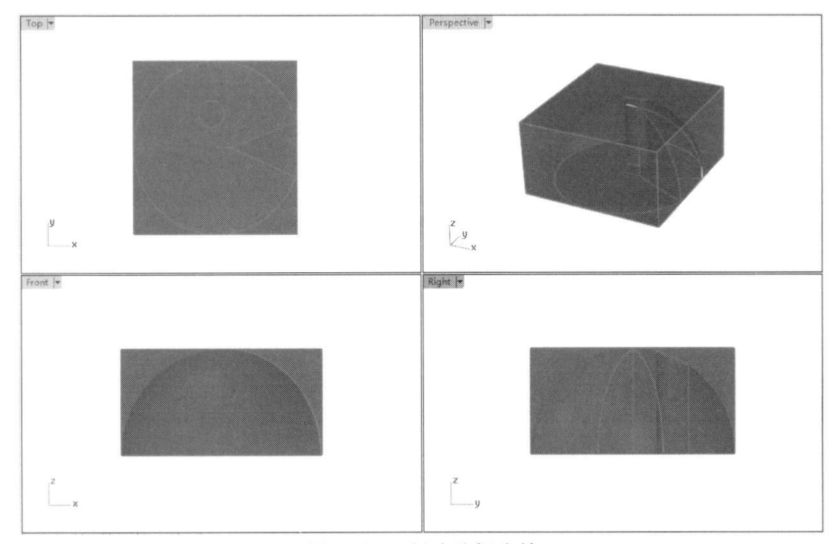

图12-20　创建边框方块

12.3 球体

在左边栏长按【中心点、半径】按钮，会弹出【球体】工具列，如图12-21所示。

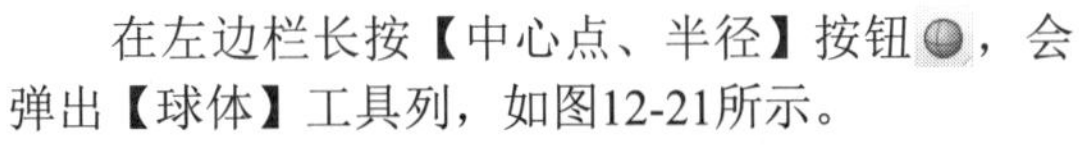

图12-21　【球体】工具列

12.3.1 球体：中心点、半径

根据设定球体的半径来建立球体。

动手操作——以【中心点、半径】创建球体

01新建Rhino文件。

02单击【中心点、半径】按钮，然后按命令行中的提示输入球体中心点的坐标“0,0,0”，右击确认后按提示输入半径25，右击后自动创建球体，如图12-22所示。

球体中心点（两点(P)　三点(O)　正切(T)　环绕曲线(A)　四点(I)　逼近数个点(F)）：0,0,0
半径 <50.000>（直径(D)　定位(O)　周长(C)　面积(A)）：25

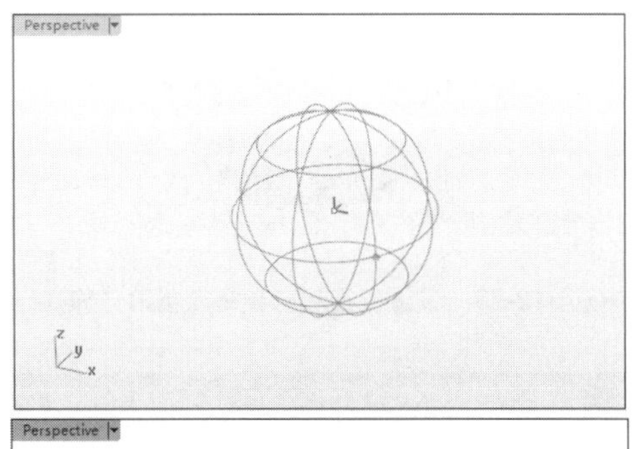

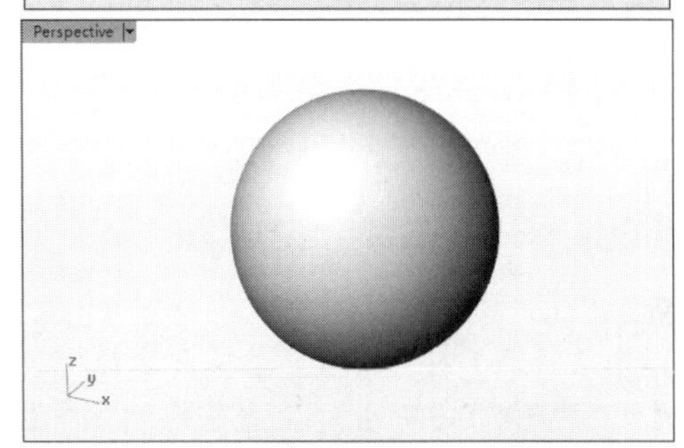

图12-22　设置中心点和半径创建球体

> **技术要点**：命令行中的选项就是后面即将讲解的其他球体创建工具。

12.3.2 球体：直径

该工具通过设定两点确定球体的直径来建立球体。

动手操作——以【直径】创建球体

01新建Rhino文件。

02单击【直径】按钮，然后按命令行中的提示输入直径起点的坐标“0,0,0”，右击后按提示输入直径终点“50,50,0”，右击后自动创建球体，如图12-23所示。

球体中心点（两点(P) 三点(O) 正切(T) 环绕曲线(A) 四点(I) 逼近数个点(F)）: _Diameter
直径起点: 0,0,0
直径终点: 50,50,0
正在建立网格... 按 Esc 取消

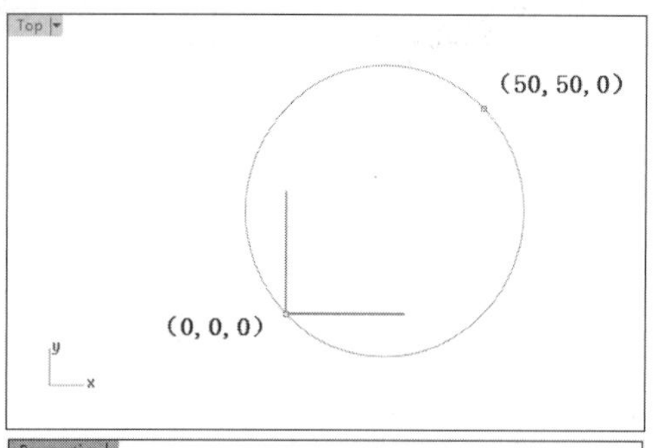

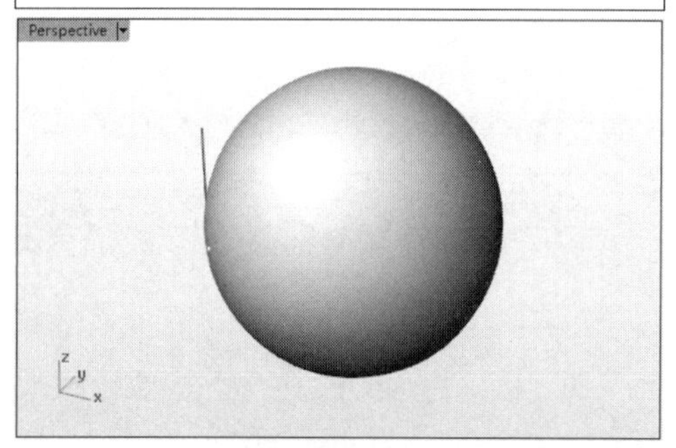

图12-23 设置直径起点和终点创建球体

12.3.3 球体：三点

该工具可以通过依次确定基圆上三个点的位置来建立球体，基圆形决定球体的位置及大小。

动手操作——以【三点】创建球体

01新建Rhino文件。

02单击【三点】按钮，然后按命令行提示输入第一点坐标“0,0,0”，右击后输入第二点坐标“50,0,0”，右击后输入第三点坐标“0,50,0”，右击后自动创建球体，如图12-24所示。

球体中心点（两点(P) 三点(O) 正切(T) 环绕曲线(A) 四点(I) 逼近数个点(F)）: _3Point
第一点: 0,0,0
第二点: 50,0,0
第三点（半径(R)）: 0,50,0
正在建立网格... 按 Esc 取消

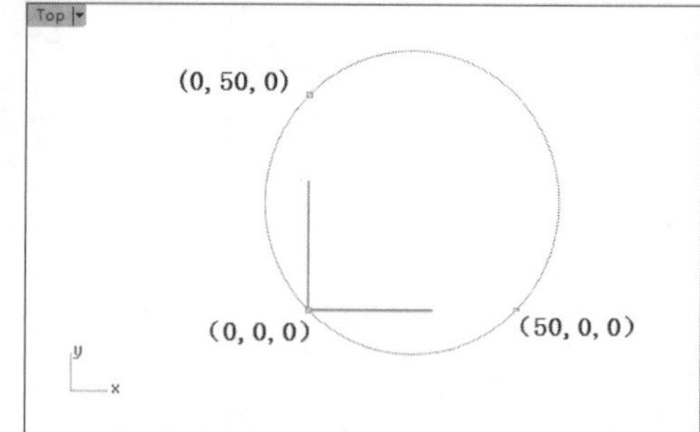

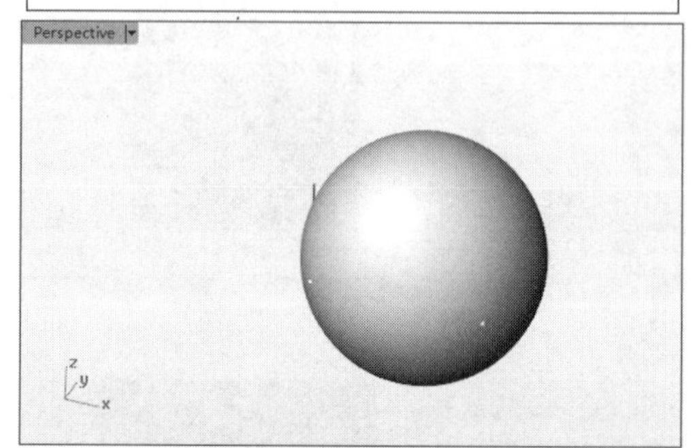

图12-24 设置三点创建球体

12.3.4 球体：四点

该工具可以通过前三个点确定基圆形状，以第四个点决定球体的大小，如图12-25所示。

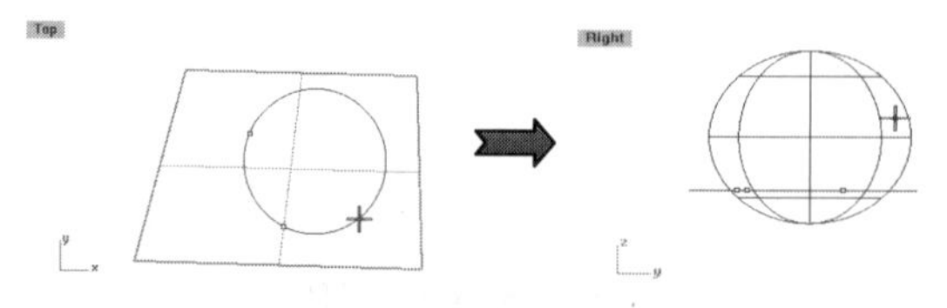

图12-25 设置四点绘制球体

> **技术要点**：三点法的三点确定的基圆是圆心刚好是球的中心的圆，而四点法确定的基圆是通过球的任意横截面的圆，如图12-26所示。

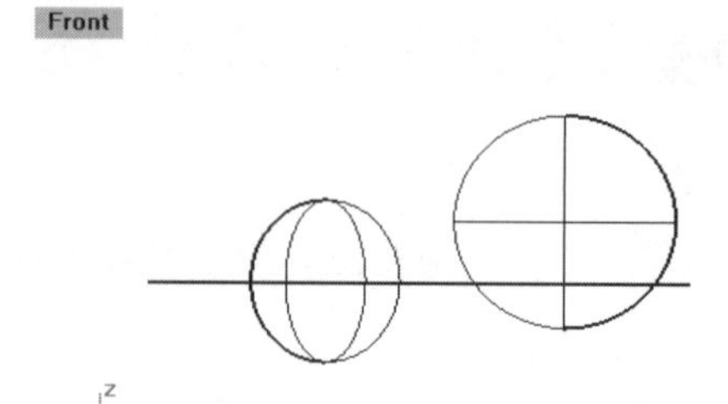

图12-26 三点法与四点法绘制的区别（左边为三点法，右边为四点法）

动手操作——以【四点】创建球体

01新建Rhino文件。

02单击【四点】按钮，然后按命令行提示输入第一点坐标“0,0,0”，右击后输入第二点坐标“25,0,0”，右击后再输入第三点坐标“0,25,0”，右击后输入第四点坐标“0,25,0”，如图12-27所示。

```
球体中心点 ( 两点(P)  三点(O)  正切(T)  环绕曲线(A)  四点(I)  逼近数个点(F) ): _4Point
第一点: 0,0,0
第二点: 25,0,0
第三点 ( 半径(R) ): 0,25,0
第四点 ( 半径(R) ): 指定的点
正在建立网格... 按 Esc 取消
```

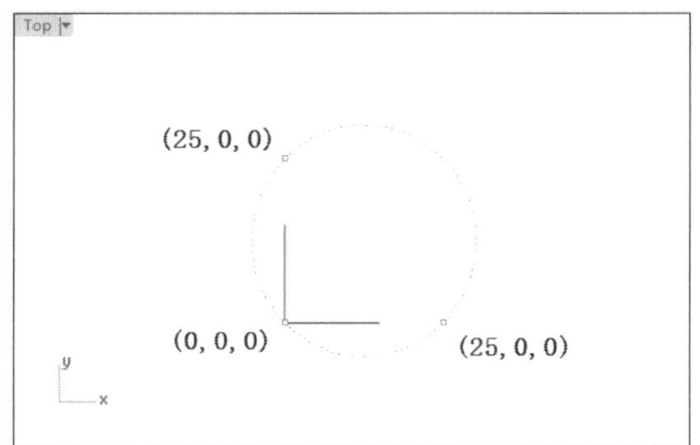

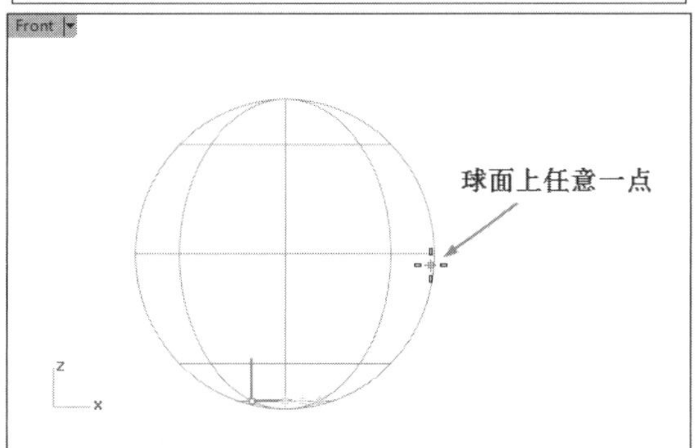

图12-27　设置四点坐标

03右击随即创建球体，如图12-28所示。

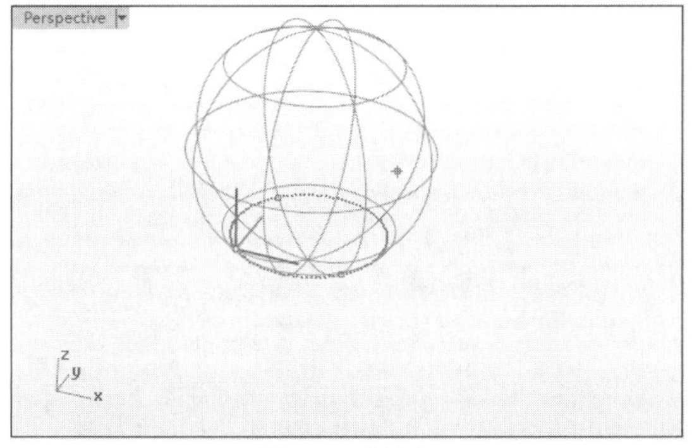

图12-28（续）

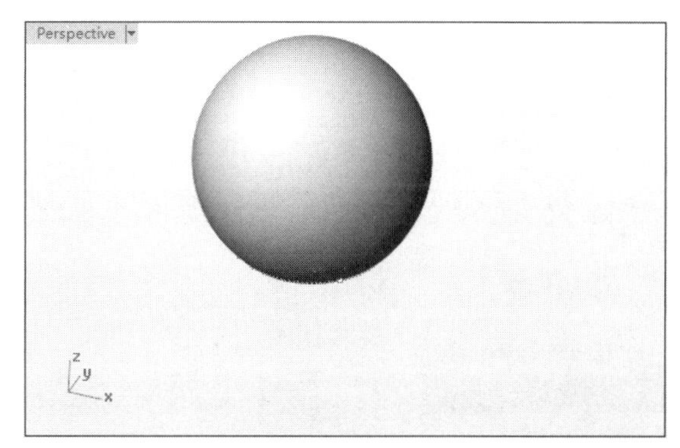

图12-28　创建球体

12.3.5　球体：环绕曲线

利用该工具可以选取曲线上的点，以这点为球体中心建立包裹曲线的球体，如图12-29所示。

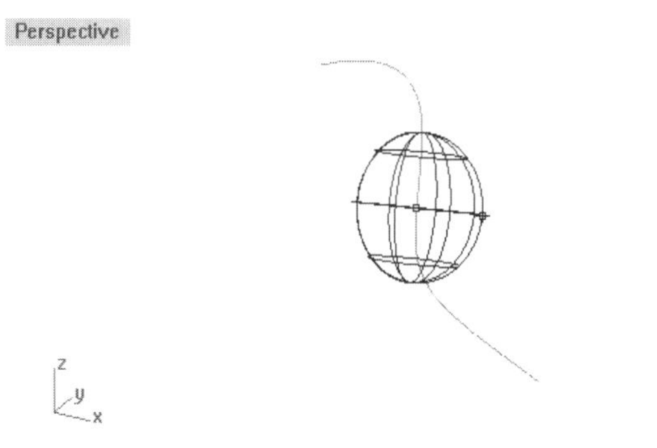

图12-29　环绕曲线球体

动手操作——以【环绕曲线】创建球体

01新建Rhino文件。

02单击【内插点曲线】按钮，任意绘制一条曲线，如图12-30所示。

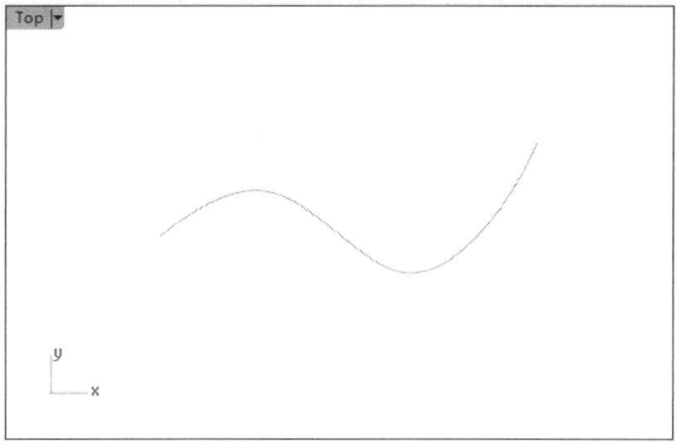

图12-30　绘制曲线

03单击【环绕曲线】按钮，然后选取曲线，并在曲线上指定一点作为球体的中心点，如图12-31所示。

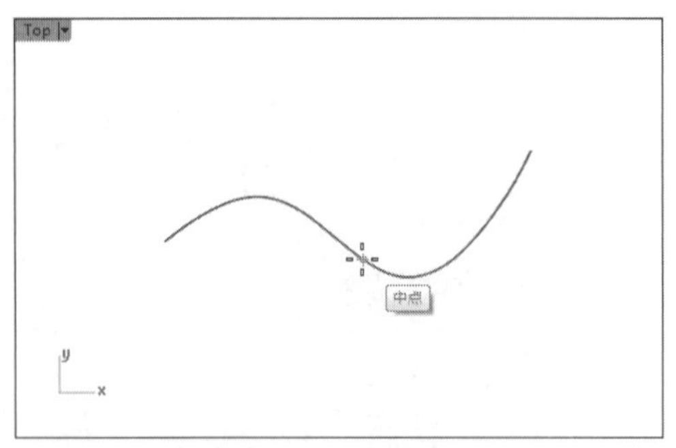

图12-31　指定球体中心点

04指定一点作为半径终点，或者输入直径50，右击即可创建球体，如图12-32所示。

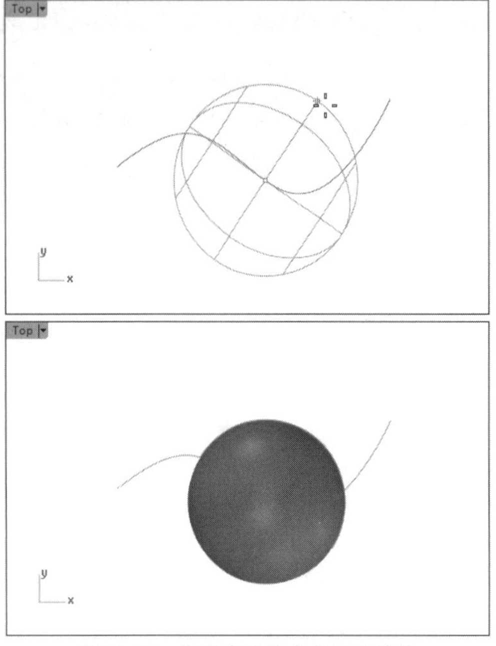

图12-32　指定半径终点并创建球体

12.3.6　球体：从与曲线正切的圆

利用该工具可以根据三个与原曲线相切的切点建立球体，如图12-33所示，球体表面与曲线部分相切。

图12-33　与曲线相切的球体

动手操作——以【从与曲线正切的圆】创建球体

01新建Rhino文件。

02单击【内插点曲线】按钮，任意绘制一条曲线，如图12-34所示。

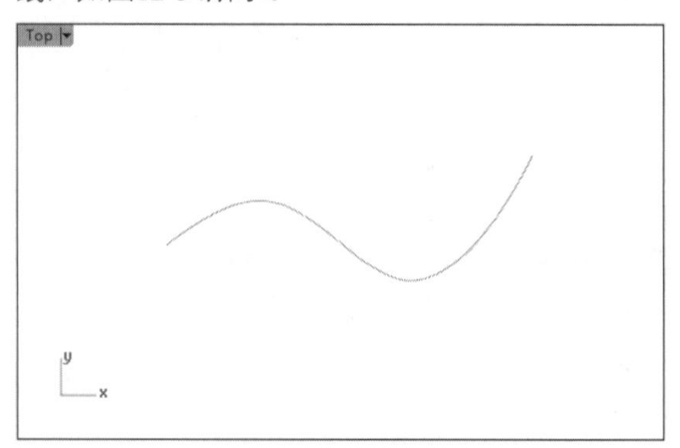

图12-34　绘制曲线

03单击【从与曲线正切的圆】按钮，然后选取相切曲线，切点也是球体直径的起点，如图12-35所示。

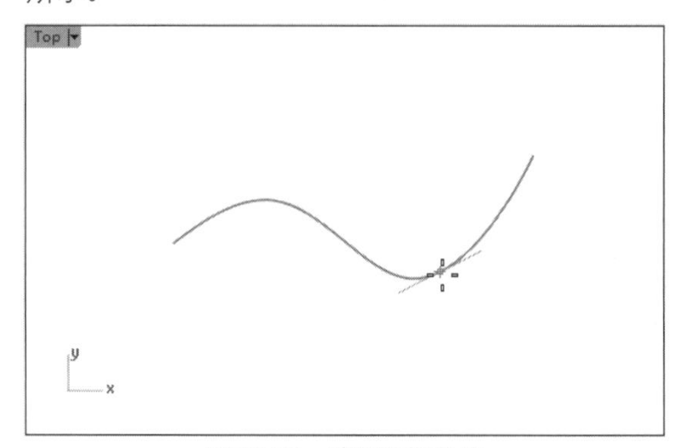

图12-35　选取相切曲线

04如果没有第二条相切曲线，那么就输入半径或者指定一个点（直径终点）来确定球体的基圆，如图12-36所示。

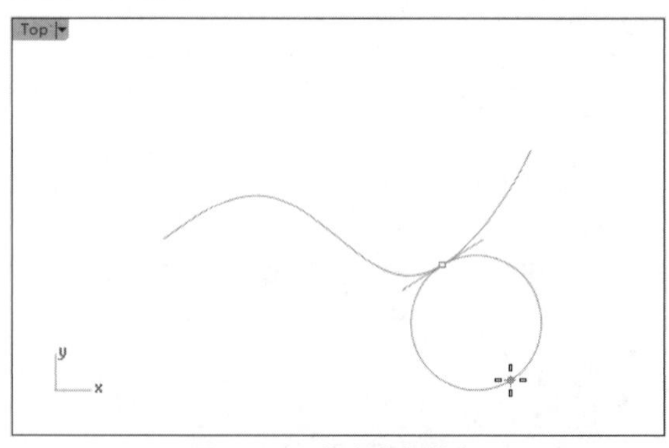

图12-36　指定直径终点

05如果没有第三条相切曲线，右击将以两点画圆的方式完成球体的创建，如图12-37所示。

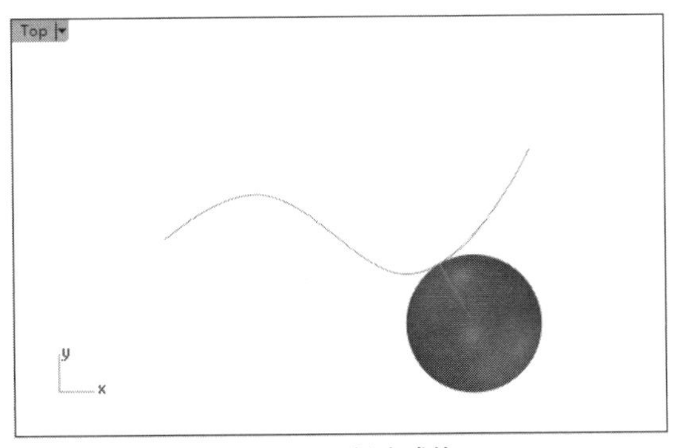

图12-37 创建球体

12.3.7 球体：逼近数个点

利用该工具可以根据多个点绘制球体，使球体最大限度地配合已知点，如图12-38所示。

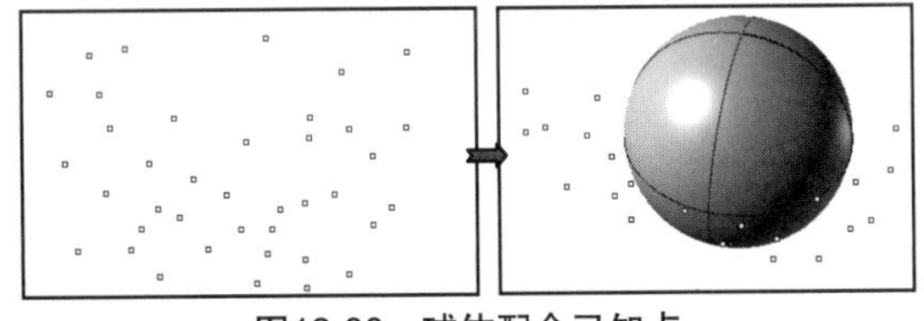

图12-38 球体配合已知点

动手操作——以【逼近数个点】创建球体

01新建Rhino文件。

02在菜单栏中执行【曲线】|【点物件】|【多点】命令，然后在视窗中绘制如图12-39所示的点云。

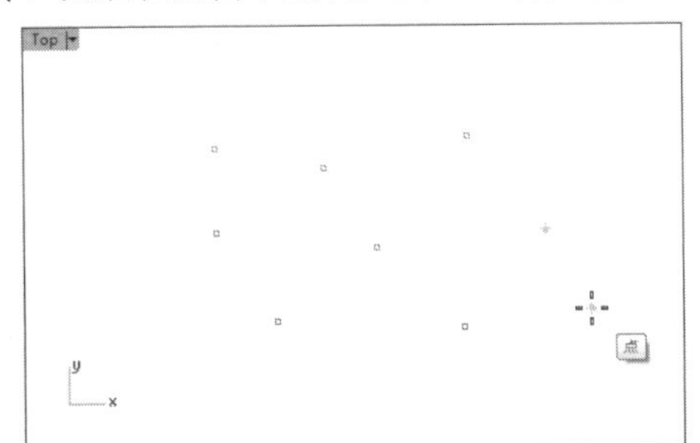

图12-39 绘制点云

03单击【逼近数个点】按钮，然后框选建立的点云，如图12-40所示。

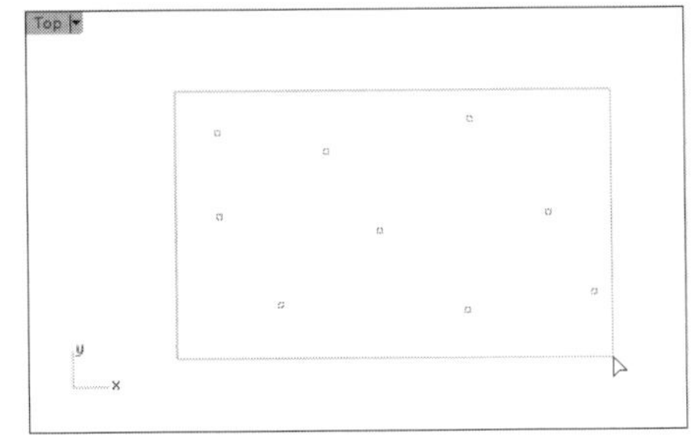

图12-40 框选所有点

04右击随即创建如图12-41所示的球体。

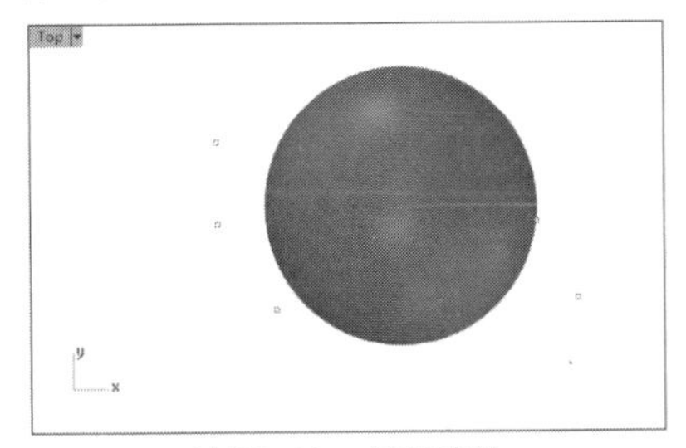

图12-41 创建球体

12.4 椭圆体

在左边栏长按【从中心点】按钮，会弹出【椭球体】工具列，如图12-42所示。

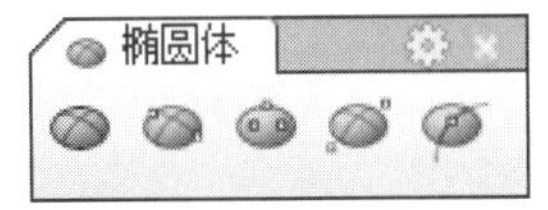

图12-42 【椭圆体】工具列

12.4.1 椭圆体：从中心点

利用该工具可以从中心点出发，根据轴半径建立椭圆截面，然后确定椭圆体的第三轴点。

动手操作——以【从中心点】创建椭圆体

01新建Rhino文件。

02单击【从中心点】按钮，然后在命令行中输入椭圆体中心点坐标“0,0,0”，输入第一轴终点坐标“100,0,0”,输入第二轴终点坐标“0,50,0”，输入第三轴终点坐标“0,0,200”，如图12-43所示。

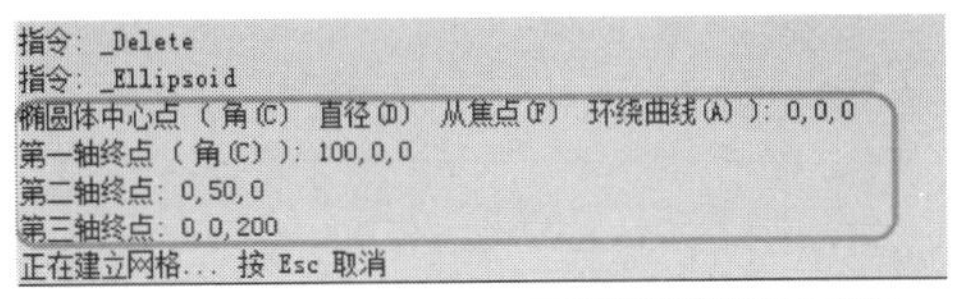

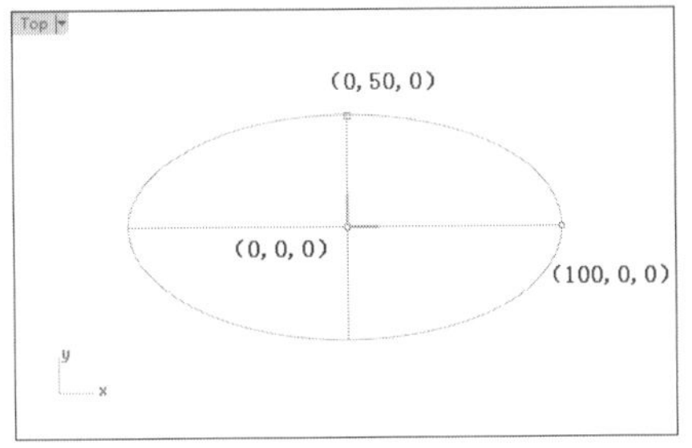

图12-43（续）

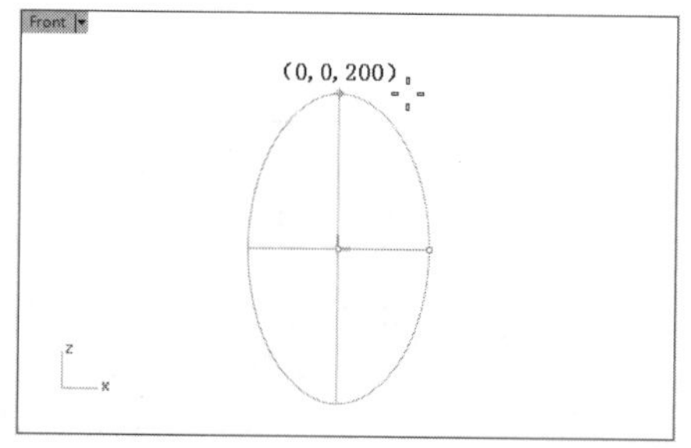

图12-43　输入中心点和第一、二、三轴终点坐标

03右击随即创建如图12-44所示的椭圆体。

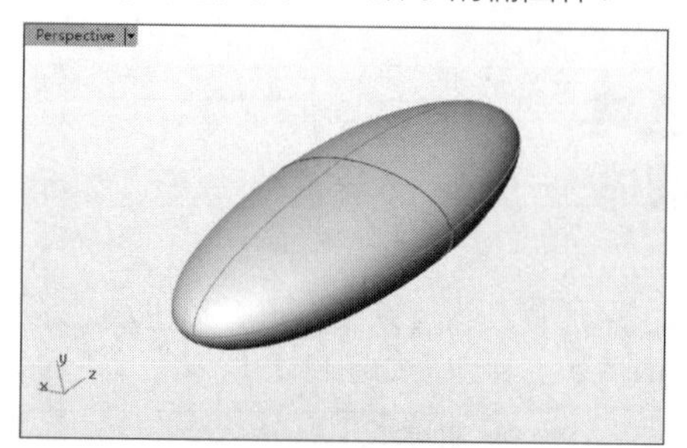

图12-44　创建椭圆体

12.4.2　椭圆体：直径

利用该工具可以根据确定轴向直径来建立椭圆体。

在视窗中依次单击第一点和第二点作为第一轴向直径，然后单击第三点确定第二轴向直径长度，单击第四点确立第三轴向半径长度。

动手操作——以【直径】创建椭圆体

01新建Rhino文件。

02单击【直径】按钮，然后在命令行中输入第一轴起点坐标“0,0,0”，第一轴终点坐标“100,0,0”，输入第二轴终点坐标“100,25,0”，输入第三轴终点坐标“100,0,25”，如图12-45所示。

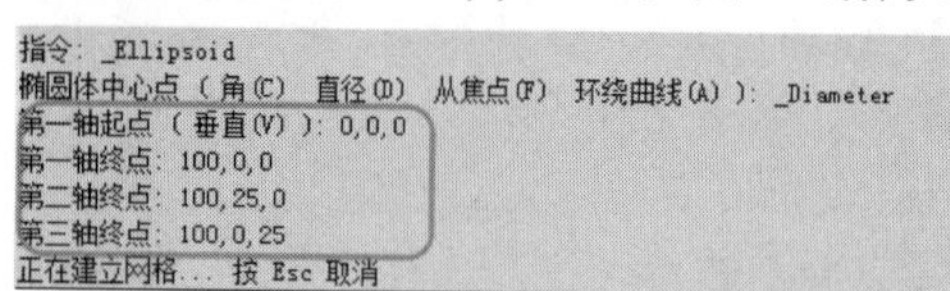
指令：_Ellipsoid
椭圆体中心点（角(C)　直径(D)　从焦点(F)　环绕曲线(A)）：_Diameter
第一轴起点（垂直(V)）：0,0,0
第一轴终点：100,0,0
第二轴终点：100,25,0
第三轴终点：100,0,25
正在建立网格... 按 Esc 取消

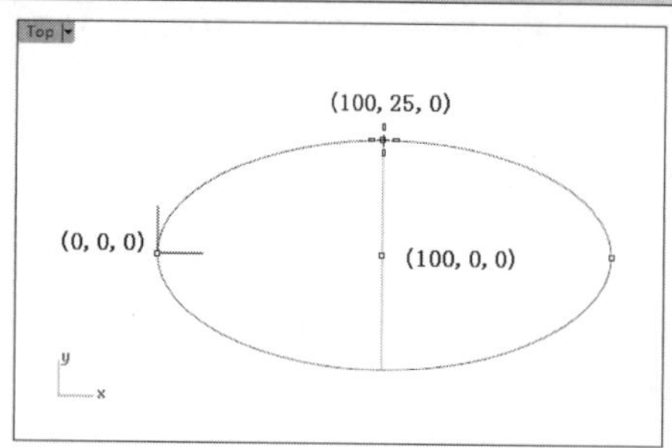

图12-45（续）

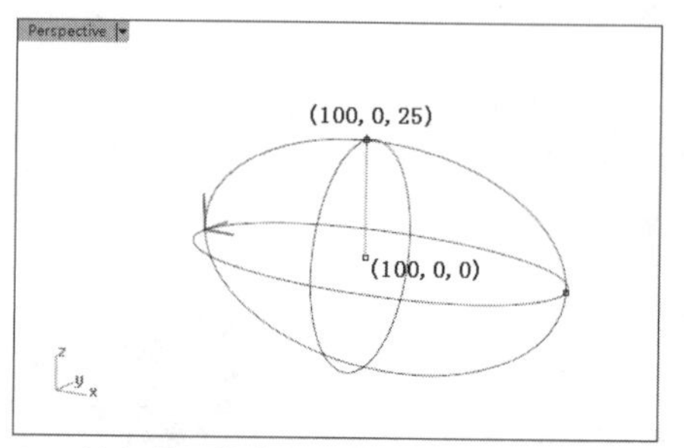

图12-45　输入第一起点和终点，第二、第三轴终点坐标

03右击随即创建如图12-46所示的椭圆体。

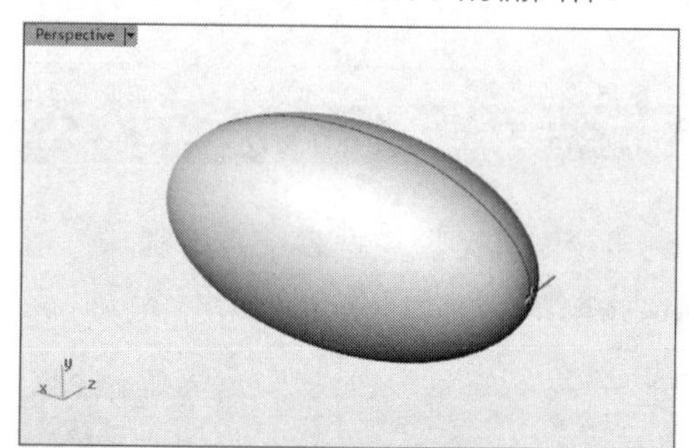

图12-46　创建椭圆体

12.4.3　椭圆体：从焦点

利用该工具可以根据两焦点的距离建立椭圆体。

在视窗中依次单击两点确定两焦点之间的距离，然后单击第三点为椭圆体上的点，以此确定所建椭圆体的大小。

动手操作——以【从焦点】创建椭圆体

01新建Rhino文件。

02单击【从焦点】按钮，然后在命令行中输入第一焦点坐标“0,0,0”，输入第二轴焦点坐标“100,0,0”，输入第三轴终点坐标“50,25,0”，如图12-47所示。

指令：_Ellipsoid
椭圆体中心点（角(C)　直径(D)　从焦点(F)　环绕曲线(A)）：_FromFoci
第一焦点（标示焦点(M)=否）：0,0,0
第二焦点（标示焦点(M)=否）：100,0,0
椭圆体上的点（标示焦点(M)=否）：50,25,0
离心率 = 0.894427
正在建立网格... 按 Esc 取消

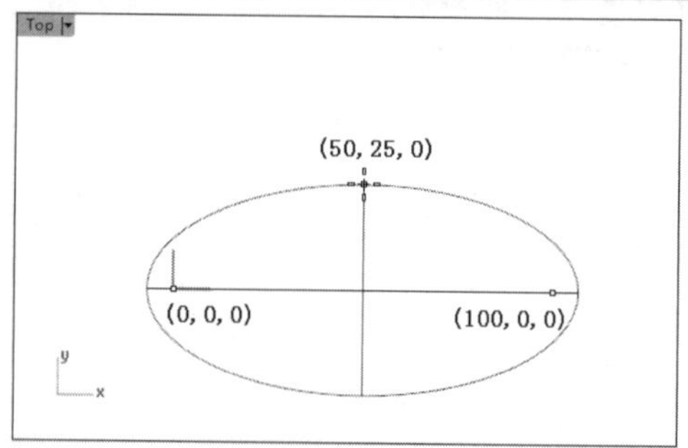

图12-47（续）

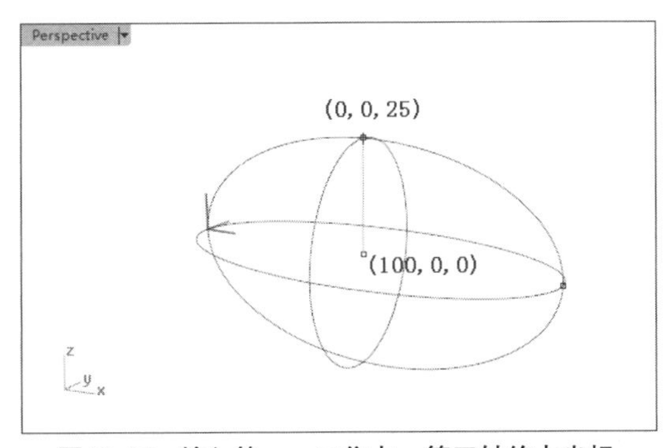

图12-47　输入第一、二焦点，第三轴终点坐标

03右击随即创建如图12-48所示的椭圆体。

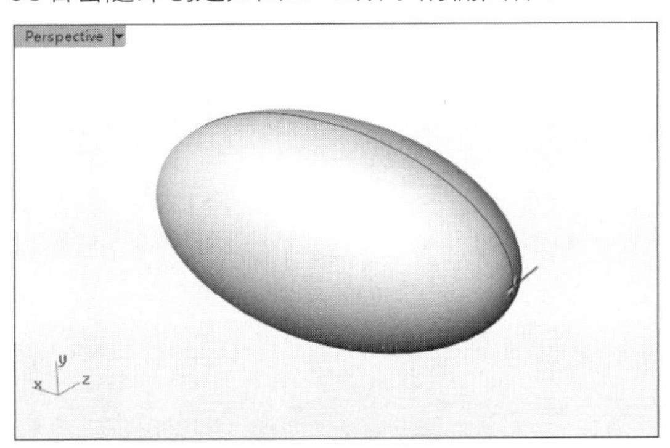

图12-48　创建椭圆体

12.4.4　椭圆体：角

利用该工具可以根据矩形的对角线长度建立椭圆体。椭圆体的边与矩形的四条边相切。

在视窗中依次单击第一点、第二点，互为对角点（或输入点坐标），确立第一轴向、第二轴向长度，然后单击第三点确定第三轴向长度，以此确定椭圆体的大小。

技术要点：第一点也是矩形对角起点。

动手操作——以【角】创建椭圆体

01新建Rhino文件。

02单击【角】按钮，然后在命令行中输入第一角点坐标“0,0,0”，输入第二角点坐标“100,50,0”，输入第三轴终点坐标“50,25,25”，如图12-49所示。

```
指令: _Ellipsoid
椭圆体中心点 ( 角(C) 直径(D) 从焦点(F) 环绕曲线(A) ): _Corner
椭圆体的角: 0,0,0
对角: 100,50,0
第三轴终点: 50,25,25
正在建立网格... 按 Esc 取消
```

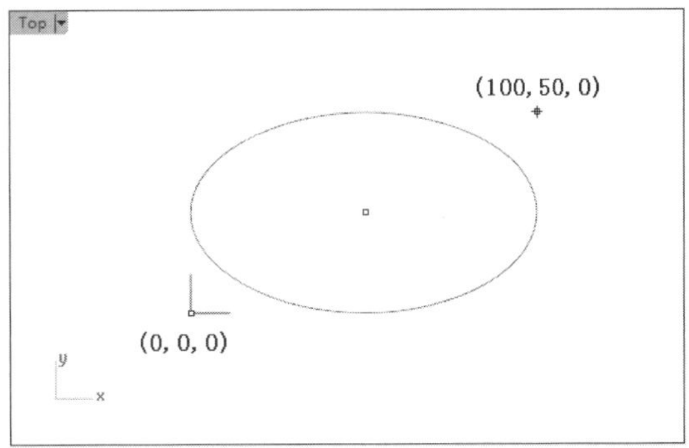

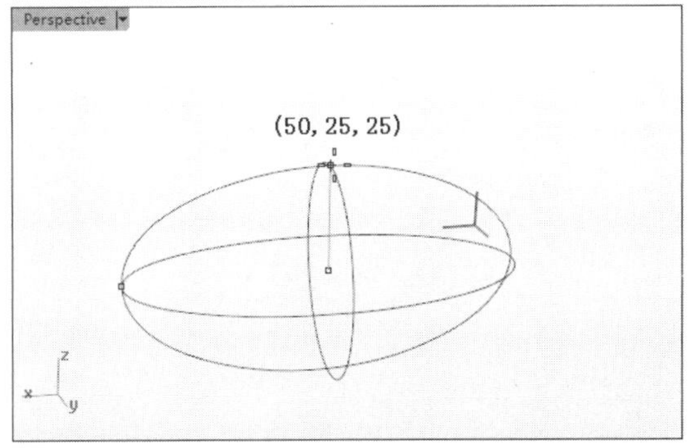

图12-49　输入第一、二角点和第三轴终点坐标

03右击随即创建如图12-50所示的椭圆体。

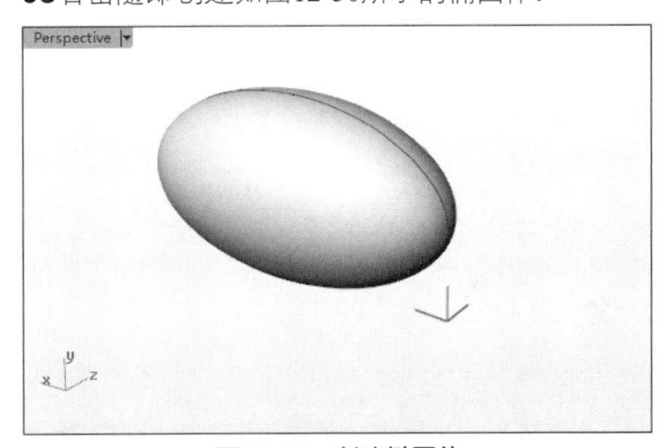

图12-50　创建椭圆体

12.4.5　椭圆体：环绕曲线

利用该工具可以选取曲线上的点，以该点作为椭圆体的中心建立环绕曲线的椭圆体。

在曲线上任选一点，依次单击两点确定第一轴向长度和第二轴向长度，单击确定第三轴向长度，并建立环绕曲线的椭圆体。

动手操作——以【环绕曲线】创建椭圆体

01新建Rhino文件。

02单击【内插点曲线】按钮，任意绘制一条曲线，如图12-51所示。

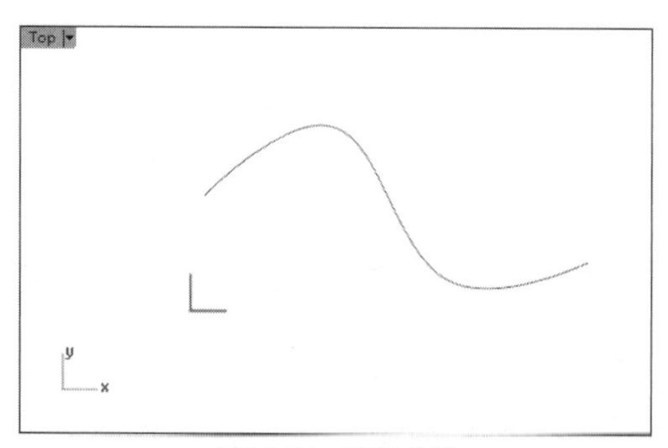

图12-51　绘制曲线

03单击【环绕曲线】按钮，选取曲线，然后在曲线上放置椭圆体的中心点，如图12-52所示。

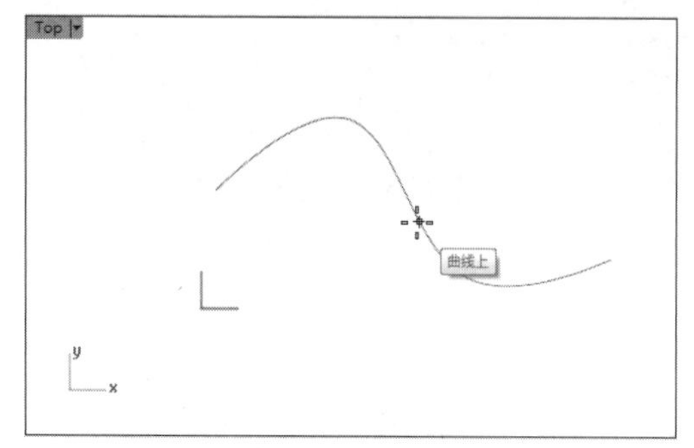

图12-52　在曲线上放置椭圆体中心点

04在与该点的垂直方向上指定一点作为第一轴的终点，如图12-53所示。

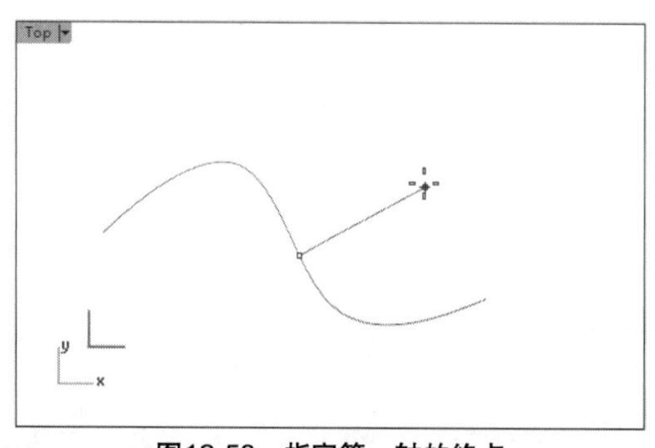

图12-53　指定第一轴的终点

05确定第一轴的终点后，指定第二轴终点，如图12-54所示。

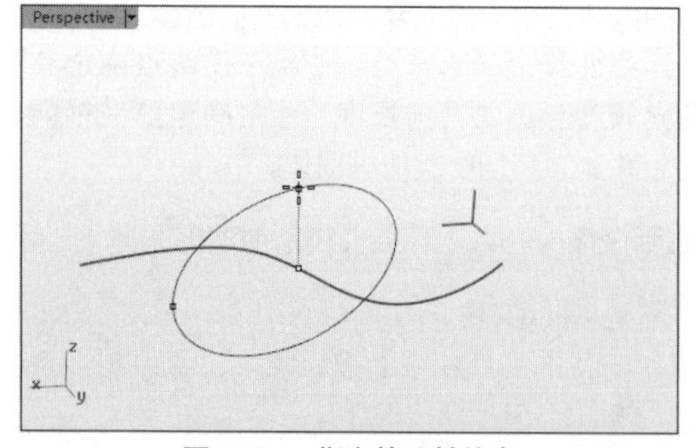

图12-54　指定第二轴终点

06继续指定第三轴终点，如图12-55所示。

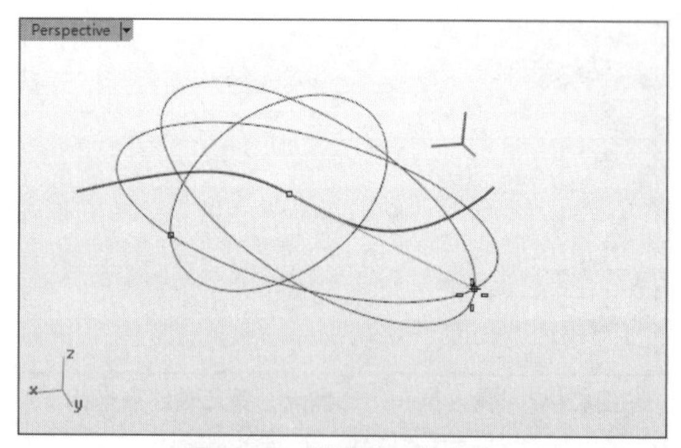

图12-55　指定第三轴终点

07右击随即创建如图12-56所示的椭圆体。

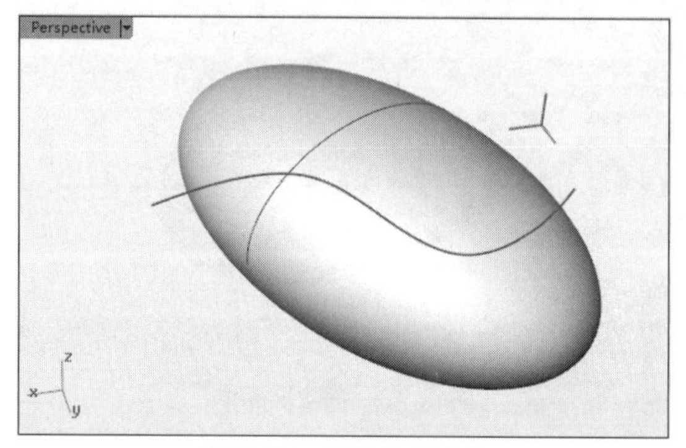

图12-56　创建的椭圆体

12.5 锥形体

锥形体就是常见的抛物面椎体、圆锥、棱锥（金字塔）、圆锥台（平顶锥体）、棱台（平顶金字塔）等形状的物体。

12.5.1 抛物面锥体

该工具用于建立纵切面边界曲线为抛物线的锥体。

在视窗中单击一点作为抛物面锥体焦点，然后单击一点确定抛物面锥体方向，最后单击一点确定抛物面锥体端点位置，完成抛物面锥体的绘制，如图12-57所示。

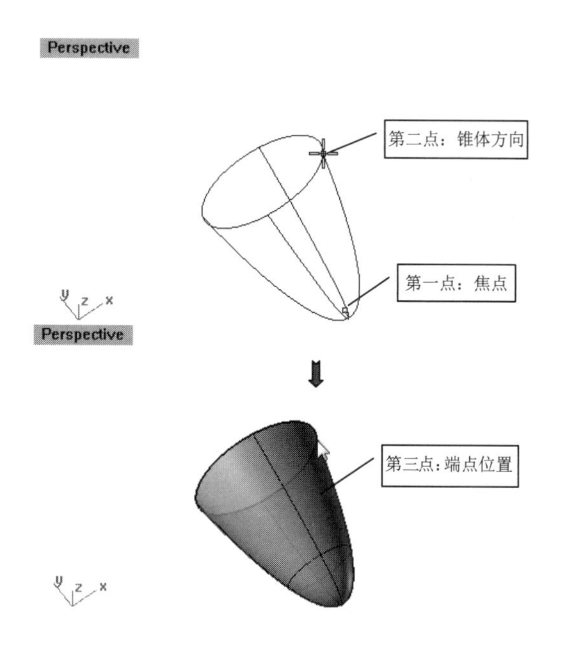

图12-57　抛物面锥体绘制

动手操作——创建抛物面锥体

01新建Rhino文件。

02在【实体工具】标签下的左边栏中单击【抛物面锥体】按钮，命令行显示如下提示。

指令: _Paraboloid
抛物面锥体焦点（顶点(V)　标示焦点(M)=是　实体(S)=否）:

下面介绍各选项的含义

- 抛物面锥体的焦点：也是抛物体截面（抛物线）的角点。
- 顶点：抛物线的顶点。
- 标示焦点：是否标示出角点。
- 实体：确定输出的类型是实体，还是曲面。

03选择【顶点】选项，然后输入顶点坐标为"0,0,0"，然后在命令行中选择【方向】选项，并指定方向，如图12-58所示。

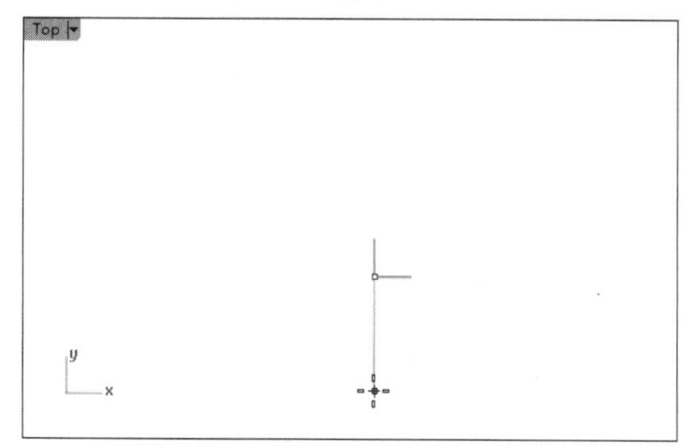

图12-58　指定顶点和方向

04指定抛物面锥体端点，如图12-59所示。

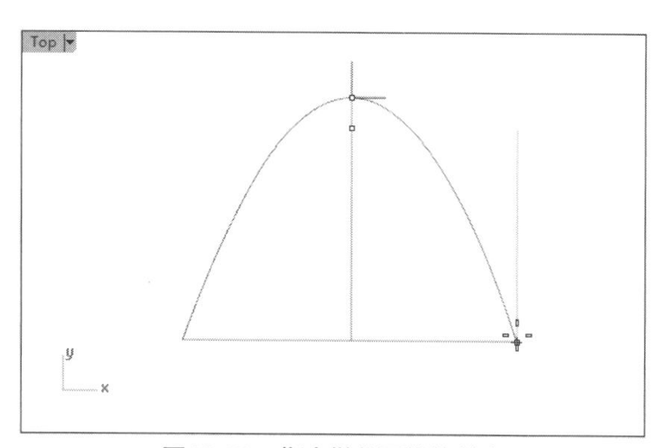

图12-59　指定抛物面锥体端点

05随后自动创建如图12-60所示的抛物面锥体。

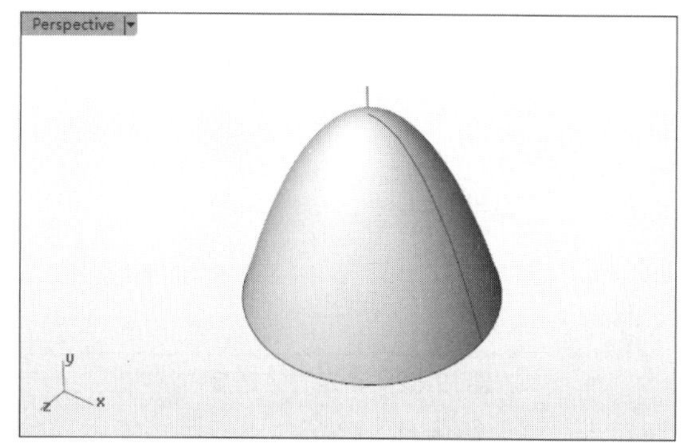

图12-60　创建的抛物面锥体

12.5.2　圆锥体

该工具用于绘制圆锥体。单击【圆锥体】按钮，命令行显示如下提示。

指令: _Cone
圆锥体底面（方向限制(D)=垂直　实体(S)=是　两点(P)　三点(O)　正切(T)　逼近数个点(F)）:

由于圆锥体的底面是圆，因此命令行中列出的几个选项与前面创建球体的选项基本相同。默认选项是以圆中心点和半径来确定底面。圆锥体的顶点在底面中心点的垂直线上。

动手操作——创建圆锥体

01新建Rhino文件。

02在【实体工具】标签下的左边栏中单击【圆锥体】按钮，然后输入底面中心点坐标"0,0,0"，右击后输入半径50，如图12-61所示。

03输入顶点坐标或者直接输入圆锥体高度，本例输入的高度为100，如图12-62所示。

> **技术要点：**在命令行中设置【方向限制】选项为【无】，就可以创建任意方向的圆锥体了。

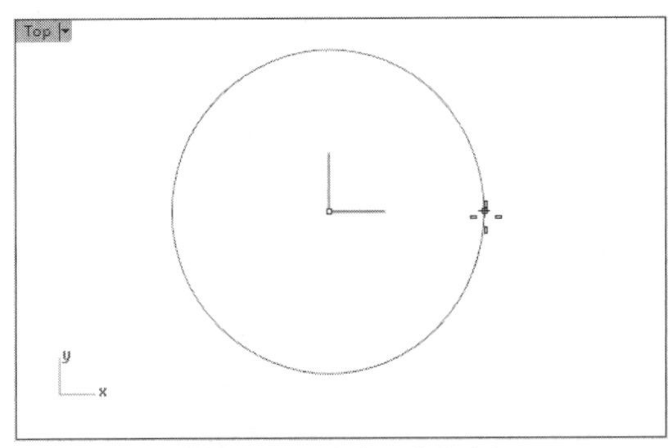

图12-61　确定中心点和半径

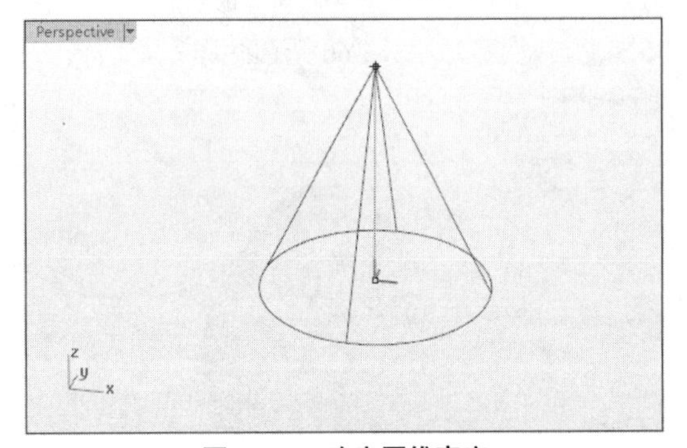

图12-62　确定圆锥高度

04右击后自动创建如图12-63所示的圆锥体。

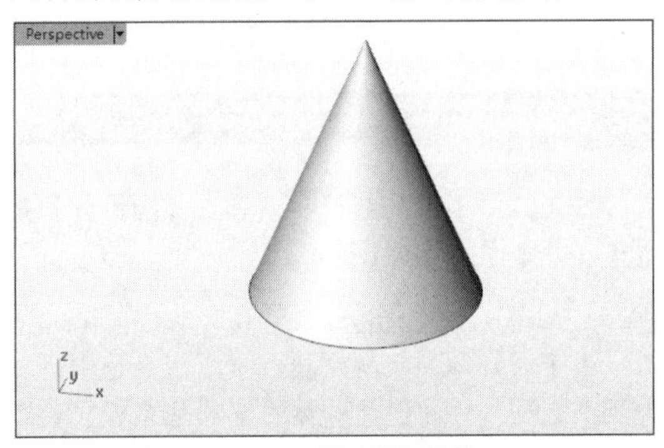

图12-63　创建的圆锥体

12.5.3　平顶锥体（圆台）

平顶锥体就是圆台，就是圆锥体被一平面横向截断后得到的实体。如图12-64所示为圆锥与圆台。

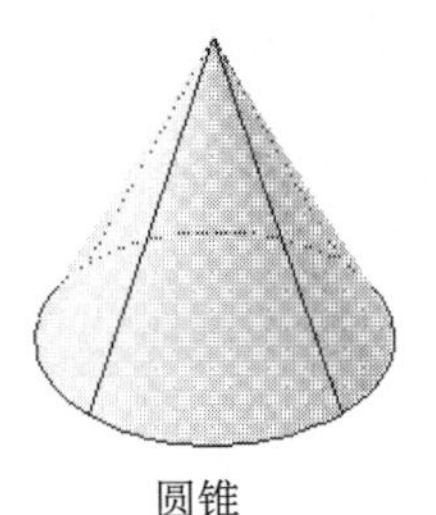

圆锥　　圆台

图12-64　圆锥与圆台

动手操作——创建平顶锥体

01新建Rhino文件。

02在【实体工具】标签下的左边栏中单击【平顶锥体】按钮，然后输入底面中心点坐标“0,0,0”，右击后输入半径值50，如图12-65所示。

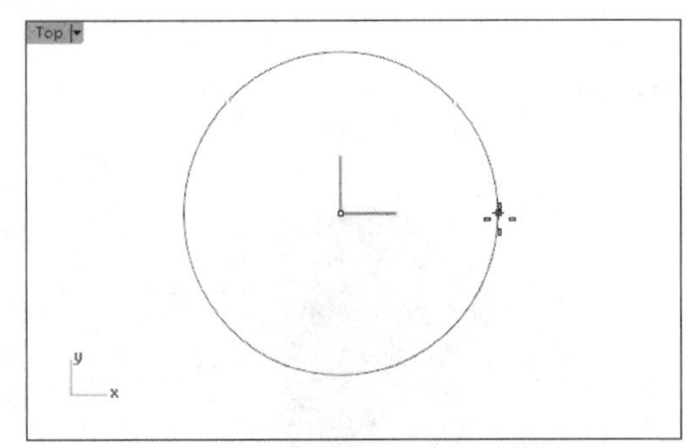

图12-65　确定底面中心点和半径

03右击后输入顶面中心点坐标（也就确定了高度）“0,0,50”，右击后输入顶面半径25，如图12-66所示。

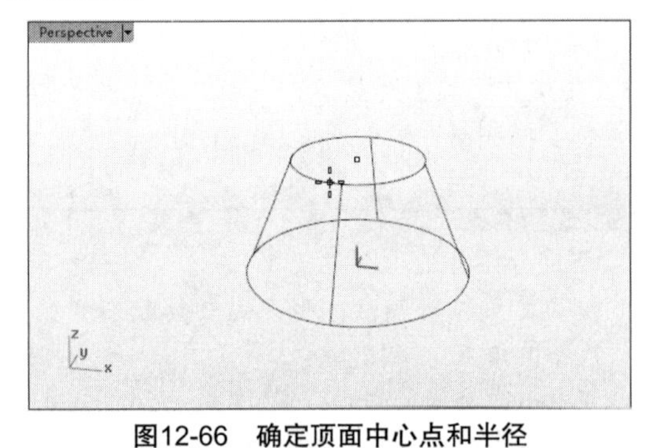

图12-66　确定顶面中心点和半径

04右击后自动创建如图12-67所示的圆椎体。

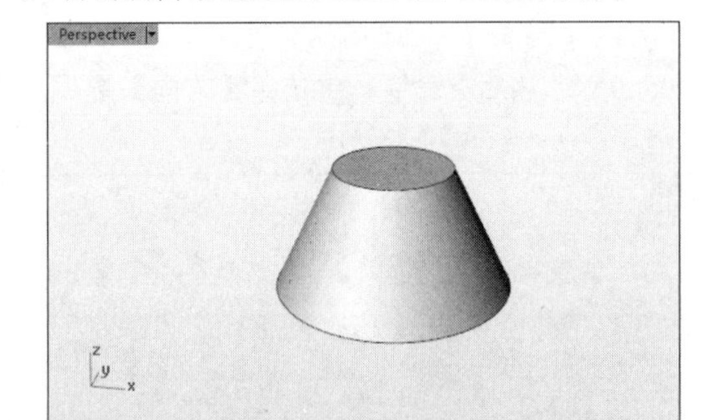

图12-67　创建的圆锥体

12.5.4　金字塔（棱锥）

【金字塔】工具用于绘制各种边数的棱锥体。

使用【金字塔】工具，可以创建三维实体棱锥体。在创建棱锥体过程中，可以定义棱锥体的侧面数（3～32），如图12-68所示。

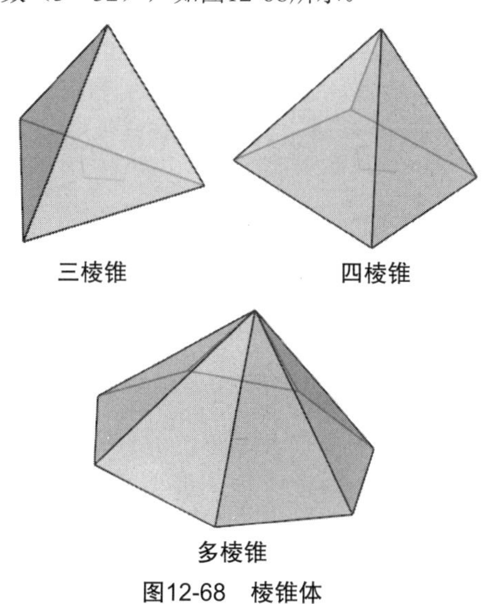

图12-68　棱锥体

动手操作——创建五棱锥

01新建Rhino文件。

02在【实体工具】标签下的左边栏中单击【金字塔】按钮，然后输入内接棱锥中心点坐标“0,0,0”，设置边数为5，然后指定棱锥的起始角度与角点坐标“50,0,0”，如图12-69所示。

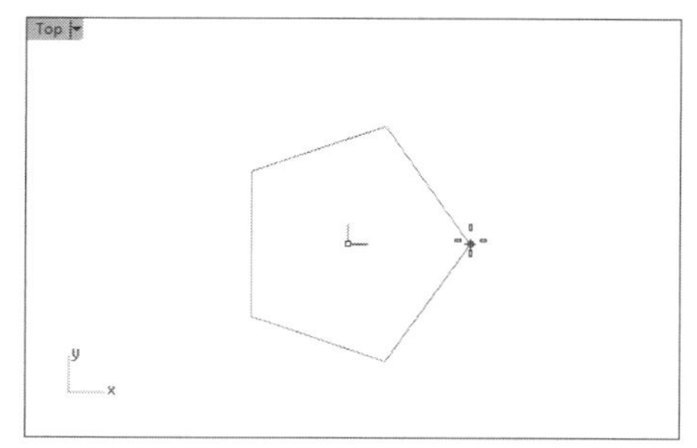

图12-69　确定中心点和半径

技术要点：确定角点坐标即可确定内接圆的半径。

03右击后输入顶点坐标“0,0,50”，如图12-70所示。

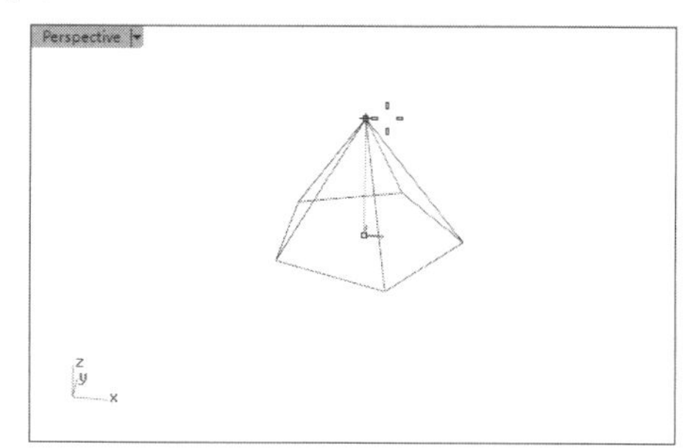

图12-70　确定顶点（高度）

04右击后自动创建如图12-71所示的棱锥体。

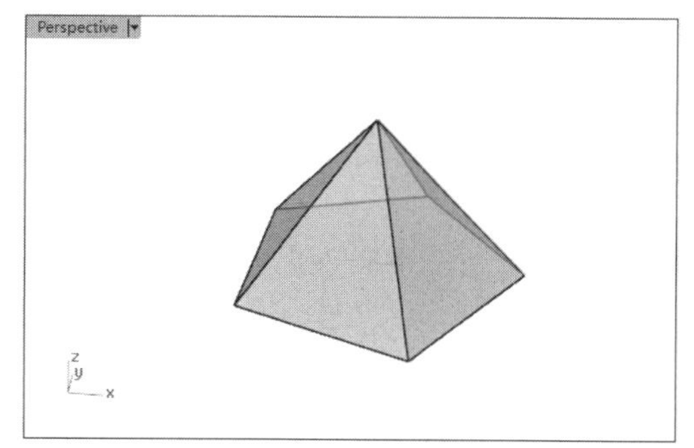

图12-71　创建的棱锥体

12.5.5　平顶金字塔（棱台）

【平顶金字塔】工具用于绘制平顶棱锥体，也是常说的棱台。

动手操作——创建平顶金字塔

01新建Rhino文件。

02在【实体工具】标签下的左边栏中单击【平顶金字塔】按钮，然后输入内接平顶棱锥中心点坐标“0,0,0”，设置边数为5，然后指定起始角度与角点坐标“50,0,0”，如图12-72所示。

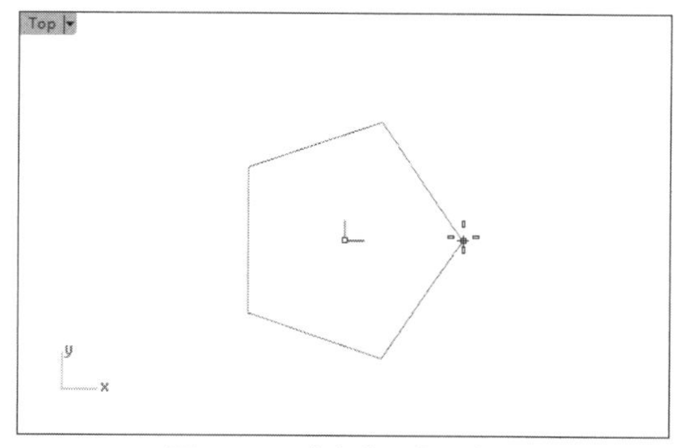

图12-72　确定中心点和半径

03右击后输入顶面内接平顶棱锥中心点坐标“0,0,50”（也就是平顶高度），如图12-73所示。

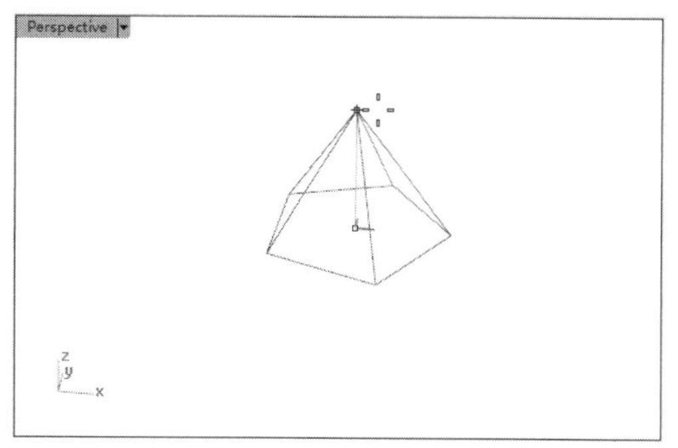

图12-73　确定顶点（高度）

04右击后输入顶面角点坐标“25,0,50”，如图12-74所示。

```
指令: _TruncatedPyramid
内接平顶金字塔中心点 ( 边数(N)=5  外切(C)  边(D)  星形(S)  方向限制(I)=垂直  实体(O)=是 ): 0,0,0
平顶金字塔的角 ( 边数(N)=5 ): 50,0,0
指定点: 0,0,50
指定点: 25,0,50
正在建立网格... 按 Esc 取消
```

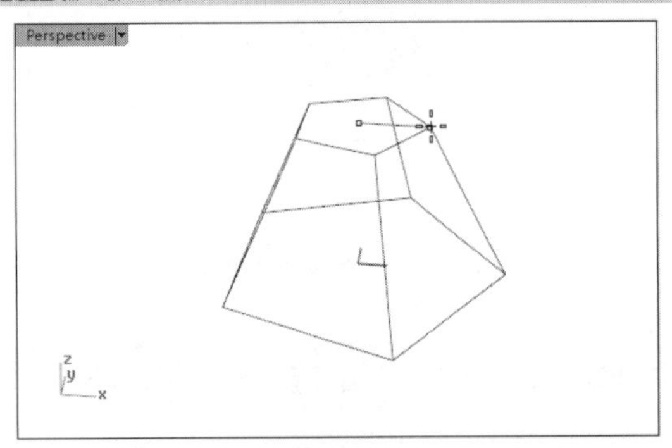

图12-74　输入顶面角度坐标

05右击后自动创建如图12-75所示的平顶金字塔。

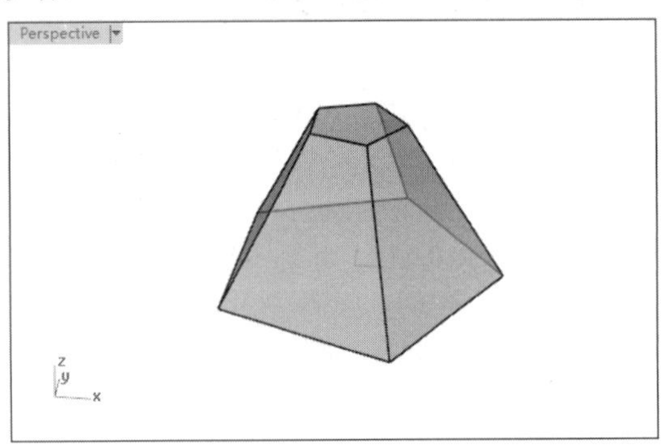

图12-75　创建的平顶金字塔

12.6 柱形体

柱形体就是常见的圆柱体和圆柱形管道。

12.6.1　圆柱体

【圆柱体】工具用于绘制圆柱体。

创建圆柱体的基本方法就是指定圆心、圆柱体半径和圆柱体高度，如图12-76所示。

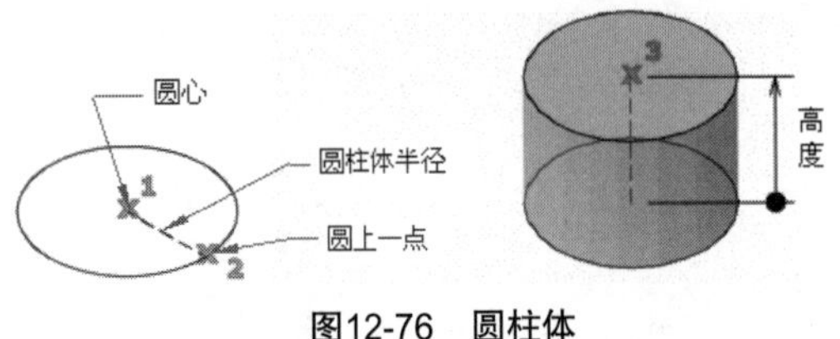

图12-76　圆柱体

动手操作——创建圆柱体

01新建Rhino文件。

02在【实体工具】标签下的左边栏中单击【圆柱体】按钮，然后输入圆柱底面圆心点坐标“0,0,0”，右击后输入半径或圆上一点的坐标，这里输入半径50，如图12-77所示。

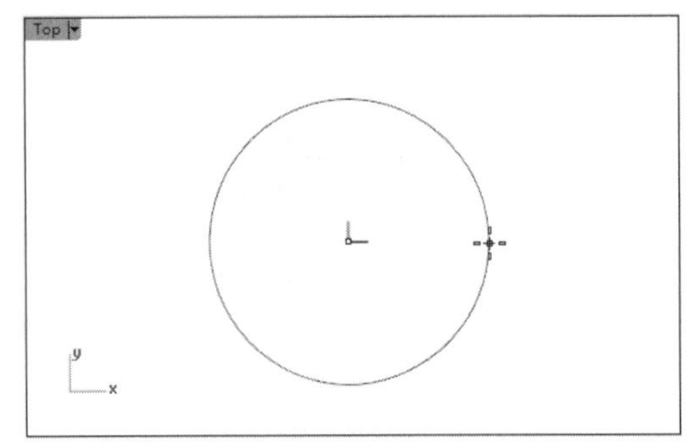

图12-77　确定中心点和半径

03右击后输入圆柱体端点坐标“0,0,50”，或者直接输入高度值50，如图12-78所示。

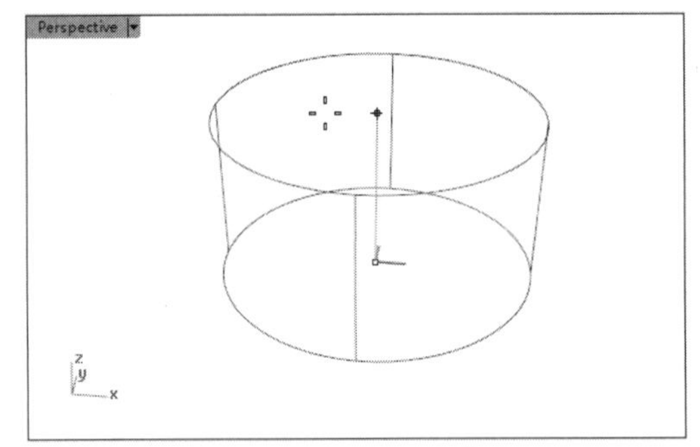

图12-78　确定顶点（高度）

04右击后自动创建如图12-79所示的圆柱体。

```
指令: _Cylinder
圆柱体底面 ( 方向限制(D)=垂直  实体(S)=是  两点(P)  三点(O)  正切(T)  逼近数个点(F) ): 0,0,0
半径 <5.000> ( 直径(D)  周长(C)  面积(A) ): 50
圆柱体端点 <5.000> ( 方向限制(D)=垂直  两侧(A)=否 ): 50
正在建立网格... 按 Esc 取消
```

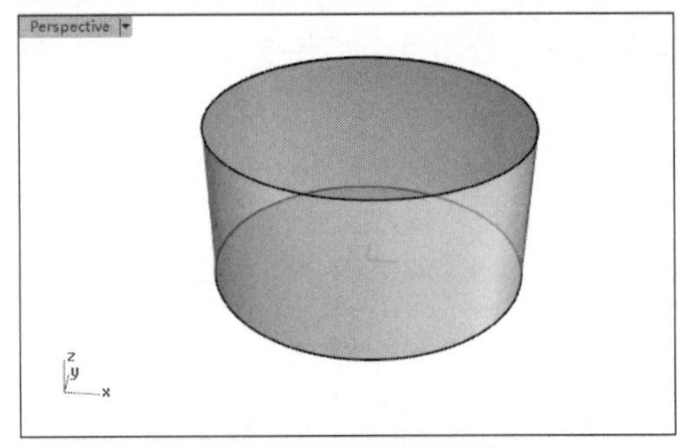

图12-79　创建的圆柱体

12.6.2　圆柱管

【圆柱管】工具用于绘制圆柱形管状物体。

单击一点作为圆柱底面圆圆心，然后根据底面内圆和外圆半径（可以手动输入，也可拖动鼠标）确定底面内圆和外圆的大小，最后单击一点确定圆柱管的高度。

动手操作——创建圆柱管

01新建Rhino文件。

02在【实体工具】标签下的左边栏中单击【圆柱管】按钮，然后输入圆柱管底面圆心点坐标“0,0,0”，右击后输入半径或圆上一点的坐标，这里输入半径50，如图12-80所示。

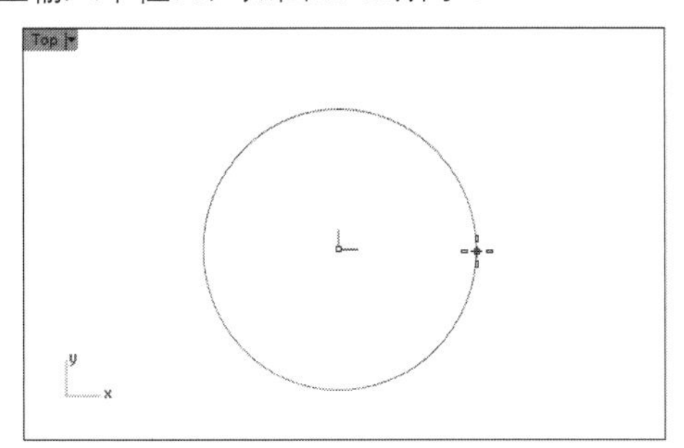

图12-80　确定中心点和半径

03右击后输入内圆半径40，也可以设置【管壁厚度】为10，如图12-81所示。

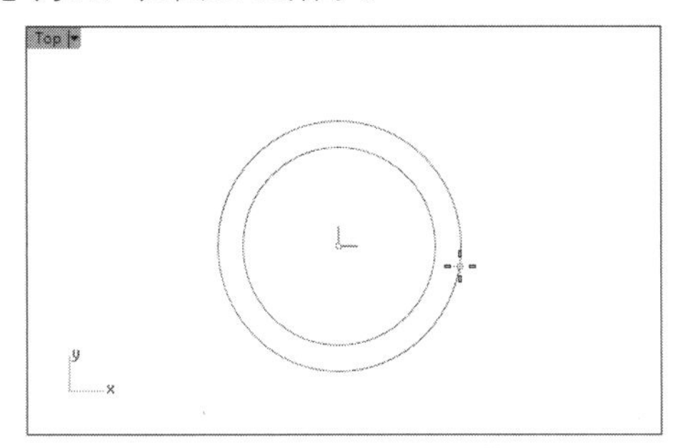

图12-81　确定内圆半径（管厚）

04右击后输入圆柱管端点坐标“0,0,50”，或者直接输入高度50，如图12-82所示。

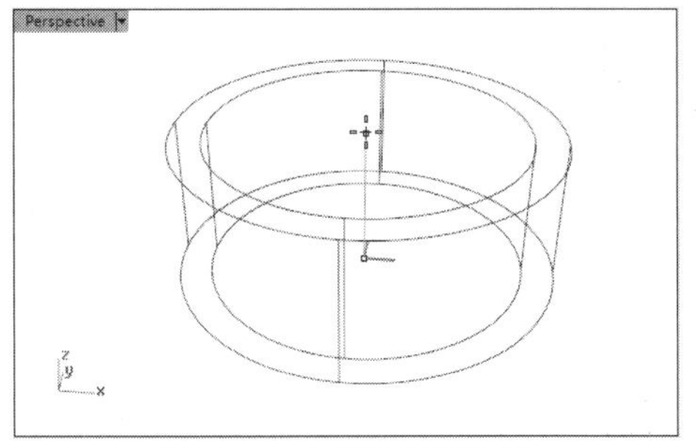

图12-82　指定圆柱管高度

05右击后自动创建如图12-83所示的圆柱管。

```
指令: _Tube
圆柱管底面 ( 方向限制(D)=垂直  实体(S)=是  两点(P)  三点(O)  正切(T)  逼近数个点(F) ): 0,0,0
半径 <50.000> ( 直径(D)  周长(C)  面积(A) ): 50
半径 <1.000> ( 管壁厚度(A)=1 ): 40
圆柱管的端点 <0.000> ( 两侧(B)=否 ): 50
正在建立网格... 按 Esc 取消
```

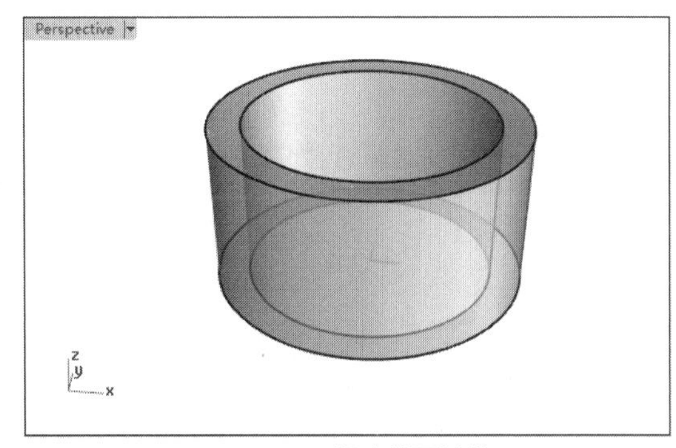

图12-83　创建的圆柱管

12.7 环形体

环形体就是圆环体，也叫环状体。Rhino中的环形体包括环状体和环状圆管。

12.7.1 环状体

该工具用于绘制环形的封闭管状体。

单击一点作为环状体的中心点，分别确定环状体内径和外径长度（可以手动输入，也可拖动鼠标）并分别单击确定。

动手操作——创建环状体

01新建Rhino文件。

02在【实体工具】标签下的左边栏中单击【环状体】按钮，然后输入环状体中心点坐标“0,0,0”，右击后输入环状体中心线的半径或中心线圆上一点的坐标，这里输入半径50，如图12-84所示。

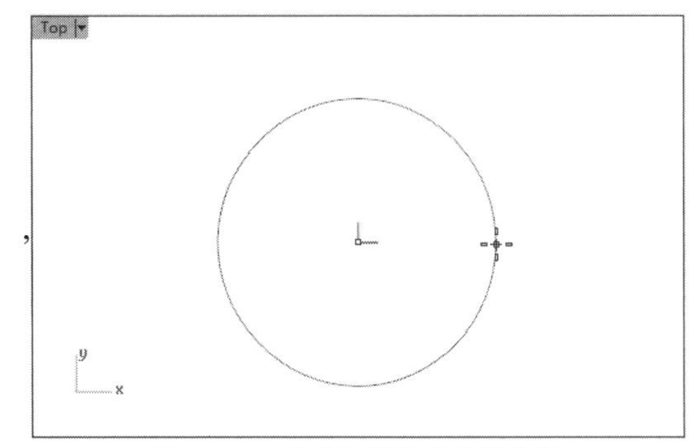

图12-84　确定环状体中心线半径

03右击后输入第二半径（环状体截面圆的半径）10，或者设置【固定内圈半径】为40，如图12-85所示。

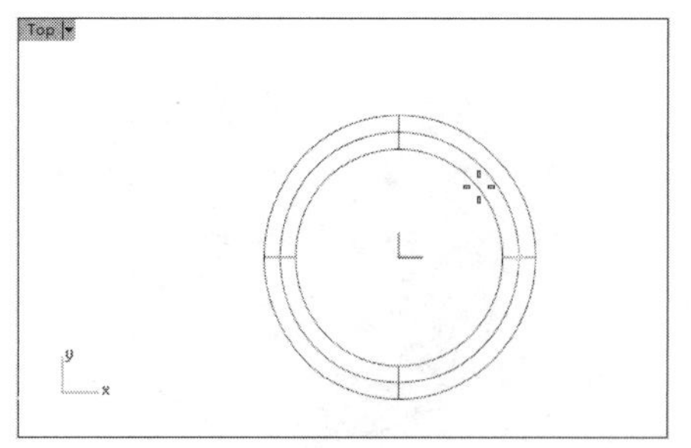

图12-85　确定截面圆的半径

04右击后自动创建如图12-86所示的环状体。

```
指令: _Torus
环状体中心点 ( 垂直(V) 两点(P) 三点(O) 正切(T) 环绕曲线(A) 逼近数个点(F) ): 0,0,0
半径 <50.000> ( 直径(D) 定位(O) 周长(C) 面积(A) ): 50
第二半径 <1.000> ( 直径(D) 固定内圈半径(F)=否 ): 10
正在建立网格... 按 Esc 取消
```

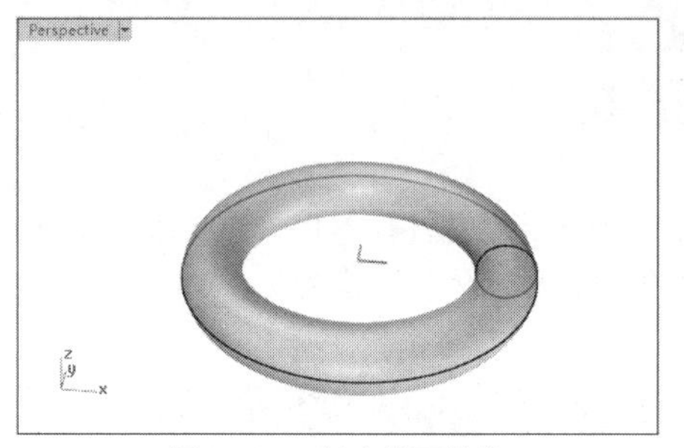

图12-86　创建的环状体

12.7.2　环状圆管（平头盖）

该工具用于绘制沿曲线方向均匀变化的圆管，该圆管两端封口为平面。

选择已知曲线，单击该按钮后，命令行会出现如下提示。

```
起点直径 <500.000> ( 半径(R) 有厚度(T)=否 加盖(C)=平头 渐变形式(S)=500
```

下面介绍各选项的含义。

- 半径：输入圆管一端半径。
- 有厚度：是否让圆管有一定的厚度。如果选择有厚度，在输入半径的时候，会要求输入两次，一次是内径、一次是外径。
- 加盖：是否给圆管封口。
- 渐变形式：选择是整体渐变，还是局部渐变。

> **技术要点**：当改变默认选项，选择【有厚度】、【不给圆管加盖】、【局部渐变】选项后，绘制的圆管如图12-87所示。

这时提示用户输入圆管一端的圆半径，可以手工输入500。同理，曲线的另一端也可如此操作。右击或者按Enter键完成绘制，如图12-88所示。

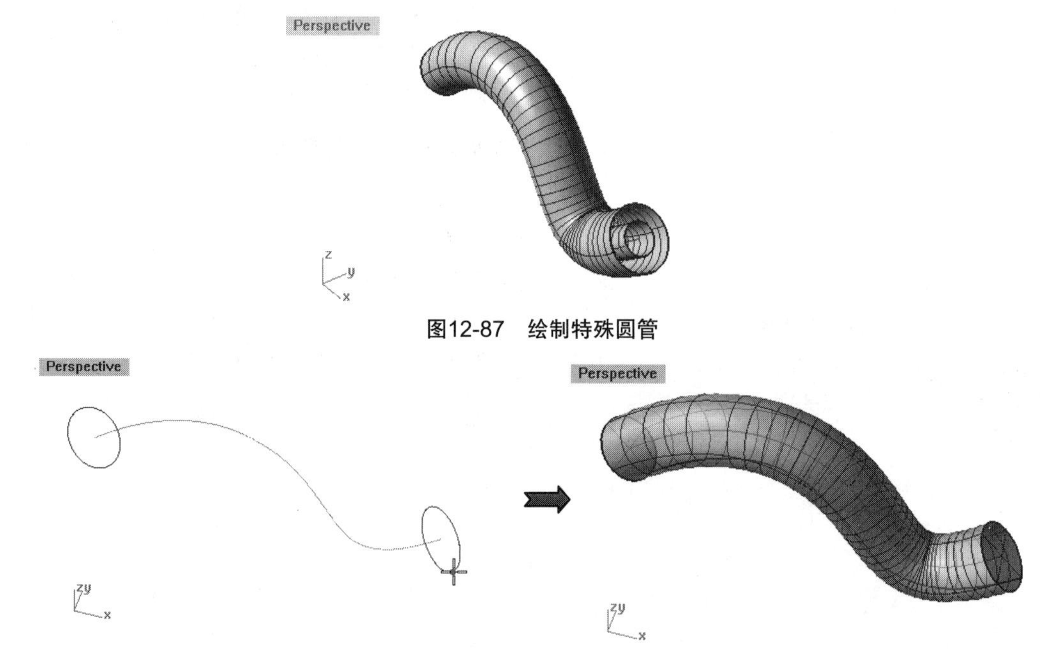

图12-87　绘制特殊圆管

图12-88　绘制均匀圆管

如果圆管两端的半径相等，则出现的是均匀圆管。如果前后半径不等，或者连续使用该工具在曲线任何位置设定圆管半径，那么可以绘制不均匀的圆管，如图12-89所示。

> **专家提示**：从绘制圆管的曲线可以发现，此种方法绘制的实体曲面的质量非常低，可以运用前面学过的检测曲面和曲线质量的方法来分析。因此，建议此类围合的曲面使用放样或者扫描方式建立，曲面质量会更简洁更好。上述方法只适用于简单实体的快速建立。

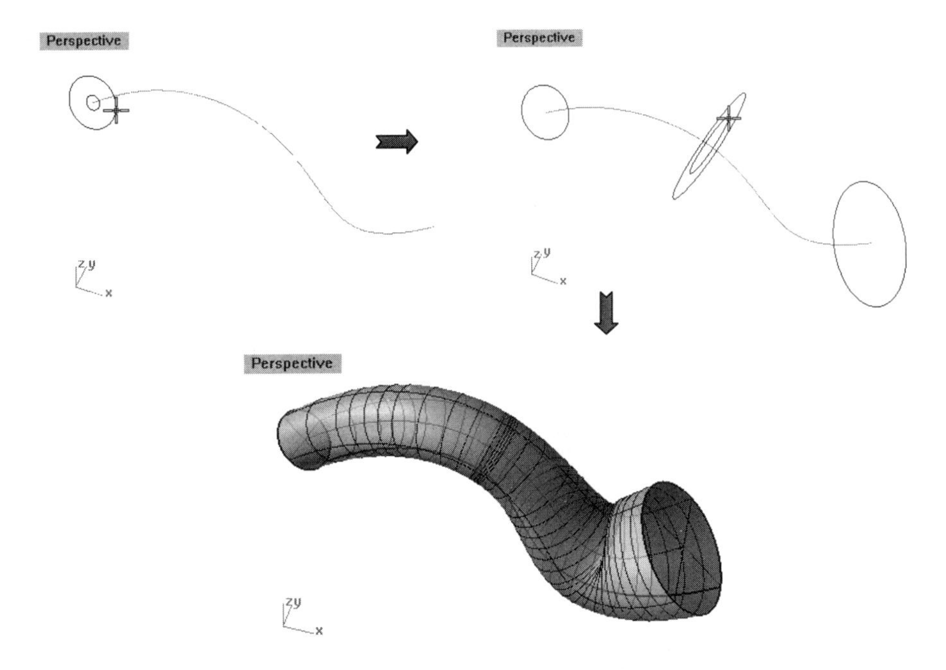

图12-89 绘制不均匀圆管

动手操作——创建环状圆管（平头盖）

01新建Rhino文件。

02单击【内插点曲线】按钮，任意绘制一条曲线，如图12-90所示。

03单击【环状圆管（平头盖）】按钮，选取要建立圆管的曲线，然后输入起点的半径4，右击后再输入终点的半径6，如图12-91所示。

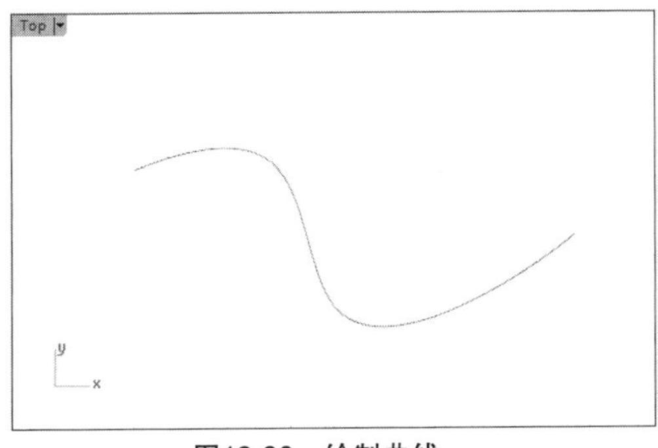

图12-90 绘制曲线

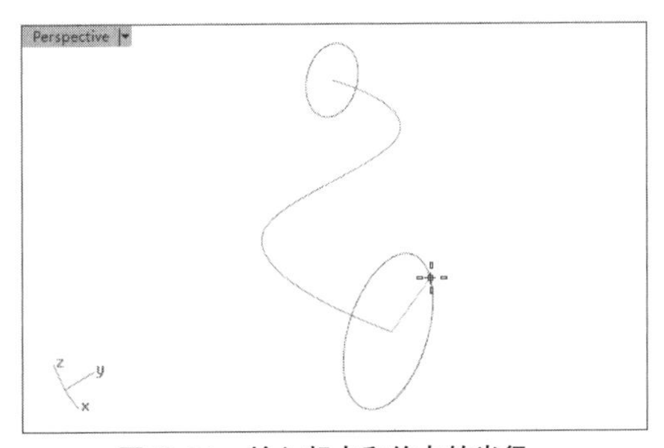

图12-91 输入起点和终点的半径

04在曲线的中点设置半径为8，然后右击不再设置曲线上的点半径，如图12-92所示。

05右击随即创建如图12-93所示的环状圆管（平头盖）。

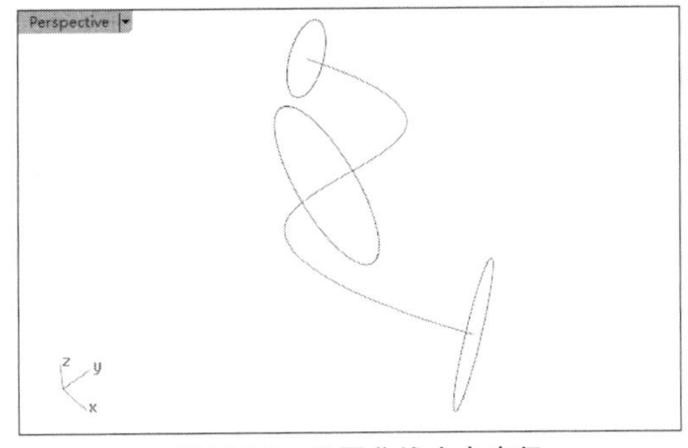

图12-92 设置曲线中点半径

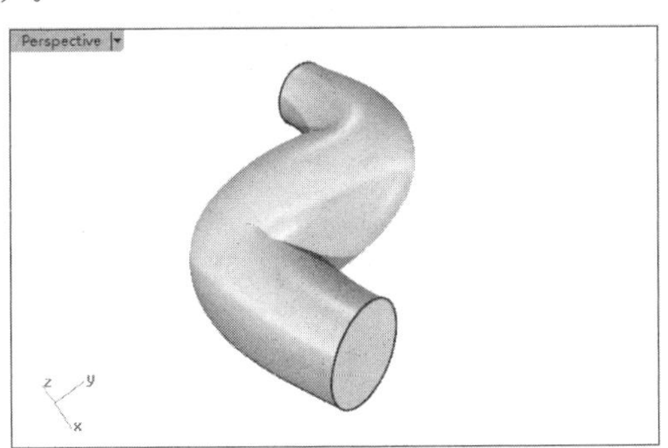

图12-93 创建环状圆管（平头盖）

12.7.3 环状圆管（圆头盖）

该工具用于绘制封口处为圆滑球面的圆管。

绘制方法和技巧与平口圆管类似，在此不多叙述。基本参数绘制效果，如图12-94所示。

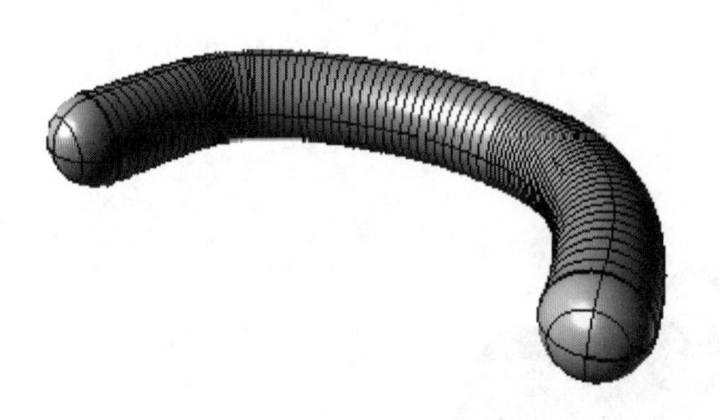

图12-94 圆头盖圆管绘制

12.8 挤出实体

在Rhino中有两种挤出实体的方法，一种是通过挤压封闭曲线形成实体，另一种是通过挤出表面形成实体，表面不一定是平面，也可是不平坦的。

12.8.1 挤出封闭的平面曲线

该工具用于通过沿着一条轨迹挤压封闭的曲线建立实体。

技术要点：此工具其实就是【曲线工具】标签下左边栏中的【直线挤出】工具。截面曲线是开放的，挤出为曲面。如果截面曲线为封闭的，挤出为实体。

单击已知曲线，单击后，命令行会出现如下提示。

挤出长度 < 7.4759> (方向(D) 两侧(B)=否 实体(S)=否 删除输入物件(L)=是 至边界(T) 分割正切点(P)=否 设定基准点(A)):

下面介绍各选项的含义。

- 挤出长度：拉伸曲线的长度。
- 方向：确定绘制的实体的延展方向。绘制的实体如图12-95所示。

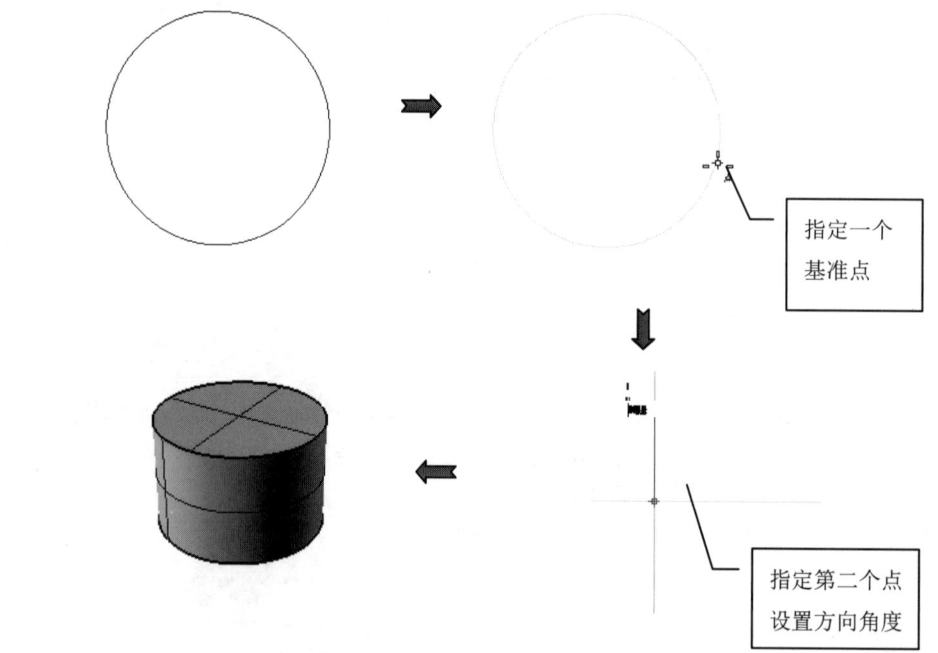

图12-95 按方向挤出封闭的平面曲线

- 两侧：绘制实体时，选择【是】将会向两个方向同时延展，形成实体；选择【否】将会单方向延展形成实体。
- 实体：绘制实体时，选择【是】将会形成封闭式的实体；选择【否】将会形成曲面。
- 删除输入物体：确定绘制实体时是否保存输入的封闭曲线。
- 至边界：以曲线挤压出的实体延伸至已知曲面边界，形成实体。

- 分割正切点：输入的曲线为多重曲线时，设定是否在线段与线段正切的顶点将建立的曲面分割成为多重曲面。
- 设定基准点：设定拉伸的起点。

1. 选择【两侧】和【加盖】选项

单击【挤出封闭的平面曲线】按钮，选中封闭曲线。右击或按Enter键，选择命令行中的【两侧】和【加盖】选项为【是】，确定实体的大小，完成绘制，如图12-96所示。

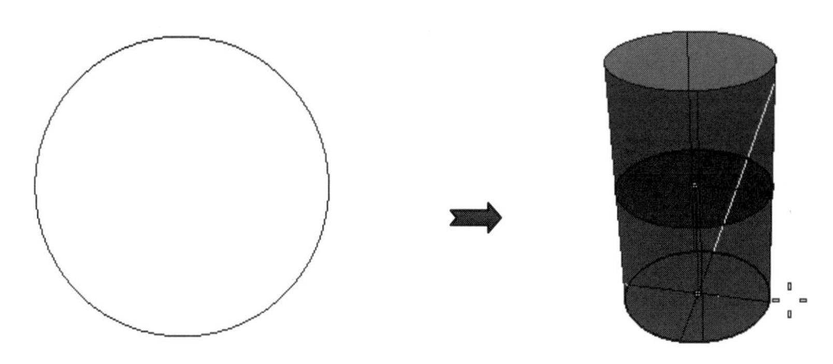

图12-96　选择【两侧】和【加盖】选项后形成的实体

2. 选择【两侧】和【不加盖】选项

操作同选择【两侧】和【不加盖】选项绘制实体的操作，如图12-97所示。

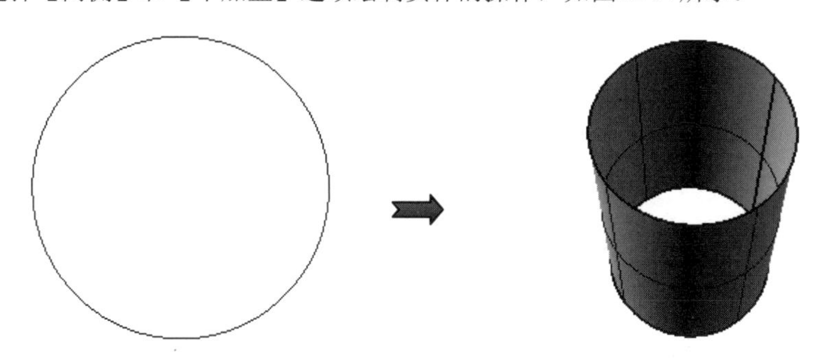

图12-97　两侧和不加盖命令形成的实体

3. 选择【删除输入物体】选项

单击封闭曲线，再右击或按Enter键，选择【是】选项，开始输入的封闭曲线会消失，只剩下绘制好的实体，如图12-98所示。选择【否】选项，输入的封闭曲线依然存在，如图12-99所示。

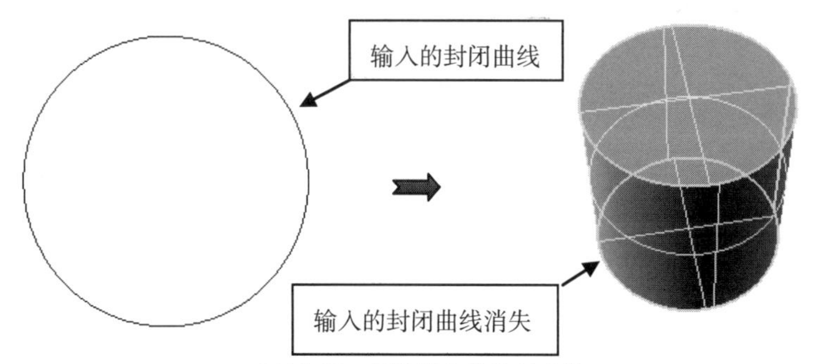

图12-98　删除输入物体的实体

4. 选择【至边界】选项

选择该选项，会将绘制的实体与已知曲面的边界相连接，如图12-100所示。

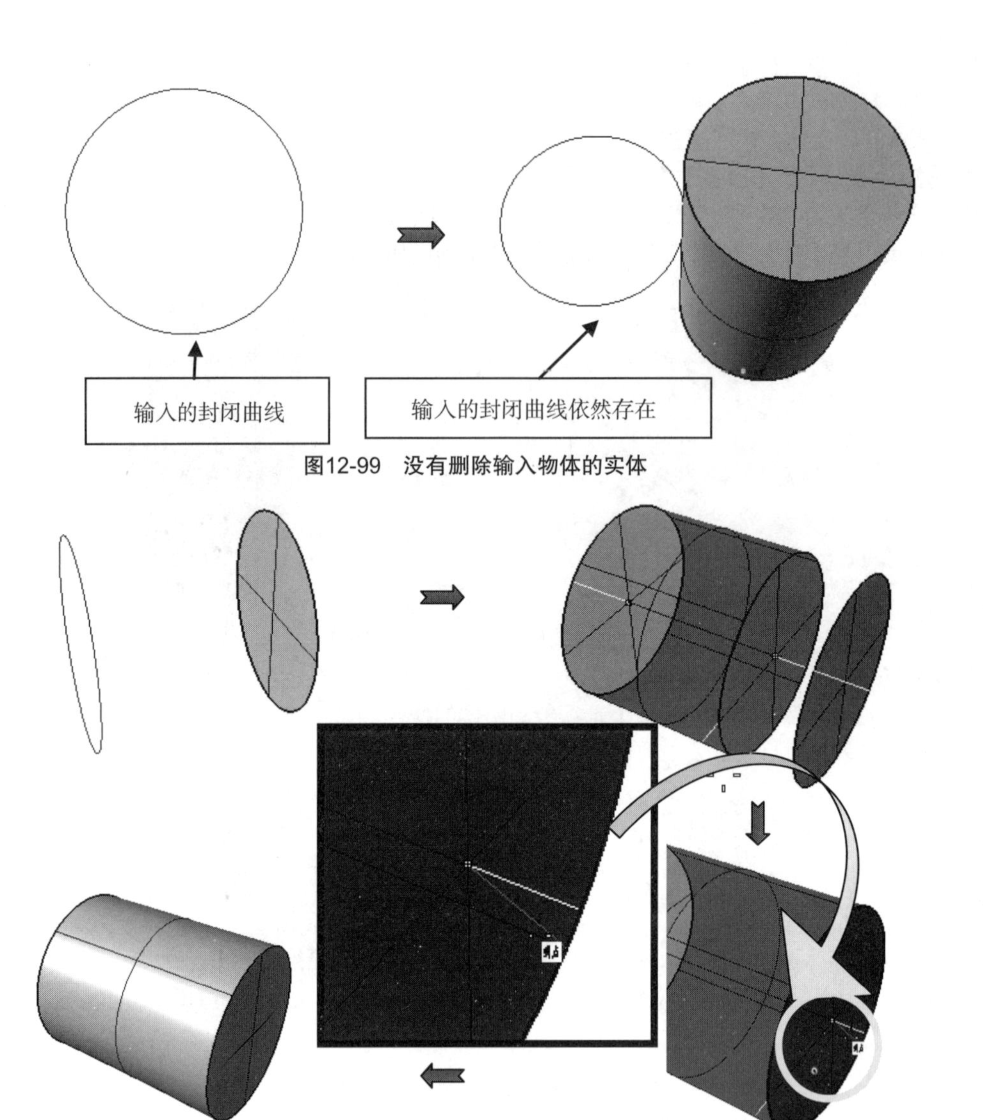

图12-99　没有删除输入物体的实体

图12-100　至边界的实体

12.8.2 挤出建立实体

挤出建立实体主要通过挤出表面形成实体，在左边栏长按【挤出曲面】按钮，将弹出【挤出建立实体】工具列，如图12-101所示。

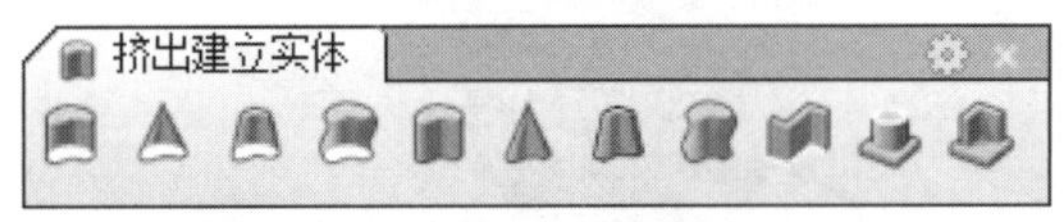

图12-101　【挤出建立实体】工具列

1. 挤出曲面

利用该工具可以将曲面笔直地挤出实体。

单击【挤出曲面】按钮和曲面后，命令行将会出现如下提示。

挤出距离 <12> (方向(D) 两侧(B)=否 加盖(C)=是 删除输入物体(E)=否 至边

命令行中各个选项的作用同【挤出封闭的平面曲线】中相同，因此这里不再详细讲解。

单击【挤出曲面】按钮，选取曲面，右击或按Enter键，右击确认实体的大小，如图12-102所示。

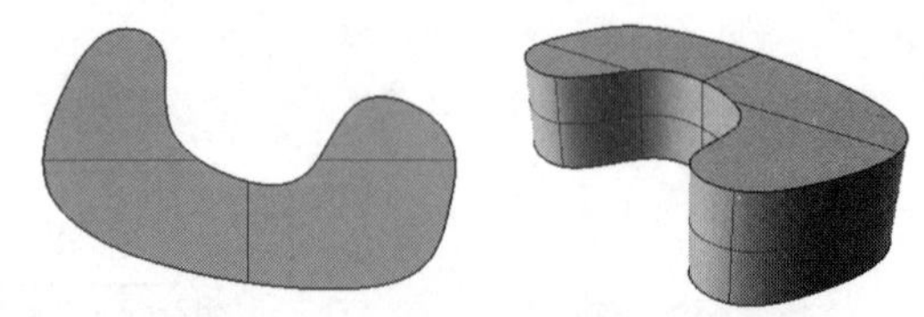

图12-102　挤出曲面形成的实体

专家提示：在这里挤出的曲面不只是指平面，也可以是不平整的面。

如果表面是不平整的，操作方法和平整曲面

是一样的，创建的实体如图12-103所示。

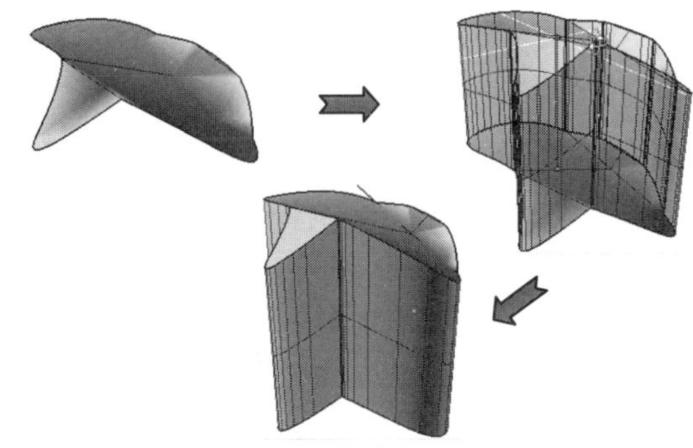

图12-103　不平整表面形成的实体

2. 挤出曲面至点

利用该工具可以挤出曲面至一点形成实体。

单击【挤出曲面至点】按钮，选取曲面，右击或按Enter键，单击一点作为实体的高度，确定实体的大小，如图12-104所示。

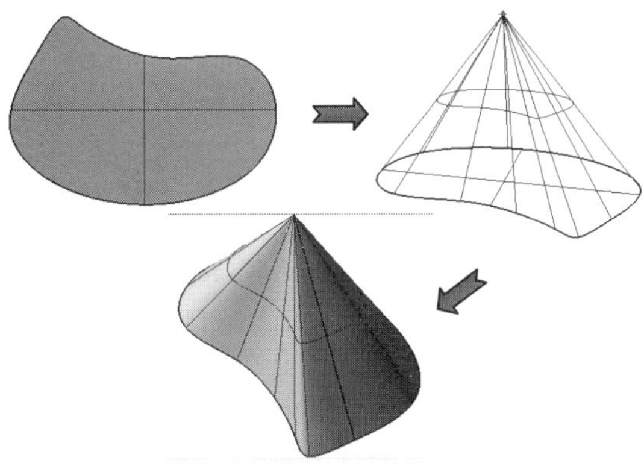

图12-104　挤出曲面至一点形成的实体

同样，挤出曲面至一点形成实体的输入曲面也可以是不平整的，操作方式同平整曲面一样，创建的实体如图12-105 所示。

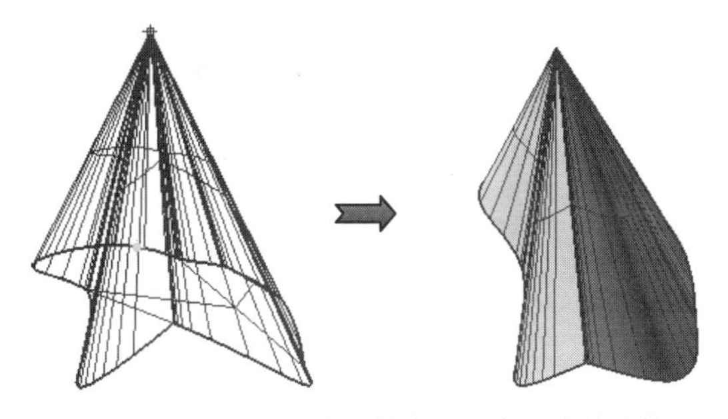

图12-105　不平整表面挤出至一点形成的实体

3. 挤出曲面呈锥状

利用该工具可以挤出曲面建立锥状的多重曲面。

命令行中出现的【拔模角度】选项是指当曲面与工作平面垂直时，拔模角度为0°，曲面与工作平面平行时，拔模角度为90°，改变它可以调节锥体的坡度大小。

【角】选项有3个选择：锐角、圆角、平滑。

例如，以一条矩形多重直线往外侧偏移。锐角时，将偏移线段直线延伸至和其他偏移线段交集；圆角时，在相邻的偏移线段之间建立半径为偏移距离的圆角；平滑时，在相邻的偏移线段之间建立连续性为G1的混接曲线。这些将影响实体表面的平滑度。

其他操作和形成实体的操作同【挤出曲面至点】工具。创建的实体如图12-106所示。

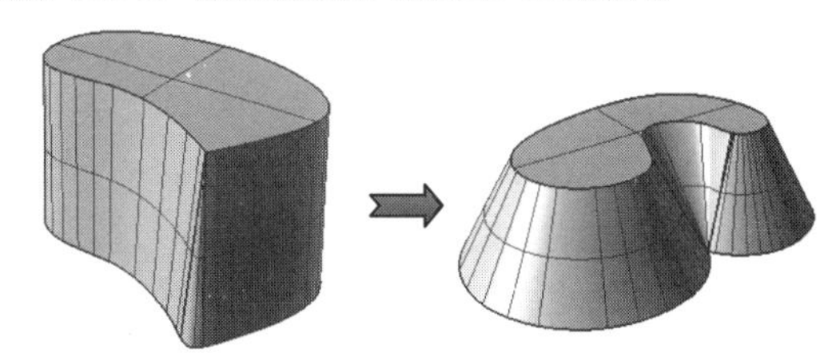

图12-106　拔模角度=5°和拔模角度=10°时挤出曲面成锥体的实体

4. 沿着曲线挤出曲面形成实体

利用该工具可以将曲面按照路径曲线挤出建立实体。

动手操作——沿着曲线挤出曲面形成实体

01新建Rhino文件。

02利用【内插点曲线】工具在Top视窗绘制封闭的曲线，如图12-107所示。再利用【以平面曲线建立曲面】工具创建曲面，如图12-108所示。

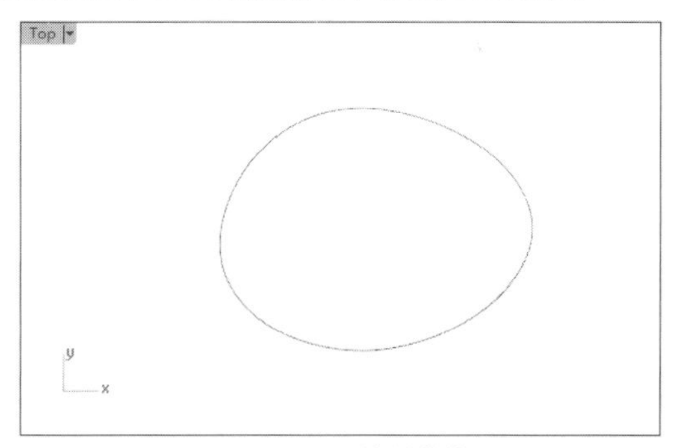

图12-107　绘制曲线

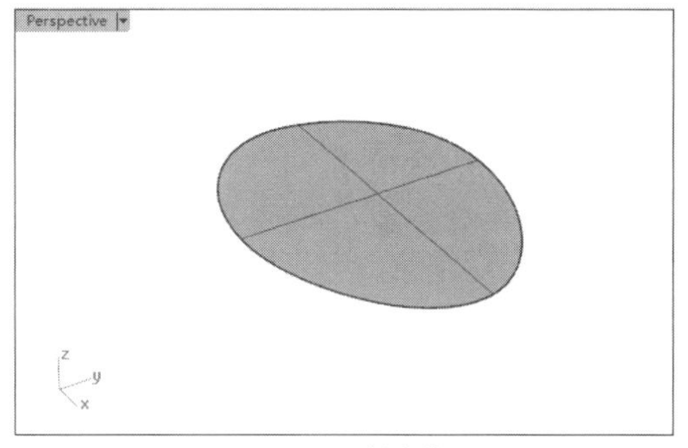

图12-108　创建曲面

03利用【内插点曲线】工具在Front视窗中曲面边缘上绘制路径曲线，如图12-109所示。

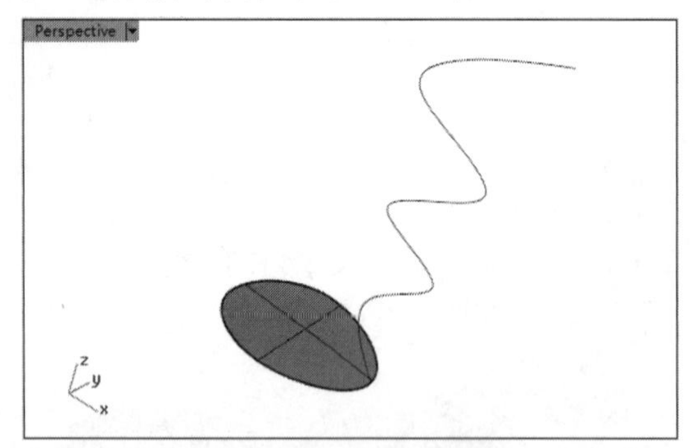

图12-109　绘制路径曲线

04单击【沿着曲线挤出曲面】按钮，选取要挤出的曲面，右击后选取路径曲线靠近起点处，如图12-110所示。

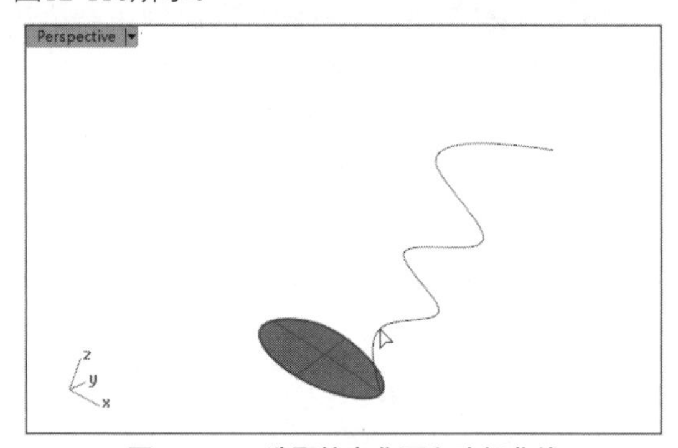

图12-110　选取挤出曲面和路径曲线

05随后自动形成实体，如图12-111所示。

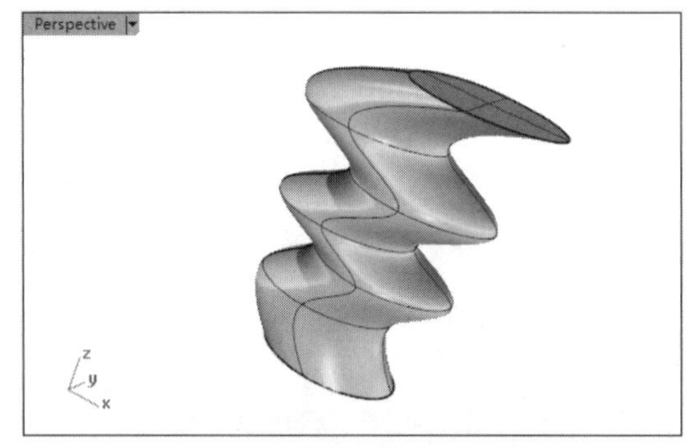

图12-111　沿着曲线挤出曲面形成的实体

5. 挤出曲线

该工具同【曲线工具】标签下的【直线挤出】工具的功能完全相同。

操作方式基本同上面几个工具。效果如图12-112、图12-113、图12-114所示。

> **技术要点：**与放样、单轨扫掠、双轨扫掠不同，使用【挤出曲线】工具时，挤出方向并不会改变。

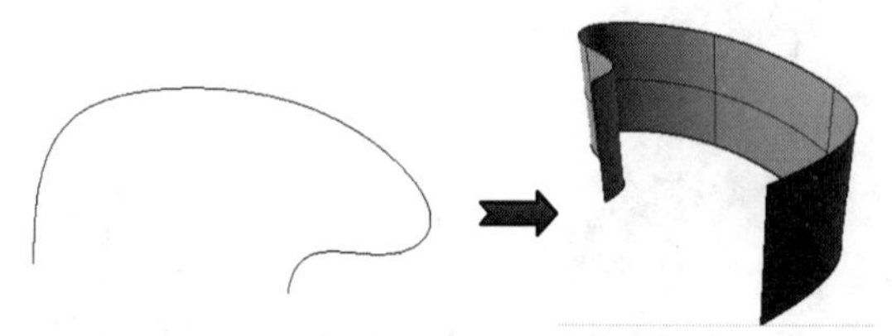

图12-112　挤出非封闭的平面曲线

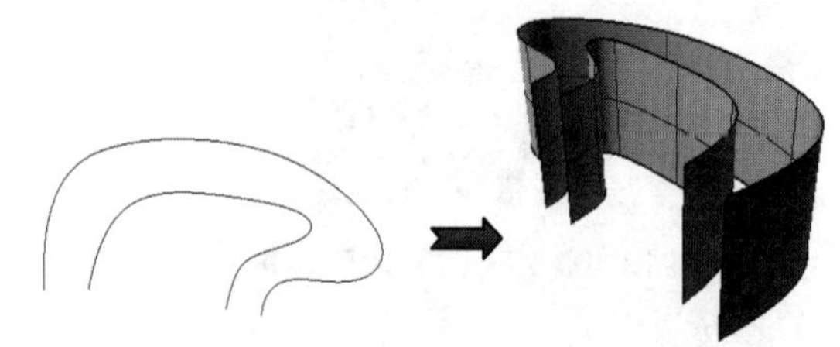

图12-113　挤出多重曲面

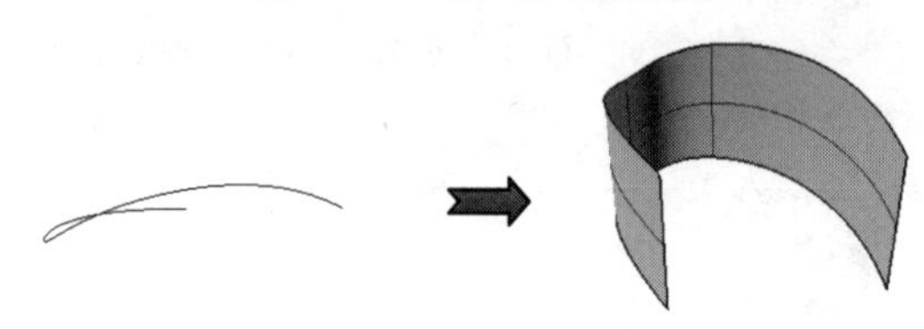

图12-114　挤出非平面曲线

6. 挤出曲线至点

利用该工具可以挤出直线至一点，形成曲面、实体或多重曲面。

操作方式同【曲线工具】标签下的【挤出至点】工具。如果目标曲线是开放曲线，命令行中的【加盖】选项自动选择【否】，非封闭的曲线不能形成实体，因此不能进行加盖操作；相反，如果是封闭曲线，就可以进行加盖操作。曲线可以不是同一平面的。效果如图12-115、图12-116、图12-117、图12-118所示。

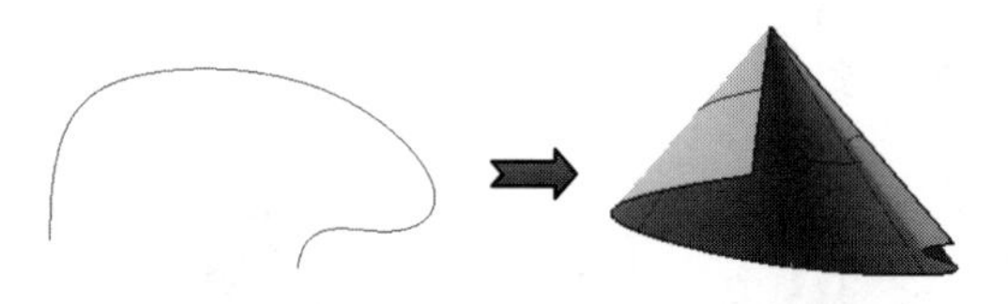

图12-115　挤出非封闭曲线至一点形成的面

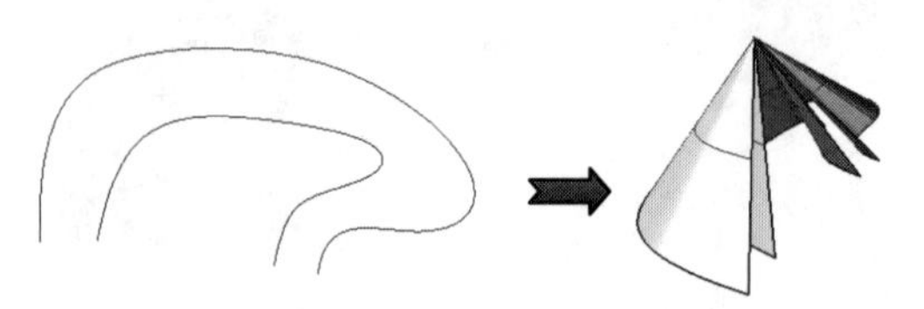

图12-116　挤出多条曲线至一点形成的多重曲面

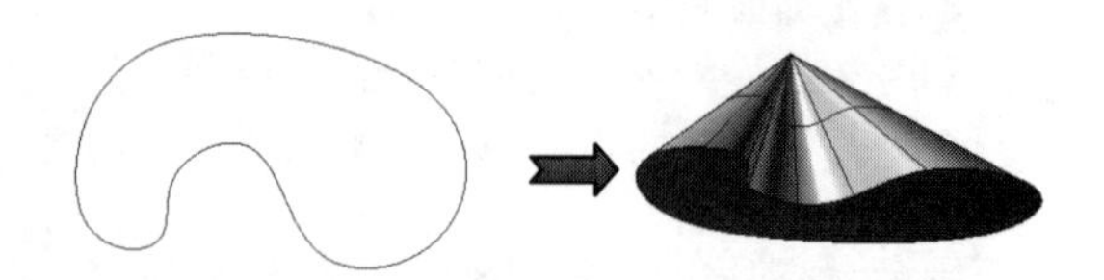

图12-117　挤出封闭的曲线至一点形成的实体

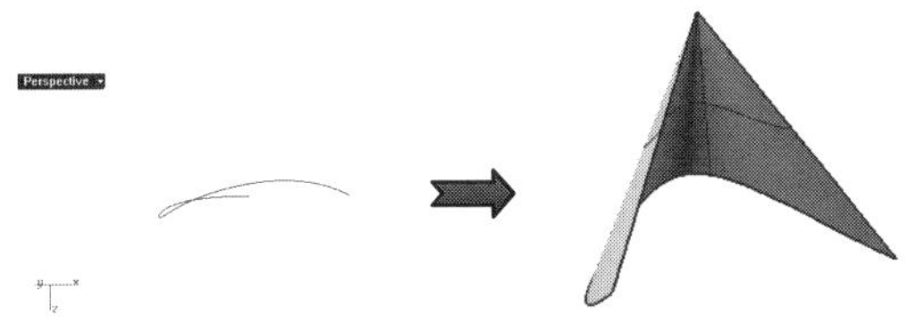

图12-118　挤出非封闭的不在同一平面上的曲线至一点

7. 挤出曲线成锥状

利用该工具可以挤出曲线建立锥状的曲面、实体、多重曲面。

操作方式同【曲线工具】标签下的【挤出曲线成锥状】工具。

8. 沿着曲线挤出曲线

利用该工具可以将曲线沿着路径曲线基础建立曲面、实体、多重曲面。

操作方式同【曲线工具】标签下的【沿着曲线挤出】工具，输入的曲线可以是封闭的平面曲线，可以是非封闭的平面曲线，也可以不在一个平面上的曲线。效果如图12-119、图12-120、图12-121所示。

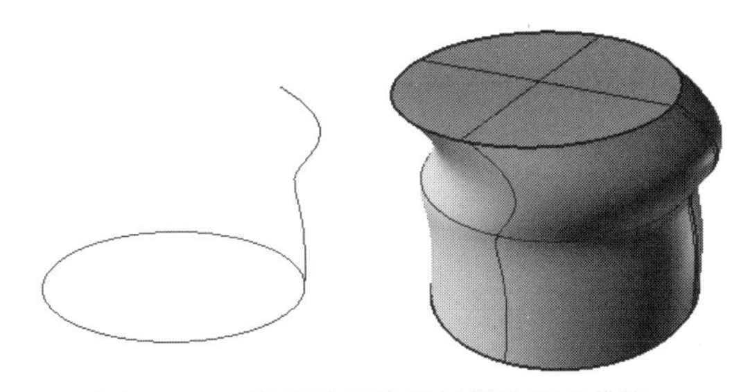

图12-119　沿着路径挤出封闭的平面曲线

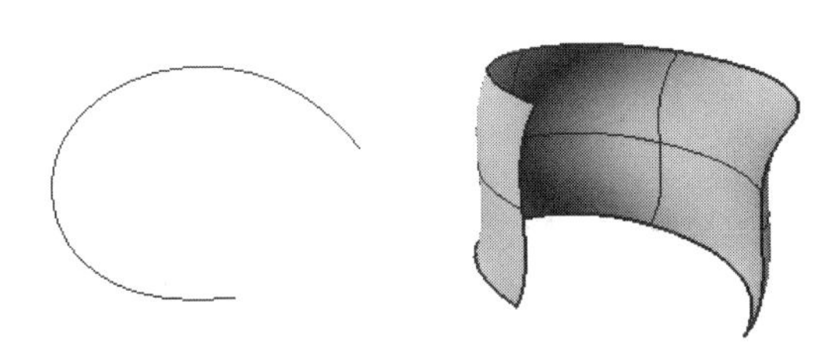

图12-120　沿着路径挤出非封闭的曲线

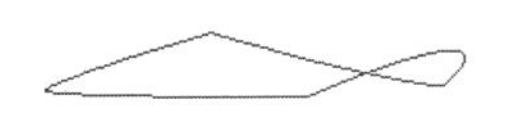

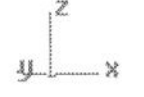

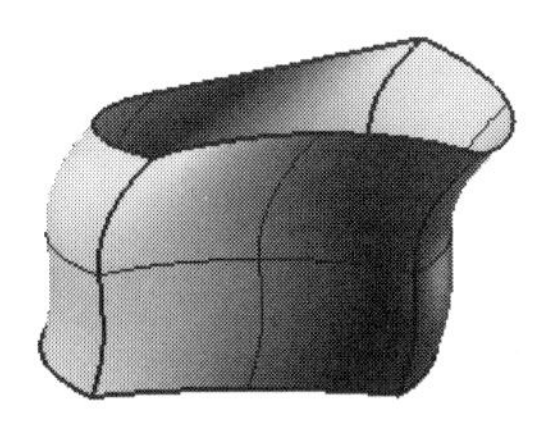

图12-121　沿着路径挤出不在同一平面上的曲线

9. 以多重直线挤出成厚片

利用该工具可以将曲线偏移、挤出并加盖建立实体（在挤出曲面的基础上加厚）。选取多重曲线，指定偏移侧并输入挤出高度后重建厚片，如图12-122所示。

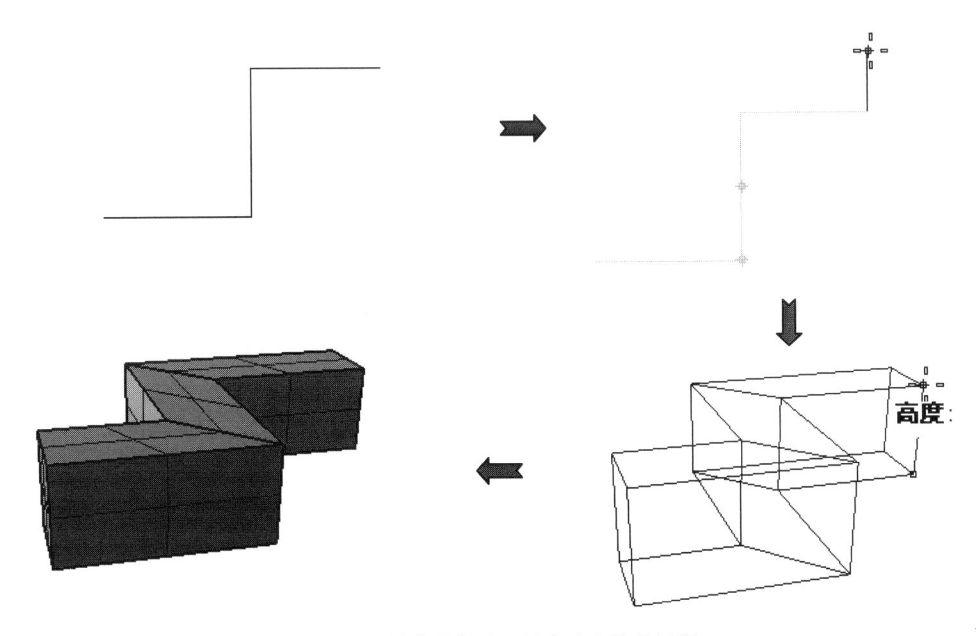

图12-122　将曲线偏移、挤出成实体的过程

10. 凸毂

利用该工具可以挤出平面曲线与曲面边缘形成一个凸起形状体。

动手操作——创建凸毂

01新建Rhino文件。

02利用【直径】工具在Top视窗绘制椭圆曲线，如图12-123所示。再利用【指定三或四个角建立曲面】工具创建曲面，如图12-124所示。然后将曲面向Z轴移动一定距离，如图12-125所示。

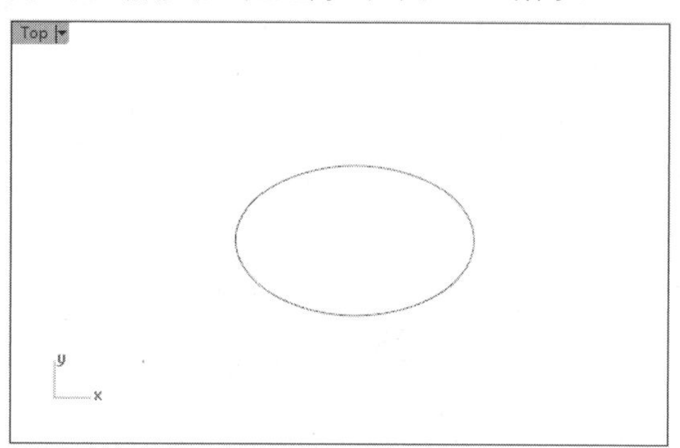

图12-123 绘制曲线

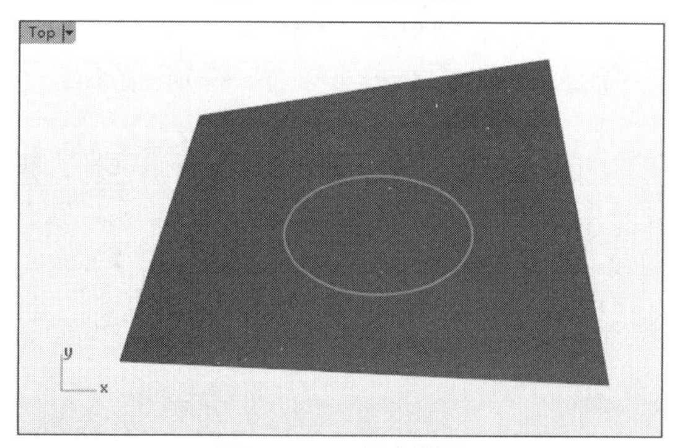

图12-124 创建曲面

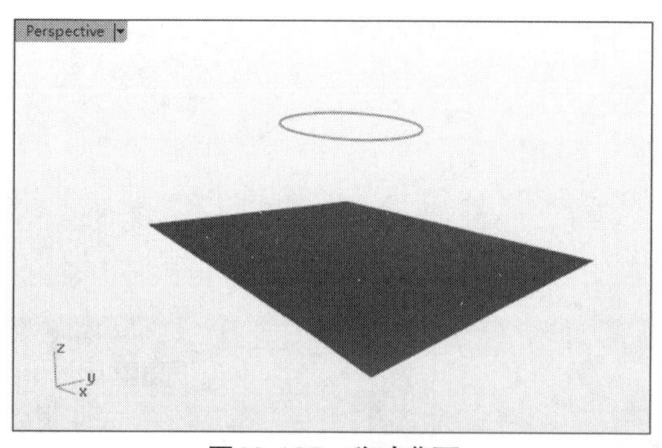

图12-125 移动曲面

03单击【凸毂】按钮，选取椭圆曲线作为要建立凸缘的平面封闭曲线，并设置模式为【锥状】，设置拔模角度为15°，右击确认，再选取下面的曲面作为边界，如图12-126所示。

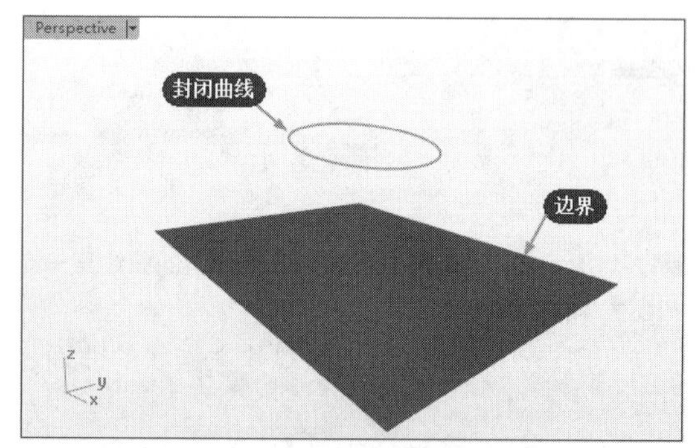

图12-126 选取封闭曲线和边界

04随后自动创建带有拔模角度的凸毂实体，如图12-127所示。

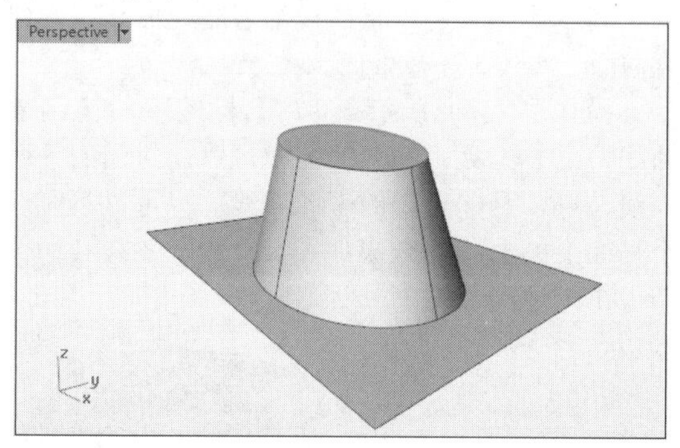

图12-127 建立凸毂

11. 肋

利用该工具可以偏移、挤压平面曲线作为曲面的柱状体，相当于支撑物。在机械设计中，肋也称为“筋”，也可以称为“加强筋”，薄壳产品中一般要设计加强筋来增强其强度，延长使用寿命。

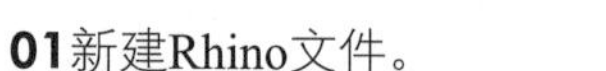

动手操作——创建肋

01新建Rhino文件。

02利用【指定三或四个角建立曲面】工具在Top视窗中创建曲面，如图12-128所示。然后利用【圆柱管】工具在曲面上创建圆柱管，如图12-129所示。

图12-128 创建曲面

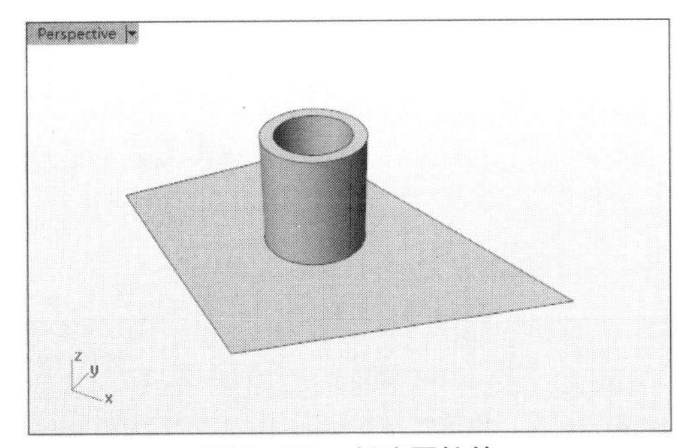

图12-129　创建圆柱管

03利用【直线】工具在Front视窗中绘制如图12-130所示的斜线。

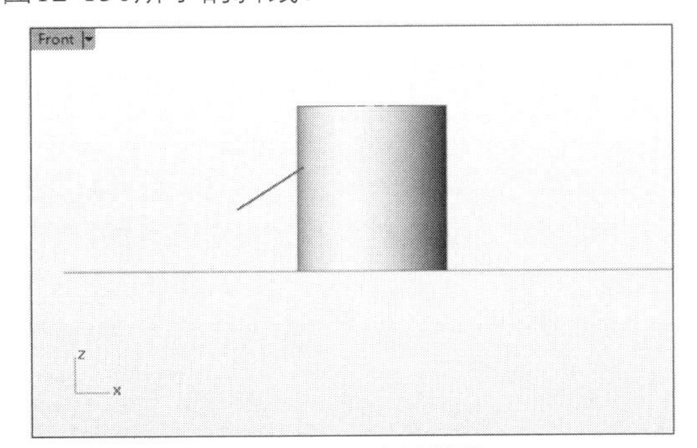

图12-130　绘制斜线

04单击【肋】按钮，选取要做肋的平面曲线，并设置距离为2（这个值可以自己估计），右击确认，再选取下面的曲面作为边界，如图12-131所示。

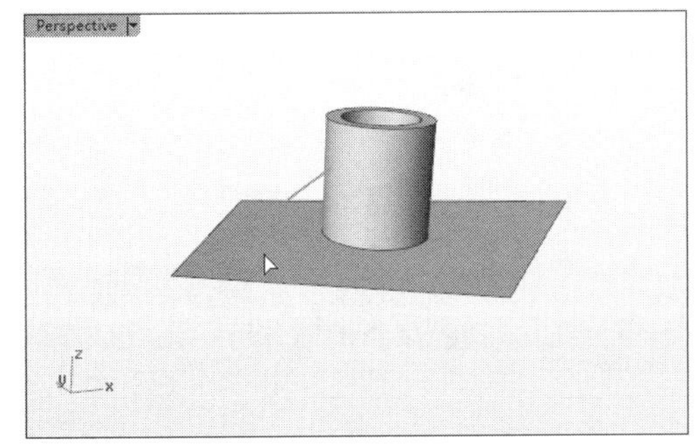

图12-131　选取曲线和边界

05随后自动创建肋，如图12-132所示。

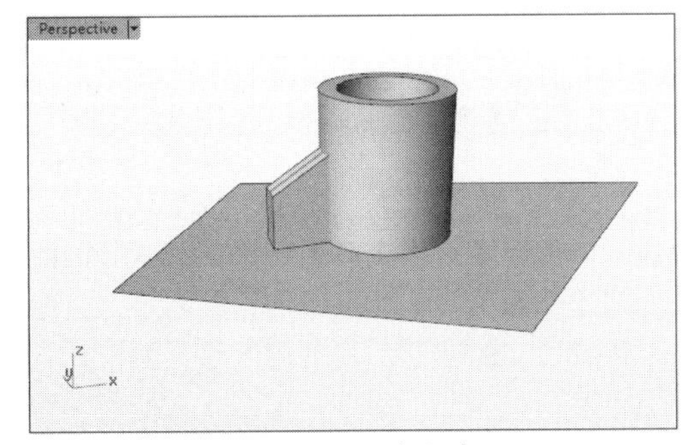

图12-132　建立肋

技术要点：创建肋时，以使用中作业视窗的工作平面为偏移平面，先将曲线偏移建立封闭的曲线，在挤出成为转角处斜接实体。

12.9 课后练习

制作儿童智力盒玩具模型，如图12-133所示。

设计步骤：

（1）制作箱体。

（2）制作盖子。

（3）制作多边形洞。

（4）制作多边形块。

（5）细节处理。

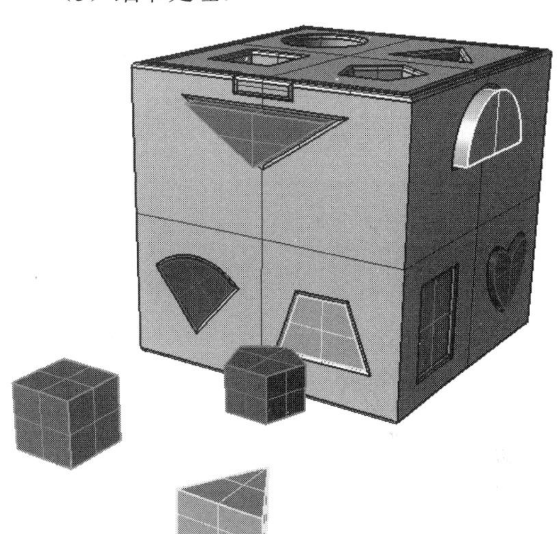

图12-133　儿童智力盒玩具模型

13

第13章 实体编辑

很多产品中的构造特征必须通过编辑来完成，本章就详细介绍实体编辑与操作的方法。

项目分解

- 布尔运算
- 创建工程实体
- 创建成形实体
- 曲面与实体转换
- 操作与编辑实体

13.1 布尔运算

在Rhino中，使用程序提供的布尔运算工具，可以从两个或两个以上实体对象创建联集对象、差集对象、交集对象和分割对象，如图13-1所示。

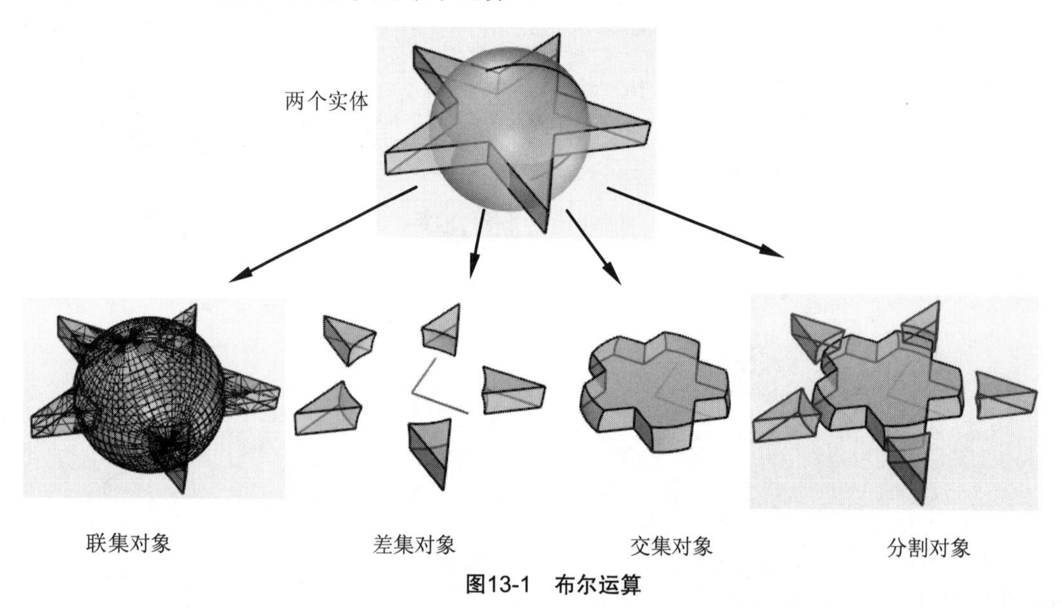

图13-1 布尔运算

13.1.1 布尔运算联集

联集运算是通过加法操作来合并选定的曲面或曲面组合。前面已经说过，Rhino中的实体就是一个封面的曲面组合，里面是没有质量的，所以很容易让人误解。使用【实体工具】标签下的工具创建的曲面是完全封闭且经过【组合】的曲面组合（实体）。使用【曲面工具】标签下的工具创建的曲面是单个曲面或多个独立曲面。利用【炸开】工具可以实体拆解成独立的曲面，而利用【组合】工具可以把封闭曲面（每个曲面是独立的）组合成实体。

联集运算操作很简单，单击【布尔运算联集】按钮，选取要求和的多个曲面（实体），右击或按Enter键后即可自动完成组合，如图13-2所示。

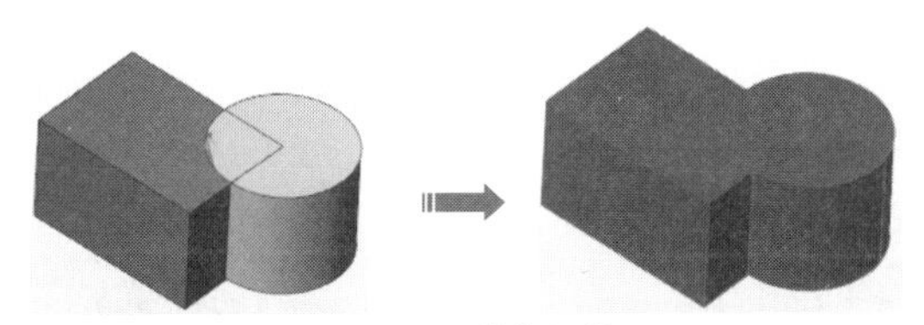

图13-2　联集运算

技术要点：左边栏中的【组合】工具与【布尔运算联集】工具有相同之处，也有不同之处。相同的是，都可以求和单独曲面。不同的是，【组合】工具主要针对曲线组合和曲面组合，但不能组合实体。利用【布尔运算联集】工具可以组合实体和单独曲面，但不能组合曲线。

13.1.2 布尔运算差集

差集运算是通过减法操作来合并选定的曲面或曲面组合。单击【布尔运算差集】按钮，先选取要被减去的对象，右击后选取要减去的其他东西，右击后完成布尔差集运算，如图13-3所示。

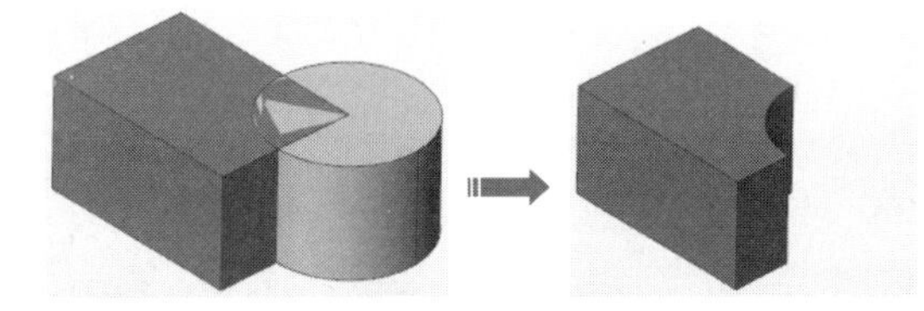

图13-3　差集运算

技术要点：在创建差集对象时，必须先选择要保留的对象。

例如，从第一个选择集中的对象减去第二个选择集中的对象，然后创建一个新的实体或曲面，如图13-4所示。

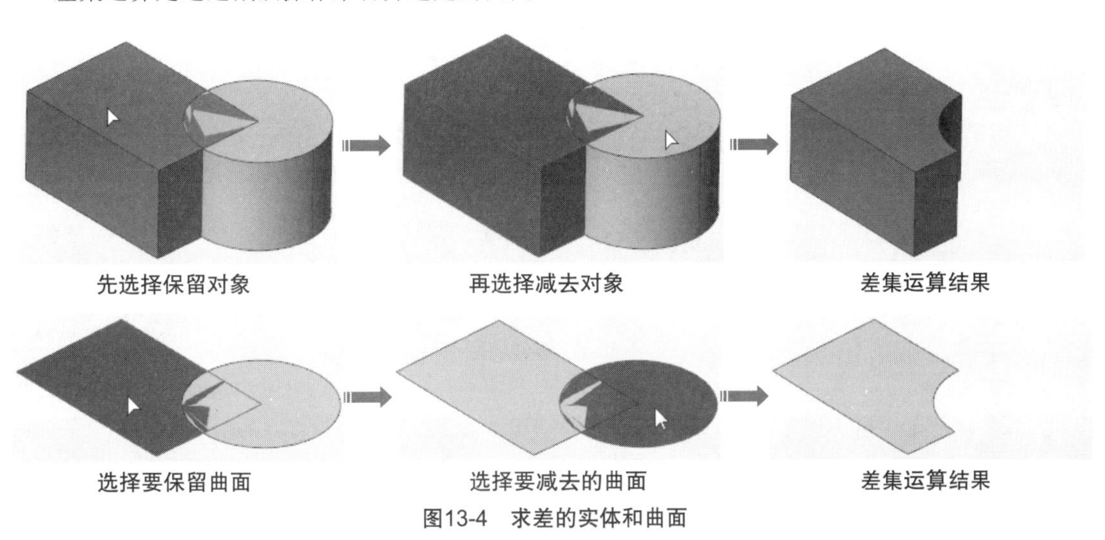

图13-4　求差的实体和曲面

13.1.3 布尔运算交集

交集运算从重叠部分或区域创建体或曲面。单击【布尔运算交集】按钮，先选取第一个对象，右击后选取第二个对象，最后右击完成交集运算，如图13-5所示。

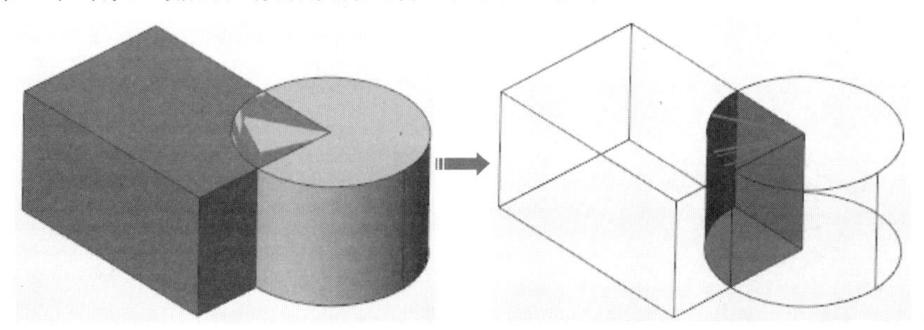

图13-5　交集运算

与并集类似，交集的选择集可包含位于任意多个不同平面中的曲面或实体。通过拉伸二维轮廓然后使它们相交，可以快速创建复杂的模型，如图13-6所示。

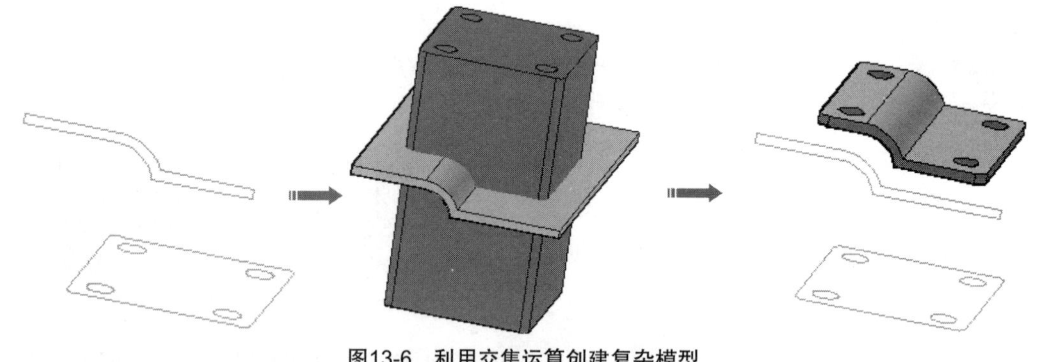

图13-6　利用交集运算创建复杂模型

动手操作——利用布尔运算创建轴承支架

下面使用布尔运算工具创建如图13-7所示的零件模型。

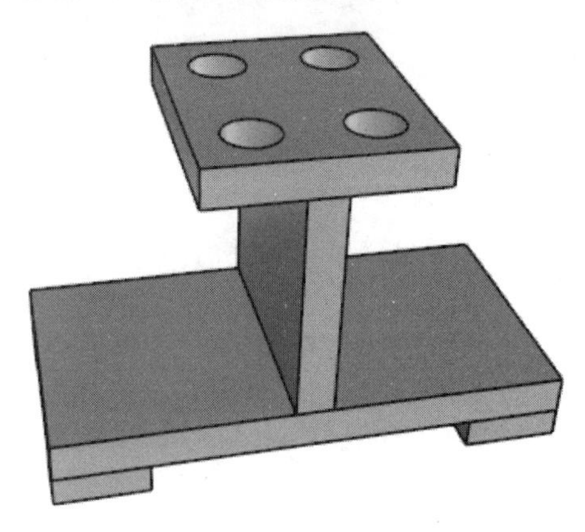

图13-7　零件模型

01新建Rhino文件。

02利用【对角线】工具创建长、宽、高分别为138、270、20的长方体，如图13-8所示。

03再利用【对角线】工具在如图13-9所示的相同位置上创建一个小长方体，长、宽、高分别为28、50、15。

```
指令: _Box
底面的第一角 ( 对角线(D)  三点(P)  垂直(V)  中心点(C) ): _Diagonal
第一角 ( 正立方体(C) ): 0,0,0
第二角: 138,270,20
正在建立网格... 按 Esc 取消
```

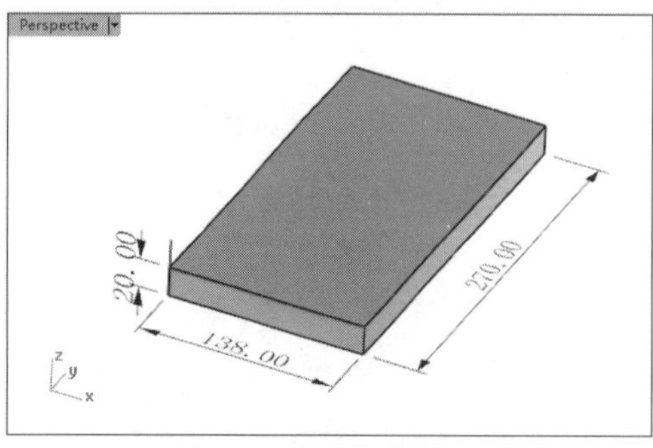

图13-8　创建长方体

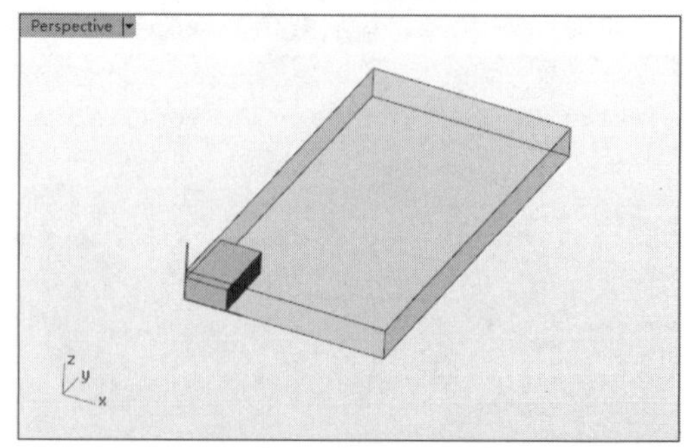

图13-9　创建小长方体

04利用左边栏中的【移动】工具移动小长方体，结果如图13-10所示。

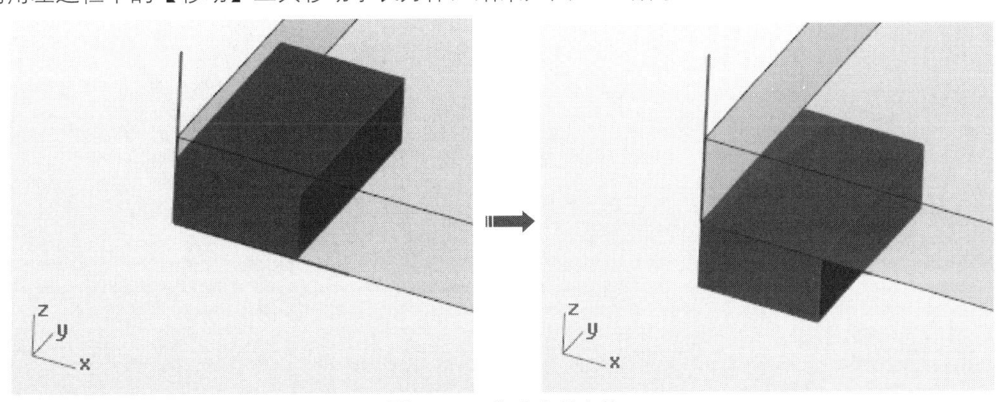

图13-10　移动小长方体

05利用【复制】工具复制小长方体，结果如图13-11所示。

06利用【对角线】工具创建长方体A，其长、宽、高分别为138、20、120，如图13-12所示。

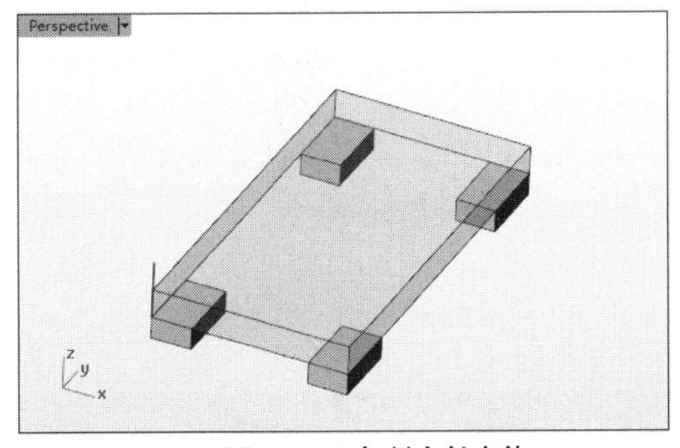

图13-11　复制小长方体

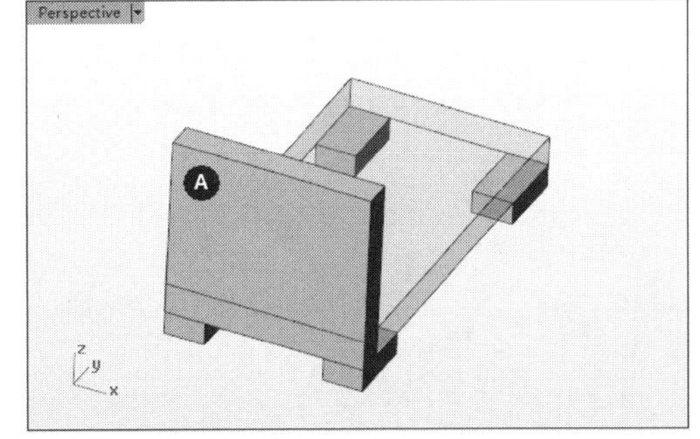

图13-12　创建长方体A

07移动长方体A，结果如图13-13所示。

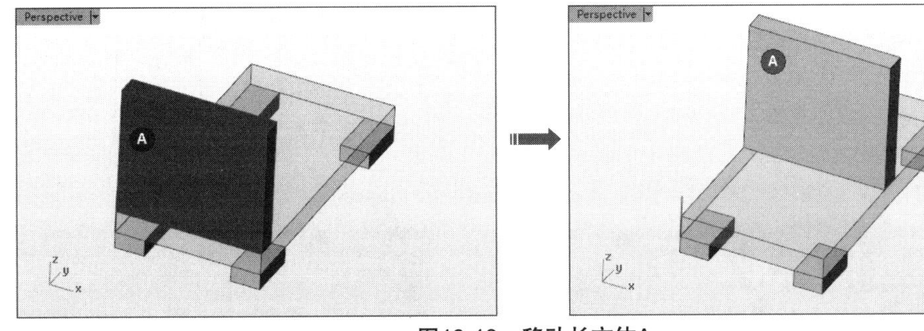

图13-13　移动长方体A

08同理，创建长方体B（138×120×20），并移动它，结果如图13-14所示。

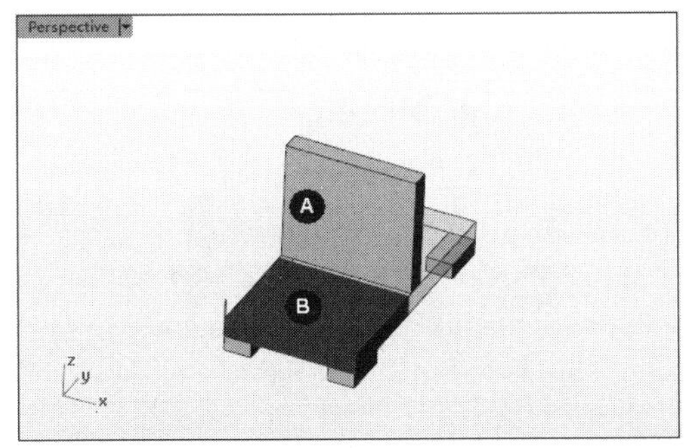

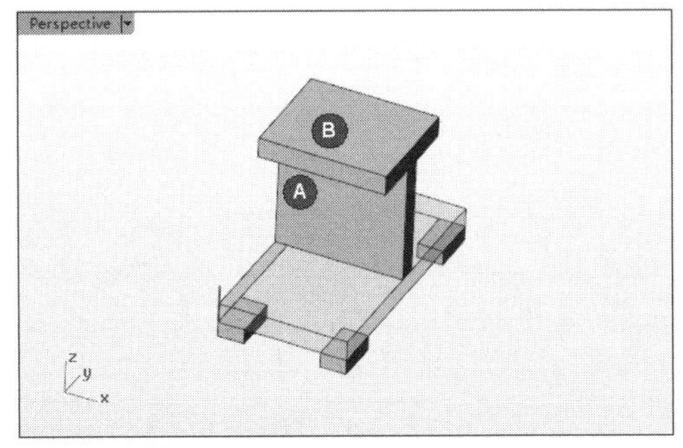

图13-14　创建并移动长方体B

09利用【工作平面】标签下【设定工作平面原点】工具，将工作平面设定在长方体B之上，如图13-15所示。

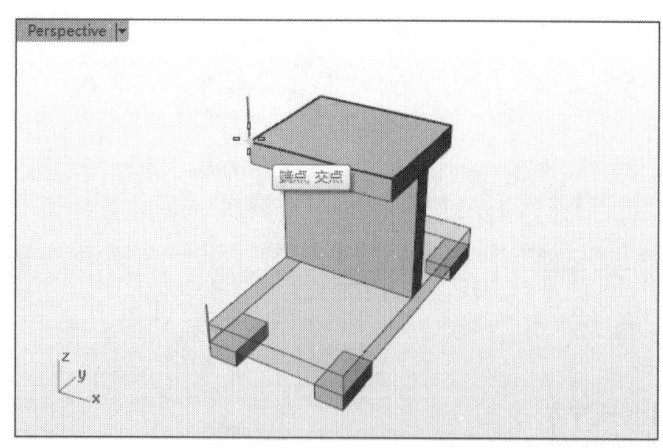

图13-15　设定工作平面

10利用【圆】工具列中的【中心点、半径】工具在长方体B表面绘制4个直径为30的圆，如图13-16所示。

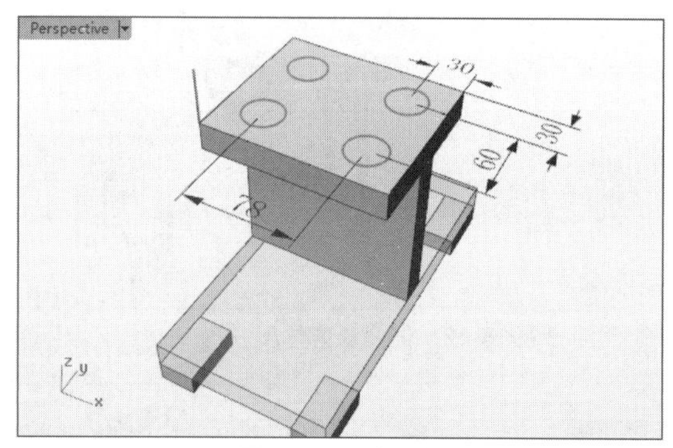

图13-16　绘制圆

11利用【实体工具】标签下左边栏的【挤出封闭的平面曲线】工具选取4个圆作为截面曲线，创建如图13-17所示的挤出实体。

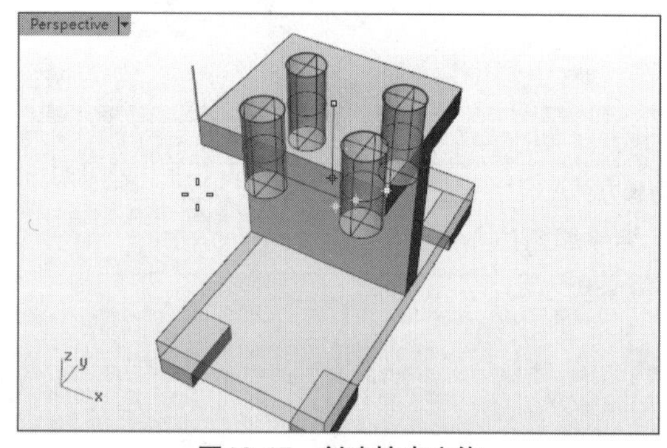

图13-17　创建挤出实体

12单击【布尔运算差集】按钮，选取长方体B作为要被减去的对象，右击后选取4个挤出实体作为要减去的对象，右击后完成差集运算，结果如图13-18所示。差集运算后删除或者隐藏4个挤出实体。

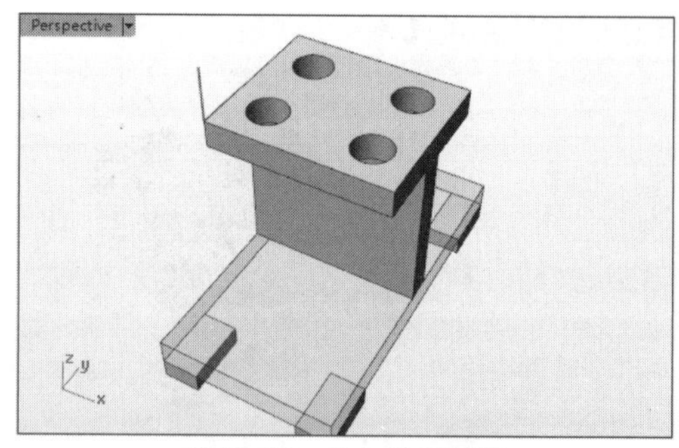

图13-18　布尔差集运算

13使用【布尔运算联集】工具求和所有的实体，结果如图13-19所示。

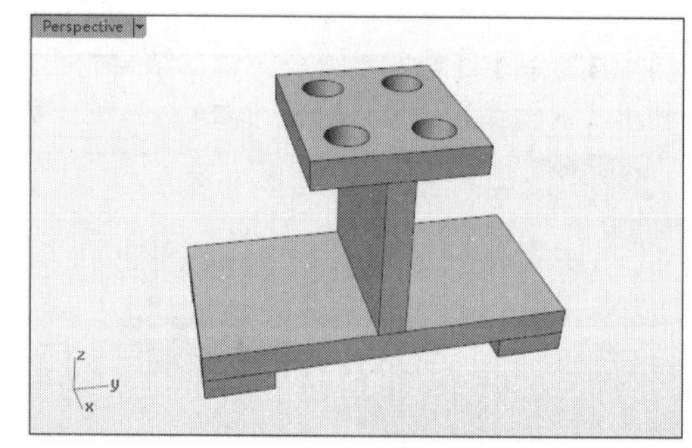

图13-19　联集运算

13.1.4　布尔运算分割

布尔运算分割是求差运算与求交运算的综合结果，既保存差集结果，也保存交集的部分。

单击【布尔运算分割】按钮，选取要分割的对象，右击后再选取切割用的对象，再次右击后完成分割运算，如图13-20所示。

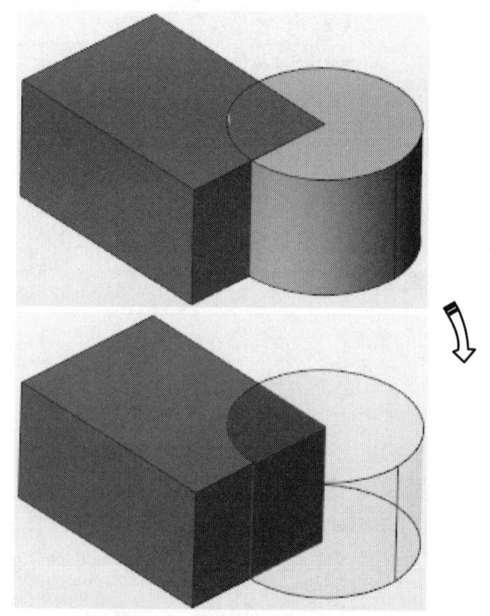

图13-20　布尔运算分割

13.1.5 布尔运算两个物件

【布尔运算两个物件】包含前面几种布尔运算的可能性，可以使用鼠标左键轮流切换各种布尔运算可能的结果。

右击【布尔运算两个物件】按钮，选取两个要做布尔运算的物件，然后单击进行切换，如图13-21所示为切换的各种结果。

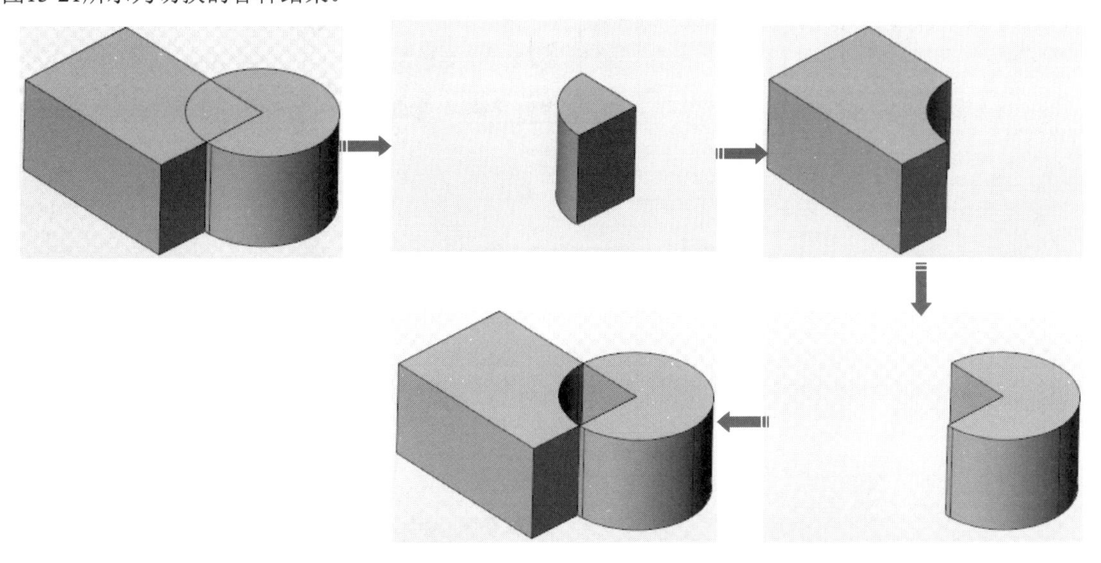

图13-21 布尔运算两个物件

13.2 创建工程实体

工程特征是不能单独创建的特征，必须依附于基础实体。只有基础实体存在时，才可以创建。

13.2.1 不等距边缘圆角

利用【不等距边缘圆角】工具可以在多重曲面或实体边缘上创建不等距的圆角曲面，修剪原来的曲面并与圆角曲面组合在一起。

【不等距边缘圆角】工具与【曲面工具】标签下的【不等距曲面圆角】工具有共同点，也有不同点。共同点是，都能对多重曲面和实体进行圆角处理。不同的是，利用【不等距边缘圆角】工具不能对独立曲面进行圆角操作；而利用【不等距曲面圆角】工具可以对实体进行圆角操作，仅仅是倒圆实体上的两个面，并非整个实体，如图13-22所示。

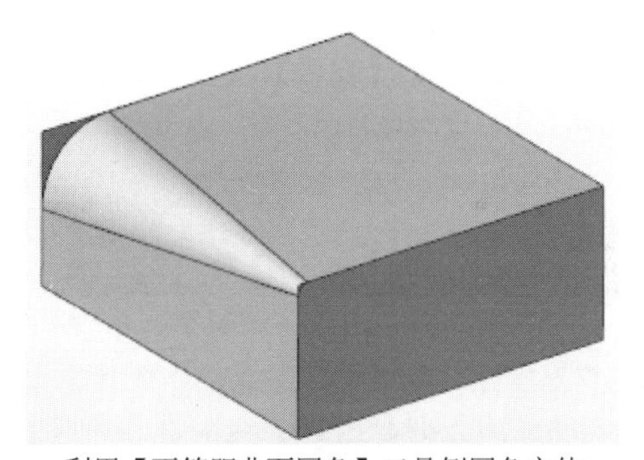

利用【不等距曲面圆角】工具倒圆角实体

利用【不等距边缘圆角】工具倒圆角实体

图13-22 利用两种工具对实体倒圆角的对比

动手操作——利用【不等距边缘圆角】创建轴承支架

轴承支架零件二维图形及实体模型如图13-23所示。

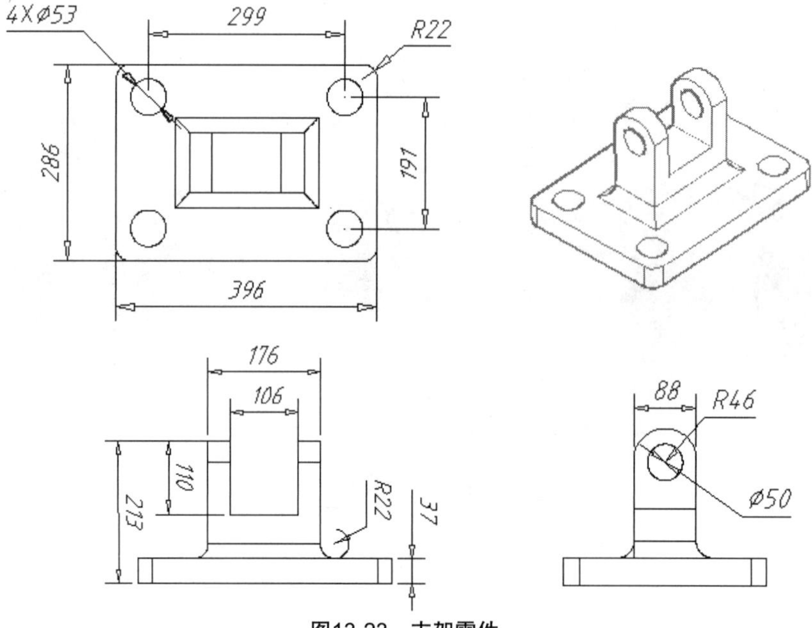

图13-23　支架零件

01新建Rhino文件。

02利用【直线】工具在Top视窗中绘制两条相互垂直的直线，并利用【出图】标签下的【设定线型】工具将其转换成虚线，如图13-24所示。

03执行菜单栏中的【实体】|【立方体】|【底面中心点、角、高度】命令，创建长为396mm，宽为286mm，高为237mm的长方体，如图13-25所示。

```
指令: _Box
底面的第一角 ( 对角线(D)  三点(P)  垂直(V)  中心点(C) ): _Center
底面中心点:
底面的另一角或长度 ( 三点(P) ): 198,143,0
高度，按 Enter 套用宽度: 37
正在建立网格... 按 Esc 取消
```

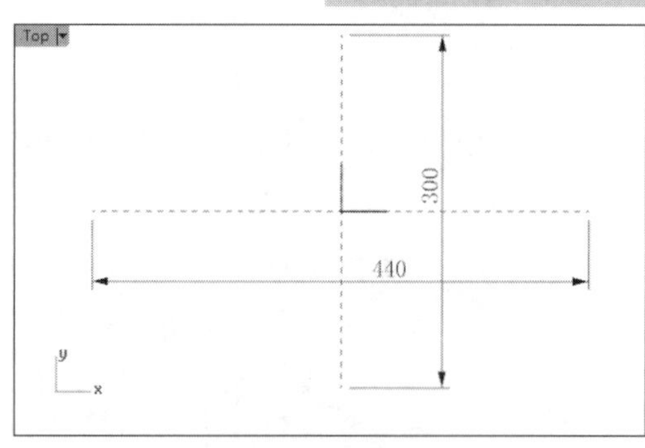

图13-24　绘制直线

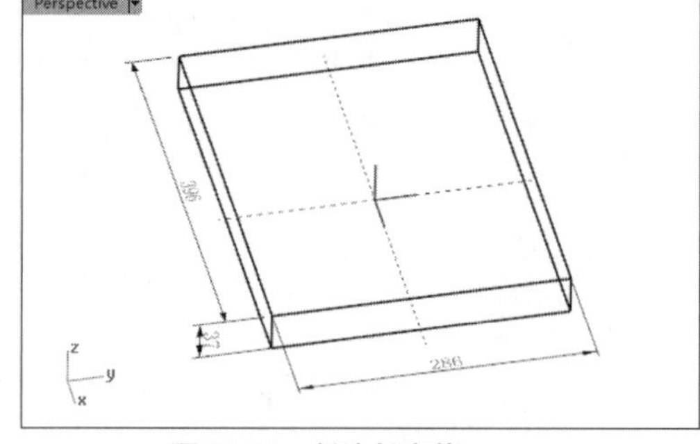

图13-25　创建长方体

04利用【圆柱体】工具创建直径为53的圆柱体，如图13-26所示。

```
指令: _Cylinder
圆柱体底面 ( 方向限制(D)=垂直  实体(S)=是  两点(P)  三点(O)  正切(T)  逼近数个点(F) ): 149.5,95.5,0
半径 <18.446> ( 直径(D)  周长(C)  面积(A) ): 直径
直径 <36.891> ( 半径(R)  周长(C)  面积(A) ): 53
圆柱体端点 <12.586> ( 方向限制(D)=垂直  两侧(A)=否 ): 40
```

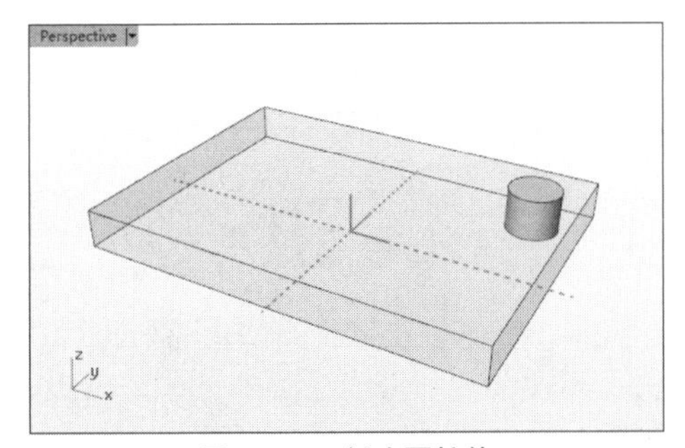

图13-26　创建圆柱体

05利用【镜像】工具，将圆柱体镜像，得到如图13-27所示的结果。

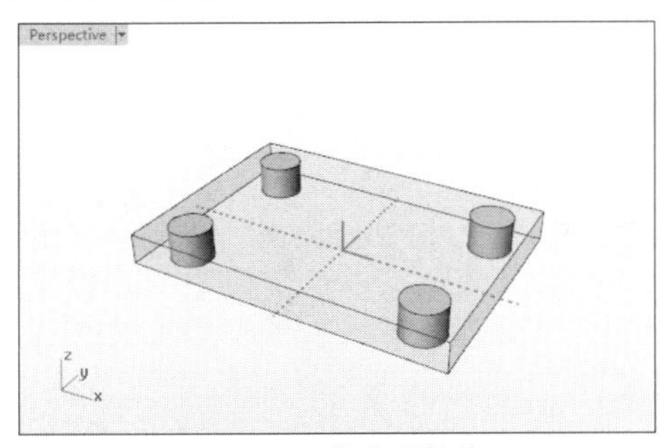

图13-27　镜像圆柱体

06利用【布尔运算差集】工具从长方体中减去4个圆柱体，如图13-28所示。

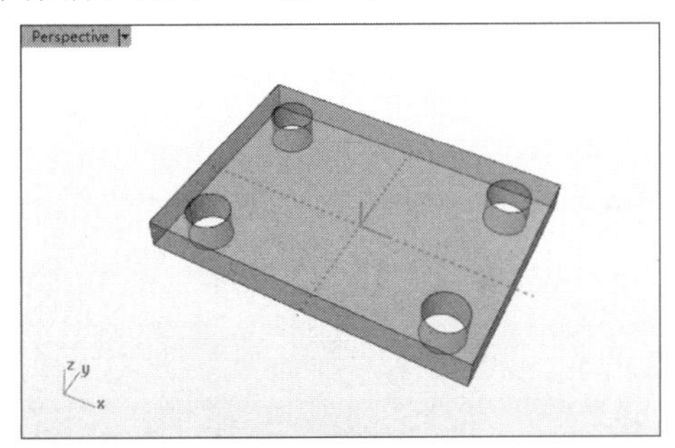

图13-28　差集运算

07单击【不等距边缘圆角】按钮，选取长方体的4条竖直棱边进行圆角处理，且半径为22，建立的圆角如图13-29所示。

08执行菜单栏中的【实体】|【立方体】|【底面中心点、角、高度】命令，创建长、宽、高分别为176、88、213的长方体，如图13-30所示。

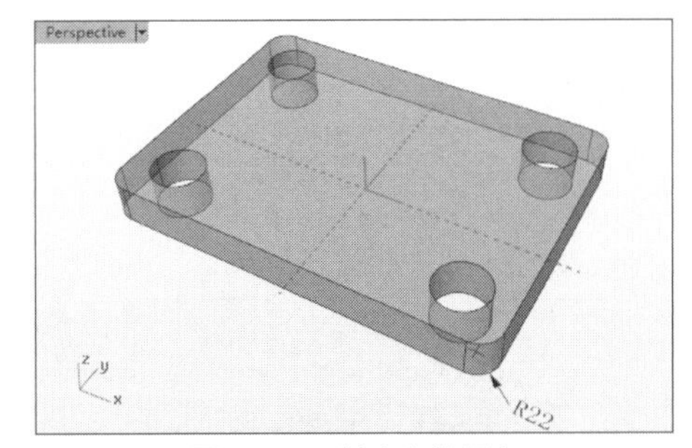

图13-29　创建边缘圆角

```
指令: _Box
底面的第一角 ( 对角线(D) 三点(P) 垂直(V) 中心点(C) ): _Center
底面中心点:
底面的另一角或长度 ( 三点(P) ): 176
宽度，按 Enter 套用长度 ( 三点(P) ): 88
高度，按 Enter 套用宽度: 213
正在建立网格... 按 Esc 取消
```

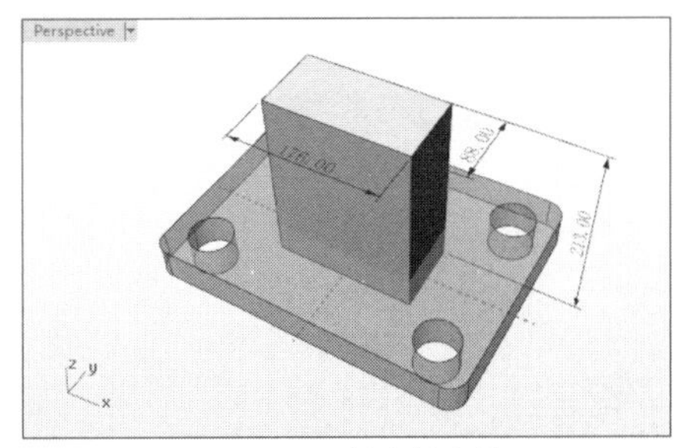

图13-30　创建长方体

09利用【圆】工具列中的【中心点、半径】工具、【多重直线】工具和【修剪】工具，在Right视窗中绘制如图13-31所示的曲线。

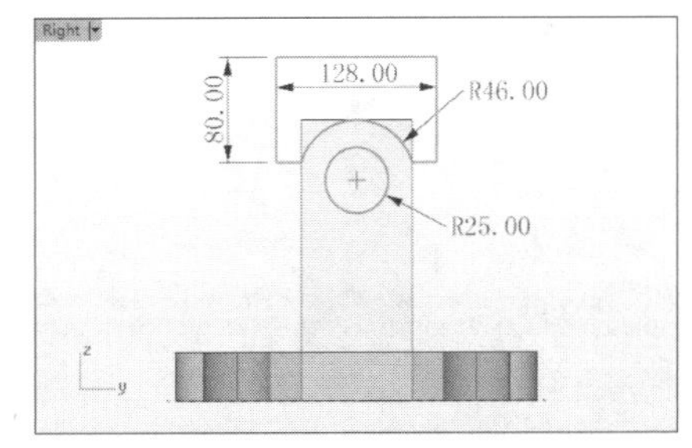

图13-31　绘制曲线

10利用【挤出封闭的平面曲线】工具选取步骤09绘制的曲线创建挤出实体，如图13-32所示。

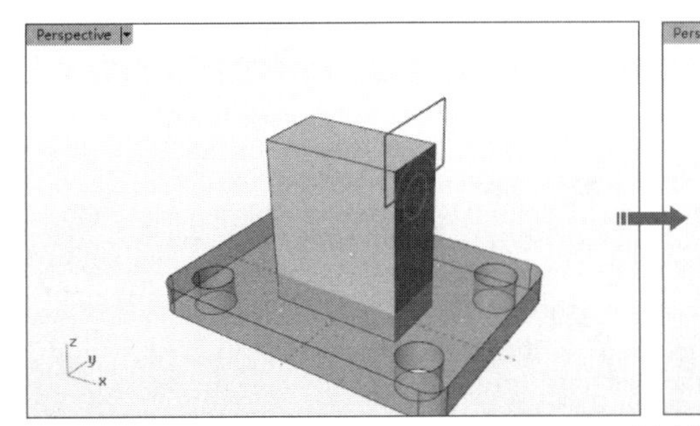

图13-32　创建挤出实体

11利用【布尔运算差集】工具进行差集运算，得到如图13-33所示的结果。

12利用【布尔运算联集】工具将两个实体求和，得到如图13-34所示的结果。

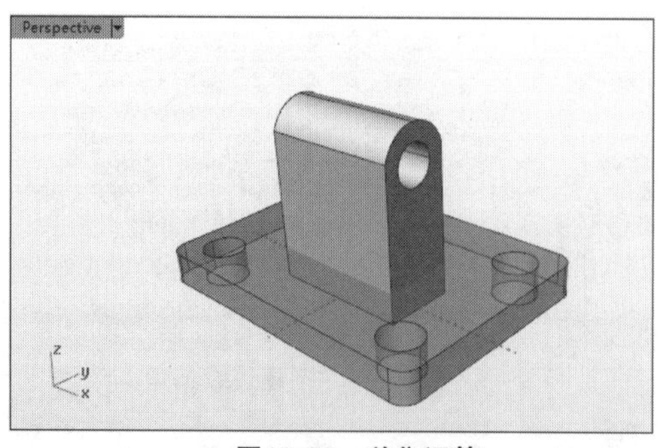

图13-33　差集运算

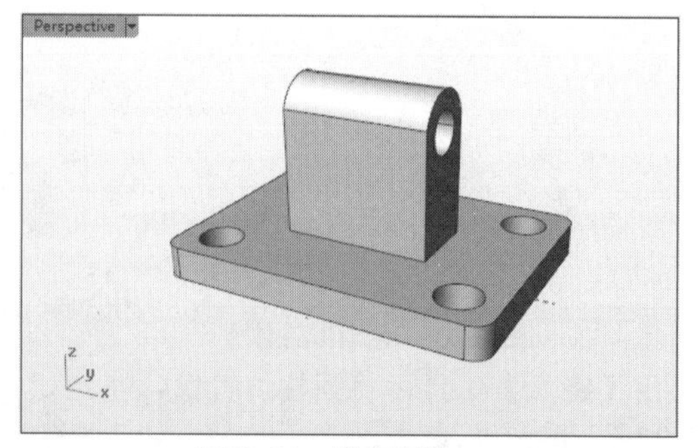

图13-34　联集运算

13利用【多重直线】工具在Front视窗中绘制如图13-35所示的曲线。

14利用【挤出封闭的平面曲线】工具选取步骤13绘制的曲线创建挤出实体，如图13-36所示。

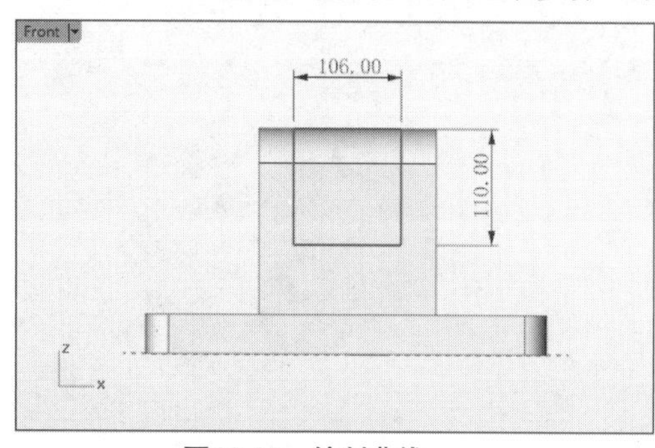

图13-35　绘制曲线

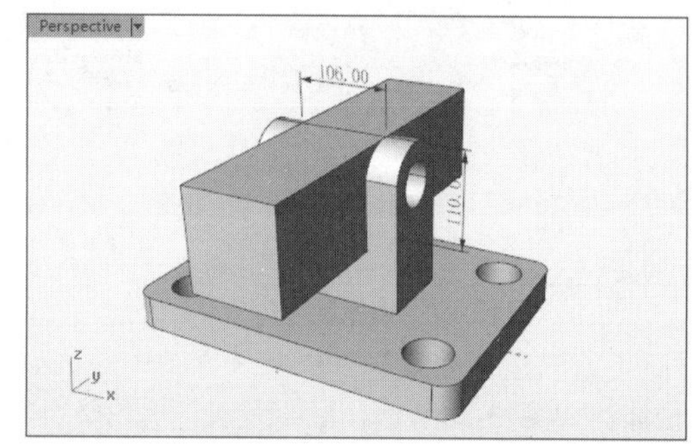

图13-36　创建挤出实体

15利用【布尔运算差集】工具进行差集运算，得到如图13-37所示的结果。

16利用【不等距边缘圆角】工具创建如图13-38所示的半径为22的圆角。

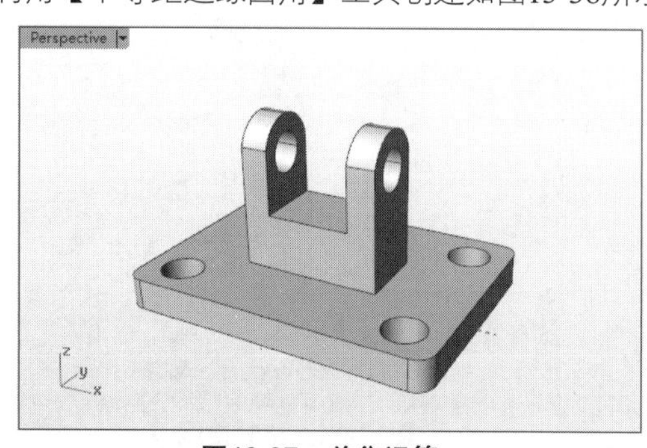

图13-37　差集运算

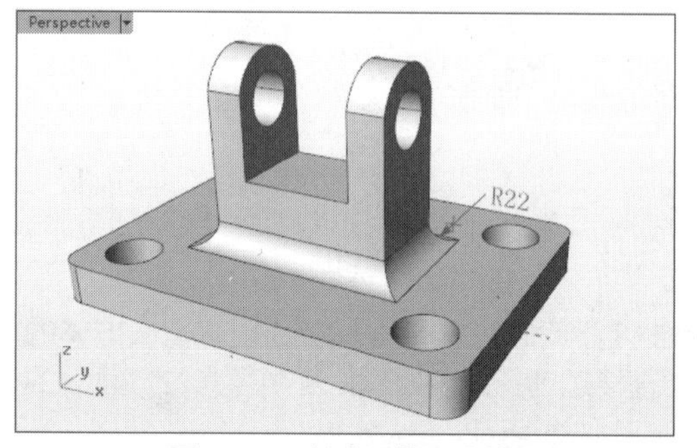

图13-38　创建不等距边缘圆角

17将结果保存。

13.2.2　不等距边缘斜角

利用【不等距边缘斜角】工具可以在多重曲面或实体边缘上创建不等距的斜角曲面，修剪原来的曲面并与斜角曲面组合在一起。

【不等距边缘斜角】工具与【曲面工具】标签下的【不等距曲面斜角】工具有共同点，也有不同点。共同点是，都能对多重曲面和实体进行斜角处理。不同点是，利用【不等距边缘斜角】工具不能对独立曲面进行斜角操作，而利用【不等距曲面斜角】工具可以对实体进行斜角操作，仅仅是倒斜实体上的两个面，并非整个实体，如图13-39所示。

利用【不等距曲面斜角】工具倒斜实体

利用【不等距边缘斜角】工具倒斜实体

图13-39　利用两种工具对实体倒斜角的对比

两个工具的操作方法相同，不再重复叙述。

13.2.3　封闭的多重曲面薄壳

利用【封闭的多重曲面薄壳】工具可以对实体进行抽壳，也就是删除所选的面，余下的部分则是偏移建立有一定厚度的壳体。

动手操作——建立挤压瓶

01新建Rhino文件。

02在Top视窗中分别绘制一个椭圆和一个圆，如图13-40所示。

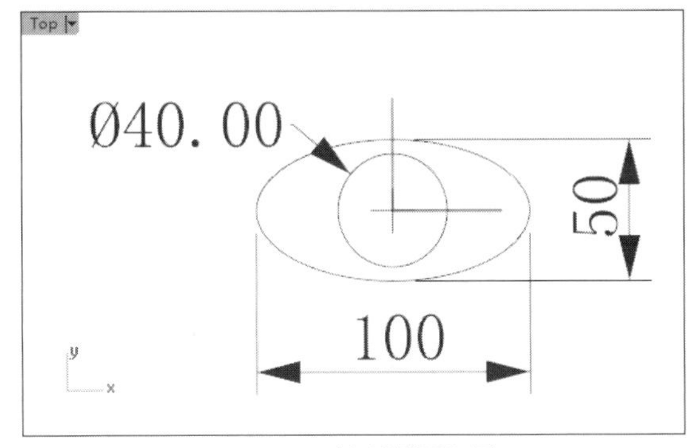

图13-40　绘制椭圆和圆

03利用【移动】工具将圆向Z轴正方向移动200，如图13-41所示。

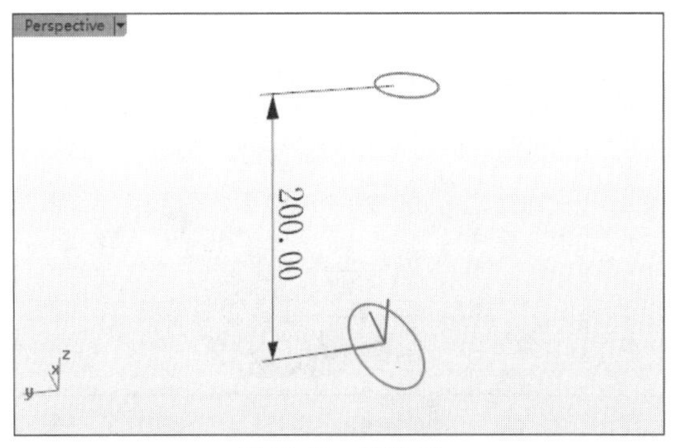

图13-41　移动圆

04利用【内插点曲线】工具在Front视窗中绘制样条曲线，如图3-42所示。

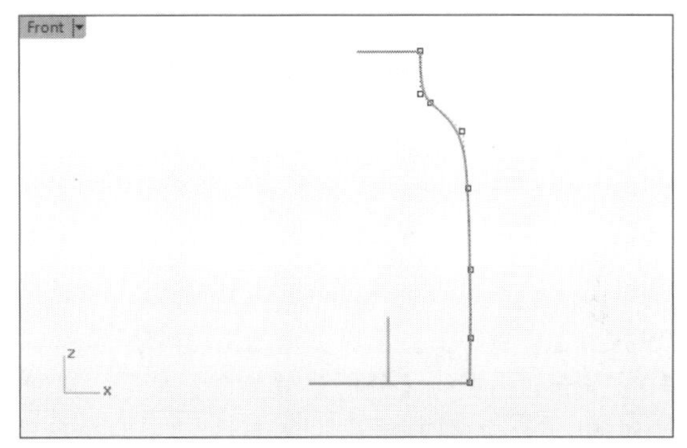

图13-42　绘制样条曲线

05利用【双轨扫掠】工具选取椭圆和圆作为路径，以样条曲线为截面曲线，创建如图13-43所示的曲面。

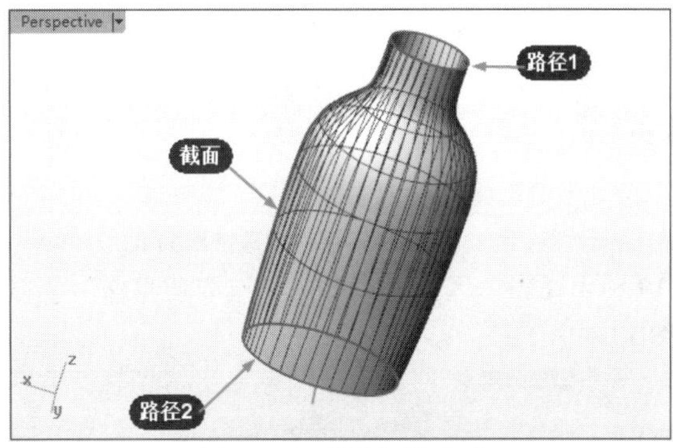

图13-43　创建扫掠曲面

06单击【实体工具】标签中的【将平面洞加盖】按钮，选取瓶身来创建瓶口和瓶底的曲面，加盖后的封闭曲面自动生成实体，如图13-44所示。

07在Right视窗中利用【圆弧】工具列中的【起点、终点、通过点】工具绘制圆弧，如图13-45所示。

08将此曲线镜像至对称的另一侧，如图13-46所示。

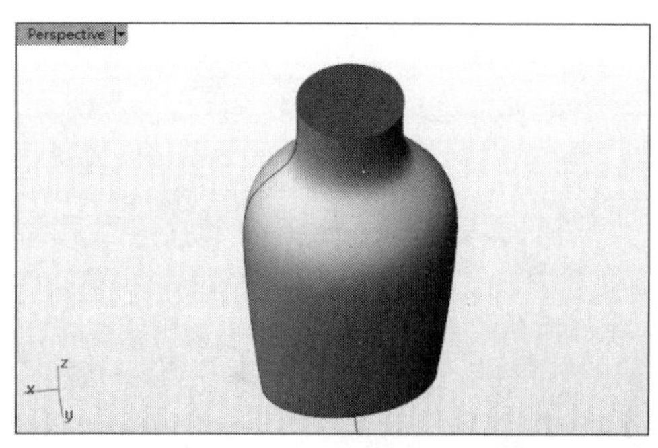

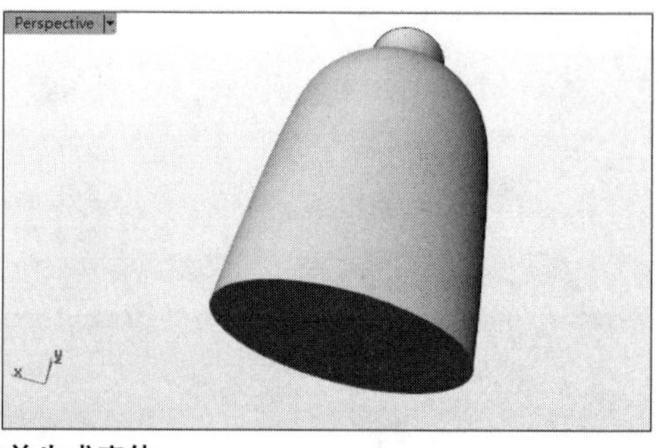

图13-44　加盖并生成实体

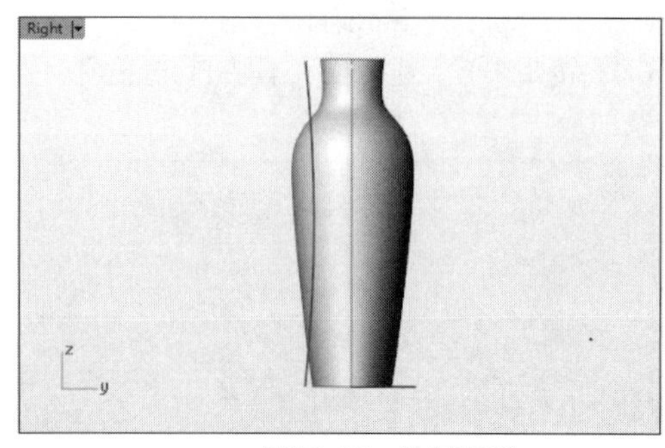

图13-45　绘制圆弧

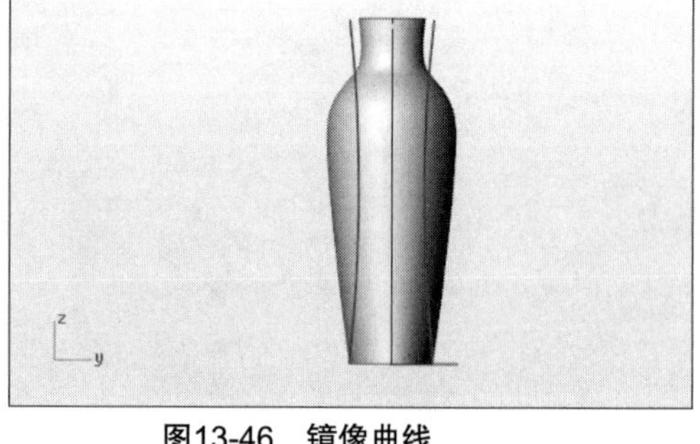

图13-46　镜像曲线

09利用【直线挤出】工具创建如图13-47所示的与瓶身产生交集的挤出曲面。

10在菜单栏中执行【分析】|【方向】命令，选取两个曲面检查其方向，必须使紫色的方向箭头都指向相对的内侧，如果方向不正确，可以选取曲面来改变其方向，如图13-48所示。

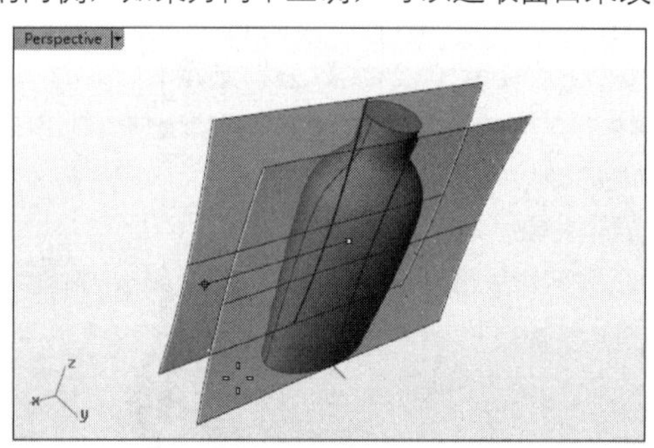

图13-47　创建挤出曲面

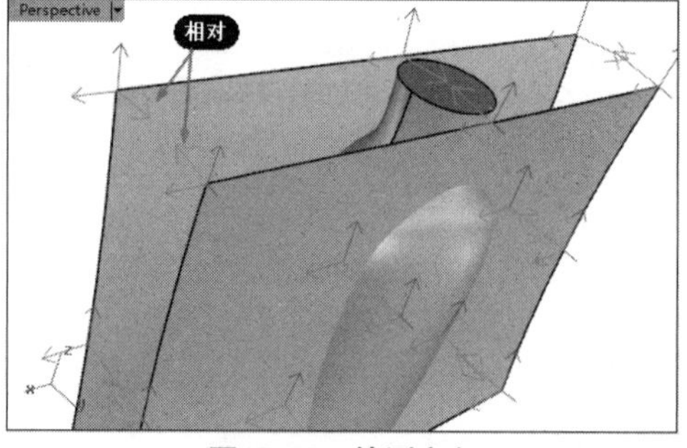

图13-48　检测方向

11利用【布尔运算差集】工具选取瓶身作为要减去的对象，选取两个曲面作为减除的对象，结果如图13-49所示。

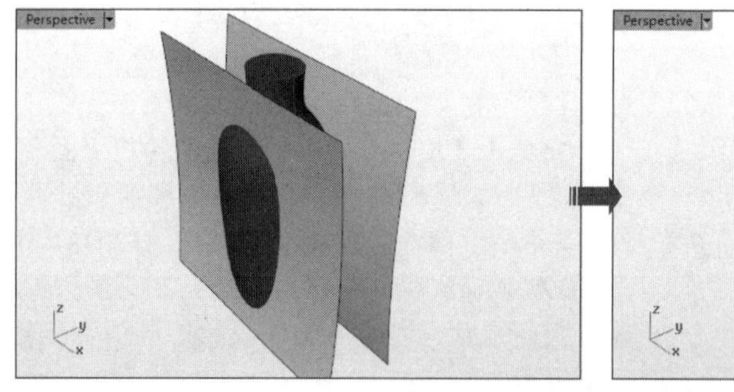

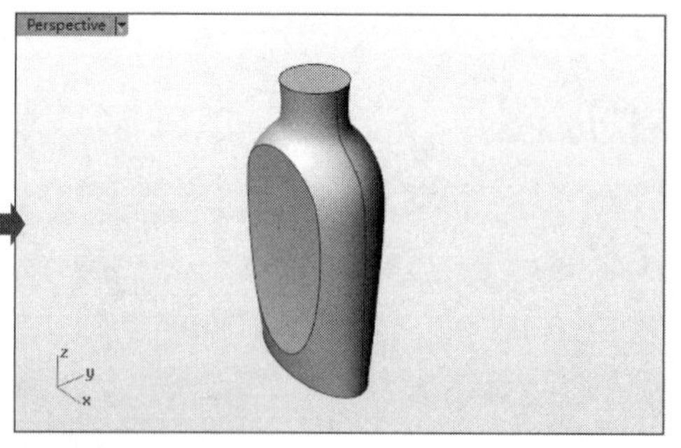

图13-49　布尔求差运算

12利用【不等距边缘圆角】工具创建圆角，如图13-50所示。

13单击【封闭的多重曲面薄壳】按钮，选取瓶口曲面作为要移除的面，设定厚度为2.5，右击完成抽壳操作，也完成了挤压瓶的建模操作，如图13-51所示。

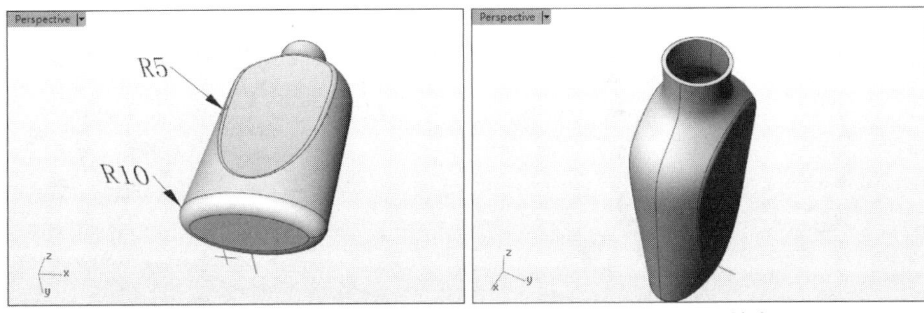

图13-50　创建边缘圆角　　　　图13-51　抽壳

13.2.4 洞

Rhino中的“洞”就是工程中常见的孔。孔工具在【实体工具】标签中，如图13-52所示。

图13-52　孔工具

1. 建立圆洞

利用【建立圆洞】工具可以建立自定义的孔。单击【建立圆洞】按钮，选取要放置孔的目标曲面后，命令行显示如下提示。

选取目标曲面:
中心点（深度(D)=1 半径(R)=10 钻头尖端角度(I)=180 贯穿(T)=否 方向(C)=工作平面法线）:

下面介绍各选项的含义。

- 中心点：孔的中心点。
- 深度：孔深度。
- 半径：孔的半径。单击可以设为直径。
- 钻头尖端角度：设定孔的钻尖角度。如果是钻头孔，应设为118°。如果是平底孔，应设为180°。
- 贯穿：设置孔是否贯穿整个实体。
- 方向：孔的生成方向，包括曲面法线、工作平面法线和指定。

动手操作——创建零件上的孔

01新建Rhino文件。

02使用直线、圆弧、修剪、圆、曲线圆角等工具，绘制如图13-53所示的图形。

03利用【挤出封闭的平面曲线】工具选取图形中所有实线轮廓，创建厚度为50的挤出实体，如图13-54所示。

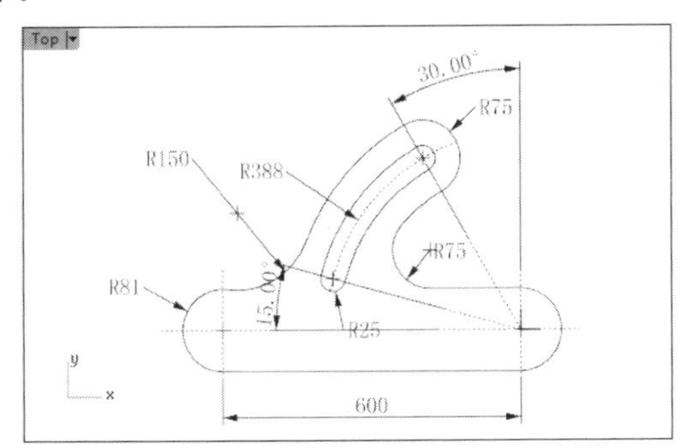

图13-53　绘制轮廓

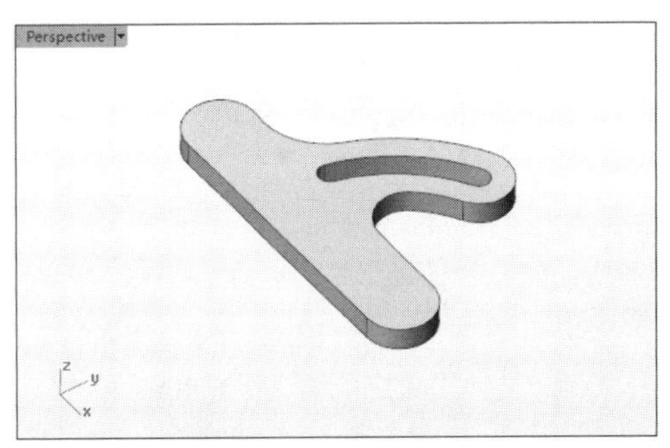

图13-54　创建挤出实体

04单击【建立圆洞】按钮，选取要放置孔的目标曲面（上表面），利用【物件锁点】功能选取圆弧中心点作为孔中心点，如图13-55所示。

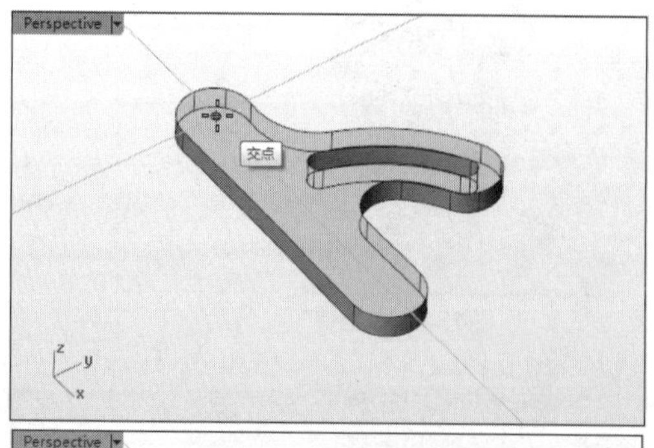

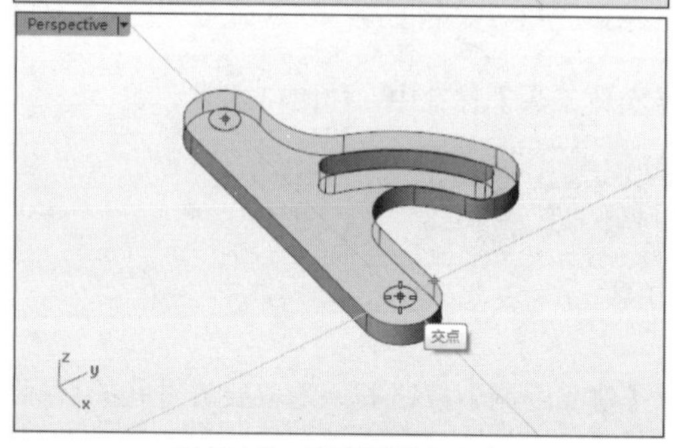

图13-55　选取圆弧中心点

05在命令行中设置直径为63，设置【贯穿】为【是】，其余选项保持默认，右击完成孔的创建，如图13-56所示。

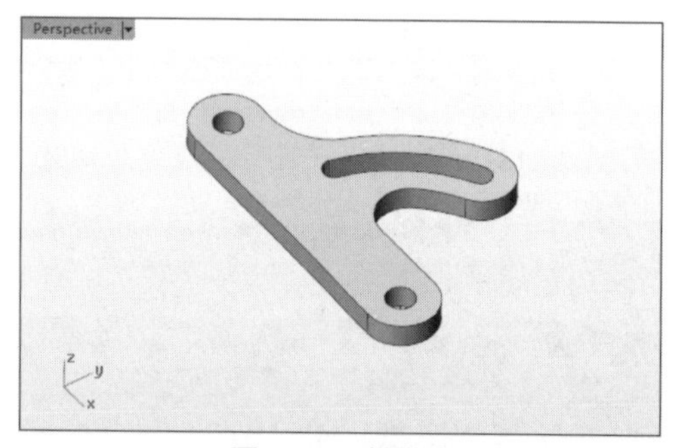

图13-56　创建孔

2. 建立洞/放置洞

利用【建立洞】工具（单击）可以将封闭曲线以平面曲线挤出，在实体或多重曲面上挖出一个洞（孔）。

利用【放置洞】工具（右击）可以选取已有的封闭曲线或者孔边缘放置到新的曲面位置上来重建孔。

动手操作——建立洞/放置洞

01打开本例源文件“建立洞-放置洞.3dm”。

02利用圆、矩形、修剪等工具在模型上绘制图形，如图13-57所示。

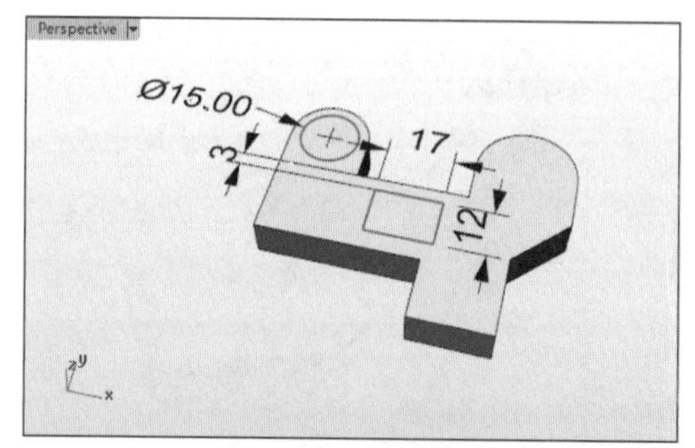

图13-57　绘制图形

03单击【建立洞】按钮，选取圆和矩形，右击后选取放置曲面（上表面），然后右击完成圆孔的创建，如图13-58所示。

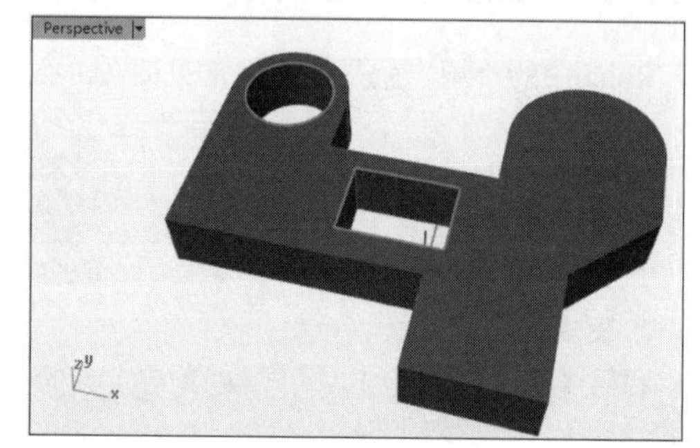

图13-58　建立孔

04右击【放置洞】按钮，选取圆孔边缘或圆曲线，然后选取孔的基准点，如图13-59所示。

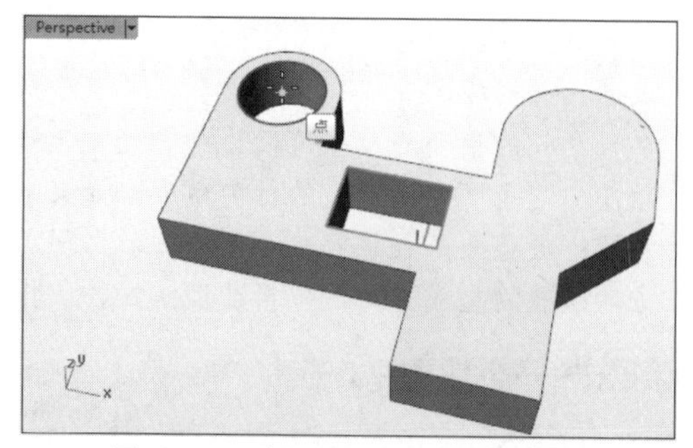

图13-59　选取封闭曲线和洞基准点

05右击保留默认的孔朝上的方向，然后选择目标曲面（放置曲面），如图13-60所示。

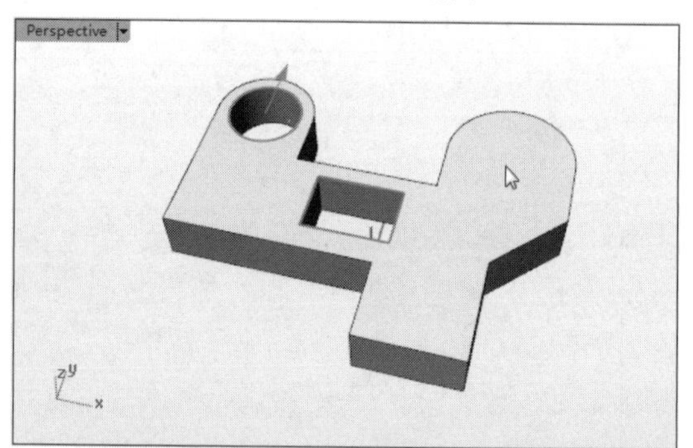

图13-60　确定孔朝上方向并选择放置面

06光标移动到模型圆弧处，会自动拾取其圆心，选取此圆心作为放置面上的点，如图13-61所示。

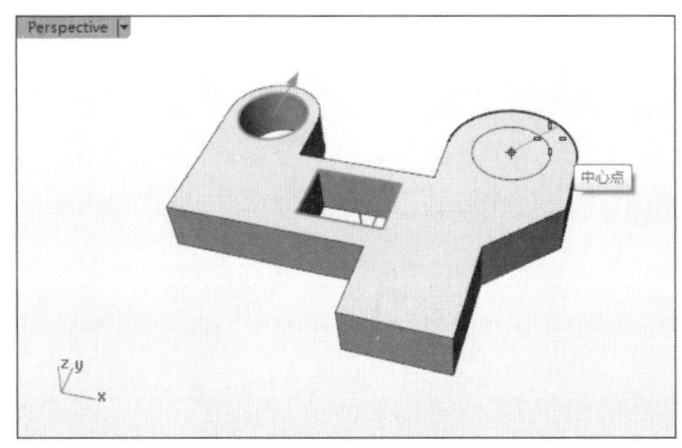

图13-61　选取孔放置点

07输入深度或者拖动光标确定深度，或者设置贯穿，右击后完成孔的放置，如图13-62所示。

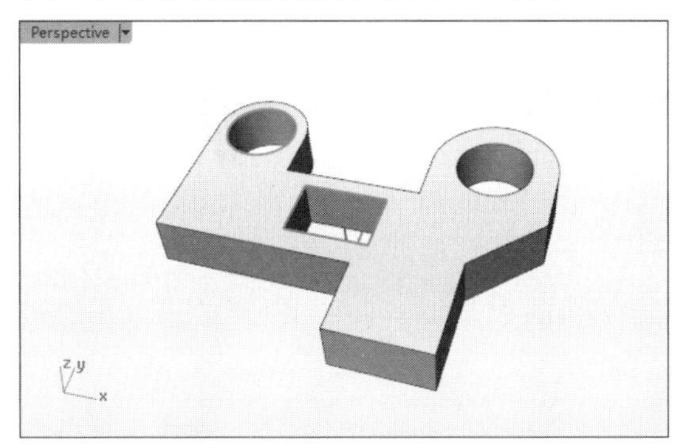

图13-62　设定深度并放置孔

3. 旋转成洞

利用【旋转成洞】工具可以创建异性孔，也可以理解为在对象上进行旋转切除操作，旋转截面曲线为开放的曲线或者封闭的曲线。

动手操作——旋转成洞

01打开本例源文件“旋转成洞.3dm”。

02单击【旋转成洞】按钮，选取轮廓曲线1作为要旋转成孔的轮廓曲线，如图13-63所示。

> **技术要点：**轮廓曲线必须是多重曲线，也就是单一曲线或者将多条曲线进行组合。

03选取轮廓曲线的一个端点作为曲线基准点，如图13-64所示。

> **技术要点：**曲线基准点确定了孔的形状，不同的基准点会产生不同的效果。

图13-63　选取轮廓曲线

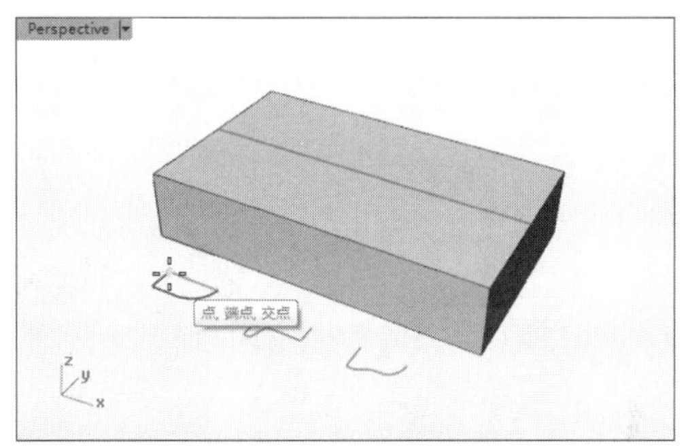

图13-64　选取曲线基准点

04按提示选取目标面（模型上表面），并指定孔的中心点，如图13-65所示。

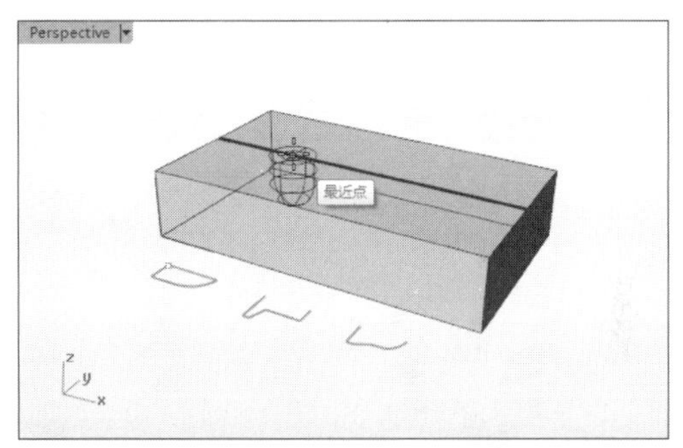

图13-65　指定孔的中心点

05右击完成此孔的创建，如图13-66所示。

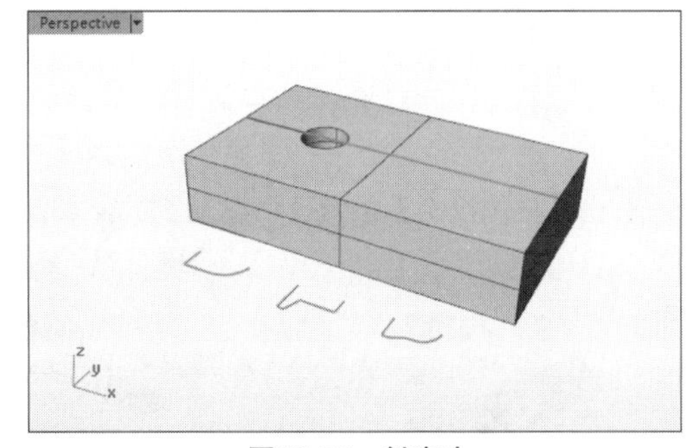

图13-66　创建孔

06创建其余两个旋转成形孔，如图13-67所示。剖开的示意图如图13-68所示。

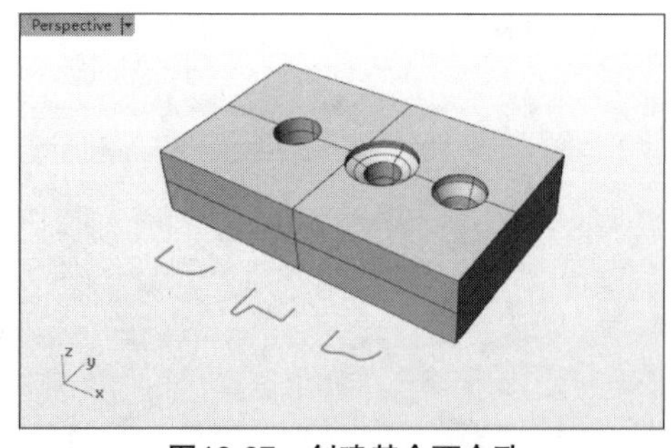

图13-67　创建其余两个孔

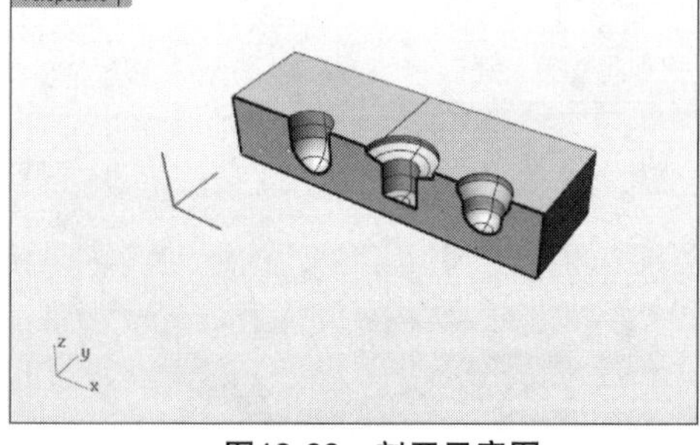

图13-68　剖开示意图

4. 将洞移动/将洞复制

使用【将洞移动】工具可以将创建的孔移动到曲面上的新位置，如图13-69所示。

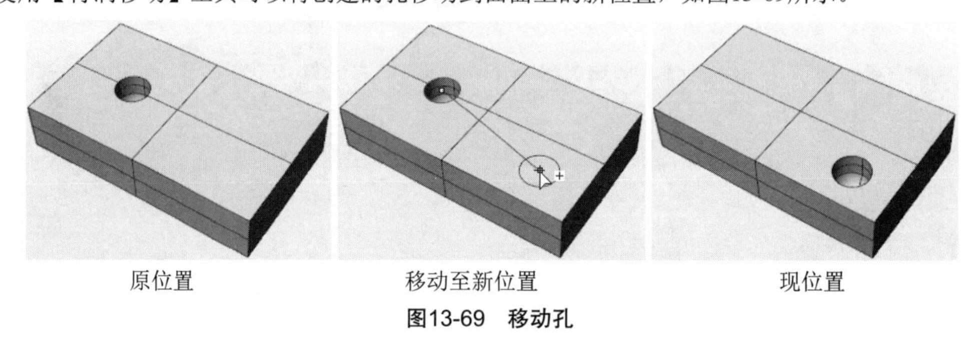

原位置　　移动至新位置　　现位置

图13-69　移动孔

技术要点：此工具适用于利用孔工具建立的孔及利用布尔运算差集后的孔，从图形创建挤出实体中的孔不能使用此工具，如图13-70所示。

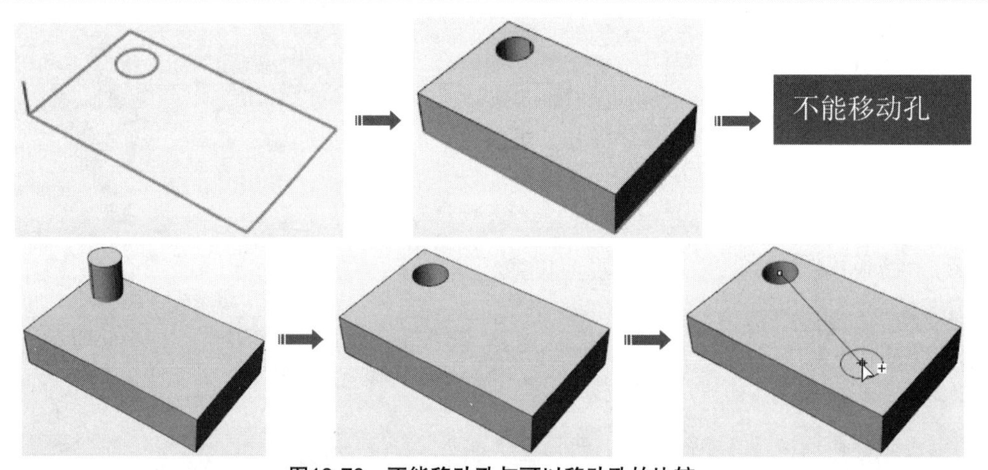

图13-70　不能移动孔与可以移动孔的比较

右击【将洞复制】按钮，可以复制孔，如图13-71所示。

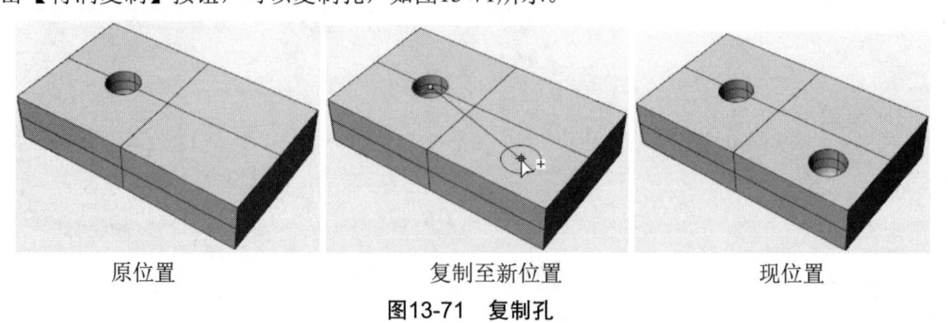

原位置　　复制至新位置　　现位置

图13-71　复制孔

5. 将洞旋转

单击【将洞旋转】按钮，可以将平面上的洞绕着指定的中心点旋转。旋转时可以设置是否复制孔，如图13-72所示。

旋转中心点 (复制(C)=否):

角度或第一参考点 <5156.620> (复制(C)=否):

图13-72 旋转洞时设置是否复制

动手操作——将洞旋转

01新建Rhino文件。

02利用【圆柱体】工具在坐标系原点位置创建直径为50、高为10的圆柱体，如图13-73所示。

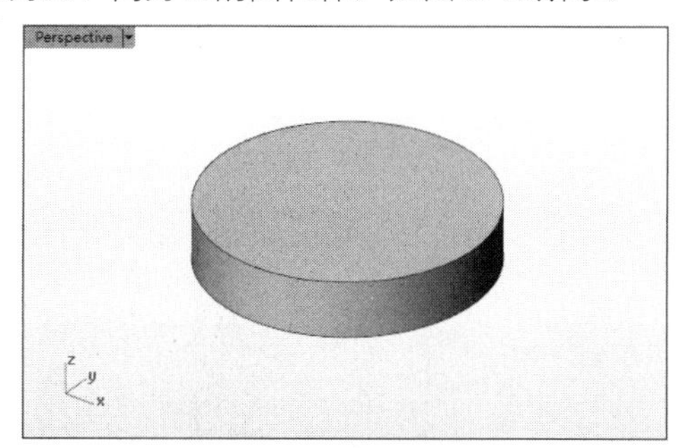

图13-73 创建圆柱体

03利用【建立圆洞】工具在圆柱体上创建直径为40、深度为5的大圆孔，如图13-74所示。

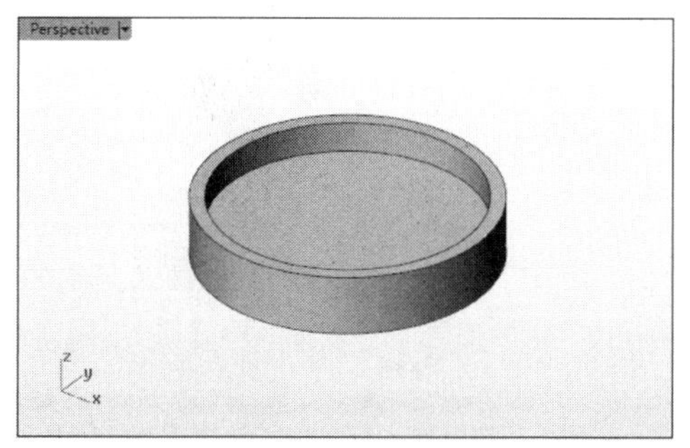

图13-74 创建大圆孔

04利用【圆柱体】工具在坐标系原点创建直径为20、高为7的小圆柱体，如图13-75所示。利用【布尔运算联集】工具组合所有实体。

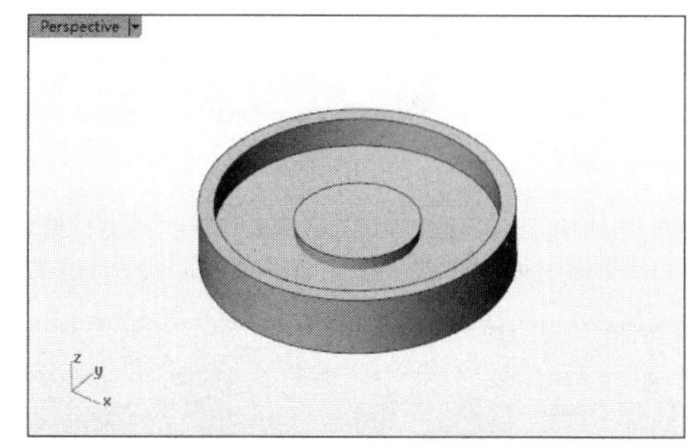

图13-75 创建小圆柱体

05利用【建立圆洞】工具，在小圆柱体上创建直径为15的贯穿孔，如图13-76所示。

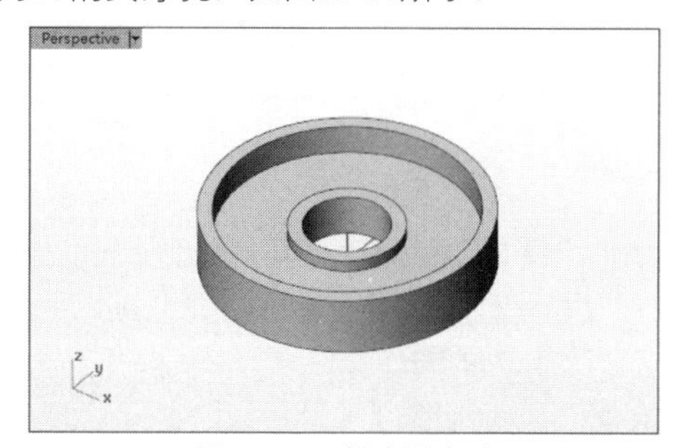

图13-76 创建贯穿孔

06利用【建立圆洞】工具，创建直径为7.5的贯穿孔，如图13-77所示。

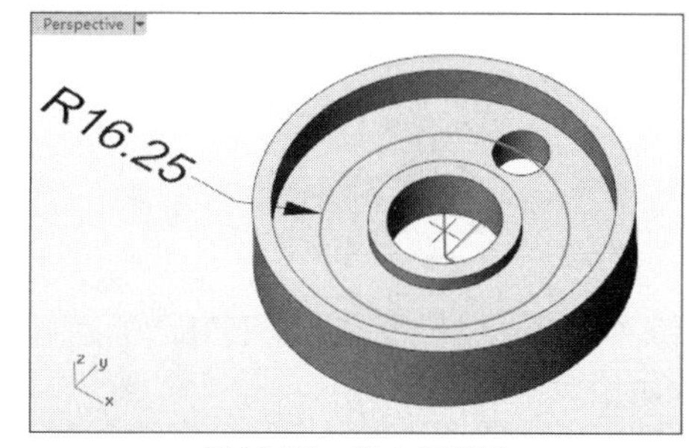

图13-77 建立贯穿孔

07单击【将洞旋转】按钮，选取要旋转的孔（直径为7.5的贯穿孔），然后选取旋转中心点，如图13-78所示。

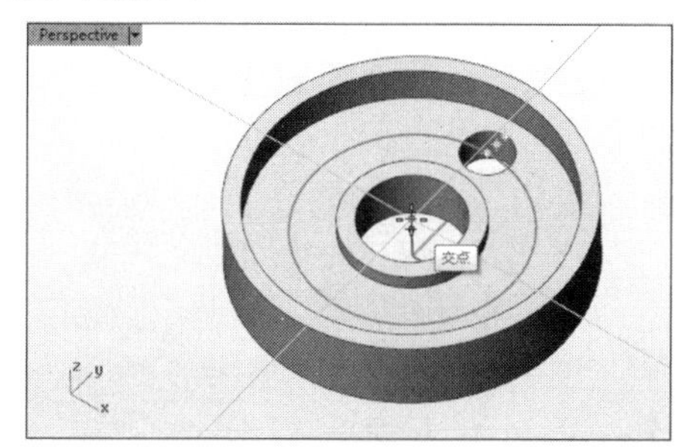

图13-78 选取旋转中心点

08在命令行中输入旋转角度-90°，并设置【复制】选项为【是】，右击后完成孔的旋转复制，如图13-79所示。

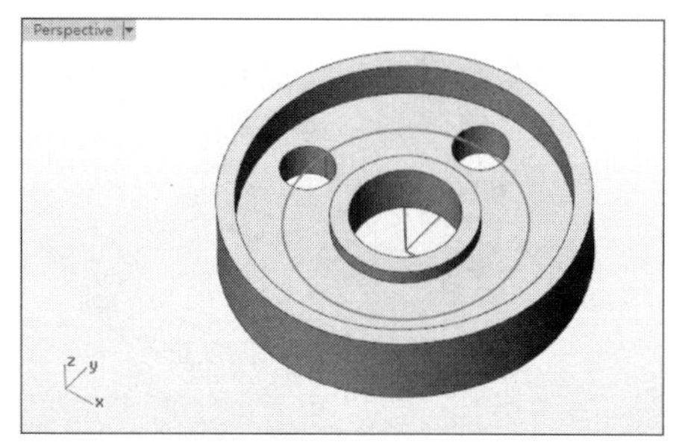

图13-79 旋转复制孔

6. 以洞作环形阵列

使用【以洞作环形阵列】工具可以绕阵列中心点进行旋转复制，生成多个副本。利用【将洞旋转】工具旋转复制的副本数仅仅是一个。

动手操作——以洞作环形阵列

01打开本例源文件“以洞作环形阵列.3dm”。

02单击【以洞作环形阵列】按钮，选取平面上要做阵列的孔，如图13-80所示。

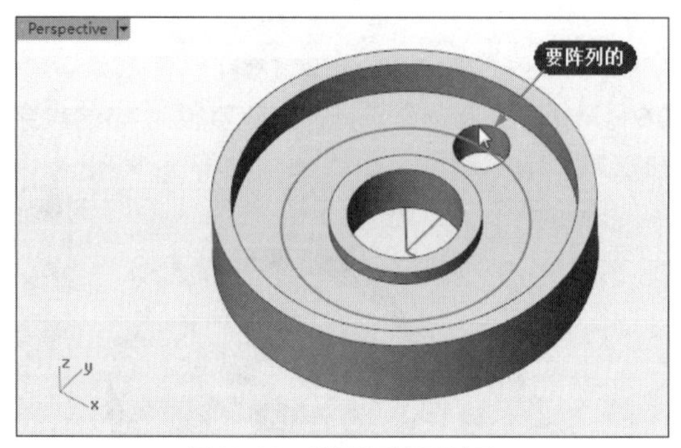

图13-80　选取要阵列的孔

03指定整个圆形模型的中心点（或者坐标系原点）作为环形阵列的中心点，如图13-81所示。

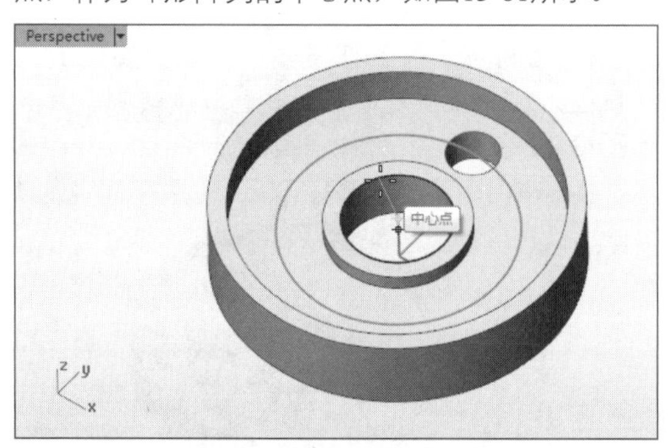

图13-81　指定环形阵列中心点

04在命令行中输入阵列的数目为4，右击后输入旋转角度总和为360°，再右击完成孔的环形阵列，结果如图13-82所示。

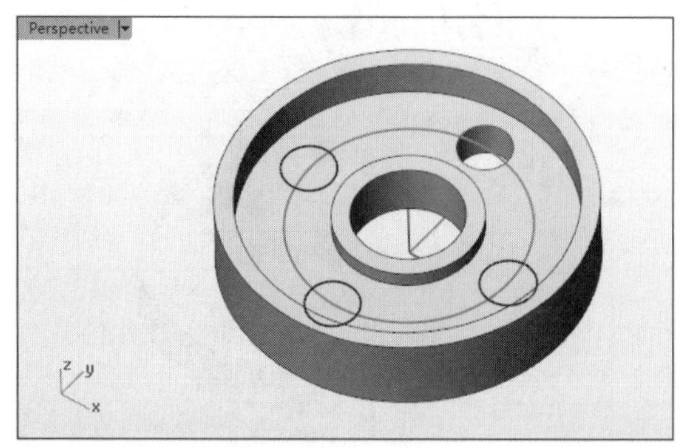

图13-82（续）

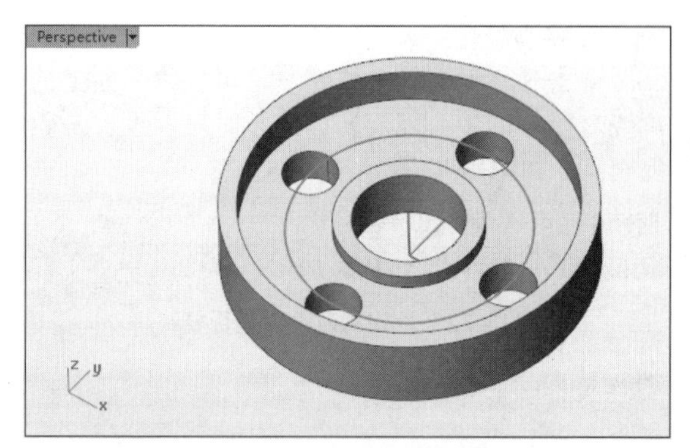

图13-82　完成环形阵列

7. 以洞作阵列

利用【以洞作阵列】工具可以将孔作矩形或平行四边形阵列。

动手操作——以洞作矩形阵列

01打开本例源文件“以洞作阵列.3dm”。

02单击【以洞作阵列】按钮，选取平面上要做阵列的孔，如图13-83所示。

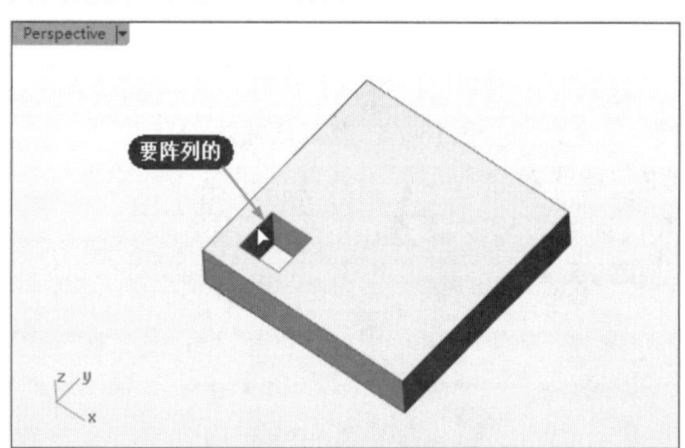

图13-83　选取要阵列的孔

03在命令行输入A方向数目为3，右击输入B方向数目为3，选取阵列基点，如图13-84所示。

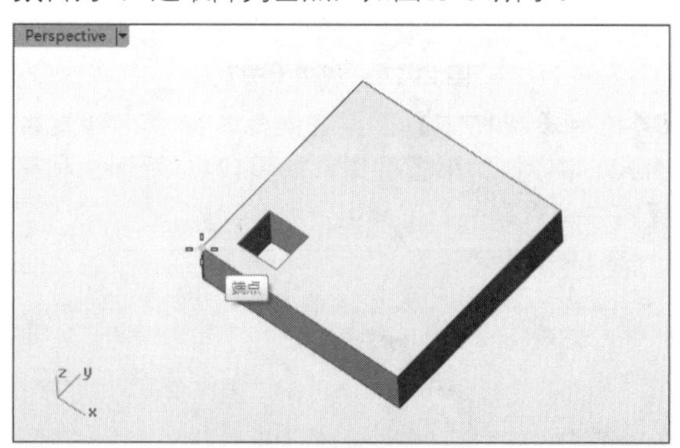

图13-84　指定阵列基点

04指定A方向上的参考点和B方向上的参考点，如图13-85所示。

05在命令行中设置A间距为15，设置B间距为15，再右击完成孔的矩形阵列，如图13-86所示。

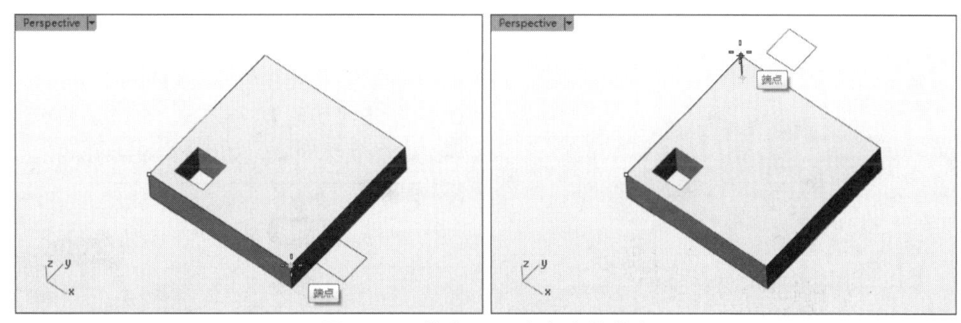

图13-85 指定A、B方向上的基点

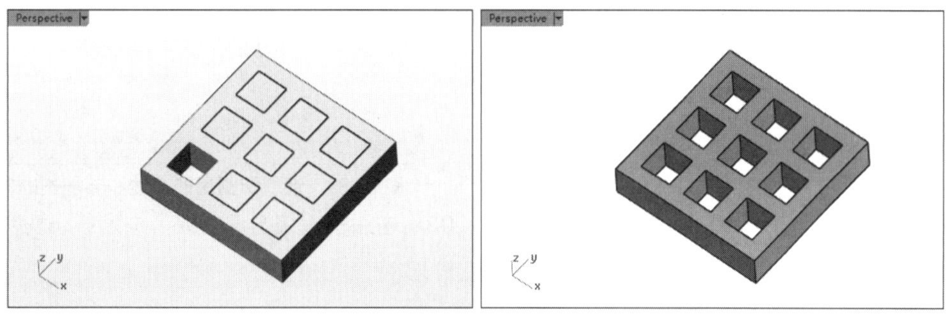

图13-86 创建矩形阵列

8. 将洞删除

利用【将洞删除】工具可以删除不需要的孔，如图13-87所示。

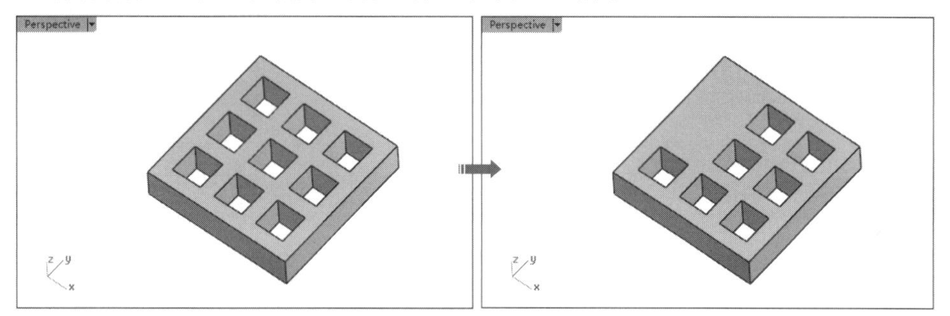

图13-87 删除孔

13.2.5 文字

利用【文字】工具可以建立文字曲线、曲面或实体。在【标准】标签下的左边栏中单击【文字物件】按钮，或者在菜单栏中执行【实体】|【文字】命令，弹出【文字物件】对话框，如图13-88所示。

下面介绍对话框中各选项的含义。

- 高度：设置字体的高度。
- 字体：从【字体】下拉列表中选择Windows系统提供的字体类型。
- 文字样式：包括设置字母的大小写、字体的对齐方式、字体的粗体与斜体，以及字体的粗体设置、斜体设置、分子式的设置和数学符号的添加等。
- 要建立的文字文本框：在文本框内输入要创建文字的内容。
- 【输出为】选项组：定义文本输出时要建立的对象类型，包括曲线、曲面、实体3种。
- 厚度：如果是以【实体】类型输出文字，可设置文字实体的厚度值。
- 建立群组：由群组建立的物件。
- 允许单笔画字体：当在【输出为】选项组中选择【曲线】选项后，可以勾选此选项来创建单笔画字体。
- 小型大写：设置以小型大写的方式显示英文小写字母，并以相对于正常字母高度的百分比来设置小写字母。
- 增加间隔：设置字体之间的间距。
- 使用文本中心定位：放置文本时，光标会出现在文本的中心。

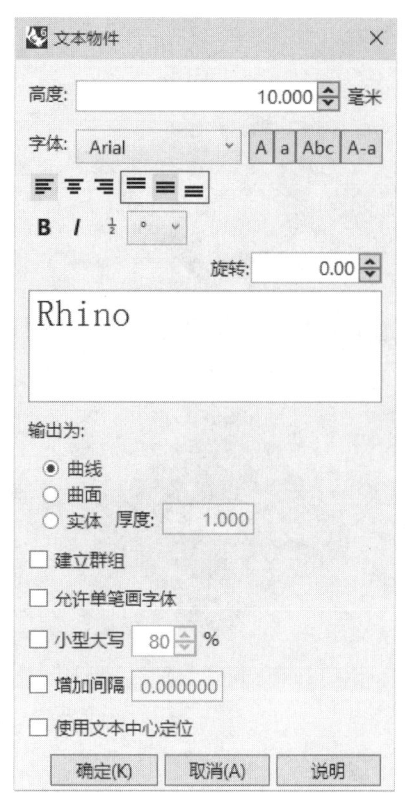

图13-88 【文字物件】对话框

在前面章节中，已经介绍过利用【文字物件】工具创建文字的方法，此处不再重复。

13.3 创建成形实体

成形实体是基于原有实体的再建形状。

13.3.1 线切割

利用该工具可以使用开放或封闭的曲线切割实体。

手工操作——线切割

01打开本例源文件“线切割.3dm”。

02单击【线切割】按钮，选取切割用的曲线和要切割的实体对象，如图13-89所示。

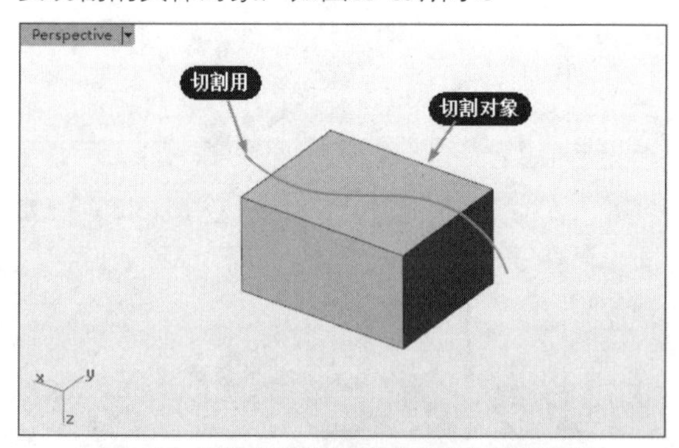

图13-89 选取切割用的曲线和要切割的对象

03右击后输入切割深度或者指定第一切割点，如图13-90所示。

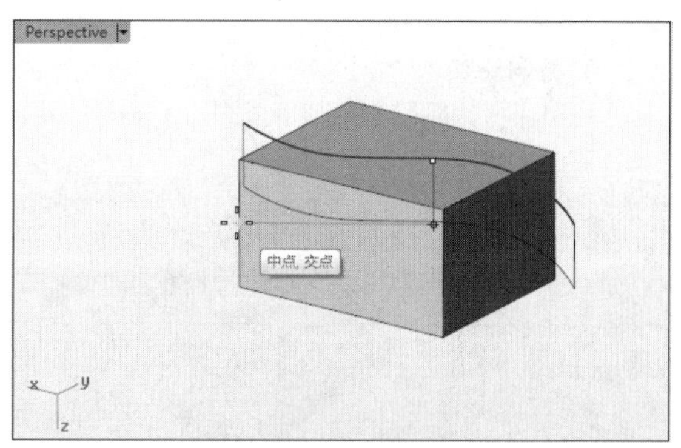

图13-90 指定第一切割点

04指定第二切割点或者输入切割深度，或者直接右击切穿对象，将第二切割点拖动到模型外并单击放置，如图13-91所示。

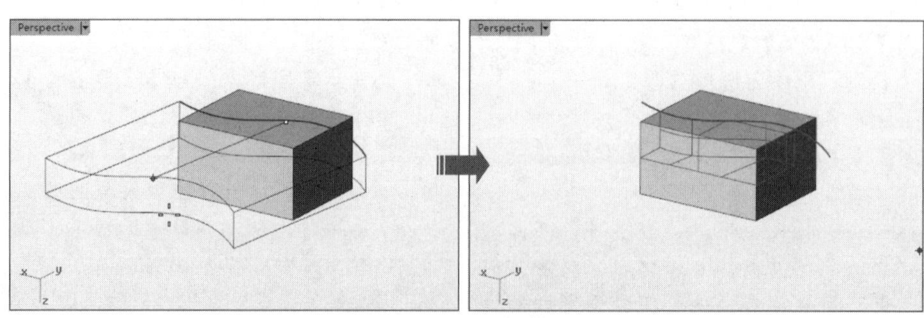

图13-91 指定第二切割点

05右击即可完成切割，如图13-92所示。

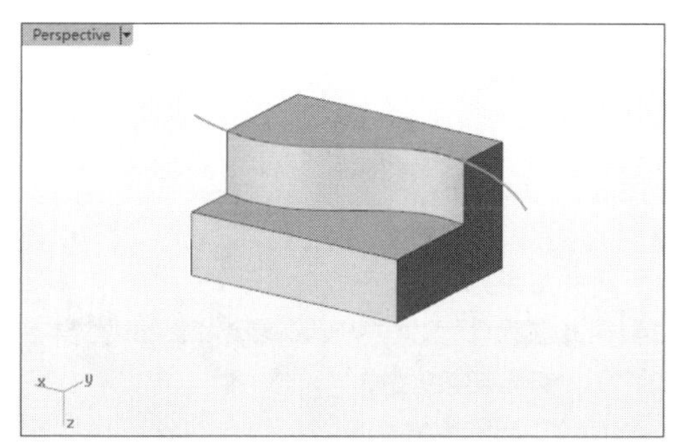

图13-92　创建矩形阵列

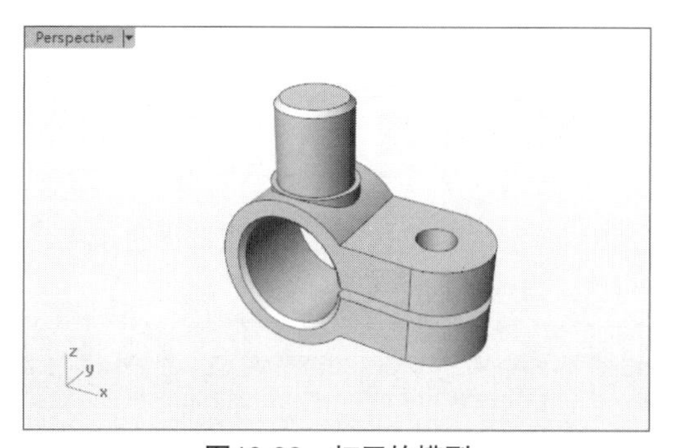

图13-93　打开的模型

13.3.2　将面移动

利用该工具可以通过移动面来修改实体或曲面。如果是曲面，仅仅移动曲面，不会生成实体。

动手操作——将面移动

01打开本例源文件“将面移动.3dm”，如图13-93所示。

02单击【将面移动】按钮，选取如图13-94所示的面，右击后指定移动起点。

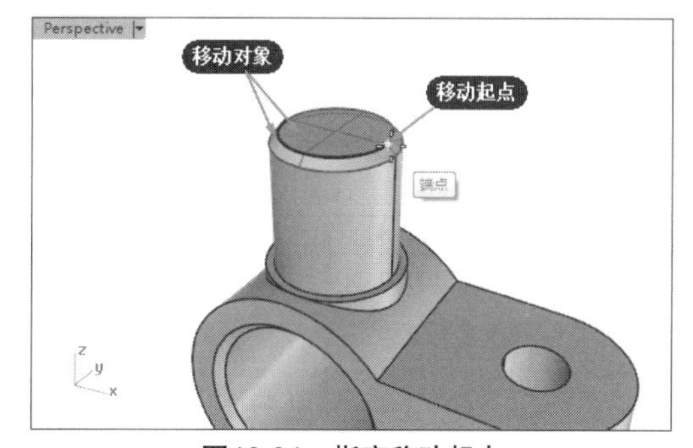

图13-94　指定移动起点

03设置方向限制为【法线】，再输入移动距离为5，右击后完成面的移动，结果如图13-95所示。

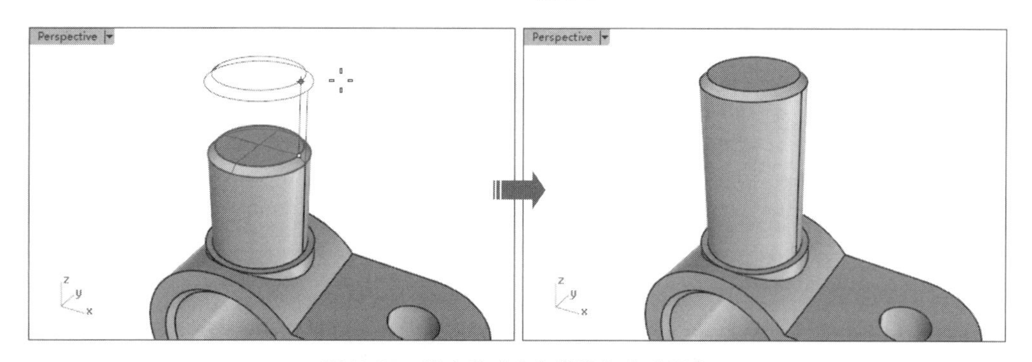

图13-95　指定移动方向并输入移动距离

04再利用【将面移动】工具，选取如图13-96所示的面进行移动操作。

05设置方向限制为【法浅】，输入终点距离2，右击后完成面的移动，如图13-97所示。

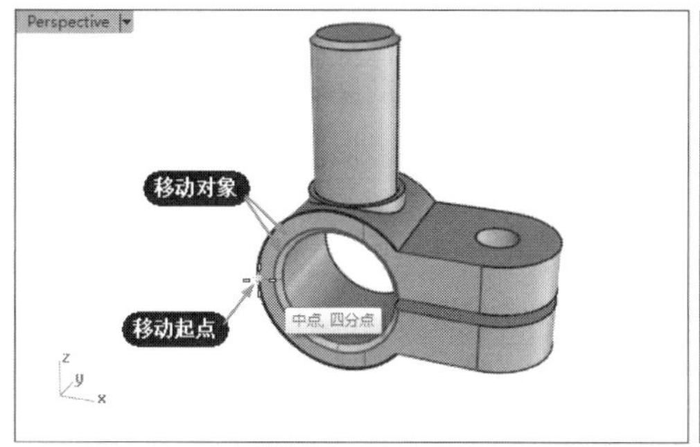

图13-96　选取移动对象和移动起点

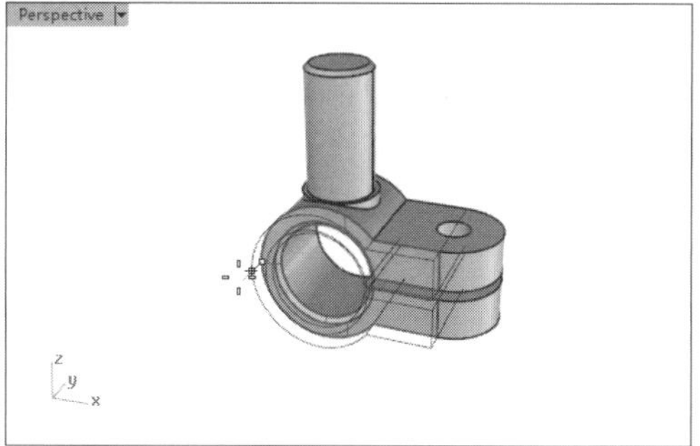

图13-97　设置移动终点并完成移动操作

06同理，在相反的另一侧也进行相同参数的移动面操作。

13.4 曲面与实体转换

Rhino实体工具中还提供利用曲面生成实体、由实体分离成曲面的工具。

13.4.1 自动建立实体

利用【自动建立实体】工具可以选取的曲面或多重曲面所包围的封闭空间建立实体。

动手操作——自动创建实体

01新建Rhino文件。

02利用矩形、炸开、曲线圆角、直线挤出等工具，建立如图13-98所示的曲面。

03利用【圆弧】工具在Front视窗和Right视窗中绘制曲线，如图13-99所示。

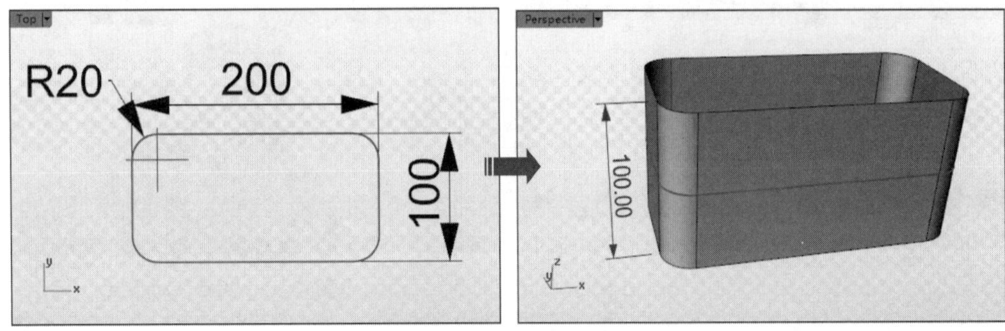

图13-98 建立挤出曲面

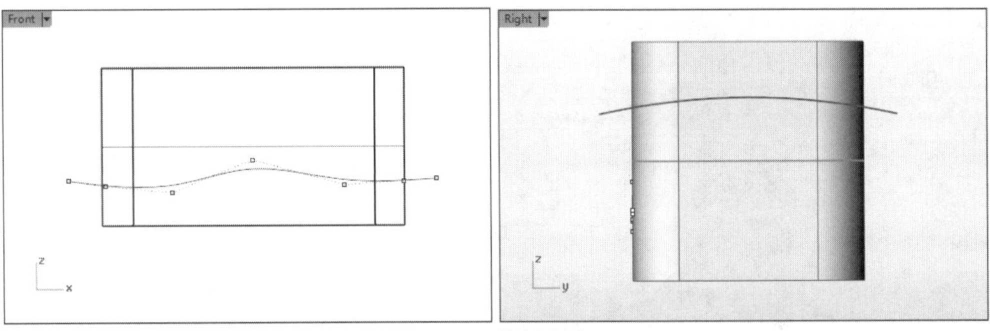

图13-99 绘制曲线

04利用【直线挤出】工具建立挤出曲面，如图13-100所示。

05单击【自动建立实体】按钮，框选所有曲面，右击后自动相互修剪并建立实体，如图13-101所示。

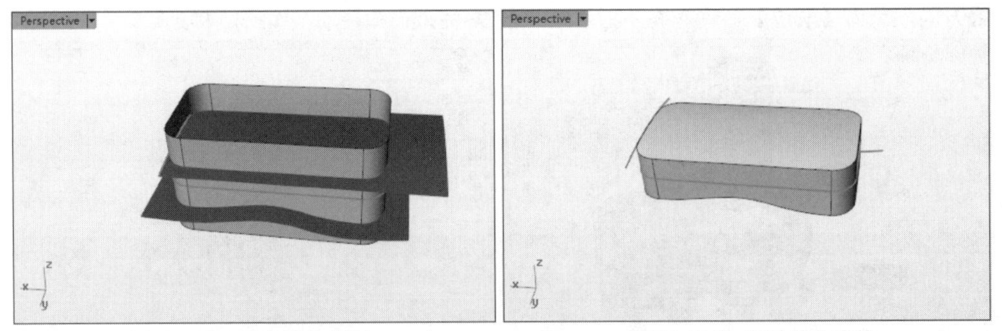

图13-100 建立挤出曲面　　图13-101 自动建立实体

技术要点：两两相互修剪的曲面必须完全相交，否则将不能建立实体。

13.4.2　将平面洞加盖

只要曲面上的孔边缘在平面上，都可以利用【将平面洞加盖】工具自动修补平面孔，并自动组合成实体，如图13-102所示。

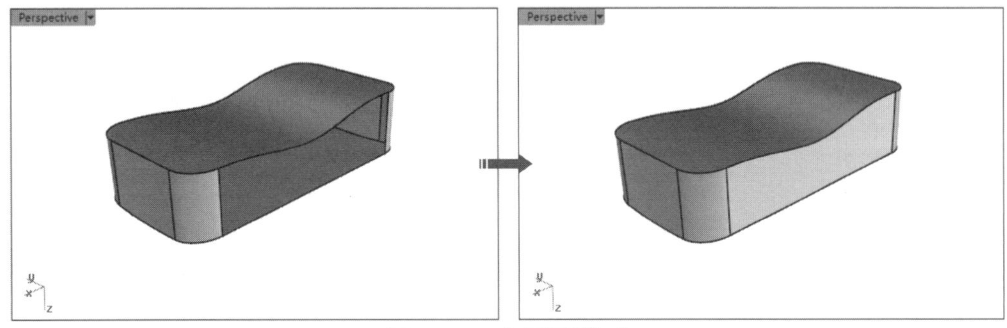

图13-102　将平面洞加盖

如果不是平面上的洞，将不能加盖，在命令行中有相关失败提示，如图13-103所示。

无法替 1 个物件加盖，边缘没有封闭或不是平面的缺口无法加盖。

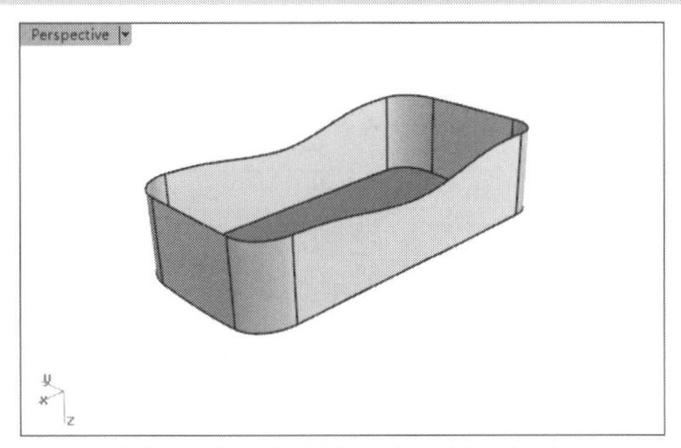

图13-103　不是平面的洞不能加盖

13.4.3　抽离曲面

利用【抽离曲面】工具可以将实体中选中的面剥离开，实体则转变为曲面。抽离的曲面可以删除，也可以进行复制。

单击【抽离曲面】按钮，选取实体中要抽离的曲面，右击即可完成抽离，如图13-104所示。

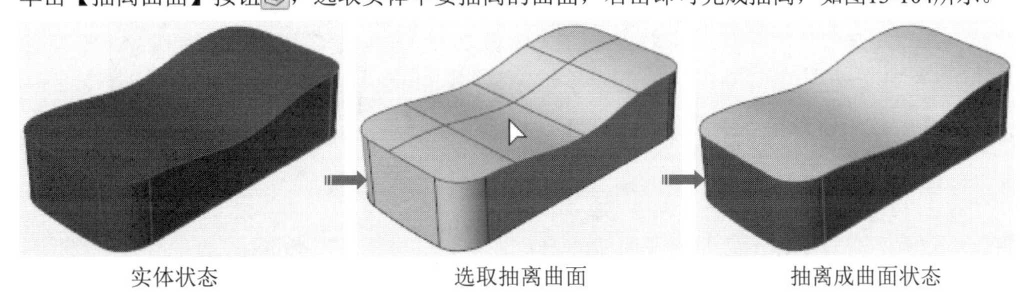

实体状态　　选取抽离曲面　　抽离成曲面状态

图13-104　抽离曲面

13.4.4　合并两个共曲面的面

利用【合并两个共曲面的面】工具可以将一个多重曲面上相邻的两个共平面的平面合并为单一平面，如图13-105所示。

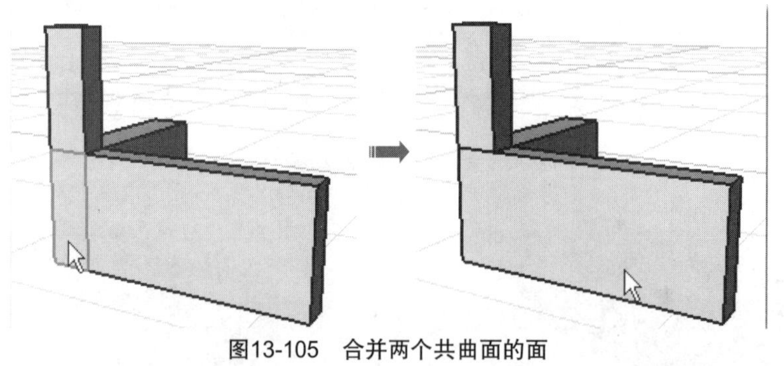

图13-105　合并两个共曲面的面

13.4.5 取消边缘的组合状态

【取消边缘的组合状态】工具近似于【炸开】工具，都可用于将实体拆解成曲面。不同的是，利用前者可以选取单个面的边缘进行拆解，也就是可以拆解出一个或多个曲面，如图13-106所示。

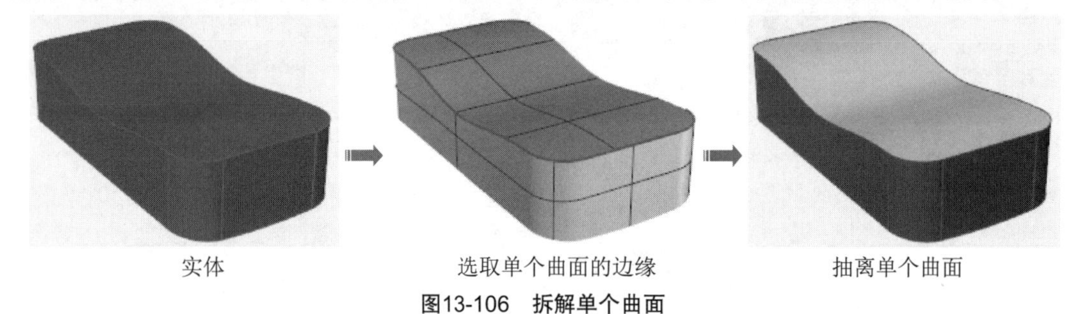

实体　　选取单个曲面的边缘　　抽离单个曲面

图13-106　拆解单个曲面

> 技术要点：如果选取实体中的所有边缘，将拆解所有曲面。

13.5 操作与编辑实体

通过操作与编辑实体对象，可以创建一些造型比较复杂的模型，下面介绍这些工具。

13.5.1 打开实体物件的控制点

利用【曲线工具】或【曲面工具】标签中的【开启控制点】工具可以编辑曲线或曲面的形状。同样，利用【实体工具】标签中的【打开实体物件的控制点】命令可以编辑实体的形状。

利用【开启实体物件的控制点】工具打开的是实体边缘的端点，每个点都具有6个自由度，表示可以往任意方向变动位置，达到编辑实体形状的目的，如图13-107所示。

显示控制点

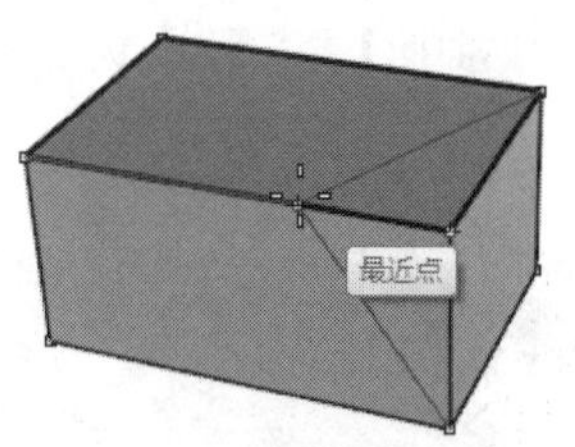

拖动控制点

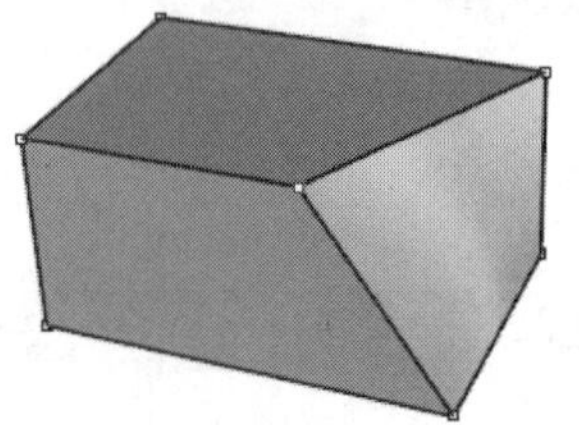

改变形状

图13-107　开启实体物件的控制点

在第12章介绍的基本实体中，除了球体和椭圆球体不能使用【打开实体物件的控制点】工具进行编辑外，其他工具都可以。

要想编辑球体和椭圆球体，可以利用【曲线工具】标签下的【开启控制点】工具，或者在菜单栏中执行【编辑】|【控制点】|【开启控制点】命令来进行编辑，如图13-108所示。

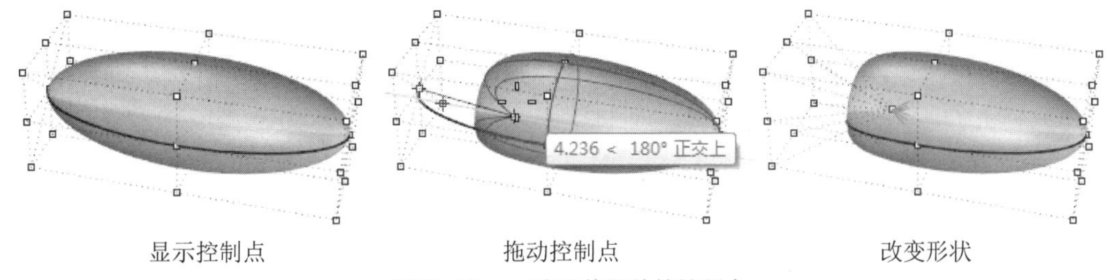

显示控制点　　拖动控制点　　改变形状

图13-108　开启实体物件的控制点

动手操作——小鸭造型

01新建Rhino文件。

02利用【球体】工具列中的【中心点、半径】工具，分别创建半径为30和半径为18的两个球体，如图13-109所示。

03为了使球体拥有更多的控制点，需要对球体进行重建。选中两个球体，然后执行菜单栏中的【编辑】|【重建】命令，打开【重建曲面】对话框。在对话框中设置U、V点数为8，阶数都为3，勾选【删除输入物件】复选框和【重新修剪】复选框，最后单击【确定】按钮，完成重建操作，如图13-110所示。

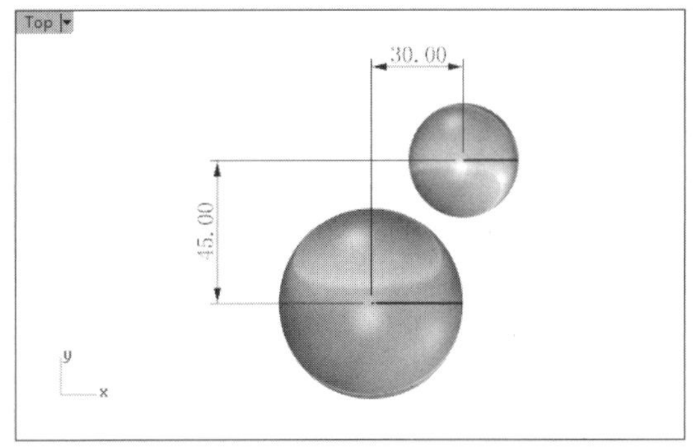

图13-109　创建两个球体

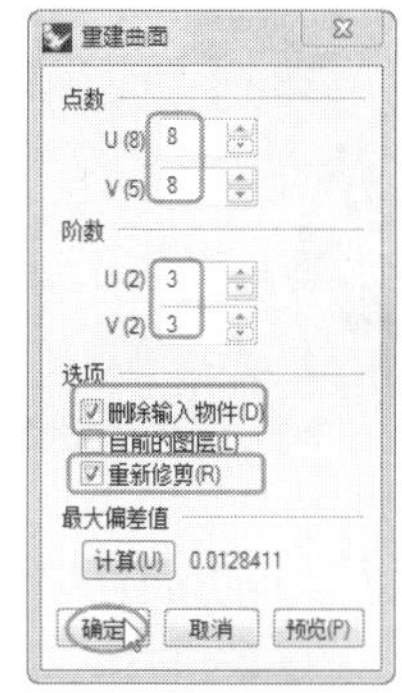

图13-110　重建球体

> **技术要点：**两个球体现在已经重建成可塑形的球体了，利用更多的控制点可以对球体的形状有更大的控制能力，3阶曲面比原来的球体更能平滑地变形。

04选中直径较大的球体，然后利用【开启控制点】工具，显示球体的控制点，如图13-111所示。

05框选下部分控制点，如图13-112所示，然后执行菜单栏中的【变动】|【设置XYZ坐标】命令。

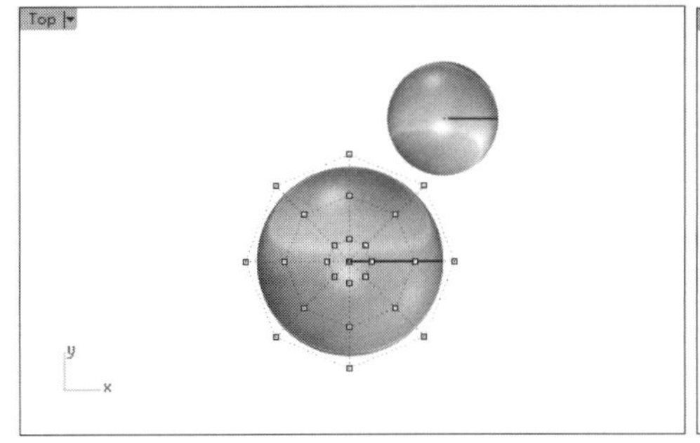

图13-111　显示控制点

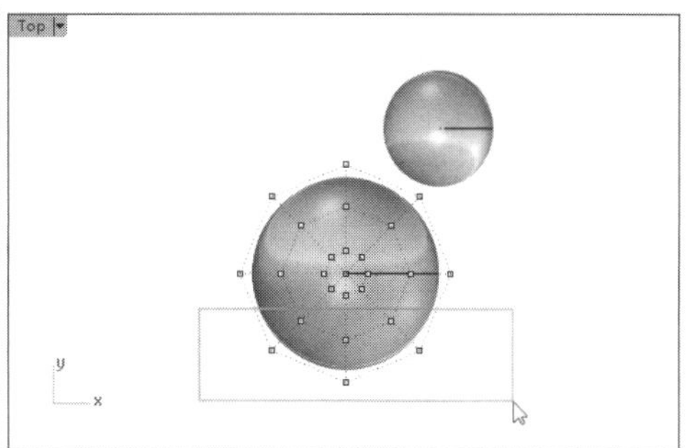

图13-112　框选部分控制点

06随后打开【设置点】对话框。在对话框中勾选【设置Y】复选框，再单击【确定】按钮，完成设置，如图13-113所示。

07将选取的控制点往上拖曳。所有选取的控制点会在世界Y坐标上对齐（Top工作视窗垂直的方向），使球体底部平面化，如图13-114所示。

图13-113　设置点的坐标

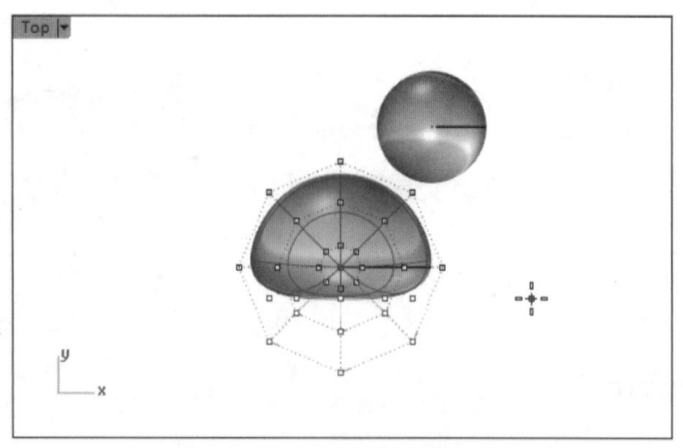

图13-114　拖动控制点

08关闭控制点。选中身体部分球体，执行菜单栏中的【变动】|【缩放】|【单轴缩放】命令，同时打开底部状态栏中的【正交】模式。选择原球体中心点为基点，再指定第一参考点和第二参考点，如图13-115所示。

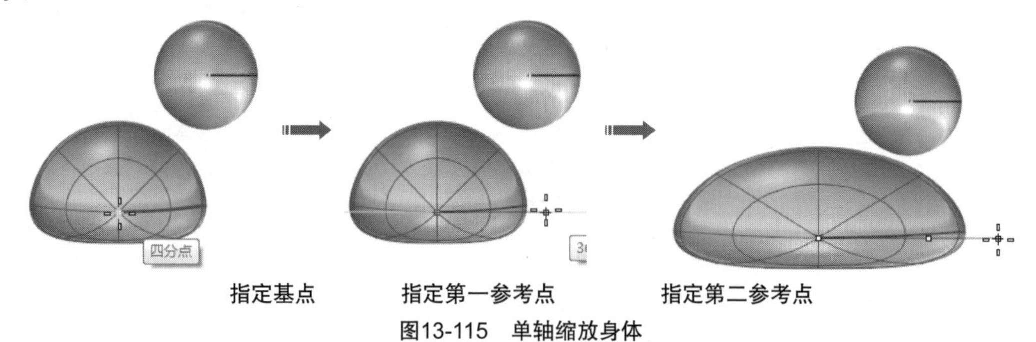

图13-115　单轴缩放身体

09确定第二参考点后单击即可完成变动操作。在身体部分处于激活状态下（被选中），打开其控制点。选中右上方的两个控制点，向右拖动，使身体部分隆起，随后单击完成变形操作，如图13-116所示。

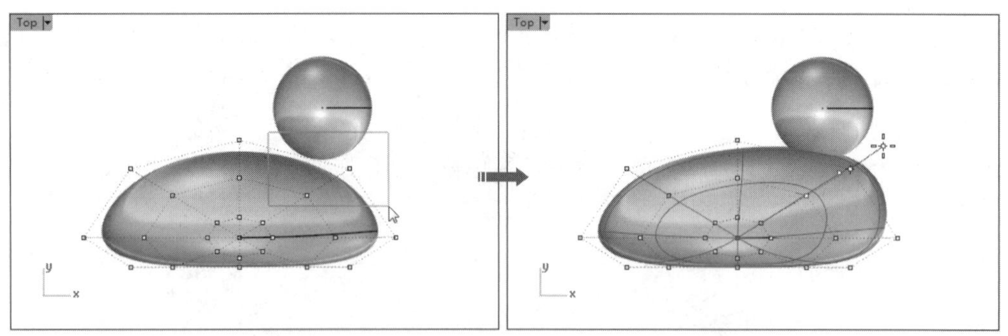

图13-116　拖动右上方控制点改变胸部形状

10框选左上方的一个控制点，然后向上拖动，拉出尾部形状，如图13-117所示。

> **技术要点：**虽然在Top工作视窗中看起来只有一个控制点被选取，但是在Front工作视窗中可以看到共有两个控制点被选取，这是因为第二个控制点在Top工作视窗中位于所看到的控制点的正后方。

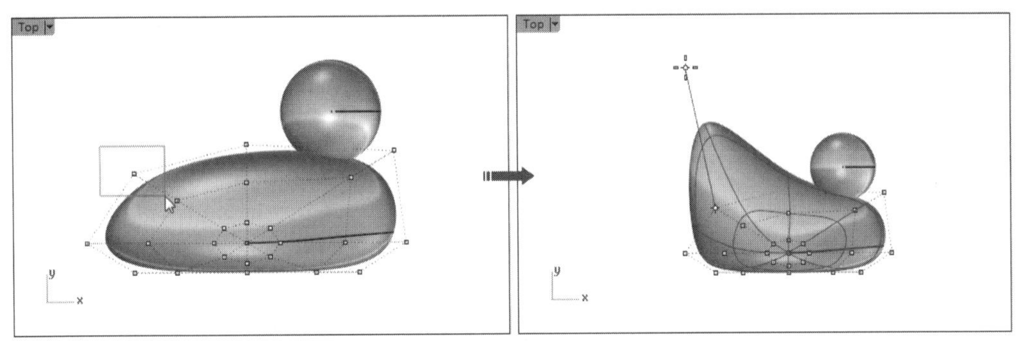

图13-117　拖动左上方控制点改变尾部形状

11尾部形状看起来不是很满意，需要继续编辑。编辑之前需要插入一排控制点。在菜单栏中执行【编辑】|【控制点】|【插入控制点】命令，然后选取身体，在命令行中更改方向为V，再选取控制点的放置位置，右击完成插入操作，如图13-118所示。

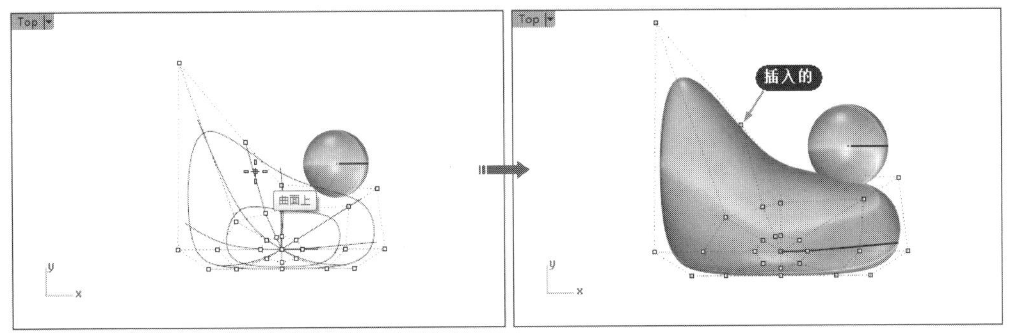

图13-118　插入控制点

12框选插入的控制点，然后将其向下拖动，使尾部形状看起来更真实，如图13-119所示。完成后关闭身体的控制点显示。

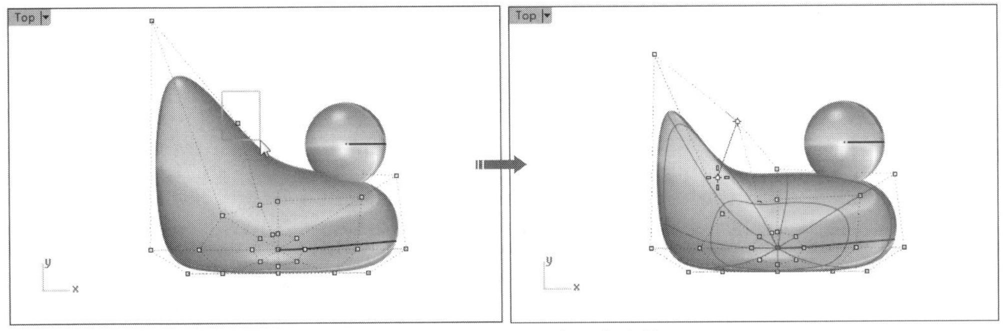

图13-119　拖动控制点改变身体

13选取较小的球体，并显示其控制点。框选右侧的控制点，然后设置点的坐标方式为【设置X、设置Y】，并进行拖动，拉出嘴部的形状，如图13-120所示。

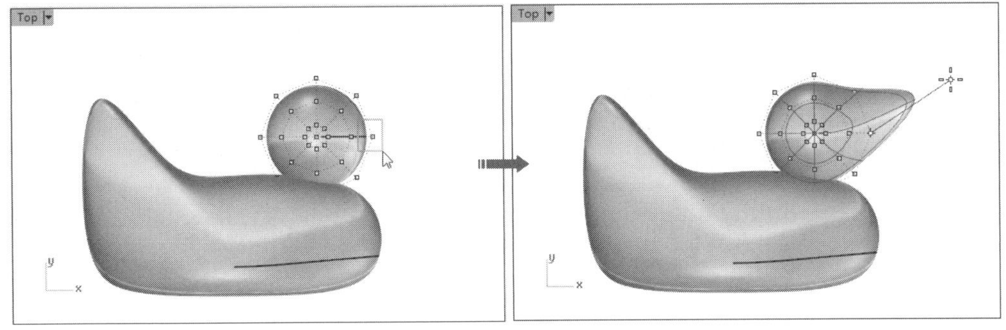

图13-120　拉出嘴部形状

14框选如图13-121所示的控制点，然后在Front视窗中向右拖动，以完善嘴部的形状。

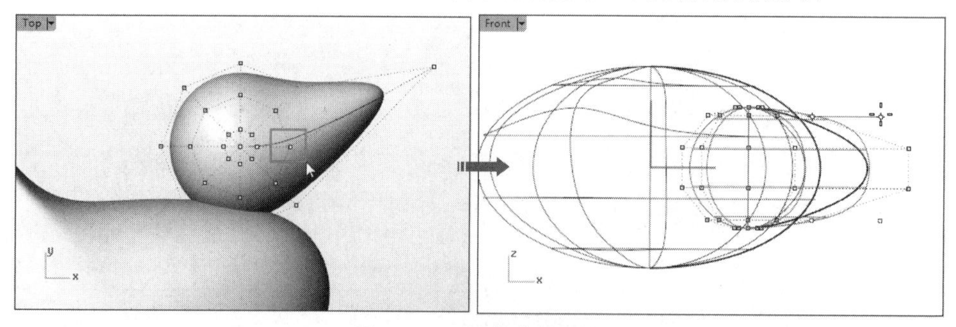

图13-121 调整嘴部形状

15框选顶部的控制点，向下拖动少许，微调头部形状，如图13-122所示。

> **技术要点**：在微调过程中，要注意观察其他几个视窗中的变形情况，如果发现控制点在其他方向一致运动，必要时再设置点的XYZ坐标，以此可以单方向拖动变形。

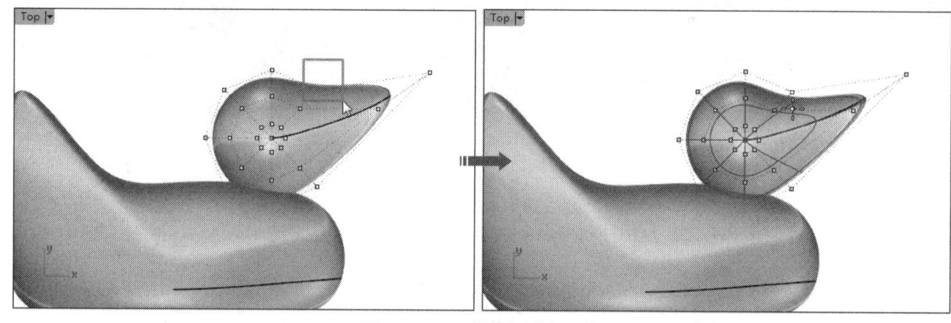

图13-122 微调头部形状

16按Esc键关闭控制点。利用【内插点曲线】工具绘制一条样条曲线，用来分割出嘴部与头部，分割后可以对嘴部进行颜色渲染，以示区别，如图13-123所示。

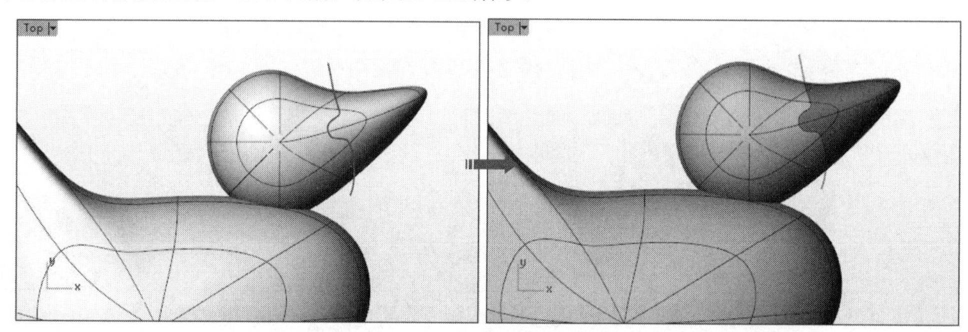

图13-123 绘制曲线并分割头部

17利用【直线】工具绘制直线，然后利用直线来修剪头部底端，如图13-124所示。

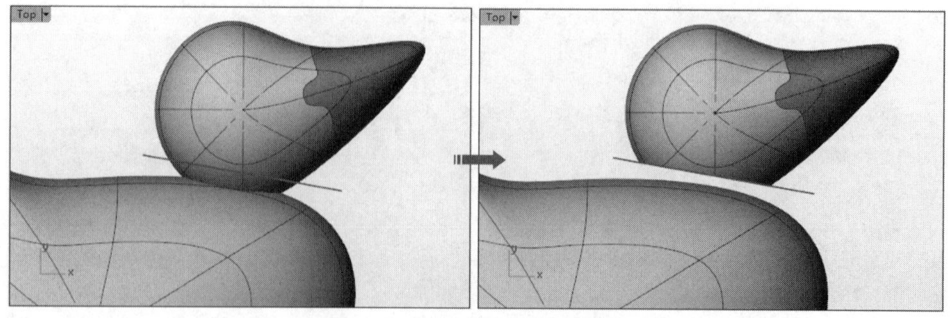

图13-124 绘制直线并修剪头部

18在修剪后的缺口边缘上创建挤出曲面，如图13-125所示。

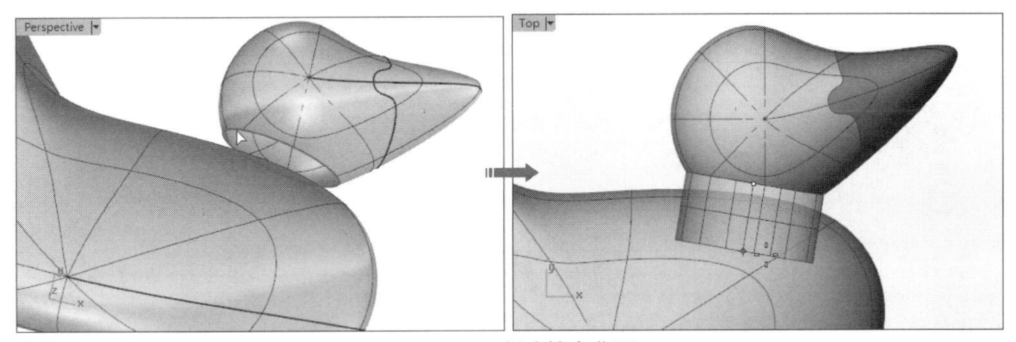

图13-125 创建挤出曲面

19利用【修剪】工具用挤出曲面去修剪身体，得到与头部切口与之对应的身体缺口，如图13-126所示。

技术要点：选取要修剪的物件时，要选取挤出曲面范围以内的身体。

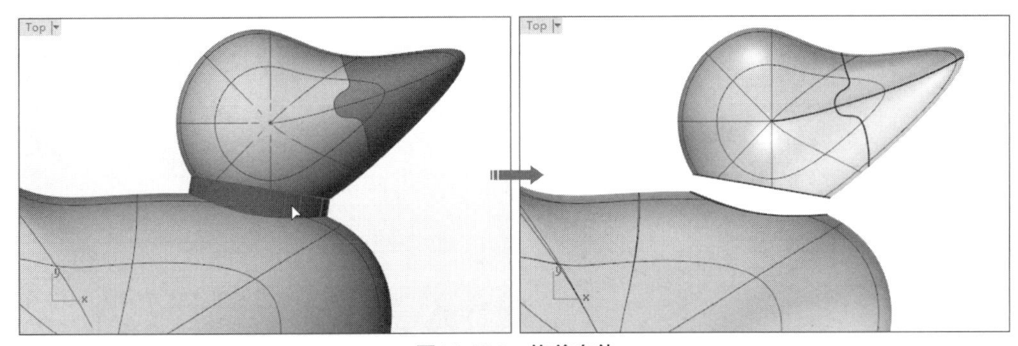

图13-126 修剪身体

20利用【混接曲面】工具选取头部缺口边缘和身体缺口边缘，创建如图13-127所示的混接曲面。

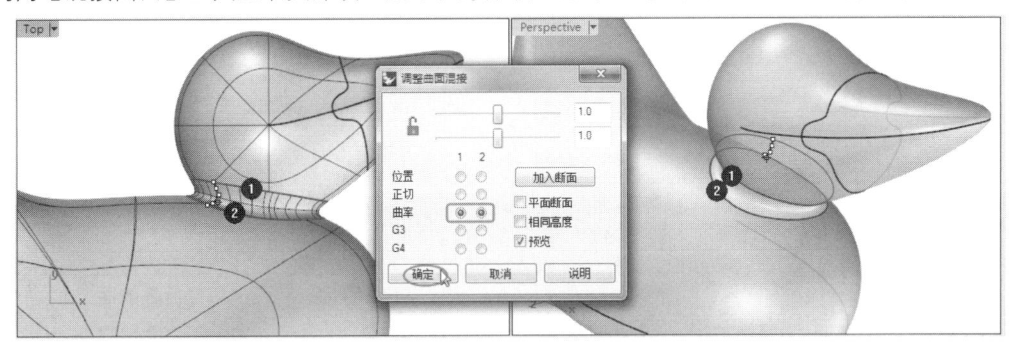

图13-127 创建混接曲面

21至此，完成了小鸭的基本造型。

13.5.2 移动边缘

利用【移动边缘】工具可以通过移动实体的边缘来编辑形状。选取要移动的边缘，边缘所在的曲面将随之改变，如图13-128所示。

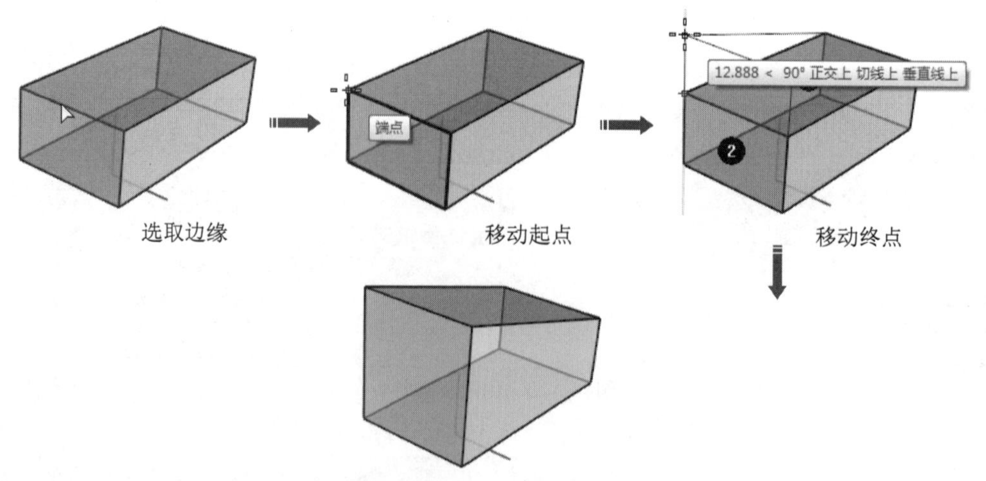

图13-128　移动边缘编辑实体

13.5.3　将面分割

利用【将面分割】工具可以分割实体上平直的面或者平面，如图13-129所示。

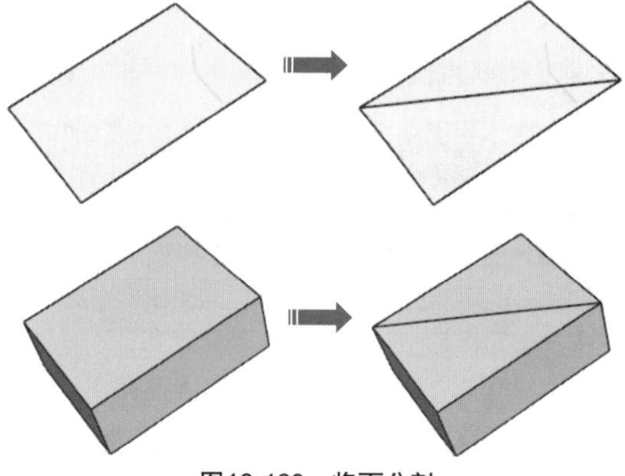

图13-129　将面分割

技术要点：实体的面被分割了，其实体性质却没有改变。曲面是不能使用此工具进行分割的，曲面可使用左边栏的【分割】工具进行分割。

如果需要合并平面上的多个面，那么就利用【合并两个共曲面的面】工具合并即可。

13.5.4　将面折叠

利用【将面折叠】工具可以将多重曲面中的面沿着指定的轴切割并旋转。

动手操作——将面折叠

01新建Rhino文件。

02使用【立方体】工具列中的【角对角、高度】工具创建一个立方体，如图13-130所示。

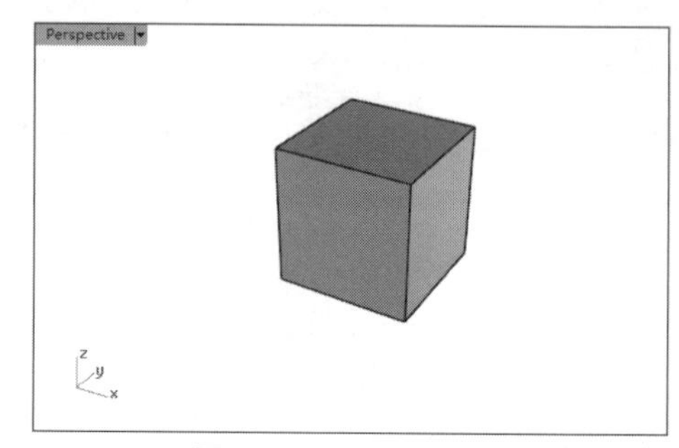

图13-130　创建立方体

03单击【将面折叠】命令，选取要折叠的面，如图13-131所示。

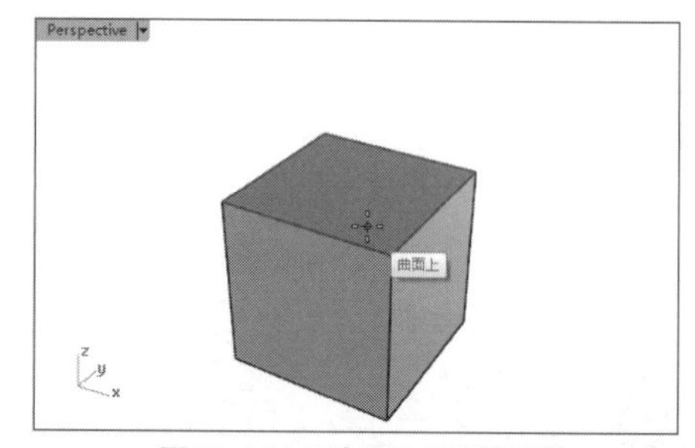

图13-131　选取要折叠的面

04选取折叠轴的起点和终点，如图13-132所示。

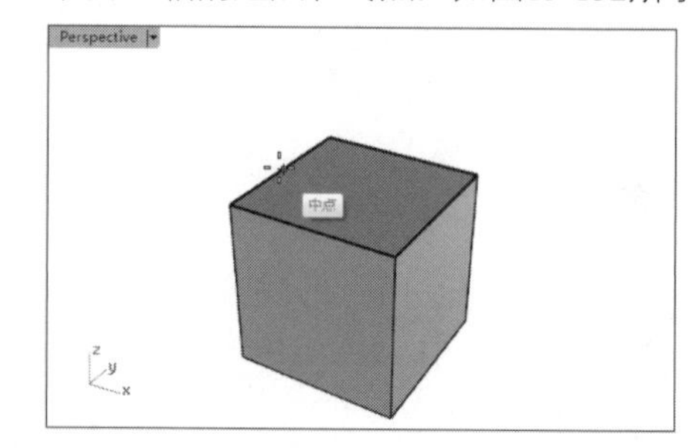

图13-132（续）

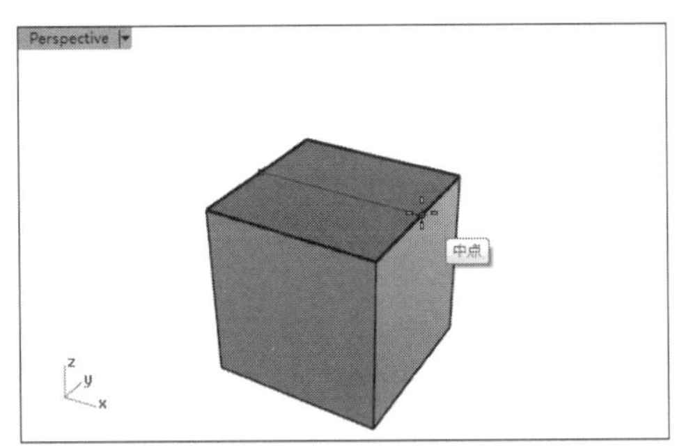

图13-132　选取折叠轴的起点与终点

技术要点：确定折叠轴后，整个面被折叠轴一分为二。接下来可以折叠单面，也可以折叠双面。

05指定折叠的第一参考点和第二参考点，如图13-133所示。

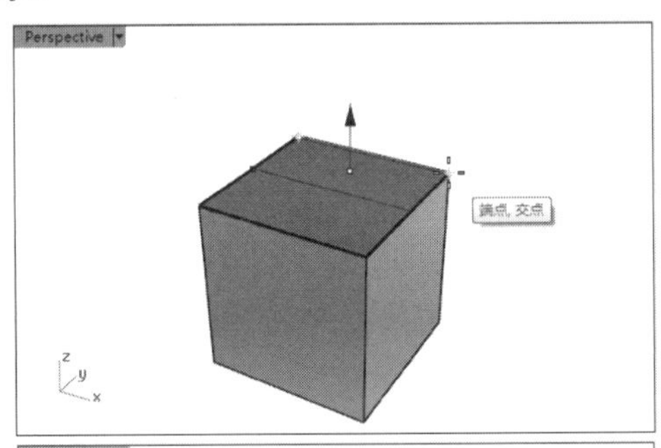

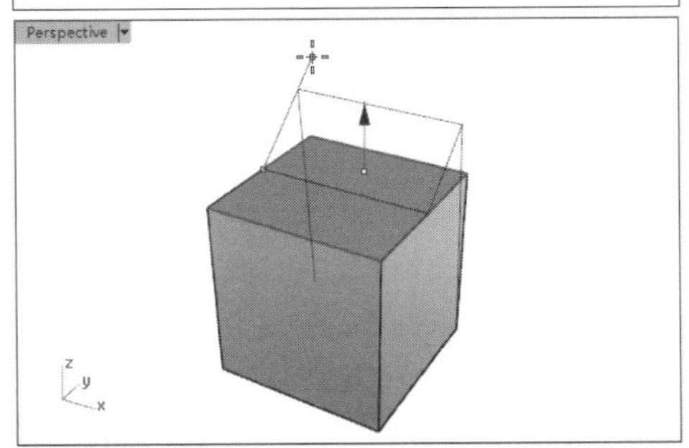

图13-133　指定折叠的两个参考点

06右击完成折叠，如图13-134所示。

技术要点：默认情况下，只设置单个面的折叠，将生成对称的折叠。如果不需要对称，可以继续指定另一面的折叠。

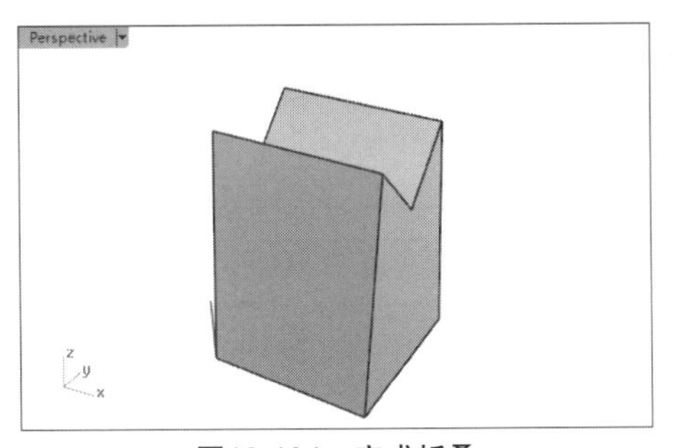

图13-134　完成折叠

13.6 课后练习

1. 制作储物架

利用立方体、阵列等工具，制作储物架模型，如图13-135所示。

图13-135　储物架模型

2. 制作汤锅

利用圆柱体、旋转成洞、抽离曲面、抽离结构线、平面曲面、挤出曲面等工具，建立如图13-136所示的汤锅模型。

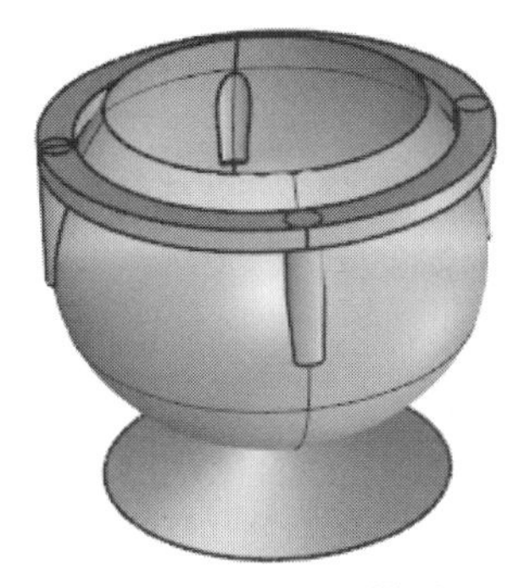

图13-136　汤锅模型

3. 制作茶壶

利用球体、圆柱体、以结构线分割曲面、挤出平面曲线、组合、圆管等工具，制作如图13-137所示的茶壶模型。

图13-137　茶壶模型

14

第14章 网格细分建模

多边形网格模型起初在建模软件中是独一无二的，随着3D软件的高速发展，NURBS模型渐渐替代了多边形网格模型的地位。

在Rhino中，可以把NURBS模型转化为多边形网格，通过网格细分建模可以进行更加复杂、自由的外形设计。本章主要讲解Rhino中多边形网格的相关命令及对多边形网格进行编辑的工具。

项目分解

- 建立网格
- 网格操作工具
- 网格编辑工具

14.1 建立网格

在机械工程中，可以利用假想的线或面将连续的介质的内部和边界分割成有限个大小的、有限数目的、离散的单元来进行有限元分析。直观上，模型被划分成“网”状，每一个单元称为“网格”。

网格密度控制镶嵌面的数目，它由包含M×N个顶点的矩阵定义，类似于由行和列组成的栅格。网格可以是开放的，也可以是闭合的。如果在某个方向上网格的起始边和终止边没有接触，则网格就是开放的，如图14-1所示。

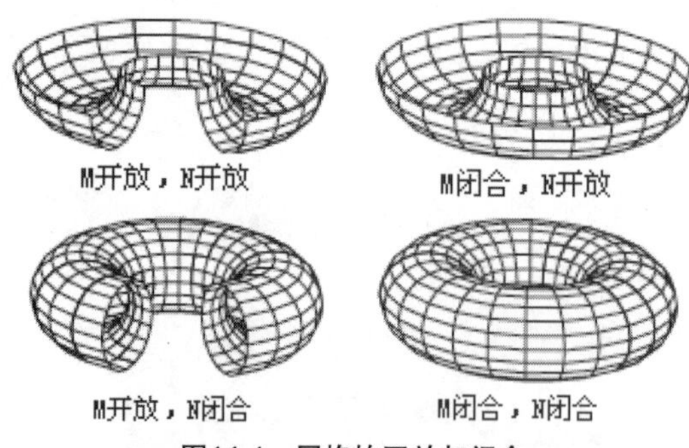

图14-1 网格的开放与闭合

在Rhino 6.0中，建立网格工具如图14-2所示。

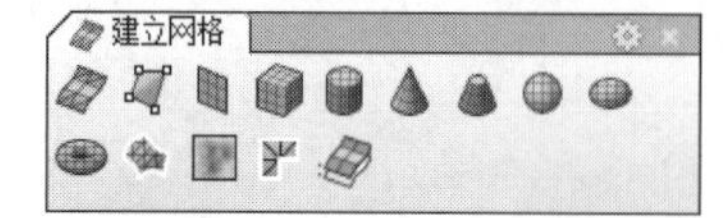

图14-2 【建立网格】工具列

14.1.1 转换曲面/多重曲面为网格

在【建立网格】工具列中，利用该工具可以将NURBS曲面或多重曲面（实体也是多重曲面）转换成网格面。如果是在【网格工具】标签或【网格工具】工具列中，右击此按钮，其作用是将网格转换成多重曲面。

在【建立网格】工具列中或【网格工具】标签下的左边栏中，单击【转换曲面/多重曲面为网格】按钮，选中将要转换成多重曲面的网格，右击或按Enter键确认，将其转成网格，如图14-3所示。

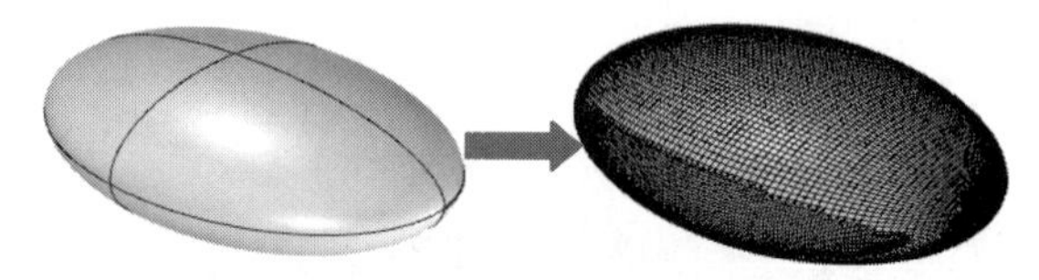

图14-3 多种曲面转换成网格

动手操作——转换曲面/多重曲面为网格

01利用【球体】工具列中的【中心点、半径】工具新建一个球体。

02单击【转换曲面/多重曲面为网格】按钮，选中要转换网格的球体。

03右击或按Enter键，会弹出【网格选项】对话框，在该对话框中可以预览及设置网格选项，如图14-4所示。

图14-4 【网格选项】对话框

04确定网格面的多少，单击【确定】按钮即可转换成网格，如图14-5所示。

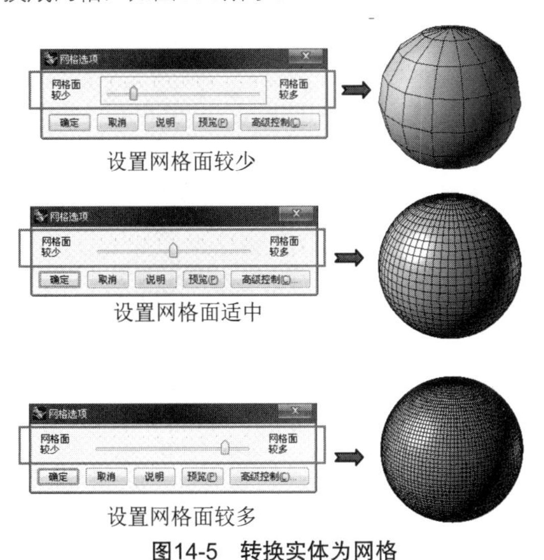

图14-5 转换实体为网格

14.1.2 单一网格面

利用【单一网格面】工具可以指定曲面的三个或四个角建立曲面。此工具跟【曲面工具】标签中的【指定三个或四个角建立曲面】工具类似。操作方法也是相同的。

动手操作——创建单一网格面

01新建Rhino文件。

02指定第一个角。

03指定第二个角。

04指定第三个角。

05指定第四个角，或者按Enter键建立一个三角形的曲面，如图14-6所示。

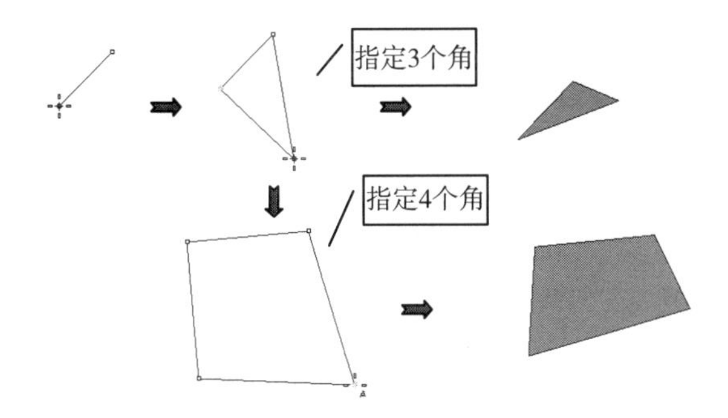

图14-6 指定三个角和四个角建立的网格曲面

技术要点：指定点时跨越到其他作业视窗或使用垂直方式可以建立非平面的曲面。

14.1.3 网格平面

利用该工具可以以角对角、两个相邻的角和距离、与工作平面垂直、从中心点等不同的方式建立矩形网格平面，如图14-7所示。

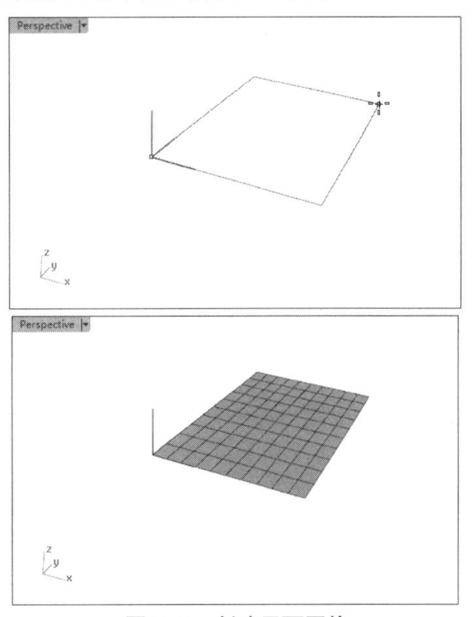

图14-7 创建平面网格

下面介绍各选项的含义。

- 三点：以两个相邻的角和对边上的一点画出矩形。指定边的起点、指定边的终点、指定或输入宽度确定点。
- 垂直：画一个与工作平面垂直的矩形。指定边的起点、指定边的终点、指定或输入宽度确定点。
- 中心点：从中心点画出矩形。指定中心点、指定其他角或输入长度。
- X面数：设定X面上的网格面数。
- Y面数：设定Y面上的网格面数。

14.1.4 网格立方体

利用该工具可以以一个矩形和高度或是从对角建立一个网格立方体。

下面介绍各选项的含义 。

- X面数：设定X面上的网格面数；
- Y面数：设定Y面上的网格面数。

选项的操作方式同建立立方体基本一样，不过这里建立的是网格体。操作步骤也同建立立方体一样，这里不再详细介绍，效果图如图14-8所示。

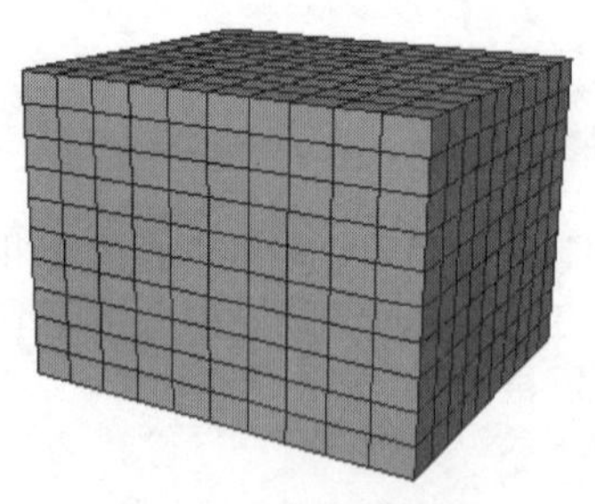

图14-8　网格立方体

14.1.5　网格圆柱体

利用该工具可以以圆形为底面和高度建立网格圆柱体。

操作步骤与建立圆柱体基本相同，可相互参照，效果如图14-9所示。

下面介绍各选项含义。

- 垂直面数：设置由底面到顶面方向的网格面数。
- 环绕面数：设置圆周方向的网格面数。

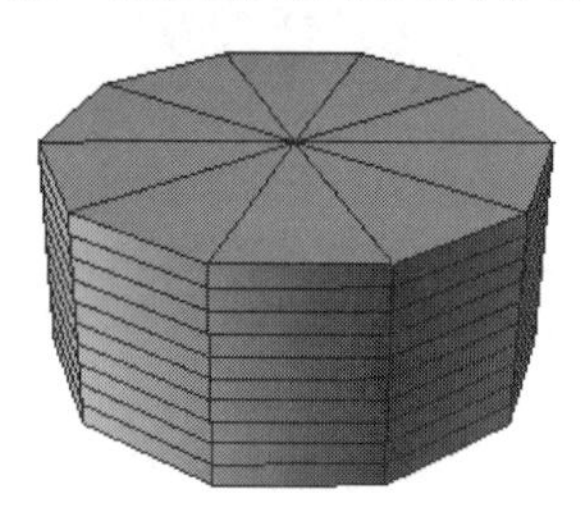

图14-9　网格圆柱体

14.1.6　网格圆锥体

利用该工具可以建立圆锥体的网格面。

操作步骤与建立圆锥体基本相同，可相互参照，效果如图14-10所示。

下面介绍各选项的含义。

- 垂直面数：设置由底面到顶点方向的网格面数。
- 环绕面数：设置圆周方向的网格面数。

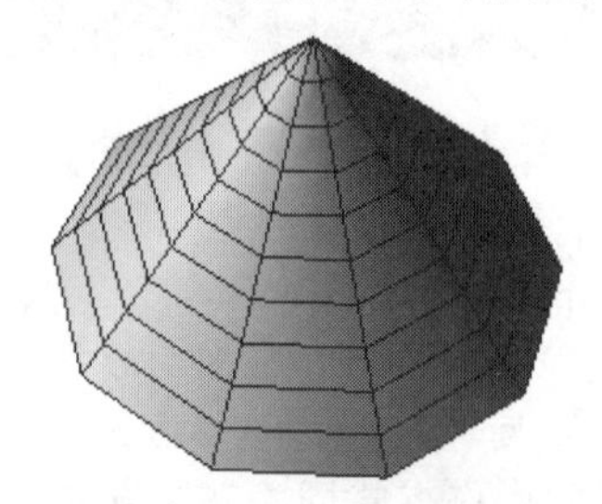

图14-10　网格圆锥体

14.1.7　网格平顶锥体

利用该工具可以建立平顶锥体的网格体。

操作步骤与建立平顶锥体基本相同，可相互参照，效果如图14-11所示。

下面介绍各选项的含义。

- 垂直面数：设置由底面到顶后面方向的网格面数。
- 环绕面数：设置圆周方向的网格面数。

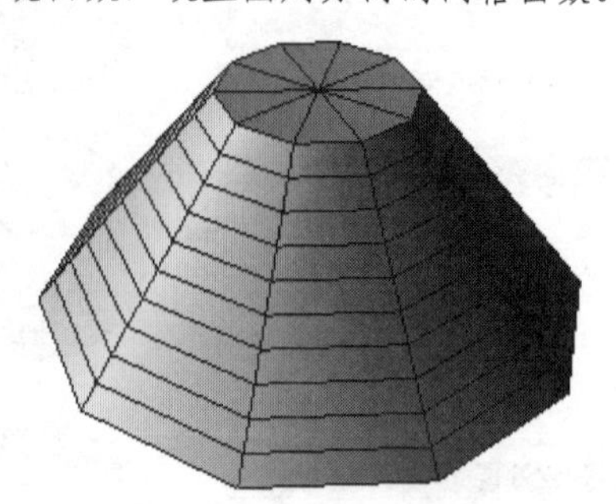

图14-11　网格平顶锥体

14.1.8　网格球体

利用该工具可以建立球体的网格体。

操作步骤与建立球体基本相同，可相互参照，效果如图14-12所示。

下面介绍各选项的含义。

- 垂直面数：设置从一个极点到另一个极点之间的网格面数。
- 环绕面数：设置赤道方向的网格面数。

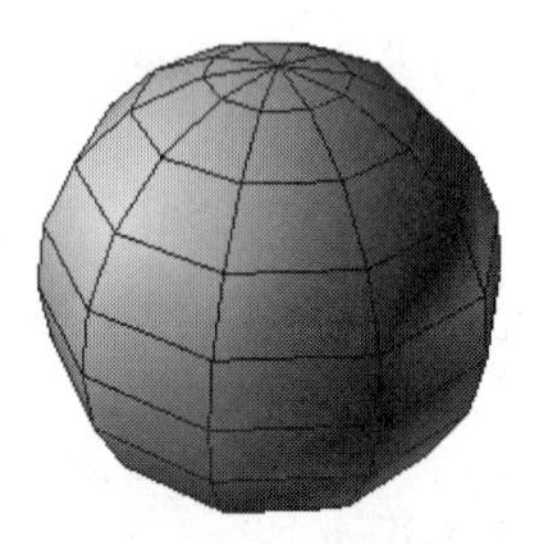

图14-12　网格球体

14.1.9　网格椭圆体

利用该工具可以建立有网格面的椭圆体。

操作步骤与建立椭圆体基本相同，可相互参照，效果如图14-13所示。

下面介绍各选项的含义。

- 第一个方向面数：设置第一个方向的网格面数目。
- 第二个方向面数：设置第二个方向的网格面数目。

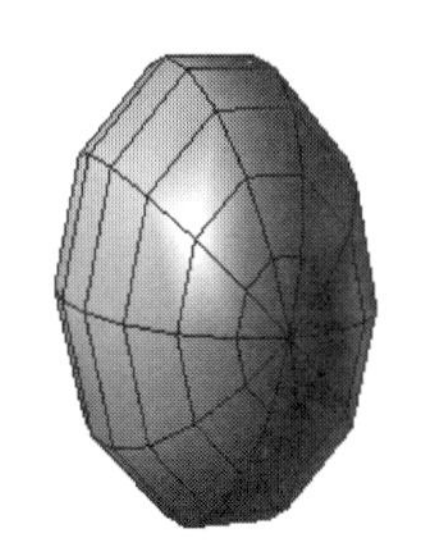

图14-13　网格椭圆体

14.1.10　网格环状体

利用该工具可以建立有网格面的环状体，效果如图14-14所示。

下面介绍各选项的含义。

- 垂直面数：环状体断面的网格面数。
- 环绕面数：环绕方向的网格曲面。

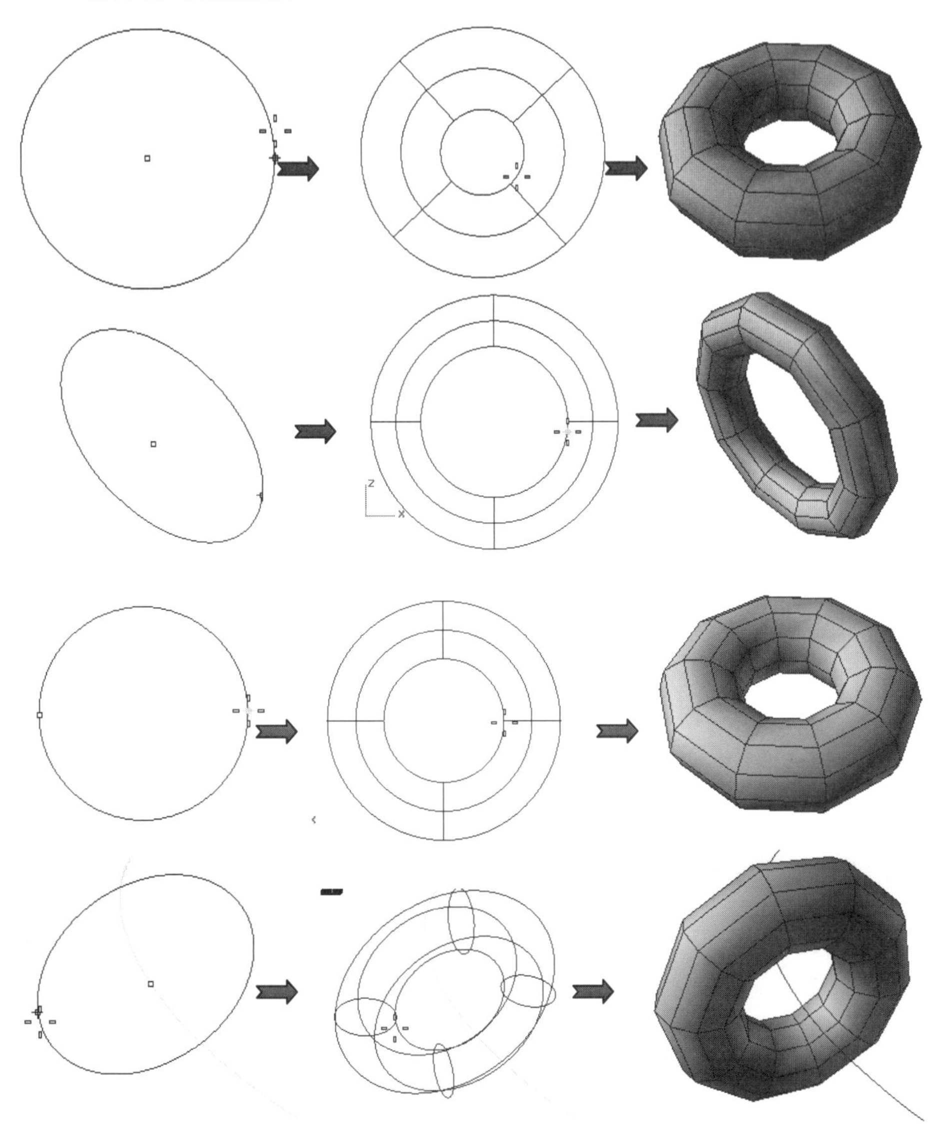

图14-14　分别用中心点、垂直、两点、环绕方法绘制网格环状体

操作步骤与建立环状体、圆柱管基本相同。

14.1.11　网格嵌面

利用该工具可以以曲线和点物件建立网格。

单击【网格嵌面】按钮后，选中物件，命令行会出现两个选项。

（角度公差(A)=15 起始曲面(S):

下面介绍各选项的含义。

- 角度公差：用于建立逼近曲线的多重直线使用的公差，如果选取的只有多重直线，这个设置并没有多大意义。
- 起始曲面：使用一个与正要建立的网格形状类似的参考曲面，这个曲面会影响建立的网格的形状。

动手操作——创建网格嵌面

01绘制曲线和点。单击【网格嵌面】按钮，选中曲线和点物件后右击。

02选取封闭的内侧边界曲线，右击或按Enter键，如图14-15所示。

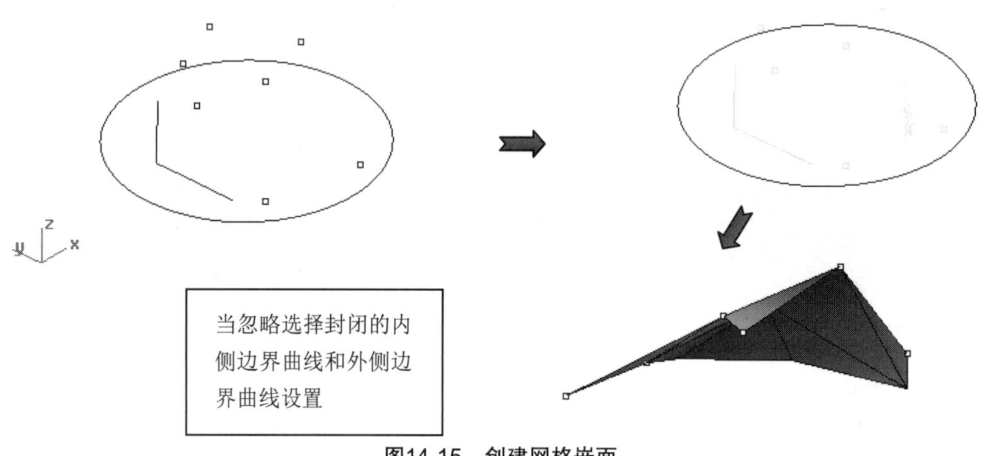

图14-15 创建网格嵌面

其他不同方式的网格嵌面如图14-16所示。

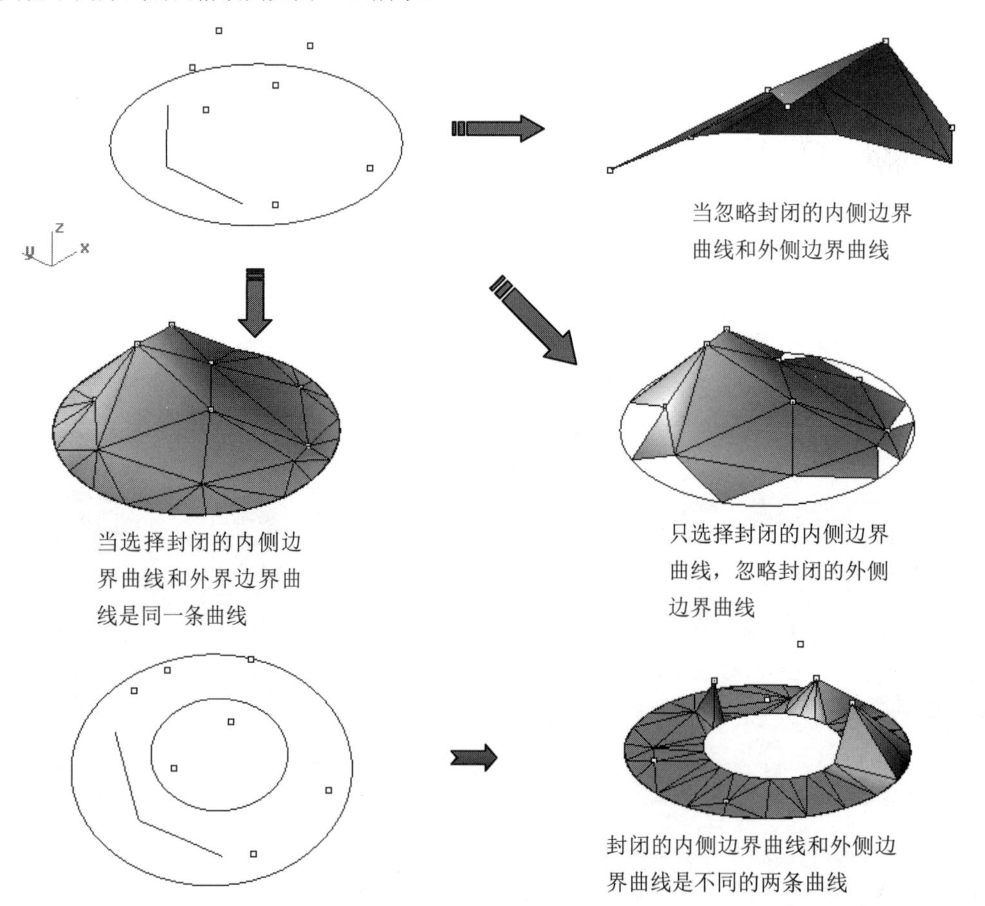

图14-16 不同方式的网格嵌面

14.1.12 以图片灰阶高度

利用该工具可以以图片颜色的色相、饱和度、亮度或RGB数值建立网格。

下面介绍各选项的含义。

- 网格尺寸：宽度，设置X方向的网格面数目；高度，设置Y方向的网格面数目；垂直高度，设置Z方向的网格面数目。
- 色相系数 / 饱和度系数 / 亮度系数：颜色的色相、饱和度、亮度数值的缩放比。
- 红色系数 / 绿色系数 / 蓝色系数：颜色的RGB数值的缩放比。

动手操作——以图片灰阶高度

01新建Rhino文件。

02单击【以图片灰阶高度】按钮，选取一个位图文件。

03指定矩形的第一角，指定第二角或输入长度。

04设置网格尺寸和位图色值的垂直高度，如图14-17所示。

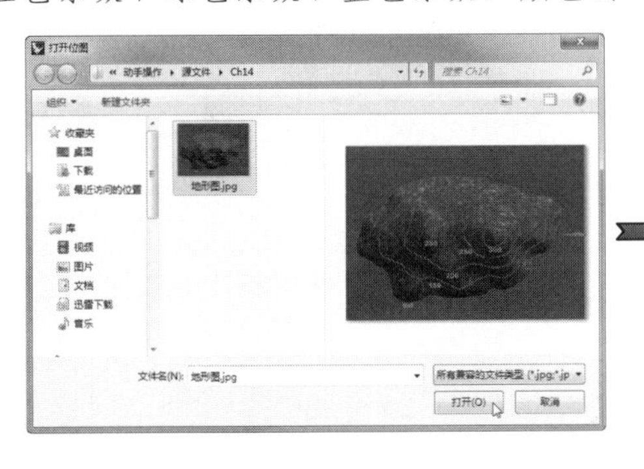

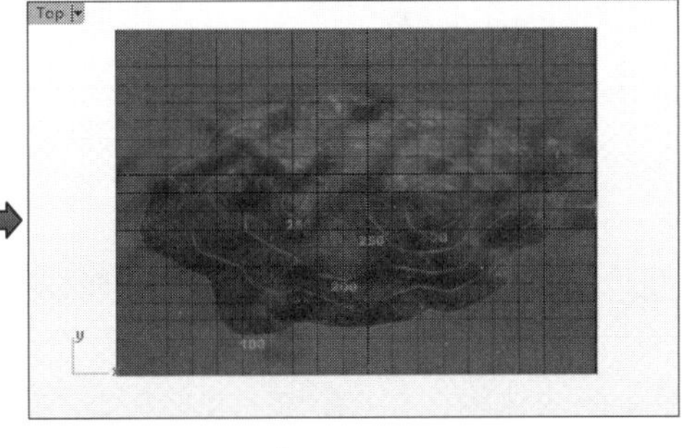

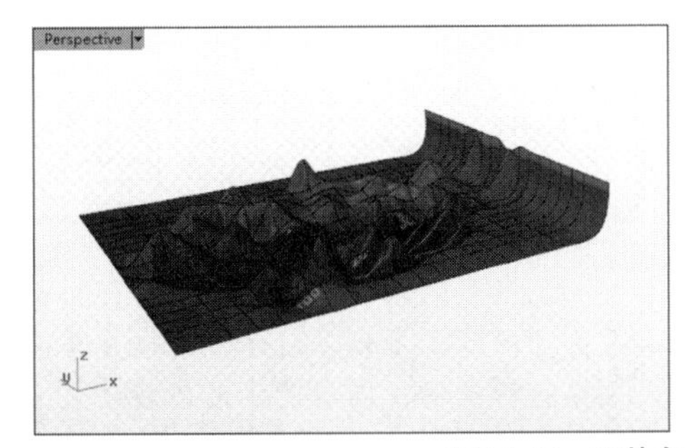

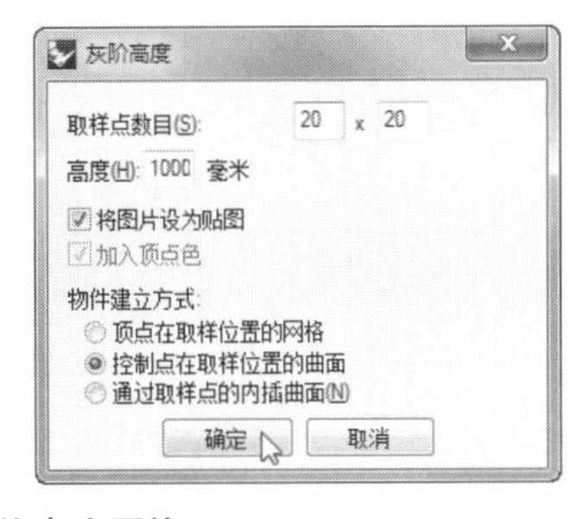

图14-17　图片色值高度网格

技术要点：网格建立后如何进一步处理，可以参考【套用网格UVN】工具。

14.1.13 以封闭的多重直线建立网格

利用该工具可以将多重曲线转化为网格面。单击【以封闭的多重直线建立网格】按钮，选中多重曲线，如图14-18所示。

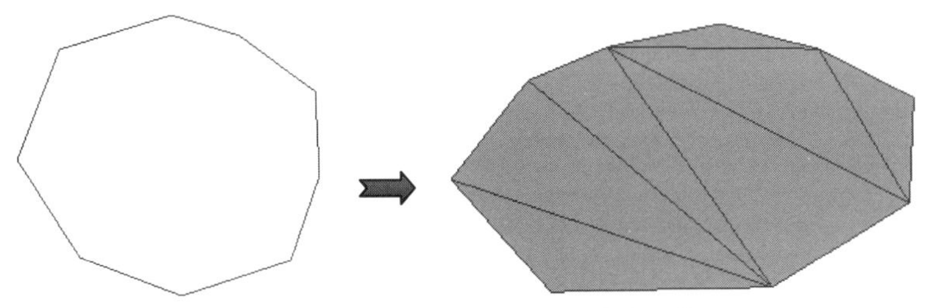

图14-18　转换封闭的多重曲线为网格

14.1.14　以NBUSS控制点连线建立网格

利用该工具可以将曲线或曲面的控制点连接线抽离。

单击【以NBUSS控制点连线建立网格】按钮，选中曲线或曲面，右击确定或者按Enter键，完成网格的建立，如图14-19所示。

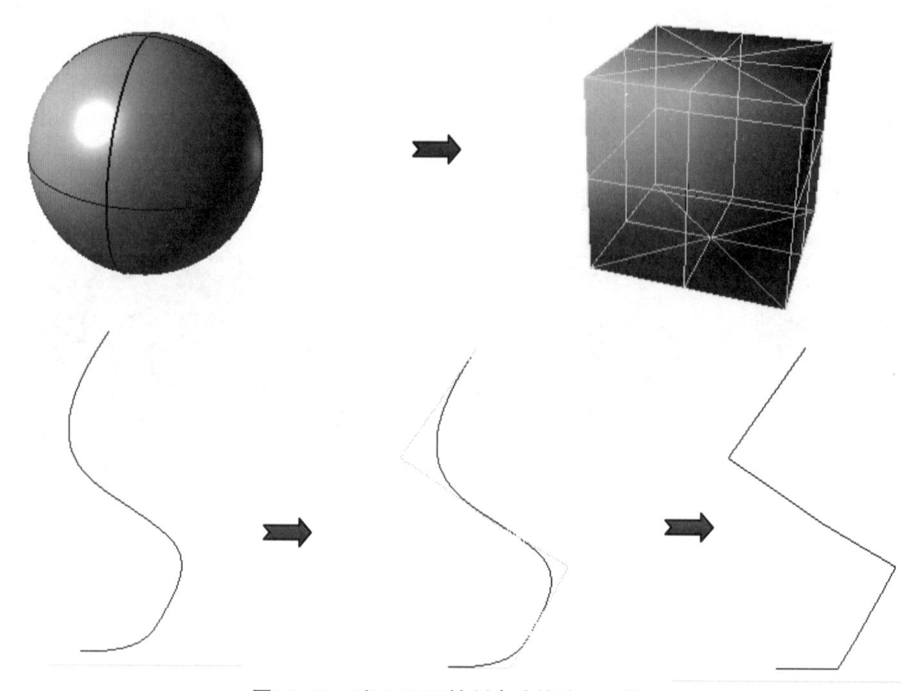

图14-19　以NBUSS控制点连线建立网格

14.2 网格操作工具

下面将详细介绍各种操作网格的工具及相应的使用方法、使用特点。

14.2.1　统一网格法线

利用【统一网格法线】工具可以反转一个网格中法线方向不正确的网格面，使所有网格面朝向网格的同一侧。该工具可用于整理要被导出到3ds Max的网格物件。在Rhino的高级显示选项里，可以设置以不同的颜色显示物件的正面与反面，以便看出有哪些网格面需要被反转。

左键主要用于反转法线方向不一致的网格面，使一个网格的所有网格面朝向同一侧，清理、修复或封闭网格，使网格可以输出作为快速原型。

右键的作用是将网格物体的法线倒转。

技术要点：【快速原型】是指某些STL / SLA打印机在遇到网格有许多细长的网格面时可能会发生问题，导致该打印机的切片作业变慢，也可能产生错误的结果，或使打印机出现内存不足的情形。这些工具可能都只能用于某些特定的情形，却是用处很大的STL / SLA网格调整 / 修复工具。

如果【统一网格法线】工具无法对网格发生作用，请先将网格炸开，将网格面的法线方向统一以后再组合一次。

网格有两种法线，分别是顶点法线和网格面法线。所有的网格都有法线方向，但有些网格没有顶点法线。例如，3D面、网格基本物件和不是以3DM和3DS格式导入的网格都没有顶点法线。通常，网格面顶点的顺序决定网格面的法线方向，顶点顺序必须是顺时针或逆时针方向，可以用右手定则由顶点的顺序决定网格面的法线方向。【统一网格法线】工具的主要功能是用来确定所有熔接后的网格面的顶点顺序一致。

14.2.2 对应网格至NURBS曲面

利用该工具可以将网格投射到NURBS曲面上，生成适应NURBS曲面的网格。可以通过这个工具生成更多的网格物体。

单击【对应网格至NURBS曲面】按钮，选取套用网格，选取目标曲面，右击完成操作，如图14-20所示。

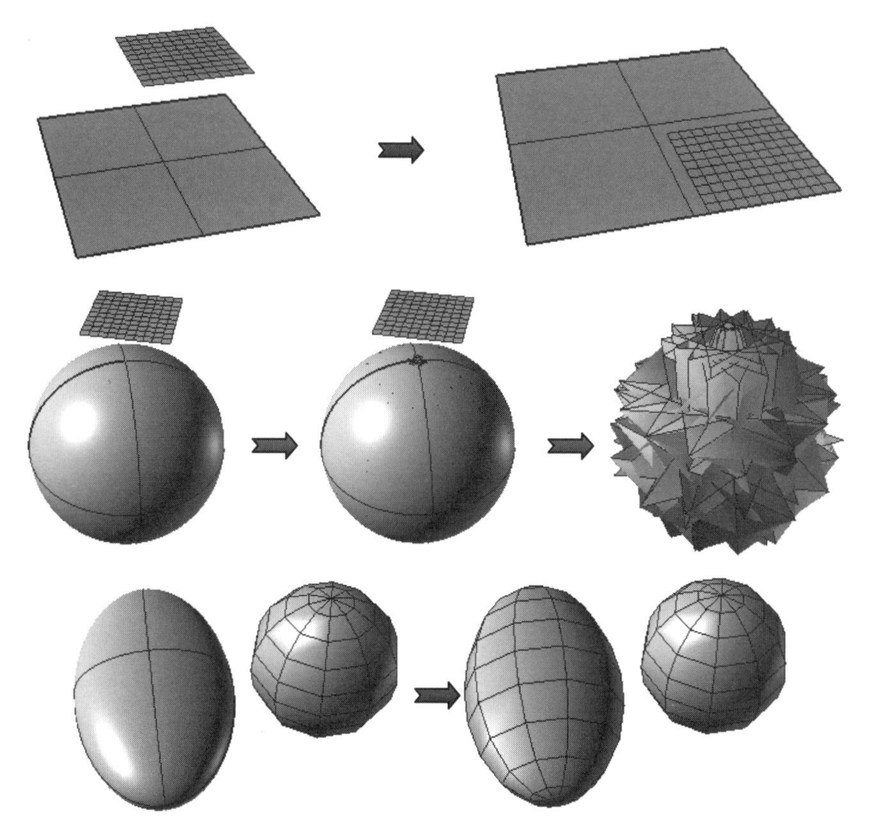

图14-20 适合NURBS曲面的网格或网格体

14.2.3 网格布尔运算

单击并长按【网格布尔运算】按钮，将会弹出【网格布尔运算】工具列，如图14-21所示。接下来分别介绍这些工具的作用及操作。

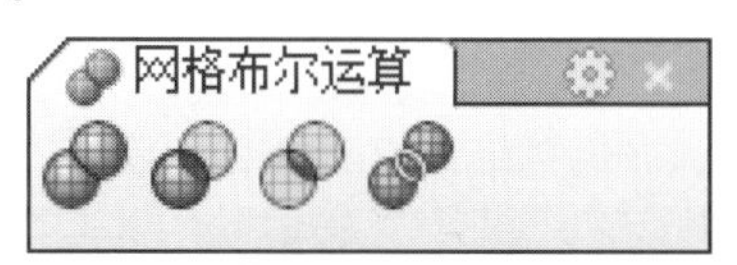

图14-21 【网格布尔运算】工具列

1. 网格布尔运算联集

使用该工具可以将多组独立的网格合并为一个网格。

动手操作——网格布尔运算联集

01新建Rhino文件。创建球体网格和网格立方体。

02单击【网格布尔运算联集】按钮，依次选中两个或多个交集的物体。

03右击或按Enter键结束联集运算，如图14-22所示。

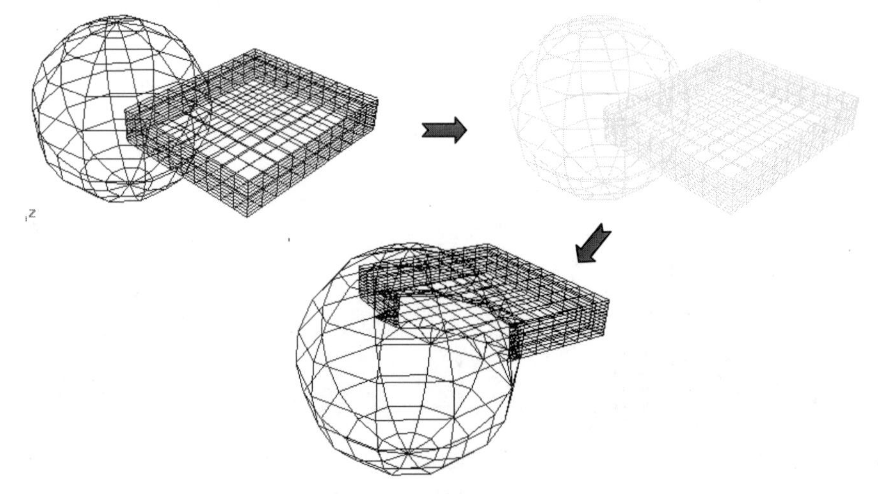

图14-22　网格布尔运算联集

2. 网格布尔运算差集

使用该工具可以从一组网格中减去与之相交的另一组网格。

动手操作——网格布尔运算差集

01新建Rhino文件。创建球体网格和网格立方体。

02单击【网格布尔运算差集】按钮，先选取第一组物件，按Enter键确认。

03接着再选取第二组物件并按Enter键确认。运算结果如图14-23所示。

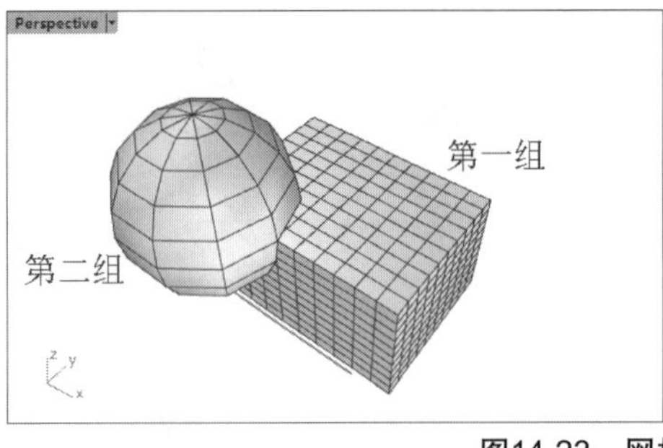

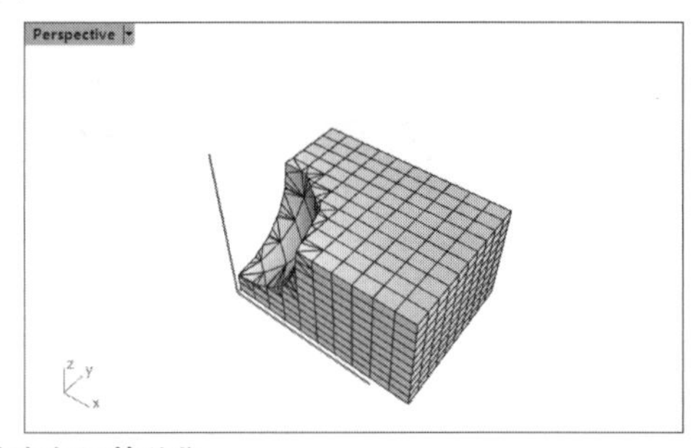

图14-23　网格布尔运算差集

3. 网格布尔运算交集

使用该工具可以将两组相交的网格进行交集运算，得到交集部分的网格。

动手操作——网格布尔运算交集

01新建Rhino文件。创建球体网格和网格立方体。

02单击【网格布尔运算交集】按钮，选取第一组物件，按Enter键确认。

03选取第二组物件后再按Enter键确认。运算结果如图14-24所示。

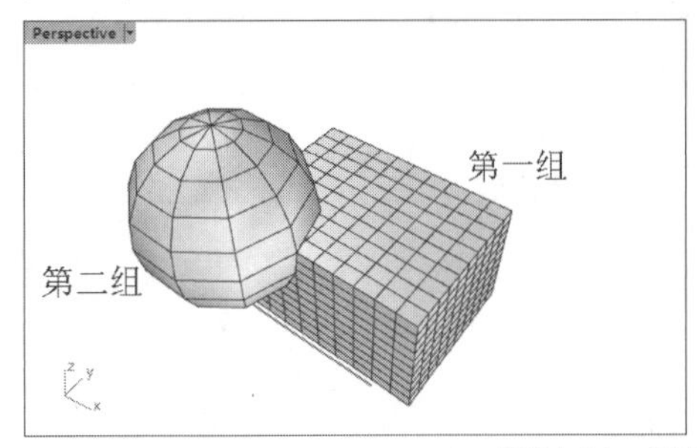

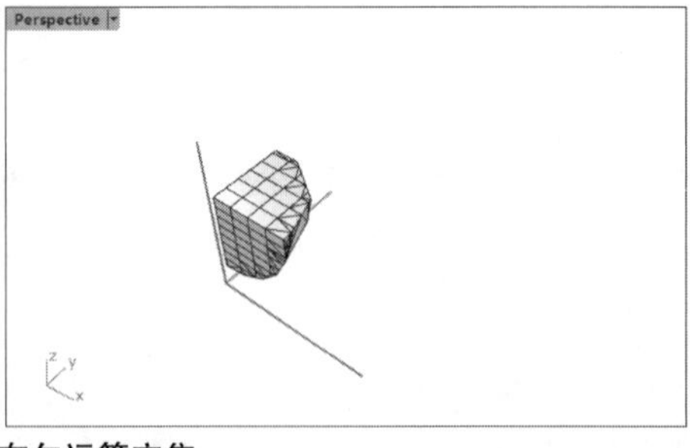

图14-24　网格布尔运算交集

4. 网格布尔运算分割

利用该工具可以两组网格、多重曲面或曲面交集及未交集的部分分别建立网格。

动手操作——网格布尔运算分割

01新建Rhino文件。创建球体网格和网格立方体。

02单击【网格布尔运算分割】按钮，选取第一组物件，按Enter键确认。

03选取切割用物件，按Enter键确认。运算结果如图14-25所示。

> **专家提示：** 切割用物件也可以同时是被切割用的物件。

14.2.4 网格交集

利用该工具可以在网格物件的交集位置建立多重直线。

单击【网格交集】按钮，选取数个物件，右击或按Enter键。结果如图14-26所示。

14.2.5 分割网格

利用该工具可以其物件分隔网格。

动手操作——分割网格

01新建Rhino文件。打开本例源文件“分割网格.3dm”。

02单击【分割网格】按钮，选取要分割的物件。

03选取切割用物件。右击完成分割，结果如图14-27所示。

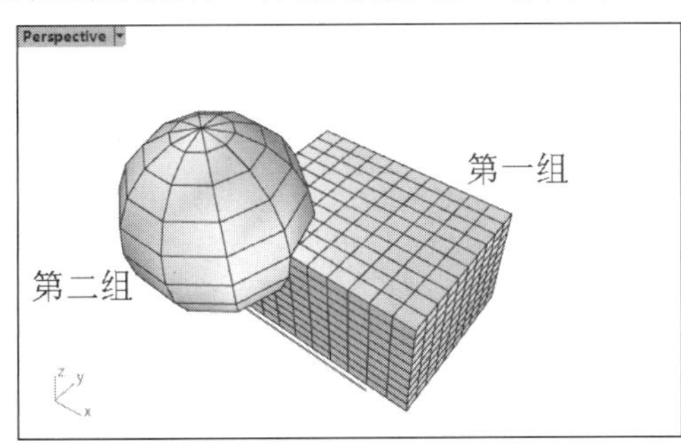

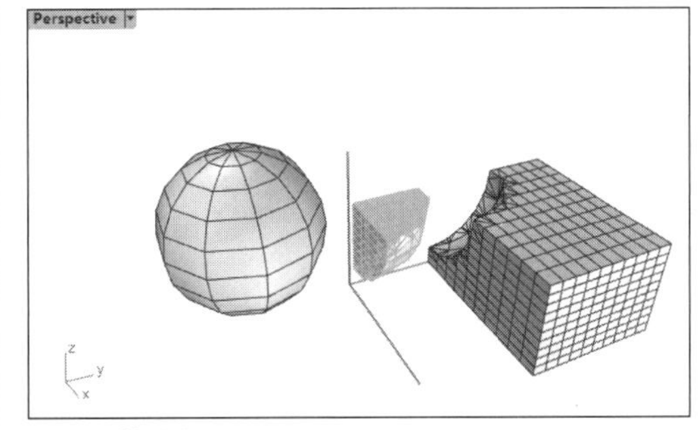

图14-25　网格布尔运算分割

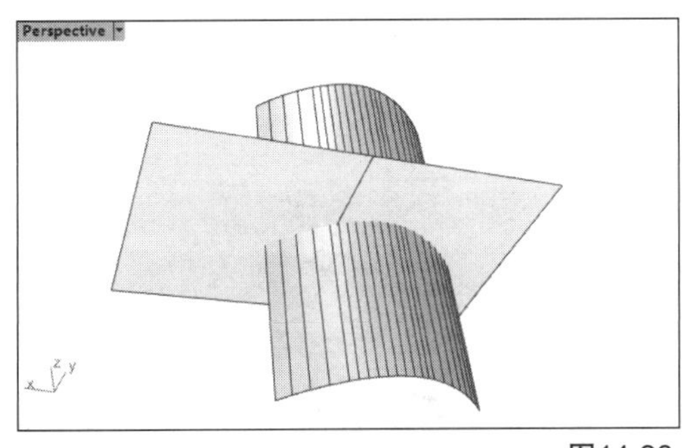

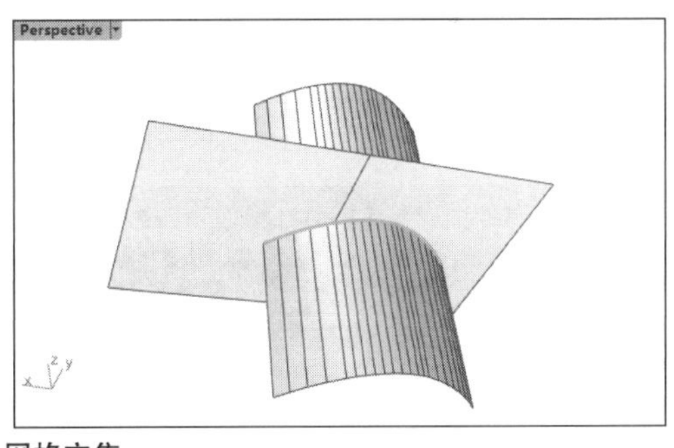

图14-26　网格交集

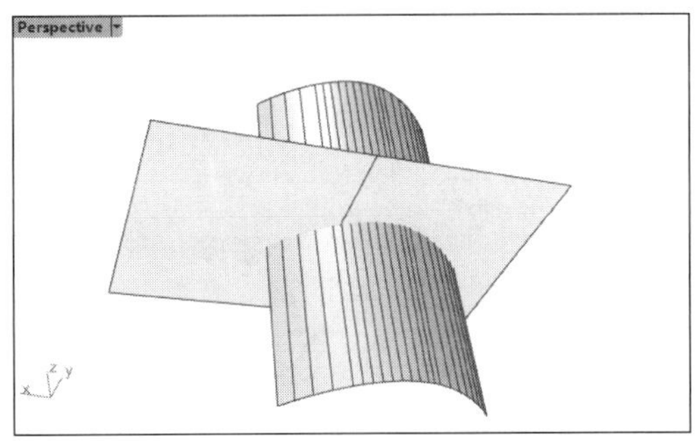

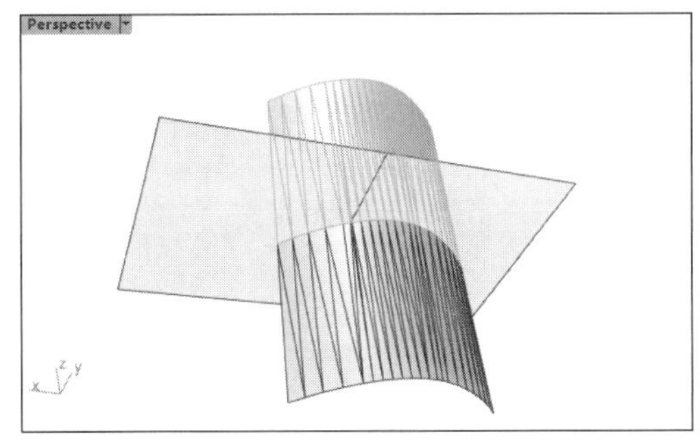

图14-27　分割网格

14.2.6 修剪网格

利用该工具可以删除一个网格与另一个网格交际处内侧或外侧的部分。

动手操作——修剪网格

01新建Rhino文件。打开本例源文件“修剪网格.3dm”。

02单击【修剪网格】按钮，选取切割用网格，按Enter键确认。

03选取另一个网格，按Enter键确认，操作结果如图14-28所示。

14.2.7 衔接网格边缘

利用该工具可以移动开放网格的边缘与其他网格边缘衔接，以清理、修复或封闭网格，使网格可以输出作为快速原型，如图14-29所示。

利用该工具可以先将网格顶点衔接，再分割网格边缘，衔接多余的网格顶点，网格中任何部分的移动距离都不会大于设置的公差。

这个工具可以用在整个网格或只用在选取的网格边缘。

选取整个网格时使用较大的公差可能会产生不可预期的结果，最好只在想要封闭特定的网格边缘时使用较大的公差值。在网格边缘衔接前，网格边缘是开放的。

下面介绍各选项的含义。

- 选取网格边缘：选取要衔接的特定网格边缘。
- 要调整的距离：设置距离公差。
- 渐增方式：网格边缘衔接会经过4个阶段，从小于设置的公差开始，每个阶段逐步加大公差，直到设置的公差，使较短的网格边缘先被衔接，再衔接较长的网格边缘。

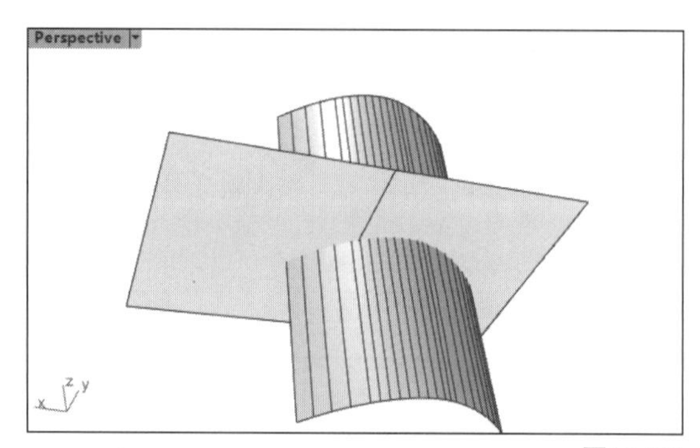

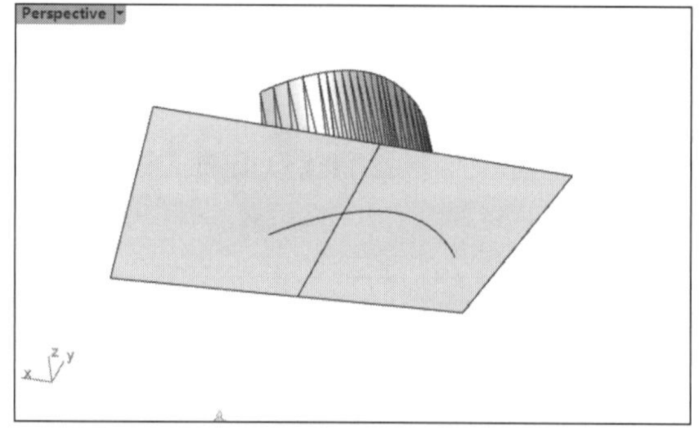

图14-28 修剪网格

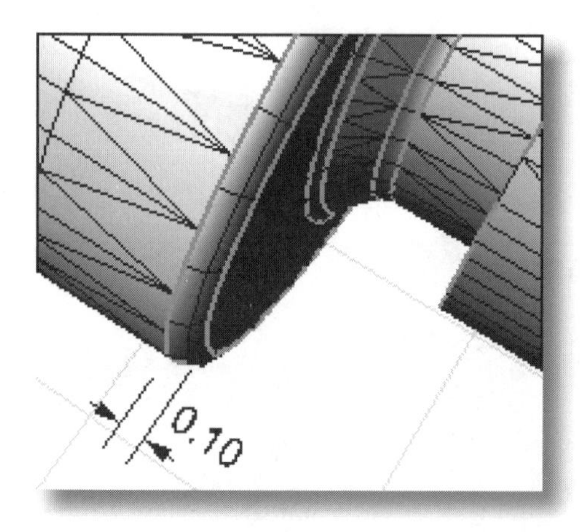

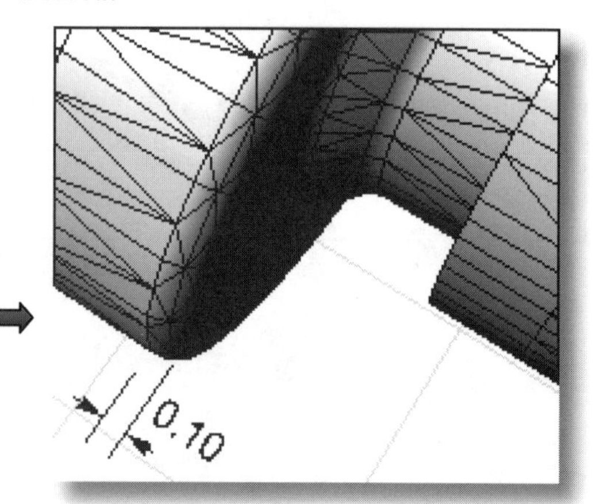

图14-29 衔接网格边缘

14.2.8 以公差对齐网格顶点

利用该工具可以强迫指定距离内的网格顶点移动到同一个位置，以清理、修复或封闭网格，使网格可以输出作为快速原型。

单击【以公差对齐网格顶点】按钮，选取网格物件或选择选项，如图14-30所示。

下面介绍各选项的含义。

- 选取网格顶点：选取要对齐的网格顶点。
- 选取外露网格边缘：选取外露网格边缘，对齐边缘上的顶点。
- 要调整的距离：设置距离公差。

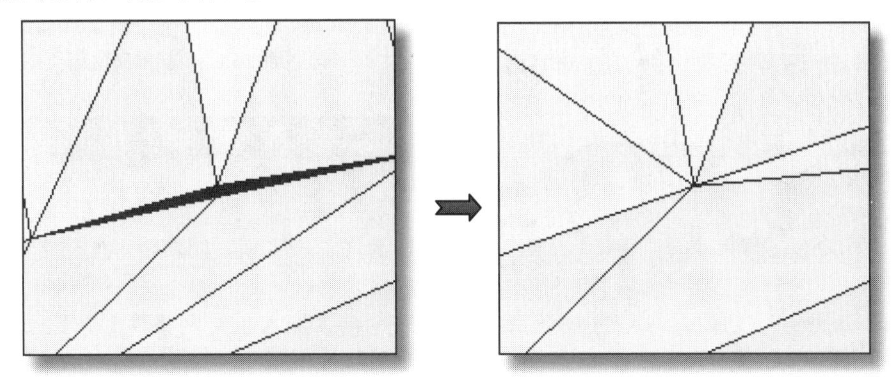

图14-30 以公差对齐网格顶点

专家提示：如果网格顶点之间的距离小于要调整的距离的设置值，顶点会被强迫移动到同一个点。这个工具可用于修复一些原本应该位于同一个位置的许多顶点因某些因素而被分散的情形。

14.2.9 偏移网格

利用该工具可以等距离偏移复制网格。

单击【偏移网格】按钮，选取网格，如图14-31所示。

下面介绍各选项的含义。

- 偏移距离：设置偏移距离或厚度。
- 递增：每单击一次【偏移距离】微调按钮，可增加或减少的数值。
- 实体化：勾选该复选框，填满原来的网格和偏移后的网格之间的空隙，建立封闭的网格。
- 删除输入网格：勾选该复选框，删除原来的网格。
- 全部反转：反转所有选取的网格的偏移方向。

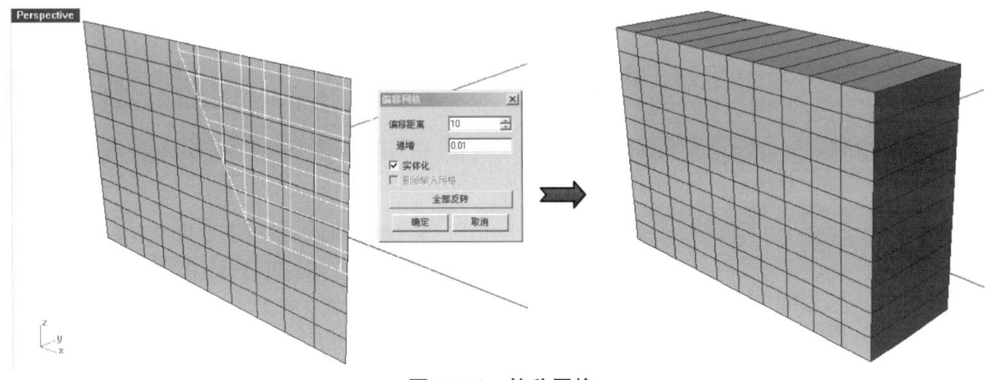

图14-31 偏移网格

14.2.10 填补网格洞

利用该工具可以填补选取的网格洞，以清理、修复或封闭网格，使网格可以输出作为快速原型。选取一个网格洞的边缘填补网格洞时，会沿着选取的外露边缘寻找，试着找到一个封闭的边界将其填补。

右击该按钮，可以填补全部的网格洞，作用对象是一个网格上所有的洞，以清理、修复或封闭网格，使网格可以输出作为快速原型。

单击【填补网格洞】按钮，选取网格物件，如图14-32所示。

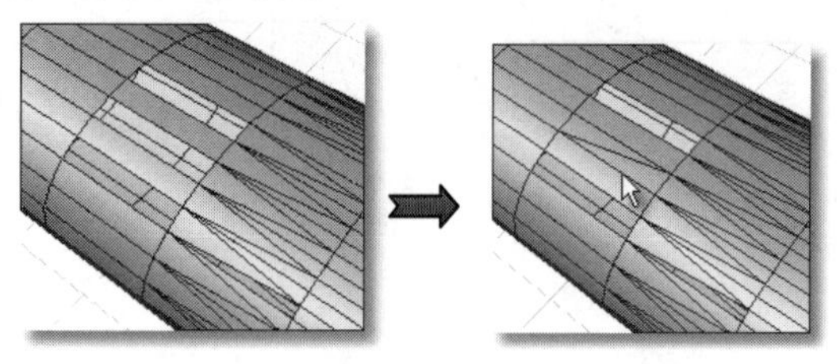

图14-32 填补网格洞

专家提示：着色显示模式下未显示网格框线时，网格边缘不可见，较不容易选取。

14.2.11 重建网格

利用该工具可以去除网格的贴图坐标、顶点颜色、曲面参数，并重建网格面和顶点法线，清理、修复或封闭网格，使网格可以输出作为快速原型。

专家提示：网格顶点和网格面会被保留，但网格面和顶点的法线会被重新计算。贴图坐标、顶点颜色、曲面曲率、曲面参数不会被取代，可以使用这个工具重建作业不正常的网格。

14.2.12 重建网格法线

利用该工具可以移除网格法线，并以网格面的定位重新建立网格面和顶点的法线，清理、修复或封闭网格，使网格可以输出作为快速原型。

14.2.13 删除网格面

利用该工具可以删除网格物件的网格面产生的网格洞，清理、修复或封闭网格，使网格可以输出作为快速原型。

这个工具在着色模式下使用比较方便，因为在着色模式下可以直接选取网格面，在线框模式下必须选取网格边缘。

单击【删除网格面】按钮，选取网格面，右击完成操作，如图14-33所示。

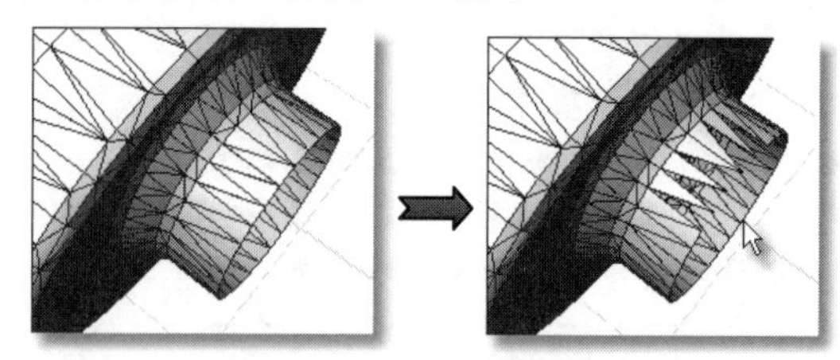

图14-33 删除网格面

14.2.14 嵌入单一网格面

利用该工具可以单一网格面填补网格上的洞，清理、修复或封闭网格，使网格可以输出作为快速原型。

单击【嵌入单一网格面】按钮，选取两个网格边缘或数个网格顶点，右击完成操作，如图14-34所示。

下面介绍各选项的含义。

- 组合网格：新建立的网格面会和原来的网格组合在一起。

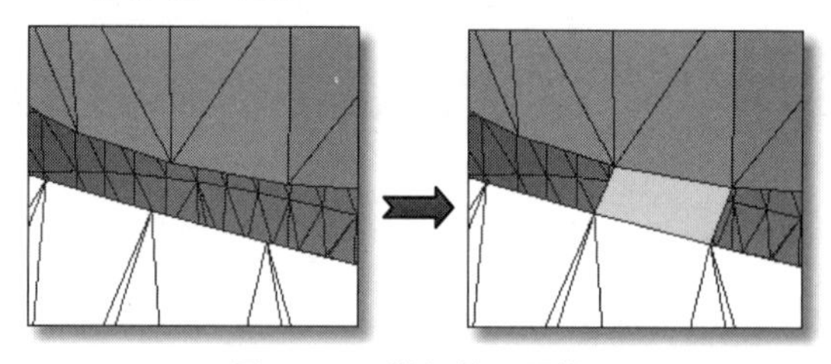

图14-34 嵌入单一网格面

14.2.15 熔接网格

单击并长按【转变曲面为网格】|【网格工具】|【熔接网格】，会弹出【熔接网格】工具列，如图14-35所示。

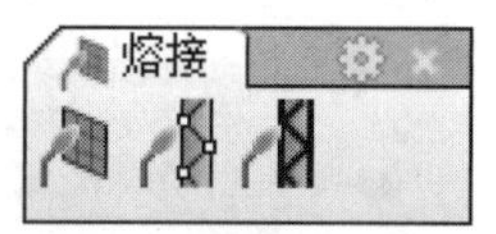

图14-35 【熔接网格】工具列

1. 熔接网格

利用该工具可以移除重叠的网格顶点的贴图坐标信息。

在【变动】工具列中单击【设置XYZ坐标】按钮，对网格顶点也可以像对控制点一样的作业。

下面介绍各选项的含义。

- 平滑的渲染：熔接在一起的网格上，与并未熔接的顶点相比较，看起来比较平滑，并未熔接的网格的顶点只是重叠在一起，每个网格面的边缘都清晰可见。如果想让并未熔接在一起的网格看起来平滑一些，就必须决定网格的熔接角度公差，如果锐边两侧的网格面之间的角度小于角度公差，网格熔接后，原本在渲染模式下看到的锐边会消失。
- 贴图映射：贴图如何包覆在物件上是由贴图坐标控制的，贴图坐标会将贴图的2D坐标映射到网格顶点上，然后依据顶点的数值将贴图影像插入相邻的顶点之间。位图的左下角为基点，右下角的坐标为（1,0），左上角的坐标为（0,1），右上角的坐标为（1,1,），贴图坐标的数值永远都在这些数值以内。每个顶点只能含有一组贴图坐标，重叠的几个顶点含有的几组贴图坐标在熔接后只有一组贴图坐标会被留下来。当一个网格的贴图坐标遗失后，无法从该网格复原遗失的贴图坐标。

专家提示：如果使用【解除熔接网格】（【熔接网格】右键）或【解除熔接网格边缘】（【熔接网格边缘】右键）工具解除熔接网格，已存在的贴图坐标也会被清除。

- STL网格导出选项：某些快速成型机只能读取完全封闭（水密）的STL网格文件。在导出快速成型机使用的STL文件之前，可以使用以下流程确保导出的是有效的STL文件。

01以【组合】工具组合个别的网格。

02以【熔接网格】工具（角度公差= 180）熔接组合后的网格。

03以【统一网格法线】工具统一网格法线，建立单一的封闭网格。

04以【显示并选取外漏网格边缘点】工具（在STL工具中）检查网格是否完全封闭（没有外露边缘）。

专家提示：

1.熔接网格顶点会影响渲染网格上的贴图映射。

2.如果同一个网格的不同边缘有顶点重叠在一起，而且网格边缘两侧的网格面法线之间的角度小于角度公差设置值，重叠的顶点会以单一顶点取代。不同网格组合而成的多重网格在熔接顶点以后会变成单一网格。

2. 熔接网格顶点

利用该工具可以移除选取的重叠网格顶点的贴图坐标信息。可以使用工具只熔接选取的网格顶点，而不必熔接整个网格，但这个工具没有像【熔接网格】工具一样的熔接角度公差设置。可以打开网格的顶点，框选要熔接的网格顶点，再单击该按钮，或先单击该按钮再选择个别的网格顶点。

3. 熔接网格边缘

利用该工具可以移除选取的网格边缘上重叠顶点的贴图坐标信息。

14.2.16 复制网格洞的边界

利用该工具可以复制网格洞的边界建立多重直线。

单击【复制网格洞的边界】按钮，选取网格洞的边界。右击完成操作，如图14-36所示。

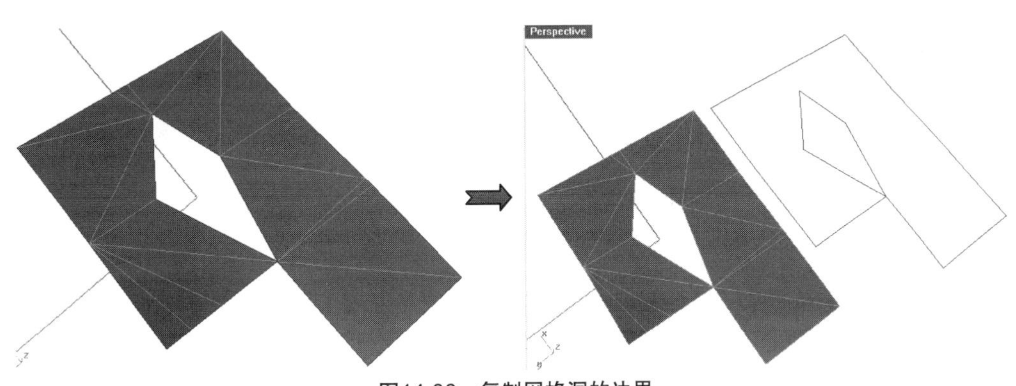

图14-36 复制网格洞的边界

14.2.17 剔除退化的网格面

利用该工具可以删除面积为0的网格面，清理、修复或封闭网格，使网格可以输出为快速原型。删除面积为0的网格面所遗留下的孤立顶点也会被删除。

单击【剔除退化的网格面】按钮，选取网格物件，右击完成操作，如图14-37所示。

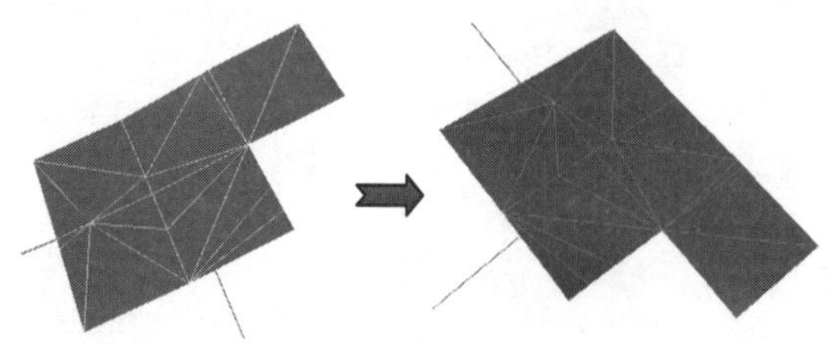

图14-37 剔除退化的网格面

14.3 网格编辑工具

虽然在Rhino中没有提供太多的生成多边形网格模型的命令，但是为了满足输出的需要，它提供的网格编辑工具还是比较全面的。由于有很多格式不能写入NURBS模型，只靠输出时的转化是不能满足需要的，因此就需要用网格编辑工具对网格模型进行必要的修整，再输出成需要的格式。

14.3.1 三角化网格

单击该按钮，会将网格上所有的四角形网格面分割成两个三角形网格面。

右击该按钮，会将网格上所有非平面的四角形网格面分割成两个三角形网格面。

下面介绍各选项的含义。

- 距离：四角形网格面的第四个顶点和前三个顶点所构成的平面的距离如果等于或大于距离设置值，就会被分割成两个三角形网格面。
- 角度：当一个四角形网格面上的两个平面法线的角度等于或大于角度设置值，就会被分割成两个三角形网格面。
- 递增：每单击一次距离或角度栏位的微调按钮，可以增加或减少数值。
- 选取网格面：选取一个网格面设置距离和角度的数值。

操作步骤如下。

01单击【三角化网格】按钮。

02选取网格曲面，按Enter键，如图14-38所示。

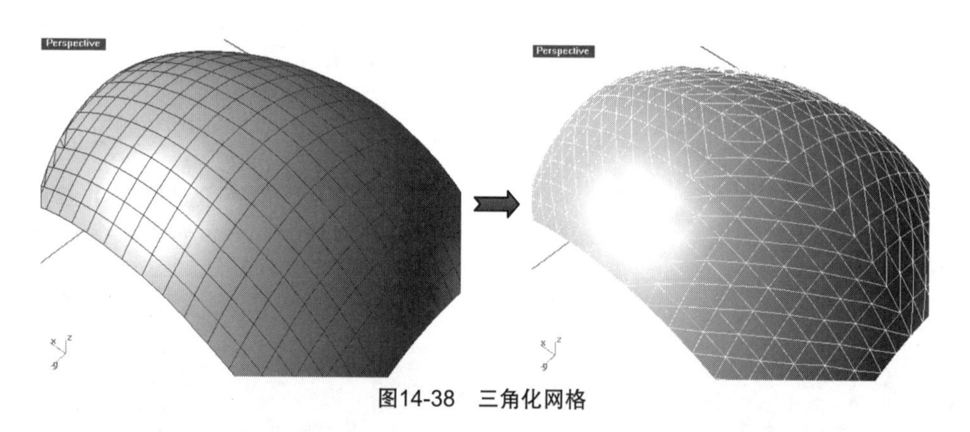

图14-38 三角化网格

14.3.2 四角化网格

利用该工具可以将两个三角形网格面合并成一个四角形网格，下面介绍各选项的含义。

- 平面差异角度：设置两个三角形网格面法线的夹角。
- 矩形相似度：设置值必须等于或大于1，通过矩形相似度测试的两个相邻的三角形网格面会被合并成一个四角形网格面。如果两个相邻的三角形网格面的两个对角线距离的比例小于或等于设置的数值，两个三角形网格面会转换成一个四角形网格面。

操作步骤如下。

01单击【四角化网格】按钮。

02选取网格曲面，按Enter键，如图14-39所示。

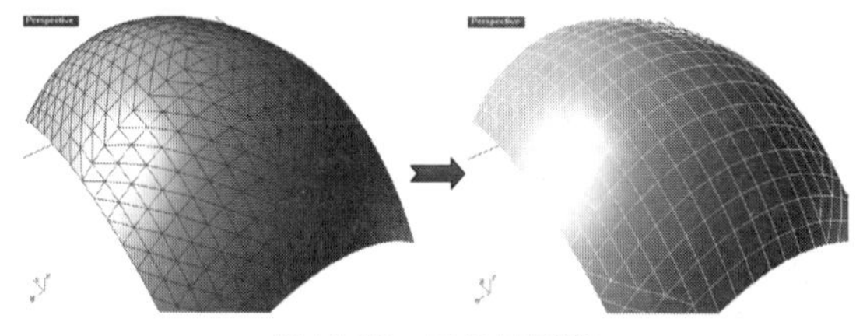

图14-39　四角化网格

14.3.3　缩减网格面数

利用该工具可以减缩网格物件的网格面数，并将四角形的网格转换为三角形。

操作步骤如下。

01单击【缩减网格面数】按钮，选取网格物件。

02设置新的网格面数目。

03单击【预览】按钮可以预览缩减结果。

如果网格上有四角形的网格面（由两个三角形网格面所组成），起始网格面数目指的是三角形网格面的数目。缩减后的新网格上只会有三角形的网格面，所以有可能发生网格缩减后的网格面数反而增加的情形。

网格缩减后有可能产生一个网格边缘被两个以上的网格面共用（非流形）的情形，这种情形在某些用途的网格物件上会造成问题，即无法分辨网格的内侧与外侧。

14.3.4　对应网格UVN

利用该工具可以将网格和点物件对应至一个曲面上。

单击【对应网格UVN】按钮，选取要对应的网格和点物件，再选取目标曲面，如图14-40所示。

命令行中的选项含义介绍如下。

- 垂直缩放比：设置网格套用到曲面后高度的缩放系数。

14.3.5　对调网格边缘

利用该工具可以对调有共用边缘的两个三角形网格面的角，清理、修复或封闭网格，使网格可以输出为快速原型，选取的网格边缘必须是两个三角形网格面的边缘。

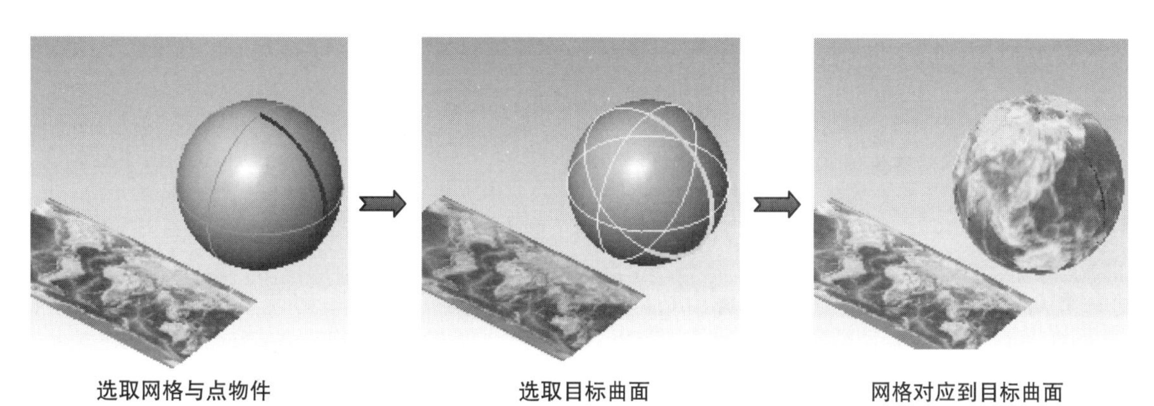

选取网格与点物件　　选取目标曲面　　网格对应到目标曲面

图14-40　将网格对应到目标曲面

单击【对调网格边缘】按钮，选取两个三角形网格面的共用边缘，如图14-41所示。

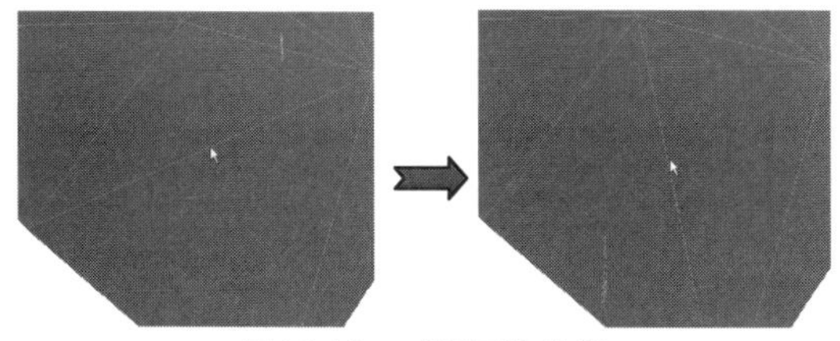

图14-41　对调网格边缘

> **专家提示：**着色显示模式下未显示网格框线时，网格边缘不可见，较不容易选取。

14.3.6　分割网格边缘

利用该工具可以分割一个网格边缘，产生两个或更多的三角形网格面，清理、修复或封闭网格，使网格可以输出作为快速原型。

单击【分割网格边缘】按钮，选取一个网格边缘，指定网格边缘要分割的位置，如图14-42所示。

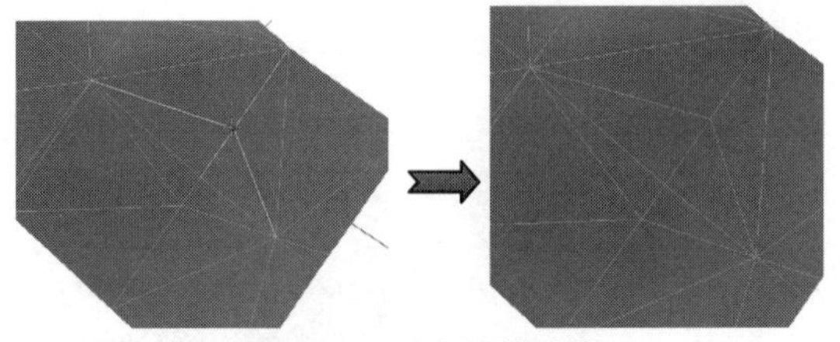

图14-42　分割网格边缘

专家提示： 使用【分割网格边缘】工具分割网格边缘时，可以使用【衔接网格边缘】工具与相邻的网格边缘衔接。

14.3.7　分割未相接的网格

利用该工具可以分割一个网格中未实际相接的部分，清理、修复或封闭网格，使网格可以输出为快速原型。

单击【分割未相接的网格】按钮，选取网格，如图14-43所示。

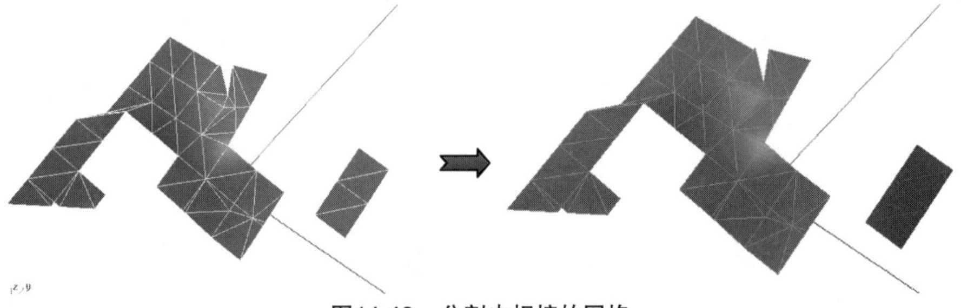

图14-43　分割未相接的网格

专家提示： 一个网格物件可以看起来像是数个不同的物件，但却属于同一个网格物件。这种情形可能因为编辑网格或导入网格产生。

14.3.8　从点建立网格

利用该工具可以从一群点物件建立网格面。

单击【从点建立网格】按钮，选取点物件，右击完成操作，如图14-44所示。

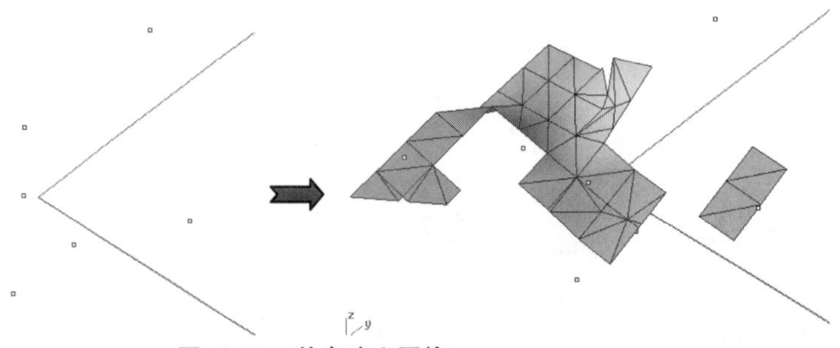

图14-44　从点建立网格

14.4 实战案例——制作牙刷架模型

引入文件：动手操作\源文件\Ch14\牙刷架\前视图.jpg、右视图.jpg
结果文件：动手操作\结果文件\Ch14\牙刷架.3dm
视频文件：视频\Ch14\牙刷架细分建模.avi

本例利用网格建模技术创建一个曲面外形要求平滑度很高的牙刷架模型，如图10-45所示。

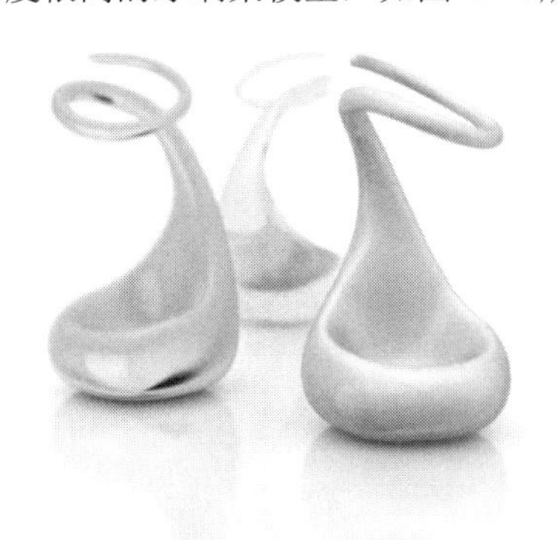

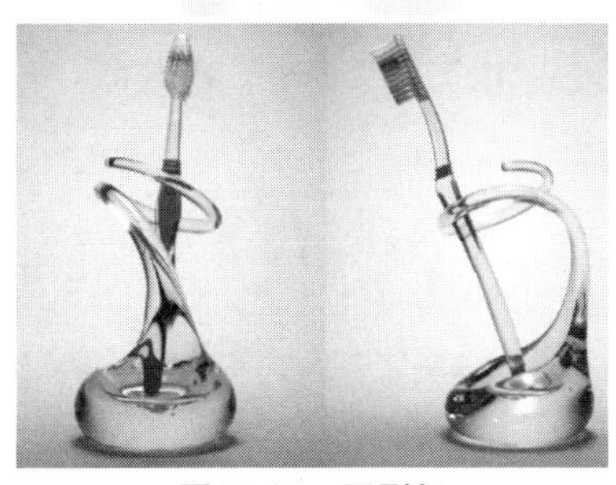

图14-45 牙刷架

牙刷架的设计过程包括由网格细分建模开始构建到最终得到NURBS实体，如图14-46所示。

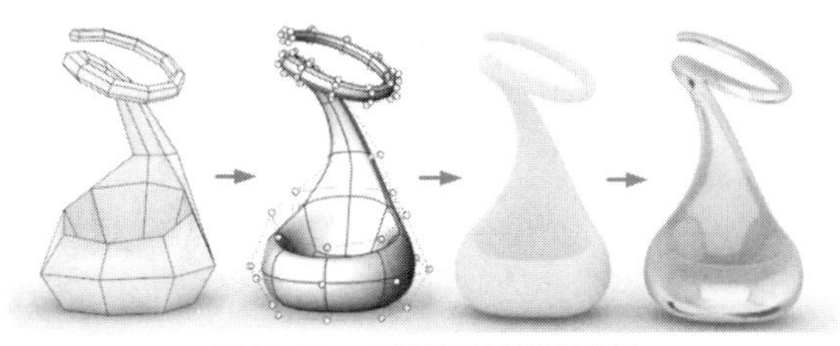

图14-46 牙刷架的设计过程

技巧点拨

在导入背景图后，有时需要在Perspective视窗中显示图片，所以建议利用【曲面工具】标签下左边栏中的【添加一个图像平面】工具导入背景图片，而不是利用【背景图】标签下的【放置背景图】工具导入。

1. 添加背景图

01 在【曲面工具】标签中单击【添加一个图像平面】按钮，从本例源文件夹中打开“前视图.bmp”图片，按1:1的比例将其放置在Front视图中的坐标系原点上（输入“0,0,0”或者锁定格点后捕捉到原点），如图14-47所示。

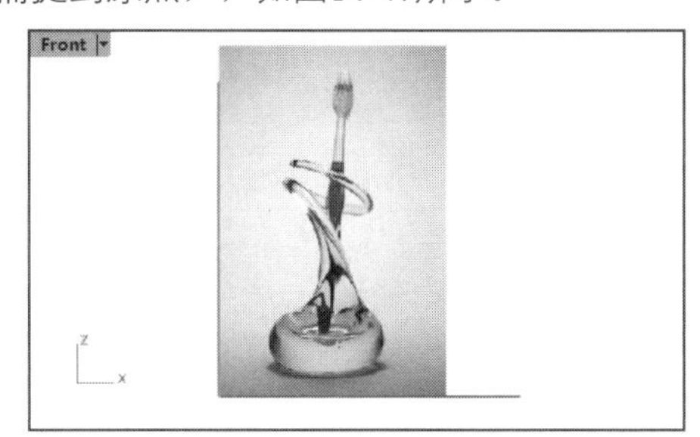

图14-47 放置背景图

02 在状态栏中单击【操作轴】选项，开启操作轴在视图中的显示，在Perspective视窗中拖动背景图片向Y轴方向平移，如图14-48所示。

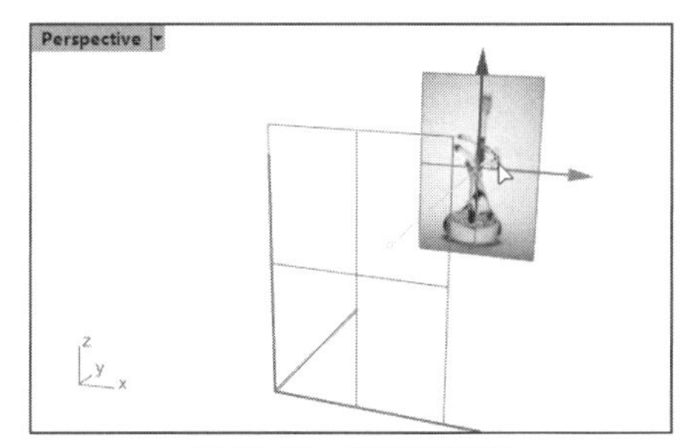

图14-48 平移背景图

03 同理，添加另一个“右视图.bmp”的图片到Right视窗中，同时在Top视窗中作平移操作，如图14-49所示。

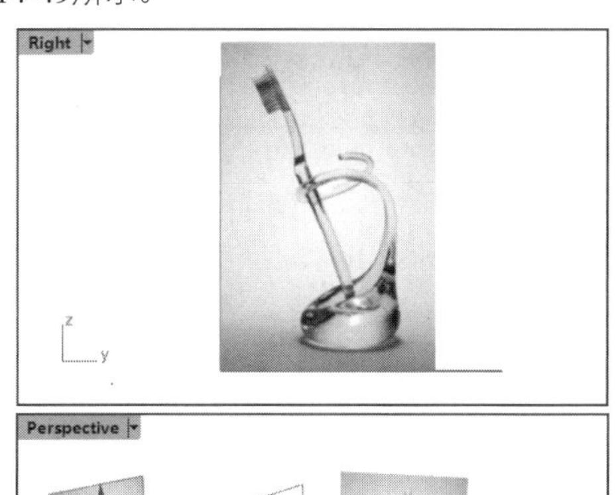

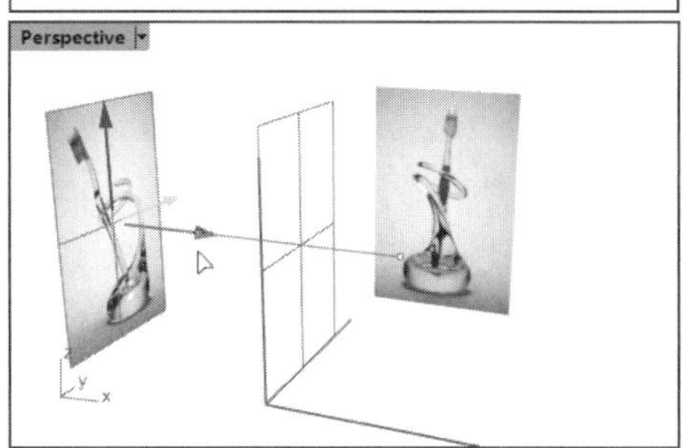

图14-49 添加另一张图片

2. 牙刷架底座造型

01 在【网格工具】标签下左边栏中的【建立网格】工具列中单击【网格立方体】按钮，在命令行中设置X数量、Y数量和Z数量为1，以“中心点”方式将立方体网格放置于原点，且长、宽、高分别为30，结果如图14-50所示。

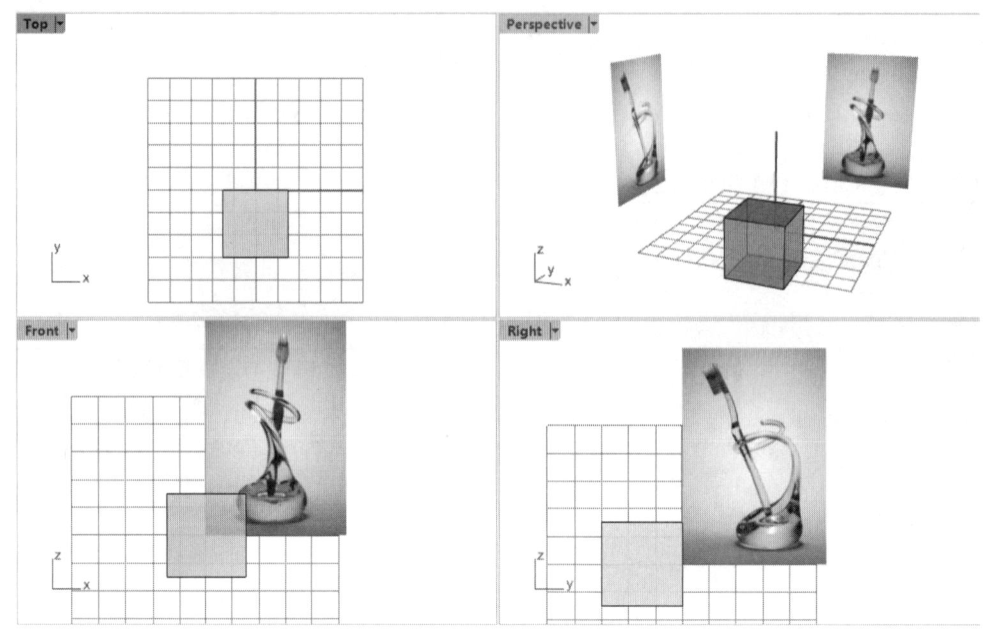

图14-50 创建立方体网格

02在命令行中输入subdivide（细分）命令，然后选择立方体网格作为细分对象，按Enter键后完成细分，结果如图14-51所示。

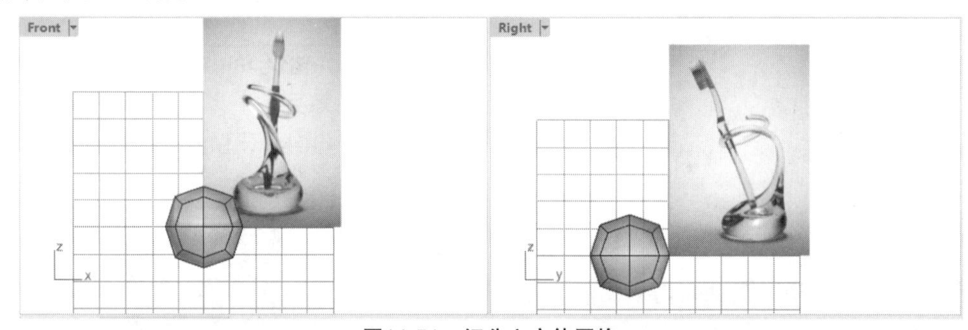

图14-51 细分立方体网格

03将细分后的网格模型通过操作轴平移到图片中的牙刷架底座位置，如图14-52所示。

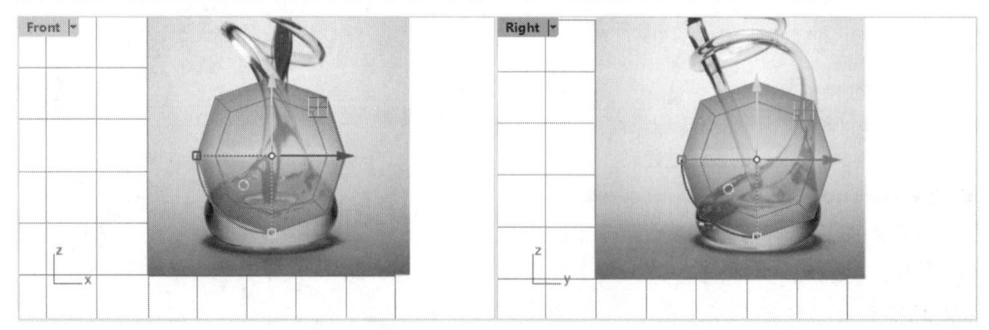

图14-52 平移网格模型

04在【曲线工具】标签下单击【显示物件控制点】按钮，显示网格模型中的控制点，如图14-53所示。

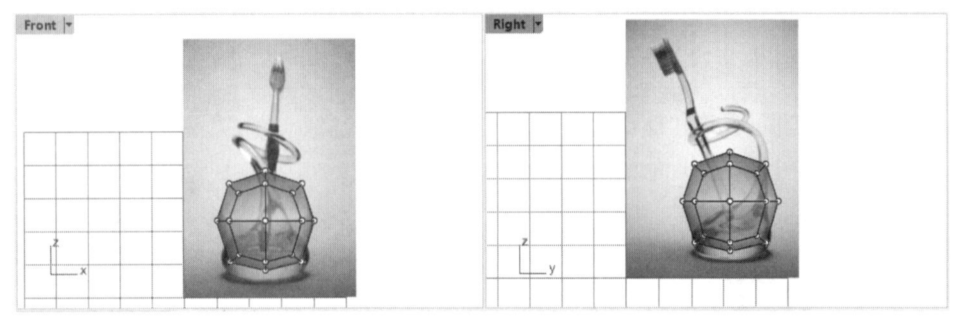

图14-53　显示物件控制点

05为了避免在拖动网格模型的控制点时拖动了背景图片，可以先在几个视窗中选中图片并执行右键快捷菜单中的【锁定物件】命令将其固定，如图14-54所示。

06在【变动】标签下单击【设置XYZ坐标】按钮，选取如图14-55所示的几个控制点，按Enter键确认后弹出【设置点】对话框。

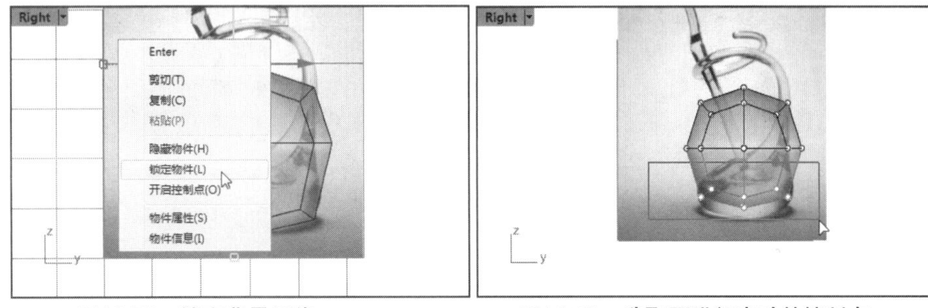

图14-54　锁定背景图像　　图14-55　选取要进行变动的控制点

07在该对话框中仅勾选【设置Z】复选框，然后单击【确定】按钮，完成设置。随后在Front视窗或在Right视窗中拖动控制点进行变形操作，如图14-56所示。

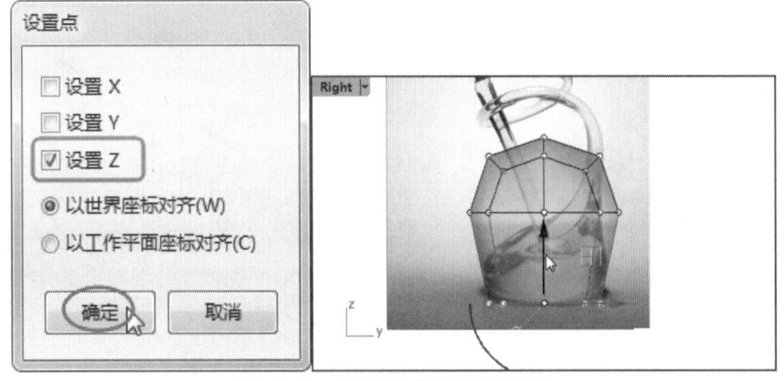

图14-56　拖动控制点进行变形

08再调整其余的控制点位置，达到变形网格模型的目的，结果如图14-57所示。完成操作后右击【显示物件控制点】按钮，关闭控制点的显示。

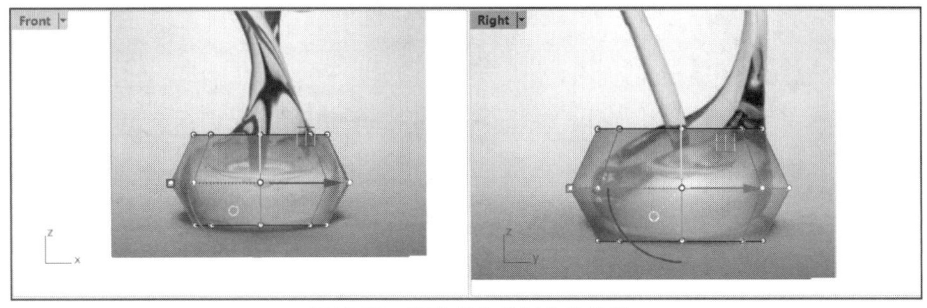

图14-57　调整其余控制点的位置

09在操作轴打开的情况下，按住Shift+Ctrl键，在网格模型顶部选取4个网格面，先在操作轴上拖动挤出点，向上挤出新网格，如图14-58所示。

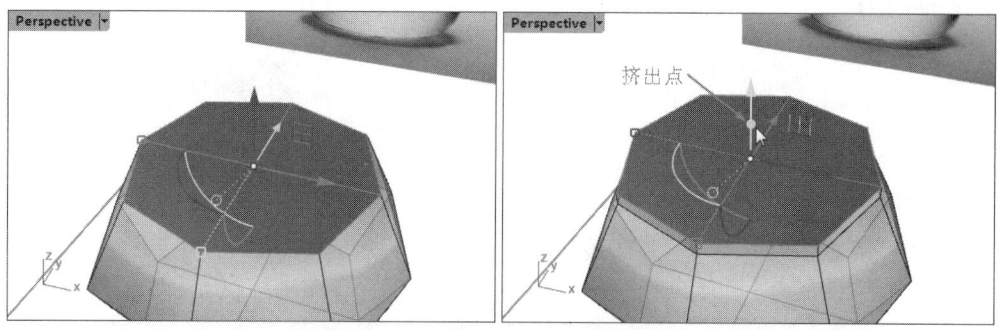

图14-58　选取网格面进行挤出操作

10拖动操作轴上的X缩放点和Y缩放点来缩放所选的4个网格面，如图14-59所示。

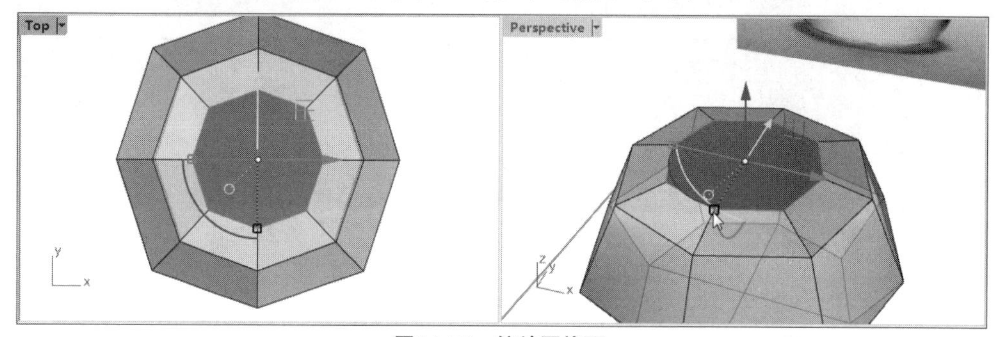

图14-59　缩放网格面

11缩放后向下拖动操作轴的Z轴，生成底座的凹陷特征，如图14-60所示。

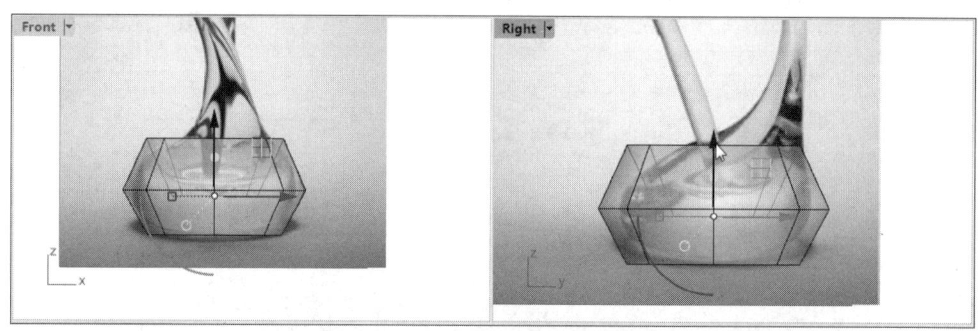

图14-60　拖动操作轴生成底座凹陷

12在状态栏中单击【过滤器】选项，弹出【选取过滤器】对话框，仅勾选【点/顶点】复选框和【子物件】复选框，然后在Right视窗中选取顶部的控制点，显示操作轴，如图14-61所示。

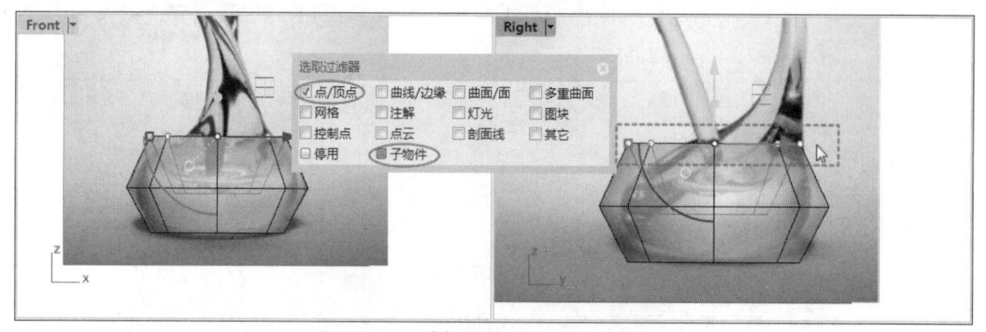

图14-61　选择要进行操作的控制点

13按如图14-62所示的操作，按住Shift键旋转控制点。

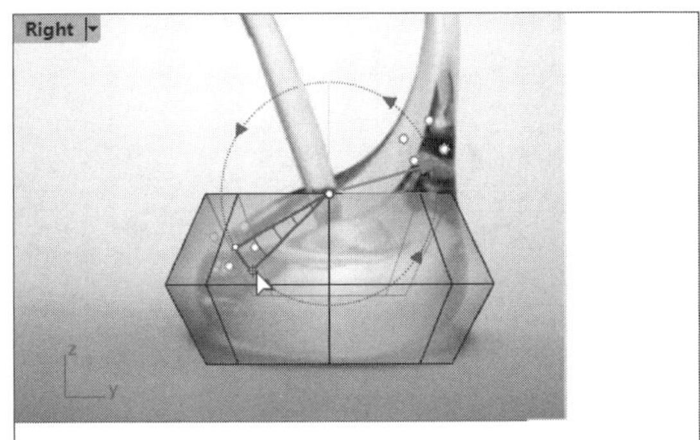

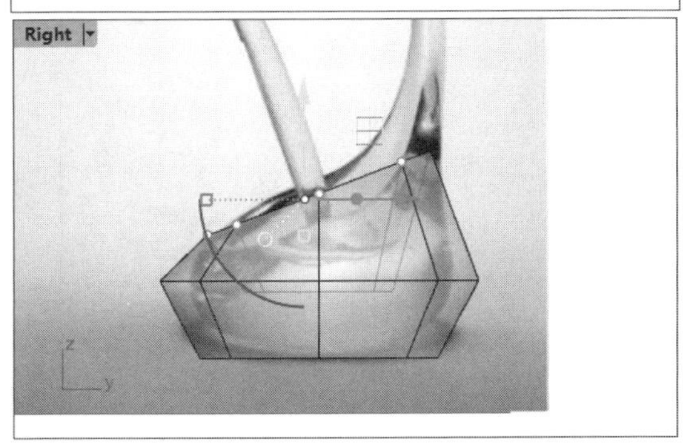

图14-62 旋转控制点进行变形

14拖动轴面控制器，最终的变形结果如图14-63所示。

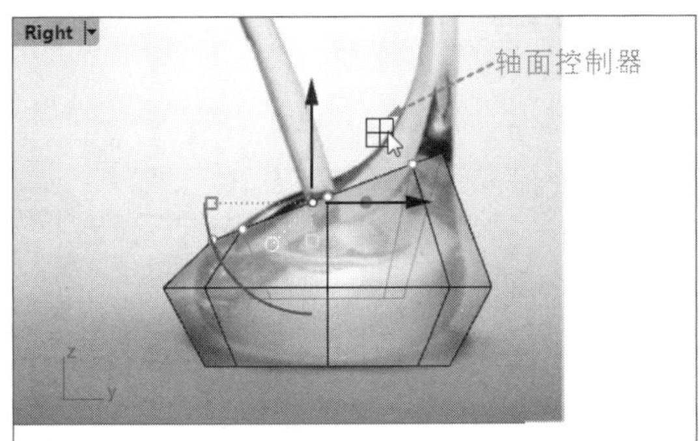

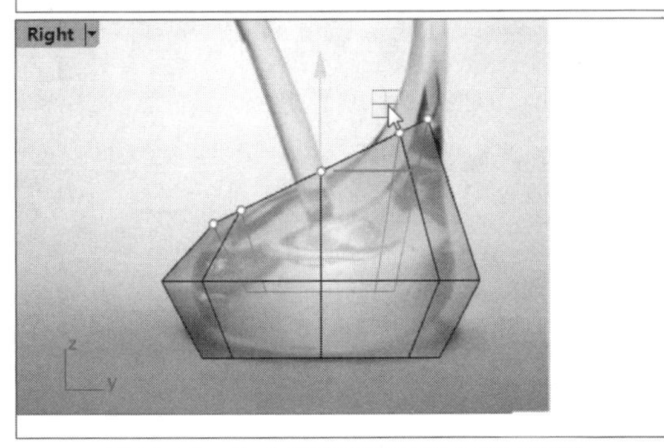

图14-63 拖动轴面控制器进行变形操作

15同理，通过过滤器开启【曲面/面】选项，按住Shift键选取如图14-64所示的两个网格面，向上拖动并挤出新的网格面。

16拖动Z缩放点，将顶部的挤出面水平对齐，如图14-65所示。

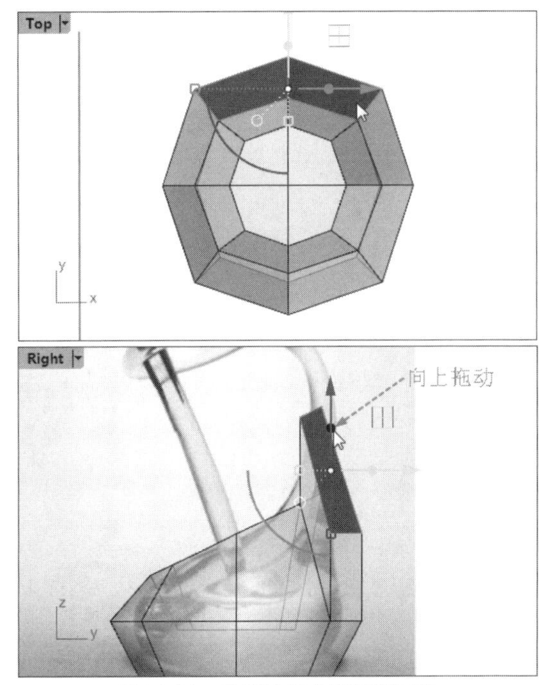

图14-64 拖动挤出点挤出新网格

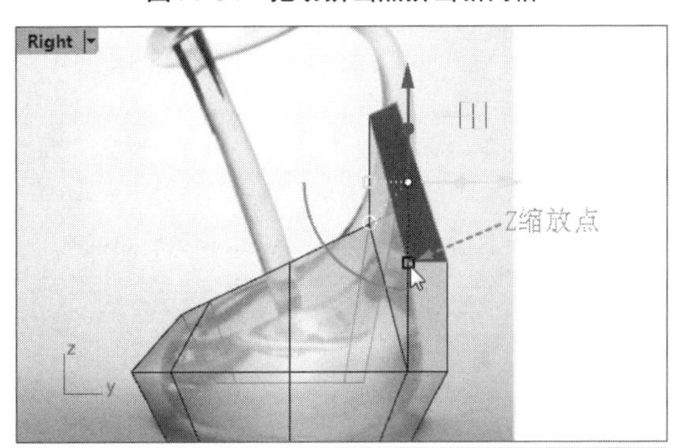

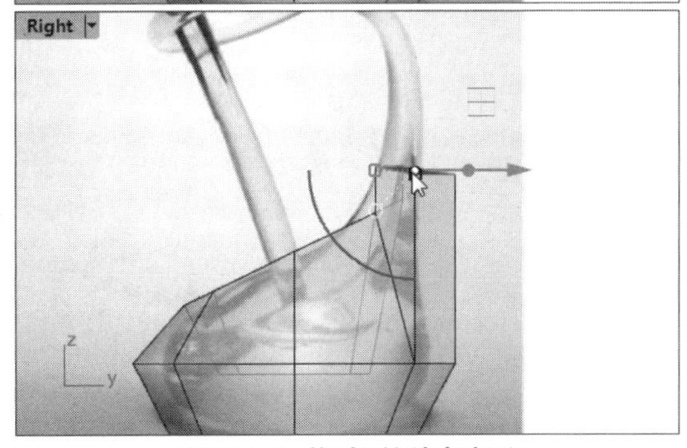

图14-65 拖动Z缩放点变形

17在过滤器中取消【子物件】复选框的勾选，然后单击【曲线工具】标签中的【显示物件控制点】按钮，显示网格模型中的所有控制点。

18勾选【子物件】复选框和【点/顶点】复选框，单击【设置XYZ坐标】按钮，然后将新网格顶部的几个控制点水平对齐，如图14-66所示。

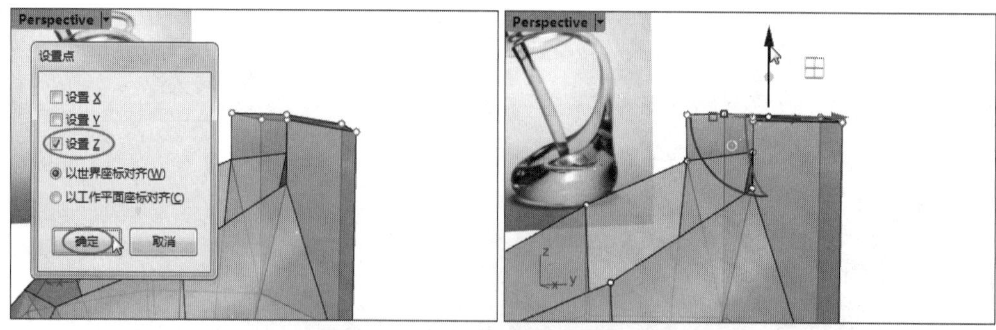

图14-66　水平对齐顶部的网格控制点

19在Front视窗和Right视窗中不断调整控制点位置进行变形操作，结果如图14-67所示。

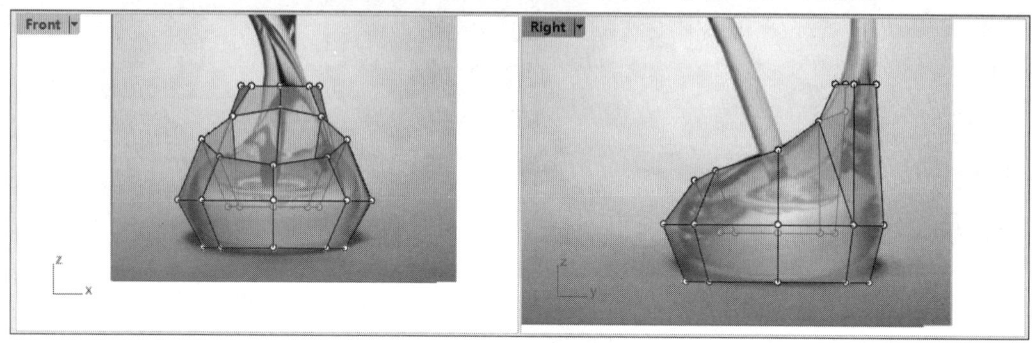

图14-67　最终变形效果

3. 牙刷架圆管支架造型

01在Front视窗中，利用【曲线工具】标签下左边栏中的【控制点曲线】工具，绘制圆管支架的路径曲线。

02在Right视窗中将曲线移动，然后拖动曲线控制点以符合支架形状，如图14-68所示。

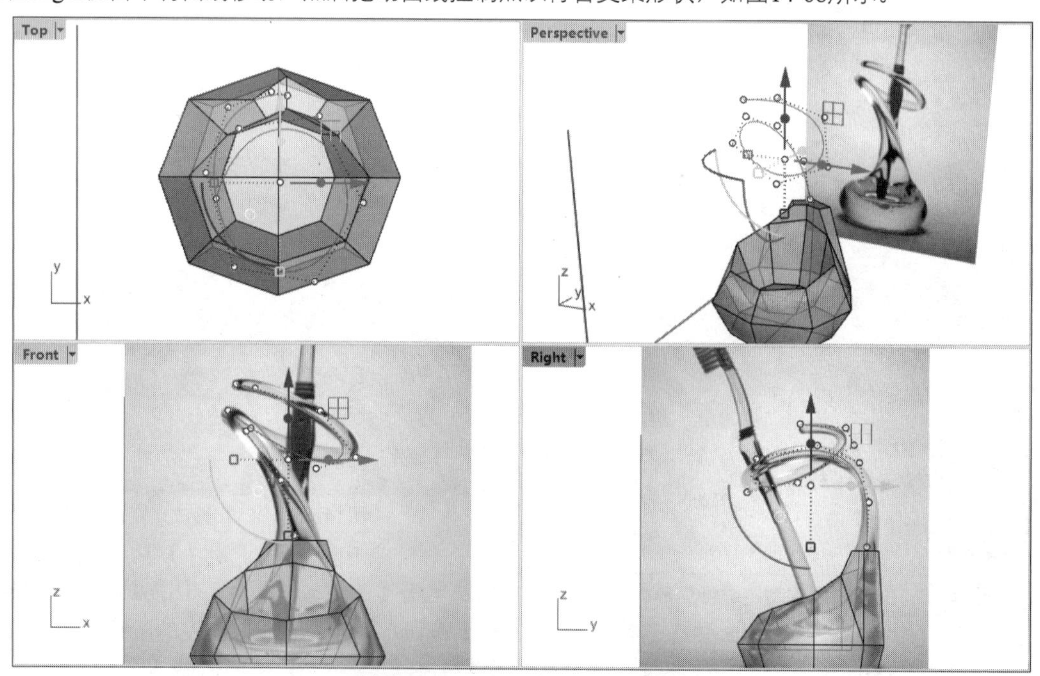

图14-68　创建圆管支架路径曲线

03在【实体工具】标签下的左边栏中单击【圆管（平头盖）】按钮，选取支架路径曲线来创建起点直径为5、终点直径为2.5的不加盖的圆管曲面，如图14-69所示。

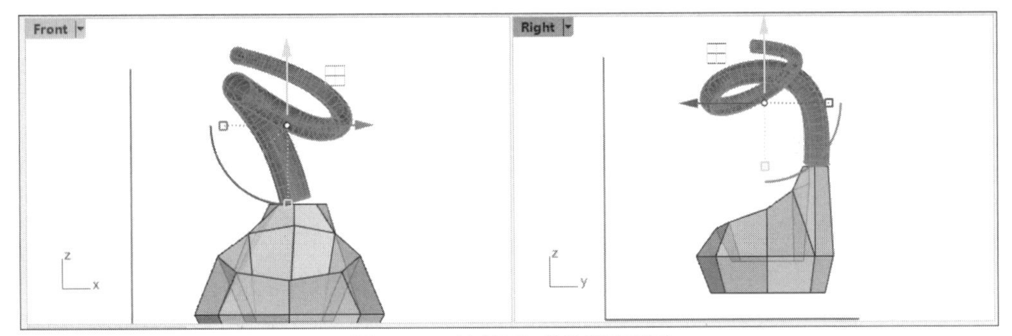

图14-69 创建不加盖的圆管曲面

04选中圆管曲面，在【曲面工具】标签中单击【重建曲面】按钮，重新建构圆管曲面为六边形曲面，如图14-70所示。

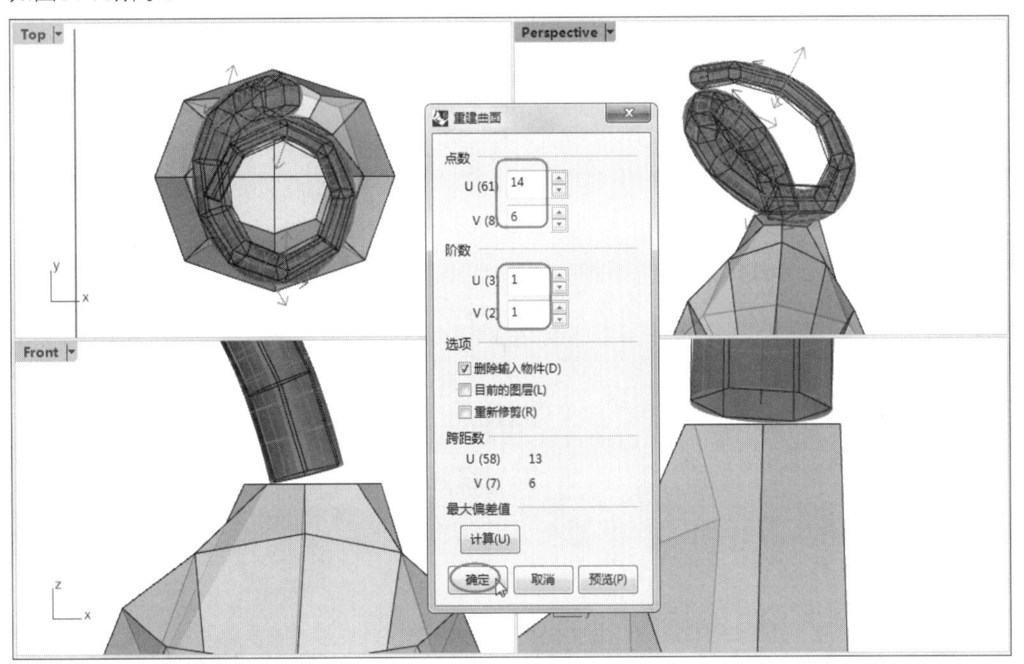

图14-70 重建曲面

05重建曲面后，使用【网格工具】标签下左边栏中的【转换曲面/多重曲面为网格】工具，转换为网格，如图14-71所示。然后将重建曲面删除，仅保留网格。

图14-71 转换为网格

06按住Ctrl+Shift键，按如图14-72所示选取并删除网格。同理，也删除底座顶部的两个网格面。

07开启【物件锁点】选项，在【选取过滤器】对话框中勾选【点物件】复选框。在【网格工具】标签下左边栏中单击【单一网格面】按钮，连接支架网格与底座网格以生成单一网格面，如图14-73所示。

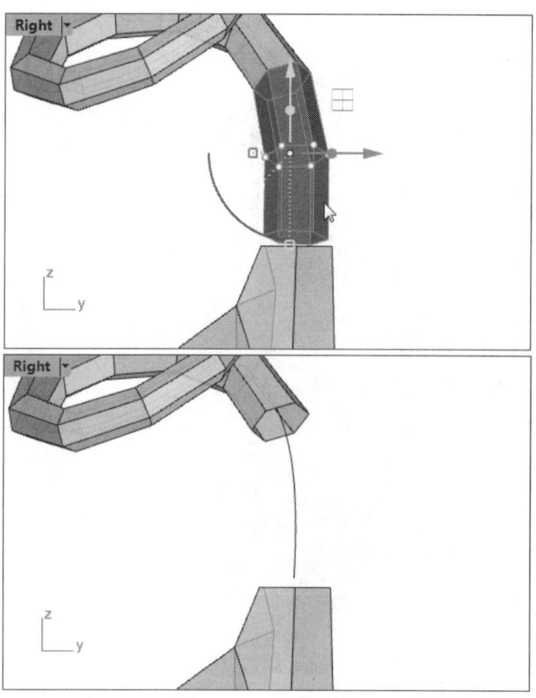

图14-72　删除网格

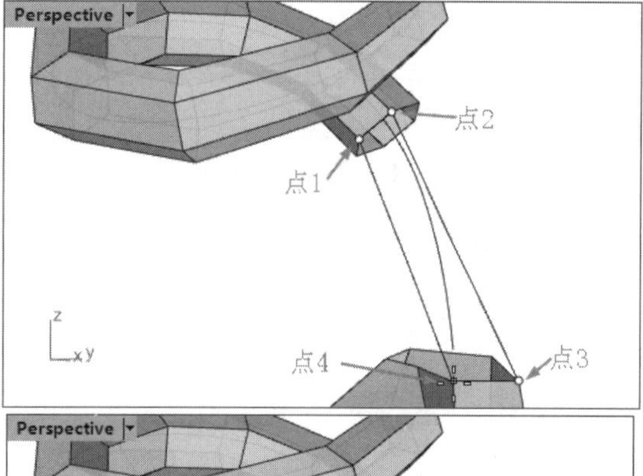

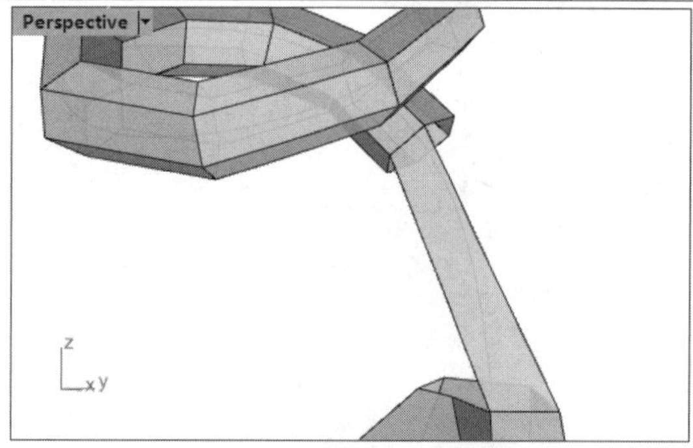

图14-73　创建单一网格面

08同理，完成其余5边的单一网格面的建立，如图14-74所示。

09再用【单一网格面】工具将圆管支架的开口封上，如图14-75所示。

10框选所有网格，利用【实体工具】标签下左边栏中的【组合】工具，将网格组合成整体。

11在命令行中输入subdfrommesh（细分曲面）命令，选择组合的网格后按Enter键，网格面全部自动生成细分曲面，如图14-76所示。

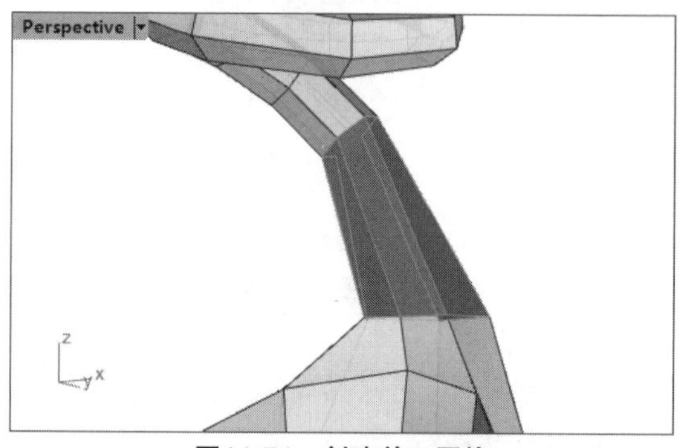

图14-74　创建单一网格

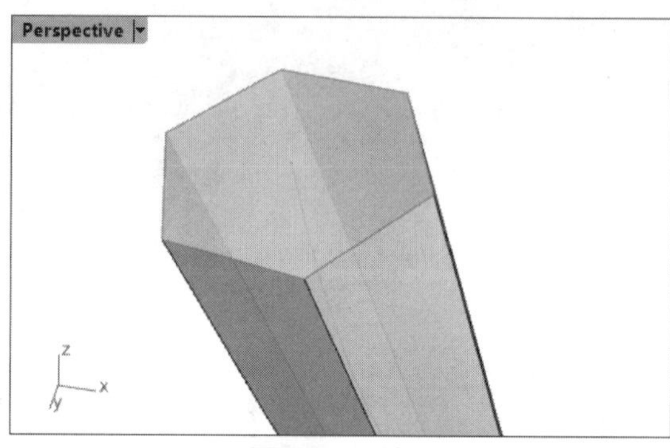

图14-75　封口

细分选项 (锐边(C)=否 在所有视图着色(S)=否 删除输入物件(D)=是):

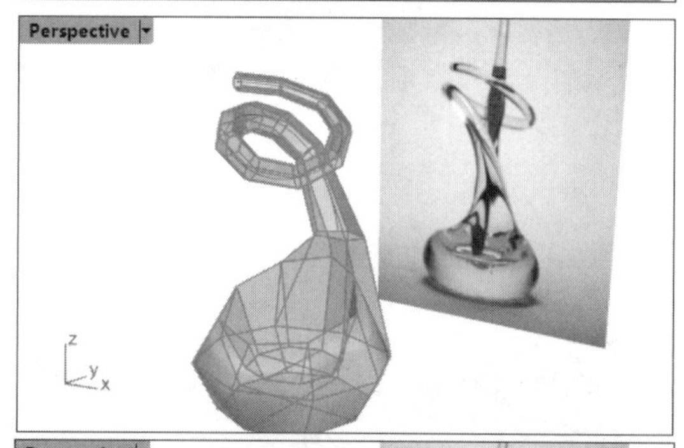

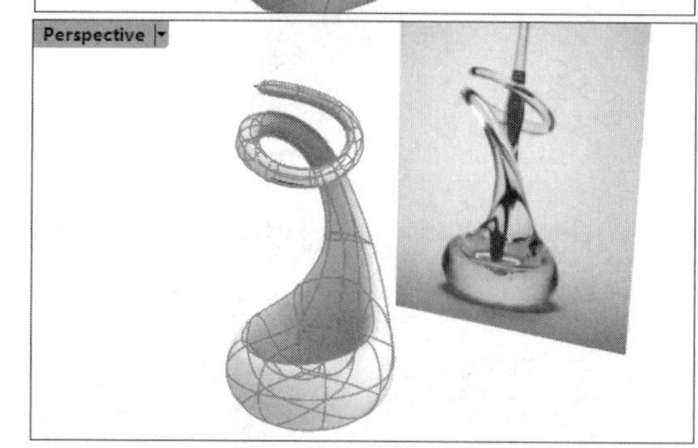

图14-76　生成细分曲面

12在【网格工具】标签中右击【将物件转换为NURBS】按钮，选中所有细分曲面后按Enter键完成转换，如图14-77所示。

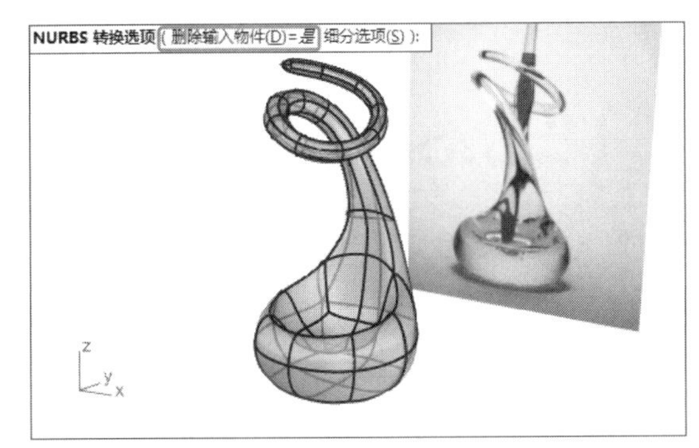

图14-77　转换成NURBS曲面

13再次框选所有NURBS曲面，进行组合操作，至此完成了牙刷支架的建模，效果如图14-78所示。

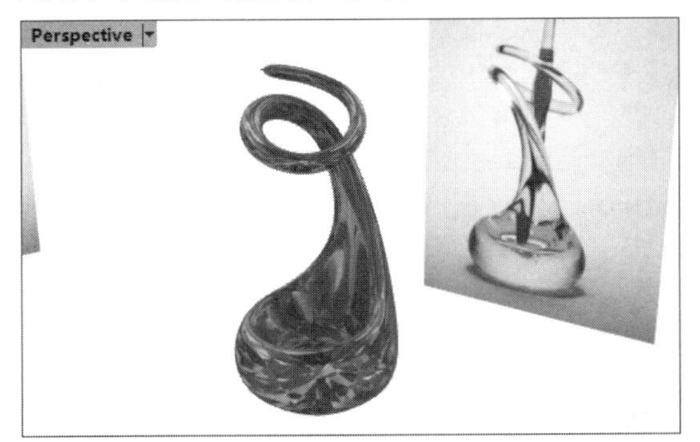

图14-78　最终完成建模的效果

14.5 课后练习

网格建模与实体建模的方法相同，将上一章的储物架模型用网格工具重新建立一次，结构如图14-79所示。

图14-79　储物架模型

15 第15章 RhinoGold珠宝设计

本章主要介绍Rhino 6.0的珠宝设计插件RhinoGold的设计界面、设计工具的基本用法，让珠宝设计爱好者能更容易地掌握RhinoGold的技巧。

项目分解

- RhinoGoid概述
- 利用变动工具设计首饰
- 宝石工具
- 珠宝工具

15.1 RhinoGold概述

RhinoGold是一个3D珠宝专业软件，用来设计立体的珠宝造型，输出的档案适用于任何打印设备以制作尺寸精准的可铸造模型。

RhinoGold是闻名全球的珠宝设计方案提供商TDM Solutions旗下的产品。TDM Solutions是一家特别重视珠宝产业并且提供各式产业计算机辅助设计/制造（CAD/CAM）解决方案的企业，提供数字辅助设计/制造方案给汽车、模具、模型制作、鞋业以及一般机械设备产业，开发设计应用程序，如RhinoGold、RhinoMold、RhinoNest、Clayoo与RhinoShoe。

15.1.1 RhinoGold 6.6的下载与安装

RhinoGold 6.6能完美地与Rhino 6.0配合使用。RhinoGold 6.6大幅提升了最重要的RhinoGold体验，引进了先进的装饰和快速省时工具。

在RhinoGold的官网（https://www.tdmsolutions.com/zh-hans/）可以下载安装程序GateApp.exe。RhinoGold 6.6软件可以免费试用（期限为15天，第一次试用期2天，继续试用为13天），为初学者提供了便利。下面介绍RhinoGold 6.6安装过程。

动手操作——RhinoGold 6.6的安装

01双击RhinoGold 6.6的安装程序GateApp.exe，启动安装界面，如图15-1所示。第一次弹出安装界面时，需要注册一个账号。

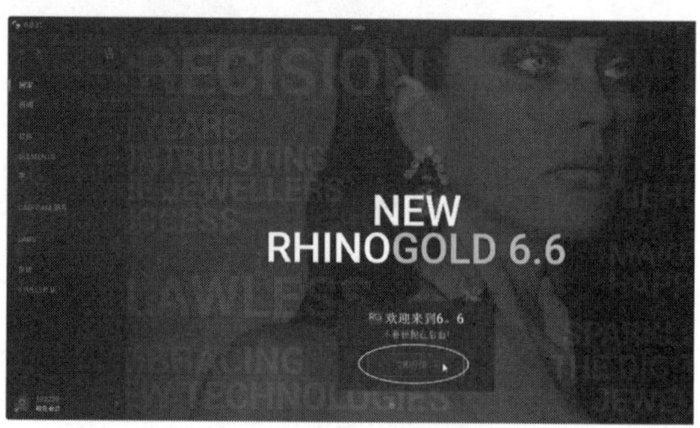

图15-1 启动安装界面

02在安装界面底部单击【立即升级】按钮，弹出RhinoGold 6.6下载界面。选择匹配Rhino 6.0的版本，然后单击【尝试】按钮，系统会自动从官网下载RhinoGold 6.6程序包，并完成自动安装，无须人为值守安装，如图15-2所示。

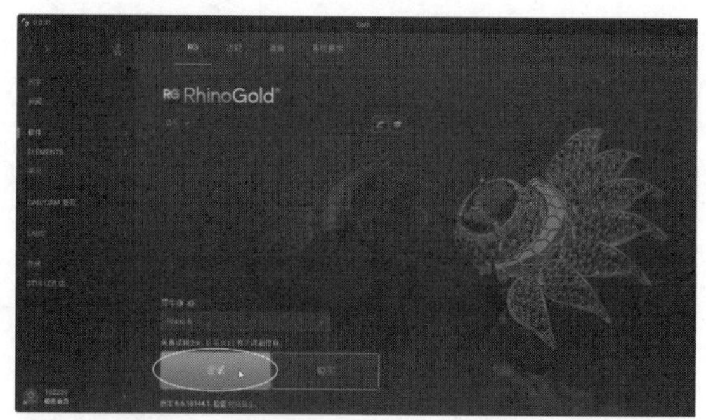

图15-2 自动下载RhinoGold 6.6并安装

03安装完成后桌面上生成RhinoGold 6.6的快捷方式RG。双击此图标，启动RhinoGold 6.6，首次试用软件须单击【继续】按钮，如图15-3所示。

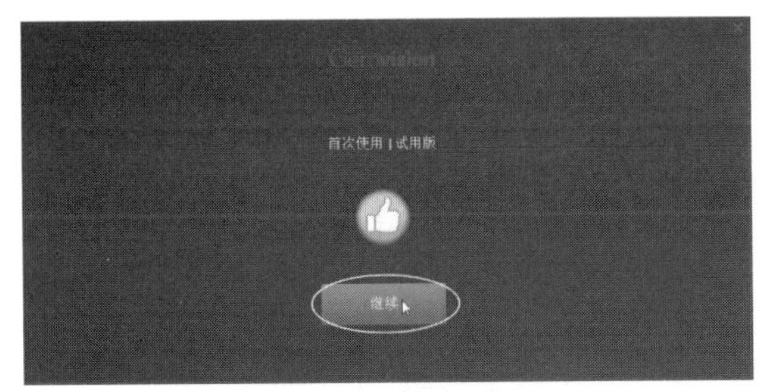

图15-3　试用软件

04在弹出的界面中单击【购买】或【尝试】按钮，如果继续试用，请单击【尝试】按钮，如图15-4所示。随后进入RhinoGold 6.6设计界面中。

05RhinoGold 6.6的设计界面如图15-5所示。

图15-4　选择继续尝试

06RhinoGold 6.6是Rhino 6.0的插件，可以在Rhino 6.0界面中使用RhinoGold的相关设计工具，如图15-6所示。在Rhino 6.0中设计珠宝，赋予材质后不会实时进行渲染。在RhinoGold 6.6中进行设计，可以实时观察珠宝的渲染效果。

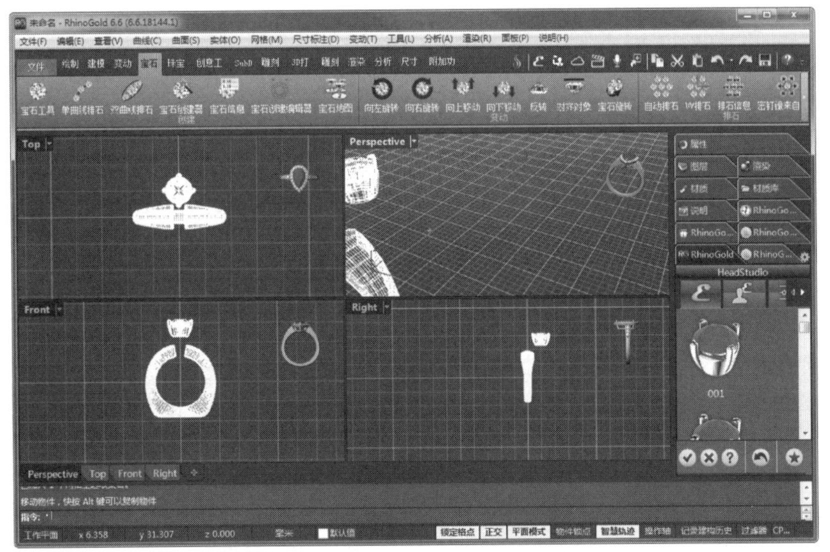
图15-5　RhinoGold 6.6设计界面

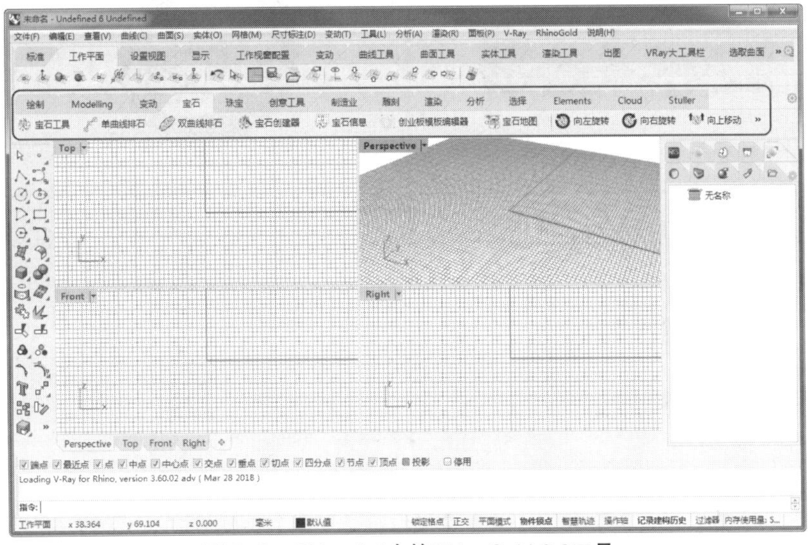
图15-6　Rhino 6.0中的RhinoGold 6.6工具

15.1.2 RhinoGold 6.6设计工具

在RhinoGold 6.6界面中，功能区包含多个用于设计珠宝首饰的工具，其中【绘制】、【建模】、【变动】、【渲染】、【分析】及【尺寸】等选项卡中的工具均属于Rhino 6.0的设计工具。

RhinoGold 6.6的界面与Rhino 6.0的界面基本相同，且RhinoGold的视图操控与Rhino的视图操控也完全相同。如果已经习惯其他三维软件的操作方式，可以在菜单栏中执行【文件】|【选项】命令，打开【Rhino选项】对话框。在左侧列表中选择【鼠标】选项，然后在右边的选项设置区域设置操控方式，如图15-7所示。

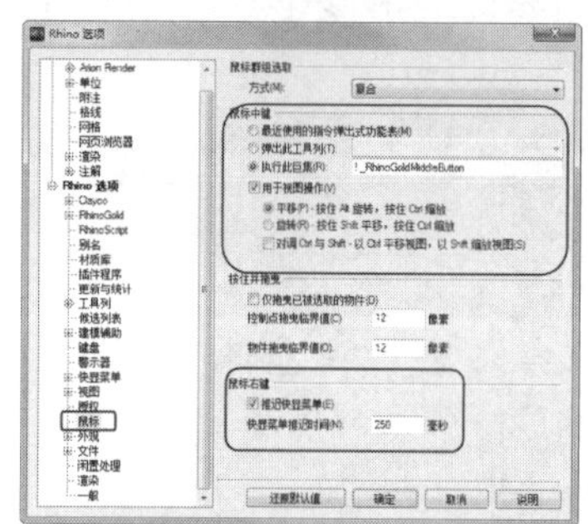

图15-7 【Rhino选项】对话框

下面介绍在RhinoGold 6.6中操控视图的方法。

- 单击鼠标左键：选择对象。
- 单击鼠标中键：弹出选择功能菜单。
- 单击鼠标右键：重复执行上一次命令。
- 鼠标中键滚轮：缩放视图。
- 按住鼠标右键：旋转视图。
- 按住右键+Shift键：平移视图。
- 按住右键+Ctrl键：缩放视图。

15.2 利用变动工具设计首饰

【变动】选项卡中的工具在第2章中已经详细介绍过了。下面主要是利用变动工具来设计首饰。RhinoGold 6.6的【变动】选项卡如图15-8所示。

动手操作——【操作轴变形器】应用练习

01打开本例源文件15-1.3dm，练习模型如图15-9所示。

图15-8 【变动】选项卡

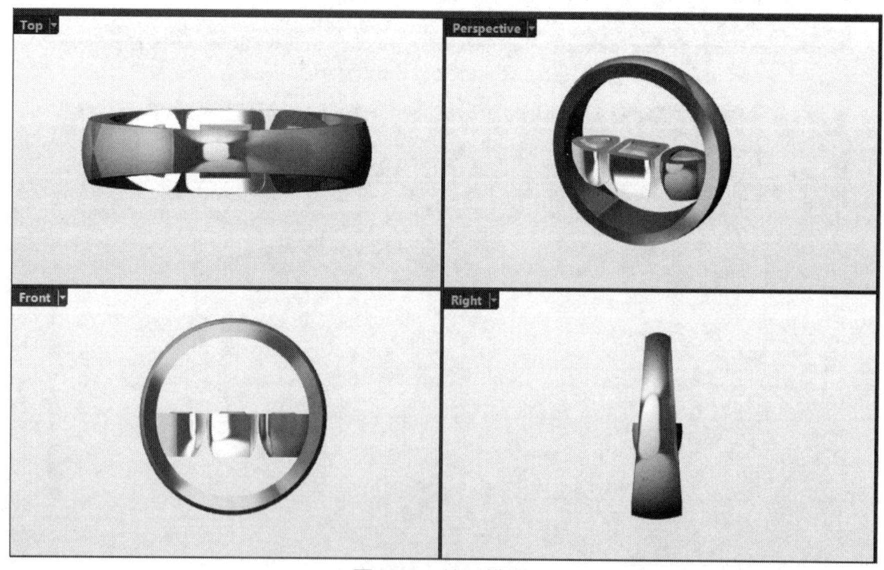

图15-9 练习模型

02在【变动】选项卡中的【常用】面板中单击【操作轴变形器】按钮，然后在Front视窗中按Shift键选中中间的宝石及包镶，向上拖动绿色轴箭头改变其位置，如图15-10所示。

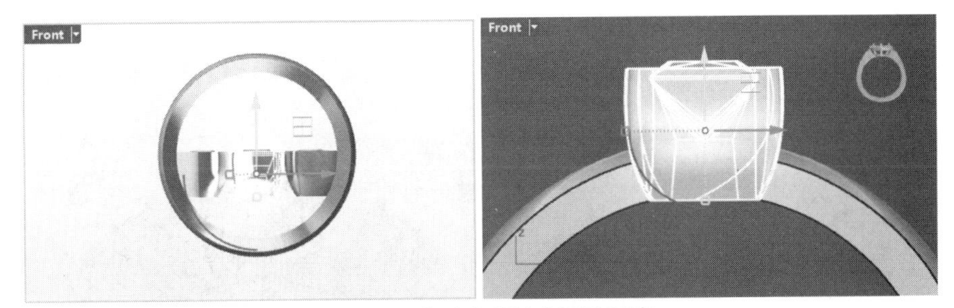

图15-10　拖动中间的宝石及包镶

技术要点：如果仅选择宝石，系统会自动检测到与宝石有关联关系的包镶，并且能够同时移动它。

03同理，将左侧的宝石及包镶也拖动到如图15-11所示的位置，然后拖动蓝色的旋转弧改变其方向。

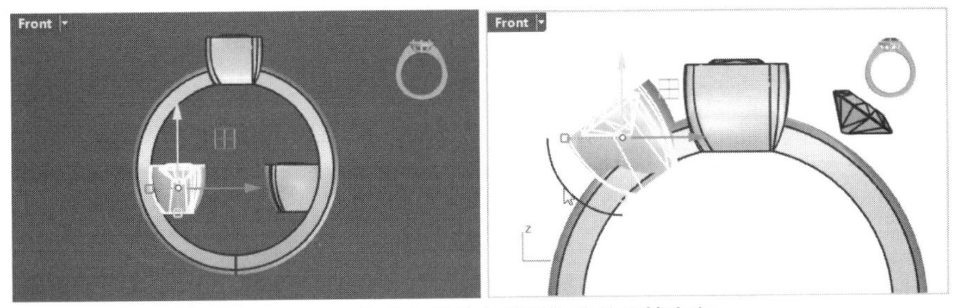

图15-11　拖动左侧的宝石及包镶并旋转方向

04将右侧的宝石及包镶进行拖动平移并进行旋转，效果如图15-12所示。

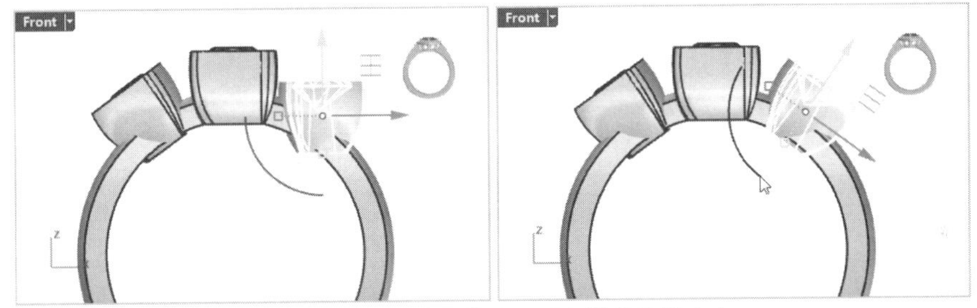

图15-12　拖动右侧的宝石及包镶并旋转方向

05在【珠宝】选项卡中的【戒指】面板中单击【手指尺寸】命令菜单中的【尺寸测量器】按钮，在软件窗口右侧显示的RhinoGold控制面板中选择Hong Kong图标，设置圆柱底面直径为15mm，设置圆柱的高度为10mm，单击控制面板底部的【确定】按钮，完成圆柱实体（此实体代表了人体手指的尺寸）的创建，如图15-13所示。

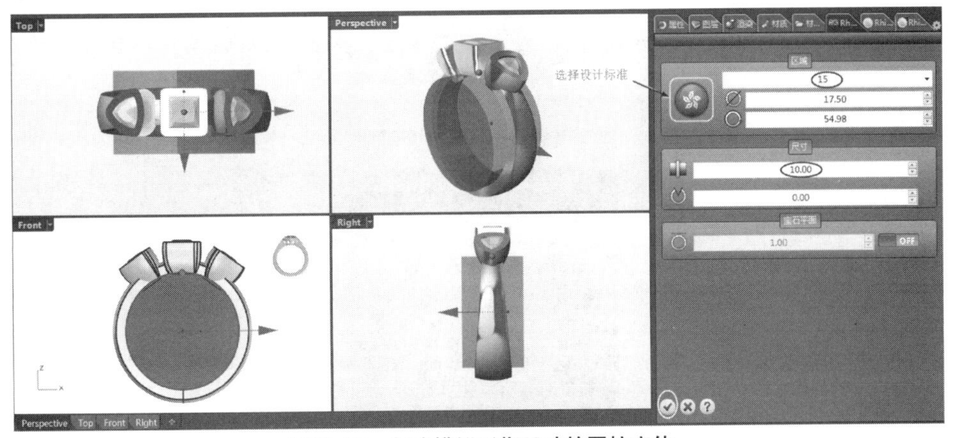

图15-13　创建模拟手指尺寸的圆柱实体

06在【建模】选项卡中的【修改实体】面板中单击【布尔运算-差集】按钮，在任何一个视窗中按住Shift键选取3个包镶作为分割主体，按Enter键确认，再选择圆柱实体作为切割工具，按Enter键确认后完成切割操作，如图15-14所示。

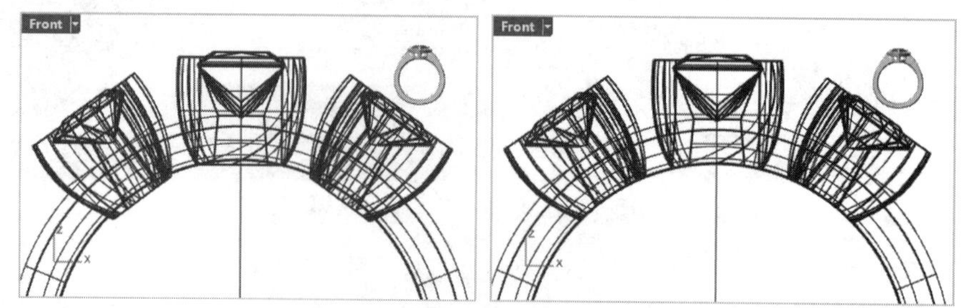

图15-14　切割包镶中多余的部分

07保存结果文件。

动手操作——【动态环形阵列】应用练习

01打开本练习模型文件15-2.3dm，如图15-15所示。

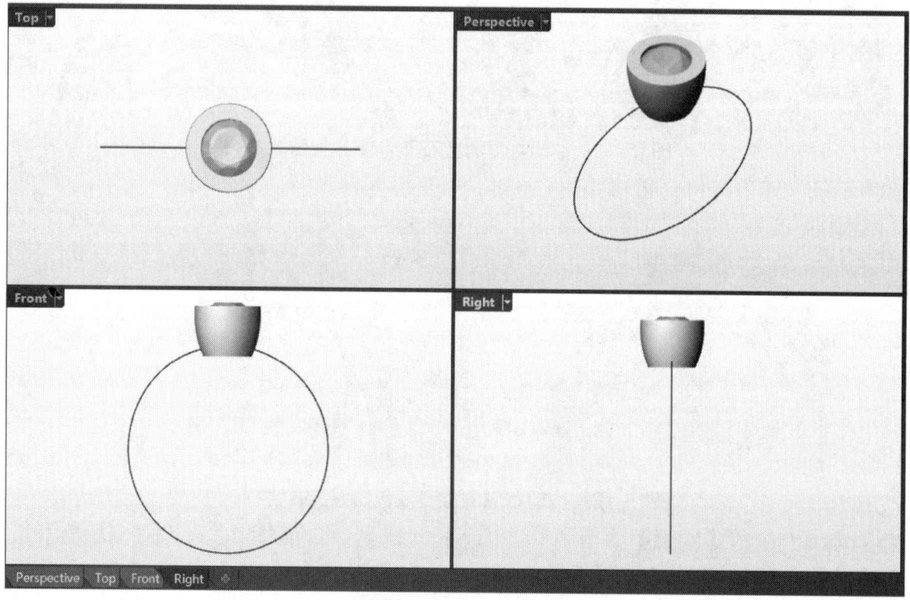

图15-15　练习模型

02在【变动】选项卡中的【阵列】面板中单击【动态环形阵列】按钮，RhinoGold控制面板中显示环形阵列选项，如图15-16所示。

图15-16　RhinoGold控制面板的环形阵列选项

03在视窗中先选取宝石与包镶，然后在RhinoGold控制面板中的物件选择器上单击，添加要阵列的对象，如图15-17所示。

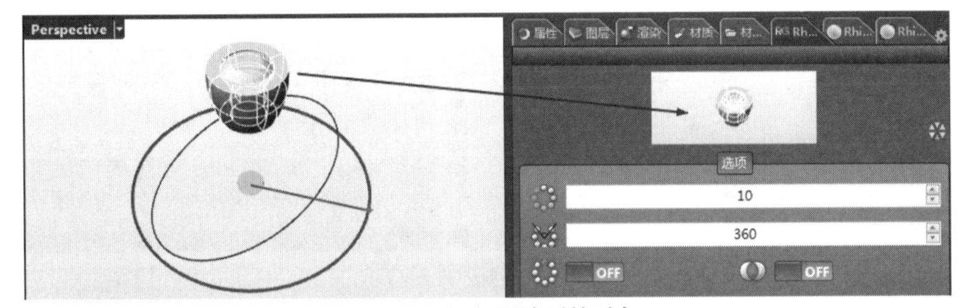

图15-17　添加要阵列的对象

04在控制面板中设置副本数为13，单击【前】按钮，其他选项保留默认设置，单击【确定】按钮，完成动态环形阵列操作，如图15-18所示。

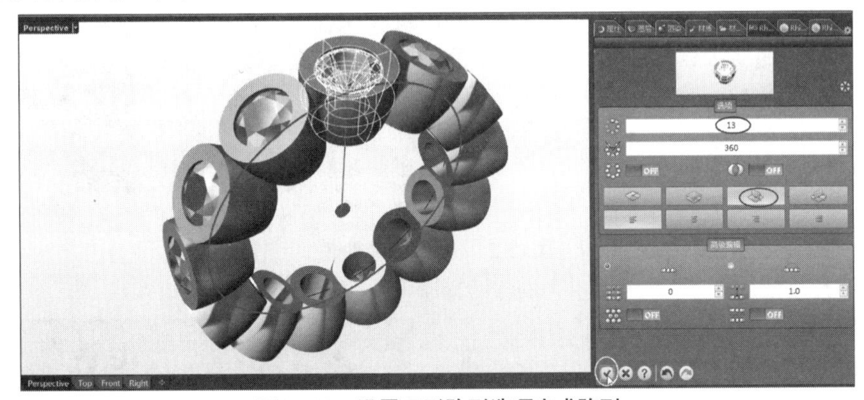

图15-18　设置环形阵列选项完成阵列

动手操作——【动态阵列】应用练习

01打开本练习模型文件15-3.3dm，如图15-19所示。

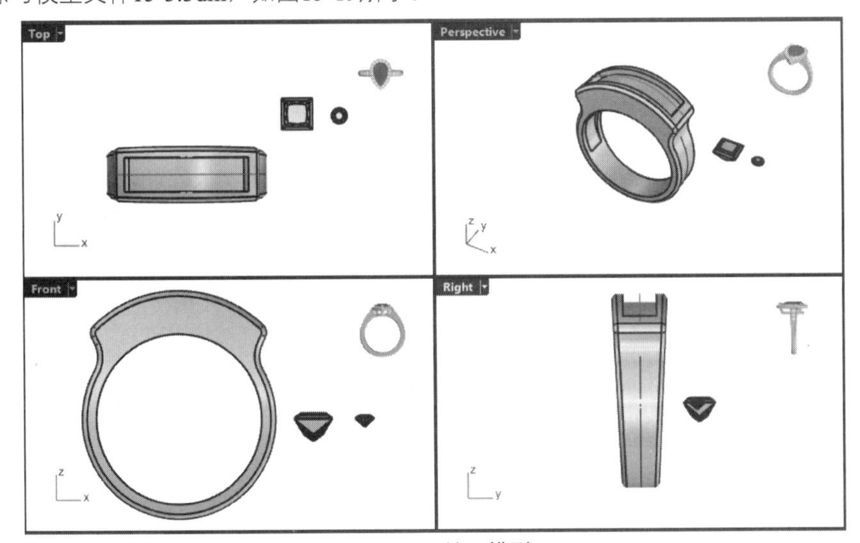

图15-19　练习模型

02在【变动】选项卡中的【阵列】面板中单击【动态阵列】按钮，RhinoGold控制面板中显示动态阵列的选项。动态阵列有3个物件选择器，分别是阵列对象选择器、参考曲线选择器和参考曲面选择器。

03在视窗中选取较大的那颗宝石作为阵列对象，然后单击阵列对象选择器，添加到阵列对象选择器中，如图15-20所示。

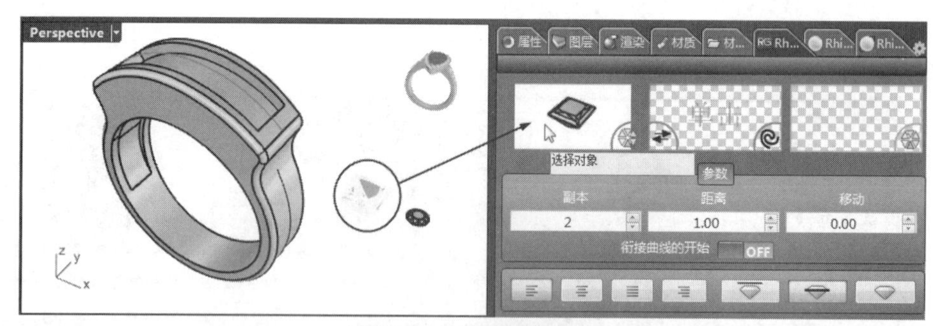

图15-20　添加阵列对象

04在视窗中选取曲线，然后将其添加到参考曲线选择器中，如图15-21所示。

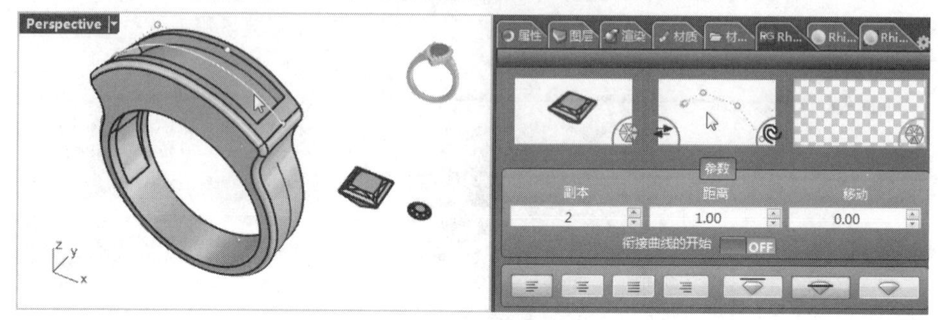

图15-21　添加参考曲线

05在视窗中选择戒指，再将其添加到参考曲面选择器中，如图15-22所示。

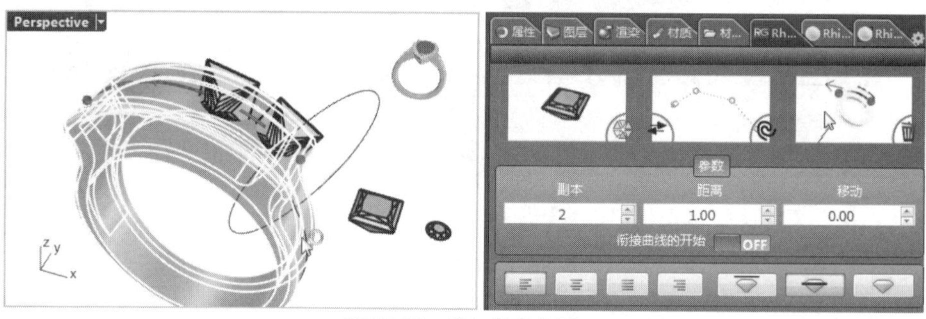

图15-22　添加参考曲面

06设置副本数为4，设置阵列距离为0.4，单击【对齐中心】按钮，再单击【对齐顶端】按钮，最后单击【确定】按钮，完成动态阵列，效果如图15-23所示。

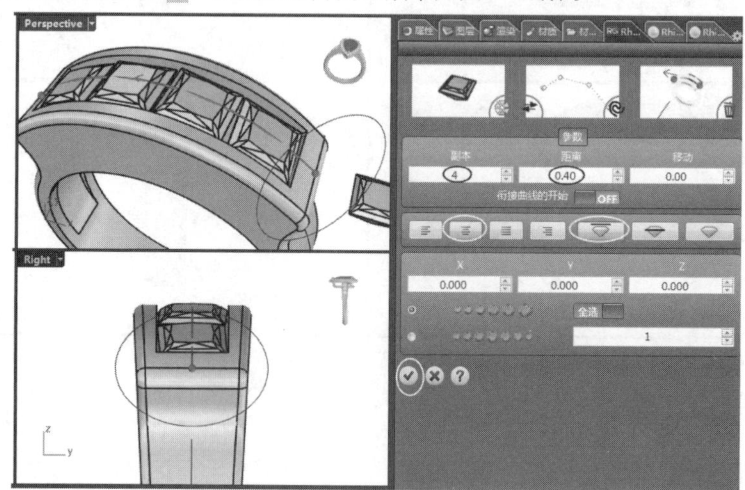

图15-23　阵列预览

07再次单击【动态阵列】按钮，在视窗中依次选取圆形宝石并添加阵列对象选择器，选取戒环中间的曲线并添加到参考曲线选择器，选择戒指实体并添加到参考曲面选择器，如图15-24所示。

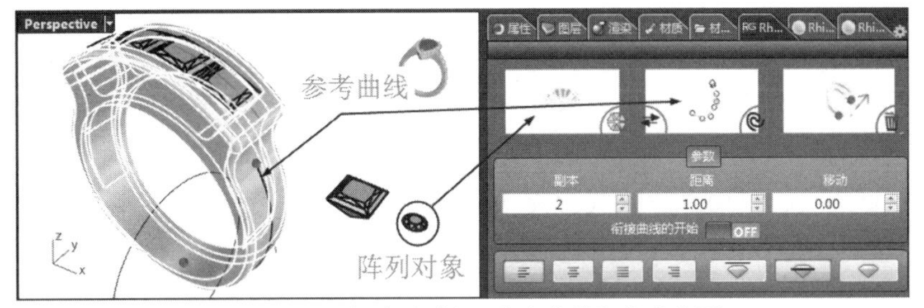

图15-24 添加阵列对象、参考曲线和参考曲面

08输入副本数为7，输入阵列距离为0.4，再设置其他选项及参数，预览效果如图15-25所示。最后单击【确定】按钮，完成动态阵列。

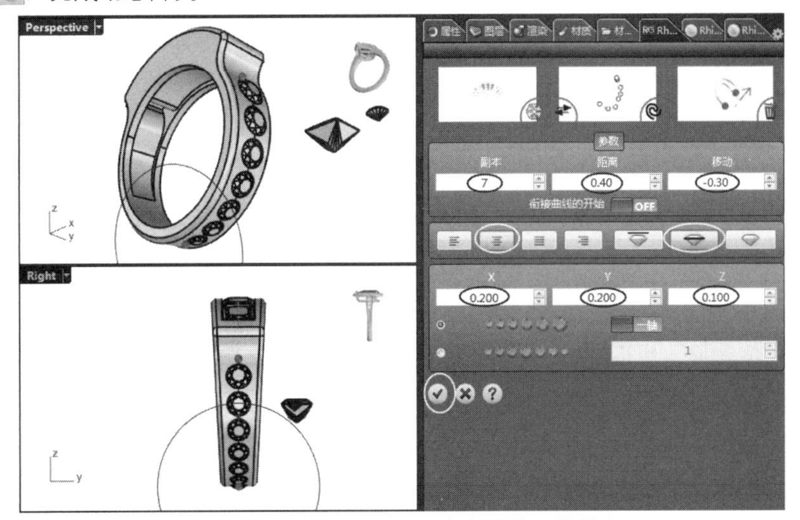

图15-25 设置阵列选项及参数后的预览效果

09保存结果文件。

动手操作——【沿着曲线放样】应用练习

本练习的主要目的是将对象由一条曲线变形至另一条。

01打开本练习模型文件15-4.3dm，如图15-26所示。

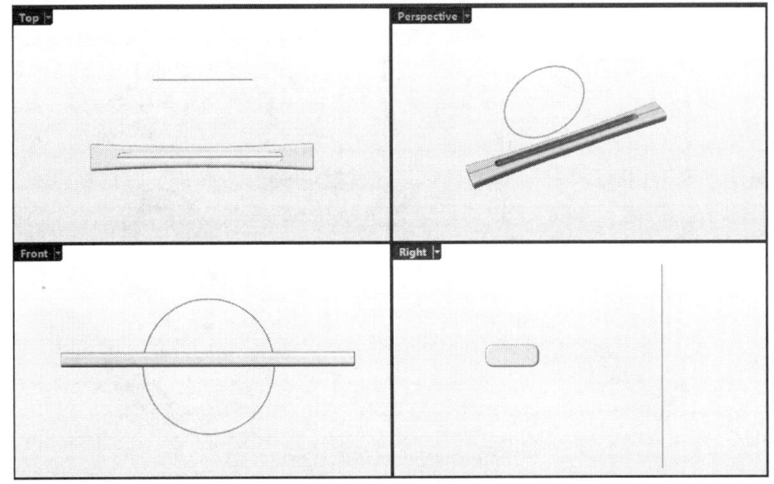

图15-26 练习模型

02在软件窗口底部的状态栏中开启【记录构建历史】选项，开启【过滤器】中的【子物件】选项。

03在【变动】选项卡中的【变形】面板中单击【沿着曲线放样】按钮，然后按命令行的操作提示进行操作。首先选择实体物件作为要放样的对象，按Enter键后，选择实体中间的那条红色直线作为基准线，并在命令行中设置【延展（S）】为【是】选项，紧接着选取圆形曲线作为目前曲线，最后按Enter键完成放样操作，如图15-27所示。

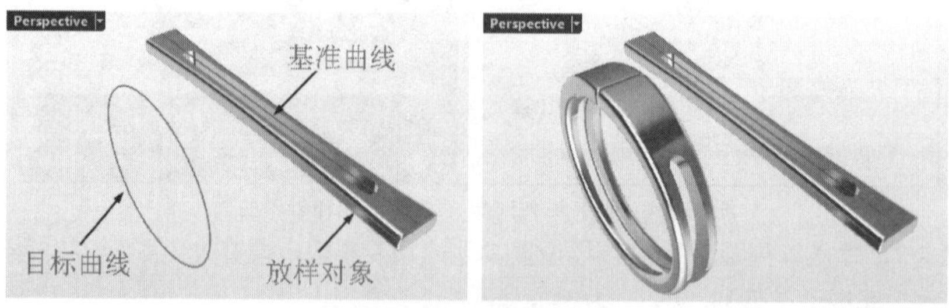

图15-27　沿曲线放样

04保存结果文件。

动手操作——【沿着曲面放样】应用练习

本练习的主要目的是将一个物由一个曲面变形至另一个曲面，这对复杂的3D设计非常有用。

01打开本练习模型文件15-5.3dm，如图15-28所示。

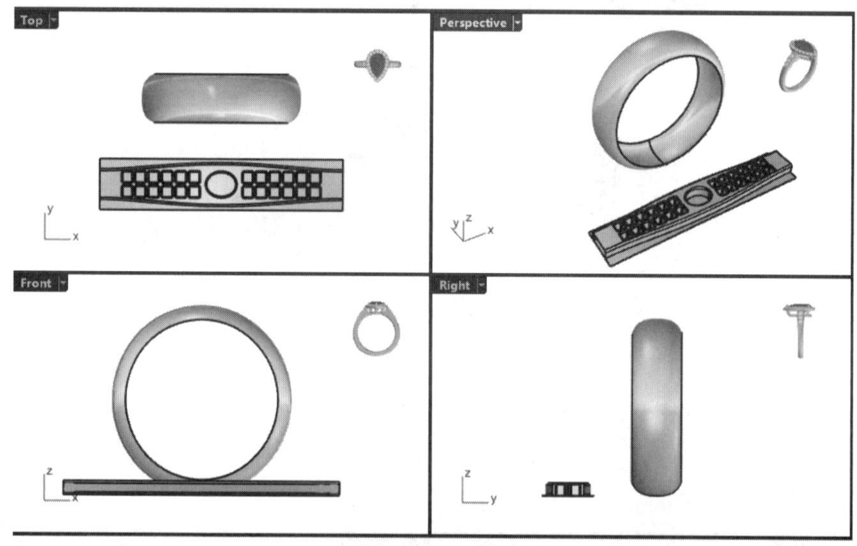

图15-28　练习模型

02在软件窗口底部的状态栏中开启【记录构建历史】选项，开启【过滤器】中的【子物件】选项。

03在【变动】选项卡中的【变形】面板中单击【沿着曲面放样】按钮，然后按命令行的操作提示进行操作。依次选择放样的物件、基础曲面和目标曲面，最后按Enter键，完成放样操作，如图15-29所示。

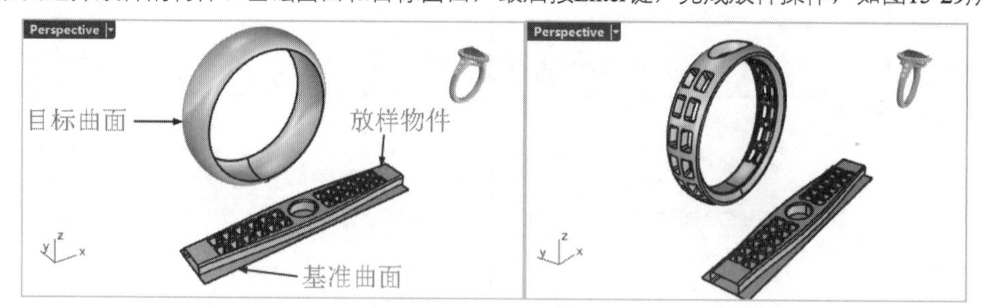

图15-29　沿曲面放样

04保存结果文件。

15.3 宝石工具

用RhinoGold的【宝石】选项卡中的工具可以创建标准的宝石，也可以创建自定义的宝石。【宝石】选项卡如图15-30所示。

图15-30 【宝石】选项卡

15.3.1 创建宝石

【宝石】选项卡中的【创建】面板中的工具用来创建标准和用户自定义的宝石，如图15-31所示。

图15-31 【创建】面板

下面介绍宝石工具的基本用法。

1.【宝石工具】

【宝石工具】允许根据美国宝石协会(Gemological Institute of America，GIA)标准与用户自定义的尺寸大小，放置不同切割方式的宝石到模型中。单击【宝石工具】按钮，RhinoGold控制面板中显示宝石创建选项，如图15-32所示。

图15-32 宝石创建选项

下面介绍创建宝石的基本过程。

01在RhinoGold控制面板中选择宝石形状。

02选择宝石材质。

03设置宝石的各项参数。

04在控制面板底部单击，展开【插入平面原点】菜单，如图15-33所示。选择一种宝石插入方式，将宝石插入到视窗中。

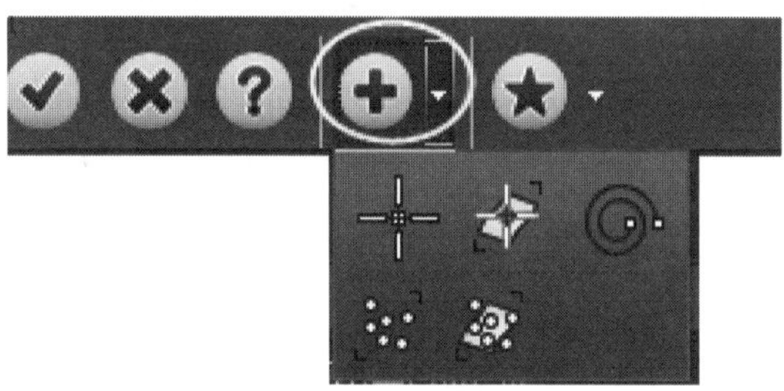

图15-33 【插入平面原点】菜单

- 插入选择点：必须选择点以插入宝石，可以选择参考对象上的点。宝石的方向由当前工作平面来决定。
- 选择对象上的点：实际上是在曲面对象上指定一个放置点。
- 选择曲线上的点：选择一条直线或曲线，以定义宝石的方向（在曲线所在平面的法线），且宝石底部的点在曲线起点上。
- 选择点：在视窗中任意选择一个点来放置宝石，宝石方向由当前工作平面决定。
- 在曲面上选择点：其实就是选择曲面上的已有点作为宝石底部放置点，且宝石方向就是该点位置的曲面法向。

动手操作——【宝石工具】应用练习

01打开本练习模型文件15-6.3dm，如图15-34所示。

02在【宝石】选项卡中的【创建】面板中单击【宝石工具】按钮，然后在RhinoGold控制面板中选择宝石形状及宝石材质，并设置宝石的参数，选择宝石插入方式为【选择点】，如图15-35所示。

03在视窗中框选要插入宝石的点，如图15-36所示。最后按Enter键完成宝石的创建，如图15-37所示。

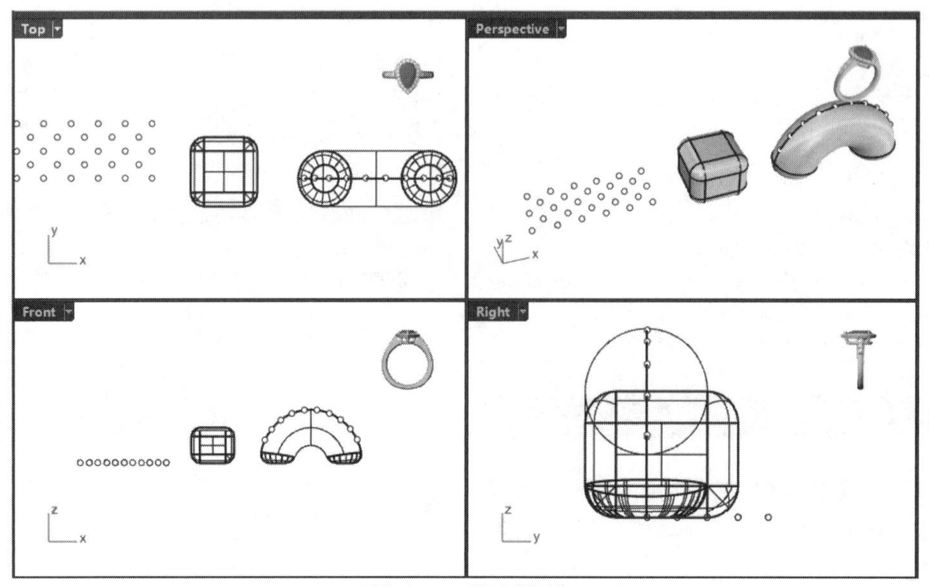

图15-34　练习模型

图15-35　设置宝石选项

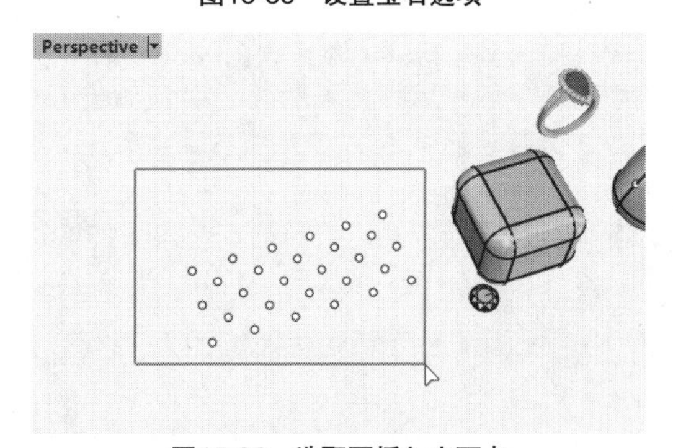

图15-36　选取要插入宝石点

04再利用【宝石工具】设置相同宝石形状及参数，选择【在曲面上选择点】的宝石插入方式，在圆环体上选取点和曲面插入宝石，如图15-38所示。最后单击控制面板中的【确定】按钮，结束操作。保存结果文件。

图15-37　以“选择点”方式插入宝石

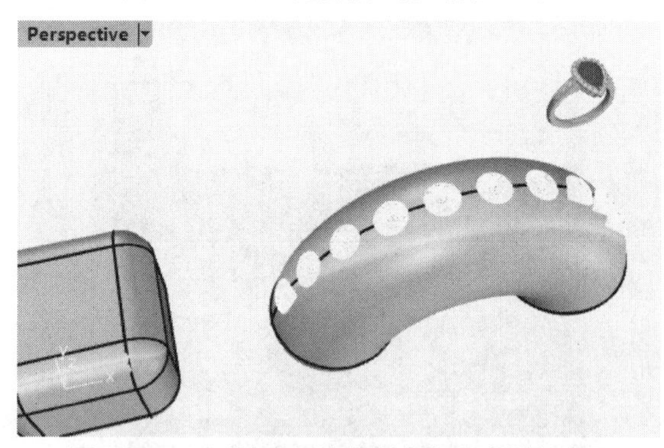

图15-38　以“在曲面上选择点”方式插入宝石

技术要点：如果要编辑宝石的参数，选中宝石后按F2键，可再次打开RhinoGold控制面板，编辑参数及选项后，单击【确定】按钮即可。

2. 宝石创建器

使用【宝石创建器】工具可以根据封闭的曲线来创建任意形状的宝石。

动手操作——【宝石创建器】应用练习

01打开本练习模型文件15-7.3dm，如图15-39所示。

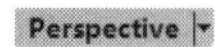

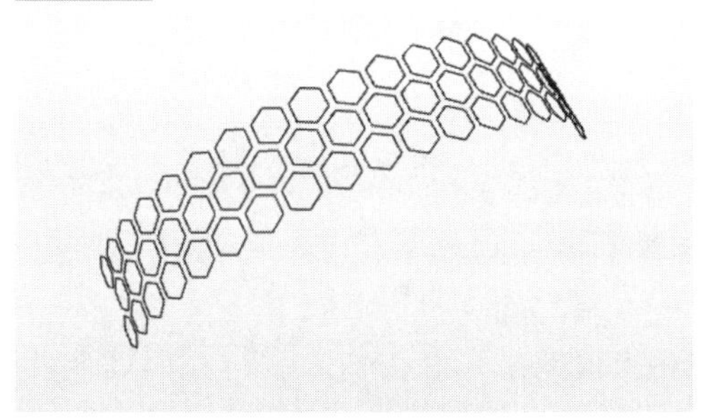

图15-39　练习模型

02在【宝石】选项卡中的【创建】面板中单击【宝石创建器】按钮，在RhinoGold控制面板中显示宝石创建器选项。

03在视窗中选取一个正六边形的封闭曲线，然后在RhinoGold控制面板中的参考曲线选择器中单击，此时在视窗中可以预览宝石的形状，如图15-40所示。

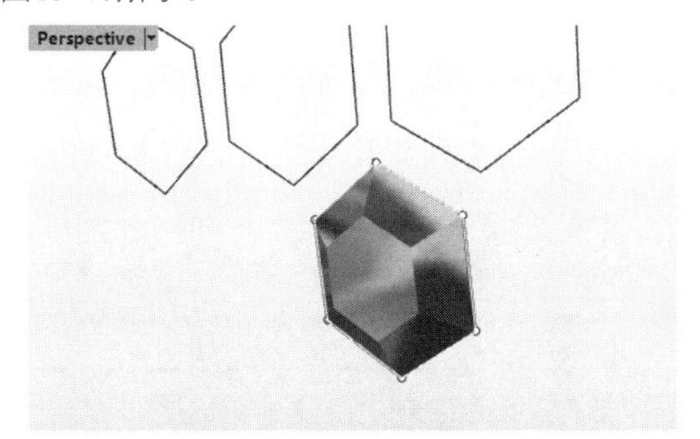

图15-40　预览宝石形状

04在材质选择器中单击【选择宝石材质】按钮，从弹出的【宝石材质选择器】对话框中选择一种材质（须双击材质才能将材质应用到宝石中），如图15-41所示。

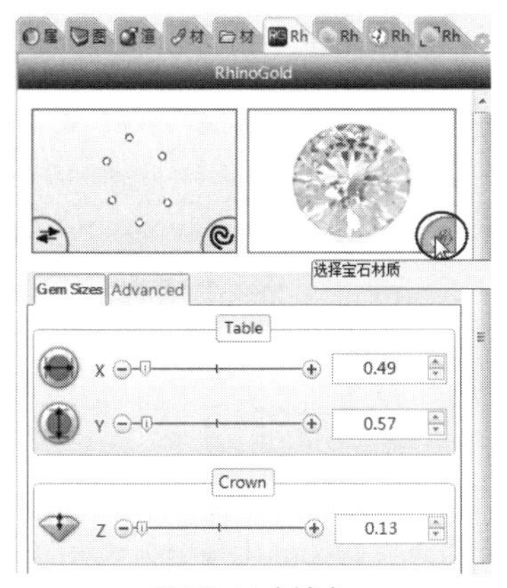

图15-41（续）

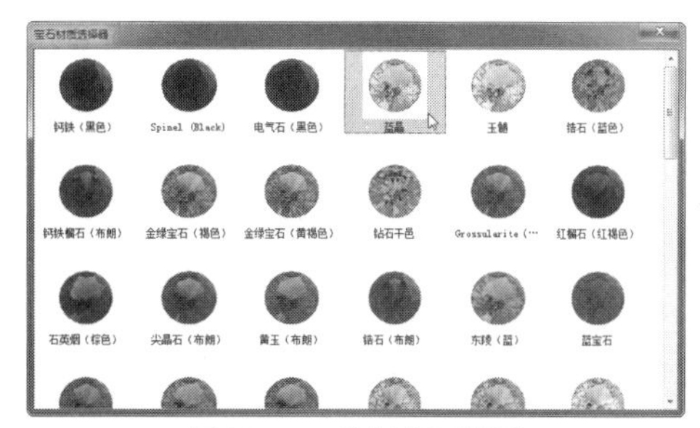

图15-41　选择宝石材质

05单击控制面板底部的【确定】按钮，完成一颗钻石的创建。同理，可以继续选取其他封闭曲线来创建宝石。

15.3.2　排石

排石就是在戒指曲面上排布钻石和钉镶。下面介绍排石工具的用法。

1. 双曲线排石

利用【双曲线排石】工具可以在两条曲线中放置多个宝石。

动手操作——【双曲线排石】应用练习

01打开本练习模型文件15-8.3dm，如图15-42所示。

图15-42　练习模型

02在【宝石】选项卡中的【创建】面板中单击【双曲线排石】按钮，在RhinoGold控制面板中显示双曲线排石选项。

03按住Shift键在视窗中选取两条曲线，如图15-43所示。

图15-43　选取两条曲线

04在RhinoGold控制面板中的参考曲线选择器中单击，将所选曲线添加到选择器中。为宝石选择材质后，在控制面板底部单击【预览】按钮，系统会自动计算两条曲线之间的距离和曲线长度，并自动插入符合计算结果的宝石，如图15-44所示。

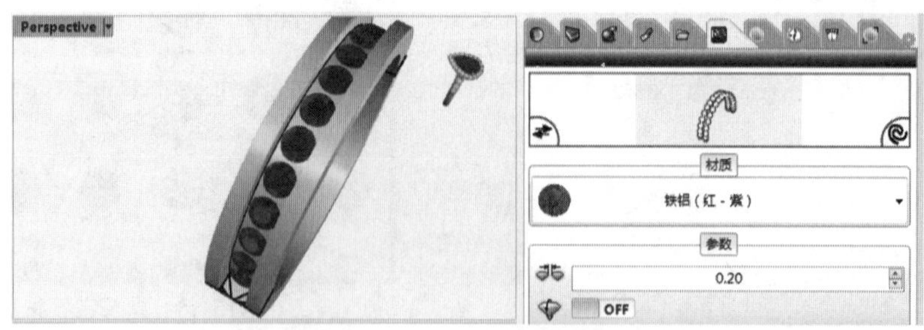

图15-44　预览双曲线排石

05单击【确定】按钮，完成宝石的创建。

2. 自动排石

使用【自动排石】工具可以在任何物件上自动分布与动态摆放宝石。

动手操作——【自动排石】应用练习

01打开本练习模型文件15-9.3dm，如图15-45所示。

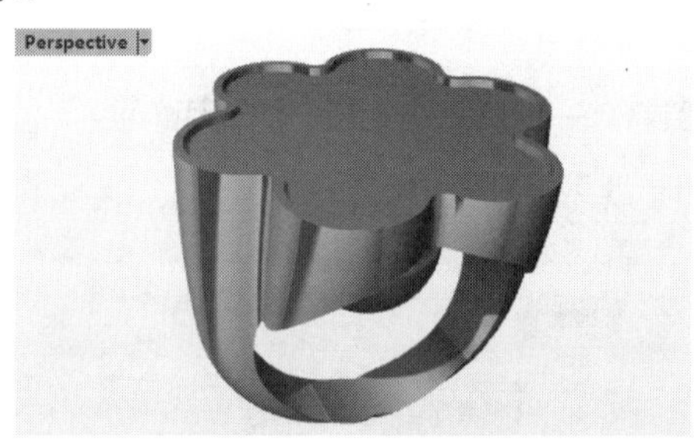

图15-45　练习模型

02在【宝石】选项卡中的【创建】面板中单击【自动排石】按钮，在RhinoGold控制面板中显示自动排石选项。

03在控制面板中单击选择器，然后在视窗中选取戒指头部的曲面，将其添加到选择器中，如图15-46所示。

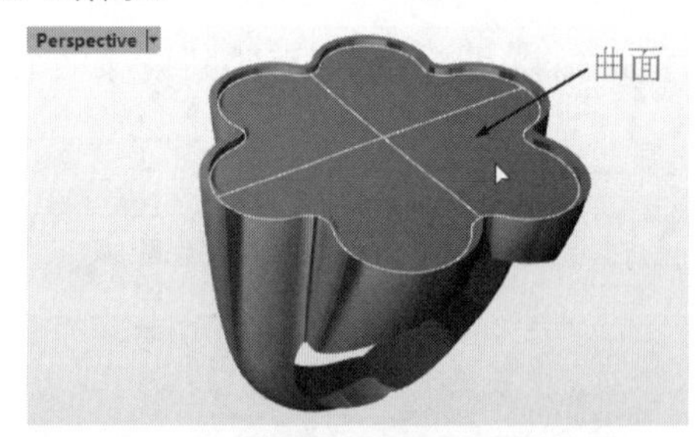

图15-46　选取曲面并添加到选择器

04在RhinoGold控制面板中设置宝石排布参数，并在【宝石尺寸】标签下设置宝石尺寸，如图15-47所示。

05在控制面板的【钉镶】标签下设置钉镶参数，如图15-48所示。

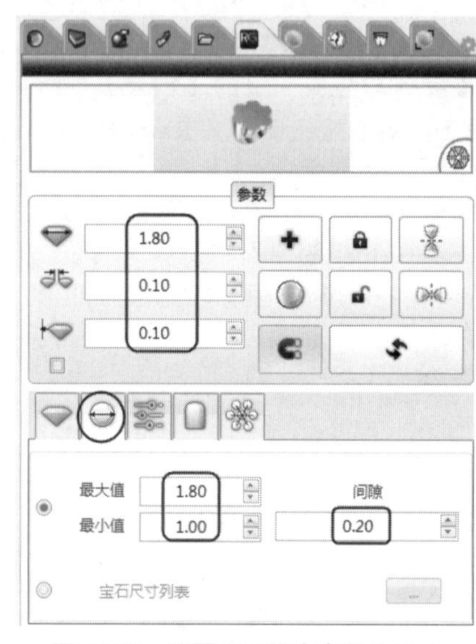

图15-47　设置宝石排布参数及尺寸

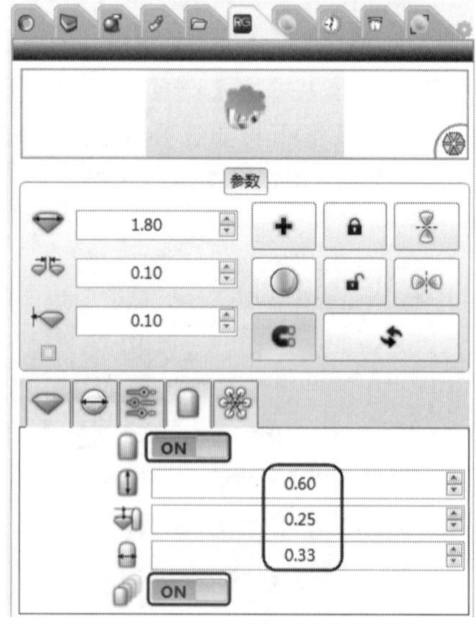

图15-48　设置钉镶参数

06单击控制面板底部的【预览】按钮，并在接着头部的曲面上指定中点，按Enter键确认，随后显示排石预览，如图15-49所示。

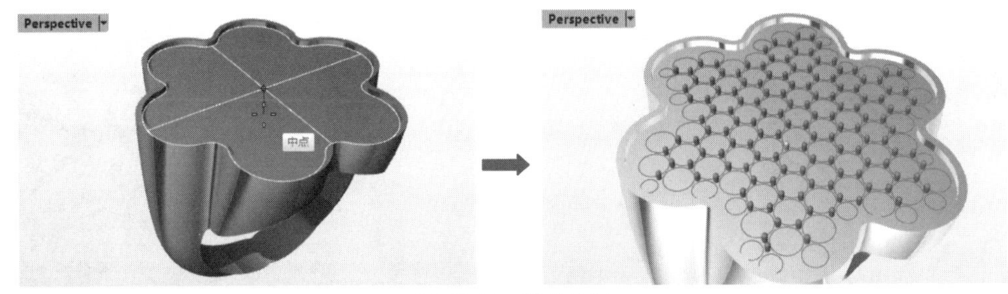

图15-49 预览排石

07单击【确定】按钮，完成自动排石操作。效果如图15-50所示。

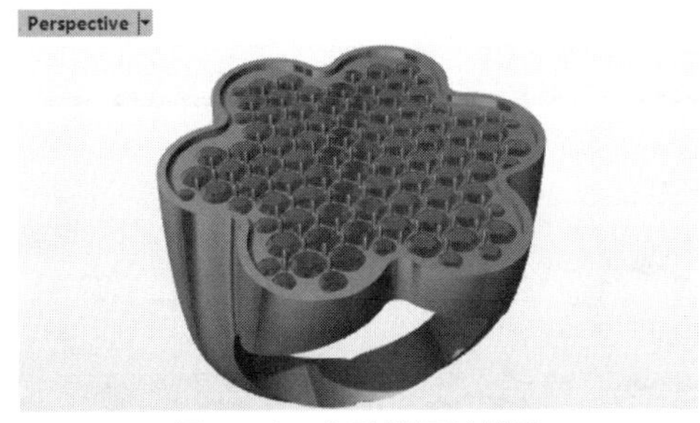

图15-50 自动排石的效果

3. UV排石

使用【UV排石】工具可以在任意形状曲面上按照U、V方向完成排石工作。

动手操作——【UV排石】应用练习

01打开本练习模型文件15-10.3dm，如图15-51所示。

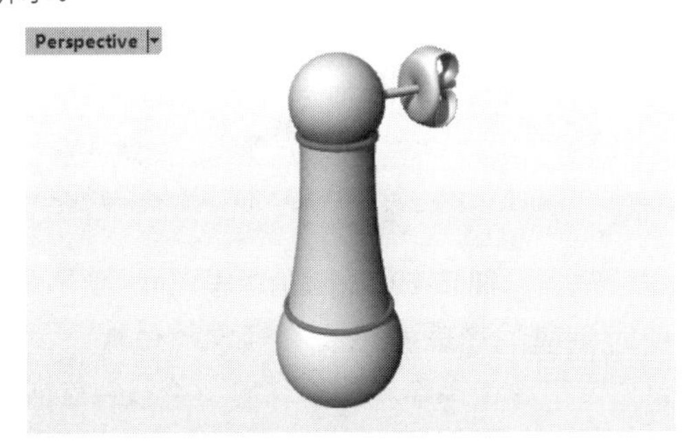

图15-51 练习模型

02在【宝石】选项卡中的【创建】面板中单击【UV排石】按钮，在RhinoGold控制面板中显示UV排石选项。

03在控制面板中单击选择一个曲面选择器，然后在视窗中选取一个曲面，将其添加到选择器中，如图15-52所示。

04宝石材质保留默认设置。在Automatic选项区域中设置宝石尺寸及间距，单击【添加】按钮，如图15-53所示。

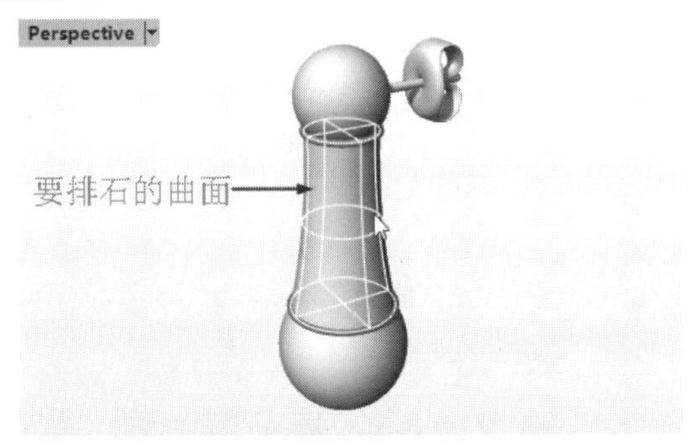

图15-52 选取曲面并添加到选择器

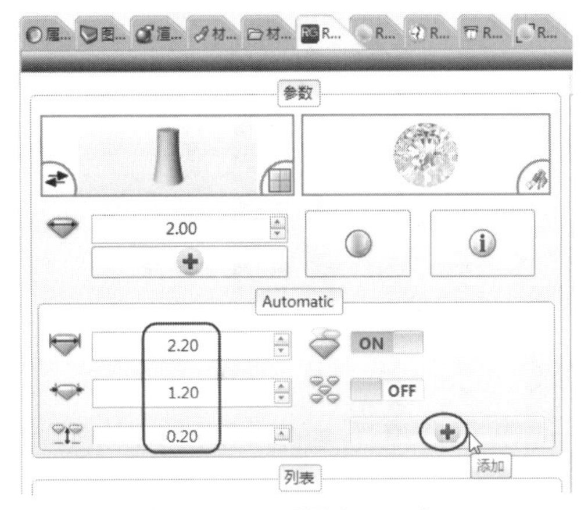

图15-53 设置宝石尺寸

05到视窗中所选的曲面上放置宝石，放置时注意宝石的位置，因为此位置的宝石也是UV排石的第一行，此行最为关键，如图15-54所示。

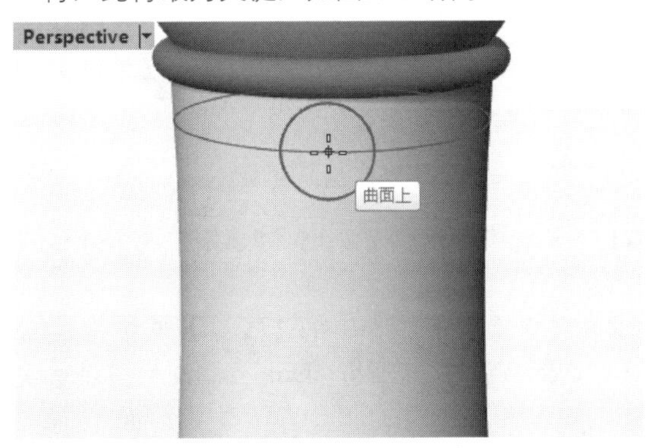

图15-54 确定第一行宝石的位置

06确定第一行宝石的位置后，系统会自动计算整个曲面，以自动方式来排布宝石，直至排布均匀，如图15-55所示。

图15-55　预览UV排石

技术要点：如果自动排布的效果不好，可以在视窗中排石预览图中单击＋或者－按钮，添加新行或者减少行数。

07单击【确定】按钮，完成UV排石操作，效果如图15-56所示。

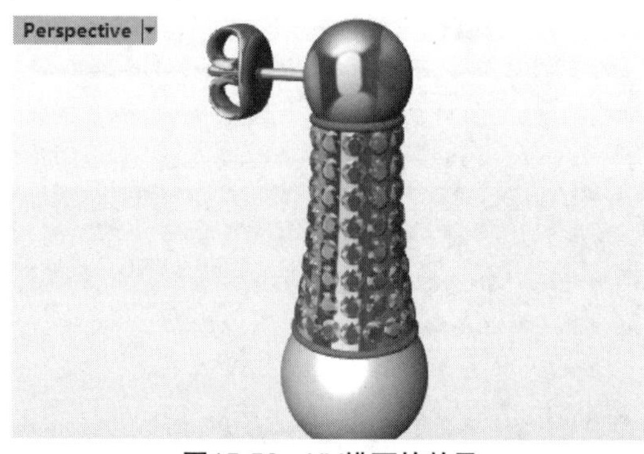

图15-56　UV排石的效果

15.3.3　珍珠与蛋面宝石

珍珠与蛋面宝石属于宝石中的特殊品种。

1. 珍珠

珍珠是一种古老的有机宝石，主要产自珍珠贝类和珠母贝类软体动物体内。使用【珍珠】工具可以创建圆形珍珠、珍珠线及半球罩。

动手操作——【珍珠】应用练习

01打开本练习模型文件15-11.3dm，如图15-57所示。

02在【宝石】选项卡中的【工具】面板中单击【珍珠】按钮，在RhinoGold控制面板中显示珍珠创建选项。

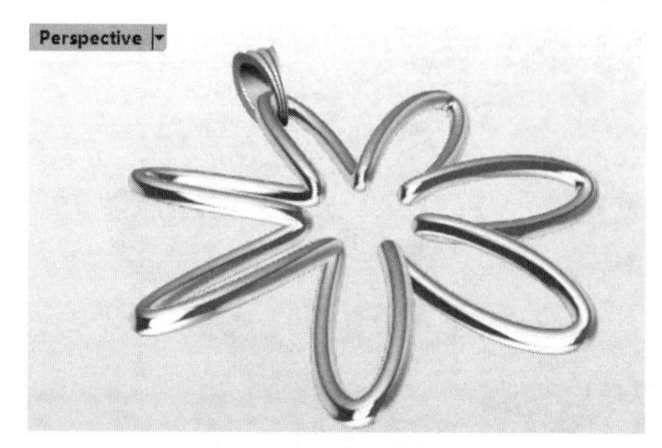

图15-57　练习模型

03在控制面板中设置珍珠直径尺寸、珍珠线及半球罩的尺寸，如图15-58所示。

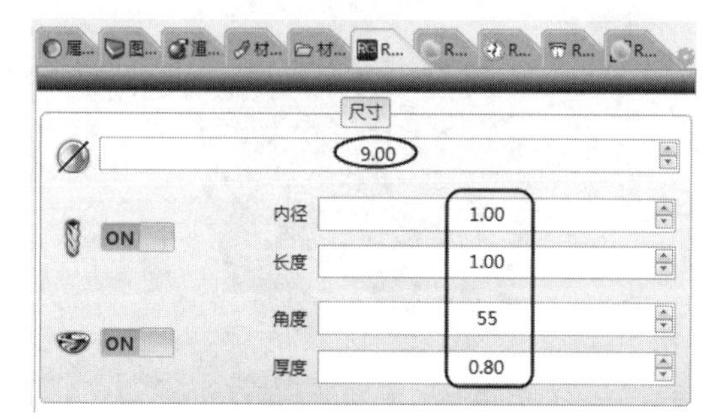

图15-58　定义珍珠、珍珠线及半球罩尺寸

04单击【确定】按钮，完成珍珠的创建，效果如图15-59所示。

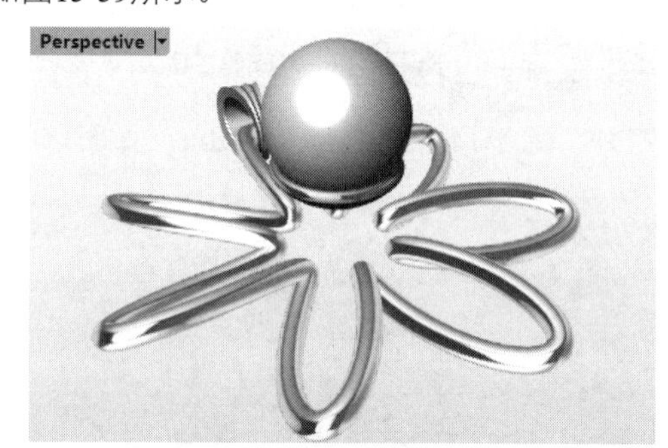

图15-59　创建的珍珠

05此时创建的珍珠并没有在预定的位置上，在Front视窗中通过操作轴将珍珠向下平移到首饰的中心位置，如图15-60所示。

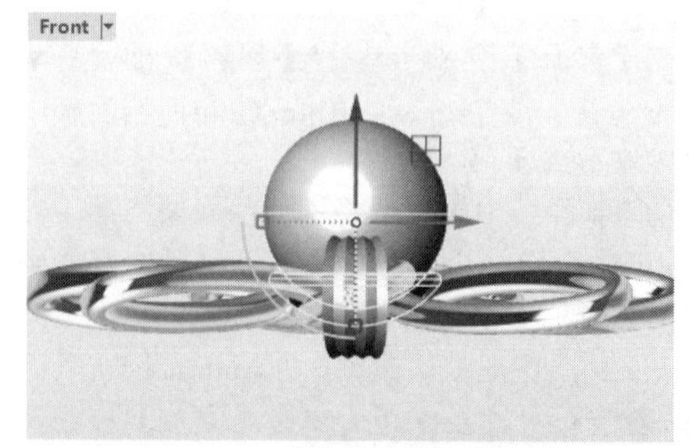

图15-60　平移珍珠到合适的位置

06利用【布尔运算-并集】工具将珍珠半球罩与首饰的其他金属合并，得到如图15-61所示的效果。

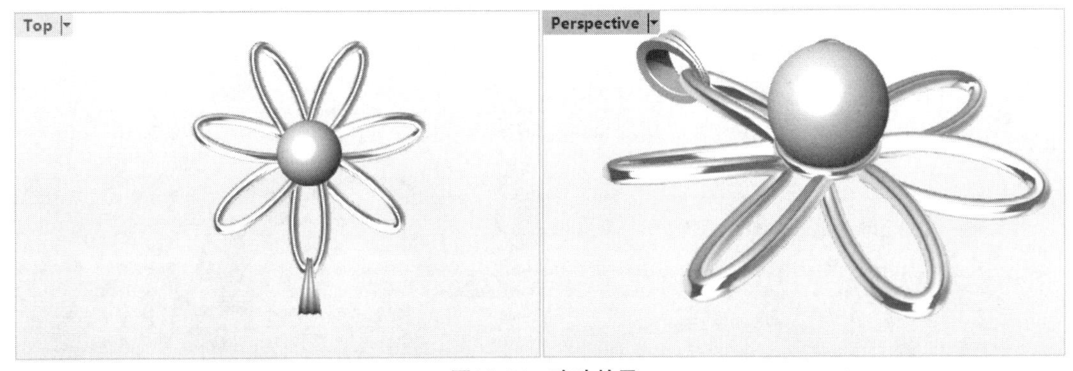

图15-61　珍珠效果

2. 蛋面宝石工作室

蛋面宝石主要指加工成蛋面形状的宝石，如祖母绿、翡翠、玛瑙等。使用【蛋面宝石工作室】工具能轻松地创建4种蛋面形状的蛋面宝石。

动手操作——【蛋面宝石工作室】应用练习

01打开本练习模型文件15-12.3dm，如图15-62所示。

图15-62　练习模型

02在【宝石】选项卡中的【工具】面板中单击【蛋面宝石工作室】按钮，在RhinoGold控制面板中显示蛋面宝石创建选项。

03在控制面板中选择蛋面类型为“椭圆形蛋面宝石”、选择侧面为“共同侧”，再设置所选蛋面类型的相关尺寸，如图15-63所示。

04单击【确定】按钮，完成蛋面宝石的创建，效果如图15-64所示。

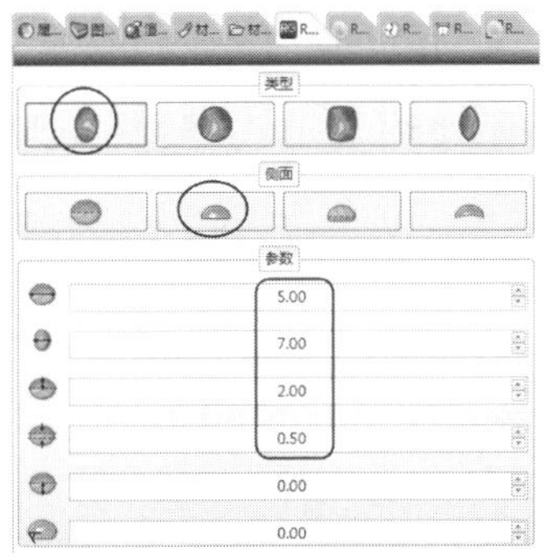

图15-63　设置蛋面宝石类型及参数

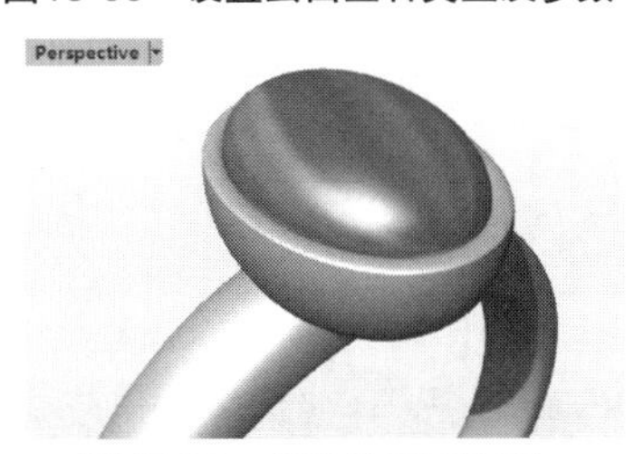

图15-64　创建的蛋面宝石

15.4 珠宝工具

RhinoGold的珠宝工具主要用来设计首饰中的金属部分，如戒指的戒环、宝石的钉镶/爪镶、首饰链条、吊坠及挂钩等。

设计珠宝的工具在【珠宝】选项卡中，如图15-65所示。

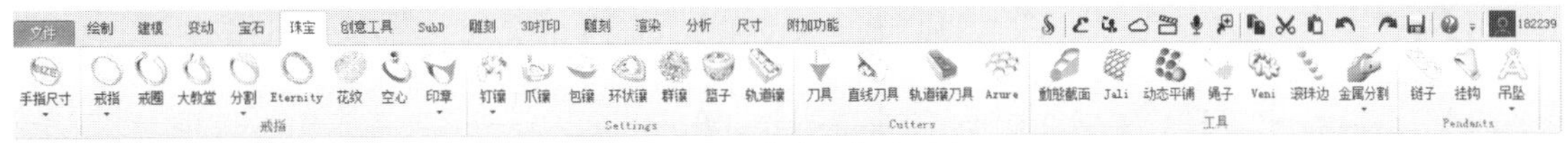

图15-65　【珠宝】选项卡

15.4.1 戒指设计

1. 设计素戒指

使用【戒指】面板中的【戒指】工具可以创建4种不带珠宝的戒指（也称“素戒指”），如图15-66所示。

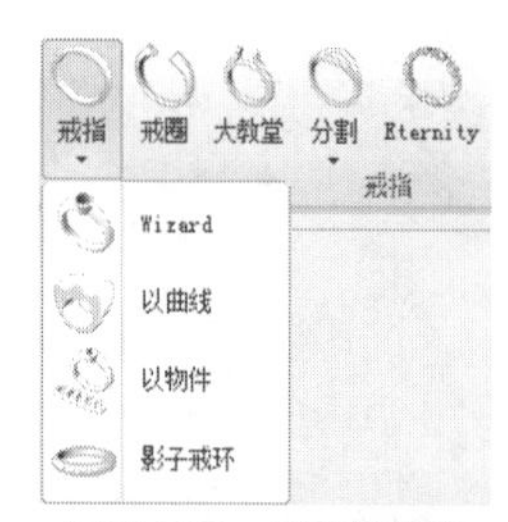

图15-66　4种素戒指

动手操作——利用【Wizard】戒指向导设计戒指

01在菜单栏中执行【文件】|【新建】命令，新建Rhino文件，如图15-67所示。

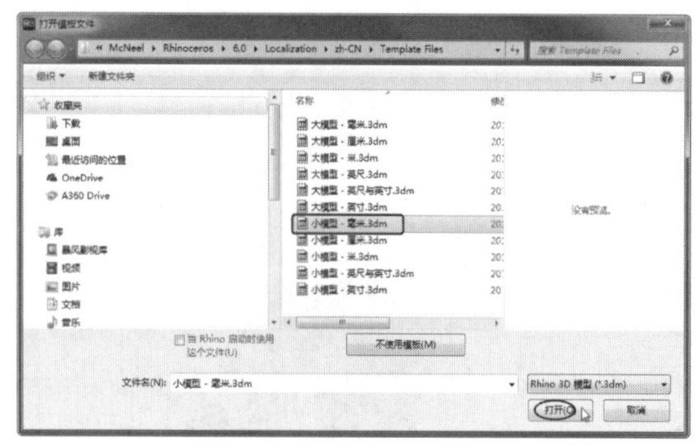

图15-67　新建Rhino文件

02单击Wizard按钮，RhinoGold控制面板中显示戒指向导选项，如图15-68所示。

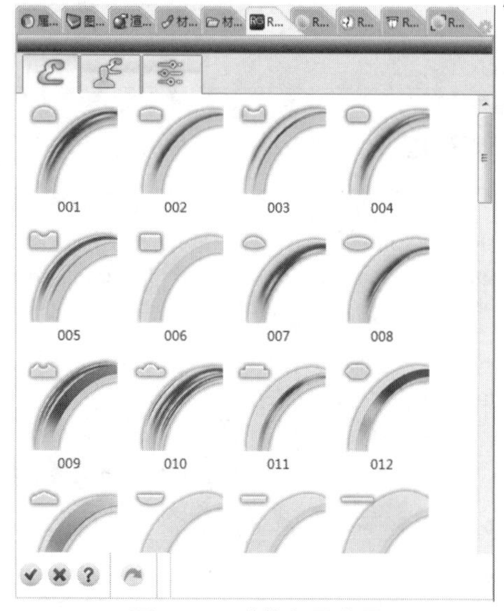

图15-68　戒指向导选项

03在【截面】标签下选择戒指的截面形状，双击编号为008的截面，视窗中显示预览效果，如图15-69所示。

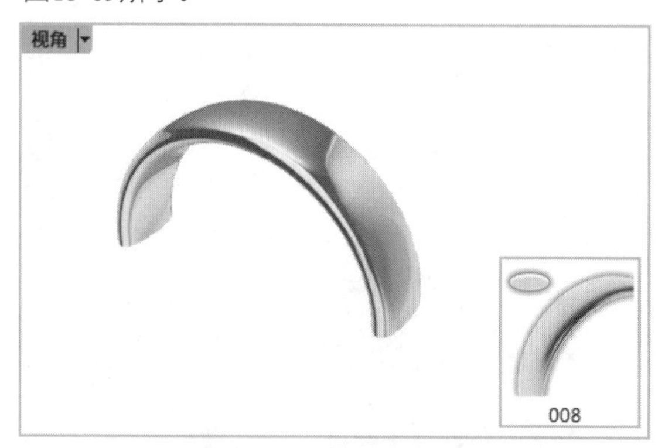

图15-69　选择戒指截面

04在【参数】标签下，选择戒指设计标准（Hong Kong）、材质，再设置戒指参数，如图15-70所示。最后单击【确定】按钮，完成戒指的设计，如图15-71所示。

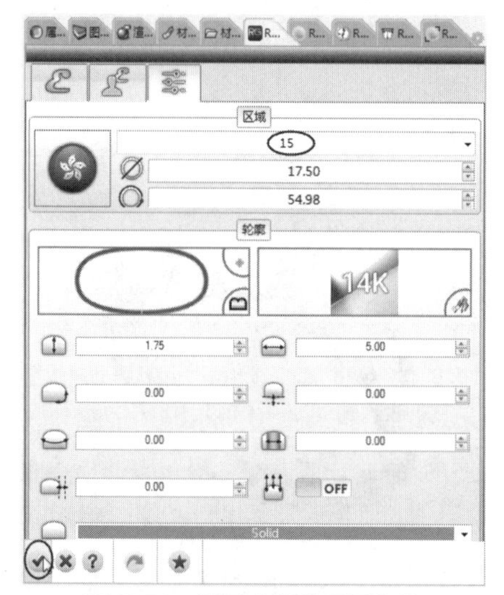

图15-70　设置戒指选项及参数

图15-71　戒指效果图

动手操作——利用【以曲线】设计戒指

01在菜单栏中执行【文件】|【新建】命令，新建Rhino文件。

02单击【以曲线】按钮，RhinoGold控制面板中显示戒指设计选项，系统会根据默认的参数创建一个戒指，如图15-72所示。

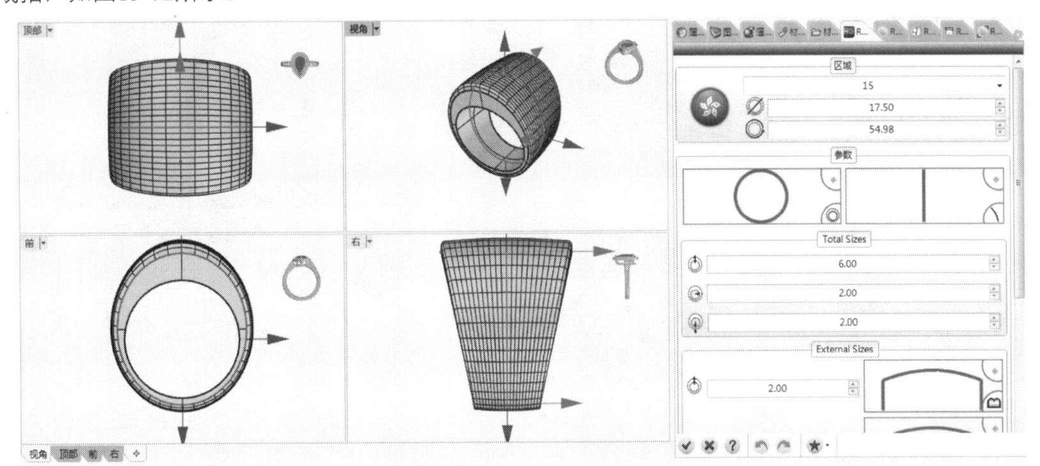

图15-72 默认创建的戒指

03通过戒指设计选项，调整戒指设计标准，选择戒指材质、戒指头部形状、戒指侧面形状、截面形状等，设置选项与参数后的效果会及时反馈到视窗中的戒指预览模型上，如图15-73所示。

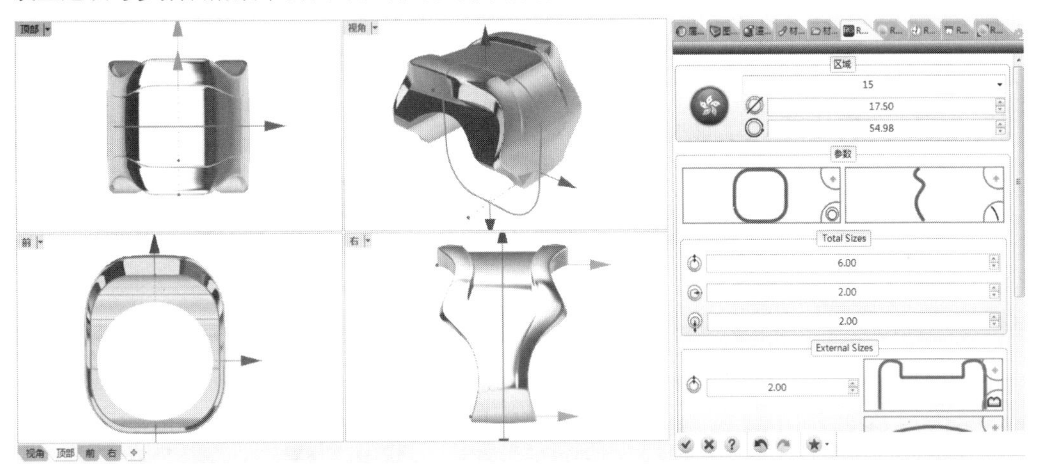

图15-73 设置戒指选项及参数

04单击【确定】按钮，完成戒指的设计，如图15-74所示。

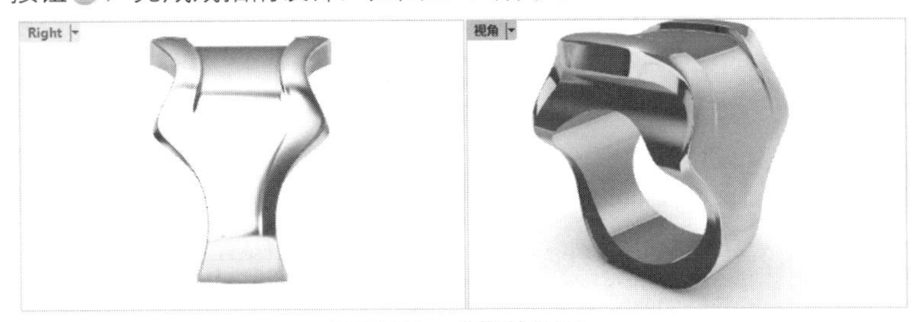

图15-74 戒指效果图

动手操作——利用【以物件】设计戒指

01打开本练习模型文件15-13.3dm，如图15-75所示。

02单击【以物件】按钮，RhinoGold控制面板中显示戒指设计选项。在视窗中选取实体并添加到控制面板中的选择器中，如图15-76所示。

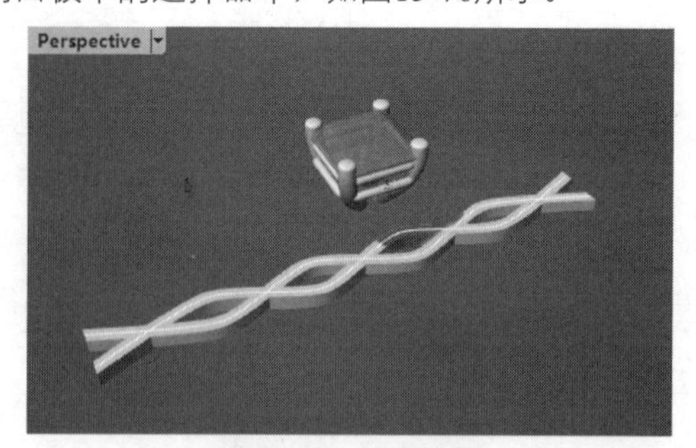

图15-75　练习模型

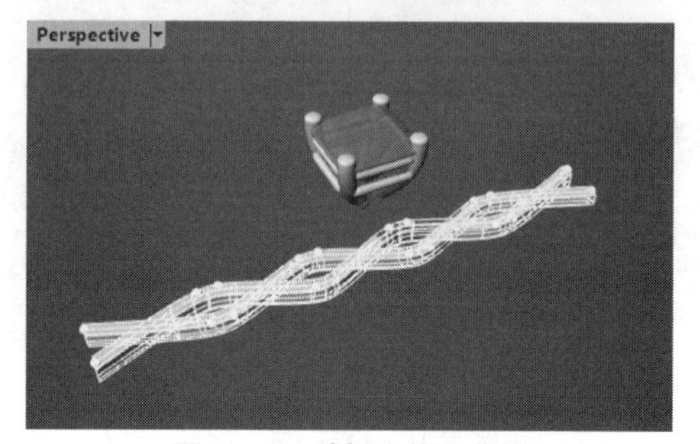

图15-76　选择实体和曲线

03选择戒指设计标准为Hong Kong 12号，戒指直径为16mm，系统会根据默认的参数创建一个戒指，如图15-77所示。

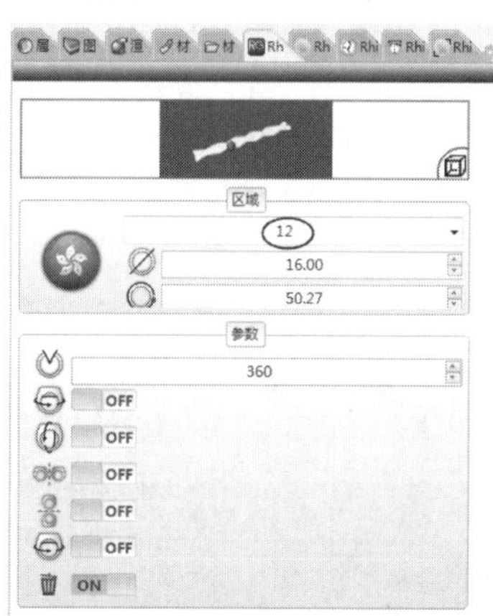

图15-76　选择戒指设计标准

04单击【确定】按钮，完成戒指的设计，如图15-78所示。

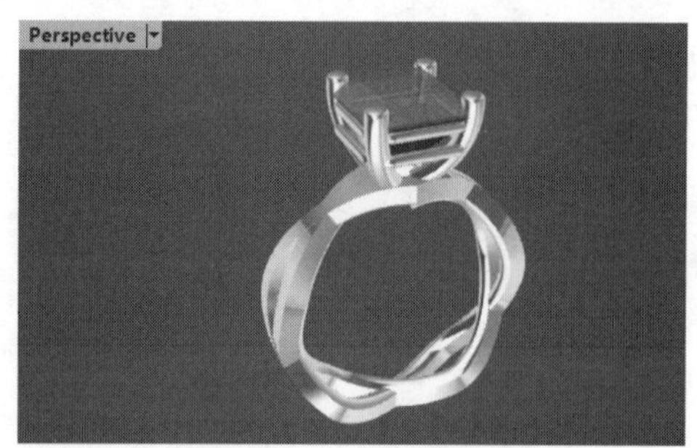

图15-78　戒指效果图

动手操作——利用【影子戒环】设计戒指

01在菜单栏中执行【文件】|【新建】命令，新建Rhino文件。

02单击【影子戒环】按钮，RhinoGold控制面板中显示戒指设计选项，首先在控制面板中选择戒指设计标准为Hong Kong 12号，然后在【参数】标签下设置戒环的截面形状与参数，如图15-79所示。

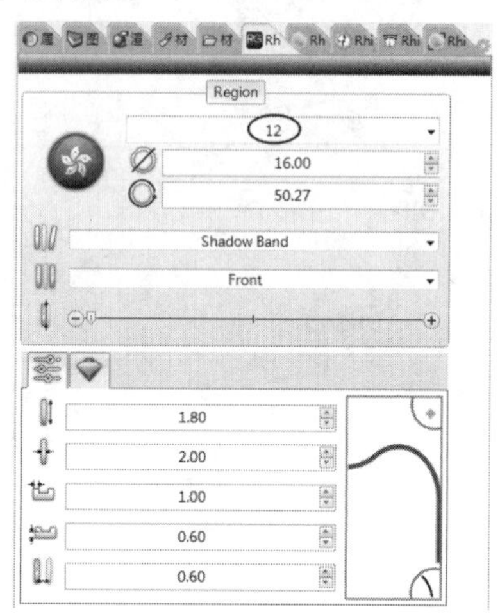

图15-79　设置戒指标准与参数

03在【宝石和刀具】标签下设置宝石参数，如图15-80所示。

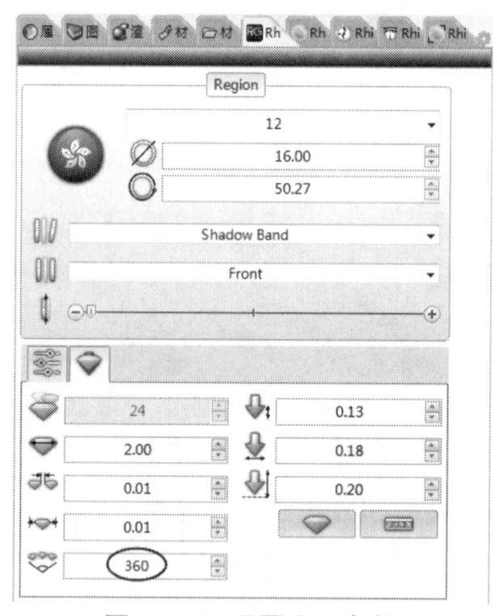

图15-80　设置宝石参数

04单击【确定】按钮，完成戒指的设计，如图15-81所示。

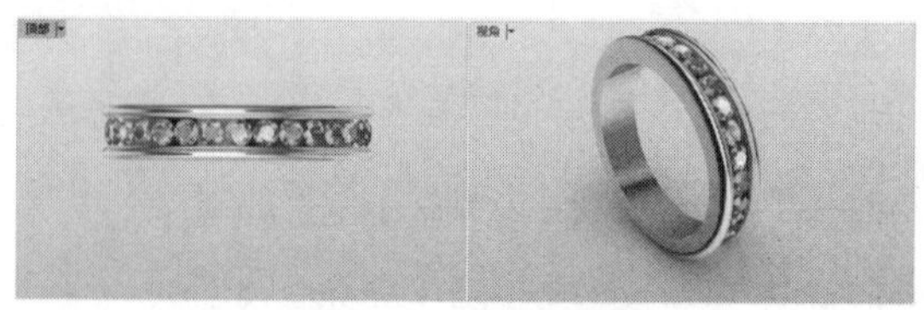

图15-81　戒指效果图

2. 戒圈设计

利用戒指库中的戒圈外环样式可以创建戒环与宝石。

动手操作——利用【戒圈】设计戒指

01在菜单栏中执行【文件】|【新建】命令，新建Rhino文件。

02单击【戒圈】按钮，RhinoGold控制面板中显示戒指设计选项。此时系统会自动创建一个戒圈预览，如图15-82所示。

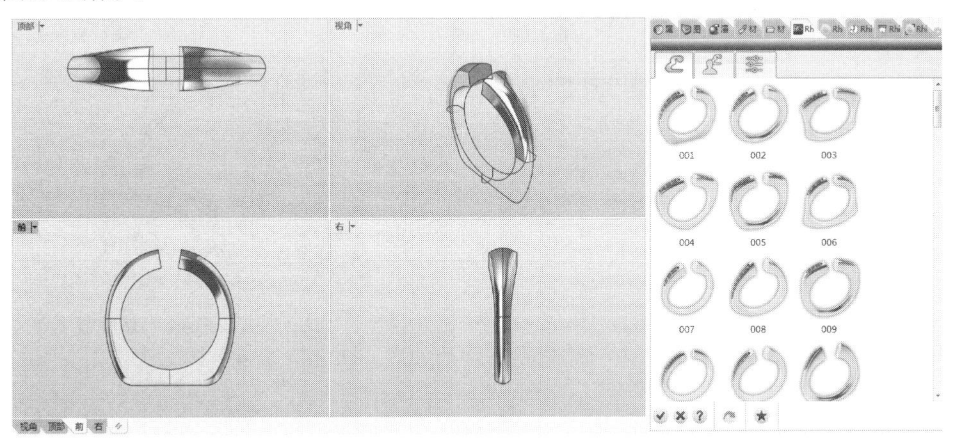

图15-82　默认的戒圈预览效果

03在截面库中选择一个戒圈外环截面，视窗中的预览随之而更新。选择编号为083的截面形状，然后在【参数】标签下选择戒指设计标准及戒圈参数，如图15-83所示。

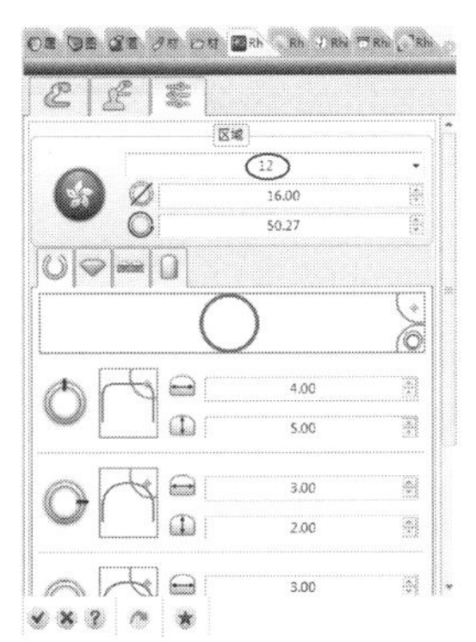

图15-83　设置戒指标准与戒圈参数

04单击【确定】按钮，完成戒指的设计，如图15-84所示。

图15-84　戒指效果图

3. 空心环

使用【空心环】工具可以将戒指内侧掏空，再自定义想要的厚度。

动手操作——利用【空心】设计戒指

01打开本练习模型文件15-14.3dm，如图15-85所示。

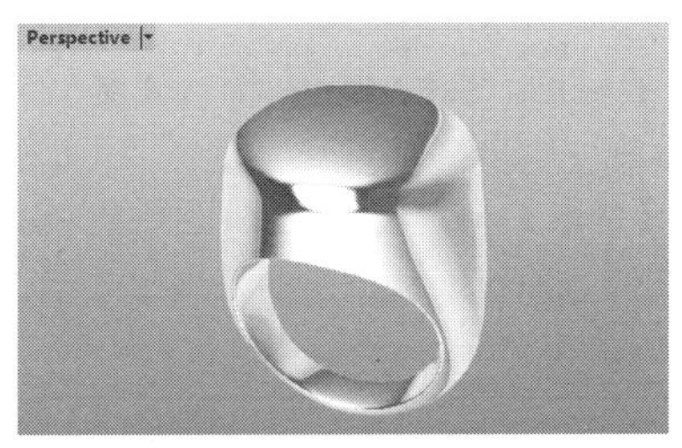

图15-85　练习模型

02单击【空心】按钮，RhinoGold控制面板中显示戒指设计页面。在视窗中选取实体曲面并添加到控制面板中的选择器中。

03选取要删除的曲面，如图15-86所示。然后按Enter键确认。

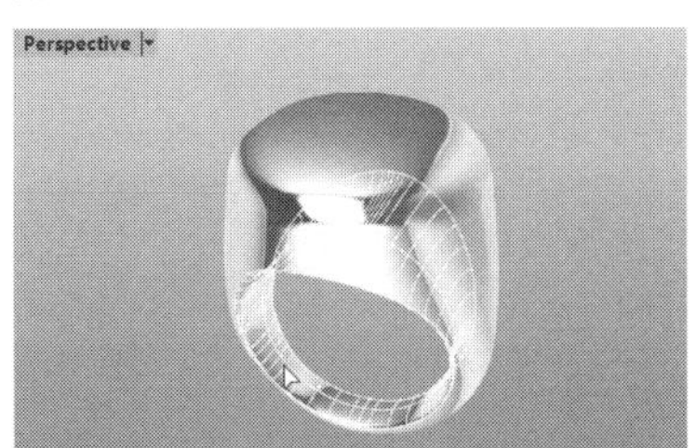

图15-86　选择要删除的曲面

04保留控制面板中默认选项设置，单击【确定】

按钮，完成空心戒指的设计，如图15-87所示。

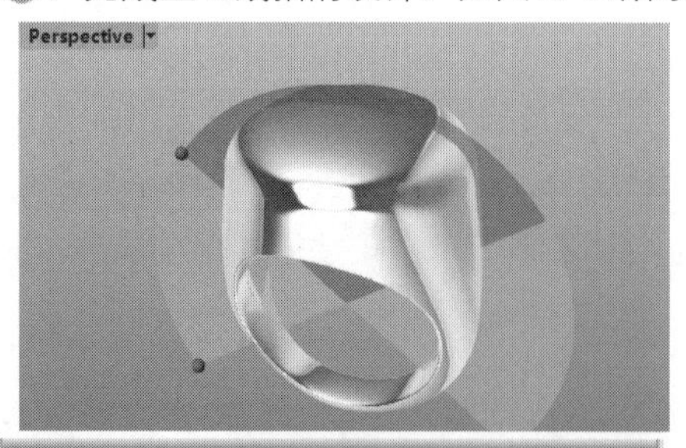

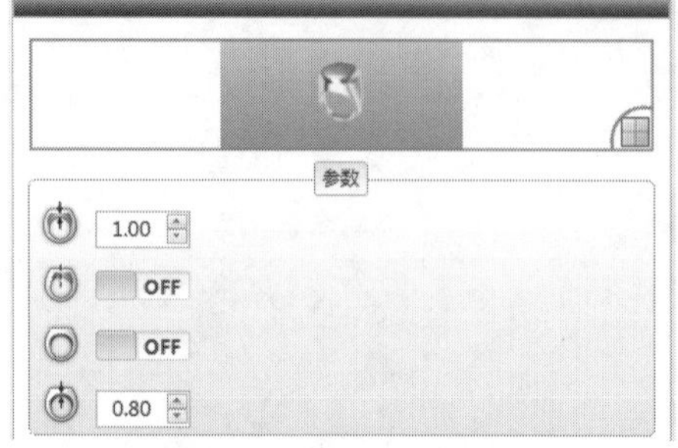

图15-87 戒指空心选项设置

05戒指空心的效果如图15-88所示。

图15-88 戒指空心效果图

4.其他戒指设计工具

【戒指】面板中的其他戒指设计工具，与【戒圈】工具的应用方法一致。如图15-89~图15-94所示为其他类型戒指的效果图。

图15-89 大教堂戒

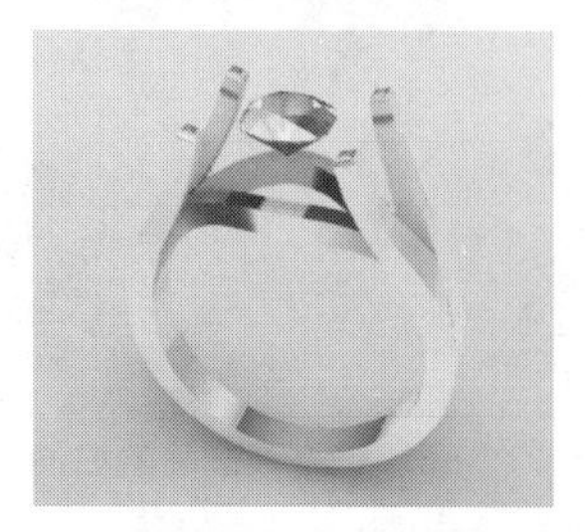

图15-90 分叉柄戒

图15-91 高级分叉柄戒

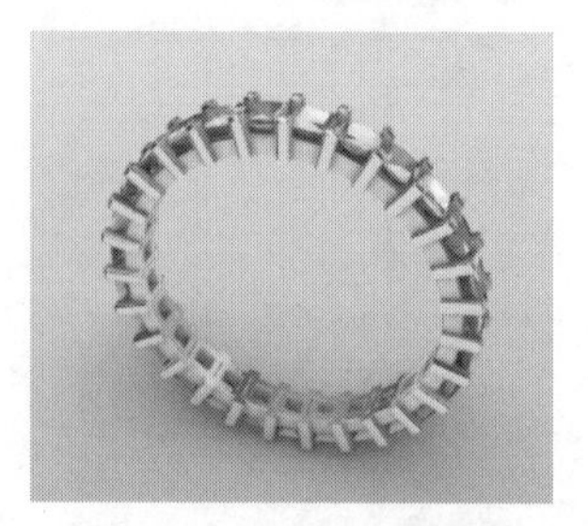

图15-92 Eternity环圈戒

图15-93 花纹戒

图15-94 印章戒

15.4.2 宝石镶脚设置

当首饰中的宝石创建后，还要添加镶脚以将其固定。镶脚的设计工具如图15-95所示。

图15-95 镶角设计工具

1. 爪镶

下面介绍【爪镶】工具在首饰设计中的应用。在本例中，我们将会使用RhinoGold中常用的建模工具，如宝石工具、爪镶、智能曲线、挤出、圆管、动态弯曲，以及动态圆形数组功能。本例的首饰效果如图15-96所示。

图15-96　花瓣形戒指

动手操作——爪镶设计

01在菜单栏中执行【文件】|【新建】命令，新建Rhino文件。

02在【珠宝】选项卡中单击【Wizard】按钮，定义一个Hong Kong 16号、RG004号截面曲线、上方截面2mm ×6mm、下方截面2mm×3mm的戒圈，如图15-97所示。

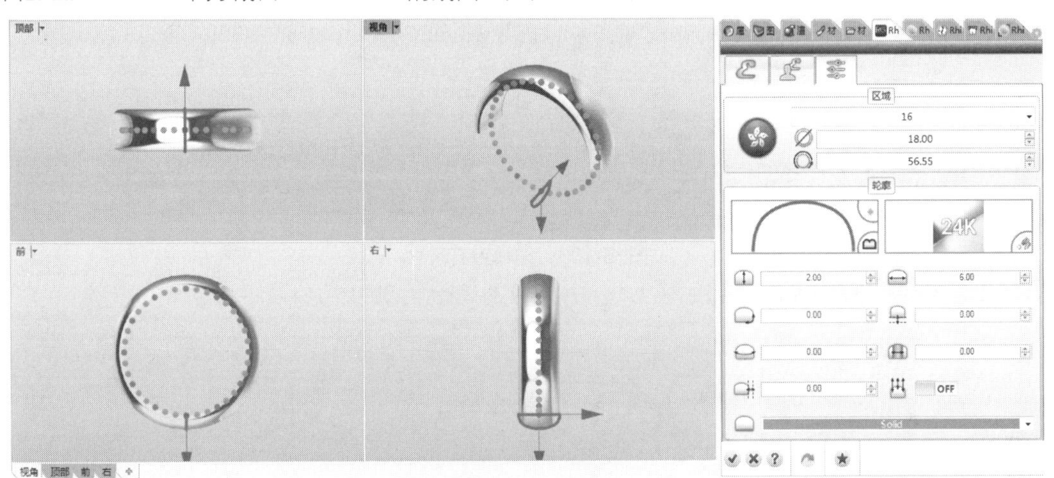

图15-97　创建戒环

技巧点拨

默认状态下，只有一个操作轴，且在戒圈下方象限点（也叫方位球）。可以先在对话框中设置下方的截面为3mm×2mm，然后在视窗中单击戒圈上方的象限点，显示操作轴，此时就有两个操作轴了。如果不想同时改变整个戒圈的形状，请单击上方或下方的截面曲线，这样就会隐藏这一方的操作轴。那么在对话框中设置的截面参数仅仅对显示操作轴的一方产生效果。如图15-98所示为添加操作轴的示意图。

03在【珠宝】选项卡中单击【爪镶】按钮，在RhinoGold控制面板中的爪镶外形库中双击选择编号为004的爪镶外形，在视窗中可以看到爪镶的预览效果，如图15-99所示。

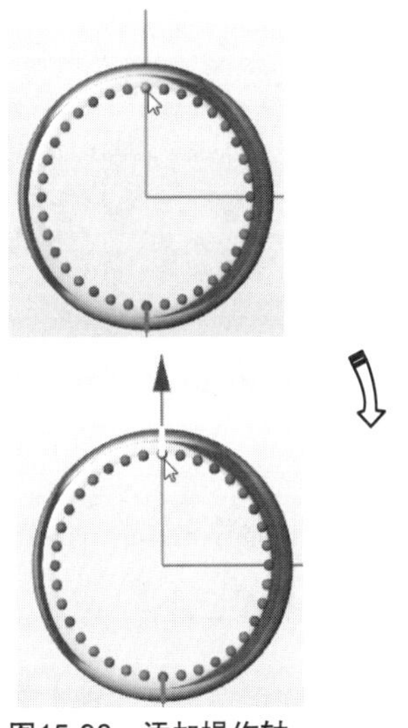

图15-98　添加操作轴

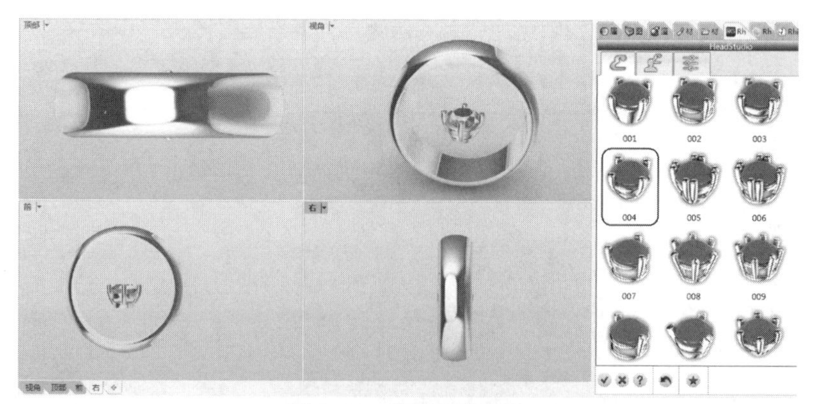

图15-99　选择爪镶形状

04在视窗中选中宝石并按F2键，在RhinoGold控制面板中编辑宝石参数，钉镶会随着宝石尺寸的变化而变化，如图15-100所示。

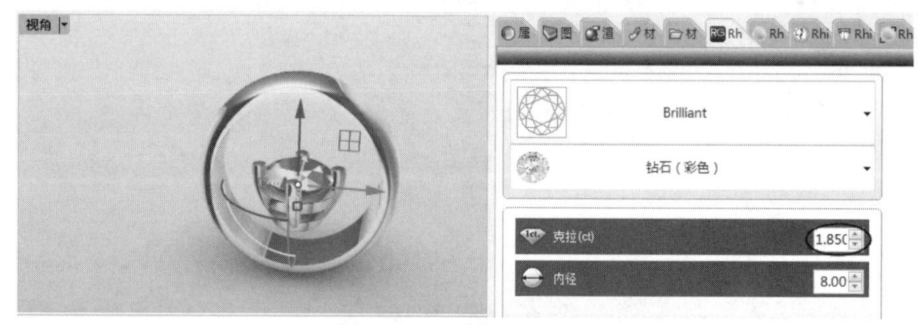

图15-100　编辑宝石尺寸

05利用操作轴将爪镶及宝石平移到戒环上，完成爪镶的设计，如图15-101所示。

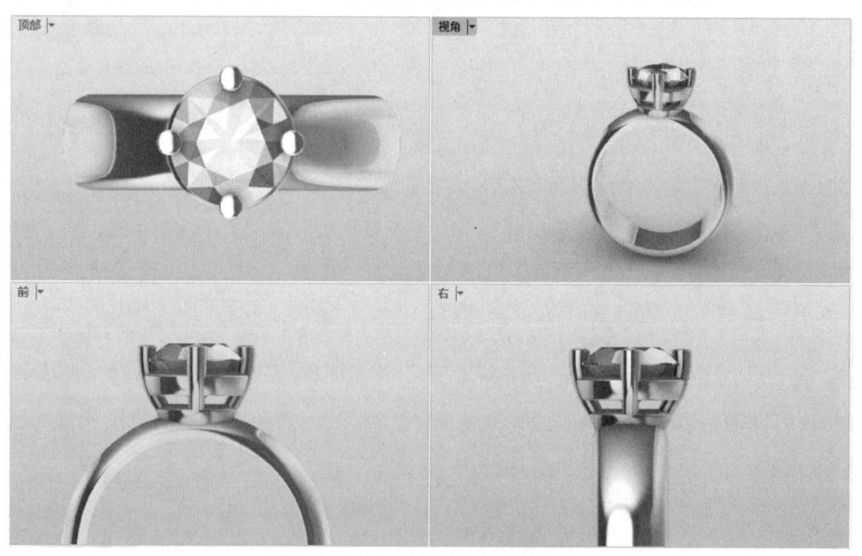

图15-101　爪镶设计完成的效果

2. 钉镶

下面介绍【钉镶】工具在首饰设计中的实战应用。本例延续上一案例的操作。

动手操作——钉镶设计

01在【绘制】选项卡中单击【智能曲线】按钮，在命令行中设置对称、垂直选项，然后绘制如图15-102所示的曲线。单击【插入控制点】按钮和【控制点】按钮，调整曲线，如图15-103所示。

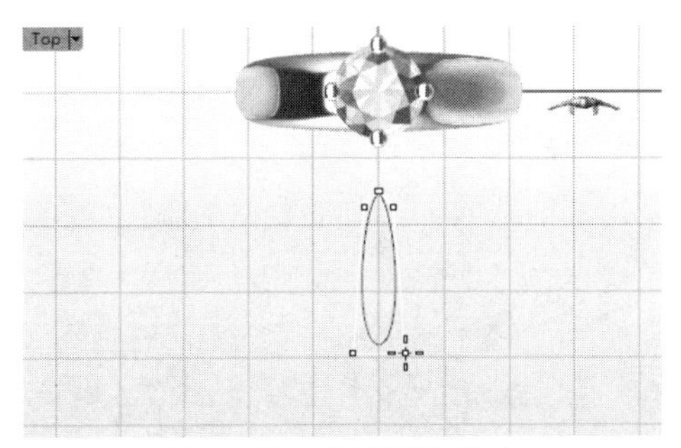

图15-102　绘制智能曲线

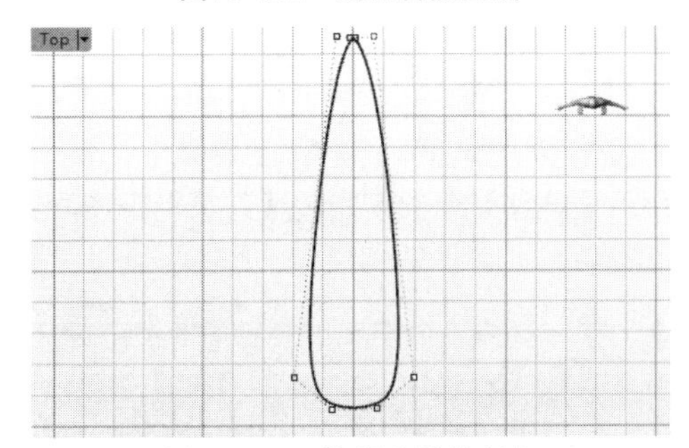

图15-103　编辑曲线控制点

02单击【偏移】按钮，创建偏移距离为0.5mm的偏移曲线，如图15-104所示。

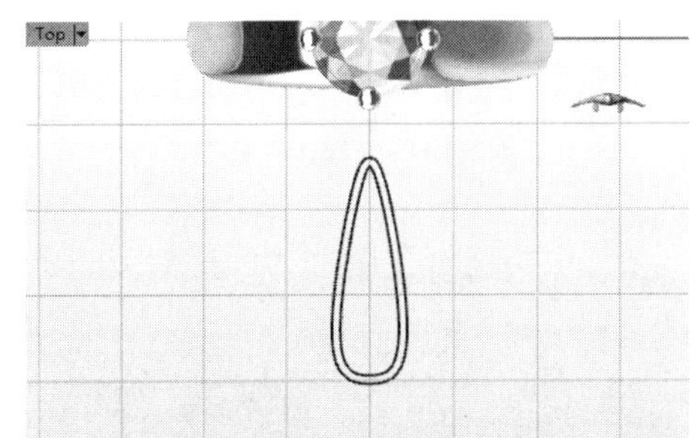

图15-104　创建偏移曲线

03在【建模】选项卡中单击【挤出】按钮，选择里面的曲线创建挤出实体，厚度为1mm，如图15-105所示。

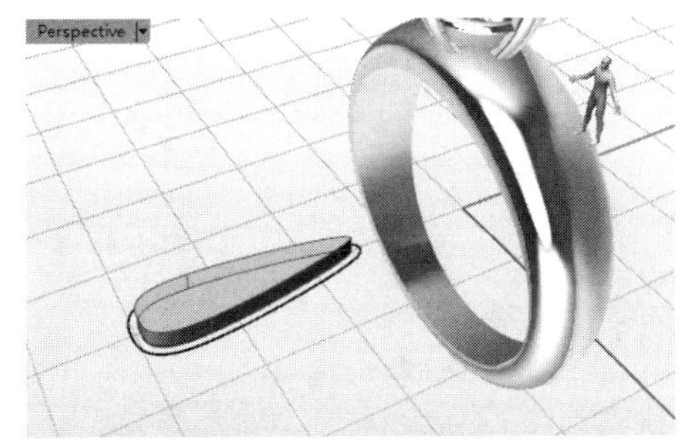

图15-105　创建挤出实体

04单击【圆管】按钮，沿着偏移曲线创建直径为1mm的圆管，如图15-106所示。

05在【变动】选项卡中单击【动态弯曲】按钮，按住Shift键，选取挤出实体和圆管，进行动态弯曲，如图15-107所示。

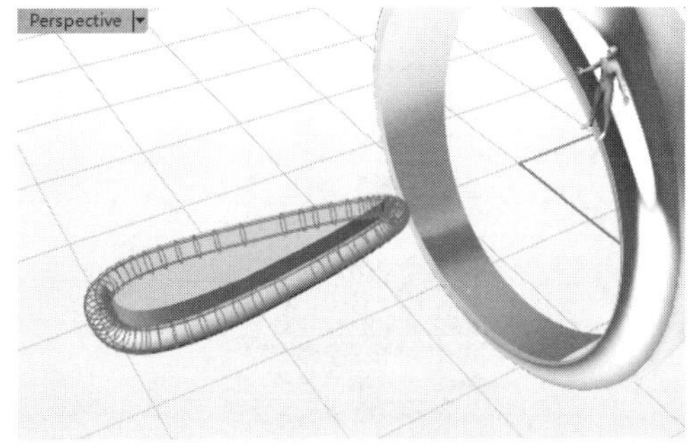

图15-106　创建圆管

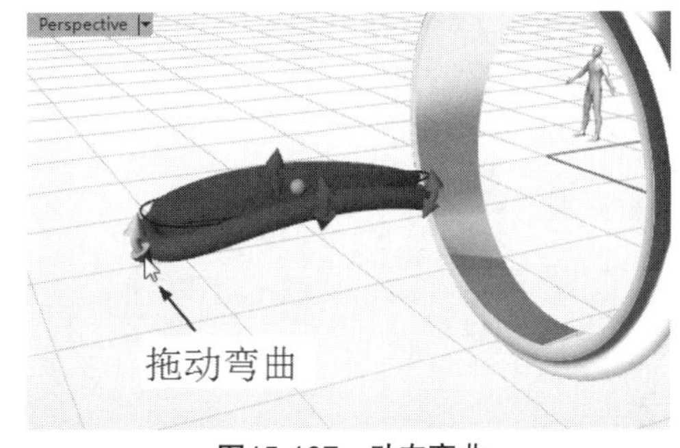

图15-107　动态弯曲

06选中动态弯曲的两个实体，利用状态栏中的【操作轴】工具，将实体移动至爪钉位置，同理，将挤出实体和圆管实体重合，如图15-108所示。

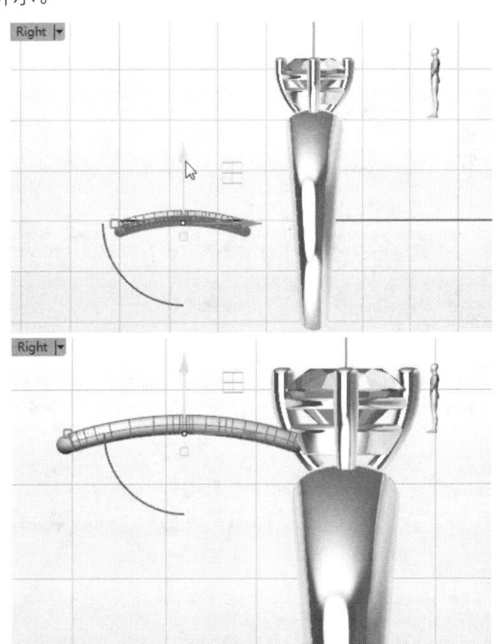

图15-108　平移并重合挤出实体与圆管

07在【宝石】选项卡中单击【宝石工具】按钮，在RhinoGold控制面板底部单击【插入平面原点】按钮，在弹出的面板中单击【选取对象上的点】按钮，依次放置4个内径等差为0.5mm（1.5mm~3mm）的钻石，如图15-109所示。

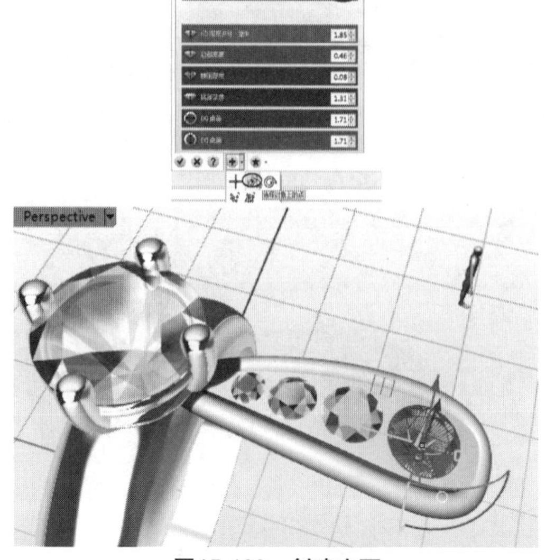

图15-109 创建宝石

08在【珠宝】选项卡中单击【钉镶】按钮，在弹出的面板中单击【于线上】按钮，RhinoGold控制面板上显示线性钉镶选项。按住Shift键选取4颗钻石并将它们添加到选择器中，再设置钉镶参数，依次为4颗钻石插入钉镶，如图15-110所示。需要手动移动钉镶的位置。

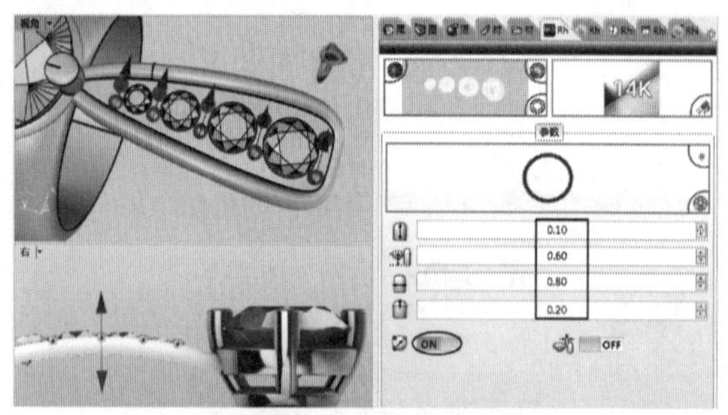

图15-110 创建线性钉镶

09利用【珠宝】选项卡中的【刀具】工具，创建4颗钻石的开孔器，如图15-111所示。

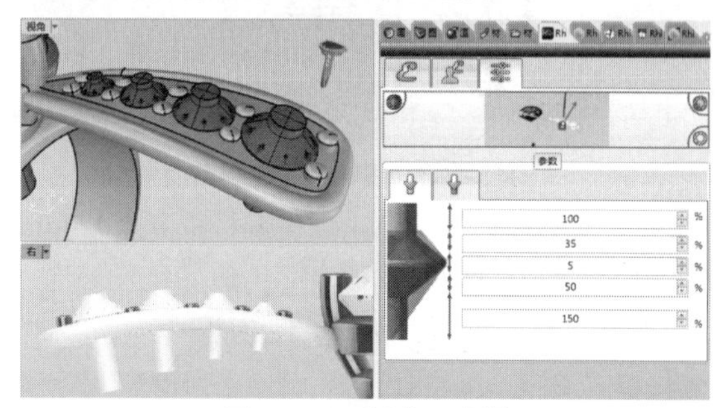

图15-111 创建开孔器

10利用【布尔运算-差集】工具，从挤出实体中修剪出开孔器。

11利用【变动】选项卡中的【动态圆形阵列】工具，创建圆形阵列，如图15-112所示。

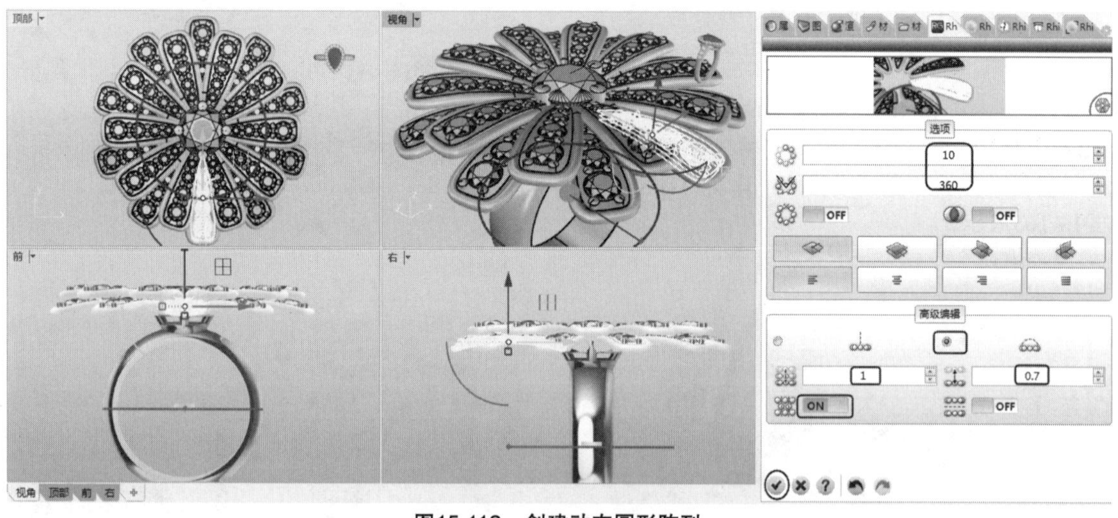

图15-112 创建动态圆形阵列

12至此，完成了花瓣形宝石戒指的造型设计。

3. 包镶

使用【包镶】工具可以创建用户参数化和可编辑的镶脚。在本例中，将会使用RhinoGold中常用的建模工具，如宝石工具、尺寸测量器、戒圈、包镶和布尔运算等。独粒宝石戒指造型如图15-113所示。

图15-113　独粒宝石戒指

动手操作——包镶设计

01在菜单栏中执行【文件】|【新建】命令，新建Rhino文件。

02设置戒指大小。在【珠宝】选项卡中单击【手指尺寸】按钮，在弹出的面板中单击【尺寸测量器】按钮，RhinoGold控制面板中显示尺寸测量器选项。

03在控制面板中设置如图15-114所示的戒指尺寸。单击【确定】按钮，完成手指尺寸的测量操作。

技巧点拨

在这种情况下，选择16号测量标准，也可以使用宝石平面选项来定义中心宝石位置，距离为5mm。

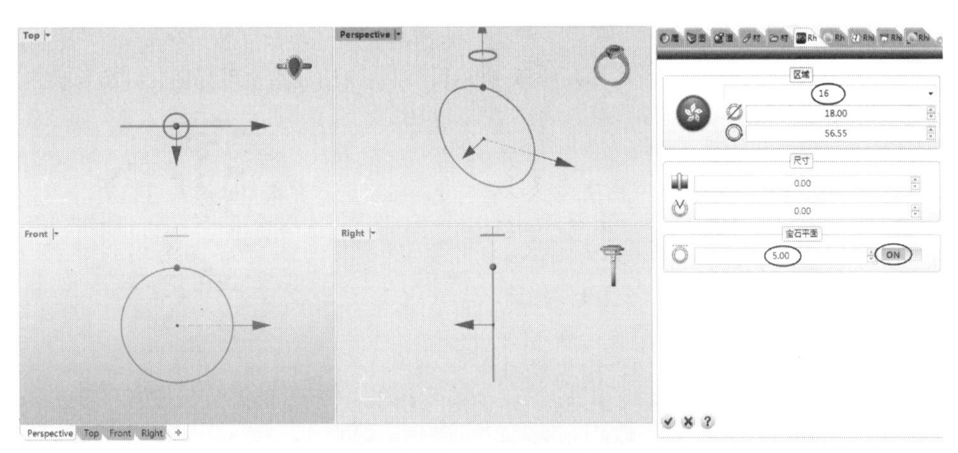

图15-114　设置戒指尺寸

04在【珠宝】选项卡中单击【包镶】按钮，RhinoGlod控制面板显示包镶选项。在【截面】标签下双击选择010号样式，将其添加到模型中，如图15-115所示。

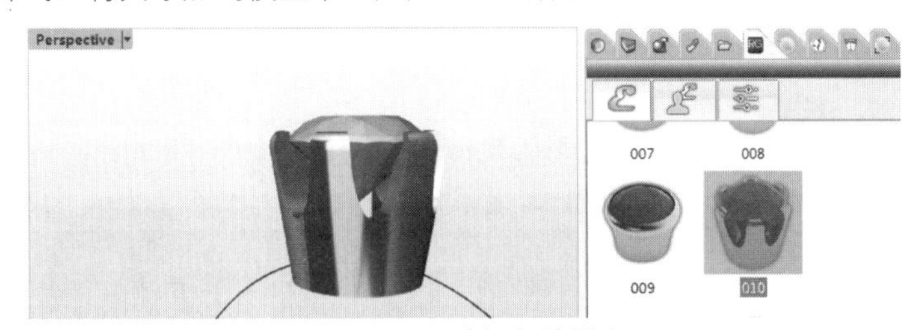

图15-115　选择包镶样式

05在视窗中选择宝石并按F2键，编辑其内径为6mm，如图15-116所示。

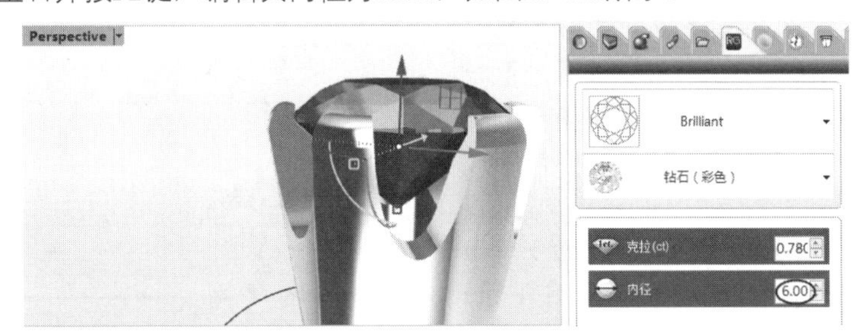

图15-116　编辑宝石内径

06在视窗中选择包镶并按F2键，然后设置包镶截面形状参数。接着设置缺口形状曲线，如图15-117所示。最后单击【确定】按钮，完成包镶设计。

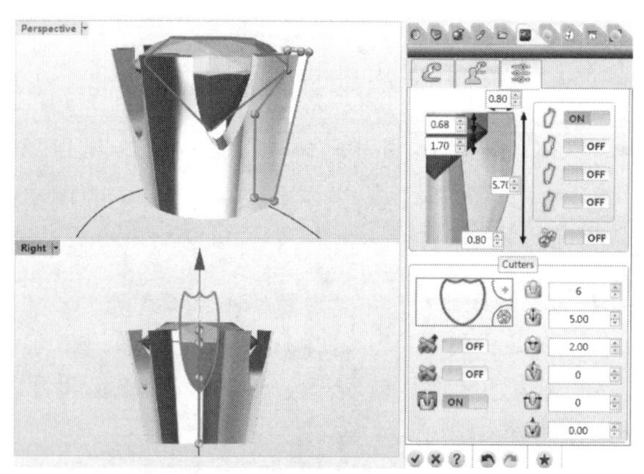
图15-117　设置包镶缺口形状曲线

技巧点拨

除了在控制面板中设置尺寸参数外，还可以在视窗中拖动控制点手工改变包镶形状。

07下面创建戒环。在【珠宝】选项卡中单击【戒圈】按钮，弹出【戒圈】对话框。选择Hong Kong标准，在【戒圈】标签下设置戒圈的截面曲线（选择013的曲线），并在视窗中拖动操作轴箭头，改变戒圈的形状，如图15-118所示。其余选项保留默认设置，单击【确定】按钮，完成戒圈的设计。

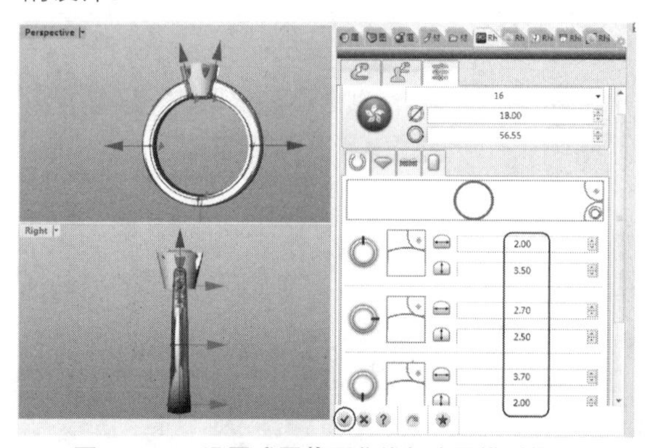
图15-118　设置戒圈截面曲线与戒圈模型修改

08在【珠宝】选项卡中单击【刀具】按钮，弹出【开孔器】对话框。在控制面板中选择007号开孔器样式给宝石，然后在控制面板中【参数】标签下添加宝石到选择器中。最后设置开孔器的参数，如图15-119所示。单击【确定】按钮，完成创建。

09在【建模】选项卡中的【修改实体】面板中单击【布尔运算-差集】按钮，先选择包镶，按Enter键后选择开孔器，按Enter键完成差集运算。

10单击【布尔运算-并集】按钮，将包镶和戒圈合并。至此，完成了戒指设计。在菜单栏中执行【文件】|【另存为】命令，将戒指文件保存。

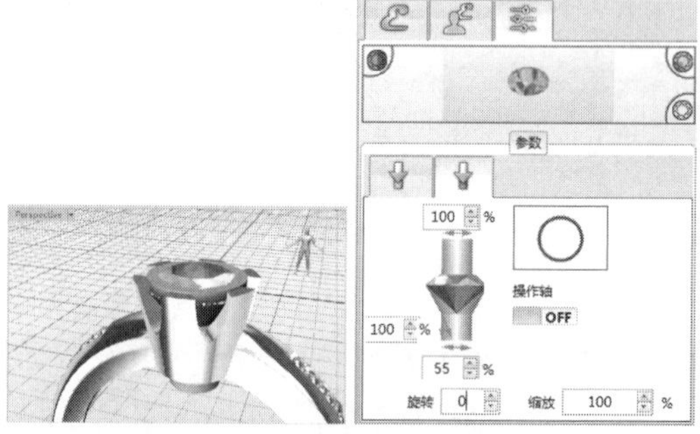
图15-119　创建开孔器

4. 轨道镶与动态截面

在本例中，将使用RhinoGold中常用的工具，如动态截面、布尔运算、轨道镶，以及开孔器工具。双轨镶钻戒指造型如图15-120所示。

图15-120　双轨镶钻戒指

动手操作——轨道镶与动态截面设计

01在菜单栏中执行【文件】|【新建】命令，新建Rhino文件。

02利用【珠宝】选项卡中的【尺寸测量器】工具测量手指尺寸，如图15-121所示。

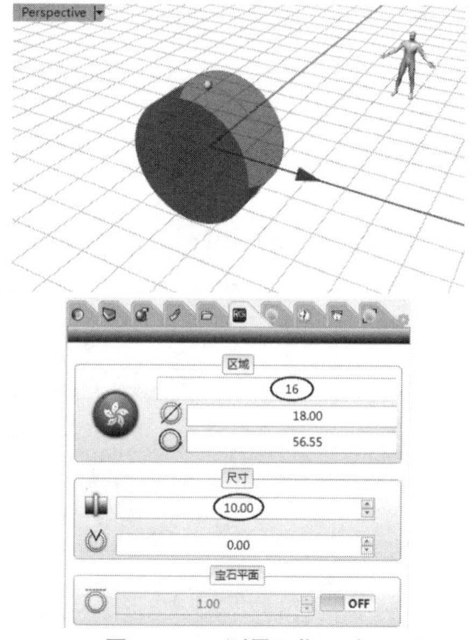

图15-121　测量手指尺寸

03利用【绘制】选项卡中的【曲线】工具的弹出面板中的【曲面上的内插点曲线】工具，在Top视窗中的戒圈表面绘制曲线，绘制时请开启【物件锁点】的【最近点】功能，以便捕捉到曲面边缘，如图15-122所示。

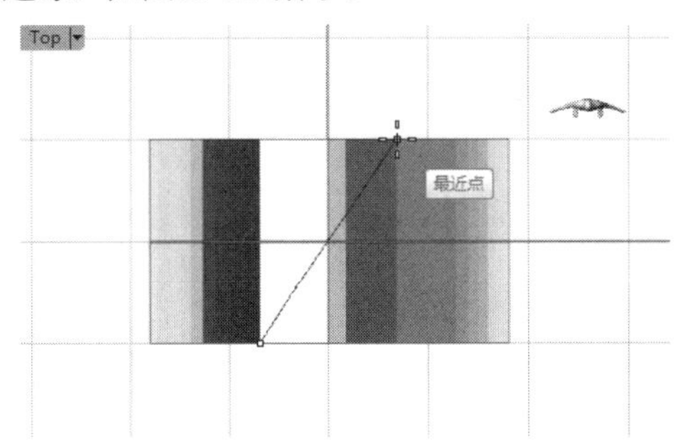

图15-122　绘制曲面上的曲线

04单击【珠宝】选项卡中的【动态截面】按钮，选取曲面上的曲线以创建动态截面的实体，如图15-123所示。

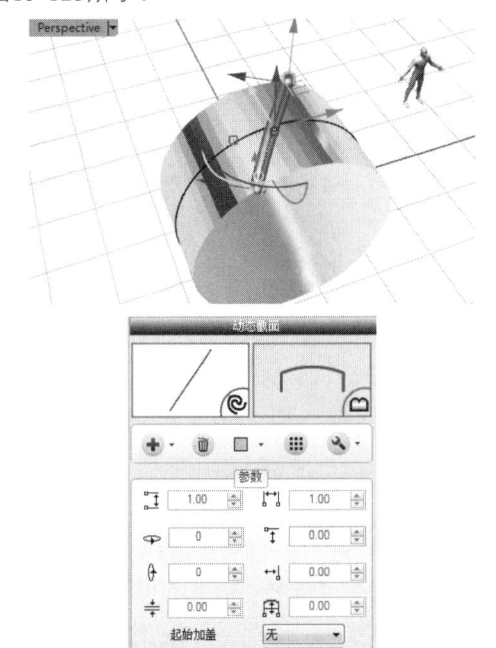

图15-123　创建动态截面实体

技巧点拨

两端需要往相反方向各旋转15°，以便使底部曲面与戒圈表面相切，为后续设计省去不必要的布尔差集运算，如图15-124所示。

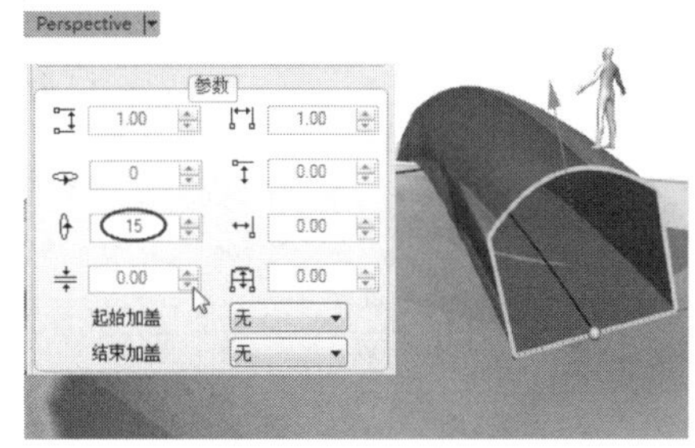

图15-124　调整端面角度

05利用【变动】选项卡中的【动态圆形阵列】工具，创建动态圆形阵列，如图15-125所示。

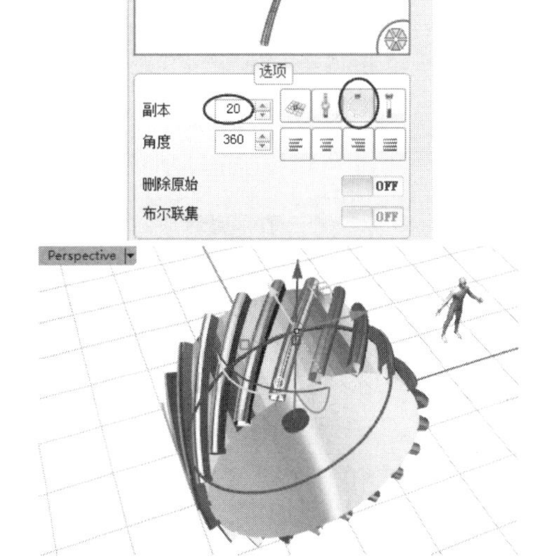

图15-125　创建动态圆形阵列

06利用【变动】选项卡中的【水平对称】工具，将圆形阵列的成员进行水平镜像，结果如图15-126所示。选择镜像平面时，在Top视窗中选取。

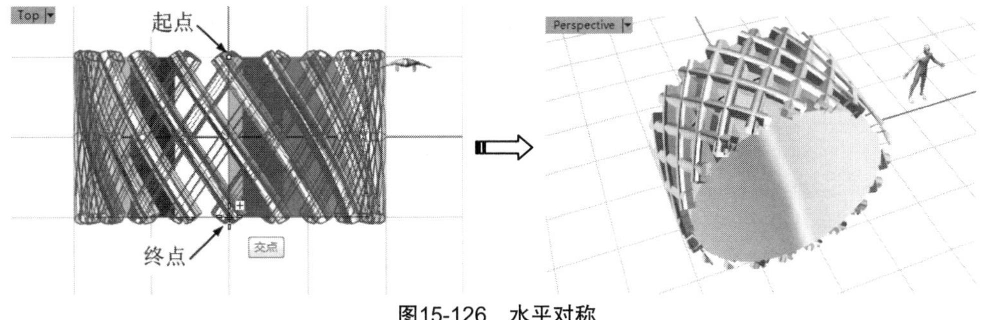

图15-126　水平对称

07单击【珠宝】选项卡中的【轨道镶】按钮，RhinoGold控制面板中显示轨道镶选项。选取戒圈的边缘，如图15-127所示。创建轨道镶，如图15-128所示。同理，在另一侧也创建相同的轨道镶。

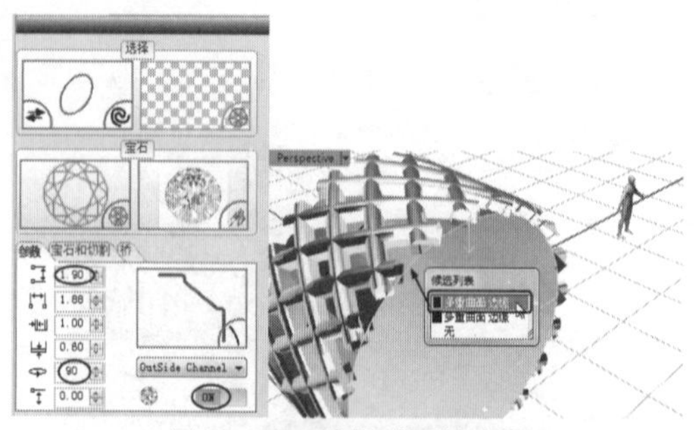

图15-127　选择戒圈的边缘

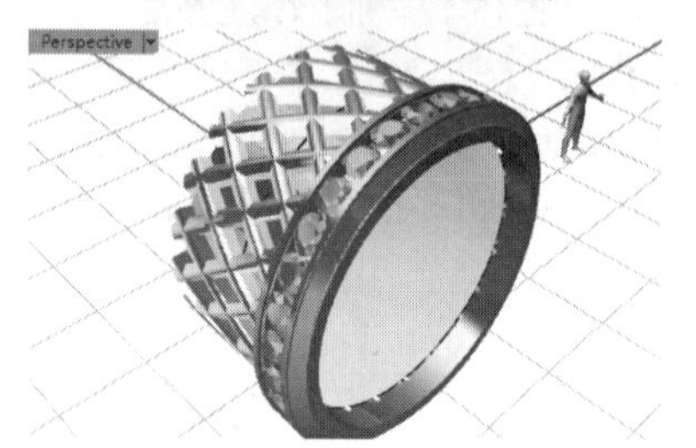

图15-128　创建轨道镶

技巧点拨

如果第一次不能选取边缘，可先选取戒圈曲面，取消选取后就可以拾取其边缘了。

08删除中间的戒圈实体和曲线，完成双轨镶钻戒指的创建，如图15-129所示。

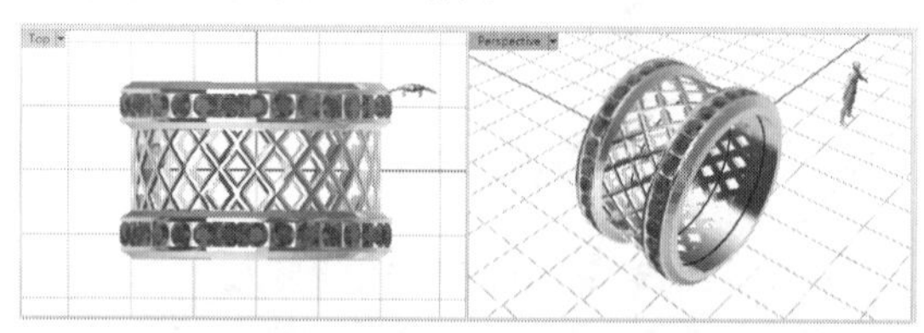

图15-129　双轨镶钻戒指

15.4.3　链、挂钩和吊坠

1. 链

【链】工具用于设计贵金属项链、手链、脚链等。

动手操作——金项链设计

01打开本练习模型文件15-15.3dm，如图15-130所示。

02在【珠宝】选项卡中的Pendants面板中单击【链子】按钮，在RhinoGold控制面板中显示链子设计选项。

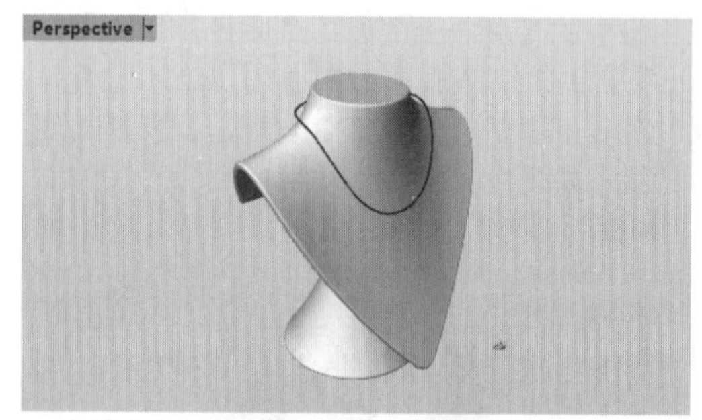

图15-130　练习模型

03在视窗中选择要复制的金属圈并添加到第一个选择器中，再将链曲线添加到第二个选择器中，如图15-131所示。

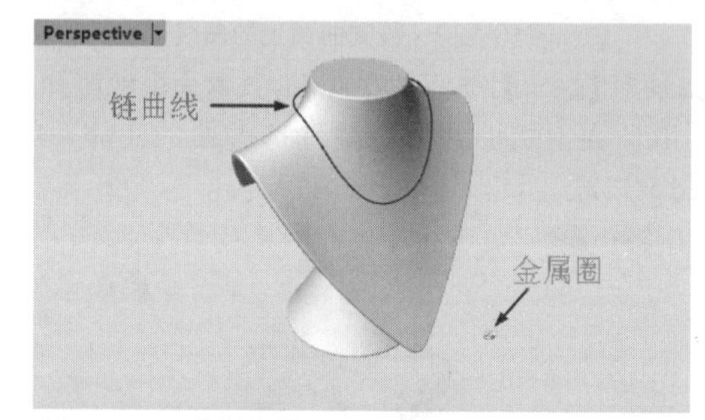

图15-131　选择金属图、链曲线并添加到选择器中

04在控制面板中设置金属圈的复制数目，并设置X旋转，如图15-132所示。

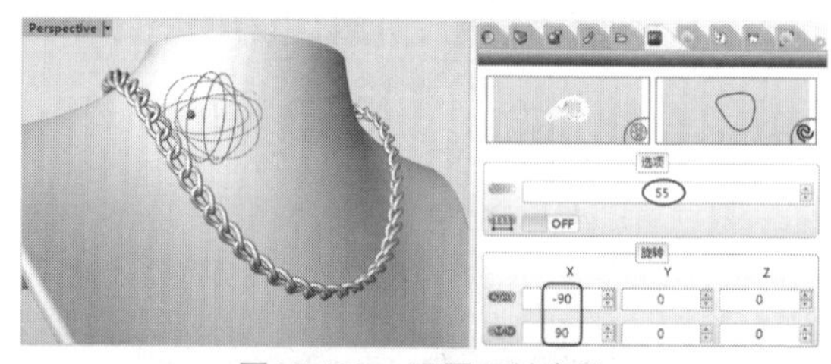

图15-132　设置项链参数

05单击【确定】按钮，完成项链的创建。

2. 吊坠设计

利用【吊坠】工具可以创建文字形状的吊坠，还可以创建动物形状的吊坠。

动手操作——文本吊坠设计

01在菜单栏中执行【文件】|【新建】命令，新建Rhino文件。

02在Pendants选项卡中单击【吊坠】按钮，并在弹出的面板中单击【文本吊坠】按钮，RhinoGold控制面板中显示吊坠设计选项。

03在【截面】标签下双击一个文本样式，将此文字添加到模型中，如图15-133所示。

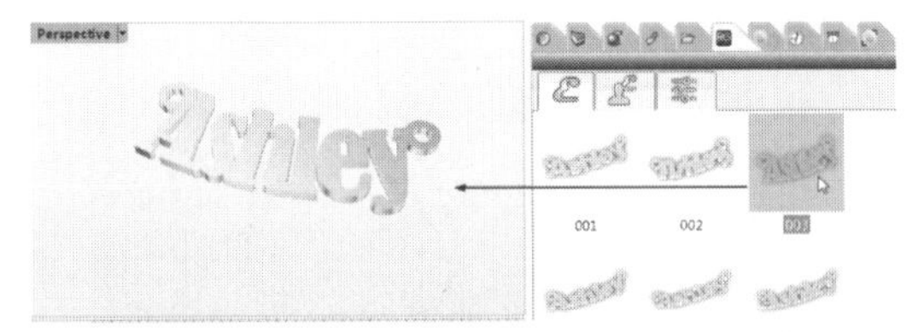

图15-133　选择文本样式并添加到模型中

04在【参数】标签下，可以重新输入自定义的文本及参数，输入新文本后须按Enter键确认，如图15-134所示。

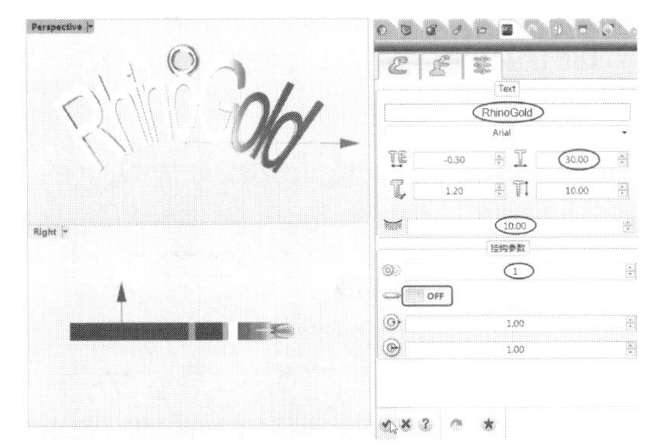

图15-134　输入新文本并设置参数

05在视窗中可以调整挂钩的位置，本例放置在字母O上，最后单击【确定】按钮，完成文本吊坠的设计，如图15-135所示。

图15-135　文本吊坠

动手操作——动物吊坠设计

01在菜单栏中执行【文件】|【新建】命令，新建Rhino文件。

02在Pendants选项卡单击【吊坠】按钮，并在弹出的面板中单击【吊坠曲线】按钮，RhinoGold控制面板中显示吊坠设计选项。

03在【截面】标签下双击一个曲线样式（002样式），将此曲线样式添加到模型中，如图15-136所示。

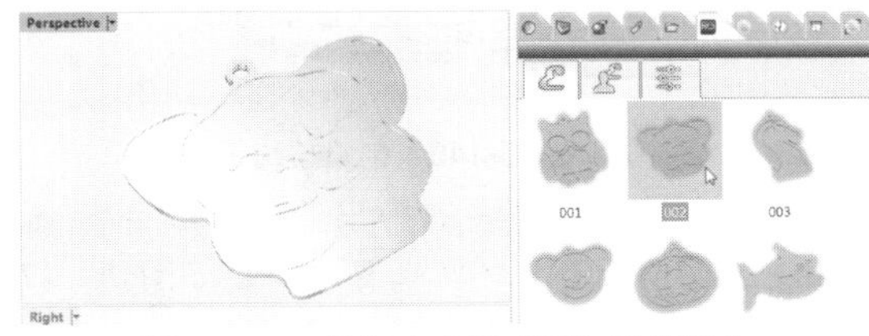

图15-136　选择文本样式添加到模型中

04在【参数】标签下，可以重新设置吊坠参数。最后单击【确定】按钮，完成文本吊坠的设计，如图15-137所示。

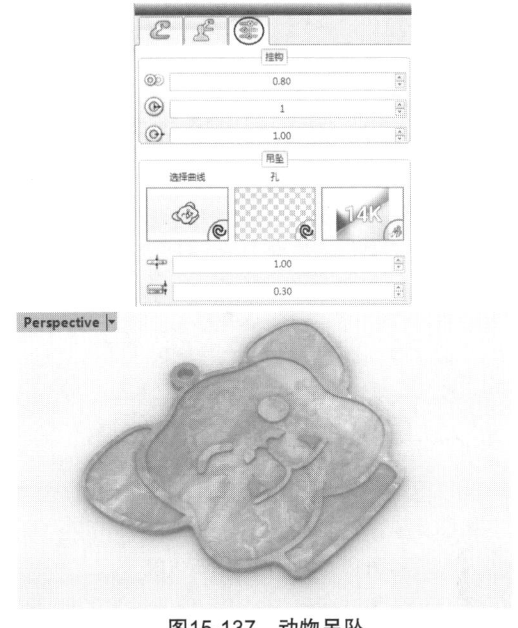

图15-137　动物吊坠

05也可以自定义封闭曲线。在【参数】标签下，将自定义的曲线添加到【选择曲线】选择器中，即可创建自定义图案的吊坠。如果自定义图案内部有圆孔曲线，请将圆孔曲线添加到【孔】选择器中。

3. 挂钩设计

【挂钩】工具用来创建吊坠首饰的挂钩。

在本例中，将使用RhinoGold中常用的工具，如智能曲线、挤出、双曲线排石、宝石工具、包镶与圆管等，设计如图15-138所示的心形吊坠。

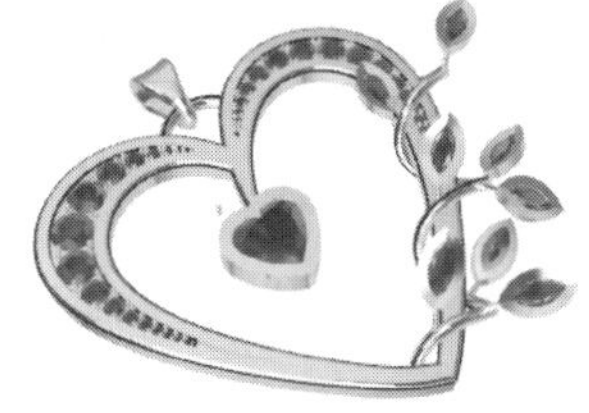

图15-138　心形吊坠

动手操作——心形吊坠设计

01在菜单栏中执行【文件】|【新建】命令，新建珠宝文件。

02利用【宝石】选项卡中的【包镶】工具，在控制面板中选择028号包镶样式。选中宝石并按F2键，重新选择宝石形状为心形钻石，内径为6mm，如图15-139所示。

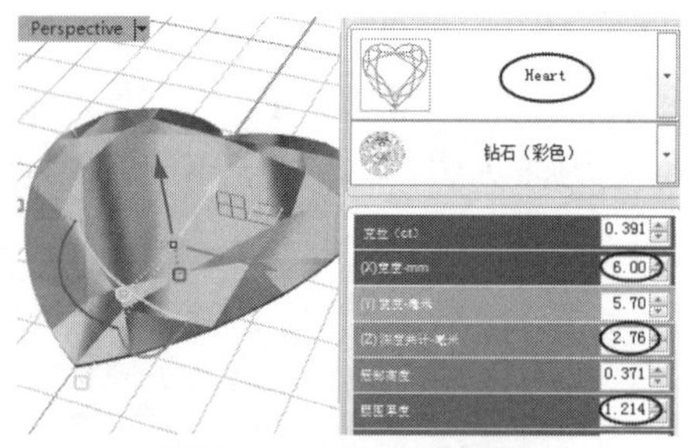

图15-139　创建心形宝石

03选中包镶并按F2键，编辑包镶的尺寸，可以在视窗中手动调整包镶截面形状，如图15-140所示。

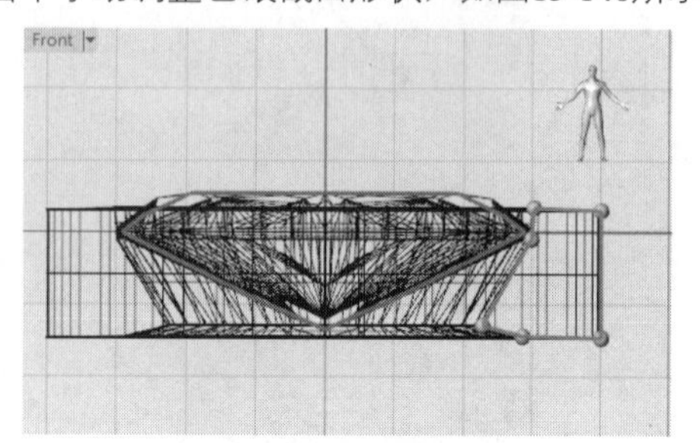

图15-140　创建钻石包镶

04利用【绘制】选项卡中的【智能曲线】工具，以垂直对称的绘制方式绘制心形，注意曲线控制点的位置，然后利用操作轴移动钻石和包镶，如图15-141所示。

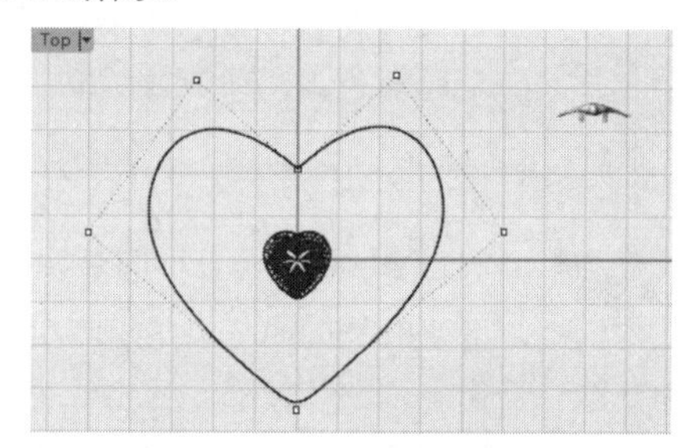

图15-141　绘制智能曲线

05绘制心形曲线的偏移曲线，并做曲线修改，绘制曲线后将两个心形曲线一分为二（绘制一条竖直线将其左右分），如图15-142所示。

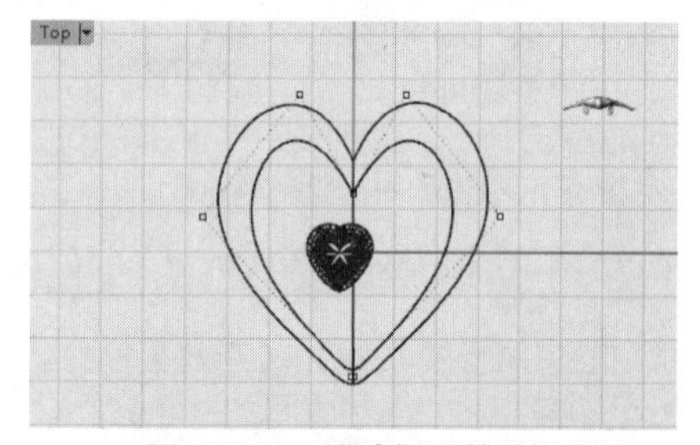

图15-142　移动视图并绘制曲线

06利用【绘制】选项卡中的【延伸】工具，延伸右侧两条半边心形曲线交汇于一点，如图15-143所示。

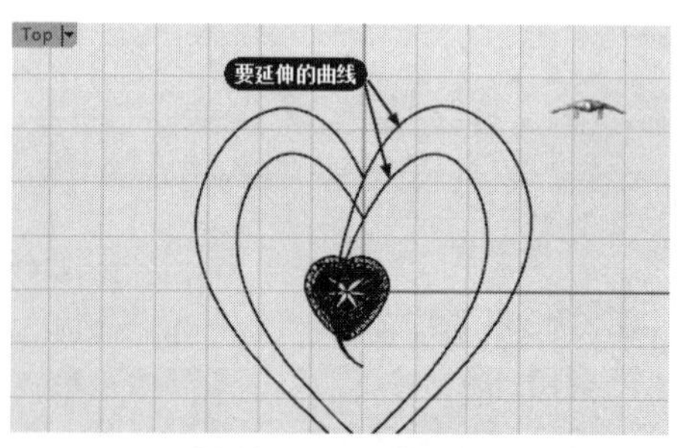

图15-143　延伸曲线

07利用【剪切】工具剪切延伸的曲线。然后利用【组合】工具将所有心形曲线组合成整体，如图15-144所示。

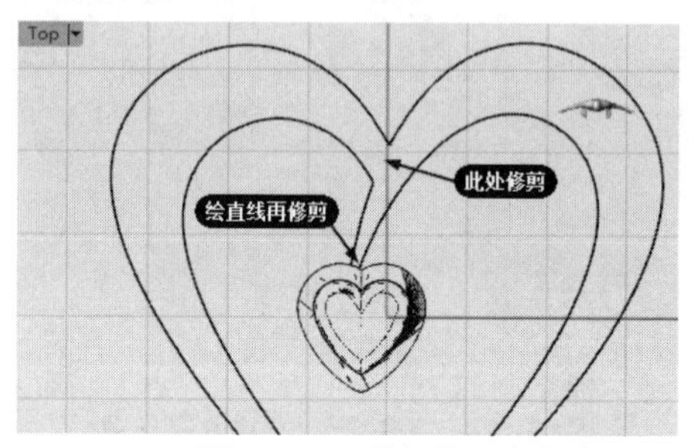

图15-144　剪切并组合曲线

08利用【偏移】工具创建偏移曲线，偏移距离为1mm，如图15-145所示。

图15-145　偏移曲线

09利用【建模】选项卡中的【挤出】工具，向下挤出2mm（命令行输入-2）的高度，如图15-146所示。

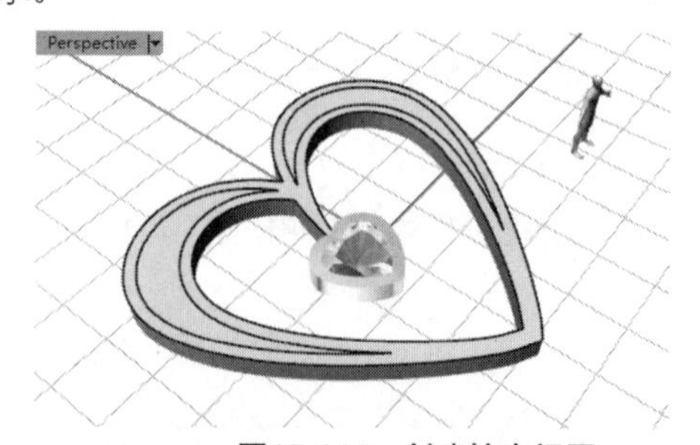

图15-146　创建挤出视图

10创建里面偏移曲线的挤出实体，向下挤出1mm，然后进行布尔差集运算，得到如图15-147所示的结果。

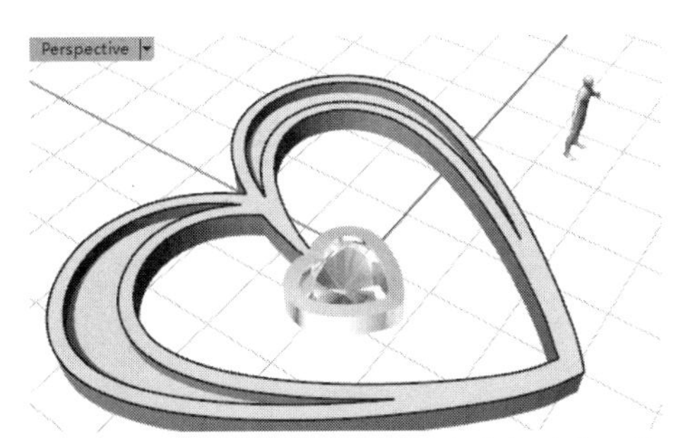

图15-147　创建内部挤出并进行布尔差集运算

11利用【不等距圆角】工具，对挤出实体进行边圆角处理，圆角半径为0.3mm，如图15-148所示。

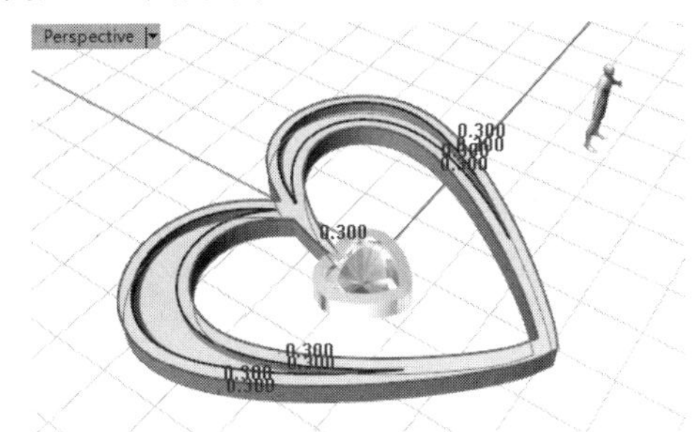

图15-148　创建圆角

12利用【宝石】选项卡中的【双曲线排石】工具，选取偏移曲线（由于偏移曲线是组合曲线，可以利用【炸开】工具拆分成单条曲线）来放置宝石，宝石之间距离为0.1mm，如图15-149所示。同理，在另一侧创建双曲线排石。

技巧点拨

在【双曲线排石】对话框中要先单击【预览】按钮，预览成功后才单击【确定】按钮完成创建，否则不能创建成功。

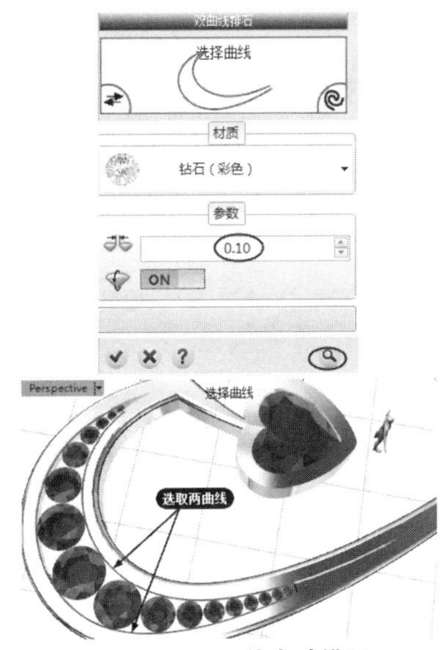

图15-149　双线自动排石

13利用【智能曲线】工具在Top视窗中绘制一条圆弧曲线，如图15-150所示。

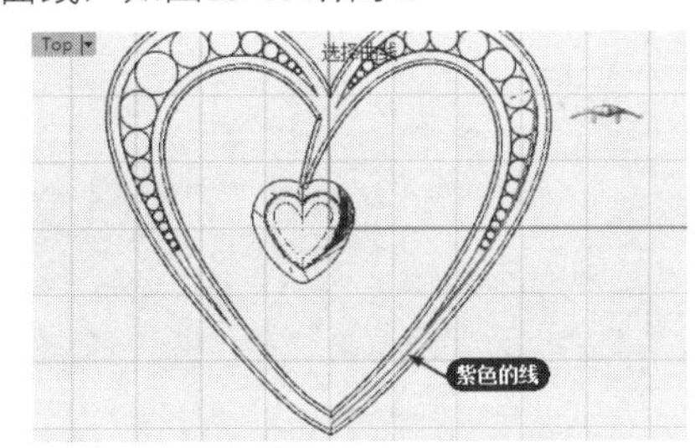

图15-150　绘制智能曲线

14利用【绘制】选项卡中的【曲线】工具的弹出面板中的【螺旋线】工具，以“环绕曲线”的方式绘制螺旋线，如图15-151所示。

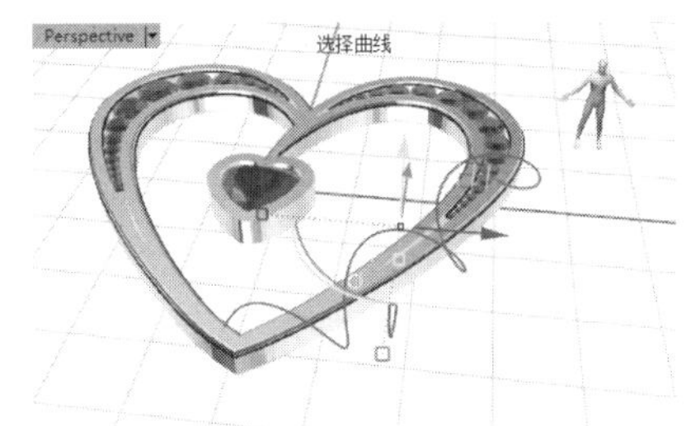

图15-151　绘制螺旋线

15利用【建模】选项卡中的【圆管，圆头盖】工具，选取螺旋线创建直径为1mm的圆管，如图15-152所示。

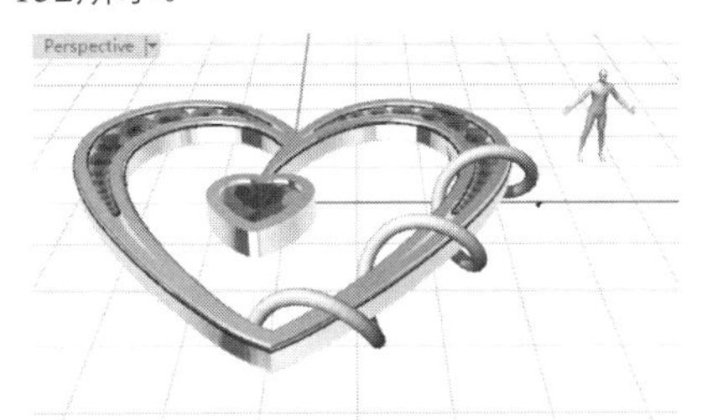

图15-152　创建圆管

16利用【包镶】工具，在控制面板中选择040号包镶样式（含有眼形宝石）。选取宝石并按F2键，编辑眼形宝石的宽度为3.5mm，如图15-153所示。

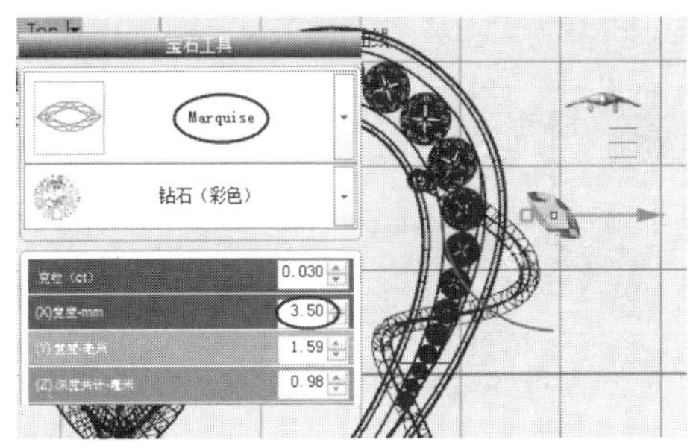

图15-153　创建宝石

17在视窗中选取包镶并按F2键，在控制面板中编辑包镶参数，并且需要在视窗中手动调整截面形状，如图15-154所示。

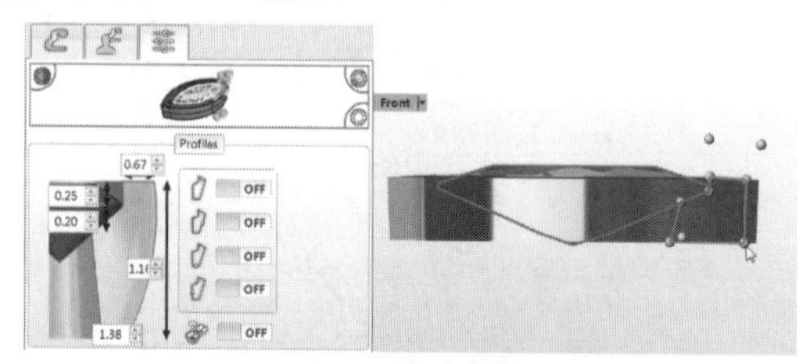

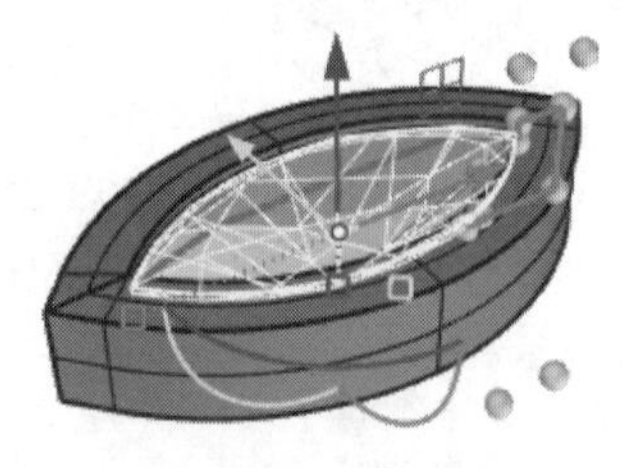

图15-154　创建包镶

18在视窗中调整包镶和眼形钻石的位置，如图15-155所示。

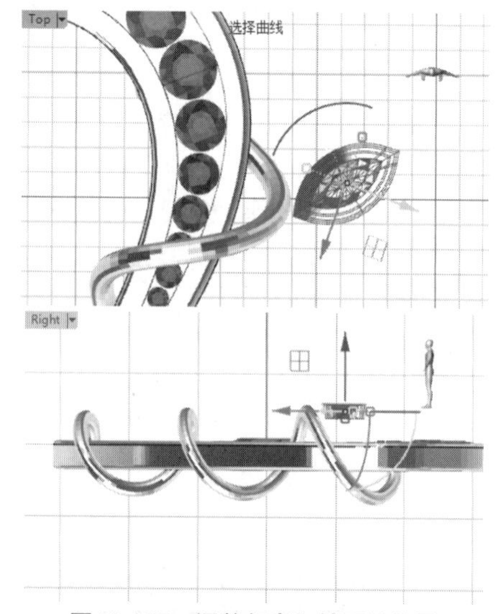

图15-155　调整包裹和钻石的位置

19绘制智能曲线以连接包镶底座与圆管，如图15-156所示。再利用【圆管】工具创建圆管，起点直径为0.5mm，终点直径为0.25mm，如图15-157所示。

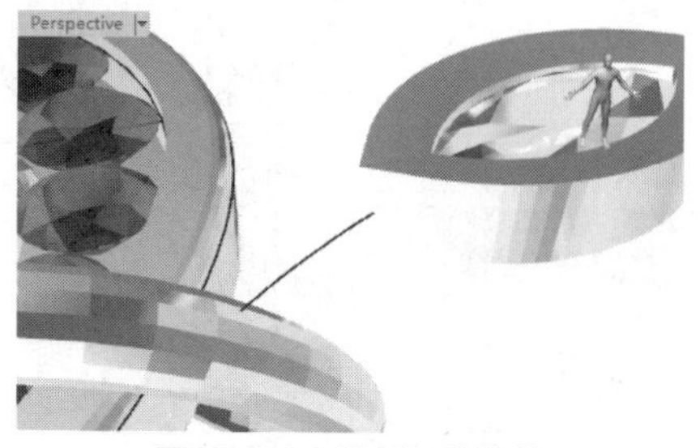

图15-156　绘制智能曲线

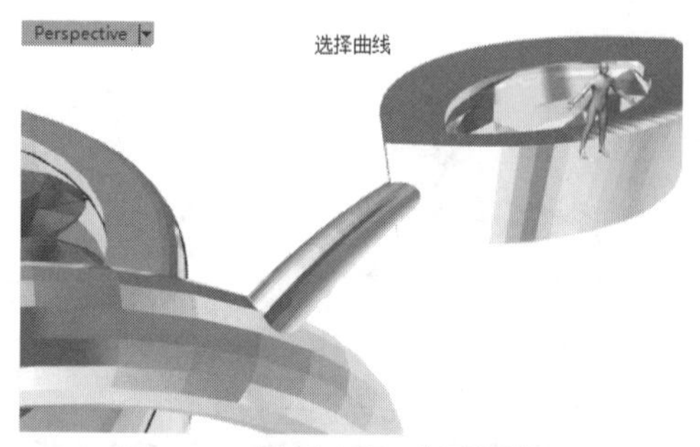

图15-157　创建圆管

20利用【变动】选项卡中的【矩形阵列】工具弹出面板中的【沿着曲面上的曲线阵列】工具，创建如图15-158所示的沿螺旋曲线的阵列。

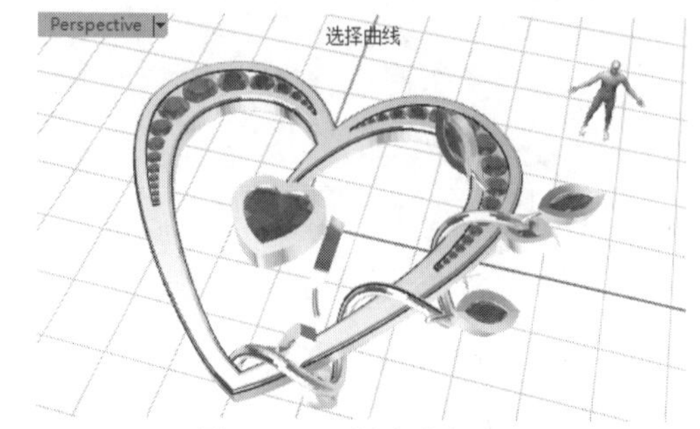

图15-158　创建动态阵列

21利用操作轴调整阵列的包镶和钻石，如图15-159所示。

图15-159　调整包镶和钻石的位置

22利用【圆弧】工具在Top视窗中绘制如图15-160所示的圆弧。

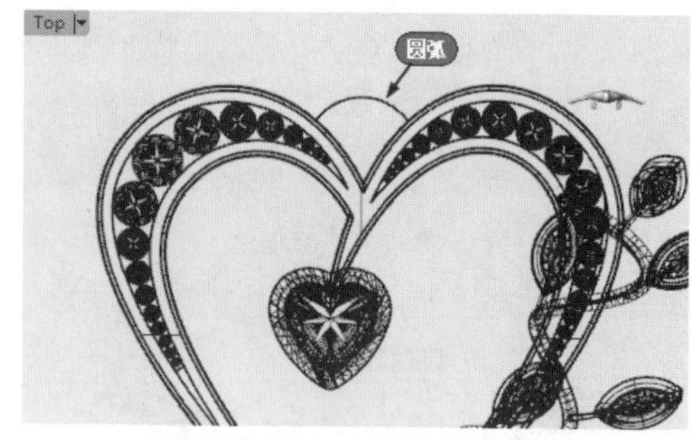

图15-160　绘制圆弧

23利用【圆管】工具创建直径为1mm的圆管，如图15-161所示。

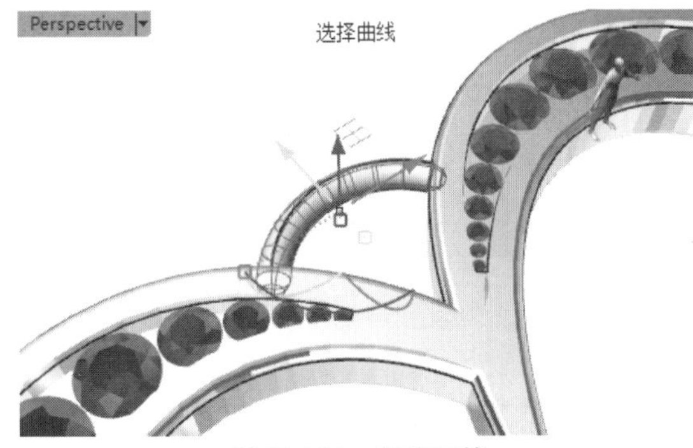

图15-161 创建圆管

24选择【珠宝】选项卡中的【挂钩】工具，在控制面板中挂钩样式标签下双击004号样式，添加到模型中，然后在【参数】标签下编辑挂钩参数，手动调整其位置，如图15-162所示。

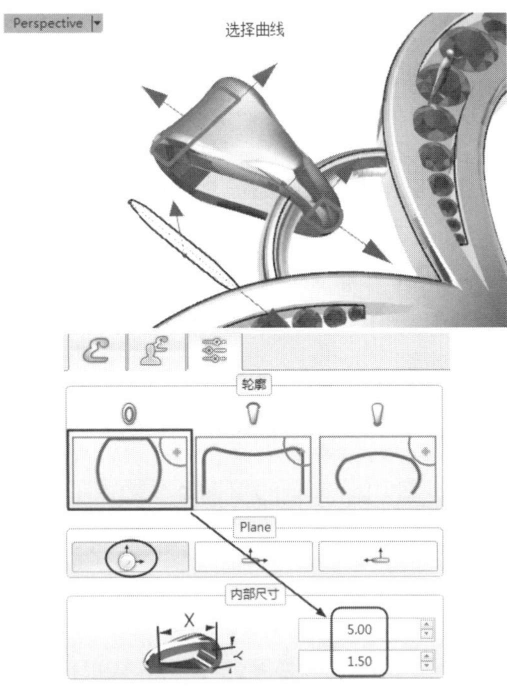

图15-162 挂钩设计

25按照前面坠饰中创建线性钉镶的方法，创建心形坠饰的钉镶。至此，完成了心形坠饰的造型设计，结果如图15-163所示。

图15-163 设计完成的心形坠饰

15.5 珠宝设计实战案例

在本节中，将利用Rhino及RhinoGold的相关设计工具进行首饰造型设计。

15.5.1 绿宝石群镶钻戒设计

在本例中，将使用RhinoGold中常用的工具，如对象环、爪镶、自动排石，以及动态圆形数组等。绿宝石群镶钻戒造型如图15-164所示。

图15-164 绿宝石群镶钻戒

01在菜单栏中执行【文件】|【新建】命令，新建珠宝文件。

02利用【绘制】选项卡中的【智能曲线】工具，以水平对称的方式，绘制如图15-165所示的对称封闭曲线。

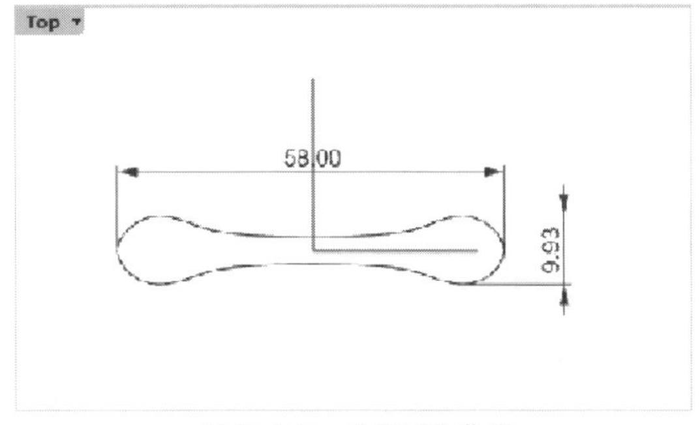

图15-165 绘制对称曲线

技巧点拨

为了保证对称，可以先绘一半，另一半用镜像对称的方式绘制，如图15-166所示。镜像后利用【组合】工具组合曲线。

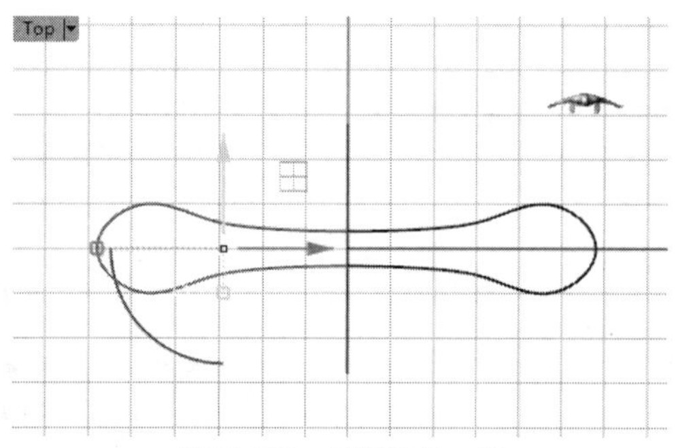

图15-166　镜像出另一半

03利用【建模】选项卡中的【挤出】工具，创建挤出厚度为2mm的实体，如图15-167所示。

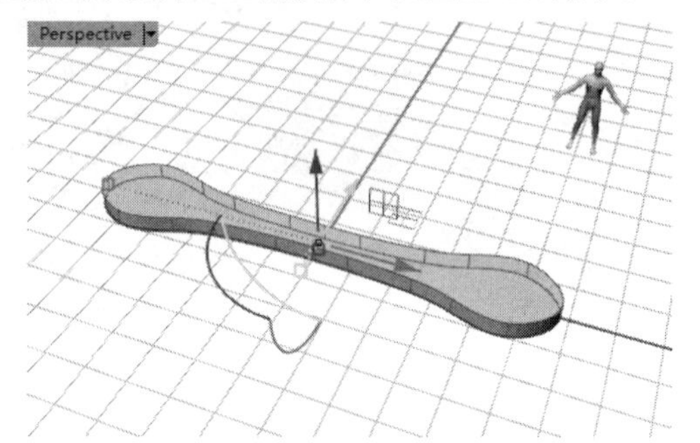

图15-167　创建挤出实体

04利用【不等距圆角】工具为挤出实体创建半径为1mm的圆角，如图15-168所示。

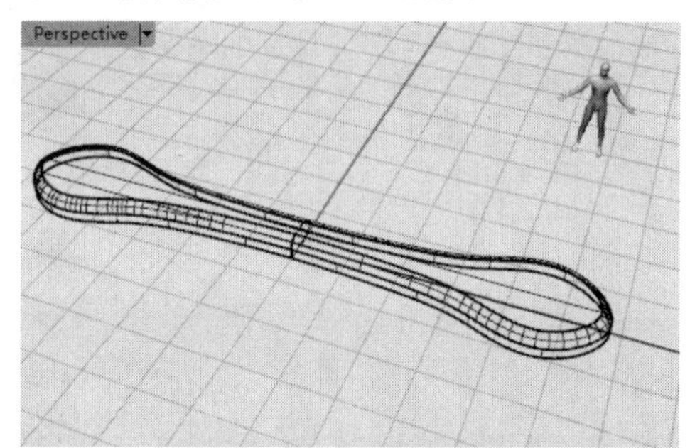

图15-168　创建圆角

05利用【智能曲线】工具，以水平对称的方式，绘制如图15-169所示的对称封闭曲线，3个点即可绘制完成。开启【锁定格点】并利用操作轴将曲线向上平移1mm，如图15-170所示。

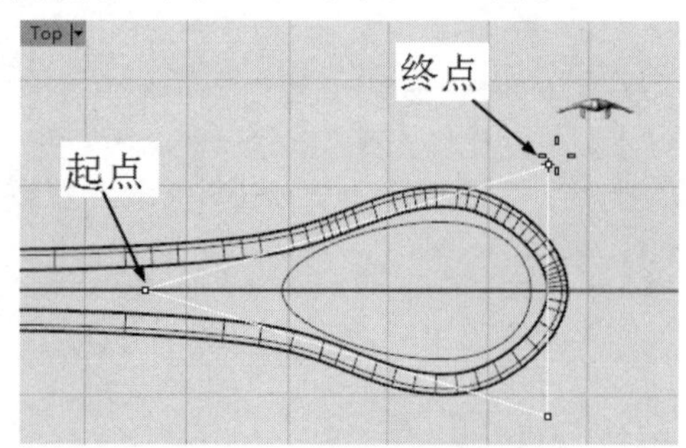

图15-169　绘制封闭曲线

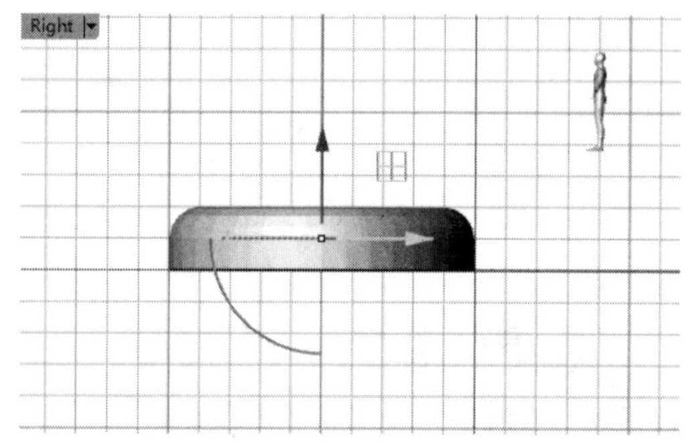

图15-170　向上移动曲线

06利用【建模】选项卡中的【挤出】工具，创建挤出厚度为2mm的实体，如图15-171所示。利用【变动】选项卡中的【镜射】工具，将减去的小实体镜像至对称侧，如图15-172所示。

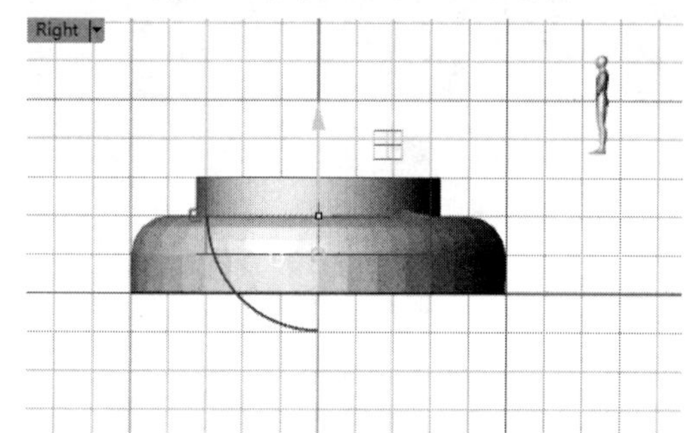

图15-171　创建小的挤出实体

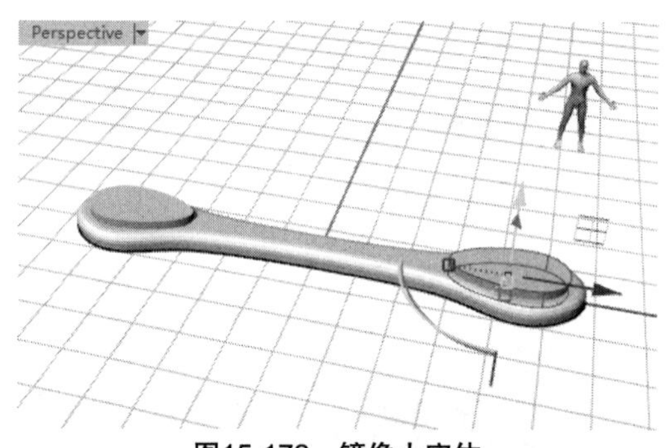

图15-172　镜像小实体

07利用【布尔差集运算】工具减去小实体，如图15-173所示。利用操作轴将整个实体旋转180°，让减去的槽在-Z方向，如图15-174所示。

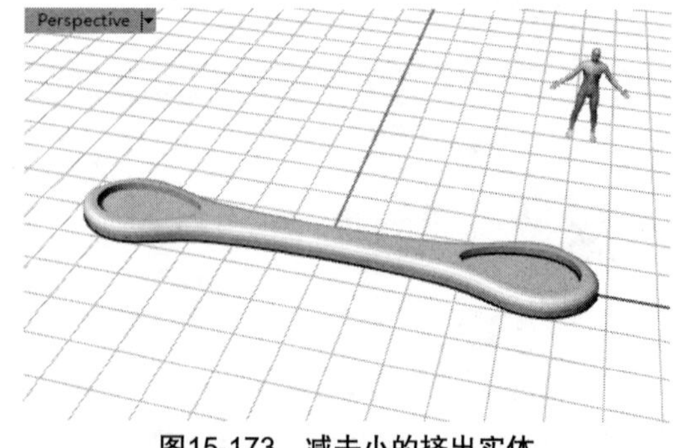

图15-173　减去小的挤出实体

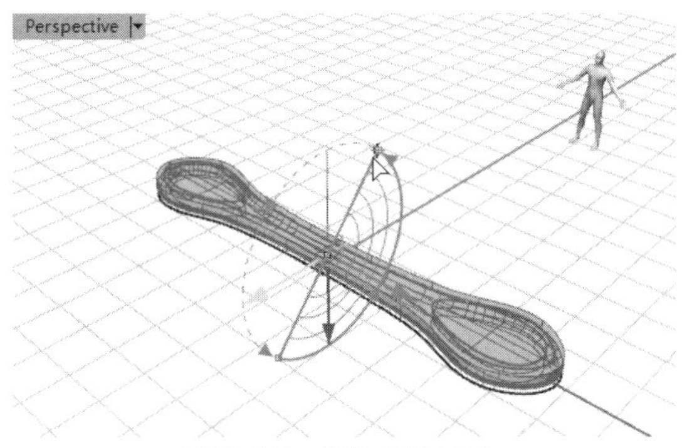

图15-174　实体旋转180°

08利用【珠宝】选项卡中的【戒指】|【以物件】工具，选取旋转后的实体以创建环形折弯的实体，如图15-175所示。

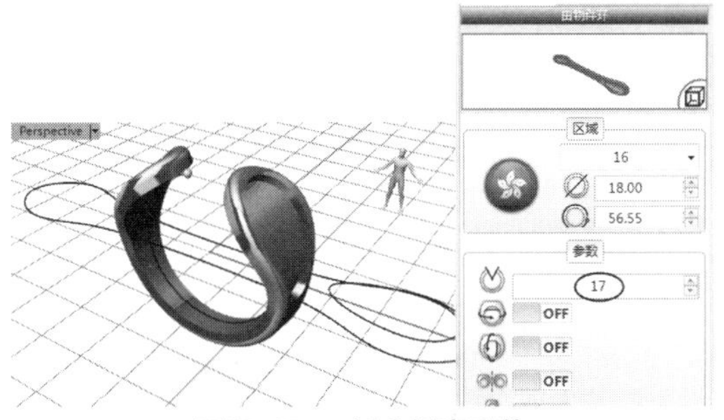

图15-175　创建折弯实体

技巧点拨

在RhinoGlod中，需要将折弯实体手动旋转一定角度后，创建一个能分割实体的曲面，然后利用曲线分割折弯实体，这样就得到了一半折弯实体，最后进行镜像，得到最终的折弯实体，如图15-176所示。

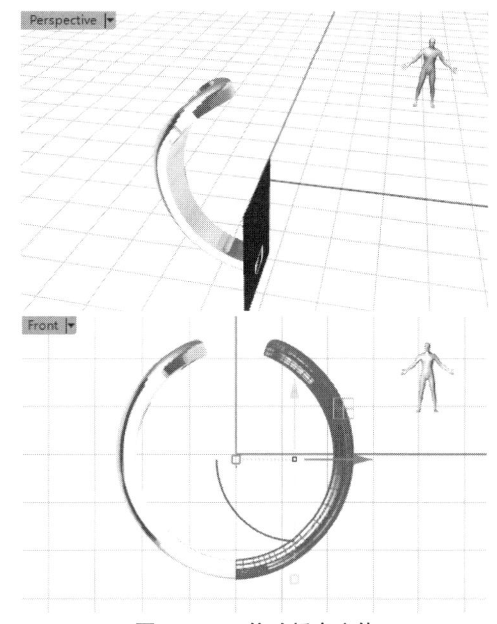

图15-176　修改折弯实体

09选择【珠宝】选项卡中的【爪镶】工具，在RhinoGold控制面板中选择008号爪镶样式，如图15-177所示。在视窗中选取宝石并按F2键，编辑宝石的内径为6mm。

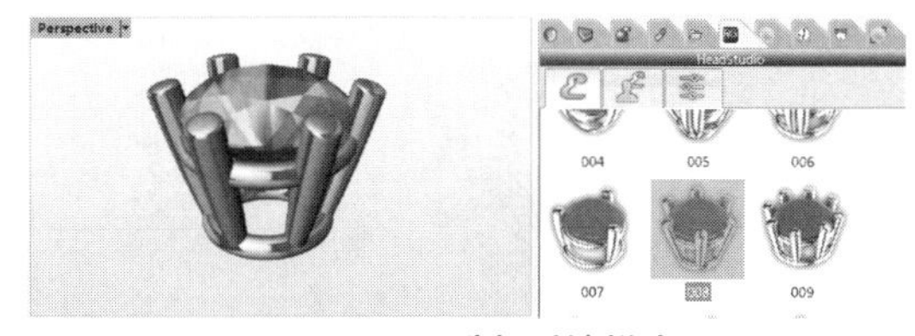

图15-177　选择爪镶样式

10在视窗中选取爪镶并按F2键，然后在【参数】标签下编辑爪镶参数，如图15-178所示。注意，钉镶和滑轨需要在视窗中手工调节，以达到最佳效果。

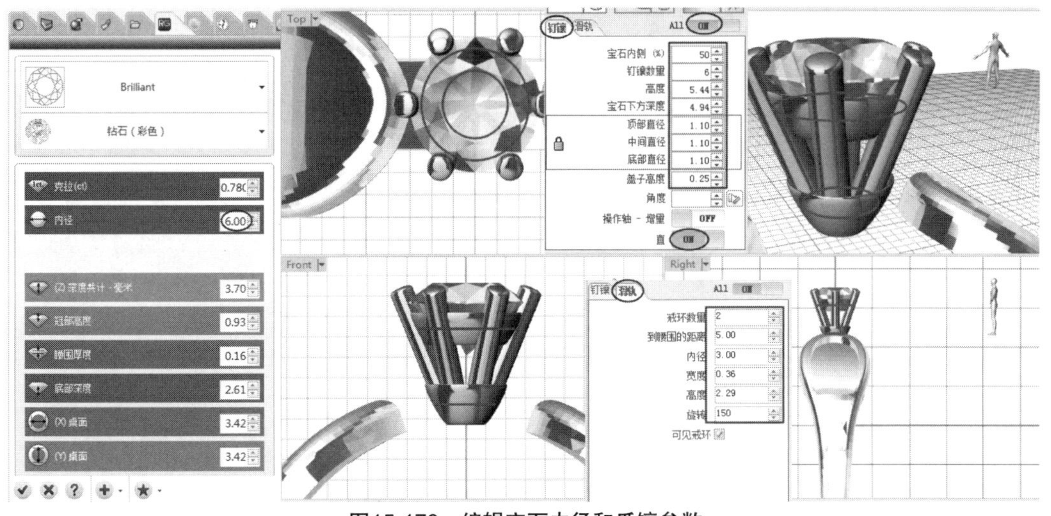

图15-178　编辑宝石内径和爪镶参数

11选择【爪镶】工具后，选择007号爪镶样式，如图15-179所示。选中宝石并按F2键，编辑宝石内径为2.5mm。

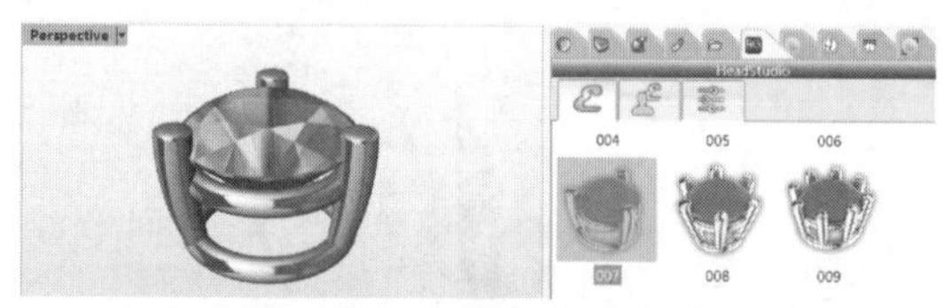

图15-179　选择爪镶样式并编辑宝石内径

12利用操作轴将爪镶及宝石旋转一定角度。再选中爪镶并按F2键，编辑爪镶的参数，须在视窗中调整爪镶结构，如图15-180所示。

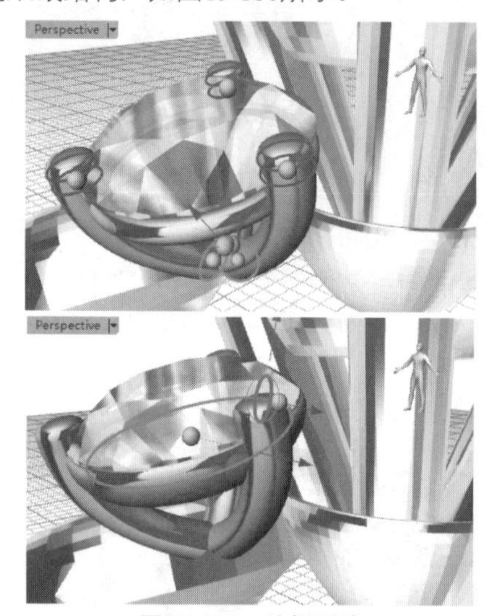

图15-180　编辑爪镶

13利用【动态圆形阵列】工具，将小宝石及爪镶进行动态圆形阵列，阵列副本为10，如图15-181所示。

图15-181　动态圆形阵列

14利用【建模】选项卡中的【环状体】工具，创建半径为0.5mm的环状体，并利用操作轴将其移动到圆形阵列的爪镶下方，如图15-182所示。

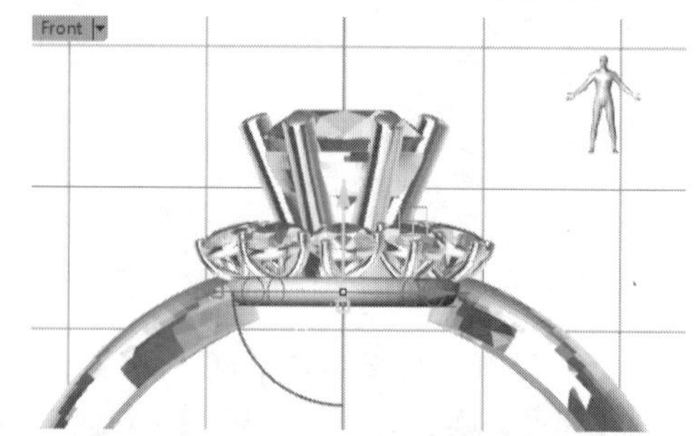

图15-182　创建环状体并移动至合适位置

15利用【建模】选项卡中的【修改实体】面板中的【抽离曲面】工具，选取折弯体中凹槽表面并进行面的抽取，如图15-183所示。同理，另一侧也抽离曲面。

图15-183　抽离曲面

16利用【宝石】选项卡中的【自动排石】工具，选取步骤15中抽离的曲面作为放置对象，然后在控制面板中设置参数，如图15-184所示。

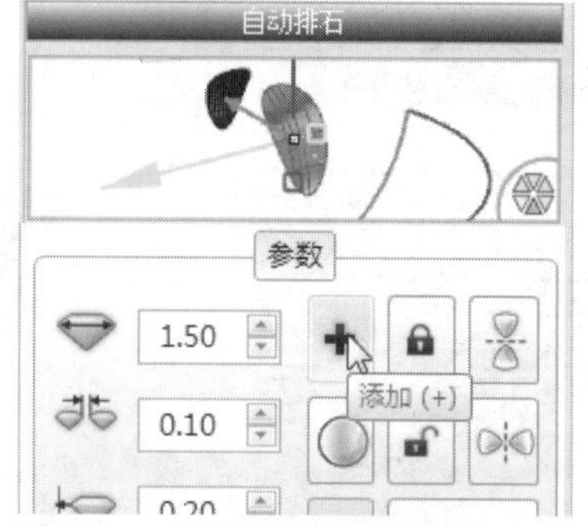

图15-184　选取曲面并设置宝石尺寸

17单击【添加】按钮后将宝石任意放置在所选曲面上，在控制面板第二个标签下设置钻石最小值为1mm，在第四个标签下开启钉镶的创建开关并设置钉镶参数，最后单击对话框下方的【预览】按钮，预览自动排石情况，如图15-185所示。

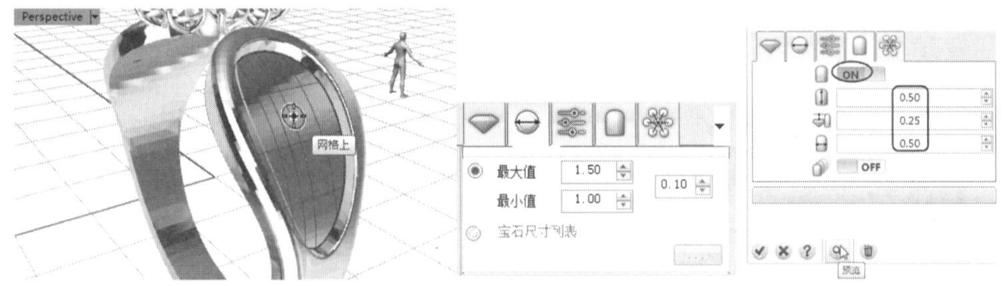

图15-185　放置钻石并设置参数

18单击【确定】按钮，完成自动排石，如图15-186所示。

图15-186　完成自动排石

19同理，在另一侧自动排石，或者镜像至另一侧。至此，完成了绿宝石群镶戒指的造型设计，效果如图15-187所示。

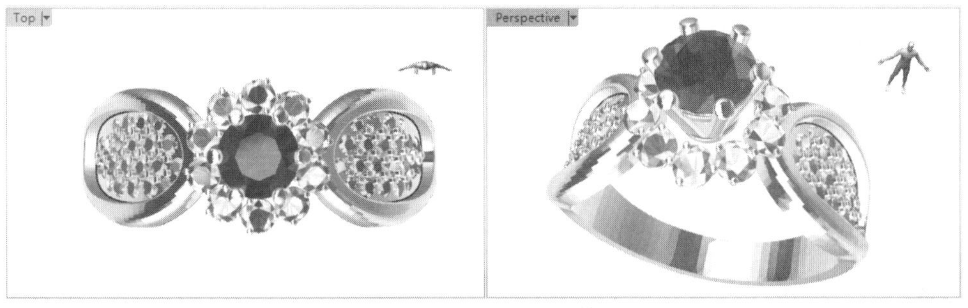

图15-187　绿宝石群镶钻戒

15.5.2 三叶草坠饰设计

在本例中，将使用RhinoGold中常用的工具，如包镶、宝石工作室、动态截面，以及单曲线排石等。三叶草坠饰造型如图15-188所示。

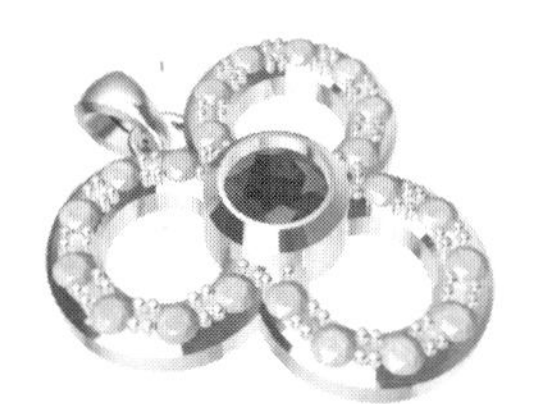

图15-188　三叶草坠饰

01在菜单栏中执行【文件】|【新建】命令，新建珠宝文件。

02利用【珠宝】选项卡中的【包镶】工具，为宝石建立包镶台座，在【包镶】控制面板中选择028号包镶样式，在视窗中手动调整外形曲线以达到想要的效果，如图15-189所示。

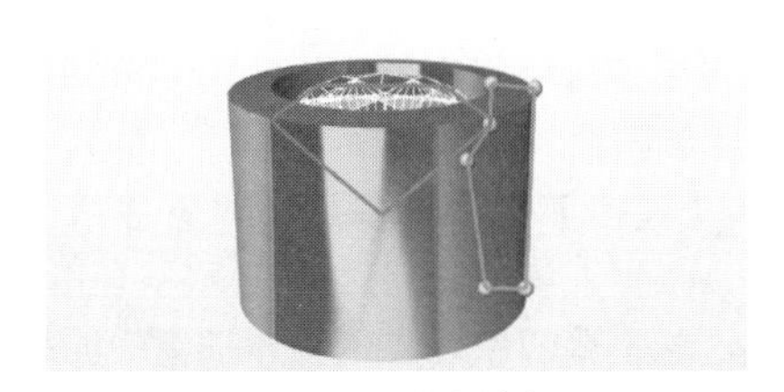

图15-189　创建包镶与宝石

03按F2键编辑宝石，设置宝石的直径为5mm，如图15-190所示。

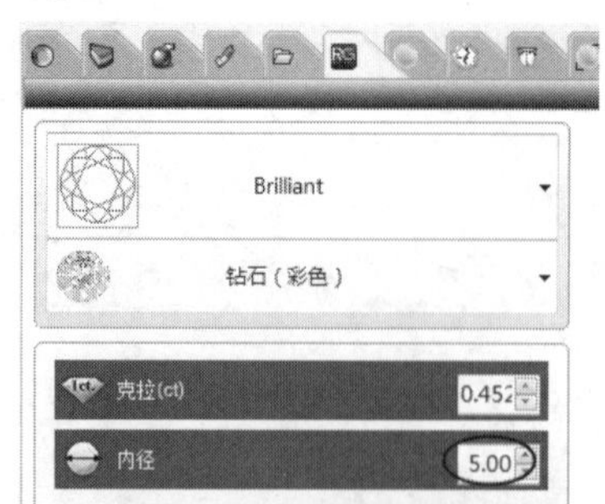

图15-190　编辑宝石直径

04利用【绘制】选项卡中的【圆-直径】工具，在Top视窗中绘制圆，如图15-191所示。

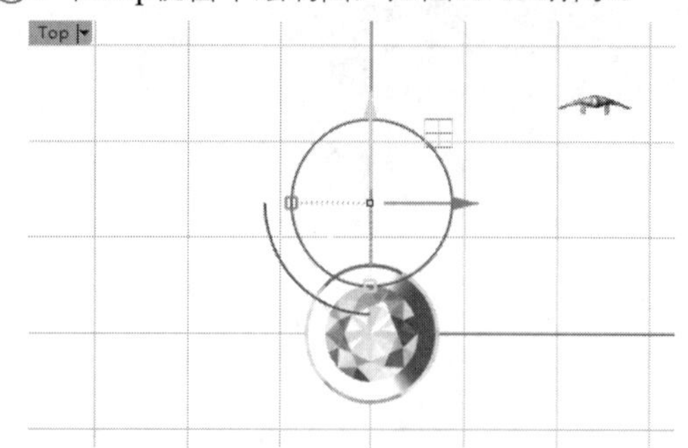

图15-191　绘制圆曲线

05利用【珠宝】选项卡中的【动态截面】工具，选取圆曲线，在【动态截面】对话框中设置截面曲线和参数，创建如图15-192所示的宽为2.6mm的实体。

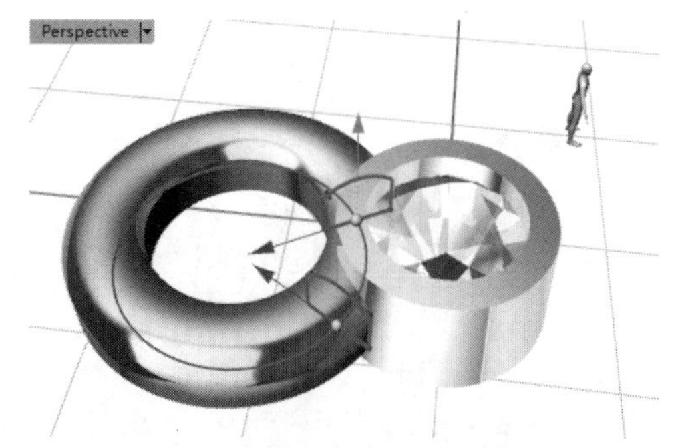

图15-192　创建动态截面

06通过操作轴，将动态截面实体向下平移，底端与包镶底端对齐，如图15-193所示。

07利用【布尔运算-分割】工具，分割出动态截面实体和包镶实体的相交部分，然后将分割出的这一小块实体删除。

08利用【建模】选项卡中的【对象曲线】面板中的抽离结构线工具，开启对象锁点的【中点】锁定功能，从步骤07所建立的实体抽离中间结构线（可分多次抽离），如图15-194所示。

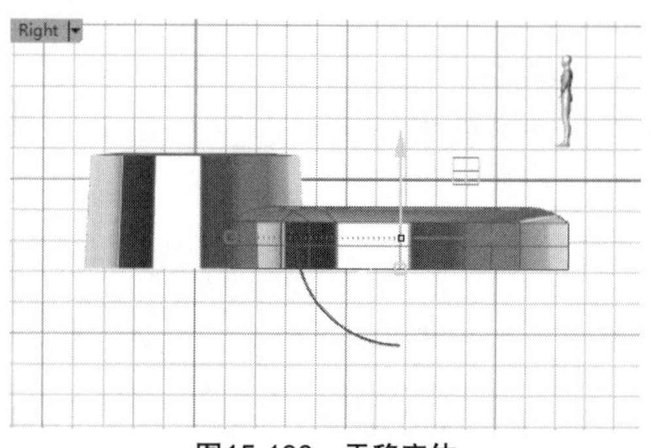

图15-193　平移实体

图15-194　抽离结构线

技巧点拨

如果抽离的结构曲线是两条，那么接着需要利用【绘制】选项卡中的【修改】面板中的【组合】工具对两条曲线进行组合。否则不利于后续的自动排石。

09利用【宝石】选项卡中的【单曲线排石】工具，沿着步骤08所抽离的曲线，在实体上放置直径为2mm、数量为7的宝石，如图15-195所示。

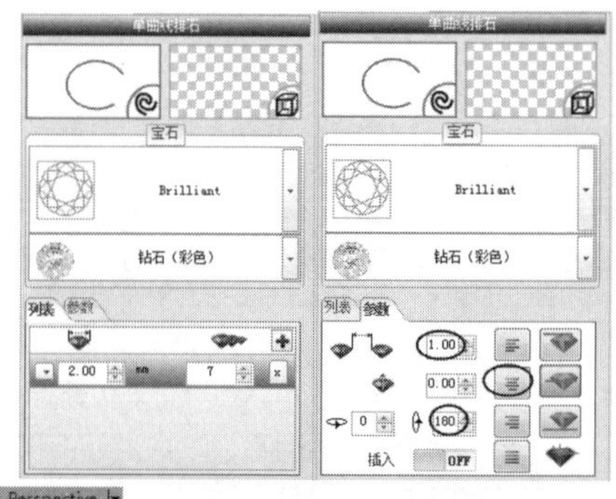

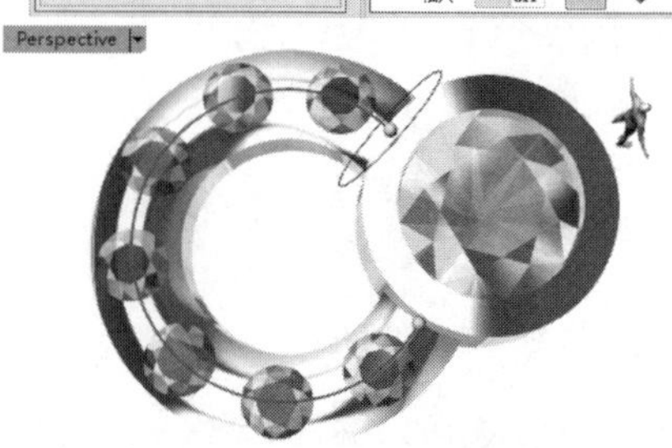

图15-195　单曲线排石

10利用【刀具】工具创建宝石的开孔器，利用【布尔运算-差集】工具在动态截面实体上创建单线排石的宝石洞，如图15-196所示。

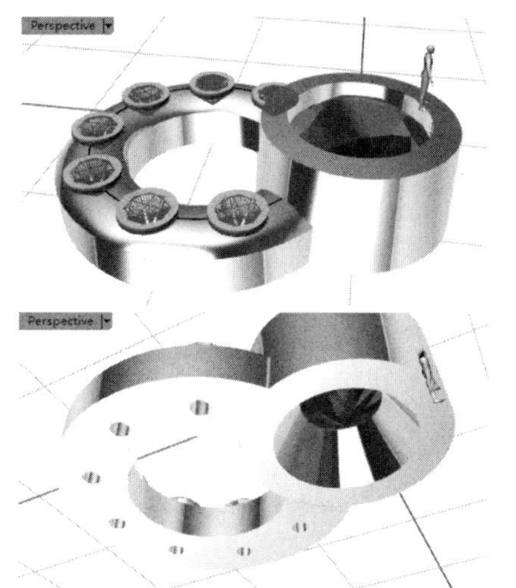

图15-196　创建宝石洞

11利用【珠宝】选项卡中的【钉镶】|【于线上】工具选取单线排石的宝石，以便插入钉镶，如图15-197所示。

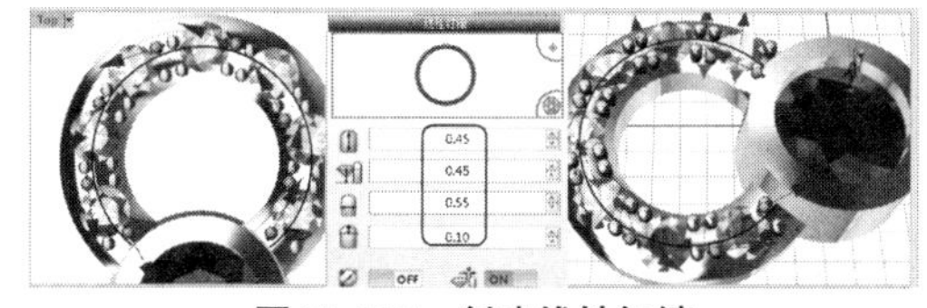

图15-197　创建线性钉镶

12利用【变动】选项卡中的【动态圆形阵列】工具，创建圆形阵列，如图15-198所示。

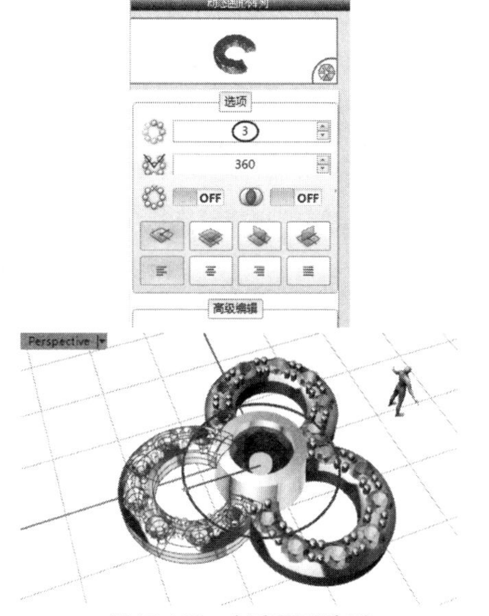

图15-198　创建圆形阵列

13利用【建模】选项卡中的【不等距斜角】工具，创建中间包镶的斜角（斜角距离为0.8mm），如图15-199所示。

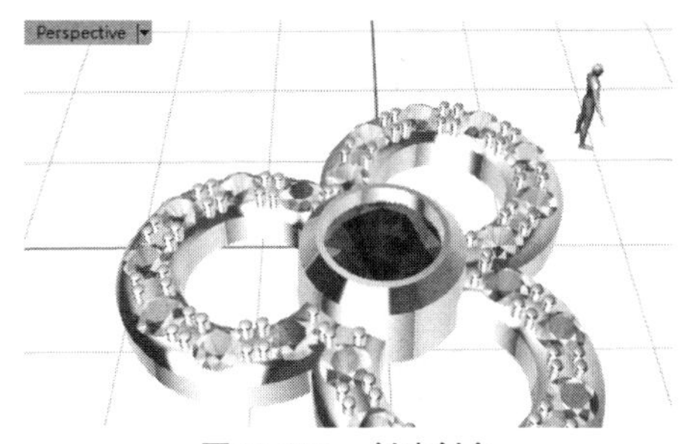

图15-199　创建斜角

14绘制圆曲线并创建圆管，然后利用【布尔运算-并集】工具，将圆管与其他实体合并，结果如图15-200所示。

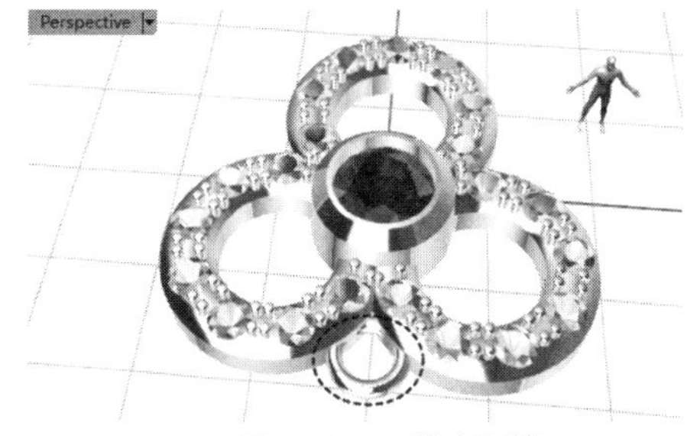

图15-200　创建圆管

15利用【绘制】选项卡中的【椭圆】工具，在Right视窗中绘制椭圆曲线，如图15-201所示。

图15-201　绘制椭圆曲线

16利用【珠宝】选项卡中的【动态截面】工具，选取椭圆曲线并创建动态截面实体，如图15-202所示。

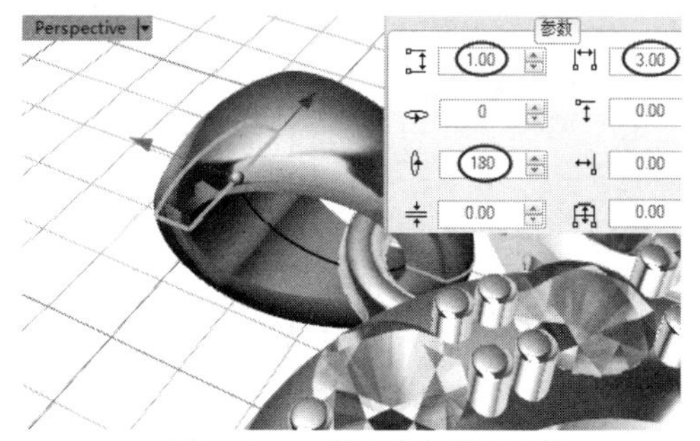

图15-202　创建动态截面实体

17至此，完成了三叶草坠饰造型设计，保存结果文件。

16

第16章 Rhino初级渲染

本章介绍Rhino 6.0的基本渲染功能，掌握初步的渲染设计可以为应用其他高级渲染工具打下良好的基础。

Rhino 6.0的基本渲染包括材质、灯光、贴图、环境及渲染等工作。

项目分解

- Rhino渲染概述
- 显示模式
- 材质与颜色
- 赋予渲染物件
- 贴图与印花
- 环境与地板
- 光源

16.1 Rhino渲染概述

渲染是三维制作中的收尾阶段，在进行了建模、设计材质、添加灯光或制作一段动化后，需要进行渲染，才能生成丰富多彩的图像或动画。

16.1.1 渲染类型

渲染的应用领域包括视频游戏、电影、产品表现（包含建筑表现）、模拟仿真等。针对各个领域的应用特点有各种不同的渲染工具，有的是集成到建模和动画工具包中，有的则作为独立的软件。

从外部使用来看，一般把渲染分为预渲染和实时渲染。预渲染用于电影制作、工业表现等，图像被预先渲染后再加以呈现出来；实时渲染常用于三维视频游戏，通常依靠三维硬件加速器图形卡（显卡）来实现每秒几十帧的高效渲染。

实时渲染基于一套预先设置好的着色方案（通常称为“引擎”）来对场景进行纹理、阴影表达和灯光处理。但这一切都是被预先配置好的，目前的硬件速度远远不够支持实时反馈场景中的反射、折射等光线跟踪效果。

16.1.2 渲染前的准备

在渲染前，需要对模型进行检查，或者导入其他格式文件，并检查模型是否有破裂。

在渲染前，为了防止模型有缝隙，一定要将相连的曲面链接起来。但很多时候，仅凭视觉无法判断曲面的边界是否相连，需要先检查曲面边缘是否外露，需要用曲面分析中的检查边缘工具检查。

如图16-1所示，使用【在物件上产生布帘曲面】工具与【椭圆体】工具快速建立了一个装鸡蛋的蛋托和若干个鸡蛋。在蛋托边缘部分，曲面边缘看似已经完美结合。在菜单栏中执行【分析】|【检测】|【检查】命令，选取蛋托作为检查对象，如图16-2所示。

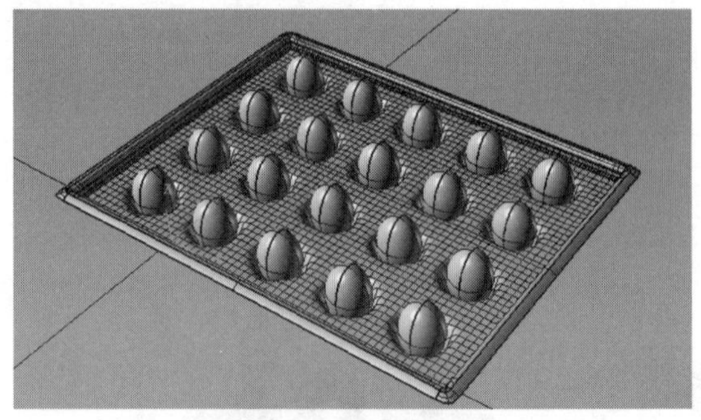

图16-1　蛋托与鸡蛋

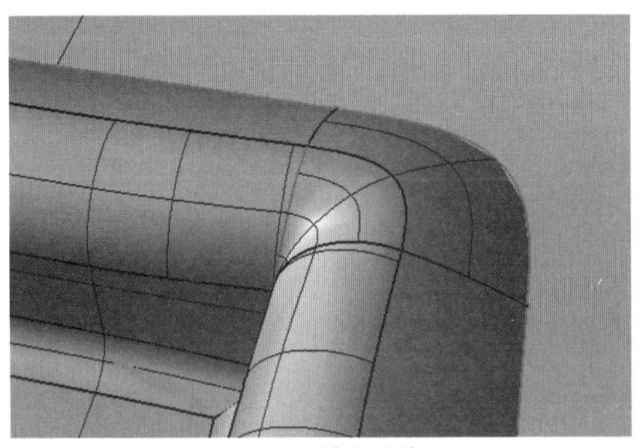

图16-2　检查边缘

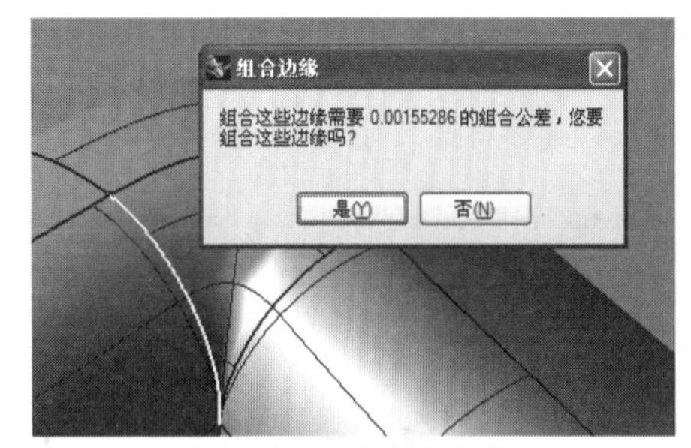

图16-3　合并外露边缘

不难发现，模型中有些边缘是外露的，也就是说存在多余的边界。在模型内部存在边缘，说明有缝隙，或者有曲面重叠、交叉的情况。在Rhino 中使用衔接、倒角等工具时都会影响整个面的控制点分布，因此可能出现外露边界。

可以执行菜单栏中的【分析】|【边缘工具】|【组合两个外露边缘】命令将两个差距很小的外露边缘连接起来，如图16-3所示。

技术要点：【组合两个外露边缘】命令仅在渲染时使用，它不会更改模型原始数据，只是让程序对边界处理不一样，治标不治本，因此要想建立优秀的模型，需要在建模时就加以注意。

16.1.3　Rhino渲染工具

Rhino渲染工具在【渲染工具】标签中，如图16-4所示。

图16-4　【渲染工具】标签

16.1.4　渲染设置

在菜单栏中执行【工具】|【选项】命令，打开【Rhino选项】对话框。在左侧选项列表中选择【渲染】选项，右侧选项区显示渲染设置的选项，如图16-5所示。

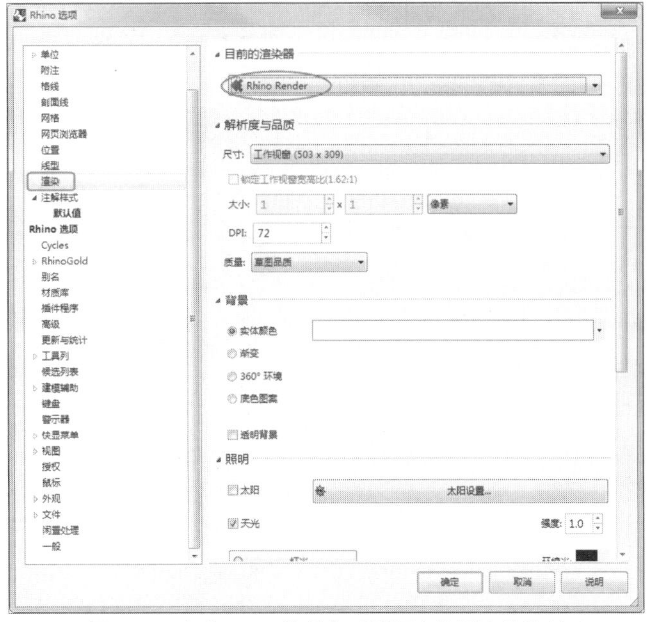

图16-5　在【Rhino选项】对话框中设置渲染选项

技术要点：要想使渲染设置的选项生效，需要在菜单栏中执行【渲染】|【目前的渲染器】|【Rhino渲染】命令，如图16-6所示。

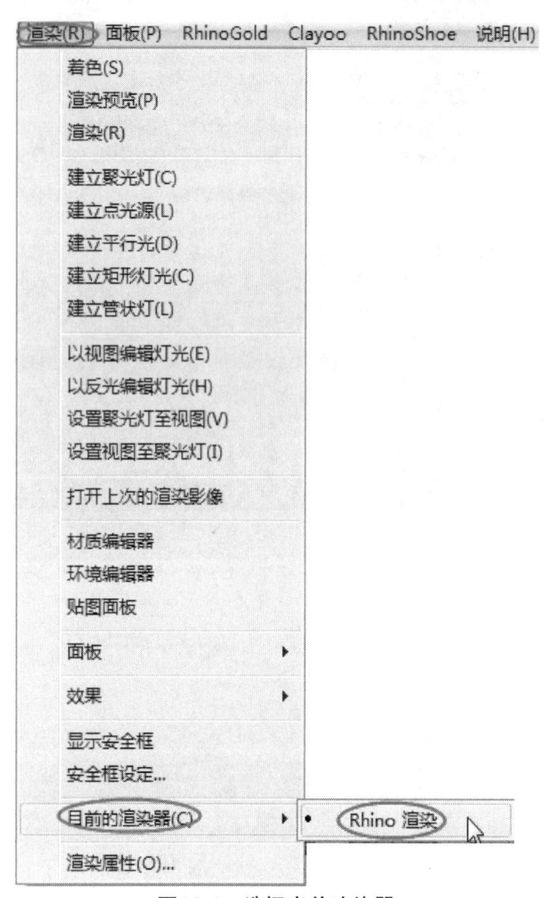

图16-6　选择当前渲染器

【Rhino渲染】选项包括一般渲染设置和高级渲染设置，如图16-7和图16-8所示。

图16-7　一般渲染设置

图16-8　高级渲染设置

16.2 显示模式

Rhino的显示模式管理工作视窗显示模式的外观，下面介绍几种常见的显示模式。

1. 框架模式

设定工作视窗以没有着色网格的框架显示物件，如图16-9所示。

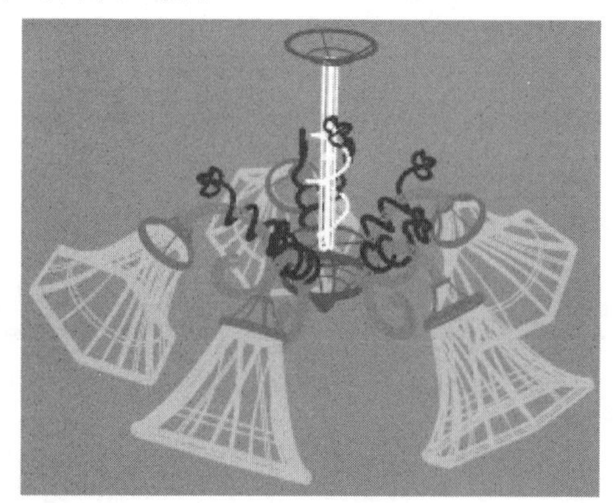

图16-9　框架模式

2. 着色模式

设定工作视窗以着色网格显示曲面与网格，物件预设以图层的颜色着色，如图16-10所示。

3. 渲染模式

设定工作视窗以模拟渲染影像的方式显示物件，如图16-11所示。

4. 半透明模式

设定工作视窗以半透明着色曲面与网格，如

图16-12所示。

图16-10　着色模式

图16-11　渲染模式

图16-12　半透明模式

5. 工程图模式

设定工作视窗以即时轮廓线与交线显示物件，如图16-13所示。

图16-13　工程图模式

6. 艺术风格模式

设定工作视窗以铅笔线条与纸张纹理背景显示物件，如图16-14所示。

图16-14　艺术风格模式

7. X光模式

着色物件，但位于前方的物件不会阻挡后面的物件，如图16-15所示。

图16-15　X光模式

8. 钢笔模式

设定工作视窗以黑色线条与纸张纹理背景显示物件，如图16-16所示。

图16-16　钢笔模式

16.3 材质与颜色

在渲染过程中，可以为不同的对象赋予真实的材质，以此获得真实的渲染效果。颜色不是材质，只是用来表达对象的颜色渲染效果。赋予材质后，可以更改其颜色。

赋予材质是渲染过程中最重要的一步。下面介绍材质的赋予方式、材质的编辑等。

16.3.1 赋予材质的方式

首先设置显示模式为“渲染模式”。导入要渲染的模型后，先选中要赋予材质的对象（曲面、实体），软件窗口右侧的【属性】面板中有4个按钮，分别是物件、材质、贴图轴和印花，如图16-17所示。

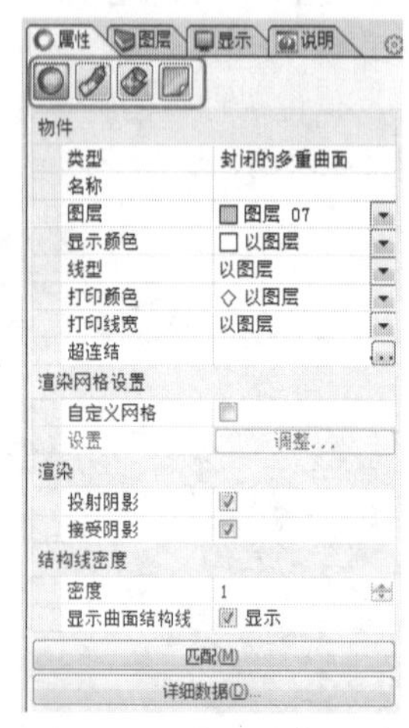

图16-17 【属性】面板

4个按钮代表了各自的属性。【属性-物件】面板显示了物件（对象）的基本类型、名称、所在图层、颜色、线型、打印颜色、线宽、渲染网格设置、渲染阴影设置、线结构密度设置等。

这里重点讲解【属性-材质】面板。在【属性】面板中单击【材质】按钮，整个【属性】面板显示材质属性信息，如图16-18所示。

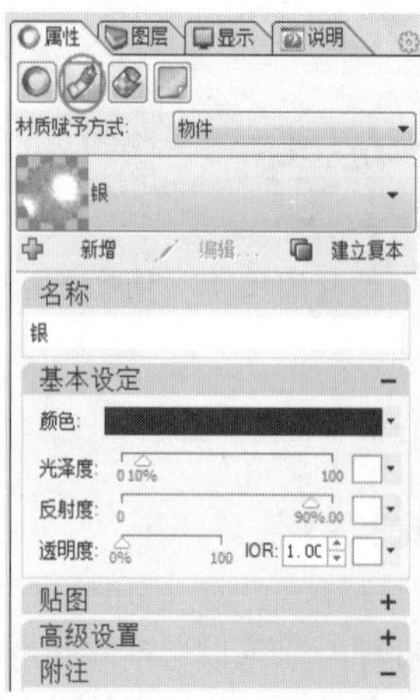

图16-18 材质属性

在【属性-材质】面板中提供了3种材质赋予方式，分别是如图16-19所示的【材质赋予方式】列表中的选项。

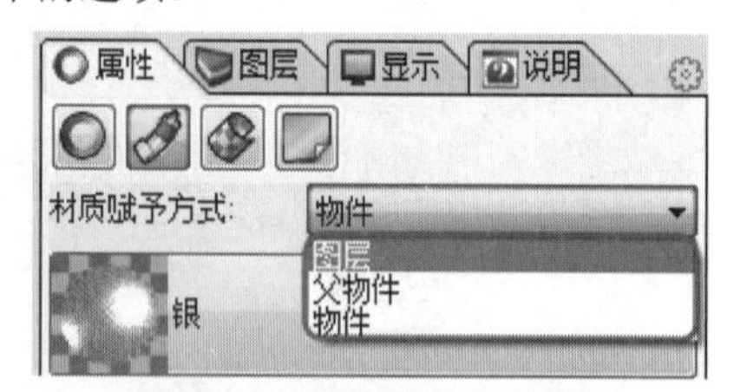

图16-19 材质赋予方式列表

1.【图层】方式

以【图层】方式来赋予材质，首先要在【图层】面板的渲染对象所在图层中设置图层材质，如图16-20所示。

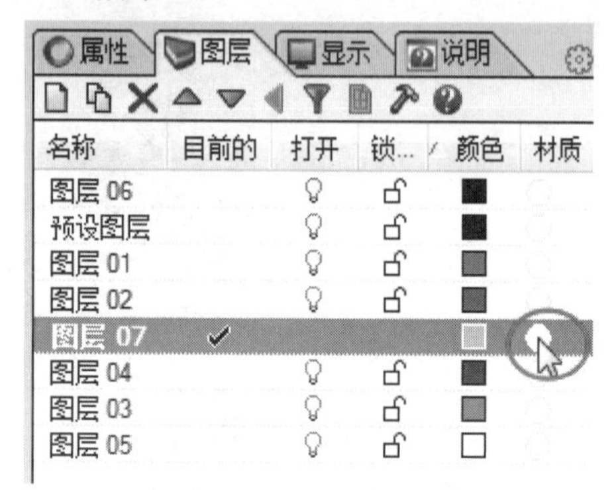

图16-20 设置图层材质

随后弹出【图层材质】对话框，如图16-21所示。通过该对话框可以进行添加材质、编辑材质等操作。

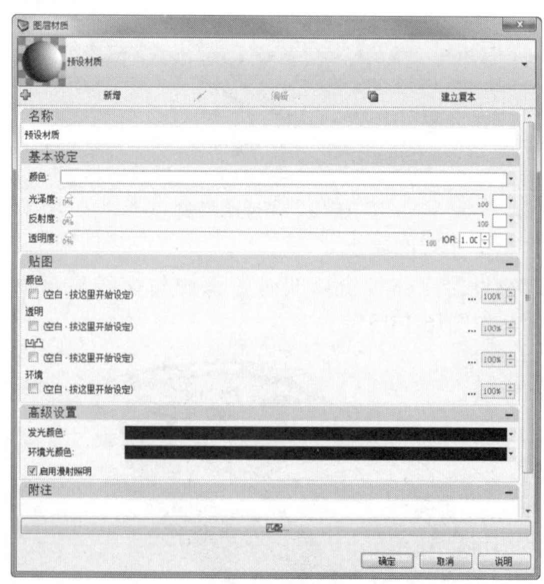

图16-21 【图层材质】对话框

设置图层材质后，凡该图层中的所有单个对象都将统一为相同材质。使用此种方式可以快速为数量繁多的模型赋予材质，前提条件是：在进行产品造型时，必须充分利用图层功能，在不同图层中进行建模。

2.【父物件】方式

当前渲染对象的材质将沿用父物件的材质设定。【父物件】就是新材质重新设定之前在图层中设定基本材质的物件。

动手操作——利用【父物件】方式赋予材质

01打开本例源文件“灯具.3dm”，如图16-22所示。

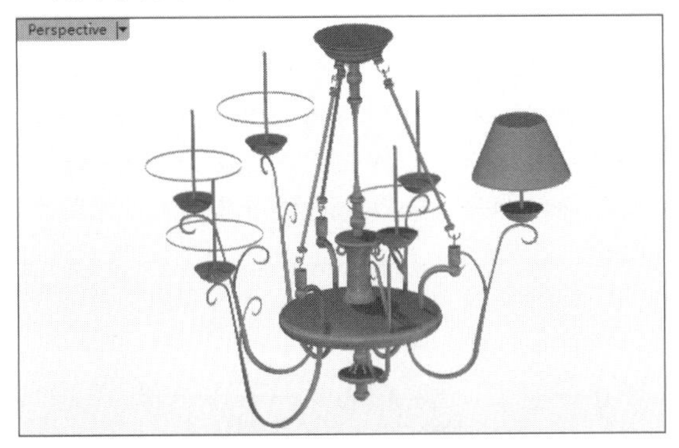

图16-22 打开的模型

02在【图层】面板中查看灯罩所属图层的颜色及材质，如图16-23所示。

图16-23 查看【图层】面板

> **技术要点**：灯罩在L1图层中，物件的颜色为默认颜色，材质为默认的基本材质。

03在材质栏单击圆形图标，然后打开【图层材质】对话框，设置发光颜色为蓝色，如图16-24所示。

> **技术要点**：要想看见设置的材质颜色，需要将显示模式设置为【渲染模式】。

04按快捷键Ctrl+B或在菜单栏中执行【编辑】|【图块】|【建立图块定义】命令，选取当前图层的灯罩物件作为要定义图块的物件，如图16-25所示。

05右击后选取图块的基准点（捕捉灯架顶端中心点），如图16-26所示。

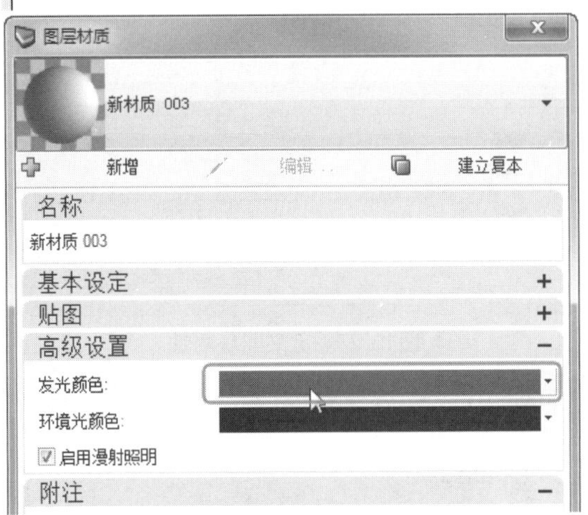

图16-24 设置图层材质的发光颜色

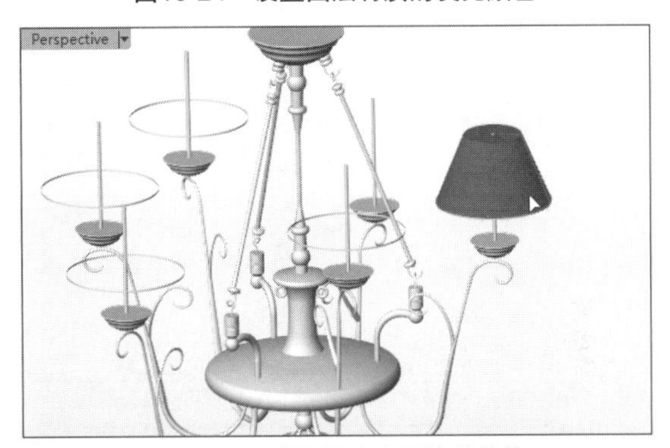

图16-25 选取要定义图块的物件

图16-26 指定图块基准点

06在随后弹出的【图块定义属性】对话框中输入图块名称为灯罩。其他选项保留默认设置，再单击【确定】按钮，完成图块的定义，如图16-27所示。

07在【图层】面板中单击【新图层】按钮，

新建图层，并命名为L2，再将此图层设为当前图层，设置L2图层新材质的颜色为绿色，发光颜色也为绿色，如图16-28所示。

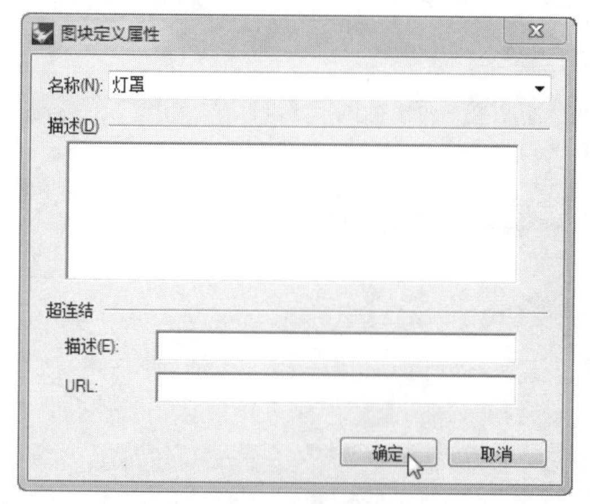

图16-27　定义图块属性

图16-28　新建图层

08按快捷键Ctrl+I或在菜单栏中执行【编辑】|【图块】|【插入图块引例】命令，打开【插入】对话框。在对话框中选取命名为“灯罩”的图块，设置插入为“个别物件”，单击【确定】按钮，然后在Top视窗中插入灯罩，如图16-29所示。

技术要点：以“图块为例”插入的图块，其属性将完全继承父物件。“个别物件”仅仅插入的是物件本身，而且插入的图层仍然是父物件所在的图层。

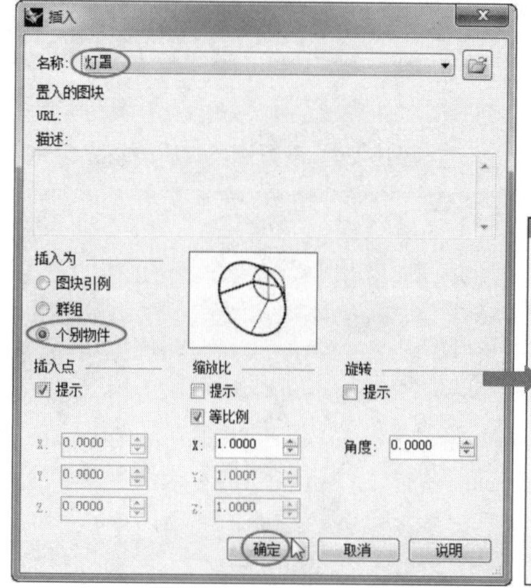

图16-29　插入图块

09由于插入的图块自动存储在父物件图层中，需要将新插入的灯罩物件放置在新建的图层中。将L2图层设为当前图层。选中新插入的灯罩物件，然后执行菜单栏中的【编辑】|【图层】|【改变物件图层】命令，打开【物体的图层】对话框，选择L2图层，单击【确定】按钮即可完成，如图16-30所示。

10改变图层后，该灯罩的材质属性为新图层的材质属性，如图16-31所示。

图16-30　改变图层

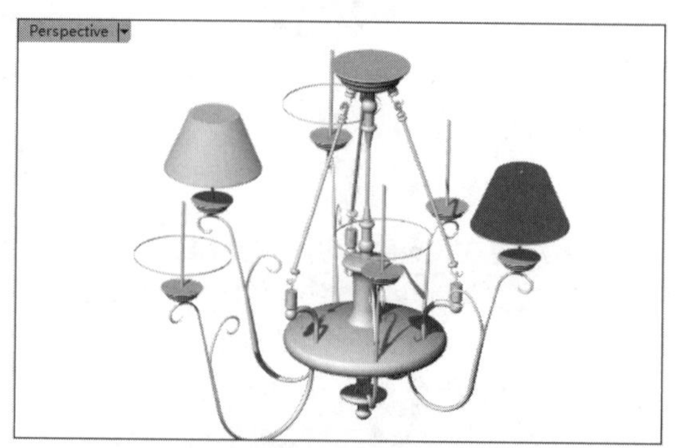

图16-31　查看改变图层后的灯罩的材质属性

11选中改变图层的灯罩物件，然后查看其【属性】面板，发现默认的材质赋予方式为“图层”。单击面板中的【匹配】按钮，然后选择要匹配的物件（选取另一个灯罩），如图16-32所示。

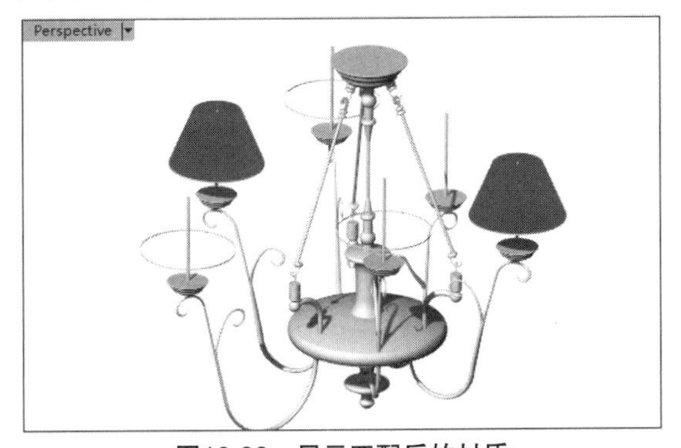

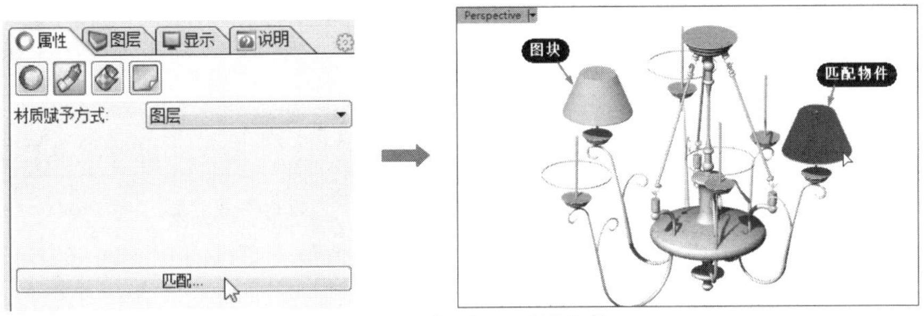

图16-32 选取要匹配的物件

12随后插入的图块材质与匹配物件的材质相同，如图16-33所示。

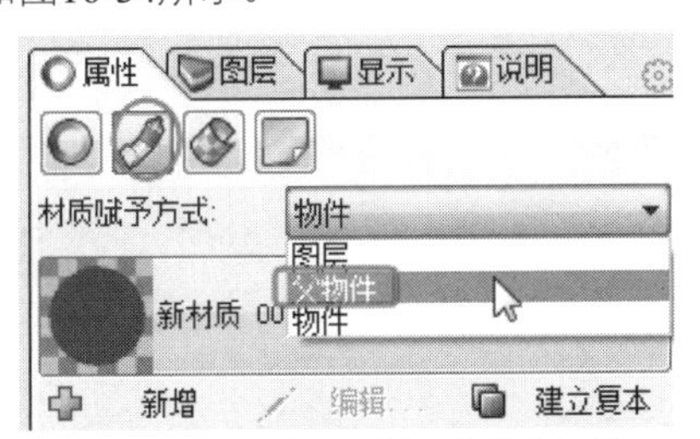

图16-33 显示匹配后的材质

13重新选中插入的图块灯罩，此时【属性】面板中的材质赋予方式变为【物件】，重新选择【父物件】方式，颜色又变为在L2图层中设定的颜色，如图16-34所示。

图16-34 重新设置材质赋予方式

3.【物件】方式

【物件】方式是重要的材质赋予方式之一。模型中不同的物件需要不同的材质时，必须使用【物件】方式。

16.3.2 赋予物件材质

在Rhino中主要通过3种途径来赋予材质。

1.从【属性】面板

在【属性】面板中选择【物件】材质赋予方式后，随后显示材质面板，如图16-35所示。默认的材质是【预设材质】，是最基本的材质，也就是模型建立的本色。在材质面板中可以设定材质名称、颜色、光泽度、透明度、光泽度、贴图、发光、环境光、漫射等选项。

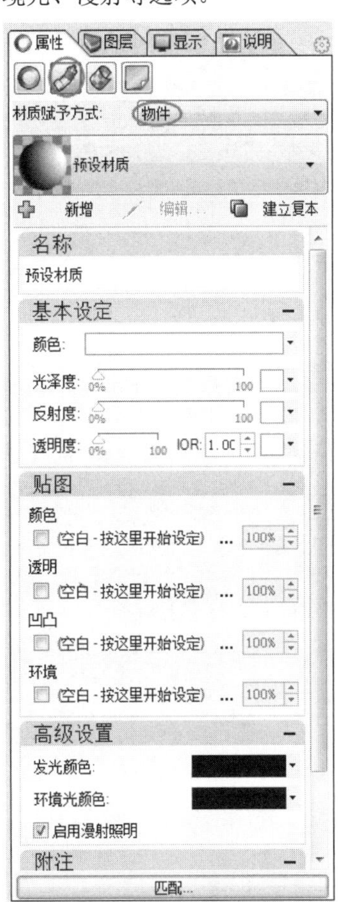

图16-35 “物件”方式的材质面板

可以单击面板中的【新增】按钮，打开Rhino 6.0软件自带的材质库，如图16-36所示。

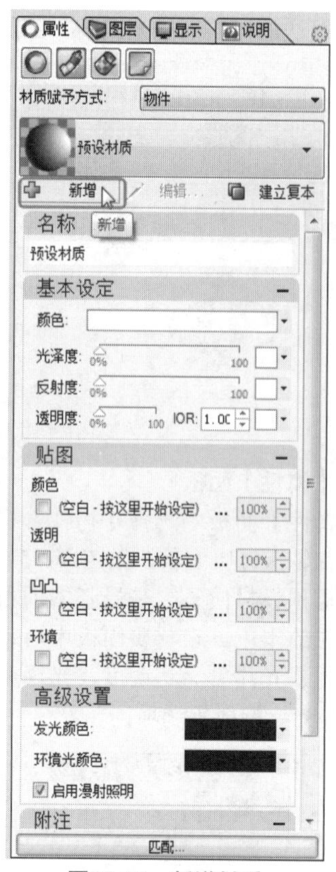

图16-36　新增材质

材质库中的材质数量不多，可以自己建立材质并放置到材质库中，或者从网络下载相关的材质资源并放置其中，如图16-37所示。

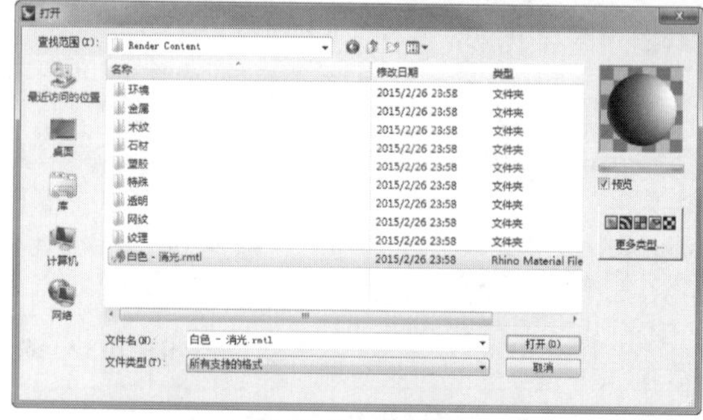
图16-37　材质库

选定材质后将自动添加到所选中的物件上。

2.【切换材质面板】按钮

在【渲染工具】标签下单击【切换材质面板】按钮，打开Rhinoceros对话框。从对话框的【材质】面板中单击⊞图标，可以从材质库中添加材质，如图16-38所示。

添加材质到Rhinoceros对话框中后，选中材质，然后拖动材质到视图中的物件上，即可完成赋予材质操作，如图16-39所示。

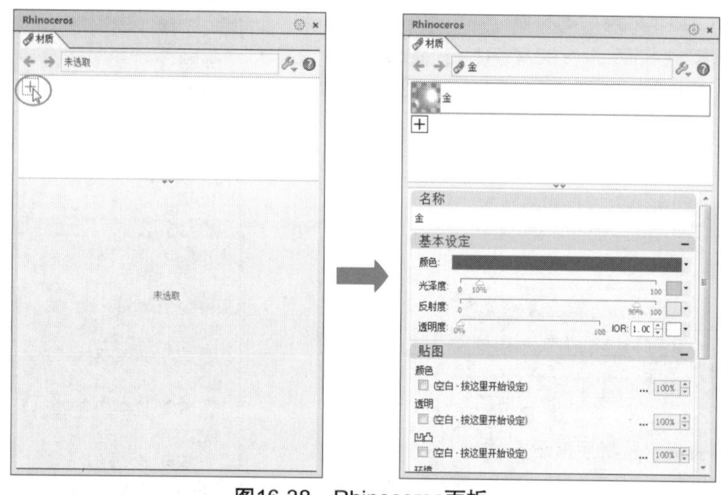
图16-38　Rhinoceros面板

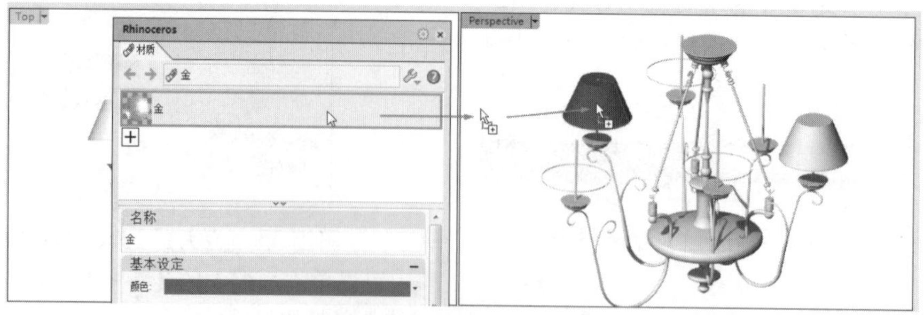
图16-39　赋予材质给物件

赋予材质后，可以在【材质】面板中编辑材质参数。单击【菜单】按钮，弹出的菜单如图16-40所示。

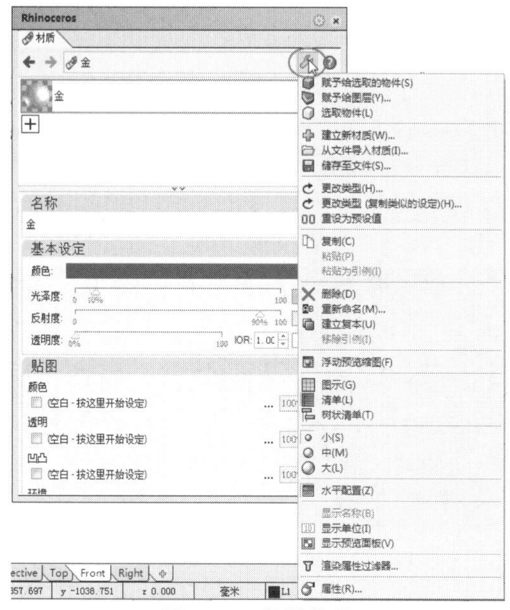

图16-40　编辑菜单

通过编辑菜单，可以完成赋予材质、选取物件、导入材质、复制材质、删除材质等操作。

3.【切换材质库面板】按钮

在【渲染工具】标签下单击【切换材质库面板】按钮，打开Rhinoceros对话框，如图16-41所示。

进入某一材质库文件夹，选中材质并拖动到视图中的物件上，即可完成材质的赋予，如图16-42所示。

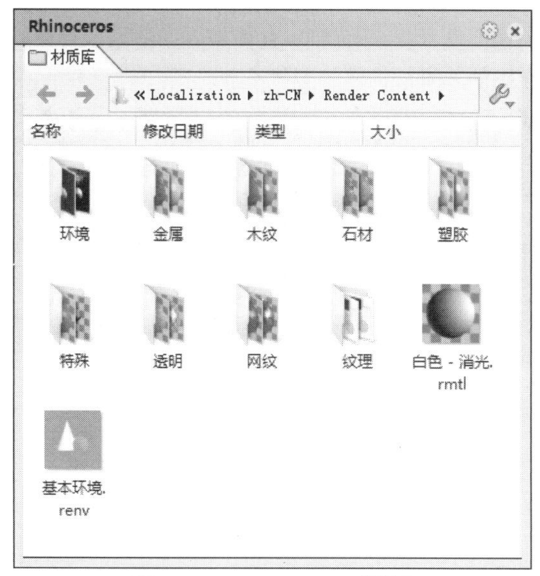

图16-41　Rhinoceros对话框

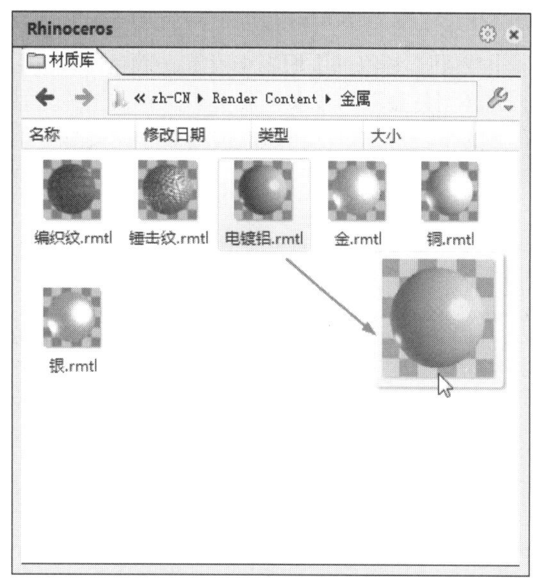

图16-42　拖动材质赋予物件

16.3.3　编辑材质

赋予材质后，可以在【属性-材质】面板中编辑材质，也可以单击【切换材质面板】按钮，在弹出的Rhinoceros对话框中编辑材质。如图16-43所示为材质的设置选项。

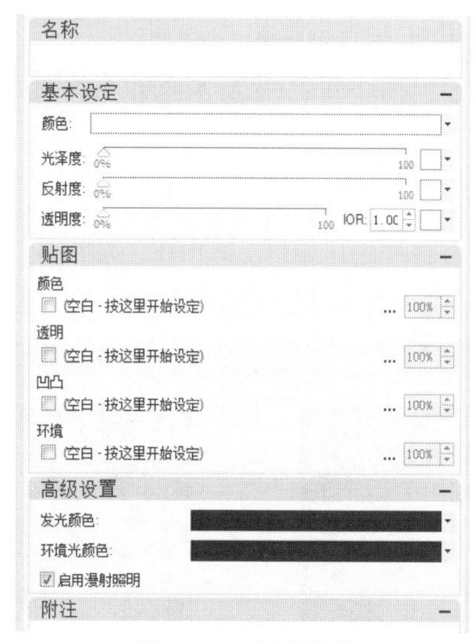

图16-43　材质选项

下面介绍各选项的含义。

- 名称：设置材质的名称。
- 基本设定：所有的材质都有的基本设定，预设材质的颜色是白色，光泽度、反射度、透明度都为0。

（1）颜色：设定材质的基本颜色，也称漫射颜色。这个选项主要用于渲染曲面、实体和网格，不会对框线产生影响。框线的颜色只能在图层中或【属性-物件】面板中设置。颜色的设定方法有【调色盘】和【取色滴管】两种。单击色块右侧的下三角按钮，在弹出的列表中选择颜色，如图16-44所示。

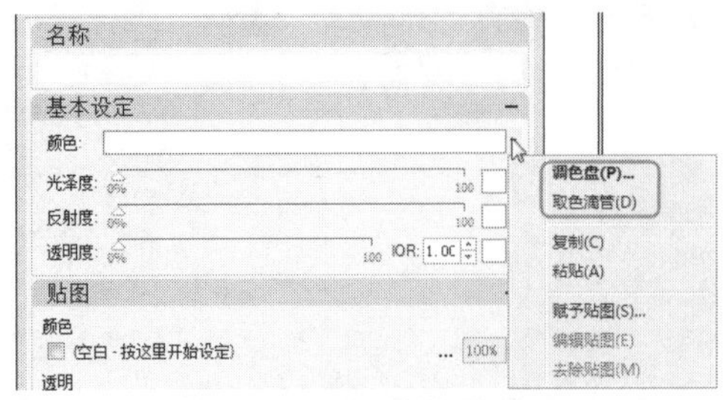

图16-44　设置颜色的选项

（2）光泽度：调整材质反光的锐利度（平光至亮光）。向右移动滑杆提高光泽度，如图16-45所示。单击右侧的色块，还可以改变光泽度的颜色。

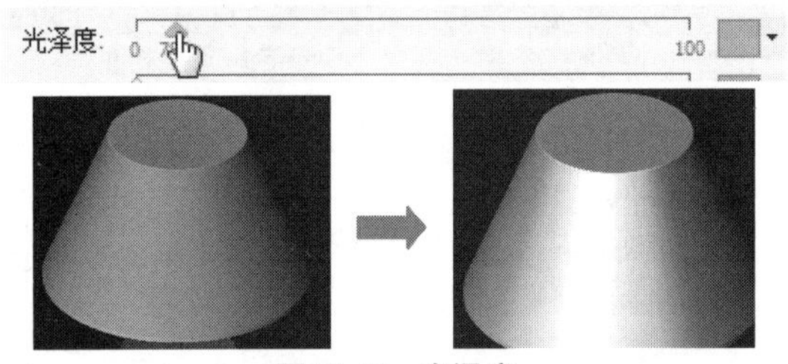

图16-45　光泽度

（3）反射度：设定材质的反射灯光的效果程度。

（4）透明度：调整物件在渲染影像里的透明度，如图16-46所示。IOR（折射率）是设定光线通过透明的物件时方向转折的量，如图16-47所示为一些材质的折射率。

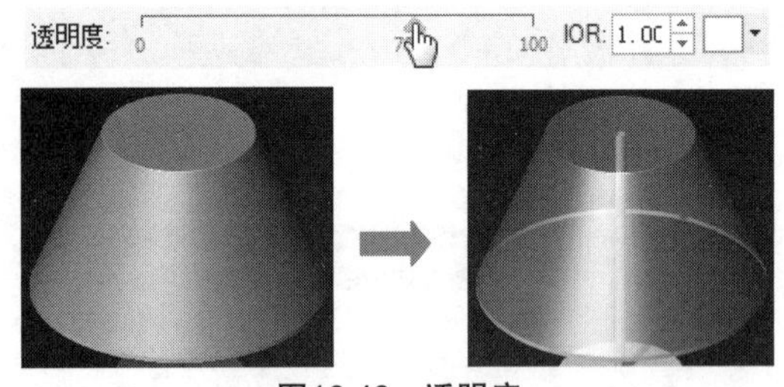

图16-46　透明度

材质	折射率
真空	1.0
一般空气	1.00029
冰块	1.309
水	1.33
玻璃	1.52～1.8
绿宝石	1.57
红宝石/蓝宝石	1.77
钻石	2.417

图16-47　一些材质的折射率

- 贴图：材质的颜色、透明、凹凸与环境可以用图片或程序贴图代入。

技术要点：材质使用的外部图片修改后，Rhino里物件的材质贴图会自动更新。

（1）颜色：以贴图作为材质的颜色。勾选【空白-按这里开始设定】复选框；或者勾选【颜色】复选框；再或者单击...按钮，将打开图片作为贴图插入Rhino中，并且在右侧以百分比数值调整贴图的强度，如图16-48所示。

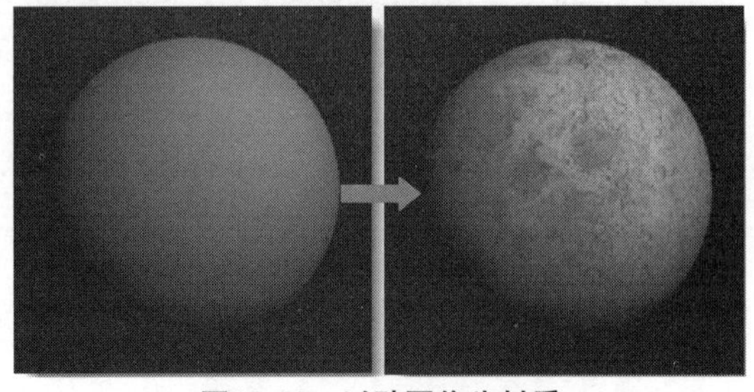

图16-48　以贴图作为材质

（2）透明：以贴图的灰阶深度设定物件的透明度，如图16-49所示。

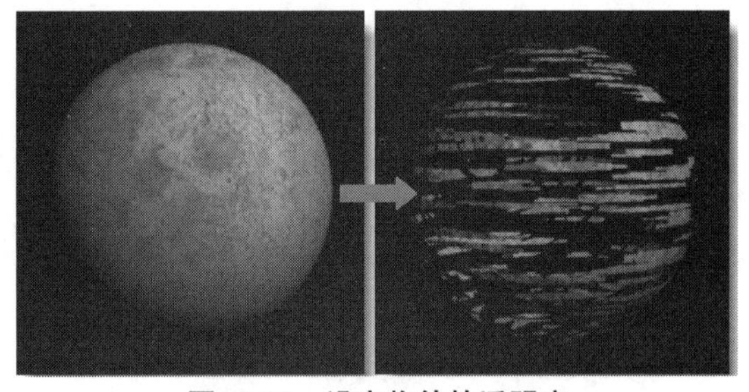

图16-49　设定物件的透明度

（3）凹凸：以贴图的灰阶深度设定物件渲染时的凹凸效果，如图16-50所示。凹凸贴图只是视觉上的效果，物件的型状不会改变。

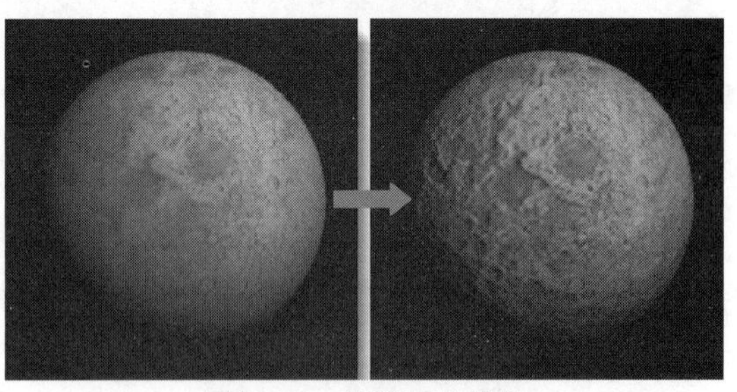

图16-50　设置凹凸效果

（4）环境：设定材质假反射使用的环境贴图，非光线追踪的反射计算，如图16-51所示。

技术要点：这里使用的贴图必须是全景贴图或是全属球反射类型的贴图。

图16-51　贴图作为环境

- 高级设置：进一步设置材质，包括发光设置、环境光颜色、漫射照明灯。

（1）发光颜色：以设定的颜色提高材质的亮度，这里的设定对场景没有照明作用，颜色越浅，材质越亮，黑色等于没有发光效果，如图16-52所示。

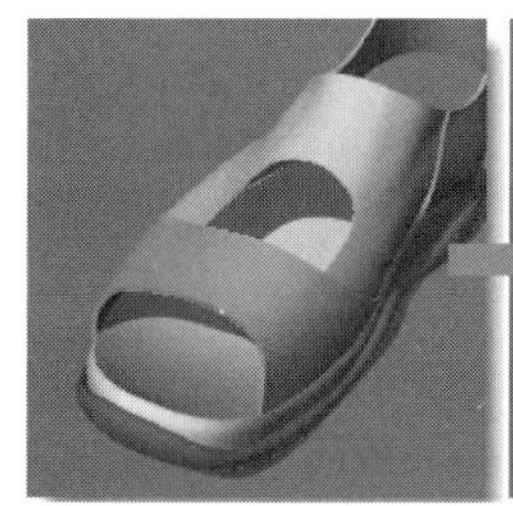

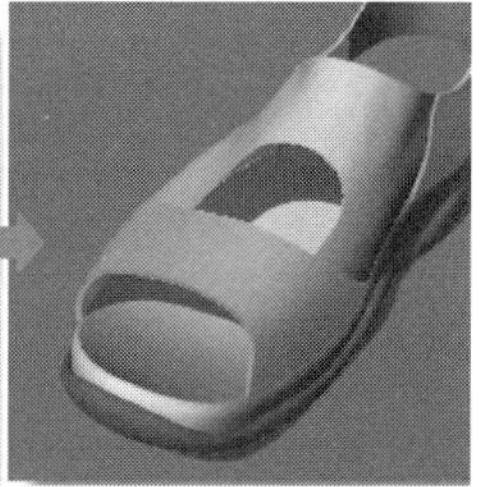

图16-52　发光颜色设置

（2）环境光颜色：提高物件背光面与阴影的亮度，预设为黑色。

（3）启用漫射照明：这个复选框未勾选时，物件没有着色的明暗效果，在以PictureFrame建立的帧平面所使用的材质时，这个复选框是构造的，如图16-53所示。

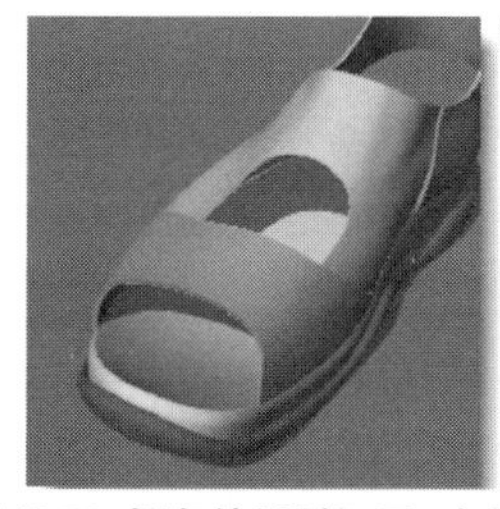

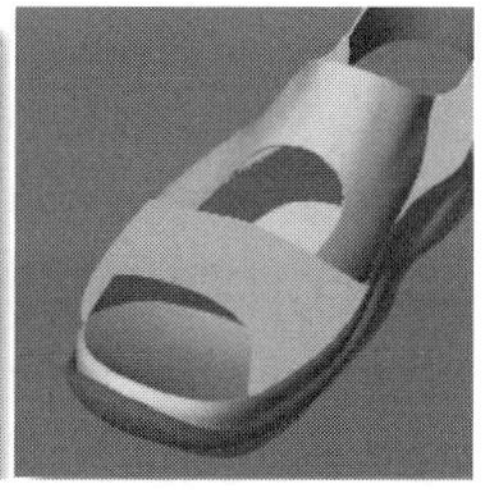

图16-53 橘色的材质打开（左）与关闭（右）漫射照明

16.3.4　匹配材质属性

匹配材质属性可以快速赋予材质给同类型的物件。例如，同一图层中有20个物件，有10种物件需要相同的材质，这种情况下不能在图层中统一设置材质，逐一赋予材质又比较慢，利用匹配材质属性的方法再适合不过了。

在16.3.1的动手操作案例中已经介绍了匹配材质属性的方法。

16.3.5　设定渲染颜色

在渲染模式下，颜色的设置有两种：一种是设置单个物件的颜色；另一种就是设定图层中所有物件的颜色。

从渲染性质来看，物件的颜色分为模型颜色和材质颜色，如图16-54所示。

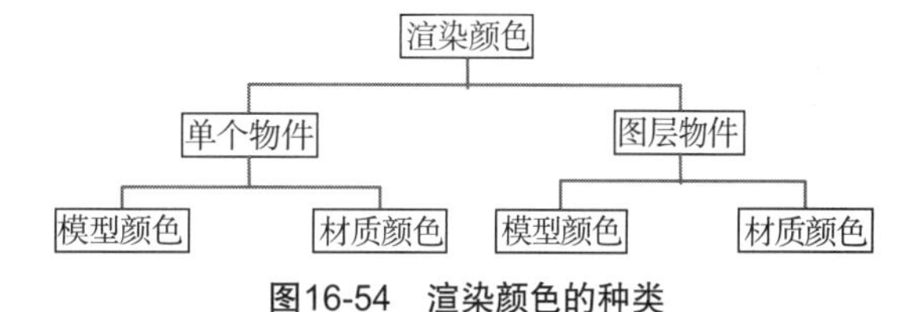

图16-54　渲染颜色的种类

通过编辑材质可以编辑材质颜色，或在【图层】面板中编辑图层的材质颜色。

技术要点：在图层中设置的颜色只能在显示模式显示。其他颜色均可在渲染模式下显示。

这里主要介绍单个物件的模型颜色的设置。在【渲染工具】标签下单击【设定渲染颜色】按钮，选中要设置颜色的物件并右击，会弹出【选取颜色】对话框，如图16-55所示。在对话框中选择所需的颜色即可。

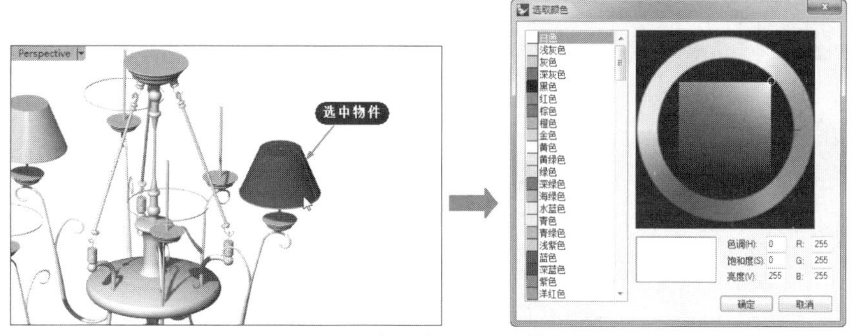

图16-55　为选取的物件设置模型颜色

16.4 赋予渲染物件

Rhino 6.0提供了虚拟的渲染对象，也就是为物件提供虚拟的渲染效果。

16.4.1 赋予渲染圆角

利用【赋予渲染圆角】工具可以将圆角赋予要渲染的实体、网格。实质上物件本身并没有倒圆角，仅仅体现的是渲染效果。

动手操作——赋予渲染圆角

01打开本例源文件“赋予渲染圆角.3dm”，如图16-56所示。

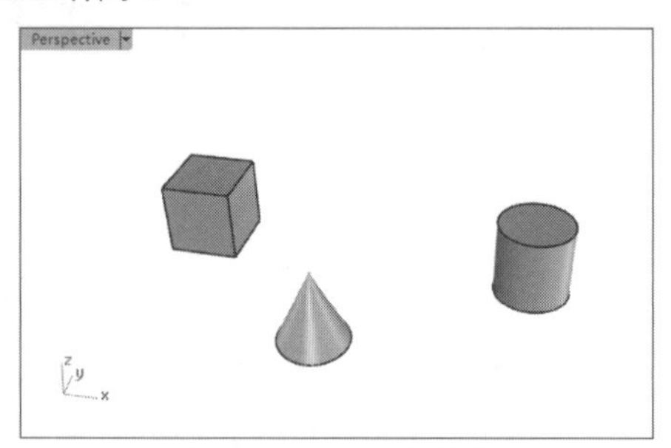

图16-56 打开的模型

02在【渲染工具】标签下单击【赋予渲染圆角】按钮，选取要赋予渲染圆角的物件，如图16-57所示。

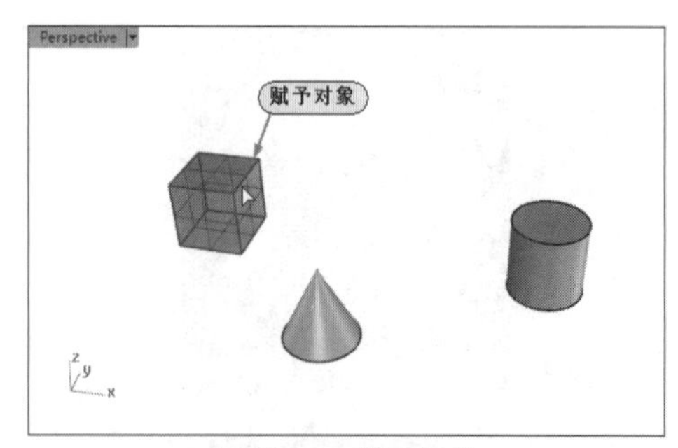

图16-57 选取物件

命令行中显示如下提示。

选取要赋予渲染圆角的物件，按 Enter 完成 (全部去除(R)):
渲染圆角设定 (启用(O)=是 渲染圆角大小(S)=0.1 斜角(C)=否 平坦面(F)=否):

下面介绍各选项的含义。

- 启用：设置是否启用圆角。
- 渲染圆角大小：设定渲染圆角的大小，物件的渲染网格的密度会影响渲染圆角可做的大小。
- 斜角：不对渲染圆角的边缘进行视觉上的平滑处理，使渲染圆角看起来如有锐利边缘的斜角。
- 平坦面：以平坦着色显示物件的渲染网格与渲染圆角。

03设置渲染圆角大小为0.5。其他选项保留默认，右击完成渲染，如图16-58所示。

04重新执行【赋予渲染圆角】操作，选择圆柱体为赋予渲染圆角大小，如图16-59所示。

05在命令行中设置斜角选项为【是】，设置渲染圆角大小为0.5°，右击完成斜角的渲染，如图16-60所示。

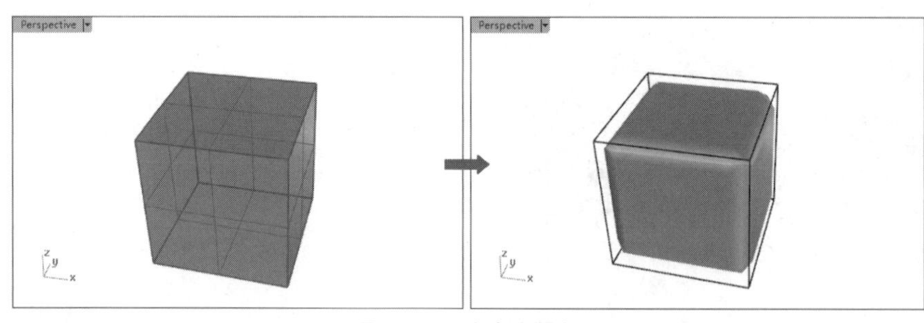

图16-58 渲染为圆角

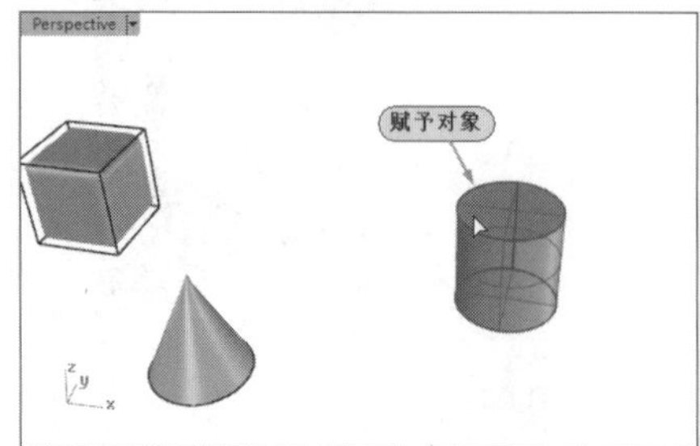

图16-59 选取赋予渲染对象

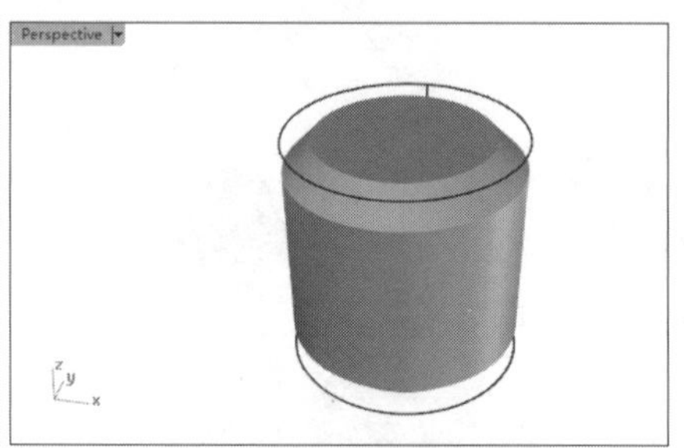

图16-60 渲染为斜角

16.4.2 赋予渲染圆管

利用【赋予渲染圆管】工具可以将曲线渲染成圆管。赋予的渲染圆管不是实体，也不是曲面，而是假想的渲染效果。

动手操作——赋予渲染圆管

01打开本例源文件“赋予渲染圆管.3dm”，如图16-61所示。

02在【渲染工具】标签下单击【赋予渲染圆管】按钮，选取要赋予渲染圆管的曲线，如图16-62所示。

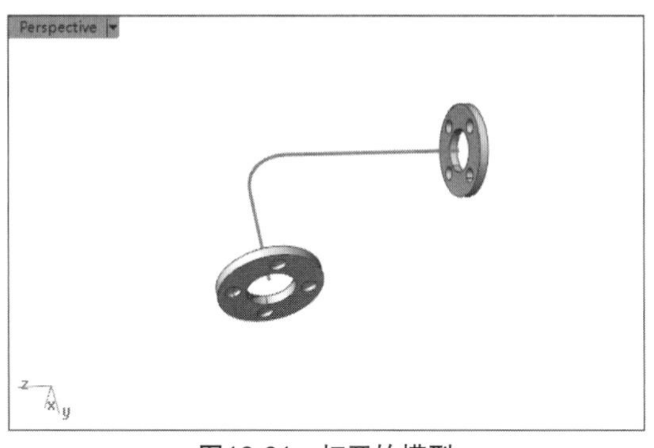

图16-61　打开的模型

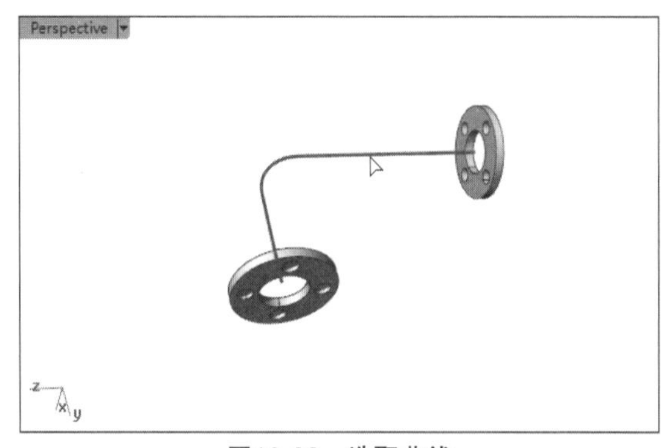

图16-62　选取曲线

命令行中显示如下提示。

选取要赋予渲染圆管的曲线，按 Enter 完成:
半径 (启用(O)=是 半径(R)=2.5 分段数(S)=16 平坦面(F)=否 加盖型式(C)=无 精确度(A)=50):

下面介绍各选项的含义。

- 启用：设置是否启用圆角。
- 半径：设定圆管的半径。
- 分段数：渲染圆管环绕曲线方向的网格面数，如设为3时，建立的是断面为正三角形的圆管，设定的数值越大，渲染圆管的断面就越接近圆形。
- 平坦面：切换以平滑着色或平坦着色显示渲染圆管，这个选项只会影响网格面的法线方向。
- 加盖型式：设置圆管两端是否加盖，包括4种情形，如图16-63所示。

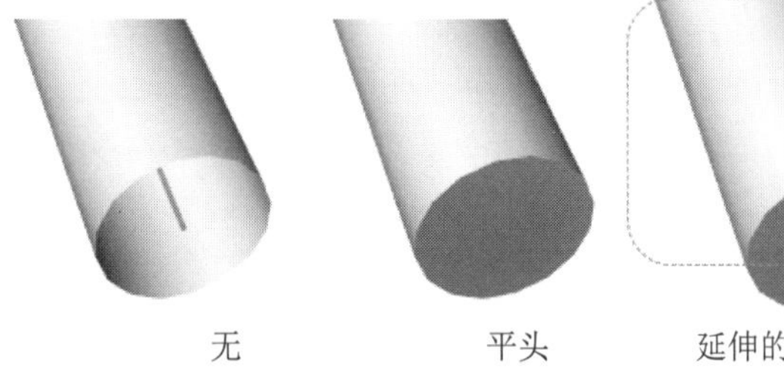
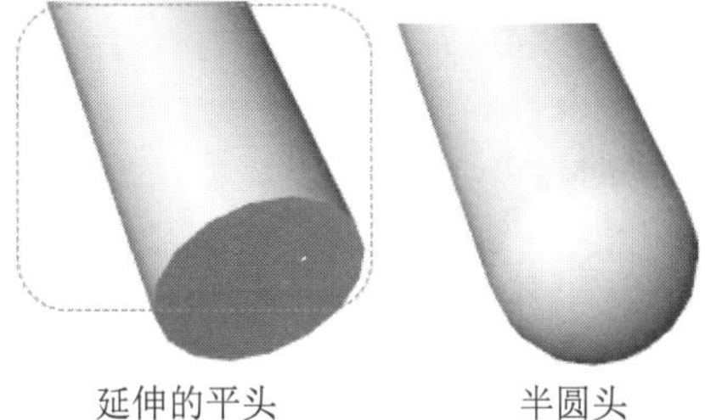

无　　平头　　延伸的平头　　半圆头

图16-63　加盖型式

03在命令行中设置加盖型式为【无】，设置渲染半径为2.5，右击完成渲染，如图16-64所示。

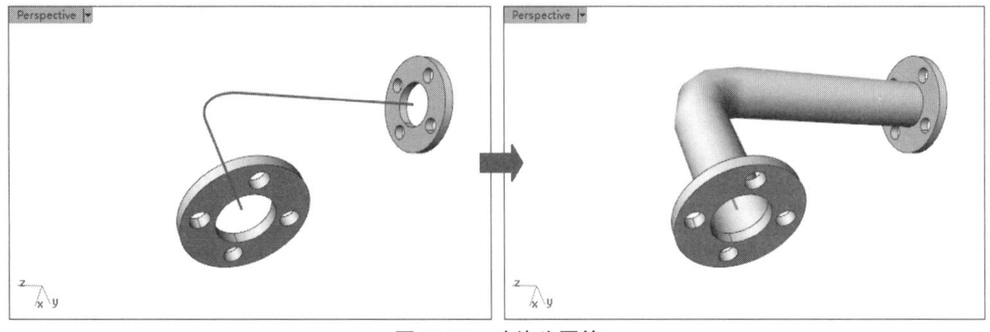

图16-64　渲染为圆管

技术要点：赋予的渲染物件同样可以赋予材质。

16.4.3 赋予装饰线

利用【赋予装饰线】工具可以渲染虚拟的装饰线。例如，可以用于汽车的车门缝（凹线），或容器上让盖子不容易脱落的密合线（凸线）。

动手操作——赋予装饰线

01打开本例源文件“赋予装饰线.3dm”，如图16-65所示。

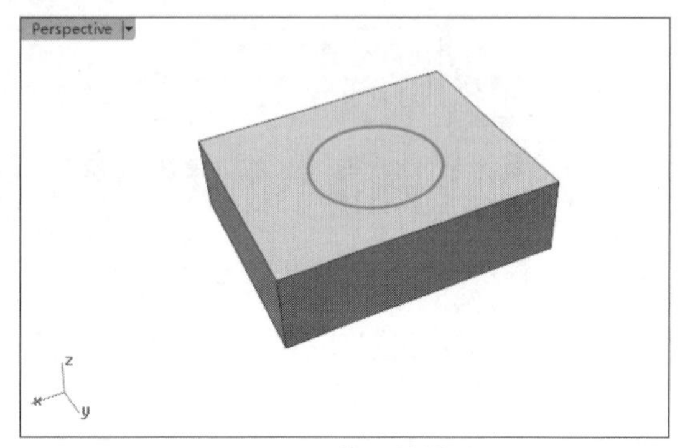

图16-65　打开的模型

02在【渲染工具】标签下单击【赋予装饰线】按钮，选取要赋予装饰线的物件，如图16-66所示。

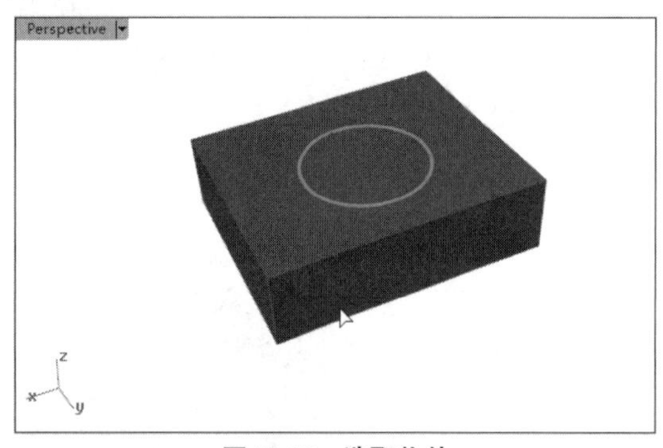

图16-66　选取物件

命令行中显示如下提示。

选取要赋予装饰线的物件，按 Enter 完成:
选取要加入的曲线（启用曲线(C)=是　半径(R)=2　断面轮廓(P)=人字形　将曲线拉至物件(U)=否　凸出(A)=否）:

下面介绍各选项的含义。

- 启用曲线：打开或关闭选取的物件的装饰线效果。
- 半径：改变装饰线的粗细，半径是曲线至装饰线一侧边缘的距离。
- 断面轮廓：包括3种截面轮廓，如图16-67所示。

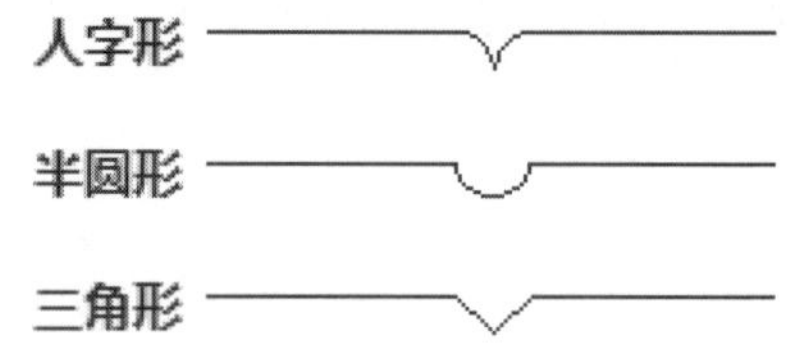

图16-67　3种截面轮廓

- 将曲线拉至物件：建立装饰线前先将曲线拉至物件上。曲线在远离物件时就需要设置此选项，如图16-68所示。

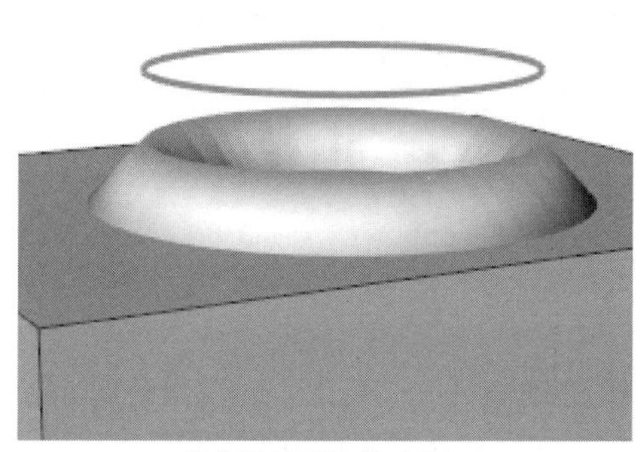

将曲线拉至物件（是）

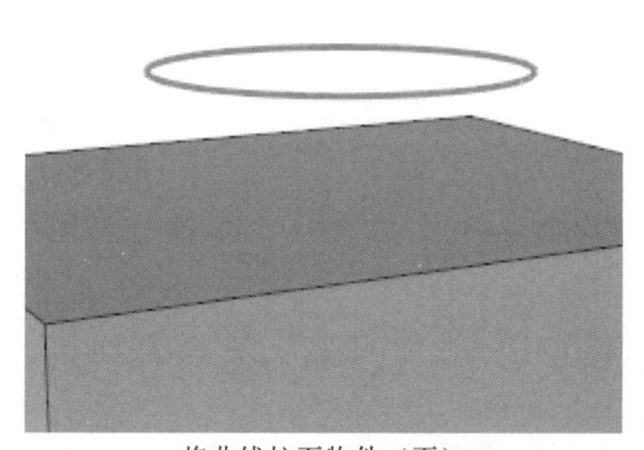

将曲线拉至物件（否）

图16-68　将曲线拉至物件

03在命令行中设置【断面轮廓】为【半圆】，设置【将曲线拉至物件】为【是】，设置【半径】为2，设置【凸出】选项为【是】，然后选取圆作为要加入的曲线，右击后命令行显示如下提示。

选取要加入的曲线（启用曲线(C)=是　半径(R)=2　断面轮廓(P)=人字形　将曲线拉至物件(U)=是　凸出(A)=是）:

↓

装饰线设定（启用装饰线(S)=是　平坦面(F)=否　自动更新(A)=是　加入曲线(D)　移除曲线(R)）:

04保留默认选项设置，直接右击完成操作，结果如图16-69所示。

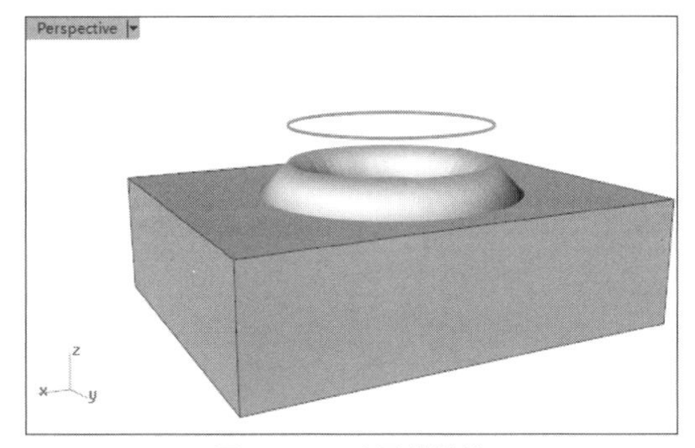

图16-69　赋予装饰线

16.4.4 赋予置换贴图

利用【赋予置换贴图】工具可以赋予实体面或网格置换贴图，产生凹凸效果。

动手操作——赋予置换贴图

01新建球体，如图16-70所示。

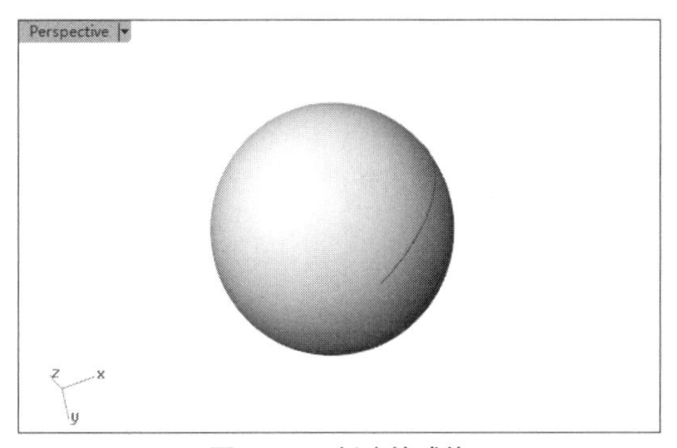

图16-70　新建的球体

02选中球体，然后通过【属性-材质】面板的【图像】方式，从本例源文件夹添加贴图文件“纹理.jpg”给球体，如图16-71所示。

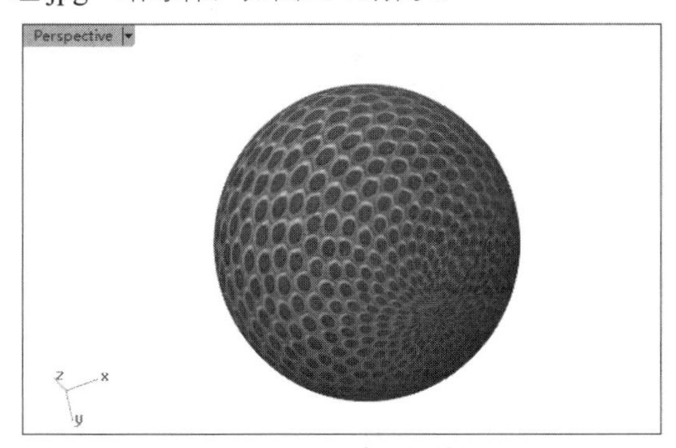

图16-71　选取物件

03在【渲染工具】标签下单击【赋予置换贴图】按钮，选取要赋予置换贴图的物件（球体），右击，弹出【置换设定】对话框。

04在对话框中单击【从文件导入】按钮，从本例源文件夹下添加贴图文件“纹理.jpg”，并单击【预览】按钮，查看置换效果，如图16-72所示。从预览看出，凸起的地方太尖锐，需要做圆滑处理。

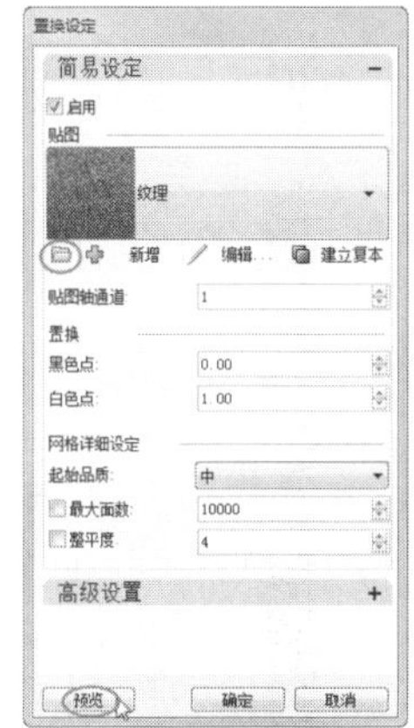

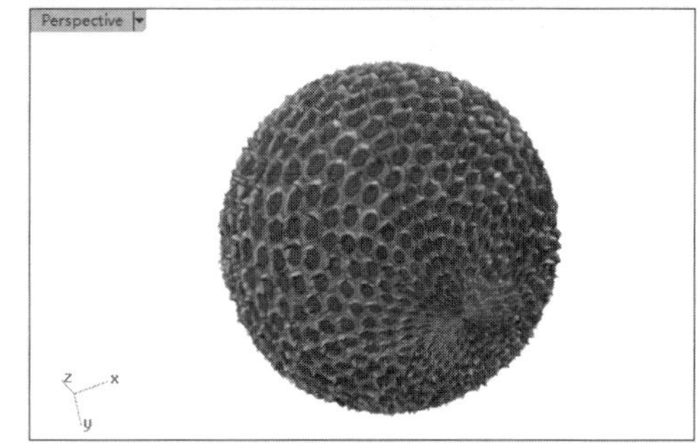

图16-72　选取贴图并预览置换效果

05将【白色点】的值更改为0.3，再预览即可看到置换效果比较理想了，如图16-73所示。

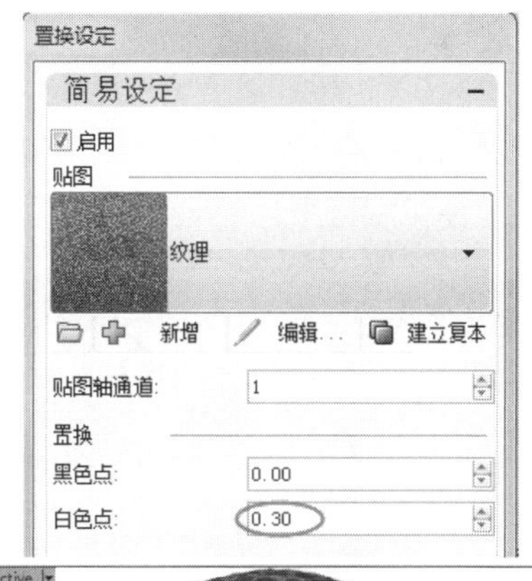

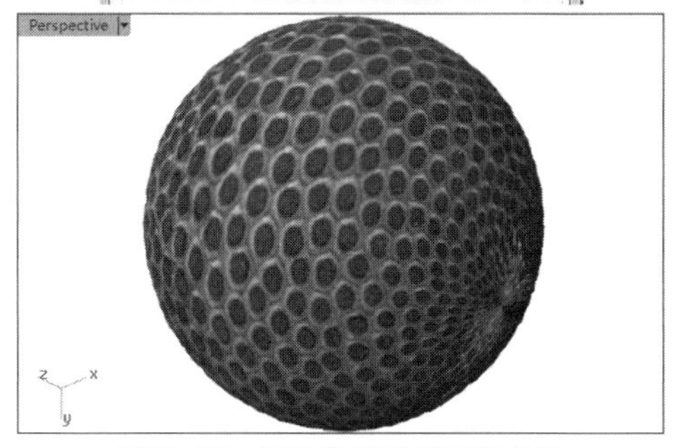

图16-73　设置参数后的预览效果

06单击【确定】按钮，完成操作。

16.5 贴图与印花

贴图是应用于模型表面的图像，在某些方面类似于赋予物件表面的纹理图像，并可以按照表面类型进行映射。

贴图的途径有两种，分别为从【属性-材质】面板进行贴图和从【切换贴图面板】贴图。前一种方法在前面赋予材质时已经介绍过。

16.5.1 通过【切换贴图面板】贴图

在【渲染工具】标签下单击【切换贴图面板】按钮，打开Rhinoceros对话框。对话框显示【贴图】面板，如图16-74所示。

从面板中单击图标，可以从材质库中添加纹理（纹理也叫贴图），如图16-75所示。

添加纹理贴图到【贴图】面板后，拖动纹理贴图给物件即可完成贴图操作，如图16-76所示。

图16-74 【贴图】面板

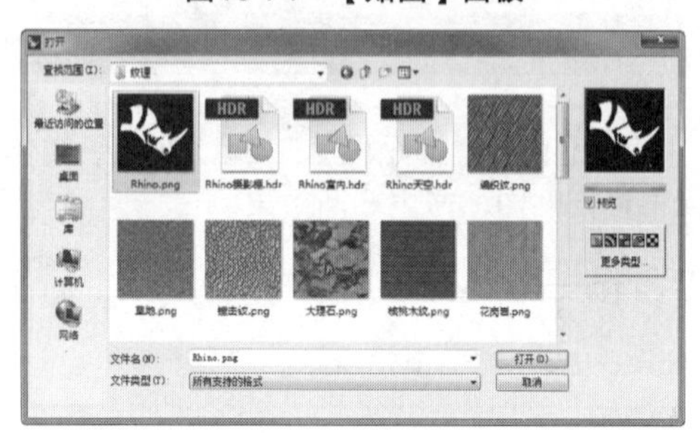

图16-75 添加纹理贴图

技术要点：如果编辑了贴图的参数或设置了选项，需重新赋予贴图才会生效。

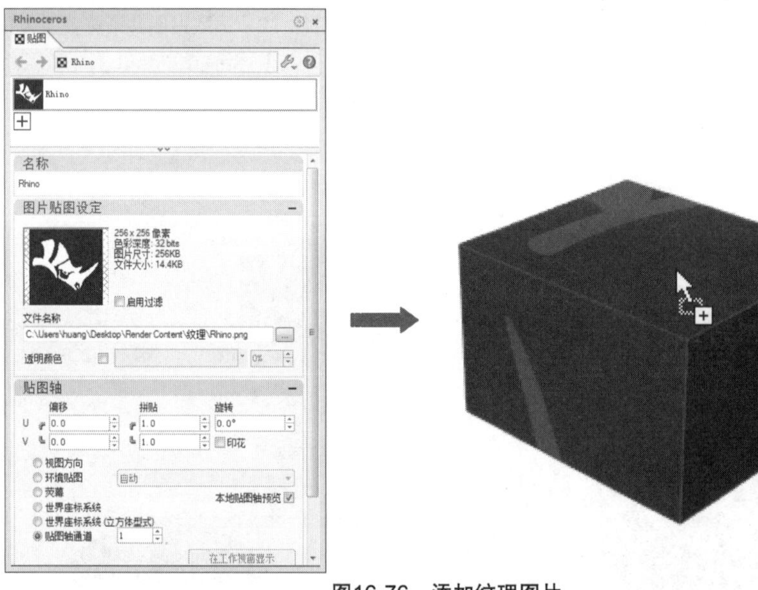

图16-76 添加纹理图片

技术要点：直接将贴图或图片文件拖放至Rhino物件，会自动建立一个新材质。

下面介绍贴图编辑选项的含义。

- 名称：贴图的名称。
- 图片贴图设定：图片贴图以图片文件为贴图，可以设置透明度。
- 贴图轴：设定选取的物件的贴图轴。

（1）偏移：将贴图在U或V方向偏移。单击按钮，可以解锁或锁定。

（2）拼贴：设定贴图在 U 或 V 方向重复出现的次数。

（3）旋转：设定贴图的旋转角度。

（4）印花：贴图UV空间0 ~ 1以外的部分以透明显示。

（5）视图方向：以视图平面为贴图轴将贴图投影至物件上。

（6）环境贴图：以一个球体贴图轴将贴图投影至物件上。

（7）本地贴图轴预览：勾选该复选框，可以预览贴图轴。

（8）贴图轴通道：指定贴图使用物件属性里的贴图轴。

- 图形：以图形显示贴图在 U、V、W 空间的颜色值，如图16-77所示。

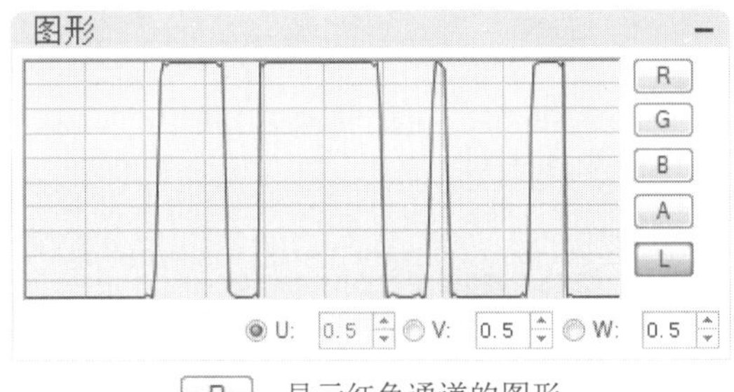

R：显示红色通道的图形

G：显示绿色通道的图形

B：显示蓝色通道的图形

A：显示Alpha通道的图形

L：显示亮度通道的图形

图16-77　以图形显示贴图在　U、V、W　空间的颜色值

- 输出调整：用以调整贴图输出的颜色，如图16-78所示。

图16-78　输出调整

（1）限制：打开/关闭颜色限制。

（2）缩放至限制范围：将限制后的颜色值重新对应至整个色彩范围0～1。颜色图形可以观察限制对贴图颜色的作用。

（3）反转：将贴图以补色显示。

（4）灰阶：将贴图以灰阶显示。

（5）中间色：调整渲染影像的中间色，数值大于 1 时亮部的范围会扩大，小于1时暗部的范围会扩大。

（6）倍数：将颜色值乘以这个数字。

（7）饱和度：改变贴图颜色的鲜艳度，设为0时贴图以灰阶显示。

（8）增益值：加强中间色或极端色（最亮与最暗的颜色），0.5以下中间色的范围逐渐扩大，0.5以上极端色的范园逐渐扩大。

（9）色调偏移：改变贴图的色调。

16.5.2　贴图轴

贴图轴可以控制贴图显示在物件上的位置，即贴图对应至物件的方式。将平面的贴图显示在立体的物件上时变形在所难免，就如同将贴纸贴在球体上时，因为贴纸无法服贴在球体表面，而会产生皱褶，要针对物件的型状选择最适合的贴图轴型式。

> **技术要点：**如果一个物件未被赋予贴图轴，贴图会使用曲面贴图轴将贴图对应至物件上。

赋予贴图轴的工具在【属性】面板的【贴图轴】中，如图16-79所示。在【渲染工具】标签下长按【显示贴图轴】按钮，弹出【贴图轴】工具列，也可以看到贴图轴工具，如图16-80所示。

图16-79　【属性】面板中的贴图轴工具

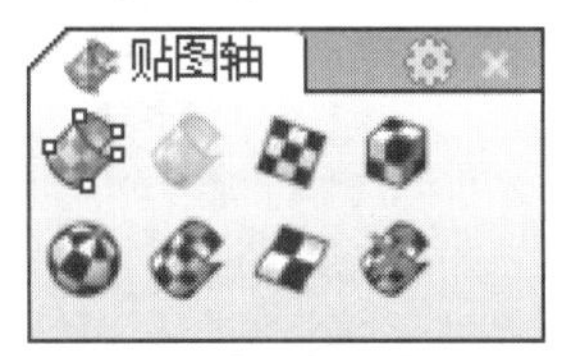

图16-80　【贴图轴】工具列

下面介绍贴图轴通道与贴图轴类型。

1. 贴图轴通道

通道代表图像中的某一组信息，如颜色信息、坐标信息等。一个贴图轴通道就包含了这样一组信息。

曲面、网格面贴图坐标就是UV坐标，而实体或3D网格的坐标是UVW坐标。以一个矩形平面为例，U、V等同于X、Y，对于立方体，W就是立方体的高度，如图16-81所示。

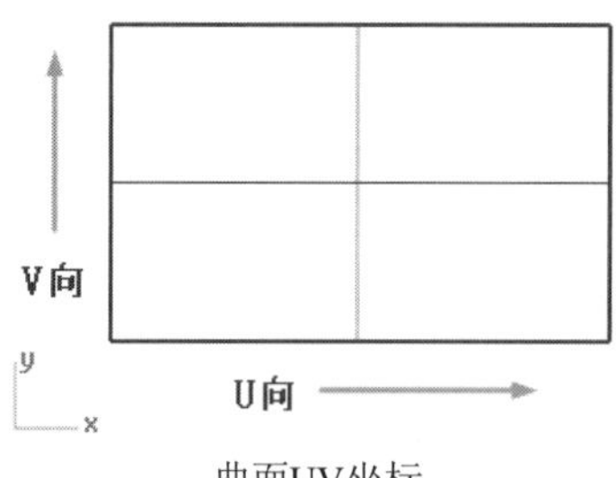

曲面UV坐标

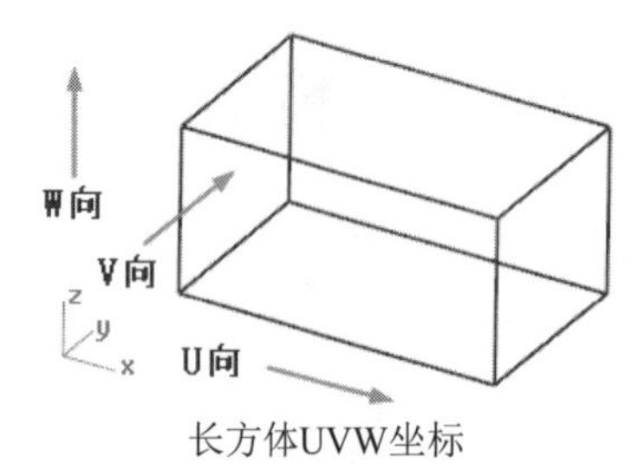

长方体UVW坐标

图16-81　贴图UV坐标

下面介绍贴图轴通道特性。

- 一个贴图轴通道含有一组贴图坐标，贴图轴通道以数字区别，一个物件可以拥有许多贴图轴通道，每个贴图轴通道可以使用不同的贴图轴型式。
- 材质里各种型式的贴图可以设定不同的通道，贴图是以与它相同编号的贴图轴通道对应至物件上，贴图预设的贴图轴通道是1。

如图16-82所示为赋予贴图轴前后的贴图效果对比。

无贴图轴贴图

立方体贴图轴贴图

图16-82　有无贴图轴的贴图效果对比

是否需要使用贴图轴，需根据物件的形状和渲染结果而定。采用贴图轴进行贴图需要在【贴图】面板中的【贴图轴】选项区域选择此选项，如图16-83所示。

图16-83　设置贴图轴贴图

【属性】面板中的贴图轴工具比较全面，如图16-84所示。

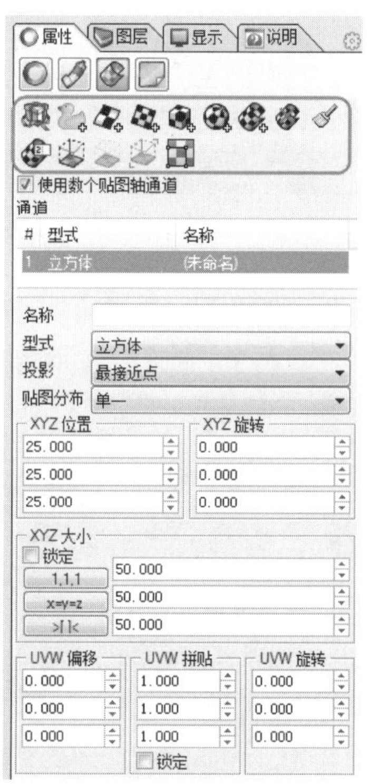

图16-84　贴图轴工具

2. 贴图轴

Rhino中提供了多种贴图轴工具，下面介绍各种工具的用法。

1）赋予曲面贴图轴

单击【赋予曲面贴图轴】按钮，将赋予曲

面一个贴图轴通道。这个贴图轴是以曲面或网格顶点的UV坐标将贴图对应至物件上。

例如，以不等距圆角的多重曲面为例，因为每个曲面都有自己的UV坐标，所以使用曲面贴图轴时3个曲面上的贴图无法连续，如图16-85所示。

图16-85 贴图无法连续的情形

2）赋予平面贴图轴

单击【赋予平面贴图轴】按钮，可以新增一个平面贴图轴通道，通道编号会自动进行排列，也可以自定义通道编号。如图16-86所示为赋予平面贴图轴后的贴图效果。

图16-86 赋予平面贴图轴的贴图效果

3）赋予立方体贴图

单击【赋予立方体贴图】按钮，新增一个立方体贴图通道。建立立方体通道的方法与建立立方体相同，如图16-87所示。

图16-87 赋予立方体贴图

4）赋予球体贴图轴

单击【赋予球体贴图轴】按钮，新增一个球体贴图轴通道，建立方法跟建立球体相同，如图16-88所示。

图16-88 赋予球体贴图轴

5）赋予圆柱体贴图轴

单击【赋予圆柱体贴图轴】按钮，新增一个圆柱体贴图轴通道。建立方法与建立圆柱体时相同，如图16-89所示。

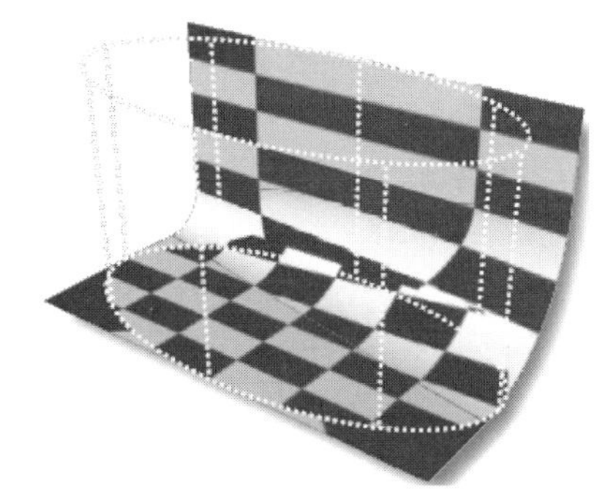

图16-89 赋予圆柱体贴图轴

6）自订贴图轴

【自订贴图轴】就是自定义贴图轴。自定义贴图轴可以将一个物件的贴图坐标投射到另一个物件上。

动手操作——自定义贴图轴

01新建Rhino文件，利用【多重直线】工具绘制如图16-90所示的直线。

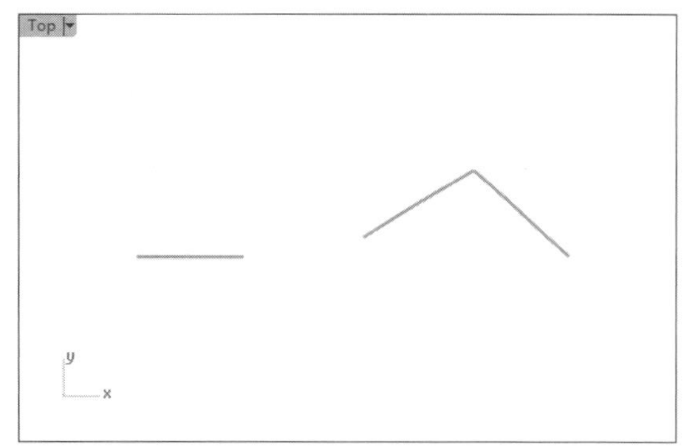

图16-90 绘制直线

02利用【直线挤出】工具建立两个挤出曲面，如图16-91所示。

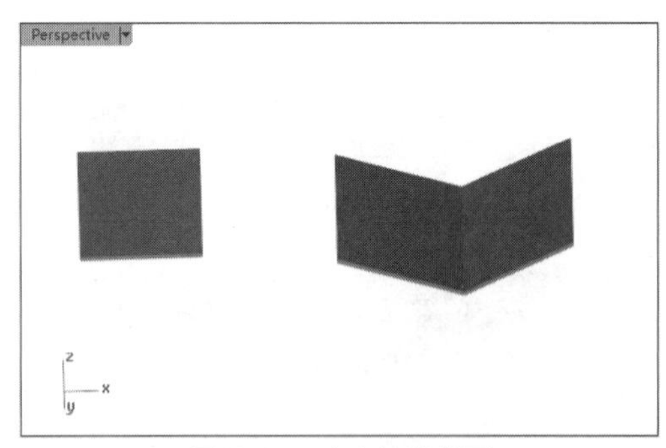

图16-91　建立挤出曲面

03利用【边缘圆角】工具对其中一个曲面建立圆角，如图16-92所示。

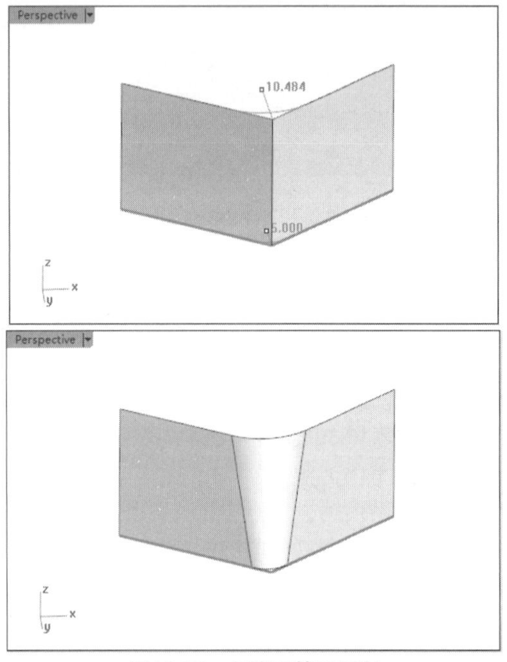

图16-92　创建不等距圆角

04在【渲染工具】标签下单击【切换贴图面板】按钮，打开【贴图】面板。选择材质库【纹理】文件夹中的【核桃木纹】，赋予两个曲面，如图16-93所示。

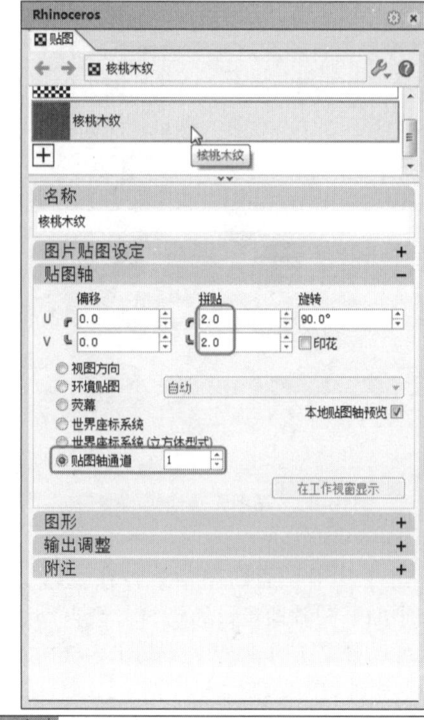

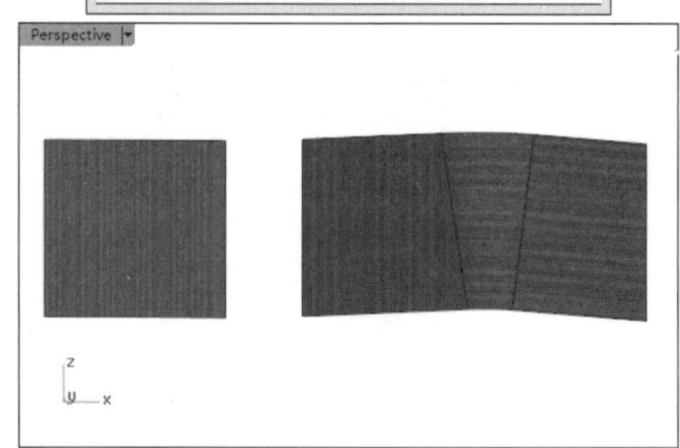

图16-93　赋予核桃木纹给两个曲面

05较大曲面上由于有圆角，得到的贴图效果不理想。接下来选中较大的曲面，然后在【属性】面板的【贴图轴】工具中单击【自订贴图轴】按钮，按命令行的信息提示，选取较小曲面作为自订贴图的参考物件，如图16-94所示。

06右击后较大曲面的贴图随之更新，效果如图16-95所示。

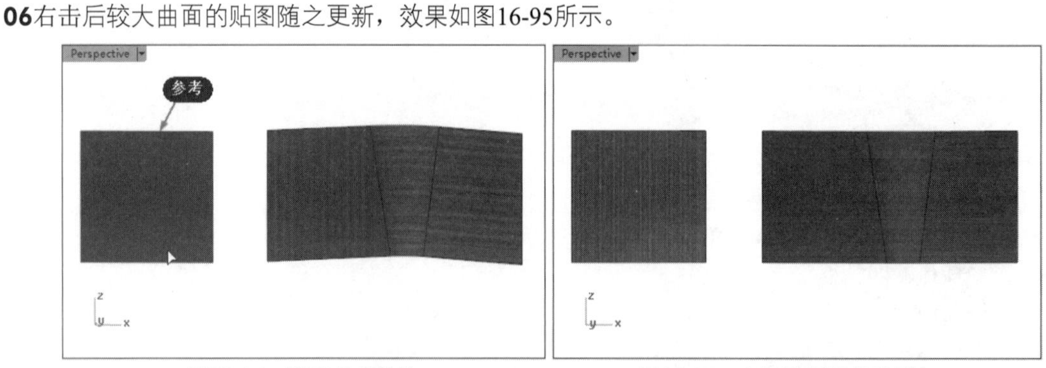

图16-94　选取参考物件　　图16-95　自订贴图轴的效果

7）拆解UV

利用【拆解UV】工具可以将物件的渲染网格展开成平面编辑贴图坐标。如图16-96所示，曲面中的不等距圆角导致两个接缝，使用一个贴图轴通道进行渲染，渲染效果看起来不理想，此时就需要拆解UV。拆解后的贴图效果如图16-97所示。

图16-96　拆解UV前

图16-97　拆解UV后

动手操作——拆解UV

01新建Rhino文件，利用【多重直线】工具绘制如图16-98所示的直线。

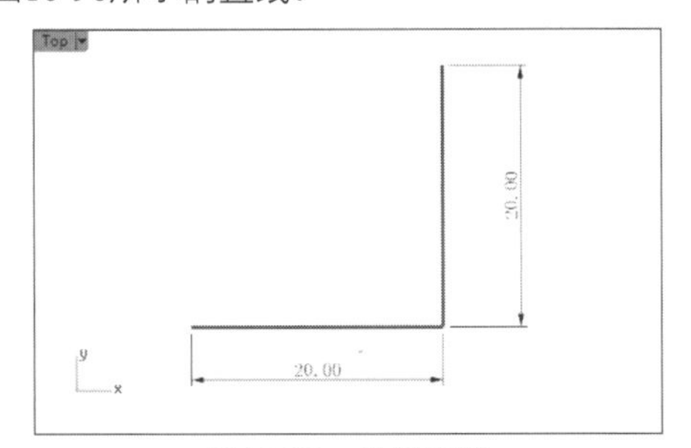

图16-98　绘制直线

02利用【直线挤出】工具建立如图16-99所示的挤出曲面。

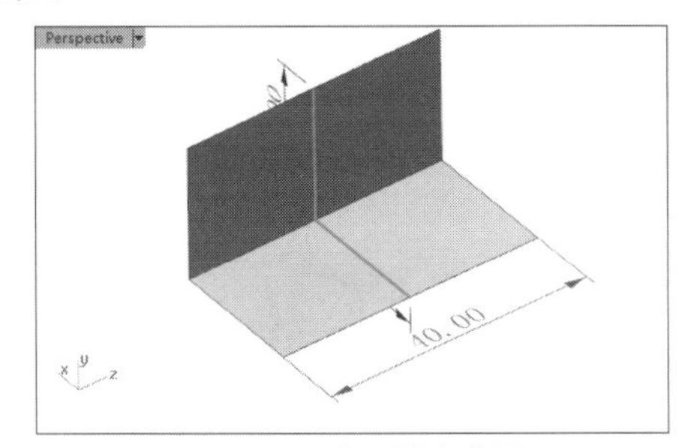

图16-99　建立挤出曲面

03利用【不等距圆角】工具创建如图16-100所示的不等距圆角。

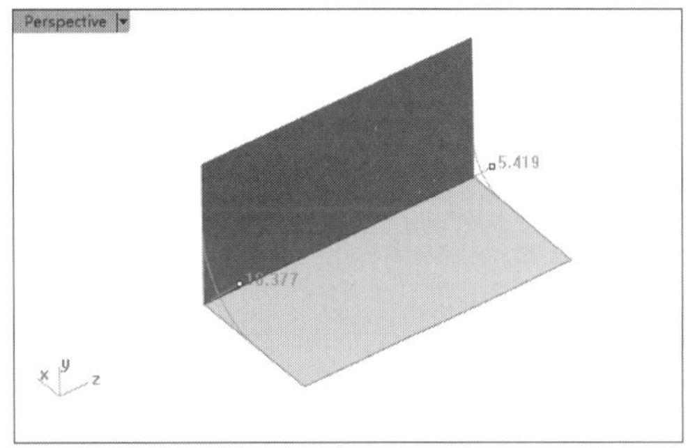

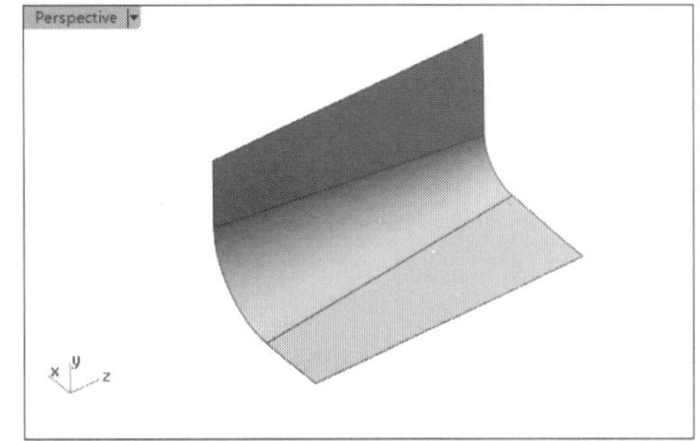

图16-100　创建不等距圆角

04选中曲面，然后在【属性】面板中的【贴图轴】工具中单击【赋予曲面贴图轴】按钮，保留命令行中默认的通道编号1，右击完成曲面贴图轴的建立。

05在【渲染工具】标签下单击【切换贴图面板】按钮，打开Rhinoceros对话框的【贴图】面板。单击增加图标，在【打开】对话框中单击【更多类型】按钮，然后在【类型】对话框中选择【2D棋盘格贴图】，如图16-101所示。

图16-101　选择贴图类型

06在【贴图】面板的【贴图轴】选项区域中设置【拼贴】参数均为5，并选择贴图轴通道1，最后将所选的贴图赋予给曲面，如图16-102所示。

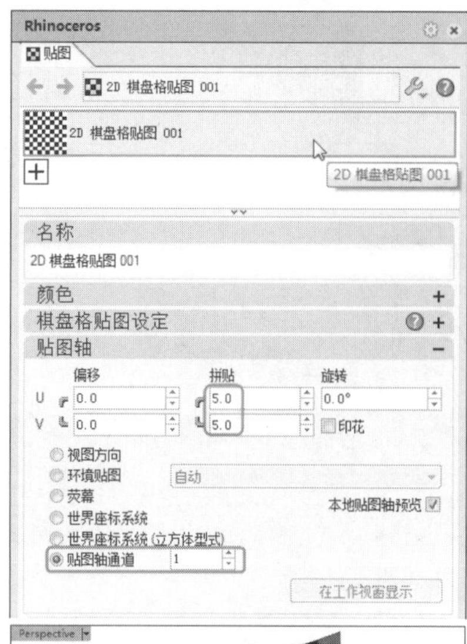

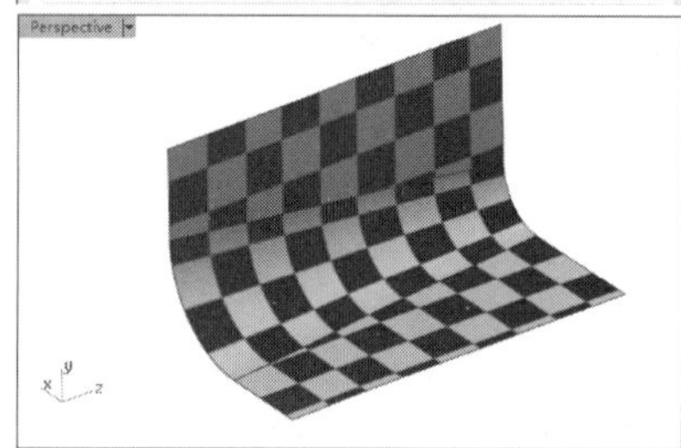

图16-102 设置贴图并赋予贴图给曲面

07此时的贴图效果很不理想，下面进行UV拆解。重新选中曲面，然后在【属性】面板的【贴图轴】工具中单击【拆解UV】按钮，无须在命令行中设置选项，直接右击即可拆解，随后贴图自动更新，如图16-103所示。

图16-103 拆解UV后自动更新贴图效果

08匹配贴图轴

利用【匹配贴图轴】工具可以套用其他物件的贴图轴。

09删除贴图轴

利用该工具可以删除一个贴图轴通道。

10编辑通道

利用该工具可以变更贴图轴使用的通道号码，仅适用于【使用多个贴图轴通道】选项启用时。

11显示贴图轴

利用该工具可以显示物件被赋予的贴图轴。

12UV编辑器

利用该工具可以打开 UV 编辑器，如图16-104所示。

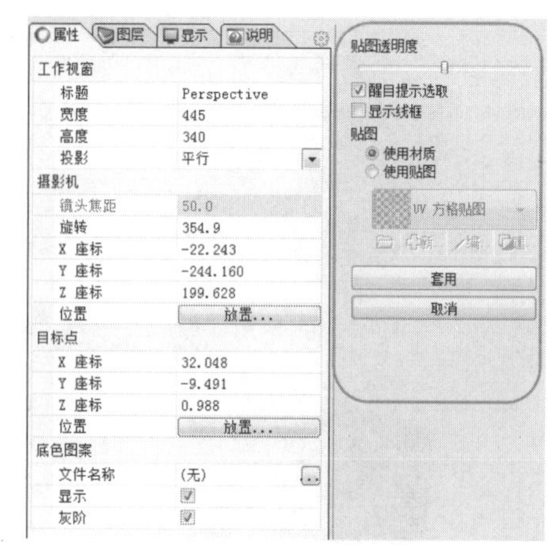

图16-104 打开UV编辑器

16.5.3 程序贴图（印花）

印花是贴图的一种。印花可以使用不同的投影方式将贴图投影在物件上，它可以将单张图片贴在物件的某个位置，简单、易用，没有拆解UV的复杂性。印花的贴图在物件上只会出现一次，不像一般材质的贴图会重复拼贴。

印花的位置是可以编辑的，一些印花的用法如下。

- 墙上的海报。
- 瓶子上的标签贴纸或商标。
- 模型上的符号。
- 彩绘玻璃。
- 手机屏幕。

动手操作——印花贴图

01打开本例源文件"手机.3dm"，如图16-105所示。

图16-105 打开手机模型

02选中手机屏幕物件，然后在【属性】面板中单击【印花】按钮，展开【属性-印花】面板，并单击该面板中的【新增】按钮，如图16-106所示。

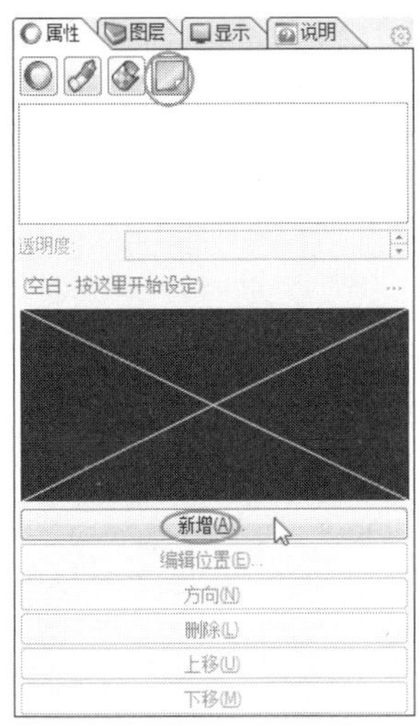

图16-106 【属性-印花】面板

03在随后弹出的【选择贴图】对话框中单击【新增】按钮，弹出【类型】对话框。在【类型】对话框的【重新开始】面板中单击【从文件载入】按钮，如图16-107所示。

04从本例源文件夹中打开“手机.tif”图片，并在【选择贴图】对话框中单击【确定】按钮，完成图片的添加，如图16-108所示。

05在弹出的【印花贴图轴类型】对话框中选择【平面】贴图轴、方向【向前】，单击【确定】按钮，如图16-109所示。

06在视图中放置图片，放置方法是绘制【矩形：三点】矩形曲线的方法，如图16-110所示。

> **技术要点：** 捕捉点时应该打开【交点】或【端点】进行捕捉。选取的点必须在要添加印花贴图的对象上，否则即使添加了印花贴图，也不会显示贴图效果。

图16-107 选择贴图的过程

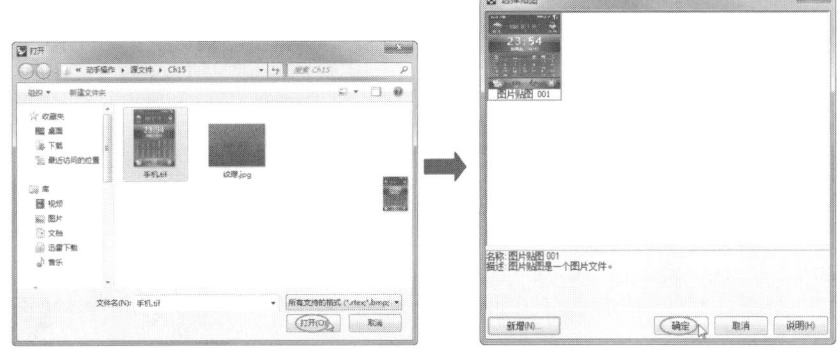

图16-108 选择贴图

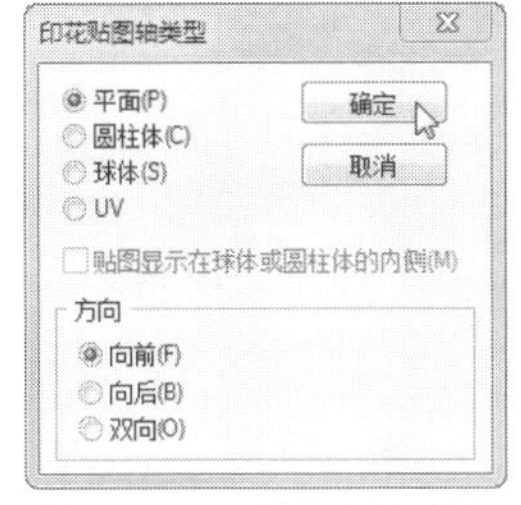

图16-109 选择贴图轴

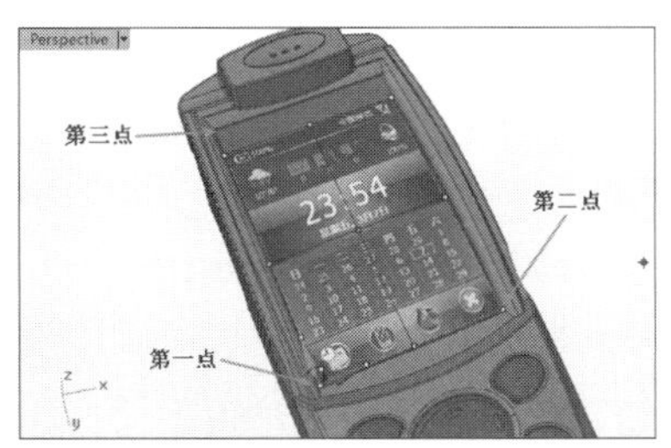

图16-110 放置贴图

07很明显图片没有铺满屏幕，拖动贴图中的控制点，使其铺满屏幕，如图16-111所示。

图16-111　编辑贴图使其铺满屏幕

08右击完成印花贴图操作，如图16-112所示。

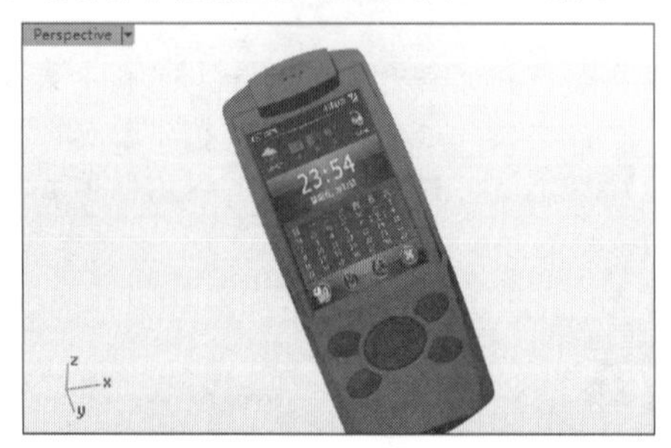

图16-112　完成印花贴图的效果

16.6 环境与地板

环境与地板组成了渲染的真实场景，环境是真实存在的，每个模型在建成之初都是在环境中进行的。下面学习环境与地板对渲染的作用。

16.6.1 环境

Rhino的“环境”是围绕模型而进行的一种渲染设置（也称场景）。环境可以是单一的颜色，也可以是贴图，还可以是某个真实的场景。

在【渲染工具】标签下单击【切换环境面板】按钮，打开Rhinoceros对话框中的【环境】面板，如图16-113所示。

【环境】面板提供了4种背景参考。

1. 单一颜色

单一颜色背景是渲染场景中的背景，并非软件窗口的“背景”。单一颜色是指整个背景的颜色为单一的颜色，可以通过单击下方的颜色色块设置颜色。要想显示渲染环境中的背景，必须先在窗口右侧的【显示】面板中设置【背景】选项为【使用渲染设置】，如图16-114所示。

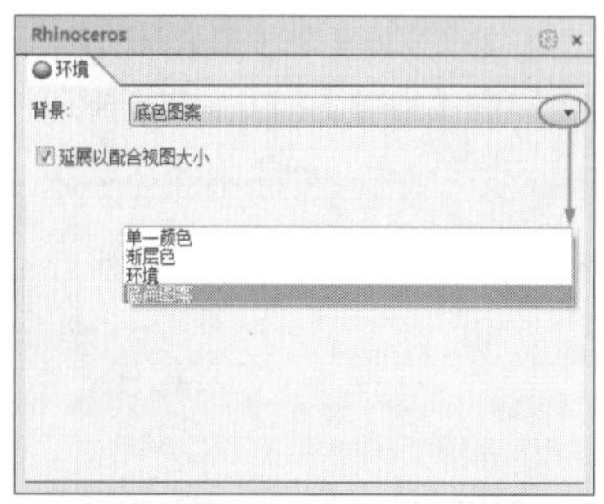

图16-113　Rhinoceros对话框中的【环境】面板

图16-114　显示渲染环境中的背景颜色

2. 渐层色

渐层色就是渐变颜色，整个背景由两种颜色渐变构成，选择此背景后，需要设置上层颜色和下层颜色，如图16-115所示。

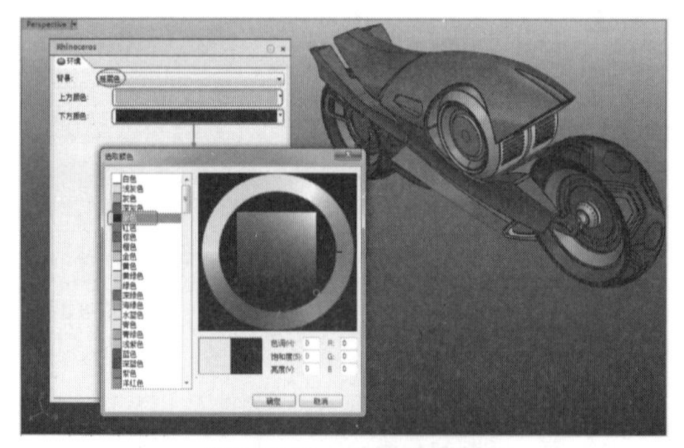

图16-115　设置渐层色

3. 环境

【环境】背景需要添加Rhino软件系统自身的环境文件。将材质库中预设的环境文件加载到当前环境中，如图16-116所示。

图16-116　选择环境文件

如图16-117所示为“环境”被添加到当前渲染环境中的效果。

图16-117　添加的环境

添加环境文件后，可以在【环境】面板中编辑该环境贴图的参数及选项设置。

4. 底色图案

【底色图案】背景是以工作视窗的底色图案作为渲染的背景。

16.6.2　地板

Rhino中的“底平面”称作地板，它的作用是在渲染环境中代替桌面、地面及其他平面。例如，视图中仅仅建立了一个酒杯模型，立刻就会想到酒杯应该放在桌面上或者手中，显然不会为了单独渲染酒杯的效果，去建立桌子模型或者人体模型，那么就用“底平面”假设桌面进行渲染，同样能达到效果。

在【渲染工具】标签下单击【切换底平面面板】按钮，打开Rhinoceros对话框中的【底平面】面板，如图16-118所示。

图16-118　【底平面】面板

在【底平面】面板中，可以设置底平面的基本颜色，也可以用贴图来代替颜色，设置的效果仅仅在最后进行渲染时才会体现，如图16-119所示为添加的底平面。

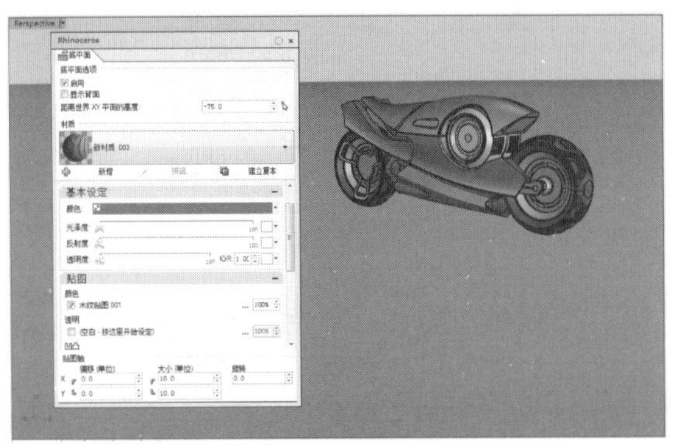

图16-119　添加的底平面

> 技术要点：底平面是没有边界的。上图中显示的“边界”是底平面跟背景的交汇处。

16.7 光源

光源是一种能够真实地模拟环境中光线照明、反射和折射等效果的渲染技术。使用灯光渲染技术，不仅可以真实、精确地模拟场景中的光照效果，还提供了现实中灯光的光学单位和光域网文件，从而准确地模拟真实世界中灯光的各种效果。

Rhino光源包括灯光、天光和太阳。灯光是模拟室内的灯光，太阳则是模拟室外的真实太阳光。

16.7.1　灯光类型

常见的灯光类型包括聚光灯、点光源、平行光、矩形灯光和管状灯光，不同的灯光类型可以应用到不同的渲染环境或物件中不同的位置。

1. 建立聚光灯

聚光灯光源是一个将光束限制在一锥形体积内，光源就是锥形体积的顶点。聚光灯物件示意图如图16-120所示。

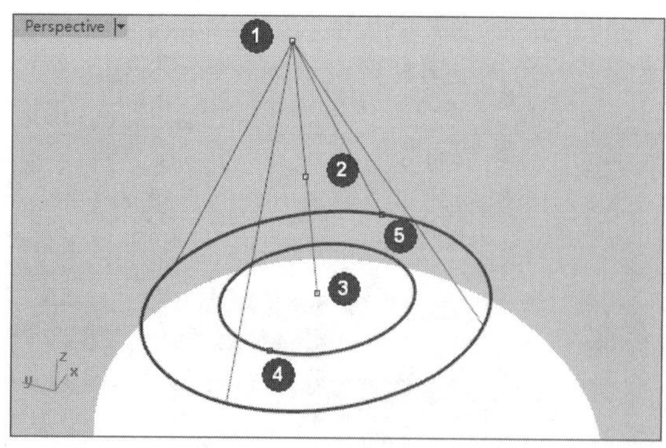

位置点（1）、推移点（2）、目标点（3）、
锐利度点（4）、半径点（5）

图16-120　聚光灯物件示意图

动手操作——添加聚光灯

01打开本例源文件“玩具小汽车.3dm”，如图16-121所示。

图16-121　小汽车模型

02单击【建立聚光灯】按钮，然后在Top视图中绘制圆，如图16-122所示。

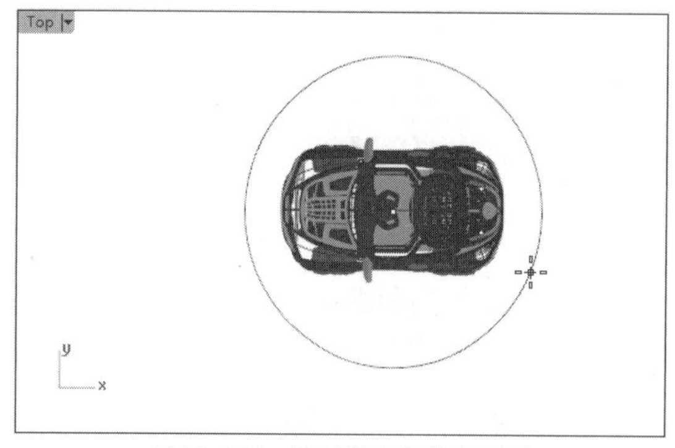

图16-122　绘制聚光灯的底面圆

03在Rihgt视图中确定聚光灯的位置点，单击即可创建聚光灯，如图16-123所示。

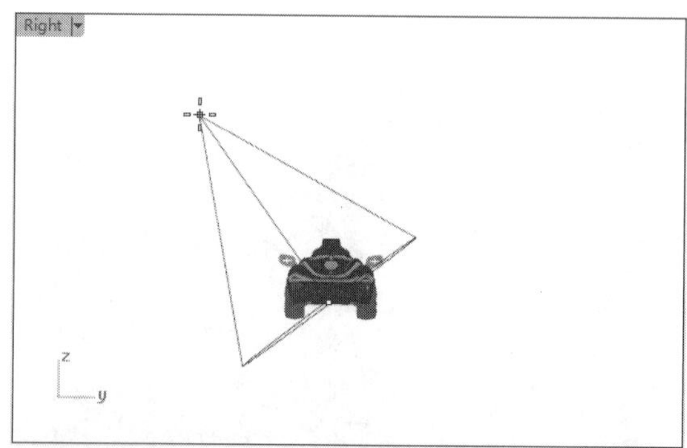

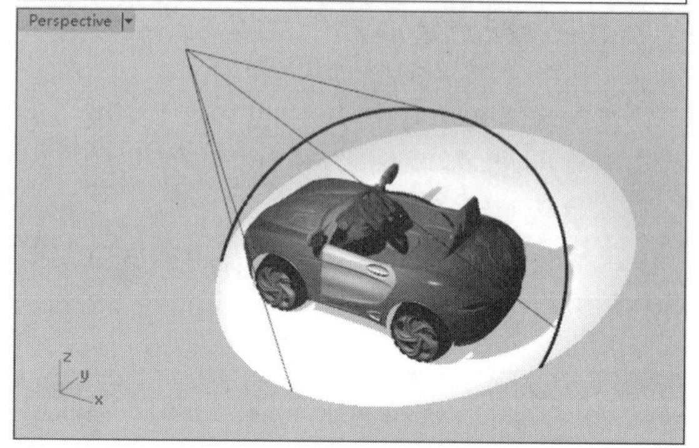

图16-123　确定聚光灯位置点并建立聚光灯

04选中聚光灯，然后在视图右侧的【属性-灯光】面板中设置强度、阴影厚度、聚光灯锐利度等，如图16-124所示。

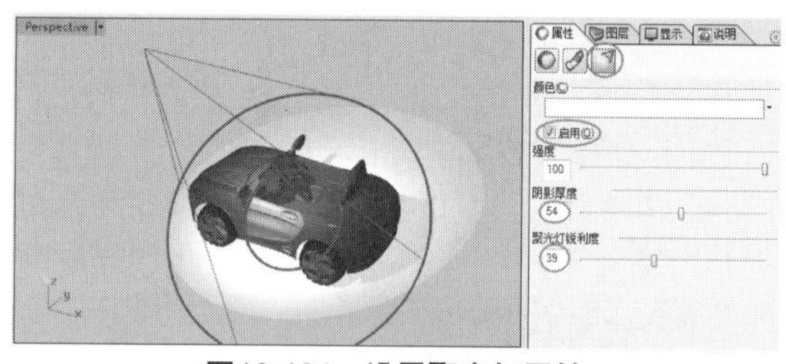

图16-124　设置聚光灯属性

下面介绍【属性-灯光】面板中各选项的含义。

- 颜色：设定灯光的颜色，将灯光的颜色设为较深的颜色，可以降低灯光的亮度。
- 启用：打开或关闭灯光。
- 强度：设定灯光的亮度。
- 阴影厚度：设定灯光的阴影浓度。
- 聚光灯锐利度：设定聚光灯照明范围边缘的锐利度。

05在聚光灯被激活的状态下，在【曲线工具】标签下单击【打开控制点】按钮，或者在菜单栏中执行【编辑】|【控制点】|【开启控制点】命令，显示聚光灯的控制点，以便编辑聚光灯物件的形状与大小，如图16-125所示。

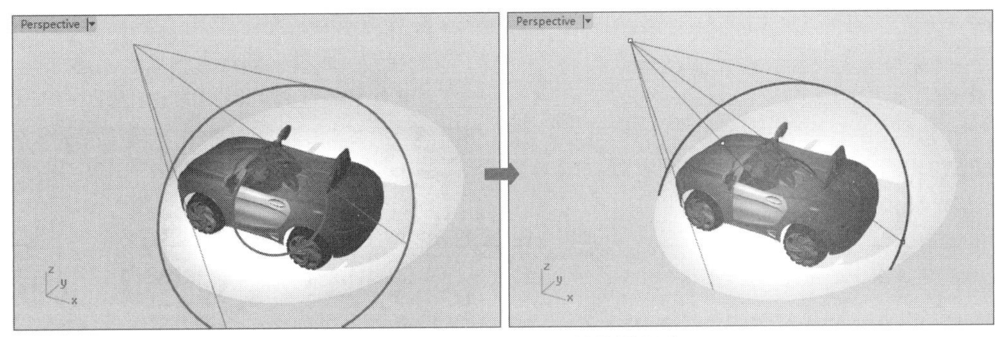

图16-125　打开聚光灯物件的控制点

06拖动显示的几个控制点（聚光灯物件示意图中已说明），改变聚光灯物件的形状及角度，如图16-126所示。

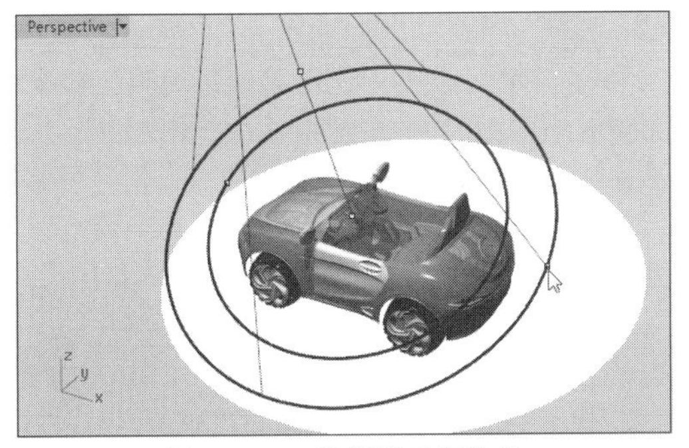

图16-126　编辑聚光灯物件

07编辑聚光灯后，按Esc键关闭控制点的显示，最终结果如图16-127所示。

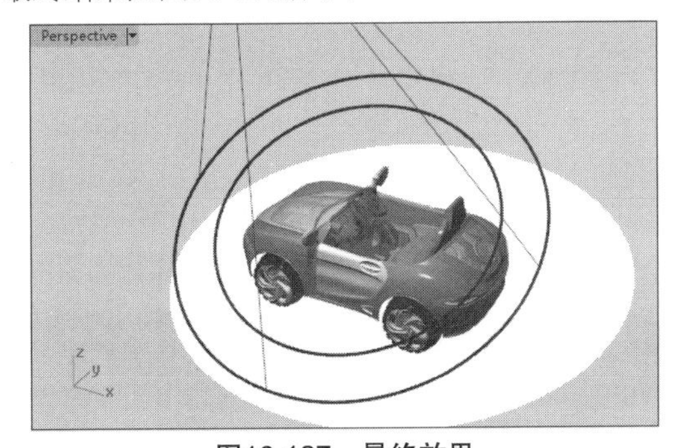

图16-127　最终效果

> **技术要点：**在添加了聚光灯后，可以删除聚光灯物件，这并不影响最终的渲染效果。删除物件后，不能再设置聚光灯的参数和编辑形状。

2. 建立点光源

点光源是一个位置光源，它在所有方向发射光。点光源也是一动态光源，可以旋转动态点来设置光源位置，如图16-128所示。

选中点光源，可以在【属性-灯光】面板中设置强度、阴影、颜色等参数。

图16-128　动态移动、旋转点光源

3. 建立平行光

平行光光源可以被想象为无限远距离的光源，它的光线基本上是彼此平行的（如太阳光源）。平行光是一种动态光源，并能在视图中显示光源图标。平行光控制点的打开方法与聚光灯物件控制点的方法相同，平行光物件示意图如图16-129所示。

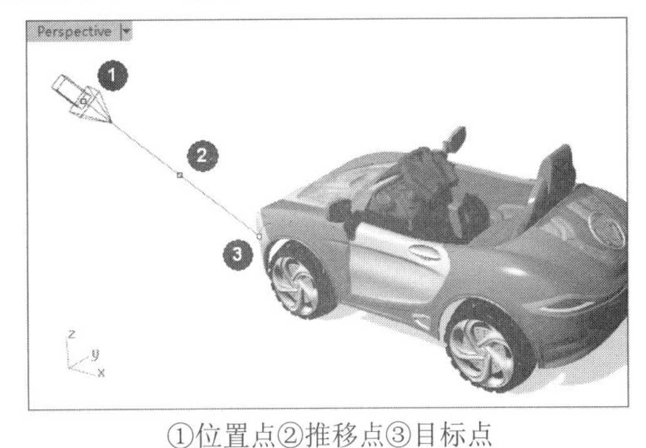

①位置点②推移点③目标点

图16-129　平行光物件示意图

技术要点：
①平行光的光线全部朝着同一个方向，所以平行光物件的位置并不重要，平行光物件只是用来显示光线的方向。
②打开灯光的控制点，移动控制点可以控制灯光的照射方向与位置。
③移动推移点（位置在中间的控制点）可以在移动灯光时避免改变灯光的方向。

4. 建立矩形灯光

矩形灯光建立一个朝着同一个方向的灯光阵列。常见的电视平面、显示器屏幕、灯箱等都可以用矩形灯光做渲染。如图16-130所示为用矩形灯光渲染屏幕。

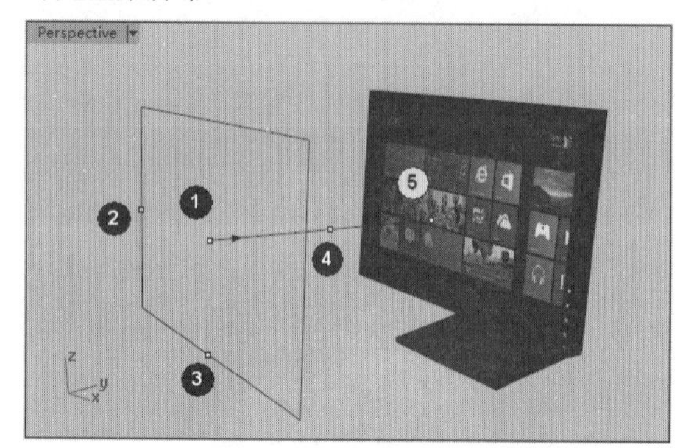

①位置点②长度控制点③宽度控制点④推移点⑤目标点

图16-130　矩形灯光

技术要点：必须将目标点指向要渲染的对象。控制点的打开方法与聚光灯一致，也可以进行形状及位置的改变。

5. 建立管状灯

管状灯用来模拟圆柱形的灯具发光效果，如节能灯及其他管状灯等，如图16-131所示。

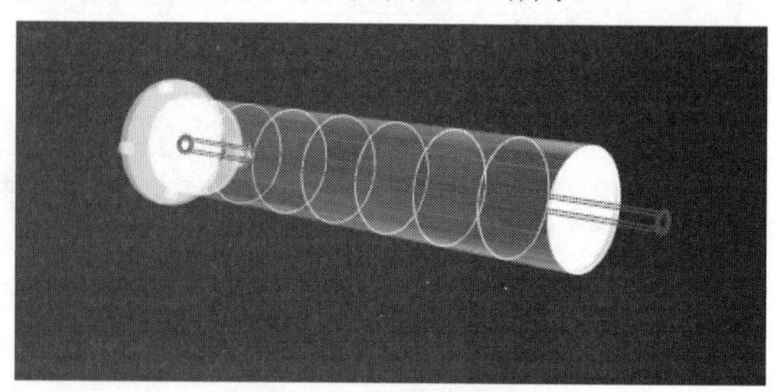

图16-131　建立管状灯

16.7.2　编辑灯光

除了添加灯光外，还可以通过编辑工具来编辑灯光位置，以及灯光的属性。

1. 以反光的位置编辑灯光

利用【以反光的位置编辑灯光】工具可以摆放出在渲染物件上的反光效果。

动手操作——制作反光效果

01打开本例源文件“读书灯.3dm”。

02在【渲染工具】标签下单击【建立聚光灯】按钮，然后添加如图16-132所示的聚光灯。

技术要点：灯泡上有一个亮点，这个亮点是基本环境中的天光，无关紧要。待设定反光点后，这个亮点会自动消失。

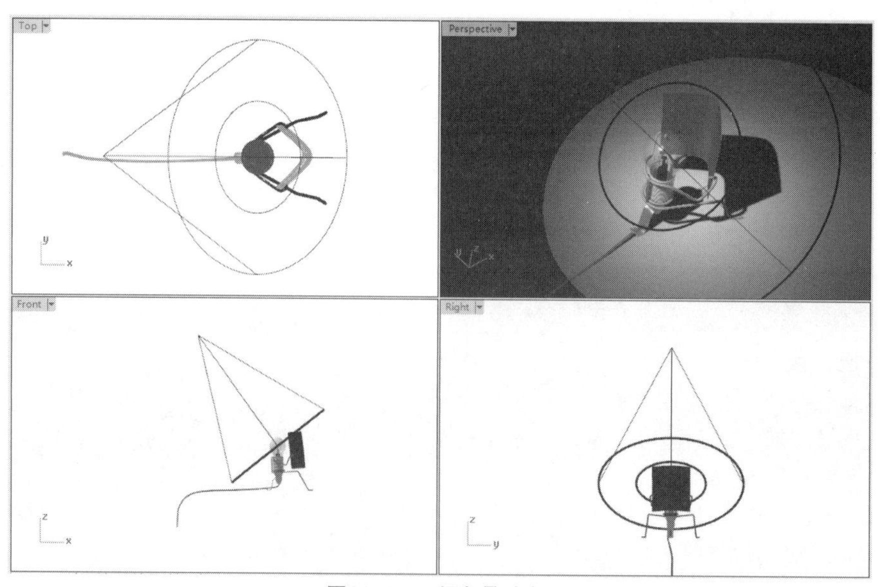

图16-132　添加聚光灯

03单击【以反光的位置编辑灯光】按钮，选择要编辑的聚光灯，然后选择曲面以建立反光，选取的位置为反光点，如图16-133所示。

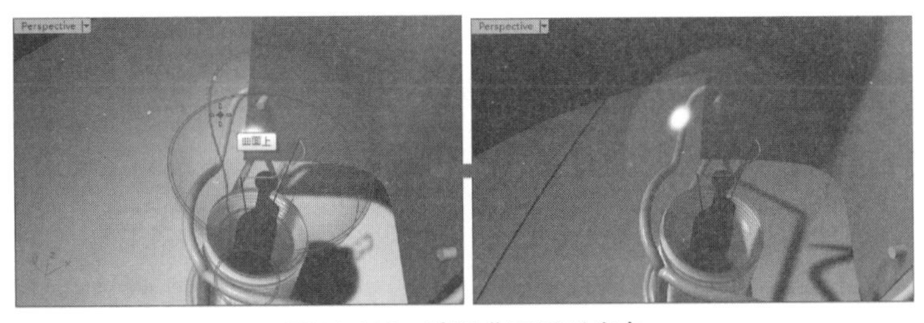

图16-133　选取曲面及反光点

2. 编辑灯光属性

单击【编辑灯光属性】按钮，选取要编辑的灯光物件，或者直接选中要编辑的灯光物件后，会在【属性】面板中显示【灯光】面板，前面已经介绍了。

3. 设定聚光灯至视图

利用【设定聚光灯至视图】工具可以将已有的聚光灯或新建立的聚光灯的底平面与屏幕平行。值得注意的是，此举并非切换视图，而是将聚光灯重新定义为视图垂直方向，如图16-134所示。

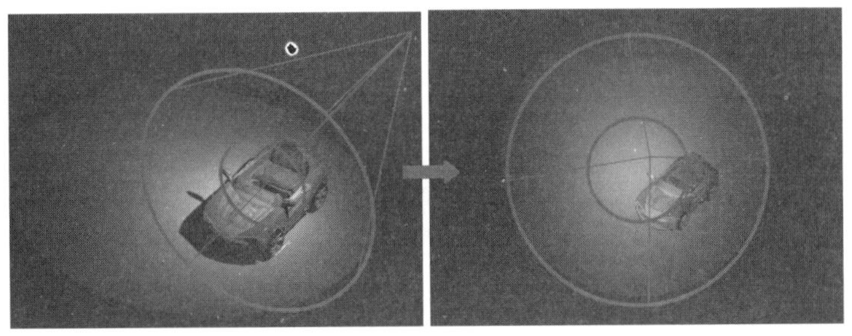

图16-134　设定聚光灯至视图

4. 设定视图至聚光灯

【设定视图至聚光灯】与【设定聚光灯至视图】不同，利用【设定视图至聚光灯】工具可以切换视图至聚光灯方向，如图16-135所示。

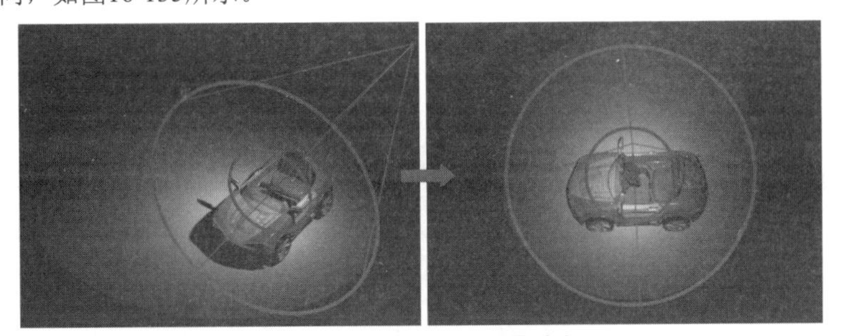

图16-135　设定视图至聚光灯

5. 以视图编辑灯光

利用【以视图编辑灯光】工具可以在聚光灯灯光投影视图上编辑灯光的位置与方向，如图16-136所示。

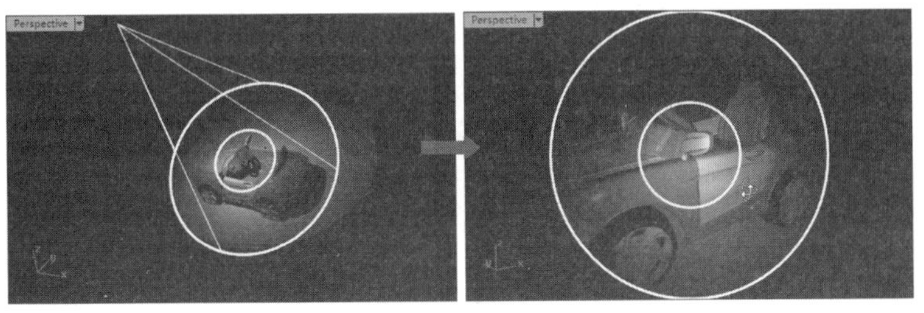

图16-136　以视图编辑灯光

16.7.3 天光和太阳光

天光是在场景中加入的来自四面八方的天空照明，是适用于外景的渲染光源。如图16-137所示为打开天光前后的效果对比。

打开天光前

打开天光后

图16-137 打开天光前后的效果对比

太阳光是室外场景中不可或缺的重要光源。如图16-138所示为已打开天光且在打开太阳光前后的效果对比。

打开太阳光前

打开太阳光后

图16-138 打开太阳光前后的效果对比

在【渲染工具】标签下单击【切换太阳面板】按钮，弹出【太阳】面板，如图16-139所示。通过【太阳】面板可以打开太阳和天光。太阳光源的设置可以手动控制，如图16-140所示。

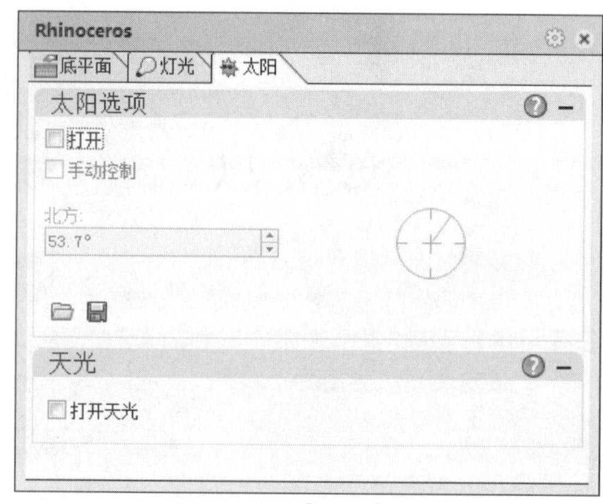

图16-139 【太阳】面板

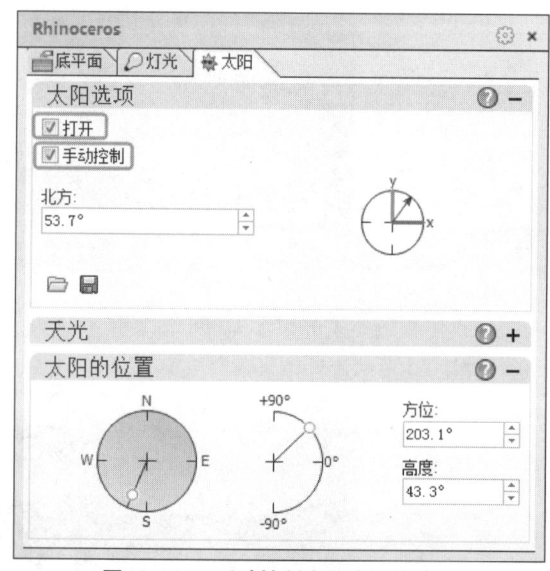

图16-140 手动控制太阳光源的选项

通过太阳在一天中所处的方位和高度，手动调节太阳光源及其投影的效果。如果按照时间、日期和景观所在地理位置来控制太阳光源，可以取消勾选【手动控制】复选框，然后在【太阳】面板的【日期与时间】选项区域和【位置】选项区域中设置，如图16-141所示。

> **技术要点**：地理位置就是地球纬度、经度和时区的综合位置。可以直接在地球的预览图中选取具体位置。

图16-141　【日期与时间】选项区域和【位置】选项区域

16.8 实战案例——可口可乐瓶模型渲染

引入文件：动手操作\源文件\Ch16\可口可乐瓶.3dm

结果文件：动手操作\结果文件\Ch16\可口可乐瓶.3dm

视频文件：视频\Ch16\可口可乐瓶渲染.avi

可口可乐饮料瓶包括一个空瓶、一个已打开瓶盖且装有饮料的满瓶和商标标签。瓶子的材质是玻璃，饮料的材质是水，标签用贴图。

渲染的难点是灯光和背景，最终渲染效果如图16-142所示。

图16-142　可口可乐饮料渲染效果

01打开本例源文件“可口可乐瓶.3dm”，如图16-143所示。

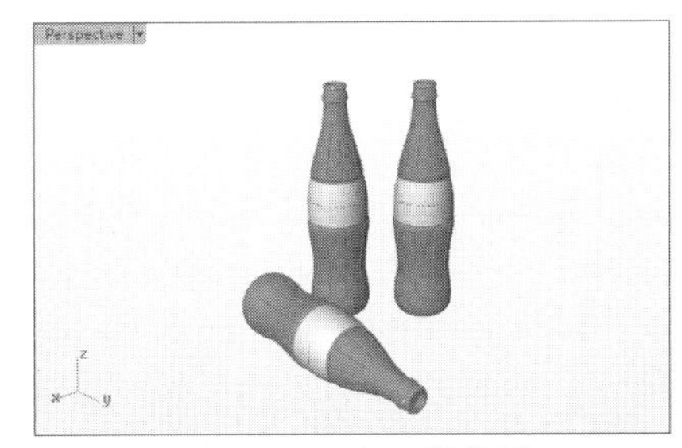

图16-143　打开的模型

02在【图层】面板中将【瓶子】图层设为当前层，然后选中3个瓶子，如图16-144所示。

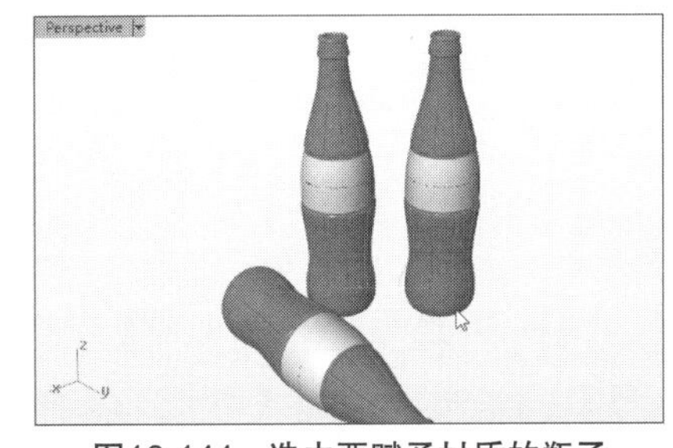

图16-144　选中要赋予材质的瓶子

03在【属性-材质】面板中以【物件】的材质赋予方式，单击【新增】按钮，在材质库中的【透明】文件夹中选择【玻璃】材质，如图16-145所示。

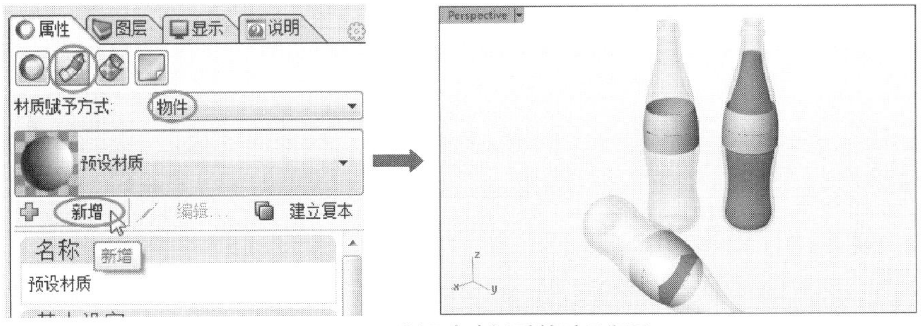

图16-145　选择玻璃材质并赋予瓶子

04在【属性-材质】面板中设置玻璃材质的反射度为50%，如图16-146所示。

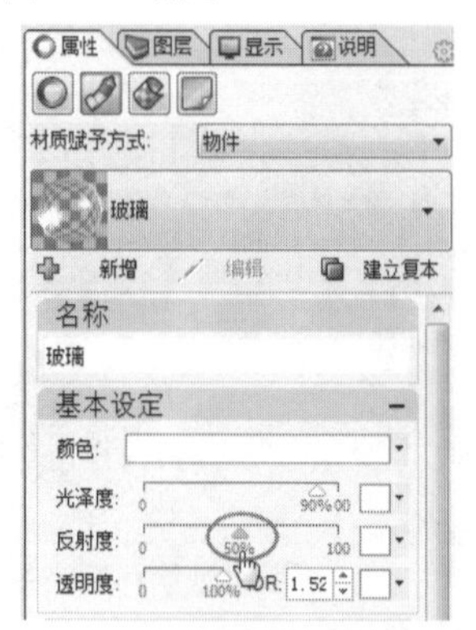

图16-146　设置玻璃材质的反射度

05将【饮料】图层设为当前图层，并关闭其余图层的显示。选中饮料物件，然后从【属性-材质】面板中为其赋予材质库【透明】文件夹中的【水】材质，如图16-147所示。

图16-147　赋予饮料物件材质

06为饮料物件设置颜色，可口可乐的颜色是深咖啡色，如果不知道这个颜色的成分，可以从网页中查询可口可乐饮料的颜色图片，然后在【属性-材质】面板中以【取色滴管】方式到网页中取色，如图16-148所示。

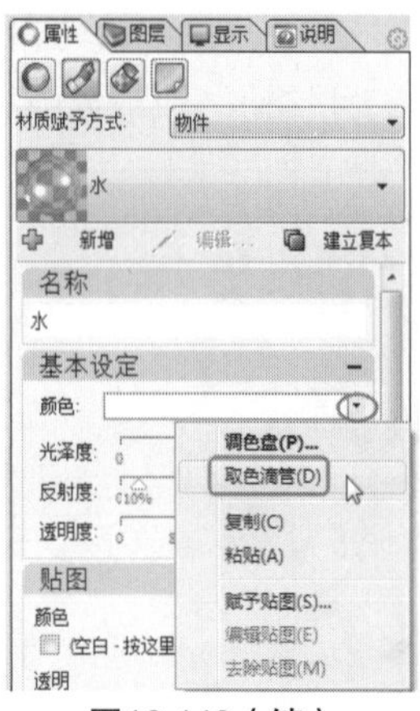

图16-148（续）

图16-148　在图片中取色

07如果使用取色滴管，打开颜色编辑器选择深色咖啡色，如图16-149所示。编辑饮料材质参数，如图16-150所示。

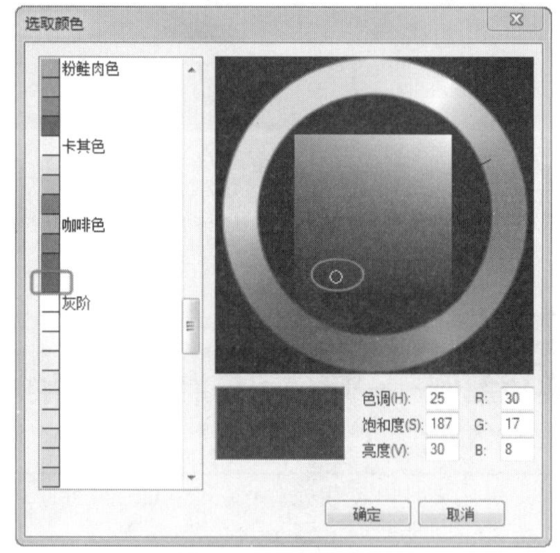

图16-149　选取颜色

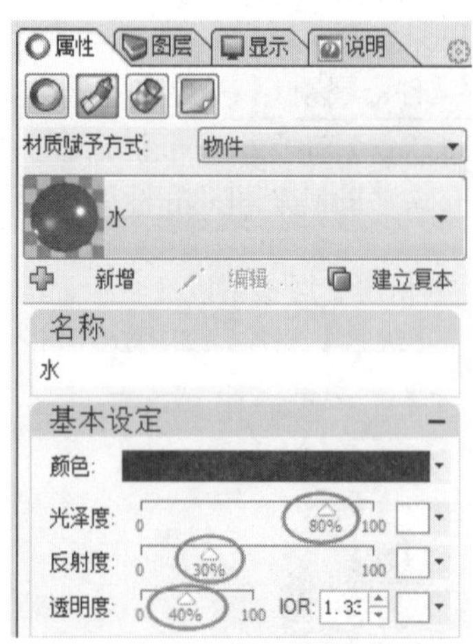

图16-150　设置饮料材质参数

08单击【切换贴图面板】按钮，打开【贴图】面板，然后从源文件夹中选择可口可乐标签贴图，如图16-151所示。

图16-151　选择贴图文件

09拖动贴图到3个标签上，如图16-152所示。

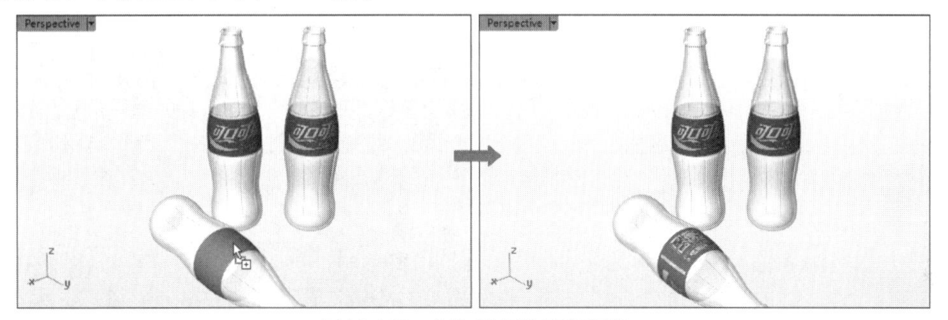

图16-152　添加贴图给商标标签

10单击【切换环境面板】按钮，在材质库的【环境】文件夹中，选择【摄影棚】场景给整个渲染环境，如图16-153所示。

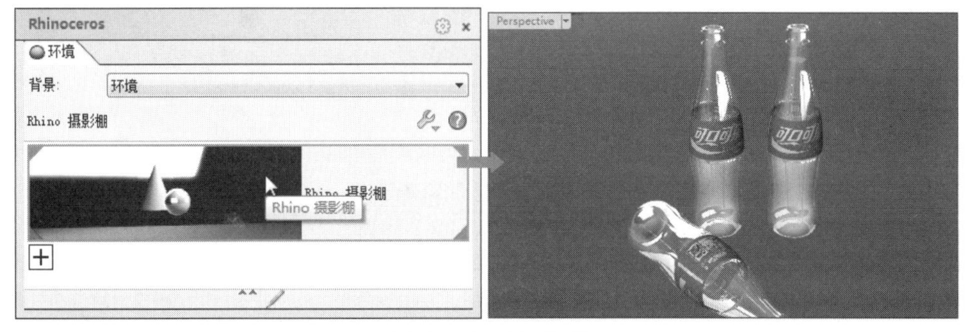

图16-153　添加场景

11单击【切换底平面面板】按钮，打开【底平面】面板。启用底平面，单击【新增】按钮，然后选择材质库中【木纹】文件夹中的【原木地板】。在【底平面】面板中设置贴图轴的大小，如图16-154所示。

图16-154　设置贴图轴的大小

12设置的底板效果如图16-155所示。

图16-155　地板效果

13添加聚光灯。首先在Top视图中绘制圆锥体底面，然后在Right视图中调整位置点，如图16-156所示。

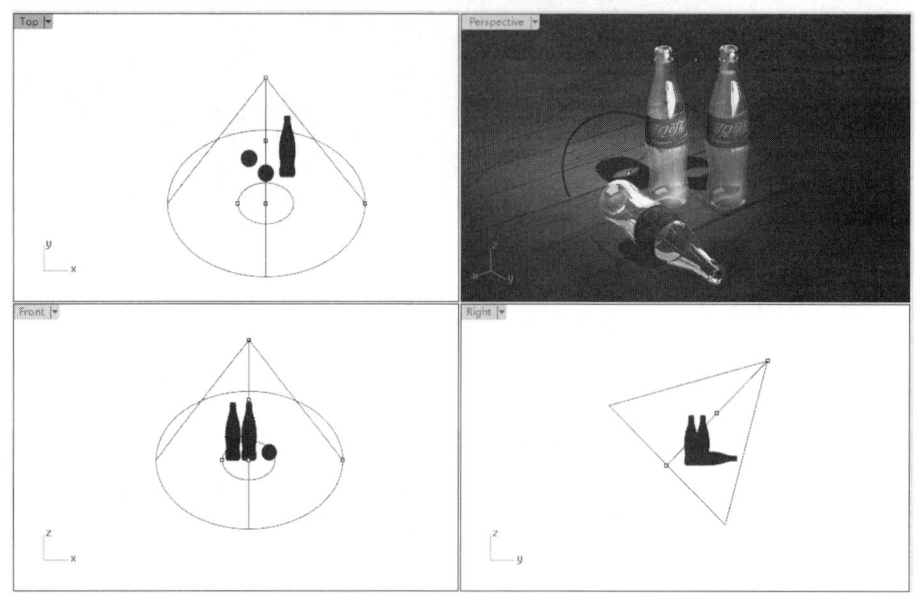

图16-156　添加聚光灯

14设置聚光灯的阴影厚度和锐利度，如图16-157所示。

15由于聚光灯的灯光强度达不到渲染效果，需要额外增加强度，唯一的办法就是增加其他类型光源，这里增加点光源，点光源须与聚光灯的位置点完全重合，避免产生多重阴影，如图16-158所示。

技术要点：分别在Front视图和Right视图中调整点光源的位置。

图16-157　设置聚光灯参数

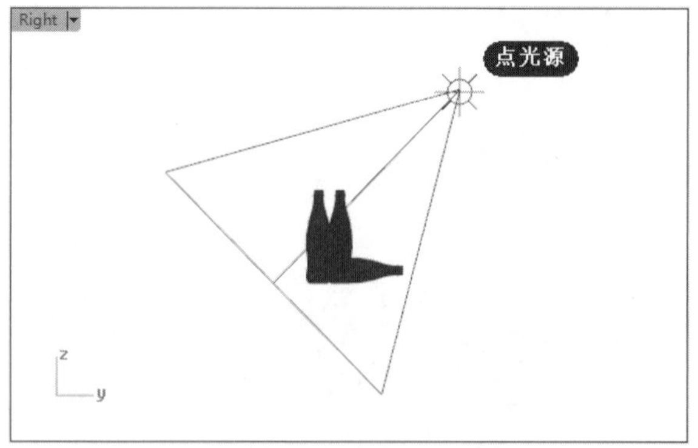

图16-158　增加点光源

16设置点光源的参数，如图16-159所示。

图16-159　设置点光源参数

17单击【渲染】按钮，弹出【Rhino 渲染】对话框，同时对模型进行渲染，渲染的结果在对话框右侧预览窗口中，如图16-160所示。

图16-160　渲染

18为了增强渲染效果，在【Rhino 渲染】对话框中输入颜色修正值为0.8，可以看见渲染的效果非常逼真，如图16-161所示。

图16-161　设置中间色修正参数后的渲染效果

19单击【Rhino 渲染】对话框中的【将影像另存为】按钮，将渲染效果另存为JPG、BMP等格式的图片文件。

16.9 课后练习

相机的最终渲染效果如图16-162所示。材质、灯光、场景可以自定义。

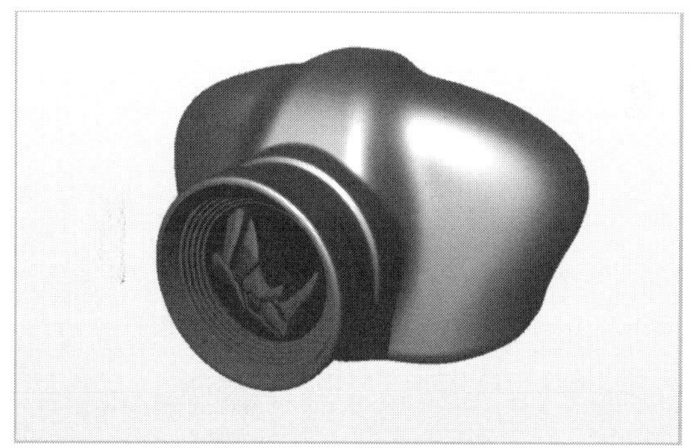

图16-162　相机渲染效果

17

第17章 KeyShot高级渲染

本章介绍Rhino的渲染辅助软件KeyShot。通过学习与掌握KeyShot的相关操作，进一步对在Rhino构建的数字模型进行后期渲染处理，直到最终输出符合设计要求的渲染效果。

项目分解

- KeyShot渲染器简介
- KeyShot 7软件安装
- KeyShot 7界面认识
- 材质库
- 颜色库
- 灯光
- 环境库
- 背景库和纹理库
- 渲染

17.1 KeyShot渲染器简介

Luxion HyperShot/KeyShot均是基于LuxRender开发的渲染器。目前，Luxion与Bunkspeed 因技术问题分道扬镳，Luxion不再授权给Bunkspeed核心技术，Bunkspeed也不能再销售Hypershot，以后将由Luxion公司销售，并更改产品名称为KeyShot，所有原Hypershot用户可以免费升级为KeyShot。其软件图标如图17-1所示。

图17-1　KeyShot软件图标

KeyShot™ 意为The Key to Amazing Shots，是一个互动性的光线追踪与全域光渲染程序，无须复杂的设定即可产生照片般真实的3D渲染影像。无论渲染效率，还是渲染质量，均非常优秀，非常适合作为及时方案展示效果渲染。同时，KeyShot对目前绝大多数主流建模软件的支持效果良好，尤其对Rhino模型文件更是完美地支持。KeyShot所支持的模型文件格式如图17-2所示。

KeyShot最惊人的地方是能够在几秒之内渲染出令人惊讶的镜头效果。践行早期理念、尝试设计决策、创建市场和销售图像，无论想要做什么，KeyShot都能打破一切复杂限制，创建照片级的逼真图像。如图17-3和图17-4所示，为KeyShot渲染的高质量图片。

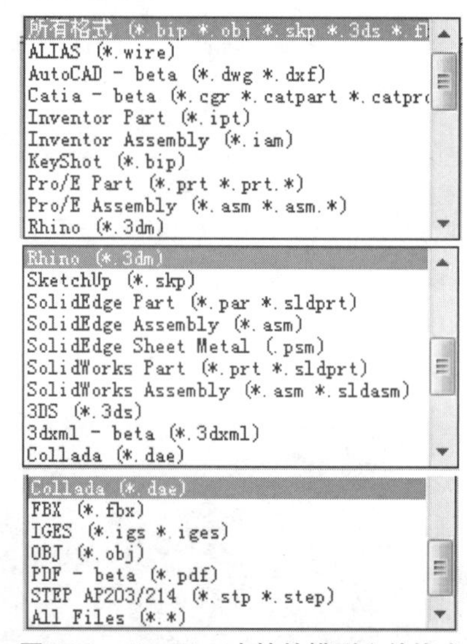
所有格式 (*.bip *.obj *.skp *.3ds *.fl
ALIAS (*.wire)
AutoCAD - beta (*.dwg *.dxf)
Catia - beta (*.cgr *.catpart *.catpr
Inventor Part (*.ipt)
Inventor Assembly (*.iam)
KeyShot (*.bip)
Pro/E Part (*.prt *.prt.*)
Pro/E Assembly (*.asm *.asm.*)
Rhino (*.3dm)

Rhino (*.3dm)
SketchUp (*.skp)
SolidEdge Part (*.par *.sldprt)
SolidEdge Assembly (*.asm)
SolidEdge Sheet Metal (.psm)
SolidWorks Part (*.prt *.sldprt)
SolidWorks Assembly (*.asm *.sldasm)
3DS (*.3ds)
3dxml - beta (*.3dxml)
Collada (*.dae)

Collada (*.dae)
FBX (*.fbx)
IGES (*.igs *.iges)
OBJ (*.obj)
PDF - beta (*.pdf)
STEP AP203/214 (*.stp *.step)
All Files (*.*)

图17-2　KeyShot支持的模型文件格式

图17-3（续）

图17-3　在KeyShot中渲染的高质量图片（一）

图17-4　在KeyShot中渲染的高质量图片（二）

17.2 KeyShot 7软件安装

在KeyShot官网（www.KeyShot.com）上依据电脑系统下载对应的KeyShot软件试用版本。目前，官方提供的最新版本为KeyShot 7。

上机操作——安装KeyShot 7

01 双击KeyShot 7安装程序图标，启动KeyShot 7安装界面窗口，如图17-5所示。

02 单击Next按钮，弹出授权协议界面，单击I Agree按钮，如图17-6所示。

03 在弹出选择用户的界面中可以任选一项，然后单击Next按钮，如图17-7所示。

图17-5　起始欢迎界面

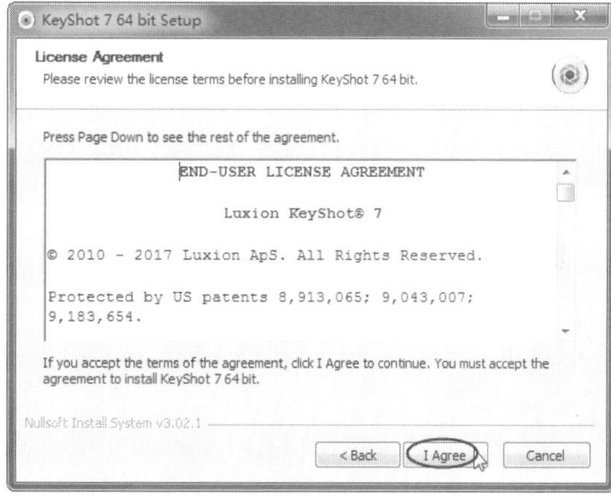

图17-6　同意授权协议

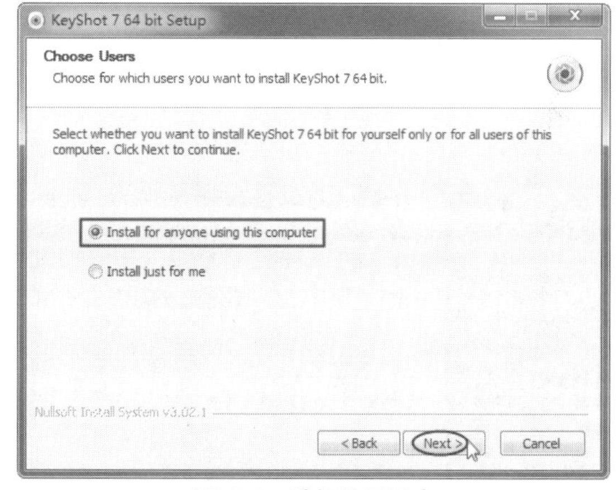

图17-7　选择使用用户

04 在弹出的安装路径选择界面中，设置安装KeyShot 7的硬盘路径，可以保留默认安装路径，再单击Next按钮，如图17-8所示。

> **技术要点：** 建议修改路径，最好不要安装在C盘中，C盘是系统盘，本身会有很多的系统文件，再加上运行系统时所产生的垃圾文件，会严重影响CPU运行。

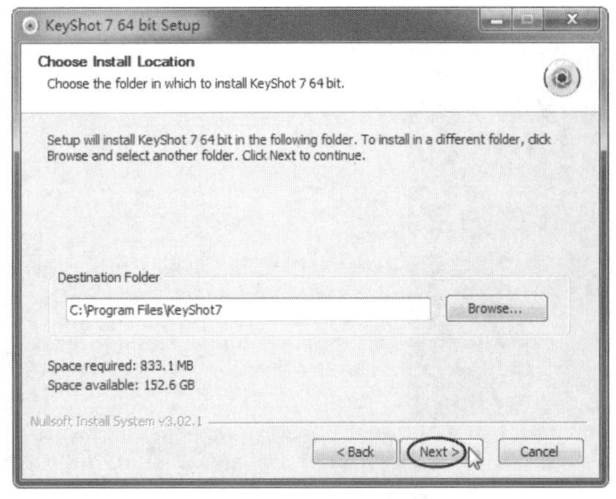

图17-8　设置安装路径

05在弹出的窗口中设置KeyShot 7的材质库文件存放路径，保留默认设置即可，单击Install按钮，开始安装，如图17-9所示。

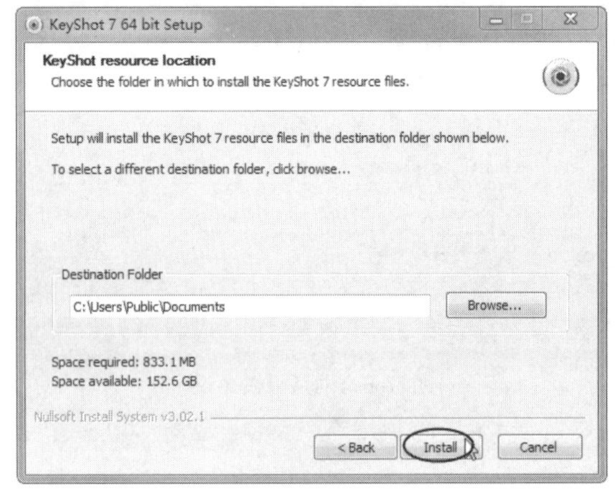

图17-9（续）

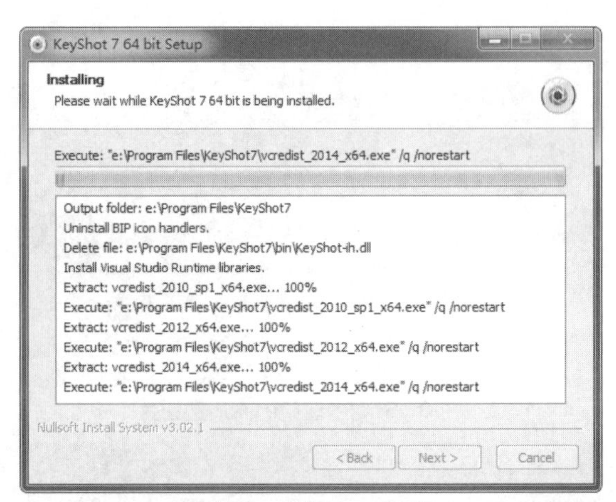

图17-9　安装KeyShot 7

技术要点：KeyShot 7所有的安装目录和安装文件路径名称都不能为中文，否则软件无法启动，同时文件也打不开。

06安装完成后，会在桌面上生成KeyShot 7的图标与KeyShot 7材质库文件夹，如图17-10所示。

图17-10　KeyShot图标和材质库

07第一次启动KeyShot 7，需要激活许可证，如图17-11所示。到官网购买正版软件，会提供一个许可证文件，直接选中许可证文件安装即可。

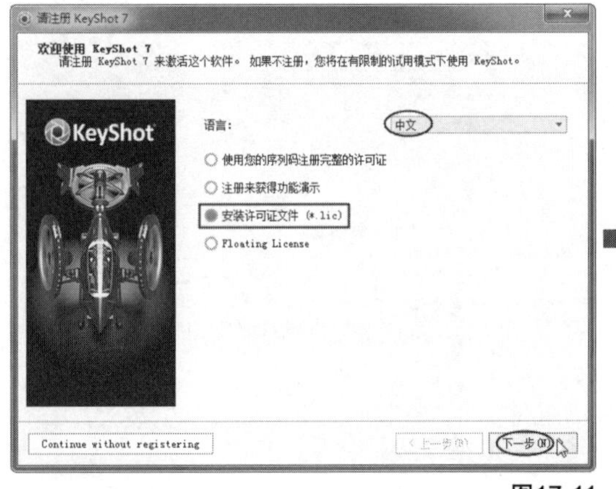

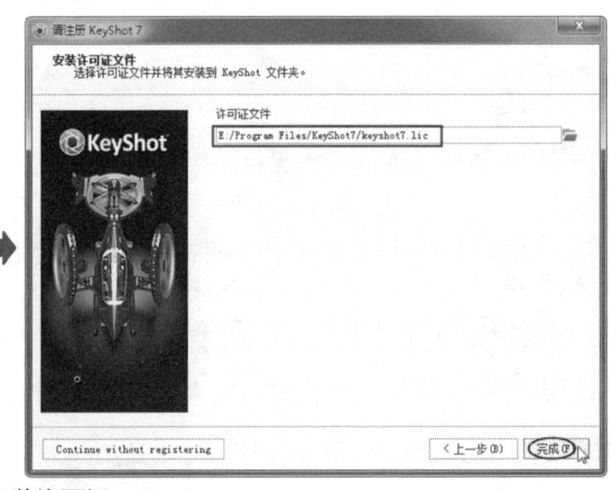

图17-11　安装许可证

08双击桌面上的KeyShot 7图标，启动KeyShot渲染主程序，如图17-12所示。

图17-12　KeyShot渲染工作界面

09KeyShot 7渲染窗口如图17-13所示。

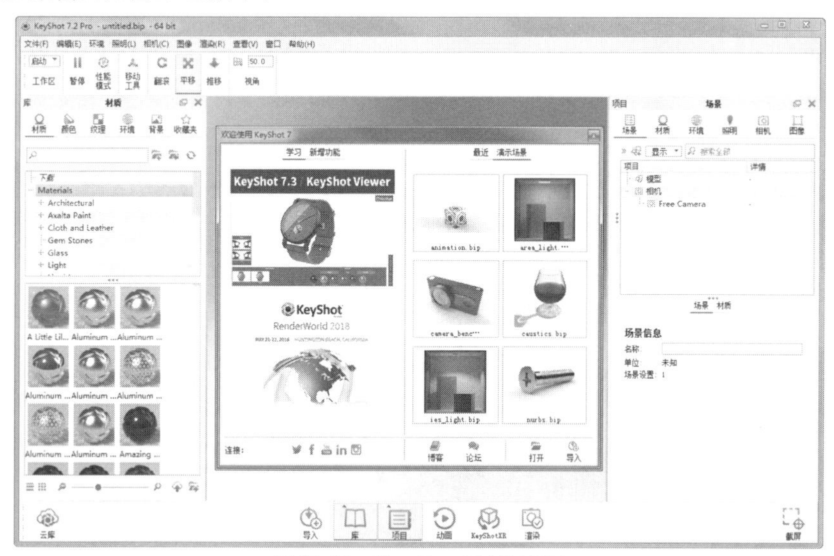

图17-13　KeyShot 7渲染窗口

17.3 KeyShot 7工作界面

下面介绍KeyShot 7的界面及常见的视图操作、环境配置等。

17.3.1　窗口管理

KeyShot 7的窗口左侧是【库】面板。中间区域是渲染区域。底部是人性化的控制按钮。下面介绍底部的窗口控制按钮，如图17-14所示。

图17-14　窗口控制按钮

1. 导入

“导入”就是导入在其他3D软件中生成的模型文件。单击【导入】按钮，打开【导入】对话框，选择适合KeyShot 7的文件格式，如图17-15所示。

也可以通过执行菜单栏中【文件】菜单中的的文件操作命令，进行各项文件操作。

2. 库

【库】按钮用来控制左侧的【库】面板的显示与否，如图17-16所示。【库】面板用来添加材质、颜色、环境、背景、纹理等。

3. 项目

【项目】按钮用来控制右侧的各渲染环节的参数与选项设置的控制面板，如图17-16所示。

4. 动画

【动画】按钮控制【动画】面板的显示，【动画】面板在窗口下方，如图17-17所示。

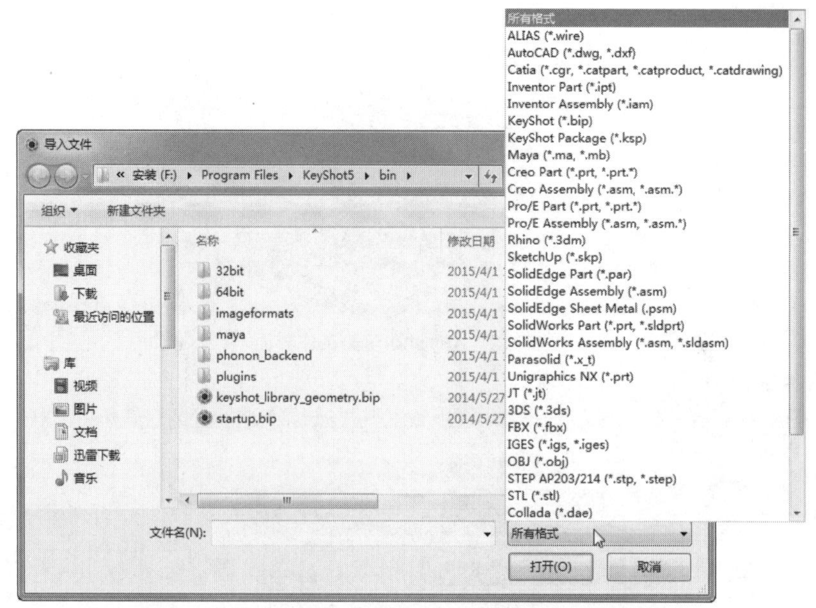

图17-15　导入要渲染的在其他3D软件中生成的图形文件

图17-16　【库】面板与【项目】控制面板

图17-17　显示【动画】面板

5. 渲染

单击【渲染】按钮，打开【渲染】对话框。设置渲染参数后单击对话框中的【渲染】按钮即可对模型进行渲染，如图17-18所示。

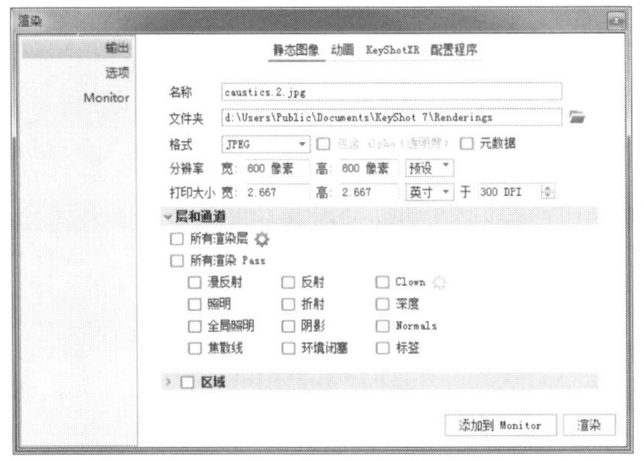

图17-18　【渲染】对话框

17.3.2 视图控制

在KeyShot 7中，视图的控制是通过相机功能来执行的。

要显示Rhino中的原先的视图，在KeyShot 7的菜单栏中执行【相机】|【相机】命令，打开【相机】菜单，如图17-19所示。

图17-19　【相机】菜单

在渲染区域中按鼠标中键，可以平行移动摄像机；单击左键，可以旋转摄像机，这样可以从多个视角查看模型。

> **工程点拨：**这个操作与旋转模型有区别。也可以在工具列中单击【中间移动手掌移动摄像机】按钮，以及单击【左键旋转摄像机】按钮来完成相同的操作。

旋转模型时，光标移动到模型上，然后右击，在弹出的快捷菜单中执行【移动模型】命令，渲染区域中显示三轴控制球，如图17-20所示。

> **工程点拨：**快捷菜单中的【移动部件】命令适用于导入模型是装配体模型。可以移动装配体中的单个或多个零部件。

拖动环可以旋转模型，拖动轴可以定向平移模型。

默认情况下，模型的视角是以Perspective视窗进行观察的，可以在工具列中设置视角，如图17-21所示。

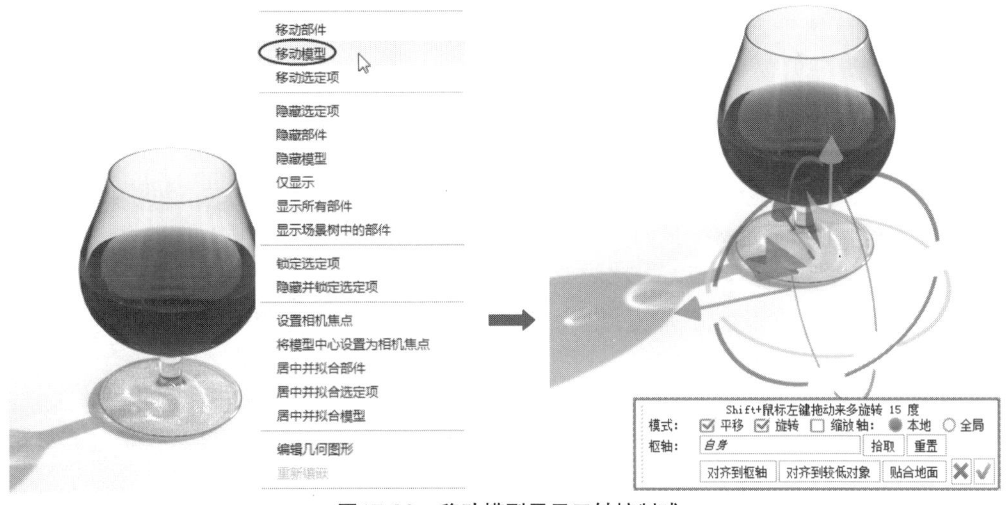

图17-20　移动模型显示三轴控制球

图17-21　视角设置

可以设置视图模式为【正交】，正交模式也就是Rhino中的【平行】视图模式。

17.4 材质库

为模型赋予材质是渲染的第一步，这个步骤将直接影响最终的渲染结果。KeyShot 7材质库中的材质名称是英文的，若需要中文或者双语材质名称，可安装由热心网友提供的KeyShot 6中英文双语版材质.exe程序。

工程点拨：本章涉及的插件程序以及汉化程序放置在本书配套资源中供大家下载。也可以下载并安装KeyShot 5版本的材质库，把安装后的中文材质库复制到桌面的KeyShot 7 Resources材质库文件夹中，与Materials文件夹合并即可。但需要在KeyShot 7中执行菜单栏中的【编辑】|【首选项】命令，打开【首选项】对话框定制各个文件夹，也就是编辑材质库的新路径，如图17-22所示。重新启动KeyShot 7，中文材质库生效。

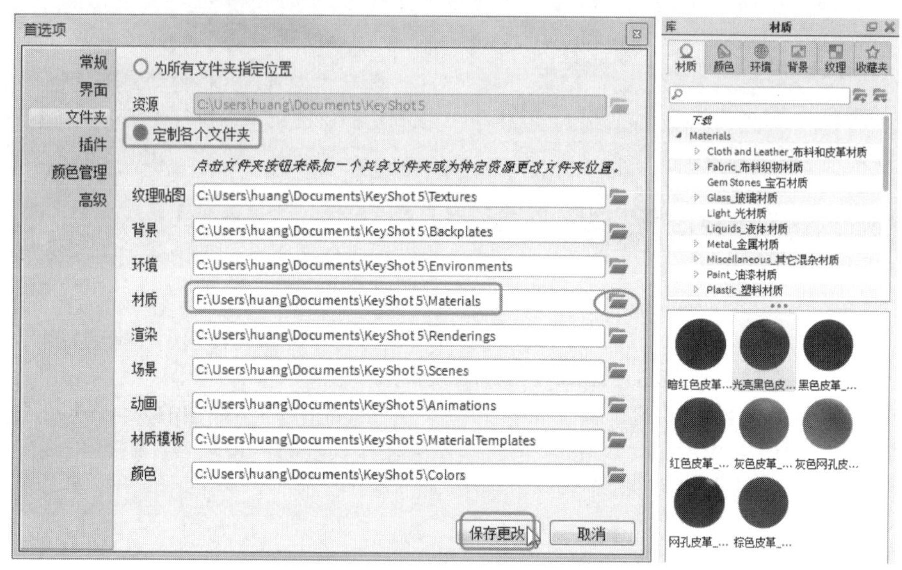

图17-22　定制文件夹加载中文材质库

17.4.1 赋予材质

KeyShot 7的材质赋予方式与Rhino渲染器的材质赋予方式相同。选择材质后，直接拖动该材质到模型中的某个面上释放，即可完成赋予材质操作，如图17-23所示。

图17-23　赋予材质给对象

17.4.2 编辑材质

单击【项目】按钮，打开【项目】控制面板。赋予材质后，在渲染区域中双击材质，【项目】控制面板中显示此材质的【材质】属性面板，如图17-24所示。

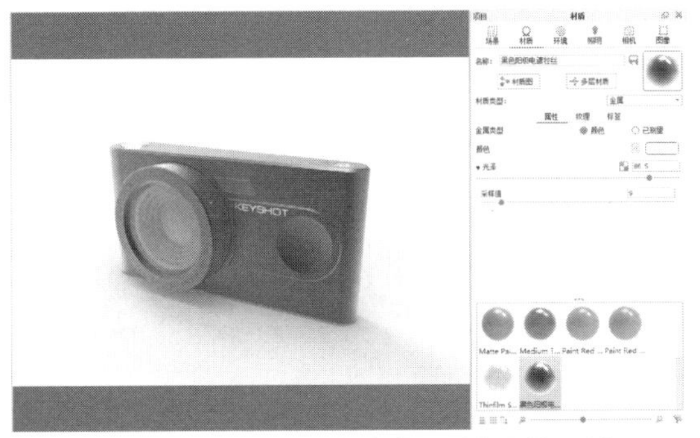

图17-24 控制面板中的【材质】属性面板

在【材质】属性面板中有3个选项卡，分别是【属性】选项卡、【纹理贴图】选项卡和【标签】选项卡。

1.【属性】选项卡

【属性】选项卡用来编辑材质的属性，包括颜色、粗糙度、高度和缩放等属性。

2.【纹理贴图】选项卡

此选项卡用来设置贴图。贴图也是材质的一种，只不过贴图是附着在物体的表面，而材质是附着在整个实体体积中。【纹理贴图】选项卡如图17-25所示。双击【未加载纹理贴图】块，可以从【打开纹理贴图】对话框打开贴图文件，如图17-26所示。

打开贴图文件后，【纹理贴图】选项卡会显示该贴图的属性设置选项，如图17-27所示。

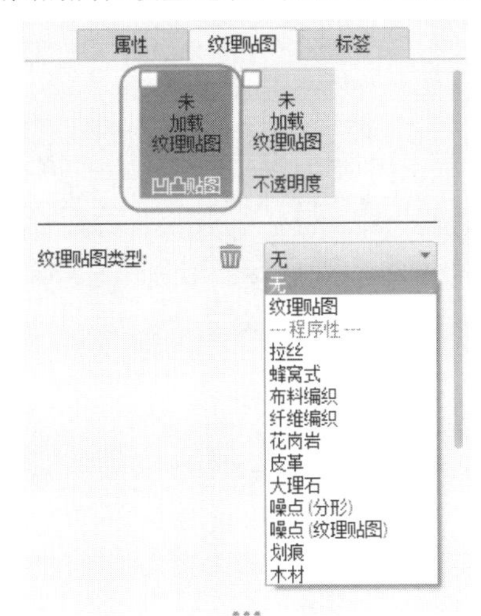

图17-25 【纹理贴图】选项卡

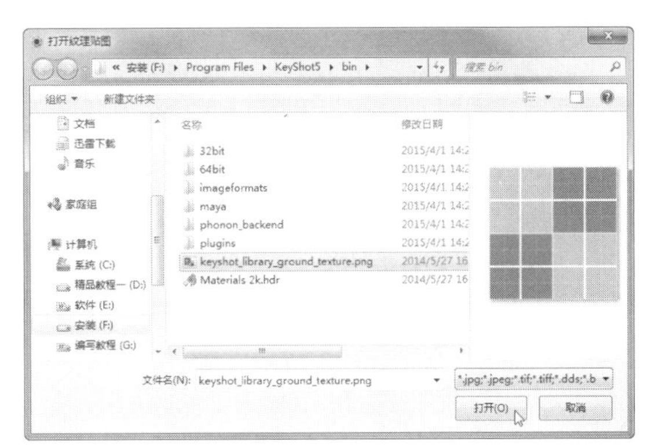

图17-26 打开纹理贴图

图17-27 贴图属性设置

【纹理贴图】选项卡中包含多种纹理贴图类型，即如图17-25所示的【纹理贴图类型】下拉列表中的选项。贴图类型主要用于定义贴图的纹理、纹路。相同的材质可以有不同的纹路，如图17-28所示为【纤维编织】类型与【蜂窝式】类型的对比。

【纤维编织】类型

【蜂窝式】类型

图17-28 纹理贴图类型

3.【标签】选项卡

KeyShot 7中的“标签”就是前面两种渲染器中的“印花”，同样是材质的一种，只不过“标签”与贴图都是附着于物体的表面，“标签”常用于产品的包装、商标、公司徽标等。

【标签】选项卡如图17-29所示。单击【未加载标签】块，可以打开标签图片文件，如图17-30所示。

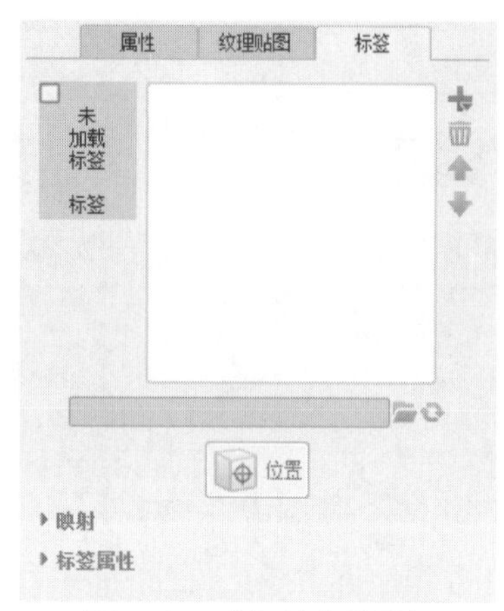

图17-29 【标签】选项卡

图17-30 打开标签图片

打开标签后同样可以编辑标签图片，包括投影方式、缩放比例、移动等属性，如图17-31所示。

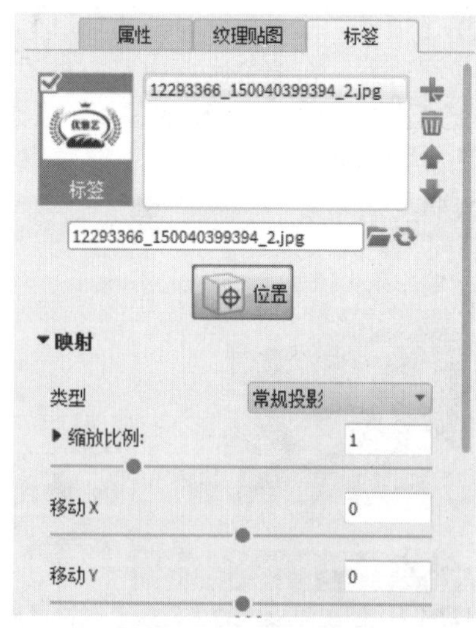

图17-31 标签属性设置

17.4.3 自定义材质库

当KeyShot材质库中的材质无法满足渲染要求时，可以自定义材质。自定义材质的方式有两种：一种是加载网络中其他KeyShot用户自定义的材质，放置到KeyShot材质库文件夹中；另一种就是在【材质】属性面板中选择一个材质并编辑属性，然后保存到材质库中。

上机操作——自定义珍珠材质

01在窗口左侧的材质库中选中Materials，然后右击并执行快捷菜单中的【添加】命令，弹出【添加文件夹】对话框，输入新文件夹的名称后单击【确定】按钮，如图17-32所示。

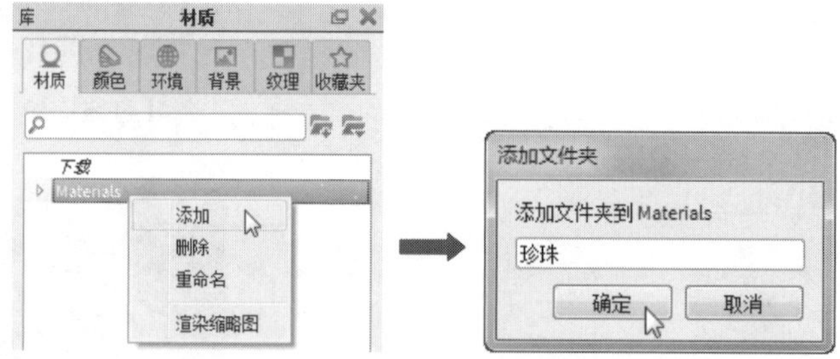

图17-32 新建材质库文件夹

02在Materials文件夹中增加了一个【珍珠】文件夹，单击使这个文件夹处于激活状态。

03在菜单栏中执行【编辑】|【添加几何图形】|【球形】命令，建立一个球体。此球体为材质特性的表现球体，非模型球体。在窗口右侧【材质】属性面板下方的基本材质列表中双击添加的球形材质，如图17-33所示。

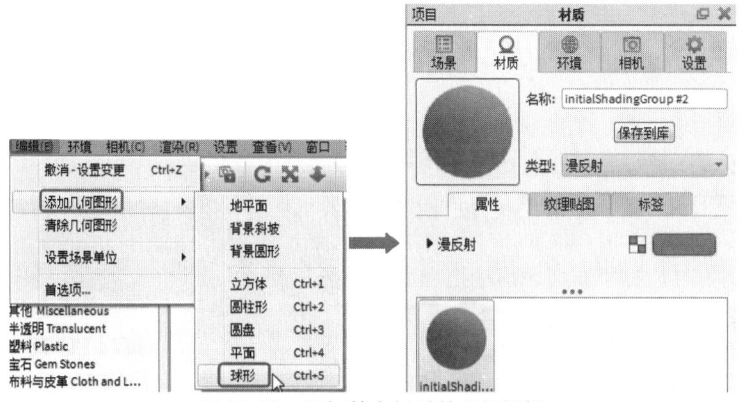

图17-33　添加基本材质并进行编辑

04把所选的基本材质命名为【珍珠白】。选择材质类型为【金属】，然后设置基色为白色，金属颜色为浅蓝色，如图17-34所示。

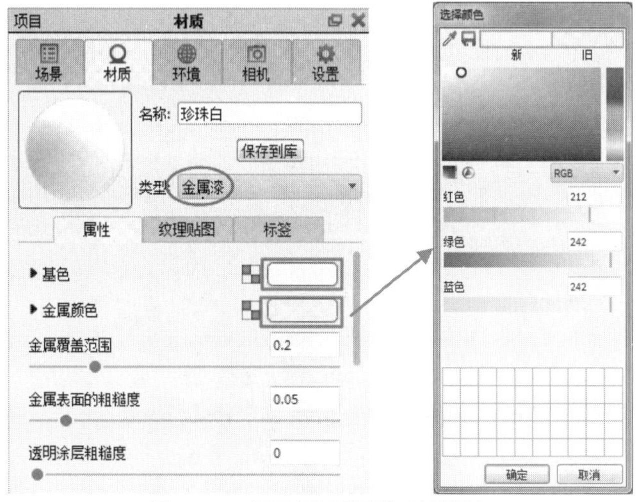

图17-34　设置材质类型与材质颜色

05设置其余各项参数，如图17-35所示。

06在【材质】属性面板中单击【保存至库】按钮，将设定的珍珠材质保存到材质库中，如图17-36所示。

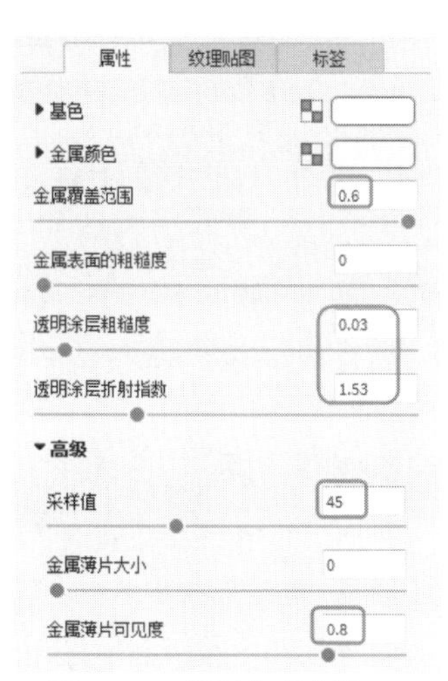

图17-35　设置各项参数

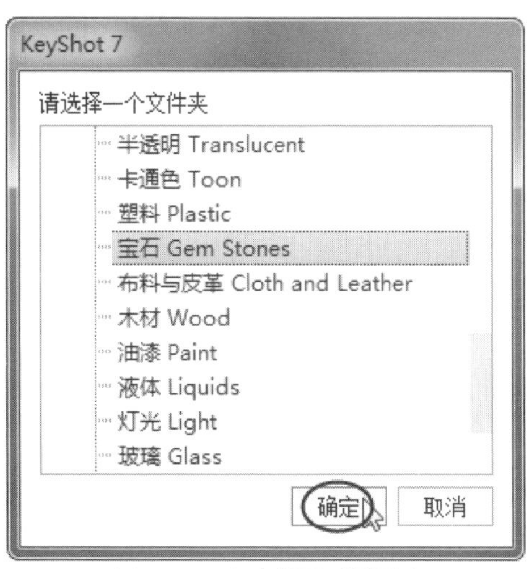

图17-36　保存材质到材质库

17.5 颜色库

颜色不是材质。颜色只是体现材质的一种基本色彩。KeyShot 7的模型颜色在颜色库中，如图17-37所示。

更改模型的颜色时，除了在颜色库中拖动颜色到模型上外，还可以在编辑模型材质的时候直接在【材质】属性面板中设置材质的【基色】。

17.6 灯光

其实KeyShot 7中是没有灯光的，但一款功能强大的渲染软件是不可能不涉及灯光渲染的。那么在KeyShot 7中又是如何设置灯光的呢？

17.6.1 利用光材质作为光源

在材质库中，光材质如图17-38所示。为了便于学习，我们特地将所有灯光材质作了汉化处理。

> **工程点拨：** 选中材质并右击，执行【重命名】命令，即可命名材质为中文，以后使用材质的时候比较方便。

可用的光源包括4种类型，分别是区域光源、发射光、IES光源和点光源。

1. 区域光源

区域光源指的是局部透射、穿透的光源，如窗户外照射进来的自然光源、太阳光源，光源材质列表中有4个区域光源材质，如图17-39所示。

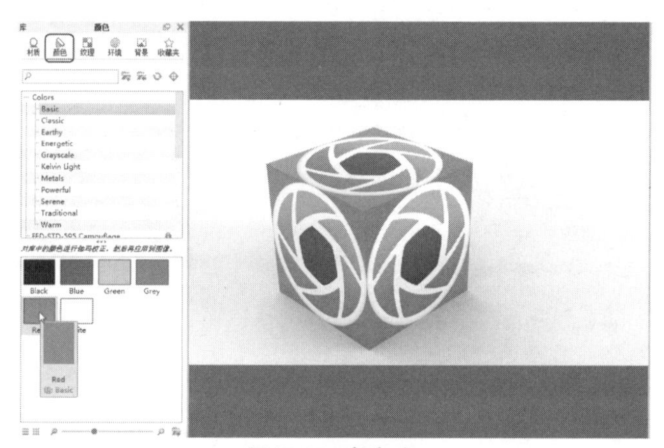

图17-37　颜色库

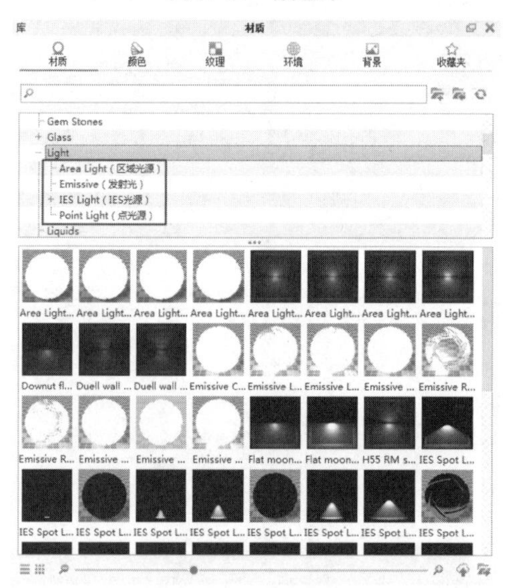

图17-38　光材质

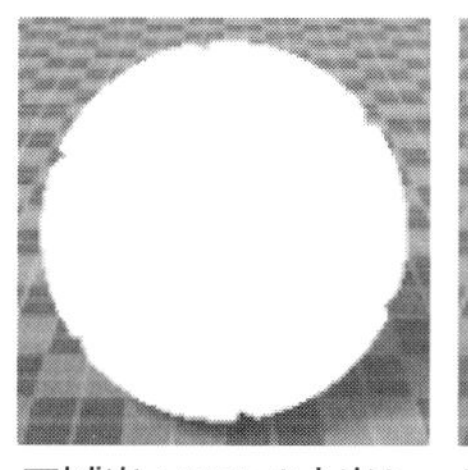
区域光 100W（冷光）
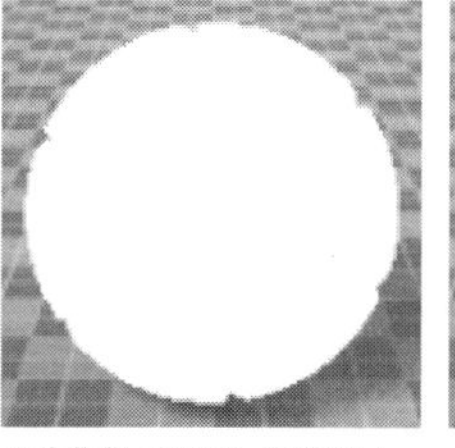
区域光 100W（暖光）
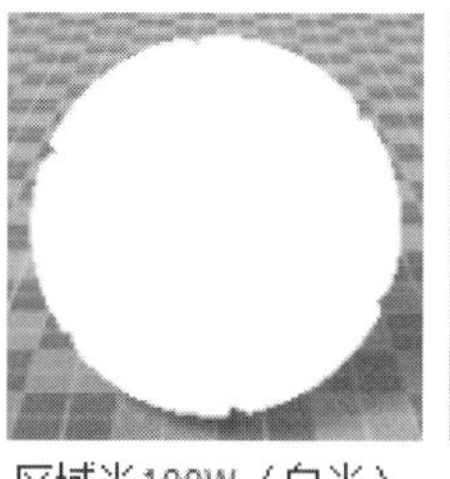
区域光100W（白光）

区域光100W（中性）

图17-39　4个区域光源材质

添加区域光源，也就是将区域光源材质赋予窗户中的玻璃等模型。区域光源一般适用于建筑室内渲染。

2. 发射光

发射光源材质主要用作车灯、电筒、电灯、路灯及室内装饰灯的渲染。光源材质列表中的发射光材质如图17-40所示。

发射光源材质中英文对照如下：

- Emissive Cool（发射光-冷）
- Emissive Neutral（发射光-中性）
- Emissive Warm（发射光-暖）
- Emissive White #1（发射光-白色#1）
- Light linear sharp（线性锐利灯光）
- Light linear soft（线性软灯光）
- Light radial sharp（径向锐利灯光）
- Light radial soft（径向软灯光）

3. IES光源

IES光源是由美国照明工程学会制订的各种照明设备的光源标准。

在制作建筑效果图时，经常使用一些特殊形状的光源，如射灯、壁灯等，为了准确真实地表现这类光源，可以使用IES光源导入IES格式文件来实现。

IES文件就是光源（灯具）配光曲线文件的电子格式，因为它的扩展名为*.ies，所以直接称它为IES文件。

IES格式文件包含准确的光域网信息。光域网是光源的灯光强度分布的3D表示，平行光分布信息以IES格式存储在光度学数据文件中。光度学Web分布使用光域网定义分布灯光。可以加载各个制造商提供的光度学数据文件，将其作为Web参数。在视图中，灯光对象会更改为所选光度学Web的图形。

KeyShot 7提供了3种IES光源材质，如图17-41所示。

IES光源对应的中英文材质说明如下：

- IES Spot Light 15 degrees（IES射灯15°）
- IES Spot Light 45 degrees（IES射灯45°）
- IES Spot Light 85 degrees（IES射灯85°）

4. 点光源

点光源从其所在位置向四周发射光线。KeyShot 7材质库中的点光源材质如图17-42所示。

点光源对应的中英文材质说明如下。

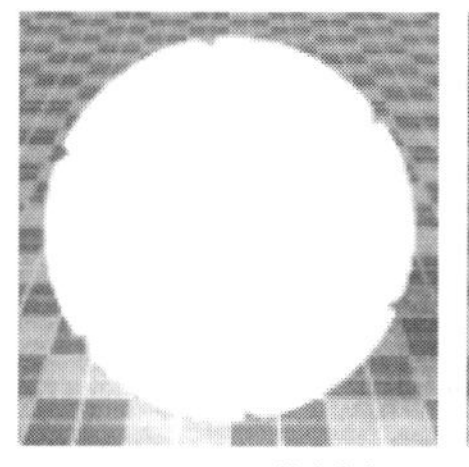
Emissive Cool(发射光-...
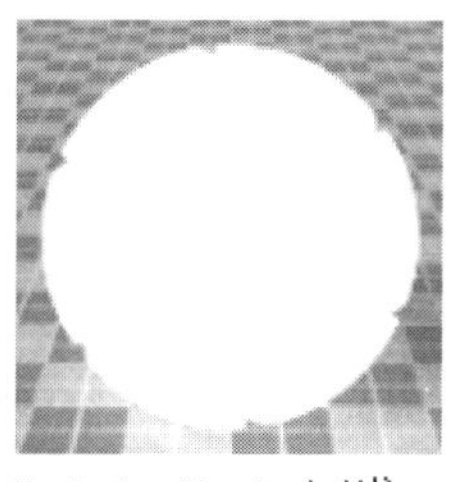
Emissive Neutral（发...

Emissive Warm（发射...

Emissive White #1（发...

Light linear sharp（线...
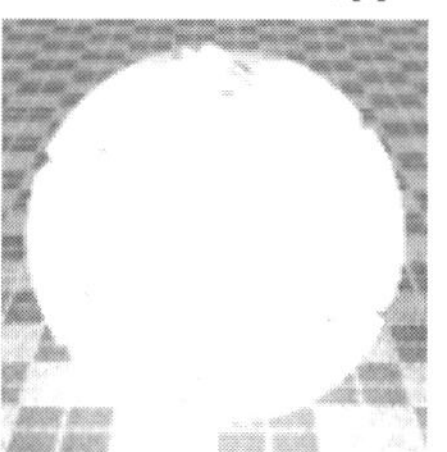
Light linear soft（线性...
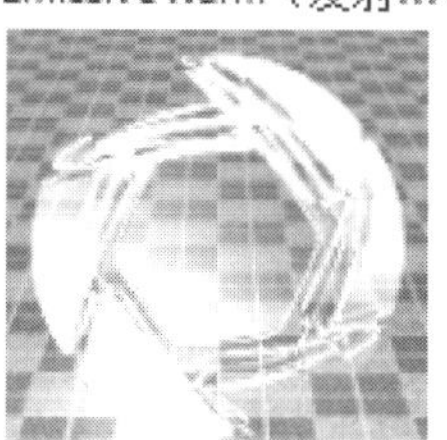
Light radial sharp（径...

Light radial soft（径向...

图17-40　发射光源材质

IES Spot Light 15 deg... IES Spot Light 45 deg... IES Spot Light 85 deg...

图17-41　3种IES光源材质

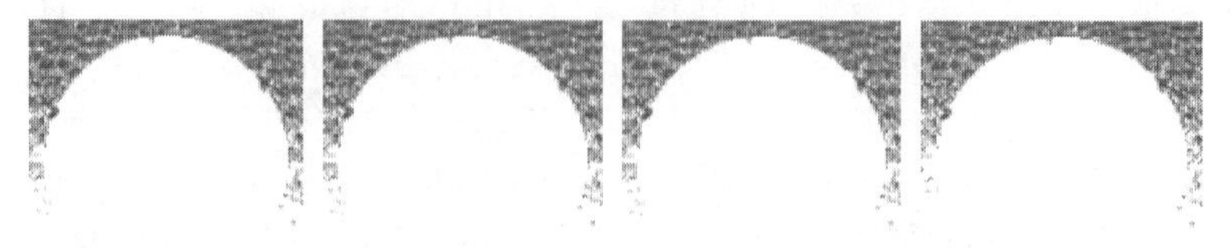

Point Light 100W Cool　Point Light 100W Ne...　Point Light 100W Warm　Point Light 100W White

图17-42　点光源材质

- Point Light 100W Cool（点光源100W-冷）
- Point Light 100W Neutral（点光源100W-中性）
- Point Light 100W Warm（点光源100W-暖）
- Point Light 100W White（点光源100W-白色）

17.6.2　编辑光源材质

光源不能凭空添加到渲染环境中，需要建立实体模型。通过在菜单栏中执行【编辑】|【添加几何图形】|【立方体】命令，或者其他图形命令，可以创建用于赋予光源材质的物件。

如果已经有光源材质附着体，就不需要创建几何图形了。把光源材质赋予物体后，随即可在【材质】属性面板中编辑光源属性，如图17-43所示。

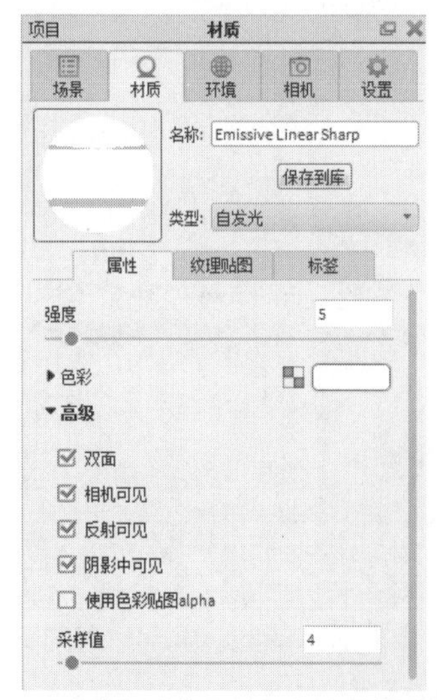

图17-43　在【材质】属性面板中编辑光源属性

17.7 环境库

渲染离不开环境，尤其是需要在渲染的模型表面表达发光效果时，更需要加入环境。在窗口左侧的环境库中列出了KeyShot 7全部的环境，如图17-44所示。

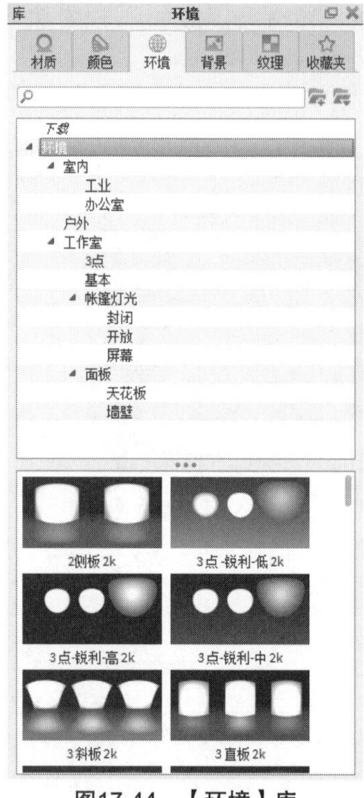

图17-44　【环境】库

工程点拨：本书将【环境】库中的英文名环境全部进行了汉化处理，一并放置在本书配套资源中。

在环境库中选择一种环境，双击环境缩略图，或者拖动环境缩略图到渲染区域释放，即可将环境添加到渲染区域，如图17-45所示。

图17-45 添加环境

添加环境后，可以在右侧的【环境】属性面板中设置当前渲染环境的属性，如图17-46所示。

图17-46 设置环境属性

如果不需要环境中的背景，在【环境】属性面板中的【背景】选项区域单击【颜色】单选按钮，并设置颜色为白色即可。

17.8 背景库和纹理库

背景库中的背景文件主要用于室外与室内的场景渲染。背景库如图17-47所示。背景的添加方法与环境的添加方法是相同的。

纹理库中的纹理用作贴图用的材质。纹理既可以单独赋予对象，也可以在赋予材质时添加纹理。KeyShot 7的纹理库如图17-48所示。

图17-47 背景库

图17-48 纹理库

17.9 渲染

在窗口底部单击【渲染】按钮，弹出【渲染】对话框，如图17-49所示。【渲染】对话框中包括【输出】、【选项】和Monitor等3个渲染设置类别，下面介绍【输出】和【选项】渲染设置类别。

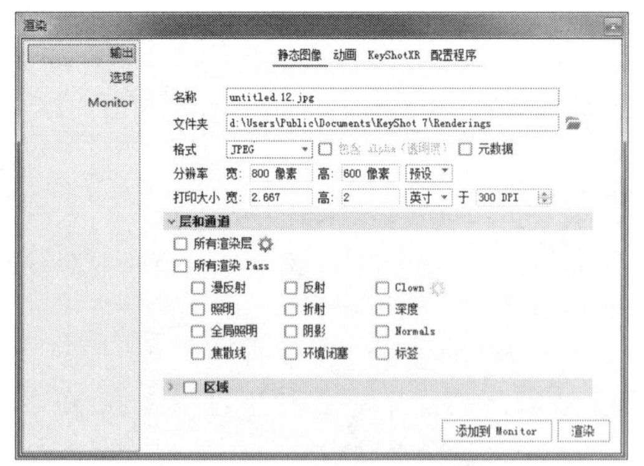

图17-49 【渲染】对话框

17.9.1 【输出】类别

【输出】面板中有3种输出类型，分别是静态图像、动画和KeyShotXR。

1. 静态图像

静态图像就是输出渲染的位图格式文件，下面介绍该面板中各选项的功能。

- 名称：指输出图像的名称，可以是中文命名。
- 文件夹：指渲染后图片的保存位置，默认情况下是Renderings文件夹。如果需要保存到其他文件夹，同样要注意，路径是全英文的，不能出现中文字符。
- 格式：指文件保存格式，在格式选项中，KeyShot 7支持3种格式的输出，分别是JPEG、TIFF、EXR。通常选择熟悉的JPEG格式，用TIFF保存文件可以在Photoshop中给图片去背景，EXR是涉及色彩渠道、阶数的格式，简单来说就是HDR格式的32位文件。
- 包括alpha透明度：勾选此复选框，可以输出TIFF格式文件，在Photoshop软件中进行后期效果处理时将自带一个渲染对象及投影的选区。
- 分辨率：图片大小，在这里可以改变图片的大小。在右侧的下拉列表中可以选择一些常用的图片输出大小。
- 打印大小：设置纵横比例、打印图像尺寸的单位。
- 层和通道：设置图层与通道的渲染。
- 区域：设置渲染的区域。

2. 动画

创建渲染动画后，才能显示【动画】面板。制作动画非常简单，只需在动画区域中单击【动画向导】按钮 动画向导 ，选择动画类型、相机、动画时间等就可以完成动画的制作。每种类型都有预览效果，如图17-50所示。

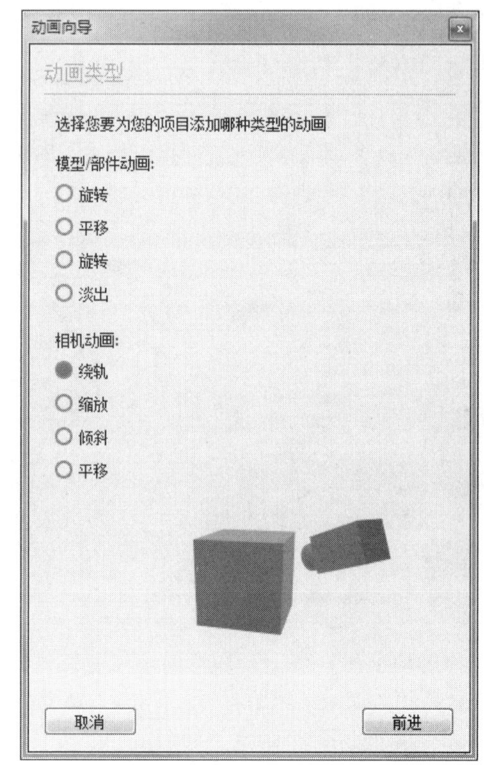

图17-50 制作动画的类型

完成动画制作后，在【渲染】对话框的【输出】面板单击【动画】按钮，即可显示动画渲染输出设置面板，如图17-51所示。

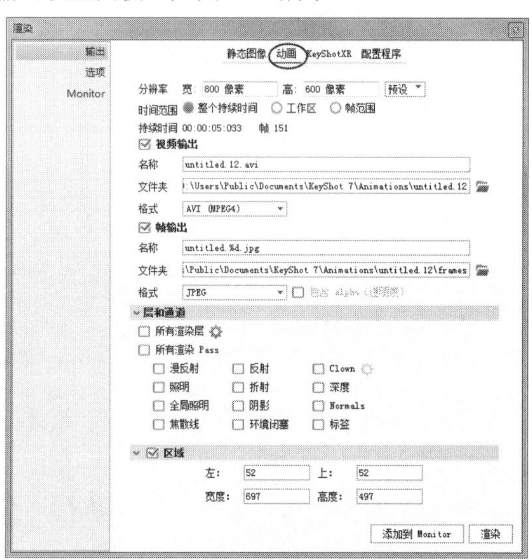

图17-51 【动画】输出设置面板

在此面板中根据需求设置分辨率、视频与帧的输出名称/路径/格式、性能及渲染模式等。

3. KeyShotXR

KeyShotXR是一种动态展示。动画也是KeyShotXR的一种类型。除了动画，其他的动态展示多是绕自身的重心进行旋转、翻滚、球形翻

转、半球形翻转等定位运动。在菜单栏中执行【窗口】|KeyShotXR命令，打开【KeyShotXR向导】对话框，如图17-52所示。

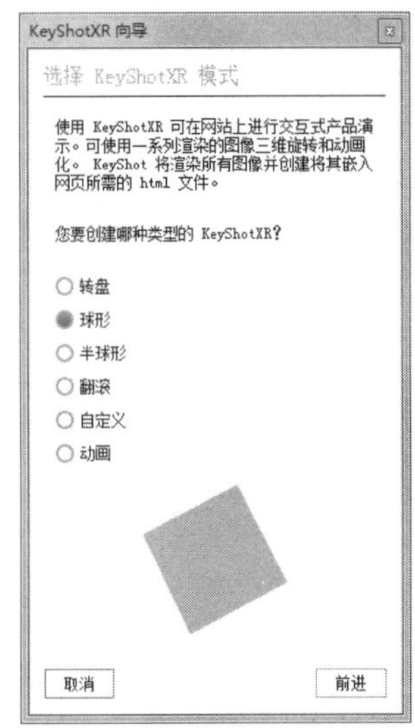

图17-52 【KeyShotXR向导】对话框

KeyShotXR动态展示的定制与动画类似，只需按步骤进行即可。定义了KeyShotXR动态展示后，在【渲染】对话框的【输出】面板中单击KeyShotXR按钮，才会显示KeyShotXR渲染输出设置面板，如图17-53所示。

图17-53 KeyShotXR渲染输出设置面板

设置完成后，单击【渲染】按钮，即可进入渲染过程。

17.9.2 【选项】类别

【选项】面板用来控制渲染模式和渲染质量。【选项】面板如图17-54所示。

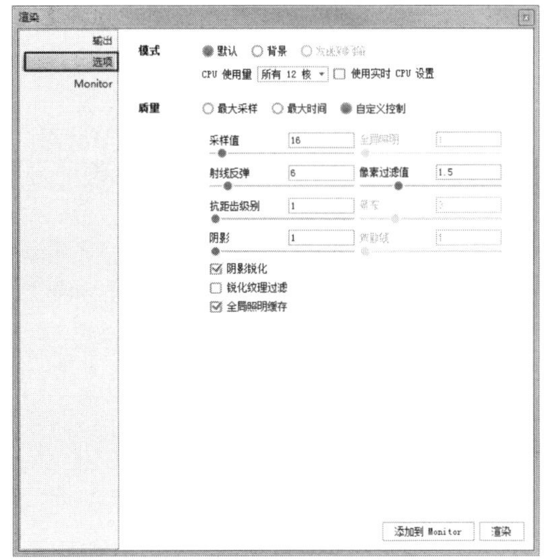

图17-54 【选项】面板

【质量】包括3种设置，分别是最大时间、最大采样和高级控制。

1. 最大时间

最大时间定义每一帧和总时长，如图17-55所示。

图17-55 最大时间设置

2. 最大采样

最大采样定义每一帧采样的数量，如图17-56所示。

图17-56 最大采样

3. 自定义控制

单击【自定义控制】单选按钮后，需要设置相关选项。

- 采样值：控制图像每个像素的采样数量。在大场景的渲染中，模型的自身反射与光线折射的强度或者质量需要较高的采样数量。较高的采样数量设置可以与较高的抗锯齿设置（Anti aliasing）相配合。
- 全局照明：提高这个参数的值，可以获得更加详细的照明和小细节的光线处理。一般情况下，这个参数没有太大必要调整。如果需要对阴影和光线的效果进行处理，可以考虑改变它的参数。
- 射线反弹：这个参数控制光线在每个物体上

反射的次数。

- 像素过滤值：这是一个新功能，增加了一个模糊的图像，可以得到柔和的图像效果。建议使用1.5～1.8的参数设置。不过在渲染珠宝首饰的时候，大部分情况下，有必要将参数值降低到1～1.2的某个值。
- 抗锯齿级别：提高抗锯齿级别，可以将物体的锯齿边缘细化，这个参数值越大，物体的抗锯齿质量也会提高。
- 景深：这个参数的值增大将使画面出现一些小颗粒状的像素点，以体现景深效果。一般将参数设置为3，足以得到很好的渲染效果。要注意的是，数值变大将会增加渲染的时间。
- 阴影：这个参数控制物体在地面的阴影质量。
- 焦散线：当光线穿过一个透明物体时，由于对象表面的不平整，使得光线折射并不平行，而是出现漫折射，投影表面会出现光子分散。
- 阴影锐化：默认状态下勾选该复选框，通常情况下尽量不要改动。否则将会影响画面小细节的阴影的锐利程度。
- 锐化纹理过滤：勾选该复选框，可以检查当下所选择的材质与各贴图，可以得到更加清晰的纹理效果。不过，这个复选框通常情况下是没有必要勾选的。
- 全局照明缓存：勾选此复选框，对于细节能得到较好的效果，时间上也可以得到较好的平衡。

17.10 产品模型渲染实战案例

在KeyShot 7软件中，通过该案例进一步巩固本章前面所学相关操作命令。

17.10.1 耳机模型渲染

引入文件：动手操作\源文件\Ch17\耳机.3dm
结果文件：动手操作\结果文件\Ch17\耳机.bip
视频文件：视频\Ch17\耳机渲染.avi

本例耳机的KeyShot渲染效果如图17-57所示。

图17-57　KeyShot渲染最终结果

1. 给模型赋材质

01 启动KeyShot 7软件。单击【导入】按钮，打开【导入文件】对话框，如图17-58所示。

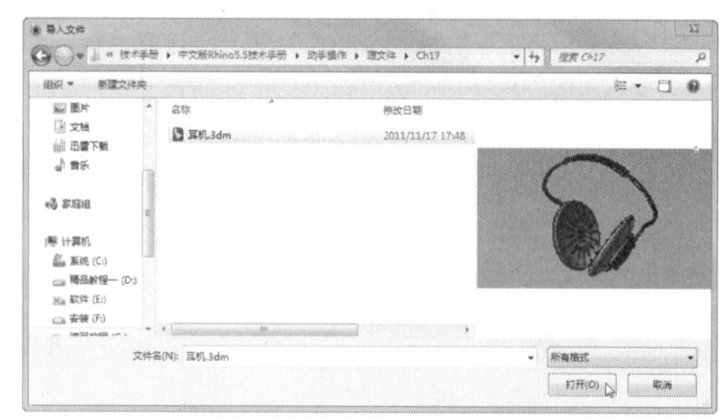

图17-58　【导入文件】对话框

02 设置导入参数，完成模型的导入，如图17-59所示。

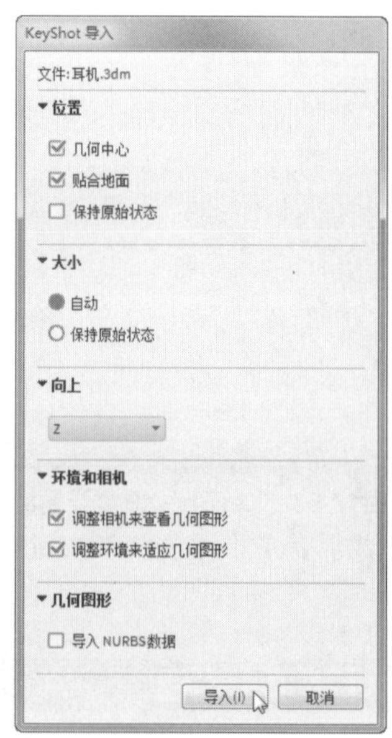

图17-59　导入模型

图17-59　导入模型（续）

03在材质库中，将【Plastic_塑料材质】|【硬质】|【亮泽】材质文件夹下的【森林绿色硬质光泽塑料】赋予整个耳机，如图17-60所示。

图17-60　赋予整个耳机绿色塑料材质

04赋予小件的特征材质。选中要赋予材质的特征，如图17-61所示。在右侧【场景】属性面板的模型树中会高亮显示被选中的特征，然后将【白色硬质光泽塑料】材质拖动到【场景】属性面板的高亮显示的特征上面并释放，完成赋予材质操作，如图17-62所示。

> **技术要点：**在没有解除链接材质关系的时候，千万不要拖动材质到渲染区域中并释放，否则将会改变整个模型的材质。

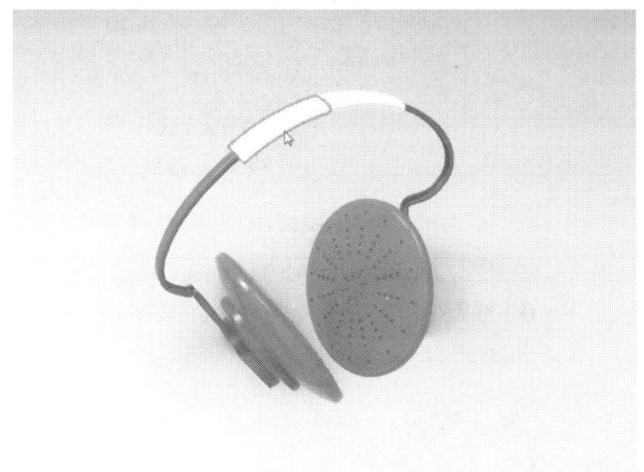

图17-61　选中要赋予材质的特征

图17-62　拖动材质到属性面板中并释放

05赋予材质的效果如图17-63所示。

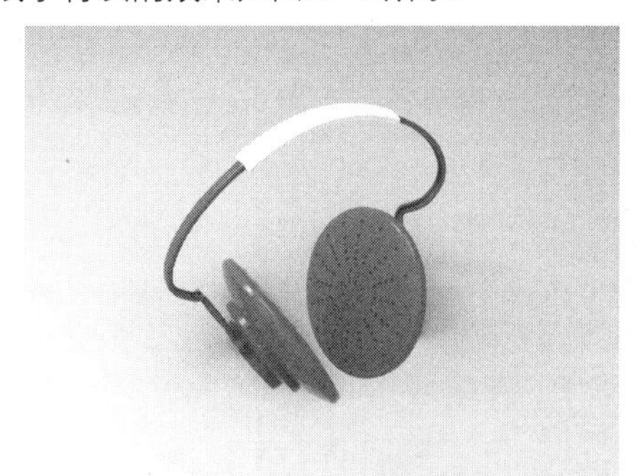

图17-63　材质效果

06选中耳机听筒部分特征，然后右击并执行【解除链接材质】命令，即可解除该特征与整个模型之间的材质父子关系，如图17-64所示。同理，解除其余特征与模型直接的材质链接关系。

> **技术要点：** 解除的不是几何关系，仅仅是材质关系。

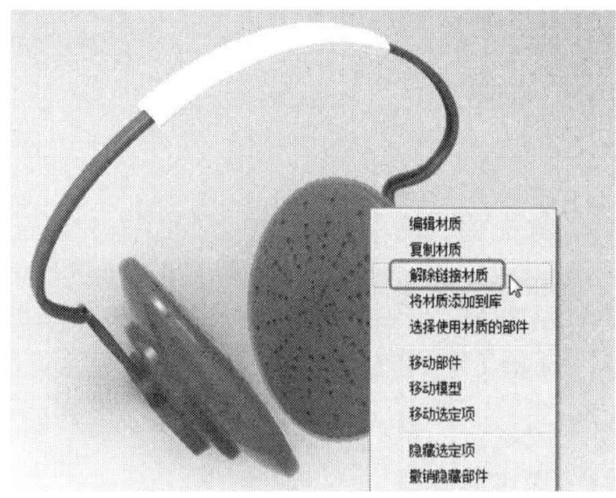

图17-64　解除链接材质关系

07陆续将【软质】|【磨砂】文件夹下的【黑色软质磨砂塑料】材质赋予耳机听筒特征，如图17-65所示。

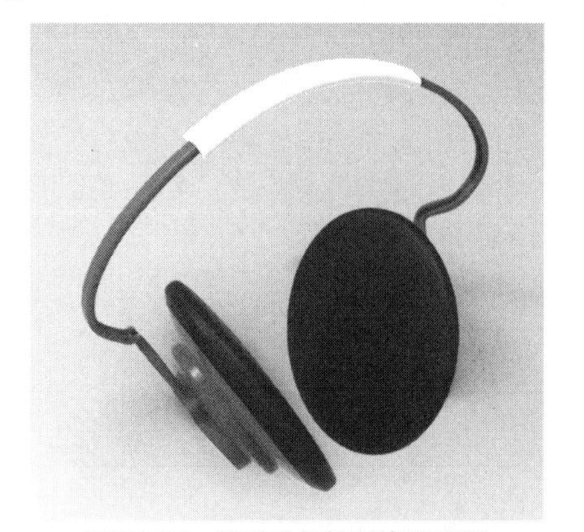

图17-65　赋予黑色软质磨砂塑料

08将【硬质】|【亮泽】材质文件夹下的【黑色硬质光泽塑料】材质赋予如图17-66所示的部件。

09同理，将另一侧的部件也赋予【黑色硬质光泽塑料】材质。

图17-66　赋予黑色硬质光泽塑料

10在颜色库中将【基本】文件夹中的【蓝色】拖动到如图17-67所示的部位，更改其颜色为蓝色。同理，另一侧也改变为蓝色。

图17-67　更改颜色

2. 添加HDRI环境贴图

01在环境库中选中将【会议室_3k】场景，添加到渲染环境中，如图17-68所示。

> **技术要点：** 环境中显示环境贴图，会干扰产品的突出展示，因此需要取消显示，让它仅仅对渲染起作用。

图17-68　添加场景到渲染环境中

● 在右侧【环境】属性面板中【背景】选项区域，单击【颜色】单选按钮，去掉环境贴图，并设置背景颜色为黑色，如图17-69所示。

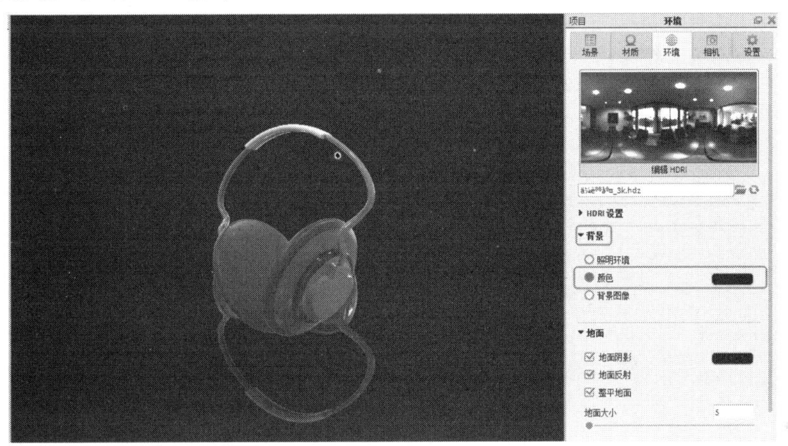

图17-69　去掉环境贴图和背景颜色

02此时，会发现耳机模型与阴影重合了，表明地板的高度超出了模型最底端。在【场景】属性面板中，选中【耳机】特征，然后在下方的【位置】选项卡中输入Y的平移值为1.2，按Enter键即可完成移动操作，结果如图17-70所示。

技术要点：由于地板是坐标系的XY平面，因此是不能移动的，只能移动模型。

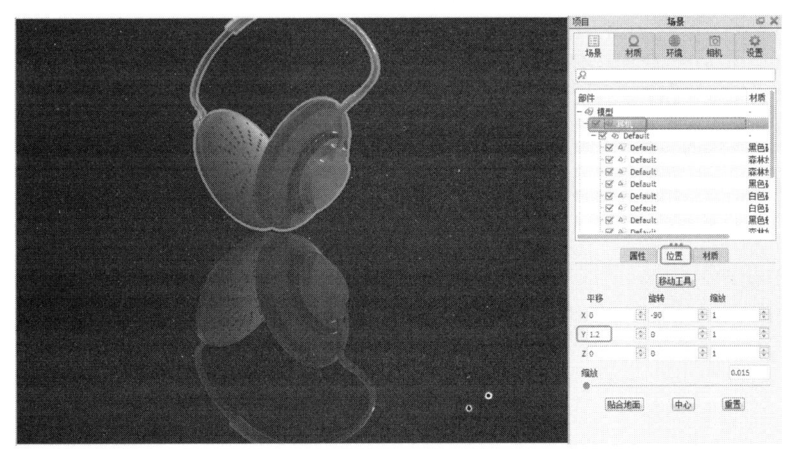

图17-70　移动模型

03在【环境】属性面板的【HDRI设置】选项区域中设置各项参数，使渲染更加逼真，如图17-71所示。

图17-71 设置HDRI参数

3. 添加纹理贴图

01在纹理库中，选择【凹凸贴图】|【标签】文件夹下的【KeyShot文字标签】贴图并拖到耳机外壳上，然后执行【添加标签】命令，如图17-72所示。

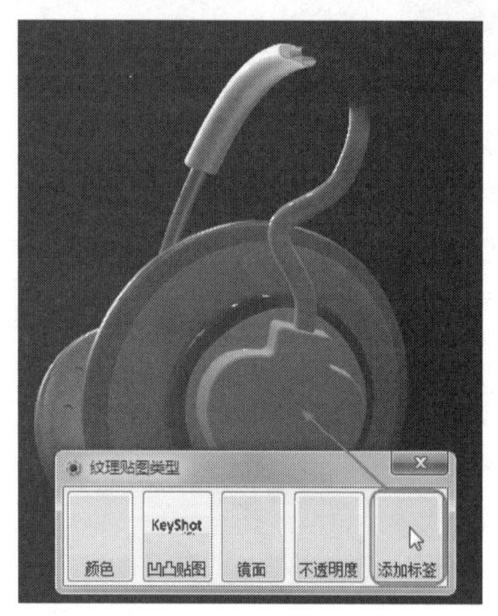

图17-72 添加标签

02在模型上双击耳机外壳的材质，随后在【材质】属性面板的【标签】选项卡中编辑贴图标签的参数，如图17-73所示。

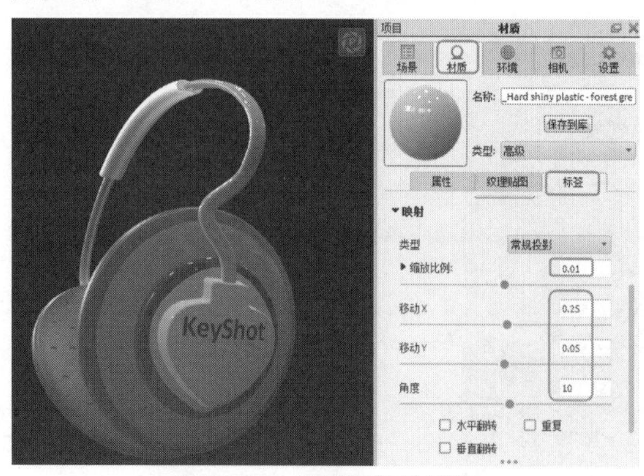

图17-73 设置标签的属性

03将相同的贴图文件夹中的【KeyShot图标】也拖动到相同的位置上并释放，再设置其属性，如图17-74所示。

> **技术要点：**除了输入移动参数外，还可以单击【位置】按钮，直接拖动贴图标签到合适的位置，这种方法要快捷得多。

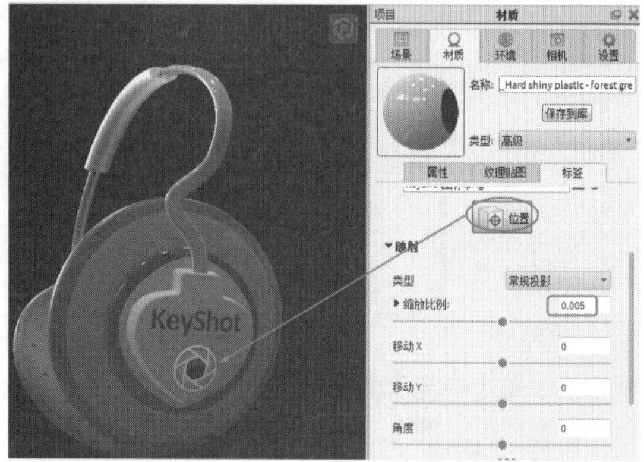

图17-74 添加标签并编辑属性

04在对称的另一个听筒上也添加标签贴图，如图17-75所示。

图17-75 在另一侧也添加贴图标签

> **技术要点：**在移动完成标签后，需要再次单击【位置】按钮，否则此功能将一直处于激活状态，有时在旋转或平移摄影机时会移动标签。

4. 设置渲染参数

01在窗口下方单击【渲染】按钮，打开【渲染选项】对话框。输入图片名称，设置输出格式为JPEG，文件保存路径为默认路径。其余选项保留默认设置，如图17-76所示。

> **技术要点：**测试渲染有两种方式。第一种为视图硬件渲染（也是实时渲染），即将视图最大化后等待KeyShot将视图内文件慢慢渲染出来，随后单击【截屏】按钮，将视图内图像截屏保存。

第二种方式为在【渲染选项】对话框单击【渲染】按钮，将图像渲染出来。这种方式较第一种效果更好，但渲染时间较长。

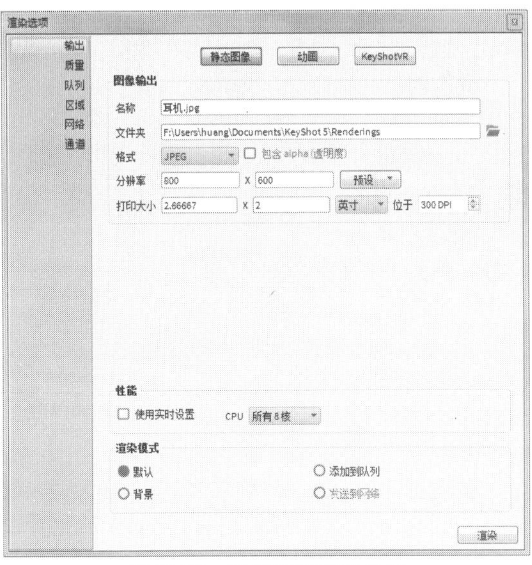

图17-76　设置渲染输出参数

02经过测试渲染，反复调节模型材质、环境等贴图参数，调整完毕后便可以进行模型的最终渲染出图。最终的渲染参数设置与测试渲染设置方法一样。不同的是，根据效果图的需要，可以将格式设置为Tiff并勾选【包括alpha通道】复选框，这样能够为后期效果图修正提供极大方便，同时将渲染品质设置为良好即可。

03单击【渲染】按钮，即可渲染出最终的效果图，如图17-77所示。在新渲染窗口中要单击【关闭】按钮✓，才能保存渲染结果。

图17-77　最终渲染图

KeyShot 7中设置了许多操作快捷键，这些快捷键与鼠标结合使用，能够大大提高所示软件操作的效率。主要的操作快捷键如表17-1所示。

表17-1　KeyShot快捷键

功能	快捷键
模型比例缩放	Alt+鼠标右键
模型水平旋转	Shift+Alt +鼠标中键
模型自由式旋转	Shift +Alt+Ctrl+鼠标中键
模型水平移动	Shift +Alt+鼠标左键
模型垂直移动	Shift +Alt+Ctrl+鼠标左键
选择材质	Shift +鼠标左键
赋材质	Shift+鼠标右键
旋转模型	鼠标左键
移动模型	鼠标中键
加载模型	Ctrl +I
打开 HDIR	Ctrl +E
打开背景图片	Ctrl+B
打开材质库	M
打开热键显示	K
实时显示控制	Shift +P
显示头信息	H
满屏模式	F

17.10.2　腕表模型渲染

引入文件：动手操作\源文件\Ch17\腕表.3dm
结果文件：动手操作\结果文件\Ch17\腕表.bip
视频文件：视频\Ch17\腕表渲染.avi

腕表的KeyShot渲染效果如图17-78所示。

图17-78　KeyShot渲染最终结果

1. 赋予模型材质

01启动KeyShot 7软件。单击【导入】按钮，打开【导入文件】对话框，然后导入腕表文件，如图17-79所示。

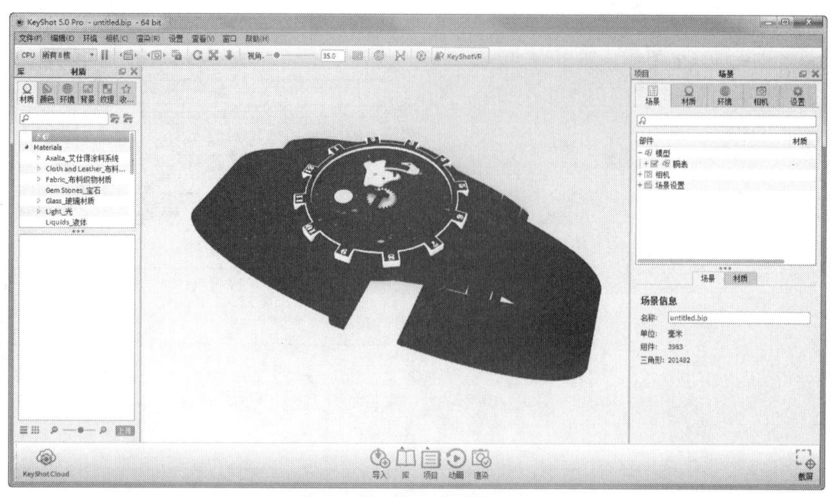

图17-79 导入模型文件

02赋予材质给表带。在材质库中找到【布料和皮革】|【皮革】|【暗红色皮革】材质，将其赋予表带，如图17-80所示。

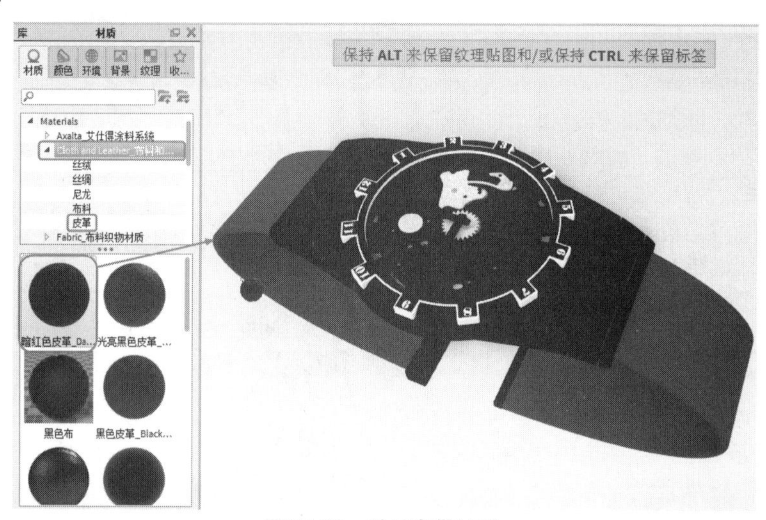

图17-80 赋予表带材质

03将【金属】|【贵金属】|【铂金】文件夹中的【拉丝铂金】材质赋予表壳，如图17-81所示。

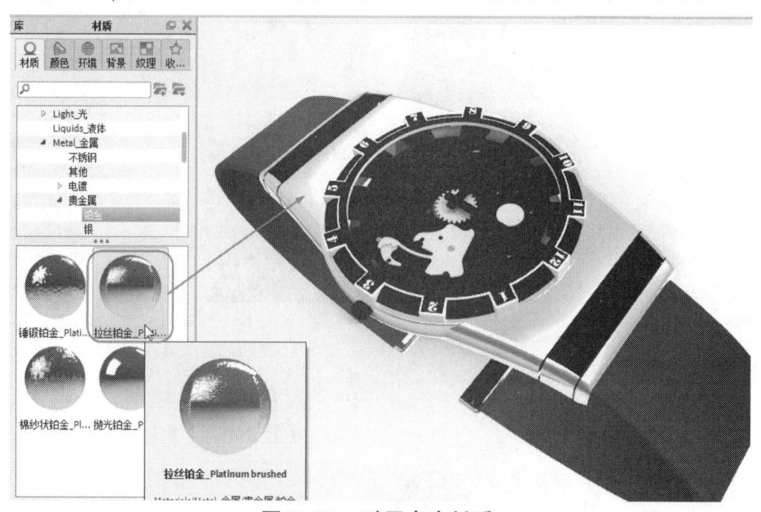

图17-81 赋予表壳材质

04将【金属】|【贵金属】|【铂金】文件夹中的【拉丝铂金】材质赋予表盘，如图17-82所示。

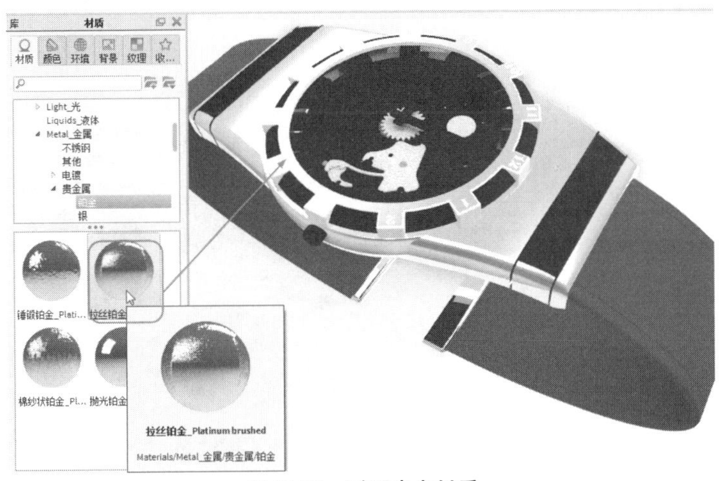

图17-82　赋予表盘材质

05将【金属】|【贵金属】|【黄金】|【纹理】文件夹中的【24K拉丝黄金】材质赋予表把，如图17-83所示。

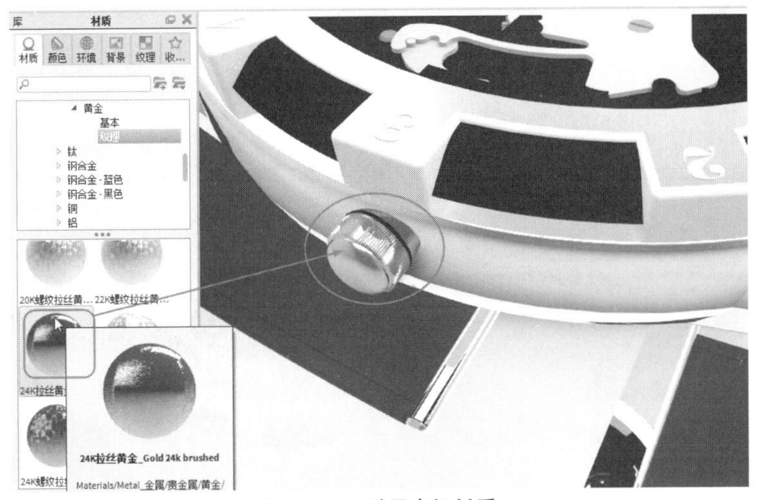

图17-83　赋予表把材质

06将【金属】|【贵金属】|【黄金】|【基本】文件夹中的【24K黄金】材质赋予机芯中的两个齿轮，如图17-84所示。

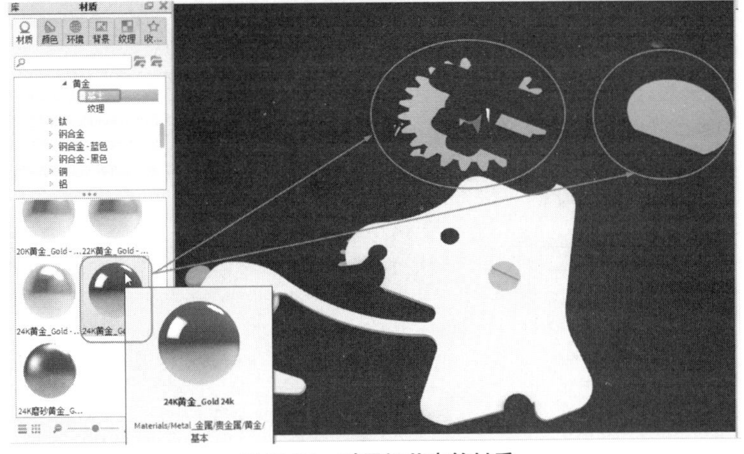

图17-84　赋予机芯齿轮材质

07把【宝石】文件夹中的【玫瑰石英】材质赋予机芯中的护盖，如图17-85所示。

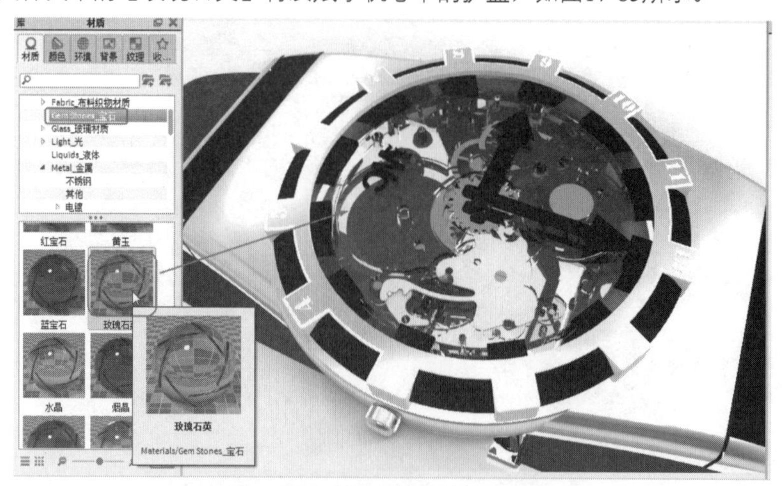

图17-85　赋予机芯中的护盖材质

08将【金属】|【不锈钢】文件夹中的【轻微拉丝不锈钢】材质赋予机芯中其他零件。

09将【金属】|【电镀】|【磨砂】文件夹下的【蓝色电镀磨砂】材质赋予时刻，如图17-86所示。

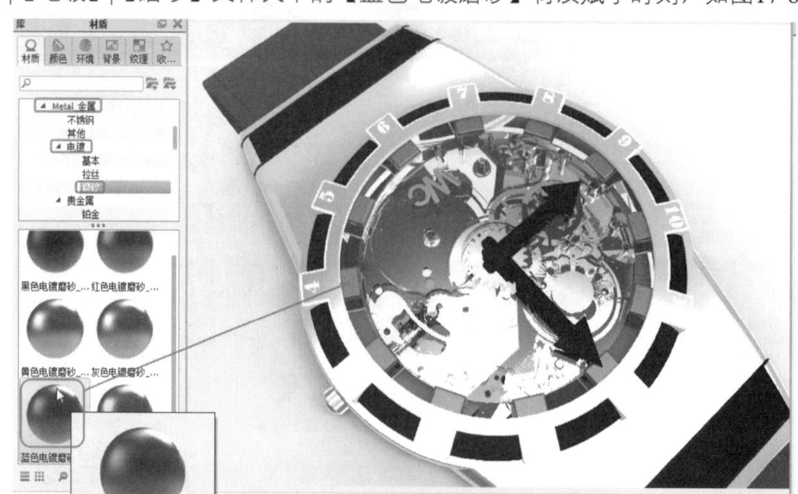

图17-86　赋予时刻材质

10将【金属】|【钢合金-蓝色】文件夹下的【蓝色钢合金】材质赋予指针，如图17-87所示。

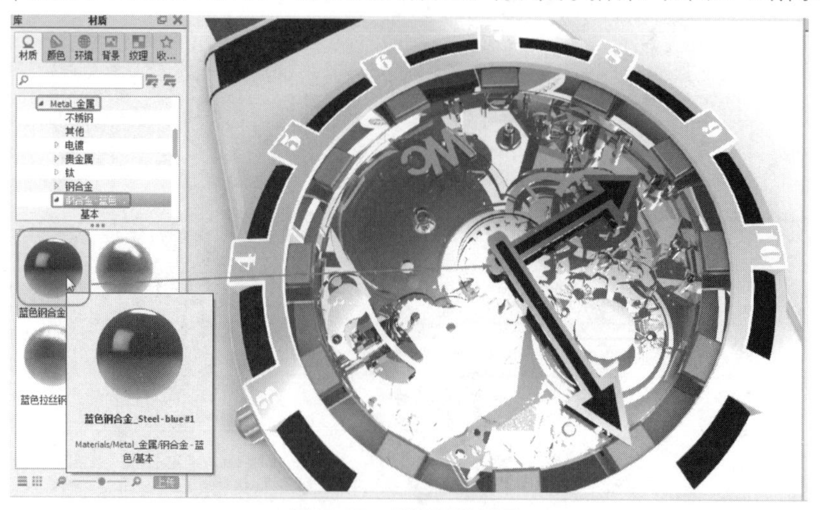

图17-87　赋予指针材质

11将【Axalta_艾仕得涂料系统】|【火热主色调】文件夹中的【暴风雪】涂料赋予指针中的荧光面，如图17-88所示。

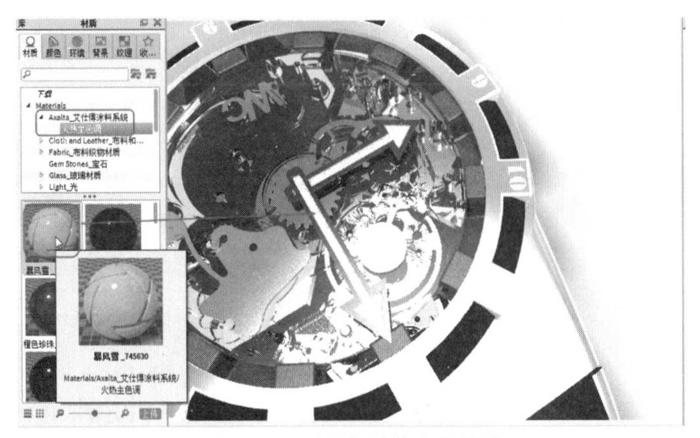

图17-88　赋予指针荧光面材质

12将【木材】|【天然木材】文件夹中的【抛光黑核桃木】和【樱桃木】两种木材分别赋予表中的装饰区域，如图17-89所示。

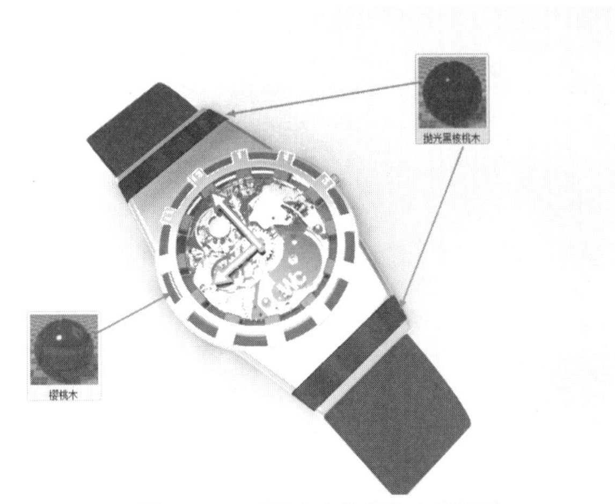

图17-89　赋予表中的装饰木材材质

13将Axalta_艾仕得涂料系统中的【朝夕夜晚】涂料赋予表盘上的涂层，如图17-90所示。

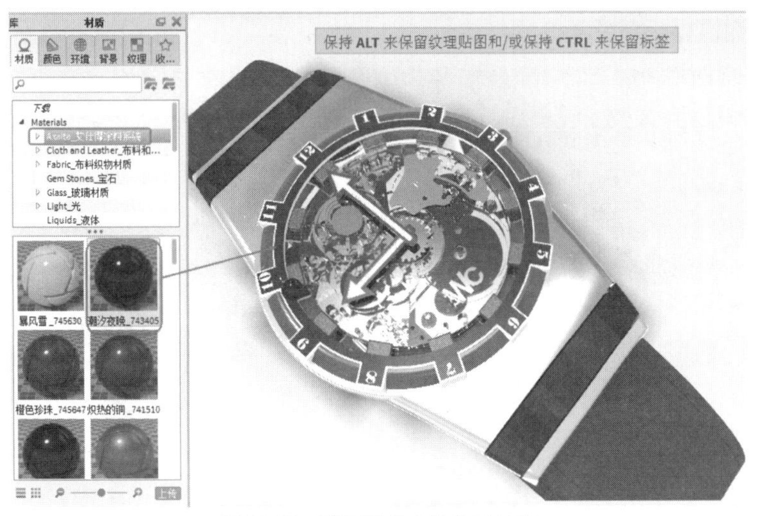

图17-90　赋予表盘中的涂层材质

14编辑表带的材质和木材装饰。首先编辑表带的皮革材质，设置参数如图17-91所示。选择“F:\Users\huang\Documents\KeyShot 7\Textures\凹凸贴图\标准贴图”文件夹中的tile_normal.jpg贴图。

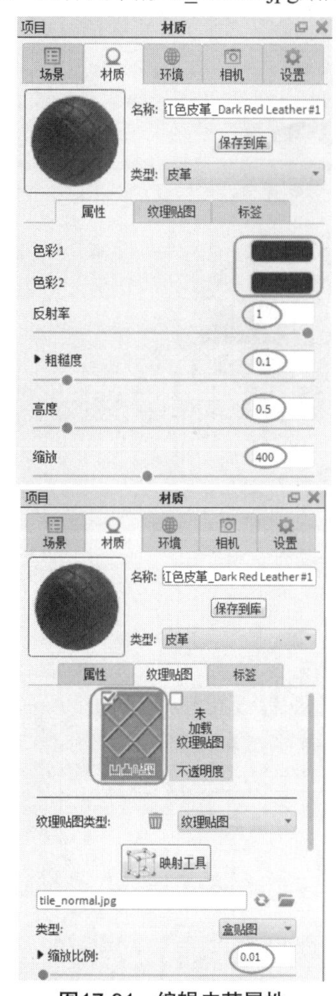

图17-91 编辑皮革属性

15编辑后的皮革如图17-92所示。

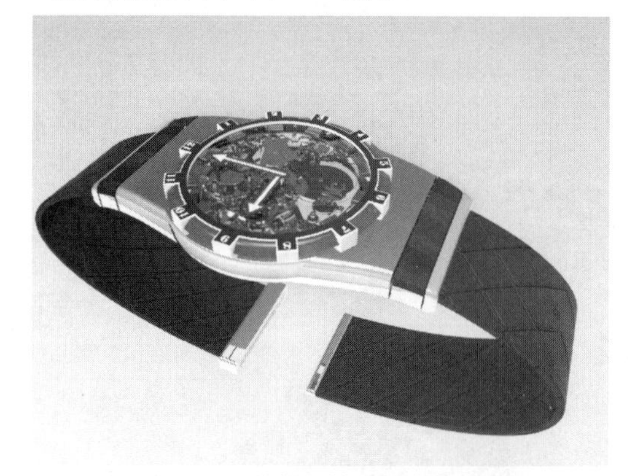

图17-92 编辑属性后的皮革效果

16双击【抛光黑核桃木 #7】木材并编辑属性，如图17-93所示。

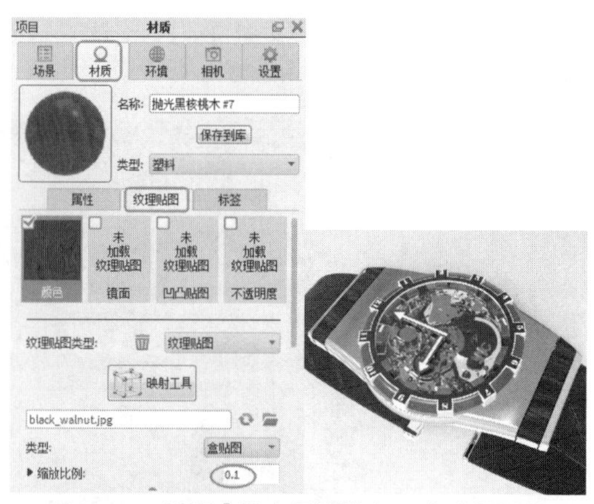

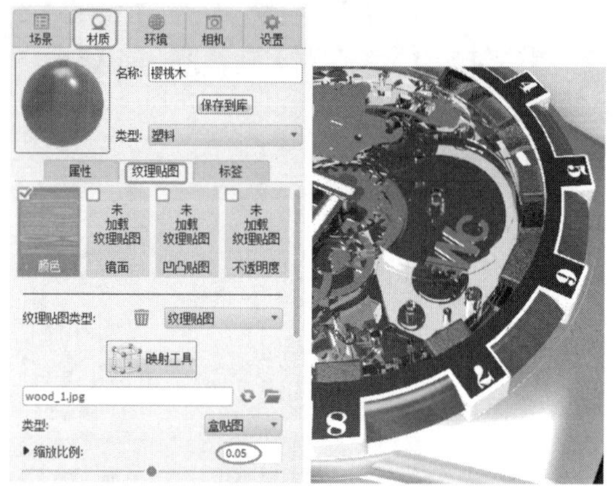

图17-93 编辑【抛光黑核桃木 #7】木材属性

17编辑【樱桃木】材质的属性，如图17-94所示。

图17-94 编辑【樱桃木】材质的属性

18编辑【玫瑰石英】材质的透明度和折射指数，如图17-95所示。

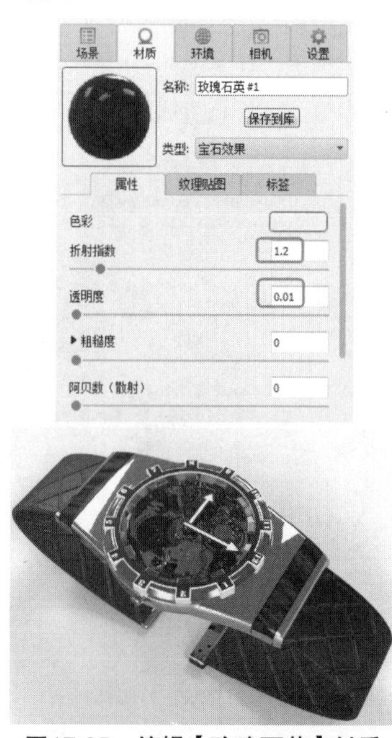

图17-95 编辑【玫瑰石英】材质

2. 添加场景

01在环境库中双击【室内】|【办公室】文件夹中的“办公桌_ 2k”场景，添加场景到渲染区域中，如图17-96所示。

图17-96　添加场景

02在【环境】属性面板中设置背景为【颜色】，且颜色设置为【黑色】，并设置底面（地板），如图17-97所示。

图17-97　设置背景和地板

03发现没有地板反射光，说明地板在手表模型的上方。移动整个手表模型，直至显示地面反射，如图17-98所示。

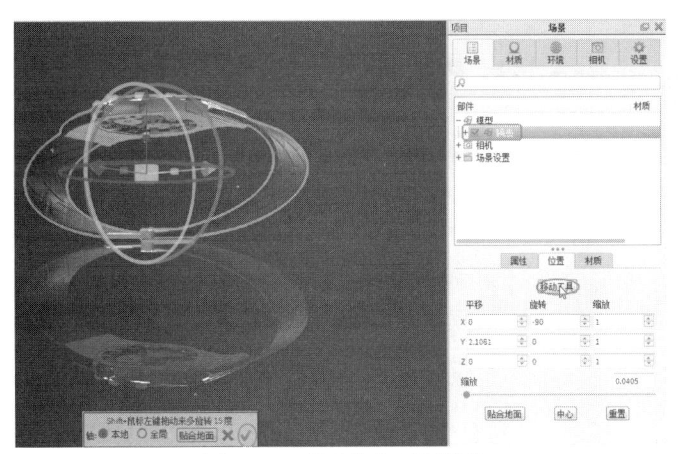

图17-98　移动整个手表模型

04设置【环境】属性面板中的HDRI属性，如图17-99所示。

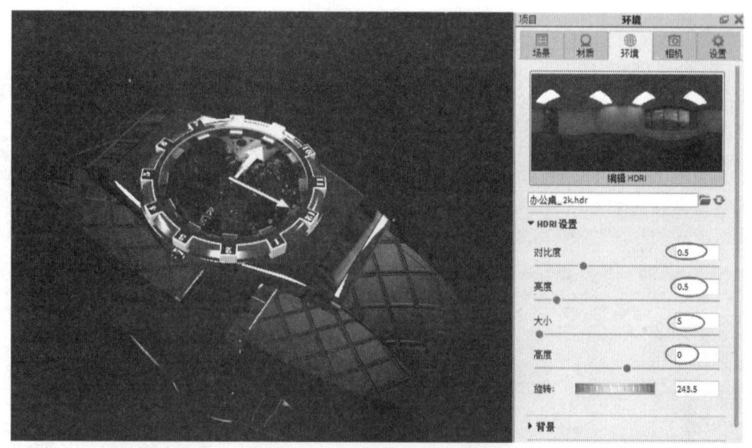

图17-99　设置HDRI属性

3. 渲染

01在窗口下方单击【渲染】按钮，打开【渲染选项】对话框。输入图片名称，设置输出格式为JPEG，文件保存路径为默认路径，其余选项保留默认设置，如图17-100所示。

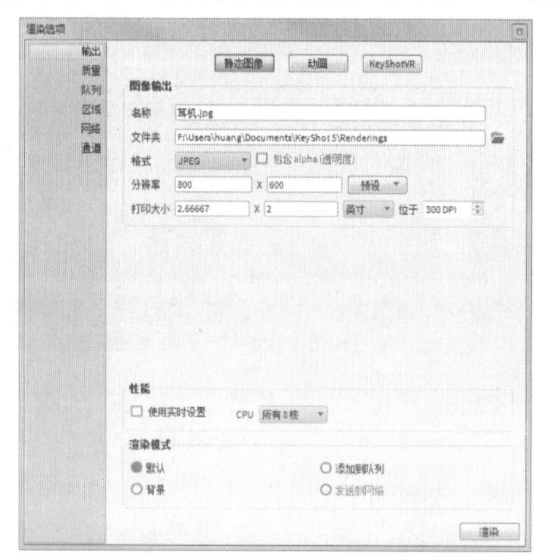

图17-100　设置渲染输出参数

02单击【渲染】按钮，即可渲染出最终的效果图，如图17-101所示。在新渲染窗口中单击【关闭】按钮，保存渲染结果。

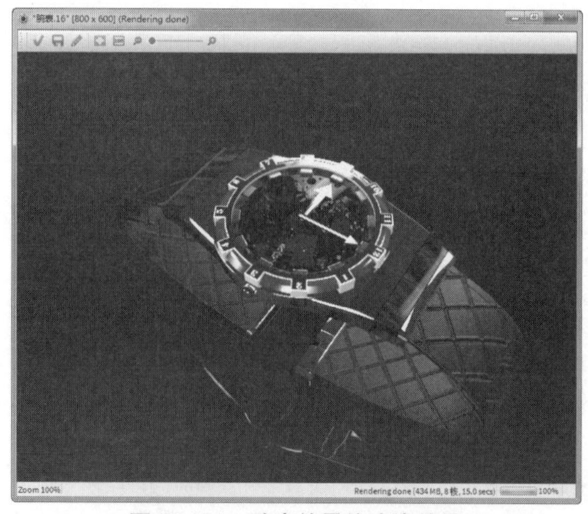

图17-101　腕表的最终渲染效果

18

第18章

渲染巨匠V-Ray for Rhino

V-Ray渲染引擎是目前比较流行的主流渲染引擎之一。V-Ray是一款外挂渲染器，支持3ds Max、Maya、Rhino、Revit、SketchUP等大型三维建模与动画软件。本章将介绍V-Ray for Rhino 6.0渲染器的基础知识和使用方法。

项目分解

- V-Ray for Rhino 6.0渲染器简介
- 布置渲染场景
- 光源、反光板与摄像机
- V-Ray 材质与贴图
- V-Ray 渲染器设置

18.1 V-Ray for Rhino 6.0渲染器简介

V-Ray 渲染软件是世界领先的计算机图形技术公司Chaos Group的产品。

过去的很多渲染程序在创建复杂的场景时，必须花大量时间调整光源的位置和强度才能得到理想的照明效果，而V-Ray for Rhino 6.0版本具有全局光照和光线追踪的功能，在完全不需要放置任何光源的场景时，也可以计算出很出色的图片，并且完全支持HDRI贴图，具有很强的着色引擎、灵活的材质设定、较快的渲染速度等特点。最为突出的是它的焦散功能，可以产生逼真的焦散效果，所以V-Ray又有“焦散之王”的称号。

18.1.1 V-Ray for Rhino 6.0顶渲中文版安装

V-Ray for Rhino 6.0渲染插件可以从官网（https://www.chaosgroup.com/）下载试用。此插件为英文版，目前由国内著名的顶渲网Ma5老师完全汉化并具有完全知识产权，极大地方便了初学者的使用。

下面介绍如何安装V-Ray for Rhino 6.0英文原版及顶渲中文汉化包。安装V-Ray之前必须先安装Rhino 6.0软件。

上机操作——安装V-Ray for Rhino 6.0英文版和顶渲简体中文包

01从Chaos Group官网下载软件vray_adv_36002_rhino_6_win_x64.exe。

02双击启动安装界面，单击I Agree按钮，如图18-1所示。

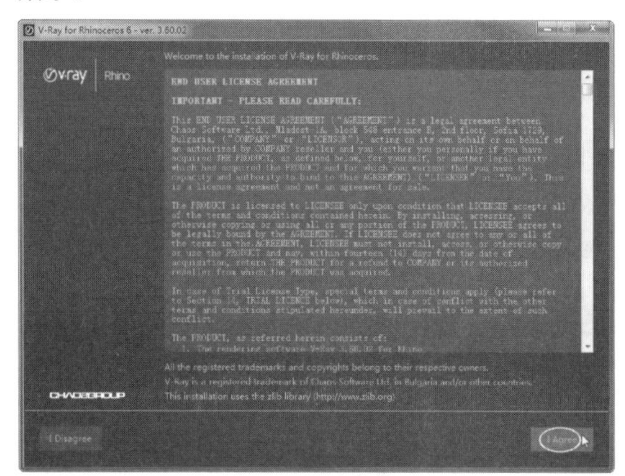

图18-1　签署软件协议

03在第二页勾选Rhinoceros 6复选框，然后单击Next按钮，如图18-2所示。

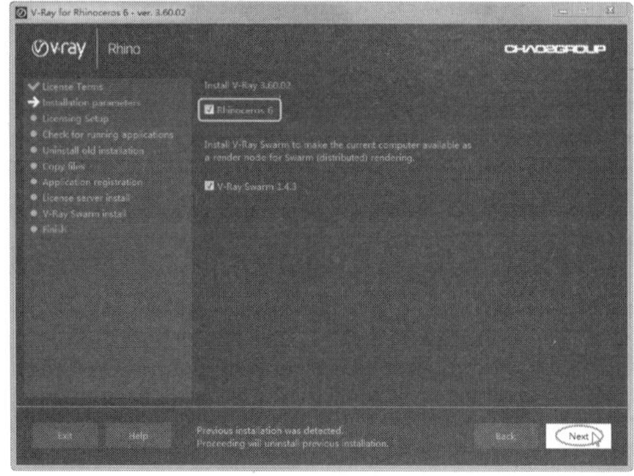

图18-2　选择对应主体软件

04在第三页中保留默认设置，单击Install Now按钮，如图18-3所示。

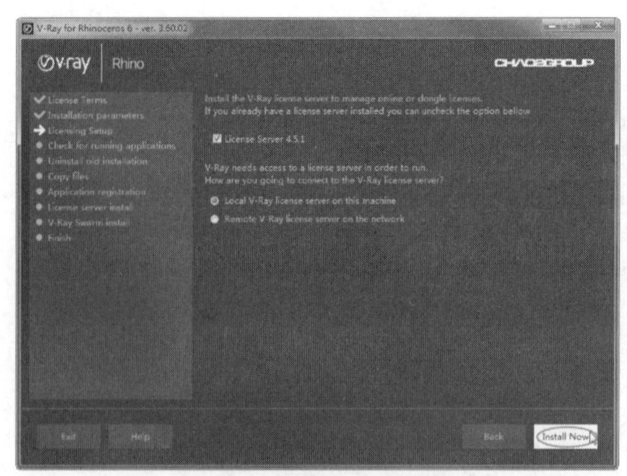

图18-3　选择许可服务器

05稍后完成V-Ray许可服务器的下载，如图18-4所示。

图18-4　下载许可服务器

06许可服务器下载完成后，继续安装LICNSE SERVER许可服务器，如图18-5所示。

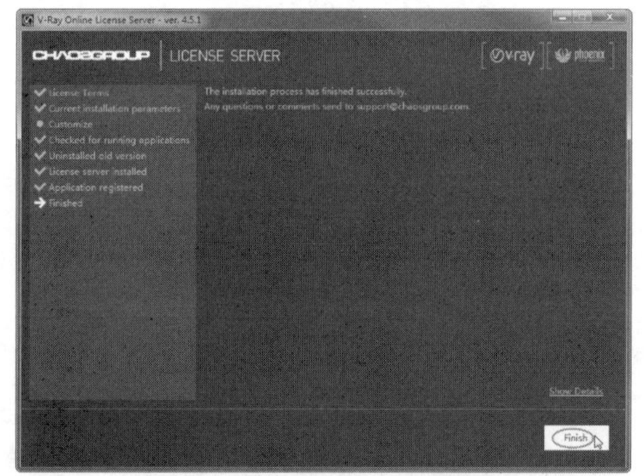

图18-5　安装LICNSE SERVER

07安装V-Ray Swarm，如图18-6所示，直至安装完成。

08到顶渲官网（https://www.toprender.com/portal.php）下载VRay for Rhino 6.0顶渲简体中文包。

09双击顶渲简体中文包安装程序，启动安装界面，单击【下一步】按钮，如图18-7所示。

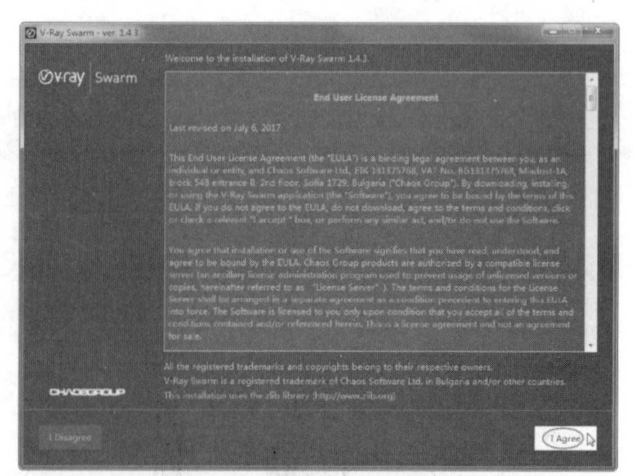

图18-6　安装V-Ray Swarm

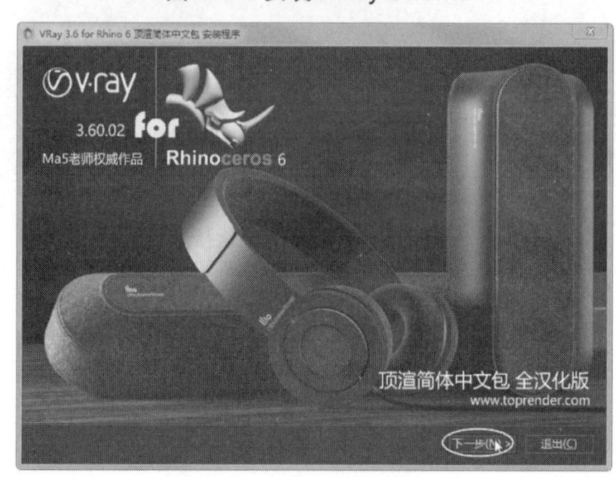

图18-7　启动安装界面

10随后自动完成安装，如图18-8所示。如果是第一次安装顶渲简体中文包，需要获得顶渲网的授权码才能正常安装。

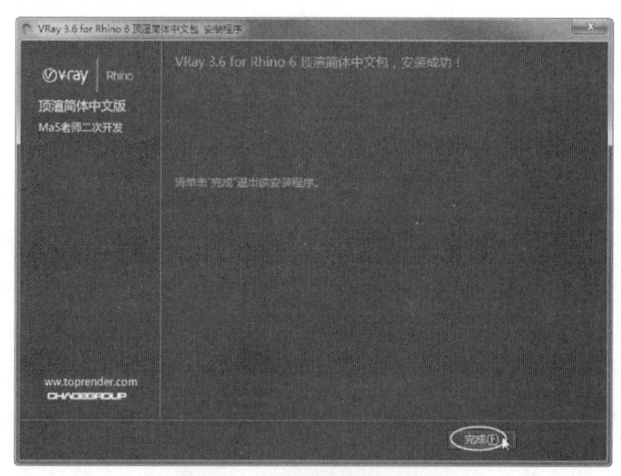

图18-8　安装顶渲中文包

18.1.2　调出【V-Ray大工具栏】标签

启动Rhino 6.0软件，可以将【V-Ray大工具栏】标签调出来，以便设计者使用渲染工具，如图18-9所示。

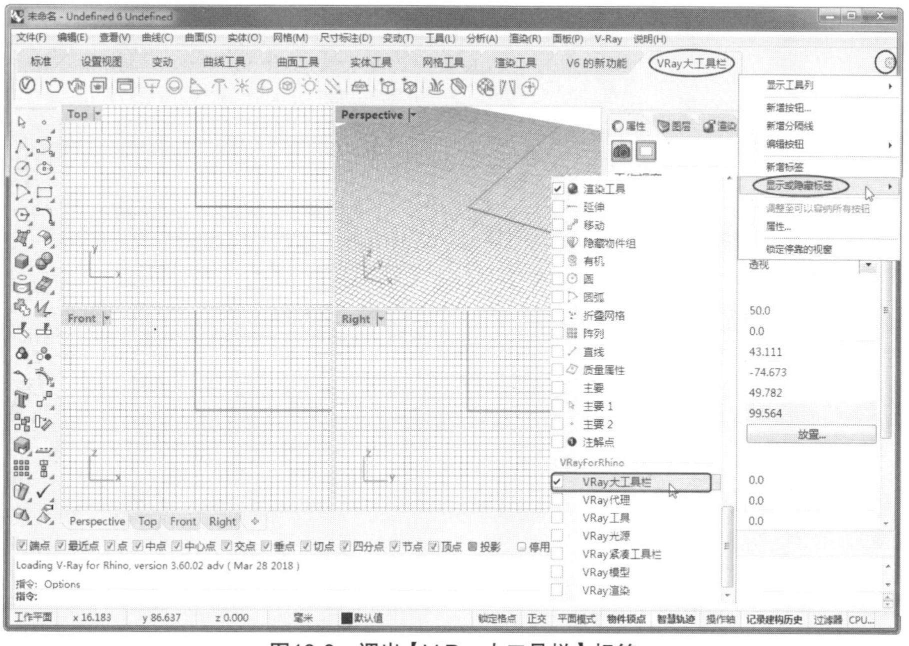

图18-9 调出【V-Ray大工具栏】标签

18.1.3 V-Ray资源编辑器

V-Ray资源编辑器包含4个用于管理V-Ray资源和渲染设置的选项卡，分别是【材质编辑器】选项卡、【光源编辑器】选项卡、【V-Ray模型编辑器】选项卡和【渲染设置】选项卡。

在【V-Ray大工具栏】标签下单击【打开资源编辑器】按钮，弹出【V-Ray资源编辑器】对话框，如图18-10所示。

图18-10 【V-Ray资源编辑器】对话框

4个选项卡将在后面详细介绍。除了4个编辑器选项卡，还可以使用渲染工具进行渲染操作，如图18-11所示。

图18-11 渲染工具

单击【V-Ray帧缓冲器】按钮，弹出帧缓冲器，如图18-12所示。通过帧缓冲器可以查看渲染过程。

图18-12 V-Ray帧缓冲器

18.2 布置渲染场景

渲染场景就是要渲染的产品对象所处的环境，包括地面、反光板、光源及摄影机等。渲染场景的布置对最终的表现效果具有直接影响。

1. V-Ray无限平面

地面就是要渲染的产品对象的承接面，也可以针对产品赋予地面相应的材质（如木质地板、瓷砖、玻璃及大理石等），以起到更好的烘托作用。

V-Ray for Rhino 6.0提供了一种无限延伸的平面工具，可以作为产品的承接面，还可以赋予其材质。

单击【V-Ray大工具栏】标签下的【在场景里添加一个无限平面】按钮，就可以在Top视图中创建矩形平面，矩形平面的大小可以利用【二轴缩放】命令修改，如图18-13所示。但是渲染时会表现为无限延伸的地面，如图18-14所示。

图18-13　V-Ray平面放置

图18-14　V-Ray平面俯视角度渲染效果

不过“在场景里添加一个无限平面”只是一种无限延伸的二维平面，所以远方的地平线不能出现在摄影机视图中，否则就会出现背景与地面相交的现象，如图18-15所示。

图18-15　背景与地面相交情况

当摄影机视图中不可避免地出现地平线时，一般情况下，可以创建一个弧形背景曲面来生成无缝白背景效果，如图18-16所示。通过调整其位置和角度，在摄影机视图里就表现为无限延伸的地面，这样渲染出的效果图背景就比较单纯，如图18-17所示，很好地解决了背景与地面相交的问题。

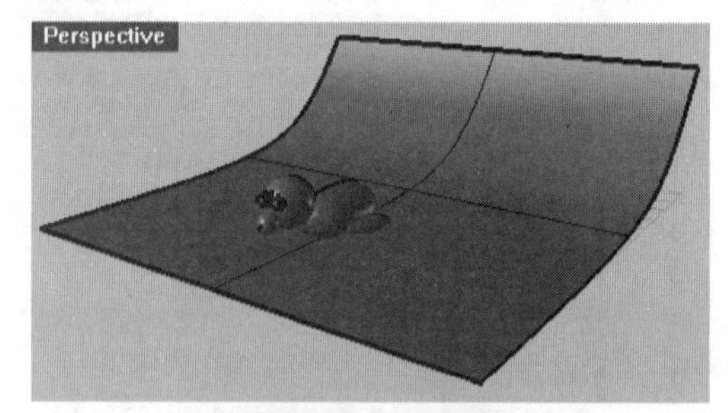

图18-16　L型背板

图18-17　单一背景效果

2. 导入场景文件

V-Ray场景（.vrscene）是一种文件格式，允许在运行V-Ray的所有平台之间共享资源，如几何体、材质和光源等。它也支持动画。

在【V-Ray大工具栏】标签下单击【导入场景文件】按钮，可以从V-Ray安装路径下（C:\Program Files\Chaos Group\V-Ray\V-Ray for Rhinoceros 6\scenes）找到场景文件夹，如图18-18所示。

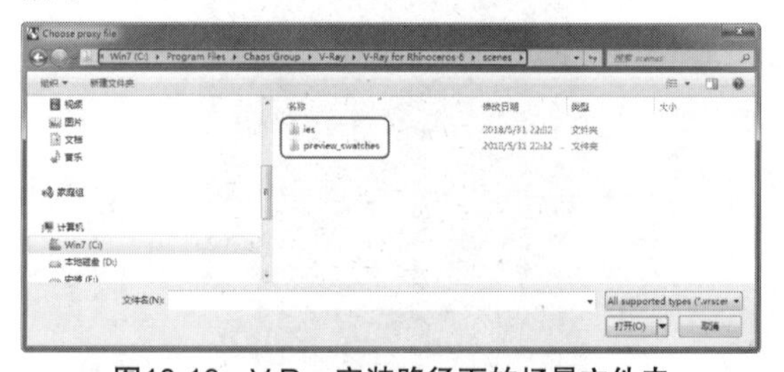

图18-18　V-Ray安装路径下的场景文件夹

18.3 光源、反光板与摄像机

本节介绍光源的特性与参数、反光板与摄像

机的调整方式。

18.3.1 光源的布置要求

光源的布置要根据具体的对象来安排，工业产品渲染中一般会开启全局照明功能来获得较好的光照分布。场景中的光线可以来自全局照明中的环境光（在Environment面板中设置），也可以来自光源对象，一般会两者结合使用。全局照明中的环境光产生的照明是均匀的，若强度太大，会使画面显得比较平淡，而利用光源对象可以很好地塑造产品的亮部与暗部，应作为主要光源使用。

光源在产品的渲染中起至关重要的作用，精确的光线是表现物体材质效果的前提，用户可以参照摄影中的“三点布光法则”来布置场景中的光源。

- 最好以全黑的场景开始布置光源，并注意每增加一盏光源后所产生的效果。
- 要明确每一盏光源的作用与产生照明的程度，不要创建用意不明的光源。
- 环境光的强度不宜太高，以免画面过于平淡。

1. 主光源

主光源是场景中的主要照明光源，也是产生阴影的主要光源。一般把它放置在与主体成45°角左右的一侧，其水平位置通常要比相机高。主光的光线越强，物体的阴影就越明显，明暗对比及反差就越大。在V-Ray中，通常以面光源作为主光源，它可以产生比较真实的阴影效果。

2. 辅光源

辅光源又称为补光，用来补充主光产生的阴影面的照明，显示出物体阴影面的细节，使物体阴影变得更加柔和，同时会影响主光的照明效果。辅光通常被放置在低于相机的位置，亮度是主光的1/2~2/3，这个光源产生的阴影很弱。渲染时一般用泛光灯或者低亮度的面光源作为辅光。

3. 背光

背光也叫作反光或者轮廓光，设置背光的目的是照亮物体的背面，从而将物体从背景中区分出来。背光通常放在物体的后侧，亮度是主光的1/3~1/2，背光产生的阴影最不清晰。由于使用了全局照明功能，在布置光源中也可以不用安排背光。

以上只是最基本的光源布置方法，在实际渲染中，需要根据不同的目的和渲染对象来确定相应的光源布置方案。

18.3.2 设置V-Ray环境光

单击【打开资源编辑器】按钮，弹出【V-Ray资源编辑器】对话框。在【设置】选项卡的【环境】卷展栏中，可以设置环境光源，如图18-19所示。

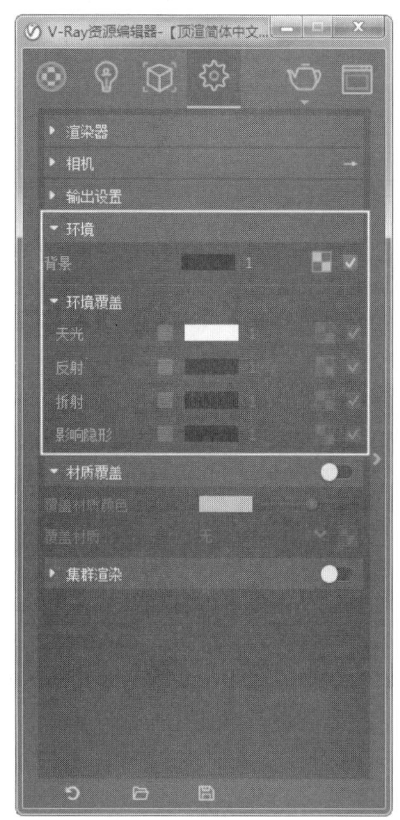

图18-19 【环境】卷展栏的环境光源设置

在【背景】选项右侧的全局照明的复选项处于勾选状态，表示开启全局照明功能，如图18-20所示。全局照明中包含自然界的天光（太阳光经大气折射）、折射光源和反射光源等。

图18-20 默认开启了全局照明

单击【位图编辑】按钮，如图18-21所示。可以编辑全局照明的位图参数，如图18-22所示。

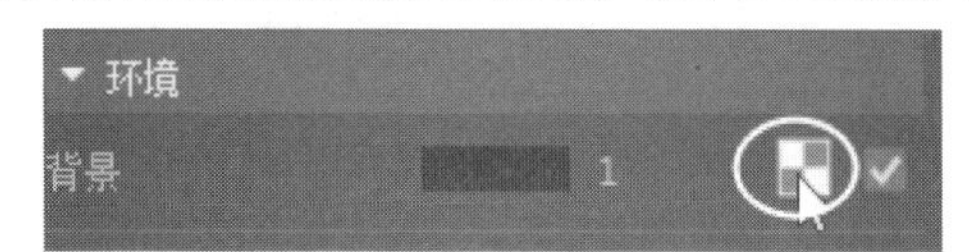

图18-21 开启位图编辑

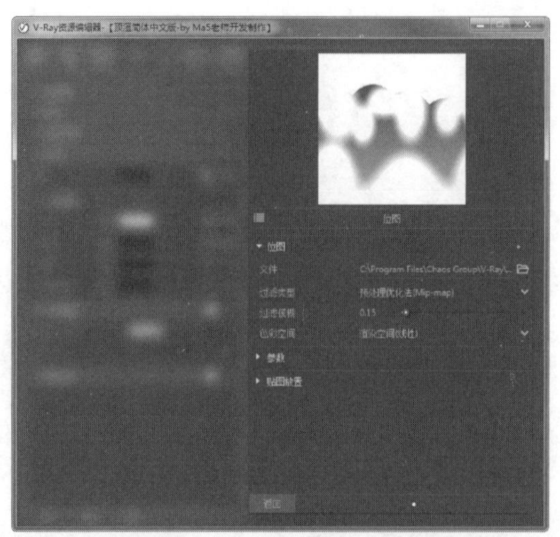

图18-22　全局照明的位图编辑

关闭全局照明后，可以设置场景中的背景颜色，默认延伸是黑色的，单击颜色图例，弹出【颜色吸管工具】对话框，在此对话框中编辑背景颜色，如图18-23所示。

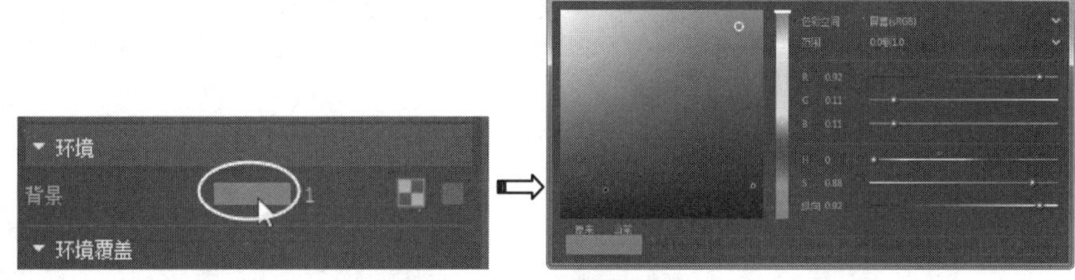

图18-23　编辑背景颜色

要想单独在场景中显示天光、反射光或者折射光源，前提是先关闭【全局照明】。如图18-24所示为全局照明的效果与仅开启【天光】的渲染效果对比。

开启全局照明

关闭全局照明（仅天光）

图18-24　全面照明效果与天光渲染效果

在位图编辑器中单击▤按钮，打开位图图库，然后选择【天空】贴图进行编辑，如图18-25所示。

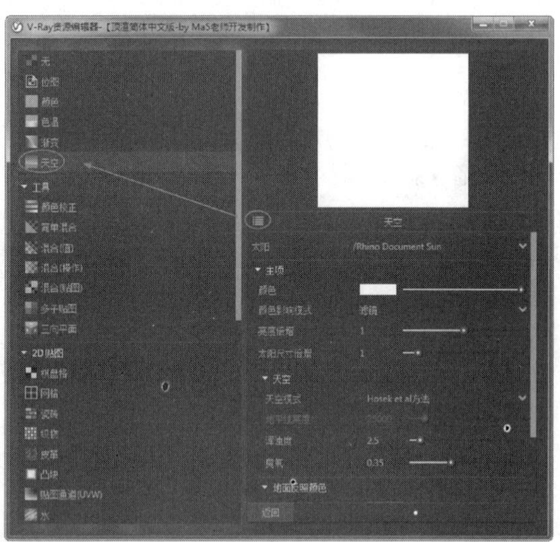

图18-25　编辑天空贴图

18.3.3　布置V-Ray主要光源

光源的布置对于材质的表现至关重要。在渲染时，最好预先布置光源，再调节材质。场景中光源的照明强度以能最真实反应材质颜色为宜。

V-Ray for Rhino 6.0的光源布置工具如图18-26所示，包括常见的面光源、球形光源、聚光灯、IES光源、点光源、穹顶光源、太阳光源、平行光源等。下面介绍常见光源的创建与参数设置。

图18-26　V-Ray光源工具

1. 面光源

单击【创建面光源】按钮，可建立面光源。面光源在V-Ray中扮演着非常重要的角色，除了设置方便之外，渲染的效果也比较柔和。它不像聚光灯那样有照射角度的问题，而且能够让反射性材质反射这个矩形光源，从而产生高光，更好地体现物体的质感。

面光源的特性主要有以下几个方面。

- 面光源的大小对其亮度有影响：面光源尺寸大小会影响它本身的光线强度，在相同的高度与光源强度下，尺寸越大，其亮度也越大。
- 面光源的大小对投影的影响：较大的面光源光线扩散范围较大，所以物体产生的阴影不明显，较小的面光源光线比较集中，扩散范围较小，所以物体产生的阴影较明显。
- 面光源的光照方向：可以从矩形光源物体上突出的那条线的方向来判断面光源的照射方向。
- 对面光源的编辑：面光源可以用旋转和缩放工具进行编辑。注意，用缩放工具调整面积的大小时会对其亮度产生影响。如图18-27所示为场景创建矩形光源，如图18-28所示为矩形光源产生的照明效果。

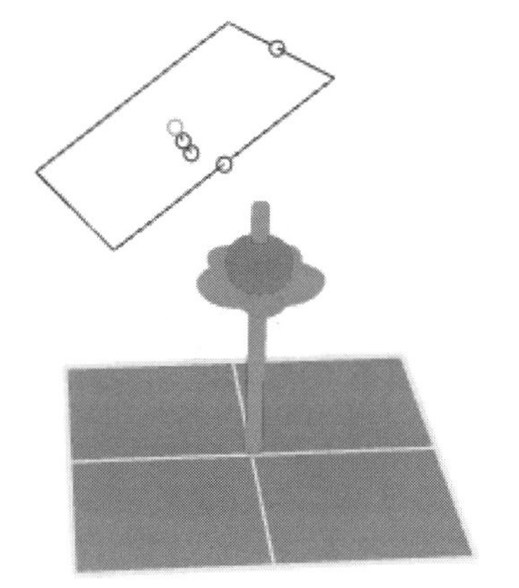

图18-27　矩形光源

图18-28　矩形光源的照明效果

2. 聚光灯

聚光灯也叫作“射灯”。聚光灯的特点是光衰很小，亮度高，方向性很强，光性特硬，反差甚高，形成的阴影非常清晰，但是缺少变化，显得比较生硬。单击【创建聚光灯】按钮，可布置聚光灯，如图18-29所示。如图18-30所示为聚光灯产生的照明效果。

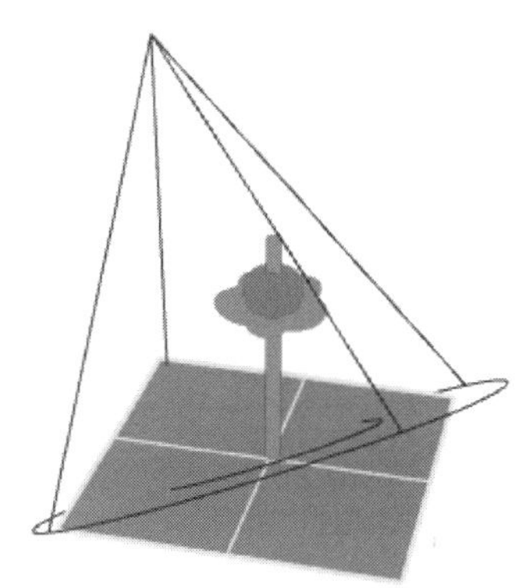

图18-29　聚光灯

图18-30　聚光灯的照明效果

通过【V-Ray资源编辑器】对话框中的【光源编辑器】选项卡，可以编辑聚光灯的参数，如图18-31所示。

【光源编辑器】选项卡顶部的开关控制是否显示聚光灯光源。默认为开启。单击此开关，将关闭聚光灯。

下面介绍【主项】卷展栏中各选项的含义。

- 颜色/贴图：用于设置光源的颜色及贴图。
- 亮度：用于设置光源的强度，默认值为1。

- 单位：指定测量的光照单位。使用正确的单位至关重要。灯光会自动将场景单位尺寸考虑在内，以便为所用的比例尺生成正确的结果。

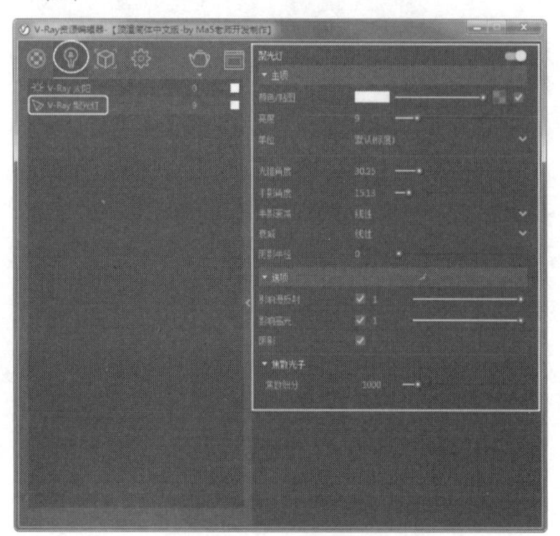

图18-31　编辑聚光灯

- 光锥角度：指定由V射线聚光灯形成的光锥的角度。该值以度数指定。
- 半影角度：指定光线从光强开始并从全强转变为不光照的光锥内的角度。设置为0时，不存在转换，光线会产生严酷的边缘。该值以度数指定。
- 半影衰减：确定灯光在光锥内从全强转换为无照明的方式，包含两种类型，分别是线性与平滑三次方。线性表示灯光不会有任何衰减。平滑三次方表示光线会以真实的方式褪色。
- 衰减：设置光源的衰减类型，包括线性、倒数和平方反比3种类型，后面两种衰减类型的光线衰减效果是非常明显的，所以在用这两种衰减方式时，光源的倍增值需要设置得比较大。图18-32所示为不同衰减值的光照衰减效果比较。

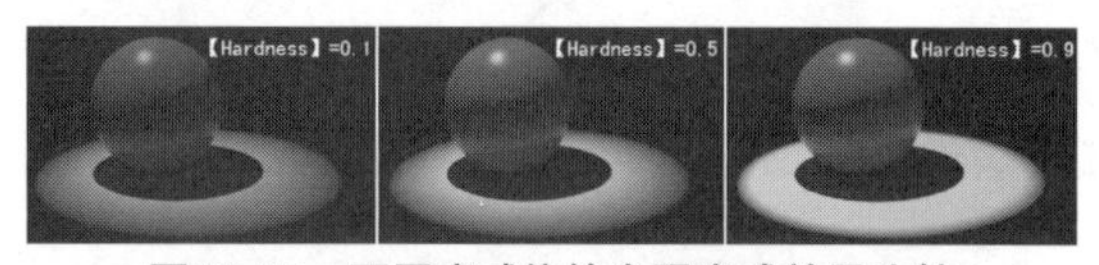

图18-32　不同衰减值的光照衰减效果比较

- 阴影半径：控制阴影、高光及明暗过渡的边缘的硬度。数值越大，阴影、高光及明暗过渡的边缘越柔和；数值越小，阴影、高光及明暗过渡的边缘越生硬，如图18-33所示。

图18-33　不同阴影半径值的效果比较

下面介绍【选项】卷展栏中各选项的含义。

- 影响漫反射：启用时，光线会影响材质的漫反射特性。
- 影响高光：启用时，光线会影响材料的镜面反射。
- 阴影：启用时（默认），灯光投射阴影。禁用时，灯光不投射阴影。

选取聚光灯后，打开聚光灯的控制点。通过调整相应的控制点，如图18-34所示，可以改变聚光灯的光源位置、目标点、照射范围及衰减范围。

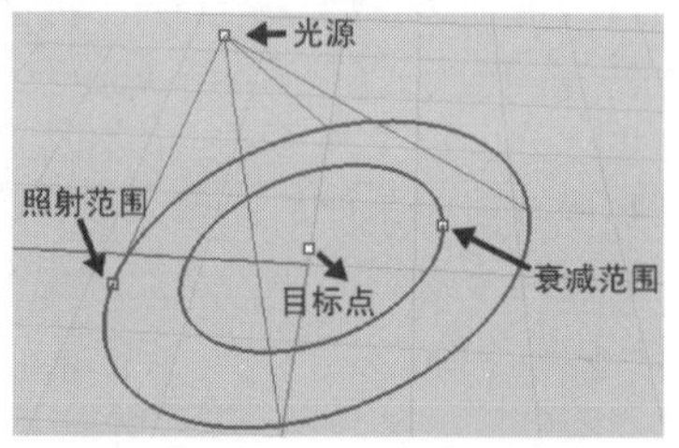

图18-34　聚光灯的控制点

3. 点光源

点光源也称为泛光灯。单击【创建点光源】按钮，可以在场景中建立一盏点光源。点光源是一种可以向四面八方均匀照射的光源，场景中可以用多盏点光源协调作用，以产生较好的效果。要注意的是，点光源不能建立过多，否则效果图就会显得平淡而呆板。如图18-35所示为场景创建点光源，如图18-36所示为点光源产生的照明效果。

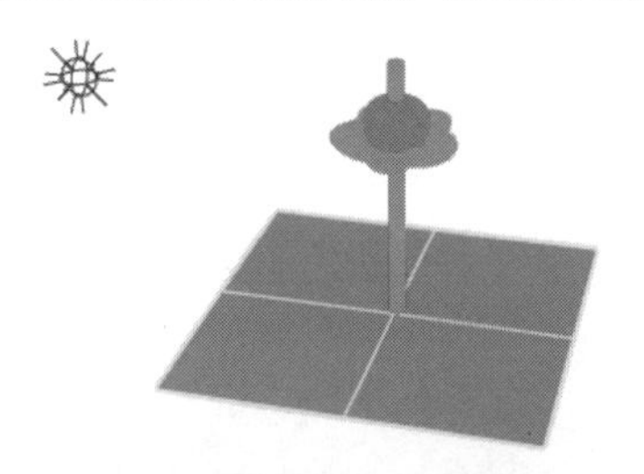

图18-35　点光源

图18-36　点光源的照明效果

点光源的参数和聚光灯的基本相同，这里不再赘述。

4. 太阳光源

V-Ray自带的光源类型与天光配合使用，可以模拟比较真实的太阳光照效果。在自然界中，太阳的位置不同，其光线效果也是不同的，所以V-Ray会根据设置的太阳位置来模拟真实的光线效果，如图18-37所示。

图18-37　V-Ray太阳光照效果

单击【打开太阳创建面板】按钮，弹出【阳光角度计算器】对话框，如图18-38所示。对话框中默认显示的选项为系统自动计算参考时间、季节及地理位置等参数后的太阳位置。也可以勾选【手动控制】复选框，手动控制太阳光的位置，如图18-39所示。

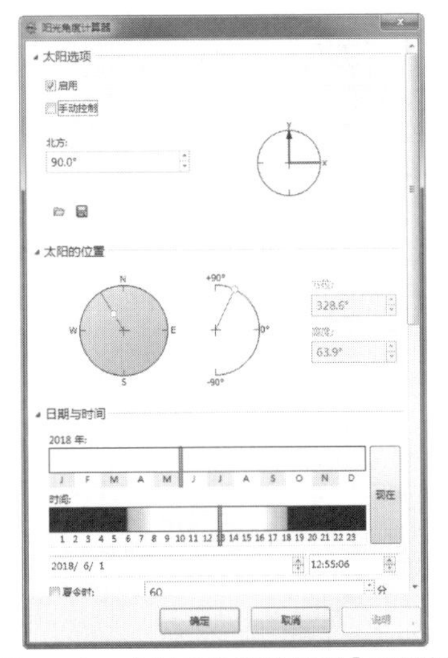

图18-38　【阳光角度计算器】对话框

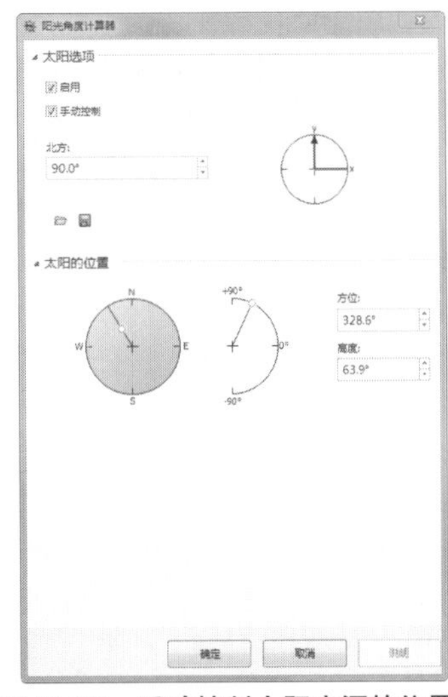

图18-39　手动控制太阳光源的位置

例如，将太阳设置在东方较低的位置，V-Ray就会模拟清晨的光线效果，设置在南方较高的位置，就会产生中午的阳光效果，如图18-40所示。

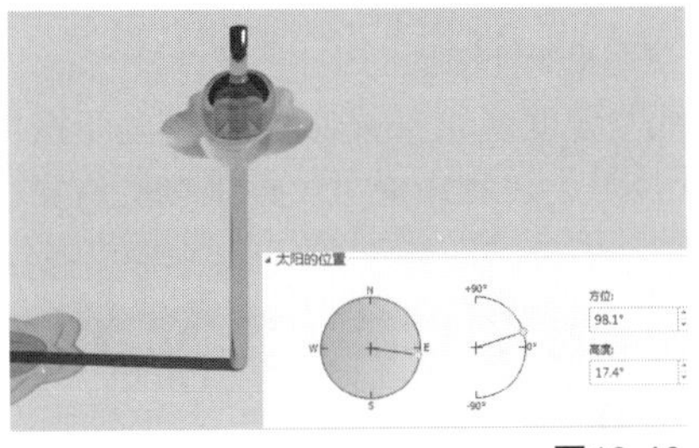

图18-40　日光效果

5. 平行光

单击【创建平行光源】按钮，可在场景中建立平行光。平行光就是光源在一个方向上发出平行光线，就像太阳照射地面一样，主要用于模拟太阳光的效果。它的光照范围是无限大的，光线强度不产生衰减。如图18-41所示为场景创建平行光，如图18-42所示为平行光产生的照明效果。

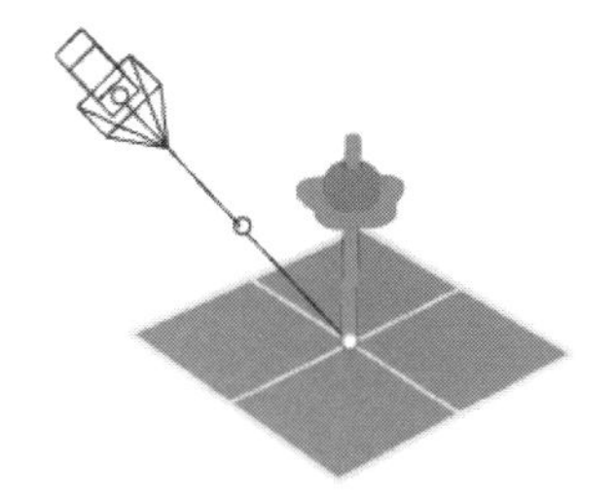

图18-41　平行光

图18-42　平行光的照明效果

18.3.4 设置摄像机

在渲染时，通常需要表现产品某个特定角度的效果，这时调节视图的摄像机，调整好的视图角度可以先进行保存，以便以后再次调用。V-Ray for Rhino 6.0是支持Rhino 6.0的摄像机的，另外它还有物理摄像机，可以用来模拟比较真实的拍摄效果（如景深、运动模糊等）。

建模时用到的4个工作视窗（即Top、Front、Right、Perspective视图）都有自带的摄像机。激活其中任意一个视图，按F6键或者在其视图标题栏上单击，在打开的菜单中执行【设置摄像机】|【显示摄像机】命令，如图18-43所示，在其他3个视图中会显示激活视图的摄像机，通过调整摄像机的控制点可以对其进行调整，如图18-44所示。

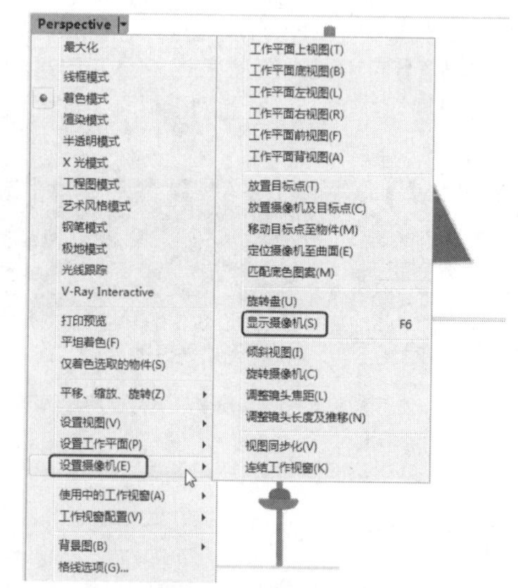

图18-43　显示摄像机

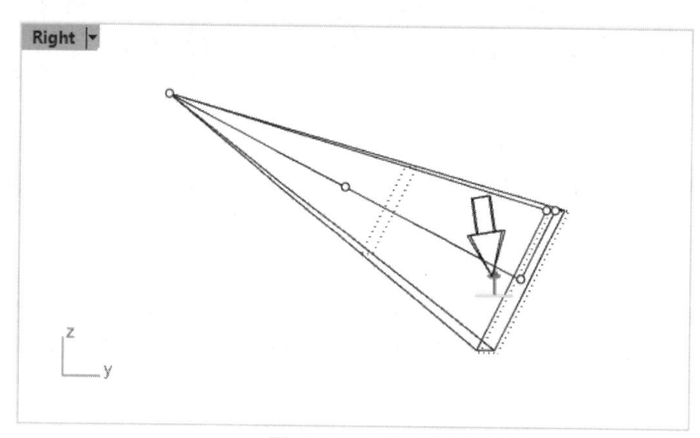

图18-44　显示摄像机效果

一般通过调整Perspective视图来得到需要的渲染面与角度。让Perspective视图处于操作视图状态，且确保视图中没有其他对象被选中，在视图右侧的【属性】控制面板上设置摄像机角度、摄像机目标点等参数，如图18-45所示。

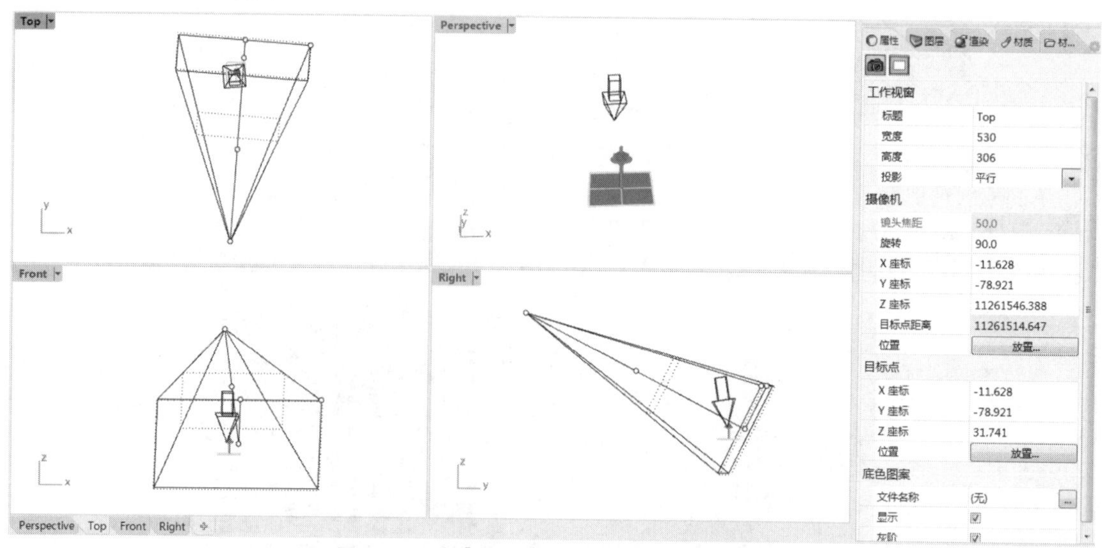

图18-45　在【属性】控制面板中设置摄像机

18.4 V-Ray材质与贴图

在效果图制作中，当模型创建完成之后，必须通过“材质”系统来模拟真实材料的视觉效果。因为在Rhino中创建的三维对象本身不具备任何质感特征，只有给场景物体赋予合适的材质后，才能呈现具有真实质感的视觉特征。

“材质”就是三维软件对真实物体的模拟，通过它再现真实物体的色彩、纹理、光滑度、反光度、透明度、粗糙度等物理属性。这些属性都可以在V-Ray中运用相应的参数来进行设定，在光线的作用下，便看到一种综合的视觉效果。

材质与贴图有什么区别呢？材质可以模拟出物体的所有属性。贴图，是材质的一个层级，对物体的某种单一属性进行模拟，如物体的表面纹理。一般情况下，使用贴图通常是为了改善材质的外观和真实感。

照明环境对材质质感的呈现至关重要，相同的材质在不同的照明环境中表现会有所不同，如图18-46所示。上图光源设置为彩色，可以看到材质会反射光源的颜色；中图为白光环境中材质的呈现；下图的光源照明较暗，材质的色彩也会相应产生变化。

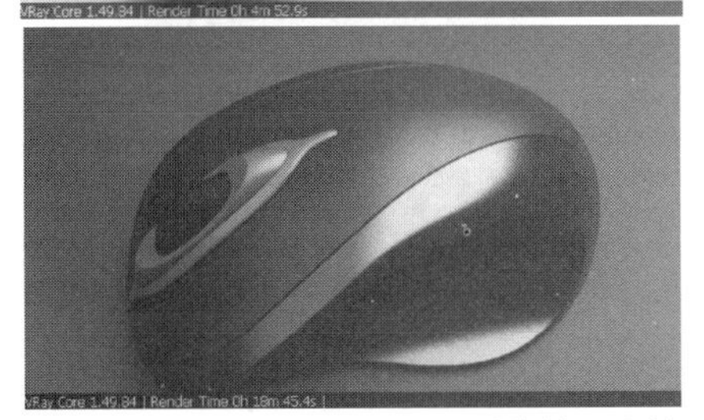

图18-46　不同照明下同一材质的效果比较

下面介绍材质的色彩设置原则。

- 由于白色会反射更多的光线，会使材质较为明亮，因此在材质设置时不要使用纯白或纯黑的色彩。
- 对于彩色的材质，设置时不要使用纯度太高的颜色。

18.4.1 材质的应用

生活中的物体虽然形态各异，但是有规律可循。为了更好地认识和表现客观物体，根据物体的材质质感特征，可以大致将生活中的各种材质分为5类。

1. 不反光也不透明的材质

应用此类材质的物体包括未经加工的石头和木头、混凝土、各种建材砖、石灰粉刷的墙面、石膏板、橡胶、纸张、厚实的布料等。此类材料的表面一般都较粗糙，质地不紧密，不具反光效果，也不透明。生活中见到的大多数东西都是此类材质。此类材料应用的典型例子如图18-47、图18-48所示。

图18-47　厚实的布料椅子

图18-48　石灰粉刷的墙壁和石材地面

2. 反光但不透明的材质

此类材料包括镜面、金属、抛光砖、大理石、陶瓷、不透明塑料、油漆涂饰过的木材等，它们一般质地紧密，都有比较光洁的表面，反光较强。例如，多数金属材质在加工后具有很强的反光特点，表面光滑度高，高光特征明显，对光源色和周围环境极为敏感，如图18-49所示。

图18-49　反光强烈的金属材质

此类材质中也有反光比较弱的，如经过油漆涂饰的木地板，其表面具有一定的反光和高光，但其程度比镜面、金属物体弱，如图18-50所示。

图18-50　反光的木地板材质

3. 反光且透明的材质

透明材质的透射率极高，如果表面光滑平整，人们便可以直接透过其本身看到后面的物体；而产品如果是曲面形态，那么在曲面转折的地方会因折射而扭曲后面物体的影像。如果透明材质产品的形态过于复杂，光线在其中的折射过程也会捉摸不定。因此透明材质既是一种富有表现力的材质，又是一种表现难度较高的材质。表现时仍然要从材质的本质属性入手，反射、折射和环境背景是表现透明材质的关键，将这三个要素有机地结合在一起就能表现出晶莹剔透的效果。

透明材质有一个极为重要的属性——菲涅耳原理（Frenel）。这个原理主要阐述了折射、反射和视线与透明体平面夹角之间的物体表现，物体表面法线与视线的夹角越大，物体表面出现反射的情况就越强烈。例如，站在一堵无色玻璃幕墙前时，直视墙体能够不费力地看清墙后面的事物，而当视线与墙体法线的夹角逐渐增大时，会发现要看清墙后面的事物变得越来越不容易，反射现象越来越强烈，周围环境的映像也清晰可辨，如图18-51所示。

图18-51　玻璃的菲涅耳效应

透明材质在产品设计领域有着广泛的应用。因为它们具有既能反光又能透光的作用，所以经过透明件修饰的产品往往具有很强的生命力和冷静的美，人们也常常将它们与钻石、水晶等透明而珍贵的宝石联系起来，对提升产品档次也起到一定的作用，如图18-52所示。无论是电话按键、冰箱把手，还是玻璃器皿等，大多采用透明材质。

图18-52　透明材质的应用效果

4. 透明不反光的材质

此类物体包括窗纱、丝巾、蚊帐等。和玻璃、水不同的是，这类物体的质地较松散，光线穿过它们时不会发生扭曲，即没有明显的折射现象，其形象特征如图18-53所示。

图18-53 窗纱的形象特征

提示：生活中的反光物体，其分子结构是紧密的，表面都很光滑；不反光的物体，其分子结构是松散的，表面一般都比较粗糙，如金属和普通布料。

5. 透光但不透明的物体

此类物体包括蜡烛、玉石、多汁水果（如葡萄和西红柿）、粘稠浑浊的液体（如牛奶）、人的皮肤等，它们的质地构成不紧密，物体内部充斥着水分或者空气，所以外界的光线能射入物体的内部并散射到四周，但没办法完全穿透。在光的作用下，这些物体呈现一种晶莹剔透的感觉。此类物体的形象特征如图18-54和图18-55所示。

理解现实生活中这几大类物体的物理属性，是模拟物体质感的基础。只有善于把它们归类，才可以抓住物体的质感特征，把握它们在光影下的变化规律，从而轻松表现各种质感效果。

图18-54 反光强烈的金属材质

图18-55 反光的木地板材质

18.4.2 V-Ray材质的赋予

V-Ray材质的赋予是通过V-Ray资源编辑器来实现的。打开资源编辑器，在【材质】选项卡中左边栏位置单击，可以展开材质库，如图18-56所示。

材质库中列出了V-Ray所有的材质。先在材质库中选择某种材质库类型，在下方的【内容】列表中会列出该类型材质库中包含的全部材质。下面介绍两种赋予材质的操作。

1. 方法一：加入到场景

在【内容】材质库列表中选择一种材质，右击弹出快捷菜单，在快捷菜单中选择【加入到场景】命令，可以将该材质添加到【材质】选项卡的【材质列表】标签中，如图18-57所示。【材质列表】标签下的材质，就是场景中使用的材质。可以随时将场景中的材质赋予任意对象。

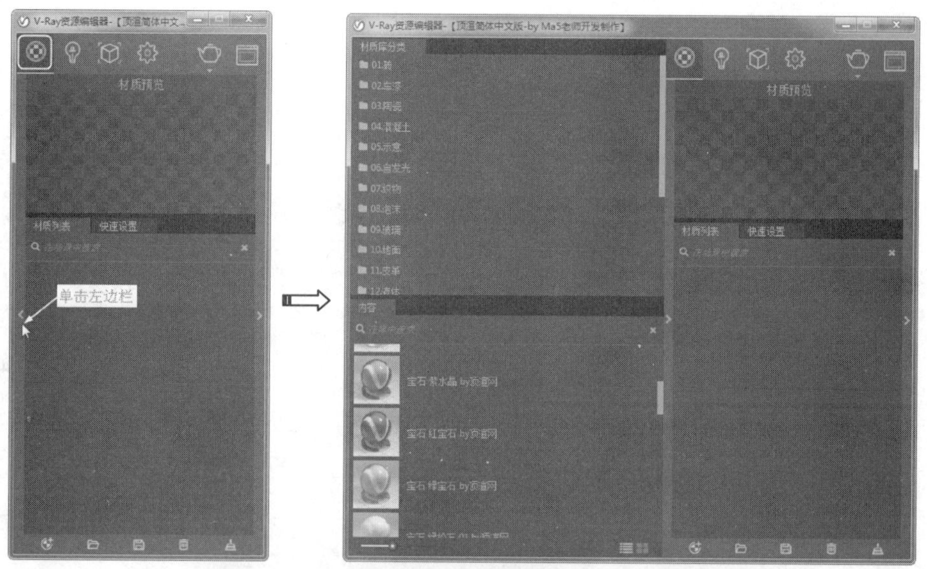

图18-56　展开材质库

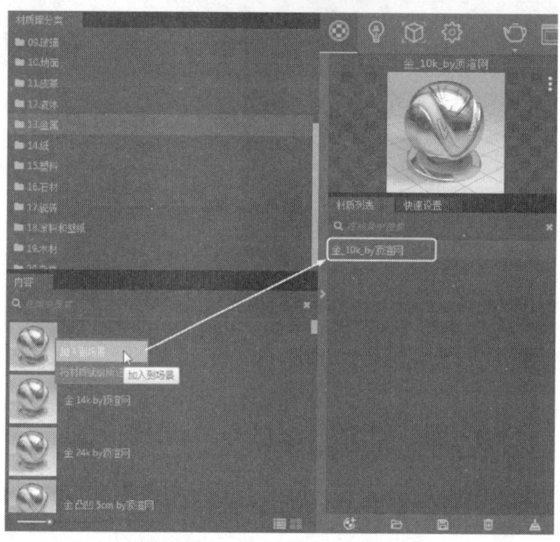

图18-57　将材质加入到场景

材质已经在场景中了，那么怎样赋予对象呢？在【材质列表】标签下右击材质，弹出的右键快捷菜单如图18-58所示。下面介绍快捷菜单中各命令的含义。

- 选取场景中使用此材质的模型：执行此命令，可将视图中已经赋予该材质的所有对象选中，如图18-59所示。

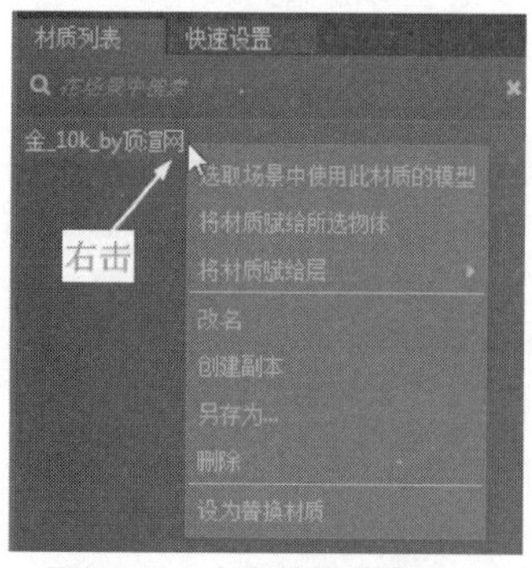

图18-58　右击快捷菜单

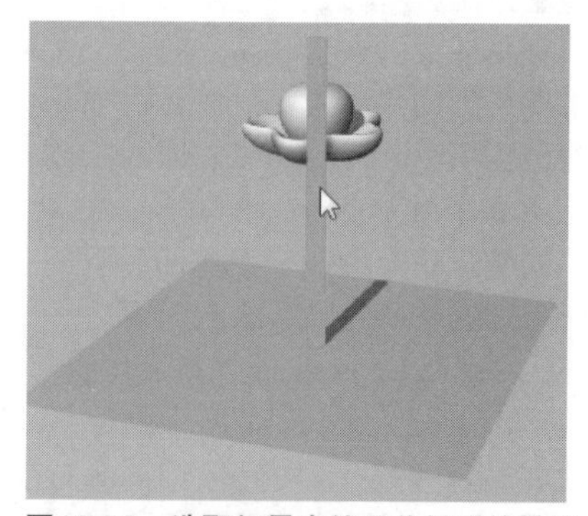

图18-59　选取场景中使用此材质的模型

- 将材质赋给所选物体：在视图中先选取要赋予材质的对象，再执行此命令，即可完成材质赋予操作。
- 将材质赋给层：在知晓对象所在的图层后，执行此命令，可立即将材质赋予图层中的对象，如图18-60所示。

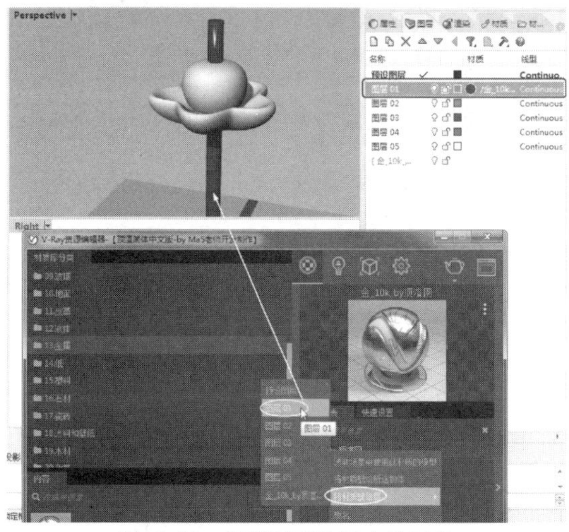

图18-60　将材质赋给层中的对象

- 改名：就是重新设置材质的名称。
- 创建副本：可以创建一个副本材质，从副本材质中作少许修改，即可得到新的材质。
- 另存为：修改材质后，可以将材质保存在V-Ray材质库中（等同于底部的【将材质保存为文件】按钮），如图18-61所示。以后调取此材质时，可在底部单击【导入V-Ray材质】按钮。

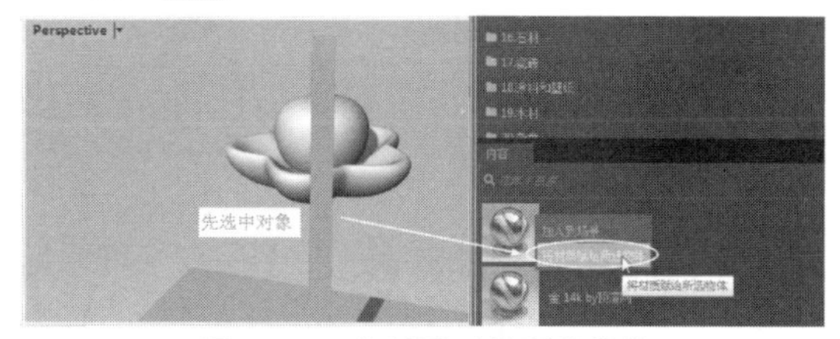

图18-61　将材质赋给所选物体

- 删除：从场景中删除此材质，同时从对象上也删除材质。等同于底部的【删除材质】按钮。

2. 方法二：将材质赋给所选物体

这种方法比较快捷。先在视图中选中要赋予材质的对象，然后在【内容】材质库中右击某种材质，并在弹出的快捷菜单中执行【将材质赋给所选物体】命令，如图18-62所示。

18.4.3　材质编辑器

V-Ray渲染器提供了一种特殊材质——V-Ray材质。这允许在场景中更好地物理校正照明（能量分布），更快地渲染，更方便地设置反射和折射参数。在【材质】选项卡右侧边栏单击，可展开【材质编辑器】对话框，如图18-62所示。

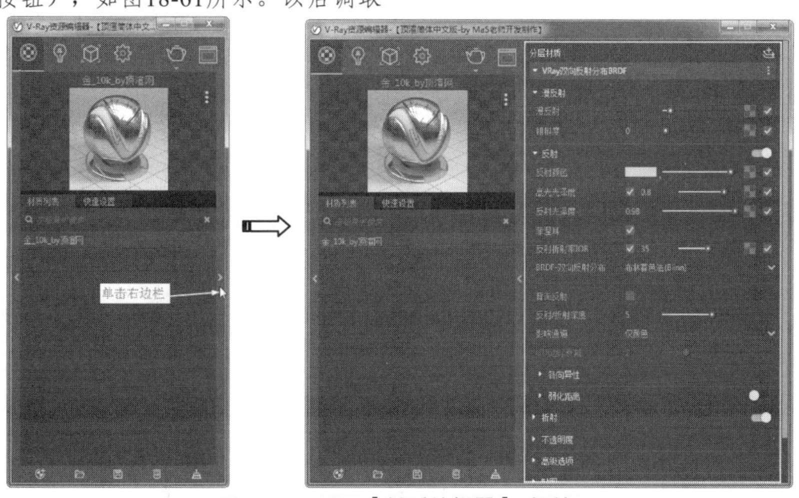

图18-62　展开【材质编辑器】对话框

【材质编辑器】对话框中包含3个重要的控制选项，分别是V-Ray双向反射分布BRDF、材质选项和纹理贴图。

18.4.4　【V-Ray双向反射分布BRDF】设置

在V-Ray材质中，可以应用不同的纹理贴图，控制反射和折射，添加凹凸贴图和位移贴图，强制直接GI计算，以及为材质选择BRDF。接下来介绍各卷展栏选项的含义。

1.【漫反射】卷展栏

新建的材质默认只有一个漫反射层，其参数调节在【漫反射】卷展栏中进行，如图18-63所示。漫反射层主要用于表现材质的固有颜色，单击其右侧的按钮，在弹出的位图图库中可以为材质增加纹理贴图，如图18-64所示。可以为材质增加多个漫反射层，以表现更为丰富的漫反射颜色。添加位图后单击底部的【返回】按钮，返回到材质编辑器中。

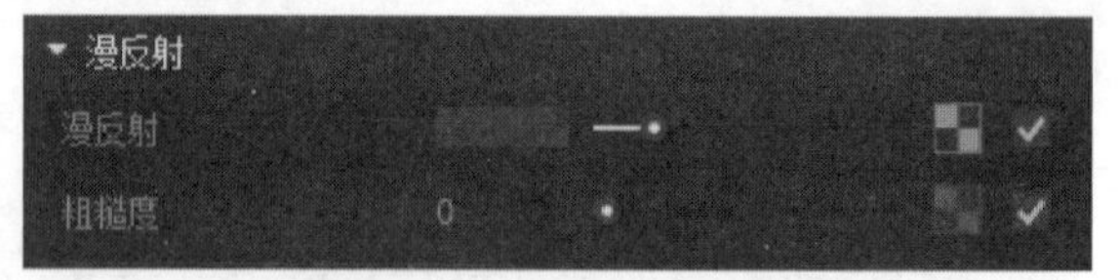

图18-63 【漫反射】卷展栏

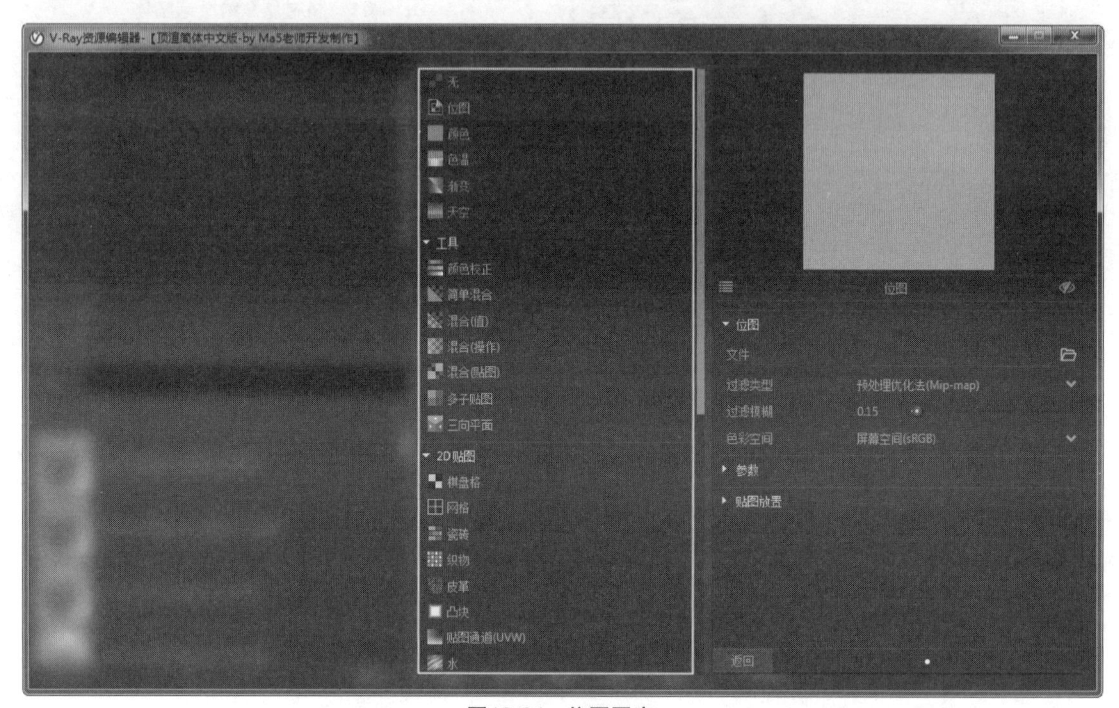

图18-64 位图图库

- 颜色图例：设置材质的漫反射颜色，也可以用后面的贴图控制。
- 颜色微调按钮：拖动微调按钮，可以调节颜色的深浅。
- 贴图按钮：单击该按钮，可以为材质增加纹理贴图，并覆盖材质的【颜色】设置。
- 粗糙度：用于模拟覆盖有灰尘的粗糙表面（如皮肤或月球表面）。如图18-65所示为粗糙度参数变化的效果。随着粗糙度的增加，材料显得更加粗糙。

粗糙度=0　　粗糙度=0.3　　粗糙度=0.6

图18-65 粗糙度参数的变换及渲染效果对比

2.【反射】卷展栏

反射是表现材质质感的一个重要元素。自然界中的大多数物体都具有反射属性，只是有些反射非常清晰，可以清楚地看出周围的环境；有些反射非常模糊，周围环境变得非常发散，不能清晰地反映周围环境。

【反射】卷展栏如图18-68所示。

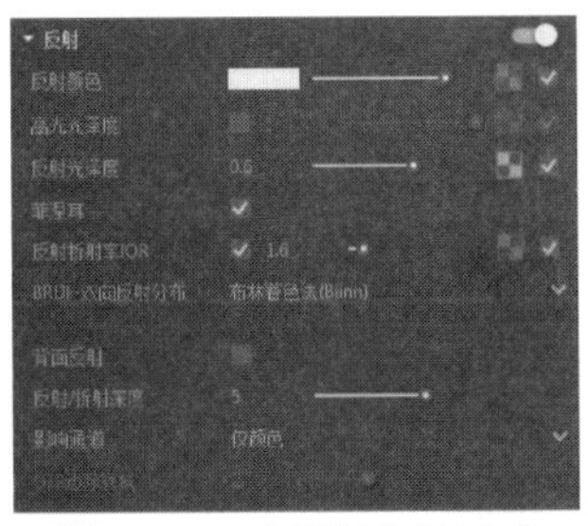

图18-66 【反射】卷展栏

- 反射颜色：通过右侧的颜色微调按钮来控制反射的强度，黑色为不反射，白色为完全反射。如图18-67所示为不同反射颜色的效果。

反射颜色=黑色

反射颜色=中等灰度

反射颜色=白色

图18-67 不同反射颜色的效果

- 高光光泽度：为材质的镜面突出显示启用单独的光泽度控制。启用此选项并将值设置为1.0，将禁用镜面高光。
- 反射光泽度：指定反射的清晰度。使用下面的细分值参数来控制光泽反射的质量。值为1.0时，有完美的镜像反射，较低的值会产生模糊或光泽的反射，如图18-68所示。

反射/突出光泽度= 1.0

图16-68（续）

反射/突出光泽度= 0.8

反射/突出光泽度=0.6

图18-68 不同反射光泽度的效果

- 菲涅耳：菲涅耳效应是自然界中物体反射周围环境的一种现象，即物体法线朝向人眼或摄像机的部位反射效果越轻微，物体法线越偏离人眼或摄像机的部位反射效果越清晰。勾选【菲涅耳】复选框后，可以更真实地表现材质的反射效果，如图18-69所示。

勾选【菲涅耳】复选框
折射率IOR = 1.3

勾选【菲涅耳】复选框
折射率IOR = 2.0

勾选【菲涅耳】复选框
折射率IOR =10.0

未勾选【菲涅耳】复选框

图18-69 勾选和未勾选【菲涅耳】复选框的渲染效果

- 反射折射率IOR：这是一个非常重要的参数，数值越高，反射的强度越强，如金属、玻璃、光滑塑料等材质的【反射折射率 IOR】强度可以设置为5左右，一般塑料或木头、皮革等反射较为不明显的材质则可以设置为1.55以下。不同【反射折射率 IOR】数值的反射效果如图18-70所示。
- BRDF-双向反射分布：确定BRDF的类型，建议对金属和其他高反射材料使用GGX类型。如图18-71所示展示了V-Ray中可用的BRDF之间的差异。请注意不同BRDF产生的不同亮点。
- 背面反射：未勾选该复选框时，仅针对物体的正面计算反射。勾选该复选框时，背面反射也将被计算。
- 反射/折射深度：指定光线可以被反射的次数。具有大量反射和折射表面的场景可能需要更高的值才会看起来正确。
- 影响通道：指定哪些通道会受材料反射率的影响。
- GTR边际衰减：仅当BRDF设置为GGX时才有效。它可以通过控制尖锐镜面高光消退的速率来微调镜面反射。

3.【折射】卷展栏

在表现透明材质时，通常会为材质添加折射，该卷展栏用于设置透明材质。

【折射】卷展栏如图18-72所示。【折射】卷展栏中的部分选项含义与【反射】卷展栏中相同，下面介绍各选项的含义。

- 【雾的颜色】：用于设置透明材质的颜色，如有色玻璃。
- 【雾浓度倍增】：控制透明材质颜色的浓度，值越大颜色越深。将雾的颜色设置为（R:122,G:239,B:106），不同的雾的颜色倍增值效果如图18-73所示。

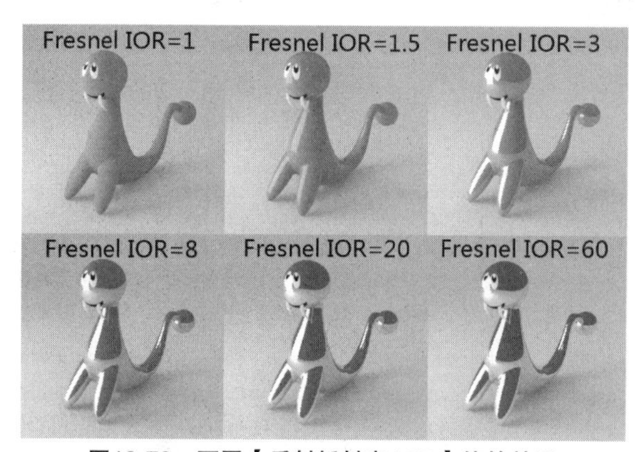

图18-70　不同【反射折射率 IOR】值的效果

BRDF类型= Phong

BRDF类型= Blinn

BRDF类型= Ward

BRDF类型= GGX

图18-71　BRDF-双向反射分布

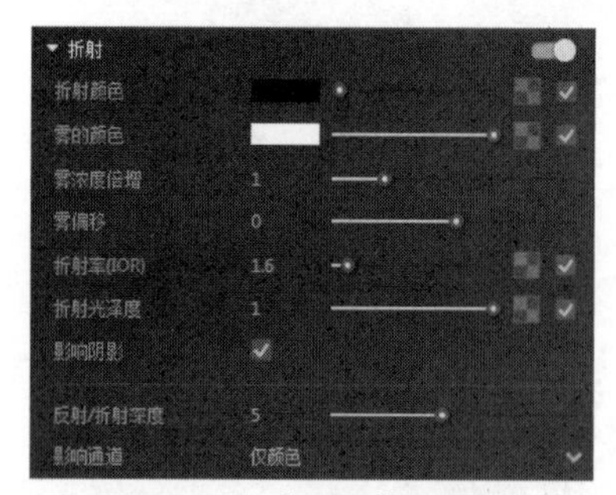

图18-72　【折射】卷展栏

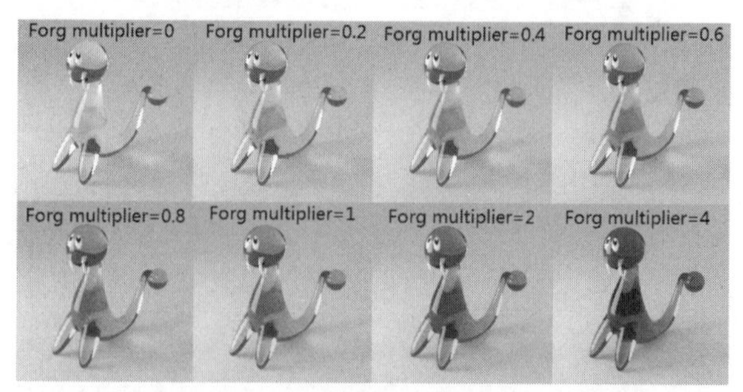

图18-73　不同的雾的颜色倍增值的效果

- 雾偏移：改变雾的颜色的应用方式。负值使物体的薄部分更透明，厚部分更不透明，反之亦然（正数使较薄的部分更不透明，较厚的部分更透明）。
- 影响阴影：勾选此复选框后，投影颜色会受到雾色的影响，使投影更有层次感。
- 影响通道：勾选此复选框后，Alpha通道会受到雾色影响。

4.【色散】卷展栏

【色散】卷展栏如图18-74所示。

图18-74 【色散】卷展栏

- 色散：启用时，将计算真实的光波长色散。
- 色散强度：增加或减少色散效应。降低该参数的值，会扩大色散，反之亦然。

5.【半透明】卷展栏

【半透明】卷展栏如图18-75所示。

图18-75 【半透明】卷展栏

半透明材质效果是一种比较特殊的半透明效果，蜡、皮肤、牛奶、果汁、玉石等都属于此类材质。这种材质会在光线传播过程中吸收其中的一部分，光线进入的距离不一样，光线被吸收的程度也不一样。

下面介绍【半透明】卷展栏中各选项的含义。

- 类型：选择用于计算半透明度的算法。必须启用折射才能看到此效果，包括【硬（蜡）模型】和【混合】两种。【硬（蜡）模型】特别适用于硬质材料，如大理石。【混合】是最现实的SSS模型，适用于模拟皮肤、牛奶、果汁和其他半透明材料。
- 背面颜色：控制材质的半透明效果，不要使用白色全透明，这会让光线因被吸收过多而变黑，也不要使用黑色完全不透明，这会没有透光效果。可以尝试使用黑白色之间的灰色。
- 散射系数：设置物体内部散射的数量。0表示光线在任何方向都进行散射；1表示光线在次表面散射过程中不能改变散射方向。
- 厚度：用于限定光线在物体表面下跟踪的深度。参数越大，光线在物体内部消耗得越快。
- 前/后方向系数：设置光线散射方向。数值为0时，光线散射朝向物体内部；数值为1时，光线散射朝向物体外部；数值为0.5时，朝物体内部和外部散射数量相等。

6.【不透明度】卷展栏

【不透明度】卷展栏如图18-76所示。下面介绍各选项的含义。

图18-76 【不透明度】卷展栏

- 不透明度：指定材质的不透明度或透明度。纹理贴图可以分配给这个通道。
- 方式：控制不透明度图的工作方式。
- 自定义源：启用时，V-Ray使用Alpha通道来控制材质的不透明度。

7.【高级选项】卷展栏

【高级选项】卷展栏如图18-77所示。下面介绍各选项的含义。

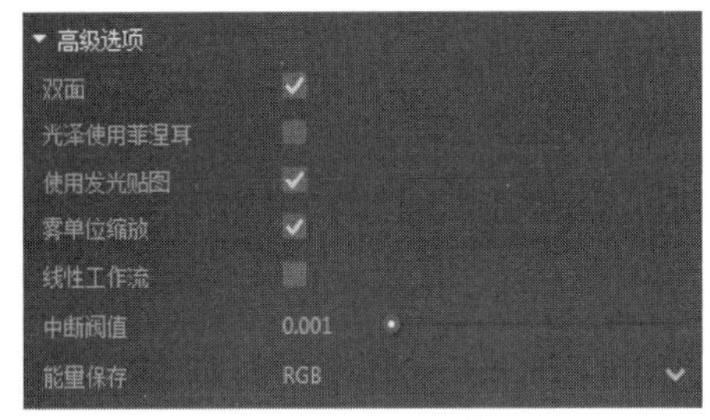

图18-77 【高级选项】卷展栏

- 双面：启用后，V-Ray将使用此材质翻转背面的法线。否则，将始终计算材料“外侧”上的照明。该选项可以用来为纸张等薄物体实现假半透明效果。
- 光泽使用菲涅耳：启用时，可渲染出一种类似瓷砖表面有釉的效果或者木头表面刷清漆的效果。当光到达材质表面时，一部分光被反射，一部分发生折射，即视线垂直于表面时，反射较弱，而当视线非垂直表面时，夹角越小，反射越明显。
- 使用发光贴图：启用时，发光贴图将用于近似物料的漫反射间接照明。当禁用时，强力GI将被使用。
- 雾单位缩放：启用时，雾色衰减取决于当前的系统单位。
- 线性工作流：启用时，V-Ray将调整采样和曝光以使用Gamma 1.0曲线。该复选框默认是禁用的。

- 中断阈值：低于此阈值的反射/折射不会被跟踪。V-Ray试图估计反射/折射对图像的贡献，如果它低于此阈值，则不计算这些效果。不要将其设置为0.0，因为在某些情况下，渲染时间可能会过长。
- 能量保存：确定漫反射和折射颜色如何相互影响。

8.【贴图】卷展栏

【贴图】卷展栏如图18-78所示。下面介绍各选项的含义。

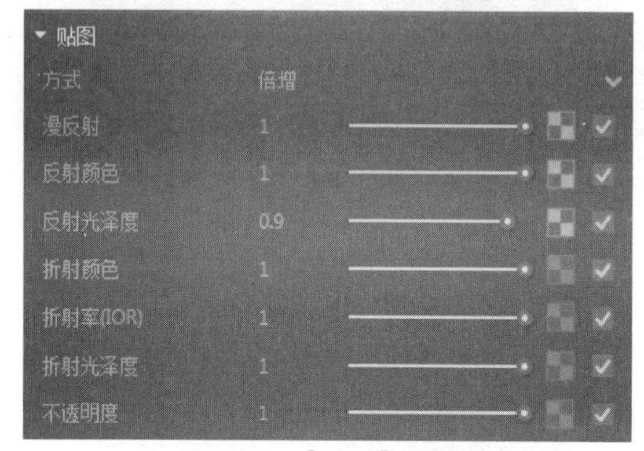

图18-78 【贴图】卷展栏

- 方式：指定倍增器如何混合纹理和颜色。
- 漫反射：这里的漫反射主要用于表现贴图的固有颜色。
- 反射颜色：反射是表现材质质感的一个重要元素。此选项主要设置贴图的反射光颜色。
- 反射光泽度：设置贴图反射光的光线强度。取值范围为0~1。当值为1时，表示凸台不会显示光泽，当值小于1时，贴图才表现有光泽度。
- 折射颜色：设置贴图折射光的颜色。
- 折射率IOR：设置贴图的折射率，折射率越小，反射强度也会越微弱。
- 折射光泽度：设置贴图折射光的光泽度。
- 不透明度：设置贴图的不透明度。

18.4.5 【材质选项】设置

【材质选项】用于设置光线跟踪、材质双面属性等，如图18-79所示。如果没有特殊要求，建议使用默认设置。

下面介绍【材质选项】卷展栏各选项的含义。

- 材质可被覆盖：启用时，如果在全局开关中启用覆盖颜色选项，材质将被覆盖。

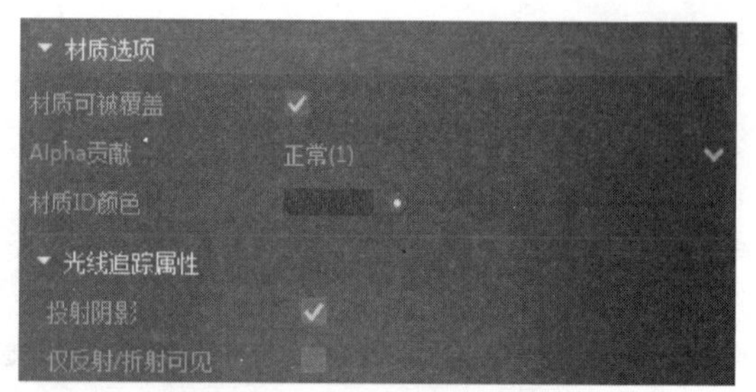

图18-79 【材质选项】卷展栏

- Alpha贡献：确定渲染图像的Alpha通道中对象的外观。
- 材质ID颜色：允许指定一种颜色来表示材质ID VFB渲染元素中的材质。
- 投射阴影：禁用时，应用此材质的所有对象都不会投射阴影。
- 仅反射/折射可见：启用时，应用此材质的对象只会出现在反射和折射中，并且不会直接显示在相机上。

18.4.6 【纹理贴图】设置

【纹理贴图】设置用于为各个通道添加贴图，包含3个选项卷展栏，如图18-80所示。

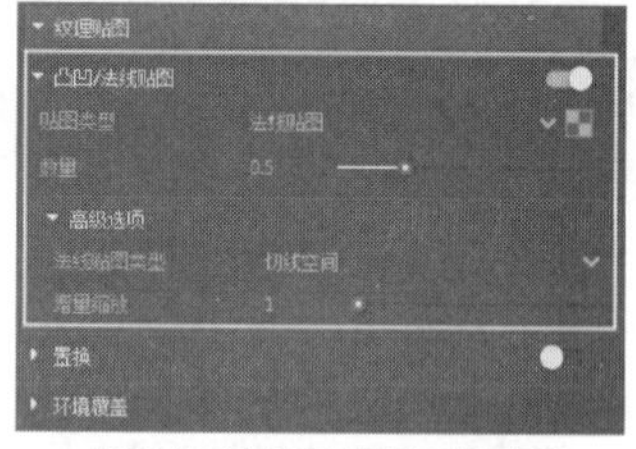

【凹凸/法线贴图】卷展栏

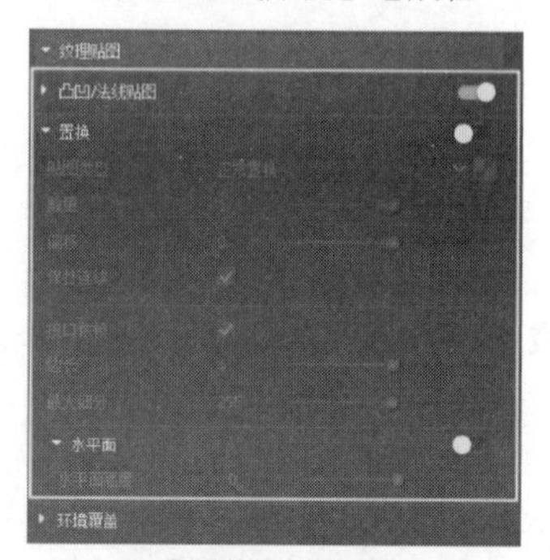

【置换】卷展栏

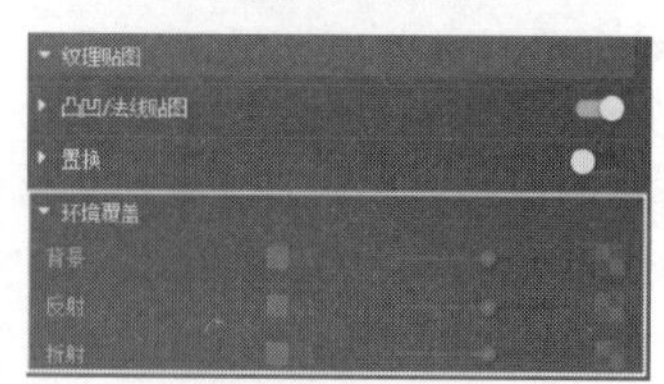

【环境覆盖】卷展栏

图18-80 【纹理贴图】设置选项卷展栏

1.【凹凸/法线贴图】卷展栏

- 凹凸/法线贴图：模拟粗糙的表面，将带有深度变化的凹凸材质贴图赋予物体，经过光线渲染处理后，物体的表面就会呈现出凹凸不平的感觉，而无须改变物体的几何结构或增加额外的点面。
- 贴图类型：指定贴图类型，包括凹凸贴图、本地空间凹凸贴图和法线贴图3种。
- 数量：设置凹凸贴图的效果倍增量。
- 高级选项：仅当贴图类型为【法线贴图】时，才可设置高级选项。
- 法线贴图类型：指定法线贴图类型，有4种类型可选。
- 增量缩放：减小参数的值以锐化凹凸，增加凹凸的模糊效果。

2.【置换】卷展栏

- 置换：控制贴图置换效果。
- 贴图类型：指定将被渲染的置换模式。
- 数量：置换的数量。
- 偏移：将纹理贴图沿着物件表面的法线方向向上或向下移动。
- 保持连续：如果启用，当存在来自不同平滑组和/或材质ID的面时，尝试生成连接的曲面，而不分割。请注意，使用材质ID不是组合位移贴图的好方法，因为V-Ray无法始终保证表面的连续性。可以使用其他方法（顶点颜色、蒙版等）来混合不同的位移贴图。
- 视口依赖：启用后，边长确定子像素边缘的最大长度（以像素为单位）。值为1.0表示投影到屏幕上时，每个子三角形的最长边长约为一个像素。禁用时，边长是世界单位中的最大子三角形边长。
- 边长：确定位移的质量。原始网格的每个三角形都细分为若干子三角形。更多的小三角形意味着位移的更多细节、更慢的渲染时间和更多的RAM使用。更少的三角形意味着更少的细节、更快的渲染和更少的内存。边长的含义取决于视图相关参数。
- 最大细分：设置对原始网格物体的最大细分数量，计算时采用的是该参数的平方值，数值越大，效果越好，但速度也越慢。
- 水平面：仅当启用了贴图置换操作后，此选项才被激活。表示纹理凸贴图的一个偏移面，在该平面下的贴图将被剪切。

3.【环境覆盖】卷展栏

- 背景：用贴图覆盖当前材质所处的背景。
- 反射：覆盖该材质的反射环境。
- 折射：覆盖该材质的折射环境。

18.5 V-Ray渲染器设置

V-Ray渲染参数是比较复杂的，但是大部分参数只需要保持默认设置就可以达到理想的效果，真正需要动手设置的参数并不多。

在【V-Ray资源编辑器】窗口的【设置】选项卡中，单击右边栏后可展开其他重要的渲染设置卷展栏，如图18-81所示。

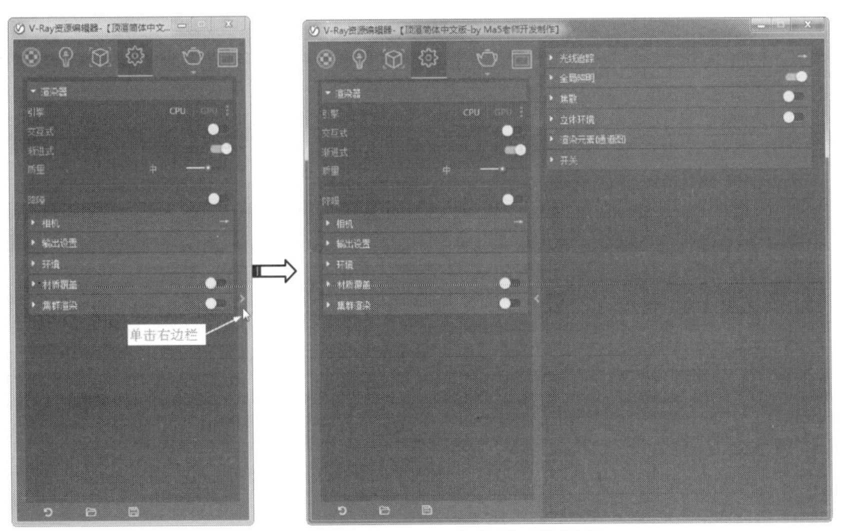

图18-81　展开V-Ray渲染设置卷展栏

接下来介绍渲染时需要进行设置的卷展栏。其中，【环境】卷展栏已经在18.3.2中详细介绍过了。

18.5.1 【渲染器】卷展栏

【渲染器】卷展栏提供常见的渲染功能，如选择渲染设备或打开和关闭V-Ray交互式和渐进式模式，如图18-82所示。下面介绍卷展栏中各选项的含义。

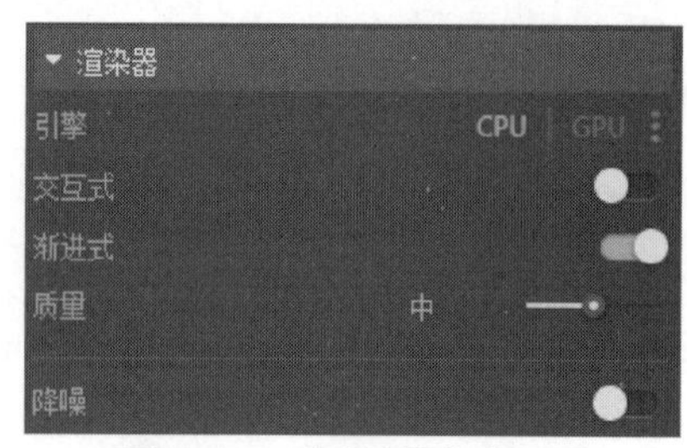

图18-82 【渲染器】卷展栏

- 引擎：在CPU和GPU渲染引擎之间切换。启用GPU可以解锁右侧的菜单，可以在其中选择要执行光线追踪计算的CUDA设备或将它们组合为混合渲染。计算机CPU在CUDA设备列表中也被列为C ++ / CPU。
- 交互式：使交互式渲染引擎能够在场景中编辑对象、灯光和材质的同时查看渲染器图像的更新。交互式渲染仅在渐进模式下工作。
- 渐进式：在迭代中渲染整个图像。可以非常快速地看到图像，然后在计算额外通过时尽可能长时间地优化图像。
- 质量：通过不同的预设值自动调整光线跟踪全局照明设置。
- 降噪：开启降噪功能。详细的降噪设置在【渲染元素（通道图）】卷展栏中，如图18-83所示。

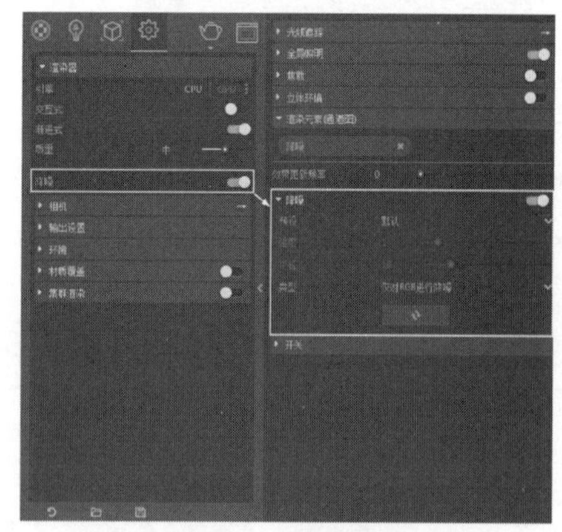

图18-83 降噪设置

18.5.2 【相机】卷展栏

【相机】卷展栏控制场景几何体投影到图像上的方式。V-Ray中的摄像机通常定义投射到场景中的光线，也就是将场景投射到屏幕上。

【相机】卷展栏的标准设置如图18-84所示。默认情况下，设置的相机仅显示调整相机所需的基本设置，以帮助用户创建基本的渲染。可以使用相机设置区域右上角的开关按钮将其更改为【高级】设置，如图18-85所示。

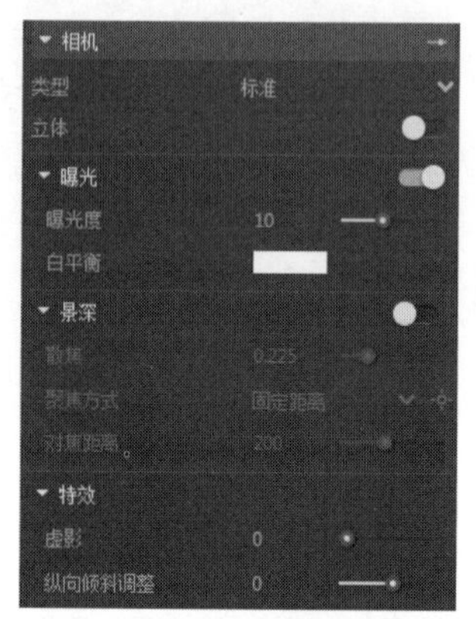

图18-84 【相机】卷展栏-标准设置

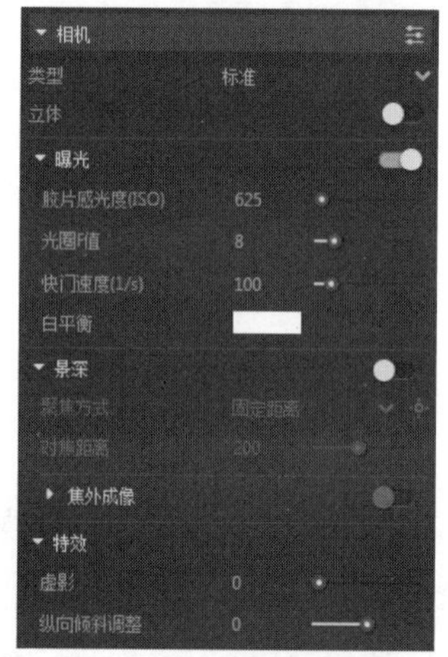

图18-85 【相机】卷展栏-高级设置

- 类型：包括标准、球形全景虚拟现实与立方体贴图虚拟现实。其中，标准适用于自然场景的局部区域。球形全景虚拟现实是720°全景图像，是虚拟现实图像的一种。立方体贴图虚拟现实是基于室内6个墙面（四周墙面与顶棚、地板）的全景图像。
- 立体：启用或禁用立体渲染模式。基于输出布局选项，立体图像呈现为并排或一个在另一个之上。不需要重新调整图像分辨率，因为它会自动调整。

1.【曝光】子卷展栏（标准设置）

【曝光】子卷展栏用于启用物理相机。启用时，曝光值、光圈F值、快门速度和ISO设置会影响图像的整体亮度。

- 曝光度（EV）：控制相机对场景照明级别的灵敏度。
- 白平衡：场景中具有指定颜色的对象在图像中显示为白色。请注意，只有色调被考虑在内，颜色的亮度被忽略。有几种可以使用的预设，最值得注意的是外部场景预设的日光。如图18-86所示为白平衡的示例。光圈F值为8.0，快门速度为200.0，胶片感光度ISO为200.0，在【特效】卷展栏设置【虚影】值为1（开启“渐晕”效果）。

> **技术要点：**使用白平衡颜色可以进一步修改图像输出。场景中具有指定颜色的对象在图像中将显示为白色。例如，对于日光场景，该值可以是桃色以补偿太阳光的颜色等。

2.【曝光】子卷展栏（高级设置）

- 胶片感光度（ISO）：决定胶片的功率（即感光度）。较小的值会使图像变暗，而较大的值会使图像变亮。如图18-87所示是胶片感光度的应用示例。【曝光】开启，【快门速度（1/s）】为60.0，【光圈F值】为8.0，【虚影】开启，【白平衡】为白色。

> **技术要点：**该参数决定了胶片的灵敏度以及图像的亮度。如果胶片速度（ISO）较高（胶片对光线较为敏感），则图像较亮。较低的ISO值表示该胶片不太敏感，并且会产生较暗的图像。

- 光圈F值：决定相机光圈的宽度。如图18-88所示为光圈应用示例。【快门速度（1/s）】为60.0，【胶片感光度ISO】为200，【虚影】开启，【白平衡】为白色。示例中的所有图像均使用V-RaySunSky设置其默认参数进行渲染。

> **技术要点：**【光圈F值】控制虚拟相机的光圈大小。降低F值会增加光圈尺寸，并使图像更明亮，因为更多光线进入相机。反之，增加F值会使图像变暗，因为光圈已关闭。

- 快门速度（1/s）：静止照相机的快门速度，以s为单位。例如，1/30s的快门速度对应于该参数的值30。如图18-89所示为快门速度示例，【曝光】开启，【光圈F值】为8.0，【胶片感光度（ISO）】为200，【虚影】开启，【白平衡】为白色。

> **技术要点：**此参数确定虚拟相机的曝光时间。这个时间越长（快门速度值越小），图像就越亮。相反，如果曝光时间较短（高快门速度值），图像会变暗。此参数还会影响运动模糊效果。

白平衡是白色（255,255,255）

白平衡是蓝色（145，65，255）

白平衡是桃色（20,55,245）

图18-86　白平衡示例

ISO是400

ISO是800

ISO是1600

图18-87　胶片感光度（ISO）示例

F值是8.0

F值是6.0

F值是4.0

图18-88　光圈F值示例

快门速度为125.0

快门速度为60.0

快门速度为30.0

图18-89　快门速度（1/s）示例

3.【景深】子卷展栏（标准设置）

【景深】子卷展栏定义相机光圈的形状。禁用时，会模拟一个完美的圆形光圈。启用时，用指定数量的叶片模拟多边形光圈。

- 散焦：相机散焦成像，与聚焦相反。
- 聚焦方式：选择确定相机聚焦的方式。包括固定距离、相机目标和固定焦点3种。
- 固定距离：相机对焦固定为对焦距离值。使用右侧的按钮在3D空间中选择一个点来设置相机焦距。计算渲染摄像机与点之间的距离，然后将结果用作对焦距离。这种计算不是自动的，每次相机移动时都必须重复相同的操作。
- 相机目标：在渲染开始之前，自动计算焦距，并等于摄像机位置和目标之间的距离。
- 固定焦点：在渲染开始之前，自动计算焦点距离，并等于相机位置与所选3D点之间的距离。使用右侧的按钮选择场景中的一个点。
- 对焦距离：对焦距离影响景深，并确定场景的哪一部分将对焦。
- 拾取焦点按钮：通过在摄像机应该对焦的视口中拾取，确定三维空间中的位置。

4.【焦外成像】子卷展栏（高级设置）

启用此卷展栏后可模拟真实世界相机光圈的多边形形状。当这个选项关闭时，形状被认为是完全圆形的。

- 镜头光圈叶片数量：设置光圈多边形形状的边数。
- 中心偏移：定义散景的偏差形状。值为0.0表示光线均匀通过光圈。正值时，光线集中在光圈的边缘；负值时将光线集中在光圈的中心。
- 旋转：定义叶片的方向。
- 各向异性：允许横向或纵向延伸散景效果。正值时在垂直方向上延伸效果；负值时将其沿水平方向拉伸。

5.【特效】子卷展栏

- 虚影：也称为“渐晕”，该参数控制对真实世界相机的光学渐晕效果的模拟。可以指定渐晕效果的数量，其中0.0表示无渐晕，1.0表示正常渐晕。如图18-90所示为渐晕效果应用示例。
- 纵向倾斜调整：使用此参数可以实现两点透视效果。

晕影是0.0（渐晕被禁用）

晕影是1.0

图18-90　渐晕效果应用示例

18.5.3 【光线追踪】卷展栏

在V-Ray中，图像采样器是指根据其内部和周围的颜色计算像素颜色的算法。

渲染中的每个像素只能有一种颜色。为了获得像素的颜色，V-Ray根据物体的材质、直接照射物体的光线以及场景中的间接照明来计算它。但是在一个像素内，可能会有多种颜色，这些颜色可能来自边缘相交于同一像素的多个对象，或者因对象形状或衰减和/或光源阴影的改变而导致同一对象上亮度的差异。

为了确定这种像素的正确颜色，V-Ray会查看（或采样）像素本身不同部分的颜色以及其周围的像素，这个过程称为图像采样。

【光线追踪】卷展栏也分标准设置和高级设置，如图18-91所示。

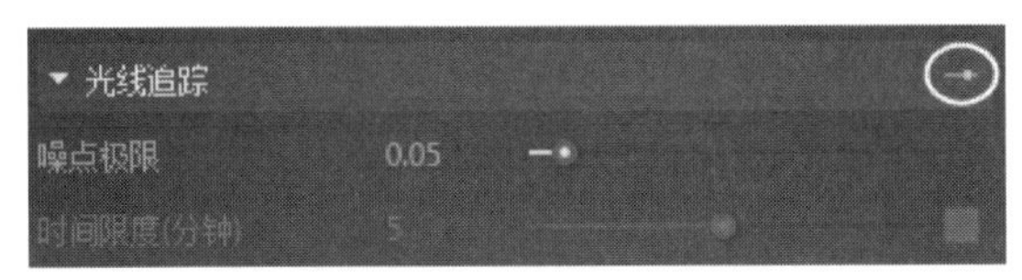

【光线追踪】卷展栏-标准设置

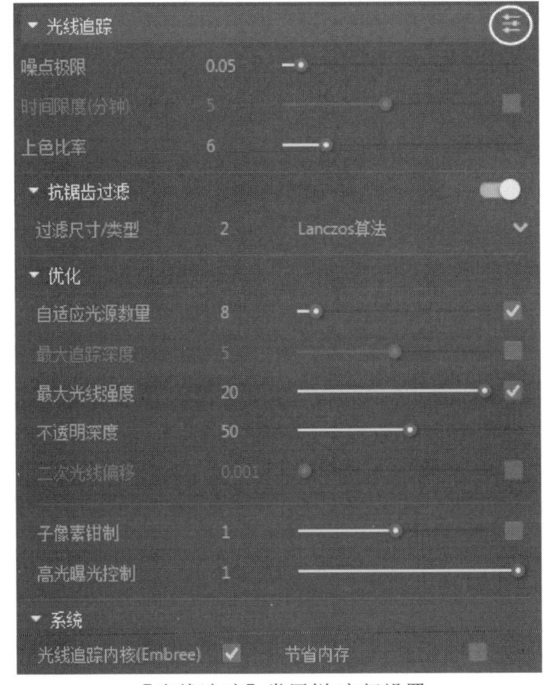

【光线追踪】卷展栏-高级设置

图18-91　【光线追踪】卷展栏

当【渲染器】卷展栏中的【交互式】选项及【渐进式】选项被关闭时，【光线追踪】卷展栏也分标准设置和高级设置，如图18-92所示。

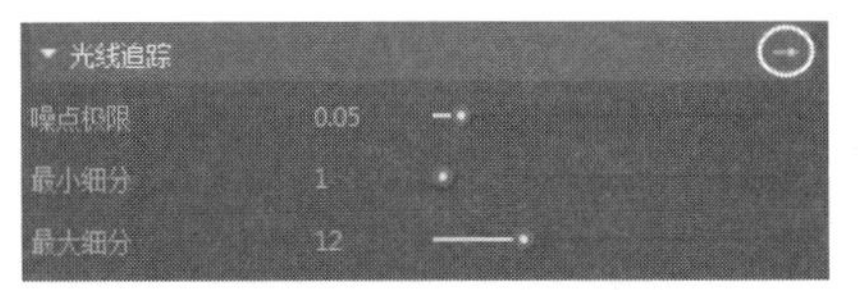

【光线追踪】卷展栏-标准设置

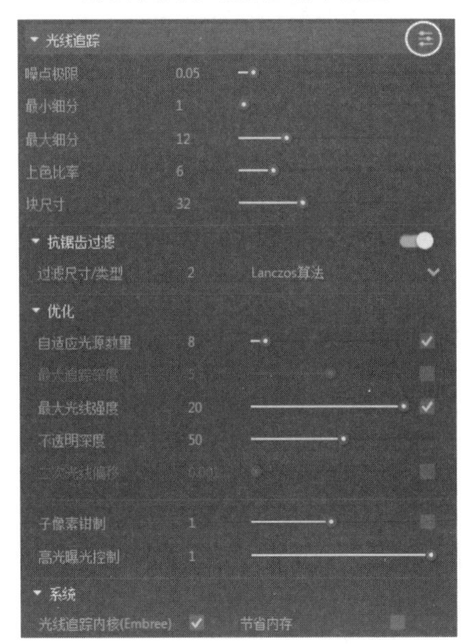

【光线追踪】卷展栏-高级设置

图18-92　关闭【交互式】与【渐进式】选项后的【光线追踪】卷展栏

下面介绍所有标准设置与高级设置中的各子卷展栏选项的含义。

- 噪点极限：指定渲染图像中可接受的噪点级别。数字越小，图像的质量越高（噪点越小）。
- 时间限度（分钟）：指定以分钟为单位的最大渲染时间。达到指定数量时，渲染停止。这只是最终像素的渲染时间。
- 最小细分：确定每个像素采样的初始（最小）数量。这个值很少需要高于1，除非是细线或快速移动物体与运动模糊相结合。实际采用的样本数量是该数字的平方。例如，4个细分值会产生每个像素16个采样。
- 最大细分：确定一个像素的最大采样数量。实际采用的样本数量是该数字的平方。例如，4个细分值会产生每个像素16个采样。请注意，如果相邻像素的亮度差异足够小，则V-Ray可能会少于最大样本数。
- 上色比率：控制将使用多少光线计算阴影效果（如光泽反射、GI、区域阴影等）而不是抗锯齿。数值越高表示花在消除锯齿上的时间就越少，并且在对阴影效果进行采样时会付出更多努力。

- 块尺寸：确定以像素为单位的最大区域宽度（选择区域W / H）或水平方向上的区域数（选择区域计数时）。

1.【抗锯齿过滤】卷展栏

过滤尺寸/类型：控制抗混叠滤波器的强度和要使用的抗混叠滤波器的类型。

2.【GPU贴图】卷展栏

当在【渲染器】卷展栏中设置渲染引擎为GPU后，【GPU贴图】卷展栏才显示，如图18-93所示。

图18-93 【GPU贴图】卷展栏

- 调整尺寸：启用此选项，可将高分辨率纹理调整为较小分辨率，以便优化GPU内存使用率。
- 贴图尺寸：设置纹理贴图的尺寸。
- 像素深度：指定纹理将调整到的分辨率和位深度。

3.【优化】卷展栏

- 自适应光源数量：启用【自适应光源】选项时，由V-Ray评估场景中的灯光数量。为了从光源采样中获得正面效果，该值必须低于场景中的实际灯光数量。值越低，渲染速度越快，但结果可能会更粗糙。较高的值会导致在每个节点计算更多的灯光，从而产生较少的噪点，但会增加渲染时间。
- 最大追踪深度：指定将为反射和折射计算的最大反弹次数。
- 最大光线强度：指定所有辅助射线被夹紧的等级。
- 不透明深度：控制透明物体追踪深度的程度。
- 二次光线偏移：将应用于所有次要光线的最小偏移。如果场景中有重叠的面，使用此功能可以避免可能出现的黑色斑点。
- 子像素钳制：指定颜色分量将被钳位的电平。
- 高光曝光控制：选择性地将曝光校正应用于图像中的高光。

4.【系统】卷展栏

- 光线追踪内核（Embree）：启用英特尔的光线追踪内核。
- 节省内存：Embree将使用更加紧凑的方法来存储三角形，这可能会稍慢些，但会减少内存使用量。

18.5.4 【全局照明】卷展栏

全局照明是指在来自光线周围和周围物体（或环境本身）周围的场景/环境中进行照明。全局照明（或间接照明GI）是指通过计算机图形来计算这种效应。

在【渲染器】卷展栏中开启【交互式】后，【全局照明】将使用间接照明GI，或者说，开启了【交互式】也就开启了间接照明GI。此时的【全局照明】卷展栏如图18-94所示。

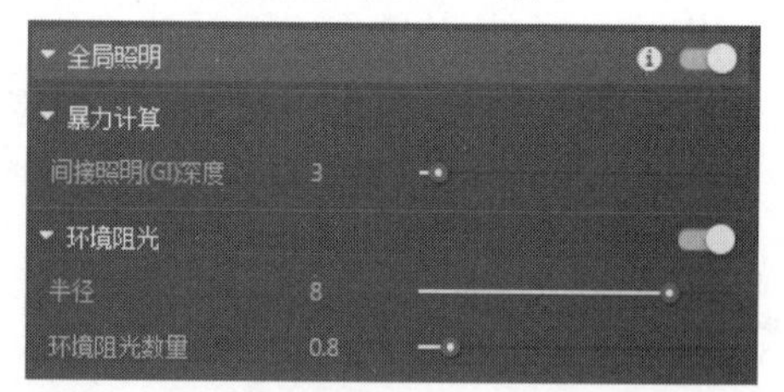

图18-94 开启【交互式】的【全局照明】卷展栏

关闭了【交互式】后，【全局照明】卷展栏如图18-95所示。

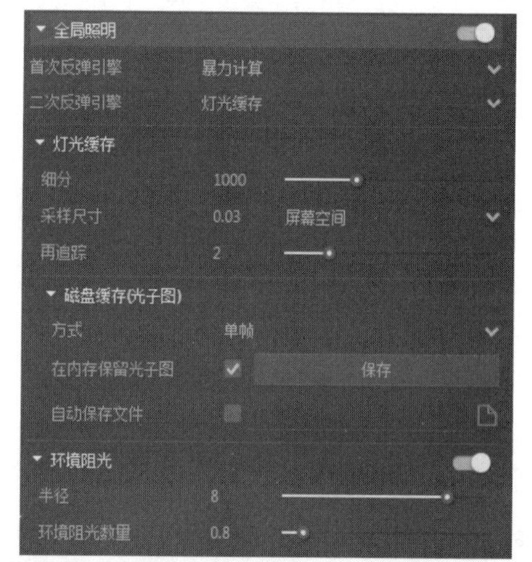

图18-95 关闭【交互式】的【全局照明】卷展栏

1.【首次反弹引擎】选项

指定用于主要反弹的GI方法，包含以下3种首次反弹引擎。

1）【发光贴图】引擎

使V-Ray对初始漫反射使用发光贴图。通过在三维空间中创建具有点集合的贴图以及在这些点上的计算的间接照明来工作。【发光贴图】引擎的详细设置如图18-96所示。

- 最小比率：确定第一个GI通道的分辨率。值为0表示分辨率将与最终渲染图像的分辨率相同，这将使发光贴图与直接计算方法类似。值为-1表示分辨率将是最终图像的一半。

- 最大比率：确定最后一个GI通道的分辨率。这与自适应细分图像采样器的最大速率参数（尽管不相同）类似。
- 细分：控制各个GI样本的质量。较小的值使渲染进度变得更快，但可能会产生斑点。值越高，图像越平滑。
- 插值：指定将用于在给定点插值间接照明的GI样本数。尽管结果会更加平滑，但较大的值往往会模糊GI中的细节。
- 颜色阈值：控制辐照度图算法对间接光照变化的敏感程度。数值越大，灵敏度越低；较小的值使发光贴图对光变化更敏感（从而产生更高质量的图像）。
- 发现阈值：控制发光贴图对表面法线和小表面细节的变化敏感度。数值越大，灵敏度越低；较小的值使辐照度图对曲面曲率和细节较为敏感。
- 距离阈值：设置在计算发光贴图时，对物体表面距离改变的敏感度。

2）【暴力计算】引擎

用于计算全局照明的暴力方法分别独立于其他点重新计算每个单独着色点的GI值。这种方法非常准确，尤其是在场景中有很多细节的情况下。当在【渲染器】卷展栏中开启【交互式】后，可以设置暴力计算，如图18-97所示。

- 间接照明（GI）深度：指定将要计算的光线反弹次数。GI深度也将用于计算交互式渲染GI深度。

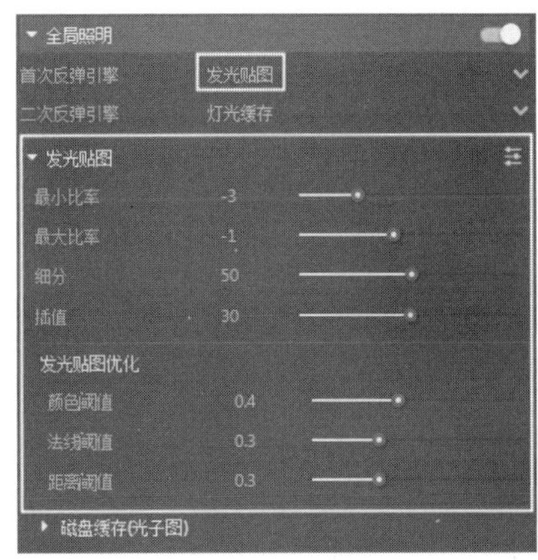

图18-96 【发光贴图】引擎的设置选项

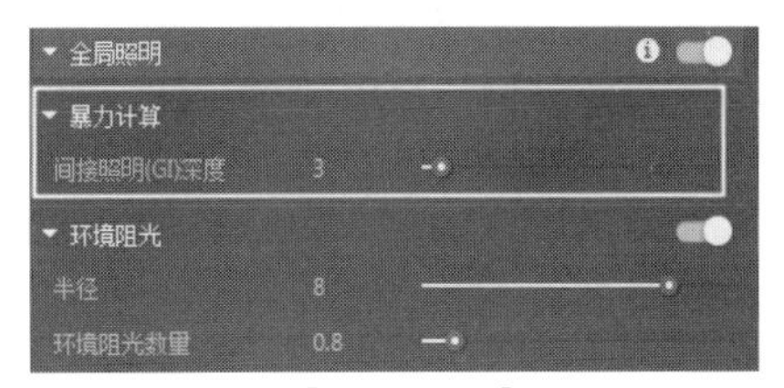

图18-97 【暴力计算】设置选项

3）【灯光缓存】引擎

为主要漫反射指定光缓存。关于【灯光缓存】的选项设置在【灯光缓存】卷展栏中将详细介绍。

2.【二次反弹引擎】选项

指定用于二次反射的GI方法，包括无、暴力计算和灯光缓存等3种引擎。如图18-98所示为首次反弹引擎与二次反弹引擎搭配使用的渲染效果对比。

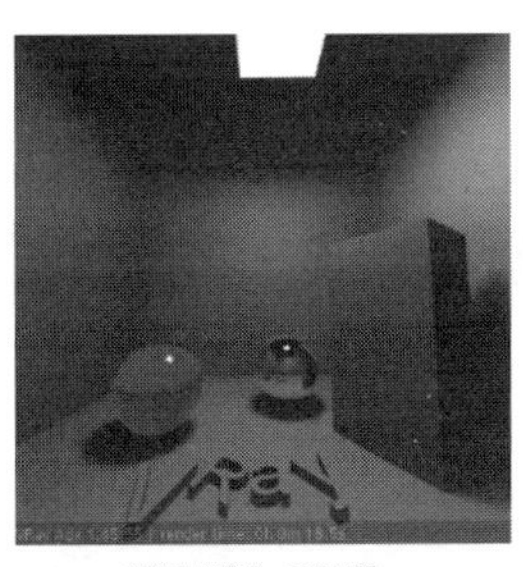

仅限直接照明：GI已关闭。

1次反弹：辐照度图，无次级GI引擎。

2次反弹：辐射图+蛮力GI与1次二次反弹。

4次反弹：辐射图+蛮力GI与3次要反弹

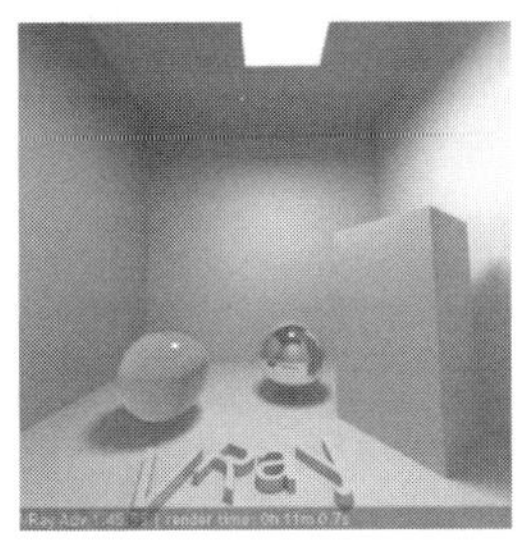

8次反弹：辐射图+蛮力GI，7次二次反弹

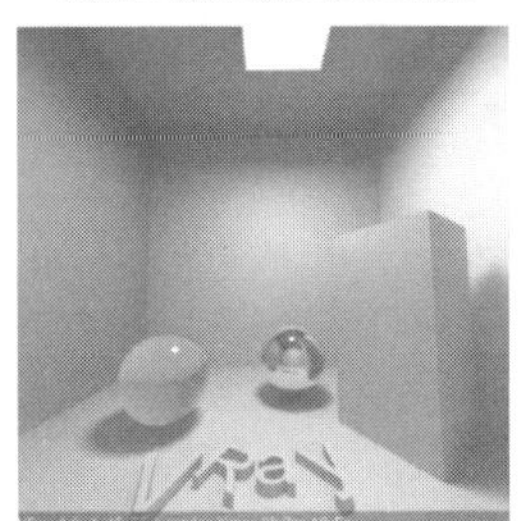

无限次弹跳（完全漫射照明解决方案）：辐照度地图+灯光缓存

图18-98 首次反弹引擎与二次反弹引擎搭配

3.【灯光缓存】子卷展栏

灯光缓存是用于近似场景中的全局照明的技术。

- 细分：确定摄像机追踪的路径数。路径的实际数量是细分的平方（默认1000个细分意味着将从摄像机追踪1 000 000条路径）。如图18-99所示为“细分”的应用示例。

图18-99 “细分”的应用示例

- 采样尺寸：确定灯光缓存中样本的间距。较小的数字意味着样本将彼此更接近，灯光缓存将保留光照中的尖锐细节，但会更嘈杂，并会占用更多内存。
- 再追踪：此选项可在光缓存会产生太大错误的情况下提高全局照明的精度。对于有光泽的反射和折射，V-Ray根据表面光泽度和距离来动态决定是否使用光缓存，以使由光缓存引起的误差最小化。请注意，此选项可能会增加渲染时间。

4.【磁盘缓存（光子图）】子卷展栏

- 方式：控制光子图的模式，包括单帧和使用文件。
- 单帧：启用后，将生成新的光子地图。它将覆盖之前渲染遗留的任何先前的光子贴图。
- 使用文件：启用时，V-Ray不会计算光子贴图，但会从文件加载。单击右侧的浏览按钮，可以指定文件名称。
- 在内存保留光子图：启用时，在场景渲染完成后，V-Ray将光子贴图保存在内存中。禁用时，地图将被删除并释放所占用的内存。如果只想为特定场景计算一次光子贴图，然后将其重新用于进一步渲染，则启用此选项会特别有用。
- 自动保存文件：启用后，V-Ray会在渲染完成时自动将焦散光子贴图保存到提供的文件中，可以指定渲染后焦散光子贴图将被保存的文件位置。

5.【环境阻光】子卷展栏

【环境阻光】子卷展栏控制允许将环境遮挡项添加到全局照明解决方案中。

- 半径：确定产生环境遮挡效果的区域的数量（以场景单位表示）。
- 环境阻光数量：指定环境遮挡量。值为0.0时不会产生环境遮挡。

18.5.5 【焦散】卷展栏

为了计算焦散效应，V-Ray使用了一种称为光子映射的技术。这是一种双程技术。第一遍由场景中光源拍摄的粒子（光子）组成，追踪它们在场景中弹跳，并记录光子撞击物体表面的位置。第二遍是最终渲染，当焦散是通过使用密度估计技术计算第一遍中存储的光子命中时。

【焦散】卷展栏如图18-100所示。其中【磁盘缓存（光子图）】卷展栏在【全局照明】卷展栏中已经详细介绍过。

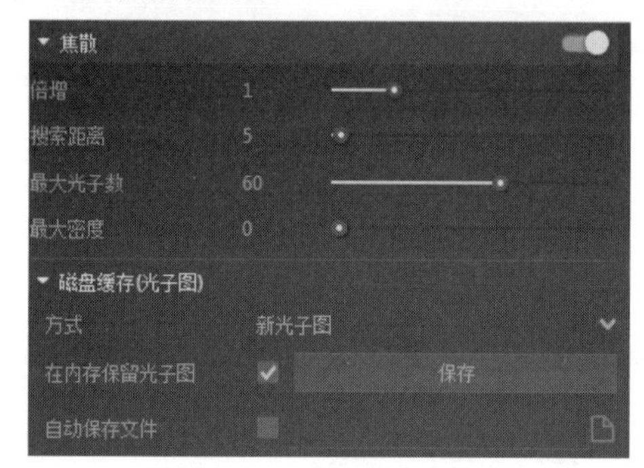

图18-100 【焦散】卷展栏

- 倍增：控制焦散的强度。此参数是全局性的，适用于产生焦散的所有光源。如果需要不同光源的不同倍频器，请使用本地光源设置。
- 搜索距离：当V-Ray需要渲染给定表面点的焦散效果时，它会搜索阴影点（搜索区域）周围区域中该表面上的光子数。搜索区域是一个原始光子在中心的圆，其半径等于搜索距离值。较小的值会产生更锐利，但可能更嘈杂的焦散；较大的值会产生更平滑，但模糊的焦散。
- 最大光子数：指定在表面上渲染焦散效果时将要考虑的最大光子数。较小的值会导致使用较少的光子，并且焦散会更尖锐，但也许更嘈杂。较大的值会产生更平滑，但模糊的焦散。值为0时表示V-Ray将使用它可以在搜索区域内找到的所有光子。
- 最大密度：限制焦散光子图的分辨率（以及内存）。每当V-Ray需要在焦散光子图中存储新光子时，它首先会查看在此参数指定的距离内是否还有其他光子。

18.5.6 【渲染元素（通道图）】卷展栏

渲染元素是一种将渲染分解为其组成部分的方法，如漫反射颜色、反射、阴影、遮罩等。在重新组合最终图像时，使用合成或图像编辑应用程序对最终图像进行微调控制组件元素。渲染元素有时也称为渲染通道。

当没有设置渲染元素时，【渲染元素（通道图）】卷展栏如图18-101所示。在【添加元素】列表中可以选择一种渲染元素，如图18-102所示。

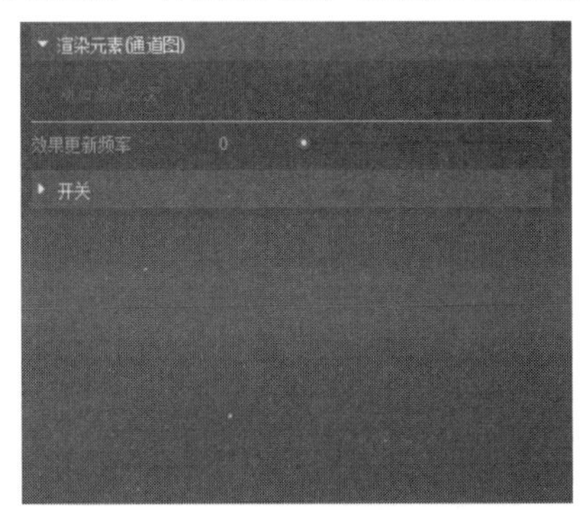

图18-101　没有渲染元素的卷展栏

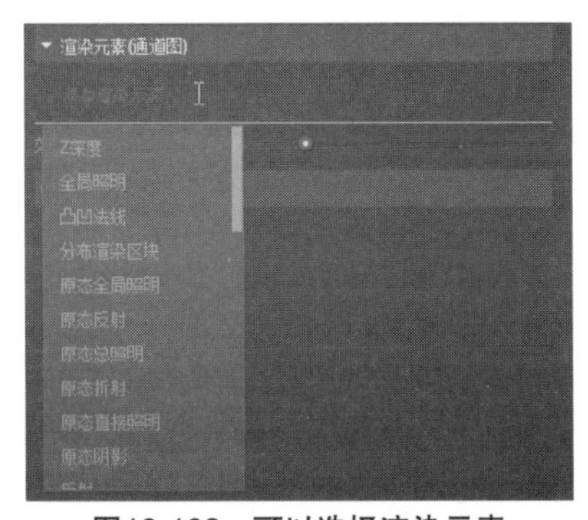

图18-102　可以选择渲染元素

在【渲染器】卷展栏中开启【降噪】后，【渲染元素（通道图）】卷展栏中显示【降噪】子卷展栏，如图18-103所示。

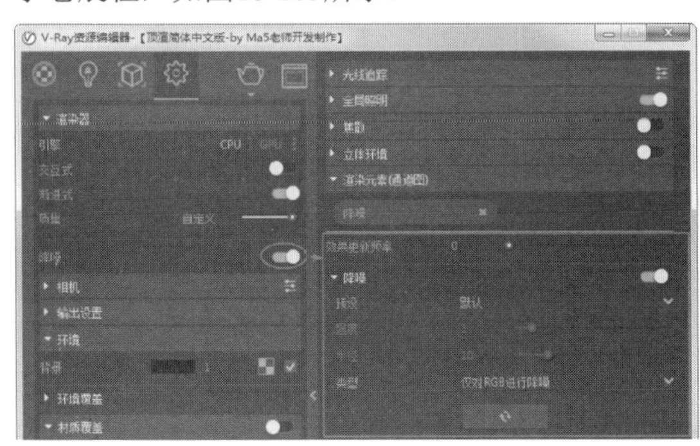
图18-103　【降噪】子卷展栏

下面介绍【降噪】子卷展栏中各选项的含义。

- 效果更新频率：设置降噪效果的更新频率。较大的频率会导致降噪器更频繁地更新，也会增加渲染时长。一般设置5～10的值通常就足够了。
- 预设：提供预设以自动设置强度和半径值。
- 强度：确定降噪操作的强度。
- 半径：指定要降噪的每个像素周围的区域。较小的半径将影响较小范围的像素。较大的半径会影响较大的范围，这会增加噪点。
- 类型：指定是否仅对RGB颜色渲染元素或其他元素去噪点。

18.6 实战案例——学习用品模型渲染

引入文件：动手操作\源文件\Ch16\学习用品.3dm
结果文件：动手操作\结果文件\Ch16\学习用品.3dm
视频文件：视频\Ch16\学习用品渲染案例.avi

本例主要学习塑料等普通反射类材质的设置。最终的案例效果如图18-104所示。塑料等物体的反光（反射）效果比较弱，远没有金属的强烈，因此要注意它们的反射强度的区别。

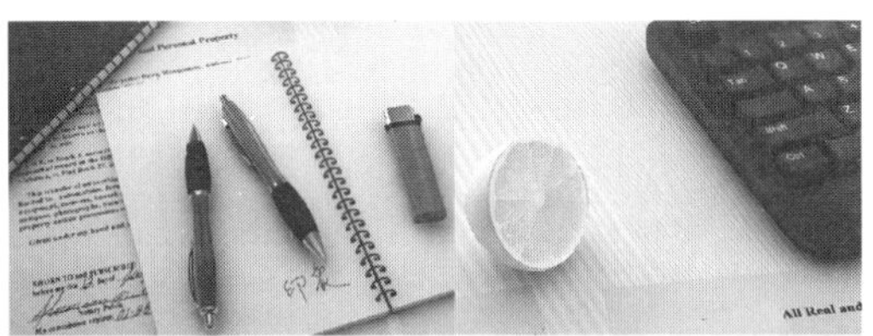

图18-104　最终的案例效果

18.6.1 布置光源

本例的光源实际上是表达白天在窗前的一个情景，没有阳光照射进来，只有天光（自然光）照射。可以用面光源代替天光。

01打开本例素材场景文件“学习用品. max”，如图18-105所示。

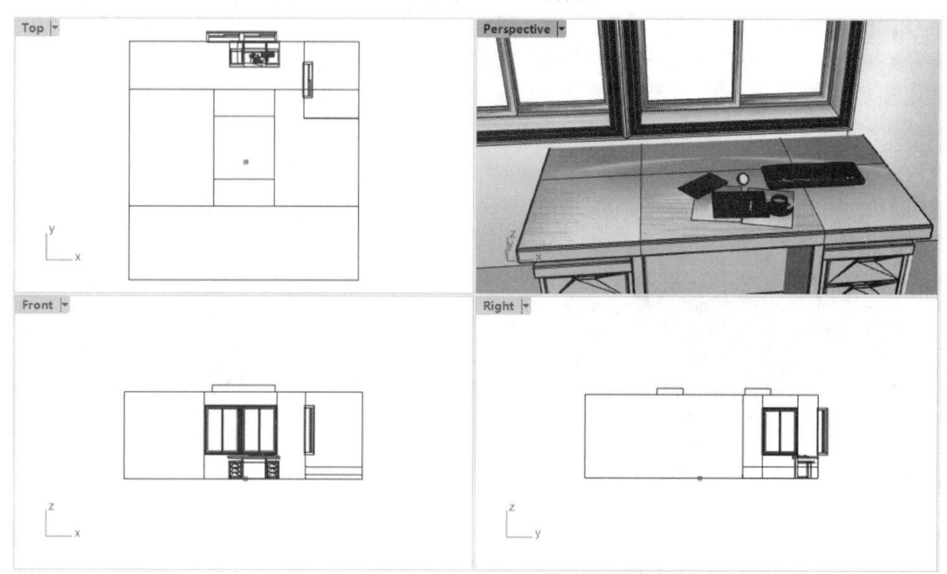

图18-105 打开的场景模型

02在【V-Ray大工具栏】标签下单击【创建面光源】按钮，然后在Front视图中绘制一个矩形以表示面光源，如图18-106所示。

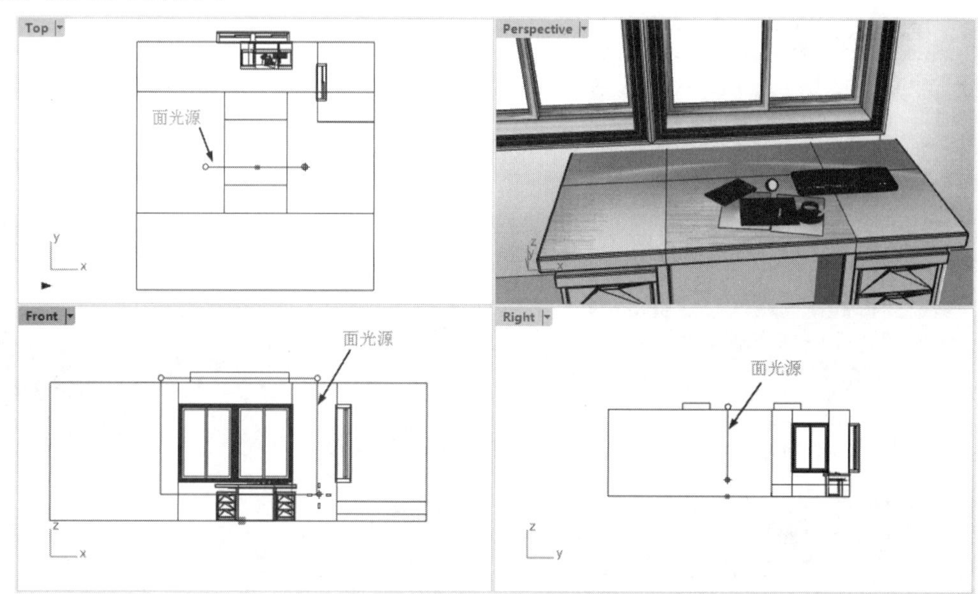

图18-106 创建面光源

技术要点：绘制矩形时要从上往下绘制，不要从下往上绘制，否则光线箭头的指向是错误的。

03在Top视图中将面光源移动至窗外，靠近窗户即可，不要离窗太远，再确保光线箭头指向室内，如果不是指向室内，请旋转面光源，如图18-107所示。

04同理，在右侧窗户外创建面光源。在Right视图中绘制矩形，在Top视图中移动面光源到右侧窗外，如图18-108所示。注意光线箭头须指向室内。

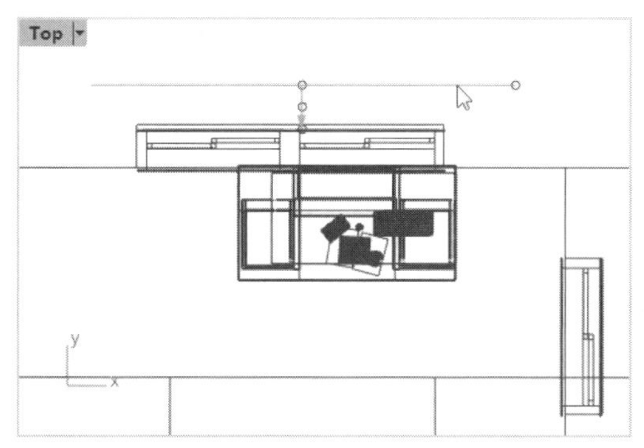

图18-107　移动面光源到窗外

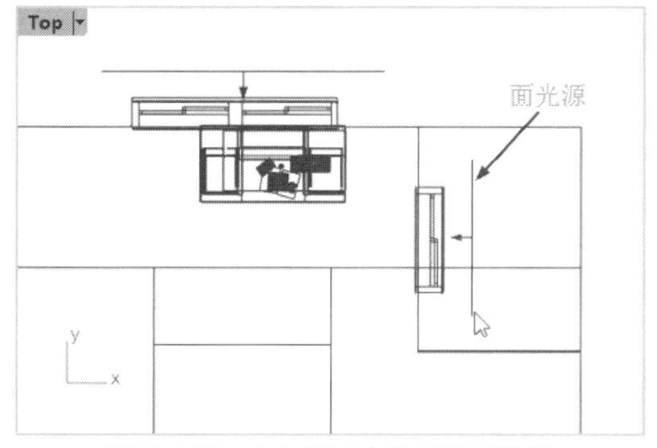

图18-108　在右侧窗户外创建面光源

05创建面光源后，需要验证光源产生的效果。激活Perspective视图，再单击【开始渲染】按钮，完成初次渲染，如图18-109所示。从效果可以看出，仅有窗外存在光源，室内是没有任何光的。这说明室内的物品是没有产生反射或折射的，也就是说物品不带任何材质效果。

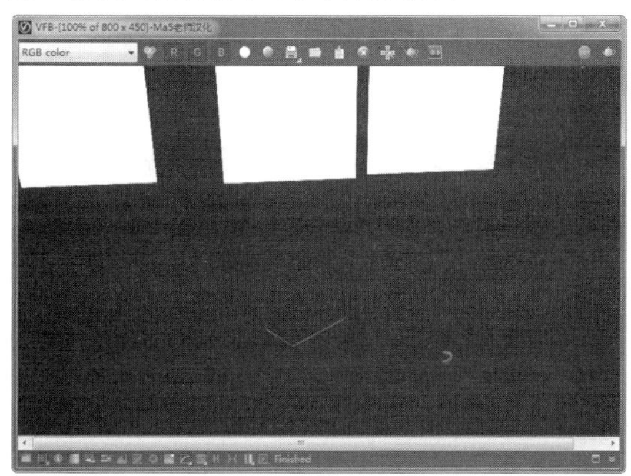

图18-109　初次渲染的效果

18.6.2 赋予材质

在本例中，要表现的是桌面上的物品的渲染效果，而不是门窗、墙壁等。所以仅赋予材质给桌面及桌面上的物品。

01在Perspective视图中调整好视图的方向，然后再次渲染并查看视图表现的效果，如图18-110所示。为了能在渲染时看清物品，在【V-Ray资源编辑器】的【设置】选项卡中开启【材质覆盖】，如图18-111所示。渲染完成后请及时关闭【材质覆盖】。

图18-110　调整视图后的渲染结果

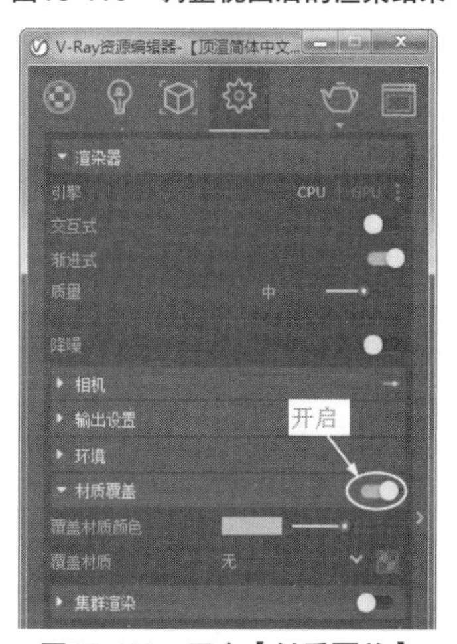

图18-111　开启【材质覆盖】

02首先设置桌面的材质，这是为了在渲染时能看清桌面上的物品。首先选中桌面对象，然后在【V-Ray资源编辑器】的【材质】选项卡中单击左边栏展开材质库分类列表。在【19.木材】材质库中，将【木板_A01_100cm_by顶渲网】材质赋予桌面。接着渲染并查看桌面效果，如图18-112所示。

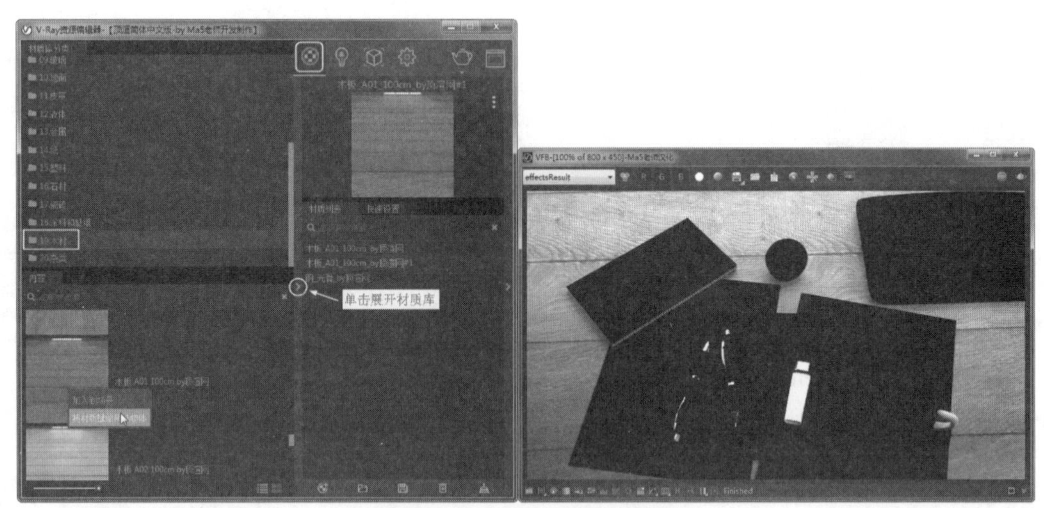

图18-112 给桌面赋予木材质

03如果觉得木纹的方向不好看，可以改变。在【材质】选项卡下单击右边栏，展开【材质编辑器】面板。在【V-Ray双向反射分布BROF】卷展栏的【漫反射】子卷展栏中，单击贴图按钮，在【贴图通道编辑器】的【贴图放置】卷展栏中设置【旋转】值为90，或者其他任意角度，完成后单击【返回】按钮即可，如图18-113所示。

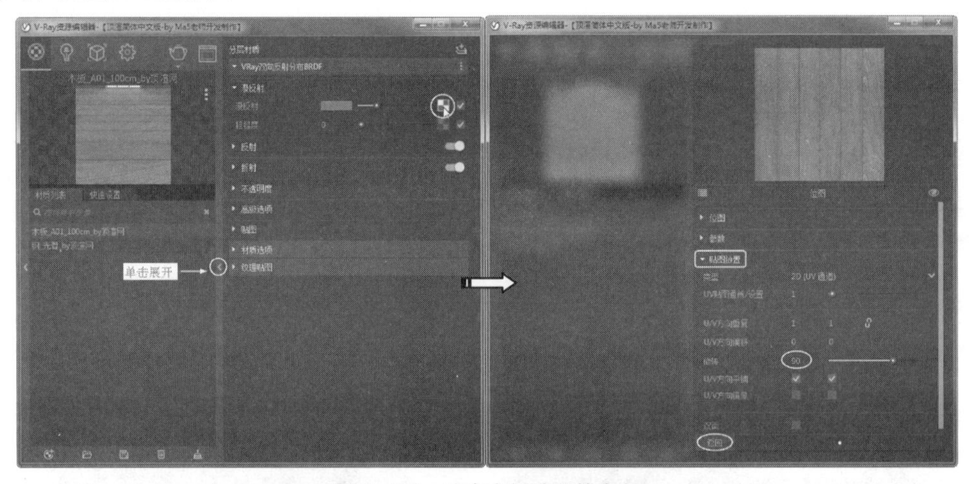

图18-113 改变木材纹理的方向

04重新渲染会得到如图18-114所示的木纹效果。

图18-114 改变木纹方向后的渲染效果

05设置笔记本下面的纸张材质。在材质库分类列表中选择【14.纸】材质库，然后在下面【内容】列表中将【纸_D02_14cm_by顶渲网】赋予所选的纸张对象，并进行渲染，如图18-115所示。如果想模拟有文字（图案）的纸张，在【材质编辑器】面板的漫反射的贴图通道添加用户自定义的贴图就可以了（本例源文件夹中的arch20_document_01.jpg图片），如图18-116所示。

技术要点：要连续选择多个对象时请按住Shift键。

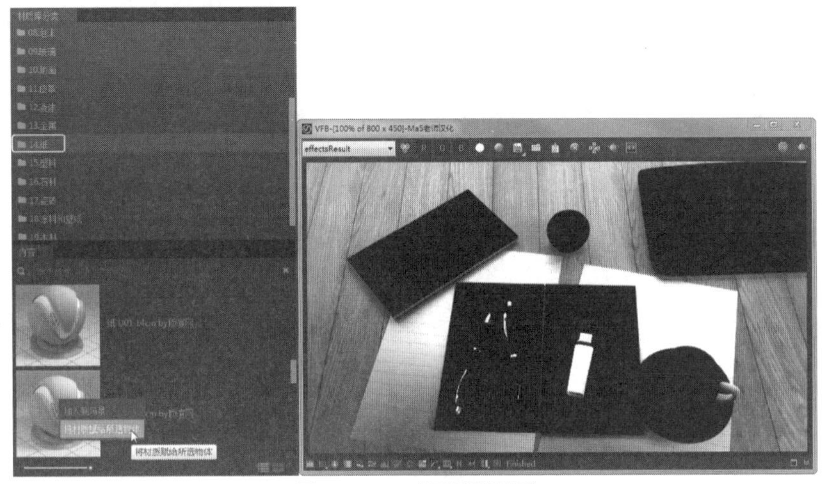

图18-115　赋予纸张材质

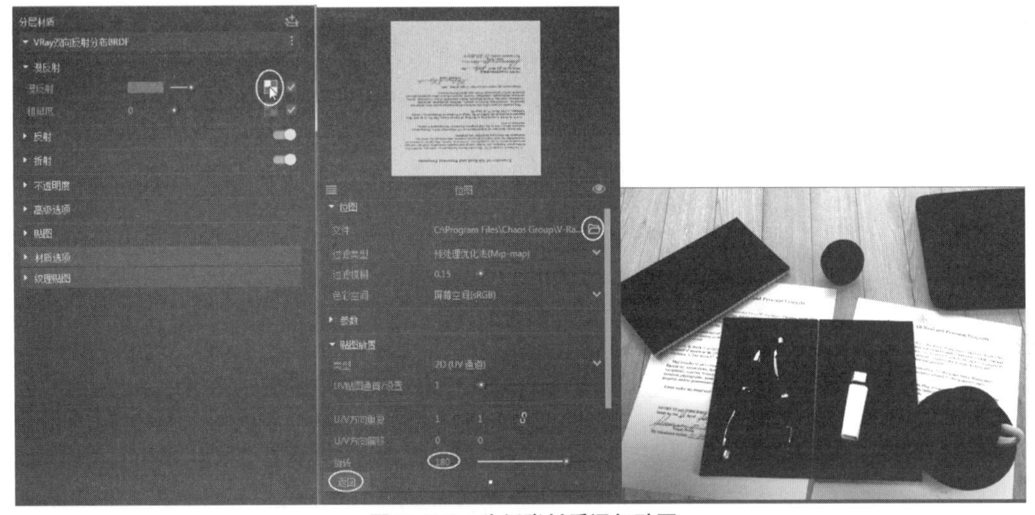

图18-116　为纸张材质添加贴图

06赋予笔记本封面（书皮）材质【纸_C02_8cm_by顶渲网】，如图18-117所示。

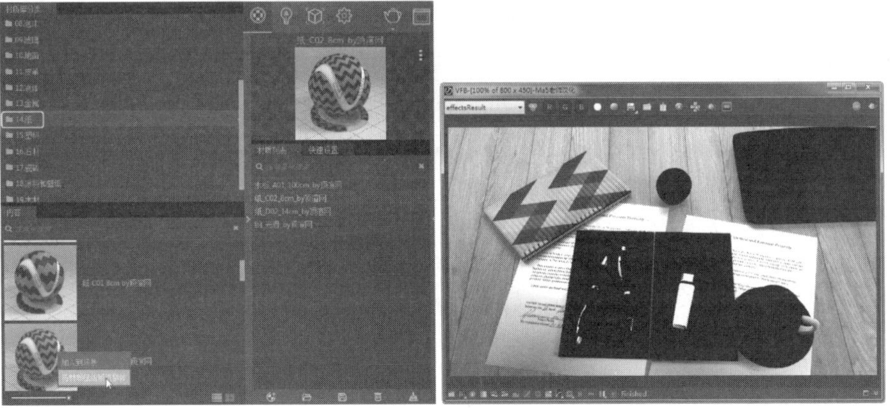

图18-117　赋予笔记本封面（书皮）材质

07赋予笔记本纸张材质【纸_B_20cm_by顶渲网】，如图18-118所示。

图18-118　创建笔记本纸材质

08选择一支圆珠笔的笔身部位，赋予绿色塑料材质【塑料_子面散射（SSS）_03_绿色_by顶渲网】，效果如图18-119所示。

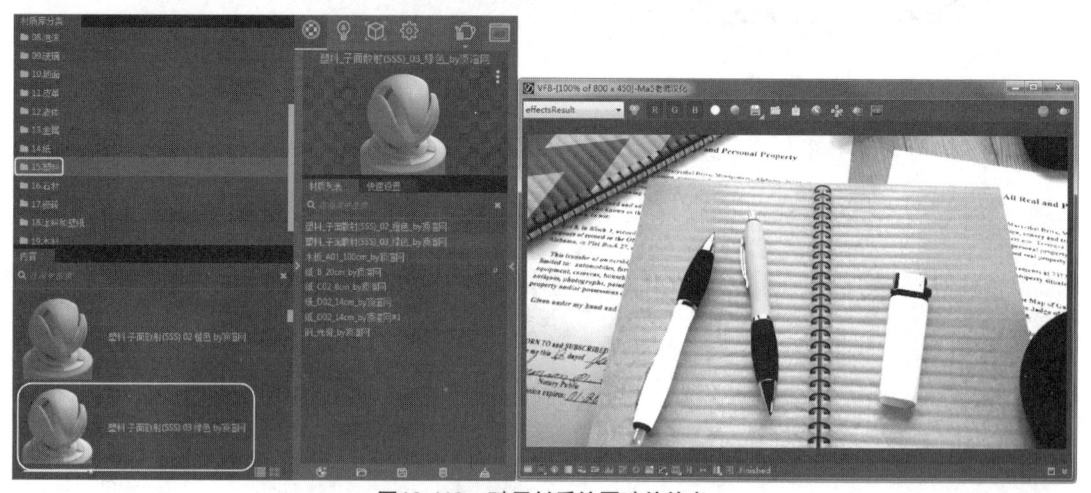

图18-119　赋予材质给圆珠笔笔身

09同理，选择另一支圆珠笔的笔身，赋予【塑料_子面散射（SSS）_02_橙色_by顶渲网】材质，效果如图18-120所示。

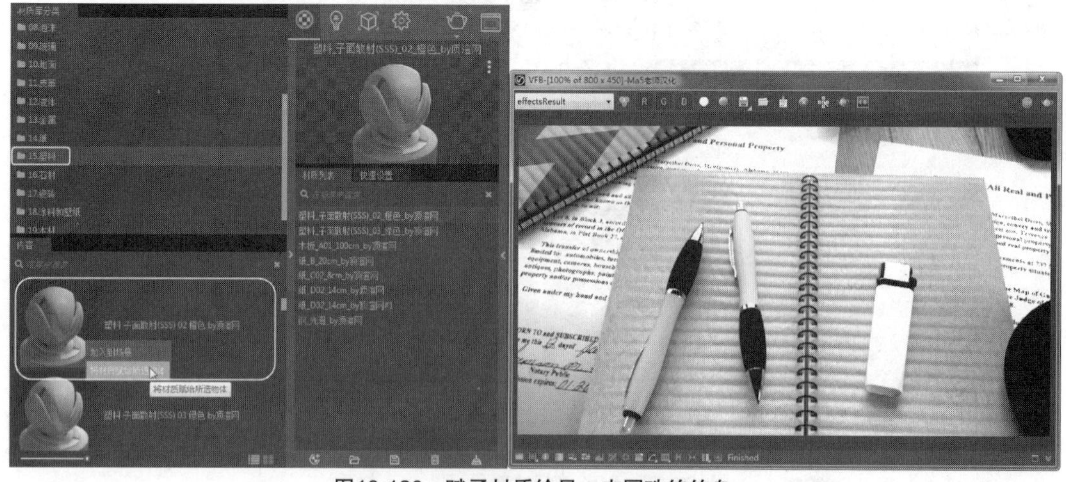

图18-120　赋予材质给另一支圆珠笔笔身

10打火机外壳部分的塑料材质设置和圆珠笔塑料的材质是相同的，对橙色塑料材质进行复制，再更改一下漫反射与子面散射层颜色就可以了，如图18-121所示。

图18-121　赋予打火机外壳材质

11赋予黑色塑料材质【塑料_简单_中颗粒_黑色_by顶渲网】给键盘，如图18-122所示。

12将【04.陶瓷】材质库的【陶瓷_A02_橙色_10cm_by顶渲网】赋予咖啡杯及盘子，渲染效果如图18-123所示。

图18-122　赋予塑料材质给键盘

图18-123　赋予陶瓷材质给杯子及盘子

13将【12.液体】材质库的【咖啡_by顶渲网】赋予咖啡杯中的咖啡，渲染效果如图18-124所示。

图18-124　给咖啡材质添加贴图

14设置柠檬材质。将【塑料_子面散射（SSS）_01_白色_by顶渲网】材质赋予柠檬，然后在【材质编辑器】面板中单击【漫反射贴图通道】按钮给柠檬材质添加一张柠檬贴图，即本例源文件夹中的lemon-3.jpg，如图18-125所示。

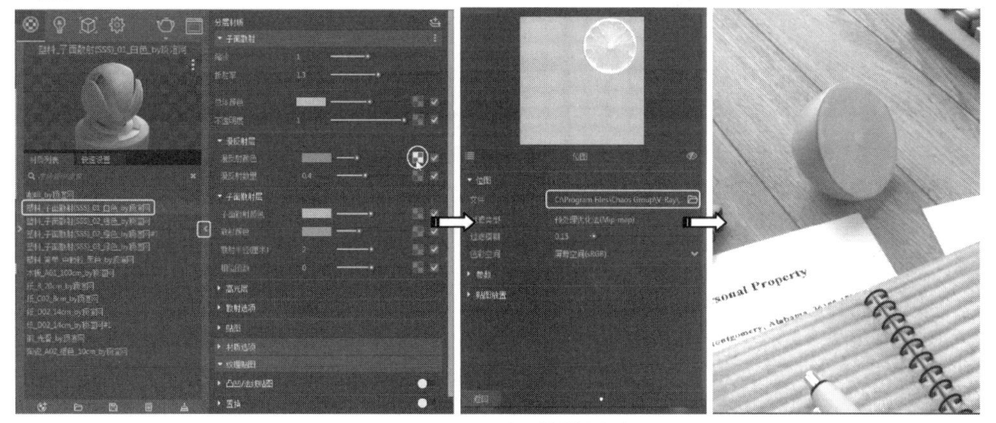

图18-125　赋予柠檬材质

15在【设置】选项卡的【渲染器】卷展栏中开启【降噪】选项，在【全局照明】卷展栏中设置首次反弹引擎为【发光贴图】，设置二次反弹引擎为【灯光缓存】，如图18-126所示。最终整个场景的渲染效果如图18-127所示。

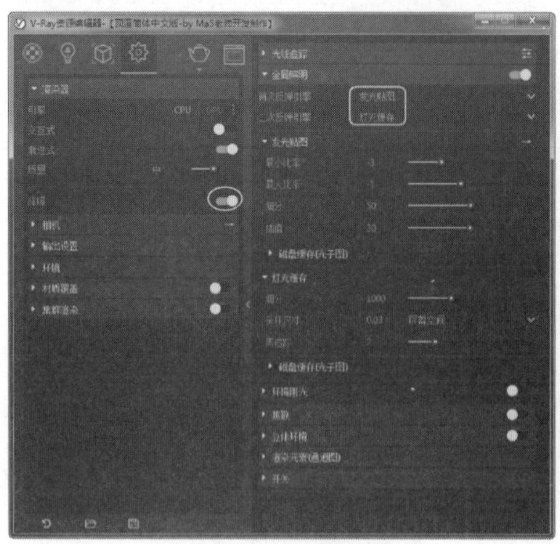

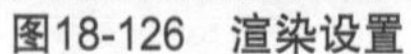
图18-126　渲染设置

图18-127　最终渲染效果

第19章 用Rhino制作电子产品模型

19

本章介绍工业电子产品的造型与渲染设计流程，将融合Rhino 6.0软件的曲线、曲面、实体等功能，制作电吉他、电动剃须刀、机器猫的模型。

项目分解

- 制作电吉他模型
- 制作电动剃须刀模型
- 制作机器猫模型

19.1 制作电吉他模型

引入文件：无
结果文件：动手操作\结果文件\Ch19\电吉他.3dm
视频文件：视频\Ch19\制作电吉他.avi

电吉他是日常生活中常见的一种乐器，在Rhino中建模时由于没有背景图片作为参考，所以在建模过程中需要注意对局部细节的处理。

电吉他模型效果如图19-1所示。

图19-1　电吉他模型

19.1.1 创建主体曲面

吉他主体曲面将利用曲线、曲面及编辑工具共同完成。

01新建Rhino文件。

02执行菜单栏中的【曲面】|【平面】|【角对角】命令，在Top视图中创建一个平面，如图19-2所示。

图19-2　创建一个平面

03在Top视图中执行菜单栏中的【曲线】|【自由造型】|【控制点】命令，创建吉他主体曲面的轮廓曲线，如图19-3所示。

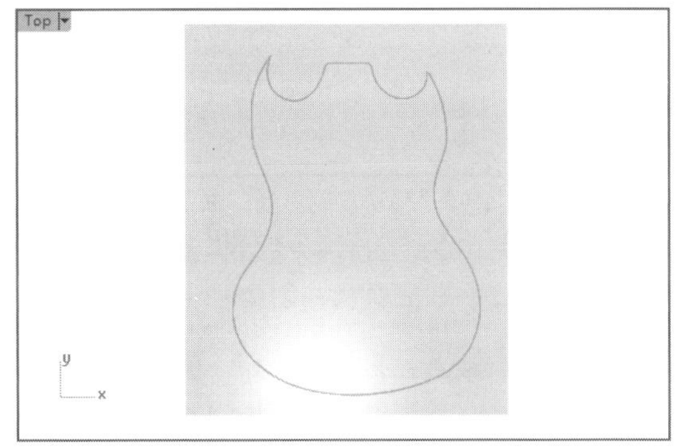

图19-3　创建轮廓曲线

04执行菜单栏中的【编辑】|【修剪】命令，以轮廓曲线在Top视图中对创建的平面进行剪切，剪切曲线的外围部分，如图19-4所示。

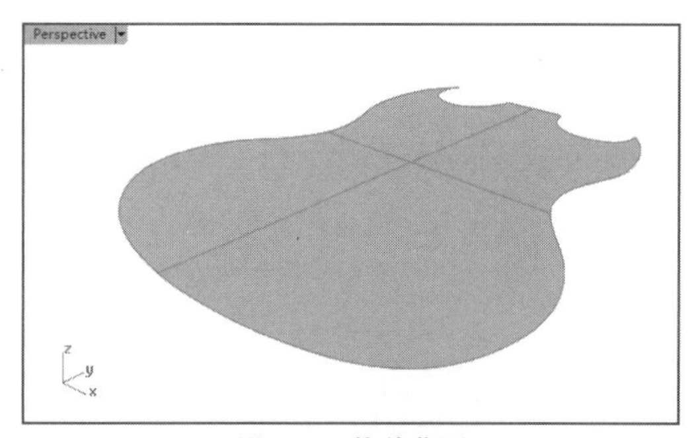

图19-4　修剪曲面

05执行菜单栏中的【曲线】|【自由造型】|【控制点】命令，沿修剪后的曲面外围创建一条曲线，即如图19-5所示的曲线1。

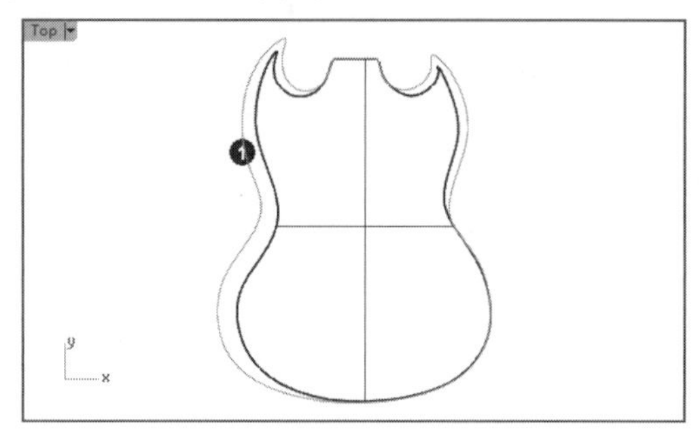

图19-5　创建控制点曲线

06在Right视图中开启【正交】捕捉，将曲线1向上移动复制得到曲线2，然后将前面创建的曲面复制一份并移动到同样的高度，如图19-6所示。

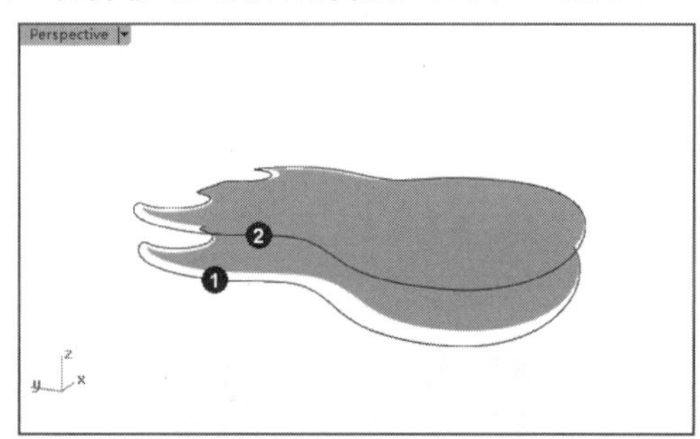

图19-6　移动复制曲线、曲面

07执行菜单栏中的【曲面】|【放样】命令，选取曲线1、曲线2，右击确认，创建一个放样曲面，如图19-7所示。

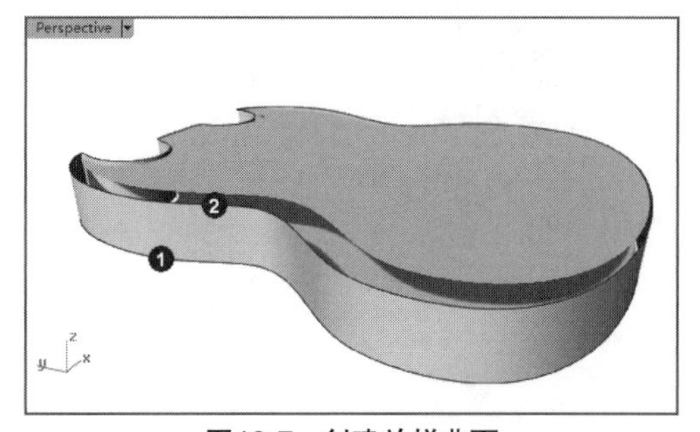

图19-7　创建放样曲面

08执行菜单栏中的【编辑】|【重建】命令，调整放样曲面的U、V参数，单击【预览】按钮，在Pespective视图中观察，效果如图19-8所示。

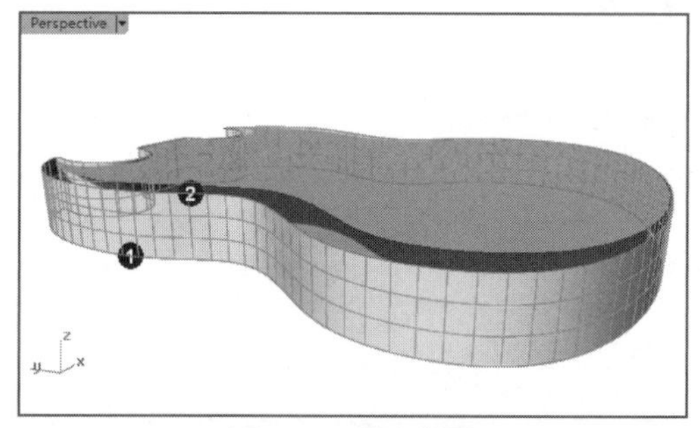

图19-8　重建曲面

09执行菜单栏中的【曲面】|【曲面编辑工具】|【衔接】命令，选取放样曲面的上侧边缘，然后选取上面的剪切曲面边缘，在弹出的对话框中调整【连续性】为【位置】，将放样曲面与上侧面进行衔接。用同样的方法，将放样曲面的下边缘与下面的剪切曲面边缘进行衔接，效果如图19-9所示。

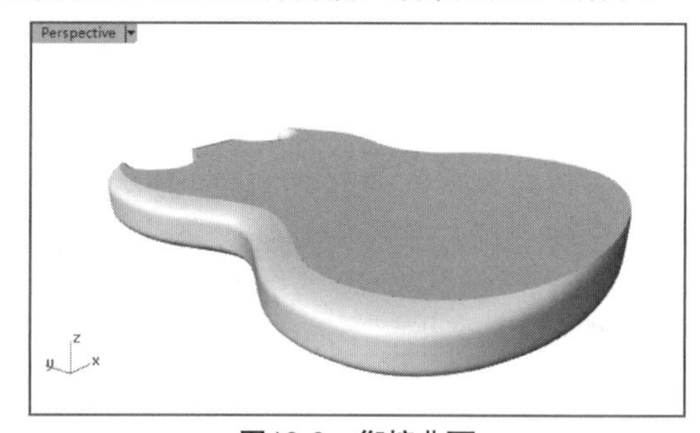

图19-9　衔接曲面

10删除上下两个剪切曲面，执行菜单栏中的【编辑】|【控制点】|【移除节点】命令，调整衔接后的放样曲面，移除曲面上过于复杂的ISO线，效果如图19-10所示。

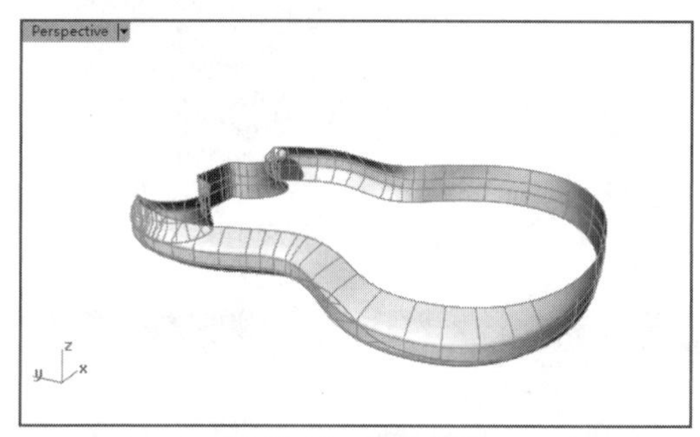

图19-10　调整曲面

11执行菜单栏中的【曲面】|【平面曲线】命令，选取放样曲面的上下两条边缘曲线，右击确认，创建两个曲面，如图19-11所示。

12执行菜单栏中的【编辑】|【组合】命令，将这几个曲面组合到一起，吉他的主体轮廓曲面创建

完成。执行菜单栏中的【变动】|【旋转】命令，在Right视图中，将组合后的曲面向上倾斜一定的角度，如图19-12所示。

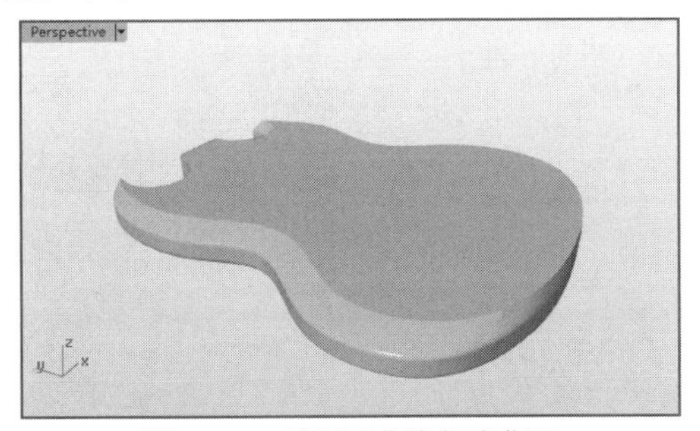

图19-11　以平面曲线创建曲面

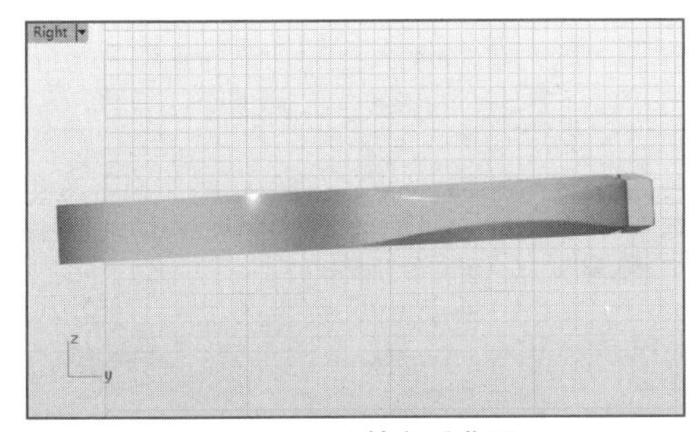

图19-12　旋转多重曲面

13执行菜单栏中的【曲线】|【自由造型】|【控制点】命令，在Right视图中创建3条轮廓曲线，如图19-13所示。

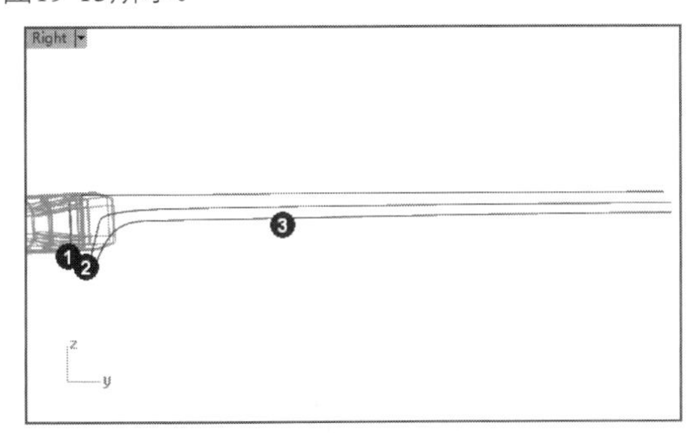

图19-13　创建3条轮廓曲线

14在曲线1、曲线2、曲线3的两端，执行菜单栏中的【曲线】|【直线】|【单一直线】命令，分别创建一条水平直线和一条垂直直线，如图19-14所示。

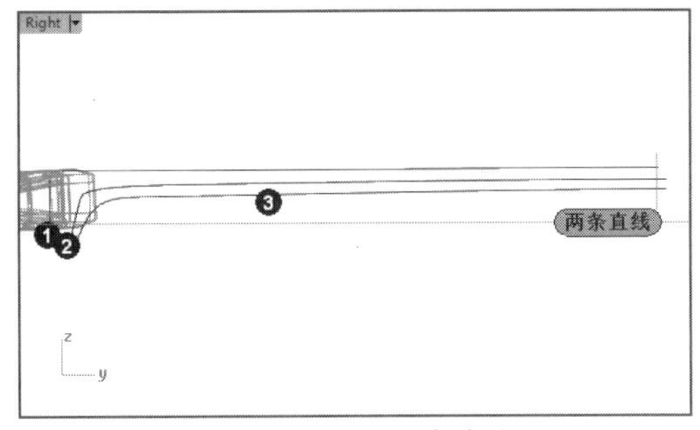

图19-14　创建两条直线

15在Right视图中使用新创建的两条直线对曲线1、曲线2、曲线3进行修剪，然后在Top视图中，调整它们的位置和形状，如图19-15所示。

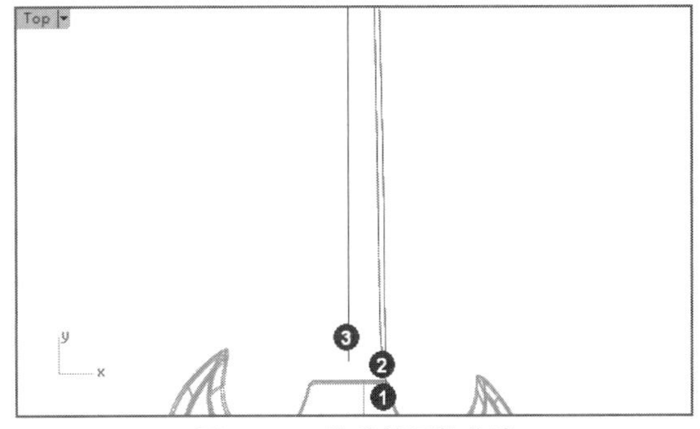

图19-15　修剪并调整曲线

16执行菜单栏中的【变动】|【镜像】命令，以曲线3上的点的连线为镜像轴，在Top视图中创建曲线1、曲线2的镜像副本，即曲线4、曲线5，如图19-16所示。

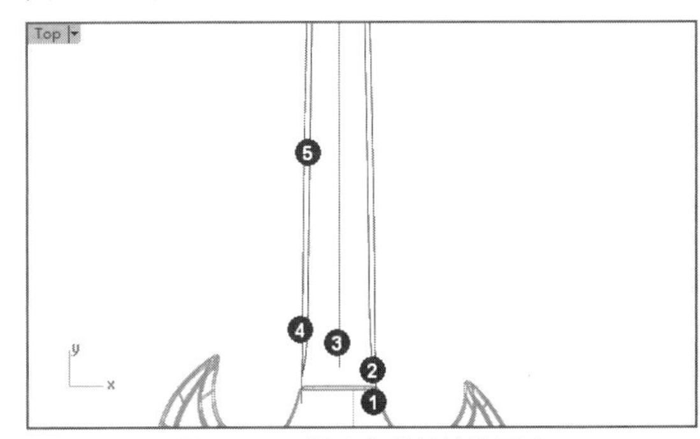

图19-16　创建曲线的镜像副本

17执行菜单栏中的【曲线】|【断面轮廓线】命令，在Perspective视图中，依次选取曲线1、曲线2、曲线3、曲线4、曲线5，右击确认，在提示行中调整选项为【封闭（C）=否】，在Right视图中创建几条轮廓曲线，如图19-17所示。

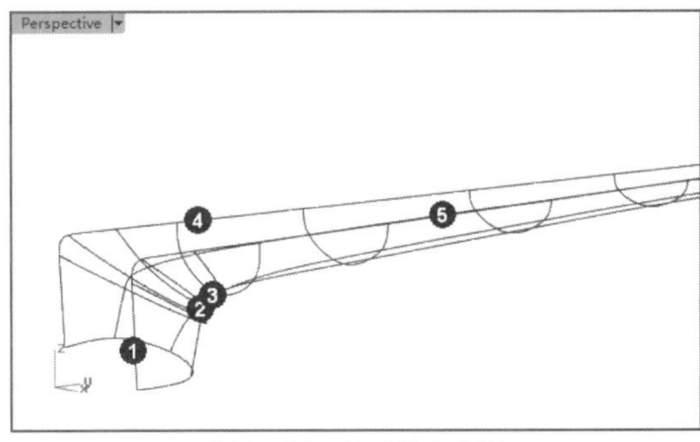

图19-17　创建轮廓曲线

18执行菜单栏中的【编辑】|【分割】命令，以曲线2、曲线4对轮廓曲线进行分割。执行菜单栏中的【曲线】|【直线】|【单一直线】命令，以左侧的曲线1、曲线2直接创建直线，如图19-18所示。

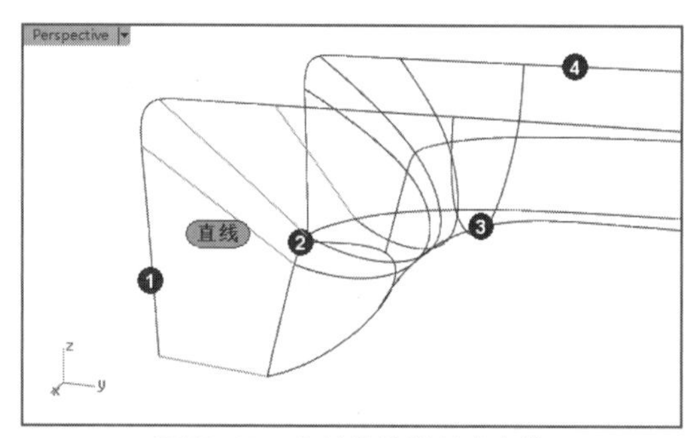

图19-18　分割曲线并创建直线

19执行菜单栏中的【曲面】|【网线】命令，选取曲线2、曲线3、曲线5，以及位于它们之间的断面轮廓线，右击确认，创建一个曲面，如图19-19所示。

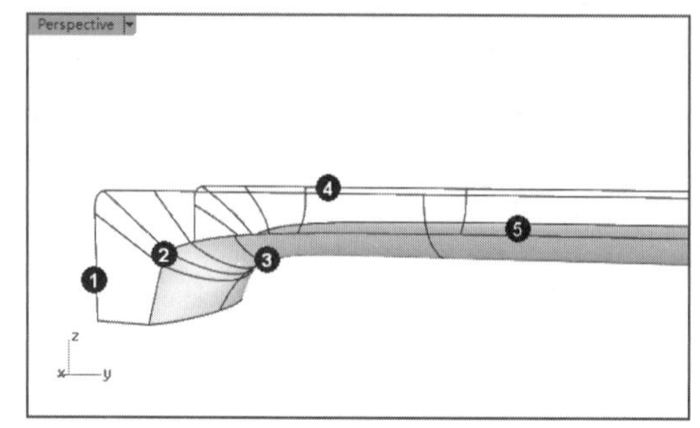
图19-19　创建一块曲面

20执行菜单栏中的【曲面】|【双轨扫掠】命令，选取曲线1、曲线2，然后选取位于它们之间的几条直线、曲线，右击确认，创建一个扫掠曲面，如图19-20所示。

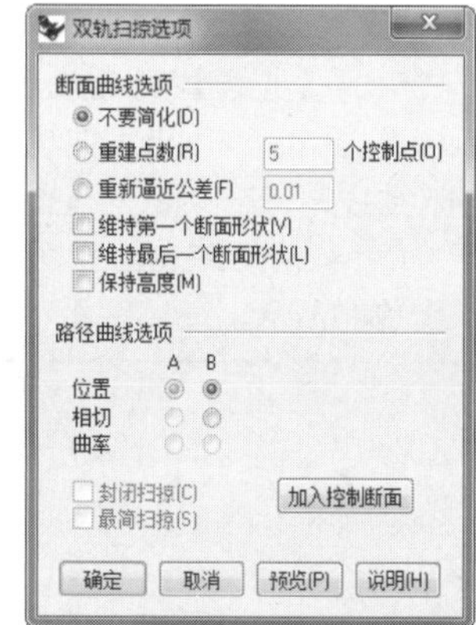

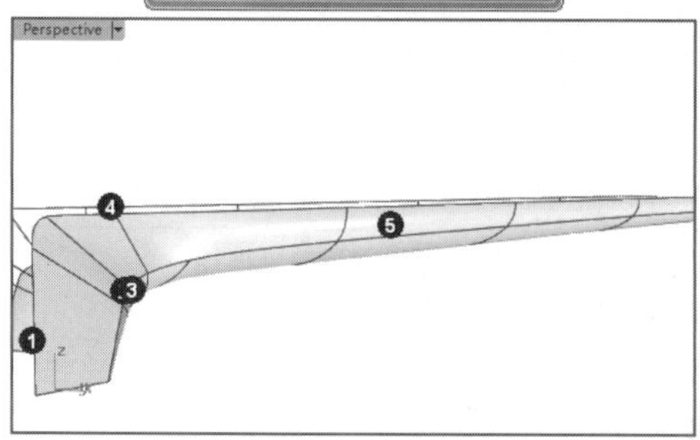
图19-20　创建扫掠曲面

21对另一侧同样执行菜单栏中的【曲面】|【双轨扫掠】命令，创建另一个扫掠曲面，随后隐藏曲线，如图19-21所示。

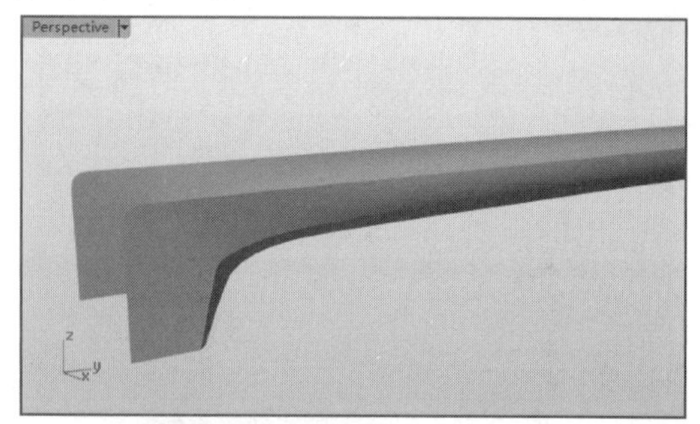
图19-21　创建另一个扫掠曲面

22执行菜单栏中的【曲面】|【放样】命令，选取边缘A、边缘B，创建一个放样曲面，如图19-22所示。

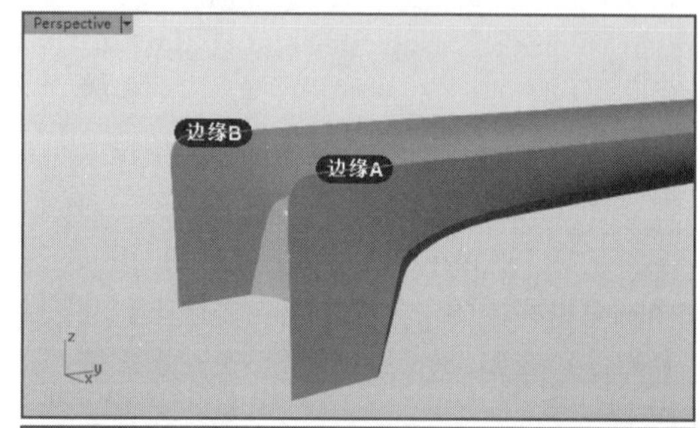

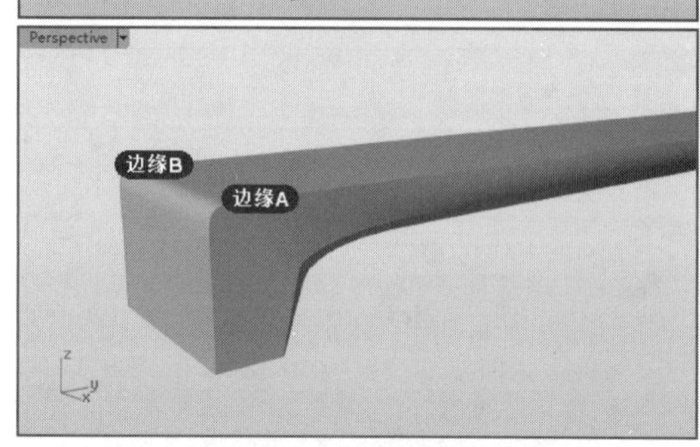

图19-22　创建放样曲面

23执行菜单栏中的【曲面】|【平面曲线】命令，选取几条曲面的底部边缘，右击确认，创建一个平面，如图19-23所示。

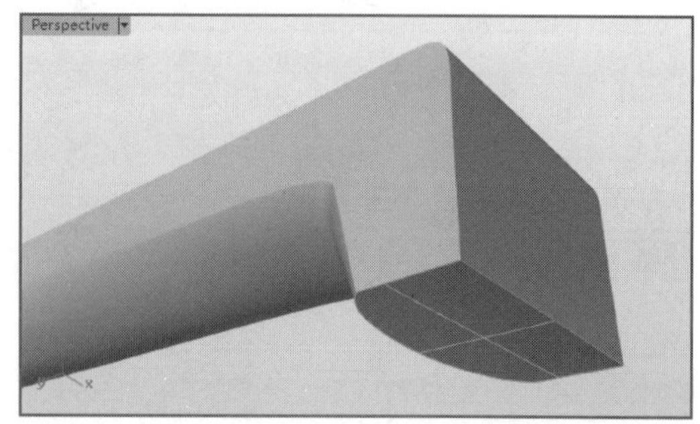
图19-23　以平面曲线创建曲面

24执行菜单栏中的【编辑】|【组合】命令，将图中的曲面组合到一起，然后执行菜单栏中的【实体】|【边缘圆角】|【边缘圆角】命令，为底部的棱边曲面创建边缘圆角，如图19-24所示。

图19-24　创建边缘圆角

25执行菜单栏中的【实体】|【立方体】|【角对角、高度】命令，在Right视图中整个吉他曲面的右侧创建一个立方体，如图19-25所示。

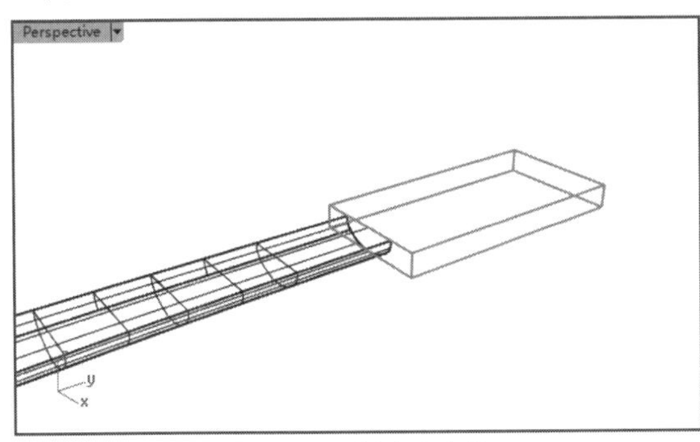

图19-25　创建立方体

26执行菜单栏中的【曲线】|【自由造型】|【控制点】命令，在Top视图中的立方体上创建一组曲线，如图19-26所示。

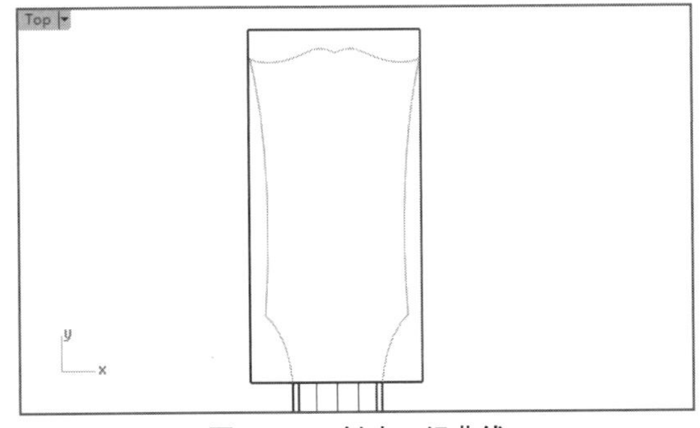

图19-26　创建一组曲线

27执行菜单栏中的【编辑】|【修剪】命令，在Top视图中以新创建的那组曲线，对立方体进行修剪，剪切无限外围的部分，效果如图19-27所示。

28执行菜单栏中的【编辑】|【炸开】命令，将剪切后的立方体炸开为几个单独的曲面，然后删除右侧的那个曲面。紧接着执行菜单栏中的【曲面】|【混接曲面】命令，调整【连续性】为【位置】，创建几个混接曲面，封闭上下两个底面的侧面，效果如图19-28所示。

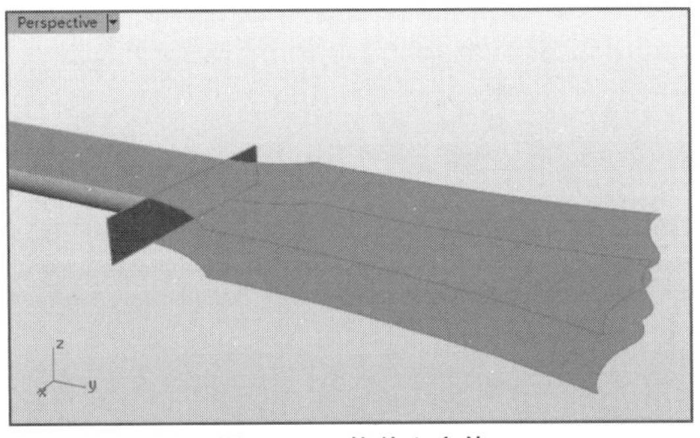

图19-27　修剪立方体

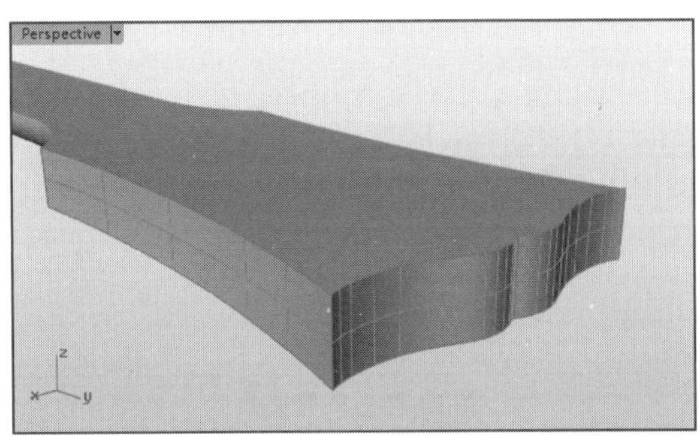

图19-28　封闭侧面

29执行菜单栏中的【曲线】|【直线】|【单一直线】命令，开启状态栏的【物件锁点】捕捉，在炸开后的立方体下底面上创建一条直线，然后执行菜单栏中的【编辑】|【修剪】命令，以这条曲线剪切下底面，最终将直线删除，如图19-29所示。

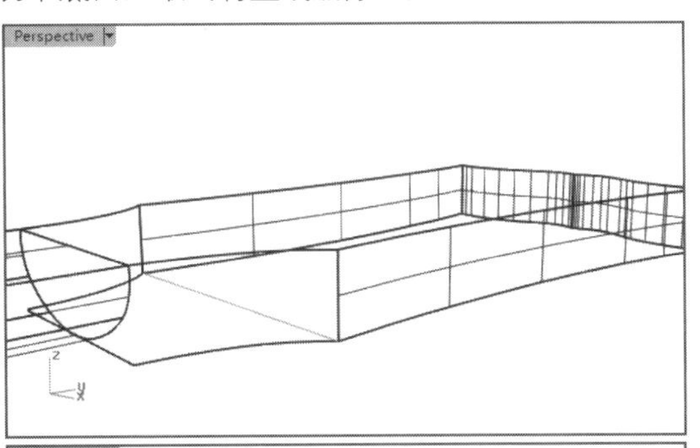

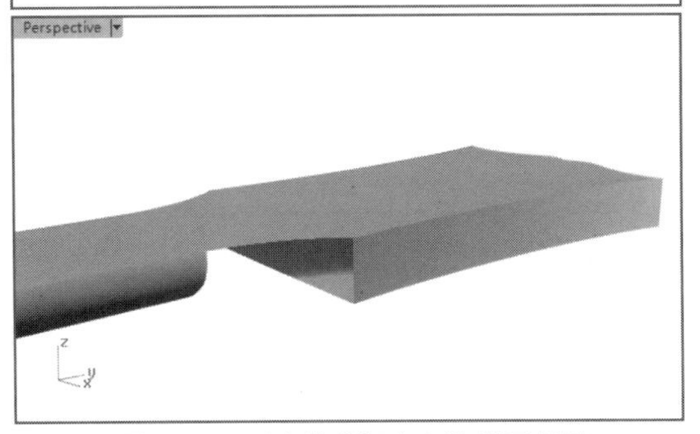

图19-29　以直线剪切立方体的下底面

30在Right视图中选取右侧的几个曲面，执行菜单栏中的【变动】|【旋转】命令，以如图19-29所示的旋转中心点，旋转这几个曲面，如图19-30所示。

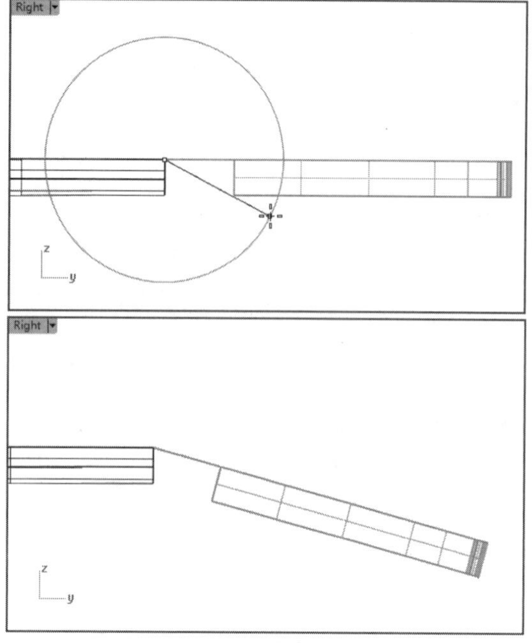

图19-30　旋转曲面

31执行菜单栏中的【曲线】|【直线】|【单一直线】命令，在Right视图中创建一条直线，如图19-31所示。

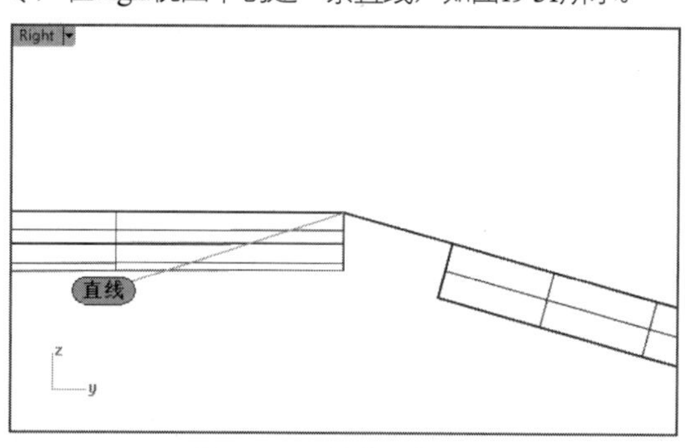

图19-31　创建一条直线

32执行菜单栏中的【编辑】|【修剪】命令，在Front视图中以新创建的直线对吉他杆曲面进行剪切，剪切右侧的一小部分曲面，如图19-32所示。

图19-32　剪切曲面

33执行菜单栏中的【曲面】|【混接曲面】命令，选取边缘1、边缘2，右击确认，在弹出的对话框中调整两处的连续性类型，单击【确定】按钮，完成曲面的创建，如图19-33所示。

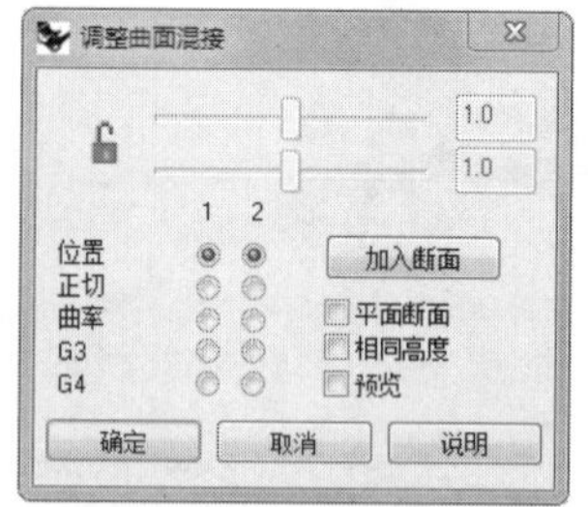

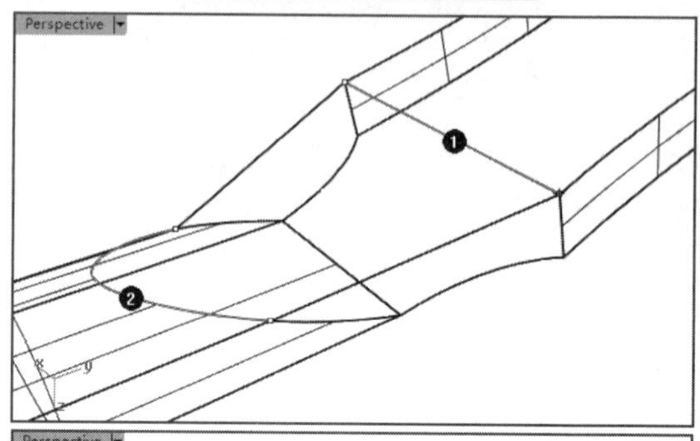

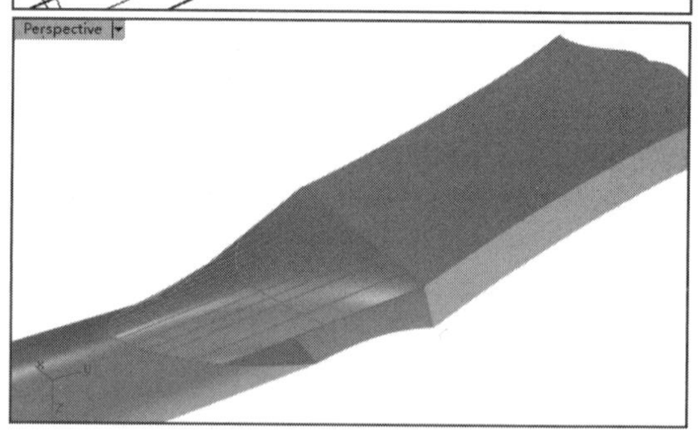

图19-33　创建混接曲面

34执行菜单栏中的【曲面】|【曲面编辑工具】|【衔接】命令，选取创建的混接曲面的左侧边缘，然后选取与其相接的吉他杆曲面边缘，在弹出的对话框中调整相关的参数，最后单击【确定】按钮，完成曲面间的衔接，如图19-34所示。

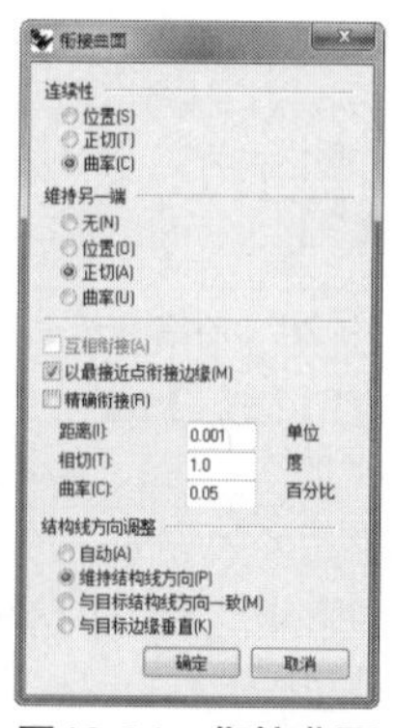

图19-34　衔接曲面

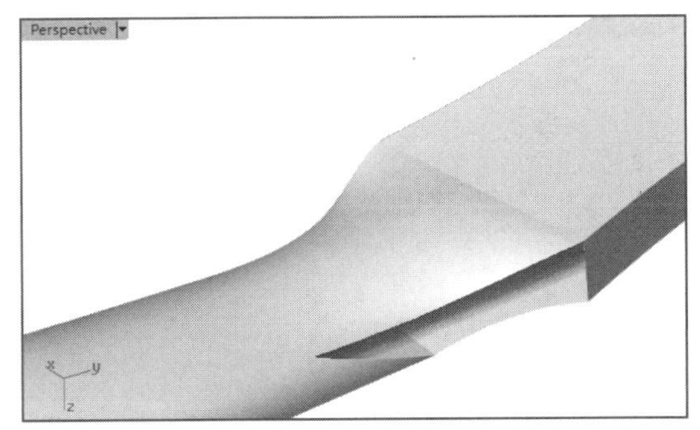

图19-34 （续）衔接曲面

35执行菜单栏中的【曲面】|【边缘曲线】命令，选取4个边缘，创建一个曲面，封闭曲面间的空隙，对吉他杆的另一侧做相同的处理，随后执行菜单栏中【编辑】|【组合】命令，将吉他杆尾部的曲面组合为一个多重曲面，如图19-35所示。

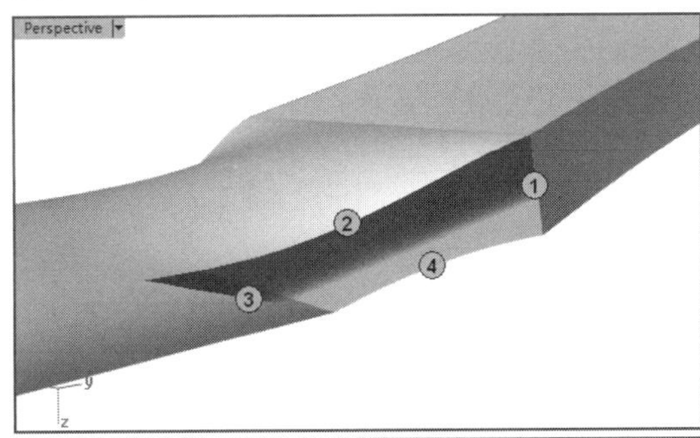

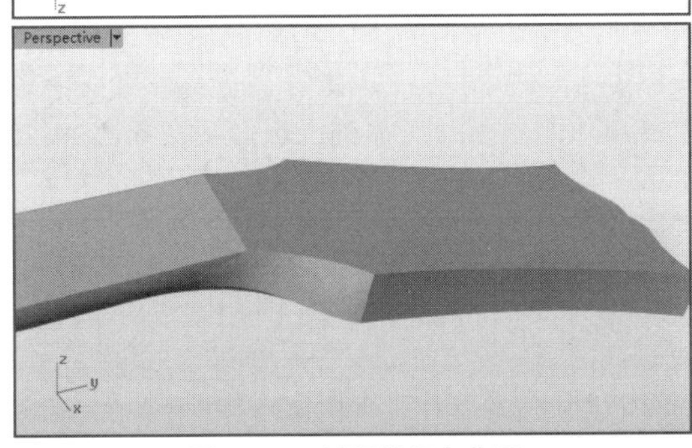

图19-35 封闭并组合曲面

36执行菜单栏中的【实体】|【边缘圆角】|【边缘圆角】命令，为组合后的吉他柄曲面的下部创建圆角曲面，如图19-36所示。

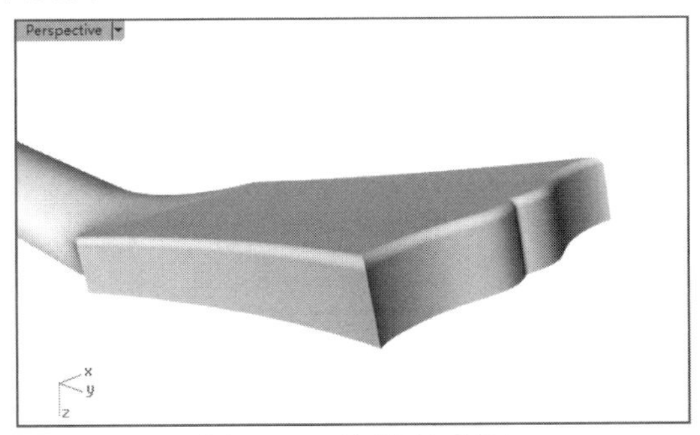

图19-36 创建圆角曲面

37至此，整个吉他的主体曲面创建完成，接下来在吉他的主体曲面上添加细节，使整个模型更为饱满。在Perspecive视图中旋转观察整个主体曲面，如图19-37所示。

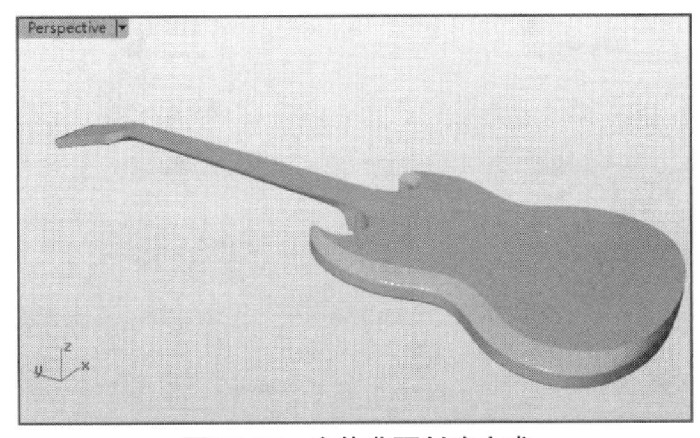

图19-37 主体曲面创建完成

19.1.2 添加琴身细节

01执行菜单栏中的【曲线】|【自由造型】|【控制点】命令，在Top视图中创建几条曲线，如图19-38所示。

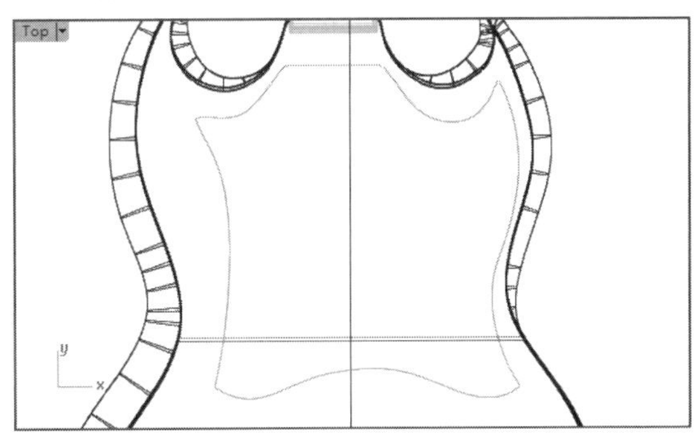

图19-38 创建几条曲线

02执行菜单栏中的【曲线】|【从物件建立曲线】|【投影】命令，在Top视图中将创建的几条曲线投影到吉他正面上，随后删除这几条曲线，保留投影曲线，如图19-39所示。

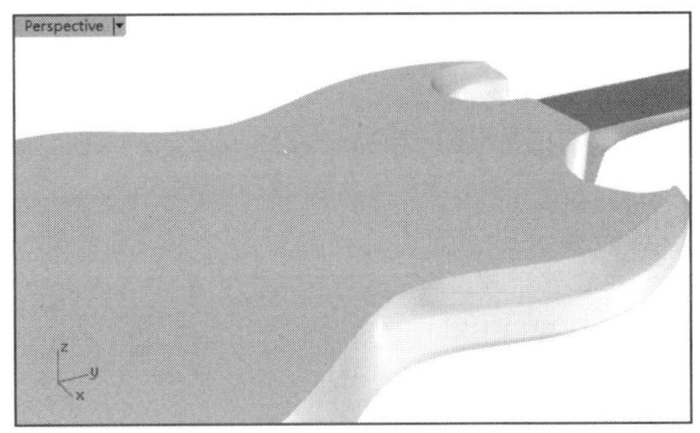

图19-39 创建投影曲线

03执行菜单栏中的【曲面】|【挤出曲线】|【往曲面法线】命令，选取投影曲线，然后单击吉他正

面，创建一个挤出曲面（挤出曲面的长度不宜过长），如图19-40所示。

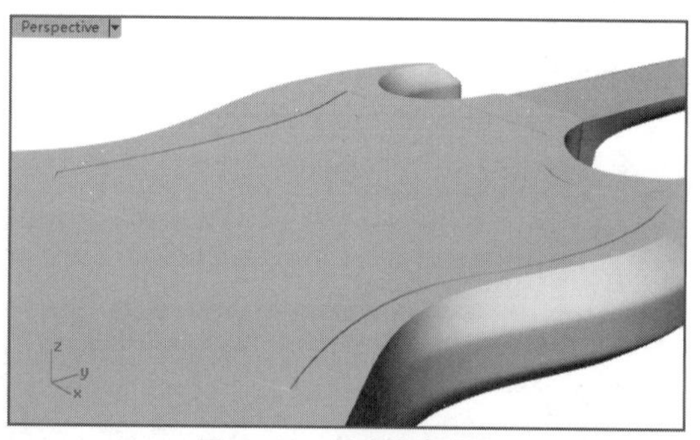

图19-40　创建挤出曲面

04执行菜单栏中的【曲面】|【挤出曲面】|【锥状】命令，选择刚刚创建的挤出曲面的上侧边缘，右击确认，在提示行中调整拔模角度与方向，创建一个锥状挤出曲面，如图19-41所示。

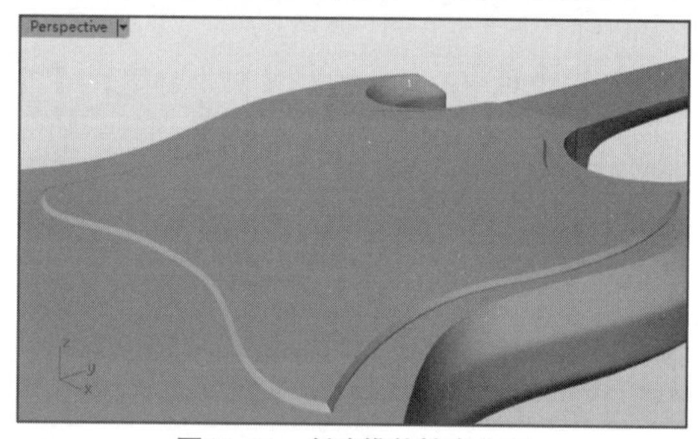

图19-41　创建锥状挤出曲面

05执行菜单栏中的【编辑】|【组合】命令，将锥状挤出曲面与往曲面法线方向挤出曲面组合到一起，创建一个多重曲面，如图19-42所示。

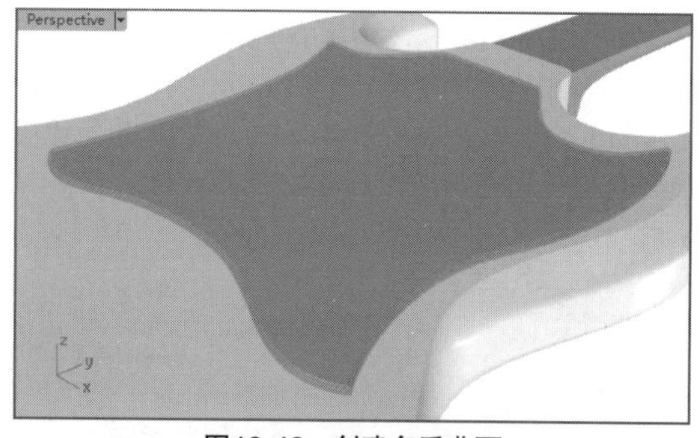

图19-42　创建多重曲面

06执行菜单栏中的【实体】|【立方体】|【角对角、高度】命令，在Top视图中创建一个立方体，在Front视图中调整它的高度，随后在Right视图中向上移动立方体到如图19-43所示的位置。

图19-43　创建并移动立方体

07单独显示立方体，然后执行菜单栏中的【实体】|【球体】|【中心点、半径】命令，在Top视图中创建一个小圆球体并在Right视图中将它移动到立方体的上部，如图19-44所示。

图19-44　创建圆球体

08显示圆球体的控制点，在Right视图中调整圆球体的上排控制点，将其向下垂直移动一小段距离，从而调整圆球体的上部形状，如图19-45所示。

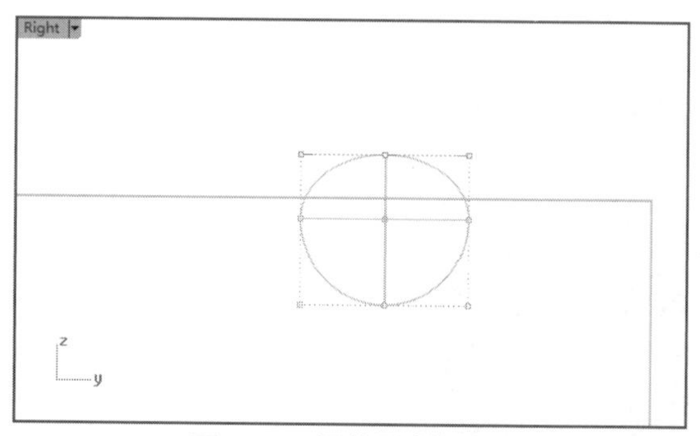

图19-45　调整圆球体形状

09再次执行菜单栏中的【实体】|【立方体】|【角对角、高度】命令，在圆球体的上部创建一个小的立方体，如图19-46所示。

10执行菜单栏中的【实体】|【差集】命令，选取圆球体，右击确认，然后选取上部的小立方体，右击确认，布尔运算完成，如图19-47所示。

图19-46　创建立方体

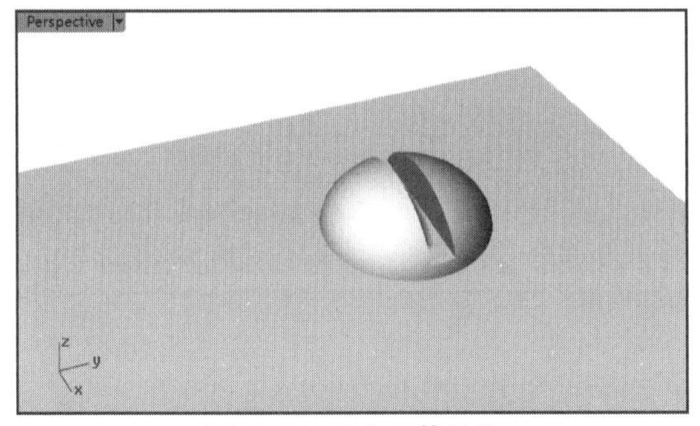

图19-47　布尔运算差集

11在Top视图中，将完成布尔运算后的圆球体复制几份，平均分布在大立方体的上部，如图19-48所示。

图19-48　复制、移动圆球体

12执行菜单栏中的【实体】|【并集】命令，选取立方体，然后选取图中的6个圆球体，右击确认，执行布尔运算并集，结果如图19-49所示。

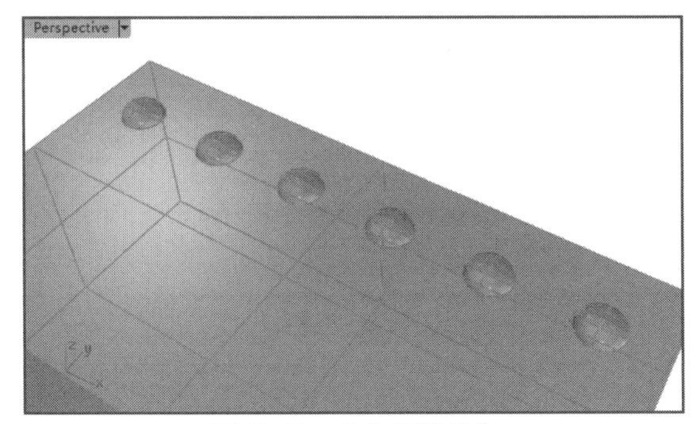

图19-49　布尔运算并集

13执行菜单栏中的【实体】|【边缘圆角】|【边缘圆角】命令，为组合后的多重曲面的棱边创建圆角曲面，效果如图19-50所示。

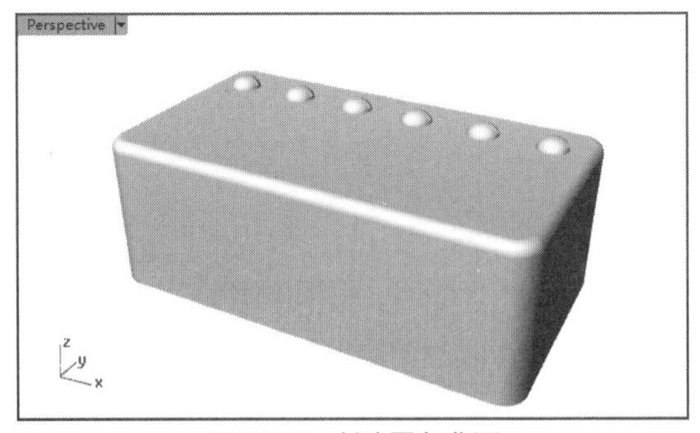

图19-50　创建圆角曲面

14显示其他曲面，执行菜单栏中的【曲线】|【直线】|【单一直线】命令，在Top视图中创建一条水平直线，如图19-51所示。

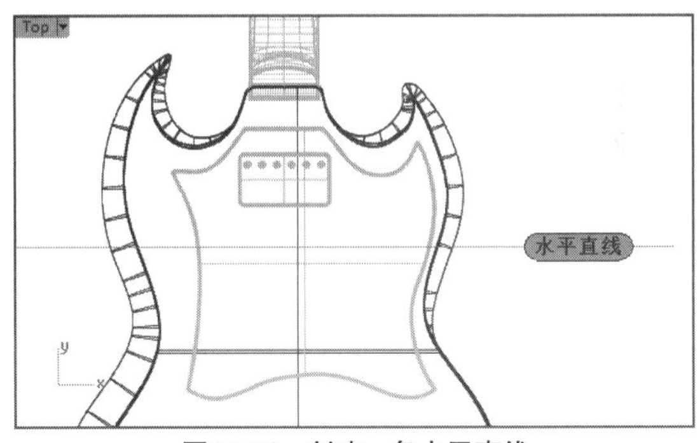

图19-51　创建一条水平直线

15执行菜单栏中的【变动】|【镜像】命令，选取前面创建的立方体，右击确认，然后以水平直线为镜像轴，创建一个立方体的镜像副本，效果如图19-52所示。

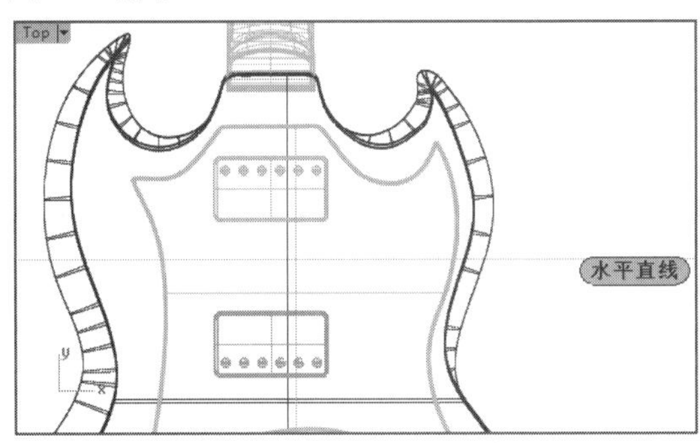

图19-52　创建立方体的镜像副本

16执行菜单栏中的【实体】|【圆柱体】命令，在Top视图中控制圆柱体的底面大小，创建一个圆柱体，然后将其移动到吉他曲面上侧，如图19-53所示。

17将圆柱体曲面复制一份，并在Right视图中将其垂直向下移动一段距离，如图19-54所示。

图19-53　创建圆柱体

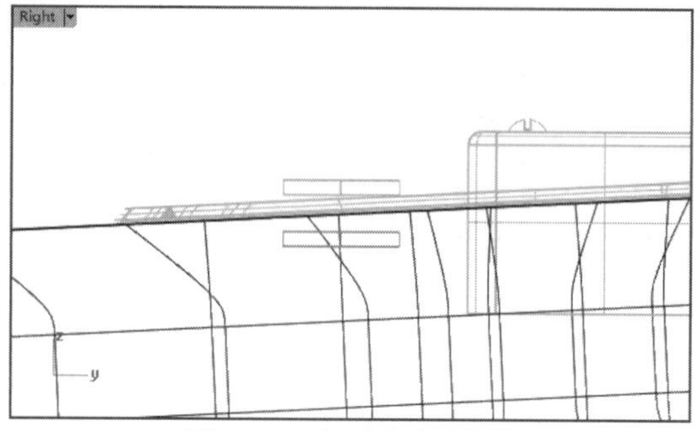

图19-54　复制移动圆柱体

18将上面创建的两个圆柱体在Top视图中复制一份，并水平移动到如图19-55所示的位置。

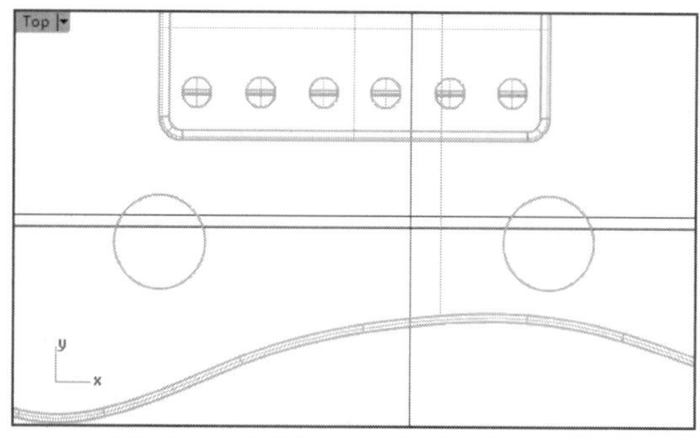

图19-55　复制、水平移动两个圆柱体

19在Pespective视图中单独显示这4个圆柱体。执行菜单栏中的【曲线】|【矩形】|【角对角】命令，然后在提示行中的【圆角（R）】选项上单击，在Top视图中创建圆角矩形曲线，即曲线1，如图19-56所示。

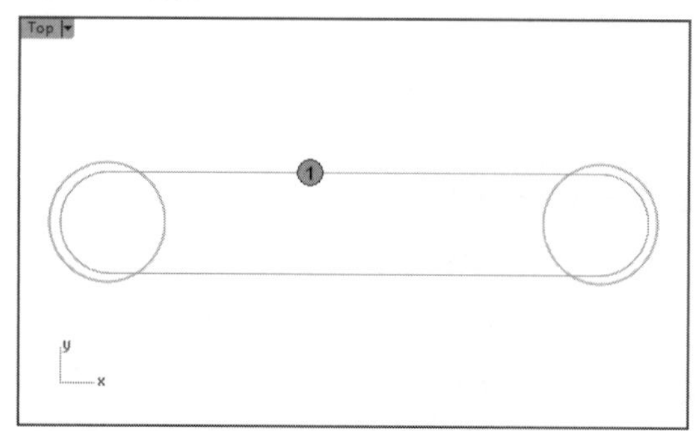

图19-56　创建圆角矩形曲线

20执行菜单栏中的【实体】|【挤出平面曲线】|【直线】命令，以曲线1创建一个多重曲面，然后在Right视图中将这个曲面向上垂直移动到如图19-57所示的位置。

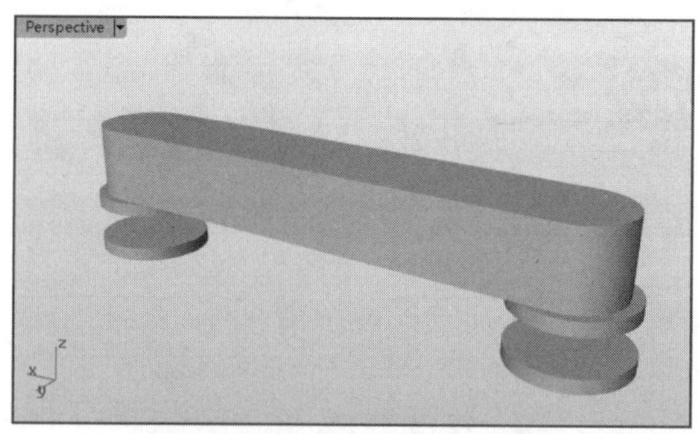

图19-57　创建并移动多重曲面

21执行菜单栏中的【实体】|【圆柱体】命令，创建两个圆柱体，贯穿几个曲面，如图19-58所示。

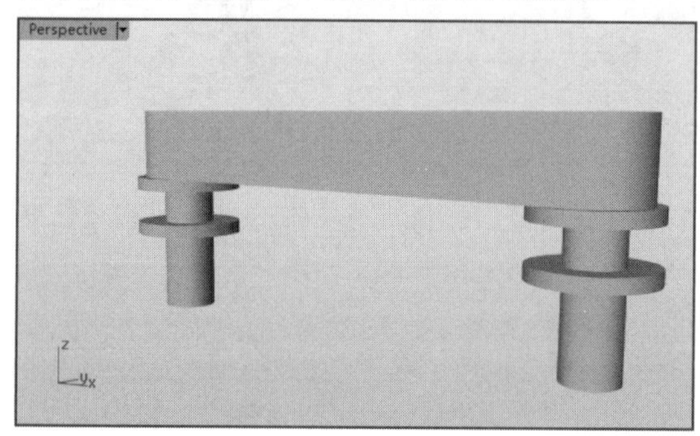

图19-58　创建两个圆柱体

22将两个新创建的圆柱体复制一份，然后与相交的曲面执行菜单栏中的【实体】|【差集】命令，效果如图19-59所示。

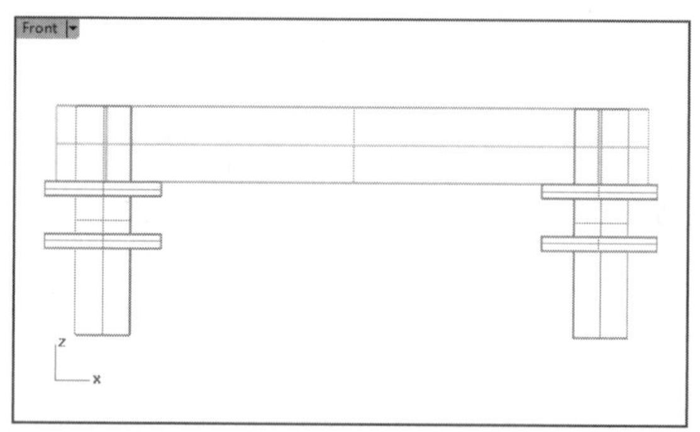

图19-59　布尔运算差集

23执行菜单栏中的【实体】|【立方体】|【角对角、高度】命令，创建两个等宽的立方体，如图19-60所示。

24执行菜单栏中的【实体】|【并集】命令，将两个等宽的立方体组合成为一个多重曲面，然后将其移动到如图19-61所示的位置。

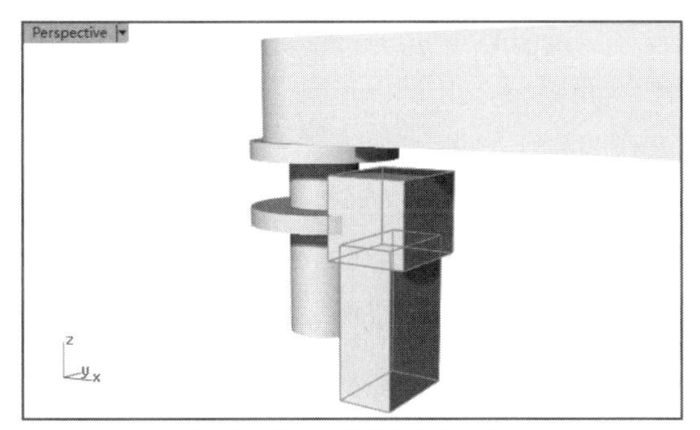

图19-60　创建两个立方体

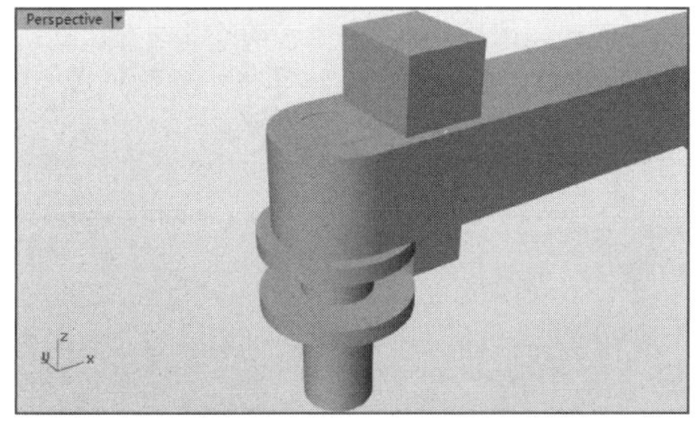

图19-61　移动多重曲面

25执行菜单栏中的【实体】|【差集】命令，选取以圆角矩形创建的挤出曲面，右击确认，然后选取刚刚组合的多重曲面，右击确认，效果如图19-62所示。

图19-62　布尔运算差集

26执行菜单栏中的【实体】|【立方体】|【角对角、高度】命令，再次创建一个立方体，如图19-63所示。

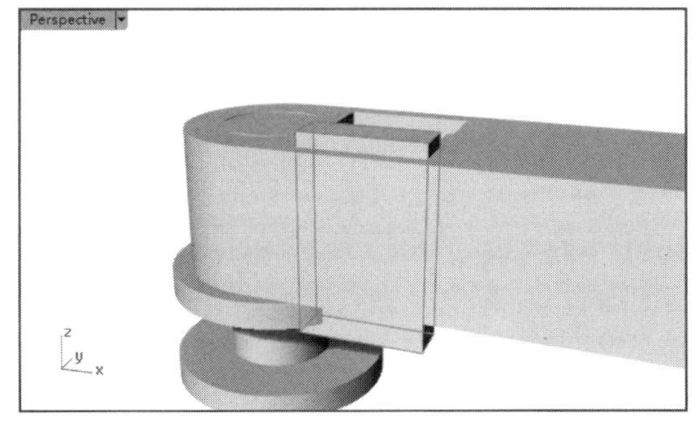

图19-63　创建立方体

27在Right视图中创建一条直线，随后执行菜单栏中的【曲面】|【挤出曲线】|【直线】命令，创建一个挤出曲面，如图19-64所示。

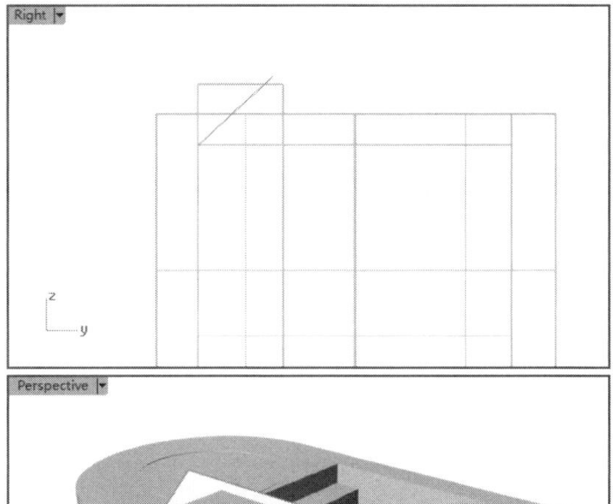

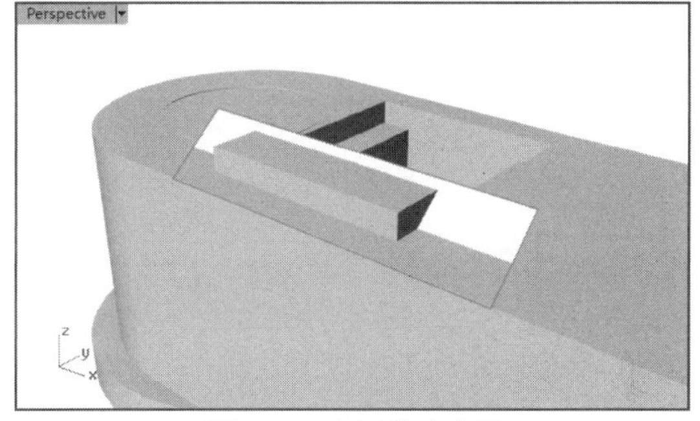

图19-64　创建挤出曲面

28执行菜单栏中的【实体】|【差集】命令，选取立方体并右击确认，然后选取挤出曲面，右击完成布尔运算差集，如图19-65所示。

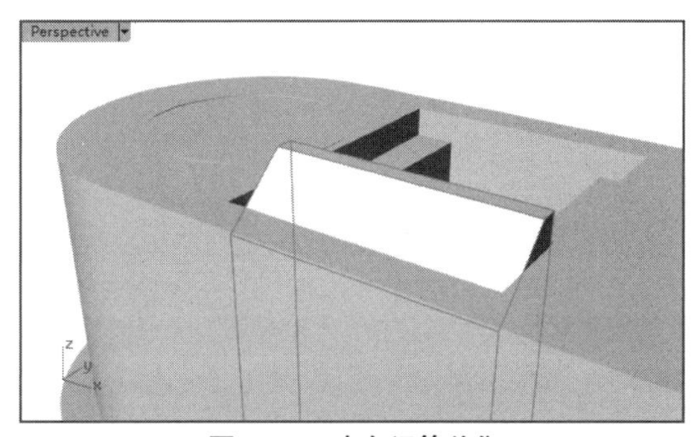

图19-65　布尔运算差集

29用类似的方法，创建一个曲面，然后执行布尔运算差集，在立方体的上边沿创建一个豁口的形状，如图19-66所示。

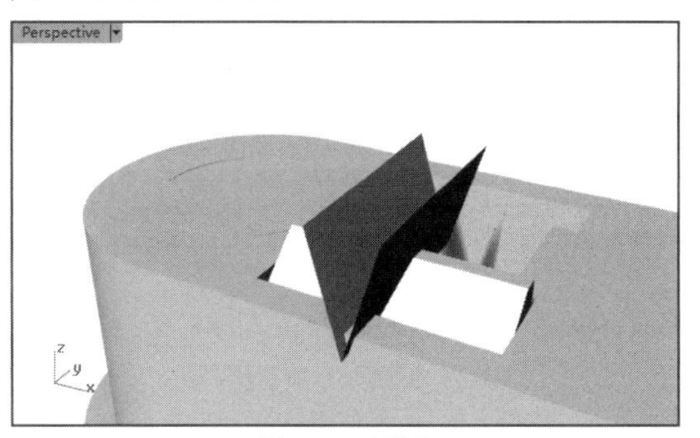

图19-66（续）

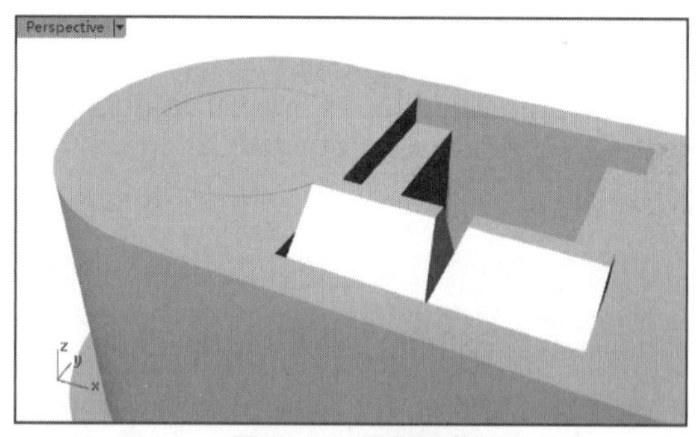

图19-66　添加细节

30执行菜单栏中的【实体】|【并集】命令，将这几个曲面组合为一个实体，如图19-67所示。

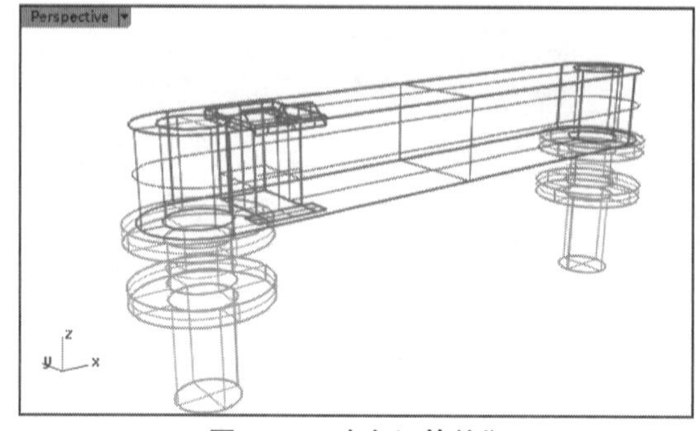

图19-67　布尔运算并集

31创建一条螺丝以连接曲面的前后两端，包括创建圆柱体、螺丝盖、螺母曲面，然后通过执行布尔运算将它们组合到一起，如图19-68所示。

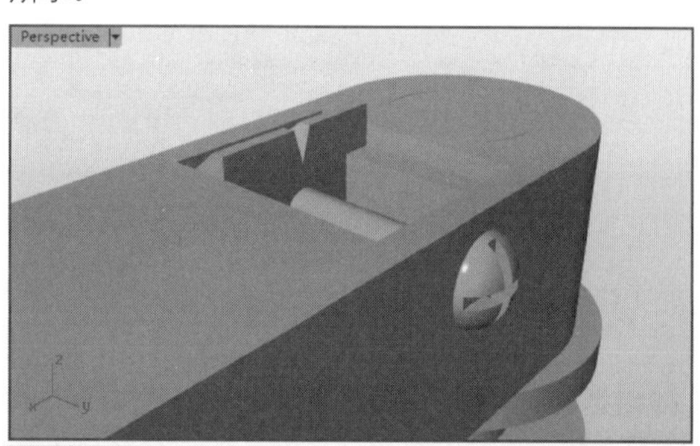

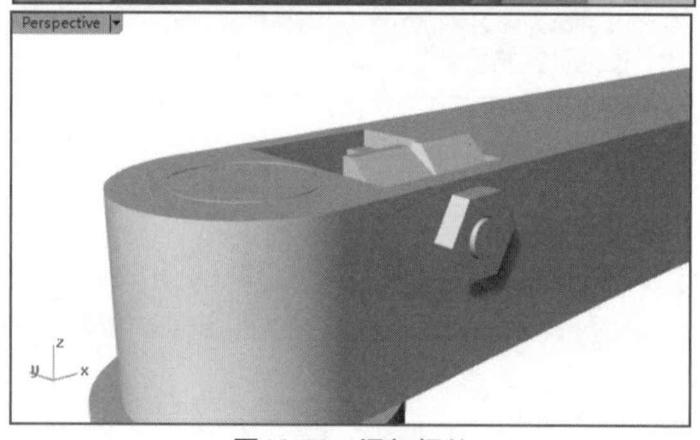

图19-68　添加螺丝

32用同样的方法，在多重曲面上再创建5个凹槽，并添加螺丝等细节，效果如图19-69所示。

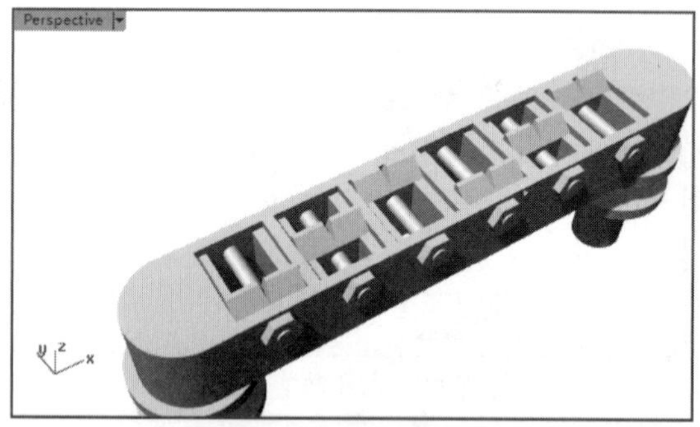

图19-69　添加其余的凹槽

33执行菜单栏中的【曲线】|【自由造型】|【控制点】命令，在Front视图中创建几条曲线，如图19-70所示。

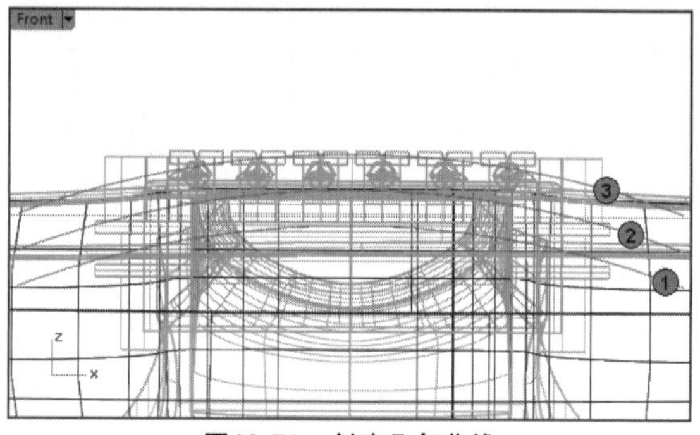

图19-70　创建几条曲线

34隐藏多余的曲面，在Top视图中垂直移动3条曲线，再调整它们的位置，效果如图19-71所示。

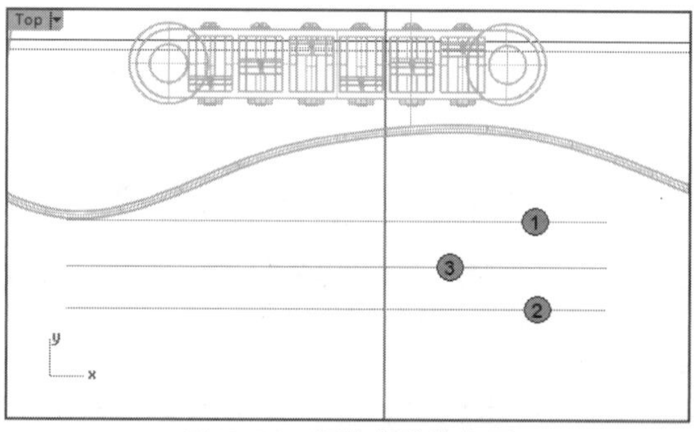

图19-71　调整曲线的位置

35执行菜单栏中的【曲面】|【放样】命令，依次选取曲线1、曲线3、曲线2，右击确认，在对话框中调整相关的参数，单击【确定】按钮，完成曲面的创建，如图19-72所示。

36显示放样曲面的控制点，在Right视图中调整曲面的控制点，使整个曲面拱起的弧度更加明显，如图19-73所示。

37单独显示这个曲面，然后执行菜单栏中的【曲线】|【直线】|【单一直线】命令，在Top视图中创建两条直线，如图19-74所示。

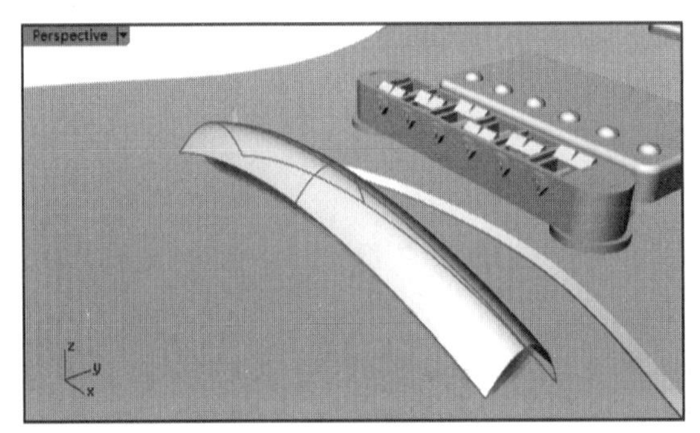

图19-72　创建放样曲面

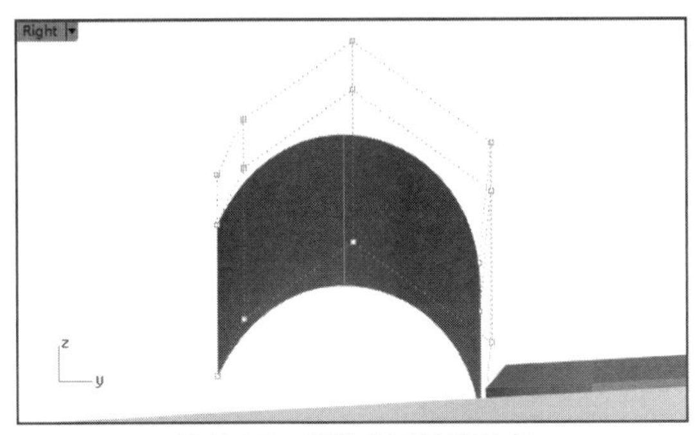

图19-73　调整曲面的控制点

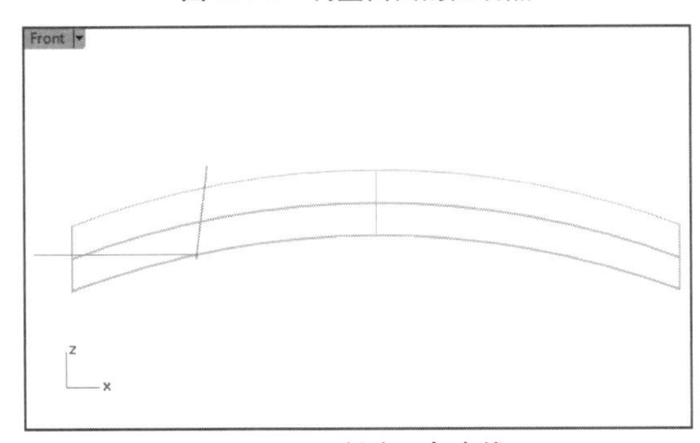

图19-74　创建两条直线

38执行菜单栏中的【变动】|【镜像】命令，将新创建的两条曲线以曲面的中线为对称轴创建镜像副本，如图19-75所示。

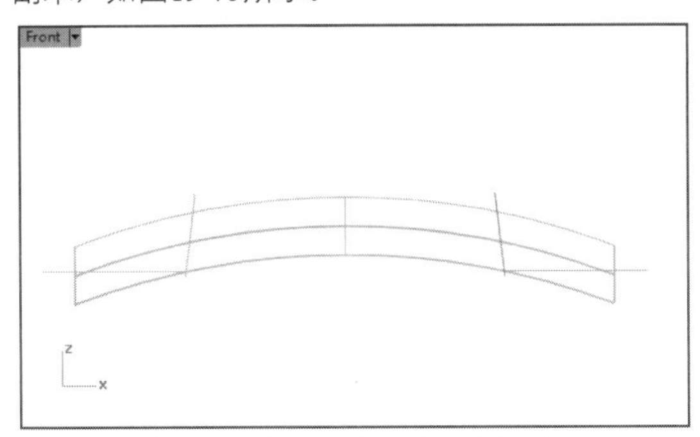

图19-75　创建两条曲线的镜像副本

39执行菜单栏中的【编辑】|【修剪】命令，以这4条直线在Front视图中对曲面进行剪切，效果如图19-76所示。

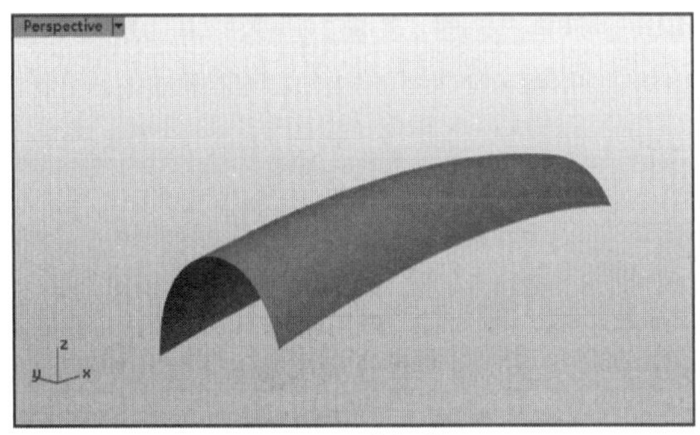

图19-76　剪切曲面

40执行菜单栏中的【曲线】|【直线】|【单一直线】命令，开启状态栏中的【正交】、【物件锁点】捕捉，以曲面的一个端点为直线的起点，在Right视图中创建一条水平直线，如图19-77所示。

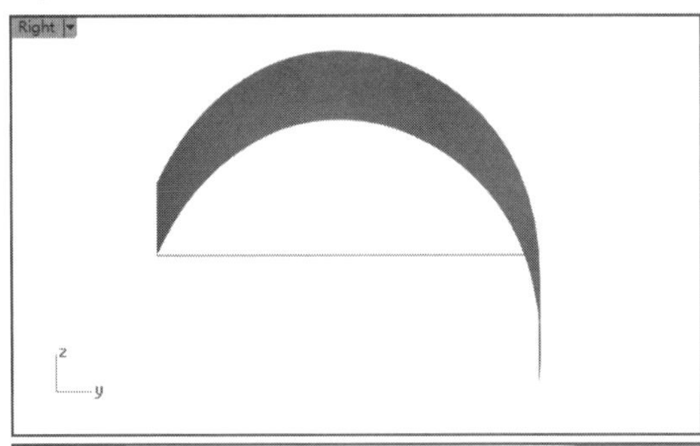

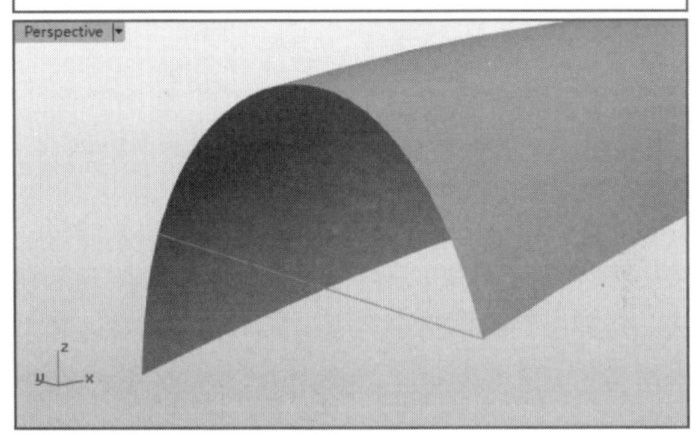

图19-77　创建一条水平直线

41执行菜单栏中的【曲面】|【挤出曲线】|【直线】命令，以刚创建的那条直线，在Front视图中挤出一个曲面，如图19-78所示。

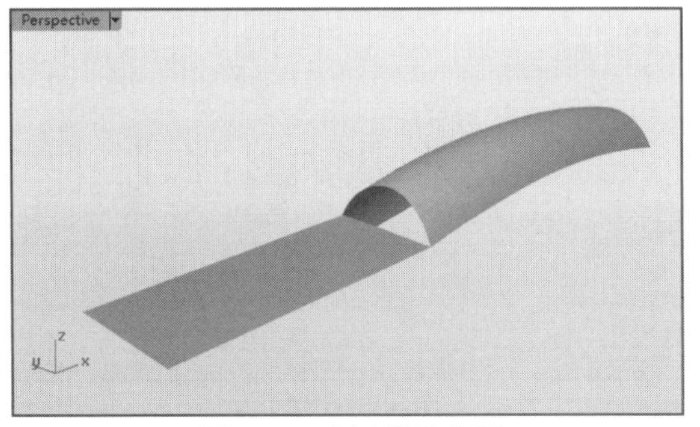

图19-78　创建挤出曲面

42执行菜单栏中的【曲面】|【边缘工具】|【分割边缘】命令，将曲面边缘A在与挤出曲面的交点处分割为两段，如图19-79所示。

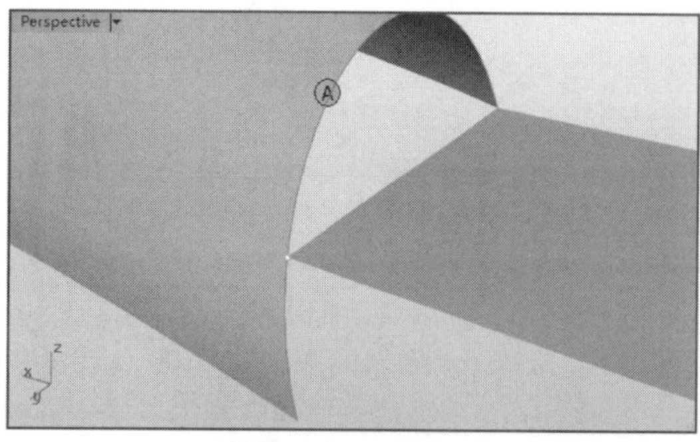

图19-79　分割边缘

43执行菜单栏中的【曲面】|【平面曲线】命令，选取边缘A的上部分，然后选取相邻的挤出曲面的边缘，右击确认，创建一个平面，如图19-80所示。

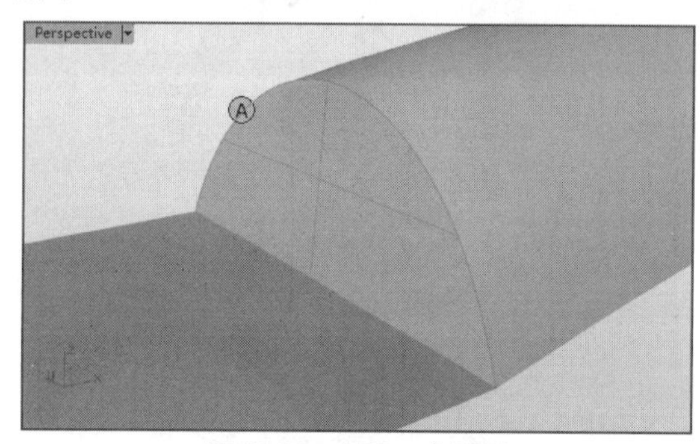

图19-80　创建一个平面

44执行菜单栏中的【曲面】|【单轨扫掠】命令，然后依次选取边缘1、边缘A的下半部分，右击确认，在弹出的对话框中调整相关的曲面参数，最后单击【确定】按钮，完成曲面的创建，如图19-81所示。

45对曲面的另一侧做类似的处理，也可将左侧的这几个曲面以放样曲面的中轴线为镜像轴，创建镜像副本，如图19-82所示。

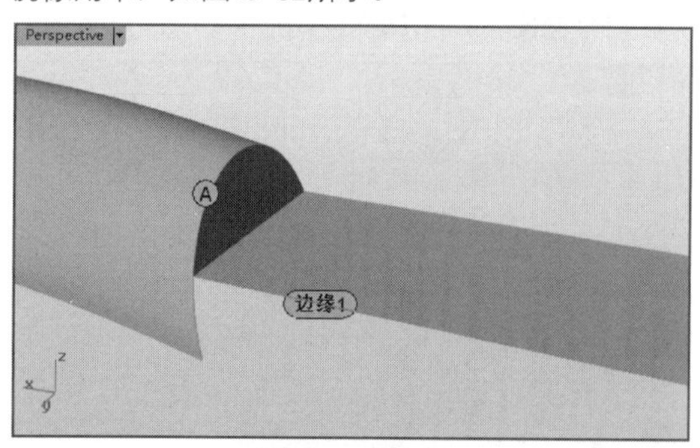

图19-81（续）

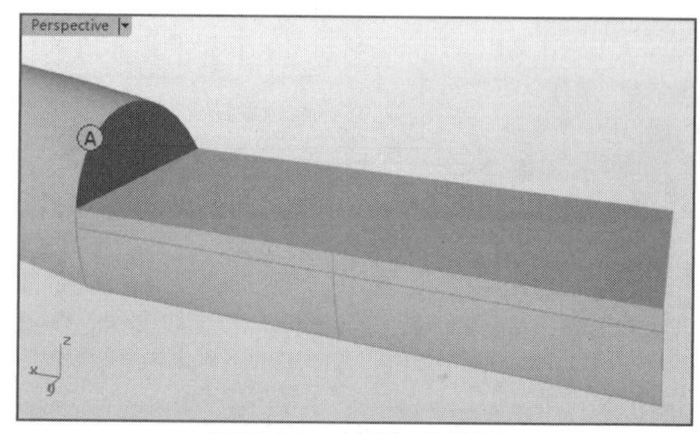

图19-81　创建扫掠曲面

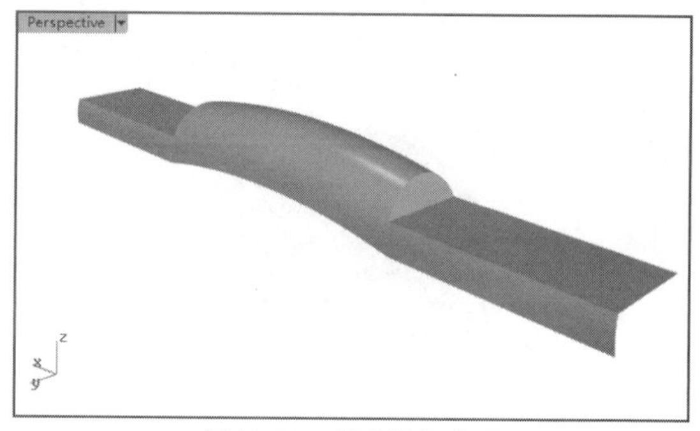

图19-82　创建镜像曲面

46执行菜单栏中的【曲面】|【挤出曲线】|【直线】命令，选取图中的3条边缘曲线，右击确认，在Right视图中向下垂直挤出一段距离，如图19-83所示。

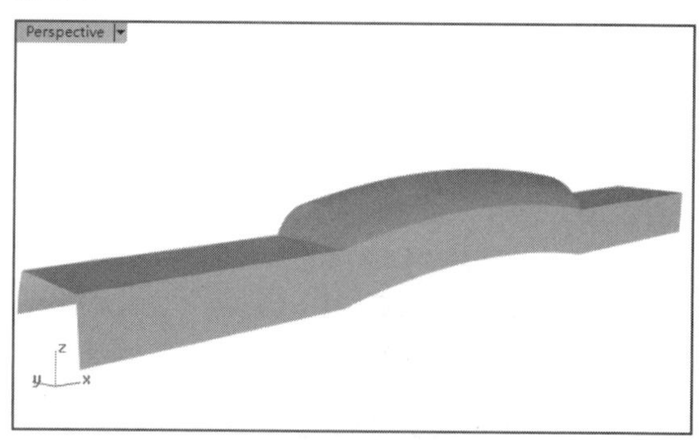

图19-83　创建挤出曲面

47再次执行【曲面】|【挤出曲线】|【直线】命令，以后侧的几条边缘曲线，创建一个挤出曲面，如图19-84所示。

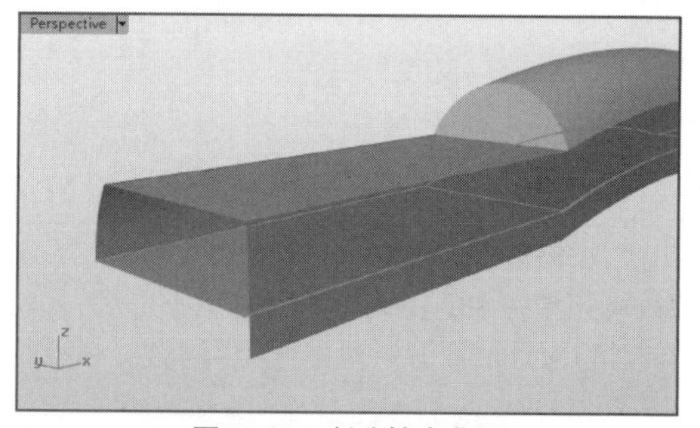

图19-84　创建挤出曲面

48在Top视图中执行菜单栏中的【曲线】|【自由造型】|【控制点】命令，创建两条圆弧状曲线，如图19-85所示。

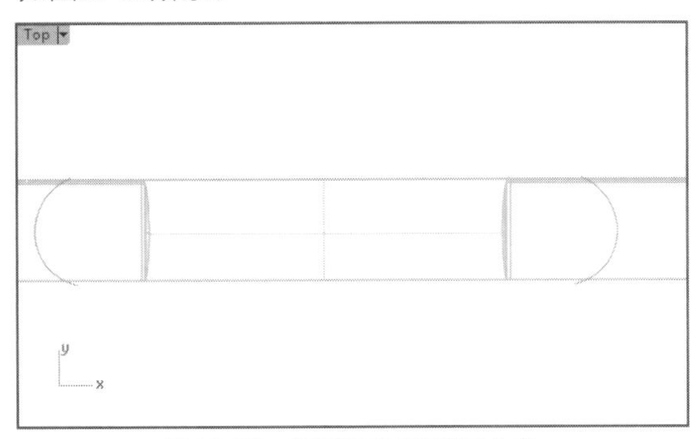

图19-85　创建两条圆弧状曲线

49执行菜单栏中的【编辑】|【修剪】命令，在Top视图中以新创建的曲线对图中的曲面进行剪切，剪切掉位于左右侧的多余部分，效果如图19-86所示。

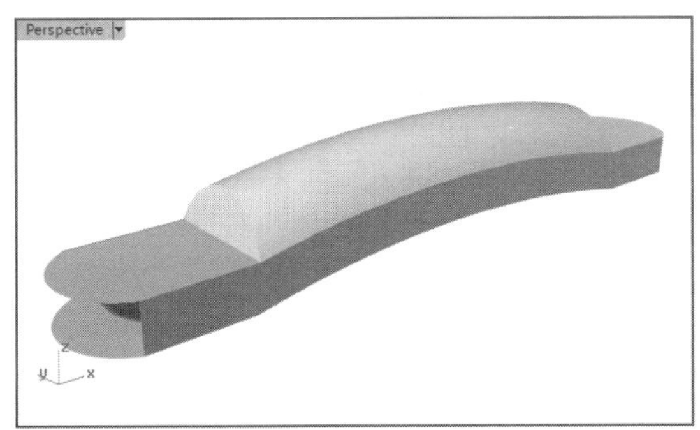

图19-86　修剪曲面

50执行菜单栏中的【曲面】|【双轨扫掠】命令，以上下挤出曲面的边缘为路径曲线，以前后两个曲面的边缘为断面曲线，创建两个挤出曲面，封闭图中的曲面，如图19-87所示。

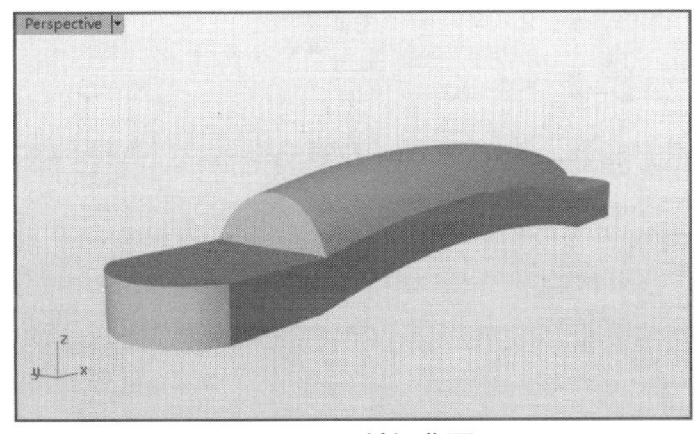

图19-87　封闭曲面

51将这几个曲面组合为一个多重曲面，然后执行多次布尔运算，为曲面添加洞孔等其他细节，效果如图19-88所示。

52在图中显示其他曲面。至此，吉他正面的重要结构曲面创建完成。对于一些较为琐碎的结构，如螺丝钉等小部件的建模较为简单，可以参考本书配套资源中的模型完善吉他的正面细节，如图19-89所示。

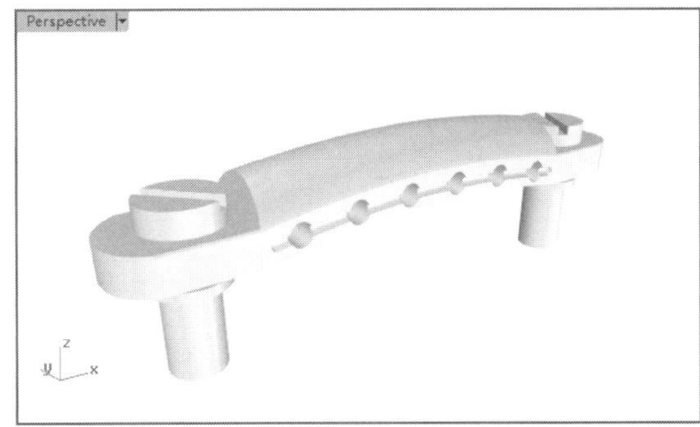

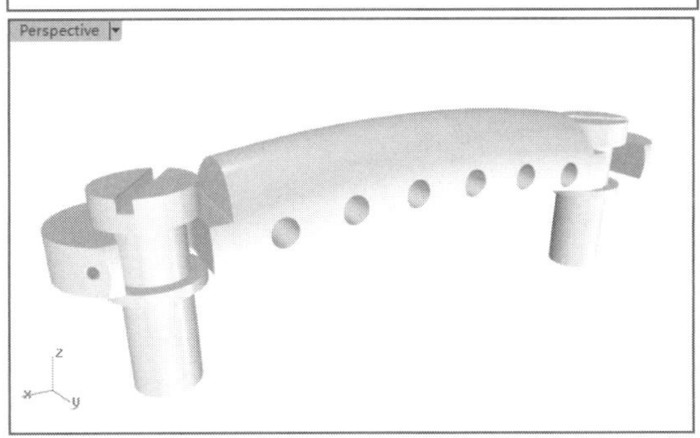

图19-88　添加其他细节

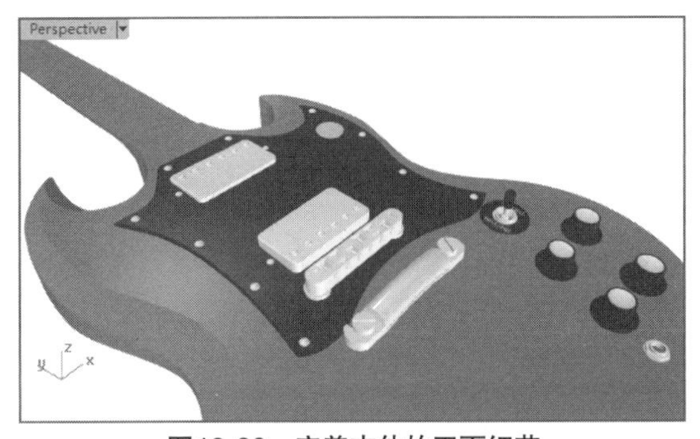

图19-89　完善吉他的正面细节

19.1.3　添加琴弦细节

01执行菜单栏中的【实体】|【立方体】|【角对角、高度】命令，在Right视图中的吉他杆上部，创建一个立方体，如图19-90所示。

02在Top视图中执行菜单栏中的【曲线】|【直线】|【单一直线】命令，依据吉他杆的轮廓，创建两条直线，如图19-91所示。

03执行菜单栏中的【编辑】|【修剪】命令，剪去立方体两边多出的部分，如图19-92所示（由于剪切的部分较少，在图中可能不大容易看出立方体的变化）。

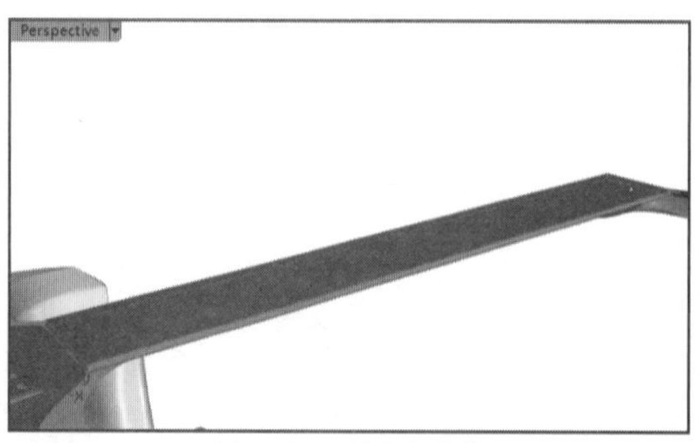

图19-90　创建立方体

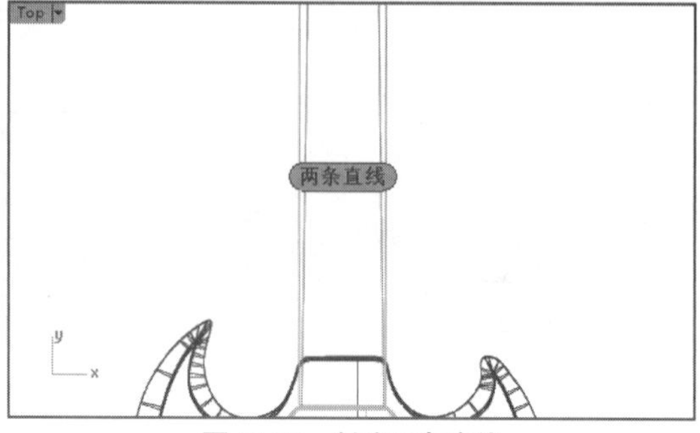

图19-91　创建两条直线

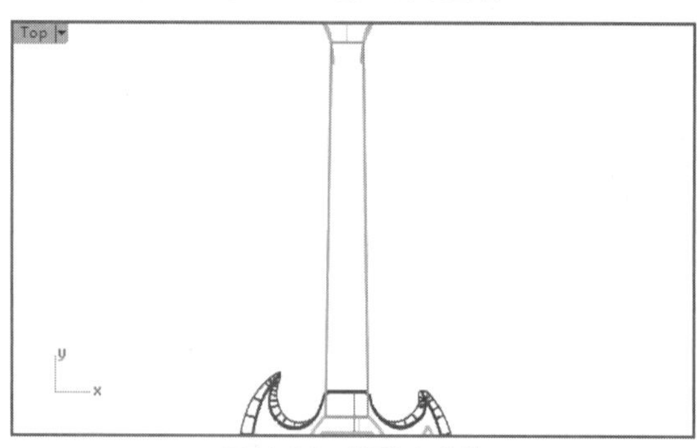

图19-92　修剪立方体

04执行菜单栏中的【实体】|【将平面洞加盖】命令，将剪切后的立方体的两侧边处封闭，如图19-93所示。

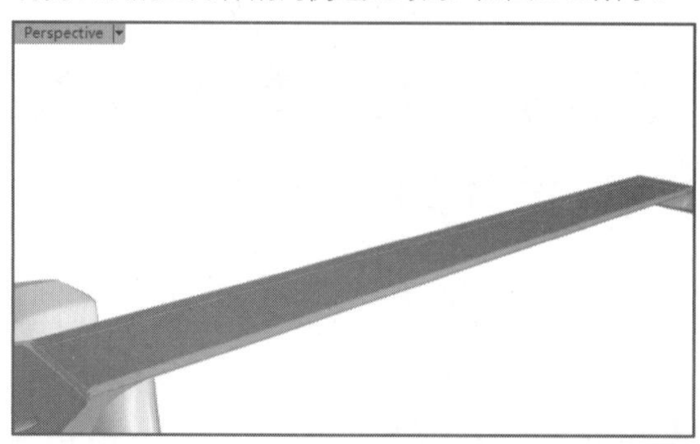

图19-93　将立方体两侧边处封闭

05执行菜单栏中的【曲线】|【直线】|【线段】命令，在Top视图中创建一组多重直线，如图19-94所示。

06执行菜单栏中的【编辑】|【分割】命令，在Top视图中对长条立方体进行分割，效果如图19-95所示。

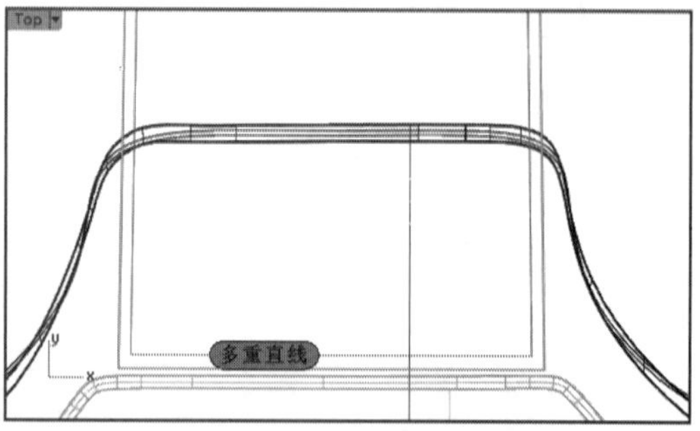

图19-94　创建一组多重直线

图19-95　分割立方体

07执行菜单栏中的【曲面】|【混接曲面】命令，以及【编辑】|【组合】命令，将分割后的两份曲面各自组合为实体，如图19-96所示。

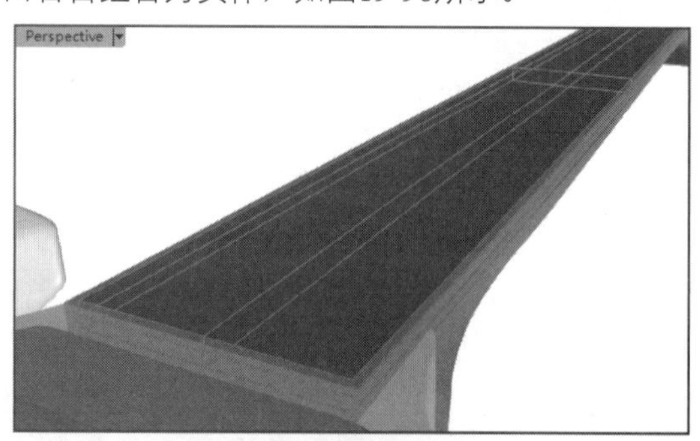

图19-96　组合曲面为实体

08执行菜单栏中的【曲线】|【自由造型】|【控制点】命令，在Top视图中创建一条曲线，如图19-97所示。

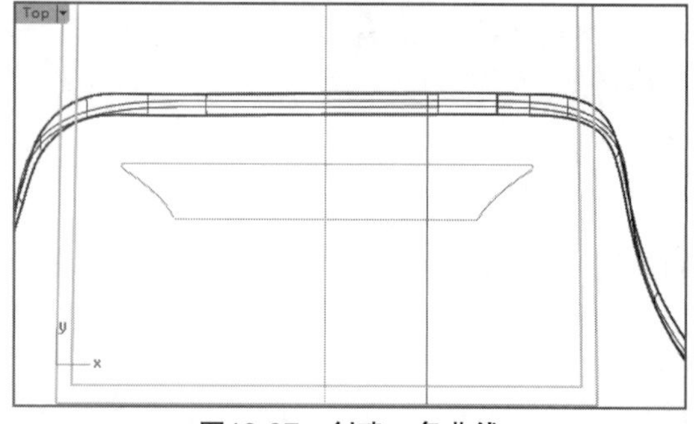

图19-97　创建一条曲线

09执行菜单栏中的【实体】|【挤出平面曲线】命令，以新创建的曲线创建一个实体曲面，并在Right视图中将其向上移动，如图19-98所示。

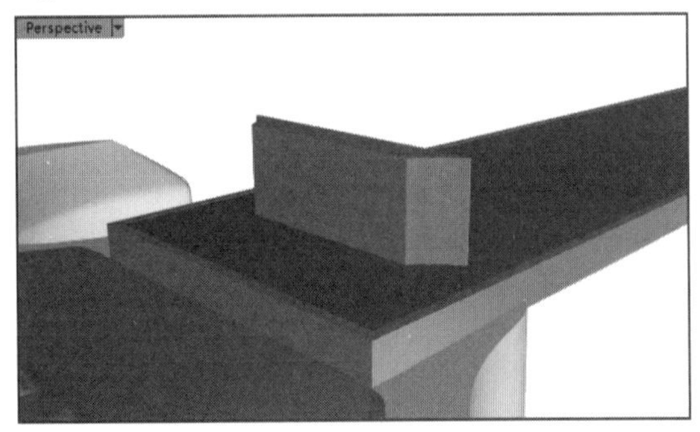

图19-98 创建并移动挤出实体曲面

10执行菜单栏中的【曲线】|【自由造型】|【控制点】命令，在Right视图中创建一条曲线，如图19-99所示。

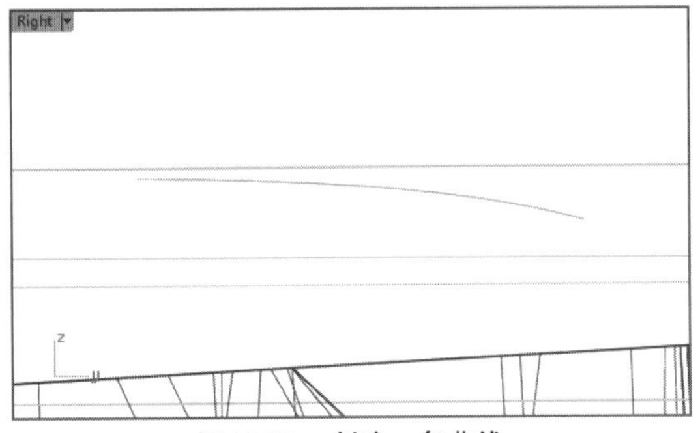

图19-99 创建一条曲线

11执行菜单栏中的【曲面】|【挤出曲线】|【直线】命令，以新创建的曲线挤出一个曲面，然后将这个曲面在Top视图中移动到与前面创建的实体曲面相交的位置，执行菜单栏中的【实体】|【差集】命令，以这个曲面修剪去位于实体曲面的下部分，如图19-100所示。

图19-100 布尔运算差集

12将曲面A、曲面B复制一份，然后执行菜单栏中的【实体】|【交集】命令，依次选取如图19-101所示的实体曲面B、实体曲面A，执行布尔运算交集。

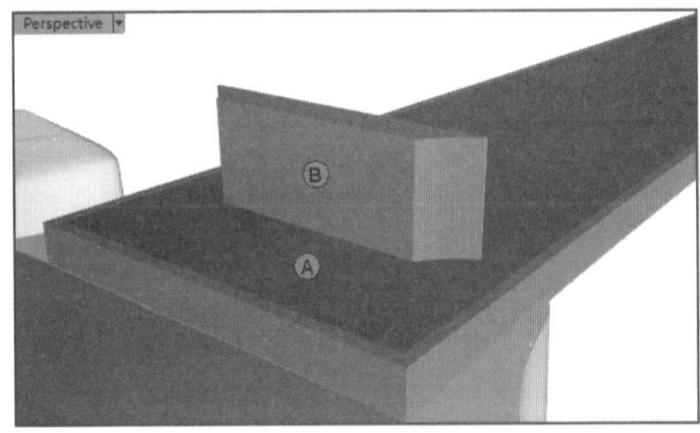

图19-101 布尔运算交集

13再次执行菜单栏中的【实体】|【差集】命令，选取实体曲面A的副本，右击确认，然后选取实体曲面B的副本，右击完成，如图19-102所示。

图19-102 布尔运算差集

14用类似的方法，在上面标记的实体曲面A上创建多个这样的曲面，由于过程重复，这里不再赘述，结果如图19-103所示。

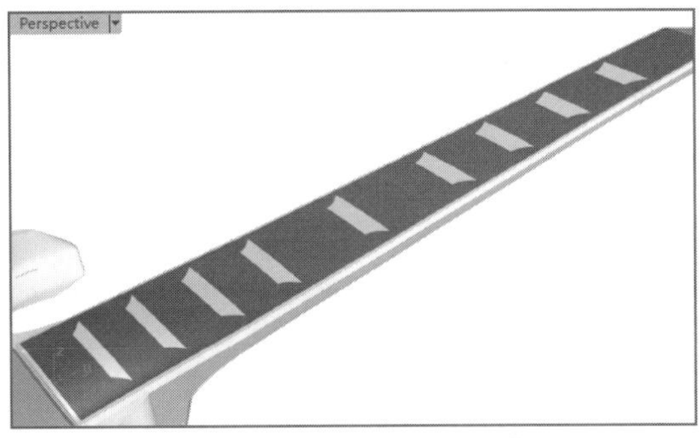

图19-103 添加其余的细节

19.1.4 添加琴头细节

01执行菜单栏中的【实体】|【立方体】|【角对角、高度】命令，在Right视图中位于吉他头部的位置创建一个立方体，如图19-104所示。

02在Right视图中执行菜单栏中的【曲线】|【自由造型】|【控制点】命令，创建一条曲线，如图19-105所示。

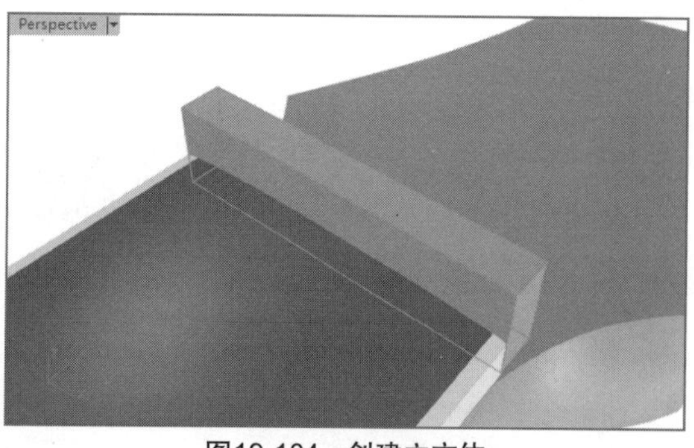

图19-104　创建立方体

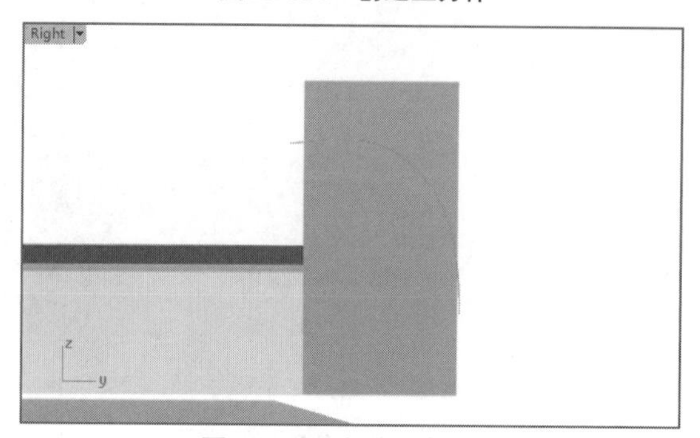

图19-105　创建一条曲线

03执行菜单栏中的【曲面】|【挤出曲线】|【执行】命令，以新创建的控制点曲线，挤出一个曲面，并将其移动到合适的位置，如图19-106所示。

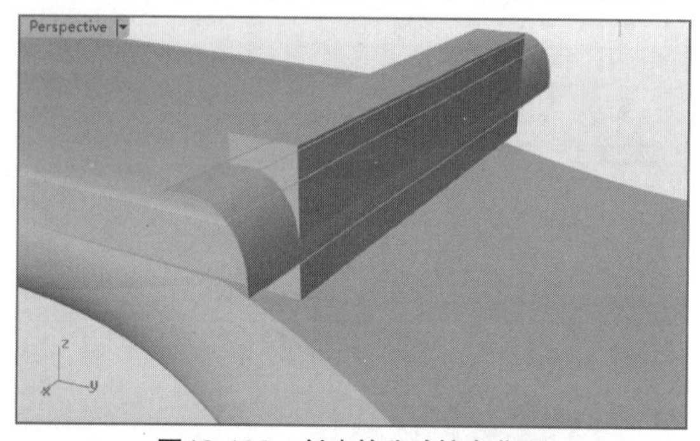

图19-106　创建并移动挤出曲面

04执行菜单栏中的【实体】|【差集】命令，选取立方体，右击确认，然后选取挤出曲面，右击完成，结果如图19-107所示。

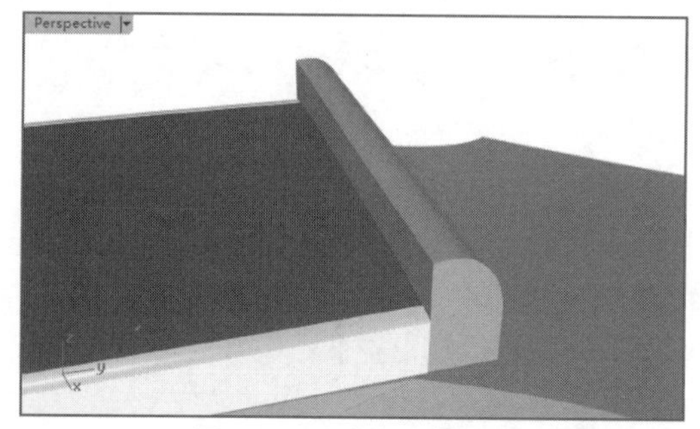

图19-107　布尔运算差集

05执行菜单栏中的【实体】|【边缘圆角】|【边缘圆角】命令，为棱边创建边缘圆角，如图19-108所示。

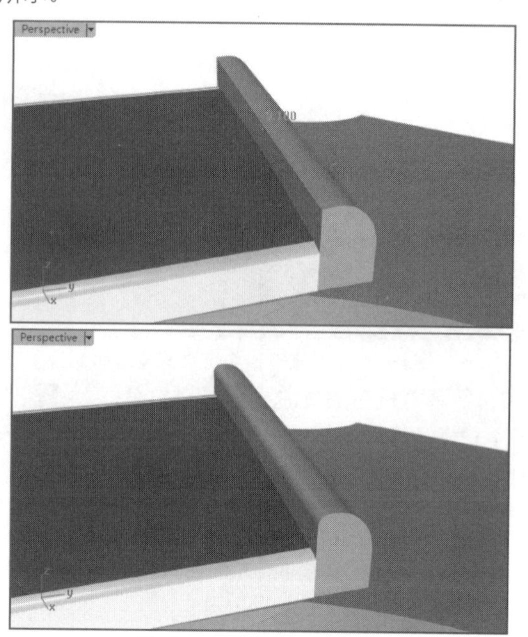

图19-108　创建边缘圆角

06执行菜单栏中的【实体】|【立方体】|【角对角、高度】命令，在Top视图中创建6个大小不等的立方体，如图19-109所示。

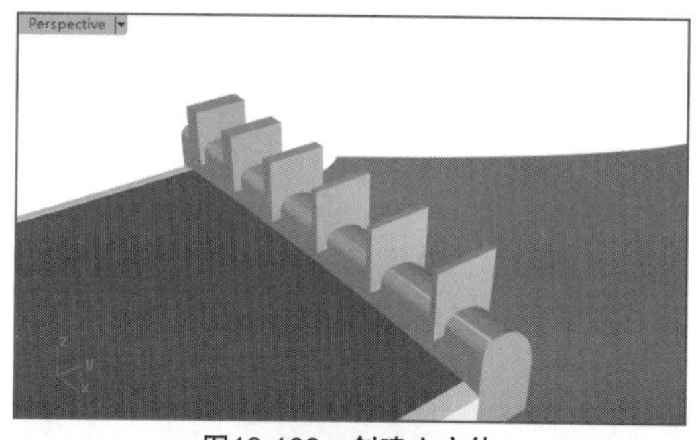

图19-109　创建立方体

07执行菜单栏中的【实体】|【差集】命令，选取实体曲面A，右击确认，然后选取6个立方体，右击完成，结果如图19-110所示。

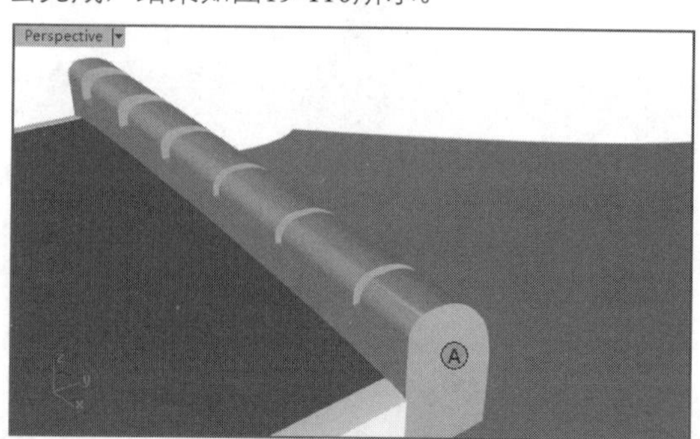

图19-110　布尔运算差集

08在吉他的头部添加一个表达厚度的曲面，然后在这个曲面上添加细节，如图19-111所示。

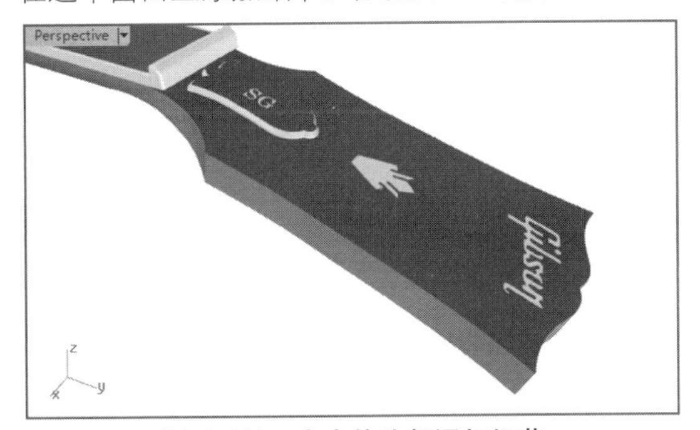

图19-111　在吉他头部添加细节

09用前面创建旋钮的方法，添加固定吉他弦用的旋钮曲面，并将它复制多份，分布在不同的位置，结果如图19-112所示。

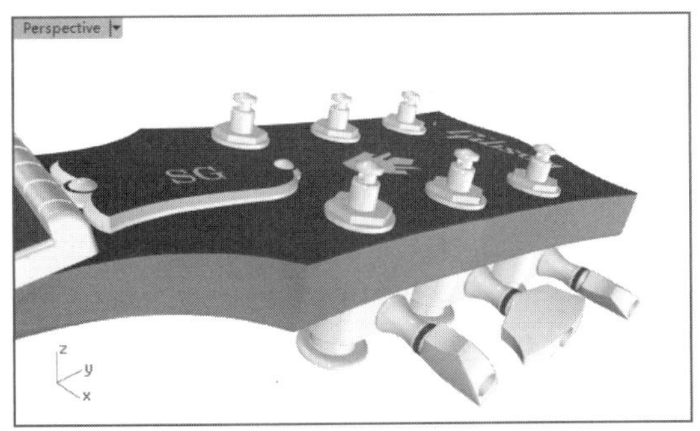

图19-112　添加固定吉他弦旋钮

10参照Right视图、Top视图中各吉他部件的位置，执行菜单栏中的【曲线】|【自由造型】|【控制点】命令，创建6条吉他弦曲线，如图19-113所示。

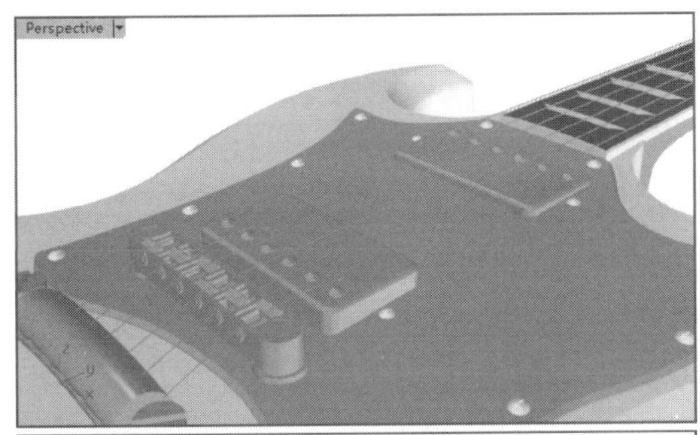

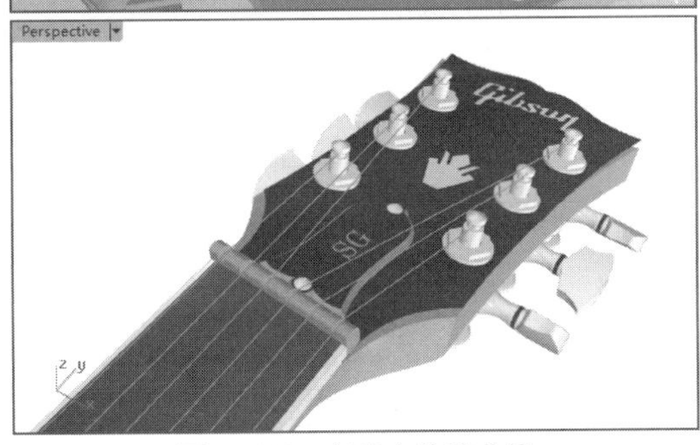

图19-113　创建吉他弦曲线

11执行菜单栏中的【实体】|【圆管】命令，以这几条吉他弦曲线，创建圆管曲面，调整圆管半径的大小以控制吉他弦的粗细，结果如图19-114所示。

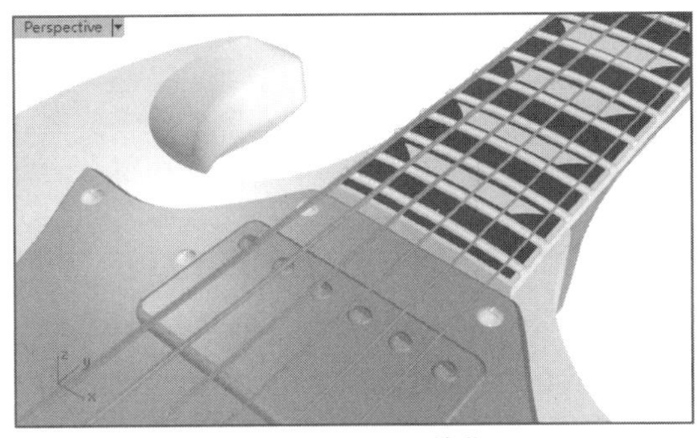

图19-114　创建圆管曲面

12至此，整个吉他模型创建完成，在Pespective视图中进行旋转查看，也可在创建的模型基础上创建更多细节，如图19-115所示。

图19-115　吉他模型创建完成

19.2 制作电动剃须刀模型

引入文件：动手操作\源文件\Ch19\Right.jpg、Front.jpg
结果文件：动手操作\结果文件\Ch19\电动剃须刀.3dm
视频文件：视频\Ch19\制作电动剃须刀.avi

剃须刀建模首先需要导入背景图片作为参考，然后依据背景图片创建剃须刀下面的主体曲面，并添加按钮等细节，之后根据下部的曲面逐步构建剃须刀的头部曲面，最终将它们整合到一起。

整个剃须刀在建模过程中采用的基本方法如下。

- 利用控制点命令构建剃须刀下身轮廓；
- 利用放样、曲面圆角等命令创建剃须刀下身；
- 利用分割、投影至曲面等命令制作剃须刀机身的正面细节部分；
- 利用设置工作平面、直接挤出、边缘圆角等命令创建剃须刀头部细节特征；
- 利用变动等工具将一个刀头部件复制多份，创建出剃须刀完整的头部，对整个模型进行细节的处理。

制作的电动剃须刀模型如图19-116所示。

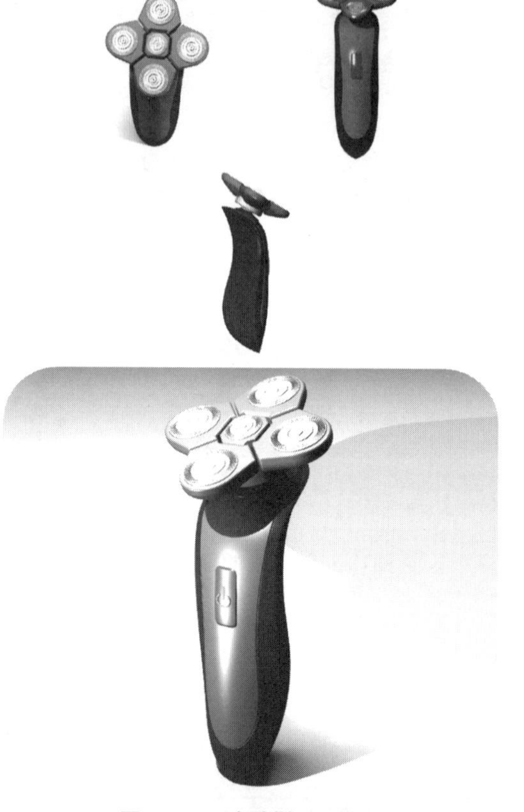

图19-116 电动剃须刀模型

19.2.1 导入背景图片

01执行菜单栏中的【曲线】|【矩形】|【角对角】命令，在Right正交视图中创建一条矩形曲线，如图19-117所示。

02执行菜单栏中的【变动】|【旋转】命令，在提示行中开启【复制（C）】选项，在Top正交视图中，将刚刚创建的矩形曲线旋转90°，在Front正交视图中可看到一条新的矩形曲线，如图19-118所示。

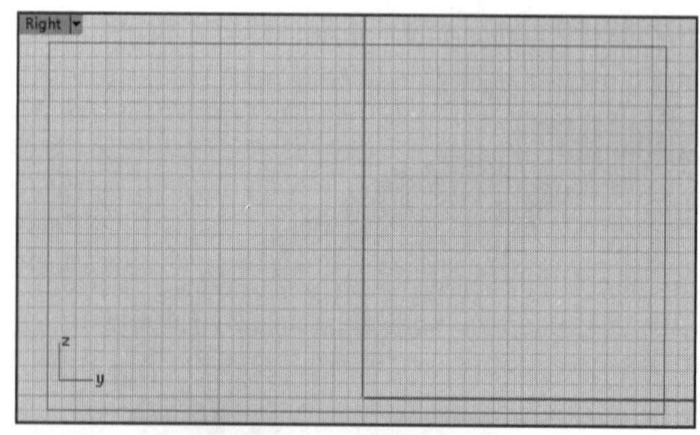

图19-117 创建矩形曲线

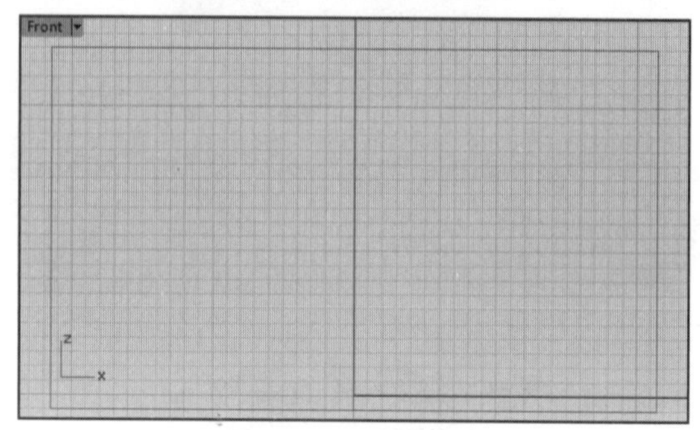

图19-118 旋转曲线

03在Right正交视图的激活状态下，执行菜单栏中的【查看】|【背景图】|【放置】命令，将与当前视图对应的剃须刀图片依据矩形曲线的两个对角，放置到视图中，之后删除矩形曲线，如图19-119所示。

图19-119 放置背景图片

04用同样的方法，在Front正交视窗中导入剃须刀的前视窗背景图片，并删除不再使用的矩形曲线，如图19-120所示。

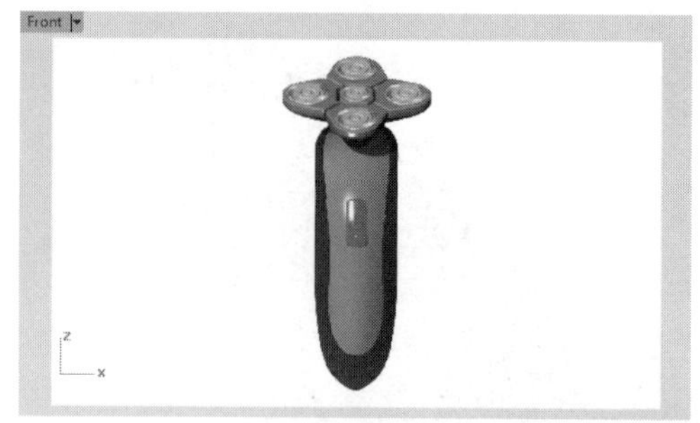

图19-120 在Front正交视图中放置背景图片

19.2.2 创建剃须刀手柄曲面

01执行菜单栏中的【曲线】|【自由造型】|【控制点】命令，在Right正交视图中依据其中的背景参考图片，创建轮廓曲线，即曲线1、曲线2，如图19-121所示。

02右击，重复刚才的命令，继续在Right正交视图中依据背景图片创建描述前后面连接处的轮廓曲线，即曲线3，如图19-122所示。

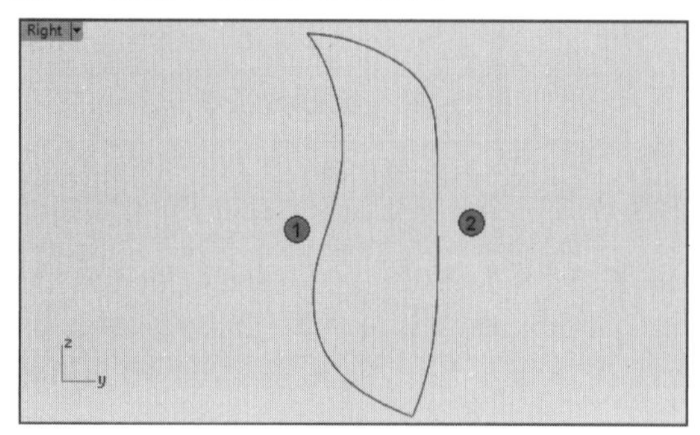

图19-121 创建前后轮廓曲线

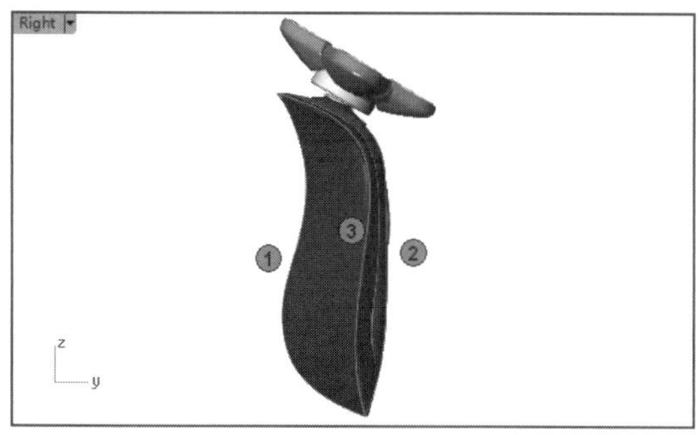

图19-122 创建侧面轮廓曲线

03再次右击，重复执行【控制点】命令，在Front正交视图中依据背景图片中的侧边轮廓创建出曲线4，如图19-123所示。

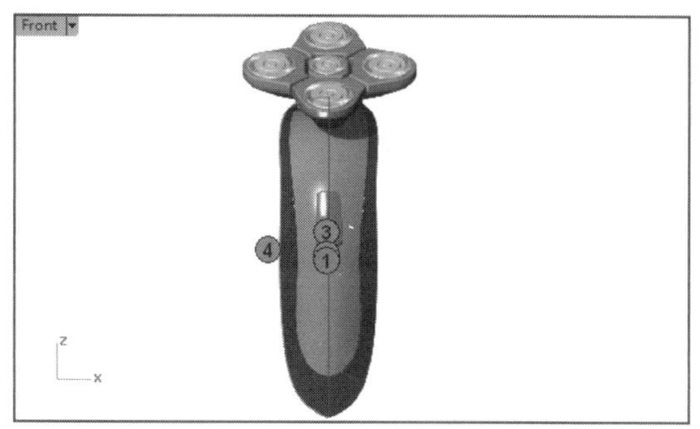

图19-123 在Front正交视图中创建曲线

04执行菜单栏中的【曲线】|【从两个视窗中的曲线】命令，单击选取曲线3、曲线4，一条新的曲线就被创建出来，在此将其命名为曲线5，如图19-124所示。

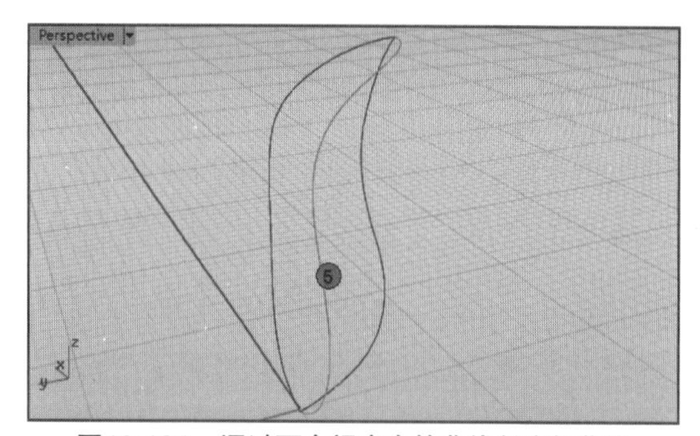

图19-124 通过两个视窗中的曲线创建新曲线

05执行菜单栏中的【变动】|【镜像】命令，在Front正交视图中以垂直坐标轴为镜像轴，创建曲线5的镜像副本，即曲线6，如图19-125所示。

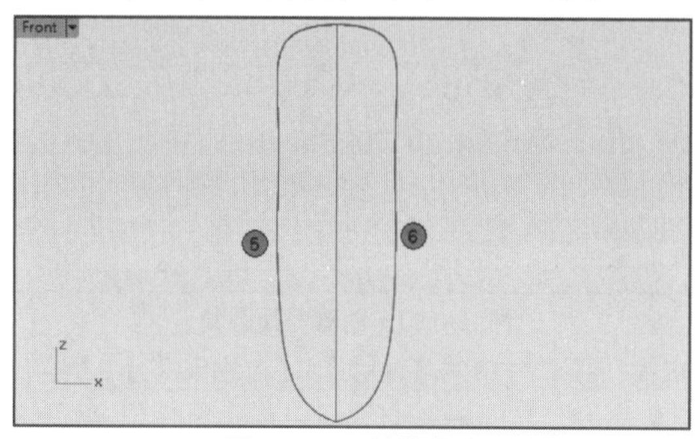

图19-125 镜像曲线

06执行菜单栏中的【曲面】|【放样】命令，在Pespective视角中，选取曲线5、曲线1、曲线6，右击确认，在弹出的对话框中设置相关的参数，单击【确定】按钮，创建曲面完成，如图19-126所示。

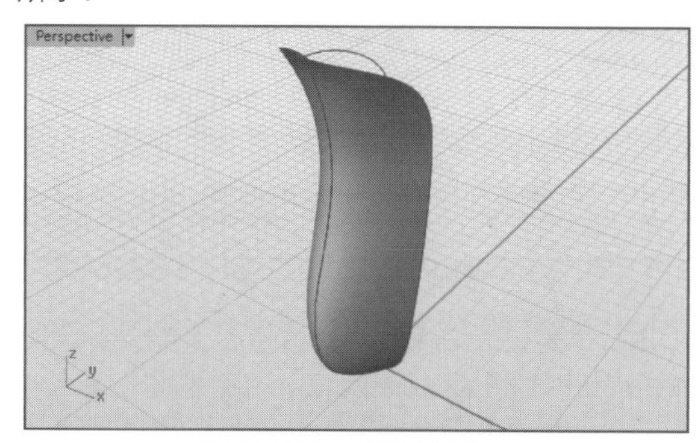

图19-126 创建放样曲面

07右击，重复使用【放样】命令，以曲线5、曲线2、曲线6创建一个曲面，作为剃须刀机身的前侧曲面，如图19-127所示。

08执行菜单栏中的【曲面】|【曲面圆角】命令，在刚刚创建的两个曲面间以合适的角度创建圆角曲面，如图19-128所示。

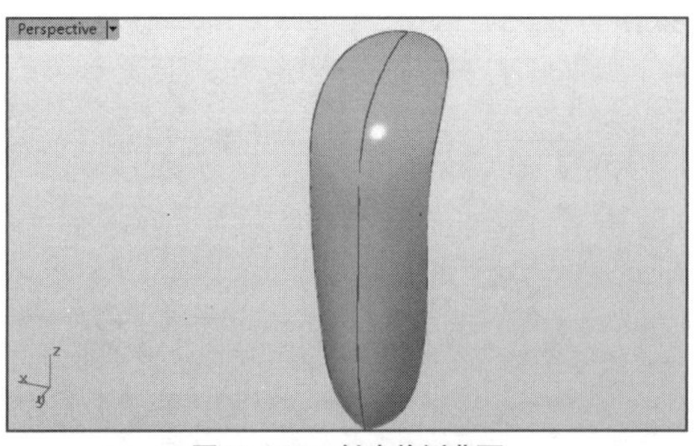

图19-127　创建前侧曲面

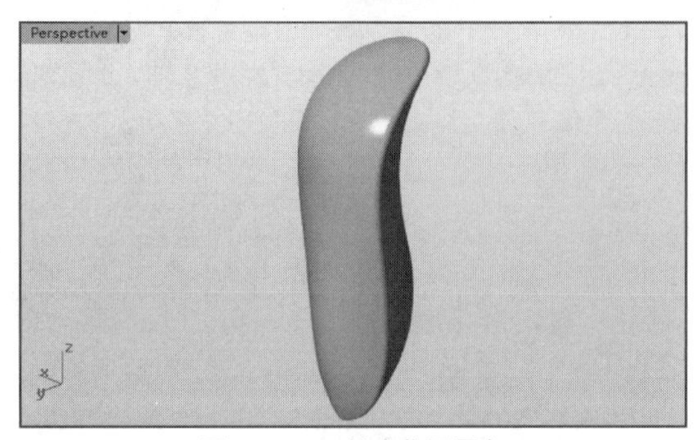

图19-128　创建曲面圆角

09执行菜单栏中的【曲线】|【自由造型】|【控制点】命令，在Front正交视图中创建曲线1，确保这条曲线的两个端点位于坐标轴之上，如图19-129所示。

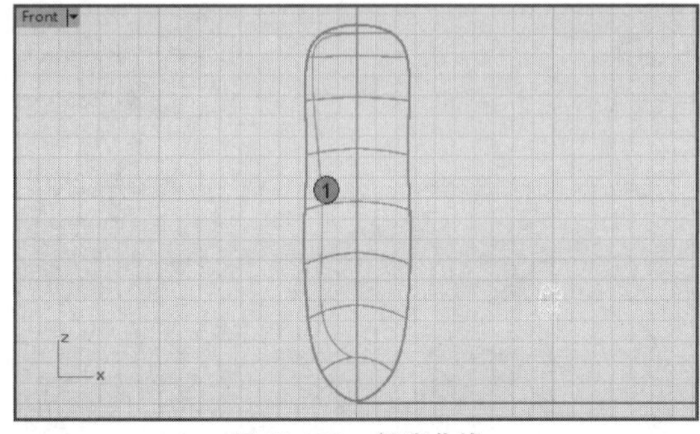

图19-129　创建曲线

10执行菜单栏中的【变动】|【对称】命令，选取曲线1，在提示行将【连续性】选项设置为【连续性（C）=平滑】，以垂直坐标轴为对称轴在Front正交视图中创建曲线2，然后执行菜单栏中的【编辑】|【组合】命令，将两条曲线组合到一起，记为曲线3，如图19-130所示。

11执行菜单栏中的【曲线】|【从物件建立曲线】|【投影】命令，在Front正交视图中选取曲线3，右击确认，然后选取前侧曲面，右击确认，曲线3将在这个曲面上创建投影曲线，即曲线4，如图19-131所示。

12隐藏或删除曲线3，并执行菜单栏中的【编辑】|【控制点】|【开启控制点】命令，将曲线4的控制点显示出来，如图19-132所示。

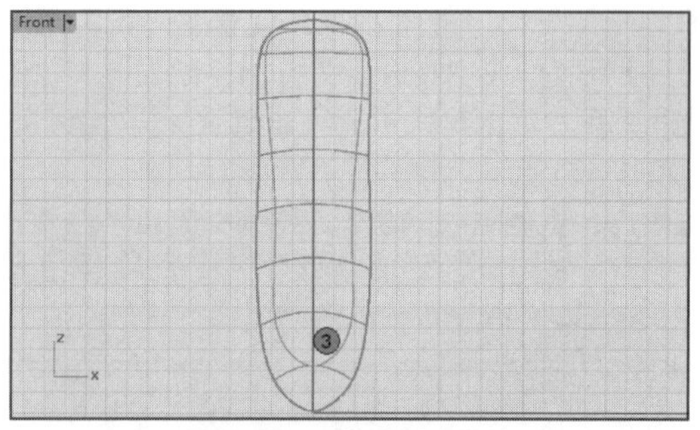

图19-130　创建对称曲线

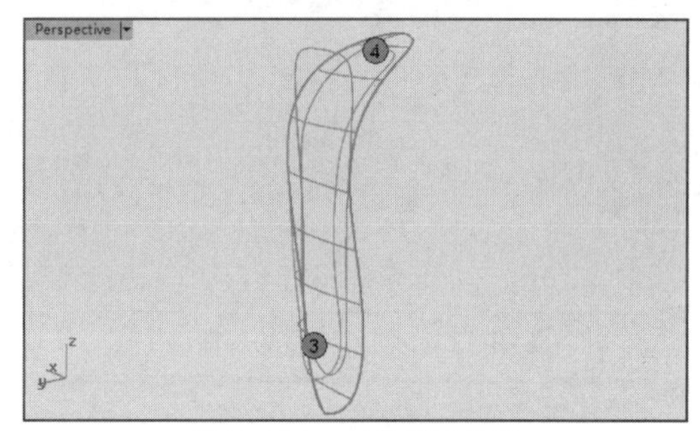

图19-131　创建投影曲线

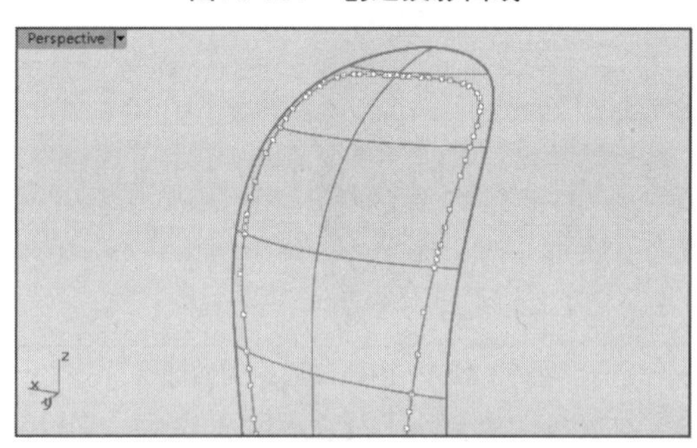

图19-132　开启曲线控制点显示

13可以看到曲线上有太多的控制点，说明这条曲线过于复杂，需要对它进行重建。执行菜单栏中的【编辑】|【重建】命令，单击选取曲线4，右击确认，在弹出的对话框中设置重建的控制点数，最后单击【确定】按钮，完成曲线的重建，如图19-133所示。

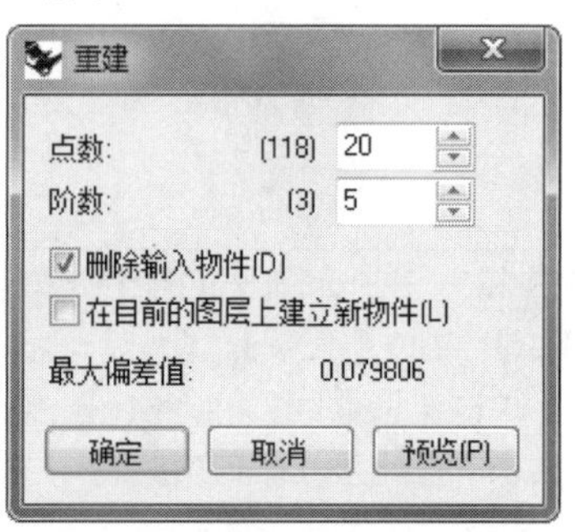

图19-133　重建曲线

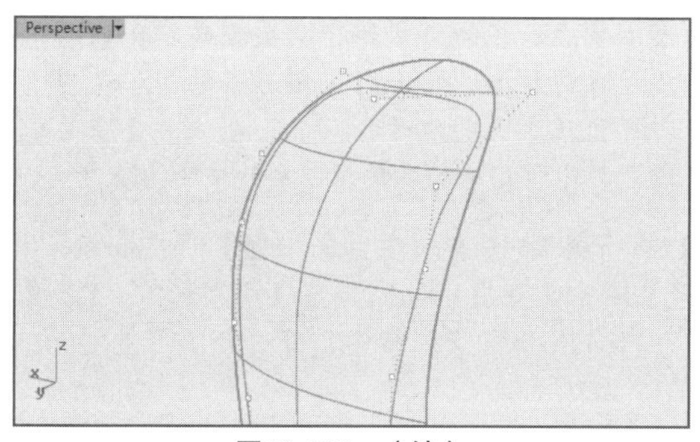

图19-133 （续）

14在Top正交视图中，调整曲线顶部的几个控制点的位置，更改曲线的形状，最后隐藏曲线的控制点，为接下来的操作做准备，如图19-134所示。

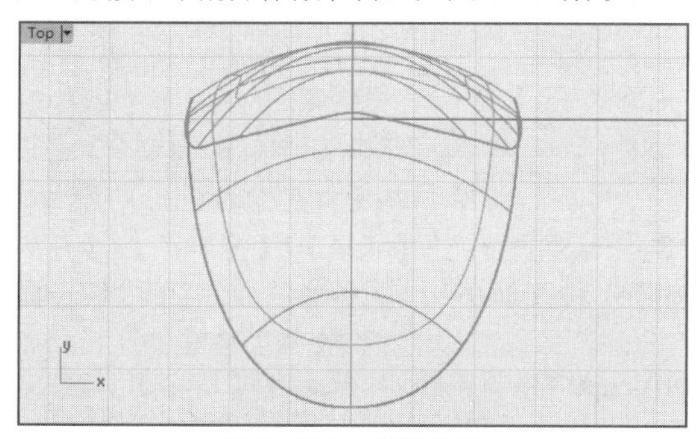

图19-134 调整曲线

15执行菜单栏中的【曲线】|【从物件建立曲线】|【拉回】命令，选取调整后的曲线，右击确认，然后选取剃须刀前侧曲面，右击确认，在前侧曲面上将创建新的曲线5，如图19-135所示。

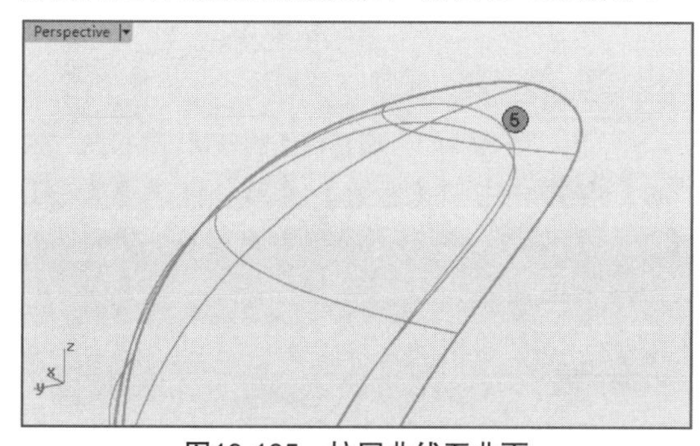

图19-135 拉回曲线至曲面

16隐藏或删除曲线4，执行菜单栏中的【编辑】|【分割】命令，选取前侧曲面，右击确认，然后选取曲线5，右击确认。曲面将被曲线5分割为两部分，如图19-136所示。

17删除或隐藏曲线5。执行菜单栏中的【曲面】|【挤出曲线】|【往曲面法线】命令，选取曲面A的边缘，然后单击曲面A，拖动鼠标控制挤出曲面的长度，右击确认，创建挤出曲面B，如图19-137所示。

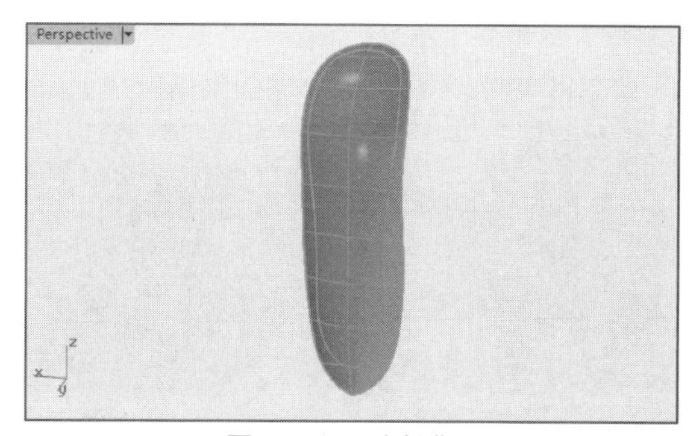

图19-136 分割曲面

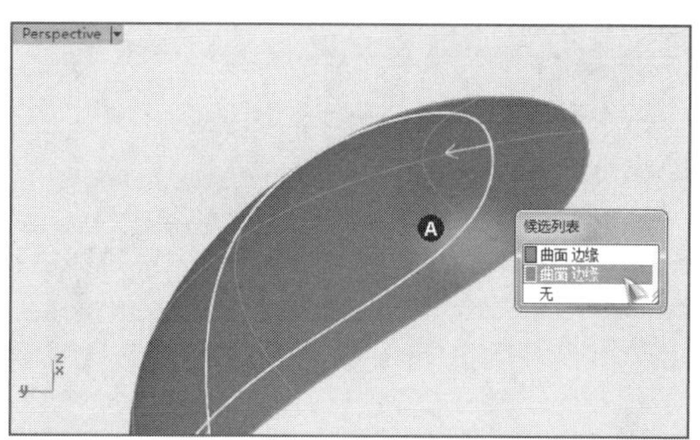

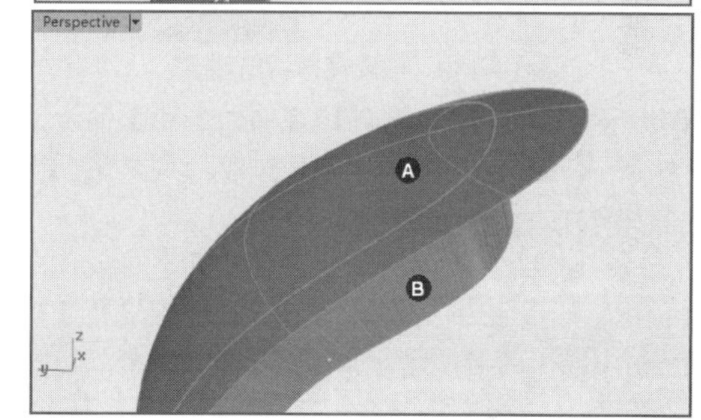

图19-137 创建挤出曲面

18执行菜单栏中的【曲面】|【曲面圆角】命令，在提示行中输入0.1（具体的数值可自行控制），右击确认，然后在Perspestive视图中依次单击选取曲面A、曲面B，创建圆角过渡曲面，之后删除曲面B，如图19-138所示。

图19-138 创建曲面圆角

19用与上面类似的方法，执行菜单栏中的【曲面】|【挤出曲线】|【往曲面法线】命令，选取曲面C的内侧边缘，然后单击曲面C，调整挤出曲面

的长度，连续右击确认，创建一个新的挤出曲面D，如图19-139所示。

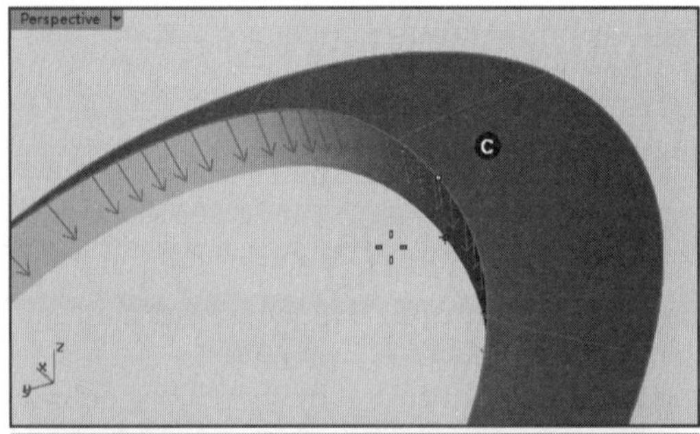

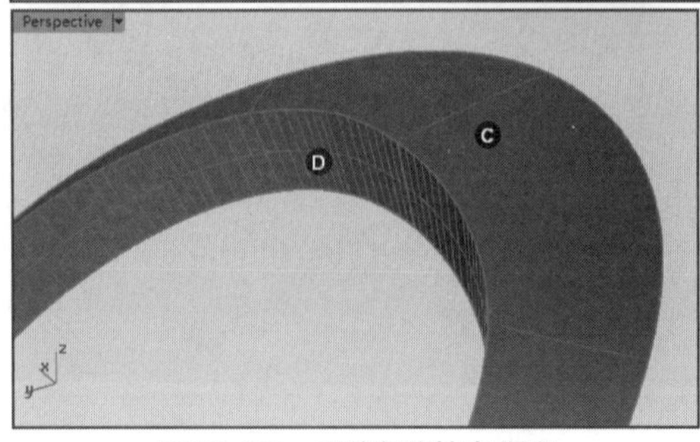

图19-139 继续创建挤出曲面

20执行菜单栏中的【曲面】|【曲面圆角】命令，在曲面C、曲面D之间创建圆角过渡曲面，最后删除曲面D，如图19-140所示。

21显示其他曲面，可以看到在剃须刀下身前侧曲面创建了凹槽曲面，在Perspective视图中进行旋转查看，如图19-141所示。

图19-140 创建圆角过渡曲面

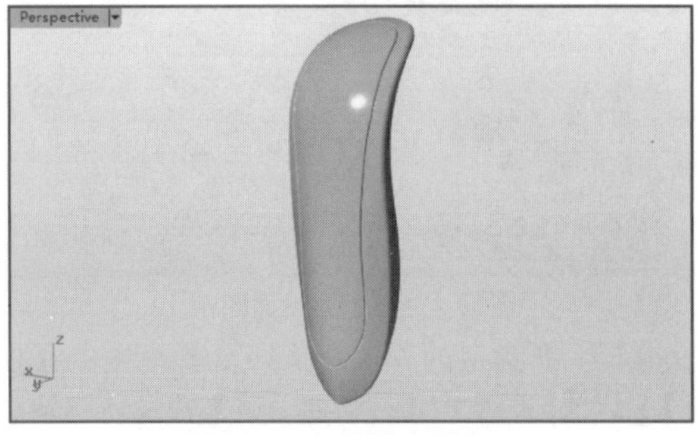

图19-141 旋转查看曲面

技术要点：在操作步骤中需要创建很多曲线，为了方便叙述，特进行了编号标注，但是为了避免出现太大的编号，可能一些编号会重复出现，具体所指示的物件请以图片中的为准。

22执行菜单栏中的【曲线】|【圆】|【中心点、半径】命令，在提示行中单击【可塑形的（D）】命令，在Top正交视图中创建一条圆形曲线，如图19-142所示。

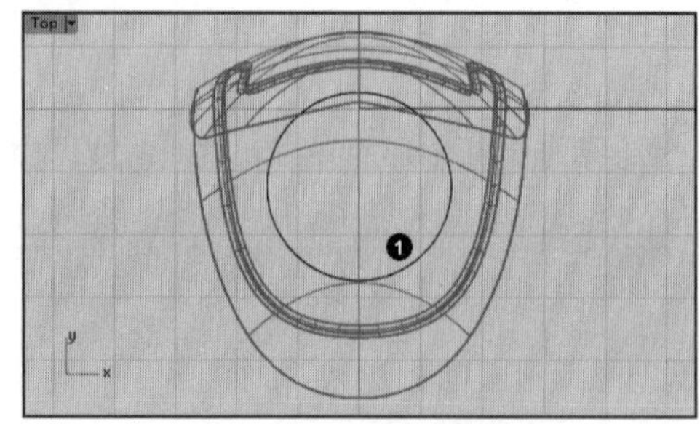

图19-142 创建圆形曲线

23执行菜单栏中的【编辑】|【控制点】|【开启控制点】命令，将刚刚创建的曲线1的控制点显示出来，并通过移动控制点调整曲线的形状，如图19-143所示。

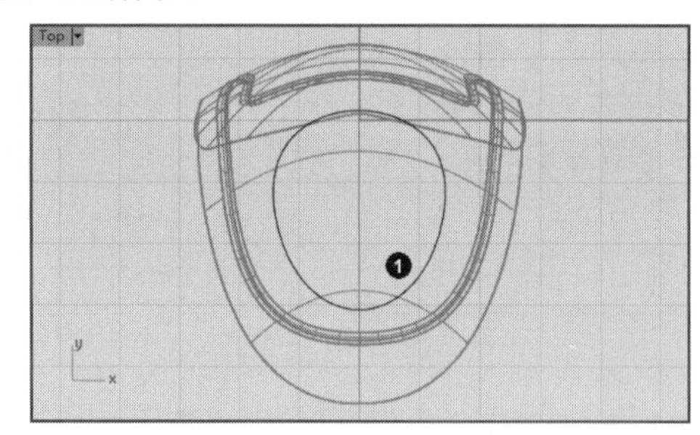

图19-143 调整曲线的形状

24执行菜单栏中的【曲线】|【从物件建立曲线】|【投影】命令，在Top视图中将曲线1投影到剃须刀前侧曲面上，从而创建曲线2，如图19-144所示。

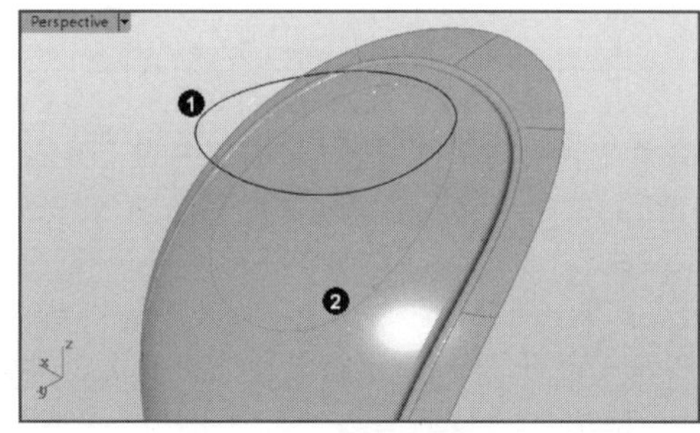

图19-144 创建投影曲线

25执行菜单栏中的【编辑】|【修剪】命令，以曲线2为剪切物件，剪去曲线2的内环曲面，如图19-145所示。

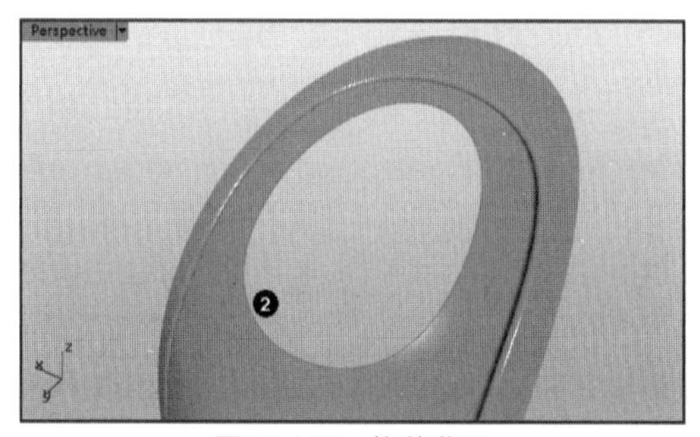

图19-145　修剪曲面

26执行菜单栏中的【曲面】|【挤出曲线】|【往曲面法线】命令，以刚刚形成的剪切边缘创建挤出曲面，如图19-146所示。

图19-146　创建挤出曲面

27执行菜单栏中的【曲线】|【圆】|【中心点、半径】命令，在Top正交视图中创建圆形曲线3如图19-147所示。

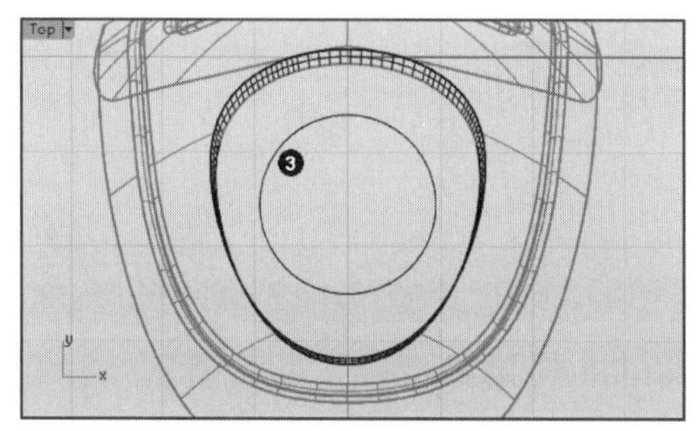

图19-147　创建圆形曲线

28在Right正交视图中将曲线3向上移动，并执行菜单栏中的【变动】|【旋转】命令，对曲线3进行旋转，并再次调整它的位置，如图19-148所示。

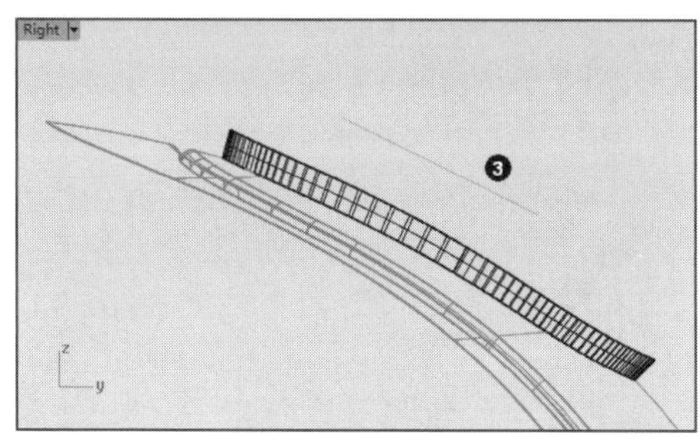

图19-148（续）

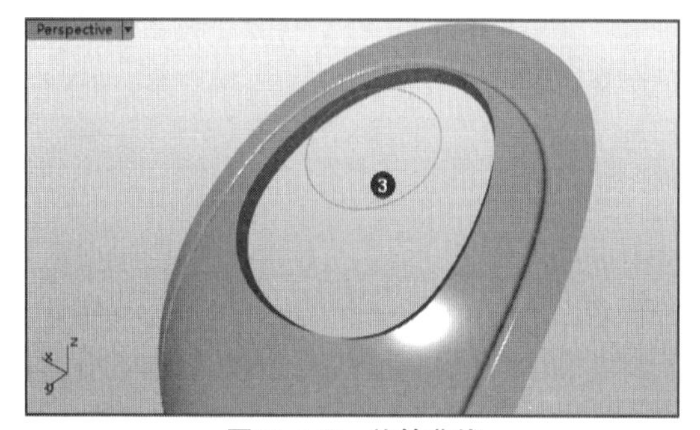

图19-148　旋转曲线

29执行菜单栏中的【曲面】|【放样】命令，以曲线3与刚刚创建的挤出曲面边缘，创建曲面A。为了避免创建的曲面过于复杂，在弹出的对话框中单击【重建点数】单击按钮，再单击【确定】按钮，创建完成，如图19-149所示。

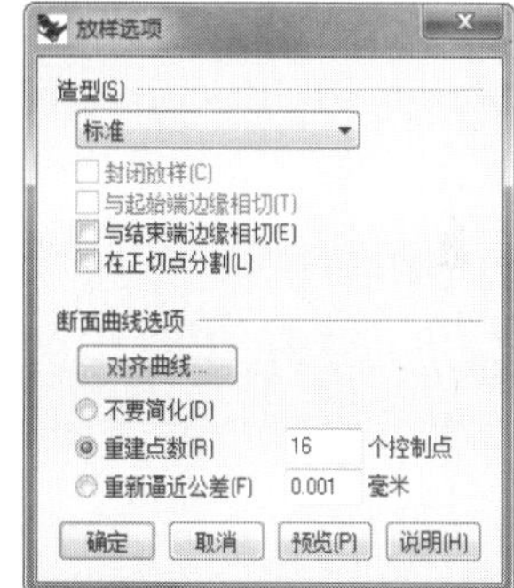

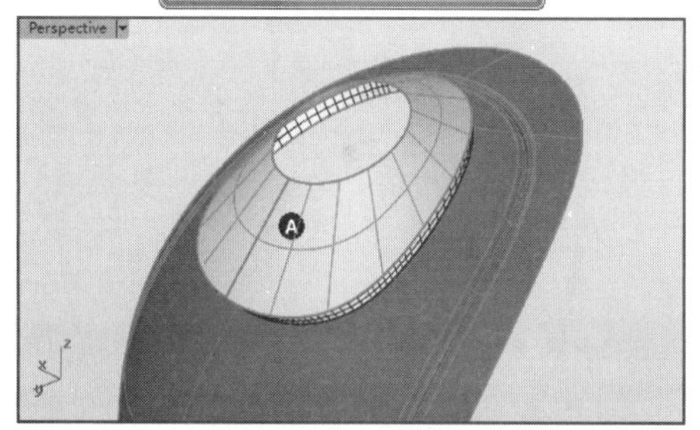

图19-149　创建放样曲面

30执行菜单栏中的【曲面】|【曲面圆角】命令，以曲面A以及与其相接的挤出曲面创建圆角曲面，圆角大小可设置为0.1，结果如图19-150所示。

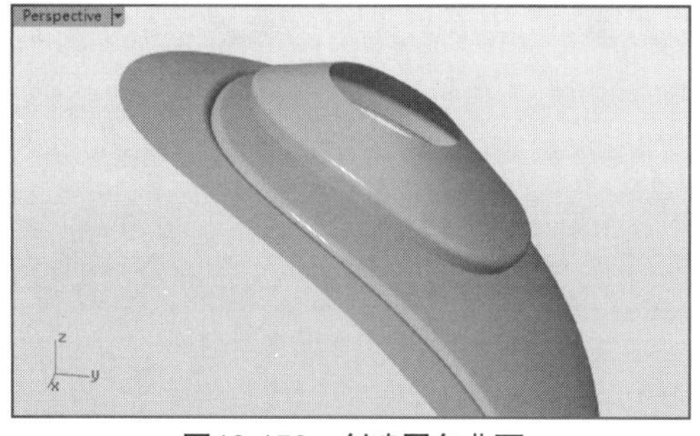

图19-150　创建圆角曲面

31执行菜单栏中的【曲线】|【从物件建立曲线】|【复制边缘】命令，以曲面A的边缘创建曲线1，在Top正交视图缩放这条曲线，如图19-151所示。

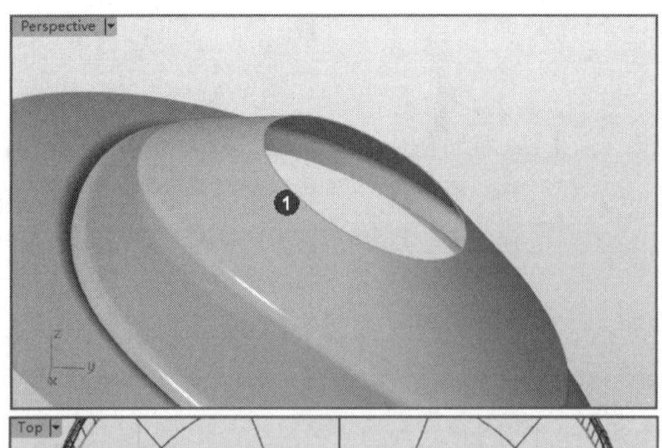

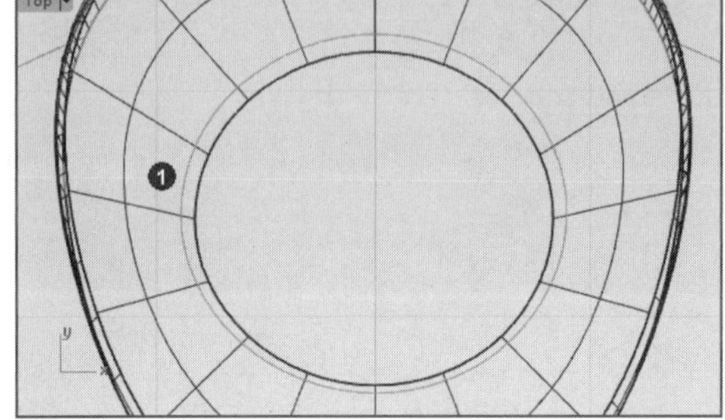

图19-151　缩放曲线1

32将曲线1复制一条，开启控制点并调整它的大小，再在不同的视图中调整它的位置，如图19-152所示。

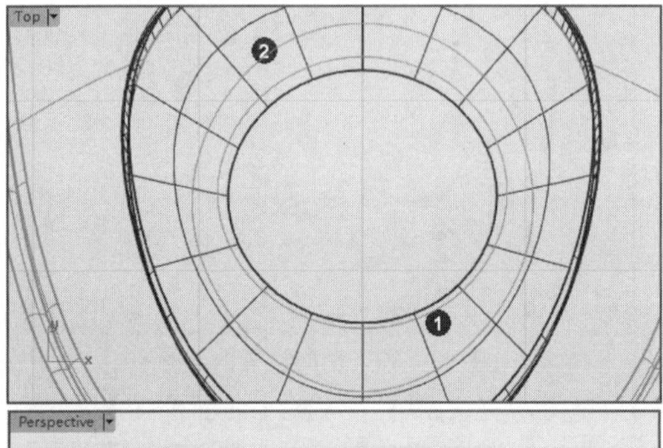

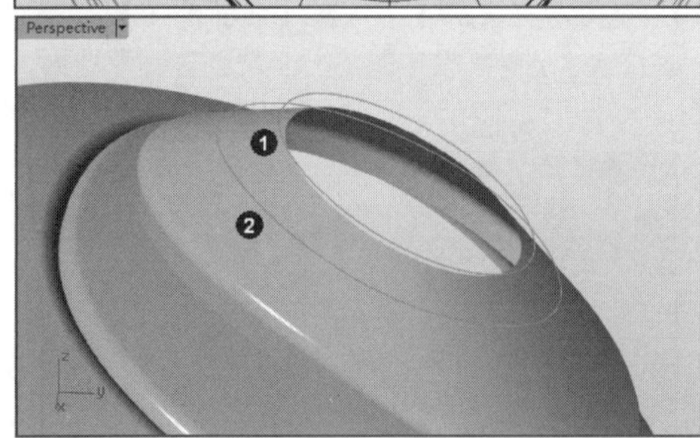

图19-152　复制并缩放曲线

33执行菜单栏中的【曲面】|【放样】命令，以曲线1、曲线2创建曲面A，在弹出的对话框中可不做修改，结果如图19-153所示。

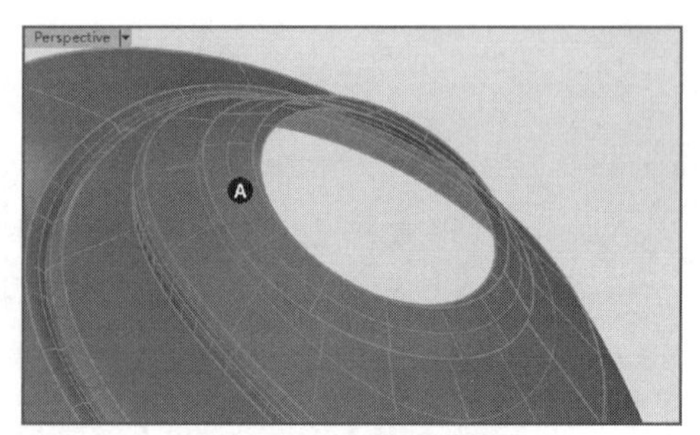

图19-153　创建放样曲面

34执行菜单栏中的【编辑】|【重建】命令，选取曲面A，右击确认，在弹出的对话框中设置曲面的U、V参数，最后单击【确定】按钮，完成重建操作，隐藏曲线1、曲线2，打开曲面A的控制点并观察曲面发生的变化，如图19-154所示。

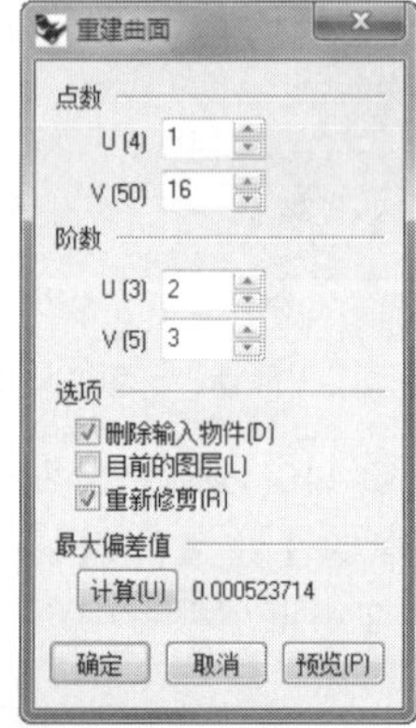

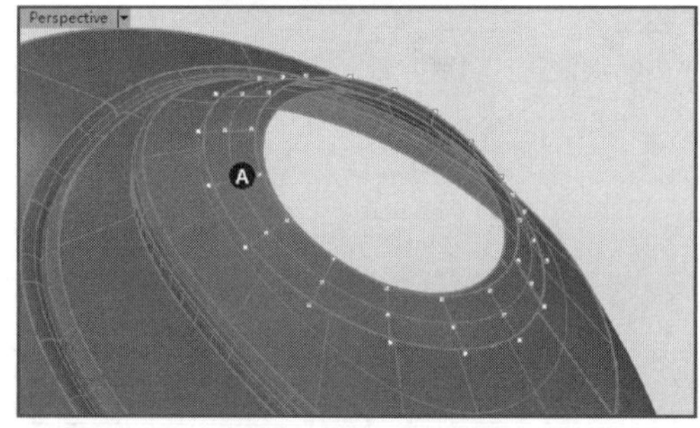

图19-154　重建曲面

35执行菜单栏中的【曲面】|【平面曲线】命令，选取曲面A的边缘，右击确认，创建曲面B，如图19-155所示。

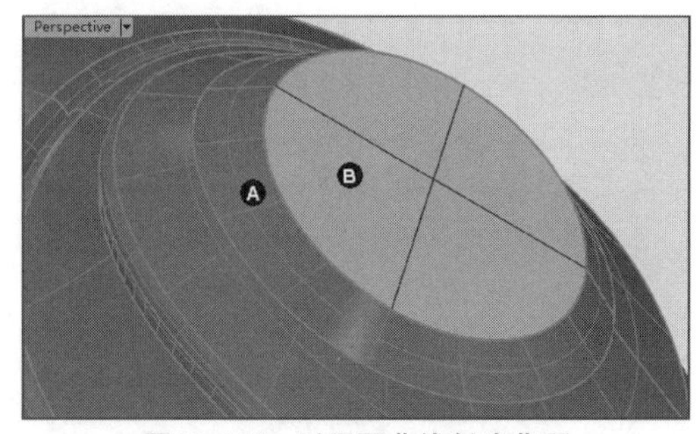

图19-155　以平面曲线创建曲面

36执行菜单栏中的【曲面】|【曲面编辑工具】|【衔接】命令，单击曲面A边缘，然后选取曲面B边缘，在弹出的对话框中设置【连续性】为【正切】，单击【确定】按钮，完成操作，可以看到曲面A与曲面B的衔接更为平滑，如图19-156所示。

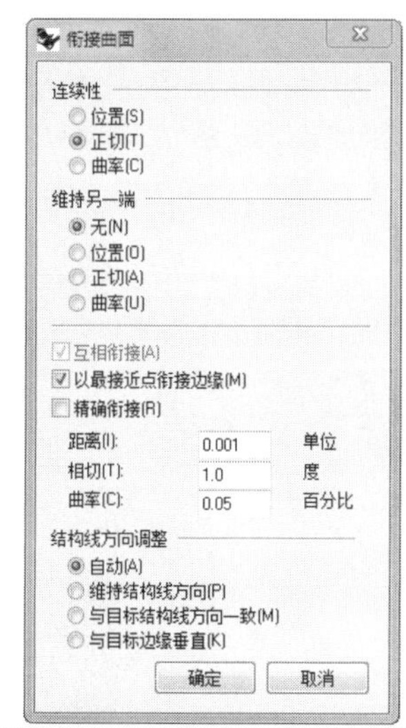

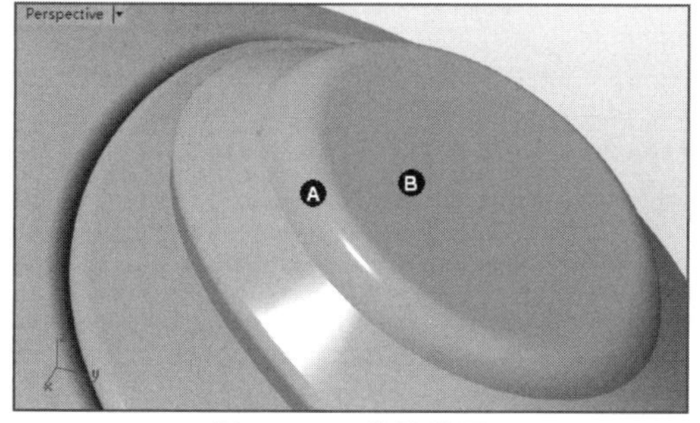

图19-156　衔接曲面

37执行菜单栏中的【实体】|【圆柱体】命令，在Top正交视图中确定圆柱体的底面半径大小，在Front正交视图中确定圆柱体的高度，如图19-157所示。

38执行菜单栏中的【变动】|【旋转】命令，在Right正交视图中参考背景图片，旋转刚刚创建的圆柱体，如图19-158所示。

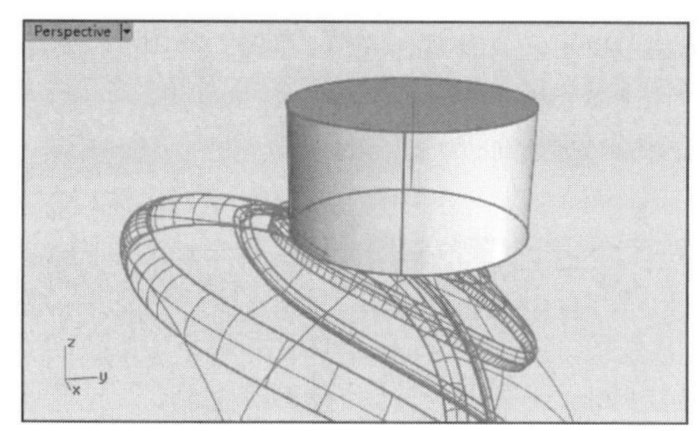

图19-157　创建圆柱体

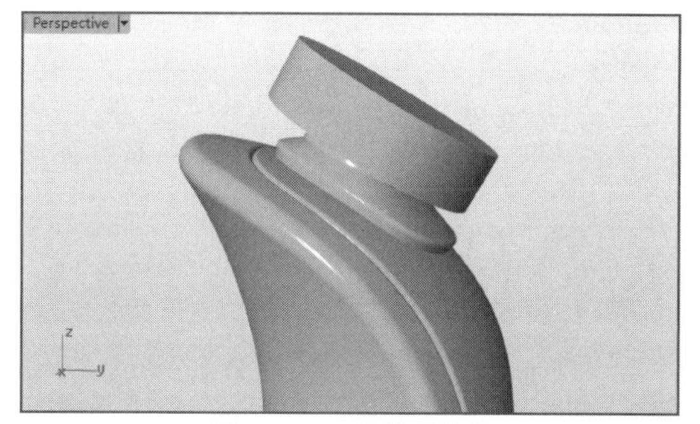

图19-158　旋转圆柱体

39执行菜单栏中的【实体】|【边缘圆角】|【边缘圆角】命令，为刚刚创建的圆柱体下部创建圆角，如图19-159所示。

图19-159　创建边缘圆角

19.2.3　创建剃须刀头部曲面

01执行菜单栏中的【查看】|【设置工作平面】|【三点定位】命令，以刚刚创建的圆柱体上底面的中心点为工作平面基点，以中心点到底面边缘线上的四分点为X轴方向，最后确定工作平面所在平面为圆柱体上底面。至此，工作平面创建完成，可在各个视图中观察发生的变化，如图19-160所示。

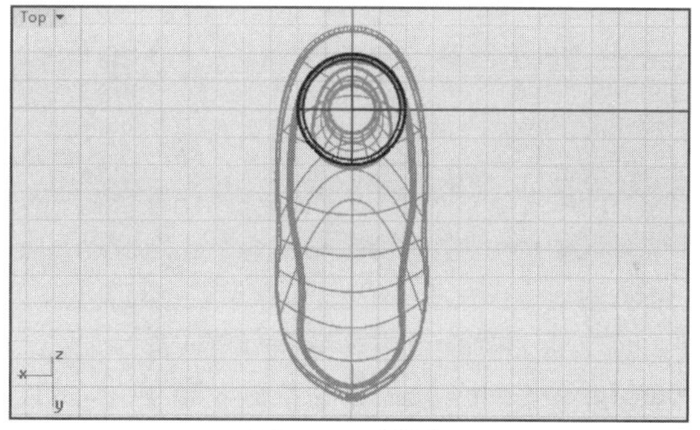

图19-160（续）

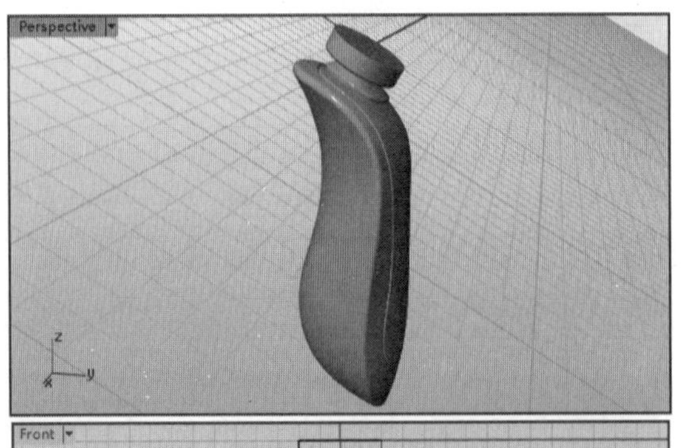

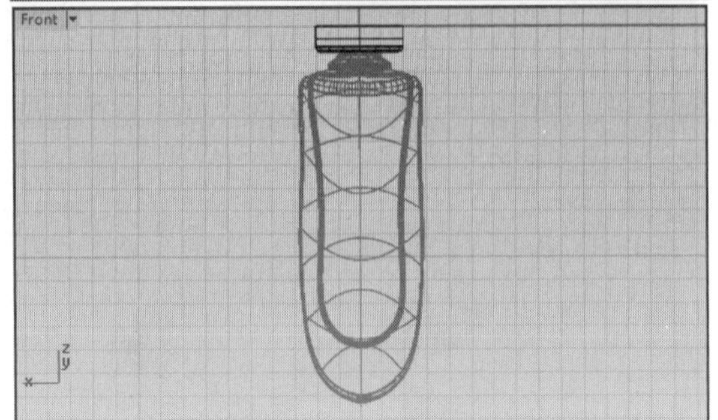

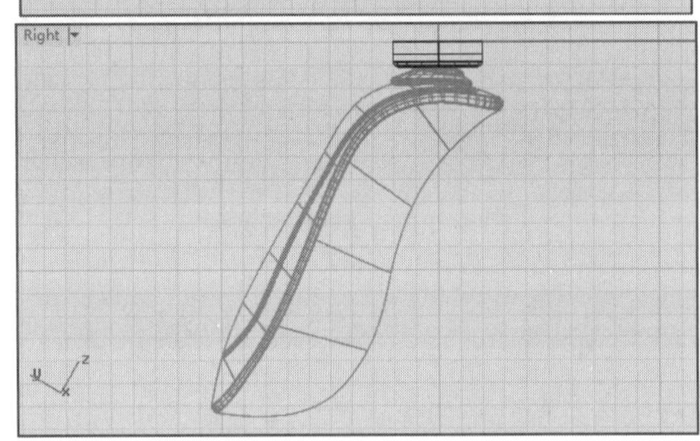

图19-160 设置工作平面

02执行菜单栏中的【曲线】|【矩形】|【角对角】命令，在Top正交视图中创建矩形曲线，即曲线1，如图19-161所示。

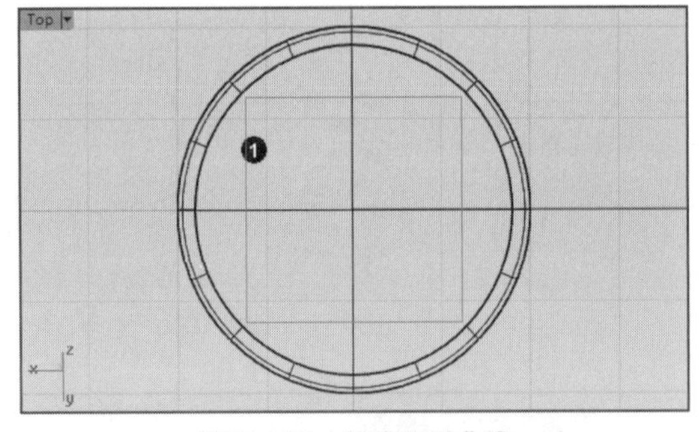

图19-161 创建矩形曲线

03执行菜单栏中的【曲线】|【曲线斜角】命令，在这条矩形曲线的四角处创建斜角曲线，如图19-162所示。

04执行菜单栏中的【实体】|【挤出平面曲线】|【直线】命令，以曲线1创建一个实体，在Right正交视图中，参考背景图片控制拉伸曲面的长度，最后将其向上移动一小段距离，隐藏曲线1，如图19-163所示。

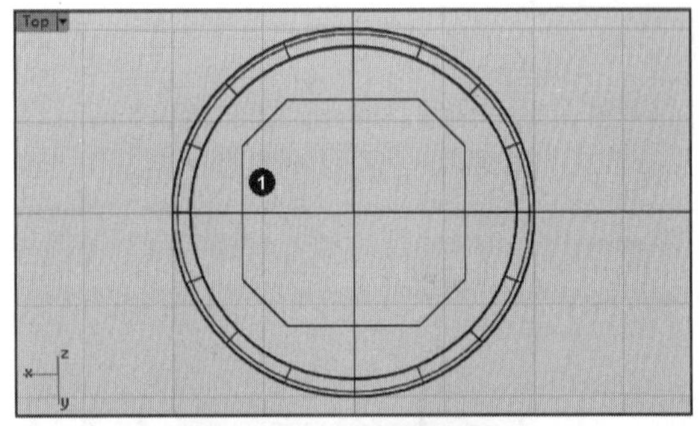

图19-162 创建曲线斜角

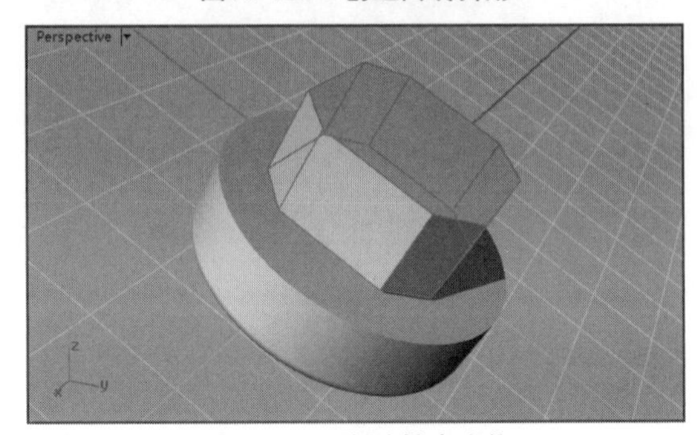

图19-163 创建挤出实体

05执行菜单栏中的【实体】|【边缘圆角】|【边缘圆角】命令，为刚刚创建的实体上下底面边缘创建圆角曲面，圆角大小可设置为0.15，如图19-164所示。

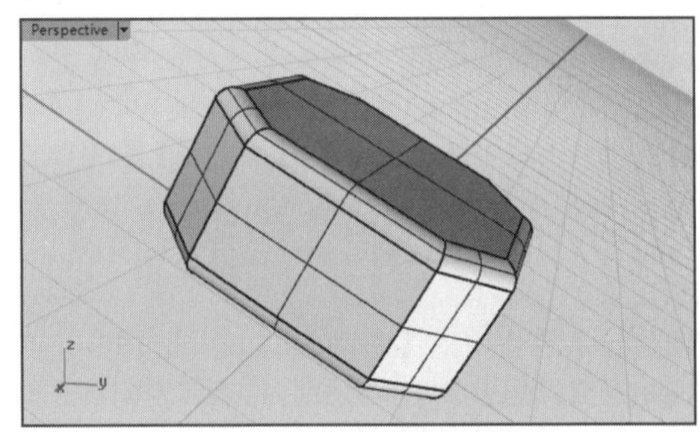

图19-164 创建边缘圆角

06将曲线1取消隐藏，在Top正交视图中执行菜单栏中的【曲线】|【偏移】|【偏移曲线】命令，将曲线1向外侧偏移0.15的距离，创建出曲线2，如图19-165所示。

07执行菜单栏中的【曲线】|【自由造型】|【控制点】命令，在Top正交视图中创建两条曲线，分别为曲线3、曲线4，如图19-166所示。

08在Front正交视图中垂直移动曲线3，按住Alt键，将其复制，记为曲线5，并移动曲线4到合适的位置，如图19-167所示。

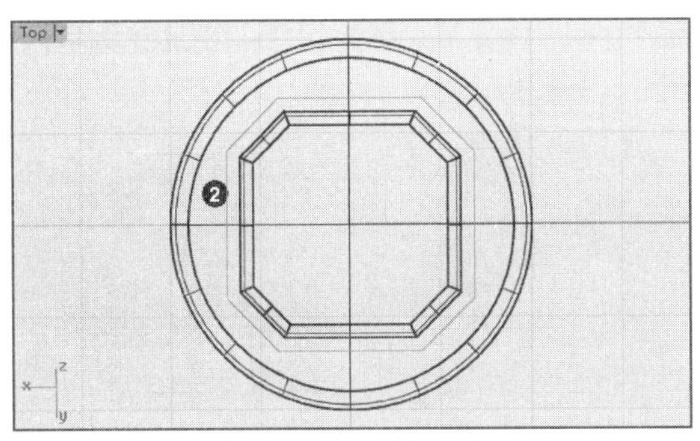

图19-165　偏移曲线

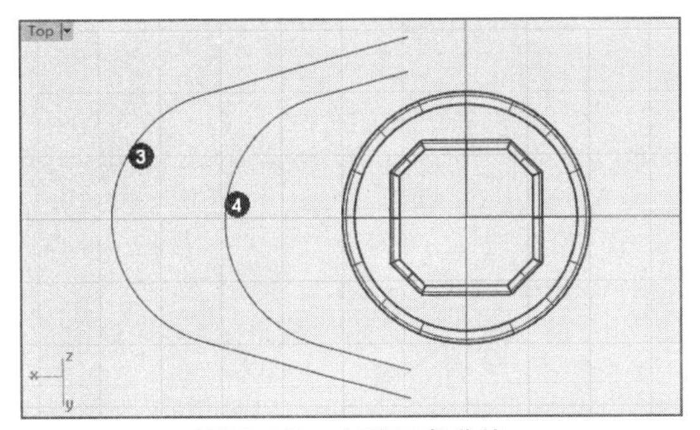

图19-166　创建两条曲线

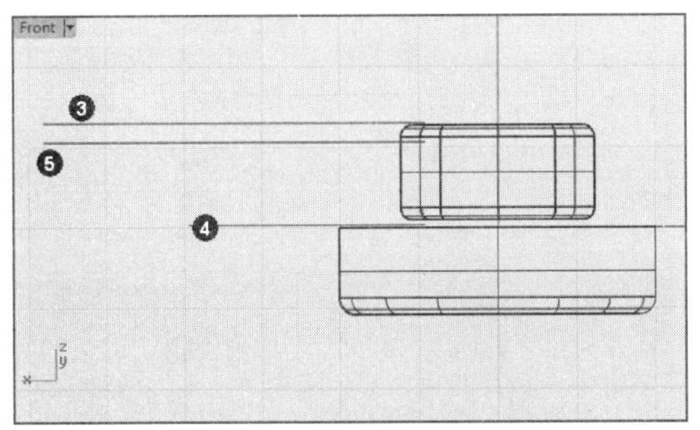

图19-167　复制并移动曲线

09执行菜单栏中的【曲线】|【点物件】|【单点】命令，在Top正交视图中创建一个单点（见标注6），并在Front正交视图中将其垂直移动到合适的位置，如图19-168所示。

10执行菜单栏中的【曲面】|【放样】命令，依次单击选取曲线3、曲线5、曲线4、单点6，右击确认，创建一个曲面，如图19-169所示。

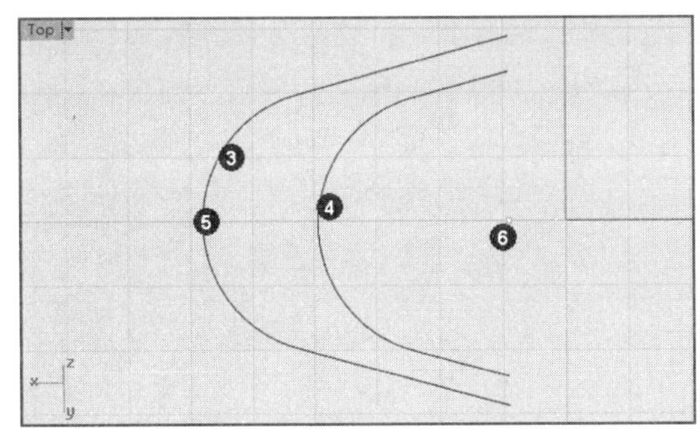

图19-168　创建一个点物件

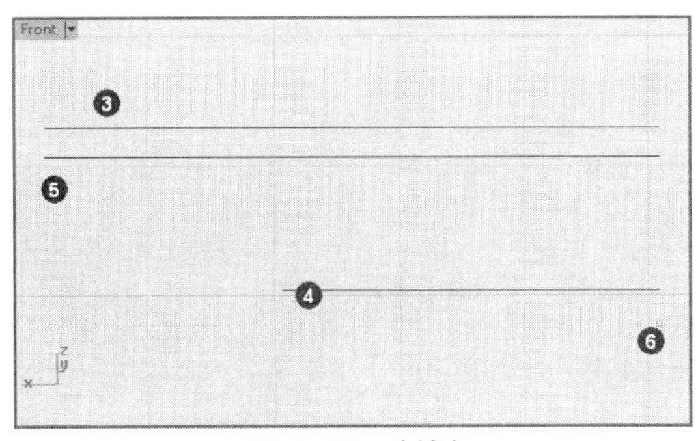

图19-168　（续）

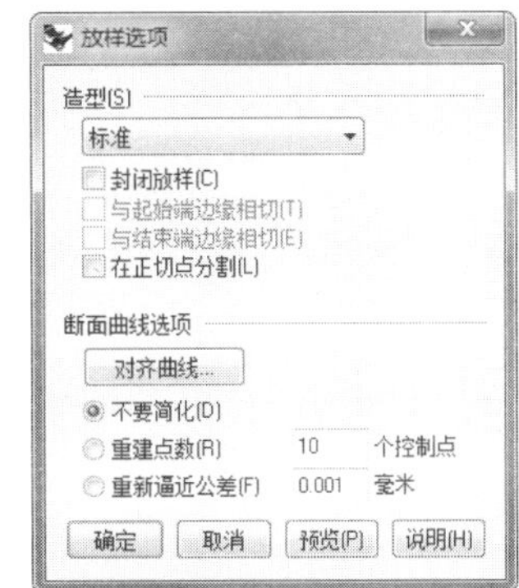

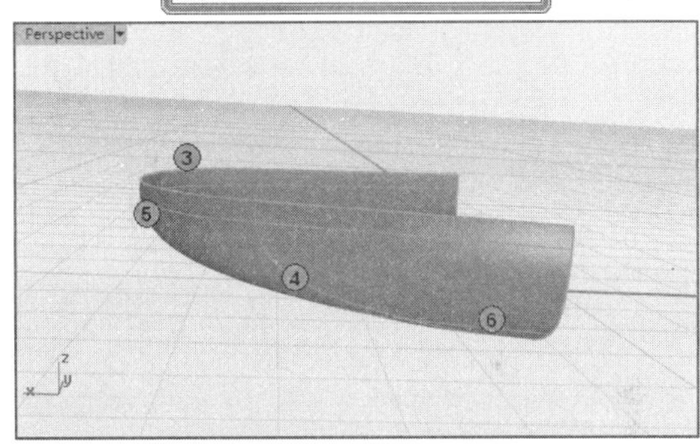

图19-169　创建放样曲面

11执行菜单栏中的【编辑】|【控制点】|【开启控制点】命令，打开刚刚创建的曲面的控制点，并在Top、Front正交视图中调整，如图19-170所示。

12执行菜单栏中的【曲线】|【直线】|【单一直线】命令，连接曲面的两个端点，创建一条直线，如图19-171所示。

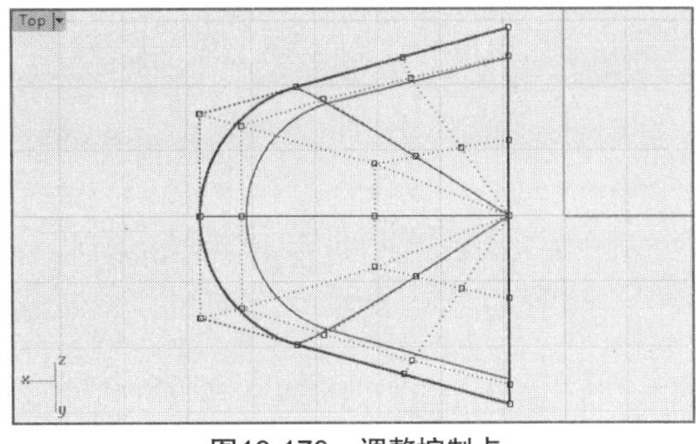

图19-170　调整控制点

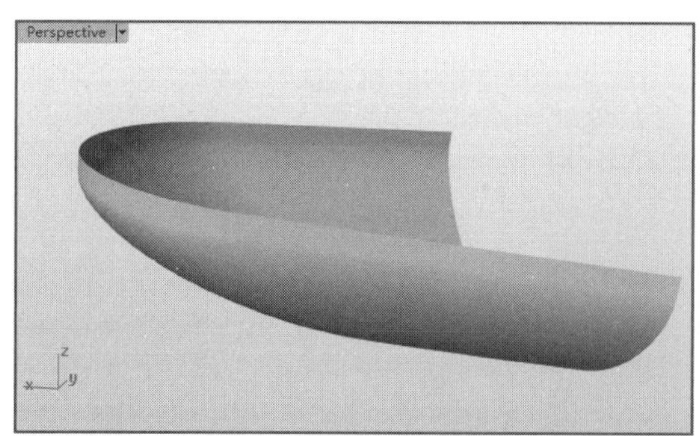

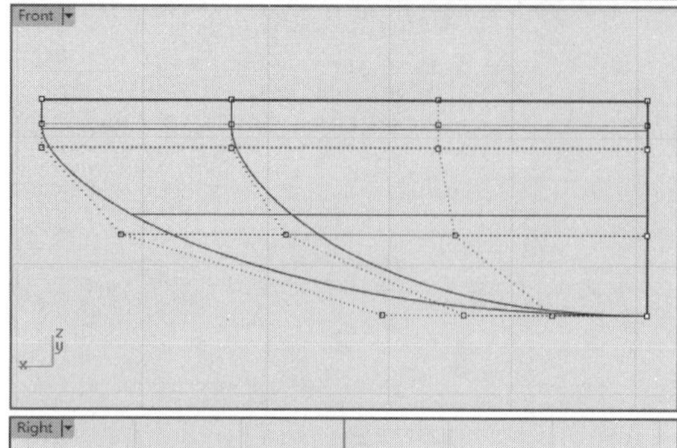

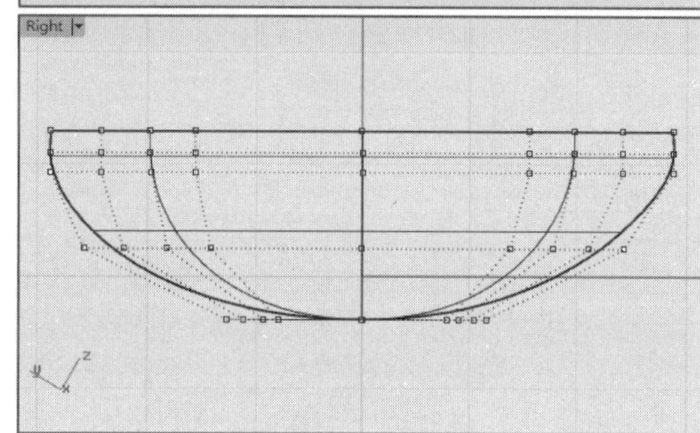

图19-170 （续）

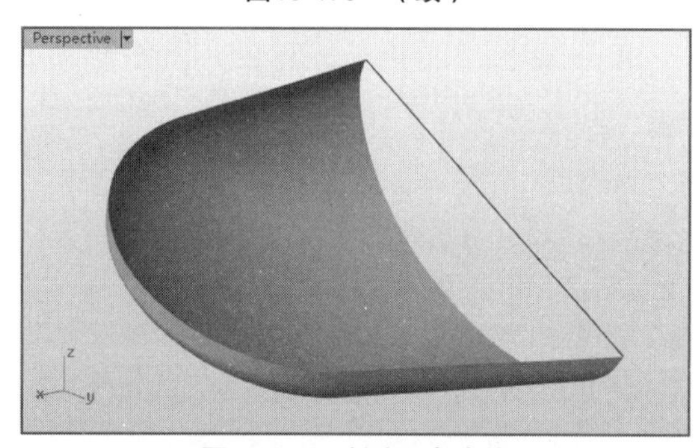

图19-171 创建一条直线

13执行菜单栏中的【曲面】|【平面曲线】命令，以新创建的直线以及曲面的两个边缘创建平面，最后执行菜单栏中的【编辑】|【组合】命令，将这几个曲面组合到一起，构成封闭的曲面，如图19-172所示。

14显示前面使用【偏移】命令创建的曲线2，然后在Top正交视图中创建两条直线（曲线7、曲线8），并保证它们通过坐标轴原点，并与坐标轴保持45°角的位置，如图19-173所示。

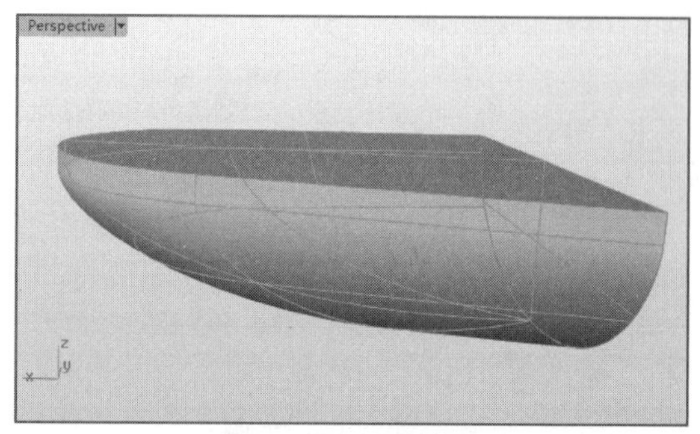

图19-172 组合曲面

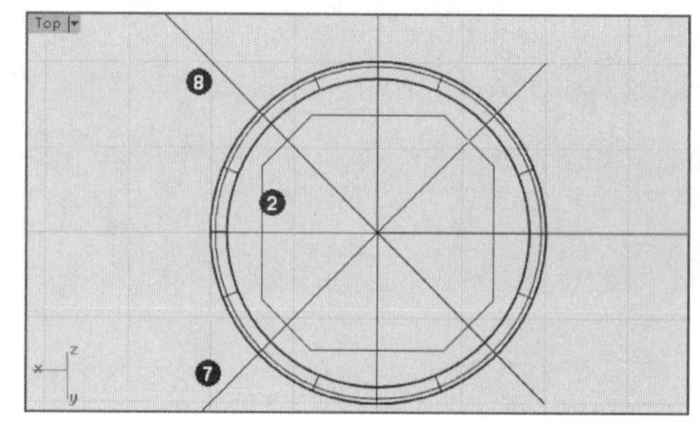

图19-173 创建两条交叉曲线

15执行菜单栏中的【曲线】|【偏移】|【偏移曲线】命令，在Top正交视图中分别向左侧偏移这两条曲线，可采用较小的偏移距离并删除曲线7、曲线8，如图19-174所示。

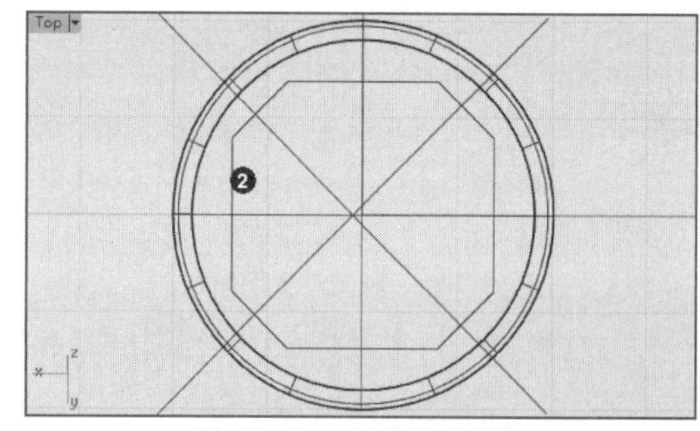

图19-174 创建偏移曲线

16执行菜单栏中的【编辑】|【修剪】命令，以偏移后的两条曲线剪切曲线2。重复执行【修剪】命令，以曲线2剩余的部分对两条偏移曲线进行修剪，如图19-175所示。

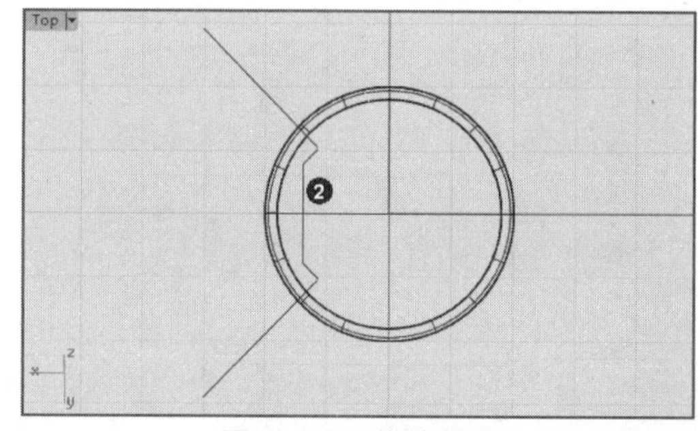

图19-175 修剪曲线

17执行菜单栏中的【编辑】|【组合】命令，将这几条剪切后的曲线组合到一起（这里继续以曲线2进行标注），如图19-176所示。

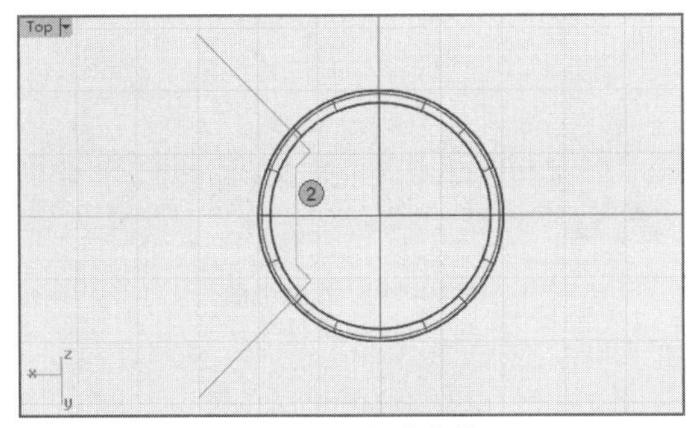

图19-176　组合曲线

18执行菜单栏中的【曲面】|【挤出曲线】|【直线】命令，以曲线2创建一个挤出曲面，在Front正交视图中控制它的大小，并垂直移动它的位置，使其与刚刚创建的实体曲面完全相交，如图19-177所示。

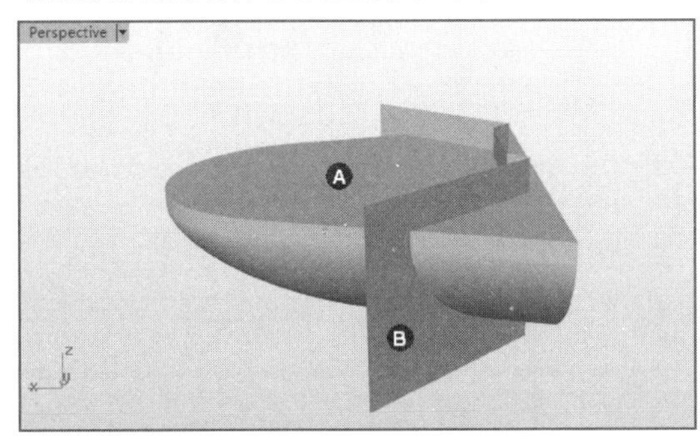

图19-177　创建挤出曲面

19执行菜单栏中的【实体】|【差集】命令，选取实体A，右击确认，然后选取曲面B，右击确认。实体曲面将以曲面B做布尔差集运算，如图19-178所示

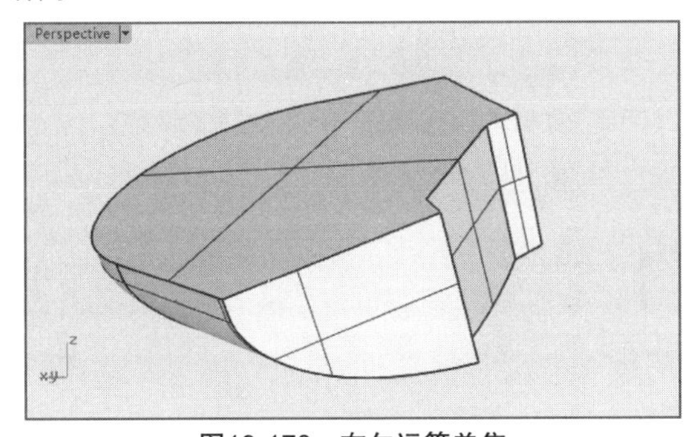

图19-178　布尔运算差集

20执行菜单栏中的【变动】|【缩放】|【三轴缩放】命令，选取圆柱曲面，右击确认，然后在提示行中开启【复制（C）】选项，在Top正交视图中缩放圆柱曲面，并在Front正交视图中向上垂直移动一小段距离，如图19-179所示。

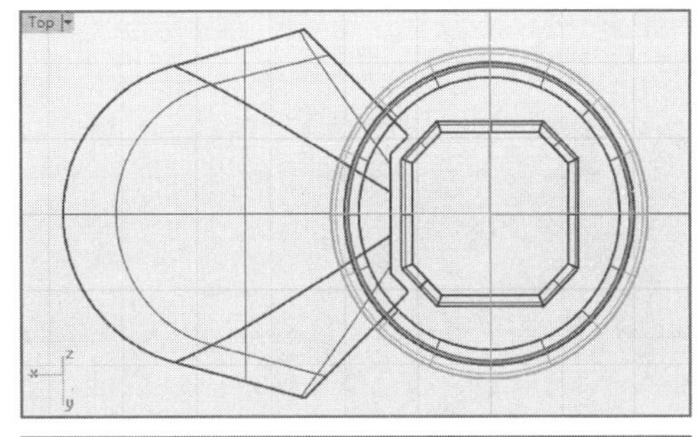

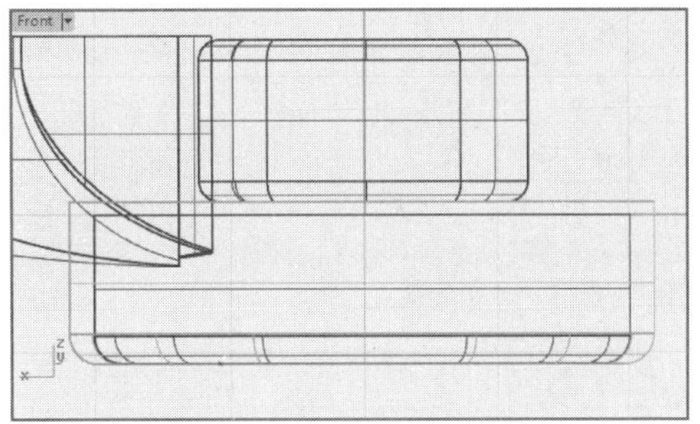

图19-179　缩放并移动曲面

21再次执行菜单栏中的【实体】|【差集】命令，以新创建的圆柱曲面对曲面A执行布尔运算差集，创建一个新的曲面，如图19-180所示。

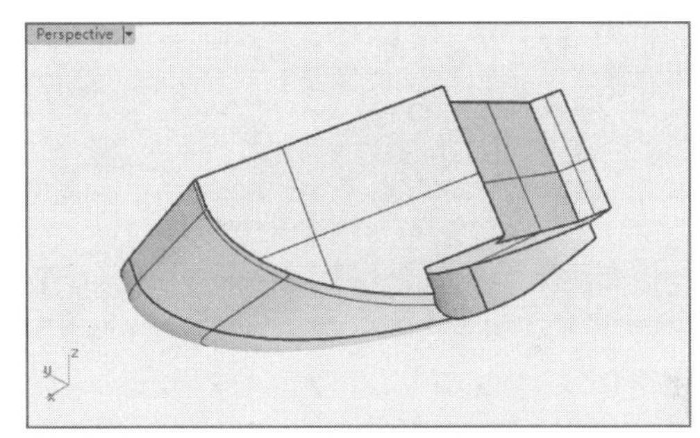

图19-180　布尔运算差集

22执行菜单栏中的【实体】|【边缘圆角】|【边缘圆角】命令，为曲面的棱边创建圆角曲面，如图19-181所示。

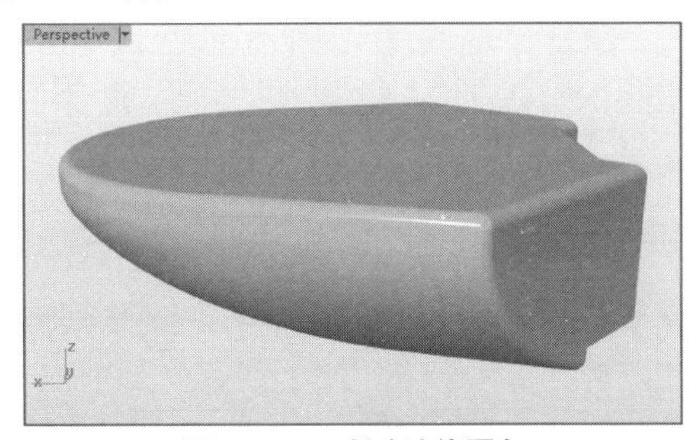

图19-181　创建边缘圆角

> **技术要点：**接下来将依照这个头部曲面创建剃须刀的刀头细节，然后将这个曲面与刀头细节曲面形成一个组，再利用【矩阵】命令复制创建其余的刀头部分。

19.2.4 添加刀头细节

01执行菜单栏中的【实体】|【圆柱体】命令，在Top正交视图中确定圆柱体底面大小，在Front正交视图中控制圆柱体的高度，之后调整它的位置，如图19-182所示。

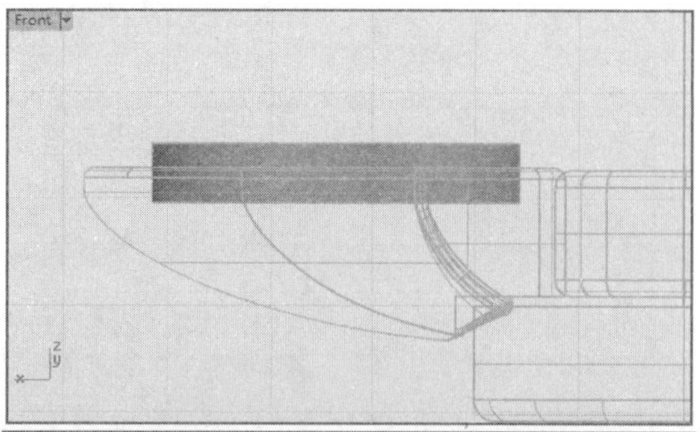

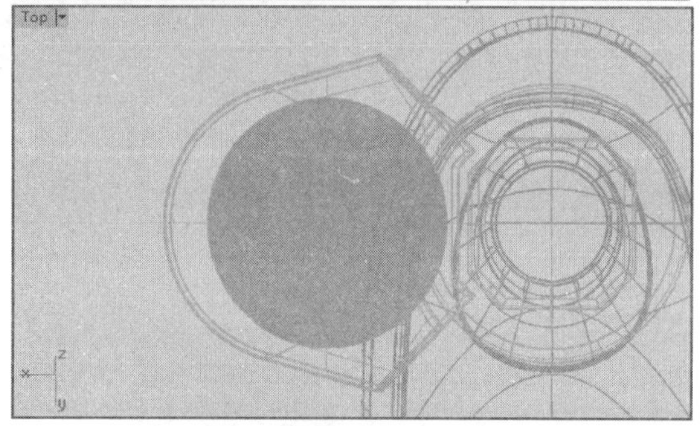

图19-182 创建圆柱体

02执行菜单栏中的【曲线】|【直线】|【线段】命令，在状态栏中开启【正交】，然后在Front正交视图中创建一条曲线1，如图19-183所示。

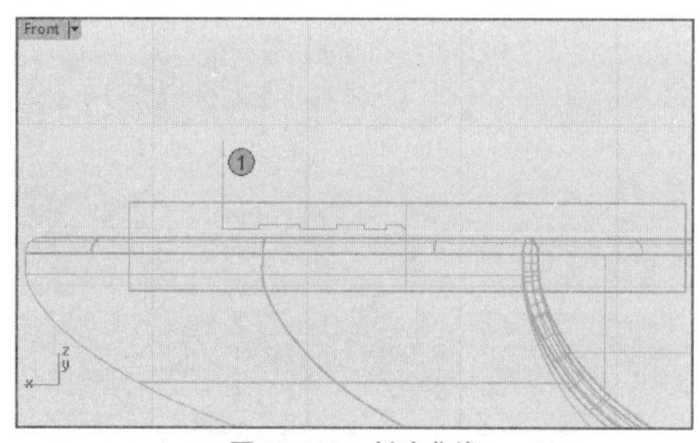

图19-183 创建曲线

03在Front正交视图中对曲线1进行调整，去除一些直角顶点，添加一些倾斜的线段，并将它们组合到一起，如图19-184所示。

04选取曲线1，执行菜单栏中的【曲面】|【旋转】命令，在Front正交视图中以曲线1右侧端点为端点的垂直直线为旋转轴，创建一个旋转曲面，如图19-185所示。

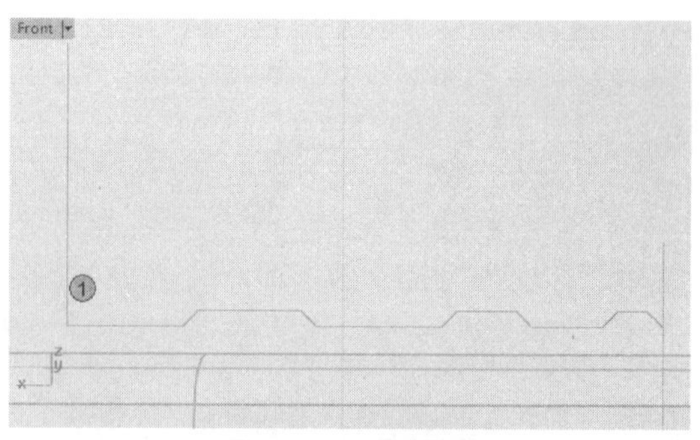

图19-184 调整曲线

图19-185 创建旋转曲面

05执行菜单栏中的【实体】|【差集】命令，以前面创建的圆柱体与这个刚刚创建的旋转体执行布尔运算差集，如图19-186所示。

图19-186 布尔运算差集

> **技术要点：**如果布尔运算得到的不是上面的结果，试着调整旋转曲面的方向。

06执行菜单栏中的【实体】|【挤出曲线】|【锥状】命令，以曲面边缘A创建挤出曲面，并在Front正交视图中调整它的位置，使得挤出曲面与圆柱体曲面相交，如图19-187所示。

07执行菜单栏中的【实体】|【交集】命令，以圆柱体曲面与挤出曲面执行布尔交集运算，创建一个新的曲面组，如图19-188所示。

08执行菜单栏中的【实体】|【立方体】|【角对角、高度】命令，在Top正交视图、Front正交视图中创建一个立方体，如图19-189所示。

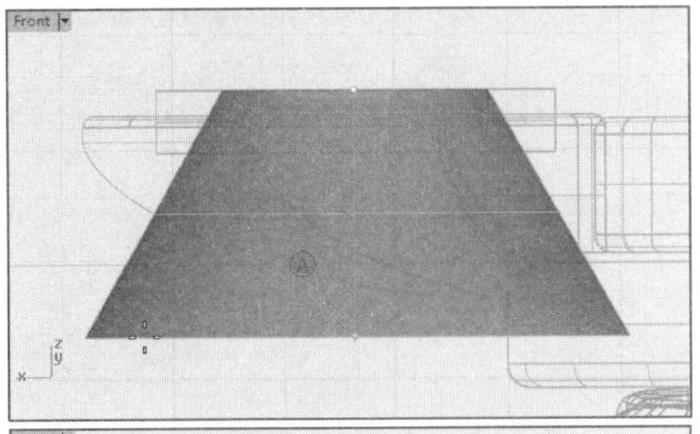

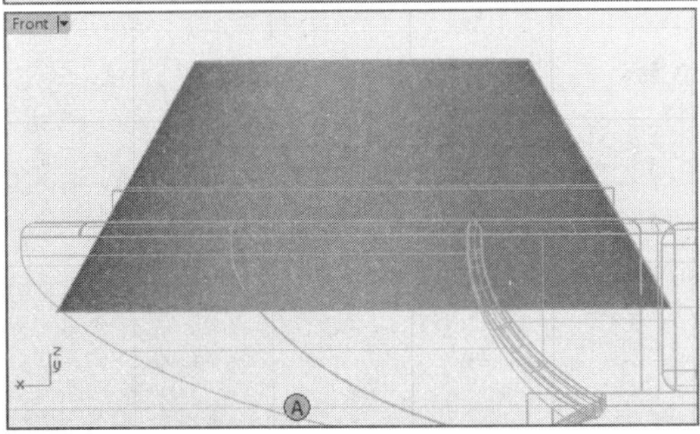

图19-187　创建挤出曲面

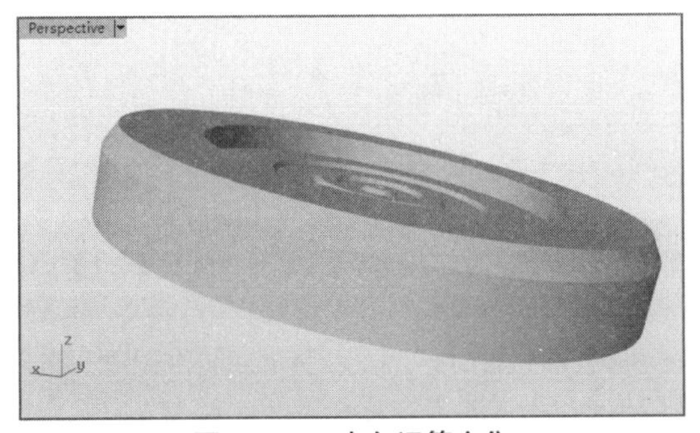

图19-188　布尔运算交集

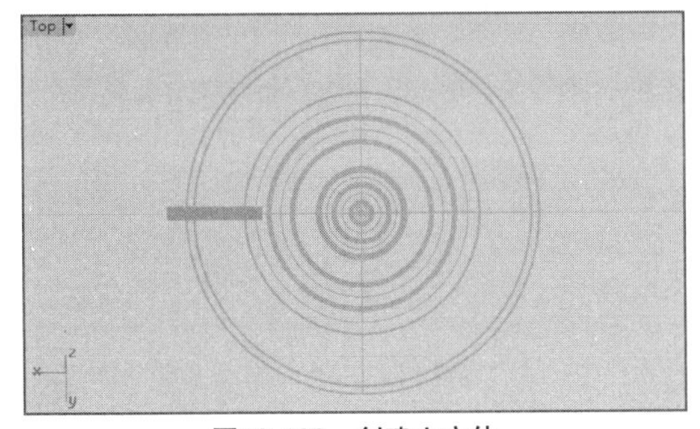

图19-189　创建立方体

09执行菜单栏中的【变动】|【移动】命令，在Front正交视图中将刚刚创建的立方体移动到合适的位置，如图19-190所示。

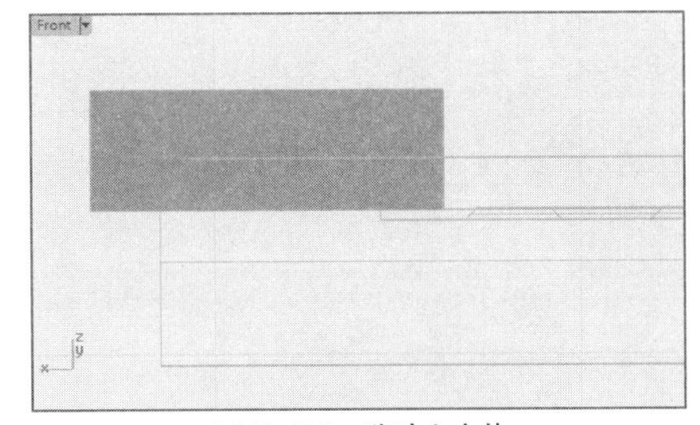

图19-190　移动立方体

10执行菜单栏中的【变动】|【旋转】命令，在Top正交视图中将立方体旋转一定的角度，如图19-191所示。

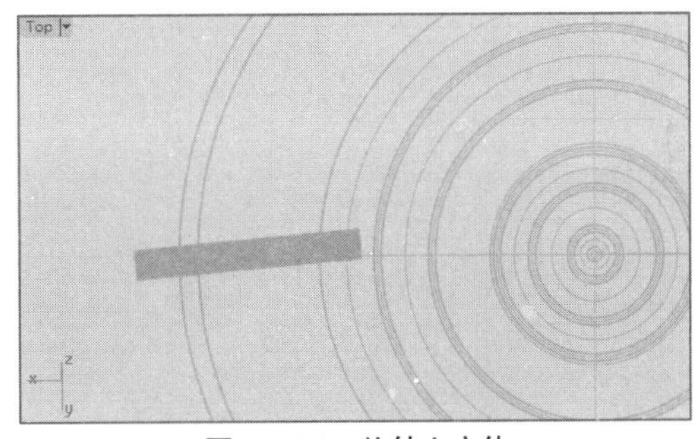

图19-191　旋转立方体

11执行菜单栏中的【变动】|【阵列】|【环形】命令，选取立方体，右击确认，以圆柱体中心点为旋转中心，在提示行中确定要创建的阵列数量，最后右击完成，如图19-192所示。

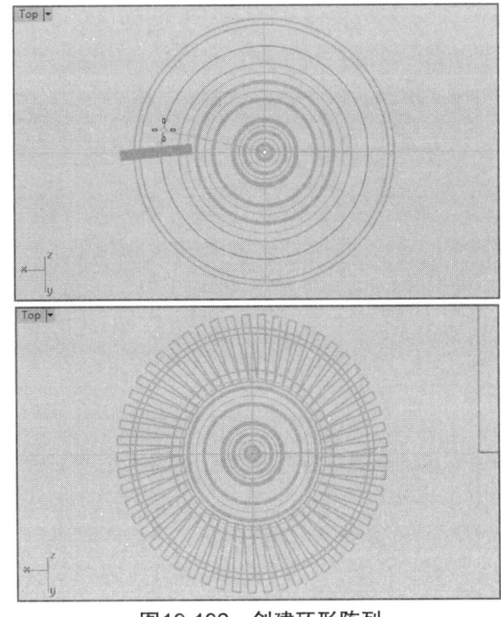

图19-192　创建环形阵列

12执行菜单栏中的【实体】|【差集】命令，以圆柱体曲面为要减去曲面的曲面组，右击确认，然后依次选取以【阵列】命令创建的立方体，最后右击确认，执行布尔运算差集，如图19-193所示。

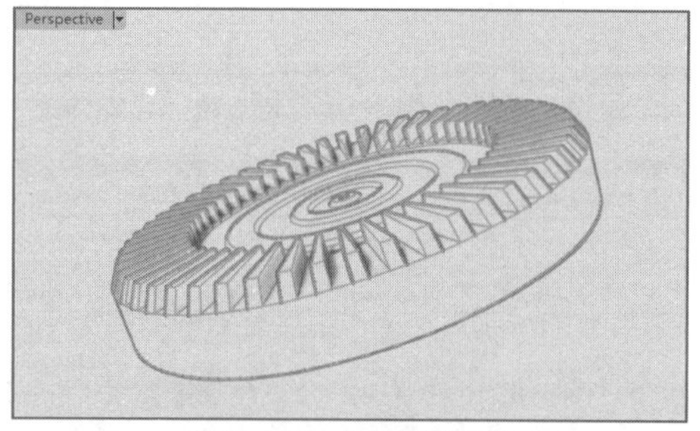

图19-193 布尔运算差集

13在Top正交视图中创建一个平面，在Front正交视图中移动它的位置，然后执行菜单栏中的【实体】|【差集】命令，剪去剃须刀头部细节过高的部分，如图19-194所示。

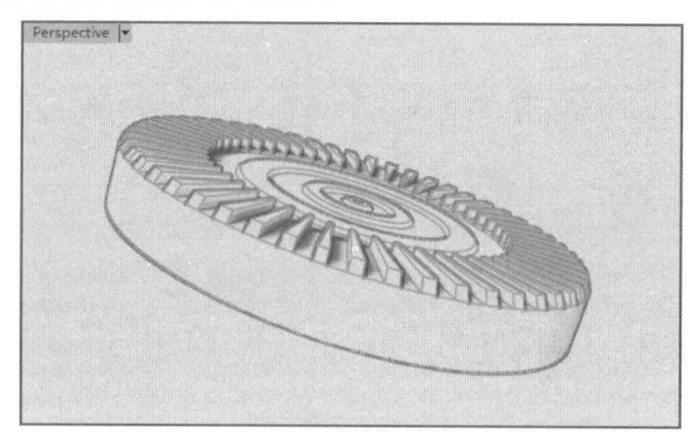

图19-194 创建平面并执行布尔运算差集

14选取刀头细节曲面，以及剃须刀头部曲面，执行菜单栏中的【编辑】|【群组】|【群组】命令，将这两组曲面组合到一起，如图19-195所示。

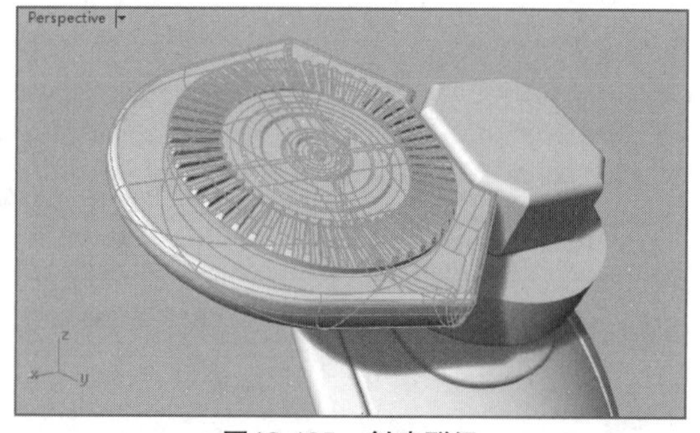

图19-195 创建群组

15选定这个群组，执行菜单栏中的【变动】|【阵列】|【环形】命令，在Top正交视图中以坐标轴原点作为环形阵列中心点，在提示行中设置阵列数量为4，右击确认，创建剃须刀头部的其余部分，如图19-196所示。

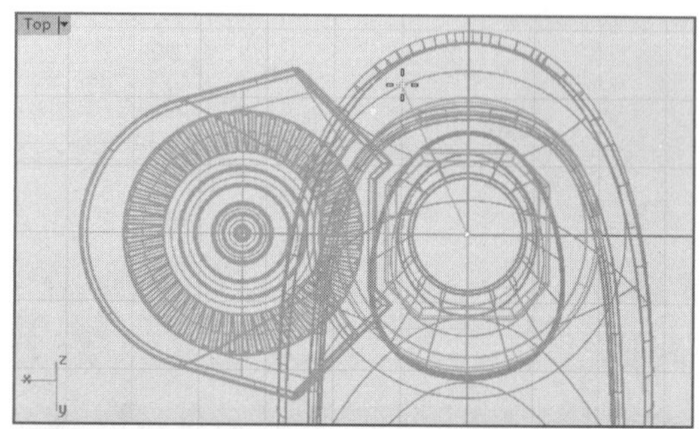

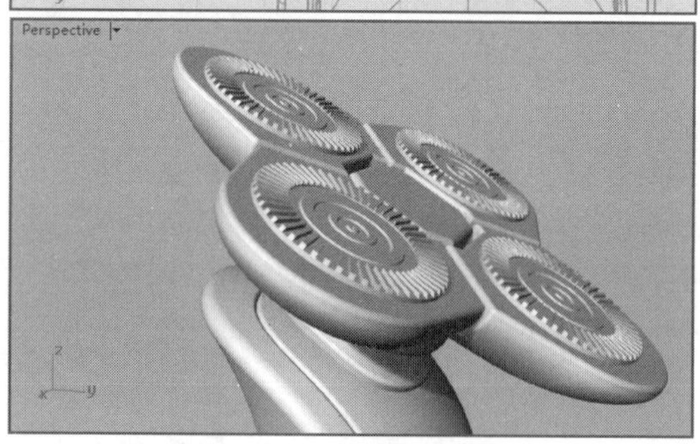

图19-196 创建环形阵列

16执行菜单栏中的【变动】|【缩放】|【三轴缩放】命令，在提示行中开启【复制（C）】选项，将刀头细节曲面缩放并复制一份，并在Top正交视图中将其移动到坐标轴原点处，如图19-197所示。

图19-197 缩放、移动曲面

17执行菜单栏中的【查看】|【工作视窗配置】|【4个工作视窗】命令，将视图恢复为最初的方向，取消隐藏所有的曲面。至此，整个剃须刀创建完成。在Perspective视图中旋转查看，选用不同的显示模式，观察整个模型的效果，如图19-198所示。

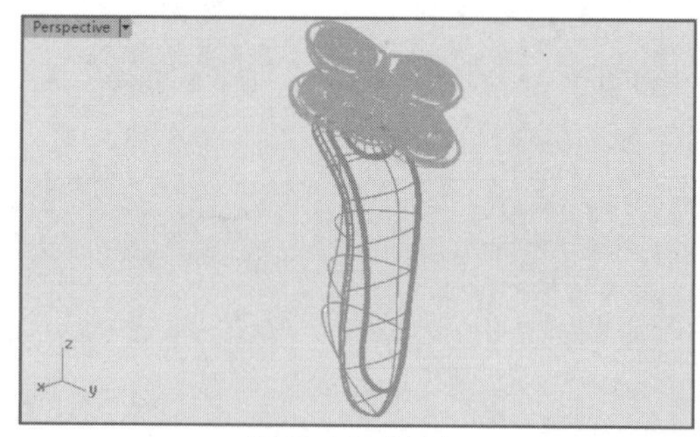

图19-198（续）

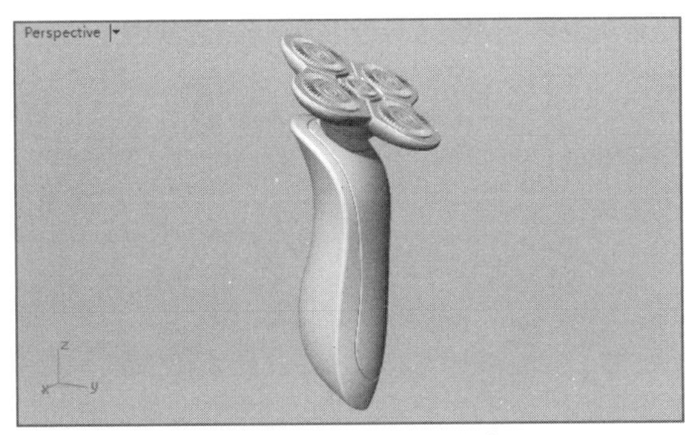

图19-198　模型创建完成

19.3 制作机器猫模型

引入文件：无
结果文件：动手操作\结果文件\Ch19\机器猫.3dm
视频文件：视频\Ch19\制作机器猫.avi

机器猫模型的主体是由几个曲面组合而成的。在主体面之上，通过添加一些卡通模块，这些细节能让整个造型更加丰富，从而使整体模型更为生动。

机器猫模型如图19-199所示。

图19-199　机器猫模型

19.3.1 创建主体曲面

01执行菜单栏中的【实体】|【球体】|【中心点、半径】命令，在Right正交视图中以坐标轴原点为球心，创建一个圆球体，如图19-200所示。

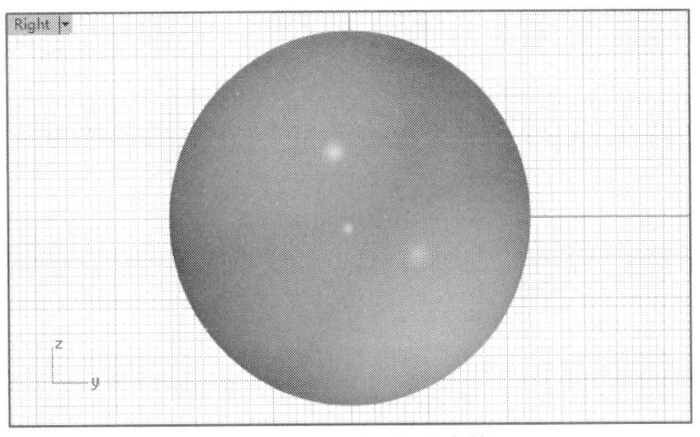

图19-200　创建圆球体

02显示圆球体的控制点，调整圆球体的形状，它将作为机器猫的头部，如图19-201所示。

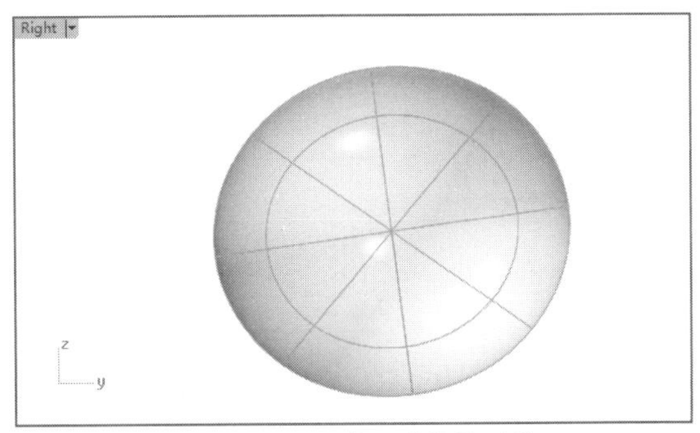

图19-201　调整圆球体的形状

03执行菜单栏中的【变动】|【缩放】|【三轴缩放命令】，在Right正交视图中以坐标原点为基点，缩放图中的圆球体，开启提示行中的【复制（C）=是】选项，通过缩放创建另外两个圆球体，最大的圆球体为球1，中间的为球2，原始的球体为球3，如图19-202所示。

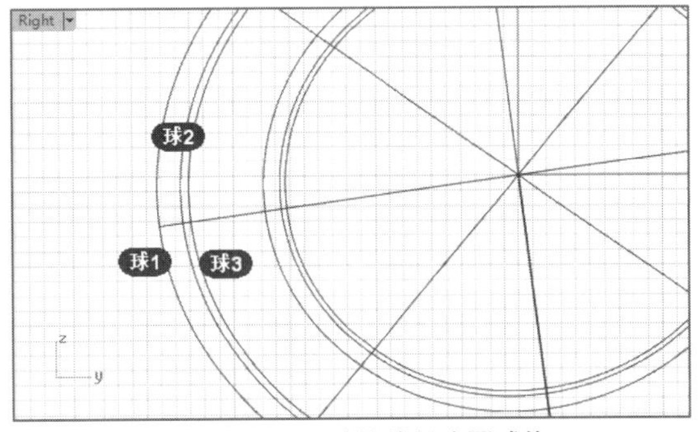

图19-202　通过缩放创建圆球体

04执行菜单栏中的【曲线】|【自由造型】|【控制点】命令，在Front正交视图中圆球体的下方创建一条曲线，如图19-203所示。

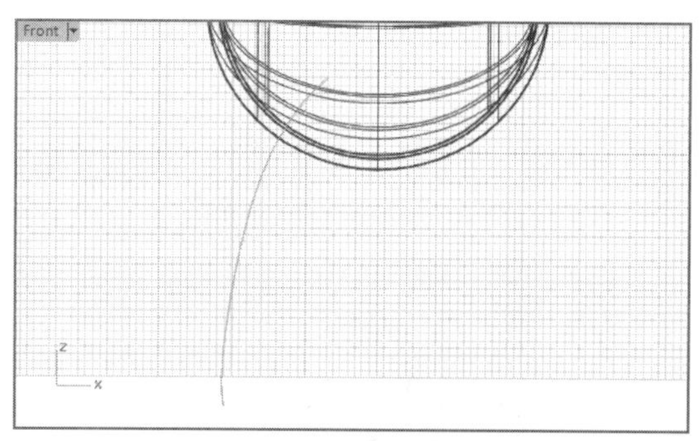

图19-203　创建控制点曲线

05执行菜单栏中的【变动】|【镜像】命令，将新创建的曲线在Front正交视图中以垂直坐标轴为镜像轴，创建一条镜像副本曲线，如图19-204所示。

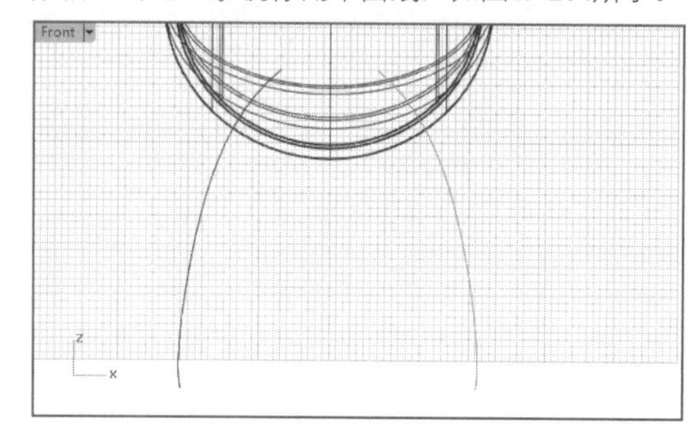

图19-204　创建镜像副本

06执行菜单栏中的【曲线】|【圆】|【中心点、半径】命令，在Top正交视图中以坐标原点为圆心，调整半径大小，创建一条圆形曲线，如图19-205所示（为了方便观察，图中隐藏了球1、球2）。

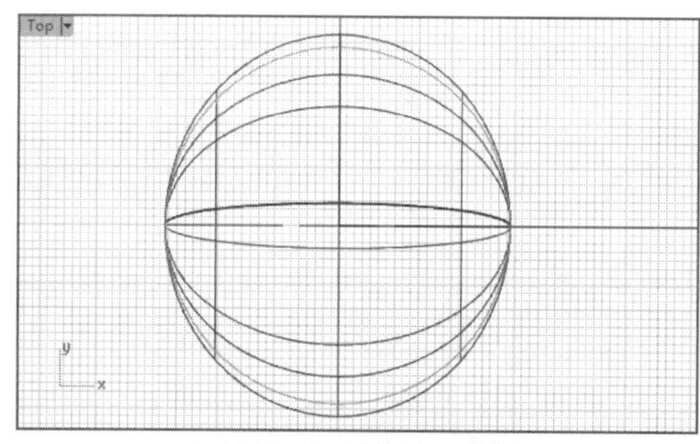

图19-205　创建圆形曲线

07在Front正交视图中将圆形曲线垂直向下移动，方便接下来的选取，并给几条曲线编号，如图19-206所示。

08执行菜单栏中的【曲面】|【双轨扫掠】命令，依次选取曲线1、曲线2、曲线3，右击确认，创建一个扫掠曲面，如图19-207所示。

09隐藏曲线，执行菜单栏中的【曲线】|【从物件建立曲线】|【交集】命令，选取曲面，右击确认，在曲面间的相交处创建3条曲线，如图19-208所示。

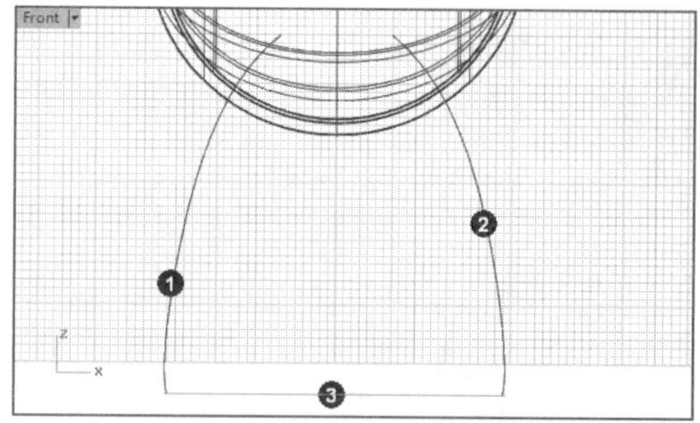

图19-206　移动圆形曲线

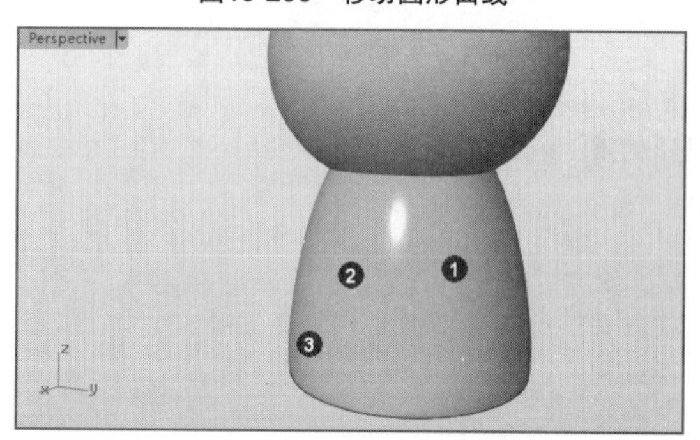

图19-207　创建扫掠曲面

图19-208　创建曲面间交集

10执行菜单栏中的【编辑】|【修剪】命令，使用刚刚创建的交集曲线修剪曲面，剪切去曲面间相交的部分，如图19-209所示。

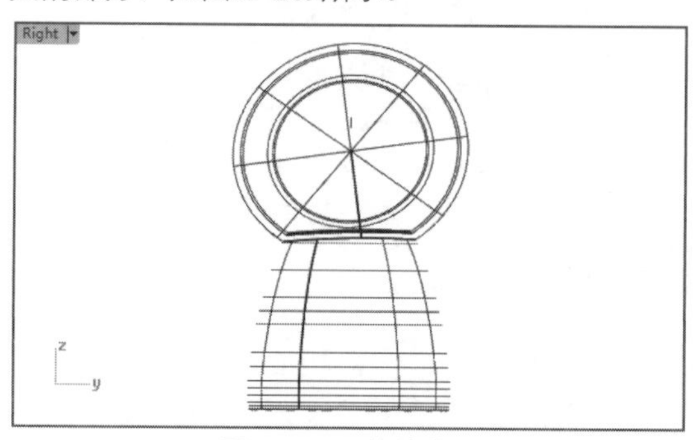

图19-209　修剪曲面

11执行菜单栏中的【曲线】|【自由造型】|【控制点】命令，在Right正交视图中创建一条曲线，如

图19-210所示。

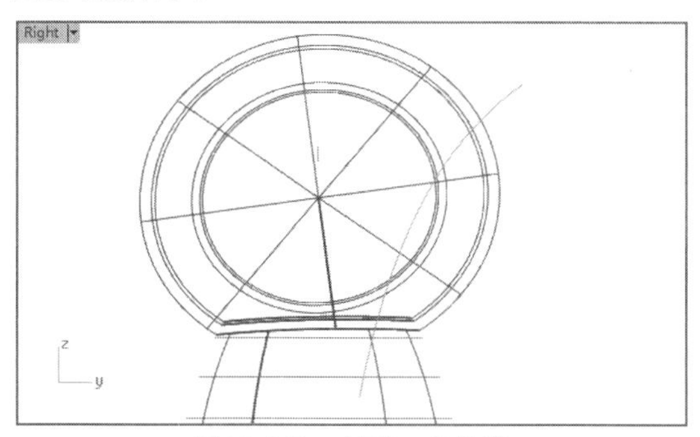

图19-210　创建一条曲线

12执行菜单栏中的【编辑】|【分割】命令，以新创建的曲线，在Right正交视图中对球1、球2、球3进行分割，随后隐藏曲线，如图19-211所示。

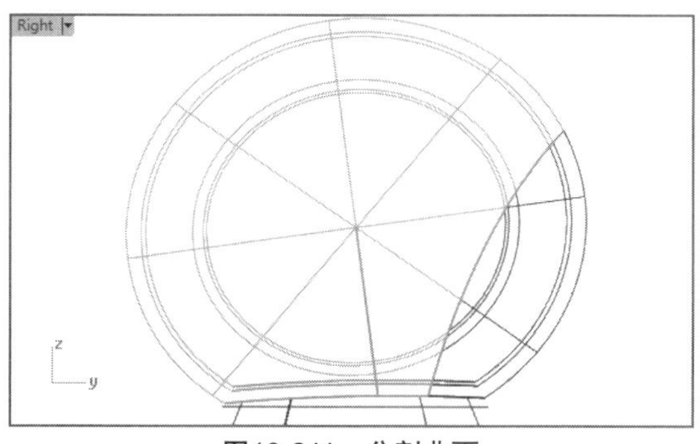

图19-211　分割曲面

13在Right正交视图中删除分割后的球1的左侧、球3的右侧，结果如图19-212所示。

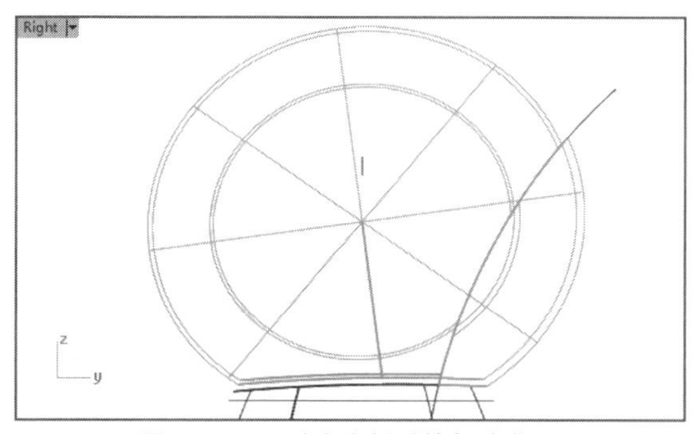

图19-212　删除分割后的部分曲面

14执行菜单栏中的【曲面】|【混接曲面】命令，在球3与球2右侧部分的缝隙处创建混接曲面，随后执行菜单栏中的【编辑】|【组合】命令，将它们组合到一起，如图19-213所示。

15用同样的方法，在球2、球3的左侧部分的缝隙处执行菜单栏中的【曲面】|【混接曲面】命令，创建混接曲面，随后将它们组合在一起，如图19-214所示。

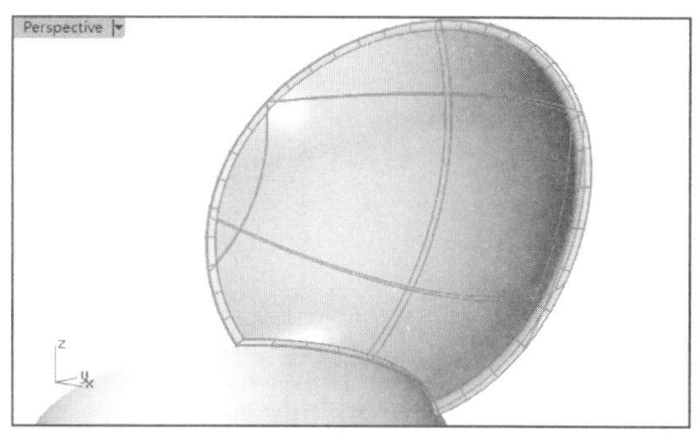

图19-213　混接并组合曲面

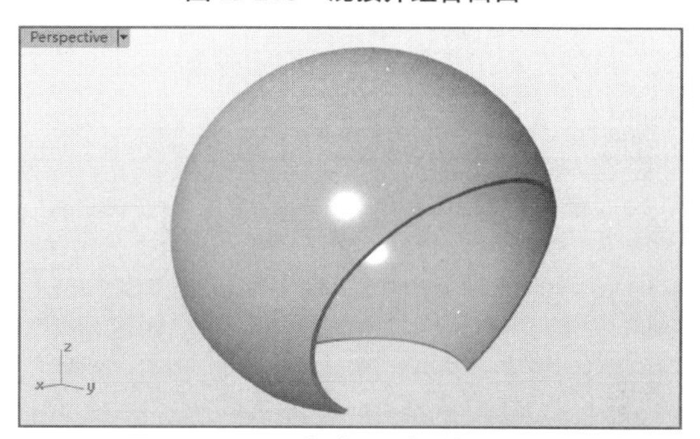

图19-214　组合球2、球3的左侧部分

16执行菜单栏中的【曲线】|【自由造型】|【控制点】命令，在Top正交视图的右侧创建一条曲线，然后执行菜单栏中的【变动】|【旋转】命令，在Front正交视图中将其旋转一定的角度，如图19-215所示。

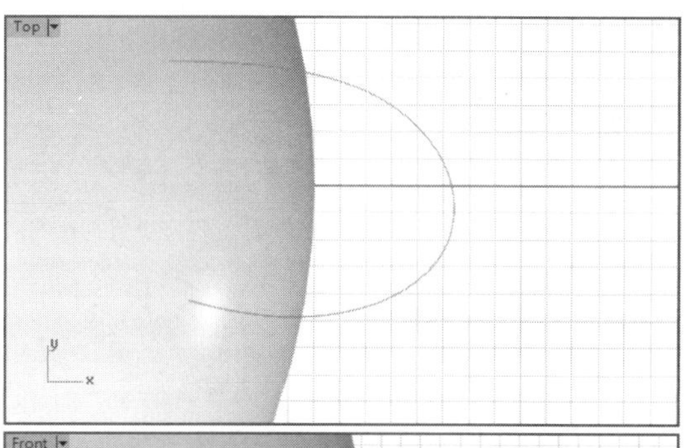

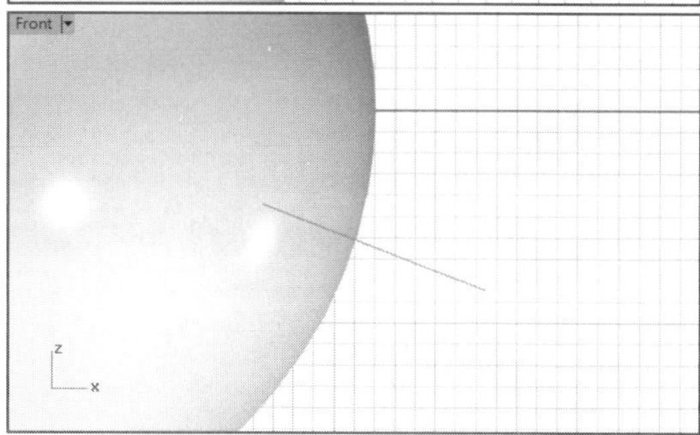

图19-215　创建一条曲线

17再次执行菜单栏中的【曲线】|【自由造型】|【控制点】命令，在Front正交视图中创建一条曲线，如图19-216所示。

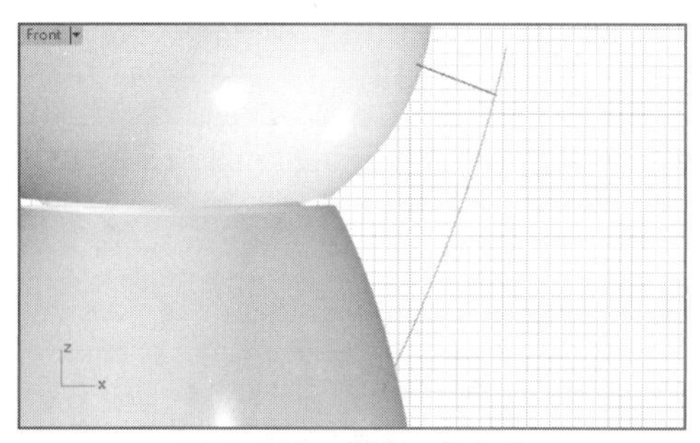

图19-216　创建一条曲线

18执行菜单栏中的【曲面】|【单轨扫掠】命令，选取曲线1、曲线2，右击确认，创建一个扫掠曲面，如图19-217所示。

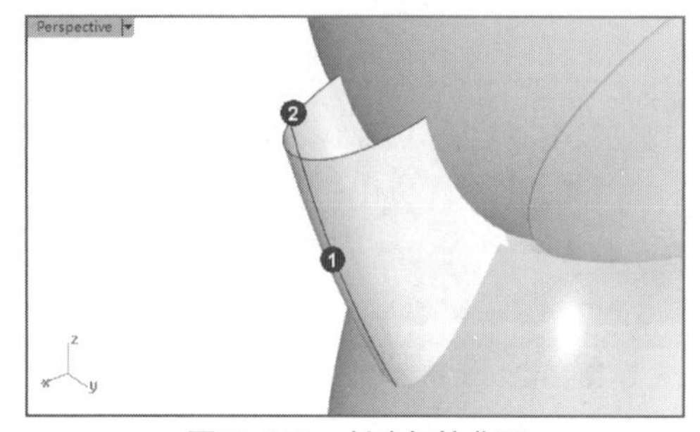

图19-217　创建扫掠曲面

19隐藏（或删除）曲线。执行菜单栏中的【实体】|【球体】命令，在Top正交视图中创建一个圆球体，如图19-218所示。

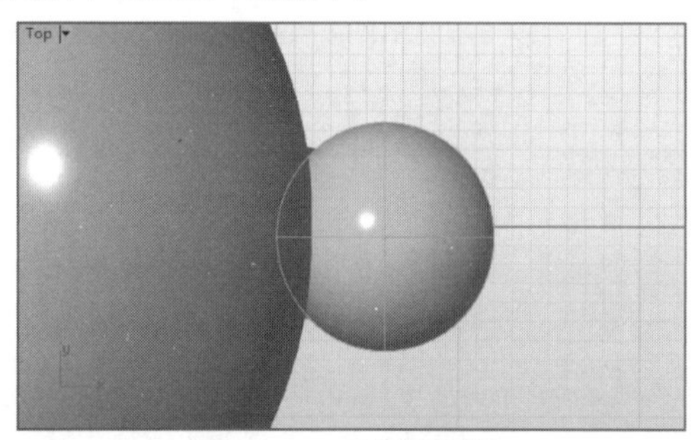

图19-218　创建圆球体

20显示圆球体的控制点，调整圆球体的形状，使其与扫掠曲面以及机器猫头部曲面相交，如图19-219所示。

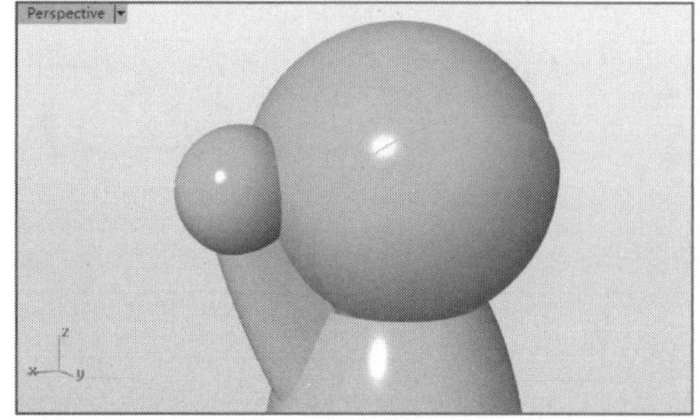

图19-219　调整圆球体

21执行菜单栏中的【变动】|【镜像】命令，选取小圆球体以及扫掠曲面，右击确认，在Front正交视图中以垂直坐标轴为镜像轴，创建它们的镜像副本，如图19-220所示。

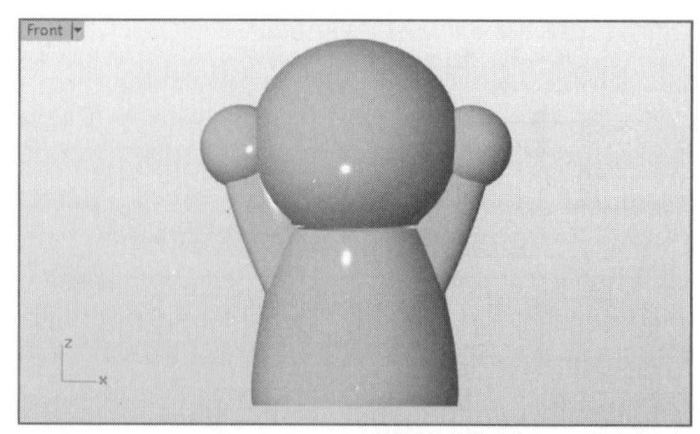

图19-220　创建镜像副本

22执行菜单栏中的【实体】|【圆管】命令，选取边缘A，右击确认，在Perspective视图中通过移动鼠标调整圆管半径的大小，单击确定，创建一个圆管曲面，封闭上下两曲面间的缝隙，如图19-221所示。

图19-221　创建圆管曲面

23执行菜单栏中的【曲线】|【自由造型】|【控制点】命令，在Top正交视图中创建一条曲线，即路径曲线，如图19-222所示。

24右击重复执行上一步的命令，在Front正交视图中创建另一条曲线，即断面曲线，如图19-223所示。

25在Top正交视图中调整（移动和旋转）断面曲线的位置，并将其旋转一定的角度，结果如图19-224所示。

图19-222 创建路径曲线

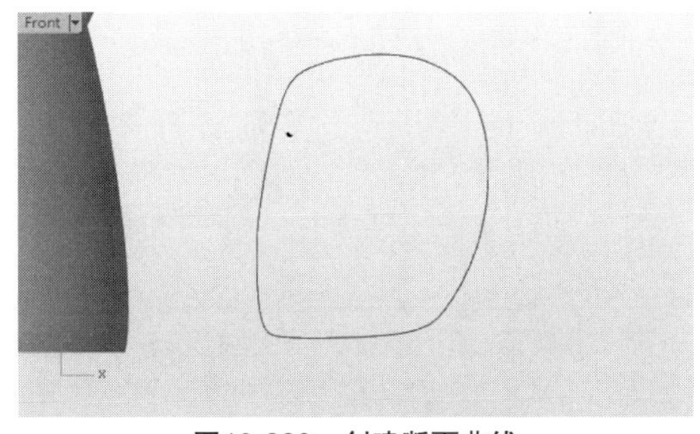

图19-223 创建断面曲线

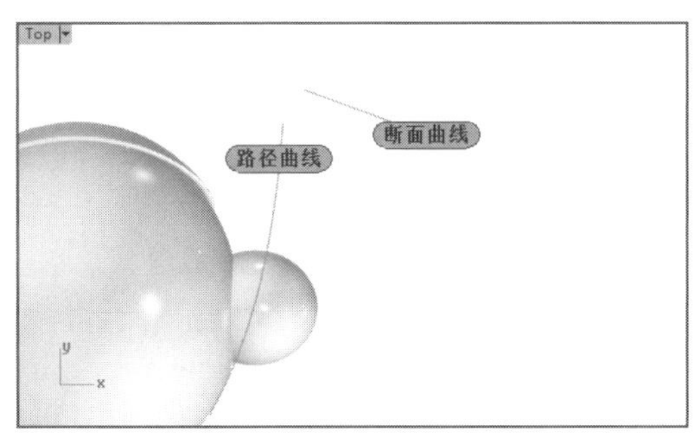

图19-224 调整断面曲线的位置

26执行菜单栏是的【曲面】|【单轨扫掠】命令，在Perspective视图中依次选取路径曲线、断面曲线，右击确认，创建一个扫掠曲面，如图19-225所示。

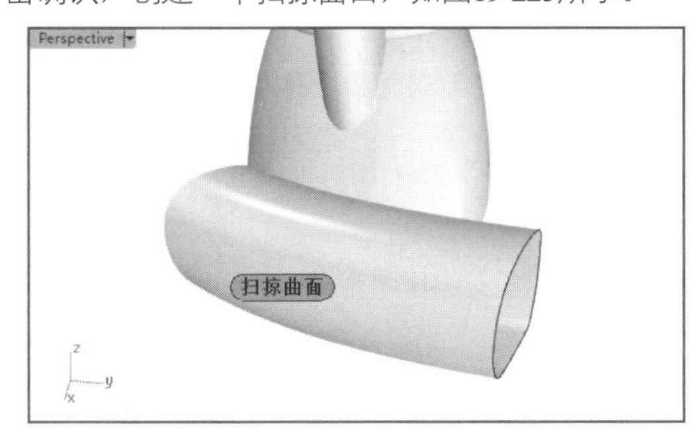

图19-225 创建扫掠曲面

27在Top以及Front正交视图中调整扫掠曲面的位置，使其与机器猫的身体相交，如图19-226所示。

28执行菜单栏中的【曲线】|【自由造型】|【控制点】命令，在Right正交视图中创建一条曲线，如图19-227所示。

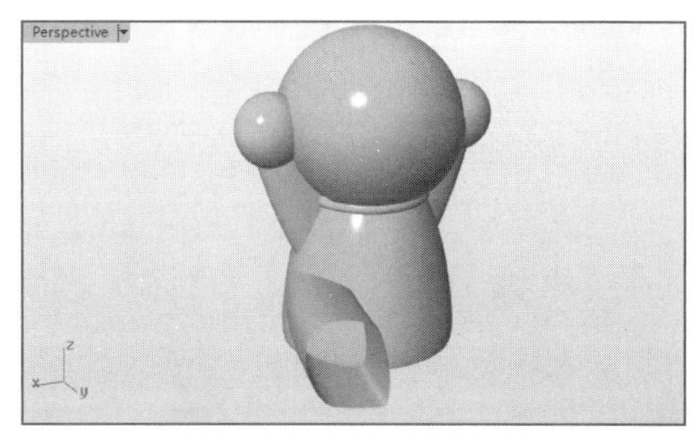

图19-226 调整曲面的位置

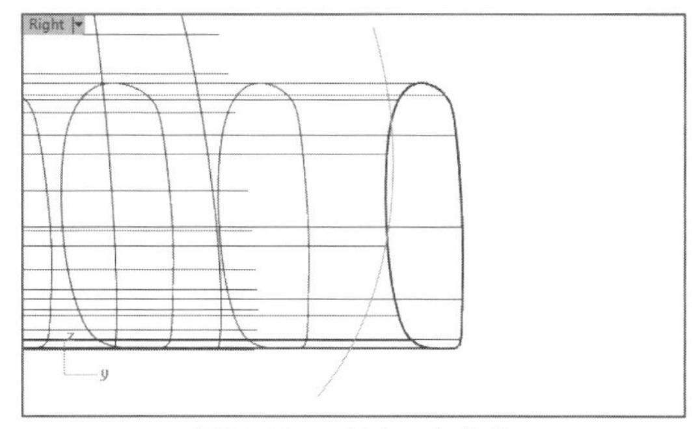

图19-227 创建一条曲线

29在Top正交视图中将新建的曲线复制两份，并移动到不同的位置，然后执行菜单栏中的【变动】|【旋转】命令，将其旋转一定的角度，如图19-228所示。

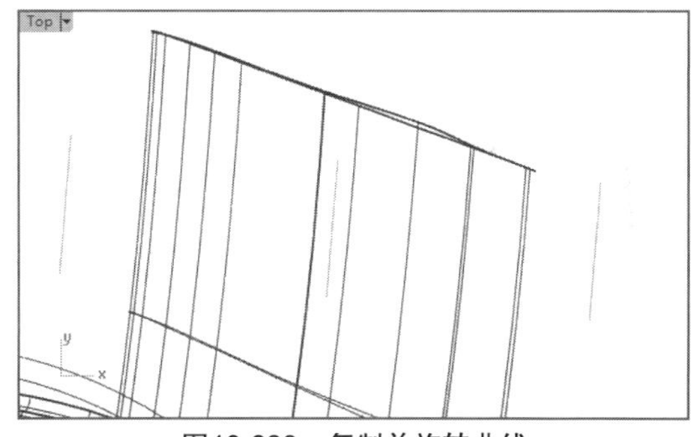

图19-228 复制并旋转曲线

30执行菜单栏中的【曲面】|【放样】命令，依次选取创建的3条曲线，右击确认，创建一个放样曲面，如图19-229所示。

图19-229 创建放样曲面

31执行菜单栏中的【编辑】|【修剪】命令，将放样曲面与扫掠曲面互相剪切，如图19-230所示。

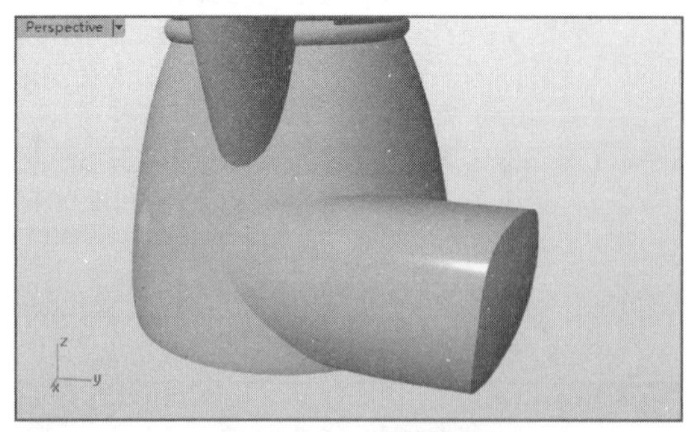

图19-230　剪切曲面

32执行菜单栏中的【曲线】|【自由造型】|【控制点】命令，在Top正交视图中创建一条曲线，如图19-231所示。

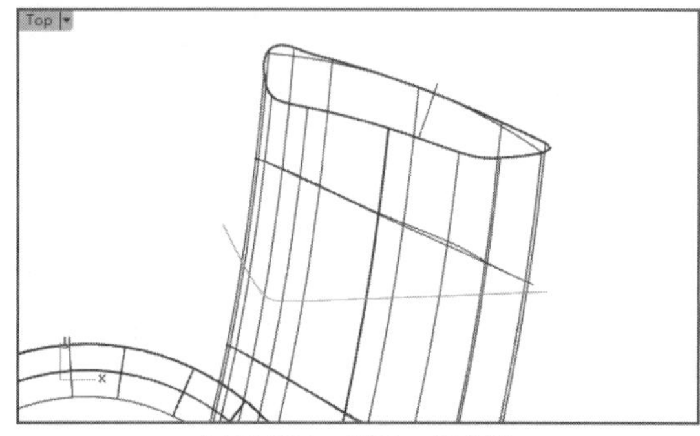

图19-231　创建一条曲线

33执行菜单栏中的【曲线】|【从物件建立曲线】|【投影】命令，在Top正交视图中将新创建的曲线投影到腿部曲面（扫掠曲面）上，如图19-232所示。

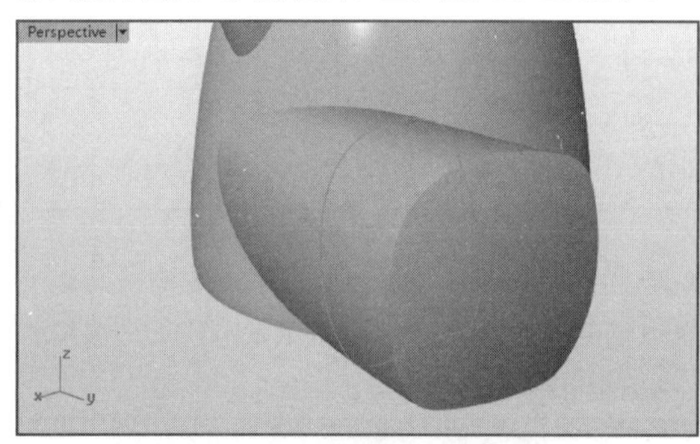

图19-232　创建投影曲线

34执行菜单栏中的【编辑】|【重建】命令，重建投影曲线，从而减少投影曲线上的控制点，然后开启控制点显示，调整投影曲线的形状，如图19-233所示。

35执行菜单栏中的【曲线】|【从物件建立曲线】|【拉回】命令，将修改后的投影曲线拉回至腿部曲面上，如图19-234所示。

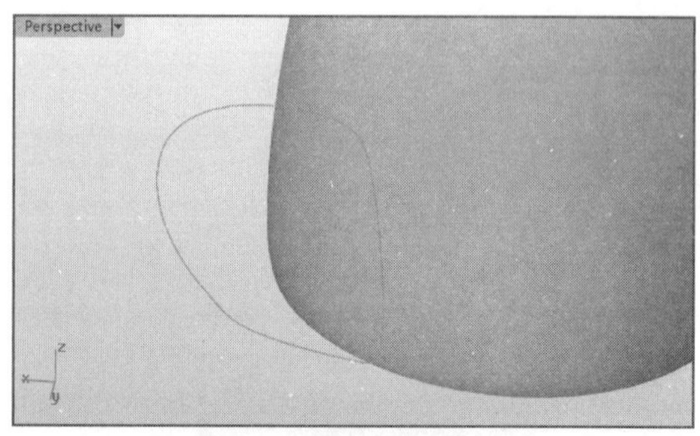

图19-233　调整投影曲线的形状

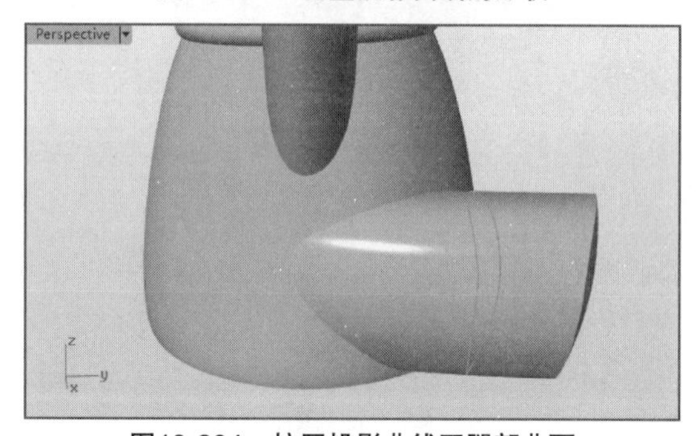

图19-234　拉回投影曲线至腿部曲面

36执行菜单栏中的【编辑】|【分割】命令，以拉回曲线将腿部曲面分割为两部分，如图19-235所示。

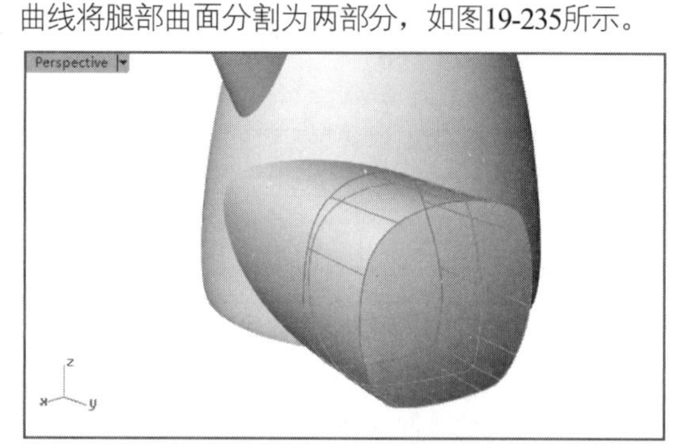

图19-235　分割腿部曲面

37执行菜单栏中的【曲面】|【偏移曲面】命令，选取分割后的腿部曲面的右侧部分，右击确认，在提示行中调整偏移的距离，向外创建一个偏移曲面，如图19-236所示。

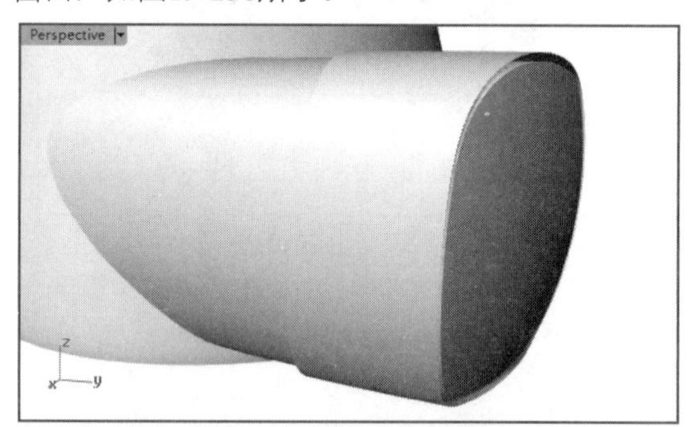

图19-236　偏移分割后的腿部曲面

38由于接下来的操作较为繁琐，这里先将各曲面编号，腿部曲面左侧部分为曲面A，右侧部分为曲面B，偏移曲面为曲面C，最右侧剪切后的放样曲面为曲面D，如图19-237所示。

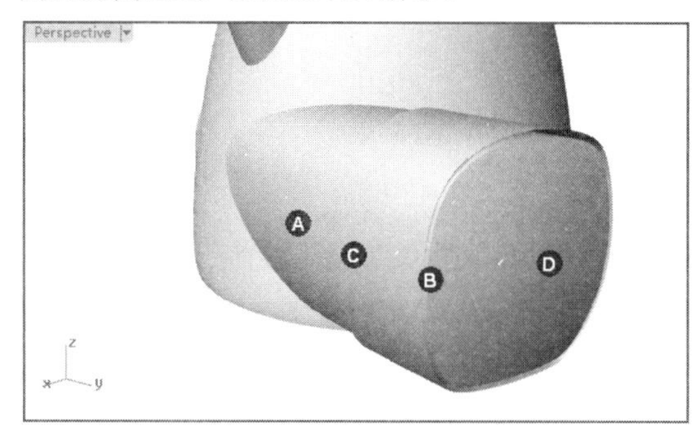

图19-237　为曲面编号

39在Top正交视图中将曲面C沿着曲面的走向方向，向上稍稍移动一段距离，并暂时隐藏曲面D，如图19-238所示。执行菜单栏中的【曲面】|【混接曲面】命令，选取曲面C、曲面B的右侧边缘，右击确认，【连续性】设置为【相切】，创建一个混接曲面，如图19-239所示。

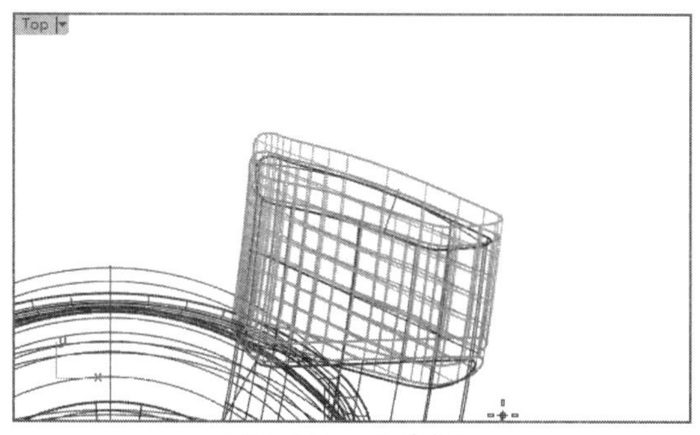

图19-238　移动曲面

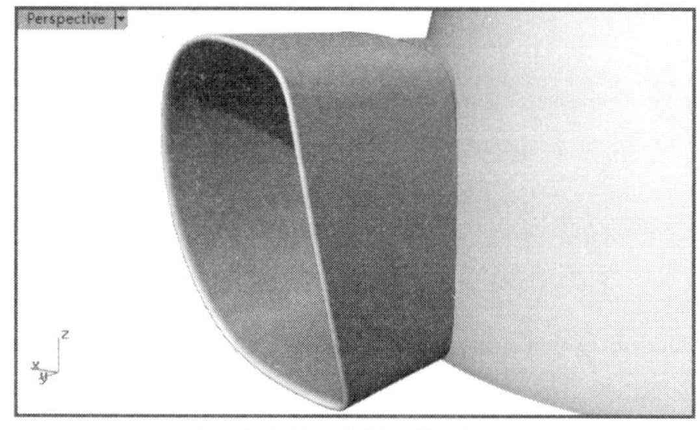

图19-239　创建混接曲面

40删除曲面B，再次执行菜单栏中的【曲面】|【混接曲面】命令，在曲面A的右侧边缘、曲面C的左侧边缘创建一个混接曲面，如图19-240所示。

41显示隐藏的曲面D，执行菜单栏中的【编辑】|【组合】命令，将曲面A、曲面C、曲面D以及两个混接曲面组合到一起，如图19-241所示。

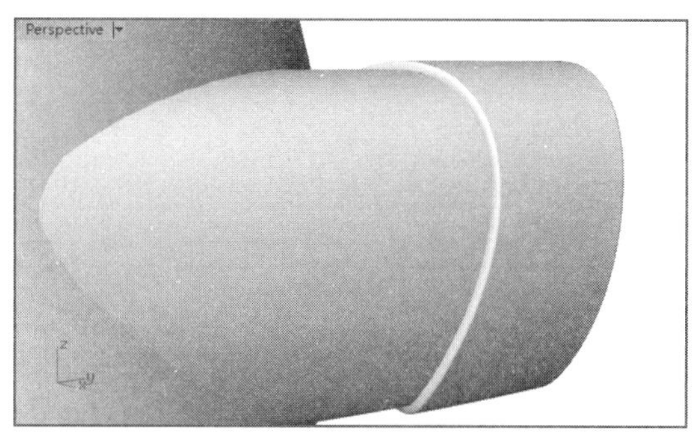

图19-240　再次创建混接曲面

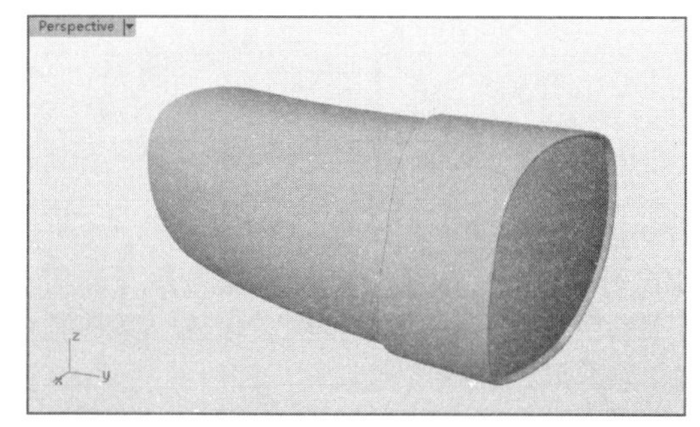

图19-241　组合曲面

42执行菜单栏中的【变动】|【镜像】命令，将组合后的腿部曲面在Top正交视图中以垂直坐标轴为镜像轴创建一个副本，如图19-242所示。

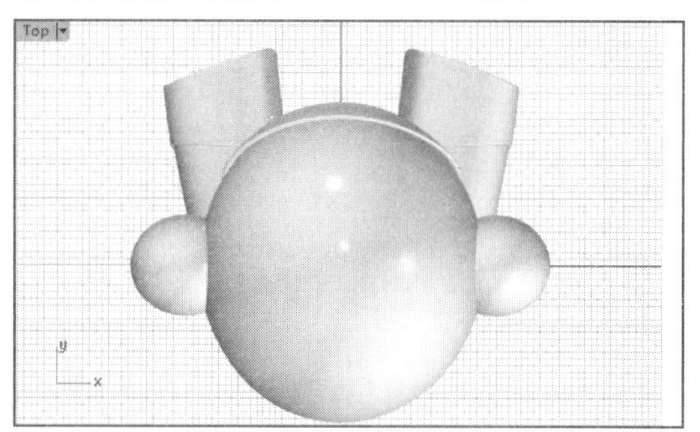

图19-242　创建镜像副本

43执行菜单栏中的【编辑】|【修剪】命令，修剪掉腿部曲面与机器猫身体曲面交叉的部分。至此，整个模型的主体曲面创建完成，在Perspective视图中进行旋转查看，如图19-243所示。

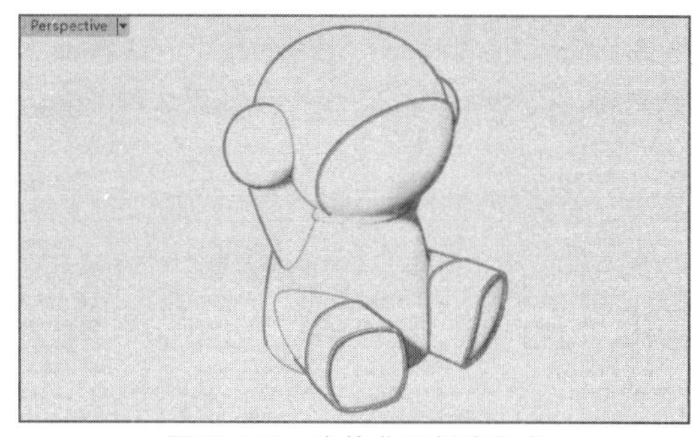

图19-243　主体曲面创建完成

19.3.2 添加上部分细节

01执行菜单栏中的【实体】|【椭圆体】|【从中心点】命令，在Right正交视图中创建一个椭球体，如图19-244所示。

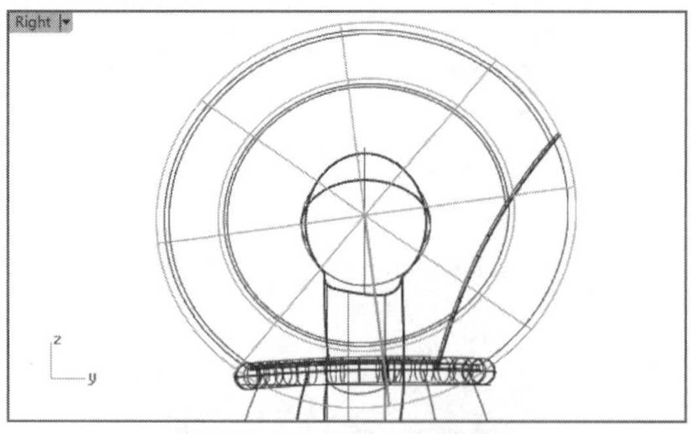

图19-244 创建一个椭球体

02执行菜单栏中的【曲线】|【椭圆】|【从中心点】命令，在Front正交视图中创建一条椭圆曲线，如图19-245所示。

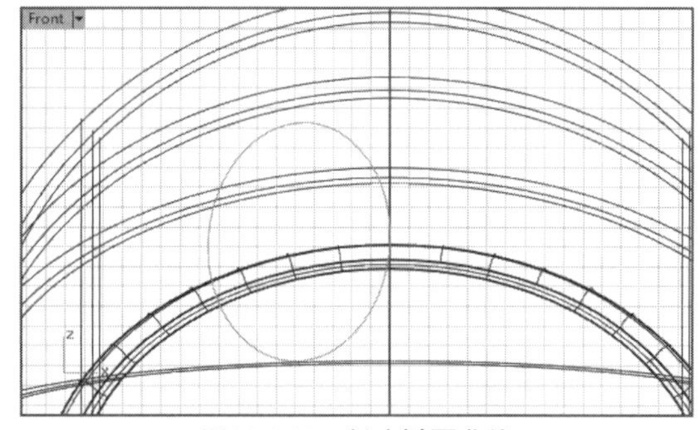

图19-245 创建椭圆曲线

03执行菜单栏中的【曲线】|【从物件建立曲线】命令，在Front正交视图中将椭圆曲线投影到椭球体上，如图19-246所示。

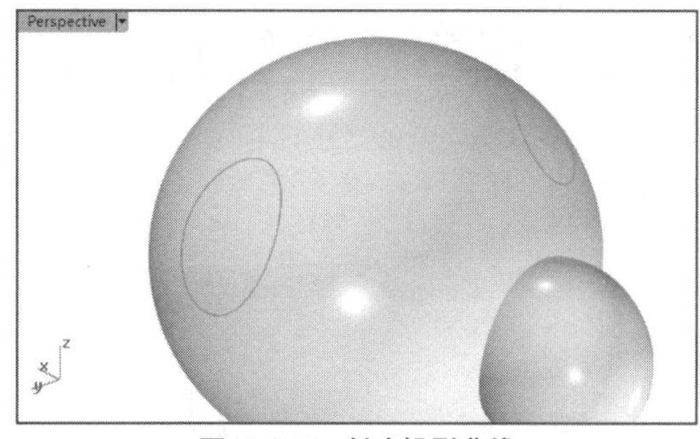

图19-246 创建投影曲线

04执行菜单栏中的【编辑】|【修剪】命令，以投影曲线剪掉椭球体上多余的曲面，保留一小块用来作为机器猫眼睛的曲面，如图19-247所示。

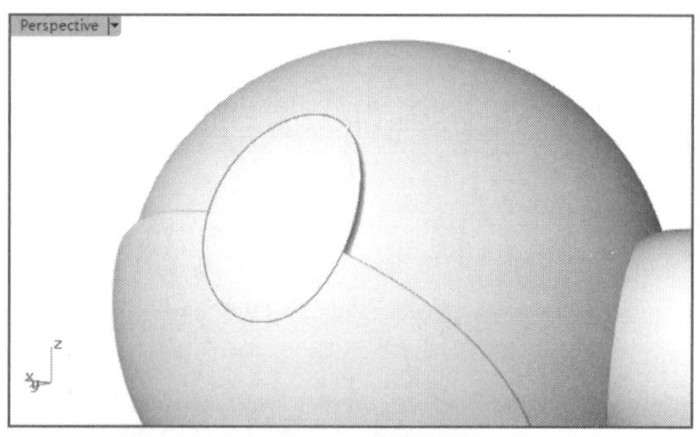

图19-247 剪切曲面

技术要点：也可以不创建投影曲线，而直接在Front正交视图中使用椭圆曲线对椭球体进行剪切，但那样不够直观，而且容易出错。

05执行菜单栏中的【曲面】|【偏移曲面】命令，将图中的曲面偏移一段距离，创建一个偏移曲面，如图19-248所示。

图19-248 创建偏移曲面

06执行菜单栏中的【曲面】|【混接曲面】命令，以原始曲面与偏移曲面的边缘创建一个混接曲面，结果如图19-249所示。

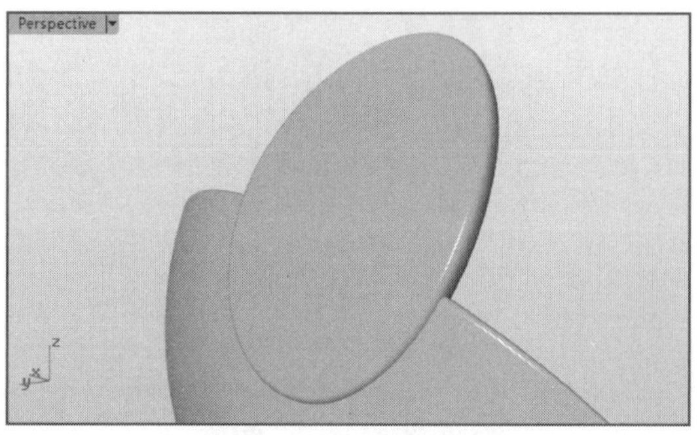

图19-249 创建混接曲面

07执行菜单栏中的【曲线】|【圆】|【中心点、半径】命令，在Front正交视图中创建一条圆形曲线，如图19-250所示。

08执行菜单栏中的【编辑】|【分割】命令，在Front正交视图中以圆形曲线对眼睛曲面进行分割，结果如图19-251所示。

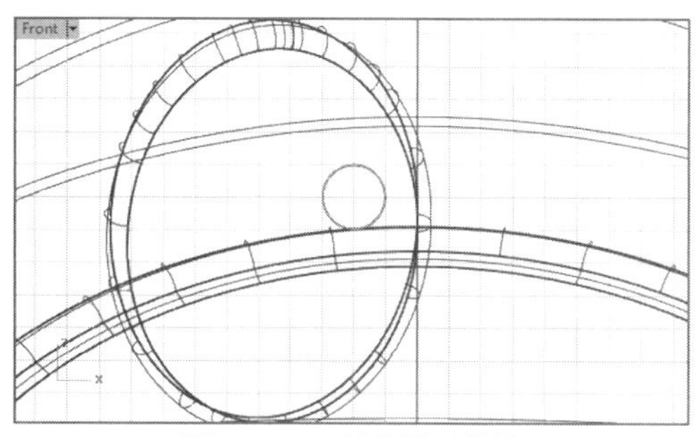

图19-250　创建圆形曲线

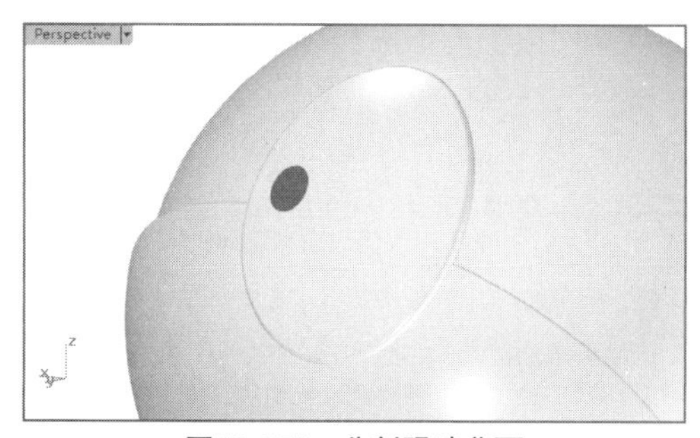

图19-251　分割眼睛曲面

09选取整个眼睛部分的曲面，在Front正交视图中执行菜单栏中的【变动】|【镜像】命令，创建机器猫的另一个眼睛，结果如图19-252所示。

图19-252　眼睛部分细节创建完成

10执行菜单栏中的【曲线】|【自由造型】|【控制点】命令，在Right正交视图中创建机器猫嘴部轮廓曲线，如图19-253所示。

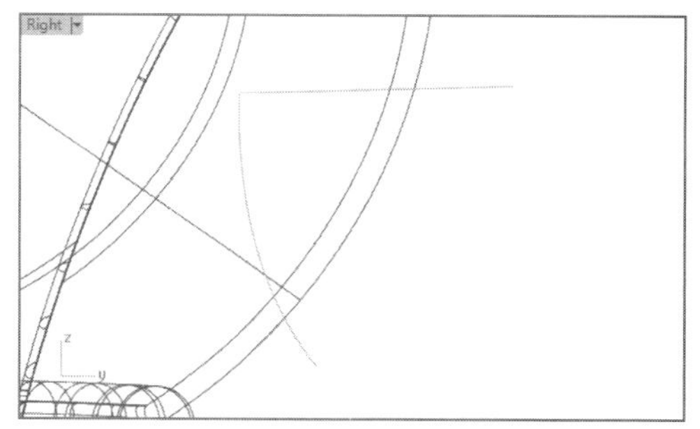

图19-253　创建嘴部轮廓曲线

11执行菜单栏中的【曲面】|【挤出曲线】|【直线】命令，以嘴部轮廓曲线创建一个挤出曲面，如图19-254所示。

图19-254　创建挤出曲面

12执行菜单栏中的【编辑】|【修剪】命令，对机器猫脸部曲面以及刚刚创建的挤出曲面进行相互剪切，结果如图19-255所示。

图19-255　剪切曲面

13创建舌头曲面。隐藏所有曲面，在各个视图中创建舌头轮廓曲线，如图19-256所示。

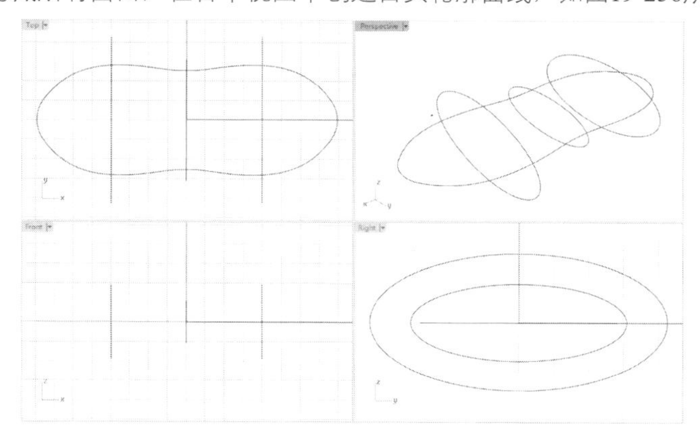

图19-256　在各个视图中创建舌头轮廓曲线

14执行菜单栏中的【曲面】|【双轨扫掠】命令，选取曲线1、曲线2、曲线3，右击确认，创建扫掠曲面A，如图19-257所示。

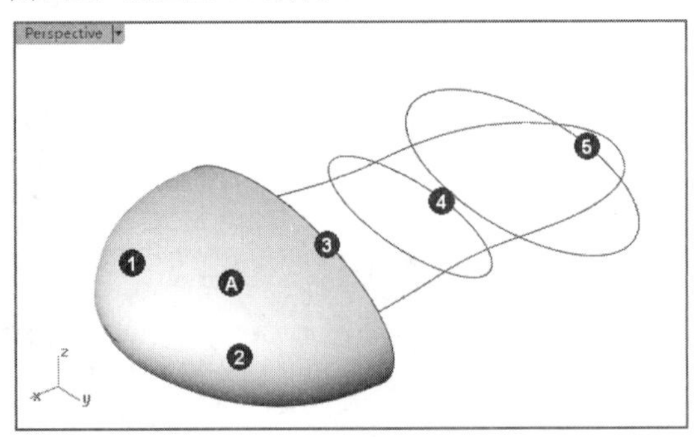

图19-257　创建扫掠曲面A

15用同样的方法，选取曲线1、曲线2、曲线5，创建右侧的扫掠曲面B，如图19-258所示。

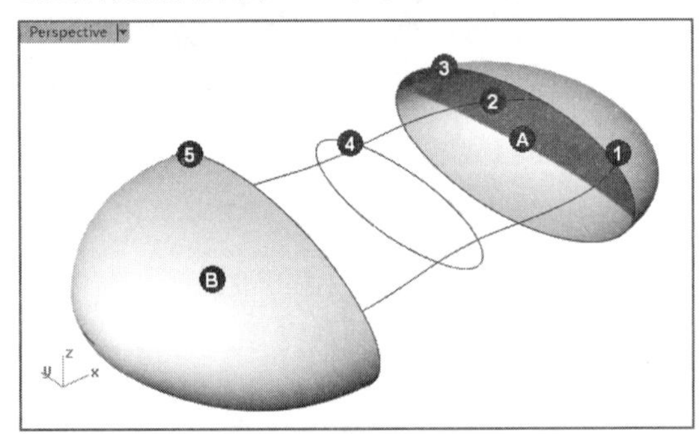

图19-258　创建扫掠曲面B

16执行菜单栏中的【曲面】|【放样】命令，选取曲面A的边缘，再选取曲线4、曲面B的边缘，右击确认，创建放样曲面C，如图19-259所示。

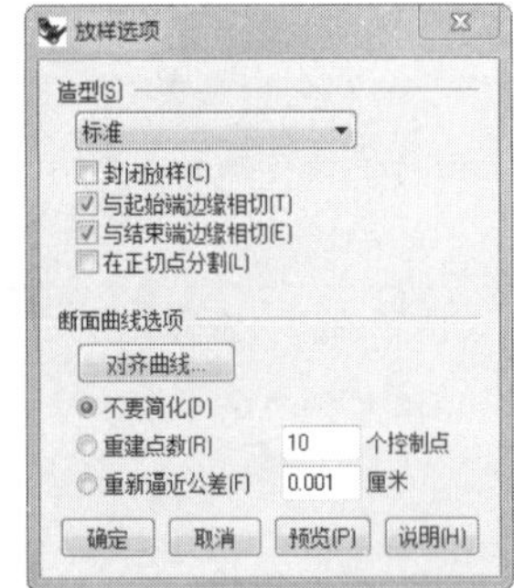

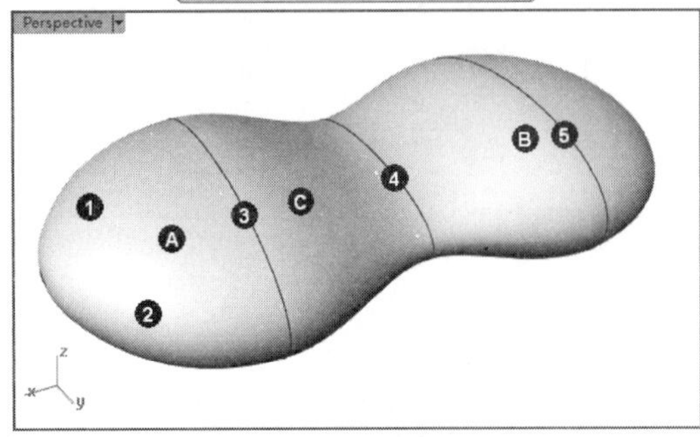

图19-259　创建放样曲面C

17执行菜单栏中的【编辑】|【组合】命令，将这几个曲面组合到一起，然后将它们移动到远离机器猫主体曲面的位置，并隐藏曲线，如图19-260所示。

图19-260　组合并移动曲面

18执行菜单栏中的【变动】|【定位】|【曲面上】命令，选取舌头曲面，右击确认，在Top正交视图中确定它的基准点，然后单击嘴部曲面，在弹出的对话框中设置缩放比为合适的大小，单击确定，在嘴部曲面上放置舌头曲面，如图19-261所示。

图19-261　定位物件到曲面

19执行菜单栏中的【曲线】|【自由造型】|【控制点】命令，在Right正交视图的右侧创建一条曲线，如图19-262所示。

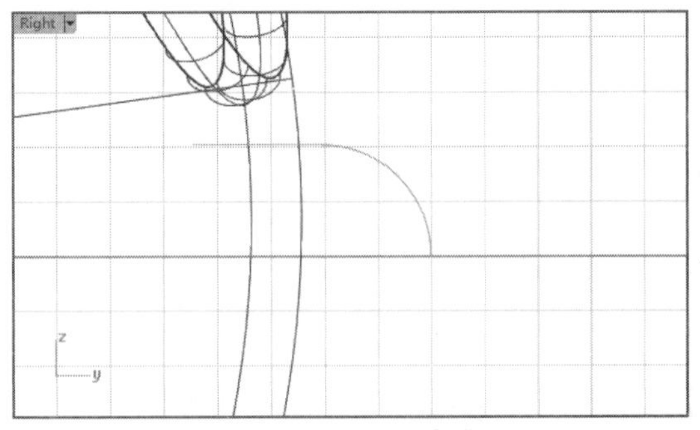

图19-262　创建一条曲线

20选取刚刚创建的曲线，执行菜单栏中的【曲面】|【旋转】命令，在Right正交视图中以水平坐标轴为旋转轴，创建一个旋转曲面，这个曲面将作为机器猫的鼻子部件，如图19-263所示。

图19-263　创建旋转曲面

21执行菜单栏中的【曲线】|【直线】|【单一直线】命令，在Front正交视图中创建6条直线，如图19-264所示。

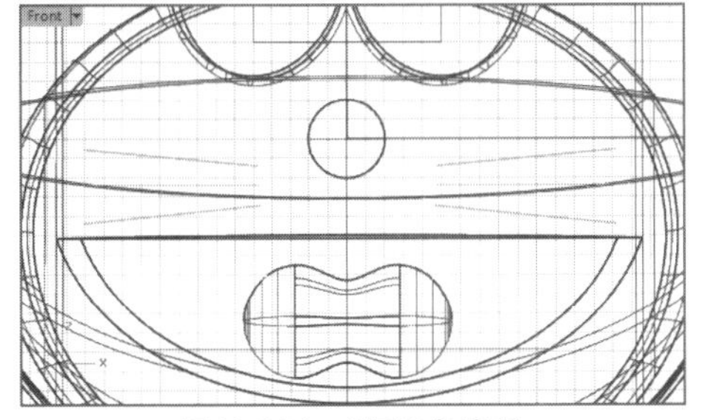

图19-264　创建6条直线

22执行菜单栏中的【曲线】|【从物件建立曲线】|【投影】命令，在Front正交视图中将6条直线投影到机器猫的脸部曲面，从而创建6条投影曲线，如图19-265所示。

图19-265　创建投影曲线

23执行菜单栏中的【实体】|【圆管】命令，以脸部曲面上的6条投影曲线创建6条圆管曲面（圆管半径不宜过大），作为机器猫的胡须部分，如图19-266所示。

图19-266　创建胡须部分

19.3.3　添加下部分细节

01执行菜单栏中的【曲线】|【圆】|【中心点、半径】命令，以及【直线】|【单一直线】命令，在Front正交视图中创建一组曲线，随后对它们互相修剪，如图19-267所示。

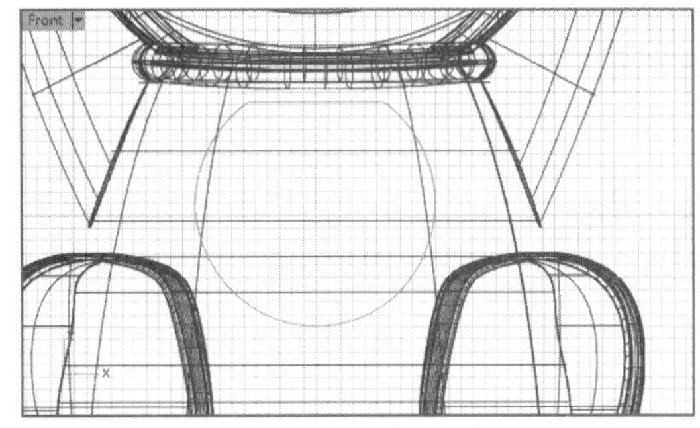

图19-267　创建一组曲线

02执行菜单栏中的【曲线】|【从物件建立曲线】|【投影】命令，在Front正交视图中将刚刚创建的曲线投影到机器猫身体曲面上，随后在Perspective视图中删除位于机器猫身体后侧的那条投影曲线，如图19-268所示。

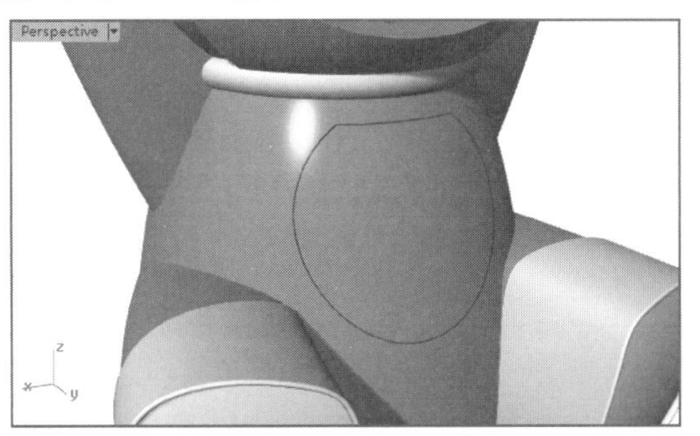

图19-268　创建投影曲线

03将机器猫下部主体曲面复制一份，然后执行菜单栏中的【编辑】|【修剪】命令，以投影曲线修剪主体曲面的副本，仅保留一小部分曲面，如图19-269所示。

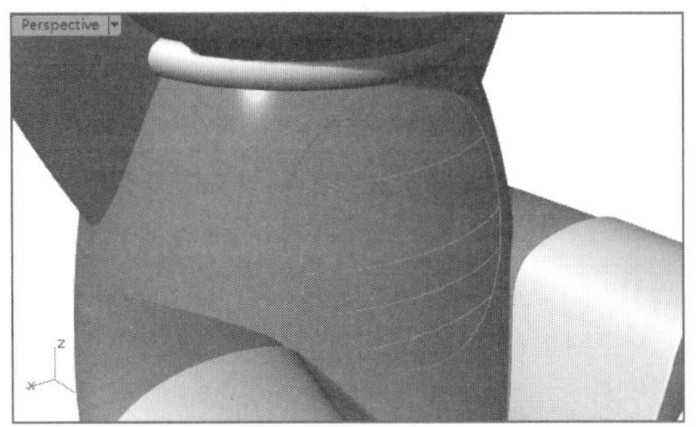

图19-269　复制并修剪曲面

04执行菜单栏中的【曲面】|【偏移曲面】命令，将修剪的小部分曲面向外偏移一段距离，并删除

原始曲面，如图19-270所示。

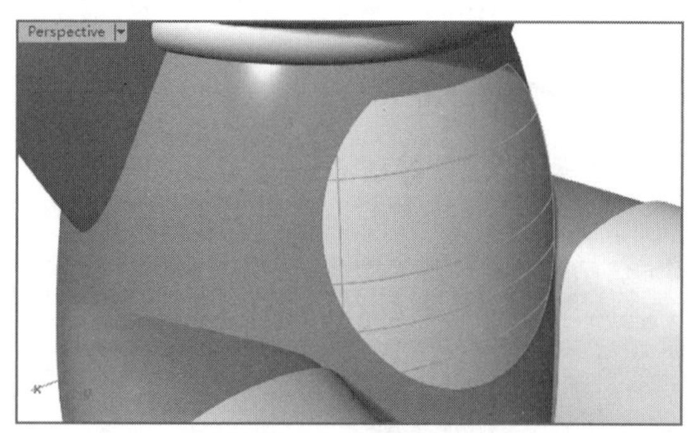

图19-270　偏移曲面

05执行菜单栏中的【挤出曲线】|【往曲面法线】命令，以偏移曲面的边缘曲线创建两个挤出曲面，随后将它们组合到一起，如图19-271所示。

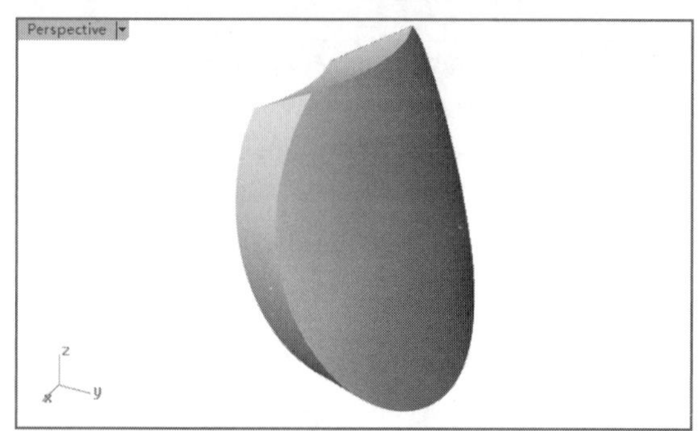

图19-271　创建挤出曲面

06执行菜单栏中的【实体】|【边缘圆角】|【边缘圆角】命令，为挤出曲面与偏移曲面的边缘创建圆角曲面，如图19-272所示。

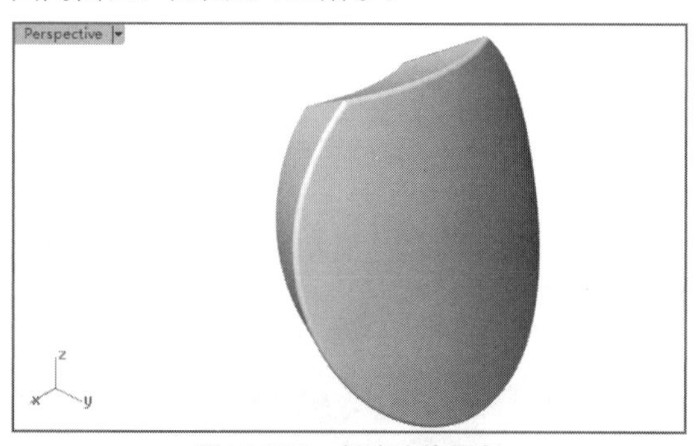

图19-272　创建边缘圆角

07采用类似的方法，在偏移曲面上创建一个凸起曲面，如图19-273所示。

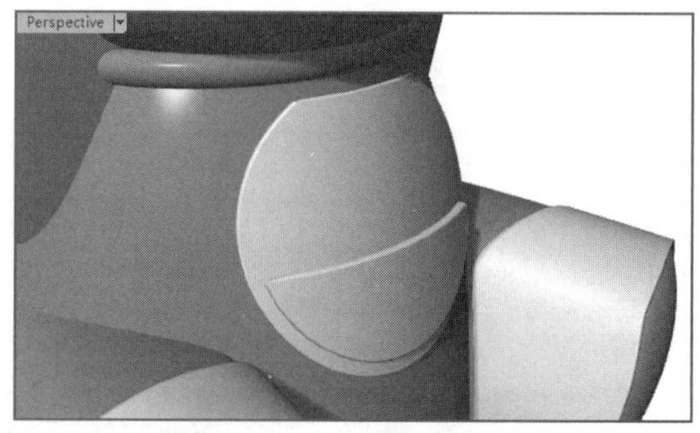

图19-273　添加凸起细节曲面

08使用椭圆等工具为机器猫添加一个铃铛挂坠，并在机器猫的后部创建一个小的圆球体，作为它的尾巴，如图19-274所示。

图19-274　丰富机器猫的细节

09在Front正交视图中创建一条矩形曲线，并使用这条矩形曲线对机器猫的后脑壳曲面进行修剪，创建一个缝隙。至此，整个机器猫模型创建完成，在Perspective视图中进行旋转查看，如图19-275所示。

图19-275　机器猫模型创建完成

20

第20章 用Rhino制作交通工具模型

本章介绍交通工具产品的造型与渲染设计流程，将融合Rhino 6.0软件的曲线、曲面、实体、编辑等功能。

项目分解

- 制作甲壳虫汽车外壳模型
- 制作房车模型

20.1 制作甲壳虫汽车外壳模型

引入文件：动手操作\源文件\Ch20\甲壳虫汽车外壳.3dm
结果文件：动手操作\结果文件\Ch20\甲壳虫汽车外壳.3dm
视频文件：视频\Ch20\制作甲壳虫汽车外壳模型.avi

甲壳虫汽车外壳建模是较为复杂的建模类型。通过该建模过程，可以掌握此类模型的处理方法，灵活运用前面所学的知识。

甲壳虫汽车外壳模型效果如图20-1所示。

图20-1　甲壳虫汽车外壳模型

20.1.1 放置背景图片

01新建Rhino文件。

02执行菜单栏中的【查看】|【背景图】|【放置】命令，在Top视图中导入汽车的顶视图，在Front工作视窗中导入汽车的侧视图，如图20-2所示。

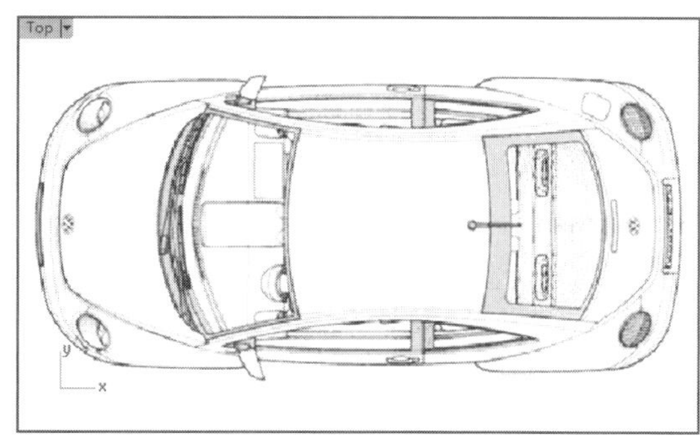

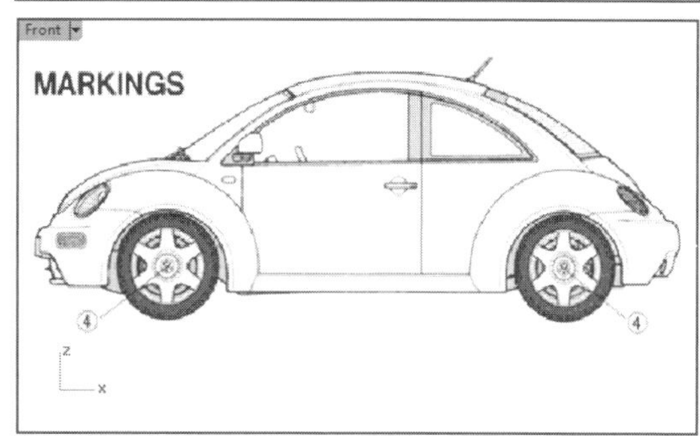

图20-2　放置背景图

03执行菜单栏中的【查看】|【工作视窗配置】|【新增工作视窗】命令，在工作界面中创建一个新的工作视窗。在此工作视窗的激活状态下，执行菜单栏中的【查看】|【设置视窗】|Left命令，将此工作视窗更改为Left工作视窗，如图20-3所示。

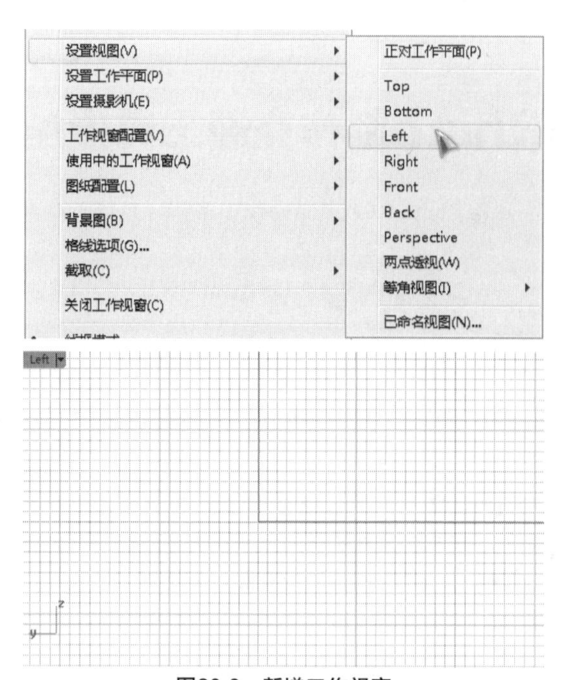

图20-3　新增工作视窗

04执行菜单栏中的【查看】|【背景图】|【放置】命令，在Left、Right工作视窗中导入汽车的背景图，如图20-4所示。

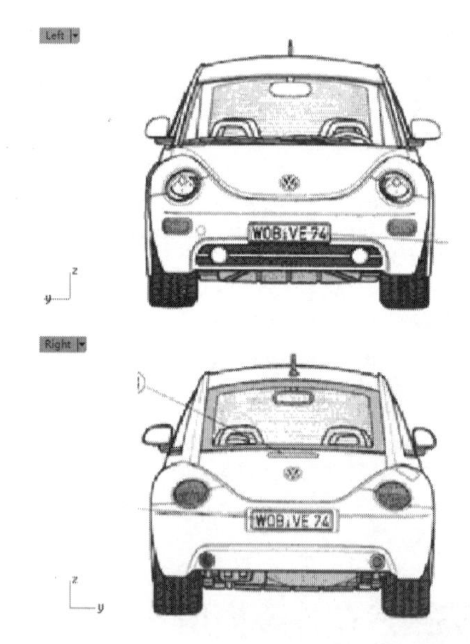

图20-4　在左右视窗中放置背景图

05通过执行菜单栏中的【查看】|【背景图】菜单中的【移动】、【对齐】命令，将4个工作视窗中的背景参考图片对齐（如果这里遇到困难，请巩固前面讲到的有关内容），如图20-5所示。

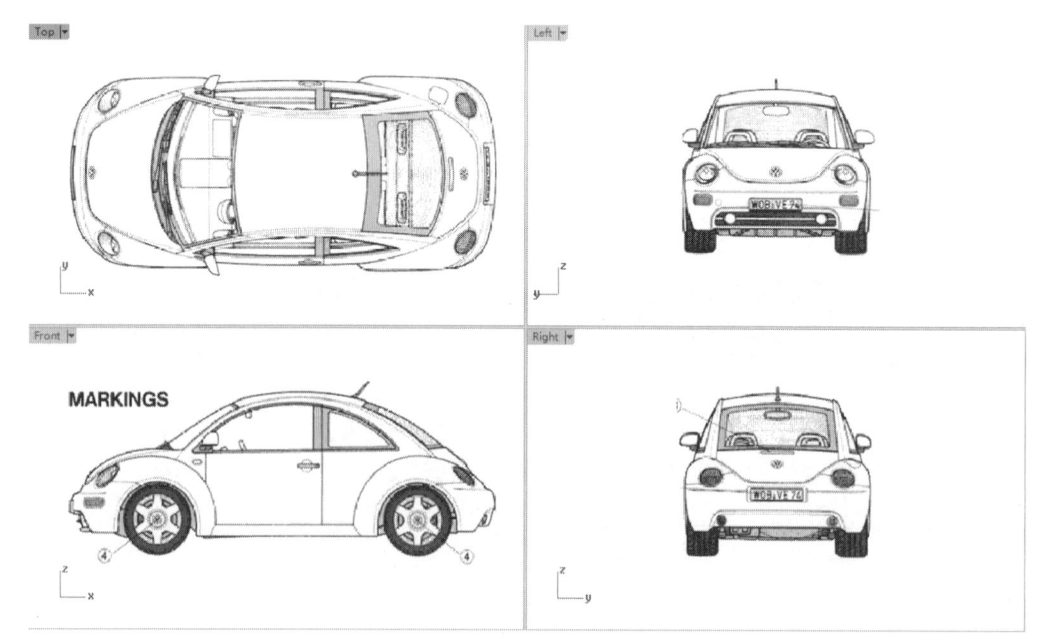

图20-5　对齐背景图

技术要点：对齐有对称性的参考图片时，最好将汽车的中轴线与某一坐标轴重合，这在后面的工作中，可以通过镜像复制的方法节省大量的时间。

20.1.2 创建车身前后曲面

01执行菜单栏中的【曲线】|【自由造型】|【控制点】命令，在Front视图中依据参考图片，创建一条经过汽车前轮轮眉的轮廓曲线，如图20-6所示。

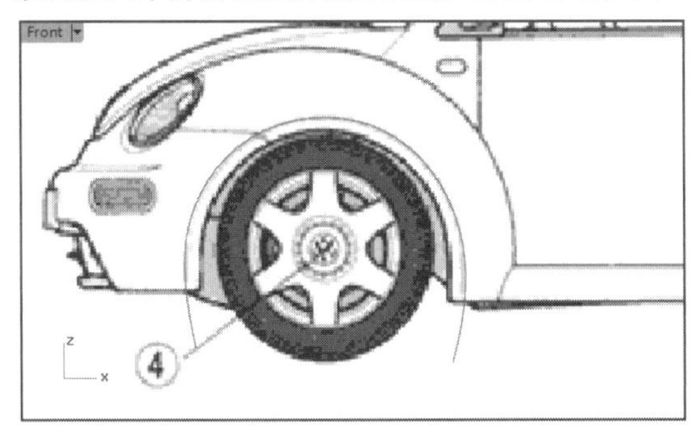

图20-6　创建前轮轮眉的轮廓曲线

02执行菜单栏中的【曲线】|【直线】|【单一直线】命令，在Front视图中创建两条水平直线，如图20-7所示。

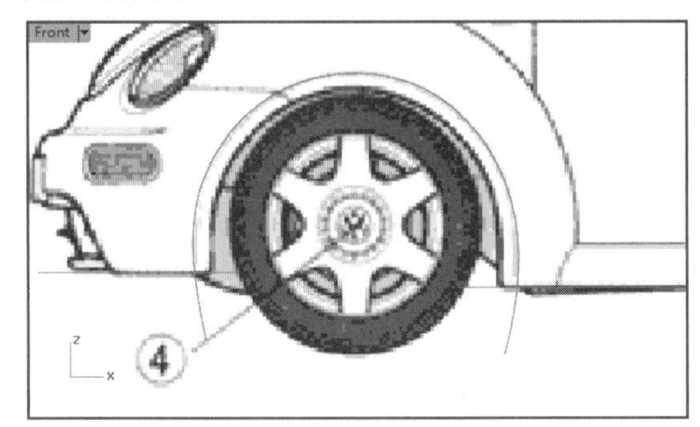

图20-7　创建两条直线

03执行菜单栏中的【编辑】|【修剪】命令，以两条水平直线对前面创建的曲线进行修剪，剪切掉位于下部的两段，如图20-8所示。

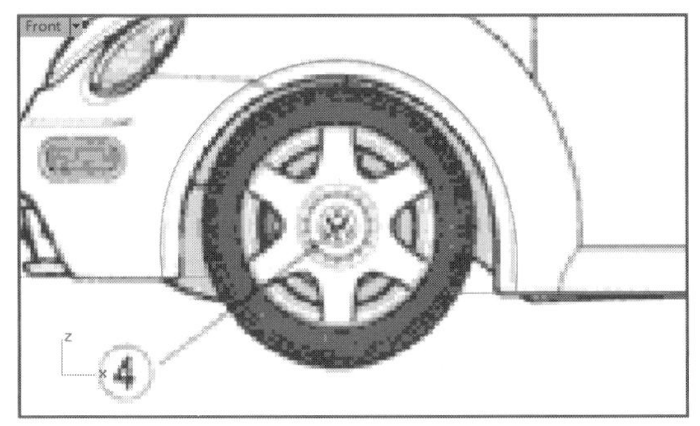

图20-8　修剪曲线

04删除或隐藏Front视图中的两条直线，在Top视图中将剪切后的曲线1垂直移动到如图20-9所示的位置。

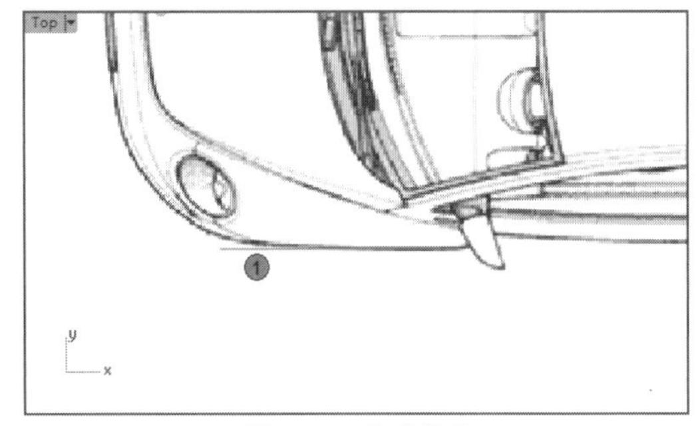

图20-9　移动曲线

05在Left视图中开启曲线1的控制点并进行调整，参照背景参考图片调整曲线如图20-10所示。

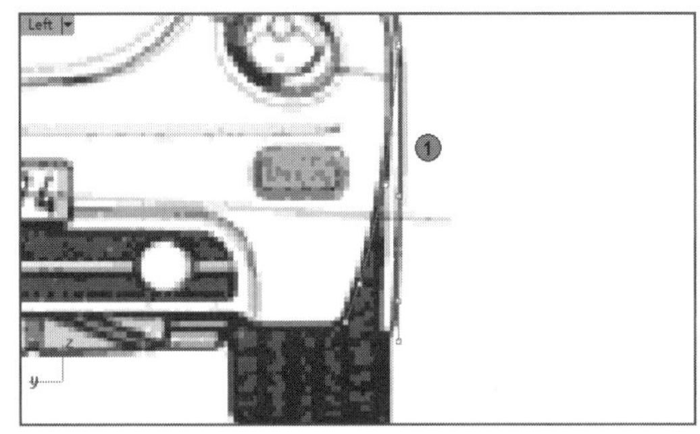

图20-10　调整曲线的形状

06执行菜单栏中的【变动】|【镜像】命令，在Top视图中选取曲线1，以X轴坐标轴为镜像轴创建曲线2，如图20-11所示。

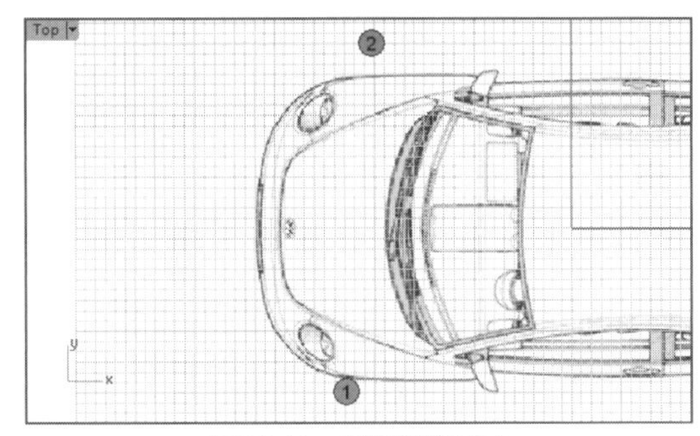

图20-11　创建镜像副本

07执行菜单栏中的【曲线】|【自由造型】|【内插点】命令，以曲线1、曲线2的左侧端点为内插点曲线的端点与终点，创建内插点曲线，即曲线3，如图20-12所示。

08显示曲线3的控制点，在Top视图中调整控制点的位置，如图20-13所示。

09用同样的方法，执行菜单栏中的【曲线】|【自由造型】|【内插点】命令，连接曲线1、曲线2的其余两个端点，创建曲线4，在Top视图中开启曲线的控制点，并稍作调整，如图20-14所示。

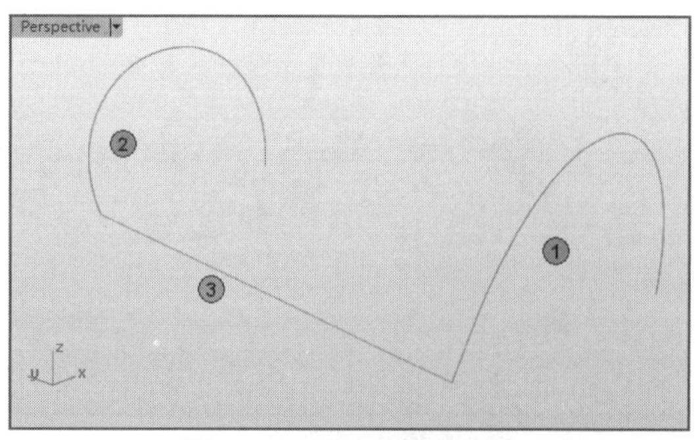

图20-12　创建内插点曲线

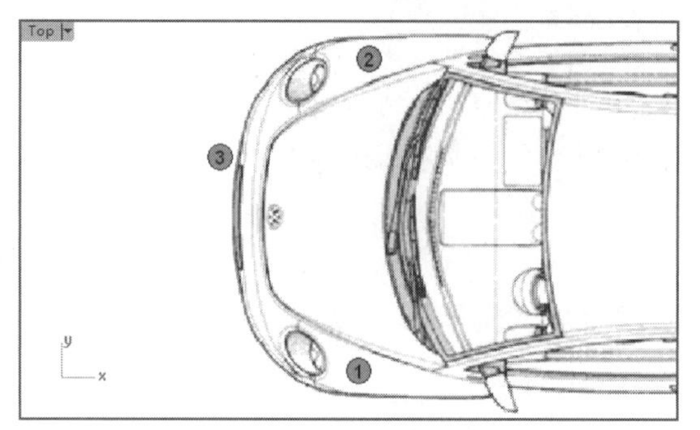

图20-13　调整曲线的形状

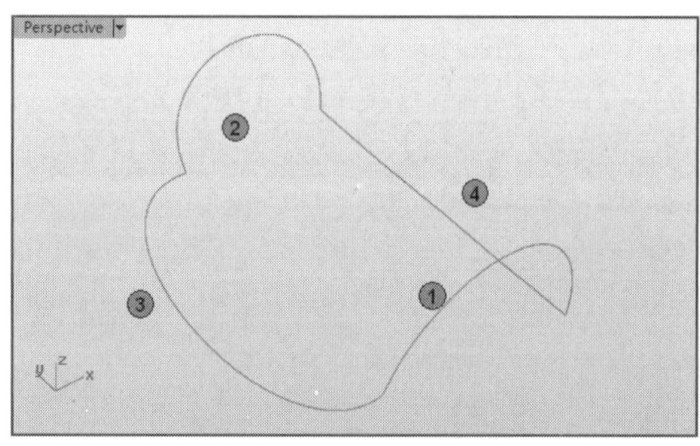

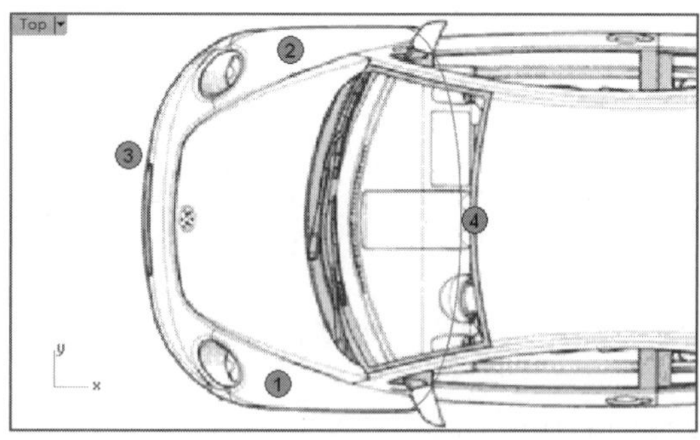

图20-14　创建并调整内插点曲线

10执行菜单栏中的【曲面】|【双轨扫掠】命令，以曲线1、曲线2为路径，以曲线3、曲线4为断面曲线，创建一个扫掠曲面，如图20-15所示。

11在Front视图中打开曲面的控制点显示，发现曲面的控制点过于复杂。执行菜单栏中的【编辑】|【控制点】|【移除控制点】命令，单击扫掠曲面，然后在曲面上的ISO线上单击，移除过多的控制点，最后右击确认，如图20-16所示。

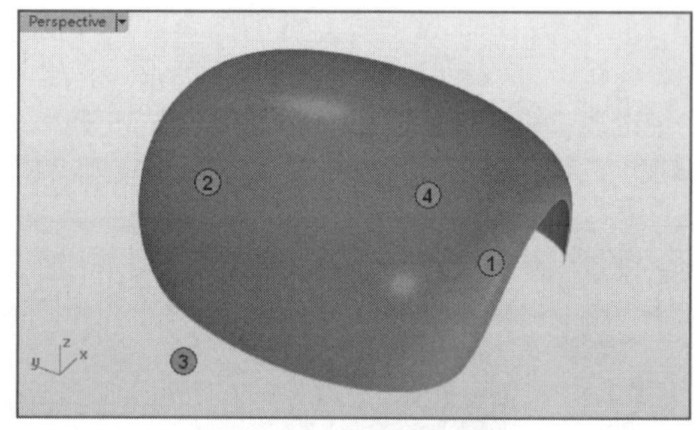

图20-15　创建扫掠曲面

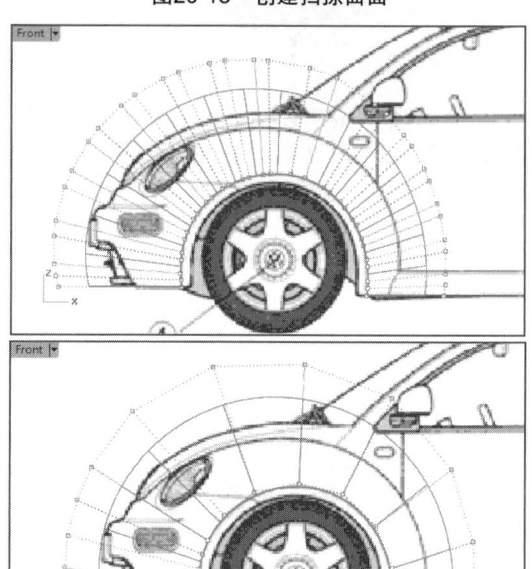

图20-16　移除曲面上多余的ISO线

12调整曲面的控制点，使它在前端更加符合参考图片中的轮廓。对于一些变化剧烈的部分执行菜单栏中的【编辑】|【控制点】|【插入控制点】命令，添加更多的控制点，然后调整曲面的形状，如图20-17所示。

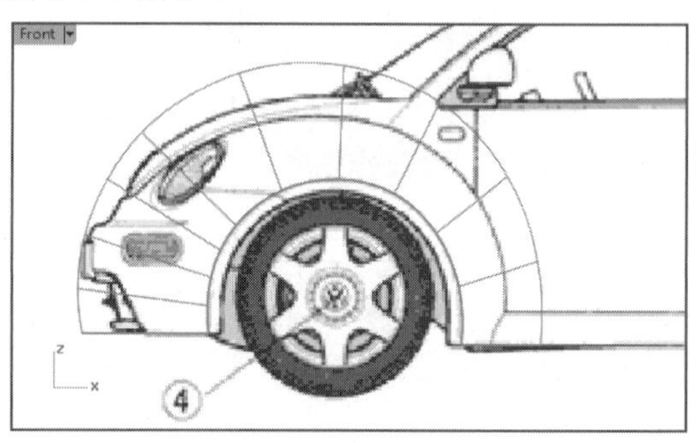

图20-17（续）

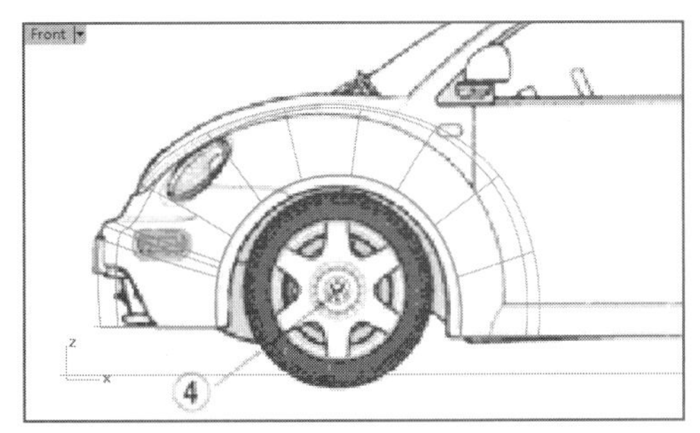

图20-17　调整曲面的形状

13在Top视图中创建曲线1，曲线的左侧端点位于X轴上。执行菜单栏中的【变动】|【对称】命令，在Top视图中以X轴为对称轴创建与曲线1对称的曲线2，其中【连续性】设置为【平滑】，如图20-18所示。

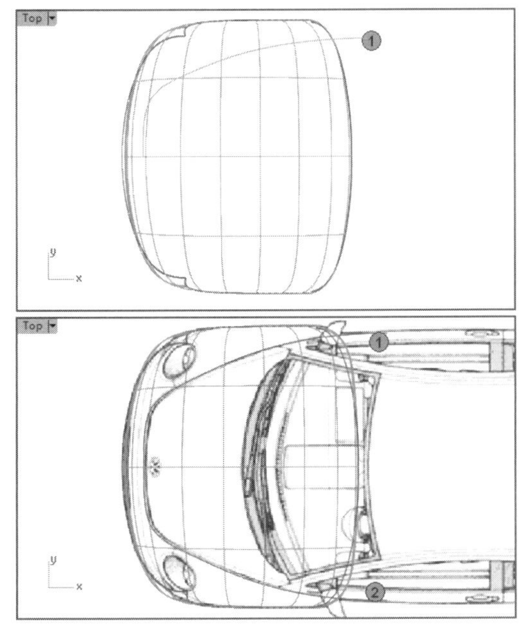

图20-18　创建两条曲线

14用类似于创建前侧曲面的方法，在汽车尾部绘制4条曲线，用来创建扫掠曲面，如图20-19所示。

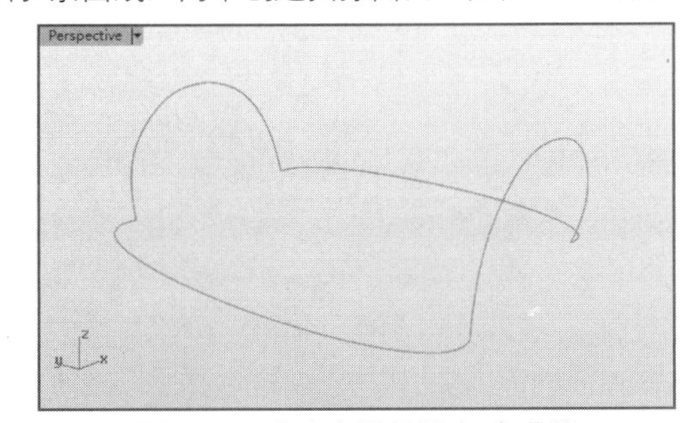

图20-19　在汽车尾部创建4条曲线

15执行菜单栏中的【曲面】|【双轨扫掠】命令，以图中的4条曲线创建一个扫掠曲面，并在Front视图中调整它的控制点，如图20-20所示。

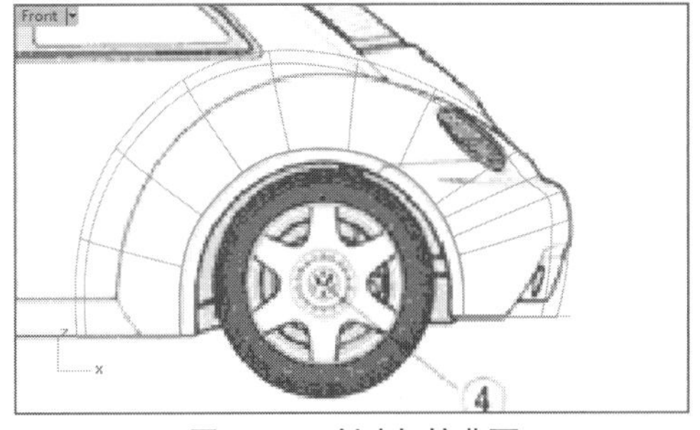

图20-20　创建扫掠曲面

16在Top视图中创建一条曲线，依据背景参考图片调整曲线的控制点，并确保曲线关于X轴对称，如图20-21所示。

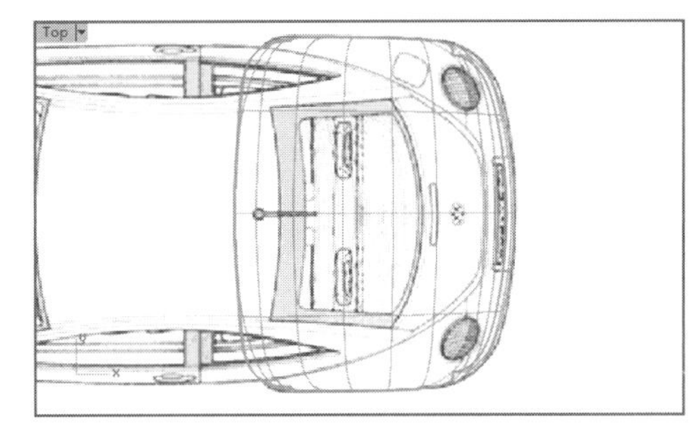

图20-21　创建一条曲线

17执行菜单栏中的【编辑】|【修剪】命令，在Top视图中以新创建的曲线对后侧曲面进行剪切，结果如图20-22所示。

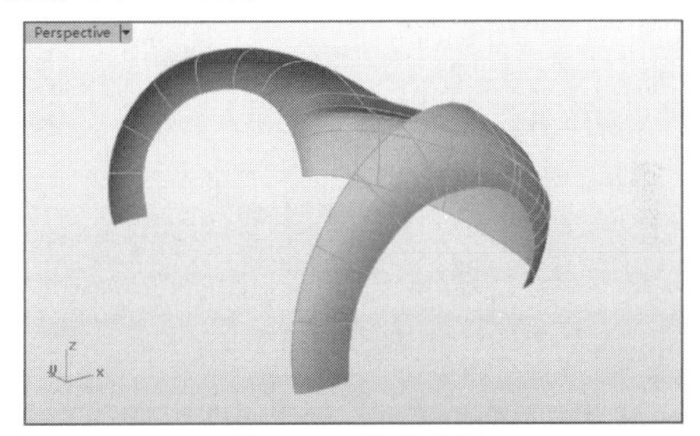

图20-22　修剪曲面

18汽车的前后曲面大体创建完成，如图20-23所示。接下要创建汽车的侧面，首先完成整车的基本轮廓。

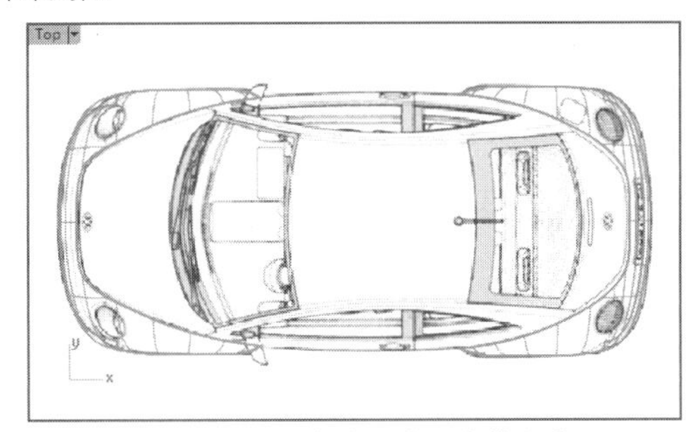

图20-23　汽车前后曲面大体完成

20.1.3　创建左右侧车身曲面

01执行菜单栏中的【曲线】|【自由造型】|【内插点】命令，在Front视图中连接前后轮轮眉边缘上的一点，创建一条内插点曲线，即曲线1，如图20-24所示。

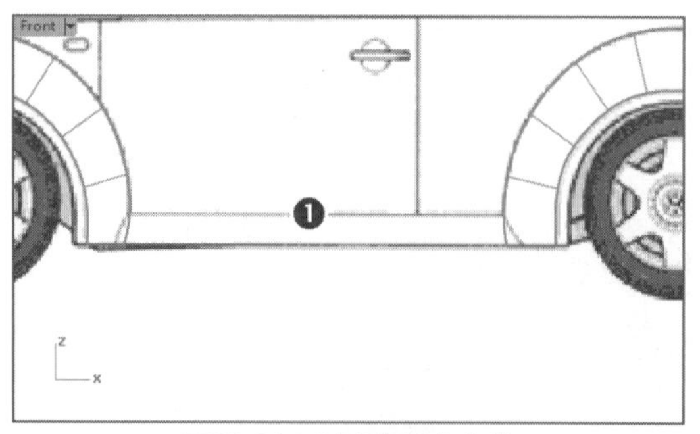

图20-24　创建内插点曲线

02用同样的方法，创建曲线2。在创建的过程中，确保这条曲线的两端位于同一侧，如图20-25所示。

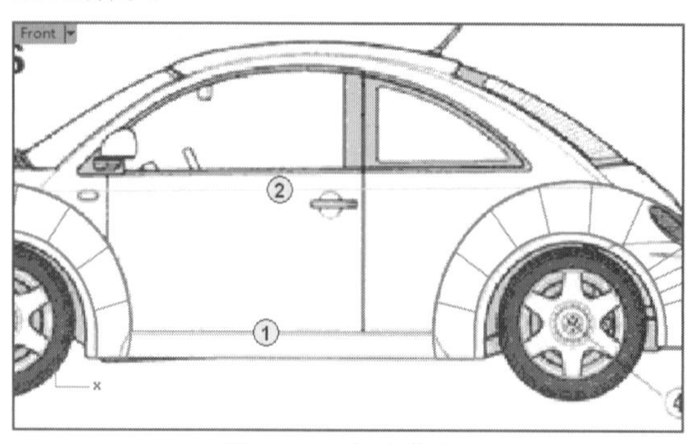

图20-25　创建曲线2

03显示曲线1、曲线2的控制点，在Top视图、Front视图中调整它们的位置，使曲线的形状与背景图片中的轮廓线相符，如图20-26所示。

04执行菜单栏中的【曲面】|【边缘工具】|【分割边缘】命令，以这两条曲线与前后轮的边缘交点分割轮眉边缘，如图20-27所示。

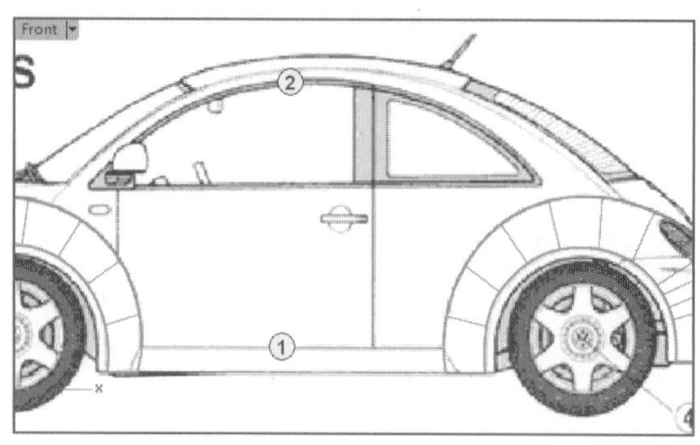

图20-26（续）

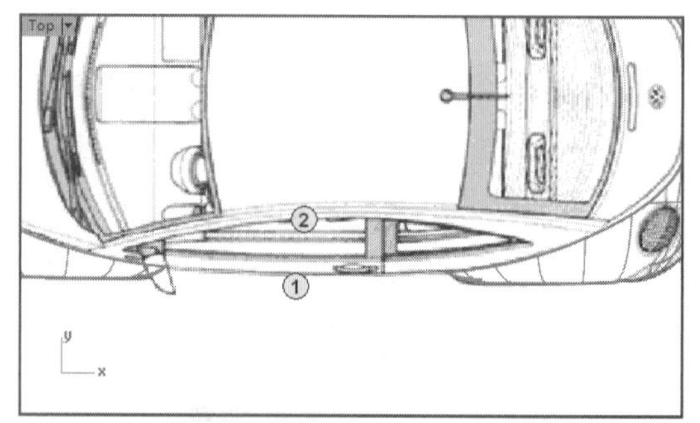

图20-26　调整曲线的形状

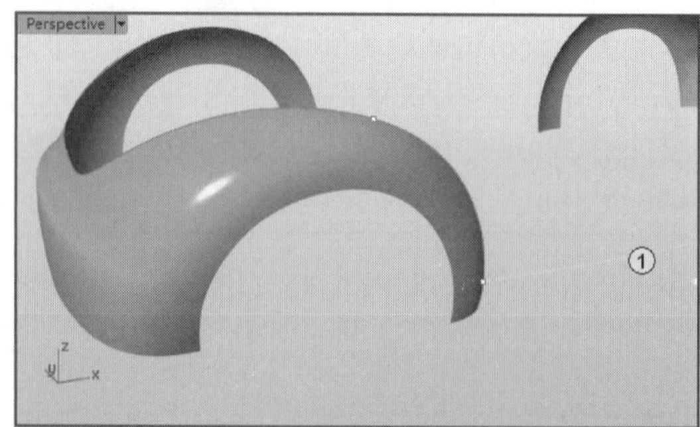

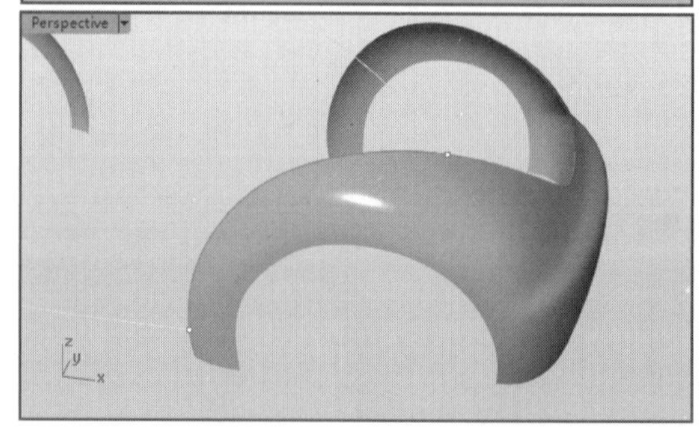

图20-27　分割曲面边缘

05执行菜单栏中的【曲面】|【边缘曲线】命令，在Perspective视图中依次选取曲线1、曲线2，以及分割后的边缘，创建一个四边曲面，如图20-28所示。

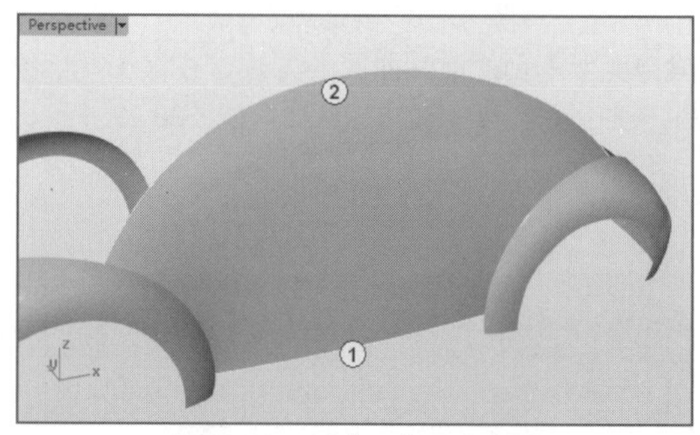

图20-28　创建一个四边曲面

06用同样的方法，在汽车的另一侧创建两条曲线，并以这两条曲线分割它所相接的边缘。最后执行菜单栏中的【曲面】|【边缘曲线】命令，创建另一个四边曲面，如图20-29所示。

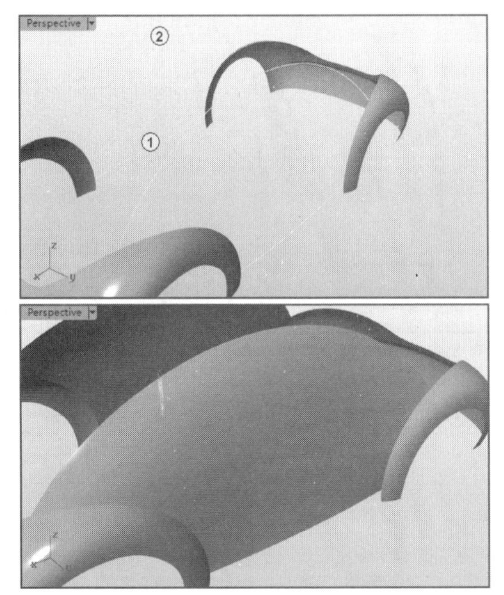

图20-29　创建另一个四边曲面

20.1.4　创建汽车顶面

01执行菜单栏中的【曲线】|【自由造型】|【控制点】命令，在Top视图中创建几条曲线，然后通过移动控制点，调整曲线的形状，如图20-30所示。

02执行菜单栏中的【曲面】|【双轨扫掠】命令，选取汽车侧面的两边缘曲面，然后依次选取曲线1、曲线2、曲线3，右击确认，在弹出的对话框中可调整要创建的扫掠曲面的相关参数，最后单击【确定】按钮，完成扫掠曲面的创建，如图20-31所示。

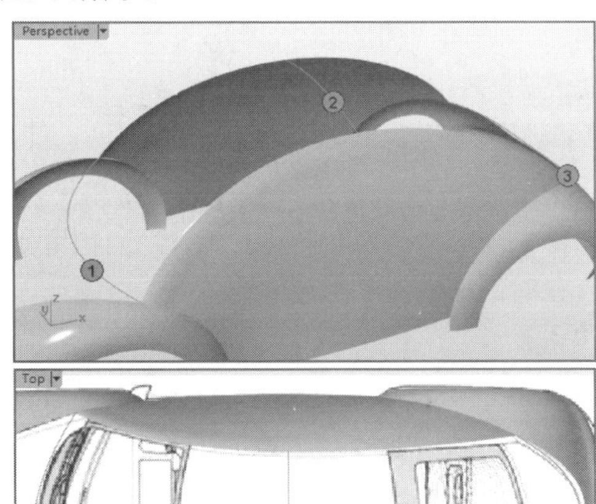

图20-30（续）

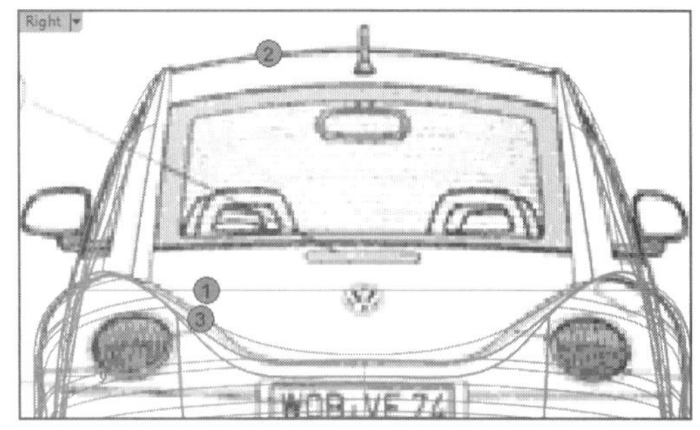

图20-30　创建几条曲线

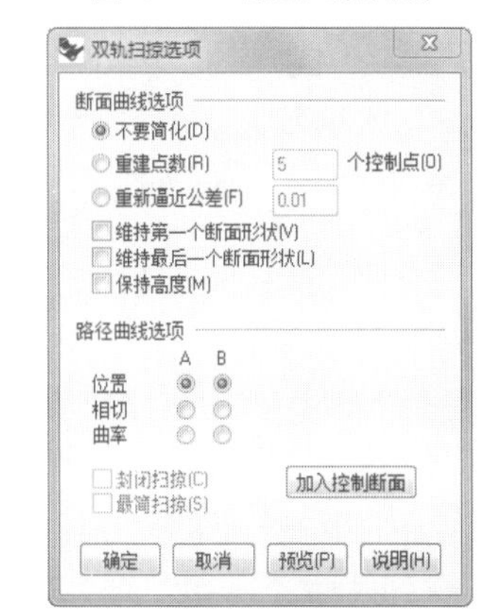

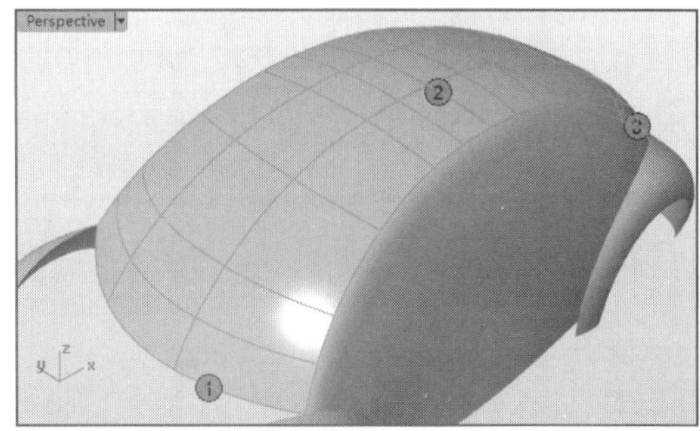

图20-31　创建扫掠曲面

03开启扫掠曲面的控制点，在Front视图中稍作调整，使曲面的形状与背景参考图片更好地吻合，如图20-32所示。

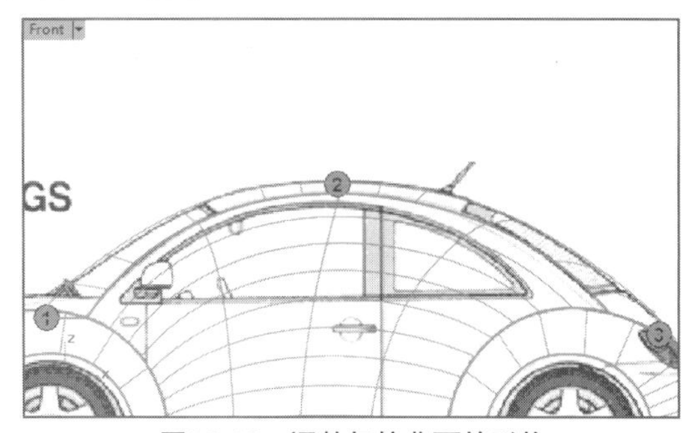

图20-32　调整扫掠曲面的形状

04执行菜单栏中的【编辑】|【控制点】|【插入控制点】命令，选取扫掠曲面，在Top视图中添加两条结构线，右击确认，如图20-33所示。

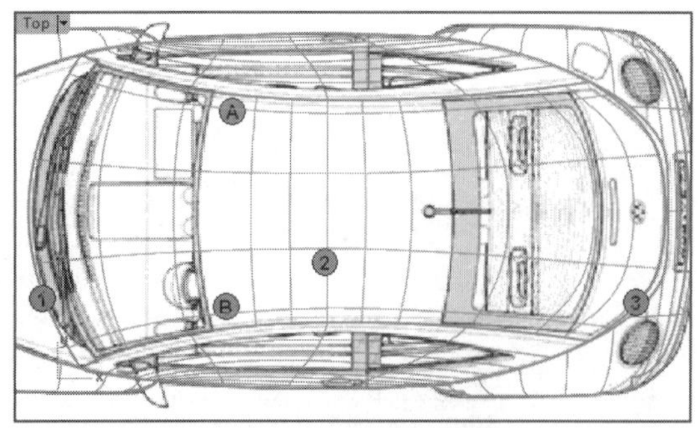

图20-33　为曲面添加结构线

05执行菜单栏中的【曲面】|【曲面编辑工具】|【衔接】命令，依次选取车顶曲面与侧面曲面相接的边缘，右击确认，在弹出的对话框中勾选【互相衔接】复选框，在Perspective视图中观察两曲面间发生的变化，最后单击【确定】按钮，完成衔接，如图20-34所示。

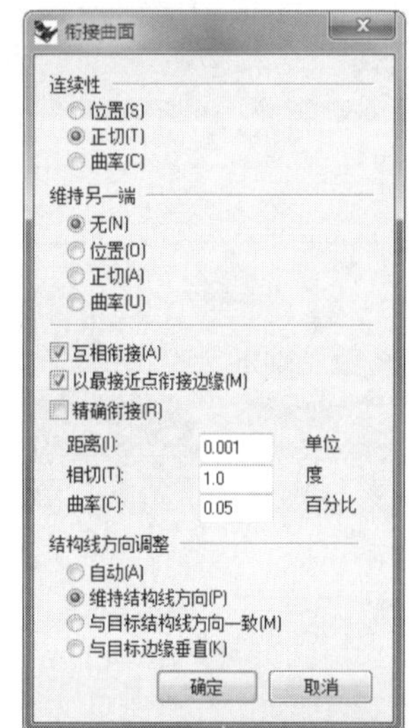

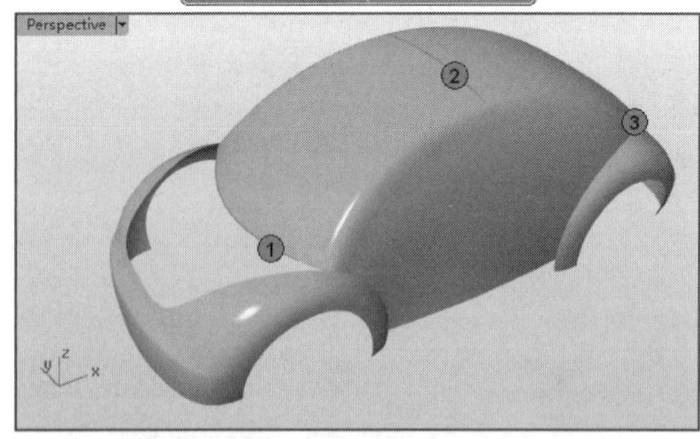

图20-34　衔接曲面

06将曲线分配到【曲线】图层中并进行隐藏。执行菜单栏中的【曲线】|【自由造型】|【控制点】命令，在Top视图中创建曲线1，如图20-35所示。

07继续在Top视图中创建曲线2，并调整曲线的形状，与背景图片上车前盖曲面的轮廓线吻合，如图20-36所示。

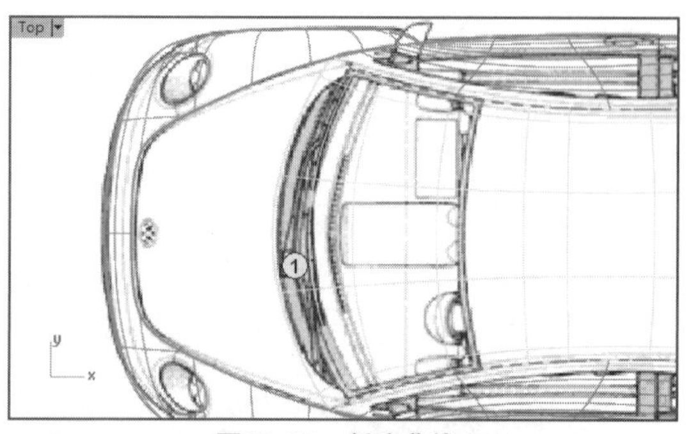

图20-35　创建曲线1

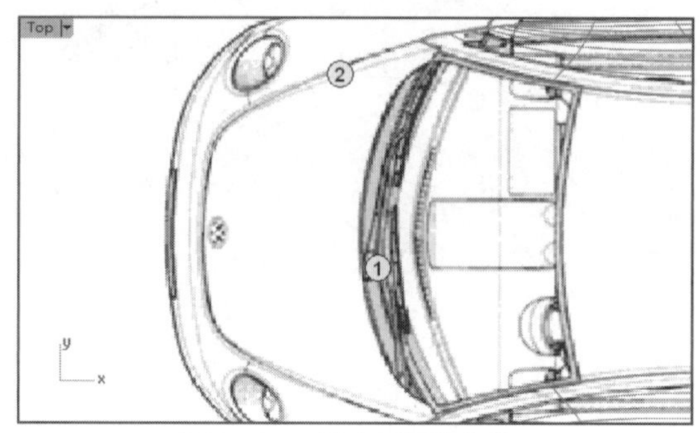

图20-36　创建并调整曲线2

08执行菜单栏中的【变动】|【镜像】命令，选取曲线2，在Top视图中以水平坐标轴为镜像轴创建曲线3，如图20-37所示。

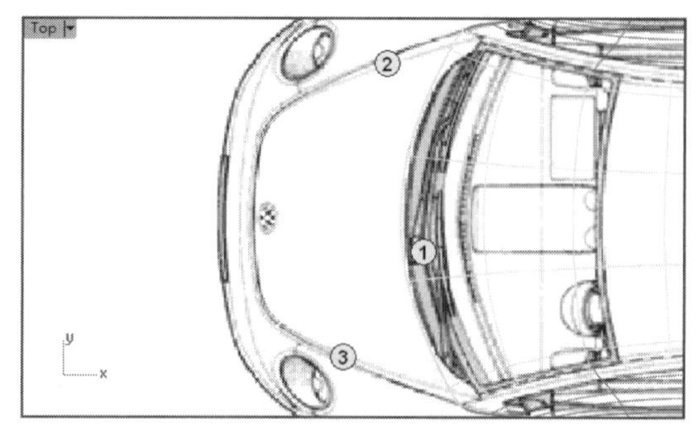

图20-37　创建曲线3

09执行菜单栏中的【曲线】|【曲线编辑工具】|【衔接】命令，依次在曲线2、曲线3的相接处单击，在对话框中调整相应的选项，右击确认，如图20-38所示。

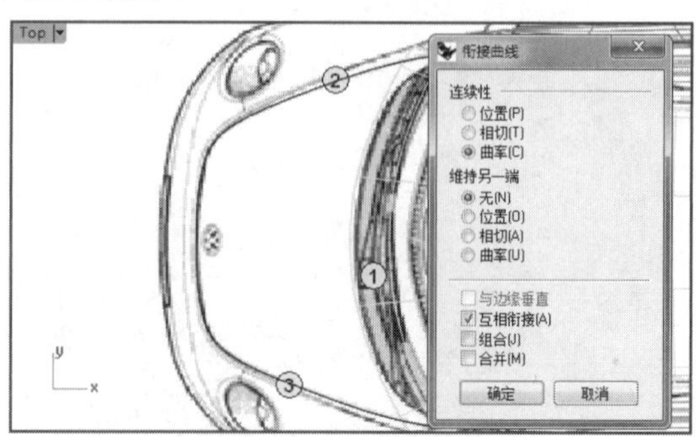

图20-38　衔接曲线

10结合Front视图中的参考图片再次调整这几条曲线（这里可能会破坏到曲线2与曲线3之间的连续性，必要的时候需要删除曲线3，在曲线2调整后，再执行【镜像】、【衔接】命令），如图20-39所示。

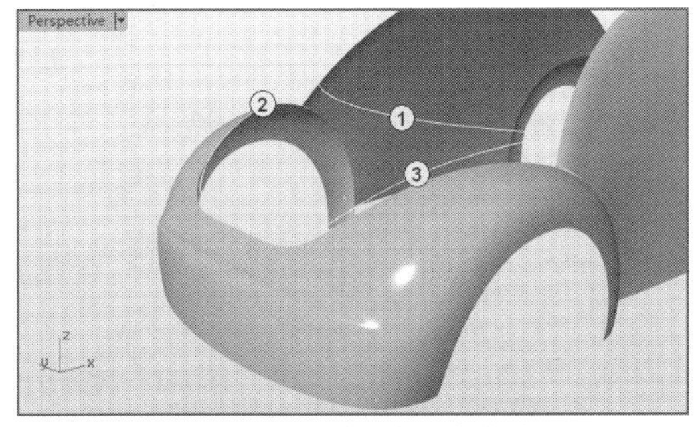

图20-39　再次调整几条曲线

11执行菜单栏中的【曲线】|【自由造型】|【内插点】命令，连接曲线1的中点与曲线2、曲线3的相接点，右击确认，创建曲线4，如图20-40所示。

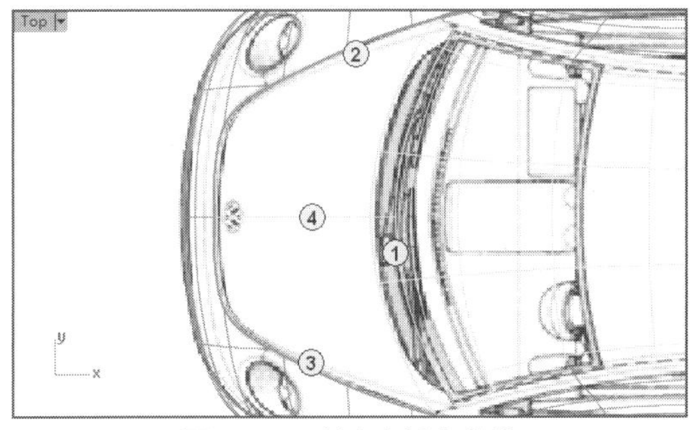

图20-40　创建内插点曲线

12显示曲线4的控制点，在Front视图中移动控制点的位置，从而调整曲线4的形状，如图20-41所示。

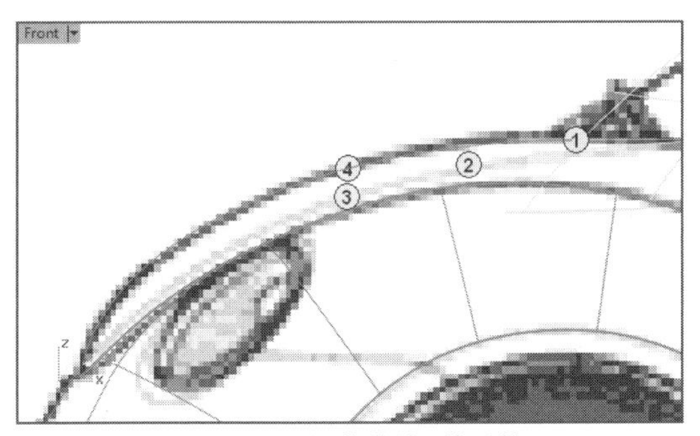

图20-41　调整曲线4的形状

13执行菜单栏中的【曲面】|【放样】命令，依次选取曲线2、曲线4、曲线3，右击确认，在弹出的对话框中调整放样曲面的参数，单击【预览】按钮可在Perspective视图中查看曲面的形状，最后右击确认，如图20-42所示。

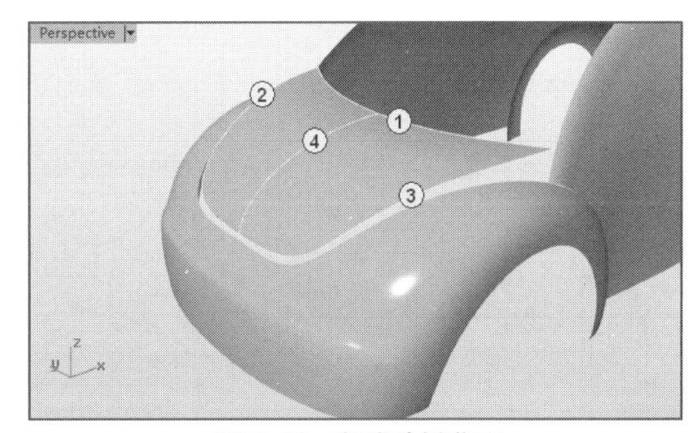

图20-42　创建放样曲面

14执行菜单栏中的【曲面】|【边缘工具】|【分割边缘】命令，将曲面边缘A进行分割，如图20-43所示。

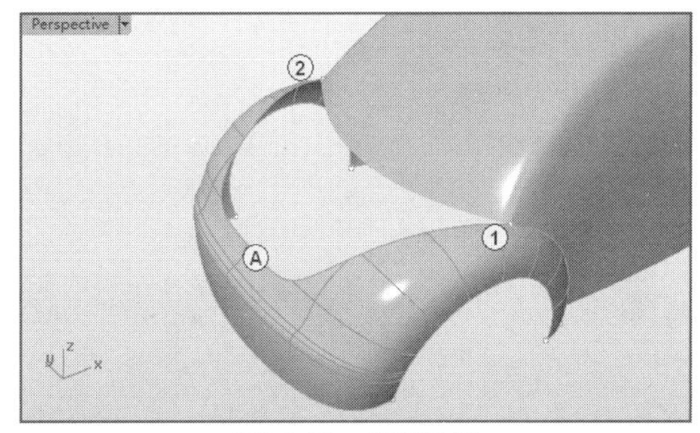

图20-43　分割边缘

15执行菜单栏中的【曲面】|【混接曲面】命令，为前侧曲面间的缝隙创建混接曲面，然后执行菜单栏中的【曲面】|【曲面圆角】命令，创建圆角曲面，如图20-44所示。

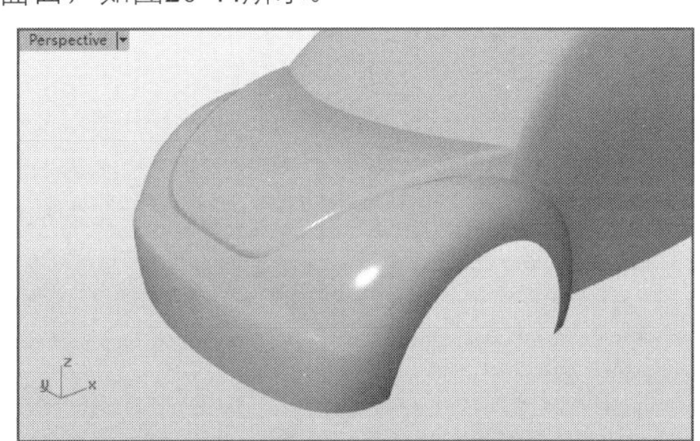

图20-44　创建混接曲面、圆角曲面

16旋转视图到汽车的后侧，执行菜单栏中的【曲面】|【挤出曲线】|【直线】命令，选取边缘A，右击确认，单击命令提示行中的【方向（D）】选项，调整挤出方向，创建挤出曲面，如图20-45所示。

17同理，以曲面边缘B创建挤出曲面，挤出方向垂直向下，为了便于观察，暂时隐藏周围的曲面，如图20-46所示。

18执行菜单栏中的【编辑】|【修剪】命令，对这两个挤出曲面进行互相剪切，如图20-47所示。

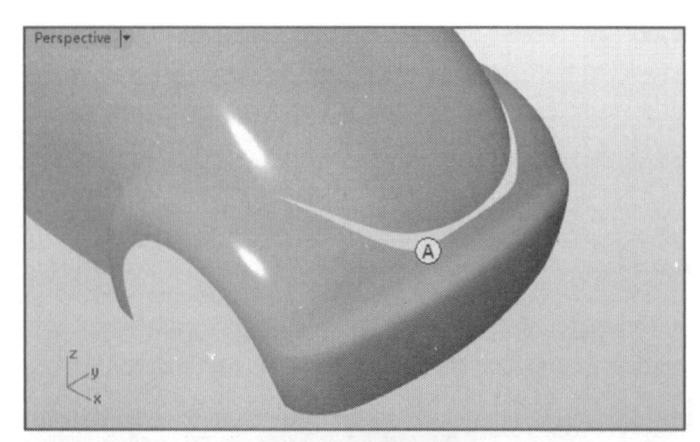

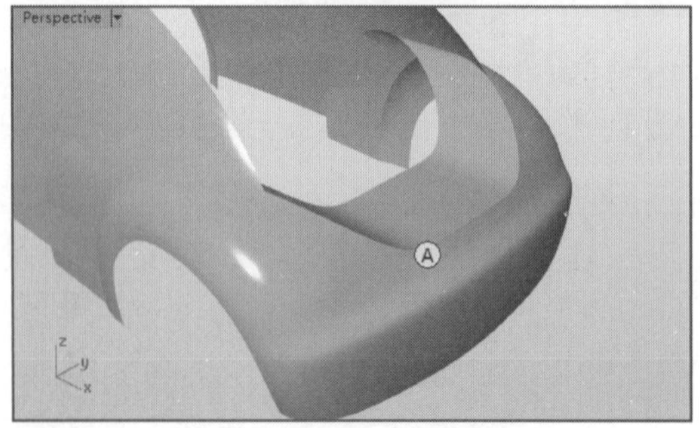

图20-45　以边缘A创建挤出曲面

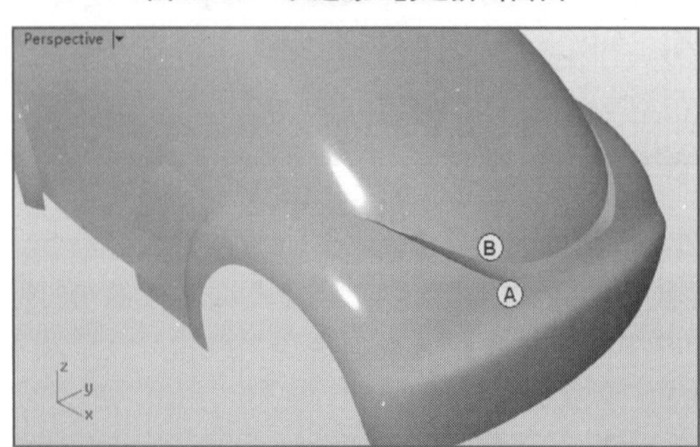

图20-46　以边缘B创建挤出曲面

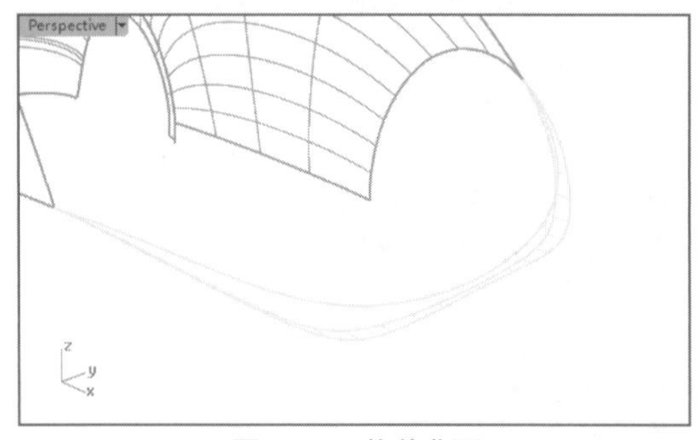

图20-47　修剪曲面

19显示隐藏的曲面，执行菜单栏中的【曲面】|【曲面圆角】命令，为相交的棱边处创建圆角曲面。至此，整个汽车外壳主体模型创建完成，如图20-48所示。

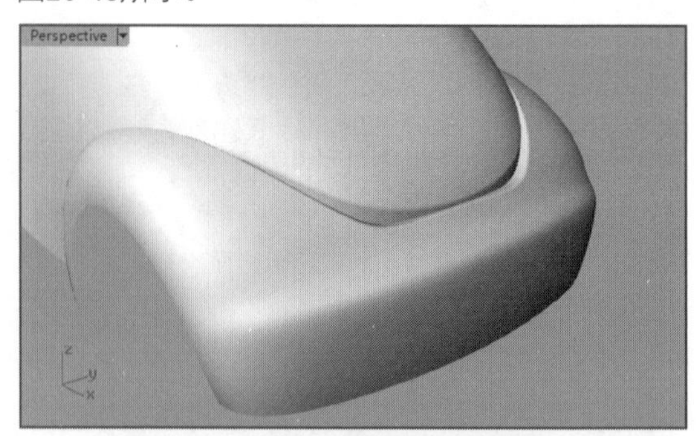

图20-48　汽车外壳主体模型创建完成

20.1.5　创建前后挡风玻璃

01执行菜单栏中的【曲线】|【自由造型】|【控制点】命令，在Top视图中创建曲线1，如图20-49所示。

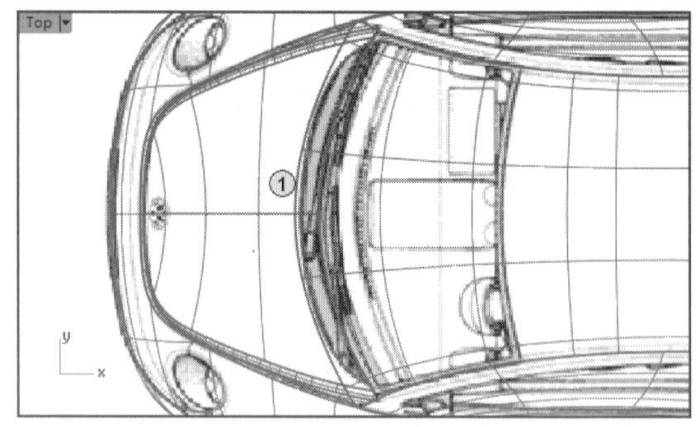

图20-49　创建控制点曲线

02执行菜单栏中的【编辑】|【修剪】命令，以曲线1在Top视图中对引擎盖曲面进行剪切，如图20-50所示。

图20-50　修剪曲面

03执行菜单栏中的【曲面】|【挤出曲线】|【直线】命令，以剪切后的曲面边缘创建一个挤出曲面，如图20-51所示。

图20-51　创建挤出曲面

04执行菜单栏中的【曲面】|【曲面圆角】命令，为挤出曲面与引擎盖曲面连接处创建圆角，如图20-52所示。

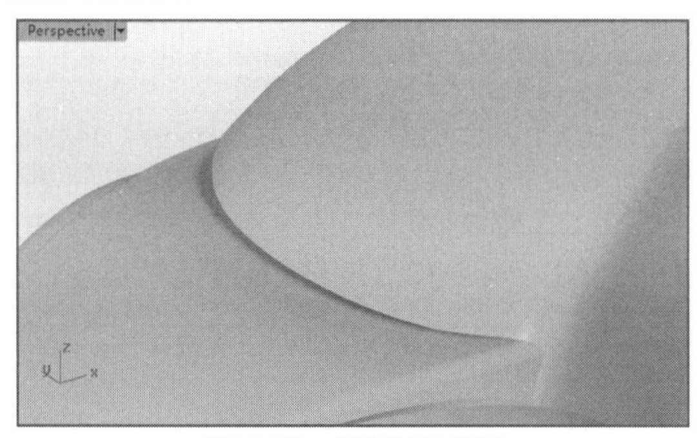

图20-52　创建圆角曲面

05执行菜单栏中的【曲线】|【自由造型】|【控制点】命令，在Top视图中创建一组曲线，随后执行菜单栏中的【曲线】|【曲线圆角】命令，为曲线间尖角处创建圆角，如图20-53所示。

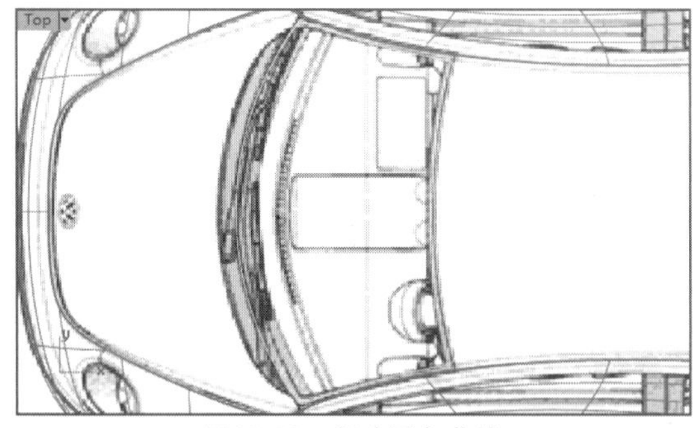

图20-53　创建圆角曲线

06执行菜单栏中的【编辑】|【分割】命令，在Top视图中选取车顶曲面，右击确认，然后选取上面创建的曲线，右击确认，车顶曲面被分割为两部分，如图20-54所示。

07执行菜单栏中的【曲面】|【偏移曲面】命令，将分割后的车窗曲面向内偏移一小段距离，并隐藏车窗曲面，如图20-55所示。

图20-54　分割曲面

图20-55　创建偏移曲面

08执行菜单栏中的【曲面】|【混接曲面】命令，选取边缘A、边缘B，右击确认，在弹出的对话框中调整连续性的类型，之后单击【确定】按钮，封闭车顶面与偏移曲面之间的间隙，如图20-56所示。

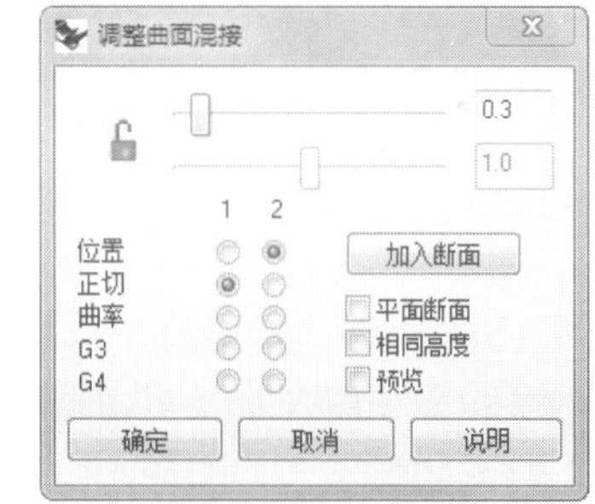

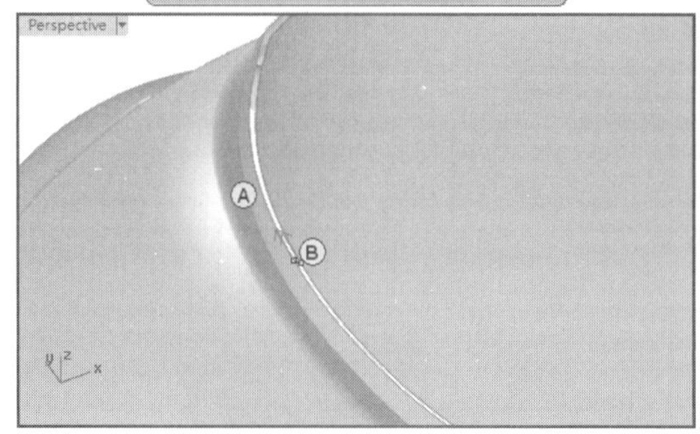

图20-56　创建混接曲面

09执行菜单栏中的【曲线】|【自由造型】|【控制点】命令，在Top视图中创建一组新的曲线，如图20-57所示。

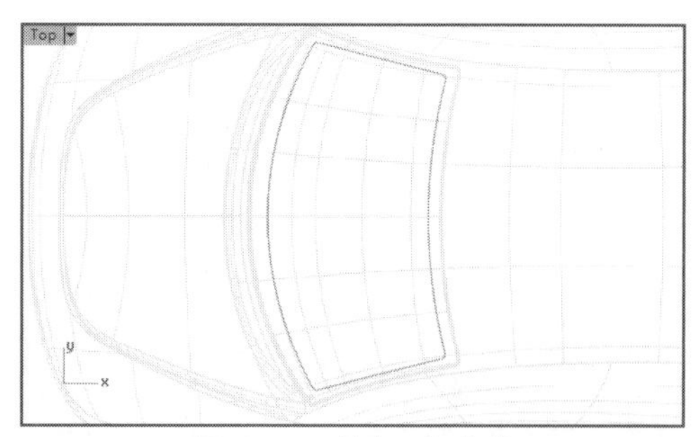

图20-57　创建一组曲线

10执行菜单栏中的【编辑】|【修剪】命令，选取新创建的曲线，右击确认，然后在Top视图中单击位于曲线内部的偏移曲面部分，剪切去这部分曲面，然后在Perspective视图中显示车窗曲面，旋转查看，如图20-58所示。

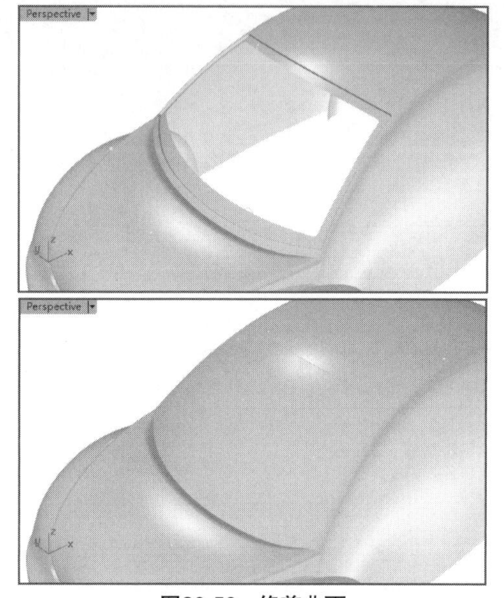

图20-58　修剪曲面

11执行菜单栏中的【曲线】|【自由造型】|【控制点】命令，在Top视图中创建另外一组曲线，如图20-59所示。

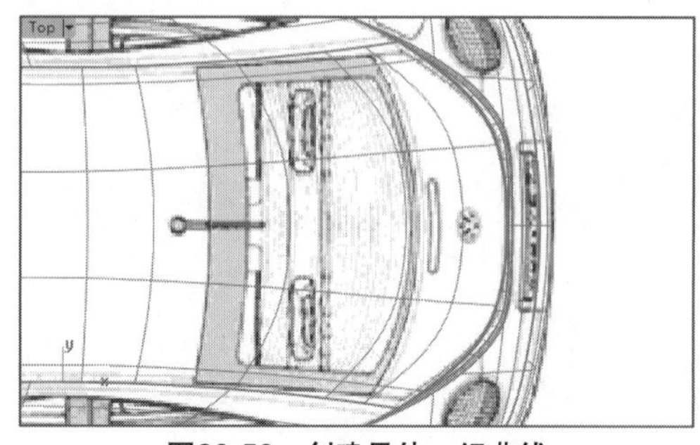

图20-59　创建另外一组曲线

12执行菜单栏中的【编辑】|【分割】命令，在Top视图中以新创建的曲线对车顶曲面再一次进行分割，如图20-60所示。

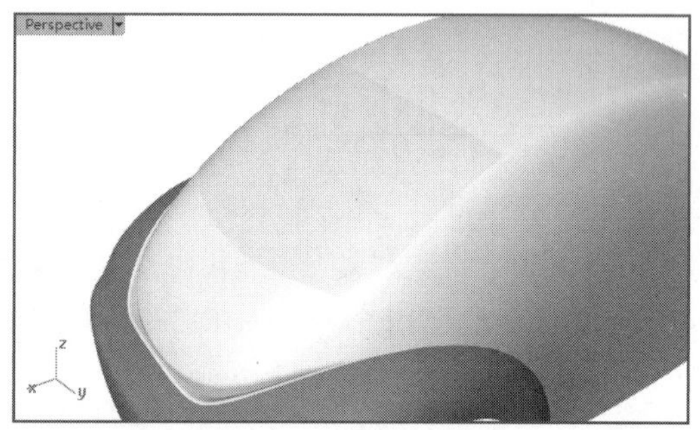

图20-60　分割车顶曲面

13执行菜单栏中的【曲面】|【偏移曲面】命令，选取分割后的后窗曲面，在命令提示行中输入偏移的距离，确定偏移方向，右击确认，之后隐藏后窗曲面，如图20-61所示。

图20-61　创建偏移曲面

14执行菜单栏中的【曲面】|【混接曲面】命令，选取曲面的边缘A、边缘B，右击确认，在弹出的对话框中设置混接曲面在各个边缘处的连续性，右击确认，封闭曲面间的间隙，如图20-62所示。

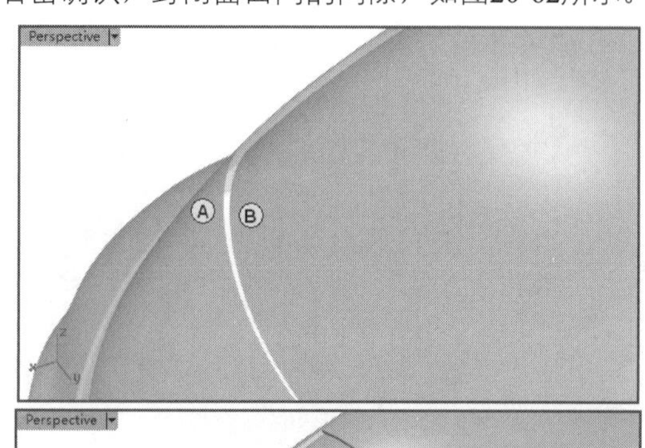

图20-62　创建混接曲面

15执行菜单栏中的【曲线】|【自由造型】|【控制

点】命令，在Top视图中依据参考图片创建一条轮廓曲线，如图20-63所示。

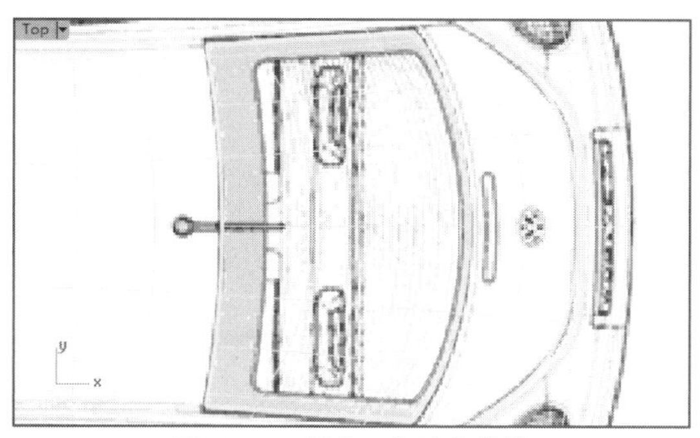

图20-63 创建一条轮廓曲线

16执行菜单栏中的【编辑】|【修剪】命令，在Top视图中以新创建的曲线剪切偏移曲面位于曲线内的部分，如图20-64所示。

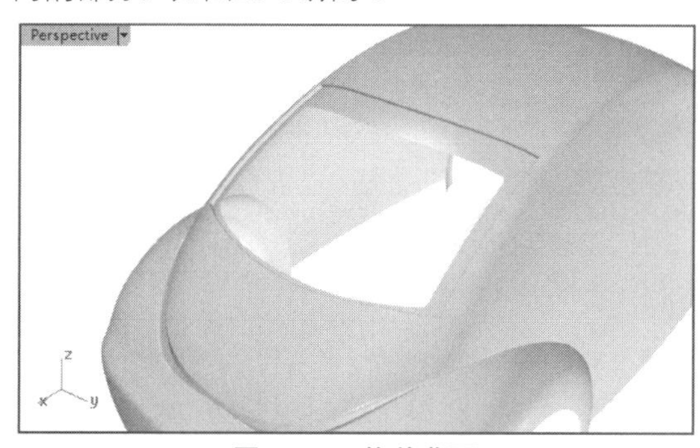

图20-64 修剪曲面

17汽车的前后挡风玻璃创建完成，在Perspective视图中显示隐藏的曲面，旋转视窗进行查看，如图20-65所示。

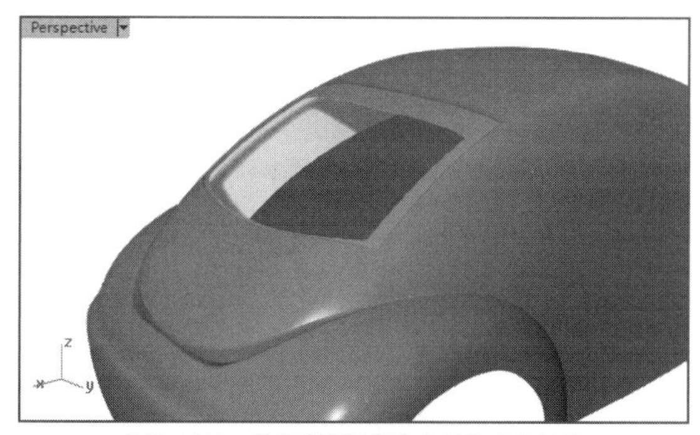

图20-65 前后挡风玻璃曲面创建完成

20.1.6 创建汽车车窗、车门

01选取一侧的汽车侧面，执行菜单栏中的【编辑】|【可见性】|【隐藏】命令，紧接着执行菜单栏中的【编辑】|【可见性】|【对调显示与隐藏】命令，在视图中单独显示这个汽车侧面（可使用【可见性】工具列中的【隐藏未选取物件】工具直接完成），如图20-66所示。

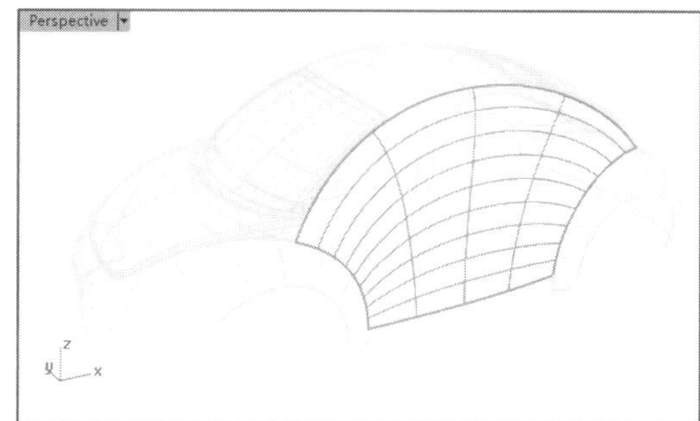

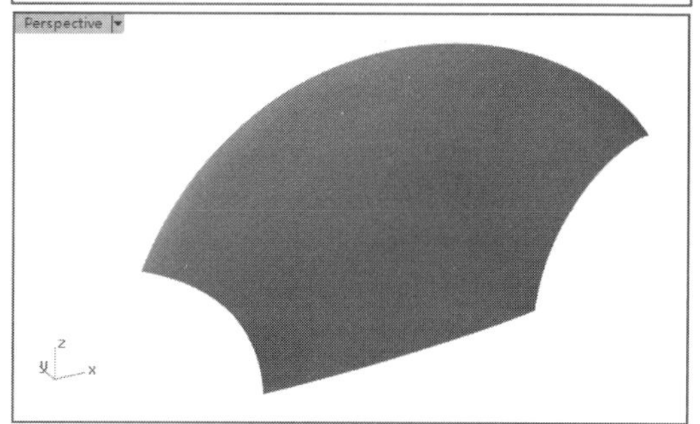

图20-66 隐藏多余的曲面

02执行菜单栏中的【曲面】|【挤出曲线】|【往曲面法线】命令，创建一个挤出曲面，如图20-67所示。

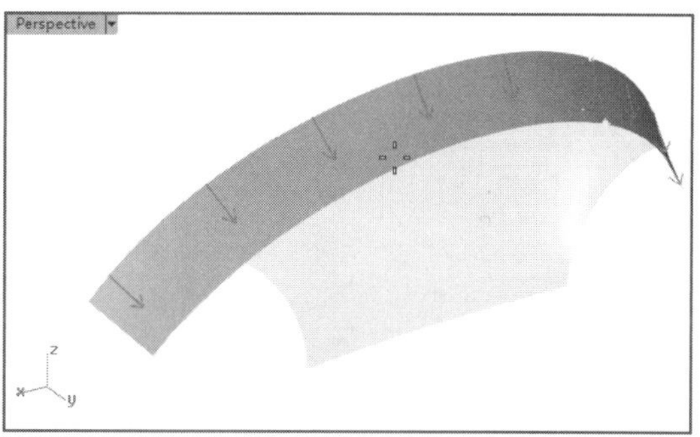

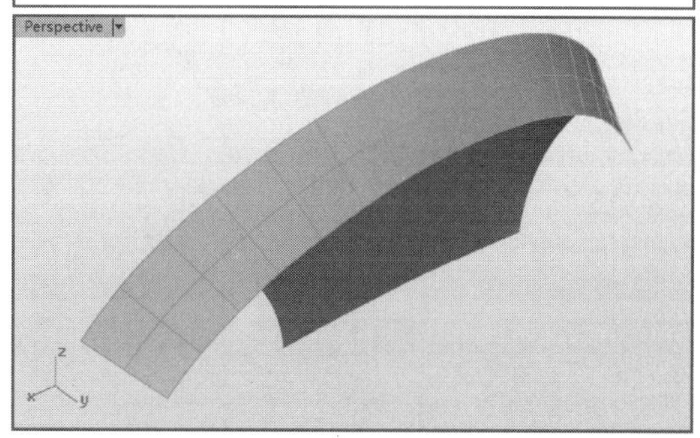

图20-67 创建挤出曲面

03选取新创建的挤出曲面，将其复制一份并隐藏。执行菜单栏中的【曲面】|【曲面圆角】命令，在命令提示行中设置圆角半径的大小，然后依次选取两个曲面，创建曲面圆角完成。随后删除图中的挤出曲面，如图20-68所示。

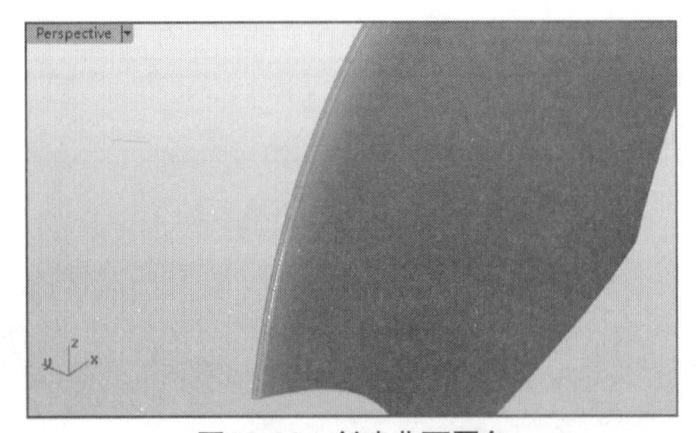

图20-68　创建曲面圆角

04执行菜单栏中的【编辑】|【可见性】|【对调隐藏与显示】命令，隐藏汽车侧面与圆角曲面，如图20-69所示。

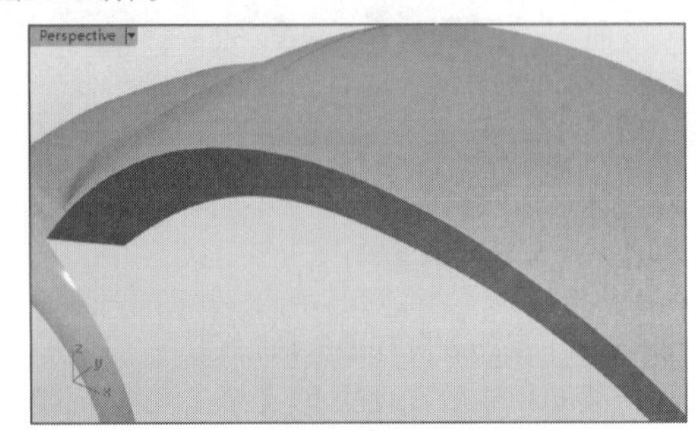

图20-69　隐藏汽车侧面与圆角曲面

05执行菜单栏中的【曲面】|【曲面圆角】命令，为车顶曲面与复制的挤出曲面创建圆角，随后删除挤出曲面，如图20-70所示。

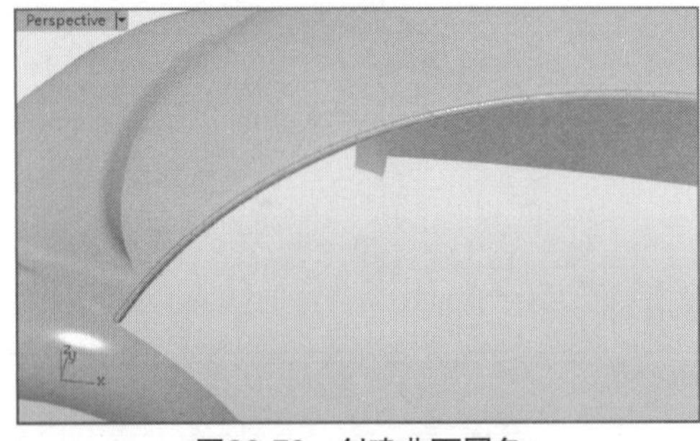

图20-70　创建曲面圆角

06在Perspective视图中显示所有曲面，可以看到在车顶面与侧面之间形成一条缝隙。参照前面几步的方法，对另一侧曲面做同样的处理，如图20-71所示。

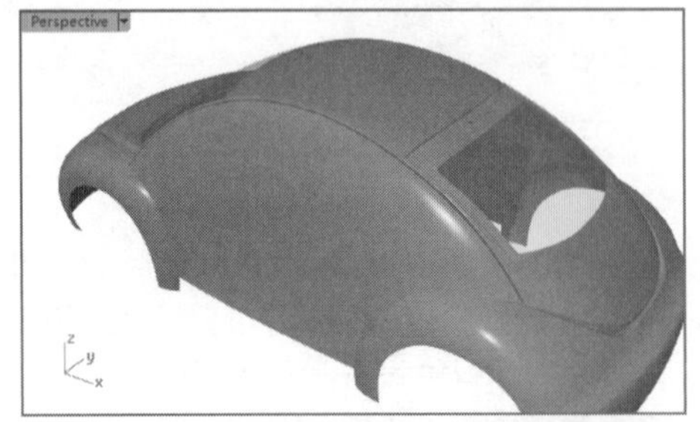

图20-71　在另一侧曲面创建曲面圆角

07执行菜单栏中的【曲线】|【自由造型】|【控制点】命令，在Front视图中创建两条描绘车窗轮廓的曲线，即曲线1、曲线2，如图20-72所示。

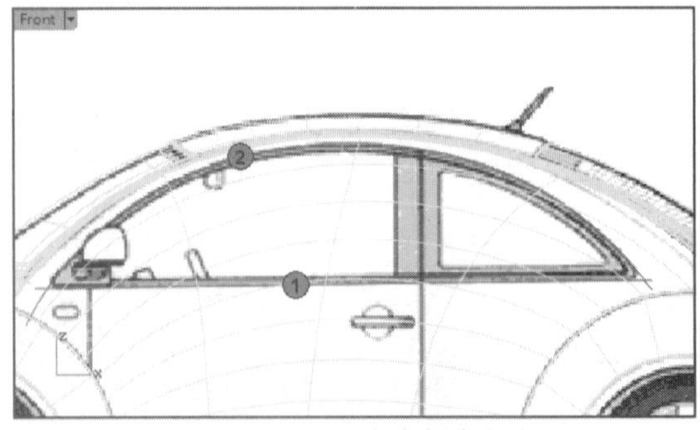

图20-72　创建车窗轮廓曲线

08执行菜单栏中的【曲线】|【曲线圆角】命令，为两条曲线的相交处创建圆角曲线，如图20-73所示。

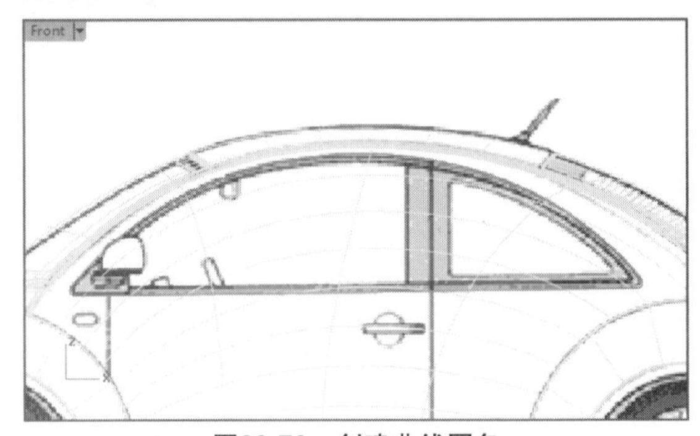

图20-73　创建曲线圆角

09执行菜单栏中的【编辑】|【分割】命令，对一侧的车窗曲面进行分割，如图20-74所示。

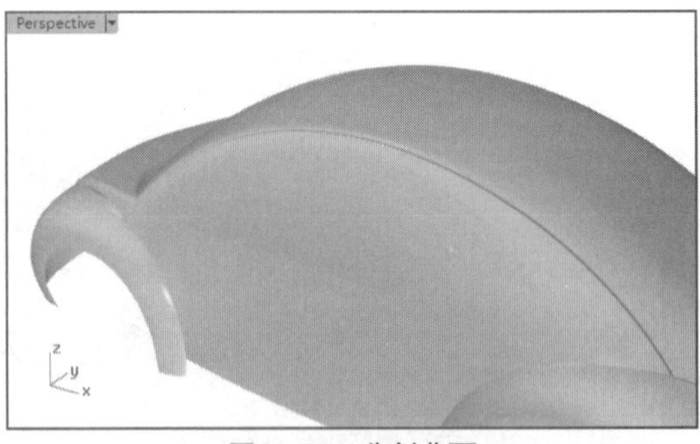

图20-74　分割曲面

10执行菜单栏中的【曲面】|【偏移曲面】命令，选取车窗曲面A，右击确认，调整偏移的方向，并在命令提示行中输入偏移距离，右击完成。创建偏移曲面B，如图20-75所示。

11执行菜单栏中的【曲线】|【偏移】|【偏移曲线】命令，在Front视图中将车窗轮廓曲线1向内偏移一小段距离，创建曲线2，如图20-76所示。

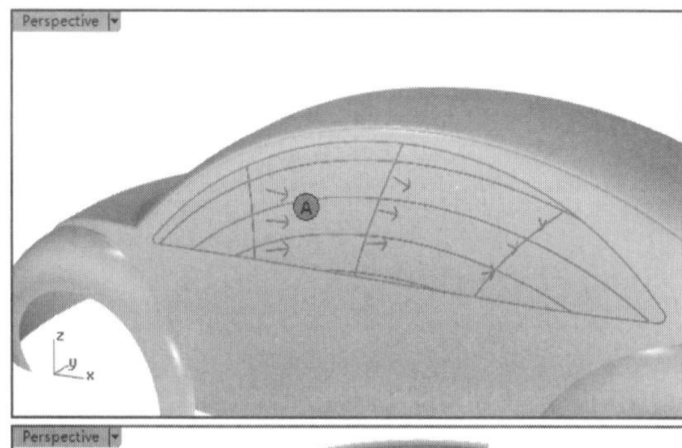

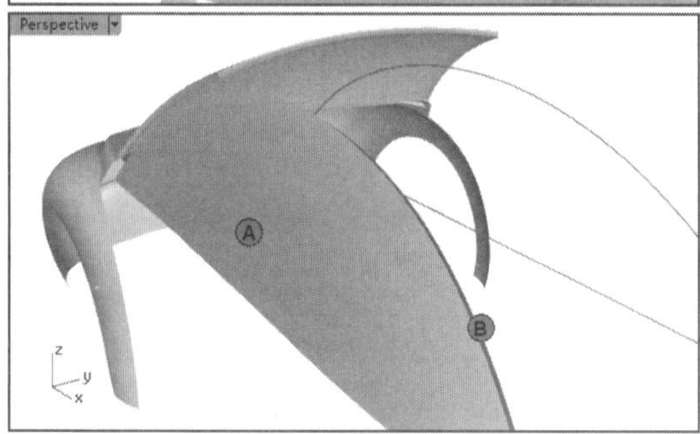

图20-75 创建偏移曲面

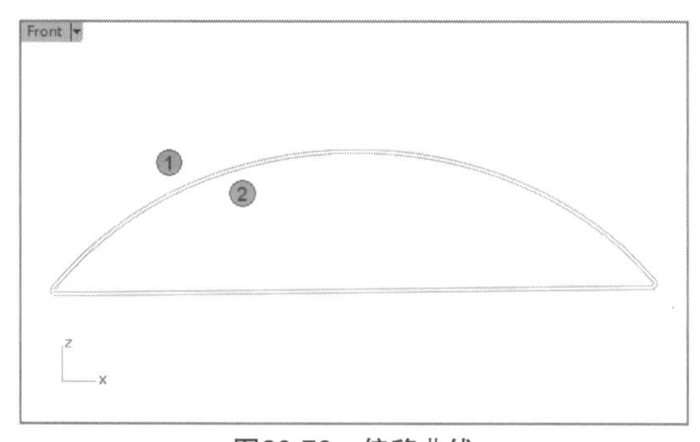

图20-76 偏移曲线

12执行菜单栏中的【编辑】|【修剪】命令，在Front视图中以曲线2对曲面B进行剪切，修剪处于曲线2外围的部分曲面，如图20-77所示。

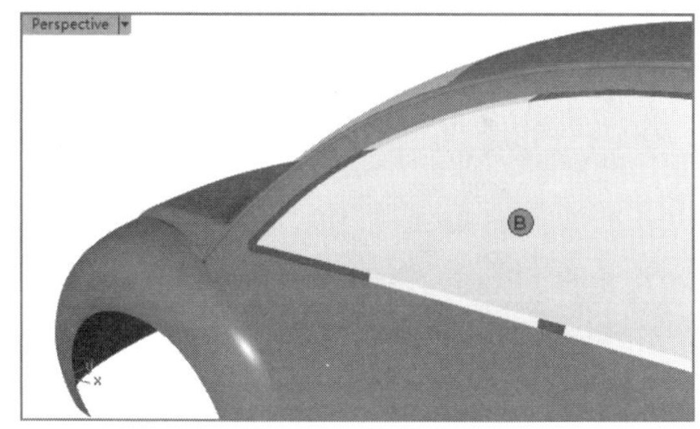

图20-77 修剪曲面

13隐藏车窗曲面A。执行菜单栏中的【曲面】|【混接曲面】命令，选取曲面的边缘1、边缘2，右击确认，在弹出的对话框中调整两边缘处的连续类型，右击确认，创建混接曲面，如图20-78所示。

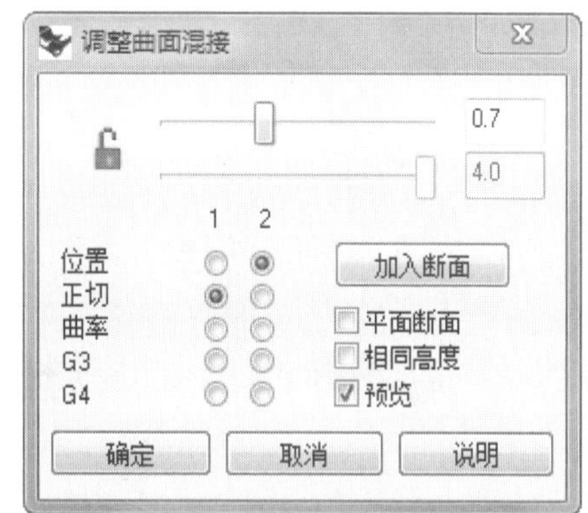

图20-78 创建混接曲面

14执行菜单栏中的【曲线】|【直线】|【单一直线】命令，在Front视图中创建两条垂直直线，如图20-79所示。

图20-79 创建两条垂直直线

15执行菜单栏中的【编辑】|【修剪】命令，在Front视图中剪切掉曲面B位于两条垂直直线中间的部分，随后隐藏这两条直线，如图20-80所示。

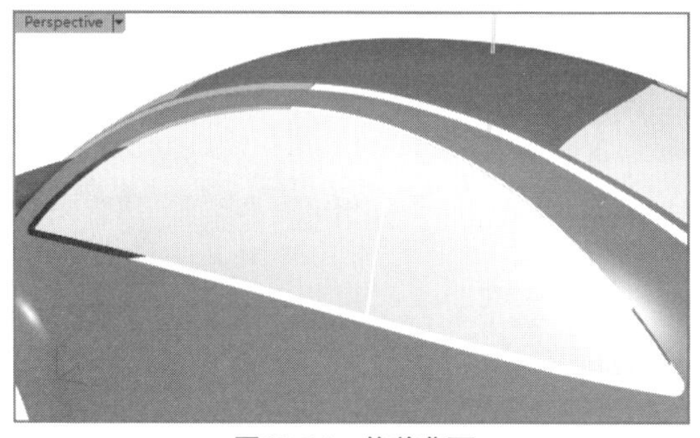

图20-80 修剪曲面

16执行菜单栏中的【曲线】|【自由造型】|【控制点】命令，在Front视图中创建两条曲线，如图20-81所示。

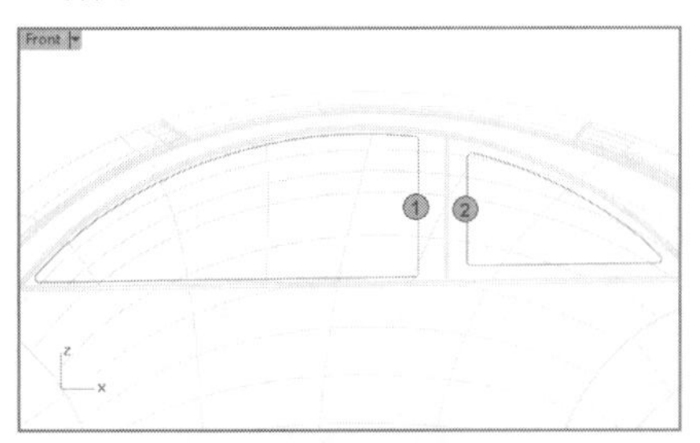

图20-81　创建两条曲线

17执行菜单栏中的【编辑】|【修剪】命令，以曲线1、曲线2再次对曲面B的两部分进行剪切，剪切掉位于曲线内的部分，如图20-82所示。

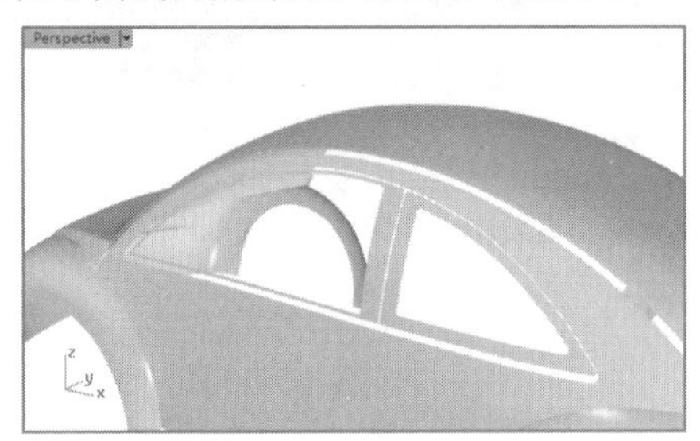

图20-82　修剪曲面

18汽车一侧的车窗部分创建完成。在Perspective视图中显示所有的曲面，并进行旋转查看，如图20-83所示。接下来的任务是为侧面分模，分割出汽车车门的轮廓。

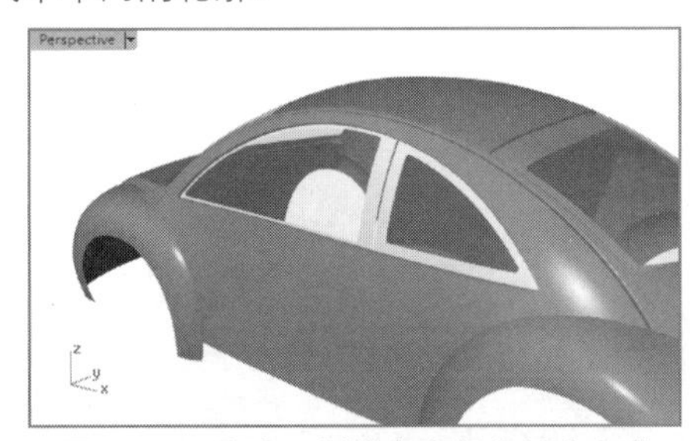

图20-83　汽车一侧的车窗部分创建完成

19执行菜单栏中的【曲线】|【自由造型】|【控制点】命令，在Front视图中汽车侧面的轮眉下部创建两条曲线，如图20-84所示。

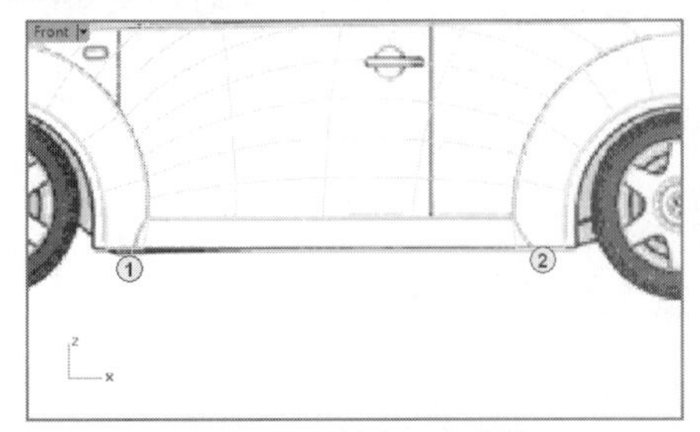

图20-84　创建两条曲线

20执行菜单栏中的【编辑】|【修剪】命令，在Front视图中对汽车前后轮眉曲面进行修剪，如图20-85所示。

图20-85　修剪前后轮眉曲面

21执行菜单栏中的【曲线】|【自由造型】|【内插点】命令，开启【物件锁点（端点）】，连接剪切后的轮眉边缘尖点，创建出曲线3，如图20-86所示。

图20-86　创建内插点曲线

22执行菜单栏中的【曲面】|【双规扫掠】命令，依次选取前后轮眉的下部边缘、曲线3、汽车侧面底部边缘，右击确认，在弹出的对话框中设置扫掠曲面边缘处的连续性，单击【确定】按钮，完成扫掠曲面的创建，随后隐藏图中的曲线，如图20-87所示。

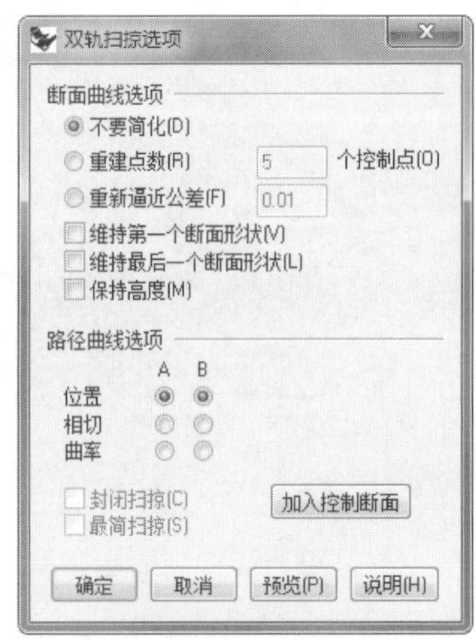

图20-87（续）

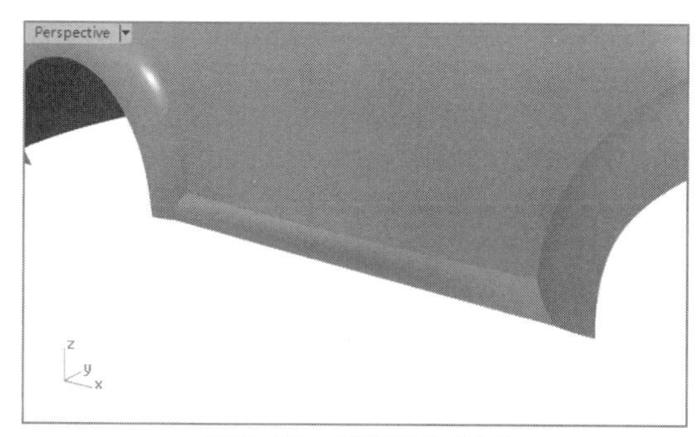

图20-87　创建扫掠曲面

23执行菜单栏中的【曲线】|【直线】|【单一直线】命令，在Front视图中创建两条垂直直线，如图20-88所示。

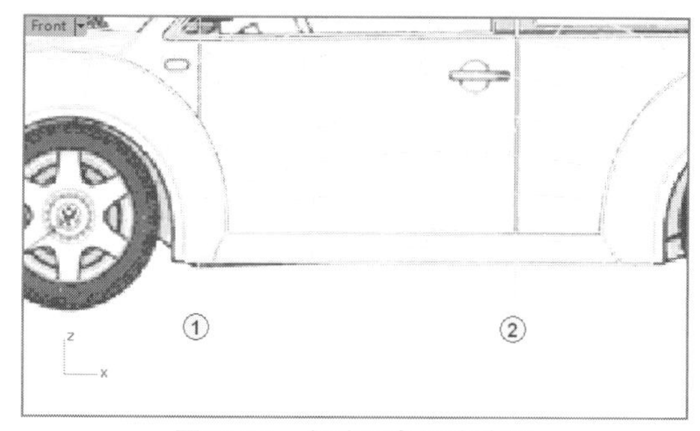

图20-88　创建两条垂直直线

24执行菜单栏中的【编辑】|【分割】命令，在Front视图中以新创建的两条直线对汽车侧面再次进行分割，并单独显示这几个分割后的曲面，如图20-89所示。

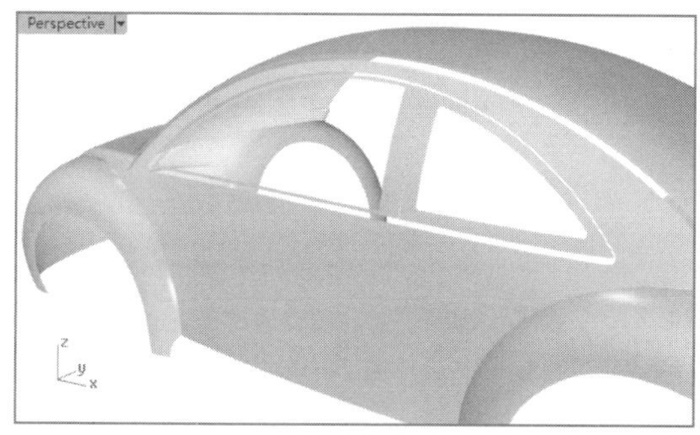

图20-89　分割汽车侧面

25执行菜单栏中的【曲面】|【挤出曲线】|【往曲面法线】命令，选取边缘1，然后单击分割后的小块汽车侧面，调整挤出曲面的方向与挤出距离，右击确认，创建挤出曲面A，如图20-90所示。

26将曲面A复制一份，并隐藏。执行菜单栏中的【曲面】|【曲面圆角】命令，为曲面A与它相邻的曲面创建圆角曲面，如图20-91所示。

27显示隐藏的曲面，用同样的方法，创建圆角曲面，使分割后的曲面边缘形成一个缝隙，将车门曲面与汽车侧面区别开来，如图20-92所示。

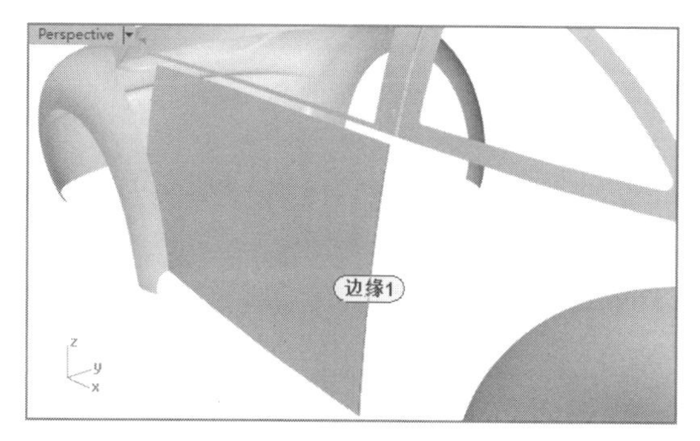

图20-90　创建挤出曲面

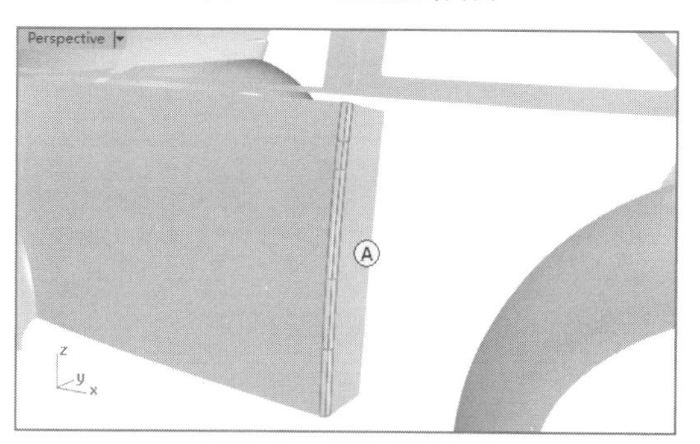

图20-91　创建曲面圆角

图20-92　创建另一个圆角曲面

28用同样的方法，为车门曲面另一边缘处创建类似的缝隙，这里就不再详细操作，最终效果如图20-93所示。

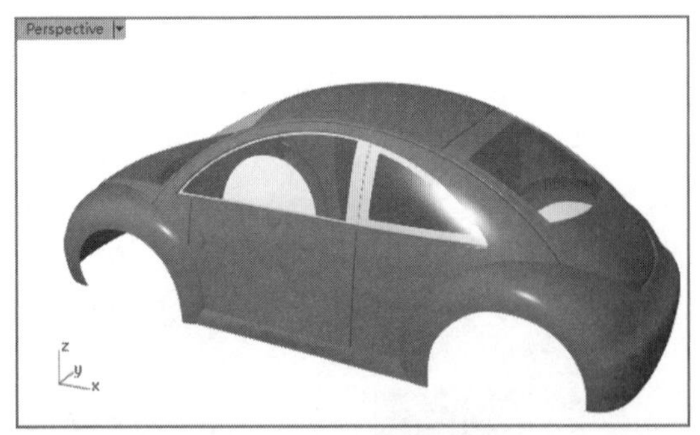

图20-93　车门部分创建完成

20.1.7　添加汽车前、后部细节

01执行菜单栏中的【曲线】|【自由造型】|【控制点】命令，在Left视图中创建一条曲线，即曲线1，如图20-94所示。

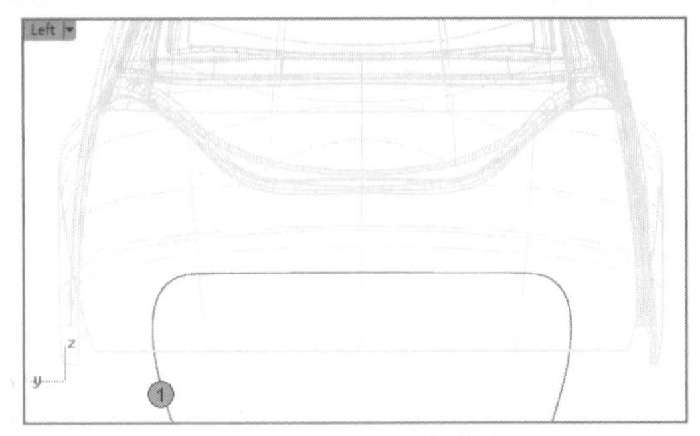

图20-94　创建一条曲线

02执行菜单栏中的【编辑】|【分割】命令，选取汽车前部曲面，右击确认，然后在Left视图中选取曲线1，右击确认，曲面被分割为两个部分，如图20-95所示。

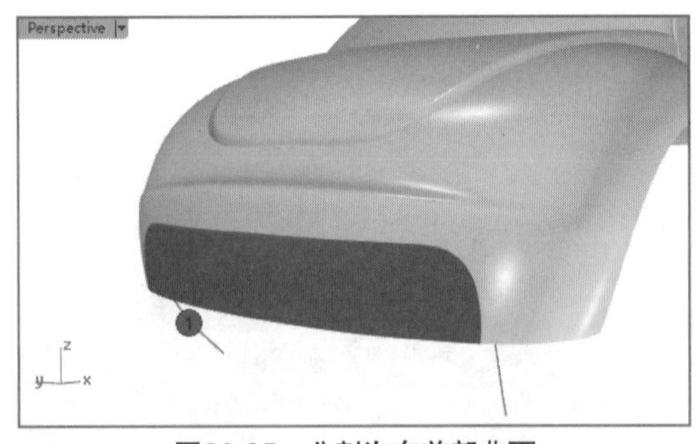

图20-95　分割汽车前部曲面

03再次执行菜单栏中的【曲线】|【自由造型】|【控制点】命令，在Left视图中创建一条曲线，即曲线2，如图20-96所示。

04执行菜单栏中的【编辑】|【修剪】命令，在Left视图中对上面分割出的小块曲面进行剪切，修剪掉位于曲线2下方的部分曲面，如图20-97所示。

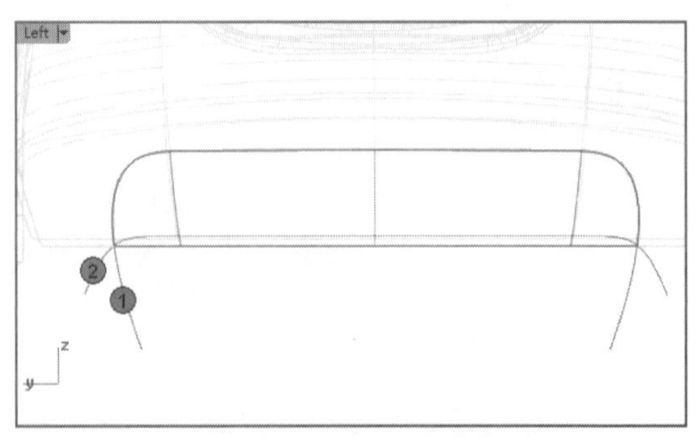

图20-96　创建一条曲线

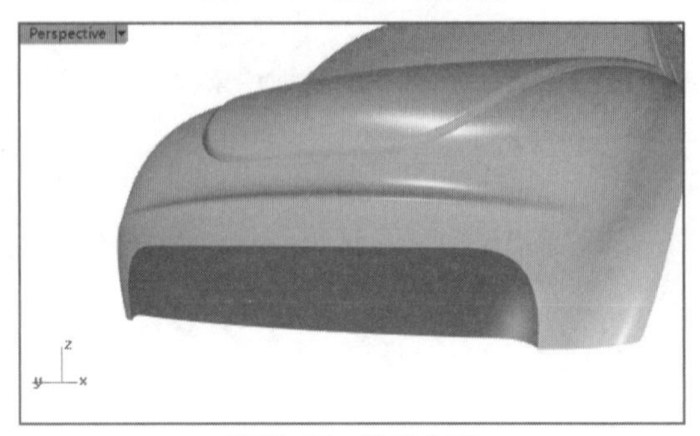

图20-97　修剪曲面

05在Perspective视图中选取曲面A，开启状态栏中的【正交】模式，在Front视图中将其向右水平移动一段距离，如图20-98所示。

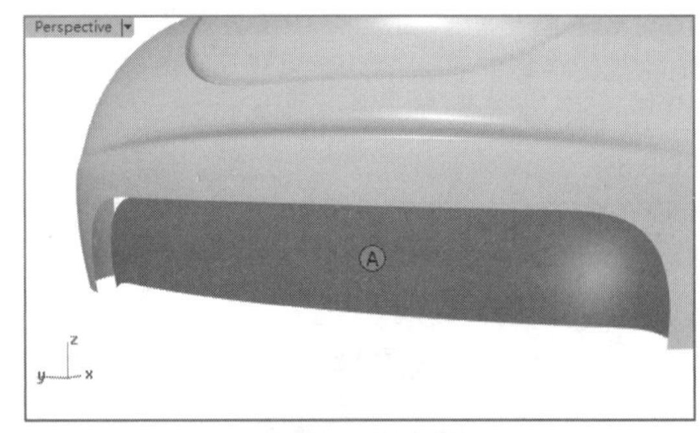

图20-98　移动曲面

06执行菜单栏中的【曲线】|【偏移】|【偏移曲线】命令，在Left视图中选取曲线1，将其向内偏移一小段距离，创建曲线3，如图20-99所示。

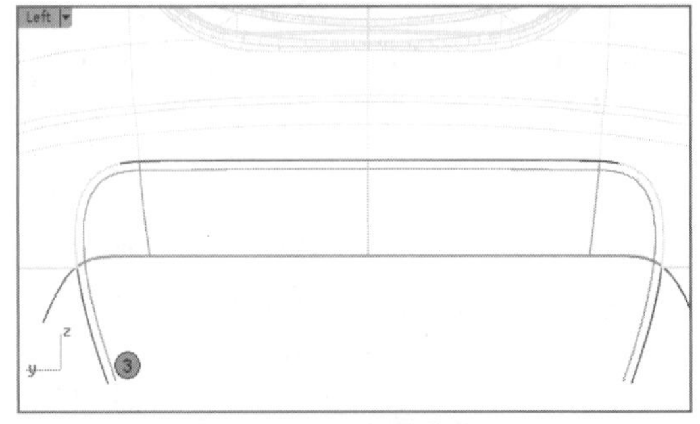

图20-99　偏移曲线

07执行菜单栏中的【编辑】|【修剪】命令，在

Left视图中剪切掉曲面A位于曲线3上方的部分，如图20-100所示。

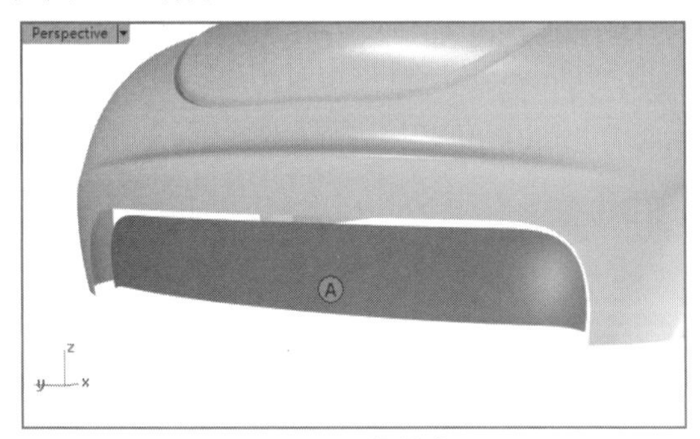

图20-100　修剪曲面

08执行菜单栏中的【曲面】|【混接曲面】命令，在Perspective视图中选取边缘1、边缘2，右击确认，在弹出的对话框中调整两处的连续类型，最后单击【确定】按钮，完成混接曲面的创建，如图20-101所示。

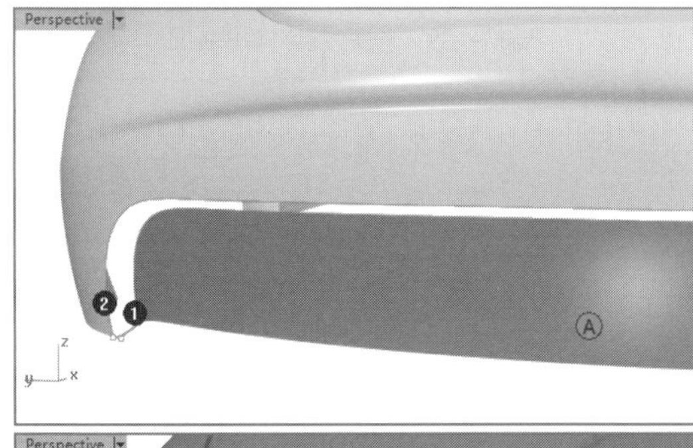

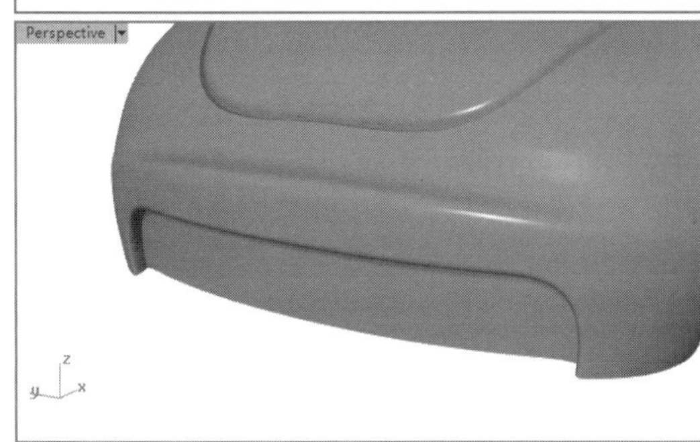

图20-101　创建混接曲面

09执行菜单栏中的【曲线】|【自由造型】|【控制点】命令，在Left视图中创建两条曲线，如图20-102所示。

10执行菜单栏中的【变动】|【移动】命令，将这两条曲线在Front视图中进行水平移动，如图20-103所示。

11执行菜单栏中的【曲面】|【挤出曲线】|【直线】命令，选取曲线1、曲线2，右击确认，在Front视图中调整挤出的长度，创建两个挤出曲面，如图20-104所示。

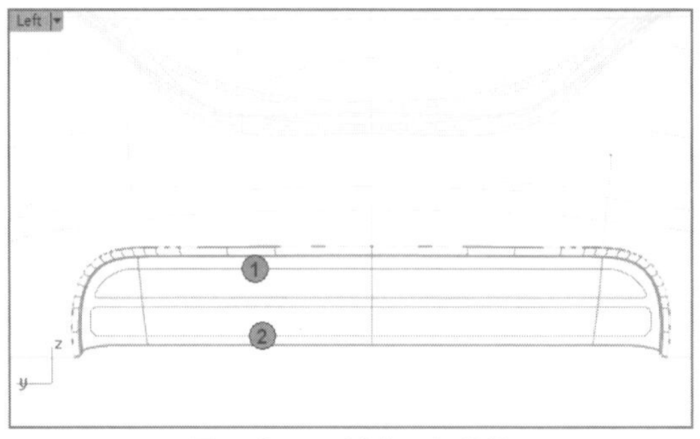

图20-102　创建两条曲线

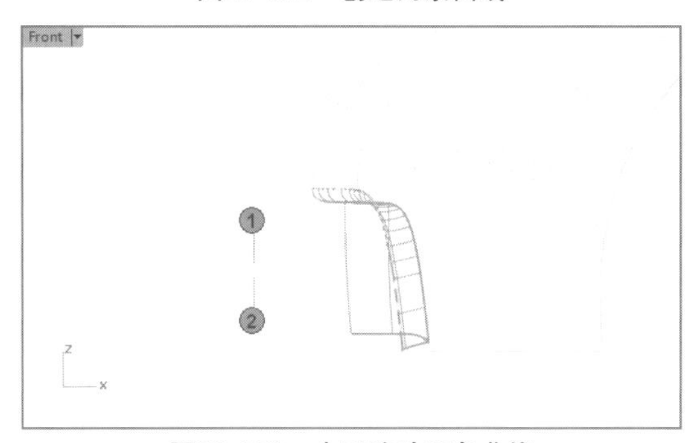

图20-103　水平移动两条曲线

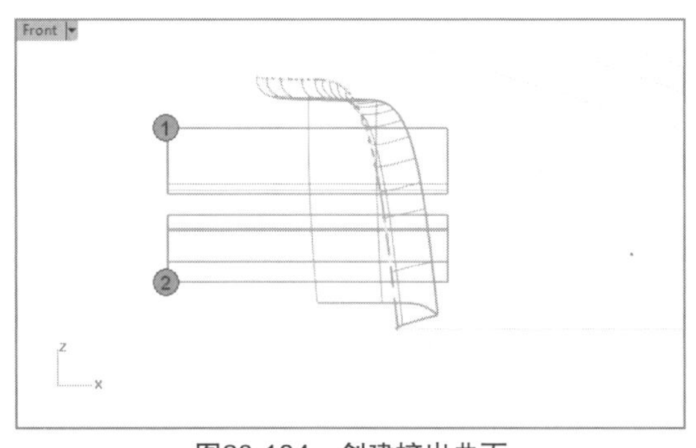

图20-104　创建挤出曲面

12执行菜单栏中的【编辑】|【修剪】命令，对挤出曲面，以及与它们相交的曲面相互进行剪切，结果如图20-105所示。

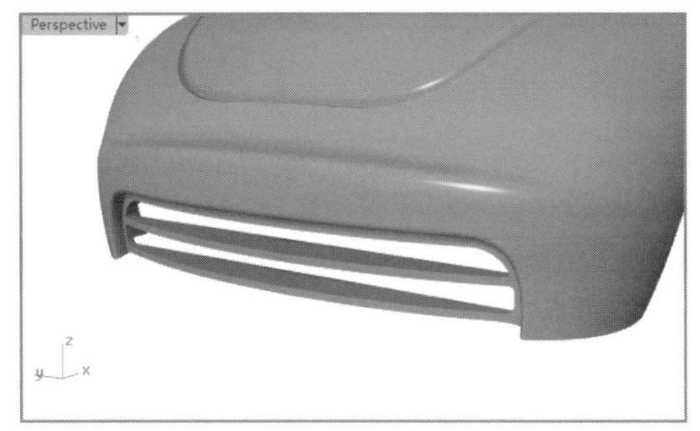

图20-105　修剪曲面

13执行菜单栏中的【编辑】|【组合】命令，将剪切后的这几个曲面组合到一起，在Perspective视图中单独显示，如图20-106所示。

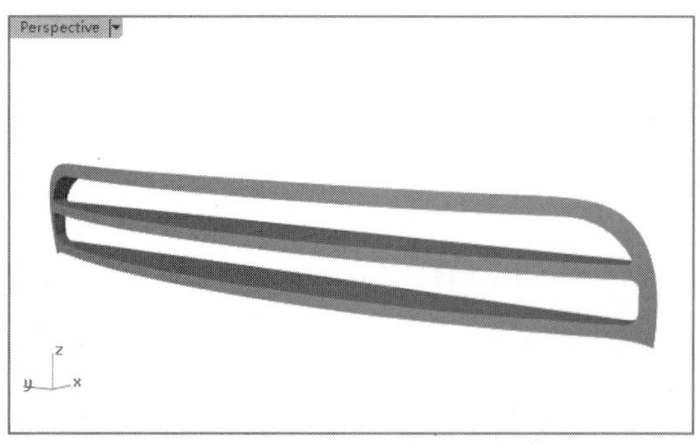

图20-106　组合曲面

14执行菜单栏中的【实体】|【边缘圆角】|【边缘圆角】命令，为多重曲面的棱边处创建圆角，如图20-107所示。

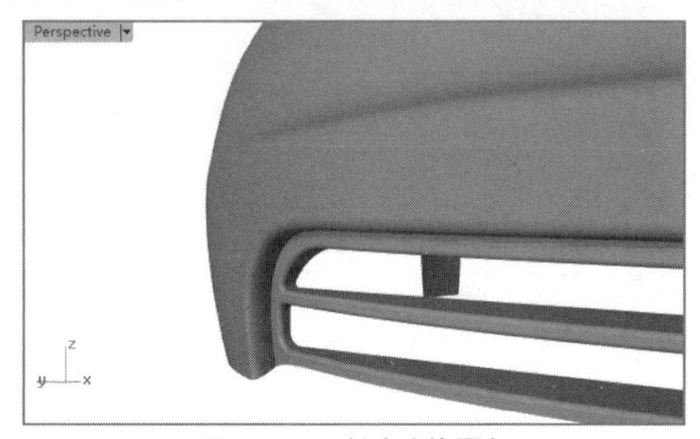

图20-107　创建边缘圆角

15执行菜单栏中的【实体】|【圆柱体】命令，在Left视图中通过背景参考图片确定圆柱体的底面大小，在Front视图中确定圆柱体的长度，随后水平向左移动圆柱体，如图20-108所示。

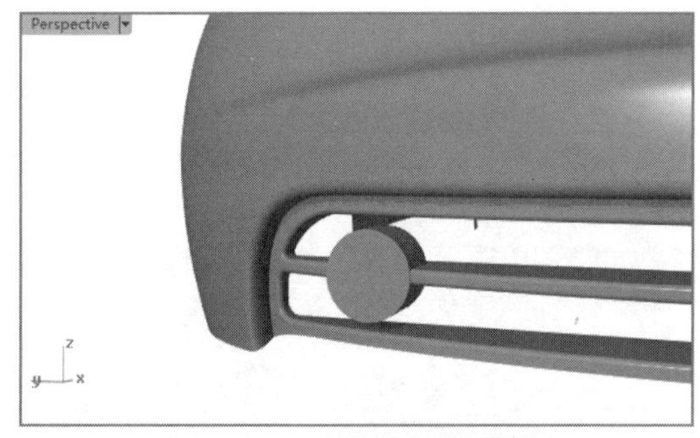

图20-108　创建并移动圆柱体

16执行菜单栏中的【曲面】|【挤出曲线】|【锥状】命令，以圆柱体外侧底面的边缘曲线创建一个锥形曲面，如图20-109所示。

17在Front视图中开启【正交】捕捉，水平调整圆柱体与锥形挤出曲面的位置，如图20-110所示。

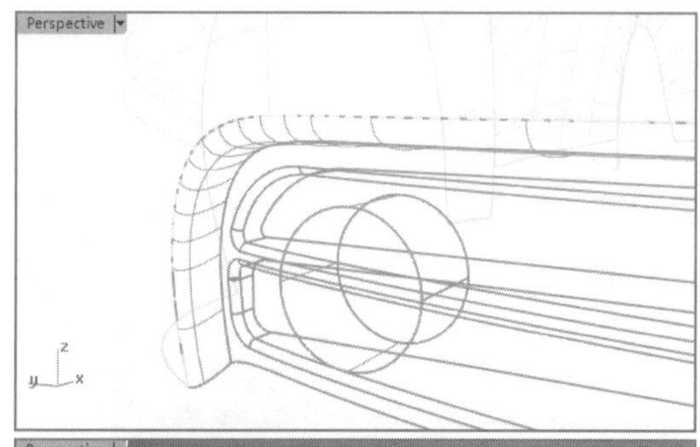

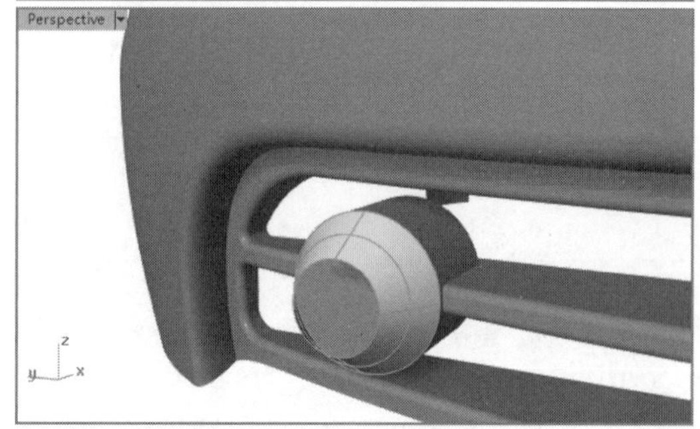

图20-109　创建锥状挤出曲面

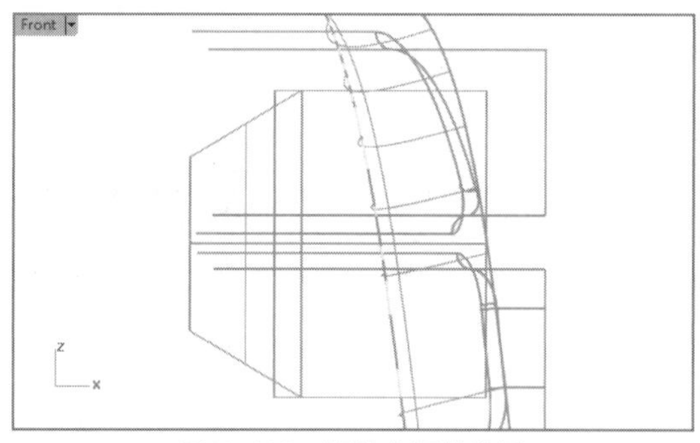

图20-110　调整曲面的位置

18在Perspective视图中，执行菜单栏中的【编辑】|【修剪】命令，选取锥形挤出曲面，右击确认，然后选取圆柱体外侧边缘，这部分曲面被剪去，右击确认，随后选取锥形挤出曲面，将其删除，如图20-111所示。

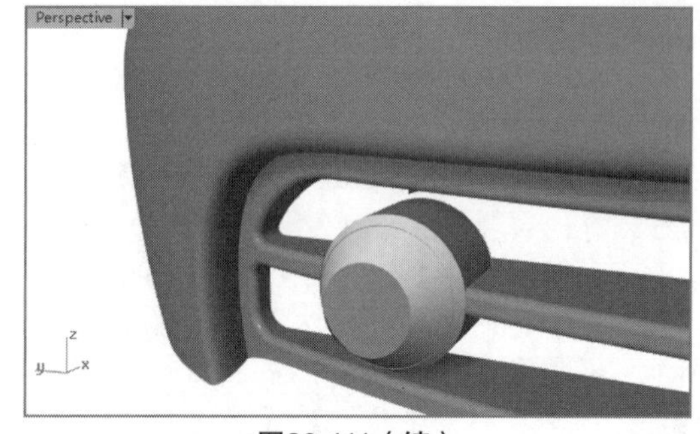

图20-111（续）

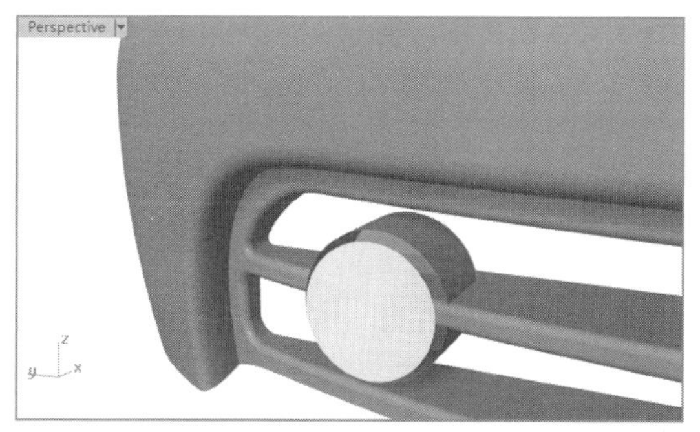

图20-111　修剪曲面

19执行菜单栏中的【曲面】|【混接曲面】命令，选取图中的两条边缘曲线，右击确认，在弹出的对话框中调整两边缘处的相切类型，最终右击确认，在两条边缘之间创建一个混接曲面，如图20-112所示。

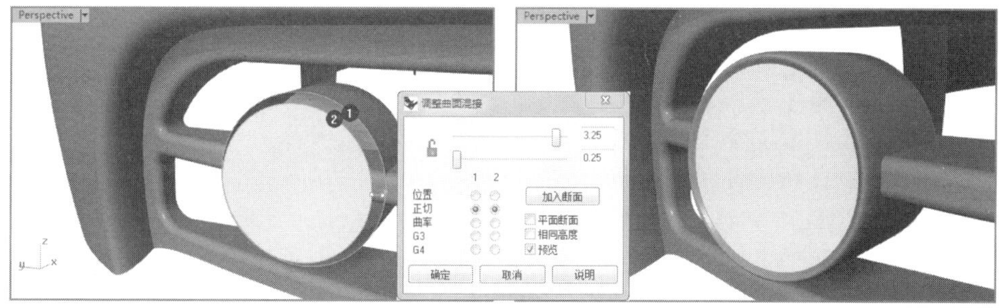

图20-112　创建混接曲面

20删除圆柱体的外侧底面，执行菜单栏中的【曲线】|【从物件建立曲线】|【复制边缘】命令，以混接曲面的边缘创建曲线1，如图20-113所示。

21执行菜单栏中的【变动】|【缩放】|【三轴缩放】命令，选取曲线1，右击确认，以它的中心点为基点，缩放圆形曲线，开启提示行中的【复制（C）=是】选项，创建曲线2，如图20-114所示。

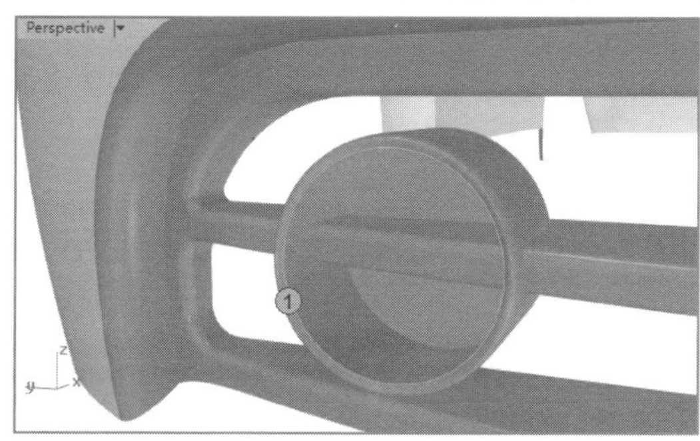

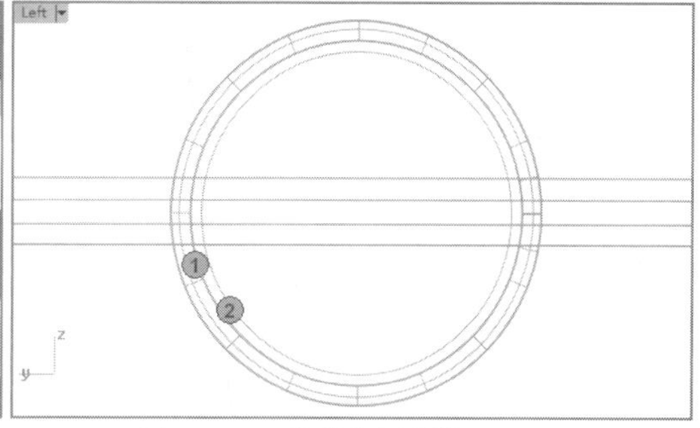

图20-113　复制边缘　　　　图20-114　缩放复制曲线

22在Front视图中将曲线2水平向左移动一小段距离，然后执行菜单栏中的【曲面】|【嵌面】命令，选取曲线1、曲线2，右击确认，创建一个嵌面，如图20-115所示。

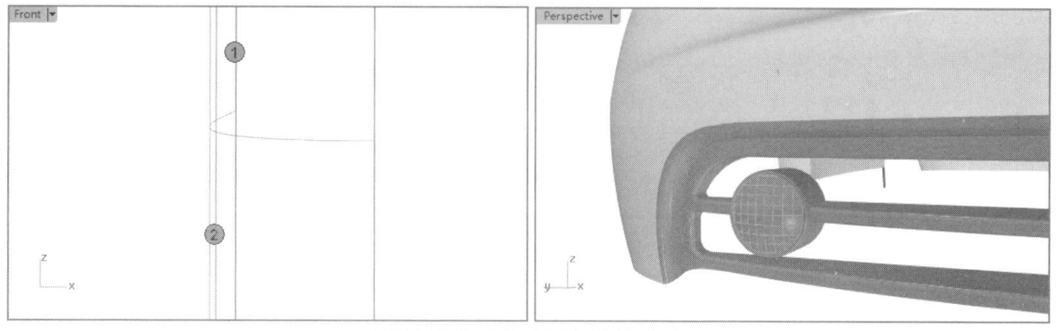

图20-115　以两条曲线创建嵌面

23执行菜单栏中的【编辑】|【组合】命令，将新创建的曲面与混接曲面、圆柱体曲面组合到一起，然后执行菜单栏中的【变动】|【镜像】命令，在Left视图中以垂直坐标轴为镜像轴，镜像复制曲面组，如图20-116所示。

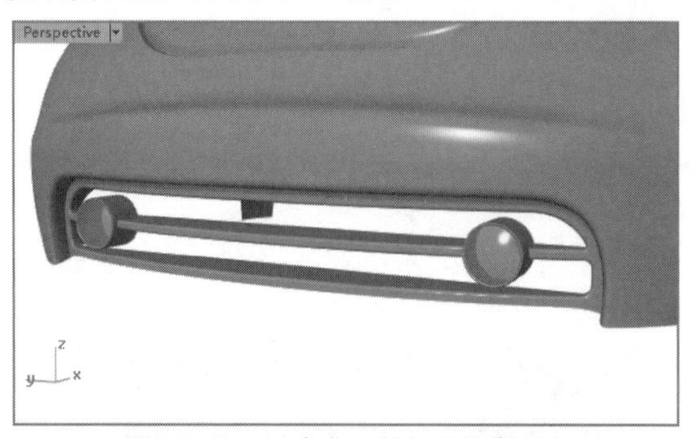

图20-116 组合曲面并创建镜像副本

24执行菜单栏中的【曲线】|【自由造型】|【控制点】命令，在Left视图中创建曲线1。开启曲线1上的控制点，进行调整，使其符合背景图片中的车灯轮廓，如图20-117所示。

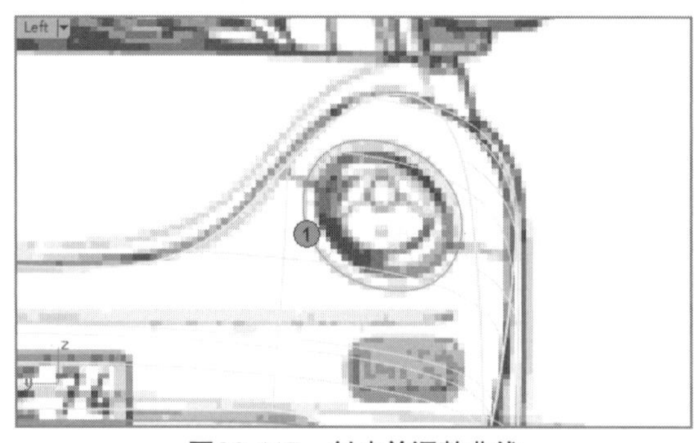

图20-117 创建并调整曲线

25执行菜单栏中的【编辑】|【分割】命令，以新创建的曲线1对汽车前部曲面进行分割，如图20-118所示。

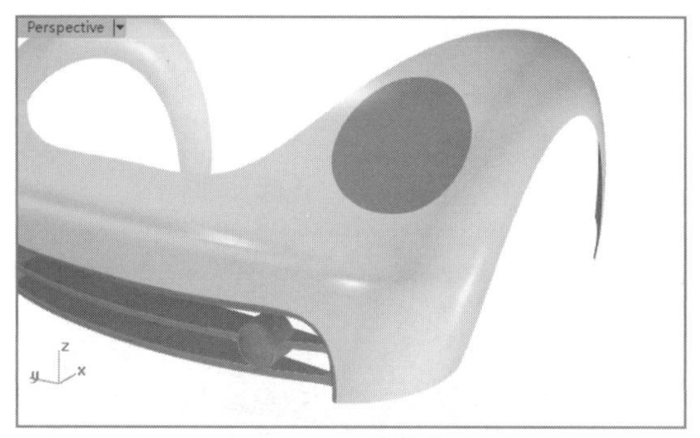

图20-118 分割曲面

26执行菜单栏中的【曲线】|【偏移】|【偏移曲线】命令，将曲线1向内偏移一段距离，创建曲线2，如图20-119所示。

27执行菜单栏中的【编辑】|【修剪】命令，在Left视图中，使用曲线2对刚刚分割后的小块曲面进行修剪，剪切掉位于曲线2外围的部分，如图20-120所示。

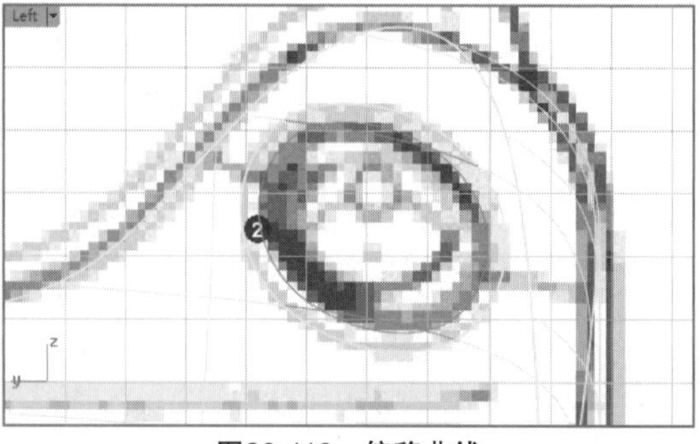

图20-119 偏移曲线

图20-120 修剪曲面

28在Front视图中将剪切后的曲面水平向右移动一小段距离，然后执行菜单栏中的【曲面】|【混接曲面】命令，选取两条边缘，右击确认，在弹出的对话框中调整连续性类型，单击【确定】按钮，完成混接曲面的创建，如图20-121所示。

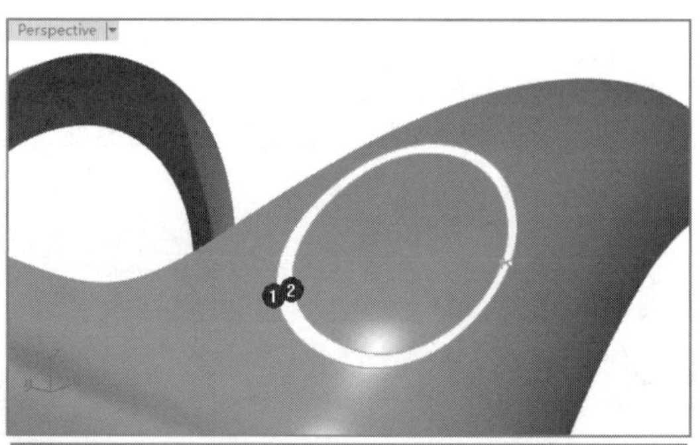

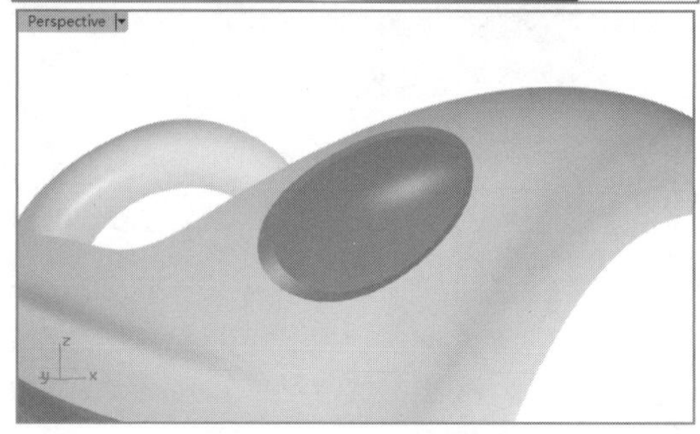

图20-121 创建混接曲面

29执行菜单栏中的【曲线】|【点】|【点物件】命令，在Left视图中创建一个点物件，执行菜单栏中的【曲线】|【偏移】|【偏移曲线】命令，将曲线2向内偏移一段距离，创建曲线3，如图20-122所示。

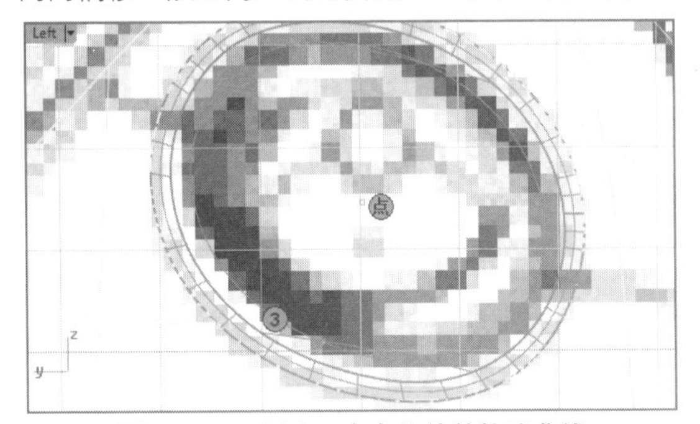

图20-122 创建一个点物件并偏移曲线

30执行菜单栏中的【曲线】|【从物件建立曲线】|【投影】命令，在Left视图中将点物件、曲线3投影到分割后的小曲面上，如图20-123所示。

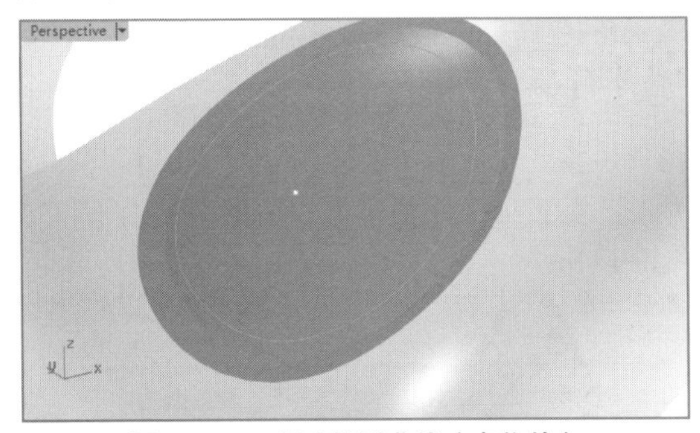

图20-123 创建投影曲线（点物件）

31执行菜单栏中的【曲线】|【直线】|【曲面法线】命令，在投影的点物件处创建一条曲面的法线，如图20-124所示。

图20-124 创建一条曲面法线

32执行菜单栏中的【变动】|【移动】命令，选取投影曲线，右击确认，将其沿刚刚创建的法线方向，向外移动一小段距离，如图20-125所示。

33删除曲面A，执行菜单栏中的【曲线】|【从物件建立曲线】|【复制边缘】命令，以混接曲面的一边创建一条曲线，隐藏图中多余的曲线，如图20-126所示。

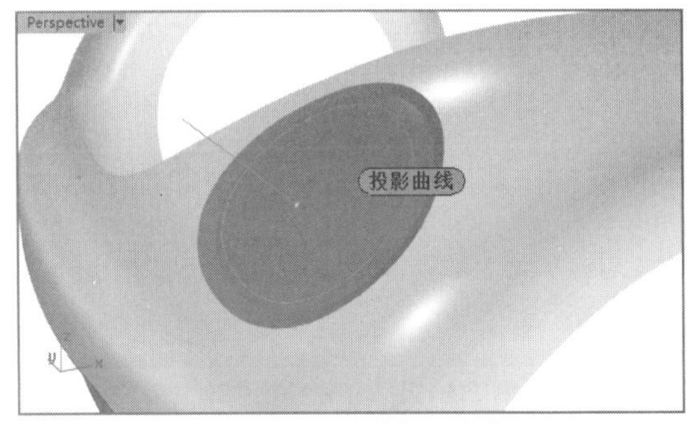

图20-125 移动投影曲线

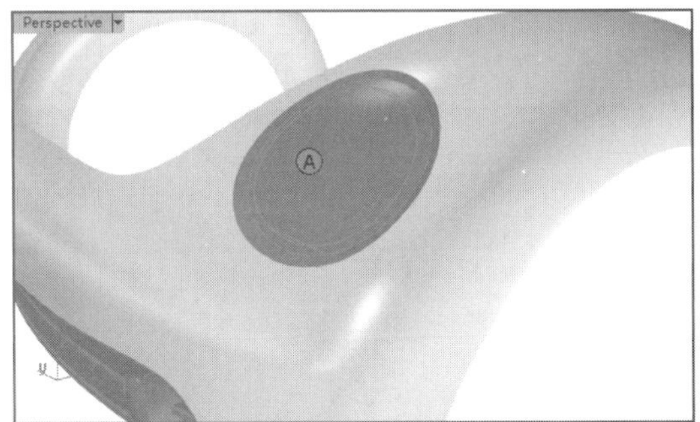

图20-126 复制边缘

34执行菜单栏中的【曲面】|【嵌面】命令，选取两条曲线，右击确认，在弹出的对话框中设置相关的参数，最后单击【确定】按钮，完成创建，如图20-127所示。

图20-127 以曲线嵌面

35对于另一侧的车灯部分，可参照以上步骤进行创建，也可通过镜像创建完成。结果如图20-128所示。

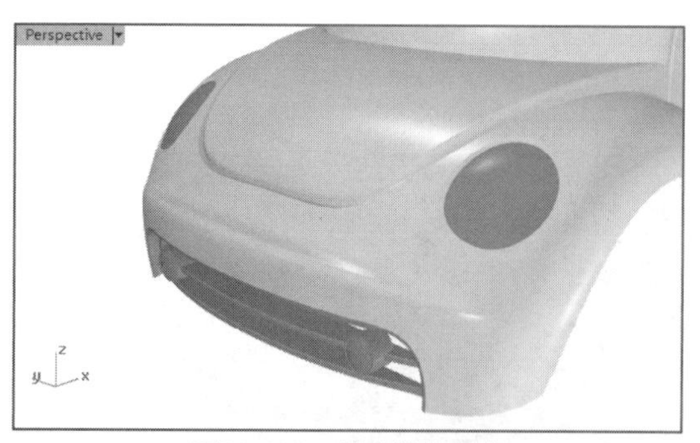

图20-128　创建镜像副本

36用类似的方法，在Left视图中创建轮廓曲线，对前侧曲面进行分割，然后通过挤出曲面等操作创建汽车前部的小车灯部分，如图20-129所示。

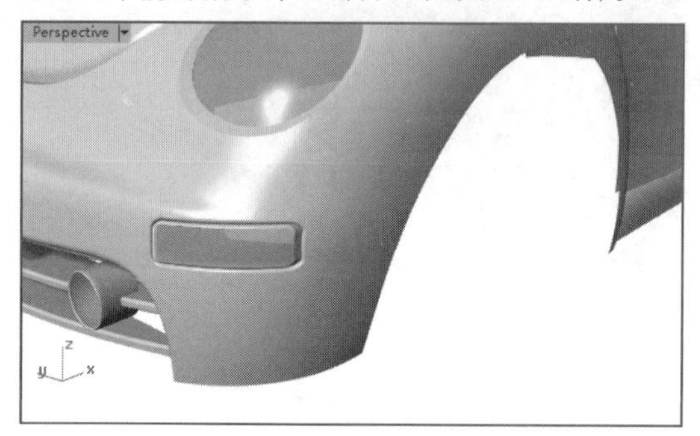

图20-129　创建小车灯部分

37执行菜单栏中的【曲线】|【圆】|【中心点、半径】命令，以及【曲线】|【直线】|【单一直线】命令，在Left视图中创建一组曲线，并对这些曲线进行剪切，作为汽车Logo的轮廓线，如图20-130所示。

图20-130　创建Logo的轮廓线

38执行菜单栏中的【曲面】|【平面曲线】命令，以Logo轮廓线创建一个曲面，然后执行菜单栏中的【实体】|【挤出曲面】命令，以新创建的曲面创建一个实体，如图20-131所示。

39执行菜单栏中的【变动】|【定位】|【曲面上】命令，将新创建的实体定位到汽车引擎盖曲面上。随后使用这个实体对前侧曲面进行剪切，形成汽车前端Logo，如图20-132所示。

图20-131　创建挤出实体

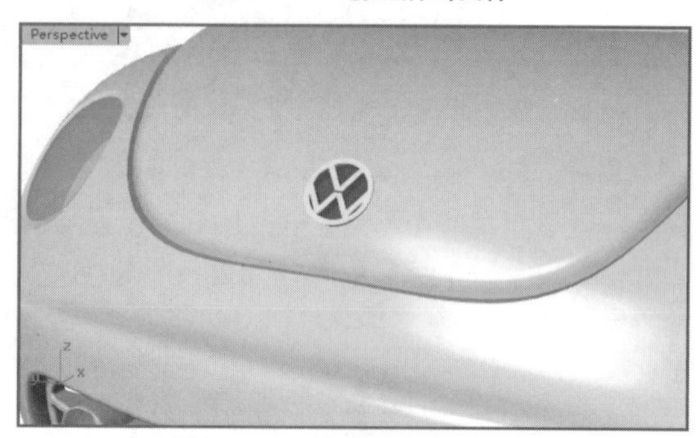

图20-132　将物件定位到曲面

40执行菜单栏中的【实体】|【立方体】|【角对角、高度】命令，创建汽车前部车牌曲面，如图20-133所示。

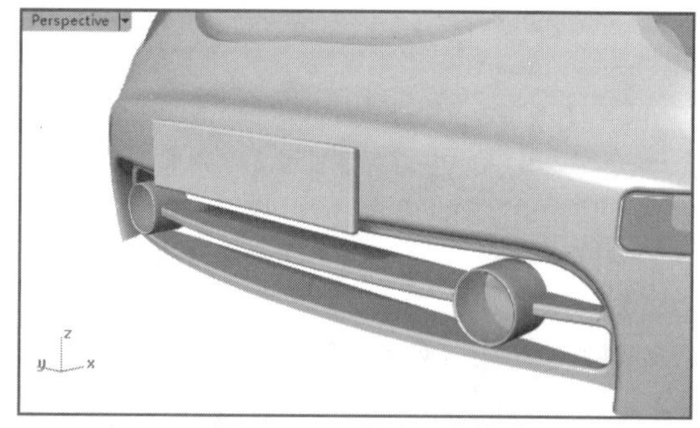

图20-133　创建立方体

41也可在车牌上执行菜单栏中的【实体】|【文本】命令，创建一些文字细节，如图20-134所示。至此，整个汽车的前部细节创建完成。

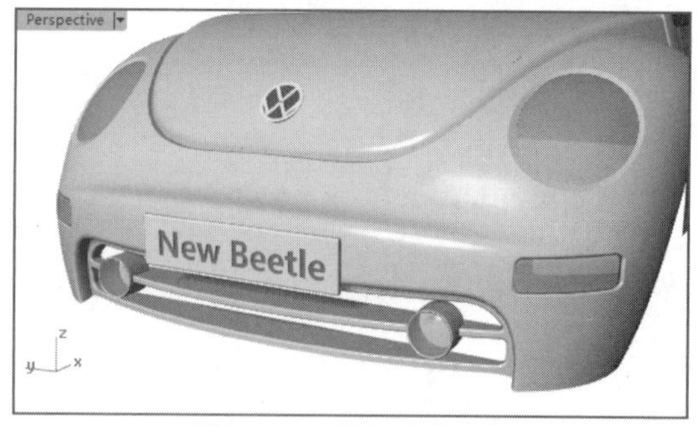

图20-134　添加文本细节

42接下来创建汽车后部细节。执行菜单栏中的【曲线】|【自由造型】|【控制点】命令，在Right视图中创建两条轮廓曲线，如图20-135所示。

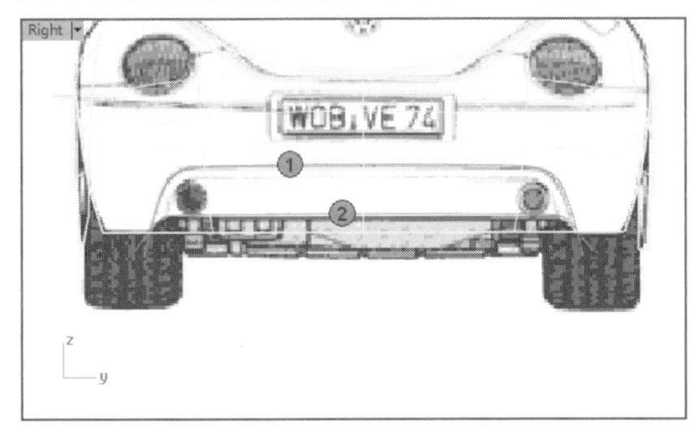

图20-135　创建两条轮廓曲线

43执行菜单栏中的【编辑】|【分割】命令，对汽车后部曲面做处理（与前面对汽车前部曲面进行分割的方法相同），如图20-136所示。

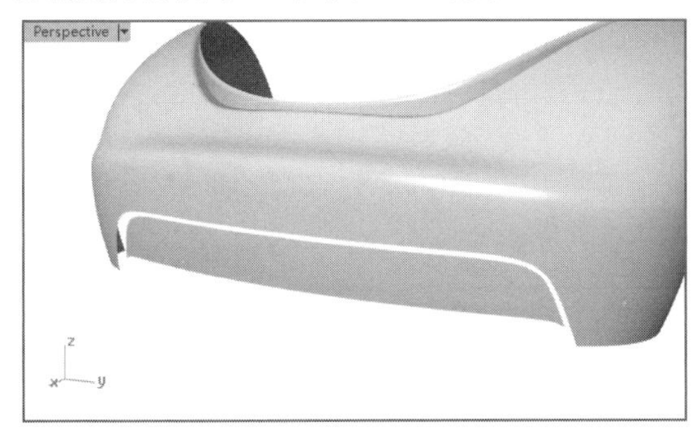

图20-136　分割汽车后部曲面

44执行菜单栏中的【曲面】|【混接曲面】命令，为分割后的两曲面间创建混接曲面，随后在Right视图中创建两条圆形曲线，如图20-137、图20-138所示。

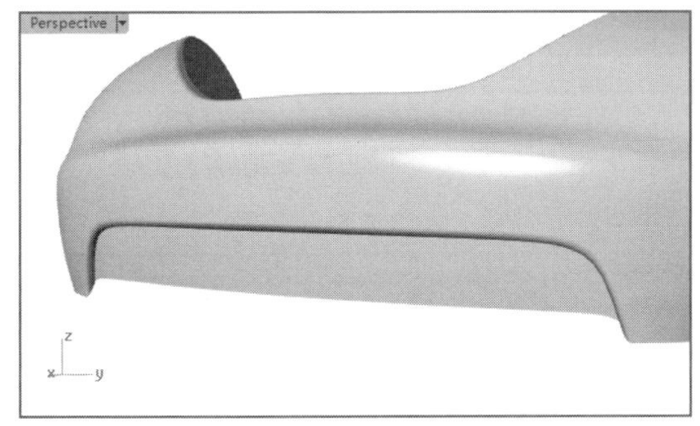

图20-137　创建混接曲面

45执行菜单栏中的【曲线】|【从物件建立曲线】|【投影】命令，在Right视图中将上面创建的两条圆形曲线投影到分割后下部曲面A之上，在Perspective视图中进行查看，如图20-139所示。

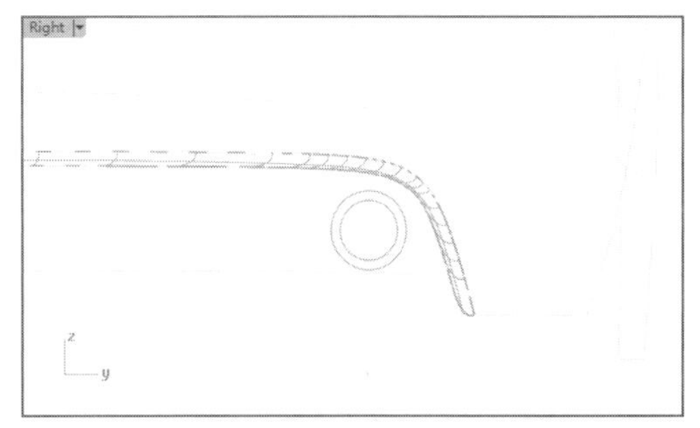

图20-138　创建两条圆形曲线

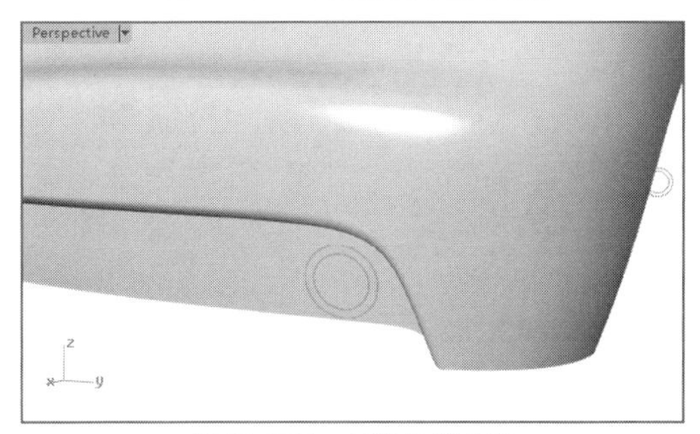

图20-139　创建投影曲线

46执行菜单栏中的【曲面】|【挤出曲线】|【直线】命令，以两条投影曲线创建两个挤出曲面，在Front视图中调整挤出方向为水平向左，如图20-140所示。

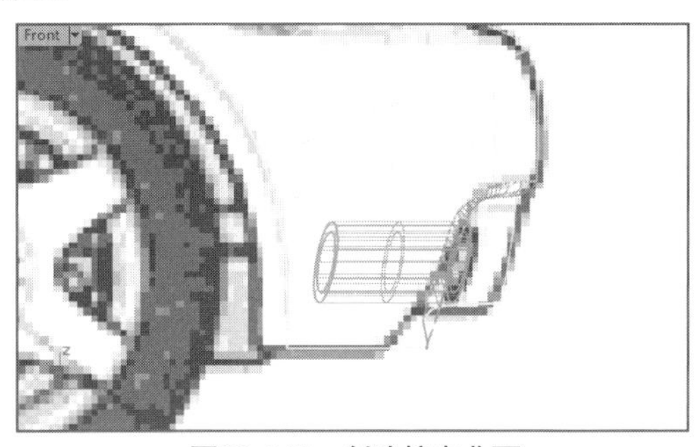

图20-140　创建挤出曲面

47执行菜单栏中的【编辑】|【修剪】命令，选取新创建的那个较大的挤出曲面，右击确认，然后单击后侧曲面位于圆形曲线内的部分，右击确认，如图20-141所示。

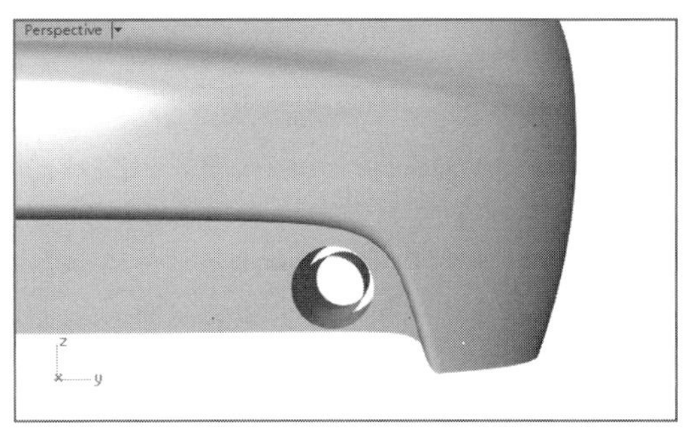

图20-141　修剪曲面

48执行菜单栏中的【曲面】|【混接曲面】命令，选取两个挤出曲面的边缘1、边缘2，右击确认，在弹出的对话框中调整两边缘处的连续类型，最后单击【确定】按钮，完成混接曲面的创建，如图20-142所示。

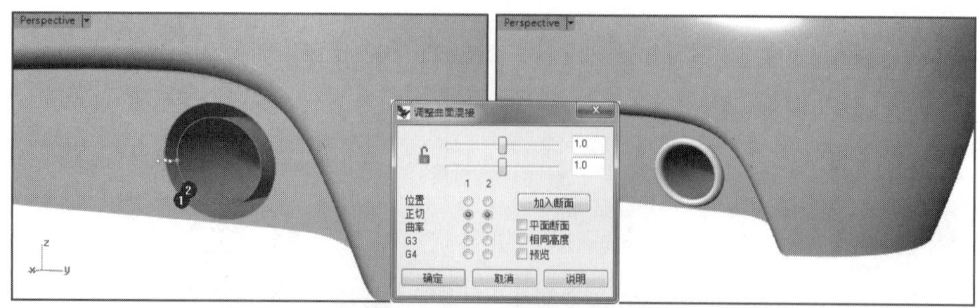

图20-142　创建混接曲面

49对于另一侧的排气孔，用类似的方法创建，也可通过镜像复制简化操作的步骤，如图20-143所示。

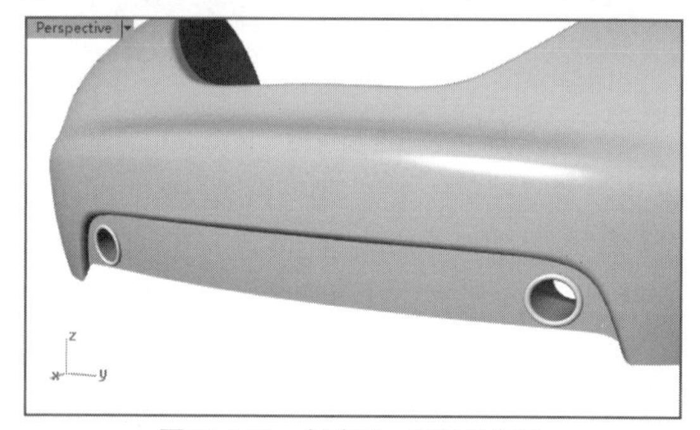

图20-143　创建另一侧的排气孔

50与创建前部曲面的车灯相同，在Right视图中创建轮廓曲线，再对曲面进行分割，然后使用混接曲面、嵌面等命令，创建汽车后部车灯细节，结果如图20-144所示。

图20-144　创建后部车灯

51使用前面创建的Logo轮廓曲线以挤出的方式创建一个实体，然后执行菜单栏中的【变动】|【定位】|【曲面上】命令，将Logo实体曲面移动到汽车后部曲面上，随后使用这个实体曲面对与它相交的曲面进行修剪，如图20-145所示。

52执行菜单栏中的【实体】|【立方体】|【角对角、高度】命令，为汽车后部创建车牌部分等细节，如图20-146所示。

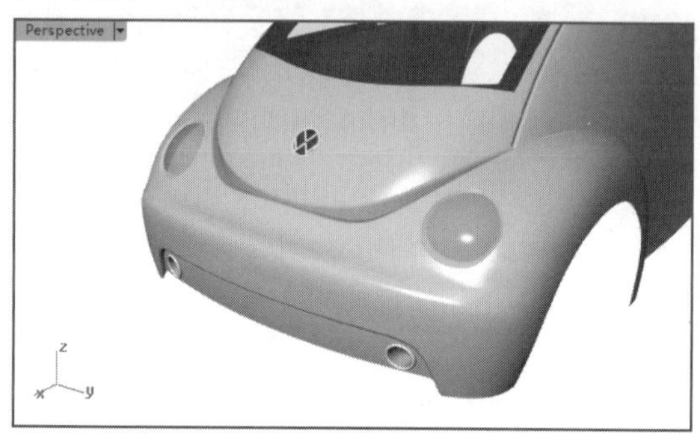

图20-145　在后部添加Logo细节

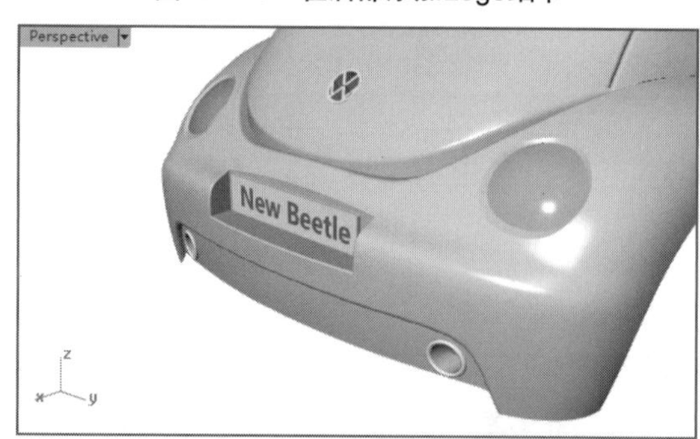

图20-146　在后部添加车牌

53在汽车后部创建油箱盖等其他细节，完成整个后部细节的创建，如图20-147所示。

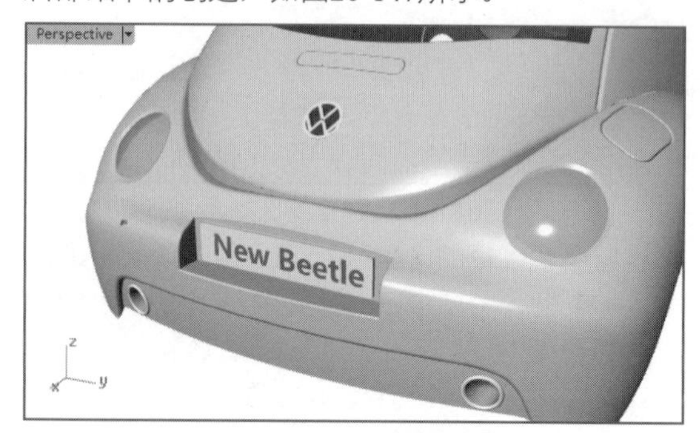

图20-147　添加其他细节

54在整个汽车曲面上添加其他的细节，如后车镜、门把手等，最终的整个汽车外壳曲面如图20-148所示。

图20-148 整个汽车外壳创建完成

20.2 制作房车模型

引入文件：动手操作\源文件\Ch20\房车\
结果文件：动手操作\结果文件\Ch20\房车.3dm
视频文件：视频\Ch20\制作房车模型.avi

本节主要介绍用Rhino制作房车的基本方法。通过较为复杂的建模过程，深入学习Rhino 6.0中各种常用命令的实际运用。

整个房车造型以方体为主，重点关注一些细节的制作。遵循从前面到后面的制作思路，可将其分为5部分，分别是车身部分、正面细节部分、车身及侧面细节部分、背面细节及车轮部分。

20.2.1 创建车身部分

在开始建模之初，同样是对软件进行场景优化和三视窗的放置，做好准备工作。

01新建Rhino文件。

02执行【查看】|【背景图】|【放置】命令，将配套资源中相应的文件qiche 01.jpg、qiche 02.jpg、qiche 04.jpg导入Rhino各相应视图中。接下来使用【背景图】菜单中的移动、对齐、缩放等命令将图片调整至合适大小及位置，如图20-149所示。

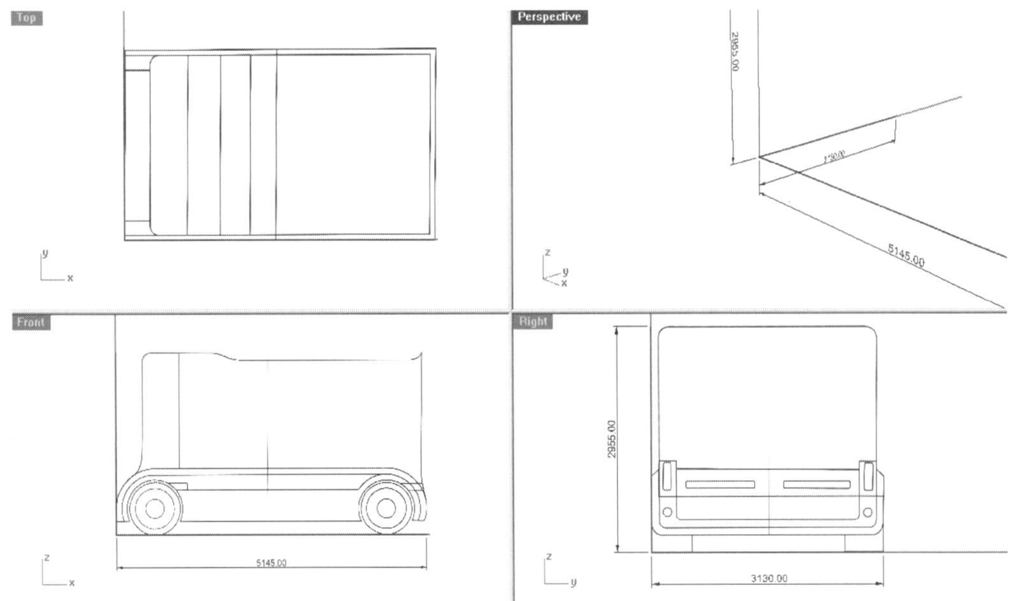

图20-149 背景图放置效果

> **技术要点：**该模型是按照一定比例构建的，其长、宽、厚分别为5145mm、3130mm、2955mm。为了保证模型的准确，在绘制曲线的时候最好以之前做好的平面参考图为标准。

03单击【立方体】按钮，参考各视图中的平面参考图，依次在命令行中分别输入汽车的长度5145mm、汽车的宽度3130mm、汽车的高度2955mm，命令行设置如下。

04绘制出房车的车身，如图20-150所示。

底面的第一角（对角线(D) 三点(P) 垂直(V) 中心点(C)）:
底面的其它角或长度: 5145

底面的其它角或长度: 5145
宽度。按 Enter 套用长度: 3130

宽度。按 Enter 套用长度: 3130
高度。按 Enter 套用宽度: 2955

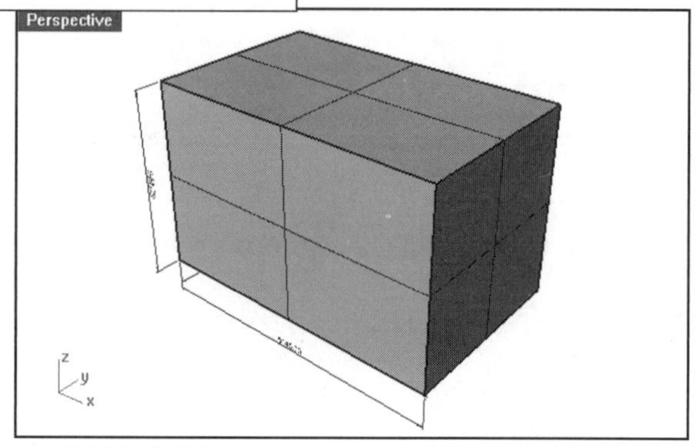

图20-150　绘制房车的车身

05单击【多重直线】按钮，参照Front视图绘制如图20-151所示的直线，然后单击【直线挤出】按钮，挤出如图20-152所示的曲面。

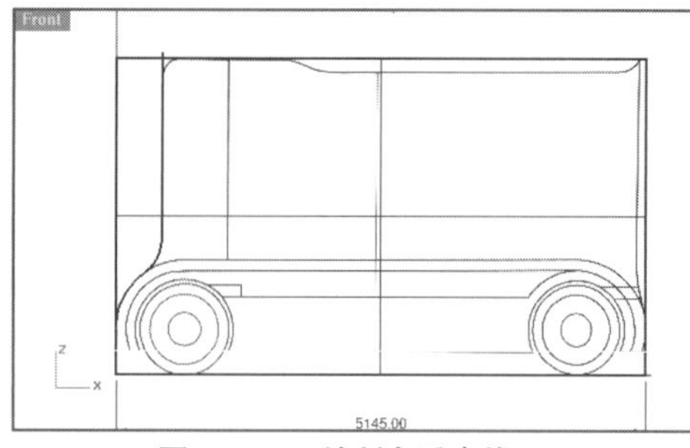

图20-151　绘制多重直线

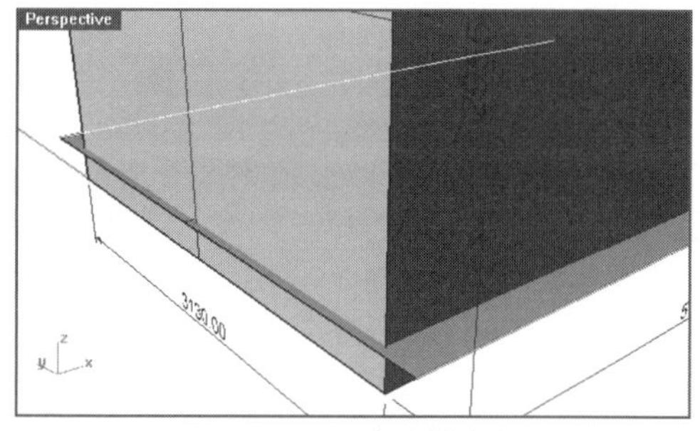

图20-152　直线挤出曲面

06单击【分割】按钮，按照命令行中的提示分别选取立方体为要分割的物件，选取上一步骤建立的挤出曲面为切割用物件，切割汽车底盘以下多余部分并予以删除，如图20-153所示。

07切换至Front视图。单击左侧常用工具列中的【控制点曲线】按钮，参考平面视图中的左视图绘制车身侧面的结构线，并使用【开启控制点】工具调整控制点至恰当的位置，如图20-154所示。

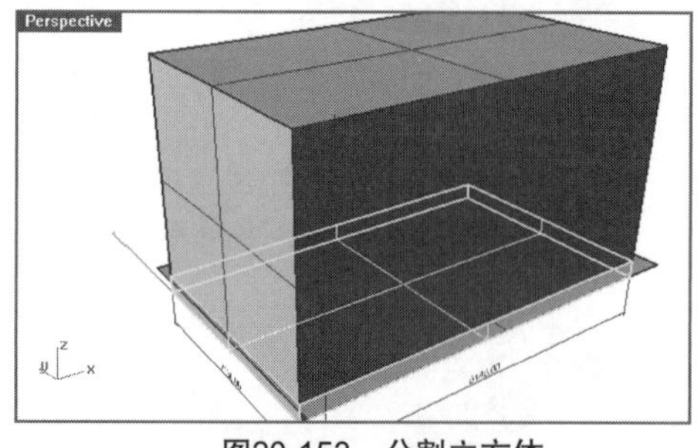

图20-153　分割立方体

图20-154　绘制多重直线

08单击【曲面】工具列中的【直线挤出】按钮，选中上述结构线，右击确认，参考Right视图，挤出切割用平面，如图20-155所示。

09单击【分割】按钮，按照命令行中的提示选取车身为要分割的物件并右击确认，再选取上述挤出的切割用平面并右击确认。分割效果如图20-156所示。最后删除分割后的物件。

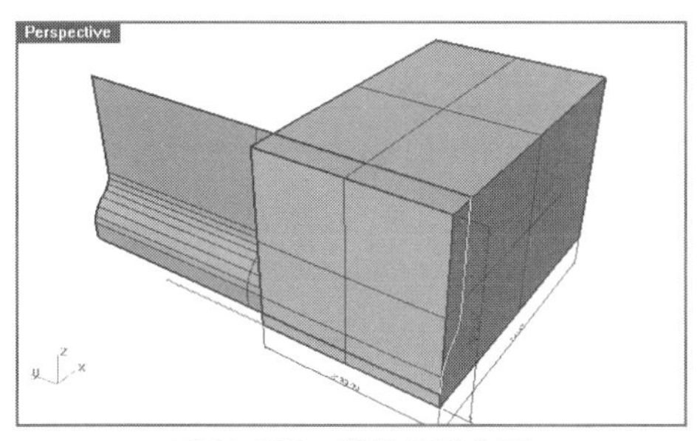

图20-155　直线挤出曲面

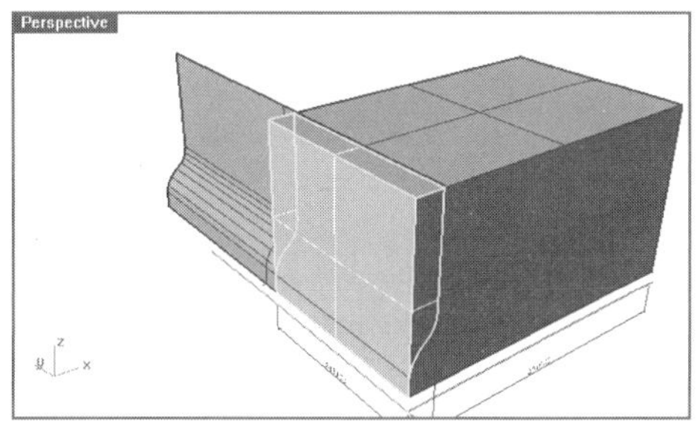

图20-156　分割车身

10右击，重复上一次命令，然后反向分割上述分割用平面，如图20-157所示。删除分割剩下的无用面及挤出面所用的线，最终效果如图20-158所示。

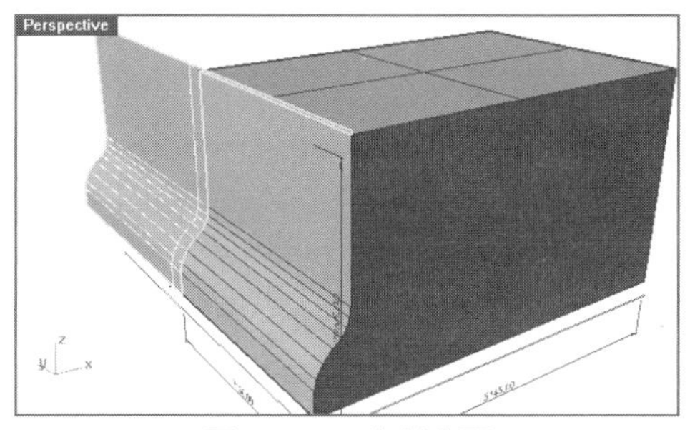

图20-157　分割曲面

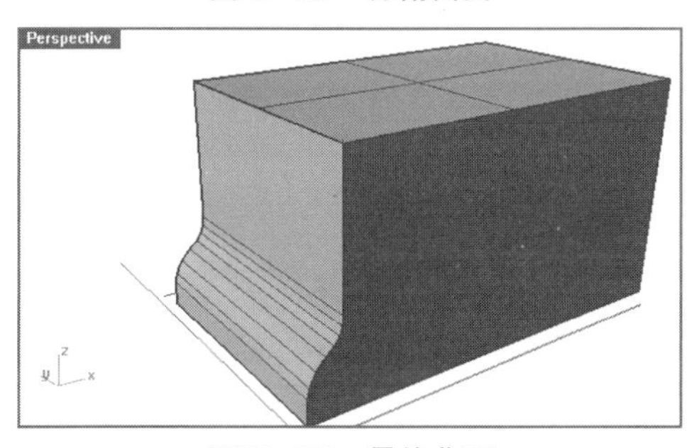

图20-158　最终曲面

11单击【组合】按钮，将分割后的面进行组合。单击【控制点曲线】按钮，参考Front视图绘制出后车厢的轮廓线并调整控制点到适当的位置，如图20-159所示。

12单击【曲面】工具列中的【直线挤出】按钮，选中上述绘制的曲线，参考Right视图挤出切割用面，效果如图20-160所示。

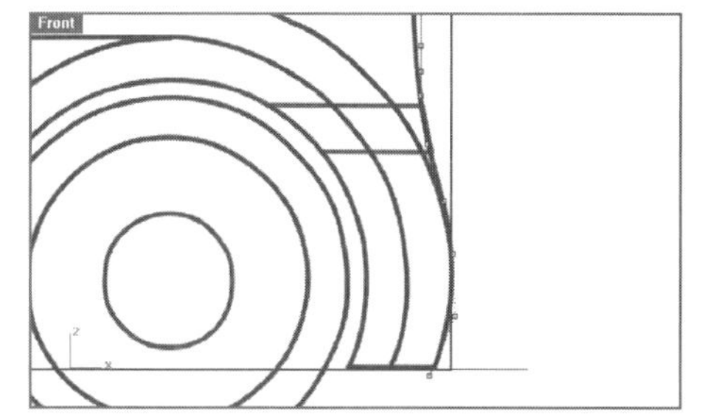

图20-159　绘制后车厢的轮廓线

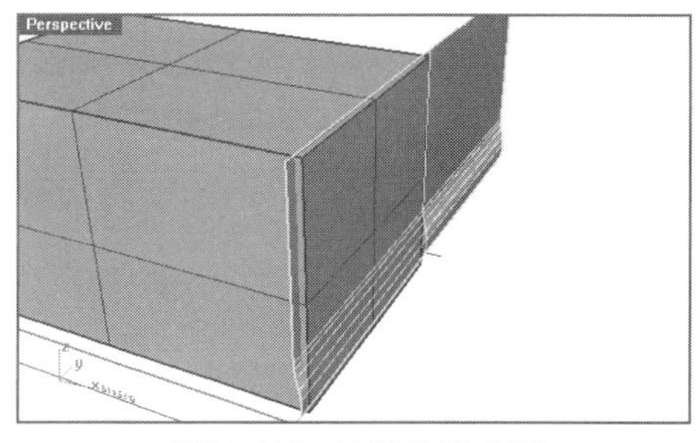

图20-160　直线挤出曲面

13单击【分割】按钮，按照命令行中的提示，选取车身为要分割的物件，选取上述曲面为切割用物件，右击确认。分割效果如图20-161所示。

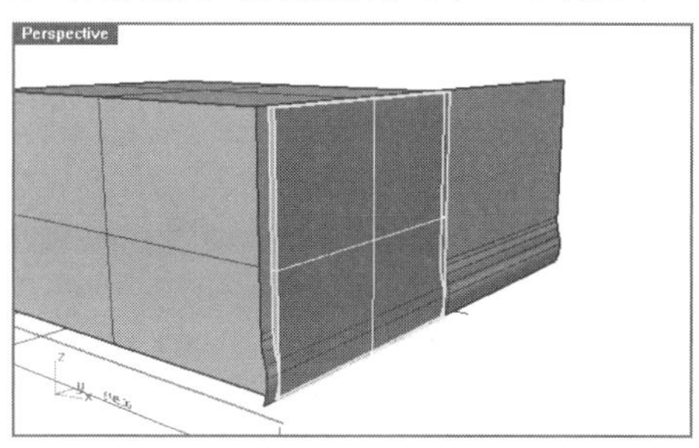

图20-161　分割车身

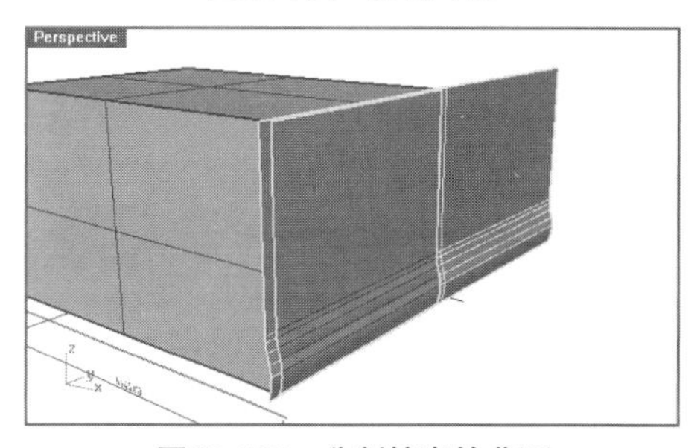

图20-162　分割挤出的曲面

14删除切割出来的多余的物件，右击重复执行【分割】命令，反向切割挤出的曲面，效果如图20-162所示。删除多余的无用面，单击【组合】按钮，将曲面与车身组合，最终效果如图20-163所示。

15切换至Front视图，单击【控制点曲线】按钮，参考背景图绘制轮廓曲线并调整控制点至适当位置，如图20-164所示。

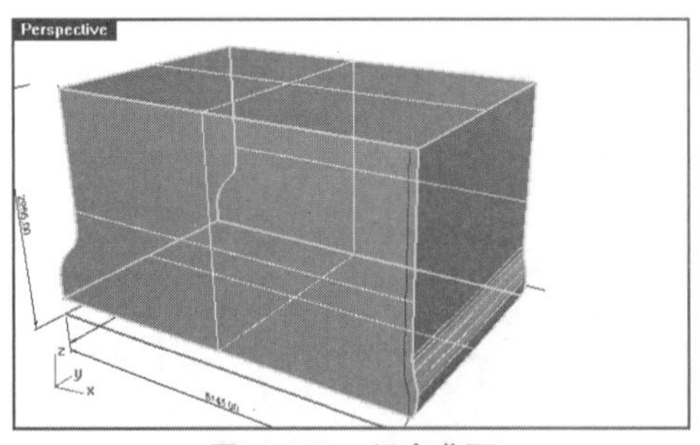

图20-163 组合曲面

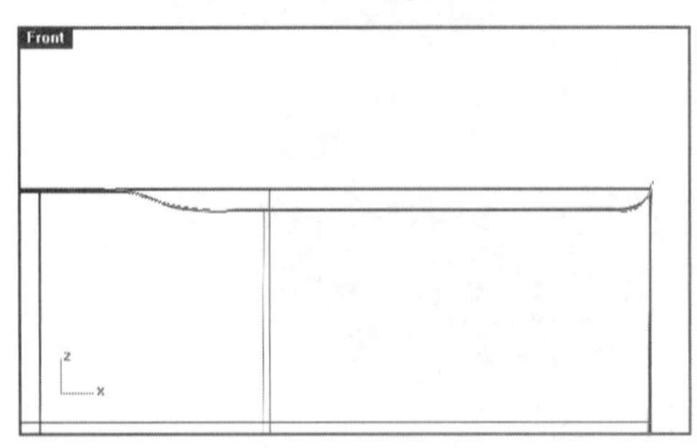

图20-164 绘制轮廓曲线

16单击【曲面】工具列中的【直线挤出】按钮，选取上述曲线，并右击确认，挤出如图20-165所示的切割曲面。

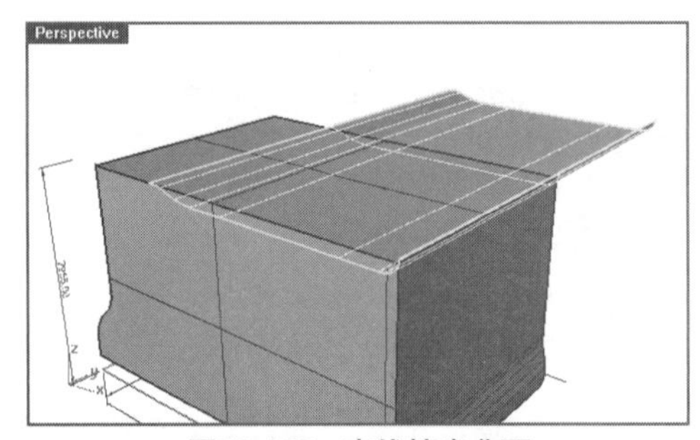

图20-165 直线挤出曲面

17单击【分割】按钮，选取车身为要分割的物件，选取挤出的曲面为切割用物件，并右击确认，分割效果如图20-166所示。

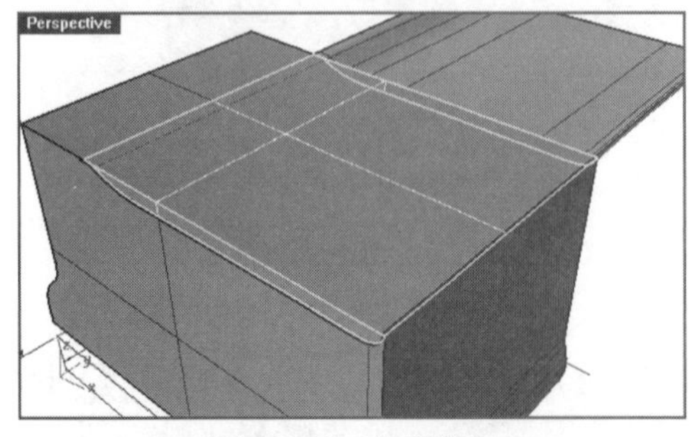

图20-166 分割车身

18删去切割后的物件并右击重复执行【分割】命令，用车身来分割挤出的曲面，分割后的效果如图20-167上图所示。将剩下的无用面删去并将曲面与车身组合，最终效果如图20-167下图所示。

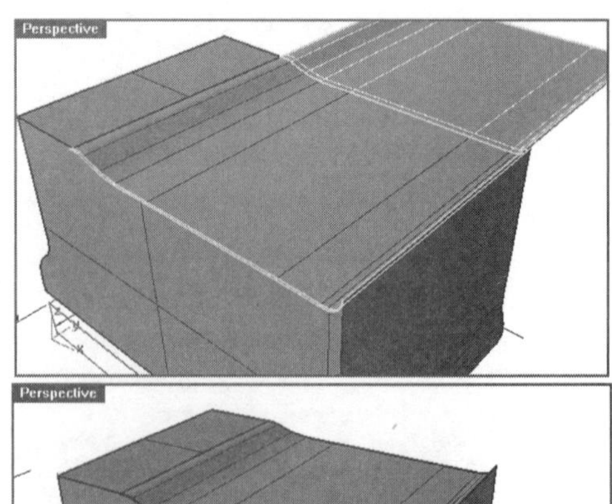

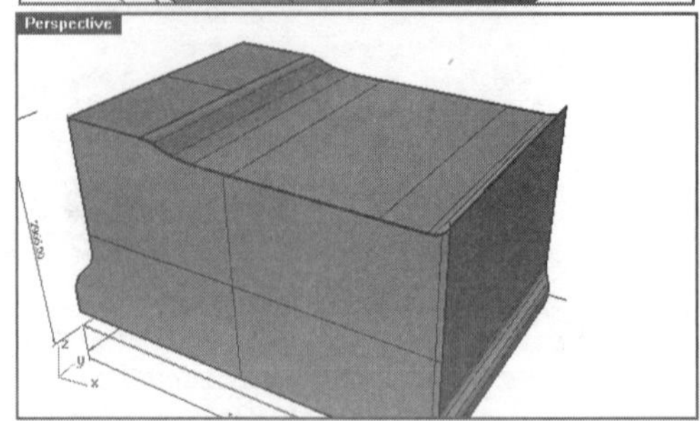

图20-167 分割并组合曲面

19切换至Front视图，参考视图中的背景图，单击【圆】按钮，在相应的位置绘制汽车侧面的轮廓曲线，再单击【直线挤出】按钮，参考Right视图将曲线挤出为切割用曲面，如图20-168所示。

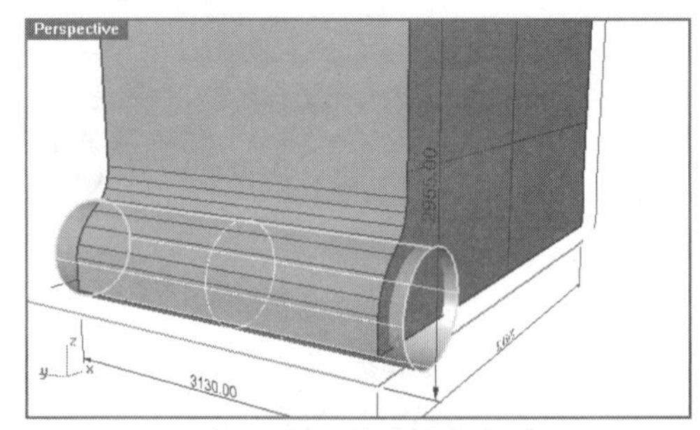

图20-168 直线挤出曲面

20单击【分割】按钮，用上述挤出的曲面将车身进行分割，再删去多余的部分以留出车轮的空间，分割后的效果如图20-169所示。

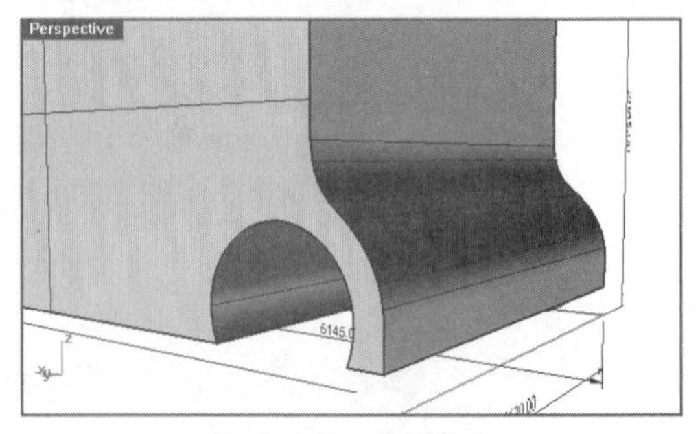

图20-169 分割车身

21用上述同样的方法切割出后轮的空间，效果如图20-170所示。

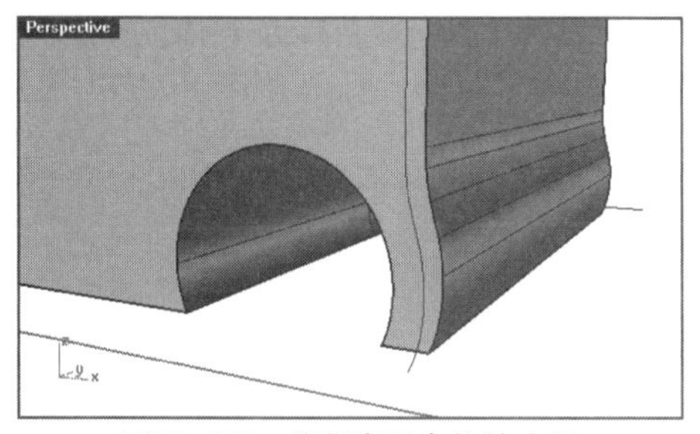

图20-170　分割出后车轮的空间

22切换至Front视图，配合使用【多重直线】及【控制点曲线】工具，绘制车头部分的分型线，效果如图20-171所示。

图20-171　绘制车头部分的分型线

23切换至Right视图，单击【曲面】工具列中的【直线挤出】按钮，将上述曲线挤出如图20-172所示的曲面。

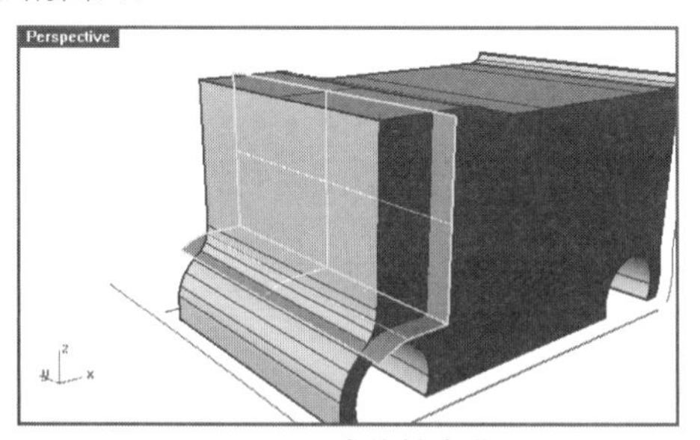

图20-172　直线挤出曲面

24单击【分割】按钮，按照命令行里的提示，选取车身为要分割的物件，选取挤出的曲面为切割用物件，将车身进行分割，效果如图20-173所示。最后删除分割用曲面。

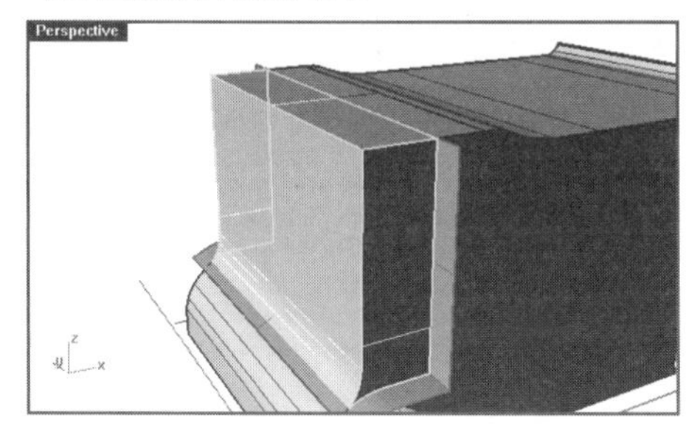

图20-173　分割车身

25切换至Right视图，单击【矩形】按钮，参考背景图绘制如图20-174上图所示的车身轮廓线，并使用【曲线圆角】工具在命令行中输入圆角半径为80，处理如图20-174下图所示的圆角。

指令：_Fillet
选取要建立圆角的第一条曲线（半径(R)=80 组合(J)=是 修剪(T)=是 圆弧延伸方式(E)=圆弧）:

图20-174　参考背景图绘制车身轮廓

26切换至Front视图，选取上述曲线，再使用【直线挤出】工具将曲线挤出至如图20-175所示的曲面。

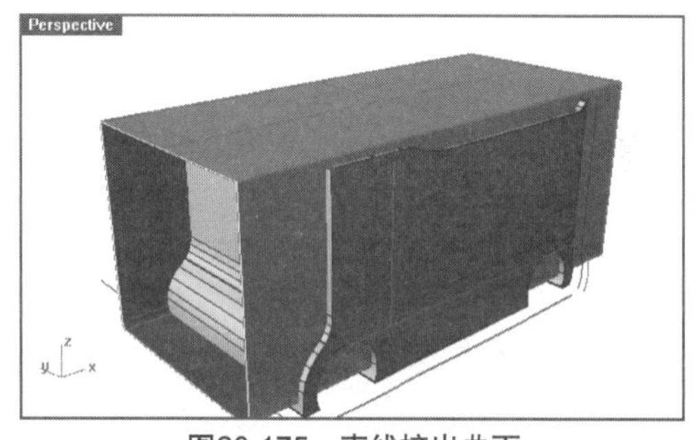

图20-175　直线挤出曲面

27单击【分割】按钮，选取车身为要分割的物件，选取挤出的曲面为切割用物件，将车身进行分割，再隐藏挤出的曲面，效果如图20-176所示。

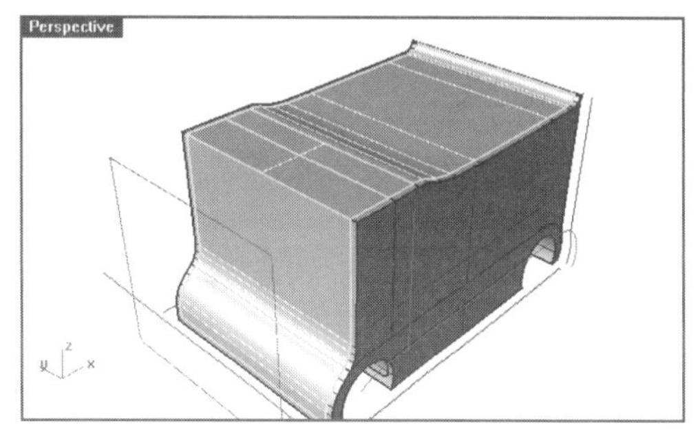

图20-176　分割车身

28切换至Front视图,参考背景图，使用【多重直线】工具绘制如图20-177所示的两条轮廓线。

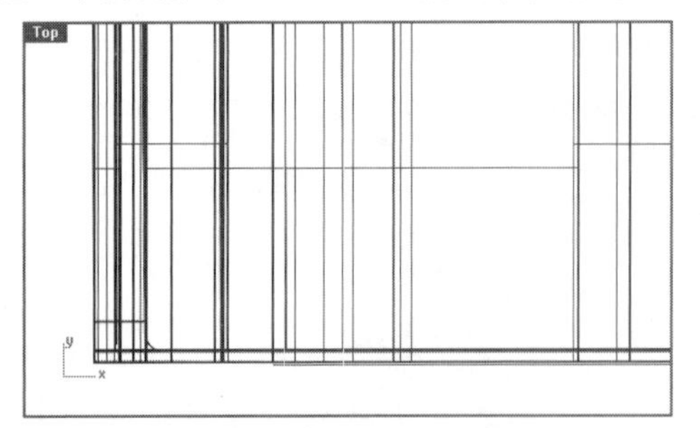

图20-177　绘制两条轮廓线

29单击【曲面】工具列中的【直线挤出】按钮，将上述直线挤出如图20-178所示的两个切割曲面。

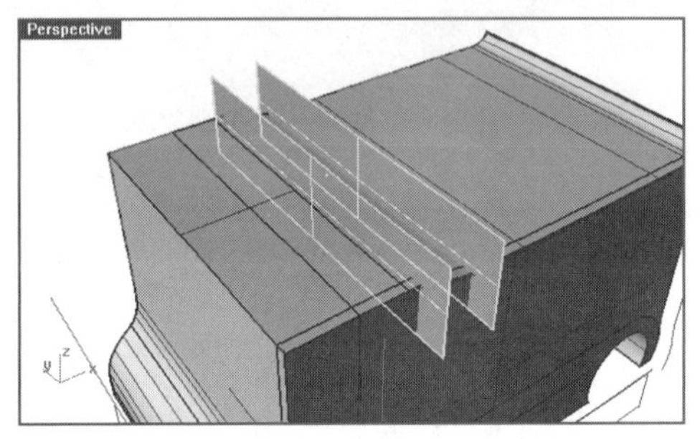

图20-178　直线挤出切割曲面

30使用【分割】工具选择挤出的两个曲面为切割用面并将车身分割，再删去分割后的曲面，效果如图20-179所示。

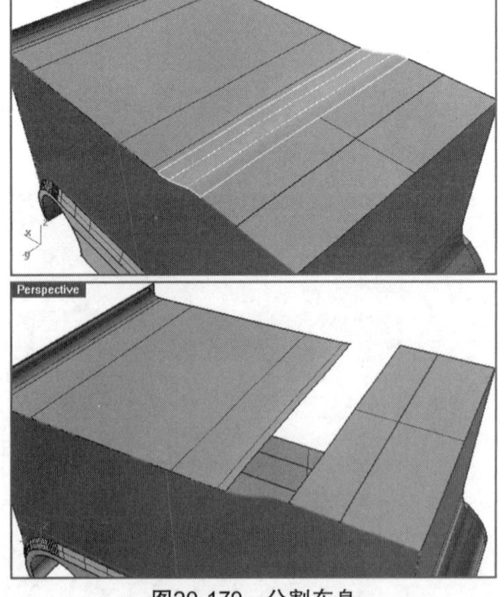

图20-179　分割车身

31单击【开启控制点】按钮，选择上述分割后剩余的两个曲面并右击确认，效果如图20-180所示。

32单击【曲面工具】工具列中的【缩回以修剪的曲面】按钮，分别将上述两个曲面的控制点缩回至曲面边缘，效果如图20-181所示。

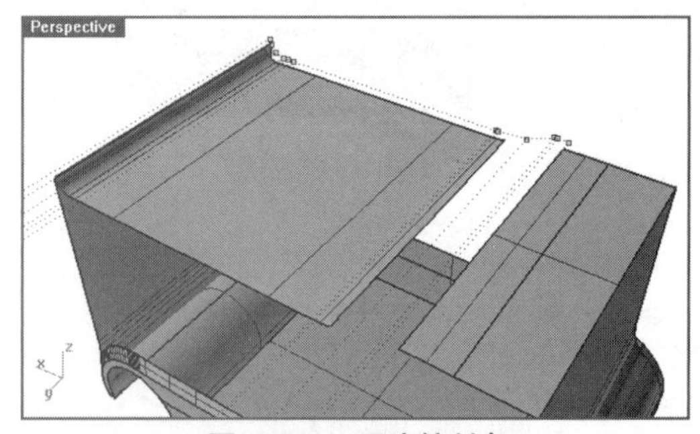

图20-180　开启控制点

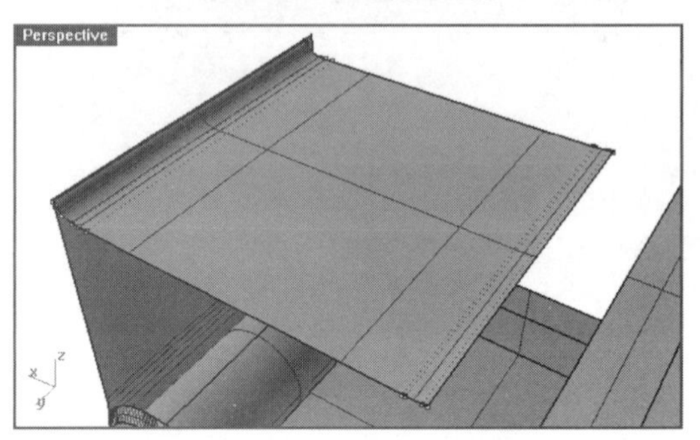

图20-181　缩回以修剪的曲面

33单击【曲面工具】工具列中的【混接曲面】按钮，选取如图20-182上图所示的两曲面边缘，对话框设置如图20-182下图所示，单击【确定】按钮，重建修剪曲面并提高曲面质量。重建后的曲面如图20-183上图所示，使用【曲面工具】工具列中的【合并曲面】工具将曲面合并，效果如图20-183下图所示。

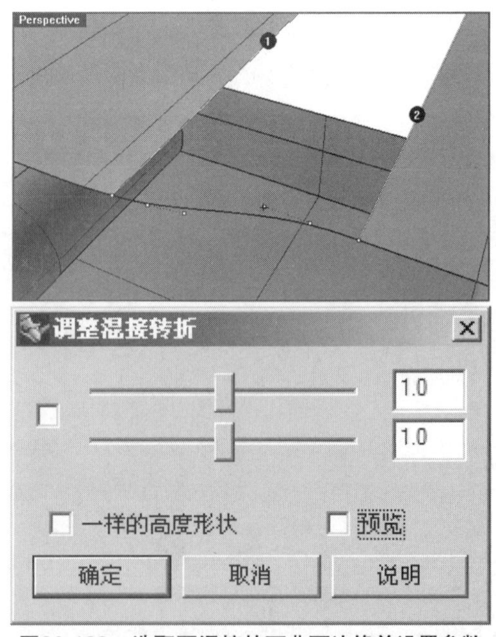

图20-182　选取要混接的两曲面边缘并设置参数

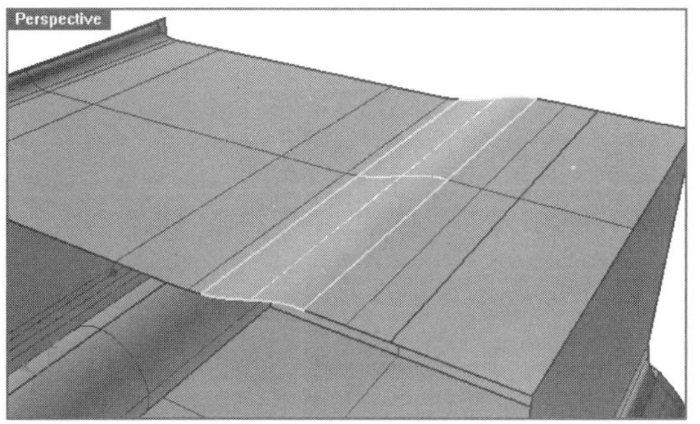

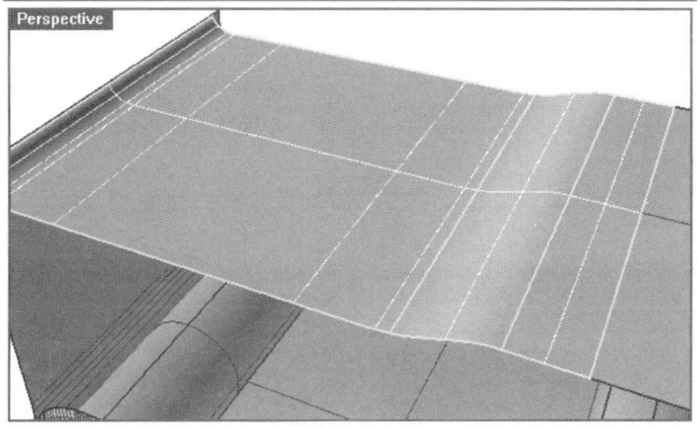

图20-183　合并曲面

34单击【分析】|【曲面分析】|【斑马纹分析】按钮，查看修剪完后的曲面质量。效果如图20-184所示。

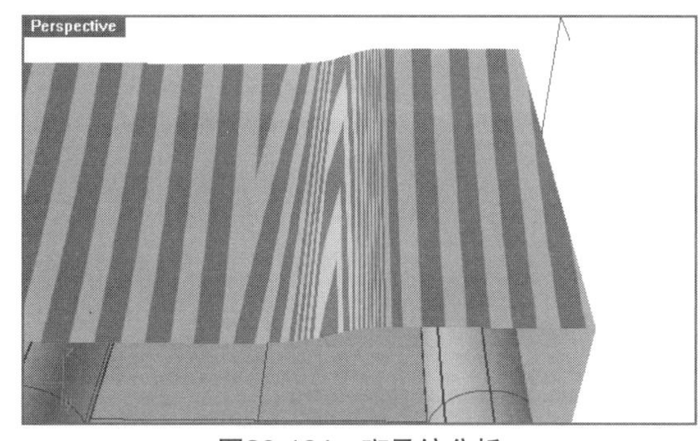

图20-184　斑马纹分析

35调出之前隐藏的曲面，使用【炸开】工具将上述分割用的曲面砸开并删去无用面，如图20-185所示。

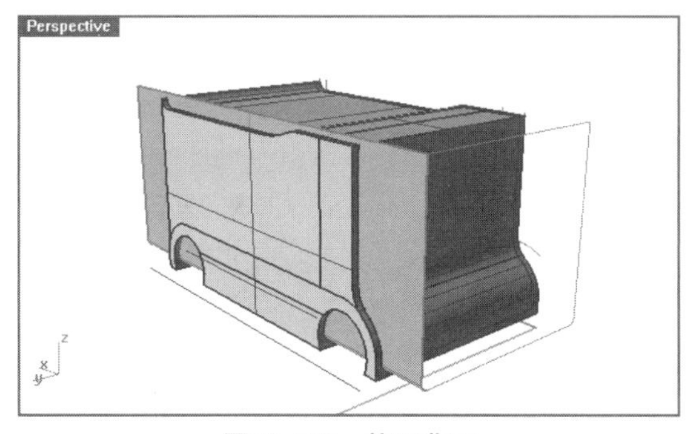

图20-185　炸开曲面

36单击【从物件建立曲线】|【复制边缘】按钮，复制如图20-186所示的曲面边缘，并将剩余的无用曲面删去。

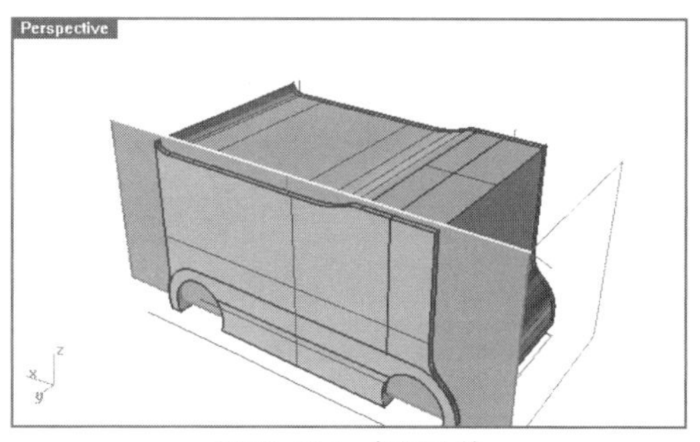

图20-186　复制边缘

37使用【直线挤出】工具将上述复制的边缘挤出如图20-187所示的曲面。

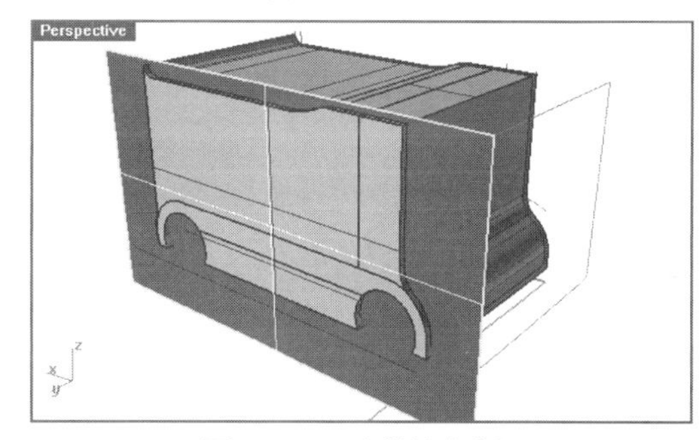

图20-187　直线挤出曲面

38单击【分割】按钮，按照命令行中的提示使用上述挤出的曲面将车身进行如图20-188上图所示的分割。删去如图20-188下图所示的无用的物件。再次使用【分割】工具用车身分割曲面，并将多余的部分删去。

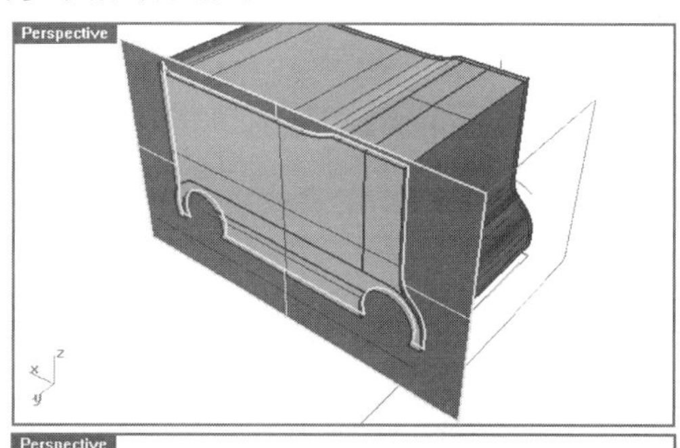

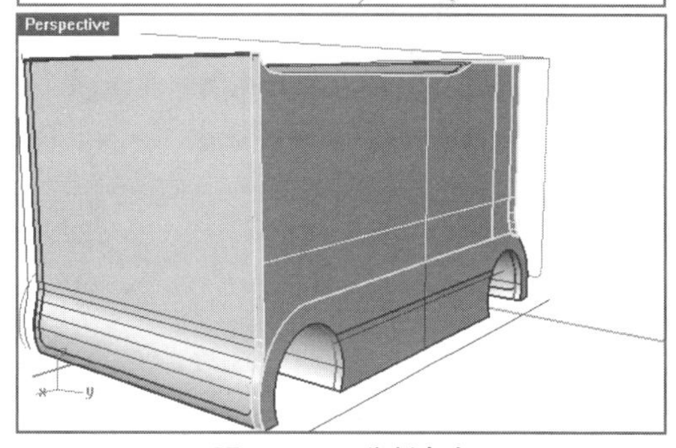

图20-188　分割车身

39单击【从物件建立曲线】|【复制边缘】按钮，复制如图20-189左图所示的曲面边缘，并使用【直线挤出】工具将曲线挤出如图20-189右图所示的曲面。

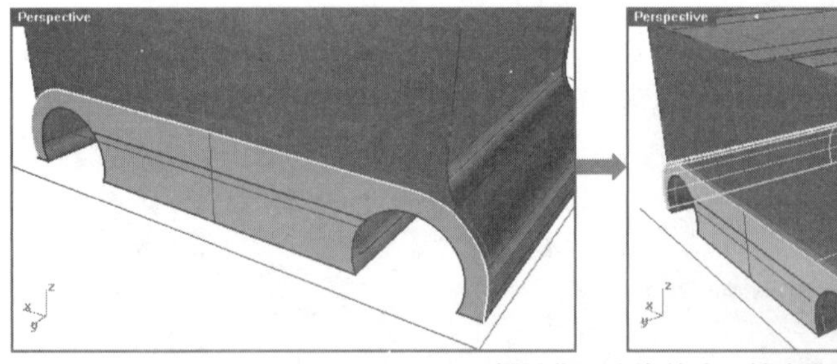

图20-189　**复制曲面边缘并建立挤出曲面**

40单击【修剪】按钮，用上述挤出的曲面修剪出如图20-190所示的曲面。

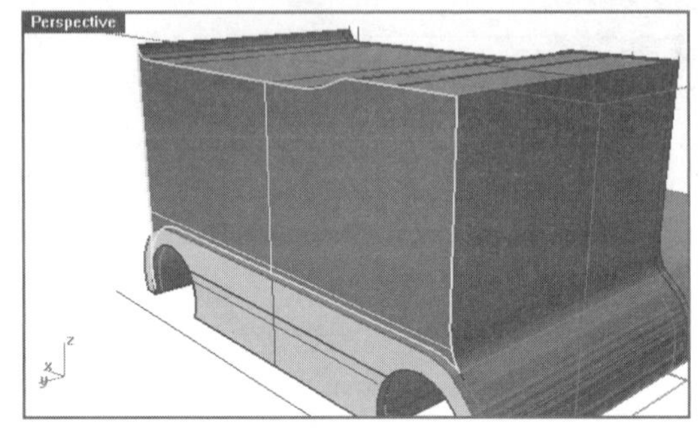

图20-189　**修剪曲面**

41切换至Front视图，单击【控制点曲线】按钮，参考背景图绘制如图20-191上图所示的车身轮廓线，再开启控制点并调整到恰当的位置。关闭控制点并使用【直线挤出】工具将其挤出如图20-191下图所示的曲面。

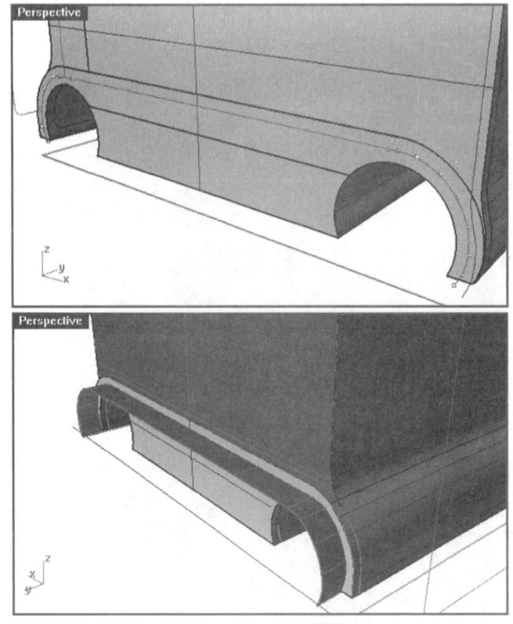

图20-191　**挤出曲面**

42单击【修剪】按钮，用上述挤出的曲面修剪出如图20-192所示的曲面。

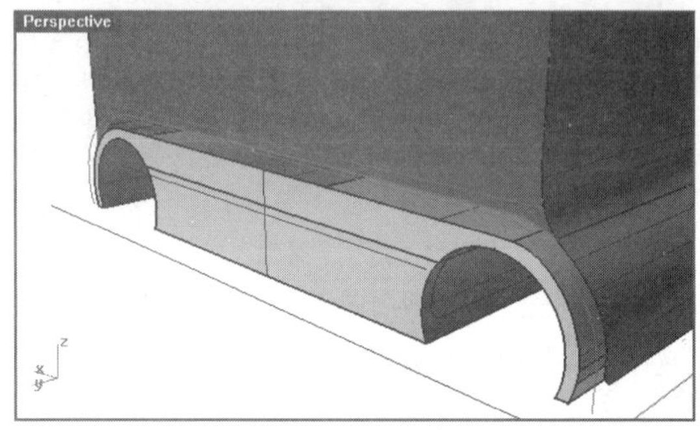

图20-192　**修剪曲面**

43单击【从物件建立曲线】|【复制边缘】按钮，复制如图20-193上图所示的曲面边缘。修剪掉如图20-193下图所示的那段曲线，再将修剪后的曲线组合。

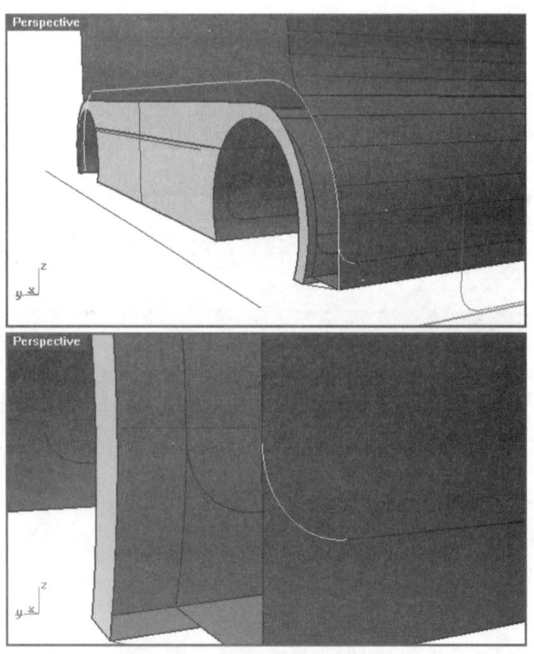

图20-193　**复制边缘并修剪曲线**

44单击【多重直线】按钮，勾选【物件锁点】中的【端点】，绘制如图20-194所示的直线。

图20-194　绘制多重直线

45单击【曲面】工具列中的【双轨放样】按钮，选取如图20-195上图所示的曲面边缘为路径，选取上述直线为断面曲线，进行双轨放样，效果如图20-195下图所示。

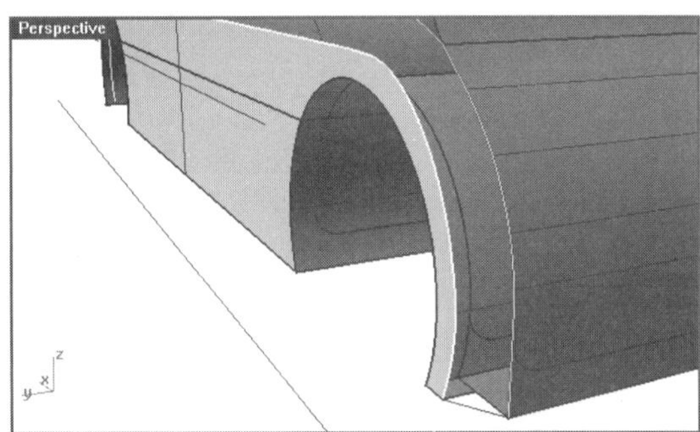

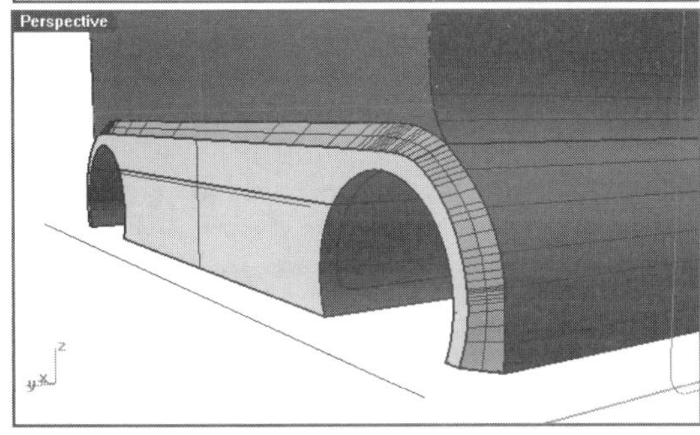

图20-195　双轨放样

20.2.2　添加汽车正面细节

车身为对称结构，因此只要构建一半的部件，另一半车身及所有细节都可以通过镜像来得到。

01切换至Right视图，打开【物件锁点】并勾选【中点】选项，使用【多种直线】工具参考背景图绘制车子的对称轴线。用【直线挤出】工具放样出如图20-196所示的切割面。

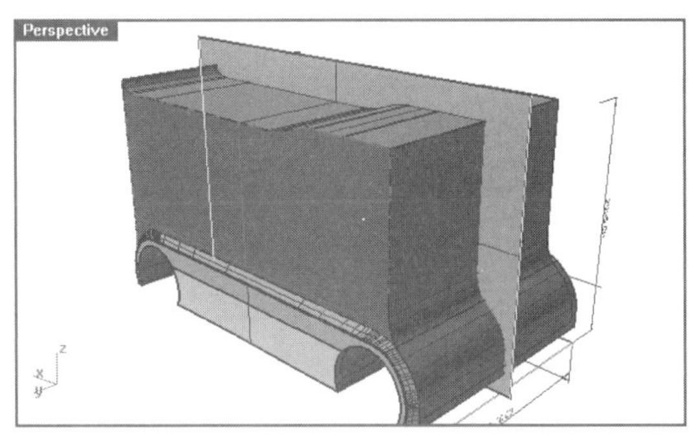

图20-196　构建对称轴线并挤出切割面

02单击【修剪】按钮，按照命令行中的提示选取挤出的面为用来修剪的曲面，将车身不用的半部分修剪掉，效果如图20-197所示。

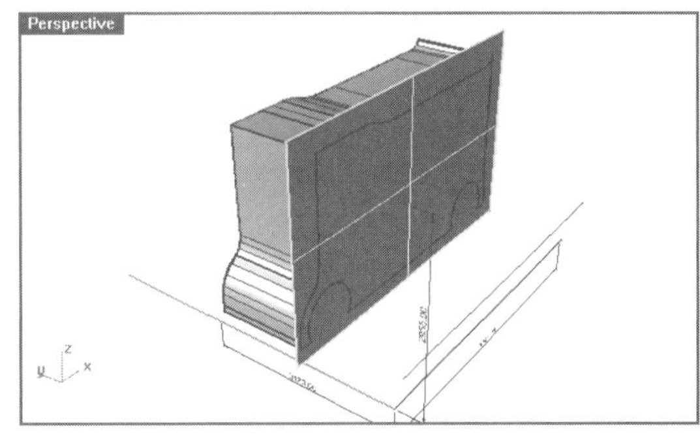

图20-197　修剪车身

03切换至Front视图，参考背景图绘制如图20-198上图所示的车身轮廓线，再复制一条并调整到相应的位置进行放样，放样选项设置如图20-198下图所示。放样效果如图20-199所示。

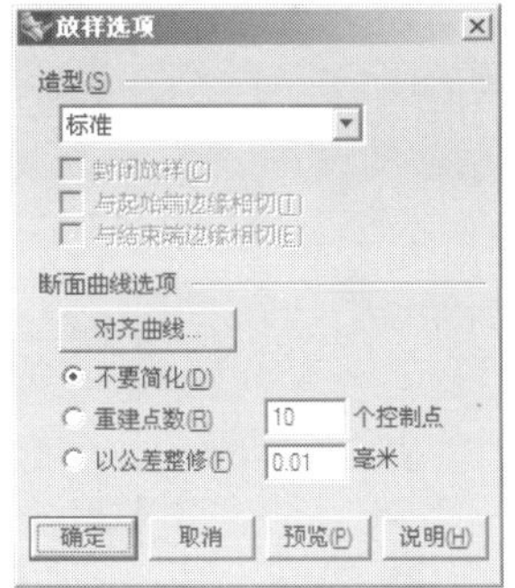

图20-198　创建放样曲面

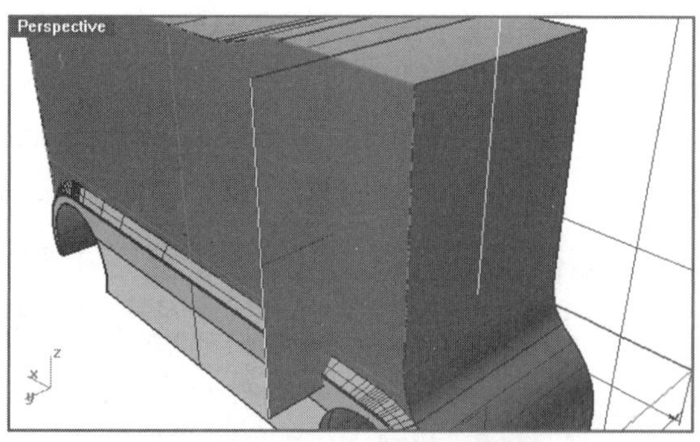

图20-199 【放样】效果

04用放样的面来切割车身，把车身的玻璃部分分割出来，效果如图20-200所示。

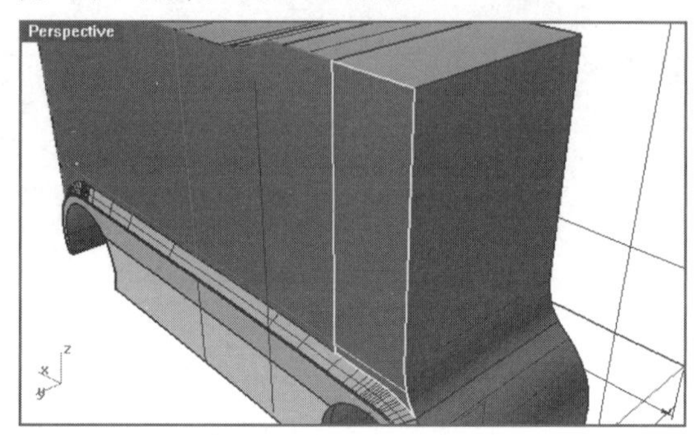

图20-200 切割车身

05切换至Front视图，参考背景图绘制如图20-201上图所示的构造线，再调整控制点到恰当的位置，然后使用【直线挤出工具】挤出如图20-201下图所示的剪切面。

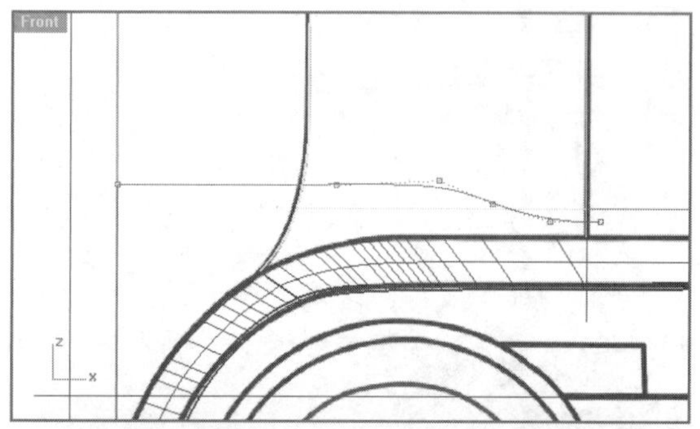

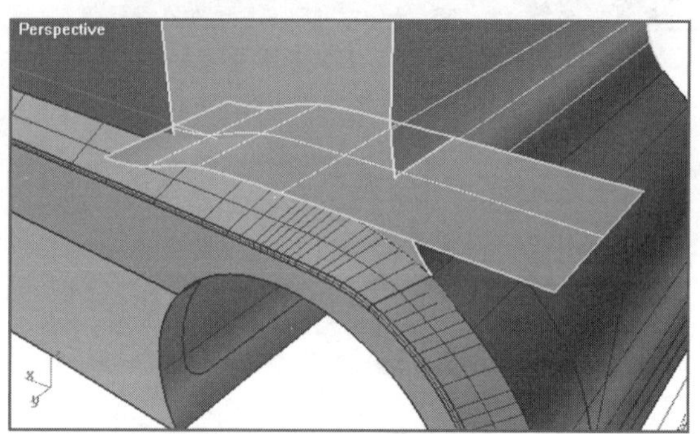

图20-201 绘制构造线并建立挤出曲面

06切换至Right视图，参考背景图绘制如图20-202左图所示的构造线，同样用【直线挤出】工具挤出如图20-202右图所示的剪切面。切割效果如图20-202下图所示。

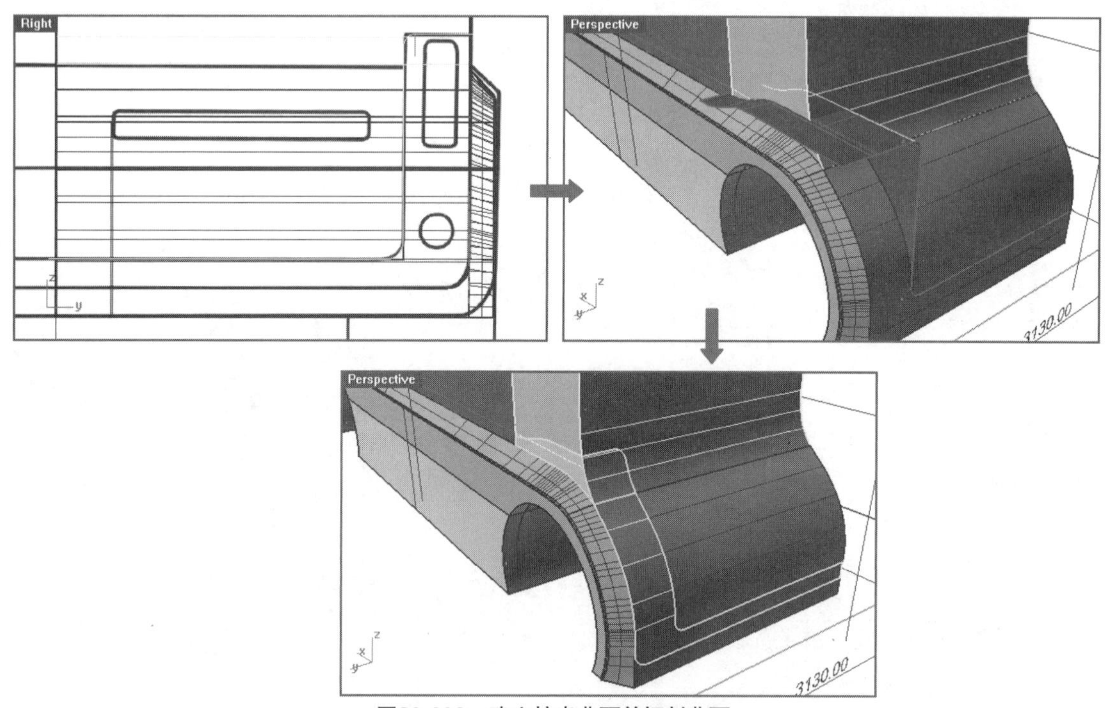

图20-202 建立挤出曲面并切割曲面

07参考背景图绘制出汽车前灯的轮廓线，再挤出曲面并将车身的车灯切割出来，如图20-203所示。

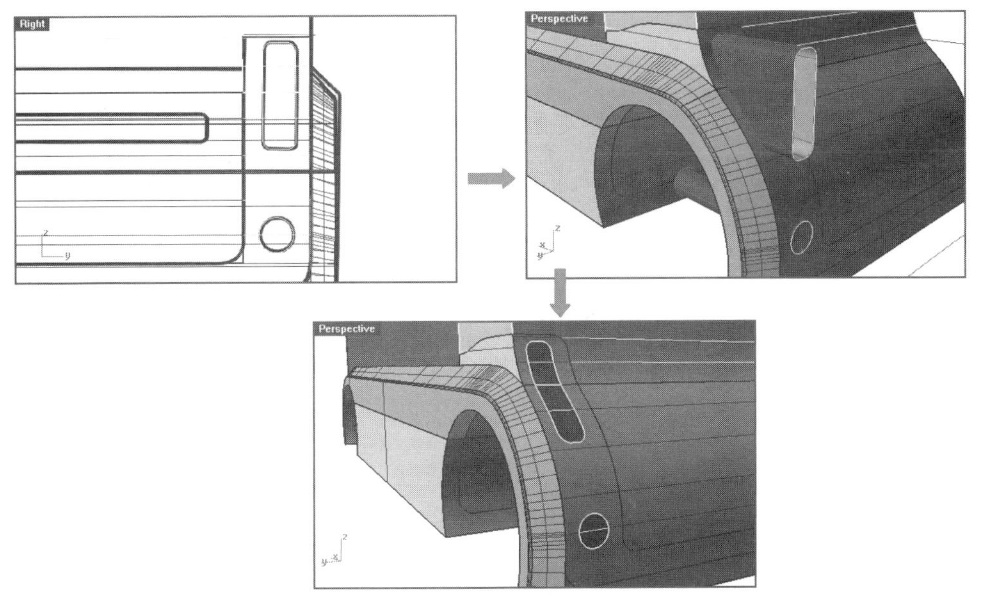

图20-203　绘制曲面并切割车灯

08将如图20-204左图所示的曲面删除，并用【复制边缘】工具复制出如图20-204右图所示的边缘线。

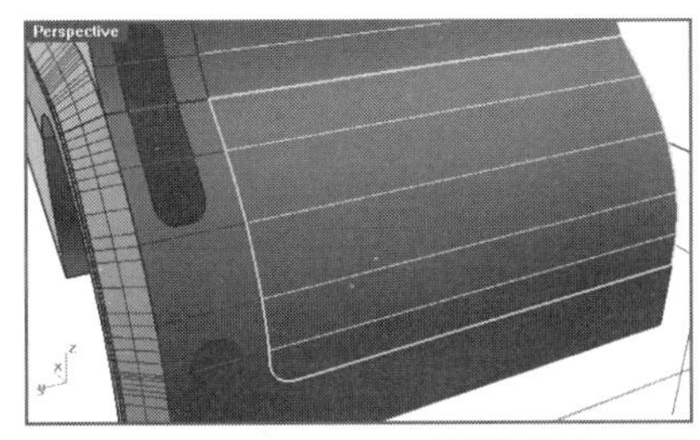

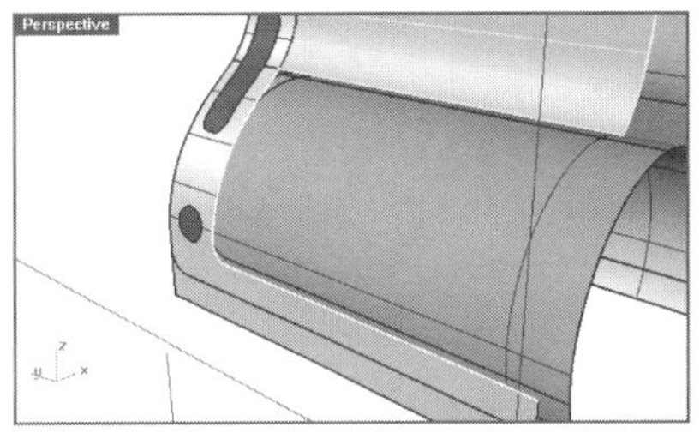

图20-204　删除曲面并复制边缘线

09参考复制的边缘线再复制一条曲线，在Right视图中将复制的曲线移动到相应的位置，如图20-205左图所示。选取两个曲线并用【放样】工具放样出如图20-205右图所示的曲面。

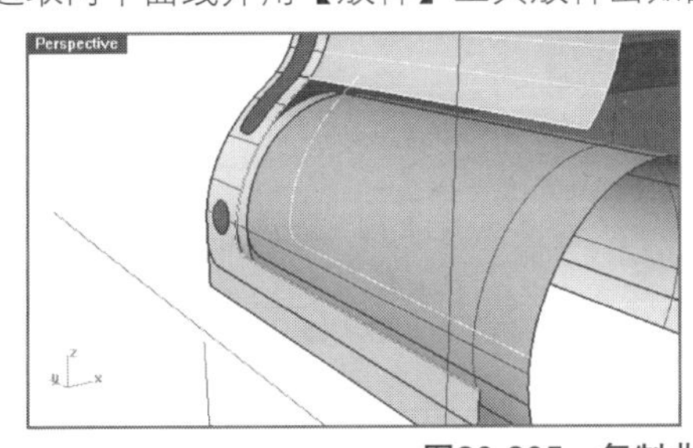

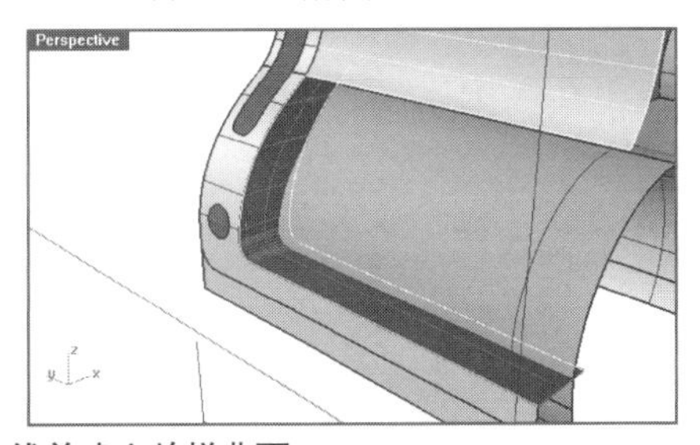

图20-205　复制曲线并建立放样曲面

10配合【物件锁点】工具绘制如图20-206左图所示的辅助线，并用【移动】工具移动到如图20-206右图所示的另一个端点上，再选取两根直线进行放样。

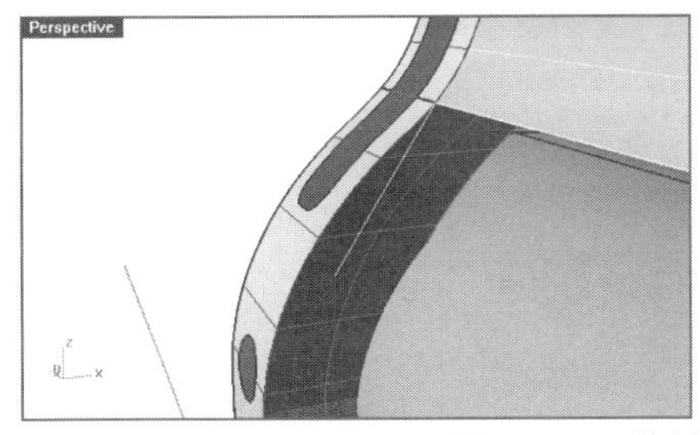

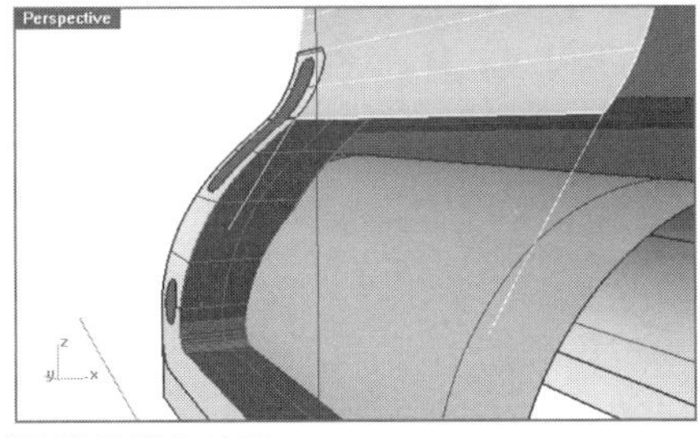

图20-206　绘制辅助线并进行放样

11用同样的方法绘制出如图20-207所示的两根直线并放样得到底下的一个曲面。

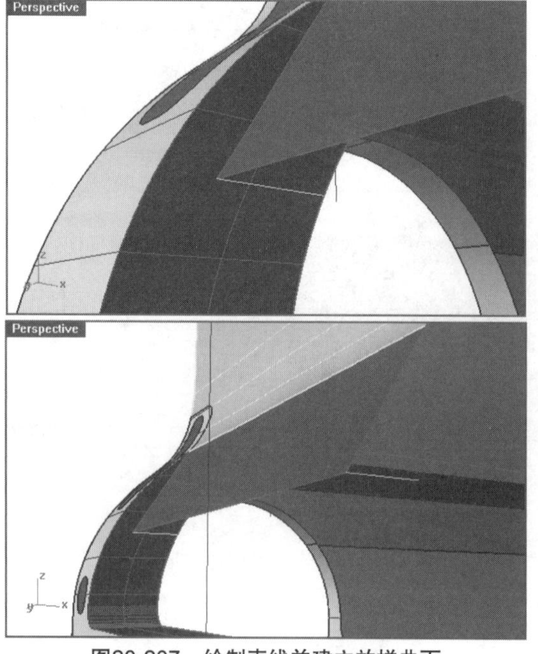

图20-207　绘制直线并建立放样曲面

12单击【曲面工具】工具列中的【曲面圆角】按钮，设置圆角半径为60。将上述两个基础面进行圆角处理，再将处理完的面进行组合，效果如图20-208上图所示。将侧面上的曲面的多余部分裁去，效果如图20-208下图所示。

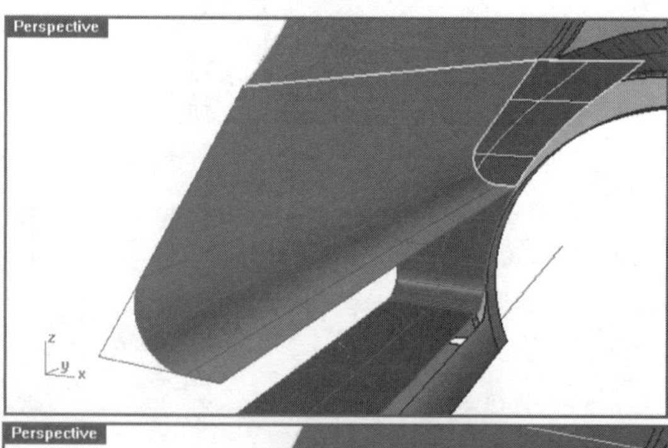

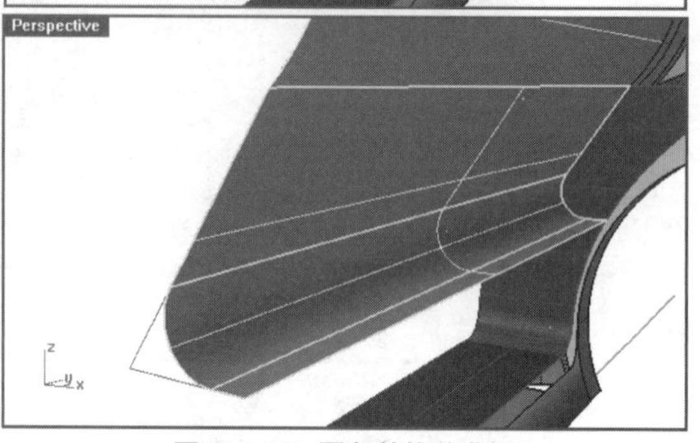

图20-208　圆角并修剪曲面

13结合辅助线使用【曲面】工具列中的【以二、三或四个边缘曲线建立曲面】工具，封闭露空部分，如图20-209所示。

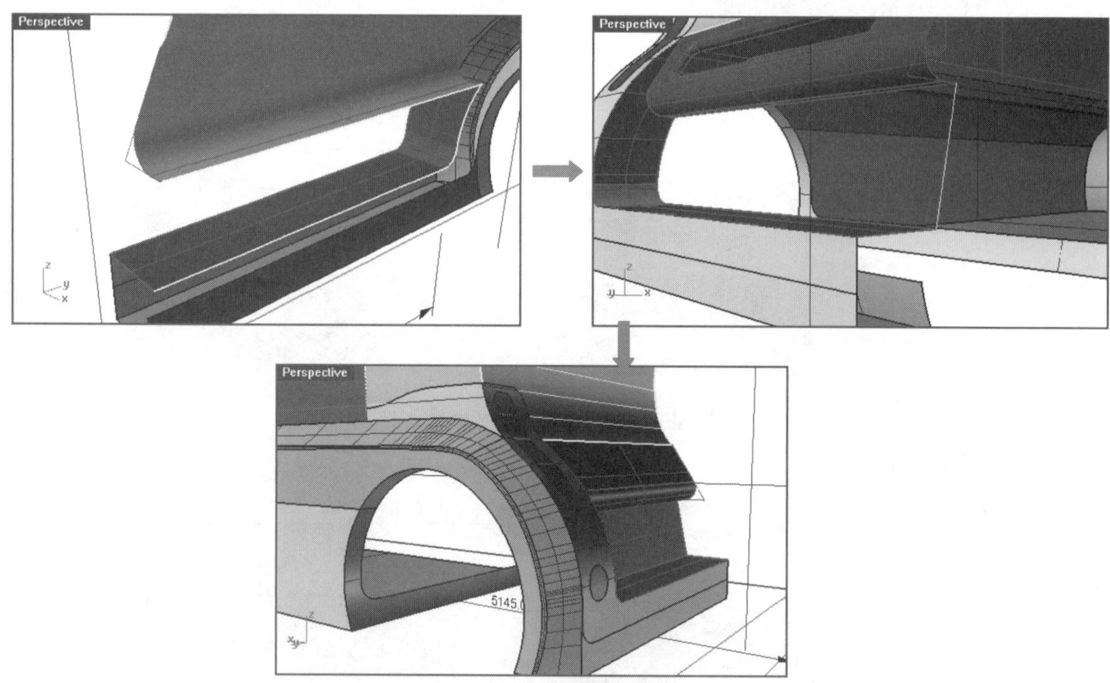

图20-209　封闭露空部分

14绘制如图20-210左图所示的轮廓线，再用【直线挤出】工具挤出如图20-210右图所示的曲面，然后切割出如图20-210下图所示的车头结构。

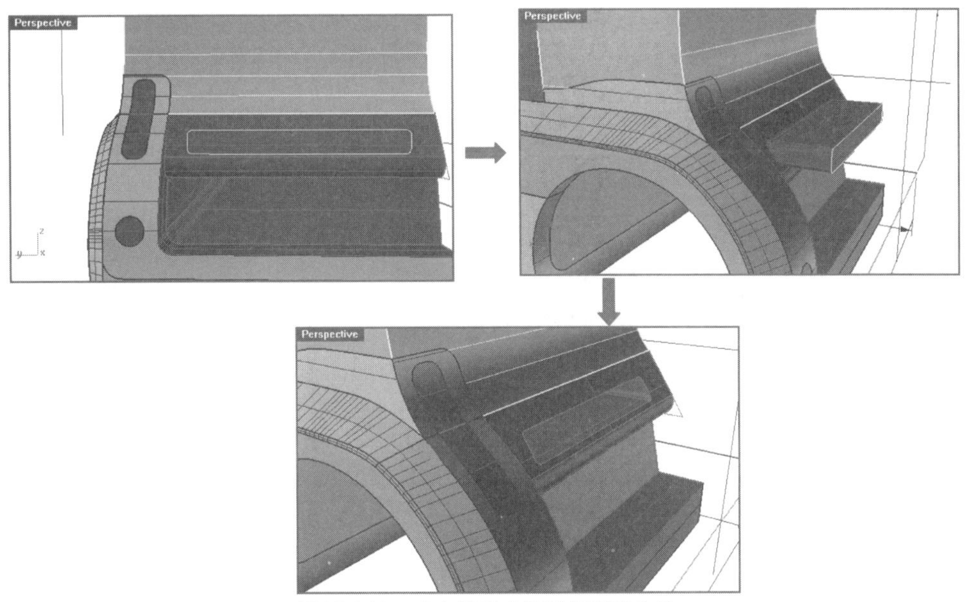

图20-210　建立挤出曲面并切割出车头

15用【不等距圆角】工具将其倒角，如图20-211所示。

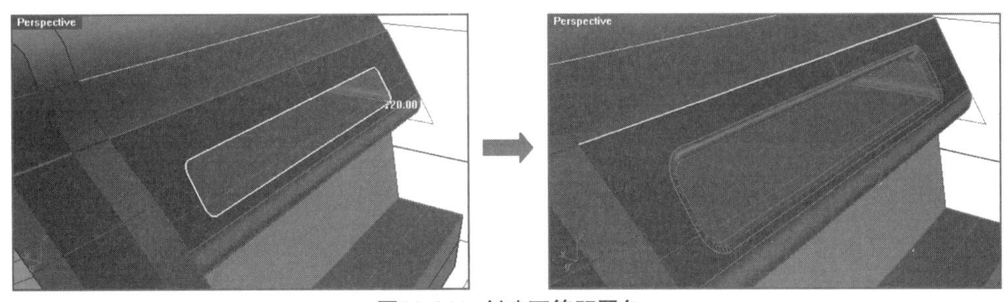

图20-211 创建不等距圆角

16将车头结构组合起来，再创建倒角，如图20-212所示。

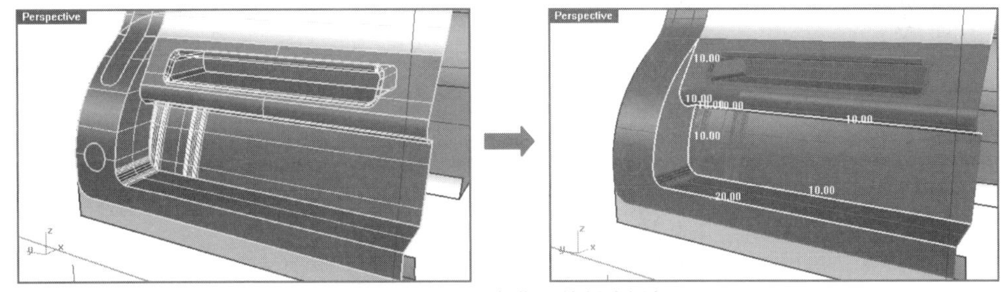

图20-212　组合曲面并创建倒角

17注意特殊节点的倒角大小，如图20-213左图所示，倒角效果如图20-213右图所示。

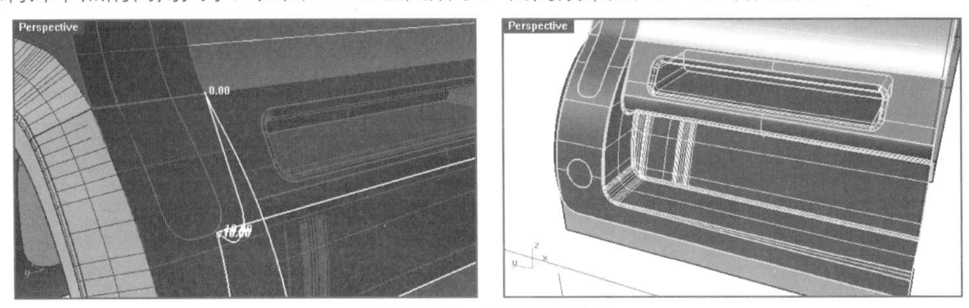

图20-213　查看倒角效果

18单击【曲面】|【挤出】|【往曲面法线方向挤出曲线】按钮，选择如图20-214所示的边缘并挤出曲面。

19用相同的方法挤出如图20-215所示的曲面。

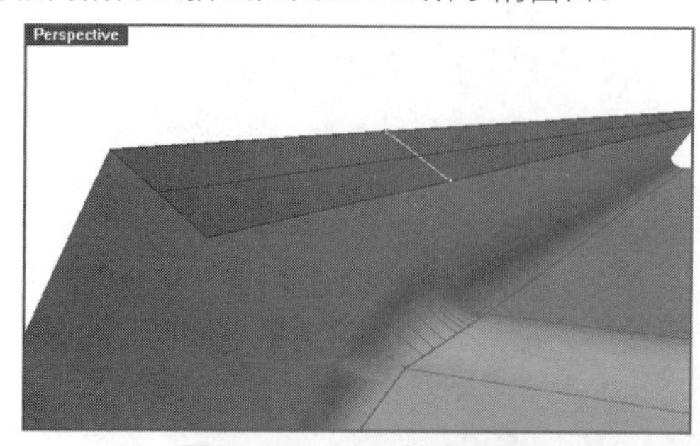

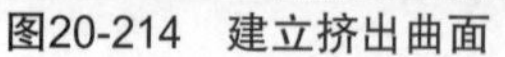

图20-214　建立挤出曲面

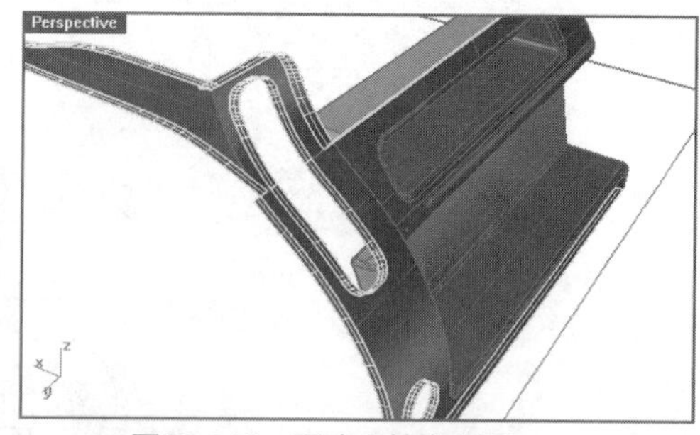

图20-215　再建立挤出曲面

20使用【曲面圆角】工具或【倒角】工具做出面与面之间的衔接部分，如图20-216所示。

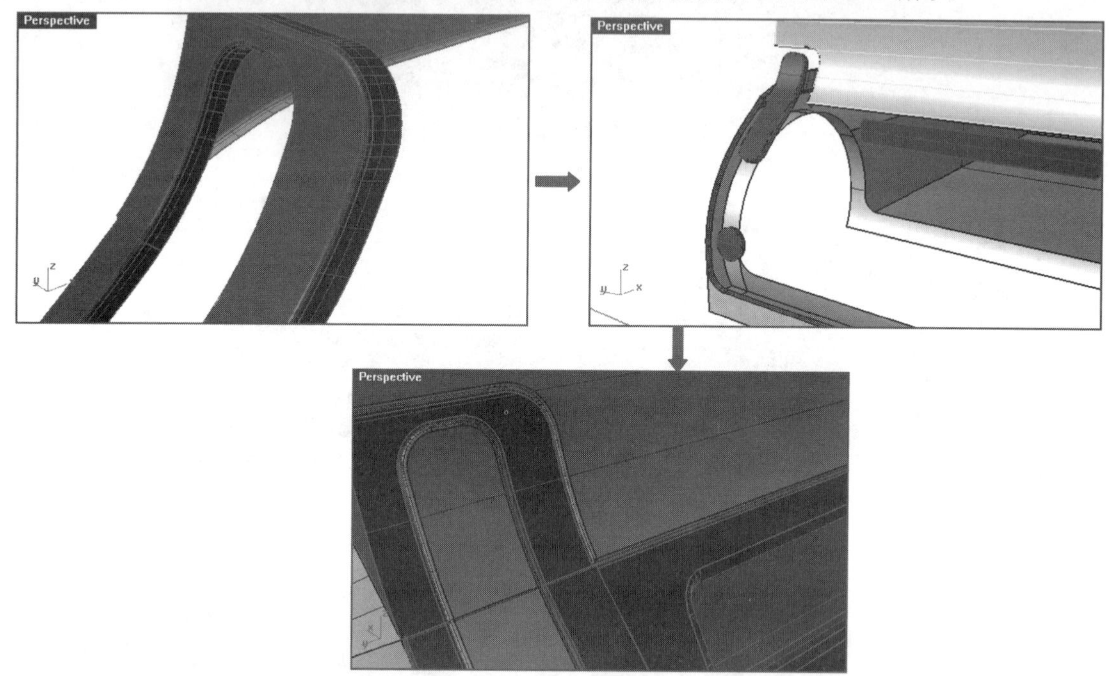

图20-216　建立曲面并倒角

21用同样的方法，处理车头部分其余的细节倒角，部分多角汇合的地方可能不会一次性倒角成功，需要单独进行补面处理，效果如图20-217所示。

22切换至Right视图，绘制直径为15的圆，并使用【变动】工具列中的【矩形整列】工具，按照如图20-218所示的方式排布。

图20-217　细节倒角

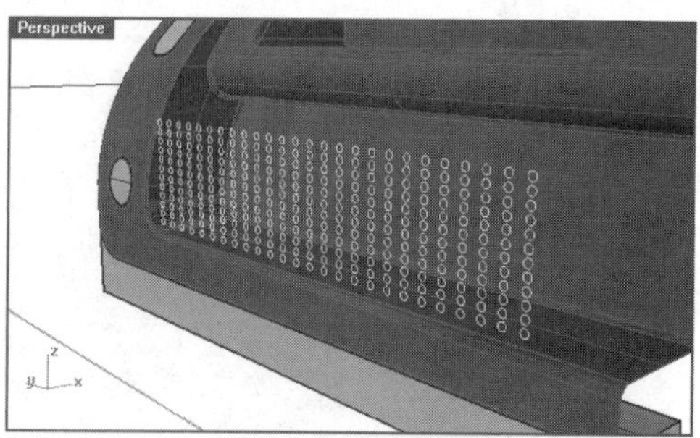

图20-218　矩形整列

23使用【直线挤出】工具将其挤出适当距离，效果如图20-219所示。

24用挤出的曲面来修剪车头部分的细节，修剪效果如图20-220所示。

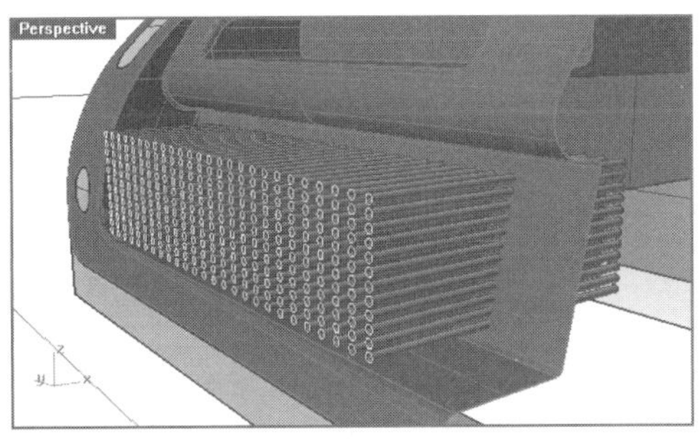

图20-219　直线挤出曲面

图20-220　修剪曲面

25用同样的方法制作如图20-221所示的车头细节。

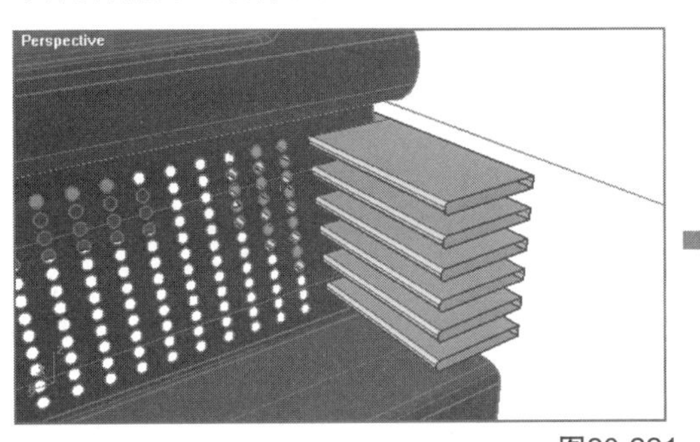

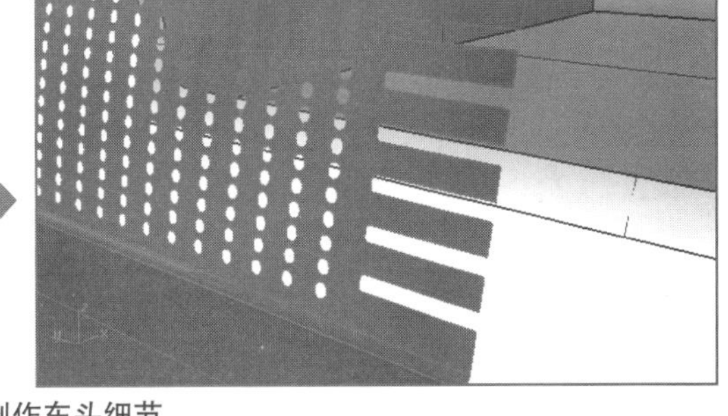

图20-221　制作车头细节

26单击【从物件建立曲线】|【抽离结构线】按钮，抽离如图20-222左图所示的结构线，并使用曲线将车身进行分割，效果如图20-222右图所示。

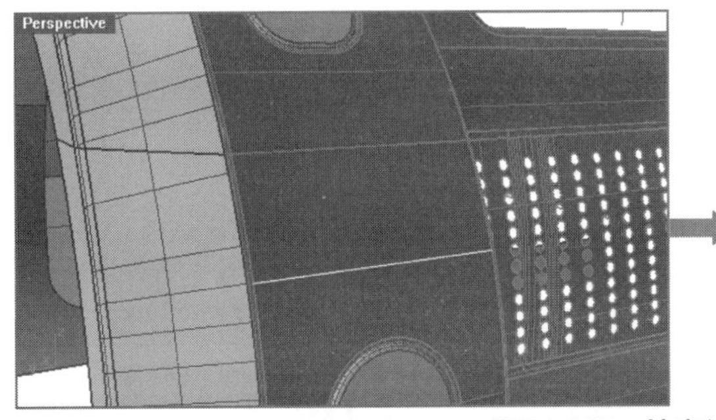

图20-222　抽离结构线并分割车身

27构建分割出来的车头细节的衔接部分，效果如图20-223所示。

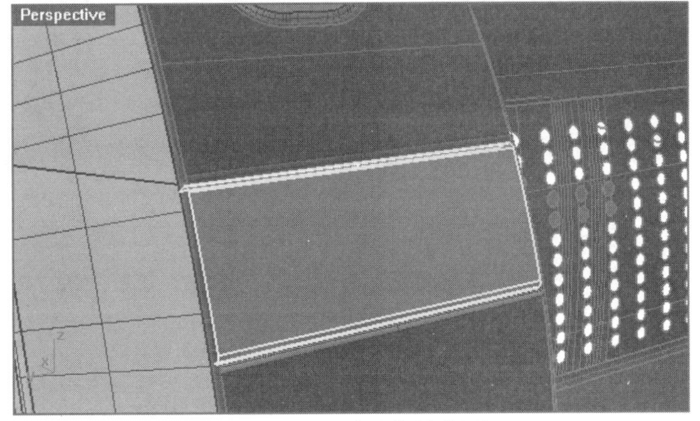

图20-223　建立衔接曲面

20.2.3 添加车身细节

01切换至Front视图，参考背景图绘制车身底部的轮廓线，并用【直线挤出】工具挤出如图20-224所示的曲面。

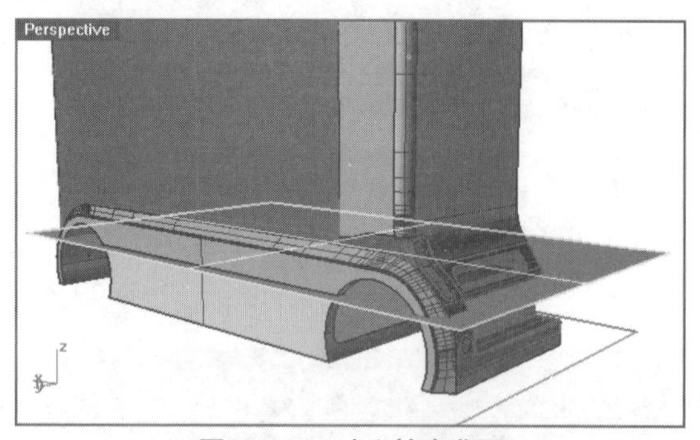

图20-224 建立挤出曲面

02使用挤出的曲面将车身底部的结构分割出来，效果如图20-225所示。

图20-225 分割车身底部

03单击【曲面工具】工具列中的【取消修剪】按钮，将修剪边缘恢复，如图20-226所示。

04用【曲面圆角】工具修剪如图20-227所示的边缘圆角。

05按法线方向挤出如图20-228所示的曲面。

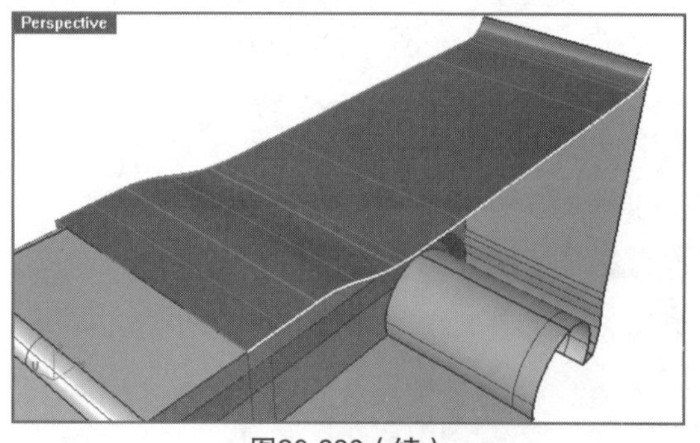

图20-226（续）

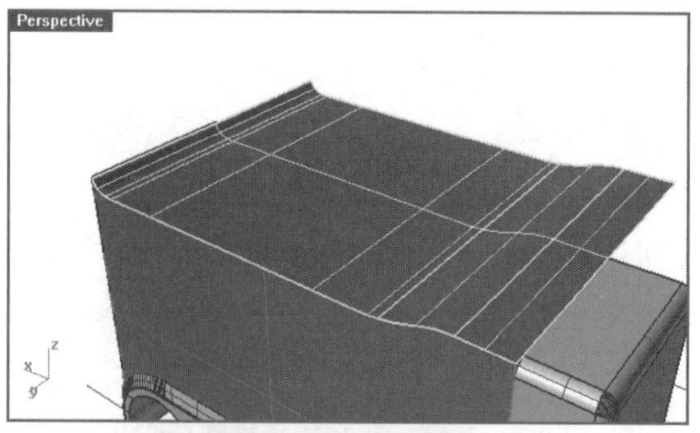

图20-226 取消修剪

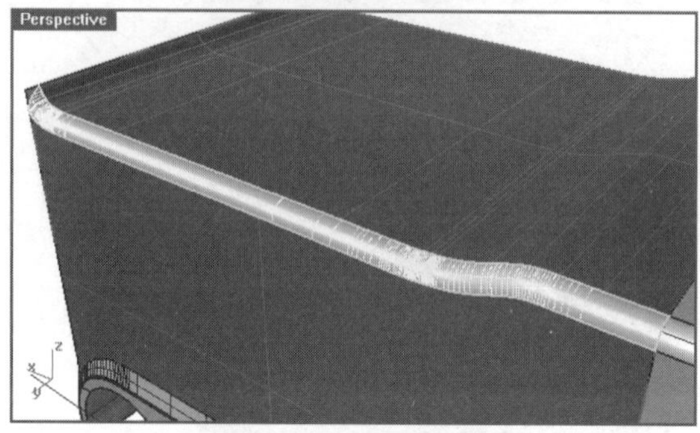

图20-227 曲面圆角效果

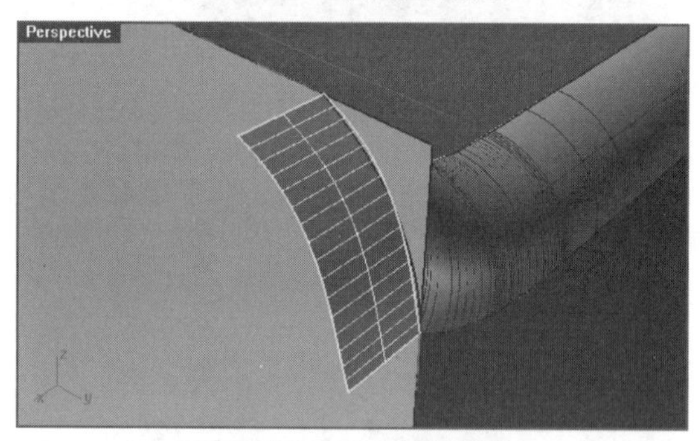

图20-228 建立挤出曲面

06用挤出的曲线将车后门多余的部分修剪掉，效果如图20-229所示。

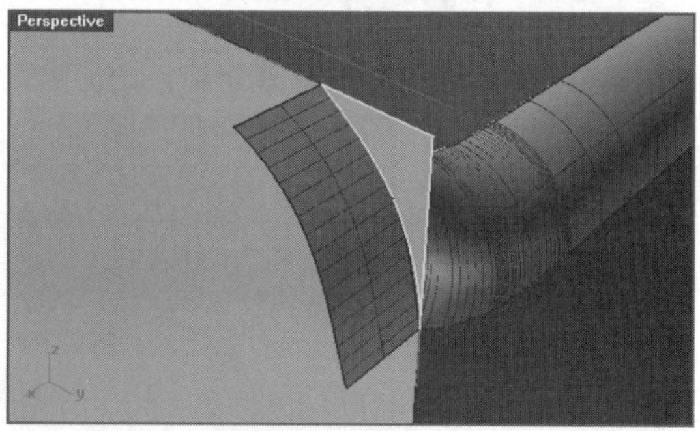

图20-229 修剪曲面

07处理车身其余部分的衔接细节，如图20-230所示。

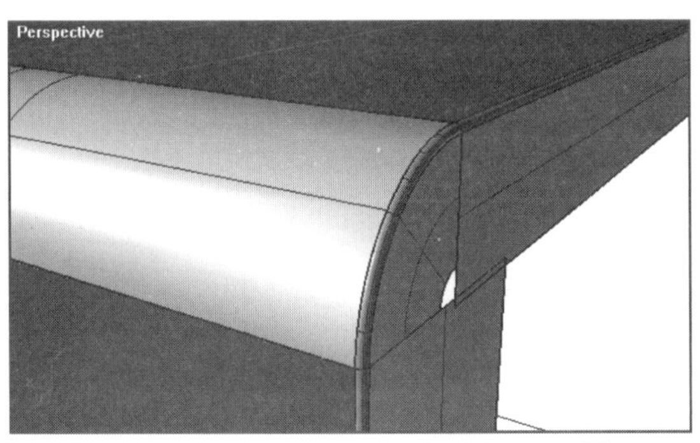

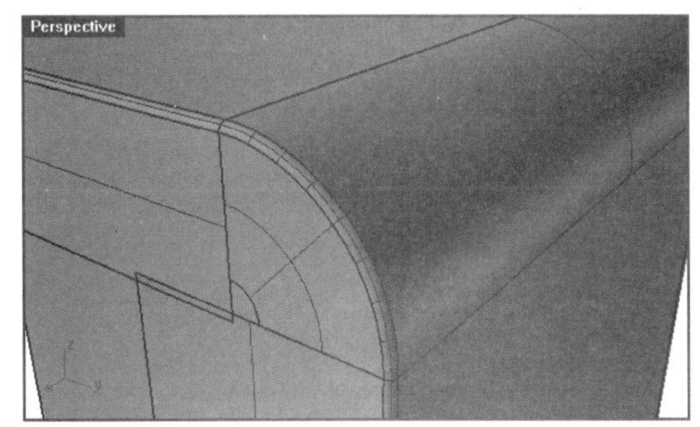

图20-230　建立曲面

08切换至Front视图，参考背景图绘制如图20-231所示的轮廓线，并将车身分割。

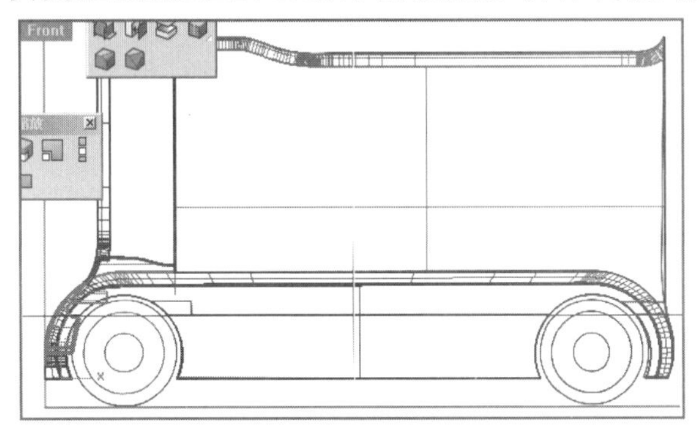

图20-231　绘制轮廓线

09用【边缘圆角】工具将车身边缘细节进行圆角处理，如图20-232所示。

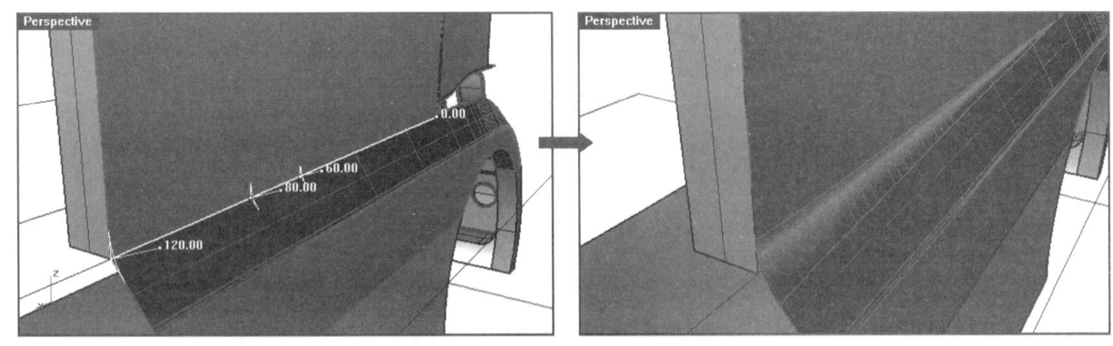

图20-232　圆角处理车身边缘细节

10用同样的方法，处理另一半车身的细节，如图20-233所示。

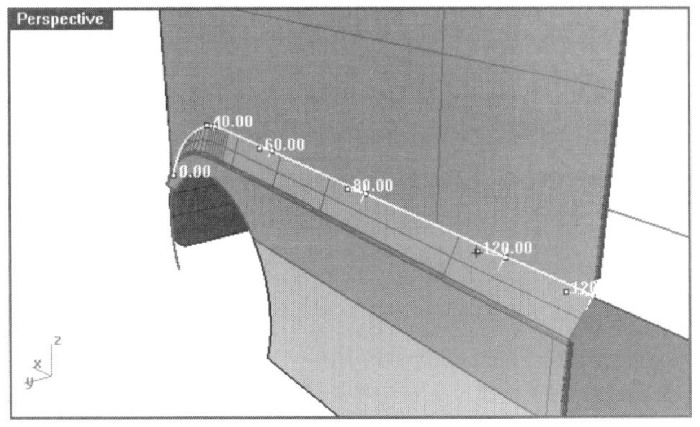

图20-233　处理另一半车身的细节

11至此，车身部分的结构构建完成，效果如图20-234所示。

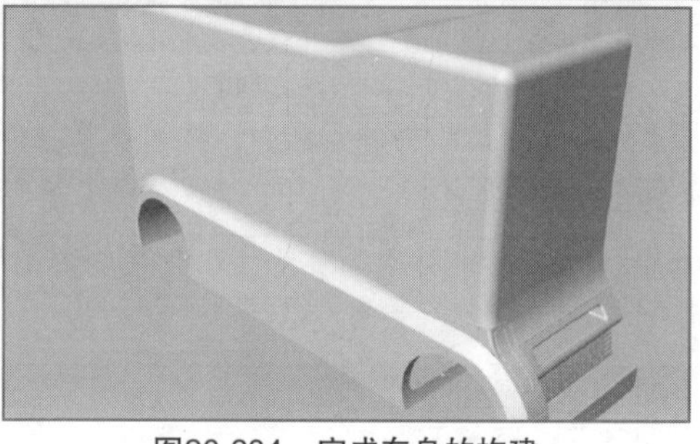

图20-234　完成车身的构建

20.2.4　添加汽车背面细节

01导入汽车背面的背景图，效果如图20-235所示。

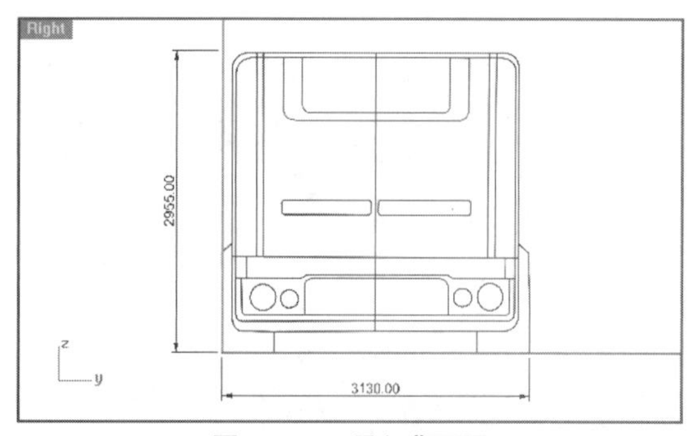

图20-235　导入背面图

02单击【2D旋转】按钮，选择车后门部分进行旋转处理，效果如图20-236所示。

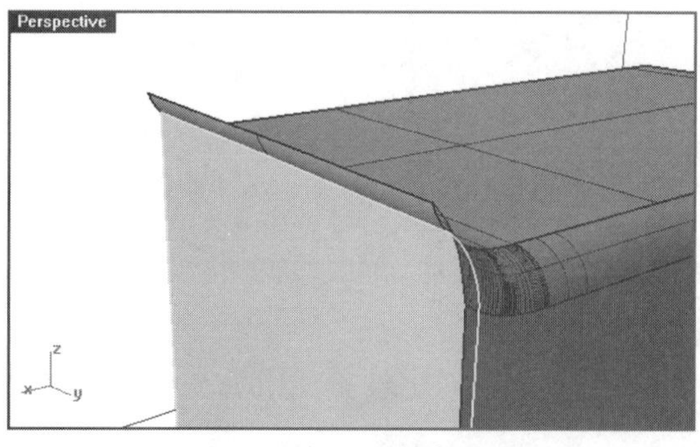

图20-236　2D旋转车后门

03切换至Right视图，参考背景图绘制如图20-237所示的轮廓线。

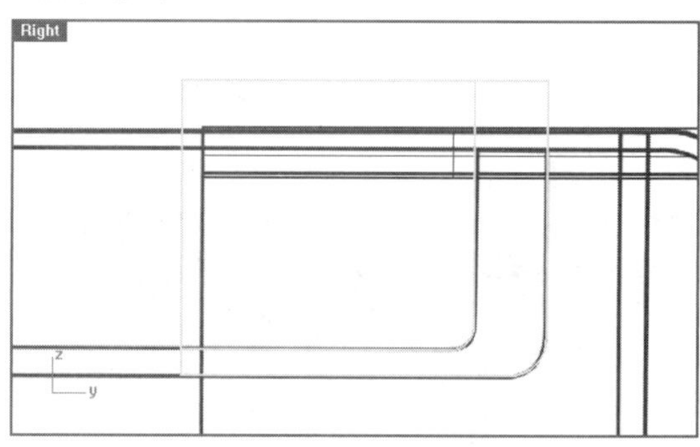

图20-237　绘制轮廓线

04使用【直线挤出】工具将上述绘制的曲线挤出如图20-238所示的曲面。

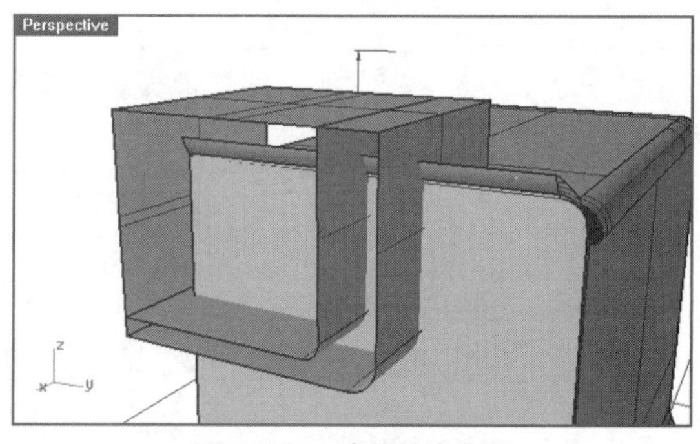

图20-238　直线挤出曲面

05用挤出的曲面修剪车身后门，并将修剪完剩下的部分进行旋转处理，效果如图20-239所示。

06用【混接曲面】工具选取如图20-240所示的曲面边缘进行混接处理。

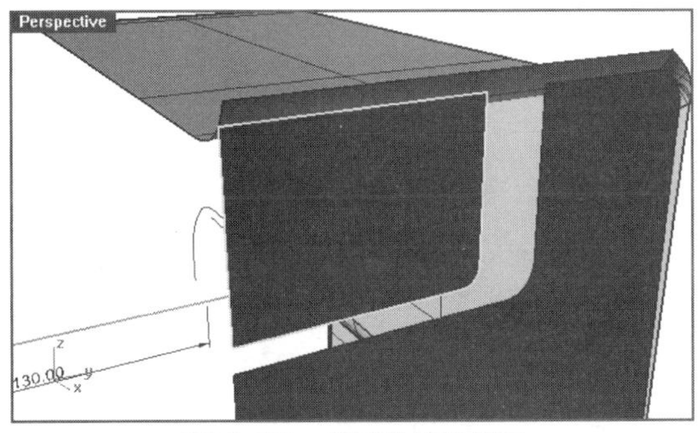

图20-239　修剪并旋转曲面

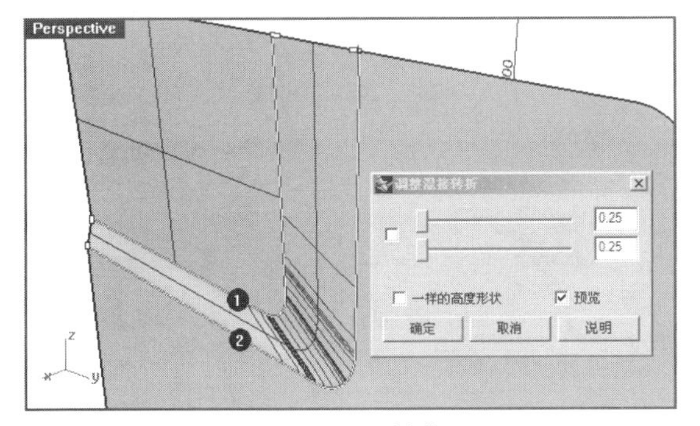

图20-240　混接曲面

07切换至Right视图，参考背景图绘制如图20-241所示的轮廓线。

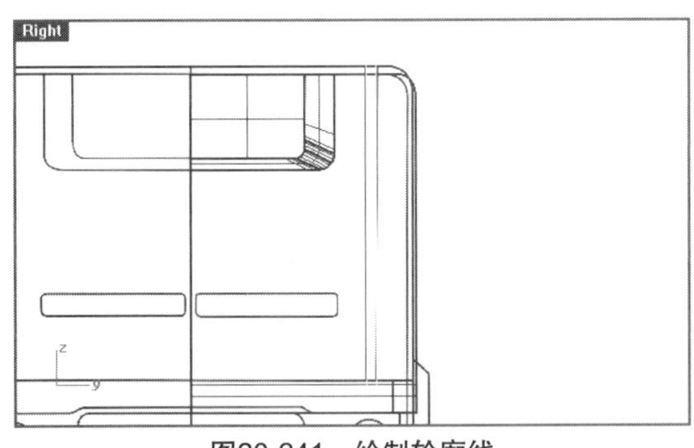

图20-241　绘制轮廓线

08用【直线挤出】工具将绘制的两条轮廓线挤出如图20-242所示的曲面。

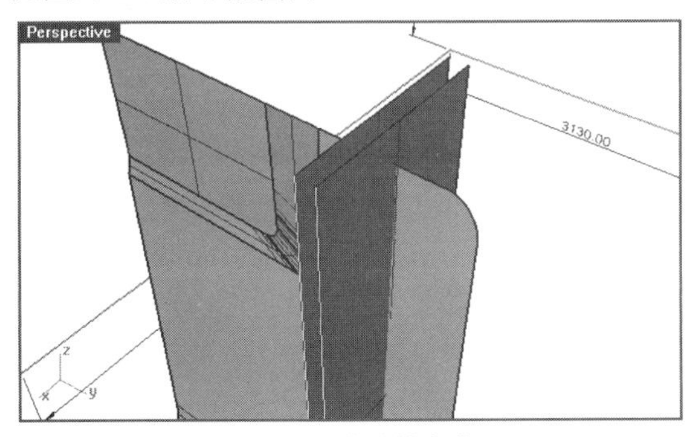

图20-242　直线挤出曲面

09用挤出的曲面将后门进行修剪，修剪效果如图20-243所示。

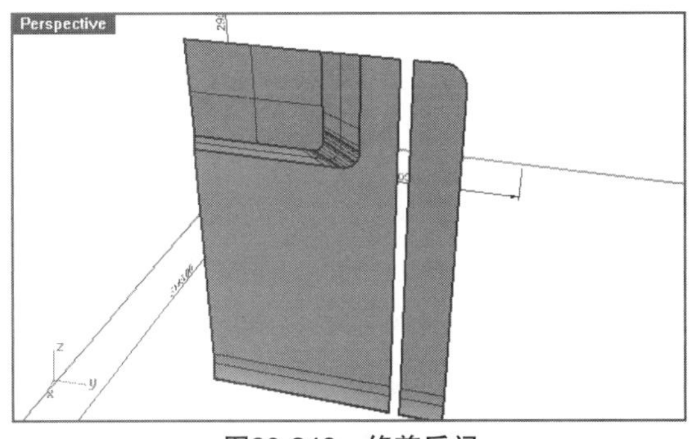

图20-243　修剪后门

10选取修剪出来的边缘结构并进行旋转处理，效果如图20-244所示。

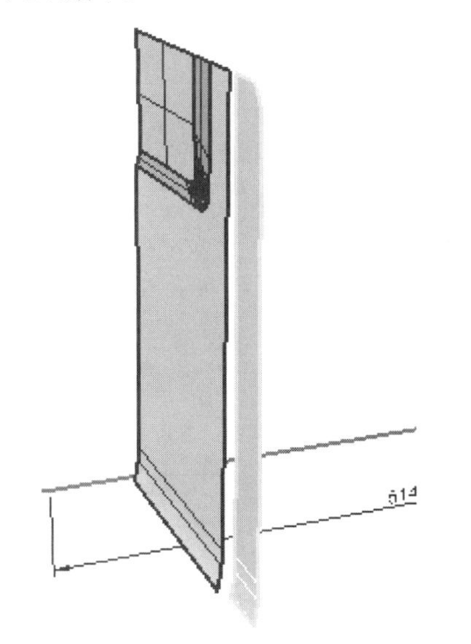

图20-244　旋转效果

11使用【混接曲面】工具将两部分混接，效果如图20-245所示。

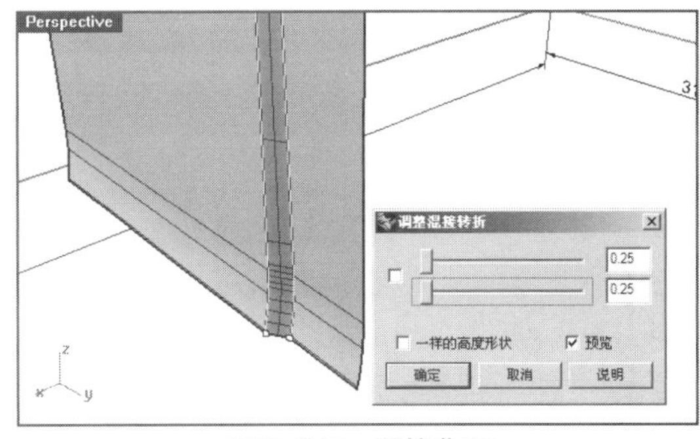

图20-245　混接曲面

12构建后门其余部分的细节，效果如图20-246所示。

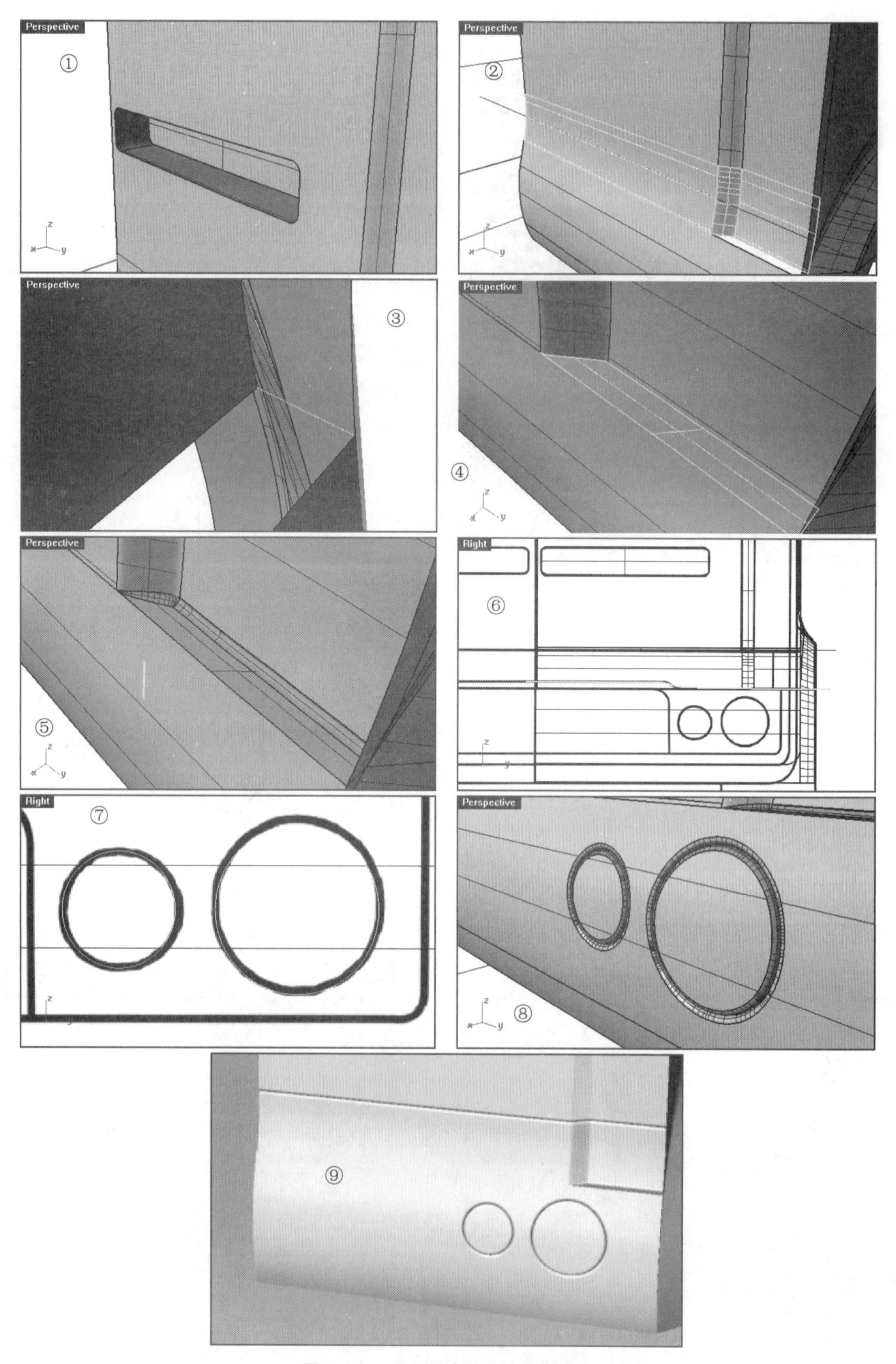

图20-246　后门其余部分的细节效果

20.2.5 创建车灯

01切换至Right视图，参考背景图在车灯位置绘制如图20-247所示的4个圆。

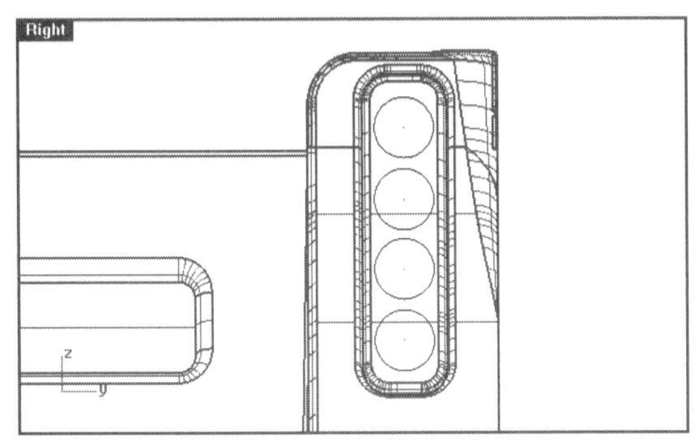

图20-247 绘制4个圆

02在Perspective视图中选取曲面边缘并用【直线挤出】工具挤出曲面，如图20-248所示。

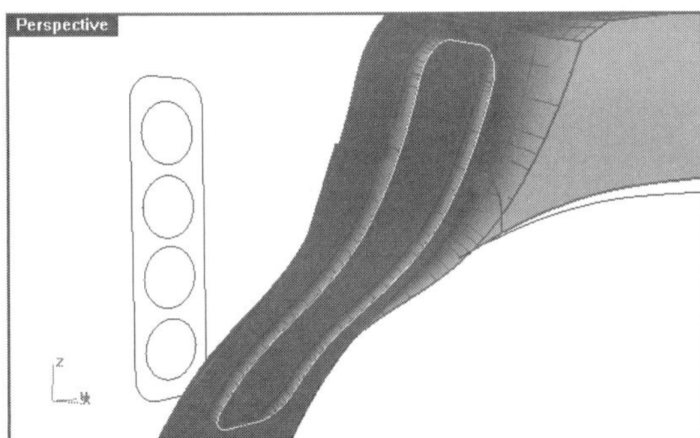

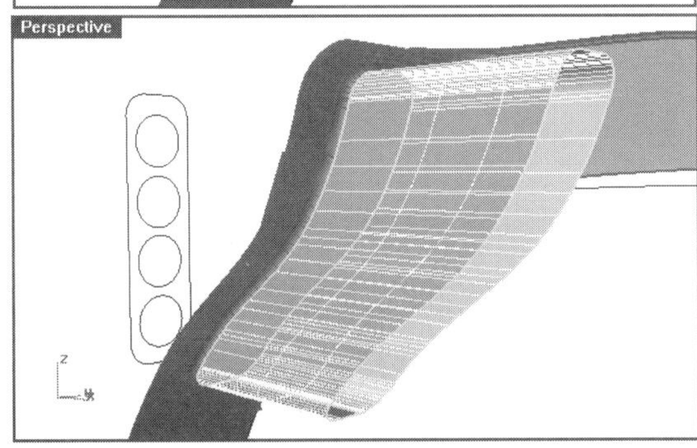

图20-248 建立挤出曲面

03切换至Front视图，绘制如图20-249所示的曲线，并打开控制点调整曲线至适当的位置。

04用绘制出来的曲线放样出如图20-250所示的曲面。

05分别将两个挤出的曲面裁剪，如图20-251所示。

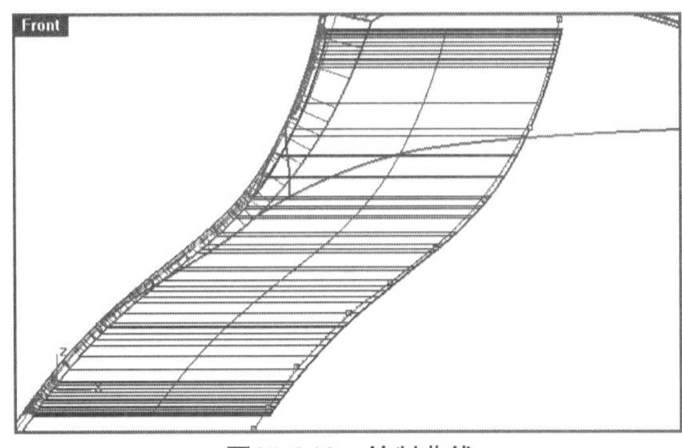

图20-249 绘制曲线

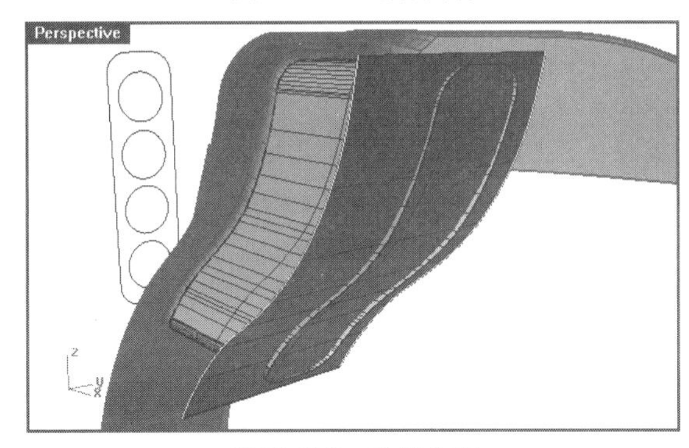

图20-250 放样曲面

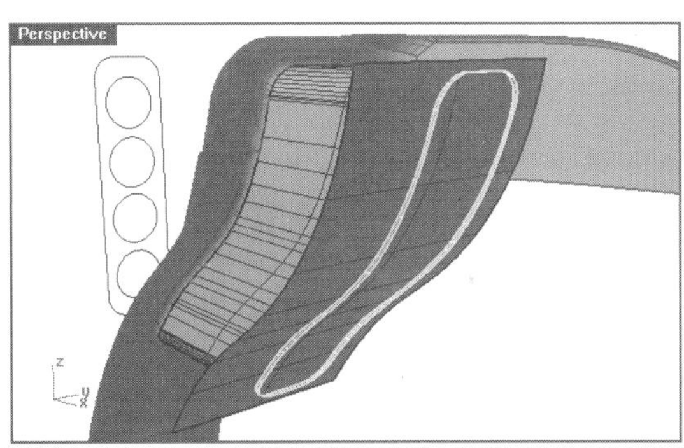

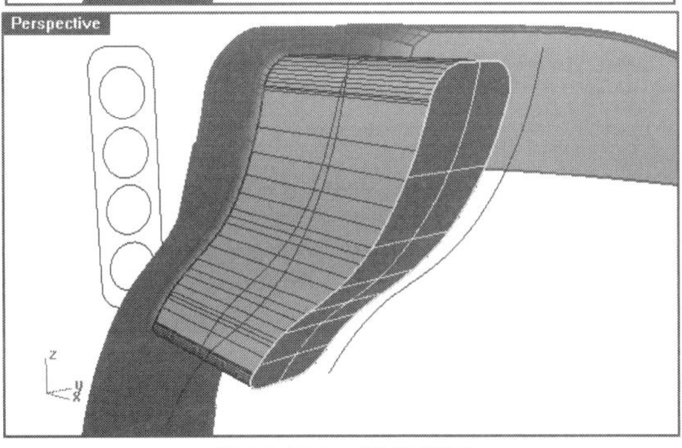

图20-251 修剪曲面

06选取步骤01绘制的圆，用【直线挤出】工具挤出如图20-252所示的曲面。

07分别将挤出的曲面进行切割，删去前后多余部分，如图20-253所示。

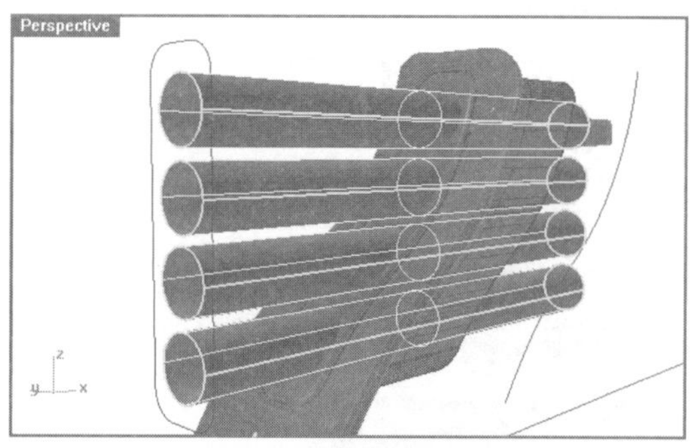

图20-252　直线挤出曲面

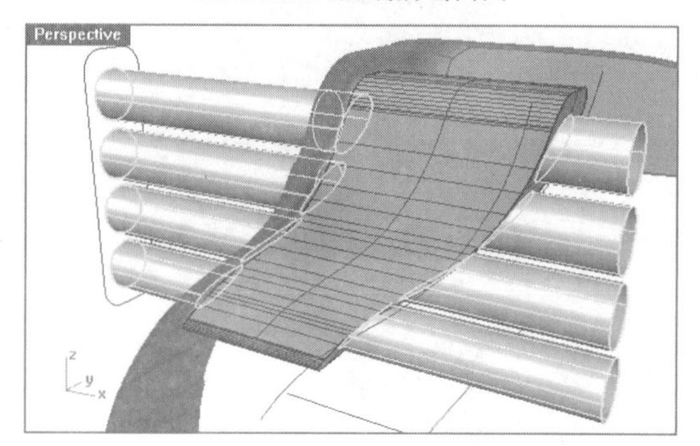

图20-253　修剪曲面

08在【物件锁点】中勾选【中心点】，绘制如图20-254所示的4条辅助线。

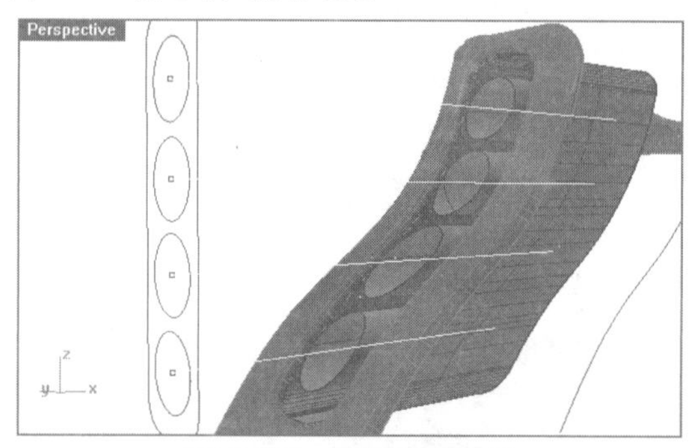

图20-254　绘制4条辅助线

09切换至Front视图，配合【物件锁点】工具中的捕捉【端点】及【四分点】绘制轮廓线，并打开控制点调整至恰当的曲率，如图20-255所示。

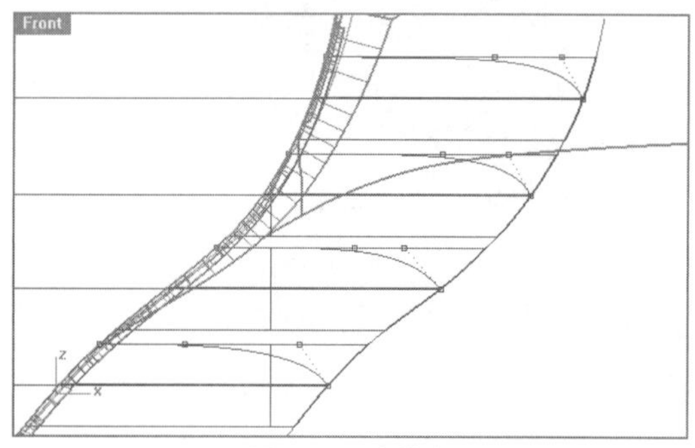

图20-255（续）

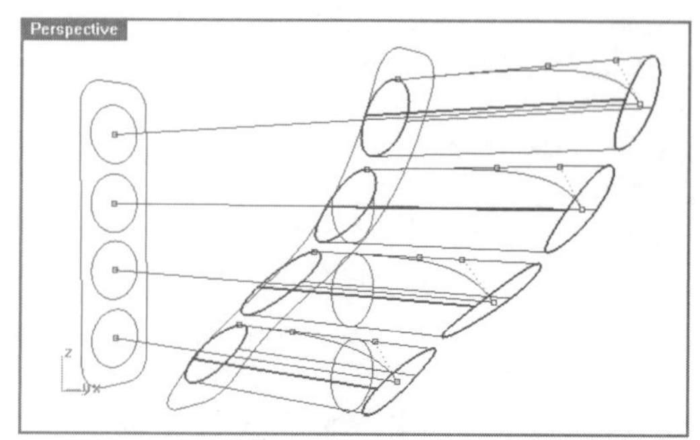

图20-255　绘制轮廓线并调整

10选取上述绘制的轮廓线，使用【曲面】工具列中的【旋转成型】工具，构建如图20-256所示的灯罩曲面。

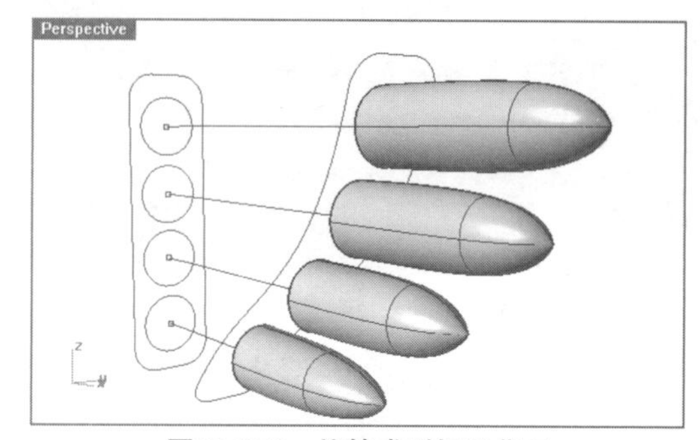

图20-256　旋转成型灯罩曲面

11勾选【物件锁点】中的【端点】，捕捉辅助线的端点，使用【椭圆体】工具绘制如图20-257所示的4个椭圆作为灯泡。

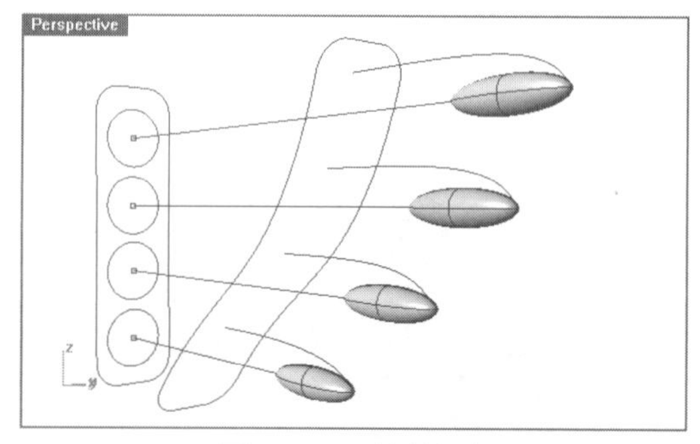

图20-257　绘制灯泡

12显示车前灯的其余部分，效果如图20-258所示。

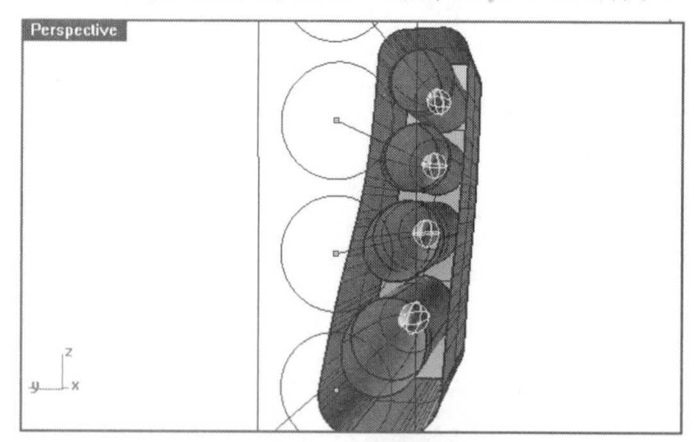

图20-258　车灯效果

13使用同样的方法，绘制车身其余部分的车灯，效果如图20-259所示。

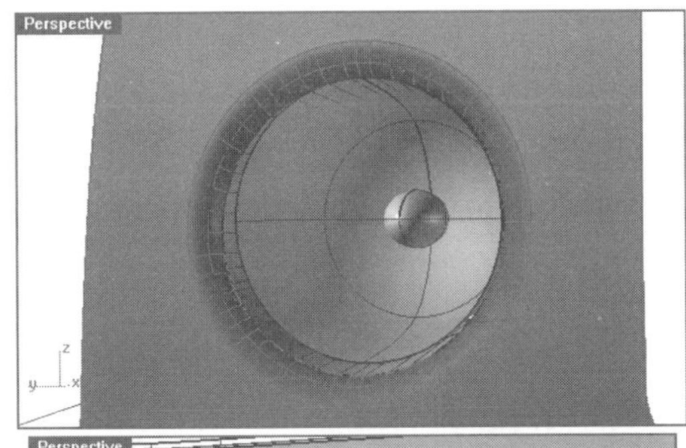

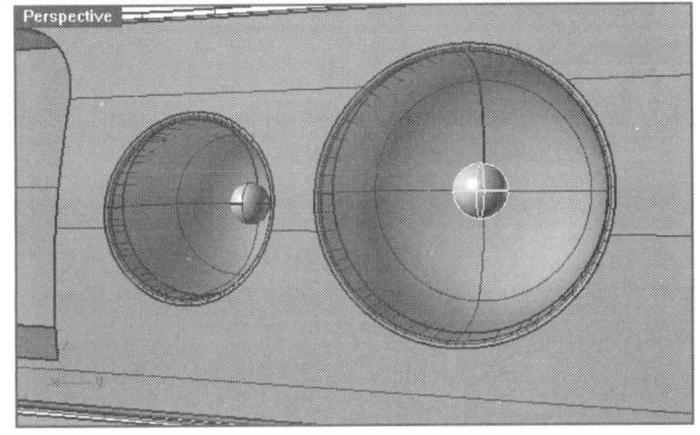

图20-259　车灯效果

20.2.6　创建车轮部分

01用【控制点曲线】工具绘制车轮毂的结构线，并通过【旋转成型】工具放样出轮毂部分，如图20-260所示。

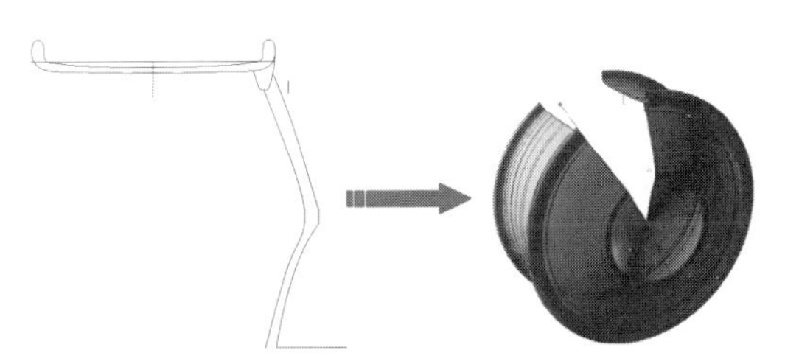

图20-260　绘制轮廓线并创建轮毂

02选择【多重曲线】工具和【2D旋转】工具，并结合【物件锁点】，复制出旋转夹角为36°的辅助线，如图20-261所示。

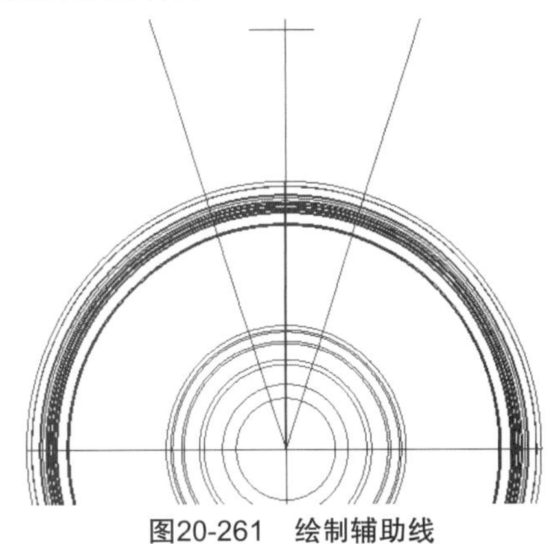

图20-261　绘制辅助线

03用【直线挤出】工具将上述曲线挤出曲面，使用挤出的曲面修剪轮毂，如图20-262所示。

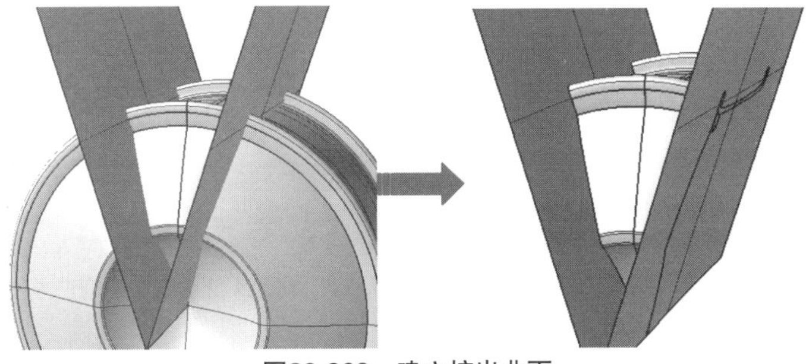

图20-262　建立挤出曲面

04用【控制点曲线】工具绘制轮毂中部的结构线并挤出曲面，再用挤出的曲面修剪轮毂部分，如图20-263所示。

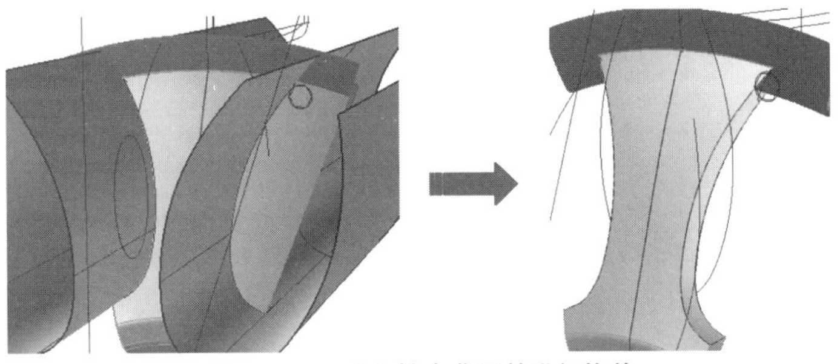

图20-263　建立挤出曲面并进行修剪

05用【曲线】|【从物件建立曲线】|【交集】工具 建立交集曲线，然后用该曲线修剪曲面，将露空面封上，如图20-264所示。

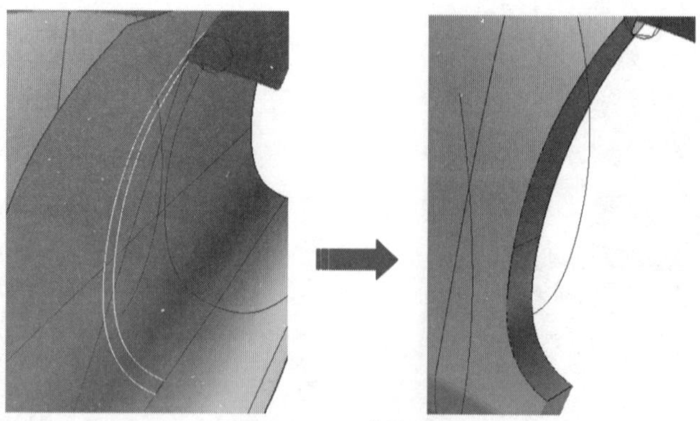

图20-264　曲线交集

06切换至Right视图，参考背景图绘制两个大小不同的圆，并使用【放样】工具将它们放样，如图20-265所示。

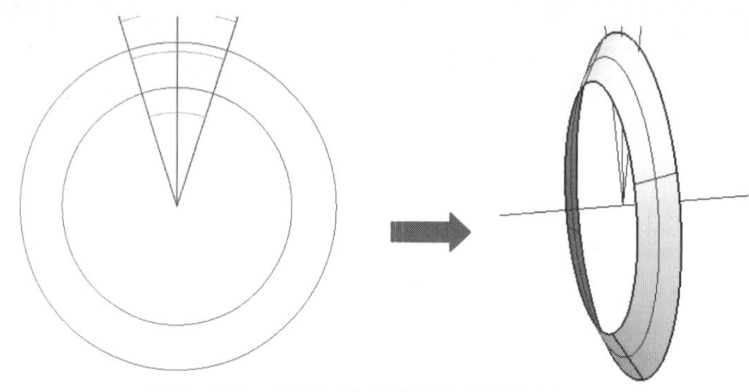

图20-265　绘制圆曲线并建立放样曲面

07通过绘制相应的辅助线切割出如图20-266所示的轮毂细节。

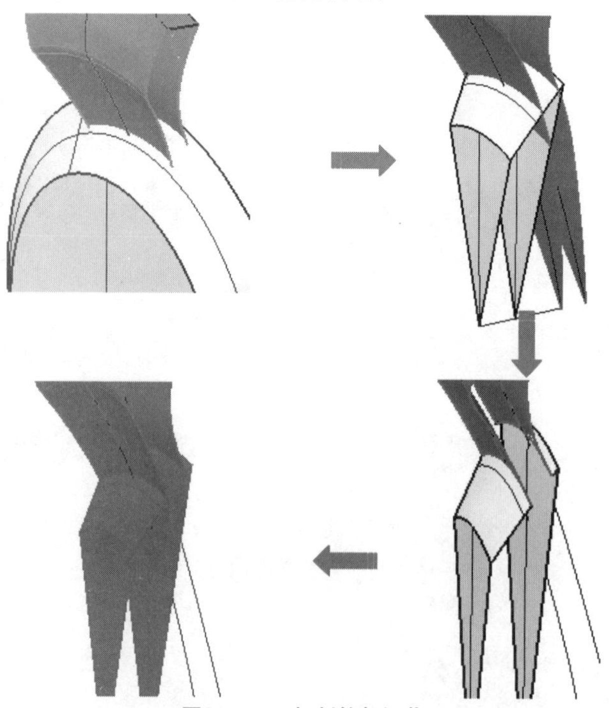

图20-266　切割轮毂细节

08使用【旋转】工具复制得到其余部分的轮毂，并结合【多边形】工具制作车辆的铆钉等细节，效果如图20-267所示。

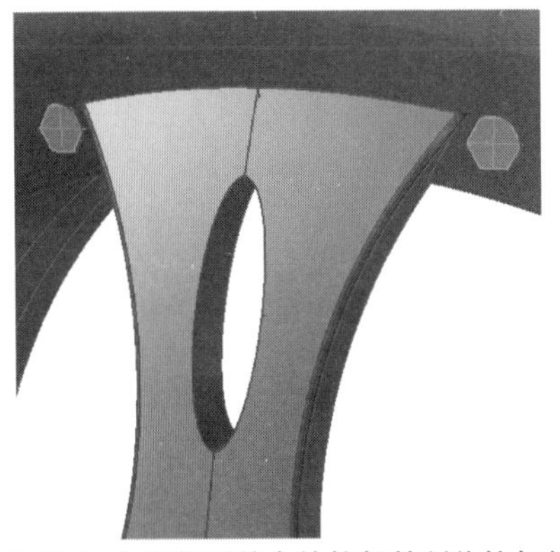

图20-267　复制得到其余的轮毂并制作铆钉结构

09切换至Front视图，参考背景图绘制如图20-268上图所示的轮廓线，并使用【直线挤出】工具挤出如图20-268下图所示的封闭曲面。

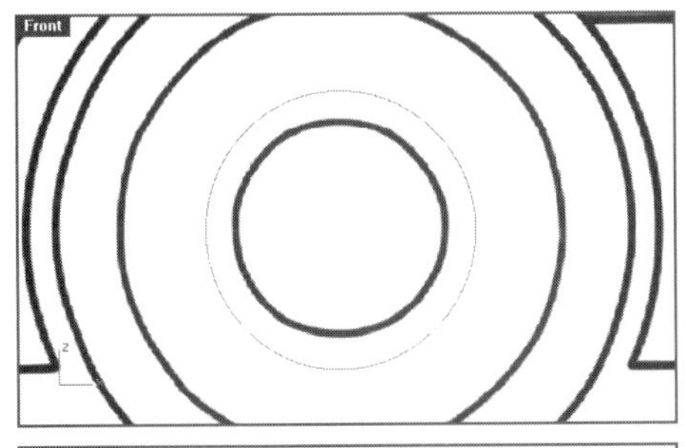

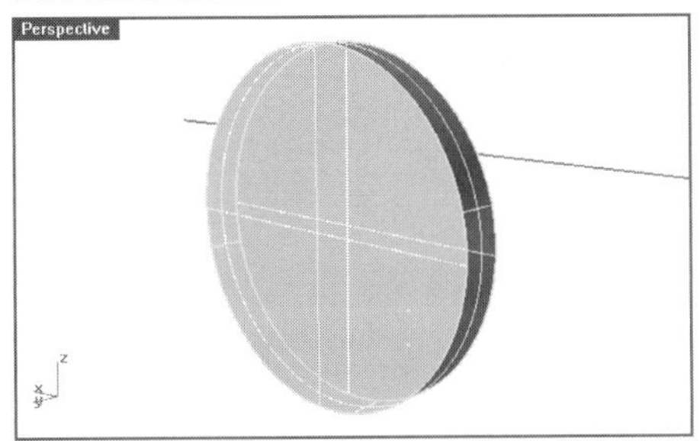

图20-268　绘制轮廓线并建立挤出曲面

10使用【矩形】工具绘制曲线并使用【2D旋转】工具调整曲线，再将曲线移动至合适的位置，如图20-269所示。

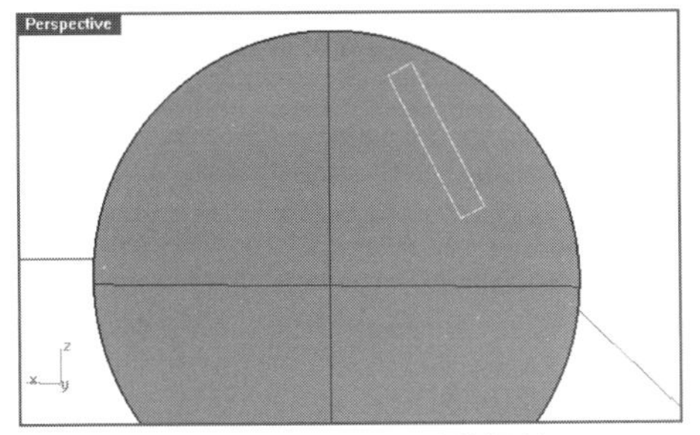

图20-269　绘制矩形并调整

11使用【环形阵列】工具将上述曲线复制得到如图20-270所示的多个曲线。

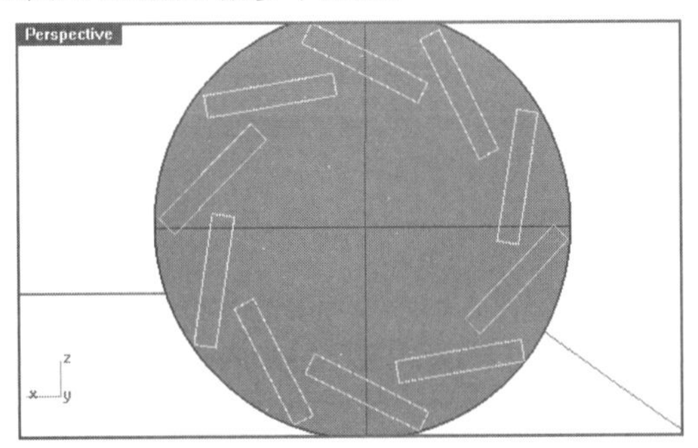

图20-270　环形阵列矩形

12单击【直线挤出】按钮，选择上述多个曲线，将曲线挤出如图20-271所示的曲面。

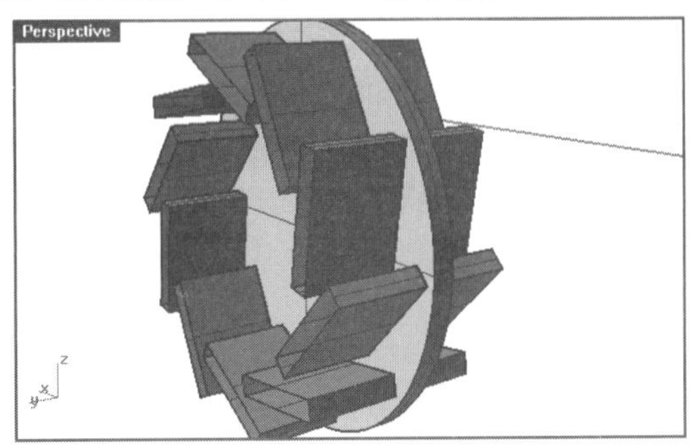

图20-271　直线挤出曲面

13用【实体工具】|【布尔运算差集】工具对曲面进行布尔运算，效果如图20-272所示。

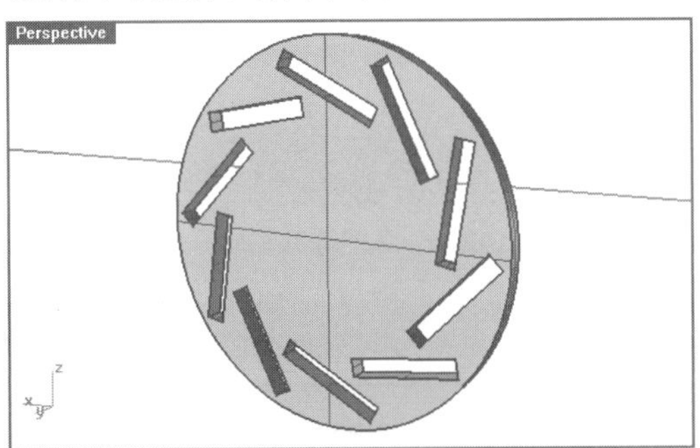

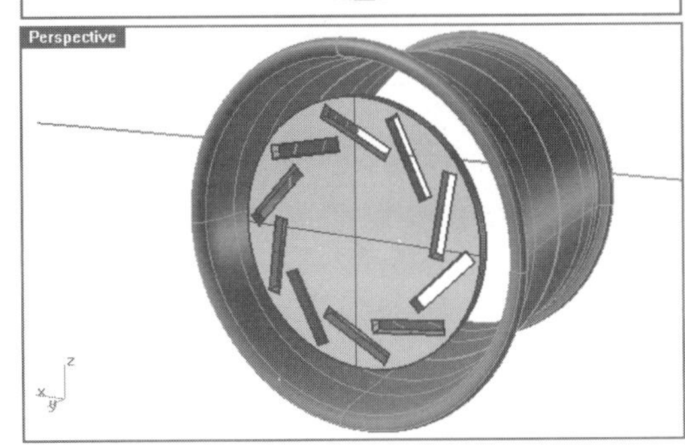

图20-272　布尔运算差集

14使用【控制点曲线】工具绘制相应的曲线，再旋转成型如图20-273所示的车轮胎部分。

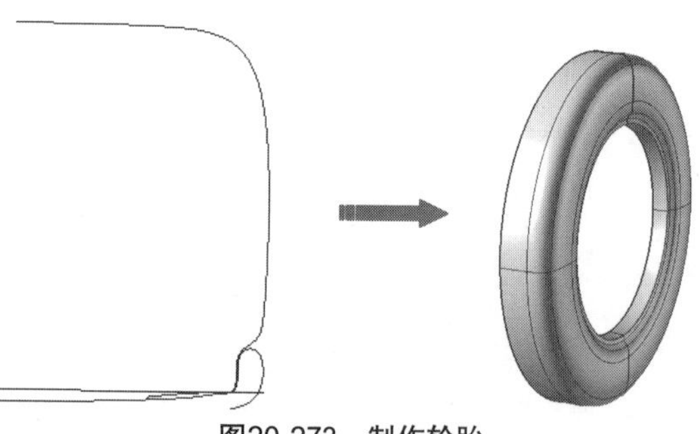

图20-273　制作轮胎

15绘制轮廓线，并通过放样得车胎纹理，如图20-274所示。

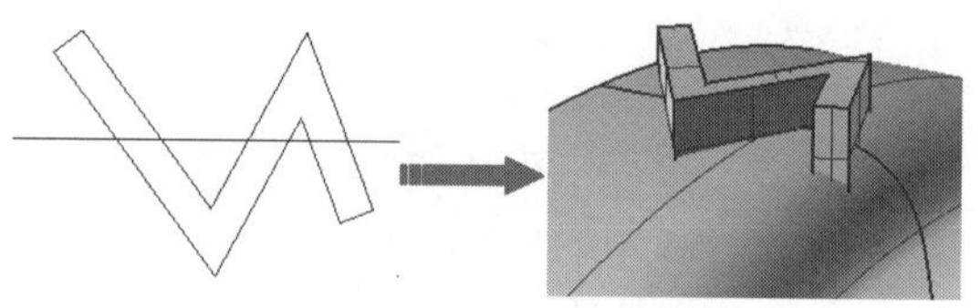

图20-274　制作胎纹

16使用【环形阵列】工具，选取上述挤出的车轮纹理进行阵列处理，效果如图20-275所示。

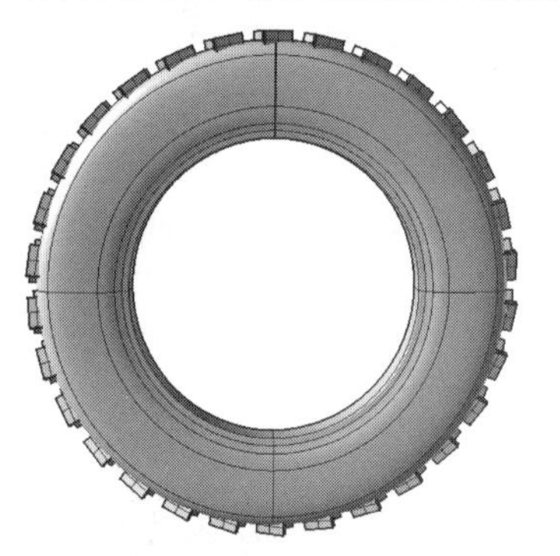

图20-275　环形阵列车轮纹理

17用阵列出来的曲面修剪车轮，并使用【镜像】工具得到如图20-276所示的外轮胎。

图20-276　外轮胎效果

18车轮部分制作完成，将各部件分配到相应的图层，效果如图20-277所示。

图20-277　车轮效果

19使用【镜像】工具复制得到另一半车身，效果如图20-278所示。

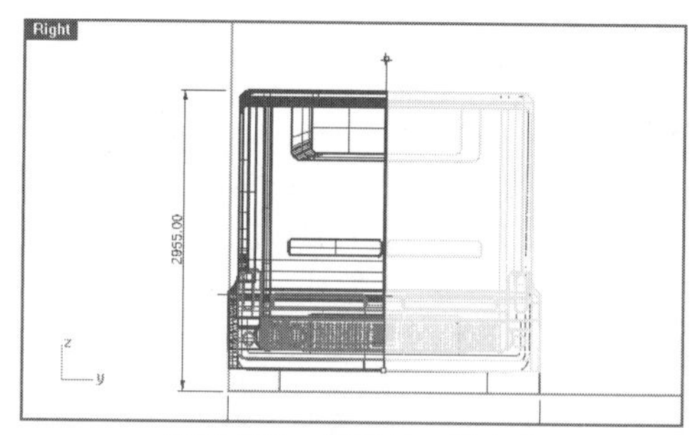

图20-278　镜像另一半车身

20切换至Right视图，参考背景图绘制如图20-279所示的轮廓线。

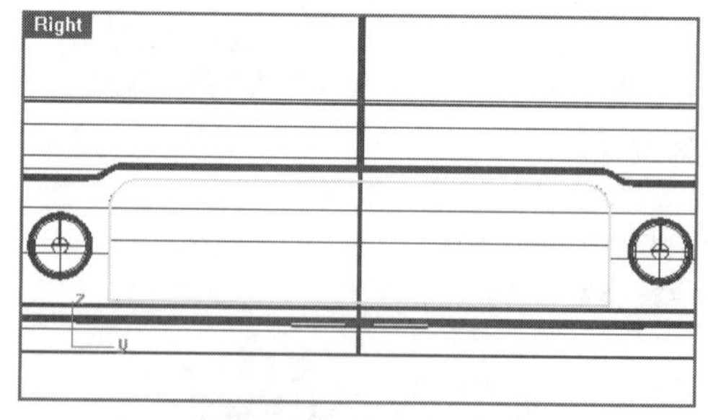

图20-279　绘制轮廓线

21使用【直线挤出】工具将上述轮廓线挤出如图20-280所示的曲面。

22用上述挤出的曲面将车身进行分割并封闭曲面，效果如图20-281所示。

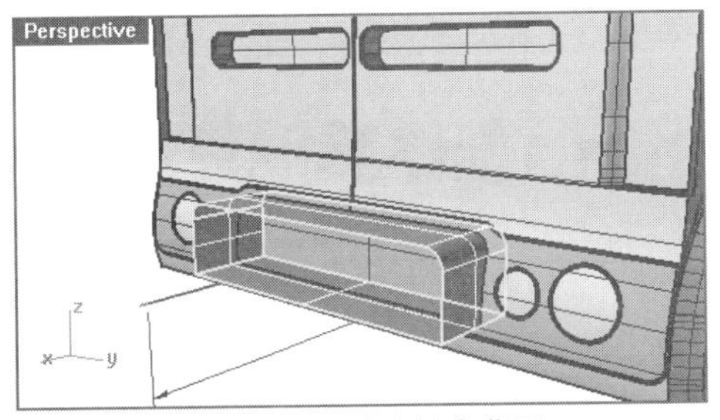

图20-280　直线挤出曲面

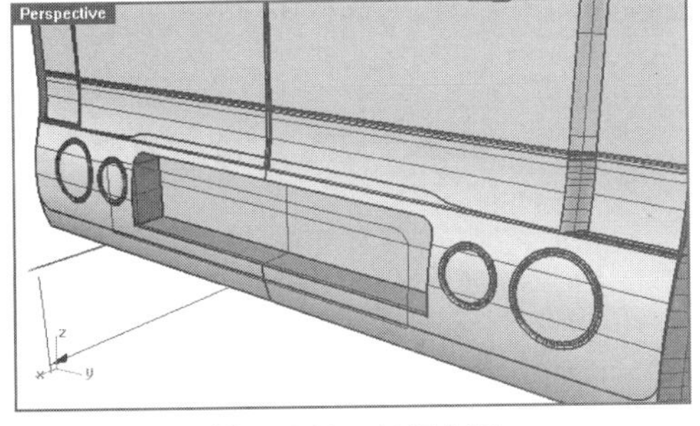

图20-281　封闭曲面

23因为汽车的每个车轮都是一样的，将上述构建的车轮复制得到3个，分别将4个车轮移动调整到恰当的位置，如图20-282所示。

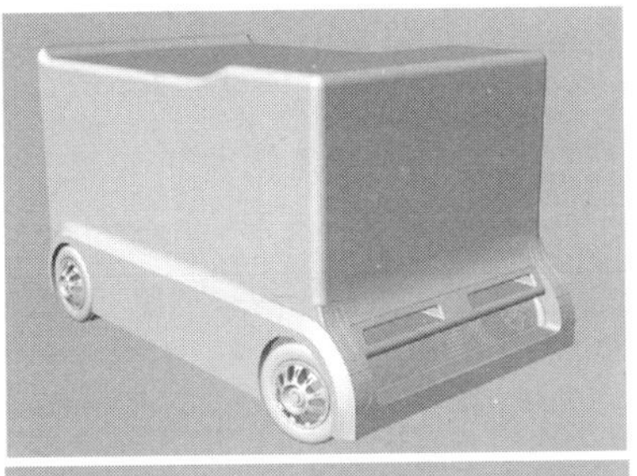

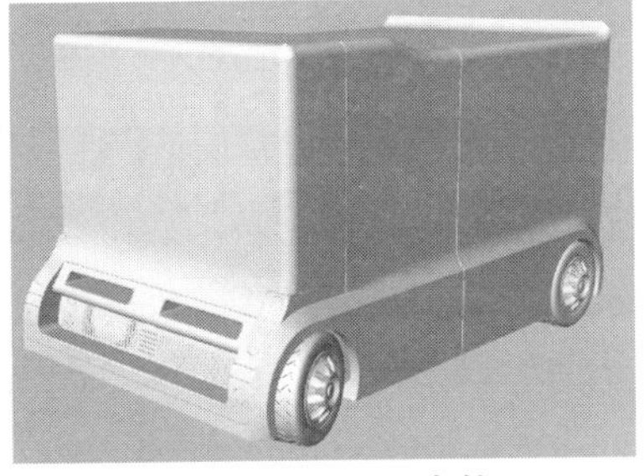

图20-282　复制车轮

24至此，这辆房车的模型制作就全部完成了，效果如图20-283所示。

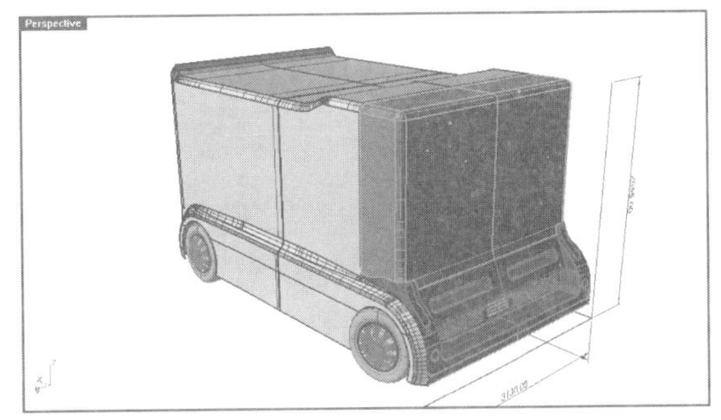

图20-283　制作完成的房车模型

20.2.7　用KeyShot渲染房车模型

用KeyShot对建立的房车模型进行渲染，渲染过程见配套资源中的操作视频。最终渲染完成的房车如图20-284所示。

图20-284　房车渲染的最终效果

第21章

21 用Rhino制作其他产品模型

本章将介绍其他类型的产品造型设计，如iPhone手机模型制作、无人机模型制作等。

项目分解

- 制作iPhone手机模型
- 制作无人机模型

21.1 制作iPhone手机模型

引入文件：动手操作\源文件\Ch21\Iphone\iphone 01JPG~ iPhone 06.JPG

结果文件：动手操作\结果文件\Ch21\iPhone.3dm

视频文件：视频\Ch21\制作iPhone手机模型.avi

iPhone手机如图21-1所示，整个造型以方体为主，重点是一些细节的制作。设计思路遵循从前盖到后盖、从外向内，可将其分为4部分，分别为机身部分、正面细节部分、机身及侧面细节部分、底面细节部分。

图21-1 iPhone手机

iPhone手机在建模过程中采用了以下基本方法。

- 利用曲线命令构建手机机身轮廓；
- 利用挤出封闭的平面曲线、直接挤出、分割等命令创建机身；
- 利用分割、直接挤出、物件属性、矩形、布尔运算、球体等命令制作手机正面细节部分；
- 利用多重直线、直接挤出、分割、放样等命令制作手机侧面细节特征，以及底部的细节特征；
- 利用曲线、直接挤出、分割、文字物件等命令制作Logo。

21.1.1 导入背景图片

在创建模型之初，需要将参考图片导入对应的视图中。在默认的工作视窗配置中，存在3个正交视图。由于手机的各个面都不同，因此需要添加更多的正交视图来导入图片。

01 在其中一个正交视图的激活状态下，执行菜单栏中的【查看】|【背景图】|【放置】命令，将相应的参考图片导入视图中。依次在Top、Right、Front正交视图中导入参考图片，并对齐导入的3张背景图片，如图21-2、图21-3、图21-4所示。

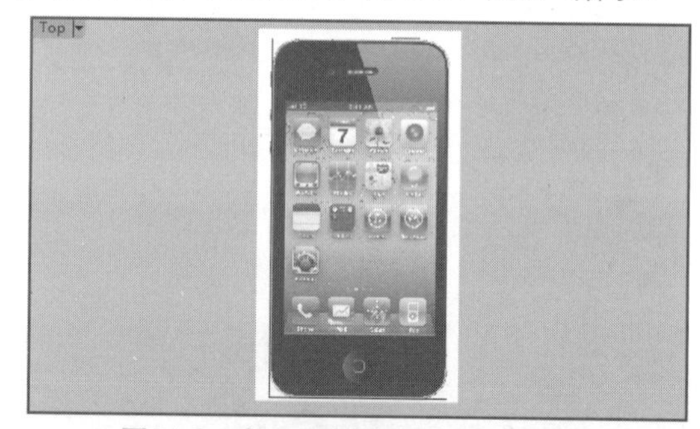

图21-2 在Top正交视图中导入背景图

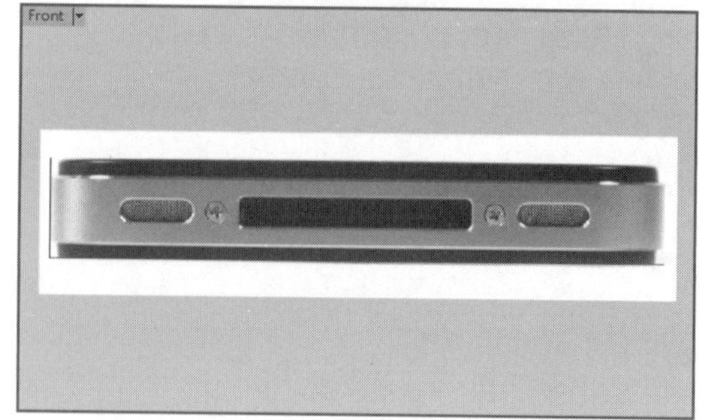

图21-3 在Front正交视图中导入背景图

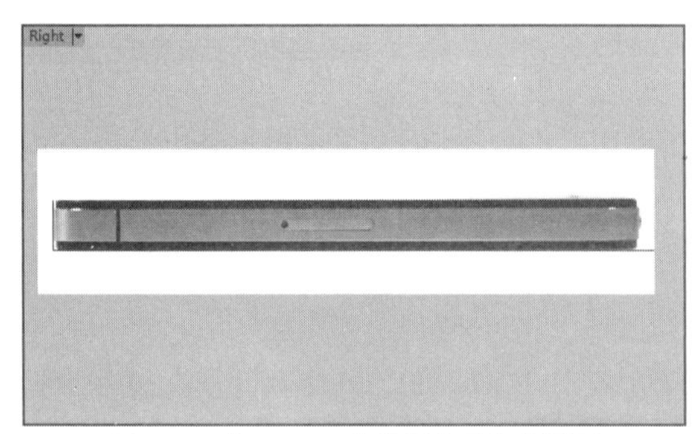

图21-4　在Right正交视图中导入背景图

技术要点：该模型是按照1:1比例构建的，其长、宽、厚分别为9.3mm、58.6mm、115.2mm。为了保证模型的准确，在绘制曲线的时候最好以之前做好的平面参考图为标准。

02执行菜单栏中的【查看】|【工作视窗配置】|【新增工作视窗】命令，工作区域中将有一个新的视图被创建（默认情况下为Top视图）。在此工作视窗的激活状态下，执行菜单栏中的【查看】|【设置视图】|Back命令，这时新添加的视图（Top视图）将更改为Back视图，如图21-5所示。

图21-5　更改视图

03执行菜单栏中的【查看】|【背景图】|【放置】命令，在Back正交视图中放置背景图片，然后将其对齐，如图21-6所示。

04用同样的方法，在工作区域中添加Left正交视图，然后在新添加的视图中导入相应的参考图片作为背景图，最后依据给定的尺寸添加辅助线，对齐背景图片，如图21-7所示。

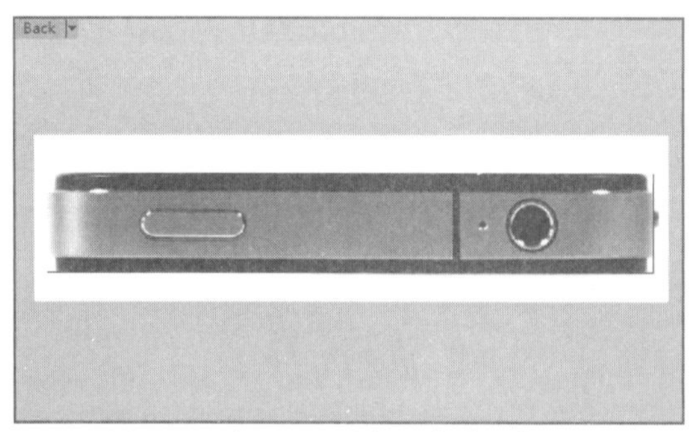

图21-6　在Back正交视图中放置背景图

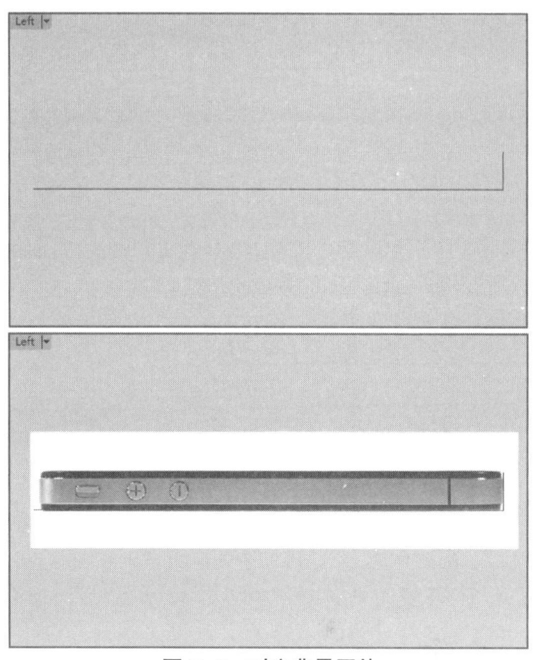

图21-7　对齐背景图片

05至此，已添加工作视窗，并在其中导入相关的背景图片。这些背景图片可以辅助创建手机的各个面。另外，在建模过程中可以将工作视窗最大化，然后通过下方的工作视窗标签来切换不同的视图。

21.1.2　创建机身部分

01在Top正交视图中，执行菜单栏中的【曲线】|【直线】|【单一直线】命令，沿手机的四边边缘创建4条直线。长宽尺寸分别为115.2mm、58.6mm，如图21-8所示。

02执行菜单栏中的【曲线】|【曲线圆角】命令，单击一条直线，在提示行中输入8.5，作为圆角半径的大小，然后单击其相邻的直线，创建圆角。右击，重复使用该命令，依次在曲线的4个角点处创建圆角，如图21-9所示。

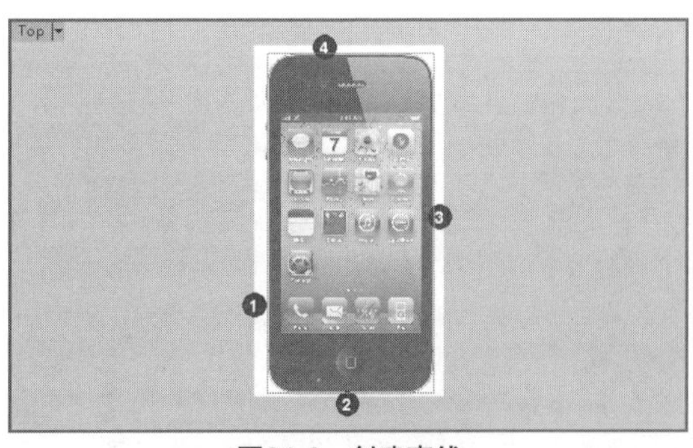

图21-8　创建直线

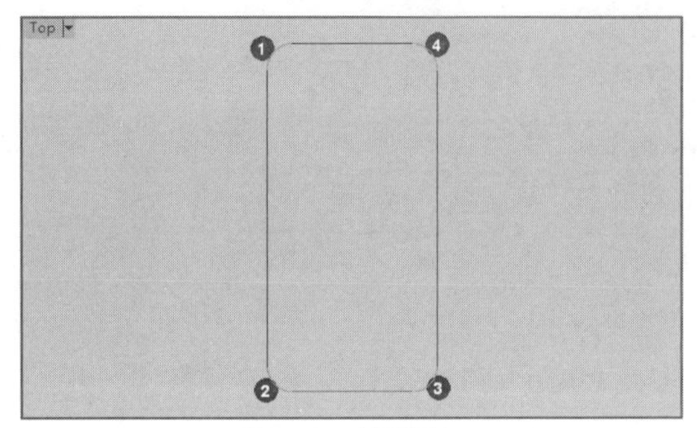

图21-9　创建圆角

> **技术要点：**（1）如果不熟悉工具命令的使用，执行菜单栏中的【说明】|【帮助主题】命令，打开Rhino自带的帮助文档进行学习。（2）由于每个用户的界面布局不同，这里采用菜单命令的方式介绍操作。（3）在图21-9中，为了更好地呈现刚刚创建的圆角曲线，适时隐藏了背景图片，后面会采用同样的方法。（4）对于暂时不使用的物件，可执行菜单栏中的【编辑】|【可见性】|【隐藏】命令，将其隐藏。

03执行菜单栏中的【编辑】|【组合】命令，然后选取视图中的手机轮廓线，右击确认。这几条曲线将被组合在一起，可直接被一次选中（这条曲线切记不要删除，后面还会用到），如图21-10所示。

04执行菜单栏中的【实体】|【挤出平面曲线】|【直线】命令，然后在Top正交视图中选择手机轮廓线，右击确认。在Front正交视图中单击确定挤出曲线的高度（也可直接在提示行中输入确切的数值，然后右击确认），如图21-11所示。

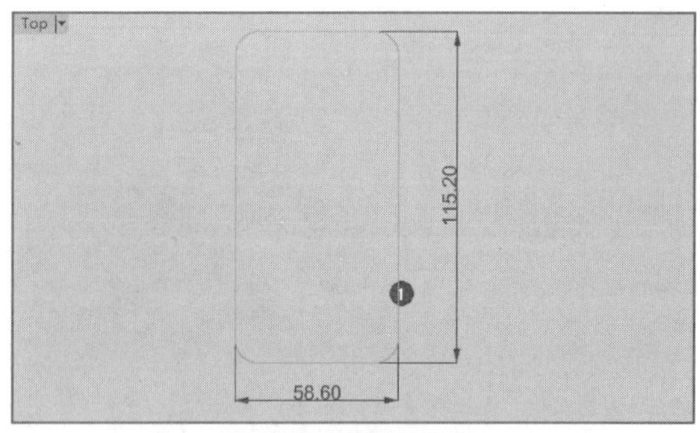

图21-10　组合曲线

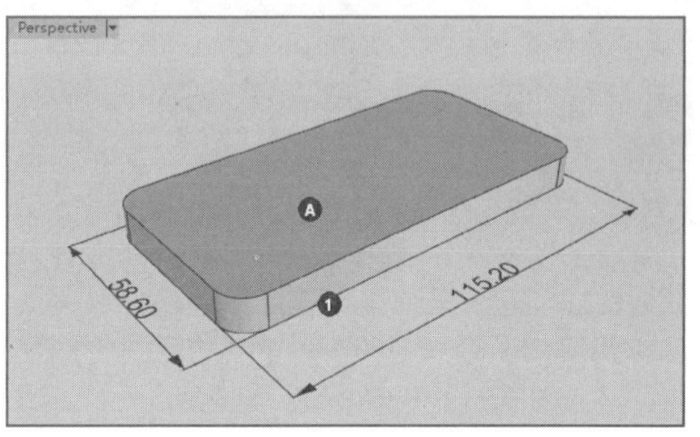

图21-11　创建挤出平面

05执行菜单栏中的【曲面】|【平面】|【角对角】命令，在Top正交视图中确定两点创建一个平面，确保这个平面的大小大于手机的整体轮廓，如图21-12所示。

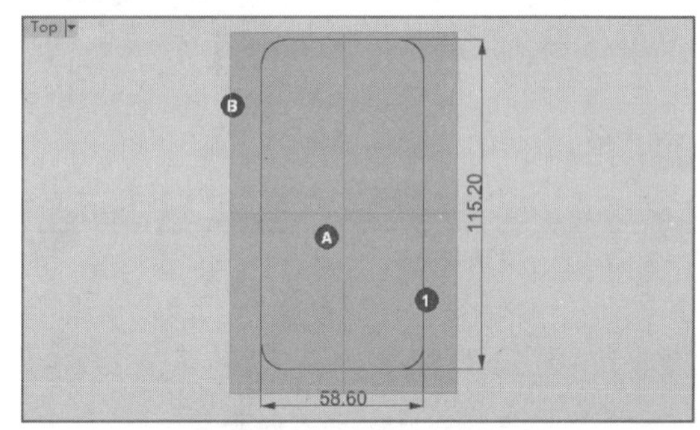

图21-12　创建平面

06在状态栏中开启【正交】，然后在Front正交视图中垂直向上移动刚刚创建的平面。依据背景图片，将其移动到手机侧面金属结构的上边缘，如图21-13所示。

07继续令这个平面处于选取状态，执行菜单栏中的【编辑】|【复制】命令，紧接着执行【编辑】|【粘贴】命令，这个平面在相同的位置被复制，然后在Front正交视图中将复制得到的平面移动到手机侧面金属结构的下边缘，如图21-14所示。

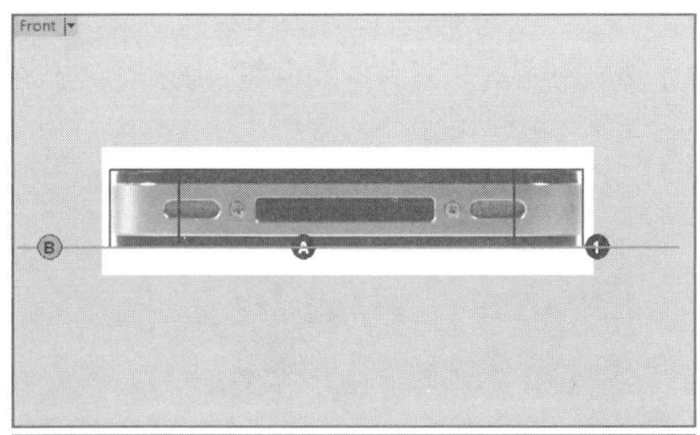

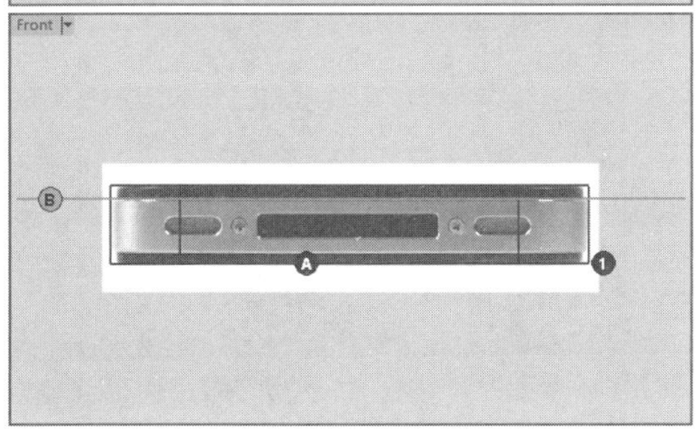

图21-13　移动平面

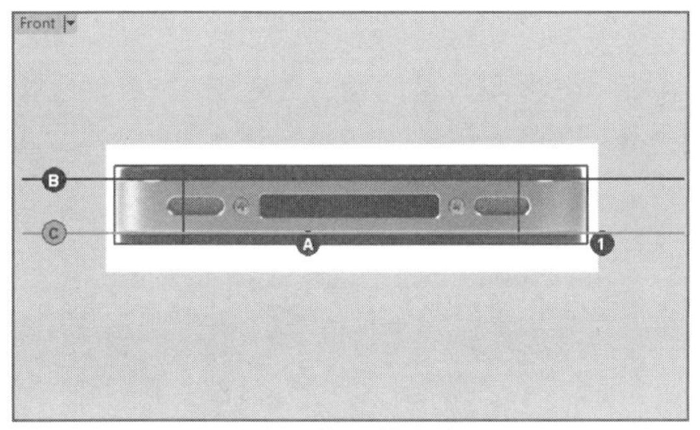

图21-14　复制并移动平面

技术要点：在Rhino中移动物件，按住Alt键，这个物件将会被即时复制一次，并进行移动（在光标附近还会出现一个“+”符号，作为复制命令执行的可视回馈），而原始的物件将停留在原处。在很多工具（或命令）的使用中也会在命令提示行中出现复制的选项，用户可以根据需要自行选择。

08执行菜单栏中的【编辑】|【分割】命令，在Perspective视图中选取挤出的实体，右击确认。然后选取前面创建的两个平面作为分割平面，右击完成分割，如图21-15所示。

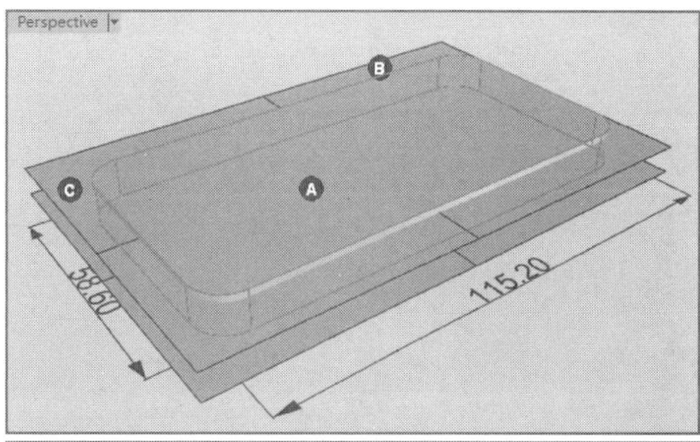

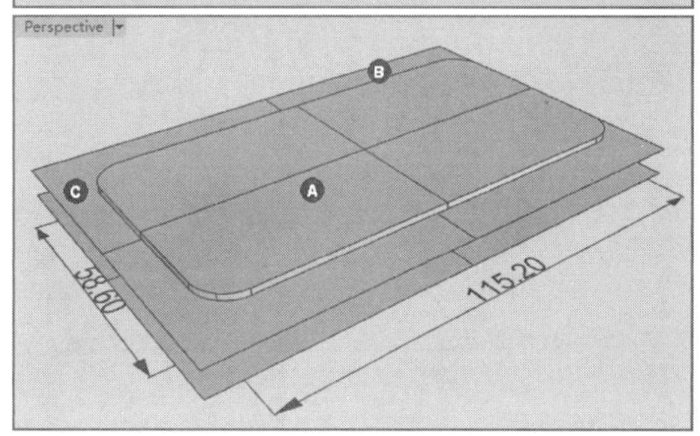

图21-15　分割曲面

09选取分割后的上下两个部分，按Delete键进行删除，如图21-16所示。

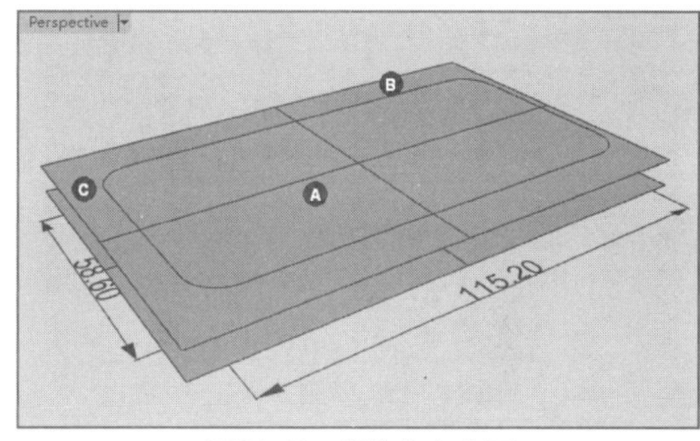

图21-16　删除多余曲面

技术要点：这几步的操作可以通过执行菜单栏中的【编辑】|【修剪】命令完成，从而省去分割后的删除操作，但是需要注意，【修剪】命令较【分割】命令更容易出错。可以尝试使用【修剪】命令来完成这部分操作。

10执行菜单栏中的【编辑】|【修剪】命令，在Perspective视图中选择两个平面中间的部分作为切割用物件，右击确认，然后在两个平面的外围部分单击，多余的部分将被剪切，右击完成操作，如图21-17所示。

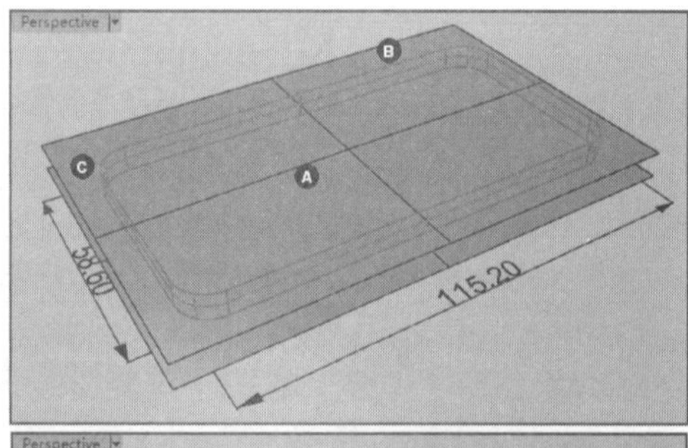

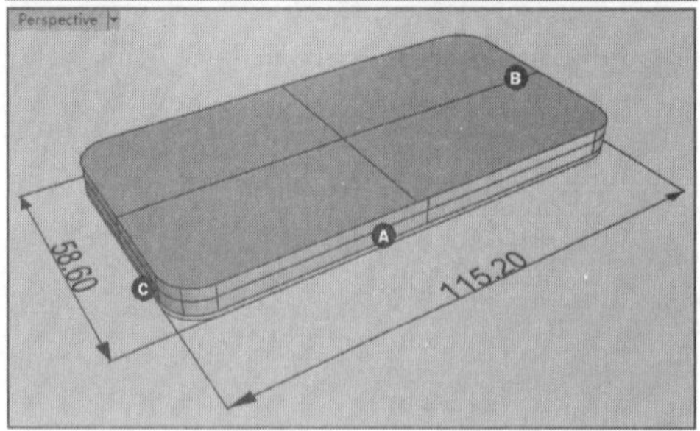

图21-17　修剪曲面

11执行菜单栏中的【编辑】|【组合】命令，依次选取视图中的3个曲面，将其组合为一个多重曲面，如图21-18所示。

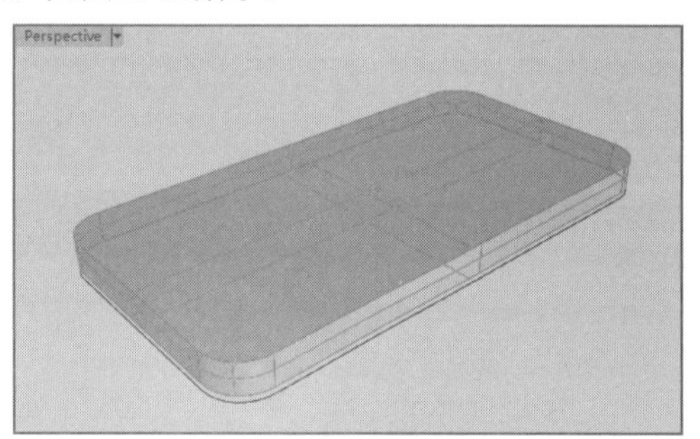

图21-18　组合曲面

12执行菜单栏中的【实体】|【边缘圆角】|【不等距边缘斜角】命令，在命令提示行中输入0.3，右击确认，然后在视图中选择多重曲面的所有边缘，右击确认，对斜角的大小不做改变，右击完成，如图21-19所示。

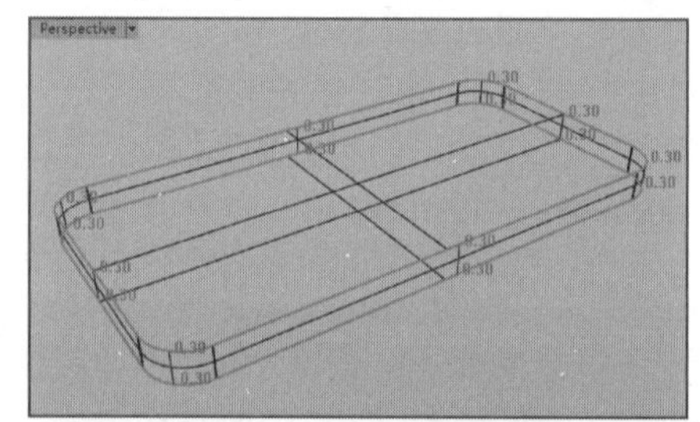

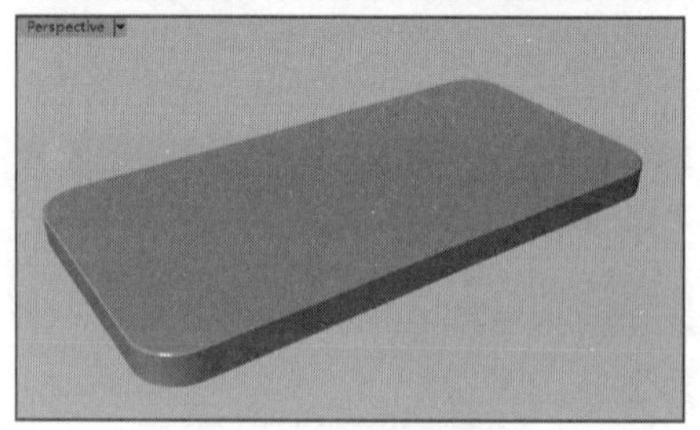

图21-19　创建斜角

技术要点：在选取边缘的时候，单击提示行中的【连锁边缘（C）】选项，这样可以一次性选取一条具有指定连续性的边缘，如图21-20所示。

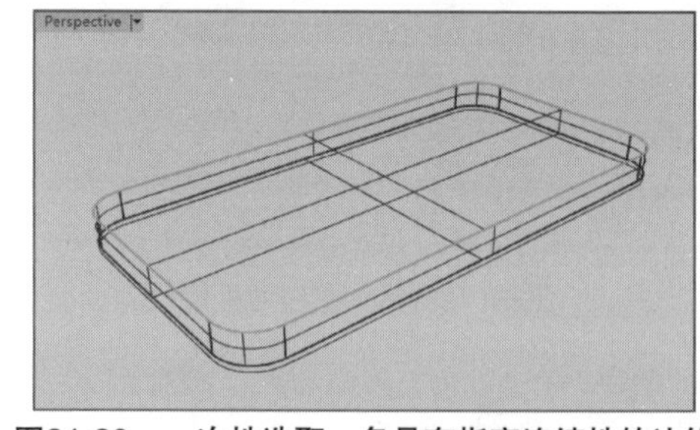

图21-20　一次性选取一条具有指定连续性的边缘

选取要建立斜角的边缘（显示斜角距离(S)=是　下一个斜角距离(N)=0.6　连锁边缘(C)　上次选取的边缘(P)）:

13执行菜单栏中的【曲面】|【平面】|【角对角】命令，在Front正交视图中创建一个平面，使其略大于手机的整体轮廓，如图21-21所示。

14在Right正交视图中将这个平面复制一份，并将这两个曲面依据参考平面移动到手机侧面金属结构的开口处，如图21-22所示。

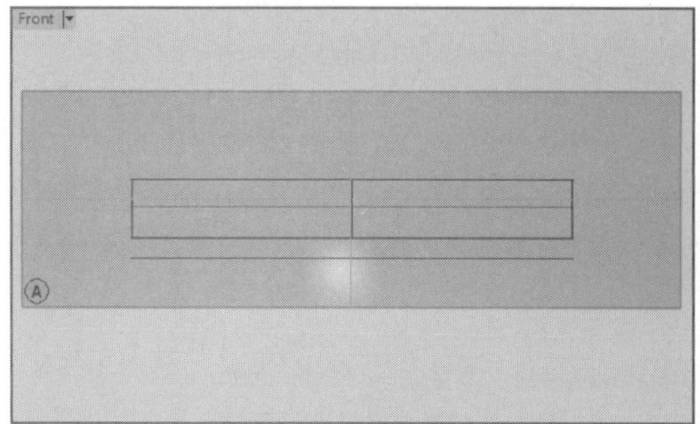

图21-21　创建平面

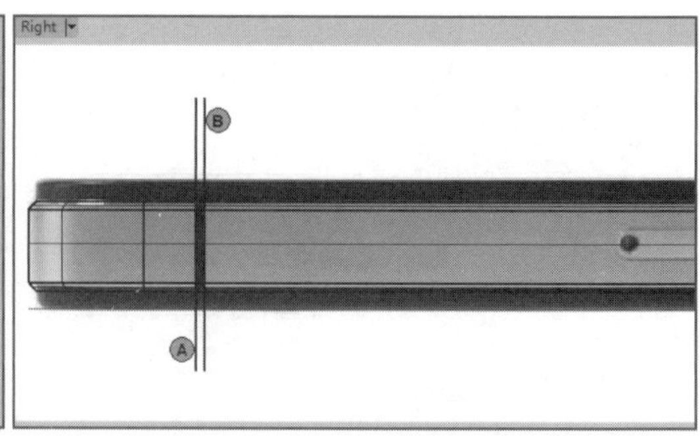

图21-22　复制、移动曲面

15执行菜单栏中的【编辑】|【修剪】命令，在Perspective视图中先选取多重曲面，右击确认，然后在两个平面处于多重曲面外面的部分单击，剪切两个平面，右击完成修剪操作，如图21-23所示。

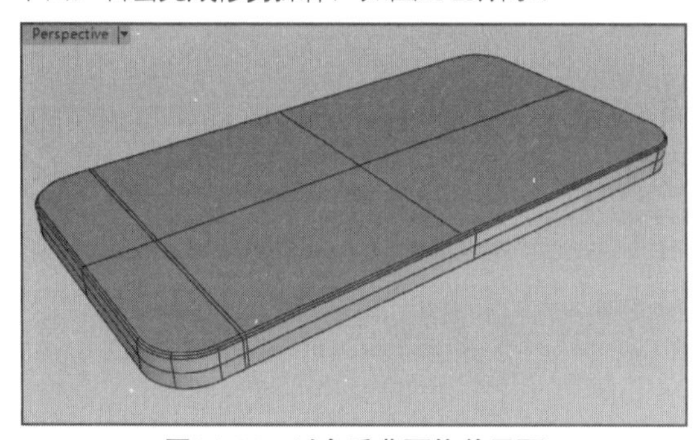

图21-23　以多重曲面修剪平面

16再次执行菜单栏中的【编辑】|【修剪】命令，这次以两个平面为切割用物件，剪切去多重曲面夹在平面之间的部分，如图21-24所示。

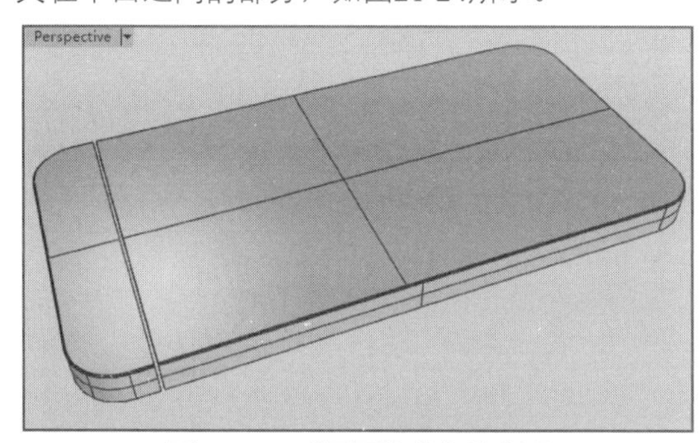

图21-24　以平面修剪多重曲面

17执行菜单栏中的【编辑】|【组合】命令，分别将这两个平面与其相接的多重曲面组合到一起，如图21-25所示。

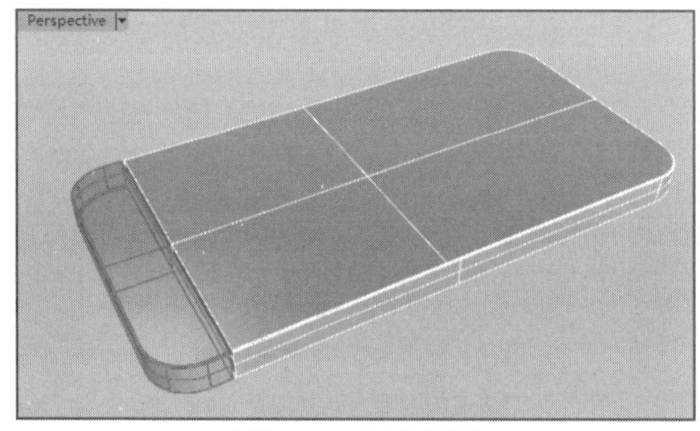

图21-25　组合曲面

18执行菜单栏中的【曲面】|【平面】|【角对角】命令，在Right正交视图中创建一个平面，使其略大于手机的轮廓面，如图21-26所示。

19在Back正交视图中将这个平面复制一份，并将这两个平面分别移动到金属结构缝隙处的两边缘，如图21-27所示。

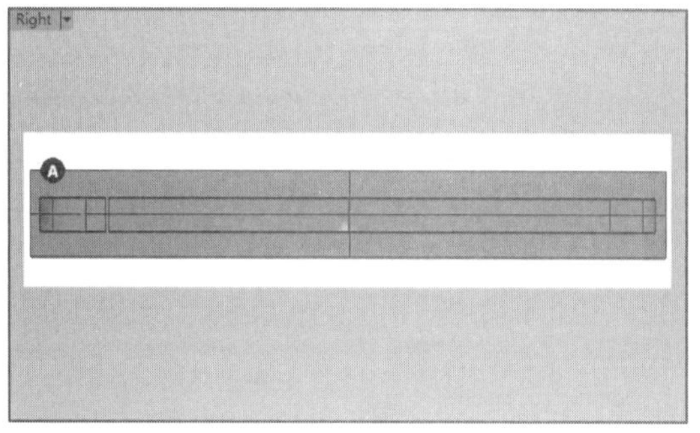

图21-26　创建平面

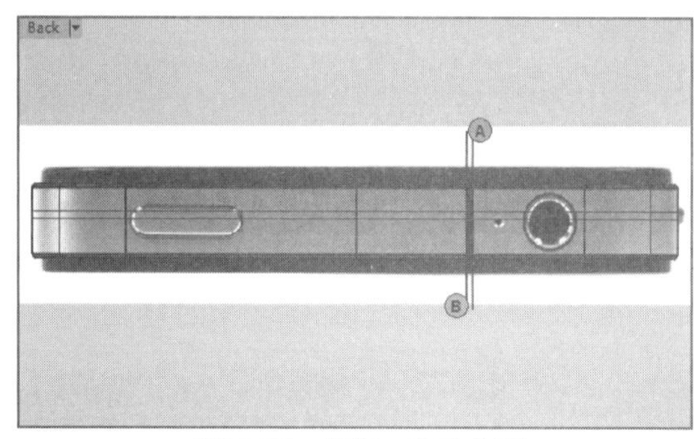

图21-27　复制、移动曲面

20在Perspective视图中，执行菜单栏中的【编辑】|【修剪】命令，以手机上部的多重曲面为切割用物件，剪去两平面处于其相交面外围的部分。再次执行【修剪】命令，这次将两平面作为切割用物件，剪去多重曲面夹在平面间的部分，如图21-28所示。

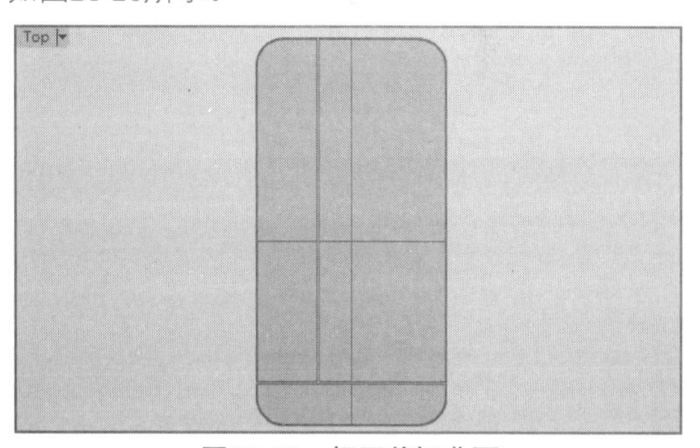

图21-28　相互剪切曲面

21执行菜单栏中的【编辑】|【组合】命令，将这些平面与相接的多重曲面各自组合在一起，如图21-29所示。

22在视图中选取用来创建手机金属结构的轮廓曲线，然后执行菜单栏中的【曲线】|【偏移】|【偏移曲线】命令，在提示行中输入偏移距离0.7，然后在Top正交视图中将轮廓曲线向内偏移，按Enter键完成偏移曲线的创建，如图21-30所示。

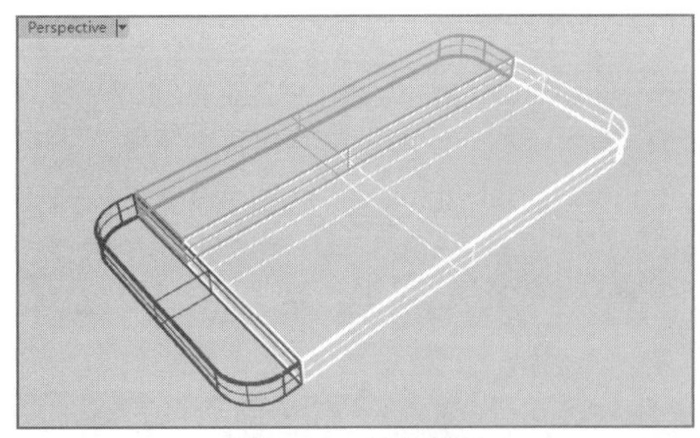

图21-29　组合曲面

图21-30　偏移曲线

23执行菜单栏中的【实体】|【挤出平面曲线】|【直线】命令，在Top正交视图中选定刚刚偏移的曲线，右击确认，然后在提示行中输入9.3作为挤出长度，右击确认，如图21-31所示。

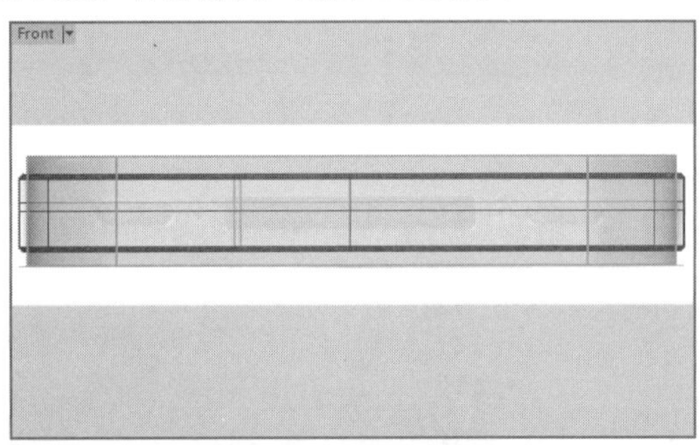

图21-31　创建基础平面

24执行菜单栏中的【实体】|【边缘圆角】|【边缘圆角】命令，参照上面的方法，为创建的挤出物件的边缘创建圆角曲面，圆角大小设置为0.6（在命令提示行中单击【连锁边缘（C）】选项，可以节省不少时间），如图21-32所示。

25执行菜单栏中的【实体】|【并集】命令，然后在Perspective视图中依次选取这几个曲面，最后右击完成，如图21-33所示。

26选取进行并集后的曲面，通过状态栏的图层管理将其分配到其中一个图层，如图21-34所示。

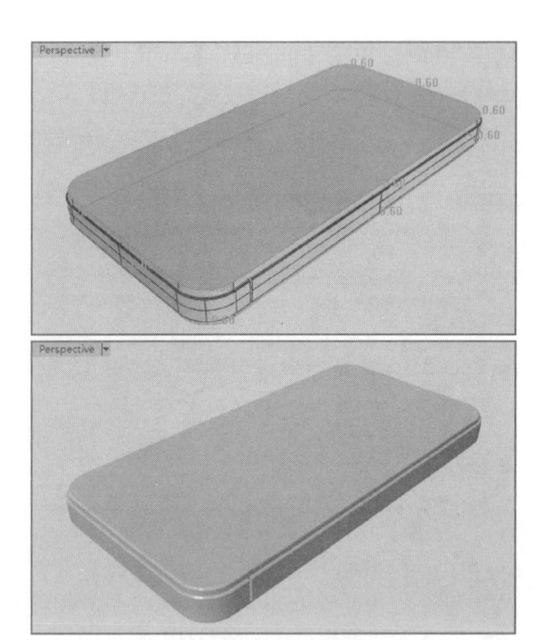

图21-32　创建边缘圆角

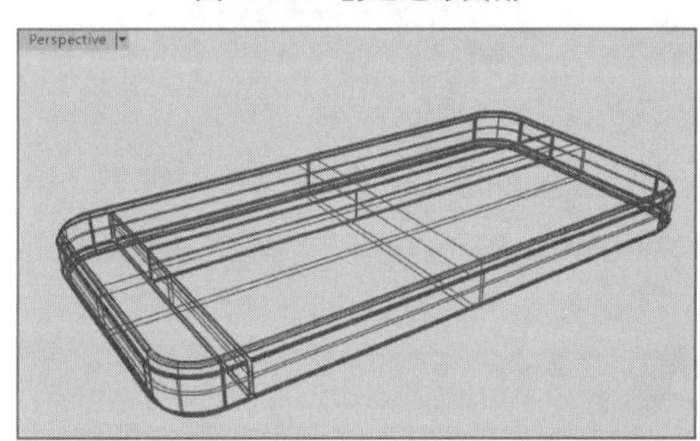

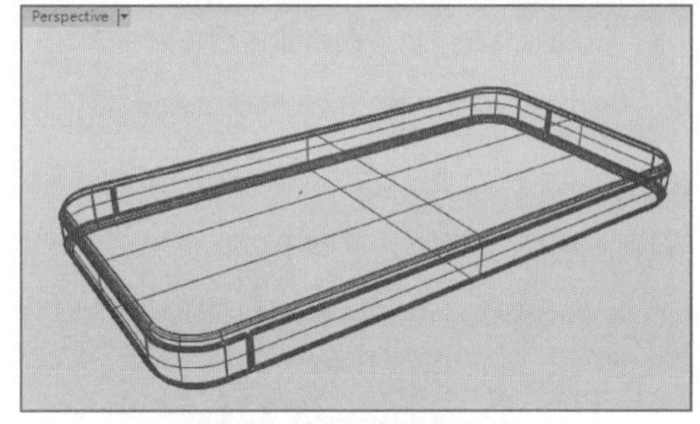

图21-33　布尔运算并集

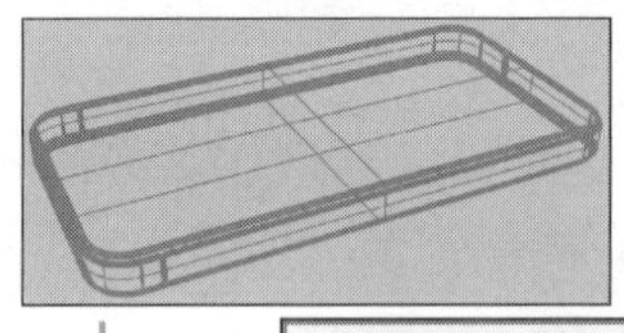

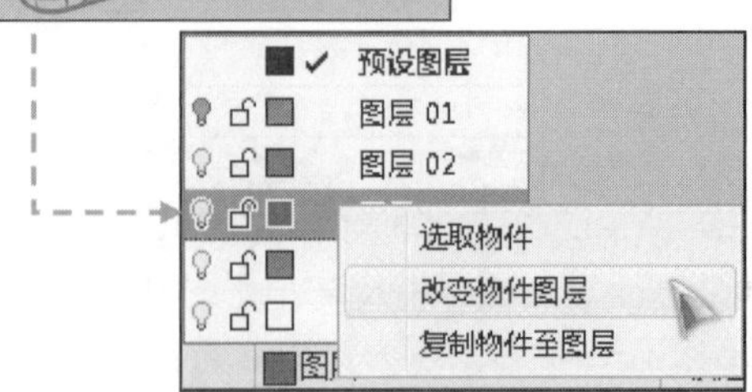

图21-34　分配图层

27在Rhino界面右侧的【图层】面板中，双击图层的名称，然后将图层名更改为【机身部分】。用同样的方法，将上面步骤中用到的曲线分配到另一图层中，然后命名为【曲线】，如图21-35所示。至此，手机的机身部分创建完成。

名称		材质	线型	打印线宽
预设图层	✓		Continuous	预设值
曲线层			Continuous	预设值
图层 02			Continuous	预设值
机身部分			Continuous	预设值
图层 04			Continuous	预设值
图层 05			Continuous	预设值

图21-35 整理【图层】面板

21.1.3 添加手机正面细节

01执行菜单栏中的【曲线】|【矩形】|【角对角】命令，在Top正交视图中依据参考图片创建一个矩形，作为手机听筒部分的轮廓线，如图21-36所示。

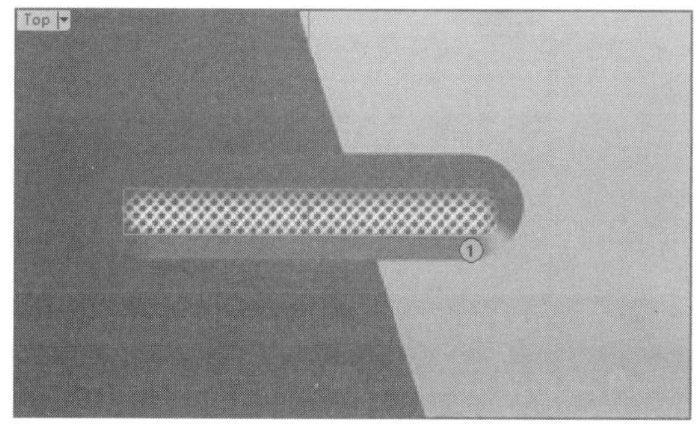

图21-36 创建矩形

02执行菜单栏中的【曲线】|【曲线圆角】命令，在Top正交视图中为矩形创建圆角，然后通过移动缩放，使得圆角矩形曲线与手机听筒轮廓线重合，如图21-37所示。

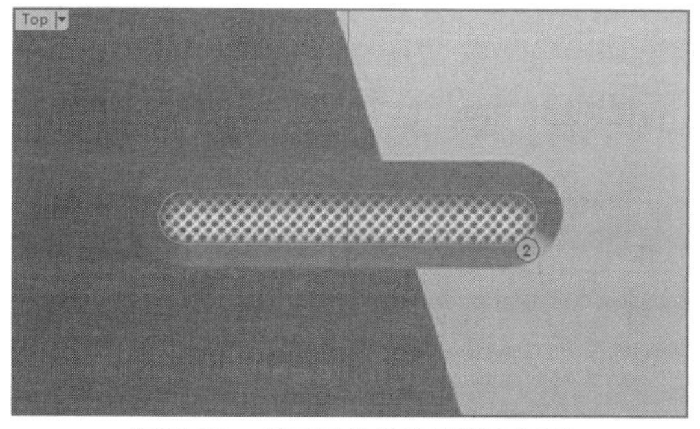

图21-37 创建圆角并移动圆角矩形

03执行菜单栏中的【实体】|【挤出平面曲线】|【直线】命令，将曲线2挤出，在命令提示行中开启【两侧（B）】选项，并输入挤出的长度0.8，右击完成，如图21-38所示。

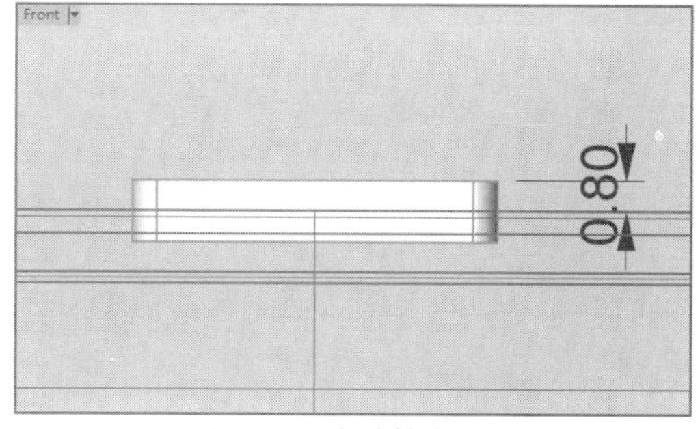

图21-38 创建挤出曲面

技术要点：使用【圆角矩形】工具创建矩形之后，同时可以为矩形的4个角创建圆角。利用此工具，可以一次性完成矩形与圆角的创建操作，如图21-39所示。

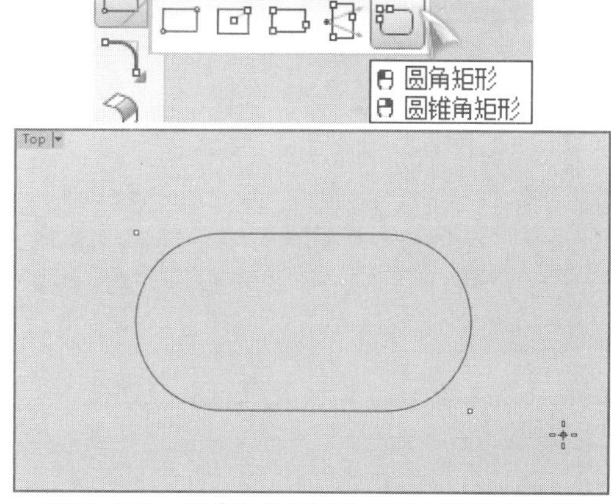

图21-139 用【圆角矩形】工具创建圆角矩形

04执行菜单栏中的【实体】|【差集】命令，选择机身曲面作为要被减去的多重曲面，右击确认，然后选择刚刚创建的曲面，作为要减去其他物件的曲面，右击完成为两曲面创建差集的操作，如图21-40所示。

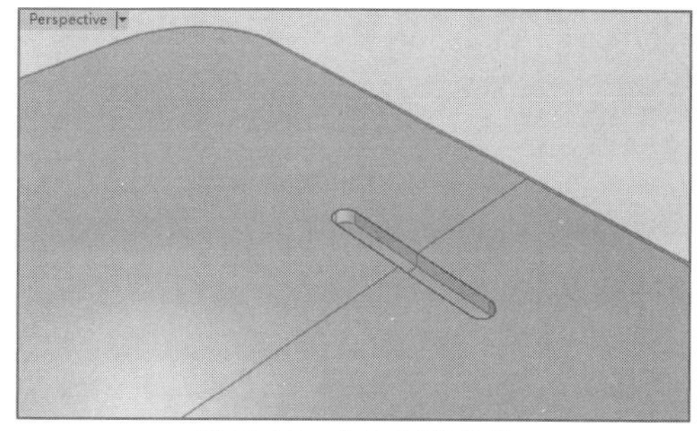

图21-40 布尔运算差集

05执行菜单栏中的【实体】|【边缘圆角】|【不等距边缘斜角】命令，在提示行中输入0.6作为斜角距离大小，然后选择边缘1，创建斜角，如图21-41所示。

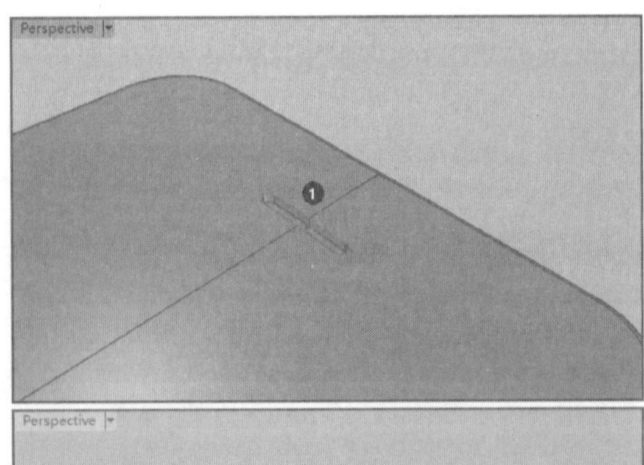

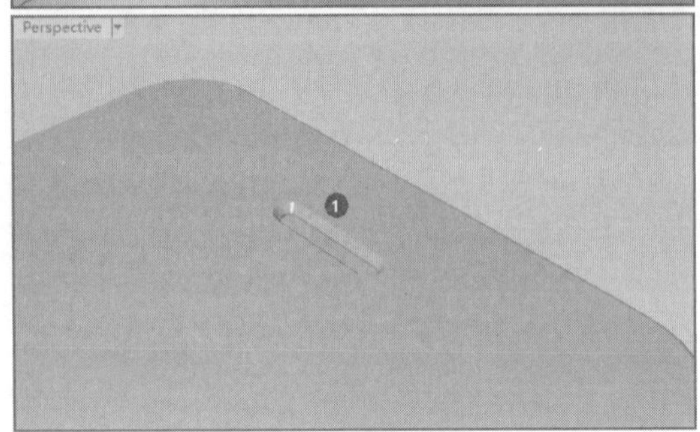

图21-41　创建边缘斜角

> 技术要点：在【图层】面板中新建图层，命名为【辅助曲线】，然后将创建手机细节所用到的曲线分配该图层，并将该图层适时进行锁定、隐藏。

06执行菜单栏中的【曲线】|【圆】|【中心点、半径】命令，在Top正交视图中依据参考图片，创建手机前置摄像头的轮廓曲线，如图21-42所示。

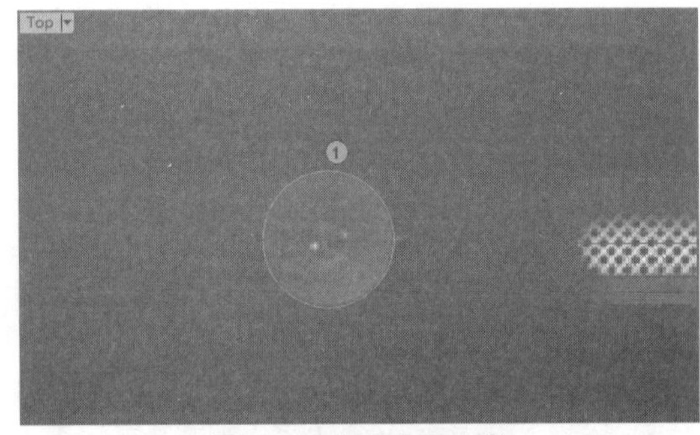

图21-42　创建圆形曲线

07在状态栏中开启【物件锁点】、【正交】等捕捉功能，在Front正交视图中将轮廓曲线移动到手机前面上，如图21-43所示。

08执行菜单栏中的【编辑】|【分割】命令，选取整个手机多重曲面作为要分割的物件，右击确认，然后选取轮廓曲线1，右击完成分割。新建图层，命名为【摄像头】，将曲面A分配到该图层中，并以不同的颜色显示，如图21-44所示。

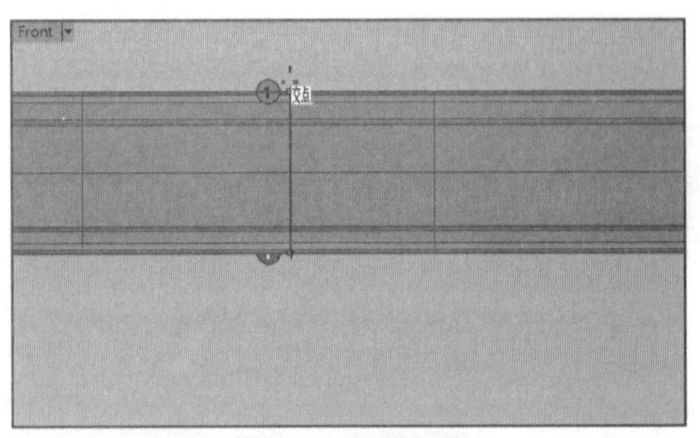

图21-43 移动曲线

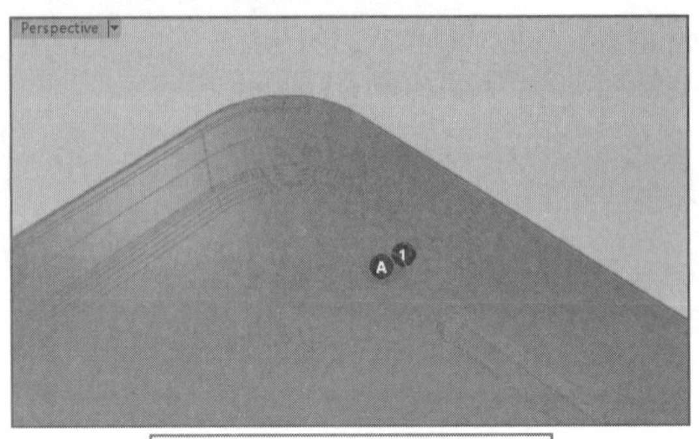

图21-44　分割出摄像头曲面并创建【摄像头】图层

09执行菜单栏中的【实体】|【球体】|【中心点、半径】命令，在Top正交视图中依据参考图片手机正面按钮的大小，创建一个圆球体，如图21-45所示。

图21-45　创建圆球体

10参考移动圆形曲线的方法，开启【物件锁点】、【正交】捕捉，将圆球体的中心点在Front视图中垂直向上移动到手机正面上，如图21-46所示。

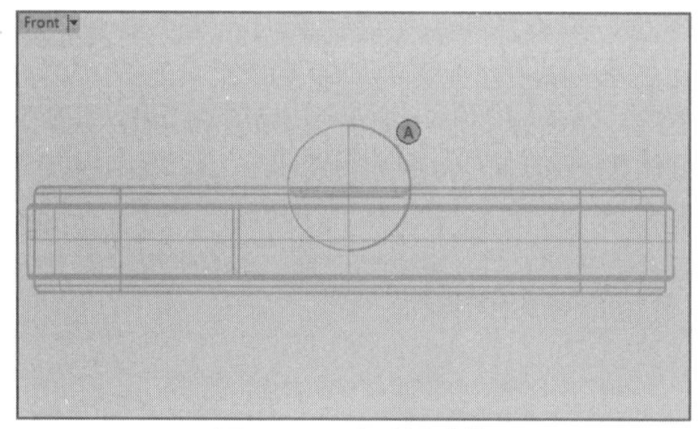

图21-46　移动圆球体

11在Perspective视图中选取除了圆球体之外的所有物件，然后执行菜单栏中的【编辑】|【可见性】|【隐藏】命令，视图中将仅显示一个刚刚创建的圆球体，如图21-47所示。

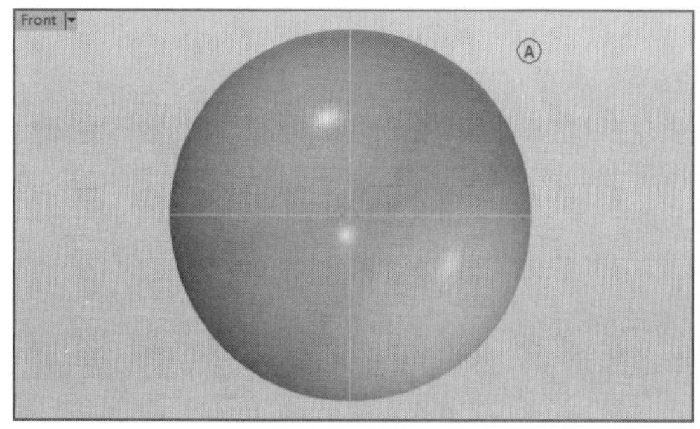

图21-47　隐藏物件

12执行菜单栏中的【编辑】|【控制点】|【开启控制点】命令，然后在视图中选择圆球体，右击完成，该球体的控制点将显示出来，如图21-48所示。

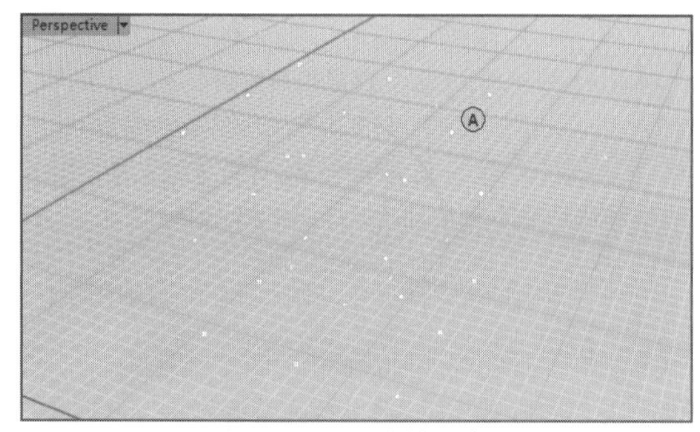

图21-48　开启控制点

13通过移动缩放调整圆球体下部的控制点，使它产生稍微凸起的弧面，以此作为按钮的曲面，如图21-49所示。

14执行菜单栏中的【编辑】|【控制点】|【关闭控制点】命令，然后继续执行菜单栏中的【编辑】|【可见性】|【显示】命令，将刚才隐藏的整个手机机身曲面显示出来，如图21-50所示。

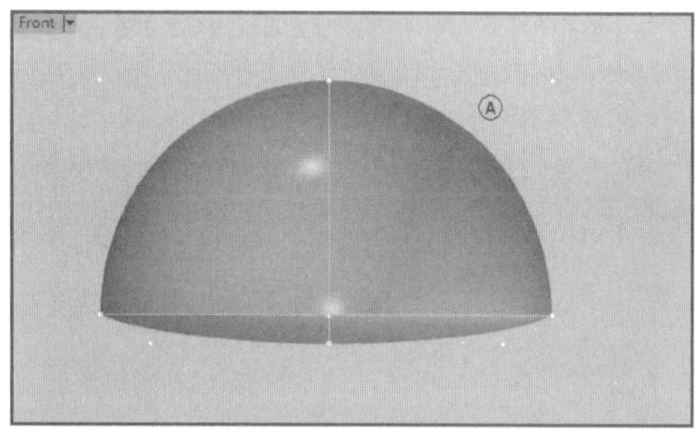

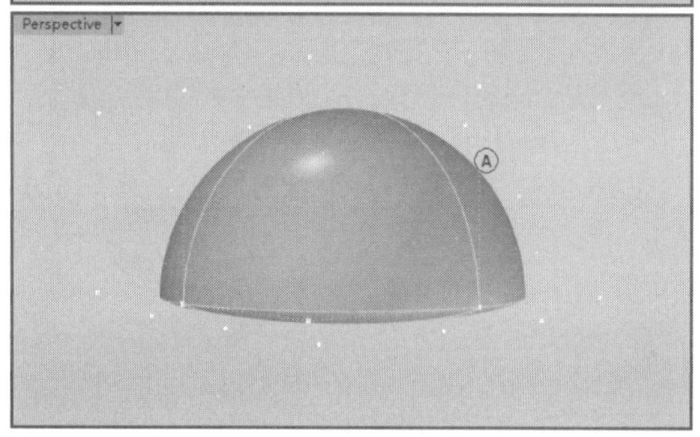

图21-49　调整控制点

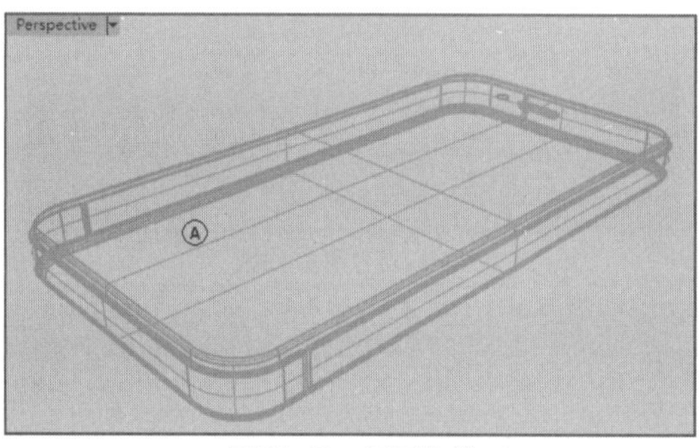

图21-50　显示物件

15执行菜单栏中的【实体】|【差集】命令，在Perspective视图中选取手机机身曲面，右击确认，然后选择圆球体曲面A，右击完成布尔操作，如图21-51所示。

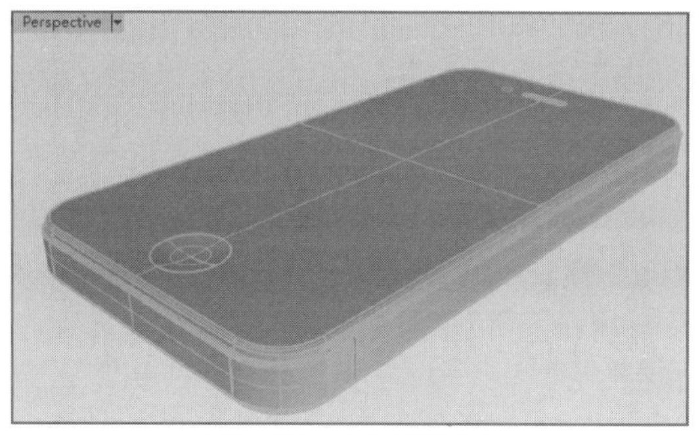

图21-51　布尔运算差集

16在Top正交视图中，执行菜单栏中的【曲线】|【矩形】|【角对角】命令，以背景图片为参考，创建一个矩形，然后执行菜单栏中的【曲线】|【曲线圆角】命令，为该矩形四边创建圆角，最

后执行菜单栏中的【曲线】|【偏移】|【偏移曲线】命令，以0.4的距离将这条矩形曲线向外偏移，如图21-52所示。

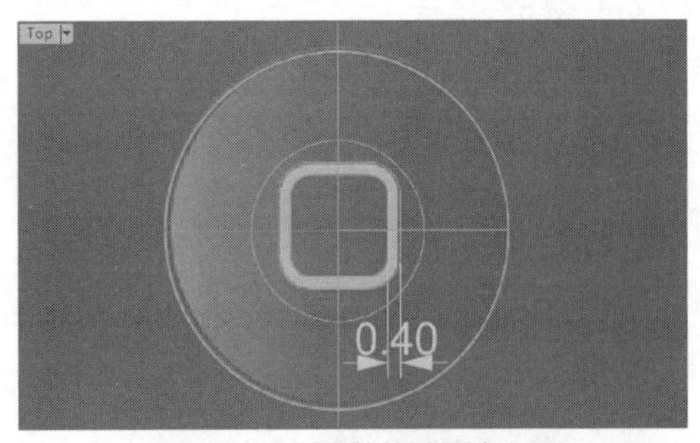

图21-52　创建并偏移圆角矩形

17在Front正交视图中开启状态栏上的【正交】捕捉，选取这两条曲线并将它们向上平移一段距离，如图21-53所示。

图21-53　平移曲线

18执行菜单栏中的【曲面】|【挤出曲线】|【直线】命令，在Top正交视图中选取这两条曲线，右击确认，在Front正交视图中调整挤出曲面的长度，使其与手机正面相交，按Enter键完成创建，如图21-54所示。

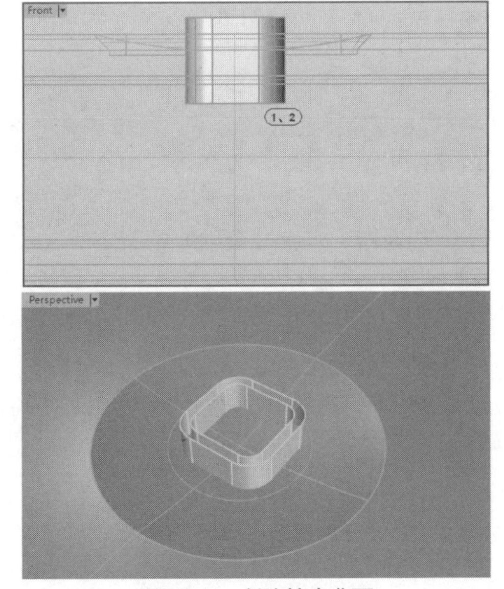

图21-54　创建挤出曲面

19执行菜单栏中的【编辑】|【分割】命令，然后在Perspective视图中选取手机机身正面，右击确认，然后选取上一步骤创建的两个挤出曲面作为切割用物件，右击完成分割，结果如图21-55所示。

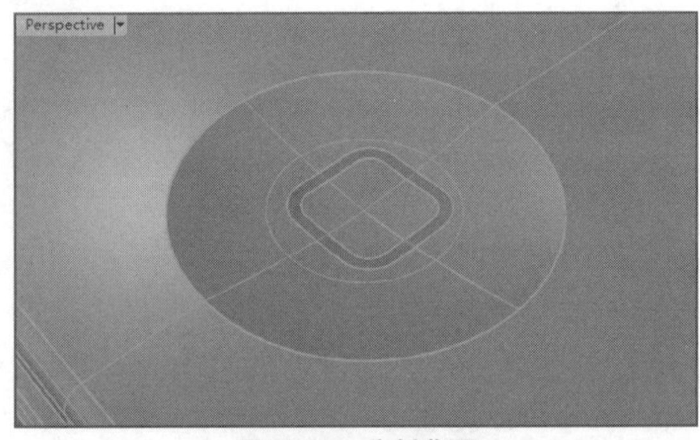

图21-55　分割曲面

20执行菜单栏中的【曲线】|【矩形】|【角对角】命令，在Top正交视图中以背景图片为参考创建一条矩形曲线，作为手机屏幕的轮廓线，如图21-56所示。

图21-56　创键矩形曲线

21在Front正交视图中将这条矩形曲线垂直向上移动到手机正面。执行菜单栏中的【编辑】|【分割】命令，以这条曲线为分割物件，将手机正面分割出一个平面作为手机的屏幕，如图21-57所示。

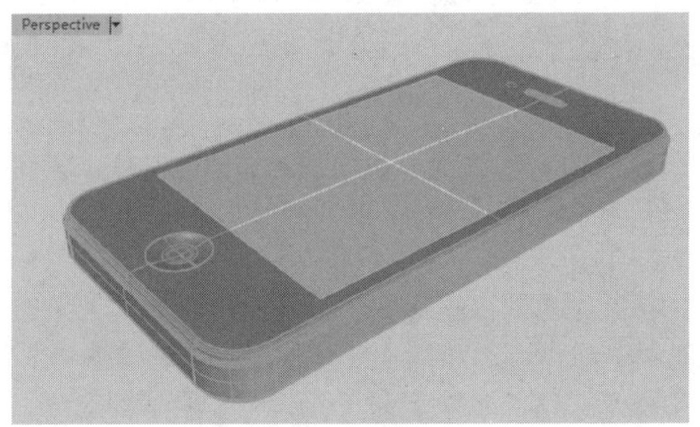

图21-57　分割曲面

22至此，手机正面的细节创建完成，下面的工作是对侧面按钮细节进行刻画。

21.1.4 创建手机耳机插孔、开关

01在Back正交视图中执行菜单栏中的【曲线】|【圆】|【中心点、半径】命令，以参考图片创建插孔外围轮廓曲线，即曲线1，如图21-58所示。

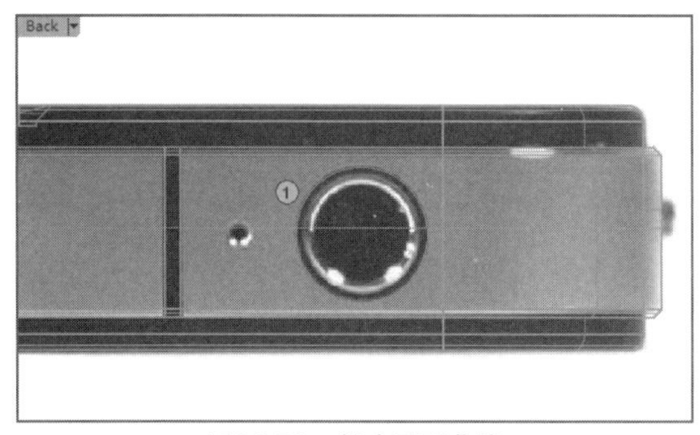

图21-58 创建圆形曲线

02执行菜单栏中的【曲线】|【直线】|【单一直线】命令，开启【物件锁点】，在Top正交视图中以手机上下边界创建直线2，然后开启【正交】捕捉，在直线2的中点处创建与其垂直的直线3，如图21-59所示。

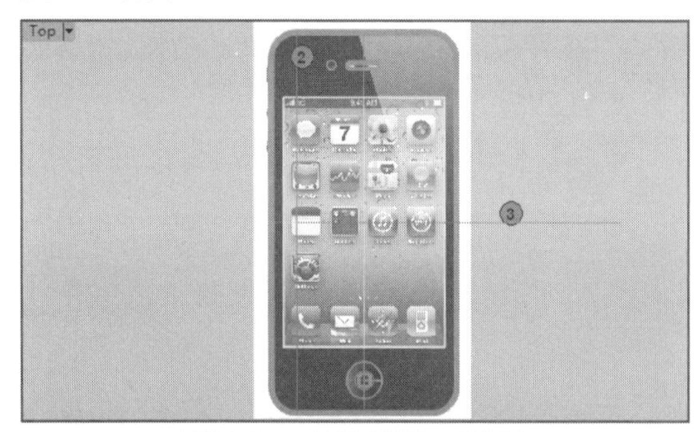

图21-59 创建直线2、直线3

03选取圆形曲线，执行菜单栏中的【变动】|【镜像】命令，以直线3为对称轴，将这条圆形曲线镜像到另一侧，如图21-60所示。为避免创建多余的曲线，执行【镜像】命令时，在提示行中关闭【复制】选项。

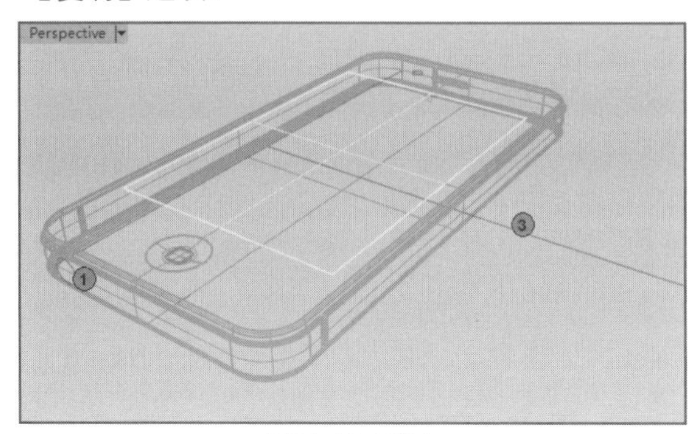

图21-60（续）

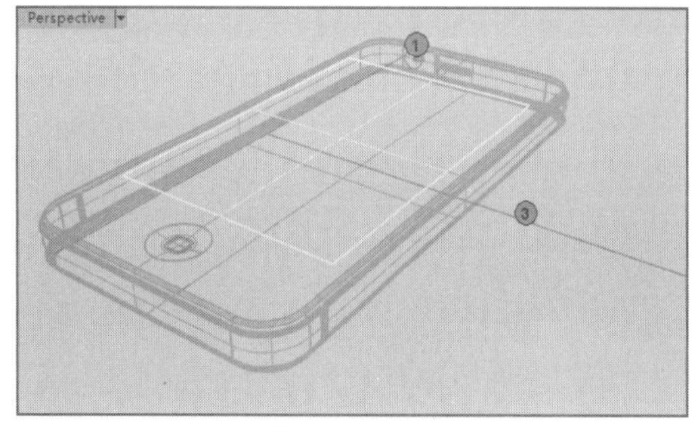

图21-60 创建镜像副本

04删除直线2。执行菜单栏中的【曲面】|【挤出曲线】|【直线】命令，以曲线1创建挤出曲面A，在Top正交视图中控制挤出长度，如图21-61所示。

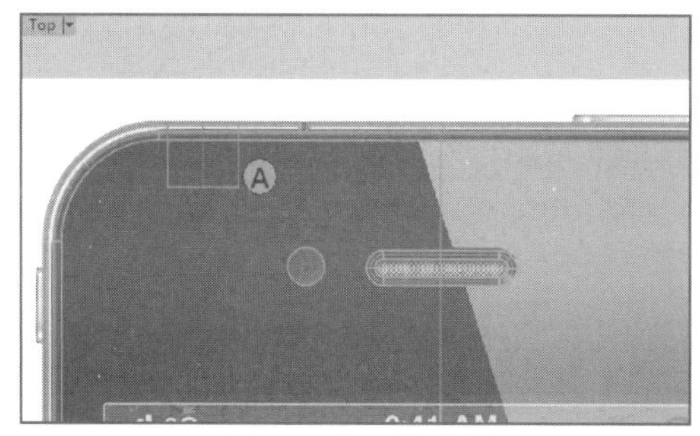

图21-61 创建挤出曲面

05执行菜单栏中的【编辑】|【分割】命令，以曲面A为分割用物件，对手机机身面进行分割，之后删除分割后的小块曲面，如图21-62所示。

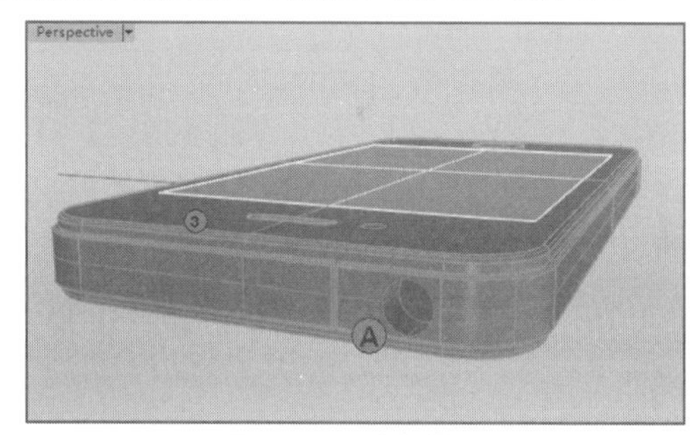

图21-62 分割曲面

06执行菜单栏中的【编辑】|【组合】命令，将手机机身面与曲面A组合在一起，如图21-63所示。

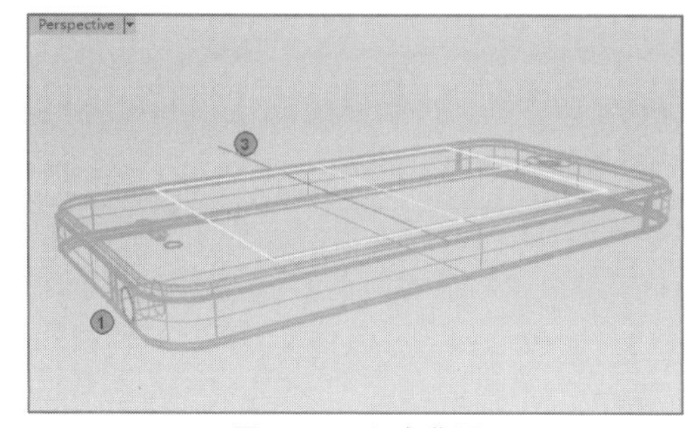

图21-63 组合曲面

07执行菜单栏中的【曲线】|【直线】|【线段】命令，开启【物件锁点】、【正交】等捕捉功能，创建多重曲线，即曲线4，如图21-64所示。

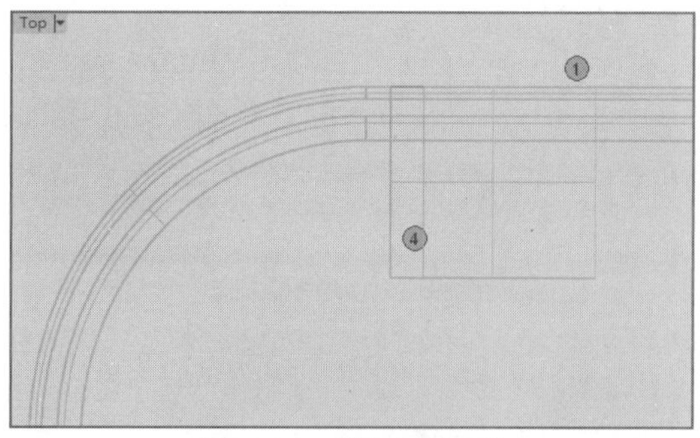

图21-64 创建多重直线

08执行菜单栏中的【曲线】|【曲线斜角】命令，在曲线4的棱角处创建斜角，在执行命令的过程中需要在提示行中指定斜角的大小为0.25，如图21-65所示。

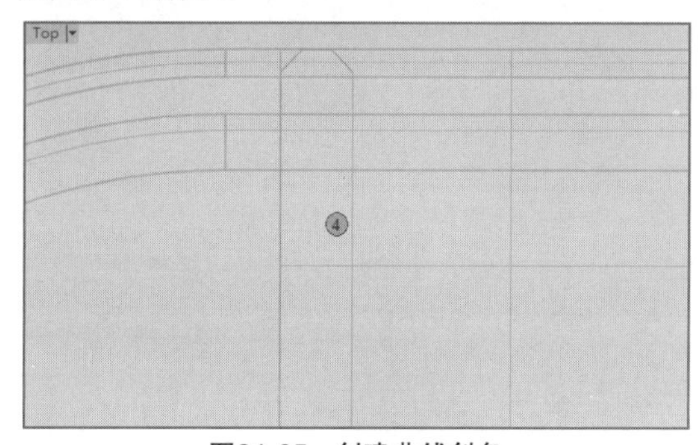

图21-65 创建曲线斜角

09再次执行菜单栏中的【曲线】|【直线】|【单一直线】命令，开启【物件锁点】的【中心点】捕捉，以曲线1的中心点为起点，开启【正交】捕捉。在Top正交视图中创建一条垂直直线，即直线5，如图21-66所示。

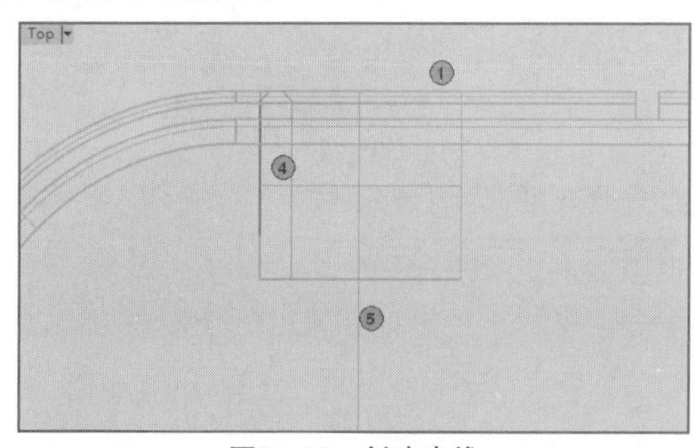

图21-66 创建直线

10执行菜单栏中的【曲面】|【旋转】命令，以曲线4为旋转曲线，在直线5上确定旋转轴的起点、终点。最终以360°旋转曲线创建曲面，如图21-67所示。

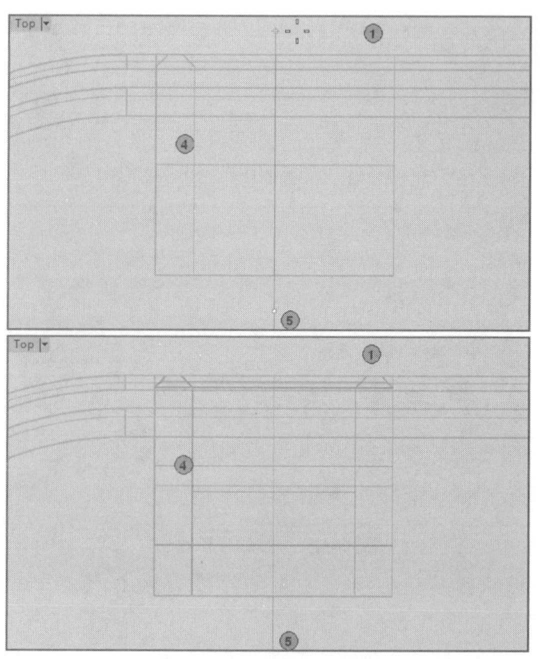

图21-67 创建旋转曲面

11选取这些使用完的曲线，将其分配到【辅助曲线】图层中，并进行隐藏（曲线3要暂时保留）。在Perspective视图中查看刚创建的旋转曲面，如图21-68所示。

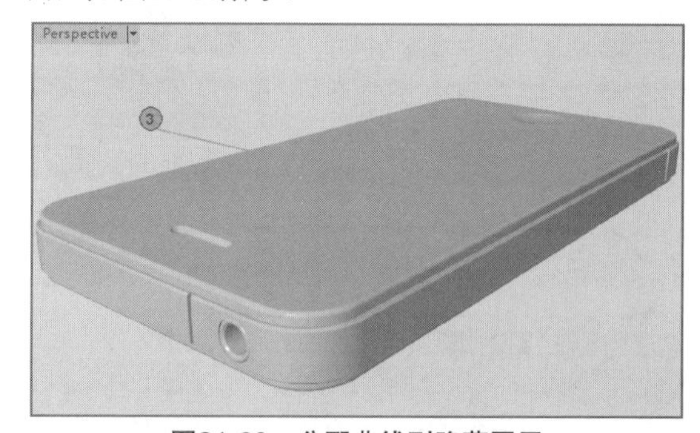

图21-68 分配曲线到隐藏图层

12执行菜单栏中的【曲线】|【圆】|【中心点、半径】命令，在Back视图中依据参考图片创建圆形曲线，即曲线6，如图21-69所示。

图21-69 创建圆形曲线

13执行菜单栏中的【曲线】|【矩形】|【角对角】命令，创建一条矩形曲线，即曲线7。执行菜单栏中的【曲线】|【曲线圆角】命令，为曲线7的棱边创建圆角曲线，如图21-70所示。

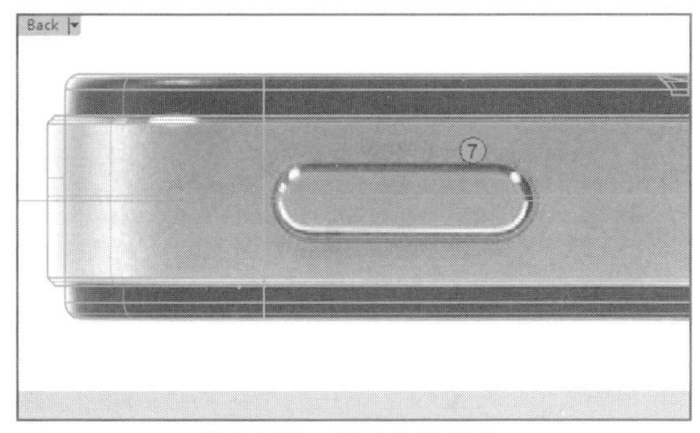

图21-70　创建曲线圆角

14执行菜单栏中的【曲线】|【偏移】|【偏移曲线】命令，以曲线7为偏移曲线，向内偏移，偏移距离指定为0.3，创建曲线8，如图21-71所示。

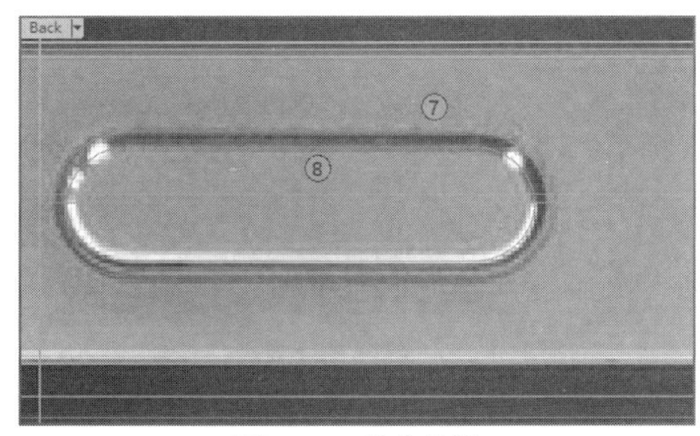

图21-71　偏移曲线

15按住Shift键，同时选取曲线6、曲线7、曲线8，执行菜单栏中的【变动】|【镜像】命令，在曲线3上确定镜像轴的起点与终点，将3条曲线镜像移动到另一侧，如图21-72所示。

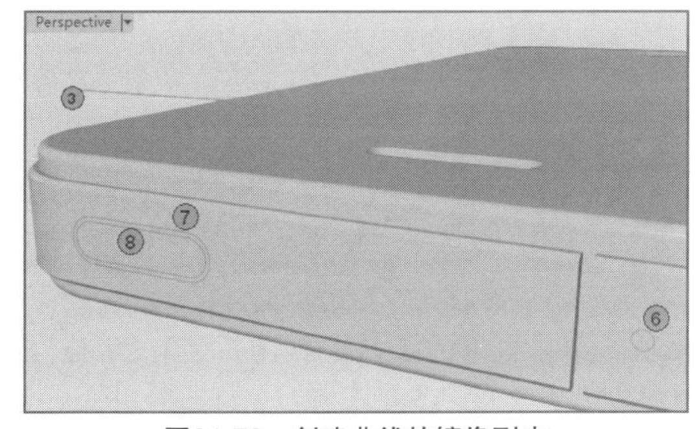

图21-72　创建曲线的镜像副本

16执行菜单栏中的【实体】|【挤出平面曲线】|【直线】命令，以曲线6创建挤出曲面A，为了方便后面的操作，在提示行中开启【两侧（B）】选项，在Top正交视图中控制挤出的长度，如图21-73所示。

17执行菜单栏中的【实体】|【差集】命令，在Perspective视图中选取机身曲面，右击确认，然后选取曲面A，右击确认，两曲面创建交集完成，如图21-74所示。

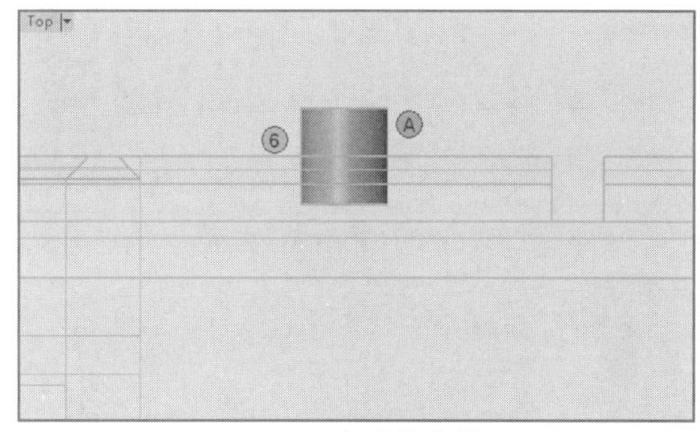

图21-73　创建挤出曲面

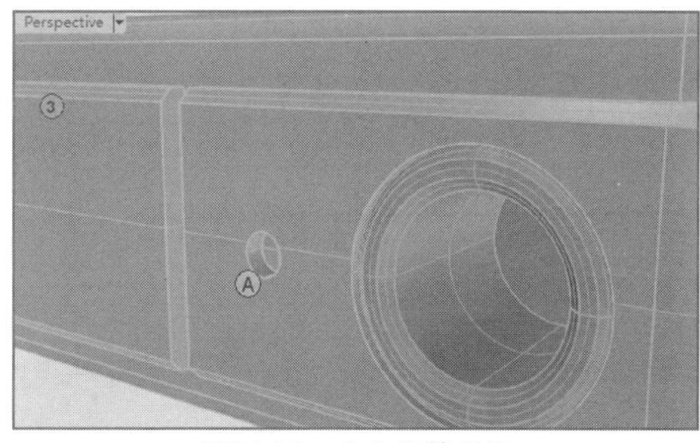

图21-74　布尔运算差集

18执行菜单栏中的【实体】|【边缘圆角】|【不等距边缘斜角】命令，为刚刚形成的曲面棱边处创建斜角曲面，斜角大小设置为0.2，如图21-75所示。

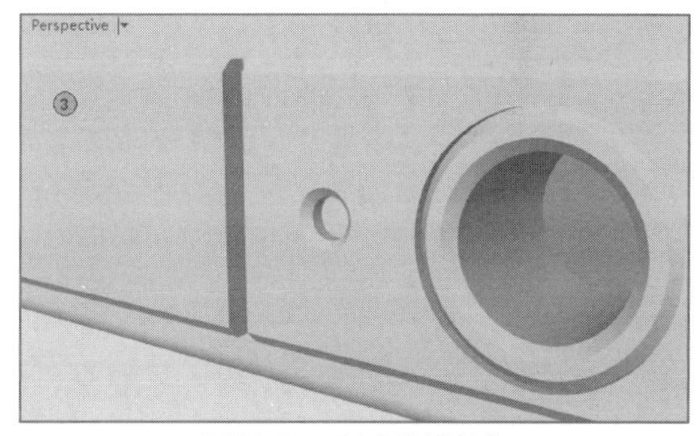

图21-75　创建边缘斜角

19执行菜单栏中的【实体】|【挤出平面曲线】|【直线】命令，以曲线7创建挤出曲面B，如图21-76所示。

20执行菜单栏中的【实体】|【差集】命令，将机身曲面与挤出曲面B形成交集，再将暂时不用的曲线3、曲线6、曲线7分配到【辅助曲线】图层并进行隐藏，如图21-77所示。

21执行菜单栏中的【实体】|【挤出平面曲线】|【直线】命令，以曲线8创建挤出曲面C，如图21-78所示。

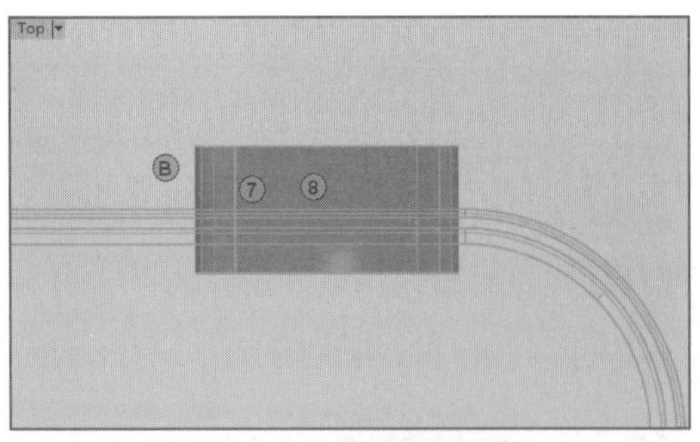

图21-76　创建挤出曲面

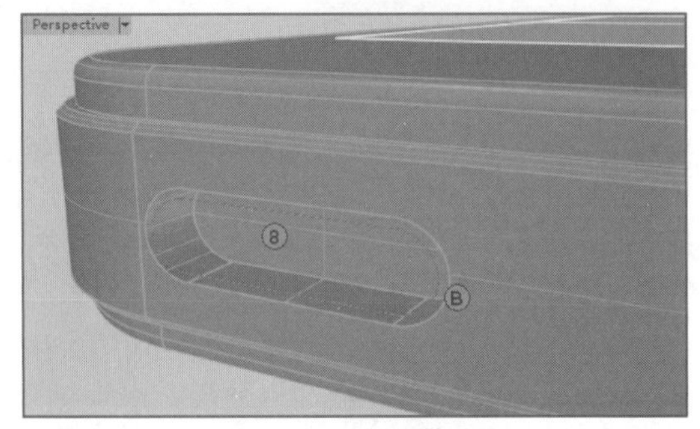

图21-77　布尔运算差集

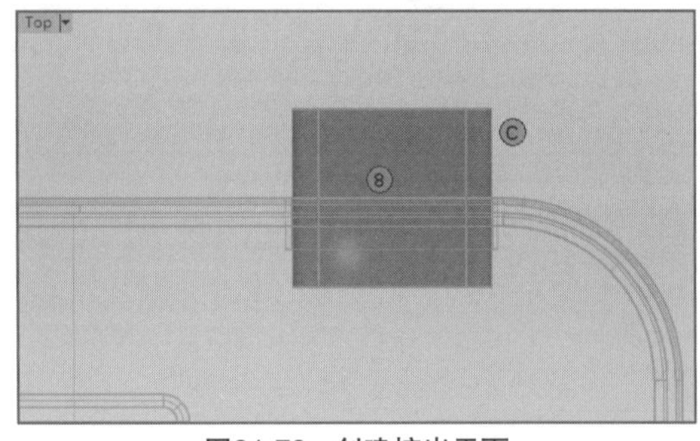

图21-78　创建挤出平面

22在Top正交视图中开启【正交】捕捉，执行菜单栏中的【曲线】|【直线】|【单一直线】命令，创建出一条水平直线，即直线9，如图21-79所示。

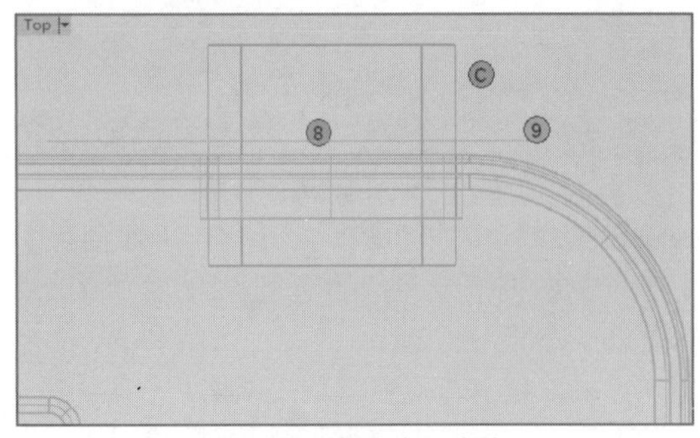

图21-79　创建水平直线

23执行菜单栏中的【编辑】|【修剪】命令，在Top正交视图中以直线9为剪切物件，剪切去挤出曲面C位于直线9上方的部分，如图21-80所示。

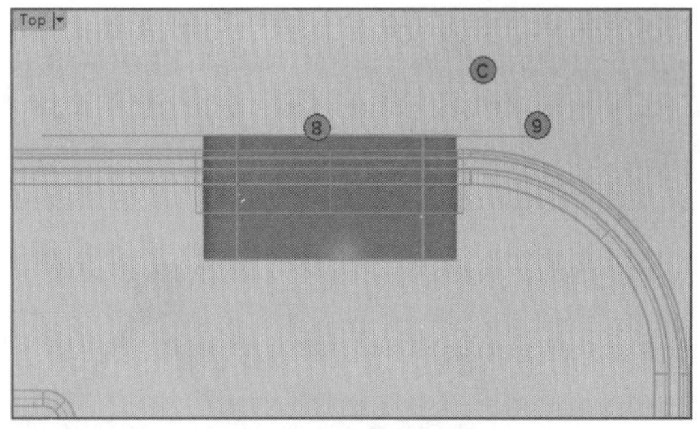

图21-80　修剪曲面

24执行菜单栏中的【曲面】|【平面曲线】命令，然后在Perspective视图中选择剪切后的挤出曲面C的上部分边缘曲线，右击确认，创建剪切平面D，之后执行【编辑】|【组合】命令，将曲面C、平面D组合到一起，如图21-81所示。

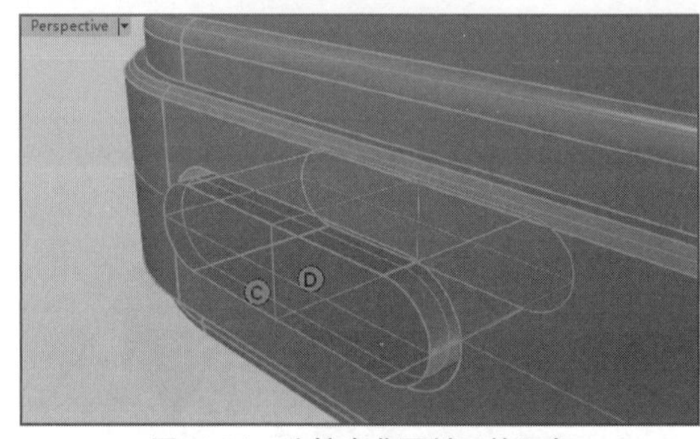

图21-81　为挤出曲面封口并组合

25执行菜单栏中的【实体】|【边缘圆角】|【不等距边缘斜角】命令，以0.2的斜角大小，为刚刚组合在一起的多重曲面边缘创建斜角，如图21-82所示。

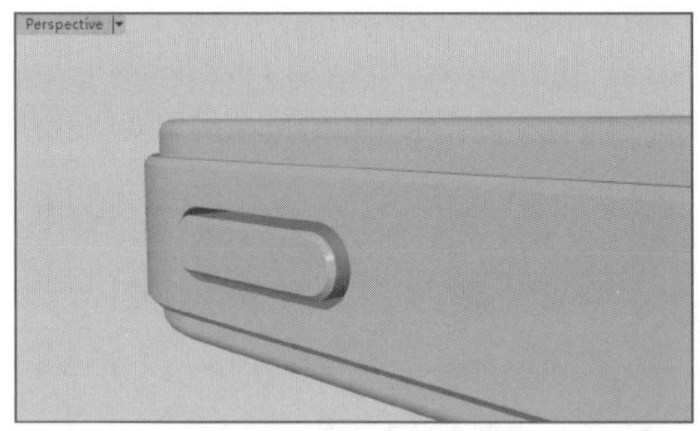

图21-82　创建边缘斜角

26执行菜单栏中的【实体】|【并集】命令，将添加完斜角曲面的多重曲面与机身曲面组合在一起，如图21-83所示。

27至此，手机耳机插孔及开关按钮等部分创建完成，对一些曲面、曲线进行图层整理，之后在Perspective视图中进行旋转查看，如图21-84所示。

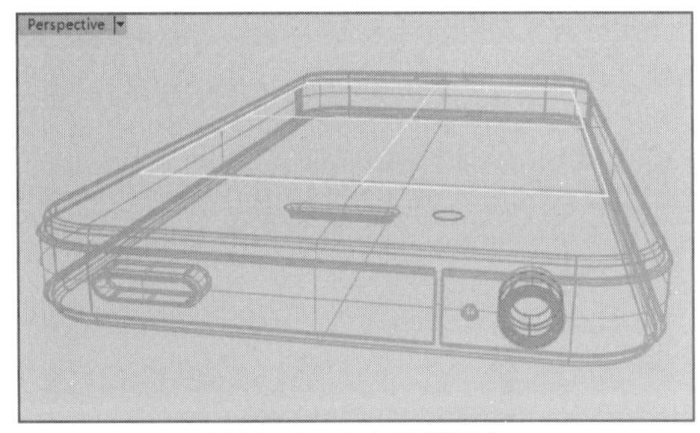

图21-83　布尔运算并集

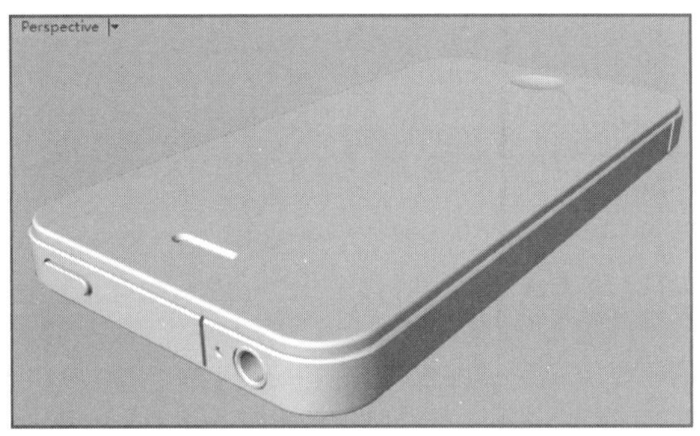

图21-84　耳机插孔等部件创建完成

21.1.5　创建手机底部扬声器、插孔

01在Front正交视图中，依据参考图片，创建曲线1、曲线2、曲线3、曲线4、曲线5，如图21-85所示。这些曲线将作为创建底部细节的轮廓曲线。

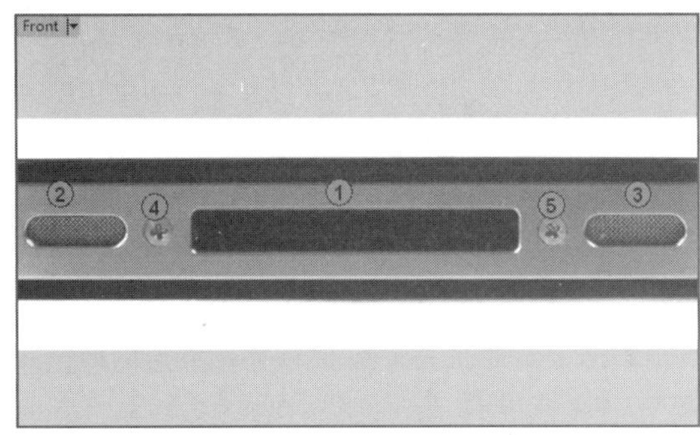

图21-85　创建轮廓曲线

02执行菜单栏中的【实体】|【挤出平面曲线】|【直线】命令，在Perspective视图中选取曲线1、曲线2、曲线3，右击确认，在提示行中开启【两侧（B）】选项，在Top正交视图中控制挤出曲面的长度，按Enter键完成创建，如图21-86所示。

03执行菜单栏中的【实体】|【差集】命令，为刚刚创建的挤出曲面与机身曲面作一次差集，如图21-87所示。

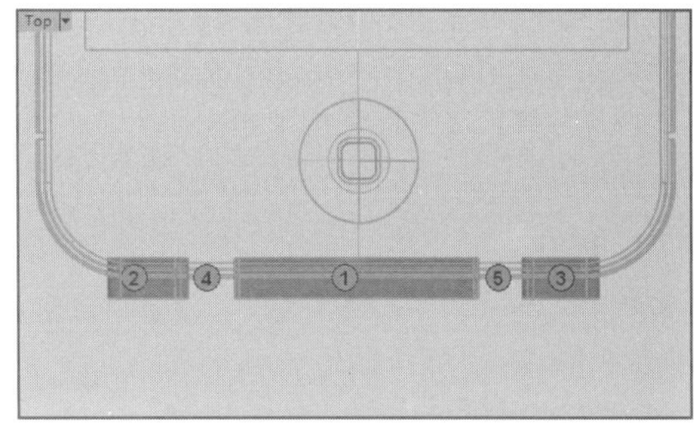

图21-86　创建挤出曲面

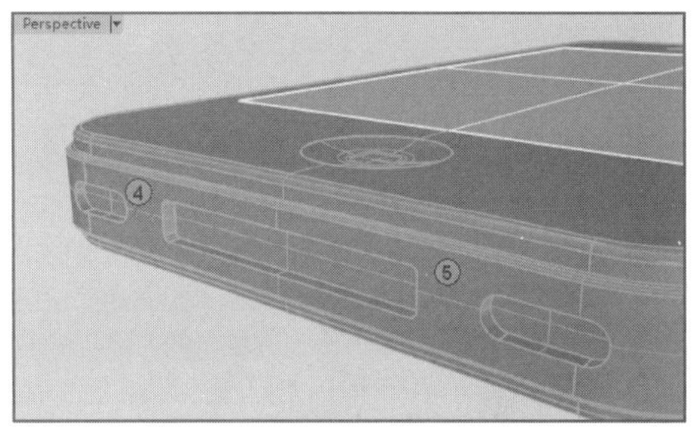

图21-87　布尔运算差集

04执行菜单栏中的【实体】|【边缘圆角】|【边缘圆角】命令，在Perspective视图中选取上面产生的棱边，以0.25的大小创建圆角，如图21-88所示。

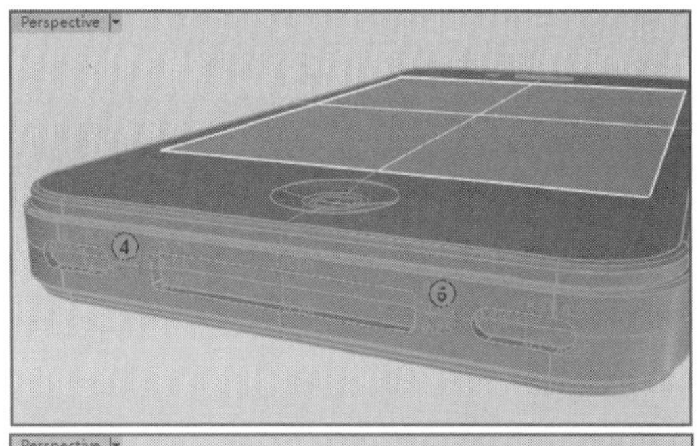

图21-88　创建边缘圆角

05执行菜单栏中的【编辑】|【分割】命令，选择机身曲面，右击确认，然后选择曲线4对机身曲面进行分割，右击完成，创建曲面A，按Enter键完成创建，如图21-89所示。

06执行菜单栏中的【曲面】|【挤出曲线】|【直

线】命令，以曲面A的边缘挤曲面B，如图21-90所示。为了方便观察，选定机身曲面，执行菜单栏中的【编辑】|【可见性】|【隐藏】命令，暂时对它进行隐藏。

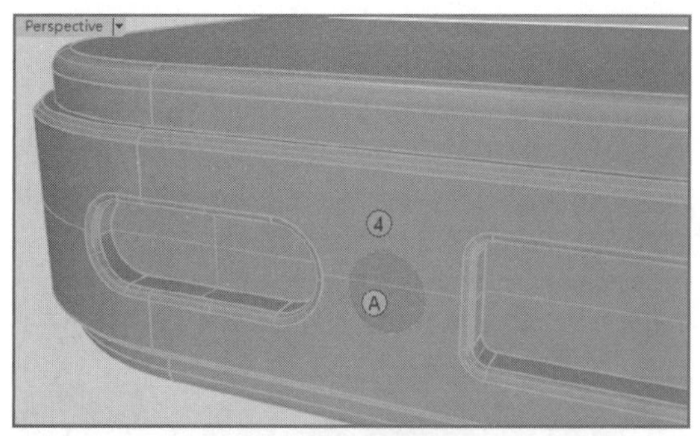

图21-89　分割曲面

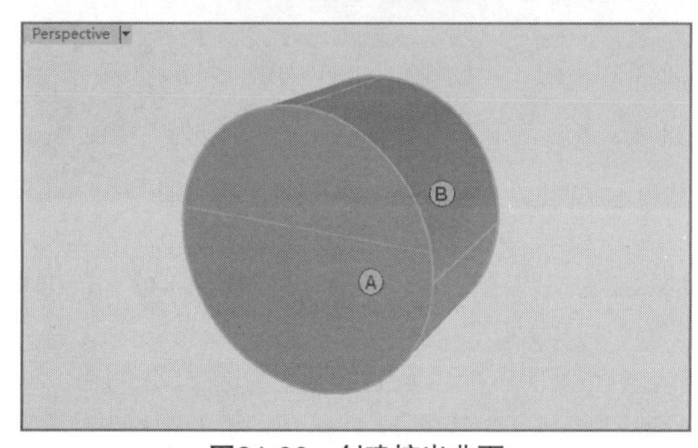

图21-90　创建挤出曲面

07在Perspective视图中选取曲面B，执行菜单栏中的【编辑】|【复制】命令，紧接着执行菜单栏中的【编辑】|【粘贴】命令，在原来的位置复制得到曲面C，如图21-91所示。

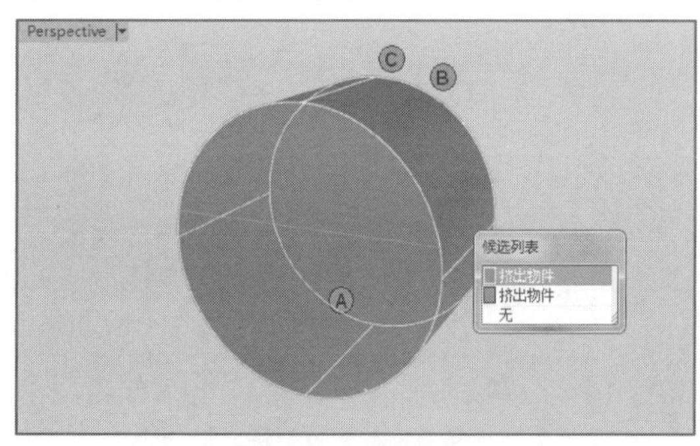

图21-91　复制曲面

08在曲面C处于选择的状态下，执行菜单栏中的【编辑】|【可见性】|【隐藏】命令，将其隐藏，然后执行菜单栏中的【编辑】|【组合】命令，将曲面A与曲面B组合到一起，如图21-92所示。

09执行菜单栏中的【实体】|【边缘圆角】|【边缘圆角】命令，在刚刚组合在一起的曲面的棱边处创建圆角，圆角大小设置为0.1，如图21-93所示。

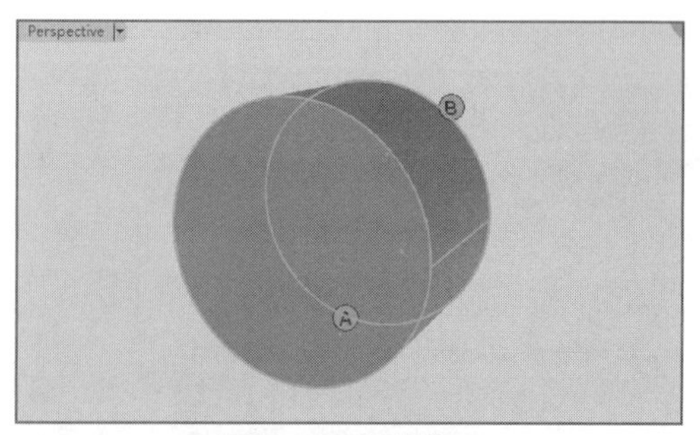

图21-92　组合曲面

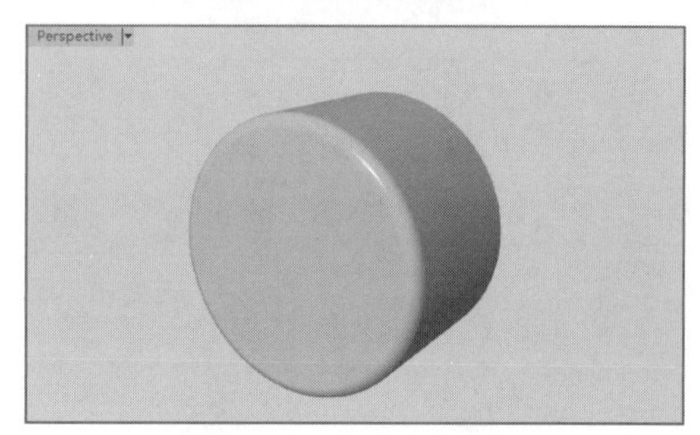

图21-93　创建边缘圆角

10执行菜单栏中的【编辑】|【可见性】|【对调隐藏与显示】命令，将机身曲面以及曲面C取消隐藏。执行菜单栏中的【编辑】|【组合】命令，将机身曲面与曲面C组合在一起，如图21-94所示。

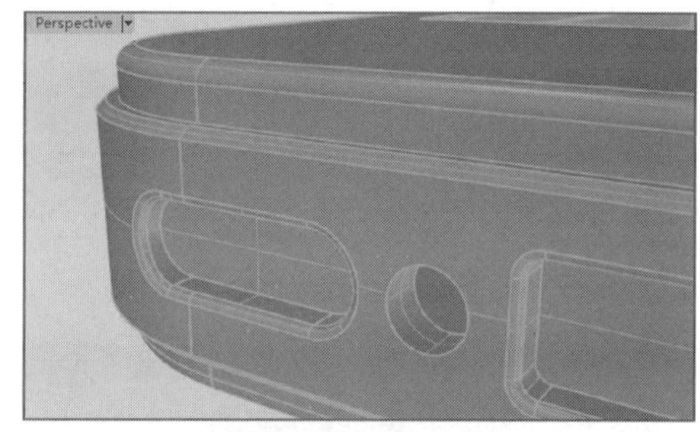

图21-94　组合曲面

11执行菜单栏中的【实体】|【边缘圆角】|【边缘圆角】命令，为组合后的棱边创建圆角曲面，圆角大小同样为0.1，并执行菜单栏【编辑】|【可见性】|【显示】命令，将隐藏的曲面显示出来，如图21-95所示。

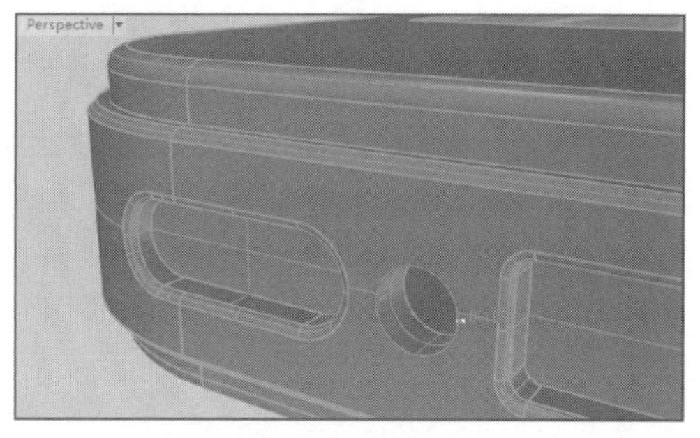

图21-95（续）

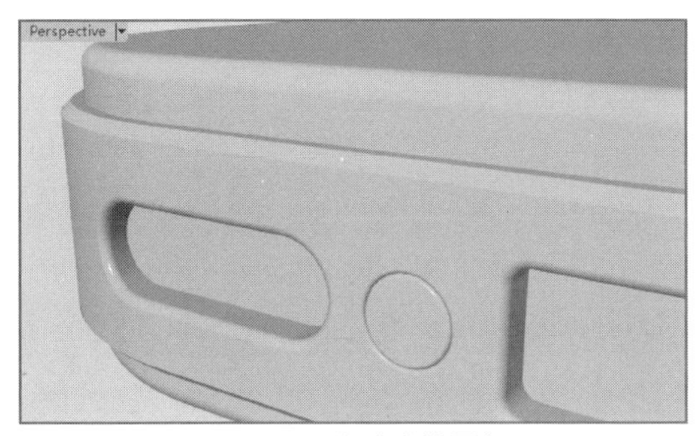

图21-95　创建边缘圆角

12再用上面的方法，以曲线5为轮廓曲线，创建另一侧的曲面，如图21-96所示。

图21-96　创建另一侧的曲面

技术要点：在创建过程中，可以曲线4、曲线5同时创建挤出曲面、倒圆角。这里采用了单独创建的方式。需要说明的是，这并不是最简单的方法，可以尝试不同的方法。

13执行菜单栏中的【实体】|【文字】命令，创建一个加号（+），作为螺丝盖上的纹样，并进行其他设置，如图21-97所示。

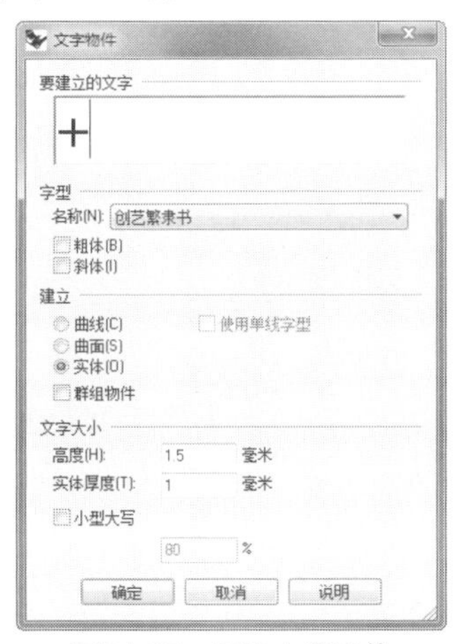

图21-97　创建文字实体

14单击【确定】按钮，在Front正交视图中将创建的实体加号（+）放置在螺丝盖面上，调整它的位置，在Right正交视图中将其向内移动一定的位置，如图21-98所示。

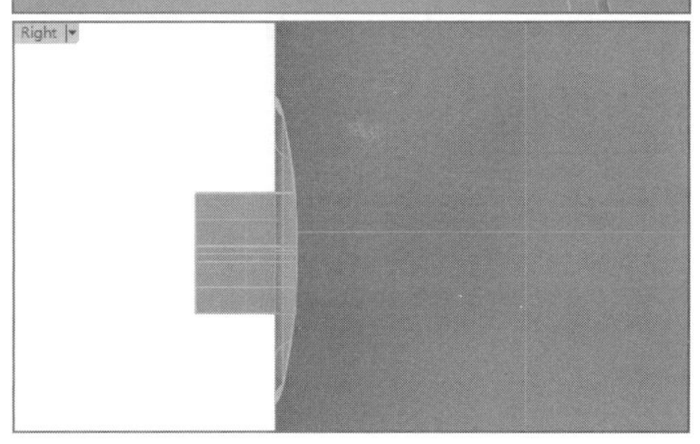

图21-98　调整文字实体的位置

15执行菜单栏中的【实体】|【差集】命令，将文字实体曲面与螺丝曲面求差以形成新的多重曲面，如图21-99所示。

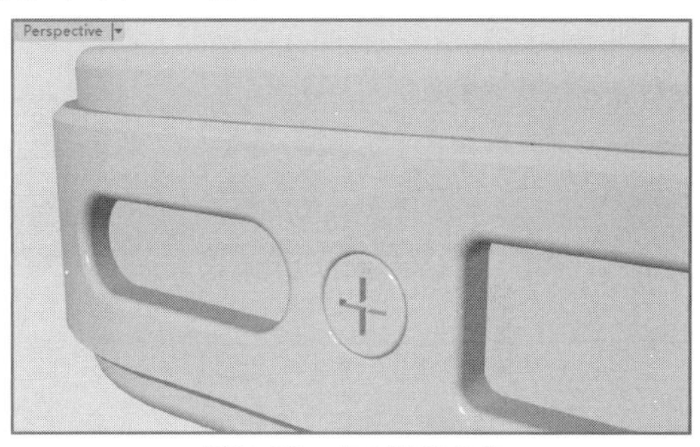

图21-99　布尔运算差集

16用同样的方法，在另一个螺丝盖曲面上创建类似的纹样（为了与参考图片形成相同的效果，可将创建的文字实体曲面进行旋转，再执行【差集】命令），如图21-100所示。

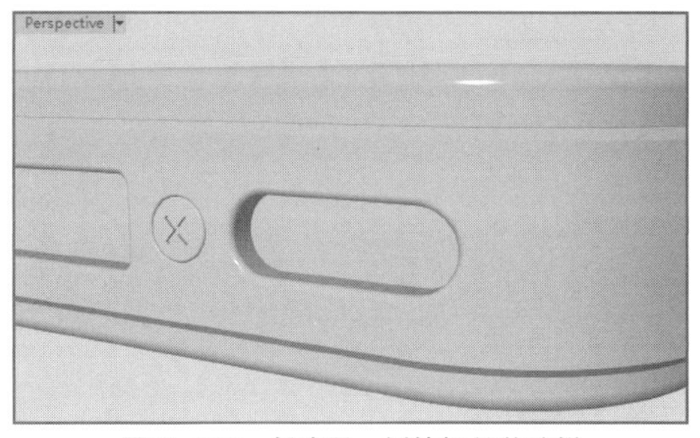

图21-100　创建另一侧的螺丝盖纹样

17至此，手机底部的细节创建完成，可在Perspective视图中选择【渲染】模式进行旋转拖动查看，如图21-101所示。

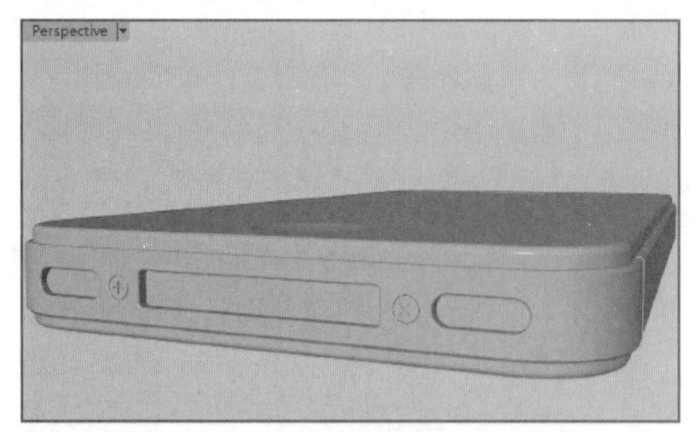

图21-101　手机底部的细节创建完成

21.1.6　添加手机侧面细节

01执行相关曲线命令，以及曲线编辑命令，在Left正交视图中依据参考图片创建几条轮廓曲线。其中曲线4、曲线6分别由曲线3、曲线5通过偏移得来，如图21-102所示。

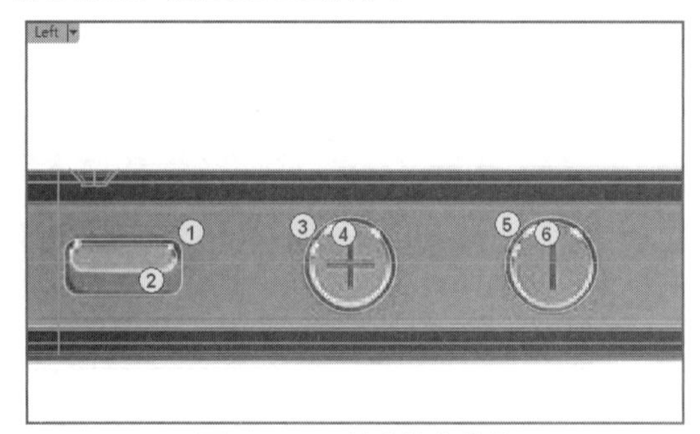

图21-102　创建轮廓曲线

02执行菜单栏中的【实体】|【挤出平面曲线】|【直线】命令，以曲线1、曲线3、曲线5创建挤出曲面，如图21-103所示。

03执行菜单栏中的【实体】|【差集】命令，将刚刚创建的几个曲面与手机机身曲面形成差集，如图21-104所示。

04选取曲线1、曲线3、曲线5，执行菜单栏中的【编辑】|【可见性】|【隐藏】命令，然后执行菜单栏中的【实体】|【挤出平面曲线】|【直线】命令，以曲线2、曲线4、曲线6创建挤出曲面，如图21-105所示。

05执行菜单栏中的【实体】|【并集】命令，将上一步骤创建的挤出曲面与机身曲面创建并集，如图21-106所示。

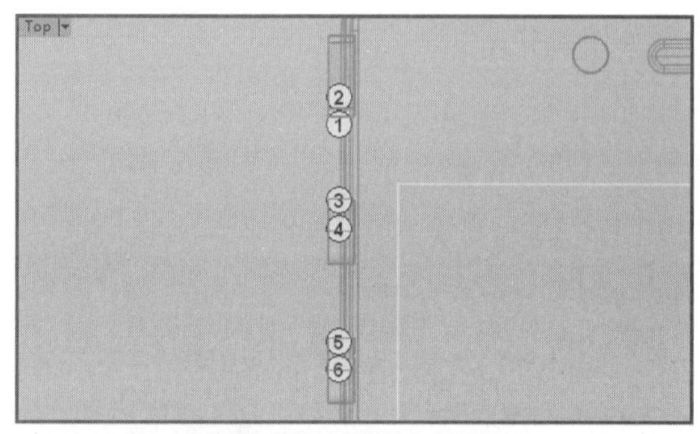

图21-103　创建挤出曲面

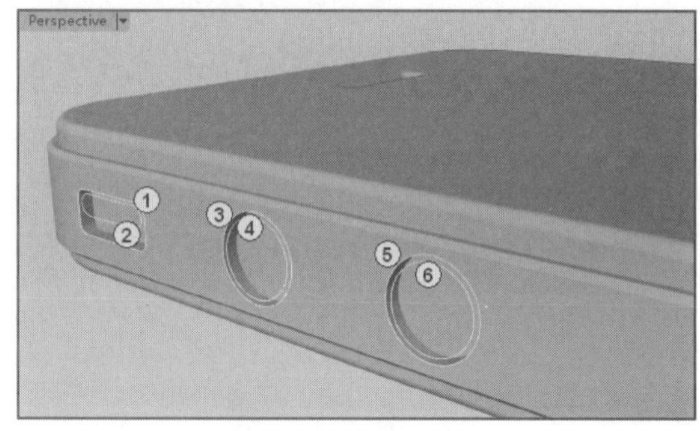

图21-104　布尔运算差集

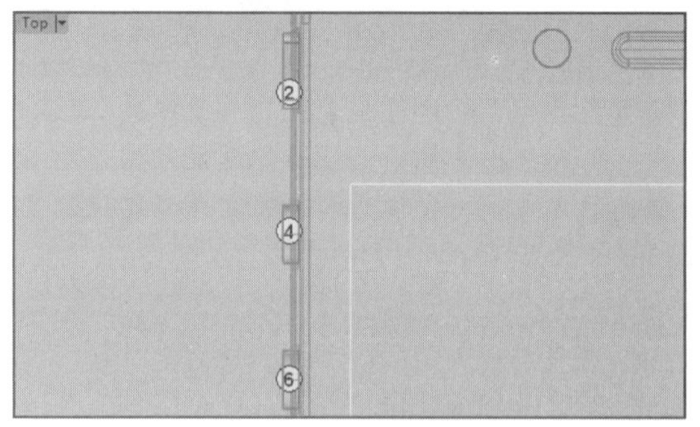

图21-105　创建挤出曲面

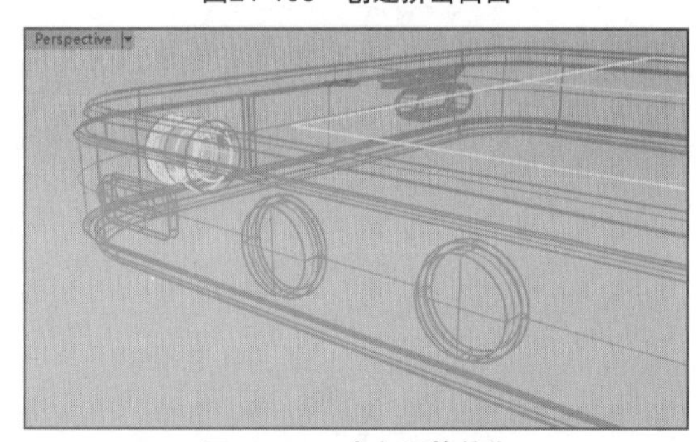

图21-106　布尔运算并集

06执行菜单栏中的【实体】|【边缘圆角】|【不等距边缘斜角】命令，为刚刚组合到一起的曲面棱边创建斜角，如图21-107所示。

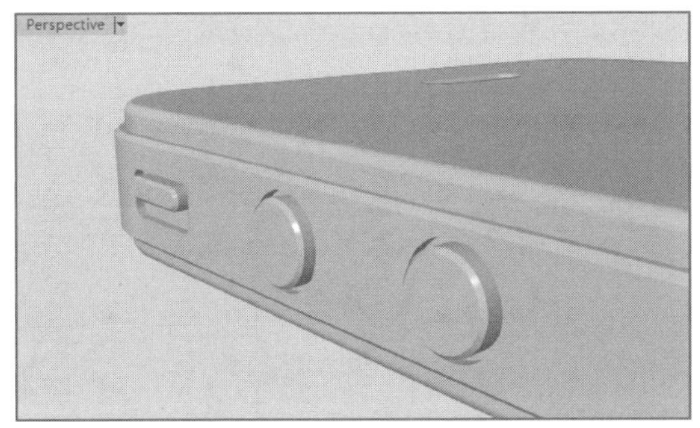

图21-107 创建边缘斜角

07依据创建手机底部螺丝曲面上纹样的方法，在侧面的按钮曲面上分别添加加号（+）、减号（-），如图21-108所示。

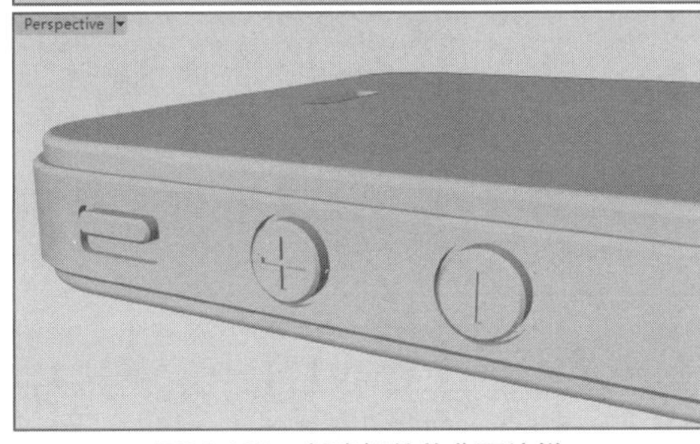

图21-108 创建螺丝盖曲面纹样

08在Right正交视图中创建曲线7、曲线8，开启【物件锁点】，在Top正交视图中将其移动到手机的另一侧，如图21-109所示。

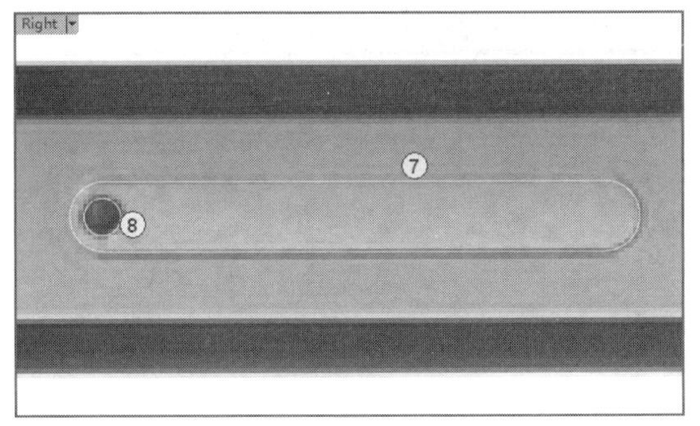

图21-109 创建轮廓曲线

09执行菜单栏中的【曲面】|【挤出曲线】|【直线】命令，选择曲线7作为要挤出的曲线，在Top正交视图中创建挤出曲面A，如图21-110所示。

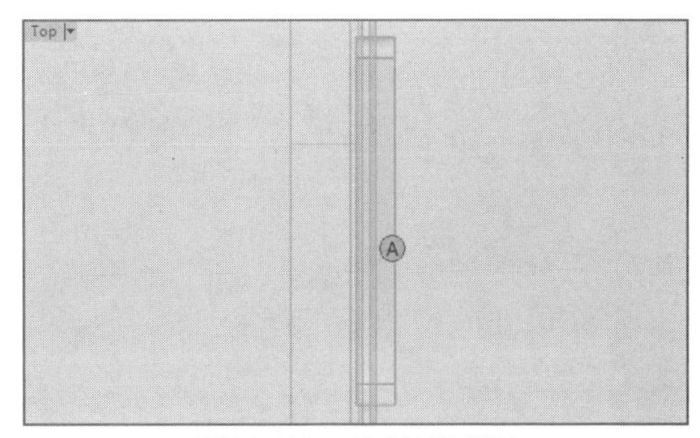

图21-110 创建挤出曲面

10执行菜单栏中的【编辑】|【修剪】命令，剪去挤出曲面A长出机身曲面的部分，然后执行菜单栏中的【编辑】|【分割】命令，以剪切后的曲面A将机身曲面分割出一个小的曲面，即曲面B，如图21-111所示。

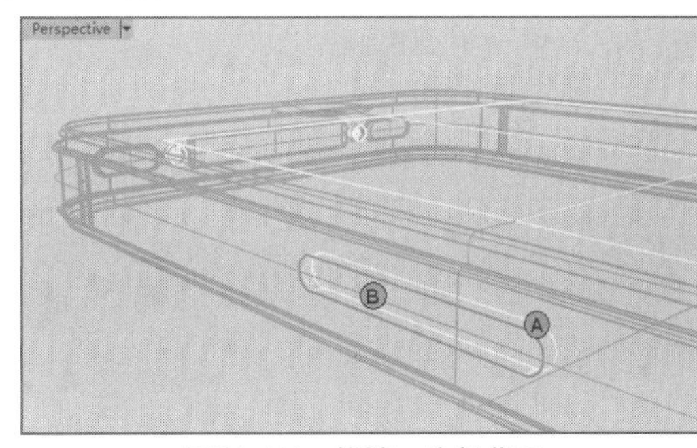

图21-111 修剪、分割曲面

11将曲面A复制一份，记为曲面C，执行菜单栏中的【编辑】|【组合】命令，将曲面A、曲面B组合到一起，并暂时隐藏，再次执行【组合】命令，将曲面C与手机机身曲面组合到一起，如图21-112所示。

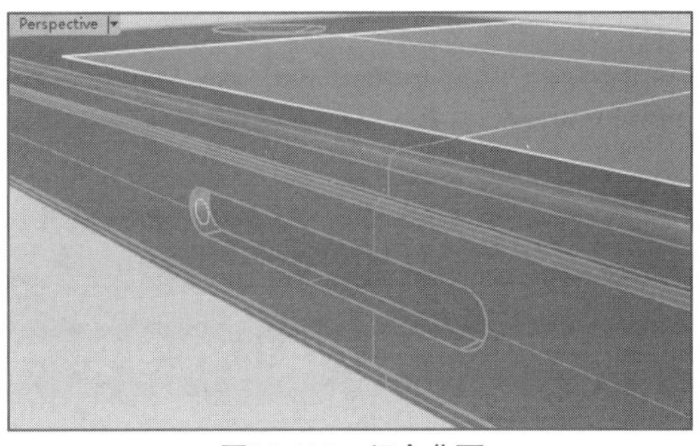

图21-112 组合曲面

12执行菜单栏中的【实体】|【边缘圆角】|【边缘圆角】命令，在组合后的曲面棱边上创建圆角曲面，圆角大小为0.1，如图21-113所示。

13执行菜单栏中的【编辑】|【可见性】|【对调显示与隐藏】命令，然后再次执行【实体】|【边缘圆角】|【边缘圆角】命令，在组合曲面的棱边上创建

圆角曲面，圆角大小仍为0.1，如图21-114所示。

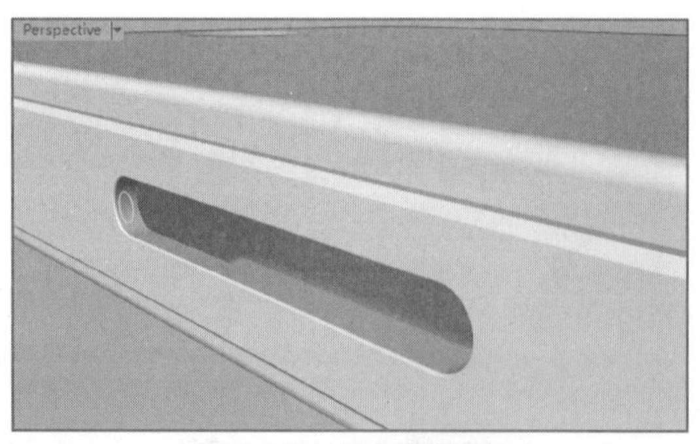

图21-113　创建边缘圆角

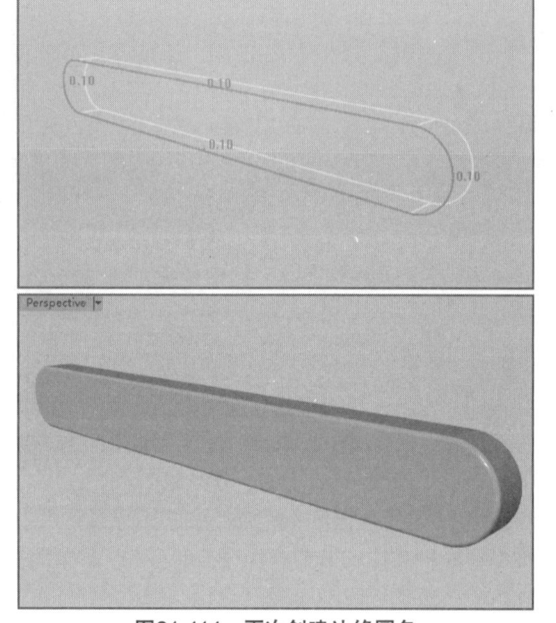

图21-114　再次创建边缘圆角

14执行菜单栏中的【编辑】|【可见性】|【显示】命令，取消对曲面的隐藏。执行菜单栏中的【实体】|【挤出平面曲线】|【直线】命令，以曲线8创建挤出曲面，在Top正交视图中控制挤出的长度大小，如图21-115所示。

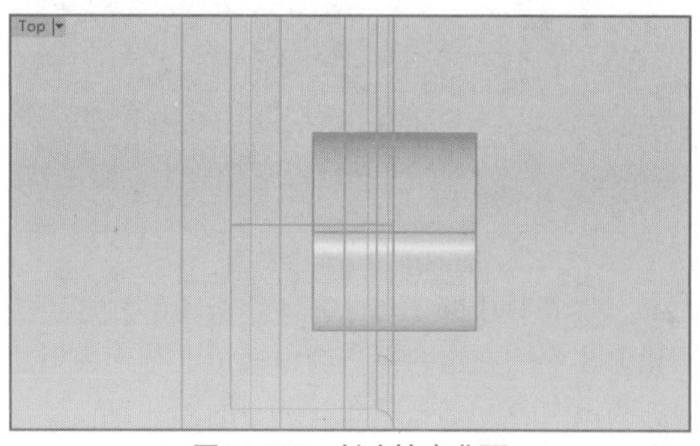

图21-115　创建挤出曲面

15执行菜单栏中的【实体】|【差集】命令，将刚刚创建的挤出曲面与其相交的多重曲面之间形成差集。至此，手机的侧面细节创建完成，如图21-116所示。

图21-116　布尔运算差集

21.1.7　创建手机背部Logo及其他

01执行菜单栏中的【查看】|【背景图】|【移除】命令。紧接着执行菜单栏中的【查看】|【背景图】|【放置】命令，在Top视图中添加手机背部的参考图片，然后将其对齐，如图21-117所示。

图21-117　添加背景图片

02执行菜单栏中的【曲线】|【自由造型】|【控制点】命令，在Top正交视图中创建Logo的轮廓线，然后打开曲线的控制点显示，调整曲线的造型，如图21-118所示。

图21-118　创建Logo曲线

03在Top正交视图中执行菜单栏中的【曲线】|【直线】|【单一直线】命令，开启【物件锁点】，创建一条垂直方向的直线，即直线1，如图21-119所示。

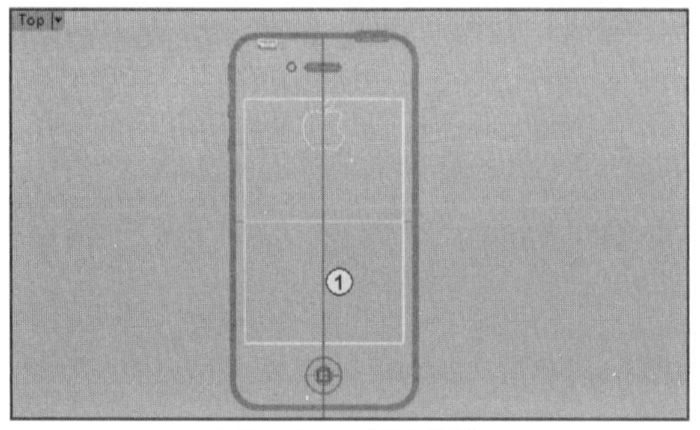

图21-119　创建直线

04执行菜单栏中的【变动】|【镜像】命令，以直线1上的两点作为镜像平面的起始点，将Logo轮廓线进行镜像，在镜像过程中，在提示行中关闭【复制（C）】选项，如图21-120所示。

图21-120　创建镜像曲线

05执行菜单栏中的【曲面】|【挤出曲线】|【直线】命令，以Logo轮廓曲线创建挤出曲面，如图21-121所示。

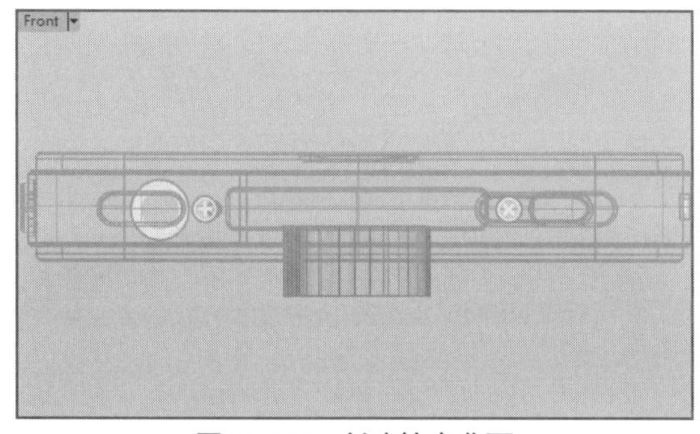

图21-121　创建挤出曲面

06执行菜单栏中的【编辑】|【分割】命令，以挤出曲面作为分割用物件，对机身曲面进行分割，随后删除挤出曲面，如图21-122所示。

07执行菜单栏中的【实体】|【文字】命令，在Top正交视图中依据参考图片创建iPhone这几个字母，然后选用缩放等工具，将字体大小及边缘轮廓调整到与背景图片中的字母大致相同，如图21-123所示。

图21-122　分割曲面

图21-123　创建文字曲线

08执行菜单栏中的【变动】|【镜像】命令，依据曲线1上的点作为镜像平面的起始点，为创建的字体曲面创建镜像，如图21-124所示。

图21-124　镜像曲线

09在Front正交视图中将字体曲面组垂直向下移动一段距离，然后执行菜单栏中的【编辑】|【分割】命令，以字体曲面组对机身曲面进行分割，之后删除字体曲面组，如图21-125所示。

图21-125　分割曲面

10用同样的方法，在Top正交视图中创建后置摄像头的轮廓曲线，然后进行镜像，创建挤出曲面，最后进行分割，并隐藏不再使用的挤出曲面，再依照这样的步骤创建后置闪光灯曲面，如图21-126所示。

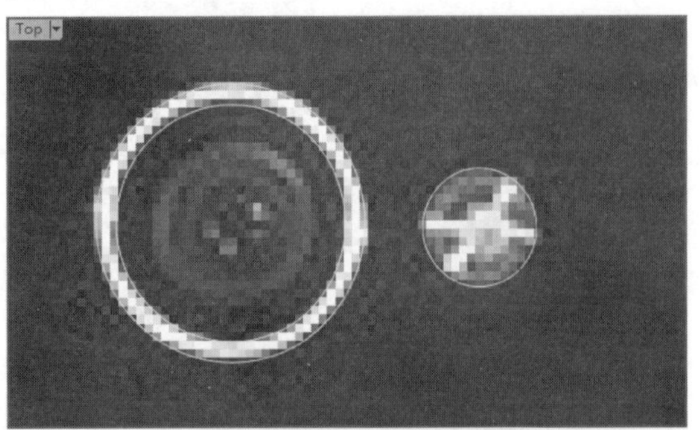

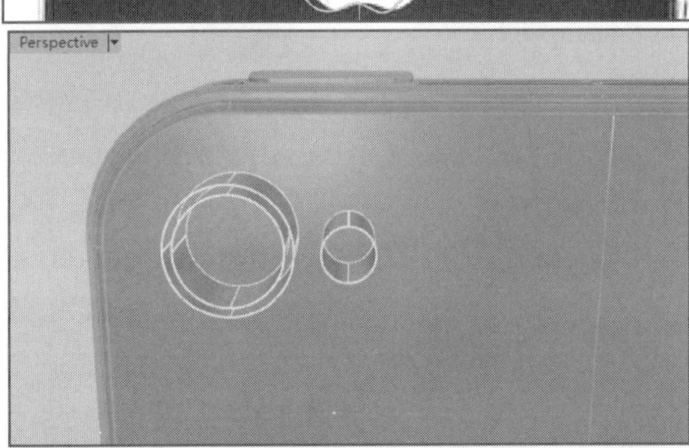

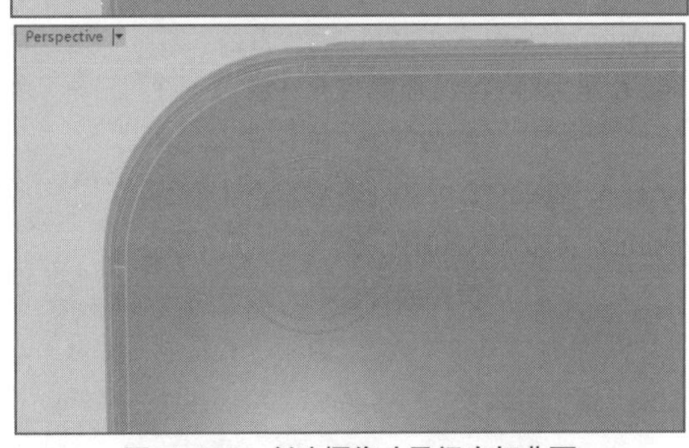

图21-126　创建摄像头及闪光灯曲面

11在【图层】面板中，将不同材质的曲面分配到不同的图层，并选用适合的颜色来进行着色显示，观察整个模型的最终整体效果，如图21-127所示。

图21-127　整个手机模型创建完成

21.2 制作无人机模型

引入文件：无

结果文件：动手操作\结果文件\Ch21\无人机.3dm

视频文件：视频\Ch21\制作无人机模型.avi

在这个模型中，无人机的主体部分相对简单，较为复杂的是分模以及机尾上部分曲面的创建。

无人机模型如图21-128所示。

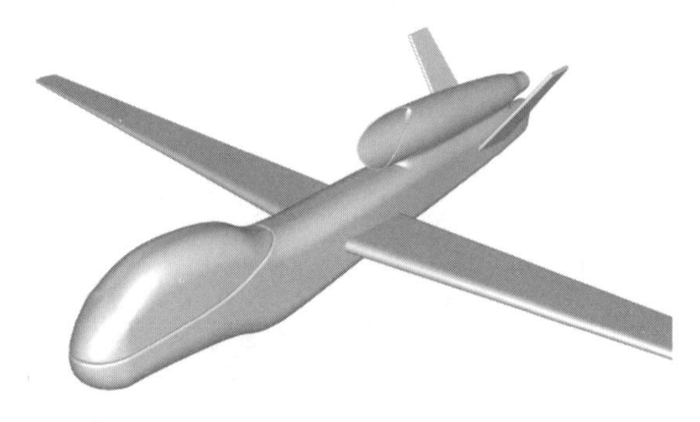

图21-128　无人机模型

21.2.1　创建无人机主体曲面

01执行菜单栏中的【曲线】|【自由造型】|【控制点】命令，在Front正交视图中创建一条曲线，作为无人机主体曲面的轮廓线，如图21-129所示。

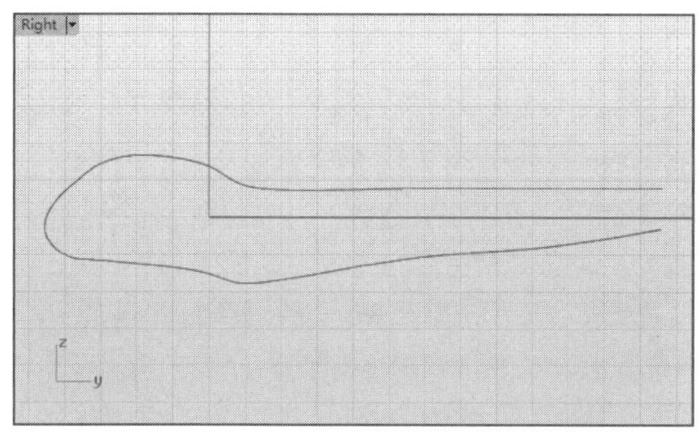

图21-129　创建无人机主体曲面的轮廓线

02执行菜单栏中的【曲线】|【矩形】|【角对角】命令，然后在命令提示行中单击【圆角（R）】选项，沿轮廓曲线创建一组圆角矩形曲线，如图21-130所示。

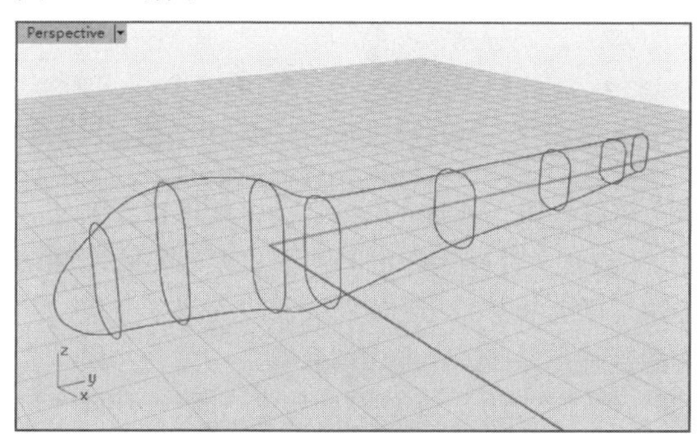

图21-130　创建圆角矩形曲线

03执行菜单栏中的【曲面】|【放样】命令，从左至右依次选取刚刚创建的圆角矩形曲线，右击确认，在弹出的对话框中设置相关的参数，单击【确定】按钮，创建放样曲面完成，如图21-131所示。在【造型】选项区域中，设置不同的参数，然后通过单击【预览】按钮可查看放样曲面发生的变化。

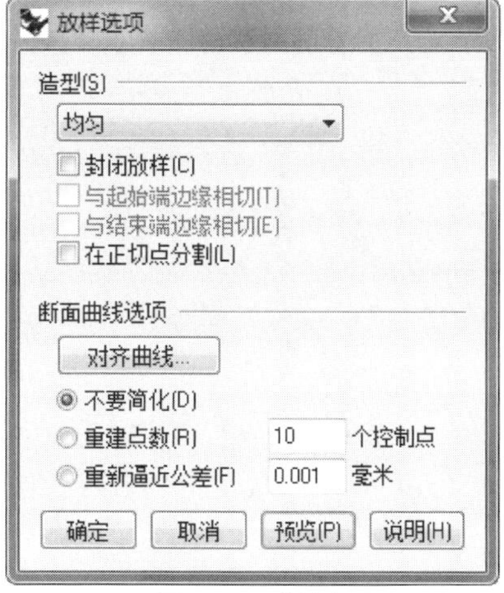

图21-131（续）

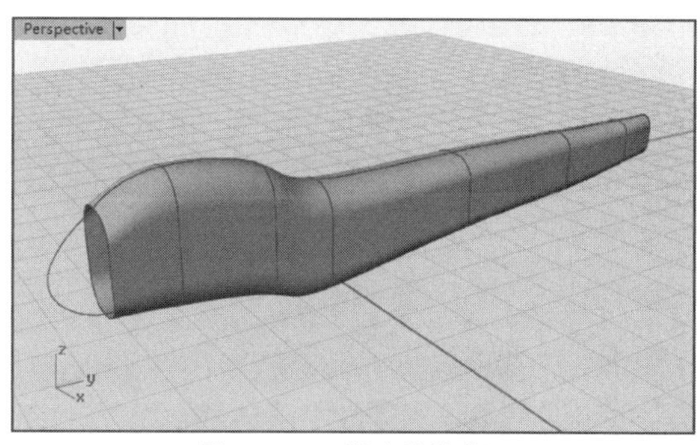

图21-131　创建放样曲面

04执行菜单栏中的【曲线】|【曲线编辑工具】|【截短曲线】命令，在Perspective视图中选取机身轮廓曲线，开启【物件锁点】，在轮廓曲线上截取一段曲线，并隐藏其余曲线，如图21-132所示。

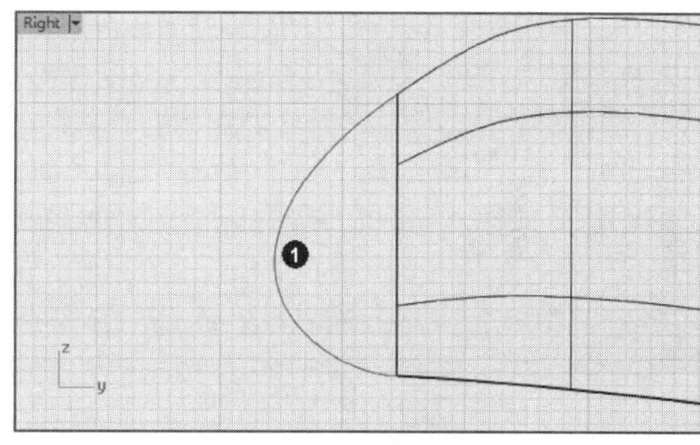

图21-132　截取曲线

05执行菜单栏中的【曲线】|【曲线编辑工具】|【衔接】命令，在Perspective视图中选取曲线1上端，然后单击提示行中的【曲面边缘（S）】选项，并开启【物件锁点】，单击放样曲面边缘，在曲线与曲面边缘的交点处单击，调整弹出的对话框中的【连续性】为【相切】，单击【确定】按钮，如图21-133所示。

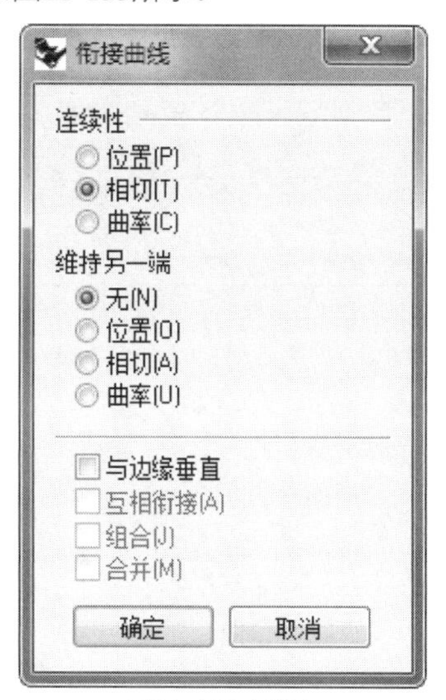

图21-133（续）

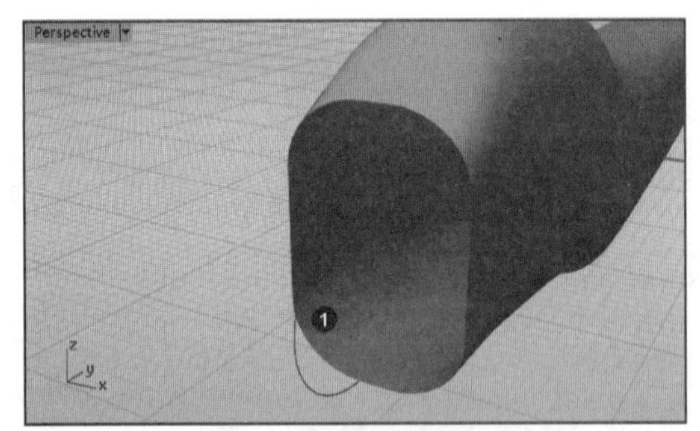

图21-133　衔接曲线上端

06用同样的方法，将曲线1与放样曲面下端进行衔接，这样曲线1的两端就与放样曲面的边缘形成相切，如图21-134所示。

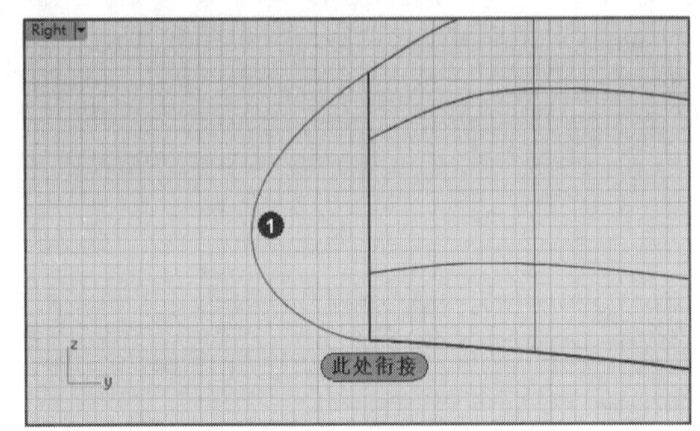

图21-134　衔接曲线下端

07执行菜单栏中的【曲线】|【自由造型】|【内插点】命令，开启状态栏处的【物件锁点】，然后在Perspective视图中以主体曲面侧边边缘中点为曲线的起始点，创建与曲线1相交的曲线2，然后在Top正交视图中调整曲线的形状，如图21-135所示。

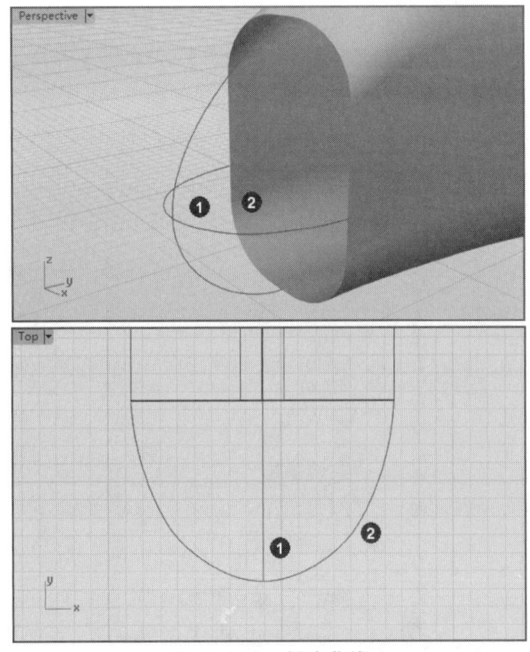

图21-135　创建曲线

08执行菜单栏中的【曲面】|【曲面编辑工具】|【调整封闭曲面的接缝】命令，然后调整主体曲面的边缘A的接缝位置为曲线1的下端端点处，然后执行菜单栏中的【曲面】|【边缘工具】|【分割边缘】命令，在曲面边缘A上与上端曲线1的上端点重合的位置分割曲面的边缘，如图21-136所示。

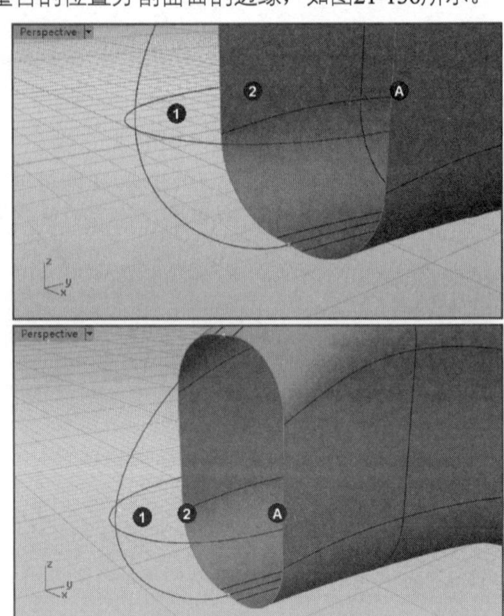

图21-136　分割曲面边缘

09主体曲面的左侧边缘被分割为两个部分，在此标记为A、B。执行菜单栏中的【曲面】|【网线】命令，选取曲线1、曲线2、边缘A、边缘B，右击确认，在弹出的对话框中调整要创建的曲面与主体曲面边缘的连续类型，最后单击【确定】按钮，创建完成，如图21-137所示。

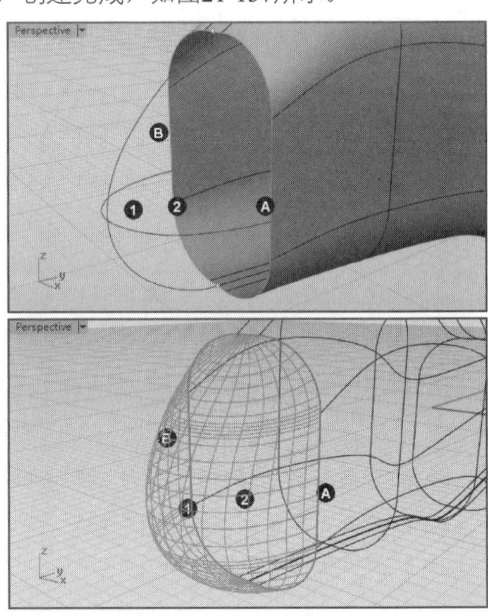

图21-137　以网线创建曲面

10执行菜单栏中的【曲线】|【直线】|【单一直线】命令，在Top正交视图中创建一条水平直线，即直线1（开启【正交】捕捉可以确保直线为水平）。水平直线的位置靠近机身主体曲面的后部，如图21-138所示。

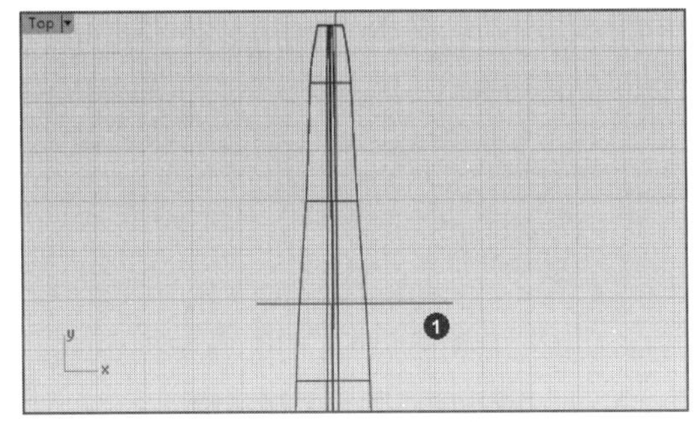

图21-138 创建水平直线

11执行菜单栏中的【编辑】|【分割】命令，在Top正交视图中以水平直线对主体曲面进行分割，分割为两个部分，即曲面A、曲面B，如图21-139所示。

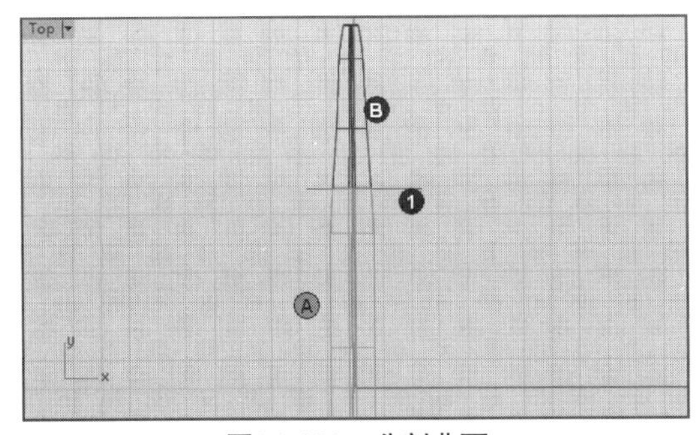

图21-139 分割曲面

12删除曲面B，显示隐藏的曲线。执行菜单栏中的【曲面】|【放样】命令，在Right正交视图中以曲面A的边缘与右侧的圆角矩形曲线创建放样曲面，如图21-140所示。

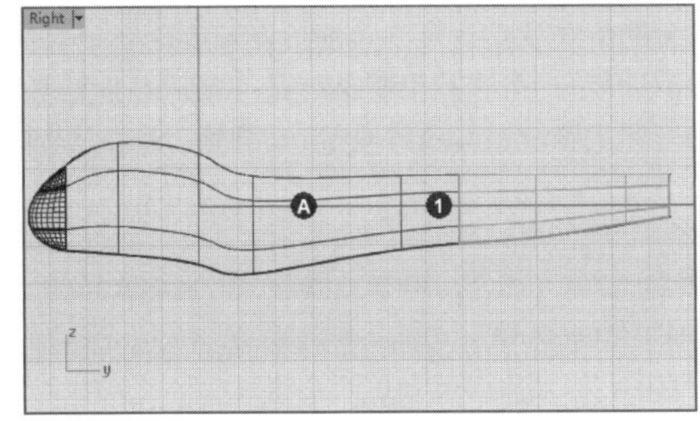

图21-140 创建放样曲面

13隐藏图中的曲线。执行菜单栏中的【曲线】|【自由造型】|【内插点】命令，开启【物件锁点】，在放样曲面尾部边缘的上端中点处单击，然后在下端中点处单击，右击确认，创建内插点曲线，即曲线1，如图21-141所示。

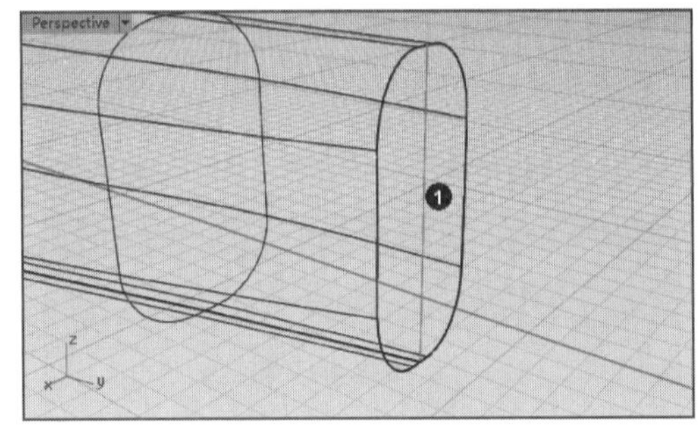

图21-141 创建曲线

14显示曲线1的控制点，控制点的数目与曲线的阶数有关，如果控制点过少，会很难调整曲线的形状，这时候可以执行菜单栏中的【编辑】|【改变阶数】命令，然后在提示行中调整曲线1的阶数，如图21-142所示。

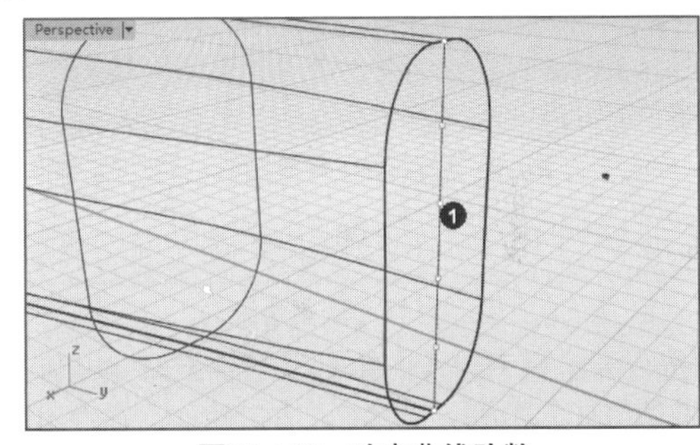

图21-142 改变曲线阶数

15执行菜单栏中的【曲线】|【曲线编辑工具】|【衔接】命令，将曲线1与曲面边缘形成相切连续。也可在Right正交视图中调节曲线1的控制点，最后执行【衔接】命令，最终结果如图21-143所示。

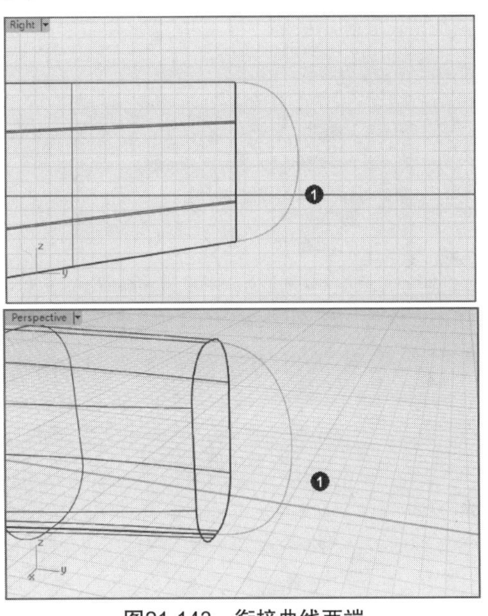

图21-143 衔接曲线两端

16执行菜单栏中的【曲面】|【边缘工具】|【分割边缘】命令，选取曲面边缘A，在曲线1的上侧端点处将曲面边缘分割为两部分，即边缘B、边缘C，如图21-144所示。

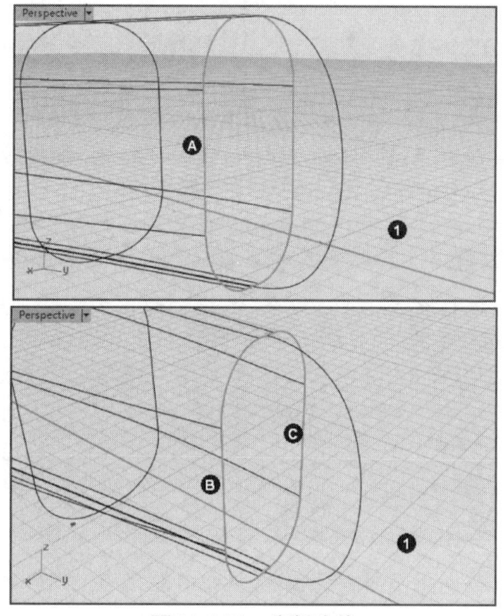

图21-144 分割边缘

17执行菜单栏中的【曲面】|【放样】命令，依次选取边缘B、曲线1、边缘C，右击确认，在弹出的对话框中设置相关参数，开启【预览】，观察放样曲面随之发生的变化，最后单击【确定】按钮，创建放样曲面完成，如图21-145所示。

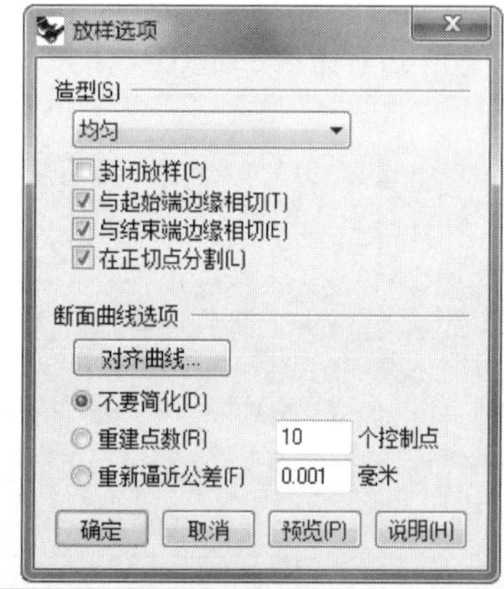

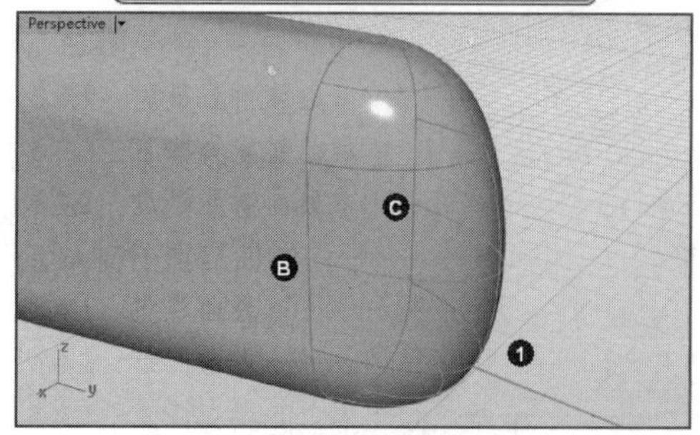

图21-145 创建放样曲面

18隐藏图中的曲线，执行菜单栏中的【编辑】|【组合】命令，将曲面组合到一起。至此，无人机主体曲面创建完成，在Perspective视图中进行旋转查看，如图21-146所示。

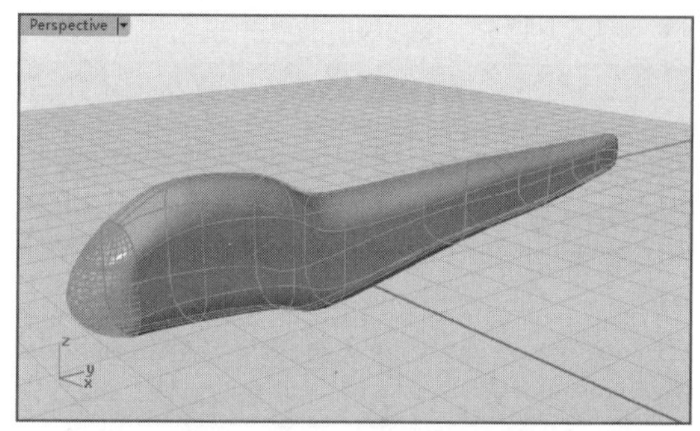

图21-146 无人机主体曲面

21.2.2 对主体曲面进行分割

01执行菜单栏中的【曲线】|【自由造型】|【控制点】命令，在Right正交视图中创建一条曲线，即曲线1。移动它的控制点，调整曲线的形状，如图21-147所示。

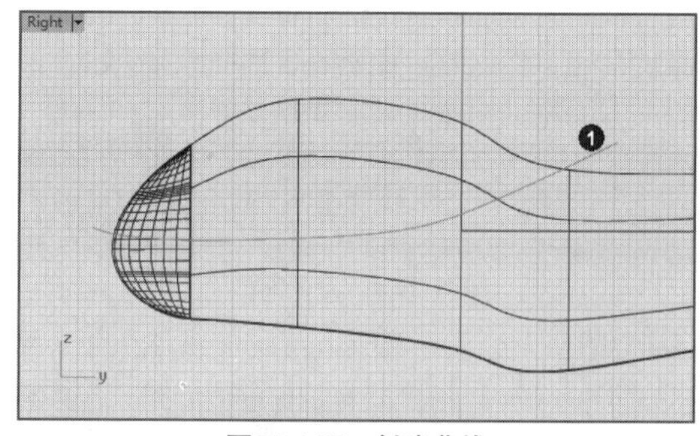

图21-147 创建曲线

02在Right正交视图中执行菜单栏中的【编辑】|【分割】命令，选取主体曲面，右击确认，然后选取曲线1，再次右击确认，主体曲面被曲线1分割为两个部分，记为曲面A、曲面B，如图21-148所示。

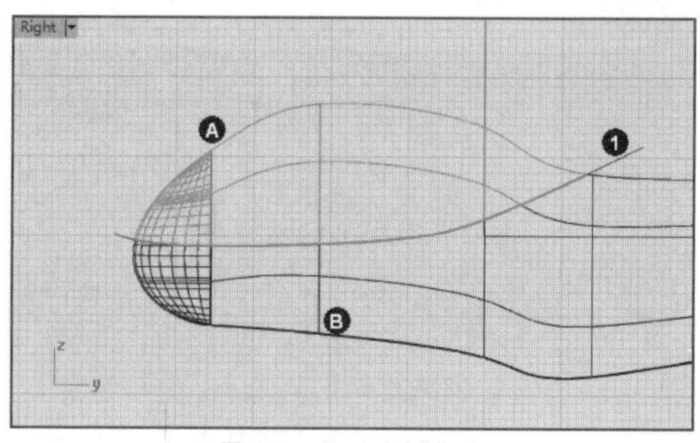

图21-148 分割曲面

03隐藏曲线1与曲面B。执行菜单栏中的【曲面】|【挤出曲线】|【往曲面法线】命令，选取曲面的边缘，然后以它所对应的曲面为基底曲面创建挤出曲面，如图21-149所示。

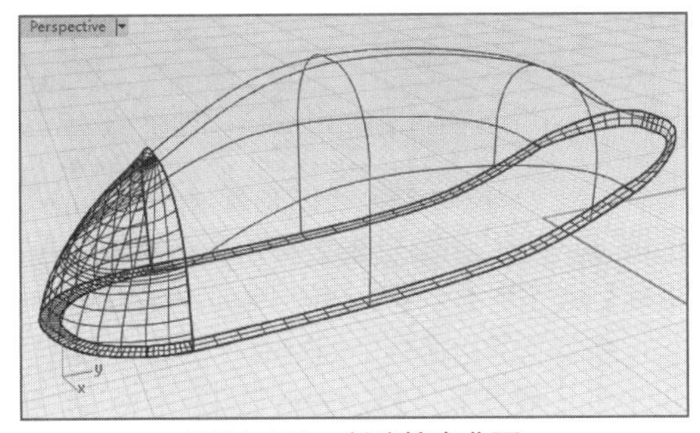

图21-149　创建挤出曲面

04执行菜单栏中的【编辑】|【组合】命令，将挤出曲面与曲面A组合到一起。然后执行菜单栏中的【实体】|【边缘圆角】|【边缘圆角】命令，在组合后的多重曲面的棱边处创建圆角曲面，如图21-150所示。

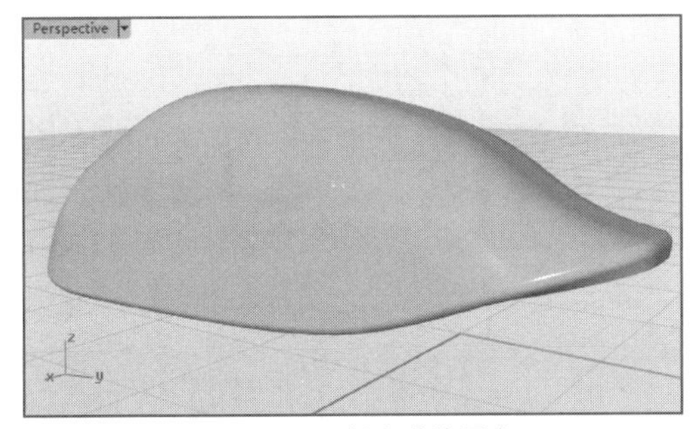

图21-150　创建边缘圆角

05单独显示曲面B，然后执行菜单栏中的【曲面】|【挤出曲线】|【往曲面法线】命令，创建挤出曲面，然后将它们组合到一起。执行菜单栏中的【实体】|【边缘圆角】|【边缘圆角】命令，创建圆角曲面，如图21-151所示。

06显示所有隐藏的曲面，至此无人机主体曲面的头部已经完成，在Perspective视图中旋转查看是否存在问题，如图21-152所示。接下来的工作是创建尾部细节。

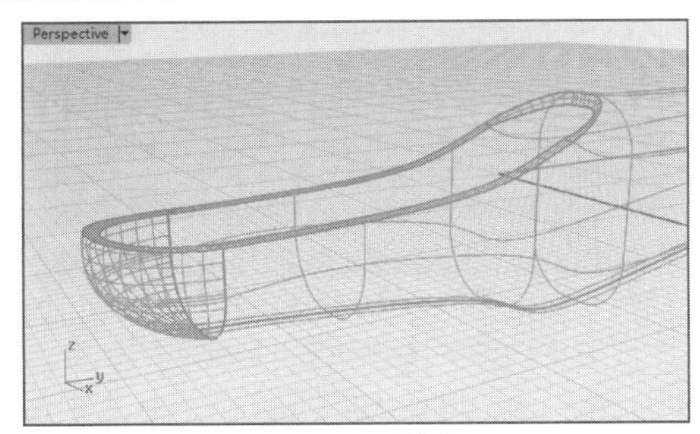

图21-151（续）

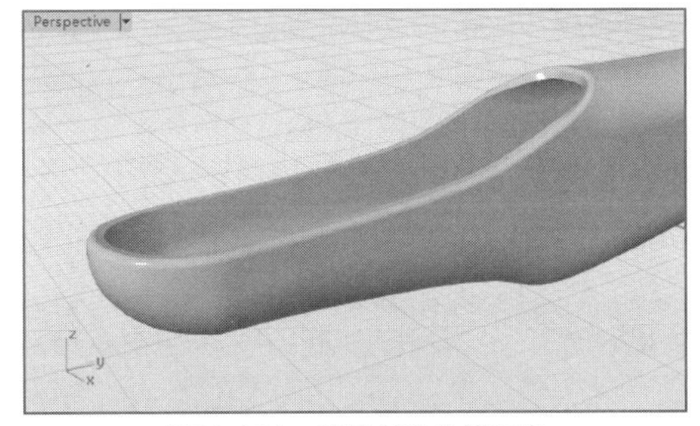

图21-151　继续创建边缘圆角

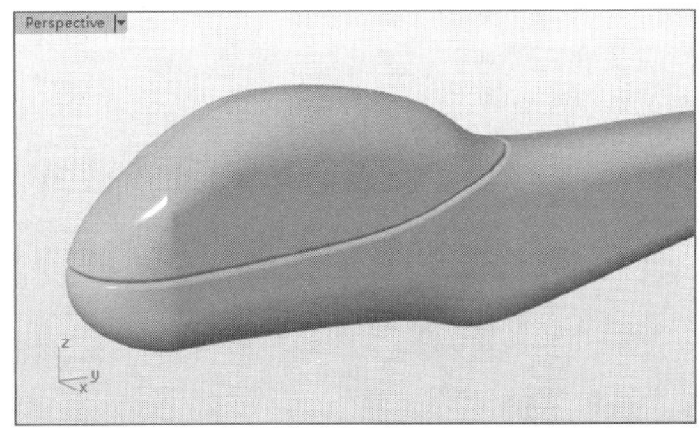

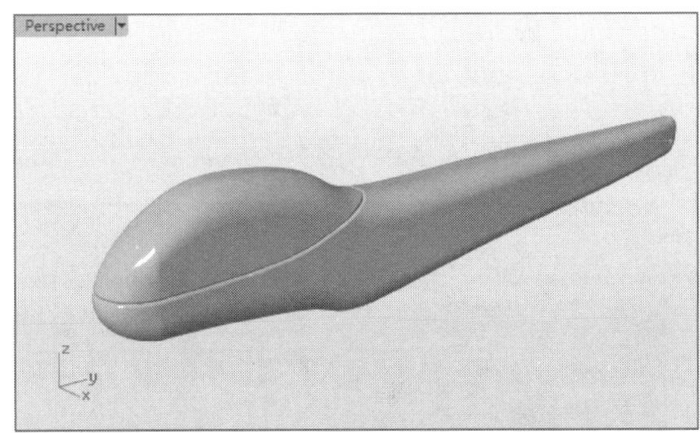

图21-152　无人机头部创建完成

21.2.3　添加尾部细节

01执行菜单栏中的【曲线】|【圆】|【中心点、半径】命令，在Front正交视图中创建几个大小不等的圆形曲线，然后在Right正交视图中将其移动到不同的位置，如图21-153所示。

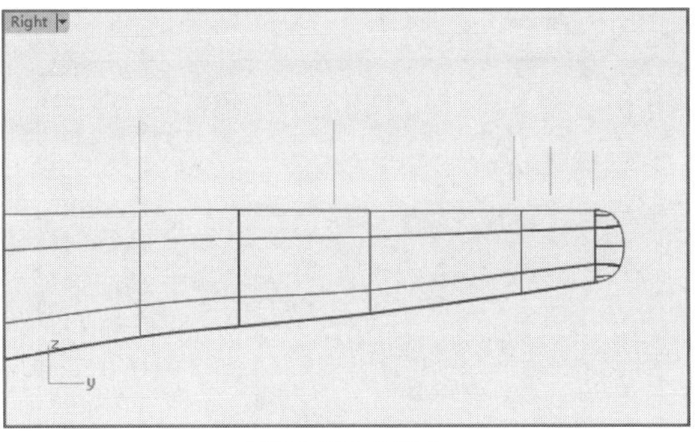

图21-153（续）

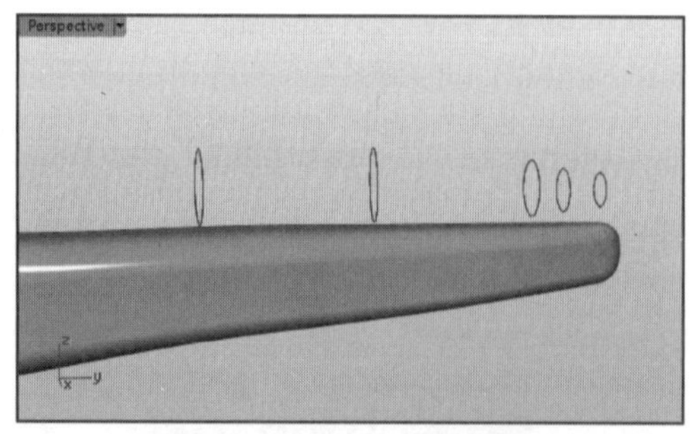

图21-153 创建一组圆形曲线

02执行菜单栏中的【曲面】|【放样】命令，从左至右依次选取刚刚创建的几条曲线，右击确认，创建一个圆筒曲面，如图21-154所示。

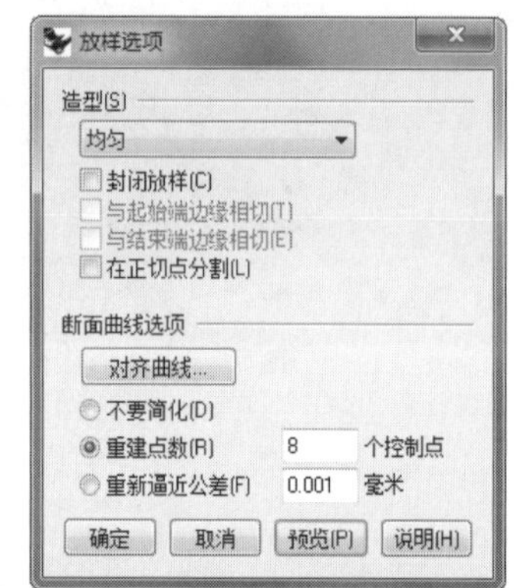

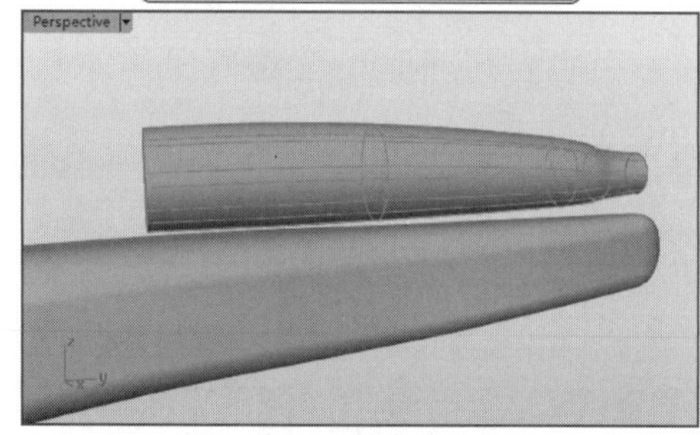

图21-154 创建放样曲面

03执行菜单栏中的【曲面】|【偏移曲面】命令，在Perspective视图中选取新创建的放样曲面，右击确认，单击曲面并调整偏移的方向，在命令提示行中控制偏移距离的大小，右击创建完成，如图21-155所示。

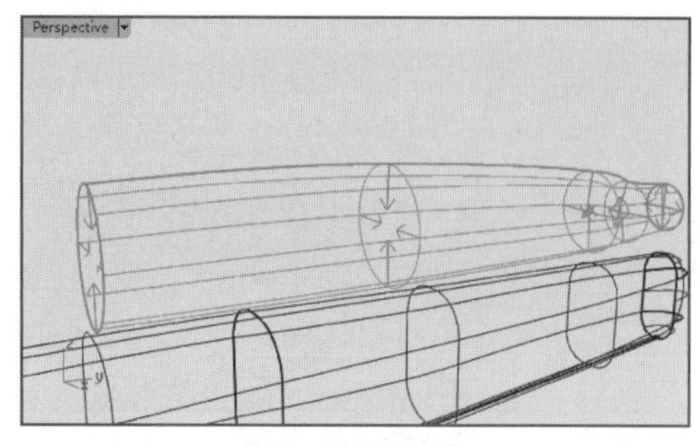

图21-155（续）

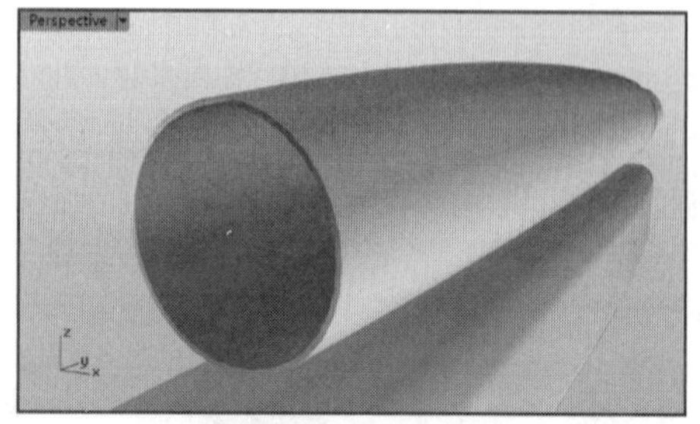

图21-155 偏移曲面

04由于偏移后的曲面过于复杂，执行菜单栏中的【编辑】|【重建】命令，选取偏移后的曲面，右击确认，在弹出的对话框中调整曲面的U、V参数，最后单击【确定】按钮，完成重建，如图21-156所示。

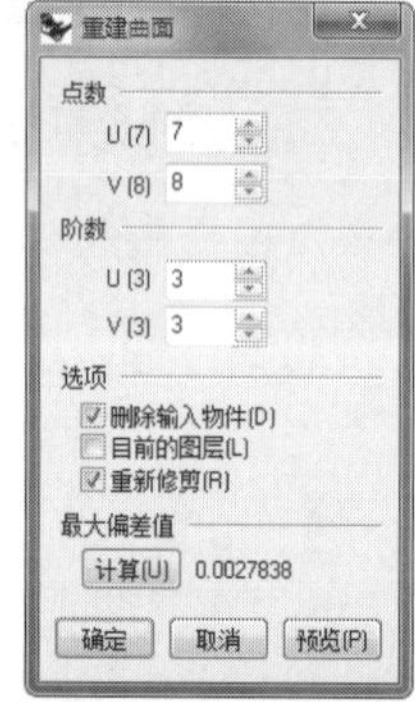

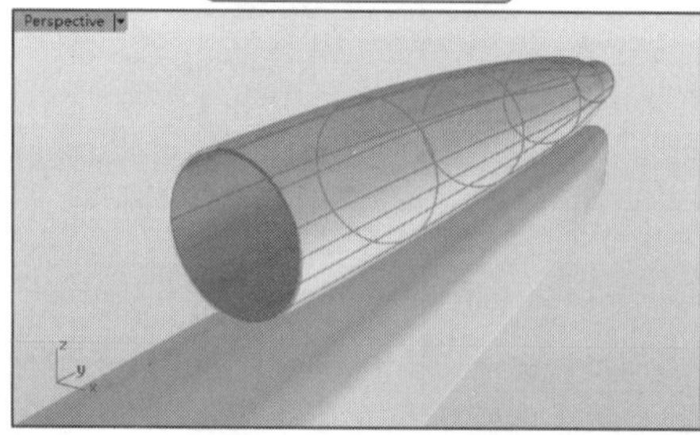

图21-156 重建曲面

05执行菜单栏中的【曲线】|【自由造型】|【控制点】命令，在Right正交视图中创建一条曲线，即曲线1，如图21-157所示。

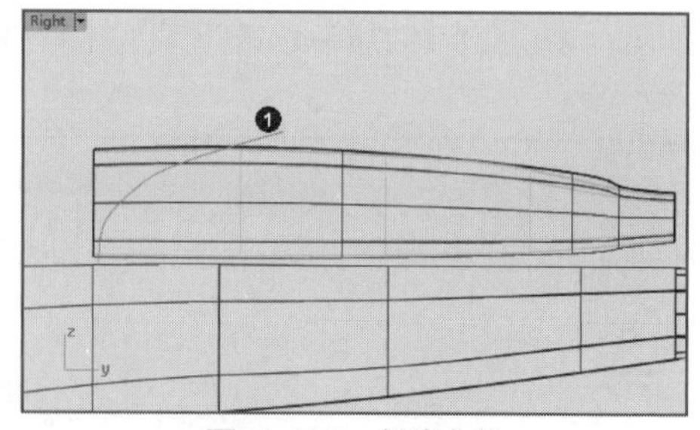

图21-157 创建曲线

06执行菜单栏中的【编辑】|【修剪】命令，在Right正交视图中以曲线1对两个圆筒曲面进行修剪，结果如图21-158所示。

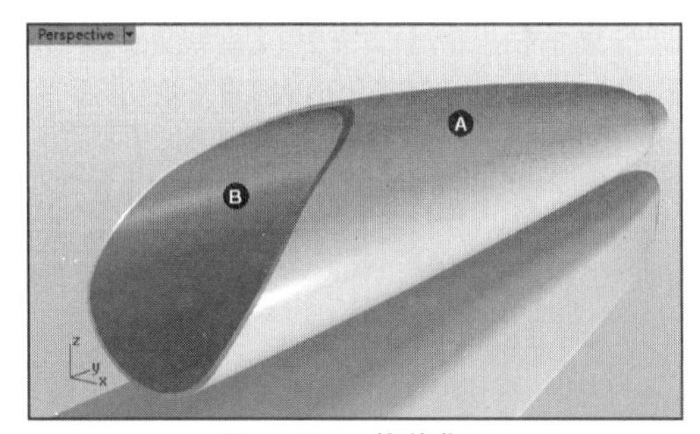

图21-158 修剪曲面

07隐藏曲线1，继续执行菜单栏中的【曲线】|【自由造型】|【控制点】命令，在Right正交视图中创建两条曲线，如图21-159所示。

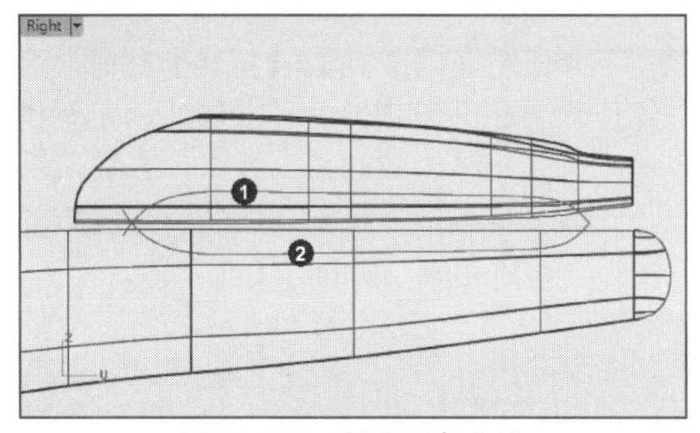

图21-159 创建两条曲线

08执行菜单栏中的【编辑】|【修剪】命令，以曲线2对外围的圆筒曲面进行修剪，以曲线2对机身主体曲面进行剪切，如图21-160所示。

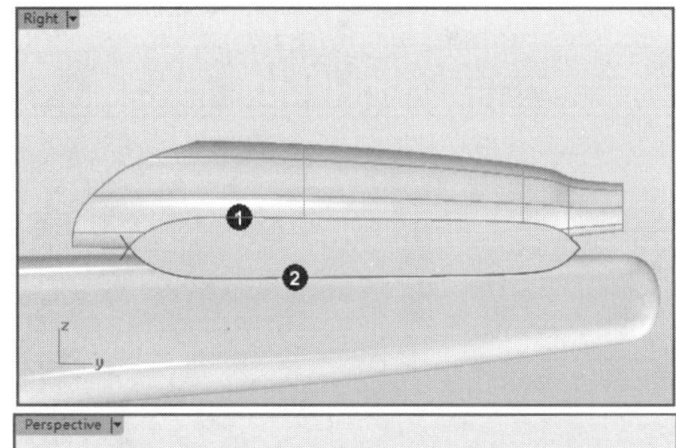

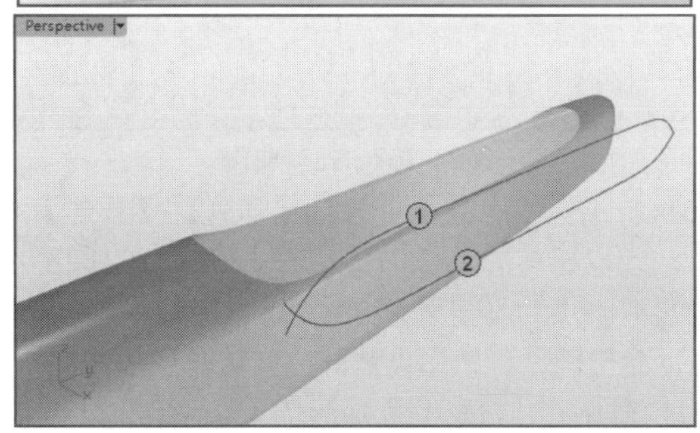

图21-160 修剪曲面

09执行菜单栏中的【曲面】|【混接曲面】命令，选取边缘1、边缘2，右击确认，在弹出的对话框中设置相关的参数，单击【确定】按钮，完成混接曲面的创建，如图21-161所示。

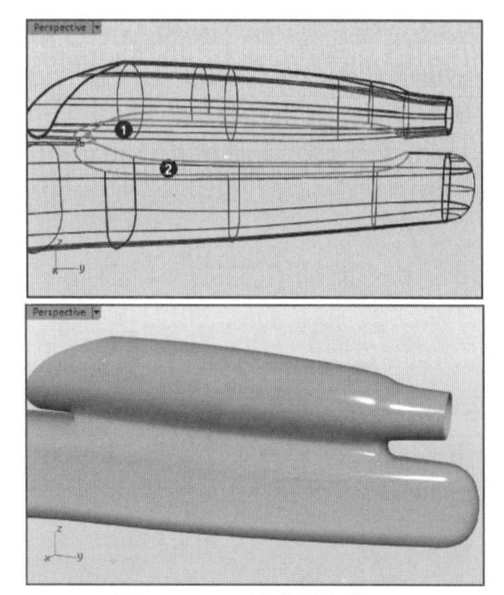

图21-161 创建混接曲面

10连续执行菜单栏中的【曲面】|【混接曲面】命令，依次选取两边缘创建混接曲面，如图21-162所示。

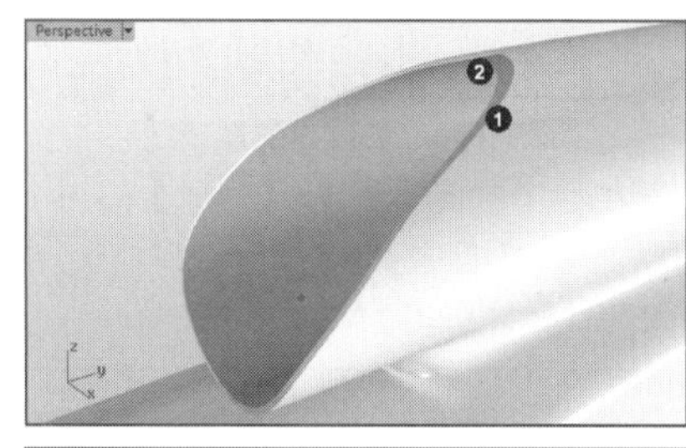

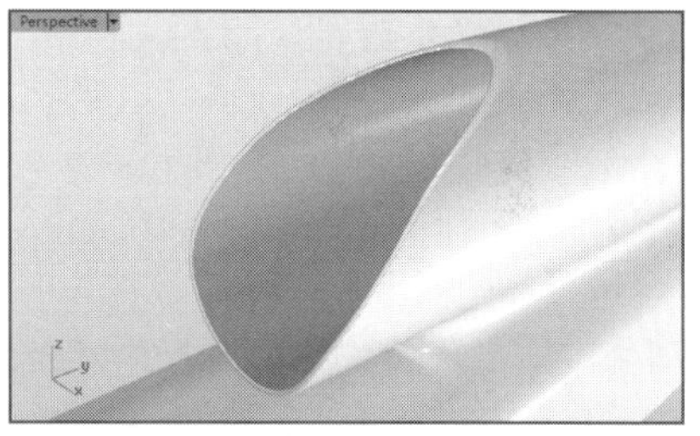

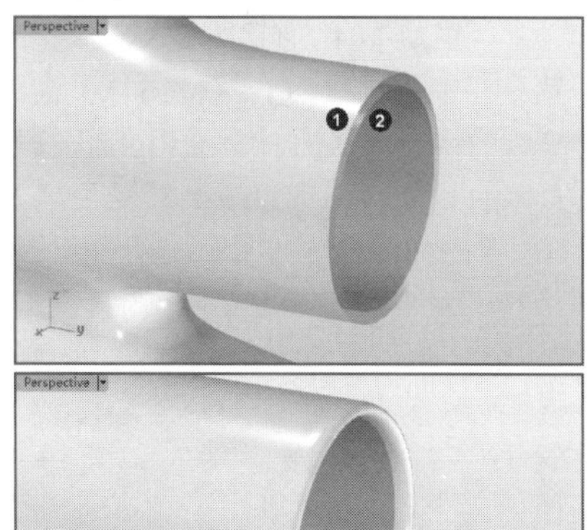

图21-162 连续创建混接曲面

11选取一条创建圆筒曲面的原始曲线，将其复制一份，移动到一旁，然后隐藏其余的所有物件，将其单独显示，如图21-163所示。

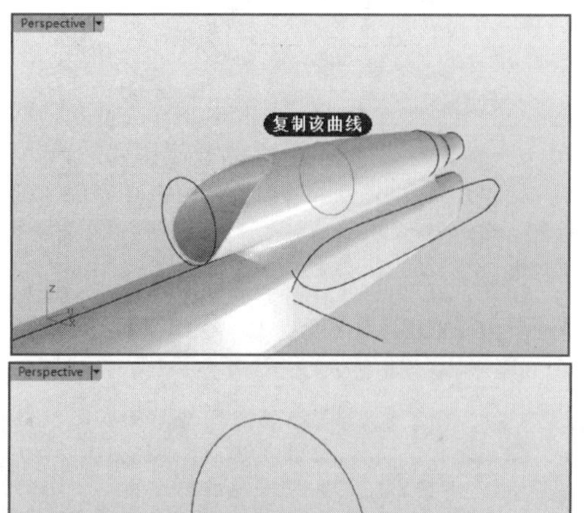

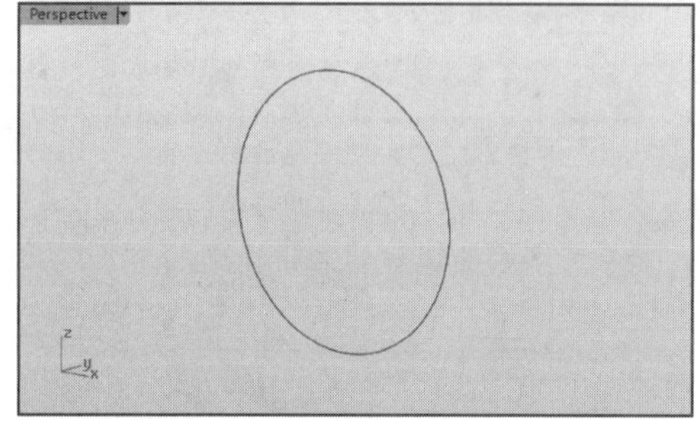

图21-163 创建、复制曲线

12执行菜单栏中的【实体】|【球体】|【中心点、半径】命令，以图中的圆形曲线的中心点为球心，创建圆球体，如图21-164所示。

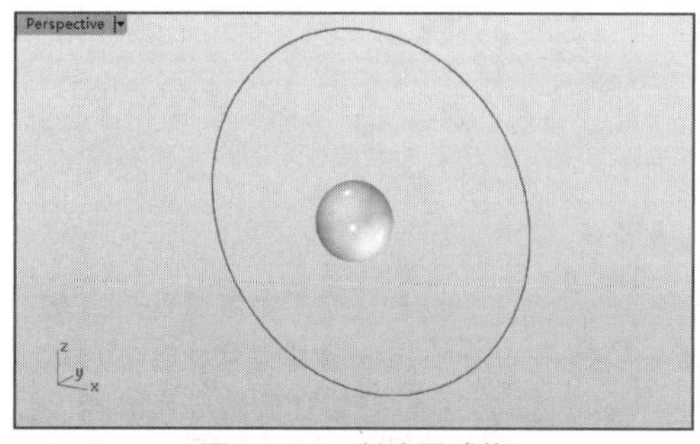

图21-164 创建圆球体

13执行菜单栏中的【实体】|【立方体】命令，在Front正交视图中创建长方体，在Right正交视图中控制长方体的长度（不宜过长），随后将其移动到合适的位置，如图21-165所示。

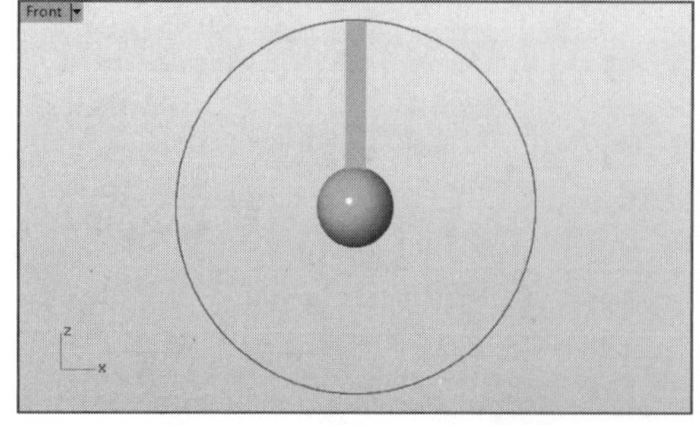

图21-165 创建并移动立方体

14执行菜单栏中的【曲线】|【直线】|【单一直线】命令，过立方体的中心创建一条垂直的直线，如图21-166所示。

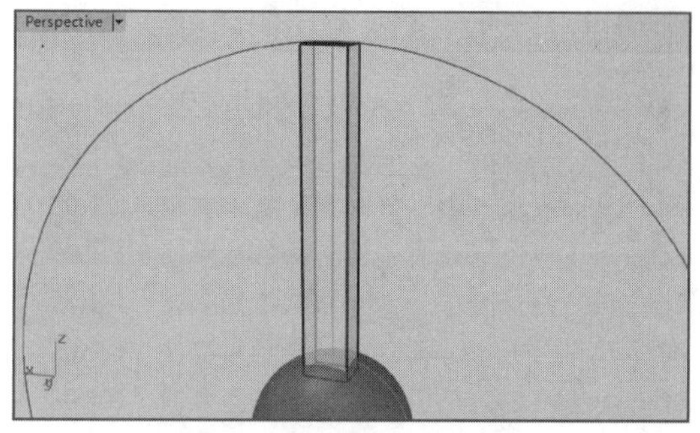

图21-166 创建一条直线

15执行菜单栏中的【变动】|【扭转】命令，选取立方体作为要扭转的物件，右击确认，在新创建的直线上确定扭转轴的起点、终点，在提示行中开启【无限延伸（I）=是】，然后确定旋转的角度，扭转立方体完成，如图21-167所示。

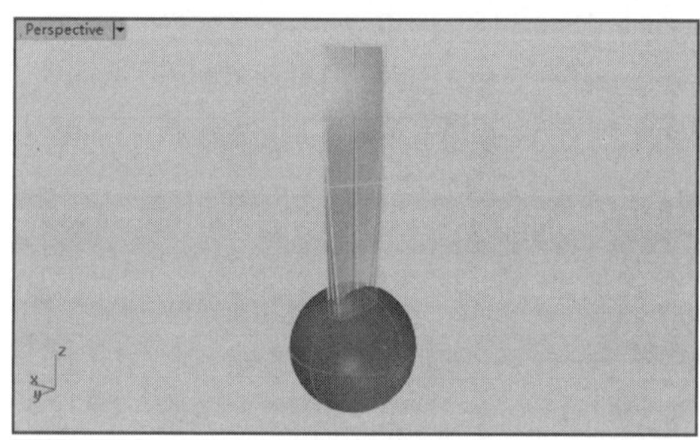

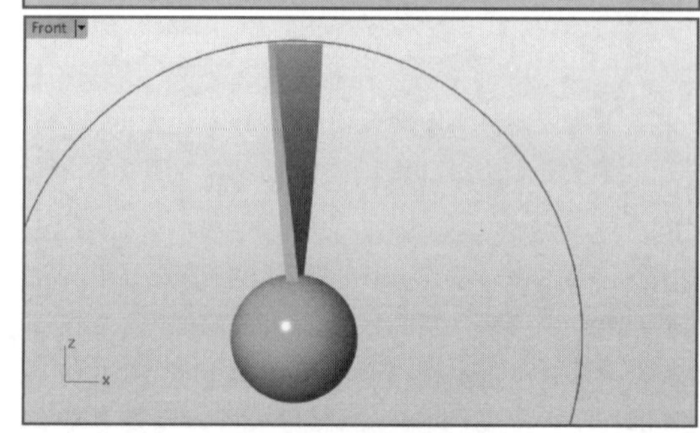

图21-167 扭转曲面

16执行菜单栏中的【变动】|【阵列】|【环形】命令，选取扭转后的立方体，右击确认，以圆形曲线的中心点为环形阵列中心点，在提示行中输入36，右击确认，然后设置阵列旋转角度为360°，右击确认，创建一组环形阵列，如图21-168所示。

17执行菜单栏中的【编辑】|【群组】|【群组】命令，将曲面分配到一个群组中，然后显示所有曲面，在Right正交视图中将群组曲面移动到圆筒曲面内，如图21-169所示。

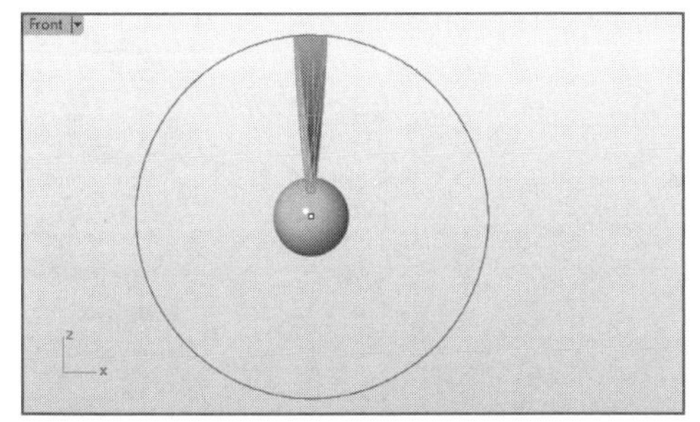

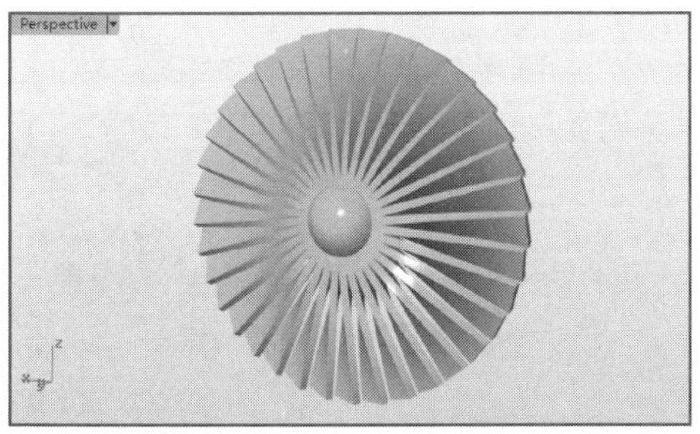

图21-168　创建环形阵列

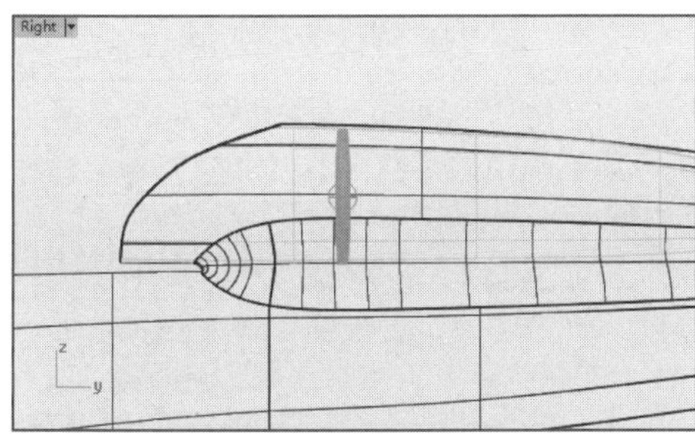

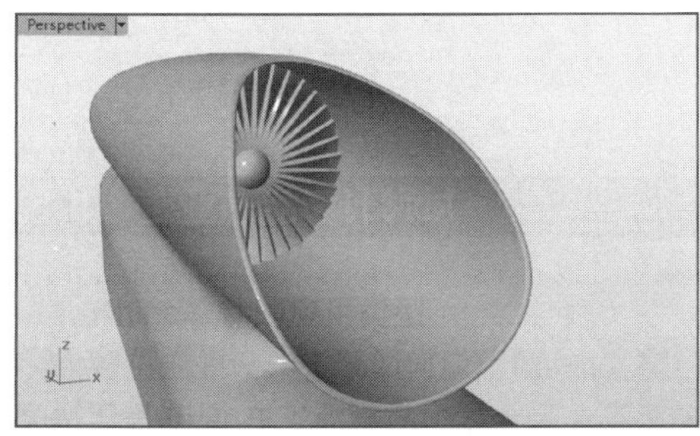

图21-169　群组曲面

18至此，整个无人机的机身曲面创建完成，接下来为机身两侧添加机翼。在Perspective视图中旋转观察机身主体曲面的轮廓，如图21-170所示。

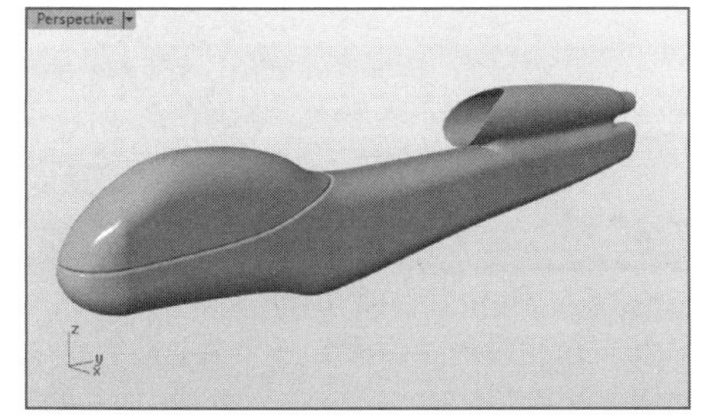

图21-170　添加尾部细节的无人机机身主体曲面

21.2.4　创建无人机机翼

01执行菜单栏中的【曲线】|【直线】|【线段】命令，在Top正交视图中创建一条多重直线，即曲线1，如图21-171所示。

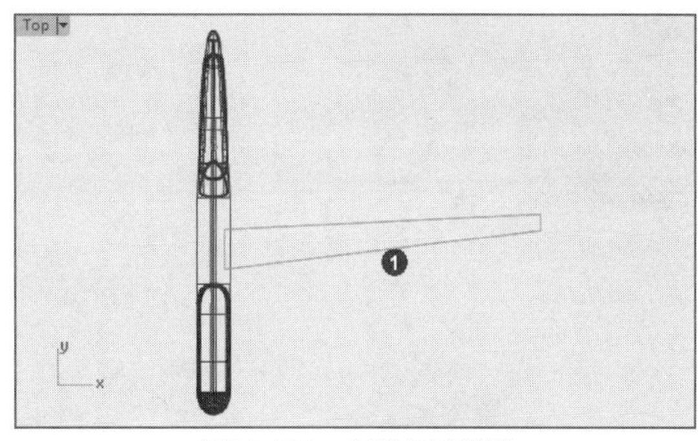

图21-171　创建多重直线

02隐藏主体曲面。在Front正交视图中，将曲线1复制一份，创建曲线2，然后通过移动、旋转将其调整到合适的位置，如图21-172所示。

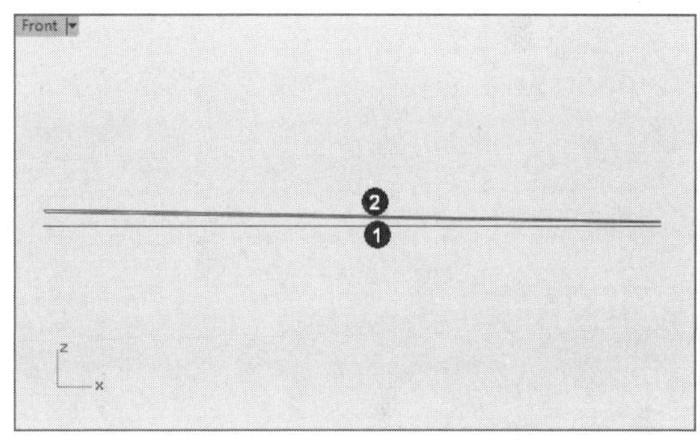

图21-172　复制、调整曲线

03执行菜单栏中的【曲面】|【平面曲线】命令，在Perspective视图中选取曲线1、曲线2，右击确认，创建两个平面，然后隐藏两条曲线，如图21-173所示。

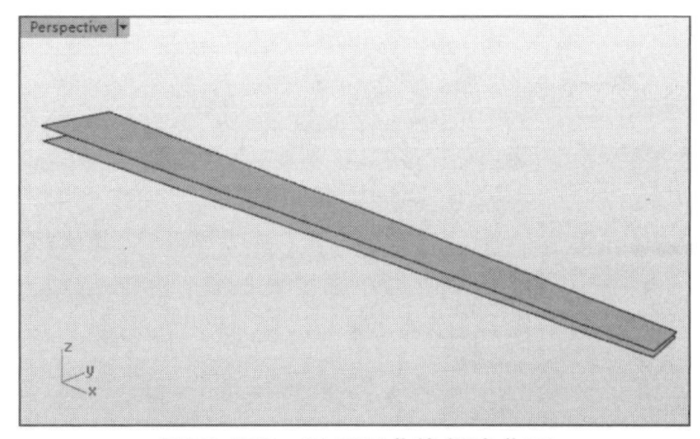

图21-173　以平面曲线创建曲面

04执行菜单栏中的【曲面】|【混接曲面】命令，选取两个平面对应的边缘，创建混接曲面，如图21-174所示。

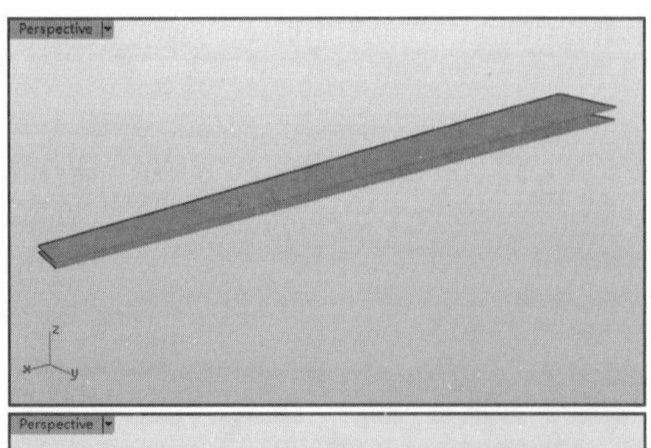

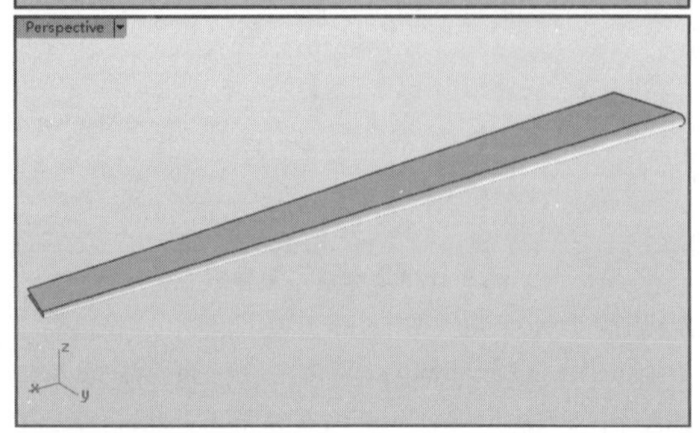

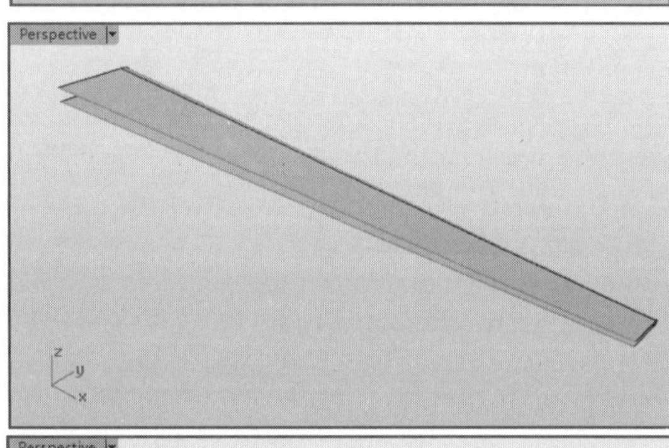

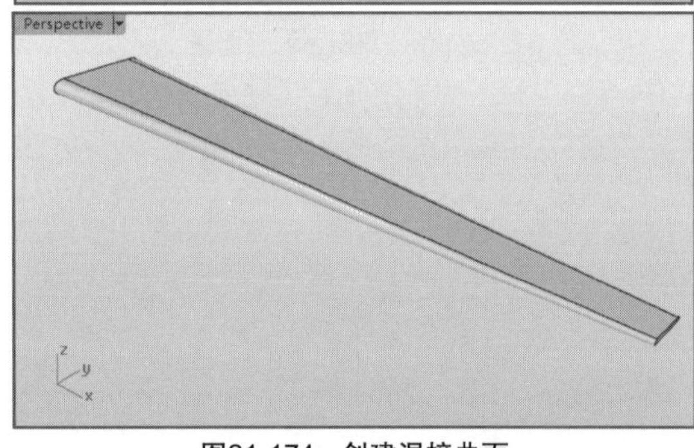

图21-174　创建混接曲面

05执行菜单栏中的【曲线】|【自由造型】|【内插点】命令，在命令提示行中设置曲线的阶数为5，开启状态栏处的【物件锁点（中点）】选项，在两条边缘的中心处确定内插点曲线的两个端点，右击创建完成，如图21-175所示。

06执行菜单栏中的【曲线】|【曲线编辑工具】|【衔接】命令，将新创建的内插点曲线的两端与其相接的曲面边缘形成曲率连续，内插点曲线的最终形状如图21-176所示。

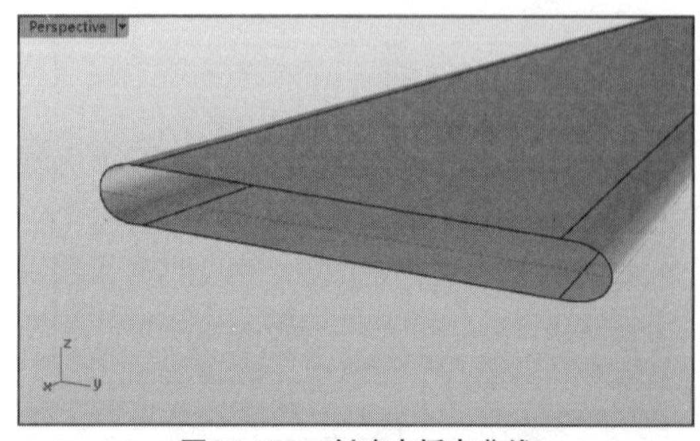

图21-175　创建内插点曲线

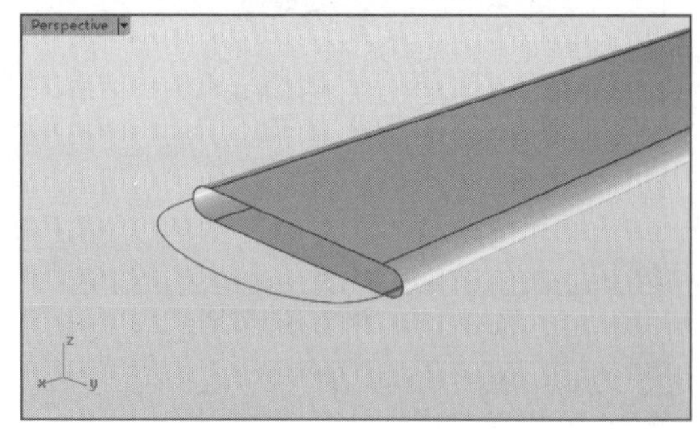

图21-176　衔接曲线

07执行菜单栏中的【曲面】|【单轨扫掠】命令，然后在Perspective视图中依次单击曲线1、边缘2、边缘3，右击确认，在弹出的对话框中设置相关的参数，单击【确定】按钮，创建扫掠曲面，如图21-177所示。

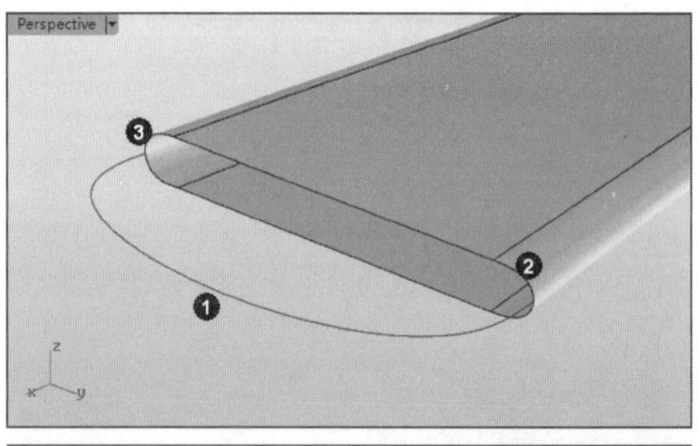

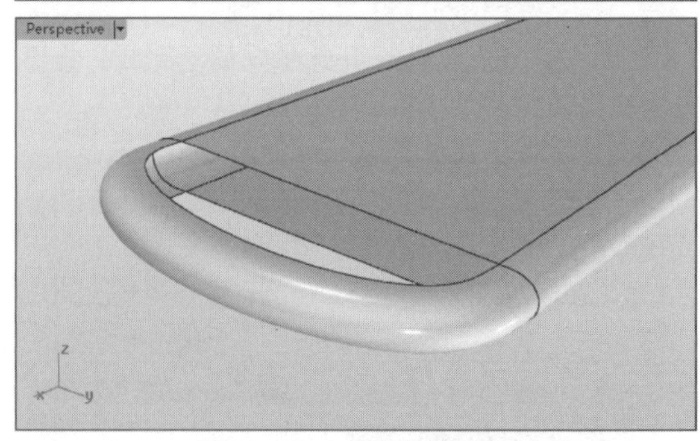

图21-177　创建扫掠曲面

08执行菜单栏中的【曲面】|【平面曲线】命令，选择两条边缘线，右击确认，为曲面之间的洞封

口，用同样的方法为另一个洞封口，如图21-178所示。

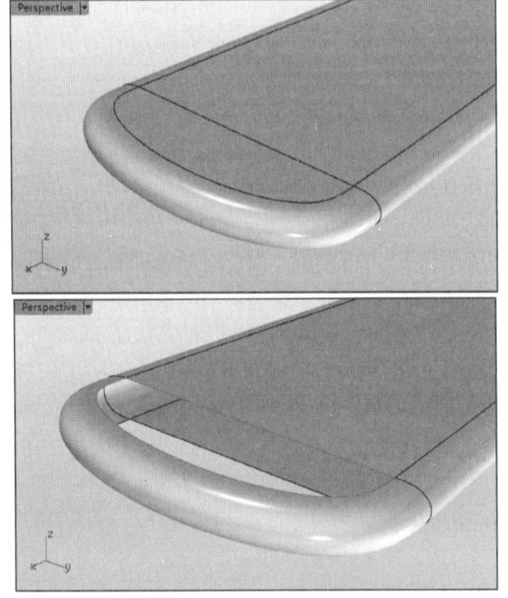

图21-178　封闭曲面间缝隙

09选取所有的机翼曲面，然后执行菜单栏中的【编辑】|【组合】命令，将整个曲面组合到一起，如图21-179所示。

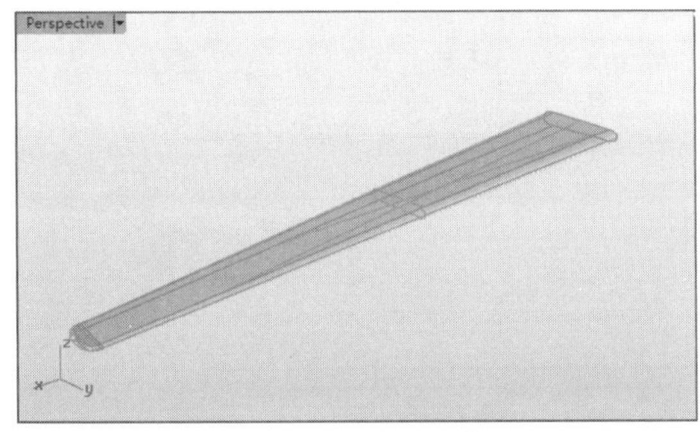

图21-179　组合机翼曲面

10显示隐藏的曲面，执行菜单栏中的【变动】|【镜像】命令，在Top正交视图中以主体曲面的中轴线为对称轴，镜像创建另一侧的机翼曲面，如图21-180所示。

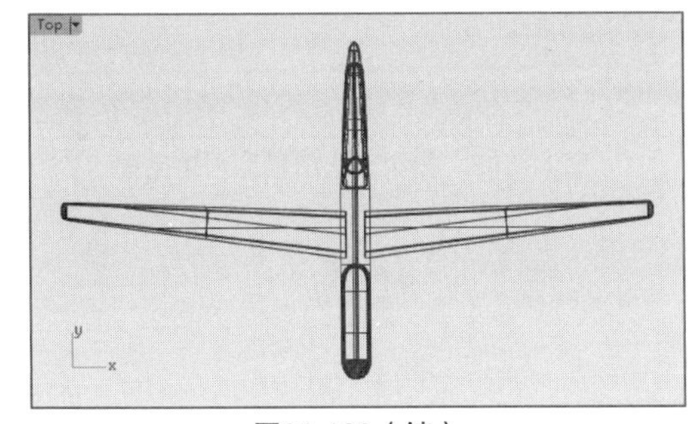

图21-180（续）

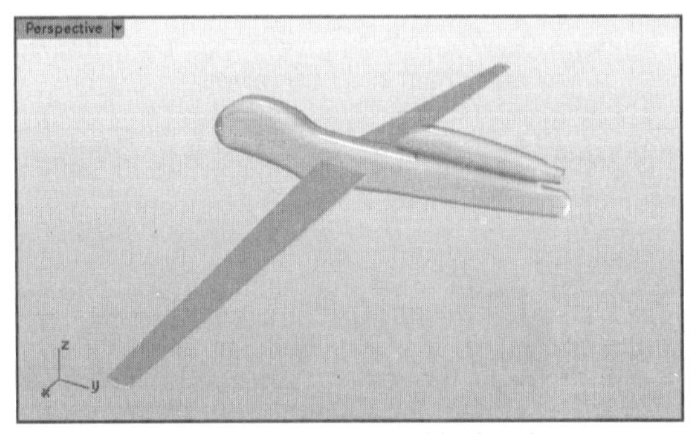

图21-180　创建机翼的镜像副本

21.2.5　添加尾部机翼曲面

01执行菜单栏中的【曲线】|【直线】|【线段】命令，在Top正交视图中创建一条多重曲线，作为尾部小机翼的轮廓曲线，如图21-181所示。

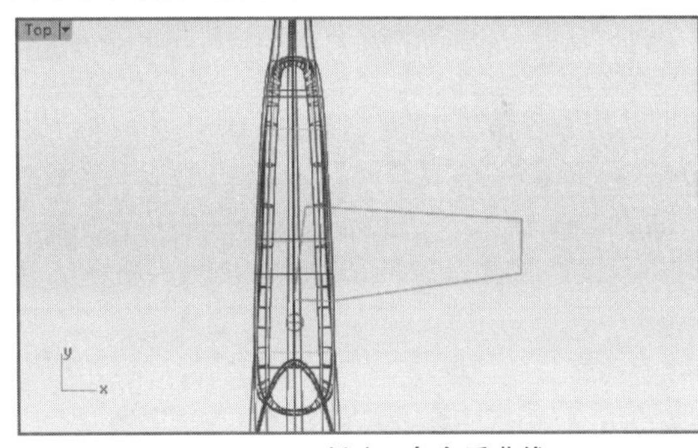

图21-181　创建一条多重曲线

02执行菜单栏中的【实体】|【挤出平面曲线】|【直线】命令，开启命令提示行中的【两侧（B）=是】选项，在Front正交视图中控制挤出长度，按Enter键完成创建，创建挤出曲面，如图21-182所示。

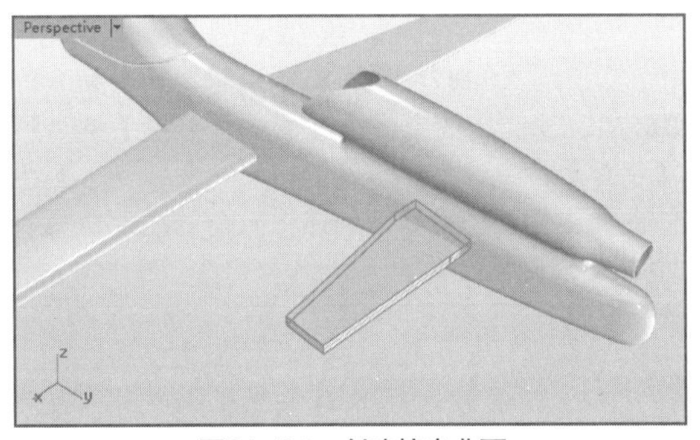

图21-182　创建挤出曲面

03执行菜单栏中的【实体】|【边缘圆角】|【边缘圆角】命令，为几条挤出曲面边缘创建圆角，如图21-183所示。

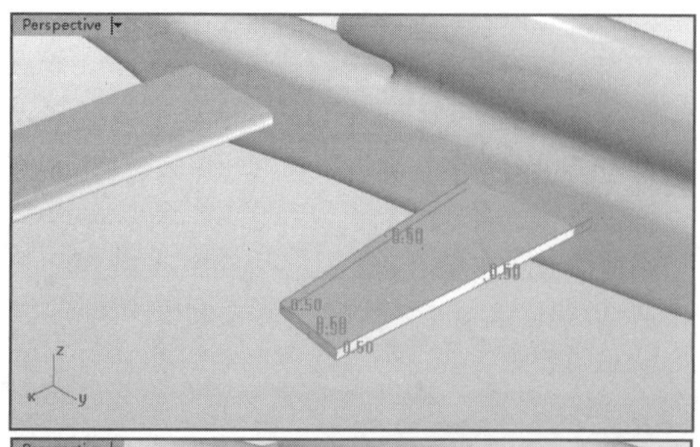

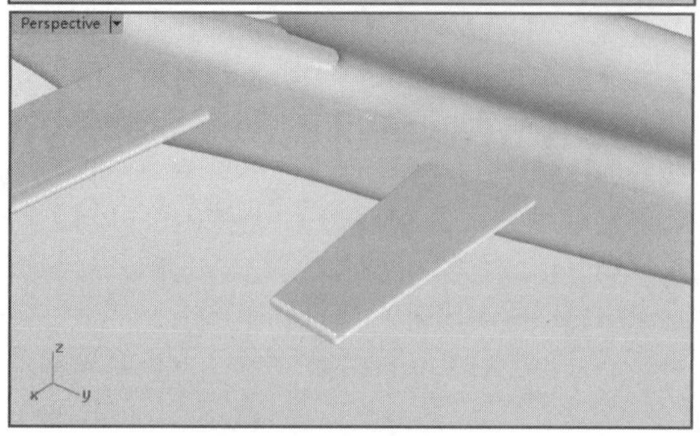

图21-183　创建边缘圆角

04执行菜单栏中的【变动】|【旋转】命令，选取挤出曲面，右击确认，在Front正交视图中将它旋转一定的角度，形成上翘的形态，如图21-184所示。

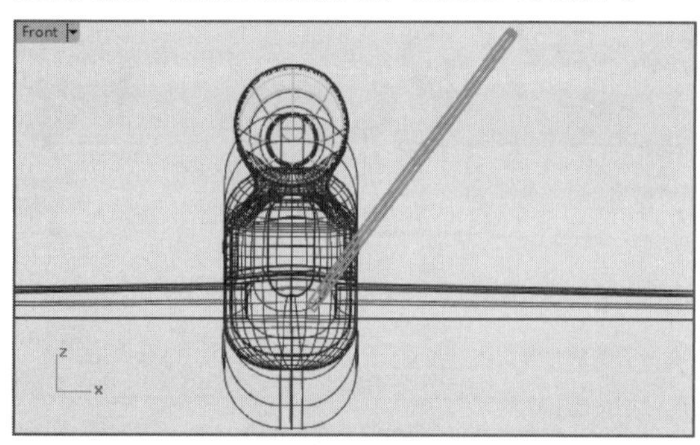

图21-184　旋转曲面

05在Top正交视图中，执行菜单栏中的【变动】|【镜像】命令，将旋转后的挤出曲面以无人机主体曲面中轴线为镜像轴创建另一侧的尾部机翼，如图21-185所示。

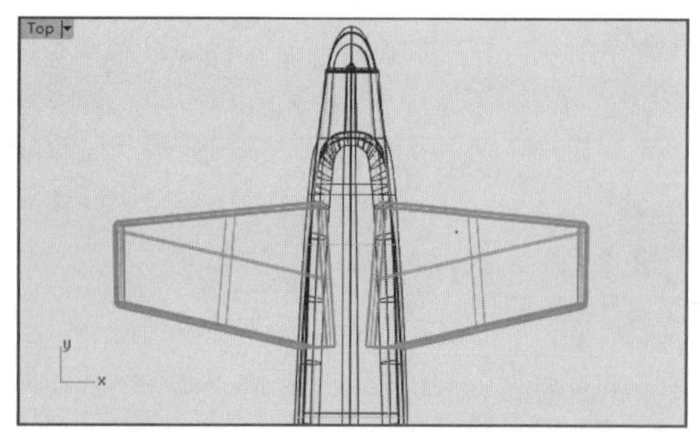

图21-185　创建尾部机翼的镜像副本

06至此，整个无人机的模型创建完成。在各个视图中进行查看，调整机翼的位置，也可添加其他的细节。最后在Perspective视图中进行旋转查看，如图21-186所示。

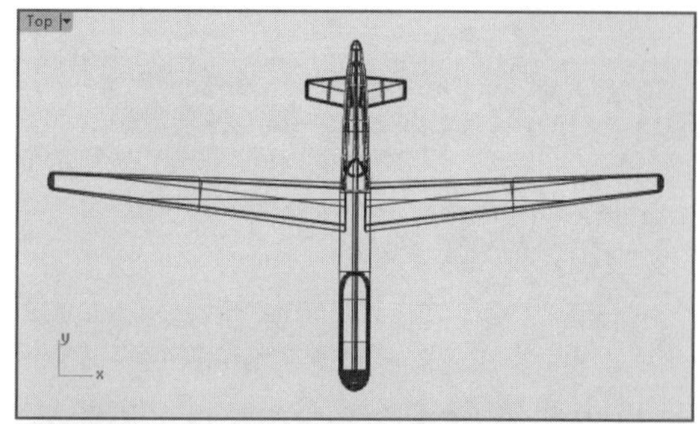

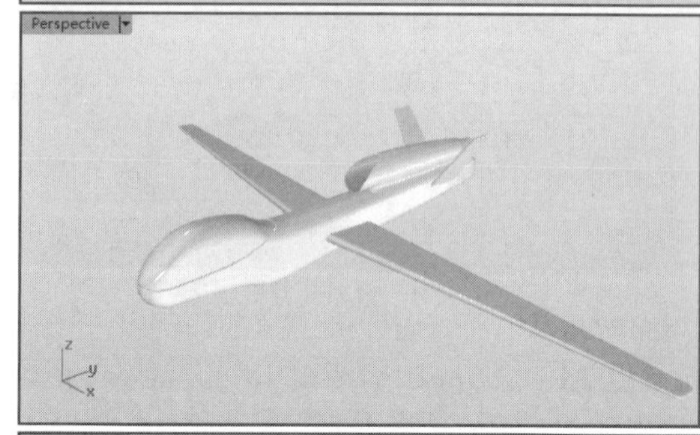

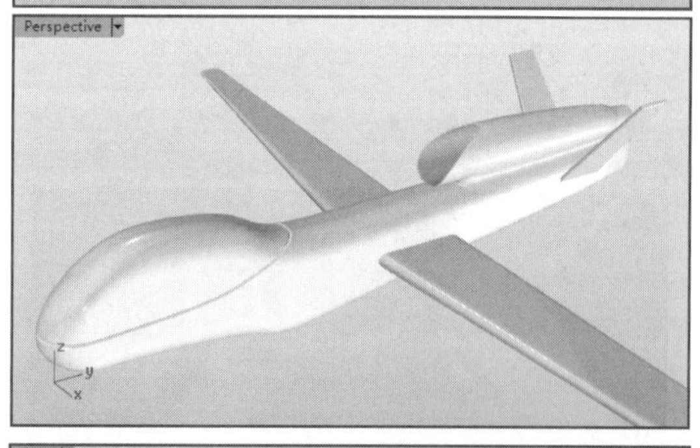

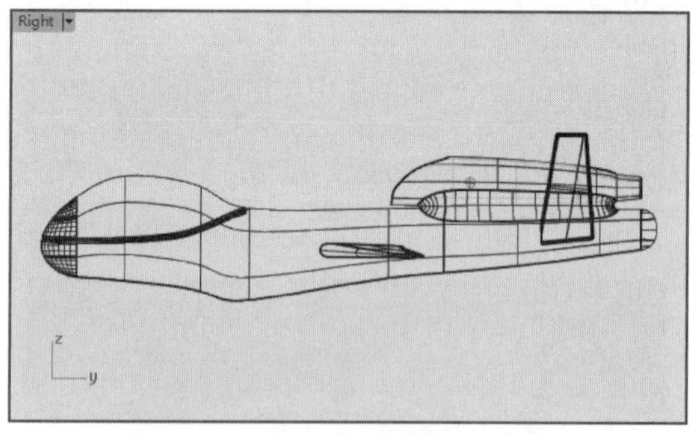

图21-186　整个无人机模型创建完成